Eid · Gollwitzer · Schmitt

Statistik und Forschungsmethoden

Michael Eid · Mario Gollwitzer · Manfred Schmitt

Statistik und Forschungsmethoden

Lehrbuch

Mit Online-Materialien

Anschriften der Autoren:

Prof. Dr. Michael Eid
Freie Universität Berlin
Habelschwerdter Allee 45
14195 Berlin
E-Mail: michael.eid@fu-berlin.de

Prof. Dr. Mario Gollwitzer
Philipps-Universität Marburg
Fachbereich 04: Psychologie
Gutenbergstraße 18
35037 Marburg
E-Mail: mario.gollwitzer@staff.uni-marburg.de

Prof. Dr. Manfred Schmitt
Universität Koblenz-Landau
Fachbereich 8: Psychologie
Fortstraße 7
76829 Landau
E-Mail: schmittm@uni-landau.de

Das Werk und seine Teile sind urheberrechtlich geschützt. Jede Nutzung in anderen als den gesetzlich zugelassenen Fällen bedarf der vorherigen schriftlichen Einwilligung des Verlages. Hinweis zu § 52 a UrhG: Weder das Werk noch seine Teile dürfen ohne eine solche Einwilligung eingescannt und in ein Netzwerk eingestellt werden. Dies gilt auch für Intranets von Schulen und sonstigen Bildungseinrichtungen.

Haftungshinweis: Trotz sorgfältiger inhaltlicher Kontrolle übernehmen wir keine Haftung für die Inhalte externer Links. Für den Inhalt der verlinkten Seiten sind ausschließlich deren Betreiber verantwortlich.

1. Auflage 2010
3., korrigierte Auflage

© Beltz Verlag, Weinheim, Basel 2013
http://www.beltz.de

Lektorat: Reiner Klähn
Herstellung: Grit Möller
Reihengestaltung: Federico Luci, Odenthal
Graphische Realisation: Nicole Gehlen, Heidelberg
Umschlagbild: ccvision, Freiburg
Satz und Bindung: Beltz Bad Langensalza GmbH, Bad Langensalza
Druck: Beltz Druckpartner, Hemsbach

Printed in Germany

ISBN 978-3-621-27524-8

Inhaltsübersicht

Danksagung	XXI
Vorwort und Wegweiser	XXIII

I Forschungsmethoden — 1

1. Was sind Methoden, und wozu sind sie gut? — 3
2. Struktur und Ablauf wissenschaftlicher Untersuchungen — 7
3. Methoden der Datengewinnung — 19
4. Forschungsansätze und -strategien in der Psychologie — 51

II Messtheoretische und deskriptivstatistische Grundlagen — 73

5. Messtheoretische Grundlagen — 75
6. Univariate Deskriptivstatistik — 99

III Wahrscheinlichkeitstheorie und inferenzstatistische Grundlagen — 141

7. Wahrscheinlichkeitstheorie und Wahrscheinlichkeitsverteilungen — 143
8. Grundlagen der Inferenzstatistik — 191
9. Die Welt inferenzstatistischer Verfahren: Überblick, Systematik, Auswahlstrategien — 250

IV Methoden zum Vergleich von Gruppen — 271

10. Abweichungen von einem fixen Wert — 273
11. Unterschiede zwischen zwei unabhängigen Stichproben — 305
12. Unterschiede zwischen zwei abhängigen Stichproben — 346
13. Unterschiede zwischen mehreren unabhängigen Stichproben: Varianzanalyse und verwandte Verfahren — 371
14. Unterschiede zwischen mehreren abhängigen Stichproben: Varianzanalyse mit Messwiederholung und verwandte Verfahren — 446

V Zusammenhangs- und Regressionsanalyse — 495

15	Zusammenhänge zwischen zwei Variablen: Korrelations- und Assoziationsmaße	497
16	Abhängigkeiten zwischen zwei Variablen: Einfache lineare Regression	560
17	Partialkorrelation und Semipartialkorrelation	587
18	Multiple Regressionsanalyse	602
19	Hierarchische lineare Modelle (Mehrebenenanalyse)	699
20	Log-lineare Modelle und Logit-Modelle	735
21	Logistische Regressionsanalyse	767

VI Modelle mit latenten Variablen — 811

22	Messfehlertheorie und Klassische Testtheorie	813
23	Mehrdimensionale Messmodelle und konfirmatorische Faktorenanalyse	849
24	Exploratorische Faktorenanalyse und Hauptkomponentenanalyse	893
25	Pfadanalyse und lineare Strukturgleichungsmodelle	926

Literatur	955
Hinweise zu den Online-Materialien	970
Sachwortverzeichnis	971
Anhang A: Tabellen	983
Anhang B: Matrixalgebra	1016

Inhalt

Danksagung XXI

Vorwort und Wegweiser XXIII

I Forschungsmethoden 1

1 Was sind Methoden, und wozu sind sie gut? 3

1.1 Erkenntnismethoden und Interventionsmethoden 3
1.2 Methoden der Datengewinnung und Methoden der Datenauswertung 4
1.3 Warum sind Methodenkenntnisse wichtig? 5

2 Struktur und Ablauf wissenschaftlicher Untersuchungen 7

2.1 Hypothesen, Ebenen wissenschaftlicher Aussagen und die Überbrückungsproblematik 7
    2.1.1 Prüfbare und nicht-prüfbare Aussagen 7
    2.1.2 Wissenschaftliche Hypothesen 8
    2.1.3 Überbrückungsprobleme 9
2.2 Schritte im Forschungsprozess 11
    2.2.1 Entstehung eines Erkenntnisinteresses 11
    2.2.2 Sammlung verfügbaren Wissens 11
    2.2.3 Entwicklung einer Fragestellung oder Hypothese 12
    2.2.4 Planung einer Untersuchung 13
    2.2.5 Durchführung der Untersuchung 14
    2.2.6 Auswertung der Daten 15
    2.2.7 Schlussfolgerungen aus der Untersuchung 17
    2.2.8 Mitteilung der Untersuchung 17

3 Methoden der Datengewinnung 19

3.1 Kriterien für die Wahl einer Erhebungsmethode 19
3.2 Ordnungsmöglichkeiten 20
3.3 Darstellung einzelner Erhebungsmethoden 23
    3.3.1 Verhaltensbeobachtung 24
    3.3.2 Gespräch (Interview, Exploration, Anamnese) 26
    3.3.3 Schriftliche Befragung und Fragebogen 28

	3.3.4	Textanalytische Methoden	31
	3.3.5	Tests	33
	3.3.6	Computerbasierte Verfahren	34
	3.3.7	Apparative Verfahren zur Erfassung psychomotorischer Leistungen	37
	3.3.8	Psychobiologische Verfahren	38
	3.3.9	Nicht-reaktiv gewonnene Daten	40
	3.3.10	Projektive Verfahren	41
	3.3.11	Reaktionszeitgestützte Verfahren	42
3.4	**Multimethodale Erfassung menschlichen Erlebens und Verhaltens**		**44**

4 Forschungsansätze und -strategien in der Psychologie — 51

4.1 Methodologische Grundbegriffe — 52
    4.1.1 Variablen und Konstanten — 52
    4.1.2 Merkmale und Merkmalsträger — 52
    4.1.3 Arten von Variablen in der Psychologie — 53
4.2 Voraussetzungen für kausale Schlussfolgerungen — 55
4.3 Experimenteller Ansatz — 56
    4.3.1 Systematische Störvariablen — 56
    4.3.2 Unsystematische Störvariablen — 57
    4.3.3 Kontrolle von Störvariablen — 58
    4.3.4 Externe Validität — 60
4.4 Quasi-experimenteller Ansatz — 63
4.5 Korrelativer Ansatz — 65
4.6 Sekundär- und Metaanalysen — 67

II Messtheoretische und deskriptivstatistische Grundlagen — 73

5 Messtheoretische Grundlagen — 75

5.1 Skalenniveau — 75
    5.1.1 Skalenniveaus im Überblick — 76
    5.1.2 Skalenniveau und andere Variablenarten — 78
5.2 Messen in der Psychologie: Grundideen am Beispiel der Nominalskala — 78
    5.2.1 Relation — 79
    5.2.2 Relativ (relationales System) — 80
    5.2.3 Homomorphismus — 81
    5.2.4 Grundlegende Fragen der Messtheorie — 82
5.3 Definition der Nominalskala — 82
    5.3.1 Das empirische Relativ der Nominalskala — 82
    5.3.2 Das numerische Relativ der Nominalskala — 84
    5.3.3 Nominalskala und Nominalskalenmodell — 84

	5.3.4	Zulässige Transformationen und Eindeutigkeit	85
	5.3.5	Bedeutsamkeit	85
	5.3.6	Anwendung von Nominalskalen	85
	5.3.7	Das Wesentliche zum Nominalskalenmodell	86
5.4	**Definition der Ordinalskala**		**87**
	5.4.1	Das empirische Relativ der Ordinalskala	87
	5.4.2	Das numerische Relativ der Ordinalskala	88
	5.4.3	Ordinalskala und Ordinalskalenmodell	88
	5.4.4	Zulässige Transformationen und Eindeutigkeit	90
	5.4.5	Bedeutsamkeit	92
	5.4.6	Anwendung von Ordinalskalen	92
	5.4.7	Das Wesentliche zum Ordinalskalenmodell	93
5.5	**Kardinalskalierte oder metrische Variablen**		**93**
	5.5.1	Definition der Intervallskala	93
	5.5.2	Definition der Verhältnisskala	95
	5.5.3	Definition der Absolutskala	95
5.6	**Inklusionsregel zulässiger Transformationen**		**96**

6 Univariate Deskriptivstatistik 99

6.1	**Grundbegriffe der Deskriptivstatistik**		**99**
	6.1.1	Datenmatrix	99
	6.1.2	Häufigkeitsverteilung	100
6.2	**Deskriptivstatistik für nominalskalierte Variablen**		**105**
	6.2.1	Zentrale Tendenz und Modalwert	105
	6.2.2	Dispersion und relativer Informationsgehalt	105
6.3	**Deskriptivstatistik für ordinalskalierte Variablen**		**107**
	6.3.1	Häufigkeitsverteilungen	108
	6.3.2	Zentrale Tendenz und Median	111
	6.3.3	Dispersion und Interquartilsbereich	112
6.4	**Deskriptivstatistik für metrische Variablen**		**114**
	6.4.1	Häufigkeitsverteilungen	114
	6.4.2	Kennwerte der zentralen Tendenz	125
	6.4.3	Quantile	131
	6.4.4	Streuungskennwerte	132
	6.4.5	Schiefe und Exzess	136
6.5	**Standardwerte und z-Transformation**		**137**
6.6	**Bivariate und multivariate Deskriptivstatistik**		**138**

III Wahrscheinlichkeitstheorie und inferenzstatistische Grundlagen 141

7 Wahrscheinlichkeitstheorie und Wahrscheinlichkeitsverteilungen 143

7.1 Wahrscheinlichkeiten für Zufallsereignisse 144
- 7.1.1 Zufallsvorgang, Zufallsexperiment und Ergebnisraum 144
- 7.1.2 Zufallsereignis 145
- 7.1.3 Laplace-Wahrscheinlichkeit und Laplace-Experiment 146
- 7.1.4 Kombinatorik 147
- 7.1.5 Definition der Wahrscheinlichkeit nach Kolmogorov 150
- 7.1.6 Bedingte Wahrscheinlichkeiten 155
- 7.1.7 Das Bayes-Theorem 158

7.2 Wahrscheinlichkeitsverteilungen für diskrete Zufallsvariablen 163
- 7.2.1 Gleichverteilung 169
- 7.2.2 Bernoulli-Verteilung und Indikatorvariable 169
- 7.2.3 Binomialverteilung 171
- 7.2.4 Multinomialverteilung 174
- 7.2.5 Hypergeometrische Verteilung 175
- 7.2.6 Geometrische Verteilung 175
- 7.2.7 Poisson-Verteilung 175

7.3 Wahrscheinlichkeitsverteilungen für stetige Zufallsvariablen 176
- 7.3.1 Gleichverteilung 180
- 7.3.2 Exponentialverteilung 181
- 7.3.3 Normalverteilung 182
- 7.3.4 Weitere stetige Wahrscheinlichkeitsverteilungen 185

8 Grundlagen der Inferenzstatistik 191

8.1 Der Nullhypothesentest nach Fisher 192
8.2 Binäres Entscheidungskonzept von Neyman und Pearson 196
8.3 Effektgrößen 203
8.4 Statistisches Testen an Stichproben 205
8.5 Parameterschätzung 217
- 8.5.1 Gütekriterien der Parameterschätzung 217
- 8.5.2 Konfidenzintervall 223
- 8.5.3 Schätzung des Standardfehlers bei unbekannter Populationsvarianz 228

8.6 Konfidenzintervalle für Effektgrößen 232
- 8.6.1 Konfidenzintervall für Effektgrößen bei bekannter Populationsstandardabweichung 232
- 8.6.2 Konfidenzintervall für Effektgrößen bei unbekannter Populationsstandardabweichung 235

8.7 Testplanung und Poweranalyse 238
- 8.7.1 Post-hoc-Poweranalyse 239
- 8.7.2 A-priori-Poweranalyse 239

8.8	Das Überprüfen statistischer Hypothesen in der Psychologie: Zusammenfassung und allgemeine Empfehlungen	241
	8.8.1 Schritte beim statistischen Testen	242
	8.8.2 Statistisches Testen in der wissenschaftlichen Praxis	243
	8.8.3 Empfehlungen der »Task Force on Statistical Inference«	244

9 Die Welt inferenzstatistischer Verfahren: Überblick, Systematik, Auswahlstrategien — 250

9.1	Warum braucht man verschiedene statistische Tests?	250
9.2	Unterscheidungsmerkmale statistischer Tests	251
	9.2.1 Exakte vs. asymptotische Tests	252
	9.2.2 Parametrische vs. nonparametrische Verfahren	252
	9.2.3 Robuste Verfahren	253
	9.2.4 Resampling-Verfahren	253
9.3	Population, Stichprobe und Repräsentativität: Konsequenzen für inferenzstatistische Verfahren	256
	9.3.1 Population (Grundgesamtheit)	257
	9.3.2 Stichprobe	260
	9.3.3 Repräsentativität und fehlende Werte	262
9.4	Auswahl eines Verfahrens	264
	9.4.1 Univariate, bivariate, multivariate Verfahren	265
	9.4.2 Gerichtete vs. ungerichtete Zusammenhänge	266
	9.4.3 Manifeste vs. latente Variablen	266
	9.4.4 Skalenniveau und Variablenart	267
	9.4.5 Auswahl eines statistischen Verfahrens	267
9.5	Weiterer Aufbau des Buches	269

IV Methoden zum Vergleich von Gruppen — 271

10 Abweichungen von einem fixen Wert — 273

10.1	Vergleich eines Mittelwerts mit einem fixen Wert (Einstichprobentest)	273
10.2	Vergleich eines Medians mit einem fixen Wert	278
10.3	Vergleich einer Stichprobenvarianz mit einer Populationsvarianz	282
10.4	Vergleich einer relativen Häufigkeit mit einer theoretischen Wahrscheinlichkeit (Binomialtest)	287
10.5	Vergleich einer Häufigkeitsverteilung mit einer fixen Verteilung	290
10.6	Überprüfung von Verteilungsannahmen (Anpassungstests)	294
	10.6.1 Kolmogorov-Smirnov-Test (KS-Anpassungstest)	294
	10.6.2 χ^2-Anpassungstest	299

11 Unterschiede zwischen zwei unabhängigen Stichproben — 305

11.1 Vergleich zweier Stichprobenmittelwerte (Zweistichprobentests) — 305
11.1.1 Bekannte Populationsvarianzen: Der Zweistichproben-Gauß-Test — 305
11.1.2 Unbekannte Populationsvarianzen: Der t-Test für unabhängige Stichproben — 308

11.2 Vergleich zweier Stichprobenmediane — 317
11.2.1 Mediantest — 318
11.2.2 Wilcoxon-Rangsummen-Test bzw. U-Test — 320

11.3 Vergleich zweier Stichprobenvarianzen (Varianzhomogenitätstests) — 326
11.3.1 F-Test auf Varianzhomogenität — 327
11.3.2 Levene-Test — 329

11.4 Vergleich von Häufigkeitsverteilungen zwischen zwei unabhängigen Stichproben — 331
11.4.1 Vierfelder-χ^2-Test — 332
11.4.2 Fisher-Yates-Test — 337

11.5 Der Zweistichproben-χ^2-Test — 338

12 Unterschiede zwischen zwei abhängigen Stichproben — 346

12.1 Vergleich der zentralen Tendenz zweier abhängiger Stichproben — 348
12.1.1 Parametrischer Test: Der t-Test für abhängige Stichproben — 348
12.1.2 Nonparametrische Tests — 357

12.2 Vergleich von Häufigkeitsverteilungen zwischen zwei abhängigen Stichproben — 361
12.2.1 Dichotome Merkmale: Der McNemar-Test — 361
12.2.2 Mehrkategoriale Merkmale: Der Bowker-Test — 366

13 Unterschiede zwischen mehreren unabhängigen Stichproben: Varianzanalyse und verwandte Verfahren — 371

13.1 Einfaktorielle Varianzanalyse — 372
13.1.1 Grundidee der Varianzanalyse — 372
13.1.2 Messwertzerlegung — 373
13.1.3 Zerlegung der Bedingungsmittelwerte und Effekte einzelner Bedingungen — 374
13.1.4 Quadratsummenzerlegung — 376
13.1.5 Populationsmodell der einfaktoriellen Varianzanalyse — 379
13.1.6 Schätzung der Populationsparameter — 382
13.1.7 Überprüfung der Nullhypothese: Der F-Test der einfaktoriellen Varianzanalyse — 385
13.1.8 Verletzungen der Voraussetzungen — 390
13.1.9 Effektgrößenmaße und Konfidenzintervall — 391
13.1.10 Poweranalyse — 395
13.1.11 Varianzanalyse mit zufälligen Effekten — 397
13.1.12 Paarvergleiche und Post-hoc-Tests — 398
13.1.13 Kontrastanalyse — 403

13.2	**Zweifaktorielle Varianzanalyse**	412
	13.2.1 Grundidee der zweifaktoriellen Varianzanalyse	414
	13.2.2 Messwertzerlegung	415
	13.2.3 Quadratsummenzerlegung	421
	13.2.4 Populationsmodell der zweifaktoriellen Varianzanalyse	424
	13.2.5 Schätzung der Populationsparameter	426
	13.2.6 Überprüfung der Nullhypothesen	426
	13.2.7 Effektgrößenmaße und Konfidenzintervalle	431
	13.2.8 Post-hoc-Tests und geplante Kontraste	433
	13.2.9 Ungleiche Stichprobengrößen: Nonorthogonale Varianzanalyse	437
	13.2.10 Mehrfaktorielle Varianzanalyse	438
13.3	**Test auf Gruppenunterschiede für Rangdaten (Kruskal-Wallis-Test)**	438
13.4	**Verfahren für kategoriale abhängige Variablen**	441

14 Unterschiede zwischen mehreren abhängigen Stichproben: Varianzanalyse mit Messwiederholung und verwandte Verfahren 446

14.1	**Einfaktorielle Varianzanalyse mit Messwiederholung**	447
	14.1.1 Messwertzerlegung	449
	14.1.2 Quadratsummenzerlegung	450
	14.1.3 Effektgrößenmaße	453
	14.1.4 Populationsmodell der einfaktoriellen Varianzanalyse mit Messwiederholung	455
	14.1.5 Schätzung der Populationsparameter	458
	14.1.6 Inferenzstatistik der einfaktoriellen Varianzanalyse mit Messwiederholung	458
	14.1.7 Sphärizität und Compound Symmetry	460
	14.1.8 Effektgrößenmaße und Konfidenzintervalle	464
	14.1.9 A-priori-Poweranalyse: Planung des optimalen Stichprobenumfangs	466
	14.1.10 Kontrastanalyse	467
14.2	**Zweifaktorielle Varianzanalyse mit Messwiederholung**	471
	14.2.1 Zweifaktorielle Varianzanalyse mit Messwiederholung auf beiden Faktoren	471
	14.2.2 Zweifaktorielle Varianzanalyse mit Messwiederholung auf einem Faktor	480
14.3	**Nichtparametrischer Test für Medianunterschiede zwischen abhängigen Stichproben (Friedman-Test)**	488
14.4	**Verfahren für kategoriale abhängige Variablen**	491

V Zusammenhangs- und Regressionsanalyse 495

15 Zusammenhänge zwischen zwei Variablen: Korrelations- und Assoziationsmaße 497

15.1	**Erläuterung des Korrelationsprinzips an drei Beispielen**	497
15.2	**Tabellarische und graphische Darstellung von bivariaten Messwertreihen**	499

15.3	**Korrelationskoeffizienten**	503
	15.3.1 Zwei metrische Variablen	504
	15.3.2 Zwei ordinalskalierte Variablen	511
	15.3.3 Zwei dichotome nominalskalierte Variablen	522
	15.3.4 Zwei polytome nominalskalierte Variablen	530
	15.3.5 Eine dichotome Variable und eine metrische Variable	534
	15.3.6 Eine dichotome nominalskalierte Variable und eine ordinalskalierte Variable	535
	15.3.7 Weitere Skalenkombinationen	537
	15.3.8 Wahl eines Korrelationskoeffizienten	538
15.4	**Inferenzstatistik zu bivariaten Zusammenhangsmaßen**	538
	15.4.1 Zwei metrische Variablen	539
	15.4.2 Assoziationsmaße für ordinale Variablen	549
	15.4.3 Assoziationsmaße für dichotome Variablen	553
	15.4.4 Assoziationsmaße für nominalskalierte Variablen	555
	15.4.5 Andere Assoziationsmaße	556

16 Abhängigkeiten zwischen zwei Variablen: Einfache lineare Regression — 560

16.1	**Kleinste-Quadrate-Kriterium**	563
16.2	**Regressionsgleichung**	566
16.3	**Regressionsresiduum**	567
16.4	**Quadratsummenzerlegung und Varianzzerlegung**	568
16.5	**Determinationskoeffizient und Indeterminationskoeffizient**	569
16.6	**Negatives Regressionsgewicht und Regressionsrichtung**	571
	16.6.1 Negatives Regressionsgewicht	571
	16.6.2 Regressionsrichtung	571
16.7	**Regression standardisierter Werte**	573
16.8	**Bedeutung der linearen Regression**	574
16.9	**Inferenzstatistik der einfachen linearen Regression**	575
	16.9.1 Populationsmodell der einfachen linearen Regression	575
	16.9.2 Inferenzstatistische Schätzung und Testung	576
	16.9.3 Schätzung der Residualvarianz und des Standardschätzfehlers	578
	16.9.4 Schätzung und Überprüfung des Regressionsgewichts β_1	579
	16.9.5 Schätzung und Überprüfung des Achsenabschnitts β_0	580
	16.9.6 Schätzung der bedingten Erwartungswerte	580
	16.9.7 Vorhersage individueller Kriteriumswerte	581
	16.9.8 Schätzung und Überprüfung des Determinationskoeffizienten	582

17 Partialkorrelation und Semipartialkorrelation — 587

17.1	**Aufgaben und Ziele der Partial- und Semipartialkorrelation**	587
17.2	**Partialkorrelation**	592
17.3	**Semipartialkorrelation**	597
17.4	**Inferenzstatistische Absicherung der Partial- und der Semipartialkorrelation**	599

18 Multiple Regressionsanalyse — 602

18.1 Zielsetzungen der multiplen Regressionsanalyse — 602
- 18.1.1 Berücksichtigung von Redundanzen und Kontrolle von Störvariablen — 602
- 18.1.2 Prognose und Erklärung — 602
- 18.1.3 Analyse komplexer Zusammenhänge — 603

18.2 Notation — 604

18.3 Lineare Regression für zwei metrische unabhängige Variablen — 605
- 18.3.1 Multiple Regression als kompensatorisches Modell — 605
- 18.3.2 Graphische Darstellung — 606
- 18.3.3 Bestimmung der Regressionskoeffizienten — 607

18.4 Bedeutung der Regressionsgewichte — 609
- 18.4.1 Multiple Regressionsgewichte als Regressionsgewichte bedingter einfacher Regressionen — 610
- 18.4.2 Multiple Regressionsgewichte als Regressionsgewichte von Regressionsresiduen — 611
- 18.4.3 Unstandardisierte vs. standardisierte Regressionsgewichte — 613

18.5 Lineare Regression für mehrere metrische unabhängige Variablen — 614

18.6 Multiple Korrelation und Determinationskoeffizient R^2 — 615

18.7 Inferenzstatistik zur multiplen Regressionsanalyse — 618
- 18.7.1 Populationsmodell der multiplen Regression — 619
- 18.7.2 Inferenzstatistische Schätzung und Testung — 619
- 18.7.3 Schätzung der Residualvarianz und des Standardschätzfehlers — 620
- 18.7.4 Schätzung, Signifikanztest und Konfidenzintervalle für die multiple Korrelation und den Determinationskoeffizienten — 620
- 18.7.5 Schätzung, Signifikanztest und Konfidenzintervalle für einen Partialregressionskoeffizienten β_j — 624
- 18.7.6 Schätzung, Signifikanztest und Konfidenzintervalle für einen Satz unabhängiger Variablen — 626
- 18.7.7 Verfahren zur Auswahl unabhängiger Variablen — 629
- 18.7.8 Schätzung und Überprüfung des Achsenabschnitts β_0 — 632
- 18.7.9 Schätzung der bedingten Erwartungswerte und individuell prognostizierter Werte — 632

18.8 Suppressorvariablen — 633

18.9 Moderierte Regressionsanalyse — 637
- 18.9.1 Moderierte Regressionsanalyse: Zwei unabhängige Variablen — 638
- 18.9.2 Moderierte Regression mit zentrierten Variablen — 640
- 18.9.3 Inferenzstatistische Absicherung eines Moderatoreffekts — 644

18.10 Analyse nicht-linearer Zusammenhänge — 645

18.11 Analyse kategorialer unabhängiger Variablen — 648
- 18.11.1 Dummy-Kodierung — 649
- 18.11.2 Effektkodierung — 651
- 18.11.3 Vergleich von Dummy- und Effektkodierung — 654
- 18.11.4 Inferenzstatistische Absicherung der Regressionsparameter — 655
- 18.11.5 Analyse mehrerer kategorialer unabhängiger Variablen — 657

18.12 Gemeinsame Analyse kategorialer und metrischer unabhängiger Variablen — 663
- 18.12.1 Additive Verknüpfung kategorialer und kontinuierlicher Variablen: Kovarianzanalyse — 664
- 18.12.2 Kovarianzanalyse in quasi-experimentellen Designs — 667
- 18.12.3 Interaktionen zwischen kategorialen und kontinuierlichen Variablen — 675

18.13	**Regressionsdiagnostik**	678
	18.13.1 Korrekte Spezifikation des Modells	678
	18.13.2 Messfehlerfreiheit der unabhängigen Variablen	680
	18.13.3 Ausreißer und einflussreiche Datenpunkte	680
	18.13.4 Multikollinearität	686
	18.13.5 Homoskedastizität	687
	18.13.6 Unabhängigkeit der Residuen	689
	18.13.7 Normalverteilung der Residuen	690
	18.13.8 Multivariate Normalverteilung der Variablen	693
	18.13.9 Verletzung der Annahmen und Konsequenzen	694

19 Hierarchische lineare Modelle (Mehrebenenanalyse) — 699

19.1	**Hierarchische Datenstrukturen**	699
	19.1.1 Risiko falscher Schlüsse bei der Interpretation von Zusammenhängen	700
	19.1.2 Verletzung der Unabhängigkeitsannahme	702
	19.1.3 Vorteile von hierarchischen linearen Modellen	706
19.2	**Modelle ohne Level-2-Prädiktoren**	707
	19.2.1 Eine vereinfachte Annäherung: Lineare Regressionsmodelle auf jeder Ebene	707
	19.2.2 Das Random-Coefficients-Modell auf Populationsebene	711
19.3	**Modelle mit Level-2-Prädiktoren**	719
	19.3.1 Modelle mit Cross-Level-Interaktion	719
	19.3.2 Kontexteffekte	721
19.4	**Modellvergleich und Varianzaufklärung**	727
19.5	**Poweranalyse und optimaler Stichprobenumfang**	731

20 Log-lineare Modelle und Logit-Modelle — 735

20.1	**Zielsetzungen der log-linearen Analyse**	735
	20.1.1 Das Simpson-Paradox	735
	20.1.2 Ein einführendes Beispiel: Sonnenschutzverhalten	737
20.2	**Log-lineare Analyse einer 2×2-Kontingenztabelle**	738
	20.2.1 Das multiplikative Modell	738
	20.2.2 Das additive Modell	741
	20.2.3 Das Modell basierend auf einer Referenzkategorie	743
	20.2.4 Vergleich der verschiedenen Formulierungen des Modells	744
	20.2.5 Allgemeiner Fall einer $I \times J$-Kontingenztabelle	745
20.3	**Inferenzstatistische Absicherung**	745
	20.3.1 Populationsmodelle für eine 2×2-Kontingenztabelle	746
	20.3.2 Parameterschätzung und Hypothesentestung	746
	20.3.3 Standardfehler und Konfidenzintervalle	748
	20.3.4 Signifikanztests	749

20.4	**Überprüfung von Modellen**		750
	20.4.1 Statistische Überprüfung von Modellannahmen		750
	20.4.2 Unabhängigkeitsmodell und saturiertes Modell		752
	20.4.3 Hierarchische und nicht-hierarchische log-lineare Modelle		753
	20.4.4 Modellvergleiche		754
	20.4.5 Spezifikation von Modellen beim produkt-multinomialen Erhebungsschema		755
	20.4.6 Effektgröße und Konfidenzintervall		755
	20.4.7 Bestimmung der optimalen Stichprobengröße		756
20.5	**Log-lineares Modell für eine $2 \times 2 \times 2$-Kontingenztabelle**		757
	20.5.1 Multiplikatives Modell		758
	20.5.2 Additives Modell		759
	20.5.3 Parameterschätzung und Modelltestung		759
	20.5.4 Log-lineares Modell für eine $I \times J \times K$-Kontingenztabelle		762
20.6	**Logit-Modell**		762

21 Logistische Regressionsanalyse 767

21.1	**Grundidee der logistischen Regressionsanalyse für dichotome abhängige Variablen**	767
	21.1.1 Einfache logistische Regressionsanalyse	768
	21.1.2 Multiple logistische Regression	777
21.2	**Parameterschätzung**	779
21.3	**Hypothesenprüfung**	781
	21.3.1 Hypothesentests für einen einzelnen Parameter	781
	21.3.2 Hypothesentests für ein Set von unabhängigen Variablen	784
	21.3.3 Hypothesentests in Bezug auf alle unabhängigen Variablen	785
	21.3.4 Zerlegung der Likelihood-Ratio-Teststatistik	785
21.4	**Effektstärkemaße**	786
21.5	**Klassifikation**	788
21.6	**Bestimmung der optimalen Stichprobengröße**	790
21.7	**Voraussetzungen der Maximum-Likelihood-Schätzung und Hypothesentestung**	791
21.8	**Regressionsdiagnostik**	793
	21.8.1 Korrekte Spezifikation des Modells und Modellanpassungsgüte	793
	21.8.2 Messfehlerbehaftetheit der unabhängigen Variablen und Multikollinearität	796
	21.8.3 Identifikation von Ausreißern und einflussreichen Datenpunkten	796
	21.8.4 Nullzellenproblem	797
21.9	**Logistisches Regressionsmodell für mehrkategoriale nominalskalierte abhängige Variablen**	798
21.10	**Logistisches Regressionsmodell für ordinalskalierte abhängige Variablen**	803

VI Modelle mit latenten Variablen   811

22 Messfehlertheorie und Klassische Testtheorie   813

22.1 Theoretische Konzepte der Klassischen Testtheorie   814
- 22.1.1 Theoretische Konzeption des Messfehlers   814
- 22.1.2 Theoretische Konzeption des wahren Wertes   816
- 22.1.3 Eigenschaften der Messfehler- und der True-Score-Variablen   818
- 22.1.4 Theoretische Konzeption der Reliabilität   819

22.2 Messmodelle   822
- 22.2.1 Modell essentiell τ-äquivalenter Variablen   822
- 22.2.2 Modell essentiell τ-paralleler Variablen   830
- 22.2.3 Modell τ-äquivalenter Variablen   831
- 22.2.4 Modell τ-paralleler Variablen   832
- 22.2.5 Zwischenfazit   832
- 22.2.6 Modell τ-kongenerischer Variablen   835

22.3 Vergleich der verschiedenen Testmodelle   841

22.4 Funktion von Testmodellen für die Psychodiagnostik   842
- 22.4.1 Itemselektion und Testkonstruktion   842
- 22.4.2 Messung latenter Merkmalsausprägungen   844

23 Mehrdimensionale Messmodelle und konfirmatorische Faktorenanalyse   849

23.1 Ein einführendes Beispiel: Die Konvergenz von Selbst- und Fremdbericht   849
- 23.1.1 Ein zweidimensionales Modell   851
- 23.1.2 Ein alternatives Modell: Modell mit Methodenfaktor   853
- 23.1.3 Verschiedene Darstellungsformen von Multidimensionalität   855

23.2 True-Score-Modelle vs. Faktormodelle   856
- 23.2.1 Uniqueness und Kommunalität   857
- 23.2.2 Faktoren und Ladungen   857
- 23.2.3 Konfirmatorische vs. exploratorische Faktorenanalyse   857

23.3 Grundidee der Faktorenanalyse   858

23.4 Allgemeine Fragen bei der konfirmatorischen Faktorenanalyse   859
- 23.4.1 Modellspezifikation: Warum Theorie so wichtig ist!   860
- 23.4.2 Identifizierbarkeit: Können alle Parameter eindeutig bestimmt werden?   861
- 23.4.3 Grundideen der Parameterschätzung und der Modelltestung   868

23.5 Schätzmethoden   871
- 23.5.1 Grundprinzip der Schätzmethoden   872
- 23.5.2 Maximum-Likelihood-Verfahren   873
- 23.5.3 Asymptotisch verteilungsfreie Verfahren   873
- 23.5.4 Andere Schätzmethoden   874
- 23.5.5 Wahl einer Schätzmethode   875

23.6	**Beurteilung der Modellanpassungsgüte**	876
	23.6.1 Detailmaße der Anpassungsgüte: Residuen	877
	23.6.2 Gesamtanpassung des Modells	878
	23.6.3 Modellvergleiche	882
	23.6.4 Modellmodifikationen	884
23.7	**Bestimmung der optimalen Stichprobengröße**	884
	23.7.1 A-priori-Poweranalyse zur Bestimmung der Stichprobengröße	884
	23.7.2 Monte-Carlo-Simulationsstudie zur Bestimmung der Stichprobengröße	885
23.8	**Faktorenanalyse für ordinale Variablen**	885
	23.8.1 Annahme einer itemspezifischen kontinuierlichen Variablen	886
	23.8.2 Faktorenanalytisches Modell	888
23.9	**Weitere Messmodelle mit latenten Variablen**	890

24 Exploratorische Faktorenanalyse und Hauptkomponentenanalyse 893

24.1	**Grundprinzipien der exploratorischen Faktorenanalyse**	894
	24.1.1 Grundgleichung der Faktorenanalyse	894
	24.1.2 Schritte bei der exploratorischen Faktorenanalyse	894
24.2	**Die Maximum-Likelihood-Faktorenanalyse**	895
	24.2.1 Annahmen der Maximum-Likelihood-Faktorenanalyse	895
	24.2.2 Identifizierbarkeit und Anfangslösung	896
	24.2.3 Bestimmung der Anzahl der Faktoren und Modellgültigkeit	898
	24.2.4 Rotation	901
	24.2.5 Interpretation der Ergebnisse	906
	24.2.6 Bestimmung von Faktorwerten	907
24.3	**Hauptachsenanalyse und Hauptkomponentenanalyse**	907
	24.3.1 Grundidee der Hauptkomponentenanalyse	908
	24.3.2 Kriterien zur Bestimmung der relevanten Hauptkomponenten	912
	24.3.3 Rotation und Ergebnisdarstellung	914
	24.3.4 Hauptachsenanalyse	916
24.4	**Vergleich der Ansätze und praktische Empfehlungen**	918
24.5	**Faktorenanalyse für dichotome und ordinale Variablen**	921
24.6	**Einzelfall-Faktorenanalyse und dynamische Faktorenanalyse**	922

25 Pfadanalyse und lineare Strukturgleichungsmodelle 926

25.1	**Pfadanalyse**	927
	25.1.1 Das pfadanalytische Modell als ein System von Regressionsmodellen	928
	25.1.2 Parameterschätzung und Modellüberprüfung	930
	25.1.3 Überprüfen von Hypothesen	936
25.2	**Lineare Strukturgleichungsmodelle**	941
	25.2.1 Messmodell und Strukturmodell	942
	25.2.2 Parameterschätzung und Hypothesenüberprüfung	944

25.2.3	Latente autoregressive Modelle	944
25.2.4	Latent-State-Trait-Modell	948
25.2.5	Spezielle lineare Strukturgleichungsmodelle	952
25.2.6	Sind Strukturgleichungsmodelle Kausalmodelle?	952

Literatur — 955

Hinweise zu den Online-Materialien — 970

Sachwortverzeichnis — 971

Anhang — 982

Anhang A: Tabellen — 985

1	Binominalverteilung	985
2	Standardnormalverteilung	996
3	Zentrale t-Verteilung	998
4	Wilcoxon-Vorzeichen-Rangtest	999
5	Zentrale χ^2-Verteilung	1000
6	Kritische Werte für den Kolmogorov-Smirnov-Test und den Lilliefors-Test	1001
7	Wilcoxon-Rangsummen-Test	1004
8	Zentrale F-Verteilung	1006
9	Kritische Werte für die Differenz $n_K - n_D$	1014

Anhang B: Matrixalgebra — 1016

1	Matrix	1016
2	Vektor	1016
3	Grundlegende Rechenoperationen mit Matrizen	1017
4	Spezielle Matrizen	1020
5	Demonstration der Berechnung einiger statistischer Kennwerte mittels Matrixalgebra	1021

Danksagung

Dieses Buch hat eine lange, zehnjährige Geschichte. Sie beginnt zur Zeit des Jahrtausendwechsels, als der Beltz-Verlag mit einer Anfrage an uns herangetreten ist. Seitdem gab es viele Ideen, Konzepte, revidierte Konzepte, Probekapitel, überarbeitete Probekapitel, neue Ideen, schließlich auch in der eigentlichen Produktionsphase mehrfach überarbeitete Versionen der Kapitel und bis zuletzt immer wieder kleinere und größere Modifikationen und Korrekturen. Zudem gab es zahlreiche Ortswechsel bei den Autoren, mit den damit verbundenen Anpassungsprozessen: Die Konzepte und Kapitelversionen haben – wahrscheinlich immer noch auffindbare – digitale Spuren auf Rechnern in Trier, Magdeburg, Landau, Genf, Berlin und Marburg hinterlassen. All dies hat dazu geführt, dass dieses Buch eine derart lange Entstehungsgeschichte hinter sich hat. Unsere Familien, Partner und Freunde können ein Lied davon singen: Wenn wir in den letzten Jahren mal wieder keine Zeit hatten, dann war der Grund in den meisten Fällen sicherlich »DAS BUCH«. Es gibt unter uns Autoren, deren Kinder mit dem Schreiben groß, manche sogar erwachsen geworden sind. Zum Teil kennen sie ihren Vater gar nicht anders als an dem Lehrbuch schreibend. Arbeitstreffen, die einige unserer Kinder nur deshalb zuließen, weil der Büroschrank im Besprechungsraum mit Bananen gefüllt war, werden uns in guter Erinnerung bleiben, und der »Bananenonkel« wird einen permanenten Speicherplatz im autobiographischen Gedächtnis der Bestochenen einnehmen. Die Vorstellung bleibender positiver Konsequenzen (»Papa, wirst Du dann berühmt?«) konnte manchen Zeitverlust ausgleichen, wobei dies nicht für alle Mitglieder des Familiensystems zu allen Zeiten galt (»Ich bin froh, wenn DAS endlich vorbei ist!«). Für die unschätzbare emotionale und tatkräftige Unterstützung und besonders für die Rück- und Nachsicht, wenn »DAS BUCH« mal wieder die Pläne für einen gemeinsamen schönen Abend durchkreuzte, möchten wir uns hier als Erstes bei unseren Familien – bei Barbara, Jakob, Rosa, Katharina, Joshua, Johanna –, Partnern und Freunden bedanken.

Das Buch ist in enger wissenschaftlicher und freundschaftlicher Kooperation entstanden und hat seine Wurzel in der wissenschaftlichen Heimat der drei Autoren an der Universität Trier, an der sie eine fundierte und prägende Methodenausbildung erhalten haben, welche sie in ihrer wissenschaftlichen Tätigkeit und Kooperation weiter ausbauen und vertiefen konnten. Hierzu hat vor allem Prof. Dr. Rolf Steyer (jetzt Universität Jena) entscheidend beigetragen, dem herzlich gedankt sei.

Unsere Lehrtätigkeiten an den Universitäten Trier, Magdeburg, Koblenz-Landau, Genf und der Freien Universität Berlin und insbesondere das Zusammenarbeiten mit Studierenden in Seminaren und Vorlesungen (einschließlich Rückmeldungen wie etwa Augenrollen, Schulterzucken, motorischen Abwehrreaktionen beim Anblick von Formeln sowie Stoßseufzern und Verzückungsrufen bei Aha-Erlebnissen) haben uns dabei geholfen, Ideen zum didaktischen Konzept des Buches zu entwickeln und umzusetzen. Danke an alle Studierenden!

Während der langen, zehnjährigen Entstehungsgeschichte mussten auch die Leiterinnen des Psychologie-Programms des Beltz-Verlags, Frau Dr. Heike Berger und Frau Dr. Svenja Wahl, einige Geduld mit uns aufbringen. Sie haben trotzdem (und glücklicherweise) nicht den Mut und ihren Humor verloren. Ihre außerordentlich positive Unterstützung des gesamten Buchprojekts hat nie nachgelassen – dafür herzlichen Dank!

Das Buch wäre nicht, was es geworden ist, hätte uns nicht unser Lektor Reiner Klähn während des letzten Jahres intensiv begleitet. Er hat alle Kapitel überarbeitet, sprachliche Fehler ausgemerzt, Inkonsistenzen aufgedeckt, logische und formale Fehler korrigiert, die Verständlichkeit des Buches erheblich verbessert und uns hin und wieder mit Hinweisen auf inhaltliche Fehler überrascht und beeindruckt, ist

Statistik doch – angeblich – ganz und gar nicht sein Metier. Ein ganz großes Dankeschön! Falls unser Buch trotz allem noch sprachliche Ungereimtheiten enthalten sollte, sind diese in allererster Linie uns, den Autoren, anzulasten.

Den Diplom-Mathematikern Dr. Jörg Betzin, Thorsten Braun, Marco Meyer und Ralf Wagner gilt unser herzlicher Dank für die mathematische Überarbeitung der Kapitel, die Korrektur von Fehlern und vielfältige Anregungen zur Verbesserung des Textes.

Unsere Sekretärinnen Christine Reither und Angela Coenders haben uns in vielfacher Weise unterstützt, so etwa beim Erstellen von Abbildungen, Tabellen, Formeln und Verzeichnissen. Unsere wissenschaftlichen Mitarbeiterinnen und Mitarbeiter Claudia Crayen, Tobias Koch, Irina Kumschick, Dr. Tanja Lischetzke, Maike Luhmann, Natalie Mallach, Dr. Walter Schreiber, Luna Schulze und Dr. Susanne Weis haben den Text sorgfältig Korrektur gelesen, Abbildungen erstellt und vielfältige Verbesserungsvorschläge unterbreitet. Die studentischen Hilfskräfte Henriette Hunold, Tanja Kutscher, Konstanze Männel und Bettina Raißle haben an der Erstellung des Sachwort- und des Literaturverzeichnisses mitgearbeitet. Ihnen allen ein herzliches Dankeschön!

Im Voraus wollen wir allen Leserinnen und Lesern danken, die uns auf die Dinge hinweisen, die sie für verbesserungswürdig halten. Wir sind auf solche Rückmeldungen angewiesen, insbesondere da es sich hier um die erste Auflage dieses Buches handelt und man nie sicher sein kann, alle inhaltlichen, mathematischen, formalen und argumentativen Fehler und Inkonsistenzen beseitigt zu haben. Für die zweite Auflage sind daher noch einige Verbesserungen zu erwarten, und sie wird mit Sicherheit weniger als 10 Jahre brauchen …

Berlin, Marburg und Landau, im Sommer 2010

Michael Eid
Mario Gollwitzer
Manfred Schmitt

Danksagung zur 2. Auflage

Der schnelle Verkauf des ersten Drucks unseres Lehrbuches hat einen früheren Neudruck erfordert, als dies zu erwarten war. Dieser Neudruck hat es uns ermöglicht, einige Fehler im ersten Druck zu korrigieren, Bezüge klarer herauszustellen und den Brückenschlag zu weitergehenden, vertiefenden Arbeiten zu verbessern. Wir haben hierzu vielfältige Anregungen und Hinweise aufgegriffen, die wir von Leserinnen und Lesern erhalten haben, denen wir herzlich danken möchten. Insbesondere danken wir für viele wertvolle Hinweise, Korrekturen und Überarbeitungsempfehlungen Dr. Oliver Christ, Dipl.-Psych. Claudia Crayen, Prof. Dr. Albrecht Iseler, Dr. Anita Jain, Prof. Dr. Thorsten Meiser, Prof. Dr. Wolfgang Lehmann, Prof. Dr. Tanja Lischetzke, Dipl.-Psych. Jana Mahlke, Dr. Fridtjof Nussbeck, Prof. Dr. Karin Schermelleh-Engel und vor allem den Studierenden und Dozierenden, die sich mit Änderungsvorschlägen an uns gewandt haben. Die Grundstruktur des Buches und die wesentlichen Inhalte haben sich nicht geändert. Wir freuen uns weiterhin auf Verbesserungsvorschläge!

Vorwort und Wegweiser

Warum dieses Buch?

Kenntnisse der Forschungsmethoden und Statistik sind für alle Disziplinen innerhalb der empirisch arbeitenden Sozial- und Verhaltenswissenschaften von grundlegender Bedeutung. Ohne ein fundiertes Verständnis für den Forschungsprozess, die Datenerhebung und die Datenauswertung kann man weder die Erkenntnisse empirischer Forschung in den Sozial- und Verhaltenswissenschaften verstehen und angemessen in praktisches Handeln umsetzen noch eigene Forschungsarbeiten planen und »nach den Regeln der Kunst« durchführen. Parallel zur Einführung der Bachelor- und Masterstudiengänge sind in den letzten Jahren viele Lehrbücher über Forschungsmethoden und Statistik im Bereich der Sozial- und Verhaltenswissenschaften erschienen. Warum also ein weiteres Lehrbuch? Warum sollte man dieses Buch kaufen und mit diesem Buch arbeiten? Unseres Erachtens gibt es eine Reihe von Gründen, die für dieses Buch sprechen:

Vom Bachelor zum Master

Die Reformen im Hochschulbereich und die Einführung konsekutiver Studiengänge hat dazu geführt, dass zunehmend Lehrbücher entstanden sind, die spezifisch auf einzelne Bachelor- und Masterstudiengänge zugeschnitten sind und die jeweiligen Themenbereiche entsprechend verkürzt abhandeln. Dadurch wird das Wissen zum Teil recht oberflächlich vermittelt. Das vorliegende Buch ist für die Ausbildung sowohl in Bachelor- als auch in Masterstudiengängen geeignet. Es bietet eine Einführung in die zentralen Themen der Statistik und Methodenlehre und behält dabei sowohl die anschauliche Vermittlung konzeptueller Grundlagen als auch die Anwendung der Methoden immer im Auge. Darüber hinaus werden wichtige Themenbereiche vertiefend dargestellt. Dadurch soll es möglich werden, einen breiten Überblick über die Methoden der sozial- und verhaltenswissenschaftlichen Forschung zu gewinnen und gleichzeitig ein vertieftes Verständnis und Wissen dieser Methoden zu erwerben.

Die einzelnen Kapitel sind so angelegt, dass sie sowohl für die Überblicksveranstaltungen und Einführungsvorlesungen im Bereich Methodenlehre und Statistik als auch für weiterführende Lehrveranstaltungen zu einzelnen Themen eingesetzt werden können. Deshalb beginnen fast alle Kapitel des Buches mit einer Einführung in die deskriptivstatistischen Aspekte der jeweils behandelten Methode, ohne dass Kenntnisse der Wahrscheinlichkeitstheorie und der Inferenzstatistik vorausgesetzt werden. Dies gilt nicht nur für die univariate und bivariate Statistik, sondern auch für komplexere Verfahren wie die Varianzanalyse und die multiple Regressionsanalyse. Durch diese Art der Aufbereitung können die zentralen Funktionen und Anwendungsbereiche dieser multivariaten Verfahren bereits in einer einführenden Veranstaltung zur Deskriptivstatistik unterrichtet werden. Gleichzeitig sind alle Kapitel so angelegt, dass sie fortgeschrittene Inhalte, die typischerweise auf Masterniveau unterrichtet werden, weitgehend abdecken. Dieser systematische Aufbau der Kapitel hat den Vorteil, dass im Masterstudium direkt auf denjenigen Kenntnissen, die im Bachelorstudium erworben wurden, aufgebaut werden kann und die Studierenden nicht zu einem neuen Lehrbuch greifen müssen.

Von der Forschungsfrage zum Strukturgleichungsmodell

Das Buch behandelt den Forschungsprozess in den Sozial- und Verhaltenswissenschaften, insbesondere der Psychologie, von der Forschungsfrage bis zur Datenauswertung. Leserinnen und Leser, die sich mit der Logik der empirischen Forschung in der Psychologie und in anderen Sozial- und Verhaltenswissenschaften wie der Pädagogik und der Soziologie vertraut machen wollen, können die Grundprinzipien des Forschens in diesen Disziplinen von der Fragestellung bis zu der Anwendung komplexer statistischer Modelle nachverfolgen.

Vom Grundlagenwissen zur Anwendungspraxis

Das Buch ist so angelegt, dass alle behandelten Verfahren ausführlich anhand von Beispielen eingeführt und erörtert werden, die Bezüge zur psychologischen Forschungs- und Anwendungspraxis aufweisen. Die vielen Beispiele, an denen wir die Methoden illustrieren, sollen zeigen, dass Methodenkompetenz nicht nur eine Voraussetzung für hochwertige Forschung darstellt, sondern auch unverzichtbar ist, wenn man professionell und mit kritischem Sachverstand Schlussfolgerungen aus wissenschaftlichen Befunden für die psychologische Praxis zieht. Durch die Wahl von anschaulichen Beispielen möchten wir dem verbreiteten Missverständnis entgegenwirken, die Inhalte der Methodenlehre könnte man nach dem Studium vergessen, weil sie für die psychologische Praxis keine Bedeutung hätten. Das Gegenteil ist richtig! Gute praktische Arbeit setzt methodische Kompetenz voraus, weil der »gesunde Menschenverstand« die Komplexität des menschlichen Erlebens und Verhaltens weder präzise noch vollständig noch unverfälscht erfassen und durchdringen kann. Statistische Methoden sind in Kombination mit aussagekräftigen Daten und leistungsfähigen Rechnern und Programmen der menschlichen Informationsverarbeitung haushoch überlegen. Deshalb beschränkt sich dieses Buch nicht auf reine »kochbuchartige« Anwendungsempfehlungen. Man kann die Logik statistischer Analyseverfahren nicht verstehen, wenn man lediglich die Handhabung entsprechender Statistikprogramme beigebracht bekommt. Deshalb vermittelt dieses Buch über Anwendungshinweise hinaus Grundlagen, die für ein umfassenderes Verständnis der behandelten Methoden unabdingbar sind. Mit Hilfe von Verständnisfragen können Leserinnen und Leser nach jedem Kapitel überprüfen, ob sie die Lernziele des Kapitels erreicht haben. Übungsaufgaben zu jedem Kapitel dienen dazu, das Gelernte einüben und anwenden zu können.

Umsetzung der Empfehlungen der Task Force on Statistical Inference

In den letzten Jahren gab es in der Psychologie eine intensive Diskussion über die angemessene Art, theoretische Hypothesen zu testen und empirische Daten auszuwerten. Hierzu hat die American Psychological Association (APA) im Jahre 1996 eine Arbeitsgruppe (Task Force on Statistical Inference) ins Leben gerufen, deren Empfehlungen dem vorliegenden Lehrbuch zugrunde gelegt wurden. Insbesondere werden zu jedem statistischen Test, der behandelt wird, die entsprechenden Effektgrößen genannt, Möglichkeiten zur Schätzung dieser Effektgrößen diskutiert und es wird gezeigt, wie Konfidenzintervalle für diese Effektgrößen bestimmt werden können.

Parametrische und nonparametrische Verfahren

In vielen Anwendungsbereichen der Sozial- und Verhaltenswissenschaften sind die Voraussetzungen sog. parametrischer Verfahren zur Testung theoretischer Hypothesen anhand empirischer Daten nicht erfüllt. Deshalb stellen wir zusätzlich zu parametrischen Standardverfahren auch nonparametrische (verteilungsfreie) Verfahren vor, mit denen die entsprechenden Hypothesen getestet werden können, auch wenn die Voraussetzungen parametrischer Verfahren verletzt sind.

Umfassende Behandlung kategorialer Variablen

In vielen Lehrbüchern zur Statistik in den Sozial- und Verhaltenswissenschaften wird die Analyse kategorialer Daten eher randständig behandelt – und dies, obwohl in der Psychologie sowie in anderen Sozial- und Verhaltenswissenschaften sehr häufig kategoriale Daten erhoben werden. Unser Lehrbuch berücksichtigt diesen Sachverhalt konsequenterweise, indem eine Reihe statistischer Verfahren für die Analyse kategorialer Daten vorgestellt werden. Insbesondere behandeln wir ausführlich Zusammenhangsmaße für kategoriale Variablen, loglineare Modelle für die Analyse bedingter Zusammenhänge und mit der Logit-Analyse und der logistischen Regressionsanalyse Verfahren, die zur Analyse gerichteter Zusammenhänge bei kategorialen Variablen geeignet sind. Auch im Rahmen von Strukturgleichungsmodellen und der exploratorischen Faktorenanalyse zeigen wir, wie Zusammenhangs- und Abhängigkeitsstrukturen auf der Grundlage kategorialer Variablen untersucht werden können.

Modelle mit latenten Variablen

In den letzten Jahren sind zahlreiche Ansätze entwickelt worden, um Messfehler, die insbesondere in den Sozial- und Verhaltenswissenschaften unvermeidlich sind, von wahren Ausprägungen der interessierenden Variablen zu trennen. Dies ist mittels Modellen mit latenten Variablen möglich. Wir stellen einige Modelle mit latenten Variablen im Detail vor, um die Grundprinzipien und Anwendungsmöglichkeiten dieser modernen Verfahren zu verdeutlichen. Darüber hinaus stellen wir die Konsequenzen der Messfehler im Detail dar.

Computerbasierte Datenanalyse

Alle behandelten Verfahren können mit Hilfe von entsprechender Software (Tabellenkalkulations- und Statistikprogrammen) berechnet werden. Zur Analyse von empirischen Daten gibt es unzählige solcher Programme, die wir nicht im Überblick darstellen können. An verschiedenen Stellen im Buch verweisen wir auf das ein oder andere Statistikprogramm, ohne uns auf ein einziges Programm zu beschränken. In unseren Online-Materialien (s. im folgenden Abschnitt) finden sich Links und Verweise auf einige der im Buch genannten nützlichen Programme und Tools, die auf Internetseiten verfügbar sind (z. B. kleine Programme, mit deren Hilfe schnelle Analysen durchgeführt werden können). Dazu gehört das Statistikprogramm »R«, mit dem fast alle der in dem Buch dargestellten Analysen berechnet werden können und das kostenlos im Internet verfügbar ist. R ist ein umfassendes Statistikprogramm, dessen Teilprogramme (sog. Pakete) von unzähligen Nutzern und Anwendern aus der ganzen Welt stetig weiterentwickelt werden. Die Pakete beinhalten Verfahren, die für viele Fragestellungen der Psychologie und der anderen Sozial- und Verhaltenswissenschaften relevant sind. Viele Universitäten stellen daher ihre Statistikausbildung auf das Computerprogramm R um. Ein einführendes Lehrbuch dazu hat Maike Luhmann verfasst: »R für Einsteiger« (2010, ebenfalls bei Beltz erschienen). Dort wird gezeigt, wie einige grundlegende Analysen, die im vorliegenden Lehrbuch behandelt werden, mit R berechnet werden können. Demonstriert werden insbesondere spezielle Assoziationsmaße und Konfidenzintervalle für Effektgrößen, die nicht mit allen Standard-Statistikprogrammen berechnet werden können. Wir empfehlen daher, das Buch von Luhmann (2010) als Ergänzung zum vorliegenden Lehrbuch zu verwenden.

Wie kann man mit diesem Buch unterrichten?

Dieses Buch ist auf die Ausbildung in Bachelor- und Masterstudiengängen zugeschnitten und kann daher sowohl in Bachelor- als auch in Masterstudiengängen eingesetzt werden. Die Ausbildung im Bachelorstudiengang zielt v. a. darauf ab, die Grundlagen der Forschungsmethoden zu vermitteln, Methoden der Deskriptivstatistik zu lehren sowie die Prinzipien der Inferenzstatistik zu vermitteln, diese an einigen wichtigen statistischen Tests zu illustrieren und damit die Grundlagen zu schaffen und Kompetenzen zu vermitteln, um inferenzstatistische Verfahren anwenden zu können. Die Methodenausbildung im Masterstudiengang soll Studierende befähigen, multivariate Verfahren angemessen zu verwenden und die Ergebnisse zutreffend zu interpretieren.

Bachelorniveau

Auf Bachelorniveau können die Kapitel 1–5 im Rahmen einer Veranstaltung zur *Einführung in die Methodenlehre* unterrichtet werden. Für eine Veranstaltung *Deskriptivstatistik und Wahrscheinlichkeitstheorie* empfehlen wir folgende Zusammenstellung:

▶ Methodenbegriffe (Kap. 1)
▶ Struktur und Ablauf wissenschaftlicher Untersuchungen (Kap. 2)
▶ methodologische Grundbegriffe (Abschn. 4.1)
▶ Einführung in die Skalenniveaus (Abschn. 5.1)
▶ univariate Deskriptivstatistik (Kap. 6)
▶ bivariate Deskriptivstatistik (Abschn. 15.1 bis 15.3)
▶ deskriptivstatistische Grundlagen der einfachen Regressionsanalyse (Abschn. 16.1–16.8)
▶ Partial- und Semipartialkorrelation (Abschn. 17.1)
▶ deskriptivstatistische Grundlagen der multiplen linearen Regression (Abschn. 18.1–18.6)

- ggf. deskriptivstatische Grundlagen der einfaktoriellen (messwiederholten und nicht-messwiederholten) Varianzanalyse (Abschn. 13.1 und 14.1)
- Wahrscheinlichkeitstheorie (Kap. 7).

Für eine Veranstaltung zur *Inferenzstatistik* bieten sich folgende Komponenten an:
- Grundlagen der Inferenzstatistik (Kap. 8)
- Überblick über inferenzstatistische Tests (Kap. 9)
- Einstichprobentests (Kap. 10)
- Zweistichprobentests (Kap. 11 und 12)
- Varianzanalyse (Kap. 13 und 14)
- Tests für Assoziationsmaße (Abschn. 15.4)
- Tests für regressionsanalytische Ansätze (Abschn. 16.9 und 18.7).

Masterniveau

Für eine Veranstaltung zu *multivariaten Verfahren (im weiteren Sinne)* empfehlen wir die folgenden Themen:
- multiple Regression/Allgemeines Lineares Modell (Kap. 18), insbesondere
  - moderierte Regression
  - Regression mit kategorialen unabhängigen Variablen
  - Kovarianzanalyse
  - Aptitude-Treatment-Interaction-Analyse
  - Überprüfung der Voraussetzungen
- hierarchische lineare Modelle (Kap. 19)
- logistische Regression (Kap. 21).

Einer Veranstaltung zu *multivariaten Verfahren (im engeren Sinne)* empfiehlt sich die Behandlung der folgenden Themen:
- Modelle mit latenten Variablen (Kap. 22)
- konfirmatorische Faktorenanalyse (Kap. 23)
- exploratorische Faktorenanalyse (Kap. 24)
- lineare Strukturgleichungsmodelle (Kap. 25).

Eine Veranstaltung zur *Analyse kategorialer Variablen* sollte die folgenden Themen beinhalten:
- messtheoretische Grundlagen: nominal- und ordinalskalierte Variablen (Kap. 5)
- univariate Deskriptivstatistik kategorialer Variablen (Kap. 6)
- Assoziationsmaße für kategoriale Variablen (Kap. 15)
- log-lineare Modelle (Kap. 20)
- logistische Regression (Kap. 21)
- Faktorenanalyse ordinalskalierter Variablen (Kap. 23 und 24).

Weitere Unterrichtsthemen können individuell zusammengestellt werden.

Online-Materialien

Im Internet finden sich die Online-Materialien zu diesem Buch auf folgender Website:

www.beltz.de/statistik-und-forschungsmethoden

Dort werden vielfältige ergänzende Materialien zur Verfügung gestellt. Es wird u. a. auf kostenlose Statistikprogramme zur Berechnung spezifischer Größen bzw. zur Durchführung spezifischer statistischer Tests verwiesen, und es werden Lösungen zu den in den einzelnen Kapiteln gestellten Übungsaufgaben aufgezeigt. Die Verweise auf die Online-Materialien sind im Text mit einem Maus-Symbol ( ) gekennzeichnet.

Wie kann man mit dem Buch lernen?

Das Buch kann als Basisliteratur für Lehrveranstaltungen, aber auch für das Selbststudium im Bereich der Methodenlehre eingesetzt werden. Der in den Kapiteln dargestellte Stoff kann mit Hilfe folgender Elemente vertieft werden.

Fragen. Am Ende jedes Kapitels gibt es eine Reihe von Fragen, die sich auf wichtige Aspekte des Stoffes beziehen. Die Antworten zu den Fragen werden auf der Website des Buches (unter: www.beltz.de/statistik-und-forschungsmethoden) zur Verfügung gestellt. Anhand der Fragen kann überprüft werden, ob man wesentliche Inhalte präsent hat und vermitteln kann. Es bietet sich an, die Fragen in Lerngruppen zu besprechen.

Übungen. Die Übungen am Ende jedes Kapitels dienen dazu festzustellen, ob man nicht nur über das Wissen, sondern auch über die Kompetenz verfügt, das erworbene Wissen zur Lösung einer konkreten Problemstellung anzuwenden. Die Lösungen zu allen Übungen lassen sich von der Website des Buches downloaden. Die dort zur Verfügung gestellten Datensätze können genutzt werden, um die im Buch dargestellten Analysen nachzuvollziehen oder (auch) eigene statistische Analysen durchzuführen.

Aktualisierte Informationen in den Online-Materialien. Die Online-Materialien zu dem vorliegenden Lehrbuch werden regelmäßig auf den neuesten Stand gebracht, so dass man sich über neuere Entwicklungen, auch im Bereich der statistischen Analysesoftware, informieren kann. Wir beabsichtigen, auch eine Seite mit häufig gestellten Fragen einzurichten.

Orientierung

Forschungsprozess

Der Schwerpunkt des Buches liegt auf statistischen Methoden zur Auswertung von Daten. Wie diese im Forschungsprozess gewonnen werden, erläutern wir ebenfalls. Zwar behandeln wir aus Platzgründen nicht alle Schritte des Forschungsprozesses gleichermaßen detailliert und umfassend. Dennoch vermittelt unser Buch ein Verständnis für diesen Prozess. Es eignet sich deshalb auch für Einführungsveranstaltungen, in denen methodologische Grundlagen empirischer Forschung vermittelt werden. Um diesen Zweck unseres Buches zu verdeutlichen, haben wir die einzelnen Etappen des empirischen Forschungsprozesses in Abbildung 1 aufgeführt und mit Verweisen auf diejenigen Kapitel und Abschnitte versehen, in denen eine Vertiefung des Themas geboten wird.

Wegweiser zu den statistischen Tests

Wie in den meisten Statistiklehrbüchern, so werden auch in unserem Lehrbuch eine Vielzahl von statistischen Tests behandelt, die für unterschiedliche Fragestellungen geeignet sind. Um aus dieser Vielfalt denjenigen Test auswählen zu können, der sich für die spezifische Fragestellung und die verfügbaren Daten am besten eignet, haben wir eine Systematik entwickelt. Diese basiert auf einer Gliederung der wichtigsten Fragestellungen der Psychologie sowie anderer Sozial- und Verhaltenswissenschaften:

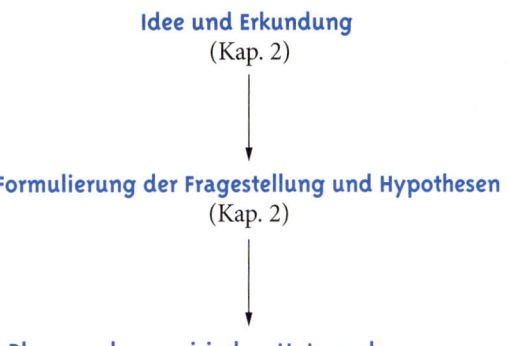
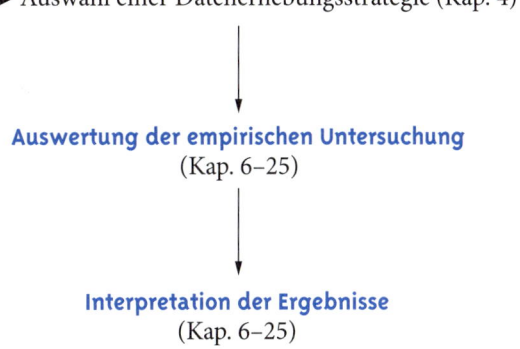

Abbildung 1 Der Forschungsprozess im Überblick und seine Verortung im Buch

▶ Gruppen vergleichen
▶ Zusammenhänge bestimmen
▶ Zusammenhänge erklären
▶ Verhalten und Erleben vorhersagen bzw. erklären

Gruppen vergleichen. Zum Vergleich von Gruppen gibt es eine Vielzahl statistischer Tests, die sich danach unterscheiden lassen, (1) wie viele Gruppen betrachtet werden, (2) ob diese Gruppen unabhängig oder abhängig sind, (3) welche Arten von Variablen verglichen werden sollen und (4) welche Voraussetzungen in Bezug auf die Verteilung des untersuchten Merkmals getroffen werden. Anhand dieser Gliederung gibt Tabelle 1 einen Überblick über Verfahren der Analyse von Gruppenunterschieden.

Tabelle 1 Statistische Verfahren und Tests zum Vergleich von Gruppen. Die Zahlen in Klammern verweisen auf die Kapitel bzw. Abschnitte, in denen die genannten Verfahren behandelt werden

Anzahl der Stichproben (Gruppen)	Gegenstand der Hypothese	Stetige Variablen		Ordinalskalierte Variablen		Nominalskalierte Variablen
		Normalverteilung	Keine Verteilungsannahme	Singuläre Variablen	Kategoriale Variablen	
eine	Mittelwert	**Populationsvarianz bekannt** Einstichproben-Gauß-Test (10.1) **Populationsvarianz unbekannt** Einstichproben-t-Test (10.1)				
	Median		Wilcoxon-Vorzeichen-Rang-Test (10.2)	Vorzeichentest (10.2)	Vorzeichentest (10.2)	
	Varianz	χ^2-Test (10.3)				
	Verteilung	Kolmogorov-Smirnov-Test (10.6.1) Lilliefors-Test (10.6.1)	Kolmogorov-Smirnov-Test (10.6.1) χ^2-Test (10.6.2)		Binomialtest (10.4) χ^2-Test (10.6.2)	Binomialtest (10.4) χ^2-Test (10.6.2)
zwei unabhängige	Mittelwert	**Populationsvarianz gleich und bekannt** Zweistichproben-Gauß-Test (11.1.1) **Populationsvarianz gleich und unbekannt** t-Test für unabhängige Stichproben (11.1.2) **Populationsvarianz ungleich und unbekannt** Welch-Test (11.1.2)				
	Median		Wilcoxon-Rangsummen-Test bzw. U-Test (11.2.2)	Mediantest (11.2.1)		

Tabelle 1 (Fortsetzung)

Anzahl der Stichproben (Gruppen)	Gegenstand der Hypothese	Stetige Variablen		Ordinalskalierte Variablen		Nominalskalierte Variablen
		Normalverteilung	Keine Verteilungsannahme	Singuläre Variablen	Kategoriale Variablen	
	Varianz	F-Test (11.3.1) Levene-Test (11.3.2)				
	Verteilung				Logistische Regression für ordinalskalierte Variablen (21.10) mit Kodiervariablen als unabhängigen Variablen (18.11)	Zweistichproben-χ^2-Test (11.4.1, 11.5) Fisher-Yates-Test (11.4.2)
zwei abhängige	Mittelwert	t-Test für abhängige Stichproben (12.1.1)				
	Median		Wilcoxon-Vorzeichen-Rangtest (12.1.2)			
	Verteilung					McNemar-Test (12.2.1) Bowker-Test (12.2.2)
mehrere unabhängige	Mittelwert	**Populationsvarianzen gleich** Varianzanalyse (13.1, 13.2) **Populationsvarianzen ungleich** Welch-Test (13.1.8) Brown-Forsythe-Test (13.1.8)				
	Median		Rangvarianzanalyse bzw. Kruskal-Wallis-Test (13.3)			

Tabelle 1 (Fortsetzung)

Anzahl der Stichproben (Gruppen)	Gegenstand der Hypothese	Stetige Variablen		Ordinalskalierte Variablen		Nominalskalierte Variablen
		Normalverteilung	Keine Verteilungsannahme	Singuläre Variablen	Kategoriale Variablen	
	Verteilung				Regression für ordinalskalierte Variablen (21.10) mit Kodiervariablen als unabhängigen Variablen (18.11)	Logit-Modell (20.6)
mehrere abhängige	Mittelwert	Varianzanalyse mit Messwiederholung (14.1, 14.2)	Friedman-Test (14.3)			
mehrere unabhängige und abhängige	Mittelwert	Varianzanalyse mit Messwiederholung auf einem Teil der Faktoren (14.2.2)				

Zusammenhänge bestimmen. Um Zusammenhänge zwischen zwei Merkmalen bestimmen zu können, gibt es eine Vielzahl von Maßen, von denen die Wichtigsten in unserem Buch ausführlich behandelt werden. Tabelle 2 gibt einen Überblick über Koeffizienten, die in Kapitel 15 dargestellt werden. Diese sind geordnet nach verschiedenen Kombinationen von Skalenniveaus.

Zusammenhänge erklären. In empirischen Anwendungen stellt sich häufig die Frage, ob der Zusammenhang zwischen zwei Variablen auf den Einfluss einer dritten Variablen (oder mehrerer anderer Variablen) zurückgeführt werden kann. Dies ist gleichbedeutend mit der Frage, ob der Zusammenhang zwischen zwei Variablen verschwindet, wenn andere Variablen kontrolliert (konstant gehalten) werden. Zur Klärung dieser Frage gibt es verschiedene Ansätze, die in unserem Lehrbuch behandelt werden (s. Tab. 3). Handelt es sich bei den betrachteten Variablen um metrische Variablen, greift man auf die Partialkorrelation (s. Kap. 17) zurück. Der entsprechende Ansatz für kategoriale Variablen ist das loglineare Modell (s. Kap. 20). Werden Zusammenhänge zwischen beobachtbaren Variablen auf latente, nicht direkt beobachtbare Variablen zurückgeführt, bedient man sich der Faktorenanalyse, um diese latenten Variablen (Faktoren) zu identifizieren (s. Kap. 22–24).

Tabelle 2 Bivariate Assoziationsmaße, die in Kapitel 15 behandelt werden: Zusammenfassung empfohlener Koeffizienten für den Zusammenhang zweier Variablen X und Y, die sich im Skalenniveau gleichen oder unterscheiden können

X \ Y	Metrisch	Ordinal Singuläre Variable	Ordinal Rangklassen	Dichotom	Nominal
Metrisch	Produkt-Moment-Korrelation	Kendalls τ (ohne Rangbindungen) Wilsons e (Rangbindungen)	Polyseriale Korrelation	Punktbiseriale Korrelation (natürliche Dichotomie) Biseriale Korrelation (künstliche Dichotomie)	Koeffizient η
Ordinal Singuläre Variable		Kendalls τ (ohne Rangbindungen) Wilsons e (Rangbindungen)	Somers d_{YX} Kims $d_{Y.X}$	Rangbiseriale Korrelation (ohne Rangbindungen) Somers d_{YX} Kims $d_{Y.X}$	Singuläre Variable in Rangklassen aufteilen
Ordinal Rangklassen			Koeffizient γ	Koeffizient γ	Cramérs V Multiples R in einer Probitregression
Dichotom				Yules Q φ-Koeffizient	Cramérs V
Nominal					Cramérs V

Tabelle 3 Zusammenhänge erklären: Partialkorrelation und Faktorenanalyse. Die Zahlen in Klammern verweisen auf die Kapitel, in denen die Verfahren behandelt werden

Metrische Variablen	Kategoriale Variablen	Erklärung beobachteter Zusammenhänge durch latente (unbeobachtete) Variablen
Partialkorrelation (17)	Log-lineares Modell (20)	Faktorenanalyse (22–24)

Verhalten und Erleben vorhersagen bzw. erklären. Sehr viele empirische Studien zielen darauf ab, die Variation in einer abhängigen Variablen auf die Variation in einer oder mehreren unabhängigen Variablen zurückzuführen. Statistische Verfahren zur Klärung dieser außerordentlich wichtigen Frage werden in diesem Lehrbuch sehr ausführlich behandelt und verglichen. Tabelle 4 gibt einen Überblick über die behandelten Verfahren.

Tabelle 4 Verfahren zur Erklärung und Vorhersage der Variation in einer abhängigen Variablen. Die Zahlen in Klammern verweisen auf Kapitel bzw. Abschnitte, in denen die Verfahren behandelt werden

Unabhängige Variablen (UV)	Abhängige Variable (AV)		
	Stetig	**Ordinalskaliert** (kategorial mit geordneten Kategorien)	**Nominalskaliert** (kategorial mit ungeordneten Kategorien)
Metrisch	Multiple Regressionsanalyse (18) Lineare Strukturgleichungsmodelle (25)	Logistische Regression für ordinalskalierte Variablen (21.10)	Logistische Regression (21)
Kategorial	Multiple Regressionsanalyse mit Kodiervariablen (18.11) Varianzanalyse (13, 14)	Logistische Regression für ordinalskalierte Variablen (21.10) mit Kodiervariablen als unabhängigen Variablen (18.11)	Logit-Modell (20.6) Logistische Regression (21) mit Kodiervariablen als unabhängigen Variablen (18.11)
Metrisch und kategorial	**Keine Interaktion zwischen den UV** Kovarianzanalyse (18.12.1) **Interaktion zwischen den UV** Aptitude-Treatment-Interaktion-Analyse (18.12.3)	Logistische Regression für ordinalskalierte Variablen (21.10) mit Behandlung der UV nach Abschn. 18.12.1 (keine Interaktion) bzw. Abschn. 18.12.3 (mit Interaktion)	Logit-Modell (20.6) Logistische Regression (21) mit Behandlung der UV nach Abschn. 18.12.1 (keine Interaktion) bzw. Abschn. 18.12.3 (mit Interaktion)

I Forschungsmethoden

1 Was sind Methoden, und wozu sind sie gut?

> **Was Sie in diesem Kapitel lernen**
> - Wozu braucht man, wenn man Psychotherapeut oder Psychotherapeutin werden will, Statistik?
> - Wie hängen Therapiemethoden mit Erkenntnismethoden zusammen?
> - Weshalb gehört Methodenkompetenz zu den berufsethischen Geboten in der Psychologie?

Der Begriff »Methode« stammt aus dem Griechischen (méthodos) und bedeutet wörtlich »der Weg auf ein Ziel hin«. Der wissenschaftliche Methodenbegriff umfasst alle Mittel und Wege, die dem Erkenntnisgewinn und der praktischen Anwendung wissenschaftlicher Erkenntnisse dienen. Methoden sind gewissermaßen die Werkzeuge, die den wissenschaftlichen Fortschritt ermöglichen. Es versteht sich von selbst, dass die Ergebnisse wissenschaftlicher Untersuchungen und die daraus abgeleiteten Maßnahmen in der Anwendungspraxis nur so gut sein können wie die Methoden, mit denen sie gewonnen wurden. Der Methodenlehre kommt deshalb für den wissenschaftlichen Fortschritt und den praktischen Erfolg einer Disziplin eine Schlüsselrolle zu.

Wie jedes Handwerk über ein Arsenal spezifischer Werkzeuge verfügt, so hat sich jede Wissenschaft im Laufe ihrer Entwicklungsgeschichte spezifische Methoden gegeben. Um welche Methoden es sich dabei handelt, hängt von den Fragestellungen ab, mit denen sich eine Wissenschaft befasst. Die Psychologie stellt sich die Aufgabe, menschliches Erleben und Verhalten zu beschreiben, zu erklären, vorherzusagen und zu verändern. Als Erfahrungswissenschaft (empirische Wissenschaft) versucht sie diese Aufgabe zu lösen, indem sie möglichst viele Informationen über psychologische Prozesse sammelt, diese Informationen bündelt, systematisch auswertet, aufeinander bezieht und mit Hilfe von Theorien interpretiert. Die Methoden, die für diesen Zweck benötigt werden, könnte man als *Erkenntnismethoden* bezeichnen. Sie umfassen alle Hilfsmittel zur Gewinnung und systematischen Auswertung von Informationen oder Daten. Häufig werden diese Methoden auch als *Forschungsmethoden* bezeichnet.

1.1 Erkenntnismethoden und Interventionsmethoden

Erkenntnismethoden sind jedoch nicht die einzigen Methoden der Psychologie. Wissenschaft ist kein Selbstzweck. Sie soll den Mitgliedern der Gesellschaft, die sich wissenschaftliche Institutionen leistet, praktischen Nutzen bringen. Deshalb stellt sich die Psychologie außer der Beschreibung, Erklärung und Vorhersage von Erleben und Verhalten auch die Aufgabe, Erleben und Verhalten zu verändern, wenn dies den betroffenen Personen oder zuständigen Institutionen wünschenswert oder geboten erscheint. So soll die Psychologie z. B. dazu beitragen, psychische Störungen zu beheben. Auch für diesen Zweck, die Umsetzung wissenschaftlicher Erkenntnisse in praktische Maßnahmen, benötigt die Psychologie Methoden. Man kann sie als Interventionsmethoden bezeichnen. Intervention bedeutet in diesem Zusammenhang, dass gestaltend in psychologische Prozesse eingegriffen wird mit dem Ziel, diese Prozesse und ihre Ergebnisse zu optimieren. Neben therapeutischen Maßnahmen gehören auch Präventions-, Rehabilitations- und Schulungsmaßnahmen zu den Interventionsmethoden.

In der beruflichen Anwendungspraxis greifen Erkenntnismethoden und Interventionsmethoden auf vielfache Weise ineinander. Am Beispiel der Psychotherapie kann man sich dieses Zusammenspiel leicht klar machen:
- Eine psychische Störung kann nicht behandelt werden, wenn sie zuvor nicht präzise diagnostiziert wurde. Hierzu sind Methoden der Psychodiagnostik notwendig (Petermann & Eid, 2006).

- Für das Gelingen einer psychologischen Intervention ist es von Bedeutung, dass der Fortschritt in regelmäßigen Abständen überprüft und bewertet wird. Nur so können Fehler und wirkungslose Maßnahmen erkannt und Korrekturen der Behandlung eingeleitet werden. Hierzu wurden Methoden der begleitenden (formativen) Evaluationsforschung entwickelt (Gollwitzer & Jäger, 2007).
- Jeder Kostenträger einer psychologischen Intervention möchte wissen, ob diese sich gelohnt hat, also der erwünschte Erfolg eingetreten ist und in einem vernünftigen Verhältnis zu den Kosten steht. Hierfür sind Methoden der summativen Evaluationsforschung, insbesondere Kosten-Nutzen-Analysen, geeignet (Gollwitzer & Jäger, 2007).

Trotz der Verzahnung von Erkenntnis- und Interventionsmethoden in der psychologischen Anwendungspraxis werden beide Arten von Methoden in der Psychologie traditionellerweise getrennt gelehrt. Diese Tradition beruht weniger auf sachlichen Notwendigkeiten als auf einer historisch gewachsenen Aufgabenteilung in der Psychologie. Wie auch immer man zu dieser Tradition stehen mag, sie prägt bis heute das Psychologiestudium und die Unterteilung der Psychologie in ihre Fachgebiete. Auch dieses Lehrbuch folgt der tradierten Unterteilung und beschränkt sich auf den Bereich der Erkenntnismethoden – und auch nur auf einen bestimmten Teil der Erkenntnismethoden, nämlich diejenigen Hilfsmittel, die zur Gewinnung und Auswertung von Daten gebraucht werden, die zur Entdeckung von psychologischen Gesetzmäßigkeiten, zur empirischen Überprüfung von Theorien und zur Klärung von Fragestellungen in Grundlagenforschung und Anwendungspraxis beitragen.

1.2 Methoden der Datengewinnung und der Datenauswertung

Der Kanon verfügbarer Methoden, die diesen Zwecken dienen, ist umfangreich und heterogen. Wollte man ihn unterteilen, könnte man zunächst Methoden der Datengewinnung von Methoden der Datenauswertung unterscheiden. Methoden der Datengewinnung umfassen alle Verfahren, die es erlauben, menschliches Erleben und Verhalten zu registrieren und in Symbole zu transformieren, die einer systematischen Auswertung zugänglich sind. Als besonders geeignet für die Auswertung hat sich die Symbolsprache der Zahlen erwiesen. Ein großer Teil der Datengewinnungsmethoden in der Psychologie leistet also letztlich nichts anderes als eine Übersetzung menschlichen Erlebens und Verhaltens in Zahlen. Diese Zahlen stellen das Ausgangsmaterial für die Auswertungsmethoden dar.

Auswertungsmethoden sollen dieses Rohmaterial in einer Weise zusammenfassen und ordnen, die sich auf die inhaltliche Fragestellung passend beziehen lässt und damit zu ihrer empirischen Klärung beiträgt. Machen wir uns diesen Prozess der Datengewinnung und der Datenauswertung an einem einfachen Beispiel klar. Angenommen, wir wollten herausfinden, von welchen Einflüssen die Dauer einer Partnerschaft abhängt. Viele Paare schließen einen Bund fürs Leben, aber nicht alle bleiben diesem Entschluss treu. Manche trennen sich bereits nach kurzer Zeit. Was erklärt die unterschiedliche Partnerschaftsdauer? Es dürfte intuitiv klar sein, dass man diese und ähnliche Fragen nicht ohne theoretische Vorannahmen klären kann. Hätte man nicht zumindest eine vage Vorstellung von den Ursachen der Lang- bzw. Kurzlebigkeit von Partnerschaften, bestünde kaum Aussicht, diese Ursachen zu finden. Zu groß ist die Zahl von Merkmalen, anhand deren sich Partnerschaften unterscheiden, und zu komplex ist das Geflecht der sozialen, ökonomischen und kulturellen Kontextbedingungen, unter denen Partnerschaften gelebt werden, als dass man sie alle untersuchen könnte. Man braucht also eine Theorie, um fündig werden zu können.

In der Tat stellt die Psychologie eine größere Zahl von Theorien bereit, mit denen sich die Partnerschaftsdauer erklären lässt (Amelang et al., 1991; Bodenmann, 2005a). Wählen wir zu Illustrationszwecken zwei einfache Theorien aus. Eine dieser Theorien ist die Equity-Theorie (Walster et al., 1978). Sie besagt, dass die Partnerschaftsdauer davon abhängt, wie ausgewogen das Kosten-Nutzen-Verhältnis aus der Sicht der Partner ist. Die Equity-Theorie lässt sich als eine wissenschaftlich präzisierte Variante der Alltagsweisheit interpretieren, dass Partnerschaft ein ständiges Geben und Nehmen beinhaltet. Sie sagt vorher, dass ein Partner, der seine Bilanz ungünstiger einschätzt als die des anderen, auf Dauer unzufrieden sein wird und irgendwann diesen Zustand der Unausgewogenheit nicht mehr länger hinnehmen möchte.

Eine persönlichkeitspsychologische Alternativhypothese besagt, dass die Harmonie einer Partnerschaft wesentlich vom Temperament und von der Persönlichkeit der Partner abhängt. Beispielsweise lässt Verträglichkeit als Dimension des Fünf-Faktoren-Systems der Persönlichkeit (Digman, 1989) erwarten, dass verträgliche Partner seltener Konflikte provozieren und weniger zur Eskalation von Konflikten neigen als unverträgliche Partner. Eine zweite Persönlichkeitseigenschaft, die des Sensation Seeking (Zuckerman, 1994), sollte hingegen eher ein Risiko für die Partnerschaft darstellen, da Personen mit hohen Ausprägungen auf dieser Eigenschaft ständig auf der Suche nach Abenteuer und Abwechslung sind, einem gleichförmigen und beständigen Lebenswandel wenig abgewinnen können und u. a. dazu neigen, den Kontakt zu wechselnden Partnern zu suchen.

1.3 Warum sind Methodenkenntnisse wichtig?

Es ist offensichtlich, dass man zur empirischen Überprüfung dieser Annahmen Informationen über die Partnerschaftsdauer, die Kosten-Nutzen-Bilanz der Partner sowie ihre Verträglichkeit und das Ausmaß ihres Sensation Seeking braucht. Einleuchtend dürfte weiterhin sein, dass Informationen über *ein* Paar zur Prüfung der Hypothesen nicht ausreichen. Stattdessen müssen mehrere Paare einbezogen werden, und zwar solche, deren Partnerschaft von unterschiedlich langer Dauer war bzw. ist. Schon weniger klar ist allerdings, wie man die Persönlichkeit der Partner und ihre Kosten-Nutzen-Bilanz in Erfahrung bringen könnte oder sollte. Und schon gar nicht würde man allein mit Hilfe des gesunden Menschenverstands in der Lage sein, die erhobenen Informationen zur Persönlichkeit und Kosten-Nutzen-Bilanz in einer Weise zu verdichten, die eine präzise Beurteilung der Hypothesen gestattet. Wissenschaftliche Methoden der Datenerhebung und der Auswertung sind dem Alltagswissen und gesunden Menschenverstand schon bei diesem einfachen Problem überlegen. Die Datenerhebungsmethoden übertreffen unsere alltägliche Beobachtungsgabe, weil sie die zu prüfende psychologische Theorie angemessener repräsentieren und den bisherigen psychologischen Wissensstand besser berücksichtigen, als es der psychologische Laie vermag, und weil sie das zu beobachtende Phänomen umfassender, systematischer und präziser abbilden, als man es mit dem gesunden Menschenverstand jemals könnte.

Beispielsweise weiß man aus vielen Untersuchungen zur Partnerschaftszufriedenheit, die auf der Basis der Equity-Theorie durchgeführt wurden, welche Kosten und welche Nutzen in Partnerschaften erlebt werden und wie man die Kosten-Nutzen-Bilanz am besten misst (van Yperen & Buunk, 1990). Ebenso weiß man aus vielen Untersuchungen, welche Rolle die fraglichen Persönlichkeitseigenschaften der Verträglichkeit und des Sensation Seeking im Gesamtsystem der Persönlichkeit spielen und welche Instrumente sich für ihre Messung in einem bestimmten Untersuchungszusammenhang am besten eignen (Viswesvaran & Ones, 2000; Zuckermann, 1994). Die Messtheorie hilft uns dabei zu klären, wie wir Verhaltensunterschiede sinnvollerweise in Zahlen übertragen können und was wir mit den Zahlen machen dürfen (Steyer & Eid, 2001). Und schließlich stellt uns die mathematische Statistik Methoden zur Analyse der gewonnenen Daten bereit, deren Leistungsfähigkeit bereits bei einem so einfachen Problem die der intuitiven Datenanalyse des Laien bei weitem übersteigt.

Methoden, mit denen die Psychologie ihre Daten gewinnt und auswertet, gehören zu den »Regeln der Kunst«, auf die uns die ethischen Richtlinien unserer Profession verpflichten (Deutsche Gesellschaft für Psychologie und Berufsverband Deutscher Psychologinnen und Psychologen, 2005). Es ist ein verbreitetes Missverständnis, dass gute Methodenkenntnisse nur in der psychologischen Forschung benötigt werden. Auch in der psychologischen Anwendungspraxis ist gutes Methodenwissen unverzichtbar. Nur wer über dieses Wissen verfügt, ist beispielsweise in der Lage, die wissenschaftliche Literatur kritisch zu beurteilen, zu entscheiden, welches diagnostische Verfahren welche Gütekriterien wie gut erfüllt und wie die psychologische Praxis zur Generierung von Wissen und somit für den wissenschaftlichen Fortschritt genutzt werden kann. Da mit Psychologie auch Geld verdient wird, gibt es ein Spannungsverhältnis zwischen Gewinn- und Qualitätsmaximierung. Nur wer über methodisches Wissen verfügt, kann psychologische Dienstleistungsangebote in diesem Spannungsverhältnis verorten und unseriöse Angebote von seriösen unterscheiden.

Dieses Buch soll zum Erwerb von Methodenkompetenz beitragen, d. h. Studierende (und Lehrende) der Psychologie und anderer sozialwissenschaftlicher Fächer zum Verständnis und zur richtigen Anwendung psychologischer Erkenntnismethoden hinführen und dadurch in die Lage versetzen, sowohl in der Forschung als auch in der psychologischen Anwendungspraxis methodisch »lege artis« (nach den Regeln der Kunst) zu arbeiten.

Zusammenfassung

▶ Unter Methoden werden alle Mittel und Wege verstanden, die dazu dienen, wissenschaftliche Erkenntnisse zu gewinnen und in praktisches Handeln umzusetzen. Methoden sind die Werkzeuge für den wissenschaftlichen Fortschritt.

▶ Erkenntnismethoden sind in der Psychologie unverzichtbar, weil psychologische Vorgänge außerordentlich komplex sind und die menschliche Informationsverarbeitungskapazität überfordern. Auch erfahrene Experten sind nicht in der Lage, psychologische Vorgänge in ihrer gesamten Vielschichtigkeit systematisch und unverfälscht zu erfassen und zu verarbeiten.

▶ Methodenkompetenz wird nicht nur in Wissenschaft und Forschung benötigt. Auch die Qualität der psychologischen Anwendungspraxis hängt in hohem Maße vom methodischen Sachverstand ab.

2 Struktur und Ablauf wissenschaftlicher Untersuchungen

> **Was Sie in diesem Kapitel lernen**
> - Was ist eine wissenschaftliche Hypothese, und wie testet man sie?
> - Hat Sigmund Freud jemals einen Abwehrmechanismus gesehen?
> - Wie lässt sich wissenschaftlich ermitteln, ob eine Person tabuisierte sexuelle Wünsche verdrängt hat?
> - Wie könnte man wissenschaftlich herausfinden, welche Bedeutung das Aufschlitzen von Sitzen in öffentlichen Verkehrsmitteln hat?

Um die Bedeutung von Forschungsmethoden für die Psychologie besser zu verstehen, ist es hilfreich, sie in den Gesamtprozess von Wissenschaft einzuordnen. Wir wollen diese Einordnung hier in zweierlei Hinsicht vornehmen: Zunächst werden wir uns die verschiedenen Ebenen, auf denen wissenschaftliche Aussagen getroffen werden, und die Beziehungen, die zwischen diesen Ebenen bestehen, etwas genauer ansehen. In einem zweiten Schritt werden wir den Ablauf einer typischen wissenschaftlichen Untersuchung nachzeichnen und dabei herausarbeiten, an welchen Stellen welche Methoden in welcher Funktion angewendet werden.

2.1 Hypothesen, Ebenen wissenschaftlicher Aussagen und die Überbrückungsproblematik

Jede Erfahrungswissenschaft trifft, bearbeitet und testet Aussagen auf unterschiedlichen Ebenen. Auf der theoretisch-konzeptionellen Ebene werden Aussagen über Objekte und Ereignisse (in theoretischen Begriffen) sowie die Beziehungen zwischen diesen Objekten und Ereignissen (in Form theoretischer Zusammenhänge) getroffen. Eine theoretische Aussage könnte z. B. lauten: »Wer intelligent ist, der ist auch kreativ.« Intelligenz und Kreativität sind theoretische Begriffe. Die Aussage stellt eine Behauptung dar, deren Wahrheitsgehalt empirisch geprüft werden kann.

2.1.1 Prüfbare und nicht-prüfbare Aussagen

Der Begriff Empirie stammt vom griechischen Substantiv »empeiria« und bedeutet Erfahrung im Sinne von sinnlicher Wahrnehmung. Nicht alle Aussagen sind empirisch prüfbar. Manche Aussagen sind praktisch nicht prüfbar. Die Aussage »In der Hölle ist es heißer als 220 Grad« ist nicht prüfbar, da es sich bei der Hölle um einen nicht ohne weiteres zugänglichen Ort (viele Menschen würden sogar sagen: gar keinen real existierenden Ort) handelt. Mit einem Thermometer in der Hölle Forschung zu betreiben ist also nicht möglich. Etwas technischer gesprochen: Die thermischen Zustände in der Hölle sind nicht erfahrbar. Erfahrbarkeit ist jedoch in den empirischen Wissenschaften eine notwendige Grundvoraussetzung für die Überprüfung theoretischer Aussagen.

Ebenfalls nicht empirisch prüfbar sind Aussagen, die per Definition richtig sein *müssen*. Unverheiratete Männer bezeichnet man als Junggesellen. Empirisch zu prüfen, ob Junggesellen verheiratet sind, ist nicht möglich: Wenn die Definition richtig angewendet wird, kann es keine verheirateten Junggesellen geben. Empirisch nicht prüfbar sind weiterhin Aussagen, die nicht falsch sein können. Dazu gehören Möglichkeitssätze wie »Frauen können schwanger werden«.

Falsifizierbarkeit. Die Feststellung, dass manche Aussagen nicht prüfbar sind, weil sie immer richtig sind, lässt schon erahnen, worauf es bei der Prüfung einer theoretischen Aussage ankommt: auf ihre Falsifizierbarkeit. Eine Aussage muss prinzipiell falsch sein *können*, damit sie empirisch prüfbar ist. Ergibt die Prüfung, dass sie tatsächlich falsch ist, dann hat man ein eindeutiges Ergebnis. Solange jedoch eine Aussage nicht falsifiziert werden kann, muss sie als vorläufig gültig betrachtet werden. Auf die Einschränkung »vorläufig« darf nur dann verzichtet werden, wenn alle Möglichkeiten zur Falsifizierung der Aussage ausgeschöpft sind. Manche Aussagen sind praktisch nicht falsifizierbar. Nehmen wir die Aussage: »Es gibt Menschen, die dreimal am Tag warm essen und trotzdem kein Gramm zunehmen.« Man könnte diese Aussage nur dann falsifizieren, wenn man nachweisen könnte, dass kein Mensch auf der Welt bei dreimaligem Essen am Tag auch nur ein Gramm zunimmt. Eine solche Form der Falsifizierung ist praktisch unmöglich, weil man dazu alle Menschen, die gegenwärtig auf unserer Welt leben, untersuchen müsste.

2.1.2 Wissenschaftliche Hypothesen

Ein zentrales wissenschaftstheoretisches Konzept ist die Hypothese. Der Begriff Hypothese stammt ebenfalls aus dem Griechischen (hypóthesis) und bedeutet Unterstellung, Voraussetzung oder Grundlage. Hypothesen sind Aussagen, die empirisch testbar und somit falsifizierbar sein müssen. Darüber hinaus kommt einer testbaren Aussage nur dann der Rang einer wissenschaftlichen Hypothese zu, wenn sie eine gewisse Allgemeingültigkeit beansprucht, also über den Einzelfall hinausweist. Die Aussage »Peter wird morgen Kopfschmerzen haben, wenn er weiter so viel Alkohol trinkt« ist also noch keine wissenschaftliche Hypothese. Allerdings verbirgt sich hinter dieser Aussage eine (vermutete) allgemeine Gesetzmäßigkeit, nämlich die, dass übermäßiger Alkoholgenuss am Abend im Allgemeinen zu Kopfweh am Morgen führt. Bei dieser Aussage handelt es sich dann um eine wissenschaftliche Hypothese.

Darüber hinaus muss eine wissenschaftliche Hypothese begründet sein. Die Aussage »Wer sich die Haare rot färbt, isst mehr Fisch« wäre zwar testbar und hat eine ausreichende Allgemeingültigkeit, aber man würde dieser Aussage nicht den Rang einer wissenschaftlichen Hypothese zusprechen, solange sie nicht begründet ist.

> **Definition**
>
> Bei einer Aussage handelt es sich um eine **wissenschaftliche Hypothese**, wenn sie prinzipiell der sinnlichen Erfahrung zugänglich ist, prinzipiell widerlegbar ist, eine gewisse Allgemeingültigkeit beansprucht und theoretisch begründet ist.

Empirische Ebene

Um eine theoretische Aussage bzw. eine wissenschaftliche Hypothese empirisch zu testen, muss man die theoretischen Konzepte und die theoretischen Relationen zwischen diesen Konzepten in konkrete Aussagen überführen, deren Konzepte und Relationen empirisch erfahrbar sind. Dies erfordert einen nicht immer einfachen Übersetzungsprozess, den wir an einem prominenten Beispiel veranschaulichen wollen: dem Konzept des Abwehrmechanismus, einem zentralen Bestandteil der psychoanalytischen Theorie des österreichischen Arztes und Tiefenpsychologen Sigmund Freud (1856–1939).

Theoretische Hypothesen

Abwehrmechanismus ist ein theoretischer Begriff. Niemand hat jemals einen Abwehrmechanismus gesehen, auch Freud nicht. Das Konzept des Abwehrmechanismus ist ein gedankliches Gebilde, eine Schöpfung des Freud'schen Geistes, ein hypothetisches Konstrukt. Freud hat dieses Konstrukt geschaffen, um Beobachtungen, die er in seiner Praxis an Klienten gemacht hat, zu deuten, ihnen einen psychologischen Sinn zu geben.

Freud stellte in seiner praktischen Arbeit häufig fest, dass seine Klienten bestimmte Episoden aus ihrem Leben vergessen hatten und sich erst im Prozess der Psychoanalyse wieder daran erinnerten. In diesen Episoden kamen meistens Handlungen, Vorstellungen, Wünsche oder Phantasien mit sexuellen Inhalten vor. Freud nahm an, dass sexuelle Themen, insbesondere bestimmte sexuelle Wunschvorstellungen (z. B. die des Knaben, mit der eigenen Mutter erotischen Kontakt zu haben), der Person Angst machen, weil sie tabuisiert sind und sanktioniert werden. So habe etwa der Knabe, der die eigene Mutter begehrt, Angst, vom Vater kastriert zu werden. Abwehrmechanismen dienen nun nach Freuds theoretischen Vorstellungen dazu, solche Ängste zu bewältigen. Eine Möglichkeit besteht darin, die sexuellen Wunschvorstellungen zu verdrängen. Verdrängung ist einer von mehreren Abwehrmechanismen und selbst wiederum ein theoretischer Begriff. Die Verdrängung leistet eine Verschiebung der tabuisierten Wunschvorstellung ins Unbewusste. Auch beim Unbewussten handelt es sich um einen theoretischen Begriff. War die Verdrängung erfolgreich, wird die tabuisierte Wunschvorstellung vergessen und kann erst wieder mit den Mitteln der psychoanalytischen Behandlung (z. B. der freien Assoziation oder der Traumdeutung) der bewussten Erinnerung zugänglich gemacht werden.

Aus diesem Teil der Theorie Freuds lassen sich zahlreiche theoretische Hypothesen ableiten. So sollten tabuisierte Wunschvorstellungen umso wahrscheinlicher verdrängt werden, je stärker sie sind. Daraus folgt, dass der Aufwand an psychoanalytischer Arbeit, der erforderlich ist, um eine tabuisierte Wunschvorstellung in Erinnerung zu rufen, mit der Stärke dieser Wunschvorstellung steigt. Vermittelt werden diese Zusammenhänge theoretisch durch die Angst vor Sanktionen, die bei starken Tabuwünschen größer sein sollte als bei schwachen.

2.1.3 Überbrückungsprobleme

Theorie und Empirie

Um diese theoretischen Hypothesen empirisch prüfen zu können, müssen die Bestandteile der Hypothesen konkretisiert werden. Die Hypothese kann also nur bei konkreten Personen, mit konkreten Tabuwünschen, konkreten Formen der psychoanalytischen Behandlung und einer konkreten Form des Aufwands psychoanalytischer Arbeit angewendet werden. Diese Konkretisierungen sind aber kein Bestandteil der Theorie und lassen sich auch nicht unmittelbar aus den theoretischen Sätzen ableiten. Vielmehr handelt es sich um einen Zuordnungsprozess, in den viele Überlegungen und Entscheidungen einfließen, die außerhalb der Theorie stehen. So sagt die Theorie nichts darüber aus, bei welchen Personen welche Wünsche tabu sind, welche Personen unter welchen Umständen von welchem Mechanismus zur Abwehr ihrer Angst Gebrauch machen und welches Element der psychoanalytischen Theorie bei welchem Tabuthema, bei welchem Klienten, bei welchem Abwehrmechanismus wie effektiv ist.

Eine Übertragung der theoretischen Hypothese in konkrete empirische Hypothesen ist also mit Unsicherheiten behaftet. Die Theorie lässt ihrer Anwendung auf die Wirklichkeit Spielraum und zwingt den Anwender ebenso wie den Forscher, der die Theorie überprüfen möchte, zu Festlegungen, die bis zu einem gewissen Grade beliebig sind. Dies erkennt man u. a. daran, dass unterschiedliche Forscher die gleiche Theorie unterschiedlich anwenden und unterschiedliche empirische Beobachtungen für geeignet halten, die Theorie zu prüfen.

Nehmen wir einmal an, ein Forscher habe sich zur empirischen Prüfung der fraglichen Hypothese entschlossen und die unvermeidlichen Festlegungen getroffen. Beispielsweise habe er sich entschlossen, die Theorie am Beispiel des tabuisierten Wunsches von Knaben nach einer erotischen Beziehung zur eigenen Mutter zu prüfen und die Stärke der Verdrängung über den psychotherapeutischen Aufwand zu bestimmen, der erforderlich ist, um die Erinnerung an das erotische Begehren wieder herzustellen. Nach dieser Festlegung muss sich der Forscher auf die Suche nach Therapeuten machen, die bereit sind, ihm Klienten zu vermitteln, bei denen sich die Hypothese untersuchen lässt. Auch für diese Entscheidung macht die Theorie keine konkreten Vorgaben.

> ! Das **erste Überbrückungsproblem** besteht darin, die Bestandteile einer theoretischen, wissenschaftlichen Aussage in konkrete, empirisch erfahrbare Aussagen zu überführen. Darüber, wie solche Konkretisierungen zu treffen sind, machen Theorien im Allgemeinen keine Aussage.

Operationalisierung und Messung

Kommen wir nun zum zweiten Überbrückungsproblem, der Übersetzung empirischer Aussagen in die Sprache der Zahlen. Wie kann und wie sollte der Forscher, wenn er genügend Klienten gefunden hat, die zur Teilnahme an der Untersuchung bereit sind, die relevanten Größen, die in der Hypothese vorkommen, registrieren, die erhobenen Informationen in die Symbolsprache der Zahlen übersetzen und diese Zahlen auf eine Weise auswerten, die eine bestmögliche Prüfung der Hypothese gewährleistet?

Operationalisierung. Auf diese Frage gibt es viele Antworten, und es ist schwer zu entscheiden, welche davon die beste ist. Beispielsweise könnte der Forscher so vorgehen, dass er die Mütter der Klienten dazu befragt, wie oft ihr Sohn in einem bestimmten Moment Kontakt zu ihr gesucht hat, den man als erotische Annäherung bezeichnen könnte. Blenden wir die offensichtlichen Schwierigkeiten, die mit dieser Methode verbunden sind, einmal aus und nehmen an, die Mütter der Klienten würden die Frage beantworten. Dann könnte der Forscher die Häufigkeit von Annäherungsversuchen als Maß für die Stärke des tabuisierten erotischen Begehrens nehmen. Eine solche Art der Übersetzung wird in der Methodensprache häufig als Operationalisierung (Messbarmachung) bezeichnet. Später werden wir den Begriff des Messens präzise definieren und ausführlich erläutern (Abschn. 5.2).

Im gegenwärtigen Beispiel stellt die Menge der natürlichen Zahlen die Symbole bereit, in denen wir den ersten Teil der zu prüfenden Behauptung formulieren könnten. In ähnlicher Weise könnte der Forscher sich entscheiden, den psychotherapeutischen Aufwand durch die Zahl der therapeutischen Sitzungen anzugeben, die laut den Aufzeichnungen der Psychoanalytiker erforderlich waren, um den verdrängten Tabubruch in Erinnerung zu rufen. Auch die mit dieser Entscheidung verbundenen Probleme lassen wir im Moment beiseite und halten fest, dass sich auch der zweite Teil der theoretisch erwarteten empirischen Verhältnisse in der Sprache der natürlichen Zahlen ausdrücken ließe.

> ❗ Das **zweite Überbrückungsproblem** besteht darin, diejenigen Bestandteile, über deren Relation die Hypothese eine Aussage macht, zu quantifizieren, d. h. in messbare Größen (die wiederum mit Hilfe von Zahlen darstellbar sind) zu übertragen.

Darüber, wie solche Operationalisierungen vorzunehmen sind, machen Theorien im Allgemeinen keine Aussage.

Datenerhebung und Datenauswertung

Nehmen wir schließlich an, der Forscher habe die beiden fraglichen Größen auf die beschriebene Weise bei einer Gruppe von Klienten ermittelt. Er verfügt dann über zwei Zahlenreihen, die mit einer der Hypothese angemessenen Methode ausgewertet werden müssen.

Was heißt in diesem Zusammenhang »auswerten« und »angemessen«? Auswerten heißt, die Zahlen in einer Weise zu ordnen, dass sie eine Aussage ergeben. Angemessen heißt, dass die Form dieser Aussage jener der empirischen Aussage möglichst genau entspricht, also der Aussage, dass die Häufigkeit von Annäherungsversuchen als Maß für die Stärke des tabuisierten erotischen Begehrens mit der Zahl der therapeutischen Sitzungen zusammenhängt, die laut den Aufzeichnungen der Psychoanalytiker erforderlich waren, um den verdrängten Tabubruch in Erinnerung zu rufen. Wie wir später erfahren werden, könnte die Korrelationsanalyse diesen Zweck erfüllen. Auf der Basis des Ergebnisses dieser Analyse würde der Forscher beurteilen, ob bzw. wie genau die theoretischen Vorhersagen eingetroffen sind.

Die Qualität der Schlussfolgerung, die der Forscher aus seinen Daten zur Beurteilung der Theorie zieht, hängt davon ab, wie gut er die Theorie in empirische Hypothesen übersetzt hat, wie gut seine empirischen Beobachtungen waren, wie gut er seine empirischen Beobachtungen in die Zahlensprache übersetzt hat und wie gut sich die gewählte Auswertungsmethode für die verfügbaren Daten und die Fragestellung eignet. Der Forscher – und dies gilt für den Praktiker in vergleichbarer Weise – muss also im Forschungsprozess zahlreiche Entscheidungen fällen, deren Güte sich nicht in jedem Fall mit letzter Sicherheit beurteilen lässt. Dies ist einer der vielen Gründe, weshalb Theorien durch empirische Untersuchungen nie definitiv und abschließend als richtig oder falsch beurteilt werden können. Wenn z. B. die Daten mit einer unpassenden oder mangelhaften

Methode erhoben oder ausgewertet wurden, sagen die Ergebnisse nichts über die Theorie, die geprüft werden sollte, aus. Deshalb ist es wichtig, die besten der verfügbaren Methoden für empirische Untersuchungen zu finden und den Untersuchungsprozess so transparent wie möglich zu machen, damit andere Wissenschaftler oder Praktiker die Entstehung der Ergebnisse nachvollziehen, sich ein eigenes Urteil über die Qualität der Untersuchung bilden und die Fragestellung gegebenenfalls mit besseren Methoden erneut untersuchen können.

2.2 Schritte im Forschungsprozess

Das Beispiel, mit dem wir im letzten Abschnitt die Ebenen wissenschaftlicher Aussagen und die Schwierigkeiten, diese Ebenen ineinander zu überführen, illustriert haben, ließ bereits in groben Zügen den Ablauf einer wissenschaftlichen Untersuchung erkennen. Betrachten wir nun diesen Ablauf etwas genauer.

2.2.1 Entstehung eines Erkenntnisinteresses

Der Forschungsprozess beginnt in der Regel mit einem Erkenntnisinteresse. Dessen Quellen können vielfältig sein:
- Man stößt auf Ungereimtheiten in den Befunden verschiedener Untersuchungen und möchte sie klären.
- Man glaubt einen Befund nicht, den man liest, und möchte ihn selbst nachprüfen.
- Man erhält die Anfrage eines Praktikers, der mit einem Problem konfrontiert ist, für das er keine Lösung kennt.
- Man erhält von einem Auftraggeber den gezielten Auftrag, eine Fragestellung zu klären.
- Man macht im Alltag eine Beobachtung, die man sich nicht erklären kann und für die man auch in der Literatur keine Erklärung findet.
- Man stößt in der Literatur auf viele unterschiedliche Erklärungen für ein Phänomen, das man gerne verstehen möchte.

Die eigene Forschung könnte dann das Ziel verfolgen herauszufinden, welche Erklärung sich am besten bewährt oder unter welchen Randbedingungen welche Erklärung zutrifft.

Nehmen wir einmal an, eine Forscherin, die normalerweise keine öffentlichen Verkehrsmittel benutzt, würde ausnahmsweise an mehreren Tagen mit der Straßenbahn fahren und dabei würde ihr auffallen, dass viele Sitzbezüge aufgeschlitzt sind. Nachdem sich ihre erste Empörung gelegt hat, beginnt die Forscherin neugierig zu werden und sich nach den Ursachen zu fragen. Sie beschließt, der Frage wissenschaftlich nachzugehen.

2.2.2 Sammlung verfügbaren Wissens

Die meisten Wissenschaftlerinnen und Wissenschaftler werden in einer solchen Situation damit beginnen nachzudenken, ob sie über das erklärungsbedürftige Phänomen vielleicht schon etwas wissen. Falls ihnen keine Theorie oder Untersuchung zum Thema einfällt, werden sie vielleicht das Gespräch mit Kolleginnen oder Kollegen suchen, denen sie zutrauen, etwas von der Sache zu verstehen.

Gleichzeitig wird man sich als Wissenschaftler in der Literatur auf die Suche nach Arbeiten machen, die sich mit dem Phänomen oder verwandten Phänomenen befasst haben. Geeignet für diesen Zweck sind Literaturdatenbanken, Lehr- und Handbücher sowie Zeitschriften, die Überblicksarbeiten (sog. Review-Artikel) publizieren (z. B. die Zeitschrift »Annual Review of Psychology«). Mit Hilfe von passenden Suchbegriffen – im gegenwärtigen Beispiel etwa »Vandalismus«, »mutwillige Zerstörung« oder »Zerstörung öffentlichen Eigentums« – wird man versuchen, möglichst aktuelle Arbeiten zum Thema zu finden. Wird man fündig, beginnt man diese Arbeiten zu lesen und prüft dabei, ob sie das eigene Erkenntnisinteresse hinreichend befriedigen können oder nicht. Meistens wird man in den gelesenen Artikeln Hinweise auf weitere Arbeiten finden, die man mit der ersten Suchstrategie nicht entdeckt hat. Auch diese Arbeiten wird man lesen und nach brauchbaren Informationen für die eigene Fragestellung durchforsten. Wenn das Erkenntnisinteresse im Zuge dieser Lektüre befriedigt werden kann, hat sich eine eigene

Untersuchung erübrigt. Häufig jedoch bleiben Fragen offen, oder es entstehen neue. In diesem Prozess kann es also bereits zu einer Veränderung oder Präzisierung des eigenen Erkenntnisinteresses kommen.

Eine weitere Strategie in dieser frühen Erkundungsphase besteht darin, zu überlegen und systematisch anhand der verfügbaren Literatur zu prüfen, ob sich Erkenntnisse aus anderen Gebieten der Psychologie, die vordergründig mit dem interessierenden Phänomen nichts zu tun zu haben scheinen, übertragen lassen. Möglicherweise gehört das Aufschlitzen von Sitzen in öffentlichen Verkehrsmitteln zu einer Kategorie, die viele psychologisch gleichwertige Verhaltensweisen umfasst. Und möglicherweise gibt es zu anderen Verhaltensweisen aus dieser Kategorie bereits brauchbare Erkenntnisse, die sich auf die eigene Fragestellung anwenden lassen. Probehalber könnte man das Aufschlitzen von Sitzen als eine von vielen Formen des Auslebens von Aggressionen oder als eine von vielen normabweichenden Verhaltensweisen interpretieren. Dann würde man den Erkundungsprozess auf diese allgemeineren Phänomene (Verhaltensklassen) ausdehnen und erneut in die Literatursuche eintreten, diesmal jedoch mit allgemeineren Suchbegriffen wie »Aggression« oder »normabweichendes Verhalten«.

2.2.3 Entwicklung einer Fragestellung oder Hypothese

In vielen Fällen wird man bei einer solchen erweiterten Suche nach bereits verfügbaren Erkenntnissen fündig. In manchen Fällen wird man sie für so gut übertragbar halten, dass sich eine eigene Untersuchung erübrigt. Andernfalls lässt man sich durch die gefundenen Arbeiten dazu anregen, vorhandene Theorien auf die eigene Fragestellung zu übertragen. Diese Übertragung ist jedoch mit einem Risiko behaftet: Es bleibt die Ungewissheit, ob sich die Theorie, die sich in anderen Anwendungen bewährt hat, auch für die eigene Fragestellung eignet. Eine eigene Untersuchung könnte dann das Ziel haben, diese Ungewissheit zu beseitigen.

Für den Fall, dass sowohl die spezifische als auch die erweiterte Literatursuche ergebnislos bleibt, müssen neue Erklärungen entwickelt werden. Meistens wird man in einem solchen Fall jedoch nicht gleich eine ausgearbeitete Theorie anstreben, sondern zunächst die Beobachtung des erklärungsbedürftigen Phänomens ausdehnen und systematischer vornehmen. Dies geht zwar nicht ganz ohne theoretische Vorannahmen; die Untersuchung verfolgt dennoch eher die Klärung einer Fragestellung als die Prüfung einer ausgearbeiteten Theorie.

In unserem Beispiel könnten sinnvolle Fragestellungen etwa lauten:
▶ Zeigen Personen, die Sitze aufschlitzen, noch andere Verhaltensweisen, die man in die gleiche psychologische Kategorie einordnen kann? Beschädigen sie z. B. auch Telefonzellen, Straßenlampen und öffentliche Toiletten?
▶ Richten sich die Verhaltensweisen nur gegen öffentlichen oder auch gegen privaten Besitz? Tendieren die betreffenden Personen z. B. auch dazu, Autoantennen und Scheibenwischer an privaten Pkws abzubrechen?
▶ Werden von den Personen auch andere normwidrige Verhaltensweisen gezeigt, die nichts mit Vandalismus zu tun haben? Begehen sie z. B. auch Ladendiebstähle, erpressen sie ihre Mitschüler oder Arbeitskollegen, hinterziehen sie Steuern, begehen sie Versicherungsbetrug?

Hinter solchen Fragestellungen stehen in aller Regel schon Vermutungen, die mehr oder weniger konkret und präzise sein können. Beispielsweise könnte hinter der dritten Frage die Annahme stehen, dass es eine interindividuell unterschiedliche und über viele Verhaltensbereiche generalisierte Bereitschaft gibt, soziale Normen zu übertreten.

In diesem Falle hätte die Fragestellung bereits den Charakter einer konkreten Hypothese: Das Aufschlitzen von Sitzen ist eines von vielen Anzeichen einer Disposition (Neigung) zu abweichendem Verhalten. Dies ist jedoch nur eine von vielen denkbaren Erklärungen für das beobachtete Phänomen. Weitere Hypothesen könnten lauten:
▶ Die Täter wissen vielleicht nicht, dass das Aufschlitzen von Sitzen unerwünscht und verboten ist.
▶ Das Aufschlitzen von Sitzen könnte eine Mutprobe sein und dazu dienen, Freunden zu imponieren.

- Das Aufschlitzen von Sitzen könnte ein Zeichen von Neugier sein. Vielleicht haben die Täter ein brennendes Interesse herauszufinden, wie die Sitze aufgebaut sind, wie robust sie sind oder wie leistungsfähig das neu erworbene Taschenmesser ist.
- Das Aufschlitzen von Sitzen könnte eine symbolische Botschaft an andere Fahrgäste sein, dass man sich der Gesellschaft nicht zugehörig fühlt und ihre Spielregeln nicht akzeptiert.

Viele weitere Erklärungen sind denkbar. Wichtig ist es, bei der Formulierung von Hypothesen im Auge zu behalten, dass sie empirisch prüfbar bzw. widerlegbar sind, eine gewisse Allgemeingültigkeit aufweisen und theoretisch begründet sind. Die theoretische Begründung ergibt sich meist aus der Literaturrecherche. Um Hypothesen einer empirischen Prüfung unterziehen zu können, ist es ferner von Vorteil, alle theoretischen Konzepte, deren man sich bedient, so präzise wie möglich zu definieren. Im Falle der Hypothese, das Aufschlitzen von Sitzen diene dazu, Freunden zu imponieren, müsste definiert werden, was unter »imponieren« zu verstehen ist. Im Falle der Hypothese, das Aufschlitzen von Sitzen befriedige Neugier, müsste definiert werden, was »Neugier« bedeutet, etc. Je eher die theoretischen Konzepte, die Bestandteil einer Hypothese sind, präzise definiert sind, desto leichter fällt die Hypothesenprüfung.

2.2.4 Planung einer Untersuchung

Um solche Fragestellungen bzw. Hypothesen zu klären, bedarf es nach dem Selbstverständnis unserer wissenschaftlichen Disziplin einer empirischen Untersuchung. Zur weiteren Illustration des Forschungsprozesses wählen wir die Dispositionshypothese aus, die besagt, dass das Aufschlitzen von Sitzen eines von vielen Anzeichen einer generalisierten Bereitschaft zur Übertretung von sozialen Normen ist. Die Konzentration auf diese Hypothese macht es zunächst erforderlich, andere Formen normabweichenden Verhaltens zu bestimmen. Einige Beispiele wurden oben gegeben (Versicherungsbetrug etc.).

Auswahl einer Erhebungsmethode

Anschließend muss überlegt und entschieden werden, wie man über diese Verhaltensweisen Informationen gewinnen möchte. Beispielsweise könnte man sich für eine Verhaltensbeobachtung oder für eine Befragung entscheiden. Weitere Möglichkeiten werden wir später kennenlernen (Kap. 3). Würde man sich für eine Befragung entscheiden, müsste man einen Fragebogen entwickeln, der eine Vielzahl normabweichender Verhaltensweisen enthält. Man könnte zu jeder Verhaltensweise fragen, ob sie schon einmal gezeigt wurde, wann das letzte Mal und wie oft in einem definierten Zeitraum. Da normabweichendes Verhalten von den meisten Menschen aus Angst vor Strafe oder Ablehnung nur ungern zugegeben wird, müsste man mit geeigneten Maßnahmen sicherstellen, dass die befragten Personen ehrlich antworten. Dies könnte man etwa durch anonyme Befragungen erreichen, wie sie in der Kriminologie zur Ermittlung von Dunkelziffern durchgeführt werden. Alternativ dazu könnte man die Aussagen der Personen überprüfen, indem man Bezugspersonen wie Freunde, Verwandte und Lehrer über das gleiche Verhalten der Person befragt und die Angaben der Zielperson mit jenen dieser Fremdbeurteiler vergleicht.

Festlegung der Population und Auswahl einer Stichprobe

Als Nächstes muss für die Erhebung eine Stichprobe ausgewählt und deren Größe festgelegt werden. Wie wir später lernen werden, ist es dabei wichtig, dass man zunächst die Grundgesamtheit (Population) derjenigen Personen definiert, für die die zu prüfende Hypothese gelten soll. In unserem Beispiel könnte die Grundgesamtheit aus Jugendlichen und jungen Erwachsenen bestehen. Aus dieser Grundgesamtheit muss dann eine repräsentative Stichprobe gezogen werden. Die Stichprobengröße ergibt sich aus dem Genauigkeitsanspruch der Untersuchung. Wenn die Untersuchung eine erste Erkundung sein soll und v. a. den Zweck verfolgt, weiterführende Ideen zu generieren, genügt eine kleine Zahl von Personen. Wenn hingegen eine Theorie getestet werden soll oder aus den Befunden weitreichende Schlussfolgerungen gezogen werden sollen, von denen die Grundgesamtheit betroffen ist, wird die Stichprobe größer sein müssen. Warum das so ist und wie man bei der Planung der Stichprobengröße vorgeht, werden wir später erfahren (Kap. 8).

Probleme bei der Versuchsdurchführung

Nachdem man sich für eine bestimmte Form der empirischen Prüfung der Hypothese entschieden hat, sollte man sich als Nächstes die Frage stellen, mit welchen Problemen bei der Versuchsdurchführung potentiell zu rechnen ist.

Mangelnde Validität. Eine Schwierigkeit haben wir bereits kennengelernt: Fragt man Menschen nach ihrer Neigung zu normabweichendem Verhalten, besteht die Gefahr, dass man keine ehrlichen Antworten erhält; es könnte also sein, dass zwei Personen, die auf die Frage, wie oft sie im letzten Jahr Ladendiebstahl begangen haben, »noch nie« bzw. »drei Mal« antworten, sich nicht wirklich in ihrer Normbruchneigung unterscheiden, sondern lediglich in ihrer Ehrlichkeit. Das wäre misslich, denn man hätte nicht das gemessen, was man hatte messen wollen: Statt Unterschieden in der Normbruchneigung hat man Unterschiede in der Ehrlichkeit erfasst. Wir werden später sehen, dass das Ausmaß, in dem eine empirische Messung tatsächlich das erfasst, was sie erfassen soll, eine Eigenschaft der Messung ist und als »Validität« bezeichnet wird (s. Abschn. 3.4). Wir werden auch sehen, wie man die Validität einer Messung quantifizieren kann und mit welchen Strategien man die Validität der Messung erhöhen kann.

Systematisch fehlende Werte. Eine weitere Schwierigkeit könnte darin bestehen, dass Personen, die man in die Stichprobe gezogen hat, sich weigern, die gestellten Fragen zu beantworten. Dann gäbe es fehlende Werte in den Daten. Solange solche fehlenden Werte unsystematisch über die Personen hinweg verteilt sind und es mehr oder weniger Zufall ist, wer die Auskunft verweigert und wer nicht, gibt es keine großen Probleme. Schwierig wird es hingegen, wenn nur bestimmte Personen die Auskunft verweigern, z. B. diejenigen, die in sehr starkem Maße zu normabweichendem Verhalten neigen. Wenn also Werte aus einem bestimmten Spektrum systematisch fehlen, kann das die Aussagekraft der Daten erheblich mindern.

Ethische Unbedenklichkeit

Eine zentrale Frage, die man sich bei der Planung der eigenen Untersuchung stellen sollte, ist die der ethischen Unbedenklichkeit. Wissenschaftlerinnen und Wissenschaftler haben ein Erkenntnisinteresse, das im Idealfall der Gesellschaft dient, Fragen beantwortet und Probleme lösen hilft. Aber manchmal steht dieses Erkenntnisinteresse im Konflikt mit Prinzipien der ethischen Verantwortlichkeit gegenüber den Versuchspersonen. Ethisch bedenklich sind Untersuchungen, wenn sie die Menschenwürde verletzen oder mit potentiellen Gefahren für Leib, Leben und Wohlergehen verbunden sind. Die Frage, wie Menschen Traumata und schweren psychischen Stress bewältigen, mag wissenschaftlich und gesellschaftlich hoch relevant sein, aber sie berührt einen sensiblen Bereich. So verbietet es sich, Traumata gezielt experimentell auszulösen, um zu untersuchen, wie deren kognitive Verarbeitung funktioniert. Auch die bloße Befragung zu zurückliegenden traumatischen Erfahrungen kann ethisch bedenklich sein, wenn die Gefahr besteht, dass die Befragungssituation von der befragten Person als belastend erlebt wird. Ethisch bedenklich wäre in diesem Fall andererseits der Verzicht auf eine Untersuchung, deren Ergebnisse den betroffenen Personen helfen könnten, ihre traumatischen Erfahrungen besser zu verarbeiten.

Die Deutsche Gesellschaft für Psychologie (DGPs) und der Berufsverband Deutscher Psychologinnen und Psychologen (BDP) haben gemeinsam ethische Richtlinien herausgegeben, die nicht nur die Unbedenklichkeit wissenschaftlicher Fragestellungen und empirischer Herangehensweisen betreffen, sondern auch allgemeine Fragen der beruflichen Praxis von Psychologinnen und Psychologen. Der aktuelle Text ist im Internet abrufbar. (Einen Link darauf finden Sie in unseren Online-Materialien.)

2.2.5 Durchführung der Untersuchung

Zunächst muss das Untersuchungsmaterial erstellt werden, z. B. der Fragebogen, mit dem die Häufigkeit normabweichenden Verhaltens ermittelt werden soll. Die Konstruktion von Fragebögen ist eine Kunst für sich, die wir hier nicht im Detail behandeln können. Auf einige Aspekte, die es dabei zu beachten und entscheiden gilt, werden wir später genauer eingehen (Abschn. 3.3.3). Außerdem gibt es Bücher, die sich ausschließlich mit der Konstruktion von Fragebögen befassen (z. B. Mummendey, 2003).

Als Nächstes wird die Stichprobe rekrutiert. In unserem Beispiel könnte man etwa versuchen, über Schulen an die jüngeren Untersuchungsteilnehmer zu gelangen. Man könnte aber auch Personen auf der Straße oder in öffentlichen Verkehrsmitteln ansprechen und um ihre Teilnahme bitten. Weiterhin könnte man sich von der Einwohnerbehörde eine Stichprobe von Personen aus dem Melderegister ziehen lassen. Schließlich könnte mit Hilfe von Anzeigen in der Tagespresse zur Teilnahme an der Untersuchung aufgerufen werden. Welche dieser Strategien man verfolgt und wie man sie konkret anwendet, hängt von der Fragestellung, der Definition der Grundgesamtheit sowie von Annahmen über Gründe der Teilnahmebereitschaft und befürchteten Störfaktoren ab. Rechnet man z. B. mit regionalen Unterschieden im fraglichen Verhalten, muss man die Region bei der Stichprobenziehung systematisch berücksichtigen.

Sobald die Stichprobe gezogen ist, kann mit der Datenerhebung begonnen werden. In unserem Beispiel bedeutete dies, dass man den Fragebogen in Schulklassen austeilt, den Personen, die man auf der Straße oder in öffentlichen Verkehrsmitteln angesprochen hat, den Fragebogen nebst einem frankierten Rücksendeumschlag aushändigt oder den Personen, deren Anschrift man von der Einwohnerbehörde bekommen hat bzw. die sich auf die Anzeige in der Zeitung hin gemeldet haben, den Fragebogen zusammen mit einem Rücksendeumschlag, einem Begleitschreiben und einer Instruktion zuschickt.

Insbesondere wenn man Experimente durchführt, ist es wichtig, den Versuchsablauf penibel zu dokumentieren. Eine gute Protokollierung hilft dabei, im Nachhinein unerwartete Schwierigkeiten oder Probleme bei der Versuchsplanung bzw. der Versuchsdurchführung zu erkennen oder diejenigen Versuchspersonen zu identifizieren, die aus bestimmten Gründen (z. B. mangelnde Motivation; Hypothese korrekt erraten; Probleme bei der Datenspeicherung etc.) von der Datenanalyse ausgeschlossen werden müssen.

Arbeitet man mit standardisiertem Versuchsmaterial (wie z. B. einem Fragebogen, einem Test oder einer computergesteuerten Apparatur), ist es sinnvoll, eine Zwischenanalyse der Daten vorzunehmen und zu überprüfen, ob es Schwierigkeiten gibt (z. B. zu schwere oder missverständliche Fragen), die es im Extremfall nötig machen, den Versuch abzubrechen.

Auch bei der Versuchsdurchführung ist die Einhaltung ethischer Standards essentiell (vgl. die ethischen Richtlinien der DGPs und des BDP). Hierzu gehören v. a.:

- die Aufklärung der Versuchspersonen über potentielle Risiken vor Beginn des Experiments
- der Hinweis darauf, dass die Teilnahme an der Untersuchung freiwillig ist und jederzeit ohne Angabe von Gründen abgebrochen werden kann
- die Zusicherung von Vertraulichkeit bei der Aufbereitung und Auswertung der Daten
- das Einholen einer Einwilligungserklärung seitens der Versuchspersonen
- eine ausführliche und lückenlose Aufklärung der Versuchspersonen über den Zweck der Untersuchung spätestens nach Abschluss der Untersuchung.

2.2.6 Auswertung der Daten

Sobald die Erhebung abgeschlossen ist, kann die Auswertung beginnen. Als Erstes müssen die erhobenen Informationen in einer Weise aufbereitet werden, die sich zur Auswertung eignet. In den meisten psychologischen Untersuchungen werden die erhobenen Informationen durch numerische Kodierung in Zahlen übersetzt. In unserem Beispiel könnte die Bejahung der Frage nach normabweichenden Verhaltensweisen mit der Zahl 1, die Verneinung mit der Zahl 0 kodiert werden. Antworten auf die Frage nach der Häufigkeit normabweichender Verhaltensweisen in einem definierten Zeitraum könnte man zahlenmäßig übernehmen. Den Zeitraum bis zur letzten Übertretung einer Norm könnte man in Abschnitte einteilen (1 Monat, 3 Monate, 6 Monate, 1 Jahr, 3 Jahre usw.) und für jeden Abschnitt eine Zahl festlegen (1, 2, 3, 4, 5 usw.) oder aber den Zeitraum in der Anzahl der vergangenen Monate kodieren (1, 3, 6, 12, 36 usw.). Die Art der Kodierung hängt davon ab, welche Auswertungsmethode angewendet werden soll. Um Fehler bei der Übertragung zu vermeiden, empfiehlt es sich, einen Kodierplan zu erstellen.

Datenmatrix: Darstellung der Daten

Die Speicherung der kodierten Informationen erfolgt heute in elektronischen Datenbanken. Meistens werden die Daten in Matrixform geordnet und dargestellt. Diese Form ist übersichtlich und entspricht der Struktur, die viele Auswertungsmethoden voraussetzen. Eine Matrix ist die Anordnung von Zahlen in Tabellenform. Die Tabelle ist durch die Anzahl der Zeilen und Spalten definiert. Einer bewährten Konvention entsprechend schreibt man in der Psychologie die kodierten Informationen über eine Person nebeneinander. Personen stellen in einer Datenmatrix also die Zeilen dar. Die Spalten entsprechen der Art der Information, die erhoben wurde, in unserem Beispiel also den einzelnen Fragen des Fragebogens. In einer Zelle der Matrix steht dann die numerisch kodierte Antwort, die eine Person auf eine bestimmte Frage des Fragebogens gegeben hat.

Deskriptivstatistik: Beschreibung der Daten

Die eigentliche Auswertung besteht darin, dass die Zahlen, die in der Datenmatrix stehen, nach bestimmten Regeln kombiniert und zusammengefasst werden. In der Regel beginnt man mit einer einfachen deskriptiven (beschreibenden) Analyse der Daten. In unserem Beispiel wird man sich vielleicht zunächst dafür interessieren, wie häufig bestimmte Verhaltensweisen vorkommen. Um dies zu ermitteln, könnte man die Summe der Spalten ermitteln, in denen die Antworten der Probanden auf die Frage stehen, wie oft sie eine bestimmte Norm in einem definierten Zeitraum verletzt haben, wie oft sie z. B. in den vergangenen fünf Jahren Steuern hinterzogen und Versicherungen betrogen haben. Die Summe der jeweiligen Spalte sagt aus, wie häufig das entsprechende Verhalten in der Gruppe insgesamt vorkam.

Zentrale Tendenz. Dividiert man diese Summe durch die Zahl der Probanden, ergibt sich die durchschnittliche Häufigkeit der jeweiligen Verhaltensweise. Dieser Durchschnittswert beschreibt die Gruppe insgesamt, nicht mehr eine einzelne Person. Man spricht von einer zentralen Tendenz.

Streuung. Weiterhin könnte man in einer ersten Analysephase auch die Frage klären, wie stark sich Personen in der Häufigkeit, mit der sie ein bestimmtes normabweichendes Verhalten in einem definierten Zeitraum zeigen, voneinander unterscheiden. Möglicherweise gibt es eine größere Gruppe, die das Verhalten nie zeigt, eine zweite größere Gruppe, die das Verhalten selten zeigt, und eine kleine Gruppe, die das Verhalten sehr häufig zeigt. Analysen dieser Art intendieren die Beschreibung der Verteilung oder Streuung von Verhaltensweisen in der untersuchten Gruppe.

Kovariation. In einem weiteren Analyseschritt könnte man sich der Frage zuwenden, ob zwei Verhaltensweisen (z. B. Steuerhinterziehung und Versicherungsbetrug) im Sinne der Dispositionshypothese etwas miteinander zu tun haben. Um dies zu ermitteln, könnte man auszählen, wie viele Personen beide Verhaltensweisen (Fall 1), nur eine der beiden Verhaltensweisen (Fall 2) oder keine der beiden Verhaltensweisen (Fall 3) berichten. Wenn es viele Fälle 1 und 3, aber nur wenige Fälle 2 gibt, dann haben die beiden Verhaltensweisen offenbar etwas miteinander zu tun. In der Methodensprache spricht man hierbei von Kovariation.

Solche und weitere Analysen bezeichnet man als deskriptive Datenanalysen, weil sie die Verhältnisse in der Untersuchungsstichprobe beschreiben. Ihr Wert besteht darin, dass die vielen Einzelinformationen in einer sparsamen, übersichtlichen und informativen Weise verdichtet werden und die wesentlichen Aspekte des untersuchten psychologischen Phänomens offensichtlich werden. Methoden der deskriptiven Statistik leisten solche Verdichtungen (s. Kap. 6).

Inferenzstatistik: Rückschlüsse auf die Population

Eine zweite Gruppe von Analysen widmet sich der Frage, mit welcher Sicherheit sich Ergebnisse, die an der untersuchten Stichprobe gewonnen wurden, auf die Grundgesamtheit (Population) verallgemeinern lassen. Es dürfte offensichtlich sein, dass man von den Angaben, die ein Dutzend Personen in einem

Fragebogen gemacht haben, nicht auf die Verhältnisse in der Gesamtbevölkerung schließen kann. Denn es könnte sein, dass man zufällig Personen befragt hat, die besonders häufig oder besonders selten die interessierenden Verhaltensweisen gezeigt haben. Je größer und repräsentativer die untersuchte Gruppe ist, desto eher wird man den Ergebnissen vertrauen und sich sicher sein können, dass man ganz ähnliche Befunde erzielen würde, wenn man die gesamte Bevölkerung untersuchen würde. Solche Fragen nach der Zuverlässigkeit von Daten und der Wahrscheinlichkeit richtiger oder falscher Verallgemeinerungen fallen in den Aufgabenbereich der schließenden Statistik oder Inferenzstatistik (s. Kap. 8).

2.2.7 Schlussfolgerungen aus der Untersuchung

Auf der Basis der Ergebnisse der Datenauswertung wird in der letzten Phase einer empirischen Untersuchung zunächst eine Antwort auf die Fragestellung gegeben bzw. eine Entscheidung über die theoretische Hypothese gefällt. Wenn in unserem Beispiel die Kovariationsanalyse ergeben hätte, dass alle im Fragebogen behandelten normabweichenden Verhaltensweisen eng miteinander zusammenhängen, würde man die Dispositionshypothese als bestätigt betrachten und zu dem Schluss kommen, dass es sich beim Aufschlitzen von Sitzen in öffentlichen Verkehrsmitteln um einen von vielen, psychologisch gleichwertigen Verstößen gegen soziale Normen handelt und es deshalb weder einer spezifischen Theorie noch einer spezifischen Ursachenforschung bedarf. Theorien abweichenden Verhaltens, die für andere Bereiche entwickelt wurden und sich empirisch bewährt haben, könnten also auch auf das Aufschlitzen von Sitzen übertragen werden.

Eine zweite Art von Schlussfolgerungen beinhaltet Überlegungen und Empfehlungen für die künftige Forschung. Möglicherweise war das Ergebnis weniger klar und eindeutig interpretierbar als erwartet, möglicherweise haben die Ergebnisse Fragen aufgeworfen, die vor der Untersuchung nicht bedacht wurden, möglicherweise hat sich die gewählte Methode der Datenerhebung als problematisch erwiesen. Diese und weitere Gründe mögen es ratsam erscheinen lassen, die Untersuchung zu erweitern, eine zusätzliche Untersuchung zu planen oder allgemeine Empfehlungen für den Fortgang der Forschung auszusprechen.

2.2.8 Mitteilung der Untersuchung

Den Abschluss einer Untersuchung bildet der Untersuchungsbericht. Sofern psychologische Forschung aus Steuergeldern finanziert wird, hat die Öffentlichkeit ein Recht, die Befunde zu erfahren oder sichergestellt zu wissen, dass die Befunde zum wissenschaftlichen Fortschritt beitragen. Deshalb sollten die Untersuchungsbefunde in geeigneter Weise zumindest der Fachöffentlichkeit bekannt gemacht werden. Dies kann durch Fachbücher oder Artikel in Fachzeitschriften, durch Hinterlegung des Untersuchungsberichts im Internet oder durch die Präsentation der Untersuchung auf Kongressen und Tagungen erfolgen. Sofern die Untersuchung durch einen privaten Auftraggeber veranlasst wurde, wird dieser einen Untersuchungsbericht erwarten. Generell gilt, dass jede wissenschaftliche Untersuchung dokumentiert werden sollte. Wissenschaft ist ein arbeitsteiliger Prozess, der auf Kommunikation angewiesen ist. Nur wenn Forschungsergebnisse zugänglich sind, können die Untersuchungen verschiedener Arbeitsgruppen aufeinander aufbauen und Effizienzverluste im Wissenschaftsbetrieb minimiert werden.

Zusammenfassung

Die Psychologie als Erfahrungswissenschaft (empirische Wissenschaft) beschreibt psychologische Prozesse auf verschiedenen Ebenen oder in verschiedenen Sprachen:

▶ Die Theoriesprache beschreibt psychologische Ereignisse in theoretischen Begriffen.
▶ Auf der empirischen Ebene werden Aussagen über Manifestationen der theoretisch beschriebenen Phänomene gemacht.
▶ Die numerische Sprache dient der Systematisierung psychologischer Beobachtungen, die zu diesem Zweck mittels geeigneter Regeln in die Symbolik der Zahlen übersetzt wurden.

Zwischen den drei Sprachen gibt es keine natürlichen Beziehungen. Sie müssen durch vereinbarte Vorschriften ineinander übersetzt werden.

Wissenschaftliche Untersuchungen laufen nach einem bestimmten Schema ab. Mindestens acht Prozessschritte können unterschieden werden:
(1) die Entstehung eines Erkenntnisinteresses in Wissenschaft oder Praxis
(2) die Sammlung verfügbaren Wissens mittels Nutzung aller verfügbaren Informationsquellen, um zu prüfen, ob sich die Frage ohne eine eigene Untersuchung klären lässt
(3) die Entwicklung einer Fragestellung oder Hypothese für den Fall, dass verfügbare Wissensbestände keine ausreichende Klärung des Problems erlauben
(4) die Planung einer Untersuchung, um die Fragestellung oder Hypothese empirisch zu klären
(5) die Durchführung der Untersuchung mittels der ausgewählten oder konstruierten Instrumente an einer geeigneten Stichprobe von Personen
(6) die Auswertung der gesammelten und gespeicherten Daten
(7) die Beantwortung der Fragestellung und die Formulierung von Schlussfolgerungen auf der Basis der Ergebnisse der Datenauswertung
(8) die Mitteilung der Ergebnisse und der Schlussfolgerung, um sie der Fachgemeinschaft und der Allgemeinheit zur Verfügung zu stellen und den dokumentierten Wissensbestand des Fachs zu erweitern.

Fragen und Übungsaufgaben

Fragen
(1) Unter welchen Bedingungen erfüllt eine Aussage die Kriterien einer wissenschaftlichen Hypothese?
(2) Worin bestehen die beiden behandelten Überbrückungsprobleme?
(3) Wie ist eine Datenmatrix aufgebaut?
(4) Worum geht es in der Deskriptivstatistik?
(5) Worum geht es in der Inferenzstatistik?

Übungsaufgaben
Handelt es sich bei den folgenden Aussagen um wissenschaftliche Hypothesen? Begründen Sie Ihre Antwort.
(1) Je älter man wird, desto weiser wird man.
(2) Konflikte zwischen Ehepartnern sind immer auf Meinungsverschiedenheiten zurückzuführen.
(3) Raucher sterben früher als Nichtraucher.
(4) Morgen um 14:00 Uhr wird es in Karlsruhe regnen.
(5) Wenn man einen Zug verpasst, dann ist man entweder zu spät gekommen, oder der Zug ist zu früh abgefahren.
(6) Wenn ich früher losgegangen wäre, hätte ich den Zug noch bekommen.
(7) Je später der Abend, desto schöner die Gäste.
(8) Es ist wahrscheinlich, dass morgen meine Mutter anruft.
(9) Wenn man seine Pflanzen mehr als drei Wochen nicht gießt, gehen sie ein.
(10) Morgen wird es später dunkel als heute.

3 Methoden der Datengewinnung

> **Was Sie in diesem Kapitel lernen**
>
> ▶ Psychologische Forschung und psychologische Praxis benötigen Informationen über psychische Vorgänge. Mit welchen Mitteln können diese Informationen erhoben werden?
> ▶ Sollte man sich in psychologischen Untersuchungen und in der psychologischen Praxis darauf verlassen, dass Menschen über sich selbst am besten Bescheid wissen?
> ▶ Kann man den Ergebnissen von psychologischen Tests trauen?
> ▶ Psychologische Untersuchungen finden häufig in künstlichen Umgebungen statt. Können solche Untersuchungen überhaupt etwas über psychologische Gesetzmäßigkeiten im alltäglichen Leben aussagen?

3.1 Kriterien für die Wahl einer Erhebungsmethode

Nachdem wir den Ablauf einer typischen empirischen Untersuchung kennengelernt haben, wollen wir etwas genauer betrachten, mit welchen Methoden in der Psychologie Informationen erhoben werden. In den drei bisher behandelten Beispielen (Partnerschaftsdauer, Abwehrmechanismus, Vandalismus) sind wir bereits den Methoden der mündlichen Befragung und des Fragebogens begegnet. Die Psychologie benutzt eine große Zahl weiterer Erhebungsmethoden, um Informationen über menschliches Erleben und Verhalten zu erlangen. Welcher Methode man sich in einer konkreten Untersuchung bedient, hängt von mehreren Faktoren ab, insbesondere

▶ von der inhaltlichen Fragestellung bzw. empirischen Hypothese,
▶ von den spezifischen Merkmalen des Untersuchungsobjekts,
▶ vom Verfügungsrahmen zeitlicher, finanzieller und personeller Ressourcen,
▶ von den Qualitätsansprüchen an die Informationen und
▶ von der Art des interessierenden Verhaltens und Erlebens.

Betrachten wir etwas genauer, was unter diesen Randbedingungen im Einzelnen zu verstehen ist und in welcher Weise sie die Auswahl einer Erhebungsmethode beeinflussen.

Fragestellung. Das Aufschlitzen von Sitzen in öffentlichen Verkehrsmitteln kann man erfragen, man kann es aber auch unmittelbar beobachten. Verdrängte erotische Phantasien kann man nicht unmittelbar beobachten. Man kann sie aber auch nicht erfragen, denn das Unbewusste ist gerade dadurch definiert, dass es dem bewussten Zugriff verschlossen bleibt. Nach den theoretischen Vorstellungen der Tiefenpsychologie muss man deshalb zur Erhebung tabuisierter und ins Unbewusste verdrängter Phantasien auf psychoanalytische Entdeckungsstrategien wie die Traumdeutung, die Analyse von Versprechern oder die freie Assoziation zurückgreifen.

Spezifische Merkmale des Untersuchungsobjekts. Wenn man die emotionale Bindung eines Kleinkinds an seine Eltern erheben möchte, kann man das Kind selbst nicht befragen. Ein Kind im Alter von einem Jahr wäre nicht in der Lage, Fragen nach seiner Bindung zu verstehen, geschweige denn zu beantworten. Hingegen könnte man die Eltern befragen oder aber Anzeichen für die emotionale Bindung beobachten, die sich im Verhalten des Kindes äußern.

Personeller, zeitlicher und finanzieller Aufwand. Will man z. B. Intelligenz erfassen, so kann man zwischen verschiedenen Tests wählen (Holling et al., 2004). Es gibt Intelligenztests, die einen Dialog zwischen Diagnostiker (Tester) und Diagnostikand (Testperson, Testand) erfordern und deshalb nicht mit mehreren Testpersonen gleichzeitig durchgeführt werden können. Andere Intelligenztests eignen sich hingegen gut für Gruppenuntersuchungen. Es ist offensichtlich, dass der Aufwand von Einzelverfahren erheblich über dem von Gruppenverfahren liegt. Ähnlich verhält es sich mit mündlichen Interviews im Vergleich zu schriftlichen Befragungen. Ein Interview kann in der Regel nur mit einer Person durchgeführt werden, eine schriftliche Befragung mit sehr vielen Personen gleichzeitig.

Qualität der gewonnenen Informationen. Der Aufwand, den eine Methode erfordert, nimmt meistens mit den Qualitätsansprüchen an die gewünschten Informationen zu. Wie wir später erfahren werden, steigt die Messgenauigkeit mit der Anzahl von Messwiederholungen. Dieses Prinzip macht man sich bei der Leistungsbeurteilung in allen Bildungseinrichtungen zunutze, indem man das Urteil nicht auf eine einzige, sondern in der Regel auf mehrere Leistungsüberprüfungen stützt. Je nach Fragestellung gibt man sich mit unterschiedlichen Genauigkeitsgraden zufrieden. Um die Schulreife eines Kindes zu prüfen, müssen nicht alle Facetten des kognitiven Entwicklungsstandes mit großer Genauigkeit festgestellt werden. Vielmehr genügen in den meisten Fällen wenige, relativ grobe Maße. Erst bei Grenzfällen wird man den Genauigkeitsanspruch höher schrauben und präzise Instrumente hinzuziehen, um Fehlentscheidungen zu minimieren.

Art des Verhaltens und Erlebens. Wenn man z. B. wissen möchte, was eine Person in einer bestimmten Situation fühlt, kann man die Person anschließend zu ihren Gefühlen befragen. Aufschlussreich könnte es aber auch sein, in der Situation auf den nonverbalen Gefühlsausdruck zu achten. Gefühle wie Ekel oder Angst äußern sich bei allen Menschen und in allen bisher untersuchten Kulturen in einem charakteristischen Gesichtsausdruck (Ekman, 1972). Höchstwahrscheinlich ist der spontane Gesichtsausdruck sogar weniger verfälscht als die verbale Auskunft der Person über ihre Gefühle. Dies dürfte insbesondere auf Gefühle zutreffen, die unerwünscht sind (Ekman & Friesen, 1974). Das Beispiel zeigt, dass die Eignung eines Erhebungsinstruments wesentlich von der Art der interessierenden Verhaltensmodalität (mimisch-expressiv vs. semantisch-verbal) abhängt. Den Gesichtsausdruck muss man beobachten, die Erinnerung der Person an ihr Gefühl kann man erfragen.

3.2 Ordnungsmöglichkeiten

Der Überblick über die Vielfalt von Erhebungsmethoden lässt sich erleichtern, wenn man ihre Unterschiede und Gemeinsamkeiten identifiziert und zur Klassifikation nutzt. Wir wollen einige dieser Ordnungsmöglichkeiten vorstellen:
(1) Einzelerhebung vs. Gruppenerhebung
(2) Analyseeinheit: Individuum, Dyade, Gruppe, soziales System
(3) reaktive vs. nicht-reaktive Erhebungsmethoden
(4) transparente vs. intransparente Erhebungsmethoden
(5) Teilnahme vs. Nicht-Teilnahme des Forschenden
(6) typisches vs. maximales Verhalten.

Einzelerhebungen vs. Gruppenerhebungen

Das Interview gehört zu den klassischen Einzelverfahren, der Persönlichkeitsfragebogen zu den klassischen Gruppenverfahren. Gruppenverfahren setzen voraus, dass die Erhebungsmethode selbsterklärend ist oder durch eine einfache Anweisung erklärt werden kann und bei allen Personen die gleichen Informationen erhoben werden. Gruppenverfahren sind ökonomisch. Viele Informationen lassen sich mit relativ wenig Aufwand gewinnen. Einzelerhebungen sind angezeigt, wenn man nur über eine Person Informationen benötigt, die Informationsgewinnung auf den Einzelfall abgestimmt sein muss, einer detaillierten Erläuterung und Steuerung bedarf und deshalb nur in einer flexiblen Interaktion zwischen Diagnostiker und Diagnostikand erfolgen kann.

Ein typisches Beispiel für eine solche Situation ist die Anamnese (Erhebung der Vorgeschichte) in der klinisch-psychologischen Einzelfallbehandlung (s. Abschn. 3.3.2). Eine Gruppenerhebung würde hier keinen Sinn machen, da kaum ein Fall mit einem anderen vergleichbar ist. Der Vorteil der Einzelerhebung liegt in ihrer größeren Flexibilität. Die Methode kann während der Durchführung an den Einzelfall angepasst werden. Dadurch steigt in vielen Fällen die Informationsqualität. Der Nachteil des Einzelverfahrens besteht im hohen Kostenaufwand und darin, dass Informationen über verschiedene Personen nicht immer verglichen und zusammengefasst werden können, eben weil sie sehr spezifisch sind. Weiterhin kann das Fehlen eines Bezugsrahmens aus Informationen über viele Personen die Einordnung und Bewertung eines einzelnen Falles erschweren oder sogar unmöglich machen. Würde man z. B. nur einen Mitarbeiter über das Betriebsklima befragen, könnte man nicht sicher sein, ob er typische Vorkommnisse beschreibt oder eine ungewöhnlich wohlwollende oder besonders kritische Einschätzung abgibt. Erst die Befragung mehrerer Mitarbeiter liefert einen Bezugsrahmen, in den man eine einzelne Einschätzung einordnen könnte. Und dies wäre insbesondere dann möglich, wenn allen Mitarbeitern die gleichen Fragen gestellt wurden.

Analyseeinheit

Die Psychologie macht nicht nur Aussagen über das Erleben und Verhalten von Individuen, sondern beschreibt auch Merkmale und Verhaltensweisen von Dyaden (z. B. Interaktionspartnern, Ehepaaren; z. B. Bodenmann, 2005b), Gruppen (z. B. Arbeitsgruppen, Jugendgruppen, Seminarteilnehmern) und sozialen Systemen (z. B. Familien, Betrieben, Organisationen, Kulturen; z. B. Blickle, 2006; Bodenmann, 2005b). Diese Unterscheidung kann man sich am Beispiel der Soziometrie (Abbildung von Gruppenstrukturen) vor Augen führen (z. B. Dollase, 2006). Zur Erhebung eines Soziogramms, einer typisch soziometrischen Methode, werden alle Mitglieder einer Gruppe aufgefordert, die anderen Gruppenmitglieder zu benennen, die ihnen sympathisch oder unsympathisch sind. Aus dem Antwortmuster lassen sich Kennwerte sowohl zur Beschreibung jedes einzelnen Gruppenmitgliedes als auch zur Charakterisierung der ganzen Gruppe ableiten. Beispielsweise sind Wahlstatus und Ablehnungsstatus einer Person definiert als derjenige Anteil von Gruppenmitgliedern, denen die Person sympathisch bzw. unsympathisch ist. Wahlstatus und Ablehnungsstatus quantifizieren also die Beliebtheit bzw. Unbeliebtheit eines einzelnen Gruppenmitgliedes. Hingegen sind Kohärenz, Integration, Balanciertheit und Zentralisation soziometrische Kennwerte für die gesamte Gruppe. So ist z. B. Kohärenz definiert als Prozentsatz gegenseitiger Sympathiebekundungen. Bei manchen Fragestellungen kann die Analyseeinheit auch aus einem Kollektiv von Personen bestehen, die zwar keine Gruppe im engeren Sinne (d. h. eine Gruppe direkt miteinander interagierender Personen) bilden, aber der gleichen sozialen Kategorie angehören (Frauen, Junggesellen, Rentner, Ausländer, Raucher, Arbeitslose usw.).

Reaktive vs. nicht-reaktive Erhebungsmethoden

In manchen psychologischen Untersuchungen wird Erleben und Verhalten gezielt provoziert, und die Probanden wissen, dass ihre Reaktionen zu Untersuchungszwecken registriert werden. Fragebogen und Tests zählen zu den reaktiven Verfahren, weil die Personen aufgefordert werden, auf bestimmte Fragen zu antworten bzw. bestimmte Aufgaben zu lösen (s. Abschn. 3.3.3, 3.3.5). Auch das im Rahmen von Laborexperimenten provozierte Verhalten und Erleben ist reaktiv, denn die Probanden wissen, dass ihr Verhalten vom Versuchsleiter beobachtet und ausgewertet wird. Ein Nachteil reaktiver Verfahren besteht darin, dass das Verhalten in einer künstlichen Situation erzeugt wird und möglicherweise in dieser Form unter natürlichen Bedingungen nicht vorkommt. So könnte es sein, dass allein das Bewusstsein der Testperson, sich in einer Testsituation zu befinden, ihr Antwortverhalten systematisch beeinflusst; diese Verzerrung wird auch als Hawthorne-Effekt bezeichnet (Landsberger, 1958). Außerdem beinhalten reaktive Verfahren das Risiko, dass die untersuchten Personen sich darum bemühen, einen guten Eindruck zu machen oder sich von dem Motiv leiten lassen, die vermutete Fragestellung des Forschers zu bestätigen oder zu widerlegen. Solche Verfälschungstendenzen können die Aussagekraft der erhobenen Informationen erheblich einschränken.

Nicht-reaktive Methoden (s. Abschn. 3.3.9) zeichnen sich hingegen dadurch aus, dass das zu untersuchende Verhalten und Erleben unaufgefordert erfolgt. Die Daten, die in nicht-reaktiven Paradigmen erhoben werden, werden vielmehr von Personen in natürlicher Weise geliefert, ohne dass diesen Personen der sozialwissenschaftliche Verwendungszweck dieser Daten bewusst ist (Fritsche & Linneweber, 2006a, b). So kann man spielende Kinder auf einem Schulhof beobachten, um die Dominanzverhältnisse in einer Gruppe festzustellen (s. Abschn. 3.3.1). Auch bei der Analyse von Tagebuchaufzeichnungen, die man in der Entwicklungspsychologie genutzt hat, um etwas über die Entwicklung des Selbstkonzepts von Jugendlichen zu erfahren (Bühler, 1929), handelt es sich um ein nicht-reaktives Verfahren (s. Abschn. 3.3.4). Die Jugendlichen hatten ihr Tagebuch sicher nicht in dem Bewusstsein geschrieben, dass es eines Tages psychologisch ausgewertet werden würde.

Transparente vs. intransparente Erhebungsmethoden

Bei transparenten Verfahren kennt die Person den Zweck der Informationen, die sie liefert. Meinungsumfragen, Eignungsuntersuchungen im Rahmen von Personalentscheidungen und Anamnesen in der Klinischen Psychologie gehören zu dieser Kategorie. Da die Art der erhobenen Informationen und ihr Verwendungszweck den untersuchten Personen bekannt sind, stellt sich bei transparenten Verfahren das Verfälschungsproblem. Wenn sich Bewerber gezielt auf Eignungstests vorbereiten, indem sie kommerziell verfügbare Übungsaufgaben lösen, können sie das Ergebnis zu ihren Gunsten beeinflussen. Solche Verfälschungsmöglichkeiten stellen nicht nur ein wissenschaftliches, sondern auch ein ernstes ethisches Problem dar.

Bei intransparenten Verfahren kennt die untersuchte Person weder die psychologische Bedeutung ihres Verhaltens noch den Zweck der erhobenen Daten. Zu solchen intransparenten Verfahren gehören z. B. die sog. projektiven Verfahren (s. Abschn. 3.3.10), bestimmte apparative, psychobiologische und neurowissenschaftliche Verfahren (s. Abschn. 3.3.7, 3.3.8) sowie reaktionszeitgestützte Verfahren (s. Abschn. 3.3.11). Der große Vorteil intransparenter Verfahren besteht in ihrer geringen Verfälschbarkeit. Da die Person gar nicht weiß, welche Informationen sie liefert oder welche Bedeutung ihr Verhalten für den Forscher oder Diagnostiker hat, kann sie sich auch nicht gezielt verstellen, um einen bestimmten Eindruck zu vermitteln.

> **Vertiefung**
>
> **Reaktivität und Transparenz**
>
> Die Begriffe der »Reaktivität« und »Transparenz« von Untersuchungen werden in der Literatur manchmal in sehr ähnlicher Bedeutung und nicht immer einheitlich verwendet. Wir bezeichnen eine Erhebungsmethode als reaktiv, wenn die Person in dem Moment, in dem sie ein bestimmtes Verhalten zeigt, weiß, dass dieses registriert und zu sozialwissenschaftlichen Untersuchungszwecken verwendet wird, dagegen als nicht-reaktiv, wenn die Person in dem Moment, in dem sie ein bestimmtes Verhalten zeigt, nicht weiß, dass ihre Verhaltensspuren einmal Gegenstand einer sozialwissenschaftlichen Analyse werden würden.
>
> Als transparent bezeichnen wir eine Untersuchung, wenn die Person den Zweck der Untersuchung und die Bedeutung der Daten, die sie liefert, kennt, als intransparent, wenn die Person die Bedeutung der Daten nicht kennt. Persönlichkeitsfragebogen sind reaktiv und transparent, projektive Tests sind reaktiv und intransparent. Nicht-reaktive Verfahren sind immer auch intransparent. Wenn die Person nicht weiß, dass das von ihr gezeigte Verhalten Bestandteil einer sozialwissenschaftlichen Datenanalyse ist, kann sie auch den Zweck der Daten, die sie beiläufig liefert, nicht kennen.

Teilnahme vs. Nicht-Teilnahme des Forschenden

Eine weitere Unterscheidung, die insbesondere bei den Beobachtungsmethoden von Bedeutung ist, betrifft die Anwesenheit und den Grad der Teilnahme des Diagnostikers bei der Datenerhebung. Bei jeder teilnehmenden Erhebung ist der Diagnostiker anwesend, so etwa bei der Meinungsumfrage in Form eines mündlichen Interviews, bei der therapiebegleitenden Beobachtung einer Familie im Rahmen einer systemischen Therapie oder bei der Durchführung bestimmter Intelligenztests, z. B. des Hamburg-

Wechsler-Intelligenztests für Erwachsene (HAWIE). Teilnehmende Verfahren bergen das Risiko, dass die Anwesenheit des Forschers die untersuchten Probanden beeinflusst und damit zu einer Verfälschung des Verhaltens führt. Wenn eine Psychologin z. B. im Zuge einer gerichtlichen Sorgerechtsentscheidung eine Beurteilung der Vater-Kind-Beziehung vornehmen soll und im Rahmen ihres Auftrags Vater und Kind zu Hause aufsucht, wird das Bewusstsein um die Bedeutung der Situation mit hoher Wahrscheinlichkeit das Verhalten der beiden Personen beeinflussen. Ähnlich bleibt es nicht ohne Einfluss auf Lehrer und Schüler, wenn der Schulpsychologe zu Besuch kommt, um sich einen Eindruck von der gruppendynamischen Situation in einer Klasse zu bilden. Eine spezielle Form der Beeinflussung der Versuchs- oder Testperson durch die Anwesenheit des Versuchsleiters ist der sog. Pygmalion- oder Rosenthal-Effekt: Ohne es zu wollen und zu wissen, verhalten sich Versuchsleiter in psychologischen Untersuchungen häufig so, dass das Verhalten der Versuchspersonen den Hypothesen oder Erwartungen des Versuchsleiters entspricht (Rosenthal & Jacobson, 1968; Rosenthal & Rubin, 1978).

Um solchen Verfälschungen entgegenzuwirken, werden häufig nicht-teilnehmende Verfahren eingesetzt. Sie sind durch eine raum-zeitliche Distanz zwischen Diagnostiker und Diagnostikand gekennzeichnet. Schriftliche Befragungen erfüllen dieses Distanzkriterium, ebenso die Beobachtung durch Einwegscheiben, die Aufzeichnung des Verhaltens auf Video mit nachträglicher Auswertung, die Analyse von Tagebüchern sowie die Graphologie (Schriftdeutung). Zu beachten ist in diesem Zusammenhang, dass die vorgestellte Anwesenheit einer anderen Person häufig ähnlich wirkt wie ihre tatsächliche Anwesenheit. Wenn Personen z. B. wissen, dass sie gefilmt werden, kann dies zu ähnlichen Veränderungen des Verhaltens führen wie die Anwesenheit eines Beobachters.

An diesem Punkt wird deutlich, dass die bisher genannten und viele weitere Unterscheidungsmerkmale von Erhebungsverfahren nicht immer unabhängig voneinander sind und nicht immer beliebig miteinander kombiniert werden können. So sind die meisten teilnehmenden Erhebungen insofern reaktiv, als das Verhalten von Personen in der Untersuchungssituation auch eine Reaktion auf die anwesende Forscherin und nicht nur die von ihr gestellten Fragen oder Aufgaben ist. Gleichwohl sind Fragestellungen denkbar, in denen sich Teilnahme und Nicht-Reaktivität vereinbaren lassen. Man denke an einen Forscher, der sich zur Untersuchung von Einkaufsrouten in Kaufhäusern als Kunde tarnt und echten Kunden unauffällig folgt, um ihre Wege festzuhalten. Da der Forscher nicht als Beobachter in Erscheinung tritt, hätten wir es mit einer teilnehmenden und gleichzeitig nicht-reaktiven Erhebungssituation zu tun.

Typisches vs. maximales Verhalten

Diese Unterscheidung wird häufig herangezogen, um Fähigkeiten und Begabungen von Persönlichkeitseigenschaften und Einstellungen zu trennen. Intelligenz, Kreativität und Konzentration werden ebenso wie spezifische Begabungen häufig über die Maximalleistung definiert, zu der eine Person fähig ist. Methoden zur Erfassung des Leistungsvermögens nennt man Tests (s. Abschn. 3.3.5). Hingegen werden Persönlichkeitseigenschaften und Einstellungen meistens über das typische Verhalten und Erleben einer Person definiert und mit Fragebogenmethoden erfasst (s. Abschn. 3.3.3). Man beachte, dass die Zuordnung von Persönlichkeitseigenschaften zum typischen Verhalten und von Fähigkeiten zum maximalen zwar üblich, aber keineswegs zwingend ist. Man könnte die Fähigkeiten einer Person auch an ihrer typischen (durchschnittlichen) Leistung festmachen und zur Bestimmung der Persönlichkeitseigenschaften Situationen schaffen, in denen der Person ein Maximalverhalten abverlangt wird, z. B. so unängstlich wie möglich auf eine Bedrohung zu reagieren oder sich so gewissenhaft, verträglich oder kontaktfreudig, wie sie es nur kann, zu verhalten (Riemann, 1997).

3.3 Darstellung einzelner Erhebungsmethoden

Nachdem wir Gesichtspunkte für die Wahl einer Erhebungsmethode erörtert und Merkmale kennengelernt haben, die eine sinnvolle Ordnung solcher Methoden ermöglichen, wollen wir nun einige der gängigsten Erhebungsmethoden in der Psychologie kurz charakterisieren. Zu jeder Methode gibt es eine umfangreiche Spezialliteratur, die man für ein vertiefendes Studium heranziehen kann. Außerdem muss unsere Darstellung selektiv bleiben. In der Psychologie wird mit Tausenden von Erhebungsmethoden gearbeitet, die hier unmöglich vollständig oder auch nur repräsentativ dargestellt werden können.

3.3.1 Verhaltensbeobachtung

Die Verhaltensbeobachtung ist eine unverzichtbare Methode in der Psychologie. Sie kommt zum Einsatz, wenn natürliche Verhaltensströme erfasst werden sollen, z. B. Vater-Kind-Interaktionen, Interaktionen zwischen Kindern, Klient-Therapeut-Interaktionen, Verläufe der Kontaktaufnahme und Strategien der Kontaktvermeidung in bestimmten Kontexten (z. B. in der Disco, im Fahrstuhl, in der U-Bahn, im Hörsaal), Verhalten bei Frustrationen (z. B. im Stau oder vor einem ausverkauften Kino) oder in Konfliktsituationen (z. B. zwischen rivalisierenden Fangruppen bei Sportveranstaltungen).

Streng genommen müsste man von der Verhaltensbeobachtung im Plural sprechen, da es viele unterschiedliche Varianten der Methode gibt (Bodenmann, 2006; Greve & Wentura, 1997), die sich nach folgenden Gesichtspunkten gliedern lassen:
▶ systematische vs. unsystematische Beobachtung
▶ Beobachtung unter natürlichen Bedingungen vs. Laborbedingungen
▶ Beteiligungsgrad des Beobachters
▶ Art der Protokollierung.

Systematische vs. unsystematische Beobachtung

Bei der systematischen Beobachtung sind die Beobachtungsgegenstände und die Beobachtungseinheiten festgelegt. Systematische Beobachtungen erfordern die Festlegung auf ein bestimmtes Protokollsystem. Beispielsweise könnte man sich im Vorfeld der Beobachtung einer Klient-Therapeut-Interaktion dazu entscheiden, auf den Blickkontakt, die Redeanteile, die Veränderung der Sitzhaltung und der räumlichen Distanz zwischen den betroffenen Personen zu fokussieren. Systematische Beobachtungen setzen voraus, dass man eine konkrete Fragestellung oder Hypothese hat. Soll ein Verhaltensbereich, zu dem noch kaum Erkenntnisse vorliegen, erkundet werden, kann eine unsystematische Beobachtung vorteilhaft sein. Wenn man z. B. etwas über die Dynamik zwischen gegnerischen (antagonistischen) Gruppen lernen möchte, aber noch keine klare Vorstellung davon hat, welche Verhaltensweisen in einem solchen Prozess auftreten, könnte man zunächst das ganze Geschehen filmen und die Beobachtung nach und nach auf bestimmte Bereiche konzentrieren. Ein Beispiel für eine bekannte Untersuchung, in der etwa so vorgegangen wurde, ist das »Stanford Prison Experiment« (SPE; Haney et al., 1973; Zimbardo & Haney, 2008).

Beobachtung unter natürlichen Bedingungen vs. Laborbedingungen

Beobachtung im Labor bedeutet, dass die Erhebung in einer speziell für diesen Zweck arrangierten Umgebung stattfindet. Man spricht auch von einem standardisierten Setting. Sein Zweck besteht darin, die Bedingungen, unter denen das zu beobachtende Verhalten stattfindet, konstant zu halten und die Vergleichbarkeit der gewonnenen Informationen zu steigern. Man beachte, dass der Laborbegriff in der Psychologie eine andere Bedeutung hat als der naturwissenschaftliche Laborbegriff etwa in der Medizin. In der Psychologie ist »Labor« ein Sammelbegriff für Untersuchungsräume, die für den Untersuchungszweck eingerichtet und gestaltet wurden. Die Beobachtung unter Laborbedingungen hat den Vorteil, dass man unerwünschte Einflüsse (sog. Störeinflüsse) auf das Verhalten (wie etwa ungünstige Lichtverhältnisse, Lärm oder Störungen von außen) kontrollieren bzw. ausschließen kann. Andererseits besteht der Nachteil, dass gerade dadurch der spontane Charakter und die Natürlichkeit des Verhaltens verloren gehen.

Der Fremde-Situations-Test, der von Ainsworth und Wittig (1969) zur Diagnose der Mutterbindung eines Kindes entwickelt wurde, ist ein bekanntes Beispiel für die Laborvariante. Die Beobachtung findet unter standardisierten räumlichen und sozialen Bedingungen und nach einem festen Ablaufschema statt: Nachdem die Mutter mit dem Kind eine bestimmte Zeit alleine war und dann ein Fremder hinzukam, verlässt sie den Raum. Aus dem Verhalten in dieser Trennungssituation und der Art und Weise, wie das Kind reagiert, wenn die Mutter zurückkommt, werden unterschiedliche Bindungstypen abgeleitet. Typische natürliche Settings von Beobachtungsstudien sind Kindergärten, Schulen, Betriebe und öffentliche Plätze (Fußgängerzonen, Autobahnen, Schwimmbäder, Fußballstadien usw.).

Beteiligungsgrad des Beobachters

Wir hatten dieses Kriterium bereits als allgemeines Ordnungsmerkmal in Abschnitt 3.2 kennengelernt. Der Therapeut macht seine Beobachtungen, während er am Geschehen *aktiv* teilnimmt. Die Schulpsychologin, die von der letzten Bank aus das Geschehen in der Klasse verfolgt, nimmt *passiv* teil. Der Polizeipsychologe, der die Geiselnahme in einer Sparkasse über eine versteckte Videokamera live verfolgt, steht gänzlich außerhalb des Geschehens. Er nimmt *nicht* teil. Alle drei Varianten haben ihre spezifischen Vor- und Nachteile: Die aktive Teilnahme hat z. B. den Vorteil, dass der Beobachter ein bestimmtes Verhalten provozieren kann, das sonst vielleicht nicht auftreten würde. Dadurch verändert er die Situation aber möglicherweise so sehr, dass eine Verallgemeinerung seiner Beobachtungen auf alltägliche Situationen nicht mehr möglich ist. Außerdem kann bei der aktiven Teilnahme die Aufmerksamkeit nicht uneingeschränkt auf die Beobachtung konzentriert werden. Vorteile der nicht-teilnehmenden Beobachtung bestehen darin, dass das Geschehen nicht verfälscht wird und mehrere Beobachter gleichzeitig eingesetzt werden können. Der im Beispiel genannte Polizeipsychologe könnte sich von Kollegen verstärken lassen, um die Präzision und Vollständigkeit seiner Beobachtungen zu erhöhen.

Art der Protokollierung

Isomorphe Aufzeichnung. Häufig wird zwischen isomorpher und reduktiver Aufzeichnung unterschieden. Bei der isomorphen (gestaltgleichen) Aufzeichnung wird das Geschehen möglichst ohne Informationsverlust festgehalten. Dies ist heute am besten per Video möglich. Videoaufnahmen gelten heute bei vielen Anwendungen als Standard. Sie empfehlen sich, wenn nur ein geringes Vorverständnis des beobachteten Geschehens vorliegt und man es vermeiden möchte, wichtige Aspekte zu übersehen. Außerdem bietet die Videoaufnahme den großen Vorteil, dass man die Auswertung unbegrenzt variieren und wiederholen kann. Dadurch sind verschiedene Analysen des aufgezeichneten Geschehens möglich.

Reduktive Aufzeichnung. Bei der reduktiven Aufzeichnung wird bereits während der Beobachtung ein Teil der Information ausgesondert. Reduktive Aufzeichnungen sind erforderlich, wenn Videoaufnahmen unmöglich sind oder wenn bereits klare Vorstellungen davon bestehen, was beobachtet werden soll und wie es protokolliert wird. In der Literatur werden drei reduktive Protokollsysteme unterschieden:

- **Zeichensysteme:** Hierbei wird ein bestimmtes Verhalten (z. B. Aufzeigen im Unterricht) analog festgehalten (z. B. durch eine Strichliste). Man erhält eine Verteilung des Verhaltens über die Zeit.
- **Kategoriensysteme:** Diese gliedern das beobachtete Verhalten in Einheiten und ordnen sie Verhaltenstypen zu. Als Ergebnis der Beobachtung ergibt sich ein Häufigkeitsprofil der Verhaltenstypen.
- **Ratingsysteme:** Hierbei wird das Verhalten über einen definierten Zeitraum beobachtet und dann hinsichtlich bestimmter Merkmale eingeschätzt.

Statt jede einzelne Verhaltenseinheit einer der oben genannten Kategorien zuzuordnen, könnte man den Beobachter auch zusammenfassend einschätzen lassen, wie intensiv oder häufig die beobachtete Person ein bestimmtes Verhalten gezeigt hat. Beispielsweise könnte man den Beobachter bitten anzugeben, ob das fragliche Verhalten nie, selten, manchmal, häufig oder immer gezeigt wurde.

> **Beispiel**
>
> **Interaktionsprozessanalyse nach Bales**
> Ein bekanntes Kategoriensystem für den Bereich des sozialen Verhaltens in Gruppen ist die Interaktionsprozessanalyse (IPA) von Bales (1950), die zur ▶

Analyse der Dynamik in Kleingruppen entwickelt wurde. Beispiele für Verhaltenskategorien dieses Systems sind:
- zeigt Solidarität, hilft
- entspannt die Atmosphäre, scherzt
- stimmt zu, gibt nach
- macht Vorschläge, gibt Hinweise
- äußert seine Meinung, bewertet
- orientiert, informiert.

Die Weiterentwicklung der IPA durch Bales und Cohen (1979) heißt SYMLOG (SYstem for Multi Level Analysis of Groups) und gehört zu den am meisten verwendeten Beobachtungssystemen in sozial- und organisationspsychologischen Kontexten.

3.3.2 Gespräch (Interview, Exploration, Anamnese)

Eine zweite Methode bedient sich zur Erhebung von Informationen des Gesprächs. Auch hier handelt es sich nicht um eine einzelne Methode, sondern um eine Gruppe heterogener Verfahren, die je nach Anwendungsfeld, Fragestellung und formaler Ausgestaltung unterschiedliche Namen tragen (Daseking & Petermann, 2006). In Forschungskontexten nennt man die Gesprächsmethode häufig *Interview* (Mayer, 2006). Diese Bezeichnung ist v. a. üblich, wenn die Befragung nach einem festgelegten Schema erfolgt. Die *Exploration* bezieht sich darauf, die persönliche Sicht einer Person, ihre Symptome und Probleme zu erheben, wobei die Befragung häufig unstrukturierter vonstatten geht als bei einem Interview. Im klinisch-psychologischen Kontext wird mittels einer *Anamnese* die Vorgeschichte der Störung und mittels der *Katamnese* der Behandlungserfolg erhoben. Ähnlich wie Beobachtungsmethoden lassen sich auch Gesprächsmethoden anhand einer Reihe von Merkmalen unterteilen.

Anzahl der Fragenden und der Befragten

Besonders häufig sind dyadische Varianten der Gesprächsmethode (ein Fragender und ein Befragter). Die dyadische Gesprächssituation ist typisch für die psychotherapeutische Einzelbehandlung. Vorstellungsgespräch und Zeugenbefragung vor Gericht sind Beispiele für die Exploration einer Person durch mehrere Fragende. Der Vorteil dieser Variante besteht darin, dass durch die Aufgabenteilung zwischen den Fragenden die Informationsdichte erhöht werden kann, Voreinstellungen eines Fragenden weniger zum Tragen kommen und dadurch die Informationsqualität zunimmt.

In manchen Gesprächssituationen steht ein Fragender vielen Befragten gegenüber. Diese Situation ist typisch für den Bildungsbereich. Wenn etwa der Schulpsychologe einen Konflikt in der Klasse bearbeiten möchte, wird er mit den Betroffenen nicht nur Zwiegespräche führen, sondern sie auch gleichzeitig befragen. Dadurch lassen sich die unterschiedlichen Sichtweisen der Konfliktparteien unmittelbar kontrastieren und den Konfliktparteien deutlich vor Augen führen. Nachteile dieser Variante ergeben sich aus den Grenzen der Informationsverarbeitungskapazität des Fragenden. Vermieden werden kann dieser Nachteil, wenn auch die Fragenden in der Mehrzahl auftreten. So ist es z. B. in paar-, familien- und gruppentherapeutischen Kontexten üblich, dass Exploration und Intervention von mehreren Therapeuten und Therapeutinnen vorgenommen werden.

Ein weiteres Beispiel sind Gruppendiskussionen in der Marktforschung. Eine repräsentative Gruppe von Kunden oder Konsumenten eines Produkts werden zu einem Gespräch eingeladen, das in der Regel von zwei Experten moderiert wird. Die Aufgabe der Experten besteht darin, die Diskussion so zu lenken, dass die Kunden ihre Wünsche, Ansprüche und Beurteilungskriterien möglichst klar offen legen und aus dem Austausch der Argumente ersichtlich wird, welche Bewertungen Konsens finden und welche kontrovers bleiben.

Aktivitätsgrad des Fragenden

In manchen Explorationskontexten ist es sinnvoll, das Gespräch »laufen zu lassen«, also nicht steuernd einzugreifen. In der Psychoanalyse etwa kommt es immer wieder zu Phasen, in denen der Therapeut nur zuhört, um freie Assoziationen des Klienten, die für den Psychoanalytiker diagnostisch wertvoll sind, nicht zu unterbrechen oder zu beeinflussen. Ein Vorteil dieser methodischen Variante besteht darin, dass diejenigen Informationen geliefert werden, die für den Informanten wichtig und wesentlich sind. Ein Nachteil besteht darin, dass sich Informationen verschiedener Informanten schlecht miteinander vergleichen lassen. Wenn dieser Nachteil schwer wiegt, muss der Fragende seinen Aktivitätsgrad steigern und das Gespräch so steuern, dass keine für wichtig gehaltene Information verborgen bleibt.

Strukturierungs- und Standardisierungsgrad

Mit dem Aktivitätsgrad des Fragenden hängt das Ausmaß der Strukturierung und Standardisierung eines Gesprächs eng zusammen. Aktivitätsgrad und Strukturierungsgrad sind aber nicht deckungsgleich. Ein Fragender kann aktiv sein und dennoch das Gespräch unstrukturiert und ohne jeglichen Standard führen. Unstrukturiert sind Gespräche zwangsläufig, wenn die Zielsetzung noch vage ist. In den meisten klinisch-psychologischen Anwendungskontexten verlaufen Erstgespräche unstrukturiert. Der Psychologe möchte die Person und ihre Probleme zunächst einmal kennenlernen. Verlauf und Ergebnis des Gesprächs sind noch weitgehend offen. Auch im Bereich der Personalauslese können Phasen unstrukturierter Gespräche sinnvoll sein. Wenn man im akademischen Bereich nach geeigneten wissenschaftlichen Mitarbeitern sucht, wird man vielleicht zunächst auf einer Tagung mit möglichen Kandidaten unverbindliche Vorgespräche führen. Man fühlt vor, ob die Person überhaupt in Betracht kommt, und verschafft sich einen ersten Eindruck von ihren Interessen und Fähigkeiten. Manchmal fällt in solchen Sondierungsgesprächen bereits eine Vorentscheidung. Man wird vielleicht nur zwei oder drei der Kandidaten ermuntern, sich zu bewerben.

Der Vorteil unstrukturierter Gespräche liegt in ihrer großen Flexibilität. Aufgrund ihres natürlichen Charakters ist es möglich, die gewünschten Informationen eher beiläufig zu gewinnen. Dadurch vermeidet man, dass das Gespräch als Prüfung oder Test wahrgenommen wird. Allerdings erkauft man sich diesen Vorteil mit einer geringen Vergleichbarkeit der erhobenen Informationen.

Maximale Vergleichbarkeit wird durch das standardisierte oder vollstrukturierte Interview gewährleistet. Diese Gesprächsvariante ist durch eine Sequenz von festgelegten Fragen und eine begrenzte Zahl von Antwortmöglichkeiten gekennzeichnet. Die Antworten der interviewten Person werden vom Interviewer nicht kommentiert und haben keinen Einfluss auf den weiteren Verlauf des Gesprächs. Zulässig sind allenfalls klärende Zusatzfragen, um Missverständnisse auszuschließen. Das Gespräch verläuft nach einem detaillierten und genau einzuhaltenden Interviewleitfaden. Meistens werden die Antworten der interviewten Person auf einem Protokollblatt festgehalten oder mit Hilfe eines mobilen Aufzeichnungsgeräts sofort in eine elektronische Datenbank eingespeichert. Zwischen dem unstrukturierten Gespräch und dem vollstrukturierten Interview liegt ein großes Spektrum an Varianten mit unterschiedlichen Strukturierungsgraden.

Fragetypen und Fragetechniken

Funktionsfragen. Funktionsfragen lassen sich in Einleitungsfragen, Überleitungsfragen und Kontrollfragen unterteilen.

- *Einleitungsfragen* dienen der Kontaktaufnahme und der Gesprächsvorbereitung; sie haben mit der Fragestellung meistens noch nichts zu tun (z. B.: Haben Sie uns leicht gefunden?).
- Durch *Überleitungsfragen* werden Gesprächsteile miteinander verbunden (z. B.: Wollen wir uns jetzt mit dem zweiten Grund Ihres Kommens beschäftigen?).
- *Kontrollfragen* sollen sicherstellen, dass Frage und Antwort richtig verstanden wurden (z. B.: Habe ich Sie richtig verstanden, dass Sie sich spätestens alle zehn Minuten die Hände waschen?).

Inhaltsfragen. Diese zielen auf die gewünschte Information ab (z. B.: Wann haben Sie sich zum letzten Mal gewogen?). Bei den verschiedenen Fragetechniken ist die Unterscheidung von offenen vs. geschlossenen Fragen besonders wichtig.

- *Offene Fragen* sind dadurch gekennzeichnet, dass zwar die Frage vorgegeben ist, der Befragte aber die Menge der Antwortalternativen selbst be-

stimmt und aus dieser seine Auswahl trifft (z. B.: Was ist Ihnen im Beruf am wichtigsten?).
- Bei *geschlossenen Fragen* werden auch die Antwortalternativen vorgegeben, der Befragte hat also nur begrenzte Wahlfreiheit (z. B.: Welche der folgenden Dinge ist Ihnen persönlich im Berufsleben am wichtigsten? (a) Bezahlung, (b) dass Sie möglichst viel selbst entscheiden können, (c) ein gutes Betriebsklima, (d) dass Sie Sinn in Ihrer Tätigkeit finden).

Eine weitere Unterscheidung von Inhaltsfragen ist die von direkten vs. indirekten Fragen.
- *Direkte Fragen* zielen ohne Umschweife auf die gewünschte Information ab. Sie sind eindeutig und schränken die Menge von Antwortmöglichkeiten ein. (So könnte die Therapeutin bei der Behandlung eines Klienten mit Essstörungen etwa fragen: Wie viele Essanfälle hatten Sie letzte Woche? Wie oft haben Sie anschließend erbrochen? Haben Sie sich heute gewogen?)
- *Indirekte Fragen* benennen nur den Themenbereich, sind eher vage und lassen die möglichen Antwortalternativen weitgehend offen. (Dementsprechend könnte die Therapeutin in demselben Kontext stattdessen auch fragen: Wie ist es Ihnen letzte Woche mit Ihren Essproblemen ergangen?)

Die Vor- und Nachteile offener vs. geschlossener und indirekter vs. direkter Fragen entsprechen im Großen und Ganzen jenen der unstrukturierten vs. strukturierten Befragung.

3.3.3 Schriftliche Befragung und Fragebogen

Der Aufwand mündlicher Befragungen ist groß: Interviewer müssen geschult werden, und Interviews kosten viel Zeit. Bei unstrukturierten und unstandardisierten mündlichen Befragungen kommt außerdem ein beträchtlicher Kodieraufwand hinzu: Jedes Gespräch muss aufgezeichnet, transkribiert und in Einheiten zerlegt werden. Diese Einheiten müssen psychologischen Kategorien zugeordnet werden. All das kostet Expertise, Zeit und damit Geld. Aus diesen Gründen wurden in der Psychologie und anderen Sozialwissenschaften schon früh schriftliche Befragungsmethoden entwickelt. Fragebogen als diejenige Version schriftlicher Befragungen, die einen hohen Standardisierungsgrad aufweist, sind in der Psychologie weit verbreitet (Mummendey, 2003; Rammstedt, 2006). Große Teile der persönlichkeitspsychologischen Grundlagenforschung und der angewandten Diagnostik bedienen sich der Fragebogenmethode.

Schriftliche Befragungen erfolgen meist unstrukturiert oder halbstrukturiert. Typischer Vertreter der unstrukturierten schriftlichen Befragung ist das *Essay*. Hier wird nur ein Thema vorgegeben. Wollte man die Einstellung zu Ausländern erheben, könnte man ein Essay zum Thema »Ausländer in Deutschland« schreiben lassen. Bei halbstrukturierten Varianten der schriftlichen Befragung wird die Aufgabenstellung konkreter formuliert (z. B.: Was spricht für ein Einwanderungsgesetz?).

Von Fragebogen spricht man in der Regel, wenn die schriftliche Befragung strukturiert und standardisiert erfolgt, die Antwortmöglichkeiten des Befragten also ganz oder weitgehend festgelegt sind.

Voraussetzungen

Die Fragebogenmethode basiert auf folgenden Annahmen:
- Menschen beobachten sich selbst.
- Sie erwerben im Zuge der Selbstbeobachtung Wissen über sich.
- Sie sind fähig und gewillt, dieses Wissen dem Forschenden mitzuteilen.

Die Beantwortung einer Frage spiegelt nicht unbedingt nur das zu erfassende Merkmal wider, sondern kann von vielen anderen Einflüssen abhängen (Werth & Strack, 2006): Personen müssen zunächst die Frage verstehen. Sie müssen dann Wissen, das für die Beantwortung der Frage relevant ist, aus dem Gedächtnis abrufen bzw. sich ein neues Urteil über den befragten Sachverhalt bilden. Sie müssen schließlich ihre Antwort geben, indem sie die Frage verbal beantworten oder eine der vorgegebenen Antwortmöglichkeiten auswählen. Merkmalsfremde Einflüsse können sich auf jeder der einzelnen Etappen auswirken (Borkenau, 2006; Lucas & Baird, 2006; Werth & Strack, 2006). So kann die Bedeutung einer Frage vom Kontext abhängen, in dem sie präsentiert wird. Wissensbestände können aufgrund von Erinnerungseffekten verzerrt abgerufen werden. Die befragte Person kann Vorlieben für bestimmte Antwortkategorien haben (formale Antwortstile), z. B. die mittlere Kategorie (sofern vorhanden) vorziehen (Tendenz zur Mitte), um keine Position beziehen zu müssen. Sie kann auch die Tendenz aufweisen, die Fragen bevorzugt zu bejahen oder Aussagen zuzustimmen (Ja-Sage-Tendenz: Akquieszenz) bzw. Aussagen abzulehnen oder Fragen zu verneinen (Nein-Sage-Tendenz). Schließlich kann sich eine Person in einem Licht präsentieren, das den sozialen Erwartungen in Bezug auf ein Merkmal entspricht (inhaltlicher Antwortstil: soziale Erwünschtheit) oder sich in Bezug auf ein Merkmal unbewusst selbst täuschen. So sind z. B. 95 % aller Professoren der Meinung, dass sie ihre Arbeit besser machen als ihre Kollegen (Gilovich, 1993). Diese Voraussetzungen und Probleme spielen nicht nur bei Fragebogen eine Rolle, sondern auch bei anderen diagnostischen Verfahren, die auf Selbstdarstellungen (z. B. Verhaltensbeobachtung) basieren. Sie werden aber häufig in Bezug auf Fragebogenverfahren diskutiert. Formale Antwortstile lassen sich mit speziellen statistischen Methoden aufdecken und durch die geeignete Wahl von Antwortkategorien verhindern (Eid & Zickar, 2007). Der Einfluss inhaltlicher Antwortstile wie der sozialen Erwünschtheit kann durch Kontrollskalen (»soziale Erwünschtheitsskalen«, »Lügenskalen«) oder das Heranziehen anderer Datenquellen abgeschätzt werden (Borkenau, 2006). Auch die Rolle der Verzerrungen aufgrund von Selbsttäuschungen kann durch die Berücksichtigung anderer Erfassungsmethoden eingeschätzt werden. Zu beachten ist hierbei, dass solche Verzerrungen häufig selbst interessante Merkmalsausprägungen darstellen, die von hoher diagnostischer Relevanz sind. Die Vorstellung, ein besserer Professor als die Kollegen zu sein, kann in vielfältiger Hinsicht das eigene Verhalten steuern. In diesem Fall wäre es aber sinnvoll, den Selbstbericht durch andere Datenquellen (z. B. Urteile von Studierenden, Bewertung von Publikationen) zu ergänzen, um zu einem umfassenden Urteil über eine Person zu kommen (s. Abschn. 3.4 zu multimethodalem Vorgehen). Darüber hinaus wird die Rolle inhaltlicher Antwortstile häufig überschätzt, und ihr Einfluss kann durch die Gestaltung einer Situation (z. B. Anonymität) verhindert oder vermindert werden.

Vor- und Nachteile
Die Vorteile der Fragebogenmethoden liegen zum einen in ihrer großen Ökonomie:
▶ Ihre Durchführung ist ohne großen Schulungsaufwand möglich;
▶ Fragebogenuntersuchungen sind in Gruppen durchführbar;
▶ der Materialaufwand ist gering.

Darüber hinaus besitzen Fragebogenuntersuchungen
▶ eine hohe Durchführungsobjektivität (Anweisungen können schriftlich gegeben und damit stark standardisiert werden),
▶ eine hohe Auswertungsobjektivität (die Auswertung kann maschinell oder mittels Schablone erfolgen) sowie
▶ eine hohe Vergleichbarkeit der erhobenen Informationen über mehrere Personen, Messzeitpunkte und Durchführungskontexte.

Aus all diesen Gründen sind Fragebogen die mit Abstand am häufigsten verwendete Erhebungsmethode in der Psychologie, wobei die Papierform zunehmend durch elektronische Formen (z. B. Online-Fragebogen) ergänzt und teilweise schon abgelöst wird. Prinzipien der Fragebogenkonstruktion werden u. a. von Moosbrugger und Kelava (2007), Mummendey (2003), Rost (2004) sowie Schwarz und Oyserman (2001) behandelt.

Der hohe Standardisierungsgrad von Fragebogen hat jedoch auch Nachteile:
▶ Wie das strukturierte Interview, so ist auch der Fragebogen nicht flexibel. Es können nur vorgegebene Antworten gegeben werden, zusätzliche und möglicherweise wichtige Informationen bleiben dem Forscher oder Diagnostiker verschlossen.
▶ Außerdem lassen sich bei den üblichen Gruppenuntersuchungen Verfälschungen schwerer entdecken als bei mündlichen Befragungen oder schriftlichen Einzelbefragungen, deren Ergebnisse unmittelbar danach besprochen werden können.

Diese Nachteile werden wegen der zahlreichen Vorteile jedoch in Kauf genommen. Außerdem gibt es Möglichkeiten, Verfälschungen durch geeignete Instruktionen einzudämmen und durch Kontrollinstrumente oder Plausibilitätsanalysen mit einer gewissen Wahrscheinlichkeit zu entdecken (vgl. Mummendey, 2003).

Zur Untergliederung der riesigen Zahl von Fragebogen, die in der Psychologie verfügbar sind, bieten sich mehrere Kriterien an. Wir beschränken uns hier auf vier solcher Kriterien.

Inhaltsbereiche

Fragebogen werden zur Informationsgewinnung in unzähligen psychologischen Inhaltsbereichen verwendet. Im Bereich der Persönlichkeitsdiagnostik wurden Fragebogen zur Messung spezifischer Eigenschaften entwickelt (z. B. Selbstsicherheit, Ambiguitätstoleranz, Dogmatismus). Weiterhin liegen thematisch umgrenzte Instrumente vor, die bestimmte Bereiche der Persönlichkeit abdecken (z. B. den Bereich der Ängstlichkeit). Dazu gehören auch Verfahren für Persönlichkeitsstörungen und solche, die sich auf Komponenten der seelischen Gesundheit konzentrieren.

Schließlich gibt es zahlreiche Verfahren, die beanspruchen, die gesamte Persönlichkeit zu diagnostizieren, also die wichtigsten Persönlichkeitseigenschaften, in denen sich Menschen voneinander unterscheiden. Man nennt solche Verfahren auch *Inventare*, weil sie Persönlichkeit umfassend beschreiben sollen. Zu dieser letzten Gruppe gehören alle Verfahren, die auf dem Fünf-Faktoren-Modell der Persönlichkeit beruhen (Digman, 1989).

Fragebogen wurden auch entwickelt, um Emotionen, Gefühle und Stimmung, das Selbstkonzept und das Selbstwertgefühl, Werthaltungen, Einstellungen, Vorurteile, soziale Stereotype, Motive, Interessen, Überzeugungen und Lebensstile zu erfassen, um nur die wichtigsten Bereiche zu nennen. Deutschsprachige Fragebogenverfahren zu einzelnen Inhaltsbereichen lassen sich mit der Testdatenbank »PSYNDEX Tests« recherchieren, die von der Zentralstelle für Psychologische Information und Dokumentation (ZPID) herausgegeben wird.

Stimulus-, Item- oder Aufgabenformat

Der Begriff »Stimulus« rührt daher, dass die Person bei der Bearbeitung eines Fragebogens auf Reize reagiert. Diese Reize bezeichnet man auch als Items. Wie der Name erwarten lässt, sind die Items von Fragebogen häufig Fragen. So könnte man z. B. die Geselligkeit einer Person mit der Frage erheben: »Sind Sie gerne unter Leuten?«

Allerdings handelt es sich bei den Items von Fragebogen nicht immer um Fragen. Häufig bestehen die Items auch aus Aussagen oder Behauptungen. Die Aufgabe der Person besteht dann darin anzugeben, für wie richtig, zutreffend oder angemessen sie die Behauptung hält. So soll z. B. die Reaktion auf die Aussage »Im Großen und Ganzen geht es auf der Welt gerecht zu« in Erfahrung bringen, ob eine Person an eine gerechte Welt glaubt.

In einem weiteren Itemtyp wird der Person eine Aufgabe gestellt. Wenn man z. B. die Werthaltungen einer Person in Erfahrung bringen möchte, könnte man sie bitten, eine Reihe von Werten wie Gerechtigkeit, Erfolg, Zuverlässigkeit usw. nach der persönlichen Wichtigkeit zu ordnen.

Weiterhin gibt es den Typ der Mehrfachwahlaufgabe (Multiple Choice). Hier bekommt die Person mehrere Alternativen vorgegeben und muss sich für eine entscheiden. So könnte man z. B. die Kriminalitätsfurcht durch folgendes Item erheben: »Wie viele Menschen werden nach Ihrer Schätzung jährlich in Ihrer Gemeinde/Stadt auf offener Straße überfallen und ausgeraubt?« Die Antwortalternativen könnten lauten: jeder tausendste, jeder hundertste, jeder zehnte, jeder dritte.

Antwortformat

Fragebogen mit *offenem* Antwortformat geben der Person keine Antwortalternativen vor. Bei der Erhebung des Lebensalters etwa lässt man die Person ihr Alter eintragen. *Halboffene* Antwortformate geben ein begrenztes Spektrum von Antwortmöglichkeiten vor, innerhalb dessen die Person sich frei bewegen kann. Als Beispiel möge ein übliches Verfahren zur Erhebung der Zeiteinteilung dienen: Die Person bekommt einen Kreis vorgelegt und wird aufgefordert, diesen in Segmente zu zerlegen, die dem zeitlichen Aufwand für unterschiedliche Tätigkeiten entsprechen. Wenn der Kreis für einen Tag steht und die Person üblicherweise acht Stunden schläft, müsste sie dies durch ein 120°-Segment angeben. Bei *geschlossenen* Antwortformaten kann die Person nur zwischen festgelegten Antwortalternativen wählen.

Die Art der Alternativen bei geschlossenen Antwortformaten liefert eine weitere Differenzierungsmöglichkeit: Items, die nur zwei Antwortalternativen vorgeben (ja/nein, stimmt/stimmt nicht, richtig/falsch), nennt man zweistufige, binäre oder dichotome Items. Items, die mehrere Antwortalternativen vorgeben, nennt man mehrstufige oder polytome Items. Unterscheiden sich die Stufen der Antwortskala hinsichtlich ihrer qualitativen Andersartigkeit, so spricht man von einer kategorialen Variablen. Die Kategorien einer kategorialen Variablen können eine Ordnung aufweisen, müssen dies aber nicht. Ein Beispiel für eine kategoriale Variable ohne geordnete Kategorien wäre die Präferenz für eine politische Partei oder die Haarfarbe. Ein Beispiel für Skalen mit mehrstufigen geordneten Antwortkategorien sind Likert-Skalen, die u. a. in der Einstellungsforschung eingesetzt werden. Bei Likert-Skalen geben die Kategorien das Ausmaß der Zustimmung bzw. Ablehnung an (z. B. stimme überhaupt nicht zu, stimme eher nicht zu, stimme eher zu, stimme voll und ganz zu). Um das Ausmaß der Zustimmung bzw. Ablehnung zu repräsentieren, werden den Kategorien von Likert-Skalen üblicherweise Zahlen zugeordnet (z. B. 1, 2, 3, 4).

Da die Merkmalsausprägungen meistens geschätzt werden müssen, spricht man auch von *Schätzskalen* oder *Ratingskalen*. Wenn man die Depressivität einer Person erfahren möchte, könnte man sie z. B. einschätzen lassen, wie häufig sie depressive Symptome an sich feststellt (traurig sein, mutlos in die Zukunft sehen, sich als Versager fühlen etc.).

Antwortskalen, bei denen Personen einen beliebigen Wert innerhalb eines graphisch vorgegebenen Intervalls angeben können (z. B. zwischen 0 und 100), nennt man *visuelle Analogskalen*. Sie werden etwa in der Schmerz- und Emotionsdiagnostik zur Erfassung der Schmerz- bzw. Gefühlsintensität eingesetzt.

Spezielle Varianten der Fragebogenmethode
Zwei spezielle Varianten der Fragebogenmethode seien exemplarisch genannt und erläutert.

Satzergänzungsverfahren. Sie geben den Anfang eines Geschehens in Form eines Satzanfangs vor. Die Aufgabe der befragten Person besteht darin, ihre Vorstellung vom Fortgang des Geschehens durch die Vervollständigung des Satzes auszudrücken. Beispielsweise könnte man das Erziehungsverhalten von Eltern in kritischen Situationen erheben, indem man ihnen unvollständige Sätze der folgenden Art vorgibt:
▶ »Wenn meine Tochter mich angelogen hat, …«
▶ »Wenn meine Kinder zanken und es dabei zu Handgreiflichkeiten kommt, …«

Die befragten Eltern müssten dann ihre typische Reaktion in solchen Situationen durch Ergänzung des Satzes beschreiben. Es handelt sich also um ein offenes Antwortformat. Die Ergänzungen der Personen müssen kodiert oder signiert, d. h. in theoretisch sinnvolle psychologische Kategorien eingeordnet werden (ignorieren, strafen, erläutern etc.).

Experimentelle Fragebogen oder Vignettenverfahren. Bei dieser Methode werden die Fragen oder Aussagen wie Faktoren eines Experiments systematisch variiert (s. Abschn. 4.3). Beispielsweise hat man in der Angstforschung sog. Reiz-Reaktions-Fragebogen verwendet (Endler & Hunt, 1966), in denen bedrohliche Situationen (allein durch einen dunklen Wald gehen, vor einer Gruppe sprechen, operiert werden, auf einem hohen Turm stehen) mit typischen Angstreaktionen (die Situation vermeiden, der Situation entfliehen, Unterstützung suchen) verknüpft werden. Die Testperson muss angeben, wie typisch jede einzelne Kombination für sie ist, wie sehr sie es also etwa vermeidet, vor Gruppen zu sprechen.

3.3.4 Textanalytische Methoden
Fragebogen zeichnen sich durch ihre hohe Strukturierung und Standardisierung aus. Im Falle von halboffenen und geschlossenen Antwortformaten wird lediglich ausgewertet, welche der vorgegebenen Antwortmöglichkeiten genutzt wurde. Im Falle von offe-

nen Antwortformaten wird die Auswertung hingegen schon schwieriger. Üblicherweise wird hier zunächst ein System von Antwortkategorien generiert, denen die von einer Person frei gegebene Antwort zugeordnet wird. Noch schwieriger ist die Auswertung gänzlich unstrukturierter Methoden wie etwa Essays. Das Verfassen von Essays hat den Vorteil, dass Personen nicht durch die Vorgabe von Fragen und Antwortkategorien eingeschränkt werden und ihre individuelle Sicht der Dinge mitteilen können. Solche Texte können entweder beschreibend ausgewertet werden, indem die wesentlichen Themen, die im Essay behandelt werden, herausgearbeitet werden. Methoden der qualitativen Inhaltsanalyse beschreiten diesen Weg (Mayring, 2007).

Eine Alternative und Ergänzung stellen quantitative Verfahren der Textanalyse dar (Mehl, 2006a, b). Bei der quantitativen Textanalyse geht es darum, den Text anhand bestimmter Merkmale zu reduzieren. So kann z. B. ausgezählt werden, wie häufig eine Person selbstbezogene Wörter benutzt (»ich«, »mich«), ob sie zur Beschreibung von Erfahrungen eher positive oder eher negative Gefühlswörter verwendet und ob bestimmte Personen eher mit positiven oder negativen Begriffen assoziiert sind.

Mit Hilfe textanalytischer Verfahren kann auch der Verlauf des Gebrauchs bestimmter Wörter untersucht werden. So hat Pennebaker (1997) Personen gebeten, im Verlauf mehrerer Sitzungen über ein schwerwiegendes Trauma zu schreiben. Die textanalytischen Auswertungen ergaben, dass v. a. diejenigen Personen von dem Schreiben profitierten, die während des Schreibprozesses zunehmend Wörter benutzten, welche Einsicht in das Geschehen repräsentierten.

Unterscheidungsmerkmale

Zur Analyse von Texten wurde eine Vielzahl von Methoden entwickelt, die sich nach verschiedenen Merkmalen unterscheiden lassen (Mehl, 2006a, b):

- **Art der Analyse:** Textanalysen können manuell (durch geschulte Rater) oder computerisiert (über entsprechende Computerprogramme) erfolgen (Mehl, 2006a).
- **Zielsetzung:** Ihr Ziel kann darauf ausgerichtet sein, die Intention, die der Verfasser mit dem Schreiben der Botschaft verfolgte, abzubilden (repräsentationale Textanalyse). Die Analyse könnte aber auch darauf abzielen, die dem Text zugrunde liegende, nicht direkt verbalisierte psychologische Bedeutung zu entschlüsseln (instrumentelle Textanalyse). Letzteres kann man über die Häufigkeit bestimmter linguistischer Merkmale wie der Häufigkeit bestimmter Themen (z. B. Trauer) erreichen.
- **Thematische oder semantische Analysen:** Textanalytische Verfahren können von ihrem Ansatz her entweder als thematisch oder als semantisch klassifiziert werden. Thematische Ansätze zielen darauf ab, bestimmte Themen zu identifizieren. Semantische Ansätze beziehen sich auf den Zusammenhang zwischen einzelnen Themen. So lässt sich die semantische Ähnlichkeit zweier Wörter anhand ihrer gemeinsamen Auftretenshäufigkeit in verschiedenen Texten bestimmen. Wenn z. B. der Begriff der »Forschungsmethoden« in studentischen Tagebüchern häufig zusammen mit Begriffen wie »Glück«, »Zufriedenheit« und »Freude« auftritt, so könnte dies so interpretiert werden, dass »Forschungsmethoden« unter Studierenden positiv konnotiert ist.
- **Bandbreite:** Textanalytische Methoden unterscheiden sich auch in ihrer Bandbreite. Sie können sich auf wenige linguistische Merkmale (z. B. nur positive Gefühlswörter) beziehen oder aber den Text im Hinblick auf eine Vielzahl von Merkmalen charakterisieren.
- **Art des kodierten Merkmals:** Schließlich unterscheiden sich textanalytische Verfahren darin, ob sie eher auf den Sprachinhalt (worüber wird etwas mitgeteilt?) oder aber den Sprachstil (in welcher Weise wird etwas mitgeteilt?) fokussieren.

Vor- und Nachteile

Quantitative textanalytische Verfahren weisen, wie alle anderen Methoden auch, spezifische Vor- und Nachteile bzw. Stärken und Schwächen auf (Mehl, 2006a, b). Ein Vorteil besteht darin, dass solche Verfahren relativ aufwandsarm sind: Häufig werden solche Texte analysiert, die im alltäglichen Leben anfallen (z. B. Tagebuchtexte, Archivtexte, Chatroom-

Mitteilungen, Aufsätze), ohne dass sie speziell für eine psychologische Untersuchung geschrieben wurden. Insofern ist die Textanalyse den nicht-reaktiven Methoden zuzurechnen und weist die entsprechenden Vorteile auf (hohe Alltagsnähe, geringe Verfälschbarkeit etc.; s. Abschn. 3.2).

Solche quantitativen Verfahren haben aber zwangsläufig auch ihre Grenzen, wo es um komplexere Auswertungen von Bedeutungszusammenhängen geht. So kann das häufige Zusammentreffen des Wortes »Forschungsmethoden« mit Wörtern wie »Glück«, »Zufriedenheit« und »Freude« in studentischen Tagebüchern einerseits auf Sätze wie »Die Vorlesung zu Forschungsmethoden ist für mich das größte Glück«, aber andererseits auch auf Sätze wie »Die Vorlesung zu Forschungsmethoden raubt mir die letzte Freude am Studium« zurückzuführen sein. Zur Vermeidung solcher Doppeldeutigkeiten sind spezielle Vorkehrungen zu treffen.

3.3.5 Tests

Eine weitere, sehr wichtige und häufig verwendete Methode sind psychologische Tests. Während Fragebogenverfahren meistens auf das typische, charakteristische Verhalten und Erleben abzielen, soll mit Tests in der Regel maximales Verhalten erfasst werden. Ein weiterer Unterschied zwischen beiden Methoden besteht darin, dass Fragebogen meistens subjektive Einschätzungen erfassen, während das mit Tests erhobene Verhalten objektiv bewertet werden kann. Die Einschätzungen, die mit Fragebogen erfasst werden, sind insofern »wertneutral«, als sie in den meisten Fällen nicht richtig oder falsch sein können, sondern eine bestimmte Sichtweise abbilden. Hingegen werden die Verhaltensweisen, die mit Tests erhoben werden, in der Regel bewertet, also als richtig vs. falsch oder gut vs. schlecht beurteilt.

! Zusammenfassend und vereinfacht könnte man sagen, dass Fragebogenverfahren erfassen sollen, was jemand tut (Persönlichkeit), wie er es tut (Temperament) und warum er es tut (Motivation, Emotion, Einstellung, Interesse), während Tests erfassen sollen, wie gut jemand etwas tut.

Der Beginn der wissenschaftlichen Testentwicklung wird von Psychologiehistorikern auf das Jahr 1905 datiert, als in Frankreich ein von Binet und Simon entwickelter Intelligenztest erschien, der im Auftrag der zentralen Schulbehörde entwickelt worden war und als Stammvater aller heutigen Intelligenztests gilt. Mit der Verbreitung von Personalcomputern (PCs) hat auch die Computerisierung von Testverfahren zugenommen. In Deutschland bieten verschiedene Firmen elektronische Testsysteme an, die eine große Zahl von Tests, aber auch Fragebogen und apparative Verfahren (s. Abschn. 3.3.7) PC-gesteuert anwenden können. Die Zielsetzung und methodische Logik der Testmethode hat sich durch die Computerisierung jedoch nicht grundsätzlich geändert. Seit den Arbeiten von Binet wurden in der Psychologie unzählige Testverfahren entwickelt. Um den Überblick zu erleichtern, wollen wir für diese Verfahrensgruppe eine Systematik anbieten (zum Überblick über spezielle Verfahren s. Brickenkamp et al., 2002).

Leistungsbereiche

Das wichtigste Klassifikationskriterium ergibt sich aus dem Leistungsbereich, der erfasst werden soll. Zur Illustration müssen einige Beispiele genügen, die den Gesamtbestand an psychologischen Tests weder erschöpfend noch repräsentativ abbilden:

▶ **Konzentrationsfähigkeit:** Wie lange kann jemand seine Aufmerksamkeit einer Aufgabe oder einem Geschehen widmen, ohne sich ablenken zu lassen?
▶ **Vigilanz:** Wie gut kann eine Person seltene Ereignisse oder kleine Veränderungen in ihrer Umwelt registrieren (z. B. Kontrollleuchten in einem Atomkraftwerk)?
▶ **Intelligenz:** Wie schnell und gut kann eine Person Informationen verarbeiten, Probleme erkennen, Probleme lösen, aus Beobachtungen die richtigen Schlussfolgerungen ziehen?
▶ **Kreativität:** Wie ungewöhnlich sind die Lösungen, die eine Person für ein Problem entwickeln kann? Wie sehr tut sich die Person schöpferisch hervor, indem sie neue und einzigartige Produkte oder Kunstwerke erschafft?
▶ **Wissen:** Welches Wissen besitzt eine Person in einem bestimmten Bereich? Häufig werden Berei-

che über Schulfächer, akademische Disziplinen oder Berufe definiert.

- **Kompetenz:** Wie gut sind die Fertigkeiten und das Geschick einer Person in einem bestimmten Bereich? Auch hier orientieren sich Tests häufig an Schulfächern, Studiengängen oder beruflichen Anforderungen.
- **Begabung und Eignung:** Wie sehr ist eine Person dazu veranlagt, eine bestimmte Fähigkeit oder Kompetenz zu entwickeln? Häufig wird zwischen einer allgemeinen Begabung (meistens im Sinne der Intelligenz) und spezifischen Begabungen unterschieden, wobei diese wiederum über die Gliederung des Bildungs- und Berufswesens definiert werden (Naturwissenschaften, Sprachen, Sport etc.) und kulturelle Leistungen einschließen (Musik, Kunst, Schauspiel usw.).

Man beachte, dass Wissen, Kompetenz und Begabung nicht gleichzusetzen sind. Im strengen Sinn ist mit Begabung eine genetisch bedingte Veranlagung gemeint. Sie steckt die Grenzen ab, innerhalb deren eine Fähigkeit oder Kompetenz durch Lernen, Schulung und Praxis erworben werden kann. Wissen und Kompetenz unterscheiden sich voneinander durch ihre Nähe zu praktischen Tätigkeiten. Wissen ist häufig eine notwendige, aber noch keine hinreichende Voraussetzung für eine Tätigkeit. Um einen Verbrennungsmotor zu zerlegen, genügt es nicht zu wissen, wie solche Motoren funktionieren und aufgebaut sind. Man benötigt auch bestimmte Kompetenzen wie z. B. den richtigen Umgang mit Werkzeugen.

Entwicklungstests. Sie dienen dazu, den Entwicklungsstand von Kindern und Jugendlichen zu ermitteln, z. B. den Stand ihrer psychomotorischen, sprachlichen, kognitiven, motivationalen, sozialen und moralischen Entwicklung (Oerter & Montada, 2008).

Schultests. Sie sollen die Schulreife eines Kindes ermitteln, die Eignung für weiterführende Schulen und Spezialisierungsrichtungen feststellen und ergänzend zu schulischen Leistungsüberprüfungen (Klassenarbeiten etc.) den Leistungsstand bestimmen helfen.

Anwendungsbereiche

Eine weitere Einteilungsmöglichkeit ergibt sich aus den Bereichen, in denen Tests angewendet werden. Man kann zunächst zwischen grundwissenschaftlichen Anwendungen in der Forschung und diagnostischen Anwendungen in Praxisfeldern unterscheiden. In der psychologischen Grundlagenforschung kommt man ohne Tests nicht aus, wenn die Fragestellung einen Leistungsbereich tangiert. In der psychologischen Anwendungspraxis werden Tests u. a. eingesetzt in

- der Berufsberatung (Begabung, Interesse),
- der betrieblichen und institutionellen Personalauslese (Wissen, Kompetenz, Motivation),
- der Verkehrspsychologie (psychologische Tauglichkeit zur Führung von Kraftfahrzeugen),
- Bildungseinrichtungen (Schultests),
- der Rehabilitation (funktionelle Leistungstests) und
- der Rechtssprechung (Entwicklungstests zur Beurteilung der Mündigkeit).

Deutschsprachige Testverfahren findet man zusammengestellt in Brickenkamp et al. (2002). Man kann sie auch gezielt in der Literaturdatenbank »PSYNDEX Tests« recherchieren. Prinzipien der Testkonstruktion werden u. a. von Moosbrugger und Kelava (2007) sowie Rost (2004) behandelt.

3.3.6 Computerbasierte Verfahren

Fragebogenverfahren und psychologische Tests können Personen in gedruckter Form dargeboten werden. Solche Verfahren werden in der heutigen Psychologie als Paper-Pencil-Verfahren bezeichnet. Neuere Entwicklungen im Bereich der Computertechnik erlauben es nun auch, Fragebogen- und Testverfahren in computerisierter Form vorzugeben. Dies bedeutet, dass den Personen die Fragen bzw. die Testaufgaben auf dem Bildschirm präsentiert werden. Die computergestützte Präsentation von Fragebogen und psychologischen Tests hat verschiedene Vorteile (Klinck, 2006):

- Da der Computer die Fragen und Aufgaben in standardisierter Form präsentiert und auswertet, hängen die Durchführung und die Auswertung der Untersuchung weniger von der Person ab, die sie durchführt. Computerbasierte Verfahren er-

höhen somit die Durchführungs- und Auswertungsobjektivität.
- ▶ Durch die computerbasierte Darbietung können neuere Aufgabentypen wie etwa Video-Szenen eingesetzt werden.
- ▶ Auch können spezifische Merkmale wie die Zeit, die eine Person zur Bearbeitung einer Aufgabe braucht, präziser gemessen werden.
- ▶ Darüber hinaus kann der Test besser geschützt werden, da keine Tests entwendet werden können.
- ▶ Schließlich liegt ein großer Vorteil computerbasierter Methoden darin, dass der Datenerhebungsprozess adaptiv gestaltet werden kann, d. h., dass die Reihenfolge, in der die Fragen vorgegeben werden, an das Antwortverhalten einer Person angepasst werden kann.

Adaptives Testen

Unter adaptivem Testen versteht man, dass Personen Aufgaben vorgelegt bekommen, die in ihrer Schwierigkeit optimal der Fähigkeit einer Person entsprechen (Frey, 2007). Adaptive Testverfahren zur Erfassung der Intelligenz etwa sind so gestaltet, dass einer Person zunächst eine mittelschwere Aufgabe präsentiert wird und ihre Intelligenz anhand dieser Aufgabe zunächst unpräzise geschätzt wird. Um die Präzision der Schätzung zu erhöhen, wird dann vom Computer die nächste Aufgabe ausgewählt, die in ihrer Schwierigkeit der geschätzten Fähigkeit der Person optimal entspricht: Personen, die eine höhere Intelligenz aufweisen, bekommen eine schwierigere, Personen, die eine geringere Intelligenz aufweisen, eine leichtere Aufgabe präsentiert.

Durch dieses Vorgehen erreicht man einerseits, dass die Intelligenz einer Person anhand relativ weniger Items sehr präzise geschätzt werden kann (Testökonomie). Andererseits vermeidet man es, Personen dadurch zu überfordern, dass man ihnen zu schwere Aufgaben vorlegt, die sie nicht lösen können. Man verhindert auch, Personen zu leichte Aufgaben zu präsentieren, die sie langweilen würden. Durch adaptives Testen kann daher auch eine bestmögliche Testmotivation sichergestellt werden. Computerbasierte Methoden werden nicht nur in der Psychodiagnostik eingesetzt, sondern auch in vielen anderen Forschungskontexten, so etwa in der Allgemeinen Psychologie (z. B. Wahrnehmungsexperimente) oder der Sozialpsychologie (z. B. reaktionszeitgestützte Verfahren zur Einstellungsmessung).

Ambulatory Assessment

Die Entwicklung von Handheld-Computern – kleinen, in der Tasche tragbaren Computern – ermöglicht es, dass computerbasierte Testungen nicht mehr nur im Labor stattfinden müssen, sondern auch im Alltag durchgeführt werden können. Im Verlauf der letzten Jahre wurde eine Reihe von Felderfassungsmethoden mit Handheld-Computern entwickelt. Zu bestimmten Zeiten meldet sich der Computer durch ein Piepsen oder eine Vibration. Die Person soll dann den Computer aus der Tasche nehmen und eine Reihe von Fragen beantworten bzw. Testaufgaben lösen. Dieses Vorgehen hat verschiedene Vorteile (Perrez, 2006; Stone & Litcher-Kelly, 2006).

Ökologische Validität. Zum einem wird durch solche Felderfassungsmethoden die ökologische Validität der Untersuchung erhöht. Unter ökologischer Validität versteht man die Möglichkeit, aufgrund des Verhaltens einer Person in einer Untersuchungssituation auf andere alltägliche Situationen zu schließen. Durch die Erfassung des Erlebens und Verhaltens im alltäglichen Umfeld kann zuverlässiger auf das Erleben und Verhalten in anderen alltäglichen Situationen geschlossen werden, als dies aufgrund einer Studie im Labor möglich ist.

Kurzabständige Messungen. Felderfassungsmethoden mit Handheld-Computern eignen sich in besonderer Weise dazu, wiederholte Messungen in kurzen Abständen vorzunehmen, um etwa solche Merkmale des Verhaltens und Erlebens zu messen, die zeit- und situationsabhängig stark schwanken. Dazu gehört die Stimmung einer Person. Um Stimmungszustände einer Person im Tagesverlauf zu messen und anschließend zu modellieren, könnte man den Handheld-Computer so programmieren, dass die Person im Zwei-Stunden-Takt aufgefordert wird, ihre momentane Stimmung zu beschreiben. Dank des Handheld-Geräts wären solche Messungen nicht orts- oder situationsgebunden.

Datenaggregation. Kurzabständige Stimmungsmessungen erlauben es nicht nur, Stimmungsschwankungen zu modellieren; sie erlauben auch die Berechnung der durchschnittlichen Stimmung einer Person über den Tag hinweg. Anders gesagt: Die situationsspezifischen Messwerte werden zu einem Gesamtwert aggregiert. Solche aggregierten Stimmungswerte werden in der Emotionsforschung als habituelle Stimmungsniveaus oder Stimmungslagen bezeichnet. Alternativ könnte man die Person direkt (z. B. mit Hilfe eines Fragebogens) bitten, ihre Stimmungslage summativ einzuschätzen. In diesem Fall wäre allerdings mit Verzerrungen durch selektive Gedächtniseffekte oder motivationale Einflüsse (z. B. das Bedürfnis, die eigene Stimmung positiver darzustellen, als sie eigentlich ist) zu rechnen (vgl. Stone & Litcher-Kelly, 2006).

Stichprobenpläne. Um eine repräsentative Auswahl von Erlebenszuständen, Verhaltensweisen oder Ereignissen zu erhalten, lassen sich im Allgemeinen zwei Stichprobenverfahren unterscheiden (Perrez, 2006): Bei einer *Ereignisstichprobe* wird die an der Untersuchung teilnehmende Person gebeten, ein bestimmtes Ereignis, z. B. das Erleben einer bestimmten Emotion, immer dann zu melden (»registrieren«), wenn es auftritt. Bei *Zeitstichproben* wird die Person zu bestimmten Zeitpunkten aufgefordert, ihr Erleben bzw. Verhalten zu registrieren. Diese Zeitpunkte können entweder einem festen Muster folgen (z. B. alle drei Stunden); in diesem Fall spricht man von einem intervallkontingenten Erfassungsplan. Oder die Messzeitpunkte können vom Computer per Zufall innerhalb einer bestimmten Zeitperiode ausgewählt werden; in diesem Fall spricht man von einem signalkontingenten Erfassungsplan.

Ereignisstichproben setzt man ein, wenn ein Ereignis relativ selten ist und damit die Wahrscheinlichkeit gering ist, es mit einem Zeitstichprobenverfahren zu erfassen. Ereignisstichproben haben allerdings den Nachteil, dass die Protokollierung davon abhängt, ob die Person das Ereignis erkennt und sich daran erinnert, bei jedem Ereignis unmittelbar das Verhalten und Erleben zu registrieren. Zeitstichprobenverfahren weisen dieses Problem nicht auf. Sie werden eingesetzt, wenn ein Erlebens- oder Verhaltensmerkmal relativ häufig auftritt oder permanent einschätzbar ist. So werden Zeitstichprobenverfahren typischerweise zur Erfassung von Stimmungen eingesetzt, da sich Personen zu einer Messgelegenheit immer in einer bestimmten Stimmung befinden. Zeitstichprobenverfahren, insbesondere die signalkontingenten Pläne, haben den Vorteil, dass die Personen sich nicht auf das zeitliche Ablaufmuster der Untersuchung einstellen können, sondern zu eher unerwarteten Messzeitpunkten aufgefordert werden, ihre gegenwärtige Befindlichkeit einzuschätzen.

Weitere Merkmalsbereiche. Handheld-Computer werden typischerweise eingesetzt, um Selbstbeurteilungen oder Fremdbeurteilungen auf vorgegebenen Skalen einzuholen. Es lassen sich aber auch einfache Testaufgaben präsentieren, um die Leistungsfähigkeit einer Person im alltäglichen Leben zu messen. Schließlich eröffnen neuere technische Ansätze des Ambulatory Assessment noch ganz andere Wege, menschliches Verhalten zu erfassen. Ein schönes Beispiel ist die Studie von Mehl et al. (2007), die sich der Frage widmete, ob Frauen mehr reden als Männer. Die Studie war so angelegt, dass Personen über mehrere Tage hinweg ein tragbares Sprachaufnahmegerät trugen, das sich alle 12,5 Minuten anschaltete und 30 Sekunden die gesprochene Sprache aufnahm. Hierdurch konnten Mehl et al. feststellen, dass sich Frauen und Männer im Mittel in ihrer Gesprächigkeit nicht unterscheiden. Mittels Ambulatory-Assessment-Verfahren lassen sich auch körperliche Veränderungen (z. B. Blutdruck, Puls) im alltäglichen Leben messen. Solche Verfahren werden unter dem Begriff des Ambulatory Monitoring zusammengefasst.

Internetbasierte Methoden

Die inzwischen weite Verbreitung von Computern und die zunehmende Verbreitung zeitlich uneingeschränkter Internetzugänge hat auch dazu geführt, das Internet als Mittel für die psychologische Forschung zu nutzen (Reips, 2006a, b), und das in sehr vielfältiger Weise. Zum einen hinterlassen Internetnutzer viele Spuren, die im Rahmen psychologischer Forschung ausgewertet werden können, z. B. die Verweildauer auf bestimmten Seiten, die Präferenz für bestimmte Inhalte, die Nutzung von Links, Verweisen, Menüstrukturen etc. Da viele dieser Spuren anfallen, ohne dass es den Nutzern bewusst ist, sind diese auch nicht (leicht) verfälschbar.

Zum anderen kann das Internet für Forschungsprozesse genutzt werden, die den Nutzern bewusst sind. So können via Internet Fragebogen präsentiert und Umfragen anhand großer Stichproben durchgeführt werden. Mittels des Internets lassen sich auch experimentelle Studien und Tests realisieren. Neben diesen Vorteilen weisen internetbasierte Forschungsprogramme auch spezifische Beschränkungen auf. Diese sind zum einen technischer Art (z. B. dadurch, dass Nutzer unterschiedliche Programme für den Zugang zum Internet nutzen), zum anderen betreffen sie den Durchführungskontext der Studie. Dazu gehören Fragen wie: Sind die Internetnutzer repräsentativ für die Bevölkerung? Unter welchen situationalen Bedingungen werden die Daten erhoben? Birnbaum (2004) und Reips (2006b) setzen sich intensiv mit solchen Fragen auseinander.

3.3.7 Apparative Verfahren zur Erfassung psychomotorischer Leistungen

Zahlreiche Testverfahren erfordern Apparate. Die gerade dargestellten computerbasierten Verfahren lassen sich theoretisch auch den apparativen Verfahren zuordnen, da der Computer ein Apparat ist, den man in vielfältiger Weise für die Erfassung des Verhaltens und Erlebens nutzen kann. Bevor Computer weit verbreitet waren, hat man spezifische Apparate entwickelt, v. a. um psychomotorische Leistungen erfassen zu können (Brickenkamp, 1986). Diese Apparate braucht man z. T. noch heute, z. T. lassen sich diese Leistungen auch über computerbasierte Verfahren erfassen.

Pursuit Rotor. Die Genauigkeit und Geschwindigkeit, mit der eine Person Figuren nachfahren kann, gilt als Indikator der einhändigen Auge-Hand-Koordination. Die zweihändige Auge-Hand-Koordination kann mit dem Pursuit Rotor erfasst werden (McNemar & Biel, 1939). Die Standardvariante dieses Geräts erhebt die psychomotorische Koordinationsleistung der Testperson, indem diese einen Punkt auf einer sich drehenden Scheibe verfolgen muss. Die erforderliche Kreisbewegung ergibt sich aus der richtigen Koordination beider Hände: Mit einer Hand bedient die Testperson einen horizontal beweglichen Hebel, der die horizontale Koordinate des Punktes bestimmt. Mit der zweiten Hand bewegt sie einen vertikal beweglichen Hebel, der die vertikale Koordinate des Punktes einstellt. Durch die Kreisbewegung des Punktes ändern sich die Koordinaten ständig. Die Person muss durch eine kontinuierliche und koordinierte Bewegung beider Hände die Koordinaten ständig adjustieren. Die Geschwindigkeit der Handbewegungen muss einer Sinuskurve entsprechen. Gleichzeitig muss die passende Phasenverschiebung zwischen der rechtshändigen und linkshändigen Sinusbewegung gefunden und konstant gehalten werden.

Tapping. Ein weiteres apparatives Verfahren ist das sog. Tapping (Ream, 1922). Die Aufgabe der Person besteht darin, mit einem (elektrischen Kontakt-)Stift so schnell wie möglich auf eine (elektrische Kontakt-)Platte zu klopfen, also »zu hämmern wie ein Specht«. Aus der Tapping-Frequenz lassen sich Rückschlüsse auf die Geschwindigkeit der efferenten Reizleitung und der Muskelkontraktion ziehen. Unter efferenter Reizleitung versteht man die Nervenimpulse, die vom Zentralnervensystem an die Peripherie (z. B. spezifische Muskeln) geschickt werden.

Wiener Determinationsgerät. Zur Messung des Reaktionsvermögens und der Geschwindigkeit der Informationsverarbeitung wurden ebenfalls apparative Verfahren entwickelt. Das Wiener Determinationsgerät z. B. enthält ein Pult mit verschiedenfarbigen Lampen und Tasten (von Klebelsberg, 1960). Das Reaktionsvermögen der Testperson wird dadurch getestet, dass sie auf das Aufleuchten einer Lampe durch Drücken der zugehörigen Taste so schnell wie möglich reagieren soll. Der Komplexitätsgrad der Aufgabe lässt sich durch Reiz-und-Reaktions-Kombinationen erhöhen.

Simulatoren. Fahrsimulatoren, Flugsimulatoren etc. sind apparative Verfahren, mit denen komplexe Informationsverarbeitungs- und Steuerungsleistungen möglichst realistisch erfasst werden sollen.

Apparate zur Messung des kognitiven Entwicklungsstandes. Zu den apparativen Verfahren kann man auch all die Aufgaben zählen, mit denen Piaget (1975) die kognitive Entwicklung untersucht hat. So hat er eine *Balkenwaage* konstruiert, um das Proportionalitätsverständnis von Kindern und ihre intuitive Erkenntnis der Hebelgesetze zu erfassen. Die Aufgabe besteht darin, dass eine Waage durch die Wahl der richtigen Kombination aus Gewicht und Abstand zur Achse des Balkens (Hebellänge) in einen ausgeglichenen Zustand gebracht werden muss. Mit der *Pendelaufgabe* hat Piaget geprüft, ob Kinder in der Lage sind, durch die systematische Variation und vollständige Kombination möglicher Ursachen die tatsächliche Ursache eines Ereignisses zu ermitteln. In der Pendelaufgabe bestehen die potentiellen Ursachen in der Pendellänge, dem Pendelgewicht und der Pendelamplitude bei der Startschwingung. Das erklärungsbedürftige Phänomen ist die Pendelfrequenz. Wenn man nicht weiß, dass die Pendelfrequenz nur von der Pendellänge abhängt (die meisten Kinder wissen das nicht), muss man alle möglichen Kombinationen von mindestens zwei Zuständen der Ursachen herstellen und ihre Effekte registrieren (langes/kurzes Pendel × leichtes/schweres Gewicht × kleine/große Amplitude).

3.3.8 Psychobiologische Verfahren

Einige Vertreter unseres Fachs sind davon überzeugt, dass psychologische Prozesse lediglich Ausdruck biologischer Vorgänge sind und sich vollständig auf diese zurückführen lassen. Andere meinen, dass sich psychische Prozesse nicht auf biologische Prozesse reduzieren lassen. Welche dieser beiden Positionen sich in ferner Zukunft als richtig erweisen wird, sei dahingestellt. Denn unstritten ist, dass psychologische Vorgänge mit biologischen Vorgängen einhergehen oder zumindest an biologische Voraussetzungen geknüpft sind, insbesondere an ein funktionsfähiges Nervensystem. Seit Beginn der wissenschaftlichen Psychologie werden deshalb Anstrengungen unternommen, die biologischen Anzeichen psychologischer Prozesse zu deren Messung zu nutzen.

Auch wenn wir noch weit davon entfernt sind, die an einem bestimmten psychologischen Prozess (z. B. der Lösung einer Intelligenzaufgabe) beteiligten biologischen Funktionssysteme genau zu kennen und ihre Wechselwirkungen genau zu verstehen, wissen wir doch eine ganze Menge über biologische Begleiterscheinungen psychologischer Phänomene. Diese Erkenntnisse sind dem Umstand zu verdanken, dass wir inzwischen über eine Vielzahl von Methoden zur Messung biologischer Strukturen und Prozesse verfügen, die permanent verfeinert und durch neue Verfahren ergänzt werden. Sie erfassen die Aktivität spezifischer physiologischer Systeme, die für das Verständnis psychischer Abläufe von Bedeutung sind. Sie werden daher auch als psychophysiologische Verfahren bezeichnet.

Klassifikation psychophysiologischer Methoden

Biologische bzw. psychophysiologische Methoden lassen sich nach dem biologischen System klassifizieren, dessen Aktivität sie messen. Es lassen sich vier große Gruppen unterscheiden (Mühlberger et al., 2006):

(1) Methoden, die die Aktivität des *Zentralnervensystems* (Gehirn und Rückenmark) erfassen, beziehen sich insbesondere auf die Aktivität des Gehirns oder bestimmter Gehirnareale.
(2) Methoden, die die Aktivität des *autonomen Nervensystems* messen, fokussieren auf denjenigen Teil des peripheren Nervensystems (Nervensystem außerhalb von Gehirn und Rückenmark), der nicht der willkürlichen Kontrolle unterliegt. Das autonome System ist v. a. für das Verhalten in Notfallsituationen (sympathisches Nervensystem) und die Überwachung der Körperfunktionen (parasympathisches Nervensystem) relevant.
(3) Methoden, die die Aktivität des *somatischen Nervensystems* abbilden, fokussieren dagegen auf denjenigen Teil des peripheren Nervensystems, der der willkürlichen Kontrolle unterliegt (sensorische und motorische Nerven).
(4) Methoden zur Bestimmung der Aktivität des *hormonellen Systems*, das für die Regelung der

Botenstoffe zuständig ist, und des *Immunsystems*, das z. B. für die Abwehr von Krankheitserregern verantwortlich ist.

Psychophysiologische Methoden werden eingesetzt, um die Grundaktivität (Spontanaktivität, tonische Aktivität) oder die Reaktionen auf spezifische Reize (phasische Aktivität) zu erfassen. Der Vorteil psychophysiologischer Verfahren ist darin zu sehen, dass sie zum einen Zustände und Prozesse erfassen, die mit anderen Methoden nicht erfasst werden können, und sich zum anderen auch durch eine höhere zeitliche Auflösung auszeichnen. Will man in einer Therapie die Reaktion auf einen Angstreiz (z. B. Spinne) messen, so kann man den Ablauf der Angstreaktion über die Zeit mit psychophysiologischen Methoden sehr viel genauer messen als mit anderen Methoden. Psychophysiologische Verfahren werden im Überblick in einem Handbuch von Gauggel und Hermann (2008) beschrieben. Im Folgenden sollen nur einige wenige Verfahren charakterisiert werden.

Zentralnervöse Aktivität

EEG und EKP. Inzwischen hat man recht gut erkannt, welche elektrischen Potentialschwankungen sich in der Großhirnrinde (Kortex) durch die Wahrnehmung und Verarbeitung von Reizen ergeben und mittels des Elektroenzephalogramms (EEG) an der Kopfhaut ableiten lassen. Präsentiert man einer Person einen bestimmten Reiz wiederholt (z. B. Wörter einer bestimmten Wortkategorie) und leitet währenddessen das EEG ab, kristallisiert sich aus der Aggregation (Zusammenfassung) der Ableitungen das Potential heraus, das durch den Reiz evoziert wurde. Man spricht deshalb auch vom ereigniskorrelierten Potential (EKP). Die Form des Potentials lässt etwa erkennen, ob der Reiz eine positive oder negative emotionale Bedeutung für die Person hatte.

Bildgebende Verfahren. Außer der Ableitung des EEG gibt es eine Reihe weiterer Verfahren, um kortikale Aktivitätsmuster zu entdecken. Es ist technisch möglich und üblich geworden, diese Muster bildlich so darzustellen, dass bestimmte Farben bestimmten Aktivitätsgraden entsprechen. Daher rührt der Name »bildgebende Verfahren« für diese Methoden, zu denen u. a. die Positronenemissionstomographie (PET) und die Magnetresonanztomographie (fMRI für funktionales Magnetresonanzimaging) gehören (Jäncke, 2006). Mit dem fMRI kann man etwa feststellen, welche Areale des Gehirns in Arbeit sind, wenn die Person sich ein bedrohliches Objekt vorstellt, im Kopf rechnet oder einen Text liest. Sie dienen jedoch nicht nur dazu, die Funktion einer bestimmten anatomischen Struktur zu rekonstruieren (funktionelle Bildgebung), sondern sie ermöglichen es auch, die anatomische Struktur eines bestimmten Hirnareals zu rekonstruieren und zu visualisieren (strukturelle Bildgebung). Im Vergleich zu EEG und EKP weisen bildgebende Verfahren eine höhere räumliche Auflösung auf. Dies bedeutet, dass Hirnareale sehr viel genauer gemessen werden können. Allerdings ist ihre zeitliche Auflösung geringer als die des EEG/EKP. Um die Vorteile beider Verfahren auszunutzen, können diese auch simultan eingesetzt werden, um zentralnervöse Aktivität zu messen.

Autonome Aktivität

Es gibt eine Reihe von psychologisch nutzbaren Anzeichen der Aktivität des autonomen Nervensystems. Man weiß etwa, dass Menschen auf psychische Belastungen (Stress) mit einer erhöhten Aktivität des Sympathikus reagieren, was u. a. dazu führt, dass Herzfrequenz, systolischer Blutdruck und Hautleitfähigkeit ansteigen. Diese und weitere Auswirkungen (wie z. B. die Atemfrequenz und die Pupillenweite) lassen sich relativ leicht messen und erlauben eine Einschätzung der psychischen Anspannung, unter der eine Person steht.

Somatische Aktivität

EMG. Emotionale Vorgänge schlagen sich nicht nur im autonomen, sondern auch im somatischen Nervensystem nieder. So kann man mittels des Elektromyogramms (EMG) erkennen, ob Muskeln aktiv sind. Diese Methode eignet sich z. B., um Gefühle zu identifizieren. Wir hatten bereits erwähnt, dass grundlegende Gefühle wie Angst, Wut, Traurigkeit, Freude und Ekel mit einem charakteristischen Gesichtsausdruck einhergehen (Ekman, 1972). Dieser wird durch ein spezifisches Aktivitätsmuster der

Gesichtsmuskulatur erzeugt. Leitet man die Aktivität der betroffenen Muskeln mittels EMG ab, kann man das Gefühl psychobiologisch bestimmen. Der Vorteil des Verfahrens gegenüber der Einschätzung des Gesichtsausdrucks durch geschulte Beobachter besteht darin, dass sich das Gefühl auch dann in Muskelaktivität äußert, wenn die Person ihren Gesichtsausdruck kontrolliert, um ihre Gefühle zu verbergen. Die Person aktiviert zu diesem Zweck die Antagonisten (muskulären Gegenspieler) der emotional aktivierten Gesichtsmuskeln, kann deren Aktivität willentlich aber nicht unterdrücken. Folglich spricht das EMG auch an, wenn sich im Gesicht keine Gefühlsregung erkennen lässt. Neben dem EMG gibt es weitere Verfahren zur Erfassung der somatischen Aktivität wie das Elektrookulogramm (EOG), mit dem man Augenbewegungen messen kann.

Hormonale Aktivität und Aktivität des Immunsystems

Schließlich liefert auch das neurohormonelle System Information über den psychischen Zustand eines Menschen. Psychische Anspannung etwa bewirkt nicht nur die genannten Reaktionen des autonomen Nervensystems. Auch der Hypothalamus reagiert auf Stress und animiert – vermittelt über eine komplexe neurohormonelle Wirkungskette – die Nebennierenrinden dazu, das Hormon Cortisol auszuschütten. Dieser Prozess bildet sich in der Cortisolkonzentration in Körperflüssigkeiten ab. Durch eine einfache und zuverlässige Bestimmung der Cortisolkonzentration im Speichel kann man also feststellen, ob sich eine Person psychisch belastet fühlt. Neben Cortisol lassen sich noch andere Hormone bestimmen, die etwa für Stressreaktionen (z. B. Adrenalin) oder Bindungsverhalten (z. B. Oxytocin) von Bedeutung sind. Mittels spezieller biochemischer Methoden lassen sich auch Funktionsweisen des Immunsystems untersuchen (s. hierzu Gierens & Hellhammer, 2006).

3.3.9 Nicht-reaktiv gewonnene Daten

Manchmal lassen sich in der Psychologie wissenschaftliche oder anwendungspraktische Fragestellungen mit Informationen beantworten, die nicht erst erhoben werden müssen, sondern bereits vorliegen. Wir hatten im Zusammenhang mit nicht-reaktiven Verfahren die Auswertung von Tagebuchaufzeichnungen erwähnt (s. Abschn. 3.2). Das Grundprinzip dieser und vergleichbarer Methoden besteht darin, dass die Daten ursprünglich zu einem Zweck entstanden sind, der mit dem späteren Auswertungsinteresse nichts zu tun hat. Zu nicht-reaktiven Methoden gehören auch solche, die mit einem bestimmten Erkenntnisinteresse eingesetzt werden, wobei den untersuchten Personen aber nicht bewusst ist, dass sie an einer Untersuchung teilnehmen. Nicht-reaktive Methoden werden daher auch »unaufdringlich« genannt (im Englischen: »unobtrusive measures«). Nicht-reaktive Methoden können vielfältiger Natur sein und je nach Fragestellung ausgewählt werden (Fritsche & Linneweber, 2006a, b).

Archivdaten

Manchmal lassen sich mit archivierten Daten Fragestellungen beantworten, die viele Jahre nach der ursprünglichen Datensammlung aufkommen. So kann man etwa auf archivierte Schulnoten zurückgreifen, um zu untersuchen, ob diese mit dem späteren Berufserfolg zusammenhängen. Auch zur Überprüfung des autobiographischen Gedächtnisses kann es notwendig sein, Archivdaten hinzuzuziehen, um die Erinnerungen von Personen an Aspekte ihres früheren Lebens mit den objektiven Gegebenheiten zu vergleichen. Man weiß, dass an der Enkodierung und Speicherung von Information im Gedächtnis aktive Konstruktionsprozesse beteiligt sind, die dazu führen können, dass die Erinnerung an Ereignisse von den objektiven Tatsachen abweicht. Um solche Verzerrungsprozesse und ihre Gesetzmäßigkeiten ergründen zu können, müssen objektive Informationen aus Aufzeichnungen und Archiven zusammengetragen werden.

> **Beispiel**
>
> **Ist normabweichendes Verhalten genetisch veranlagt?**
> Ein Beispiel für die Bedeutung von Archivdaten liefert eine Untersuchung von Mednick et al. (1984). Die Autoren wollten mittels einer Adop-▶

tionsuntersuchung zur Klärung der Frage beitragen, ob und in welchem Ausmaß normabweichendes Verhalten genetisch veranlagt ist. Zu diesem Zweck machten sie alle 14.427 Personen ausfindig, die in Dänemark in den Jahren 1927–1947 adoptiert worden waren, und ermittelten auf der Grundlage von Polizeiarchiven diejenigen Personen, die durch Gesetzesverstöße auffällig geworden waren. Mittels der gleichen Quellen wurde auch ermittelt, welche leiblichen Eltern und welche Adoptiveltern auffällig geworden waren. Mit diesem Datenmaterial gelang es den Autoren nachzuweisen, dass die Auffälligkeit der adoptierten Männer enger mit der Auffälligkeit ihrer leiblichen Väter als mit der ihrer Adoptivväter zusammenhing, selbst bei Männern, die unmittelbar nach der Geburt adoptiert worden waren und ihren leiblichen Vater nie kennengelernt hatten. Dass diese Daten eindeutig für eine gewisse Vererbung der Bereitschaft sprechen, sich über Normen hinwegzusetzen, ist hier nebensächlich. Wichtiger ist die Einsicht, welchen Nutzen Archivdaten für die psychologische Forschung haben können.

Verhaltensspuren

Ein zweites Beispiel aus der Familie der nicht-reaktiven Verfahren ist das Entdecken und Analysieren von Verhaltensspuren. So ließe sich die unterschiedliche Beliebtheit von Gemälden in einer Galerie etwa daran ablesen, wie abgenutzt die Teppiche vor jedem Bild sind. Die Attraktivität von Spielwaren lässt sich durch die Anzahl von Nasenstupsern an Schaufenstervitrinen bestimmen. Die soziale Schicht von Bewohnern eines Stadtviertels lässt sich daran ablesen, wie viel Müll in den Straßen dieses Viertels liegt usw. Den Personen, die solche Verhaltensspuren hinterlassen, ist zu diesem Zeitpunkt nicht bewusst, dass diese Spuren einmal Gegenstand einer sozialwissenschaftlichen Analyse sein werden; insofern sind diese Formen der Datenerhebung nicht-reaktiv und gleichzeitig intransparent. Ein Problem solcher Verhaltensspurenanalysen ist, dass ihre Interpretation nicht immer einfach ist: Sind abgenutzte Teppiche vor Bildern wirklich ein Indikator für ihre Beliebtheit oder eher für ihre Bekanntheit (oder für unterschiedlich robuste Teppiche)? Sind Müllberge in den Straßen wirklich ein Indikator für Armut im Viertel, oder streikt bloß die Müllabfuhr? Ein Beispiel für eine nicht-reaktive Form der Einstellungsmessung durch die Analyse von Verhaltensspuren ist die »Verlorene-Brief-Studie« von Stanley Milgram und Mitarbeitern.

> **Beispiel**
>
> **»Lost letter technique«**
> Milgram und seine Mitarbeiter (Milgram et al., 1965) hatten an verschiedenen öffentlichen Orten (z. B. Telefonzellen) Briefe deponiert. Jeder Brief war frankiert und adressiert; es sah so aus, als hätte jemand den Brief verloren, kurz bevor er ihn einwerfen wollte. Allerdings waren die Briefe an unterschiedliche Empfänger adressiert, z. B. an Privatpersonen oder die kommunistische Partei. Milgram und seine Mitarbeiter haben nun einfach ausgezählt, wie viele Briefe an der jeweiligen Adresse ankamen. Dabei zeigte sich u. a., dass Briefe, die an Privatpersonen adressiert waren, eher eingeworfen wurden als Briefe, die an die kommunistische Partei adressiert waren.

3.3.10 Projektive Verfahren

Viele psychologische Merkmale und Phänomene unterliegen der sozialen Bewertung. Leistungseigenschaften wie Intelligenz, Kreativität und Konzentrationsfähigkeit werden in unserer Gesellschaft geschätzt. Aber auch Persönlichkeitseigenschaften, Einstellungen und Motive können unterschiedlich erwünscht sein. Freundlichkeit, Zuverlässigkeit, Verträglichkeit und Hilfsbereitschaft werden begrüßt, Selbstbezogenheit, Aggressivität, Unausgeglichenheit und Verschlossenheit hingegen nicht. Als sehr unerwünscht gelten auch die meisten psychologischen Störungen und Formen abweichenden Verhaltens. Aus der sozialen Bewertung psychologischer Merkmale ergibt sich für ihre Erhebung ein Problem: Die meisten Menschen möchten von anderen geachtet und geschätzt werden und offenbaren deshalb ihre Schwächen, unvorteilhafte Persönlichkeitseigenschaften und abweichendes Verhalten nur ungern. Dies kann zu Verzerrungen bei transparenten Erhebungsverfahren führen.

Projektive Verfahren versuchen diesem Problem zu begegnen. Sie haben ihren Ursprung in der Tiefenpsychologie Freuds und speziell in dem von ihm beschriebenen Abwehrmechanismus der Projektion (Freud, 1936). Wie bereits früher erläutert wurde, schützen Abwehrmechanismen vor der Angst, die durch tabuisierte Wunschvorstellungen und Phantasien geweckt wird. Von Projektion spricht Freud, wenn eine Person unbewusst ihre eigenen tabuisierten Gefühle oder Wünsche auf eine andere Person überträgt. Einer Projektion unterliegt, wer das eigene erotische Interesse an einer anderen Person damit entschuldigt, von ihr in Versuchung geführt worden zu sein, oder wer die eigene Feindseligkeit als notgedrungene Selbstverteidigung gegen einen Angriff darstellt.

Projektive Verfahren machen sich den Projektionsmechanismus zunutze, indem sie einem Diagnostikanden Szenen bildlich oder schriftlich präsentieren, die von anderen Personen handeln. Die Aufgabe des Diagnostikanden besteht darin zu beschreiben, was in der Geschichte passiert, was in den Protagonisten vorgeht und wie sie handeln werden. Es wird dabei vorausgesetzt, dass der Diagnostikand sich in die Lage eines der Protagonisten versetzt und die Situation so deutet, als wäre er selbst involviert. Da der Diagnostikand überzeugt ist, nicht über sich zu sprechen, sondern über andere, hat er keine Angst vor Ablehnung und kann unerwünschte Eigenschaften und Verhaltensweisen äußern. Die Vertreter projektiver Verfahren nehmen daher an, dass der Diagnostikand in Wahrheit über sich spricht, ohne es zu wissen. Zwei bekannte Verfahren dieser Art sind der Thematische-Apperzeptions-Test von Murray (1943) und die Bilder-Assoziations-Methode von Rosenzweig (1945).

Ein zweiter Typ projektiver Verfahren arbeitet nicht mit konkreten Reizvorlagen, sondern mit symbolischen. Das bekannteste Verfahren dieser Variante ist der *Rorschach-Test*. In diesem von Rorschach (1921) entwickelten Verfahren bekommen die Diagnostikanden Tafeln mit Tintenklecksen vorgelegt, in die man mit etwas Phantasie vieles hineinlegen kann, etwa Schmetterlinge, Vampire, Beckenknochen und vieles anderes mehr. Rorschach und die Anwender seines »Tests« behaupten, dass sich aus den Wahrnehmungen des Diagnostikanden Rückschlüsse auf seine Persönlichkeit, unverarbeitete Konflikte, verborgene Triebwünsche und psychische Störungen vornehmen lassen. Das Verfahren ist allerdings sehr umstritten.

3.3.11 Reaktionszeitgestützte Verfahren

Diese Bezeichnung wurde für eine Kategorie von Verfahren geprägt, die sich überwiegend der Reaktionszeitmessung bedienen und in der kognitiven Sozialpsychologie entwickelt wurden, um soziale Einstellungen, Stereotype und Vorurteile intransparent zu messen. Drei dieser Verfahren sollen kurz beschrieben werden.

Emotionale Stroop-Aufgabe

Dieses Verfahren geht auf Versuche von Stroop (1935) zurück, der zeigte, dass Personen zur Bestimmung der Farbe eines Wortes länger brauchen, wenn es sich bei dem Wort um ein Farbwort handelt und es eine andere Farbe bezeichnet als die, in der es geschrieben ist. Wenn z. B. das Wort »blau« grün geschrieben wird, braucht man länger, um die Farbe (grün) zu bestimmen, als wenn das Wort »blau« blau geschrieben ist. Die Verzögerung kommt durch einen Konflikt zwischen zwei gegensätzlichen Antworttendenzen zustande, dessen Lösung Zeit kostet. Diesen Effekt kann man nutzen, um die Aufmerksamkeit, die eine Person einem Reiz schenkt, zu ermitteln. Wenn man Personen Wörter, darunter die Namen von Hunderassen (Terrier, Dackel, Schäferhund etc.), in unterschiedlichen Farben darbietet und sie auffordert, nicht auf das Wort zu achten, sondern so schnell wie möglich die Farbe zu bestimmen, werden Personen mit Angst vor Hunden zur Bestimmung der Farbe bei Hundenamen länger brauchen, weil diese Begriffe für sie bedrohlich sind, Aufmerksamkeit auf sich ziehen und dadurch die gefragte Antwort verzögern.

Priming-Paradigmen

Ein zweite Gruppe reaktionszeitgestützter Verfahren nutzt das Phänomen der semantischen und affektiven Voraktivierung (engl. priming). Begriffe sind im neuronalen Netz unseres Gedächtnisses abgespeichert. Wenn ein bestimmter Begriff gebraucht wird, kommt es zur Aktivierung seines Speicherorts. Diese Aktivierung breitet sich im neuronalen Netz aus, so dass alle mit dem Begriff verknüpften Begriffe mitaktiviert werden. Je ähnlicher zwei Begriffe sind (je mehr Merkmale sie teilen), desto stärker ist ihre Verknüpfung im neuronalen Netz. Ähnliche Begriffe werden also stärker mitaktiviert als unähnliche Begriffe. Wenn nun ein Begriff durch die Aktivierung eines verwandten Begriffs voraktiviert ist, beschleunigen sich alle Informationsverarbeitungsprozesse, die diesen Begriff tangieren.

Dieses Phänomen kann man sich zunutze machen, um die Bewertung von Begriffen zu ermitteln (Klauer & Musch, 2003). Wenn man sich etwa dafür interessiert, welche Einstellung eine Person zu einem bestimmten Einstellungsgegenstand (z. B. zur sozialen Kategorie »Asiaten«) hat, zeigt man ihr zunächst Bilder der entsprechenden Kategorie (z. B. den Gemüsemarkt von Shanghai). Dadurch werden diejenigen semantischen Konzepte, die eine Bewertung der entsprechenden Kategorie beinhalten, aktiviert. Wenn die Person eine negative Einstellung gegenüber Asiaten hat, werden etwa Begriffe wie »schlecht«, »oberflächlich« oder »unselbständig« durch die Verarbeitung der Bilder aktiviert. Wenn die Person eine positive Einstellung gegenüber Asiaten hat, werden etwa Begriffe wie »freundlich«, »fleißig« oder »kultiviert« durch die Verarbeitung der Bilder aktiviert. Anschließend soll die Versuchsperson eine lexikalische Entscheidungsaufgabe absolvieren. Dabei werden der Person auf dem PC-Bildschirm Wörter präsentiert, bei denen es sich entweder um korrekte deutsche Wörter oder aber um Buchstaben, die kein deutsches Wort ergeben, handelt. Die Versuchsperson soll so schnell wie möglich entscheiden, ob es sich um ein Wort handelt oder nicht. Die Wörter umfassen u. a. diejenigen, die durch das Priming mitaktiviert wurden. Bei diesen Wörtern sollte die Versuchsperson schneller entscheiden können, ob es sich um ein Wort handelt oder nicht. Ist die Reaktionszeit für positive Wörter (freundlich, fleißig, kultiviert) also länger als für negative Wörter (schlecht, oberflächlich, unselbständig), so deutet das auf eine größere relative Verfügbarkeit negativer Wörter hin und damit auf eine negative Einstellung gegenüber dem Einstellungsgegenstand.

Impliziter Assoziationstest

Ein drittes Beispiel ist der Implizite Assoziationstest (IAT) von Greenwald, McGhee und Schwartz (1998). Dieses Verfahren soll die Stärke von Assoziationen zwischen Objekten (engl. targets) und Attributen messen. Objekte können Einstellungsobjekte sein (z. B. Ausländer, Behinderte, Waffen) oder die eigene Person, das Selbst. Zur Messung von Einstellungen wird ermittelt, wie stark das Einstellungsobjekt mit positiven (z. B. gut, schön, friedlich) vs. negativen (z. B. schlecht, hässlich, feindselig) Attributen assoziiert ist. Zur Messung des Selbstwerts wird bestimmt, wie stark das Selbst mit positiven vs. negativen Attributen verbunden ist. Zur Messung von Persönlichkeitseigenschaften wird festgestellt, wie stark das Selbst mit Attributen verknüpft ist, die eine bestimmte Persönlichkeitseigenschaft repräsentieren (z. B. ängstlich, schüchtern, unsicher).

Zur Erläuterung des Verfahrens beschreiben wir den typischen Aufbau eines Selbstwert-IAT (Greenwald & Farnham, 2000). Wie alle IATs besteht er aus zwei einfachen Diskriminationsaufgaben und zwei Kombinationen dieser Aufgaben.

> **Beispiel**
>
> **Ablauf und Aufbau eines Selbstwert-IAT**
> Aufgabe der Versuchsperson ist es, Wörter, die ihr am PC-Bildschirm präsentiert werden, einer von zwei semantischen Kategorien zuzuordnen (Diskriminationsaufgabe). Beim Selbstwert-IAT bezieht sich diese Diskriminationsaufgabe zunächst auf die Objekte (selbst vs. andere), dann auf die Attribute (positiv vs. negativ) und anschließend auf eine Kombination aus Objekten und Attributen.

- Durchgang 1: Die Wörter, die der Versuchsperson gezeigt werden, lauten z. B. »ich«, »mein«, »mir«, »andere«, »fremd«, »jenen«. Es gilt so schnell wie möglich per Tastendruck zu entscheiden, ob das dargebotene Wort zu der Kategorie »selbst« oder zur Kategorie »andere« gehört.
- Durchgang 2: Nun soll die Person positive Begriffe (z. B. »gut«, »schön«, »richtig«) und negative Begriffe (z. B. »schlecht«, »hässlich«, »falsch«) entweder der Attributkategorie »positiv« oder aber der Attributkategorie »negativ« zuordnen.
- Durchgang 3: Objekte und Attribute werden gemeinsam dargeboten. Die Wörter sind die gleichen wie aus dem ersten und zweiten Durchgang, werden nun aber durchmischt und umfassen sowohl Attributworte als auch Objektworte. In diesem Durchgang soll die Person entscheiden, ob ein Wort entweder dem Kategorienpaar »selbst«/»positiv« oder aber dem Kategorienpaar »andere«/»negativ« zuzuordnen ist. Wenn die Person eine positive Einstellung zu sich selbst hat, wird ihr diese Aufgabe relativ leicht fallen, denn »selbst« und »positiv« sind mit der gleichen Reaktionstaste besetzt. Umgekehrt dürfte eine Person, die eine negative Einstellung zu sich selbst hat, langsamer reagieren, denn die Zuordnung eines positiven Wortes zu der Attributkategorie, die durch die gleiche Tastenbelegung mit der Objektkategorie »selbst« verknüpft ist, widerspricht dem impliziten Selbstkonzept.
- Durchgang 4: Hier werden lediglich die Attributwörter noch einmal dargeboten, allerdings ist die Tastenbelegung für die Attributkategorie genau umgekehrt wie im zweiten Durchgang. Wenn »positiv« vorher rechts war, ist diese Kategorie nun links; wenn »negativ« vorher links war, ist sie nun rechts.
- Durchgang 5: Hier werden Objektwörter und Attributwörter wieder gemeinsam dargeboten, allerdings ist nun die Tastenbelegung für die Attributkategorie anders als im dritten Durchgang. In diesem Durchgang soll die Person entscheiden, ob ein Wort entweder dem Kategorienpaar »selbst«/»negativ« oder aber dem Kategorienpaar »andere«/»positiv« zuzuordnen ist. Wenn die Person eine positive Einstellung zu sich selbst hat, wird ihr dieser Durchgang schwerer fallen, denn »selbst« und »negativ« widersprechen dem impliziten Selbstkonzept. Umgekehrt dürfte eine Person, die eine negative Einstellung zu sich selbst hat, in diesem Durchgang schneller reagieren, denn die Zuordnung eines negativen Wortes zu der Attributkategorie, die durch die gleiche Tastenbelegung mit der Objektkategorie »selbst« verknüpft ist, entspricht dem impliziten Selbstkonzept.

Personen mit einem positiven Selbstwert werden in diesem fünften Durchgang also im Durchschnitt längere Reaktionszeiten zeigen als im dritten Durchgang. Personen mit einem negativen Selbstwert werden im fünften Durchgang hingegen im Durchschnitt kürzere Reaktionszeiten zeigen als im dritten Durchgang. Die mittlere Differenz in der Reaktionszeit zwischen beiden Durchgängen ist die Grundlage zur Berechnung des individuellen IAT-Wertes.

Da sehr viele Objekte und viele Attribute in einem IAT kombiniert werden können, handelt es sich um ein ungemein flexibles Verfahren. Dies ist einer der Gründe für seine häufige Verwendung (Gawronski & Conrey, 2004). Inzwischen gibt es zahlreiche Weiterentwicklungen und Varianten des IAT, die hier aus Platzgründen nicht beschrieben werden können (vgl. Hofmann & Schmitt, 2008).

3.4 Multimethodale Erfassung menschlichen Erlebens und Verhaltens

Die in den vorherigen Abschnitten dargestellten Verfahren zeigen, dass der Psychologie viele Methoden zur Verfügung stehen, um menschliches Erleben und

Verhalten zu erfassen. Jede dieser Methoden hat spezifische Vorteile und Nachteile, die es zu erwägen gilt, wenn man sich für eine Methode entscheidet. Da es keine Methode gibt, die optimal in dem Sinne ist, dass sie für einen konkreten Anwendungsfall nur Vorteile, aber keine Nachteile aufweist, hat sich in der Psychologie durchgesetzt, soweit es möglich ist, multimethodal vorzugehen (Eid & Diener, 2006a). Multimethodal bedeutet, dass verschiedene Methoden zur Beantwortung einer konkreten Fragestellung eingesetzt werden. Multimethodale Forschung ist aus zweierlei Gründen einer monomethodalen Forschung vorzuziehen (Eid & Diener, 2006b): Zum einen besteht ein psychologisches Merkmal aus verschiedenen Komponenten und wirkt sich auf verschiedenen Ebenen aus (Mehrebenenstruktur psychologischer Merkmale), zum anderen ist multimethodales Vorgehen eine Möglichkeit, um zu überprüfen, ob die verschiedenen Erfassungsmethoden auch wirklich das erfassen, was sie erfassen sollen (Konstruktvalidität).

Mehrebenenstruktur psychologischer Merkmale

Psychologische Merkmale und Prozesse manifestieren sich meist auf unterschiedlichen Ebenen. Emotionen beispielsweise manifestieren sich auf vier Ebenen: einer subjektiven Erlebnisebene, einer kognitiven, einer physiologischen und einer motorisch-reaktiven Ebene. Erlebt eine Person etwa Angst, so lässt sich dieses Erlebnis an spezifischen Reaktionen auf diesen vier Ebenen festmachen (Junge et al., 2002):
(1) Subjektives Erleben: Die Person erlebt ein Gefühl der Bedrohung.
(2) Kognitive Bewertungen: Die Person macht sich Sorgen, dass etwas passieren könnte.
(3) Physiologische Veränderungen: Die Person sondert Schweiß ab, der Hautleitwiderstand verringert sich, das Herz schlägt schneller, die Amygdala wird stärker aktiviert.
(4) Motorische Reaktion: Die Person zeigt Abwehr-, Flucht- und Vermeidungsreaktionen.

Um diese unterschiedlichen Ebenen einer Angstreaktion erfassen zu können, werden unterschiedliche Methoden benötigt:

(1) Das subjektive Erleben lässt sich durch Fragebogen erfassen – Fragebogen sind hingegen ungeeignet, die Aktivierung der Amygdala zu messen.
(2) Kognitive Prozesse lassen sich z. B. mit Hilfe reaktionszeitgestützter Verfahren (wie etwa eines emotionalen Stroop-Tests) erfassen – solche Verfahren sind jedoch zur Messung psychophysiologischer Vorgänge unbrauchbar.
(3) Die Aktivierung der Amygdala kann mittels bildgebender Verfahren untersucht werden – solche Verfahren erlauben es aber nicht, die Schweißabsonderung oder die motorische Unruhe zu bestimmen.
(4) Der motorische Ausdruck lässt sich mit Beobachtungsmethoden untersuchen – eine Beobachtung wäre aber nicht geeignet, die subjektive Empfindung der Person zu beschreiben.

Um eine möglichst umfassende Beschreibung der Angstreaktion zu erhalten, ist es also notwendig, unterschiedliche, ebenenspezifische Erfassungsmethoden zu berücksichtigen.

Konstruktvalidität

Eine psychologische Erfassungsmethode ist dann konstruktvalide, wenn sie wirklich das Merkmal erfasst, das sie erfassen soll, und nicht irgendein anderes Merkmal. Ein Fragebogen, der die Gewissenhaftigkeit erfassen soll, soll auch wirklich Gewissenhaftigkeit messen und nicht etwa Neurotizismus. Ein Selbstwert-IAT soll auch wirklich den impliziten Selbstwert messen und nicht etwa die kognitive Leistungsfähigkeit. Die Cortisolkonzentration im Blut soll auch wirklich ein Indikator für die psychische Belastung einer Person und nicht etwa für ihre sexuelle Erregung sein.

Ob ein Messverfahren konstruktvalide ist oder nicht, ist eine empirische Frage. Mit anderen Worten: Man kann die Konstruktvalidität eines Verfahrens empirisch quantifizieren. Im Allgemeinen ist die Konstruktvalidität dann gegeben, wenn zwei Nachweise erbracht werden können:
(1) Nachweis der *konvergenten* Validität: Um nachzuweisen, dass das Verfahren wirklich das Merkmal X misst, sollte es zum gleichen Ergebnis

kommen wie andere Verfahren, von denen man bereits weiß, dass sie das Merkmal X messen.

(2) Nachweis der *diskriminanten* Validität: Um nachzuweisen, dass das Verfahren nicht das Merkmal Y misst, sollte es nicht zum gleichen Ergebnis kommen wie andere Verfahren, von denen man bereits weiß, dass sie das Merkmal Y messen.

Einer der wichtigsten Ansätze zur Quantifizierung der Konstruktvalidität ist die Multitrait-Multimethod-Methode, die ursprünglich von Campbell und Fiske (1959) vorgeschlagen wurde und sich inzwischen zu einer Standardmethode bei der Validierung von Messinstrumenten entwickelt hat (Schmitt, 2006). Campbell und Fiske (1959) gehen davon aus, dass jede Messung in der Psychologie zum einen das zu messende Merkmal (»trait«), zum anderen aber auch einen Einfluss der Methode (»method«) widerspiegelt. Dies wollen wir an einem Beispiel verdeutlichen. Nehmen wir an, wir wollten die Intelligenz einer Person ermitteln. Um dies zu tun, kann man auf sehr viele verschiedene Testverfahren zurückgreifen. Stellen wir uns vor, eine Person würde drei solcher Intelligenztests bearbeiten. Test A besteht im Wesentlichen aus Kombinatorikaufgaben, die in einer bestimmten Zeit zu lösen sind. In Test B werden v. a. Gedächtnisleistungen erfasst. In Test C schließlich soll die Person Anagramme lösen. Mit großer Wahrscheinlichkeit werden nicht alle Tests zum gleichen Ergebnis kommen: Die Person wird drei unterschiedliche Intelligenztestwerte erhalten. Hierfür kommen drei Gründe in Betracht:

(1) Unterschiedliche Tests bauen auf unterschiedlichen theoretischen Modellen der Intelligenz auf; insofern messen sie z. T. unterschiedliche Dinge.

(2) Bei der Intelligenzmessung ist – wie bei jeder anderen (psychologischen, aber auch physikalischen) Messung auch – mit Messfehlern zu rechnen (s. hierzu ausführlich Kap. 22).

(3) Nicht nur die den jeweiligen Tests zugrunde liegenden Intelligenzmodelle unterscheiden sich, sondern auch die Testaufgaben, d. h. die Methoden. Es könnte also sein, dass die Person nur deshalb unterschiedliche Testwerte erzielt hat, weil die drei Tests unterschiedliche Methoden verwendet haben. Solche Abweichungen nennt man Methodeneffekte.

Konvergente Validität. Konvergente Validität bedeutet, dass die verschiedenen Methoden in Bezug auf die Erfassung des Merkmals im Idealfall zu demselben, im Normalfall zu einem ähnlichen Ergebnis kommen. Dies ist gleichbedeutend mit der Aussage, dass der Methodeneffekt gering sein sollte. Die konvergente Validität ist allerdings keine binäre Größe (ja/liegt vor bzw. nein/liegt nicht vor), sondern man bestimmt vielmehr das Ausmaß der konvergenten Validität. Dies ist mittels der Korrelationsanalyse (s. Kap. 15) oder der konfirmatorischen Faktorenanalyse (s. Kap. 23) möglich. Um die konvergente Validität untersuchen zu können, ist es notwendig, das Merkmal mit unterschiedlichen Methoden zu erfassen.

Methodenspezifität. Bei der Analyse der konvergenten Validität zeigt sich häufig, dass die verschiedenen Methoden nur z. T., oft sogar nicht sehr stark zusammenhängen. Dies ist auf den methodenspezifischen Anteil jeder Methode zurückzuführen. Das Ausmaß an konvergenter Validität, das man in einer Untersuchung erwartet, hängt von der Art der Methoden und ihrer Ähnlichkeit oder Unähnlichkeit ab. Erfasst man die Intelligenz mit ähnlichen Testaufgaben, so dürfte die konvergente Validität höher sein als im Falle sehr unähnlicher Aufgaben – vorausgesetzt, die verschiedenen Aufgaben messen alle das gleiche Merkmal, also Intelligenz.

In der Persönlichkeitsforschung sind Methodeneffekte ihrerseits ein Forschungsgegenstand. So findet man z. B., dass Selbst- und Fremdbeschreibungen der Persönlichkeit meist mehr oder weniger unterschiedlich ausfallen. Ein Zweig der Persönlichkeitspsychologie befasst sich mit der Frage, wie es zu diesen Inkonsistenzen kommt und unter welchen Bedingungen Selbst- und Fremdurteile stärker konvergieren (Neyer, 2006a, b). Einige dieser Bedingungen sind in Tabelle 3.1 zusammengestellt.

▶ So ist die Konvergenz bei Merkmalen, die sich durch eine hohe Beobachtbarkeit (z. B. Geselligkeit) auszeichnen, höher als bei Merkmalen mit geringer Beobachtbarkeit (z. B. Ängstlichkeit), da

Tabelle 3.1 Ausgewählte Bedingungen für die Konvergenz von Selbst- und Fremdbericht

Merkmal	Zu Beurteilender	Beurteiler	Dyade
▶ Beobachtbarkeit ▶ Soziale bzw. normative Erwünschtheit einer bestimmten Merkmalsausprägung ▶ Konsistenz über verschiedene Situationen hinweg ▶ Alltagsnähe	▶ Konsistenz über verschiedene Situationen hinweg ▶ Neigung zur positiven Selbstdarstellung (»impression management«) ▶ Neigung zur Selbsttäuschung	▶ Informationsmenge ▶ Beurteilerstile und Urteilsverzerrungen ▶ Beurteilungsfähigkeit	▶ Geteiltes Bedeutungssystem ▶ Bekanntheitsgrad ▶ Informationsüberlappung ▶ Kommunikation

der Fremdbeurteiler seine Beobachtungen in die Fremdbeurteilungen einfließen lässt.

▶ Sozial erwünschte Merkmale weisen eine geringere Konvergenz auf, da sie Personen eher dazu verleiten, sich in der Selbstbeurteilung sozial erwünscht darzustellen.

▶ Merkmale, die eine hohe Konsistenz und Alltagsnähe aufweisen, d. h. sich in verschiedenen Situationen zeigen (z. B. Gewissenhaftigkeit), sind für Fremdbeurteiler einfacher einzuschätzen als Merkmale, die nur in spezifischen Situationen auftreten (Fähigkeit, Schach zu spielen), da bereits aufgrund einiger weniger Situationen auf die Verhaltenstendenz geschlossen werden kann.

▶ Auch Merkmale des zu Beurteilenden spielen eine Rolle. Eine Person, die konsistent ist, d. h. ein Verhalten über verschiedene Situationen hinweg zeigt (z. B. immer gut gelaunt), ist besser einzuschätzen als eine Person, die variabel ist, d. h. deren Verhalten und Erleben von der Situation abhängt (z. B. in der Vorlesung gut, in der Kneipe schlecht gelaunt).

▶ Personen, die sich in einem bestimmten Licht darstellen wollen (»impression management«) und die sich selbst täuschen, werden in ihrem Urteil weniger mit dem Urteil anderer übereinstimmen.

▶ Eine hohe Konvergenz hängt auch vom Beurteiler ab. Sie ist dann höher, wenn der Beurteiler über eine hohe Beurteilerfähigkeit und eine ausreichende Informationsmenge in Bezug auf die Person verfügt und selbst keine Beurteilerstile und -verzerrungen aufweist. Eine solche Beurteilungsverzerrung ist der Halo-Effekt (Thorndike, 1920), der eine ungerechtfertigte Generalisierung von Eindrücken, die man von einer Person hat, über zu beurteilende Facetten hinweg beschreibt. So könnte ein Beurteiler dazu neigen, von der Attraktivität einer Person auf ihre Begabung zu schließen.

▶ Schließlich hängt das Ausmaß der Konvergenz auch von Aspekten der Dyade (des Selbstbeurteiler-Fremdbeurteiler-Paares) ab. Beurteilerpaare, die unter dem zu beurteilenden Merkmal (z. B. Geselligkeit) dasselbe verstehen (geteiltes Bedeutungssystem), werden ähnlicher urteilen als Paare, die sich hinsichtlich ihres Verständnisses von dem zu beurteilenden Merkmal unterscheiden.

▶ Schließlich ist die Konvergenz bei Beurteilerpaaren, die sich gut kennen, höher als bei solchen, die sich weniger gut kennen.

Wir haben das Beispiel der Beurteilerübereinstimmung sehr ausführlich behandelt (zur Bestimmung des Ausmaßes der Beurteilerübereinstimmung s. Kap. 15 und 23 sowie Wirtz & Caspar, 2002). Bedingungen der Konvergenz und Divergenz könnten für andere Methodenkombinationen in analoger Weise diskutiert werden. Es war uns wichtig, exemplarisch zu zeigen, wie vielfältig die Bedingungen der Konvergenz und Divergenz sein können, da dies wichtige Konsequenzen für die Bewertung der konvergenten Validität hat:

(1) Ob eine Selbstbeurteilung valide ist, lässt sich nicht anhand eines einzigen Vergleichs mit einem Fremdurteil beurteilen. Ein geringer Zusammenhang kann auf viele Ursachen zurückgeführt werden. Jede dieser Ursachen kann zu einer Divergenz der Selbst- und Fremdbeurteilung führen. Um diese unerwünschten Einflüsse auszuschalten, könnte man z. B. nicht nur einen

Freund, sondern mehrere Freunde befragen und dann deren Urteil mitteln (aggregieren), um die unerwünschten Einflüsse zu reduzieren.

(2) Man kann anhand der genannten Bedingungen Kriterien für die Auswahl von Fremdbeurteilern für eine Studie formulieren. So sollten die Fremdbeurteiler die Person gut kennen, über ausreichendes Wissen verfügen, sich möglicher Beurteilungsfehler bewusst sein und über eine hohe Beurteilungsfähigkeit verfügen. Man kann diese Bedingungen auch zur Grundlage von Beurteilerschulungen machen, um die Konvergenz zu erhöhen. Dieser Weg wird z. B. in der Klinischen Psychologie beschritten, wo der Verhaltensbeurteilung durch geschulte Fremdbeurteiler große Bedeutung zukommt (Stieglitz et al., 2001).

(3) Um Selbstberichte zu validieren, sollte noch zusätzlich auf andere Methoden zurückgegriffen werden wie z. B. die Verhaltensbeobachtung.

(4) Um die Höhe der konvergenten Validität zu bewerten, ist es notwendig, die Bedingungen der konvergenten Validität in Betracht zu ziehen und vor der Untersuchung eine Erwartung darüber zu formulieren, wie hoch der Zusammenhang sein soll. Der gefundene Zusammenhang kann dann mit dem erwarteten verglichen werden. Stehen beide im Einklang, so spricht dies für die konvergente Validität, auch wenn der gefundene Zusammenhang möglicherweise (aber gut begründet) gering ist (Westen & Rosenthal, 2003). Bei der Selbst- und Fremdbeurteilung emotionaler Phänomene würde man einen geringeren Zusammenhang erwarten als bei der Beurteilung von gut beobachtbaren Verhaltensweisen.

(5) Divergenzen zwischen Methoden sind – auch wenn sie groß sind – ein interessantes Phänomen, das es zu erkunden gilt. Wenn z. B. ein Kind von sich behauptet, oft sehr traurig zu sein, die Lehrer und Eltern hingegen denken, das Kind sei sehr glücklich, so ist es wichtig, die Ursachen dieser Divergenz aufzudecken. Diese Divergenz zeigt, dass das Kind und seine Eltern sich in der Beurteilung wesentlich unterscheiden. Für das Kind ist seine eigene Wahrnehmung handlungsleitend, für die Eltern die ihrige. Hierdurch können Probleme entstehen und Hilfeleistungen unterlassen bleiben.

Diskriminante Validität. Auch zur Untersuchung der diskriminanten Validität ist ein multimethodales Vorgehen hilfreich. Diskriminante Validität liegt dann vor, wenn verschiedene Messmethoden, die unterschiedliche Merkmale erfassen sollen, nicht miteinander zusammenhängen. Geht man z. B. davon aus, dass Extraversion und Verträglichkeit voneinander unabhängige Persönlichkeitsmerkmale sind, wie es in dem Fünf-Faktoren-Modell der Persönlichkeit postuliert wird (Digman, 1989), dann sollen die verschiedenen Methoden zur Erfassung der Verträglichkeit auch nicht mit den verschiedenen Methoden zur Erfassung der Extraversion zusammenhängen. Zwei Merkmale sind dann unabhängig, wenn von der einen Merkmalsausprägung einer Person (ihrer Extraversion) nicht auf die andere Merkmalsausprägung (Verträglichkeit) geschlossen werden kann und umgekehrt.

Auswahl einer Methode

Die Auswahl der Methoden, die in einer Untersuchung eingesetzt werden, sollte zunächst so vielfältig wie möglich sein. Allerdings sollten auch nur solche Methoden zum Einsatz kommen, die für die Fragestellung geeignet sind. Die in diesem Kapitel behandelten Methoden sind in Abbildung 3.1 zusammengestellt. Die Abbildung kann dazu dienen, bei der Planung einer Untersuchung den Einsatz verschiedener Methoden systematisch abzuwägen. Je nach Fragestellung werden viele oder wenige Methoden eingesetzt. Will man das emotionale Erleben in bestimmten Situationen erfassen, wird man versuchen, verschiedene Methoden auszuwählen, die die verschiedenen Komponenten der Emotion erfassen. Geht es darum, die Güte eines neuen, deutlich günstigeren bildgebenden Verfahrens zu überprüfen, wird man es nur mit dem besten verfügbaren bildgebenden Verfahren (Referenzmethode, »gold standard«) vergleichen. Wichtig ist, dass man vor der Durchführung der Untersuchung darlegt, aus welchen Gründen man welche Methoden ausgewählt hat, und überprüft, ob man wirklich den optimalen Methodenmix gefunden hat.

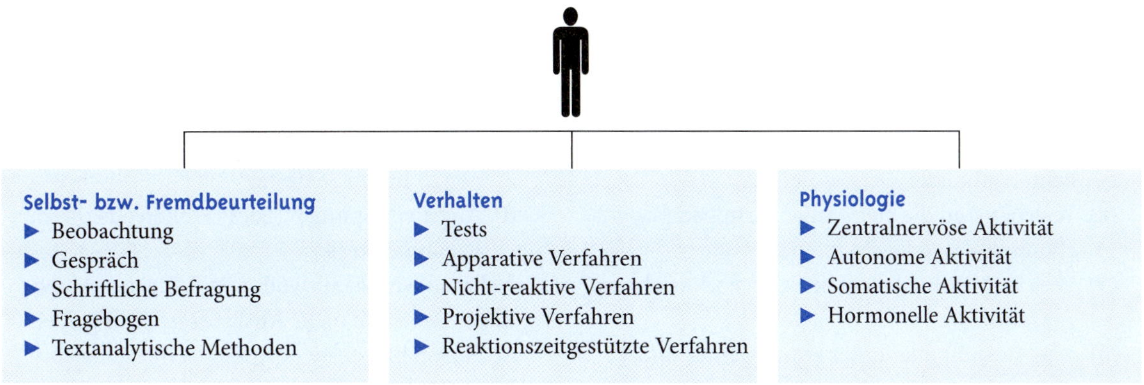

Selbst- bzw. Fremdbeurteilung	Verhalten	Physiologie
▶ Beobachtung ▶ Gespräch ▶ Schriftliche Befragung ▶ Fragebogen ▶ Textanalytische Methoden	▶ Tests ▶ Apparative Verfahren ▶ Nicht-reaktive Verfahren ▶ Projektive Verfahren ▶ Reaktionszeitgestützte Verfahren	▶ Zentralnervöse Aktivität ▶ Autonome Aktivität ▶ Somatische Aktivität ▶ Hormonelle Aktivität

Abbildung 3.1 Überblick über die behandelten Methoden zur Erfassung menschlichen Verhaltens und Erlebens

Zusammenfassung

▶ Mit welcher Methode man in einer wissenschaftlichen Untersuchung oder in der Anwendungspraxis Erkenntnisse sammelt, also Beobachtungen anstellt und Daten erhebt, hängt von zahlreichen Faktoren ab: (1) der Fragestellung selbst, (2) Merkmalen der zu untersuchenden Personen (z. B. ihrem Alter) bzw. eines anderen Untersuchungsobjekts, (3) den zeitlichen, finanziellen und personellen Ressourcen, die dem Praktiker oder Forscher zur Verfügung stehen, (4) den Qualitätsansprüchen, die an die Daten gestellt werden, und (5) der Art des interessierenden Erlebens und Verhaltens.

▶ Zur Systematisierung der Datengewinnungsmethoden in der Psychologie eignen sich charakteristische Merkmale dieser Methoden. Man unterscheidet: (1) Einzelerhebungen vs. Gruppenerhebungen, (2) die Art der Analyseeinheit, über die Informationen gewonnen werden (z. B. Einzelpersonen, Gruppen, soziale Systeme), (3) reaktive vs. nicht-reaktive Methoden, (4) transparente vs. intransparente Verfahren, (5) den Grad der Teilnahme des Diagnostikers oder Forschers bei der Datenerhebung und (6) Methoden, die typisches Erleben und Verhalten erheben, vs. solche, die maximales Verhalten messen.

▶ Die wichtigsten Methoden der Datengewinnung sind: (1) die Verhaltensbeobachtung, (2) die Gesprächsmethoden, (3) schriftliche Befragung und Fragebogen, (4) textanalytische Methoden, (5) psychologische Tests, (6) computerbasierte Verfahren, (7) apparative Verfahren, (8) Methoden zur Messung psychobiologischer Prozesse, (9) nicht-reaktive Methoden, (10) projektive Verfahren und (11) reaktionszeitgestützte Verfahren.

▶ Sofern es geht, sollte man multimethodal vorgehen. Die multimethodale Erfassung ist wichtig, um (1) die verschiedenen Ebenen (Komponenten) eines Merkmals zu erfassen, (2) die konvergente und diskriminante Validität zu untersuchen und (3) die Methodenspezifität zu analysieren.

Fragen und Übungsaufgaben

Fragen

(1) Was ist der Unterschied zwischen reaktiven und nicht-reaktiven Erhebungsmethoden?
(2) Was ist der Unterschied zwischen transparenten und intransparenten Erhebungsmethoden?
(3) Was sind die Vor- und Nachteile der aktiven Teilnahme, der passiven Teilnahme und der Nicht-Teilnahme des Beobachtenden im Rahmen von Beobachtungsstudien?
(4) Auf welchen (impliziten) Annahmen über die befragten Personen basiert die Fragebogenmethode?
(5) Nennen Sie Vor- und Nachteile der Fragebogenmethode.

(6) Was versteht man unter adaptivem Testen, und worin besteht der Vorteil dieser Methode?

(7) Nennen Sie die wichtigsten Stichprobenpläne beim Ambulatory Assessment.

(8) Welches sind die vier großen Gruppen psychophysiologischer Methoden?

(9) Welche Messlogik liegt projektiven Verfahren zugrunde?

(10) Was versteht man unter konvergenter und diskriminanter Validität?

Übungsaufgaben

(1) Denken Sie sich für die folgenden Konstrukte jeweils eine Erfassungsmethode aus. Wie würden Sie vorgehen, um die Konstruktvalidität Ihrer jeweiligen Erfassungsmethode, d. h. deren konvergente und diskriminante Validität, zu überprüfen? Zur Prüfung der diskriminanten Validität nennen Sie die konkurrierenden Konstrukte, die Ihre Erfassungsmethode möglicherweise mit erfasst.

a) Aggression von Schülern im Kontext Schule
b) kommunikative Kompetenzen eines Dozenten in der Vorlesung
c) mathematische Begabung eines Kommilitonen in Ihrem Semester
d) Angst vor Spinnen (bei Personen aus Ihrem Bekanntenkreis)

(2) Nehmen wir an, Sie wollten die folgende Hypothese testen: »Je mehr Auslandserfahrungen eine Person hat, desto positiver ist ihre Einstellung gegenüber Ausländern in Deutschland.« Wie würden Sie die beiden Konstrukte »Auslandserfahrung« und »Einstellung gegenüber Ausländern« operationalisieren?

(3) Einstellungen manifestieren sich – der Theorie von Rosenberg und Hovland (1960) zufolge – in drei Modalitäten: einer emotionalen, einer kognitiven und einer verhaltensbezogenen Modalität. Wie würden Sie jede dieser Modalitäten empirisch erfassen? Wie würden Sie die diskriminante Validität Ihrer Operationalisierung empirisch überprüfen?

4 Forschungsansätze und -strategien in der Psychologie

> **Was Sie in diesem Kapitel lernen**
>
> ▶ Wieso braucht man überhaupt wissenschaftliche Untersuchungen, wenn man doch den gesunden Menschenverstand hat?
> ▶ Wie funktionieren psychologische Experimente?
> ▶ Psychologische Untersuchungen finden häufig in künstlichen Umgebungen statt. Können solche Untersuchungen überhaupt etwas über psychologische Gesetzmäßigkeiten im alltäglichen Leben aussagen?

Alltägliche vs. wissenschaftliche Erklärungen

Ziel der Psychologie ist es, menschliches Verhalten und Erleben zu beschreiben, es aber auch erklären und vorhersagen zu können. Insbesondere die Erklärung von Verhalten, die Ermittlung der Zusammenhänge zwischen Ursachen und Wirkungen, ist zentrales Anliegen aller psychologischen Grundlagenfächer. Nun sind psychologische Grundlagenforscher nicht die Einzigen, die sich fragen, warum sich Menschen so verhalten, wie sie sich verhalten. Jeder von uns stellt solche Fragen tagtäglich und findet stets mehr oder weniger befriedigende Antworten. Wozu also eine psychologische Grundlagenforschung? Reicht es nicht, sich auf den gesunden Menschenverstand zu verlassen?

Verzerrungsfaktoren des menschlichen Informationsverarbeitungssystems.

Die Antwort ist nein, und die Begründung zwar einfach, aber etwas enttäuschend. Sie lautet: Der gesunde Menschenverstand hat zwar das gleiche Ziel wie ein psychologischer Grundlagenforscher – beide wollen Warum-Fragen beantworten. Aber leider ist unser kognitives System zu fehleranfällig, als dass wir ihm bei der Beantwortung allgemeiner Warum-Fragen blind trauen könnten. Ein guter Forscher hingegen scheut keine Anstrengung und keine Kosten, um die richtigen Erklärungen und Ursachen zu finden. Alles, was diese Suche fehlerhaft macht, einschränkt oder verzerrt, versucht ein guter Forscher zu vermeiden. Einige der Fehler, Einschränkungen und Verzerrungen, die Bestandteile des menschlichen Informationsverarbeitungssystems sind und dazu beitragen, dass unser gesunder Menschenverstand selten so gut sein kann wie ein wissenschaftlicher Forschungsprozess, sind im Folgenden aufgelistet.

▶ **Korrespondenzverzerrung:** Wir suchen den Grund für das Handeln anderer eher in ihrer Person, d. h. ihren Einstellungen, ihrer Persönlichkeit, ihrer Biographie, als in situationalen Faktoren wie äußeren Zwängen, situativen Erfordernissen oder unmittelbar vorangegangenen Ereignissen (Gilbert & Malone, 1995).
▶ **Präferenzkonsistente Informationsverarbeitung:** Wir bewerten neue Informationen eher als richtig, wenn sie unseren Einstellungen entsprechen, und wir werten Informationen, die dies nicht tun, eher als falsch, unseriös oder unwichtig ab (Russo et al., 1996).
▶ **Verfügbarkeitsheuristik:** Wir überschätzen Ereignisse, die uns im Gedächtnis eher verfügbar sind (Tversky & Kahneman, 1974).
▶ **Rückschaufehler:** Nachdem wir den Ausgang eines Ereignisses kennen (z. B. Fußballspiel, Quizrätsel, wissenschaftliche Untersuchung), glauben wir, wir hätten es vorher schon gewusst, obwohl unsere Prognosefähigkeiten weit schlechter sind, als wir glauben (Fischhoff, 1975).

Einzelfall vs. Allgemeinheitsanspruch.

Im Alltag haben wir es bei dem Versuch, menschliches Verhalten und Erleben zu erklären, mit Einzelfällen zu tun. Einen einzelnen Verhaltensausschnitt vollständig zu erklären, ist jedoch äußerst schwierig: Verhalten ist komplex und multideterminiert, es gibt niemals *die* einzige Ursache. So werden wir z. B. nie vollständig erfahren, warum sich die Beatles 1970 getrennt haben, warum George W. Bush 2003 in den Irak einmarschierte oder warum Robert Steinhäuser im April 2002 in seiner ehemaligen Schule zwölf Lehrer, eine Sekretärin, zwei Schüler, einen Polizisten und anschließend sich selbst tötete. Trotzdem kursieren Erklärungen, die als mehr oder weniger plausibel, bedeutsam oder richtig erachtet werden. Diese Erklärungen sind zwar an den Einzelfall gebunden, aber sie wären haltlos, wenn sie sich auf einer abstrakteren, allgemeineren Ebene bereits als falsch erweisen würden. Wenn z. B. behauptet wird, dass Robert Steinhäusers Verhalten darauf zurückzuführen sei, dass er gewalthaltige Computerspiele glorifiziert habe, so wäre diese Behauptung haltlos, wenn sich auf einer allgemeineren Ebene kein Nachweis dafür finden ließe, dass das Spielen gewalthaltiger Computerspiele die Bereitschaft zu aggressivem Verhalten erhöht.

An diesem Punkt setzt die psychologische Grundlagenforschung an: Sie fragt nicht nach den kausalen Bedingungen des Verhaltens einer Person in einer spezifischen Situation, sondern sucht nach allgemeingültigen Ursachen für Verhalten und Erleben. Die Hypothese in unserem Beispiel würde etwa lauten: Das Spielen gewalthaltiger Computerspiele ist eine Ursache für aggressives Verhalten. In diesem Fall ist aggressives Verhalten das, was erklärt werden soll, also das sog. *Explanandum*. Das Spielen gewalthaltiger Computerspiele ist das, was zur Erklärung herangezogen wird, das sog. *Explanans*.

Bevor wir uns anschauen, mit Hilfe welcher Ansätze in der Psychologie solche kausalen Aussagen in Form empirisch testbarer Hypothesen auf ihre Gültigkeit hin untersucht werden, müssen wir einige methodologische Grundbegriffe einführen.

4.1 Methodologische Grundbegriffe

4.1.1 Variablen und Konstanten

Eine Variable ist ein veränderliches Merkmal, das Objekte beschreibt und bezüglich dessen sich Objekte faktisch oder potentiell unterscheiden. Ein unveränderliches Merkmal nennt man Konstante. So sind z. B. Körpergröße und -gewicht Variablen, in denen sich Menschen voneinander unterscheiden. Außerdem verändern sich die Körpergröße und das Körpergewicht eines Menschen im Laufe seiner Entwicklung. Die beiden Variablen sind also geeignet, sowohl Unterschiede zwischen Menschen als auch Unterschiede zwischen Zeitpunkten in Bezug auf einen Menschen zu beschreiben. Gleiches gilt für die meisten psychologischen Variablen wie z. B. die Intelligenz, die Extraversion, die Leistungsmotivation oder die augenblickliche Stimmung, in der sich eine Person befindet.

4.1.2 Merkmale und Merkmalsträger

Variablen beschreiben Objekte anhand von Eigenschaften oder Merkmalen. Die Objekte der Psychologie sind meistens Personen. Folglich sind mit Merkmalen und Eigenschaften in der Psychologie häufig diejenigen Größen gemeint, die Personen charakterisieren. Außerdem sind in der Psychologie aber auch Variablen von Interesse, die Situationen, Umstände oder Reize beschreiben, die auf Personen wirken, z. B. die Anwesenheit oder Abwesenheit anderer Personen, die Bedrohlichkeit einer Situation oder auch die Schwierigkeit einer Aufgabe, mit der eine Person konfrontiert wird. In der Psychologie hat der Merkmalsbegriff eine allgemeinere Bedeutung als der Eigenschaftsbegriff. Mit *Eigenschaften* werden in der Regel diejenigen Merkmale einer Person bezeichnet, die über die Zeit hinweg stabil sind. Zeitlich variable Merkmale nennt man *Zustände*.

Objekte, die durch Merkmale beschrieben werden, nennt man Merkmalsträger. In der Psychologie handelt es sich dabei überwiegend um Personen. Wenn man den Begriff jedoch in einer allgemeinen Bedeutung verwenden möchte, können auch Situationen, soziale Systeme, physikalische Objekte und sogar Zeitpunkte als Merkmalsträger dienen. So kann man z. B. Epochen in der Entwicklung einer Gesellschaft nach dem vorherrschenden Menschenbild, den bevorzugten Erziehungsmethoden oder der sexuellen Freizügigkeit beschreiben. Ganz allgemein gesprochen sind Merkmalsträger jene Elemente, die sich in einer Variablen (einem Merkmal) tatsächlich oder potentiell voneinander unterscheiden. Den konkreten Wert eines Merkmals für einen Merkmalsträger nennt man *Merkmalsausprägung*.

4.1.3 Arten von Variablen in der Psychologie

Unabhängige Variablen. Viele Hypothesen in der Psychologie haben die Struktur von Wenn-dann-Aussagen. Bezogen auf die Hypothese, dass gewalthaltige Computerspiele eine Ursache für aggressives Verhalten darstellen, könnte man also die Hypothese formulieren: »Wenn Menschen gewalthaltige Computerspiele spielen, dann macht sie das aggressiv.« Variablen, die sich auf die Wenn-Komponente solcher Sätze beziehen, nennt man unabhängige Variablen (abgekürzt: UV). Wenn man der unabhängigen Variablen einen ursächlichen Einfluss zuschreibt, spricht man auch von *Ursache* oder *Faktor* (von lat. facere = machen, herstellen). Wird die unabhängige Variable hingegen nur gebraucht, um andere Variablen vorherzusagen, wird sie auch *Prädiktor* (von lat. praedicere = vorhersagen) genannt. In unserem Beispiel ist das Spielen gewalthaltiger Computerspiele die unabhängige Variable.

Abhängige Variablen. Variablen, die sich auf die Dann-Komponente von Sätzen beziehen, nennt man abhängige Variablen (abgekürzt: AV). In der Umgangssprache wird manchmal auch von »Folge« oder »Konsequenz« gesprochen. Den Einfluss, den eine UV auf eine AV hat, nennt man *Wirkung* oder *Effekt*. Häufig werden abhängige Variablen auch als *Kriterien* oder *Kriteriumsvariablen* bezeichnet. In unserem Beispiel ist die Aggression die abhängige Variable.

Intervenierende Variablen. Wenn eine Variable gleichzeitig Ursache und Wirkung ist, bezeichnet man sie als intervenierende Variable (abgekürzt: IV; von lat. intervenire = dazwischengehen), vermittelnde Variable oder *Mediator* (von mittellat. mediator = Vermittler). In unserem Beispiel könnte man sich fragen, aufgrund welcher psychologischen Prozesse oder Mechanismen das Spielen gewalthaltiger Computerspiele Menschen aggressiv macht. Dabei könnte es sich z. B. um die erhöhte Verfügbarkeit aggressionsbezogener Gedanken handeln.

Moderatorvariablen. Der Einfluss, den eine UV auf eine AV hat, kann von Randbedingungen abhängen. So mag der Einfluss der Gewalthaltigkeit eines Computerspiels auf die Aggression bei jüngeren Kindern stärker sein als bei älteren. Die Effektstärke würde folglich vom Alter der betroffenen Personen abhängig sein. Variablen, von deren Ausprägung der Zusammenhang zweier anderer Variablen abhängt, nennt man Moderatorvariablen (abgekürzt: MV; von lat. moderator = Lenker).

Pfaddiagramm. Die Zusammenhänge zwischen UV, AV, IV und MV werden graphisch in Abbildung 4.1 veranschaulicht. Man nennt solche Darstellungen Pfaddiagramme. Die Pfeile (Pfade) geben die Richtung des Einflusses an. Die UV hat einen Effekt auf die IV, die IV hat einen Effekt auf die AV, und die MV hat einen Effekt auf die Stärke des Effekts der IV auf die AV. Am Beispiel erläutert: Das Spielen gewalthaltiger Computerspiele erhöht die Verfügbarkeit aggressionsbezogener Gedanken, diese wiederum erhöht die Wahrscheinlichkeit aggressiven Verhaltens, und dieser Effekt hängt vom Alter der betroffenen Personen ab.

Exogene und endogene Variablen. Von einer exogenen Variablen spricht man in der Psychologie in mindestens zwei unterschiedlichen Bedeutungen. Mit dem Begriff »exogen« (von außen kommend) können äußere Einflüsse auf das Erleben und Verhalten von Menschen gemeint sein. Eine exogene Variable wäre nach dieser Bedeutung z. B. ein Aspekt des sozialen Kontextes, in dem sich eine Person befindet. »Exogen« kann aber auch bedeuten, dass die so bezeichnete Variable in einer Wirkungstheorie den Status einer gegebenen Ausgangsgröße hat, die von der Theorie nicht erklärt wird. In diesem Fall ist »exogene Variable« gleichbedeutend mit »unabhängige Variable«. Mit der Bedeutung des Begriffs »endogen« (von innen kommend) verhält es sich entsprechend, wobei dieser Begriff noch eine spezielle Bedeutung in der Psychopathologie besitzt: Als endogen wird eine psychische Störung bezeichnet, wenn keinerlei äußere Einflüsse als Erklärung für die Störung erkennbar sind. In einem Pfaddiagramm ist eine endogene Variable eine Variable, die durch andere Variablen vor-

4.1 Methodologische Grundbegriffe

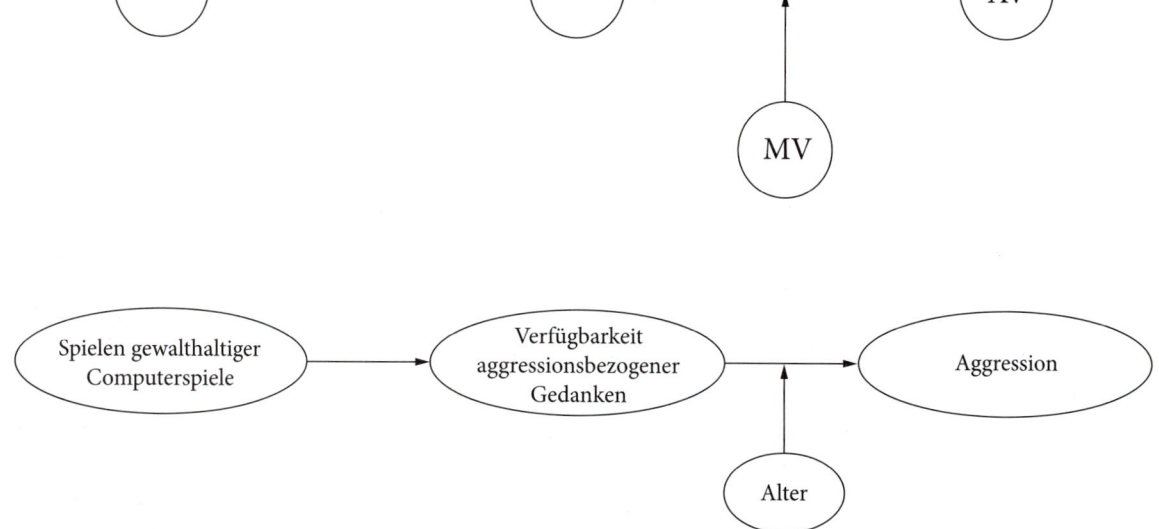

Abbildung 4.1 Pfaddiagramm für unabhängige (UV), abhängige (AV), intervenierende (IV) und moderierende (MV) Variable

hergesagt oder erklärt wird. Einfacher gesagt: Endogene Variablen sind solche, auf die Pfeilspitzen zeigen; exogene Variablen sind hingegen solche, auf die keine Pfeilspitzen zeigen.

Manifeste und latente Variablen. Viele psychologische Variablen, die in unseren wissenschaftlichen Theorien vorkommen, sind nicht direkt beobachtbar. Das gilt für den Abwehrmechanismus ebenso wie für die Intelligenz, Persönlichkeitseigenschaften, Stimmungen, Motive, Einstellungen und Interessen. Solche unbeobachtbaren Variablen nennt man auch latente Variablen, hypothetische Konstrukte oder Faktoren. Mit der Bezeichnung »latent« soll zum Ausdruck gebracht werden, dass die Variable sich erst irgendwie manifestieren muss, um erkannt werden zu können. Der Begriff des hypothetischen Konstrukts weist darauf hin, dass es sich bei latenten Variablen um hypothetische Größen handelt, deren Existenz wir annehmen, um beobachtete psychologische Sachverhalte zu erklären, wobei die beobachteten Sachverhalte meist nicht vollständig durch die Konstrukte erklärt werden können. Diese Sichtweise impliziert, dass sich latente Variablen in beobachtbaren Größen manifestieren. Deshalb bezeichnet man beobachtbare Variablen auch als manifeste Variablen. Wie wir später erfahren werden, ist das Messen von Erleben und Verhalten eine anspruchsvolle Form der Beobachtung.

Diskrete und stetige Variablen. In der Statistik werden Variablen häufig danach unterschieden, wie viele mögliche Ausprägungen sie annehmen können. Diskrete Variablen können nur endlich viele oder abzählbar unendlich viele Ausprägungen annehmen. Ein Beispiel für eine diskrete Variable mit endlich vielen Ausprägungen ist die Anzahl der wählbaren Alternativen bei der Wahl zum Deutschen Bundestag. Eine Variable mit abzählbar unendlich vielen Ausprägungen ist z. B. die Variable »Versuche bis zum richtigen Lösen einer Aufgabe«. Die Versuche sind abzählbar, aber theoretisch sind unendlich viele Versuche denkbar. Stetige Variablen können überabzählbar viele Ausprägungen innerhalb eines bestimmten Intervalls annehmen. Beispiele sind die Reaktionszeit oder das Gewicht. Stetige Variablen werden auch kontinuierliche Variablen genannt. Stetige Variablen lassen sich in der Psychologie häufig nur diskret messen. So geht man in der Psychologie z. B. davon aus, dass es sich bei der Intelligenz um ein stetiges Merkmal handelt, das sich jedoch typischerweise nur anhand der Lösung einer zwangsläufig beschränkten Anzahl von Aufgaben bestimmen lässt. Gibt man viele Aufgaben vor, so nimmt die diskrete Variable so viele Werte an, dass man sie als *quasi-stetig* bezeichnet und häufig wie eine stetige Variable behandelt.

Qualitative und quantitative Variablen. In den Sozial- und Verhaltenswissenschaften spielt der Unterschied zwischen qualitativen und quantitativen Variablen eine große Rolle. Der Name der qualitativen Variablen rührt daher, dass diese Variablen die Qualität und nicht das Ausmaß eines Merkmals kennzeichnen. Ein Beispiel ist die Parteizugehörigkeit oder das Geschlecht. Qualitative Variablen haben nur eine endliche Anzahl von Ausprägungen. Diese Ausprägungen nennt man Kategorien. Qualitative Variablen werden häufig auch als *kategoriale Variablen* bezeichnet. Die Kategorien können ungeordnet sein (z. B. Nationalität) oder geordnet sein (z. B. Grad der Zustimmung: keine Zustimmung – geringe Zustimmung – starke Zustimmung). Die Ausprägungen quantitativer Variablen können im Sinne einer Intensität oder eines Ausmaßes interpretiert werden. Die Ausprägungen quantitativer Variablen sind daher immer Zahlen.

4.2 Voraussetzungen für kausale Schlussfolgerungen

Die Hypothese, dass eine UV eine AV kausal bedingt, gilt im allgemeinen Verständnis dann als bestätigt, wenn drei Voraussetzungen erfüllt sind (Steyer, 1992; Westermann, 2000):

Kovariation. Die erste Voraussetzung lautet, dass die Variation in der UV auch mit einer Variation in der AV einhergehen muss. Wenn das Spielen gewalthaltiger Computerspiele eine Bedingung für aggressives Verhalten darstellt, dann müssten Menschen, die keine gewalthaltigen Spiele spielen, weniger aggressiv sein als Menschen, die oft gewalthaltige Spiele spielen; und sie müssten umso aggressiver sein, je mehr bzw. je öfter sie spielen. Mit anderen Worten: Unabhängige und abhängige Variablen müssen miteinander kovariieren. Das Ausmaß dieser Kovariation kann man quantifizieren (s. Kap. 15).

Zeitliche Vorgeordnetheit (Präzedenz) der UV. Die zweite Voraussetzung lautet, dass die UV der AV zeitlich vorgeordnet sein muss. Dabei geht es nicht darum, was zuerst gemessen wurde, sondern vielmehr darum, was zeitlich früher aufgetreten ist. Die Annahme, dass gewalthaltige Computerspiele aggressiv machen, ist also nur plausibel, wenn das aggressive Verhalten erst nach dem Spielen gewalthaltiger Computerspiele auftritt (und nicht umgekehrt).

Ausschluss von Alternativerklärungen. Der bloße Nachweis der Kovariation zweier Merkmale ist noch kein Nachweis für ein kausales Bedingungsgefüge. Dass Jugendliche, die mehr gewalthaltige Spiele spielen, auch in der Tat aggressiver sind, könnte auch auf eine gemeinsame Drittvariable zurückzuführen sein, z. B. das Geschlecht: Jungen spielen mehr gewalthaltige Computerspiele als Mädchen, aber sie sind auch aggressiver als Mädchen. Wir werden später sehen, dass Alternativerklärungen aufgrund systematischer Störeinflüsse möglich sind. Umgekehrt kann man sagen, dass man aus der statistischen Kovariation zwischen UV und AV nur dann einen eindeutigen kausalen Schluss ziehen kann, wenn die Einflüsse relevanter systematischer Störvariablen ausgeschlossen werden können oder zumindest unplausibel sind. Wenn eine empirische Untersuchung so angelegt ist, dass sie alle relevanten systematischen Störeinflüsse ausschließen kann, wird sie als intern valide bezeichnet.

> **Definition**
>
> Eine Untersuchung wird als **intern valide** bezeichnet, wenn aus den aus ihr gewonnenen Erkenntnissen eine eindeutige Schlussfolgerung bezüglich der kausalen Beeinflussung der AV (Explanandum) durch die UV (Explanans) gezogen werden kann, d. h., wenn alle relevanten systematischen Störeinflüsse ausgeschlossen werden können.

Die Analyse von Kovariationsmustern ist eine Frage der Statistik; der Ausschluss von Alternativerklärungen bzw. systematischen Störeinflüssen betrifft hingegen die Logik der Untersuchungsplanung (Shadish et al., 2002). Wir werden später einige Möglichkeiten kennenlernen, wie man Alternativerklärungen ausschließen kann. Da diese Möglichkeiten jedoch vom jeweils gewählten Forschungsansatz abhängen, werden wir zunächst diese Ansätze behandeln und auf das Problem der Alternativerklärungen später zurückkommen. Im Allgemeinen lassen sich drei Forschungsansätze unterscheiden: der experimentelle Ansatz (Abschn. 4.3), der quasi-experimentelle Ansatz (Abschn. 4.4) und der korrelative Ansatz (Abschn. 4.5). Schließlich werden wir kurz die Logik von Sekundär- und Metaanalysen behandeln (Abschn. 4.6).

4.3 Experimenteller Ansatz

Eine der Voraussetzungen für die Bestätigung empirischer Hypothesen ist die Kovariation von UV und AV: Die Variation in der UV muss mit einer Variation in der AV einhergehen. Woher kommt aber die Variation in der UV? Eine Möglichkeit besteht darin, die Variation in der UV künstlich herzustellen. Die andere Möglichkeit besteht darin, die natürliche Variation in der UV zu messen. Die künstliche Herstellung von Variation in der UV ist die Grundlogik des wissenschaftlichen Experiments. Das Experiment ist so angelegt, dass der Forschende die maximale Kontrolle über die Variation in der UV hat. Nur so lassen sich all die systematischen Störeinflüsse derart kontrollieren, dass Alternativerklärungen für den gefundenen Zusammenhang zwischen UV und AV ausgeschlossen werden können.

Um herauszufinden, ob gewalthaltige Computerspiele aggressiv machen, könnte der Forscher z. B. folgendes Experiment durchführen: Man lädt Versuchspersonen ins Labor ein und lässt sie ca. 20 Minuten lang ein Computerspiel einer bestimmten Art spielen. Anschließend misst man ihre Aggression, z. B. in Form einer Verhaltensbeobachtung (vgl. Abschn. 3.3.1), eines Fragebogens (vgl. Abschn. 3.3.3) oder eines reaktionszeitgestützten Verfahrens (vgl. Abschn. 3.3.11). Das entscheidende Merkmal des Experiments ist, dass die Art des Spiels, das die Versuchspersonen spielen sollen, systematisch variiert wird: Ein Drittel der Versuchspersonen spielt ein nicht-gewalthaltiges Spiel, ein weiteres Drittel spielt ein durchschnittlich gewalthaltiges Spiel, und das letzte Drittel spielt ein stark gewalthaltiges Spiel. Sollte sich zeigen, dass Personen in der dritten Spielbedingung aggressiver sind als Personen in der zweiten Bedingung und diese wiederum aggressiver sind als Personen in der ersten Bedingung, so wäre die Hypothese bestätigt und die erste Voraussetzung für kausale Schlussfolgerungen – eine Kovariation zwischen UV und AV – erfüllt. Auch die zweite Voraussetzung wäre erfüllt, denn im Experiment fand das Computerspiel statt, bevor das aggressive Verhalten gemessen wurde. Entscheidend ist jedoch nun die Kontrolle bzw. der Ausschluss möglicher Alternativerklärungen. Die zentrale Herausforderung bei der experimentellen Konstruktion der drei Spielbedingungen besteht darin, all diejenigen Faktoren zu kontrollieren bzw. zu eliminieren, die einen Unterschied im aggressiven Verhalten zwischen den drei Spielbedingungen alternativ erklären könnten. Solche Erklärungen basieren auf der Annahme bzw. dem Nachweis systematischer Störvariablen.

4.3.1 Systematische Störvariablen

Systematische Störvariablen können im Experiment dreierlei Art sein: personengebunden, bedingungsgebunden oder situationsgebunden.

Personengebundene Störvariablen. Es kann sich um systematische Störeinflüsse auf Seiten der Versuchspersonen handeln. Beispielsweise könnte es sein, dass die Versuchspersonen in der stark gewalthaltigen Spielbedingung von vornherein aggressiver waren als die Versuchspersonen in der nicht-gewalthaltigen Spielbedingung. Dann wäre der Unterschied im aggressiven Verhalten zwischen den beiden Bedingungen nicht auf Unterschiede im Spielinhalt, sondern auf Unterschiede in der Aggressivität der Versuchspersonen zurückzuführen.

Bedingungsgebundene Störvariablen. Es kann sich um systematische Störeinflüsse auf Seiten der experimentellen Bedingungsmanipulation handeln. Beispielsweise könnte es sein, dass das Spiel, das für die stark gewalthaltige Spielbedingung ausgewählt wurde, nicht nur aggressiver, sondern auch schwieriger ist als das Spiel, das für die nicht-gewalthaltige Bedingung ausgewählt wurde. Dann wäre der Unterschied im aggressiven Verhalten zwischen den beiden Bedingungen nicht auf Unterschiede in der Gewalthaltigkeit der beiden Spiele zurückzuführen, sondern lediglich darauf, dass die Versuchspersonen in der gewalthaltigen Spielbedingung frustrierter waren, weil sie im Spiel häufiger verloren haben als Personen in der nicht-gewalthaltigen Spielbedingung.

Situationsgebundene Störvariablen. Schließlich kann es systematische Störeinflüsse geben, die erst in der experimentellen Situation entstehen und von daher prinzipiell schwer zu kontrollieren sind. Beispielsweise könnte es sein, dass die Versuchspersonen in der stark gewalthaltigen Spielbedingung ahnen, dass in der Untersuchung der Einfluss gewalthaltiger Computerspiele auf aggressives Verhalten untersucht werden soll, während die Versuchspersonen in der nicht-gewalthaltigen Spielbedingung diese Vermutung nicht haben. Dann wäre der Unterschied im aggressiven Verhalten zwischen den beiden Bedingungen nicht auf Unterschiede in der Gewalthaltigkeit der beiden Spiele zurückzuführen, sondern lediglich darauf, dass das Verhalten der Versuchspersonen nur in der gewalthaltigen, nicht aber in der nicht-gewalthaltigen Spielbedingung durch diese Ahnung beeinflusst ist.

Zu den situationsgebundenen Störvariablen gehören auch solche, die zwischen den experimentellen Bedingungen variieren und sich auf die AV auswirken, aber mit der eigentlich interessierenden UV nichts zu tun haben, so etwa der Versuchsleiter (der z. B. die Versuchspersonen in der stark gewalthaltigen Spielbedingung unfreundlicher behandelt als in der nicht-gewalthaltigen) oder die Durchführungsbedingungen (z. B. systematische Unterschiede hinsichtlich der Lärmbelastung, der Hitze im Versuchsraum, der Zeit, zu der die Experimente durchgeführt werden, etc.).

Die vorangegangenen Beispiele sind so gewählt, dass sie zu einem empirischen Ergebnis führen, das mit der Hypothese zwar vereinbar ist, aber keine kausale Schlussfolgerung von der AV auf die UV zulässt. Die Störvariablen haben also ein Artefakt produziert: Sie lassen das Ergebnis hypothesenkonform erscheinen, aber diese Erscheinung führt zu falschen Schlüssen. Natürlich kann auch der umgekehrte Fall eintreten: Die Versuchspersonen sind in der nicht-gewalthaltigen Spielbedingung aggressiver als in der gewalthaltigen; das Spiel ist in der nicht-gewalthaltigen Bedingung schwieriger als in der gewalthaltigen etc. In diesem Fall würde sich ein Befundmuster ergeben, das der Hypothese widerspricht. Die Schlussfolgerung, dass die beobachtete Variation kausal auf die UV zurückzuführen ist, wäre dennoch falsch.

> **Definition**
>
> Unter **systematischen Störvariablen** versteht man Einflüsse, die mit der UV systematisch variieren und sich auf die AV auswirken. Sie sorgen für Variation in der AV und produzieren somit Scheineffekte (*Artefakte*). Effekte, die die empirische Hypothese scheinbar belegen, werden als gleichsinnige *Konfundierungen* bezeichnet, Effekte, die die empirische Hypothese scheinbar widerlegen, als gegensinnige Konfundierungen.

4.3.2 Unsystematische Störvariablen

Ob sich Personen in einer experimentellen Situation eher aggressiv verhalten als andere, hängt nicht nur davon ab, welche Version eines Computerspiels sie gespielt haben, sondern auch von vielen anderen Variablen, z. B. Persönlichkeitsunterschieden. Es gibt Personen, die dispositionell eine geringere Schwelle haben, aggressiv zu reagieren, während diese Schwelle bei anderen Personen höher liegt. Insofern ist es also nicht verwunderlich, dass Personen innerhalb jeder der drei experimentellen Bedingungen unterschiedlich aggressiv sind – und das, obwohl sie das gleiche Computerspiel gespielt haben. Die Persönlichkeitseigenschaft, die hier eine Störvariable darstellt, wollen wir »dispositionelle Reizbarkeit« nennen. Sie ist mit der AV, dem aggressiven Verhalten in der experimentellen Situation, korreliert. Nun kann der Einfluss der dispositionellen Reizbarkeit zweierlei Natur sein: Er kann entweder systematisch oder er kann unsystematisch sein.

- Wenn die Störvariable (hier: Reizbarkeit) in den experimentellen Bedingungen unterschiedlich stark ausgeprägt ist, handelt es sich um eine *systematische* Störvariable (in diesem Fall eine persongebundene). Wenn die Versuchspersonen in der stark gewalthaltigen Spielbedingung im Durchschnitt reizbarer sind als jene in der nicht-gewalthaltigen Spielbedingung, so wäre ein gefundener Unterschied in der Aggression zwischen diesen beiden Bedingungen möglicherweise nicht auf die Unterschiede im Computerspiel, sondern eher auf den Unterschied in der durchschnittlichen Reizbarkeit zurückzuführen.
- Wenn die Störvariable jedoch in allen drei experimentellen Bedingungen gleich ausgeprägt ist, dann handelt es sich um eine *unsystematische* Störvariable: Die Reizbarkeit kann dann nicht erklären, warum sich die drei experimentellen Gruppen in ihrem aggressiven Verhalten voneinander unterscheiden. Allerdings kann die Reizbarkeit erklären, warum nicht alle Personen innerhalb einer Gruppe gleich reagieren.

Die Störvariable Reizbarkeit erklärt also ihrerseits Verhaltensunterschiede, stört dabei jedoch nicht den Effekt der Spielbedingung in dem Sinne, dass sie eine Alternativerklärung für die Unterschiede zwischen den Spielbedingungen anbietet. Sie stört allerdings in dem Sinne, dass sich der Effekt der unterschiedlichen Bedingungen nicht so deutlich zeigt, wie wenn es dispositionelle Unterschiede in der Reizbarkeit nicht gegeben hätte. Wie wir später in Kapitel 8 sehen werden, führen solche unsystematischen Störvariablen dazu, dass man mehr Personen braucht, um den Effekt einer unabhängigen Variablen auf die abhängige Variable aufzudecken.

> **Definition**
>
> Unter **unsystematischen Störvariablen** versteht man Einflüsse, die zwar mit der AV, nicht aber mit der UV kovariieren.

4.3.3 Kontrolle von Störvariablen

Systematische Störvariablen stellen eine Gefahr für die interne Validität einer Untersuchung dar. Unsystematische Störvariablen haben zwar ihrerseits »störende« Effekte (wir werden später sehen, dass sie den sog. »unaufgeklärten Anteil der Varianz« erhöhen), aber sie mindern nicht die interne Validität einer Untersuchung. Die systematischen Störvariablen sind es also, deren Einfluss minimiert oder zumindest kontrolliert werden muss. Hierfür gibt es verschiedene Möglichkeiten.

Eliminieren. Manche Störvariablen wie Lärm, Gestank, Hitze oder schwache Beleuchtung kann man sehr leicht eliminieren (z. B. durch schalldichte Versuchsräume). Eine eliminierte Störvariable kann weder einen systematischen noch einen unsystematischen Einfluss ausüben.

Konstanthalten. Andere Störvariablen lassen sich zwar nicht eliminieren, aber über die experimentellen Bedingungen hinweg konstant halten. Das heißt, die entsprechenden Einflüsse (z. B. Versuchsleiter, Ablauf der Untersuchung, Lichtverhältnisse) existieren noch, aber ihre Ausprägung ist in allen Bedingungen identisch. Damit kommen sie als Alternativerklärungen für die Kovariation zwischen UV und AV nicht mehr in Betracht. Die Konstanthaltung sorgt dafür, dass eine Störvariable weder einen systematischen noch einen unsystematischen Einfluss hat.

Ausbalancieren. Während die Konstanthaltung bedeutet, dass die Störvariable in allen experimentellen Bedingungen exakt die gleiche Ausprägung hat, ist mit Ausbalancierung gemeint, dass die Häufigkeitsverteilung der verschiedenen Ausprägungen der Störvariablen in allen Bedingungen gleich ist. Der Unterschied zwischen Konstanthalten und Ausbalancieren lässt sich am Beispiel Geschlecht gut verdeutlichen: Konstanthalten würde bedeuten, dass in allen Bedingungen nur Männer (oder nur Frauen) untersucht werden. Ausbalancieren würde bedeuten, dass man die Geschlechterverteilung in allen experimentellen Bedingungen gleich hält. Damit ist also nicht das Geschlecht, sondern die Geschlechterverteilung konstant in allen Bedingungen. Beides hat zur Folge, dass das Geschlecht als Alternativerklärung für den Zusammenhang zwischen UV und AV dann nicht mehr in Betracht käme. Das Geschlecht wäre dann keine systematische Störvariable mehr – allerdings könnte das Geschlecht immer noch einen unsystematischen Störeinfluss haben: Wenn (in allen experimentellen Bedingungen) Männer aggressiver reagieren als Frauen, führt das zu Unterschieden innerhalb der experimentellen Bedingungen.

Parallelisieren. Während der Begriff »Ausbalancieren« häufig für Störvariablen verwendet wird, die nur wenige Ausprägungen (Kategorien) aufweisen (sog. kategoriale Variablen wie Geschlecht, Schultyp), spricht man bei Variablen, die sehr viele Ausprägungen aufweisen (sog. quantitative Variablen wie Körpergröße, Blutdruck), eher von Parallelisierung. Im Prinzip ist jedoch das Gleiche gemeint: Die Verteilung der Störvariablen soll in allen Bedingungen identisch sein. Dies bedeutet, dass sich die mittlere Ausprägung des Merkmals und das Ausmaß der Unterschiede zwischen den Personen in den verschiedenen Bedingungen nicht unterscheiden sollen. Bei der Parallelisierung weist man die Versuchspersonen in Abhängigkeit von ihrer Ausprägung auf der Störvariablen gezielt einer experimentellen Bedingung zu. In unserem Beispiel könnte man von allen Versuchspersonen vor Beginn des Experiments die Reizbarkeit messen. In Abhängigkeit von ihrem Wert wird eine Person dann jeweils einer der drei experimentellen Computerspielbedingungen zugewiesen. Ziel ist es, die Versuchspersonen so auf die Bedingungen aufzuteilen, dass sich die Reizbarkeit im Durchschnitt nicht zwischen den Bedingungen unterscheidet. Damit käme sie auch nicht mehr als systematische Störvariable in Betracht (einen unsystematischen Einfluss hätte sie jedoch noch immer). Die Parallelisierung hat allerdings den Nachteil, dass man die Störvariablen kennen und gemessen haben muss. Vermutet man einen Einfluss vieler unterschiedlicher Störvariablen, so wird die Parallelisierung sehr schnell komplex, unübersichtlich und ab einer bestimmten Menge von Störvariablen auch nicht mehr handhabbar. Wie man bei der Parallelisierung konkret vorgeht, wird in Lehrbüchern zur Versuchsplanung (z. B. McGuigan, 2001) beschrieben.

Randomisieren. Eine wesentlich einfachere Möglichkeit, personengebundene Störvariablen auszubalancieren, besteht darin, die Versuchspersonen völlig zufällig den experimentellen Bedingungen zuzuweisen. Der Zufall sorgt dann im Idealfall dafür, dass die durchschnittliche Ausprägung und die Streuung aller Störvariablen in allen experimentellen Bedingungen gleich ist. Der Vorteil bei der Randomisierung ist, dass im Idealfall *alle* personengebundenen Störvariablen in allen Bedingungen die gleiche Verteilung aufweisen und dass man diese Störvariablen nicht im Vorhinein gemessen haben muss. Der Nachteil ist, dass der Zufall nicht immer vertrauenswürdig ist: Insbesondere bei kleinen Stichproben ist es eher die Ausnahme als die Regel, dass die Störvariablen in allen Bedingungen die gleiche Verteilung aufweisen. Bei kleineren Stichproben wird man daher eher zur Parallelisierung greifen. Bei großen Stichproben ist die Randomisierung die Kontrolltechnik der Wahl.

Es gibt darüber hinaus noch statistische Gründe, die für die Wahl der Parallelisierung oder der Randomisierung sprechen, die in der entsprechenden Fachliteratur nachgelesen werden können (z. B. McGuigan, 2001). Aus rein theoretischer Sicht ist die Randomisierung die »Königin der Kontrolltechniken«, da sie den Einfluss aller nur denkbaren personengebundenen Störvariablen ausschließt.

Auspartialisieren. Eine letzte Möglichkeit, Störvariablen zu kontrollieren, besteht darin, sie im Vorhinein zu messen und anschließend statistisch zu kontrollieren. Die entsprechende statistische Technik heißt Auspartialisieren. Wir werden sie im Zusammenhang mit der Partialkorrelation (vgl. Kap. 17) behandeln. Im Prinzip wirkt die statistische Kontrolle wie eine Konstanthaltung: Man tut so, als hätten alle Personen identische Ausprägungen auf der Störvariablen. Damit kommt sie als Alternativerklärung für den Zusammenhang zwischen UV und AV nicht mehr in Betracht.

Manipulationskontrolle

Während sich situationsgebundene Störvariablen im Idealfall durch Eliminierung oder Konstanthaltung und personengebundene Störvariablen durch Randomisierung oder Parallelisierung bzw. Ausbalancierung kontrollieren lassen, bleibt die Frage, wie man bedingungsgebundene Störeinflüsse im Experiment kontrolliert. Damit ist gemeint, dass sich die experimentellen Bedingungen nicht nur hinsichtlich des Merkmals, dessen kausaler Einfluss geprüft werden soll, sondern auch hinsichtlich anderer Merkmale in unbeabsichtigter Weise unterscheiden. Wenn sich die Spiele in unserem Beispiele nicht nur darin unterscheiden, wie gewalthaltig sie sind, sondern auch in anderen wesentlichen Merkmalen (z. B. ihrer Schwierigkeit) verschieden sind, dann ist unklar, ob die Unterschiede im aggressiven Verhalten auf die Gewalthaltigkeit oder die Schwierigkeit zurückzuführen sind. Man stelle sich den Extremfall vor, dass sich die Spiele nur in ihrer Schwierigkeit, nicht aber in ihrer Gewalthaltigkeit unterscheiden. Dann würde unsere unabhängige Variable ein vollkommen anderes Konstrukt erfassen. Im randomisierten Experiment wären dann zwar weiterhin die Unterschiede im aggressiven Verhalten eindeutig darauf zurückzuführen, dass die Personen unterschiedliche Spiele gespielt haben. Allerdings wäre der Schluss falsch, dass dies auf die Gewalthaltigkeit zurückzuführen wäre. Die experimentelle Variation wäre dann nicht konstruktvalide, da sie nicht die Unterschiede in dem beabsichtigten Konstrukt hervorbringen würde.

> **Definition**
>
> Beim Experiment werden die Bedingungen so variiert, dass sie sich lediglich hinsichtlich des inhaltlich interessierenden Merkmals unterscheiden und hinsichtlich aller anderen Merkmale konstant bleiben. Gelingt dies, so wird die experimentelle Manipulation als **konstruktvalide** bezeichnet. Wenn sich die experimentellen Bedingungen nicht nur hinsichtlich des inhaltlich interessierenden Merkmals, sondern auch hinsichtlich anderer Merkmale unterscheiden, spricht man auch von mangelnder Konstruktvalidität der experimentellen Manipulation.

Wichtig ist in diesem Zusammenhang die Einsicht, dass nur solche Störeinflüsse eine Gefahr für die Interpretation der Ergebnisse im Sinne des postulierten Zusammenhangs der beiden Konstrukte Gewalthaltigkeit und Aggressivität darstellen, die sich auf die AV, das Explanandum, auswirken. Irrelevante Einflüsse, die nichts mit der AV zu tun haben, sind zu vernachlässigen. Die Farbigkeit eines Computerspiels dürfte sich z. B. nicht auf die Stärke der durch das Spiel ausgelösten aggressiven Reaktionen auswirken; insofern dürfen sich die Computerspiele in den unterschiedlichen experimentellen Bedingungen auch ruhig hinsichtlich ihrer Farbigkeit unterscheiden.

Die Konstruktvalidität der experimentellen Manipulation lässt sich empirisch überprüfen. Man spricht dann von einer Manipulationskontrolle.

Einschätzung seitens der Versuchspersonen. Eine Möglichkeit besteht darin, die Versuchspersonen direkt einschätzen zu lassen, wie sie die Ausprägung des interessierenden Merkmals und die Ausprägung irrelevanter Merkmale beurteilen. In unserem Beispiel könnte man die Versuchspersonen einschätzen lassen, wie gewalthaltig sie das Spiel fanden, aber auch, wie schwierig, wie anregend, wie ermüdend, wie frustrierend etc. (siehe z. B. Anderson & Dill, 2000). Ideal wäre es, wenn sich zwischen den experimentellen Bedingungen lediglich Unterschiede auf der eingeschätzten Gewalthaltigkeit einstellen würden, nicht aber auf einer der anderen Variablen. Solche Einschätzungen sind in den meisten Fällen sinnvoll und leicht umzusetzen; man muss allerdings aufpassen, dass man die Versuchspersonen nicht für die eigentliche Forschungsfrage sensibilisiert.

Vortest. Eine zweite Möglichkeit besteht darin, die Bedingungsvariation an einer eigenen Stichprobe vorzutesten. Man könnte hierzu eine Expertenstichprobe bitten, die unterschiedlichen Spielversionen auf den entsprechenden Dimensionen (welche sowohl das eigentlich interessierende Merkmal als auch irrelevante Merkmale umfassen) einzuschätzen.

4.3.4 Externe Validität

Die Kontrollierbarkeit von Störeinflüssen ist die entscheidende Stärke des Experiments. Allerdings variiert die Kontrollierbarkeit von Störfaktoren mit dem Ort, an dem die experimentellen Bedingungen realisiert und das erklärungsbedürftige Verhalten und Erleben aufgezeichnet werden. Wir wollen das an einer einfachen Fragestellung illustrieren. Es wird angenommen, dass die Reizbarkeit und Aggressivität von Menschen durch Lärm und Hitze beeinflusst werden (z. B. Anderson et al., 1997). Um diese These zu prüfen, könnte man Personen exakt dosierten Lärmpegeln und Temperaturen aussetzen und feststellen, ob ihre Reizbarkeit mit dem Lärm und der Temperatur zunimmt. Eine exakte Dosierung von Lärm und Temperatur dürfte nur in einem eigens für diesen Zweck ausgestatteten Labor gelingen. Aggression könnte man durch eine Frustration provozieren, etwa indem man der Versuchsperson unlösbare Aufgaben vorlegt und ihr unvermeidliches Scheitern von einem Verbündeten des Forschers, der als andere Versuchsperson getarnt wird, abfällig kommentieren lässt. Feindselige oder unwirsche Erwiderungen auf die Beleidigung könnten als Aggression interpretiert werden.

Die Wahl eines Labors hätte zwei entscheidende Vorteile: Erstens könnten Lärm und Temperatur als mutmaßliche Ursachen bei allen Versuchspersonen der gleichen Bedingung exakt gleich dosiert werden. Durch eine solche Standardisierung erhöht man die Konstruktvalidität der experimentellen Manipulation (indem man dafür sorgt, dass sich die Bedingungen nur hinsichtlich des Lärmpegels bzw. der Raumtemperatur unterscheiden). Zweitens könnten andere Gründe für aggressives Verhalten (Störeinflüsse) ausgeschaltet werden, indem man den Versuch für alle Personen nach dem gleichen Schema ablaufen lässt und Personen per Zufall den verschiedenen Lärm- bzw. Temperaturbedingungen zuweist. Hierdurch stellt man die interne Validität sicher (indem Alternativerklärungen ausgeschaltet werden können).

Allerdings hat das Laborexperiment auch einen entscheidenden Nachteil: Man weiß nicht, ob das Ergebnis auf Situationen außerhalb des Labors, in denen noch viele weitere Faktoren wirksam sind, übertragen werden kann. Vielleicht bewirken zunehmende Hitze und zunehmender Lärm zwar im Labor eine Zunahme der Reizbarkeit, in einem Stahlwerk aber nicht. In diesem Fall wäre die sog. externe Validität der Laboruntersuchung eingeschränkt.

> **Definition**
>
> Eine Untersuchung wird als **extern valide** bezeichnet, wenn die Erkenntnisse und Schlussfolgerungen, die aus ihr gezogen werden, auf andere Orte (außerhalb des Labors), auf andere Personen (als die, die im Experiment untersucht wurden), auf andere Situationen (als die, die im Experiment hergestellt wurden) und auf andere Zeitpunkte (in der Vergangenheit und Zukunft) übertragen, d. h. generalisiert werden können.

Feldexperimente

Um zu klären, inwiefern ein Laborexperiment extern valide war, müsste man das Labor verlassen und ins »Feld« gehen, also das Experiment in einem natürlichen Kontext wiederholen. Eine exakte Wiederholung wird kaum gelingen können, weil im Feld die Möglichkeiten der exakten Variation der experimentellen Faktoren eingeschränkt sind und überdies systematische wie unsystematische Störfaktoren viel schlechter kontrolliert werden können. Anders gesagt: Die Felduntersuchung hat eine geringere interne Validität. Dennoch wäre es zur Erhöhung der externen Validität vermutlich sinnvoll, die Hypothese auch feldexperimentell, z. B. am Arbeitsplatz, zu untersuchen. In Absprache mit der Betriebsleitung könnten Temperatur und Lärm systematisch variiert werden. Zur Provokation von Aggression könnte ein speziell instruierter Mitarbeiter gegenüber den Versuchspersonen abfällige Bemerkungen machen und gleichzeitig registrieren, wie aggressiv sie auf seine Kritik reagieren. Sofern möglich, bietet es sich an, labor- und feldexperimentelles Vorgehen zu kombinieren, um die externe Validität systematisch zu untersuchen. Während man die interne Validität durch Kontrolltechniken sicherstellen kann, ist man in Bezug auf die externe Validität dazu gezwungen, die Bedingungen, auf die generalisiert werden soll, mit in die Untersuchung einzubeziehen. Wollte man wissen, ob sich der Effekt einer Therapie auf Angehörige einer anderen Kultur generalisieren lässt, muss man die Wirksamkeit dieser Therapie letztendlich auch bei Angehörigen dieser Kultur untersuchen.

> **Vertiefung**
>
> **Zur Validität von Feld- vs. Laborexperimenten**
> Im Allgemeinen haben Laborexperimente eine höhere interne Validität als Feldexperimente, da die systematischen Störeinflüsse besser kontrolliert werden können. Die Annahme, dass Feldexperimente eine höhere externe Validität haben als Laborexperimente, ist plausibel, kann jedoch nicht für alle Inhaltsbereiche bestätigt werden.

Die »Künstlichkeit« von Experimenten

Die externe Validität einer Untersuchung betrifft die Generalisierbarkeit ihrer Schlussfolgerungen auf andere Situationen, Personen, Orte und Zeitpunkte. Oftmals wird externe Validität jedoch missverstanden als die »Lebensweltnähe« oder der »Realismusgehalt« einer laborexperimentellen Situation. Damit ist gemeint, dass der hohe Standardisierungsgrad von Laborexperimenten in der Realität ja oft nicht gegeben ist und dass im Labor Situationen hergestellt werden, die man im »echten Leben« niemals antreffen würde. Das ist zweifellos richtig, aber Lebensweltnähe ist auch nicht das Ziel des Laborexperiments: Im Experiment geht es stets darum, konzeptuelle Zusammenhänge zwischen UV und AV zu untersuchen, und nicht darum, eine möglichst realitätsgetreue Nachbildung der Welt zu simulieren (Mook, 1983).

Die Annahme, dass Laborexperimente per se künstlich seien und Feldexperimente per se natürlich, ist ohnehin falsch. Ein schönes Beispiel hierfür ist das Feldexperiment von Godden und Baddeley (1975), das mit dem Ziel durchgeführt wurde, einen empirischen Nachweis für die Kontextabhängigkeit des Gedächtnisses zu erbringen. Das Experiment wurde mit 16 Mitgliedern eines Tauchclubs im schottischen Oban durchgeführt. Die Aufgabe bestand darin, eine Liste von insgesamt 36 zwei- und dreisilbigen Wörtern zu lernen und nach ca. vier Minuten frei wiederzugeben. Dabei wurden vier experimentelle Bedingungen realisiert: In einer Bedingung mussten die Taucher die Wörter unter Wasser lernen und wiedergeben, in einer zweiten Bedingung mussten sie beides an Land tun. In einer dritten Bedingung mussten sie die Wörter unter Wasser lernen und an Land wiedergeben, und in der vierten Bedingung war es genau umgekehrt. Godden und Baddeley (1975) konnten nachweisen, dass die Behaltensleistung in den beiden ersten Bedingungen (Lern- und Abrufsituation im gleichen Kontext) um mehr als 30 % besser war als in den beiden letzten Bedingungen (Lern- und Abruf in unterschiedlichen Kontexten). Ein starker Nachweis für den Effekt des kontextabhängigen Gedächtnisses! Und ein gutes Beispiel für ein sehr »künstliches« Feldexperiment: Welcher Taucher käme im »echten Leben« auf die Idee, unter Wasser und/oder an Land Wortlisten zu lernen?

Kurzum: Die Künstlichkeit einer (labor- oder feld-) experimentellen Situation ist nicht gleichzusetzen mit der externen Validität eines Experiments. Das Feldexperiment von Godden und Baddeley (1975) zeigt, dass ein Feldexperiment durchaus künstlich sein und dennoch eine hohe externe Validität aufweisen kann – der Kontextabhängigkeitseffekt wurde in vielen weiteren Untersuchungen empirisch bestätigt (z. B. Schramke & Bauer, 1997).

Generalisierbarkeit als Forschungsgegenstand

Die Generalisierbarkeit eines Labor-, aber auch eines Feldexperiments ist eine empirische Frage. Kommen Labor- und Feldstudien, die zu einem Thema durchgeführt werden, zum gleichen Ergebnis, ist dies als ein Beleg für die Generalisierbarkeit beider Ansätze – und gleichzeitig für die Robustheit eines Effekts – zu werten. Anderson et al. (1999) haben für eine Reihe sozialpsychologischer Effekte (z. B. den »Waffeneffekt«, den »Ingroup-Homogenitäts-Effekt«, den Effekt von Mediengewalt auf Aggression) zeigen können, dass zwischen den in Feldstudien und den in Laborstudien gewonnenen Effekten ein starker Zusammenhang besteht: Hohe Effekte im Feld gingen auch mit hohen Effekten im Labor einher und umgekehrt.

Kommen Feld- und Laborstudien zu unterschiedlichen Ergebnissen, stellt sich die nächste Frage, wie diese Unterschiede zu erklären sind. Solche Inkonsistenzen sind nicht per se ein Beleg für die (externe) Invalidität einer laborexperimentellen Untersuchung (und wenn schon, dann eben auch für die Invalidität einer feldexperimentellen Untersuchung!), sondern eine Möglichkeit, das zu erforschende Phänomen besser zu verstehen.

So wurde in zahlreichen Arbeiten zur Frage, ob die prospektive Gedächtnisleistung mit dem Alter abnimmt, folgender interessanter Effekt gefunden: In Laborexperimenten, in welchen die Teilnehmer eine zeitabhängige prospektive Gedächtnisaufgabe (z. B. einen Text lesen, aber alle 30 Sekunden auf einen Knopf drücken) absolvieren sollten, fand sich ein negativer Zusammenhang mit dem Alter der Teilnehmer: Je älter die Probanden, desto schlechter war ihre prospektive Gedächtnisleistung. In Felduntersuchungen, in welchen die Teilnehmer eine strukturell ähnliche Aufgabe (z. B. jeden Tag um 12:00 Uhr den Versuchsleiter anrufen) absolvieren sollten, fand sich hingegen ein positiver Zusammenhang mit dem Alter: Hier waren es die jüngeren Probanden, die schlechter abschnitten (Henry et al., 2004). Wie ist diese Inkonsistenz zu erklären? Eine Möglichkeit wäre, dass ältere Leute in naturalistischen Settings (nicht aber in laborexperimentellen Settings) motivierter sind, die Aufgabe gut zu bewältigen. Eine zweite Möglichkeit wäre, dass ältere Leute besser darin sind, sich externe Hinweisreize (z. B. einen Wecker) einzurichten und sich an diesen zu orientieren. Die Inkonsistenz zwischen den laborexperimentellen und den naturalistischen Befunden bedeutet also nicht, dass die jeweiligen Untersuchungen aufgrund ihrer »mangelnden externen Validität« bedeutungslos sind – im Gegenteil: Durch eine wissenschaftliche Analyse derjenigen Bedingungen, die diese Inkonsistenz erklären, hat man als Wissenschaftler eine größere Chance, das Phänomen besser zu verstehen und zu erklären.

Repräsentativität

Mit der Forderung, empirische Schlussfolgerungen müssten übertragbar auf andere als die untersuchten Personen sein, ist das Kriterium der Repräsentativität angesprochen. Um einen Untersuchungsbefund, der im Rahmen einer Stichprobe gewonnen wurde, auf die Grundgesamtheit (Population) übertragen zu können, muss es sich bei dieser Stichprobe um eine echte Zufallsstichprobe handeln. Bei einer echten Zufallsstichprobe hat jedes Element aus der Population die gleiche – oder zumindest eine eindeutig bestimmbare, von Null verschiedene – Wahrscheinlichkeit, in die Stichprobe gezogen zu werden. In diesem Fall spricht man auch von einer *probabilistischen Stichprobe*. Ist diese Wahrscheinlichkeit unbekannt, spricht man von einer *nicht-probabilistischen Stichprobe*.

Die meisten psychologischen Experimente arbeiten mit nicht-probabilistischen Stichproben. Viele Labor- und Fragebogenuntersuchungen werden mit Studierenden der Universität, an der die Forscher arbeiten, durchgeführt. Dies bringt ihnen oft die Kritik ein, ihre Schlussfolgerungen seien nicht generalisierbar. Dieser Einwand stimmt jedoch nur teilweise: Ein Problem von Studierendenstichproben ist sicher, dass sie hinsichtlich bestimmter Merkmale wie Alter und Bildungsniveau der Gesamtpopulation sehr unähnlich sind. Die Frage ist jedoch, in welcher Weise man annehmen kann, dass Alter und Bildungsniveau die Übertragbarkeit der Ergebnisse beeinflussen könnten. Für Untersuchungen, in denen weder Alter noch Bildungsniveau mit der AV zusammenhängen, ist diese Nichtrepräsentativität zweitrangig. Die oben zitierte Untersuchung von Godden und Baddeley (1975) wurde mit schottischen Tauchern durchgeführt – eine wahrhaft unrepräsentative Stichprobe für die Gesamtheit aller Menschen. Aber da nicht davon ausgegangen werden kann, dass die Merkmale, hinsichtlich deren sich Taucher von der Population unterscheiden (z. B. Sportlichkeit, Alter, Offenheit für Erfahrungen), den Effekt des kontextabhängigen Gedächtnisses beeinflussen, sind diese Unterschiede irrelevant.

4.4 Quasi-experimenteller Ansatz

Das entscheidende Merkmal des Experiments ist, dass der Forschende die Kontrolle darüber hat, in welchen Ausprägungsgraden die experimentellen Bedingungen vorliegen und wie die Personen in der Stichprobe auf diese experimentellen Bedingungen verteilt werden. Nun ist insbesondere die Kontrolle über die Zuteilung von Probanden auf die Bedingungen nicht immer möglich. In diesen Fällen besteht die Gefahr, dass die Bedingungsmanipulation systematisch durch Störvariablen beeinflusst ist. Darunter leidet die interne Validität des Experiments. Man spricht deshalb nicht mehr von einem »echten« Experiment, sondern von einem Quasi-Experiment. Die interne Validität quasi-experimenteller Untersuchungen ist also meist geringer als die »echter« Experimente, wie die folgenden Fälle zeigen.

Natürlich vorgefundene Gruppen

Man stelle sich vor, die DEKRA wollte untersuchen, ob sich die Lebensqualität der Menschen in deutschen Städten durch die Einführung von Umweltzonen bzw. Umweltplaketten bei Pkws verbessert. Um dies herauszufinden, beauftragt die DEKRA einen Verkehrspsychologen. Dieser kann natürlich weder die Städte (etwa nach dem Zufallsprinzip) den beiden experimentellen Bedingungen »Umweltzonen eingeführt« und »Umweltzonen noch nicht eingeführt« zuweisen; noch kann er die Personen in seiner Stichprobe randomisiert einer bestimmten Stadt zuweisen – man kann ja niemanden zwingen, fortan in Berlin oder in Karlsruhe[1] zu leben! Vielmehr ist man bei der Datenerhebung auf die Personen angewiesen, die man in diesen Städten bereits vorfindet. Dieses Problem hat zwei Facetten:

(1) Man hat keine Kontrolle darüber, hinsichtlich welcher *personengebundenen* Störvariablen sich die Personen zwischen den verschiedenen Städten unterscheiden: Vielleicht sind Menschen, die in Berlin leben, ja extravertierter als Menschen, die in Karlsruhe leben. Und vielleicht sind Karlsruher ja optimistischer als Berliner. Solche personengebundenen Störvariablen (Extraversion, Optimismus etc.) wirken sich systematisch auf die AV »Lebensqualität« aus und schwächen somit die interne Validität der Untersuchung.

(2) Man kann nicht kontrollieren, hinsichtlich welcher *bedingungsgebundenen* Störvariablen sich die betreffenden Städte sonst noch unterscheiden: Berlin ist nicht nur wesentlich größer, sondern auch wesentlich ärmer als Karlsruhe. Solche bedingungsgebundenen Störvariablen können ihrerseits die interne Validität der Untersuchung verringern, sofern sie sich auf die AV auswirken. Falls also die Lebensqualität mit der Größe einer Stadt und ihrem »Reichtum« zunehmen sollte, wären die gefundenen Unterschiede zwischen den Städten nicht mehr eindeutig auf die Einrichtung von Umweltzonen zurückzuführen.

Allerdings kann man versuchen, einige dieser Störvariablen – auch wenn man sie nicht vollständig eliminieren kann – zu kontrollieren.

Einbezug eines Vortests. Eine Möglichkeit würde darin bestehen, die Lebensqualität der Menschen in den beiden Städten zu zwei Messzeitpunkten zu messen: einmal unmittelbar vor Einführung der Umweltzonen und ein zweites Mal einige Zeit nach der Einführung. Sofern es gelingt, zu beiden Messzeitpunkten in beiden Städten exakt die gleichen Probanden zu befragen, spricht man von echter Messwiederholung. In unserem Falle hätte man dann vier Datenpunkte:

(1) die (durchschnittliche) Lebensqualität aller Berliner zum ersten Messzeitpunkt (t_1),
(2) die (durchschnittliche) Lebensqualität aller Karlsruher zum ersten Messzeitpunkt (t_1),
(3) die (durchschnittliche) Lebensqualität aller Berliner zum zweiten Messzeitpunkt (t_2) und
(4) die (durchschnittliche) Lebensqualität aller Karlsruher zum zweiten Messzeitpunkt (t_2).

Ein solches Design wird in der Evaluationsforschung als Split-Plot-Design bezeichnet. Der Vorteil besteht darin, dass man nun in beiden Städten die Veränderung in der Lebensqualität zwischen dem ersten und dem zweiten Messzeitpunkt betrachten kann. Damit ist man in der Lage, alle Unterschiede zwischen den Städten, die zu beiden Messzeitpunkten bestehen (und das umfasst sowohl Merkmale der Städte wie ihre Größe und Haushaltssituation, aber auch die Persönlichkeitsmerkmale ihrer Bewohner wie Extraversion und Optimismus), zu »kontrollieren«: Sie bleiben ja in dem Zeitraum zwischen den beiden

---

[1] Anmerkung: Zu dem Zeitpunkt, als dieser Text verfasst wurde, hatte der Wohnort einer der Autoren (Berlin) die Umweltplakette bereits eingeführt; der Wohnort der anderen beiden Autoren (Karlsruhe) jedoch noch nicht.

Messzeitpunkten konstant und kommen daher als Erklärungen für die Veränderungen in diesem Zeitraum nicht mehr in Frage. Mit Hilfe eines solchen Split-Plot-Designs ist man also in der Lage, bestimmte Alternativerklärungen auszuschließen, was wiederum die interne Validität des Designs erhöht.

Aggregation über mehrere Beobachtungseinheiten. Eine zweite Möglichkeit würde – in unserem Beispiel – darin bestehen, nicht nur zwei Städte miteinander zu vergleichen, sondern die »Städtestichprobe« zu vergrößern. Man könnte z. B. zehn Städte mit und zehn Städte ohne Umweltzonen miteinander vergleichen. Die Logik hinter diesem Ansatz wäre, dass sich bestimmte Störvariablen (wie die Größe der Städte oder die Persönlichkeiten ihrer Bewohner) über alle untersuchten Städte hinweg ausmitteln und sich in der Summe nur noch unsystematisch zwischen den beiden interessierenden Bedingungen (mit/ohne Umweltzonen) verteilen. In diesem Fall hätten die Daten eine sog. Mehrebenenstruktur (s. auch Kap. 19): Innerhalb einer Bedingung gibt es eine Stichprobe von Städten, und innerhalb jeder Stadt gibt es wiederum eine Stichprobe von Bewohnern. Wie man Datenstrukturen, in denen es mehrere hierarchisch ineinander verschachtelte Ebenen von Beobachtungseinheiten gibt, statistisch behandelt, werden wir in Kapitel 19 sehen.

Statistische Kontrolle. Eine dritte Möglichkeit besteht darin, die Störvariablen, von denen man annimmt, dass sie einen systematischen Einfluss auf die Ergebnisse ausüben, zu messen und dann statistisch zu kontrollieren. Diese Möglichkeit der Kontrolle von Störvariablen hatten wir bereits im Zusammenhang mit dem experimentellen Ansatz unter dem Stichwort »Auspartialisieren« kennengelernt. Wie die statistische Kontrolle konkret vonstatten geht, werden wir in den Kapiteln 17 und 18 behandeln.

Selbstselektion
Manchmal ist eine randomisierte Bedingungszuweisung zwar prinzipiell möglich, aber praktisch schwierig oder ethisch nicht vertretbar. Man stelle sich eine Forscherin vor, die die Wirksamkeit einer neuen therapeutischen Intervention zur Behandlung von Migräne untersuchen möchte. Dazu plant die Forscherin, die Behandlungserfolge in einer Bedingung, in der die neue Migränetherapie durchgeführt wird, mit den Behandlungserfolgen in einer Bedingung, in der eine unspezifische Gesprächspsychotherapie durchgeführt wird, zu vergleichen. Eine randomisierte Bedingungszuweisung von Migränepatienten zu einer der beiden Gruppen wäre ethisch problematisch: Alle Migränepatienten haben das Recht auf die bestmögliche Therapie; es wäre unverantwortlich, ihnen diese vorzuenthalten. Also beschreibt die Forscherin den Patienten ihren Versuchsplan und lässt ihnen die Wahl, ob sie lieber die neue Migränetherapie oder die unspezifische Gesprächstherapie mitmachen wollen. Selbst wenn sich die Patienten gleichmäßig aufteilen, besteht auch hier das Problem systematischer persongebundener Störvariablen: Möglicherweise sind die Patienten, die sich der spezifischen Therapiebedingung zuweisen, motivierter, schwerer belastet oder eher willens, den empirischen Nachweis eines Erfolges der Therapie zu erbringen.

Die einzige Möglichkeit, in diesem Beispiel eine möglichst hohe interne Validität zu erreichen, besteht darin, die potentiellen Störvariablen vorher zu identifizieren, zu messen und anschließend statistisch zu kontrollieren.

4.5 Korrelativer Ansatz

Während im experimentellen Ansatz die Variation in der Merkmalsausprägung auf Seiten der UV künstlich hergestellt wird, besteht die Logik des korrelativen Ansatzes darin, die natürliche Variation in der UV zu messen und anschließend die Kovariation mit der AV zu quantifizieren. Genau wie beim Quasi-Experiment ist es also nicht möglich, die Personen bestimmten Merkmalsausprägungen der UV zuzuweisen. Vielmehr haben die Personen bereits eine bestimmte Merkmalsausprägung auf der UV, die nicht vom Forscher beeinflusst werden kann (oder darf): Menschen haben eine bestimmte Intelligenzausprägung, sie haben einen bestimmten Schulabschluss, oder sie verbringen einen bestimmten Teil ihrer Freizeit damit, gewalthaltige Computerspiele zu spielen.

Über diese Merkmalsausprägungen hat der Forscher keine Kontrolle.

Beispiel 1: Intelligenz und Kreativität. Wenn man untersuchen will, ob intelligente Menschen auch kreativer sind, kann man Personen nicht randomisiert bestimmten Intelligenz- oder Kreativitätsausprägungen zuweisen. Vielmehr muss man Intelligenz und Kreativität messen, d. h. ihre natürliche Variation in der Stichprobe ausschöpfen. Wenn sich nun zeigt, dass Intelligenz und Kreativität korrelieren, heißt dieser Befund noch lange nicht, dass sich Intelligenz kausal auf Kreativität auswirkt (oder umgekehrt): Vielmehr könnte es sich bei dem gefundenen Zusammenhang um eine Scheinkorrelation handeln, die in Wirklichkeit durch eine Drittvariable zustande kommt. Stellen wir uns etwa vor, es gäbe eine Variable, die sowohl Intelligenzunterschiede als auch Kreativitätsunterschiede erklären könnte. Eine solche Drittvariable wäre z. B. die elterliche Sozialisation: Eine intellektuell anregende häusliche Umgebung fördert sowohl die Intelligenz als auch die Kreativität der Kinder. So wäre zu erklären, dass die intelligenten Kinder auch kreativer sind. Statistisch würde man einen positiven Zusammenhang zwischen den beiden Variablen finden – selbst dann, wenn es zwischen Intelligenz und Kreativität überhaupt keinen kausalen Zusammenhang gäbe.

> **Beispiel**
>
> **Eine klassische Scheinkorrelation: Bringt der Storch die Kinder?**
> Das wohl bekannteste Beispiel für eine Scheinkorrelation ist dieses: In Südschweden hat man festgestellt, dass dort, wo viele Störche nisten, auch viele Kinder geboren werden (und umgekehrt). Ist nun die Anzahl der Storchennester die Ursache für die Geburtenrate? Wohl eher nicht. Wie kommt es dann zu diesem positiven Zusammenhang? Ganz einfach: Die Regionen, in denen viele Störche nisteten und viele Kinder geboren wurden, hatten eines gemeinsam: Es handelte sich um ländliche Regionen, in denen generell mehr Kinder geboren werden (und in denen sich auch Störche relativ wohl fühlen). Die Regionen, in denen wenige Störche nisteten und wenige Kinder geboren wurden, waren städtische Regionen, in denen generell weniger Kinder geboren werden (und in denen man auch generell seltener Störche trifft). Der gefundene positive Zusammenhang zwischen der Anzahl von Storchennestern und der Geburtenrate ist also eine Scheinkorrelation. Sie ist auf eine konfundierende Drittvariable zurückzuführen, nämlich ob es sich bei der untersuchten Region um ein ländliches oder ein städtisches, dicht besiedeltes Gebiet handelte.

Beispiel 2: Schulbildung und Übergewicht. Im Januar 2008 hat die Bundesforschungsanstalt für Ernährung und Lebensmittel in Karlsruhe dem Bundeslandwirtschaftsminister die Ergebnisse der »Nationalen Verzehrsstudie II« vorgelegt (Max-Rubner-Institut, 2008). In dieser Studie wurden etwa 20.000 Deutsche zu ihrem Ernährungs- und Kochverhalten, ihrem Wissen über Ernährung, ihrem Gewicht und vielen anderen Dingen befragt. Diese Daten wurden u. a. mit soziodemographischen Merkmalen in Beziehung gesetzt. Ein Ergebnis der Studie war, dass es unter den Teilnehmerinnen und Teilnehmern, deren höchster Bildungsgrad der Hauptschulabschluss war, mehr Übergewichtige gab als unter den Teilnehmern mit Fachhochschul- oder Hochschulreife. Die Autoren der Studie fanden also einen negativen Zusammenhang zwischen Schulbildung und Übergewichtigkeit. Viele Zeitungen titelten daraufhin »Macht Bildung schlank?« (so z. B. die Süddeutsche Zeitung vom 31. 01. 2008 auf ihrer Titelseite) und bejahten diese Frage in den anschließenden Artikeln. Mit anderen Worten: In vielen Medienberichten wurde die negative Korrelation zwischen Bildungsstand und Übergewichtigkeit kausal interpretiert: Die Bildung wurde als kausale Ursache für das Ernährungsverhalten interpretiert, ohne zu bedenken, dass es sich auch hier um eine Scheinkorrelation handeln könnte. Möglicherweise sind Drittvariablen für den gefundenen Zusammenhang verantwortlich, wie etwa individuelle Selbstregulationsfähigkeiten (vgl. Karoly, 1993): Mangelt es einer Person an solchen Fähigkeiten, so wirkt sich dies zum einen negativ auf Motivation und Leistung aus (Carver, 2004), was einen niedrigeren Schulabschluss erklären könnte. Zum anderen gehen mangelnde Selbstregulationsfähigkeiten mit einer leichteren Verführbarkeit für fette und süße Speisen einher (z. B. Herman & Polivy, 2004). Sollte das zutreffen, so wäre es nicht die Bildung, die Gewichtsunterschiede kausal erklären könnte, sondern die Drittvariable Selbstregulationsfähigkeiten. Mit anderen Worten: Menschen besser zu bilden würde sie nicht schlanker machen – aber ihre Selbstregulationsfähigkeiten zu verbessern würde gleich zwei Fliegen mit einer Klappe schlagen!

Beispiel 3: Computerspiele und Aggression.
Wollte man die Hypothese, dass das Spielen gewalthaltiger Videospiele aggressiv macht, auf der Basis einer korrelativen Untersuchung überprüfen, so müsste man von jeder Person erheben, wie viel Zeit sie mit dem Spielen gewalthaltiger Videospiele verbringt und wie aggressiv sie ist. Besteht zwischen beiden Variablen ein statistischer Zusammenhang, so wäre zumindest die erste der drei Voraussetzungen für den empirischen Nachweis der postulierten Kausalhypothese erbracht. Das Problem besteht darin, dass die zweite Voraussetzung, die zeitliche Vorgeordnetheit der UV vor der AV, im Fall einer solchen korrelativen Untersuchung nicht zwangsläufig gegeben ist: Möglicherweise waren die Probanden, die viele gewalthaltige Computerspiele spielen, ja auch schon vorher eher aggressiv. Und auch die dritte Voraussetzung, die Möglichkeit des Ausschlusses von Alternativerklärungen, ist bei korrelativen Untersuchungen weniger zwingend gegeben als im Experiment: Möglicherweise ist der gefundene Zusammenhang einer Drittvariablen (wie etwa dem Geschlecht) zu schulden: Jungen spielen mehr Computerspiele und sind aggressiver als Mädchen.

Lösung des Präzedenzproblems
Eine Möglichkeit, das Problem der unklaren zeitlichen Vorgeordnetheit der UV vor der AV zu lösen oder zumindest statistisch zu kontrollieren, ist, beide Variablen zu mehreren Zeitpunkten zu messen. Im Falle zweier Zeitpunkte lägen dann vier Datenpunkte vor: Die UV zum Zeitpunkt t_1, die UV zum Zeitpunkt t_2, die AV zum Zeitpunkt t_1 und die AV zum Zeitpunkt t_2. Zwischen allen diesen vier Datenpunkten lassen sich nun Zusammenhänge berechnen. Das resultierende Zusammenhangsmuster kann man nutzen, um zumindest die Hypothese, dass die UV (zu t_1) die AV (zu t_2) stärker beeinflusst als die AV (zu t_1) die UV (zu t_2) beeinflusst, zu testen. Ein solches Vorgehen wird als kreuzverzögertes Design (engl. crosslagged panel design) bezeichnet.

Lösung des Artefaktproblems
Das Problem möglicher Konfundierungen und daraus resultierender Scheineffekte kann man prinzipiell lösen oder zumindest abmildern, indem man die potentiellen Störvariablen mit erhebt und statistisch kontrolliert. Voraussetzung ist dabei natürlich, dass man die Störvariablen kennt und dass man sie valide messen kann.

4.6 Sekundär- und Metaanalysen

Als Sekundäranalysen bezeichnet man die Auswertung von Daten, die ursprünglich aus einem anderen Erkenntnisinteresse erhoben wurden. Durch die Veröffentlichung der Befunde kommt ein anderer Forscher auf die Idee, die Daten für eine eigene Fragestellung zu nutzen. Metaanalysen fassen Primärdaten von Untersuchungen zusammen, die für ähnliche Fragestellungen erhoben wurden. Häufig wird eine Theorie oder ein aktuell diskutiertes Problem gleichzeitig von mehreren Arbeitsgruppen empirisch untersucht, wobei sich die untersuchten Personen, die Erhebungsinstrumente, die Versuchspläne und die Auswertungen von Untersuchung zu Untersuchung mehr oder weniger stark unterscheiden. Um die Datenbasis zu vergrößern und dadurch den Zuverlässigkeitsgrad der Ergebnisse zu steigern, kann man die Daten aller Untersuchungen zusammentragen und mittels geeigneter Verfahren erneut auswerten. Die Ergebnisse solcher Metaanalysen sind nicht nur zuverlässiger als die Ergebnisse jeder einzelnen Untersuchung; unter bestimmten Umständen können die Ergebnisse einer Metaanalyse auch erklären, warum die Ergebnisse der einzelnen Untersuchungen voneinander abweichen (Glass, 1976; Rustenbach, 2003; Schulze, 2004).

Zusammenfassung

- Eine Variable ist eine veränderliche Größe, in der sich Objekte faktisch oder potentiell unterscheiden.
- Um den Beschreibungswert von Variablen hervorzuheben, werden Variablen häufig auch Merkmale genannt. Eigenschaften sind im Unterschied zu Zuständen stabile Merkmale. Objekte, die Merkmale besitzen, nennt man Merkmalsträger. In der Psychologie handelt es sich dabei meistens um Personen.
- Die große Zahl an Variablen, die in der Psychologie thematisiert werden, kann man danach unterscheiden, (1) ob es sich um unabhängige oder abhängige, intervenierende oder moderierende, exogene oder endogene Variablen handelt, (2) ob sie beobachtbar (manifest) sind oder nicht (latent), (3) ob sie diskret oder stetig und (4) ob sie qualitativ oder quantitativ sind.
- Um eine Kausalhypothese als bestätigt anzusehen, müssen drei Voraussetzungen gegeben sein: (1) Es muss eine Kovariation von UV und AV vorliegen; (2) die UV muss der AV zeitlich vorgeordnet sein; (3) Alternativerklärungen für den Zusammenhang zwischen UV und AV müssen ausgeschlossen werden können.
- Eine Untersuchung wird dann als intern valide bezeichnet, wenn die gefundenen Zusammenhänge zwischen UV und AV zweifelsfrei kausal interpretiert werden können, d. h., wenn es keine plausiblen Alternativerklärungen für diese Zusammenhänge mehr gibt.
- Im Experiment hat der Forscher die maximale Kontrolle über die Variation der Merkmalsausprägungen in der UV, über die Zuweisung von Versuchspersonen zu den experimentellen Bedingungen und über die Gefahr möglicher systematischer Störvariablen.
- Systematische Störvariablen können persongebunden, bedingungsgebunden oder situationsgebunden sein.
- Im Experiment lassen sich Störvariablen durch (1) Eliminieren, (2) Konstanthaltung, (3) Ausbalancierung, (4) Parallelisierung, (5) Randomisierung oder (6) Auspartialisierung kontrollieren.
- Untersuchungen, in denen keine randomisierte Zuweisung von Probanden zu experimentellen Bedingungen möglich oder sinnvoll ist, die aber ein höheres Maß an Kontrolle als korrelative Ansätze ermöglichen, nennt man Quasi-Experimente. Quasi-Experimente sind in vielen Fällen weniger intern valide als »echte« Experimente.
- Beim korrelativen Forschungsansatz wird die Variation in der UV nicht künstlich hergestellt, sondern in ihrem natürlichen Vorkommen gemessen. Bei korrelativen Untersuchungen bestehen unter Umständen (1) das Problem der unklaren zeitlichen Vorgeordnetheit der UV vor der AV und (2) das Problem möglicher Artefakte durch Konfundierungen. Beide Probleme sind mehr oder weniger gut kontrollierbar.
- Eine Untersuchung wird dann als extern valide bezeichnet, wenn die aus ihr gewonnenen Schlussfolgerungen über die Zusammenhänge zwischen UV und AV auch auf andere Personen, Situationen, Orte und Messzeitpunkte übertragen werden können.

Fragen und Übungsaufgaben

Fragen

(1) Erläutern Sie die Begriffe »Explanans« und »Explanandum«. Setzen Sie die beiden Begriffe in Bezug zum Begriffspaar »unabhängige Variable« und »abhängige Variable«.

(2) Was versteht man unter einer Moderatorvariablen?

(3) Erläutern Sie das Begriffspaar »manifeste Variable« und »latente Variable«.

(4) Welche Voraussetzungen müssen erfüllt sein, damit man aus der Kovariation zweier Variablen X und Y den Schluss ziehen kann, die Variable X habe Y kausal beeinflusst?

(5) Was versteht man unter systematischen, was unter unsystematischen Störvariablen?

(6) Was versteht man unter Manipulationskontrolle, und wie führt man eine solche Kontrolle durch?

(7) Erläutern Sie den Begriff »externe Validität«.

(8) Kreuzen Sie für die folgenden Aussagen jeweils an, ob sie richtig oder falsch sind.

  (a) »Quasi-experimentell« ☐ richtig ☐ falsch
  bedeutet, dass der Forscher keine vollständige Kontrolle über mögliche Konfundierungen hat.

  (b) Quasi-Experimente ☐ richtig ☐ falsch
  sind notwendigerweise immer weniger intern valide als »echte« Experimente.

  (c) »Quasi-experimentell« ☐ richtig ☐ falsch
  bedeutet, dass es immer personengebundene Störvariablen gibt.

  (d) Man kann die ☐ richtig ☐ falsch
  interne Validität eines Quasi-Experiments erhöhen, wenn man die Störvariable(n) misst und statistisch kontrolliert (auspartialisiert).

(9) Welche der folgenden Aussagen ist korrekt?

  (a) Beim experimentellen Forschungsansatz ist es nicht immer möglich, Effekte kausal zu interpretieren.

  (b) Beim korrelativen Forschungsansatz ist es nicht möglich, Alternativerklärungen für das Zustandekommen eines Effekts (d. h. einer Kovariation zwischen UV und AV) zu testen.

  (c) Wenn man beim korrelativen Forschungsansatz erst die UV und dann die AV misst, so hat man das Kriterium der zeitlichen Vorgeordnetheit erfüllt.

  (d) Aufgrund der besseren Kontrollierbarkeit hat die Messung der AV beim experimentellen Forschungsansatz immer eine höhere Konstruktvalidität als beim korrelativen Forschungsansatz.

(10) Denken Sie bei der folgenden Frage an eine Zwei-Gruppen-Untersuchung. In welchen der folgenden Fälle ist die interne Validität dieser Untersuchung reduziert?

  (a) Wenn es einen Störeinfluss gibt, der in Gruppe 1, aber nicht in Gruppe 2 auftritt, und die Ausprägung der AV nicht von der Anwesenheit bzw. Abwesenheit des Störeinflusses abhängt.

  (b) Wenn es einen Störeinfluss gibt, der in beiden Gruppen auftritt, und die Ausprägung der AV von der Anwesenheit bzw. Abwesenheit des Störeinflusses abhängt.

  (c) Wenn es einen Störeinfluss gibt, der in beiden Gruppen auftritt, und die Ausprägung der AV nicht von der Anwesenheit bzw. Abwesenheit des Störeinflusses abhängt.

  (d) Wenn es einen Störeinfluss gibt, der in Gruppe 2, aber nicht in Gruppe 1 auftritt, und die Ausprägung der AV von der Anwesenheit bzw. Abwesenheit des Störeinflusses abhängt.

(11) Wann kann man sagen, dass die externe Validität einer experimentellen Untersuchung hoch ist?

  (a) Wenn die Ergebnisse dieser Untersuchung auch für andere Personen als die in der Stichprobe getesteten gelten.

  (b) Nur dann, wenn es sich um ein Feldexperiment handelt.

  (c) Wenn der Grad der Standardisierung im Labor gering ist.

  (d) Wenn die im Labor realisierte Situation einer »echten« Situation möglichst ähnlich ist.

(12) Kreuzen Sie von den folgenden Fällen diejenigen an, in denen es sich um ein quasi-experimentelles Design handelt.
   (a) Die Stichprobe ist nicht repräsentativ für die Population.
   (b) Die Personen in der Stichprobe können den experimentellen Bedingungen nicht zufällig zugewiesen werden.
   (c) Zum Beispiel dann, wenn die unabhängige Variable das Geschlecht der Versuchspersonen ist.
   (d) Die Versuchspersonen sollen sich selbst einer Versuchsbedingung »A« oder »B« zuweisen, aber sie wissen selbst nicht, was sich hinter diesen Buchstaben verbirgt.

Übungsaufgaben

(1) Stellen Sie sich vor, Sie möchten untersuchen, von welchen Faktoren die Leistung in einem Konzentrationstest abhängt. Sie haben dabei folgende konkrete Hypothesen:
   ▶ Die Konzentrationsleistung ist umso besser, je stärker die Beleuchtung im Testraum ist.
   ▶ Die Konzentrationsleistung ist umso schlechter, je mehr Personen in der Testsituation anwesend sind.
   ▶ Die Konzentrationsleistung ist dann am höchsten, wenn die Testperson beim Test in mittlerem Maße aufgeregt ist; sie ist jedoch schlecht, wenn die Person sehr aufgeregt ist, und sie ist ebenso schlecht, wenn die Person überhaupt nicht aufgeregt ist.
   (a) Beschreiben Sie, wie Sie die jeweilige Hypothese mit Hilfe eines korrelativen Ansatzes überprüfen würden. Konkret: Wie erfassen Sie die natürliche Variation der UV (Beleuchtung, Anwesenheit anderer, Aufgeregtheit)?
   (b) Beschreiben Sie, wie Sie die jeweilige Hypothese mit Hilfe eines experimentellen Ansatzes überprüfen würden. Konkret: Denken Sie sich für jede der drei UV (Beleuchtung, Anwesenheit anderer, Aufgeregtheit) jeweils eine Möglichkeit der experimentellen Manipulation aus.
   (c) Welcher Ansatz erscheint Ihnen geeigneter, die jeweilige Hypothese zu untersuchen: der korrelative oder der experimentelle? Begründen Sie Ihre Antwort.

(2) Im Folgenden sind vier (fiktive) korrelative Befunde wiedergegeben.
   (a) Es gibt eine negative Korrelation zwischen der Anzahl Stunden, die ein Kind im Durchschnitt am Tag vor dem Computer verbringt (Variable A), und der durchschnittlichen Zeugnisnote am Ende des Schuljahres (Variable B).
   (b) Es gibt eine positive Korrelation zwischen der Anzahl von Personen, für die ein Manager in einer Firma verantwortlich ist (Variable A), und seiner subjektiven Zufriedenheit mit seiner Arbeit (Variable B).
   (c) Es gibt eine positive Korrelation zwischen der Anzahl Kneipen in einer Universitätsstadt (Variable A) und der Beliebtheit der jeweiligen Universität bei ihren Studierenden (Variable B).
   (d) Es gibt eine negative Korrelation zwischen der Menge an Kaffee, die ein Wissenschaftler am Tag trinkt (Variable A), und seiner wissenschaftlichen Produktivität (Variable B).

Konstruieren Sie für jeden dieser Korrelationsbefunde jeweils eine inhaltliche Interpretation, die
   ▶ einen kausalen Effekt von A auf B impliziert,
   ▶ einen kausalen Effekt von B auf A impliziert,
   ▶ auf eine Scheinkorrelation hinweist – benennen Sie in diesem Fall die möglicherweise konfundierende Drittvariable.

(3) Eine Persönlichkeitspsychologin will die Hypothese überprüfen, dass der Selbstwert sich förderlich auf die Leistungsbereitschaft einer Person auswirkt: Hoher Selbstwert führt zu guten Leistungen, niedriger Selbstwert führt zu schlechteren Leistungen.

(a) Beschreiben Sie, wie Sie diese Hypothese im Rahmen eines korrelativen Forschungsansatzes überprüfen würden.

(b) Beschreiben Sie, wie Sie diese Hypothese im Rahmen eines experimentellen Forschungsansatzes überprüfen würden.

(c) Nennen Sie eine potentielle Störvariable im Falle des von Ihnen beschriebenen korrelativen Designs. Wie würden Sie versuchen, den Einfluss dieser Störvariablen zu dämpfen bzw. zu kontrollieren?

(d) Nennen Sie eine potentielle Störvariable im Falle des von Ihnen beschriebenen experimentellen Designs. Wie würden Sie versuchen, den Einfluss dieser Störvariablen zu dämpfen bzw. zu kontrollieren?

(e) Wie könnten Sie im Falle des von Ihnen beschriebenen experimentellen Designs die Konstruktvalidität der experimentellen Manipulation überprüfen?

II Messtheoretische und deskriptivstatistische Grundlagen

5 Messtheoretische Grundlagen

> **Was Sie in diesem Kapitel lernen**
> - Kann man Erleben und Verhalten messen?
> - Was kann man mit den Zahlen, die durch psychologische Messverfahren gewonnen wurden, anfangen?
> - In welcher Weise sind psychologische Messwerte aussagekräftig und bedeutungsvoll?

In Kapitel 4 haben wir gelernt, dass man verschiedene Arten von Variablen unterscheiden kann. Bei einigen dieser Variablen (z. B. quantitativen Variablen) haben wir schon darauf hingewiesen, dass ihre Ausprägungen Zahlen sind, bei anderen Variablenarten (z. B. qualitativen Variablen) muss dies nicht zwangsläufig der Fall sein. Viele der Methoden, die wir in den folgenden Kapiteln kennenlernen werden, setzen voraus, dass Merkmalsausprägungen in Form von Zahlen vorliegen. Die Kennzeichnung von Merkmalsausprägungen durch Zahlen ist uns aus vielen Bereichen des alltäglichen Lebens bekannt: Wir wollen wissen, wie schwer wir sind, und wiegen uns mit einer Waage. Wir wollen feststellen, wie schnell wir maximal mit Inlineskates fahren können, und messen unsere Maximalgeschwindigkeit. Insbesondere in Bereichen des Alltags, die mit physikalischen Eigenschaften zu tun haben, ist uns die Zuweisung von Zahlen zu Merkmalsausprägungen (Masse, Größe, Länge etc.) so vertraut, dass wir sie nicht hinterfragen und fast »gedankenlos« anwenden.

Wie verhält sich dies aber mit psychischen Eigenschaften? Können wir die Psyche eines Menschen so vermessen wie ein Haus? Können wir das Glück, das ein Mensch erfährt, in Zahlen abbilden? Im Gegensatz zu physikalischen Eigenschaften ist das Messen psychischer Eigenschaften weder alltäglich noch unstrittig. In diesem Kapitel wollen wir eine Einführung in die Grundideen des Messens in der Psychologie geben. Insbesondere werden wir mit dem Skalenniveau ein weiteres Kriterium zur Unterscheidung von Variablen kennenlernen, das die Unterscheidungsmerkmale für Variablen, die im letzten Kapitel beschrieben wurden, ergänzt und für die Psychologie von großer Bedeutung ist. Durch eine Skala werden Untersuchungsobjekten nach bestimmten Regeln Zahlen zugeordnet. Der Begriff »Niveau« zeigt an, dass es verschiedene Skalenarten gibt, die sich in bestimmter Weise anordnen lassen. Das Skalenniveau legt z. B. fest, nach welchen Regeln Personen (oder anderen Untersuchungsobjekten) Zahlen zugeordnet werden können, wie willkürlich die Zahlenzuordnung ist und welche Aussagen über Merkmalsunterschiede sinnvollerweise getroffen werden können. Im folgenden Abschnitt stellen wir die wichtigsten Skalenniveaus zunächst im Überblick dar und behandeln danach wesentliche Grundlagen der Messtheorie.

5.1 Skalenniveau

Variablen beschreiben Merkmalsunterschiede. Aussagen über Unterschiede zwischen Personen können sehr verschieden sein, je nachdem welches Merkmal man betrachtet. Vergleicht man zwei Personen in Bezug auf ihre Größe, so kennen wir alle Aussagen wie »Max und Moritz unterscheiden sich in ihrer Größe«, »Max ist größer als Moritz«, »Max ist anderthalb mal so groß wie Moritz«. Diese drei Aussagen enthalten zunehmend mehr Information über den Unterschied der beiden Personen. Alle drei Aussagen sind sinnvoll. Bei anderen Merkmalen ist das Spektrum möglicher Aussagen eingeschränkter. Betrachten wir z. B. die Nationalität zweier Personen (Max sei Deutscher und Moritz Schweizer), so ist die Aussage »Max und Moritz unterscheiden sich in ihrer Nationalität« sinnvoll, aber die Aussagen »Max ist nationaler als Moritz« oder »Max ist anderthalbmal so national wie Moritz« sind sinnlos. Dies ist unmittelbar einleuchtend, und niemand würde vernünftigerweise solche Aussagen treffen. Dies ist nicht mehr ganz so offensichtlich, wenn Merkmalsausprägungen Zahlen zugewiesen werden. Im Fall der Größenmessung sind die getroffenen Aussagen unproblematisch; sie lassen sich immer treffen, egal, ob die Größe in Millimetern (Max: 1500 mm, Moritz: 1000 mm) oder in Zentimetern (Max: 150 cm, Moritz: 100 cm) gemessen wurde. Wie ist das aber mit der Nationalität? Angenommen, wir weisen zur Kennzeichnung Personen deutscher Nationalität eine 1 und Personen Schweizer Nationalität eine 2 zu. Dies könnte dazu verleiten zu sagen, dass die Merkmalsausprägung von Moritz (Schweizer) doppelt so groß sei wie die Merkmalsausprägung von Max (Deutscher). Dies wäre in Bezug auf die Nationalität in keiner Weise sinnvoll. Zahlen verleiten dazu, die Beziehungen, die zwischen ihnen bestehen, auf die zugrundeliegenden Merkmalsausprägungen zu übertragen. Dies eröffnet eine Vielzahl von Fehlinterpretationen, die in manchen Fällen offensichtlich sind, wie wir am Beispiel der Nationalität gezeigt haben, in anderen Fällen aber weniger klar sind: Ist die Aussage sinnvoll, dass es in Raum A (20 °C) doppelt so warm ist wie in Raum B (10 °C)? Da 20 doppelt so groß ist wie 10, könnte man dazu verleitet sein, dieser Aussage zuzustimmen. Dass diese Aussage aber nicht sinnvoll ist, sieht man daran, dass sie nicht mehr gilt, wenn wir die Temperatur in Fahrenheit angeben: Dann entspricht die Temperatur in Raum A 68 Grad und in Raum B 50 Grad Fahrenheit – 68 ist aber nicht das Doppelte von 50. Wir sehen, dass wir sehr vorsichtig sein müssen, wenn wir von den Beziehungen zwischen den Zahlen auf die Beziehungen zwischen den Merkmalsträgern schließen. Die Kenntnis des Skalenniveaus einer Variablen hilft uns, solche Fehler zu vermeiden.

5.1.1 Skalenniveaus im Überblick

Nominalskalierte Variablen. Eine nominalskalierte Variable erlaubt Aussagen über die Verschiedenheit (Gleichheit oder Ungleichheit) von Merkmalsträgern. Sie teilt Objekte in Mengen ein, die sich nicht überschneiden (disjunkte Kategorien). Zur Bezeichnung der Kategorien und ihrer Mitglieder können beliebige Zeichen verwendet werden. Sie müssen lediglich eindeutig sein. Es hat sich bewährt, als Symbole Zahlen zu verwenden. Das biologische Geschlecht ist eine in der Psychologie häufig gebrauchte nominalskalierte Variable. Sie kann zwei Werte annehmen, männlich und weiblich. Statt dieser beiden Namen (lat. nomen) kann man das Geschlecht einer Person auch durch die Zahlen 1 und 2 kenntlich machen. Die Zahlen sind aber nicht im Sinne von »mehr oder weniger« oder »doppelt so viel wie« zu verstehen, sondern dienen lediglich der Unterscheidung von Personen. Es ist folglich bedeutungslos, ob man Männern die Zahl 1 und Frauen die Zahl 2 zuordnet oder umgekehrt. Statt der Zahlen 1 und 2 könnte man auch die Zahlen 0 und 1 oder 1 und 10 verwenden.

Ordinalskalierte Variablen. Eine ordinalskalierte Variable erlaubt Aussagen über die Verschiedenheit von Objekten und gleichzeitig eine bestimmte Art der Verschiedenheit. Diese bezieht sich auf die Ausprägung eines Merkmals, also seine Größe, Intensität oder Stärke. Die Merkmalsträger werden nach der Ausprägung des Merkmals in eine Rangordnung gebracht (lat. ordo = Ordnung, Rang). Jedes Objekt ist durch seinen Rangplatz gekennzeichnet. Rangplätze sagen nichts darüber aus, wie groß die Merkmalsunterschiede zwischen zwei Merkmalsträgern sind. So ist es für den Gewinn der Goldmedaille im 100-Meter-Lauf unerheblich, ob der Gewinner 10 Zentimeter oder 10 Meter vor dem Zweitplatzierten ins Ziel kam. Der Abstand zwischen dem Ersten und dem Zweiten mag 10 Zentimeter, der zwischen dem Zweiten und Dritten 10 Meter betragen haben. Auch den Ausprägungen einer ordinalskalierten Variablen können Zahlen zugeordnet werden. Ein typisches Beispiel sind Schulnoten, anhand deren sich Schüler in Bezug auf ihre Leistung einordnen lassen. Eine 1 ist besser als eine 2 und eine 4 ist besser als eine 5. Aber der Unterschied zwischen einer 4 und einer 5 ist nicht gleichbedeutend mit dem Unterschied zwischen einer 1 und einer 2.

Intervallskalierte Variablen. Intervallskalierte Variablen ermöglichen Aussagen über die Verschiedenheit von Objekten, die Art der Verschiedenheit und die Größe der Verschiedenheit. Aussagen über die Größe der Verschiedenheit sind möglich, da Differenzen (Intervalle) zwischen Werten auf der Skala eindeutig sind. Aus dem Alltag ist uns die Celsius-Temperaturskala als Intervallskala bekannt: Der Temperaturunterschied zwischen 10 und 20 Grad ist genauso groß wie der zwischen 20 und 30 Grad. Allerdings kann man nicht sagen, dass 30 Grad warmes Wasser dreimal so warm ist wie 10 Grad warmes Wasser. Viele psychologische Skalen sind Intervallskalen, z. B. die Intelligenzskala. Der Intelligenzunterschied zwischen einem Intelligenzquotienten (IQ) von 90 und 100 ist genauso groß wie jener zwischen 100 und 110. Wer einen IQ von 150 hat, ist aber nicht doppelt so intelligent wie jemand mit einem IQ von 75.

Verhältnisskalierte Variablen. Verhältnisskalierte Variablen gestatten Aussagen über die Verschiedenheit von Objekten, die Art der Verschiedenheit, die Größe der Verschiedenheit und das Verhältnis der Merkmalsausprägungen zweier Objekte. Aussagen über das Ausprägungsverhältnis sind möglich, da Verhältnisskalen im Unterschied zu Intervallskalen einen absoluten Nullpunkt haben. Dies trifft z. B. auf die Kelvin-Temperaturskala zu (10 K ist doppelt so warm wie 5 K) oder die Masse von Objekten (100 kg ist 100-mal so viel wie 1 kg). Verhältnisskalen sind in der Psychologie eher selten, da es kaum psychologische Merkmale mit einem natürlichen Nullpunkt gibt. Die Zeitskala bildet eine Ausnahme: Wer 700 Millisekunden braucht, um einen Reiz einer von zwei Kategorien zuzuordnen (Diskriminationsaufgabe), hat genau doppelt so schnell reagiert wie jemand, der für die gleiche Aufgabe 1,4 Sekunden benötigt.

Absolutskalierte Variablen. Absolutskalierte Variablen erlauben Aussagen über die Verschiedenheit von Objekten, die Art der Verschiedenheit, die Größe der Verschiedenheit, das Verhältnis der Merkmalsausprägungen zweier Objekte und schließlich die absolute Ausprägung des Merkmals in einer natürlichen Maßeinheit. Der wesentliche Unterschied zu allen anderen Skalenniveaus liegt in der Existenz einer natürlichen Maßeinheit. Bei den vier zuvor genannten Skalenniveaus sind die Maßeinheiten eine Frage der Vereinbarung. Die einzige Absolutskala, die in der Psychologie von Bedeutung ist, ist die Häufigkeitsskala. Sie lässt sich auf alle zählbaren psychologischen Ereignisse beziehen, z. B. die Häufigkeit, mit der eine Person in einem definierten Zeitraum von Panikattacken überfallen wurde.

> **Definition**
>
> Bei intervallskalierten, verhältnisskalierten und absolutskalierten Variablen haben die Zahlen, die man Merkmalsausprägungen zuordnet, eine andere Bedeutung als bei nominal- und ordinalskalierten Variablen, da Unterschiede zwischen Zahlen (Differenzen) interpretiert werden können. Diese drei Typen von Variablen werden häufig unter dem Begriff der metrischen oder **kardinalskalierten Variablen** zusammengefasst.

Ordnung der Skalenniveaus

Die fünf verschiedenen Skalenniveaus, die wir vorgestellt haben, lassen sich in Bezug auf die Aussagen, die sinnvollerweise getroffen werden können, in eine Ordnung bringen, die in Tabelle 5.1 dargestellt ist. Auf dem niedrigsten Niveau der Nominalskala lassen sich nur Aussagen über die Gleichheit und Verschiedenheit machen. Auf dem nächsthöheren Niveau der

Tabelle 5.1 Ordnung der Skalenniveaus nach bedeutsamen Aussagen (ja: zulässige Aussagen, nein: nicht zulässige Aussagen)

Skalenart	Gleichheit vs. Verschiedenheit	Ordnung	Differenzen	Verhältnisse	Absolute Werte
Nominalskala	ja	nein	nein	nein	nein
Ordinalskala	ja	ja	nein	nein	nein
Intervallskala	ja	ja	ja	nein	nein
Verhältnisskala	ja	ja	ja	ja	nein
Absolutskala	ja	ja	ja	ja	ja

Ordinalskala lassen sich zusätzlich Aussagen über die Ordnung der Merkmalsausprägungen machen. Auf Intervallskalenniveau kommen Aussagen über das Verhältnis von Merkmalsdifferenzen hinzu. Das Verhältnisskalenniveau erlaubt darüber hinaus Aussagen über Verhältnisse von Merkmalsausprägungen. Schließlich erlaubt die Absolutskala alle Aussagen auf niedrigerem Skalenniveau und noch dazu Aussagen über absolute Werte.

Messwert

Die Werte, die eine Skala den Merkmalsträgern zuweist, nennt man Messwerte. Dementsprechend bezeichnet man den Prozess dieser Zuweisung als Messen. Messwerte auf Intervall-, Verhältnis- und Absolutskalen werden immer durch Zahlen dargestellt, bei Nominal- und Ordinalskalen können statt Zahlen auch andere Symbole verwendet werden. So kann z. B. das Geschlecht (nominalskalierte Variable) durch die Symbole ♀ und ♂ repräsentiert werden. Die Ordnung dreier Stimmungszustände kann durch die Symbole ☺, ☹ und ☹ widergespiegelt werden. Die Verwendung von Zahlen hat aber auch bei Nominal- und Ordinalskalen eine Reihe von Vorteilen, die wir später noch kennenlernen werden.

5.1.2 Skalenniveau und andere Variablenarten

In Kapitel 4 haben wir verschiedene Möglichkeiten kennengelernt, Variablen nach bestimmten Merkmalen zu klassifizieren. Wie hängen diese Unterscheidungskategorien mit dem Skalenniveau zusammen?

Diskrete und stetige Variablen. Eine wichtige Unterscheidung bei der Messung von psychologischen Phänomenen ist die Unterscheidung von diskreten und stetigen Variablen. Diskrete Variablen können nur endlich viele oder abzählbar unendlich viele Ausprägungen annehmen, stetige Variablen hingegen überabzählbar unendlich viele Ausprägungen. Diskrete Variablen können nominal-, ordinal- oder kardinalskaliert sein. Stetige Variablen in der Psychologie sind typischerweise kardinalskaliert.

Qualitative und quantitative Variablen. Qualitative Variablen sind dadurch gekennzeichnet, dass sie nur eine endliche Anzahl von Ausprägungen (Kategorien) annehmen. Sie sind nominalskaliert (ungeordnete Kategorien) oder ordinalskaliert (geordnete Kategorien). Die Ausprägungen quantitativer Variablen können im Sinne einer Intensität oder eines Ausmaßes interpretiert werden. Kardinalskalierte Variablen sind quantitative Variablen.

5.2 Messen in der Psychologie: Grundideen am Beispiel der Nominalskala

Um verstehen zu können, was sich hinter Skalen und Skalenniveaus genauer verbirgt, müssen wir das Konzept des Skalenniveaus präziser als im letzten Abschnitt fassen und definieren, was wir unter einer Skala verstehen. Insbesondere ist es wichtig zu erkennen, nach welchen Regeln die Messwerte (Zahlen) auf diesen Skalen weiterverarbeitet werden können, um zusammenfassende Aussagen über psychologische Beobachtungen vornehmen zu können. Wir beginnen mit der Definition des Messens (Orth, 1974; Steyer & Eid, 2001; Suppes & Zinnes, 1963).

> **Definition**
>
> Unter **Messen** versteht man die Zuordnung von Zahlen zu Objekten nach bestimmten Regeln, die gewährleisten, dass bestimmte (interessierende) Relationen in der Menge der Objekte in der Menge der Zahlen erhalten bleiben.

Um verstehen zu können, was mit dem Begriff des Messens gemeint ist, müssen wir zunächst grundlegende Begriffe einführen. Insbesondere muss geklärt werden, was mit den »Relationen in der Menge der Objekte« (den empirischen Relationen) und den »Relationen in der Menge der Zahlen« (den numerischen Relationen) gemeint ist.

5.2.1 Relation

Ausgangspunkt der Messung ist zunächst die jeweils relevante Menge der Merkmalsträger, in der Psychologie meist die Menge von Personen. Diese bezeichnen wir im Folgenden mit U (Untersuchungsobjekte). Wir wollen die Grundidee des Messens am Beispiel der Nominalskala erklären und betrachten fünf Personen, die wir in der Menge U zusammenfassen:

U = {Urs, Hans, Fritz, Anna, Frida}

Ziel einer Nominalskala ist die Klassifikation von Personen nach bestimmten Kriterien, die auf der Gleichheit bzw. Verschiedenheit der Personen aufbaut. Man vergleicht jede Person mit jeder anderen. Man betrachtet also alle möglichen Paare, wobei zur Definition der Relation wichtig ist, dass die Paare geordnet sind; d. h., es macht einen Unterschied, ob man z. B. das Paar ⟨Urs, Hans⟩ oder das Paar ⟨Hans, Urs⟩ betrachtet. Die geordneten Paare fasst man in einer Menge zusammen, die als kartesisches Produkt bezeichnet wird. Wir werden zunächst den Begriff des kartesischen Produkts allgemein definieren und ihn dann auf den Vergleich zweier Personen aus der Menge U anwenden.

> **Definition**
>
> Das **kartesische Produkt** $A \times B$ zweier Mengen A und B ist die Menge aller geordneten Paare ⟨a, b⟩, deren erste Komponente Element in A und deren zweite Komponente Element in B ist.

Ein Beispiel:
  A = {Sonja, Anja, Eva},
  B = {Psychologie, Medizin, Jura}
kartesisches Produkt:
  $A \times B$ = {⟨Sonja, Psychologie⟩, ⟨Sonja, Medizin⟩,
       ⟨Sonja, Jura⟩,
       ⟨Anja, Psychologie⟩, ⟨Anja, Medizin⟩,
       ⟨Anja, Jura⟩,
       ⟨Eva, Psychologie⟩, ⟨Eva, Medizin⟩,
       ⟨Eva, Jura⟩}

Die Menge $A \times B$ enthält alle möglichen geordneten Paare, die man auf der Grundlage der Mengen A und B bilden kann. Geordnet bedeutet, dass die erste Komponente eines Paares (z. B. Sonja in ⟨Sonja, Psychologie⟩) immer aus der Menge A und die zweite Komponente (z. B. Psychologie in ⟨Sonja, Psychologie⟩) immer aus der Menge B stammt.

Zur Definition einer Nominalskala betrachten wir unsere Menge der Untersuchungsobjekte U und bilden das kartesische Produkt $U \times U$ dieser Menge mit sich selbst. Bezogen auf unser Beispiel mit U = {Urs, Hans, Fritz, Anna, Frida} ergibt sich:

  $U \times U$ = {⟨Urs, Urs⟩, ⟨Urs, Hans⟩, ⟨Urs, Fritz⟩,
       ⟨Urs, Anna⟩, ⟨Urs, Frida⟩,
       ⟨Hans, Urs⟩, ⟨Hans, Hans⟩, ⟨Hans, Fritz⟩,
       ⟨Hans, Anna⟩, ⟨Hans, Frida⟩,
       ⟨Fritz, Urs⟩, ⟨Fritz, Hans⟩, ⟨Fritz, Fritz⟩,
       ⟨Fritz, Anna⟩, ⟨Fritz, Frida⟩,
       ⟨Anna, Urs⟩, ⟨Anna, Hans⟩, ⟨Anna, Fritz⟩, ⟨Anna, Anna⟩, ⟨Anna, Frida⟩,
       ⟨Frida, Urs⟩, ⟨Frida, Hans⟩, ⟨Frida, Fritz⟩,
       ⟨Frida, Anna⟩, ⟨Frida, Frida⟩}

Relationsvorschrift und Relation

Die Menge $U \times U$ enthält alle möglichen geordneten Paare und bietet somit die Grundlage dafür, zwei Personen in Bezug auf ein Merkmal zu vergleichen. Dieser Vergleich wird auf der Grundlage einer Relationsvorschrift vorgenommen, die eine Relation definiert. Eine Relationsvorschrift wäre z. B.: »u hat das gleiche Geschlecht wie v«, wobei u und v Elemente aus U sind. Die Relation ist die Teilmenge der Menge $U \times U$, die dieser Relationsvorschrift entspricht. Da die Relation auf dem kartesischen Produkt zweier Mengen definiert wurde, heißt sie auch zweistellige oder binäre Relation. Wie wir später sehen werden, kann die Relation auch auf dem kartesischen Produkt von mehr als zwei Mengen definiert werden. Wir werden zunächst den Begriff der binären Relation wieder allgemein definieren und dann auf unser messtheoretisches Beispiel anwenden.

> **Definition**
>
> Eine **binäre Relation** ist eine Teilmenge eines kartesischen Produkts $A \times B$ zweier Mengen A und B. Zur Kennzeichnung der geordneten Paare, die zur Relation gehören, schreibt man
>   ⟨a, b⟩ ∈ R oder auch $a\,R\,b$.

Betrachten wir unsere Menge U der Personen und die Relationsvorschrift »u hat das gleiche Geschlecht wie v« so erhalten wir folgende Relation R:

$R = \{\langle \text{Urs, Urs}\rangle, \langle \text{Urs, Hans}\rangle, \langle \text{Urs, Fritz}\rangle,$
$\langle \text{Hans, Urs}\rangle, \langle \text{Hans, Hans}\rangle, \langle \text{Hans, Fritz}\rangle,$
$\langle \text{Fritz, Urs}\rangle, \langle \text{Fritz, Hans}\rangle, \langle \text{Fritz, Fritz}\rangle,$
$\langle \text{Anna, Anna}\rangle, \langle \text{Anna, Frida}\rangle,$
$\langle \text{Frida, Anna}\rangle, \langle \text{Frida, Frida}\rangle\}$

Es ist zu beachten, dass sowohl $\langle \text{Hans, Fritz}\rangle$ als auch $\langle \text{Fritz, Hans}\rangle$ ein Element der Relation sind, da eine Relation eine Teilmenge der Menge aller geordneten Paare ist. Fritz und Hans haben das gleiche Geschlecht, und es gilt daher:

$\langle \text{Fritz, Hans}\rangle \in R$ und $\langle \text{Hans, Fritz}\rangle \in R$ bzw.
Fritz R Hans und Hans R Fritz

Es ist auch wichtig zu beachten, dass es einen Unterschied zwischen der Relationsvorschrift und der Relation gibt. Die Relation ist immer eine Teilmenge des kartesischen Produkts, während die Relationsvorschrift verbalisiert, worauf der Vergleich der Personen basiert.

Zwei- und n-stellige Relationen

Die Relation, die durch die Relationsvorschrift »u hat das gleiche Geschlecht wie v« definiert wird, nennen wir eine zweistellige Relation, da sie auf dem kartesischen Produkt zweier Mengen definiert wurde. Man kann nicht nur das kartesische Produkt zweier Mengen, sondern im Allgemeinen von n Mengen betrachten. Eine Relation, die auf dem kartesischen Produkt von n Mengen definiert wurde, nennt man n-stellige Relation. Die Relation, die durch die Relationsvorschrift »a ist das Kind von b und c« definiert wird, ist eine dreistellige Relation auf $A \times B \times C$, wobei a ein Element der Menge A der Kinder, b ein Element der Menge B der Mütter und c ein Element der Menge C der Väter wäre. Im Folgenden werden wir uns nur mit dem einfachsten Fall zweistelliger Relationen beschäftigen.

Graphische Darstellung

Eine Relation lässt sich auch graphisch darstellen. Die Relation, die man aufgrund der Relationsvorschrift »u hat das gleiche Geschlecht wie v« erhält, ist in Abbildung 5.1 dargestellt. Die Personmenge U wird zweimal abgebildet. Die Linien zwischen den Elementen (Personen) kennzeichnen die Elemente (Personen), die miteinander in der Relation stehen. Es wurden zwei Farben gewählt, um Frauen (grau) und Männer (blau) optisch zu trennen.

5.2.2 Relativ (relationales System)

Neben dem Begriff der Relation ist auch der Begriff des Relativs ein wichtiger Begriff der Messtheorie. In einem Relativ fasst man die Menge der Beobachtungsobjekte und die betrachteten Relationen zusammen. Ein Relativ wird auch relationales System genannt.

> **Definition**
>
> Ein **Relativ** *RV* umfasst eine Menge A und die Relationen R_i auf $A \times A$: $RV = \langle A, R_1, ..., R_m\rangle$.

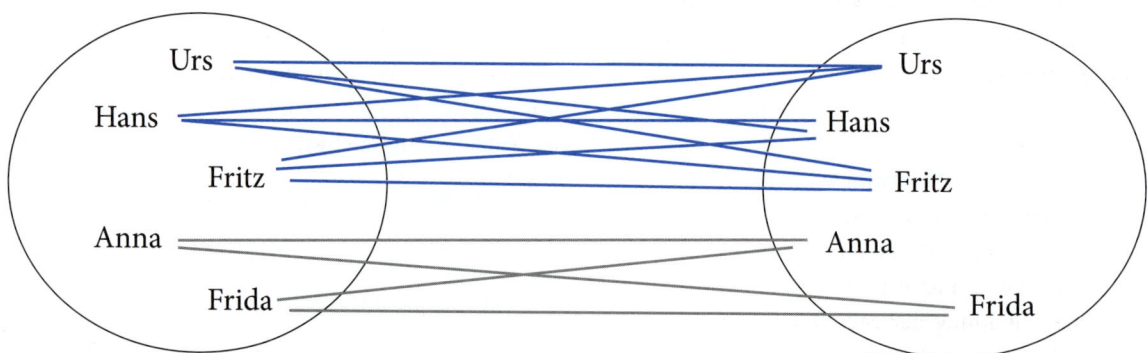

Abbildung 5.1 Graphische Darstellung der Relation, die durch die Relationsvorschrift »u hat das gleiche Geschlecht wie v« definiert ist

In unserem Beispiel mit der Relationsvorschrift »u hat das gleiche Geschlecht wie v« haben wir die Menge U der Personen und nur eine Relation R betrachtet, das Relativ heißt somit $RV = \langle U, R \rangle$.

Empirisches und numerisches Relativ

Je nachdem, ob es sich bei der betrachteten Menge eines Relativs um die Menge der Beobachtungseinheiten oder der Zahlen handelt, spricht man von einem empirischen oder numerischen Relativ. Die Grundidee des Messens besteht darin, Elementen der Menge des empirischen Relativs (in unserem Beispiel den Personen) Zahlen (also Elemente der Menge des numerischen Relativs) derart zuzuordnen, dass die Relationen, die zwischen den Personen bestehen, durch die Relationen auf der Zahlenmenge angemessen repräsentiert werden. Was dies im Einzelnen bedeutet, werden wir erläutern, wenn wir die Unterschiede zwischen empirischem und numerischem Relativ behandelt haben.

Empirisches Relativ. Besteht die Menge des Relativs aus empirischen Objekten, spricht man von einem empirischen Relativ (*ERV*). Unser Beispiel mit $ERV = \langle U, R \rangle$ ist ein empirisches Relativ.

Numerisches Relativ. Besteht die Menge aus Zahlen, so bezeichnet man das Relativ als numerisches Relativ (*NRV*). Ein Beispiel für ein numerisches Relativ ist $NRV = \langle \mathbb{R}, = \rangle$. Mit $\mathbb{R}$ wird die Menge der reellen Zahlen bezeichnet, »=« steht für die Gleichheitsrelation. Das Paar $\langle 2, 2 \rangle$ ist beispielsweise ein Element der Gleichheitsrelation, die durch die Relationsvorschrift »a weist den gleichen Wert auf wie b« für zwei reelle Zahlen a und b definiert ist. Alle anderen Paare gleicher reeller Zahlen sind ebenfalls Elemente dieser Relation.

5.2.3 Homomorphismus

Unter Messen versteht man die Zuordnung von Zahlen zu Objekten derart, dass die Relationen im empirischen Relativ im numerischen Relativ erhalten bleiben. Eine Abbildung der Menge U in die Menge $\mathbb{R}$, die dies leistet, nennt man eine strukturerhaltende Abbildung oder einen Homomorphismus h. Was bedeutet dies? Zur Erläuterung greifen wir nochmals auf unser Beispiel mit der Relationsvorschrift »u hat das gleiche Geschlecht wie v« zurück. Das empirische Relativ in diesem Beispiel ist $ERV = \langle U, R \rangle$. Die zugehörige empirische Relation R auf der Menge $U \times U$ lautete:

R = {⟨Urs, Urs⟩, ⟨Urs, Hans⟩, ⟨Urs, Fritz⟩,
⟨Hans, Urs⟩, ⟨Hans, Hans⟩, ⟨Hans, Fritz⟩,
⟨Fritz, Urs⟩, ⟨Fritz, Hans⟩, ⟨Fritz, Fritz⟩,
⟨Anna, Anna⟩, ⟨Anna, Frida⟩, ⟨Frida, Anna⟩,
⟨Frida, Frida⟩}

Ein numerisches Relativ für dieses Beispiel wäre $NRV = \langle \mathbb{R}, = \rangle$. Eine sinnvolle Zahlenzuordnung wäre die, dass Personen gleichen Geschlechts die gleiche Zahl und Personen unterschiedlichen Geschlechts verschiedene Zahlen zugeordnet werden. Dies ist eine strukturerhaltende Abbildung. Ordnen wir z. B. allen Männern eine 1 und allen Frauen eine 2 zu, dann würde Folgendes gelten:

▶ Urs hat dasselbe Geschlecht wie Urs, und die Zahl, die Urs zugeordnet wird, ist dieselbe, die Urs zugeordnet wird.
▶ Urs hat dasselbe Geschlecht wie Hans, und die Zahl, die Urs zugeordnet wird, ist dieselbe Zahl, die Hans zugeordnet wird.
▶ Dies lässt sich für alle weiteren Elemente der empirischen und numerischen Relationen fortführen.

Dieses Beispiel zeigt, dass immer dann, wenn zwei Personen in der empirischen Relation R stehen, auch die zugeordneten Zahlen in der Gleichheitsrelation stehen. Es gilt auch, dass Personen verschiedenen Geschlechts nicht in der Relation stehen, d. h. keine Elemente von R sind. Die gewählte Zahlenzuordnung garantiert, dass die Zahlen, die Personen verschiedenen Geschlechts zugeordnet werden, auch nicht in der Gleichheitsrelation stehen, da die Männern (1) und Frauen (2) zugeordneten Zahlen verschieden sind. Man kann anhand der Zahlen, die verschiedenen Personen zugeordnet wurden, eindeutig erkennen, ob die Personen gleiches oder unterschiedliches Geschlecht aufweisen.

Das Beispiel illustriert die Eigenschaften, die eine Abbildung $h: U \to \mathbb{R}$ im behandelten Beispiel erfüllen muss, um als Homomorphismus zu gelten:

(1) Für Personen, die in der empirischen Relation stehen, stehen die zugeordneten Zahlen auch in der numerischen Relation.

(2) Für Personen, die nicht in der empirischen Relation stehen, stehen auch die zugeordneten Zahlen nicht in der numerischen Relation.
(3) Stehen die den Personen zugeordneten Zahlen in der numerischen Relation, so stehen auch die Personen in der empirischen Relation.
(4) Stehen die den Personen zugeordneten Zahlen nicht in der numerischen Relation, so stehen auch die Personen nicht in der empirischen Relation.

5.2.4 Grundlegende Fragen der Messtheorie

In der Messtheorie stellen sich verschiedene grundlegende Fragen in Bezug auf die Messung von Merkmalen (Gigerenzer, 1981; Orth, 1974; Steyer & Eid, 2001; Suppes & Zinnes, 1963):

(1) Welche Anforderungen muss eine empirische Relation erfüllen, damit eine homomorphe Abbildung existiert, die die Repräsentation des empirischen Relativs durch ein numerisches Relativ erlaubt (*Repräsentationsproblem*)? In unserem Beispiel war die Zahlenzuordnung leicht nachvollziehbar. Dies muss jedoch nicht immer der Fall sein. Wie wir sehen werden, legen diese allgemeinen Anforderungen das Skalenniveau fest.
(2) Wie eindeutig ist die Zahlenzuordnung (*Eindeutigkeitsproblem*)? In unserem Beispiel haben wir Männern eine 1 und Frauen eine 2 zugeordnet. Diese Zahlenzuordnung ist bis zu einem bestimmten Grad beliebig. Hätten wir Männern eine 4 und Frauen eine 3 zugeordnet, wäre dies auch sinnvoll gewesen. Nicht sinnvoll wäre es allerdings gewesen, Frauen und Männern eine 5 zuzuordnen. Das Eindeutigkeitsproblem bezieht sich auf die Frage, bis zu welchem Grad die Zahlenzuordnung eindeutig ist. Damit eng verknüpft ist die Frage der *zulässigen Transformationen* der zugeordneten Zahlen, d. h., in welcher Weise wir Zahlenzuordnungen ändern dürfen.
(3) Wenn verschiedene Zahlenzuordnungen möglich sind, stellt sich die Frage, welche Aussagen über Merkmalsausprägungen bedeutsam sind (*Bedeutsamkeitsproblem*), d. h. sich nicht ändern, wenn wir verschiedene zulässige Zahlenzuordnungen wählen.

Diese drei grundlegenden Fragestellungen werden wir anhand der Nominalskala und der Ordinalskala etwas ausführlicher und in Bezug auf die anderen Skalen kürzer behandeln.

5.3 Definition der Nominalskala

Eine Nominalskala unterscheidet Objekte danach, ob sie gleich oder ungleich sind. Sie teilt die Merkmalsträger in Kategorien ein. Deshalb nennt man nominalskalierte Variablen auch kategoriale Variablen. Die zugeordneten Zahlen (Messwerte auf einer Nominalskala) sind lediglich in Bezug auf ihre Gleichwertigkeit oder Ungleichwertigkeit aussagekräftig. Die Abbildung einer Menge von Objekten in eine Menge von Zahlen wird so vorgenommen, dass in Bezug auf eine Merkmalsausprägung gleichen Objekten gleiche Zahlen und in Bezug auf eine Merkmalsausprägung verschiedenen Objekten verschiedene Zahlen zugeordnet werden.

5.3.1 Das empirische Relativ der Nominalskala

Wie wir bereits gesehen haben, besteht das empirische Relativ der Nominalskala aus einer Menge U der Beobachtungseinheiten und einer Relation R auf $U \times U$. Um sicherzustellen, dass ein Homomorphismus existiert, der U in $\mathbb{R}$ strukturerhaltend abbildet, muss die Relation R die Anforderungen einer Äquivalenzrelation erfüllen.

Äquivalenzrelation

> **Definition**
>
> Eine Relation R heißt **Äquivalenzrelation**, wenn sie folgende drei Anforderungen erfüllt:
> (1) R ist reflexiv, d. h., für alle $u \in U$ gilt: $u\,R\,u$.
> (2) R ist symmetrisch, d. h., für alle $u, v \in U$ gilt: $u\,R\,v \rightarrow v\,R\,u$.
> (3) R ist transitiv, d. h., für alle $u, v, w \in U$ gilt: $(u\,R\,v \wedge v\,R\,w) \rightarrow u\,R\,w$.
>
> Für die Äquivalenzrelation verwenden wir das Zeichen $\approx$.

Reflexivität. Die Anforderung der Reflexivität bedeutet, dass jede Person mit sich selbst in der Relation stehen muss. Für unser Beispiel mit der Relationsvorschrift »u hat das gleiche Geschlecht wie v« ist dies der Fall, da jede Person dasselbe Geschlecht wie sie selbst hat. Eine Relation, die durch die Relationsvorschrift »u ist Vater von v« definiert wird, würde die Anforderung der Reflexivität nicht erfüllen, da man nicht sein eigener Vater sein kann.

Symmetrie. Die Anforderung der Symmetrie bedeutet, dass wenn eine Person u mit v in der Relation steht, dann auch v mit u in der Relation stehen muss. Formal wird diese Anforderung über die logische *Implikation* definiert, die durch den Folgepfeil $\rightarrow$ symbolisiert wird. Der Ausdruck »$u\,R\,v \rightarrow v\,R\,u$« lässt sich wie folgt lesen: »Wenn zwei Personen u (z. B. Urs) und v (z. B. Fritz) in der Relation stehen, dann müssen auch v (Fritz) und u (Urs) in der Relation stehen.« Stehen jedoch zwei Personen (z. B. Urs und Anna) nicht in der Relation, dann sind sie für diese Anforderung irrelevant. Wir betrachten also bei der Bewertung der Symmetrie nur die Paare, die in der Relation stehen (Element von R sind). Ist ein Paar in der Relation (⟨Urs, Fritz⟩), so muss dieses Paar auch mit vertauschten Personen (⟨Fritz, Urs⟩) auftreten. Ist dies nicht der Fall, so ist die Anforderung der Symmetrie verletzt. Die Relation, die durch die Relationsvorschrift »u ist Vater von v« definiert wird, würde auch die Anforderung der Symmetrie nicht erfüllen, da ein Sohn nicht der Vater seines eigenen Vaters sein kann. Dies würde jedoch die Symmetriebedingung erfordern: Wenn Urs der Vater von Fritz ist, dann ist auch Fritz der Vater von Urs.

Transitivität. Die Anforderung der Transitivität besagt, dass immer dann, wenn eine Person u mit einer Person v in der Relation steht und die Person v mit der Person w in der Relation steht, auch die Personen u und w in der Relation stehen müssen. Das Symbol $\rightarrow$ kennzeichnet wieder die Implikation, das Symbol $\wedge$ kennzeichnet das logische »und«. Die Transitivität ist für unseren Geschlechtsvergleich erfüllt: Urs steht mit Fritz in der Relation, Fritz mit Hans; und daraus folgt, dass Urs auch mit Hans in der Relation stehen muss. Wären die Paare ⟨Urs, Fritz⟩ und ⟨Fritz, Hans⟩ Elemente der Relation, nicht aber ⟨Urs, Hans⟩, dann wäre die Transitivität verletzt, und es läge keine Äquivalenzrelation vor. Dies ist im Falle der Relationsvorschrift »u ist Vater von v« der Fall. So kann Urs der Vater von Fritz und Fritz der Vater von Hans sein. Es ist aber nicht möglich, dass dann Urs der Vater von Hans ist (da er ja sein Großvater ist).

Es ist wichtig zu betonen, dass die Transitivität nicht voraussetzt, dass es drei Personen gibt, für die gilt: $u\,R\,v \wedge v\,R\,w$. Sie besagt nur, dass, wenn es sie gibt, dann auch gelten muss: $u\,R\,w$. Würden wir in unserem Geschlechterbeispiel etwa Urs aus der Menge U der Personen herausnehmen, so dass nur zwei Männer und zwei Frauen betrachtet würden, dann würde die Relation auch dann alle Anforderungen der Äquivalenzrelation erfüllen, wenn es den Fall $u\,R\,v \wedge v\,R\,w$ nicht gäbe. Die Anforderung der Transitivität wäre nicht verletzt, da die Bedingung, die für ihre Überprüfung vorausgesetzt wird ($u\,R\,v \wedge v\,R\,w$), nicht auftritt.

Äquivalenzklassen und Klassifikationssystem

Liegt eine Äquivalenzrelation vor, so können die untersuchten Personen Äquivalenzklassen zugeordnet werden. Personen, die derselben Äquivalenzklasse angehören, gleichen sich in Bezug auf das untersuchte Merkmal. Personen, die verschiedenen Äquivalenzklassen angehören, unterscheiden sich in Bezug auf das Merkmal. Eine Person gehört einer und nur einer Klasse an, d. h., jede Person muss einer Klasse zugeordnet werden, sie darf aber auch nur einer Klasse zugeordnet werden. Die Klassen überlappen sich nicht, sie sind *disjunkt*. Dies bedeutet, dass die Klassen keine gemeinsamen Elemente haben, ihre Schnittmenge somit die leere Menge ist. In unserem Beispiel mit der Relationsvorschrift »u hat das gleiche Geschlecht wie v« werden durch die Menge U und die auf $U \times U$ definierte Äquivalenzrelation genau zwei Äquivalenzklassen erzeugt. Die erste Äquivalenzklasse ist die Menge der Männer ({Urs, Fritz, Hans}), die zweite Äquivalenzklasse die Menge der Frauen ({Anna, Frida}). Das empirische Relativ $ERV = \langle U, \approx \rangle$ heißt dann Klassifikationssystem. Durch die Relationsvorschrift »u ist Vater von v« lässt sich kein Klassifikationssystem begründen, da eine Person sowohl Vater als auch Sohn sein kann und die Mengen der Väter und die Menge der Söhne nicht zwangsläufig disjunkt sein müssen. Dies zeigt, dass nicht jede Relation ein Klassifikationssystem begründet. Für eine Reihe von statistischen Anwendungen ist es – wie wir später sehen werden – jedoch wichtig, dass Personen nur einer Klasse zugeordnet werden können und müssen. Die systematische Analyse, ob die Anforderungen einer Äquivalenzrelation im konkreten Anwendungsfall erfüllt sind, hilft uns zu klären, ob wir ein Klassifikationssystem begründen können.

5.3.2 Das numerische Relativ der Nominalskala

Die Grundidee der Zahlenzuordnung beim Nominalskalenmodell besteht darin, Personen Zahlen derart zuzuordnen, dass allen Personen derselben Äquivalenzklasse dieselbe Zahl zugeordnet wird, während Personen unterschiedlicher Äquivalenzklassen unterschiedliche Zahlen zugeordnet werden. Am Vergleich der zugeordneten Zahlen kann man sofort erkennen, ob zwei Personen dieselbe Merkmalsausprägung (gleiche Zahl) oder unterschiedliche Merkmalsausprägungen (unterschiedliche Zahlen) aufweisen. Die Zahlenzuordnung erleichtert den Vergleich. Die zugeordneten Zahlen werden in Bezug auf ihre Gleichheit verglichen. Die Zahlenmenge und die Gleichheitsrelation = werden im numerischen Relativ $NRV = \langle \mathbb{R}, = \rangle$ zusammengefasst. Die Gleichheitsrelation besteht aus allen Paaren, deren erste und zweite Zahl gleich sind (z. B. $\langle 1, 1 \rangle$).

5.3.3 Nominalskala und Nominalskalenmodell

Erfüllt die im empirischen Relativ betrachtete Relation die Anforderungen einer Äquivalenzrelation, so dass das empirische Relativ $ERV = \langle U, \approx \rangle$ ein Klassifikationssystem darstellt, und besteht das numerische Relativ aus der Menge der reellen Zahlen und der Gleichheitsrelation $NRV = \langle \mathbb{R}, = \rangle$, dann lässt sich zeigen, dass es (mindestens) eine Abbildung

$h: U \rightarrow \mathbb{R}$

gibt, für die gilt, dass zwei Personen u und v, die in der Äquivalenzrelation $\approx$ stehen ($u \approx v$), gleiche zugeordnete Zahlenwerte $h(u)$ und $h(v)$ aufweisen, und für die umgekehrt auch gilt, dass gleiche Werte anzeigen, dass die Personen, denen sie zugeordnet werden, in der Äquivalenzrelation stehen und somit gleiche Merkmalsausprägungen aufweisen. Bei dieser Abbildung handelt sich um einen Homomorphismus, d. h. eine strukturerhaltende Abbildung. Sie ist strukturerhaltend, da sie sicherstellt, dass die Beziehung zwischen den Objekten (gleiche vs. verschiedene Merkmalsausprägung) in der Menge der Zahlen (gleiche vs. verschiedene Zahlen) erhalten bleibt. In unserem speziellen Fall, in dem die Relation im empirischen Relativ die Äquivalenzrelation ist, nennt man h auch Nominalskala. Die betrachteten empirischen und numerischen Relative und die Nominalskala fasst man im Nominalskalenmodell (NSM) $NSM = [\langle U, \approx \rangle, \langle \mathbb{R}, = \rangle, h]$ zusammen.

Dass es mehr als eine solche Abbildung geben kann, kann man sich leicht veranschaulichen. In unserem Beispiel der Messung des Geschlechts wäre die Zahlenzuordnung 1 für Männer und 2 für Frauen genauso zulässig wie 3 für Männer und 45.637.898 für Frauen. Alle Zuordnungen, die garantieren, dass Personen gleichen Geschlechts die gleichen Werte und Personen unterschiedlichen Geschlechts verschiedene Werte erhalten, wären zulässig.

Wichtig ist es weiterhin zu beachten, dass wir es hier mit dem einfachsten Fall einer zweiwertigen (binären) Nominalskala zu tun haben: Das Merkmal Geschlecht kann nur zwei Werte annehmen. Grundsätzlich gibt es jedoch keine Beschränkung hinsichtlich der Anzahl von Werten, die eine Nominalskala annehmen kann. Vielmehr ist die Anzahl der Werte einer Nominalskala genauso groß wie die Zahl der Kategorien, in die die Merkmalsträger eingeordnet werden können. Beispielsweise kann die Nationalität einer Person, die in der Psychologie für bestimmte Fragestellungen von Interesse ist, mehr als 150 Werte annehmen. Entsprechend viele Zahlen müssen verwendet werden, um alle Merkmalsträger eindeutig voneinander zu unterscheiden. Die Messung der Nationalität auf einer Nominalskala ist jedoch nur dann möglich, wenn Personen nur eine einzige Nationalität aufweisen können. Ist die Zugehörigkeit zu mehreren Nationalitäten möglich, kann keine Nominalskala konstruiert werden, deren Klassen die einzelnen Nationen (deutsch, englisch, französisch etc.) sind. Vielmehr müssten dann entweder alle zulässigen Nationalitätenkombinationen berücksichtigt oder aber mehrere Skalen (erste Nationalität, zweite Nationalität etc.) konstruiert werden. Das Beispiel der Nationalität zeigt sehr schön, dass man sich genau überlegen muss, wie der Begriff der Nationalität konstruiert wird, da unterschiedliche Begriffe unterschiedliche Implikationen für die Klassifikationssysteme und die Messung haben. Durch die Nominalskala wird ein klassifikatorischer Begriff (z. B. Nationalität) in die Wissenschaftssprache eingeführt, dessen Bedeutung durch die Menge der betrachteten Objekte und durch die Relationen sehr viel genauer festgelegt wird als durch das Wort »Nationalität«.

5.3.4 Zulässige Transformationen und Eindeutigkeit

Was darf man nun, um auf eine Ausgangsfrage dieses Kapitels zurückzukommen, mit den Messwerten einer Nominalskala anstellen? Grundsätzlich sind alle *eineindeutigen* Transformationen erlaubt, d. h. alle Transformationen, die an den Gleichheits- und Ungleichheitsbeziehungen zwischen den Zahlen nichts ändern. So erhalten Personen, die gleiche untransformierte Werte hatten, auch gleiche transformierte Werte, und Personen, die verschiedene untransformierte Werte hatten, auch verschiedene transformierte Werte. In unserem Beispiel des biologischen Geschlechts könnte man etwa die Konstante 5 zu den Messwerten addieren. Männer wären dann durch den Messwert 6 und Frauen durch den Messwert 7 gekennzeichnet. Man könnte die Messwerte aber auch quadrieren oder logarithmieren oder irgendeine andere Transformation durchführen. Solange sich an den Gleichheits- und Ungleichheitsverhältnissen nichts ändert, ist die Transformation zulässig. Dies bedeutet, dass es in diesem Fall und generell nicht nur eine Abbildung (Nominalskala) h gibt, sondern unbegrenzt viele. Auch wenn es unbegrenzt viele Möglichkeiten der Zahlenzuordnungen bei einer Nominalskala gibt, dürfte jedoch unmittelbar einleuchten, dass es sich empfiehlt, möglichst einfache Zahlen zu wählen, also bei binären Nominalskalen »0« und »1« oder »1« und »2«.

5.3.5 Bedeutsamkeit

Wenn die Zahlenzuordnung bis zu einem gewissen Grad beliebig ist, kann man sich die Frage stellen, welche Aussagen bei den verschiedenen Zahlenzuordnungen wahr sind, also nicht von der Zahlenzuordnung abhängen, und sich auch nach einer (zulässigen) Transformation der Daten nicht ändern. Solche Aussagen, die sich unter den zulässigen Transformationen nicht ändern, heißen bedeutsame Aussagen. Im Nominalskalenmodell sind nur Aussagen über die Gleichheit vs. Verschiedenheit der zugeordneten Werte bedeutsam. Betrachten wir die beiden folgenden Zahlenzuordnungsmöglichkeiten (Nominalskalen):

(1) Männern wird eine 1, Frauen eine 2 zugeordnet (Nominalskala h_1).
(2) Männern wird eine 5, Frauen eine 1 zugeordnet (Nominalskala h_2).

Bei beiden Zuordnungsmöglichkeiten sind die beiden folgenden Aussagen bedeutsam:
(1) Urs wird dieselbe Zahl wie Fritz zugeordnet:
$h_1(\text{Urs}) = h_1(\text{Fritz})$ und $h_2(\text{Urs}) = h_2(\text{Fritz})$.
(2) Urs wird eine andere Zahl als Anna zugeordnet:
$h_1(\text{Urs}) \neq h_1(\text{Anna})$ und $h_2(\text{Urs}) \neq h_2(\text{Anna})$.

Aussagen über die Gleichheit und Verschiedenheit sind also bedeutsam. Nicht bedeutsam wäre hingegen folgende Aussage: »Urs wird eine kleinere Zahl zugeordnet als Anna.« Diese Aussage wäre bei der Nominalskala h_1 wahr, bei der zweiten Nominalskala h_2 hingegen falsch. Eine solche Aussage wäre auch in Bezug auf das betrachtete Merkmal wenig sinnvoll, da sich die beiden Geschlechter nicht in höher oder niedriger ordnen lassen. Dies zeigt, dass es sinnlos ist, bei Nominalskalen Zahlen im Sinne von »mehr oder weniger« zu interpretieren und sie entsprechend weiter zu verrechnen.

5.3.6 Anwendung von Nominalskalen

Nominalskalierte Variablen sind in der Psychologie weit verbreitet, und einige der am häufigsten eingesetzten Verfahren in der Psychologie setzen voraus, dass ein Teil der Variablen nominalskaliert ist (z. B. die unabhängigen Variablen in der Varianzanalyse). Häufig bestimmt man eine Nominalskala nicht durch einen Vergleich aller möglichen Paare, sondern gibt eine bereits konstruierte Nominalskala vor. Die in diesem Abschnitt behandelten Anforderungen an die Äquivalenzrelation helfen jedoch, auch bei der Konstruktion von Nominalskalen, die nicht auf dem direkten Paarvergleich basieren, Fehler zu vermeiden. So sind z. B. folgende Antwortkategorien keine Kategorien einer Nominalskala.

Welche Sportarten betreiben Sie? Bitte kreuzen Sie bei jeder Sportart, die Sie betreiben, das entsprechende Kästchen (□) an.

Tennis	□ (1)
Fußball	□ (2)
Handball	□ (3)

(Die Zahl in Klammern gibt eine mögliche Zahlenzuordnung an.)

Die Nominalskala setzt voraus, dass jede Person einer und nur einer Äquivalenzklasse zugeordnet werden kann und muss. Würde man die in Klammern angegebene Zahlenzuordnung wählen, hätte man das Problem, dass Personen, die keine dieser Sportarten betreiben, keiner Kategorie zugeordnet werden könnten und auch keine Zahl erhalten würden. Das zweite Problem bestünde darin, dass Personen mehrere der angegebenen Sportarten betreiben könnten und sich die Frage stellt, welche Zahl man ihnen zuordnet. Es gibt zwei Lösungsmöglichkeiten für dieses Problem und die Konstruktion von Nominalskalen.

Lösung 1: Alle möglichen Antwortmuster abbilden

Man bildet eine neue Variable, deren Kategorien alle möglichen Antwortmuster sind:

Welche der Sportarten Tennis, Fußball und Handball betreiben Sie? Bitte kreuzen Sie nur das Kästchen (□) der Aussage an, die auf Sie zutrifft.

keine der genannten Sportarten	□ (0)
nur Tennis	□ (1)
nur Fußball	□ (2)
nur Handball	□ (3)
Tennis und Fußball	□ (4)
Tennis und Handball	□ (5)
Fußball und Handball	□ (6)
alle genannten Sportarten	□ (7)

Diese Variable, die man »genannte Sportarten« nennen könnte, wäre eine nominalskalierte Variable, da jede Person einer und nur einer Kategorie zugeordnet werden kann. In Klammern ist eine mögliche Zahlenzuordnung angegeben. Bei vielen Sportarten wären die möglichen Kombinationen jedoch sehr zahlreich und unübersichtlich. Daher wählt man häufig einen zweiten Weg, um zu Nominalskalen zu kommen.

Lösung 2: Drei binäre Nominalskalen

Eine zweite Möglichkeit besteht darin, drei nominalskalierte Variablen zu definieren:

Welche Sportarten betreiben Sie? Bitte kreuzen Sie bei jeder Sportart das Kästchen (□) an, das auf Sie zutrifft.

Tennis	□ ja (1)	□ nein (0)
Fußball	□ ja (1)	□ nein (0)
Handball	□ ja (1)	□ nein (0)

In diesem Fall würde man drei binäre (oder auch: dichotome) Nominalskalen definieren, die man »Tennis«, »Fußball« und »Handball« nennen könnte. Jede Person hätte auf jeder Variablen genau einen Wert. Eine mögliche Zahlenzuordnung ist in Klammern angegeben.

5.3.7 Das Wesentliche zum Nominalskalenmodell

▶ Nominalskalierte Merkmale zeichnen sich dadurch aus, dass sie die Klassifikation von Objekten erlauben.
▶ Personen müssen einer Merkmalsklasse, dürfen aber auch nur einer Merkmalsklasse angehören.
▶ Klassifikationsmerkmal ist die Gleichheit vs. Verschiedenheit von Objekten in Bezug auf ein Merkmal.
▶ Die definierende empirische Relation ist die Äquivalenzrelation, die reflexiv, symmetrisch und transitiv ist.
▶ Die Zuordnung von Werten (z. B. Zahlen) ist beliebig, sofern Personen mit gleicher Merkmalsausprägung gleiche Werte und Personen mit unter-

schiedlicher Merkmalsausprägung verschiedene Werte erhalten.
- Nominalskalen sind eindeutig bis auf eineindeutige Transformationen definiert.
- Bedeutsame Aussagen sind nur Aussagen über die Gleichheit und Verschiedenheit von Werten.

5.4 Definition der Ordinalskala

Vergleiche von Merkmalsträgern auf einer Ordinalskala basieren im Unterschied zur Nominalskala nicht nur auf der Gleichheit und Verschiedenheit von Merkmalsausprägungen, sondern auch auf deren Rangordnung im Sinne von größer und kleiner. Das Vergleichsergebnis lautet, dass ein Merkmalsträger eine größere Merkmalsausprägung hat als ein anderer, wobei »größer« im übertragenen Sinne zu verstehen ist. »Größer« kann je nach Merkmal auch intensiver, ausgeprägter oder besser bedeuten. Eine Menge von Objekten wird in eine Menge von Zahlen so abgebildet, dass einem »größeren« Objekt eine größere Zahl zugeordnet wird als einem »kleineren« Objekt.

5.4.1 Das empirische Relativ der Ordinalskala

Das empirische Relativ der Ordinalskala besteht wie bei der Nominalskala aus einer Menge U von Beobachtungseinheiten. Auf dem kartesischen Produkt $U \times U$ werden zwei Relationen definiert. Die erste Relation ist wie beim Nominalskalenmodell die Äquivalenzrelation, die den Vergleich der Personen in Bezug auf ihre Gleichheit und Verschiedenheit ermöglicht. Im Gegensatz zur Nominalskala begnügt sich die Ordinalskala nicht einfach mit der Verschiedenheit, sondern bringt Personen in Bezug auf ihre Verschiedenheit in eine Rangordnung. Hierzu wird eine zweite Relation benötigt, die strenge Ordnungsrelation. Betrachten wir als Beispiel die Zeit, die für die Bearbeitung einer Aufgabe benötigt wird. Eine Person kann die Bearbeitung einer Aufgabe entweder gleichzeitig mit einer anderen Person, früher oder später beendet haben. Eine Äquivalenzrelation wäre in diesem Beispiel durch die Relationsvorschrift »u hat die Aufgabe gleichzeitig beendet mit v« bestimmt, eine strenge Ordnungsrelation durch die Relationsvorschrift »u hat die Aufgabe später beendet als v«. Durch beide Relationsvorschriften lassen sich alle möglichen Ausgänge des Vergleichs repräsentieren: Entweder ist die Person u gleichzeitig mit der Person v fertig geworden, oder u ist später fertig geworden als v, oder v ist später fertig geworden als u.

> **Definition**
>
> Eine Relation R heißt **strenge Ordnungsrelation**, wenn sie die folgenden zwei Anforderungen erfüllt:
> (1) R ist asymmetrisch, d. h., für alle $u, v \in U$ gilt: $u\,R\,v \rightarrow \neg(v\,R\,u)$.
> (2) R ist transitiv d. h., für alle $u, v, w \in U$ gilt: $(u\,R\,v \wedge v\,R\,w) \rightarrow u\,R\,w$.
> Für die strenge Ordnungsrelation verwenden wir das Zeichen $\succ$.

Asymmetrie. Die Anforderung der Asymmetrie bedeutet: Wenn eine Person u mit einer Person v in der Ordnungsrelation steht, folgt daraus, dass die Person v nicht mit der Person u in der Ordnungsrelation stehen kann. Inhaltlich bedeutet dies, wenn eine Person u z. B. größer als eine Person v ist, Person v nicht größer als die Person u sein kann. Das Zeichen $\neg$ symbolisiert die logische Negation (Verneinung). Während die Äquivalenzrelation durch die Anforderung der Symmetrie gekennzeichnet ist, erfordert die strenge Ordnungsrelation die Asymmetrie.

Transitivität. Die Anforderung der Transitivität wurde bereits bei der Einführung der Äquivalenzrelation behandelt, und sie muss auch bei der Ordnungsrelation erfüllt sein. Inhaltlich besagt sie, wenn eine Person u z. B. größer als eine Person v ist und diese größer als eine Person w, auch die Person u größer als die Person w sein muss. Dies ist für Merkmale wie die Körpergröße trivial, nicht aber für andere Merkmale. So kann man sich z. B. vorstellen, dass jemand, der alle möglichen Paare von anderen Personen in Bezug auf das Merkmal der Sympathie vergleicht, eine Person u sympathischer als eine Person v und diese sympathischer als eine Person w finden kann, gleichzeitig aber w sympathischer findet als u. Dies wäre etwa dann der Fall, wenn der Sympathievergleich anhand verschiedener Facetten der Sympathie stattfindet. So findet man vielleicht Franz sympathischer als Fritz (da Franz hilfsbereiter als Fritz ist), Fritz findet man sympathischer als Urs (da man mit Fritz mehr gemeinsame Hobbys teilt als mit Urs), aber gleichzeitig findet man Urs sympathischer als Franz (da Urs viel häufiger lacht als Franz). In diesem Beispiel wäre die Anforderung der Ordnungsrelation nicht erfüllt: Die drei Personen wären nicht eindeutig in Bezug auf das Merkmal Sympathie in eine Ordnung zu bringen, und eine sinnvolle Zahlenzuordnung, die im Sinne einer Ordnung zu interpretieren wäre, wäre nicht möglich. Das Beispiel enthält wichtige Erkenntnisse für die Definition des Begriffs Sympathie, der eindeutiger gefasst werden müsste, um eine sinnvolle Ordnung zu ermöglichen. Dies wäre u. a. dadurch möglich, dass man die Paarvergleiche anhand verschiedener Facetten der Sympathie durchführt und für jede Facette eine Ordinalskala definiert. Man würde dadurch einen Begriff der Sympathie einführen, der verschiedene Facetten umfasst.

Komparationssystem

Das empirische Relativ $ERV = \langle U, \approx, \succ \rangle$ einer Ordinalskala muss folgende Anforderungen erfüllen:
(1) $\approx$ ist eine Äquivalenzrelation auf U.
(2) $\succ$ ist eine strenge Ordnungsrelation auf U.
(3) Für je zwei $u, v \in U$ gilt genau eine der drei folgenden Aussagen:
    (a) $u \approx v$,
    (b) $u \succ v$,
    (c) $v \succ u$.

Ein solches Relativ wird auch Komparationssystem genannt (Steyer & Eid, 2001). Es erlaubt die Zuordnung von Personen in Äquivalenzklassen (wie bei der Nominalskala) und darüber hinaus die Ordnung der Klassen.

5.4.2 Das numerische Relativ der Ordinalskala

Die Grundidee der Zahlenzuordnung beim Ordinalskalenmodell besteht darin, Personen mit gleichen Merkmalsausprägungen gleiche Zahlen und Personen mit unterschiedlichen Merkmalsausprägungen unterschiedliche Zahlen zuzuordnen, und zwar derart, dass Personen, die eine »größere« Merkmalsausprägung als andere Personen haben, auch ein größerer Wert zugeordnet wird. Die Rangordnung der numerischen Werte spiegelt die Rangordnung der Merkmalsausprägungen wider. Die strenge Ordnungsrelation beim Zahlenvergleich ist die Größerrelation >. Die Zahlenmenge $\mathbb{R}$, die Gleichheitsrelation = und die Größerrelation > werden im numerischen Relativ $NRV = \langle \mathbb{R}, =, > \rangle$ zusammengefasst. Die Größerrelation besteht aus allen Paaren, deren erste Zahl größer als die zweite ist (z. B. $\langle 4, 1 \rangle$).

5.4.3 Ordinalskala und Ordinalskalenmodell

Handelt es sich bei einem empirischen Relativ $ERV = \langle U, \approx, \succ \rangle$ um ein Komparationssystem und bei dem numerischen Relativ um die Menge der reellen Zahlen sowie die Gleichheitsrelation und Größerrelation $NRV = \langle \mathbb{R}, =, > \rangle$, dann lässt sich zeigen, dass es (mindestens) eine Abbildung

$$h: U \to \mathbb{R}$$

gibt, für die gilt:
▶ Zwei Personen u und v, die in der Äquivalenzrelation $\approx$ stehen ($u \approx v$), weisen gleiche zugeordnete Zahlenwerte $h(u)$ und $h(v)$ auf. Umgekehrt weisen gleiche Werte immer darauf hin, dass die Personen, denen gleiche Werte zugeordnet worden sind, in der Äquivalenzrelation stehen.
▶ Eine Person u, die in Bezug auf ein Merkmal einer anderen Person v überlegen (»größer«) ist, weist einen höheren Zahlenwert $h(u)$ als die Person mit dem Zahlenwert $h(v)$ auf. Umgekehrt weist ein höherer Zahlenwert einer Person im Vergleich zu einer anderen Person immer darauf hin, dass die Person im zugrundeliegenden Merkmal der anderen Person überlegen ist.

Bei dieser Abbildung handelt es sich – wie beim Nominalskalenmodell – um einen Homomorphismus, der sicherstellt, dass die Beziehungen zwischen den Objekten in der Menge der Zahlen strukturell erhalten bleiben. Die Abbildung h nennt man auch Ordinalskala. Die betrachteten empirischen und numerischen Relative und die Ordinalskala fasst man im Ordinalskalenmodell (OSM) $OSM = [\langle U, \approx, \succ \rangle, \langle \mathbb{R}, =, > \rangle, h]$ zusammen.

Eine solche Zahlenzuordnung ist in Abbildung 5.2 dargestellt. Der obere Teil der Graphik stellt die empirischen Relationen graphisch dar. Die Äquivalenzrelation (Relationsvorschrift: »u hat die Aufgabe gleichzeitig beendet mit v«) ist mit hellblauen Linien, die strenge Ordnungsrelation (Relationsvorschrift: »u hat die Aufgabe später beendet als v«) mit dunkelblauen Linien dargestellt. Jede Person steht mit sich selbst in der Äquivalenzrelation, da jede Person zwangsläufig eine Aufgabe gleichzeitig mit sich selbst beendet haben muss. Darüber hinaus hat Hans die Aufgabe gleichzeitig mit Frida beendet. Die strenge Ordnungsrelation zeigt an, dass Hans die Aufgabe später beendet hat als Fritz, Anna später als Hans, Fritz und Frida, Frida später als Fritz. Fritz war also schneller als alle anderen und Hans und Frida schneller als Anna. Die empirischen Relationen sind selbst bei solch einer geringen Anzahl von Personen unübersichtlich. Der untere Teil der Graphik zeigt den Vorteil der Zahlenzuordnung: Anhand der Zahlenzuordnung sieht man sofort, dass Fritz am schnellsten fertig war (geringste Zahl), Anna am längsten brauchte (höchste Zahl) und Hans und Frida gleichzeitig fertig waren und zwischen den beiden anderen die Aufgabe beendet haben (mittlere Zahl, gleiche Zahl für beide).

Wie beim Nominalskalenmodell kann es auch beim Ordinalskalenmodell eine unbeschränkte Anzahl möglicher Abbildungen geben. In Abbildung 5.3 sind zwei solcher Abbildungen bzw. Zahlenzuordnungen angegeben. Viele andere Zahlenzuordnungen sind möglich, sofern sie garantieren, dass Personen gleicher Merkmalsausprägung gleiche Werte und Personen mit unterschiedlichen Merkmalsausprägungen unterschiedliche Werte zugeordnet werden. Die Werte müssen darüber hinaus sicherstellen, dass die Ordnung der Personen erhalten bleibt.

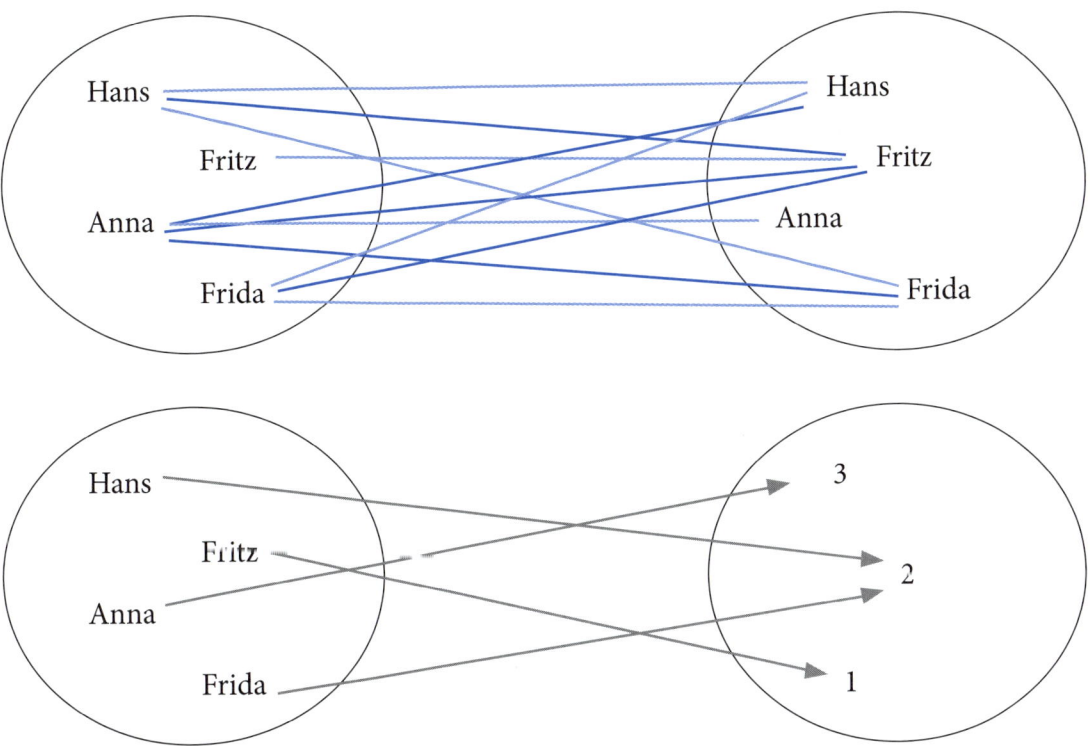

Abbildung 5.2 Oben: Graphische Darstellung der Äquivalenzrelation (hellblau) und der strengen Ordnungsrelation (dunkelblau) im Ordinalskalenmodell. Unten: Zulässige Zahlenzuordnung im entsprechenden Ordinalskalenmodell

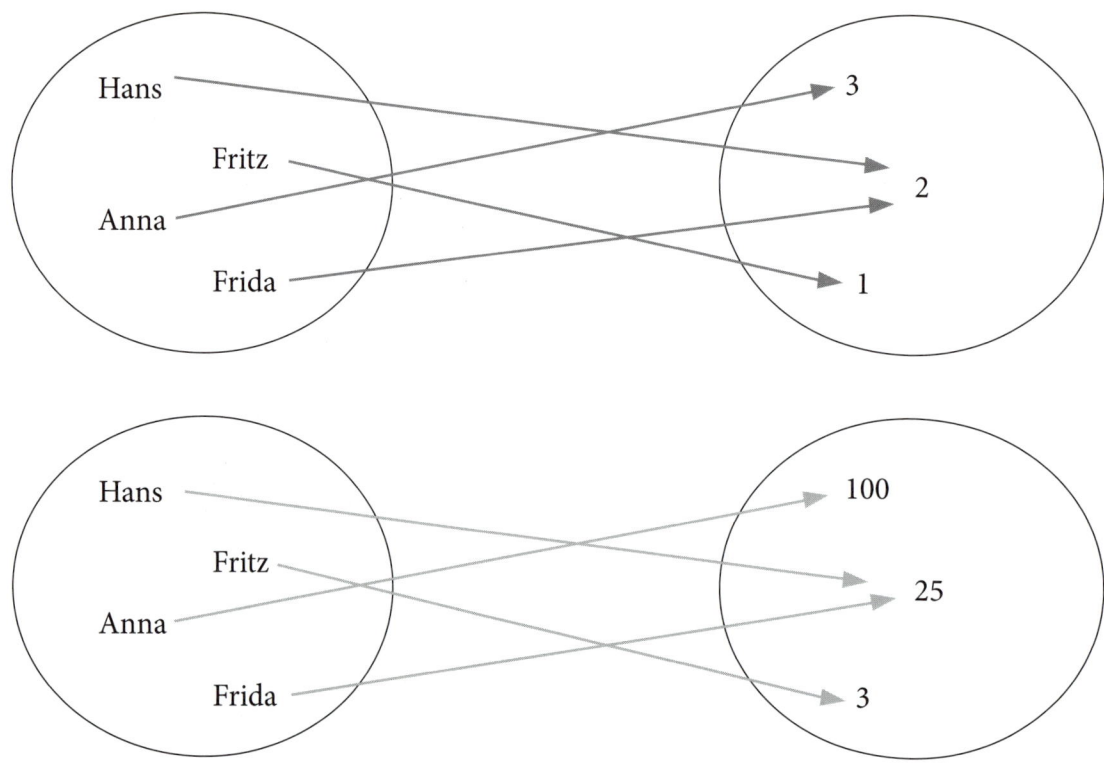

Abbildung 5.3 Zwei zulässige Zahlenzuordnungen im Ordinalskalenmodell

5.4.4 Zulässige Transformationen und Eindeutigkeit

Alle Transformationen sind erlaubt, solange sie (1) sicherstellen, dass Personen, die gleiche (untransformierte) Werte hatten, auch gleiche transformierte Werte aufweisen, und die Transformationen (2) nichts an den Größenverhältnissen der Messwerte ändern. Die Rangordnung der den Objekten zugewiesenen Zahlen muss also vor und nach der Transformation identisch sein. Die in Abbildung 5.4 dargestellte Transformation ist zulässig.

Zulässig sind somit alle monotonen Transformationen, d. h. Transformationen, bei denen sowohl die Gleichheitsrelation als auch die strenge Ordnungsrelation auf der Menge der Zahlen erhalten bleiben (Steyer & Eid, 2001). Zulässig ist z. B. die Addition einer positiven oder negativen Konstante oder die Multiplikation mit einer positiven Konstanten. Dies zeigt, dass es eine unbegrenzte Anzahl von Ordinalskalen h gibt. Wie bei der Nominalskala ist die Zahlenzuordnung nicht vollkommen eindeutig, aber auch nicht vollkommen beliebig. Man sagt, dass eine Ordinalskala eindeutig bis auf monotone Transformationen ist. Obwohl solche Transformationen zulässig sind, reduzieren sie in den meisten Fällen die Anschaulichkeit der Zahlen. Deshalb wird in praktischen Anwendungen fast immer mit dem Zahlenstrang der natürlichen Zahlen gearbeitet. Eine in vielen statistischen Verfahren genutzte Zuordnung besteht darin, Personen ihre Rangzahl zuzuordnen.

Rangzahl, Rangreihe, Rangbindung

Die Rangzahl ist die Platznummer eines Objektes, wenn man die Objekte der Größe nach ordnet (Rangordnung). Dem kleinsten Wert wird der Wert 1, dem zweitkleinsten der Wert 2, dem drittkleinsten der Wert 3 usw. zugeordnet. Die Folge der einzelnen Rangplätze nennt man Rangreihe. Teilen sich mehrere Personen einen Rangplatz, so liegen verbundene Ränge (Rangbindungen) vor. In unserem Beispiel teilen sich Hans und Frida den zweiten Rangplatz. Ein übliches Vorgehen bei Rangbindungen ist, dass man die für eine

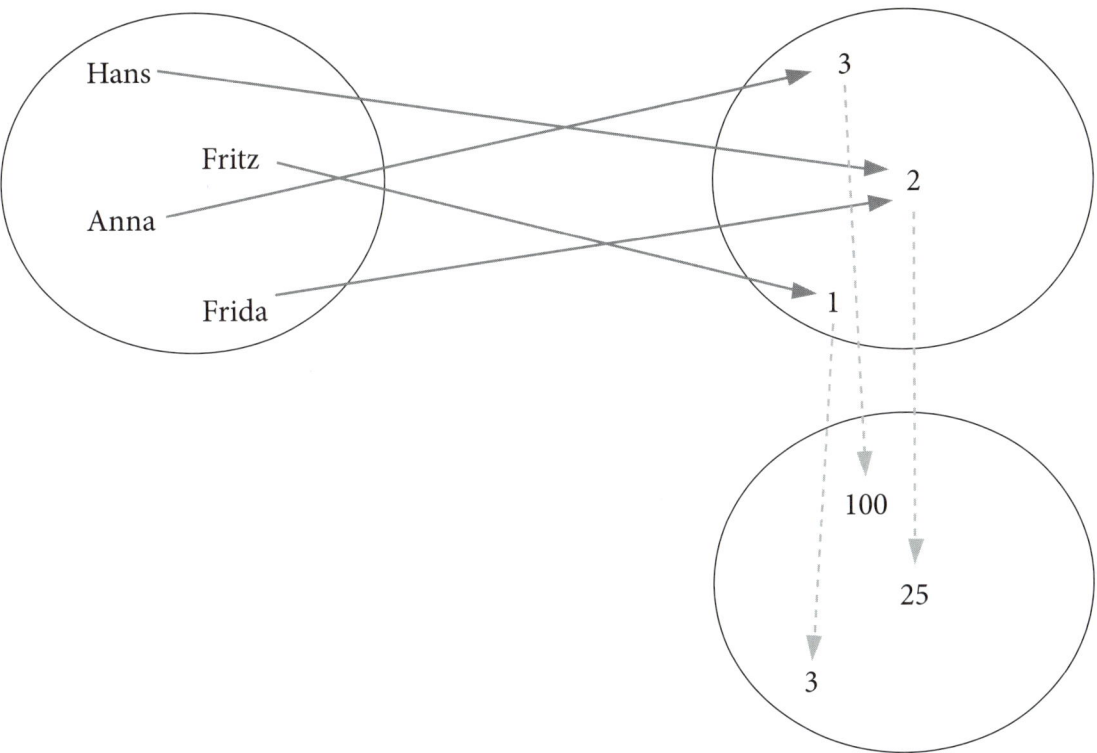

Abbildung 5.4 Graphische Darstellung einer zulässigen Transformation im Ordinalskalenmodell

Bindungsgruppe in Frage kommenden Ränge mittelt und jedem Objekt einer Bindungsgruppe dieser mittlere Rang (engl. midrank) zugewiesen wird. In unserem Beispiel kämen für Hans und Frida der zweite und dritte Rangplatz in Frage; der Mittelwert aus 2 und 3 beträgt 2,5, so dass sowohl Hans als auch Frida der Wert 2,5 zugewiesen werden würde. Fritz würde der Wert 1, Anna der Wert 4 zugewiesen werden.

> **Vertiefung**
>
> **Sind größere oder kleinere Zahlen »besser«?**
> Die Definition der Ordinalskala sorgt in Lehrveranstaltungen regelmäßig für Verwirrung, weil wir im Alltag häufig kleine Zahlen mit einer starken und große Zahlen mit einer schwachen Merkmalsausprägung assoziieren. So bekommt z. B. im Sport der Beste den ersten Rangplatz (1) zugewiesen, der Zweitbeste den zweiten Rangplatz (2), der Drittbeste den dritten Rangplatz (3) usw. Diese Praxis entspricht einer Umkehrung der Ordinalskala, die nichts an den formalen Eigenschaften der Skala und an den statistischen Auswertungsmöglichkeiten ändert. Allerdings muss bei der inhaltlichen Interpretation der Messwerte berücksichtigt werden, aufgrund welcher Zuordnungsvorschrift sie entstanden sind. Die Wertezuordnung ist verschieden, je nachdem, ob die Relationsvorschrift für die strenge Ordnungsrelation lautet: »u kommt früher ins Ziel als v« oder aber »u kommt später ins Ziel als v«. Im ersten Fall würde »früher« als »größer« gelten, und der Beste bekäme die höchste Zahl zugeordnet. Im zweiten Fall würde »später« als »größer« gelten, und der Beste bekäme die niedrigste Zahl zugeordnet. In unserem vorherigen Beispiel, in dem die Zeit für die Bearbeitung einer Aufgabe dem Vergleich der Personen zugrunde gelegt wurde, wurden den schnelleren Personen geringere Zahlen als den langsameren Personen zugeordnet. In diesem Fall wurde somit die »Langsamkeit« gemessen – größere Zahlen zeigen höhere Langsamkeit an.

5.4.5 Bedeutsamkeit

Wie bei der Nominalskala stellt sich auch bei der Ordinalskala die Frage, welche Aussagen bedeutsam sind, d. h. sich unter den zulässigen Transformationen nicht ändern. Da auch bei der Ordinalskala die Anforderungen der Äquivalenzrelation erfüllt sein müssen, sind wie bei der Nominalskala Aussagen über die Gleichheit vs. Verschiedenheit der zugeordneten Werte bedeutsam. Personen mit gleichen Werten erhalten nach jeder zulässigen Transformation gleiche Werte, Personen mit verschiedenen Werten unterscheiden sich auch nach jeder zulässigen Transformation. Hinzu kommen Aussagen über »größer« und »kleiner«, die im Falle der Ordinalskala noch zusätzlich bedeutsam sind. Die Aussage »Hans hat einen größeren Wert als Fritz« bleibt unter jeder zulässigen Transformation genauso erhalten wie auch die Aussage »Frida hat einen kleineren Wert als Anna« (s. Abb. 5.4). Nicht bedeutsam wäre hingegen die Aussage »Hans hat einen doppelt so hohen Wert wie Fritz«. Diese Aussage ist bei der ersten Zahlenzuordnung wahr, nicht aber nach der Transformation (s. Abb. 5.4).

5.4.6 Anwendung von Ordinalskalen

Steyer und Eid (2001) diskutieren drei Konstruktionsprinzipien einer Ordinalskala:

Vollständiger Paarvergleich

Beim vollständigen Paarvergleich werden alle Personen paarweise miteinander verglichen. Hierbei werden die beiden Relationen, die sich auf die Gleichheit vs. Verschiedenheit beziehen, hergestellt und überprüft, ob sie die Anforderungen der Äquivalenzrelation und der strengen Ordnung erfüllen. Dieses Vorgehen ist sehr aufwendig. Es hat aber den Vorteil, dass es ermöglicht, empirisch zu überprüfen, ob die Anforderungen der Ordinalskala erfüllt sind, und somit, ob eine Ordinalskala überhaupt definiert ist. Wir könnten z. B. einen Lehrer bitten, alle möglichen Paare seiner Schülerinnen und Schüler dahingehend zu vergleichen, wer von beiden im Unterricht durch mehr Anzeichen von Hyperaktivität (motorische Unruhe, kurze Konzentrationsspanne, leichte Ablenkbarkeit) auffällt. Dabei könnte es durchaus zu einem intransitiven Ergebnis kommen (Peter ≻ Fritz; Fritz ≻ Hans; Hans ≻ Peter). Dies würde bedeuten, dass es dem Lehrer nicht gelungen ist, Hyperaktivität auf einer Ordinalskala abzubilden. Zur Umgehung solcher Probleme wird in der diagnostischen Praxis häufig eine Ordinalskala dadurch »erzwungen«, dass die Merkmalsträger direkt in eine Rangreihe gebracht werden müssen. Wenn dies dem Diagnostiker schwer fällt, dann ist dies meistens ein Hinweis darauf, dass sich im vollständigen Paarvergleich keine transitive Urteilsstruktur ergeben würde, also entweder kein ordinalskaliertes Merkmal vorliegt oder dieses anhand der zugänglichen Indikatoren nicht diagnostiziert werden kann. Sind hingegen die Anforderungen erfüllt, so lassen sich alle Personen in Bezug auf ein Merkmal in eine Rangreihe bringen.

Direkte Bildung einer Rangordnung

Bei der direkten Bildung erteilt man Personen den Auftrag, eine Objektmenge in eine Rangordnung zu bringen. Hierbei wird eine Ordinalskala schon vorgegeben. Die Objekte können vielfältig sein, wie etwa Personen, Ziele, Weine, Bücher etc. Man könnte z. B. bei der Messung der Sympathie die Kinder bitten, die Mitschüler in eine Rangordnung nach ihrer Sympathie zu bringen. Der Vorteil dieser Vorgehensweise ist der geringere Aufwand bei der Datenerhebung. Der Nachteil besteht darin, dass es keine Möglichkeit mehr gibt, die Voraussetzungen zu überprüfen und somit die Frage zu klären, ob die Sympathie ein komparativer Begriff ist, anhand dessen sich alle Personen in eine Ordnung bringen lassen. Dies wird einfach ungeprüft vorausgesetzt. Aus messtheoretischer Sicht ist der direkte Paarvergleich gehaltvoller, da er empirisch überprüfbare Konsequenzen für die Beurteilung der Skalierbarkeit von Personen hat, während die direkte Bildung einer Rangreihe aus pragmatischer Sicht einfacher ist.

Zuweisung zu geordneten Kategorien

Sehr häufig werden in der Psychologie Antwortformate vorgegeben, die aus geordneten Kategorien bestehen. Dies ist etwa bei den meisten Fragebogen der Fall.

> **Beispiel**
>
> **Skala mit geordneten Antwortkategorien**
>
> | | stimmt überhaupt nicht | stimmt eher nicht | stimmt eher | stimmt voll und ganz |
> |---|---|---|---|---|
> | Statistik macht Spaß. | ☐ (1) | ☐ (2) | ☐ (3) | ☐ (4) |
>
> Die Zahlen geben eine zulässige Zahlenzuordnung im Sinne des Ordinalskalenmodells an.

Auch in diesem Beispiel geht man bereits von der Existenz einer Ordinalskala aus. Im Gegensatz zur Rangreihung von Objekten, bei denen viele Werte auftreten können, weisen Antwortvariablen mit geordneten Antwortkategorien meist nur eine relativ geringe Anzahl von Werten auf. Diese werden typischerweise auch mit anderen statistischen Verfahren analysiert. Zur Analyse von Rangreihen greift man auf rangbasierte Verfahren zurück, zur Analyse von geordneten Antwortkategorien auf spezielle Verfahren der kategorialen Datenanalyse.

5.4.7 Das Wesentliche zum Ordinalskalenmodell

▶ Ordinalskalierte Merkmale zeichnen sich dadurch aus, dass sie die Klassifikation und Ordnung von Objekten erlauben.
▶ Klassifikationsmerkmal ist die Gleichheit (Äquivalenz) vs. Verschiedenheit von Objekten in Bezug auf ein Merkmal.
▶ Ordnungsmerkmal ist die strenge Ordnung.
▶ Die definierenden empirischen Relationen sind die Äquivalenzrelation und die strenge Ordnungsrelation.
▶ Die strenge Ordnungsrelation ist asymmetrisch und transitiv.
▶ Die Zuordnung von Zahlen ist beliebig, sofern die Äquivalenz und die Rangordnung der Objekte erhalten bleiben.
▶ Ordinalskalen sind eindeutig bis auf monotone Transformationen definiert.

▶ Bedeutsame Aussagen sind Aussagen über die Gleichheit und Verschiedenheit von Werten sowie über die Größer-kleiner-Beziehung zwischen Werten.

5.5 Kardinalskalierte oder metrische Variablen

Bei den kardinalskalierten oder metrischen Variablen sind die zugrundeliegenden empirischen Relationen komplex, und ihre Behandlung würde den Umfang eines einführenden Lehrbuchs sprengen. Außerdem werden diese empirischen Relationen – im Gegensatz zu denen der Nominal- und Ordinalskala – im Forschungskontext nicht angewandt. Vielmehr geht man bei den in der Psychologie verwendeten kardinalskalierten Variablen davon aus, dass die Messung aus messtheoretischer Sicht korrekt erfolgt ist und das verwendete Skalenniveau angemessen ist. Dies ist etwa bei vielen physiologischen Maßen (z. B. Herzrate, Blutdruck, Hormonspiegel) nicht strittig. Bei der Messung psychologischer Merkmale – etwa mit Hilfe von Fragebogen (z. B. Messung von Persönlichkeitseigenschaften) oder Tests (z. B. Intelligenz) – kann man auf spezifische psychometrische Modelle (z. B. Modelle der Item-Response-Theorie) zurückgreifen, in denen das Skalenniveau der betrachteten Variablen definiert ist (Steyer & Eid, 2001). In diesen Modellen wird gezeigt, wie man eine kardinalskalierte Variable definieren kann, auch wenn die einzelnen Verhaltensakte, die der Messung zugrunde liegen (z. B. Lösung vs. Nicht-Lösung von Aufgaben) nur kategorialer Natur sind. Wir stellen daher nur die Grundideen kardinalskalierter Variablen dar und behandeln die wichtigsten Konsequenzen für die Forschungspraxis. Die spezifischen messtheoretischen Grundlagen werden in weiterführenden Lehrbüchern behandelt (z. B. Gigerenzer, 1981; Orth, 1974; Steyer & Eid, 2001; Suppes & Zinnes, 1963).

5.5.1 Definition der Intervallskala

Aussagen, die mittels einer Intervallskala über Merkmalsträger gemacht werden, sind quantitativer Natur.

Der Vergleich von Merkmalsträgern auf einer Intervallskala geht über das einfache komparative Urteil (»größer als«) der Ordinalskala hinaus. Das Vergleichsziel beschränkt sich nicht mehr auf die Frage, ob sich zwei Merkmalsträger bezüglich eines Merkmals in »größer/kleiner«, »mehr/weniger« etc. unterscheiden, sondern wie stark sie sich unterscheiden. Auch durch die Intervallskalen werden Objekten Zahlen zugeordnet, und zwar derart, dass die Verhältnisse der Zahlendifferenzen zwischen je zwei Objekten den Verhältnissen der Merkmalsunterschiede zwischen diesen Objekten entsprechen.

Ein einfaches Beispiel mag die Bedeutung dieser Definition veranschaulichen: Wenn der Intelligenzunterschied zwischen Hans und Peter doppelt so groß ist wie der zwischen Hans und Kurt, dann ist die Skala, mit der die Intelligenz gemessen wird, genau dann eine Intervallskala, wenn die Messwertdifferenz zwischen Hans und Peter doppelt so groß ist wie die Messwertdifferenz zwischen Hans und Kurt. Aussagekräftig ist eine Intervallskala also hinsichtlich der Merkmalsunterschiede (Intervalle) zwischen Merkmalsträgern. Man beachte, dass Aussagen über das Verhältnis von Merkmals*unterschieden* nicht das gleiche bedeuten wie Aussagen über das Verhältnis von Merkmals*ausprägungen*. Auch wenn die Intelligenz auf einer Intervallskala gemessen wurde, kann man niemals sagen, dass eine Person doppelt so intelligent ist wie eine andere. Solche Aussagen setzen eine Verhältnisskala voraus (s. Abschn. 5.5.2). Intervallskalen können lediglich etwas über die Verhältnisse von Merkmalsunterschieden aussagen, nicht aber über Verhältnisse von Merkmalsausprägungen.

Beispiel

Unterschiedliche Temperaturskalen

Eines der bekanntesten Beispiele ist die Messung der Temperatur mit den Skalen nach Celsius und Fahrenheit. Die Temperaturmessung mit diesen Skalen ist uns so vertraut, dass wir direkt mit den Zahlen arbeiten und nicht mehr die zugrundeliegenden empirischen Relationen betrachten. Trotzdem stellt sich auch bei Temperaturskalen die Frage, wie eindeutig diese Skalen definiert sind und welche Aussagen bedeutsam sind. Beide Fragen kann man anhand des Temperaturbeispiels veranschaulichen. Celsius (C) und Fahrenheit (F) sind Intervallskalen, die durch eine lineare Transformation ineinander überführt werden können: $T_F = 1{,}8 \cdot T_C + 32$. Mit beiden Skalen könnte man zur Aussage gelangen, dass der Temperaturunterschied zwischen gestern und heute doppelt so groß war wie der zwischen vorgestern und heute. Man dürfte aber auf der Basis beider Skalen niemals sagen, dass es gestern doppelt so heiß war wie vorgestern. Dazu würde eine Verhältnisskala benötigt. Dies lässt sich leicht veranschaulichen: Angenommen, vorgestern betrug die Temperatur 10 °C (50 °F), gestern 20 °C (68 °F), und heute 30 °C (86 °F). Die Aussage, dass der Temperaturunterschied zwischen vorgestern und heute doppelt so groß war wie der zwischen gestern und heute ist sowohl unter der Celsius-Skala als auch unter der Fahrenheit-Skala wahr:

$$\frac{30\,°C - 10\,°C}{30\,°C - 20\,°C} = \frac{86\,°F - 50\,°F}{86\,°F - 68\,°F} = 2$$

Die Aussage »Gestern war es doppelt so warm wie vorgestern« wäre hingegen zwar in Bezug auf die Celsius-Werte, nicht aber die Fahrenheit-Werte wahr und daher nicht invariant unter den zulässigen Transformationen und somit auch nicht bedeutsam:

$$\frac{20}{10} \neq \frac{68}{50}$$

Zulässige Transformationen, Eindeutigkeit und Bedeutsamkeit

Intervallskalen sind eindeutig definiert bis auf die Addition mit einer Konstanten (a) und/oder die Multiplikation mit einer Konstanten (b). Zulässig sind sog. positiv lineare Transformationen der allgemeinen Form:

$$Y = a + b \cdot X, \quad b > 0$$

Solche Transformationen ändern nichts am Verhältnis der Differenzen von zwei Messwertpaaren. Dies kann man algebraisch einfach zeigen.

> **Vertiefung**
>
> **Invarianz der Verhältnisse von Differenzen**
> Im Folgenden bezeichnen y_i und x_i die Merkmalsausprägungen von vier Untersuchungsobjekten i ($i = 1, 2, 3, 4$) auf den Variablen Y und X, wobei $Y = a + b \cdot X$ ist.
>
> Behauptung: $\dfrac{y_1 - y_2}{y_3 - y_4} = \dfrac{x_1 - x_2}{x_3 - x_4}$
>
> Beweis: $\dfrac{y_1 - y_2}{y_3 - y_4} = \dfrac{a + b \cdot x_1 - (a + b \cdot x_2)}{a + b \cdot x_3 - (a + b \cdot x_4)}$
>
> $\qquad = \dfrac{b \cdot x_1 - b \cdot x_2}{b \cdot x_3 - b \cdot x_4}$
>
> $\qquad = \dfrac{b \cdot (x_1 - x_2)}{b \cdot (x_3 - x_4)} = \dfrac{x_1 - x_2}{x_3 - x_4}$

Daher sind Aussagen über das Verhältnis von Differenzen einzelner Werte einer Intervallskala bedeutsam, ebenso wie Aussagen über die Gleichheit und Verschiedenheit und die Rangordnung der Werte. Nicht bedeutsam wären jedoch Aussagen über Verhältnisse von Merkmalsausprägungen.

5.5.2 Definition der Verhältnisskala

Verhältnisskalen erlauben festzustellen, um welchen Faktor ein Objekt größer ist als ein anderes. Wie bei der Intervallskala muss die Menge der Objekte dazu in die Menge der reellen Zahlen abgebildet werden. Im Unterschied zur Intervallskala hat die Verhältnisskala jedoch einen absoluten Nullpunkt. Nur deshalb kann das Größenverhältnis von Merkmalsträgern als Zahlenverhältnis abgebildet werden. Durch eine Verhältnisskala werden Objekten Zahlen derart zugeordnet, dass das Verhältnis zwischen zwei Zahlen dem Verhältnis der Merkmalsausprägungen entspricht. Auch bei verhältniskalierten Variablen betrachtet man typischerweise nicht mehr die empirischen Relationen bzw. man konstruiert sie auf der Grundlage spezifischer psychometrischer Modelle (wie etwa dem Rasch-Modell; vgl. Steyer & Eid, 2001). Eine Verhältnisskala, mit der in der Psychologie sehr viel gearbeitet wird, ist die Reaktionszeit. Wenn Hans 900 Millisekunden benötigt, um zu entscheiden, ob das Wort »albern« positiv oder negativ ist, während Peter für die gleiche Aufgabe 1800 Millisekunden braucht, dann hat Hans genau doppelt so schnell reagiert wie Peter.

Zulässige Transformationen, Eindeutigkeit und Bedeutsamkeit

Verhältnisskalen sind eindeutig definiert bis auf Multiplikationen mit einer Konstanten. Zulässige Transformationen sind daher Ähnlichkeitstransformationen der Form:

$$Y = b \cdot X, \; b > 0$$

Übertragen auf das Beispiel von der Reaktionszeit bedeutet dies, dass wir die Reaktionszeit zwar in Minuten statt in Sekunden messen dürfen (Multiplikation mit 60), aber keine Konstante addieren dürfen.

Invariant unter solchen Transformationen sind die Verhältnisse von Messwertpaaren.

> **Vertiefung**
>
> **Invarianz der Verhältnisse von Messwerten**
> Im Folgenden bezeichnen y_i und x_i die Merkmalsausprägungen von zwei Untersuchungsobjekten i ($i = 1, 2$) auf den Variablen Y und X, wobei $Y = b \cdot X$ ist.
>
> Behauptung: $\dfrac{y_1}{y_2} = \dfrac{x_1}{x_2}$
>
> Beweis: $\dfrac{y_1}{y_2} = \dfrac{b \cdot x_1}{b \cdot x_2} = \dfrac{x_1}{x_2}$

Bedeutsam sind somit Aussagen über Verhältnisse von Skalenwerten wie z. B. »Franz ist doppelt so schnell wie Fritz«, aber auch alle Aussagen, die auf den niedrigeren Skalenniveaus (Nominalskala, Ordinalskala, Intervallskala) bedeutsam wären.

5.5.3 Definition der Absolutskala

Eine Absolutskala ordnet den Objekten eines empirischen Relativs Zahlen derart zu, dass eine Zahl der Merkmalsausprägung der jeweiligen Objekte entspricht. Die Absolutskala hat die gleichen Eigenschaften wie die Verhältnisskala. Der Unterschied zwischen beiden Skalen besteht darin, dass sich die Zuordnungsvorschrift bei der Absolutskala aus der natürlichen Maßeinheit des Merkmals ergibt. Die Häufigkeitsskala, deren Messwerte sich durch Abzählen ergeben, ist eine Absolutskala. Beispiele dafür sind die Anzahl der Geschwister oder die Anzahl der Lösungsversuche bei einer Testaufgabe. Man spricht deshalb auch von absoluten Häufigkeiten. In der Psychologie sind absolute Häufigkeiten z. B. bei entwicklungspsychologischen Fragestellungen von Bedeutung, etwa wenn die kognitive Entwicklung in Abhängigkeit von der Geschwisterzahl untersucht wird.

Zulässige Transformationen, Eindeutigkeit und Bedeutsamkeit

Absolutskalen sind völlig eindeutig definiert. Zulässig sind nur Identitätstransformationen, die jedem Wert den eigenen Wert zuordnen. Dies bedeutet, dass es nur eine einzige zulässige Wertezuordnung gibt. Bedeutsam sind Aussagen über die absoluten Werte. Solche Aussagen waren auf den vorherigen Skalenniveaus noch nicht bedeutsam. Dies hat zur Konsequenz, dass man eine Zahl auch ohne Angabe der Maßeinheit interpretieren kann, während dies bei den beiden anderen behandelten kardinalskalierten Variablen (Intervallskala, Verhältnisskala) nicht der Fall ist. Stellt man etwa die Frage »Wie viele Geschwister haben Sie?«, so versteht jeder die Antwort »5«. Die Antwort »5« auf die Frage »Wie lange haben Sie gebraucht, um die Aufgabe zu lösen?« würde man ohne die Angabe der Maßeinheit nicht interpretieren können. Es macht einen großen Unterschied, ob sich »5« auf Sekunden, Tage, Monate oder Jahre bezieht (Verhältnisskala). Auch die Antwort »5« auf die Frage »Wie kalt ist es draußen?« würde man nicht deuten können, wenn man nicht wüsste, ob sich die »5« auf die Celsius- oder die Fahrenheit-Skala bezieht (Intervallskala).

5.6 Inklusionsregel zulässiger Transformationen

Aus der steigenden Restriktivität der zulässigen Transformationen ergibt sich eine Ordnung der Skalen, die in Tabelle 5.2 dargestellt ist. Sie korrespondiert mit dem Informationsgehalt der Messwerte: Eine Intervallskala sagt mehr über die Merkmalsträger aus als eine Ordinalskala, eine Verhältnisskala mehr als eine Intervallskala usw. Deshalb spricht man von Skalen*niveaus*. Die Ordnung der Skalen ist mathematisch streng insofern, als die zulässige Transformation für ein bestimmtes Skalenniveau die zu-

Tabelle 5.2 Ordnung der Skalenniveaus nach zulässigen Transformationen (ja: zulässige Transformationen; nein: nicht zulässige Transformationen). Die Ordnung ist so zu verstehen, dass die auf einem höheren Skalenniveau gültige Transformation die auf niedrigerem Skalenniveau gültigen Transformationen einschließt. Beispiel: Jede positiv lineare Transformation ist auch eine monotone Transformation. Bei Intervallskalen sind aber nur diejenigen monotonen Transformationen zulässig, die mindestens positiv lineare Transformationen darstellen, nicht aber andere

Skalenart	Alle eineindeutigen Transformationen	Alle monotonen Transformationen	Alle positiv linearen Transformationen	Alle Ähnlichkeitstransformationen	Alle Identitätstransformationen
Nominalskala	ja	ja	ja	ja	ja
Ordinalskala	nein	ja	ja	ja	ja
Intervallskala	nein	nein	ja	ja	ja
Verhältnisskala	nein	nein	nein	ja	ja
Absolutskala	nein	nein	nein	nein	ja

lässigen Transformationen aller niedrigeren Skalenniveaus einschließt: Die Ähnlichkeitstransformation der Verhältnisskala ist auch zulässig bei der Intervallskala, der Ordinalskala und der Nominalskala; die positiv lineare Transformation der Intervallskala auch bei der Ordinalskala und der Nominalskala; die monotone Transformation der Ordinalskala auch bei der Nominalskala. Umgekehrt gilt dies allerdings nicht: So sind etwa monotone Transformationen, die nicht linear sind, bei Intervall-, Verhältnis und Absolutskalen nicht zulässig.

Zusammenfassung

- Unter Messen versteht man die Zuordnung von Zahlen zu Objekten nach bestimmten Regeln, die gewährleisten, dass bestimmte (interessierende) Relationen in der Menge der Objekte in der Menge der Zahlen erhalten bleiben.
- Das Skalenniveau einer Variablen sagt etwas darüber aus, in welcher Weise sich Merkmalsträger (Objekte, z. B. Personen) voneinander unterscheiden.
- Die Nominalskala ordnet den Objekten eines empirischen Relativs Zahlen derart zu, dass Objekte mit gleicher Merkmalsausprägung gleiche Zahlen und Objekte mit verschiedenen Merkmalsausprägungen verschiedene Zahlen erhalten.
- Eine Ordinalskala ordnet den Objekten eines empirischen Relativs Zahlen derart zu, dass von jeweils zwei Objekten das Objekt mit der größeren Merkmalsausprägung die größere Zahl erhält.
- Eine Intervallskala ordnet den Objekten eines empirischen Relativs Zahlen derart zu, dass die Verhältnisse der Zahlendifferenzen zwischen je zwei Objekten den Verhältnissen der Merkmalsunterschiede zwischen diesen Objekten entsprechen.
- Eine Verhältnisskala ordnet den Objekten eines empirischen Relativs Zahlen derart zu, dass das Verhältnis zwischen je zwei Zahlen dem Verhältnis der Merkmalsausprägung der jeweiligen Objekte entspricht.
- Eine Absolutskala ordnet den Objekten eines empirischen Relativs Zahlen derart zu, dass eine Zahl der Merkmalsausprägung der jeweiligen Objekte entspricht.
- Der Informationsgehalt eines Skalenniveaus steigt in folgender Ordnung: Nominalskala, Ordinalskala, Intervallskala, Verhältnisskala, Absolutskala. In gleicher Folge nimmt die Restriktivität zulässiger Transformationen zu. Transformationen, die auf einem Skalenniveau zulässig sind, sind auf allen niedrigeren Skalenniveaus ebenfalls zulässig.

Fragen und Übungsaufgaben

Fragen

(1) Was versteht man unter Messen in der Psychologie?
(2) Was ist eine Skala?
(3) In welcher Beziehung stehen die verschiedenen Skalenniveaus zueinander?
(4) Was ist ein Relativ, und welche beiden Typen von Relativen kennen Sie?
(5) Wie lässt sich ein Relativ formal darstellen?
(6) Welche Anforderungen müssen erfüllt sein, damit eine Relation eine Äquivalenzrelation ist?
(7) Welche der folgenden Transformationen sind bei (a) einer Nominalskala und (b) einer Verhältnisskala zulässig?

(a) eineindeutige Transformationen
(b) monotone Transformationen
(c) positiv lineare Transformationen
(d) Ähnlichkeitstransformationen
(e) Identitätstransformationen

Geben Sie jeweils alle zulässigen Transformationen an.

(8) Welche der folgenden Transformationen der Ausprägungen der Variablen X = »Form der Schizophrenie« sind zulässig?

(a) eineindeutige Transformationen
(b) monotone Transformationen
(c) positiv lineare Transformationen
(d) Ähnlichkeitstransformationen

(9) Auf welchem Skalenniveau können die folgenden Merkmale sinnvoll gemessen werden?
   (a) die Entfernung zwischen New York und anderen Städten in den USA
   (b) die Klassifikation für frisches Fleisch (ganz frisch; noch zum Verzehr geeignet; verdorben)
   (c) Körpertemperatur in Grad Celsius
   (d) das Geschlecht eines Kindes
   (e) die Beliebtheit des Statistikunterrichts
   (f) Herzrate

Übungsaufgaben

(1) Ergänzen Sie folgenden Lückentext:
Eine Relation auf $A \times B$ ist eine _____menge R des _____ Produkts der Mengen __ und __.

(2) Bilden Sie das kartesische Produkt für folgende Mengen:
   (a) $A = \{\text{Inge, Karl, Fritz}\}$, $B = \{1, 2\}$
   (b) $A = \{1, 2, 3\}$, $B = \{+, -\}$, $C = \{x, y\}$

(3) $B = \{\text{Zugspitze, Matterhorn, Mont Blanc}\}$
   (a) Bilden Sie die Relation R auf $B \times B$ nach der Relationsvorschrift »a ist höher als b« für $a, b \in B$.
   (b) Zeichnen Sie das dazugehörige Relationsdiagramm.

(4) Überprüfen Sie, ob die folgenden Relationsvorschriften zwangsläufig Äquivalenzrelationen implizieren:
   (a) »a ist Geschwister von b«
   (b) »a ist Halbgeschwister von b«
   (c) »a hat dieselbe Mutter wie b«
   (d) »a hat einen IQ, der mindestens so hoch ist wie der IQ von b«

(5) Überprüfen Sie, ob folgende Relationsvorschriften zwangsläufig strenge Ordnungsrelationen implizieren:
   (a) »a ist die Mutter von b«
   (b) »a ist älter als b«
   (c) »a hat gegen b im Tennis gewonnen«

6 Univariate Deskriptivstatistik

> **Was Sie in diesem Kapitel lernen**
>
> ▶ Was versteht man unter der Häufigkeitsverteilung eines Merkmals?
> ▶ Wie kann man die Verteilung eines Merkmals graphisch veranschaulichen?
> ▶ Was sind Lagemaße?
> ▶ Wozu braucht man Streuungsmaße?
> ▶ Wie kann man Daten, die aus einer großen Stichprobe stammen, zu sinnvollen, sparsamen und aussagekräftigen Kennwerten verdichten?

In Kapitel 3 haben wir eine Reihe von Methoden kennengelernt, mit denen in der Psychologie Daten gewonnen werden. In Kapitel 5 haben wir gelernt, dass man diese Daten nach dem Skalenniveau unterscheiden kann. In diesem Kapitel wollen wir uns mit Möglichkeiten befassen, solche Daten zu ordnen und zusammenzufassen. Die Zusammenfassung von Daten ist notwendig, wenn unser Erkenntnisinteresse über ein bestimmtes Verhalten einer bestimmten Person in einer bestimmten Situation zu einem bestimmten Zeitpunkt hinausgeht – und dies ist in der Psychologie meistens der Fall.

Fast immer sind wir an Verallgemeinerungen interessiert. So möchte z. B. der Personalpsychologe nicht wissen, wie gut ein Bewerber im Assessmentcenter eine bestimmte Aufgabe löst. Vielmehr interessiert ihn, wie gut der Bewerber eine Reihe von unterschiedlichen Aufgaben löst, ob die Leistung über die Zeit hinweg konstant bleibt oder schwankt und wie gut das durchschnittliche Leistungsvermögen dieses Bewerbers im Vergleich zu dem anderer Bewerber ist. Diese Fragen lassen sich nur dadurch beantworten, dass man Einzelinformationen bündelt. Demnach müsste der Personalpsychologe die mit verschiedenen Aufgaben in der Bewerbungssituation erfassten Leistungen des Bewerbers zusammenfassen, um eine Durchschnittsleistung zu ermitteln.

Gleichzeitig könnte er sich ein Bild vom Leistungsprofil des Bewerbers machen, also ermitteln, welche individuellen Stärken und Schwächen der Bewerber im Vergleich zu seinem durchschnittlichen Leistungsvermögen mitbringt. Weiterhin könnte der Personalpsychologe jede Einzelleistung des Bewerbers mit der durchschnittlichen Leistung anderer Bewerber vergleichen, um festzustellen, welche Stärken und Schwächen der gegenwärtige Bewerber im Vergleich zum durchschnittlichen Bewerber hat. Wenn der Personalpsychologe an der Leistungsbeständigkeit des Bewerbers interessiert ist, müsste er die Aufgaben wiederholt vorgeben, um ermitteln zu können, wie stark die Einzelleistungen von Wiederholung zu Wiederholung schwanken. Zur Klärung dieser und weiterer Fragen benötigt man Methoden der beschreibenden (deskriptiven) Statistik.

6.1 Grundbegriffe der Deskriptivstatistik

6.1.1 Datenmatrix

Variablen (Merkmale), Objekte (Merkmalsträger) und Messwerte (Merkmalsausprägungen) werden in Matrixform dargestellt. Eine Matrix ist ein System von $n \cdot p$ Größen, die in einem rechteckigen Schema von n Zeilen (waagerecht) und p Spalten (senkrecht) angeordnet sind. Jede Spalte in einer Matrix ist ihrerseits eine Matrix, mit $p = 1$; sie heißt *Spaltenvektor*. Jede Zeile in einer Matrix ist ihrerseits eine Matrix, mit $n = 1$; sie heißt *Zeilenvektor*. Die Schnittpunkte von Zeilen und Spalten heißen Zellen. Auch sie können als Matrizen aufgefasst werden, mit $n = p = 1$. In den Zellen stehen die Messwerte. Jeder Merkmalsträger (Zeilenvektor) hat so viele Messwerte, wie es Merkmale gibt. Jedes Merkmal (Spaltenvektor) umfasst so viele Messwerte, wie es Merkmalsträger gibt.

Tabelle 6.1 gibt den allgemeinen Aufbau einer Datenmatrix wieder. Zur Identifikation von Merk-

Tabelle 6.1 Aufbau einer Datenmatrix mit p Merkmalen (Spalten) und n Merkmalsträgern (Zeilen) und $n \cdot p$ Messwerten (Zellen)

Merkmalsträger m	Merkmal X_i			
	X_1	X_2	...	X_p
1	x_{11}	x_{12}		
2	x_{21}	x_{22}		
...			x_{mi}	
...				
...				
n				x_{np}

malsträgern, Merkmalen und Merkmalsausprägungen verwendet man sog. *Laufindizes* oder »Zähler«. Ein Laufindex ist inhaltlich irrelevant, er zählt die Messwerte (oder Objekte oder Merkmale) einfach vom ersten bis zum letzten durch.

Index für Merkmalsträger. Das Merkmal (die Variable) wird mit X bezeichnet. Der Buchstabe x repräsentiert dann den individuellen Messwert. Da es für jedes Merkmal so viele Messwerte wie Merkmalsträger gibt, müssen wir einen Index zur Durchzählung der Merkmalsträger einführen. Dieser Index wird mit dem Buchstaben m bezeichnet. Die erste Person erhält den Wert $m = 1$, die zweite den Wert $m = 2$, die dritte $m = 3$ usw. Da es keine allgemeine Obergrenze für die Menge an Merkmalsträgern gibt, muss man auch hier einen Platzhalter einführen; er kennzeichnet die letzte durchgezählte Person und damit auch die Gesamtanzahl aller Merkmalsträger. Häufig wird hier der Buchstabe n verwendet. Merkmalsträger werden also allgemein von $m = 1$ über $m = 2$, $m = 3$ ... bis $m = n$ durchgezählt. Formal sagt man, die Indexmenge M der Merkmalsträger bestehe aus n Elementen:

$$M = \{1, ..., m, ..., n\} \text{ oder } m \in \{1, ..., n\}$$

Index für Merkmale. Erfasst man von allen Merkmalsträgern nicht nur ein Merkmal, sondern mehrere, so müssen diese unterschiedlichen Merkmale ebenfalls indiziert werden. Der Laufindex für Merkmale wird mit dem Buchstaben i bezeichnet. Das erste Merkmal erhält den Wert $i = 1$, das zweite den Wert $i = 2$, das dritte $i = 3$ usw. Das letzte Merkmal (und damit die Anzahl aller gemessenen Merkmale) wird mit dem Buchstaben p bezeichnet. Die Indexmenge I der Merkmale besteht demnach aus p Elementen:

$$I = \{1, ..., i, ..., p\} \text{ oder } i \in \{1, ..., p\}$$

Eine Matrix mit n Zeilen (Merkmalsträgern) und p Spalten (Merkmalen) hat $n \cdot p$ Zellen (Messwerte). Die doppelte Indizierung mi legt fest, zu welchem Merkmalsträger und zu welchem Merkmal ein Messwert gehört. So beschreibt z. B. der Messwert x_{34} den dritten Merkmalsträger ($m = 3$) anhand des vierten Merkmals ($i = 4$). Wenn wir im Folgenden nur ein Merkmal X betrachten, lassen wir den Laufindex für die Merkmale weg. In diesem Falle würde x_m den Messwert eines Merkmalsträgers m bezeichnen.

Urliste
Stellen wir uns vor, in einer Klinik, die sich auf die Behandlung von Persönlichkeitsstörungen spezialisiert hat, würde monatlich eine Datei angelegt, in der der diagnostische Befund für jeden neu aufgenommenen Klienten in der Reihenfolge seines Erscheinens registriert würde. Man würde also eine Matrix mit nur einer Spalte und n Zeilen erhalten: eine (ungeordnete) Liste von Merkmalsausprägungen (Art der Persönlichkeitsstörung). Eine solche Liste nennt man Urliste. Wie eine solche Urliste (mit $n = 24$ Klienten) aussehen könnte, zeigt Tabelle 6.2.

6.1.2 Häufigkeitsverteilung

Aus dieser Urliste kann man eine Häufigkeitstabelle erstellen, aus der die Häufigkeitsverteilung eines Merkmals über die Objekte hinweg hervorgeht. Dazu ordnet man die Urliste nach Merkmalsausprägungen. Die Häufigkeitstabelle ist ebenfalls eine Matrix, allerdings hat diese Matrix nun nicht mehr unbedingt so viele Zeilen, wie es Merkmalsträger gab (n), sondern nur noch so viele Zeilen, wie es mögliche Merkmalsausprägungen gibt. Die Merkmalsträger der Datenmatrix tauchen nach der Zusammenfassung der Spalten der Datenmatrix nicht mehr auf; d. h., die einzelnen Messwerte (x_m) und den Laufindex, der die Merkmalsträger durchgezählt hat (m), benötigen wir

Tabelle 6.2 Urliste von Diagnosen, die im Laufe eines Monats gestellt wurden (PS = Persönlichkeitsstörung)

1	paranoide PS
2	dissoziale PS
3	histrionische PS
4	paranoide PS
5	ängstliche PS
6	ängstliche PS
7	zwanghafte PS
8	dissoziale PS
9	emotional instabile PS
10	dissoziale PS
11	emotional instabile PS
12	zwanghafte PS
13	dissoziale PS
14	ängstliche PS
15	zwanghafte PS
16	sonstige PS
17	ängstliche PS
18	emotional instabile PS
19	dissoziale PS
20	histrionische PS
21	dissoziale PS
22	zwanghafte PS
23	ängstliche PS
24	sonstige PS

nicht mehr. Was wir vielmehr benötigen, ist ein Platzhalter für die möglichen Merkmalsausprägungen. Hierfür wählen wir den Buchstaben a.

Index für Merkmalsausprägungen. Diese neue Form der tabellarischen Darstellung macht es nötig, einen neuen Laufindex einzuführen, der nun die Merkmalsausprägungen durchzählt. Er wird mit dem Buchstaben j bezeichnet. Die erste Merkmalsausprägung erhält den Wert $j = 1$, die zweite den Wert $j = 2$, die dritte $j = 3$ usw. Die »letzte« gezählte Merkmalsausprägung (und damit die Anzahl aller möglichen Merkmalsausprägungen) wird mit dem Buchstaben k bezeichnet. Die Indexmenge J der Merkmalsausprägungen besteht demnach aus k Elementen:

$$J = \{1, ..., j, ..., k\} \text{ oder } j \in \{1, ..., k\}$$

In unserem Beispiel (s. Tab. 6.2) liegt das Merkmal »Art der Persönlichkeitsstörung« in insgesamt neun möglichen Ausprägungen vor, denn im Allgemeinen – jedenfalls nach der derzeitig gültigen International Classification of Diseases (ICD-10) – können neun verschiedene Persönlichkeitsstörungen unterschieden werden. Der Index j läuft in unserem Beispiel also von 1 bis 9. Wenn man die neun verschiedenen Kategorien in der Reihenfolge anordnet, wie sie im ICD-10 genannt sind, bekäme die Kategorie »paranoide Persönlichkeitsstörung« den Wert $a_1 = 1$, die Kategorie »schizoide Persönlichkeitsstörung« den Wert $a_2 = 2$; die »letzte« Kategorie wäre dann »sonstige Persönlichkeitsstörungen« mit dem Wert $a_9 = 9$. Tabelle 6.3 zeigt die Häufigkeitstabelle für unser Beispiel.

Absolute Häufigkeit. In der ersten Spalte einer Häufigkeitstabelle werden die möglichen Merkmalsausprägungen eingetragen; die Häufigkeitsmatrix hat demnach – anders als die Datenmatrix – nur noch k Zeilen. Sie wird durch eine weitere Zeile ergänzt, in der die Gesamthäufigkeit zu finden ist. In der zweiten Spalte der Tabelle wird eingetragen, wie viele Objekte die jeweilige Merkmalsausprägung aufweisen. Dies ist die absolute Häufigkeit; sie wird meist mit dem Buchstaben n (von engl. number = Anzahl) abgekürzt. Da die Häufigkeiten spezifisch für jede Merkmalsausprägung (j) angegeben werden, bekommt auch n den Laufindex j. In unserem Beispiel wurde eine emotional instabile Persönlichkeitsstörung (a_4) insgesamt $n_4 = 3$ Mal diagnostiziert. Man kann die Häufigkeitsverteilung auch in Form der relativen Häufigkeit und in Prozenten angeben. Wir haben daher die Tabelle der Häufigkeitsverteilung um zwei weitere Spalten ergänzt.

Relative Häufigkeit. Absolute Häufigkeiten sind nur begrenzt informativ. Wenn man z. B. weiß, dass im vergangenen Monat insgesamt bei sechs Klienten eine dissoziale Persönlichkeitsstörung diagnostiziert wurde, kann man nicht ohne weiteres beurteilen, ob

Tabelle 6.3 Häufigkeitsverteilung der 24 Klienten über die neun möglichen Persönlichkeitsstörungen (PS) hinweg; Daten aus der Urliste in Tabelle 6.2

Art der Störung (a_j)	Absolute Häufigkeiten (n_j)	Relative Häufigkeiten (h_j)	Prozentwerte ($\%_j$)
Paranoide PS ($a_1 = 1$)	2	0,08	8
Schizoide PS ($a_2 = 2$)	0	0	0
Dissoziale PS ($a_3 = 3$)	6	0,25	25
Emotional instabile PS ($a_4 = 4$)	3	0,13	13
Histrionische PS ($a_5 = 5$)	2	0,08	8
Zwanghafte PS ($a_6 = 6$)	4	0,17	17
Ängstliche PS ($a_7 = 7$)	5	0,21	21
Abhängige PS ($a_8 = 8$)	0	0	0
Sonstige PS ($a_9 = 9$)	2	0,08	8
Σ (Summe)	$\sum_{j=1}^{9} n_j = n = 24$	$\sum_{j=1}^{9} h_j = 1$	$\sum_{j=1}^{9} \%_j = 100$

das viel oder wenig ist. Deshalb bietet es sich an, neben der absoluten auch die relative Häufigkeit einer Merkmalsausprägung anzugeben. Das erreicht man, indem man n_j an der Anzahl der Merkmalsträger (n) relativiert. Die relative Häufigkeit wird mit h bezeichnet. Auch sie ist spezifisch für jede Merkmalsausprägung und erhält daher ebenfalls den Laufindex j. Formal ergibt sich also:

$$h_j = \frac{n_j}{n} \tag{F 6.1}$$

Prozentwerte. Wenn man h_j mit 100 multipliziert, erhält man Prozentwerte. Sie werden mit $\%_j$ abgekürzt; meist werden Prozentwerte in die vierte Spalte der Häufigkeitstabelle eingetragen (s. Tab. 6.3).

In der Fußzeile der Häufigkeitstabelle sind Spaltensummen eingetragen. Summen werden in der Statistik mit dem griechischen Großbuchstaben Σ (Sigma) bezeichnet. Das Summenzeichen gehört zu den grundlegenden Symbolen der Statistik. Sein Verständnis ist unverzichtbar.

> **Vertiefung**
>
> **Das Summenzeichen Σ (Sigma)**
> Betrachten wir den Ausdruck in der Fußzeile der zweiten Spalte von Tabelle 6.3:
>
> $$\sum_{j=1}^{k} n_j$$
>
> Er bedeutet, dass die absoluten Häufigkeiten (n_j), mit der bestimmte Merkmalsausprägungen (a_j) beobachtet wurden, über alle diese Merkmalsausprägungen hinweg aufsummiert werden sollen. Es handelt sich also um eine Rechenvorschrift, die man wie folgt in Worte fassen kann: Beginne mit der ersten Kategorie ($j = 1$) und nimm die beobachtete Häufigkeit in dieser Kategorie (n_1). Fahre fort mit der zweiten Kategorie ($j = 2$) und addiere die beobachtete Häufigkeit in dieser Kategorie (n_2) zu n_1 hinzu. Addiere zu dieser Zwischensumme die Häufigkeit der dritten Kategorie (n_3). Diese Regel wird so lange fortgesetzt, bis $j = k$

erreicht ist. Auf unser Beispiel angewandt wird die Rechenvorschrift wie folgt ausgeführt:

$$\sum_{j=1}^{9} n_j = n_1 + n_2 + n_3 + n_4 + n_5 + n_6 + n_7 + n_8 + n_9$$
$$= 2 + 0 + 6 + 3 + 2 + 4 + 5 + 0 + 2$$
$$= 24$$

Wie man in der Fußzeile von Tabelle 6.3 leicht erkennen kann, ist das Ergebnis mit der Anzahl von Klienten identisch, die insgesamt diagnostiziert wurden (n). Es gilt also:

$$\sum_{j=1}^{k} n_j = n$$

Der Ausdruck, der in der Fußzeile der dritten Spalte zu finden ist, gibt die Summe aller relativen Häufigkeiten an. Sie addieren sich immer zu 1 auf.

Graphische Darstellungen von Häufigkeitsverteilungen

Den meisten Menschen fällt es leichter, Informationen rasch aufzunehmen und richtig zu verstehen, wenn diese bildlich dargestellt sind. Die Verarbeitung von Zahlen fällt häufig schwerer, insbesondere wenn es sich um viele Zahlen handelt. Deshalb ist es üblich, deskriptivstatistische Informationen nicht nur tabellarisch, sondern auch graphisch mitzuteilen. Moderne Graphikprogramme können eine Vielzahl bildlicher Darstellungen von Tabellen erzeugen. Wir begnügen uns hier mit drei Graphiktypen, die sich für Häufigkeitsverteilungen nominalskalierter Variablen gut eignen: dem Säulendiagramm, dem Kreis- bzw. Kuchendiagramm und dem Balkendiagramm.

Säulendiagramm. Beim Säulendiagramm werden die Kategorien der Nominalskala auf der Abszisse (x-Achse) abgetragen, die Häufigkeiten auf der Ordinate (y-Achse). Die Reihenfolge, in der die Kategorien auf der Abszisse erscheinen, ist grundsätzlich beliebig wählbar. In Abbildung 6.1 ist die Verteilung der absoluten Häufigkeiten aus unserem Beispiel (Tab. 6.3) dargestellt. In analoger Weise lässt sich auch die Verteilung der relativen Häufigkeiten darstellen.

Kreis- bzw. Kuchendiagramm. Beim Kreisdiagramm werden die Kategorien als Segmente eines Kreises dargestellt. Die Winkel der Kreissegmente entsprechen der relativen Häufigkeit, mit der ein Messwert

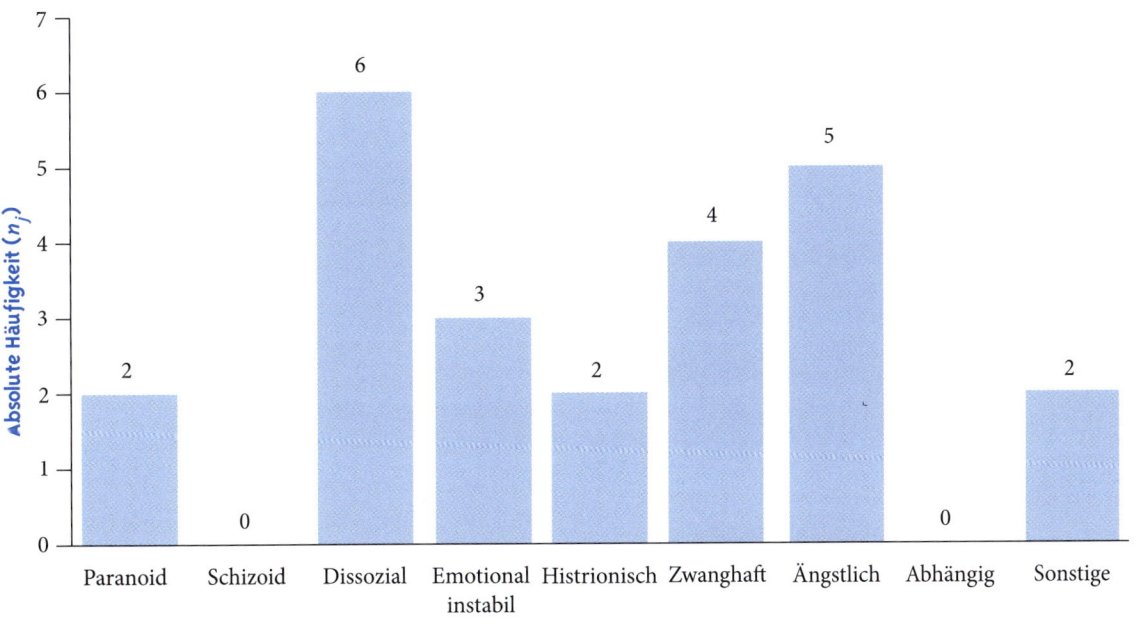

Abbildung 6.1 Säulendiagramm der Verteilung der absoluten Häufigkeiten aus Tabelle 6.3

beobachtet wurde. Kreisdiagramme geben relative Häufigkeiten also in Anteilen von 360 Winkelgraden wieder. Das führt dazu, dass auch die Flächen der Kreissektoren den relativen Häufigkeiten entsprechen. Die Häufigkeitsverteilung (relative Häufigkeiten) aus Tabelle 6.3 ist in Abbildung 6.2 als Kreisdiagramm graphisch dargestellt. Auch beim Kreisdiagramm ist die Reihenfolge, in der die Kreissegmente angeordnet sind, grundsätzlich beliebig wählbar. Wir haben ebenfalls die Reihenfolge gewählt, in der die Störungen im ICD-10 genannt werden. Es gibt jedoch auch die Konvention, dass man mit der stärksten Kategorie bei »12:00 Uhr« beginnt und dann im Uhrzeigersinn mit den nächstmächtigen Kategorien fortfährt. Für den Vergleich der Ergebnisse aus mehreren Untersuchungen kann das aber ein Nachteil sein. Für das Kreis- bzw. Kuchendiagramm gibt es noch andere Namen, z. B. »Tortendiagramm« sowie »pie-chart« (im Englischen) und »camembert« (im Französischen).

Balkendiagramm. Wenn sehr viele Merkmalskategorien vorliegen, können Säulen- und Kreisdiagramme unübersichtlich werden. Bei Säulendiagrammen fehlt

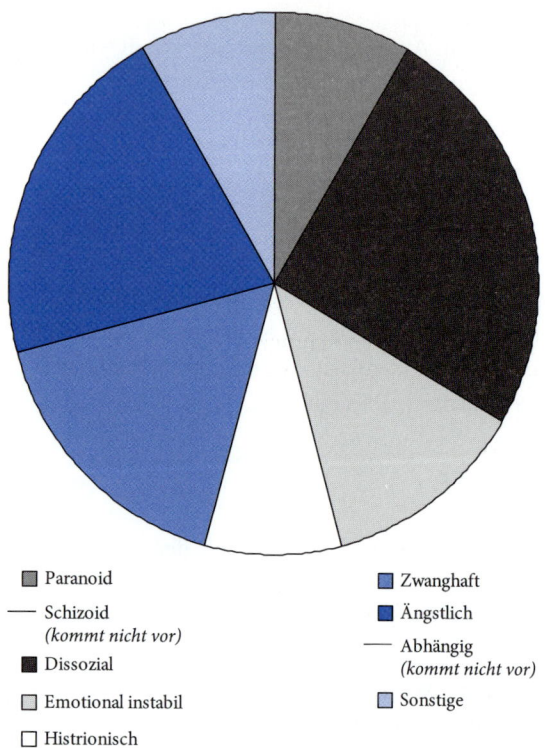

Abbildung 6.2 Kreisdiagramm der Verteilung der absoluten Häufigkeiten aus Tabelle 6.3

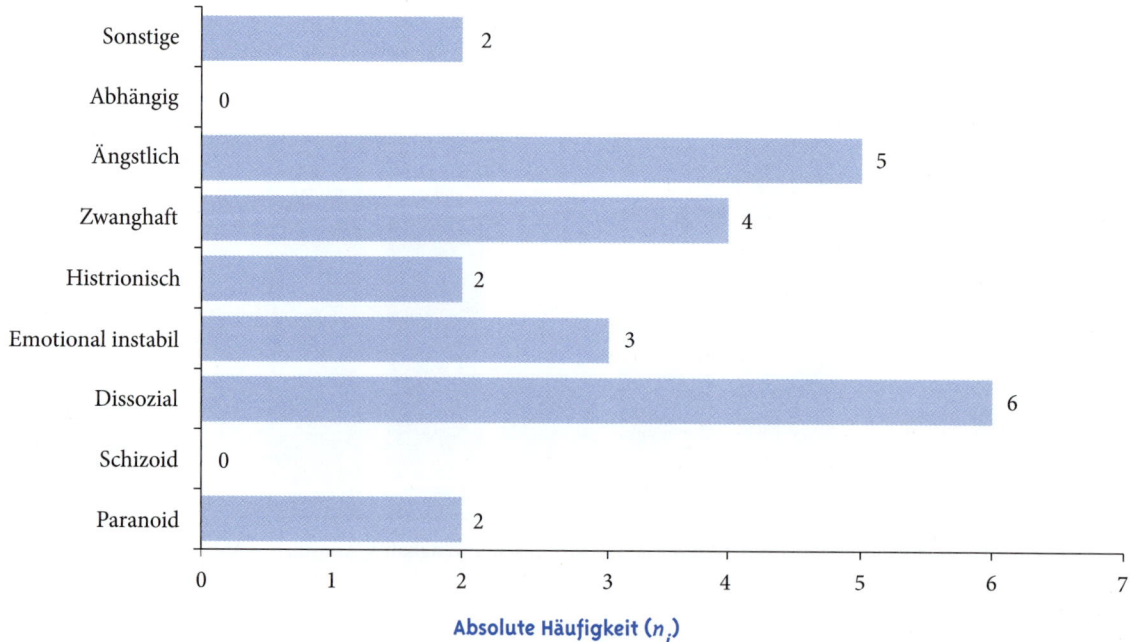

Abbildung 6.3 Balkendiagramm der Verteilung der absoluten Häufigkeiten aus Tabelle 6.3

Platz in der Breite, bei Kreisdiagrammen werden die Kreissegmente zu klein, um noch gut verglichen werden zu können. In solchen Fällen kann man als Alternative ein Balkendiagramm erstellen. Balkendiagramme sind um 90 Winkelgrade gedrehte Säulendiagramme. Sie haben zwei Vorteile: Die waagerechte Beschriftung der Balken ist besser lesbar, und wegen der vertikalen Anordnung bieten sie Platz für beliebig viele Kategorien. Abbildung 6.3 gibt die Verteilung der absoluten Häufigkeiten aus Tabelle 6.3 als Balkendiagramm wieder. Die Verteilung der relativen Häufigkeiten lässt sich in analoger Weise anhand eines Balkendiagramms darstellen.

6.2 Deskriptivstatistik für nominalskalierte Variablen

Statistische Kennwerte dienen dazu, Häufigkeitsverteilungen zusammenfassend zu beschreiben. Zwei Verteilungskennwerte sind besonders informativ:
- die zentrale Tendenz einer Verteilung und
- die Dispersion einer Verteilung.

Maße der zentralen Tendenz einer Häufigkeitsverteilung (oder auch: Lagemaße) versuchen, in einer einzigen Zahl auszudrücken, welcher Wert der typischste oder repräsentativste für die gesamte Verteilung ist. Dispersionsmaße versuchen hingegen, in einer einzigen Zahl auszudrücken, wie unterschiedlich die Merkmalsausprägungen über die Merkmalsträger hinweg sind.

Es gibt viele unterschiedliche Lage- und Dispersionsmaße, und wir werden die wichtigsten von ihnen in den folgenden Abschnitten behandeln. Die Maße unterscheiden sich u. a. dadurch, für welches Skalenniveau sie geeignet sind. Wir werden daher die Behandlung der Lage- und Dispersionsmaße für jedes Skalenniveau getrennt vornehmen. Wir beginnen mit Lage- und Dispersionsmaßen für nominalskalierte Variablen. Hierfür können wir bei unserem Diagnosebeispiel bleiben, denn die gestellte Diagnose ist eine kategoriale Variable mit ungeordneten Antwortkategorien; die Messwerte liegen demnach auf Nominalskalenniveau vor.

6.2.1 Zentrale Tendenz und Modalwert

Mit Kennwerten der zentralen Tendenz soll der durchschnittliche, mittlere oder besonders typische Messwert einer Verteilung angegeben werden. Da die Messwerte auf einer Nominalskala keine quantitative Bedeutung haben, ist es im Allgemeinen nicht sinnvoll, einen Durchschnittswert zu berechnen. Vielmehr wird die typische Ausprägung des Merkmals herangezogen, um die zentrale Tendenz zu bestimmen. Die typische Ausprägung ist bei kategorialen Variablen nichts anderes als die Kategorie, der die meisten Merkmalsträger angehören. Der entsprechende Kennwert heißt Modalwert oder Modus und wird üblicherweise mit Mo oder x_{mod} symbolisiert.

In unserem Beispiel lautet der Modalwert »dissoziale PS« (a_3), denn er kommt am häufigsten ($n_3 = 6$) vor (s. Tab. 6.3). Da wir die dissoziale PS mit dem Messwert $a_3 = 3$ beziffert haben, lautet der Modalwert in unserem Beispiel also $Mo = 3$.

> ! Der Modalwert ist die Merkmalsausprägung, die am häufigsten vorkommt; es ist nicht die Häufigkeit dieser Merkmalsausprägung. In unserem Beispiel ist der Modalwert also gleich 3 (und nicht gleich 6, was der Häufigkeit der dissozialen PS entspricht). Dies wird von Studierenden zu Beginn des Öfteren falsch gemacht.

Ein Modus kann nicht bestimmt werden, wenn die Kategorien gleich häufig besetzt sind, also eine Gleichverteilung der Messwerte vorliegt. Auch wenn nicht alle, aber einige Kategorien gleich häufig und zugleich am häufigsten besetzt sind, verliert der Modalwert seinen Sinn.

6.2.2 Dispersion und relativer Informationsgehalt

Mit Kennwerten der Dispersion soll angegeben werden, wie sehr sich die Merkmalsträger über die Kategorien ausbreiten oder konzentrieren, d. h., wie gleichmäßig oder ungleichmäßig die Werte der Skala vorkommen. Maximale Dispersion ist gegeben, wenn alle Kategorien gleich häufig besetzt sind, also eine Gleichverteilung der Messwerte vorliegt. Minimale

> **Beispiel**
>
> **Berechnung des relativen Informationsgehalts für unser Beispiel**
>
> Die Berechnung erleichtern wir uns dadurch, dass wir zunächst eine Tabelle (Tab. 6.4) anfertigen, in der alle notwendigen und zum Verständnis hilfreichen Informationen eingetragen werden. Die Tabelle umfasst vier Spalten. In der zweiten Spalte sind die relativen Häufigkeiten der $k = 9$ Diagnosen eingetragen. Diese Anteile kommen in Gleichung F 6.2 als einer von zwei Faktoren des Produkts hinter dem Summenzeichen Σ vor. In der nächsten Spalte stehen die ln-transformierten Werte von h_j, die als zweiter Faktor des Produkts hinter dem Summenzeichen in Gleichung F 6.2 stehen. In der letzten Spalte schließlich sind die Produkte aus den Werten der beiden vorangegangenen Spalten aufgeführt. Da der natürliche Logarithmus von 0 nicht definiert ist, wird bei leeren Kategorien der Wert 0 eingetragen. Dies ist in unserem Beispiel bei zwei Kategorien (schizoide PS und abhängige PS) der Fall; diese beiden Persönlichkeitsstörungen wurden im fraglichen Monat nicht diagnostiziert.
>
> **Tabelle 6.4** Hilfstabelle zur Berechnung des relativen Informationsgehalts H für das Beispiel aus Tabelle 6.3 (h_j: relative Häufigkeit, ln: natürlicher Logarithmus)
>
> | Art der Störung (a_j) | h_j | ln h_j | $h_j \cdot$ ln h_j |
> |---|---|---|---|
> | Paranoide PS ($a_1 = 1$) | 0,08 | −2,53 | −0,20 |
> | Schizoide PS ($a_2 = 2$) | 0 | 0,00 | 0,00 |
> | Dissoziale PS ($a_3 = 3$) | 0,25 | −1,39 | −0,35 |
> | Emotional instabile PS ($a_4 = 4$) | 0,13 | −2,04 | −0,27 |
> | Histrionische PS ($a_5 = 5$) | 0,08 | −2,53 | −0,20 |
> | Zwanghafte PS ($a_6 = 6$) | 0,17 | −1,77 | −0,30 |
> | Ängstliche PS ($a_7 = 7$) | 0,21 | −1,56 | −0,33 |
> | Abhängige PS ($a_8 = 8$) | 0 | 0,00 | 0,00 |
> | Sonstige PS ($a_9 = 9$) | 0,08 | −2,53 | −0,20 |
> | **Summe:** | | | $\sum_{j=1}^{9} h_j \cdot \ln h_j = -1{,}85$ |
>
> Diese Produkte müssen laut Gleichung F 6.2 aufsummiert werden. Die Summe steht unterhalb der vierten Spalte und beträgt −1,85. Diesen Wert müssen wir laut Gleichung F 6.2 mit dem negativen Kehrwert des natürlichen Logarithmus der Kategorienzahl multiplizieren. Bei $k = 9$ ergibt sich für diesen Ausdruck:
>
> $$-\frac{1}{\ln k} = -\frac{1}{\ln 9} = -\frac{1}{2{,}197} = -0{,}455$$
>
> Also berechnet sich der relative Informationsgehalt H in unserem Beispiel wie folgt:
>
> $$H = -\frac{1}{\ln 9} \cdot \sum_{j=1}^{9} h_j \cdot \ln h_j = -0{,}455 \cdot (-1{,}85) = 0{,}84$$
>
> Anmerkung: Die Darstellung erfolgt mit zwei Dezimalstellen. Die Berechnung erfolgte mit höherer Genauigkeit. Daraus ergibt sich die Abweichung bei der Summe in der letzten Spalte. Der Wertebereich des Informationsgehalts H erstreckt sich von 0 bis 1. Wenn alle Kategorien gleich häufig besetzt sind, liegt maximale Streuung vor. Der Informationsgehalt H beträgt dann 1. Minimale Streuung würde bedeuten, dass sich alle Fälle in einer Kategorie häufen und alle übrigen Kategorien unbesetzt sind. Wenn alle Kategorien bis auf eine unbesetzt sind, nimmt H den Wert 0 an. Der in unserem Beispiel ermittelte Wert $H = 0{,}84$ bedeutet also, dass sich die Klienten zwar nicht gleichmäßig über alle Diagnosekategorien verteilen, aber doch eine beträchtliche Streuung vorliegt.

Dispersion ist gegeben, wenn die Merkmalsträger sich überhaupt nicht unterscheiden, also alle den gleichen Messwert tragen. Wie kann man die vielen Zwischenstufen dieser beiden Extremfälle quantitativ ausdrücken? Für diesen Zweck eignet sich der relative Informationsgehalt H:

$$H = -\frac{1}{\ln k} \cdot \sum_{j=1}^{k} h_j \cdot \ln h_j \qquad \text{(F 6.2)}$$

Dabei bedeutet:
- ln: natürlicher Logarithmus (d. h. Logarithmus zur Basis e, der sog. Eulerschen Zahl; e = 2,718281828459…)
- h_j: relative Häufigkeit, mit der eine Merkmalsausprägung a_j vorkommt
- k: Anzahl der Merkmalsausprägungen.

6.3 Deskriptivstatistik für ordinalskalierte Variablen

Typen ordinalskalierter Daten

Es gibt zwei verschiedene Typen ordinalskalierter Variablen: singuläre Daten und kategoriale Daten mit geordneten Kategorien.

Singuläre Daten. Zum einen kann eine ordinalskalierte Variable durch eine Rangreihung entstehen, indem jedem Untersuchungsobjekt sein Rangplatz zugewiesen wird. Hierbei weist man dem Objekt mit der niedrigsten Ausprägung auf einer Variablen X den niedrigsten Rangplatz (d. h. den Messwert $R_m = 1$) zu, dem Objekt mit der zweitniedrigsten Ausprägung den Wert $R_m = 2$ usw. Ein Beispiel ist die Zuweisung von Rangplätzen beim Laufwettbewerb nach dem Zieleinlauf. Die Variable X wäre in diesem Fall die benötigte Zeit für die Wegstrecke. Rangdaten zeichnen sich typischerweise dadurch aus, dass jede Person einen anderen Messwert (Rangplatz) erhält. Man nennt sie daher auch singuläre Daten (Clauß et al., 1995). Wenn zwei Personen zur gleichen Zeit ins Ziel gekommen sind, teilen sie sich einen Rangplatz; es liegen dann Rangbindungen oder verbundene Ränge vor (s. Abschn. 5.4.4). Man spricht daher von singulären Daten mit Rangbindungen.

Kategoriale Daten mit geordneten Kategorien. Als Beispiel für diesen zweiten Typ ordinalskalierter Daten haben wir schon die Schulnoten kennengelernt. Man stelle sich vor, die Variable X sei die Anzahl Fehler in einem Diktat. Anhand der Fehleranzahl werden die Schüler sechs Rangklassen zugeordnet, wobei die Schüler mit den wenigsten Fehlern der Kategorie 1 (»sehr gut«) zugewiesen werden und diejenigen mit den meisten Fehlern der Kategorie 6 (»ungenügend«). Man spricht auch von gruppierten Daten, da die Schüler entsprechend ihrer Leistung in Gruppen eingeordnet werden. Durch diese Gruppierung gehen Unterschiede verloren, die zwischen den Schülern innerhalb der gleichen Gruppe möglicherweise vor der Gruppierung bestanden haben.

Diese Unterscheidung ist auch für die Statistik wichtig. Zum Teil unterscheiden sich die statistischen Methoden, die man jeweils zur Auswertung dieser beiden Typen ordinalskalierter Daten heranziehen kann. So ist der Modus bei singulären Daten wenig sinnvoll: Da im einfachsten Fall jede Person einen eigenen Rangplatz zugewiesen bekommt, ist der Modus nicht bestimmbar, da jeder Rang dieselbe Häufigkeit ($n_j = 1$) hat. Auch die Dispersion hängt dann nur von der Anzahl der Teilnehmer ab. Bei kategorialen Variablen mit geordneten Kategorien ist hingegen sowohl die Bestimmung des Modalwertes als auch die des relativen Informationsgehaltes sinnvoll. Bei Schulnoten ist z. B. das Wissen, dass der Modalwert in einer Untersuchung $Mo = 3$ und der relative Informationsgehalt $H = 0$ war, aussagekräftig: Man weiß dann, dass alle Schülerinnen und Schüler die Note 3 erhalten haben.

Da bei beiden Typen ordinalskalierter Daten die Zahlenwerte die Ordnung der Merkmalsausprägungen angeben, ist es prinzipiell möglich, beide Typen ineinander zu überführen. Kategoriale Variablen mit geordneten Kategorien lassen sich in Rangreihen überführen; allerdings erhält man dann sehr viele Rangbindungen, da sich alle Personen einer Kategorie (z. B. einer Notenklasse) einen Rangplatz teilen. Darüber hinaus lassen sich singuläre Daten nachträglich gruppieren: So kann man die Läufer z. B. in drei Gruppen einteilen (Spitzengruppe, Mittelfeld, Schlussgruppe). Hierdurch erhält man eine kategoriale Variable mit geordneten Kategorien. Eine solche Gruppierung kann je nach Fragestellung sinnvoll sein. Bei der Darstellung statistischer Methoden werden wir auf diese Unterscheidung zurückgreifen, wenn Methoden behandelt werden, die nur für einen der beiden Datentypen geeignet sind.

6.3.1 Häufigkeitsverteilungen

Bei kategorialen Daten mit geordneten Kategorien kann man die Häufigkeitsverteilung so darstellen, wie wir es bereits bei nominalskalierten Daten kennengelernt haben. Auch ist es möglich, den Modus als Lagemaß und den relativen Informationsgehalt als Dispersionsmaß (Streuungsmaß) zu bestimmen. Kategoriale Variablen mit geordneten Kategorien entsprechen in allen Anforderungen einer Nominalskala. Sie enthalten darüber hinaus aber auch noch Informationen über die Ordnung der Merkmalsausprägungen. Wie diese Ordnung – sowohl bei kategorialen Variablen als auch bei singulären Daten – deskriptivstatistisch dargestellt werden kann, werden wir im Folgenden kennenlernen.

Prozentrang

Rangplätze sind intuitiv einleuchtende und informative Größen: Man versteht, was es bedeutet, der »Beste«, der »Zweitbeste« oder der »Schlechteste« zu sein. Der Rangplatz als Messwert schafft jedoch ein Vergleichbarkeitsproblem: Je nach Größe der Objektmenge (n) bzw. der Anzahl der Rangplätze kommt einem bestimmten Rangplatz eine unterschiedliche Bedeutung zu. Wenn an einem Wettbewerb nur zwei Personen teilnehmen, ist der zweite Platz offensichtlich weniger wert, als wenn es Hunderte von Wettbewerbern gibt. Dieses Vergleichbarkeitsproblem lässt sich durch Relativierung des Rangplatzes an der Größe der Objektmenge lösen. Eine übliche Relativierung erfolgt durch die Transformation der Rangplätze in Prozentränge. Der Prozentrangwert eines Merkmalsträgers m entspricht demjenigen Prozentsatz von Merkmalsträgern, die eine gleich große oder eine kleinere Merkmalsausprägung aufweisen. Machen wir uns dies an einem einfachen Beispiel klar.

> **Beispiel**
>
> **Berechnung von Prozentrangwerten**
>
> Nehmen wir an, ein Therapeut habe fünf Klienten mit einer Spinnenphobie zur Ermittlung der Angststärke aufgefordert, sich einer Spinne so weit zu nähern, dass es gerade noch erträglich ist. Den größten Abstand hielt Maier, gefolgt von Müller, Schmied und Wagner. Am nächsten wagte sich Bauer an die Spinne heran. Die Rangplätze (R_m) kann man nun so wählen, dass der größte Wert für den Klienten vergeben wird, der den größten Abstand gehalten hat. Somit kann jedem Klienten ein Rangplatz zugeordnet werden. Bauer erhält den Rangplatz 1, Wagner den Rangplatz 2, Schmied den Rangplatz 3, Müller den Rangplatz 4 und Maier den Rangplatz 5. Diese Rangplätze kann man nach folgender Logik in Prozentränge (PR_m) transformieren:
>
> ▶ Wie viel Prozent der Klienten haben sich mindestens genauso nah herangewagt wie Bauer? Antwort: niemand außer Bauer selbst, also 1/5 = 20 % der Klienten. Bauer erhält also den Prozentrangwert 20.
> ▶ Wie viel Prozent der Klienten haben sich mindestens genauso nah herangewagt wie Wagner? Antwort: Bauer und Wagner, also 2/5 = 40 % der Klienten. Wagner erhält also den Prozentrangwert 40.
> ▶ Wie viel Prozent der Klienten haben sich mindestens genauso nah herangewagt wie Maier? Antwort: alle, also 5/5 = 100 % der Klienten. Maier erhält also den Prozentrangwert 100.
>
> Dieser Logik zufolge erhält Schmied den Prozentrangwert 60 und Müller den Prozentrangwert 80.

Für den Fall, dass Ränge nicht doppelt vergeben werden müssen (weil keine exakt gleichen Merkmalsausprägungen bei zwei Personen vorkommen), kann der Prozentrang eines Rangplatzes berechnet werden:

$$PR_m = \frac{R_m}{n} \cdot 100 \qquad (\text{F 6.3})$$

Die Transformation bedeutet nichts anderes als die Umrechnung eines bestimmten Rangplatzes (R_m) in einen Prozentrangwert (PR_m).

Prozentränge sind ein verbreiteter Maßstab in der Medizin. So wird etwa bei Vorsorgeuntersuchungen an Kindern der Prozentrang von Maßen ermittelt, die pathologisch relevant sind wie z. B. der Kopfumfang. Als kritisch gelten vom Durchschnittswert abweichende Kopfumfänge mit Prozenträngen über 95 und unter 5. Ein Prozentrang von 95 bedeutet, dass nur 5 % vergleichbarer Kinder einen größeren Kopfumfang haben; ein Prozentrang von 5 bedeutet, dass 95 % aller vergleichbaren Kinder einen größeren Kopfumfang haben. Bei Werten in diesen kritischen Extremzonen ist der Pädiater zu einer ausführlichen Diagnostik angehalten, um auszuschließen, dass der extrem große oder kleine Kopfumfang eine krankhafte Veränderung anzeigt.

Rangbindungen und mittlerer Rangplatz

Bei Rangdaten kann es vorkommen, dass sich Personen einen Rangplatz teilen. In diesem Falle weist man Personen mit gleichem Rangplatz den mittleren Rangplatz zu. Wie bestimmt man diesen? Greifen wir nochmals auf unser Beispiel zurück und nehmen wir an, dass sich Wagner und Schmied genau gleich nah an die Spinne herangewagt haben (z. B. 20 cm), während Bauer noch näher herangegangen ist (z. B. 15 cm). Wie würden in diesem Fall die Rangplätze zugewiesen? Bauer würde nach wie vor den Rangplatz 1 erhalten; Schmied und Wagner hingegen würden sich die beiden Rangplätze 2 und 3 teilen. Da sie sich jedoch faktisch hinsichtlich ihrer Angstreaktion nicht unterscheiden, müssen sie beide den gleichen Rangplatz bekommen. Dieser entspricht dem Durchschnitt der beiden verbundenen Ränge. Man spricht auch vom mittleren Rangplatz:

mittlerer Rangplatz = Mittelwert der verbundenen Rangplätze

Wagner und Schmied erhalten somit beide den Rangplatz $R_2 = R_3 = (2 + 3)/2 = 2{,}5$. Die anderen Personen behalten ihre Rangplätze, so behält z. B. Müller seinen Rangplatz $R_4 = 4$. Die Zuweisung des mittleren Rangs hat den Vorteil, dass man weiterhin am höchsten Rangplatz sieht, wie viele Personen betrachtet wurden.

Beispiel

Berechnung von Prozenträngen bei Rangbindungen

Bei Rangbindungen erfolgt die Berechnung von Prozenträngen nach demselben Prinzip wie im Falle unverbundener Ränge. Greifen wir noch einmal auf das vorangegangene Beispiel zurück. Bauer ist nach wie vor der mutigste der fünf Klienten. Sein Prozentrang ist unverändert (20). Aber welchen Prozentrangwert erhalten nun Wagner und Schmied? Die Frage lautet hier: Wie viel Prozent der Klienten haben sich mindestens genauso nah herangewagt wie Wagner und Schmied? Antwort: Bauer, Wagner und Schmied, also 3/5 = 60 % der Klienten. Wagner und Schmied erhalten also beide den Prozentrangwert 60. Die Prozentränge von Müller und Maier verändern sich nicht. Es sei noch einmal betont, dass im Falle verbundener Ränge die Gleichung F 6.3 zur Berechnung von Prozenträngen nicht anwendbar ist!

Kumulierte Häufigkeiten

Im Gegensatz zu singulären Daten sind kategoriale Variablen mit geordneten Kategorien dadurch gekennzeichnet, dass meist relativ viele Personen denselben Messwert aufweisen. Für jede Kategorie kann – wie bei nominalskalierten Variablen – die absolute oder die relative Häufigkeit bestimmt werden. Darüber hinaus kann die Ordnung der Kategorien dadurch berücksichtigt werden, dass die Häufigkeiten der Kategorien aufsummiert werden, die kleiner oder gleich einer bestimmten Kategorie sind. Hiermit wird die Idee des Prozentrangs auf geordnete Antwortkategorien übertragen, wobei nicht nur der an der Gesamtanzahl der Personen normierte Prozentrangwert, sondern auch die nicht normierten absoluten Häufigkeiten aufsummiert werden können. Diese aufsummierten Häufigkeiten bezeichnet man als kumulierte Häufigkeiten. Kumuliert (von lat. cumulus = Anhäufung) bedeutet, dass man eine Verteilung erstellt, in der der additive Zuwachs durch jede weitere (bzw. nächsthöhere) Merkmalsausprägung erkennbar wird. Das bedeutet konkret: Die kumulierte Häufigkeit (kn) für die erste Merkmalsausprägung ($j = 1$) ist identisch mit der absoluten Häufigkeit für diese ($kn_1 = n_1$); die kumulierte Häufigkeit für die zweite Merkmalsausprägung ($j = 2$) entspricht der Summe der absoluten Häufigkeiten für die erste und die zweite Merkmalsausprägung ($kn_2 = n_1 + n_2$); die kumulierte Häufigkeit für die dritte Merkmalsausprägung ($j = 3$) entspricht der Summe der absoluten Häufigkeiten für die erste, die zweite und die dritte Merkmalsausprägung ($kn_3 = n_1 + n_2 + n_3$) usw. Die kumulierte Häufigkeit einer Merkmalsausprägung (kn_j) entspricht also der Menge aller Objekte, welche diese oder eine kleinere Merkmalsausprägung aufweisen.

Beispiel

Lebenszufriedenheit in China

In einer Studie zur Lebenszufriedenheit wurden 556 chinesische Studierende gebeten, ihre allgemeine Lebenszufriedenheit einzuschätzen (Eid & Diener, 2001). In Bezug auf die Aussage »Ich bin mit meinem Leben zufrieden« sollten sie eine von sieben Antwortkategorien ankreuzen. Die Bezeichnungen der Antwortkategorien, die zugeordneten Zahlen und die Anzahl der Personen, die eine bestimmte Antwortkategorie angegeben haben, sind in Tabelle 6.5 angegeben. Die Kategorien weisen eine eindeutige Ordnung auf: Je höher der zugeordnete Wert, umso höher die selbsteingeschätzte Lebenszufriedenheit. In Spalte 2 der Tabelle sind die absoluten Häufigkeiten n_j angegeben, Spalte 3 enthält die kumulierten Häufigkeiten kn_j. Die kumulierte Häufigkeit $kn_3 = 158$ bedeutet, dass 158 der untersuchten chinesischen Studierenden die Aussage, dass sie mit ihrem Leben zufrieden sind, entweder stark oder einigermaßen ablehnen. Demgegenüber stimmen ($kn_7 - kn_4$) = 556 − 274 = 282 der Aussage, dass sie mit ihrem Leben zufrieden sind, zumindest schwach, einigermaßen oder stark zu. Die restlichen 116 Studierenden sind unentschieden. Spalte 4 enthält die relative Häufigkeit h_j und Spalte 5 die kumulierte relative Häufigkeit kh_j. Schließlich enthält Spalte 6 die Prozentwerte $\%_j$ und Spalte 7 die kumulierten Prozentwerte $k\%_j$, die dem Prozentrang entsprechen. So bedeutet z. B. der Wert $k\%_3 = 28{,}42$, dass 28,42 % der untersuchten chinesischen Studierenden einen Wert auf der Antwortskala haben, der kleiner oder gleich 3 (»schwache Ablehnung«) ist.

Tabelle 6.5 Häufigkeitstabelle zur Studie »Lebenszufriedenheit in China«

Merkmalsausprägung (a_j)	Absolute Häufigkeit (n_j)	Kumulierte Häufigkeit (kn_j)	Relative Häufigkeit (h_j)	Kumulierte relative Häufigkeit (kh_j)	Relative Häufigkeit in Anteilen von 100 ($\%_j$)	Kumulierte relative Häufigkeit in Anteilen von 100 ($k\%_j$)
Starke Ablehnung (1)	0	0	0	0	0	0
Ablehnung (2)	29	29	0,05	0,05	5,22	5,22
Schwache Ablehnung (3)	129	158	0,23	0,28	23,20	28,42
Weder Zustimmung noch Ablehnung (4)	116	274	0,21	0,49	20,87	49,29
Schwache Zustimmung (5)	65	339	0,12	0,61	11,69	60,98
Zustimmung (6)	94	433	0,17	0,78	16,90	77,88
Starke Zustimmung (7)	123	556	0,22	1,00	22,12	100,00

Anmerkung: Aufgrund der Rundung auf zwei Nachkommastellen entspricht die kumulierte relative Häufigkeit nicht immer exakt der Summe der relativen Häufigkeiten.

Abbildung 6.4 zeigt ein Säulendiagramm der kumulierten Häufigkeitsverteilung. Auf der x-Achse sind die beobachteten Merkmalsausprägungen (Kategorien) abgetragen, auf der y-Achse die kumulierten relativen Häufigkeiten.

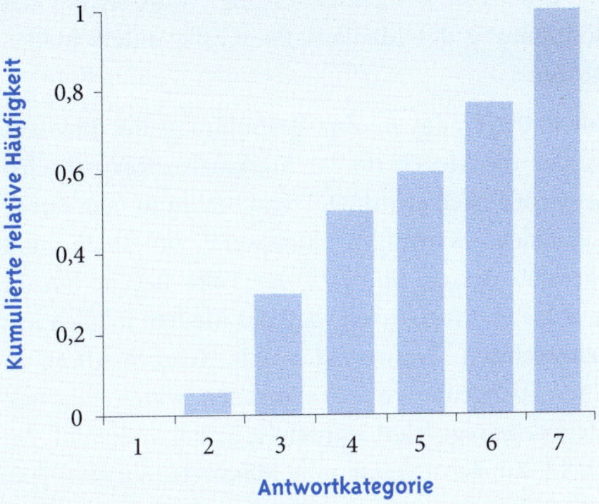

Abbildung 6.4 Säulendiagramm zur Darstellung der kumulierten relativen Häufigkeiten aus Tabelle 6.5

6.3.2 Zentrale Tendenz und Median

Bei nominalskalierten Variablen haben wir den Modus als ein Lagemaß kennengelernt, von dem man auch bei kategorialen Variablen mit geordneten Kategorien Gebrauch machen kann. Der Modus berücksichtigt allerdings noch nicht die Ordnung der Werte, die bei ordinalskalierten Variablen hinzukommt. Hierzu sind weitere Maße der zentralen Tendenz (Lagemaße) notwendig. Ein geeignetes Lagemaß für ordinalskalierte Daten ist der Median. Der Median ist der Wert, der die Merkmalsträger in zwei Hälften teilt. Symbolisiert wird der Median durch Md oder, wenngleich seltener, durch Z (für Zentralwert).

> **Definition**
>
> Der **Median** ist der Wert, für den gilt:
> (1) Mindestens 50 % der Daten sind kleiner oder gleich dem Median.
> (2) Mindestens 50 % der Daten sind größer oder gleich dem Median.

Die Definition des Medians legt noch nicht eindeutig fest, wie er im konkreten Fall empirisch bestimmt werden kann. Diese Nichteindeutigkeit bei der Bestimmung des Medians hat leider zur Folge, dass sich verschiedene Statistikprogramme und Lehrbücher in der Bestimmung des Medians unterscheiden können und man bei denselben Daten unterschiedliche Mediane erhalten kann, je nachdem, welches Statistikprogramm verwendet wird bzw. auf welches Lehrbuch man sich bezieht.

Median bei singulären Daten

Denkbar einfach ist die Bestimmung des Medians, wenn als Messwerte Rangplätze verwendet wurden und jeder Rangplatz nur einmal vorkommt, also keine verbundenen Ränge vorliegen. In diesem Fall kann der Median nach folgender Gleichung bestimmt werden:

$$Md = \frac{n+1}{2} \qquad \text{(F 6.4)}$$

Allerdings ist der Median bei solchen singulären Daten wenig interessant, da er nur die Anzahl n der untersuchten Personen widerspiegelt. Daher wird er bei singulären Daten üblicherweise auch nicht berichtet. Wurden als Messwerte Rangplätze verwendet und liegen gleichzeitig verbundene Ränge vor, kann man den Median nach den Regeln für kategoriale Daten mit geordneten Kategorien bestimmen. Aber auch bei singulären Daten mit Rangbindungen ist der Median wenig aussagekräftig.

Median bei kategorialen Daten mit geordneten Kategorien

Wenn als Messwerte kategoriale Daten mit geordneten Kategorien vorliegen (wie bei unserem Beispiel der Lebenszufriedenheitsmessung), müssen bei der Bestimmung des Medians zwei Fälle unterschieden werden.

Fall 1: Ungerades n. Zur Bestimmung des Medians werden die Messwerte der Merkmalsträger zunächst der Größe nach geordnet. Dann bestimmt man durch Auszählen denjenigen Messwert, unterhalb und oberhalb dessen $(n-1)/2$ der Fälle liegen. Bei 11 geordneten Messwerten wäre der Median folglich mit dem sechsten Messwert identisch. Nehmen wir an, in einer Stichprobe von 11 Personen wären folgende Messwerte registriert worden: 1; 5; 2; 6; 7; 3; 9; 21; 24; 12; 13. Zunächst werden die Messwerte sortiert: 1; 2; 3; 5; 6; 7; 9; 12; 13; 21; 24. Dann wird durch Abzählen der mittlere Messwert gefunden. In unserem Beispiel lautet das Ergebnis: $Md = 7$.

Fall 2: Gerades n. Auch in diesem Fall werden die Messwerte zunächst der Größe nach geordnet. Dann werden sie in zwei Hälften geteilt. Der Mittelwert des größten Messwerts aus der unteren Hälfte und des kleinsten Messwerts aus der oberen Hälfte ergibt den Median. Nehmen wir z. B. folgende Messwertreihe: 2; 4; 8; 1; 19; 12; 9; 3. Sie wird zunächst sortiert: 1; 2; 3; 4; 8; 9; 12; 19. Der größte Messwert aus der unteren Hälfte beträgt 4, der kleinste Messwert aus der oberen Hälfte beträgt 8. Der Mittelwert aus beiden ergibt den Median: $Md = (4 + 8)/2 = 6$.

Medianklasse. Bei gruppierten Daten nennt man die Kategorie, in die der Median fällt, auch Medianklasse. Anhand der kumulierten Häufigkeitsverteilung in Tabelle 6.5 kann man die Medianklasse leicht identifizieren. In unserem Beispiel ist die fünfte Klasse (»schwache Zustimmung«) die Medianklasse. In dieser Klasse wird der Wert der relativen Häufigkeit von 0,5 überschritten. Liegt eine gerade Anzahl von Untersuchungsobjekten vor, so kann es nach der oben dargelegten Regel vorkommen, dass der Median nicht in eine Klasse fällt, sondern einen Wert zwischen zwei Klassen annimmt.

6.3.3 Dispersion und Interquartilsbereich

Bei singulären Daten ist die Bestimmung der Streuung genauso wenig aussagekräftig wie die Bestimmung des Medians als Lagemaß, da die Streuung von Rangwerten nur von der Anzahl der untersuchten Personen abhängt: Zehn verschiedene Rangwerte streuen weniger (Bereich zwischen 1 und 10) als 100 verschiedene Rangwerte (Bereich zwischen 1 und 100).

Da eine Ordinalskala alle Anforderungen einer Nominalskala erfüllt, kann auch bei ordinalskalierten Variablen der relative Informationsgehalt bestimmt werden. Er stellt auch bei gruppierten Daten ein sinnvolles Streuungsmaß dar. Bei dem relativen Informationsgehalt wird die Information, die in der Ordnung der Merkmalsausprägungen liegt, allerdings nicht ausgenutzt. Ein Streuungsmaß, das die Ordnung der Merkmalsausprägungen berücksichtigt, ist der empirische Interquartilsbereich. Zur Bestimmung dieses Streuungsmaßes müssen zunächst die Quartile bestimmt werden.

Quartile

Teilt man eine Häufigkeitsverteilung in vier Teile, so erhält man Quartile. In jeder der vier »Gruppen« befindet sich jeweils ungefähr ein Viertel der Merkmalsträger. Das erste Quartil (Q_1) ist der Wert, der von mindestens 25 % der Merkmalsträger erreicht oder unterschritten wird und der von mindestens 75 % der Merkmalsträger erreicht oder überschritten wird. Das zweite Quartil (Q_2) ist der Wert, der von mindestens 50 % der Merkmalsträger erreicht oder unterschritten wird und von mindestens 50 % der Merkmalsträger erreicht oder überschritten wird; d. h., das zweite Quartil ist der Median. Das dritte Quartil (Q_3) ist der Wert, der von mindestens 75 % der Merkmalsträger erreicht oder unterschritten wird und von mindestens 25 % der Merkmalsträger erreicht oder überschritten wird.

Genau wie beim Median gibt es zur Bestimmung der drei Quartile verschiedene Regeln, von denen wir nur eine behandeln. Zunächst werden alle Werte in eine Rangreihe gebracht. Es gibt zwei zu unterscheidende Fälle.

Fall 1: $n/4$ ergibt eine ganze Zahl. Wenn das Verhältnis aus der Anzahl n der Untersuchungsobjekte und der Zahl 4 eine ganze Zahl ergibt, ist es möglich, die Untersuchungsobjekte in vier gleich große Gruppen zu unterteilen. Das erste Quartil wird in diesem

Fall bestimmt als der Mittelwert aus folgenden beiden Messwerten: dem höchsten Messwert in dem ersten (unteren) Viertel der Messwerte und dem geringsten Messwert in dem zweiten (darauffolgenden) Viertel der Messwerte. Das dritte Quartil ist dementsprechend der Mittelwert aus dem höchsten Messwert im dritten Viertel und dem geringsten Messwert im vierten Viertel der geordneten Messwerte. Für die Messwertreihe

2; 2;   3; 4;   4; 6;   6; 6
1.Viertel 2.Viertel 3.Viertel 4.Viertel

ist das erste Quartil der Wert $Q_1 = (2 + 3)/2 = 2{,}5$. Für das zweite Quartil ergibt sich $Q_2 = Md = (4 + 4)/2 = 4$. Das dritte Quartil entspricht dem Wert $Q_3 = (6 + 6)/2 = 6$.

In unserem Beispiel der Lebenszufriedenheit ergibt die Anzahl der untersuchten Personen ($n = 556$) geteilt durch 4 eine ganze Zahl (139). Das erste Quartil ist der Mittelwert aus dem 139. und 140. Messwert (der geordneten Messwertreihe). Sowohl der 139. als auch der 140. Messwert fällt in die dritte Kategorie ($a_3 = 3$). Hieraus ergibt sich $Q_1 = 3$. Das zweite Quartil (der Median) entspricht – wie wir schon berechnet haben – $Q_2 = Md = 5$. Das dritte Quartil ist der Mittelwert des 417. und des 418. Wertes der geordneten Messwertreihe und beträgt somit $Q_3 = 6$.

Fall 2: $n/4$ ergibt keine ganze Zahl. Wenn das Verhältnis aus der Anzahl n der Untersuchungsobjekte und der Zahl 4 keine ganze Zahl ergibt, betrachtet man die nächste ganze Zahl, die auf $n/4$ folgt. Bezeichnet man diese Zahl mit q_1, so ist das erste Quartil der Messwert, der dem q_1-ten Untersuchungsobjekt in der geordneten Messreihe zugeordnet ist. In analoger Weise ist das dritte Quartil der Messwert, der dem q_3-ten Untersuchungsobjekt in der geordneten Messwertreihe zugeordnet ist, wobei q_3 die nächste ganze Zahl ist, die auf $(3/4) \cdot n$ folgt. Das zweite Quartil wird nach der Regel zur Bestimmung des Medians berechnet. Beispielsweise wäre für die Messwertreihe 2; 3; 5; 5; 6; 7 das erste Quartil $Q_1 = 3$, das zweite Quartil $Q_2 = Md = 5$ und das dritte Quartil $Q_3 = 6$.

Empirischer Interquartilsbereich

Der empirische Interquartilsbereich (IQB) ist der Bereich der Werte zwischen dem ersten und dem dritten Quartil:

$$IQB = [Q_1; Q_3] \qquad \text{(F 6.5)}$$

Ist der empirische Interquartilsbereich sehr breit, zeigt dies eine starke Streuung an. Im Extremfall ist die erste Quartilsklasse die unterste und die dritte Quartilsklasse die oberste Klasse, d. h., es gibt viele »ganz große« und viele »ganz kleine« Werte. In unserem Beispiel der Lebenszufriedenheit beträgt der Interquartilsbereich $IQB = [3; 6]$. Er ist relativ groß und umfasst immerhin vier von sieben möglichen Werten.

> **Beispiel**
>
> **Vergleich der Lebenszufriedenheit in China und den USA**
>
> Im Folgenden wollen wir zeigen, wie die bisher behandelten Lage- und Streuungsmaße zum Vergleich der Lebenszufriedenheit in China und den USA herangezogen werden können. Hierzu ist in Tabelle 6.6 die Häufigkeitsverteilung der Lebenszufriedenheitswerte in den USA angegeben. In Tabelle 6.7 sind die berechneten Lage- und Streuungsmaße für beide Länder zusammengestellt.
>
> **Interpretation der Lagemaße.** Die Modalwerte zeigen an, dass die häufigste Antwort auf die Frage, wie sehr man der Aussage »Ich bin mit meinem Leben zufrieden« zustimmt, in China »schwache Ablehnung« (also $Mo_{China} = 3$) und in den USA »starke Zustimmung« (also $Mo_{USA} = 7$) ist. Auch der Unterschied in den Medianwerten zeigt an, dass die Befragten in den USA über eine höhere »Lebenszufriedenheitslage« verfügen als die Befragten in China: In den USA entspricht der Median dem Wert $Md_{USA} = 7$, was anzeigt, dass mindestens 50 % der untersuchten US-Amerikaner die (in Bezug auf die Skala) höchstmögliche Lebenszufriedenheit berichten. In China hingegen ist der Median deutlich geringer ($Md_{China} = 5$).

Tabelle 6.6 Häufigkeitstabelle zur Lebenszufriedenheit in den USA

Merkmalsausprägung (a_j)	Absolute Häufigkeit (n_j)	Kumulierte Häufigkeit (kn_j)	Relative Häufigkeit (h_j)	Kumulierte relative Häufigkeit (kh_j)	Relative Häufigkeit in Anteilen von 100 (%$_j$)	Kumulierte relative Häufigkeit in Anteilen von 100 ($k\%_j$)
Starke Ablehnung (1)	0	0	0	0	0	0
Ablehnung (2)	11	11	0,02	0,02	2,49	2,49
Schwache Ablehnung (3)	28	39	0,06	0,09	6,33	8,82
Weder Zustimmung noch Ablehnung (4)	34	73	0,08	0,17	7,69	16,51
Schwache Zustimmung (5)	31	104	0,07	0,24	7,01	23,52
Zustimmung (6)	95	199	0,21	0,45	21,49	45,01
Starke Zustimmung (7)	243	442	0,55	1,00	54,98	100,00

Anmerkung: Aufgrund der Rundung auf zwei Nachkommastellen entspricht die kumulierte relative Häufigkeit nicht immer exakt der Summe der relativen Häufigkeiten.

Interpretation der Streuungsmaße. Der Wert des relativen Informationsgehalts ist in China ($H_{China} = 0{,}87$) höher als in den USA ($H_{USA} = 0{,}68$). Dies bedeutet, dass es in China größere interindividuelle Unterschiede gibt als den USA. Die Befragten in China unterscheiden sich stärker voneinander als die Befragten in den USA. Der Interquartilsbereich zeigt ebenfalls, dass die Unterschiede in China ($IQB_{China} = [3; 6]$) größer sind als in den USA ($IQB_{USA} = [6; 7]$).

Tabelle 6.7 Lage- und Streuungsmaße zur Lebenszufriedenheit in China und den USA

	China	USA
Lagemaße		
Modus	3	7
Median	5	7
Streuungsmaße		
Relativer Informationsgehalt	0,87	0,68
Interquartilsbereich	[3; 6]	[6; 7]

6.4 Deskriptivstatistik für metrische Variablen

6.4.1 Häufigkeitsverteilungen

Beginnen wir gleich mit einem Zahlenbeispiel. Nehmen wir an, wir hätten einen Test zur Messung der individuellen Begabung von Schülern konstruiert. Dieser Begabungstest habe 100 Aufgaben, und der individuelle Testwert eines Schülers entspreche der Anzahl richtig gelöster Aufgaben im Test. Damit ergeben sich mögliche Messwerte zwischen 0 (keine Aufgabe gelöst) und 100 (alle Aufgaben gelöst). Hierdurch wird eine absolutskalierte Begabungsvariable definiert. Nehmen wir weiterhin an, wir hätten 150 Schüler getestet und die individuellen Testwerte in beliebiger Reihenfolge aufgeschrieben. Solche Testwerte nennt man auch Testrohwerte, um deutlich zu kennzeichnen, dass es sich um die ursprünglichen und nicht um weiterverarbeitete Messwerte handelt. Die Testrohwerte aus unserer fiktiven Untersuchung sind in Tabelle 6.8 dargestellt.

Tabelle 6.8 Urliste absolutskalierter Testrohwerte von 150 Schülern (aus Gründen der Platzersparnis mehrspaltig dargestellt)

79	51	67	50	78	80	77	75	55	65
62	89	83	73	80	67	74	63	32	88
88	48	60	71	79	79	47	55	70	34
89	63	55	93	71	81	72	68	75	93
41	81	46	50	61	72	86	66	54	58
59	50	90	75	61	82	73	57	87	41
75	98	53	79	80	64	67	51	36	52
70	37	42	72	74	78	91	69	95	76
67	73	79	67	85	74	70	62	76	69
91	73	77	36	77	45	39	59	63	57
53	67	85	74	77	78	73	61	47	43
76	43	42	96	83	83	84	67	81	75
70	92	59	86	53	71	49	68	42	46
32	67	67	71	71	59	80	66	39	49
82	68	30	72	57	92	50	38	73	56

Die Urliste ist nicht sehr übersichtlich, und man kann nicht gut erkennen, wie gut die untersuchten Personen sind und wie stark sie sich unterscheiden. Etwas mehr Übersichtlichkeit könnte schon durch eine Sortierung der Testrohwerte nach ihrer Größe erreicht werden. Immerhin könnte man auf einen Blick erkennen, dass der beste Schüler 98 und der schlechteste 30 Punkte erreicht hat. Durch eine Gruppierung der Testwerte nach Größe steigt die Übersichtlichkeit weiter (s. Tab. 6.9).

Tabelle 6.9 lässt rasch erkennen, dass die einzelnen Testwerte nicht gleich häufig vorkommen. Vielmehr sind Testwerte über 80 und unter 50 deutlich seltener als Testwerte zwischen 50 und 80. Weiterhin sieht man, dass der »typische« Schüler im Sinne des Modalwertes zwei Drittel der Testaufgaben löst (67 Punkte). Und schließlich macht die Anordnung deutlich, dass die Häufigkeiten der Testwerte von niedrigen zu mittleren Punktzahlen nicht gleichmäßig zu- und von mittleren zu hohen Punktzahlen gleichmäßig wieder abnehmen, sondern dass sich die Häufigkeiten sprunghaft verändern.

Primäre Häufigkeitsverteilung

Aus der gruppierten Urliste kann eine Häufigkeitstabelle angefertigt werden (Tab. 6.10). Man bezeichnet sie als primäre Häufigkeitsverteilung, weil sie aus der Urliste der Testrohwerte gebildet wurde. Die Sprunghaftigkeit der Häufigkeiten, mit der einzelne Testwerte vorkommen, widerspricht unserer Intuition von einer kontinuierlichen Verteilung der Begabung: Man würde erwarten, dass sehr geringe und sehr hohe Begabungen selten, mittlere hingegen relativ oft vorkommen und dass die Häufigkeit von mittleren zu extremen Werten kontinuierlich abnimmt.

»Unschön« an der primären Häufigkeitsverteilung in Tabelle 6.10 ist weiterhin die große Zahl von Messwerten. Möglicherweise ist die feine Abstufung der Begabung in 100 Ausprägungen gar nicht sinnvoll, weil sie eine Genauigkeit vortäuscht, die unser Begabungstest gar nicht erreicht. Zudem erscheint es auch für die praktische Verwendung der Testergebnisse, etwa im Rahmen einer Schullaufbahnberatung, kaum nötig, 100 Begabungsstufen zu unterscheiden.

Tabelle 6.9 Gruppierte Urliste absolutskalierter Testrohwerte von 150 Schülern

30	53, 53, 53	76, 76, 76
-	54	77, 77, 77, 77
32, 32	55, 55, 55	78, 78, 78
-	56	79, 79, 79, 79, 79
34	57, 57, 57	80, 80, 80, 80
-	58	81, 81, 81
36, 36	59, 59, 59, 59	82, 82
37	60	83, 83, 83
38	61, 61, 61	84
39, 39	62, 62	85, 85
-	63, 63, 63	86, 86
41, 41	64	87
42, 42, 42	65	88, 88
43, 43	66, 66	89, 89
-	67, 67, 67, 67, 67, 67, 67, 67, 67	90
45	68, 68, 68	91, 91
46, 46	69, 69	92, 92
47, 47	70, 70, 70, 70	93, 93
48	71, 71, 71, 71, 71	-
49, 49	72, 72, 72, 72	95
50, 50, 50, 50	73, 73, 73, 73, 73, 73	96
51, 51	74, 74, 74, 74	-
52	75, 75, 75, 75, 75	98

Sekundäre Häufigkeitsverteilung

Aus den genannten Gründen empfiehlt sich eine gröbere Abstufung der Begabung. Sie kann durch eine Zusammenfassung von Testrohwerten zu Testwertkategorien erreicht werden. Der Vorteil der Bildung von Messwertkategorien liegt v. a. in der größeren Übersichtlichkeit der tabellarischen und graphischen Darstellung von Häufigkeitsverteilungen. Häufigkeitsverteilungen kategorisierter (gruppierter) Messwerte nennt man sekundäre Häufigkeitsverteilungen.

Wenn wir die in unserem Beispiel vorkommenden Testrohwerte so zusammenfassen, dass jede Kategorie fünf aufeinanderfolgende Testrohwerte enthält, ergeben sich 14 Kategorien. Tabelle 6.11 gibt die sekundäre Häufigkeitsverteilung wieder, und zwar für die absolute Häufigkeit (n_j), die kumulierte absolute Häufigkeit (kn_j), die Prozentwerte ($\%_j$) und die kumulierten Prozentwerte ($k\%_j$).

Die sekundäre Häufigkeitsverteilung ist wesentlich anschaulicher als die primäre. Man erkennt rasch, dass die typische Begabung im Sinne des Modalwertes im Bereich zwischen 70 und 74 Testrohwerten liegt. Von diesem Gipfel nimmt die Häufigkeit niedrigerer und höherer Begabungen relativ kontinuierlich ab. Lediglich im Bereich zwischen 60 und 64 Testwerten zeigt sich eine kleine Delle. Die gleichmä-

Tabelle 6.10 Primäre Häufigkeitsverteilung absolutskalierter Testrohwerte von 150 Schülern (a_j: Anzahl richtig gelöster Aufgaben, n_j: absolute Häufigkeit)

a_j	n_j	a_j	n_j	a_j	n_j
30	1	53	3	76	3
31	0	54	1	77	4
32	2	55	3	78	3
33	0	56	1	79	5
34	1	57	3	80	4
35	0	58	1	81	3
36	2	59	4	82	2
37	1	60	1	83	3
38	1	61	3	84	1
39	2	62	2	85	2
40	0	63	3	86	2
41	2	64	1	87	1
42	3	65	1	88	2
43	2	66	2	89	2
44	0	67	9	90	1
45	1	68	3	91	2
46	2	69	2	92	2
47	2	70	4	93	2
48	1	71	5	94	0
49	2	72	4	95	1
50	4	73	6	96	1
51	2	74	4	97	0
52	1	75	5	98	1

ßigere Besetzung der Messwertkategorien und der kontinuierlichere Häufigkeitsverlauf kommen unserer Vorstellung von der Begabungsverteilung näher als der sprunghafte Verlauf der primären Häufigkeitsverteilung.

Festlegung der Kategorienzahl

War die Entscheidung, je fünf benachbarte Testwerte zu einer Kategorie zusammenfassen und die erste Kategorie beim Messwert 30 beginnen zu lassen, willkürlich? Bis zu einem gewissen Grad ja! Aus dieser Beliebigkeit entsteht ein Problem bei der Ableitung sekundärer Häufigkeitsverteilungen. Je nachdem, wie man die Breite der Kategorien und ihre Grenzen festlegt, resultieren unterschiedliche sekundäre Häufigkeitsverteilungen. Um diesem Problem entgegenzuwirken, wurden in der Literatur Vorschläge gemacht, wie man bei der Festlegung der Kategorienzahl und der Kategoriengrenzen vorgehen sollte. Allerdings handelt es sich dabei nur um Faustregeln und nicht um verbindliche Konventionen.

Tabelle 6.11 Sekundäre Häufigkeitsverteilung absolutskalierter Testrohwerte von 150 Schülern (a_j: Anzahl richtig gelöster Aufgaben, n_j: absolute Häufigkeit, kn_j: kumulierte absolute Häufigkeit, $\%_j$: Prozentwerte, $k\%_j$: kumulierte Prozentwerte)

a_j	n_j	kn_j	$\%_j$	$k\%_j$
30 – 34	4	4	2,67	2,67
35 – 39	6	10	4,00	6,67
40 – 44	7	17	4,67	11,33
45 – 49	8	25	5,33	16,67
50 – 54	11	36	7,33	24,00
55 – 59	12	48	8,00	32,00
60 – 64	10	58	6,67	38,67
65 – 69	17	75	11,33	50,00
70 – 74	23	98	15,33	65,33
75 – 79	20	118	13,33	78,67
80 – 84	13	131	8,67	87,33
85 – 89	9	140	6,00	93,33
90 – 94	7	147	4,67	98,00
95 – 99	3	150	2,00	100,00

Bei der Festlegung der Kategorienzahl muss beachtet werden, dass einerseits Übersichtlichkeit gewonnen wird, andererseits die ursprüngliche Skala nicht zu stark vergröbert wird. In den meisten Fällen dürfte eine Kategorienzahl zwischen 10 und 20 beiden Ansprüchen genügen. Manche Autoren schlagen als Kategorienzahl $\sqrt{k}$ vor, wobei k die Anzahl der Merkmalsausprägungen ist. Dieser Vorschlag hat zur Folge, dass Primärskalen mit steigender Anzahl der Merkmalsausprägungen immer stärker vergröbert werden. Beispielsweise würde eine Primärskala mit 16 Ausprägungen um den Faktor 4 vereinfacht, eine Primärskala mit 100 Ausprägungen um den Faktor 10.

Festlegung der Kategoriengrenzen

Kategoriengrenzen werden so definiert, dass sie genau zwischen dem größten und kleinsten Messwert benachbarter Kategorien liegen. Ordnet man die Kategorien und zählt sie von $j = 1$ bis $j = k$ durch, so wird mit c_j die obere Kategoriengrenze und mit c_{j-1} die untere Kategoriengrenze bezeichnet. In unserem Beispiel (Tab. 6.11) lauten die Kategoriengrenzen der zweiten Kategorie also $c_1 = 34{,}5$ und $c_2 = 39{,}5$. Die untere Grenze der ersten Kategorie beträgt $c_0 = 29{,}5$, die obere Grenze der obersten Kategorie $c_{14} = 99{,}5$. Man bestimmt die untere Kategoriengrenze so, als käme unter der untersten Kategorie noch eine weitere, die dann bei 29 enden würde. Die Kategoriengrenze von 29,5 ist der Wert, der zwischen 29 und 30 liegt. In Bezug auf die obere Kategoriengrenze verfährt man genauso. Dies hat den Vorteil, dass alle Kategorien gleich groß sind, was die Berechnung statistischer Kennwerte bei gruppierten Daten erleichtert.

Kategorienbreite d. Die Kategorienbreite d entspricht der Differenz zwischen den Kategoriengrenzen:

$$d = c_j - c_{j-1} \qquad \text{(F 6.6)}$$

Sie beträgt in unserem Beispiel 5, denn alle Kategorien umfassen jeweils fünf Messwerte. Alle Kategorien werden so festgelegt, dass sie gleich breit sind. Ungleich breite Kategorien würden eine unzulässige Transformation der Primärskala bedeuten. Aus diesem Grund benötigt d auch keinen Index zur Bezeichnung einer bestimmten Kategorie (j), da es für alle j Kategorien identisch ist.

Kategorienmitte a. Die Kategorienmitte a_j bestimmt man, indem man die Summe aus der unteren und der oberen Kategoriengrenze bildet und diese Summe durch 2 dividiert:

$$a_j = \frac{c_j + c_{j-1}}{2} \qquad \text{(F 6.7)}$$

In unserem Beispiel beträgt etwa die Kategorienmitte der zweiten Kategorie $a_2 = (34{,}5 + 39{,}5)/2 = 37$.

Reduktionslage. Als Reduktionslage bezeichnet man die untere Kategoriengrenze der ersten Kategorie. In unserem Beispiel beträgt sie $c_0 = 29{,}5$. Die Wahl der Reduktionslage bestimmt, mit welchem Messwert die erste Kategorie beginnt. Wie man sich an unserem Zahlenbeispiel leicht vor Augen führen kann, hat die Wahl der Reduktionslage einen Einfluss auf die sekundäre Häufigkeitsverteilung. Hätten wir in unserem Beispiel als Reduktionslage 28,5 statt 29,5 gewählt, wäre die erste Kategorie mit 3 statt mit 4 Fällen besetzt gewesen. Auch für die Wahl der Reduktionslage gibt es Vorschläge in der Literatur. So schlägt z. B. McCall (2000) vor, die Reduktionslage so zu wählen, dass der kleinste Wert der ersten Kategorie durch die Klassenbreite teilbar ist. Dieser Empfehlung sind wir in unserem Beispiel gefolgt (30/5). Solche Vorschläge sind aber weder bindend noch mathematisch zwingend.

Graphische Darstellung sekundärer Häufigkeitsverteilungen

Histogramm. Bei metrischen Variablen ist das Histogramm die geläufigste Darstellung von Häufigkeitsverteilungen. Es ähnelt dem Säulendiagramm bei nominalskalierten Variablen. Das Histogramm unterscheidet sich jedoch vom Säulendiagramm dadurch, dass bei ihm die Breite der Säulen sinnvoll interpretierbar ist, da sie auf dem Zahlenstrahl angeordnet ist und der Abstand zwischen zwei Zahlen bei metrischen Variablen bedeutsam ist. Dies hat zur Folge, dass auch die Fläche des Histogramms sinnvoll interpretierbar ist. Wird z. B. eine Kategorienbreite von 1 gewählt und entspricht die Höhe der Säule der absoluten Häufigkeit, entspricht auch die Fläche (Breite × Höhe) der Säule der Häufigkeit. Beträgt die Kategorienbreite 2 und entspricht die Höhe der Häufigkeit, so entspricht die Fläche der doppelten Häufigkeit. Da die Flächen der Histogrammsäulen immer proportional zu den absoluten und relativen Häufigkeiten sind, sieht man an den Flächen relativ schnell, wie sich die Untersuchungsobjekte auf die Merkmalsausprägungsbereiche verteilen. Unterscheiden sich die Kategorienbreiten, so muss die Höhe der Säulen so bestimmt werden, dass diese Proportionalitätseigenschaft erhalten bleibt. Bestimmt man in diesem Fall die Höhe der Säulen so, dass sie dem Verhältnis aus der Häufigkeit und der Kategorienbreite entspricht, hat man sichergestellt, dass dieser optische Vergleich über die Flächengrößen erhalten bleibt. In diesem Fall entspricht zwangsläufig die Höhe der Säule nicht mehr der Häufigkeit. Dies ist auch sinnvoll, da dies bei unterschiedlicher Kategorienbreite zu Fehlinterpretationen aufgrund der Flächenunterschiede führen würde.

Abbildung 6.5 zeigt das Histogramm der sekundären Häufigkeitsverteilung aus Tabelle 6.11. Die x-Achse (Abszisse) repräsentiert das Merkmal in den Ausprägungsstufen, die durch die Kategorienbildung entstanden sind. Abgetragen sind die Kategorienmitten. Von der y-Achse (Ordinate) können die Häufigkeiten abgelesen werden, mit denen die einzelnen Messwertkategorien besetzt sind. Sie entsprechen den Höhen der Säulen.

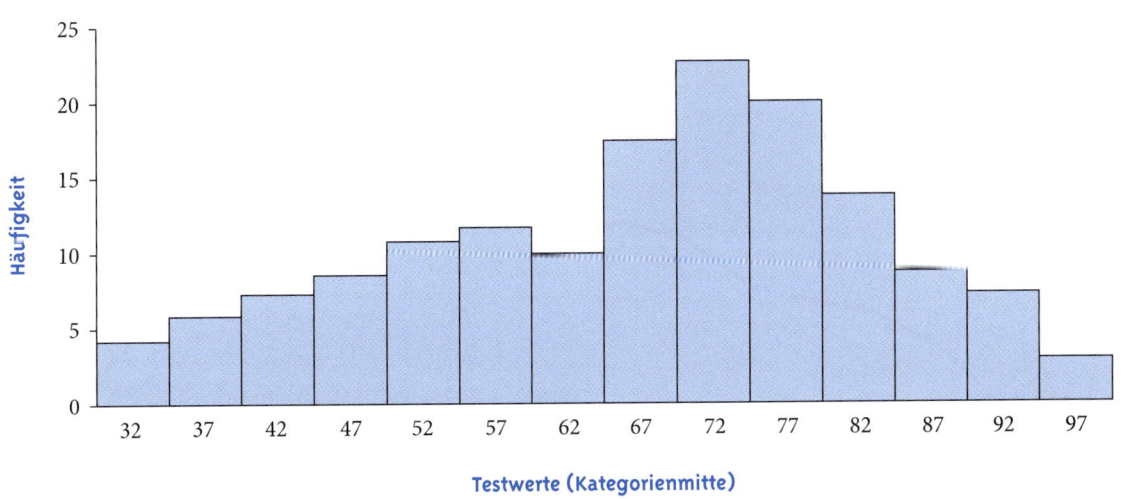

Abbildung 6.5 Histogramm der sekundären Häufigkeitsverteilung aus Tabelle 6.11

Polygonzug. Will man den kontinuierlichen Charakter des Merkmals zum Ausdruck bringen, kann man die Säulenmitten durch eine Linie verbinden. Eine solche Linie nennt man Polygonzug. Der Polygonzug beginnt eine halbe Kategorienbreite neben der linken Randsäule mit einem Häufigkeitswert von 0 und endet eine halbe Kategorienbreite rechts von der rechten Randsäule ebenfalls mit einem Häufigkeitswert von 0. Die Fläche unter dem Polygonzug repräsentiert die Gesamthäufigkeit (Anzahl der Untersuchungsobjekte). Der Polygonzug kann mit oder ohne Säulen gezeichnet werden (s. Abb. 6.6). Polygonzüge ohne Säulen werden zur Darstellung primärer Häufigkeitsverteilungen bei fein abgestuften Intervallskalen bevorzugt und werden immer zur Abbildung von theoretischen Verteilungen herangezogen, die unendlich viele Ausprägungsgrade des intervallskalierten Merkmals voraussetzen. Polygonzüge können für die absoluten, aber auch die relativen Häufigkeiten erstellt werden.

Verteilungsformen

Die sekundäre Häufigkeitsverteilung in Abbildung 6.6 verläuft in einer Form, die bei biologischen und psychologischen Merkmalen regelmäßig vorkommt: Mittlere Merkmalsausprägungen sind häufiger als extreme. Allerdings ist die Form der Verteilung in Abbildung 6.6 nicht so gleichmäßig und ausgewogen wie die Normalverteilung, mit der wir uns im nächsten Kapitel befassen werden (s. Abschn. 7.3.3). Im Prinzip sind unendlich viele verschiedene Verteilungsformen bei psychologischen Merkmalen denkbar, auch wenn einige davon empirisch selten vorkommen. Zur Charakterisierung von Verteilungsformen werden einige typische Merkmale angegeben, die sich teilweise auch in statistischen Koeffizienten ausdrücken lassen. Die drei wichtigsten Merkmale von Verteilungen, die wie die in Abbildung 6.6 die Form eines Haufens haben, sind folgende: die Symmetrie vs. Asymmetrie, die Gipfelform und die Gipfelzahl.

Symmetrische und asymmetrische (schiefe) Verteilungen. Verteilungen können mehr oder weniger symmetrisch sein. Symmetrische Verteilungen haben links von einem bestimmten Wert genau die gleiche Form (nur spiegelverkehrt) wie rechts von diesem Wert. Asymmetrische Verteilungen nennt man auch schiefe Verteilungen. Bei schiefen Verteilungen ist der »Schwerpunkt« der Verteilung verschoben; man kann angeben, ob der »Schwerpunkt« (meist der Modalwert) rechts oder links vom mittleren Wert der Verteilung liegt. Liegt der Modalwert links von der Mitte, nennt man die Verteilung *linksgipflig, linkssteil oder rechtsschief*. Liegt der Modalwert rechts von der Mitte, nennt man die Verteilung *rechtsgipflig, rechtssteil oder linksschief*.

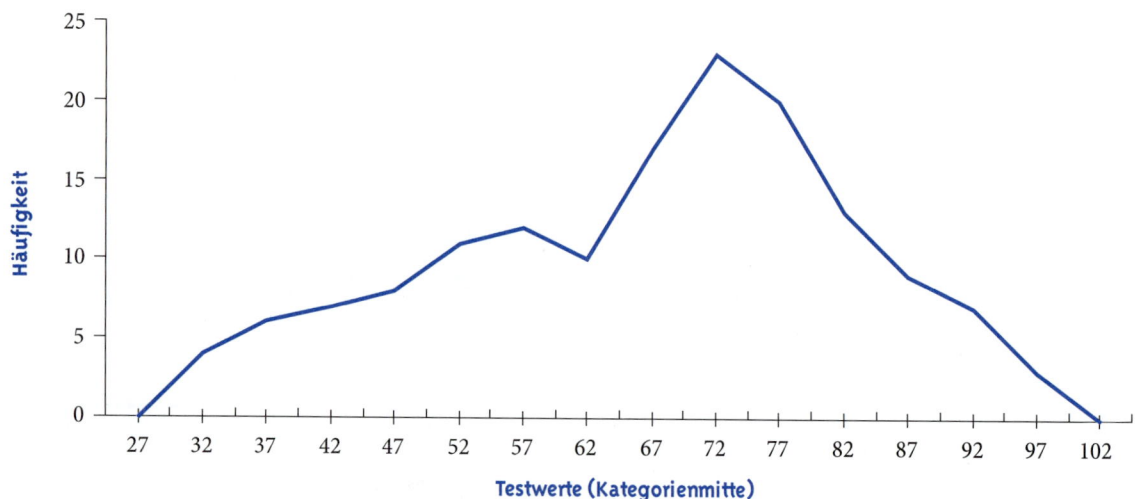

Abbildung 6.6 Polygonzug der sekundären Häufigkeitsverteilung aus Tabelle 6.11

Wölbung. Verteilungen können sich auch nach der Form des Gipfels unterscheiden. Verteilungen, bei denen es viele Werte gibt, die nahe am Modalwert bzw. um ihn herum liegen, also solche mit einer eher »flachen« Gipfelwölbung, nennt man *stumpf- oder breitgipflig*; Verteilungen, bei denen es nur wenige Werte gibt, die nahe am Modalwert bzw. um ihn herum liegen, also solche mit einer eher »spitzen« Gipfelwölbung, nennt man *schmal- oder steilgipflig*. Wir werden später erfahren, dass man die Wölbung einer Verteilung in einem statistischen Kennwert, dem Exzess (oder auch: Kurtosis) ausdrücken kann. Der Exzess ist allerdings nur für eine eingipflige (unimodale) Verteilung sinnvoll interpretierbar.

Anzahl der Gipfel. Verteilungen mit einem Gipfel nennt man *unimodal*, Verteilungen mit zwei Gipfeln *bimodal*, Verteilungen mit mehreren Gipfeln *multimodal*.

U-, V-, L- und J-Verteilungen. Manche Verteilungen haben keine Haufenform, sondern ähneln den Buchstaben U, V, L oder J. Folglich verwendet man diese Buchstaben zur Bezeichnung der Verteilungsform.

Als U-förmig oder V-förmig bezeichnet man eine Verteilung, bei der extreme Ausprägungen häufiger vorkommen als mittlere. L-förmig heißen Verteilungen, wenn niedrige Merkmalsausprägungen sehr häufig sind und alle anderen nur selten vorkommen. J-förmig sind Verteilungen, wenn geringe und mittlere Merkmalsausprägungen selten, hohe Merkmalsausprägungen hingegen sehr oft vorkommen. Einige Beispiele für unterschiedliche Verteilungsformen sind in Abbildung 6.7 dargestellt.

Box-Whisker-Diagramm

Eine Möglichkeit, die Eigenschaften einer Merkmalsverteilung sehr informativ und zugleich platzsparend graphisch darzustellen, ist das sog. Box-Whisker-Diagramm (s. Abb. 6.8), allgemein auch als Box-Plot bezeichnet. Bei diesem Diagrammtyp sind die Merkmalsausprägungen auf der *y*-Achse abgetragen; die *x*-Achse kann verwendet werden, um mehrere Merkmale zu kennzeichnen. Das zentrale Element des Box-Whisker-Diagramms ist der Kasten (»Box«; engl. box). Das untere Kastenende markiert das erste Quartil (Q_1), das obere Kastenende markiert das dritte

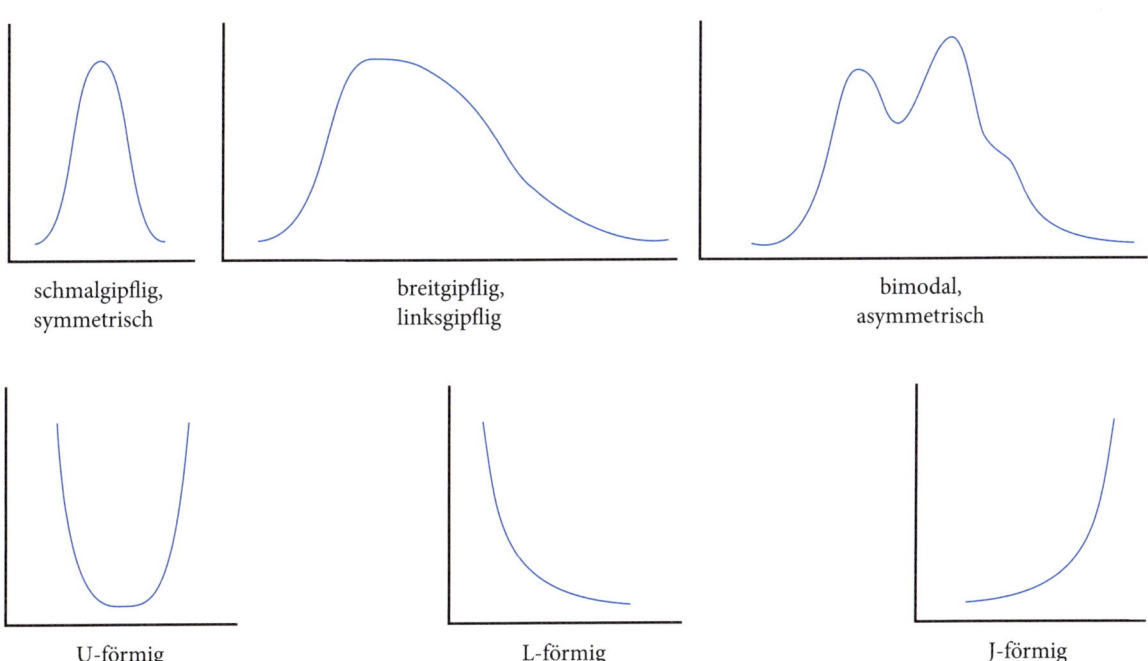

Abbildung 6.7 Einige Beispiele für Verteilungsformen

Quartil (Q_3). Der waagerechte Strich innerhalb des Kastens markiert den Median der Verteilung (*Md* oder Q_2). Der Kasten kennzeichnet also, in welchem Wertebereich die »mittleren« ca. 50 % der Merkmalsträger zu finden sind. Die Höhe des Kastens nennt man den Interquartilsabstand (*IQA*). Der Interquartilsabstand ist die Differenz aus dem dritten und ersten Quartil:

$$IQA = Q_3 - Q_1 \qquad (\text{F 6.8})$$

Der Interquartilsabstand ist somit ein Differenzwert. Er ähnelt dem Interquartilsbereich (*IQB*), den wir bei ordinalskalierten Daten schon kennengelernt haben. Der Unterschied besteht darin, dass beim *IQB* der *Bereich* der Werte zwischen Q_1 und Q_3 angegeben wird, während beim *IQA* die *Differenz* der Werte zwischen Q_1 und Q_3 angegeben wird. Die Berechnung eines Differenzwertes wäre bei ordinalskalierten Variablen wenig sinnvoll, da die Interpretation von Differenzwerten mindestens Intervallskalenniveau voraussetzt. Daher berechnet man bei metrischen Variablen den Interquartilsabstand und kann die Höhe des Kastens unter Rückgriff auf die gewählte Maßeinheit interpretieren.

Schon aus der Form des Kastens lassen sich wichtige Informationen entnehmen. So kann man z. B. erkennen, ob es sich um eine symmetrische oder eine asymmetrische Verteilung handelt: Bei symmetrischen Verteilungen liegt der Strich, der den Median markiert, in der Mitte des Kastens; bei linkssteilen Verteilungen liegt der Median näher am unteren Kastenende, bei rechtssteilen Verteilungen liegt er näher am oberen Kastenende.

Das zweite wichtige Element des Box-Whisker-Diagramms sind die vertikalen Linien unter und über dem Kasten. Da sie ein wenig wie Barthaare aussehen, werden sie im Englischen als »whiskers« bezeichnet. Die Linien sollen angeben, wie weit die beobachteten Werte über den Interquartilsabstand hinausgehen. Lange Linien zeigen also an, dass die Verteilung eher breit ist, kurze Linien zeigen an, dass die Verteilung eher schmal ist.

Das Ende der oberen Linie entspricht höchstens dem Wert $Q_3 + 1{,}5 \cdot IQA$. Kommt der Wert $Q_3 + 1{,}5 \cdot IQA$ in den Daten vor, dann endet die Linie genau bei diesem Wert. Kommt der Wert $Q_3 + 1{,}5 \cdot IQA$ in den Daten nicht vor, endet die Linie bei dem real vorkommenden Wert, der direkt unter $Q_3 + 1{,}5 \cdot IQA$ liegt. Das Ende der unteren Linie entspricht mindestens dem Wert $Q_1 - 1{,}5 \cdot IQA$. Kommt der Wert $Q_1 - 1{,}5 \cdot IQA$ in den Daten vor, dann endet die Linie genau bei diesem Wert. Kommt der Wert $Q_1 - 1{,}5 \cdot IQA$ in den Daten nicht vor, endet die Linie bei dem real vorkommenden Wert, der direkt über $Q_1 - 1{,}5 \cdot IQA$ liegt. Es gibt allerdings andere Ansätze zur Bestimmung des Box-Plots und entsprechende Statistikprogramme, die sich in der Festlegung der oberen und unteren Grenze der »Barthaare« unterscheiden.

Ein Beispiel: Bei $Q_1 = 15$, $Q_2 = 20$ und $Q_3 = 25$ wäre der Interquartilsabstand $IQA = 10$; die Box würde also den Bereich zwischen $x = 15$ und $x = 25$ umfassen. Die obere Linie geht also in keinem Fall über den Wert $Q_3 + 1{,}5 \cdot IQA = 25 + 1{,}5 \cdot 10 = 40$ hinaus. Liegt der höchste beobachtete Wert oberhalb von $x = 40$, so hört die Linie trotzdem bei 40 auf. Liegt der höchste beobachtete Wert unterhalb von $x = 40$, also z. B. bei $x = 35$, so endet die Linie bereits bei 35. Für die untere Linie gilt das Gleiche: Sie geht in keinem Fall unter den Wert $Q_1 - 1{,}5 \cdot IQA = 15 - 1{,}5 \cdot 10 = 0$ hinaus. Liegt der kleinste beobachtete Wert unterhalb von

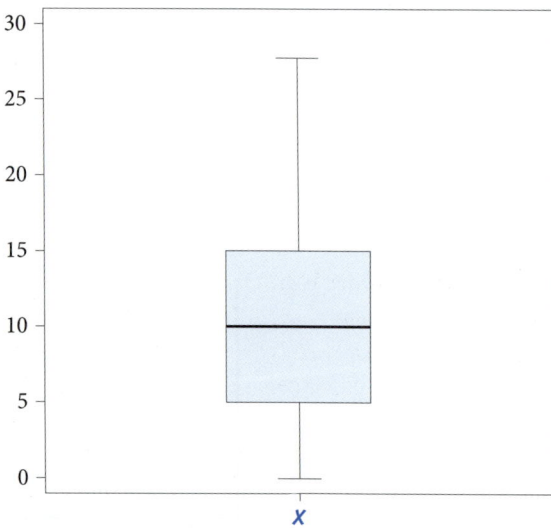

Abbildung 6.8 Box-Whisker-Diagramm für das Datenbeispiel »Gedächtnistest« aus Tabelle 6.12

> **Beispiel**
>
> **Gedächtnistest**
>
> Ein Kognitionspsychologe führte mit 80 Studierenden in einer Einführungsveranstaltung einen Gedächtnistest durch: Den Studierenden wurden 60 Wörter für jeweils 2 Sekunden präsentiert. Etwa 10 Minuten später mussten sie so viele Wörter wie möglich frei erinnern. Von jedem der $n = 80$ Studierenden wissen wir also nun, wie viele Wörter er oder sie erinnert hat; die Anzahl erinnerter Wörter ist unser Messwert x_m (Originaldaten zu diesem Versuch in den Online-Materialien). Hierbei handelt es sich um eine absolutskalierte Variable: Je mehr Wörter erinnert wurden, desto besser ist die Gedächtnisleistung. Tabelle 6.12 zeigt die geordnete Urliste der Variablen »Anzahl erinnerter Wörter«.
>
> Abbildung 6.8 zeigt das Box-Whisker-Diagramm für dieses Datenbeispiel. Der Median liegt bei $Md = Q_2 = 10$, die Box umschließt den Bereich zwischen den Werten $Q_1 = 5$ und $Q_3 = 15$. Die obere Linie reicht in unserem Fall bis zum höchsten beobachteten Wert (27). Läge dieser Wert noch höher, so würde die Linie nach oben höchstens bis zum Wert $Q_3 + 1{,}5 \cdot IQA = 15 + 1{,}5 \cdot 10 = 30$ reichen, falls dieser vorkäme, bzw. zum real vorkommenden Wert direkt darunter. Die untere Linie reicht in unserem Fall bis zum kleinsten beobachteten Wert (0). Natürlich wäre im Falle der X-Variablen »Anzahl erinnerter Wörter« eine Linie, die in den negativen Bereich hineinragt, sinnlos; stellen wir uns nun aber vor, negative Werte wären doch sinnvoll (z. B. weil es für jedes nicht oder falsch erinnerte Wort einen Minuspunkt gäbe), dann könnte die untere Linie bis zum Wert $Q_1 - 1{,}5 \cdot IQA = 5 - 1{,}5 \cdot 10 = -10$ reichen, falls dieser Wert vorkommt.
>
> **Tabelle 6.12** Geordnete Urliste für die Anzahl erinnerter Wörter
>
> | | | | |
> |---|---|---|---|
> | 0 | 5 | 10 | 15 |
> | 1 | 6 | 10 | 15 |
> | 1 | 6 | 11 | 16 |
> | 2 | 6 | 11 | 16 |
> | 2 | 6 | 11 | 16 |
> | 2 | 6 | 11 | 17 |
> | 2 | 6 | 11 | 17 |
> | 3 | 7 | 11 | 17 |
> | 3 | 7 | 11 | 17 |
> | 3 | 7 | 12 | 18 |
> | 3 | 8 | 12 | 18 |
> | 3 | 8 | 12 | 18 |
> | 3 | 8 | 12 | 18 |
> | 3 | 8 | 12 | 19 |
> | 3 | 9 | 13 | 19 |
> | 4 | 9 | 13 | 19 |
> | 4 | 9 | 13 | 20 |
> | 4 | 10 | 14 | 22 |
> | 5 | 10 | 15 | 25 |
> | 5 | 10 | 15 | 27 |

$x = 0$, so hört die Linie trotzdem bei 0 auf, falls die 0 vorkommt. Liegt der kleinste beobachtete Wert oberhalb von $x = 0$, also z. B. bei $x = 5$, so endet die Linie bereits bei 5.

Ausreißer und Extremwerte

Im Box-Whisker-Diagramm lassen sich sehr leicht Ausreißer- bzw. Extremwerte darstellen.

Ausreißer. Einen Ausreißerwert definieren wir dadurch, dass er kleiner ist als der Wert $Q_1 - 1{,}5 \cdot IQA$ bzw. größer ist als der Wert $Q_3 + 1{,}5 \cdot IQA$. Ausreißer sind also diejenigen Werte, die jenseits der Liniengrenzen liegen. Nehmen wir als Beispiel die folgende Messwertreihe: 1; 2; 2; 3; 3; 4; 6; 16. Der Median der Verteilung ist $Md = 3$ und der Interquartilsabstand $IQA = 3$ ($Q_1 = 2$; $Q_2 = 3$; $Q_3 = 5$). Die obere Linie im Box-Whisker-Diagramm würde nicht weiter reichen als bis zum Wert 6 ($Q_3 + 1{,}5 \cdot IQA = 5 + 4{,}5 = 9{,}5$). Ein Wert von 16 liegt darüber und ist daher ein Ausreißer.

Extremwerte. Extremwerte sind Ausreißer, die besonders weit nach unten von Q_1 oder besonders weit nach oben von Q_3 abweichen. Ein Extremwert ist dadurch definiert, dass er kleiner ist als der Wert $Q_1 - 3 \cdot IQA$ bzw. größer ist als der Wert $Q_3 + 3 \cdot IQA$. Im obigen Beispiel (1; 2; 2; 3; 3; 4; 6; 16) würde $Q_3 + 3 \cdot IQA$ einem Wert von 14 entsprechen. Ein Wert von 16 ist also nicht nur ein Ausreißer, sondern auch ein Extremwert.

Umgang mit Ausreißer- und Extremwerten. Statistikprogramme, die Box-Whisker-Diagramme erstellen, geben häufig die Ausreißer- und Extremwerte in der Graphik mit an und kennzeichnen die Werte z. B. durch die Nummer, die einem Untersuchungsobjekt im Datensatz zugeordnet wird. In Abbildung 6.9 ist ein solches Beispiel dargestellt. Gemessen wurde die Zeit (in Sekunden), die eine Person benötigt, um ihre momentane Stimmung einzuschätzen. Der Median weist einen Wert von ungefähr 4 Sekunden auf. Die 89. untersuchte Person weist einen Extremwert auf: Sie benötigte fast 10 Sekunden. Tritt ein solcher Extremwert auf, sollte überprüft werden, ob dieser Wert sinnvoll interpretierbar ist. Manchmal sind Ausreißerwerte darauf zurückzuführen, dass der Wert falsch eingegeben wurde. Auch zur Entdeckung solcher Eingabefehler kann das Box-Whisker-Diagramm beitragen.

Ist der Ausreißerwert nicht auf einen Eingabefehler zurückführbar (was im letztgenannten Beispiel der Fall war – wir haben diesen Wert nachträglich bewusst falsch eingegeben), muss überlegt werden, wie man mit ihm umgeht. Ausreißerwerte können – wie wir im Folgenden sehen werden – Lage- und Streuungsmaße sehr verzerren. Hat man gute Gründe

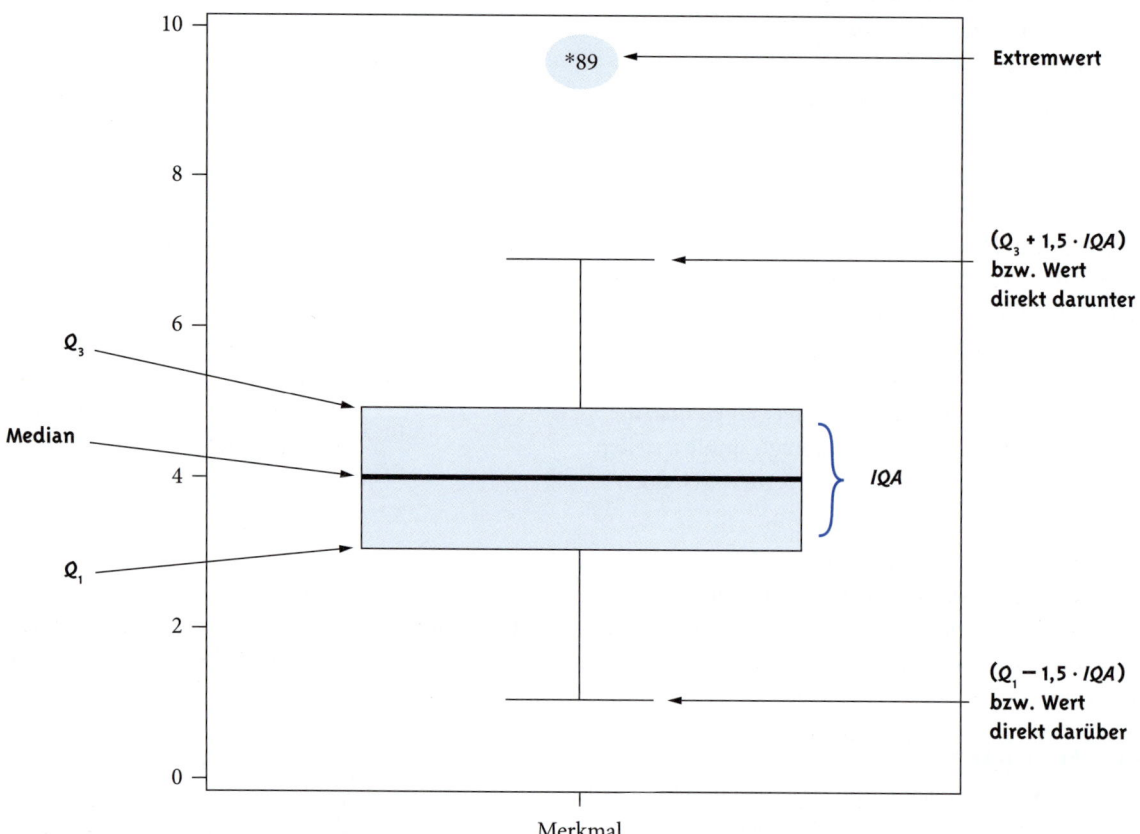

Abbildung 6.9 Box-Whisker-Diagramm für das Datenbeispiel der Bearbeitungszeit bei der Einschätzung der momentanen Stimmung

dafür anzunehmen, dass der Ausreißerwert dadurch zustande kommt, dass die Person nicht sorgfältig an der Untersuchung teilgenommen hat, so kann der Wert aus dem Datensatz entfernt werden, da er keiner zuverlässigen Angabe entspricht. Ein anderer Umgang mit Ausreißerwerten besteht darin, dass man Lage- und Streuungsmaße betrachtet, die nicht sehr anfällig für Ausreißerwerte sind. Solche Maße nennt man auch robuste Maße, da sie durch die Ausreißerwerte wenig verzerrt werden. Wir werden einige von ihnen noch kennenlernen.

Fünf-Punkte-Zusammenfassung

Die Box im Box-Whisker-Diagramm basiert auf den drei Quartilen. Ergänzt man die drei Quartile durch den geringsten vorkommenden Wert (x_{min}) und den höchsten vorkommenden Wert (x_{max}), so erhält man die Fünf-Punkte-Zusammenfassung, die wesentliche Informationen über eine Verteilung enthält. Die Fünf-Punkte-Zusammenfassung für das Datenbeispiel »Gedächtnistest« lautet:

$x_{min} = 0$; $Q_1 = 5$; $Md = Q_2 = 10$; $Q_3 = 15$;
$x_{max} = 27$

Stamm-Blatt-Diagramm

Eine weitere Möglichkeit der graphischen Darstellung von Häufigkeitsverteilungen ist das »Stamm-Blatt-Diagramm« (engl. stem-and-leaf plot). Dieser Diagrammtyp besteht nicht aus Kästen oder Linien, sondern aus Zahlen. Die Zahlen werden dabei so angeordnet, dass sich Informationen über die Häufigkeitsverteilung ohne weiteres graphisch ablesen lassen.

Das erste zentrale Element des Stamm-Blatt-Diagramms ist der Stamm (engl. stem). Er ergibt sich aus den Werten der ersten Stelle der Zahlen in der Messwertreihe. Nehmen wir an, eine Messwertreihe bestehe aus den Werten 9; 18; 22; 22; 25; 30; 31; 36; 38; 42. Der erste Wert ist einstellig, alle anderen Werte sind zweistellig. Um alle Werte gleichstellig zu machen, können wir dem ersten Wert als erste Stelle eine »0« hinzufügen (09). Betrachten wir jetzt nur die erste Stelle der zehn Messwerte (d. h. die Zehnerstelle), dann sehen wir: Einer der zehn Werte führt als erste Stelle eine »0« (09), einer führt eine »1« (18), drei führen eine »2« (22; 22; 25), vier führen eine »3« (30; 31; 36; 38) und einer führt eine »4« (42). Die fünf Ausprägungen der ersten Stelle (d. h. die Zehner) bilden den Stamm des Diagramms. Wir schreiben sie untereinander. Das Diagramm hat also so viele Zeilen, wie es Ausprägungen des Stamms gibt. Die Ausprägungen der zweiten Stelle (d. h. die Einer) bilden die Blätter (engl. leaf = Blatt). Wir schreiben alle diese Einerausprägungen rechts neben den entsprechenden Zehnerwert in die Zeile. Die Trennung zwischen Stamm und Blättern lässt sich z. B. durch einen senkrechten Strich (|) noch unterstreichen. Das Stamm-Blatt-Diagramm sieht dann in unserem Fall so aus:

0 | 9
1 | 8
2 | 2 2 5
3 | 0 1 6 8
4 | 2

Stammbreite: 10

Der angegebenen Stammbreite von 10 kann man entnehmen, dass es sich bei den Werten des Stamms um Zehnerwerte und nicht etwa um Einer- oder Hunderterwerte handelt. Wäre die angegebene Stammbreite z. B. 1, so würde dies bedeuten, dass es sich um die Werte 0,9; 1,8; 2,2; …; 4,2 handeln würde. Man sieht an diesem Diagramm sofort, in welchem Wertebereich (bzw. Zehnerbereich) es eine Häufung gibt (in unserem Fall im 30er-Bereich). Man kann an einem solchen Diagramm auch die Form der Verteilung ablesen. In unserem Fall erkennt man außerdem sofort den Modalwert der Verteilung ($Mo = 22$).

6.4.2 Kennwerte der zentralen Tendenz

Modalwert, Median und Mittelwert sind die drei gebräuchlichsten Kennwerte der zentralen Tendenz metrischer Variablen.

Modalwert

Den Modalwert oder Modus hatten wir als denjenigen Messwert nominalskalierter Variablen definiert, der für die am häufigsten besetzte Merkmalsausprägung steht. Bei Intervall-, Verhältnis- und Absolutskalen hat der Modus die gleiche Bedeutung. Bei primären Häufigkeitsverteilungen ist der Modus gleich demjenigen Messwert, der am häufigsten vorkommt. Bei sekundären Häufigkeitsverteilungen entspricht der Modus der Kategorienmitte der am häufigsten besetzten Messwertkategorie. In unserem Datenbeispiel »Gedächtnistest« war der häufigste Wert 3 (s. Tab. 6.12); im Datenbeispiel »Begabungstest« war der häufigste Wert 67 (s. Tab. 6.10). Abgekürzt wird der Modus wie auch bei nominalskalierten Variablen mit *Mo*. Da der Modalwert den Gipfel der Häufigkeitsverteilung markiert, ist er als Kennwert der zentralen Tendenz nur bei unimodalen Verteilungen sinnvoll. Der große Vorteil des Modus besteht darin, dass man ihn ohne viel Rechenaufwand erkennt.

Liegen gruppierte Daten vor, so ist der Modus die Klassenmitte der am häufigsten besetzten Klasse.

Median

Den Median (*Md*) hatten wir bei Ordinalskalen als denjenigen Messwert definiert, der die Menge der Merkmalsträger in zwei annähernd gleich große Teile teilt, und zwar derart, dass mindestens 50 % der Werte größer oder gleich dem Median und mindestens 50 % der Werte kleiner oder gleich dem Median sind. Bei Intervall-, Verhältnis- und Absolutskalen hat der Median die gleiche Bedeutung. Er ist gleich demjenigen Messwert, der die Häufigkeitsverteilung halbiert, so dass mindestens 50 % der Merkmalsträger kleinere oder gleich große Werte und mindestens 50 % größere oder gleich große Werte haben. Die Berechnung des Medians haben wir bereits in Abschnitt 6.3 beschrieben.

Bestimmung des Medians bei gruppierten Daten. Liegen gruppierte Daten vor, so liegt der Median in der Medianklasse. Die Medianklasse ist die Klasse, in der die kumulierte relative Häufigkeit erstmals größer als 0,50 ist. Als Median könnte man somit den mittleren Wert der Medianklasse angeben. Aber: Stetige Variablen können innerhalb einer Merkmalsklasse jeden beliebigen Wert annehmen. Das bedeutet: Bestimmt man den Median einer stetigen Variablen anhand von gruppierten Daten, besteht die Gefahr, dass man den Median etwas verzerrt schätzt, wenn man den mittleren Wert der Medianklasse als Median angibt. Der Median lässt sich im Falle gruppierter Daten durch lineare Interpolation genauer bestimmen.

Greifen wir auf das Beispiel der Reaktionszeiten zur Einschätzung der eigenen Stimmung zurück und gehen wir davon aus, dass alle Messwerte so gruppiert wurden, dass sie auf eine volle Sekunde auf- bzw. abgerundet wurden, d. h., dass allen Werten im Bereich [0,5; 1,5[der Klassenmittelwert 1 zugeordnet wird. Bei einer geordneten Messwertreihe von 1; 2; 3; 4; 5; 5; 5; 6; 6; 7 würde man den Median im Falle diskreter Werte korrekterweise mit *Md* = 5 bestimmen. Hier sind die Werte allerdings durch die Gruppierung der stetigen Variablen »Reaktionszeit« zustande gekommen. Hinter dem Wert 5 verbergen sich somit alle Werte zwischen 4,5 und 5,5 Sekunden. Es könnte also sein, dass die ungruppierte Messwertreihe 1; 2; 3; 4; 5; 5,2; 5,3; 6; 6; 7 lautet. In diesem Falle wäre der Median 5,1.

Formal lässt sich der Median bei gruppierten Daten durch Interpolation wie folgt bestimmen:

$$Md = c_{l-1} + \frac{0{,}5 - \sum_{j=1}^{l-1} h_j}{h_l} \cdot d_l \qquad (F\ 6.9)$$

Dabei bedeutet:
- j: Merkmalsklasse
- l: Medianklasse (Klasse, in der kh_j erstmals größer als 0,5 ist)
- c_{l-1}: untere Klassengrenze der Medianklasse
- c_l: obere Klassengrenze der Medianklasse
- h_j: relative Häufigkeit der Klasse j
- h_l: relative Häufigkeit der Medianklasse l
- $d_l = c_l - c_{l-1}$: Breite der Medianklasse l

Für das Beispiel der gruppierten Reaktionszeiten 1; 2; 3; 4; 5; 5; 5; 6; 6; 7 ergibt sich:
- $l = 5$
- $c_{l-1} = 4{,}5$
- $c_l = 5{,}5$
- $h_1 = 1/10 = 0{,}1$
- $h_2 = 1/10 = 0{,}1$
- $h_3 = 1/10 = 0{,}1$
- $h_4 = 1/10 = 0{,}1$

- $h_l = h_5 = 3/10 = 0{,}3$
- $d_l = c_l - c_{l-1} = 5{,}5 - 4{,}5 = 1$

Setzt man diese Werte in Gleichung F 6.9 ein, erhält man:

$$Md = 4{,}5 + \frac{0{,}5 - 0{,}4}{0{,}3} \cdot 1 = 4{,}83$$

Vertiefung

Eigenschaft des Medians

Der Median hat eine mathematisch interessante Eigenschaft: Die Summe der absoluten Abweichungen aller Messwerte von diesem Wert ist kleiner als die Summe der absoluten Abweichungen aller Messwerte von irgendeinem anderen Wert. Es gilt also:

$$\sum_{m=1}^{n} (|x_m - Md|) = \min \qquad (F\ 6.10)$$

Anders gesagt: Der Median ist derjenige Wert, der zu den Messwerten die kleinstmögliche durchschnittliche absolute Abweichung aufweist. Nehmen wir als Beispiel die Messwertreihe $x_1 = 0$; $x_2 = 1$; $x_3 = 2$; $x_4 = 2$; $x_5 = 5$. Der Median dieser Messwertreihe wäre dann $Md = 2$. Die absoluten Abweichungen ($|x_m - Md|$) lauten: $(|0-2|) = 2$; $(|1-2|) = 1$; $(|2-2|) = 0$; $(|2-2|) = 0$; $(|5-2|) = 3$. Die Summe dieser Abweichungen entspricht 6. Und nun probieren Sie es selbst aus: Versuchen Sie, einen Wert zu finden, für den gilt, dass die Summe der absoluten Abweichungen den Wert 6 unterschreitet – Sie werden einen solchen Wert nicht finden!

Arithmetisches Mittel

Am häufigsten wird bei Intervallskalen das arithmetische Mittel berechnet. Alternative Bezeichnungen sind Mittelwert, Durchschnitt oder Durchschnittswert. Der Mittelwert und seine Berechnung sind uns aus dem Alltag wohl vertraut. Als Symbol verwendet man $\bar{x}$. Zur Berechnung des Mittelwerts wird die Summe aller Messwerte durch ihre Anzahl dividiert:

$$\bar{x} = \frac{\sum_{m=1}^{n} x_m}{n} \qquad (F\ 6.11)$$

Dabei bedeutet n die Anzahl der Merkmalsträger. x_m ist der Messwert x des Merkmalsträgers m.

Wenn die Rohwerte zu Kategorien zusammengefasst wurden, multipliziert man die einzelnen Kategorienhäufigkeiten mit der jeweiligen Kategorienmitte, summiert diese Produkte auf und dividiert die Produktsumme durch die Gesamtzahl der Merkmalsträger:

$$\bar{x} = \frac{\sum_{j=1}^{k} a_j \cdot n_j}{n} \qquad (F\ 6.12)$$

In Gleichung F 6.12 ist n_j die Häufigkeit, mit der die j-te Kategorie besetzt ist. Der Platzhalter a_j entspricht dem Wert der Kategorienmitte. Man beachte, dass die Gleichungen F 6.11 und F 6.12 zu unterschiedlichen Ergebnissen führen können, u. a. dann, wenn eine Kategorienmitte nicht dem Mittelwert aller Werte, die zu dieser Kategorie zusammengefasst wurden, entspricht. Wenn wir Gleichung F 6.11 auf die primäre Häufigkeitsverteilung aus Tabelle 6.10 anwenden, ergibt sich ein Mittelwert von $\bar{x} = 66{,}73$. Wenden wir Gleichung F 6.12 auf die sekundäre Häufigkeitsverteilung in Tabelle 6.11 an, resultiert ein Wert von $\bar{x} = 66{,}77$. Die Mittelwertsbildung nach Gleichung F 6.12 auf der Basis der sekundären Häufigkeitsverteilung führt also hier zu einer kleinen Ungenauigkeit.

Vertiefung

Eigenschaften des Mittelwerts

Der Mittelwert hat vier wichtige Eigenschaften, deren Kenntnis zum Verständnis dieses Kennwertes und der Auswirkungen von zulässigen Transformationen von metrischen Skalen wichtig ist. Von der Gültigkeit dieser Eigenschaften kann man sich mit Hilfe eines kleinen Zahlenbeispiels leicht überzeugen. Nehmen wir als Beispiel wieder die Messwertreihe $x_1 = 0$; $x_2 = 1$; $x_3 = 2$; $x_4 = 2$; $x_5 = 5$. Der Mittelwert dieser Messwertreihe wäre dann $\bar{x} = 2$.

(1) Die Summe der Abweichungen aller Messwerte vom Mittelwert beträgt stets 0.

$$\sum_{m=1}^{n} (x_m - \bar{x}) = 0 \qquad \text{(F 6.13)}$$

Die Abweichungen $(x_m - \bar{x})$ lauten:
$(0 - 2) = -2$; $(1 - 2) = -1$; $(2 - 2) = 0$;
$(2 - 2) = 0$; $(5 - 2) = +3$.
Die Summe dieser Abweichungen entspricht 0.

(2) Die Summe der *quadrierten* Abweichungen der Messwerte vom Mittelwert ist stets kleiner als die Summe der quadrierten Abweichungen von irgendeinem anderen Wert:

$$\sum_{m=1}^{n} (x_m - \bar{x})^2 = \min \qquad \text{(F 6.14)}$$

Die quadrierten Abweichungen $(x_m - \bar{x})^2$ lauten:
$(0 - 2)^2 = 4$; $(1 - 2)^2 = 1$; $(2 - 2)^2 = 0$;
$(2 - 2)^2 = 0$; $(5 - 2)^2 = 9$.

Die Summe dieser Abweichungen, welche man übrigens auch als Quadratsumme (QS) bezeichnet, ist dann $QS = 14$. Es gibt keinen Wert, für den gelten würde, dass die Quadratsumme kleiner ist als 14.

(3) Wird zur Variablen X (d. h. zu jedem Messwert x_m) eine Konstante a addiert, verändert sich der Mittelwert additiv um eben diese Konstante a. Formal:

$$y_m = x_m + a \Rightarrow \bar{y} = \bar{x} + a$$

(4) Wird die Variable X (d. h. jeder Messwert x_m) mit einer Konstanten b multipliziert, verändert sich der Mittelwert multiplikativ um eben diese Konstante b. Formal:

$$y_m = b \cdot x_m \Rightarrow \bar{y} = b \cdot \bar{x}$$

Aus den beiden letzten Eigenschaften folgt, dass sich die lineare Transformation von metrischen Skalen auf den Mittelwert in gleicher Weise auswirkt wie auf jeden einzelnen Messwert:

$$y_m = b \cdot x_m + a \Rightarrow \bar{y} = b \cdot \bar{x} + a \qquad \text{(F 6.15)}$$

Vergleich von Modus, Median und Mittelwert

Wie hängen der Modus, der Median und der Mittelwert als Kennwerte der zentralen Tendenz für metrische Skalen miteinander zusammen? Eine umfassende mathematische Antwort auf diese Frage wollen wir hier nicht geben, aber an einigen Beispielen zeigen, unter welchen Bedingungen die Kennwerte gleich sind, wann sie sich unterscheiden und welche Verteilungsmerkmale sich wie auf die Größe der Kennwerte auswirken.

(1) Bei symmetrischen unimodalen Verteilungen sind alle drei Kennwerte identisch.
(2) Bei symmetrischen bi- und multimodalen Verteilungen sind Median und Mittelwert identisch. Der Modus ist in solchen Situationen nicht sinnvoll.
(3) Bei linksgipfligen unimodalen Verteilungen gilt: $Mo < Md < \bar{x}$.
(4) Bei rechtsgipfligen unimodalen Verteilungen gilt: $Mo > Md > \bar{x}$.

(5) Der Modus
  ▶ reagiert sensibel auf leichte Veränderungen der Verteilung im Gipfelbereich (Gipfelverschiebungen bei ähnlich häufig besetzten Kategorien im Gipfelbereich),
  ▶ ist unsensibel gegen Ausreißer (Extremwerte) und
  ▶ ist bei Gleichverteilungen (Verteilungen, bei denen alle Merkmalsausprägungen mit gleicher Häufigkeit vorkommen) und bei multimodalen Verteilungen nicht definiert.

(6) Der Median
  ▶ ist auch bei Gleichverteilungen definiert und
  ▶ ist gegenüber Ausreißern (Extremwerten) unsensibel (s. folgendes Beispiel).

(7) Der Mittelwert
  ▶ ist auch bei Gleichverteilungen definiert und
  ▶ ist gegenüber Ausreißern (Extremwerten) sensibel (s. folgendes Beispiel).

> **Beispiel**
>
> **Drei Studierendenjobs**
> Die geringe Sensibilität des Medians und die große Sensibilität des Mittelwerts für Ausreißer kann man sich an einem kleinen Zahlenbeispiel vergegenwärtigen. Nehmen wir an, Student »Pils« verdient mit seinem Kneipenjob 300 Euro im Monat, Student »Copyfix« mit seinem Hilfskraftjob 200 Euro und Studentin »Mastermind« mit ihrer Programmierfirma 2500 Euro. Dann beträgt der Median Md = 300 Euro, der Mittelwert hingegen $\bar{x}$ = 1000 Euro.

Gewogenes arithmetisches Mittel

Will man Mittelwerte aus mehreren Messwertreihen mitteln, die aus einer unterschiedlichen Anzahl von Objekten (n) bestehen, muss man auf das gewogene oder gewichtete arithmetische Mittel (GAM) zurückgreifen. Die Messwertreihen werden mit Hilfe des Laufindex $r \in \{1, ..., s\}$ durchgezählt. Jede Messwertreihe hat einen eigenen Mittelwert ($\bar{x}_r$). Diese Mittelwerte werden dabei mit der Größe n_r der jeweiligen Messwertreihe gewichtet:

$$GAM_X = \frac{\sum_{r=1}^{s} \bar{x}_r \cdot n_r}{\sum_{r=1}^{s} n_r} \quad \text{(F 6.16)}$$

Wenn z. B. eine Studierendenkohorte mit n_1 = 100 Studierenden in der Statistikklausur 2007 im Durchschnitt $\bar{x}_1$ = 24 Punkte erzielt und die darauf folgende Kohorte mit n_2 = 80 Studierenden 2008 im Durchschnitt $\bar{x}_2$ = 20 Punkte erzielt, so berechnet sich der Zähler in Gleichung F 6.16 zu $(24 \cdot 100) + (20 \cdot 80)$ = 2400 + 1600 = 4000 und der Nenner zu 100 + 80 = 180. Damit ergibt sich ein gewogenes arithmetisches Mittel von GAM = 22,22 Punkten.

Geometrisches Mittel

Im Falle von mindestens verhältnisskalierten Variablen ist es möglich, die zentrale Tendenz der Verteilung über das geometrische Mittel (GM) zu bestimmen. Die Formel für das geometrische Mittel lautet:

$$GM_X = \bar{x}_{\text{geom}} = \sqrt[n]{\prod_{m=1}^{n} x_m} \quad \text{(F 6.17)}$$

In dieser Gleichung findet sich ein neuer griechischer Großbuchstabe, Π (Pi). Während der Buchstabe Σ (Sigma) eine Rechenvorschrift zur Summenbildung beschreibt, beschreibt Π eine Rechenvorschrift zur Produktbildung. In Gleichung F 6.17 besagt Π, dass alle Einzelwerte (x_m) über alle Merkmalsträger ($m = 1, ..., n$) hinweg aufmultipliziert werden sollen. Wollte man also z. B. das geometrische Mittel über das Lebensalter von vier Personen (x_1 = 42; x_2 = 43; x_3 = 55; x_4 = 61) berechnen, so würde die Rechenvorschrift wie folgt ausgeführt:

$$\prod_{m=1}^{4} x_m = x_1 \cdot x_2 \cdot x_3 \cdot x_4 = 42 \cdot 43 \cdot 55 \cdot 61 = 6.059.130$$

Aus diesem Produkt muss jetzt nach Gleichung F 6.17 die n-te Wurzel gezogen werden. Da in unserem Beispiel n = 4, ziehen wir die vierte Wurzel aus 6.059.130. Daraus ergibt sich ein geometrisches Mittel von

$$GM_X = \bar{x}_{\text{geom}} = \sqrt[n]{\prod_{m=1}^{n} x_m} = \sqrt[4]{6059130} \approx 49{,}614.$$

Im (geometrischen) Mittel beträgt das Lebensalter der vier Personen also GM_X = 49,6 Jahre. Zum Vergleich: Das arithmetische Mittel hätte $\bar{x}$ = 50,25 Jahre betragen.

Das geometrische Mittel eignet sich als Maß der zentralen Tendenz also insbesondere dann, wenn sich der Unterschied zweier Merkmalsausprägungen besser durch ihr Verhältnis als durch eine Differenz beschreiben lässt. Dies ist z. B. bei Zuwachsraten der Fall, etwa wenn man sagt, das Risiko, eine bestimmte Krankheit zu erleiden, habe sich gegenüber dem Vorjahr verdreifacht.

Robuste Kennwerte

Robuste Kennwerte wurden entwickelt, um die oben beschriebenen Probleme, die durch Ausreißerwerte verursacht werden können, zu beheben. Robuste Kennwerte werden von Ausreißerwerten gar nicht oder in geringerem Umfang beeinflusst. Wir haben schon gesehen, dass der Median robuster gegenüber Ausreißern ist als das arithmetische Mittel. Zu robusten Schätzverfahren liegt inzwischen eine umfassende statistische Theorie vor. Trotzdem sind robuste Methoden noch nicht in allen gängigen Statistikprogrammen berücksichtigt und sind im Forschungsalltag in der Psychologie noch wenig verbreitet. Computerprogramme wie R (Dolić, 2004; Luhmann, 2010) oder S-Plus (Everitt, 2002) erlauben die Bestimmung robuster Kennwerte und darauf aufbauender komplexer statistischer Methoden. Wilcox (2003) stellt diese Methoden in anwendungsbezogener Weise für Psychologen vor, beschreibt die S-Plus-Befehle und illustriert die Methoden mit Beispielen. In einem einführenden Lehrbuch kann nur die Grundidee der Verfahren exemplarisch erläutert werden, und wir wollen uns nur auf die Präsentation zweier einfach zu bestimmender Lagemaße beschränken. Interessierte Anwender seien auf die Arbeiten von Wilcox (1997, 2001, 2003) sowie Wilcox und Keselman (2003) verwiesen.

Getrimmtes Mittel. Bei dem δ-getrimmten Mittel $\bar{x}_t$ (engl. trimmed mean) werden eine bestimmte Anzahl der kleinsten und größten Werte entfernt und das arithmetische Mittel der verbleibenden Werte bestimmt. Der relative Anteil δ der zu entfernenden Werte wird angegeben. So werden z. B. beim 0,05-getrimmten Mittel 5 % der kleinsten sowie 5 % der größten Werte entfernt. Um das getrimmte Mittel zu bestimmen, werden alle Werte in eine Rangreihe gebracht. Dann wird die Anzahl der zu entfernenden Werte ermittelt, indem der relative Anteil der zu entfernenden Werte (beim 0,05-getrimmten Mittel: 0,05) mit der Anzahl n der Untersuchungsobjekte multipliziert wird (z. B. $n = 56$). Der so berechnete Wert ($0{,}05 \cdot 56 = 2{,}8$) wird nach unten abgerundet (2); somit erhält man die Anzahl der Personen, die sowohl am unteren als auch am oberen Ende der Rangreihe entfernt werden sollen. In diesem Beispiel mit $\delta = 0{,}05$ und $n = 56$ werden also zwei Werte am unteren Ende und zwei Werte am oberen Ende der Verteilung entfernt. Wilcox (2003) empfiehlt $\delta = 0{,}20$, da dieser Wert für eine Vielzahl verschiedener praktischer Probleme von Bedeutung sei.

> **Beispiel**
>
> **Zehn Studierendenjobs**
> Wir greifen nochmals auf das Beispiel der Studierendenjobs zurück und betrachten die folgenden zehn Monatsgehälter von Studierenden:
>
> 80 €; 100 €; 100 €; 200 €; 220 €; 360 €; 380 €; 400 €; 410 €; 2500 €
>
> In diesem Fall beträgt das arithmetische Mittel $\bar{x} = 475$ €. Wie groß wäre das getrimmte arithmetische Mittel für $\delta = 0{,}20$? Hierzu ermitteln wir zunächst die Anzahl der zu entfernenden Fälle am oberen und unteren Rand der Verteilung ($0{,}20 \cdot 10 = 2$). Wir entfernen also vier der zehn Werte, die beiden niedrigsten und die beiden höchsten. Das 0,20-getrimmte Mittel beträgt damit:
>
> $$\bar{x}_t = \frac{(100\,€ + 200\,€ + 220\,€ + 360\,€ + 380\,€ + 400\,€)}{6}$$
> $$= 276{,}67\,€$$
>
> Der getrimmte Mittelwert ist kleiner als das arithmetische Mittel, da er den mittleren Teil der Verteilung repräsentiert und insbesondere nicht von dem Extremwert 2500 € beeinflusst wird.

Winsorisiertes Mittel. Bei der Berechnung des δ-winsorisierten Mittels $\bar{x}_w$ werden die Extremwerte nicht wie beim getrimmten Mittel entfernt, sondern auf einen bestimmten Wert festgelegt. Die unteren Extremwerte werden dabei auf den niedrigsten »gezählten« (d. h. nicht entfernten) Wert gesetzt; die oberen Extremwerte werden auf den höchsten »gezählten« Wert gesetzt.

Greifen wir zur Illustration des Vorgehens nochmals auf das Beispiel der zehn Studierendenjobs zurück. Die geordneten Werte lauteten:

80 €; 100 €; 100 €; 200 €; 220 €; 360 €; 380 €; 400 €; 410 €; 2500 €

Bei der Bestimmung des 0,20-getrimmten Mittels wurden die Werte 80 €, 100 €, 410 €, 2500 € entfernt. Zur Bestimmung des 0,20-winsorisierten Mittels $\bar{x}_w$ werden diese nicht entfernt, sondern auf den niedrigsten gezählten (100 €) bzw. den höchsten gezählten (400 €) Wert gesetzt. Das 0,20-winsorisierte Mittel wird in diesem Beispiel wie folgt bestimmt:

$$\bar{x}_w = \frac{\begin{pmatrix} 100€ + 100€ + 100€ + 200€ + 220€ \\ + 360€ + 380€ + 400€ + 400€ + 400€ \end{pmatrix}}{10}$$
$$= 266€$$

Der 0,20-getrimmte Mittelwert und der 0,20-winsorisierte Mittelwert unterscheiden sich wenig. Für rein deskriptive Fragestellungen wird man eines der beiden Mittel auswählen, z. B. das getrimmte Mittel. Weiterführende komplexe statistische Verfahren unterscheiden sich darin, ob sie auf dem getrimmten oder dem winsorisierten Mittel aufbauen. Darüber hinaus gibt es noch andere Lagemaße, die bei Wilcox (2003) beschrieben sind. Wilcox und Keselman (2003) geben einige Empfehlungen, unter welchen Datensituationen man auf welches Maß zurückgreifen soll.

6.4.3 Quantile

In der Psychologie gibt es mit wenigen Ausnahmen (z. B. Reaktionszeit) keine natürlichen Maßeinheiten. Vielmehr werden Maßeinheiten mehr oder weniger beliebig durch den jeweiligen psychologischen Messvorgang festgelegt. Nur in wenigen Bereichen (z. B. in der Intelligenzforschung) ist es bisher gelungen, Maßeinheiten per Konvention verbindlich zu machen. Aus dem Fehlen natürlicher oder konventioneller Maßeinheiten ergibt sich für Messwerte, die mit unterschiedlichen Verfahren gewonnen wurden, ein Vergleichbarkeitsproblem.

In unserem Datenbeispiel »Begabungstest« sind wir davon ausgegangen, dass die Begabung mit einem Test gemessen wurde, der 100 Items umfasst. Begabung hatten wir als Anzahl richtig gelöster Aufgaben definiert, und aus dieser Festlegung ergab sich eine Begabungsskala mit einem Messwertebereich von 0 bis 100. Hätten wir in einer zweiten Untersuchung statt unseres Tests ein Verfahren mit 200 Aufgaben verwendet, könnten die Testrohwerte der beiden Untersuchungen nicht mehr verglichen werden. Ein Messwert von 100, im ersten Test der absolute Spitzenwert, würde im zweiten Test nur noch einer mittelmäßigen Begabung entsprechen.

Vergleichbarkeitsprobleme dieser Art kann man lösen, wenn man sich auf einen gemeinsamen Maßstab einigt. Dies nennt man Standardisierung. Eine bekannte Standardisierung ist die Notenskala von 1 bis 6, die wir in unseren Bildungseinrichtungen verwenden. Eine in der Psychologie und in der Medizin gebräuchliche Standardisierung sind Quantile.

Quantile sind Werte, die herangezogen werden, um die Daten in unterschiedliche Teile zu zerlegen. Wir haben bei der Behandlung ordinalskalierter Variablen schon spezifische Quantile kennengelernt. Der *Median Md* teilt die Häufigkeitsverteilung in zwei Teile derart, dass mindestens 50 % der Merkmalsträger einen Wert kleiner oder gleich dem Median und mindestens 50 % der Merkmalsträger einen Wert größer oder gleich dem Median aufweisen. Der Median ist das 50 %-Quantil (oder 0,50-Quantil). Das erste Quartil Q_1 teilt die Daten ebenfalls in zwei Teile, wobei mindestens 25 % der Merkmalsträger einen Wert aufweisen, der kleiner oder gleich dem ersten Quartil ist, und mindestens 75 % einen Wert aufweisen, der mindestens so groß wie das erste Quartil ist.

Diese Unterscheidung lässt sich beliebig verfeinern. Das erste *Perzentil* P_1 ist der Wert, für den gilt, dass mindestens 1 % der Merkmalsträger einen Wert kleiner oder gleich und mindestens 99 % der Merkmalsträger einen Wert größer oder gleich dem ersten Perzentil aufweisen. Durch die drei *Quartile* werden die Daten in vier Teile zerlegt, durch die 99 Perzentile in 100 Teile. Die neun *Dezile* teilen die Daten in zehn Gruppen ungefähr gleicher Größe. So ist z. B. das vierte Dezil D_4 derart definiert, dass mindestens 40 % der Daten einen Wert kleiner oder gleich D_4 und mindestens 60 % der Daten einen Wert größer oder gleich D_4 aufweisen. Allgemein lässt sich bei einem p-Quantil p beliebig festlegen, sofern p Werte zwischen 0 (ausschließlich) und 1 (ausschließlich) annimmt.

> **Definition**
>
> Ein **p-Quantil** ist derjenige Wert x_p ($0 < p < 1$), für den gilt, dass mindestens $p \cdot 100$ % der Daten kleiner oder gleich x_p und mindestens $(1-p) \cdot 100$ % der Daten größer oder gleich x_p sind.

Bestimmung der Quantile

Wir haben bereits beim Median und den Quartilen gesehen, dass sie nicht vollkommen eindeutig bestimmbar sind, sondern ihre Berechnung durch entsprechende Regeln festgelegt wird. Auch bei den Quantilen existieren verschiedene Regeln. Wir werden die bereits für den Median und die Quartile beschriebenen Regeln nun auch auf alle p-Quantile verallgemeinern. Zunächst wird wieder die Anzahl n der Untersuchungsobjekte mit dem Anteilswert p multipliziert: $n \cdot p$. Falls dieses Produkt eine ganze Zahl (q) ergibt, so ist das p-Quantil der Mittelwert aus dem q-ten und $(q+1)$-ten Messwert der geordneten Messwertreihe:

$$x_p = 0{,}5 \cdot (x_q + x_{q+1}) \qquad \text{(F 6.18)}$$

Ergibt das Produkt $n \cdot p$ keine ganze Zahl, dann bezeichnet q die nächste ganze Zahl, die auf $n \cdot p$ folgt. Das p-Quantil ist dann gleich dem q-ten Wert der geordneten Messwertreihe: $x_p = x_q$. Die Anwendung dieser generellen Regel haben wir bereits für die Berechnung des Medians und der Quartile illustriert (s. Abschn. 6.3.2 und 6.3.3).

> **Vertiefung**
>
> **Bestimmung der Quantile bei gruppierten Daten**
> Liegen gruppierte Daten vor, so ist das p-Quantil die Klasse, in die das p-Quantil fällt. Wurden stetige Variablen gruppiert, so können die Quantile über Interpolation genauer bestimmt werden. Dies haben wir am Beispiel des Medians schon illustriert. Allgemein lautet die Formel:
>
> $$x_p = c_{l-1} + \frac{p - \sum_{j=1}^{l-1} h_j}{h_l} d_l \qquad \text{(F 6.19)}$$
>
> Dabei bedeutet:
> - p: Anteil der Daten, der durch ein p-Quantil abgetrennt wird
> - j: Merkmalsklasse
> - l: p-Quantilklasse (Klasse, in der kh_j erstmals größer als p ist)
> - c_{l-1}: untere Klassengrenze der p-Quantilklasse l
> - c_l: obere Klassengrenze der p-Quantilklasse l
> - h_j: relative Häufigkeit der Klasse j
> - h_l: relative Häufigkeit der p-Quantilklasse l
> - $d_l = c_l - c_{l-1}$: Breite der p-Quantilklasse l
>
> Eine Anwendung dieser Formel haben wir bereits bei der Behandlung des Medians mit $p = 0{,}50$ beschrieben. Alle anderen Quantile lassen sich in analoger Weise berechnen.

In wie viele Teile eine Häufigkeitsverteilung zerlegt werden kann, d. h., wie viele Quantile gebildet werden können, ist eine pragmatische Frage. Quantile kennzeichnen die Lage eines Messwerts in der Verteilung, und sie gehören daher zu den Lagekennwerten. Wenn wir für eine Person also statt ihres Testwertes in einem bestimmten Begabungstest ihren Perzentilwert angeben, kennen wir ihre Begabung im Vergleich zu allen anderen Personen, die an der Untersuchung teilgenommen haben. Entspricht ihr Begabungswert dem 92. Perzentilwert P_{92}, so bedeutet dies, dass die Person laut Testergebnis gleich begabt wie oder begabter als mindestens 92 % der untersuchten Personen ist.

Quantile können aber nicht nur zur Kennzeichnung der Lage eines Wertes herangezogen werden, sondern sie dienen auch zur Definition von Streuungsmaßen, wie wir dies bereits beim Interquartilsbereich und beim Interquartilsabstand gesehen haben. In analoger Weise kann z. B. der Interdezilabstand als $IDA = P_{90} - P_{10}$ definiert werden. Ist der Interdezilabstand sehr klein, liegen die (ungefähr) mittleren 80 % der Daten in einem engen Bereich, die Streuung ist somit gering. Im Folgenden werden wir weitere Streuungsmaße für metrische Variablen kennenlernen.

6.4.4 Streuungskennwerte

Erinnern wir uns: Mit Kennwerten der Streuung oder Dispersion soll angegeben werden, wie sehr sich die Messwerte ausbreiten oder konzentrieren. Bisher haben wir als ein Streuungsmaß den relativen Informationsgehalt H bei Nominalskalen eingeführt. Bei Ordinalskalen sind Streuungsmaße dann nicht sinnvoll, wenn jeder Messwert (Rangplatz) genau einmal vorkommt und somit eine Gleichverteilung der Messwerte vorliegt. Wenn Rangplätze mehrfach vorkommen, weil zwischen den Merkmalsträgern kein »Größenunterschied« besteht, kann die Streuung der Messwerte analog zur Nominalskala definiert werden. Praktisch wird davon aber selten Gebrauch gemacht. Darüber hinaus haben wir gezeigt, wie der Interquartilsbereich zur Beschreibung der Streuung herangezogen werden kann.

Zur Kennzeichnung der Streuung metrischer Variablen liegt eine größere Zahl von mathematisch wohldefinierten Kennwerten vor. Zwei davon haben in der Statistik eine herausragende Bedeutung: die Varianz und die Standardabweichung. Bevor wir sie definieren, wollen wir kurz einige weniger wichtige, aber nicht ungebräuchliche Kennwerte kurz vorstellen.

Streubereich. Der Streubereich SB gibt den Wertebereich an, in dem alle beobachteten Werte liegen:

$$SB = [x_{\min}; x_{\max}] \qquad (F\ 6.20)$$

Er gibt also an, über welchen Bereich der Skala sich die Messwerte erstrecken.

Variationsbreite. Die Variationsbreite oder Spannweite (engl. range), meistens symbolisiert als v, gibt die Breite des Streubereichs an. Während der Streubereich ein Intervall ist, ist die Variationsbreite eine einzelne Zahl. Die Variationsbreite ist definiert als Differenz zwischen dem größten und dem kleinsten beobachteten Messwert:

$$v = x_{\max} - x_{\min} \qquad (F\ 6.21)$$

Die Variationsbereite wird bei demographischen Variablen häufig genannt, insbesondere beim Alter (Altersspanne).

Semiquartilsabstand. Die Variationsbreite ist anfällig für Ausreißer. So kann z. B. ein einziger Senior in einer Stichprobe von Studierenden die Variationsbreite der Altersvariablen erheblich beeinflussen. Würde man in diesem Fall die Variationsbreite als einziges Streuungsmaß mitteilen, würde ein völlig falscher Eindruck von der Altersspanne der Probanden entstehen.

Der Interquartilsabstand (IQA) ist gegen solche Ausreißer unempfindlich. Er ist definiert als die Differenz zwischen dem dritten und dem ersten Quartil ($Q_3 - Q_1$). Wir haben ihn bereits bei der Behandlung des Box-Whisker-Plots eingeführt und illustriert.

Der Semiquartilsabstand (SQA) ist definiert als der halbe Interquartilsabstand. Er gibt an, in welchem Abstand zum Verteilungszentrum das obere und untere Viertel der Verteilung durchschnittlich liegen:

$$SQA = \frac{Q_3 - Q_1}{2} \qquad (F\ 6.22)$$

Dezilverhältnis. Hin und wieder begegnet man dem Dezilverhältnis als Streuungsmaß. Es ist definiert als der Quotient aus dem neunten und dem ersten Dezil und gibt an, um wie viel größer der Messwert des Merkmalsträgers ist, der die oberen 10 % der Verteilung abschneidet, als der Messwert des Merkmalsträgers, der die unteren 10 % der Verteilung markiert:

$$DQ = \frac{D_9}{D_1} = \frac{P_{90}}{P_{10}} \qquad (F\ 6.23)$$

Mit diesem Quotienten wird z. B. in der Volkswirtschaft das Ausmaß der sozialen Ungleichheit in einer Gesellschaft bemessen. Ein Dezilverhältnis von 5 beim Einkommen bedeutet, dass die »Reichen« (definiert als die oberen 10 % der Einkommensverteilung) ein mindestens fünfmal höheres Einkommen haben als die »Armen« (definiert als die unteren 10 % der Einkommensverteilung). Da das Dezilverhältnis zwei Werte ins Verhältnis setzt, setzt seine messtheoretisch sinnvolle Interpretation Verhältniskalenniveau (wie beim Einkommen) voraus.

Mittlere Abweichung. Als mittlere Abweichung, absolute Mittelwertsabweichung oder AD-Streuung (von engl. average deviation) bezeichnet man die durchschnittliche absolute Differenz der Messwerte von ihrem Mittelwert. Dieses Streuungsmaß kommt dem Streuungsbegriff intuitiv besonders nahe. Im Unterschied zu allen bisher besprochenen Maßen bezieht es jeden einzelnen Messwert mit ein:

$$AD_X = \frac{\sum_{m=1}^{n} |x_m - \bar{x}|}{n} \qquad (F\ 6.24)$$

Nehmen wir als Beispiel wieder die Messwertreihe $x_1 = 0$; $x_2 = 1$; $x_3 = 2$; $x_4 = 2$; $x_5 = 5$. Der Mittelwert aller x-Werte beträgt $\bar{x} = 2$; damit beträgt die mittlere Abweichung $AD_X = 1{,}2$.

Absolute Medianabweichung. Während die mittlere Abweichung die durchschnittliche absolute Abweichung aller Einzelwerte vom Mittelwert bezeichnet, bedeutet die absolute Medianabweichung (MAD) die durchschnittliche absolute Abweichung aller Einzelwerte vom Median:

$$MAD_X = \frac{\sum_{m=1}^{n} |x_m - Md_X|}{n} \quad \text{(F 6.25)}$$

Dieses Streuungsmaß wird dann verwendet, wenn der Median als Kennwert der zentralen Tendenz dem Mittelwert vorgezogen wurde, etwa weil Ausreißer den Mittelwert stark beeinflussen würden oder die Verteilung sehr schief ist. Die absolute Medianabweichung als Streuungskennwert und der Median als Kennwert der zentralen Tendenz passen insofern zueinander, als die Summe der absoluten Abweichungen aller Messwerte vom Median immer kleiner ist als die Summe der absoluten Abweichungen aller Messwerte von irgendeinem anderen Wert und damit auch kleiner als die Summe der absoluten Abweichungen aller Messwerte vom Mittelwert.

Varianz und Standardabweichung

Nun kommen wir zu den beiden wichtigsten Streuungskennwerten metrischer Variablen: der Varianz und der Standardabweichung. Beide sind mit der mittleren Abweichung mathematisch verwandt. Im Unterschied zur mittleren Abweichung werden bei der Varianz und der Standardabweichung nicht die absoluten Differenzen, sondern vielmehr die quadrierten Differenzen verrechnet. Die Varianz s_X^2 ist definiert als die mittlere quadrierte Abweichung aller Einzelwerte vom Mittelwert:

$$s_X^2 = \frac{\sum_{m=1}^{n} (x_m - \bar{x})^2}{n} \quad \text{(F 6.26)}$$

Den Zähler in Gleichung F 6.26 nennt man Quadratsumme, abgekürzt QS.

Standardabweichung. Die Standardabweichung (s_X) ist die (positive) Quadratwurzel aus der Varianz:

$$s_X = \sqrt{s_X^2} = \sqrt{\frac{\sum_{m=1}^{n} (x_m - \bar{x})^2}{n}} \quad \text{(F 6.27)}$$

Nehmen wir als Beispiel wieder die Messwertreihe $x_1 = 0$; $x_2 = 1$; $x_3 = 2$; $x_4 = 2$; $x_5 = 5$. Der Mittelwert aller x-Werte beträgt $\bar{x} = 2$. Die Quadratsumme beträgt $QS = 14$, die Varianz $s_X^2 = 2{,}8$ und die Standardabweichung $s_X = 1{,}673$. Die Standardabweichung hat gegenüber der Varianz einen entscheidenden Vorteil: Sie ist besser interpretierbar. Bei der Varianz ist durch die Quadrierung der Abweichungen die Originalmetrik (ursprüngliche Maßeinheit) der Merkmalsausprägungen verloren gegangen. Würde es sich bei unserem Zahlenbeispiel also um die Anzahl erinnerter Wörter handeln, so wäre die Aussage »Die Varianz der Verteilung beträgt 2,8 quadrierte Wörter« wenig sinnvoll. Durch das Ziehen der Quadratwurzel gelangt man wieder in die ursprüngliche Metrik: Die Aussage »Die Standardabweichung beträgt 1,67 Wörter« ist also besser interpretierbar.

Standardabweichung und mittlere Abweichung. Man könnte an dieser Stelle zu der Auffassung gelangen, dass die Standardabweichung doch das Gleiche sei wie die mittlere Abweichung (AD). Der Unterschied ist ja lediglich, dass bei der Standardabweichung zunächst alle quadrierten Abweichungen aufsummiert bzw. gemittelt wurden, dann daraus aber wieder die Wurzel gezogen wurde, während bei der mittleren Abweichung die Quadrierung und die anschließende Wurzelziehung von vornherein weggelassen wurden. Mathematisch macht genau das jedoch den Unterschied aus, und deshalb resultieren auch in unserem Zahlenbeispiel unterschiedliche Werte ($AD_X = 1{,}2$; $s_X = 1{,}67$). Die Quadrierung (im Falle der Varianz) sorgt nämlich dafür, dass große Abweichungen vom Mittelwert mit einem besonders starken Gewicht in die Quadratsumme eingehen. Anders gesagt: Messwerte, die weit vom Mittelwert abweichen, machen die Varianz in einem »nichtverhältnismäßigen« Ausmaß größer als Messwerte, die näher am Mittelwert liegen. Die »Nichtverhältnismäßigkeit« der Gewichtungen wird durch die Quadratwurzelziehung nicht annulliert, sondern besteht weiterhin. Die mittlere Abweichung hat einen solchen Gewichtungsfaktor nicht. In sie gehen alle Abweichungen mit dem gleichen »Gewicht« ein. Mit Quadraten und Wurzeln kann man leichter rechnen als mit Beträgen, was dazu führt, dass die Varianz und die Standardabweichung mathematisch leichter zu handhaben sind als die mittlere Abweichung, insbesondere wenn man die Streuung in verschiedene Quellen zerlegen will, die erklären können, warum sich Merkmalsträger unterscheiden. Daher kommen der Varianz und der Standardabweichung in der Statistik größere Bedeutung zu als anderen Streuungsmaßen.

Vertiefung

Eigenschaften der Varianz und der Standardabweichung

Varianz und Standardabweichung haben drei wichtige Eigenschaften, die man sich ebenso wie die Eigenschaften des Mittelwertes (s. Abschn. 6.4.2) klarmachen und merken sollte.

(1) Die Quadrierung der Differenzen zwischen Messwert und Mittelwert hat zur Folge, dass größere Abweichungen überproportional stärker ins Gewicht fallen als kleinere Abweichungen. Daraus ergibt sich eine hohe Sensibilität für Ausreißer und Extremwerte. Würde der höchste Wert in unserem kleinen Zahlenbeispiel also nicht $x_5 = 5$, sondern $x_5 = 10$ betragen, würde das die Varianz in die Höhe schnellen lassen: Sie würde dann $s_X^2 = 12{,}8$ betragen. Die Varianz ist das arithmetische Mittel der quadratischen Abweichungen und weist daher die gleichen Stärken und Schwächen auf, die wir bereits beim arithmetischen Mittel behandelt haben.

(2) Wird zur Variablen X (d. h. zu jedem Messwert x_m) eine Konstante a addiert, bleiben die Varianz und die Standardabweichung davon gänzlich unberührt. Formal:

$$y_m = x_m + a \Rightarrow s_Y^2 = s_X^2 \qquad (F\ 6.28)$$

(3) Wird die Variable X (d. h. jeder Messwert x_m) mit einer Konstanten b multipliziert, verändert sich die Varianz um den Faktor b^2, die Standardabweichung um den Faktor b. Formal:

$$y_m = b \cdot x_m \Rightarrow s_Y^2 = b^2 \cdot s_X^2$$
$$s_Y = b \cdot s_X \qquad (F\ 6.29)$$

Variationskoeffizient

Obwohl insbesondere die Standardabweichung im Prinzip wohldefiniert und inhaltlich gut interpretierbar ist, könnte man einwenden, dass ihre Bedeutung auch ins Verhältnis zur Metrik der gemessenen Variablen X gesetzt werden muss. Machen wir uns das an einem einfachen Beispiel klar: In einer Klausur, in der man maximal 100 Punkte erreichen kann, haben die Studierenden einen Mittelwert von $\bar{x} = 70$. In einer zweiten Klausur, in der man maximal 10 Punkte erreichen kann, haben sie einen Mittelwert von $\bar{x} = 8$. Die Standardabweichung sei bei beiden Klausuren identisch, $s = 2$. Bei welcher Klausur ist die Streuung größer? Man würde wohl sagen, bei der zweiten – und das, obwohl die Standardabweichungen exakt identisch sind. Dieses Problem versucht der Variationskoeffizient (V_X) zu umgehen: Er ist definiert als der Quotient aus Streuung und Mittelwert einer Variablen X:

$$V_X = \frac{s_X}{\bar{x}} \qquad (F\ 6.30)$$

Man könnte also sagen, beim Variationskoeffizienten wird die Streuung am Mittelwert standardisiert. In unserem Klausurbeispiel würde sich im ersten Fall ($\bar{x} = 70$) ein Variationskoeffizient von $V_X = 0{,}03$ ergeben, im zweiten Fall ($\bar{x} = 10$) ein Variationskoeffizient von $V_X = 0{,}2$.

Da der Variationskoeffizient Standardabweichung und Mittelwert zueinander ins Verhältnis setzt, ist er besonders gut bei verhältnisskalierten Variablen zu interpretieren. Bei verhältnisskalierten Variablen sind Ähnlichkeitstransformationen der Art $y_m = b \cdot x_m$ zulässig. Solche Ähnlichkeitstransformationen haben zur Folge, dass sowohl der Mittelwert als auch die Standardabweichung um den Faktor b verändert werden (s. Formeln F 6.15 und F 6.29): $\bar{y} = b \cdot \bar{x}$ und $s_Y = b \cdot s_X$. Dies hat zur Folge, dass sich der Variationskoeffizient nicht ändert. Wurde die Länge z. B. in Metern gemessen und erhält man eine mittlere Länge von $\bar{x} = 2$ und eine Standardabweichung von $s_X = 4$, so erhält man einen Variationskoeffizienten von $V_X = 2$. Wurde die Länge in Zentimetern gemessen ($b = 100$), dann ist der Mittelwert der Variablen Y (Länge in Zentimetern) $\bar{y} = 100 \cdot 2 = 200$ und die Standardabweichung $s_Y = 100 \cdot 4 = 400$. Der Wert des Variationskoeffizienten bleibt jedoch $V_Y = 2$. Dies ist bei Variablen niedrigeren Skalenniveaus – wie z. B. einer Intervallskala – nicht der Fall. Geht man von der Celsius-Messung zur Fahrenheit-Messung über, verändert sich der Variationskoeffizient, wie man sich anhand eines selbstkonstruierten Beispiels leicht veranschaulichen kann. Die fehlende Invarianz des Variationskoeffizienten unter linearen Transformationen kommt daher, dass die additive Konstante a einer Linearkombination der Form $y = a + b \cdot x$ den Mittelwert ändert ($\bar{y} = a + b \cdot \bar{x}$), nicht aber die Standardabweichung ($s_Y = b \cdot s_X$). Dies zeigt, dass der Variationskoeffizient insbesondere bei verhältnisskalierten Variablen – z. B. bei physiologischen Variablen wie dem Blutdruck – aussagekräftig ist.

Robuste Kennwerte

Wir haben bei der Darstellung der Lagemaße gesehen, dass diese unterschiedlich stark auf Ausreißer reagieren. Das arithmetische Mittel ist wenig robust gegenüber Ausreißerwerten, wohingegen der Median, das getrimmte und das winsorisierte Mittel relativ robust sind. Auch Streuungsmaße unterscheiden sich in ihrer Robustheit gegenüber Ausreißerwerten. Alle Streuungsmaße, die auf Abweichungen vom Mittelwert beruhen – wie die mittlere Abweichung, die absolute Medianabweichung, die Varianz und die Standardabweichung – sind wenig robust gegenüber Ausreißerwerten. Bereits ein einziger Ausreißerwert kann zu einem großen Abweichungswert führen, der wiederum den Mittelwert der Abweichungswerte stark verzerren kann. Auch der Interpretation von Streuungsmaßen sollte daher eine deutliche Datenkontrolle, insbesondere auch im Hinblick auf Ausreißerwerte, vorangehen.

Weniger sensibel auf Ausreißerwerte reagieren Streuungsmaße, die nicht das Gesamtspektrum aller Werte umfassen. Bei dem Interquartilabstand können sich wenige Ausreißerwerte nicht stark auswirken, da extreme Werte im unteren und oberen Bereich der Verteilung die Quartilsbestimmung nicht sehr stark beeinflussen, sofern sie nicht sehr häufig auftreten.

Auch für die im Rahmen der Lagemaße behandelten robusten Kennwerte wie das getrimmte Mittel und das winsorisierte Mittel lassen sich Streuungsmaße definieren. Ein solcher Kennwert ist die winsorisierte Varianz. Diese wird einfach als Varianz der winsorisierten Werte berechnet. Die winsorisierte Varianz ist robust gegenüber Ausreißerwerten, da diese ja transformiert wurden. Man könnte sich vorstellen, in gleicher Weise die Varianz getrimmter Werte zu berechnen. Für getrimmte Werte wird jedoch auch die winsorisierte Varianz bestimmt. Dies hat inferenzstatistische Gründe, deren Darstellung hier zu weit führen würde, die aber bei Wilcox (2003) sowie Wilcox und Keselman (2003) nachzulesen sind.

6.4.5 Schiefe und Exzess

Kennwerte der zentralen Tendenz und der Streuung fassen wichtige Merkmale von Häufigkeitsverteilungen metrischer Variablen zusammen. Sie beschreiben diese Verteilungen aber nicht erschöpfend. In Abschnitt 6.4.1 haben wir die Schiefe und die Wölbung als wichtige Merkmale von Häufigkeitsverteilungen eingeführt. Für beide Merkmale sind Kennwerte vorgeschlagen worden, die mathematisch präzise definiert sind: die Schiefe und der Exzess.

Schiefe

Die Formel zur Berechnung der Schiefe (engl. skewness) lautet:

$$Sch = \frac{\sum_{m=1}^{n} (x_m - \bar{x})^3}{n \cdot s_X^3} \qquad (F\ 6.31)$$

Die mathematische Verwandtschaft der Schiefe mit der Varianz ist offensichtlich. Auch in die Schiefe gehen alle Differenzen zwischen den Messwerten und ihrem Mittelwert ein. Von jeder Differenz wird die dritte Potenz bestimmt. Deshalb nennt man die Schiefe auch das dritte Potenzmoment einer Verteilung. Bei symmetrischen Verteilungen beträgt die Schiefe 0. Linksgipflige Verteilungen ergeben positive, rechtsgipflige Verteilungen negative Werte für die Schiefe. Negative Werte für die Schiefe sind möglich, da alle negativen Differenzen zwischen Messwert und Mittelwert zu negativen Produkten führen. Bei rechtsgipfligen Verteilungen ist die Summe der positiven Produkte kleiner als die der negativen Produkte.

Exzess

Der Exzess (Kurtosis) beschreibt die Gipfelform. Er ist als das vierte Potenzmoment einer Verteilung definiert:

$$Ex = \frac{\sum_{m=1}^{n}(x_m - \bar{x})^4}{n \cdot s_X^4} - 3 \qquad \text{(F 6.32)}$$

Der Exzess ist nur für eine unimodale Verteilung sinnvoll interpretierbar, da nur in diesem Fall der Wert des Exzesses auf die Wölbung eines Gipfels bezogen werden kann. Bei Normalverteilungen (s. Abschn. 7.3.3) nimmt der Exzess den Wert 0 an. Ist die Verteilung im Vergleich zur Normalverteilung schmalgipflig, wird der Exzess positiv. Entsprechend wird der Exzess negativ bei Verteilungen, die im Vergleich zur Normalverteilung breitgipflig sind. Er wird aber nicht nur durch die Form des Gipfels beeinflusst, sondern auch durch die Häufigkeit, mit der Werte in den Extrembereichen einer Häufigkeitsverteilung liegen (Chissom, 1970). Das macht den Exzess schwer interpretierbar.

6.5 Standardwerte und z-Transformation

Wir haben bei der Einführung von Streuungskennwerten für Intervallskalen das Problem der Vergleichbarkeit von Maßstäben in der Psychologie behandelt. Was bedeuten »8 erreichte Punkte« in einer Statistikklausur? Sind »5 erinnerte Wörter« in einem Gedächtnisexperiment viel oder wenig? Sind »24 gelöste Aufgaben« in einem Begabungstest gut oder schlecht? Man benötigt einen Referenzrahmen, um Einzelwerte sinnvoll interpretieren und mit anderen Einzelwerten vergleichen zu können. Eine Möglichkeit besteht darin, als Referenz den Maximalwert heranzuziehen. Dann würde man z. B. zu der Aussage gelangen, dass ein Student 8 von 10 Punkten in einer Klausur erreicht, 10 von 60 Wörtern in einem Gedächtnistest erinnert oder 24 von 100 Aufgaben in einem Begabungstest gelöst hat. Noch informativer wäre es, wenn wir wüssten, welche Werte denn die anderen Personen in der Stichprobe erzielt haben. Würde sich herausstellen, dass alle anderen Versuchsteilnehmer im Gedächtnisexperiment im Durchschnitt 30 Wörter erinnert haben, wäre eine Leistung von $x = 10$ erinnerten Wörtern als eher gering zu bewerten; im Falle eines Mittelwerts von 8 erinnerten Wörtern würde ein Einzelwert von $x = 10$ hingegen für ein tendenziell gutes Gedächtnis sprechen.

Zentrierung. Man erreicht also eine bessere Interpretierbarkeit von Einzelwerten, indem man sie relativ zu aussagekräftigen Mittelwerten interpretiert. Diese Relativierung am Mittelwert einer Verteilung nennt man Zentrierung. Um einen zentrierten Wert zu erhalten, zieht man den Mittelwert von jedem Einzelwert ab ($x_m - \bar{x}$). Führt man eine solche Zentrierung mit allen Werten durch, erhält man eine zentrierte Verteilung, deren Mittelwert gleich 0 ist.

Standardisierung. Eine noch bessere Interpretierbarkeit von Einzelwerten erreicht man, indem man nicht nur die zentrale Tendenz einer Verteilung als Vergleichsmaßstab heranzieht, sondern auch die Streuung der Verteilung. So ließe sich angeben, ob die Gedächtnisleistung einer Person, die zwei Wörter mehr erinnert hat als der Durchschnitt, als »stark« oder nur »ein bisschen« überdurchschnittlich zu beurteilen ist. Konkret: Ein Einzelwert von $x_m = 10$ wäre angesichts eines Mittelwerts von $\bar{x} = 8$ dann »stark« überdurchschnittlich, wenn die Streuung sehr klein ist (z. B. $s_X = 0{,}5$); der gleiche Wert wäre hingegen nur »ein bisschen« überdurchschnittlich, wenn die Streuung sehr groß ist (z. B. $s_X = 4$). Diese Logik liegt der z-Standardisierung zugrunde. Standardwerte (oder: z-Werte) erhält man dementsprechend, indem man die zentrierten Werte durch die Standardabweichung der Verteilung teilt:

$$z_m = \frac{x_m - \bar{x}}{s_X} \quad (\text{F 6.33})$$

Transformiert man so jeden Wert der x-Verteilung, so erhält man eine z-Verteilung. Diese hat immer einen Mittelwert von $\bar{z} = 0$ und eine Standardabweichung von $s_Z = 1$. Die Form der Verteilung, d. h. ihre Symmetrie bzw. Asymmetrie und ihre Schiefe, bleiben jedoch von der z-Standardisierung unbeeinflusst.

Beispiel

Zwei Begabungstests: TAL-ent und ABI

Die Mitarbeiterin einer Erziehungsberatungsstelle führt mit Max, einem 14-jährigen Realschüler, einen Test zur Messung der mathematischen Begabung durch. Der Test heißt »TAL-ent« und wurde bereits an einer großen Stichprobe ausgiebig getestet. In dieser Stichprobe betrug der Mittelwert $\bar{x} = 30$ und die Streuung $s_X = 10$. Um die Robustheit ihres Ergebnisses zu überprüfen, führt die Mitarbeiterin eine Woche später einen zweiten, ähnlich konstruierten Begabungstest durch, das Allgemeine Begabungs-Inventar (ABI). In diesem Test erzielt die Normstichprobe einen Mittelwert von $\bar{x} = 100$ bei einer Streuung von $s_X = 40$. Max erzielt in TAL-ent einen Wert von $x = 24$ und in ABI einen Wert von $x = 80$. Sind die beiden Testwerte vergleichbar? Um dies herauszufinden, transformiert die Mitarbeiterin beide Einzelwerte nach Gleichung F 6.33 in z-Werte:

Test TAL-ent: $\quad z_m = \dfrac{x_m - \bar{x}}{s_X} = \dfrac{24 - 30}{10} = -0{,}6$

Test ABI: $\quad z_m = \dfrac{x_m - \bar{x}}{s_X} = \dfrac{80 - 100}{40} = -0{,}5$

In beiden Tests schneidet Max also unterdurchschnittlich ab, wobei seine relative Leistung im ersten Test noch ein wenig schlechter ist als im zweiten. Im ersten Test liegt sein Wert um 60 % einer Standardabweichung unter dem Mittelwert, wohingegen sein zweiter Wert nur um 50 % einer Standardabweichung (die Hälfte einer Standardabweichung) unter dem Mittelwert liegt.

Standardwerte (oder z-Werte) sind als Standardabweichungen vom Mittelwert zu interpretieren. Max liegt in unserem Beispiel im Test ABI eine halbe Standardabweichungseinheit unterhalb des Normmittelwerts. Das ist zwar als unterdurchschnittlich, aber nicht als »stark« unterdurchschnittlich zu bezeichnen. Dennoch ist natürlich die Entscheidung darüber, was »ein wenig« und was »stark« bedeutet, eher eine inhaltliche Frage als eine statistische.

6.6 Bivariate und multivariate Deskriptivstatistik

Wir haben in diesem Kapitel Verfahren der univariaten Deskriptivstatistik behandelt. Univariat bedeutet, dass sie sich auf die Beschreibung einer Variablen bezogen haben. In der Psychologie sowie anderen Verhaltens- und Sozialwissenschaften ist man jedoch nicht nur an der Beschreibung einer Variablen interessiert, sondern auch an dem Zusammenhang zwischen zwei und mehreren Variablen. Hierfür stellt die Statistik Verfahren der bivariaten bzw. multivariaten Deskriptivstatistik zur Verfügung. Wir behandeln diese Verfahren, nachdem wir die Grundzüge der Wahrscheinlichkeitstheorie und Inferenzstatistik behandelt haben, da diese Verfahren häufig im Rahmen der Inferenzstatistik gelehrt und gelernt werden. Wir haben die Kapitel, die diese Verfahren beschreiben, allerdings so angelegt, dass sie auch ohne Kenntnis der Wahrscheinlichkeitstheorie und Inferenzstatistik gelehrt und gelernt werden können. Jedes dieser Kapitel besteht aus einem einführenden deskriptivstatistischen und einem vertiefenden inferenzstatistischen Teil.

> **Beispiel**
>
> **Korrelation**
> Sie haben gehört, dass es sich bei der Korrelation um ein wichtiges Maß zur Beschreibung des Zusammenhangs zweier Variablen handelt, und wollen sich nun umgehend mit diesem Konzept vertraut machen, ohne die Grundlagen der Wahrscheinlichkeitstheorie und der Inferenzstatistik zu lernen. Kein Problem: Gehen Sie zu Kapitel 15 und arbeiten Sie die ersten Kapitelabschnitte durch, in denen die Korrelationskoeffizienten für verschiedene Variablenarten im Detail behandelt und anhand empirischer Daten illustriert werden, ohne dass auf Konzepte der Wahrscheinlichkeitstheorie und Inferenzstatistik zurückgegriffen wird. Dies gilt auch für Kapitel, die auf dem Korrelationskonzept aufbauen wie z. B. die einfache lineare Regression (Kap. 16), die Partial- und Semipartialkorrelation (Kap. 17) und die multiple Regressionsanalyse (Kap. 18).

Zusammenfassung

- Modus, Median und Mittelwert sind Kennwerte der zentralen Tendenz von Häufigkeitsverteilungen.
- Der Modus ist der am häufigsten vorkommende Messwert einer Messwertreihe. Er kann bei jedem Skalenniveau bestimmt werden, wenn die Variable unimodal verteilt ist.
- Der Median teilt die Menge der Merkmalsträger in zwei ungefähr gleich große Hälften mit größeren und kleineren Merkmalsausprägungen. Er kann bei jedem Skalenniveau außer einer Nominalskala bestimmt werden.
- Der Mittelwert setzt mindestens Intervallskalenniveau voraus.
- Streuungskennwerte geben an, wie stark sich die Messwerte einer Häufigkeitsverteilung um ihr Zentrum ausbreiten.
- Bei Nominalskalen kann als Streuungskennwert der relative Informationsgehalt berechnet werden.
- Bei Ordinalskalen ist ein Streuungskennwert nur sinnvoll, wenn kategoriale Variablen mit geordneten Antwortkategorien vorkommen. In diesem Fall können der relative Informationsgehalt und der Interquartilsbereich bestimmt werden.
- Die beiden wichtigsten Streuungskennwerte bei metrischen Variablen sind die Varianz und die Standardabweichung. Die Varianz entspricht dem Mittelwert der quadrierten Abweichungen der Messwerte von ihrem Mittelwert. Die Standardabweichung ist die positive Quadratwurzel aus der Varianz.
- Quantile geben an, welcher Messwert die Messwertreihe in einem bestimmten Verhältnis teilt. Quantile bilden einen einheitlichen Maßstab für Messwerte, die mindestens ordinalskaliert sind.
- Perzentile, Dezile, Quartile und der Median gehören zu den Quantilen. Perzentile teilen die Messwertreihe in 100, Dezile in zehn, Quartile in vier und der Median in zwei jeweils ungefähr gleich große Anteile.
- Jede Intervallskala kann durch die z-Standardisierung in einen einheitlichen Maßstab überführt werden, dessen Maßeinheit die Standardabweichung ist. z-standardisierte Variablen haben einen Mittelwert von 0 und eine Standardabweichung von 1. Durch die z-Standardisierung können die Messwerte intervallskalierter Variablen, die mit unterschiedlichen Maßstäben gemessen wurden, miteinander verglichen werden.

> **Fragen und Übungsaufgaben**
>
> **Fragen**
> (1) Wie ist der Modalwert definiert? Welches Skalenniveau setzt die Anwendung des Modalwertes voraus?
> (2) Was ist der Unterschied zwischen singulären und gruppierten Daten?
> (3) Was bedeutet ein Prozentrangwert von 35?

(4) Was versteht man unter »verbundenen Rängen«?
(5) Wie ist der Median definiert? Welches Skalenniveau setzt die Anwendung des Medians voraus?
(6) Was versteht man unter dem Begriff »Medianklasse«?
(7) Was ist der Unterschied zwischen einer primären und einer sekundären Häufigkeitsverteilung?
(8) Was ist der Unterschied zwischen einem Histogramm und einem Säulendiagramm?
(9) Wie sind Ausreißer- und Extremwerte in einer Häufigkeitsverteilung definiert?
(10) Was ist eine Fünf-Punkte-Zusammenfassung?
(11) Erläutern Sie die vier Eigenschaften des arithmetischen Mittels.
(12) Welche Vorteile haben robuste Lagekennwerte?
(13) Was ist der Unterschied zwischen dem getrimmten Mittel und dem winsorisierten Mittel?
(14) Wie ist der Semiquartilsabstand definiert? Welches Skalenniveau setzt die Anwendung des Semiquartilsabstands voraus?
(15) Erläutern Sie die Eigenschaften der Varianz.
(16) Wie funktioniert eine z-Standardisierung? Zu welchem Zweck führt man eine z-Standardisierung durch?

Übungsaufgaben

(1) Bestimmen Sie den Median der drei folgenden gruppierten intervallskalierten Messwertreihen. Angegeben sind die Kategorienmitten.
 (a) 1; 5; 2; 5; 3; 6; 1; 5; 7; 7
 (b) 31; 25; 16; 22; 24; 30
 (c) 101; 104; 103; 104; 110; 104; 108; 104; 102; 104
(2) Demonstrieren Sie die Eigenschaften des Mittelwertes an einer kleinen Messwertreihe eigener Wahl.
(3) Berechnen Sie die Varianz und die Standardabweichung der Messwerte in der vierten Zeile der Urliste in Tabelle 6.8.
(4) Vollziehen Sie die Eigenschaften von Varianz und Standardabweichung an einer kleinen Messwertreihe eigener Wahl nach.
(5) Transformieren Sie die folgenden Messwerte in z-Werte: $x_1 = 0$; $x_2 = 1$; $x_3 = 2$; $x_4 = 2$; $x_5 = 5$.
(6) In den Online-Materialien sind die Messwerte der Urliste aus Tabelle 6.8 in der Datei mit dem Namen »daten61.txt« abgelegt. Lesen Sie diese Datei in ein Tabellenkalkulationsprogramm (z. B. Excel) oder ein Statistikprogramm (z. B. SPSS oder R) ein und finden Sie die Prozeduren, mit denen Mittelwert, Varianz und Standardabweichung berechnet werden. Welche Werte werden für diese Kennwerte angegeben?

III Wahrscheinlichkeitstheorie und inferenzstatistische Grundlagen

7 Wahrscheinlichkeitstheorie und Wahrscheinlichkeitsverteilungen

Was Sie in diesem Kapitel lernen

▶ Was bedeutet der Begriff »Wahrscheinlichkeit«?
▶ Inwiefern sind wahrscheinlichkeitstheoretische Überlegungen relevant für die Auswertung psychologischer Untersuchungen und für die psychologische Diagnostik?
▶ Was sind Wahrscheinlichkeitsverteilungen, welche gibt es, und welche Rolle spielen sie für die statistische Datenanalyse?

In Kapitel 6 haben wir uns mit Möglichkeiten beschäftigt, Art und Ausprägung von psychologischen Merkmalen statistisch zu beschreiben, d. h. graphisch darzustellen, zu verdichten und anhand geeigneter Kennwerte zu quantifizieren. Wir haben uns dabei nicht um die Frage gekümmert, ob man von den beobachteten Messwertverteilungen auf eine psychologische Gesetzmäßigkeit schließen kann oder ob sich das Ergebnismuster nur zufällig und ausnahmsweise ergeben hat, so dass es in einer neuen Untersuchung höchstwahrscheinlich anders ausfallen würde.

Inferenzstatistik. Die Aufgabe der Inferenzstatistik (d. h. schließenden Statistik) besteht nun darin abzuschätzen, mit welcher Sicherheit von beobachteten Ereignissen auf allgemeine Gesetzmäßigkeiten geschlossen werden kann. Warum ist diese Aufgabe wichtig? Jede Wissenschaft ist bestrebt, allgemeingültige Aussagen zu formulieren. Die Psychologie kommt zu ihren Aussagen auf der Basis von theoretischen Annahmen und empirischen Beobachtungen des menschlichen Erlebens und Verhaltens. Empirische Untersuchungen können die Allgemeingültigkeit einer Aussage jedoch nie zweifelsfrei bestätigen, denn dazu müsste man alle Menschen untersuchen. Weil das praktisch unmöglich ist, muss man sich auf die Beobachtung einer begrenzten Zahl von Menschen beschränken. Diese Beschränkung birgt aber das Risiko, dass man dabei zufällig nur solche Ereignisse registriert, die mit einer theoretischen Hypothese übereinstimmen, und diejenigen Fälle übersieht, die der Hypothese widersprechen. Wenn es nun aber in der »Wirklichkeit« genauso hypothesenkonforme Fälle gibt wie hypothesenkonträre, hätte der Zufall hier dafür gesorgt, dass man die Hypothese fälschlicherweise als bestätigt ansieht. Selbstverständlich könnte auch der gegenteilige Fall eintreten, dass man zufällig nur solche Ereignisse beobachtet, die der Hypothese widersprechen, und diejenigen Fälle übersieht, die mit der Hypothese übereinstimmen. In diesem Fall hätte der Zufall dafür gesorgt, dass man die Hypothese fälschlicherweise als widerlegt ansieht.

Irrtumswahrscheinlichkeit. Wichtig ist an dieser Stelle die Erkenntnis, dass solche falschen Entscheidungen – also die fälschliche Annahme oder Zurückweisung einer Theorie bzw. einer Hypothese – nie mit absoluter Sicherheit ausgeschlossen werden können. Bei jeder Untersuchung besteht ein gewisses Risiko, eine falsche Entscheidung getroffen zu haben. Natürlich ist man bemüht, dieses Risiko möglichst gering zu halten. Dafür muss man allerdings wissen, wie sich dieses Risiko, die Irrtumswahrscheinlichkeit, in einem speziellen Fall ermitteln lässt und wovon sie abhängt. In diesem Kapitel wollen wir die wahrscheinlichkeitstheoretischen Grundlagen behandeln, auf denen die Idee der Irrtumswahrscheinlichkeit basiert. In Kapitel 8 werden wir dann genauer definieren, was man unter Irrtumswahrscheinlichkeit versteht und wie man die Wahrscheinlichkeit, dass ein empirisches Ergebnis, das in einer Stichprobe ermittelt wurde, aus einer spezifisch definierten Grundgesamtheit stammt, berechnen kann.

Wissen über die Wahrscheinlichkeitstheorie ist auch notwendig, um von individuellem Verhalten (z. B. dem Lösen oder Nicht-Lösen von Intelligenztestaufgaben) auf zugrundeliegende Merkmalsausprägungen (z. B. der Intelligenz) zu schließen. Auch hierfür muss man Zufallsphänomene in Betracht ziehen, da das jeweilige Verhalten nicht perfekt aufgrund der Merkmalsausprägung vorhergesagt werden kann und daher umgekehrt auch nicht von dem Verhalten direkt auf die Merkmalsausprägung geschlossen werden kann. So kann es z. B. vorkommen, dass selbst hochintelligente Menschen nicht immer alle Aufgaben eines Intelligenztests lösen und dass niedrigintelligente Menschen auch per Zufall eine oder mehrere Aufgaben lösen. Wir hätten es hier also mit Messfehlern zu tun.

Der Zufall spielt in vielen Bereichen der Sozial- und Verhaltenswissenschaften eine Rolle, so dass man mit Grundbegriffen der Wahrscheinlichkeitstheorie vertraut sein muss, um psychologische Phänomene besser verstehen und statistische Methoden korrekt anwenden zu können. Wir beginnen mit allgemeinen Überlegungen zur Bestimmung von Wahrscheinlichkeiten und führen einige zentrale Konzepte der Wahrscheinlichkeitstheorie ein. Im zweiten Teil des Kapitels werden wir dann spezielle Verteilungen für diskrete und stetige Zufallsvariablen kennenlernen.

7.1 Wahrscheinlichkeiten für Zufallsereignisse

Der Begriff der Wahrscheinlichkeit ist uns aus dem Alltag sehr geläufig. Beispielsweise sind viele Menschen der Meinung, dass es unwahrscheinlich sei, dreimal hintereinander eine Sechs zu würfeln oder beim Münzwurf fünfmal hintereinander »Kopf« zu werfen.

7.1.1 Zufallsvorgang, Zufallsexperiment und Ergebnisraum

Wahrscheinlichkeit ist immer mit Unsicherheit verbunden. Der Wurf einer Münze führt zu einem unvorhersehbaren Ergebnis – zumindest dann, wenn es sich um eine »faire« Münze handelt und die Münze nicht so geformt ist, dass eine ihrer beiden Seiten öfter oben zu liegen kommt als die andere. Solche Vorgänge, die zu unvorhersehbaren und sich gegenseitig ausschließenden Ergebnissen führen, nennt man Zufallsvorgänge. Die Durchführung eines Zufallsvorgangs unter kontrollierten Bedingungen nennt man Zufallsexperiment. Die verschiedenen möglichen Ergebnisse eines Zufallsvorgangs bilden einen sog. Ergebnisraum (oder eine Ergebnismenge).

Ergebnisraum beim Münzwurf. Beim einmaligen Münzwurf gibt es zwei mögliche Ergebnisse: Kopf (K) oder Zahl (Z). Formal sagt man, der Ergebnisraum M (der Buchstabe ist frei gewählt, M soll hier nur für »Münzwurf« stehen) bestehe aus $k = 2$ Ergebnissen (oder Elementen) K und Z:

$M = \{K, Z\}$

Wirft man die Münze fünfmal hintereinander, so besteht der Ergebnisraum aus Kombinationen von Einzelergebnissen. Formal handelt es sich um ein n-fach (hier: $n = 5$) wiederholtes Zufallsexperiment. Die Menge möglicher Ergebnisse reicht von (K, K, K, K, K) bis (Z, Z, Z, Z, Z) inklusive aller denkbaren »Zwischenkombinationen«. Beim fünfmaligen Münzwurf lautet der Ergebnisraum:

$M = \{(K, K, K, K, K),$

$(Z, K, K, K, K), (K, Z, K, K, K), (K, K, Z, K, K),$
$(K, K, K, Z, K), (K, K, K, K, Z),$

$(Z, Z, K, K, K), (Z, K, Z, K, K), (Z, K, K, Z, K),$
$(Z, K, K, K, Z), (K, Z, Z, K, K), (K, Z, K, Z, K),$
$(K, Z, K, K, Z), (K, K, Z, Z, K), (K, K, Z, K, Z),$
$(K, K, K, Z, Z),$

$(Z, Z, Z, K, K), (Z, Z, K, Z, K), (Z, Z, K, K, Z),$
$(Z, K, Z, Z, K), (Z, K, Z, K, Z), (Z, K, K, Z, Z),$
$(K, Z, Z, Z, K), (K, Z, Z, K, Z), (K, Z, K, Z, Z),$
$(K, K, Z, Z, Z),$

$(Z, Z, Z, Z, K), (Z, Z, Z, K, Z), (Z, Z, K, Z, Z),$
$(Z, K, Z, Z, Z), (K, Z, Z, Z, Z),$

$(Z, Z, Z, Z, Z)\}$

Bezeichnet man die Gesamtanzahl aller möglichen Ergebnisse mit dem Großbuchstaben K (wobei K hier kursiv geschrieben wird, um den Unterschied zum Einzelergebnis K = Kopf deutlich zu machen), so kann man sagen, es gebe $K = 32$ mögliche Ergebnisse in diesem Ergebnisraum. Jedes dieser Ergebnisse besteht dabei aus einer Fünferkombination ($n = 5$) der $K = 2$ möglichen Ergebnisse beim einmaligen Münzwurf.

Ω und ω. Die Menge der möglichen Ergebnisse eines Zufallsvorgangs wird häufig auch mit Ω (griechisch: Omega) bezeichnet, ein einzelnes mögliches Ergebnis mit ω (Kleinbuchstabe Omega), so dass sich die Ergebnismenge auch darstellen lässt als

$$\Omega = \{\omega_1, \omega_2, \ldots, \omega_K\}.$$

Die Ergebnisse erhalten hier einen Zähler oder Laufindex, der von $i = 1$ bis K läuft. Beim fünfmaligen Münzwurf wäre z. B. $\omega_1 = (K, K, K, K, K)$.

7.1.2 Zufallsereignis

Für viele Fragestellungen ist es interessant, nicht nur einzelne Zufallsergebnisse, sondern darüber hinaus Zufallsereignisse zu betrachten. Ein Ereignis ist die Zusammenfassung verschiedener Ergebnisse. Man könnte z. B. beim fünfmaligen Münzwurf an dem Ereignis, dass beim ersten Wurf Zahl fällt, interessiert sein. Zu diesem Ereignis gehören alle Ergebnisse, bei denen zuerst Zahl fällt. Bezeichnet man ein solches Ereignis mit $Z1$, so lassen sich alle Ergebnisse, die zu diesem Ereignis gehören, zu einer Teilmenge $Z1$ der Ergebnismenge M zusammenfassen. Diese Teilmenge $Z1$ definiert das Ereignis, dass beim ersten Wurf Zahl fällt:

$Z1 = \{$(Z,K,K,K,K), (Z,Z,K,K,K), (Z,K,Z,K,K), (Z,K,K,Z,K), (Z,K,K,K,Z), (Z,Z,Z,K,K), (Z,Z,K,Z,K), (Z,Z,K,K,Z), (Z,K,Z,Z,K), (Z,K,Z,K,Z), (Z,K,K,Z,Z), (Z,Z,Z,Z,K), (Z,Z,Z,K,Z), (Z,Z,K,Z,Z), (Z,K,Z,Z,Z), (Z,Z,Z,Z,Z)$\}$

Dass es sich bei $Z1$ um eine Teilmenge von M handelt, wird ausgedrückt durch die Schreibweise

$Z1 \subset M.$

Ergebnis vs. Ereignis. Zwischen einem Ergebnis und einem Ereignis besteht also ein bedeutsamer Unterschied: Mit Ergebnis ist immer der Ausgang eines Zufallsvorgangs gemeint. Ein Ereignis fasst verschiedene Ergebnisse eines Zufallsvorgangs unter bestimmten Kriterien zusammen. Ereignisse werden häufig mit großen Buchstaben (z. B. A) bezeichnet. Man könnte z. B. an dem Ereignis interessiert sein, dass in mindestens vier der fünf Würfe Zahl fällt. Dieses Ereignis wäre definiert durch die Teilmenge

$A = \{$(Z,Z,Z,Z,K), (Z,Z,Z,K,Z), (Z,Z,K,Z,Z), (Z,K,Z,Z,Z), (K,Z,Z,Z,Z), (Z,Z,Z,Z,Z)$\}.$

Während ein Ergebnis ein Element der Ergebnismenge ist (formal: $\omega \in \Omega$), handelt es sich bei einem Ereignis (z. B. A) um eine Teilmenge der Ergebnismenge (formal: $A \subset \Omega$). Ein Ereignis tritt immer dann ein, wenn sich bei einem Zufallsvorgang ein Ergebnis realisiert hat, das ein Element des Ereignisses ist.

Elementarereignis und besondere Ereignisse. Es gibt einige besondere Ereignisse, die bei jeder Ergebnismenge betrachtet werden können:

▶ **Elementarereignis:** Die Teilmengen, die nur aus einem Element bestehen, d. h. $\{\omega_1\}, \{\omega_2\}, \ldots, \{\omega_K\}$, heißen Elementarereignisse. Elementarereignisse enthalten als Elemente ein einzelnes Ergebnis. Der Unterschied zwischen Elementarereignis und Ergebnis ist wichtig, da – wie wir sehen werden – nur Ereignissen, nicht aber Ergebnissen Wahrscheinlichkeiten zugeordnet werden.

▶ **Unmögliches Ereignis:** Die leere Menge $\{\}$, die wir mit $\varnothing$ bezeichnen, ist Teilmenge jeder Menge und somit auch einer Ergebnismenge. Die leere Menge repräsentiert ein unmögliches Ereignis, da bei einem Zufallsvorgang immer ein Ergebnis eintreten muss.

▶ **Sicheres Ereignis:** Jede Menge ist wiederum Teilmenge ihrer selbst, so dass auch eine Ergebnismenge Ω ein Ereignis darstellt, und zwar das sichere Ereignis. Beim fünfmaligen Münzwurf war M die Ergebnismenge. Eines der 32 möglichen Ergebnisse muss sich einstellen, so dass das Ereignis M immer eintritt.

▶ **Disjunkte Ereignisse:** Zwei Ereignisse, die sich ausschließen, heißen disjunkt. Im Falle des fünfmaligen Münzwurfs schließen sich z. B. die beiden Ereignisse »beim ersten Wurf fällt Zahl« und »beim ersten Wurf fällt Kopf« aus. Wenn zwei Ereignisse A und B disjunkt sind, dann ist ihre Schnittmenge die leere Menge:

$$A \cap B = \emptyset$$

Schnitt- und Vereinigungsmenge zweier Ereignisse. Da es sich bei Ereignissen um Mengen handelt, kann man auch die Schnittmenge und die Vereinigungsmenge zweier Ereignisse betrachten. Wenn A das Ereignis bezeichnet, dass beim dritten Wurf des fünfmaligen Münzwurfs Zahl geworfen wird, dann enthält es alle Ergebnisse, die an dritter Stelle ein »Z« aufweisen. Bezeichnet B das Ereignis, dass beim vierten Wurf Kopf fällt, dann enthält es alle Ergebnisse, die an vierter Stelle ein »K« haben. Das Ereignis

$$C = A \cup B$$

enthält alle Ergebnisse, die an dritter Stelle ein »Z« *oder* an vierter Stelle ein »K« aufweisen, es ist also das Ereignis, dass beim dritten Wurf Zahl *oder* beim vierten Wurf Kopf fällt. Das »oder« ist hier nicht als »entweder – oder« (d. h. als ausschließendes »oder«) zu verstehen. Ein ausschließendes »oder« würde bedeuten, dass man die Ergebnisse, die an dritter Stelle ein »Z« *und* an vierter Stelle ein »K« aufweisen, nicht mit berücksichtigt. Das ist bei dem »oder«, wie wir es hier verwenden, nicht der Fall.
Das Ereignis

$$D = A \cap B$$

bezeichnet dann das Ereignis, dass beim dritten Wurf Zahl *und* beim vierten Wurf Kopf fällt, und somit nur die Ergebnisse, die an dritter Stelle ein »Z« *und* an vierter Stelle ein »K« aufweisen.

7.1.3 Laplace-Wahrscheinlichkeit und Laplace-Experiment

Ereignisse lassen sich danach unterscheiden, wie sicher ihr Eintreten vorhergesagt werden kann. Wir haben bei dem sicheren Ereignis schon gesehen, dass es immer eintritt; es ist also perfekt vorhersagbar. Andere Ereignisse sind weniger sicher vorhersagbar, z. B. das Ereignis, dass in den ersten drei Würfen Zahl fällt, oder das Ereignis, dass immer Zahl fällt. Um die Sicherheit, mit der ein Ereignis eintritt, bewerten zu können, wäre es hilfreich, wenn jedes Ereignis mit einem »Sicherheitswert« versehen wäre. Dieser Wert müsste den Grad der Sicherheit zwischen den Extremfällen »nie« und »immer« angeben und sollte normiert sein, z. B. Werte zwischen 0 (nie) und 1 (immer) annehmen. Genau dies macht die Wahrscheinlichkeit: Sie ordnet jedem Ereignis eine Zahl zwischen 0 und 1 zu, die angibt, mit welcher Wahrscheinlichkeit ein Ereignis eintritt.

Nehmen wir noch einmal den einmaligen Münzwurf als Beispiel. Hier gibt es $K = 2$ mögliche Elementarereignisse, nämlich Kopf ({K}) oder Zahl ({Z}). Beim einmaligen Münzwurf könnte also das Elementarereignis {K} eintreten oder das Elementarereignis {Z}. Wäre die Münze so bearbeitet, dass mit 100-prozentiger Sicherheit niemals Kopf fällt, so hätte das Ereignis {Z} eine Wahrscheinlichkeit von 1. Ist die Münze hingegen unbearbeitet, so müssten die beiden möglichen Ereignisse theoretisch gleich wahrscheinlich sein. Dann würde es sich um eine »faire« Münze handeln. Wie groß ist nun die Wahrscheinlichkeit für eines der beiden Ereignisse?

Der französische Mathematiker Pierre Simon Marquis de Laplace (1749–1827) hat hierauf eine Antwort gegeben. Wenn man davon ausgehen kann, dass die Anzahl der möglichen Ergebnisse eines Zufallsvorgangs endlich ist und alle Elementarereignisse gleichberechtigt (»gleich wahrscheinlich«) sind, dann gilt für die Wahrscheinlichkeit P eines Ereignisses A:

$$P(A) = \frac{\text{Anzahl der für } A \text{ günstigen Ergebnisse}}{\text{Anzahl } K \text{ aller möglichen Ergebnisse}}$$

(F 7.1)

Dies gilt – wie gesagt – nur dann, wenn alle Elementarereignisse auch wirklich gleich wahrscheinlich sind. Solche Zufallsexperimente heißen auch Laplace-Experimente. Ein für A günstiges Ergebnis ist ein Ergebnis, das Element von A ist. Durch die Wahrscheinlichkeit P wird jedem Ereignis ein Wert zugeordnet, der die Sicherheit kennzeichnet, mit der dieses Ereignis eintritt.

> **Beispiel**
>
> **Wahrscheinlichkeit verschiedener Ereignisse beim fünfmaligen Münzwurf**
>
> ▶ Wie groß ist die Wahrscheinlichkeit, beim fünfmaligen Münzwurf das Ereignis $A = \{(K, Z, K, K, Z)\}$ zu erhalten? Diese Kombination (K, Z, K, K, Z) kommt im Ergebnisraum nur einmal vor. Also beträgt die Wahrscheinlichkeit für A nach der Laplace-Gleichung $P(A) = 1/32$ (oder $0{,}03125 = 3{,}125\,\%$).
>
> ▶ Wie groß ist die Wahrscheinlichkeit für das Ereignis, beim fünfmaligen Münzwurf genau dreimal Kopf zu werfen? Hierfür müssen wir aus den $K = 32$ möglichen Ergebnissen diejenigen auswählen, in denen genau dreimal Kopf vorkommt (egal in welchen Durchgängen). Dies trifft auf zehn Ergebnisse zu. Die Wahrscheinlichkeit für das Ereignis $A = \{\text{genau dreimal Kopf}\}$ beträgt also $P(A) = 10/32 = 0{,}3125$.
>
> ▶ Wie groß ist die Wahrscheinlichkeit für das Ereignis, beim fünfmaligen Münzwurf mindestens viermal Zahl zu erhalten? Hierfür zählen wir aus den $K = 32$ möglichen Ergebnissen wiederum diejenigen aus, in denen entweder viermal oder fünfmal Zahl vorkommt. Dies trifft auf sechs Ergebnisse zu. Die Wahrscheinlichkeit für das Ereignis $A = \{\text{mindestens viermal Zahl}\}$ beträgt also $P(A) = 6/32 = 0{,}1875$.
>
> ▶ Wie groß ist die Wahrscheinlichkeit für das Ereignis, beim fünfmaligen Münzwurf fünfmal das Gleiche zu werfen? Fünfmal das Gleiche bedeutet entweder (K, K, K, K, K) oder (Z, Z, Z, Z, Z); das Ereignis ist somit $A = \{(K, K, K, K, K), (Z, Z, Z, Z, Z)\}$. Die Wahrscheinlichkeit für ein solches Ereignis beträgt also $P(A) = 2/32 = 0{,}0625$.

7.1.4 Kombinatorik

Die Anzahl der möglichen Ergebnisse ist nicht immer so einfach zu bestimmen wie in den Beispielen, die wir bisher behandelt haben, insbesondere wenn ein Zufallsvorgang wiederholt wird und das Zufallsexperiment dann aus der Kombination verschiedener Einzelexperimente besteht. Die Anzahl möglicher Ergebnisse beim n-fach wiederholten Zufallsexperiment lässt sich auch rechnerisch herleiten. Hierfür bedienen wir uns der Regeln der Kombinatorik.

Urnenmodell, Grundgesamtheit, Stichprobe

Zur Erläuterung der Grundideen der Kombinatorik bedient man sich häufig des Urnenmodells, d. h. einer Urne, die mehrere Kugeln enthält. Die Gesamtheit der Kugeln in einer Urne bezeichnet man als Grundgesamtheit. Entnimmt man aus dieser Urne n Kugeln, so nennt man die gezogenen Kugeln eine Stichprobe vom Umfang n. Haben alle möglichen Stichproben vom Umfang n, die man aus der Urne entnehmen kann, dieselbe Wahrscheinlichkeit, gezogen zu werden, so spricht man von einer *einfachen Zufallsstichprobe*. Wenn man mehrmals eine Kugel aus der Urne nimmt, macht es einen Unterschied, ob man eine bereits entnommene Kugel vor dem nächsten Ziehen wieder in die Urne zurücklegt oder sie draußen behält. Legt man sie wieder zurück, spricht man von einem Modell mit Zurücklegen. Lässt man sie draußen, liegt ein Modell ohne Zurücklegen vor. Darüber hinaus kommt es noch darauf an, ob die Reihenfolge, in der die Kugeln entnommen werden, eine Rolle spielt (Modell mit Berücksichtigung der Reihenfolge) oder nicht (Modell ohne Berücksichtigung der Reihenfolge).

Kombiniert man beide Unterscheidungsmerkmale, erhält man vier Modelle der Kombinatorik:

(1) das Modell mit Zurücklegen und mit Berücksichtigung der Reihenfolge
(2) das Modell ohne Zurücklegen und mit Berücksichtigung der Reihenfolge
(3) das Modell ohne Zurücklegen und ohne Berücksichtigung der Reihenfolge
(4) das Modell mit Zurücklegen und ohne Berücksichtigung der Reihenfolge.

Modell mit Zurücklegen und mit Berücksichtigung der Reihenfolge

Man stelle sich eine Urne mit vier Kugeln vor, die jeweils von 1 bis 4 beschriftet sind. Bei der ersten Ziehung wird die Kugel mit der Zahl 3 gezogen. Legt man die Kugel wieder in die Urne zurück und zieht erneut, so hat die Kugel mit der Zahl 3 nun wieder die gleiche Wahrscheinlichkeit, gezogen zu werden, wie beim ersten Mal. Legt man die Kugel hingegen nicht wieder in die Urne zurück, so kann diese Kugel nicht mehr gezogen werden.

Bei unserem Beispiel des fünfmaligen Münzwurfs handelt es sich um ein Modell mit Zurücklegen: Die Einzelergebnisse Kopf oder Zahl können bei jedem Wurf wieder passieren. Außerdem handelt es sich dabei um ein Modell mit Berücksichtigung der Reihenfolge. Das bedeutet, es macht einen Unterschied, an welcher Stelle in der Fünferreihe Kopf bzw. Zahl fällt: Das Ergebnis (K, K, K, K, Z) ist nicht das Gleiche wie etwa das Ergebnis (K, Z, K, K, K).

Beim Modell mit Zurücklegen und mit Berücksichtigung der Reihenfolge wird die Anzahl der möglichen Ergebnisse (K) wie folgt bestimmt:

$$K = k^n \qquad (F\ 7.2)$$

Dabei bedeutet:
▶ k: Anzahl der möglichen Einzelergebnisse (Ergebnisse beim einmaligen Münzwurf; sozusagen »Kugeln« oder »Elemente in der Urne«)
▶ n: Anzahl der Ziehungen (z. B. Wiederholungen der Einzelexperimente).

Beim fünfmaligen Münzwurf gibt es jeweils $k = 2$ Einzelergebnisse (Kopf oder Zahl). Bei $n = 5$ Wiederholungen besteht der Ergebnisraum aus $K = 2^5 = 32$ möglichen Ergebnissen. Die Laplace-Wahrscheinlichkeit jedes der 32 möglichen Elementarereignisse wäre dann $P = 1/32$.

Modell ohne Zurücklegen und mit Berücksichtigung der Reihenfolge

Kommen wir zurück auf das Beispiel der Urne mit vier Kugeln, die jeweils von 1 bis 4 beschriftet sind. Beim Modell ohne Zurücklegen kommt eine einmal gezogene Kugel nicht mehr zurück in die Urne, d. h., die entsprechende Zahl kann in den nachfolgenden Durchgängen nicht mehr gezogen werden. Der Ergebnisraum U (für »Urne«) lautet in diesem Fall:

$U = \{(1, 2, 3, 4), (1, 2, 4, 3), (1, 3, 2, 4), (1, 3, 4, 2),$
$(1, 4, 2, 3), (1, 4, 3, 2),$
$(2, 1, 3, 4), (2, 1, 4, 3), (2, 3, 1, 4), (2, 3, 4, 1),$
$(2, 4, 1, 3), (2, 4, 3, 1),$
$(3, 1, 2, 4), (3, 1, 4, 2), (3, 2, 1, 4), (3, 2, 4, 1),$
$(3, 4, 1, 2), (3, 4, 2, 1),$
$(4, 1, 2, 3), (4, 1, 3, 2), (4, 2, 1, 3), (4, 2, 3, 1),$
$(4, 3, 1, 2), (4, 3, 2, 1)\}$

Es gibt also $K = 24$ mögliche Ergebnisse im Ergebnisraum, wobei jedes dieser Ergebnisse aus einer Viererkombination der $k = 4$ möglichen Einzelergebnisse (Kugeln) besteht.

Beim Modell ohne Zurücklegen und mit Berücksichtigung der Reihenfolge wird die Anzahl der möglichen Ergebnisse im Ergebnisraum wie folgt bestimmt:

$$K = \frac{k!}{(k-n)!} \qquad (F\ 7.3)$$

Dabei bedeutet:
▶ k: Anzahl der Ergebnisse beim einfachen Zufallsexperiment (d. h. Anzahl der Kugeln in der Urne)
▶ n: Anzahl der Wiederholungen.

Fakultät. Der Ausdruck $k!$ bedeutet »Fakultät«. Die Fakultät von k wird wie folgt berechnet:

$k! = k \cdot (k - 1) \cdot (k - 2) \cdot \ldots \cdot (k - (k - 1)),$

wenn k eine natürliche Zahl ist. Die Fakultät von 0 ist gleich 1 ($0! = 1$).

In unserem Urnenbeispiel gibt es jeweils $k = 4$ Kugeln und $n = 4$ Wiederholungen. Die Fakultät von 4 (und damit der Zähler des Quotienten in Gleichung F 7.3) beträgt $4! = 4 \cdot 3 \cdot 2 \cdot 1 = 24$; der Nenner des Quotienten ist gleich $(4 - 4)! = 0! = 1$. Also beträgt die Anzahl der Ereignisse in unserem Urnenbeispiel $K = 24$, was zu zeigen war. Die Laplace-Wahrscheinlichkeit jedes der 24 Elementarereignisse würde dann $P = 1/24$ betragen.

Permutationen. Der Ausdruck $k!$ gibt gleichzeitig die Anzahl der Permutationen von k Elementen an. Eine Permutation ist eine Reihenfolge (Anordnung) von k Elementen. Bei k Elementen gibt es genau $k!$ Permutationen. In der Psychologie wird häufig der Begriff »permutieren« (umstellen, vertauschen) gebraucht. Wenn z. B. ein Training aus drei verschiedenen Übungen besteht und man bei einer Analyse der Effektivität des Trainings untersuchen will, ob die

Wirksamkeit einer Übung davon abhängt, wie die Übungen angeordnet sind, dann permutiert man die Übungen. Das heißt, man bildet 3! = 6 verschiedene Gruppen. Jede Gruppe erhält eine andere mögliche Anordnung der Übungen. Danach wird überprüft, ob sich die sechs Gruppen im Ergebnis unterscheiden. Die Wahrscheinlichkeit, dass eine Teilnehmerin an dieser Untersuchung einer dieser sechs Gruppen angehört, beträgt dann bei zufälliger Zuweisung (d. h. Randomisierung, s. Abschn. 4.3.1) genau $P = 1/6$.

Modell ohne Zurücklegen und ohne Berücksichtigung der Reihenfolge

Das prototypische Beispiel für dieses Modell ist die Ziehung der Lottozahlen. So gibt es beim »Samstagslotto« 49 Zahlen, aus denen sechs gezogen werden, und zwar ohne Zurücklegen. Die Reihenfolge der sechs Zahlen spielt allerdings – anders als im vorangegangenen Urnenbeispiel – keine Rolle. Nehmen wir hier ein etwas leichter überschaubares Lottospiel: Aus $k = 6$ Lottokugeln werden $n = 2$ gezogen. Der Ergebnisraum L (für »Lotto«) lautet dann:

$L = \{(1,2), (1,3), (1,4), (1,5), (1,6),$
$\quad\;\; (2,3), (2,4), (2,5), (2,6),$
$\quad\;\; (3,4), (3,5), (3,6),$
$\quad\;\; (4,5), (4,6),$
$\quad\;\; (5,6)\}$

Es gibt also $K = 15$ mögliche Ergebnisse im Ergebnisraum, wobei jedes dieser Ergebnisse aus einer Zweierkombination der $k = 6$ Elemente der Grundgesamtheit (z. B. Kugeln in der Urne) besteht.

Beim Modell ohne Zurücklegen und ohne Berücksichtigung der Reihenfolge wird die Anzahl der möglichen Ergebnisse im Ergebnisraum wie folgt bestimmt:

$$K = \frac{k!}{(k-n)! \cdot n!} \quad\quad\quad (\text{F 7.4})$$

Dabei bedeutet:

▶ k: Anzahl der Elemente einer Grundgesamtheit (z. B. Kugeln in der Urne)
▶ n: Umfang der Stichprobe (z. B. Anzahl der Wiederholungen der Ziehung).

In unserem Beispiel mit $k = 6$ Elementen und $n = 2$ Wiederholungen ergibt sich:

$$K = \frac{6!}{(6-2)! \cdot 2!} = \frac{720}{24 \cdot 2} = 15$$

Die Wahrscheinlichkeit, bei unserem Lotto »2 aus 6« genau zwei Richtige zu haben, beträgt also $P = 1/15$.

Binomialkoeffizient. Der Quotient in Formel F 7.4 wird üblicherweise geschrieben als:

$$K = \frac{k!}{(k-n)! \cdot n!} = \binom{k}{n} \quad\quad\quad (\text{F 7.5})$$

Der Ausdruck rechts wird als Binomialkoeffizient (gesprochen: »k über n«) bezeichnet. Er gibt die Anzahl der Möglichkeiten an, aus einer Menge (Grundgesamtheit) von k Objekten n Objekte ohne Zurücklegen auszuwählen. Dies ist z. B. für die Ziehung einer Zufallsstichprobe aus einer Grundgesamtheit relevant: Will man aus einer Stichprobe von $k = 25$ Schülerinnen und Schülern in einer Klasse $n = 5$ per Zufall für eine Gruppenarbeit auswählen, so gäbe es

$$K = \binom{k}{n} = \binom{25}{5} = 53.130$$

mögliche Kombinationen von Schülerinnen und Schülern.

Modell mit Zurücklegen und ohne Berücksichtigung der Reihenfolge

Bei diesem Modell kann jede Kugel zwar bei jeder Wiederholung gezogen werden, aber die Reihenfolge, in der die Kugeln gezogen werden, ist irrelevant. Stellen wir uns vor, beim Lotto würde eine einmal gezogene Kugel immer wieder zurückgelegt, und es würde am Ende lediglich registriert, welche Zahlen gezogen wurden. Dann könnte es prinzipiell vorkommen, dass eine Zahl mehrfach gezogen wird. Im Falle einer Lotterie, bei der zwei aus sechs Zahlen gezogen werden, würde der Ergebnisraum L dann lauten:

$L = \{(1,1), (1,2), (1,3), (1,4), (1,5), (1,6),$
$\quad\;\; (2,2), (2,3), (2,4), (2,5), (2,6),$
$\quad\;\; (3,3), (3,4), (3,5), (3,6),$
$\quad\;\; (4,4), (4,5), (4,6),$
$\quad\;\; (5,5), (5,6),$
$\quad\;\; (6,6)\}$

Es gibt also $K = 21$ mögliche Ergebnisse im Ergebnisraum, wobei jedes dieser Ergebnisse aus einer »Zweierkombination« der $k = 6$ Zahlen (Kugeln) besteht. Man kann zeigen, dass die Anzahl der Ergebnisse im Ergebnisraum nach folgender Gleichung berechnet werden kann:

$$K = \binom{k+n-1}{n} \tag{F 7.6}$$

Für eine Lotterie mit $n = 2$ Wiederholungen und $k = 6$ Elementen in der Grundgesamtheit würde sich also ergeben:

$$K = \binom{k+n-1}{n} = \frac{(k+n-1)!}{(k-1)! \cdot n!} = \frac{(6+2-1)!}{(6-1)! \cdot 2!}$$
$$= \frac{5040}{240} = 21$$

Die Wahrscheinlichkeit, bei unserem Lotto »2 aus 6« genau zwei Richtige zu haben, beträgt also $P = 1/21$.

7.1.5 Definition der Wahrscheinlichkeit nach Kolmogorov

Die Laplace-Wahrscheinlichkeit (der »klassische« Wahrscheinlichkeitsbegriff) ist intuitiv verständlich. Sie ist bezogen auf den Fall endlicher Ergebnismengen und auf Laplace-Experimente, in denen alle Elementarereignisse gleich wahrscheinlich sind. Der Wahrscheinlichkeitsbegriff wurde in allgemeiner Form von dem russischen Mathematiker Andrej Kolmogorov (1903–1987) definiert. Kolmogorov hat drei Axiome formuliert, aus denen sich weitere Grundbegriffe der Wahrscheinlichkeitstheorie, insbesondere auch sehr nützliche Rechenregeln für Wahrscheinlichkeiten, ableiten lassen. Diese drei Axiome enthalten Anforderungen, die Zahlenzuordnungen zu Ereignissen erfüllen müssen, um Wahrscheinlichkeiten genannt zu werden. Ein Axiom ist ein Ausgangssatz, der einer Theorie zugrunde gelegt wird, ohne dass er bewiesen wird. Ein Axiom ist somit eine Setzung, die von einem Forscher getroffen wird. Aus dem System der Axiome lassen sich dann andere Sätze (sog. Theoreme) logisch ableiten und beweisen.

Axiome von Kolmogorov

Der moderne Wahrscheinlichkeitsbegriff baut auf den drei Axiomen von Kolmogorov auf, wobei wir uns zunächst auf den Fall endlicher Ergebnismengen beschränken wollen, d. h., es gibt eine nicht leere und endliche Menge Ω der möglichen Ergebnisse. Den unendlichen Fall werden wir später in einer Vertiefung behandeln.

Mengensystem und Potenzmenge. Da es sich bei der Wahrscheinlichkeit um eine Funktion handelt, die jedem Ereignis eine reelle Zahl zuordnet, wird zur Definition der Wahrscheinlichkeit noch eine zweite Menge benötigt, die die Ereignisse enthält. Da es sich bei Ereignissen um Mengen handelt, nennt man die Menge, die die Ereignisse enthält, auch Mengensystem. Um die Wahrscheinlichkeit anhand der drei Axiome sinnvoll definieren zu können, muss dieses Mengensystem bestimmten Anforderungen genügen, die wir weiter unten in einer Vertiefung behandeln (s. hierzu auch Büchter & Henn, 2007; Steyer, 2003; Steyer & Eid, 2001). Im Folgenden gehen wir von der Menge aller möglichen Ereignisse aus, die diese Anforderungen immer erfüllt. Ein Mengensystem, das alle möglichen Teilmengen einer Menge enthält, heißt Potenzmenge. Wir betrachten daher die Potenzmenge von Ω und bezeichnen diese mit $\mathsf{P}(\Omega)$.

> **Beispiel**
>
> **Potenzmenge beim einmaligen Münzwurf**
> Beim einmaligen Münzwurf lautet die Menge aller möglichen Ergebnisse $\Omega = \{K, Z\}$. Die Potenzmenge $\mathsf{P}(\Omega)$ lautet daher:
>
> $\mathsf{P}(\Omega) = \{\emptyset, \{K\}, \{Z\}, \{K, Z\}\} = \{\emptyset, \{K\}, \{Z\}, \Omega\}$

Die Wahrscheinlichkeit P ordnet jedem Element von $\mathsf{P}(\Omega)$, also jedem möglichen Ereignis, eine reelle Zahl zu, d. h., sie bildet $\mathsf{P}(\Omega)$ in die Menge der reellen Zahlen $\mathbb{R}$ ab:

$$P: \mathsf{P}(\Omega) \to \mathbb{R}$$

Damit diese Zahlenzuordnung eine Wahrscheinlichkeit ist, müssen die folgenden drei Axiome erfüllt sein:

Axiom 1: Nichtnegativität. Für alle Teilmengen A von Ω gilt:

$$P(A) \geq 0 \tag{F 7.7}$$

Dieses Axiom besagt, dass Wahrscheinlichkeiten entweder gleich 0 sind (unmögliches Ereignis) oder aber positiv.

Axiom 2: Normiertheit. Für $P(\Omega)$ gilt:

$$P(\Omega) = 1 \quad \text{(F 7.8)}$$

Die Wahrscheinlichkeit des sicheren Ereignisses ist somit 1. Wahrscheinlichkeiten können also maximal den Wert 1 annehmen.

Axiom 3: Additivität. Für alle Teilmengen A und B von Ω, die disjunkt sind, d. h. deren Schnittmenge (D) gleich der leeren Menge ist ($D = A \cap B = \emptyset$), gilt:

$$P(A \cup B) = P(A) + P(B) \quad \text{(F 7.9)}$$

Dieses sog. Additivitätsaxiom impliziert, dass die Wahrscheinlichkeit, mit der entweder das Ereignis A *oder* das Ereignis B eintritt, gleich der Summe der Wahrscheinlichkeiten der beiden Ereignisse ist, wenn beide Ereignisse disjunkt sind. Die Vereinigungsmenge zweier Ereignisse stellt wiederum ein Ereignis dar: $C = A \cup B$. Das Ereignis C tritt dann ein, wenn sich im Zufallsvorgang ein Ergebnis ergeben hat, das in C liegt. Da die Schnittmenge der beiden Ereignisse A und B leer ist, ist C das Ereignis, dass entweder A oder B eintritt.

Zur Erläuterung nehmen wir noch einmal das Beispiel des fünfmaligen Münzwurfs. Die Wahrscheinlichkeit, fünfmal hintereinander das Gleiche zu werfen (Ereignis C), ist identisch mit der Wahrscheinlichkeit, fünfmal hintereinander Kopf (Ereignis A) *oder* fünfmal hintereinander Zahl (Ereignis B) zu werfen. Nach dem Additivitätsaxiom gilt also:

$$P(\{(K,K,K,K,K),(Z,Z,Z,Z,Z)\})$$
$$= P(\{(K,K,K,K,K)\}) + P(\{(Z,Z,Z,Z,Z)\})$$
$$= \frac{1}{32} + \frac{1}{32} = \frac{1}{16} = 0{,}0625$$

❗ Im vorangegangenen Beispiel schließen sich die beiden Ereignisse $A = \{(K, K, K, K, K)\}$ und $B = \{(Z, Z, Z, Z, Z)\}$ gegenseitig aus. Sie sind disjunkt; ihre Schnittmenge ist notwendigerweise leer, denn man kann nicht gleichzeitig fünfmal Kopf und fünfmal Zahl werfen. Nur in diesem Fall gilt das Additivitätsaxiom. Schließen sich die beiden Ereignisse A und B hingegen nicht aus (z. B. wenn A = {beim dritten Wurf Kopf} und B = {beim vierten Wurf Zahl}), ist das Additivitätsaxiom nicht anwendbar.

Rechenregeln für Wahrscheinlichkeiten

Aus den Axiomen von Kolmogorov lassen sich wichtige Rechenregeln für Wahrscheinlichkeiten ableiten, die in Abbildung 7.1 dargestellt und mit sog. Venn-Diagrammen illustriert sind. Diese Form der graphischen Darstellung von Mengen und ihren Beziehungen geht auf den englischen Mathematiker John Venn (1834–1923) zurück. Der äußere Kasten stellt die Menge Ω aller möglichen Ergebnisse dar, die Kreise stellen einzelne Ereignisse, also Teilmengen von Ω, dar.

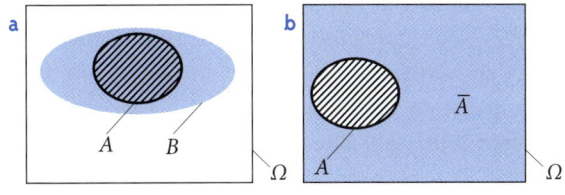

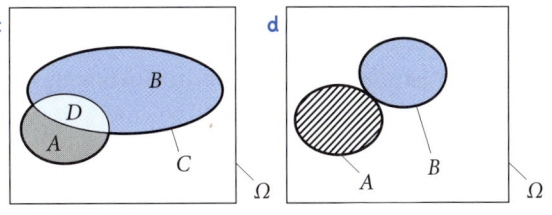

Abbildung 7.1 Rechenregeln bzw. Axiome von Kolmogorov, dargestellt in Form von Venn-Diagrammen (A, B: Ereignisse; $\bar{A}$: Komplementärereignis von A; C: Vereinigungsmenge, D: Schnittmenge von A und B; Ω: Ergebnismenge)

Rechenregel 1. Die erste Rechenregel besagt, dass die Wahrscheinlichkeit eines Ereignisses B größer oder gleich der Wahrscheinlichkeit eines Ereignisses A ist, wenn A eine Teilmenge von B ist (formal: $A \subset B$). Dies bedeutet, dass alle Ergebnisse, die in A liegen, auch in B liegen, aber nicht zwangsläufig umgekehrt – es sei denn, beide Mengen sind gleich. Bezogen auf unser Beispiel des fünffachen Münzwurfs: Das Ereignis, fünfmal hintereinander Kopf (Ereignis A) zu werfen, ist eine Teilmenge des Ereignisses, fünfmal hintereinander das Gleiche zu werfen (Ereignis B). Die Wahrscheinlichkeit von A ist in diesem Fall kleiner als die Wahrscheinlichkeit von B. Graphisch ist dieser Sachverhalt in Abbildung 7.1 a veranschaulicht.

Rechenregel 2. Die zweite Rechenregel bezieht sich auf das Komplementärereignis $\bar{A}$. Das zu einem Ereignis A komplementäre Ereignis $\bar{A}$ enthält alle Ergebnisse von Ω, die nicht in A enthalten sind. Man nennt $\bar{A}$ auch das Gegenereignis zu A. Die Wahrscheinlichkeit des Gegenereignisses ist immer 1 minus der Wahrscheinlichkeit für A:

$$P(\bar{A}) = 1 - P(A) \qquad (F\ 7.10)$$

Ein Beispiel: Das Gegenereignis $\bar{A}$ zum Ereignis A, beim fünfmaligen Münzwurf immer das Gleiche zu werfen, ist das Ereignis, mindestens einmal etwas anderes zu werfen. Die Wahrscheinlichkeit, dass mindestens bei einem Wurf Kopf und bei irgendeinem anderen Wurf Zahl fällt, ist daher

$$\begin{aligned} P(\bar{A}) &= 1 - P(A) \\ &= 1 - P(\{(K,K,K,K,K),(Z,Z,Z,Z,Z)\}) \\ &= 1 - 0{,}0625 = 0{,}9375. \end{aligned}$$

Graphisch ist dieser Sachverhalt in Abbildung 7.1 b veranschaulicht.

Rechenregel 3. Diese Rechenregel bezieht sich auf die Wahrscheinlichkeit, dass entweder das Ereignis A oder das Ereignis B eintritt. Dies ist, wie wir bereits gesehen haben, die Wahrscheinlichkeit der Vereinigungsmenge von A und B; wir haben sie C genannt: $C = A \cup B$. Dem Additivitätsaxiom der Wahrscheinlichkeitstheorie zufolge ist diese Wahrscheinlichkeit gleich der Summe der Einzelwahrscheinlichkeiten, vorausgesetzt, dass die Schnittmenge der Ereignisse A und B (wir haben sie D genannt) eine leere Menge ist: $D = A \cap B = \emptyset$. Stellen wir uns nun vor, die Schnittmenge D sei keine leere Menge, es sei also möglich, dass die Ereignisse A und B gleichzeitig eintreffen können. In diesem Fall ist die Schnittmenge D sowohl eine Teilmenge von A als auch eine Teilmenge von B. Würde man nun die Wahrscheinlichkeit für $C = A \cup B$ aus der Summe der Wahrscheinlichkeiten für A und B berechnen (vgl. das Additivitätsaxiom), so würde die Menge D gleich zweimal in diese Summe mit eingehen, wie man in Abbildung 7.1 c sieht. Die Wahrscheinlichkeit für die Schnittmenge D geht also genau einmal zu viel in die Wahrscheinlichkeit für die Vereinigungsmenge C ein. Daher wird von der Summe der Einzelwahrscheinlichkeiten die Wahrscheinlichkeit der Schnittmenge einmal abgezogen:

$$P(A \cup B) = P(A) + P(B) - P(A \cap B) \qquad (F\ 7.11)$$

Ein Beispiel: Die Wahrscheinlichkeit des Ereignisses C, dass beim zweifachen Münzwurf entweder beim ersten Wurf *oder* beim zweiten Wurf Kopf fällt, ist die Vereinigung der Ereignisse A (beim ersten Wurf Kopf) und B (beim zweiten Wurf Kopf) und somit:

$$C = \{(K,K), (K,Z)\} \cup \{(K,K), (Z,K)\}$$

Das Ereignis $D = \{(K, K)\}$ kommt in beiden Ereignissen vor; daher muss die Wahrscheinlichkeit, dass zweimal Kopf fällt (also $P(D)$), von der Summe der Wahrscheinlichkeiten von A und B einmal abgezogen werden. Die Wahrscheinlichkeit des Ereignisses C ist nach Formel F 7.11 also:

$$\begin{aligned} P(C) = &\, P(\{(K,K), (K,Z)\}) + P(\{(K,K), (Z,K)\}) \\ &- P(\{(K,K)\}) \end{aligned}$$

Rechenregel 4. Nach dem Additivitätsaxiom ist die Wahrscheinlichkeit, dass ein Ereignis A *oder* ein Ereignis B eintritt, gleich der Summe der Wahrscheinlichkeiten dieser Ereignisse – vorausgesetzt, dass die Schnittmenge beider Ereignisse leer ist. Aus diesem Axiom folgt die Verallgemeinerung auf k beliebige Ereignisse, die jeweils paarweise disjunkt sind. Paarweise disjunkt bedeutet, dass sich keines der Ereignisse mit einem anderen Ereignis überschneidet. Dies ist in dem dazugehörigen Venn-Diagramm in Abbildung 7.1 d unmittelbar zu erkennen. In diesem Fall ist die Wahrscheinlichkeit, dass mindestens eines dieser Ereignisse auftritt, gleich der Summe der Wahrscheinlichkeiten der einzelnen Ereignisse.

Hieraus folgt eine wichtige Regel für die Bestimmung der Wahrscheinlichkeit eines Ereignisses: Da alle Elementarereignisse disjunkt sind, ist die Wahrscheinlichkeit eines Ereignisses C gleich der Summe der Wahrscheinlichkeiten der Elementarereignisse, die Teilmenge von C sind:

$$P(C) = \sum_{\omega \in C} P(\{\omega\}) \qquad (\text{F 7.12})$$

Ein Beispiel: Wie groß ist beim zweimaligen Münzwurf die Wahrscheinlichkeit des Ereignisses C, dass entweder beim ersten Wurf oder beim zweiten Wurf Kopf fällt? Die Menge der möglichen Ergebnisse dieses Experiments lautet $\Omega = \{(K, K), (K, Z), (Z, K), (Z, Z)\}$. Es gibt also vier Ergebnisse in der Menge Ω: $\omega_1 = (K, K)$, $\omega_2 = (K, Z)$, $\omega_3 = (Z, K)$ und $\omega_4 = (Z, Z)$. Die Ereignismenge C umfasst diejenigen Ergebnisse, für die gilt, dass sie mindestens ein »K« beinhalten, also $C = \{(K, K), (K, Z), (Z, K)\}$. Die Menge C beinhaltet also drei Ergebnisse $\omega_1 = (K, K)$, $\omega_2 = (K, Z)$ und $\omega_3 = (Z, K)$. Die Wahrscheinlichkeit für das Ereignis C ist gemäß Formel F 7.12 die Summe der Einzelwahrscheinlichkeiten für die drei Elementarereignisse, also:

$$\begin{aligned} P(C) &= P(\{\omega_1\}) + P(\{\omega_2\}) + P(\{\omega_3\}) \\ &= P(\{K, K\}) + P(\{K, Z\}) + P(\{Z, K\}) \end{aligned}$$

Da die Wahrscheinlichkeit eines beliebigen Elementarereignisses – unter der Annahme, es handelt sich um eine »faire« Münze – nach der Laplace-Formel $P(\{\omega\}) = 1/4$ ist, ist die Wahrscheinlichkeit $P(C) = 3 \cdot 1/4 = 0{,}75$.

Wahrscheinlichkeiten und relative Häufigkeiten

Nicht immer sind alle Elementarereignisse gleich wahrscheinlich. In Fällen, in denen es nicht möglich ist, ein Laplace-Experiment durchzuführen, ist die Wahrscheinlichkeit eines Elementarereignisses häufig unbekannt. Dies ist jedoch der typische Fall, den man in der Psychologie und anderen Verhaltenswissenschaften vorfindet. Beispielsweise ist die Wahrscheinlichkeit, dass es in Karlsruhe an einem beliebigen Tag regnet (vs. nicht regnet), nicht exakt 50 %. Ebenso ist die Wahrscheinlichkeit, dass man in der Mensa der Universität in Landau ein schmackhaftes (vs. ein nicht schmackhaftes) Mittagessen bekommt, nicht gleich 50 %. In vielen Fällen ist die Wahrscheinlichkeit von Elementarereignissen also nicht a priori (erfahrungsunabhängig) zu bestimmen oder ist sogar gänzlich unbekannt. In diesem Fall lässt sich die Wahrscheinlichkeit von Ereignissen $P(A)$ über beobachtete relative Häufigkeiten $h(A)$ schätzen. Sollte sich z. B. zeigen, dass es im Durchschnitt an 146 von 365 Tagen im Jahr in Karlsruhe regnet, so würde die Wahrscheinlichkeit für $A = \{\text{regnen}\}$ mit $\hat{P}(A) = h(A) = 146/365 = 0{,}4$ geschätzt. Trägt ein Parameter ein Dach (^), so zeigt dies an, dass es sich um eine Schätzung handelt. In unserem Fall handelt es sich bei $\hat{P}(A)$ also um die Schätzung einer (unbekannten) Wahrscheinlichkeit P für das Ereignis A.

Woher weiß man aber nun, dass es sich bei der Schätzung einer Wahrscheinlichkeit aus der relativen Häufigkeit um eine gute Schätzung handelt? Dies ist schwierig zu beantworten; aber in jedem Fall lässt sich zeigen, dass die Güte dieser Schätzung davon abhängt, wie viele Beobachtungen n der Bestimmung der relativen Häufigkeit zugrunde liegen.

Bernoulli-Theorem. Will man etwa abschätzen, wie viele der Studierenden an der Universität in Landau weiblich sind, so könnte man sich an der Tür der Mensa postieren und bei jedem heraustretenden Studierenden registrieren, ob es sich um eine Frau oder einen Mann handelt. Es leuchtet unmittelbar ein, dass eine Schätzung auf der Basis von $n = 10$ beobachteten Studierenden anfälliger für Zufallsschwankungen und damit ungenauer ist als eine Schätzung auf der Basis von $n = 100$ beobachteten Studierenden. Hinter dieser Einsicht steht das Bernoulli-Theorem, das auf den Schweizer Mathematiker Jakob Bernoulli (1655–1705) zurückgeht. Man kann zeigen, dass die relative Häufigkeit h eines Ereignisses A umso näher an der tatsächlichen Wahrscheinlichkeit $P(A)$ liegt, je größer die Anzahl der Beobachtungen (n) ist, die der Bestimmung der relativen Häufigkeit zugrunde liegt. Geht die Anzahl der Beobachtungen gegen unendlich ($n \to \infty$), sind die relative Häufigkeit von A und die Wahrscheinlichkeit von A nahezu identisch. Genauer sagt das Bernoulli-Theorem, das übrigens auch als »schwaches Gesetz der großen Zahlen« bezeichnet wird: Die Wahrscheinlichkeit, dass die relative Häufigkeit $h(A)$ von der tatsächlichen Wahrscheinlichkeit

$P(A)$ um weniger als eine beliebig kleine Differenz (ε) abweicht, geht gegen 1, wenn der Stichprobenumfang (n) gegen unendlich geht. Man sagt auch, $h(A)$ konvergiert stochastisch oder in Wahrscheinlichkeit gegen $P(A)$. Formal:

$$\lim_{n\to\infty} P(|h_n(A) - P(A)| < \varepsilon) = 1 \qquad \text{(F 7.13)}$$

Dabei beschreibt $h_n(A)$ die relative Häufigkeit in Abhängigkeit vom Umfang der Stichprobe.

Gesetz der großen Zahl. Nicht nur die relative Häufigkeit konvergiert (stochastisch) mit zunehmendem n gegen die Wahrscheinlichkeit eines Ereignisses, sondern auch das arithmetische Mittel, das in einer

> **Beispiel**
>
> **7** **Schätzung der Wahrscheinlichkeit für Kopf und Zahl beim einmaligen Münzwurf**
>
> Dass man den Grenzwert der relativen Häufigkeit eines Ereignisses A tatsächlich als Wahrscheinlichkeit für A interpretieren kann, unterstreicht folgendes Experiment. Wenn man eine Münze 100-mal wirft und bei jedem der $n = 100$ Durchgänge registriert, ob Kopf oder Zahl gefallen ist, so wird man feststellen, dass die relative Häufigkeit von Kopf bzw. Zahl mit steigender Anzahl an Durchgängen immer mehr einer Gleichverteilung entspricht. Dies veranschaulicht Abbildung 7.2: Auf der Ordinate ist die relative Häufigkeit von »Kopf« beim jeweiligen Durchgang abgetragen; auf der Abszisse sind die Durchgänge vom 1. bis zum 100. abgetragen. Beim ersten Durchgang fiel »Kopf« (K), die relative Häufigkeit betrug nach dem ersten Durchgang also $h(K) = 1/1 = 1$. Beim zweiten Durchgang fiel wieder »Kopf«, die relative Häufigkeit betrug hier also $h(K) = 2/2 = 1$. Beim dritten Durchgang fiel »Zahl«, die relative Häufigkeit betrug hier also $h(K) = 2/3 = 0{,}67$ usw. Beim 100. Durchgang betrug die relative Häufigkeit $h(K) = 51/100 = 0{,}51$. Dies kommt an die tatsächliche theoretische Wahrscheinlichkeit von $P(K) = 0{,}50$ schon ziemlich gut heran.

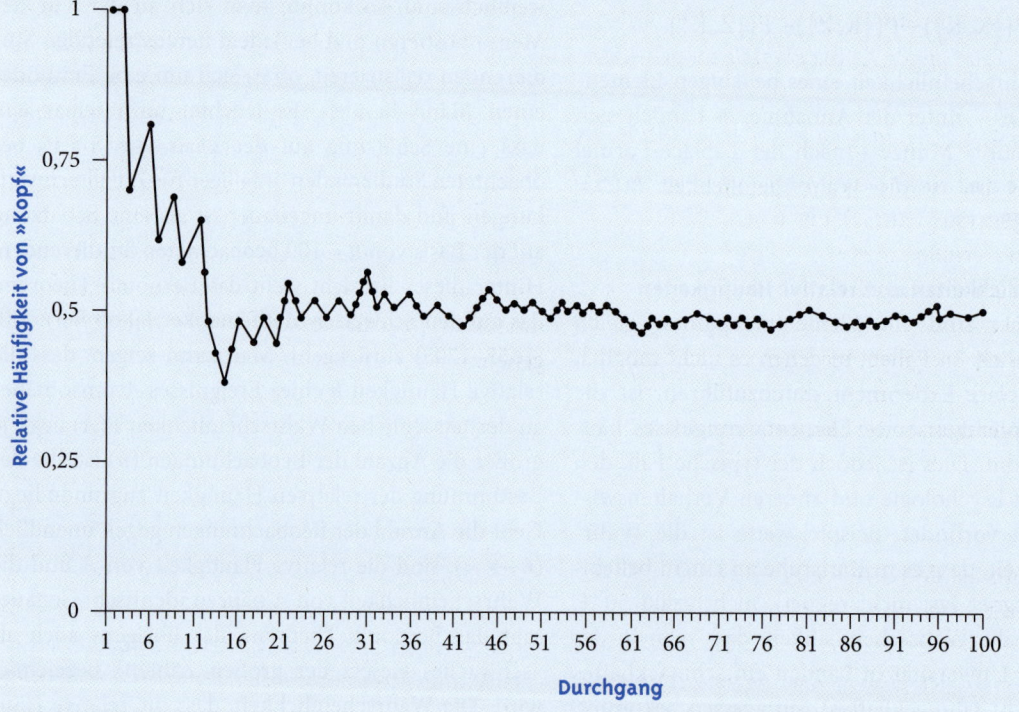

Abbildung 7.2 Relative Häufigkeit des Ereignisses »Kopf« in $n = 100$ Durchgängen eines Münzwurfs

> **Vertiefung**
>
> **Kolmogorov-Axiome für den unendlichen Fall und σ-Algebra**
>
> Wir haben bisher den Fall endlicher Ergebnisräume behandelt. Es gibt in den Verhaltenswissenschaften aber auch Zufallsexperimente, deren Ergebnisräume unendlich sind. Hierzu zwei Beispiele:
>
> - Anzahl der Versuche bis zur korrekten Lösung einer Statistikaufgabe: Theoretisch gesehen kann es unendlich viele Versuche geben. Diese Versuche sind aber abzählbar, d. h., die Menge kann nur aus ganzen Zahlen bestehen, die aber (theoretisch) unendlich groß sein können.
> - Zeit bis zur korrekten Lösung einer Statistikaufgabe: Auch hier gibt es theoretisch gesehen unendlich viele Werte. Die Ergebnisse sind aber nicht abzählbar, da z. B. allein zwischen einer Minute und zwei Minuten unendlich viele Zwischenwerte liegen können.
>
> Im Falle abzählbar unendlich vieler Ergebnisse werden die ersten beiden Kolmogorov-Axiome beibehalten und das dritte Axiom durch folgende Verallgemeinerung ersetzt:
>
> σ-**Additivität.** Für alle Folgen $A_1, A_2, \ldots$ paarweise disjunkter Teilmengen A_i, die Elemente von A sind, gilt:
>
> $$P(A_1 \cup A_2 \cup \ldots) = P(A_1) + P(A_2) \ldots \qquad \text{(F 7.14)}$$
>
> Die Menge A ist eine Menge von Teilmengen von Ω (ein Mengensystem auf Ω), die folgende drei Anforderungen erfüllen muss:
> (1) Die Ergebnismenge ist ein Element von A (formal: $\Omega \in$ A).
> (2) Wenn ein Ereignis A ein Element von A ist, dann muss auch sein Gegenereignis (Komplementärereignis) $\bar{A}$ ein Element von A sein.
> (3) Wenn $A_1, A_2, \ldots$ eine Folge von Elementen aus A ist, dann ist auch deren Vereinigung $A_1 \cup A_2 \cup \ldots$ ein Element aus A.
>
> Ein Mengensystem A, das diese Anforderungen erfüllt, nennt man σ-Algebra (Sigma-Algebra). Die Potenzmenge P(Ω), d. h. die Menge aller Teilmengen von Ω, ist eine σ-Algebra, daher haben wir sie der Definition der Wahrscheinlichkeit im Falle endlicher Ergebnismengen zugrunde gelegt. Die Wahrscheinlichkeit ist aber auch schon dann sinnvoll definierbar, wenn man nicht die Menge aller möglichen Ereignisse (Potenzmenge) betrachtet, sondern nur einen Teil davon, sofern diese Menge von Ereignissen die Anforderungen einer σ-Algebra erfüllt. Die Definition der Wahrscheinlichkeit für den endlichen Fall ist ein Spezialfall der Definition für abzählbar unendliche Ergebnisräume, so dass das Mengensystem, das man der Definition der Wahrscheinlichkeit im endlichen Fall zugrunde legt, auch die Anforderungen einer σ-Algebra erfüllen muss. Üblicherweise wählt man hierzu die Potenzmenge P(Ω). Dies reicht für unsere Zwecke auch aus.
>
> Den Fall unendlicher Ergebnisräume mit überabzählbar vielen Ergebnissen ist etwas komplizierter; wir behandeln diesen Fall hier nicht im Detail. Hierzu sei auf Bauer (2002) sowie Büchter und Henn (2007) verwiesen. Auf einige Aspekte, die diesen Fall betreffen, werden wir bei der Behandlung stetiger Zufallsvariablen in Abschnitt 7.3 eingehen.

Zufallsstichprobe der Größe n ermittelt wurde, konvergiert stochastisch für $n \to \infty$ gegen den entsprechenden Populationsparameter μ. Dies wird allgemein im Gesetz der großen Zahl, einer Erweiterung des Bernoulli-Theorems, formuliert. In Kapitel 8 werden wir hierauf genauer eingehen.

7.1.6 Bedingte Wahrscheinlichkeiten

Der Begriff der bedingten Wahrscheinlichkeit ist für die Inferenzstatistik – und damit auch für die empirische Prüfung psychologischer Theorien – von großer Bedeutung. Dies wollen wir an folgendem Beispiel veranschaulichen: Sagen wir, eine Psychologin möchte die Hypothese testen, dass Jungen aggressiver sind als Mädchen. Sie misst und vergleicht die Aggressivität von 100 Jungen und 100 Mädchen in einer Schule und stellt erfreut fest: Das Ergebnis ist hypothesenkonform! Jungen sind im Durchschnitt tatsächlich aggressiver als Mädchen – jedenfalls in dieser Untersuchung. Hier kommt nun die Inferenzstatistik ins Spiel. Sie stellt eine wichtige und berechtigte Frage: Was, wenn dieses Untersuchungsergebnis bloß ein Zufallsergebnis war? Genauer: Wie groß ist die Wahrscheinlichkeit, in dieser Untersuchung ein hypothesenkonformes Ergebnis zu erhalten, obwohl die Hypothese in Wirklichkeit gar nicht zutrifft, d. h., obwohl in der Grundgesamtheit der Mädchen und Jungen sich beide Geschlechter hinsichtlich ihrer Aggressivität nicht unterscheiden? Wie wahrscheinlich ist es also, dieses Ergebnis nur aufgrund der Zufallsziehung der beiden Stichproben der Mädchen und Jungen zu finden?

Die Inferenzstatistik spielt also mit der Frage: Was, wenn alles Zufall war? Anders gesagt: Sie macht eine hypothetische Annahme (bzw. formuliert eine Bedingung), nämlich dass in der Grundgesamtheit der Aggressivitätsunterschied zwischen Mädchen und Jungen gleich 0 ist. Die Wahrscheinlichkeit eines bestimmten empirischen Ergebnisses unter dieser Annahme bzw. Bedingung ist nichts anderes als eine bedingte Wahrscheinlichkeit. In diesem Abschnitt soll das Konzept der bedingten Wahrscheinlichkeit, das für die Psychologie auch weit über die Hypothesenprüfung hinaus von Bedeutung ist, zunächst hergeleitet werden.

Formal ist eine Bedingung nichts anderes als eine Einschränkung des Ergebnisraumes. Die Wahrscheinlichkeit, in einen Autounfall verwickelt zu werden, ist für eine beliebige Person der Gesamtbevölkerung geringer als für eine Person, die auch ein eigenes Auto hat. Die Wahrscheinlichkeit, an AIDS zu erkranken, ist höher unter der Bedingung, zu einer Risikogruppe (z. B. Drogenabhängige) zu gehören.

Allgemein gilt für die bedingte Wahrscheinlichkeit:

$$P(A|B) = \frac{P(A \cap B)}{P(B)} \qquad \text{(F 7.15)}$$

Dabei bedeutet:
- $P(A|B)$: Wahrscheinlichkeit des Ereignisses A unter der Bedingung B (lies: »A gegeben B«; die »Bedingtheit« ist hier dargestellt durch den vertikalen Strich zwischen A und B), d. h. unter der Bedingung, dass das Ergebnis B eingetreten ist
- $P(A \cap B)$: Wahrscheinlichkeit der Ereigniskombination A und B
- $P(B)$: Wahrscheinlichkeit von B, wobei vorausgesetzt wird, dass $P(B) > 0$.

> **Beispiel**
>
> **Wo macht Studieren am ehesten Spaß?**
> Angenommen, die gesamte Studierendenschaft aus vier Universitätsstädten sei befragt worden, ob ihnen das Studium Spaß mache (ja/nein). Das Ergebnis dieser Befragung finden Sie in Tabelle 7.1.
>
> Die Wahrscheinlichkeit, dass ein zufällig gezogener Student aus dieser Grundgesamtheit die Frage »Macht Ihnen das Studium Spaß?« (unabhängig vom jeweiligen Studienort) bejaht, bezeichnet man

Tabelle 7.1 Beispiel Studierendenbefragung. Es wurden alle Studierenden aus vier Universitätsstädten befragt, ob ihnen das Studium Spaß mache oder nicht

	Stadt A	Stadt B	Stadt C	Stadt D	Summe
Ja	26.700	14.900	9.700	8.900	60.200
Nein	9.900	6.400	9.100	14.400	39.800
Summe	36.600	21.300	18.800	23.300	100.000

als *unbedingte* (oder *totale*) *Wahrscheinlichkeit*. Sie beträgt in der Untersuchung $P(\{ja\}) = 60.200/100.000 = 0{,}602$. Die Wahrscheinlichkeit, die Frage »Macht Ihnen das Studium Spaß?« zu bejahen unter der Bedingung, in einer bestimmten Stadt zu studieren, bezeichnet man als *bedingte Wahrscheinlichkeit*. Wie groß ist z. B. die Wahrscheinlichkeit, dass ein zufällig gezogener Student aus der Studierendenschaft in Stadt A mit »ja« antwortet? Diese bedingte Wahrscheinlichkeit kann nach Gleichung F 7.15 wie folgt berechnet werden:

$$P(\{ja\}|\{Stadt\ A\}) = \frac{P(\{ja\} \cap \{Stadt\ A\})}{P(\{Stadt\ A\})}$$

Dabei bedeutet:

- $P(\{ja\}|\{Stadt\ A\})$: Wahrscheinlichkeit des Ereignisses {ja} unter der Bedingung {Stadt A}
- $P(\{ja\} \cap \{Stadt\ A\})$: Wahrscheinlichkeit der Ereigniskombination {ja} und {Stadt A}, d. h. Wahrscheinlichkeit, »ja« zu sagen und in Stadt A zu studieren

- $P(\{Stadt\ A\})$: Wahrscheinlichkeit von {Stadt A}, d. h. Wahrscheinlichkeit, dass ein zufällig gezogener Student in Stadt A studiert.

Die Wahrscheinlichkeit, »ja« zu sagen und in Stadt A zu studieren, beträgt $P(\{ja\} \cap \{Stadt\ A\}) = 26.700/100.000 = 0{,}267$. Die Wahrscheinlichkeit, in Stadt A zu studieren, beträgt $P(A) = 36.600/100.000 = 0{,}366$. Damit kann man die bedingte Wahrscheinlichkeit $P(\{ja\}|\{Stadt\ A\})$ nach Gleichung F 7.15 wie folgt berechnen:

$$P(\{ja\}|\{Stadt\ A\}) = \frac{P(\{ja\} \cap \{Stadt\ A\})}{P(\{Stadt\ A\})}$$
$$= \frac{0{,}267}{0{,}366} = 0{,}73$$

Offenbar ist die Wahrscheinlichkeit, die Frage nach dem Spaß am Studium zu bejahen, höher unter der Bedingung, dass ein befragter Student in Stadt A lebt.

Stochastische Unabhängigkeit

Bei dem in Tabelle 7.1 dargestellten Beispiel sind die beiden Merkmale (d. h. Studienspaß und Studienort) nicht unabhängig voneinander. Anders gesagt: Die Wahrscheinlichkeit, »ja« zu sagen, ist dadurch bedingt, in welcher Stadt ein befragter Student studiert. Würde die Wahrscheinlichkeit, die Frage nach dem Spaß am Studium mit »ja« zu beantworten, für alle Städte gleich sein, dann wären die beiden Ereignisse {ja} und {Stadt A} voneinander unabhängig, und dies würde für alle Städte gelten. Bei Unabhängigkeit der Ereignisse würde man daher erwarten, dass die bedingte und die unbedingte Wahrscheinlichkeit des Ereignisses {ja} gleich sind:

$$P(\{ja\}|\{Stadt\ A\}) = P(\{ja\})$$

Allgemein formuliert: Sind zwei Ereignisse A und B unabhängig, so entspricht die bedingte Wahrscheinlichkeit für A gegeben B der unbedingten Wahrscheinlichkeit für A. Formal:

$$P(A|B) = P(A)$$

Da bei Unabhängigkeit gilt (vgl. Formel F 7.15):

$$P(A) = \frac{P(A \cap B)}{P(B)},$$

folgt hieraus:

$$P(A \cap B) = P(A) \cdot P(B),$$

woraus ebenfalls folgt:

$$\frac{P(A \cap B)}{P(A)} = P(B) = P(B|A), \text{ für } P(A) > 0.$$

Das bedeutet: Wenn A unabhängig von B ist, dann ist auch B unabhängig von A.

> **Definition**
>
> Zwei Ereignisse A und B sind **stochastisch unabhängig**, wenn gilt:
>
> $P(A|B) = P(A)$ (F 7.16)
> $P(B|A) = P(B)$ (F 7.17)
> $P(A \cap B) = P(A) \cdot P(B)$ (F 7.18)
>
> Formel F 7.18 wird auch als **Multiplikationstheorem für unabhängige Ereignisse** bezeichnet.

Tabelle 7.2 Theoretisch erwartete Verteilung von Antworten auf die Frage »Macht Ihnen das Studium Spaß« in den vier Städten unter der Annahme, dass Studienspaß und Studienstadt stochastisch voneinander unabhängig sind

	Stadt A	Stadt B	Stadt C	Stadt D	Summe
Ja	22.033	12.823	11.318	14.027	60.200
Nein	14.567	8.477	7.482	9.273	39.800
Summe	36.600	21.300	18.800	23.300	100.000

Da die Wahrscheinlichkeit $P(\{ja\} \cap \{Stadt\ A\}) = 0{,}267$, also die Wahrscheinlichkeit, »ja« zu sagen und in Stadt A zu studieren, nicht dem Produkt der Wahrscheinlichkeiten $P(\{ja\}) = 0{,}602$ und $P(\{Stadt\ A\}) = 0{,}366$ entspricht, sind beide Ereignisse voneinander abhängig, und der Studienspaß hängt von der Stadt ab.

Wie müsste das Datenbeispiel aussehen, wenn die beiden Merkmale doch voneinander unabhängig wären, d. h., wenn die Wahrscheinlichkeit, »ja« zu sagen, unabhängig von der Stadt wäre, in der ein befragter Student studiert? Dann müssten sich die Häufigkeiten in den Zellen der Tabelle so verteilen, wie man es nach dem Multiplikationstheorem für unabhängige Ereignisse (F 7.18) erwarten würde. So müsste sich z. B. für die Zelle »ja« in Stadt A ergeben:

$$P(\{ja\} \cap \{Stadt\ A\}) = P(\{ja\}) \cdot P(\{Stadt\ A\})$$
$$= \frac{60.200}{100.000} \cdot \frac{36.600}{100.000}$$
$$= \frac{22.033.200}{100.000.000} = 0{,}22033$$

Bezogen auf unsere Untersuchung mit einer Grundgesamtheit von insgesamt 100.000 Befragten hätten also – gegeben die Unabhängigkeit von Studienspaß und Studienort – 22.033 Studierende in Stadt A die Frage nach dem Spaß am Studium »bejahen« müssen. Auch für die restlichen Zellen der Tabelle lässt sich die theoretisch erwartete Häufigkeit unter der Annahme stochastischer Unabhängigkeit derart berechnen. Die Verteilung dieser theoretischen Häufigkeiten ist in Tabelle 7.2 dargestellt.

Wir werden später sehen, dass man die Stärke des Zusammenhangs zweier kategorialer Merkmale (wie dem Studienspaß und dem Studienort) darüber quantifizieren kann, wie stark die tatsächlich gefundene Verteilung von der theoretisch erwarteten Verteilung unter der Annahme stochastischer Unabhängigkeit abweicht (s. Abschn. 15.3.4).

7.1.7 Das Bayes-Theorem

Mit Hilfe des Bayes-Theorems lässt sich die Frage beantworten, wie sich die bedingte Wahrscheinlichkeit $P(A|B)$ umrechnen lässt in $P(B|A)$. Dies ist dann relevant, wenn $P(A|B)$ bekannt ist oder leicht empirisch ermittelt werden kann, die andere bedingte Wahrscheinlichkeit $P(B|A)$ jedoch die bedeutsamere ist, unter Umständen aber nicht direkt berechnet werden kann.

Nehmen wir an, eine Klinik registriert bei jedem Patienten, der an Lungenkrebs verstirbt, ob dieser geraucht hat oder nicht. Das heißt, die Wahrscheinlichkeit, dass eine Person Raucher war (R) unter der Bedingung, dass sie an Lungenkrebs stirbt (L), also $P(R|L)$, sei bekannt (z. B. 80 %). Allerdings ist die umgekehrte Frage viel interessanter: Wie groß ist die Wahrscheinlichkeit, dass eine Person an Lungenkrebs sterben wird, wenn sie raucht, also $P(L|R)$? Hierzu müsste man zusätzlich wissen, wie viele Raucher nicht an Lungenkrebs sterben, also $P(\bar{L}|R)$. Diese Wahrscheinlichkeit sei zunächst nicht bekannt. Also kann man die bedingte Wahrscheinlichkeit $P(L|R)$ nicht direkt bestimmen. Abbildung 7.3 veranschaulicht diesen Fall graphisch.

Die gesuchte Wahrscheinlichkeit lässt sich nur bestimmen, wenn man weiß,

▶ wie groß die unbedingte Wahrscheinlichkeit, an Lungenkrebs zu sterben $P(L)$, ist und
▶ wie groß die unbedingte Wahrscheinlichkeit zu rauchen $P(R)$ ist.

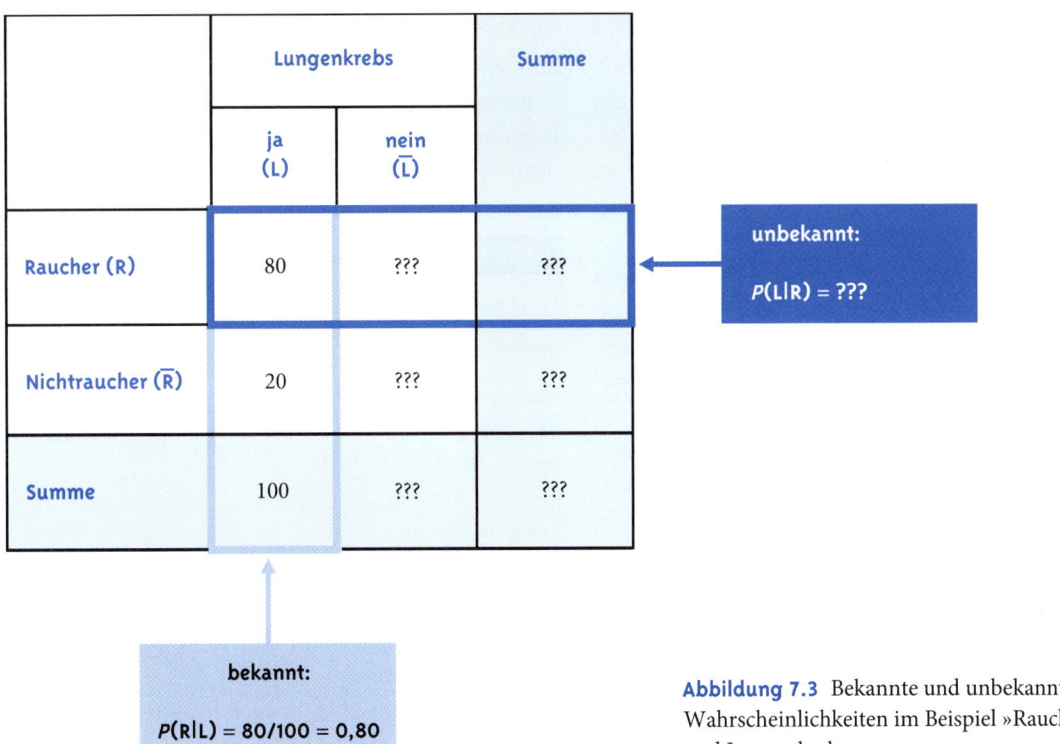

Abbildung 7.3 Bekannte und unbekannte Wahrscheinlichkeiten im Beispiel »Rauchen und Lungenkrebs«

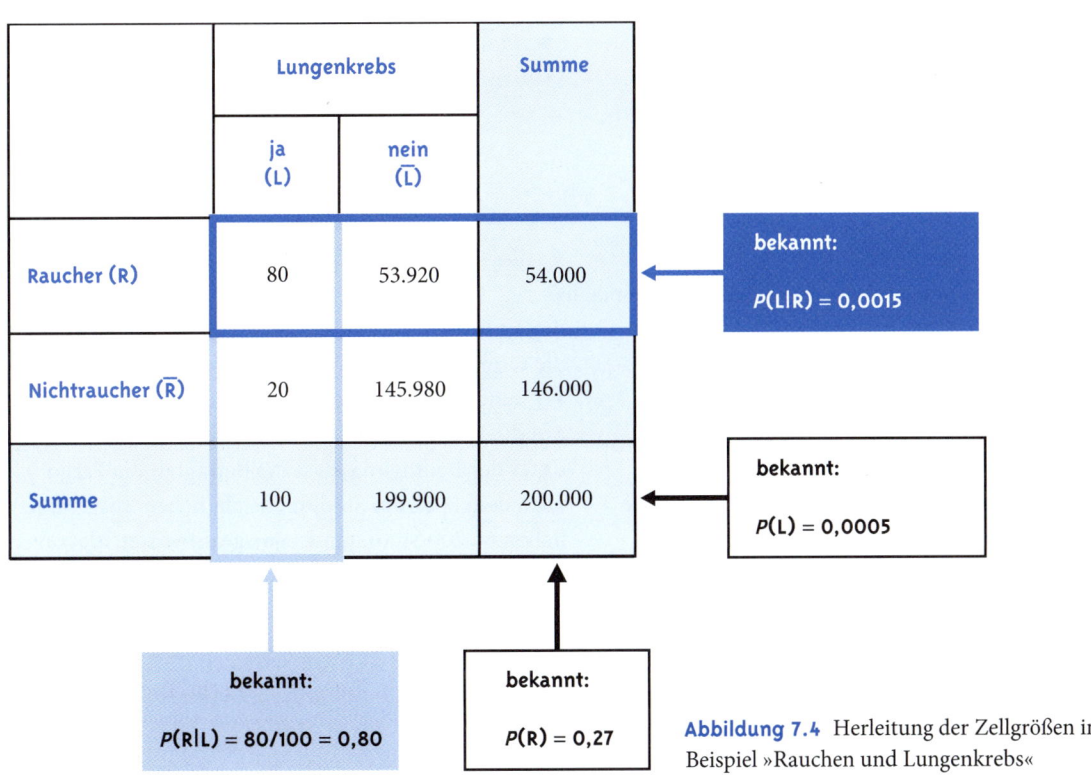

Abbildung 7.4 Herleitung der Zellgrößen im Beispiel »Rauchen und Lungenkrebs«

7.1 Wahrscheinlichkeiten für Zufallsereignisse

Nehmen wir an, $P(L)$ betrage 0,0005. Bezogen auf 100 Lungenkrebstote müsste es also zum Vergleich 199.900 Menschen geben, die nicht an Lungenkrebs sterben, um die Verhältnisse in der Gesamtbevölkerung in absoluten Zahlen widerzuspiegeln. Bei 100 Lungenkrebstoten müsste die Population also 200.000 Personen umfassen.

Nehmen wir ferner an, $P(R)$ betrage 0,27. Bezogen auf 200.000 Personen müsste es demnach davon 54.000 Raucher und 146.000 Nichtraucher geben, um die Verhältnisse in der Gesamtbevölkerung in absoluten Zahlen widerzuspiegeln.

Damit lassen sich nun auch die beiden gesuchten Werte der Tabelle in Abbildung 7.3 berechnen: Wenn von 54.000 Rauchern 80 an Lungenkrebs gestorben sind, so gibt es dementsprechend 53.920 Raucher, die nicht an Lungenkrebs sterben. Wenn von 146.000 Nichtrauchern 20 an Lungenkrebs gestorben sind, so gibt es dementsprechend 145.980 Nichtraucher, die nicht an Lungenkrebs sterben.

Damit ist dann auch die bedingte Wahrscheinlichkeit $P(L|R)$ bekannt: Sie entspricht dem Anteil derjenigen Raucher, die an Lungenkrebs gestorben sind. Nach Gleichung F 7.15 ergibt sich also:

$$P(L|R) = \frac{P(L \cap R)}{P(R)} = \frac{\frac{80}{200.000}}{\frac{54.000}{200.000}} = 0,0015$$

Die Herleitung dieser bedingten Wahrscheinlichkeit ist in Abbildung 7.4 veranschaulicht.

Formal lässt sich diese Wahrscheinlichkeit mit dem Theorem des englischen Mathematikers Thomas Bayes (1702–1761) bestimmen.

> **Definition**
>
> Das **Bayes-Theorem** (auch: Satz von Bayes) lautet:
>
> $$P(A|B) = \frac{P(B|A) \cdot P(A)}{P(B|A) \cdot P(A) + P(B|\overline{A}) \cdot P(\overline{A})} \quad \text{(F 7.19)}$$
>
> Dabei bedeutet:
> - $P(A|B)$: Wahrscheinlichkeit für A unter der Bedingung B
> - $P(B|A)$: Wahrscheinlichkeit für B unter der Bedingung A
> - $P(B|\overline{A})$: Wahrscheinlichkeit für B unter der Bedingung »nicht A« (d. h. des Gegenereignisses von A)
> - $P(A)$: unbedingte Wahrscheinlichkeit für A
> - $P(\overline{A})$: unbedingte Wahrscheinlichkeit für »nicht A«

> **Beispiel**
>
> **Wo studiert man, wenn einem das Studium Spaß macht?**
>
> Wenden wir das Bayes-Theorem auf das vorletzte Beispiel an. Wir hatten anhand von Tabelle 7.1 berechnet, wie groß die Wahrscheinlichkeit ist, die Frage zu bejahen, dass einem das Studium Spaß mache unter der Bedingung, dass man in Stadt A studiert, also $P(\{ja\}|\{Stadt\ A\})$. Nun stellen wir die umgekehrte Frage: Wie groß ist die Wahrscheinlichkeit, dass eine befragte Person in Stadt A studiert, wenn sie die Frage nach dem Spaß am Studium bejaht, also $P(\{Stadt\ A\}|\{ja\})$? Wir werden diese Wahrscheinlichkeit zwar nach dem Bayes-Theorem bestimmen, um den Umgang mit der Gleichung zu veranschaulichen; aber eigentlich können wir uns diesen Rechenumweg sparen, denn wir haben ja die Originaldaten in Tabelle 7.1 und können $P(\{Stadt\ A\}|\{ja\})$ direkt berechnen. Es handelt sich um die Wahrscheinlichkeit, in Stadt A zu studieren unter der Bedingung, dass die Befragten die Frage nach dem Spaß am Studium bejaht haben. Insgesamt haben 60.200 Studierende »ja« geantwortet, davon kamen 26.700 aus Stadt A. Also muss die bedingte Wahrscheinlichkeit $P(\{Stadt\ A\}|\{ja\})$ betragen:
>
> $$P(\{Stadt\ A\}|\{ja\}) = \frac{P(\{ja\} \cap \{Stadt\ A\})}{P(\{ja\})}$$
>
> $$= \frac{0,267}{0,602} = 0,444$$

Nun wollen wir schauen, ob wir diese Zahl mit Hilfe des Bayes-Theorems in Gleichung F 7.19 reproduzieren können. Hierzu benötigen wir:

▶ $P(\{ja\}|\{Stadt\ A\})$: die Wahrscheinlichkeit für »ja« unter der Bedingung »Stadt A«; diese haben wir bereits bestimmt (0,73)

▶ $P(\{ja\}|\{nicht\ Stadt\ A\})$: die Wahrscheinlichkeit für »ja« unter der Bedingung »nicht Stadt A« (d. h. die Wahrscheinlichkeit, die Frage zu bejahen und *nicht* in Stadt A zu studieren). Diese berechnet sich nach Gleichung F 7.15 wie folgt:

$$P(\{ja\}|\{nicht\ Stadt\ A\})$$
$$= \frac{P(\{ja\} \cap \{nicht\ Stadt\ A\})}{P(\{nicht\ Stadt\ A\})}$$
$$= \frac{0{,}149 + 0{,}097 + 0{,}089}{0{,}213 + 0{,}188 + 0{,}233} = \frac{0{,}335}{0{,}634} = 0{,}528$$

▶ $P(\{Stadt\ A\})$: (unbedingte) Wahrscheinlichkeit, in Stadt A zu studieren (0,366)

▶ $P(\{nicht\ Stadt\ A\})$: (unbedingte) Wahrscheinlichkeit, nicht in Stadt A zu studieren; dies entspricht der Gegenwahrscheinlichkeit zu $P(\{Stadt\ A\})$, also $1 - P(\{Stadt\ A\}) = 0{,}634$.

Setzen wir diese Zahlen in Gleichung F 7.19 ein, so erhalten wir:

$$P(\{Stadt\ A\}|\{ja\})$$
$$= \frac{P(\{ja\}|\{Stadt\ A\}) \cdot P(\{Stadt\ A\})}{\left(\begin{array}{l}P(\{ja\}|\{Stadt\ A\}) \cdot P(\{Stadt\ A\}) \\ + P(\{ja\}|\{nicht\ Stadt\ A\}) \cdot P(\{nicht\ Stadt\ A\})\end{array}\right)}$$
$$= \frac{0{,}73 \cdot 0{,}366}{0{,}73 \cdot 0{,}366 + 0{,}528 \cdot 0{,}634}$$
$$= \frac{0{,}267}{0{,}602} = 0{,}444$$

Die Wahrscheinlichkeit, dass eine Studentin oder ein Student, der die Frage nach dem Spaß am Studium mit »ja« beantwortet, aus Stadt A kommt, ist also 0,444.

Vertiefung

Satz von der totalen Wahrscheinlichkeit

In unserem Beispiel der Studienzufriedenheit entspricht unsere Menge Ω den 100.000 Studierenden. Diese 100.000 Studierenden werden auf vier Städte aufgeteilt. Wir erhalten somit vier Teilmengen, die jeweils das Ereignis, in einer der vier Städte zu studieren, repräsentieren. Da jeder Student einer der vier Städte angehören muss und auch nur einer Stadt angehören kann, werden alle Elemente der Ergebnismenge auf Ereignisse aufgeteilt, die sich nicht überlappen. Eine solche Zerlegung von Ω nennt man eine *disjunkte Zerlegung*. Eine disjunkte Zerlegung von Ω in die vier Ereignisse (Städte) $A = \{Stadt\ A\}$, $B = \{Stadt\ B\}$, $C = \{Stadt\ C\}$ und $D = \{Stadt\ D\}$ ist in Abbildung 7.5 dargestellt. Jede Stadt stellt eine Scheibe des Rechtecks dar. Das Ereignis S liegt ebenfalls in Ω. In unserem Beispiel ist dies das Ereignis, Spaß am Studium zu haben: $S = \{ja\}$. Das Ereignis S bildet Schnittmengen mit jeder der vier Ereignismengen A, B, C und D und setzt sich vollständig aus diesen Schnittmengen zusammen. In der Schnittmenge von A und S liegen z. B. alle Studierenden, die in Stadt A studieren und Spaß am Studium haben. Da die Vereinigung der vier Schnittmengen S ergibt und diese vier Schnittmengen paarweise disjunkt sind, lässt sich auch die Wahrscheinlichkeit von S zerlegen in:

$$P(S) = P(S \cap A) + P(S \cap B) + P(S \cap C) + P(S \cap D)$$

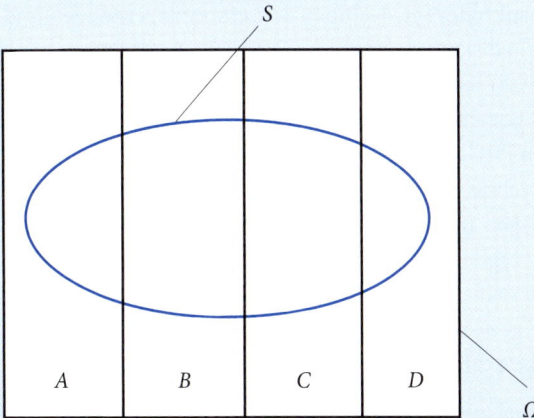

Abbildung 7.5 Disjunkte Zerlegung von Ω im Beispiel der vier Universitätsstädte A, B, C und D

Jeden dieser vier Summanden kann man nun nach Formel F 7.15 umformen. Für den ersten Summanden, die Wahrscheinlichkeit $P(S \cap A)$, ergibt sich dann:

$$P(S \cap A) = P(S|A) \cdot P(A)$$

Die Wahrscheinlichkeit, dass ein zufällig gezogener Student in der Stadt A studiert und Spaß am Studium hat, ist demnach gleich der Wahrscheinlichkeit, dass ein Student, der in Stadt A studiert, Spaß am Studium hat, multipliziert mit der Wahrscheinlichkeit, in der Stadt A zu studieren. Formt man jeden der vier Summanden (Schnittmengen von »Spaß« und der jeweiligen Stadt; s. Abb. 7.5) so um, erhält man für die unbedingte Wahrscheinlichkeit $P(S)$:

$$P(S) = P(S|A) \cdot P(A) + P(S|B) \cdot P(B) \\ + P(S|C) \cdot P(C) + P(S|D) \cdot P(D)$$

Die Wahrscheinlichkeit, Spaß am Studium zu haben, entspricht der Summe der Wahrscheinlichkeiten, mit der Studierende an einem Studienort Spaß haben, gewichtet mit der relativen Anzahl der Studierenden am Studienort (der Wahrscheinlichkeit, in diesem Ort zu studieren). Die unbedingte Wahrscheinlichkeit ist somit eine gewichtete Summe der bedingten Wahrscheinlichkeiten.

Fasst man diesen Sachverhalt allgemein, so erhält man den Satz von der totalen Wahrscheinlichkeit, dem zufolge für eine disjunkte Zerlegung einer Ergebnismenge Ω in die Ereignisse $A_1, ..., A_m$ und ein Ereignis B, das wiederum Teilmenge von Ω ist ($B \subset \Omega$), gilt:

$$P(B) = \sum_{i=1}^{m} P(B|A_i) \cdot P(A_i) \qquad (F\ 7.20)$$

Der Satz von der totalen Wahrscheinlichkeit erlaubt es, das Bayes-Theorem allgemeiner zu formulieren:

$$P(A_j|B) = \frac{P(B|A_j) \cdot P(A_j)}{\sum_{i=1}^{m} P(B|A_i) \cdot P(A_i)} \qquad (F\ 7.21)$$

In Formel F 7.21 hat das Ereignis A im Zähler und Nenner einen unterschiedlichen Index. Dies ist notwendig. Der Index j im Zähler zeigt an, dass wir ein ganz konkretes Ereignis betrachten. Im Nenner wird aber über alle Ereignisse summiert. Daher brauchen wir einen anderen Index, der die Summierung über alle Ereignisse A_i zulässt. Dies bedeutet, dass der Index i im Nenner ein Laufindex ist, wohingegen j im Zähler für ein konkretes festgelegtes Ereignis steht.

Anwendung des Bayes-Theorems in der Diagnostik

Das Bayes-Theorem ist insbesondere für die Diagnostik relevant. Nehmen wir ein einleuchtendes und viel diskutiertes reales Beispiel. Gigerenzer et al. (1998) haben sich bereits vor über 10 Jahren die Frage gestellt, mit welcher Wahrscheinlichkeit eine Person HIV-positiv ist, wenn ihr AIDS-Test ein positives Ergebnis erbringt. Das Problem eines jeden diagnostischen Instruments – sei es ein AIDS-Test, ein psychologisches Instrument zur Testung der Intelligenz oder eine Mammographie – besteht darin, dass es eine gewisse Wahrscheinlichkeit für falsche diagnostische Schlüsse gibt.

Diagnostische Fehlschlüsse. Prinzipiell sind zwei Fehlschlüsse möglich: eine *falsche positive* Diagnose und eine *falsche negative* Diagnose. Natürlich ist ein diagnostisches Instrument umso besser, je geringer die Wahrscheinlichkeit für beide Fehlschlüsse ist. Wir betrachten im Folgenden vier Ereignisse:

(1) D+ ist das Ereignis, dass anhand des AIDS-Tests eine positive Diagnose gestellt wird (diagnostizierte HIV-Infektion).
(2) D− ist das Ereignis, dass eine negative Diagnose vorliegt (keine diagnostizierte HIV-Infektion).
(3) HIV+ ist das Ereignis, dass eine HIV-Infektion vorliegt.
(4) HIV− ist das Ereignis, dass keine HIV-Infektion vorliegt.

Die Wahrscheinlichkeit, dass z. B. ein AIDS-Test zu falschen positiven Schlüssen führt, dass er also ein positives Ergebnis erbringt, obwohl die Person gar nicht HIV-infiziert ist, ist $P(D+|HIV-) = 0{,}0001$. Die Wahrscheinlichkeit, dass der AIDS-Test zu falschen negativen Schlüssen führt, dass er also ein negatives Ergebnis erbringt, obwohl die Person HIV-positiv ist, ist $P(D-|HIV+) = 0{,}002$ (vgl. Gigerenzer et al., 1998).

Sensitivität und Spezifität. Ein Test, bei dem die Wahrscheinlichkeit für falsche positive Diagnosen gering ist, hat eine hohe *Spezifität*. Die Spezifität ist die Wahrscheinlichkeit, dass ein Nichterkrankter auch als solcher erkannt wird (richtige negative Diagnose). Der AIDS-Test hat z. B. eine Spezifität von $P(D-|HIV-) = 1 - P(D+|HIV-) = 0{,}9999$. Ein Test, bei dem die Wahrscheinlichkeit für falsche negative Diagnosen gering ist, hat eine hohe *Sensitivität*. Die Sensitivität ist die Wahrscheinlichkeit, dass ein Erkrankter auch als solcher erkannt wird (richtige positive Diagnose). Der AIDS-Test hat z. B. eine Sensitivität von $P(D+|HIV+) = 1 - P(D-|HIV+) = 0{,}998$. Beide Testeigenschaften sind – zum Glück – sehr hoch. Man könnte daraus schlussfolgern, dass ein AIDS-Test also nur mit sehr geringer Wahrscheinlichkeit ein falsches Ergebnis erbringt.

Grundrate. Das Problem beim AIDS-Test ist allerdings die sehr geringe Wahrscheinlichkeit, sich überhaupt mit HIV zu infizieren, also die Basis- oder Grundrate. Zum 31. 12. 2007 gab es nach Angaben des Robert-Koch-Instituts in Deutschland ca. 59.000 Menschen, die mit HIV infiziert waren. Bei einer Bevölkerung von ca. 82.218.000 Menschen ergibt sich also eine Grundrate, d. h. eine (unbedingte) Wahrscheinlichkeit von $P(HIV+) = 0{,}0007 = 0{,}07\%$. In der klinischen Diagnostik bezeichnet man eine solche Grundrate von Personen, die zu einem bestimmten Zeitpunkt (hier: dem 31. 12. 2007) ein bestimmtes Merkmal aufweisen, auch als *Punktprävalenz*.

Mit Hilfe des Bayes-Theorems können wir nun bestimmen, wie groß die Wahrscheinlichkeit ist, dass eine Person, die im AIDS-Test ein positives Ergebnis hat, auch wirklich HIV-positiv ist, also $P(HIV+|D+)$. Nach Formel F 7.19 benötigen wir zur Berechnung dieser bedingten Wahrscheinlichkeit:

▶ $P(D+|HIV+)$, d. h. die Sensitivität des AIDS-Test, die laut Gigerenzer et al. (1998) 0,998 beträgt
▶ $P(D+|HIV-)$, d. h. die Wahrscheinlichkeit, dass der AIDS-Test zu falschen positiven Schlüssen kommt; diese beträgt laut Gigerenzer et al. (1998) 0,0001
▶ $P(HIV+)$, die Grundrate für eine HIV-Infektion; diese betrug zum fraglichen Zeitpunkt 0,0007
▶ $P(HIV-)$, d. h. die Gegenwahrscheinlichkeit zur HIV-Prävalenz, also $1 - 0{,}0007 = 0{,}9993$.

Setzen wir diese Zahlen in Gleichung F 7.19 ein, so erhalten wir:

$$P(HIV+|D+) = \frac{P(D+|HIV+) \cdot P(HIV+)}{\begin{pmatrix} P(D+|HIV+) \cdot P(HIV+) \\ + P(D+|HIV-) \cdot P(HIV-) \end{pmatrix}}$$

$$= \frac{0{,}998 \cdot 0{,}0007}{0{,}998 \cdot 0{,}0007 + 0{,}0001 \cdot 0{,}9993}$$

$$= \frac{0{,}0006986}{0{,}0007985} = 0{,}875$$

Die Wahrscheinlichkeit, dass man bei einem positiven AIDS-Testergebnis auch wirklich HIV-positiv ist, ist also nicht mehr besonders hoch, sondern beträgt lediglich 0,875. Von 1000 Personen mit positivem Testergebnis weisen also 125 keine HIV-Infektion auf. Der Grund hierfür ist die geringe Grundrate. Sie bewirkt, dass die Wahrscheinlichkeit für falsche positive Schlüsse $P(D+|HIV-)$ mit sehr hohem Gewicht (hier: 0,9993) in die Gleichung mit eingeht, während die Sensitivität des Tests sehr niedrig gewichtet wird. Jede falsche positive Diagnose senkt die Wahrscheinlichkeit eines richtigen positiven Schlusses also massiv.

Gigerenzer et al. (1998) haben ihre Untersuchung vor über 10 Jahren durchgeführt, als die HIV-Prävalenz noch weitaus geringer war (0,0001). Dies hatte zur Folge, dass die Sensitivität noch niedriger und die Wahrscheinlichkeit falscher positiver Schlüsse noch höher gewichtet wurden. Mit einer Grundrate von $P(HIV+) = 0{,}0001$ ergibt sich nach dem Bayes-Theorem eine bedingte Wahrscheinlichkeit für $P(HIV+|D+) = 0{,}4995$. Das würde bedeuten, man konnte 1998 nach einem positiven Testergebnis eine Münze werfen, um die Wahrscheinlichkeit zu bestimmen, mit der man wirklich HIV-positiv war.

7.2 Wahrscheinlichkeitsverteilungen für diskrete Zufallsvariablen

In Abschnitt 4.1.1 hatten wir eine Variable als eine veränderliche Größe definiert, die Objekte beschreibt und hinsichtlich deren Objekte sich faktisch oder potentiell unterscheiden. Die Körpergröße (ausgedrückt in Zahlen, bezogen z. B. auf die Maßeinheit Meter) ist demnach eine Variable, denn sie beschreibt und quantifiziert Unterschiede zwischen Personen (als »Objekten«), indem diesen Personen Zahlenwerte zugewiesen werden, welche ihrerseits eine Abbildung der Körpergröße darstellen. Im Falle von Zufallsvariablen sind die »Objekte« die möglichen Ergebnisse eines Zufallsvorgangs. Eine Zufallsvariable X ist also eine Größe, die unterschiedliche Ergebnisse eines Zufallsvorgangs (zusammengefasst in der Menge Ω) mit Hilfe des Zahlenraums (zusammengefasst in der Menge Ω') beschreibt:

$X: \Omega \rightarrow \Omega'$

Ist die Menge Ω' die Menge der reellen Zahlen ($\mathbb{R}$), so wird die Zufallsvariable als reellwertige Zufallsvariable bezeichnet. Im Folgenden werden wir uns lediglich auf reellwertige Zufallsvariablen beziehen. Bei Zufallsvariablen wird unterschieden, ob es sich bei der Anzahl der Ergebnisse um eine endliche oder eine unendliche Anzahl handelt. Im Falle endlicher oder abzählbar unendlicher Ergebnisse spricht man von einer diskreten Zufallsvariablen; im Falle überabzählbar unendlicher Ergebnisse von einer stetigen oder kontinuierlichen Zufallsvariablen. Wir werden in diesem Abschnitt die diskreten, im folgenden Abschnitt 7.3 die stetigen Zufallsvariablen behandeln.

Diskrete Zufallsvariablen

Nehmen wir noch einmal das Beispiel des fünfmaligen Münzwurfs. Wir hatten bereits die Wahrscheinlichkeit, beim fünfmaligen Münzwurf genau dreimal Kopf zu werfen, bestimmt: Sie beträgt $P(A) = 10/32 = 0{,}3125$. In diesem Beispiel ist die »Anzahl Kopf« beim fünfmaligen Münzwurf die Zuordnungsvorschrift der Zufallsvariablen X. Diese Variable hat sechs mögliche »Ausprägungen«: keinmal Kopf, einmal Kopf, zweimal Kopf, dreimal Kopf, viermal Kopf oder fünfmal Kopf. Während wir einer Zufallsvariablen immer einen Großbuchstaben (X) zuweisen, werden die möglichen Ausprägungen (Werte oder »Realisierungen«) einer solchen Zufallsvariablen durch den dazugehörigen Kleinbuchstaben (x) angegeben

und mit einem Index $i \in \{1, ..., k\}$ versehen. Der Index zählt die möglichen Werte vom ersten ($i = 1$) bis zum letzten ($i = k$) durch. Formal gilt also:

$X(\omega) = x_i$, wobei $x_i \in \{x_1, x_2, ..., x_k\}$

In unserem Beispiel:

$X(\omega) = x_i$, wobei $x_i \in \{0, 1, 2, 3, 4, 5\}$

Es handelt sich also um eine diskrete Zufallsvariable, denn die Anzahl möglicher Werte (d. h. Ausprägungen der Zufallsvariablen) ist begrenzt auf $k = 6$. Anhand dieser Zufallsvariablen können wir den Ergebnissen nun reelle Zahlen zuweisen, z. B. die absolute Anzahl der »Kopf«-Würfe beim fünfmaligen Münzwurf. Dann würde sich ergeben:

$X(\omega) = 0$, falls ω keinmal Kopf enthält

$X(\omega) = 1$, falls ω einmal Kopf enthält

$X(\omega) = 2$, falls ω zweimal Kopf enthält

$X(\omega) = 3$, falls ω dreimal Kopf enthält

$X(\omega) = 4$, falls ω viermal Kopf enthält

$X(\omega) = 5$, falls ω fünfmal Kopf enthält

Welche Werte für X man den $K = 32$ Ergebnissen im Ergebnisraum beim fünfmaligen Münzwurf zuordnen kann, ist in Abbildung 7.6 dargestellt.

Man sieht sofort, dass sich die $K = 32$ möglichen Ergebnisse nicht gleichmäßig auf die $k = 6$ Ausprägungen der Variablen X verteilen; die Ausprägung $x = 0$ (d. h. keinmal Kopf) wäre z. B. nur bei einem einzigen Ergebnis, nämlich (Z, Z, Z, Z, Z), gegeben, während die Ausprägung $x = 4$ (d. h. viermal Kopf) bei fünf Ergebnissen gegeben ist. Mit anderen Worten: Die unterschiedlichen Ausprägungen der Zufallsvariablen X haben unterschiedliche Auftretenswahrscheinlichkeiten. Diese Auftretenswahrscheinlichkeiten werden mit $P(X = x_i)$ oder einfacher mit π_i (griech. pi) bezeichnet; sie bezeichnen die Wahrscheinlichkeit, dass das Ereignis $\{X = x_i\}$ eintritt. Durch Auszählen und gemäß der Laplace-Formel ergibt sich:

$P(X = 0) = \pi_1 = 1/32 = 0{,}03125$

$P(X = 1) = \pi_2 = 5/32 = 0{,}15625$

$P(X = 2) = \pi_3 = 10/32 = 0{,}3125$

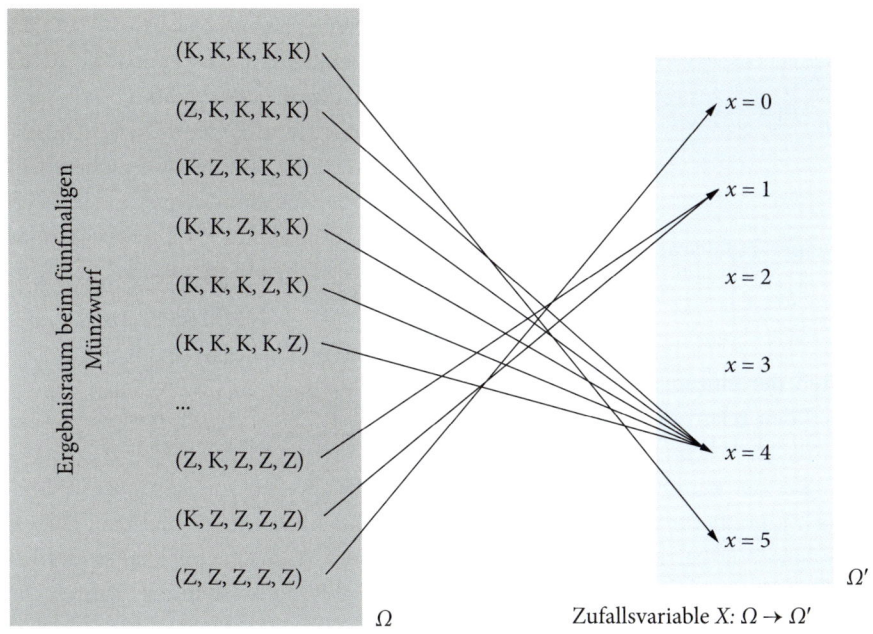

Abbildung 7.6 Zuordnung der $K = 32$ möglichen Ergebnisse (hier verkürzt) beim fünfmaligen Münzwurf zu den sechs möglichen Ausprägungen (x_i) der Zufallsvariablen X = »Anzahl Kopf« (K: Kopf, Z: Zahl)

$P(X = 3) = \pi_4 = 10/32 = 0{,}3125$

$P(X = 4) = \pi_5 = 5/32 = 0{,}15625$

$P(X = 5) = \pi_6 = 1/32 = 0{,}03125$

Graphische Darstellung der Wahrscheinlichkeitsverteilung. Die Werte $P(X = x_i) = \pi_i$ sind die Werte der Wahrscheinlichkeitsverteilung von X. Die Wahrscheinlichkeitsverteilung lässt sich graphisch in Form eines Säulendiagramms darstellen. Dazu tragen wir auf der Abszisse die sechs möglichen Ausprägungen von X und auf der Ordinate die Wahrscheinlichkeit $P(X = x_i)$ ab (s. Abb. 7.7). Alternativ kann die Wahrscheinlichkeitsverteilung auch als Stabdiagramm oder als Histogramm dargestellt werden.

Unabhängigkeit diskreter Zufallsvariablen. Zwei diskrete Zufallsvariablen X und Y sind unabhängig, wenn für alle möglichen x_i und y_i gilt:

$P(X = x_i, Y = y_i) = P(X = x_i) \cdot P(Y = y_i)$ \qquad (F 7.22)

$P(X = x_i, Y = y_i)$ ist die Wahrscheinlichkeit des Ereignisses, dass X den Wert x_i und Y den Wert y_i annimmt, d. h. $P(X = x_i, Y = y_i) = P(\{X = x_i\} \cap \{Y = y_i\})$. Dieser Satz folgt aus der Unabhängigkeit von Ereignissen, der ja in analoger Form formuliert war: Zwei Ereignisse sind dann unabhängig, wenn die Wahrscheinlichkeit ihres gemeinsamen Auftretens gleich dem Produkt ihrer Wahrscheinlichkeiten ist.

Für den Fall mehrerer Zufallsvariablen X_j (also X_1, X_2, ..., X_m) lässt sich dieser Satz entsprechend erweitern. Die Variablen X_j sind stochastisch voneinander unabhängig, wenn für alle möglichen $x_{i1}, x_{i2}, ..., x_{im}$

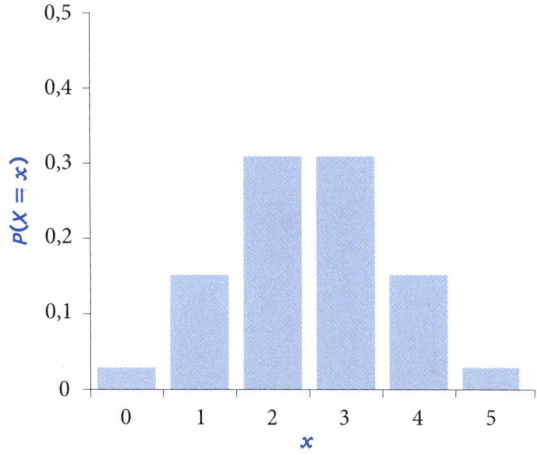

Abbildung 7.7 Wahrscheinlichkeitsverteilung der Variablen X = »Anzahl Kopf« beim fünfmaligen Münzwurf

gilt:

$$P(X_1 = x_{i1}, X_2 = x_{i2}, \ldots, X_m = x_{im})$$
$$= P(X_1 = x_{i1}) \cdot P(X_2 = x_{i2}) \cdot \ldots \cdot P(X_m = x_{im})$$
$$= \prod_{j=1}^{m} P(X_j = x_{ij}) \quad \text{(F 7.23)}$$

Mit x_{im} wird die Ausprägung i einer Zufallsvariablen X_m bezeichnet.

Verteilungsfunktion

Neben den Wahrscheinlichkeiten der einzelnen Ereignisse $\{X = x_i\}$, die konzeptuell den relativen Häufigkeiten in der Deskriptivstatistik (s. Abschn. 6.1.2) entsprechen, können in Analogie zur kumulierten Häufigkeit (s. Abschn. 6.3.1) auch kumulierte Wahrscheinlichkeiten betrachtet werden. Wie bei kumulierten Häufigkeiten gehen wir hierbei davon aus, dass die x_i-Werte ihrer Größe nach geordnet sind.

Nehmen wir folgendes Beispiel: Beim zweifachen Münzwurf sei die Zufallsvariable X die Anzahl von Würfen, bei denen Zahl oben liegt. Für diese Zufallsvariable gibt es $k = 3$ mögliche Ausprägungen: $x_1 = 0$ (wenn keinmal Zahl geworfen wird), $x_2 = 1$ (wenn einmal Zahl geworfen wird) und $x_3 = 2$ (wenn zweimal Zahl geworfen wird). Die Wahrscheinlichkeitsfunktion dieser Zufallsvariablen ist in Abbildung 7.8 a in Form eines Stabdiagramms dargestellt: Die Wahrscheinlichkeit, dass zweimal Kopf oder zweimal Zahl geworfen wird, ist aufgrund der Unabhängigkeit der Elementarereignisse $P(x_1) = P(x_3) = 0{,}5 \cdot 0{,}5 = 0{,}25$. Die Wahrscheinlichkeit, dass einmal Kopf und einmal Zahl geworfen wird, ist $P(x_2) = 0{,}5$.

Zusätzlich können wir nun die Wahrscheinlichkeiten $P(X \leq x_i)$ betrachten, die die Wahrscheinlichkeit angeben, dass die Zufallsvariable X einen Wert kleiner oder gleich x_i annimmt. Für unser Beispiel ließen sich dementsprechend drei Wahrscheinlichkeiten berechnen:

$P(X \leq 0) = P(X = 0)$

$P(X \leq 1) = P(X = 0) + P(X = 1)$

$P(X \leq 2) = P(X = 0) + P(X = 1) + P(X = 2)$

Die Wahrscheinlichkeit $P(X \leq 1)$ gibt die Wahrscheinlichkeit an, dass höchstens einmal Zahl fällt; es ist also die Summe der Wahrscheinlichkeiten der Ereignisse »einmal Zahl« und »keinmal Zahl«. Die Wahrscheinlichkeit $P(X \leq 2)$ gibt an, mit welcher Wahrscheinlichkeit keinmal, einmal oder zweimal Zahl fällt. Da höchstens zweimal eine Zahl fallen kann, muss die Wahrscheinlichkeit $P(X \leq 2)$ gleich 1 sein. Stellt man die drei kumulierten Wahrscheinlichkeiten graphisch dar, erhält man eine Verteilungsfunktion $F(x)$. Diese ist für unser Beispiel in Abbildung 7.8 b dargestellt.

Die Verteilungsfunktion $F(x)$ ist hier in Form einer Treppenfunktion dargestellt. Durch die Verteilungsfunktion wird nicht nur den Realisierungen von X, sondern jeder reellen Zahl, also auch solchen, die

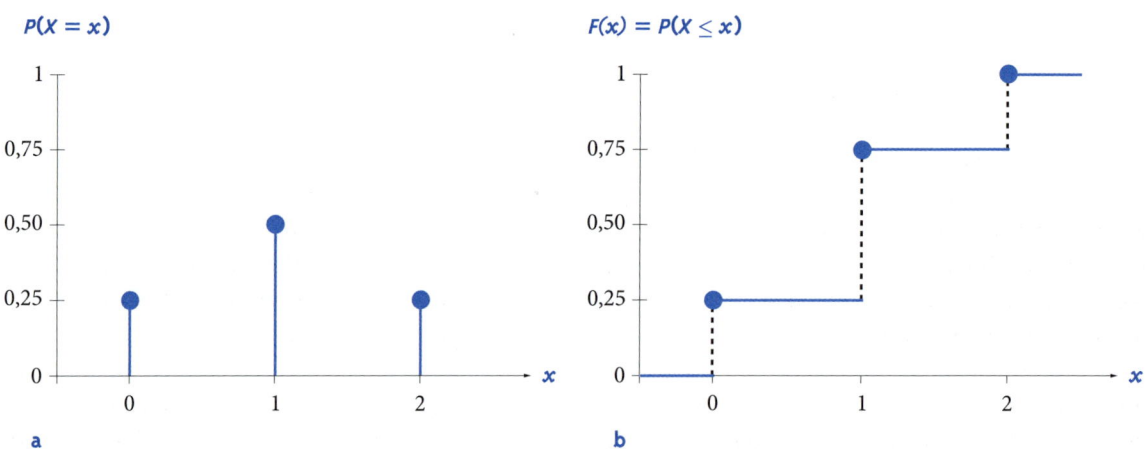

Abbildung 7.8 a Wahrscheinlichkeitsverteilung und b Verteilungsfunktion (X: »Anzahl Zahl« beim zweifachen Münzwurf)

keine Ausprägungen von X sind (bzw. sein können), ein Wert zugewiesen (s. Abb. 7.8). Die Verteilungsfunktion $F(x)$ weist also jedem Wert x (jeder reellen Zahl auf dem Zahlenstrahl) die Summe aller Wahrscheinlichkeiten $P(X = x_i)$ zu, und zwar die Wahrscheinlichkeit derjenigen x_i-Werte, die kleiner oder gleich einem x-Wert sind. Der Wert der Verteilungsfunktion $F(x)$ entspricht daher der Wahrscheinlichkeit, dass die Zufallsvariable X einen Wert kleiner oder gleich x annimmt:

$$F(x) = P(X \leq x) \qquad (\text{F } 7.24)$$

Abbildung 7.8b zeigt, dass die Verteilungsfunktion immer dann eine Sprungstelle aufweist, wenn der x-Wert einer Realisierung der Zufallsvariablen X entspricht. Die dickeren Punkte bringen graphisch zum Ausdruck, dass den Sprungstellen immer der höhere Wert zugeordnet ist, wobei die Sprunghöhe gerade der Wahrscheinlichkeit des jeweiligen Ereignisses entspricht. Demzufolge wird dem Wert $x_1 = 0$ der Wert $F(0) = 0{,}25$, dem Wert $x_2 = 1$ der Wert $F(1) = 0{,}75$ und dem Wert $x_3 = 2$ der Wert $F(2) = 1$ zugewiesen. Da die Gegenwahrscheinlichkeit zu $P(X \leq x_i)$ die Wahrscheinlichkeit $P(X > x_i)$ ist, lassen sich aus den Werten der Verteilungsfunktion die Werte der Wahrscheinlichkeiten $P(X > x_i)$ einfach über folgende Beziehung bestimmen:

$$P(X > x_i) = 1 - P(X \leq x_i) \qquad (\text{F } 7.25)$$

Kennwerte einer diskreten Wahrscheinlichkeitsverteilung

Erwartungswert. Genau wie jede andere Verteilung kann auch eine Wahrscheinlichkeitsverteilung mit Hilfe von Kennwerten beschrieben werden, die wir im Rahmen der Deskriptivstatistik in Kapitel 6 kennengelernt haben. Beginnen wir mit der Frage, wie die zentrale Tendenz der Verteilung quantifiziert werden kann. Die zentrale Tendenz einer diskreten Wahrscheinlichkeitsverteilung kann über den Erwartungswert bestimmt werden. Dieses Maß ist dem arithmetischen Mittel sehr ähnlich und hat entsprechend die gleichen Eigenschaften (s. Abschn. 6.4.2). Während das arithmetische Mittel anhand konkreter Daten bestimmt wird, kennzeichnet der Erwartungswert die Lage einer theoretischen Verteilung, die durch ein Zufallsexperiment zustande kommt, ohne dass das Zufallsexperiment konkret durchgeführt wird. Der Erwartungswert E einer diskreten Zufallsvariablen X mit k Ausprägungen ist wie folgt definiert:

$$\begin{aligned} E(X) &= \sum_{i=1}^{k} x_i \cdot P(X = x_i) \\ &= \sum_{i=1}^{k} x_i \cdot \pi_i \end{aligned} \qquad (\text{F } 7.26)$$

Der Erwartungswert der Wahrscheinlichkeitsverteilung für die Zufallsvariable »Anzahl Kopf« beim fünfmaligen Münzwurf berechnet sich also wie folgt:

$$\begin{aligned} E(X) &= \sum_{i=1}^{k} x_i \cdot \pi_i \\ &= 0 \cdot 0{,}03125 + 1 \cdot 0{,}15625 + 2 \cdot 0{,}3125 \\ &\quad + 3 \cdot 0{,}3125 + 4 \cdot 0{,}15625 + 5 \cdot 0{,}03125 \\ &= 2{,}5 \end{aligned}$$

Dass es sich hier um einen guten Schätzer der zentralen Tendenz handelt, kann man bereits aus Abbildung 7.7 erkennen: 2,5 ist genau die »Mitte« der (symmetrischen) Verteilung.

Wichtig ist, dass die Angabe eines Erwartungswertes typischerweise nur bei metrischen Variablen Sinn macht. Eine metrische diskrete Zufallsvariable wäre z. B. die Variable »Anzahl Kopf« beim fünfmaligen Münzwurf. Diese Variable ist absolutskaliert, weist somit das höchste der in Kapitel 5 behandelten Skalenniveaus auf. Der Erwartungswert wird häufig auch mit dem griechischen Buchstaben μ (sprich: »my«, entspricht dem lateinischen »m«) bezeichnet.

Modalwert (Modus). Im Fall nominalskalierter diskreter Zufallsvariablen ist der Modalwert (d. h. der Wert mit der höchsten Wahrscheinlichkeit) das geeignete Maß der zentralen Tendenz (s. Abschn. 6.2). Ein Beispiel einer solchen Zufallsvariablen wäre »Wahl einer Partei bei der Bundestagswahl«. Der Modalwert Mo_X ist der Wert x einer Zufallsvariablen X, für den $P(X = x)$ maximal ist. Der Modalwert kann – wie wir in Abschnitt 6.4.2 gesehen haben – auch für alle Variablen höherer Skalenniveaus bestimmt werden, sofern es ein *x* gibt, dessen Wahrscheinlichkeitswert größer ist als der aller anderen Werte.

Median und Quantile. Liegt mindestens Ordinalskalenniveau vor, ist der Median (d. h. der Wert, der die Wahrscheinlichkeitsverteilung in ungefähr zwei Hälften teilt) ein geeignetes Maß der zentralen Tendenz (s. Abschn. 6.3.2 und 6.4.2). Überträgt man die Definition des Medians aus Kapitel 6, so ist der Median Md_X jeder Wert, für den gilt:

$$P(X \leq Md_X) \geq 0{,}50 \quad \text{und} \quad P(X \geq Md_X) \geq 0{,}50$$

Da mehrere Werte diese Eigenschaft erfüllen können, können die bereits in Abschnitt 6.3.2 behandelten Festlegungen zur eindeutigen Bestimmung eines Medianwerts auch auf Zufallsvariablen übertragen werden. In entsprechender Weise lässt sich auch die Definition der anderen Quantile übertragen, indem die jeweiligen kumulierten relativen Häufigkeiten in Abschnitt 6.3.2 durch die kumulierten Wahrscheinlichkeiten ersetzt werden. Auf die Quantile diskreter Verteilungen wird häufig beim statistischen Überprüfen von Hypothesen zurückgegriffen. Sie lassen sich mit Hilfe eines Verteilungsrechners berechnen, der in Statistikprogrammen wie etwa R implementiert ist (Luhmann, 2010). Solche Programme erlauben es etwa auch, die Wahrscheinlichkeitsverteilungen und die Verteilungsfunktionen fast aller der im Folgenden behandelten speziellen Verteilungen graphisch darzustellen.

> Das Statistikprogramm R sowie weitere kostenlos zugängliche Verteilungsrechner sind in den Online-Materialien zu diesem Buch zu finden.

Varianz und Standardabweichung. Die Variabilität einer Wahrscheinlichkeitsverteilung kann – genau wie bei empirisch ermittelten Häufigkeitsverteilungen – über die Varianz berechnet werden (s. Abschn. 6.4.4). Die Varianz einer diskreten Zufallsvariablen ist wie folgt definiert:

$$Var(X) = E[(X - E(X))^2]$$
$$= \sum_{i=1}^{k}(x_i - E(X))^2 \cdot \pi_i \quad \text{(F 7.27)}$$

Die Varianz ist der Erwartungswert der quadratischen Abweichung der Zufallsvariablen von ihrem Erwartungswert. Für die Zufallsvariable »Anzahl Kopf« beim fünfmaligen Münzwurf berechnet sich die Varianz der Wahrscheinlichkeitsverteilung also wie folgt:

$$Var(X) = \sum_{i=1}^{k}(x_i - E(X))^2 \cdot \pi_i$$
$$= (0 - 2{,}5)^2 \cdot 0{,}03125 + (1 - 2{,}5)^2 \cdot 0{,}15625$$
$$+ (2 - 2{,}5)^2 \cdot 0{,}3125 + (3 - 2{,}5)^2 \cdot 0{,}3125$$
$$+ (4 - 2{,}5)^2 \cdot 0{,}15625 + (5 - 2{,}5)^2 \cdot 0{,}03125$$
$$= 1{,}25$$

Die Standardabweichung ist definiert als die positive Quadratwurzel aus der Varianz. In unserem Beispiel wäre die Standardabweichung also:

$$SD(X) = \sqrt{Var(X)} \quad \text{(F 7.28)}$$
$$= \sqrt{1{,}25} = 1{,}12$$

Die Bestimmung der Varianz setzt typischerweise ein metrisches Skalenniveau voraus. Die Standardabweichung einer Zufallsvariablen wird häufig auch mit dem griechischen Buchstaben σ (sprich: »sigma«, entspricht dem lateinischen »s«) bezeichnet, ihre Varianz mit σ^2.

Die anderen in Kapitel 6 behandelten Streuungsmaße lassen sich in analoger Weise auf Zufallsvariablen übertragen. Der relative Informationsgehalt als Streuungsmaß für nominalskalierte Variablen in Abschnitt 6.2 kann für nominalskalierte Zufallsvariablen in analoger Weise definiert werden, indem anstatt der relativen Häufigkeiten der Merkmalskategorien die Wahrscheinlichkeiten der Werte der Zufallsvariablen betrachtet werden. Dies gilt in entsprechender Weise auch für den Interquartilsbereich.

> **Vertiefung**
>
> **Rechenregeln für Erwartungswerte und Varianzen**
> Für Erwartungswerte und Varianzen gibt es einige nützliche Rechenregeln, auf die wir an verschiedener Stelle zurückgreifen werden. Diese gelten nicht ▶

nur für diskrete, sondern auch für stetige Zufallsvariablen. Seien X und Y zwei Zufallsvariablen sowie α und $\beta \in \mathbb{R}$ zwei reelle Konstanten, dann gelten:

(1) $E(\alpha) = \alpha$ \hfill (F 7.29)

(2) $E(\alpha \cdot X + \beta \cdot Y) = \alpha \cdot E(X) + \beta \cdot E(Y)$ \hfill (F 7.30)

(3) $Var(X) = E(X^2) - E(X)^2$ \hfill (F 7.31)

(4) $Var(X) = 0$, falls $X = \alpha$ \hfill (F 7.32)

(5) $Var(\alpha \cdot X) = \alpha^2 \cdot Var(X)$ \hfill (F 7.33)

(6) $Var(\alpha + X) = Var(X)$ \hfill (F 7.34)

(7) $Var(\alpha \cdot X + \beta \cdot Y) = \alpha^2 \cdot Var(X)$
    $+ \beta^2 \cdot Var(Y) + 2 \cdot \alpha \cdot \beta \cdot Cov(X, Y)$ \hfill (F 7.35)

Die meisten dieser Regeln sind selbsterklärend, so dass wir hier nur auf zwei Regeln genauer eingehen, die Regeln 3 (F 7.31) und 7 (F 7.35). Gemäß der dritten Regel lässt sich die Varianz auch bestimmen, indem zunächst die Werte quadriert und der Erwartungswert der quadrierten Werte bestimmt wird. Von diesem wird dann der quadrierte Erwartungswert der (unquadrierten) Werte abgezogen. In der siebten Regel bezeichnet $Cov(X, Y)$ die Kovarianz zweier Zufallsvariablen. Diese wird in Kapitel 15 definiert. Die Varianz der Summe zweier Zufallsvariablen ist umso größer, je höher ihre Kovarianz (ihr linearer Zusammenhang) ist.

Sind zwei Zufallsvariablen stochastisch voneinander unabhängig, gilt darüber hinaus:

$E(X \cdot Y) = E(X) \cdot E(Y)$ \hfill (F 7.36)

7.2.1 Gleichverteilung

Diskrete Zufallsvariablen können verschiedene Verteilungsformen aufweisen, von denen wir die wichtigsten behandeln werden. Eine einfache Verteilungsform ist die Gleichverteilung. Eine diskrete Zufallsvariable ist gleichverteilt, wenn die diskrete Zufallsvariable ihre Werte mit gleicher Wahrscheinlichkeit annimmt, alle Wahrscheinlichkeiten π_i somit gleich sind und dem Kehrwert der Anzahl k der Werte von X entsprechen:

$$\pi_1 = \pi_2 = \ldots = \pi_k = \frac{1}{k}$$

Beispiele für diskrete gleichverteilte Zufallsvariablen sind die Zufallsvariablen »Augenzahl beim einmaligen Würfeln« und »Seite beim einmaligen Münzwurf« – vorausgesetzt natürlich, es handelt sich um einen fairen Würfel bzw. eine faire Münze!

7.2.2 Bernoulli-Verteilung und Indikatorvariablen

Eine andere einfache Verteilung ist die Verteilung einer Zufallsvariablen, die nur zwei Werte x_1 und x_2 annehmen kann. Eine solche Variable nennt man auch *dichotome* oder *binäre Variable*. Ein Beispiel ist die Variable »Ergebnis der Bearbeitung einer Intelligenztestaufgabe« mit den beiden Ergebnissen »gelöst« und »nicht gelöst«. Nimmt die Zufallsvariable X den Wert $X = 1$ an ($x_1 = 1$), wenn die Aufgabe korrekt gelöst wurde, und den Wert $X = 0$ ($x_2 = 0$), wenn die Aufgabe nicht korrekt gelöst wurde, gilt für die Wahrscheinlichkeiten der Ausprägungen:

$\pi_1 = 1 - \pi_2$

Hieraus ergibt sich eine einfache Berechnung des Erwartungswerts und der Varianz. Für den Erwartungswert erhalten wir:

$E(X) = x_1 \cdot \pi_1 + x_2 \cdot \pi_2 = 1 \cdot \pi_1 + 0 \cdot \pi_2 = \pi_1$ \hfill (F 7.37)

Der Erwartungswert entspricht somit der Wahrscheinlichkeit, dass die Zufallsvariable den Wert 1 annimmt. Angenommen, in unserem Beispiel der Bearbeitung einer Intelligenztestaufgabe wäre die Aufgabe zu lösen, indem eine von vier vorgegebenen Lösungen (Antwortkategorien) auszuwählen sei. Die Ratewahrscheinlichkeit, also die Wahrscheinlichkeit, mit der eine Person, die per Zufall eine Antwortkategorie auswählt, die Aufgabe korrekt löst, wäre dann $\pi_1 = 1/4 = 0{,}25$. Der Erwartungswert von X wäre dann auch $E(X) = \pi_1 = 0{,}25$. Der Erwartungswert ist kein Wert, der bei der Zufallsvariablen auftreten muss, aber er hat eine klare Bedeutung: Er entspricht der Lösungswahrscheinlichkeit. Aufgrund der Beziehungen zwischen der Wahrscheinlichkeit und der relativen Häufigkeit würde man – unter der Annahme, dass alle raten – erwarten, dass 1/4 aller Personen die Aufgabe (zufälligerweise) löst.

Für die Varianz ergibt sich:

$$\begin{aligned}
Var(X) &= E[(X - E(X))^2] \\
&= (1 - \pi_1)^2 \cdot \pi_1 + (0 - \pi_1)^2 \cdot \pi_2 \\
&= \pi_2^2 \cdot \pi_1 + \pi_1^2 \cdot \pi_2 \\
&= \pi_1 \cdot \pi_2 \cdot (\pi_2 + \pi_1) \\
&= \pi_1 \cdot \pi_2 \cdot 1 \\
&= \pi_1 \cdot \pi_2
\end{aligned} \qquad (F\ 7.38)$$

Die Varianz ist somit gleich dem Produkt aus der Wahrscheinlichkeit und der Gegenwahrscheinlichkeit:

$\pi_1 \cdot \pi_2 = \pi_1 \cdot (1 - \pi_1)$

Für das Beispiel des Lösens einer Intelligenzaufgabe per Zufall bei vier Antwortkategorien erhält man $Var(X) = 0{,}25 \cdot 0{,}75 = 0{,}1875$. Hätte man nur zwei Antwortkategorien vorgegeben, wäre die Varianz $Var(X) = 0{,}5 \cdot 0{,}5 = 0{,}25$. Würde man den Zufallsversuch sehr oft wiederholen, würde man bei einer Ratewahrscheinlichkeit von 0,5 eine höhere Varianz der beobachteten Werte erhalten, da ungefähr die Hälfte der Personen die Aufgaben lösen, die andere Hälfte jedoch nicht lösen würde. Die beobachtete Varianz wäre im Falle der Ratewahrscheinlichkeit von 0,25 geringer, da nun sehr viel mehr Personen die Aufgabe per Zufall nicht lösen würden.

Diese Erwartung gilt unter der Annahme, dass alle Personen raten. Dies muss in der Wirklichkeit nicht so sein. Man sagt daher auch, dass dies eine Modellannahme sei. Unter der Modellannahme des Ratens erwarten wir die genannten Werte für den Erwartungswert und die Varianz. Wiederholt man den Versuch sehr häufig und findet dabei eine Abweichung zwischen den beobachteten und den erwarteten Werten, zeigt dies an, dass das Modell höchstwahrscheinlich falsch ist. Wie man eine solche Annahme überprüft, werden wir z. B. in Abschnitt 10.5 zeigen.

Dieses Beispiel verdeutlicht, worin sich die Kennwerte einer Zufallsvariablen von den Kennwerten einer Variablen in der Deskriptivstatistik unterscheiden: Die Kennwerte der Zufallsvariablen sind theoretische Erwartungen auf der Grundlage einer Modellannahme (z. B. des Ratens, des fairen Münzwurfs, des Würfelns mit einem fairen Würfel etc.). Die Kennwerte der Verteilung einer Variablen (eines Merkmals) in der Deskriptivstatistik sind Kennwerte, die auf der Grundlage realer Daten erhoben wurden. Im Vergleich beider Arten von Verteilungen und ihrer Kennwerte (theoretische Verteilung aufgrund eines Modells vs. Verteilung empirisch erhobener Daten) liegt der Kern des Testens von Hypothesen (Modellen) über psychologische Phänomene anhand realer Daten. Wie dies im Detail funktioniert, werden wir in Kapitel 8 und in den weiteren Kapiteln behandeln.

Indikatorvariablen

Variablen, die nur die zwei Werte 1 und 0 annehmen können, heißen Indikatorvariablen. Der Wert 1 zeigt (indiziert) in unserem Beispiel das Ergebnis, dass die Aufgabe gelöst wurde. Indikatorvariablen sind besondere Variablen, da es bei ihnen sinnvoll ist, den Erwartungswert und die Varianz zu bestimmen, selbst dann, wenn die Zufallsvariablen nominalskaliert sind. Ist die Zufallsvariable X z. B. »Geschlecht des Kindes« und zeigt der Wert $X = 1$ die Geburt eines Mädchens an, hat der Erwartungswert eine klare Bedeutung, und zwar die Wahrscheinlichkeit der Geburt eines Mädchens. Auch die Varianz hat eine klare Bedeutung. Wie wir im Verlauf des Buches sehen werden, kann man daher bei nominalskalierten Indikatorvariablen auch statistische Verfahren anwenden, die bei anderen nominalskalierten Variablen nicht sinnvoll sind.

Bernoulli-Verteilung

Die Verteilung einer solchen Indikatorvariablen heißt Bernoulli-Verteilung, benannt nach dem Schweizer Mathematiker Jakob Bernoulli. Die Bernoulli-Verteilung kann man bestimmen, sobald man eine der beiden Wahrscheinlichkeiten π_1 oder π_2 kennt. Da π_1 gleich dem Erwartungswert ist, nimmt man diesen Wert und legt ihn als Parameter der Bernoulli-Verteilung fest. Ein *Parameter* ist eine Größe, die bei gegebener Verteilungsklasse die genaue Form der Verteilung festlegt. Weiß man, dass eine Variable Bernoulli-verteilt ist und kennt man den Parameter π_1, weiß man genau, wie die Verteilung aussieht. Für viele Verteilungen braucht man jedoch mehr als einen Parameter, um ihre Form festzulegen, z. B. bei der nun zu behandelnden Binomialverteilung. Die Bernoulli-Verteilung ist ein Spezialfall der Binomialverteilung.

7.2.3 Binomialverteilung

Die Binomialverteilung ist eine spezielle diskrete Wahrscheinlichkeitsverteilung. Ausgangspunkt ist die n-fache Wiederholung eines Zufallsexperiments. Man interessiert sich für ein Ereignis, das bei diesem Zufallsexperiment auftreten kann. Wird das Zufallsexperiment n-fach wiederholt, ist bei der Binomialverteilung von Interesse, bei wie vielen der n Wiederholungen das Ereignis eingetreten ist. Die Zufallsvariable X gibt die Häufigkeit an, mit der in einem n-fach wiederholten Zufallsexperiment das Ereignis eingetreten ist. Das prototypische Beispiel ist das der Urnenziehung mit Zurücklegen: Sagen wir, in einer Urne befinden sich zehn Kugeln, davon sechs blaue und vier rote. Für das Zufallsexperiment des einmaligen Entnehmens einer Kugel gibt es zwei Elementarereignisse, das Ereignis $B = \{b\}$, dass eine blaue Kugel gezogen wird, und das Ereignis $R = \{r\}$, dass eine rote Kugel gezogen wird. Die Wahrscheinlichkeiten betragen $P(B) = 0{,}6$ und $P(R) = 0{,}4$. Nun wird mit Zurücklegen $n = 4$ Mal hintereinander eine Kugel gezogen. Die Zufallsvariable X sei die Anzahl der gezogenen blauen Kugeln. Diese Variable kann von $X = 0$ (keinmal eine blaue Kugel gezogen) bis $X = 4$ (immer eine blaue Kugel gezogen) reichen. Wie sieht nun die Wahrscheinlichkeitsverteilung dieser Zufallsvariablen aus?

Der Ergebnisraum U (für »Urne«) würde nach Gleichung F 7.2 insgesamt $K = k^n = 2^4 = 16$ Ergebnisse umfassen. Er wäre das kartesische Produkt (s. Abschn. 5.2.1) der vier Ergebnismengen U_1, U_2, U_3, U_4, die jeweils die Ergebnisse beim einmaligen Ziehen enthalten:

$U = U_1 \times U_2 \times U_3 \times U_4$
$= \{(b,b,b,b),$
$(b,b,b,r), (b,b,r,b), (b,r,b,b), (r,b,b,b),$
$(b,b,r,r), (b,r,b,r), (r,b,b,r), (b,r,r,b),$
$(r,b,r,b), (r,r,b,b),$
$(b,r,r,r), (r,b,r,r), (r,r,b,r), (r,r,r,b),$
$(r,r,r,r)\}$

Greifen wir uns zunächst eines dieser Ergebnisse heraus und betrachten das Ereignis $A = \{(b,b,b,r)\}$. Hier wurden zunächst drei blaue und dann eine rote Kugel gezogen. Geht man davon aus, dass die einzelnen Ziehungen voneinander unabhängig sind (was aufgrund des Zurücklegens der Fall ist, denn die Wahrscheinlichkeit, eine blaue Kugel zu ziehen, ist bei jeder Ziehung dann immer wieder die gleiche), ergibt sich nach dem Multiplikationstheorem (F 7.18) für dieses Ereignis A folgende Wahrscheinlichkeit (die Indizes geben jeweils die Ziehung an):

$$P(A) = P(B_1) \cdot P(B_2) \cdot P(B_3) \cdot P(R_4)$$

In unserem Beispiel also:

$$P(A) = 0{,}6 \cdot 0{,}6 \cdot 0{,}6 \cdot 0{,}4 = 0{,}0864$$

Definiert man nun die Anzahl, mit der eine blaue Kugel gezogen wurde, mit x und dementsprechend die Anzahl, mit der eine rote Kugel gezogen wurde, mit $n - x$, so kann man die Wahrscheinlichkeit für A wie folgt umformulieren:

$$P(A) = P(B)^x \cdot P(R)^{n-x} \qquad \text{(F 7.39)}$$

Und da R das Gegenereignis zu B ist, schließen sich diese aus, d. h., die Summe der beiden Einzelwahrscheinlichkeiten muss immer 1 ergeben:

$$P(B) = 1 - P(R) \quad \text{und} \quad P(R) = 1 - P(B)$$

Wenn wir nun die Wahrscheinlichkeit, eine blaue Kugel zu ziehen, mit π bezeichnen und dementsprechend die Wahrscheinlichkeit, eine rote Kugel zu ziehen, mit $1 - \pi$, lässt sich Gleichung F 7.39 wie folgt umschreiben:

$$P(A) = \pi^x \cdot (1-\pi)^{n-x} \qquad \text{(F 7.40)}$$

Eine kurze Prüfung ergibt, dass das Ergebnis von Gleichung F 7.40 in unserem Beispiel dem entspricht, was wir vorhin berechnet haben:

$$\begin{aligned} P(A) &= \pi^x \cdot (1-\pi)^{n-x} \\ &= 0{,}6^3 \cdot (1-0{,}6)^{4-3} = 0{,}216 \cdot 0{,}4 = 0{,}0864 \end{aligned}$$

Nun wissen wir zwar, wie wahrscheinlich es ist, dass zunächst drei blaue und dann eine rote Kugel gezogen werden. Aber die Reihenfolge interessiert uns ja eigentlich gar nicht, sondern lediglich die Häufigkeit, mit der überhaupt blaue Kugeln gezogen werden, unabhängig davon, bei welchen Durchgängen sie gezogen wurden.

Wollten wir also z. B. die Wahrscheinlichkeit bestimmen, mit der dreimal eine blaue Kugel gezogen wird (egal in welchen Durchgängen), also $P(X = 3)$, so müssten wir die Wahrscheinlichkeit $P(A)$ mit der Anzahl aller Ergebnisse gewichten, für die ebenfalls gilt, dass blau dreimal und rot einmal gezogen wurde. Bezeichnen wir diese Anzahl Ergebnisse mit m, dann gilt also:

$$P(X = 3) = m \cdot P(A) = m \cdot \pi^x \cdot (1-\pi)^{n-x} \quad \text{(F 7.41)}$$

Ein Blick in den Ergebnisraum U zeigt, dass es vier Fälle gibt, bei denen blau dreimal und rot einmal gezogen wurde: (b,b,b,r), (b,b,r,b), (b,r,b,b) und (r,b,b,b). Demnach ist in unserem Beispiel $m = 4$; eingesetzt in Gleichung F 7.41 ergibt sich:

$$P(X = 3) = m \cdot P(A) = 4 \cdot 0{,}0864 = 0{,}3456$$

Die Wahrscheinlichkeit, drei blaue und eine rote Kugel zu ziehen, liegt also bei 0,3456. Würde man den Versuch (vierfaches Ziehen mit Zurücklegen) sehr oft wiederholen, würde man somit erwarten, dass in 34,56 % der Versuche drei blaue und eine rote Kugel gezogen werden.

Binomialkoeffizient

Die Anzahl m lässt sich auch ohne Auszählen, nämlich mit Hilfe des Binomialkoeffizienten, ermitteln (s. Gleichung F 7.5). Wir hatten bereits gesehen, dass dieser Koeffizient die Anzahl der Möglichkeiten angibt, aus einer Menge von k Objekten n auszuwählen, wenn man die gezogenen Objekte nicht mehr zurücklegt und die Reihenfolge nicht berücksichtigt. In unserem Fall geht es nun darum, aus einer Menge von $n = 4$ (wiederholten) Zufallsexperimenten alle Möglichkeiten (Anordnungen) zu ermitteln, $x = 3$ blaue Kugeln zu ziehen. Man könnte also sagen, wir haben eine »Grundgesamtheit« von Zufallsziehungen ($n = 4$) und eine »Stichprobe« von blauen Kugeln ($x = 3$). In dem Beispiel bei der Einführung des Binomialkoeffizienten hatten wir uns gefragt, wie viele Kombinationen (oder Anordnungen) von Schülern es geben kann, wenn eine Lehrerin aus einer Schulklasse mit 25 Kindern wahllos fünf für eine Gruppenarbeit auswählt. In den Formeln F 7.4 und F 7.5 hatten wir für die Anzahl der Elemente in der Grundgesamtheit den Buchstaben k und für die Größe der Stichprobe den Buchstaben n gewählt. Angewendet auf das Beispiel hier könnte man also fragen, wie viele Kombinationen von Kugeln es geben kann, wenn man in einer Menge von vier gezogenen Kugeln drei blaue Kugeln hat. Die Anzahl der Elemente in der »Grundgesamtheit« ist damit die Anzahl der gezogenen Kugeln (4); diese haben wir hier als n bezeichnet; das, was in den Formeln F 7.4 und F 7.5 k war, muss also nun n heißen. Die Größe der »Stichprobe« ist die Anzahl der blauen Kugeln (3); diese haben wir hier als x bezeichnet; das, was in den Formeln F 7.4 und F 7.5 n war, muss also nun x heißen.

Angepasst an diese Fragestellung lässt sich der Binomialkoeffizient in Gleichung F 7.5 wie folgt umformulieren:

$$m = \binom{n}{x} = \frac{n!}{(n-x)! \cdot x!} \quad \text{(F 7.42)}$$

Dabei bedeutet:

▶ n: Anzahl der Elemente einer Grundgesamtheit (z. B. hier: Anzahl aller Kugeln)
▶ x: Umfang der Stichprobe (z. B. hier: Anzahl gezogener blauer Kugeln).

Für unser Beispiel ergibt sich:

$$m = \binom{n}{x} = \frac{n!}{(n-x)! \cdot x!}$$

$$= \frac{4!}{(4-3)! \cdot 3!} = \frac{4 \cdot 3 \cdot 2 \cdot 1}{1 \cdot 3 \cdot 2 \cdot 1} = \frac{24}{6} = 4$$

Also lässt sich Gleichung F 7.40 wie folgt übertragen:

$$P(X = x) = \binom{n}{x} \cdot \pi^x \cdot (1-\pi)^{n-x} \quad \text{(F 7.43)}$$

Eine Zufallsvariable mit dieser Wahrscheinlichkeitsfunktion bezeichnet man als binomialverteilt. Diese Funktion beschreibt also eine Binomialverteilung.

Für die fünf Merkmalsausprägungen von X in unserem Beispiel lassen sich die entsprechenden Wahrscheinlichkeiten nach Gleichung F 7.43 bestimmen:

$$P(X=0) = \binom{4}{0} \cdot 0{,}6^0 \cdot (1-0{,}6)^{4-0} = 1 \cdot 1 \cdot 0{,}0256$$
$$= 0{,}0256$$

$$P(X=1) = \binom{4}{1} \cdot 0{,}6^1 \cdot (1-0{,}6)^{4-1} = 4 \cdot 0{,}6 \cdot 0{,}064$$
$$= 0{,}1536$$

$$P(X=2) = \binom{4}{2} \cdot 0{,}6^2 \cdot (1-0{,}6)^{4-2} = 6 \cdot 0{,}36 \cdot 0{,}16$$
$$= 0{,}3456$$

$$P(X=3) = \binom{4}{3} \cdot 0{,}6^3 \cdot (1-0{,}6)^{4-3} = 4 \cdot 0{,}216 \cdot 0{,}4$$
$$= 0{,}3456$$

$$P(X=4) = \binom{4}{4} \cdot 0{,}6^4 \cdot (1-0{,}6)^{4-4} = 1 \cdot 0{,}1296 \cdot 1$$
$$= 0{,}1296$$

Es resultiert dann die in Abbildung 7.9 dargestellte Wahrscheinlichkeitsverteilung. Man sieht, dass diese Verteilung asymmetrisch ist. Das kommt daher, dass die Ereignisse B und R von vornherein nicht gleich wahrscheinlich waren. Wären in der Urne fünf blaue und fünf rote Kugeln gewesen, wäre $\pi = 0{,}5$ gewesen und die resultierende Binomialverteilung wäre symmetrisch ausgefallen. Generell gilt: Je weiter π über 0,5 liegt, desto rechtssteiler wird die Verteilung; je weiter π unter 0,5 liegt, desto linkssteiler wird sie.

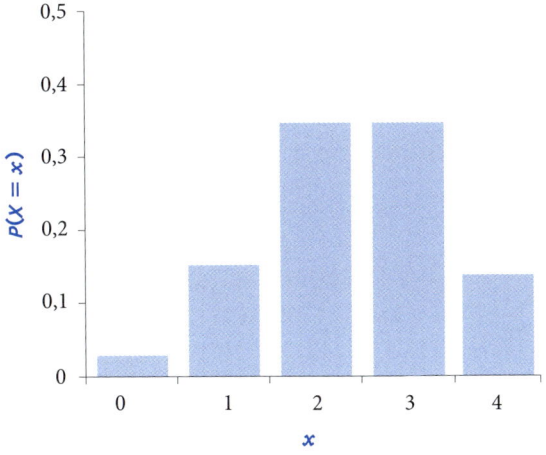

Abbildung 7.9 Wahrscheinlichkeitsverteilung der binomialverteilten Zufallsvariablen X (Anzahl blauer Kugeln bei vier Ziehungen mit $\pi = 0{,}6$)

Verteilungsfunktion

Aus den Werten der Wahrscheinlichkeitsverteilung lassen sich auch die Werte der kumulierten Wahrscheinlichkeiten und der Wahrscheinlichkeitsfunktion bestimmen, indem man die entsprechenden Wahrscheinlichkeiten aufsummiert. So ist z. B. die Wahrscheinlichkeit, dass man beim viermaligen Ziehen einer Kugel maximal zwei blaue Kugeln erhält:

$$P(X \leq 2) = P(X=0) + P(X=1) + P(X=2)$$
$$= 0{,}0256 + 0{,}1536 + 0{,}3456$$
$$= 0{,}5248$$

Die Werte der Verteilungsfunktion sind für einige ausgewählte Parameter n und π in Anhang A.1 angegeben. Auf diese Werte greift man bei einigen statistischen Tests zurück. Sie lassen sich mit Hilfe entsprechender Statistikprogramme wie z. B. R relativ einfach auch für die Fälle berechnen, die in den Tabellen nicht angegeben sind. Dies wird in unseren Online-Materialien erläutert.

Eigenschaften der Binomialverteilung

Wie man an Gleichung F 7.43 leicht sieht, wird die Binomialverteilung durch zwei Parameter vollständig beschrieben:
(1) die Wahrscheinlichkeit für das interessierende Ereignis (π) und
(2) die Anzahl der Durchgänge (n).

Daher kann man eine binomialverteilte Zufallsvariable X auch verkürzt wie folgt schreiben:

$$X \sim B(n, \pi)$$

Die Tilde (~) bedeutet hier »ist verteilt nach«, das Symbol B steht für die Binomialverteilung, die Größen in der Klammer kennzeichnen die Parameter einer Verteilung. Der Erwartungswert einer binomialverteilten Zufallsvariablen berechnet sich wie folgt:

$$E(X) = n \cdot \pi \quad \text{(F 7.44)}$$

Für unser Beispiel des viermaligen Ziehens würde man $E(X) = n \cdot \pi = 4 \cdot 0{,}6 = 2{,}4$ blaue Kugeln erwarten.

Die Varianz einer binomialverteilten Variablen berechnet sich wie folgt:

$$Var(X) = n \cdot \pi \cdot (1 - \pi) \quad \text{(F 7.45)}$$

In unserem Beispiel wäre die Varianz

$Var(X) = 4 \cdot 0{,}6 \cdot 0{,}4 = 0{,}96.$

Mit zunehmendem n nähert sich die Binomialverteilung der Normalverteilung an, die wir in Abschnitt 7.3.3 beschreiben werden.

> **Beispiel**
>
> **Lösung von Intelligenztestaufgaben**
> Eine Binomialverteilung spielt in vielen Bereichen der Psychologie und anderen Verhaltenswissenschaften eine bedeutsame Rolle. Wir haben ein Beispiel schon bei der Bernoulli-Verteilung kennengelernt, wo es um die Lösung (vs. Nicht-Lösung) einer Intelligenztestaufgabe ging. Dieses Beispiel lässt sich nun erweitern: Bei Intelligenztests werden immer mehrere Aufgaben vorgegeben. Man kann sich dann die Frage stellen, wie wahrscheinlich es ist, dass eine Person per Zufall alle Aufgaben löst. Wir nehmen an, dass zehn Intelligenztestaufgaben ($n = 10$) vorgelegt wurden und jede Intelligenztestaufgabe mit vier Antwortkategorien verknüpft war. Die Lösungswahrscheinlichkeit für jede Aufgabe ist daher $\pi = 0{,}25$. Ist die Lösungswahrscheinlichkeit einer Aufgabe darüber hinaus unabhängig von den anderen bearbeiteten Aufgaben, so würde man die Wahrscheinlichkeit, dass alle Aufgaben nur durch Raten gelöst werden, indem z. B. bei jedem Item eine Kategorie wahllos ausgewählt wird, wie folgt bestimmen:
>
> $P(X = 10) = \binom{10}{10} \cdot \pi^{10} \cdot (1 - \pi)^{10-10} = \dfrac{10!}{0!\,10!} \cdot \pi^{10}$
>
> $= \pi^{10} = 0{,}25^{10} = 9{,}5 \cdot 10^{-7}$
>
> Dieses Ereignis ist also äußerst unwahrscheinlich. An diesem Beispiel sieht man auch, dass die Bernoulli-Verteilung ein Spezialfall der Binomialverteilung mit $n = 1$ ist.
>
> Für den Erwartungswert ergibt sich in diesem Beispiel:
>
> $E(X) = n \cdot \pi = 10 \cdot 0{,}25 = 2{,}5$
>
> Die Varianz berechnet sich nach Gleichung F 7.45 wie folgt:
>
> $Var(X) = n \cdot \pi \cdot (1 - \pi) = 10 \cdot 0{,}25 \cdot 0{,}75 = 1{,}875$

Die graphische Darstellung der Binomialverteilung kann für verschiedene Parameter z. B. mit dem Statistikprogramm R erzeugt werden ( ). Um mit der Binomialverteilung vertraut zu werden, bietet es sich an, diese für verschiedene Fälle zu erzeugen, z. B. für den Fall mit $n = 10$ Intelligenztestitems und einer Ratewahrscheinlichkeit von $\pi = 0{,}25$.

Neben der Binomialverteilung gibt es noch weitere spezielle Wahrscheinlichkeitsverteilungen für diskrete Zufallsvariablen. Wir wollen sie aus Platzgründen hier nicht vertiefend behandeln, aber zumindest nennen und beschreiben, wann ihre Anwendung gerechtfertigt bzw. erforderlich ist.

7.2.4 Multinomialverteilung

Die Multinomialverteilung ist eine Erweiterung der Binomialverteilung für den Fall, dass das Zufallsexperiment nicht nur zwei, sondern mehrere mögliche Ausgänge zulässt (z. B. »blaue Kugel«, »rote Kugel«, »gelbe Kugel«, »schwarze Kugel«). Wenn man nun wieder n-mal eine Kugel aus der Urne zieht, kann man sich die Frage stellen, wie wahrscheinlich es ist, von jeder Kugel eine bestimmte Anzahl gezogen zu haben. Bezeichnet X_i die Zufallsvariable »Anzahl der Elemente der i-ten Kugelfarbe« und x_i eine konkrete realisierte Anzahl sowie π_i die Wahrscheinlichkeit, eine Kugel der i-ten Farbe beim einmaligen Ziehen zu ziehen, so ergibt sich folgende Wahrscheinlichkeit für ein bestimmtes Muster von Kugeln verschiedener Farben:

$$P(X_1 = x_1, X_2 = x_2, \ldots, X_k = x_k)$$
$$= \frac{n!}{x_1! \cdot x_2! \cdot \ldots \cdot x_k!} \cdot (\pi_1)^{x_1} \cdot (\pi_2)^{x_2} \cdot \ldots \cdot (\pi_k)^{x_k},$$

(F 7.46)

wobei

$$\sum_{i=1}^{k} x_i = n \quad \text{und} \quad \sum_{i=1}^{k} \pi_i = 1$$

Fasst man die k verschiedenen Variablen zu einem Vektor $\mathbf{X} = (X_1, X_2, \ldots, X_k)$ zusammen, so ist dieser Vektor multinomialverteilt mit den Parametern n, $\pi_1, \ldots, \pi_k$. Man schreibt:

$\mathbf{X} \sim M(n, \pi_1, \ldots, \pi_k)$

In der Psychologie sind typischerweise nominalskalierte Variablen mit mehreren Kategorien multinomialverteilt. Wenn man z. B. aus der Grundgesamtheit der wahlberechtigten Bevölkerung eine Zufallsstichprobe der Größe n zieht und wissen möchte, mit welcher Wahrscheinlichkeit ein bestimmtes Häufigkeitsmuster von Wählern einer Partei zu erwarten ist, greift man auf die Multinomialverteilung zurück. Kennt man die Wahrscheinlichkeiten für die Wahl der einzelnen Parteien, kann man bei gegebenem n nach Gleichung F 7.46 die Wahrscheinlichkeit für jede mögliche Aufteilung der n gezogenen Personen auf die verschiedenen Parteien bestimmen.

7.2.5 Hypergeometrische Verteilung

Genau wie im Fall der Binomialverteilung ist die Zufallsvariable X die Häufigkeit, mit der in einem n-fach wiederholten Zufallsexperiment ein Ereignis eintritt. Diese Variable ist dann binomialverteilt, wenn es sich um ein Modell mit Zurücklegen handelt. Sofern es sich um ein Modell ohne Zurücklegen handelt, ist die Variable hypergeometrisch verteilt. Sagen wir, in einer Urne befinden sich $N = 10$ Kugeln, davon sechs blaue und vier rote. Die Zufallsvariable X ist die Anzahl der blauen (oder der roten) Kugeln, die z. B. in einem Zufallsexperiment mit $n = 4$ Durchgängen gezogen werden, wenn die gezogenen Kugeln nicht wieder zurückgelegt werden. Die hypergeometrische Verteilung wird durch drei Parameter beschrieben:
(1) die Anzahl der Durchgänge n (im Urnenbeispiel also die Anzahl Kugeln, die gezogen werden),
(2) die Größe der Grundgesamtheit N (im Urnenbeispiel also die Anzahl aller Kugeln in der Urne) und
(3) die Anzahl der Objekte mit einer bestimmten Eigenschaft M (im Urnenbeispiel also die Anzahl etwa aller blauen Kugeln in der Urne).

Daher kann man eine hypergeometrisch verteilte Zufallsvariable X auch verkürzt wie folgt schreiben:

$$X \sim H(n, N, M)$$

Die Werte der Wahrscheinlichkeitsverteilung lassen sich wie folgt bestimmen:

$$P(X = x) = \frac{\binom{M}{x}\binom{N-M}{n-x}}{\binom{N}{n}} \quad \text{(F 7.47)}$$

Definiert man $\pi = M/N$, so lassen sich Erwartungswert und Varianz einer hypergeometrisch verteilten Variablen X wie folgt bestimmen:

$$E(X) = n \cdot \pi \quad \text{(F 7.48)}$$

$$Var(X) = n \cdot \pi \cdot (1-\pi) \cdot \frac{(N-n)}{(N-1)} \quad \text{(F 7.49)}$$

Je geringer das Verhältnis zwischen der Anzahl Durchgänge (n) und der Anzahl Kugeln (N) ist, desto mehr ähnelt die hypergeometrische Verteilung einer Binomialverteilung. Ist der Quotient $n/N \leq 0{,}05$, ist X approximativ (d. h. näherungsweise) binomialverteilt. Hat man z. B. eine bestimmte Anzahl N von Patienten in einer Klinik und würde gerne wissen, wie wahrscheinlich es ist, in einer Stichprobe der Größe n eine bestimmte Anzahl von M Männern vorzufinden, greift man auf die hypergeometrische Verteilung zurück.

7.2.6 Geometrische Verteilung

Bei der geometrischen Verteilung interessiert man sich für die Zufallsvariable X = »Anzahl der Versuche, bis ein Ereignis A zum ersten Mal eintritt«. Beispiele sind die Anzahl der Würfe, bis zum ersten Mal eine Sechs fällt, oder die Anzahl der Intelligenztestaufgaben, die per Raten bearbeitet werden, bis die erste Aufgabe per Raten richtig gelöst wird. Ist π die Wahrscheinlichkeit, dass das Ereignis A bei einem Versuch eintritt, dann lassen sich die Werte der Wahrscheinlichkeitsverteilung anhand folgender Gleichung bestimmen:

$$P(X = x) = (1-\pi)^{x-1} \cdot \pi \quad \text{(F 7.50)}$$

7.2.7 Poisson-Verteilung

Ein Beispiel für eine Poisson-verteilte Zufallsvariable X ist die Anzahl bestimmter Ereignisse innerhalb eines definierten Zeitintervalls (Δ*t*). So könnte man mit Hilfe einer Poisson-Verteilung etwa die Wahrscheinlichkeit bestimmen, mit der innerhalb eines Zeitintervalls Δ*t* an einer bestimmten Straßenkreuzung *x* Unfälle passieren. Diese Wahrscheinlichkeit ist natürlich umso geringer, je kürzer das Zeitintervall ist: Innerhalb eines Monats passieren weniger Unfälle als innerhalb eines Jahres.

Die Poisson-Verteilung wird durch einen einzigen Parameter beschrieben, nämlich die erwartete Anzahl der Ereignisse pro Einheit (hier: pro Zeiteinheit). Daher kann man eine Poisson-verteilte Zufallsvariable *X* auch verkürzt wie folgt schreiben:

$$X \sim Po(\lambda)$$

Die Werte der Wahrscheinlichkeitsverteilung lassen sich anhand folgender Formel berechnen:

$$P(X = x) = \frac{\lambda^x}{x!} \cdot e^{-\lambda} \qquad \text{(F 7.51)}$$

Dabei steht *e* für die Eulersche Zahl (e = 2,718…).

Für Erwartungswert und Varianz einer Poisson-verteilten Zufallsvariablen *X* ergeben sich:

$$E(X) = \lambda \qquad \text{(F 7.52)}$$

$$Var(X) = \lambda \qquad \text{(F 7.53)}$$

7.3 Wahrscheinlichkeitsverteilungen für stetige Zufallsvariablen

Eine Zufallsvariable *X*, bei der zwischen zwei beliebigen Werten x_u (wobei »u« hier für die Untergrenze steht) und x_o (wobei »o« hier für die Obergrenze steht) überabzählbar unendlich viele andere Werte liegen können, wird als stetige Zufallsvariable bezeichnet. Ein Beispiel ist das Körpergewicht, gemessen mit einer unendlich genauen Waage. Da zwischen zwei beliebigen Werten (d. h. innerhalb eines Werteintervalls) unendlich viele Zwischenwerte liegen können, wird die Wahrscheinlichkeit, dass das Gewicht einer beliebigen Person (*X*) in einem bestimmten Intervall ($x_u \leq X \leq x_o$) liegt, umso geringer, je kleiner das Intervall ist. Geht die Länge des Intervalls gegen 0, ist die Wahrscheinlichkeit, dass *X* in diesem Intervall liegt, unendlich klein. Das heißt konsequenterweise: Die Wahrscheinlichkeit für einen fixen Wert *x* (z. B. die Wahrscheinlichkeit, mit der eine beliebige Person exakt *x* = 67,3298 kg wiegt) ist gleich 0:

$$P(X = x) = 0$$

Daher können bei stetigen Zufallsvariablen lediglich Wahrscheinlichkeiten für Werteintervalle berechnet werden, z. B. die Wahrscheinlichkeit, mit der eine beliebige Person zwischen x_u = 60 und x_o = 70 kg wiegt, also $P(60 \leq X \leq 70)$. Wir werden nun anhand eines Datenbeispiels zeigen, wie man diese Wahrscheinlichkeit berechnen kann. Dazu braucht man die entsprechende Wahrscheinlichkeitsverteilung. Der Einfachheit halber gehen wir im Folgenden davon aus, dass die Verteilung des Körpergewichts in der Population bekannt ist. Die Werte reichen von 41,4 bis 97,9 kg. Um die Wahrscheinlichkeitsverteilung einigermaßen überschaubar zu halten, wollen wir die Werte im Folgenden kategorisieren. Das heißt, wir machen aus der stetigen eine diskrete Variable. Hierzu müssen wir lediglich festlegen, in wie viele Kategorien (*k*) wir die Werte einteilen wollen bzw. wie breit die Kategorien sein sollen (*d*; s. Abschn. 6.4.1).

Gruppiert man nun die einzelnen Werte in Kategorien mit einer Intervallbreite von *d* = 10, ergibt sich die im oberen Teil von Abbildung 7.10 dargestellte Wahrscheinlichkeitsverteilung mit *k* = 6 Kategorien. Für die graphische Darstellung haben wir ein Histogramm gewählt. Außerdem sind die Höhen der Säulen an den Kategorienmitten (also 45, 55, 65, 75, 85 und 95 kg) durch einen Linienzug miteinander verbunden. Anhand dieser Darstellung lässt sich nun die Wahrscheinlichkeit ablesen, mit der eine beliebige Person zwischen x_u = 60 und x_o = 70 kg wiegt. Dabei handelt es sich um den Anteil, den die blau markierte Fläche an der Gesamtfläche aller Säulen einnimmt. Diese Wahrscheinlichkeit sei im vorliegenden fiktiven Fall $P(60 \leq X \leq 70) = 0,302$.

Der untere Teil von Abbildung 7.10 zeigt eine Wahrscheinlichkeitsverteilung, in der die Daten in Intervalle mit einer Breite von *d* = 2 gruppiert wor-

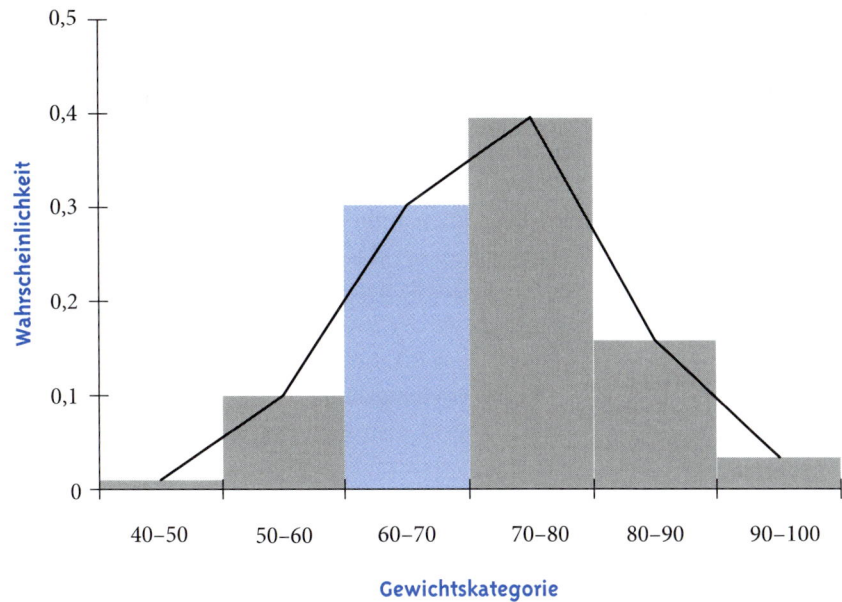

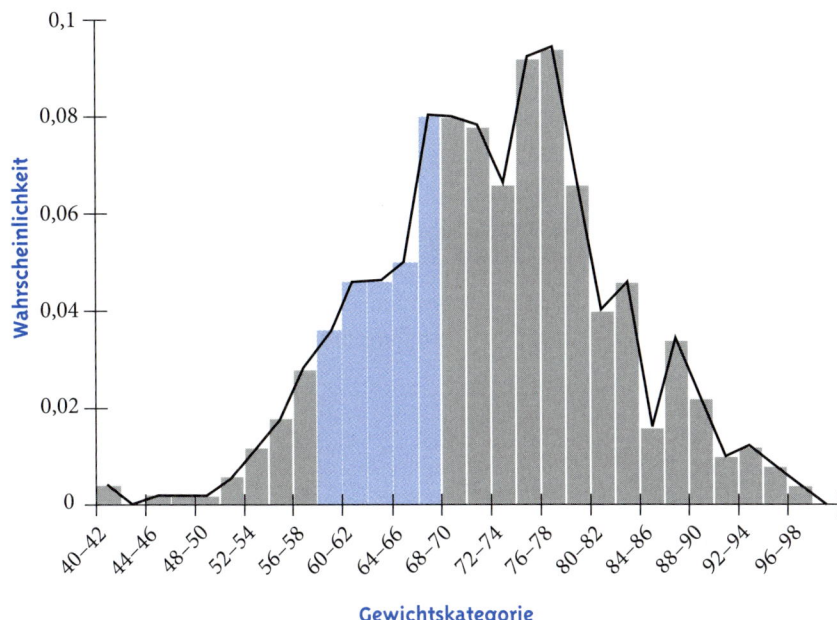

Abbildung 7.10 Bestimmung der Wahrscheinlichkeit, mit der das Körpergewicht einer beliebigen Person (X) im Bereich zwischen 60 und 70 kg liegt, anhand zweier Histogramme, die sich in der gewählten Kategorienbreite unterscheiden (oben: $d = 10$, unten: $d = 2$)

den sind. Daher gibt es mehr Kategorien als im oberen Teil. Auch hier sind die Kategorienmitten durch einen Linienzug miteinander verbunden. Die Wahrscheinlichkeit, mit der ein beliebiger Wert zwischen 60 und 70 liegt, wird wiederum durch den blau eingefärbten Bereich angezeigt. Natürlich beträgt sie auch hier $P(60 \leq X \leq 70) = 0{,}302$.

Dichtefunktion

Stellen wir uns nun vor, dass die Kategorienbreite d immer kleiner wird und irgendwann gegen 0 geht ($d \to 0$), so dass es unendlich viele Kategorien gibt ($k \to \infty$). Auch in diesem Fall kann die Wahrscheinlichkeit eines beliebigen Werteintervalls als Flächenanteil unter dem Linienzug (d. h. der Verteilung) betrachtet werden. Dieser Vorgang wird in der Mathematik als Integration bezeichnet. Formal:

$$P(x_u \leq X \leq x_o) = \int_{x_u}^{x_o} f(x)\, dx \quad \text{(F 7.54)}$$

Die Funktion $f(x)$ wird als Wahrscheinlichkeitsdichtefunktion oder einfacher als Dichte bezeichnet. Um die Fläche unter der Dichte als Wahrscheinlichkeit interpretieren zu können, ist es nötig zu definieren, dass die gesamte Fläche unter der Verteilung 1 beträgt. Man sagt auch, die Fläche unter der Verteilung ist auf 1 normiert. Das Intervall, das die Gesamtfläche einer Verteilung umfasst, reicht von $-\infty$ bis $+\infty$. Also gilt die folgende Normierungseigenschaft:

$$P(-\infty < X < +\infty) = \int_{-\infty}^{+\infty} f(x)\, dx = 1 \quad \text{(F 7.55)}$$

Wie wir bereits gesehen haben, gilt für die Wahrscheinlichkeit eines einzelnen Wertes einer stetigen Zufallsvariablen: $P(X = x) = 0$. Daher gilt auch folgende wichtige Eigenschaft:

$$P(x_u \leq X \leq x_o) = P(x_u < X \leq x_o) = P(x_u \leq X < x_o)$$
$$= P(x_u < X < x_o) \quad \text{(F 7.56)}$$

Die Wahrscheinlichkeit, mit der X innerhalb eines Intervalls mit der Untergrenze x_u und der Obergrenze x_o liegt, ist unabhängig davon, ob dieses Intervall die Intervallgrenzen x_u und x_o mit einschließt oder ob es sie gerade nicht mit einschließt.

Verteilungsfunktion

Wird die Wahrscheinlichkeit gesucht, mit der eine beliebige Person höchstens einen Wert von X aufweist (also die Wahrscheinlichkeit von $X \leq x$), so entspricht das dem Flächenanteil der Verteilung, der zwischen $-\infty$ und x liegt, also $P(-\infty < X \leq x)$. Diese Wahrscheinlichkeit ist der Wert der Verteilungsfunktion $F(x)$:

$$F(x) = P(-\infty < X \leq x) = P(X \leq x) \quad \text{(F 7.57)}$$

In unserem Gewichtsbeispiel lässt sich z. B. die Wahrscheinlichkeit $F(60) = P(-\infty < X \leq 60)$ graphisch wie folgt ablesen: Im oberen Teil von Abbildung 7.10 entspricht diese Wahrscheinlichkeit der Summe der ersten beiden Säulen; im unteren Teil der Abbildung entspricht sie der Summe der ersten neun Säulen. Sie beträgt $P(-\infty < X \leq 60) = F(60) = 0{,}11$.

Eine Verteilungsfunktion lässt sich graphisch darstellen, indem man die verschiedenen Werte von x auf der Abszisse und die Werte der Funktion $F(x)$ auf der Ordinate abträgt. Für unser Gewichtsbeispiel ergibt sich die in Abbildung 7.11 dargestellte Verteilungsfunktion.

Bei stetigen Variablen entspricht der Wert der Verteilungsfunktion für einen beliebigen Wert x_o dem Integral über alle Werte x von X von $-\infty$ bis x_o:

$$F(x_o) = \int_{-\infty}^{x_o} f(x)\, dx \quad \text{(F 7.58)}$$

Der Grenzwert von $F(-\infty)$ ist gleich 0, wenn x gegen $-\infty$ strebt, und der Grenzwert von $F(\infty)$ ist gleich 1, wenn x gegen ∞ strebt. Die Wahrscheinlichkeit $P(x_u \leq X \leq x_o)$, dass die Zufallsvariable X Werte in einem bestimmten Intervall annimmt, lässt sich anhand der Verteilungsfunktion wie folgt bestimmen:

$$P(x_u \leq X \leq x_o) = F(x_o) - F(x_u)$$
$$P(-\infty < X \leq x_o) = P(X \leq x_o) = F(x_o) - 0 = F(x_o)$$
$$P(x_u \leq X < \infty) = P(X \geq x_u) = 1 - F(x_u)$$

Kennwerte einer stetigen Wahrscheinlichkeitsverteilung

Erwartungswert. Genau wie bei den diskreten Wahrscheinlichkeitsverteilungen kann die zentrale Tendenz einer stetigen Wahrscheinlichkeitsverteilung über den Erwartungswert bestimmt werden. Der Erwartungswert E einer stetigen Zufallsvariablen X mit der Dichte $f(x)$ ist wie folgt definiert:

$$E(X) = \int_{-\infty}^{+\infty} x \cdot f(x)\, dx \quad \text{(F 7.59)}$$

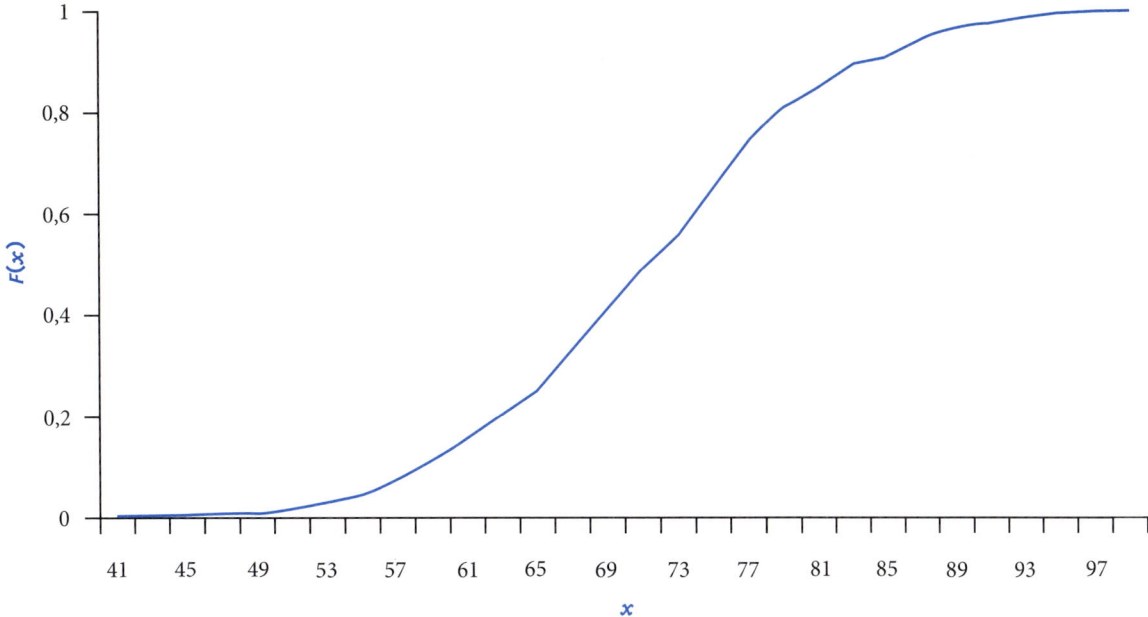

Abbildung 7.11 Verteilungsfunktion $F(x)$ der Variablen X = »Körpergewicht«

Gleichung F 7.59 wird besser verständlich, wenn man sich die Ähnlichkeit mit der Definition des Erwartungswertes im Falle diskreter Variablen (s. Gleichung F 7.26) vor Augen führt. Dort wird jede kategoriale Merkmalsausprägung x_i mit ihrer jeweiligen Wahrscheinlichkeit π_i gewichtet; im Falle stetiger Variablen spricht man jedoch nicht von der Wahrscheinlichkeit einer Merkmalsausprägung x_i, sondern von der Dichte der Zufallsvariablen X. Also wird im stetigen Falle die Variablenausprägung x mit ihrer Dichte $f(x)$ multipliziert und über die Gesamtfläche unter der Verteilung integriert.

Modus. Neben dem Erwartungswert lässt sich für jede stetige Zufallsvariable auch der Modalwert ermitteln (s. Abschn. 6.4.2). Der Modalwert ist dabei derjenige x-Wert, für den die Dichte $f(x)$ ein Maximum besitzt. Natürlich ist der Modus auch bei Wahrscheinlichkeitsverteilungen nur dann ein sinnvolles Maß, wenn die Verteilung nur *eine* solche Maximalstelle hat; sie heißt dann unimodal.

Median und Quantile. Der Median ist derjenige x-Wert, der das 0,5-Quantil beschreibt. Anders gesagt: Der Median ist derjenige x-Wert, für den die Verteilungsfunktion $F(x) = 0{,}5$ ist. Die anderen Quantile lassen sich in analoger Weise bestimmen. Das erste Quartil, d. h. das 0,25-Quantil, ist derjenige x-Wert, für den $F(x) = 0{,}25$ ist. Allgemein formuliert ist das p-Quantil x_p derjenige x-Wert, für den $F(x) = p$. Auf die Quantile von Zufallsvariablen wird beim Hypothesentesten häufig zurückgegriffen. Sie sind für die wichtigsten Verteilungen stetiger Variablen, die wir im Folgenden behandeln werden, für ausgewählte Werte im Anhang A tabelliert. Sie lassen sich darüber hinaus einfach anhand von Verteilungsrechnern bestimmen. So ermöglicht z. B. das Statistikprogramm R nicht nur, die Quantile verschiedener Verteilungen einfach zu berechnen, sondern auch die entsprechenden Dichte- und Verteilungsfunktionen graphisch darzustellen. Auf weitere Verteilungsrechner wird in den Online-Materialien verwiesen.

Varianz und Standardabweichung. Die Streuung einer Wahrscheinlichkeitsverteilung kann wiederum über die Varianz berechnet werden. Die Varianz einer stetigen Zufallsvariablen ist wie folgt definiert:

$$Var(X) = E(X - E(X))^2 = \int_{-\infty}^{+\infty} (x - E(X))^2 \cdot f(x)\,dx \quad \text{(F 7.60)}$$

Man beachte auch hier die Ähnlichkeit mit der Definition der Varianz im Falle diskreter Zufallsvariablen (s. Gleichung F 7.27). Auch hier ist die Standardabweichung definiert als die positive Wurzel aus der Varianz (s. Gleichung F 7.28).

Symmetrie bzw. Schiefe. In Abschnitt 6.4.5 wurde gezeigt, wie das Ausmaß der Schiefe (d. h. Asymmetrie) einer empirischen Häufigkeitsverteilung beschrieben werden kann (s. Gleichung F 6.31). Auch im Falle stetiger Zufallsvariablen ist eine empirische Ermittlung der Schiefe möglich; wir wollen sie jedoch hier nicht vertiefen. Als Faustregel gilt, dass es sich um eine symmetrische Verteilung handelt, wenn Modalwert, Median und Erwartungswert der Wahrscheinlichkeitsverteilung exakt identisch sind. Ist der Median kleiner als der Erwartungswert, handelt es sich um eine linkssteile (d. h. rechtsschiefe) Verteilung; ist der Median größer als der Erwartungswert, handelt es sich um eine rechtssteile (d. h. linksschiefe) Verteilung (s. Abschn. 6.4.1).

Unabhängigkeit stetiger Zufallsvariablen

Bei diskreten Zufallsvariablen haben wir gesehen, dass diese unabhängig sind, wenn die Wahrscheinlichkeit einer bestimmten Wertekombination gleich dem Produkt der Wahrscheinlichkeiten der einzelnen Werte ist. Bei stetigen Variablen haben die einzelnen Werte keine Wahrscheinlichkeit, die von 0 verschieden ist. Bei stetigen Variablen sind k verschiedene Zufallsvariablen $X_1, \ldots, X_k$ unabhängig, wenn gilt:

$$P(X_1 \leq x_1, \ldots, X_k \leq x_k) = P(X_1 \leq x_1) \cdot \ldots \cdot P(X_k \leq x_k)$$

(F 7.61)

7.3.1 Gleichverteilung

Im einfachsten Fall folgt eine stetige Zufallsvariable X einer Gleichverteilung, d. h., innerhalb eines Intervalls $[a, b]$ haben alle Werte denselben (von 0 verschiedenen) Dichtewert und außerhalb dieses Intervalls ist der Dichtewert gleich 0. Für den konkreten Fall ist dabei noch festzulegen, ob die Intervallgrenzen dazugehören sollen oder nicht. Somit sind alle Intervalle gleicher Breite innerhalb von $[a, b]$ gleich wahrscheinlich. Stellen Sie sich vor, Sie kommen per Zufall an eine Straßenbahnhaltestelle und warten auf die nächste Bahn. Die Bahnen fahren alle 10 Minuten. Es bestehen die beiden äußersten Möglichkeiten, dass sofort eine Bahn kommt (dann müssten Sie 0 Minuten warten) oder dass die Bahn gerade abgefahren ist (dann müssten Sie 10 Minuten warten). Wenn X das Minutenintervall ist, das Sie warten müssen, bis eine Bahn kommt, sind – eine unendlich genaue Uhr vorausgesetzt – alle Werte im Intervall $a = 0$ und $b = 10$ möglich. Außerdem sind alle gleich langen Minutenintervalle (z. B. zwischen $x_u = 0$ und $x_o = 1$ Minute, zwischen $x_u = 1$ und $x_o = 2$ Minuten etc.) gleich wahrscheinlich. Formal: Die Wahrscheinlichkeit $P(x_u \leq X \leq x_o)$ ist für gleich langen Minutenintervalle $[x_u, x_o]$ für alle Werte von x_u bzw. x_o ($a \leq x_u \leq x_o \leq b$) identisch. Anders gesagt: Die Dichte $f(x)$ ist konstant. Beträgt die Breite des Intervalls $[a, b]$ also 10 Minuten, so wäre die Dichte $f(x) = 0{,}1$ für jedes Minutenintervall. Die Dichtefunktion wäre also eine Gleichverteilung des Wertes 0,1 über alle x. Die Verteilungsfunktion wäre in diesem Fall innerhalb des Intervalls $[a, b]$ linear: Die Wahrscheinlichkeit, höchstens 10 Minuten zu warten, ist $P(X \leq 10) = 1$ (vorausgesetzt, die Bahnen kommen immer pünktlich …); die Wahrscheinlichkeit, höchstens genau 0 Minuten zu warten, ist $P(X \leq 0) = 0$; die Wahrscheinlichkeit, höchstens 5 Minuten zu warten, ist $P(X \leq 5) = 0{,}50$. Die Wahrscheinlichkeit $P(X \leq x)$ verhält sich also proportional zu x. Formal: Sofern sich x innerhalb eines Intervalls $[a, b]$ befindet, lautet die Dichtefunktion der stetigen Gleichverteilung:

$$f(x) = \frac{1}{b-a}$$

(F 7.62)

Die Verteilungsfunktion innerhalb des Intervalls $[a, b]$ lautet:

$$F(x) = \frac{x-a}{b-a}$$

(F 7.63)

Außerhalb des Intervalls $[a, b]$ gilt $F(x) = 0$ für $x \leq a$ und $F(x) = 1$ für $b \leq x$.

Der Erwartungswert einer stetigen Gleichverteilung lässt sich wie folgt berechnen:

$$E(X) = \frac{a+b}{2}$$

(F 7.64)

Die Varianz einer stetigen Gleichverteilung lässt sich wie folgt berechnen:

$$Var(X) = \frac{(b-a)^2}{12} \quad \text{(F 7.65)}$$

Dichte- und Verteilungsfunktion einer gleichverteilten stetigen Zufallsvariablen X mit $a = 0$, $b = 10$ und $a \leq x_u \leq x_o \leq b$ sind in Abbildung 7.12 abgetragen. Die Verteilung hat einen Erwartungswert von $E(X) = 5$ und eine Varianz von $Var(X) = 8{,}33$.

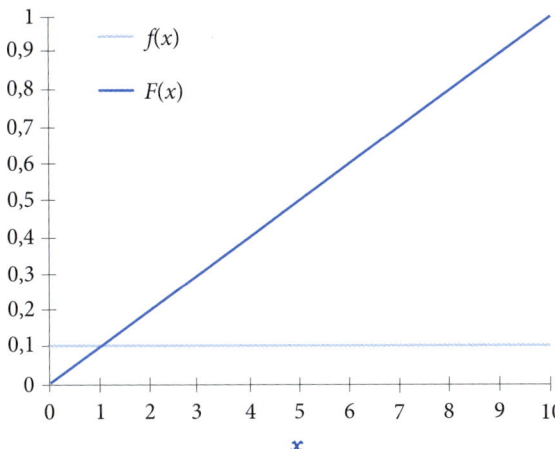

Abbildung 7.12 Dichtefunktion $f(x)$ und Verteilungsfunktion $F(x)$ einer gleichverteilten stetigen Zufallsvariablen X

7.3.2 Exponentialverteilung

Für eine exponentialverteilte Zufallsvariable X gilt, dass geringe Merkmalsausprägungen von X sehr viel höhere Dichtewerte aufweisen als größere Ausprägungen von X und dass die Dichte umso weiter gegen 0 geht, je größer x ist. Man stelle sich vor, X sei die Zeit, die eine Testperson benötigt, um auf ein bestimmtes akustisches Signal einen Knopf am PC zu drücken (Reaktionszeit). Die meisten Testpersonen werden eine sehr geringe Reaktionszeit haben; die Wahrscheinlichkeit, dass die Reaktion im Bereich mehrerer Sekunden liegt, geht gegen 0. Die Exponentialverteilung ist durch einen einzigen Parameter (λ) gekennzeichnet. Er beschreibt, wie schnell die Exponentialfunktion für $x \to \infty$ gegen Null geht. Daher kann man eine exponentialverteilte Zufallsvariable X auch verkürzt wie folgt schreiben:

$$X \sim Ex(\lambda), \text{ wobei } \lambda > 0$$

Die Dichtefunktion einer Exponentialverteilung lautet für $x \geq 0$:

$$f(x) = \lambda \cdot e^{-\lambda \cdot x} \quad \text{(F 7.66)}$$

und für $x < 0$: $f(x) = 0$.

Die Verteilungsfunktion lautet für $x \geq 0$:

$$F(x) = 1 - e^{-\lambda \cdot x} \quad \text{(F 7.67)}$$

und für $x < 0$: $F(x) = 0$.

Der Erwartungswert einer Exponentialverteilung lässt sich wie folgt berechnen:

$$E(X) = \frac{1}{\lambda} \quad \text{(F 7.68)}$$

Die Varianz einer Exponentialverteilung lässt sich wie folgt berechnen:

$$Var(X) = \frac{1}{\lambda^2} \quad \text{(F 7.69)}$$

Ein Beispiel für Dichte- und Verteilungsfunktion einer exponentialverteilten Zufallsvariablen X mit $\lambda = 1$ und $x \geq 0$ findet sich in Abbildung 7.13. Erwartungswert und Varianz dieser Variablen betragen $E(X) = Var(X) = 1$.

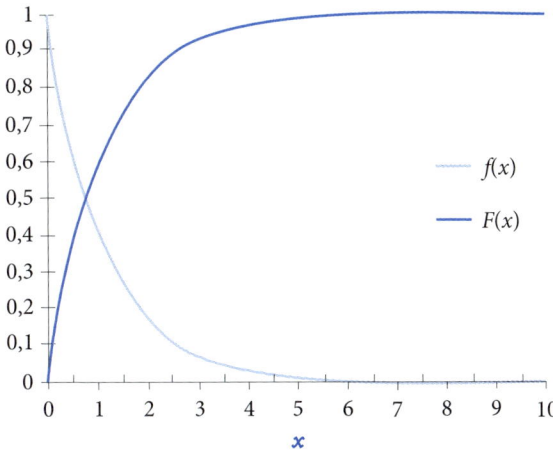

Abbildung 7.13 Dichtefunktion $f(x)$ und Verteilungsfunktion $F(x)$ einer exponentialverteilten stetigen Zufallsvariablen X mit $\lambda = 1$

7.3.3 Normalverteilung

Die Normalverteilung ist zweifellos die wichtigste Verteilungsform. Sie wurde bereits von dem Mathematiker Carl Friedrich Gauß (1777–1855) beschrieben und wird deshalb auch als »Gauß-Verteilung« bezeichnet. Auch in der Psychologie ist es für viele Variablen sinnvoll anzunehmen, dass sie in der Population annähernd normalverteilt sind. Die Normalverteilung ist symmetrisch und glockenförmig. Die Dichtefunktion und die Verteilungsfunktion einer normalverteilten Zufallsvariablen sind in Abbildung 7.14 dargestellt.

Die Normalverteilung wird durch zwei Parameter beschrieben, ihren Erwartungswert:

$$E(X) = \mu \qquad (F\ 7.70)$$

und ihre Varianz:

$$Var(X) = \sigma^2 \qquad (F\ 7.71)$$

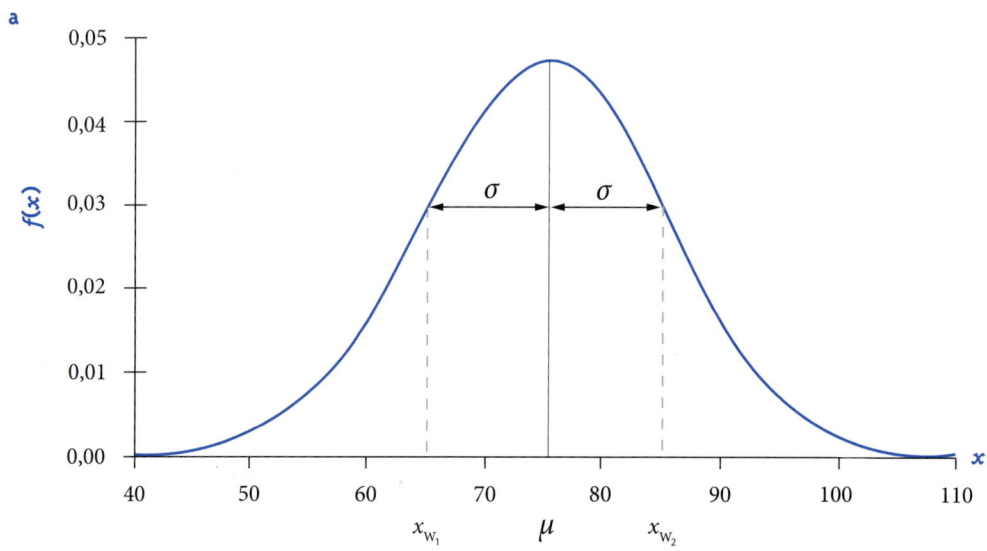

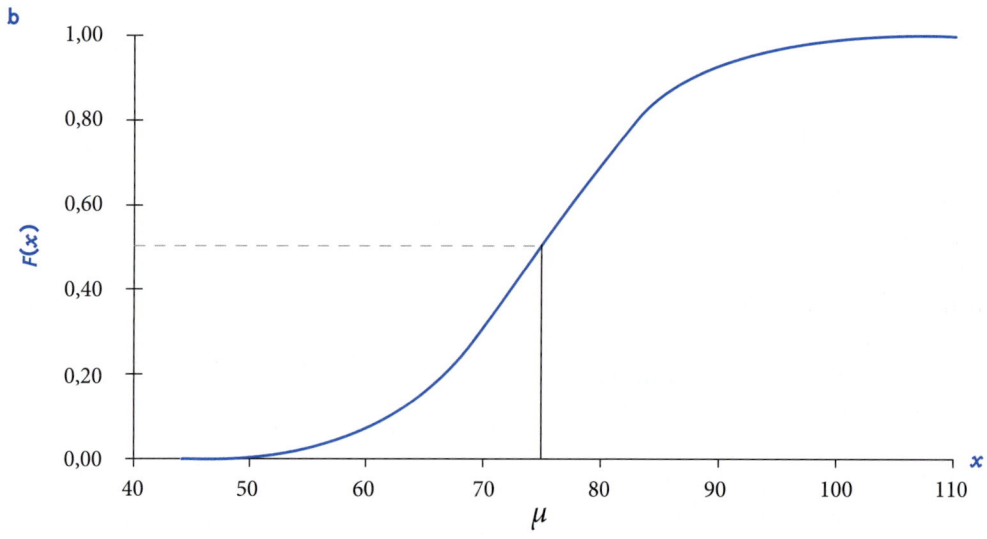

Abbildung 7.14 **a** Dichtefunktion $f(x)$ und **b** Verteilungsfunktion $F(x)$ einer normalverteilten Zufallsvariablen X mit $\mu = 75$ und $\sigma = 10$

Man schreibt daher, dass eine normalverteilte Variable X einer Normalverteilung N folgt, die durch diese beiden Parameter festgelegt ist: $X \sim N(\mu, \sigma^2)$. Da die Normalverteilung eine symmetrische und eingipflige Verteilung ist, entspricht der Erwartungswert μ dem Modalwert, also dem Wert, an dem die Verteilung ihre maximale Dichte hat. In Abbildung 7.14 liegt dieser Wert bei $\mu = 75$. Aufgrund der Symmetrie der Verteilung ist dieser Wert auch gleichzeitig der Median der Verteilung. Dies lässt sich an der Verteilungsfunktion (Abb. 7.14 b) gut erkennen. Bei der Normalverteilung fallen also alle drei Lagemaße, die wir kennengelernt haben, zusammen – genau wie bei allen anderen symmetrischen Verteilungen.

Die Breite einer Normalverteilung wird durch die Varianz σ^2 bestimmt. Diese entspricht bei der Normalverteilung der quadrierten Abweichung der Wendepunkte vom Erwartungswert: $\sigma^2 = (x_W - \mu)^2$. Der Wendepunkt x_W einer Verteilung ist der Punkt, an dem der Linienzug sein »Krümmungsverhalten« verändert. Verfolgen wir den Verlauf des Linienzugs (des »Graphen«) der in Abbildung 7.14 a dargestellten Dichtefunktion entlang der Abszisse von links nach rechts. Wir sehen, dass der Graph am unteren Ende der Abszisse zunächst eine Linkskurve beschreibt. An einem bestimmten Punkt auf der Abszisse (x_{W_1}) ändert er jedoch seine Krümmungsrichtung und beschreibt bis zum Maximum μ sowie darüber hinaus eine Rechtskurve. Rechts vom Maximum gibt es wiederum einen Punkt (x_{W_2}), an dem sich die Krümmungsrichtung umdreht und nun wieder eine Linkskurve beschrieben wird. Die Normalverteilung hat aufgrund ihrer Symmetrie also zwei Wendepunkte. In Abbildung 7.14 liegen die Wendepunkte bei $x_{W_1} = 65$ und $x_{W_2} = 85$. Die Varianz der Verteilung beträgt also $\sigma^2 = 100$.

Die Dichtefunktion der Normalverteilung lautet:

$$f(x) = \frac{1}{\sqrt{2 \cdot \pi \cdot \sigma^2}} \cdot \exp\left(-\frac{(x-\mu)^2}{2 \cdot \sigma^2}\right) \quad \text{(F 7.72)}$$

Die Verteilungsfunktion lautet:

$$F(x) = \frac{1}{\sqrt{2 \cdot \pi \cdot \sigma^2}} \int_{-\infty}^{x} \exp\left(-\frac{(t-\mu)^2}{2 \cdot \sigma^2}\right) dt \quad \text{(F 7.73)}$$

Der Buchstabe t repräsentiert die Werte von X, über die integriert wird. Der Buchstabe π bezeichnet die Kreiszahl Pi ($\pi = 3{,}1415\ldots$).

Standardisierung einer normalverteilten Zufallsvariablen

In Abschnitt 6.5 hatten wir die z-Transformation für kontinuierliche Variablen kennengelernt. Indem man von allen x-Werten ihren Mittelwert ($\bar{x}$) abzieht und die so gebildeten Differenzen durch die Standardabweichung (s_x) teilt, erhält man z-Werte, deren Mittelwert $\bar{z} = 0$ und deren Streuung $s_z = 1$ betragen (s. Gleichung F 6.33).

Die gleiche Transformation lässt sich auch bei einer normalverteilten Zufallsvariablen ausführen: Indem man eine normalverteilte Zufallsvariable X an Erwartungswert (μ) und Streuung (σ) standardisiert, erhält man eine transformierte normalverteilte Zufallsvariable Z:

$$Z = \frac{X - \mu}{\sigma} \quad \text{(F 7.74)}$$

Für diese Zufallsvariable gilt: $E(Z) = 0$ und $Var(Z) = 1$. Man sagt auch, die Variable Z folge einer Standardnormalverteilung; formal: $Z \sim N(0, 1)$.

Quantile der Normalverteilung. Alle Normalverteilungen lassen sich durch Transformation in eine Standardnormalverteilung überführen. Es reicht daher z. B. aus, die Quantile für die Standardnormalverteilung zu tabellieren, da sich die Quantile aller anderen Normalverteilungen durch Transformation bestimmen lassen (s. Tab. A.2 im Anhang A). Aus den Quantilen z_p der Standardnormalverteilung lassen sich die Quantile einer Normalverteilung mit Mittelwert μ und Varianz σ^2 wie folgt bestimmen:

$$x_p = \mu + \sigma \cdot z_p \quad \text{(F 7.75)}$$

Mit einem Verteilungsrechner, wie er z. B. im Statistikprogramm R oder auch in den gängigen Tabellenkalkulationsprogrammen implementiert ist, lassen sich die Quantile der Normalverteilung auch direkt berechnen (🖱).

Zentrale Schwankungsintervalle. Diese äußerst vorteilhafte Eigenschaft der Standardisierung wird uns im

Rahmen der inferenzstatistischen Absicherung statistischer Ergebnisse noch sehr nützlich sein. In Tabelle 7.3 sind wichtige Quantile sowie drei zentrale Schwankungsintervalle dargestellt. Ein zentrales Schwankungsintervall gibt ein Intervall von Werten um den Erwartungswert herum an. Das zweite dargestellte Schwankungsintervall zeigt z. B., dass im Bereich des Erwartungswerts plus und minus einer Standardabweichung 68,3 % der Werte liegen. Das dritte Schwankungsintervall zeigt, dass die mittleren 50 % der Werte ungefähr den Wertebereich zwischen −0,675 und +0,675 umfassen.

Tabelle 7.3 Standardnormalverteilung: Wichtige Quantile z_p und zentrale Schwankungsintervalle sowie zugehörige Wahrscheinlichkeiten (graue Flächenanteile unter der Dichtefunktion)

Wahrscheinlichkeit (Flächenanteil)	Graphische Darstellung	$F(z_p)$
$P(z \leq -2) = F(-2)$		0,023
$P(z \leq -1) = F(-1)$		0,159
$P(z \leq 0) = F(0)$		0,5
$P(z \leq 1{,}645) = F(1{,}645)$		0,95
$P(z \leq 2{,}328) = F(2{,}328)$		0,99

Tabelle 7.3 (Fortsetzung)

Wahrscheinlichkeit (Flächenanteil)	Graphische Darstellung	$F(z_p) - F(-z_p)$
$P(-1{,}96 \leq z \leq 1{,}96)$		0,95
$P(-1 \leq z \leq 1)$		0,683
$P(-0{,}675 \leq z \leq 0{,}675)$		0,50

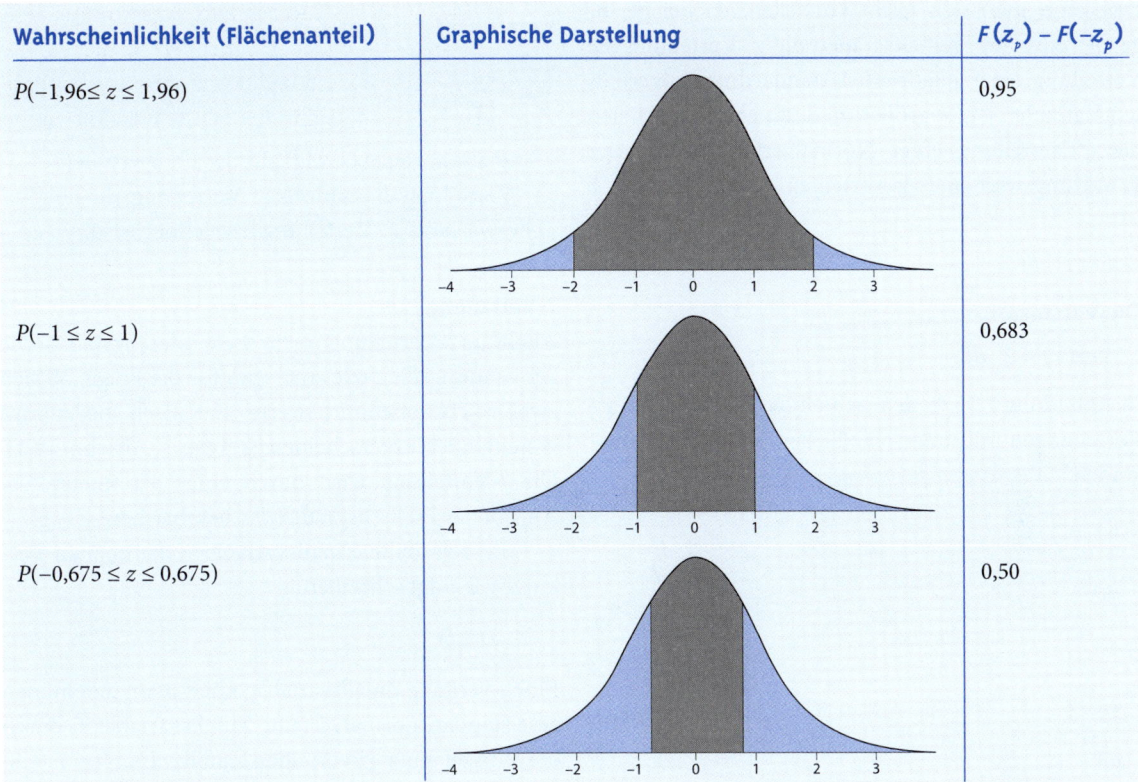

7.3.4 Weitere stetige Wahrscheinlichkeitsverteilungen

Die Exponentialverteilung und die Normalverteilung haben wir ein wenig ausführlicher behandelt. Mit ihnen ist die Menge der stetigen Wahrscheinlichkeitsverteilungen jedoch noch nicht erschöpft. In den Kapiteln zur Inferenzstatistik werden wir weitere wichtige Wahrscheinlichkeitsverteilungen vertieft behandeln. An dieser Stelle wollen wir sie nur kurz einführen.

Chi-Quadrat-Verteilung

Die Chi-Quadrat- oder χ^2-Verteilung ist für die Psychologie insbesondere zur inferenzstatistischen Behandlung von Varianzen (s. Kap. 10, 11, 23), von Häufigkeiten (bei nominalskalierten Merkmalen; s. Kap. 10, 11, 15, 20) sowie von Modellanpassungstests (s. Kap. 10) von Bedeutung. Eine χ^2-verteilte Variable erhält man, wenn man mehrere voneinander unabhängige standardnormalverteilte Zufallsvariablen $Z_1, \ldots, Z_k$ quadriert und addiert:

$$Y = Z_1^2 + \ldots + Z_k^2 = \sum_{i=1}^{k} Z_i^2 \qquad \text{(F 7.76)}$$

Die χ^2-Verteilung kann durch einen einzigen Parameter beschrieben werden, nämlich die Anzahl der »Freiheitsgrade« df (engl. degrees of freedom). Auf das Konzept der Freiheitsgrade werden wir in Kapitel 8 genauer eingehen. Die Anzahl der Freiheitsgrade entspricht genau der Anzahl der quadrierten standardnormalverteilten Variablen, die aufsummiert werden:

$$df = k \qquad \text{(F 7.77)}$$

Eine χ^2-verteilte Zufallsvariable kann man verkürzt wie folgt schreiben:

$$Y \sim \chi^2(df)$$

Ist df klein, so ist die χ^2-Verteilung deutlich linkssteil. Das kann man sich leicht vorstellen, da bei geringer Anzahl von Freiheitsgraden die χ^2-Verteilung die Verteilung einer quadrierten standardnormalverteilten Variablen ist. Je größer df, desto eher nähert sich die χ^2-Verteilung einer Normalverteilung an. Der Erwartungswert einer χ^2-verteilten Zufallsvariablen Y ist:

$$E(Y) = df \tag{F 7.78}$$

Die Varianz ist:

$$Var(Y) = 2 \cdot df \tag{F 7.79}$$

In Abbildung 7.15 finden sich einige Beispiele für χ^2-Verteilungen mit unterschiedlicher Anzahl Freiheitsgraden.

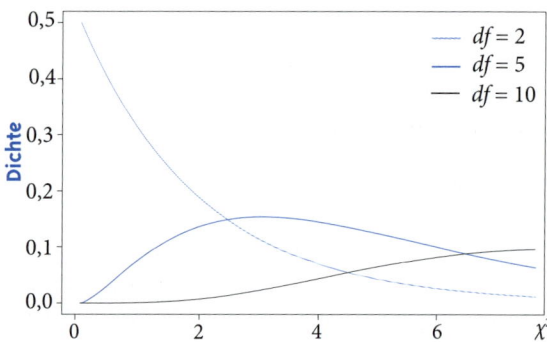

Abbildung 7.15 Wahrscheinlichkeitsverteilungen von χ^2-verteilten Zufallsvariablen mit unterschiedlicher Anzahl Freiheitsgraden ($df = 2$, $df = 5$ und $df = 10$)

Vertiefung

Nonzentrale Chi-Quadrat-Verteilung

Während die Variablen Z_i jeweils einer Standardnormalverteilung mit dem Mittelwert 0 und der Varianz 1 folgen, folgen die Variablen $(Z_i + \mu_i)$ jeweils einer nonzentralen Normalverteilung mit dem Mittelwert μ_i und der Varianz 1. Setzt man $(Z_i + \mu_i)$ in Gleichung F 7.76 für Z_i ein, ergibt sich eine Variable U:

$$U = \sum_{i=1}^{k} (Z_i + \mu_i)^2 \tag{F 7.80}$$

Diese Variable folgt einer nonzentralen χ^2-Verteilung; diese ist durch zwei Parameter bestimmt: die Anzahl der Freiheitsgrade (df) und den Nonzentralitätsparameter

$$\lambda = \sum_{i=1}^{k} \mu_i^2. \tag{F 7.81}$$

Sind alle μ_i gleich 0, folgt aus der nonzentralen χ^2-Verteilung die *zentrale* χ^2-Verteilung, die üblicherweise als χ^2-Verteilung bezeichnet wird.

t-Verteilung

Auch die *t*-Verteilung ist für viele inferenzstatistische Anwendungsfälle relevant, etwa für die Frage, ob sich zwei Stichprobenmittelwerte statistisch bedeutsam voneinander unterscheiden (*t*-Test; s. Abschn. 11.1). Die *t*-Verteilung wird durch einen Parameter, die Anzahl der Freiheitsgrade (df), beschrieben.

Eine *t*-verteilte Zufallsvariable X kann man verkürzt wie folgt schreiben:

$$X \sim t(df)$$

Eine *t*-verteilte Zufallsvariable erhält man, indem man eine standardnormalverteilte Zufallsvariable Z_0 durch die Wurzel einer χ^2-verteilten Zufallsvariablen Y teilt, die durch die Anzahl ihrer Freiheitsgrade dividiert wurde:

$$X = \frac{Z_0}{\sqrt{\dfrac{Y}{df}}} = \frac{Z_0}{\sqrt{\dfrac{1}{k}\sum_{i=1}^{k} Z_i^2}} \tag{F 7.82}$$

Dabei müssen Z_0 und Y voneinander unabhängig sein. Die Anzahl der Freiheitsgrade der *t*-Verteilung entspricht der Anzahl der Freiheitsgrade der χ^2-verteilten Zufallsvariablen im Nenner ($df = k$). Der Erwartungswert und die Varianz einer *t*-verteilten Zufallsvariablen lassen sich wie folgt bestimmen:

$$E(X) = 0 \tag{F 7.83}$$

$$Var(X) = \frac{df}{df - 2} \tag{F 7.84}$$

In Abbildung 7.16 finden sich einige Beispiele für *t*-Verteilungen mit unterschiedlicher Anzahl Freiheitsgraden. Zusätzlich ist in Abbildung 7.16 eine Standardnormalverteilung eingezeichnet.

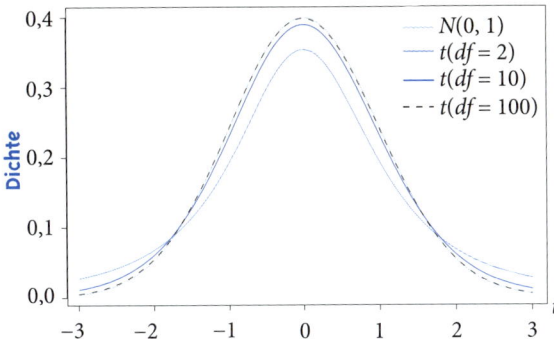

Abbildung 7.16 Wahrscheinlichkeitsverteilungen von t-verteilten Zufallsvariablen mit unterschiedlicher Anzahl Freiheitsgraden ($df = \{2, 10, 100\}$). Zum Vergleich ist zusätzlich die Standardnormalverteilung $N(0, 1)$ eingezeichnet

Die t-Verteilung ist glockenförmig und symmetrisch und ähnelt damit stark der Standardnormalverteilung. In der Tat geht eine t-Verteilung mit großem df in eine Standardnormalverteilung über. Bei kleinem df sieht man allerdings die Unterschiede: Die t-Verteilung ist breiter als die Standardnormalverteilung, dafür ist die Fläche unter der Kurve im zentralen Bereich kleiner als bei der Standardnormalverteilung.

Die t-Verteilung wird auch Student-t-Verteilung genannt. Sie wurde von William S. Gosset (1876–1937) beschrieben, der als Statistiker der Guinness-Brauerei in Irland seine wissenschaftlichen Arbeiten nur unter einem Pseudonym (er wählte »Student«) veröffentlichen durfte.

> **Vertiefung**
>
> **Nonzentrale t-Verteilung**
> Folgt die Variable $Z_0 + \mu_0$ einer $N(\mu_0, 1)$-Normalverteilung, dann folgt die Variable
>
> $$U = \frac{(Z_0 + \mu_0)}{\sqrt{\dfrac{Y}{df}}} = \frac{(Z_0 + \mu_0)}{\sqrt{\dfrac{1}{k}\sum_{i=1}^{k} Z_i^2}} \quad \text{(F 7.85)}$$
>
> einer nonzentralen t-Verteilung mit $df = k$ Freiheitgraden und dem Nonzentralitätsparameter
>
> $$\lambda = \mu_0. \quad \text{(F 7.86)}$$
>
> Wir werden in Kapitel 8 noch genauer auf die nonzentrale t-Verteilung eingehen.

F-Verteilung

Die F-Verteilung spielt beim Vergleich von Varianzen und somit im Rahmen der Varianz- und Regressionsanalyse eine große Rolle (s. Kap. 11–13, 16, 18). Eine F-verteilte Variable X erhält man, indem man den Quotienten zweier voneinander unabhängiger χ^2-verteilter Variablen Y_1 und Y_2 bildet, die jeweils durch ihre Freiheitsgrade dividiert wurden:

$$X = \frac{\dfrac{Y_1}{df_1}}{\dfrac{Y_2}{df_2}} = \frac{\dfrac{1}{k_1}\sum_{i=1}^{k_1} Z_{1i}^2}{\dfrac{1}{k_2}\sum_{j=1}^{k_2} Z_{2j}^2} \quad \text{(F 7.87)}$$

Die F-Verteilung wird durch zwei Parameter beschrieben, nämlich die Anzahl der Freiheitsgrade für den Zähler des Quotienten (df_1) und die Anzahl der Freiheitsgrade für den Nenner des Quotienten (df_2).

Eine F-verteilte Zufallsvariable X kann man daher verkürzt wie folgt schreiben:

$$X \sim F(df_1; df_2)$$

Die F-Verteilung ist bei einer kleinen Anzahl der Zähler- und Nennerfreiheitsgrade asymmetrisch und linkssteil. Je größer die Anzahl der Zähler- und Nennerfreiheitsgrade, desto symmetrischer wird die Verteilung. In Abbildung 7.17 finden sich einige Beispiele für F-Verteilungen mit unterschiedlicher Kombination von Freiheitsgraden.

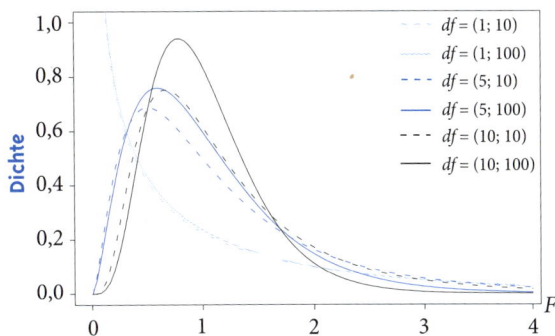

Abbildung 7.17 Wahrscheinlichkeitsverteilungen von F-verteilten Zufallsvariablen mit unterschiedlicher Kombination von Freiheitsgraden ($df_1; df_2 = \{(1;10), (1;100), (5;10), (5;100), (10;10), (10;100)\}$).

Der Erwartungswert lässt sich für $df_2 > 2$ und die Varianz für $df_2 > 4$ wie folgt bestimmen:

$$E(X) = \frac{df_2}{df_2 - 2} \tag{F 7.88}$$

$$Var(X) = \frac{2 \cdot df_2^2 \cdot (df_1 + df_2 - 2)}{df_1 \cdot (df_2 - 4) \cdot (df_2 - 2)^2} \tag{F 7.89}$$

Diese Verteilung wurde zu Ehren des Statistikers Ronald Aylmer Fisher (1890–1962), eines der bedeutendsten Statistiker, F-Verteilung genannt.

> **Vertiefung**
>
> **Nonzentrale F-Verteilung**
> Folgt die Zufallsvariable Y_1 im Zähler von Gleichung F 7.87 nicht einer zentralen, sondern einer nonzentralen F-Verteilung mit dem Nonzentralitätsparameter λ, dann folgt auch die Variable
>
> $$U = \frac{\frac{1}{k_1} \sum_{i=1}^{k_1} (Z_{1i} + \mu_{1i})^2}{\frac{1}{k_2} \sum_{j=1}^{k_2} Z_{2j}^2} \tag{F 7.90}$$
>
> einer nonzentralen F-Verteilung mit dem Nonzentralitätsparameter λ und den Freiheitsgraden df_1 und df_2.

Zusammenfassung

- Die kleinste Einheit eines Zufallsvorgangs (z. B. einfacher Würfelwurf) ist das Ergebnis (z. B. Augenzahl). Alle möglichen Ergebnisse sind im Ergebnisraum zusammengefasst. Die Anzahl dieser Ergebnisse im Ergebnisraum wird mit K bezeichnet (beim einfachen Würfelwurf: $K = 6$). Ein Ereignis ist eine Teilmenge des Ergebnisraums. Das Ereignis, dass sich ein einzelnes Ergebnis realisiert, heißt Elementarereignis. Die Wahrscheinlichkeit eines dieser Elementarereignisse ist beim Laplace-Versuch, bei dem alle Elementarereignisse (z. B. A = Augenzahl »5«) gleich wahrscheinlich sind, $P(A) = 1/K$, hier also $P(\{5\}) = 1/6$.

- Im Falle eines n-fach wiederholten Zufallsexperiments (z. B. dreifacher Würfelwurf) hängt die Wahrscheinlichkeit eines Ereignisses (z. B. A = drei gerade Augenzahlen) davon ab, ob es sich um ein Modell mit oder ohne Zurücklegen handelt und ob die Reihenfolge berücksichtigt wird oder nicht (Kombinatorik).

- Im Falle eines Modells ohne Zurücklegen und ohne Berücksichtigung der Reihenfolge kann die Anzahl der Ergebnisse im Ergebnisraum (K) mit Hilfe des Binomialkoeffizienten $\binom{k}{n}$ beschrieben werden.

- Das Multiplikationstheorem für unabhängige Ereignisse besagt, dass die Wahrscheinlichkeit einer bestimmten Kombination von Ereignissen gleich dem Produkt der Wahrscheinlichkeiten für jedes Ereignis ist, sofern die Ereignisse voneinander unabhängig sind.

- Dem Additivitätsaxiom zufolge ist die Wahrscheinlichkeit, dass entweder das eine oder das andere zweier Ereignisse eintritt, gleich der Summe der Wahrscheinlichkeiten für jedes Ereignis minus der Wahrscheinlichkeit, dass beide Ereignisse zusammen eintreten.

- Wahrscheinlichkeiten können aus relativen Häufigkeiten geschätzt werden. Nach dem Bernoulli-Theorem (und dem Gesetz der großen Zahlen) konvergiert die relative Häufigkeit eines Ereignisses umso eher gegen die Wahrscheinlichkeit dieses Ereignisses, je größer die Anzahl Beobachtungen (n) ist, die der Bestimmung der relativen Häufigkeit zugrunde liegt.

- Das Bayes-Theorem beschreibt, wie sich die Wahrscheinlichkeit eines Ereignisses A unter der Bedingung B umrechnen lässt in die Wahrscheinlichkeit eines Ereignisses B unter der Bedingung A.

- Reelle Zufallsvariablen bilden die Ergebnisse eines Zufallsexperiments in die Menge der reellen Zahlen ab. Diskrete Zufallsvariablen haben endlich viele oder abzählbar unendlich viele Werte, stetige Zufallsvariablen weisen überabzählbar unendlich viele Werte auf.

- Die Binomialverteilung ist eine Wahrscheinlichkeitsverteilung einer diskreten Zufallsvariablen.

Die Zufallsvariable ist dabei die Häufigkeit, mit der beim n-fach wiederholten Zufallsexperiment mit $k = 2$ Elementarereignissen (mit Zurücklegen) eines der beiden Ereignisse eintritt.
▶ Die hypergeometrische Verteilung ist ebenfalls eine diskrete Wahrscheinlichkeitsverteilung. Die Zufallsvariable ist dabei die Häufigkeit, mit der beim n-fach wiederholten Zufallsexperiment mit $k = 2$ Elementarereignissen (ohne Zurücklegen) eines der beiden Ereignisse eintritt.
▶ Gibt eine Zufallsvariable die Häufigkeit an, mit der ein Ereignis in einem Zeitintervall auftritt, so folgt sie einer Poisson-Verteilung.
▶ Bei stetigen Zufallsvariablen ist die exakte Wahrscheinlichkeit eines einzelnen Wertes gleich 0.

▶ Die Wahrscheinlichkeit eines Werteintervalls (d. h. die Wahrscheinlichkeit, dass ein Wert einer Zufallsvariablen innerhalb eines bestimmten Wertebereichs liegt) lässt sich bei stetigen Zufallsvariablen über die Fläche unter der Dichtefunktion bestimmen. Die Wahrscheinlichkeit, mit der eine Zufallsvariable höchstens die Merkmalsausprägung x aufweist, lässt sich über die Verteilungsfunktion ermitteln.
▶ Die Normalverteilung ist die wichtigste stetige Wahrscheinlichkeitsverteilung. Sie ist glockenförmig und symmetrisch und lässt sich durch zwei Parameter (Erwartungswert und Varianz) vollständig beschreiben.

Fragen und Übungsaufgaben

Fragen
(1) Was versteht man unter einem Elementarereignis?
(2) In welchem kombinatorischen Modell ist die Anzahl der Ergebnisse im Ergebnisraum identisch mit dem Binomialkoeffizienten?
(3) Was besagt die Laplace-Wahrscheinlichkeit?
(4) Was besagt das Bernoulli-Theorem?
(5) Was versteht man unter einer bedingten Wahrscheinlichkeit?
(6) Geben Sie ein Beispiel für das Konzept der stochastischen Unabhängigkeit.
(7) Durch welche Parameter wird eine Binomialverteilung beschrieben?
(8) Was ist der Unterschied zwischen der Binomialverteilung und der hypergeometrischen Verteilung?
(9) Was ist der Unterschied zwischen Dichtefunktion und Verteilungsfunktion?
(10) Durch welchen Parameter wird eine Exponentialverteilung beschrieben?
(11) Wie lauten Erwartungswert und Varianz der Standardnormalverteilung?

Übungsaufgaben
(1) Erstellen Sie per Hand oder mit Hilfe eines Statistik- oder Tabellenkalkulationsprogramms die graphische Darstellung (a) der Wahrscheinlichkeitsverteilung und (b) der Verteilungsfunktion einer Zufallsvariablen X, die folgende Verteilung aufweist: $X \sim B(10; 0{,}25)$
(2) Statistikdozent Eberhard W. leitet ein Seminar mit 30 Teilnehmenden im ersten Semester. Um die Aufmerksamkeit der Studierenden zu erhöhen, stellt er in unvorhersehbaren Abständen Fragen, zeigt zufällig auf einen Studierenden und bittet diesen, die Frage zu beantworten.
Angenommen, Herr W. stellt fünf Fragen:
(a) Wie viele Kombinationen aus Studierenden gäbe es, wenn man die Reihenfolge, in der die Studierenden drangenommen werden, mit berücksichtigt?
(b) Wie viele Kombinationen aus Studierenden gäbe es, wenn man die Reihenfolge, in der die Studierenden drangenommen werden, nicht mit berücksichtigt?

(c) Wie groß ist in diesem Fall die Wahrscheinlichkeit, dass die Studentin Gisela F. fünfmal hintereinander drangenommen wird?

(d) Wie viele Kombinationen aus Studierenden gäbe es, wenn man die Reihenfolge, in der die Studierenden drangenommen werden, nicht mit berücksichtigt und diejenigen, die schon einmal drangekommen sind, nicht noch einmal aufruft?

(3) Im Studiengang Psychologie an der Universität L. sind 120 Studierende im ersten Semester eingeschrieben, davon 90 Frauen. Von den 120 Studierenden hatten 40 in der Schule Mathematik im Leistungskurs, darunter 15 Frauen. Wie groß ist die Wahrscheinlichkeit, dass eine beliebige Studentin Mathematik im Leistungskurs hatte?

(4) Sie sind Psychologin bzw. Psychologe in einer Erziehungsberatungsstelle. Eines Tages kommt eine Mutter mit ihrem Kind zu Ihnen und will wissen, ob ihr Kind an einer Aufmerksamkeitsdefizitstörung (ADS) leidet. Sie wissen, dass zurzeit ca. 5 von 100 Kindern eine solche Störung aufweisen. Sie wissen auch, dass Kinder mit dieser Störung mit einer Wahrscheinlichkeit von 80 % in einem Konzentrationstest unterdurchschnittliche Werte erzielen. Sie führen den Konzentrationstest mit dem besagten Kind durch; in der Tat erzielt es einen unterdurchschnittlichen Wert. Wie groß ist die Wahrscheinlichkeit, dass dieses Kind wirklich ADS hat?

(5) Mathematiklehrerin Gundula A. möchte Klavierspielen lernen. Ihr Klavier hat – wie die meisten Klaviere – 88 Tasten, davon 52 weiße und 36 schwarze. Am Anfang kann sie noch kein Lied spielen und drückt wahllos Tasten. Nun fragt sie sich, wie groß die Wahrscheinlichkeit ist, dass sie beim wahllosen und zufälligen Drücken von 10 Tasten 5 weiße und 5 schwarze erwischt.

(6) Eine Zufallsvariable X sei exponentialverteilt mit $\lambda = 0{,}2$. Wie groß ist die Wahrscheinlichkeit, einen Wert von $x = 2$ oder kleiner zu erhalten?

(7) Eine Zufallsvariable X sei normalverteilt mit $\mu = \sigma^2 = 100$.
   (a) Wo liegen die Wendepunkte dieser Verteilung?
   (b) Wie groß ist die Wahrscheinlichkeit, dass ein beliebiger Wert x zwischen 80 und 120 liegt?
   (c) Wie groß ist die Wahrscheinlichkeit, dass ein beliebiger Wert x mindestens 140 beträgt?

8 Grundlagen der Inferenzstatistik

Was Sie in diesem Kapitel lernen

- Was ist ein Nullhypothesentest?
- Was bedeutet es, wenn ein Ergebnis »signifikant« ist?
- Wie viele statistische Entscheidungen gibt es?
- Was ist ein Konfidenzintervall, und wie lässt es sich berechnen?
- Wie groß ist die Wahrscheinlichkeit, ein signifikantes Ergebnis zu erhalten?
- Was versteht man unter α-Fehler, β-Fehler und Teststärke?
- Was ist ein optimaler Stichprobenumfang?
- Warum ist es sinnvoll, Effektgrößen zu bestimmen?

In Kapitel 7 haben wir wichtige Grundbegriffe der Wahrscheinlichkeitstheorie und der Wahrscheinlichkeitsrechnung behandelt. Diese Begriffe benötigen wir nun, um die Logik inferenzstatistischer Verfahren herzuleiten. Die Inferenzstatistik (d. h. schließende Statistik) beschäftigt sich mit der Frage, wie man aufgrund von Stichprobendaten auf Sachverhalte in einer zugrundeliegenden Population schließen kann. Wir werden uns v. a. mit zwei Themen beschäftigen: dem Testen von Hypothesen und der Schätzung von Populationsparametern (z. B. dem Mittelwert eines Merkmals in einer Population) anhand von Stichprobendaten. Bevor wir diese beiden Themen ausführlich behandeln, wollen wir sie zunächst anhand eines inhaltlichen Beispiels illustrieren. Auf dieses Beispiel werden wir im weiteren Verlauf dieses Kapitels immer wieder zurückgreifen.

Beispiel

Gedächtnistraining: Effektivitätstest

Ein Gedächtnisforscher preist in einer populärwissenschaftlichen Zeitschrift eine Trainingsmethode an, mit der man angeblich die Gedächtnisleistung steigern kann. In der nächsten Ausgabe der Zeitschrift erscheint der Leserbrief eines anderen Psychologen, der den behaupteten Effekt bezweifelt. Die beiden Kollegen treten in Kontakt und vereinbaren, die Wirkung des Trainings empirisch zu prüfen, um auf diesem Weg zu entscheiden, wessen Behauptung stimmt. Der Gedächtnisforscher schlägt vor, das Experiment mit einem gut untersuchten Gedächtnistest durchzuführen. Dieser Test ermittelt die Gedächtnisleistung mit unendlicher Genauigkeit. Bei den resultierenden Testwerten (X) handelt es sich um eine stetige Variable. Sagen wir, die Populationsverteilung der Testwerte X sei bekannt. Sie folgt einer Normalverteilung mit dem Mittelwert $\mu = 50$ und der Varianz $\sigma^2 = 100$ (formal: $X \sim N(50, 100)$).

Eine studentische Hilfskraft wählt per Zufall eine Gruppe (Stichprobe) von Personen aus der Population aus, unterzieht sie dem Training und erfasst danach die Gedächtnisleistung anhand des Gedächtnistests. Sie findet in der Gruppe der trainierten Personen einen Mittelwert von $\bar{x} = 58$. Dieser Mittelwert in der Gruppe der trainierten Personen ist größer als der Populationsmittelwert $\mu = 50$, also der Mittelwert in einer Population von untrainierten Personen. Spricht dies für die Effektivität des Trainings? Nicht zwangsläufig. Warum nicht? Die Varianz von $\sigma^2 = 100$ zeigt an, dass sich Menschen in ihrer Gedächtnisleistung unterscheiden. Zieht man per Zufall eine Person aus der Population, wird ihr Wert wahrscheinlich nicht dem Populationsmittelwert entsprechen. Zieht man eine Stichprobe von Personen und ermittelt deren Gruppenmittelwert, so wird sich dieser wahrscheinlich auch vom Mittelwert in der Population unterscheiden. Zieht man drei Stichproben vom Umfang $n = 20$, so werden ▶

> sich die Mittelwerte der Stichproben ebenfalls voneinander und vom Populationsmittelwert unterscheiden. Bei der Bewertung der Effektivität des Trainings kommt also eine Unsicherheit ins Spiel. Diese rührt daher, dass die Merkmalsausprägung in der Population zwischen Objekten (Personen) variiert und wir lediglich eine Zufallsziehung vorgenommen haben. Kommt die Abweichung des Stichprobenmittelwerts vom Populationsmittelwert nur durch diesen Zufall zustande oder (auch) dadurch, dass sich die »Population der Trainierten« in ihrem Mittelwert vom Populationsmittelwert der »Untrainierten« unterscheidet?

Bei der »Population der Trainierten« handelt es sich um eine fiktive Population (s. Abschn. 9.3.1). Eine solche Population existiert nicht wirklich. Wir stellen uns lediglich vor, man würde eine sehr große Anzahl von Personen dem Training unterziehen. In einer solchen Population würde die durchschnittliche Merkmalsausprägung, also die Leistung im Gedächtnistest, größer als der Mittelwert der »untrainierten Population« (in unserem Beispiel $\mu_{UT} = 50$; die Abkürzung UT führen wir ein, um deutlich zu machen, dass es sich um eine untrainierte Population handelt) sein, wenn das Training tatsächlich wirkt und die Gedächtnisleistung verbessert. Der Mittelwert der »trainierten Population« würde also dann $\mu_T > 50$ betragen. Die beiden Psychologen müssen nun entscheiden, ob die Stichprobe, die sie gezogen haben, aus einer »Population der Untrainierten« mit $\mu_{UT} = 50$ oder aus einer (fiktiven) »Population der Trainierten« mit $\mu_T > 50$ stammt.

Im Folgenden zeigen wir, wie man zu einer solchen Entscheidung kommen kann. Da diese zwangsläufig mit einem Fehlerrisiko behaftet ist, ist von Interesse, wie groß dieses Risiko ist und wie man es eingrenzen kann. Intuitiv einleuchtend ist, dass der Fehler davon abhängt, wie viele Personen trainiert werden. Je größer die Stichprobe, desto zuverlässiger wird man bestimmen können, ob das Training wirksam ist (vgl. das Gesetz der großen Zahlen, Abschn. 7.1.5). Aber wie groß muss die Stichprobe sein?

Schließlich wird sich der Psychologe, der das Training entwickelt hat, auch dafür interessieren, wie groß der Effekt des Trainings ist, also wie groß die Differenz $\mu_T - \mu_{UT}$ ist. Wie kann man diese Differenz schätzen? Wie groß muss die Stichprobe sein, um diese Differenz zuverlässig zu schätzen? Woran erkennt man, was eine gute Schätzung ist? Worin zeigt sich, wie zuverlässig dieser Effekt geschätzt wurde? All dies sind Fragen, die sich in Untersuchungen stellen, in denen man von einer Stichprobe auf eine zugrundeliegende Population schließen will.

8.1 Der Nullhypothesentest nach Fisher

Ronald Aylmer Fisher, ein englischer Mathematiker und Genetiker, gilt wahrscheinlich zu Recht als derjenige, der die Inferenzstatistik und die empirische Versuchsplanung und -auswertung am nachhaltigsten geprägt hat. Der von ihm propagierte Nullhypothesentest (Fisher, 1925, 1935, 1956) und das daraus entwickelte »Signifikanztestritual« galten lange Zeit als der Standard des inferenzstatistischen Hypothesentestens und sind noch heute das am häufigsten verwendete Vorgehen in der wissenschaftlichen Praxis. Diese Praxis wird jedoch zunehmend kritisiert und durch alternative Sichtweisen ergänzt.

Kurz gesagt überprüft der Nullhypothesentest im Falle eines Mittelwerts die Annahme, dass eine beobachtete Abweichung des Stichprobenmittelwerts vom Populationsmittelwert allein darauf zurückgeführt werden kann, dass die Stichprobe per Zufall aus der Population gezogen wurde. Bezogen auf unser Gedächtnistrainingsbeispiel könnte es also sein, dass der Stichprobenmittelwert von $\bar{x} = 58$ nicht etwa darauf hindeutet, dass das Training tatsächlich wirkt, sondern darauf, dass die Abweichung vom Populationsmittelwert der »Untrainierten« ($\mu_{UT} = 50$) nur Zufall war. Man unterstellt dem Ergebnis also zunächst einmal den ungünstigsten Fall: dass es den Effekt, den es zu bestätigen scheint, in Wirklichkeit gar nicht gibt und dass ein anders lautendes Ergebnis nur durch die Zufallsauswahl der Personen bedingt ist.

Statistische Nullhypothese. Um diese Behauptung überprüfen zu können, muss sie zunächst in eine statistische Hypothese übertragen werden. Eine statistische Hypothese ist eine Hypothese in Bezug auf einen (oder mehrere) Populationsparameter. In unserem Beispiel lautet die statistische Nullhypothese, dass unsere trainierte Stichprobe aus einer »Population von Untrainierten« stammt. Bezeichnet μ den Mittelwert der hypothetischen Population, aus der unsere trainierte Stichprobe stammt, und μ_0 den Mittelwert einer »untrainierten Population« ($\mu_{UT} = \mu_0$), so lautet die Nullhypothese, die mit H_0 abgekürzt wird:

$H_0: \mu = \mu_0$

Die Nullhypothese besagt inhaltlich, dass das Training keinen Effekt hat. Die Bezeichnung »Null« soll ausdrücken, dass man unter der Nullhypothese zumeist annimmt, dass kein Effekt oder kein Zusammenhang vorliegt. Die Bezeichnung »Hypothese« macht deutlich, dass es sich hier um eine Annahme handelt, die falsch sein kann.

Signifikanz. Ist die Wahrscheinlichkeit eines empirischen Ergebnisses unter der Nullhypothese klein, so spricht das gegen deren Gültigkeit. Wir haben aber schon in Kapitel 7 gesehen, dass ein einzelner Wert einer stetigen Variablen (wie bei unserem Gedächtnistest) eine Wahrscheinlichkeit von 0 hat. Die Testentscheidung kann daher nicht auf der Wahrscheinlichkeit eines einzelnen Wertes aufbauen. Deshalb werden die Werte gruppiert, da – wie wir ebenfalls in Kapitel 7 gesehen haben – auch bei stetigen Variablen die Wahrscheinlichkeit, dass ein Wert in ein bestimmtes Intervall fällt, bestimmt werden kann. Was ist ein sinnvolles Intervall für die Entscheidung in Bezug auf die Nullhypothese? Es ist das Intervall, das die Werte umfasst, die am stärksten gegen die Nullhypothese sprechen. In einer frühen Version seines Testkonzepts hat Fisher (1935) vorgeschlagen, ein Ergebnis, das zu den 5 % der am stärksten gegen die Nullhypothese sprechenden Werte zählt, als »hinreichend unwahrscheinlich« unter der Nullhypothese zu

definieren und ein Ergebnis, das zu den 1 % der am stärksten gegen die Nullhypothese sprechenden Werte zählt, als »sehr unwahrscheinlich« unter der Nullhypothese zu definieren. Ist die Wahrscheinlichkeit, ein empirisches Ergebnis oder ein Ergebnis, das noch stärker gegen die Nullhypothese spricht, unter der Nullhypothese zu finden, demnach kleiner oder gleich 5 %, bezeichnet man das Testergebnis als »signifikant« (d. h. statistisch bedeutsam). Die festgelegte Grenze der Wahrscheinlichkeit (hier: 0,05), die bestimmt, ab wann man ein Ergebnis als signifikant bezeichnet, wird *Signifikanzniveau* genannt. Ist die Wahrscheinlichkeit, ein empirisches Ergebnis oder ein Ergebnis, das noch stärker gegen die Nullhypothese spricht, unter der Nullhypothese zu finden, kleiner oder gleich 1 % (Signifikanzniveau: 0,01), bezeichnet man das Testergebnis als »sehr signifikant«. Ist die Wahrscheinlichkeit, ein empirisches Ergebnis oder ein Ergebnis, das noch stärker gegen die Nullhypothese spricht, unter der Nullhypothese zu finden, hingegen größer als 5 %, so kann keine Aussage gegen die Nullhypothese getroffen werden.

Der p-Wert. In einer späteren Version seines Testkonzepts hat Fisher (1956) die Idee einer fixen Ablehnungswahrscheinlichkeit wieder verworfen und stattdessen vorgeschlagen, die Wahrscheinlichkeit, ein empirisches Ergebnis (oder ein noch stärker gegen die Nullhypothese sprechendes Ergebnis) unter der Nullhypothese zu finden, zu interpretieren, um damit der spezifischen Untersuchung eher gerecht zu werden. Je kleiner diese Wahrscheinlichkeit p, desto eher spricht das Ergebnis gegen die Nullhypothese. Bei zwei Ergebnissen, in denen diese Wahrscheinlichkeit z. B. einmal 2 % und einmal 0,5 % beträgt, spricht – nach Fishers Konzeption – das zweite Ergebnis also stärker gegen die Nullhypothese als das erste. Der p-Wert heißt auch *Überschreitungswahrscheinlichkeit*. Die Angabe des p-Werts ist informativer als die Mitteilung, ob das Ergebnis signifikant ist oder nicht. Der p-Wert enthält auch alle Informationen, die man benötigt, um ein Ergebnis in Bezug auf seine Signifikanz zu bewerten. Ist der p-Wert z. B. kleiner oder gleich 0,01, so ist das Ergebnis sehr signifikant.

Falsifikationismus. Fisher (1935) war der Meinung, dass es nicht möglich sei nachzuweisen, dass die Nullhypothese selbst auch wirklich gültig ist. Es sei nur möglich, eine Nullhypothese zu verwerfen oder eben nicht zu verwerfen. Das Grundprinzip des Nullhypothesentests folgt damit dem Prinzip des Falsifikationismus (Popper, 2005), dem zufolge wissenschaftliche Hypothesen niemals durch empirische Beobachtungen bewiesen oder verifiziert, sondern immer nur entkräftet oder falsifiziert werden können.

> **Beispiel**
>
> ### Gedächtnistraining: Ergebnis einer Einzelfalluntersuchung
>
> Kommen wir auf unser Beispiel zurück und behandeln wir zunächst den einfachsten aller Fälle, nämlich eine Untersuchung am Einzelfall, d. h. eine Stichprobe der Größe $n = 1$. Die Testperson absolviert das Gedächtnistraining und anschließend den Gedächtnistest. Sie erzielt einen Testwert von $x = 69{,}5$. Es kommt wie vermutet: Der Psychologe, der das Training entwickelt hat, interpretiert dieses Ergebnis im Sinne der Wirksamkeit des Trainings und damit als Beleg für die Gültigkeit seiner Hypothese der Effektivität: 69,5 ist mehr als 50 – der Wert der Testperson ist größer als der Mittelwert einer untrainierten Population. Der kritische Kollege hingegen mahnt: Das könnte Zufall gewesen sein (Nullhypothese). Der Erfinder des Gedächtnistrainings entgegnet, dass es unwahrscheinlich sei, ein solches Ergebnis bloß zufällig zu finden. Die Frage lautet also nun: Wie wahrscheinlich ist es, ein Testergebnis von $x = 69{,}5$ (oder ein größeres) zu erhalten, obwohl das Training eigentlich wirkungslos ist? Die beiden Kontrahenten legen folgende Entscheidungsregel fest: Gehört der gefundene Wert zu den 5 % der höchsten Gedächtnisleistungswerte, die man unter der Gültigkeit der Nullhypothese erwarten würde, verwirft man die Nullhypothese und geht von der Wirksamkeit des Trainings aus. Das Werteintervall, dessen Wahrscheinlichkeit (und damit Flächenanteil unter der Verteilung) bestimmt werden soll, umfasst alle Werte, die größer oder gleich $x = 69{,}5$ sind.
>
> Das gesuchte Intervall ist in Abbildung 8.1 eingezeichnet. Die Fläche dieses Intervalls unter der Dichtefunktion der Normalverteilung (wir sprechen im Folgenden der Einfachheit halber von einem
>
>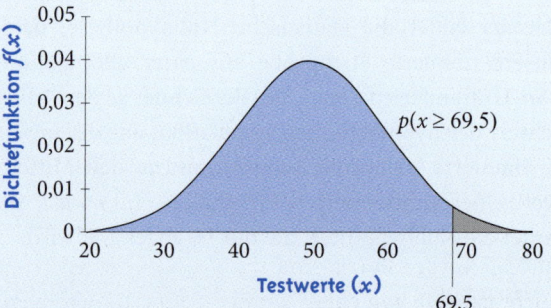
>
> **Abbildung 8.1** Populationsverteilung der (stetigen) Zufallsvariablen »Gedächtnistestwerte«
>
> »Flächenanteil unter der Kurve«) lässt sich berechnen, indem man den Testwert der Person in einen z-Wert transformiert und die Wahrscheinlichkeit für das gesuchte Intervall (d. h. diesen oder einen größeren z-Wert) unter der Standardnormalverteilung ermittelt (vgl. Abschn. 7.3.3). Gemäß Formel F 7.74 erhalten wir einen Wert von
>
> $$z_m = \frac{x_m - \mu}{\sigma_X} = \frac{69{,}5 - 50}{10} = 1{,}95 \,.$$
>
> Wie groß ist die Fläche, die ein Wert von 1,95 oder größer unter der z-Verteilung abschneidet? Die Antwort erhalten wir, indem wir diese Zahl in einen Verteilungsrechner (s. die Links in unseren Online-Materialien) eingeben oder in Tabelle A.2 im Anhang A nachschauen. Dort sehen wir, dass rechts von diesem z-Wert 2,6 % der Fläche unter der Kurve liegen. Die Wahrscheinlichkeit, dass ein solcher Testwert oder ein noch größerer aus einer untrainierten Population mit der gegebenen Gedächtnisverteilung stammt, beträgt folglich $P(X \geq 69{,}5) = 0{,}026$.
>
> Somit ist die Überschreitungswahrscheinlichkeit $p = 0{,}026$. Das Ergebnis gehört zu den vorher fest-

gelegten 5 % der am stärksten gegen die Nullhypothese sprechenden Werte unter der Nullhypothese. Der kritische Kollege des Forschers ist beeindruckt: Die Wahrscheinlichkeit, einen Wert von 69,5 oder einen noch höheren lediglich aufgrund der Zufallsauswahl der Person zu erhalten, ist relativ gering. Er ist bereit, seinem Kollegen zu glauben und die Wirksamkeit des Trainings zu akzeptieren.

Der Nullhypothesentest: Eigenschaften, Fehlinterpretationen, Kritik

Nullhypothese zu streng und unrealistisch. Die Annahme, dass es in Wirklichkeit überhaupt keinen Effekt gibt, ist in vielen Fällen eine unrealistische und sehr strenge Annahme. Im Falle des Gedächtnistrainings muss man sich fragen: Ist die Annahme, dass das Gedächtnistraining wirklich nicht den geringsten Effekt auf den Gedächtnistest hat, nicht etwas zu streng? In der Praxis sind die meisten Effekte wohl nicht exakt 0; von daher könnte man argumentieren, den Nachweis zu führen, dass die Nullhypothese *nicht* gilt, sei nicht besonders schwierig (Cohen, 1994). Wie wir später noch sehen werden, können anhand sehr großer Stichproben auch sehr kleine Effekte aufgedeckt werden.

Fehlinterpretation des *p*-Werts. Der *p*-Wert wurde und wird oft missverstanden als die Wahrscheinlichkeit, mit der die Nullhypothese wahr ist (Haller & Krauss, 2002). Diese Formulierung, die sich auch in vielen neueren Lehrbüchern findet, ist falsch. Tatsächlich ist der *p*-Wert die Wahrscheinlichkeit des Ereignisses E, dass ein empirisches Ergebnis in das Intervall der Werte fällt, das diesen Wert und alle Werte, die noch stärker gegen die Nullhypothese sprechen, umfasst unter der Annahme, dass die Nullhypothese (H_0) gilt. Formal handelt es sich also um eine bedingte Wahrscheinlichkeit: $p = P(E|H_0)$. Die Wahrscheinlichkeit, mit der die Nullhypothese gilt unter der Bedingung, dass ein empirisches Ereignis E beobachtet wird, ist $P(H_0|E)$. Die beiden bedingten Wahrscheinlichkeiten sind nicht identisch; sie lassen sich jedoch unter Anwendung des Bayes-Theorems (s. Abschn. 7.1.7, Formel F 7.19) ineinander überführen:

$$P(H_0|E) = \frac{P(E|H_0) \cdot P(H_0)}{P(E|H_0) \cdot P(H_0) + P(E|\neg H_0) \cdot P(\neg H_0)}$$

(F 8.1)

Dabei bedeutet:

- $P(H_0|E)$: Wahrscheinlichkeit, dass H_0 gilt unter der Bedingung, dass das Ereignis E eintritt (d. h., dass ein bestimmtes empirisches Ergebnis beobachtet wird)
- $P(E|H_0)$: Wahrscheinlichkeit, dass das Ereignis E eintritt, wenn H_0 gilt
- $P(H_0)$: unbedingte Wahrscheinlichkeit, dass H_0 gilt (die sog. »Priorwahrscheinlichkeit«)
- $P(\neg H_0)$: unbedingte Wahrscheinlichkeit, dass H_0 nicht gilt (= $1 - P(H_0)$)
- $P(E|\neg H_0)$: Wahrscheinlichkeit, dass das Ereignis E eintritt, wenn H_0 nicht gilt

Kennt man die Priorwahrscheinlichkeit, also die Wahrscheinlichkeit, mit der die Nullhypothese (unabhängig davon, welches empirische Ergebnis ermittelt wurde) gilt, so kann man die Wahrscheinlichkeit $P(H_0|E)$ bestimmen. Dies macht man sich z. B. bei Strategien der Entscheidung für eine Hypothese nach dem Bayes-Ansatz zunutze (z. B. Wickmann, 1990, 2006). Diese Wahrscheinlichkeit ist jedoch meistens unbekannt, weshalb sich die Wahrscheinlichkeit $P(E|H_0)$ nicht in $P(H_0|E)$ umrechnen lässt – obwohl $P(H_0|E)$ eigentlich inhaltlich die wesentlich interessantere Größe ist. Anhänger des Bayes-Ansatzes greifen daher häufig auf eine Schätzung der Priorwahrscheinlichkeit zurück (z. B. Gelman et al., 2004).

Inhaltsarmut des Nullhypothesentests. Ein sehr grundsätzlicher Kritikpunkt am Nullhypothesentest betrifft die Tatsache, dass man als Forschender lediglich die Nullhypothese testet und sich keine Gedanken darüber machen muss, wie eigentlich die inhaltlich interessierende Hypothese, also das erwünschte Ergebnis, aussieht. Der Gedächtnisforscher muss also nicht spezifizieren, welche Hypothesen er bezüglich der Größe der Wirkung seines Trainings hat, obwohl das doch genau sein Ziel ist: der Öffentlichkeit die Wirksamkeit seines Trainings zu beweisen. Kritiker halten dem Nullhypothesentest daher entgegen, er führe zu unterspezifizierten inhaltlichen Hypothesen (Gigerenzer, 1993).

8.2 Binäres Entscheidungskonzept von Neyman und Pearson

Ein alternatives Testkonzept wurde von Jerzy Neyman und Egon S. Pearson (1928, 1933, 1936a, b) vorgeschlagen. In diesem Testkonzept wird die Nullhypothese durch ihren Gegenpart, die Alternativhypothese, ergänzt. Demnach besteht eine statistische Entscheidung aus zwei Optionen: Entweder man entscheidet sich für die eine oder für die andere statistische Hypothese.

Null- und Alternativhypothese

Die Alternativhypothese ist in den meisten Anwendungen die Forschungshypothese, die von Interesse ist; man bezeichnet sie mit H_1. In Bezug auf den Mittelwert besagt die Alternativhypothese, dass die Stichprobe aus einer Population stammt, deren Mittelwert nicht dem Wert μ_0 entspricht. In unserem Beispiel besagt die Alternativhypothese inhaltlich, dass das Gedächtnistraining einen positiven Effekt hat. Die Stichprobe der Trainierten stammt dieser Hypothese zufolge aus einer Population, deren Mittelwert größer ist als der Mittelwert der Untrainierten. Formal:

$$H_1: \mu > \mu_0$$

Die Nullhypothese ist der Gegenpart zur Alternativhypothese. Null- und Alternativhypothese schließen sich gegenseitig aus. Damit umfasst die Nullhypothese notwendigerweise alle diejenigen Fälle, die der Alternativhypothese entgegenstehen, in unserem Beispiel also nicht nur die Annahme, dass das Gedächtnistraining keinen Effekt hat, sondern auch die Annahme, dass der Effekt sogar negativ ist (d. h. die Gedächtnisleistung verschlechtert):

$$H_0: \mu \leq \mu_0$$

Demnach besteht eine statistische Entscheidung aus zwei Optionen: Entweder man verwirft die Nullhypothese und entscheidet sich für die Alternativhypothese, oder man verwirft die Alternativhypothese und behält die Nullhypothese bei. Anstatt die Höhe der empirischen Wahrscheinlichkeit eines Ergebnisses unter der H_0 zu interpretieren, schlagen Neyman und Pearson vor, a priori (d. h. von vornherein) eine fixe Wahrscheinlichkeit zu definieren, die man mit einer falschen statistischen Entscheidung (für oder gegen die Null- bzw. Alternativhypothese) in Kauf zu nehmen bereit ist.

Fehler erster und zweiter Art

Das Konzept von Neyman und Pearson ist also – anders als das von Fisher – ein binäres Testkonzept: Entweder man entscheidet sich für die Nullhypothese oder für die Alternativhypothese. Beide Entscheidungen können entweder richtig oder falsch sein. Aus dieser Logik entstehen vier Möglichkeiten, die in Tabelle 8.1 abgetragen sind. Entscheidet man sich dafür, die Nullhypothese zu verwerfen, obwohl sie in Wirklichkeit gilt, begeht man einen Fehler erster Art oder α-Fehler. Entscheidet man sich dafür, die Nullhypothese beizubehalten, obwohl sie in Wirklichkeit falsch ist, begeht man einen Fehler zweiter Art oder β-Fehler.

Tabelle 8.1 Arten und Wahrscheinlichkeiten richtiger und falscher Entscheidungen beim statistischen Testen

Statistische Entscheidung	Realität	
	H_0 ist wahr; H_1 ist falsch	H_0 ist falsch; H_1 ist wahr
H_0 wird verworfen; H_1 wird beibehalten	Fehler erster Art (α)	richtige Entscheidung ($1 - \beta$)
H_0 wird beibehalten; H_1 wird verworfen	richtige Entscheidung ($1 - \alpha$)	Fehler zweiter Art (β)

α-Fehler

Der Wert α ist die vom Forscher a priori definierte Wahrscheinlichkeit, mit der er sich irrt, wenn er die Nullhypothese verwirft, obwohl sie gültig ist. Damit ist die Irrtumswahrscheinlichkeit α nichts anderes als das Signifikanzniveau nach Fisher; man übernimmt daher die entsprechenden Konventionen. Eine Konvention lautet, α auf 5 % festzusetzen. Das bedeutet: Man ist bereit, eine falsche statistische Entscheidung gegen die H_0 mit einer Wahrscheinlichkeit von 5 % zu akzeptieren. Man spricht auch vom α-Niveau. Legt man z. B. α auf 5 % fest, sagt man auch, man führe den Test auf dem 5 %-Niveau durch. Für unser Gedächtnistraining kann man sich die Bedeutung eines α-Niveaus von $\alpha = 0{,}05$ wie folgt veranschaulichen: Angenommen, das Training hat in Wirklichkeit keinen Effekt und man führt unabhängig voneinander 100 Untersuchungen zur Überprüfung seiner Wirksamkeit durch. Dann würde man erwarten, in 5 der 100 Untersuchungen aufgrund des Stichprobenfehlers ein signifikantes Ergebnis zu erhalten, d. h. in höchstens 5 von 100 Fällen die Nullhypothese fälschlicherweise zu verwerfen.

! Die Irrtumswahrscheinlichkeit α ist die Wahrscheinlichkeit, mit der ein Test ein signifikantes Ergebnis produziert, obwohl in Wirklichkeit die H_0 gilt.

α-Fehler und *p*-Wert. Die Irrtumswahrscheinlichkeit α ist nicht identisch mit der Überschreitungswahrscheinlichkeit p eines empirischen Ergebnisses unter der Nullhypothese! Die Überschreitungswahrscheinlichkeit p ist ein empirisches Ergebnis, α hingegen ist vom Forscher a priori definiert. Obwohl Irrtumswahrscheinlichkeit und Überschreitungswahrscheinlichkeit nicht verwechselt werden dürfen, beziehen sie sich auf den gleichen Gegenstand, nämlich einen Flächenanteil unter der Verteilung, den die Nullhypothese beschreibt – in unserem Gedächtnistrainingsbeispiel die Populationsverteilung der Werte im Gedächtnistest. Dabei ist p die Wahrscheinlichkeit, dass bei Gültigkeit der Nullhypothese ein empirisches Ergebnis oder ein Ergebnis, das noch stärker gegen die Nullhypothese spricht, gefunden wird, während α ein Flächenanteil unter der Populationsverteilung ist, der der vorher festgelegten Größe (z. B. 5 %) entspricht.

Kritischer Wert. Die Nullhypothese wird verworfen, wenn der gefundene Wert zu den 5 % der am stärksten gegen die Nullhypothese sprechenden Werte unter der Nullhypothese zählt. In unserem Beispiel würden alle Werte, die zu den 5 % der höchsten Werte unter der Nullhypothese zählen, gegen die Nullhypothese sprechen. Derjenige Wert der Populationsverteilung, der einen Flächenanteil von 5 % unter der Verteilung (in unserem Beispiel nach rechts hin) abschneidet, wird »kritischer Wert« (z. B. x_{krit}) genannt. Liegt der empirische Wert (in unserem Beispiel) rechts von diesem kritischen Wert und ist somit größer als der kritische Wert, so ist die Wahrscheinlichkeit des empirischen Ergebnisses oder eines noch extremeren Ergebnisses unter der H_0 kleiner als das vorher festgelegte α-Niveau. Das Ergebnis ist dann signifikant; die Nullhypothese kann abgelehnt werden.

Ablehnungsbereich der Nullhypothese. Der Wertebereich, der vom kritischen Wert abgeschnitten wird und alle Ergebnisse umfasst, die zu einer Ablehnung der Nullhypothese führen, wird auch Ablehnungsbereich genannt. Bezogen auf das Gedächtnistrainingsbeispiel umfasst der Ablehnungsbereich alle Werte, die größer oder gleich $x = 66{,}4$ sind, da dieser Wert 5 % der Fläche unter der Populationsverteilung nach rechts hin abschneidet (s. Abb. 8.2).

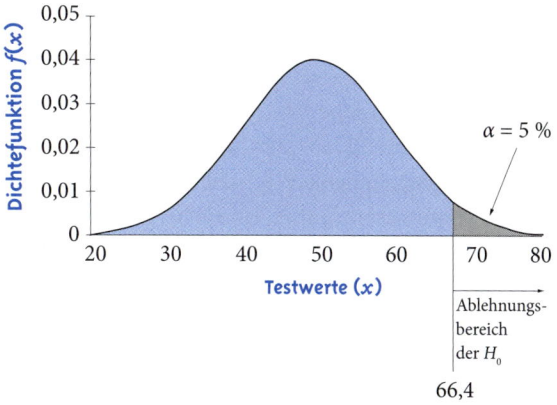

Abbildung 8.2 α-Fehler, kritischer Wert und Ablehnungsbereich der Nullhypothese (H_0) am Beispiel des Gedächtnistrainings

Zusammengesetzte Hypothese. In unserem Beispiel gehen wir davon aus, dass ein Gedächtnistraining die Werte im Gedächtnistest verbessern müsste: Die Alternativhypothese postuliert also einen positiven Effekt des Trainings ($\mu > 50$). Dies hat zur Folge, dass die Nullhypothese den Fall umfasst, dass das Training keinen oder einen negativen Effekt hat ($\mu \leq 50$). Die Nullhypothese umfasst – genauso wie die Alternativhypothese – hier also mehr als nur einen fixen Wert. Man sagt daher, dass es sich bei solchen Formulierungen um zusammengesetzte Hypothesen handelt. Das Gegenteil einer zusammengesetzten Hypothese ist eine einfache Hypothese, die den Populationsparameter auf einen fixen Wert festlegt (z. B. $\mu = 50$).

Das Problem einer zusammengesetzten Hypothese besteht darin, dass sie mehr als nur einen Wert umfasst und man insofern für jeden beliebigen Wert, der zu einer Hypothese gehört, eine Verteilung betrachten könnte. Um dennoch den Ablehnungsbereich bzw. den p-Wert eindeutig ermitteln zu können, geht man wie folgt vor: Man legt die Nullhypothese dorthin, wo ein empirisches Ergebnis einen Wert annimmt, der gerade noch mit der Nullhypothese vereinbar ist. In unserem Falle wären alle Ergebnisse bis einschließlich $\mu = 50$ mit der Nullhypothese vereinbar; ein Wert von $\mu > 50$ würde gegen die Nullhypothese sprechen. Dieses Vorgehen stellt sicher, dass die Irrtumswahrscheinlichkeit nicht überschritten wird. Bei allen Verteilungen, die links von der Verteilung in Abbildung 8.2 liegen und zu den kleineren Populationsmittelwerten gehören (und insofern noch stärker gegen die Wirksamkeit des Trainings sprechen), schneidet der kritische Wert eine kleinere Fläche als 5 % der Verteilung ab. Mit anderen Worten: Die Irrtumswahrscheinlichkeit α stellt bei zusammengesetzten Hypothesen immer eine Obergrenze dar; sie beträgt maximal 5 %.

Alternativhypothese und β-Fehler

Wenn α die Wahrscheinlichkeit ist, mit der man sich irrt, wenn man die Nullhypothese ablehnt – was ist dann β? Die Antwort lautet konsequenterweise: β ist die Wahrscheinlichkeit, mit der man sich irrt, wenn man die Alternativhypothese ablehnt. Wer sich fälschlicherweise dazu entscheidet, die Alternativhypothese abzulehnen und die Nullhypothese anzunehmen, begeht einen β-Fehler (s. Tab. 8.1). Genau wie α ist auch β ein Flächenanteil unter der Verteilung derjenigen Hypothese, die man abzulehnen trachtet. Um die Nullhypothese annehmen zu können, muss man also notwendigerweise eine entsprechende Gegenhypothese ablehnen. Die Alternativhypothese besagt, dass der postulierte Effekt in Wirklichkeit vorhanden ist. Im Falle des Gedächtnistrainings würde die Alternativhypothese lauten, dass das Gedächtnistraining in der Tat wirksam ist und die Gedächtnisleistung erhöht.

Die Alternativhypothese wird häufig unspezifisch als zusammengesetzte Hypothese formuliert – wie in unserem Beispiel ($H_1: \mu > \mu_0 = 50$). Auch hier besteht das Problem darin, dass β nicht eindeutig festgelegt werden kann, da jedes Ergebnis, das mit der Alternativhypothese vereinbar ist (also alle Mittelwerte, die größer als 50 sind), mit einer anderen Irrtumswahrscheinlichkeit β behaftet ist. Um β bestimmen zu können, muss man die Alternativhypothese daher spezifisch festlegen, d. h., man benötigt eine konkrete Aussage über die Größe des Effekts. Im Falle unseres Gedächtnistestbeispiels könnte die Alternativhypothese lauten, dass das Training die Gedächtnisleistung im Mittel um 20 Punkte im Gedächtnistest erhöht. Die Populationsverteilung aller Personen, die das Training absolviert haben (fiktive Population), müsste in diesem Fall einen Mittelwert von $\mu_1 = 70$ haben. Den Index 1 verwenden wir hier und im Folgenden immer dann, wenn es sich um einen konkret festgelegten Populationsparameter unter einer spezifischen Alternativhypothese handelt. Die Alternativhypothese lautet hier $H_1: \mu = \mu_1 = 70$.

Die Irrtumswahrscheinlichkeit β, also die Wahrscheinlichkeit, mit der man eine fälschliche Annahme der Nullhypothese (und damit eine fälschliche Ablehnung der Alternativhypothese) in Kauf zu nehmen bereit ist, ist nun nichts anderes als ein Flächenanteil unter der H_1-Verteilung. Es ist derjenige Flächenanteil, der in unserem Beispiel unter der H_1-Verteilung links vom kritischen Wert unter der H_0 liegt. Dies lässt sich an unserem Beispiel leicht begründen: Der kritische Wert unter der H_0 war im Gedächtnistrainingsbeispiel $x = 66{,}4$. Wenn man aufgrund eines höheren Testwertes die Nullhypothese ablehnt, so besteht das Risiko eines α-Fehlers. Wenn man hingegen aufgrund eines niedrigeren Testwertes die Alternativhypothese ablehnt, so besteht das Risiko eines β-Fehlers. Die Irrtumswahrscheinlichkeit β liegt also automatisch fest, sobald man die Alternativhypothese und α spezifiziert hat. In unserem Beispiel ist $\beta = 36\,\%$. Würde man sich also aufgrund eines Testwertes, der unter 66,4 liegt, gegen die H_1 und für die H_0 entscheiden, so würde man mit einer Wahrscheinlichkeit von 36 % einen β-Fehler begehen, sofern die Alternativhypothese wahr ist. Das ist relativ hoch. In Abbildung 8.3 ist der entsprechende Flächenanteil unter der H_1-Verteilung veranschaulicht: Die H_1 liegt rechts von der H_0, da angenommen wird, dass das Training die Gedächtnistestwerte erhöht (und nicht verringert). Der Mittelwert der H_1-Verteilung beträgt $\mu_1 = 70$. Legt man nun die Irrtumswahrscheinlichkeit α auf 5 % fest (hier grau), so liegt gleichzeitig die Irrtumswahrscheinlichkeit β (hier blau) fest.

sehen kann, davon ab, wie weit die Alternativhypothese von der Nullhypothese entfernt liegt; genauer gesagt geht es um die Größe des Unterschieds zwischen dem erwarteten Populationsmittelwert unter der spezifischen Alternativhypothese (μ_1) und dem erwarteten Populationsmittelwert unter der Nullhypothese (μ_0). Wir wollen diesen unter der spezifischen Alternativhypothese erwarteten Unterschied, also das Ausmaß der »Falschheit« der Nullhypothese (Cohen, 1988), mit ε_1 bezeichnen: $\varepsilon_1 = \mu_1 - \mu_0$. Ist die spezifische Alternativhypothese wahr, entspricht ε_1 dem wahren Populationseffekt, den wir hier mit ε (ohne Index) bezeichnen: $\varepsilon = \mu - \mu_0$. Ist die spezifische Alternativhypothese wahr, gilt somit: $\varepsilon_1 = \varepsilon$. In unserem Beispiel hatten wir angenommen, das Training verbessere die Gedächtnisleistung im Mittel um $\varepsilon_1 = 20$ Testpunkte. Sollte das Training sogar noch wirksamer sein und die Gedächtnisleistung um 30 Testpunkte steigern, so würde die H_1-Verteilung noch weiter rechts liegen, während sich die H_0-Verteilung nicht verschiebt. Der kritische Wert von $x = 66{,}4$ würde sich also ebenfalls nicht verändern. Folglich würde sich nur die Irrtumswahrscheinlichkeit β verändern: Sie würde kleiner werden. Das leuchtet unmittelbar ein, denn je wirksamer das Training, desto geringer ist die Wahrscheinlichkeit, einen niedrigen Testwert zu erhalten. Anders gesagt: Je größer der angenommene Effekt des Trainings, desto geringer ist die Wahrscheinlichkeit, die Alternativhypothese irrtümlich abzulehnen. In unserem Beispiel würde β im Falle eines postulierten Effekts von $\varepsilon_1 = 30$ Testpunkten nur noch 8,5 % betragen (s. Abb. 8.4).

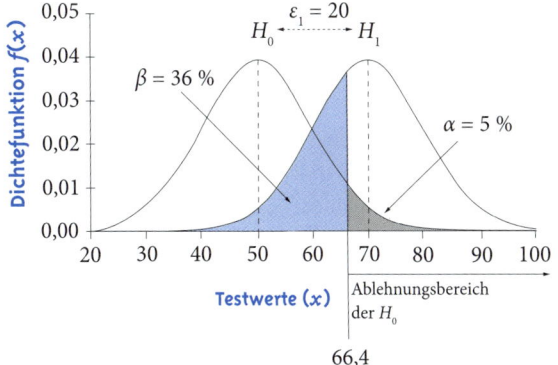

Abbildung 8.3 Irrtumswahrscheinlichkeiten α und β bei einem postulierten Effekt von $\varepsilon = 20$ Testpunkten am Beispiel des Gedächtnistrainings

! Die Irrtumswahrscheinlichkeit β ist die Wahrscheinlichkeit, mit der ein statistischer Test ein nicht-signifikantes Ergebnis produziert, obwohl in Wirklichkeit die H_1 gilt.

Wovon hängt β ab?

Abhängigkeit vom Effekt. Die Irrtumswahrscheinlichkeit β hängt, wie man in Abbildung 8.3 deutlich

Abhängigkeit vom Signifikanzniveau α. Die Irrtumswahrscheinlichkeit β hängt außerdem von der Wahl des Signifikanzniveaus α ab. Legt man ein sehr strenges Signifikanzniveau (z. B. $\alpha = 1\,\%$) an, so erhöht sich die Irrtumswahrscheinlichkeit β. Das leuchtet ebenfalls unmittelbar ein, denn je strenger man mit einer fälschlichen Verwerfung der Nullhypothese umgeht, desto nachgiebiger muss man mit einer fälschlichen Verwerfung der Alternativhypothese sein. α und β stehen also in einem direkten inversen Verhältnis zueinander, wenn alle anderen Größen dieses Testsystems konstant bleiben.

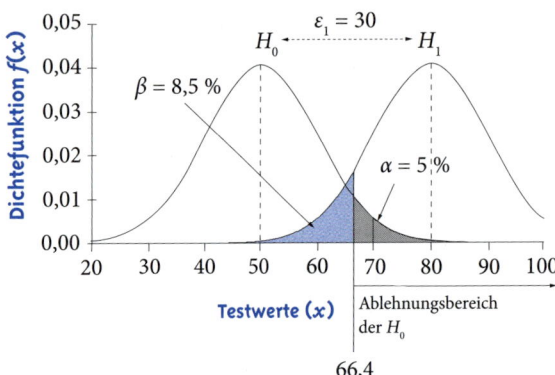

Abbildung 8.4 Irrtumswahrscheinlichkeiten α und β bei einem postulierten Effekt von $\varepsilon = 30$ Testpunkten am Beispiel des Gedächtnistrainings

Abhängigkeit von der Streuung der Populationsverteilung. Die Irrtumswahrscheinlichkeit β hängt außerdem von der Varianz bzw. der Standardabweichung des Merkmals in der Population ab: Je geringer die Standardabweichung, desto schmaler wird die Populationsverteilung – sowohl unter der H_0 als auch unter der H_1. Dadurch rückt der kritische Wert unter der H_0 näher an den Mittelwert μ_0 heran; infolgedessen wird die Irrtumswahrscheinlichkeit β kleiner. In Abbildung 8.5 ist ein Beispiel aufgezeichnet: Sollte die Populationsstandardabweichung nicht $\sigma = 10$, sondern nur $\sigma = 5$ betragen und wäre der postulierte Effekt unter der Alternativhypothese $\varepsilon_1 = 20$, so wäre der kritische Wert $x_{krit} = 58{,}2$, und β würde sich auf 0,9 % verringern.

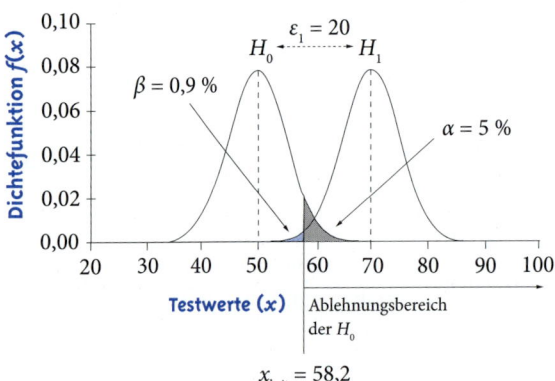

Abbildung 8.5 Irrtumswahrscheinlichkeiten α und β bei einem postulierten Effekt von $\varepsilon_1 = 20$ Testpunkten und einer Populationsstandardabweichung von $\sigma = 5$ am Beispiel des Gedächtnistrainings

Abhängigkeit von der Stichprobengröße. Die Irrtumswahrscheinlichkeit β hängt auch von der Stichprobengröße n ab. In unserem Beispiel haben wir mit $n = 1$ die kleinste aller denkbaren Stichproben. Wie wir später in Abschnitt 8.4 zeigen werden, verringert sich die Irrtumswahrscheinlichkeit β mit zunehmendem Stichprobenumfang.

Teststärke (Power)

Wenn α die Wahrscheinlichkeit ist, sich fälschlicherweise gegen die H_0 zu entscheiden, ist $1 - \alpha$ die Wahrscheinlichkeit, sich korrekterweise für die H_0 zu entscheiden. Anders formuliert: $1 - \alpha$ ist die Wahrscheinlichkeit, mit der man in der Lage ist, die Tatsache zu entlarven, dass es in Wirklichkeit überhaupt keinen Effekt gibt. Analoges gilt unter der H_1: β ist die Wahrscheinlichkeit, sich fälschlicherweise gegen die H_1 zu entscheiden. Damit ist $1 - \beta$ die Wahrscheinlichkeit, sich korrekterweise für die H_1 zu entscheiden, d. h. einem angenommenen Effekt der Größe ε_1 auf die Spur zu kommen. Anders formuliert: $1 - \beta$ ist die Wahrscheinlichkeit, mit der man in der Lage ist, einen postulierten Effekt der Größe ε_1 aufzudecken. Diese Interpretation hat der Wahrscheinlichkeit $1 - \beta$ den Namen Teststärke (engl. power) eingebracht.

> ! $1 - \beta$ ist die Wahrscheinlichkeit, mit der ein Test ein signifikantes Ergebnis produziert, unter der Annahme, dass ein Effekt einer bestimmten (hypothetisch festgelegten) Größe tatsächlich existiert. Sie wird als Teststärke (engl. power) bezeichnet.

Ein- und zweiseitige Tests

In den bisherigen Beispielen (Gedächtnistraining) war der postulierte Effekt ε_1 positiv, d. h., der Mittelwert der Populationsverteilung unter der H_1 war größer als der Mittelwert der Populationsverteilung unter der H_0. Die Hypothese kann auch anders gerichtet sein: Hätten wir nicht die Punkte im Gedächtnistest, sondern die Fehler gezählt, so wäre – im Falle der Wirksamkeit des Trainings – mit einem negativen Effekt zu rechnen, denn mit Training dürfte man weniger Fehler machen als ohne Training. In diesem Fall käme der Mittelwert unter der H_1 links vom Mittelwert unter der H_0 zu liegen; der Ablehnungsbereich unter der H_1 würde den kritischen Wert oder jeden kleineren umfassen. Die Irrtumswahrscheinlichkeit α wäre dann ein Flächenanteil am linken Ende der Verteilung unter der H_0, die Irrtumswahrscheinlichkeit β entsprechend ein Flächenanteil am rechten Ende der Verteilung unter der H_1. In diesem Fall lautet das Hypothesenpaar:

$H_0: \mu \geq \mu_0$ oder $\mu - \mu_0 \geq 0$

$H_1: \mu < \mu_0$ oder $\mu - \mu_0 < 0$

Im Falle solcher »gerichteten« Hypothesen werden die entsprechenden inferenzstatistischen Tests einseitig durchgeführt, d. h., man betrachtet nur eine Seite der Verteilung unter der Nullhypothese. Manchmal ist es jedoch nicht möglich oder nicht sinnvoll, von vornherein zu entscheiden, ob der Effekt positiv oder negativ ist. Vielmehr lautet die Hypothese, dass es einen Effekt ungleich 0 gibt, wobei es für die inhaltliche Fragestellung egal ist, welche Richtung der Effekt hat. In diesem Fall spricht man von einer ungerichteten Hypothese; der statistische Test wird dann zweiseitig durchgeführt, d. h., man betrachtet beide Seiten der Verteilung unter der Nullhypothese. In diesem Fall lautet das Hypothesenpaar:

$H_0: \mu = \mu_0$ oder $\mu - \mu_0 = 0$

$H_1: \mu \neq \mu_0$ oder $\mu - \mu_0 \neq 0$

Beispiel

Beeinflusst Zukunftsangst die politische Einstellung?
Stellen wir uns vor, ein Psychologe würde behaupten, dass Menschen, die Angst vor der Zukunft haben, eher zu extremen politischen Ansichten neigen. Er bittet eine zufällig ausgewählte Testperson in sein Labor und induziert bei dieser Person Zukunftsangst, indem er ihr einen Zeitungsartikel vorlegt, in dem ein sehr düsteres Bild der Gesellschaft in 20 Jahren gezeichnet wird. Anschließend fragt der Psychologe die Testperson, welchem politischen Lager auf einer Dimension von »sehr links« ($x = -10$) über »Mitte« ($x = 0$) bis »sehr rechts« ($x = +10$) sie sich zuordnen würde, wenn jetzt Bundestagswahl wäre. Die Hypothese des Psychologen besagt nur, dass politische Einstellungen unter Zukunftsangst extremer werden; sie besagt hingegen nicht, in welche Richtung sie extremer werden. Der Psychologe hat also eine ungerichtete Hypothese. Wie sieht in diesem Fall die statistische Entscheidungsfindung aus?

Gehen wir auch hier wieder davon aus, dass die Populationsverteilung (unter der Nullhypothese, d. h. ohne Induktion von Zukunftsangst) bekannt ist. Obwohl der Wertebereich der Variablen durch die Endpunkte -10 und $+10$ beschränkt ist, sei die Variable sehr gut durch eine Normalverteilung mit $X \sim N(0; 2{,}25)$ beschrieben. Die Irrtumswahrscheinlichkeit α (Signifikanzniveau) legen wir auf 5 % fest. Der Ablehnungsbereich der Nullhypothese muss nun auf beide Enden der Verteilung aufgeteilt werden, da Werte, die zu stark nach unten abweichen, genauso gegen die Nullhypothese sprechen wie Werte, die zu stark nach oben abweichen. Die Irrtumswahrscheinlichkeit wird auf beide Enden der Verteilung mit jeweils $\alpha/2 = 0{,}025$ aufgeteilt. Empirische Werte, die in den Ablehnungsbereich fallen, zeigen wieder ein signifikantes Ergebnis an. Dies ist in Abbildung 8.6 dargestellt.

Die kritischen Werte liegen hier bei $x_{\text{krit}(1)} = -2{,}94$ und $x_{\text{krit}(2)} = +2{,}94$. Unter der H_0 schneidet ein Wert von $-2{,}94$ 2,5 % der Fläche nach links hin ab; ein Wert von $+2{,}94$ schneidet 2,5 % der Fläche nach rechts hin ab. Die beiden Ablehnungsbereiche sind in Abbildung 8.6 grau gefärbt.

Wo liegt nun die Irrtumswahrscheinlichkeit β bzw. die Teststärke? Um β bestimmen zu können, muss die Alternativhypothese wieder als spezifische Hypothese formuliert werden, d. h., man muss die Größe des Effekts spezifizieren und sich für eine Richtung des Effekts entscheiden. Ist die Alternativhypothese wahr, was für die Bestimmung von β

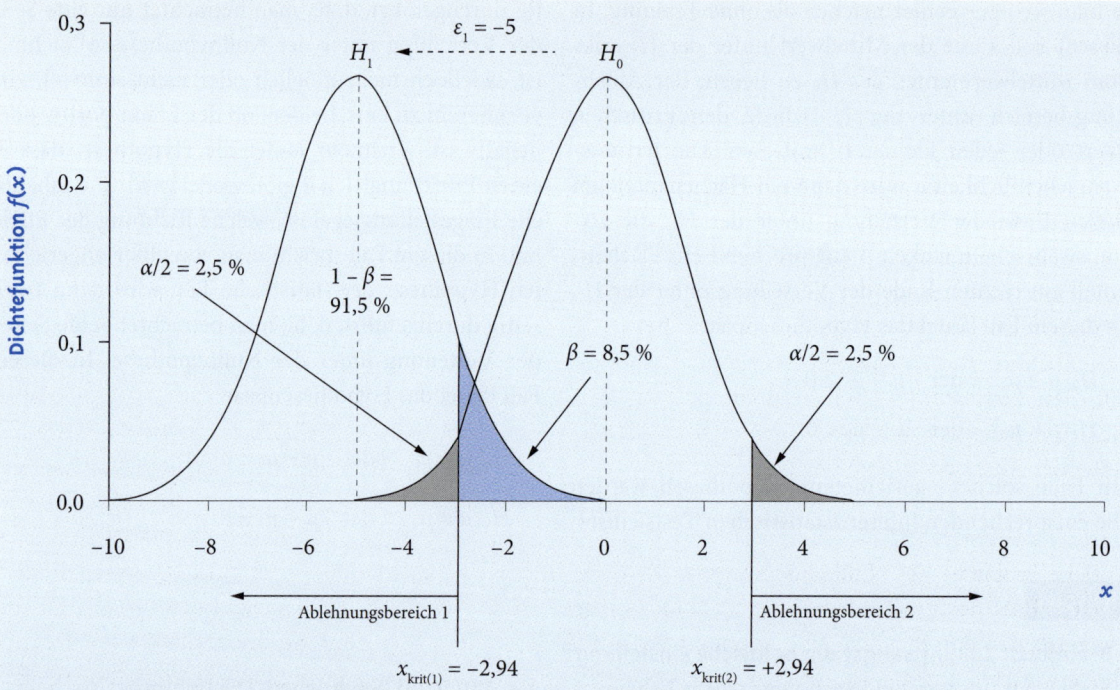

Abbildung 8.6 Null- und Alternativhypothese beim zweiseitigen Test am Beispiel Zukunftsangst

vorausgesetzt wird, kann es nur *einen* wahren Populationsmittelwert geben. Angenommen, der Populationseffekt betrage $\varepsilon_1 = -5$. Wie lässt sich die Irrtumswahrscheinlichkeit β berechnen? Betrachten wir hierzu Abbildung 8.6. β ist die Wahrscheinlichkeit, dass die Zufallsvariable X unter der Alternativhypothese Werte zwischen −2,94 und +2,94 annimmt, da für solche Werte die Nullhypothese irrtümlicherweise beibehalten würde. Dieser Bereich ist in Abbildung 8.6 blau gefärbt. Um diese Wahrscheinlichkeit zu bestimmen, berechnen wir die Wahrscheinlichkeit, dass die Zufallsvariable X unter der Alternativhypothese Werte kleiner oder gleich +2,94 annimmt, und ziehen hiervon die Wahrscheinlichkeit, dass sie Werte kleiner als −2,94 annimmt, ab. Um diese Werte zu erhalten, muss man zunächst die Werte $x_{krit(1)} = -2,94$ und $x_{krit(2)} = +2,94$ in Bezug auf den Mittelwert von $\mu_1 = -5$ und eine Standardabweichung von $\sigma_X = \sqrt{2,25} = 1,5$ z-transformieren (s. Abschn. 6.5).

Man erhält folgende Werte: $z_{krit(1)} = 1,373$ und $z_{krit(2)} = 5,293$. Unter dem Wert von 5,293 liegen quasi alle Werte der Variablen; die Wahrscheinlichkeit $P(X \leq 2,94 \mid \mu_1 = -5)$ ist also nahezu 1. Unter dem z-Wert 1,373 liegen 91,5 % aller Werte; also ist die Wahrscheinlichkeit $P(X \leq -2,94 \mid \mu_1 = -5) = 0,915$. Also ergibt sich für die Irrtumwahrscheinlichkeit β ein Wert von $1 - 0,915 = 0,085$. Wäre der Effekt positiv und von gleicher Größe ($\varepsilon_1 = 5$), so läge die Verteilung unter der Alternativhypothese in Abbildung 8.6 rechts von der Verteilung unter der Nullhypothese. Die Irrtumswahrscheinlichkeit β würde sich dadurch aber nicht ändern, denn in diesem Fall würde man die Wahrscheinlichkeit $P(X \leq -2,94 \mid \mu_1 = 5)$ von der Wahrscheinlichkeit $P(X \leq 2,94 \mid \mu_1 = 5)$ abziehen, um β zu erhalten. Hierbei würde sich $\beta = 0,085 - 0 = 0,085$ ergeben. Egal, ob der Effekt $\varepsilon_1 = 5$ oder $\varepsilon_1 = -5$ beträgt, die Irrtumswahrscheinlichkeit β wäre in beiden Fällen $\beta = 0,085$.

Beim zweiseitigen Test verteilt sich die Irrtumswahrscheinlichkeit α also auf zwei Bereiche: Die beiden Flächenanteile, die zusammen α ergeben, liegen am linken und am rechten Rand der Verteilung unter der H_0. Das bedeutet auch, dass der kritische Wert auf einer Seite beim ungerichteten Test höher liegt als beim gerichteten Test. Der Test wird insofern strenger, als ein empirisches Ergebnis weiter vom Populationsmittelwert entfernt sein muss, um im Ablehnungsbereich der H_0 zu liegen. Die Irrtumswahrscheinlichkeit β wird dagegen immer für einen spezifischen Populationsparameter bestimmt und lässt sich für jeden postulierten Populationsmittelwert unter der Alternativhypothese berechnen.

Vorteile des binären Entscheidungskonzepts

Welche Probleme des Nullhypothesentests kann das binäre Entscheidungskonzept lösen? Zum einen zwingt es den Forschenden, eine Annahme bezüglich des erwarteten Effekts zu machen. Die inhaltliche Hypothese, die man als Wissenschaftler verfolgt, muss also begründet und spezifiziert werden. Theorien könnten so gehaltvoller werden (Gigerenzer, 1993, 2004). Zum anderen erlaubt eine solche Spezifikation des Effekts eine Prüfung der Alternativhypothese – und eröffnet damit die Möglichkeit, die Alternativhypothese abzulehnen und die Nullhypothese anzunehmen.

Behält man in einer Testentscheidung die Nullhypothese bei, so bedeutet dies nicht, dass in der Population der Effekt gleich 0 ist, sondern lediglich, dass ein empirisches Ergebnis unter der Annahme eines Effekts der spezifizierten Größe unwahrscheinlich ist. Auch zeigt ein signifikantes Ergebnis nur an, dass ein solches Ergebnis unter der Annahme der Nullhypothese unwahrscheinlich ist. Dies impliziert nicht den Nachweis, dass der Mittelwert in der Population exakt mit dem Mittelwert unter der Alternativhypothese identisch ist. Wir werden auf die Frage, mit welcher Zuverlässigkeit man von einem anhand von Stichproben ermittelten statistischen Kennwert wie z. B. dem Mittelwert auf den Populationsparameter schließen kann, bei der Behandlung von Konfidenzintervallen zurückkommen (s. Abschn. 8.5.2).

8.3 Effektgrößen

Für die Testplanung besteht der zentrale Unterschied zwischen den Ansätzen von Fisher und Neyman/Pearson darin, dass man die Alternativhypothese a priori spezifizieren muss. Man benötigt also eine begründete Annahme über den erwarteten Effekt, den »Abstand« zwischen der H_0 und der H_1 in der Population. Bezogen auf das Gedächtnistrainingsbeispiel muss der Psychologe also angeben, wie groß der Effekt des Trainings in der Population sein soll. Häufig ist man nicht in der Lage, einen solchen Wert konkret zu spezifizieren. Man überlegt sich dann, wie groß der Effekt *mindestens* sein müsste, um von einer substantiellen und »praktisch bedeutsamen« Wirksamkeit des Trainings sprechen zu können. Der Effekt, der in der Praxis häufig spezifiziert wird, ist also eine Mindestgröße, ein Minimaleffekt. Dies lässt sich mit Hilfe der Teststärke begründen: Sie beschreibt die Wahrscheinlichkeit, bei gegebenem Signifikanzniveau α mindestens einen Effekt der spezifizierten Größe aufzudecken – jeder größere Effekt würde ja mit einer noch größeren Wahrscheinlichkeit aufgedeckt werden. Umgekehrt formuliert: Ist das Ergebnis nicht signifikant und liegt es nicht im Ablehnungsbereich unter der H_0, so kann – mit einer Irrtumswahrscheinlichkeit β – die Alternativhypothese verworfen werden. Möglicherweise ist der Effekt in Wirklichkeit kleiner, aber ein solcher Effekt wäre nicht mehr praktisch bedeutsam.

Im vorangegangenen Abschnitt haben wir den postulierten Effekt ε_1 definiert als den Unterschied zwischen dem postulierten Populationsmittelwert unter der Alternativhypothese und dem Populationsmittelwert unter der Nullhypothese ($\varepsilon_1 = \mu_1 - \mu_0$). In gleicher Weise haben wir den tatsächlichen Effekt ε definiert als den Unterschied zwischen dem wahren Populationsmittelwert und dem Populationsmittelwert unter der Nullhypothese ($\varepsilon = \mu - \mu_0$). Ein Nachteil dieser Definition ist, dass man Effekte nicht über verschiedene Untersuchungen oder Fragestellungen hinweg miteinander vergleichen kann, denn der Unterschied zwischen zwei Populationsmittelwerten ist an die Metrik der abhängigen Variablen geknüpft. Man stelle sich zwei Untersuchungen zum gleichen Thema vor, die sich lediglich hinsichtlich ihrer Operationalisierung der abhängigen Variablen (z. B. Gedächtnisleistung) voneinander unterscheiden: In der einen Studie sollen die Probanden 15, in der anderen 30 Wörter frei reproduzieren. Ein tatsächlicher bzw. ein postulierter Effekt von 5 Wörtern wäre in der ersten Studie wesentlich beeindruckender als in der zweiten.

Cohens δ

Um Effekte über unterschiedliche Untersuchungen hinweg miteinander vergleichbar zu machen, wurde vorgeschlagen, sie an der Standardabweichung des fraglichen Merkmals in der Population zu relativieren. Der Vorschlag für diese Definition einer Effektgröße stammt von Jacob Cohen (1962) und wird daher Cohens δ (sprich: »delta«) genannt. Für den hier behandelten Test, bei dem getestet werden soll, ob ein Stichprobenmittelwert signifikant von einem fixen Wert abweicht (»Einstichprobentest«), lautet die Formel für Cohens δ in Bezug auf den wahren Populationseffekt wie folgt:

$$\delta = \frac{\varepsilon}{\sigma_X} = \frac{\mu - \mu_0}{\sigma_X} \quad \text{(F 8.2a)}$$

In Bezug auf einen postulierten Populationseffekt unter der Alternativhypothese lautet die Formel wie folgt:

$$\delta_1 = \frac{\varepsilon_1}{\sigma_X} = \frac{\mu_1 - \mu_0}{\sigma_X} \quad \text{(F 8.2b)}$$

Gehen wir von einem wahren Effekt von $\varepsilon = 5$ aus: Würde die Populationsstandardabweichung im einen Falle $\sigma_X = 4$ und im anderen Falle $\sigma_X = 8$ betragen, so wäre Cohens δ im einen Fall $\delta = (\mu - \mu_0)/\sigma_X = 5/4 = 1{,}25$ und im anderen Fall $\delta = (\mu - \mu_0)/\sigma_X = 5/8 = 0{,}625$. Über die Relativierung einer Populationsmittelwertsdifferenz an der Populationsstandardabweichung des Merkmals sind Effektstärken aus unterschiedlichen Studien wieder besser miteinander vergleichbar.

Cohens δ kann im Prinzip zwischen $-\infty$ und $+\infty$ variieren; es ist also kein standardisiertes Maß mit fester Ober- oder Untergrenze. Es ähnelt einem Standardwert (z-Wert; s. Abschn. 7.3.3) und ist auch wie ein solcher zu interpretieren: Ein Wert von $\delta = 1$ besagt, dass der Effekt eine Standardabweichungseinheit (ausgehend von der Standardabweichung des Merkmals in der Population) beträgt. Auf unser Beispiel bezogen würde das bedeuten: Der Mittelwert der »trainierten« Population liegt eine Standardabweichungseinheit höher als der Mittelwert einer »untrainierten« Population. Diese Definition gilt natürlich genauso für den postulierten Effekt unter der Alternativhypothese (δ_1).

Wir werden im Laufe der folgenden Kapitel noch weitere Definitionen von Effektgrößen kennenlernen. Welche Definition im Einzelfall am ehesten angemessen ist, hängt von der Art der Fragestellung und von dem jeweils verwendeten statistischen Verfahren ab.

Festlegung der Effektgröße

Zentral für die Testplanung ist die Frage, wie groß der postulierte Effekt unter der Alternativhypothese – unabhängig davon, ob er unrelativiert (ε_1) oder als Cohens δ_1 angegeben wird – mindestens sein sollte, um als praktisch bedeutsam zu gelten.

Theoretische oder normative Begründungen. Die Strategie der Wahl bei der Festlegung einer Effektgröße besteht darin, sie theoretisch oder normativ zu begründen. Bezogen auf unser Beispiel müsste der Erfinder des Gedächtnistrainings also auf der Basis seiner Trainingskonzeption zu einer plausiblen Annahme darüber kommen, wie stark die Wirkung seines Gedächtnistrainings in der Population mindestens sein sollte. Solche theoretisch begründeten Annahmen sind allerdings in der Praxis oft schwierig, da sie auf plausiblen Annahmen über Möglichkeiten und Grenzen von Gedächtnistrainings basieren und aus einer Gedächtnistheorie abgeleitet sein müssten. Normativ begründete Festlegungen sind solche, die aufgrund ethischer, politischer, juristischer oder wirtschaftlicher Erwägungen als wünschenswert gelten. So könnte ein Verlag, der Interesse daran hat, das Gedächtnistraining zu vermarkten, verlangen, dass seine Wirksamkeit mindestens $\delta_1 = 1$ beträgt, damit sich die Vermarktung lohnt, und dass mindestens ein Effekt dieser Größe zuverlässig abgesichert ist, um bei Misserfolg im Anwendungsfall keinen Regressforderungen ausgesetzt zu sein.

Orientierung an bisherigen empirischen Ergebnissen. Wenn theoretische oder normative Begründungen nicht möglich oder nicht sinnvoll zu treffen sind, kann sich die Festlegung der Effektgröße an bisherigen empirischen Ergebnissen zum gleichen Thema orientieren. Wenn z. B. in früheren Studien Effekte in einer Größenordnung von etwa einer halben Standardabweichungseinheit gefunden wurden, wäre es Unsinn, in der eigenen Untersuchung einen Effekt von $\delta_1 = 2$ zu erwarten. Eine Orientierung der Effektstärke an bisherigen Untersuchungen setzt natürlich voraus, dass man diese Untersuchungen kennt, Zugang zu ihnen hat und dort die Effektstärken auch berichtet werden.

Heuristik von Cohen. Für den Fall, dass man weder aus theoretischen noch aus normativen oder empirischen Erwägungen heraus Vorstellungen davon hat, mit welchem Effekt man rechnen kann, hat Cohen (1988) eine Heuristik vorgeschlagen, welche Effekte als »klein«, »mittel« oder »groß« zu bezeichnen sind. Cohens Vorschläge sind abhängig davon, um welchen statistischen Kennwert es geht bzw. welcher statistische Test verwendet wird. Für den in diesem Kapitel behandelten Einstichprobentest hat Cohen vorgeschlagen, einen Wert um

- $|\delta| \approx 0{,}14$ als »klein«,
- $|\delta| \approx 0{,}35$ als »mittel« und
- $|\delta| \approx 0{,}57$ als »groß« zu bezeichnen.

Diese – trotz allem sehr rohen – Größen decken die Bandbreite empirischer Befunde relativ gut ab; dies gilt sowohl für Befunde aus dem Grundlagenbereich als auch für Untersuchungen zur Wirksamkeit von Interventionen (Lipsey, 1990).

Schätzung des Populationseffekts aus den Daten

In den meisten Forschungs- und Anwendungskontexten ist es von großer Bedeutung, verlässliche Aussagen über die wahre Größe eines Effekts in der Population zu erhalten: Wie viel bringt ein Gedächtnistraining? Um welchen Betrag unterscheiden sich Männer und Frauen in ihrer Aggressivität? Wie viel Geld lässt sich durch eine neue Migränetherapie im Gesundheitssystem einsparen? Wie viele Gewalttaten lassen sich durch die Einführung eines Anti-Aggressions-Trainings in der Schule verhindern?

In den nächsten Kapiteln werden wir sehen, wie sich Populationseffekte aus den empirischen Daten schätzen lassen. Es dürfte allerdings schon jetzt intuitiv klar sein, dass es hierfür nicht länger ausreicht, mit einzelnen Versuchspersonen, also Stichproben der Größe $n = 1$, zu arbeiten. Wir benötigen größere Stichproben, um solche Schätzungen mit hinreichender Genauigkeit vornehmen zu können. Bevor wir die Schätzung von Populationseffekten aus Stichprobendaten behandeln können, werden wir zunächst einen Abschnitt einschieben, der sich etwas allgemeiner mit inferenzstatistischen Verfahren auf der Basis von Stichproben beschäftigt.

8.4 Statistisches Testen an Stichproben

Die bisherigen Beispiele basierten auf Tests an Einzelfällen, d. h. an einer Stichprobe der Größe $n = 1$. Weitaus bedeutsamer in der Psychologie sind Hypothesentests an Stichproben, die aus mehr als nur einer Person bestehen. Der entscheidende Vorteil besteht darin, dass sich unerwünschte Fehlereinflüsse, die zwischen Personen unsystematisch variieren, über viele Personen hinweg ausmitteln. Ein weiterer Vorteil liegt darin, dass einzelne Parameter der Populationsverteilung eines Merkmals nicht bekannt sein müssen, sondern geschätzt werden können. Außerdem ist es möglich, anhand von Stichprobendaten die Gültigkeit von Verteilungsannahmen zu überprüfen. Dazu später mehr. Um die Grundidee des statistischen Testens an Stichproben deutlich zu machen, kommen wir noch einmal auf das Gedächtnistrainingsbeispiel zurück und führen zunächst einen Nullhypothesentest nach Fisher durch.

> **Beispiel**
>
> **Gedächtnistraining: Nullhypothesentest mit $n = 20$ Personen**
> Nachdem die beiden Psychologen anhand eines Einzelfalls (d. h. einer zufällig aus der Population gezogenen Person) die Wirksamkeit des Trainings statistisch getestet haben, kommen dem Skeptiker noch einmal Zweifel. Eine einzige Person scheint ihm doch ein wenig zu unzuverlässig für einen ▶

statistischen Test zu sein: Möglicherweise hatte diese Person ohnehin ein sehr gutes Gedächtnis. Der Skeptiker schlägt daher vor, das Experiment noch einmal an einer größeren Stichprobe zu wiederholen. Da der Urheber des Trainings sich seiner Sache sicher ist und seinen Kritiker überzeugen will, willigt er ein; die Kollegen einigen sich auf eine Stichprobengröße von $n = 20$ Personen.

Die 20 Personen werden zufällig ermittelt, eingeladen, absolvieren das Gedächtnistraining und anschließend den Gedächtnistest. Im Durchschnitt erzielen die Probanden einen Testwert von $\bar{x} = 58$ (zur Erinnerung: die Populationsverteilung war normalverteilt mit $X \sim N(50, 100)$). Ist dies ein Beleg für die Wirksamkeit des Trainings oder nicht?

Gesucht ist auch hier die Wahrscheinlichkeit dieses oder eines noch stärker gegen die H_0 sprechenden Ergebnisses unter der Annahme, dass das Training wirkungslos war und die Abweichung des Stichprobenmittelwertes $\bar{x} = 58$ vom Populationsmittelwert einer »untrainierten Population« ($\mu_0 = 50$) allein auf die Zufallsziehung zurückzuführen ist (Nullhypothese). Der entscheidende Unterschied zum vorangegangenen Fall ist nun, dass das Merkmal, dessen Wahrscheinlichkeitsverteilung wir benötigen, nicht mehr die Leistung *einer* beliebigen Person im Gedächtnistest ist, sondern vielmehr der *Mittelwert* von Gedächtnistestwerten in einer Stichprobe der Größe $n = 20$. Dementsprechend benötigen wir die Wahrscheinlichkeitsverteilung von Stichprobenmittelwerten aus Stichproben der Größe $n = 20$. Da der Mittelwert (genau wie der Median oder die Varianz) ein Stichprobenkennwert ist, heißt die entsprechende Verteilung Stichprobenkennwerteverteilung. In unserem Beispiel benötigen wir also die Stichprobenkennwerteverteilung von Mittelwerten aus Stichproben der Größe $n = 20$.

Stichprobenkennwerteverteilung

Die Wahrscheinlichkeitsverteilung von Stichprobenmittelwerten $\bar{x}$ aus Stichproben der Größe n heißt Stichprobenkennwerteverteilung von Mittelwerten. Es ist die Verteilung der Zufallsvariablen $\bar{X}$, deren Werte die Mittelwerte zufällig gezogener Stichproben derselben Größe aus derselben Population sind. Man würde eine solche Verteilung approximativ erhalten, wenn man aus einer Population sehr viele Stichproben der Größe n ziehen, die Stichprobenmittelwerte berechnen und ihre Verteilung bestimmen würde. Wir können für jede der gezogenen Stichproben den Mittelwert der Messwerte, den Median der Messwerte, die Standardabweichung der Messwerte, die Schiefe der Messwertverteilung oder ihren Exzess berechnen. Für jeden dieser Kennwerte gibt es eine Stichprobenkennwerteverteilung. Die Stichprobenkennwerte, deren Verteilungen wir uns im Folgenden etwas genauer anschauen wollen, sind das arithmetische Mittel und die Standardabweichung.

Auch eine Stichprobenkennwerteverteilung ist eine Wahrscheinlichkeitsverteilung, deren zentrale Tendenz, Dispersion, Wölbung und Schiefe beschrieben werden kann – genau wie bei jeder anderen Wahrscheinlichkeitsverteilung auch. Von besonderer Bedeutung sind der Erwartungswert und die Standardabweichung einer Stichprobenkennwerteverteilung.

▶ Der *Erwartungswert* einer Stichprobenkennwerteverteilung von Stichprobenmittelwerten wird mit $E(\bar{X})$ oder $\mu_{\bar{X}}$, von empirischen Standardabweichungen mit $E(S)$ oder μ_S bezeichnet.
▶ Die *Standardabweichung* einer Stichprobenkennwerteverteilung von Stichprobenmittelwerten wird mit $\sigma_{\bar{X}}$, von empirischen Standardabweichungen mit σ_S bezeichnet.

Die Standardabweichung einer Stichprobenkennwerteverteilung wird auch als *Standardfehler* des entsprechenden Stichprobenkennwertes bezeichnet. So ist $\sigma_{\bar{X}}$ der Standardfehler von $\bar{X}$ und σ_S der Standardfehler von S.

Verteilung der Merkmalsvariablen und Stichprobenkennwerteverteilung

Es ist wichtig, die Stichprobenkennwerteverteilung nicht mit der Verteilung des Merkmals in der Population von Merkmalsträgern zu verwechseln. Der wesentliche Unterschied besteht in der Analyseeinheit: Während wir bei der Verteilung von Messwerten Individuen als Merkmalsträger betrachten, sind die »Merkmalsträger« der Stichprobenkennwerteverteilung Stichproben und das Merkmal ein Kennwert einer Verteilung von Messwerten. Trotz dieses Unterschieds bestehen zwischen der Verteilung des Merkmals in einer Population und der Verteilung von Kennwerten einer Stichprobe, die aus dieser Population gezogen wurde, systematische Zusammenhänge. Wir wollen diese Zusammenhänge an einem konkreten Beispiel verdeutlichen.

> **Beispiel**
>
> **Testrohwerte eines Begabungstests für Schüler**
> Zur Veranschaulichung der Idee der Stichprobenkennwerteverteilung greifen wir auf das Beispiel eines Begabungstests aus Abschnitt 6.4.1 zurück und nehmen an, dass er an einer Population von $N = 150$ Schülern durchgeführt worden sei. Tabelle 6.8 enthält die Testrohwerte der Schüler in Form einer unsortierten Urliste. Der Populationsmittelwert beträgt $\mu = 66{,}73$; die Populationsstandardabweichung beträgt $\sigma = 15{,}86$. Zur empirischen Schätzung der Stichprobenkennwerteverteilung ziehen wir aus der Population k Stichproben der Größe n und berechnen für jede Stichprobe den Mittelwert. Konkret gehen wir wie folgt vor: Per Losverfahren ziehen wir in einem ersten Schritt $n = 10$ Personen zufällig aus der Population. Wir berechnen die mittlere Testleistung dieser 10 Personen, also den Stichprobenmittelwert $\bar{x}$ der ersten Stichprobe. Anschließend legen wir die 10 Personen wieder zurück. Dann ziehen wir per Zufall eine zweite Stichprobe von $n = 10$ Personen, berechnen den Mittelwert auch für diese und legen sie wieder zurück. Diese Schritte (zufällige Ziehung, Mittelwertsberechnung, Zurücklegen) wiederholen wir noch weitere 23-mal, so dass wir Mittelwerte aus $k = 25$ Stichproben der Größe $n = 10$ vorliegen haben.
>
> Nach dem gleichen Verfahren ziehen wir auch 25 Stichproben der Größe $n = 20$ und 25 Stichproben der Größe $n = 30$. Die $3 \cdot 25$ Stichprobenmittelwerte, die wir mit diesem Vorgehen berechnet haben, sind in Tabelle 8.2 aufgeführt.

Tabelle 8.2 Empirische Ermittlung der Stichprobenkennwerteverteilung des Mittelwerts anhand von Zufallsstichproben aus der Urliste in Tabelle 6.8

$n = 10$		$n = 20$		$n = 30$	
Stichprobe	Mittelwert	Stichprobe	Mittelwert	Stichprobe	Mittelwert
1	66,60	1	70,85	1	68,67
2	63,10	2	66,65	2	66,17
3	77,10	3	73,45	3	65,93
4	71,40	4	65,10	4	63,30
5	73,60	5	63,00	5	68,63
6	73,10	6	70,35	6	65,60
7	59,80	7	66,35	7	69,70
8	64,90	8	64,15	8	63,73
9	75,10	9	62,65	9	63,07
10	57,50	10	64,05	10	66,33
11	68,90	11	62,30	11	68,57
12	68,70	12	65,40	12	67,40
13	71,40	13	67,85	13	66,83

▶

Tabelle 8.2 (Fortsetzung)

n = 10		n = 20		n = 30	
Stichprobe	Mittelwert	Stichprobe	Mittelwert	Stichprobe	Mittelwert
14	73,20	14	67,65	14	69,53
15	69,90	15	72,50	15	64,60
16	69,50	16	67,65	16	63,50
17	69,90	17	62,55	17	61,80
18	64,40	18	65,00	18	68,43
19	68,60	19	72,65	19	72,30
20	67,70	20	63,40	20	71,07
21	68,00	21	63,15	21	67,33
22	73,70	22	68,35	22	62,57
23	64,90	23	66,45	23	66,40
24	59,30	24	63,70	24	65,57
25	69,10	25	68,50	25	69,93

Stichprobenfehler. Betrachten wir die Mittelwerte in Tabelle 8.2 etwas genauer. Zunächst sieht man, dass sich die Mittelwerte mehr oder weniger stark voneinander unterscheiden. Eine genauere Inspektion ergibt, dass kein einziger Stichprobenmittelwert mit dem Populationsmittelwert von $\mu = 66{,}73$ identisch ist, sondern dass die Stichprobenmittelwerte mehr oder weniger von diesem Wert abweichen. Wenn man den Stichprobenmittelwert als Schätzwert für den Populationsmittelwert heranziehen möchte, ist also jeder Stichprobenmittelwert mit einem stichprobenspezifischen Fehler behaftet, dem Stichprobenfehler. Die Größe dieses Fehlers hängt von der zufälligen Zusammensetzung der Stichprobe ab. Es handelt sich also um zufällige Schätzfehler. Diese Zufälligkeit ist von zentraler Bedeutung für die inferenzstatistische Nutzung der Stichprobenkennwerteverteilung.

Trotz ihrer Zufälligkeit lässt eine sorgfältige Inspektion der Stichprobenfehler zwei systematische Muster erkennen:
(1) Kleine Abweichungen zwischen dem Stichprobenmittelwert und dem Populationsmittelwert kommen häufiger vor als große Abweichungen.
(2) Ein Vergleich der Mittelwertsspalten zeigt, dass die Größe der Schätzfehler mit der Stichprobengröße abnimmt.

Dass große Abweichungen des Stichprobenmittelwertes vom Populationsmittelwert seltener vorkommen als kleine, liegt an der Verteilung der Messwerte in der Population (vgl. die sekundäre Häufigkeitsverteilung des Merkmals in Tab. 6.11 in Abschn. 6.4.1). Messwerte in der Nähe des Mittelwertes kommen häufiger vor als Messwerte im Extrembereich. Deshalb ist es bei einer zufälligen Stichprobe von Merkmalsträgern weniger wahrscheinlich, Personen mit extremen Werten zu ziehen als Personen mit Messwerten im Zentralbereich der Verteilung. Folglich sollten Stichprobenmittelwerte in der Nähe des Populationsmittelwerts häufiger vorkommen als extreme Stichprobenmittelwerte.

Dass der Stichprobenfehler mit zunehmender Stichprobengröße kleiner wird, leuchtet ebenfalls unmittelbar ein: Je größer die Stichprobe, desto seltener kann es vorkommen, dass sie überwiegend Merkmalsträger mit extremen Messwerten enthält, die zu einem großen Stichprobenfehler führen würden. Unter sonst gleichen Bedingungen schätzt der Mittel-

Tabelle 8.3 Mittelwert und Standardabweichung (Standardfehler) der Stichprobenkennwerteverteilung des Mittelwerts aus $k = 25$ Stichproben in Abhängigkeit von der Stichprobengröße am Beispiel der Testrohwerte aus Tabelle 8.2

	Verteilung der Messwerte (Population)	Stichprobenkennwerteverteilung von Stichprobenmittelwerten aus Stichproben der Größe n		
		$n = 10$	$n = 20$	$n = 30$
Mittelwert	$\mu = 66{,}73$	$\bar{x}_{\bar{X}} = 68{,}38$	$\bar{x}_{\bar{X}} = 66{,}55$	$\bar{x}_{\bar{X}} = 66{,}68$
Standardabweichung	$\sigma_X = 15{,}86$	$s_{\bar{X}} = 4{,}87$	$s_{\bar{X}} = 3{,}31$	$s_{\bar{X}} = 2{,}73$

wert einer zufällig gezogenen Stichprobe den Populationsmittelwert also umso genauer, je größer die Stichprobe ist. Je größer die Stichprobe, umso mehr nähert sich die Stichprobe der Population an. Im Extremfall ist die Stichprobe gleich der Population, wodurch der Stichprobenfehler gleich 0 wird.

Systematischer wird unsere vergleichende Analyse der Schätzfehler, wenn wir die Mittelwerte und Standardabweichungen der Stichprobenmittelwerte berechnen. Das Ergebnis haben wir in Tabelle 8.3 notiert. In der ersten Spalte sind die Parameter der Messwertverteilung in der Population aufgeführt. In den restlichen drei Spalten stehen die Mittelwerte der Stichprobenmittelwerte ($\bar{x}_{\bar{X}}$) und die Standardfehler ($s_{\bar{X}}$). Ein Vergleich der Kennwerte der drei Stichprobenkennwerteverteilungen ist in zweifacher Hinsicht aufschlussreich:

(1) Der Mittelwert der Stichprobenmittelwerte liegt ziemlich nahe am Populationsmittelwert der Messwerte, und dies umso mehr, je größer die Stichproben sind. Bei einer Stichprobengröße von $n = 30$ unterscheidet sich der Mittelwert der Stichprobenmittelwerte ($\bar{x}_{\bar{X}} = 66{,}68$) nur noch geringfügig vom Populationsmittelwert der Messwerte ($\mu = 66{,}73$).

(2) Die Stichprobenmittelwerte streuen um den Populationsmittelwert umso weniger, je größer die Stichproben sind; d. h., die Standardfehler ($s_{\bar{X}}$) werden mit zunehmender Stichprobengröße kleiner. Die Schätzung des Populationsmittelwerts anhand des Stichprobenmittelwerts wird also umso genauer, je größer die gezogene Stichprobe ist.

Eigenschaften der Stichprobenkennwerteverteilung des Mittelwerts

Wir wollen nun die Stichprobenkennwerteverteilung des Mittelwerts etwas genauer betrachten, um das Verständnis für das Grundprinzip der Inferenzstatistik weiter zu vertiefen und erste konkrete Anwendungen vorzubereiten.

Erwartungswert der Stichprobenkennwerteverteilung des Mittelwerts. Wenn die Anzahl der gezogenen Stichproben gegen unendlich geht, nähert sich der Mittelwert aller Stichprobenmittelwerte ($\bar{x}_{\bar{X}}$) dem Erwartungswert der Stichprobenkennwerteverteilung $E(\bar{X})$ an. Dieser ist mit dem Populationsmittelwert identisch:

$$E(\bar{X}) = \mu \qquad \text{(F 8.3)}$$

Wir werden diese Eigenschaft des Stichprobenmittelwerts später als »Erwartungstreue« bezeichnen. Ist die Anzahl der Stichproben begrenzt, kann es allerdings Abweichungen zwischen dem Mittelwert aller Stichprobenmittelwerte ($\bar{x}_{\bar{X}}$) und dem Populationsmittelwert geben. Im letztgenannten Beispiel (s. Tab. 8.3) weichen $\bar{x}_{\bar{X}}$ und μ voneinander ab, weil lediglich $k = 25$ und nicht unendlich viele Stichproben gezogen wurden.

Standardfehler des Mittelwerts. Der Standardfehler steht in einer einfachen Beziehung zur Varianz der Messwerte (zur Herleitung s. Büchter & Henn, 2007):

$$\sigma_{\bar{X}} = \sqrt{\frac{\sigma_X^2}{n}} = \frac{\sigma_X}{\sqrt{n}} \qquad \text{(F 8.4)}$$

Formel F 8.4 lässt eine wichtige Eigenschaft des Standardfehlers erkennen, die wir in unserem Beispiel schon beobachtet haben: Mit zunehmender Stichprobengröße (n) wird der Standardfehler kleiner, d. h., dass der Populationsmittelwert der Messwerte umso genauer durch den Stichprobenmittelwert geschätzt wird, je größer die Stichprobe ist. Dies gilt nicht nur für den Mittelwert, sondern für alle möglichen Stichprobenkennwerte: Je größer die Stichprobe, desto kleiner der Standardfehler eines Stichprobenkennwertes.

Die Standardfehler der Mittelwerte hatten wir in unserem Beispiel empirisch geschätzt, indem wir jeweils $k = 25$ Stichproben aus der Population gezogen, die Stichprobenmittelwerte berechnet und anschließend deren Standardabweichung ($s_{\bar{X}}$) bestimmt hatten. Wenn wir statt dieses Vorgehens den Standardfehler nach Formel F 8.4 aus der Populationsstandardabweichung berechnen, ergibt sich bei Stichproben der Größe $n = 10$ ein Wert von $\sigma_{\bar{X}} = 15{,}86/\sqrt{10} = 5{,}02$, bei Stichproben der Größe $n = 20$ ein Wert von $\sigma_{\bar{X}} = 15{,}86/\sqrt{20} = 3{,}55$ und bei Stichproben der Größe $n = 30$ ein Wert von $\sigma_{\bar{X}} = 15{,}86/\sqrt{30} = 2{,}90$. Diese Werte sind den empirisch geschätzten Standardfehlern in Tabelle 8.3 relativ ähnlich. Zu den Abweichungen kommt es, weil lediglich $k = 25$ und nicht unendlich viele Stichproben gezogen wurden. Die Stichprobenkennwerteverteilungen (im Falle unendlich vieler Stichprobenziehungen) sind graphisch in Abbildung 8.7 dargestellt. Auch hier sieht man noch einmal sehr deutlich: Mit zunehmender Stichprobengröße (n) wird der Standardfehler kleiner, d. h., die Stichprobenkennwerteverteilung wird zunehmend schmaler.

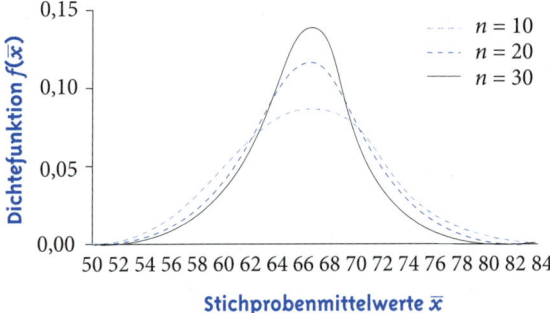

Abbildung 8.7 Stichprobenkennwerteverteilungen von Stichprobenmittelwerten ($k \to \infty$) aus Stichproben der Größe n für das Datenbeispiel aus Tabelle 8.3

Zentraler Grenzwertsatz

Die Anwendung vieler inferenzstatistischer Verfahren setzt voraus, dass die Stichprobenkennwerte normalverteilt sind. Beim Mittelwert ist diese Voraussetzung erfüllt, wenn die Messwerte in der Population normalverteilt sind. Sind die Messwerte in der Population nicht normalverteilt, nähert sich die Stichprobenkennwerteverteilung dennoch mit wachsendem Stichprobenumfang n einer Normalverteilung an. Dieses Prinzip wird als zentraler Grenzwertsatz bezeichnet.

> **Definition**
>
> Dem **zentralen Grenzwertsatz** zufolge nähert sich die Stichprobenkennwerteverteilung von Stichprobenmittelwerten aus Stichproben der Größe n mit zunehmendem n einer Normalverteilung an – unabhängig davon, wie das Merkmal in der Population verteilt ist. Voraussetzung dabei ist, dass die einzelnen Stichproben unabhängig voneinander gezogen wurden.

Der zentrale Grenzwertsatz ist für die Inferenzstatistik insofern von großer Bedeutung, als inferenzstatistische Tests über Mittelwerte und Mittelwertsunterschiede auch dann mit hinreichender Genauigkeit vorgenommen werden können, wenn die Variablen in der Population nicht normalverteilt sind – vorausgesetzt, die Stichprobe ist groß genug. In Abbildung 8.8 ist die geschätzte Stichprobenkennwerteverteilung des Mittelwerts für vier Stichprobengrößen und vier Verteilungstypen graphisch dargestellt. Die Graphik ist wie folgt zu lesen: In der obersten Zeile sind vier Verteilungen zu sehen, die die Verteilung eines Merkmals in der Population beschreiben. Aus jeder der vier Populationen wurden $k = 1000$ Stichproben unterschiedlicher Größe gezogen (mit Zurücklegen). Die Stichproben umfassen jeweils entweder $n = 2$ (zweite Zeile), $n = 5$ (dritte Zeile), $n = 30$ (vierte Zeile) oder $n = 100$ Personen (fünfte Zeile). Für jede Stichprobe wurde der Mittelwert berechnet, die Verteilungen der Mittelwerte der 1000 Stichproben sind graphisch dargestellt. Diese Simulation zeigt, dass schon bei einer Stichprobengröße von $n = 30$ die

Stichprobenkennwerteverteilung des Mittelwerts sehr gut durch eine Normalverteilung approximiert wird, und das völlig unabhängig davon, ob das Merkmal in der Population approximativ normalverteilt, gleichverteilt, schief (logarithmisch normalverteilt) oder bimodal (überlagert normalverteilt) ist. Bei einer Stichprobengröße von $n = 100$ lassen sich kaum noch Unterschiede zwischen den Stichprobenkennwerteverteilungen wahrnehmen. Als Faustregel lässt sich sagen, dass Stichprobenkennwerteverteilungen von $\bar{X}$ ab einer Stichprobengröße von $n = 30$ hinreichend gut durch eine Normalverteilung approximiert werden.

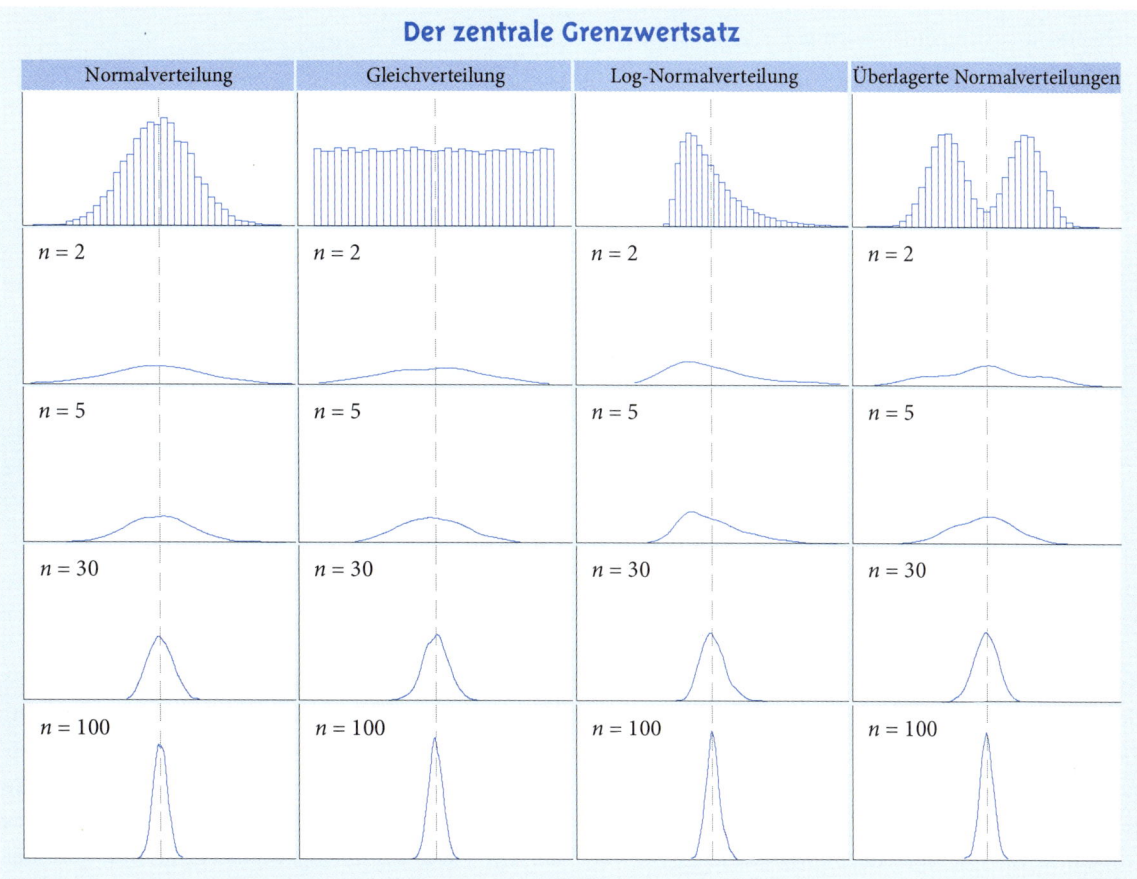

Abbildung 8.8 Stichprobenkennwerteverteilungen von Stichprobenmittelwerten ($k = 1000$) aus Stichproben der Größe n für vier unterschiedliche Populationen, in denen die Verteilung des Merkmals approximativ einer Normal-, einer Gleich- und einer Log-Normalverteilung sowie zweier überlagerter Normalverteilungen folgt

Beispiel

Gedächtnistraining: Ergebnis des Tests an einer Stichprobe

Nun kennen wir die Parameter, durch die eine Stichprobenkennwerteverteilung von Mittelwerten aus Stichproben der Größe n beschrieben werden kann: Da sich die Stichprobenkennwerteverteilung des Mittelwerts – unabhängig von der Form der Populationsverteilung – mit steigender Stichprobengröße einer Normalverteilung annähert, benötigen wir lediglich Erwartungswert und Standardfehler des Mittelwerts, um die Stichprobenkennwerteverteilung der Mittelwerte zu beschreiben. Der ▶

Populationsmittelwert und die Populationsvarianz des Merkmals X waren in unserem Beispiel ja bereits bekannt ($X \sim N(50, 100)$), so dass sich für den Erwartungswert der Stichprobenkennwerteverteilung von Mittelwerten aus Stichproben der Größe $n = 20$ gemäß Formel F 8.3 ein Wert von $E(\bar{X}) = \mu = 50$ ergibt. Der Standardfehler des Mittelwerts lässt sich gemäß Formel F 8.4 berechnen: $\sigma_{\bar{X}} = 10/4{,}472 = 2{,}236$.

Nun ist die Stichprobenkennwerteverteilung der Variablen $\bar{X}$ vollständig beschrieben. Um den Ablehnungsbereich bzw. den kritischen Wert unter der H_0 zu ermitteln, benötigen wir die Flächenanteile unter der Stichprobenkennwerteverteilung von $\bar{X}$. Da $\bar{X}$ normalverteilt ist, können wir die Quantile der Standardnormalverteilung heranziehen, um diese Flächenanteile zu bestimmen. Wir müssen also $\bar{X}$ in die standardnormalverteilte Prüfgröße $Z_{\bar{X}}$ transformieren. Diese Transformation erfolgt nach der Formel:

$$Z_{\bar{X}} = \frac{\bar{X} - E(\bar{X})}{\sigma_{\bar{X}}} \qquad \text{(F 8.5)}$$

Für einen konkreten Stichprobenmittelwert lautet die Überführung in einen konkreten Wert z unter der Annahme der Nullhypothese:

$$z_{\bar{x}} = \frac{\bar{x} - \mu_0}{\sigma_{\bar{X}}} \qquad \text{(F 8.6)}$$

In unserem Beispiel ergibt sich ein Standardwert von

$$z_{\bar{x}} = \frac{58 - 50}{2{,}236} = 3{,}58 \, .$$

Diesen Wert können wir nun heranziehen, um die Nullhypothese $H_0: \mu_0 \leq 50$ zu überprüfen. Mit Hilfe eines Verteilungsrechners für die Standardnormalverteilung (🖱) oder anhand der Tabelle A.2 im Anhang A bestimmen wir, welchen Flächenanteil der ermittelte z-Wert abschneidet. Wir stellen fest, dass die Wahrscheinlichkeit für diesen oder einen größeren z-Wert unter der Nullhypothese $p = 0{,}0002$ beträgt. Ein solcher Wert ist – gegeben die Nullhypothese – sehr unwahrscheinlich. Das Ergebnis ist auf einem vorher festgelegten Signifikanzniveau von $\alpha = 5\,\%$ also signifikant; die Nullhypothese kann abgelehnt werden. Nun ist auch der Skeptiker überzeugt, dass das Gedächtnistraining wirkt.

β-Fehler und Teststärke

Natürlich ist es auch beim Stichprobentest möglich, die Irrtumswahrscheinlichkeit β bzw. die Teststärke zu bestimmen, wenn man sich auf ein α-Niveau festgelegt hat. Auch hier ist β definiert als die Wahrscheinlichkeit, mit der Ablehnung der H_1 bzw. der Annahme der H_0 eine falsche statistische Entscheidung zu treffen. Die Teststärke $(1 - \beta)$ ist definiert als die Wahrscheinlichkeit, mit der man sich gegen die H_0 entscheidet, wenn ein Effekt der postulierten Größe ε_1 (oder δ_1) in der Population existiert. Die Teststärke hängt wiederum von der postulierten Größe des Effekts und von der Wahl des Signifikanzniveaus ab. Im Falle des Stichprobentests kommt mit der Stichprobengröße n eine weitere wichtige Einflussgröße von β hinzu.

Beispiel

Gedächtnistraining: Teststärkebestimmung

Der Erfinder des Gedächtnistrainings freut sich: Er hat den Skeptiker überzeugt, das Ergebnis des Tests war signifikant. Nun fragt sich der Psychologe: Wie groß ist eigentlich die Wahrscheinlichkeit, die Wirksamkeit des Trainings zu entdecken, wenn es die Leistung im Test im Mittel um 10 Punkte verbessert? Wie groß ist also die Teststärke seines Tests unter der Annahme, der Effekt seines Trainings betrage $\varepsilon_1 = 10$? Das Ergebnis ist in Abbildung 8.9 aufgezeichnet: Die beiden Stichprobenkennwerteverteilungen unter der Null- und unter der Alternativhypothese sind mit einer Standardabweichung von $\sigma_{\bar{x}} = 2{,}236$ relativ schmal. Deshalb ist der Bereich, in dem sich die beiden Stichprobenkennwerteverteilungen überlappen, relativ klein. Links vom kritischen Wert (hier: $\bar{x}_{krit} = 53{,}6$) liegt unter der H_1 nur noch ein Flächenanteil von $\beta = 0{,}2\,\%$. Diese Fläche ist in Abbildung 8.9 blau gefärbt. Der Test hat dementsprechend eine Teststärke von $1 - \beta = 99{,}8\,\%$. Mit dieser Wahrscheinlichkeit kann ein Effekt der postulierten Größe $\varepsilon_1 = 10$ also aufgedeckt werden, wenn er tatsächlich existiert.

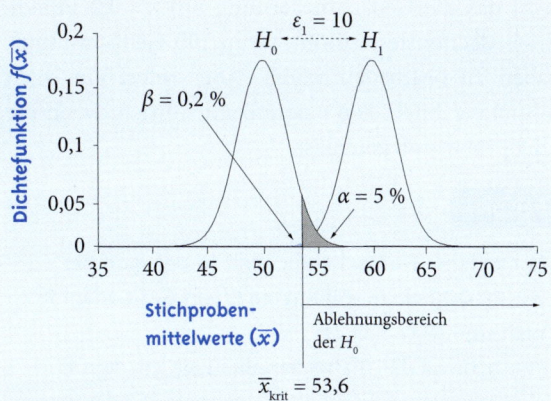

Abbildung 8.9 Irrtumswahrscheinlichkeiten α und β beim Stichprobentest ($n = 20$) und einem postulierten Effekt von $\varepsilon_1 = 10$ Testpunkten am Beispiel des Gedächtnistrainings

Der Einfluss des Stichprobenumfangs

Aus Formel F 8.4 wissen wir bereits: Die Streuung der Stichprobenkennwerteverteilung hängt neben der Streuung des Merkmals X auch von der Stichprobengröße n ab. Je größer die Stichprobe, desto kleiner ist die Streuung der Stichprobenkennwerteverteilung. Inhaltlich leuchtet diese Beziehung ein, denn je größer die Stichprobe, desto zuverlässiger schätzt ein Stichprobenmittelwert den Populationsmittelwert, und desto weniger schwanken Stichprobenmittelwerte unsystematisch um den Populationsmittelwert.

Man kann sich leicht klarmachen, welchen Einfluss die Stichprobengröße n auf den kritischen Bereich und die Teststärke bzw. β hat: Je größer n, desto kleiner der Standardfehler. Der kritische Wert unter der H_0 rückt also mit zunehmender Stichprobengröße immer näher an den Populationsmittelwert unter der H_0 heran. Anders gesagt: Selbst kleinere Abweichungen vom Populationsmittelwert werden in großen Stichproben eher signifikant als in kleineren Stichproben. Das wiederum verringert auch die Irrtumswahrscheinlichkeit β und erhöht die Teststärke. Mit steigender Stichprobengröße erhöht sich also die Wahrscheinlichkeit, einen postulierten Effekt der Größe ε_1 (oder δ_1) zu finden. Abbildung 8.10 verdeutlicht diesen Zusammenhang für drei Ausprägungen von Cohens δ, einen kleinen, einen mittleren und einen großen Effekt. Wie man sieht, ist der Zusammenhang zwischen n und $1 - \beta$ im Falle eines kleinen Effekts linear, während der Zusammenhang mit steigendem Effekt exponentiell wird.

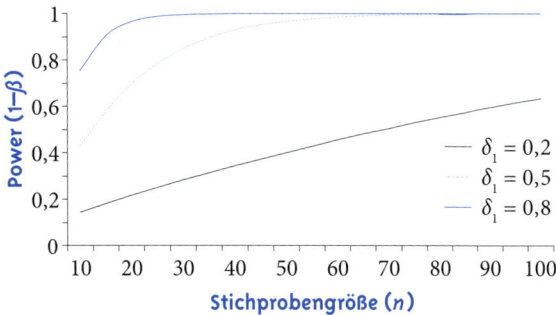

Abbildung 8.10 Zusammenhang zwischen Stichprobengröße (n) und Teststärke ($1 - \beta$) in Abhängigkeit von der postulierten Größe des Effekts (δ_1)

Der Einfluss des Stichprobenumfangs hat einen weiteren bedenkenswerten Aspekt. Da der kritische Wert unter der H_0 mit zunehmendem Stichprobenumfang immer weiter in die Nähe des unter der H_0 postulierten Populationsmittelwertes rückt, bedeutet das, dass selbst kleine Abweichungen von μ_0 in großen Stichproben mit größerer Wahrscheinlichkeit signifikant werden. Bei sehr großen Stichproben werden also selbst triviale, d. h. inhaltlich unbedeutende und praktisch irrelevante Effekte signifikant. Niemand würde z. B. von einem Gedächtnistraining überzeugt sein, das die Gedächtnisleistung um $\varepsilon = 0{,}2$ Punkte im Gedächtnistest erhöht, wenn 100 Gedächtnisaufgaben zu bearbeiten wären. Aber selbst ein solch minimaler Effekt kann signifikant werden, wenn die Stichprobe groß genug ist.

> **Beispiel**
>
> **Mit welcher Wahrscheinlichkeit findet man bei $n = 28.000$ einen minimalen Effekt des Gedächtnistrainings ($\varepsilon = 0{,}2$)?**
>
> Wie groß ist die Wahrscheinlichkeit, ein signifikantes Ergebnis zu erhalten, wenn das Gedächtnistraining die Leistung im Test lediglich um $\varepsilon = 0{,}2$ Punkte verbessert? Diese Wahrscheinlichkeit (also die Teststärke $1 - \beta$) hängt bei gegebener Populationsstandardabweichung σ_X lediglich von der Stichprobengröße ab. Beträgt die Stichprobengröße $n = 28.000$, so ergibt sich für die Standardabweichung der Stichprobenkennwerteverteilung von Mittelwerten gemäß Formel F 8.4 $\sigma_{\bar{x}} = 10/\sqrt{28.000} = 0{,}06$. Wenn wir bei einem α-Niveau von 5 % bleiben, beträgt der kritische Wert $\bar{x}_{krit} = 50{,}1$. Das heißt, bei einer Stichprobengröße von 28.000 Personen wäre bereits ein Mittelwert von 50,1 signifikant von $\mu_0 = 50$ verschieden. Einen Effekt von $\varepsilon = 0{,}2$ würde man – wie aus Abbildung 8.11 zu ersehen ist – mit einer Wahrscheinlichkeit von $1 - \beta = 95{,}2$ % aufdecken.
>
>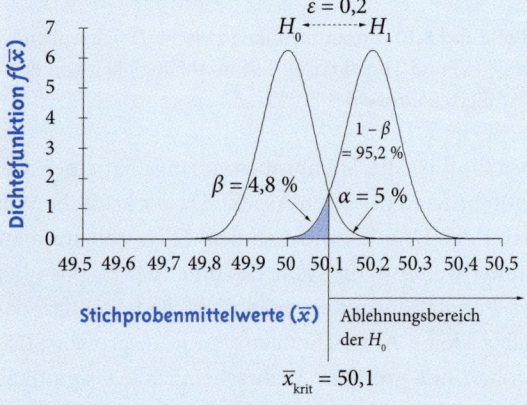
>
> **Abbildung 8.11** Irrtumswahrscheinlichkeiten α und β beim Stichprobentest ($n = 28.000$) und einem Effekt von $\varepsilon = 0{,}2$ Testpunkten am Beispiel des Gedächtnistrainings

Einerseits illustriert dieses Beispiel eindrucksvoll, wie hoch die Schätzgenauigkeit bei großen Stichproben ist: Der Stichprobenfehler ist äußerst klein. Große Stichproben erlauben es, Effekte präzise zu schätzen und zuverlässig aufzudecken. Sie verringern somit das Risiko von Fehlentscheidungen. Daher geben Methodenberater häufig auf die Frage nach der benötigten Stichprobengröße die Antwort: »Je größer, umso besser.«

Andererseits macht das Beispiel auch deutlich, dass die ausschließliche Mitteilung, dass ein Effekt statistisch bedeutsam sei, wenig aussagekräftig ist, wenn die Größe des Effekts nicht mitgeteilt wird. Bei großen Stichproben werden selbst triviale Effekte signifikant. Die Feststellung, dass ein Ergebnis signifikant ist, sollte also immer durch die Mitteilung der Effektgröße ergänzt werden. Außerdem zeigt das Ergebnis, dass der hohe Aufwand, der mit der Erhebung von 28.000 Personen verbunden ist, nicht unbedingt notwendig ist, um einen Effekt zuverlässig aufzudecken. Wie man beide Prinzipien – Präzisionssteigerung und Erhebungsökonomie – sinnvoll miteinander verbinden kann, werden wir im Folgenden bei der Planung des optimalen Stichprobenumfangs sehen. Ein Stichprobenumfang ist dann optimal, wenn er erlaubt, einen Effekt bei einem zuvor festgelegten α-Niveau mit einer a priori festgelegten Teststärke $1 - \beta$ aufzudecken, wenn dieser Effekt auch tatsächlich existiert.

Stichprobenumfangsplanung: Die optimale Stichprobengröße

Legt man die beiden Irrtumswahrscheinlichkeiten α und β fest und ist die Größe des Effekts spezifiziert, lässt sich die optimale Stichprobengröße bestimmen. Optimal bedeutet, dass die Stichprobengröße so bestimmt wird, dass sie weder zu klein (und die Teststärke nicht ausreichen würde, um einen Effekt der spezifizierten Größe mit ausreichend hoher Wahrscheinlichkeit zu finden) noch zu groß ist (und die Kosten der Untersuchung nicht gerechtfertigt wären). Wie bestimmt man einen solchen optimalen Stichprobenumfang, der genau auf die drei Größen (α, β, ε_1 bzw. δ_1) zugeschnitten ist?

Schätzung des Populationseffekts aus den Daten

Wir hatten bereits in Abschnitt 8.3 festgestellt, dass es – jenseits der Frage, ob ein empirisches Ergebnis statistisch bedeutsam ist oder nicht – sinnvoll ist, eine zuverlässige Schätzung der Größe des Effekts in der Population zu erhalten. Jetzt, da wir wissen, dass jeder statistische Test ein signifikantes Ergebnis produzieren kann, wenn die Stichprobe (und damit die Teststärke) nur groß genug ist, erscheint eine solche Information umso sinnvoller: Bei großen Stichproben werden schließlich selbst kleine und praktisch unbedeutende Effekte signifikant. Bei jedem signifikanten Test wäre es daher gut zu wissen, welche Schlüsse über die Größe eines Effekts in der Popula-

> **Beispiel**
>
> **Gedächtnistraining: optimaler Stichprobenumfang**
>
> Angenommen, ein großer internationaler Verlag wolle unserem Forscher das Gedächtnistraining abkaufen und es vermarkten. Dies lohne sich jedoch nur, wenn das Training die Gedächtnisleistung in der Population um mindestens eine halbe Standardabweichung verbessert. Der Verlag ist bereit, eine Studie zu finanzieren, die in der Lage ist, einen Effekt von $\delta_1 = 0{,}5$ mit hoher Zuverlässigkeit aufzudecken. Dabei wird dem Forscher ein maximales α-Risiko von 5 % und ein maximales β-Risiko von 10 % vorgeschrieben. Der Forscher muss seine Untersuchung also so planen, dass er einen Effekt von $\delta_1 = 0{,}5$ mit einer Teststärke von $1 - \beta = 90\,\%$ auf einem Signifikanzniveau von $\alpha = 5\,\%$ aufdecken kann. Ein Effekt von $\delta_1 = 0{,}5$ entspricht gemäß Formel F 8.2 einer Mittelwertsdifferenz von $\varepsilon_1 = \delta_1 \cdot \sigma_X = 0{,}5 \cdot 10 = 5$. Unter der Alternativhypothese müsste also ein Populationsmittelwert von $\mu_1 = 50 + 5 = 55$ vorliegen. Aufgrund der Annahme eines positiven Effekts entscheidet sich der Forscher, die Hypothese einseitig zu testen. Er geht zudem davon aus, dass sich die Populationsstandardabweichungen unter der Null- und unter der Alternativhypothese nicht unterscheiden. Die Frage ist nun: Wie groß muss die Standardabweichung der Stichprobenkennwerteverteilungen unter der Null- und unter der Alternativhypothese sein, damit bei einem Effekt von $\varepsilon_1 = 5$ Punkten rechts von einem kritischen Wert 5 % der Verteilung unter der H_0 und 90 % der Verteilung unter der H_1 abgeschnitten werden? Wir suchen also einen Standardfehler $\sigma_{\bar{X}}$, für den gilt:
>
> $1 - F(\bar{x}_{krit}|H_0) = 0{,}05$ bzw.
> $F(\bar{x}_{krit}|H_0) = 0{,}95$ bei $\bar{X} = N(50, \sigma_{\bar{X}}^2)$
>
> und
>
> $1 - F(\bar{x}_{krit}|H_1) = 0{,}90$ bzw.
> $F(\bar{x}_{krit}|H_1) = 0{,}10$ bei $\bar{X} = N(55, \sigma_{\bar{X}}^2)$
>
> Ein solches Gleichungssystem lässt sich gemäß der Formel für die Verteilungsfunktion einer Normalverteilung (F 7.73) lösen. Hierzu setzt man den $(1-\alpha)$-Quantilswert der Verteilung unter der Nullhypothese gleich dem β-Quantilswert der Verteilung unter der Alternativhypothese. Beide Quantilswerte kann man nach Gleichung F 7.75 bestimmen und gleichsetzen:
>
> $$\mu_0 + z_{(1-\alpha)} \cdot \sigma_{\bar{X}} = \mu_1 + z_{(\beta)} \cdot \sigma_{\bar{X}} \quad \text{(F 8.7a)}$$
>
> Hieraus ergibt sich nach Ersetzen des Standardfehlers:
>
> $$\mu_0 + z_{(1-\alpha)} \cdot \frac{\sigma_X}{\sqrt{n}} = \mu_1 + z_{(\beta)} \cdot \frac{\sigma_X}{\sqrt{n}} \quad \text{(F 8.7b)}$$
>
> Löst man diese Gleichung nach n auf, erhält man:
>
> $$n = \frac{\left(z_{(1-\alpha)} - z_{(\beta)}\right)^2 \cdot \sigma_X^2}{\left(\mu_0 - \mu_1\right)^2} \quad \text{(F 8.8)}$$
>
> Für unser Beispiel ergibt sich:
>
> $$n = \frac{(1{,}64 - (-1{,}28))^2 \cdot 100}{(55 - 50)^2} = \frac{852{,}64}{25} = 34{,}1056$$
>
> Man rundet die Stichprobengröße immer auf und erhält damit eine optimale Stichprobengröße von $n = 35$. Die Stichprobenkennwerteverteilungen unter der Null- und unter der Alternativhypothese für $\alpha = 0{,}05$, $\beta = 0{,}10$, $\delta_1 = 0{,}5$ und $n = 35$ sind in Abbildung 8.12 graphisch dargestellt.

▶

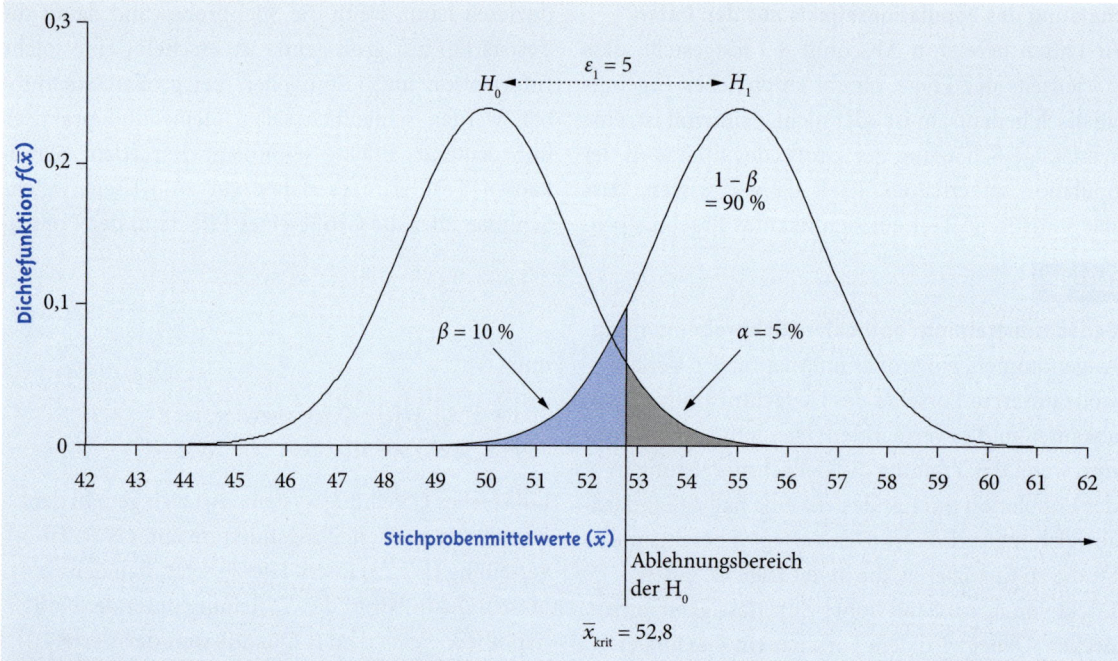

Abbildung 8.12 Stichprobenkennwerteverteilungen des Mittelwerts unter der Null- und Alternativhypothese für $\alpha = 0{,}05$, $\beta = 0{,}10$, $\varepsilon_1 = 5$, $n = 35$

tion der Test erlaubt. Der p-Wert, also die Wahrscheinlichkeit eines empirischen Ergebnisses unter der Nullhypothese, liefert über die Größe eines Effekts in der Population keine hinreichenden Informationen. Zwar wird die Wahrscheinlichkeit eines empirischen Ergebnisses unter der H_0 umso kleiner, je größer der Effekt in der Population ist, aber darüber hinaus ist p auch eine Funktion der Stichprobengröße.

Eine Möglichkeit besteht darin, die Größe des Populationseffekts unabhängig von p aus den Daten zu schätzen. Die einfachste Form einer solchen Schätzung würde darin bestehen, lediglich das empirische Ergebnis zu betrachten. In unserem Gedächtnistrainingsbeispiel hatten wir in einer Stichprobe von $n = 20$ einen Mittelwert von $\bar{x} = 58$ beobachtet. Der empirische Effekt, d. h. die Abweichung dieses Ergebnisses von dem unter der H_0 zu erwartenden Ergebnis, beträgt also $e = \bar{x} - \mu_0 = 58 - 50 = 8$ Testpunkte. Relativiert man diesen Effekt – aus Gründen der besseren Vergleichbarkeit mit Ergebnissen anderer Studien – an der Populationsstandardabweichung des Merkmals X, erhält man einen Schätzer, der mit d (oder Cohens d) bezeichnet wird. Der Effekt wird dann in Einheiten der Standardabweichung angegeben:

$$d = \frac{\bar{x} - \mu_0}{\sigma_X} \qquad \text{(F 8.9)}$$

In unserem Beispiel schätzen wir den Populationseffekt also auf

$$d = \frac{58 - 50}{10} = 0{,}8 \, .$$

Dies würde nach Cohen (1962) einem großen Effekt entsprechen.

Vertiefung

Standardisierte oder unstandardisierte Effektgrößen?
Auf Standardisierungen greift man zurück, um Ergebnisse, die anhand verschiedener Metriken gewonnen wurden, miteinander vergleichbar zu machen. Dies ist insbesondere dann sinnvoll, wenn man in unterschiedlichen Studien unterschiedliche Messinstrumente verwendet hat, da sich Unter-

schiede in der Metrik v. a. in unterschiedlichen Populationsstandardabweichungen zeigen. Problematisch ist die Standardisierung in all denjenigen Fällen, in denen unterschiedliche Populationsstandardabweichungen nichts mit der Metrik des Messinstruments zu tun haben, sondern vielmehr mit »echten«, inhaltlich bedeutsamen Homogenitätsunterschieden zwischen zwei Populationen.

Ein Beispiel: Stellen wir uns vor, das Gedächtnistraining würde mit den Populationen zweier Inselvölker durchgeführt. Zwischen den beiden Völkern gebe es einen entscheidenden Unterschied: Das Inselvolk A sei im Hinblick auf kognitive Variablen (einschließlich Gedächtnisleistungen) wesentlich homogener als das Inselvolk B. Ein Gedächtnistest habe unter allen Bewohnern der Insel A eine Populationsstandardabweichung von $\sigma_A = 0{,}2$ und unter allen Bewohnern der Insel B eine Populationsstandardabweichung von $\sigma_B = 2$. Nehmen wir nun an, das Gedächtnistraining wirke bei allen trainierten Personen auf beiden Inseln gleich gut und würde die Gedächtnisleistung bei jeder trainierten Person um exakt 5 Testpunkte verbessern. Der unstandardisierte Effekt würde dann auf beiden Inseln $e = 5$ betragen; der standardisierte Effekt würde hingegen auf Insel A $d_A = 25$ und auf Insel B $d_B = 2{,}5$ betragen. Man könnte aufgrund dieses Unterschieds irrtümlicherweise auf den Gedanken kommen, die Bewohner der Insel A hätten von dem Training stärker profitiert. Das stimmt aber nicht: Alle haben gleich profitiert, nur die Unterschiede in der Homogenität der Gedächtnisleistungen haben den Unterschied in der Effektgröße d ausgemacht.

Die Frage der Standardisierung muss daher sorgfältig überlegt werden, insbesondere beim Vergleich mehrerer Gruppen, die anhand derselben Metrik untersucht werden. Zum Vergleich von Studien mit unterschiedlichen Messinstrumenten ist eine solche Standardisierung jedoch sehr hilfreich.

Nun stellt sich die Frage, inwiefern es sich bei einem empirischen Schätzer der Effektgröße um einen »guten« Schätzer des tatsächlichen Populationseffekts handelt. Um dies beurteilen zu können, müssen wir uns zunächst mit einigen Grundprinzipien der Parameterschätzung befassen.

8.5 Parameterschätzung

In den bisherigen Beispielen waren wir davon ausgegangen, dass die Populationsverteilung des fraglichen Merkmals bekannt ist. In der Psychologie ist das jedoch meist nicht der Fall. Niemand kennt die Populationsverteilung eines neu konstruierten Gedächtnistests; darüber hinaus ist es praktisch unmöglich, die Populationsverteilung empirisch zu ermitteln, zumindest in großen Populationen, von denen in der Psychologie meist ausgegangen wird. Das einzige, was dem Forscher in der Praxis zur Verfügung steht, ist eine Stichprobe aus der Population. Im Folgenden werden wir uns mit der Frage beschäftigen, ob bzw. inwieweit Stichproben in der Lage sind, Populationsparameter zu schätzen.

8.5.1 Gütekriterien der Parameterschätzung

Eine wichtige Aufgabe der Inferenzstatistik besteht darin, die Verteilungskennwerte der Population (Parameter) aus den Verteilungskennwerten einer Stichprobe zu schätzen. Solche Verteilungskennwerte oder Stichprobenkennwerte werden oft auch als *Statistiken* bezeichnet. Es versteht sich von selbst, dass man dabei zu einer möglichst guten Schätzung gelangen möchte. Die Eignung von Statistiken als Schätzern von Parametern wird an vier Gütekriterien bemessen: der Erwartungstreue, der Konsistenz, der Effizienz und der Erschöpftheit.

Erwartungstreue

> **Definition**
>
> Eine Statistik (Stichprobenkennwert) schätzt einen Parameter (Populationskennwert) **erwartungstreu**, wenn der Erwartungswert der Stichprobenkennwerteverteilung der Statistik mit dem Parameter identisch ist.

Die Differenz zwischen dem Erwartungswert der Stichprobenkennwerteverteilung und dem Populationsparameter, der geschätzt werden soll, gibt das Ausmaß der Verzerrung der Schätzung an. Diese Verzerrung wird auch *Bias* genannt.

> **Beispiel**
>
> **Erwartungstreue des Stichprobenmittelwerts**
> Stellen wir uns eine Population bestehend aus $N = 20$ Elementen vor. In dieser Population wird als Variable X z. B. die Lebenszufriedenheit auf einer Skala von 1 (»sehr unzufrieden mit meinem Leben«) bis 5 (»sehr zufrieden mit meinem Leben«) gemessen. Nun ziehen wir aus dieser Population per Zufall eine Stichprobe von $n = 4$ Personen (s. Abb. 8.13).
>
> Der Populationsmittelwert von $\mu = 2{,}75$ wird durch den Stichprobenmittelwert $\bar{x} = 3{,}25$ überschätzt. Würde es sich hier um einen unsystematischen Stichprobenfehler handeln, so müssten sich solche zufälligen Effekte nach dem Gesetz der großen Zahlen umso eher ausmitteln, je größer die Anzahl der Ereignisse ist. Das bedeutet: Wäre der Stichprobenmittelwert wirklich ein erwartungstreuer Schätzer des Populationsmittelwerts, so sollten die Stichprobenmittelwerte im Durchschnitt über alle Ziehungen hinweg dem Populationsmittelwert entsprechen. Wir führen eine solche wiederholte Stichprobenziehung $k = 20$ Mal durch. Das Ergebnis dieser Zufallsziehung ist in Tabelle 8.4 dargestellt. In den ersten vier Spalten sind die gezogenen Messwerte (x_1 bis x_4) abgetragen. In der fünften Spalte ist der Mittelwert dieser Stichprobe abgetragen, in der sechsten Spalte die empirische Varianz. Da wir $k = 20$ Ziehungen hatten, hat die Tabelle 20 Zeilen.

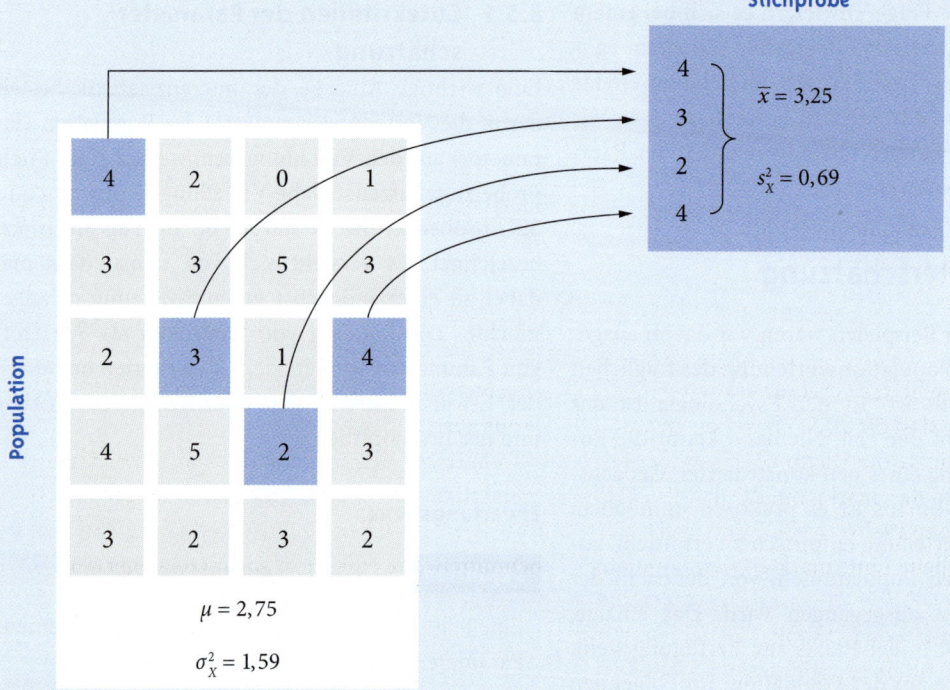

Abbildung 8.13 Ziehung einer Zufallsstichprobe der Größe $n = 4$ aus einer Population der Größe $N = 20$

8 Grundlagen der Inferenzstatistik

Tabelle 8.4 Ergebnis einer Ziehung von $k = 20$ Stichproben der Größe $n = 4$ aus der in Abbildung 8.13 dargestellten Population

x_1	x_2	x_3	x_4	$\bar{x}$	s_x^2
4	3	2	4	3,25	0,69
2	1	2	4	2,25	1,19
1	5	4	2	3,00	2,50
4	3	4	2	3,25	0,69
2	2	3	2	2,25	0,19
0	3	3	3	2,25	1,69
4	2	4	3	3,25	0,69
1	3	4	3	2,75	1,19
2	2	3	2	2,25	0,19
0	5	3	4	3,00	3,50
3	4	4	3	3,50	0,25
4	2	3	2	2,75	0,69
1	3	3	4	2,75	1,19
1	3	5	3	3,00	2,00
1	5	2	3	2,75	2,19
2	3	2	3	2,50	0,25
5	3	2	3	3,25	1,19
3	1	3	2	2,25	0,69
1	3	3	3	2,50	0,75
3	2	2	2	2,25	0,19

Abbildung 8.14 stellt das Ergebnis graphisch dar. Auf der Abszisse sind die 20 Stichproben abgetragen, auf der Ordinate die Stichprobenmittelwerte. Die schwarzen Rauten markieren die jeweils ermittelten Stichprobenmittelwerte (s. Tab. 8.4). Die schwarze gestrichelte Linie markiert den Populationsmittelwert ($\mu = 2{,}75$). Die blaue Linie mit den Kreisen repräsentiert den kumulierten Durchschnitt (arithmetisches Mittel) der Stichprobenmittelwerte: So markiert der blaue Kreis bei der dritten Stichprobe den Durchschnitt der Mittelwerte aus der ersten, zweiten und dritten Stichprobe, bei der letzten Stichprobe den Durchschnitt der Mittelwerte aus allen 20 Stichproben.

Man sieht deutlich, dass die blaue Linie zunehmend näher am Wert 2,75, also dem Populationsmittelwert liegt. Der Durchschnitt aller 20 Stichprobenmittelwerte entspricht sogar (zufälligerweise!) exakt dem Populationsmittelwert. Dies unterstreicht, dass es sich bei den Abweichungen der einzelnen Stichprobenmittelwerte vom Populationsmittelwert in der Tat um unsystematische Stichprobenfehler handelt.

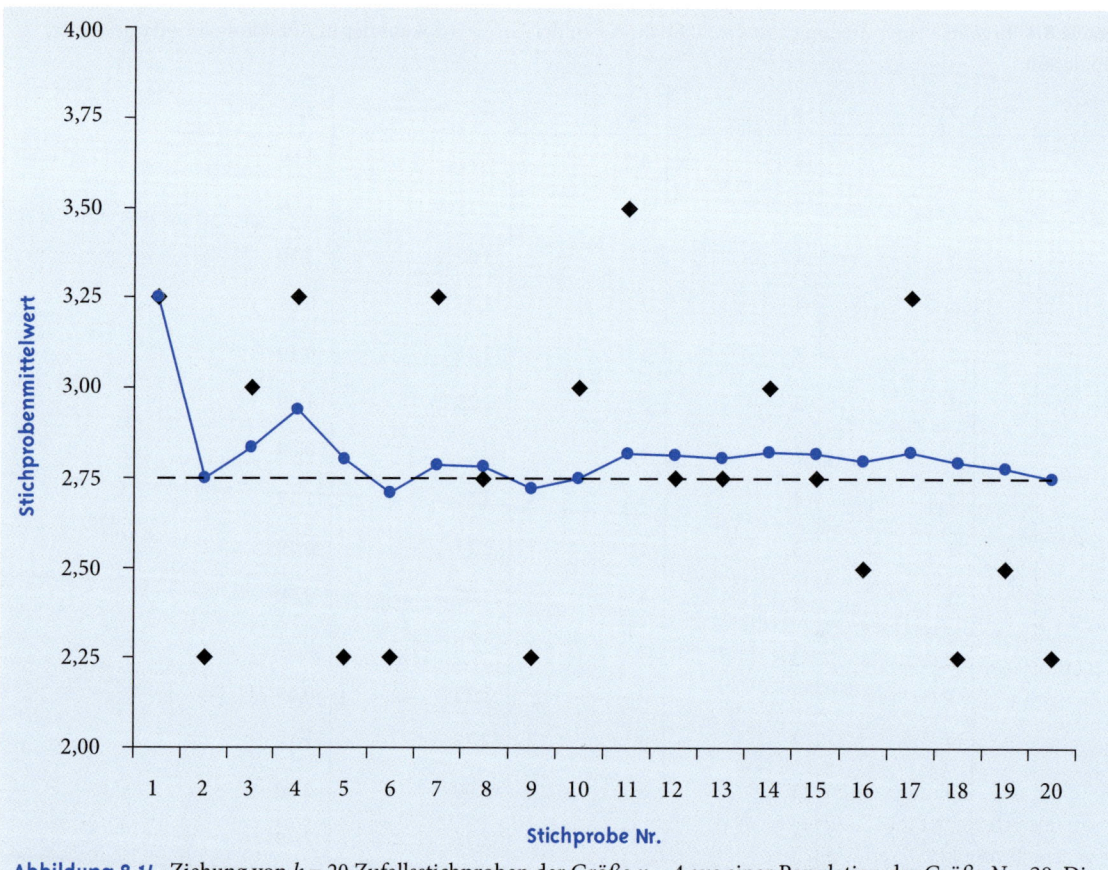

Abbildung 8.14 Ziehung von $k = 20$ Zufallsstichproben der Größe $n = 4$ aus einer Population der Größe $N = 20$. Die schwarze gestrichelte Linie markiert den Populationsmittelwert (2,75), die schwarzen Rauten die einzelnen Stichprobenmittelwerte, die blauen Kreise (verbunden durch die blaue Linie) den Durchschnitt der Stichprobenmittelwerte

Der Stichprobenmittelwert ist ein erwartungstreuer Schätzer des Populationsmittelwerts. Dies wurde in Abbildung 8.14 veranschaulicht: Mit zunehmender Anzahl gezogener Stichproben k nähert sich der Mittelwert der Stichprobenkennwerteverteilung von Stichprobenmittelwerten aus Stichproben der Größe n dem tatsächlichen Populationsmittelwert an. Geht die Anzahl gezogener Stichproben gegen unendlich, ist der Mittelwert dieser Stichprobenkennwerteverteilung mit dem Populationsmittelwert identisch – unabhängig von der Stichprobengröße (s. Formel F 8.3). Wie ist es nun mit der empirischen Varianz? Ist sie ebenfalls ein erwartungstreuer Schätzer der Populationsvarianz? Probieren wir es aus!

> **Beispiel**
>
> **Erwartungstreue der empirischen Varianz**
> Aus der in Abbildung 8.13 dargestellten Population wurden $k = 20$ Stichproben der Größe $n = 4$ gezogen und die resultierenden empirischen Varianzen registriert (s. die letzte Spalte in Tab. 8.4). Eine graphische Darstellung dieser Zufallsziehungen findet sich in Abbildung 8.15.
>
> Auf der Abszisse in Abbildung 8.15 sind die 20 Stichproben abgetragen, auf der Ordinate die Varianz. Die schwarzen Rauten markieren die jeweils ermittelten empirischen Varianzen. Die gestrichelte schwarze Linie markiert die Populationsvarianz ($\sigma^2 = 1{,}59$). Die dunkelblaue Linie mit ▶

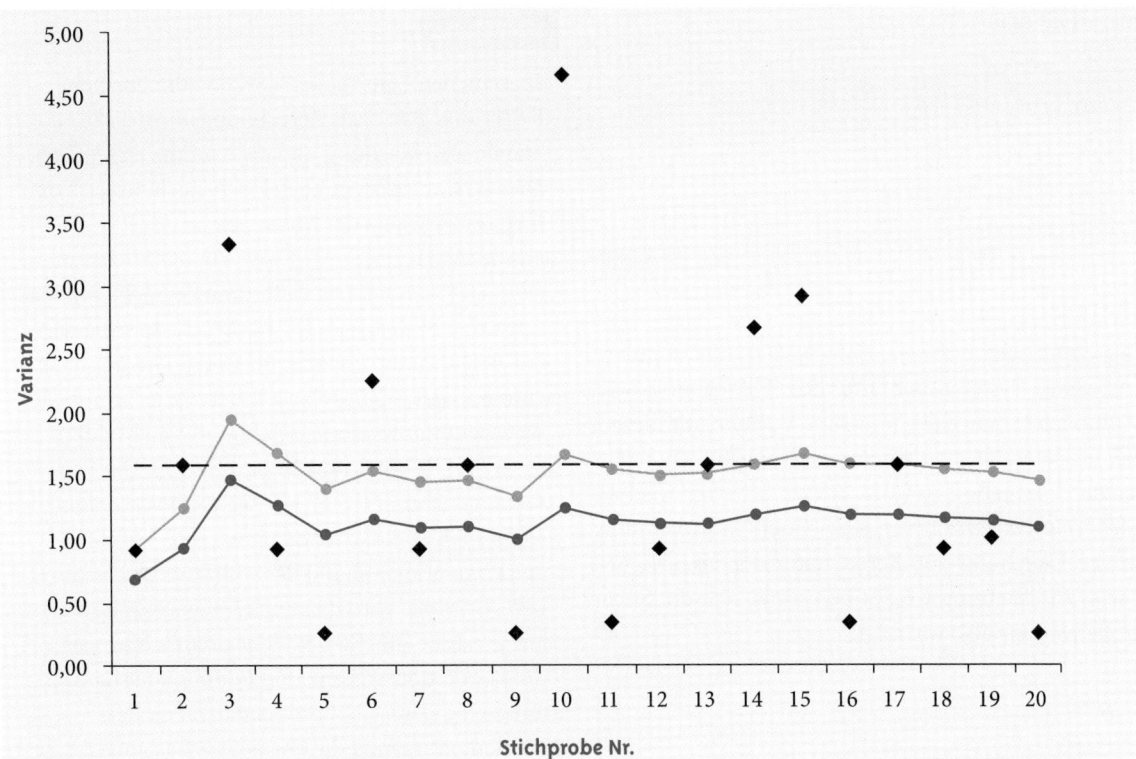

Abbildung 8.15 Ziehung von $k = 20$ Zufallsstichproben der Größe $n = 4$ aus einer Population der Größe $N = 20$. Die schwarze gestrichelte Linie markiert die Populationsvarianz (1,59), die schwarzen Rauten die einzelnen Stichprobenvarianzen, die dunkelblauen Kreise (verbunden durch die dunkelblaue Linie) den Durchschnitt der empirischen Varianzen und die hellblauen Kreise (verbunden durch die hellblaue Linie) den Durchschnitt der Stichprobenvarianzen

den Kreisen repräsentiert den kumulierten Durchschnitt (arithmetisches Mittel) der empirischen Varianzen: So markiert der dunkelblaue Kreis bei der dritten Stichprobe den Durchschnitt der empirischen Varianzen aus der ersten, zweiten und dritten Stichprobe, bei der letzten Stichprobe den Durchschnitt der empirischen Varianzen aus allen 20 Stichproben. Man sieht, dass die dunkelblaue Linie deutlich unter der Populationsvarianz (schwarze gestrichelte Linie) liegt. Die empirischen Varianzen unterschätzen also offenbar die Populationsvarianz. Dies illustriert, dass eine empirische Varianz *kein* erwartungstreuer Schätzer der Populationsvarianz ist.

Die Populationsvarianz wird von der empirischen Varianz also systematisch unterschätzt. Ist S^2 die Zufallsvariable, deren Realisierungen die einzelnen empirischen Varianzen s^2 sind, so lässt sich zeigen, dass für deren Erwartungswert gilt (Büchter & Henn, 2007):

$$E(S^2) = \sigma_X^2 - \sigma_{\bar{X}}^2 \qquad \text{(F 8.10a)}$$

Die empirische Varianz unterschätzt die Populationsvarianz systematisch um die Varianz der Mittelwerte. Dies ist deshalb so, weil die empirische Varianz aus den Abweichungen der Messwerte vom Stichprobenmittelwert berechnet wird, der Stichprobenmittelwert jedoch wiederum vom Populationsmittelwert abweicht. Die Variation, die durch diese Abweichung der Stichprobenmittelwerte vom Populationsmittelwert zustande kommt, wird bei der Berechnung der empirischen Varianz nicht berücksichtigt. Drückt man die Varianz der Mittelwerte in Gleichung F 8.10a durch die Varianz der Messwerte aus, erhält man:

$$E(S^2) = \sigma_X^2 - \sigma_{\bar{X}}^2 = \sigma_X^2 - \frac{\sigma_X^2}{n}$$

$$= \sigma_X^2 \cdot \left(1 - \frac{1}{n}\right)$$

$$= \sigma_X^2 \cdot \frac{n-1}{n} \qquad \text{(F 8.10b)}$$

Die empirische Varianz unterschätzt die Populationsvarianz systematisch um den Faktor $n/(n-1)$. Multipliziert man die empirische Varianz mit diesem Faktor, so erhält man einen erwartungstreuen Schätzer der Populationsvarianz. Dieser Schätzer wird als *Stichprobenvarianz* ($\hat{\sigma}_X^2$) bezeichnet. In Anlehnung an die Gleichung zur Berechnung der empirischen Varianz (Gleichung F 6.26) berechnet sich die Stichprobenvarianz also wie folgt:

$$\hat{\sigma}_X^2 = s_X^2 \cdot \frac{n}{n-1}$$

$$= \frac{\sum_{m=1}^{n}(x_m - \bar{x})^2}{n} \cdot \frac{n}{n-1}$$

$$= \frac{\sum_{m=1}^{n}(x_m - \bar{x})^2}{n-1} \qquad \text{(F 8.11)}$$

In Abbildung 8.15 ist der kumulierte Durchschnitt (d. h. das arithmetische Mittel) der Stichprobenvarianzen als hellblaue Linie mit hellblauen Kreisen dargestellt. Man sieht, dass diese Linie wesentlich näher an der Populationsvarianz (schwarze gestrichelte Linie) liegt als der kumulierte Durchschnitt der empirischen Varianzen (dunkelblaue Linie). Eine Stichprobenvarianz ist also ein erwartungstreuer Schätzer der Populationsvarianz.

Die *Stichprobenstandardabweichung* ist die positive Quadratwurzel der Stichprobenvarianz:

$$\hat{\sigma}_X = \sqrt{\hat{\sigma}_X^2} = \sqrt{\frac{\sum_{m=1}^{n}(x_m - \bar{x})^2}{n-1}} \qquad \text{(F 8.12)}$$

Vertiefung

In manchen Lehrbüchern werden die Formeln F 8.11 und F 8.12 als Berechnungsformeln für die Standardabweichung und die Varianz angegeben. Dies ist nur insofern korrekt, als nach diesen Formeln die Varianz der Messwerte in der Population aus der Varianz der Messwerte in der Stichprobe geschätzt werden. Die Definitionsformeln von Varianz und Standardabweichung und die Formeln zur Berechnung von Varianz und Standardabweichung in der Stichprobe dividieren die Summe der Abweichungsquadrate durch n und nicht durch $n-1$ (vgl. Formeln F 6.26 und F 6.27). Die Formeln F 6.26 und F 6.27 werden auch verwendet, wenn man Standardabweichung und Varianz in der Population anhand der vollständigen Daten berechnet. Sie wird daher auch theoretische Varianz genannt (Büchter & Henn, 2007). Nur wenn die Populationsvarianz und Populationsstandardabweichung aus Stichprobendaten geschätzt werden, muss man die Formeln F 8.11 und F 8.12 verwenden.

Konsistenz

Definition

Eine Statistik heißt **konsistent**, wenn sie mit wachsender Stichprobengröße stochastisch gegen den Parameter konvergiert. Mit anderen Worten, die Wahrscheinlichkeit, dass die Statistik beliebig nahe an dem Parameter liegt, strebt mit wachsender Stichprobengröße gegen 1.

Wir entnehmen der Formel für den Standardfehler des Mittelwerts (F 8.4), dass dieser mit zunehmendem n abnimmt und gegen 0 konvergiert. Der Stichprobenmittelwert ist damit ein konsistenter Schätzer des Populationsmittelwerts. Gleiches gilt für die Varianz und die Standardabweichung. Die empirische Varianz und die empirische Standardabweichung sind also keine erwartungstreuen, aber konsistente Schätzer der Populationsvarianz bzw. der Populationsstandardabweichung. Sie sind damit auch asymptotisch erwartungstreu.

Effizienz

> **Definition**
>
> Eine Statistik ist als Schätzer eines Populationsparameters **effizient**, wenn er den geringsten Standardfehler aller erwartungstreuen Schätzer aufweist.

Der Populationsmittelwert lässt sich – bei symmetrisch verteilten Variablen – nicht nur aus dem Stichprobenmittelwert schätzen, sondern auch aus dem Stichprobenmedian. Der Stichprobenmedian ist bei symmetrisch verteilten Variablen ebenfalls ein erwartungstreuer und konsistenter Schätzer des Populationsmittelwertes. Man kann allerdings zeigen, dass der Standardfehler des Stichprobenmedians größer ist als der Standardfehler des Stichprobenmittelwerts. Der Standardfehler des Stichprobenmittelwerts berechnet sich gemäß Formel F 8.4 wie folgt:

$$\sigma_{\bar{X}} = \frac{\sigma_X}{\sqrt{n}}$$

Der Standardfehler des Medians berechnet sich hingegen wie folgt:

$$\sigma_{Md} = \frac{1{,}253 \cdot \sigma_X}{\sqrt{n}} \quad \text{(F 8.13)}$$

Der Standardfehler des Medians ist also immer um das 1,253-fache größer als der Standardfehler des Mittelwerts. Deshalb ist der Stichprobenmittelwert ein effizienterer Schätzer des Populationsmittelwerts als der Stichprobenmedian.

Erschöpftheit (Suffizienz oder Exhaustivität)

> **Definition**
>
> Eine Statistik ist **erschöpfend (suffizient** oder **exhaustiv)**, wenn sie alle in den Daten enthaltenen Informationen nutzt, so dass die Berechnung einer weiteren Statistik keine zusätzliche Information über den Parameter enthält.

Auch dieses Gütekriterium kann man am Vergleich von Median und Mittelwert verdeutlichen. Der Stichprobenmedian ist kein erschöpfender Schätzer des Populationsmittelwerts, da er nur Information über Rangunterschiede zwischen den Messwerten enthält, während der Populationsmittelwert auch Informationen über Messwertdifferenzen enthält. Der Median ist also kein erschöpfender Schätzer des Populationsmittelwerts, obwohl er diesen – zumindest bei symmetrisch verteilten Variablen – erwartungstreu schätzt. Hingegen ist der Stichprobenmittelwert erschöpfend, da er alle auch im Populationsmittelwert enthaltenen Informationen enthält.

8.5.2 Konfidenzintervall

Bei der Punktschätzung geht es darum, den gesuchten Parameter bestmöglich zu schätzen. Eine solche Schätzung kann, wie wir gesehen haben, unterschiedlich präzise sein. Nun ist es in vielen wissenschaftlichen und praktischen Situationen relevant zu wissen, *wie* präzise eine Schätzung ist. Ein Maß für die Präzision einer Schätzung haben wir bereits kennengelernt, den Standardfehler: Je kleiner er ist, desto präziser schätzt der Stichprobenkennwert den Populationsparameter. Mit Hilfe des Standardfehlers kann man nun den Wertebereich angeben, der einen Populationsparameter mit einer gewissen Wahrscheinlichkeit überdeckt: Je kleiner dieser Wertebereich, desto präziser ist die Schätzung. Einen solchen Wertebereich nennt man Konfidenzintervall oder Vertrauensintervall. Es ist durch die sog. *Überdeckungswahrscheinlichkeit* bzw. den *Konfidenzkoeffizienten* $(1 - \alpha)$ gekennzeichnet.

Es ist wichtig, die Überdeckungswahrscheinlichkeit bzw. den Konfidenzkoeffizienten $(1 - \alpha)$ richtig zu verstehen: Der Konfidenzkoeffizient beschreibt eine Eigenschaft des Schätzverfahrens und nicht etwa eine Eigenschaft des Populationsparameters. Der Konfidenzkoeffizient ist die Wahrscheinlichkeit, mit der die Schätzung zu Intervallen führt, die den Populationsparameter enthalten. Eine Überdeckungswahrscheinlichkeit von $1 - \alpha = 0{,}95$ bedeutet demnach, dass in 95 von 100 Fällen, in denen ein Konfidenzintervall aufgrund einer Zufallsstichprobe aus der Population ermittelt wurde, der Populationsparameter innerhalb des Intervalls liegt. Anders gesagt: Es ist die Wahrscheinlichkeit, mit der ein Intervall zu denjenigen zählt, die den Populationsparameter überdecken.

Konfidenzintervall für den Mittelwert μ

Der Konfidenzkoeffizient für die Schätzung des Populationsmittelwerts μ ist nichts anderes als ein Flächenanteil unter der Stichprobenkennwerteverteilung von Mittelwerten. Wir wissen aus dem zentralen Grenzwertsatz, dass die Stichprobenkennwerteverteilung von Mittelwerten – bei hinreichender Stichprobengröße ($n \geq 30$) – approximativ normalverteilt ist. In Kapitel 7 haben wir die Wahrscheinlichkeiten der wichtigsten Flächenanteile unter einer *Standard*normalverteilung kennengelernt (s. Tab. 7.3 in Abschn. 7.3.3). Beispielsweise haben wir gesehen, dass zwischen einem Wert von $z = -1{,}96$ und einem Wert von $z = +1{,}96$ genau 95 % der Fläche unter der Verteilung liegen: $P(-1{,}96 \leq Z \leq 1{,}96) = 0{,}95$. Ein Wert von $z = +1{,}96$ (das 0,975-Quantil) schneidet also 2,5 % der Verteilung nach rechts hin ab, während ein Wert von $z = -1{,}96$ (das 0,025-Quantil) dementsprechend 2,5 % der Verteilung nach links hin abschneidet.

Die Quantile der Standardnormalverteilung lassen sich nach Formel F 7.75 in Quantile einer Normalverteilung mit Mittelwert μ und Standardabweichung σ transformieren. Handelt es sich – wie in unserem Falle – um eine Stichprobenkennwerteverteilung von Mittelwerten, gilt entsprechend:

$$\bar{x}_p = \mu_{\bar{X}} + \sigma_{\bar{X}} \cdot z_p$$

Im Falle des 0,025-Quantils erhält man demnach $\bar{x}_{(0{,}025)} = \mu_{\bar{X}} - \sigma_{\bar{X}} \cdot 1{,}96$; im Falle des 0,975-Quantils dementsprechend $\bar{x}_{(0{,}975)} = \mu_{\bar{X}} + \sigma_{\bar{X}} \cdot 1{,}96$. Die Wahrscheinlichkeit, dass die Zufallsvariable $\bar{X}$ Werte zwischen $\mu_{\bar{X}} - 1{,}96 \cdot \sigma_{\bar{X}}$ und $\mu_{\bar{X}} + 1{,}96 \cdot \sigma_{\bar{X}}$ annimmt, beträgt 95 %:

$$P(\mu_{\bar{X}} - 1{,}96 \cdot \sigma_{\bar{X}} \leq \bar{X} \leq \mu_{\bar{X}} + 1{,}96 \cdot \sigma_{\bar{X}})$$
$$= 0{,}95 \qquad \text{(F 8.14)}$$

Die Ungleichung in der Klammer lässt sich wie folgt umstellen:

$$P(\bar{X} - 1{,}96 \cdot \sigma_{\bar{X}} \leq \mu_{\bar{X}} \leq \bar{X} + 1{,}96 \cdot \sigma_{\bar{X}})$$
$$= 0{,}95 \qquad \text{(F 8.15)}$$

Für einen konkret geschätzten Stichprobenmittelwert $\bar{x}$ ist das 95 %-Konfidenzintervall dann:

$$\bar{x} - 1{,}96 \cdot \sigma_{\bar{X}} \leq \mu_{\bar{X}} \leq \bar{x} + 1{,}96 \cdot \sigma_{\bar{X}} \qquad \text{(F 8.16)}$$

Da $\mu_{\bar{X}} = \mu_X$, kann man auch schreiben:

$$\bar{x} - 1{,}96 \cdot \sigma_{\bar{X}} \leq \mu_X \leq \bar{x} + 1{,}96 \cdot \sigma_{\bar{X}} \qquad \text{(F 8.17)}$$

Das bedeutet: Für eine beliebige Überdeckungswahrscheinlichkeit $1 - \alpha$ liegt die *untere Grenze* des zweiseitigen $(1-\alpha)$-Konfidenzintervalls dort, wo ein Flächenanteil von $\alpha/2$ unter der Normalverteilung nach links hin abgeschnitten wird. Die *obere Grenze* des zweiseitigen $(1-\alpha)$-Konfidenzintervalls liegt dort, wo ein Flächenanteil von $\alpha/2$ unter der Normalverteilung nach rechts hin abgeschnitten wird. Legt man die Standardnormalverteilung zugrunde, so liegt die untere Grenze also bei einem Wert von $z_{(\alpha/2)}$, die obere Grenze liegt bei einem Wert von $z_{(1-\alpha/2)}$. Da die Standardnormalverteilung symmetrisch ist, gilt $z_{(1-\alpha/2)} = -z_{(\alpha/2)}$. Allgemein liegen die Grenzen des zweiseitigen $(1-\alpha)$-Konfidenzintervalls unter der Standardnormalverteilung also bei $\pm z_{(1-\alpha/2)}$. Bei einer Überdeckungswahrscheinlichkeit von 95 % ($1-\alpha = 0{,}95$) liegen die Grenzen bei $\pm z_{(0{,}975)} = \pm 1{,}96$. Bei einer Überdeckungswahrscheinlichkeit von 99 % liegen die Grenzen bei $\pm z_{(0{,}995)} = \pm 2{,}58$ usw. Für eine unstandardisierte Normalverteilung ergeben sich die Grenzen des zweiseitigen $(1-\alpha)$-Konfidenzintervalls für den Populationsmittelwert μ auf der Grundlage eines geschätzten Mittelwerts $\bar{x}$ wie folgt:

$$\bar{x} \pm z_{\left(1 - \frac{\alpha}{2}\right)} \cdot \sigma_{\bar{X}} \qquad \text{(F 8.18)}$$

Wie groß die entsprechenden z-Werte für gegebene Überdeckungswahrscheinlichkeiten sind, lässt sich mit Hilfe eines Verteilungsrechners (🖱) oder anhand der Tabelle A.2 im Anhang A ermitteln.

Ein konkret geschätzter Mittelwert $\bar{x}$ ist eine Realisierung der Zufallsvariablen $\bar{X}$. Wie wir schon gesehen haben, bedeutet dies, dass sich der geschätzte Mittelwert von Stichprobenziehung zu Stichprobenziehung ändern kann. Daher schwanken auch die Grenzen des Konfidenzintervalls entsprechend. Die Grenzen des Intervalls sind daher auch Zufallsvariablen. Dies ist der Gleichung F 8.15 unmittelbar zu entnehmen. In dieser Gleichung ist die untere Intervallgrenze $\bar{X} - 1{,}96 \cdot \sigma_{\bar{X}}$, die obere Intervallgrenze $\bar{X} + 1{,}96 \cdot \sigma_{\bar{X}}$. Da $\bar{X}$ eine Zufallsvariable ist, sind auch die darauf aufbauenden Intervallgrenzen Zufallsvariablen. Unterscheiden sich die geschätzten Mittelwerte zwischen den Stichprobenziehungen, so unterscheiden sich zwangsläufig auch die Intervallgrenzen zwischen den Stichprobenziehungen. Wir werden diesen Sachverhalt an späterer Stelle illustrieren (s. Abb. 8.18). Im Folgenden bezeichnen wir die Intervallgrenzen eines Konfidenzintervalls immer so, dass wir den Parameter, für den ein Konfidenzintervall bestimmt wird, mit dem Index u für die untere bzw. o für die obere Intervallgrenze versehen. Für das anhand eines konkreten Mittelwerts $\bar{x}$ gewonnene Konfidenzintervall für μ bezeichnet μ_u somit die untere und μ_o die obere Intervallgrenze.

Das Konfidenzintervall lässt sich nicht nur für den Populationsmittelwert, sondern für beliebige geschätzte Populationsparameter bestimmen, sofern deren Varianz bekannt ist. Es stellt eine sog. *Intervallschätzung* eines Parameters dar.

> **Definition**
>
> Das **(1 − α)-Konfidenzintervall** bezeichnet den Bereich um einen geschätzten Populationsparameter, für den gilt, dass er mit einer Wahrscheinlichkeit von 1 − α den Populationsparameter überdeckt.

Breite eines Konfidenzintervalls

Die Breite eines Konfidenzintervalls b_{KI} ergibt sich dann wie folgt:

$$b_{KI} = 2 \cdot z_{\left(1 - \frac{\alpha}{2}\right)} \cdot \sigma_{\bar{X}} \qquad \text{(F 8.19)}$$

Für eine Überdeckungswahrscheinlichkeit von 95 % mit $\pm z_{(0,975)} = \pm 1{,}96$ ergibt sich eine Breite von $b_{KI} = 2 \cdot 1{,}96 \cdot \sigma_{\bar{X}} = 3{,}92 \cdot \sigma_{\bar{X}}$. Für eine Überdeckungswahrscheinlichkeit von 99 % mit $\pm z_{(0,995)} = \pm 2{,}58$ ergibt sich eine Breite von $b_{KI} = 2 \cdot 2{,}58 \cdot \sigma_{\bar{X}} = 5{,}16 \cdot \sigma_{\bar{X}}$ usw. Je größer der Konfidenzkoeffizient, desto brei-

> **Beispiel**
>
> **Konfidenzintervall für den Mittelwert**
>
> Nehmen wir als Beispiel noch einmal die kleine Population aus Abbildung 8.13. In dieser Population ist der Mittelwert $\mu = 2{,}75$ und die Standardabweichung $\sigma_X = \sqrt{\sigma_X^2} = \sqrt{1{,}59} = 1{,}26$. Nun ziehen wir aus dieser Population eine Stichprobe der Größe $n = 4$ und ermitteln einen Stichprobenmittelwert von $\bar{x} = 3{,}25$. Wo liegt das zweiseitige 95 %-Konfidenzintervall, also der Bereich, der mit einer gewählten Wahrscheinlichkeit von 95 % den Populationsmittelwert μ überdeckt? Genauer gesagt: Wo liegen die untere und die obere Grenze dieses Konfidenzintervalls?
>
> Zunächst ermitteln wir die Standardabweichung der Stichprobenkennwerteverteilung von Mittelwerten aus Stichproben der Größe $n = 4$. Mit Hilfe von Formel F 8.4 können wir diese aus der empirischen Varianz berechnen. Die Voraussetzung, dass die Populationsstandardabweichung hierfür bekannt sein muss, ist in unserem Beispiel gegeben. Bei einer Stichprobengröße von $n = 4$ und einer Populationsstandardabweichung von $\sigma_X = 1{,}26$ beträgt die Standardabweichung der Stichprobenkennwerteverteilung $\sigma_{\bar{X}} = 0{,}63$.
>
> Wir gehen davon aus, dass die Stichprobenkennwerteverteilung des Mittelwerts normalverteilt sei. Abbildung 8.16 zeigt die Stichprobenkennwerteverteilung des Mittelwerts aus Stichproben der Größe $n = 4$. Die Wahrscheinlichkeit, dass in einer beliebigen Stichprobe der Größe $n = 4$ ein Mittelwert resultiert, der zwischen den Werten $\mu - 1{,}96 \cdot \sigma_{\bar{X}} = 2{,}75 - 1{,}96 \cdot 0{,}63 = 1{,}515$ und $\mu + 1{,}96 \cdot \sigma_{\bar{X}} = 2{,}75 + 1{,}96 \cdot 0{,}63 = 3{,}985$ liegt, beträgt 95 %. Dieser Bereich ist in Abbildung 8.16 grau gefärbt. Es ist der Bereich, auf den sich Formel F 8.14 bezieht. Wo liegt nun das Konfidenzintervall, das anhand des empirisch ermittelten Stichprobenmittelwert $\bar{x} = 3{,}25$ geschätzt wird, also der Bereich, auf den sich Formel F 8.16 bezieht? Gemäß Formel F 8.18 ergibt sich für dieses Intervall eine Untergrenze von $\mu_u = \bar{x} - 1{,}96 \cdot \sigma_{\bar{X}} = 3{,}25 - 1{,}96 \cdot 0{,}63$

= 2,015 und eine Obergrenze von $\mu_o = \bar{x} + 1{,}96 \cdot \sigma_{\bar{x}}$ = 3,25 + 1,96 · 0,63 = 4,485. Dieses Konfidenzintervall hat also eine Breite von $b_{KI} = 3{,}92 \cdot \sigma_{\bar{x}}$ = 3,92 · 0,63 = 2,47. Dieses Intervall ist in Abbildung 8.16 eingetragen.

In Abbildung 8.17 sind die Stichprobenkennwerteverteilungen für die beiden Intervallgrenzen $\mu_u = 2{,}015$ und $\mu_o = 4{,}485$ angegeben. Üblicherweise werden diese beiden Verteilungen nicht dargestellt. Wir geben sie in der Graphik zusätzlich an, da sie eine weitere Interpretationsmöglichkeit des Konfidenzintervalls im Sinne der Intervallschätzung eröffnen. In dieser Graphik ist die untere Grenze des zweiseitigen $(1-\alpha)$-Konfidenzintervalls der Erwartungswert einer Stichprobenkennwerteverteilung, für die gilt, dass der beobachtete Mittelwert $\bar{x}$ einen Flächenanteil von $\alpha/2$ unter der Verteilung nach rechts hin abschneidet. Die obere Grenze des zweiseitigen $(1-\alpha)$-Konfidenzintervalls ist der Erwartungswert einer Stichprobenkennwerteverteilung, für die gilt, dass der beobachtete Mittelwert $\bar{x}$ einen Flächenanteil von $\alpha/2$ unter der Verteilung nach links hin abschneidet. Die Abbildung macht Folgendes deutlich: Das 95%-Konfidenzintervall umfasst alle potentiellen Populationsmittelwerte (»Erzeuger«), für die der gefundene Stichprobenmittelwert *nicht* zu den oberen (bei der unteren Grenze) bzw. unteren (bei der oberen Grenze) 2,5 % der extremsten Werte gehört.

Wir werden in den folgenden Kapiteln – insbesondere dann, wenn es um Konfidenzintervalle für Effektstärken geht – häufig auf diese zweite Darstellungsform von Konfidenzintervallen zurückgreifen. Wichtig ist, dass es nur einen (allerdings unbekannten) Populationsmittelwert gibt. Für einen anderen realisierten Stichprobenmittelwert aus derselben Population wäre das Konfidenzintervall auf dem Zahlenstrahl um diesen anderen Mittelwert angeordnet.

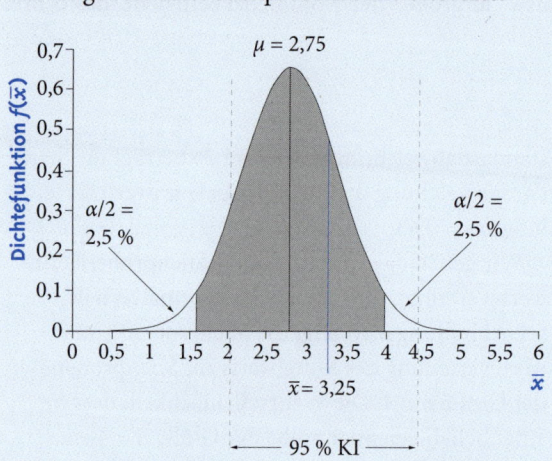

Abbildung 8.16 Zweiseitiges 95%-Konfidenzintervall (KI) für den Mittelwert, gegeben eine Stichprobe der Größe $n=4$; Darstellungsform 1

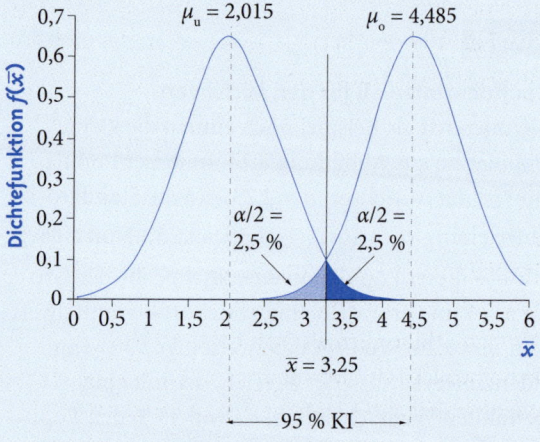

Abbildung 8.17 Zweiseitiges 95%-Konfidenzintervall (KI) für den Mittelwert, gegeben eine Stichprobe der Größe $n=4$; Darstellungsform 2

ter ist der Bereich, der mit einer gegebenen Wahrscheinlichkeit den »wahren« Wert überdeckt. Umgekehrt: Je kleiner die gewählte Überdeckungswahrscheinlichkeit, desto schmaler ist auch das Konfidenzintervall.

Irrtumswahrscheinlichkeit

Das Gegenteil der Überdeckungswahrscheinlichkeit (oder des Konfidenzkoeffizienten) ist die Irrtumswahrscheinlichkeit α, die wir bereits in Abschnitt 8.2 kennengelernt haben. Die Irrtumswahrscheinlichkeit ergibt sich also als Gegenwahrscheinlichkeit zur Überdeckungswahrscheinlichkeit. Eine Irrtumswahrscheinlichkeit von 5 % bedeutet demnach, dass in 5 von 100 Fällen, in denen ein Konfidenzintervall ermittelt wurde, der »wahre« Populationsparameter *nicht* innerhalb des Intervalls liegt. Anders gesagt: Es ist die Wahrscheinlichkeit, mit der ein beliebiges Intervall *nicht* zu denjenigen zählt, die den wahren Populationsparameter überdecken.

Konfidenzintervall und Signifikanztest

Das zeigt, wie eng das Konzept des Konfidenzintervalls mit dem Prinzip des statistischen Testens verwandt ist: Die Nullhypothese $H_0: \mu = \mu_0$ mit einem zweiseitigen Test auf einem Signifikanzniveau von $\alpha = 5\%$ zu verwerfen, ist gleichbedeutend mit der Aussage, dass das zweiseitige 95 %-Konfidenzintervall den Wert μ_0 *nicht* umfasst. Das 95 %-Konfidenzintervall würde nur dann den Wert μ_0 umschließen, wenn die Wahrscheinlichkeit, den gefunden Stichprobenmittelwert oder einen noch extremeren unter der Nullhypothese zu finden, größer als 5 % wäre. Umschließt es den Wert μ_0 nicht, so ist das Ergebnis statistisch bedeutsam (signifikant).

Beispiel

Gedächtnistraining: zweiseitiges 95 %-Konfidenzintervall

Inwiefern man die Bestimmung eines Konfidenzintervalls für den Populationsmittelwert unter der Nullhypothese auch als Signifikanztest auffassen kann, wollen wir hier anhand des bereits besprochenen Gedächtnistrainingsbeispiels zeigen. In einer Stichprobe von $n = 20$ trainierten Personen wurde ein Mittelwert von $\bar{x} = 58$ ermittelt. Das Merkmal X (Gedächtnistest) ist normalverteilt mit $X \sim N(50, 100)$. Der Erwartungswert der Stichprobenkennwerteverteilung von Mittelwerten aus Stichproben der Größe $n = 20$ unter der Nullhypothese beträgt also $E(\bar{X}) = \mu_0 = 50$. Der Standardfehler des Mittelwerts beträgt $\sigma_{\bar{X}} = 2{,}236$. Damit stehen auch die Grenzen des zweiseitigen 95 %-Konfidenzintervalls fest. Gemäß Formel F 8.18 ergibt sich für dieses Intervall eine Untergrenze von $\mu_u = \bar{x} - 1{,}96 \cdot \sigma_{\bar{X}} = 58 - 1{,}96 \cdot 2{,}236 = 53{,}62$ und eine Obergrenze von $\mu_o = \bar{x} + 1{,}96 \cdot \sigma_{\bar{X}} = 58 + 1{,}96 \cdot 2{,}236 = 62{,}38$. Dieses Konfidenzintervall schließt den erwarteten Populationsmittelwert unter der Nullhypothese nicht mit ein; wir können die H_0 ablehnen.

Ein- und zweiseitige Konfidenzintervalle

Im vorangegangenen Beispiel waren wir von einem zweiseitigen Konfidenzintervall ausgegangen. Dies würde einem zweiseitigen statistischen Test und einer ungerichteten Alternativhypothese entsprechen. Liegt allerdings eine gerichtete Alternativhypothese vor, wird der statistische Test einseitig durchgeführt; dementsprechend wird auch das Konfidenzintervall einseitig bestimmt, d. h., es gibt nur eine bestimmbare Grenze. Die Grenze eines einseitigen Konfidenzintervalls hängt ab von der Richtung des Unterschieds, der in der Alternativhypothese postuliert wird. Wird z. B. angenommen, dass μ größer als μ_0 ist, so gilt im Falle einer standardnormalverteilten Prüfgröße für die untere Intervallgrenze:

$$\begin{aligned}\mu_u &= \bar{x} + z_{(\alpha)} \cdot \sigma_{\bar{X}} \\ &= \bar{x} - z_{(1-\alpha)} \cdot \sigma_{\bar{X}}\end{aligned} \quad \text{(F 8.20a)}$$

Die obere Grenze des Konfidenzintervalls ist $\mu_o = +\infty$. Ist die Richtung des Unterschieds in der Hypothese umgekehrt ($\mu < \mu_0$), dann bestimmt man die obere Grenze des einseitigen Konfidenzintervalls:

$$\begin{aligned}\mu_o &= \bar{x} - z_{(\alpha)} \cdot \sigma_{\bar{X}} \\ &= \bar{x} + z_{(1-\alpha)} \cdot \sigma_{\bar{X}}\end{aligned} \quad \text{(F 8.20b)}$$

Die untere Grenze ist dann $\mu_u = -\infty$.

Beispiel

Gedächtnistraining: einseitiges 95 %-Konfidenzintervall

Würde man in unserem Beispiel eine gerichtete Alternativhypothese ($\mu > \mu_0$) annehmen, so würde sich die Untergrenze des einseitigen 95 %-Konfidenzintervalls gemäß Formel F 8.20a ergeben zu $\mu_u = \bar{x} - z_{0{,}95} \cdot \sigma_{\bar{X}}$. Das 0,95-Quantil beträgt 1,645.

Anders gesagt: Unter der Standardnormalverteilung schneidet ein z-Wert von 1,645 einen Flächenanteil von 5 % unter der Kurve nach rechts hin ab. Die Untergrenze des einseitigen 95 %-Konfidenzintervalls liegt also bei $\mu_u = 58 - 1{,}645 \cdot 2{,}236 = 54{,}32$. Die Obergrenze liegt bei $\mu_o = +\infty$. Das Ergebnis ist signifikant, denn das Konfidenzintervall schließt nicht den unter der Nullhypothese erwarteten Populationsmittelwert von $\mu_0 = 50$ ein.

Optimale Stichprobengröße

Aus Formel F 8.4 wissen wir, dass in die Standardabweichung der Stichprobenkennwerteverteilung zwei Größen eingehen, die Populationsstandardabweichung und die Stichprobengröße n. Wir wissen auch, dass die Standardabweichung der Stichprobenkennwerteverteilung mit zunehmender Stichprobengröße schmaler wird (s. Abschn. 8.4, Abb. 8.11). Dementsprechend wird das Konfidenzintervall mit zunehmender Stichprobengröße – bei konstanter Überdeckungswahrscheinlichkeit – immer enger und die Schätzung somit immer präziser. Da sich die Breite des Konfidenzintervalls, die Überdeckungswahrscheinlichkeit und die Stichprobengröße gegenseitig bedingen, ist es möglich, die benötigte Stichprobengröße zu berechnen, um die vor der Untersuchung festgelegte gewünschte Breite und somit Präzision der Schätzung sicherzustellen. Setzen wir Formel F 8.4 in Formel F 8.19 ein, so erhalten wir:

$$b_{KI} = 2 \cdot z_{\left(1-\frac{\alpha}{2}\right)} \cdot \frac{\sigma_X}{\sqrt{n}} \quad \text{(F 8.21)}$$

Diese Gleichung können wir nun nach n auflösen:

$$b_{KI}^2 = 4 \cdot z_{\left(1-\frac{\alpha}{2}\right)}^2 \cdot \frac{\sigma_X^2}{n}$$

$$b_{KI}^2 \cdot n = 4 \cdot z_{\left(1-\frac{\alpha}{2}\right)}^2 \cdot \sigma_X^2 \quad \text{(F 8.22)}$$

$$n = 4 \cdot z_{\left(1-\frac{\alpha}{2}\right)}^2 \cdot \frac{\sigma_X^2}{b_{KI}^2}$$

Beispiel

Bestimmung der Stichprobengröße

Im Beispiel aus Abbildung 8.16 bzw. 8.17 lag das 95 %-Konfidenzintervall des Mittelwerts bei einer Stichprobe der Größe $n = 4$ zwischen den Werten $\mu_u = 2{,}015$ und $\mu_o = 4{,}485$. Dieses Konfidenzintervall hatte eine Breite von $b_{KI} = 3{,}92 \cdot \sigma_{\bar{X}} = 3{,}92 \cdot 0{,}63 = 2{,}47$. Wie groß müsste die Stichprobe sein, damit die Breite dieses Intervalls nur noch $b_{KI} = 1$ beträgt? Ein solches relativ schmales Konfidenzintervall hätte eine Untergrenze von $\mu_u = \bar{x} - 0{,}5 = 3{,}25 - 0{,}5 = 2{,}75$ und eine Obergrenze von $\mu_o = \bar{x} + 0{,}5 = 3{,}25 + 0{,}5 = 3{,}75$. Um diese Frage zu beantworten, ziehen wir Gleichung F 8.22 zu Rate. Zunächst können wir prüfen, ob die Gleichung stimmt – wenn das so ist, müsste sich am Ende unsere Stichprobengröße, also $n = 4$, ergeben:

$$n = 4 \cdot z_{\left(1-\frac{\alpha}{2}\right)}^2 \cdot \frac{\sigma_X^2}{b_{KI}^2}$$

$$= 4 \cdot 1{,}96^2 \cdot \frac{1{,}59}{2{,}47^2} = 4 \cdot 3{,}84 \cdot 0{,}26 = 4$$

Setzt man nun in Gleichung F 8.22 für $b_{KI} = 1$ ein, so ergibt sich die benötigte Stichprobengröße zu

$$n = 4 \cdot z_{\left(1-\frac{\alpha}{2}\right)}^2 \cdot \frac{\sigma_X^2}{b_{KI}^2}$$

$$= 4 \cdot 1{,}96^2 \cdot \frac{1{,}59}{1^2} = 4 \cdot 3{,}84 \cdot 1{,}59 = 24{,}43.$$

Das bedeutet: Um ein 95 %-Konfidenzintervall zu erhalten, das nur noch eine Breite von 1 hat, sich also zwischen 2,75 und 3,75 bewegt, bräuchte man eine Stichprobe der Größe $n = 25$. Üblicherweise werden bei der Stichprobenumfangsplanung nicht-ganzzahlige Ergebnisse immer aufgerundet.

8.5.3 Schätzung des Standardfehlers bei unbekannter Populationsvarianz

In den Beispielen, die wir in den Abschnitten 8.1 und 8.2 durchgespielt hatten, gingen wir von einer bekannten Populationsverteilung und bekannten Parametern μ und σ aus. Dies entspricht nur ausnahmsweise der Realität: Bei einigen biologischen (z. B.

Körpergröße, Lebenserwartung) und demographischen Merkmalen (z. B. Einkommen, Heiratsalter) kennt man aufgrund von Totalerhebungen (Volkszählungen) und amtlichen Statistiken der öffentlichen Verwaltung (Einwohnermeldeamt) die Populationsverteilung, zumindest bis auf praktisch bedeutungslose Lücken. Im Unterschied dazu ist die exakte Verteilung fast aller psychologischen Merkmale in der Grundgesamtheit unbekannt.

Wir kennen deshalb auch nicht den Populationsmittelwert und die Populationsvarianz. Folglich können wir auch die inferenzstatistisch so bedeutsamen Standardfehler von Kennwerten nicht eindeutig bestimmen. Stattdessen müssen wir die Kennwerte der Populationsverteilung und die Kennwerte von Stichprobenkennwerteverteilungen anhand von Stichprobendaten schätzen.

Der Populationsmittelwert kann erwartungstreu aus dem Stichprobenmittelwert geschätzt werden (vgl. Formel F 8.3). Da der Stichprobenmittelwert ein konsistenter Schätzer des Populationsmittelwertes ist, der Standardfehler des Mittelwertes also mit der Stichprobengröße abnimmt (vgl. Formel F 8.4), gelingt die Schätzung des Populationsmittelwertes aus dem Stichprobenmittelwert mit zunehmender Stichprobengröße zunehmend genauer.

Die empirische Varianz hingegen ist *kein* erwartungstreuer Schätzer der Populationsvarianz. Folglich müssen wir auch die Formel für den Standardfehler des Mittelwertes korrigieren, wenn wir die Populationsvarianz nicht kennen, sondern diese aus der empirischen Varianz schätzen. In Fällen, in denen die Populationsstandardabweichung nicht bekannt ist, kann sie näherungsweise aus der Stichprobenvarianz bzw. der Stichprobenstandardabweichung (s. Formeln F 8.11 und F 8.12) bestimmt werden. Setzt man Formel F 8.11 in Formel F 8.4 ein, so ergibt sich:

$$\hat{\sigma}_{\bar{X}} = \sqrt{\frac{\hat{\sigma}_X^2}{n}} = \sqrt{\frac{s_X^2}{n-1}} \qquad \text{(F 8.23)}$$

Standardisiert man die Mittelwertsvariable $\bar{X}$, indem man sie um ihren Erwartungswert herum zentriert und sie durch ihren nach F 8.23 geschätzten Standardfehler teilt, resultiert eine Prüfgröße, die nun nicht mehr exakt normalverteilt ist. Die Form der Verteilung dieser Prüfgröße hängt genauer gesagt von der Stichprobengröße n bzw. von den Freiheitsgraden (df) ab: Mit großem n (bzw. großer Anzahl df) geht die Verteilung in eine Standardnormalverteilung über. Bei kleinem n (bzw. kleiner Anzahl df) ist die Verteilung jedoch breiter als die Standardnormalverteilung, dafür ist die Fläche unter der Kurve im zentralen Bereich kleiner als bei der Standardnormalverteilung. Eine solche Verteilung wird t-Verteilung genannt (s. Abschn. 7.3.4). Die Standardisierung der Mittelwertsvariablen $\bar{X}$ resultiert also in einer Prüfgröße $T_{\bar{X}}$:

$$T_{\bar{X}} = \frac{\bar{X} - E(\bar{X})}{\hat{\sigma}_{\bar{X}}} \qquad \text{(F 8.24)}$$

Da unter der Nullhypothese $E(\bar{X}) = \mu_0$ ist, lautet die Transformation für einen konkreten, empirisch ermittelten Stichprobenmittelwert $\bar{x}$ in einen t-Wert:

$$t_{\bar{x}} = \frac{\bar{x} - \mu_0}{\hat{\sigma}_{\bar{X}}} \qquad \text{(F 8.25)}$$

Nachdem ein Stichprobenmittelwert in einen empirischen t-Wert überführt wurde, kann dieser mit der theoretischen Wahrscheinlichkeitsverteilung von $T_{\bar{X}}$ verglichen werden, um festzustellen, ob der empirische t-Wert in den kritischen Bereich fällt oder nicht, d. h., ob die Wahrscheinlichkeit, einen solchen t-Wert oder einen, der noch stärker gegen die Nullhypothese spricht, unter der Nullhypothese zu finden, z. B. kleiner oder größer als $\alpha = 5\,\%$ ist. Mit Hilfe eines entsprechenden Verteilungsrechners ( ) bzw. anhand von Tabelle A.3 in Anhang A lassen sich beliebige Quantilswerte unter der t-Verteilung bei Kenntnis der Freiheitsgrade (df) bestimmen.

Definition

Die Überprüfung einer statistischen Nullhypothese anhand der t-Verteilung nennt man **t-Test**.

Das Konzept des Freiheitsgrades

Die Freiheitsgrade einer Prüfgröße sind identisch mit der Anzahl von Komponenten, die bei ihrer Berechnung frei variieren können. Wir wollen dieses Prinzip zunächst an der Berechnung des Mittelwertes und der Standardabweichung erläutern und es dann auf den *t*-Test übertragen. In die Berechnung des Mittelwertes (vgl. Formel F 6.11) gehen als Komponenten die einzelnen Messwerte der Merkmalsträger sowie deren Anzahl *n* ein. Die Messwerte werden aufsummiert und die Summe durch *n* dividiert. In die Berechnung des Mittelwertes gehen also $n + 1$ Komponenten ein. Da *n* bei der Berechnung des Mittelwerts feststeht und nicht beliebig variieren kann, hat der Mittelwert $n + 1 - 1 = n$ Freiheitsgrade.

Betrachten wir nun die Varianz. Nach Formel F 6.26 gehen als Komponenten in die Berechnung die einzelnen Messwerte der Merkmalsträger, deren Anzahl (n) und der Mittelwert, insgesamt also $n + 2$ Komponenten ein. *n* und der Mittelwert stehen jedoch fest und können nicht frei variieren. Aber auch die Messwerte können nicht alle frei variieren. Da die Summe der Abweichungswerte vom Mittelwert immer 0 beträgt (vgl. Formel F 6.13), können nur $n - 1$ Messwerte frei variieren. Der »letzte« Messwert muss sozusagen dafür sorgen, dass die Summe der Abweichungen 0 ergibt. Oder anders ausgedrückt: Wenn man den Mittelwert und $n - 1$ Messwerte kennt, dann liegt der letzte Messwert fest. Standardabweichung und Varianz haben also $n - 1$ Freiheitsgrade.

Nach dem gleichen Prinzip ergeben sich die Freiheitsgrade beim *t*-Test. Von den Komponenten, die in die Berechnung eines *t*-Wertes nach Formel F 8.25 einfließen, können nur die Messwerte der Merkmalsträger der Stichprobe frei variieren, aus denen der Stichprobenmittelwert berechnet und sein Standardfehler geschätzt wird. Bei der Schätzung des Standardfehlers geht jedoch ein Freiheitsgrad verloren, weil er aus der empirischen Standardabweichung abgeleitet wird (vgl. Formel F 8.23) und diese $n - 1$ Freiheitsgrade hat. Folglich hat auch ein nach Formel F 8.25 berechneter *t*-Wert $n - 1$ Freiheitsgrade.

> **Beispiel**
>
> **Gedächtnistraining: *t*-Test**
> Zur Illustration der Anwendung des *t*-Tests greifen wir wieder auf unser Gedächtnistrainingsbeispiel zurück. Um die Wirkung des Gedächtnistrainings zu testen, ziehen die Kollegen aus dem Telefonverzeichnis eine Zufallsstichprobe von $n = 20$ Personen, führen mit diesen das Gedächtnistraining und anschließend den Gedächtnistest durch. Dabei ergibt sich in der Stichprobe ein Mittelwert von $\bar{x} = 58$ Punkten. Die empirische Varianz beträgt $s_X^2 = 114{,}95$. Angenommen, der Erwartungswert des Gedächtnistests unter der Nullhypothese sei aus vorherigen Studien bekannt ($\mu = 50$), die Populationsvarianz sei aber unbekannt. Sie muss also aus der empirischen Varianz geschätzt werden. Nach Formel F 8.11 ermitteln wir eine Stichprobenvarianz von $\hat{\sigma}_X^2 = 114{,}95 \cdot 20/19 = 121$. Damit ergibt sich für die Stichprobenkennwerteverteilung von Mittelwerten aus Stichproben der Größe $n = 20$ gemäß Formel F 8.23 eine Standardabweichung (Standardfehler des Mittelwerts) von $\hat{\sigma}_{\bar{X}} = \sqrt{121/20} = 2{,}46$.
>
> Setzt man den empirischen Stichprobenmittelwert, den Populationsmittelwert unter der Nullhypothese und den Standardfehler des Mittelwerts in Formel F 8.25 ein, ergibt sich ein Wert von $t_{\bar{X}} = (58 - 50)/2{,}46 = 3{,}25$. Mit Hilfe des Verteilungsrechners (🖱) ermitteln wir, dass dieser Wert (oder jeder größere) unter der *t*-Verteilung bei $df = 19$ Freiheitsgraden bei einseitiger Testung eine Wahrscheinlichkeit von $p = 0{,}002$ hat. Das Ergebnis ist unter der Nullhypothese also hinreichend unwahrscheinlich. Nach Tabelle A.3 in Anhang A beträgt der kritische *t*-Wert bei $\alpha = 0{,}05$ (einseitig) $t_{(0{,}95;19)} = 1{,}73$. Die Nullhypothese wird daher abgelehnt.

Bestimmung von Konfidenzintervallen

Will man das Konfidenzintervall für einen Mittelwert ermitteln und ist die Populationsstandardabweichung unbekannt, so dass sie aus den Daten geschätzt werden muss, so muss man in der Formel zur Bestimmung der Intervallgrenzen (Formel F 8.18) *t*-Werte verwenden. Die Formel des zweiseitigen $(1 - \alpha)$-Konfidenzintervalls für μ lautet dann:

$$\bar{x} \pm t_{\left(1 - \frac{\alpha}{2}; df\right)} \cdot \hat{\sigma}_{\bar{X}} \tag{F 8.26}$$

Der *t*-Wert hat nun zwei Indizes: das gesuchte *t*-Quantil (1 – α/2) und die Freiheitsgrade (*df*).

Zieht man aus einer Population mehrere Stichproben gleicher Größe, schätzt in jeder Stichprobe Mittelwert, Varianz sowie die Grenzen der Konfidenzintervalle, so werden sich die Konfidenzintervalle in ihrer Breite unterscheiden, da sich die Schätzungen der Varianzen zwischen den Stichproben unterscheiden werden. Dies ist in Abbildung 8.18 anhand von zehn Stichproben der Größe $n = 30$ dargestellt, die aus derselben Population mit $\mu = 5$ und $\sigma = 10$ gezogen wurden. Diese Abbildung illustriert auch nochmals die Idee der Überdeckung des Populationsmittelwertes durch die Konfidenzintervalle: Neun der zehn Konfidenzintervalle überdecken, d. h. beinhalten den Populationsmittelwert; in einem dieser Konfidenzintervall ist er nicht enthalten. Würde man sehr viel mehr Stichproben ziehen, wäre zu erwarten, dass der Populationsmittelwert von 5 % der Konfidenzintervalle nicht überdeckt wird.

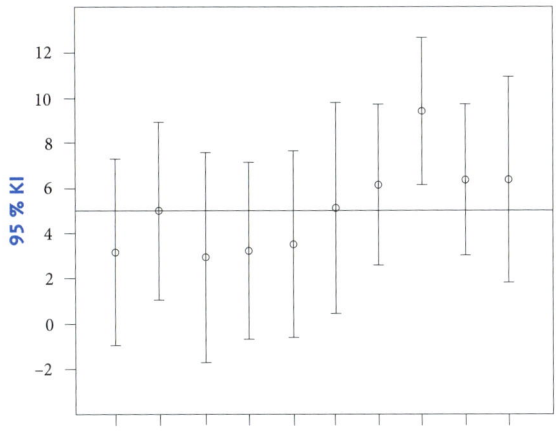

Abbildung 8.18 95 %-Konfidenzintervalle bei geschätzter Populationsvarianz für zehn Stichproben (NV1 bis NV10) der Größe $n = 30$, die aus einer normalverteilten Population mit $\mu = 5$ und $\sigma = 10$ stammen

Beispiel

Gedächtnistraining: 95 %-Konfidenzintervall für den Mittelwert

Wie groß ist das zweiseitige 95 %-Konfidenzintervall für den Mittelwert in einer Stichprobe der Größe $n = 20$, wenn der beobachtete Stichprobenmittelwert $\bar{x} = 58$ und die empirische Varianz $s_X^2 = 114{,}95$ beträgt? Der entsprechende *t*-Wert hat $df = n - 1 = 19$ Freiheitsgrade; für eine Überdeckungswahrscheinlichkeit von 95 % ermitteln wir mit Hilfe eines Verteilungsrechners ( ) bzw. der Tabelle A.3 in Anhang A einen Wert von $t_{(0{,}975;19)} = 2{,}093$. Die Stichprobenvarianz beträgt $\hat{\sigma}_X^2 = 121$. Die Standardabweichung der Stichprobenkennwerteverteilung beträgt dann $\hat{\sigma}_{\bar{X}} = 2{,}46$. Damit können die Grenzen des 95 %-Konfidenzintervalls mit Hilfe von Formel F 8.26 bestimmt werden: Die untere Grenze liegt bei $\mu_u = 58 - (2{,}093 \cdot 2{,}46) = 52{,}85$; die obere Grenze liegt bei $\mu_o = 58 + (2{,}093 \cdot 2{,}46) = 63{,}15$.

Einseitiges Konfidenzintervall und einseitiger Test

Handelt es sich um einen einseitigen Test (mit gerichteter Alternativhypothese), so kann auch das Konfidenzintervall einseitig bestimmt werden. Die Grenze des Konfidenzintervalls hängt ab von der Richtung des Unterschieds, der in der Alternativhypothese postuliert wird. Wird z. B. angenommen, dass μ größer als μ_0 ist, so gilt im Falle einer *t*-verteilten Prüfgröße für die untere Intervallgrenze:

$$\begin{aligned}\mu_u &= \bar{x} + t_{(\alpha;df)} \cdot \hat{\sigma}_{\bar{X}} \\ &= \bar{x} - t_{(1-\alpha;df)} \cdot \hat{\sigma}_{\bar{X}}\end{aligned} \quad \text{(F 8.27a)}$$

Die obere Grenze des Konfidenzintervalls ist $\mu_o = +\infty$.

Ist die Richtung des Unterschieds in der Hypothese umgekehrt ($\mu < \mu_0$), dann bestimmt man die obere Grenze des einseitigen Konfidenzintervalls:

$$\begin{aligned}\mu_o &= \bar{x} - t_{(\alpha;df)} \cdot \hat{\sigma}_{\bar{X}} \\ &= \bar{x} + t_{(1-\alpha;df)} \cdot \hat{\sigma}_{\bar{X}}\end{aligned} \quad \text{(F 8.27b)}$$

Die untere Grenze ist dann $\mu_u = -\infty$.

Manche Wissenschaftler bevorzugen auch beim einseitigen Test das zweiseitige Konfidenzintervall (Steiger, 2004). Dazu muss der α-Wert verdoppelt werden. Bezogen auf unser Beispiel ($\alpha = 0{,}05$; einseitiger Test) würde man also das zweiseitige 90 %-Konfidenzintervall für den Mittelwert bestimmen.

> **Beispiel**
>
> **Gedächtnistraining: einseitiges Konfidenzintervall**
> Bezogen auf unser Gedächtnistrainingsbeispiel hatten wir die gerichtete Hypothese aufgestellt, dass das Training eine positive Wirkung hat ($\mu > \mu_0$), wobei $\mu_0 = 50$ und der gefundene Stichprobenmittelwert bei $\bar{x} = 58$ lag. Angenommen, uns wäre die Populationsstandardabweichung von $\sigma_X = 10$ nicht bekannt gewesen und wir hätten sie auf $\hat{\sigma}_X = 11$ geschätzt. Wie würden in diesem Fall das einseitige Konfidenzintervall und der einseitige Signifikanztest aussehen? Ausgehend von unserer Stichprobengröße ($n = 20$) berechnen wir den Standardfehler zu $\hat{\sigma}_{\bar{X}} = 11/\sqrt{20} = 2{,}46$. Wir legen ein α von 0,05 fest und erhalten nach Tabelle A.3 in Anhang A bzw. anhand eines Verteilungsrechners den kritischen Wert von $t_{(0{,}95;19)} = 1{,}73$. Hieraus ergibt sich als Konfidenzintervall:
>
> $$\left[(\bar{x} - t_{(1-\alpha;df)} \cdot \hat{\sigma}_{\bar{X}}); +\infty\right) = \left[(58 - 1{,}73 \cdot 2{,}46); +\infty\right)$$
> $$= [53{,}74; +\infty)$$
>
> Das Intervall ist rechtsseitig unbeschränkt, was durch die runde Klammer zum Ausdruck kommt. Der Populationsmittelwert $\mu_0 = 50$ liegt außerhalb des Konfidenzintervalls, das Ergebnis ist somit signifikant.
>
> Prüft man die Bedeutsamkeit mit dem t-Test, erhält man als Wert der Prüfgröße:
>
> $$t_{\bar{x}} = \frac{\bar{x} - \mu_{\bar{X}}}{\hat{\sigma}_{\bar{X}}} = \frac{\bar{x} - \mu_0}{\hat{\sigma}_{\bar{X}}} = \frac{58 - 50}{2{,}46} = 3{,}25$$
>
> Dieser Wert ist größer als der kritische t-Wert von $t_{(0{,}95;19)} = 1{,}73$. Die Nullhypothese wird verworfen, das Ergebnis ist signifikant.

8.6 Konfidenzintervalle für Effektgrößen

In Abschnitt 8.5 haben wir Konfidenzintervalle für Mittelwerte behandelt. In diesem Abschnitt werden wir sehen, wie sich Konfidenzintervalle für Effektgrößen berechnen lassen. Wir haben in Abschnitt 8.4 festgestellt, dass sich der Populationseffekt aus dem beobachteten Stichprobenmittelwert bzw. der Differenz zwischen dem beobachteten Stichprobenmittelwert ($\bar{x}$) und dem nach der Nullhypothese zu erwartenden Mittelwert (μ_0) schätzen lässt (Formel F 8.9). Nun stellt sich die Frage, wie gut diese Schätzung ist, d. h., wie groß das Konfidenzintervall bei gegebener Überdeckungswahrscheinlichkeit ist.

Diese Information ist sehr wertvoll, denn sie besagt, wie zuverlässig die Schätzung des tatsächlichen Populationseffekts aus den Daten möglich ist. Die Angabe eines Effektgrößenschätzers einschließlich des entsprechenden Konfidenzintervalls stellt also eine optimale Informationsbasis für die statistische Entscheidungsfindung bereit: Das Konfidenzintervall enthält alle Informationen, die man für eine statistische Entscheidung braucht, darüber hinaus aber noch Informationen über die Größe des Effekts und die Genauigkeit, mit der er bestimmt wurde. Diese wichtige Information ist bei der reinen binären Information »signifikant« vs. »nicht signifikant« nicht verfügbar. Es macht aber – wie wir schon mehrmals betont haben – einen deutlichen Unterschied, ob bei einem signifikanten Ergebnis eine große oder eine kleine Effektgröße vorliegt. Es macht darüber hinaus aber auch noch einen Unterschied, ob eine große Effektgröße mit hoher oder niedriger Präzision geschätzt wurde, ob der Stichprobenfehler somit klein oder groß ist, ob man dem geschätzten Wert also viel oder wenig Vertrauen entgegenbringen kann.

8.6.1 Konfidenzintervall für Effektgrößen bei bekannter Populationsstandardabweichung

Zunächst einmal ist es wichtig festzuhalten, dass auch ein Effektgrößenschätzer ein Stichprobenkennwert ist und insofern eine Stichprobenkennwerteverteilung hat. Wir haben bereits bei Formel F 8.9 gesehen, wie die Effektgrößen d bzw. e (bzw. in Variablenschreibweise D und E) und der zu testende statistische Kennwert (z. B. $\bar{X}$) miteinander zusammenhängen:

$$D = \frac{\bar{X} - \mu_0}{\sigma_X} = \frac{E}{\sigma_X}$$

Diese Formel hat große Ähnlichkeit mit Formel F 8.5, nach der man den Stichprobenmittelwert in die Prüfgröße Z transformiert:

$$Z_{\bar{X}} = \frac{\bar{X} - \mu_{\bar{X}}}{\sigma_{\bar{X}}}$$

Unter der Annahme, dass die Nullhypothese gilt, ist $\mu_{\bar{X}} = \mu_0$. Ferner wissen wir aus Formel F 8.4, dass $\sigma_{\bar{X}} = \sigma_X/\sqrt{n}$ ist. Damit ergibt sich nach Formel F 8.5:

$$Z_{\bar{X}} = \frac{\bar{X} - \mu_0}{\frac{\sigma_X}{\sqrt{n}}} \quad \text{(F 8.28)}$$

Die Ähnlichkeit zwischen $Z_{\bar{X}}$ und D wird nun sehr deutlich. Der Effektgrößenschätzer D ist also eine einfache Funktion der Prüfgröße Z unter der Nullhypothese:

$$D = \frac{Z_{\bar{X}}}{\sqrt{n}} \quad \text{(F 8.29a)}$$

und umgekehrt:

$$Z_{\bar{X}} = D \cdot \sqrt{n} \quad \text{(F 8.29b)}$$

Zentrale z-Verteilungen

Wenn in der Population die Nullhypothese gilt, ist der Erwartungswert der Zufallsvariablen $\bar{X}$, deren konkrete Werte die Stichprobenmittelwerte $\bar{x}$ sind, identisch mit dem Populationsmittelwert μ_0:

$$E(\bar{X}) = \mu_0 \quad \text{(F 8.30)}$$

Alternativ kann man sagen, dass die Werte der Differenzvariablen $E = \bar{X} - \mu_0$ um 0 herum streuen:

$$E(E) = E(\bar{X} - \mu_0) = 0 \quad \text{(F 8.31)}$$

Ausgedrückt als Effektgrößenvariable D gilt also:

$$E(D) = E\left(\frac{\bar{X} - \mu_0}{\sigma_X}\right) = 0 \quad \text{(F 8.32)}$$

Standardisiert man die Mittelwertsvariable $\bar{X}$ anhand einer z-Transformation, so hat auch diese Prüfgröße Z einen Erwartungswert von 0:

$$E(Z_{\bar{X}}) = E\left(\frac{\bar{X} - \mu_0}{\sigma_{\bar{X}}}\right) = E\left(\frac{\bar{X} - \mu_0}{\frac{\sigma_X}{\sqrt{n}}}\right) = 0 \quad \text{(F 8.33)}$$

Unter der Nullhypothese resultiert also eine zentrale z-Verteilung mit dem Erwartungswert 0. Wir nennen diese Verteilung hier z-Verteilung aufgrund der Transformation in z-Werte und des Sachverhalts, dass die Werte der Prüfgröße z-Werte sind. Es ist jedoch nichts anderes als die Standardnormalverteilung.

Nonzentrale z-Verteilungen

Für den Fall, dass es in der Population tatsächlich einen Effekt gibt, streuen die Stichprobenmittelwerte nicht um den Populationsmittelwert unter der Nullhypothese (μ_0), sondern vielmehr um einen Populationsmittelwert $\mu \neq \mu_0$ herum. Nehmen wir unser Gedächtnistrainingsbeispiel: Sollte das Gedächtnistraining die Testwerte im Mittel um $\varepsilon = 10$ Einheiten erhöhen, so hat unsere Mittelwertsvariable $\bar{X}$ einen Erwartungswert von $\mu = \mu_0 + \varepsilon = 50 + 10 = 60$. Formal gilt also:

$$E(\bar{X}) = \mu \quad \text{(F 8.34)}$$

Die Standardabweichung von $\bar{X}$ ist der Standardfehler $\sigma_{\bar{X}} = \sigma_X/\sqrt{n}$.

Die Aussage, dass die Stichprobenmittelwerte um μ herum streuen, ist identisch mit der Aussage, dass die Differenzwerte $e = \bar{x} - \mu_0$ um ε herum streuen. Der Erwartungswert unserer Effektgrößenvariablen E, deren Werte die konkreten Effektgrößen e in einer Stichprobe sind, beträgt demnach:

$$E(E) = E(\bar{X} - \mu_0) = \varepsilon = \mu - \mu_0 \quad \text{(F 8.35)}$$

Da μ_0 lediglich eine additive Konstante zu $\bar{X}$ ist, hat E die gleiche Standardabweichung wie $\bar{X}$. Es gilt also: $\sigma_E = \sigma_{\bar{X}}$

Wählt man für die Effektgröße standardisierte Werte (d bzw. δ) anstatt der unstandardisierten (e bzw. ε), erhält man die Effektgrößenvariable D. Für den Erwartungswert dieser Variablen ergibt sich dann:

$$E(D) = E\left(\frac{\bar{X} - \mu_0}{\sigma_X}\right) = \frac{\varepsilon}{\sigma_X} = \frac{\mu - \mu_0}{\sigma_X} \quad \text{(F 8.36)}$$

Die Effektstärkewerte d streuen also um den Wert ε/σ_X herum. Bei einem Effekt von $\varepsilon = 10$ und einer Populationsstandardabweichung von $\sigma_X = 10$ würden die Effektstärkewerte um den Wert 1 herum streuen. Da die Variable E durch die Konstante σ_X geteilt wird, gilt für die Standardabweichung von D:

$$\sigma_D = \frac{\sigma_{\bar{X}}}{\sigma_X} = \frac{1}{\sqrt{n}}$$

Transformiert man den Stichprobenmittelwert in einen z-Wert unter der Annahme, dass der Populationsmittelwert dem erwarteten Wert unter der Nullhypothese (μ_0) entspricht, so lautet der Erwartungswert der Variablen Z:

$$E(Z_{\bar{X}}) = E\left(\frac{\bar{X} - \mu_0}{\sigma_{\bar{X}}}\right) = \frac{\varepsilon}{\sigma_{\bar{X}}}$$
$$= \frac{\mu - \mu_0}{\sigma_{\bar{X}}} = \frac{\mu - \mu_0}{\frac{\sigma_X}{\sqrt{n}}} \quad \text{(F 8.37)}$$

Bezogen auf Stichproben der Größe $n = 20$ ergibt sich für unser Beispiel:

$$E(Z_{\bar{X}}) = \frac{60 - 50}{\frac{10}{\sqrt{20}}} = 4{,}47$$

Da der Erwartungswert dieser Verteilung nicht gleich 0 ist, spricht man von einer nonzentralen Verteilung. Die Standardabweichung dieser Verteilung beträgt wie bei allen z-Verteilungen 1, der Mittelwert beträgt allerdings nicht 0, daher der Name nonzentrale Verteilung. Wichtig ist die Einsicht, dass man zur Bestimmung des Konfidenzintervalls einer Effektgröße eine nonzentrale Verteilung benötigt, wenn der Effekt ungleich 0 ist.

Bestimmung des Konfidenzintervalls für ε und δ

Bei bekannter Populationsvarianz lassen sich für die unstandardisierte Effektgröße ε die unteren und oberen Grenzen des zweiseitigen $(1-\alpha)$-Konfidenzintervalls wie folgt bestimmen:

$$e \pm z_{\left(1-\frac{\alpha}{2}\right)} \cdot \sigma_E = e \pm z_{\left(1-\frac{\alpha}{2}\right)} \cdot \sigma_{\bar{X}} \quad \text{(F 8.38)}$$

In analoger Weise erhält man für die standardisierte Effektgröße δ:

$$d \pm z_{\left(1-\frac{\alpha}{2}\right)} \cdot \sigma_D = d \pm z_{\left(1-\frac{\alpha}{2}\right)} \cdot 1/\sqrt{n} \quad \text{(F 8.39)}$$

> **Beispiel**
>
> **Bestimmung der 95%-Konfidenzintervalle für ε bzw. δ**
>
> Sagen wir, in einer Stichprobe der Größe $n = 20$ wurde ein Mittelwert von $\bar{x} = 58$ beobachtet. Die Populationsstandardabweichung sei bekannt und betrage $\sigma_X = 10$. Der Populationsmittelwert unter der Nullhypothese betrage $\mu_0 = 50$. Der Effekt beträgt also $e = 8$ bzw. $d = 8/10 = 0{,}8$. Der Standardfehler der Effektgröße E beträgt $\sigma_E = \sigma_{\bar{X}} = 10/4{,}47 = 2{,}236$; der Standardfehler der Effektgröße D beträgt $\sigma_D = 1/4{,}47 = 0{,}2236$. Wo liegen die Grenzen des zweiseitigen 95%-Konfidenzintervalls für ε bzw. δ? Setzt man die berechneten Größen in die Formeln F 8.38 bzw. F 8.39 ein, so erhält man
> $e \pm z_{(1-\alpha/2)} \cdot \sigma_{\bar{X}} = 8 \pm 1{,}96 \cdot 2{,}236 = [3{,}62; 12{,}38]$ und
> $d \pm z_{(1-\alpha/2)} \cdot (1/\sqrt{n}) = 0{,}8 \pm 1{,}96 \cdot 0{,}2236 = [0{,}362; 1{,}238]$. Mit einer Wahrscheinlichkeit von 95% überdeckt ein Bereich zwischen $\varepsilon_u = 3{,}62$ und $\varepsilon_o = 12{,}38$ (bzw. $\delta_u = 0{,}362$ und $\delta_o = 1{,}238$) den »wahren« Effekt ε (bzw. δ) in der Population. Diese Bereiche sind relativ groß. Sie schwanken – nach Cohens Taxonomie – zwischen einem mittleren und einem großen Effekt (s. Abschn. 8.3). Ob der gefundene Effekt einem mittleren oder großen Effekt in der Population entspricht, kann also bei dem gewählten 95%-Konfidenzintervall nicht gesagt werden. Hierzu wäre eine größere Stichprobe notwendig. Bei einem einseitigen Test der gerichteten Alternativhypothese $\mu > \mu_0$ würde man die einseitigen Konfidenzintervalle wie folgt berechnen:
> $$\left[(e - z_{(1-\alpha)} \cdot \sigma_E); +\infty\right) = \left[(8 - 1{,}645 \cdot 2{,}24); +\infty\right)$$
> $$= [4{,}32; +\infty)$$

und

$$\left[\left(d - z_{(1-\alpha)} \cdot \frac{1}{\sqrt{20}}\right); +\infty\right)$$
$$= \left[(0{,}8 - 1{,}645 \cdot 0{,}224); +\infty\right) = \left[0{,}432; +\infty\right)$$

Die unteren Grenzen sind hier weiter von 0 entfernt als im zweiseitigen Fall, da der einseitige Test eine größere Teststärke hat als der zweiseitige. Das Intervall ist rechtsseitig unbeschränkt, was durch die runde Klammer zum Ausdruck kommt.

8.6.2 Konfidenzintervall für Effektgrößen bei unbekannter Populationsstandardabweichung

Wir waren bei der Bestimmung des Konfidenzintervalls für Effektgrößen bislang davon ausgegangen, dass die Populationsstandardabweichung des Merkmals bekannt ist. In solchen Fällen ist das Konfidenzintervall einfach zu ermitteln. Häufig ist die Populationsstandardabweichung allerdings unbekannt und muss aus den Daten geschätzt werden. Was heißt das für die Schätzung der Effektgrößen ε und δ? Während ε ohnehin unabhängig ist von der Populationsstandardabweichung des Merkmals, benötigen wir für die Schätzung von δ einen anderen Kennwert, den wir mit d_2 bezeichnen und der die Realisierung der Zufallsvariablen D_2 darstellt:

$$D_2 = \frac{\bar{X} - \mu_0}{\hat{\sigma}_X} = \frac{E}{\hat{\sigma}_X} \qquad (\text{F 8.40})$$

Die Beziehung zwischen der Effektstärkenvariablen D_2 und der Prüfgröße $T_{\bar{X}}$ können wir herleiten, indem wir uns noch einmal die Definition des t-Wertes in Formel F 8.25 vor Augen führen, im Nenner dieser Formel F 8.4, also $\sigma_{\bar{X}} = \sigma_X/\sqrt{n}$, einsetzen und diese Gleichung auf die Variablenschreibweise übertragen:

$$T_{\bar{X}} = \frac{\bar{X} - \mu_0}{\dfrac{\hat{\sigma}_X}{\sqrt{n}}}$$

Der Effektgrößenschätzer D_2 ist also eine einfache Funktion der Prüfgröße unter der Nullhypothese:

$$D_2 = \frac{T_{\bar{X}}}{\sqrt{n}} \qquad (\text{F 8.41a})$$

und umgekehrt:

$$T_{\bar{X}} = D_2 \cdot \sqrt{n} \qquad (\text{F 8.41b})$$

Der Unterschied zwischen D_2 und T besteht also nur darin, dass bei der Prüfgröße $T_{\bar{X}}$ der Standard*fehler*, bei D_2 hingegen die Standard*abweichung* im Nenner steht. Man muss daher den Nenner von D_2 durch die Quadratwurzel aus n dividieren, was gleichbedeutend damit ist, D_2 mit der Quadratwurzel aus n zu multiplizieren.

Zentrale t-Verteilung

Ist der Stichprobenkennwert – wie in unseren bisherigen Beispielen – die Differenz $\bar{x} - \mu_0$, so hat die entsprechende Stichprobenkennwerteverteilung dann einen Mittelwert von 0, wenn die Nullhypothese gilt, d. h., wenn die Differenz $\mu - \mu_0 = 0$ ist. Nur in diesem Fall streuen die beobachteten Mittelwerte aus Stichproben der Größe n unsystematisch um μ_0 herum (s. Formel F 8.30). Transformiert man den Stichprobenmittelwert in einen t-Wert, so hat die Verteilung dieser transformierten Zufallsvariablen $T_{\bar{X}}$ einen Erwartungswert von 0:

$$E(T_{\bar{X}}) = E\left(\frac{\bar{X} - \mu_0}{\hat{\sigma}_{\bar{X}}}\right) = E\left(\frac{\bar{X} - \mu_0}{\dfrac{\hat{\sigma}_X}{\sqrt{n}}}\right) = 0 \qquad (\text{F 8.42})$$

Unter der Nullhypothese resultiert also eine zentrale t-Verteilung mit dem Erwartungswert 0.

Nonzentrale t-Verteilung

Eine t-Verteilung, deren Mittelwert ungleich 0 ist, nennt man eine nonzentrale t-Verteilung. Wenn der Effekt $\varepsilon \neq 0$ ist, so streuen die beobachteten Mittelwerte nicht um den Populationsmittelwert μ_0, sondern um den Populationsmittelwert $\mu = \mu_0 + \varepsilon$ herum (s. Formel F 8.34). In diesem Fall folgt $D_2 = (\bar{X} - \mu_0)/\hat{\sigma}_X$ einer nonzentralen t-Verteilung (s. Abschn. 7.3.4). Eine solche nonzentrale t-Verteilung ist durch zwei Parameter festgelegt, die Freiheitsgrade (df) und den Nonzentralitätsparameter λ (sprich: »lambda«). In den Nonzentralitätsparameter λ fließt ein, wie weit der Populationsmittelwert μ vom erwarteten Populationsmittelwert unter der Nullhypothese (μ_0) entfernt liegt (Kelley, 2007):

$$\lambda = \frac{\varepsilon}{\sigma_{\bar{X}}} = \frac{\mu - \mu_0}{\sigma_{\bar{X}}} = \frac{\mu - \mu_0}{\frac{\sigma_X}{\sqrt{n}}} \quad \text{(F 8.43a)}$$

Da der Quotient $(\mu - \mu_0)/\sigma_X$ dem Effektstärkemaß δ entspricht, lässt sich Formel F 8.43a vereinfachen zu:

$$\lambda = \frac{\mu - \mu_0}{\frac{\sigma_X}{\sqrt{n}}} = \delta \cdot \sqrt{n} \quad \text{(F 8.43b)}$$

Problematisch an nonzentralen t-Verteilungen ist, dass sie nicht mehr symmetrisch sind: Je kleiner die Anzahl der Freiheitsgrade (df) und je größer der Nonzentralitätsparameter λ, desto flacher und tendenziell linkssteiler wird die nonzentrale t-Verteilung. Dies ist in Abbildung 8.19 verdeutlicht. Abgebildet sind nonzentrale t-Verteilungen mit drei unterschiedlichen Freiheitsgraden ($df = 2$, $df = 10$ und $df = 100$) und jeweils drei unterschiedlichen Nonzentralitätsparametern ($\lambda = 2$, $\lambda = 5$ und $\lambda = 10$). Zusätzlich sind die entsprechenden zentralen t-Verteilungen (mit $\lambda = 0$) eingezeichnet. Man sieht, dass bei $df = 100$ die Verteilungen zwar noch relativ symmetrisch bleiben, aber mit steigendem λ flacher werden. Bei $df = 2$ und $df = 10$ sieht man zudem, dass die Verteilungen mit steigendem λ linkssteiler werden.

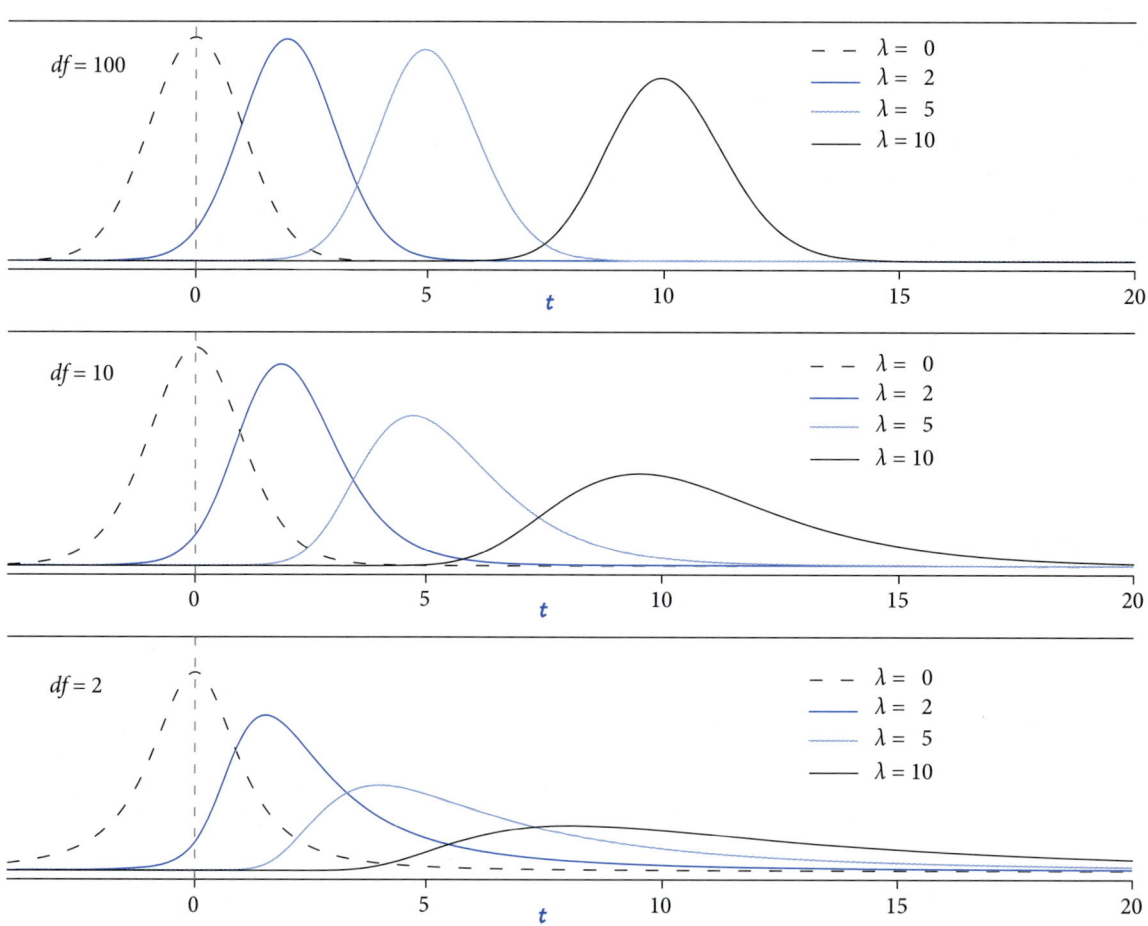

Abbildung 8.19 Nonzentrale t-Verteilungen für drei verschiedene Freiheitsgrade ($df = 100$, $df = 10$, $df = 2$) und drei verschiedene Nonzentralitätsparameter ($\lambda = 2$, $\lambda = 5$, $\lambda = 10$). Die zentralen t-Verteilungen (mit $\lambda = 0$) sind zum Vergleich mit eingezeichnet

Da die Standardabweichung des Merkmals in der Population nicht bekannt ist, kann der Nonzentralitätsparameter nicht einfach berechnet werden, sondern muss – wie das Effektstärkemaß δ – geschätzt werden. Für die Bestimmung des Konfidenzintervalls für die Effektgröße δ ist nun von Bedeutung, dass sich die Grenzen des Konfidenzintervalls für die Effektgröße δ nicht einfach schätzen lassen, wohl aber die Grenzen des Konfidenzintervalls für den Nonzentralitätsparameter λ. Die Grenzen des Konfidenzintervalls für λ lassen sich dann nach Gleichung F 8.43b in die Grenzen des Konfidenzintervalls für δ übertragen (Kelley, 2007).

Man kann daher folgendermaßen vorgehen: Der empirisch ermittelte d_2-Wert wird zunächst in einen geschätzten Nonzentralitätsparameter transformiert. Für diesen lassen sich die Grenzen des Konfidenzintervalls mit einem iterativen Verfahren bestimmen. Die Grenzen des Konfidenzintervalls für λ (also λ_u und λ_o) lassen sich dann in die Grenzen des Konfidenzintervalls für δ (also δ_u und δ_o) rücktransformieren. Dieses Prinzip nennt man *Konfidenzintervall-Transformations-Prinzip* (Steiger & Fouladi, 1997). Es besagt, dass man die Grenzen des Konfidenzintervalls eines Parameters aus denen eines anderen Parameters bestimmen kann, wenn der eine Parameter eine strikt monotone Transformation des anderen Parameters darstellt. Man macht von diesem Prinzip Gebrauch, wenn es für den einen Parameter eine geeignete Methode zur Bestimmung der Grenzen des Konfidenzintervalls gibt, für den anderen jedoch nicht.

Zunächst muss der Nonzentralitätsparameter geschätzt werden. Dies ist anhand der Gleichung

$$\hat{\lambda} = \frac{\bar{x} - \mu_0}{\frac{\hat{\sigma}_X}{\sqrt{n}}} = d_2 \cdot \sqrt{n} \qquad \text{(F 8.44)}$$

möglich. Wie man anhand von Gleichung F 8.41a erkennen kann, entspricht der geschätzte Nonzentralitätsparameter genau dem empirischen t-Wert: $\hat{\lambda} = t_{\bar{X}}$. Die untere Grenze λ_u des zweiseitigen $(1-\alpha)$-Konfidenzintervalls lässt sich dann schätzen als der Nonzentralitätsparameter derjenigen nonzentralen t-Verteilung, von der der empirische $t_{\bar{X}}$-Wert (der geschätzte Nonzentralitätsparameter $\hat{\lambda}$) an der rechten Seite 2,5 % der Fläche abschneidet. Die obere Grenze λ_o ist der Nonzentralitätsparameter derjenigen nonzentralen t-Verteilung, von der der empirische $t_{\bar{X}}$-Wert (der geschätzte Nonzentralitätsparameter $\hat{\lambda}$) an der linken Seite 2,5 % der Fläche abschneidet. Hierbei folgen wir also dem Prinzip, das wir anhand von Abbildung 8.17 erläutert haben.

Sind die beiden gesuchten Nonzentralitätsparameter λ_u und λ_o gefunden, müssen sie über die Formeln $\delta_u = \lambda_u / \sqrt{n}$ und $\delta_o = \lambda_o / \sqrt{n}$ (vgl. Formel F 8.44) in die Metrik der Effektstärke (und damit in die Unter- bzw. die Obergrenze des Konfidenzintervalls für δ) rücktransformiert werden.

> **Beispiel**
>
> **Bestimmung des 95 %-Konfidenzintervalls für δ**
> Angenommen, in einer Stichprobe der Größe $n = 8$ wurden folgende Werte ermittelt: $x = \{1, 3, 3, 4, 5, 6, 6, 8\}$. Der Mittelwert betrage $\bar{x} = 4{,}5$, die Stichprobenstandardabweichung $\hat{\sigma}_X = 2{,}2$. Das Merkmal sei in der Population normalverteilt. Der Populationsmittelwert unter der Nullhypothese betrage $\mu_0 = 2$. Nehmen wir an, wir haben es mit einer ungerichteten Hypothese zu tun (H_1: $\mu \neq \mu_0$). Der geschätzte Effekt beträgt also $e = \bar{x} - \mu_0 = 4{,}5 - 2 = 2{,}5$. In der Metrik der Effektstärkenvariablen D_2 beträgt der Wert der empirischen Effektstärke $d_2 = 2{,}5/2{,}2 = 1{,}13$. Der resultierende t-Wert beträgt gemäß Formel F 8.41b $t_{\bar{x}} = d_2 \cdot \sqrt{n} = 1{,}13 \cdot 2{,}83 = 3{,}208$. Die Wahrscheinlichkeit für einen Mittelwert von $\bar{x} = 4{,}5$ oder jeden vom Betrag her größeren unter der Nullhypothese beträgt $p = 0{,}015$ ($df = 7$, zweiseitiger Test). Das Ergebnis ist also auf dem 5 %-Niveau signifikant.
>
> Wo liegen nun die Grenzen des zweiseitigen 95 %-Konfidenzintervalls für die Effektgröße δ? Wir bestimmen zunächst die Grenzen des Konfidenzintervalls für den Nonzentralitätsparameter λ. Diese

bestimmen wir auf Grundlage des geschätzten Nonzentralitätsparameters $\hat{\lambda} = t_{\bar{X}} = 3{,}208$. Die untere Grenze des Konfidenzintervalls ist der Nonzentralitätsparameter einer nonzentralen t-Verteilung, für die gilt, dass bei einem Wert von $\hat{\lambda} = 3{,}208$ genau 2,5 % der Fläche unter der Kurve nach rechts hin abgeschnitten werden. Die obere Grenze des Konfidenzintervalls ist der Nonzentralitätsparameter einer nonzentralen t-Verteilung, für die gilt, dass bei einem Wert von $\hat{\lambda} = 3{,}208$ genau 2,5 % der Fläche unter der Kurve nach links hin abgeschnitten werden.

Mit Hilfe des Computerprogramms NDC (Steiger, 2004; Link auf dieses kostenlose Programm in unseren Online-Materialien) ermitteln wir für λ_u einen Wert von 0,584 und für λ_o einen Wert von 5,704. Diese Werte können wir nun gemäß Formel F 8.43b in δ-Werte umrechnen:

$$\lambda = \delta \cdot \sqrt{n} \Rightarrow \delta = \frac{\lambda}{\sqrt{n}}$$

Für die untere Grenze ergibt sich ein Wert von $\delta_u = 0{,}584/\sqrt{8} = 0{,}206$; für die obere Grenze ergibt sich ein Wert von $\delta_o = 5{,}704/\sqrt{8} = 2{,}02$. Man kann also sagen, dass ein Intervall zwischen 0,206 und 2,02 mit einer Wahrscheinlichkeit von 95 % den wahren Populationseffekt δ überdeckt. Eine graphische Darstellung des Konfidenzintervalls findet sich in Abbildung 8.20.

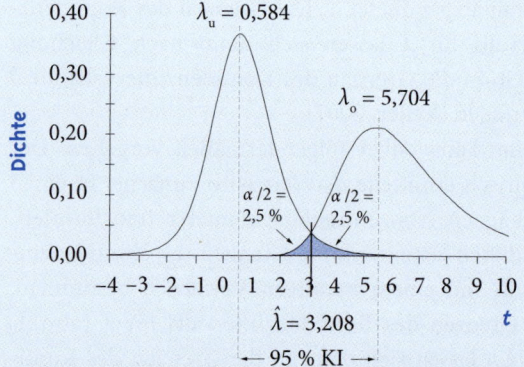

Abbildung 8.20 Zweiseitiges 95 %-Konfidenzintervall für den Nonzentralitätsparameter bei einem Effekt von $d_2 = 1{,}13$

8.7 Testplanung und Poweranalyse

Bereits in Abschnitt 8.2 haben wir festgestellt, dass man β – für einen postulierten Effekt ε_1 (bzw. δ_1) und ein festgelegtes Signifikanzniveau α – über die Stichprobengröße steuern kann. Je größer die Stichprobe, desto kleiner wird – bei ansonsten gleichen Bedingungen – β, und desto größer wird die Teststärke. Ist die Stichprobe klein, so ist ein signifikantes Ergebnis umso unwahrscheinlicher, je kleiner der Effekt ist. Ist die Stichprobe sehr groß, werden selbst triviale Effekte signifikant. Andererseits haben große Stichproben den Vorteil, dass Effektgrößen sehr genau geschätzt werden können, da die Konfidenzintervalle der Effektgrößen sehr eng sind. Große Stichproben sind allerdings teuer, so dass man die unnötigen Kosten zu großer Stichproben vermeiden kann, indem man die Stichprobengröße optimal bestimmt. Optimal bedeutet – wie wir gesehen haben –, die beiden Kriterien der Präzision der Schätzung und des Aufwandes gemeinsam zu optimieren. Man kann also z. B. die Präzision, mit der man eine Effektgröße schätzen will, a priori festlegen und darauf aufbauend die Stichprobengröße bestimmen. Wie man dies für Konfidenzintervalle macht, haben wir am Beispiel des Mittelwerts gezeigt.

Geht es darum, die statistische Entscheidung für eine der beiden Hypothesen abzusichern, kann man die optimale Stichprobengröße so bestimmen, dass der statistische Schluss unter Kontrolle von α und β getroffen werden kann. Hierzu muss man den Effekt (und damit die Alternativhypothese) von vornherein spezifizieren; solche postulierten Effekte unter einer spezifischen Alternativhypothese (H_1) bezeichnen wir mit ε_1 bzw. δ_1. Ist der Effekt spezifiziert und sind die Irrtumswahrscheinlichkeiten α und β festgelegt, so liegt automatisch auch die benötigte Stichprobengröße n fest. Ein solches Vorgehen wird als Testplanung, Stichprobenumfangsplanung oder A-priori-Poweranalyse bezeichnet (s. Abschn. 8.7.2).

Manchmal ist man daran interessiert, Methodik und Ergebnisse einer anderen, bereits durchgeführten empirischen Untersuchung im Hinblick auf deren Teststärke zu bewerten. Man stelle sich vor, eine Kollegin habe eine Untersuchung veröffentlicht, in welcher der empirisch ermittelte Mittelwert nicht signifikant vom Populationsmittelwert unter der Nullhypothese abgewichen ist; diese Kollegin habe allerdings keine A-priori-Poweranalyse durchgeführt. Dass der statistische Test nicht signifikant geworden ist, könnte also entweder daran liegen, dass der Populationseffekt gleich Null ist, oder daran, dass der Test nicht teststark genug war, einen solchen Effekt aufzudecken (weil etwa die Stichprobengröße zu klein war). Kennt man das α-Niveau, auf dem der Test durchgeführt wurde, und die Stichprobengröße n und spezifiziert man den Populationseffekt (ε_1 bzw. δ_1), so lässt sich die Teststärke dieses Tests im Nachhinein bestimmen. Hier handelt es sich ebenfalls um eine A-priori-Poweranalyse, da der Effekt im Vorhinein spezifiziert wurde, allerdings wird die »Gleichung«, die das Zusammenspiel von α, β, n und ε_1 (bzw. δ_1) beschreibt, nicht nach n aufgelöst, sondern nach β. In manchen Lehrbüchern sowie Statistikprogrammen (z. B. G*Power) wird diese Form der Poweranalyse als Post-hoc-Poweranalyse bezeichnet. Diese Bezeichnung ist jedoch in diesem Zusammenhang ein wenig irreführend, da der Effekt ja auch hier *a priori* (also unabhängig vom konkreten empirischen Ergebnis) spezifiziert wird.

Wenn der Effekt nicht a priori spezifiziert werden kann, etwa weil man keine theoretischen Vorannahmen hat, keine normativen Begründungen treffen kann und bislang keine einschlägigen empirischen Vorarbeiten vorliegen, auf deren Basis man den Effekt schätzen kann, besteht die Möglichkeit, als Schätzer des Effekts denjenigen zu verwenden, der in der eigenen Untersuchung beobachtet wurde. Solche empirischen Effektstärkenschätzer bezeichnen wir mit $\hat{\varepsilon}$ oder $\hat{\delta}$. Der Effekt wird hier *post hoc* (oder *a posteriori*), d. h. im Nachhinein bzw. empirieabhängig, festgelegt. Das Ziel besteht darin, zu prüfen, wie groß die Wahrscheinlichkeit war, einen Effekt der beobachteten Größe aufzudecken, falls er wirklich existiert. Dieses Vorgehen kann als eigentliche Post-hoc-Poweranalyse bezeichnet werden (Yuan & Maxwell, 2005). Wir werden diesen Fall in Abschnitt 8.7.1 beschreiben. Manche Statistikprogramme (z. B. SPSS) bieten die Möglichkeit, die Teststärke (im Programm wird sie als »beobachtete Schärfe« bezeichnet) direkt anhand der Daten zu bestimmen. Dieses Vorgehen ist allerdings umstritten. Yuan und Maxwell (2005) konnten zeigen, dass die wahre Power anhand der Post-hoc-Power verzerrt geschätzt wird, insbesondere dann, wenn die wahre Power klein ist. Wir werden im Folgenden zeigen, wie man eine solche Post-hoc-Poweranalyse vornehmen kann.

8.7.1 Post-hoc-Poweranalyse

Bei der Post-hoc-Poweranalyse geht es also lediglich darum, die Power eines Tests im Nachhinein abzuschätzen. Die Power liegt – wie wir gesehen haben – fest, sobald α, der aus den empirischen Daten geschätzte Populationseffekt ($\hat{\varepsilon}$ oder $\hat{\delta}$) und n spezifiziert sind. Wie die Power im Einzelfall bestimmt werden kann, hängt von der Art des statistischen Tests ab und damit von der empirischen Fragestellung. In diesem Kapitel bleiben wir bei unserem Beispiel: Wir testen einen empirisch ermittelten Stichprobenmittelwert ($\bar{x}$) gegen einen unter der Nullhypothese erwarteten fixen Wert μ_0. Ist die Populationsstandardabweichung des Merkmals X bekannt, lässt sich die Prüfgröße Z verwenden, unabhängig davon, ob es sich um eine zentrale oder eine nonzentrale Testverteilung handelt. Ist die Populationsstandardabweichung des Merkmals X unbekannt und muss sie aus den Daten geschätzt werden, lässt sich nur die Prüfgröße $T_{\bar{X}}$ verwenden, wobei die Form der zentralen t-Verteilung über die Anzahl der Freiheitsgrade (df) und die Form der nonzentralen t-Verteilung zusätzlich über den Nonzentralitätsparameter (λ) definiert ist. Da die Populationsstandardabweichung in der Realität meist unbekannt ist, bleiben wir beim letzteren Fall und behandeln hier die Post-hoc-Poweranalyse für den sog. Einstichproben-t-Test (s. folgendes Beispiel).

8.7.2 A-priori-Poweranalyse

Bei der A-priori-Poweranalyse geht es darum, die Stichprobengröße so zu planen, dass die Power an-

> **Beispiel**
>
> **Post-hoc-Poweranalyse für den Einstichproben-t-Test**
>
> In einem Experiment mit $n = 25$ Personen wurde ein Stichprobenmittelwert von $\bar{x} = 106$ ermittelt. Es soll getestet werden, ob dieser Wert signifikant größer ist als $\mu_0 = 100$. Der Test wird auf einem α-Niveau von 5 % einseitig durchgeführt. Die Stichprobenstandardabweichung beträgt $\hat{\sigma}_X = 20$. Die Stichprobenkennwerteverteilung von Mittelwerten aus Stichproben der Größe $n = 25$ hat hier also eine geschätzte Standardabweichung (Standardfehler) von $\hat{\sigma}_{\bar{X}} = 20/\sqrt{25} = 4$. Der t-Wert ist $t_{\bar{X}} = 6/4 = 1{,}5$. Die Wahrscheinlichkeit für einen Wert von $\bar{x} - \mu_0 = 6$ oder größer unter der Nullhypothese ist beim einseitigen Test und $df = 24$ Freiheitsgraden $p = 0{,}07$. Das Testergebnis ist also nicht signifikant. Der kritische t-Wert wäre $t_{(0{,}95;24)} = 1{,}71$ gewesen. Nun ist die Frage, wie groß die Power dieses Tests war. Der Poweranalyse wird der geschätzte Effekt in Höhe von $e = \hat{\varepsilon} = 6$ (und damit $d_2 = \hat{\delta} = 0{,}3$) zugrunde gelegt.
>
> Der geschätzte Nonzentralitätsparameter der nonzentralen t-Verteilung beträgt hier $\hat{\lambda} = \hat{\delta} \cdot \sqrt{n} = 0{,}3 \cdot 5 = 1{,}5$. Wie groß ist der Flächenanteil unter einer solchen Verteilung, der rechts vom kritischen Wert $t_{(0{,}95;24)} = 1{,}71$ liegt? Diese Wahrscheinlichkeit lässt sich z. B. mit Hilfe des Programms G*Power (Faul et al., 2007; Mayr et al., 2007; Link auf dieses Programm in unseren Online-Materialien) berechnen. Demnach ist die Teststärke $1 - \beta = 0{,}426$. Die Wahrscheinlichkeit, einen Effekt der Größe $\hat{\varepsilon} = 6$ auf dem 5 %-Niveau zu finden, falls er wirklich existiert, beträgt bei einer Stichprobengröße von $n = 25$ lediglich 42,6 %. Das nicht-signifikante Testergebnis bedeutet also nicht unbedingt, dass es den Effekt nicht gibt. Vielmehr hatte der Test einfach nicht genügend Power, um einen solchen Effekt aufzudecken, falls er existiert.
>
> In Abbildung 8.21 ist das Ergebnis der Poweranalyse graphisch dargestellt.
>
>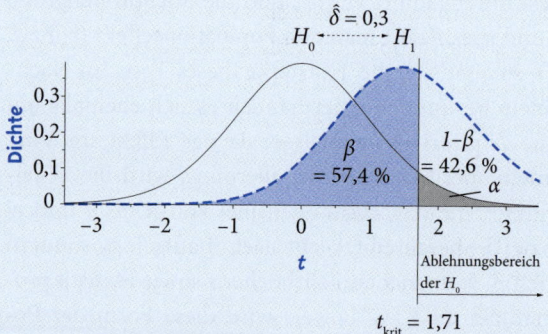
>
> **Abbildung 8.21** Ergebnis einer Post-hoc-Poweranalyse für den Einstichproben-t-Test

gemessen groß ist. Die Stichprobengröße liegt – wie wir gesehen haben – fest, sobald α, β und der Effekt (ε_1 oder δ_1) spezifiziert sind. Ein solches Vorgehen ist ideal: Mit der optimalen Stichprobengröße ist man in der Lage, unter Kontrolle von α und β die statistische Entscheidung abzusichern.

> **Beispiel**
>
> **A-priori-Poweranalyse für den Einstichproben-t-Test**
>
> Angenommen, vor der Untersuchung, die wir im vorherigen Abschnitt dargestellt haben, wäre man a priori von einem Effekt der Größe $\delta_1 = 0{,}5$ ausgegangen. Wie groß müsste der Stichprobenumfang sein, um mit einer Wahrscheinlichkeit von $1 - \beta = 90 \%$ einen Effekt der Größe $\delta_1 = 0{,}5$ auf einem α-Niveau von 5 % mit einem einseitigen Test zu finden, falls ein solcher Effekt wirklich existiert? Auch für eine solche A-priori-Poweranalyse können wir das Programm G*Power (Faul et al., 2007) verwenden. Gesucht ist also der Nonzentralitätsparameter λ_1 einer nonzentralen t-Verteilung, für die gilt, dass rechts von einem kritischen Wert unter der H_0 (d. h. dem Wert, der einen Flächenanteil von

5 % unter der H_0-Verteilung nach rechts hin abschneidet) ein Flächenanteil von 90 % unter der H_1-Verteilung abgeschnitten wird. Auch dieser muss iterativ bestimmt werden, da der kritische Wert unter der H_0 von den Freiheitsgraden abhängt.

Mit Hilfe von G*Power ermitteln wir, dass eine entsprechende nonzentrale t-Verteilung einen Nonzentralitätsparameter von $\lambda_1 = 3$ haben müsste. Der kritische t-Wert unter der H_0 wäre dann $t_{krit} = 1{,}69$. Damit steht auch die Stichprobengröße fest: Löst man Formel F 8.43a nach n auf, erhält man:

$$\lambda_1 = \delta_1 \cdot \sqrt{n} \Rightarrow n = \left(\frac{\lambda_1}{\delta_1}\right)^2$$

In unserem Beispiel ergibt sich $n = (3/0{,}5)^2 = 36$. Dies ist die Stichprobengröße, die man benötigt, um auf einem α-Niveau von 5 % mit einer Wahrscheinlichkeit von $1 - \beta = 90$ % einen Effekt der Größe $\delta_1 = 0{,}50$ aufzudecken, falls ein solcher Effekt wirklich existiert. Das Ergebnis dieser A-priori-Poweranalyse ist in Abbildung 8.22 dargestellt.

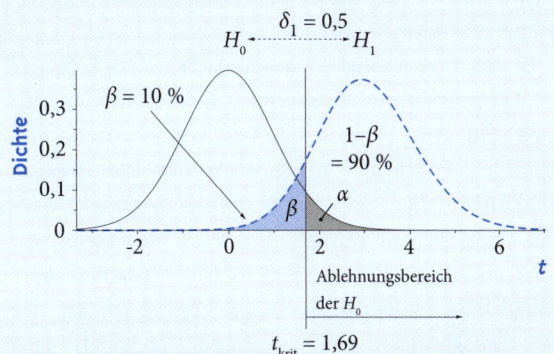

Abbildung 8.22 Ergebnis einer A-priori-Poweranalyse für den Einstichproben-t-Test

Bestimmung der Power

In der Literatur werden unterschiedliche Vorschläge zur optimalen Größe der Power gemacht. Sie reichen von 80 % bis 95 %. Eine Power von 80 % wird damit begründet, dass man auch in kleineren Stichproben noch eine gewisse Chance haben soll, einen Effekt aufzudecken. Eine Power von 95 % wird damit begründet, dass es keinen plausiblen Grund gebe, die Irrtumswahrscheinlichkeit β anders zu behandeln als die Irrtumswahrscheinlichkeit α. In der Forschungspraxis wird β häufig höher festgelegt als α. Als Faustregel nutzt man häufig $\beta = 4 \cdot \alpha$.

Wahl des Signifikanzniveaus α

Im Rahmen der Testplanung können verschiedene Prioritäten gesetzt werden. Wenn man keine Spielräume zur Vergrößerung der Stichprobe hat (weil man z. B. auf die vorhandene Stichprobe in einer psychosomatischen Klinik angewiesen ist) und die fälschliche Verwerfung der Nullhypothese als folgenschwer erachtet, wird man ein niedriges Signifikanzniveau wählen (z. B. $\alpha = 1$ %) und ggf. Einbußen bei der Teststärke sowie ein erhöhtes β-Risiko in Kauf nehmen. Wenn man die fälschliche Beibehaltung der Nullhypothese als schwerwiegender beurteilt, wird man das Signifikanzniveau α großzügiger veranschlagen (z. B. 10 %) und dadurch β reduzieren und die Teststärke erhöhen.

8.8 Das Überprüfen statistischer Hypothesen in der Psychologie: Zusammenfassung und allgemeine Empfehlungen

In Abschnitt 2.1 hatten wir festgestellt, dass Erfahrungswissenschaften Aussagen auf unterschiedlichen Ebenen treffen, zwischen denen es keine eindeutigen Beziehungen gibt. Wir müssen diese Problematik jetzt wieder aufgreifen, um klarzustellen, was die inferenzstatistischen Tests der Art, wie wir sie kennengelernt haben und noch kennenlernen werden, leisten können und was nicht. Wir nutzen für diese Erörterung wieder das Beispiel des Gedächtnistrainings.

Der Urheber des Trainings hat behauptet, dass trainierte Personen über ein besseres Gedächtnis verfügen als untrainierte Personen. Der Skeptiker hat dies bestritten. Beide haben ihre Behauptungen zunächst sehr allgemein formuliert. Hinter solchen inhaltlichen Aussagen stehen in aller Regel theoretische Überlegungen. Vermutlich hatte der Urheber des Trainings seine Maßnahme auf der Basis einer bestimmten Gedächtnistheorie konzipiert. Auch der Skeptiker wird zu seiner kritischen Einschätzung vermutlich auf der Grundlage theoretischer Überlegungen gekommen sein.

In der Auseinandersetzung zwischen dem Urheber des Trainings und dem Skeptiker geht es implizit also auch um den Wahrheitsgehalt von theoretischen Aussagen. Inhaltliche Aussagen in der Theoriesprache können aber nicht direkt statistisch getestet werden, sondern nur mittelbar und auf der Basis von Übersetzungen. In unserem Beispiel bestand eine nötige Übersetzung darin, einen Test zu finden, der die Gedächtnisleistung zuverlässig (reliabel) und gültig (valide) erfasst. Solche Operationalisierungen sind erforderlich, um theoretische Aussagen in numerische Aussagen zu überführen (vgl. Kap. 3 und 5). Jedem inferenzstatistischen Test muss eine solche Übersetzung vorangehen, weil statistische Tests in der Welt der Zahlen vorgenommen werden und die Messung von Merkmalen voraussetzen (vgl. Abschn. 5.2). Übersetzungen sind jedoch niemals eindeutig und können mehr oder weniger treffend sein. Es sind immer mehrere Übersetzungen denkbar, und häufig besteht in der Wissenschaft kein Konsens darüber, welche die treffendste Übersetzung ist. In unserem Beispiel folgt aus der Theorie nicht zwingend, wie man die Gedächtnisleistung misst. Da es viele verschiedene Möglichkeiten gibt, die Gedächtnisleistung zu messen, muss eine Wahl getroffen werden. Die Wahl, die die beiden hier beschriebenen Kollegen getroffen haben, mag nicht die beste gewesen sein.

Weil eine theoretische Aussage meist nicht unmittelbar in eine numerische Aussage überführt werden kann, lässt sich anhand des Ergebnisses eines statistischen Tests auch eine theoretische Behauptung nicht eindeutig bestätigen oder widerlegen. Hätte das Training in unserem Beispiel keinen signifikanten Effekt erzielt, könnte dies u. a. auch daran gelegen haben, dass der verwendete Gedächtnistest aus der Sicht der Theorie, auf der das Gedächtnistraining beruht, unpassend war. Umgekehrt muss auch die Aussagekraft des signifikanten Effekts, der in unserem Beispiel beobachtet wurde, mit Sorgfalt bewertet werden. Denn mit einem sehr spezifischen Gedächtnistest dürfte es kaum möglich sein, die große Vielfalt der Funktionen unseres Gedächtnisses erschöpfend abzubilden. Vielmehr wurde eine sehr spezifische Funktion des Gedächtnisses durch einen konkreten Test abgebildet. Man weiß deshalb auch noch nichts über die Randbedingungen, unter denen der Effekt eintritt oder ausbleibt. Vielleicht hätte schon eine Veränderung des Zeitraums zwischen Lernen und Reproduzieren zu einem anderen Ergebnis geführt.

! Diese Überlegungen sollen deutlich machen, dass ein einzelnes statistisches Ergebnis in der Psychologie kaum jemals den sicheren Beweis für oder gegen die Ungültigkeit einer theoretischen Behauptung liefern kann.

Trotz dieser grundsätzlichen Einschränkungen der Aussagekraft statistischer Tests führt an der inferenzstatistischen Methodologie in einer Erfahrungswissenschaft wie der Psychologie kein Weg vorbei, da wir es uns fast nie leisten können, Beobachtungen so umfassend anzustellen, dass Verallgemeinerungen überflüssig werden. In aller Regel werden wir ohne Verallgemeinerungen nicht auskommen. Die schließende Statistik hilft uns, das Irrtumsrisiko, das jede Verallgemeinerung in sich birgt, abzuschätzen und in vertretbaren Grenzen zu halten.

8.8.1 Schritte beim statistischen Testen

Bevor wir uns in den nun folgenden Kapiteln weiteren statistischen Tests und ihrer Klassifikation zuwenden, wollen wir die einzelnen Schritte beim Testen statistischer Hypothesen noch einmal zusammenfassen:

(1) Klärung der Voraussetzungen (z. B. Verteilungsannahmen) und Auswahl des statistischen Tests
(2) Formulierung der statistischen Nullhypothese und der Alternativhypothese (in Bezug auf die Parameter des ausgewählten statistischen Tests)
(3) Testplanung
    (a) Festlegung des tolerierbaren α-Risikos

(b) Festlegung des tolerierbaren β-Risikos bzw. der gewünschten Teststärke $(1 - \beta)$
(c) Festlegung des mindestens praktisch bedeutsamen Populationseffekts (z. B. δ_1)
(d) Bestimmung der erforderlichen Stichprobengröße (A-priori-Poweranalyse)
(4) Berechnung des empirischen Werts der Prüfgröße (z. B. z-Wert oder t-Wert)
(5) Vergleich des empirischen Werts der Prüfgröße mit dem tabellierten kritischen Wert
(6) Statistischer Schluss (Nullhypothese verwerfen oder nicht)
(7) Berechnung des Schätzers für den Populationseffekt (z. B. über d_2)
(8) Ermittlung des Konfidenzintervalls für die Effektgröße (z. B. δ)
(9) Bei unterlassener Testplanung gegebenenfalls Post-hoc-Poweranalyse auf der Basis der empirisch ermittelten Effektgröße (z. B. $\hat{\delta}$).

Die Punkte 3 a und 3 b können ersetzt werden durch die Angabe der Präzision (Breite des Konfidenzintervalls) der Schätzung des in 3 c postulierten Effekts. In diesem Fall würde die Testplanung nicht nur auf die statistische Entscheidung für oder gegen eine Hypothese abzielen, sondern auf die darüber hinausgehende reichhaltigere Information der Schätzgenauigkeit. Solche Ansätze werden zurzeit im Forschungsalltag nur sehr wenig umgesetzt. Schritt 6 würde dann auf der Grundlage des Konfidenzintervalls durchgeführt werden, indem man überprüft, ob der unter der Nullhypothese postulierte Wert im Konfidenzintervall liegt oder nicht.

8.8.2 Statistisches Testen in der wissenschaftlichen Praxis

Die hier dargestellten Schritte zur Durchführung eines statistischen Tests entsprechen dem idealen Vorgehen. Mit Hilfe einer angemessenen Testplanung (A-priori-Poweranalyse) kontrolliert man die Irrtumwahrscheinlichkeiten α und β und ermöglicht einen klaren statistischen Schluss. Darüber hinaus ist man in der Lage, die Größe des Effekts in der Population zu schätzen und die Präzision dieser Schätzung über ein Konfidenzintervall anzugeben. So sollte man immer vorgehen, wenn man empirische Ergebnisse inferenzstatistisch absichern will, und viele Autoren haben ein solches Vorgehen seit Jahren nachdrücklich angemahnt (z. B. Cohen, 1988).

Die Praxis sieht allerdings meist anders aus. Dies ist wahrscheinlich der Tatsache zuzuschreiben, dass in vielen Lehrbüchern der Unterschied zwischen dem Nullhypothesentest von Fisher (Abschn. 8.1) und dem binären Entscheidungskonzept von Neyman und Pearson (Abschn. 8.2) nicht in der gebotenen Deutlichkeit klargemacht wird. Obwohl beide Ansätze in vielerlei Hinsicht auf konzeptueller Ebene überhaupt nicht miteinander vereinbar sind, findet sich in der wissenschaftlichen Praxis heutzutage eine Art gemischtes Vorgehen mit einer gewissen Vorherrschaft des Nullhypothesentestens nach Fisher (Gigerenzer, 1993). Meist wird das empirische Ergebnis und die Wahrscheinlichkeit dieses empirischen Ergebnisses unter der H_0 berichtet (also der p-Wert). Dieser p-Wert wird dann fälschlicherweise als Irrtumswahrscheinlichkeit oder »Fehler erster Art« interpretiert. Zusätzlich werden empirische Effektgrößenschätzer berichtet, allerdings ohne das entsprechende Konfidenzintervall anzugeben. Manchmal wird dann noch die Power des statistischen Tests auf der Basis der aus den Daten geschätzten Populationseffektgröße berichtet – das Ergebnis einer Post-hoc-Poweranalyse.

Ein solches Vorgehen entspricht sicher nicht dem Idealfall. Weder Fisher noch Neyman und Pearson hätten sich mit ihm anfreunden können. Eine konsequente Testplanung im Sinne von Neyman und Pearson (mit A-priori-Poweranalyse) findet sich nur sehr selten in gegenwärtig publizierten wissenschaftlichen Arbeiten. Eine Angabe von Effektgrößenschätzern inklusive Konfidenzintervallen findet sich noch seltener. Eine Bestimmung des optimalen Stichprobenumfangs auf der Grundlage der Breite von Konfidenzintervallen ist äußerst selten und steckt noch in den Kinderschuhen.

Aufgrund der Unzufriedenheit vieler Experten mit der gängigen Praxis beim statistischen Hypothesentesten (v. a. der bloßen Inspektion von p-Werten) hat die American Psychological Association (APA), die Fachgesellschaft wissenschaftlich arbeitender Psychologen in den USA, im Jahre 1996 eine Arbeitsgruppe ins Leben gerufen, die Möglichkeiten ausloten sollte, den Umgang mit inferenzstatistischen Werkzeugen bei der Prüfung empirischer Hypothesen in der Forschung zu optimieren. Insbesondere sollte diese sog. »Task Force on Statistical Inference (TFSI)« Ideen entwickeln, wie man wissenschaftlich arbeitende Psychologinnen und Psychologen dazu animieren kann, dem »Null-Ritual«, also dem bloßen Inspizieren von p-Werten, endlich abzuschwören und sich stärker als bisher mit Formen der statistischen Hypothesenprüfung zu beschäftigen, die den Daten angemessener sind.

Insgesamt zwölf Fachvertreterinnen und Fachvertreter wurden in die TFSI der APA berufen, darunter Statistiker, Herausgeber wissenschaftlicher Zeitschriften, Autoren statistischer Lehrbücher und Computerspezialisten. Nach zweijähriger Arbeit gab die TFSI einen Bericht mit konkreten Vorschlägen und Empfehlungen heraus, der in der Zeitschrift »American Psychologist« veröffentlicht wurde (Wilkinson & TFSI, 1999). Die Vorschläge betreffen nicht nur die Durchführung wissenschaftlicher Untersuchungen und ihre inferenzstatistische Analyse, sondern auch die Darstellung der Methodik und der Untersuchungsergebnisse in Fachzeitschriften. Im Folgenden werden wir diese Empfehlungen kurz referieren.

8.8.3 Empfehlungen der »Task Force on Statistical Inference«

Empfehlungen für den Methodenteil einer empirischen Arbeit bzw. Publikation

(1) Dem Leser einer wissenschaftlichen Arbeit sollte zu Beginn des Artikels deutlich gemacht werden, um welche Art von Studie (Einzelfallstudie, »echtes« Experiment, Quasi-Experiment, Beobachtungsstudie, Korrelationsstudie, Simulationsstudie, Metaanalyse etc.; s. Kap. 4) es sich handelt.

(2) Die Population, aus der die Stichprobe gezogen wurde und auf die die Ergebnisse einer Untersuchung generalisiert werden sollen, muss klar definiert werden (s. Kap. 9).

(3) Die Art der Stichprobenziehung (echte Zufallsstichprobe, stratifizierte Stichprobe, Gelegenheitsstichprobe etc.; s. Kap. 9) sowie Kriterien, auf deren Basis Elemente in die Stichprobe eingeschlossen oder aus ihr ausgeschlossen wurden, sollten expliziert werden.

(4) Wann immer es möglich ist, sollten in experimentellen Studien die Teilnehmerinnen und Teilnehmer vollständig randomisiert auf die experimentellen Bedingungen aufgeteilt werden.

(5) Wenn eine randomisierte Bedingungszuweisung nicht möglich, nicht sinnvoll oder nicht ethisch vertretbar ist, sollten potentielle systematische Störvariablen (Konfundierungen oder Kovariaten) identifiziert und ihr Einfluss kontrolliert werden. Es sollte stets beschrieben werden, welche konkreten Schritte unternommen wurden, solche systematischen Störeinflüsse zu kontrollieren bzw. zu minimieren.

(6) Alle analysierten Variablen (unabhängige Variablen, abhängige Variablen, Kovariaten, Moderatorvariablen, Mediatorvariablen etc.; s. Kap. 4) müssen definiert werden. Insbesondere soll für jede Variable gezeigt werden, in welcher Beziehung sie zu dem theoretischen Modell steht, auf dem die Untersuchung basiert. Es soll dargestellt werden, wie jede Variable gemessen wurde. Die Analyseeinheit für jede Variable soll expliziert werden.

(7) Falls eine Variable mit Hilfe eines Fragebogens gemessen wird, sollen die Messeigenschaften des Fragebogeninstruments zusammenfassend dargestellt werden. Zu diesen Eigenschaften gehören die Validität, die Reliabilität sowie andere Eigenschaften, die für die Interpretation von Ergebnissen bedeutsam sind (s. Kap. 22). Falls apparative Verfahren verwendet werden, soll die Messung so beschrieben werden, dass sie prinzipiell repliziert werden kann.

(8) Potentielle Gründe für einen systematischen Verlust an Versuchspersonen (z. B. Motivationsprobleme, Verweigerung, Erkrankung etc.) sollen – insbesondere im Hinblick auf die Generalisierbarkeit der Ergebnisse – diskutiert werden. Die Umstände der Datenerhebung sollten kurz, aber klar beschrieben werden. Maßnahmen zur Reduktion von Versuchsleitereffekten sollen genannt werden.

(9) Die Stichprobengröße und die Begründung für die Wahl dieser Stichprobengröße sollten genannt werden. Falls Poweranalysen a priori durchgeführt wurden, sollen die gewählten Größen (α, β, postulierte Effektgröße) sowie getroffene Annahmen über Verteilungseigenschaften des gemessenen Merkmals expliziert und begründet werden.

Empfehlungen für den Ergebnisteil einer empirischen Arbeit bzw. Publikation

(10) Vor der Darstellung der Ergebnisse sollten unerwartete Schwierigkeiten oder Probleme, die während der Datenerhebung oder im Laufe der Datenanalyse entstanden sind, beschrieben werden. Hierzu gehören etwa unerwartet fehlende Daten (z. B. aufgrund technischer Schwierigkeiten oder Antwortverweigerungen), Ausreißerwerte (z. B. aufgrund falsch verstandener Instruktionen oder destruktiven Verhaltens der Versuchspersonen) oder Probleme bei der Durchführung (z. B. Stromausfall, Lärm etc.). Es sollte gezeigt werden, inwiefern die tatsächlich durchgeführte Analyse ggf. von der geplanten Analyse abweicht und welche Maßnahmen ergriffen wurden, um trotz der Schwierigkeiten aussagekräftige Ergebnisse zu erhalten. Eine deskriptivstatistische Auswertung der Daten ist als ein erster Schritt essentiell.

(11) Bei gleichem Informationsgehalt sollte auf unnötig komplizierte Datenauswertungsverfahren zugunsten einfacher (und trotzdem angemessener) Verfahren verzichtet werden.

(12) Falls Statistiksoftware zur Datenanalyse verwendet wird, sollte jeder Anwender sich mit den verwendeten Prozeduren und Algorithmen vertraut machen und sicherstellen, dass er die Software kompetent und den Daten angemessen bedienen kann. Ferner sollten Anwender die Kompetenz besitzen, die Informationen, die von einem Auswertungsprogramm bereitgestellt werden, korrekt zu lesen, zu verstehen und zu interpretieren.

(13) Es soll sichergestellt werden, dass die für eine Auswertungsprozedur notwendigen Annahmen und Voraussetzungen (z. B. Anforderungen an die Datenqualität, an die Verteilung der Daten, an das Skalenniveau etc.) nicht verletzt sind.

(14) Statistische Ergebnisse sollten stets mit den entsprechenden Konfidenzintervallen zusammen berichtet werden.

(15) Für inferenzstatistische Verfahren sollte ein Schätzer der Effektgröße berichtet werden. Falls möglich, sollte die geschätzte Effektgröße in sinnvollen (ggf. unstandardisierten und unrelativierten) Einheiten angegeben werden.

(16) Effektgrößen sollten stets zusammen mit den entsprechenden Konfidenzintervallen berichtet werden.

(17) Multiple Ergebnisse (z. B. Ergebnisse für mehrere abhängige Variablen) sollten so analysiert und berichtet werden, dass die Wahrscheinlichkeit einer Kumulierung von Irrtumswahrscheinlichkeiten möglichst gering ist (s. Kap. 13).

(18) Es sollte diskutiert werden, in welchem Ausmaß und unter welchen Bedingungen die Ergebnisse kausale Schlussfolgerungen erlauben. Dazu gehört die Diskussion potentieller alternativer Erklärungen für die Befunde.

(19) Tabellen und Graphiken sollten möglichst wenig redundant, sondern vielmehr möglichst informativ sein und sich gegenseitig ergänzen.

Empfehlungen für den Diskussionsteil einer empirischen Arbeit bzw. Publikation

(20) Die Ergebnisse sollten im Hinblick auf ihre Glaubwürdigkeit, ihre Generalisierbarkeit und ihre Robustheit (kritisch) diskutiert werden.

(21) Schlussfolgerungen sollten kritisch im Hinblick auf die eigene Arbeit, produktiv im Hinblick auf künftige Arbeiten und integrativ im Hinblick auf frühere Arbeiten (und existierende Theorien) getroffen werden.

Zusammenfassung

▶ Der Nullhypothesentest von Fisher resultiert in der Wahrscheinlichkeit für ein empirisch beobachtetes Ergebnis unter der Nullhypothese (H_0).

- Die Nullhypothese basiert auf der Annahme, dass die Abweichung des Stichprobenkennwerts vom postulierten Populationsparameter unter der Nullhypothese nur durch den Stichprobenfehler zustande gekommen ist.
- Beim binären Entscheidungskonzept von Neyman und Pearson gibt es neben der Nullhypothese eine zweite Annahme, die Alternativhypothese (H_1). Dementsprechend gibt es in diesem Testkonzept auch zwei mögliche statistische Entscheidungen: (1) H_0 verwerfen und H_1 beibehalten oder (2) H_0 beibehalten und H_1 ablehnen.
- Eine falsche Entscheidung gegen die H_0 wird als Fehler erster Art bezeichnet. Die Wahrscheinlichkeit eines solchen Irrtums bezeichnet man mit α. Eine falsche Entscheidung gegen die H_1 wird als Fehler zweiter Art bezeichnet. Die Wahrscheinlichkeit eines solchen Irrtums bezeichnet man mit β.
- Die Wahrscheinlichkeit, mit der ein empirisches Ergebnis unter der Nullhypothese auf der Basis einer vorher festgelegten Irrtumswahrscheinlichkeit α signifikant wird, falls ein postulierter Effekt der Größe ε_1 bzw. δ_1 tatsächlich existiert, heißt Teststärke oder Power ($1 - \beta$).
- Im Testkonzept von Neyman und Pearson stehen die vier Größen α, β, n und der postulierte Effekt in einem gegenseitigen Abhängigkeitsverhältnis: Sobald drei dieser Größen festliegen, steht auch die vierte fest.
- Dies erlaubt eine gezielte Testplanung, d. h. die Bestimmung eines optimalen Stichprobenumfangs n bei gegebenem α, gegebener Power und einem postulierten Effekt (ε_1 bzw. δ_1). Ein solches Vorgehen wird als A-priori-Poweranalyse bezeichnet.
- Alternativhypothesen können gerichtet oder ungerichtet sein. Ungerichtete Alternativhypothesen werden meist zweiseitig getestet, gerichtete Alternativhypothesen werden einseitig getestet. Unter sonst gleichen Bedingungen ist die Teststärke eines gerichteten Hypothesentests größer als die eines ungerichteten Hypothesentests.
- Eine Population oder Grundgesamtheit ist die Menge von Objekten, über die ein Forscher wissenschaftliche Aussagen machen möchte. Kennwerte von Verteilungen in der Population heißen Parameter. Eine Stichprobe ist eine Teilmenge aus der Population. Für die schließende Statistik ist es bedeutsam, dass Stichproben zufällig aus der Population gezogen werden.
- Eine Stichprobenkennwerteverteilung ist die Wahrscheinlichkeitsverteilung eines statistischen Kennwerts.
- Die Standardabweichung der Stichprobenkennwerteverteilung heißt Standardfehler. Der Standardfehler eines Kennwertes steht in einer systematischen Beziehung zur Verteilung der Messwerte in der Population.
- Der zentrale Grenzwertsatz besagt, dass die Stichprobenkennwerteverteilung des Mittelwertes bei hinreichend großer Stichprobe annähernd einer Normalverteilung entspricht, selbst wenn die Messwerte in der Population nicht normalverteilt sind.
- Unter Parameterschätzung versteht man die Schätzung eines Parameters anhand einer Statistik. Die Qualität einer Parameterschätzung bemisst sich nach den Kriterien der Erwartungstreue, der Konsistenz, der Effizienz und der Erschöpftheit (Suffizienz bzw. Exhaustivität).
- Die empirische Standardabweichung und die empirische Varianz sind keine erwartungstreuen Schätzer der Populationsstandardabweichung bzw. der Populationsvarianz. Zur erwartungstreuen Schätzung müssen empirische Varianzen und empirische Standardabweichungen korrigiert werden: Die empirische Varianz unterschätzt die Populationsvarianz um den Faktor $n/(n-1)$.
- Ein Konfidenzintervall gibt den Bereich an, für den gilt, dass ein Populationsparameter mit einer gegebenen Überdeckungswahrscheinlichkeit (Konfidenzkoeffizient) von diesem Bereich überdeckt wird. Es dient der Intervallschätzung eines Parameters.
- Beim statistischen Hypothesentest bedient man sich einer theoretischen Wahrscheinlichkeitsverteilung, z. B. der Standardnormalverteilung oder der t-Verteilung. Handelt es sich bei dem Stichprobenkennwert um einen Mittelwert, so lässt

sich eine normalverteilte Prüfgröße nur dann verwenden, wenn die Standardabweichung des Merkmals in der Population bekannt ist und das Merkmal in der Population normalverteilt oder die Stichprobe hinreichend groß ist. Muss die Populationsstandardabweichung aus den Daten geschätzt werden, folgt die Prüfgröße (unter der Annahme der Normalverteilung des Merkmals oder bei hinreichend großen Stichproben) einer t-Verteilung, die über ihre Freiheitsgrade definiert ist.

▶ Die Freiheitsgrade (df, degrees of freedom) eines statistischen Kennwertes sind identisch mit der Anzahl von Komponenten, die bei der Berechnung eines Kennwertes frei variieren können. Der Mittelwert hat n Freiheitsgrade, Standardabweichung und Varianz haben $n - 1$ Freiheitsgrade.

▶ Auch für Effektgrößen können Konfidenzintervalle angegeben werden. Hierfür benötigt man nonzentrale Testverteilungen. Nonzentrale t-Verteilungen sind bei geringer Anzahl Freiheitsgrade und starker Nonzentralität nicht mehr symmetrisch. Für die Ermittlung von Konfidenzintervallen für Effektstärken können spezielle Computerprogramme verwendet werden.

Fragen und Übungsaufgaben

Fragen

(1) Wie ist beim Nullhypothesentest nach Fisher der p-Wert zu interpretieren? Kreuzen Sie die richtige(n) Antwort(en) an:
- ☐ p ist die Wahrscheinlichkeit, mit der die Nullhypothese wahr ist.
- ☐ p ist die Wahrscheinlichkeit, mit der die Nullhypothese falsch ist.
- ☐ p ist die bedingte Wahrscheinlichkeit für die Gültigkeit der Nullhypothese, gegeben ein empirisches Ergebnis.
- ☐ p ist die Wahrscheinlichkeit für ein empirisches (oder jedes noch extremer gegen die H_0 sprechende) Ergebnis unter der Annahme, dass die H_0 gilt.
- ☐ p ist die Wahrscheinlichkeit, mit der ein Populationseffekt gleich 0 ist.
- ☐ p ist die Wahrscheinlichkeit, mit der Ablehnung der Nullhypothese eine falsche Entscheidung zu treffen.
- ☐ p ist die Wahrscheinlichkeit, mit der Ablehnung der Alternativhypothese eine falsche Entscheidung zu treffen.

(2) Kreuzen Sie die korrekten Antworten an:
Die Teststärke …
- ☐ gibt die Wahrscheinlichkeit an, sich fälschlicherweise für die H_0 zu entscheiden.
- ☐ gibt die Wahrscheinlichkeit an, sich fälschlicherweise für die H_1 zu entscheiden.
- ☐ gibt die Wahrscheinlichkeit an, einen Effekt einer vorher definierten Größe zu finden, falls dieser tatsächlich existiert.
- ☐ entspricht der Fläche $1 - \beta$ der Stichprobenkennwerteverteilung unter der Alternativhypothese.
- ☐ hängt u. a. von der Größe des spezifizierten Populationseffektes ab.

Ein großer Stichprobenumfang …
- ☐ ist notwendig, um große Effekte aufzudecken.
- ☐ führt dazu, dass auch kleinere Effekte mit größerer Wahrscheinlichkeit aufgedeckt werden.
- ☐ bringt dem Test eine kleine Teststärke ein.
- ☐ führt dazu, dass die Standardabweichung der Stichprobenkennwerteverteilung groß wird.
- ☐ führt dazu, dass die Fehlerwahrscheinlichkeiten α und β kleiner werden.

Ein kleiner postulierter Effekt in der Population …
- ☐ führt immer dazu, dass die Fehlerwahrscheinlichkeit α sehr groß ist.
- ☐ kann am besten dann aufgedeckt werden, wenn die Standardabweichung der Stichprobenkennwerteverteilung klein ist.
- ☐ führt dazu, dass der statistische Test eine große Teststärke hat.

- ☐ führt dazu, dass man sich fälschlicherweise für die Alternativhypothese entscheidet.
- ☐ verringert von vornherein die Irrtumswahrscheinlichkeit β.

Beim t-Test wird bei konstantem Effekt und konstanter Stichprobengröße …
- ☐ α umso größer, je kleiner β ist.
- ☐ die Teststärke umso größer, je kleiner β ist.
- ☐ β umso größer, je größer α ist.
- ☐ α umso kleiner, je kleiner die Teststärke ist.
- ☐ β umso kleiner, je größer die Wahrscheinlichkeit ist, einen Effekt zu finden, falls dieser tatsächlich existiert.

(3) In welchem Fall ist die Teststärke – bei gegebenem α, gegebenem Effekt und gegebenem Stichprobenumfang n – größer: wenn der Test einseitig oder zweiseitig durchgeführt wird?

(4) Welchen Vorteil und welchen Nachteil hat Cohens δ gegenüber dem Effektstärkemaß ε?

(5) Was besagt der zentrale Grenzwertsatz?

(6) Nennen und erläutern Sie die Kriterien für die Qualität einer Parameterschätzung.

(7) Vervollständigen Sie den folgenden Satz: »Ein zweiseitiges 95 %-Konfidenzintervall für den Mittelwert mit der Untergrenze 2,5 und der Obergrenze 5 besagt, dass …«

(8) In welchem Zusammenhang stehen der Signifikanztest und die Bestimmung des Konfidenzintervalls für den Mittelwert?

(9) Was versteht man unter einem Nonzentralitätsparameter?

(10) Was ist der Unterschied zwischen einer Post-hoc- und einer A-priori-Poweranalyse?

Übungsaufgaben

(1) Tabelle 8.2 enthält die Mittelwerte der 3 · 25 Stichproben, die aus der Population von 150 Schülern mit den Messwerten in Tabelle 6.8 zufällig gezogen wurden. In den Online-Materialien zu diesem Buch sind die dazugehörigen Standardabweichungen der Messwerte in diesen Zufallsstichproben in der Datei mit dem Namen »daten81.txt« abgelegt. In der ersten Spalte stehen die Standardabweichungen der Messwerte in den 25 Stichproben, die $n = 10$ Schüler umfassen; in der zweiten Spalte stehen die Standardabweichungen der 25 Stichproben mit $n = 20$, in der dritten Spalte mit $n = 30$. Lesen Sie die Datei in ein Tabellenkalkulationsprogramm (z. B. Excel) oder ein Statistikprogramm (z. B. R, SPSS) ein und berechnen Sie den Mittelwert und die Standardabweichungen (empirisch bestimmte Standardfehler) der Standardabweichungen für jede der drei Stichprobengrößen! Diskutieren Sie das Ergebnis im Vergleich zur Standardabweichung der Messwerte in der Population.

(2) In der PISA-Studie 2003 hat sich gezeigt, dass deutsche Schüler ($n = 5500$) im Fähigkeitsbereich »Problemlösen« im Durchschnitt $\bar{x} = 513$ Punkte erzielten. Die Werte sind bei PISA so normiert, dass ein Wert von $\mu = 500$ den Populationsdurchschnitt und ein Wert von $\sigma_X = 100$ die Populationsstandardabweichung darstellt.

(a) Testen Sie (bei $\alpha = 1\,\%$, einseitiger Test), ob deutsche Schüler signifikant besser sind als der entsprechende Normwert.

(b) Berechnen Sie den empirischen Effektstärkenschätzer (Cohens d) für dieses Ergebnis inklusive des entsprechenden einseitigen 99 %-Konfidenzintervalls für die Effektgröße δ. Bewerten Sie diese Effektstärke im Hinblick auf ihre praktische Bedeutsamkeit.

(c) Angenommen, die Kultusministerkonferenz habe als wünschenswertes Ziel für den PISA-Ländervergleich festgelegt, dass deutsche Schüler um mindestens 10 Punkte besser sein sollen als der Durchschnitt. Wie groß ist die Wahrscheinlichkeit, mit einer Stichprobengröße von $n = 5500$ auf dem 5 %-Niveau einen solchen Effekt zu finden, falls er wirklich existiert?

(3) In der Südwest-Realschule der Stadt F. hat sich die Schulleiterin eine eigene Testbatterie ausgedacht, um die Problemlösefähigkeiten ihrer Schülerinnen und Schüler zu testen. Zwar ist der Test so konstruiert, dass man im Durchschnitt $\mu = 100$ Punkte erzielt, allerdings ist die Populationsstandardabweichung dieses Verfahrens unbekannt. In Klasse 8a ($n = 28$) wird nun ein Mittelwert von $\bar{x} = 116$ und eine empirische Standardabweichung von $s_X = 60$ ermittelt. Das Merkmal ist in der Population normalverteilt.

(a) Wie groß ist der empirische Effekt, angegeben anhand der Effektgröße d_2?

(b) Bestimmen Sie mit Hilfe des Computerprogramms NDC oder einem vergleichbaren Programm ( ) die obere und die untere Grenze eines zweiseitigen 95%-Konfidenzintervalls für die Effektgröße δ.

(c) Bestimmen Sie mit Hilfe des Programms G*Power oder einem vergleichbaren Programm, wie groß die Teststärke bei $n = 28$, $\alpha = 5\%$ und einem Effekt von $\hat{\varepsilon} = 25$ bei einem zweiseitigen Test ist.

(d) Bestimmen Sie mit Hilfe des Programms G*Power oder einem vergleichbaren Programm, wie viele Testpersonen nötig gewesen wären, um einen Effekt der Größe $\varepsilon_1 = 25$ mit einer Wahrscheinlichkeit von $1 - \beta = 95\%$ auf dem 5%-Niveau (zweiseitiger Test) zu finden, falls dieser Effekt tatsächlich existiert.

(4) Ein statistisches Hypothesenpaar laute:

H_0: $\mu = \mu_0$

H_1: $\mu = \mu_1$

Es gilt weiterhin: $\mu_1 < \mu_0$. Die folgende Abbildung zeigt zwei Stichprobenkennwerteverteilungen, von denen eine die Nullhypothese und die andere die Alternativhypothese beschreibt.

(a) Welche Stichprobenkennwerteverteilung beschreibt die Null-, welche die Alternativhypothese?

(b) Was wird durch den grau gefärbten Bereich markiert?

(c) Was wird durch den blau gefärbten Bereich markiert?

(d) Wo befindet sich der Ablehnungsbereich unter der H_0?

(e) Wo befindet sich die Teststärke?

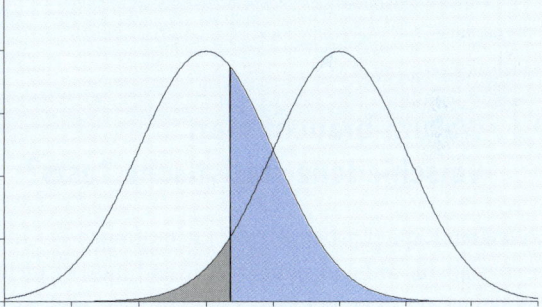

9 Die Welt inferenzstatistischer Verfahren: Überblick, Systematik, Auswahlstrategien

> **Was Sie in diesem Kapitel lernen**
>
> ▶ Warum braucht man verschiedene statistische Tests?
> ▶ Wonach lassen sich statistische Tests unterscheiden?
> ▶ Was versteht man unter exakten und asymptotischen Tests?
> ▶ Was sind parametrische und nonparametrische (verteilungsfreie) Verfahren?
> ▶ Wodurch sind Resampling-Verfahren gekennzeichnet?
> ▶ Was sind finite und infinite Populationen?
> ▶ Welche Arten von Stichproben gibt es?
> ▶ Wie kann man inferenzstatistische Tests nach Fragestellungen und Variablenarten systematisieren?

9.1 Warum braucht man verschiedene statistische Tests?

Im letzten Kapitel haben wir die Grundfragen der Inferenzstatistik anhand einiger Anwendungsbeispiele kennengelernt. Ein Beispiel, mit dem wir uns ausführlicher beschäftigt haben, bezog sich auf die Frage, ob ein Gedächtnistraining effektiv ist. Um diese Frage statistisch zu überprüfen, haben wir eine Zufallsstichprobe von Personen gezogen und dem Gedächtnistraining unterzogen. Wir haben dann den Mittelwert der Gedächtnisleistung in der Stichprobe bestimmt und die Frage überprüft, wie wahrscheinlich es ist, einen solchen oder noch extremeren Stichprobenmittelwert zu finden, wenn das Training keinen Effekt hat, der Unterschied zwischen dem arithmetischen Mittel der Stichprobe und dem Populationsmittelwert der untrainierten Personen also allein auf den Stichprobenfehler zurückführbar ist.

Voraussetzungen für den Nullhypothesentest. Dieser Test und die dem Test zugrunde liegende Testplanung waren an verschiedene Voraussetzungen gebunden:

(1) Das Merkmal (Gedächtnisleistung) ist in der Population der Untrainierten normalverteilt.
(2) Der Mittelwert und die Standardabweichung der Gedächtnisleistung in der Population der Untrainierten sind bekannt.
(3) Die Personen, die sich dem Training unterzogen haben, stellen (vor dem Training) eine Zufallsstichprobe aus der Gruppe der Untrainierten dar.

Nur wenn diese drei Voraussetzungen erfüllt sind, ist der statistische Test valide (gültig), d. h., die tatsächliche Wahrscheinlichkeit, sich fälschlicherweise gegen die Nullhypothese zu entscheiden (der tatsächliche α-Fehler) entspricht dem anvisierten (nominellen) Signifikanzniveau α.

Voraussetzungen für die Effektgrößenschätzung. Die korrekte Berechnung des Standardfehlers des Mittelwerts der Trainierten, des Konfidenzintervalls für den Mittelwert der Trainierten sowie des Konfidenzintervalls für die Effektgröße ist (unter Gültigkeit der Alternativhypothese) nur möglich, wenn zwei weitere Voraussetzungen erfüllt sind:

(4) Das Merkmal (Gedächtnisleistung) ist auch in der Population der Trainierten normalverteilt. Die Population der Trainierten ist eine gedachte (fiktive) Population, d. h., man stellt sich vor, das Zufallsexperiment (Auswahl einer Person, Training, Feststellung der Gedächtnisleistung) unendlich oft zu wiederholen (s. Abschn. 9.3.1).
(5) Die Standardabweichung der Gedächtnisleistung in der Population der Trainierten ist gleich der Standardabweichung in der Gruppe der Untrainierten.

Ist die Alternativhypothese falsch und die Nullhypothese gültig, sind die Voraussetzungen 4 und 5 schon in den Voraussetzungen 1 bis 3 enthalten.

Voraussetzung für die Testplanung. Schließlich setzt die adäquate Bestimmung des β-Fehlers und der darauf aufbauenden Testplanung und Bestimmung der optimalen Stichprobengröße voraus, dass

(6) der Mittelwert des Merkmals (Gedächtnisleistung) in der Population der Trainierten theoretisch oder normativ hinreichend begründbar ist bzw. korrekt antizipiert wurde.

Diese Voraussetzungen müssen nicht zwangsläufig erfüllt sein. Bestimmte Voraussetzungen kann man kontrollieren bzw. beeinflussen, so etwa die Zufälligkeit, mit der aus der Population eine Stichprobe gezogen wurde (Voraussetzung 3). Bei anderen Voraussetzungen ist man darauf angewiesen, dass die entsprechenden Informationen (z. B. Erwartungswert und Standardabweichung in der untrainierten Gruppe; siehe Voraussetzung 2) bekannt sind. Sind diese Informationen nicht bekannt und müssen aus den Stichprobendaten geschätzt werden, ändert sich die Testgröße. Diese ist dann nicht mehr normalverteilt, sondern t-verteilt.

Wichtig ist zu verstehen, dass die Verteilung des Merkmals X in der Population (hier: die Populationsverteilung der Gedächtnisleistung) und die Verteilung der Prüfgröße $T_{\bar{X}}$ (hier: die Stichprobenkennwerteverteilung standardisierter Mittelwerte aus Stichproben der Größe n mit unbekannter Streuung) zwei unterschiedliche Dinge sind. Die Prüfgröße kann t-verteilt sein und damit von einer Normalverteilung abweichen (insbesondere bei geringer Anzahl Freiheitsgrade und bei großem Nonzentralitätsparameter), aber dennoch voraussetzen, dass das Merkmal selbst in der Population normalverteilt ist. Oft kennt man die Verteilung eines Merkmals in der Population aber nicht; man hat nur die Hypothese, dass die Verteilung einer Normalverteilung folgt. Diese Hypothese selbst muss dann statistisch überprüft werden. Hierzu gibt es statistische Tests, die zur Klasse der Anpassungstests gehören (s. Kap. 10). Ist die Normalverteilungsannahme verletzt, steht die Validität des statistischen Schlusses in Frage. Wie wir in den folgenden Kapiteln sehen werden, gibt es Umstände, unter denen eine Abweichung von der Normalverteilungsannahme die Validität des statistischen Tests nicht oder nur gering bedroht. Man sagt dann, dass der Test *robust* gegenüber Verletzungen der Normalverteilungsannahme ist.

Der statistische Test, der die Voraussetzungen 1 bis 3 erfüllt, heißt Gauß-Test oder Einstichproben-Gauß-Test, benannt nach dem Mathematiker Carl Friedrich Gauß. Allein dieses Beispiel zeigt, welche Annahmen notwendig sind, den Test valide anzuwenden, und dass auf andere statistische Tests zurückgegriffen werden muss, wenn einzelne Annahmen nicht erfüllt sind und die Robustheit nicht gesichert ist. Es gibt daher eine sehr große Anzahl statistischer Tests, die in einem einführenden Lehrbuch nicht alle behandelt werden können und sollen. Wir werden im Folgenden nur eine Auswahl von Tests vorstellen, die für die Psychologie und andere Verhaltens- und Sozialwissenschaften besonders relevant sind. Exemplarisch sollen an diesen Tests die Grundprinzipien verschiedener Verfahren und Schätzmethoden aufgezeigt werden und die Struktur statistischer Modelle beschrieben werden. Auf der Basis dieses exemplarischen Wissens sollte es dann möglich sein, sich spezifische weitere Tests, auf die wir im Folgenden nur verweisen können, anhand der Fachliteratur (z. B. Rasch et al., 2008) zu erarbeiten.

9.2 Unterscheidungsmerkmale statistischer Tests

Im Folgenden behandeln wir einige Unterscheidungsmerkmale und Klassen, die für das Verständnis verschiedener Verfahren (und ihrer Namen) sowie für die Auswahl eines geeigneten Verfahrens von Bedeutung sind, im Einzelnen:

(1) exakte vs. asymptotische Tests
(2) parametrische vs. nonparametrische (verteilungsfreie) Verfahren
(3) robuste Verfahren
(4) Resampling-Verfahren.

9.2.1 Exakte vs. asymptotische Tests

Der Einstichproben-Gauß-Test setzt voraus, dass das Merkmal in der Population normalverteilt ist und die Standardabweichung bekannt ist; es müssen also die Voraussetzungen 1 und 2 erfüllt sein. Hieraus folgt, dass die Prüfgröße

$$Z_{\bar{X}} = \frac{\bar{X} - \mu_0}{\sigma_{\bar{X}}}$$

exakt einer Standardnormalverteilung folgt. Zur Erinnerung: Ein Wert $z_{\bar{x}}$ dieser Prüfgröße ist der konkrete Wert für einen in einer Anwendung gefunden Mittelwert $\bar{x}$. Da sich für jede zufällig gezogene Stichprobe ein anderer Wert ergibt, ist die Prüfgröße $Z_{\bar{X}}$ eine Zufallsvariable. Ist die Standardabweichung des Merkmals in der Population nicht bekannt und muss aus den Daten geschätzt werden, dann folgt die Prüfgröße

$$T_{\bar{X}} = \frac{\bar{X} - \mu_0}{\hat{\sigma}_{\bar{X}}}$$

nicht mehr der Standardnormalverteilung, sondern der t-Verteilung. Je größer die Stichprobe ist (je mehr Freiheitsgrade es gibt), umso stärker nähert sich die t-Verteilung der Standardnormalverteilung an. Man sagt daher auch, dass die Prüfgröße $T_{\bar{X}}$ asymptotisch (d. h. für $df \to \infty$) standardnormalverteilt ist. Würde man also zur Bestimmung des p-Wertes anstatt der t-Verteilung die Standardnormalverteilung zugrunde legen, so wäre der Fehler, den man begeht, umso kleiner, je größer die Stichprobe ist. Anders gesagt: Bei Merkmalen mit unbekannter Populationsstreuung ist der Einstichproben-Gauß-Test kein exakter, sondern lediglich ein asymptotischer Test. Der z-Test ist die asymptotische Variante des t-Tests.

Grundsätzlich ist es natürlich immer genauer, die exakten Tests heranzuziehen und nur dann auf die asymptotischen Tests zurückzugreifen, wenn exakte Tests nicht zur Verfügung stehen oder aber ihre Durchführung zu aufwendig wäre. Gerade für die Analyse diskreter Zufallsvariablen können exakte Tests sehr aufwendig sein. Insbesondere bei kategorialen Daten ist die Durchführung eines exakten Tests bei großen Stichproben so zeitintensiv, dass der Zugewinn an Exaktheit im Vergleich zu der guten Approximation durch asymptotische Tests oft nicht gerechtfertigt ist.

Deshalb greift man bei der Analyse diskreter – insbesondere kategorialer – Zufallsvariablen häufig auf asymptotische Tests zurück. Diese sind so weit verbreitet, dass viele Anwender die Existenz entsprechender exakter Tests überhaupt nicht kennen. Wir werden bei der Behandlung kategorialer Daten das Grundprinzip exakter und asymptotischer Tests für den einfachen Fall einer dichotomen Variablen anhand des Binomialtests in Abschnitt 10.4 ausführlich behandeln. Wir können nur vereinzelt etwas ausführlicher auf exakte Tests eingehen und werden viele exakte Tests für kategoriale Variablen und sog. verteilungsfreie Verfahren nicht im Detail behandeln, sondern nur erwähnen, dass es diese gibt. Dies ist v. a. dadurch bedingt, dass die Bestimmung der p-Werte bei exakten Tests komplizierter ist und ihre Behandlung den Charakter eines einführenden Lehrbuchs sprengen würde. Trotzdem ist die Anwendung dieser Tests wichtig und gerade aufgrund verfügbarer Statistikprogramme einfach. Sie sind daher in vielen Standardprogrammen implementiert. Für viele Anwendungen reicht es aus zu wissen, was man generell unter einem exakten Test versteht und wie der p-Wert in Bezug auf die zugrundeliegende Hypothese zu interpretieren ist. Da dies den im letzten Kapitel behandelten Prinzipien folgt, ist die Anwendung eines exakten Tests zumindest in Bezug auf die Testung der Nullhypothese einfach und mit dem in diesem Buch erworbenen Wissen möglich.

9.2.2 Parametrische vs. nonparametrische Verfahren

Der Einstichproben-Gauß-Test setzt voraus, dass das Merkmal einer Normalverteilung folgt, deren Parameter (Erwartungswert und Standardabweichung) bekannt sind. Ein Test, der eine bekannte Verteilung des Merkmals voraussetzt, heißt *parametrischer Test*, da er auf den Parametern einer spezifischen, postulierten Verteilung aufbaut. Ein *nonparametrischer* oder *verteilungsfreier Test* erfordert nicht, dass die konkrete Verteilung des Merkmals bekannt ist, um die Verteilung der Prüfgröße ableiten zu können. Der Begriff »nonparametrisch« bedeutet nicht, dass der

Test grundsätzlich nicht auf Parameter einer Verteilung zurückgreift. Einige nonparametrische Tests bedienen sich z. B. des Medians, eines Lageparameters, den wir in den Kapiteln 6 und 7 kennengelernt haben. Bei diesen nonparametrischen Tests ist der Median allerdings ein allgemeiner Lageparameter, durch den nicht eine spezifische Verteilung festgelegt wird, wie dies z. B. durch den Erwartungswert und die Standardabweichung der Normalverteilung beim Gauß-Test der Fall ist.

Wir werden einige nonparametrische Verfahren behandeln, können diese Klasse von Verfahren aber nicht umfassend behandeln. Für spezifische Fragestellungen sei auf die einschlägige Fachliteratur (Bortz et al., 2008; Sheskin, 2007) verwiesen.

9.2.3 Robuste Verfahren

Bei der Vorstellung deskriptivstatistischer Verfahren in Kapitel 6 haben wir schon auf das Problem von Ausreißerwerten hingewiesen (s. Abschn. 6.4.1). Statistische Verfahren lassen sich auch danach unterscheiden, wie stark sie von Ausreißerwerten beeinflusst werden. Wir haben gesehen, dass das arithmetische Mittel sehr stark durch Ausreißerwerte verzerrt wird, während der Median weniger anfällig für solche Verzerrungen ist (s. Abschn. 6.4.2). Verfahren, die auf dem Median basieren, sind daher robuster als Verfahren, die auf dem Mittelwert basieren. Ein einziger Gedächtniskünstler, den man per Zufall ausgewählt hat, kann den Mittelwert der Gruppe der trainierten Personen erheblich vergrößern, auch wenn das Training bei ihm möglicherweise überhaupt keinen Effekt hatte. Der Ausreißerkontrolle muss daher große Sorgfalt entgegengebracht werden, und wir werden exemplarisch am Beispiel der multiplen Regressionsanalyse (s. Kap. 18) Strategien zum Aufdecken von Ausreißerwerten behandeln.

Was macht man, wenn Ausreißerwerte vorliegen? Eine Strategie besteht darin, sie aus dem Datensatz zu entfernen, wenn gute Gründe für die Annahme bestehen, dass der Wert auf einen Fehler zurückgeführt werden kann (z. B. eine angegebene Körpergröße von 3,20 m). Ist der Ausreißer nicht eindeutig auf Fehler oder falsche Angaben zurückzuführen, oder ist es – wie bei komplexeren Verfahren mit mehreren Variablen – nicht möglich, Ausreißer einfach per Augenschein zu bestimmen, kann man auf robuste statistische Verfahren zurückgreifen, die den Einfluss von Ausreißern unter bestimmten Bedingungen statistisch ausschalten bzw. verringern können.

Wir haben in Kapitel 6 neben dem Median noch weitere Kennwerte kennengelernt, die robuster als das arithmetische Mittel und die Varianz sind, wie z. B. das getrimmte Mittel, das winsorisierte Mittel und die winsorisierte Varianz. Zu robusten Verfahren gibt es eine ausgearbeitete statistische Theorie und darauf aufbauend eine Vielzahl statistischer Verfahren, die wir in einem Einführungsbuch nicht behandeln können. Wir werden aber an verschiedenen Stellen auf robuste Verfahren hinweisen und entsprechende Literaturhinweise geben. Robuste Verfahren lassen sich nicht mit allen gängigen Statistikprogrammen berechnen. Das schon mehrfach erwähnte kostenlose Statistikprogramm R (Luhmann, 2010) ist hierzu in der Lage. Ein einführendes Buch in robuste Verfahren, das sich an Psychologen wendet, wurde von Wilcox (2003) vorgelegt; es behandelt auch, wie diese Verfahren mit R und dem verwandten kommerziellen Statistikprogramm S-Plus berechnet werden können.

Von dem Begriff der robusten Verfahren lässt sich der Begriff der Robustheit eines Verfahrens abgrenzen: Unter dem Begriff robuste Verfahren werden in der Statistik diejenigen Verfahren zusammengefasst, die robust gegenüber Ausreißern sind. Unter Robustheit eines Verfahrens (z. B. des Einstichproben-Gauß-Tests) versteht man häufig auch, dass das Verfahren nicht stark auf Verletzungen der Annahmen reagiert, auf denen es basiert.

9.2.4 Resampling-Verfahren

Tests, die auf Resampling-Verfahren basieren, haben in der Statistik zwar schon eine längere Tradition, ihr Einsatz und – damit verbunden – ihre theoretische Weiterentwicklung haben aber erst durch die Verfügbarkeit leistungsfähiger Computerprogramme an Bedeutung gewonnen. Resampling-Verfahren umfassen bestimmte Methoden zur Bestimmung der Verteilung einer Prüfgröße, die nicht an eine bestimmte

Klasse von Verfahren geknüpft sind. So gibt es etwa Resampling-Methoden für nonparametrische Verfahren, für robuste Verfahren, aber auch zur Bestimmung der exakten Wahrscheinlichkeit. Der Begriff Resampling bedeutet, dass aus der vorliegenden Stichprobe von Daten (engl. sample) erneut Stichproben gezogen werden. Diese Verfahren ermöglichen es z. B., statistische Tests durchzuführen, ohne vorher Verteilungsannahmen festzulegen. Sie dienen auch dazu, anhand der Daten die Verteilungen z. B. von Prüf- und Effektgrößen zu schätzen und darauf aufbauend Konfidenzintervalle zu bestimmen, ohne dass vorher hierüber restriktive Verteilungsannahmen gemacht werden müssen. Sie haben daher ihre Bedeutung insbesondere dort, wo die Verteilung von Prüf- und Effektgrößen unbekannt ist und nicht einfach abgeleitet werden kann.

In der Psychologie sind v. a. zwei Resampling-Ansätze verbreitet:

(1) Bootstrapping-Ansätze und
(2) Rerandomisierungs-Ansätze.

Nach Lunneborg (2000) greift man auf Bootstrapping-Ansätze zurück, wenn Untersuchungseinheiten (z. B. Personen) per Zufall aus einer oder mehreren Populationen (mit unbekannter Verteilung) gezogen wurden, während Rerandomisierungs-Ansätze typischerweise in Studien eingesetzt werden, in denen Personen nicht per Zufall aus einer Population (mit unbekannter Verteilung) gezogen, aber per Zufall verschiedenen Bedingungen zugewiesen wurden. Ein Beispiel für den ersten Fall wäre eine Studie, in der aus der Population aller an Depression Erkrankten eine repräsentative Stichprobe gezogen wird und die Personen per Zufall zwei Therapien zugewiesen werden. Ein Beispiel für den zweiten Fall wäre eine Studie, in der Patienten einer Depressionsklinik (von denen man nicht annimmt, dass sie repräsentativ für eine zugrundeliegende Population sind) per Zufall verschiedenen Therapiebedingungen (z. B. »alte« vs. »neue« Therapie) zugewiesen werden. Rerandomisierungs-Ansätze kommen ohne eine zugrundeliegende Population aus und untersuchen z. B., wie wahrscheinlich es ist, dass ein Unterschied zwischen zwei Therapiebedingungen allein auf die Zufallszuweisung zurückgeführt werden kann.

Bootstrapping

Zur ersten Gruppe gehören Bootstrapping-Ansätze, die es erlauben, die Stichprobenkennwerteverteilung anhand der Daten zu schätzen. Die Methode geht auf Efron (1979) zurück und hat sich zunehmend etabliert. Bootstraps werden im Englischen die Schlaufen (straps) von Cowboystiefeln (boots) genannt. Der Begriff Bootstrapping soll symbolisieren, dass man versucht, sich selbst anhand der Schuhschlaufen aus dem Sumpf zu ziehen, wie Münchhausen an seinem eigenen Haarzopf. Daher wird die Methode im Deutschen manchmal auch als Münchhausen-Methode bezeichnet. Die Analogie ist nicht ganz aus der Luft gegriffen, denn schließlich ist Bootstrapping nichts anderes als der Versuch, die unbekannte Populationsverteilung eines Merkmals anhand einer Stichprobe von Personen aus dieser Population zu simulieren. Es gibt zunächst zwei grundlegend verschiedene Bootstrapping-Ansätze: das nonparametrische und das parametrische Bootstrapping.

Nonparametrisches Bootstrapping.

Beim nonparametrischen Bootstrapping wird die Stichprobe (der Größe n) zur Population »erklärt«. Aus dieser »Quasi-Population« werden dann wiederholt Stichproben der Größe n gezogen. Sowohl die Quasi-Population als auch die aus dieser gezogene Stichprobe haben denselben Umfang n. Trotzdem können und werden sich die Stichproben voneinander unterscheiden. Dies ist möglich, da jedes gezogene »Element« (z. B. Person) unmittelbar nach seiner Ziehung wieder zurückgelegt wird. Es wäre also theoretisch möglich (wenn auch sehr unwahrscheinlich), dass n-mal die gleiche Person gezogen wird. Es wäre ebenso möglich (und ebenfalls sehr unwahrscheinlich), dass beim n-maligen Ziehen mit Zurücklegen jedes Mal eine andere Person gezogen wird und die »Stichprobe« identisch ist mit der »Quasi-Population«. Für eine gezogene Stichprobe der Größe n können nun beliebige Stichprobenkennwerte (z. B. der Mittelwert) berechnet werden. Wiederholt man eine solche Stichprobenziehung sehr oft (z. B. 5000-mal), so erhält man eine »Quasi-Stichprobenkennwerteverteilung« (z. B. von Mittelwerten). Man ahmt also das wiederholte Ziehen von Stichproben aus einer »echten« Population nach, ohne dass man diese Population (und ihre Verteilung) kennt. Beim nonparametrischen Bootstrapping geht man üblicherweise von sehr großen oder unbegrenzten (infiniten) Populationen (s. Abschn. 9.3.1) aus. Zum Vorgehen bei kleinen Populationen sei auf Lunneborg (2000) verwiesen.

Parametrisches Bootstrapping. Beim parametrischen Bootstrapping kennt man den Verteilungstyp in der Population, nicht aber die Parameter der Verteilung. Man schätzt anhand der Stichprobendaten die Verteilungsparameter (bei der Normalverteilung also Mittelwert und Streuung) und erzeugt dann (neue) Stichprobendaten, die aus einer Population mit den geschätzten Populationsparametern stammen.

Weitere Formen. Neben diesen beiden Extremformen (Form der Populationsverteilung bekannt vs. nicht bekannt) unterscheidet Lunneborg (2000) noch zwei weitere Formen: das Bootstrapping auf der Grundlage eines statistischen Modells, von dem wir wissen, dass es die Daten erzeugt hat, und das Bootstrapping auf der Grundlage einer geglätteten Verteilung der Stichprobenwerte. Letzterem liegt die Idee zugrunde, dass das Vorgehen, wiederholt aus derselben Stichprobe Substichproben gleicher Größe zu ziehen, sich vom Ziehen von Stichproben aus einer Population dahin gehend unterscheidet, dass man bei diesem mehr unterschiedliche Werte erhalten kann, da die Stichprobe kleiner als die Population ist. Beim Glätten legt man um die gefundenen Stichprobenwerte einen Wertebereich, um dem Umstand Rechnung zu tragen, dass in der Population Werte auftreten können, die in der erhobenen Stichprobe nicht vorhanden waren. Das Glätten setzt aber auch theoretische Vorstellungen von einem angemessenen Verteilungstypus voraus. Da man Bootstrapping-Verfahren typischerweise dann einsetzt, wenn Wissen über die Populationsverteilung nicht vorhanden ist, gelangt häufig das nonparametrische Bootstrapping zur Anwendung. Wir werden Bootstrapping-Verfahren nicht im Detail behandeln, aber an verschiedenen Stellen auf sie Bezug nehmen. Eine verständliche Einführung bietet z. B. Lunneborg (2000).

Rerandomisierung

Stellen die untersuchten Personen keine Zufallsstichprobe aus einer (oder mehreren) Populationen dar, sind Hypothesentests, wie sie im letzten Kapitel dargestellt wurden, nicht möglich. Im oben genannten Beispiel einer Depressionsklinik ist man aber trotzdem an der Effektivität der neuen Therapie interessiert; und die Grundfrage, die sich stellt, ist die gleiche wie die bei den Hypothesentests: Wenn sich die Patienten zweier Therapiebedingungen (alte vs. neue Therapie) hinsichtlich ihres Wohlbefindens nach der Therapie unterscheiden, ist dieser Unterschied auf die zufällige Zuteilung der Patienten auf die beiden Gruppen zurückzuführen, oder verbirgt sich dahinter ein Behandlungs- oder sog. Treatmenteffekt? Diese Frage können wir anhand des *Fisher-Pitman-Randomisierungstests* beantworten, der nach dem uns nun schon bekannten englischen Statistiker Ronald A. Fisher und dem Mathematiker Edwin J. G. Pitman benannt ist.

> **Beispiel**
>
> **Fisher-Pitman-Randomisierungstest**
> Angenommen, man hat 10 Patienten untersucht, sie auf zwei Therapiebedingungen aufgeteilt (alte Therapie A und neue Therapie B) und das Wohlbefinden der 10 Patienten nach der Therapie gemessen. Man erhält folgende Werteverteilung:
>   Therapie A: 8, 9, 10, 11, 12
>   Therapie B: 6, 6, 7, 9, 10
> Die Patienten, die Therapie A erhalten haben, fühlen sich tendenziell wohler – aber aufgrund der Behandlung? Wenn man die zehn Werte 6, 6, 7, 8, 9, 9, 10, 10, 11, 12 per Zufall auf zwei Gruppen aufgeteilt hätte, hätte man die gefundene Aufteilung in die beiden Gruppen auch per Zufall erhalten können. Was nun? Wie beim klassischen Hypothesentest können wir diese Frage nicht mit 100%iger Sicherheit beantworten, aber wir können wieder die Wahrscheinlichkeitstheorie heranziehen und die Wahrscheinlichkeit des Ergebnisses oder eines noch ▶

extremeren Ergebnisses für den Behandlungseffekt abschätzen unter der Annahme, dass die Behandlung keinen Effekt hat. Wie geht das?

Man kann sich alle möglichen Aufteilungen der 10 Patienten in zwei Gruppen anschauen und diejenigen zusammenfassen, die noch stärker als das gefundene Ergebnis für die Wirksamkeit der Therapie A sprechen. Wenn man aus 10 Personen 5 per Zufall für eine Therapiegruppe (und somit auch für die andere Therapiegruppe) auswählt, erhält man (nach Gleichung F 7.4) 252 mögliche Aufteilungen:

$$\frac{10!}{5! \cdot 5!} = \frac{3628800}{120 \cdot 120} = 252$$

Unter der Annahme, dass der Unterschied zwischen beiden Gruppen rein auf die zufällige Aufteilung und nicht auf einen Behandlungseffekt zurückgeführt werden kann, ist jede dieser 252 möglichen Aufteilungen gleich wahrscheinlich. Man kann nun für alle der 252 Aufteilungen die Summe (oder den Mittelwert) der Messwerte berechnen und dann überprüfen, in wie vielen Fällen ein gleicher oder höherer Summenwert für Therapie A im Vergleich zum gefundenen Ergebnis auftritt (s. Übung 9.1). Der relative Anteil dieser Fälle bezogen auf alle 252 möglichen Aufteilungen ist der p-Wert des Tests. Anhand eines Statistikprogramms (Links zu kostenlosen Programmen für den Fisher-Pitman-Test in den Online-Materialien) können wir berechnen, dass 5 der 252 möglichen Aufteilungen zu einem Summenwert größer als 50 (8 + 9 + 10 + 11 + 12) und 6 der 252 möglichen Aufteilungen zu einem gleichen Summenwert von 50 führen. Hieraus ergibt sich ein p-Wert von $p = (5 + 6)/252 = 11/252 = 0{,}04365$. Bei einer festgelegten Irrtumswahrscheinlichkeit von $\alpha = 0{,}05$ verwerfen wir die Annahme, dass der Unterschied nur zufällig durch die Zuweisung zu zwei Gruppen auftritt.

Monte-Carlo-Schätzer. Dieses Randomisierungsprinzip lässt sich nicht nur auf Summen (bzw. Mittelwerte), sondern auch auf andere Größen wie den Median oder das getrimmte Mittel anwenden. Der Fisher-Pitman-Test ist ein exakter Test, da die exakte Wahrscheinlichkeit berechnet wird. Er ist darüber hinaus ein verteilungsfreier Test, da keine Verteilungsannahme in Bezug auf die Merkmalsverteilung getroffen wird. Der Test wird allerdings bei größeren Stichproben schnell sehr rechenintensiv. Hat man z. B. 30 Personen in jeder Therapiebedingung, erhält man (nach Gleichung F 7.4) schon 118.264.581.564.861.424 mögliche Aufteilungen. In einem solchen Fall reduziert man den Rechenaufwand, indem man den p-Wert anhand einer Zufallsstichprobe aller möglichen Aufteilungen schätzt. Dies ist ein sog. Monte-Carlo-Schätzer, auf den auch bei anderen exakten Tests zurückgegriffen wird, wenn die betrachteten Kombinationsmöglichkeiten zu groß sind.

Einzelfallanalyse. Rerandomisierungs-Ansätze werden häufig auch im Bereich der Einzelfallanalyse eingesetzt. Einzelfallanalyse bedeutet, dass nur eine Person untersucht wird. Wenn man wissen will, ob eine Person in unterschiedlicher Weise auf einzelne Therapiemodule reagiert, kann man sie wiederholt in verschiedenen Intervallen untersuchen, in denen sie verschiedenen Therapiemodulen ausgesetzt wird. In diesem Fall interessiert man sich auch nicht für eine zugrundeliegende Population von Personen, sondern ist an der betrachteten Person interessiert. Mit Hilfe von Randomisierungstests lässt sich überprüfen, ob Unterschiede zwischen einzelnen Therapiephasen bedeutsam sind (z. B. Edington & Onghena, 2007). Solche Tests kann man z. B. mit dem Statistikprogramm R durchführen (Bulté & Onghena, 2008).

9.3 Population, Stichprobe und Repräsentativität: Konsequenzen für inferenzstatistische Verfahren

Wie wir im letzten Kapitel gesehen haben, liegen die Ziele, die mit der Anwendung inferenzstatistischer Methoden verfolgt werden, v. a. darin, Hypothesen über Populationsparameter anhand von Stichprobendaten zu überprüfen und Populationsparameter mittels Stichprobendaten zu schätzen. Um diese Ziele adäquat zu verfolgen, ist es wichtig zu klären, was man unter Population und Stichprobe versteht. In der Statistik und den Verhaltens- und Sozialwissenschaften werden verschiedene Arten von Populationen und Stichproben unterschieden. Die Art der Population, die man betrachtet, und die Art der Stichprobe, die man zieht, haben auch Auswirkungen auf die inferenzstatistischen Methoden, die jeweils angemessen sind. Wir werden im Folgenden verschiedene Arten von Populationen und Stichproben vorstellen und uns mit der Frage auseinandersetzen, was es bedeutet, wenn Stichprobenwerte fehlen.

9.3.1 Population (Grundgesamtheit)

In Bezug auf die zugrundeliegende Population (Grundgesamtheit) sind zwei Unterscheidungsmerkmale von Bedeutung (Hartung et al., 2005):
(1) endliche vs. unendliche Populationen und
(2) fiktive vs. konkrete Populationen.

Endliche vs. unendliche Populationen

Endliche (oder: finite) Grundgesamtheiten sind dadurch gekennzeichnet, dass der Umfang der Population bekannt und endlich ist und sich durch das Ziehen eines Elementes ihre Zusammensetzung ändert. Unendliche (oder: infinite) Grundgesamtheiten zeichnen sich nach Hartung et al. (2005) dadurch aus, dass sich durch das Ziehen eines Elements die Grundgesamtheit nicht ändert. Aufgrund dieser Definition lassen sich z. B. auch Stichprobenerhebungen, die unter das Modell *Ziehen mit Zurücklegen* fallen, unendlichen Grundgesamtheiten zuordnen. In der Psychologie, in der Aussagen über Menschen getroffen werden sollen, hat man es meist mit endlichen Grundgesamtheiten zu tun, die aber typischerweise so groß sind, dass man sie als unendliche Grundgesamtheiten auffasst.

i. i. d.-Annahme. Warum ist diese Unterscheidung wichtig? Die Verfahren, die wir in den folgenden Kapiteln vorstellen, gehen in der Regel davon aus, dass die Daten, die man in der Stichprobe erhoben hat, Realisationen von stochastisch unabhängigen und identisch verteilten Zufallsvariablen sind. Diese Annahme wird gemäß ihrer englischen Formulierung (*i*ndependent and *i*dentically *d*istributed variables) häufig als i. i. d.-Annahme abgekürzt. Um diese wichtige Annahme zu erläutern, betrachten wir nochmals das Urnenmodell mit und ohne Zurücklegen (s. Abschn. 7.1.4).

> **Beispiel**
>
> **Die i. i. d.-Annahme beim Urnenmodell**
> Angenommen, in einer Grundgesamtheit von Personen würden 20 % an einer psychischen Störung A leiden. Das Zufallsexperiment besteht darin, zweimal per Zufall eine Person aus der Population zu ziehen, zu notieren, ob die Person an der Störung leidet, und die Person dann wieder »zurückzulegen«. Wenn wir das erste Mal eine Person ziehen und die Zufallsvariable Y_1 mit den Werten 1 (leidet an der Störung) und 0 (leidet nicht an der Störung) betrachten, dann ist diese Variable Bernoulli-verteilt (s. Abschn. 7.2.2) mit dem Parameter $\pi_1 = 0{,}20$ (Prävalenzrate). Der gefundene konkrete Wert einer im ersten Durchgang gezogenen Person (z. B. 1) ist eine Realisierung dieser Zufallsvariablen. Ziehen wir zum zweiten Mal, erhalten wir auch für diesen Zug eine Zufallsvariable, die wir mit Y_2 bezeichnen. Die Variable Y_2 weist den möglichen Ausgängen beim zweiten Zug (gezogene Person) die Werte 1 und 0 zu, je nachdem ob die gezogene Person die Störung aufweist oder nicht. Auch diese zweite Variable ist Bernoulli-verteilt mit dem Parameter π_1. Beide Variablen sind also identisch verteilt. Beide Variablen sind darüber hinaus voneinander unabhängig. Ob man also beim ersten Ziehen eine Person gezogen hat, die an der Störung leidet oder nicht, beeinflusst nicht die Wahrscheinlichkeit, beim zweiten Zug eine Person mit oder ohne Störung zu ziehen, da die im ersten Zug gezogene Person wieder in die Population zurückgelegt wurde. Die beiden Zufallsvariablen Y_1 und Y_2 sind also unabhängig und identisch verteilt (i. i. d.).

In empirischen Untersuchungen in der Psychologie und in anderen Verhaltens- und Sozialwissenschaften ist das Modell der Stichprobenziehung mit Zurücklegen der weitaus untypischere Fall. Stichprobenziehungen folgen eher dem *Modell ohne Zurücklegen*. In diesem Fall sind die beiden im vorherigen Absatz betrachteten Variablen voneinander abhängig. Umfasst die Grundgesamtheit z. B. 10 Personen, dann hängt die Wahrscheinlichkeit, im zweiten Zug eine Person mit dieser Störung zu ziehen, entscheidend davon ab, ob im ersten Zug schon eine Person mit dieser Störung gezogen wurde oder nicht. Die Unabhängigkeitsannahme ist daher typischerweise verletzt. Dies hat Konsequenzen für die Inferenzstatistik: Statistische Verfahren, die in den folgenden Kapiteln behandelt und in empirischen Studien angewandt werden, gehen üblicherweise von der Unabhängigkeit und somit einem Modell mit Zurücklegen aus. Worin besteht der Unterschied? Ein wichtiger Unterschied zeigt sich am Standardfehler und somit an der Genauigkeit, mit der ein Parameter geschätzt werden kann. Dies hat auch Konsequenzen für statistische Schlüsse, die auf Stichprobenkennwerteverteilungen und ihren Standardabweichungen (Standardfehlern) aufbauen.

Nehmen wir an, die Verteilung eines Merkmals (z. B. die Prävalenz einer bestimmten Störung in der Population) sei bekannt. Würde man nun aus der Population Stichproben der Größe n ziehen und mit x die Anzahl der Personen in der Stichprobe bezeichnen, die die fragliche Störung aufweisen, so lässt sich die relative Häufigkeit als $h = x/n$ berechnen. h ist die Realisation einer Zufallsvariablen $H = X/n$, da man für jede Stichprobe, die gezogen werden kann, einen h-Wert erhält. Die Verteilung dieser Variablen hängt nur von der Verteilung der Variablen X ab, da n für eine gegebene Stichprobengröße eine Konstante ist. Die Verteilung der Variablen X haben wir in Kapitel 7 schon kennengelernt. Die Variable X gibt an, wie häufig ein Ereignis auftritt, wenn man ein Zufallsexperiment mehrmals wiederholt. Im Modell mit Zurücklegen ist die Variable X binomialverteilt (s. Abschn. 7.2.3), im Modell ohne Zurücklegen ist sie hypergeometrisch verteilt. Kennt man die Varianz dieser Variablen, kann man die Varianz der Variablen H einfach nach den Rechenregeln für Varianzen (Formel F 7.33) bestimmen, indem man die Varianz von X mit dem Faktor $(1/n)^2$ multipliziert. Die Varianzen der Binomialverteilung und der hypergeometrischen Verteilung haben wir in den Abschnitten 7.2.3 und 7.2.5 schon kennengelernt. Die Varianz einer binomialverteilten Variablen X ist $Var(X) = n \cdot \pi \cdot (1 - \pi)$. Die Varianz einer hypergeometrisch-verteilten Variablen X ist:

$$Var(X) = n \cdot \pi \cdot (1 - \pi) \cdot \frac{(N-n)}{(N-1)}$$

Im Vergleich zur binomialverteilten Variablen ist die Varianz der hypergeometrisch verteilten Variablen also um den Faktor $(N-n)/(N-1)$ kleiner. Dies gilt in entsprechender Weise für die Variable H. Die Standardfehler der Kennwerteverteilungen (die Quadratwurzeln dieser Varianzen) unterscheiden sich somit um den Faktor $\sqrt{(N-n)/(N-1)}$. Unter dem Modell ohne Zurücklegen ist die Präzision höher. Dies leuchtet unmittelbar ein, da man sich umso stärker der Vollerhebung der Population annähert, je mehr n sich N im Modell ohne Zurücklegen annähert. Im Extremfall von $n = N$ hat man alle Personen erhoben, folglich muss der Standardfehler 0 sein, was auch der Fall ist, da dann der Wert von $(N-n)/(N-1)$ gleich 0 ist.

Würde man der Bestimmung des Standardfehlers das Modell mit Zurücklegen (also die i. i. d.-Annahme) zugrunde legen, würde man den Standardfehler überschätzen und z. B. zu falschen Konfidenzintervallen und falschen statistischen Schlüssen gelangen.

> **Beispiel**
>
> **Modell ohne Zurücklegen: Burnout bei Professoren**
> Angenommen, man möchte den Anteil der Professorinnen und Professoren einer Universität mit 100 Professoren (Population) bestimmen, die an einem Burnout-Syndrom leiden. Man zieht eine Zufallsstichprobe von $n = 20$ und registriert für jede gezogene Person, ob sie an Burnout leidet oder nicht. Wenn man eine Person einmal registriert hat, hat sie natürlich keine Chance mehr, ein

zweites Mal in die Stichprobe gezogen zu werden. Man hat also ein Modell ohne Zurücklegen. Angenommen, 20 % der Professorinnen und Professoren der Universität leiden am Burnout-Syndrom (Prävalenz). Wie kann man den Standardfehler einer Häufigkeitsschätzung bestimmen, wenn man eine Stichprobe von $n = 20$ Personen aus dieser Population zieht? Gemäß Formel F 7.49 ergibt sich für die Varianz einer hypergeometrisch verteilten Variablen X:

$$Var(X) = n \cdot \pi \cdot (1-\pi) \cdot \frac{(N-n)}{(N-1)}$$
$$= 20 \cdot 0{,}20 \cdot 0{,}80 \cdot \frac{(100-20)}{(100-1)} = 2{,}586$$

Der Standardfehler von X ist dann die Quadratwurzel aus der Varianz. Sie beträgt $s_X = 1{,}61$.

Endlichkeitskorrektur. Der Faktor $(N-n)/(N-1)$ heißt Endlichkeitskorrektur. Nach der oben eingeführten Definition endlicher und unendlicher Populationen gehört das Modell mit Zurücklegen zum Modell unendlicher Populationen, das Modell ohne Zurücklegen zum Modell endlicher Populationen. Multipliziert man die Varianz der Binomialverteilung mit diesem Korrekturfaktor, erhält man die Varianz der hypergeometrischen Verteilung für den Fall endlicher Populationen. Wir haben diese für die Stichprobenkennwerteverteilung für die Variable X und somit auch die relative Häufigkeit H gezeigt. Solche Korrekturen gibt es auch für die Kennwerteverteilung anderer Stichprobenkennwerte wie z. B. die Stichprobenvarianz. Diese sind jedoch komplexer (s. Kreienbrock, 1986). Wir bleiben der Einfachheit halber beim Mittelwert und diskutieren einige wichtige Konsequenzen für die empirische Forschung und die Auswahl adäquater inferenzstatistischer Methoden im Fall finiter Populationen.

Finite Populationen und Inferenzstatistik. Da in der Psychologie häufig finite Populationen vorliegen, statistischen Verfahren typischerweise jedoch das Modell infiniter Populationen zugrunde liegt, stellt sich die Frage, wie gravierend dieser Unterschied ist. Der Korrekturfaktor $(N-n)/(N-1)$ zeigt, dass der Unterschied dann groß ist, wenn die Stichprobe einen großen Teil der Population umfasst. Zieht man in unserem Beispiel 80 Personen aus der Population von 100 Professorinnen und Professoren, so ist der Wert des Korrekturfaktors 0,20, also vergleichsweise stark. Führt man eine Untersuchung durch, in der man 80 Personen per Zufall aus der Population aller deutschen Professorinnen und Professoren zieht, so wirkt sich der Korrekturfaktor nur gering aus. Nach den Zahlen des Statistischen Bundesamts für das Jahr 2006 arbeiteten ca. 37.900 Professorinnen und Professoren an deutschen Universitäten. Der Wert des Korrekturfaktors beträgt 0,998. Der Korrekturfaktor unterscheidet sich kaum von 1, die Unterschiede sind daher minimal und vernachlässigbar. Hieraus ergeben sich zwei wichtige Konsequenzen:

(1) Ist die Stichprobe im Vergleich zur Population klein, so können für praktische Zwecke auch Verfahren, denen das Modell infiniter Populationen zugrunde liegt, im Falle finiter Populationen angewandt werden. In Abschnitt 7.2.5 haben wir schon erwähnt, dass die hypergeometrisch verteilte Variable X approximativ binomialverteilt ist, wenn $n/N \leq 0{,}05$. Als Daumenregel findet man daher in vielen Statistikbüchern die Regel, dass auf eine Endlichkeitskorrektur verzichtet werden kann, wenn die Stichprobe weniger als 5 % der Population umfasst. In der Psychologie sind die Populationen, auf die man schließen will, häufig so groß, dass man von annäherungsweise infiniten Populationen ausgehen kann.

(2) Liegen finite Populationen vor und ist die Stichprobe im Vergleich zur Population groß, muss auf Ansätze für finite Populationen zurückgegriffen werden. Im Beispiel des Burnout-Syndroms bei deutschen Professorinnen und Professoren würden Stichproben, die größer als $n = 1895$ sind, die »5 %-Hürde« überspringen, und man müsste zu Verfahren für finite Populationen greifen (s. hierzu Hedayat & Sinha, 1991; Valliant et al., 2000).

Fiktive vs. konkrete Grundgesamtheiten

Die Population aller an öffentlichen Hochschulen tätigen Professoren im letzten Beispiel ist eine konkrete Population, deren Elemente eindeutig identifizierbar sind. In vielen Anwendungen inferenzstatistischer Verfahren sind die zugrundeliegenden Populationen nicht so konkret identifizierbar. Ein Beispiel: Man vergleicht die Effektivität von drei verschiedenen psychotherapeutischen Behandlungsmethoden. Für jede Behandlungsmethode wird eine Gruppe von Personen untersucht. Man betrachtet die drei Gruppen als Stichproben von drei zugrundeliegenden Populationen. Jede Population umfasst die theoretisch gedachte Gesamtheit aller Personen, die sich dieser Therapie unterzogen haben. Diese drei Grundgesamtheiten existieren aber nicht wirklich, sondern sind fiktiv. Man konstruiert sich diese Grundgesamtheiten, um statistische Tests anwenden und Hypothesen über die generelle Wirksamkeit der Therapien überprüfen zu können. Man kann sich das in etwa so wie beim Wurf einer Münze in drei verschiedenen Räumen vorstellen: Man wirft in jedem Raum die Münze 20-mal und will feststellen, ob sich die Ergebnisse zwischen den Räumen unterscheiden (z. B. um die Frage zu beantworten, ob es sich bei einem der Räume um einen »Zauberraum« handelt). Obwohl man in jedem Raum nur 20-mal die Münze geworfen hat, will man aber mit Hilfe des statistischen Tests die Frage klären, ob die Verteilung von Kopf und Zahl sich zwischen den Räumen unterscheidet, wenn man unendlich oft die Münze werfen würde. Man will also auf alle potentiellen und infiniten Münzwürfe in diesen Räumen generalisieren. In analoger Weise will man in dem Therapiebeispiel anhand der Therapieergebnisse Erkenntnisse in Bezug auf alle Personen gewinnen, die sich potentiell der Therapie unterziehen könnten. Dies ist eine fiktive und infinite Grundgesamtheit. Viele der psychologischen Untersuchungen zugrunde gelegten Populationen sind solche fiktiven, konstruierten Populationen.

9.3.2 Stichprobe

Neben der Population ist die Stichprobe ein weiteres wesentliches Konzept der Inferenzstatistik. Es gibt verschiedene Arten von Stichproben, die z. B. von Schnell et al. (2008) im Hinblick auf ihre Bedeutung für die Sozialwissenschaften dargestellt werden. Auch die Art der Stichprobe, die man wählt, hat Auswirkungen auf die statistischen Verfahren, die zu ihrer Analyse angemessen sind. Wir werden auf die diesbezüglichen Voraussetzungen eingehen, wenn wir die einzelnen Verfahren vorstellen. Im Folgenden beschränken wir uns auf die verschiedenen Arten von Zufallsstichproben, die für die Psychologie von Bedeutung sind. Andere Auswahlverfahren (z. B. extreme Fälle, typische Fälle, Schneeballverfahren etc.) werden ebenfalls von Schnell et al. (2008) behandelt.

Einfache Zufallsstichprobe

Eine einfache Zufallsstichprobe liegt dann vor, wenn alle möglichen Stichproben der Größe n die gleiche Wahrscheinlichkeit haben, gezogen zu werden. Eine einfache Zufallsstichprobe liegt z. B. dann vor, wenn die Personen per Zufall aus der zugrunde gelegten Population gezogen werden.

Geschichtete Zufallsstichprobe

Auf geschichtete Zufallsstichproben greift man z. B. zurück, wenn man gezielt Hypothesen über einzelne Schichten testen will. Eine Schicht (lat. stratum) ist eine Teilmenge der Population, die auf einer disjunkten (überlappungsfreien) und exhaustiven (vollständigen) Zerlegung der Population basiert. Dies bedeutet, dass jedes Element der Population einer Schicht angehören muss, aber auch nur einer Schicht angehören kann. Eine solche Zerlegung wäre z. B. die Unterteilung der Population in die beiden Geschlechtsgruppen. Aus jeder Schicht (Frauen, Männer) wird dann eine Zufallsstichprobe gezogen. Entsprechen die Größen der gezogenen Stichproben in ihrem relativen Anteil den Größen der Schichten, liegt eine *proportional geschichtete Stichprobe* vor. So sind z. B. in einer proportional geschichteten Stichprobe der Schweizer Bevölkerung wie in dieser Population ebenfalls 51 % Frauen und 49 % Männer enthalten. In einer *disproportional geschichteten Stichprobe* entsprechen die relativen Größen der Stichproben nicht ihrem relativen Anteil in der Population. Wenn man z. B. 90 Frauen zufällig aus der Gruppe der Schweizer Frauen und 500 Männer zufällig aus der Gruppe der Männer ausgewählt hat, liegt eine disproportional geschichtete Zufallsstichprobe vor. Will man anhand disproportional geschichteter Zufallsstichproben Schätzungen für die Gesamtpopulation vornehmen, müssen die einzelnen Zufallsstichproben bei der Auswertung der Daten mit einem Gewicht versehen werden. Würde man dies nicht tun, würde man verzerrte Ergebnisse erhalten.

> **Beispiel**
>
> **Mittlere Lebenszufriedenheit in der Schweiz**
> Enthält eine geschichtete Schweizer Stichprobe z. B. eine Zufallsauswahl von 1000 Frauen und 500 Männern und ist man an der mittleren Lebenszufriedenheit in der Schweiz interessiert, dann muss man zunächst den Mittelwert der Lebenszufriedenheit in der Gruppe der Frauen und der Gruppe der Männer getrennt bestimmen, den Mittelwert der Frauen mit 0,51 und den Mittelwert der Männer mit 0,49 gewichten und dann beide Mittelwerte addieren. Man könnte auch den Wert einer Frau mit 0,51/1000 und den Wert eines Mannes mit 0,49/500 gewichten und dann alle Werte aufsummieren. Würde man dies nicht tun und würden sich beide Geschlechter in der Lebenszufriedenheit unterscheiden, würde man die mittlere Lebenszufriedenheit in der Schweiz verzerrt schätzen.

Nach Schnell et al. (2008) haben geschichtete Zufallsstichproben drei Vorteile:
(1) Wenn sich die einzelnen Schichten in der Streuung eines Merkmals unterscheiden (z. B. Frauen homogener als Männer wären), kann eine Merkmalsschätzung anhand geschichteter Stichproben präziser sein.
(2) Geschichtete Stichproben können günstiger sein, wenn sich die einzelnen Schichten in den Kosten der Erhebung unterscheiden. So kann es z. B. schwieriger sein, Männer zu rekrutieren als Frauen, so dass ein geringerer Anteil Männer als Frauen rekrutiert wird. Die Gewichtung gleicht den Unterschied wieder aus.
(3) Wenn die Schichten selbst Gegenstand der Fragestellung sind (z. B. Geschlechtsunterschiede), stellt man durch die geschichtete Stichprobenziehung sicher, dass die verschiedenen Schichten nicht nur repräsentiert sind, sondern auch den gewünschten Umfang haben.

Allerdings muss für eine geschichtete Zufallsziehung sowohl die Schichtungsvariable als auch deren Verteilung bekannt sein (z. B. Anteil der Frauen und Männer in der Population). Solche geschichteten Zufallsstichproben kann man mit statistischen Verfahren für mehrere Gruppen auswerten. Wir werden eine Reihe solcher Verfahren vorstellen, anhand deren man verschiedene Gruppen, für die man Zufallsstichproben gezogen hat, vergleichen kann. Ein Beispiel ist die Varianzanalyse (s. Kap. 13).

Klumpenstichprobe

Unter einem Klumpen (engl. cluster) versteht man eine Gruppe von Personen, die fest vorgegeben ist. Häufig ist man vor die Situation gestellt, dass die Population aus verschiedenen Klumpen besteht und man nicht per Zufall aus der Gesamtpopulation ziehen kann. Ein Klumpen wären z. B. alle Erstsemesterstudierenden der Psychologie an der Universität Koblenz-Landau, ein anderer Klumpen alle Erstsemesterstudierenden der Psychologie an der Freien Universität Berlin. In einer Klumpenstichprobe werden alle Elemente eines Klumpens erhoben. Die Klumpen werden per Zufall ausgewählt. Ein typisches Beispiel für eine solche Stichprobenziehung ist die Bildungsforschung. Es werden per Zufall verschiedene fünfte Klassen aus allen fünften Klassen eines Bundeslandes ausgewählt und dann alle Schülerinnen und Schüler in Bezug auf ihre Leistung untersucht. Im Vergleich zu einer einfachen Zufallsstichprobe sind die Resultate ungenauer, wenn die Elemente eines Klumpens (Schülerinnen und Schüler einer Klasse) sich ähnlicher sind als Elemente verschiedener Klumpen (Schülerinnen und Schüler unterschiedlicher Klassen). Je größer dieser sog. *Klumpeneffekt* ist, umso mehr Klumpen braucht man, um zu einer zuverlässigen Schätzung zu kommen. Klumpenstichproben erfordern spezifische statistische Verfahren und spezifische Methoden der Stichprobengrößenbestimmung, die sich auch auf die Anzahl und Größen der Klumpen beziehen. Solche Stichproben können z. B. mit hierarchischen linearen Modellen (Modellen der Mehrebenenanalyse) ausgewertet werden (s. Kap. 19).

Mehrstufige Auswahlverfahren

Mehrstufige Auswahlverfahren umfassen Methoden der Stichprobenziehung, bei denen Elemente der Stichprobe in verschiedenen Ebenen geordnet sind, man diese Ebenenstruktur berücksichtigt und auf verschiedenen Ebenen eine Zufallsstichprobe zieht. Geschichtete und Klumpenstichproben sind Spezialfälle solcher mehrstufigen Auswahlverfahren. In beiden Fällen sind die Elemente der Population geordnet, bei geschichteten Stichproben in Schichten, bei Klumpenstichproben in Klumpen. In beiden Fällen unterscheidet man zwei Ebenen: Die Ebene 1 umfasst alle Elemente (einzelne Frauen und Männer im ersten Beispiel, Schülerinnen und Schüler im zweiten Beispiel), die einer höheren Ebene (Ebene 2) zugeordnet sind (Geschlechtsgruppen im ersten Beispiel, Schulklassen im zweiten Beispiel). Bei der geschichteten Stichprobe werden alle Elemente von Ebene 2 (alle Schichten) untersucht, wobei man für jede Schicht eine Zufallsstichprobe zieht. Bei einer Klumpenstichprobe wird eine Stichprobe der Elemente von Ebene 2 (Klumpen) gezogen, während für jeden Klumpen eine Vollerhebung stattfindet.

Man kann diese Stichprobenziehung nun so erweitern, dass man auf mehreren Ebenen Stichproben zieht, z. B. zunächst eine Zufallsstichprobe von Universitäten oder Schulklassen und dann für jede Universität bzw. Schulklasse eine Zufallsstichprobe von Studenten bzw. Schülern. Man kann die Ebenenstruktur auch erweitern, indem man z. B. eine Zufallsauswahl auf drei Ebenen (zufällig ausgewählte Schüler zufällig ausgewählter Klassen zufällig ausgewählter Schulen) oder noch mehr Ebenen betrachten.

Zur Analyse von solchen Stichproben, die auf mehrstufigen Auswahlverfahren aufbauen und eine sog. Mehrebenenstruktur aufweisen, braucht man spezifische statistische Modelle, die diese Mehrebenenstruktur (engl. multilevel structure) berücksichtigen. Solche Modelle der Mehrebenen- bzw. Multilevelanalyse werden wir in Kapitel 19 (hierarchische lineare Modelle) behandeln.

Einzelfallanalyse

Eine besondere Stichprobe ist diejenige, die nur aus einem Element besteht ($n = 1$). Eine Studie mit einer solchen Stichprobe nennt man auch Einzelfallanalyse. Wir haben schon zwei Zielsetzungen einer Einzelfallanalyse kennengelernt. In Kapitel 8 haben wir die Grundidee des Nullhypothesentests anhand einer Einzelfallanalyse eingeführt. Wir wollten die Nullhypothese testen, dass unsere betrachtete Person aus einer spezifischen Population stammt. In Abschnitt 9.2.4 haben wir darauf hingewiesen, dass Resampling-Verfahren für die Evaluation psychologischer Interventionen am Einzelfall eingesetzt werden können.

Statistische Verfahren, die für die Analyse größerer Stichproben entwickelt wurden, können nicht zwangsläufig im Einzelfall angewendet werden. Dies hat damit zu tun, dass es Stabilität im Verhalten und Erleben gibt und Wiederholungsmessungen am Einzelfall daher typischerweise voneinander abhängig sind. Statistische Methoden für den Einzelfall müssen diese Abhängigkeit berücksichtigen. In den folgenden Kapiteln werden wir uns auf statistische Verfahren für größere Stichproben beziehen und können daher nur auf Arbeiten verweisen, die sich der Einzelfallanalyse widmen. Einzelfallanalytische Verfahren, die sich auf den Vergleich eines Individuums mit einer Normpopulation beziehen, und die damit verbundenen spezifischen Probleme werden z. B. von Crawford et al. (2004) sowie Crawford und Garthwaite (2006, 2007) behandelt. Verfahren, die sich auf wiederholte Messungen an einem Individuum (z. B. zeitreihenanalytische Verfahren) beziehen, werden u. a. von Köhler (2008), Ong und van Dulmen (2007) sowie Petermann (1996) beschrieben.

9.3.3 Repräsentativität und fehlende Werte

Zufallsstichproben sind repräsentative Stichproben, d. h., sie erlauben aus wahrscheinlichkeitstheoretischer Sicht den Schluss auf die Gesamtheit. In der Stichprobentheorie definiert man den Begriff *repräsentativ* als »durch Zufallsauswahl aus der Grundgesamtheit entstanden«. Die Verteilungen von Merkmalen in einer repräsentativen Stichprobe unterscheiden sich von ihren Verteilungen in der Population nur durch den Stichprobenfehler bedingt. Repräsentative Stichproben weisen üblicherweise somit nicht die exakt gleichen Verteilungen wie die zugrundeliegende Population auf. Je größer eine Zufallsstichprobe jedoch ist, umso eher wird die Verteilung des Merkmals in der Zufallsstichprobe der Verteilung des Merkmals in der Population entsprechen. In vielen empirischen Studien hat man keine Zufallsstichprobe vorliegen, die Repräsentativität ist in diesem Sinne nicht gewahrt. Der Schluss auf die Population ist somit nicht nur durch den Fehler gefährdet, der durch die Stichprobenziehung zustande kommt, sondern auch durch systematische Abweichungen.

Stichprobenfehler und systematischer Fehler

Der Stichprobenfehler (engl. sampling error) ist der Fehler, der dadurch zustande kommt, dass man eine Stichprobe zieht, die nicht alle Elemente der Population enthält. Ein Stichprobenkennwert unterscheidet sich allein schon dadurch von einem Populationsparameter, dass er auf der Grundlage der Stichprobe und nicht der Population bestimmt wird. Zu einem Stichprobenfehler kommt es folglich auch, wenn die Stichprobe zufällig aus der Population gezogen wurde und somit repräsentativ ist. Stichprobenkennwerte zufällig gezogener Stichproben weichen unsystematisch vom Populationskennwert ab.

Liegt keine Zufallsstichprobe vor oder nehmen nicht alle zufällig ausgewählten Personen an der Untersuchung teil, können sich die Stichproben auch systematisch von der Population unterscheiden. Systematisch bedeutet, dass der Stichprobe, die man gezogen hat, eine andere Grundgesamtheit als die intendierte zugrunde liegt. Angenommen, wir wollten die Lebenszufriedenheit stationär behandelter Psychotherapiepatienten messen und würden 100 Patienten mehrerer psychosomatischer Kliniken mit Hilfe eines Fragebogens untersuchen. Nun stellte sich heraus, dass die meisten depressiven Patienten die Teilnahme an der Untersuchung ablehnten; ihre Werte gingen also nicht in die Schätzung der durchschnittlichen Lebenszufriedenheit mit ein. Nehmen wir weiterhin an, dass diese depressiven Patienten sehr unterdurchschnittliche Werte hinsichtlich der Lebenszufriedenheit hätten, so würde durch den selektiven Ausfall der Depressiven die »tatsächliche« durchschnittliche Lebenszufriedenheit stationär behandelter Psychotherapiepatienten systematisch unterschätzt. Die Stichprobe wäre dann also nicht mehr repräsentativ in Bezug auf die zugrunde gelegte Population (stationär behandelte Psychotherapiepatienten). Die Abweichung der mittleren Lebenszufriedenheit in der Stichprobe vom Mittelwert in der Population, die man der Studie anfangs zugrunde gelegt hätte, wäre dann nicht mehr allein auf den Stichprobenfehler, sondern auch auf einen systematischen Fehler zurückführbar.

Allein aufgrund der Tatsache, dass nicht alle Personen, die man ausgewählt hat, an der Untersuchung teilnehmen, kann man nie wissen, ob man eine repräsentative Stichprobe – im Sinne der Zufallsauswahl von Personen – vorliegen hat. Häufig ist es auch gar nicht möglich, im strengen Sinne eine Zufallsstichprobe zu ziehen. Man hofft dann allerdings, dass die Stichprobe repräsentativ in Bezug auf die untersuchten Merkmale und ihre Zusammenhänge für eine gedachte (fiktive) Population ist, d. h., man behandelt sie so, als würde sie eine Zufallsstichprobe dieser fiktiven Population darstellen.

Fehlende Werte

Fehlende Werte können nicht nur dadurch zustande kommen, dass eine per Zufall ausgewählte Person die Teilnahme ganz verweigert. Häufig passiert es auch, dass vergessen wird, eine einzelne Aufgabe zu bearbeiten, dass die Antwort auf eine spezifische Frage verweigert wird, dass eine Frage einfach ausgelassen wird, dass bei einer Wiederholungsmessung eine Person zu einer von mehreren Messungen nicht erschienen ist oder im Verlauf der Untersuchung aufgrund von Krankheit, Umzug oder gar Tod (Untersuchungsmortalität) ausfällt. Die Ursache für solche fehlenden Daten ist für die Interpretation der Ergebnisse und den Umgang mit diesen fehlenden Werten (engl. missing values) von Bedeutung.

In der Methodenlehre unterscheidet man drei Arten von fehlenden Werten (McKnight et al., 2007; Schafer & Graham, 2002):

(1) **Missing completely at random (MCAR):** Dieser Ausfallprozess bedeutet, dass ein fehlender Wert weder von der betrachteten Variablen selbst noch von anderen Variablen abhängt. Fehlende Lebenszufriedenheitswerte wären somit unsystematisch aufgetreten. Sie hängen nicht davon ab,

dass Personen mit geringer Lebenszufriedenheit eher ihr Urteil verweigern.

(2) **Missing at random (MAR):** Bei dieser Ausfallsart ist der Ausfall systematisch, man kennt aber den Ausfallprozess und kann die Ausfallsrate anhand von erhobenen Variablen vorhersagen. Wenn z. B. depressive Patienten die Frage nach ihrer Lebenszufriedenheit seltener beantworten als Patienten, die nicht depressiv sind, und man Depressivität mit erhoben hat, kann man den Ausfall vorhersagen, indem man die Depressivität mit der dichotomen Variablen (Lebenszufriedenheitsurteil vorhanden vs. nicht vorhanden) korreliert. Dieser Ausfallprozess nimmt aber an, dass innerhalb der Personen gleicher Depressivität der Ausfall der Lebenszufriedenheitsurteile unsystematisch ist. Würden hingegen innerhalb der Gruppe der depressiven Personen v. a. die Lebenszufriedenheitsurteile der Personen fehlen, die besonders unzufrieden mit ihrem Leben sind, wäre der Ausfall systematisch und nicht »missing at random«.

(3) **Missing not at random (MNAR):** Diese Ausfallsrate liegt vor, wenn die fehlenden Werte von der Ausprägung der Variablen selbst abhängen und die erhobenen Variablen die Ausfallsrate nicht erklären können.

Der Ausfallprozess »missing completely at random« ist am wenigsten problemtisch, da er vollkommen unsystematisch ist. Ausfallprozesse, die »missing at random« sind, lassen sich inzwischen durch eine Vielzahl moderner Verfahren der Behandlung fehlender Werte wie z. B. das multiple Imputationsverfahren angemessen berücksichtigen, indem die Variablen, die den Ausfallprozess erklären, mit in die Analyse aufgenommen werden. Da es aber keinen allgemeinen statistischen Test zur Überprüfung der »missing at random«-Annahme gibt (Potthoff et al., 2006), muss man versuchen, die Erfüllung der Annahmen dadurch sicherzustellen, dass man Variablen, die die Ausfallsrate erklären könnten, mit erhebt. Erwartet man fehlende Werte in einer Studie, sollte man sich daher schon vorher überlegen, wodurch diese potentiell zustande kommen, um die den Ausfallprozess erklärenden Variablen in die Analysen mit aufnehmen zu können. In Längsschnittstudien kann man z. B. Personen einschätzen lassen, wie wahrscheinlich es ist, dass sie an der Folgeerhebung teilnehmen werden (Schafer & Graham, 2002), und diese Variablen dann mit in die Analysen aufnehmen. Problematisch und mit gängigen Verfahren nicht zuverlässig in den Griff zu bekommen sind hingegen Ausfallprozesse, die der Klasse »missing not at random« zuzuordnen sind.

In einem einleitenden Lehrbuch der Methodenlehre können die komplizierten modernen Methoden der Behandlung fehlender Werte nicht umfassend dargestellt werden. Hierzu sei z. B. auf das an Psychologinnen und Psychologen gerichtete Buch von McKnight et al. (2007) und die Überblicksarbeit von Schafer und Graham (2002) verwiesen. Wir werden aber an einigen Stellen auf Ansätze für spezifische Fragestellungen verweisen.

9.4 Auswahl eines Verfahrens

Wir haben verschiedene Kriterien kennengelernt, anhand deren sich statistische Tests klassifizieren lassen. Statistische Tests erlauben die Überprüfung spezifischer Hypothesen, deren Parameter in spezifischen Modellen der Datenanalyse modelliert werden. Die in den vorherigen Abschnitten behandelten Unterscheidungsmerkmale statistischer Tests und die Merkmale von Populationen und Stichproben sind für die Auswahl geeigneter Verfahren von großer Relevanz. In diesem Abschnitt möchten wir nun einige weitere Unterscheidungsmerkmale statistischer Verfahren behandeln, die sich nicht auf spezifische Teststatistiken beziehen, sondern auf Fragestellungen, die mit ihnen untersucht werden können, sowie die ihnen zugrunde liegenden Variablenarten. Dies ermöglicht es, die Klasse sinnvoller Verfahren für eine spezifische inhaltliche Fragestellung einzuschränken und das Verfahren zu finden, das für eine konkrete Fragestellung am ehesten geeignet ist. Wir werden folgende Unterscheidungsmerkmale behandeln:

(1) univariate, bivariate, multivariate Verfahren
(2) gerichtete vs. ungerichtete Zusammenhänge

(3) manifeste vs. latente Variablen
(4) Skalenniveau und Variablenart.

9.4.1 Univariate, bivariate, multivariate Verfahren

Die Unterscheidung von uni-, bi- und multivariaten Verfahren bezieht sich auf die Anzahl der Variablen, die man betrachtet. Bei univariaten Verfahren wird eine einzige Variable betrachtet. Bivariate Verfahren umfassen zwei Variablen. Man greift auf sie zurück, wenn man sich für den Zusammenhang zwischen zwei Variablen interessiert. Multivariate Verfahren umfassen mehr als zwei Variablen. Multivariate Verfahren sind u. a. aus folgenden Gründen notwendig:

(1) Analyse der Multideterminiertheit des Verhaltens
(2) Kontrolle von Störeinflüssen
(3) Aufdeckung redundanter Zusammenhänge
(4) Aufdeckung maskierter Zusammenhänge.

Analyse der Multideterminiertheit des Verhaltens. Will man Unterschiede im Verhalten und Erleben vorhersagen oder erklären, so muss man im Allgemeinen mehrere Variablen berücksichtigen, da Verhalten und Erleben von vielen Bedingungen abhängen, d. h. multideterminiert sind. Verhaltensunterschiede hängen u. a. von vielen personalen und situationalen Einflüssen sowie deren Zusammenspiel ab. Viele der in den folgenden Kapiteln dargestellten Verfahren eignen sich zur Analyse von multiplen Bedingungen des Verhaltens und Erlebens, insbesondere die Verfahren in den Kapiteln 13, 14, 18, 19, 21 und 25.

Kontrolle von Störeinflüssen. Im Gegensatz zur experimentellen Forschung kann man in der nicht-experimentellen Forschung den Einfluss von Störvariablen nicht oder nur ungenügend durch Methoden der Untersuchungsplanung (s. Kap. 4) in den Griff bekommen. Man muss daher Störvariablen mit erheben und ihren Einfluss statistisch kontrollieren. Bedeutsame Zusammenhänge, die man zwischen Variablen findet, können sich dann als Scheinzusammenhänge (engl. spurious correlations) entpuppen. So ist z. B. der Zusammenhang zwischen der Intelligenz von Kindern und der Anzahl von Büchern zu Hause möglicherweise nur auf die Intelligenz der Eltern zurückführbar und zeigt dann nicht an, dass das Vorhandensein von Büchern die Intelligenz der Kinder fördert. Da Intelligenzunterschiede z. T. erblich sind und intelligentere Eltern tendenziell mehr Bücher anschaffen, kann der Zusammenhang zwischen der Intelligenz der Kinder und der Anzahl der Bücher verschwinden, wenn man die Intelligenz der Eltern kontrolliert. Wie man so etwas macht, werden wir u. a. in den Kapiteln 17, 18, 20, 21 und 25 sehen.

Aufdeckung redundanter Zusammenhänge. Ein drittes wichtiges Ziel der multivariaten Datenanalyse besteht darin zu untersuchen, ob Zusammenhänge zwischen Variablen redundant sind. Möglicherweise werden in einer Beratungsstelle vier verschiedene Intelligenztests zusammen eingesetzt, was für die Klienten sehr belastend sein kann. Eventuell erfassen diese aber alle dasselbe, und es würde ausreichen, nur einen einzusetzen. Wie man das herausfinden kann, werden wir v. a. in den Kapiteln 17, 18, 20, 21, 23 und 24 sehen.

Aufdeckung maskierter Zusammenhänge. Ein weiteres Anliegen der multivariaten Datenanalyse besteht darin zu untersuchen, ob der Zusammenhang zwischen zwei Variablen durch eine dritte Variable maskiert wird. Maskiert bedeutet, dass der Zusammenhang zwischen zwei Variablen erst dann sichtbar wird, wenn eine dritte Variable beachtet wird, während er bei der ausschließlichen Betrachtung der beiden Variablen verdeckt bleibt. Ein Beispiel ist das Simpson-Paradox (s. Kap. 20; Gollwitzer & Jäger, 2009; Steyer, 2003). Wenn z. B. die Teilnahme vs. Nicht-Teilnahme an einer Therapie (Variable 1) vom Geschlecht (Variable 2) abhängt, kann es sein, dass in der Gesamtpopulation ein positiver Zusammenhang zwischen der Symptombelastung (Variable 3) und der Teilnahme an einer Therapie besteht, die Therapie also zu schaden statt zu nutzen scheint, obwohl der Zusammenhang innerhalb der beiden Geschlechtsgruppen negativ ist. Würde man das Geschlecht nicht berücksichtigen, käme man zu einer vollkommen anderen Bewertung der Therapie, als wenn man das Geschlecht berücksichtigt.

9.4.2 Gerichtete vs. ungerichtete Zusammenhänge

Ein weiteres wichtiges Kriterium für die Auswahl des Verfahrens ist die Frage, ob man gerichtete oder ungerichtete Zusammenhänge untersuchen möchte.

Ungerichtete Zusammenhänge

Bei ungerichteten Zusammenhängen geht es nur darum, ob es einen Zusammenhang zwischen zwei oder mehreren Variablen gibt. Beide Variablen sind gleichberechtigt. Zur Analyse ungerichteter Zusammenhänge wurde eine Vielzahl von Korrelations- und Assoziationsmaßen definiert, die wir in Kapitel 15 ausführlich darstellen werden.

Gerichtete Zusammenhänge

Bei gerichteten Zusammenhängen wird zwischen abhängigen Variablen und unabhängigen Variablen unterschieden (s. Abschn. 4.1.3). Unterschiede in einer oder mehreren abhängigen Variablen werden mit Unterschieden in einer oder mehreren unabhängigen Variablen erklärt oder aus diesen vorhergesagt.

Univariate und multivariate Verfahren im engeren Sinne. Häufig wird bei Modellen mit gerichteten Zusammenhängen zwischen univariaten vs. multivariaten Verfahren unterschieden. Diese Unterscheidung trifft man aufgrund der Anzahl der abhängigen Variablen: Liegt eine abhängige Variable vor, spricht man von einem univariaten Verfahren; gibt es mehrere abhängige Variablen, spricht man von einem multivariaten Verfahren. Nun könnte man einwenden, dass es sich ja bereits dann um ein multivariates Verfahren handelt, wenn man die Wirkung einer unabhängigen Variablen auf eine abhängige Variable untersucht – hier sind schließlich zwei Variablen beteiligt. Um diese beiden Bedeutungen des Begriffspaares »univariat« (eine Variable insgesamt oder eine abhängige Variable) versus »multivariat« (mehrere Variablen insgesamt oder mehrere abhängige Variablen) zu unterscheiden, spricht man bei Verfahren mit einer abhängigen Variablen von univariaten Verfahren und bei Verfahren mit mehreren *abhängigen* Variablen von multivariaten Verfahren im engeren Sinne.

Einfache vs. multiple Verfahren. Verfahren lassen sich auch nach der Anzahl der unabhängigen Variablen klassifizieren: Liegt nur eine unabhängige Variable vor, spricht man häufig von einem einfachen Verfahren (z. B. einfach lineare Regressionsanalyse, Kap. 16); liegen mehrere unabhängige Variablen vor, spricht man von einem multiplen Verfahren (z. B. multiple Regressionsanalyse, Kap. 18). Kategoriale unabhängige Variablen werden häufig auch als Faktoren bezeichnet (nicht zu verwechseln mit den Faktoren der Faktorenanalyse in den Kapiteln 23 und 24); man spricht dann von einfaktoriellen (z. B. einfaktorielle Varianzanalyse, Kap. 13) und mehrfaktoriellen Verfahren (z. B. mehrfaktorielle Varianzanalyse, Kap. 13).

9.4.3 Manifeste vs. latente Variablen

Bisher haben wir uns nur mit Variablen beschäftigt, die direkt beobachtbar bzw. messbar sind. Man spricht auch von manifesten Variablen. Man kann z. B. beobachten, ob eine Person eine Intelligenzaufgabe richtig beantwortet hat oder nicht. Man kann auch die Anzahl der gelösten Aufgaben zusammenzählen und dies als ein Maß der Intelligenz ansehen. Solche Messungen in der Psychologie sind allerdings – wie Messungen in anderen Wissenschaften auch – mit Messfehlern behaftet. Wenn man wiederholt das gleiche Merkmal erfasst, stellt man häufig fest, dass die Werte schwanken. Selbst wenn wir die Intelligenz einer Person kennen würden, könnten wir nicht mit absoluter Sicherheit vorhersagen, ob diese Person eine bestimmte Aufgabe lösen wird oder nicht. Das beobachtete Verhalten spiegelt selten das Merkmal (Konstrukt) exakt wider, über das wir eine Aussage treffen wollen. Die Lösung einer Intelligenztestaufgabe hängt nicht nur von der Intelligenz ab, sondern auch von Einflüssen, die nichts mit der Intelligenz zu tun haben. Die »wahre« Intelligenz können wir nicht direkt beobachten, sondern nur aufgrund beobachtbaren Verhaltens erschließen. Die wahre Intelligenz liegt dem Verhalten bei der Lösung von Intelligenztestaufgaben zugrunde und beeinflusst dieses, determiniert es allerdings nicht vollständig.

Nicht direkt beobachtbare Merkmale wie die Intelligenz nennt man auch latente Merkmale. In praktischen Anwendungen ist man daran interessiert, inwieweit beobachtbare Unterschiede zwischen Menschen auf »wahre« Unterschiede und inwieweit sie auf unsystematische, messfehlerbedingte Unterschiede zurückführbar sind. Was man konkret unter wahren und messfehlerbedingten Unterschieden versteht, werden wir im Detail in Kapitel 22 behandeln. Berücksichtigt man den Messfehler nicht, kann dies z. B. zu verzerrten Schätzungen von Zusammenhangsmaßen führen. Es wurden daher Verfahren entwickelt, die es erlauben, »wahre« von messfehlerbedingten Unterschieden zu trennen. Dies sind Verfahren mit latenten Variablen, die wir in den Kapiteln 22 bis 25 ausführlich behandeln werden. Statistische Verfahren lassen sich somit danach unterscheiden, ob sie ausschließlich beobachtbare (manifeste) Variablen berücksichtigen oder ob sie darüber hinaus auch latente Variablen umfassen.

9.4.4 Skalenniveau und Variablenart

Schließlich lassen sich statistische Verfahren auch danach unterscheiden, welche Art von Variablen mit ihnen angemessen analysiert werden können.

Verteilungen diskreter und stetiger Variablen

In Kapitel 7 hatten wir gesehen, dass man Zufallsvariablen danach unterscheidet, ob sie diskreter oder stetiger Natur sind; am Anfang dieses Kapitels haben wir bei der Behandlung des Einstichproben-Gauß-Tests schon erfahren, dass spezifische Tests bestimmte Verteilungsannahmen wie z. B. die Annahme der Normalverteilung voraussetzen können, sofern es sich nicht um verteilungsfreie Verfahren (s. Abschn. 9.2.2) handelt. Sowohl für stetige als auch für diskrete Variablen existieren verschiedene Verteilungsarten. Inferenzstatistische Verfahren können somit danach klassifiziert werden, welche Verteilungen sie voraussetzen. In übergeordneter Weise ließen sie sich auch danach klassifizieren, ob sie für diskrete oder stetige Variablen geeignet sind. Wir werden auf die einzelnen Verteilungsvoraussetzungen bei jedem Verfahren im Detail eingehen.

Skalenniveau

In der Psychologie werden Verfahren häufig danach gegliedert, für welches Skalenniveau sie geeignet sind.

Wir haben in Kapitel 5 drei große Klassen von Skalenniveaus unterschieden: nominalskalierte, ordinalskalierte und metrische Variablen. Zu den metrischen Variablen zählen intervall-, verhältnis- und absolutskalierte Variablen. Statistische Verfahren lassen sich auch danach gliedern, für welches Skalenniveau sie geeignet sind. Allerdings ist diese Unterteilung nicht immer trennscharf. So sind bestimmte Verfahren wie z. B. die Varianzanalyse und die Regressionsanalyse – streng genommen – nur für stetige intervallskalierte abhängige Variablen angemessen, nicht aber für diskrete intervallskalierte abhängige Variablen. Im Anwendungsfall geht man häufig davon aus, dass diskrete intervallskalierte abhängige Variablen quasi-stetig sind. Ob dies angemessen ist, muss aber im Anwendungsfall konkret geprüft werden.

Qualitative vs. quantitative Variablen

Statistische Verfahren lassen sich auch danach unterscheiden, ob sie für qualitative oder quantitative Variablen geeignet sind. In Abschnitt 4.1.3 haben wir diese Unterscheidung eingeführt. Qualitative Variablen (kategoriale Variablen) repräsentieren Unterschiede in der Qualität eines Merkmals, nicht aber in seiner Quantität. Quantitative Variablen spiegeln die Intensität der Unterschiede in der Merkmalsausprägung wider. Da für die Analyse kategorialer Variablen andere Verfahren als für die Analyse quantitativer Variablen benötigt werden, leistet diese Unterscheidung eine sinnvolle grobe Klassifikation der Verfahren.

9.4.5 Auswahl eines statistischen Verfahrens

Die Auswahl eines Verfahrens hängt zunächst davon ab, ob man eine oder mehrere Variablen betrachtet. Darauf aufbauend können verschiedene Verfahren je nach Fragestellung und Art der Variablen gewählt werden.

Eine Variable: Anpassungstests und Einstichprobentests

Liegt nur eine Variable vor, dann können Hypothesen über die Verteilung dieser Variablen in der Population und über Parameter der Verteilung in der Population getestet werden. Tests, mit denen Hypothesen über das Vorliegen einer spezifischen Verteilung in der Population geprüft werden, heißen Anpassungstests. Solche Tests behandeln wir in Kapitel 10. Tests von Hypothesen, die sich auf spezifische Parameter beziehen, werden häufig unter dem Begriff des Einstichprobentests zusammengefasst, da nur eine Stichprobe aus der Population vorliegt. Einstichprobentests behandeln wir ebenfalls in Kapitel 10.

Mehrere Variablen

Werden zwei oder mehr Variablen in die Analyse eingeschlossen, stellt sich zunächst die Frage, ob gerichtete oder ungerichtete Zusammenhänge untersucht werden sollen.

Ungerichtete Zusammenhänge. Maße für den Zusammenhang zweier manifester Variablen behandeln wir für alle Variablenarten in Kapitel 15. Tabelle 15.22 gibt einen Überblick über verschiedene Koeffizienten und erlaubt, den Koeffizienten zu finden, der für eine spezifische Variablenkombination angemessen ist. Maße zur Aufdeckung von Scheinzusammenhängen und maskierter Zusammenhänge behandeln wir in Kapitel 17 für quantitative Variablen (Partial- und Semipartialkorrelation) und in Kapitel 20 für qualitative Variablen. Verfahren, um Zusammenhänge zwischen latenten Variablen zu bestimmen, werden in Kapitel 23 (mehrdimensionale Modelle und konfirmatorische Faktorenanalyse) behandelt.

Gerichtete Zusammenhänge. In Tabelle 9.1 sind Verfahren für gerichtete Zusammenhänge gegliedert. Die linke Spalte enthält Verfahren für quantitative Variablen, die rechte Spalte Verfahren für qualitative Variablen. Innerhalb jeder der beiden Spalten wird zwischen gerichteten Zusammenhängen auf manifester Ebene und gerichteten Zusammenhängen auf latenter Ebene unterschieden. Innerhalb dieser Hauptklassen von Verfahren wird dann nochmals nach der Art der unabhängigen Variablen getrennt. Diese Tabelle dient als grobe Orientierungshilfe zum Auffinden eines angemessenen Verfahrens für eine spezifische Fragestellung. Die Voraussetzungen, auf denen die einzelnen Verfahren basieren, müssen dann in den einzelnen Kapiteln nachgelesen werden; und es muss geprüft werden, ob diese Voraussetzungen im Anwendungsfall erfüllt sind. In den einzelnen Kapiteln wird auch diskutiert, wie mit Verletzungen der Voraussetzungen umgegangen werden kann.

Tabelle 9.1 Struktur von statistischen Verfahren für die Analyse gerichteter Beziehungen (AV: abhängige Variable; UV: unabhängige Variable)

AV: quantitativ		AV: qualitativ	
manifeste Variablen		**manifeste Variablen**	
UV: quantitativ/qualitativ	UV: qualitativ	UV: quantitativ/qualitativ	UV: qualitativ
Regressionsanalyse (Kap. 16, 18)	Varianzanalyse (Kap. 13–14)	logistische Regression (Kap. 21)	Vergleich mehrerer Stichproben (Kap. 13)
hierarchische lineare Modelle (Kap. 19)	verteilungsfreie Verfahren (Kap. 13–14)		Logit-Modell (Kap. 20)
latente Variablen		**latente Variablen**	
UV: quantitativ	UV: qualitativ/quantitativ	UV: quantitativ/qualitativ	UV: qualitativ
lineare Strukturgleichungsmodelle (Kap. 25)	allgemeines Modell mit latenten Variablen (Muthén, 2002)	allgemeines Modell mit latenten Variablen (Muthén, 2002)	allgemeines Modell mit latenten Variablen (Muthén, 2002)

9.5 Weiterer Aufbau des Buches

Den folgenden Kapiteln, in denen wir spezifische inferenzstatistische Verfahren behandeln, liegt folgende Gliederung zugrunde.

Einstichprobentests
Kapitel 10 behandelt Einstichprobentests zur Überprüfung von Hypothesen in Bezug auf Parameter der Population, aus der eine Stichprobe stammt.

Vergleich mehrerer Gruppen
Die Kapitel 11 bis 14 widmen sich dem Vergleich mehrerer Gruppen (Stichproben). Diese Gruppen sind Ausprägungen einer oder mehrerer kategorialer unabhängiger Variablen.

Zusammenhangs- und Regressionsanalyse
Kapitel 15 gibt einen Überblick über (ungerichtete) Zusammenhangsmaße für alle Variablenarten, Kapitel 16 stellt die einfache lineare Regression vor als ein Verfahren zur Analyse eines gerichteten Zusammenhangs zwischen zwei quantitativen Variablen. Kapitel 17 widmet sich der Partialkorrelation als (ungerichtetem) Zusammenhangsmaß zwischen zwei Variablen unter statistischer Kontrolle anderer Variablen.

In Kapitel 18 wird mit der multiplen Regressionsanalyse ein Verfahren eingeführt, das sich zur Analyse gerichteter Zusammenhänge eignet, wenn die abhängige Variable quantitativer Natur ist. Die unabhängigen Variablen können sowohl quantitativer als auch qualitativer Natur sein. Kapitel 19 (hierarchische lineare Modelle) überträgt diesen Ansatz auf Stichproben, die anhand mehrstufiger Stichprobenverfahren gewonnen wurden und eine Mehrebenenstruktur aufweisen.

Kapitel 20 stellt mit den log-linearen Modellen Verfahren zur Analyse des Zusammenhangs zwischen zwei qualitativen Variablen unter statistischer Kontrolle anderer qualitativer Variablen dar. In Kapitel 21 wird gezeigt, dass Unterschiede in einer qualitativen abhängigen Variablen auf Unterschiede in quantitativen und qualitativen Variablen zurückgeführt werden können (logistische Regressionsanalyse).

Modelle mit latenten Variablen
In den Kapiteln 22 bis 25 werden Modelle mit latenten Variablen behandelt, in denen der Einfluss des Messfehlers kontrolliert wird. Kapitel 22 gibt eine Einführung in die Idee des »wahren« Werts und des Messfehlers und stellt Modelle der sog. klassischen Theorie psychometrischer Tests vor. Kapitel 23 zeigt, wie der Zusammenhang zwischen mehreren latenten Variablen untersucht werden kann, die anhand quantitativer beobachteter Variablen bzw. beobachteter Variablen mit geordneten Kategorien erfasst werden (Faktorenanalyse). In Kapitel 24 wird gezeigt, wie man die Anzahl der latenten Variablen und den Zusammenhang zwischen diesen latenten und den beobachteten Variablen anhand empirischer Kriterien ermitteln kann (exploratorische Faktorenanalyse). Kapitel 25 widmet sich der Frage, wie gerichtete Zusammenhänge zwischen latenten Variablen untersucht werden können (lineare Strukturgleichungsmodelle).

Zusammenfassung

▶ Exakte statistische Tests legen der statistischen Entscheidung die exakte Verteilung der Prüfgröße zugrunde, asymptotische Tests eine approximative Verteilung.

▶ Parametrische Test basieren auf einer Annahme über die Verteilung des Merkmals in der Population, nonparametrische (verteilungsfreie) Verfahren kommen ohne eine solche Verteilungsannahme aus.

▶ Robuste Tests werden von Ausreißerwerten nicht oder nur wenig beeinflusst.

▶ Resampling-Verfahren basieren auf der wiederholten Ziehung von Stichproben aus einer vorgegebenen Stichprobe.

▶ Beim nonparametrischen Bootstrapping werden Teilstichproben der Größe n nach dem Modell mit Zurücklegen (bei der Annahme großer Populationen) aus einer Stichprobe der Größe n gezogen.

▶ Beim parametrischen Bootstrapping werden wiederholt Daten aus einer Verteilung gezogen, deren Parameter anhand der Stichprobe geschätzt wurden.

- Rerandomisierungs-Verfahren setzt man ein, wenn der Stichprobe keine klar zu definierende Population zugrunde liegt, Personen aber per Zufall verschiedenen Bedingungen zugeordnet werden können.
- Beim Fisher-Pitman-Randomisierungstest prüft man eine Hypothese eines Gruppenunterschieds, indem man das gefundene Ergebnis mit allen möglichen zufälligen Aufteilungen vergleicht und überprüft, in wie vielen der möglichen Aufteilungen ein gleiches oder noch extremeres Ergebnis aufzufinden ist.
- Endliche Grundgesamtheiten sind dadurch gekennzeichnet, dass ihr Umfang bekannt ist.
- Unendliche Grundgesamtheiten zeichnen sich dadurch aus, dass sich durch das Ziehen eines Elements die Grundgesamtheit nicht ändert.
- Im Falle finiter Populationen muss eine Endlichkeitskorrektur vorgenommen werden, sofern die Stichprobe mehr als 5 % der Population umfasst.
- Fiktive Populationen sind theoretisch konstruierte Populationen, deren konkrete Elemente man nicht kennt.
- Eine einfache Zufallsstichprobe liegt dann vor, wenn alle möglichen Stichproben der Größe n gleiche Wahrscheinlichkeit haben, gezogen zu werden.
- Geschichtete Stichproben basieren auf einer disjunkten und exhaustiven Zerlegung einer Population in unterschiedliche Schichten. Aus jeder Schicht wird eine Zufallsstichprobe gezogen.
- Klumpenstichproben umfassen alle Elemente zufällig ausgewählter Klumpen (fest vorgegebener Teilgruppen) einer Population.
- Bei mehrstufigen Stichprobenverfahren sind die Populationselemente in verschiedenen Ebenen geschachtelt. Auf den verschiedenen Ebenen werden sukzessive Stichproben gezogen.
- Die Einzelfallanalyse bezieht sich auf eine Stichprobe der Größe $n = 1$.
- Es lassen sich im Allgemeinen drei Ausfallprozesse zur Erklärung fehlender Werte unterscheiden: »missing completely at random« (MCAR), »missing at random« (MAR), »missing not at random« (MNAR).
- Statistische Verfahren werden nach unterschiedlichen Kriterien klassifiziert. Zu diesen gehören: (1) univariate vs. bivariate vs. multivariate Verfahren, (2) Verfahren für gerichtete vs. ungerichtete Zusammenhänge, (3) Verfahren für manifeste vs. latente Variablen, (4) Verfahren für diskrete vs. stetige Variablen, (5) Verfahren für nominalskalierte vs. ordinalskalierte vs. metrische Variablen.

Fragen und Übungsaufgaben

Fragen
(1) Was versteht man unter exakten und was unter asymptotischen Tests?
(2) Wodurch zeichnen sich robuste Verfahren aus?
(3) Was ist Bootstrapping?
(4) Wie funktioniert ein Randomisierungstest?
(5) Was ist eine Endlichkeitskorrektur, und wofür wird sie benötigt?
(6) Nennen und erläutern Sie verschiedene Stichprobenarten.
(7) Welche Arten von fehlenden Werten gibt es?
(8) Warum werden multivariate Verfahren benötigt?

Übungsaufgabe
(1) Zeigen Sie, dass es für die im Text behandelte Aufteilung in zwei Therapiegruppen:
Therapie A: 8, 9, 10, 11, 12
Therapie B: 6, 6, 7, 9, 10
fünf mögliche Aufteilungen gibt, die zu einem größeren Summenwert für Therapie A führen.

IV Methoden zum Vergleich von Gruppen

10 Abweichungen von einem fixen Wert

> **Was Sie in diesem Kapitel lernen**
> - Wie testet man, ob ein Mittelwert, ein Median, eine Varianz oder eine relative Häufigkeit signifikant von einem fixen Wert abweicht?
> - Wie testet man, ob die empirische Verteilung eines mehrstufigen kategorialen Merkmals signifikant von einer fixen Verteilung (z. B. einer Gleichverteilung) abweicht?
> - Wie testet man, ob die Verteilungsform eines stetigen Merkmals signifikant von einer spezifischen Verteilungsform (z. B. der Normalverteilung) abweicht?

Bei dem inhaltlichen Beispiel, mit dem wir in Kapitel 8 gearbeitet und an dem wir die Grundprinzipien des statistischen Hypothesentestens veranschaulicht haben, handelte es sich um einen Einstichprobentest. Bei diesem Test wird ein empirischer Mittelwert gegen einen fixen Wert unter der Nullhypothese getestet. In Abschnitt 10.1 werden wir den Einstichprobentest noch einmal zusammenfassend behandeln. Die Testung eines Stichprobenkennwertes gegen einen fixen Wert ist nicht nur für den Mittelwert möglich, sondern auch für andere Stichprobenkennwerte, z. B. den Median (Abschn. 10.2), die Varianz (Abschn. 10.3) oder Proportionen bzw. Häufigkeiten (Abschn. 10.4 und 10.5). In Abschnitt 10.6 werden wir schließlich Tests behandeln, mit denen man überprüfen kann, ob ein stetiges Merkmal aus einer Population mit einer spezifischen Verteilungsform stammt (Anpassungstests).

10.1 Vergleich eines Mittelwerts mit einem fixen Wert (Einstichprobentest)

Statistisches Hypothesenpaar

Die Nullhypothese beim Einstichprobentest lautet, dass der Populationsmittelwert μ eines Merkmals X nicht von einem vorher definierten fixen Wert μ_0 abweicht. Die Alternativhypothese besagt, dass der Populationsmittelwert μ eines Merkmals X von einem vorher definierten fixen Wert μ_0 abweicht. Die Alternativhypothese kann gerichtet (einseitiger Test) oder ungerichtet (zweiseitiger Test) vorliegen. Im ungerichteten Falle lautet das statistische Hypothesenpaar:

$H_0: \mu = \mu_0$ oder $\mu - \mu_0 = 0$
$H_1: \mu \neq \mu_0$ oder $\mu - \mu_0 \neq 0$

Im gerichteten Falle lautet das statistische Hypothesenpaar:

$H_0: \mu \geq \mu_0$ oder $\mu - \mu_0 \geq 0$
$H_1: \mu < \mu_0$ oder $\mu - \mu_0 < 0$

bzw.

$H_0: \mu \leq \mu_0$ oder $\mu - \mu_0 \leq 0$
$H_1: \mu > \mu_0$ oder $\mu - \mu_0 > 0$

Effektgröße und Effektgrößenschätzer

Mit »Populationseffekt« ist im Einstichprobenfall gemeint, wie weit der Populationsmittelwert μ von dem unter der Nullhypothese postulierten Wert μ_0 abweicht. In unstandardisierter Form wird diese Populationseffektgröße als ε bezeichnet: $\varepsilon = \mu - \mu_0$. In standardisierter Form (d. h. relativiert an der Populationsstandardabweichung) wird sie als δ bezeichnet (vgl. Formel F 8.2a):

$$\delta = \frac{\mu - \mu_0}{\sigma_X}$$

Die Konventionen für die Effektgröße δ beim Einstichprobentest lauten nach Cohen (1988):
- $|\delta| \approx 0{,}14$: »kleiner« Effekt
- $|\delta| \approx 0{,}35$: »mittlerer« Effekt
- $|\delta| \approx 0{,}57$: »großer« Effekt.

Schätzt man den Populationseffekt aus den Daten, ergibt sich $e = \bar{x} - \mu_0$ und $d = (\bar{x} - \mu_0)/\sigma_X$ (vgl. Formel F 8.9). Ist die Populationsstandardabweichung von X unbekannt und muss sie aus der Stichprobenstandardabweichung geschätzt werden, ergibt sich für das Effektstärkemaß $d_2 = (\bar{x} - \mu_0)/\hat{\sigma}_X$ (Formel F 8.40).

Bekannte Populationsvarianz: Der Einstichproben-Gauß-Test

Ist das Merkmal X in der Population normalverteilt und sind der Erwartungswert $E(X) = \mu$ und die Standardabweichung σ_X in der Population bekannt, so kann die Mittelwertsvariable $\bar{X}$ über eine z-Transformation in eine standardnormalverteilte Prüfgröße $Z_{\bar{X}}$ überführt werden. Um den Ablehnungsbereich bei gegebenem Signifikanzniveau α zu bestimmen, kann man also auf die Quantile der Standardnormalverteilung zurückgreifen. Dieser sog. Einstichproben-Gauß-Test ist ein exakter Test, wenn X normalverteilt ist. Er ist darüber hinaus ein parametrischer Test, da er auf den Parametern der Normalverteilung (Erwartungswert und Standardabweichung) aufbaut (vgl. Abschn. 9.2.1 und 9.2.2).

Ist das Merkmal X in der Population nicht normalverteilt, so ist bei hinreichend großer Stichprobe (Faustregel: $n \geq 30$) die Prüfgröße $Z_{\bar{X}}$ dennoch approximativ normalverteilt (zentraler Grenzwertsatz, vgl. Abschn. 8.4). In diesem Fall handelt es sich nicht mehr um einen exakten Test, aber dennoch lassen sich die Quantile der Standardnormalverteilung heranziehen, um für die Prüfgröße $Z_{\bar{X}}$ den Ablehnungsbereich approximativ zu bestimmen.

> **Beispiel**
>
> **Einstichproben-Gauß-Test bei $\mu_0 = 30$ und $\sigma_x = 6$**
> Das Merkmal X sei in der Population normalverteilt mit einer Standardabweichung von $\sigma_X = 6$. In einer Stichprobe mit $n = 16$ Personen wird ein Mittelwert von $\bar{x} = 25$ erzielt. Der Forscher will die Hypothese überprüfen, dass die Stichprobe aus einer Population mit einem Erwartungswert von $E(X) = \mu_0 = 30$ stammt. Da man im Vorhinein keine Annahme über die Richtung der Abweichung gemacht hat, handelt es sich um einen zweiseitigen Test mit der Nullhypothese $H_0: \mu - \mu_0 = 0$ und der Alternativhypothese $H_1: \mu - \mu_0 \neq 0$. Die Frage ist nun: Weicht ein Mittelwert von $\bar{x} = 25$ bei $n = 16$ signifikant von $\mu_0 = 30$ ab? Zunächst muss man den empirisch ermittelten Stichprobenmittelwert in einen Wert der Prüfgröße $Z_{\bar{X}}$ transformieren. Hierzu benötigt man den Mittelwert (Erwartungswert) und die Standardabweichung (Standardfehler) von $\bar{X}$. Der Erwartungswert lautet unter der Nullhypothese $\mu_0 = 30$, der Standardfehler ergibt sich gemäß Formel F 8.4 zu $\sigma_{\bar{x}} = \sigma_X/\sqrt{n} = 6/4 = 1{,}5$. Für die empirische Prüfgröße ergibt sich nach Formel F 8.28 ein Wert von $z_{\bar{x}} = (\bar{x} - \mu_0)/\sigma_{\bar{x}} = (25 - 30)/1{,}5 = -3{,}33$. Der kritische Wert, mit dem dieses Ergebnis verglichen werden muss, beträgt bei $\alpha = 5\,\%$ (zweiseitig!) auf der linken Seite der Verteilung $z_{(0{,}025)} = -1{,}96$. Der empirische z-Wert liegt unterhalb des kritischen z-Wertes. Ein Mittelwert von $\bar{x} = 25$ weicht bei $n = 16$ signifikant von $\mu_0 = 30$ ab. Die Nullhypothese wird verworfen.

Ist das Merkmal X in der Population nicht normalverteilt und ist die Stichprobe klein ($n < 30$), führt der Einstichproben-Gauß-Test nicht mehr zu vertrauenswürdigen Ergebnissen. In diesem Fall sollte man auf einen nonparametrischen Test (s. Abschn. 9.2.2) zurückgreifen. Eine Möglichkeit wäre, anstatt des Stichprobenmittelwerts einen anderen Lageparameter der Verteilung heranzuziehen (z. B. den Median) und diesen gegen einen fixen Wert zu testen. Zwei solcher nonparametrischer Tests werden wir in Abschnitt 10.2 kennenlernen.

Unbekannte Populationsvarianz: Der Einstichproben-*t*-Test

Ist das Merkmal in der Population normalverteilt, die Standardabweichung σ_X in der Population jedoch unbekannt, muss man den Standardfehler von $\bar{X}$ aus der geschätzten Populationsstandardabweichung von X bestimmen (s. Formel F 8.23). Standardisiert man die Abweichung $\bar{X} - \mu_0$ am Standardfehler $\hat{\sigma}_{\bar{x}}$, resultiert eine Prüfgröße $T_{\bar{X}}$, die einer t-Verteilung folgt (s. Formel F 8.24). Für den konkreten Mittelwert $\bar{x}$, den man in einer Stichprobe geschätzt hat, erhält man einen t-Wert, den man mit einem kritischen t-Wert vergleichen kann. Um den Ablehnungsbereich bei gegebenem Signifikanzniveau α zu bestimmen, kann man also auf die Quantile der t-Verteilung zurückgreifen, wobei diese Quantile von der Anzahl der Freiheitsgrade (df) abhängen. Die Freiheitsgrade ergeben sich bei diesem sog. Einstichproben-t-Test zu $df = n - 1$.

Da die t-Verteilung für große Stichproben in die Normalverteilung übergeht, können für größere Stichproben (Faustregel: $n \geq 30$) alternativ auch die Quantile der Standardnormalverteilung verwendet werden. Der Gauß-Test ist also ein asymptotischer Test für die Prüfgröße $T_{\bar{X}}$. Der exakte t-Test ist aber immer dem Gauß-Test vorzuziehen.

> **Beispiel**
>
> **Einstichproben-t-Test bei $\mu_0 = 30$ und unbekannter Populationsstreuung**
>
> Das Merkmal X sei in der Population normalverteilt, die Populationsstandardabweichung sei unbekannt. In einer Stichprobe mit $n = 16$ Personen wird ein Mittelwert von $\bar{x} = 25$ und eine empirische Standardabweichung von $s_X = 7{,}985$ erzielt (dies entspricht einem Schätzer der Populationsstandardabweichung von $\hat{\sigma}_X = \sqrt{s_X^2 \cdot n/(n-1)}$ $= \sqrt{63{,}76 \cdot 16/15} = 8{,}247$). Auch hier handelt es sich um einen zweiseitigen Test mit der Nullhypothese $H_0: \mu - \mu_0 = 0$ und der Alternativhypothese $H_1: \mu - \mu_0 \neq 0$. Die Frage lautet nun: Weicht ein Mittelwert von $\bar{x} = 25$ bei $n = 16$ signifikant von $\mu_0 = 30$ ab? Zunächst muss man den empirisch ermittelten Stichprobenmittelwert in einen Prüfgrößenwert $t_{\bar{x}}$ transformieren. Hierzu benötigt man den Mittelwert (Erwartungswert) und die geschätzte Standardabweichung (Standardfehler) von $\bar{X}$. Der Erwartungswert lautet unter der Nullhypothese $\mu_0 = 30$, der geschätzte Standardfehler ergibt sich gemäß Formel F 8.23 zu $\hat{\sigma}_{\bar{X}} = \hat{\sigma}_X/\sqrt{n} = 8{,}247/4 = 2{,}062$. Für die empirische Prüfgröße ergibt sich nach Formel F 8.25 $t_{\bar{x}} = (\bar{x} - \mu_0)/\hat{\sigma}_{\bar{X}}$ $= (25 - 30)/2{,}062 = -2{,}425$. Der kritische Wert, mit dem dieses Ergebnis verglichen werden muss, beträgt bei $\alpha = 5\%$ und $df = 15$ (zweiseitig!) auf der linken Seite der Verteilung $t_{(0{,}025;\,15)} = -2{,}131$. Der empirische t-Wert liegt demnach im Ablehnungsbereich unter der Nullhypothese. Die Nullhypothese wird also verworfen.

Konfidenzintervall für den Mittelwert μ

Ist die Standardabweichung σ_X in der Population bekannt und das Merkmal in der Population normalverteilt, lassen sich die Grenzen des zweiseitigen $(1-\alpha)$-Konfidenzintervalls für den Populationsmittelwert μ wie folgt bestimmen (s. Formel F 8.18):

$$\bar{x} \pm z_{\left(1-\frac{\alpha}{2}\right)} \cdot \sigma_{\bar{X}}$$

Beim einseitigen Konfidenzintervall mit ($H_1: \mu > \mu_0$) lauten die Grenzen (s. Formel F 8.20a):

$$\left[\left(\bar{x} - z_{(1-\alpha)} \cdot \sigma_{\bar{X}}\right); +\infty\right)$$

Beim einseitigen Konfidenzintervall mit ($H_1: \mu < \mu_0$) lauten die Grenzen (s. Formel F 8.20b):

$$\left(-\infty; \left(\bar{x} + z_{(1-\alpha)} \cdot \sigma_{\bar{X}}\right)\right]$$

Ist die Standardabweichung σ_X in der Population unbekannt und verwendet man dementsprechend die Prüfgröße $T_{\bar{X}}$, so lassen sich die Grenzen des zweiseitigen $(1-\alpha)$-Konfidenzintervalls für den Populationsmittelwert μ analog berechnen (s. Formel F 8.26):

$$\bar{x} \pm t_{\left(1-\frac{\alpha}{2};\,df\right)} \cdot \hat{\sigma}_{\bar{X}}$$

Beim einseitigen Konfidenzintervall mit ($H_1: \mu > \mu_0$) lauten die Grenzen (s. Formel F 8.27a):

$$\left[\left(\bar{x} - t_{(1-\alpha;\,df)} \cdot \hat{\sigma}_{\bar{X}}\right); +\infty\right)$$

Beim einseitigen Konfidenzintervall mit ($H_1: \mu < \mu_0$) lauten die Grenzen (s. Formel F 8.27b):

$$\left(-\infty; \left(\bar{x} + t_{(1-\alpha;\,df)} \cdot \hat{\sigma}_{\bar{X}}\right)\right]$$

> **Beispiel**
>
> **Konfidenzintervall für den Mittelwert bei unbekannter Populationsstreuung**
>
> Wo liegen die Grenzen des zweiseitigen 95%-Konfidenzintervalls für μ, wenn der Mittelwert in einer Stichprobe mit $n = 16$ Personen $\bar{x} = 25$ und die Stichprobenstandardabweichung $\hat{\sigma}_X = 8{,}247$ beträgt? Gemäß Formel F 8.26 ergibt sich die Untergrenze des Konfidenzintervalls zu $\mu_u = 25 - 2{,}13 \cdot 2{,}062 = 20{,}61$ und die Obergrenze des Konfidenzintervalls zu $\mu_o = 25 + 2{,}13 \cdot 2{,}062 = 29{,}39$. Das Konfidenzintervall schließt den erwarteten Populationsmittelwert unter der Nullhypothese ($\mu_0 = 30$) nicht mit ein; der Stichprobenmittelwert weicht also signifikant von diesem erwarteten Wert ab.

Konfidenzintervall für die Effektgröße δ bei bekannter Populationsstreuung

Ist das Merkmal in der Population normalverteilt und ist die Populationsstandardabweichung σ_X bekannt, so folgt die Effektstärkenvariable D einer Normalverteilung mit dem Erwartungswert $E(D) = (\mu - \mu_0)/\sigma_X = \delta$ (s. Formel F 8.36) und der Standardabweichung (Standardfehler) $\sigma_D = 1/\sqrt{n}$. In diesem Fall lassen sich die Grenzen des zweiseitigen $(1-\alpha)$-Konfidenzintervalls für die Effektgröße δ nach Formel F 8.39 bestimmen:

$$d \pm z_{\left(1-\frac{\alpha}{2}\right)} \cdot \frac{1}{\sqrt{n}}$$

Beim einseitigen Konfidenzintervall mit ($H_1: \mu > \mu_0$) lauten die Grenzen:

$$\left[\left(d - z_{(1-\alpha)} \cdot \frac{1}{\sqrt{n}}\right); +\infty\right) \qquad \text{(F 10.1a)}$$

Beim einseitigen Konfidenzintervall mit ($H_1: \mu < \mu_0$) lauten die Grenzen:

$$\left(-\infty; \left(d + z_{(1-\alpha)} \cdot \frac{1}{\sqrt{n}}\right)\right] \qquad \text{(F 10.1b)}$$

> **Beispiel**
>
> **Konfidenzintervall für δ**
>
> In einer Stichprobe der Größe $n = 100$ wurde ein Mittelwert von $\bar{x} = 2{,}5$ beobachtet. Die Populationsstandardabweichung ist bekannt und beträgt $\sigma_X = 2$. Der Populationsmittelwert unter der Nullhypothese beträgt $\mu_0 = 0$. Damit ergibt sich als Effektstärke $d = (\bar{x} - \mu_0)/\sigma_X = 2{,}5/2 = 1{,}25$. Der Standardfehler von D beträgt $\sigma_D = 1/\sqrt{n} = 1/10 = 0{,}1$. Wo liegen die Grenzen des zweiseitigen 95%-Konfidenzintervalls für die Effektgröße δ? Setzt man die berechneten Größen in Formel F 8.39 ein, so erhält man:
>
> $$\begin{aligned} d \pm z_{\left(1-\frac{\alpha}{2}\right)} \cdot \frac{1}{\sqrt{n}} &= 1{,}25 \pm 1{,}96 \cdot 0{,}1 \\ &= 1{,}25 \pm 0{,}196 \\ &= [1{,}054\,;\,1{,}446] \end{aligned}$$
>
> Der wahre Populationseffekt δ wird von diesem Intervall mit 95%iger Wahrscheinlichkeit überdeckt.

Konfidenzintervall für die Effektgröße δ bei unbekannter Populationsstreuung

Ist das Merkmal in der Population normalverteilt, die Standardabweichung σ_X in der Population aber unbekannt, so schätzen wir die Effektgröße δ über d_2 (vgl. Formel F 8.40). Die Effektstärkenvariable D_2 folgt einer nonzentralen t-Verteilung mit dem Nonzentralitätsparameter $\lambda = \delta \cdot \sqrt{n}$ (s. Formel F 8.43b).

Die Grenzen des Konfidenzintervalls für die Effektgröße δ lassen sich in diesem Fall aus den Nonzentralitätsparametern λ_u und λ_o bestimmen (Konfidenzintervall-Transformations-Prinzip; Steiger & Fouladi, 1997). Sind diese beiden Nonzentralitätsparameter gefunden, müssen sie über die Formeln $\delta_u = \lambda_u/\sqrt{n}$ und $\delta_o = \lambda_o/\sqrt{n}$ (vgl. Formel F 8.44) in die Metrik der Effektgröße δ (und damit in die Unter- bzw. die Obergrenze deren Konfidenzintervalls) transformiert werden. Ein Beispiel für den Fall des Einstichproben-t-Tests haben wir bereits in Abschnitt 8.6.2 behandelt.

A-priori-Poweranalyse: Bestimmung der optimalen Stichprobengröße

Sind die Irrtumswahrscheinlichkeiten α und β festgelegt und wurde ein hypothetischer Populationseffekt δ_1 spezifiziert, lässt sich die optimale Stichprobengröße für den Einstichprobentest einfach über den Nonzentralitätsparameter λ_1 bestimmen. Löst man Formel F 8.43b nach n auf, ergibt sich:

$$n = \frac{\lambda_1^2}{\delta_1^2} \qquad \text{(F 10.2)}$$

Der Nonzentralitätsparameter λ_1 ergibt sich aus der Teststärke, also dem Flächenanteil unter der nonzentralen Verteilung (z bzw. t), den ein kritischer Wert z_{krit} bzw. t_{krit} nach rechts (bei $\delta_1 > 0$) bzw. nach links (bei $\delta_1 < 0$) abschneidet. Der kritische Wert muss darüber hinaus bei der zentralen z- bzw. t-Verteilung einen Flächenanteil von α (bei einem einseitigen Test) bzw. $\alpha/2$ (bei einem zweiseitigen Test) nach rechts (bei $\delta_1 > 0$) bzw. nach links (bei $\delta_1 < 0$) abschneiden. Sind α und β festgelegt, steht also auch der Nonzentralitätsparameter λ_1 fest. Der Effekt muss a priori festgelegt werden. Hierzu muss man den Populationsmittelwert μ_1 unter der spezifischen Alternativhypothese formulieren. Dann ist die spezifizierte Effektgröße δ_1 wie folgt definiert:

$$\delta_1 = \frac{\mu_1 - \mu_0}{\sigma_X}$$

Der Wert μ_1 ist hier ein hypothetischer Populationsparameter unter einer spezifischen Alternativhypothese. Diesen müssen wir postulieren, um die Stichprobengröße bestimmen zu können. Der Wert μ in Formel F 8.2a hingegen ist der wahre (aber unbekannte) Mittelwert in der Population.

> **Beispiel**
>
> **A-priori-Poweranalyse für $\delta_1 = 0{,}4$, $\alpha = 5\,\%$ und $1-\beta = 90\,\%$**
>
> Bleiben wir beim vorherigen Beispiel: Wie groß müsste die Stichprobe sein, damit ein Einstichproben-t-Test bei einem postulierten Populationseffekt von $\delta_1 = 0{,}4$ auf einem einseitigen α-Niveau von 5 % mit einer Wahrscheinlichkeit von $1-\beta = 90\,\%$ zu dem Ergebnis kommt, dass die Abweichung signifikant ist? Zunächst muss man einen kritischen t-Wert finden, der unter der Nullhypothese (d. h. einer zentralen Verteilung) einen Flächenanteil von 5 % nach rechts und unter der Alternativhypothese (d. h. einer nonzentralen Verteilung) einen Flächenanteil von 90 % nach rechts abschneidet.
>
> Da es sich in unserem Beispiel um t-Verteilungen handelt, deren Form sich in Abhängigkeit von den Freiheitsgraden und dem Nonzentralitätsparameter ändert, benötigt man zur Bestimmung des Nonzentralitätsparameters ein Computerprogramm wie etwa G*Power ( ). Mit Hilfe dieses Programms ermitteln wir einen Nonzentralitätsparameter von $\lambda_1 = 2{,}966$ und einen kritischen Wert von $t_{(df=54)} = 1{,}674$. Dieser Wert schneidet unter einer zentralen t-Verteilung mit 54 Freiheitsgraden einen Flächenanteil von 5 % nach rechts und unter einer nonzentralen t-Verteilung mit 54 Freiheitsgraden und einem Nonzentralitätsparameter von $\lambda_1 = 2{,}966$ einen Flächenanteil von 90 % nach rechts ab. Da wir bereits die Freiheitsgrade der t-Verteilung kennen, liegt auch der Stichprobenumfang n fest, denn beim Einstichprobentest gilt $n = df + 1$, hier also $n = 55$. Um dennoch zu zeigen, dass man mit Hilfe von Formel F 10.2 zum gleichen Ergebnis kommt, setzen wir λ_1 und δ_1 probeweise in diese Formel ein und erhalten $n = \lambda_1^2/\delta_1^2 = 8{,}8/0{,}16 = 55$. Man benötigt also 55 Personen, damit ein Einstichproben-t-Test bei $\delta_1 = 0{,}4$ auf einem einseitigen α-Niveau von 5 % mit einer Wahrscheinlichkeit von $1-\beta = 90\,\%$ zu dem Ergebnis kommt, dass die Abweichung des Mittelwerts von einem fixen Wert signifikant ist.

Weitere Tests

Wir haben den Test eines Stichprobenmittelwerts gegen einen fixen Wert anhand der Normalverteilung beschrieben. In analoger Weise können die Parameter anderer Verteilungen getestet werden. Auch können Hypothesen in Bezug auf robuste Mittelwerte überprüft werden. Solche weiteren Tests für den Einstichprobenfall werden bei Rasch et al. (2008) in Kapitel 6 (Sektion 3/22) beschrieben.

10.2 Vergleich eines Medians mit einem fixen Wert

Bei den in diesem Abschnitt beschriebenen Verfahren wird der Median gegen einen fixen Wert getestet. Diese Verfahren können verwendet werden, wenn das Merkmal X nicht metrisch ist (und daher das arithmetische Mittel nicht zur Bestimmung der zentralen Tendenz verwendet werden kann) oder wenn das Merkmal X zwar stetig, aber nicht normalverteilt und die Stichprobe klein ist ($n < 30$); in diesem Fall würden parametrische Verfahren wie der Einstichproben-Gauß-Test oder der Einstichproben-t-Test nicht zu robusten Ergebnissen kommen.

Statistisches Hypothesenpaar

Die ungerichtete Nullhypothese lautet hier, dass der Populationsmedian η (sprich: »eta«) eines Merkmals X nicht von einem vorher definierten fixen Wert η_0 abweicht. Die ungerichtete Alternativhypothese besagt, dass der Populationsmedian η eines Merkmals X von einem vorher definierten fixen Wert η_0 abweicht. Im ungerichteten Falle lautet das statistische Hypothesenpaar also:

$H_0: \eta = \eta_0$ oder $\eta - \eta_0 = 0$

$H_1: \eta \neq \eta_0$ oder $\eta - \eta_0 \neq 0$

Im gerichteten Falle lautet das statistische Hypothesenpaar:

$H_0: \eta \geq \eta_0$ oder $\eta - \eta_0 \geq 0$

$H_1: \eta < \eta_0$ oder $\eta - \eta_0 < 0$

bzw.

$H_0: \eta \leq \eta_0$ oder $\eta - \eta_0 \leq 0$

$H_1: \eta > \eta_0$ oder $\eta - \eta_0 > 0$

Vorzeichentest

Diesem Test liegt eine sehr einfache Durchführungslogik und dementsprechend eine simple Prüfgröße zugrunde. Man bestimmt für jedes Element (d. h. jede Person) in der Stichprobe, ob der Wert x_m unter dem unter der Nullhypothese erwarteten Median η_0 liegt oder ob er *größer oder gleich* η_0 ist. Man führt also quasi ein Zufallsexperiment durch (Ziehen einer Person aus der Population und Registrierung ihres Wertes x_m), bei dem es zwei mögliche Ereignisse geben kann: $A = \{x_m < \eta_0\}$ und $B = \{x_m \geq \eta_0\}$. Ein solches Experiment wird als Bernoulli-Experiment bezeichnet (s. Abschn. 7.2.2). Für den Fall, dass die Nullhypothese $\eta = \eta_0$ zutrifft, müssten die beiden Ereignisse A und B in der Population die gleiche Wahrscheinlichkeit haben, nämlich $\pi_A = \pi_B = \pi_0 = 0{,}5$. Für den Fall, dass die Alternativhypothese $\eta \neq \eta_0$ zutrifft, müssten die beiden Wahrscheinlichkeiten π_A bzw. π_B ungleich 0,5 sein.

Exakter Test: Binomialverteilung. Der statistische Kennwert beim Vorzeichentest ist die absolute Häufigkeit, mit der das Ereignis $A = \{x_m < \eta_0\}$ beobachtet wird. Dieser Kennwert wird im Folgenden mit s bezeichnet. Die Variable S ist binomialverteilt (s. Abschn. 7.2.3) und hat unter der Nullhypothese einen Erwartungswert von $E(S) = n \cdot 0{,}5$ (vgl. Formel F 7.44) und eine Varianz von $Var(S) = n \cdot 0{,}25$ (vgl. Formel F 7.45). Mit Hilfe eines Verteilungsrechners oder mit entsprechenden Tabellen zur Binomialverteilung (s. Tab. A.1 im Anhang A) lässt sich ablesen, wie groß die Wahrscheinlichkeit für einen Wert s (oder jeden noch extremer gegen die Nullhypothese sprechenden Wert) unter der Nullhypothese ist. Ein solcher Test wird Vorzeichentest genannt, da nur das Vorzeichen der Differenz zwischen x_m und η_0 betrachtet wird.

Asymptotischer Test: z-Verteilung. Bei größeren Stichproben (Faustregel: $n \geq 40$) wird die Binomialverteilung schon sehr gut durch eine Normalverteilung approximiert. Dann kann s in einen z-Wert transformiert werden:

$$z = \frac{s - E(S)}{\sqrt{Var(S)}} \qquad (F\ 10.3)$$

Wenn s die *absolute* Häufigkeit und h die *relative* Häufigkeit der Messwerte ist, die unterhalb des postulierten Medians η_0 liegen, dann besteht zwischen s und h folgende einfache Beziehung: $s = h \cdot n$. Also berechnet sich der z-Wert wie folgt:

$$z = \frac{n \cdot h - n \cdot \pi_0}{\sqrt{n \cdot \pi_0 \cdot (1-\pi_0)}}$$

$$= \frac{n}{\sqrt{n}} \cdot \frac{h - \pi_0}{\sqrt{\pi_0 \cdot (1-\pi_0)}} \qquad (F\ 10.4)$$

$$= \sqrt{n} \cdot \frac{h - \pi_0}{\sqrt{\pi_0 \cdot (1-\pi_0)}}$$

Im Falle der Nullhypothese $\pi_0 = 0{,}5$ vereinfacht sich Formel F 10.4 zu:

$$z = \sqrt{n} \cdot \frac{h - 0{,}5}{0{,}5} \qquad (F\ 10.5)$$

Hier können die Quantile der Standardnormalverteilung zur Bestimmung des kritischen Wertes herangezogen werden.

> **Beispiel**
>
> **Vorzeichentest: Exakter Binomialtest bei $Md = 3$ und $\eta_0 = 5$**
>
> In einer Stichprobe mit $n = 12$ Personen werden für X folgende Werte beobachtet: {1; 2; 2; 2; 3; 3; 3; 5; 7; 9; 12; 15}. Der Stichprobenmedian beträgt hier $Md = 3$; der postulierte Median unter der Nullhypothese betrage $\eta_0 = 5$. Um zu ermitteln, ob der Stichprobenmedian von dem unter der Nullhypothese postulierten Median bedeutsam abweicht, wird ein einseitiger Vorzeichentest mit der Nullhypothese H_0: $\eta \geq 5$ und der Alternativhypothese H_1: $\eta < 5$ durchgeführt. Zunächst zählen wir alle Fälle, in denen ein x_m-Wert unter dem Wert $\eta_0 = 5$ liegt. Dies ist bei $s = 7$ Personen der Fall. Bei $n = 12$ Personen hat die Prüfgröße S bei Gültigkeit der Nullhypothese unter der Binomialverteilung einen Erwartungswert von $E(S) = 12 \cdot 0{,}5 = 6$ und eine Varianz von $Var(S) = 12 \cdot 0{,}25 = 3$. Gesucht ist nun die Wahrscheinlichkeit, mit der mindestens 7 Personen den Median unterschreiten, d. h., dass $s \geq 7$ ist unter der Annahme, dass $\pi_0 = 0{,}5$ ist. Mittels eines Verteilungsrechners oder Tabelle A.1 im Anhang A stellen wir fest, dass die Wahrscheinlichkeit $p(s \geq 7)$ unter der Nullhypothese bei $n = 12$ Personen 0,3871 beträgt. Wir können nicht ausschließen, dass eine Stichprobe mit dem Median $Md = 3$ aus einer Population mit dem Median $\eta_0 = 5$ stammt. Wir können die H_0 nicht ablehnen. Der kritische Wert wäre hier $s_{\text{krit}} = 10$ gewesen, d. h., in der Stichprobe hätten mindestens 10 der 12 Personen einen x_m-Wert kleiner 5 haben müssen, um die Nullhypothese verwerfen zu können, denn $p(s \geq 10 | \pi_0 = 0{,}5; n = 12) = 0{,}019$.

Effektgröße und Effektgrößenschätzer. Als Effektgröße kann auf den γ-Koeffizienten von Cohen (1988) zurückgegriffen werden:

$$\gamma = \pi - \pi_0 \qquad (F\ 10.6)$$

Unter der Nullhypothese ist $\pi_0 = 0{,}5$. Damit vereinfacht sich Formel F 10.6 zu:

$$\gamma = \pi - 0{,}5 \qquad (F\ 10.7)$$

In diesem Fall kann γ (sprich »gamma«) Werte zwischen $-0{,}5$ und $0{,}5$ annehmen. Definiert man π als die Wahrscheinlichkeit, mit der ein beliebiger Wert in der Population *unter* dem unter der Nullhypothese erwarteten Median η_0 liegt, dann bedeutet ein Wert von $\gamma = -0{,}5$, dass in der Population alle Werte *über* dem Wert η_0 liegen. Ein Wert von $\gamma = +0{,}5$ bedeutet, dass alle Werte in der Population *unter* dem Wert η_0 liegen. Ein Wert von $\gamma = 0$ bedeutet, dass in der Population genauso viele Werte über dem Wert η_0 liegen wie darunter. In Anlehnung an Cohen (1988) lassen sich folgende Richtwerte zur Beurteilung der Effektgröße γ benennen:

- $|\gamma| \approx 0{,}05$: »kleiner« Effekt
- $|\gamma| \approx 0{,}15$: »mittlerer« Effekt
- $|\gamma| \approx 0{,}25$: »großer« Effekt.

Die Effektgröße γ kann aus den Daten geschätzt werden, indem man die relative Häufigkeit h aller Messwerte bestimmt, die in der Stichprobe *unter* dem unter der Nullhypothese erwarteten Median η_0 liegen:

$$g = \hat{\gamma} = h - \pi_0 \qquad (F\ 10.8)$$

Bei $\pi_0 = 0{,}5$ vereinfacht sich der Ausdruck zu:

$$g = \hat{\gamma} = h - 0{,}5 \qquad (F\ 10.9)$$

Konfidenzintervall für die Effektgröße γ. Das Konfidenzintervall für die Effektgröße γ erläutern und

Wilcoxon-Vorzeichen-Rangtest

Der Vorzeichentest ist ein verteilungsfreier Test, d. h., er macht keine Annahmen über die Verteilung des Merkmals X in der Population. Dafür schöpft er nur einen sehr kleinen Teil der Information der Daten aus. Ein anderer Test, der mehr Information der Daten nutzt, ist der Wilcoxon-Vorzeichen-Rangtest (Wilcoxon, 1945). Hierbei berechnet man zunächst die Differenzen zwischen x_m und η_0, also $d_m = x_m - \eta_0$. Anhand der Absolutbeträge dieser Differenzen ($|d_m|$) werden dann Rangplätze zugewiesen (Rang 1 für den geringsten Differenzbetrag, Rang 2 für den zweitgeringsten Differenzbetrag usw.). Schließlich wird die Summe der Rangplätze derjenigen Personen berechnet, bei denen die Differenz $d_m > 0$ war. Diese Summe ergibt den Wert der Prüfgröße W^+. Das Komplement dieser Prüfgröße entspricht der Summe der Rangplätze derjenigen Personen, bei denen die Differenz $d_m < 0$ war. Diese Summe ergibt den Wert der Prüfgröße W^-.

Bei Geltung der Nullhypothese dürften sich die Werte der Prüfgrößen W^+ und W^- nur zufällig unterscheiden. Das ist gleichbedeutend mit der Aussage, dass die Wahrscheinlichkeit, mit der die Summe zweier beliebiger Differenzen $(d_m + d_{m'}) > 0$ ist, 50 % beträgt. In diesem Fall entspricht W^+ der Hälfte der Summe aller Rangplätze. Anders gesagt: Der Erwartungswert der Prüfgröße W^+ beträgt bei Geltung der Nullhypothese:

$$E(W^+) = \frac{n \cdot (n+1)}{4} \qquad \text{(F 10.10)}$$

Die Prüfgröße W^+ folgt einer diskreten Verteilung. Die kritischen Werte sind für ausgewählte Stichprobengrößen und Signifikanzniveaus in Tabelle A.4 im Anhang A zusammengestellt. Statistikprogramme berechnen die exakten p-Werte. Bei größeren Stichproben ($n > 20$) ist W^+ approximativ normalverteilt; die Varianz beträgt dann:

$$Var(W^+) = \frac{n \cdot (n+1) \cdot (2 \cdot n + 1)}{24} \qquad \text{(F 10.11)}$$

In diesem Fall kann man einen Wert w^+ der Prüfgröße W^+ in einen z-Wert überführen und die Quantile der Standardnormalverteilung verwenden, um den kritischen Wert zu bestimmen.

> **Beispiel**
>
> **Wilcoxon-Vorzeichen-Rangtest bei $Md = 3$ und $\eta_0 = 5$**
>
> Wir bleiben bei unserem vorherigen Beispiel mit den Messwerten {1; 2; 2; 2; 3; 3; 3; 5; 7; 9; 12; 15}, $Md = 3$ und $\eta_0 = 5$. Stammt die Stichprobe mit dem Median $Md = 3$ aus einer Population mit dem Median $\eta \geq 5$ oder aus einer Population mit dem Median $\eta < 5$? Zunächst berechnen wir für alle Personen die Differenzen zwischen x_m und η_0 und weisen den Personen anhand der Absolutbeträge dieser Differenzen Rangplätze zu. Dabei sind zwei Sonderfälle zu beachten: Rangbindungen (mehrere Fälle mit gleichen Absolutdifferenzen) und Nulldifferenzen. Bei Rangbindungen wird jedem Fall der gleiche durchschnittliche Rang zugewiesen. Beispielsweise wird den Fällen Nr. 5, 6, 7 und 9 ($|d_m| = 2$), auf die sich die Rangplätze 1, 2, 3 und 4 verteilen müssten, der Durchschnitt dieser vier Rangplätze, also 2,5, zugewiesen. Analog verhält es sich mit den Fällen Nr. 2, 3 und 4 ($|d_m| = 3$) sowie den Fällen 1 und 10
>
> **Tabelle 10.1.** Wilcoxon-Vorzeichen-Rangtest: Bildung von absoluten Differenzen (Abweichung von η_0) und entsprechenden Rängen im Datenbeispiel. Fälle mit positiver Differenz d_m sind blau gefärbt – nur sie gehen in den Wert w^+ der Prüfgröße W^+ ein
>
> | m | x_m | d_m | $\lvert d_m \rvert$ | Rang |
> |---|---|---|---|---|
> | 1 | 1 | −4 | 4 | 8,5 |
> | 2 | 2 | −3 | 3 | 6 |
> | 3 | 2 | −3 | 3 | 6 |
> | 4 | 2 | −3 | 3 | 6 |
> | 5 | 3 | −2 | 2 | 2,5 |
> | 6 | 3 | −2 | 2 | 2,5 |
> | 7 | 3 | −2 | 2 | 2,5 |
> | 8 | 5 | 0 | 0 | |
> | 9 | 7 | 2 | 2 | 2,5 |
> | 10 | 9 | 4 | 4 | 8,5 |
> | 11 | 12 | 7 | 7 | 10 |
> | 12 | 15 | 10 | 10 | 11 |

($|d_m| = 4$). Fall Nr. 8 hat eine Differenz von $x_m - \eta_0 = 0$. Diesem Fall wird kein Rangplatz zugewiesen, er wird bei der weiteren Auswertung auch nicht mehr betrachtet (s. Tab. 10.1).

Bei den Fällen Nr. 1 bis 7 ist die Differenz $d_m < 0$, bei den Fällen Nr. 9 bis 12 (blau gefärbt) ist sie $d_m > 0$. Die Summe der Ränge mit positiver Differenz beträgt $w^+ = 2{,}5 + 8{,}5 + 10 + 11 = 32$. Die Summe der Ränge mit negativer Differenz beträgt $w^- = 8{,}5 + 6 + 6 + 6 + 2{,}5 + 2{,}5 + 2{,}5 = 34$. Man sieht bereits, dass die beiden Rangsummen nicht stark voneinander abweichen, was dafür spricht, die Nullhypothese nicht abzulehnen. Mit Hilfe von Tabelle A.4 in Anhang A lässt sich der kritische Wert für w^+ bei $n = 12$ und einem $\alpha = 0{,}05$ ablesen. Er beträgt $w^+_{krit} = 18$. Unser empirisch ermittelter Wert liegt darüber; die Nullhypothese kann also nicht verworfen werden.

Voraussetzungen

Während der Vorzeichentest lediglich voraussetzt, dass die Variable X mindestens ordinalskaliert ist, setzt der Wilcoxon-Vorzeichen-Rangtest voraus, dass die Variable X metrisches Skalenniveau aufweist und in der Population stetig und symmetrisch verteilt ist. Dabei muss sie nicht notwendigerweise normalverteilt sein.

A-priori-Poweranalyse: Bestimmung der optimalen Stichprobengröße

Um die optimale Stichprobe zu bestimmen, sind die Irrtumswahrscheinlichkeiten α und β festzulegen. Wir müssen dann noch eine hypothetische Wahrscheinlichkeit π_1 spezifizieren. Es handelt sich hierbei um die Wahrscheinlichkeit, mit der ein beliebiger Wert in der Population kleiner ist als der festgelegte Populationsmedian η_0. Um deutlich zu machen, dass es sich um einen hypothetischen Wert unter einer spezifischen Alternativhypothese handelt, versehen wir diesen mit dem Index 1. Der Einfachheit halber machen wir uns im Folgenden die Tatsache zunutze, dass die Prüfgrößen sowohl beim Vorzeichentest als auch beim Wilcoxon-Vorzeichen-Rangtest approximativ normalverteilt sind. Für den Vorzeichentest ergibt sich dann zur Bestimmung von n (vgl. Noether, 1987):

$$n = \frac{(z_\alpha + z_\beta)^2}{4 \cdot (\pi_1 - 0{,}5)^2} \quad \text{(F 10.12)}$$

Für den Wilcoxon-Vorzeichen-Rangtest ergibt sich zur Bestimmung von n:

$$n = \frac{(z_\alpha + z_\beta)^2}{3 \cdot (\pi_1 - 0{,}5)^2} \quad \text{(F 10.13)}$$

Dabei bezeichnet z_α denjenigen z-Wert, der einen Flächenanteil von α unter der Standardnormalverteilung nach links abschneidet und z_β denjenigen z-Wert, der einen Flächenanteil von β unter der Standardnormalverteilung nach links abschneidet.

> **Beispiel**
>
> **A-priori-Poweranalyse für $\pi_1 = 0{,}3$**
>
> Wie groß müsste die Stichprobe sein, um auf der Basis eines Vorzeichentests sowie des Wilcoxon-Vorzeichen-Rangtests mit einer Wahrscheinlichkeit von $1 - \beta = 90\,\%$ auf einem einseitigen Signifikanzniveau von $\alpha = 5\,\%$ die Nullhypothese ablehnen zu können, wenn die Wahrscheinlichkeit, mit der ein beliebiger Wert in der Population kleiner ist als ein festgelegter Wert für den Populationsmedian η_0, $\pi_1 = 0{,}3$ beträgt? Zunächst müssen wir die Werte $z_\alpha = z_{(0{,}05)}$ und $z_\beta = z_{(0{,}10)}$ bestimmen. Mit Hilfe eines Verteilungsrechners ermitteln wir $z_{(0{,}05)} = -1{,}645$ und $z_{(0{,}10)} = -1{,}282$. Setzen wir diese beiden Werte in Formel F 10.12 ein, so ergibt sich für den Vorzeichentest:
>
> $$n = \frac{(-1{,}645 + (-1{,}282))^2}{4 \cdot (0{,}3 - 0{,}5)^2} = \frac{8{,}567}{0{,}16} = 53{,}55$$

Für den Wilcoxon-Vorzeichen-Rangtest ergibt sich nach Formel F 10.13:

$$n = \frac{(-1{,}645 + (-1{,}282))^2}{3 \cdot (0{,}3 - 0{,}5)^2} = \frac{8{,}567}{0{,}12} = 71{,}39$$

Es müssten also 54 Personen (beim Vorzeichentest) bzw. 72 Personen (beim Wilcoxon-Vorzeichen-Rangtest) untersucht werden, um mit einer Wahrscheinlichkeit von $1 - \beta = 90\,\%$ auf einem einseitigen Signifikanzniveau von $\alpha = 5\,\%$ die Nullhypothese ablehnen zu können, wenn $\pi_1 = 0{,}3$ beträgt.

Der Vorzeichentest und der Wilcoxon-Vorzeichen-Rangtest sind bei Bortz und Lienert (2008) sowie Bortz et al. (2008) beschrieben. Dort wird auch genauer auf Details eingegangen, die wir aus Platzgründen hier nicht behandelt haben, z. B. wie mit Stichproben umzugehen ist, bei denen viele Messwerte x_m dem unter der Nullhypothese erwarteten Median η_0 entsprechen (und damit deren Differenz $d_m = 0$ ist). Wir werden den beiden Tests in Kapitel 12 noch einmal begegnen, denn beide Tests können auch für den Vergleich von Rängen bei zwei verbundenen (abhängigen) Stichproben verwendet werden.

10.3 Vergleich einer Stichprobenvarianz mit einer Populationsvarianz

Bei dem in diesem Abschnitt beschriebenen Test wird getestet, ob eine Stichprobenvarianz ($\hat{\sigma}_X^2$) aus einer Population mit einer fixen Populationsvarianz σ_0^2 stammt, wenn X normalverteilt ist.

Statistisches Hypothesenpaar

Die Nullhypothese lautet hier, dass die Populationsvarianz σ_X^2 eines Merkmals X nicht von einem vorher definierten fixen Wert σ_0^2 abweicht. Die Alternativhypothese besagt, dass die Populationsvarianz σ_X^2 eines Merkmals X von einem vorher definierten fixen Wert σ_0^2 verschieden ist. Die statistischen Hypothesen können gerichtet (einseitiger Test) oder ungerichtet (zweiseitiger Test) formuliert sein. Im ungerichteten Falle lautet das statistische Hypothesenpaar:

H_0: $\sigma_X^2 = \sigma_0^2$ oder $\dfrac{\sigma_X^2}{\sigma_0^2} = 1$

H_1: $\sigma_X^2 \neq \sigma_0^2$ oder $\dfrac{\sigma_X^2}{\sigma_0^2} \neq 1$

Im gerichteten Falle lautet das statistische Hypothesenpaar:

H_0: $\sigma_X^2 \geq \sigma_0^2$ oder $\dfrac{\sigma_X^2}{\sigma_0^2} \geq 1$

H_1: $\sigma_X^2 < \sigma_0^2$ oder $\dfrac{\sigma_X^2}{\sigma_0^2} < 1$

bzw.

H_0: $\sigma_X^2 \leq \sigma_0^2$ oder $\dfrac{\sigma_X^2}{\sigma_0^2} \leq 1$

H_1: $\sigma_X^2 > \sigma_0^2$ oder $\dfrac{\sigma_X^2}{\sigma_0^2} > 1$

Effektgröße und Effektgrößenschätzer

Der Varianzquotient υ (sprich: »ypsilon«) $= \sigma_X^2/\sigma_0^2$ fungiert als Effektgröße. Je mehr υ von 1 abweicht, desto größer ist der Effekt, d. h., desto stärker weicht eine Populationsvarianz von einem fixen Wert für die Populationsvarianz unter der Nullhypothese ab. Die Effektgröße lässt sich empirisch über den Quotienten v (sprich: »ny«) $= \hat{\sigma}_X^2/\sigma_0^2$ aus den Daten schätzen. Wir schlagen in Anlehnung an Cohens (1988) Taxonomie folgendes Schema zur Bewertung der Effektstärke vor:

▶ $\upsilon \approx 10/9$ bzw. $9/10$ (also $\upsilon \approx 1{,}1$ bzw. $\upsilon \approx 0{,}9$): »kleiner« Effekt
▶ $\upsilon \approx 3/2$ bzw. $2/3$ (also $\upsilon \approx 1{,}5$ bzw. $\upsilon \approx 0{,}67$): »mittlerer« Effekt
▶ $\upsilon \approx 2$ bzw. $1/2$ (also $\upsilon \approx 2$ bzw. $\upsilon \approx 0{,}5$): »großer« Effekt.

Prüfgröße

Ausgangspunkt für den hier beschriebenen Test ist der Quotient aus der Stichprobenvarianz und der Populationsvarianz unter der Nullhypothese $v = \hat{\sigma}_X^2/\sigma_0^2$.

Je weiter v von 1 abweicht, desto eher spricht dies gegen die Gültigkeit der Nullhypothese. Die Umformung dieses Quotienten in eine Prüfgröße mit bekannter Wahrscheinlichkeitsverteilung wollen wir hier kurz veranschaulichen.

Den Quotienten v kann man, indem man für die Stichprobenvarianz im Zähler die Formel F 8.11 zugrunde legt, wie folgt umschreiben:

$$\frac{\hat{\sigma}_X^2}{\sigma_0^2} = \frac{\frac{\sum_{m=1}^{n}(x_m - \bar{x})^2}{n-1}}{\sigma_0^2} = \frac{\sum_{m=1}^{n}(x_m - \bar{x})^2}{\sigma_0^2 \cdot (n-1)} \qquad \text{(F 10.14a)}$$

Multipliziert man mit $(n-1)$, erhält man:

$$\frac{\hat{\sigma}_X^2}{\sigma_0^2} \cdot (n-1) = \frac{\sum_{m=1}^{n}(x_m - \bar{x})^2}{\sigma_0^2}$$

$$= \sum_{m=1}^{n} \frac{(x_m - \bar{x})^2}{\sigma_0^2}$$

$$= \sum_{m=1}^{n} \left(\frac{x_m - \bar{x}}{\sigma_0}\right)^2 \qquad \text{(F 10.14b)}$$

Der Quotient innerhalb der Klammer ist nichts anderes als ein Standardwert (s. Formel F 6.33):

$$\frac{x_m - \bar{x}}{\sigma_0} = z_m$$

Der Ausdruck auf der rechten Seite in Gleichung F 10.14b ist also eine Summe quadrierter Standardwerte:

$$\frac{\hat{\sigma}_X^2}{\sigma_0^2} \cdot (n-1) = \sum_{m=1}^{n} z_m^2 \qquad \text{(F 10.14c)}$$

Wir haben bereits in Abschnitt 7.3.4 festgestellt, dass die Summe quadrierter standardnormalverteilter Zufallsvariablen eine χ^2-verteilte Variable ergibt (vgl. Formel F 7.76). Der Ausdruck auf der rechten Seite in Formel F 10.14c ist also ein χ^2-Wert:

$$\frac{\hat{\sigma}_X^2}{\sigma_0^2} \cdot (n-1) = \chi^2 \qquad \text{(F 10.14d)}$$

Auch haben wir in Abschnitt 7.3.4 bereits gesehen, dass die χ^2-Verteilung über die Anzahl ihrer Freiheitsgrade (df) definiert ist. Mit anderen Worten: Es gibt unendlich viele χ^2-Verteilungen. Die Anzahl der Freiheitsgrade entspricht dabei der Anzahl der quadrierten standardnormalverteilten Variablen, die über Personen von $m = 1$ bis n hinweg aufsummiert werden (vgl. Formel F 7.77). Diese Summe ist jedoch nicht beliebig; sie liegt aufgrund der Standardisierung jedes einzelnen Wertes fest und muss immer $n-1$ betragen. Daher gibt es entsprechend auch nur $n-1$ Summanden, die frei variieren können. Die Anzahl der Freiheitsgrade ergibt sich also hier zu

$$df = n - 1. \qquad \text{(F 10.15)}$$

Die χ^2-Verteilung kann herangezogen werden, um den kritischen Wert unter der Nullhypothese zu bestimmen und einen statistischen Schluss zu fällen. Man geht hierbei wie folgt vor:

▶ **Alternativhypothese** $\sigma_x^2 < \sigma_0^2$: Man vergleicht den empirisch gewonnenen χ^2-Wert mit dem kritischen $\chi^2_{(\alpha;df)}$-Wert. Gilt $\chi^2 < \chi^2_{(\alpha;df)}$, so verwirft man die Nullhypothese.

▶ **Alternativhypothese** $\sigma_x^2 > \sigma_0^2$: Man vergleicht den empirisch gewonnenen χ^2-Wert mit dem kritischen $\chi^2_{(1-\alpha;df)}$-Wert. Gilt $\chi^2 > \chi^2_{(1-\alpha;df)}$, so verwirft man die Nullhypothese.

▶ **Alternativhypothese** $\sigma_x^2 \neq \sigma_0^2$: Man vergleicht den empirisch gewonnenen χ^2-Wert mit den kritischen Werten $\chi^2_{(\alpha/2;df)}$ und $\chi^2_{(1-\alpha/2;df)}$. Gilt $\chi^2 < \chi^2_{(\alpha/2;df)}$ oder $\chi^2 > \chi^2_{(1-\alpha/2;df)}$, so verwirft man die Nullhypothese.

Voraussetzungen

Die Feststellung, dass der χ^2-Wert definiert ist als eine Summe quadrierter Standardwerte, macht schon eine wesentliche Voraussetzung für die Anwendung dieses Tests deutlich: Das Merkmal X, um dessen Varianz es geht, muss in der Population normalverteilt sein.

Konfidenzintervall für die Populationsvarianz

Das Konfidenzintervall für die Populationsvarianz σ_X^2 lässt sich über die χ^2-Verteilung der Prüfgröße in Gleichung F 10.14d herleiten. Hierzu ersetzen wir σ_0^2 durch σ_X^2. Wir bezeichnen mit $\hat{\Sigma}_X$ die Variable, deren Ausprägungen die einzelnen Stichprobenvari-

> **Beispiel**
>
> **Sind Psychologiestudierende homogener in Bezug auf ihre Perspektivenübernahmefähigkeiten als die Gesamtbevölkerung?**
>
> Eine Universitätsdozentin vermutet, dass Psychologiestudierende im Hinblick auf ihre Fähigkeiten zur Perspektivenübernahme eine größere Homogenität als die Gesamtbevölkerung aufweisen. Sie geht also von der Alternativhypothese $\sigma_X^2 < \sigma_0^2$ aus. Konkret nimmt sie an, dass die Perspektivenübernahmefähigkeit von Psychologiestudierenden eine geringere Varianz hat als die Perspektivenübernahmefähigkeit der Gesamtbevölkerung. Die Dozentin verwendet zur Überprüfung ihrer Hypothese einen Test zur Perspektivenübernahmefähigkeit, der an einer großen Stichprobe erprobt und normiert wurde. Die Testwerte sind in der Population normalverteilt; der Populationsmittelwert beträgt $\mu = 20$ und die Populationsvarianz $\sigma_0^2 = 25$. Die Testwerte erhebt sie an einer Zufallsstichprobe von $n = 150$ Psychologiestudierenden im ersten Semester. In dieser Stichprobe ermittelt sie einen Mittelwert von $\bar{x} = 30$ und eine Stichprobenvarianz von $\hat{\sigma}_X^2 = 18{,}12$. Der Wert liegt tatsächlich unter der Populationsvarianz von 25. Ist dieser Unterschied auf dem 5 %-Niveau signifikant?
>
> Da die Alternativhypothese gerichtet ist ($H_1: \sigma_X^2 < \sigma_0^2$), wird der χ^2-Test einseitig durchgeführt. Wir suchen also den kritischen $\chi^2_{(\alpha; df)}$-Wert, der unter einer zentralen χ^2-Verteilung mit $df = n - 1 = 149$ Freiheitsgraden einen Flächenanteil von $\alpha = 5\,\%$ nach links abschneidet. Mit Hilfe eines Verteilungsrechners ermitteln wir einen Wert von $\chi^2_{(0{,}05;\,149)} = 121{,}78$ (s. auch Tab. A.5 im Anhang A). Liegt der empirische χ^2-Wert unterhalb dieses kritischen Wertes, ist die Abweichung der Varianz von σ_0^2 signifikant. Zur Berechnung des empirischen χ^2-Wertes setzen wir die Werte in Formel F 10.14d ein und erhalten $\chi^2 = 18{,}12/25 \cdot 149 = 108$. Dieser Wert ist in der Tat kleiner als der kritische Wert von $\chi^2_{(0{,}05;\,149)} = 121{,}78$. Er schneidet unter der zentralen χ^2-Verteilung lediglich einen Flächenanteil von $p = 0{,}0047$ nach links ab. Die Nullhypothese $H_0: \sigma_X^2 \geq \sigma_0^2$ wird abgelehnt. Psychologiestudierende haben in diesem Test tatsächlich homogenere Werte als die Gesamtbevölkerung.

anzen $\hat{\sigma}_X^2$ sind. Aufgrund von Gleichung F 10.14d erhalten wir nach der in Abschnitt 8.5.2 beschriebenen Vorgehensweise zur Definition von Konfidenzintervallen zunächst:

$$P\left(\chi^2_{\left(\frac{\alpha}{2}; df\right)} \leq \frac{\hat{\Sigma}_X^2}{\sigma_X^2} \cdot (n-1) \leq \chi^2_{\left(1-\frac{\alpha}{2}; df\right)}\right) = 1 - \alpha$$

(F 10.16a)

Diese Gleichung lässt sich nun in ein Konfidenzintervall für σ_X^2 umformen:

$$P\left(\frac{\hat{\Sigma}_X^2 \cdot (n-1)}{\chi^2_{\left(1-\frac{\alpha}{2}; df\right)}} \leq \sigma_X^2 \leq \frac{\hat{\Sigma}_X^2 \cdot (n-1)}{\chi^2_{\left(\frac{\alpha}{2}; df\right)}}\right) = 1 - \alpha$$

(F 10.16b)

Für ein Konfidenzintervall in einer spezifischen Untersuchung, in der man die Stichprobenvarianz $\hat{\sigma}_X^2$ erhalten hat, ergibt sich dann als untere Grenze für das Konfidenzintervall:

$$\sigma_u^2 = \frac{\hat{\sigma}_X^2}{\chi^2_{\left(1-\frac{\alpha}{2}; df\right)}} \cdot (n-1)$$

(F 10.16c)

Dabei bezeichnet $\chi^2_{(1-\alpha/2; df)}$ den χ^2-Wert, der einen Flächenanteil von $\alpha/2$ unter einer zentralen χ^2-Verteilung mit df Freiheitsgraden nach rechts abschneidet. Die Obergrenze bezeichnen wir mit σ_o^2. Sie ergibt sich wie folgt:

$$\sigma_o^2 = \frac{\hat{\sigma}_X^2}{\chi^2_{\left(\frac{\alpha}{2}; df\right)}} \cdot (n-1)$$

(F 10.16d)

Dabei bezeichnet $\chi^2_{(\alpha/2;df)}$ den χ^2-Wert, der einen Flächenanteil von $\alpha/2$ unter einer zentralen χ^2-Verteilung mit df Freiheitsgraden nach links abschneidet. Es ist wichtig zu beachten, dass im Gegensatz zu anderen Konfidenzintervallen die untere Grenze über das $(1-\alpha)$-Quantil und nicht über das α-Quantil bestimmt wird. Entsprechend wird die obere Grenze über das α-Quantil und nicht über das $(1-\alpha)$-Quantil berechnet. Dies kommt daher, dass die Populationsvarianz in Gleichung F 10.16a im Nenner steht, nicht aber im Konfidenzintervall in Gleichung F 10.16b.

Beim einseitigen Konfidenzintervall ($H_1: \sigma_X^2 < \sigma_0^2$) lautet die Obergrenze

$$\sigma_o^2 = \frac{\hat{\sigma}_X^2}{\chi^2_{(\alpha;df)}} \cdot (n-1). \quad \text{(F 10.17a)}$$

Dabei bezeichnet $\chi^2_{(\alpha;df)}$ den χ^2-Wert, der einen Flächenanteil von α unter einer zentralen χ^2-Verteilung mit df Freiheitsgraden nach links abschneidet. Die Untergrenze ist $\sigma_u^2 = 0$.

Beim einseitigen Konfidenzintervall ($H_1: \sigma_X^2 > \sigma_0^2$) lautet die Obergrenze $\sigma_o^2 = \infty$; die Untergrenze liegt bei

$$\sigma_u^2 = \frac{\hat{\sigma}_X^2}{\chi^2_{(1-\alpha;df)}} \cdot (n-1). \quad \text{(F 10.17b)}$$

Dabei bezeichnet $\chi^2_{(1-\alpha;df)}$ den χ^2-Wert, der einen Flächenanteil von α unter einer zentralen χ^2-Verteilung mit df Freiheitsgraden nach rechts abschneidet.

> **Beispiel**
>
> **Konfidenzintervall für das Beispiel der Perspektivenübernahme**
>
> Für unser Beispiel der Perspektivenübernahme erhalten wir als obere Grenze für das einseitige Konfidenzintervall:
>
> $$\sigma_o^2 = \frac{\hat{\sigma}_X^2}{\chi^2_{(\alpha;df)}} \cdot (n-1) = \frac{18{,}12}{121{,}78} \cdot 149 = 22{,}17$$
>
> Die postulierte Populationsvarianz von $\sigma_0^2 = 25$ liegt außerhalb des Konfidenzintervalls [0; 22,17]. Dies muss auch so sein, da die Stichprobenvarianz ja signifikant von der postulierten Populationsvarianz abgewichen ist.

Konfidenzintervall für die Effektgröße v

Zur Bestimmung des Konfidenzintervalls für die Effektgröße $v = \sigma_X^2/\sigma_0^2$ benötigen wir die Stichprobenkennwerteverteilung der Variablen $V = \hat{\Sigma}_X^2/\sigma_0^2$, deren Werte die geschätzten Effektgrößen $v = \hat{\sigma}_X^2/\sigma_0^2$ in einer einzelnen Studie sind. Da die Stichprobenvarianz ein erwartungstreuer Schätzer der Populationsvarianz ist, ist der Erwartungswert der Variablen V:

$$E(V) = \frac{\sigma_X^2}{\sigma_0^2} \quad \text{(F 10.18)}$$

Liegt ein Effekt vor, so ist der Erwartungswert der Variablen V um den Faktor σ_X^2/σ_0^2 größer als unter der Nullhypothese, wo er den Wert 1 hat. Bei Gültigkeit der Nullhypothese folgt die mit $n-1$ gewichtete Variable V einer zentralen χ^2-Verteilung mit $n-1$ Freiheitsgraden (s. Formel F 10.14d). Liegt ein Effekt vor, folgt $(n-1) \cdot V$ einer mit dem Faktor $v = \sigma_X^2/\sigma_0^2$ gewichteten zentralen χ^2-Verteilung mit $n-1$ Freiheitsgraden. Die Grenzen des Konfidenzintervalls lassen sich somit über die mit dem Faktor σ_X^2/σ_0^2 gewichteten Quantile der zentralen χ^2-Verteilung mit $n-1$ Freiheitsgraden bestimmen. Nach Gleichung F 10.16a erhalten wir:

$$P\left(v \cdot \chi^2_{\left(\frac{\alpha}{2};df\right)} \leq \frac{\hat{\Sigma}_X^2}{\sigma_0^2} \cdot (n-1) \leq v \cdot \chi^2_{\left(1-\frac{\alpha}{2};df\right)} \right) = 1-\alpha$$

(F 10.19a)

Hieraus ergibt sich durch Umformen:

$$P\left(\frac{\hat{\Sigma}_X^2 \cdot (n-1)}{\sigma_0^2 \cdot \chi^2_{\left(1-\frac{\alpha}{2};df\right)}} \leq v \leq \frac{\hat{\Sigma}_X^2 \cdot (n-1)}{\sigma_0^2 \cdot \chi^2_{\left(\frac{\alpha}{2};df\right)}} \right) = 1-\alpha$$

(F 10.19b)

Diese Gleichung ist äquivalent zu:

$$P\left(\frac{V \cdot (n-1)}{\chi^2_{\left(1-\frac{\alpha}{2};df\right)}} \leq v \leq \frac{V \cdot (n-1)}{\chi^2_{\left(\frac{\alpha}{2};df\right)}} \right) = 1-\alpha \quad \text{(F 10.19c)}$$

Für eine in einer Untersuchung geschätzte Effektgröße v ergeben sich daher die folgenden Unter- und Obergrenzen für ein zweiseitiges $(1-\alpha)$-Konfidenzintervall für die Effektgröße v:

$$v_{\mathrm{u}} = \frac{v}{\chi^2_{\left(1-\frac{\alpha}{2};df\right)}} \cdot (n-1) \quad \text{und} \quad v_{\mathrm{o}} = \frac{v}{\chi^2_{\left(\frac{\alpha}{2};df\right)}} \cdot (n-1)$$

(F 10.20a)

Für Effektgrößen werden typischerweise zweiseitige Konfidenzintervalle bestimmt, da sie die Präzision widerspiegeln, mit der eine bestimmte Effektgröße geschätzt wird. Grundsätzlich lassen sich jedoch auch einseitige Konfidenzintervalle bestimmen. Analog zu Gleichung F 10.17a erhält man das einseitige $(1-\alpha)$-Konfidenzintervall:

$$\left[0;\frac{v}{\chi^2_{(\alpha;df)}} \cdot (n-1)\right]$$

(F 10.20b)

Mit Gleichung F 10.17b korrespondiert das einseitige Konfidenzintervall:

$$\left[\frac{v}{\chi^2_{(1-\alpha;df)}} \cdot (n-1); \infty\right)$$

(F 10.20c)

Beispiel

95 %-Konfidenzintervall für die Effektgröße für das Beispiel der Perspektivenübernahme

In unserem Beispiel zur Perspektivenübernahme erhalten wir als Wert der Effektgröße v:

$$v = \frac{\hat{\sigma}^2_X}{\sigma^2_0} = \frac{18{,}12}{25} = 0{,}725$$

Hieraus ergibt sich das einseitige 0,95-Konfidenzintervall zu:

$$\left[0;\frac{v}{\chi^2_{(\alpha;df)}} \cdot (n-1)\right] = \left[0;\frac{0{,}725}{121{,}78} \cdot 149\right] = [0;0{,}887]$$

Der Wert 1 liegt außerhalb des Konfidenzintervalls, was auch zu erwarten war, da die Stichprobenvarianz signifikant von der postulierten Populationsvarianz abgewichen ist. Das einseitige Konfidenzintervall korrespondiert zum einseitigen Test. Wir erkennen an ihm aber nicht, wie genau die Effektgröße geschätzt wurde. Daher berichten wir auch noch das zweiseitige 0,95-Konfidenz-

intervall:

$$\left[\frac{v}{\chi^2_{\left(1-\frac{\alpha}{2};df\right)}} \cdot (n-1); \frac{v}{\chi^2_{\left(\frac{\alpha}{2};df\right)}} \cdot (n-1)\right]$$
$$= \left[\frac{0{,}725}{184{,}687} \cdot 149; \frac{0{,}725}{117{,}098} \cdot 149\right] = [0{,}585; 0{,}922]$$

Hieran erkennt man, dass das Intervall [0,585; 0,922] die Populationseffektgröße mit einer Wahrscheinlichkeit von 95 % überdeckt.

A-priori-Poweranalyse: Bestimmung der optimalen Stichprobengröße

Sind die Irrtumswahrscheinlichkeiten α und β festgelegt und ein hypothetischer Populationseffekt v_1 spezifiziert, lässt sich die optimale Stichprobengröße für den hier beschriebenen χ^2-Test einfach bestimmen. Die Prüfgröße folgt unter der Nullhypothese einer zentralen χ^2-Verteilung mit $df = n-1$ Freiheitsgraden; unter der spezifischen Alternativhypothese folgt sie einer zentralen χ^2-Verteilung mit $df = n-1$ Freiheitsgraden, die mit dem Faktor σ^2_1/σ^2_0 gewichtet wird. Daher lässt sich die optimale Stichprobengröße einfach bestimmen (Rasch et al., 2008). Hierfür unterscheiden wir drei Fälle.

Einseitiger Test und $v_1 > 1$. In diesem Fall entspricht die optimale Stichprobengröße n dem kleinsten Wert, für den der Ausdruck auf der rechten Seite der Gleichung

$$v = \frac{\chi^2_{(1-\alpha;n-1)}}{\chi^2_{(\beta;n-1)}}$$

(F 10.21a)

kleiner oder gleich der postulierten Effektgröße v_1 ist. Diesen Wert und die Werte in den drei folgenden Bedingungen kann man mit Hilfe des Programms G*Power (🖱) bestimmen.

Einseitiger Test und $v_1 < 1$. In diesem Fall entspricht die optimale Stichprobengröße n dem kleinsten Wert, für den der Ausdruck auf der rechten Seite der Gleichung

$$v = \frac{\chi^2_{(1-\beta;n-1)}}{\chi^2_{(\alpha;n-1)}}$$

(F 10.21b)

▶ kleiner oder gleich der postulierten Effektgröße v_1 ist.

Zweiseitiger Test. In diesem Fall legt man nur die Größe des Effekts, nicht aber seine Richtung fest, d. h., man geht davon aus, dass der Effekt entweder v_1 oder $1/v_1$ beträgt. Falls $\beta \geq \alpha/2$ ist, entspricht die optimale Stichprobengröße n dem kleinsten Wert, für den der Ausdruck auf der rechten Seite der Gleichung

$$v = \frac{\chi^2_{(1-\alpha/2;\,n-1)}}{\chi^2_{(\beta;\,n-1)}} \qquad \text{(F 10.21d)}$$

kleiner oder gleich der postulierten Effektgröße v_1 ist. Zur Bestimmung der optimalen Stichprobengröße greift man am besten auf ein Statistikprogramm wie G*Power zurück, das die optimale Stichprobengröße für verschiedene Bedingungen bestimmt.

> **Beispiel**
>
> **A-priori-Poweranalyse für $v_1 = 1{,}5$**
> Wie groß muss die Stichprobe sein, um mit einem einseitigen Test auf einem Signifikanzniveau von $\alpha = 1\,\%$ mit $1 - \beta = 90\,\%$ die Nullhypothese verwerfen zu können, wenn der Populationseffekt $v_1 = 1{,}5$ beträgt (was unserer Taxonomie zufolge einem mittleren Effekt entsprechen würde)? Mit Hilfe des Programms G*Power ermitteln wir eine optimale Stichprobengröße von $n = 155$. Um die Gleichung F 10.21a zu illustrieren, setzen wir das 0,99-Quantil und das 0,10-Quantil der zentralen χ^2-Verteilung mit $df = 154$ Freiheitsgraden in diese Gleichung ein:
>
> $$\frac{\chi^2_{(1-\alpha;\,n-1)}}{\chi^2_{(\beta;\,n-1)}} = \frac{\chi^2_{(0{,}99;\,154)}}{\chi^2_{(0{,}10;\,154)}} = \frac{197{,}7418}{131{,}9805} = 1{,}498$$
>
> Wie man sieht, erhält man mit sehr großer Annäherung den Wert von 1,5.

10.4 Vergleich einer relativen Häufigkeit mit einer theoretischen Wahrscheinlichkeit (Binomialtest)

Allgemein gesagt wird bei dem in diesem Abschnitt beschriebenen Binomialtest getestet, ob die empirisch beobachtete relative Häufigkeit (h_1), mit der ein dichotomes Merkmal X mit den möglichen Ausprägungen $x = 0$ und $x = 1$ den Wert $x = 1$ annimmt, aus einer Population stammt, in der die Wahrscheinlichkeit für $P(X = 1) = \pi$ dem Wert π_0 entspricht.

Statistisches Hypothesenpaar

Die ungerichtete Nullhypothese lautet hier, dass die Wahrscheinlichkeit π nicht von einem vorher definierten fixen Wert π_0 abweicht. Die ungerichtete Alternativhypothese besagt, dass die Wahrscheinlichkeit π von einem vorher definierten fixen Wert π_0 abweicht. Im ungerichteten Falle lautet das statistische Hypothesenpaar also:

H_0: $\pi = \pi_0$

H_1: $\pi \neq \pi_0$

Im gerichteten Falle lautet das statistische Hypothesenpaar:

H_0: $\pi \leq \pi_0$

H_1: $\pi > \pi_0$

bzw.

H_0: $\pi \geq \pi_0$

H_1: $\pi < \pi_0$

Prüfgröße

Der Wert der Prüfgröße S ist die Anzahl der Fälle mit der Merkmalsausprägung $x = 1$ in einer Zufallsstichprobe vom Umfang n:

$$s = \sum_{m=1}^{n} x_m = n \cdot h_1 \qquad \text{(F 10.22)}$$

Dabei ist h_1 die *relative* Häufigkeit, mit der in der Stichprobe die Merkmalsausprägung $x = 1$ beobachtet wurde. Die Prüfgröße S ist exakt binomialverteilt. Deshalb wird dieser Test auch als Binomialtest bezeichnet. Die Logik des Binomialtests haben wir schon im Zusammenhang mit dem Vorzeichentest (s. Abschn. 10.2) besprochen. Kennt man die beiden Parameter der Binomialverteilung, den Stichprobenumfang (n) und die Wahrscheinlichkeit für $x = 1$ unter der Nullhypothese (π_0), kann man mit einem Verteilungsrechner oder einer Tabelle den kritischen s-Wert für ein festgelegtes Signifikanzniveau α bestimmen.

Bei größeren Stichproben ($n \geq 40$) wird die Binomialverteilung schon sehr gut durch eine Normalverteilung approximiert; in diesem Fall können die Quantile der Standardnormalverteilung zur Bestimmung des kritischen Wertes herangezogen werden (s. Formel F 10.5).

> **Beispiel**
>
> **Verliebt man sich in der ersten Jahreshälfte häufiger als in der zweiten?**
> Ein Paarforscher vermutet, dass die Wahrscheinlichkeit, sich zwischen Januar und Juni zu verlieben, größer ist als die Wahrscheinlichkeit, sich zwischen Juli und Dezember zu verlieben. Er befragt $n = 300$ Paare und findet, dass die absolute Häufigkeit derjenigen Paare, die sich in der ersten Jahreshälfte verliebt hatten, $n_1 = s = 182$ beträgt, während die absolute Häufigkeit derjenigen Paare, die sich in der zweiten Jahreshälfte verliebt hatten, $n_0 = 118$ beträgt. Damit ergibt sich $h_1 = 0{,}607$. Ist diese relative Häufigkeit signifikant von der unter der Nullhypothese erwarteten Wahrscheinlichkeit $\pi_0 = 0{,}5$ verschieden? Bei $\pi_0 = 0{,}5$ und $n = 300$ ergibt sich für den einseitigen Test auf einem Signifikanzniveau von $\alpha = 0{,}05$ ein kritischer Wert von $s_{\text{krit}} = 164$. Diesen Wert erhält man mit Hilfe eines Verteilungsrechners für die Binomialverteilung (s. die entsprechenden Links in den Online-Materialien; s. auch Tab. A.1 in Anhang A). Unser Wert von $s = 182$ ist größer als der kritische s-Wert. Wir verwerfen daher die Nullhypothese.
>
> Aufgrund der großen Stichprobe kann auch die standardnormalverteilte Prüfgröße Z für den approximativen statistischen Test herangezogen werden. Unter der Nullhypothese ergibt sich gemäß Formel F 10.5 ein z-Wert von
> $z = \sqrt{300} \cdot (0{,}607 - 0{,}5)/0{,}5 = 17{,}32 \cdot 0{,}214 = 3{,}7$.
> Der kritische Wert unter der Nullhypothese bei einem einseitigen Test mit $\alpha = 5\,\%$ lautet $z_{\text{krit}} = 1{,}65$. Der hier gefundene Wert von 3,7 liegt weit über diesem kritischen Wert. Die Nullhypothese kann also abgelehnt werden: Den Ergebnissen dieser (fiktiven) Untersuchung zufolge verliebt man sich in der ersten Jahreshälfte eher als in der zweiten.

Effektgröße γ

Die Effektgröße γ und die Schätzung der Effektgröße anhand des Koeffizienten g haben wir bereits für den Vorzeichentest in Abschnitt 10.2 besprochen. Sie lautet für den hier beschriebenen Binomialtest in gleicher Weise $\gamma = \pi - \pi_0$ und wird über $g = \hat{\gamma} = h_1 - \pi_0$ geschätzt. Im Folgenden zeigen wir nun, wie das Konfidenzintervall geschätzt werden kann. Da man die Effektgröße γ dadurch erhält, dass man von der Wahrscheinlichkeit π den Wert π_0 abzieht, können die Grenzen des Konfidenzintervalls aus den Grenzen des Konfidenzintervalls für die Populationswahrscheinlichkeit π bestimmt werden.

Konfidenzintervall für die Wahrscheinlichkeit π

Verwendet man aufgrund einer hinreichend großen Stichprobe die standardnormalverteilte Prüfgröße Z (Formel F 10.3), so lassen sich aus dieser die Grenzen eines approximativen Konfidenzintervalls für die Wahrscheinlichkeit π nach dem in Kapitel 8 beschriebenen Vorgehen herleiten. Diese Herleitung findet sich bei Hartung et al. (2005), und wir verzichten daher auf ihre formale Darstellung. Wir berichten nur die Grenzen des zweiseitigen Konfidenzintervalls, da man üblicherweise an der Präzision der Schätzung der Wahrscheinlichkeit interessiert ist. Als Intervallgrenzen erhält man:

$$\pi_u = \frac{2 \cdot n \cdot h_1 + z^2_{\left(1-\frac{\alpha}{2}\right)} - z_{\left(1-\frac{\alpha}{2}\right)} \cdot \sqrt{z^2_{\left(1-\frac{\alpha}{2}\right)} + 4 \cdot n \cdot h_1 \cdot (1 - h_1)}}{2 \cdot \left(n + z^2_{\left(1-\frac{\alpha}{2}\right)}\right)}$$

(F 10.23)

$$\pi_o = \frac{2 \cdot n \cdot h_1 + z^2_{\left(1-\frac{\alpha}{2}\right)} + z_{\left(1-\frac{\alpha}{2}\right)} \cdot \sqrt{z^2_{\left(1-\frac{\alpha}{2}\right)} + 4 \cdot n \cdot h_1 \cdot (1 - h_1)}}{2 \cdot \left(n + z^2_{\left(1-\frac{\alpha}{2}\right)}\right)}$$

(F 10.24)

Für die Effektgröße γ lassen sich hieraus die Grenzen eines approximativen Konfidenzintervalls bestimmen über

$$\gamma_u = \pi_u - \pi_0 \quad \text{und} \quad \gamma_o = \pi_o - \pi_0. \qquad \text{(F 10.25)}$$

Zu beachten ist der Unterschied zwischen der unteren Intervallgrenze π_o und der Wahrscheinlichkeit unter der Nullhypothese π_0.

> **Beispiel**
>
> **Konfidenzintervall für die Wahrscheinlichkeit π und die Effektgröße γ bei $h_1 = 0{,}55$**
>
> Wo liegen die Grenzen des zweiseitigen 95%-Konfidenzintervalls für die Wahrscheinlichkeit, mit der eine dichotome Variable X in der Population den Wert $x = 1$ annimmt, wenn die empirisch ermittelte absolute Häufigkeit in einer Stichprobe mit $n = 120$ Personen $n_1 = s = 66$ beträgt? Die empirisch ermittelte relative Häufigkeit ist hier $h_1 = 66/120 = 0{,}55$. Nach den Gleichungen F 10.23 und F 10.24 erhält man folgende Intervallgrenzen des zweiseitigen 0,95-Konfidenzintervalls:
>
> $$\pi_u = \frac{2 \cdot 120 \cdot 0{,}55 + 1{,}96^2 - 1{,}96 \cdot \sqrt{\begin{pmatrix}1{,}96^2 + 4 \cdot 120\\ \cdot 0{,}55 \cdot 0{,}45\end{pmatrix}}}{2 \cdot (120 + 1{,}96^2)}$$
>
> $= 0{,}4608$
>
> $$\pi_o = \frac{2 \cdot 120 \cdot 0{,}55 + 1{,}96^2 + 1{,}96 \cdot \sqrt{\begin{pmatrix}1{,}96^2 + 4 \cdot 120\\ \cdot 0{,}55 \cdot 0{,}45\end{pmatrix}}}{2 \cdot (120 + 1{,}96^2)}$$
>
> $= 0{,}6361$
>
> Für das zweiseitige 0,95-Konfidenzintervall für die Effektgröße γ ergeben sich bei einer unter der H_0 postulierten Wahrscheinlichkeit von $\pi_0 = 0{,}5$ eine untere Intervallgrenze von $\gamma_u = 0{,}4608 - 0{,}5 = -0{,}0392$ und eine obere Intervallgrenze von $\gamma_o = 0{,}1361$. Dieses Konfidenzintervall schließt die 0 mit ein, ebenso wie das Konfidenzintervall für π den Wert 0,5 umfasst. Die Nullhypothese $\pi = 0{,}50$ wird daher beibehalten.

Teststärke

Die Bestimmung der Teststärke eines Binomialtests wollen wir hier anhand des exakten Tests, d. h. unter der Annahme einer binomialverteilten Prüfgröße S, behandeln. Unter der Nullhypothese ist der Erwartungswert dieser Prüfgröße $n \cdot \pi_0$. Unter der spezifischen Alternativhypothese ist der Erwartungswert $n \cdot \pi_1$. Auch für den Binomialtest gilt natürlich: Liegen das Signifikanzniveau α, der Effekt γ_1 und die Stichprobengröße n fest, so liegt auch die Teststärke fest.

> **Beispiel**
>
> **Bestimmung der Teststärke bei einer hypothetischen Effektstärke von $\gamma_1 = 0{,}3$**
>
> Wie groß ist die Teststärke eines Binomialtests mit $n = 50$, $\alpha = 5\%$ (einseitig) und $\gamma_1 = 0{,}3$, wenn $\pi_0 = 0{,}5$ ist? Rechnet man die Effektgröße γ_1 in π_1 um (s. Formel F 10.6), erhält man $\pi_1 = 0{,}8$. Der Erwartungswert der binomialverteilten Prüfgröße S ist unter der Nullhypothese $0{,}5 \cdot 50 = 25$, unter der Alternativhypothese $0{,}8 \cdot 50 = 40$. Der kritische Wert, der unter der Nullhypothese einen Flächenanteil von 5 % nach rechts abschneidet, lautet $s_{krit} = 31$ (diesen Wert kann man z. B. mit Hilfe eines Verteilungsrechners ermitteln, s. auch Tab. A.1 in Anhang A). Von den 50 untersuchten Personen hätten also 31 eine Merkmalsausprägung von $x = 1$ aufweisen müssen, um die Nullhypothese verwerfen zu können. Unter der Alternativhypothese schneidet ein Wert von 31 einen Flächenanteil von 99,75 % nach rechts ab. Dieser Flächenanteil entspricht der Teststärke $1 - \beta$: Selbst bei einem relativ geringen Stichprobenumfang hat dieser Test also eine sehr große Power, was daran liegt, dass der angenommene Populationseffekt sehr groß ist. In Abbildung 10.1 ist der Zusammenhang der vier Größen α, n, γ_1 und $1 - \beta$ graphisch veranschaulicht.

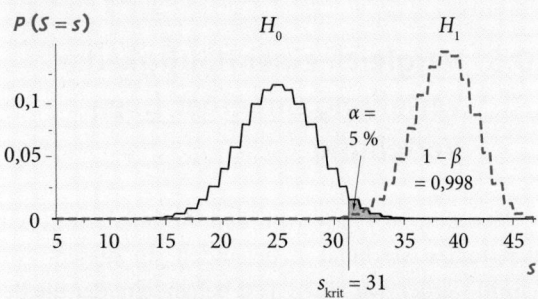

Abbildung 10.1 Testsystem bei einem Binomialtest auf Abweichung einer relativen Häufigkeit von einem fixen Wert bei $\alpha = 0{,}05$ (einseitig), $n = 50$ und $\gamma_1 = 0{,}3$. Die Teststärke beträgt $1 - \beta = 0{,}998$

A-priori-Poweranalyse: Bestimmung der optimalen Stichprobengröße

Sind die Irrtumswahrscheinlichkeiten α und β festgelegt und der hypothetische Populationseffekt γ_1 spezifiziert, so liegt auch die vierte Größe des Testsystems, also n, fest. Genau wie bei allen anderen Tests bedeutet n auch hier die Stichprobengröße, die benötigt wird, um mit einer Wahrscheinlichkeit von $1 - \beta$ die Nullhypothese ablehnen zu können, wenn der hypothetische Effekt in der Population γ_1 beträgt. Gesucht ist ein kritischer Wert, der unter der Nullhypothese einen Flächenanteil von α und unter der Alternativhypothese einen Flächenanteil von β nach links bzw. rechts abschneidet. Damit liegt automatisch auch der Erwartungswert der binomialverteilten Prüfgröße S unter der Alternativhypothese fest. Da dieser $n \cdot \pi_1$ beträgt, lässt sich n direkt berechnen.

> **Beispiel**
>
> **A-priori-Poweranalyse bei $\gamma_1 = -0{,}15$**
>
> Wie viele Personen benötigt man, um für einen Binomialtest mit einer Wahrscheinlichkeit von $1 - \beta = 90\,\%$ auf einem Signifikanzniveau von $\alpha = 5\,\%$ (einseitig) die Nullhypothese ablehnen zu können, wenn der Effekt in der Population $\gamma_1 = -0{,}15$ beträgt und unter der Nullhypothese eine Gleichverteilung angenommen wird ($\pi_0 = 0{,}5$)? Mit Hilfe des Programms G*Power ermitteln wir eine optimale Stichprobengröße von $n = 93$.

10.5 Vergleich einer Häufigkeitsverteilung mit einer fixen Verteilung

In Abschnitt 10.4 haben wir den Binomialtest für ein dichotomes Merkmal X behandelt. In diesem Abschnitt werden wir einen Test behandeln, der die beobachtete Häufigkeitsverteilung eines mehrstufigen kategorialen Merkmals X (mit den Kategorien $j = \{1, \ldots, k\}$) gegen eine fixe Häufigkeitsverteilung testet.

Die Nullhypothese lautet hier, dass die Wahrscheinlichkeitsverteilung des kategorialen Merkmals nicht von einer vorher definierten Wahrscheinlichkeitsverteilung abweicht. Die Alternativhypothese besagt, dass sich die Wahrscheinlichkeitsverteilungen unterscheiden. Damit lautet das statistische Hypothesenpaar:

H_0: $\pi_j = \pi_{j0}$ für alle j

H_1: $\pi_j \neq \pi_{j0}$ für mindestens ein j

Die vorher definierte Wahrscheinlichkeitsverteilung ist im einfachsten Fall die Gleichverteilung. Es ist aber durchaus möglich, für die Nullhypothese eine andere Verteilungsannahme in der Population zu treffen. Wir werden der Einfachheit halber bei der Nullhypothese als Gleichverteilungshypothese bleiben.

Prüfgröße

Die Prüfgröße dieses Tests basiert auf folgendem Prinzip: Wir haben schon in Abschnitt 7.1.5 gesehen, dass die relativen Häufigkeiten Schätzwerte für die Wahrscheinlichkeiten in der Population sind. Unter der Gleichverteilungshypothese erwartet man, dass alle Kategorien in der Population die gleiche Wahrscheinlichkeit aufweisen. Der Test basiert der Einfachheit halber aber nicht auf Wahrscheinlichkeiten, sondern auf geschätzten absoluten Häufigkeiten für eine gegebene Stichprobe. Die Häufigkeiten, die man unter der Nullhypothese erwartet, erhält man einfach, indem man die erwartete Wahrscheinlichkeit, die eine Kategorie j unter der Nullhypothese haben sollte (also π_{j0}), mit der Stichprobengröße n multipliziert. Bezeichnet man mit ε_{j0} die unter der Nullhypothese erwarteten Häufigkeiten, so erhält man diese wie folgt:

$$\varepsilon_{j0} = n \cdot \pi_{j0} \qquad (F\ 10.26)$$

Die Prüfgröße basiert nun auf dem Vergleich der beobachteten Häufigkeiten n_j mit den dazugehörigen erwarteten Häufigkeiten ε_{j0}. Je weiter die Differenz $n_j - \varepsilon_{j0}$ von 0 abweicht, desto stärker spricht das Ergebnis gegen die Nullhypothese. Da die Richtung der Abweichung irrelevant ist, quadriert man die Differenz. Teilt man die quadrierte Differenz durch die erwartete Häufigkeit und summiert sie über alle Ka-

> **Beispiel**
>
> ### Wählt man eher Seife, wenn man sich moralisch beschmutzt hat?
>
> Moral und Sauberkeit (bzw. Unmoral und Unsauberkeit) sind zwei eng verwandte Konzepte. Aber wie weit geht diese semantische Verwandtschaft? Führt sie auch dazu, dass Gedanken an eigenes unmoralisches Verhalten mit dem Bedürfnis einhergehen, sich auch physisch zu säubern? Diese Frage haben sich Zhong und Liljenquist (2006) in einer experimentellen Untersuchung gestellt. Wir werden diese Untersuchung hier etwas vereinfacht darstellen. Die Versuchspersonen sollten sich an eine Situation erinnern, in der sie sich vor kurzem unethisch verhalten hatten, und diese Situation aufschreiben. Anschließend hatten die Versuchspersonen die Möglichkeit – scheinbar als Dankeschön für ihre Teilnahme an der Untersuchung –, zwischen drei (etwa gleich teuren) Produkten, die sie mit nach Hause nehmen konnten, zu wählen: (1) einem Kugelschreiber, (2) einer Tafel Schokolade oder (3) einem Stück Seife. Wir erhalten folgendes Ergebnis: Von $n = 30$ Versuchspersonen wählten $n_1 = 4$ Personen den Kugelschreiber, $n_2 = 8$ die Schokolade und $n_3 = 18$ die Seife (wobei dies nicht die Originalergebnisse der Untersuchung sind!). Unterscheidet sich diese Häufigkeitsverteilung signifikant von einer Gleichverteilung (Nullhypothese)? Dies soll mit Hilfe eines χ^2-Tests mit einem Signifikanzniveau von $\alpha = 5\,\%$ herausgefunden werden.
>
> Unter der Nullhypothese wäre zu erwarten gewesen, dass sich jeweils $\varepsilon_{j0} = 10$ Personen für eines der drei Produkte entscheiden. Setzt man diese Größen in Gleichung F 10.27 ein, ergibt sich:
>
> $$\chi^2 = \frac{(4-10)^2}{10} + \frac{(8-10)^2}{10} + \frac{(18-10)^2}{10}$$
> $$= 3{,}6 + 0{,}4 + 6{,}4 = 10{,}4$$
>
> Der kritische Wert unter der Nullhypothese auf einem Signifikanzniveau von $\alpha = 5\,\%$ und $df = 2$ Freiheitsgraden lautet $\chi^2_{(0,95;2)} = 5{,}99$ (s. Tab. A.5 in Anhang A). Der hier gefundene Wert von 10,4 liegt über diesem kritischen Wert. Die Nullhypothese, der zufolge die Produkte gleich oft gewählt werden, muss abgelehnt werden. Hier haben wir es mit einer Besonderheit zu tun: Obwohl wir eine ungerichtete Hypothese haben, wird der Test einseitig durchgeführt. Dies ist der Fall, da durch die Quadrierung von $n_j - \varepsilon_{j0}$ auch negative Abweichungen positiv werden. Alle Abweichungen – sowohl in die positive also auch in die negative Richtung – erhöhen also den χ^2-Test. Gerichtete Hypothesen sind in den meisten Anwendungen jedoch wenig sinnvoll. Will man eine gerichtete Hypothese auf einem Signifikanzniveau von $\alpha = 5\,\%$ mit einem χ^2-Test testen, muss man das 0,90-Quantil und nicht das 0,95-Quantil der χ^2-Verteilung als kritischen Wert zugrunde legen.

tegorien $\{j = 1, \ldots, k\}$ auf, erhält man einen Wert der folgenden Prüfgröße:

$$\chi^2 = \sum_{j=1}^{k} \frac{(n_j - \varepsilon_{j0})^2}{\varepsilon_{j0}} \quad \text{(F 10.27)}$$

Diese Prüfgröße folgt asymptotisch einer χ^2-Verteilung mit $df = k - 1$ Freiheitsgraden. Aus diesem Grund wird der Test auch als Einstichproben-χ^2-Test bezeichnet.

Voraussetzungen

Die Signifikanztestung über eine χ^2-verteilte Prüfgröße setzt voraus, dass jedes Untersuchungsobjekt (d. h. jede Person) eindeutig einer Kategorie des Merkmals X zugeordnet werden kann (Disjunktivität). Ferner muss die erwartete Häufigkeit ε_{j0} in jeder Zelle mindestens 1 und in mindestens 80 % der Zellen mindestens 5 sein. Sind diese Voraussetzungen nicht erfüllt, muss auf den komplizierteren exakten Multinomialtest zurückgegriffen werden (s. Bortz & Lienert, 2008).

Der χ^2-Test ist ein asymptotischer Test. Das lässt sich leicht erklären: Zwischen zwei absoluten, relativen oder erwarteten Häufigkeiten können niemals unendlich viele Werte liegen; Häufigkeiten und auch Häufigkeitsdifferenzen (wie die Differenz $n_j - \varepsilon_{j0}$ in Formel F 10.27) sind also diskrete Merkmale. Die Schätzung der Quantile der χ^2-Verteilung basieren jedoch auf der Annahme, dass χ^2 eine kontinuierliche Variable darstellt. Yates (1934) hat daher eine sog. Kontinuitätskorrektur für den χ^2-Test vorgeschlagen. Diese basiert auf der Idee, Häufigkeiten bzw. Häufigkeitsdifferenzen als die Mitte eines Werteintervalls bzw. einer Kategorie mit theoretisch unendlich vielen möglichen Ausprägungen zu betrachten.

Nehmen wir als Beispiel die Zahlen 1, 2 und 3 und tun so, als handele es sich um die auf ganze Zahlen auf- bzw. abgerundeten Ausprägungen eines kontinuierlichen Merkmals (X). Dann sind die drei Zahlen 1, 2 und 3 die Kategorienmitten a_j (also $a_1 = 1$; $a_2 = 2$; $a_3 = 3$) dreier Kategorien (s. Abschn. 6.4.1). Diese Kategorienmitten liegen zwischen zwei Kategoriengrenzen c_j und c_{j-1} (s. Formel F 6.7):

$$a_j = \frac{c_j + c_{j-1}}{2}$$

Da die Untergrenze einer Kategorie der Obergrenze der nächstniedrigeren Kategorie und die Obergrenze einer Kategorie der Untergrenze der nächsthöheren Kategorie entsprechen muss, liegen die Grenzen der drei Kategorien bei $c_0 = 0{,}5$; $c_1 = 1{,}5$; $c_2 = 2{,}5$ und $c_3 = 3{,}5$. Die Kontinuitätskorrektur schlägt nun vor, anstatt der *Mitten* der Häufigkeitsdifferenz-Kategorien (a_j) die *Untergrenzen* (c_j) zu verwenden. Dies bedeutet, dass von allen absoluten Häufigkeitsdifferenzen $|n_j - \varepsilon_{j0}|$ ein konstanter Wert von 0,5 abgezogen wird. Der so korrigierte χ^2-Wert χ_c^2 lautet demnach:

$$\chi_c^2 = \sum_{j=1}^{k} \frac{(|n_j - \varepsilon_{j0}| - 0{,}5)^2}{\varepsilon_{j0}} \qquad (F\ 10.28)$$

Der korrigierte Wert χ_c^2 ist etwas kleiner als der unkorrigierte χ^2-Wert, was die Teststärke des χ^2-Tests geringfügig verringert.

Effektgröße und Effektgrößenschätzer

Cohen (1988) hat für χ^2-Tests das Effektstärkemaß ω vorgeschlagen. Es vergleicht die wahre Wahrscheinlichkeitsverteilung des Merkmals in der Population mit der postulierten Wahrscheinlichkeitsverteilung:

$$\omega = \sqrt{\sum_{j=1}^{k} \frac{(\pi_j - \pi_{j0})^2}{\pi_{j0}}} \qquad (F\ 10.29)$$

Dabei bedeuten π_j die Wahrscheinlichkeit einer Kategorie in der Population und π_{j0} die dazugehörige unter der H_0 postulierte Wahrscheinlichkeit. Wird ω aus den Daten geschätzt, so kann man sich die Tatsache zunutze machen, dass man die in Formel F 10.29 enthaltenen Wahrscheinlichkeiten über die in Formel F 10.28 enthaltenen Häufigkeiten schätzen kann, indem man diese durch n teilt. Man erhält das geschätzte Effektstärkenmaß $\hat{\omega}$, das mit dem χ^2-Test in folgendem Zusammenhang steht:

$$\hat{\omega} = \sqrt{\sum_{j=1}^{k} \frac{\left(\frac{n_j}{n} - \frac{\varepsilon_{j0}}{n}\right)^2}{\frac{\varepsilon_{j0}}{n}}} = \sqrt{\sum_{j=1}^{k} \frac{\frac{1}{n^2}(n_j - \varepsilon_{j0})^2}{\frac{\varepsilon_{j0}}{n}}}$$

$$= \sqrt{\frac{1}{n} \sum_{j=1}^{k} \frac{(n_j - \varepsilon_{j0})^2}{\varepsilon_{j0}}} = \sqrt{\frac{\chi^2}{n}} \qquad (F\ 10.30)$$

Außerdem hat Cohen (1988) folgende Taxonomie für die Beurteilung der Größe des Effektstärkenschätzers ω vorgeschlagen:

▶ $\omega \approx 0{,}10$: »kleiner« Effekt
▶ $\omega \approx 0{,}30$: »mittlerer« Effekt
▶ $\omega \approx 0{,}50$: »großer« Effekt.

Konfidenzintervall für die Effektstärke ω

Um die untere Grenze ω_u des zweiseitigen $(1-\alpha)$-Konfidenzintervalls für die Effektgröße ω zu bestimmen, geht man zunächst so vor, dass man das Konfidenzintervall für den Nonzentralitätsparameter bestimmt, das man dann in ein Konfidenzintervall für die Effektgröße transformiert (s. Abschn. 8.6). Hierzu benötigt man den Nonzentralitätsparameter einer nonzentralen χ^2-Verteilung, unter der der empirisch ermittelte χ^2-Wert einen Flächenanteil von $\alpha/2$ nach rechts abschneidet. Anders gesagt: Die Wahrscheinlichkeit, dass unter der gesuchten χ^2-Verteilung mit dem Nonzentralitätsparameter λ_u ein beliebiger χ^2-Wert größer ist als der empirische χ^2-Wert, soll $\alpha/2$ sein. Um die obere Grenze des Konfidenzintervalls ω_o zu bestimmen, benötigt man den Nonzentralitätsparameter einer nonzentralen χ^2-Verteilung, unter der der empirisch ermittelte χ^2-Wert einen Flächenanteil von $\alpha/2$ nach links abschneidet. Anders gesagt: Die Wahrscheinlichkeit, dass unter der gesuchten χ^2-Verteilung mit dem Nonzentralitätsparameter λ_o ein beliebiger χ^2-Wert kleiner ist als der empirische χ^2-Wert, soll $\alpha/2$ sein.

Hat man die Nonzentralitätsparameter λ_u und λ_o bestimmt, rechnet man diese in die Effektstärke ω um:

$$\omega_u = \sqrt{\frac{\lambda_u}{n}} \quad \text{und} \quad \omega_o = \sqrt{\frac{\lambda_o}{n}} \qquad \text{(F 10.31)}$$

> **Beispiel**
>
> **Effektgrößenschätzer und Konfidenzintervall**
>
> Wie groß war im vorangegangenen Beispiel die Effektgröße, und wo liegen die Grenzen des zweiseitigen 95%-Konfidenzintervalls für ω? Setzt man den empirisch beobachteten χ^2-Wert in Formel F 10.30 ein, ergibt sich für den Effektgrößenschätzer
> $\hat{\omega} = \sqrt{10{,}4/30} = 0{,}589$.
>
> Um die Nonzentralitätsparameter λ_u und λ_o zu bestimmen, verwenden wir das Computerprogramm NDC (Steiger, 2004). Es ergeben sich $\lambda_u = 0{,}972$ und $\lambda_o = 25{,}61$. Die beiden nonzentralen χ^2-Verteilungen sind in Abbildung 10.2 eingezeichnet. Setzt man diese beiden Werte in Formel F 10.31 ein, betragen die Grenzen des zweiseitigen 95%-Konfidenzintervalls:
>
> $$\omega_u = \sqrt{\frac{0{,}972}{30}} = 0{,}18 \quad \text{und} \quad \omega_o = \sqrt{\frac{25{,}61}{30}} = 0{,}924$$
>
> Mit einer Wahrscheinlichkeit von 95% wird der wahre Effekt also von einem Intervall mit den Grenzen [0,18; 0,924] überdeckt (s. Abb. 10.2).

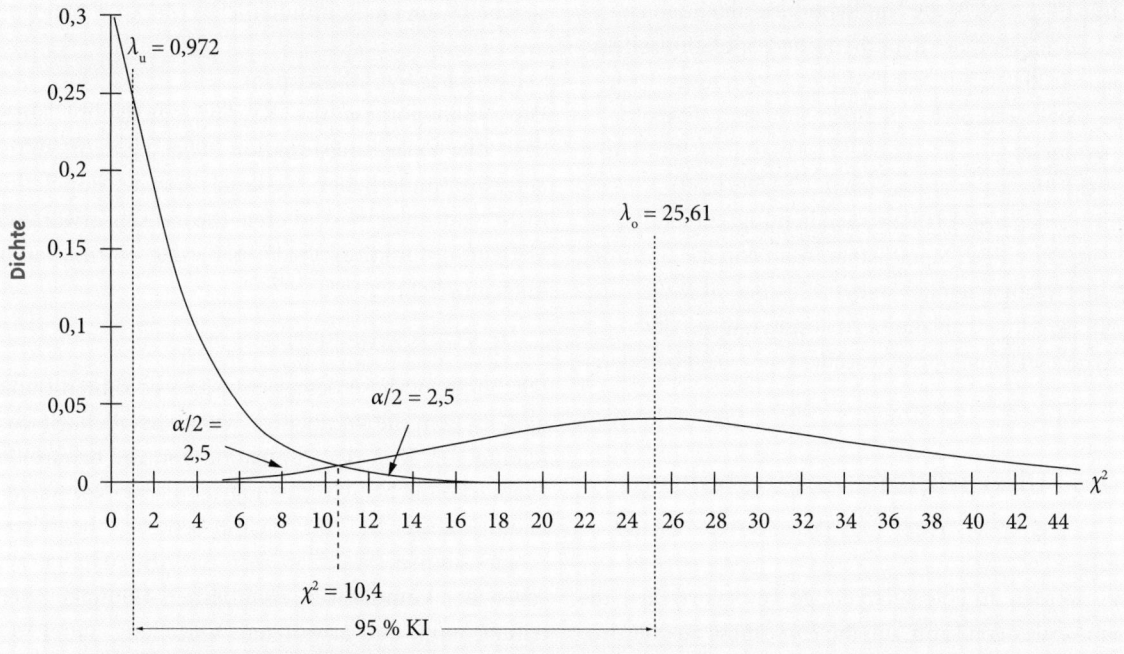

Abbildung 10.2 Zweiseitiges 95%-Konfidenzintervall für die Effektstärke ω beim Einstichproben-χ^2-Test

A-priori-Poweranalyse: Bestimmung der optimalen Stichprobengröße

Sind die Irrtumswahrscheinlichkeiten α und β festgelegt und der hypothetische Populationseffekt ω_1 spezifiziert, lässt sich die optimale Stichprobengröße für den hier beschriebenen Einstichproben-χ^2-Test einfach über den Nonzentralitätsparameter λ_1 bestimmen. Löst man F 10.31 nach n auf, erhält man:

$$n = \frac{\lambda_1}{\omega_1^2} \qquad \text{(F 10.32)}$$

Der Nonzentralitätsparameter λ_1 ergibt sich aus α und der Teststärke, also dem Flächenanteil unter der nonzentralen χ^2-Verteilung, den ein kritischer χ^2-Wert nach rechts abschneidet. Da der Nonzentralitätsparameter allerdings von n abhängt, muss er iterativ geschätzt werden. Dies kann z. B. mit Hilfe des Programms G*Power ( ) erfolgen.

> **Beispiel**
>
> **A-priori-Poweranalyse bei $\omega_1 = 0,30$**
> Wie groß muss die Stichprobe sein, um bei einem Einstichproben-χ^2-Test mit $k = 3$ Kategorien auf einem einseitigen Signifikanzniveau von $\alpha = 5\,\%$ mit $1 - \beta = 90\,\%$ die Nullhypothese ablehnen zu können, wenn der hypothetische Populationseffekt $\omega_1 = 0,30$ beträgt? Mit Hilfe des Programms G*Power ermitteln wir einen Nonzentralitätsparameter von $\lambda_1 = 12,69$. Setzt man diesen in Formel F 10.32 ein, ergibt sich $n = 12{,}69/(0{,}30)^2 = 141$. Es werden also 141 Personen benötigt, um auf einem einseitigen Signifikanzniveau von $\alpha = 5\,\%$ mit einer Wahrscheinlichkeit von $1 - \beta = 90\,\%$ die Nullhypothese ablehnen zu können, wenn der hypothetische Populationseffekt $\omega_1 = 0,30$ beträgt.

10.6 Überprüfung von Verteilungsannahmen (Anpassungstests)

Wir werden im Folgenden einige Tests vorstellen, die man verwenden kann, um die Hypothese zu überprüfen, dass die Verteilung eines Merkmals in der Population einer spezifischen Verteilungsform folgt. Solche Tests nennt man Anpassungstests. Wir werden dies ausführlich am Beispiel der Normalverteilung illustrieren. In analoger Weise können die Hypothesen bei anderen Verteilungsformen überprüft werden. Solche Tests werden bei Rasch et al. (2008) in Kapitel 6 (Sektion 3/12) beschrieben. Dort wird auch gezeigt, wie man einzelne Parameter einer Merkmalsverteilung (z. B. ihre Symmetrie) inferenzstatistisch absichern kann.

10.6.1 Kolmogorov-Smirnov-Test (KS-Anpassungstest)

Mit dem Kolmogorov-Smirnov-Test kann prinzipiell die Anpassung an alle stetigen Verteilungen überprüft werden. In den meisten Fällen wird er jedoch zur Überprüfung der Normalverteilungsannahme verwendet. Die Normalverteiltheit eines Merkmals in der Population ist für viele statistische Tests eine wichtige Voraussetzung. Einige davon haben wir schon kennengelernt, z. B. die Tests für den Vergleich eines Stichprobenmittelwerts mit einem fixen Wert (vgl. Abschn. 10.1). Mit Hilfe des KS-Anpassungstests kann man überprüfen, ob diese Voraussetzung verletzt ist. Dieser Test basiert auf der Annahme, dass es sich bei X um ein kontinuierliches Merkmal handelt.

Statistisches Hypothesenpaar

Die Nullhypothese des KS-Anpassungstests lautet, dass die Verteilungsfunktion $\Phi(x)$ (sprich: »Phi«) eines kontinuierlichen Merkmals X in der Population nicht von einer bestimmten theoretisch erwarteten Verteilungsfunktion $\Phi_0(x)$, z. B. der Normalverteilung, abweicht:

H_0: $\Phi(x) = \Phi_0(x)$ für alle x

Die Nullhypothese besagt also, dass es keinen Punkt gibt, an dem die kumulative Wahrscheinlichkeitsverteilung von X in der Population von der erwarteten Wahrscheinlichkeitsverteilung (z. B. der Normalverteilung) abweicht. Auf Stichprobenebene heißt das: Es gibt keinen Punkt, an dem die Abweichung zwischen der kumulativen empirischen Häufigkeitsverteilung und der erwarteten Verteilung unter der Nullhypothese überzufällig groß ist – sofern die Nullhypothese gilt.

Die Alternativhypothese besagt, dass die Verteilungsfunktion $\Phi(x)$ eines kontinuierlichen Merkmals X in der Population nicht der theoretisch erwarteten Verteilungsfunktion $\Phi_0(x)$, sondern vielmehr einer anderen Verteilungsfunktion entspricht:

H_1: $\Phi(x) \neq \Phi_0(x)$ für mindestens ein x

Die Alternativhypothese besagt also, dass es mindestens einen Punkt gibt, an dem die kumulative Wahrscheinlichkeitsverteilung von X in der Population von der erwarteten Wahrscheinlichkeitsverteilung (z. B. der Normalverteilung) abweicht. Auf Stichprobenebene heißt das: Es gibt mindestens einen Punkt, an dem die Abweichung zwischen der kumulativen empirischen Häufigkeitsverteilung und der erwarteten Verteilung unter der Nullhypothese überzufällig groß ist.

Der KS-Anpassungstest weicht insofern von allen bisher behandelten statistischen Tests ab, als das wünschenswerte Ergebnis, nämlich dass die Verteilung eines Merkmals nicht von der Normalverteilung abweicht, mit der statistischen Nullhypothese kompatibel ist. Bislang waren wir davon ausgegangen, dass wir eine inhaltliche Fragestellung bzw. Hypothese testen, die mit der statistischen Alternativhypothese kompatibel ist. Beim KS-Anpassungstest ist es gerade nicht wünschenswert, die Nullhypothese ablehnen zu müssen. Um empirisch nachzuweisen, dass die Annahme der Normalverteiltheit nicht verletzt ist, sollte die Abweichung nicht signifikant sein. Wir werden diese Logik später noch genauer diskutieren, denn sie ist nicht ganz unproblematisch.

Prüfgröße

Die Prüfgröße des KS-Anpassungstests ist definiert als die größte absolute Abweichung zwischen der empirischen Verteilungsfunktion $F(x)$ und der Verteilungsfunktion, die man unter der Nullhypothese erwarten würde. Formal:

$$D_{max} = \max_{x} |F(x) - \Phi_0(x)| \quad \text{(F 10.33)}$$

Die Herleitung dieser Prüfgröße wollen wir an einem Beispiel veranschaulichen. In Abschnitt 6.4.1 hatten wir anhand eines Datenbeispiels mit $n = 150$ Fällen das Prinzip der primären und sekundären Häufigkeitsverteilung behandelt (vgl. Tab. 6.8 bis 6.11). Angenommen, bei dem erfassten Merkmal X handele es sich um ein kontinuierliches Merkmal. Die Stichprobenverteilung von X war zwar eingipflig, aber nicht ganz symmetrisch, sondern etwas rechtssteil (vgl. Abb. 6.5 und 6.6). Andererseits scheint die Asymmetrie nicht gravierend zu sein. Spricht die empirische Verteilung dafür, dass die zugrundeliegende Verteilung des Merkmals in der Population signifikant von der Normalverteilung abweicht?

Um dieses Beispiel für unsere Zwecke anschaulich zu halten, arbeiten wir hier nicht mit den einzelnen Merkmalsausprägungen von X (d. h. der primären Häufigkeitsverteilung in Tab. 6.10), sondern mit der etwas gröberen, kategorisierten Variante (d. h. der sekundären Häufigkeitsverteilung in Tab. 6.11). Der Test wird aber üblicherweise auf der Ebene der einzelnen Merkmalsausprägungen durchgeführt. Schauen wir uns diese sekundäre Häufigkeitsverteilung noch einmal genauer an (s. Tab. 10.2). Wenn diese Verteilung einer Normalverteilung entsprechen sollte, dann müsste die Verteilungsfunktion jeder Kategorie j möglichst ähnlich derjenigen Verteilungsfunktion sein, die man bei bekanntem Populationsmittelwert μ und bekannter Populationsstandardabweichung σ_X unter der Normalverteilung erwarten würde.

▶ In einem ersten Schritt bestimmen wir die empirische Verteilungsfunktion (kumulierte relative Häufigkeit kh_j) für jede Kategorie j. Um den Kategorien eindeutige Werte zuzuordnen, verwenden wir die oberen Kategoriengrenzen und bezeichnen diese mit c_j (erste Spalte in Tab. 10.2). Die absoluten Häufigkeiten n_j sind in der zweiten Spalte in Tabelle 10.2 eingetragen. Die kumulierten relativen Häufigkeiten sind in der dritten Spalte in Tabelle 10.2 eingetragen. Nun wissen wir, welchen Flächenanteil unter der empirischen Verteilung die oberen Kategoriengrenzen c_j nach links abschneiden.

▶ In einem zweiten Schritt bestimmen wir die theoretische Verteilungsfunktion (kumulierte Wahrscheinlichkeit) $\Phi_0(c_j)$ für die oberen Kategoriengrenzen c_j unter der Normalverteilung (vierte Spalte in Tab. 10.2). Diese theoretische Verteilungsfunktion können wir mit Hilfe von Formel

F 7.73 errechnen; hierzu benötigen wir Mittelwert und Streuung der Variablen X in der Population. Sagen wir, der Populationsmittelwert beträgt $\mu = 66{,}73$ und die Populationsstandardabweichung $\sigma = 15{,}86$ (diese Populationsstandardabweichung entspricht zufällig genau der Stichprobenstandardabweichung in diesem Beispiel). Nun wissen wir, welchen Flächenanteil ein Wert c_j nach links abschneiden müsste, wenn X einer Normalverteilung $N(66{,}73; 251{,}54)$ in der Population folgen würde.

▶ In einem dritten Schritt berechnen wir die absoluten Differenzen zwischen der empirischen und der theoretischen Verteilungsfunktion für die *oberen* Kategoriengrenzen c_j (fünfte Spalte in Tab. 10.2):

$$D_j = |F(c_j) - \Phi_0(c_j)| \qquad \text{(F 10.34)}$$

Je größer diese Differenzen, desto stärker ist die Abweichung von der Normalverteilung.

▶ In einem vierten Schritt berechnen wir die absoluten Differenzen zwischen der empirischen und der theoretischen Verteilungsfunktion für die *unteren* Kategoriengrenzen c_{j-1} (sechste Spalte in Tab. 10.2). Die untere Grenze einer Kategorie j entspricht dabei definitionsgemäß der Obergrenze der vorangegangenen Kategorie $(j-1)$; in unserer Tabelle also dem Wert von c_j in der Zeile, die direkt oberhalb von j liegt:

$$D_{j'} = |F(c_{j-1}) - \Phi_0(c_j)| \qquad \text{(F 10.35)}$$

Auch hier gilt: Je größer diese Differenzen, desto stärker ist die Abweichung von der Normalverteilung. Die Verteilungsfunktion für die Untergrenze der ersten Kategorie beträgt $F(c_0) = 0$.

Tabelle 10.2 Herleitung der Prüfgröße für den Test auf Normalverteilung anhand des Datenbeispiels in Tabelle 6.11

Wert (obere Kategoriengrenze) c_j	Absolute Häufigkeit n_j	Empirische Verteilungsfunktion $F(c_j)$	Theoretische Verteilungsfunktion $\Phi_0(c_j)$	Differenz D_j	Differenz $D_{j'}$
34	4	0,027	0,020	0,007	0,020
39	6	0,067	0,040	0,027	0,013
44	7	0,113	0,076	0,037	0,009
49	8	0,167	0,132	0,035	0,019
54	11	0,240	0,211	0,029	0,044
59	12	0,320	0,313	0,007	0,073
64	10	0,387	0,432	0,045	0,112
69	17	0,500	0,557	0,057	0,170
74	23	0,653	0,677	0,024	0,177*
79	20	0,787	0,780	0,007	0,127
84	13	0,873	0,862	0,011	0,075
89	9	0,933	0,920	0,013	0,047
94	7	0,980	0,957	0,023	0,024
98	3	1,000	0,976	0,024	0,004

Nun wird aus den Spalten 5 (D_j) und 6 ($D_{j'}$) die größte Differenz (D_{max}) ermittelt. Diese ist dann der Wert der Prüfgröße des statistischen Tests. Er beträgt in unserem Beispiel $D_{max} = 0{,}177$ und ist in Tabelle 10.2 mit einem Stern markiert.

Kritische Werte

Der kritische Wert für D_{max} hängt ab von der Anzahl der Messwerte (n). Ist die Anzahl der Messwerte kleiner als 40, sind die kritischen Werte beim KS-Anpassungstest für unterschiedliche Signifikanzniveaus α tabelliert (s. Tab. A.6a im Anhang A). Für größere Fallzahlen ($n \geq 40$) lässt sich der kritische Wert für D_{max} nach Kolmogorov (1933) und Smirnov (1939) mit Hilfe einer einfachen Funktion für unterschiedliche Signifikanzniveaus α (zweiseitig) errechnen:

▶ für $\alpha = 20\,\%$: $D_{max}^{krit} = \dfrac{1{,}07}{\sqrt{n}}$

▶ für $\alpha = 10\,\%$: $D_{max}^{krit} = \dfrac{1{,}22}{\sqrt{n}}$

▶ für $\alpha = 5\,\%$: $D_{max}^{krit} = \dfrac{1{,}36}{\sqrt{n}}$

▶ für $\alpha = 1\,\%$: $D_{max}^{krit} = \dfrac{1{,}63}{\sqrt{n}}$

Der kritische Wert für D_{max} bei $\alpha = 5\,\%$ (zweiseitig) beträgt in unserem Beispiel mit $n = 150$ $D_{max}^{krit} = 0{,}111$. Unser Wert liegt mit $D_{max} = 0{,}177$ oberhalb dieses kritischen Wertes. Wir müssen die Nullhypothese, der zufolge das Merkmal X in der Population einer Normalverteilung folgt, somit ablehnen. Die Abweichung von der Normalverteilung ist überzufällig. Abbildung 10.3 zeigt die empirische Verteilungsfunktion des Merkmals X in der Stichprobe und die theoretische Verteilungsfunktion unter einer Normalverteilung noch einmal im Vergleich. Die Abweichung D_{max} ist ebenfalls eingezeichnet. Man sieht, dass die Abweichung zwar insgesamt gering ist. Die Häufigkeitsverteilung weicht von der Normalverteilung dennoch signifikant ab.

Voraussetzungen

Ein Vorteil des KS-Anpassungstests besteht darin, dass er auch bei kleinen Stichproben robust ist. Ein weiterer Vorteil des Tests ist es, dass er nicht nur zur Prüfung der Abweichung von einer Normalverteilung verwendet werden kann, sondern zur Prüfung der Abweichung einer empirischen Verteilung von jeder stetigen Verteilungsform. Insofern handelt es sich beim KS-Anpassungstest um ein verteilungsfreies (nonparametrisches) Verfahren. Das Problem bei seiner Anwendung besteht in der notwendigen Voraussetzung, dass das Merkmal X kontinuierlich ist und dass Populationsmittelwert und -standardabweichung bekannt sind. Diese Voraussetzungen sind allerdings in den seltensten Fällen gegeben.

Lilliefors-Korrektur

Sind Populationsmittelwert und Populationsstandardabweichung unbekannt und müssen sie aus den Daten geschätzt werden, führt der KS-Anpassungstest nicht mehr zu robusten Testergebnissen: Der Test wird zu liberal, d. h., er führt auch bei stärkeren Abweichungen von der Normalverteilung nicht zu einer Ablehnung der Nullhypothese. Lilliefors (1967) hat mit Hilfe von Simulationen kritische Werte für D_{max} bestimmt, die zu robusten Testergebnissen führen, wenn die Parameter der hypothetischen Verteilung nicht bekannt sind. Ist die Anzahl der Messwerte kleiner als 50, sind die kritischen Werte des KS-Tests mit Lilliefors-Korrektur für unterschiedliche Signifikanzniveaus α tabelliert (s. Tab. A.6b im Anhang A). Für größere Fallzahlen ($n \geq 50$) errechnet

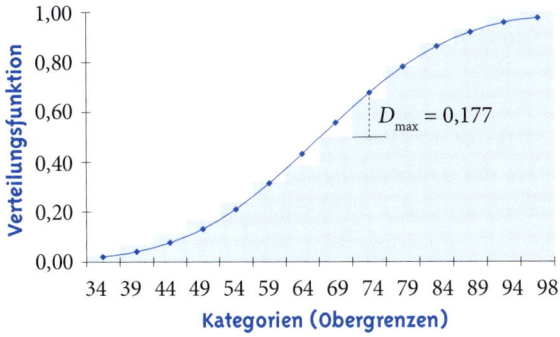

Abbildung 10.3 Empirische Verteilungsfunktion (hellblaue »Treppe«) und theoretische Verteilungsfunktion unter einer Normalverteilung (dunkelblaue Linie) im Datenbeispiel von Tabelle 10.2

sich der kritische Wert für D_{max} für unterschiedliche Signifikanzniveaus α (zweiseitig) wie folgt:

- für $\alpha = 20\,\%$: $D_{max}^{krit} = \dfrac{0{,}741}{\sqrt{n}}$
- für $\alpha = 10\,\%$: $D_{max}^{krit} = \dfrac{0{,}775}{\sqrt{n}}$
- für $\alpha = 5\,\%$: $D_{max}^{krit} = \dfrac{0{,}819}{\sqrt{n}}$
- für $\alpha = 1\,\%$: $D_{max}^{krit} = \dfrac{1{,}035}{\sqrt{n}}$

In unserem Beispiel liegt der kritische Wert für $\alpha = 5\,\%$ (zweiseitig) bei $D_{max}^{krit} = 0{,}067$. Unser Wert liegt mit $D_{max} = 0{,}177$ auch hier oberhalb des kritischen Wertes; die Nullhypothese muss also abgelehnt werden. Man sieht, dass die Lilliefors-Korrektur den Test strenger macht: Die kritischen Werte sind kleiner als ohne Lilliefors-Korrektur. Abweichungen von der Normalverteilung werden unter der Lilliefors-Korrektur also eher signifikant.

Konfidenzintervall für $\Phi(x)$

Da die Verteilungsfunktion für alle x-Werte bestimmt werden kann, handelt es sich beim Konfidenzintervall für die geschätzte Populationsverteilungsfunktion $\Phi(x)$ nicht um ein einzelnes Werteintervall mit einer Unter- und einer Obergrenze, sondern vielmehr um obere und untere »Konfidenzbänder« entlang der Achse der x-Werte. Die beiden Konfidenzbänder können sehr einfach ermittelt werden: Es gilt:

$$P\big(\Phi_u(x) \leq \Phi(x) \leq \Phi_o(x)\big) = 1 - \alpha \qquad (F\ 10.36)$$

mit

$$\Phi_u(x) = \max\big(0, F(x) - D_{max}^{krit}(\alpha)\big) \qquad (F\ 10.37)$$

$$\Phi_o(x) = \min\big(1, F(x) + D_{max}^{krit}(\alpha)\big) \qquad (F\ 10.38)$$

Die Formeln F 10.37 und F 10.38 besagen, dass man einfach das $(1-\alpha)$-Quantil der KS-Statistik von der empirischen Verteilungsfunktion $F(x)$ subtrahiert bzw. addiert unter der Nebenbedingung, dass das Band immer noch zwischen 0 und 1 liegt. Die Wahrscheinlichkeit, dass die wahre Verteilungsfunktion von X von dem $(1-\alpha)$-Konfidenzintervall überdeckt wird und D_{max}^{krit} so gewählt wurde, dass $P(D_{max} > D_{max}^{krit}) = \alpha$ ist, beträgt also $1 - \alpha$.

> **Beispiel**
>
> **95 %-Konfidenzintervall für $\Phi(x)$ für das Datenbeispiel aus Tabelle 10.2**
>
> Wo liegen die Bänder des zweiseitigen 95 %-Konfidenzintervalls für $\Phi(x)$ in unserem Datenbeispiel aus Tabelle 10.2? Der kritische Wert ist bei $n = 150$ Fällen und $\alpha = 5\,\%$ (zweiseitig) $D_{max}^{krit} = 0{,}111$. Das untere Konfidenzband liegt also immer 0,111 Einheiten unterhalb der jeweiligen empirischen Verteilungsfunktion $F(x)$, das obere Band liegt 0,111 Einheiten oberhalb der Verteilungsfunktion $F(x)$. Dort, wo das untere Konfidenzband den Wert 0 unterschreitet, wird es auf 0 gesetzt; dort, wo das obere Konfidenzband den Wert 1 überschreitet, wird es auf 1 gesetzt. Die beiden Konfidenzbänder sind in Abbildung 10.4 eingetragen.

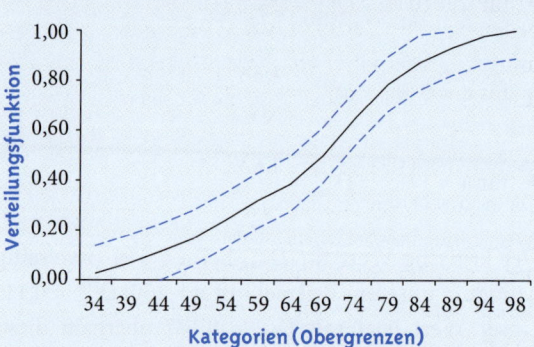

Abbildung 10.4 KS-Anpassungstest: Bänder des 95 %-Konfidenzintervalls für $\Phi(x)$ im Beispiel aus Tabelle 10.2

Teststärke und β-Fehler

Dass die Abweichung der empirischen Häufigkeitsverteilung von der Normalverteilung auf der Basis des KS-Anpassungstests – mit oder ohne Lilliefors-Korrektur – nicht signifikant wird, kann zwei Gründe haben: Entweder ist die Abweichung tatsächlich nicht bedeutsam, oder aber der Test hatte keine ausreichende Teststärke, um den »Effekt«, d. h. die Tatsache, dass die empirische Häufigkeitsverteilung doch von der Normalverteilung abweicht, zu entdecken.

Da die Teststärke (Power) eines Tests eine direkte Funktion der Stichprobengröße ist, bedeutet das: Je geringer n, desto eher wird der KS-Test nicht signifikant. Umgekehrt gilt natürlich: Je größer n, desto eher werden auch kleine Abweichungen von der Normalverteilung signifikant.

Eine zweite wichtige Einsicht lautet, dass man eine Entscheidung über die Annahme der Nullhypothese – wie wir in Kapitel 8 gesehen haben – stets nur über die Zurückweisung der Alternativhypothese treffen kann. Es ist also wichtiger, den β-Fehler zu kontrollieren, d. h. die Entscheidung über die Gültigkeit der H_0 auf der Basis einer sinnvoll begründeten Irrtumswahrscheinlichkeit β zu treffen. Die Irrtumswahrscheinlichkeit α ist hier weniger von Bedeutung. Typischerweise wird jedoch lediglich der empirische p-Wert berichtet, d. h. ein Test unter der Nullhypothese durchgeführt. Auch die gängigen Statistikprogramme geben lediglich den p-Wert aus. Korrekt wäre es hingegen, als Prüfverteilung die Alternativhypothese heranzuziehen. Allerdings würde das auch bedeuten, die Verteilungsfunktion eines Merkmals unter der Alternativhypothese genau zu spezifizieren; und das ist in der Praxis fast nie möglich.

Bestimmung der optimalen Stichprobengröße

Da es praktisch kaum möglich ist, die Alternativhypothese zu spezifizieren, basiert die Bestimmung der optimalen Stichprobengröße nicht – wie bei anderen Tests – auf einer Spezifikation des »Effekts« sowie der Fehlerwahrscheinlichkeiten α und β. Vielmehr basiert sie auf der Frage, wie groß die Stichprobe mindestens sein muss, damit die empirische Verteilungsfunktion $F(x)$ eine hinreichend genaue Schätzung der Populationsverteilungsfunktion $\Phi(x)$ darstellt. Hinreichend genau ist diese Schätzung, wenn wir mit einer Wahrscheinlichkeit von $1-\alpha$ sagen können, dass die Abweichung zwischen $F(x)$ und $\Phi(x)$ an keiner Stelle einen bestimmten Wert c überschreitet. Anders gesagt: Wir suchen eine Mindeststichprobengröße n_{min}, für die gilt, dass die Wahrscheinlichkeit $P(D_n < c) = 1-\alpha$ ist. Und da $P(D_{max} > D_{max}^{krit}) = \alpha$, können wir für c einfach den kritischen Wert D_{max}^{krit} einsetzen, den wir mit Hilfe von Tabelle A.6a im Anhang A bestimmen können.

> **Beispiel**
>
> **Optimale Stichprobengröße für eine maximale Abweichung von $c = 0{,}30$**
>
> Wie groß müsste die Stichprobe sein, damit die empirische Verteilungsfunktion $F(x)$ die Populationsverteilungsfunktion $\Phi(x)$ so schätzt, dass mit einer Wahrscheinlichkeit von $1-\alpha = 0{,}95$ die größte Abweichung $c = D_{max}^{krit} = 0{,}30$ beträgt? Wir schlagen in Tabelle A.6a im Anhang A in der Spalte $\alpha = 0{,}05$ denjenigen Wert für n nach, bei dem D_{max}^{krit} gerade noch unterhalb von $0{,}30$ liegt. Das ist bei $n = 20$ der Fall ($D_{max}^{krit} = 0{,}294$). Wir benötigen also $n = 20$ Personen, um mit $F(x)$ eine Schätzung für $\Phi(x)$ zu erhalten, bei der die Abweichung mit einer Wahrscheinlichkeit von 95 % maximal $c = 0{,}30$ beträgt.

10.6.2 χ^2-Anpassungstest

Während der KS-Test nur für kontinuierliche Merkmale geeignet ist, stellt der χ^2-Anpassungstest eine Möglichkeit dar, die Verteilungsfunktion eines diskreten Merkmals gegen eine theoretisch erwartete Verteilungsfunktion zu testen. Hierzu wird die unter der Nullhypothese erwartete Verteilungsfunktion $\Phi_0(x)$ in erwartete absolute Häufigkeiten für jede Merkmalsausprägung bzw. jede Merkmalskategorie zurückgerechnet; anschließend werden die beobachteten Kategorienhäufigkeiten (n_j) mit den unter der Nullhypothese erwarteten Kategorienhäufigkeiten (ε_{j0}) verglichen.

Bleiben wir bei unserem Beispiel aus Tabelle 10.2. Dort hatten wir die Werte der Verteilungsfunktion für jede der $k = 14$ Merkmalskategorien unter der Nullhypothese (hier: Normalverteilung) in Spalte 4 eingetragen. Die erwarteten Werte der Verteilungsfunktionen wurden mit Hilfe von Formel F 7.73 ermittelt. Um nun die erwartete absolute Häufigkeit in jeder der $k = 14$ Merkmalskategorien zu berechnen, müssen wir die erwarteten Werte der Verteilungsfunktion zunächst entkumulieren und anschließend die erwarteten relativen Häufigkeiten in absolute Häufigkeiten transformieren. Dabei ist zu beachten, dass die Summe der erwarteten entkumulierten relativen Häufigkeiten immer 1 ergibt. Das bedeutet, dass die letzte Kategorie nach oben hin offen sein muss.

In Tabelle 10.2 (vierte Spalte, zweite Zeile) sehen wir, dass man unter der Normalverteilung erwarten würde, dass in der ersten Kategorie (mit der Kategoriengrenze $c_j = 34$; also bis zu einem Wert von $x_m = 34$; vgl. Tab. 6.11) 2 % aller Fälle liegen müssten (der exakte Wert lautet hier 0,0195; mit diesem Wert werden wir im Folgenden weiterrechnen). Bei $n = 150$ Fällen beträgt die erwartete absolute Häufigkeit in der ersten Kategorie somit $\varepsilon_{1(0)} = 0{,}0195 \cdot 150 = 2{,}93$. Schauen wir uns nun die dritte Zeile an: Unter der Normalverteilung müssten in der ersten *und* zweiten Kategorie (also bis zu einem Wert von $x_m = 39$; vgl. Tab. 6.11) 4,02 % aller Fälle liegen. Das heißt: Innerhalb der zweiten Kategorie (also zwischen $35 \leq x_m \leq 39$) werden 4,02 % − 1,95 % = 2,07 % der Werte erwartet. Bei $n = 150$ Fällen beträgt die erwartete absolute Häufigkeit in der zweiten Kategorie somit $\varepsilon_{2(0)} = 0{,}0207 \cdot 150 = 3{,}1$. So geht man bis zur letzten Kategorie vor und erhält somit eine Verteilung der erwarteten absoluten Häufigkeiten.

Prüfgröße

Einen Wert der Prüfgröße dieses Tests erhält man, indem man die Abweichungen $n_j - \varepsilon_{j0}$ für alle Kategorien quadriert, an ε_{j0} standardisiert und über die k Kategorien aufaddiert (s. Formel F 10.27):

$$\chi^2_{df} = \sum_{j=1}^{k} \frac{(n_j - \varepsilon_{j0})^2}{\varepsilon_{j0}}$$

Diese Prüfgröße folgt einer χ^2-Verteilung mit $df = k - 1$ Freiheitsgraden. Sind die Parameter der Verteilung nicht bekannt und müssen diese aus den Daten geschätzt werden, kann man die geschätzten Populationsparameter der Berechnung der erwarteten Häufigkeit benutzen. Allerdings müssen dann die Freiheitsgrade korrigiert werden. Die korrigierten Freiheitsgrade betragen $df_{korr} = k - 1 - w$. Dabei ist w die Anzahl der Parameter, durch die die Verteilung, auf deren Anpassung sich der Test bezieht, geschätzt werden muss. Man verliert diese Freiheitsgrade, wenn diese Parameter aus den Daten geschätzt werden. Wenn die Nullhypothese – wie in unserem Beispiel – von einer Normalverteilung ausgeht, sind zwei Parameter (μ und σ_X) nicht bekannt und müssen aus den Daten geschätzt werden. Also beträgt in diesem Fall $w = 2$.

> ### Beispiel
>
> #### χ^2-Anpassungstest für das Datenbeispiel aus Tabelle 10.2
>
> Greifen wir noch einmal auf das Datenbeispiel aus Tabelle 10.2 zurück. In Tabelle 10.3 sind in der dritten Spalte die erwarteten absoluten Häufigkeiten unter der Nullhypothese (ε_{j0}) eingetragen. Die Differenzen $n_j - \varepsilon_{j0}$ sind in der vierten Spalte eingetragen. Die quadrierten relativierten Abweichungen (die sog. χ^2-Komponenten) sind in der fünften Spalte eingetragen. Die Summe aller Komponenten ergibt den χ^2-Wert. Er beträgt hier $\chi^2 = 12{,}89$. Weicht die beobachtete Verteilung auf einem 5 %-Niveau bei einseitigem Test signifikant von der erwarteten Verteilung ab? Der kritische χ^2-Wert beträgt bei $df = k - 1 = 14 - 1 = 13$ Freiheitsgraden $\chi^2_{(0{,}95;13)} = 22{,}36$. Es werden keine weiteren Freiheitsgrade (w) abgezogen, weil wir hier mit einer Population arbeiten, deren Mittelwert und Standardabweichung wir kennen. Müssten wir Mittelwert und Standardabweichung in der Population aus den eigenen Daten schätzen, so hätte der χ^2-Wert $w = 2$ Freiheitsgrade weniger. Unser empirisch ermittelter Wert liegt unter dem kritischen Wert. Die Nullhypothese, der zufolge die in Tabelle 10.2 dargestellte Häufigkeitsverteilung darauf hinweist, dass das Merkmal X in der Population normalverteilt ist, muss nicht abgelehnt werden.

Tabelle 10.3 Herleitung der Prüfgröße für den χ^2-Anpassungstest anhand des Datenbeispiels in Tabelle 6.11

Wert (obere Kategoriengrenze) c_j	Absolute Häufigkeit n_j	Theoretisch erwartete Häufigkeit ε_{j0}	Differenz $n_j - \varepsilon_{j0}$	χ^2-Komponente $\dfrac{(n_j - \varepsilon_{j0})^2}{\varepsilon_{j0}}$
34	4	2,928	1,072	0,392
39	6	3,100	2,900	2,712
44	7	5,355	1,645	0,505
49	8	8,383	−0,383	0,017
54	11	11,890	−0,890	0,067
59	12	15,282	−3,282	0,705
64	10	17,799	−7,799	3,417
69	17	18,784	−1,784	0,169
74	23	17,963	5,037	1,412
79	20	15,566	4,434	1,263
84	13	12,223	0,777	0,049
89	9	8,697	0,303	0,011
94	7	5,607	1,393	0,346
98 oder größer	3	6,420	−3,420	1,822
Summe	**150**	**150**	**0**	**12,89**

Da die Bestimmung der geschätzten Effektgröße sowie des Konfidenzintervalls für den Populationseffekt genauso funktioniert wie bei dem in Abschnitt 10.5 dargestellten Einstichproben-χ^2-Test, können wir sie für das hier behandelte Beispiel eines χ^2-Anpassungstests ebenso leicht bestimmen. Gemäß Formel F 10.30 ergibt sich für die geschätzte Effektstärke $\hat{\omega} = \sqrt{12{,}89/150} = 0{,}29$. Um die Grenzen des zweiseitigen 95 %-Konfidenzintervalls für die Effektgröße ω zu bestimmen, müssen wir zunächst die Nonzentralitätsparameter zweier nonzentraler χ^2-Verteilungen ermitteln, bei denen ein Wert von $\chi^2 = 12{,}89$ einen Flächenanteil von 2,5 % nach links bzw. nach rechts abschneidet. Wir ermitteln die Nonzentralitätsparameter $\lambda_u = 0$ und $\lambda_o = 15{,}59$. Der erste Nonzentralitätsparameter wurde auf 0 gesetzt, da er keine negativen Werte annehmen kann. Eigentlich müsste eine nonzentrale χ^2-Verteilung mit $df = 13$ Freiheitsgraden, bei der ein Wert von 12,89 einen Flächenanteil von 2,5 % nach rechts abschneidet, allerdings einen Erwartungswert von kleiner 0 haben. Setzt man beide Werte in Formel F 10.31 ein, ergibt sich eine Untergrenze des Konfidenzintervalls von $\omega_u = 0$ und eine Obergrenze von $\omega_o = 0{,}32$. Mit einer 95%igen Wahrscheinlichkeit wird der wahre Effekt also von einem Intervall mit den Grenzen [0; 0,32] überdeckt.

Voraussetzungen

Der χ^2-Anpassungstest hat die gleichen Voraussetzungen wie der χ^2-Test, den wir in Abschnitt 10.5 besprochen haben. Insbesondere sollte die erwartete Häufigkeit den genannten Voraussetzungen folgen. Sind die erwarteten Häufigkeiten in zwei benachbarten Kategorien jeweils kleiner als 5, empfiehlt es sich, die Kategorien an diesen Stellen zusammenzufassen.

Bei kleinen Stichproben bietet sich ferner eine Kontinuitätskorrektur (vgl. Abschn. 10.5) an. Genau wie der KS-Anpassungstest kann der χ^2-Anpassungstest auch dazu verwendet werden, die Anpassung an andere Verteilungsformen als die der Normalverteilung zu prüfen. Im Gegensatz zum KS-Anpassungstest, der voraussetzt, dass das Merkmal kontinuierlich ist, kann der χ^2-Anpassungstest auch für diskrete Merkmale verwendet werden. Die Schwierigkeiten, die damit verbunden sind, dass bei Anpassungstests die inhaltliche Hypothese meist mit der statistischen Nullhypothese korrespondiert (da man erwartet, dass die Häufigkeitsverteilung eines Merkmals *nicht* von der angenommenen Populationsverteilung abweicht), stellen sich beim χ^2-Anpassungstest natürlich in gleicher Weise wie beim KS-Anpassungstest (s. Abschn. 10.6.1).

Zusammenfassung

▶ Der statistische Test für den Vergleich eines Populationsmittelwerts mit einem fixen Wert unter der Nullhypothese kann – bei bekanntem Populationsmittelwert μ und bekannter Populationsstandardabweichung σ – mit Hilfe des Einstichproben-Gauß-Tests vorgenommen werden. Sind μ und σ nicht bekannt und müssen sie aus den Daten geschätzt werden, kann der Einstichproben-t-Test verwendet werden. Beide Tests setzen voraus, dass das Merkmal X in der Population normalverteilt ist.

▶ Ist das Merkmal X nicht stetig oder ist es in der Population nicht normalverteilt, kann anstelle des Mittelwerts der Median mit einem fixen Wert unter der Nullhypothese verglichen und hierfür der Vorzeichentest herangezogen werden. Ist das Merkmal stetig, die Normalverteilungsannahme aber verletzt, kann auch der Wilcoxon-Vorzeichen-Rangtest verwendet werden. Der Vorzeichentest macht in Bezug auf die Verteilung des Merkmals X in der Population keine Annahmen; der Wilcoxon-Vorzeichen-Rangtest setzt eine symmetrische Verteilung des Merkmals X in der Population voraus. Beide Tests sind also nonparametrisch. Der Vorzeichentest hat eine größere Power als der Wilcoxon-Vorzeichen-Rangtest.

▶ Für den inferenzstatistischen Vergleich einer Populationsvarianz mit einem fixen Wert kann der χ^2-Anpassungstest verwendet werden. Dieser Test setzt voraus, dass X in der Population normalverteilt ist.

▶ Für den inferenzstatistischen Vergleich einer Wahrscheinlichkeit mit einem fixen Wert kann der Binomialtest verwendet werden. Für eine Stichprobengröße von $n \geq 40$ ist die Prüfgröße H approximativ normalverteilt.

▶ Für den inferenzstatistischen Vergleich einer Wahrscheinlichkeitverteilung bei einem kategorialen Merkmal mit einer theoretischen Wahrscheinlichkeitsverteilung unter der Nullhypothese kann der eindimensionale χ^2-Test verwendet werden.

▶ Für den inferenzstatistischen Vergleich der Verteilungsfunktion eines Merkmals X mit einer theoretisch postulierten Verteilungsfunktion unter der Nullhypothese kann der Kolmogorov-Smirnov-Test (oder: KS-Anpassungstest) verwendet werden, wenn es sich bei X um ein kontinuierliches Merkmal handelt. Sind Populationsmittelwert und Populationsstandardabweichung unbekannt und müssen sie aus den Daten geschätzt werden, sollte eine Korrektur der kritischen Werte für die Prüfgröße nach Lilliefors erfolgen.

▶ Da das »erwünschte« Ergebnis beim KS-Anpassungstest (in den allermeisten Fällen) lautet, dass eine empirisch vorgefundene Verteilung *nicht* signifikant von einer theoretischen Normalverteilung abweicht, ist die inhaltliche Hypothese hier kompatibel mit der statistischen Nullhypothese. Um die Nullhypothese jedoch annehmen zu können, muss man die spezifische Alternativhypothese ablehnen. Der β-Fehler (bzw. die Teststärke) ist für die statistische Entscheidungsfindung also eigentlich bedeutsamer als der α-Fehler.

▶ Statt mit dem KS-Anpassungstest kann die Anpassung an eine Verteilungsfunktion auch mittels eines χ^2-Tests getestet werden. Der χ^2-Anpassungstest ist auch für diskrete Merkmale geeignet.

Fragen und Übungsaufgaben

Fragen

(1) Wie lauten die Voraussetzungen für die Anwendung des Einstichproben-Gauß-Tests und des Einstichproben-t-Tests?

(2) Worin besteht der Unterschied zwischen dem Vorzeichentest und dem Wilcoxon-Vorzeichen-Rangtest?

(3) Wie lautet die Prüfgröße für den Wilcoxon-Vorzeichen-Rangtest, und was bedeutet sie?

(4) Wie ist die Effektgröße v beim χ^2-Test auf Abweichung einer Stichprobenvarianz von einem fixen Wert definiert? Handelt es sich hier um eine standardisierte oder eine unstandardisierte Größe?

(5) Erläutern Sie, wieso der χ^2-Test auf Abweichung einer Stichprobenvarianz von einem fixen Wert $df = n - 1$ Freiheitsgrade hat.

(6) Erläutern Sie, was beim Binomialtest auf Abweichung einer Wahrscheinlichkeit von einer theoretischen (fixen) Wahrscheinlichkeit der kritische Wert s_{krit} bedeutet. Konkret: Was bedeutet ein Wert von $s_{krit} = 40$ bei $n = 60$?

(7) Was bedeutet beim Binomialtest auf Abweichung einer Wahrscheinlichkeit von einer theoretischen (fixen) Wahrscheinlichkeit ein Populationseffekt von $\gamma = 0{,}5$ inhaltlich? Wie ist die Effektgröße definiert? Ist sie standardisiert? Was bedeuten positive und negative Werte?

(8) Erläutern Sie, wieso der χ^2-Test für ein kategoriales Merkmal $df = k - 1$ Freiheitsgrade hat.

(9) Erläutern Sie, was beim KS-Anpassungstest die Prüfgröße D_{max} bedeutet. Spricht ein hoher Wert für D_{max} eher für oder gegen die Annahme, das Merkmal X sei in der Population normalverteilt?

(10) Worin besteht der Unterschied zwischen dem KS-Anpassungstest und dem Lilliefors-Test?

Übungsaufgaben

(1) In einer Stichprobe mit $n = 10$ Personen werden für X folgende Werte beobachtet: {92; 96; 96; 106; 112; 114; 114; 118; 123; 124}. Sie gehen davon aus, dass Mittelwert und Median in der Population $\mu_0 = \eta_0 = 100$ betragen. Überprüfen Sie, ob die zentrale Tendenz in dieser Stichprobe signifikant von μ_0 bzw. η_0 abweicht. Führen Sie

(a) einen Einstichproben-t-Test (mit der aus den Daten geschätzten Populationsstandardabweichung),

(b) einen Vorzeichentest und

(c) einen Wilcoxon-Vorzeichen-Rangtest durch.

Gehen Sie von einem zweiseitigen Test auf einem Signifikanzniveau von $\alpha = 5\,\%$ aus.

(2) Ein Forscher möchte testen, ob es innerhalb der Mitglieder der politischen Partei »PfR« (Partei für Reiche) eine größere Heterogenität in Bezug auf die Einstellung gegenüber der Globalisierung gibt als in der Gesamtbevölkerung. Die Einstellung gegenüber der Globalisierung (X) wird mit Hilfe eines entsprechenden Fragebogeninstruments gemessen. Die Werte reichen von -5 (starke Ablehnung) bis $+5$ (starke Befürwortung). In einer Stichprobe von $n = 120$ Mitgliedern der Partei PfR wird ein Mittelwert von $\bar{x} = +2$ und eine Stichprobenvarianz von $\hat{\sigma}_X^2 = 12{,}10$ ermittelt. Der Forscher vermutet, dass das Merkmal in der Population normalverteilt ist mit $\mu_0 = -0{,}5$ und $\sigma_0^2 = 10$.

(a) Testen Sie, ob die Stichprobenvarianz $\hat{\sigma}_X^2$ signifikant größer ist als die postulierte Populationsvarianz σ_0^2 ($\alpha = 5\,\%$; einseitiger Test).

(b) Wie groß ist die empirische Effektgröße? Wo liegen die Grenzen des zweiseitigen 90 %-Konfidenzintervalls für diese Effektgröße?

(c) Wenn wir die gerade ermittelte empirische Effektgröße als Schätzer für den Populationseffekt verwenden: Wie groß war die Wahrscheinlichkeit, diesen Effekt zu finden, wenn es ihn tatsächlich gibt?

(d) Wie viele Personen hätte man benötigt, um den geschätzten Populationseffekt mit einer Wahrscheinlichkeit von $1 - \beta = 90\,\%$ zu finden, wenn es ihn tatsächlich gibt?

(3) Im Abschnitt zum Binomialtest auf Abweichung einer Wahrscheinlichkeit von einer fixen theoretischen Wahrscheinlichkeit (Abschn. 10.4) hatten wir als Beispiel die Fragestellung herangezogen, ob man sich in der ersten Jahreshälfte eher verliebt als in der zweiten. In unserem Datenbeispiel mit $n = 300$ Paaren und einer Häufigkeit von $n_1 = 182$ ($h_1 = 0{,}607$) ergab sich bei H_0: $\pi_0 = 0{,}5$ eine signifikante Abweichung.
  (a) Wo liegen die Grenzen des zweiseitigen 90%-Konfidenzintervalls für die Wahrscheinlichkeit π?
  (b) Wie groß ist in diesem Beispiel die empirische Effektstärke g?
  (c) Wie viele Paare hätte man benötigt, um unter der Annahme, es gebe einen Effekt der Größe $\gamma_1 = 0{,}25$ in der Population, mit einer Wahrscheinlichkeit von $1 - \beta = 95\%$ die Nullhypothese ablehnen zu können ($\alpha = 5\%$, einseitiger Test)?

(4) In Abschnitt 10.5 haben wir zur Veranschaulichung des KS-Anpassungstests das Datenbeispiel aus Abschnitt 6.4.1 verwendet. Die Originaldaten finden Sie in den Online-Materialien als Excel-Datei (»daten61.xls«). Öffnen Sie diese Datei in Excel und führen Sie einen KS-Anpassungstest in den in Abschnitt 10.5 genannten Schritten durch. Prüfen Sie, ob die Abweichung von der Normalverteilung auf dem 10%-Niveau signifikant ist. Lesen Sie dann die Daten in ein Statistikprogramm (z. B. R, SPSS) ein und lassen Sie sich das Ergebnis des KS-Anpassungstests ausgeben. Vergleichen Sie die Ergebnisse.

11 Unterschiede zwischen zwei unabhängigen Stichproben

Was Sie in diesem Kapitel lernen

▶ Wie kann man entscheiden, ob die zentralen Tendenzen zweier unabhängiger Stichproben signifikant voneinander verschieden sind?
▶ Wie kann man entscheiden, ob die Dispersionen zweier unabhängiger Stichproben signifikant voneinander verschieden sind?
▶ Wie kann man entscheiden, ob die empirischen Verteilungen zweier unabhängiger Stichproben hinsichtlich eines kategorialen Merkmals signifikant voneinander verschieden sind?

11.1 Vergleich zweier Stichprobenmittelwerte (Zweistichprobentests)

Während es in Kapitel 10 um sog. Einstichprobentests ging, in denen statistische Kennwerte, die in einer Stichprobe gewonnen wurden, auf ihre Abweichung von einem bestimmten fixen Wert hin getestet werden, werden in diesem Kapitel Verfahren beschrieben, in denen zwei statistische Kennwerte, die in zwei unabhängigen Stichproben gewonnen wurden, daraufhin getestet werden, ob sie signifikant voneinander abweichen. Wir beginnen mit Tests für die Abweichung zwischen zwei Stichprobenmittelwerten. Die Testsituation ist hier, dass in zwei Stichproben (z. B. Personen in zwei unterschiedlichen Untersuchungsbedingungen, Personen aus zwei unterschiedlichen Städten, Personen unterschiedlichen Geschlechts etc.) das gleiche Merkmal X gemessen wurde. Die Frage ist, ob die beiden beobachteten Stichprobenmittelwerte ($\bar{x}_1$ und $\bar{x}_2$) signifikant voneinander abweichen. Die beiden Stichproben müssen dabei voneinander unabhängig sein, d. h., welchen Messwert eine Person in Stichprobe 1 aufweist, darf nicht von der Merkmalsausprägung irgendeiner Person in Stichprobe 2 abhängen, z. B. durch diesen beeinflusst sein (und umgekehrt). Wir werden Verletzungen dieser Annahme in Abschnitt 11.1.2 behandeln.

Statistisches Hypothesenpaar

Die Nullhypothese beim Zweistichprobentest lautet, dass zwei empirisch ermittelte Stichprobenmittelwerte ($\bar{x}_1$ und $\bar{x}_2$) aus zwei Populationen mit den Mittelwerten μ_1 und μ_2 stammen, deren Differenz gleich 0 ist. Die Alternativhypothese besagt, dass zwei empirisch ermittelte Stichprobenmittelwerte ($\bar{x}_1$ und $\bar{x}_2$) aus zwei Populationen mit den Mittelwerten μ_1 und μ_2 stammen, deren Differenz ungleich 0 ist. Die Alternativhypothese kann gerichtet (einseitiger Test) oder ungerichtet (zweiseitiger Test) vorliegen. Im ungerichteten Falle lautet das statistische Hypothesenpaar:

$H_0: \mu_1 = \mu_2$ oder $\mu_1 - \mu_2 = 0$
$H_1: \mu_1 \neq \mu_2$ oder $\mu_1 - \mu_2 \neq 0$

Im gerichteten Falle lautet das statistische Hypothesenpaar:

$H_0: \mu_1 \geq \mu_2$ oder $\mu_1 - \mu_2 \geq 0$
$H_1: \mu_1 < \mu_2$ oder $\mu_1 - \mu_2 < 0$

bzw.

$H_0: \mu_1 \leq \mu_2$ oder $\mu_1 - \mu_2 \leq 0$
$H_1: \mu_1 > \mu_2$ oder $\mu_1 - \mu_2 > 0$

11.1.1 Bekannte Populationsvarianzen: Der Zweistichproben-Gauß-Test

Der Stichprobenkennwert, der hier einem Test auf Abweichung vom Wert 0 unterzogen wird, ist die Differenz der beiden Stichprobenmittelwerte: $e = \bar{x}_1 - \bar{x}_2$.

Dieser Stichprobenwert e, den man in einer konkreten Untersuchung erhält, ist die Realisierung einer Zufallsvariablen $E = \bar{X}_1 - \bar{X}_2$. Zieht man aus den beiden betrachteten Populationen wiederholt Stichproben, so schwanken die Werte von E über die Untersuchungen hinweg aufgrund der Stichprobenziehungen. Unter der Nullhypothese hat die Zufallsvariable E einen Erwartungswert von 0, denn im Durchschnitt müssten die empirischen Mittelwertsdifferenzen – gegeben die Nullhypothese – gleich 0 sein. Dies folgt auch aus Rechenregel F 7.30:

$$E(\alpha \cdot X + \beta \cdot Y) = \alpha \cdot E(X) + \beta \cdot E(Y)$$

In unserem Falle ist $\alpha = +1$ und $\beta = -1$. Also ergibt sich:

$$E(X - Y) = E(X) - E(Y)$$

Für X setzen wir nun $\bar{X}_1$ ein, und für Y setzen wir $\bar{X}_2$ ein; dann erhalten wir:

$$E(\bar{X}_1 - \bar{X}_2) = E(\bar{X}_1) - E(\bar{X}_2) \tag{F 11.1}$$

Inhaltlich bedeutet das: Wenn aus zwei Populationen, die sich bezüglich ihrer Mittelwerte nicht unterscheiden, wiederholt Stichproben gezogen werden und für jede Stichprobe die Differenz $e = \bar{x}_1 - \bar{x}_2$ bestimmt wird, so kann die Differenz mal positiv, mal negativ, aber auch mal 0 sein. Über alle möglichen und denkbaren Stichprobenziehungen hinweg ist diese Differenz im Mittel gleich 0.

Um die Wahrscheinlichkeit für eine Mittelwertsdifferenz unter allen möglichen Mittelwertsdifferenzen bestimmen zu können, benötigen wir die Parameter dieser Wahrscheinlichkeitsverteilung. Unter der Annahme, dass die Stichprobenkennwerteverteilung von Mittelwertsdifferenzen einer Normalverteilung folgt, benötigen wir neben ihrem Erwartungswert (der unter der Nullhypothese gleich 0 ist) auch noch ihre Standardabweichung (vgl. Abschn. 8.4). Wie berechnet sich nun die Standardabweichung der Stichprobenkennwerteverteilung, also der Standardfehler von E? Da es sich bei E um eine Differenzvariable ($\bar{X}_1 - \bar{X}_2$) handelt, müssen wir auf die Rechenregel für die Varianz von Differenzwerten zurückgreifen; diese hatten wir in Abschnitt 7.2 behandelt (Formel F 7.35):

$$Var(\alpha \cdot X + \beta \cdot Y) = \alpha^2 \cdot Var(X) + \beta^2 \cdot Var(Y) + 2 \cdot \alpha \cdot \beta \cdot Cov(X, Y)$$

Auch hier ist $\alpha = +1$ und $\beta = -1$. Da es sich um unabhängige Stichproben handelt, ist der Ausdruck $Cov(X, Y) = 0$. Wir werden die Bedeutung der Kovarianz Cov in Kapitel 12 sowie – noch ausführlicher – in Kapitel 15 behandeln; im Moment genügt die Feststellung, dass die Kovarianz ein Maß für die Abhängigkeit zweier Variablen darstellt. Sind zwei Stichproben unabhängig voneinander, ist die Kovarianz von $\bar{X}_1$ und $\bar{X}_2$ gleich 0.

Was bedeutet eine Kovarianz von 0 zwischen zwei Stichprobenmittelwerten inhaltlich? Angenommen, wir führen zehn Studien durch, in denen wir jeweils per Zufall aus beiden Populationen je eine Stichprobe ziehen und die beiden Stichprobenmittelwerte $\bar{X}_1$ und $\bar{X}_2$ bestimmen. Für beide Populationen gilt: Die Stichprobenmittelwerte schwanken um den jeweiligen Populationsmittelwert (μ_1 und μ_2). Sind nun die beiden Mittelwertsvariablen $\bar{X}_1$ und $\bar{X}_2$ voneinander unabhängig, dann bedeutet das, dass man aus der Abweichung des Stichprobenmittelwertes $\bar{x}_1$ in einer Studie vom Populationsmittelwert μ_1 nichts über die Abweichung des Stichprobenmittelwertes $\bar{x}_2$ vom Populationsmittelwert μ_2 in der gleichen Studie vorhersagen kann. Haben wir z. B. in der ersten Studie in der ersten Stichprobe per Zufall einen Mittelwert gefunden, der größer als der Populationsmittelwert μ_1 ist, können wir hieraus nicht folgern, in welcher Weise der Mittelwert in der zweiten Stichprobe vom Populationsmittelwert μ_2 abweicht – er kann größer, kleiner oder gleich dem Populationsmittelwert sein. Dies gilt für alle neun weiteren Studien in gleicher Weise.

Ist also die Kovarianz von $\bar{X}_1$ und $\bar{X}_2$ gleich 0, ergibt sich für die Rechenregel F 7.35:

$$Var(1 \cdot X - 1 \cdot Y) = 1 \cdot Var(X) + 1 \cdot Var(Y) + 0$$

Für X setzen wir nun $\bar{X}_1$ ein, und für Y setzen wir $\bar{X}_2$ ein; dann erhalten wir:

$$Var(\bar{X}_1 - \bar{X}_2) = Var(\bar{X}_1) + Var(\bar{X}_2)$$
$$\sigma^2_{\bar{X}_1 - \bar{X}_2} = \sigma^2_{\bar{X}_1} + \sigma^2_{\bar{X}_2} \tag{F 11.2}$$

Die Varianz der Stichprobenkennwerteverteilung von $\bar{X}_1 - \bar{X}_2$ ist also die Summe der Varianzen der Stichprobenkennwerteverteilungen von $\bar{X}_1$ und $\bar{X}_2$. Die Varianz der Stichprobenkennwerteverteilung eines Mittelwertes ist nichts anderes als der quadrierte Standardfehler eines Mittelwertes. Wir haben in Abschnitt 8.4 (Formel F 8.4) gesehen, dass der Standardfehler eines Mittelwertes sich aus der Populationsvarianz von X und der Stichprobengröße n ergibt. Quadriert man Formel F 8.4, so erhält man für die Varianzen der Stichprobenkennwerteverteilungen von $\bar{X}_1$ und $\bar{X}_2$:

$$\sigma^2_{\bar{X}_1} = \frac{\sigma^2_1}{n_1} \quad \text{und} \quad \sigma^2_{\bar{X}_2} = \frac{\sigma^2_2}{n_2}$$

Setzt man diese beiden Ausdrücke in Formel F 11.2 ein, so erhält man:

$$\sigma^2_{\bar{X}_1 - \bar{X}_2} = \frac{\sigma^2_1}{n_1} + \frac{\sigma^2_2}{n_2} \tag{F 11.3}$$

Wichtig zu verstehen ist, dass es sich bei σ^2_1 um die Varianz von X *innerhalb* von Population 1 und bei σ^2_2 um die Varianz von X *innerhalb* von Population 2 handelt und *nicht* um die Varianz in der *Gesamtpopulation* (σ^2_X)! Das folgende Beispiel zeigt, unter welchen Umständen σ^2_1 und σ^2_2 von σ^2_X abweichen können und unter welchen Umständen σ^2_1 und σ^2_2 mit σ^2_X identisch sind.

Beispiel

Gesamtvarianz und Innerhalb-Varianzen

Stellen wir uns eine kleine Population vor, die aus acht Personen, vier Männern und vier Frauen, besteht. Nehmen wir ferner an, es gebe hinsichtlich eines Merkmals X einen Geschlechtsunterschied: Frauen erzielen auf X höhere Werte als Männer, der Unterschied betrage $\mu_1 - \mu_2 = 2$. In Abbildung 11.1 a sind die Merkmalsausprägungen abgebildet. Wir sehen, dass der Mittelwert in der Gesamtpopulation $\mu_X = 15$ beträgt, der Mittelwert der Männer jedoch mit $\mu_1 = 14$ unterhalb des Mittelwerts der Frauen ($\mu_2 = 16$) liegt. Die Varianz in der Gesamtpopulation beträgt $\sigma^2_X = 3$, während die Varianz innerhalb der Gruppe der Männer und innerhalb der Gruppe der Frauen lediglich $\sigma^2_1 = \sigma^2_2 = 2$ beträgt. Warum sind die beiden Innerhalb-Varianzen geringer als die Gesamtvarianz? Die Gesamtvarianz ist größer als die beiden Innerhalb-Varianzen, weil der Mittelwertunterschied zwischen beiden Gruppen zur

a Geschlechtsunterschied

Männer	Frauen	
12	14	
14	16	$\mu_X = 15$
14	16	$\sigma^2_X = 3$
16	18	
$\mu_1 = 14$	$\mu_2 = 16$	
$\sigma^2_1 = 2$	$\sigma^2_2 = 2$	

<

b kein Geschlechtsunterschied

Männer	Frauen	
12	12	
14	14	$\mu_X = 14$
14	14	$\sigma^2_X = 2$
16	16	
$\mu_1 = 14$	$\mu_2 = 14$	
$\sigma^2_1 = 2$	$\sigma^2_2 = 2$	

=

Abbildung 11.1 Beziehungen zwischen den Varianzen innerhalb der Gruppen, der Gesamtvarianz und dem Mittelwertunterschied zwischen den Gruppen

Unterschiedlichkeit der Messwerte in der Gesamtpopulation beiträgt. In der Gesamtvarianz schlägt sich also zusätzlich zu den Unterschieden zwischen den Personen innerhalb jeder Teilpopulation noch der Unterschied zwischen den beiden Teilpopulationen nieder.

Nehmen wir nun an, es gäbe einen solchen Mittelwertsunterschied zwischen den Teilpopulationen nicht; Männer und Frauen würden sich im Durchschnitt also nicht hinsichtlich ihrer Merkmalsausprägung auf X unterscheiden. Ein solcher Fall ist in Abbildung 11.1 b dargestellt: Hier entspricht die Varianz in der Gesamtpopulation genau der Varianz der beiden Teilpopulationen: $\sigma_1^2 = \sigma_2^2 = \sigma_X^2 = 2$.

Das Beispiel zeigt, dass die Varianz (und die Standardabweichung) in der Gesamtpopulation immer dann größer als die Varianzen (und die Standardabweichungen) innerhalb der beiden Teilpopulationen ist, wenn es einen Mittelwertsunterschied zwischen den Teilpopulationen gibt. Die Gesamtvarianz beinhaltet diesen Mittelwertsunterschied. Dieser ist jedoch für die Varianz (bzw. die Standardabweichung) der Mittelwertsdifferenz irrelevant: Er geht in diese Varianz nicht ein. Vielmehr gehen nur die beiden Innerhalb-Varianzen ein (s. Formel F 11.3).

Den Standardfehler von $E = \bar{X}_1 - \bar{X}_2$ erhält man, wenn man die Quadratwurzel aus Formel F 11.3 zieht:

$$\sigma_E = \sigma_{\bar{X}_1 - \bar{X}_2} = \sqrt{\frac{\sigma_1^2}{n_1} + \frac{\sigma_2^2}{n_2}} \qquad \text{(F 11.4)}$$

Folgen in beiden Populationen die Merkmalsverteilungen einer Normalverteilung, so ist auch die Variable $\bar{X}_1 - \bar{X}_2$ normalverteilt. Die Stichprobenkennwerteverteilung von $\bar{X}_1 - \bar{X}_2$ ist bei Kenntnis ihres Erwartungswertes und ihres Standardfehlers somit vollständig beschrieben. Folgen die Merkmalsverteilungen nicht der Normalverteilung, so ist nach dem zentralen Grenzwertsatz (s. Abschn. 8.4) die Variable $\bar{X}_1 - \bar{X}_2$ bei hinreichend großen Stichproben (Faustregel: $n_i > 30$) approximativ normalverteilt, unabhängig davon, welcher Verteilung die Merkmalsverteilungen folgen. Um den Ablehnungsbereich bzw. den kritischen Wert unter der Nullhypothese zu ermitteln, können wir daher die Quantile der Standardnormalverteilung heranziehen. Wir müssen also $\bar{X}_1 - \bar{X}_2$ in eine standardnormalverteilte Prüfgröße Z_E transformieren. Diese Transformation erfolgt nach der Formel:

$$Z_E = Z_{\bar{X}_1 - \bar{X}_2} = \frac{(\bar{X}_1 - \bar{X}_2) - E(\bar{X}_1 - \bar{X}_2)}{\sigma_{\bar{X}_1 - \bar{X}_2}} \qquad \text{(F 11.5)}$$

Hierbei handelt es sich um eine einfache z-Transformation (vgl. Formel F 6.33). Da unter der Nullhypothese der Erwartungswert von $\bar{X}_1 - \bar{X}_2$ gleich 0 ist, verkürzt sich die Formel unter der Nullhypothese wie folgt:

$$Z_E = Z_{\bar{X}_1 - \bar{X}_2} = \frac{\bar{X}_1 - \bar{X}_2}{\sigma_{\bar{X}_1 - \bar{X}_2}} \qquad \text{(F 11.6)}$$

Dies ist die Prüfgröße des Zweistichproben-Gauß-Tests. Seine Durchführung erfolgt analog zum Einstichproben-Gauß-Test, den wir in Abschnitt 10.1 ausführlich beschrieben haben. Da die Populationsvarianzen meistens nicht bekannt sind, findet dieser Test kaum Anwendung. Wir werden ihn daher auch nicht weiter illustrieren, sondern direkt zu dem Fall übergehen, bei dem die Populationsvarianzen aus den Daten geschätzt werden müssen.

11.1.2 Unbekannte Populationsvarianzen: Der *t*-Test für unabhängige Stichproben

Sind die Varianzen der beiden Populationen unbekannt, muss man den Standardfehler von $\bar{X}_1 - \bar{X}_2$ aus den geschätzten Populationsvarianzen bestimmen:

$$\hat{\sigma}_E = \hat{\sigma}_{\bar{X}_1 - \bar{X}_2} = \sqrt{\frac{\hat{\sigma}_{\text{inn}}^2}{n_1} + \frac{\hat{\sigma}_{\text{inn}}^2}{n_2}} \qquad \text{(F 11.7)}$$

Der Ausdruck $\hat{\sigma}_{inn}^2$ wird als gemeinsame (oder »gepoolte«) Innerhalb-Varianz bezeichnet. Sie kann wie folgt aus den geschätzten Stichprobenvarianzen innerhalb der beiden Gruppen bestimmt werden (Hedges, 1981):

$$\hat{\sigma}_{inn}^2 = \frac{\hat{\sigma}_1^2 \cdot (n_1 - 1) + \hat{\sigma}_2^2 \cdot (n_2 - 1)}{(n_1 - 1) + (n_2 - 1)} \quad \text{(F 11.8)}$$

Wir erhalten dann die t-verteilte Prüfgröße T_E:

$$T_E = T_{\bar{X}_1 - \bar{X}_2} = \frac{(\bar{X}_1 - \bar{X}_2) - E(\bar{X}_1 - \bar{X}_2)}{\hat{\sigma}_{\bar{X}_1 - \bar{X}_2}} \quad \text{(F 11.9a)}$$

Da unter der Nullhypothese $H_0: \mu_1 = \mu_2$ der Erwartungswert von $\bar{X}_1 - \bar{X}_2$ gleich 0 ist, verkürzt sich die Formel unter der Nullhypothese wie folgt:

$$T_E = T_{\bar{X}_1 - \bar{X}_2} = \frac{\bar{X}_1 - \bar{X}_2}{\hat{\sigma}_{\bar{X}_1 - \bar{X}_2}} \quad \text{(F 11.9b)}$$

Der Wert dieser Prüfgröße in einer konkreten Anwendung lautet:

$$t_E = t_{\bar{X}_1 - \bar{X}_2} = \frac{\bar{x}_1 - \bar{x}_2}{\hat{\sigma}_{\bar{X}_1 - \bar{X}_2}} \quad \text{(F 11.9c)}$$

Um den Ablehnungsbereich bei gegebenem Signifikanzniveau α zu bestimmen, kann man also auf die Quantile der t-Verteilung (vgl. Abschn. 7.3.4) zurückgreifen, wobei diese Quantile von der Anzahl der Freiheitsgrade (df) abhängen. Die Freiheitsgrade ergeben sich bei diesem sog. Zweistichproben-t-Test (oder t-Test für unabhängige Stichproben) zu $df = n_1 + n_2 - 2$. Das ist unmittelbar einleuchtend, denn innerhalb jeder Gruppe können jeweils nur $n_i - 1$ Messwerte frei variieren. Für größere Stichproben (Faustregel: $n_i > 30$) können alternativ als approximative Annäherung auch die Quantile der Standardnormalverteilung verwendet werden. Der Gauß-Test ist also ein asymptotischer Test für die Prüfgröße T_E.

Beispiel

Unterscheiden sich Frauen und Männer in ihrem interpersonalen Vertrauen?
Eine Forscherin will untersuchen, ob sich Männer und Frauen hinsichtlich der Tendenz, anderen Menschen zu vertrauen, unterscheiden. Sie zieht eine Zufallsstichprobe von $n_1 = 80$ Männern und $n_2 = 80$ Frauen und ermittelt innerhalb der Männerstichprobe einen Mittelwert von $\bar{x}_1 = 14$ und eine empirische Standardabweichung von $s_1 = 2$ und innerhalb der Frauenstichprobe einen Mittelwert von $\bar{x}_2 = 16$ und eine empirische Standardabweichung von $s_2 = 2{,}5$. Die empirische Mittelwertsdifferenz beträgt also $\bar{x}_1 - \bar{x}_2 = -2$. Bei deskriptiver Betrachtung vertrauen Männer also weniger als Frauen. Aber ist dieser Unterschied statistisch bedeutsam?

Da die Forscherin im Vorhinein keine Annahmen bezüglich der Richtung einer eventuellen Abweichung getroffen hatte, formuliert sie das statistische Hypothesenpaar ungerichtet und testet zweiseitig ($\alpha = 5\,\%$). Sie erhält einen Standardfehler von $\hat{\sigma}_{\bar{X}_1 - \bar{X}_2} = 0{,}36$. Setzt sie diesen Wert in die Formel F 11.9c ein, erhält sie:

$$t_E = \frac{-2}{0{,}36} = -5{,}55$$

Der kritische Wert bei $\alpha = 5\,\%$ (zweiseitig!) kann mit Hilfe von Tabelle A.3 im Anhang A oder eines Verteilungsrechners (s. die Links in unseren Online-Materialien) bestimmt werden; er liegt auf der linken Seite der Verteilung bei $t_{(0{,}025;\,158)} = -1{,}975$. Der empirische t-Wert ist extremer (d. h. stärker negativ) als der kritische t-Wert; der Mittelwertunterschied ist also signifikant. Die Nullhypothese, der zufolge es keinen Unterschied zwischen Männern und Frauen in ihrem interpersonalen Vertrauen gibt, kann abgelehnt werden.

Voraussetzungen

Die Anwendung des t-Tests für unabhängige Stichproben ist an folgende Voraussetzungen geknüpft:

(1) Es muss sichergestellt sein, dass es sich bei den beiden Teilstichproben um unabhängige Zufallsstichproben handelt. Ist die Unabhängigkeitsannahme verletzt, wird der Standardfehler der Mittelwertsdifferenz unterschätzt; dies erhöht die Wahrscheinlichkeit eines α-Fehlers (sowie die eines β-Fehlers) drastisch (s. Kap. 12).

(2) Das Merkmal X muss in den beiden Teilpopulationen stetig und normalverteilt sein, wobei die Stichprobenkennwerteverteilung von $\bar{X}_1 - \bar{X}_2$ bei hinreichend großen Stichproben (Faustregel: $n_i > 30$) aufgrund des zentralen Grenzwertsatzes auch bei Abweichung von dieser Voraussetzung approximativ normalverteilt ist und der Test dementsprechend robust ist.

(3) Die Varianzen innerhalb der beiden Teilpopulationen müssen homogen sein. Ist diese Annahme erfüllt, liegt *Homoskedastizität* vor. Simulationsstudien haben gezeigt, dass der *t*-Test allerdings relativ robust gegenüber Verletzungen der Varianzhomogenitätsannahme (oder Homoskedastizitätsannahme) ist, wenn die Stichproben gleich groß sind. Sind die Stichproben ungleich groß und unterscheiden sich die Varianzen zwischen den beiden Stichproben bedeutsam (*Heteroskedastizität*), so hat dies folgende Auswirkungen auf das Testergebnis:

- Ist die Varianz in der kleineren Stichprobe *größer* als in der größeren Stichprobe ($\hat{\sigma}_1^2 < \hat{\sigma}_2^2$ bei $n_1 > n_2$), so wird der Test zu liberal, d. h., die Wahrscheinlichkeit eines α-Fehlers erhöht sich. Der Mittelwertunterschied wird unter Umständen auch dann signifikant, wenn in Wirklichkeit die Nullhypothese gilt.
- Ist die Varianz in der kleineren Stichprobe *kleiner* als in der größeren Stichprobe ($\hat{\sigma}_1^2 > \hat{\sigma}_2^2$ bei $n_1 > n_2$), so wird der Test zu konservativ, d. h., die Wahrscheinlichkeit eines α-Fehlers ist in Wirklichkeit geringer als das nominelle α-Niveau. Der Mittelwertunterschied wird unter Umständen also nicht signifikant, obwohl in Wirklichkeit die Nullhypothese nicht gilt.

Verletzung der Unabhängigkeitsannahme. Die Annahme, dass die beiden Stichproben unabhängig sind, ist z. B. dann verletzt, wenn Ehepaare untersucht werden. Angenommen, man interessiert sich für die Fragestellung, ob sich Frauen und Männer in ihrer Ehezufriedenheit im Mittel unterscheiden. Wählt man zur Analyse dieser Fragestellung Ehepaare aus, so sind die Stichproben nicht unabhängig voneinander: Ehefrauen, die mit der Ehe unzufrieden sind, werden auch tendenziell Ehemänner haben, die mit der Ehe unzufrieden sind. Wählt man hingegen zufällig Männer aus der Population der Männer und unabhängig davon Frauen aus der Population der Frauen aus, sind die Stichproben unabhängig. Eine Verletzung der Unabhängigkeitsannahme kann aber auch subtiler sein. Angenommen, Personen werden per Zufall einer von zwei experimentellen Bedingungen zugewiesen, die Untersuchung findet in Form von Einzeluntersuchungen in zwei benachbarten Räumen statt. Die Versuchspersonen, die als nächstes an der Reihe sind, warten gemeinsam in einem Warteraum und tauschen sich untereinander aus. Auch dies kann zu einer Abhängigkeit führen, wenn sich die Kommunikation in relevanter Weise auf das zu messende Merkmal auswirkt. Einer Verletzung der Unabhängigkeitsannahme kann mit Hilfe einer guten Untersuchungsplanung (»echte« Zufallsziehung, abgeschirmte Einzelversuche, standardisierte Instruktionen, keine Möglichkeiten der Kommunikation zwischen Versuchspersonen etc.) entgegengewirkt werden. Sind Abhängigkeiten durch die Fragestellungen gewünscht (wie im Beispiel der Ehezufriedenheit), kann diese Abhängigkeit durch entsprechende Tests (s. Kap. 12) berücksichtigt werden.

Verletzung der Normalverteilungsannahme. Sind die Stichproben klein, bietet sich eine empirische Überprüfung der Normalverteilungsannahme (innerhalb der Stichproben) an. Entsprechende Tests hierfür haben wir in Abschnitt 10.5 vorgestellt; weitere Methoden zur Überprüfung der Normalverteilungsannahme, die auch auf den *t*-Test übertragen werden können, werden wir in Kapitel 18 vorstellen. Ist die Normalverteilungsannahme verletzt, muss X ggf. durch eine geeignete Transformation (z. B. eine Logarithmus-Transformation) stärker symmetrisiert werden (s. Kap. 18). Ist dies wirkungslos, muss ggf. auf einen nonparametrischen Test ausgewichen werden. Solche Tests werden wir in Abschnitt 11.2 vorstellen.

Verletzung der Varianzhomogenitätsannahme. Sind die Stichproben unterschiedlich groß, bietet sich eine empirische Überprüfung der Varianzhomogenitätsannahme an. Entsprechende Tests werden wir in Abschnitt 11.3 vorstellen. Führt die Verletzung der Varianzhomogenitätsannahme dazu, dass das Risiko eines α-Fehlers erhöht ist, kann die »Strenge«, mit der der Test durchgeführt wird, entweder direkt durch eine Reduzierung des Signifikanzniveaus (etwa auf $\alpha = 1\,\%$) oder indirekt über eine Korrektur der Freiheitsgrade erhöht werden (Welch, 1947).

Welch-Korrektur. Um die Freiheitsgrade im Falle der Varianzheterogenität (Heteroskedastizität) zu korrigieren (d. h. zu verringern und den Test damit strenger zu machen), hat Welch (1947) folgende Formel vorgeschlagen:

$$df_{\text{korr}} = \frac{\left(\dfrac{\hat{\sigma}_1^2}{n_1} + \dfrac{\hat{\sigma}_2^2}{n_2}\right)^2}{\dfrac{\left(\dfrac{\hat{\sigma}_1^2}{n_1}\right)^2}{n_1 - 1} + \dfrac{\left(\dfrac{\hat{\sigma}_2^2}{n_2}\right)^2}{n_2 - 1}} = \frac{\left(\dfrac{\hat{\sigma}_1^2}{n_1} + \dfrac{\hat{\sigma}_2^2}{n_2}\right)^2}{\dfrac{\hat{\sigma}_1^4}{n_1^2 \cdot (n_1 - 1)} + \dfrac{\hat{\sigma}_2^4}{n_2^2 \cdot (n_2 - 1)}}$$

(F 11.10)

Anders als in Formel F 11.9b wird der Wert der Prüfgröße beim Welch-Test wie folgt berechnet:

$$t_W = \frac{\bar{x}_1 - \bar{x}_2}{\sqrt{\dfrac{\hat{\sigma}_1^2}{n_1} + \dfrac{\hat{\sigma}_2^2}{n_2}}}$$

(F 11.11)

Im Nenner dieses Ausdrucks stehen also nicht die gepoolten Innerhalb-Varianzen nach Formel F 11.8, sondern die beiden unterschiedlichen Stichprobenvarianzen $\hat{\sigma}_1^2$ und $\hat{\sigma}_2^2$. Dies leuchtet unmittelbar ein, da man ja nun davon ausgeht, dass sich die Varianzen in den beiden Populationen unterscheiden.

> **Beispiel**
>
> **Welch-Korrektur bei Varianzheterogenität**
> In einer Stichprobe von $n_1 = 10$ Personen wird ein Merkmal X mit einem Mittelwert $\bar{x}_1 = 35$ und einer Stichprobenvarianz $\hat{\sigma}_1^2 = 40$ gemessen. In einer zweiten Stichprobe von $n_2 = 29$ Personen wird X mit einem Mittelwert $\bar{x}_2 = 20$ und einer Stichprobenvarianz $\hat{\sigma}_2^2 = 18{,}27$ gemessen. In unserem Beispiel ergibt sich ein Wert von $t_W = 6{,}97$.

Um die korrigierten Freiheitsgrade zu bestimmen, wird Formel F 11.10 verwendet. Dabei ergibt sich für $\hat{\sigma}_1^2/n_1 = 40/10 = 4$ und für $\hat{\sigma}_2^2/n_2 = 18{,}27/29 = 0{,}63$. Setzt man diese Werte in Formel F 11.10 ein, erhält man:

$$df_{\text{korr}} = \frac{(4 + 0{,}63)^2}{\dfrac{4^2}{10-1} + \dfrac{0{,}63^2}{29-1}} = \frac{21{,}437}{1{,}792} = 11{,}963$$

Der kritische Wert bei $df_{\text{korr}} = 11{,}963$ und $\alpha = 5\,\%$ (zweiseitig) kann mit Hilfe von Tabelle A.3 im Anhang A oder eines Verteilungsrechners (🖱) bestimmt werden; er liegt auf der rechten Seite der Verteilung bei $t_{(0{,}975;\,11{,}963)} = 2{,}20$. Der empirische t_W-Wert ist extremer (d. h. stärker positiv) als der kritische t-Wert; der Mittelwertsunterschied ist also signifikant.

Effektgröße und Effektgrößenschätzer

Die Effektgröße beim t-Test für unabhängige Stichproben ist auf Populationsebene eine Angabe darüber, wie groß der Unterschied zwischen den beiden Populationsmittelwerten ist. Hierzu kann man zum einen die unstandardisierte Mittelwertsdifferenz $\varepsilon = \mu_1 - \mu_2$ heranziehen. Die unstandardisierte Mittelwertsdifferenz hat allerdings den Nachteil, dass ihre Größe von der Metrik des Merkmals X abhängt und dass somit unterschiedliche Werte für ε zwischen Untersuchungen, in denen jeweils unterschiedliche Skalierungen von X verwendet wurden, nicht direkt miteinander verglichen werden können. Daher bietet es sich in solchen Fällen an, die Effektgröße zu standardisieren, so wie wir es bereits für den Einstichprobentest behandelt haben (vgl. Abschn. 10.1, s. hierzu die Diskussion zu standardisierten und unstandardisierten Effektgrößen in Abschn. 8.4). Diese Standardisierung muss anhand der Populationsstandardabweichung innerhalb einer Teilpopulation erfolgen. Da auf Populationsebene angenommen wird, dass die Innerhalb-Standardabweichungen in den beiden Teilpopulationen gleich sind ($\sigma_1 = \sigma_2 = \sigma_{\text{inn}}$), ergibt sich für das standardisierte Effektgrößenmaß δ':

$$\delta' = \frac{\varepsilon}{\sigma_{\text{inn}}} = \frac{\mu_1 - \mu_2}{\sigma_{\text{inn}}}$$

(F 11.12)

Den Schätzer für δ' aus den Daten bezeichnen wir in Anlehnung an die entsprechenden Kennwerte in Kapitel 8 und Kapitel 10 mit dem Buchstaben d'. Ist die Standardabweichung von X in mindestens einer der beiden Teilpopulationen nicht bekannt und muss man sie aus den Daten schätzen, bezeichnen wir den Effektgrößenschätzer mit d'_2. Er berechnet sich wie folgt:

$$d'_2 = \frac{e}{\hat{\sigma}_{\text{inn}}} = \frac{\bar{x}_1 - \bar{x}_2}{\hat{\sigma}_{\text{inn}}} \quad \text{(F 11.13)}$$

Der Ausdruck $\hat{\sigma}_{\text{inn}}$ bezeichnet dabei die gepoolte Innerhalb-Standardabweichung. Sie ergibt sich aus der positiven Quadratwurzel der gepoolten Innerhalb-Varianz (s. Formel F 11.8).

Die Konventionen für δ'-Maße lauten nach Cohen (1988) für den Zweistichprobentest:
▶ $|\delta'| \approx 0{,}20$: »kleiner« Effekt
▶ $|\delta'| \approx 0{,}50$: »mittelgroßer« Effekt
▶ $|\delta'| \approx 0{,}80$: »großer« Effekt.

Konfidenzintervall für die Mittelwertsdifferenz $\mu_1 - \mu_2$

Wir betrachten nun den typischen Fall, dass die Populationsvarianzen innerhalb der untersuchten Gruppen unbekannt sind und aus den Daten geschätzt werden müssen. Die Grenzen des zweiseitigen Konfidenzintervalls für die unstandardisierte Mittelwertsdifferenz $\varepsilon = \mu_1 - \mu_2$ lassen sich mit Hilfe der Prüfgröße T bestimmen:

$$(\bar{x}_1 - \bar{x}_2) \pm t_{\left(1 - \frac{\alpha}{2}; df\right)} \cdot \hat{\sigma}_{\bar{X}_1 - \bar{X}_2} \quad \text{(F 11.14a)}$$

Beim einseitigen Konfidenzintervall mit (H_1: $\mu_1 > \mu_2$) lauten die Grenzen:

$$\left[\left((\bar{x}_1 - \bar{x}_2) - t_{(1-\alpha; df)} \cdot \hat{\sigma}_{\bar{X}_1 - \bar{X}_2}\right); +\infty\right) \quad \text{(F 11.14b)}$$

Beim einseitigen Konfidenzintervall mit (H_1: $\mu_1 < \mu_2$) lauten die Grenzen:

$$\left(-\infty; \left((\bar{x}_1 - \bar{x}_2) + t_{(1-\alpha; df)} \cdot \hat{\sigma}_{\bar{X}_1 - \bar{X}_2}\right)\right] \quad \text{(F 11.14c)}$$

Konfidenzintervall für die Effektgröße δ'

Ist die Populationsstandardabweichung σ_{inn} unbekannt, folgt die Effektgrößenvariable D'_2 einer nonzentralen t-Verteilung mit dem Nonzentralitätsparameter

$$\begin{aligned}\lambda &= \delta' \cdot \sqrt{\frac{n_1 \cdot n_2}{n_1 + n_2}} \\ &= \frac{\mu_1 - \mu_2}{\sigma_{\text{inn}}} \cdot \sqrt{\frac{n_1 \cdot n_2}{n_1 + n_2}}.\end{aligned} \quad \text{(F 11.15)}$$

Um die Grenzen des zweiseitigen $(1-\alpha)$-Konfidenzintervalls für die Effektgröße δ' zu bestimmen, verfahren wir zunächst wieder so, dass wir das Konfidenzintervall für den Nonzentralitätsparameter bestimmen und dessen Grenzen in die Intervallgrenzen der Effektgröße rücktransformieren. Hierzu bestimmen wir die Nonzentralitätsparameter zweier nonzentraler t-Verteilungen, unter denen der empirische t-Wert (t_{emp}) einen Flächenanteil von $\alpha/2$ abschneidet. Die untere Grenze des Konfidenzintervalls ist der Nonzentralitätsparameter einer nonzentralen t-Verteilung, unter der der empirische t-Wert einen Flächenanteil von $\alpha/2$ nach rechts abschneidet. Anders gesagt: Die Wahrscheinlichkeit, dass unter der gesuchten $t_{(df; \lambda_u)}$-Verteilung mit dem Nonzentralitätsparameter λ_u ein beliebiger t-Wert mindestens so groß ist wie der empirische t-Wert, soll $p = \alpha/2$ sein:

$$P\left(t_{(df; \lambda_u)} \geq t_{\text{emp}}\right) = \frac{\alpha}{2} \quad \text{(F 11.16a)}$$

Die obere Grenze des zweiseitigen $(1-\alpha)$-Konfidenzintervalls ist der Nonzentralitätsparameter einer nonzentralen $t_{(df; \lambda_o)}$-Verteilung, unter der der empirische t-Wert einen Flächenanteil von $\alpha/2$ nach links abschneidet. Anders gesagt: Die Wahrscheinlichkeit, dass unter der gesuchten t-Verteilung mit dem Nonzentralitätsparameter λ_o ein beliebiger t-Wert höchstens so groß ist wie der empirische t-Wert, soll $p = \alpha/2$ sein:

$$P\left(t_{(df; \lambda_o)} \leq t_{\text{emp}}\right) = \frac{\alpha}{2} \quad \text{(F 11.16b)}$$

Sind die beiden Nonzentralitätsparameter λ_u und λ_o ermittelt, können sie in die Metrik der Effektstärke und damit in die Unter- bzw. Obergrenze des Konfidenzintervalls für δ' transformiert werden:

$$\delta'_u = \frac{\lambda_u}{\sqrt{\frac{n_1 \cdot n_2}{n_1 + n_2}}} = \lambda_u \cdot \sqrt{\frac{n_1 + n_2}{n_1 \cdot n_2}} \quad \text{und}$$

$$\delta'_o = \frac{\lambda_o}{\sqrt{\frac{n_1 \cdot n_2}{n_1 + n_2}}} = \lambda_o \cdot \sqrt{\frac{n_1 + n_2}{n_1 \cdot n_2}} \quad \text{(F 11.17)}$$

Schreibweise

In psychologischen Forschungsarbeiten wie etwa Zeitschriftenartikeln werden die Ergebnisse eines t-Tests für unabhängige Stichproben meist unter Angabe der beiden Stichprobenmittelwerte und ihrer geschätzten Populationsstandardabweichungen (Stichprobenstandardabweichungen) sowie der t-Statistik, ihrer Freiheitsgrade und ihres p-Wertes (also der Wahrscheinlichkeit dieses oder eines noch extremeren Wertes unter der Nullhypothese) berichtet. Den Index des t-Wertes lässt man der Einfachheit halber häufig weg. Zunehmend häufiger findet sich darüber hinaus die Angabe der Effektgröße d'_2, die in Publikationen der Einfachheit halber lediglich mit d bezeichnet wird. Die Form dieser Angabe ist meist ähnlich; für unser obiges Beispiel der Geschlechtsunterschiede im Vertrauen würde man schreiben:

$$t = -5{,}55; df = 158; p < 0{,}01; d = -0{,}88$$

Anstelle des exakten p-Wertes geben wir hier lediglich $p < 0{,}01$ an, da der p-Wert sehr klein ist ($p = 0{,}00000012$). Zur Durchführung des statistischen Tests muss man zusätzlich noch das a priori festgelegte α-Niveau angeben sowie vermerken, ob der Test einseitig oder zweiseitig durchzuführen ist. In unserem Beispiel: $\alpha = 0{,}05$ (zweiseitig). Will man zusätz-

> **Beispiel**
>
> **Effektgröße und Konfidenzintervall für den Geschlechtsunterschied beim interpersonalen Vertrauen**
>
> Im vorletzten Beispiel (»Unterscheiden sich Männer und Frauen in ihrem interpersonalen Vertrauen?«) wurde in zwei unabhängigen Stichproben der Größe $n_1 = n_2 = 80$ eine Mittelwertsdifferenz von $e = \bar{x}_1 - \bar{x}_2 = -2$ beobachtet, der Standardfehler betrug $\hat{\sigma}_{\bar{X}_1-\bar{X}_2} = 0{,}36$. Der zugehörige t-Test zeigte bei $df = 158$ Freiheitsgraden auf dem zweiseitigen 5 %-Niveau an, dass der Mittelwertsunterschied signifikant von 0 verschieden ist, denn der empirische t-Wert ($t = -5{,}55$) liegt unterhalb des kritischen t-Wertes von $t_{(0{,}025;158)} = -1{,}975$. Wie groß ist die empirische Effektgröße d'_2, und wo liegen die Grenzen des zweiseitigen 95 %-Konfidenzintervalls für δ'?
>
> Um die empirische Effektgröße d'_2 gemäß Formel F 11.13 zu berechnen, benötigt man zunächst die geschätzte gemeinsame Innerhalb-Standardabweichung ($\hat{\sigma}_{inn}$). Diese kann man leicht aus dem Standardfehler der Mittelwertsdifferenz ($\hat{\sigma}_{\bar{X}_1-\bar{X}_2}$) berechnen, indem man Formel F 11.8 umformt:
>
> $$\hat{\sigma}_{inn} = \hat{\sigma}_{\bar{X}_1-\bar{X}_2} \cdot \sqrt{\frac{n_1 \cdot n_2}{n_1 + n_2}} \quad \text{(F 11.18)}$$
>
> Für unser Beispiel ergibt sich:
>
> $$\hat{\sigma}_{inn} = 0{,}36 \cdot \sqrt{(80 \cdot 80)/(80 + 80)} = 2{,}28$$
>
> Setzt man diesen Wert in Formel F 11.13 ein, erhält man $d'_2 = (-2)/2{,}28 = -0{,}88$. Nach der Taxonomie von Cohen (1988) handelt es sich also um einen großen Effekt.
>
> Wo liegen nun die Grenzen des zweiseitigen 95 %-Konfidenzintervalls für δ'? Mit Hilfe des Computerprogramms NDC (Steiger, 2004;) ermitteln wir $\lambda_u = -7{,}595$ und $\lambda_o = -3{,}489$. Die beiden nonzentralen Verteilungen sind in Abbildung 11.2 eingezeichnet. Diese Werte können wir nun gemäß Formel F 11.17 in δ'-Werte umrechnen. Wir erhalten
>
> $$\delta'_u = -7{,}595 \cdot \sqrt{(80+80)/(80 \cdot 80)} = -1{,}2 \quad \text{und}$$
>
> $$\delta'_o = -3{,}489 \cdot \sqrt{(80+80)/(80 \cdot 80)} = -0{,}55.$$
>
> Man kann also sagen, dass ein Intervall zwischen $-1{,}2$ und $-0{,}55$ mit einer Wahrscheinlichkeit von 95 % den wahren Populationseffekt δ' überdeckt.

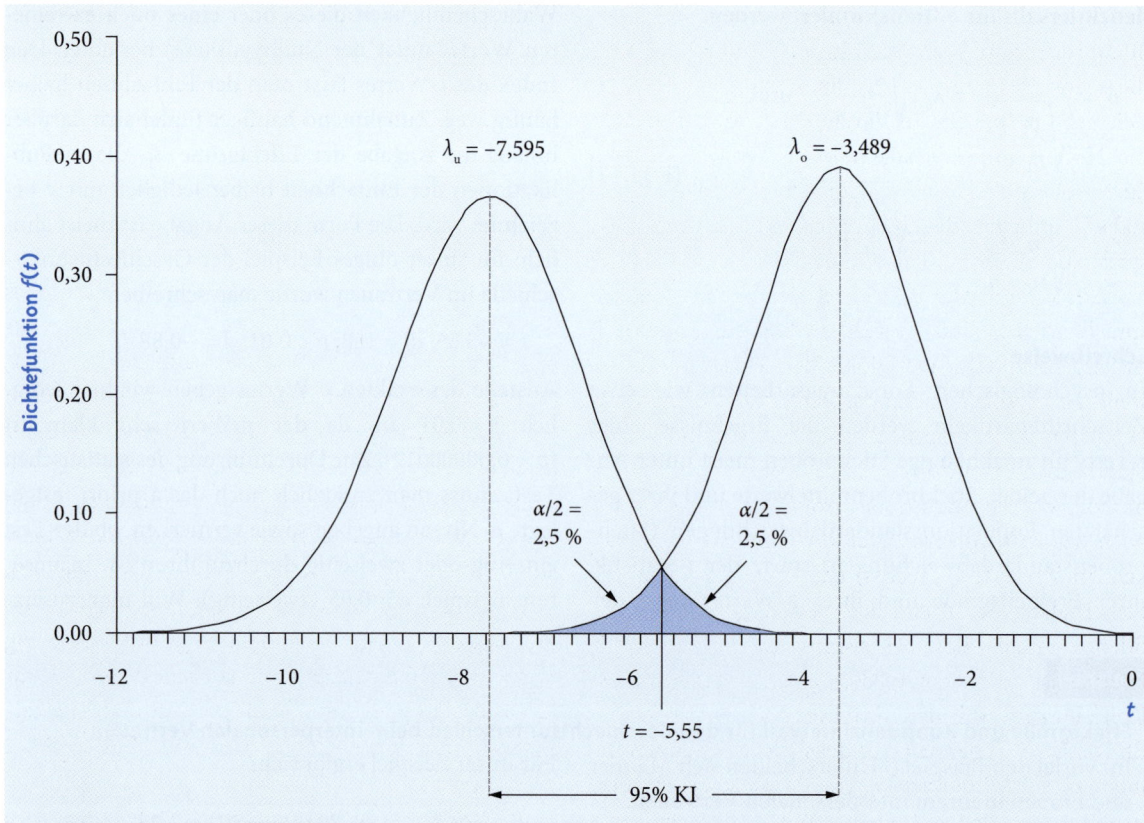

Abbildung 11.2 Zweiseitiges 95%-Konfidenzintervall für die Nonzentralitätsparameter beim t-Test für unabhängige Stichproben

lich noch das Konfidenzintervall für die Effektgröße δ' angeben, fügt man: 95 % KI (δ') = [−1,2; −0,55] hinzu. Noch werden Konfidenzintervalle für Effektgrößen selten in psychologischen Fachartikeln berichtet; es bleibt zu hoffen, dass sich eine solche Praxis zunehmend einbürgert.

Graphische Darstellungsformen: Säulendiagramm mit Fehlerbalken

Oft findet sich neben der Angabe der Stichprobenmittelwerte im laufenden Text oder in einer Tabelle eine graphische Darstellung, die den Mittelwertsunterschied visualisiert. Hierbei handelt es sich meist um ein Säulendiagramm, manchmal auch um ein Liniendiagramm. Die Säulenhöhe stellt die durchschnittliche Merkmalsausprägung in den beiden Stichproben dar. Häufig werden die Mittelwertssäulen um sog. Fehlerbalken (begrenzte Linien ober- und unterhalb der oberen Säulengrenze) ergänzt. Sie sollen dem Leser einen Eindruck von der Streuung des Merkmals bzw. des Mittelwerts in den beiden Stichproben geben. Die Angabe der Streuung ist sinnvoll, da sie eine zusätzliche Information bereitstellt, die die Interpretation der Ergebnisse erleichtert: Je geringer die Streuung in den beiden Stichproben, desto eher ist eine gegebene Mittelwertsdifferenz schließlich auch statistisch bedeutsam.

Bedeutungsvarianten der Fehlerbalken. Allerdings ist bisweilen nicht klar, was diese Fehlerbalken genau darstellen. In manchen Untersuchungen werden die *Standardabweichungen* innerhalb der beiden Stichproben dargestellt, in anderen Untersuchungen sind es die *Standardfehler* des Mittelwerts. Seltener stellen die Fehlerbalken das *Konfidenzintervall* um den Stichprobenmittelwert dar. In Abbildung 11.3 sind diese drei Bedeutungsvarianten – bezogen auf unser Beispiel – dargestellt. In Variante A (links) entspricht die Höhe der Fehlerbalken jeweils den zweifachen Stichprobenstandardabweichungen ($\bar{x}_i \pm \hat{\sigma}_i$; der Buchstabe i indiziert die Stichprobe). In unserem Beispiel sind diese beiden Standardabweichungen mit $\hat{\sigma}_1 = 2{,}013$ und $\hat{\sigma}_2 = 2{,}516$ relativ hoch; dementsprechend lang sind die Fehlerbalken. In Variante B (Mitte) entspricht die Höhe der Fehlerbalken jeweils den zweifachen Standardfehlern des Mittelwerts ($\bar{x}_i \pm \hat{\sigma}_{\bar{X}_i}$). In unserem Beispiel sind diese beiden Standardfehler mit $\hat{\sigma}_{\bar{X}_1} = 0{,}225$ und $\hat{\sigma}_{\bar{X}_2} = 0{,}281$ so niedrig, da die Stichprobengröße mit $n_i = 80$ recht hoch war; dementsprechend kurz sind die Fehlerbalken. In Variante C (rechts) entspricht die Höhe der Fehlerbalken der Breite des zweiseitigen 95%-Konfidenzintervalls des Mittelwerts ($\bar{x}_i \pm t_{(0{,}975;df)} \cdot \hat{\sigma}_{\bar{X}_i}$). Hierbei ist zu beachten, dass es sich nicht um das Konfidenzintervall der Mittelwerts*differenz* oder der Effektstärke δ' handelt, sondern um das Konfidenzintervall des Mittelwerts μ_i. Um dieses zu bestimmen, benötigt man den kritischen t-Wert, der unter einer t-Verteilung mit $df = n_i - 1$ Freiheitsgraden einen Flächenanteil von $\alpha/2$ nach links bzw. rechts abschneidet. Der Balken beginnt bei der Untergrenze des Konfidenzintervalls und endet bei dessen Obergrenze. In unserem Fall ist der gesuchte t-Wert $t_{(0{,}975;79)} = 1{,}99$. Die Fehlerbalken in Variante C sind also etwa doppelt so lang wie die Fehlerbalken in Variante B.

Signifikanz des Mittelwertsunterschieds. Was sagen die Varianten über die statistische Bedeutsamkeit des Mittelwertsunterschieds zwischen den beiden Stichproben aus? Umfragen haben gezeigt, dass sich selbst erfahrene Wissenschaftler diesbezüglich unsicher sind (Belia et al., 2005). Bisweilen wird behauptet, ein Mittelwertsunterschied sei dann signifikant, wenn sich die beiden Fehlerbalken gerade nicht mehr überlappen. Das ist nicht korrekt: Fehlerbalken, die sich nicht überlappen, sind noch keine hinreichende Bedingung für ein signifikantes Testergebnis. Cumming und Finch (2005) haben eine einfache Heuristik für die Beurteilung der Signifikanz des Mittelwertsunterschiedes aus Säulendiagrammen mit Fehlerbalken vorgeschlagen:

▶ Ist lediglich die Standardabweichung angegeben (wie bei uns in Variante A), so lässt sich nichts

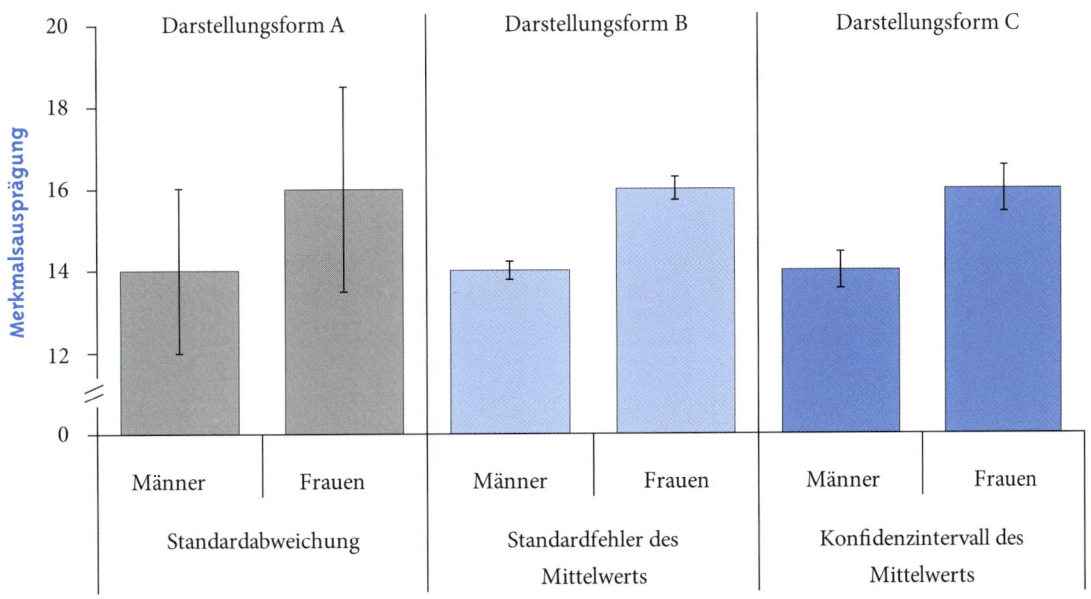

Abbildung 11.3 Graphische Darstellung des Mittelwertsunterschieds mit unterschiedlicher Bedeutung der »Fehlerbalken«

über die statistische Bedeutsamkeit des Mittelwertunterschieds aussagen, da ja die Information über die Stichprobengröße fehlt.

▶ Entsprechen die Fehlerbalken den Standardfehlern der Mittelwerte (Variante B), so ist der Mittelwertunterschied auf dem 5 %-Niveau signifikant, wenn die Lücke zwischen den beiden Fehlerbalken mindestens dem Durchschnitt der beiden Standardfehler entspricht – vorausgesetzt, die Stichprobengröße ist in beiden Gruppen größer 10 und die Varianzen sind homogen.

▶ Entsprechen die Fehlerbalken den 95 %-Konfidenzintervallen der Mittelwerte (Variante C), so ist der Mittelwertunterschied auf dem 5 %-Niveau signifikant, wenn sich die beiden Fehlerbalken höchstens zu einem Viertel der durchschnittlichen Intervalllänge überlappen – vorausgesetzt, die Stichprobengröße ist in beiden Gruppen größer 10 und die Varianzen sind homogen.

In Abbildung 11.4 ist ein Fall dargestellt, in dem die Mittelwertsdifferenz gerade signifikant von 0 verschieden ist. Die Daten beziehen sich auf das gleiche Beispiel wie in Abbildung 11.3, allerdings wurde die Stichprobengröße so reduziert ($n_1 = n_2 = 12$), dass der Mittelwertunterschied gerade noch signifikant ist ($t = -2{,}07$; $df = 22$; $p = 0{,}05$; $d = -0{,}85$). Was bedeutet das für die Fehlerbalken? Entsprechen die Fehlerbalken den Standardabweichungen, ändert sich gar nichts (s. Abb. 11.4, Variante A). Entsprechen die Fehlerbalken den Standardfehlern der Mittelwerte (Variante B), so rücken diese aufgrund der geringeren Stichprobe näher zusammen; allerdings gibt es hier immer noch einen Spalt zwischen den beiden Fehlerbalken. Dieser Spalt ist etwa so groß wie der durchschnittliche Standardfehler von $\bar{X}$, der in der Graphik der Einfachheit halber mit $\hat{\sigma}_{\bar{X}}$ bezeichnet wurde (ohne die Mittelung gesondert zu kennzeichnen). Entsprechen die Fehlerbalken den 95 %-Konfidenzintervallen der Mittelwerte (Variante C), so rücken diese ebenfalls näher zusammen und überlappen sich. Diese Überlappung entspricht etwa 30 % der durchschnittlichen Intervallbreite. Die Überlappung beträgt hier zwar mehr als ein Viertel der durchschnittlichen Intervalllänge, aber die Mittelwertsdifferenz ist dennoch signifikant von 0 verschieden.

A-priori-Poweranalyse: Bestimmung der optimalen Stichprobengröße

Sind die Irrtumswahrscheinlichkeiten α und β festgelegt und wurde a priori ein hypothetischer standardi-

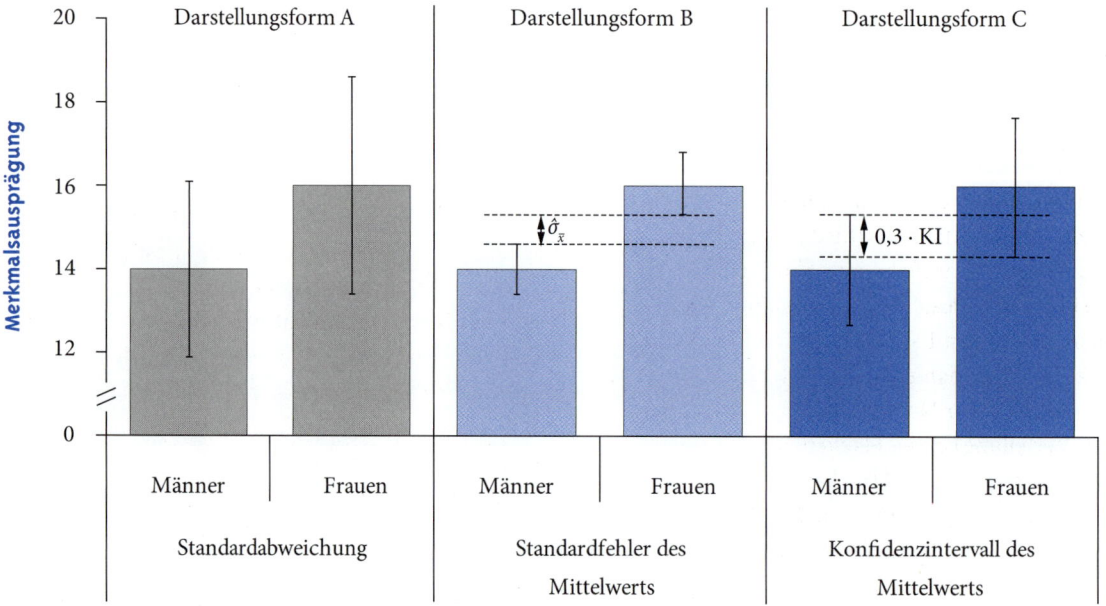

Abbildung 11.4 Fehlerbalken im Falle eines gerade signifikanten t-Tests ($p = 0{,}05$)

sierter Populationseffekt δ_1' spezifiziert, lässt sich die optimale Stichprobengröße für den t-Test für unabhängige Stichproben einfach über den Nonzentralitätsparameter λ_1 bestimmen. Nach Formel F 11.15 ergibt sich:

$$\left(\frac{\lambda_1}{\delta_1'}\right)^2 = \frac{n_1 \cdot n_2}{n_1 + n_2}, \quad \text{(F 11.19)}$$

wobei λ_1 der Nonzentralitätsparameter in Bezug auf die spezifische Alternativhypothese ist, die wir postulieren. Sind die beiden Stichproben n_1 und n_2 gleich groß, vereinfacht sich Formel F 11.19 wie folgt:

$$n = 4 \cdot \left(\frac{\lambda_1}{\delta_1'}\right)^2 \quad \text{(F 11.20)}$$

Der Nonzentralitätsparameter λ_1 ergibt sich aus der Teststärke, also dem Flächenanteil unter der nonzentralen t-Verteilung, den ein kritischer Wert t_krit nach rechts (bei $\delta_1' > 0$) bzw. nach links (bei $\delta_1' < 0$) abschneidet. Der kritische Wert wiederum ist derjenige t-Wert, der unter der zentralen t-Verteilung einen Flächenanteil von α (bei einem einseitigen Test) bzw. $\alpha/2$ (bei einem zweiseitigen Test) nach rechts (bei $\delta_1' > 0$) bzw. nach links (bei $\delta_1' < 0$) abschneidet. Sind die Irrtumswahrscheinlichkeiten α und β festgelegt, steht also auch der Nonzentralitätsparameter λ_1 fest.

> **Beispiel**
>
> **A-priori-Poweranalyse bei $\delta_1' = 0{,}4$**
> Wie groß müsste die Gesamtstichprobe sein, damit ein Mittelwertunterschied bei einem postulierten Populationseffekt von $\delta_1' = 0{,}4$ auf einem einseitigen α-Niveau von 5 % mit einer Wahrscheinlichkeit von $1 - \beta = 90$ % signifikant wird? Zunächst muss man einen kritischen t-Wert finden, der unter der Nullhypothese (d. h. einer zentralen Verteilung) einen Flächenanteil von 5 % nach rechts und unter der Alternativhypothese (d. h. einer nonzentralen Verteilung) einen Flächenanteil von 90 % nach rechts abschneidet.
> Zur Bestimmung des Nonzentralitätsparameters λ_1 benötigt man ein Computerprogramm wie G*Power ( ). Mit Hilfe dieses Programms ermitteln wir einen Nonzentralitätsparameter von $\lambda_1 = 2{,}94$ und einen kritischen Wert von $t_{(0{,}95;214)} = 1{,}652$. Dieser Wert schneidet unter einer zentralen t-Verteilung mit 214 Freiheitsgraden einen Flächenanteil von 5 % nach rechts und unter einer nonzentralen t-Verteilung mit 54 Freiheitsgraden und einem Nonzentralitätsparameter von $\lambda_1 = 2{,}94$ einen Flächenanteil von 90 % nach rechts ab. Da wir bereits die Freiheitsgrade der t-Verteilung kennen, liegt auch der Gesamtstichprobenumfang n fest, denn beim t-Test für unabhängige Stichproben gilt $n = df + 2$, hier also $n = 216$. Um dennoch zu zeigen, dass man mit Hilfe von Formel F 11.20 zum gleichen Ergebnis kommt, setzen wir λ_1 und δ_1' probeweise in diese Formel ein und erhalten $n = 4 \cdot (2{,}94/0{,}4)^2 = 216$. Man benötigt also insgesamt 216 Personen, damit der Mittelwertunterschied bei einem a priori festgelegten Populationseffekt von $\delta_1' = 0{,}4$ auf einem einseitigen α-Niveau von 5 % mit einer Wahrscheinlichkeit von $1 - \beta = 90$ % signifikant wird.

11.2 Vergleich zweier Stichprobenmediane

Bei den in diesem Abschnitt beschriebenen Verfahren wird getestet, ob die Mediane zweier unabhängiger Stichproben signifikant voneinander abweichen. Diese Verfahren können verwendet werden, wenn das arithmetische Mittel nicht zur Bestimmung der zentralen Tendenz verwendet werden kann oder wenn das Merkmal X nicht normalverteilt ist und die Stichprobe klein ist ($n_i < 30$); in diesem Fall würden parametrische Verfahren nicht zu robusten Ergebnissen kommen. Man kann dann auf nonparametrische Verfahren (vgl. Abschn. 9.2.2) zurückgreifen, die sich auf einen anderen Lageparameter – den Median – beziehen. Wir wollen im Folgenden den Fall behandeln, dass die Mediane zweier Stichproben daraufhin getestet werden sollen, dass sie sich bedeutsam unterscheiden.

Statistisches Hypothesenpaar

Die Nullhypothese lautet, dass der Unterschied zwischen den Medianen in den beiden Teilpopulationen η_1 und η_2 gleich 0 ist. Die Alternativhypothese besagt, dass diese Abweichung ungleich 0 ist. Die Alternativhypothese kann gerichtet oder ungerichtet formuliert werden. Im ungerichteten Falle lautet das statistische Hypothesenpaar:

H_0: $\eta_1 = \eta_2$

H_1: $\eta_1 \neq \eta_2$

Im gerichteten Falle lautet das statistische Hypothesenpaar:

H_0: $\eta_1 \geq \eta_2$ bzw. $\eta_1 \leq \eta_2$

H_1: $\eta_1 < \eta_2$ bzw. $\eta_1 > \eta_2$

11.2.1 Mediantest

Dem Mediantest liegt eine einfache Logik zugrunde: Sind die Mediane zweier Teilpopulationen identisch, so müssten in beiden Populationen jeweils 50 % der Werte unterhalb und 50 % oberhalb des Gesamtmedians (d. h. des Medians in der Gesamtpopulation) liegen. Auf Stichprobenebene bedeutet das: Registriert man für beide Stichproben getrennt, wie viele Werte unterhalb und wie viele oberhalb des Gesamtmedians liegen, erhält man eine zweidimensionale Häufigkeitstabelle mit 2 × 2 Feldern (Vierfeldertafel). Wenn die Nullhypothese des Mediantests zutrifft, dann müssten die beiden »Merkmale« A_i = Stichprobe (mit i = 1: Stichprobe 1 und i = 2: Stichprobe 2) und B_j = Lage zum Median (mit j = 1: unterhalb des Medians und j = 2: oberhalb des Medians) stochastisch voneinander unabhängig sein.

> **Beispiel**
>
> **Lebenszufriedenheit von Biologie- und Psychologiestudierenden**
>
> Ein Gesundheitspsychologe möchte testen, ob sich die Lebenszufriedenheit von Biologiestudierenden von der Lebenszufriedenheit von Psychologiestudierenden unterscheidet. Er befragt 10 Biologie- und 12 Psychologiestudierende, ob sie mit ihrem Leben (1) gar nicht, (2) durchschnittlich, (3) etwas oder (4) sehr zufrieden sind. Für die Biologiestudierenden ermittelt er folgende Werte: 2; 4; 3; 2; 2; 3; 4; 2; 3; 4; für die Psychologiestudierenden ermittelt er die Werte: 2; 3; 2; 3; 4; 2; 2; 3; 1; 2; 4. Der Gesamtmedian aller 22 Messwerte liegt bei Md = 2,5. Nun kann für jeden Wert innerhalb der beiden Stichproben ermittelt werden, ob er oberhalb oder unterhalb des Gesamtmedians liegt. Die entsprechende Vierfeldertafel ist in Tabelle 11.1 a abgetragen. Jede absolute Häufigkeit n_{ij} innerhalb einer Zelle ist durch zwei Indizes (i und j) gekennzeichnet. Der erste Index i kennzeichnet, in welcher Zeile der Tafel (Stichprobe bzw. Studienfach) man sich befindet (mit i = 1: Biologie und i = 2: Psychologie), der zweite Index j kennzeichnet, in welcher Spalte (Lage zum Median) man sich befindet (mit j = 1: unterhalb des Gesamtmedians und j = 2: oberhalb des Gesamtmedians). Zusätzlich sind die beiden Spaltensummen ($n_{.j}$) sowie die beiden Zeilensummen ($n_{i.}$) eingetragen.

Tabelle 11.1 Datenbeispiel für den Mediantest zur Lebenszufriedenheit von Biologie- und Psychologiestudierenden
a Empirisch ermittelte Vierfeldertafel

	Wert unterhalb des Gesamtmedians	Wert oberhalb des Gesamtmedians	Zeilensumme
Biologie	$n_{11} = 4$	$n_{12} = 6$	$n_{1.} = 10$
Psychologie	$n_{21} = 7$	$n_{22} = 5$	$n_{2.} = 12$
Spaltensumme	$n_{.1} = 11$	$n_{.2} = 11$	$n = 22$

b Erwartete Vierfeldertafel unter der Nullhypothese

	Wert unterhalb des Gesamtmedians	Wert oberhalb des Gesamtmedians	Zeilensumme
Biologie	$\varepsilon_{11} = 5$	$\varepsilon_{21} = 5$	$n_{1\cdot} = 10$
Psychologie	$\varepsilon_{12} = 6$	$\varepsilon_{22} = 6$	$n_{2\cdot} = 12$
Spaltensumme	$n_{\cdot 1} = 11$	$n_{\cdot 2} = 11$	$n = 22$

Man sieht, dass in der Gruppe der Biologiestudierenden mehr Werte oberhalb des Gesamtmedians liegen als in der Gruppe der Psychologiestudierenden. Biologiestudierende scheinen also (in diesem fiktiven Datenbeispiel) mit ihrem Leben tendenziell zufriedener zu sein als Psychologiestudierende. Wie müsste die Vierfeldertafel aussehen, wenn die Nullhypothese zutrifft und es *keinen* Unterschied zwischen Biologie- und Psychologiestudierenden gäbe? In diesem Fall müssten 50 % aller Biologiestudierenden (also 5 von 10) unterhalb des Gesamtmedians und 50 % oberhalb des Gesamtmedians liegen. Ebenso müssten 50 % aller Psychologiestudierenden (also 6 von 12) unterhalb des Gesamtmedians und 50 % oberhalb des Gesamtmedians liegen. Tabelle 11.1 b zeigt die Vierfeldertafel, in der die unter der Nullhypothese erwarteten Häufigkeiten (ε_{ij}) eingetragen sind. Man sieht, dass sich die Verteilungen der Zeilen- und Spaltensummen nicht verändert haben.

Prüfgröße des Mediantests

Wie weit weicht die empirisch beobachtete Vierfeldertafel von dieser theoretisch erwarteten Verteilung ab? Um diese Frage zu beantworten, ermitteln wir die relative quadrierte Abweichung der empirisch beobachteten von der theoretisch erwarteten Häufigkeitsverteilung in der Matrix. Genauer gesagt: Wir berechnen die quadrierte Abweichung zwischen n_{ij} und ε_{ij} für alle Zellen, relativieren diese quadrierten Abweichungen an ε_{ij} und summieren diese relativen quadrierten Abweichungen über alle Zellen hinweg auf und erhalten den folgenden Wert der Prüfgröße:

$$\chi^2 = \sum_{i=1}^{2}\sum_{j=1}^{2} \frac{(n_{ij} - \varepsilon_{ij})^2}{\varepsilon_{ij}} \qquad \text{(F 11.21)}$$

Diese Prüfgröße ist asymptotisch χ^2-verteilt (vgl. Abschn. 7.3.4) mit $df = 1$ Freiheitsgrad. Entspricht die empirische Vierfeldertafel genau der theoretisch erwarteten Vierfeldertafel, wird dieser Wert gleich 0. Je weiter der Wert von 0 abweicht, desto ungleicher ist das Verhältnis von Personen, die über dem Gesamtmedian liegen, zu Personen, die unter dem Gesamtmedian liegen, zwischen den beiden Stichproben. Daraus folgt: Je größer χ^2, desto verschiedener sind die Mediane der beiden Gruppen. Der χ^2-Wert kann aufgrund der Quadrierung im Zähler niemals negativ werden, daher testet man die Nullhypothese stets einseitig. Im Fall einer ungerichteten Nullhypothese ist der kritische χ^2-Wert derjenige Wert, der unter der zentralen χ^2-Verteilung einen Flächenanteil von α nach rechts hin abschneidet. Will man eine gerichtete Hypothese überprüfen, ist der kritische χ^2-Wert derjenige Wert, der unter der zentralen χ^2-Verteilung einen Flächenanteil von $2 \cdot \alpha$ nach rechts hin abschneidet (s. Abschn. 10.5).

Beispiel

Vierfelder-χ^2-Test für das Datenbeispiel zur Lebenszufriedenheit

In unserem Beispiel von Tabelle 11.1 ergibt sich nach Formel F 11.21 folgender χ^2-Wert:

$$\chi^2 = \frac{(4-5)^2}{5} + \frac{(6-5)^2}{5} + \frac{(7-6)^2}{6} + \frac{(5-6)^2}{6}$$
$$= 0{,}2 + 0{,}2 + 0{,}167 + 0{,}167 = 0{,}733$$

Der kritische Wert bei $\alpha = 5\,\%$ unter einer χ^2-Verteilung mit $df = 1$ Freiheitsgrad ist $\chi^2_{(0{,}95;1)} = 3{,}841$.

> Unser empirisch ermittelter Wert liegt darunter. Die Nullhypothese, dass Biologiestudierende sich von Psychologiestudierenden hinsichtlich ihrer Lebenszufriedenheit nicht unterscheiden, kann also nicht abgelehnt werden.

Voraussetzungen
Der hier beschriebene Mediantest nutzt nur sehr wenig Information aus den Daten: Es wird lediglich registriert, ob ein Messwert oberhalb oder unterhalb des Gesamtmedians liegt. Die Information über Unterschiede in den Verteilungseigenschaften zwischen den beiden Stichproben geht verloren. Der Test ist ferner nur dann geeignet, wenn der Gesamtmedian der beiden Stichproben ein gutes Maß für die zentrale Tendenz der Merkmalsverteilung in der Population ist. Die Signifikanztestung über die χ^2-verteilte Prüfgröße setzt zudem voraus, dass die erwartete Häufigkeit ε_{ij} in jeder Zelle der Tafel mindestens 5 beträgt. Alternativ zum χ^2-Test kann ein exakter Test wie z. B. der Fisher-Yates-Test verwendet werden. Auf den Fisher-Yates-Test werden wir eingehen, wenn wir den Vierfelder-χ^2-Test im Detail behandeln (Abschn. 11.4; s. aber auch Abschn. 10.5). Eine weitere Schwierigkeit bei der Durchführung des Mediantests ergibt sich, wenn viele Werte exakt dem Gesamtmedian entsprechen. Vorschläge für die Behandlung solcher Fälle sind bei Bortz und Lienert (2008) sowie Bortz et al. (2008) zu finden.

11.2.2 Wilcoxon-Rangsummen-Test bzw. U-Test

Beim Wilcoxon-Rangsummen-Test wird mehr Information aus den Daten ausgeschöpft. Dieser Test setzt voraus, dass es sich bei X um ein stetiges Merkmal handelt und das Merkmal in beiden Populationen dieselbe Verteilungsform aufweist. Für den Wilcoxon-Rangsummen-Test werden zunächst allen Messwerten Rangplätze in aufsteigender Reihenfolge zugewiesen. Dann werden die Rangsummen getrennt für die beiden Stichproben berechnet, die Rangsumme in der ersten Stichprobe wird mit rs_1, die Rangsumme in der zweiten Stichprobe mit rs_2 bezeichnet. Gilt die Nullhypothese, so müssten die Stichproben in Bezug auf ihre Ränge so gut durchmischt sein, dass die Ränge in beiden Gruppen im Durchschnitt etwa gleich sind.

Die Prüfgröße des Wilcoxon-Rangsummen-Tests ist die Rangsumme in der ersten Stichprobe. Die kritischen Werte für diese Prüfgröße RS sind in Tabelle A.7 im Anhang A tabelliert. Um den kritischen Wert aus der Tabelle abzulesen, braucht man noch die Stichprobengrößen n_1 und n_2. Die Regel für den statistischen Schluss lautet für die drei verschiedenen Alternativhypothesen wie folgt.

$H_1: \eta_1 \neq \eta_2$. Es werden die kritischen Werte für $\alpha/2$ und $1 - \alpha/2$ bestimmt. Liegt die Rangsumme rs_1 außerhalb des Intervalls, dessen Intervallgrenzen die beiden kritischen Werte $rs_{(\alpha/2; n_1; n_2)}$ und $rs_{(1-\alpha/2; n_1; n_2)}$ sind, wird die Nullhypothese verworfen.

$H_1: \eta_1 < \eta_2$. Unter der Annahme, dass der Median in Gruppe 1 geringer ist als in Gruppe 2, müsste Gruppe 1 im Durchschnitt kleinere Ränge haben als Gruppe 2. Beim einseitigen Test wird der kritische Wert für α bestimmt. Ist die Rangsumme rs_1 kleiner als der kritische Wert $rs_{(\alpha; n_1, n_2)}$, wird die Nullhypothese verworfen.

$H_1: \eta_1 > \eta_2$. Unter der Annahme, dass der Median in Gruppe 1 größer ist als in Gruppe 2, müsste Gruppe 1 im Durchschnitt größere Ränge haben als Gruppe 2. Beim einseitigen Test wird der kritische Wert für $1 - \alpha$ bestimmt. Ist die Rangsumme rs_1 größer als der kritische Wert $rs_{(1-\alpha; n_1; n_2)}$, wird die Nullhypothese verworfen.

Beispiel

Wilcoxon-Rangsummen-Test für das Datenbeispiel zur Lebenszufriedenheit

Greifen wir noch einmal auf das Beispiel zur Lebenszufriedenheit von Biologie- und Psychologiestudierenden zurück. Nehmen wir an, die Lebenszufriedenheit sei anhand eines stetigen Merkmals erhoben worden (wobei der Wert 1 eine niedrige Merkmalsausprägung und der Wert 4 eine hohe Merkmalsausprägung bedeutet).

▶

In Tabelle 11.2 sind die 22 Werte in aufsteigender Reihenfolge geordnet und mit den jeweiligen Rängen versehen. Zu beachten sind die vielen Rangbindungen, die durch die kleine Anzahl von Rängen zustande kommen. Berechnet man nun die Summe der Ränge innerhalb der Biologiestudierenden, erhält man $rs_1 = 129{,}5$. Die Summe der Ränge innerhalb der Psychologiestudierenden beträgt $rs_2 = 123{,}5$. Der Wert der Prüfgröße RS ist somit $rs = 129{,}5$. Die kritischen Werte für $rs_{(\alpha/2; n_k; n_g)}$ und $rs_{(1-\alpha/2; n_k; n_g)}$ schlagen wir in Tabelle A.7 im Anhang A nach. Um die Tabelle übersichtlich zu halten, ist in der ersten Spalte die jeweils kleinere der beiden Stichproben und in der zweiten Spalte die größere der beiden Stichproben tabelliert. In den sechs folgenden Spalten sind die kritischen Werte (Untergrenzen) für sechs unterschiedliche Signifikanzniveaus α tabelliert. Wir schauen in der Spalte $n_k = 10$ und $n_g = 12$ (wobei mit k die kleinere der beiden Stichproben und mit g die größere der beiden Stichproben gemeint ist). Für $\alpha = 0{,}05$ (zweiseitig) ermitteln wir einen kritischen Wert von $rs_{(0{,}025; 10; 12)} = 84$. Dieser Wert stellt die Untergrenze des Intervalls dar, innerhalb dessen die Nullhypothese nicht abgelehnt werden kann. Die Obergrenze dieses Intervalls ermitteln wir über folgende Formel:

$$rs_{\left(1-\frac{\alpha}{2}; n_k; n_g\right)} = n_k \cdot (n_k + n_g + 1) - rs_{\left(\frac{\alpha}{2}; n_k; n_g\right)} \quad \text{(F 11.22)}$$

In unserem Falle ergibt sich $rs_{(0{,}975; 10; 12)} = 10 \cdot (10 + 12 + 1) - 84 = 146$. Der empirische Wert von $rs_1 = 129{,}5$ liegt innerhalb dieses Intervalls, also nicht im Ablehnungsbereich unter der H_0. Die Nullhypothese kann nicht abgelehnt werden.

Tabelle 11.2 Wilcoxon-Rangsummen-Test für das Datenbeispiel zur Lebenszufriedenheit von Biologie- und Psychologiestudierenden

Gruppe	Wert	Nr.	Rang
Psychologie	1	1	1
Biologie	2	2	6,5
Biologie	2	3	6,5
Biologie	2	4	6,5
Biologie	2	5	6,5
Psychologie	2	6	6,5
Psychologie	2	7	6,5
Psychologie	2	8	6,5
Psychologie	2	9	6,5
Psychologie	2	10	6,5
Psychologie	2	11	6,5
Biologie	3	12	14,5
Biologie	3	13	14,5
Biologie	3	14	14,5
Psychologie	3	15	14,5
Psychologie	3	16	14,5
Psychologie	3	17	14,5
Biologie	4	18	20
Biologie	4	19	20
Biologie	4	20	20
Psychologie	4	21	20
Psychologie	4	22	20

Approximativer Test

Bei größeren Stichproben ($n_i > 20$) wird die Verteilung der Prüfgröße RS schon recht gut durch eine Normalverteilung approximiert. Diese Verteilung hat einen Erwartungswert von

$$E(RS) = \frac{n_k \cdot (n_k + n_g + 1)}{2} \qquad \text{(F 11.23)}$$

und eine Standardabweichung von

$$\sigma_{RS} = \sqrt{\frac{n_k \cdot n_g \cdot (n_k + n_g + 1)}{12}}. \qquad \text{(F 11.24)}$$

Mit Hilfe einer z-Transformation kann man einen empirischen rs-Wert in einen z-Wert transformieren und dementsprechend die Quantile unter der Standardnormalverteilung zur Bestimmung der kritischen Werte verwenden:

$$z = \frac{rs - E(RS)}{\sigma_{RS}} \qquad \text{(F 11.25)}$$

U-Test

Der U-Test (Mann & Whitney, 1947) ist algebraisch mit dem Wilcoxon-Rangsummen-Test identisch. Auch hier werden allen Messwerten (unabhängig davon, aus welcher Stichprobe sie stammen) Rangplätze in aufsteigender Reihenfolge zugewiesen und stichprobenspezifische Rangsummen gebildet. Beim U-Test wird die Rangsumme in eine Prüfgröße U umgerechnet. Für die erste Gruppe ergibt sich dieser Wert u_1 wie folgt:

$$u_1 = n_1 \cdot n_2 + \frac{n_1 \cdot (n_1 + 1)}{2} - rs_1 \qquad \text{(F 11.26a)}$$

Für die zweite Gruppe ergibt sich der Wert u_2 wie folgt:

$$u_2 = n_1 \cdot n_2 + \frac{n_2 \cdot (n_2 + 1)}{2} - rs_2 \qquad \text{(F 11.26b)}$$

Diese Werte sind wie folgt zu interpretieren: Ein Wert u_1 entspricht der Anzahl der Fälle, in denen der Rangplatz einer Person in Stichprobe 1 von Personen in Stichprobe 2 überschritten wird. Ein Wert u_2 entspricht der Anzahl der Fälle, in denen der Rangplatz einer Person in Stichprobe 2 von Personen in Stichprobe 1 überschritten wird. Für kleinere Stichproben ($n_i \leq 20$) sind die kritischen U-Werte tabelliert (Verweis auf solche Tabellen in unseren Online-Materialien); dabei handelt es sich um einen exakten Test.

Für größere Stichproben ($n_i > 20$) ist die Prüfgröße U approximativ normalverteilt (Conover, 1999). Unter der Nullhypothese hat U dann einen Erwartungswert von

$$E(U) = \frac{n_1 \cdot n_2}{2} \qquad \text{(F 11.27)}$$

und einen Standardfehler von

$$\sigma_U = \sqrt{\frac{n_1 \cdot n_2 \cdot (n_1 + n_2 + 1)}{12}}. \qquad \text{(F 11.28)}$$

Mit Hilfe einer z-Transformation kann man einen empirischen u-Wert in einen z-Wert transformieren und dementsprechend die Quantile unter der Standardnormalverteilung zur Bestimmung der kritischen Werte verwenden:

$$z = \frac{u - E(U)}{\sigma_U} \qquad \text{(F 11.29)}$$

Voraussetzungen

Der Wilcoxon-Rangsummen-Test bzw. der U-Test setzen voraus, dass das Merkmal X in der Population stetig ist. Die Verteilung darf dabei von der Normalverteilung abweichen, die Verteilungsform muss jedoch in beiden Teilpopulationen gleich sein. Der Test wird zu liberal, wenn sich die Varianzen zwischen den Stichproben unterscheiden (Hayes, 2000). Die Tests können exakt durchgeführt werden, wobei die RS- und die U-Statistik bei hinreichend großen Stichproben approximativ normalverteilt sind. Wenn die Stichprobengrößen n_1 und n_2 stark voneinander abweichen, sollte eine Kontinuitätskorrektur vorgenommen werden. Verzichtet man auf diese Korrektur, fällt der Test konservativer aus.

Wenn wir im Folgenden die Effektgröße, ihren Schätzer und ihr Konfidenzintervall sowie die Teststärke des Wilcoxon-Rangsummen-Tests bzw. des U-Tests behandeln, beziehen wir uns der Einfachheit halber auf die U-Statistik; aber alles, was wir im Folgenden behandeln werden, gilt aufgrund der algebraischen Identität der beiden Tests auch für die RS-

Statistik. Ebenso können alle Formeln, in denen die Prüfgröße U vorkommt, mit Hilfe der Gleichungen F 11.26 a und b so umformuliert werden, dass die Prüfgröße RS eingesetzt werden kann.

Effektgröße

Als Effektgröße θ wird vorgeschlagen, die Wahrscheinlichkeit zu bestimmen, mit der eine beliebig gezogene Person aus Stichprobe 2 einen größeren Rangplatz hat als eine beliebig gezogene Person aus Stichprobe 1 bzw. umgekehrt (vgl. Newcombe, 2006a, b). Hinzu kommt die Hälfte aller Rangbindungen, d. h. 50 % der Fälle, in denen eine Person aus Stichprobe 2 den gleichen Rangplatz aufweist wie eine Person aus Stichprobe 1 ($x_1 = x_2$):

$$\theta_1 = \pi_{(x_2 > x_1)} + 0{,}5 \cdot \pi_{(x_1 = x_2)}$$
$$\theta_2 = \pi_{(x_1 > x_2)} + 0{,}5 \cdot \pi_{(x_1 = x_2)} \qquad \text{(F 11.30)}$$

Der Einfachheit halber meinen wir im Folgenden θ_1, wenn wir von θ sprechen. Da die Auszählung der gegenseitigen Rangplatzüberschreitungen auf einem vollständigen Paarvergleich basiert und die Anzahl der Paarvergleiche dem Produkt $n_1 \cdot n_2$ entspricht, ergibt sich für die Schätzung des Effektstärkemaßes aus den Daten:

$$\hat{\theta} = \frac{u_1}{n_1 \cdot n_2} \qquad \text{(F 11.31)}$$

Damit ist $\hat{\theta}$ nichts anderes als eine Standardisierung von u_1, also die Größe der relativen Rangplatzüberschreitungen. Die Effektgröße θ kann auch aus den relativen Häufigkeiten h_{ij}, mit denen innerhalb einer Gruppe i ein Rang R_j beobachtet wird, geschätzt werden. Das ist verhältnismäßig einfach, denn die Frage ist lediglich, wie oft ein Rangplatz R_j in Gruppe 1 von einer Person in Gruppe 2 überschritten wurde. Machen wir uns das an einem einfachen Beispiel klar: Sagen wir, es gebe vier verschiedene Ausprägungen von Rangplätzen ($j = 1, ..., q = 4$), so ergibt sich für die Summe aller Rangplatzüberschreitungen $R\ddot{U}$:

$$\begin{aligned}R\ddot{U} &= h_{11} \cdot (h_{22} + h_{23} + h_{24}) \\ &+ h_{12} \cdot (h_{23} + h_{24}) \\ &+ h_{13} \cdot h_{24}\end{aligned} \qquad \text{(F 11.32)}$$

Der Rangplatz R_1 in Gruppe 1 wird mit einer relativen Häufigkeit von $h_{22} + h_{23} + h_{24}$ von einer Person der Gruppe 2 überschritten; dieses Ereignis kommt mit einer relativen Häufigkeit von $h_{11} = n_{11}/n_1.$ vor. Der Rangplatz R_2 in Gruppe 1 wird mit einer relativen Häufigkeit von $h_{23} + h_{24}$ von einer Person der Gruppe 2 überschritten; dieses Ereignis kommt mit einer relativen Häufigkeit von $h_{12} = n_{12}/n_1.$ vor. Der Rangplatz R_3 in Gruppe 1 wird mit einer relativen Häufigkeit von h_{24} von einer Person der Gruppe 2 überschritten; dieses Ereignis kommt mit einer relativen Häufigkeit von $h_{13} = n_{13}/n_1.$ vor. Der Rangplatz R_4 in Gruppe 1 wird mit einer relativen Häufigkeit von 0 von einer Person der Gruppe 2 überschritten, denn er ist der höchste Rangplatz und kann daher nicht überschritten werden. Fasst man Formel F 11.32 allgemeiner, so ergibt sich:

$$R\ddot{U} = \sum_{j=1}^{q-1} \left(h_{1j} \cdot \sum_{j+1}^{q} h_{2j} \right) \qquad \text{(F 11.33)}$$

Hinzu kommen 50 % aller Fälle, in denen eine Person aus Gruppe 1 den gleichen Rangplatz hat wie eine Person aus Gruppe 2 (Rangbindungen). Damit ergibt sich für das Effektstärkenmaß $\hat{\theta}$:

$$\hat{\theta} = \sum_{j=1}^{q-1} \left(h_{1j} \cdot \sum_{j+1}^{q} h_{2j} \right) + 0{,}5 \cdot \sum_{j=1}^{q} h_{1j} \cdot h_{2j} \qquad \text{(F 11.34)}$$

> **Beispiel**
>
> **Effektgröße $\hat{\theta}$ für das Datenbeispiel zur Lebenszufriedenheit**
>
> Spielen wir die Berechnungen an unserem Beispiel aus Tabelle 11.2 einmal durch. Die absoluten Häufigkeiten eines Ranges innerhalb einer Stichprobe lassen sich aus dieser Tabelle einfach ablesen. Um die relativen Häufigkeiten innerhalb jeder Stichprobe zu erhalten, müssen diese noch durch $n_i.$ geteilt werden. Tabelle 11.3 gibt die relativen Häufigkeiten, geordnet nach Rangplätzen (von $j = 1, ..., q = 4$), wieder.

Tabelle 11.3 Relative Häufigkeiten h_{ij} in den beiden Stichproben zur Lebenszufriedenheit

Rang	$j = 1$ ($R_1 = 1$)	$j = 2$ ($R_2 = 6{,}5$)	$j = 3$ ($R_3 = 14{,}5$)	$j = 4$ ($R_4 = 20$)
Biologie ($i = 1$)	$h_{11} = 0$	$h_{12} = 0{,}40$	$h_{13} = 0{,}30$	$h_{14} = 0{,}30$
Psychologie ($i = 2$)	$h_{21} = 0{,}08$	$h_{22} = 0{,}50$	$h_{23} = 0{,}25$	$h_{24} = 0{,}17$

Wie groß ist in diesem Beispiel die Effektgröße $\hat{\theta}$? Wenden wir Formel F 11.34 auf unser Beispiel an, so ergibt sich:

$$\begin{aligned}\hat{\theta} = {} & 0 \cdot (0{,}50 + 0{,}25 + 0{,}17) + 0{,}40 \cdot (0{,}25 + 0{,}17) \\ & + 0{,}30 \cdot 0{,}17 + 0{,}5 \cdot (0 \cdot 0{,}08 + 0{,}40 \cdot 0{,}50 \\ & + 0{,}30 \cdot 0{,}25 + 0{,}30 \cdot 0{,}17) \\ = {} & 0{,}38\end{aligned}$$

Ein Psychologiestudierender überschreitet den Rangplatz eines Biologiestudierenden demnach mit einer relativen Häufigkeit von 38 %. Diesen Wert hätten wir auch durch die Anwendung von Formel F 11.31 erhalten. Rechnet man die Rangsumme der Biologiestudierenden in den Wert der Prüfgröße U um, ergibt sich nach Formel F 11.26a:

$$u_1 = 10 \cdot 12 + \frac{10 \cdot (10+1)}{2} - 129{,}5 = 45{,}5$$

Das bedeutet: 45,5 Mal wird der Rangplatz eines Biologiestudierenden von einem Psychologiestudierenden überschritten. Rechnet man diese Prüfgröße nach Formel F 11.31 wieder in das Effektstärkemaß $\hat{\theta}$ um, ergibt sich:

$$\hat{\theta} = \frac{45{,}5}{10 \cdot 12} = 0{,}38$$

Konfidenzintervall für die Effektgröße θ

Die Grenzen des $(1 - \alpha)$-Konfidenzintervalls für die Effektgröße θ können wie folgt bestimmt werden (vgl. Newcombe, 2006b):

$$\hat{\theta} \pm z_{1-\alpha/2} \cdot \hat{\sigma}_{\hat{\theta}} \qquad \text{(F 11.35)}$$

Der Standardfehler $\hat{\sigma}_{\hat{\theta}}$ muss iterativ bestimmt werden; hierzu sei auf Newcombe (2006b) verwiesen. In unseren Online-Materialien ist ein Link auf ein einfaches Excel-Programm zu finden, das die Grenzen eines beliebigen $(1 - \alpha)$-Konfidenzintervalls für θ bestimmt. Es müssen lediglich $\hat{\theta}$ sowie die Stichprobengrößen n_1 und n_2 bekannt sein.

Beispiel

Konfidenzintervall für θ im Datenbeispiel zur Lebenszufriedenheit
Die relative Häufigkeit, mit der ein Psychologiestudierender einen höheren Rangplatz als ein Biologiestudierender hat, beträgt $\hat{\theta} = 0{,}38$. Mit Hilfe des erwähnten Excel-Programms (Newcombe, 2006b) bestimmen wir folgende Grenzen des 95 %-Konfidenzintervalls: $\theta_u = 0{,}19$ und $\theta_o = 0{,}62$. Der wahre Populationseffekt wird mit einer Wahrscheinlichkeit von 95 % von diesem Intervall überdeckt.

Teststärke

Die Teststärke des U-Tests ist – bei gegebenem Effekt, gegebener Stichprobengröße und gegebenem Signifikanzniveau α – gegenüber dem t-Test für unabhängige Stichproben leicht verringert. Als Daumenregel lässt sich sagen, dass der t-Test nur etwa 95,5 % der Stichprobengröße benötigt, die der U-Test braucht, um die Nullhypothese mit einer Wahrscheinlichkeit von $1 - \beta$ ablehnen zu können, falls ein Effekt der spezifizierten Größe tatsächlich existiert (Lehmann, 1975). Simulationsstudien haben jedoch gezeigt, dass der U-Test gegenüber dem t-Test dann eine größere Teststärke hat, wenn das Merkmal X in der Population nicht normalverteilt ist. Dieser Teststärkevorteil ist v. a. dann relevant, wenn die Stichprobe klein ist und es Ausreißerwerte gibt, auf die der t-Test sensitiv, der U-Test allerdings nicht sensitiv reagiert (Zimmermann & Zumbo, 1993).

A-priori-Poweranalyse: Bestimmung des optimalen Stichprobenumfangs

Im Folgenden bezeichnen wir mit θ^* die unter der spezifischen Alternativhypothese postulierte Effektgröße. Wir versehen sie mit einem Sternchen (*), um sie von θ und von θ_1 in Gleichung F 11.30 abzugrenzen und deutlich zu machen, dass es sich hierbei um einen postulierten Wert der Effektgröße handelt, der sich von dem wahren Populationswert θ unterscheiden kann.

Die Feststellung, dass der t-Test bei gleicher Power nur etwa 95,5 % der Stichprobe eines U-Tests benötigt, kann verwendet werden, um den optimalen Stichprobenumfang eines U-Tests bei gegebenem α-Niveau, gegebener Power und gegebenem Populationseffekt θ^* zu bestimmen. Man könnte z. B. die benötigte Stichprobengröße so berechnen, als würde es sich um einen t-Test für unabhängige Stichproben handeln und diese Stichprobengröße dann mit dem Faktor 1/0,955 = 1,05 gewichten. Mit dieser Stichprobengröße hätte der U-Test dann in etwa die gleiche Teststärke wie der t-Test.

Formel von Noether (1987).
Eine direkte Formel zur Ermittlung der optimalen Stichprobengröße wurde von Noether (1987) vorgeschlagen. Für den Fall, dass $n_1 = n_2$ ist, lautet diese Formel:

$$n = n_1 + n_2 = \frac{(z_{1-\alpha} + z_{1-\beta})^2}{3 \cdot (\theta^* - 0{,}5)^2} \quad \text{(F 11.36)}$$

Hierbei sind $z_{1-\alpha}$ und $z_{1-\beta}$ diejenigen kritischen Werte unter der Standardnormalverteilung, die (beim einseitigen Test mit $\theta^* > 0{,}5$) einen Flächenanteil von α (unter der Nullhypothese) bzw. β (unter der spezifischen Alternativhypothese) nach rechts abschneiden. Setzt man z. B. α = 5 % und β = 10 %, lautet der kritische Wert unter der Nullhypothese $z_{0,95}$ = 1,64 und unter der Alternativhypothese $z_{0,90}$ = 1,28.

Formel von Zhao et al. (2008).
Die Formel von Noether (1987) ist nicht ganz unproblematisch, denn sie berücksichtigt keine Rangbindungen, die jedoch – wie in unserem Beispiel – durchaus häufig vorkommen können. Zhao et al. (2008) haben die Formel daher erweitert, so dass sie auch auf Fälle mit Rangbindungen anwendbar ist. Für den Fall, dass $n_1 = n_2$ ist, lautet diese Formel:

$$n = n_1 + n_2 = \frac{(z_{1-\alpha} + z_{1-\beta})^2}{3 \cdot (\theta^* - 0{,}5)^2} \cdot \left(1 - \sum_{j=1}^{q} \left(0{,}5 \cdot (\pi_{1j}^* + \pi_{2j}^*)\right)^3\right) \quad \text{(F 11.37)}$$

Dabei bezeichnet π_{1j}^* die unter einer spezifischen Alternativhypothese erwartete Wahrscheinlichkeit, mit der eine Person aus Stichprobe 1 zur Rangplatzkategorie j gehört; dementsprechend ist π_{2j}^* die unter einer spezifischen Alternativhypothese erwartete Wahrscheinlichkeit, mit der eine Person aus Stichprobe 2 zur Rangplatzkategorie j gehört.

> **Beispiel**
>
> **Stichprobenumfangsplanung für das Datenbeispiel zur Lebenszufriedenheit**
>
> Greifen wir ein letztes Mal auf unser Datenbeispiel aus Tabelle 11.2 zurück. Bislang konnte die Nullhypothese, dass Biologiestudierende und Psychologiestudierende sich nicht in ihrer Lebenszufriedenheit unterscheiden, nicht verworfen werden. Allerdings bedeutet das noch nicht, dass es einen Unterschied in der Population nicht wirklich gibt – es ist gut möglich, dass keiner der bisherigen Tests einen solchen Effekt aufdecken konnte, da die Stichproben so klein waren.
>
> Wie viele Personen hätten nun insgesamt befragt werden müssen, damit der Medianunterschied auf der Basis eines U-Tests mit einer Wahrscheinlichkeit von $1 - \beta$ = 90 % auf einem einseitigen Signifikanzniveau von α = 5 % signifikant wird, wenn es in der Population so ist, dass Biologiestudierende zufriedener mit ihrem Leben sind als Psychologiestudierende?
>
> Gehen wir einmal davon aus, dass unter der spezifischen Alternativhypothese die Wahrscheinlichkeiten für die vier Rangplatzkategorien der Skala bei Biologiestudierenden π_{11}^* = 0,2; π_{12}^* = 0,2; π_{13}^* = 0,3 und π_{14}^* = 0,3 betragen und dass die Wahrscheinlichkeiten bei Psychologiestudierenden π_{21}^* = 0,3; ▶

$\pi_{22}^* = 0{,}3$; $\pi_{23}^* = 0{,}2$ und $\pi_{24}^* = 0{,}2$ betragen. Wie groß ist der Populationseffekt in diesem Fall? Wenden wir Formel F 11.34 an, ergibt sich:

$$\theta^* = \sum_{j=1}^{q-1}\left(\pi_{1j}^* \cdot \sum_{j+1}^{q}\pi_{2j}^*\right) + 0{,}5 \cdot \sum_{j=1}^{q}\pi_{1j}^* \cdot \pi_{2j}^*$$
$$= 0{,}2 \cdot (0{,}3 + 0{,}2 + 0{,}2) + 0{,}2 \cdot (0{,}2 + 0{,}2)$$
$$+ 0{,}3 \cdot 0{,}2 + 0{,}5 \cdot (0{,}2 \cdot 0{,}3 + 0{,}2 \cdot 0{,}3$$
$$+ 0{,}3 \cdot 0{,}2 + 0{,}3 \cdot 0{,}2)$$
$$= 0{,}40$$

Dies ist der Populationseffekt. Die kritischen Werte unter der Standardnormalverteilung lauten $z_{1-\alpha} = z_{0{,}95} = 1{,}64$ und $z_{1-\beta} = z_{0{,}90} = 1{,}28$. Setzen wir diese Werte in Formel F 11.37 ein, erhalten wir:

$$n = \frac{(1{,}64 + 1{,}28)^2}{3 \cdot (0{,}4 - 0{,}5)^2} \cdot \left(1 - \sum_{j=1}^{q}(0{,}5 \cdot 0{,}5)^3\right)$$
$$= \frac{8{,}564}{0{,}03} \cdot 0{,}9375 = 267{,}63$$

Das Ergebnis wird auf die nächste ganze Zahl aufgerundet. Es werden also $n = 268$ Personen (d. h. 134 Biologie- und 134 Psychologiestudierende) benötigt, damit der Medianunterschied auf der Basis eines U-Tests auf dem 5%-Niveau mit einer Wahrscheinlichkeit von 90 % signifikant wird, wenn der Populationseffekt $\theta^* = 0{,}40$ beträgt.

11.3 Vergleich zweier Stichprobenvarianzen (Varianzhomogenitätstests)

Bei den in diesem Abschnitt behandelten Tests wird getestet, ob zwei Stichprobenvarianzen ($\hat{\sigma}_1^2$ und $\hat{\sigma}_2^2$) aus Populationen stammen, deren Varianzen voneinander abweichen. Da viele statistische Tests für den Vergleich zweier Lageparameter (t-Test für unabhängige Stichproben, Wilcoxon-Rangsummen- bzw. U-Test) voraussetzen, dass die Varianzen in den beiden Populationen identisch oder homogen sind, stellen die in diesem Abschnitt behandelten Varianzhomogenitätstests eine Möglichkeit zur Überprüfung dieser Voraussetzung dar.

Statistisches Hypothesenpaar

Die Nullhypothese lautet hier, dass die Populationsvarianz in der Population 1 (σ_1^2) nicht von der Populationsvarianz in der Population 2 (σ_2^2) abweicht. Die Alternativhypothese besagt, dass die Populationsvarianz in der Population 1 (σ_1^2) von der Populationsvarianz in der Population 2 (σ_2^2) abweicht. Die Alternativhypothese kann entweder gerichtet oder ungerichtet formuliert sein, obwohl der Test – wie wir später sehen werden – stets einseitig durchgeführt wird. Im ungerichteten Falle lautet das statistische Hypothesenpaar:

H_0: $\sigma_1^2 = \sigma_2^2$

H_1: $\sigma_1^2 \neq \sigma_2^2$

Im gerichteten Falle lautet das statistische Hypothesenpaar:

H_0: $\sigma_1^2 \leq \sigma_2^2$

H_1: $\sigma_1^2 > \sigma_2^2$

Beim gerichteten Test steht dabei im Zähler stets die größere der beiden Varianzen, so dass der resultierende Quotient unter der H_1 immer größer als 1 ist.

Effektgröße und Effektgrößenschätzer v

Der Varianzquotient $v' = \sigma_1^2/\sigma_2^2$ (mit $\sigma_1^2 \geq \sigma_2^2$) fungiert als Effektgrößenmaß. Je mehr v' von 1 abweicht, desto größer ist der Effekt, d. h., desto stärker weichen die Varianzen in den beiden Populationen voneinander ab. Wir schlagen in Anlehnung an Cohens (1988) Taxonomie folgendes Schema zur Bewertung der Effektstärke vor:

▶ $v' \approx 1{,}1$: »kleiner« Effekt
▶ $v' \approx 1{,}5$: »mittlerer« Effekt
▶ $v' \approx 2$: »großer« Effekt.

Die Effektgröße lässt sich empirisch über den Quotienten $v' = \hat{\sigma}_1^2/\hat{\sigma}_2^2$ (mit $\hat{\sigma}_1^2 \geq \hat{\sigma}_2^2$) aus den Daten schätzen.

11.3.1 *F*-Test auf Varianzhomogenität

Der Wert der Prüfgröße des Tests auf Homogenität zweier Stichprobenvarianzen lautet wie folgt:

$$F = \frac{\hat{\sigma}_1^2/\sigma_1^2}{\hat{\sigma}_2^2/\sigma_2^2} \qquad (F\ 11.38)$$

Dabei gilt auch hier, dass die größere der beiden Varianzen im Zähler des Bruchs steht (also $\sigma_1^2 \geq \sigma_2^2$). In Abschnitt 10.3 hatten wir festgestellt, dass der Quotient aus einer Stichprobenvarianz und einer Populationsvarianz multipliziert mit $df = n - 1$ Freiheitsgraden χ^2-verteilt ist (vgl. Formel F 10.14d). Daraus ergibt sich:

$$\frac{\hat{\sigma}_X^2}{\sigma_X^2} \cdot (n-1) = \chi^2 \quad \Rightarrow \quad \frac{\hat{\sigma}_X^2}{\sigma_X^2} = \frac{\chi^2}{n-1}$$

Eingesetzt in Formel F 11.38 erhalten wir:

$$F = \frac{\chi_1^2/n_1 - 1}{\chi_2^2/n_2 - 1} \qquad (F\ 11.39)$$

Dass der Quotient zweier voneinander unabhängiger χ^2-verteilter Variablen, die jeweils durch ihre Freiheitsgrade dividiert wurden, einer *F*-Verteilung folgt, hatten wir bereits in Abschnitt 7.3.4 festgestellt. Die Prüfgröße, die die Werte in Gleichung F 11.39 annimmt, folgt daher einer *F*-Verteilung (s. Abschn. 7.3.4). Die *F*-Verteilung ist durch zwei Parameter bestimmt, die Freiheitsgrade der χ^2-Variablen im Zähler des Quotienten (df_1 oder $df_{\text{Zähler}}$) und die Freiheitsgrade der χ^2-Variablen im Nenner des Quotienten (df_2 oder df_{Nenner}).

Gilt die Nullhypothese, so sind die Populationsvarianzen der beiden Stichproben identisch ($\sigma_1^2 = \sigma_2^2$); in diesem Fall verkürzt sich Formel F 11.38:

$$F = \frac{\hat{\sigma}_1^2}{\hat{\sigma}_2^2} = v' \qquad (F\ 11.40)$$

Da der Varianzquotient v' also *F*-verteilt ist, spricht man auch vom *F*-Test auf Varianzhomogenität.

Da es grundsätzlich egal ist, welche Varianz im Zähler steht, und in *F*-Tabellen typischerweise nur die oberen Quantile zu finden sind, macht man sich dies wie folgt zunutze: Beim einseitigen Test setzt man die Stichprobenvarianz in den Zähler, die unter der gerichteten Alternativhypothese größer sein soll. Man verwirft die Nullhypothese, wenn der empirische *F*-Wert größer ist als der kritische $F_{(1-\alpha;df_1;df_2)}$-Wert. Beim zweiseitigen Test setzt man die Stichprobenvarianz, die größer als die andere geschätzt wurde, in den Zähler und verwirft die Nullhypothese dann, wenn der empirische *F*-Wert größer ist als der kritische $F_{(1-\alpha/2;df_1;df_2)}$-Wert.

Voraussetzungen

Da der *F*-Wert definiert ist als der Quotient zweier an ihren Freiheitsgraden relativierter χ^2-Variablen und eine χ^2-Variable definiert ist als eine Summe quadrierter standardnormalverteilter Zufallsvariablen, folgt hieraus eine zentrale Voraussetzung für den *F*-Test: Das Merkmal *X*, um dessen Varianzen es geht, muss in beiden Teilpopulationen normalverteilt sein.

> **Beispiel**
>
> **F-Test für den Unterschied zweier Varianzen in einem Stimmungsexperiment**
>
> Ein Experimentalpsychologe möchte untersuchen, ob die Stimmung einen Einfluss auf die Leistung hat. Er vermutet, dass Menschen unter guter Stimmung leistungsfähiger sind. Diese Hypothese möchte er experimentell testen, indem er die Hälfte seiner Versuchspersonen ($n_2 = 25$) mit Hilfe einer bewährten Stimmungsinduktionsmethode in positive Stimmung versetzt (Versuchsbedingung), während die andere Hälfte seiner Versuchspersonen ($n_1 = 25$) keine Stimmungsinduktion bekommt (Kontrollbedingung). Anschließend erfasst er die kognitive Leistungsfähigkeit seiner Versuchspersonen mit Hilfe einer Intelligenztestaufgabe.
>
> Erst im Nachhinein fällt ihm auf, dass sein Versuchsdesign nicht optimal war: Während er alle Versuchspersonen in der Versuchsbedingung in eine homogen positive Stimmung versetzt hatte, hatte er in der Kontrollgruppe überhaupt nicht kontrolliert, in welcher Stimmung seine Versuchspersonen waren. Größere Stimmungsunterschiede in der Kontrollgruppe gehen möglicherweise mit größeren Leistungsunterschieden einher. ▶

Übereinstimmend mit seiner Vermutung findet er, dass die Varianz der Leistungstestwerte in der Kontrollbedingung wesentlich größer ist ($\hat{\sigma}_1^2 = 50$) als in der Versuchsbedingung ($\hat{\sigma}_2^2 = 20$). Weichen diese beiden Varianzen signifikant voneinander ab? Diese Frage will er mit Hilfe eines F-Tests auf einem Signifikanzniveau von $\alpha = 10\,\%$ prüfen.

Die Nullhypothese lautet $H_0: \sigma_1^2 = \sigma_2^2$, die Alternativhypothese lautet $H_1: \sigma_1^2 \neq \sigma_2^2$. Der Quotient aus den beiden Varianzen ergibt nach Formel F 11.40 zu $F = 50/20 = 2{,}5$. Gesucht ist nun der kritische $F_{(1-\alpha/2;\,df_1;\,df_2)}$-Wert, der unter einer zentralen F-Verteilung mit $df_1 = df_2 = 24$ Freiheitsgraden einen Flächenanteil von 5 % nach rechts abschneidet. Mit Hilfe eines Verteilungsrechners ermitteln wir einen Wert von $F_{\text{krit}} = F_{(0{,}95;\,24;\,24)} = 1{,}984$. Der empirische F-Wert ist größer als der kritische Wert; der Varianzunterschied ist also signifikant. Die Nullhypothese, dass die beiden Varianzen auf Populationsebene identisch sind, muss verworfen werden.

Die Nullhypothese als »Wunschhypothese«

Das Beispiel zeigt eine Besonderheit dieses Tests, der wir bereits im Zusammenhang mit dem Anpassungstest in Abschnitt 10.5 begegnet sind. Da unser Experimentalpsychologe an einer Testung des Mittelwertsunterschieds zwischen seinen beiden experimentellen Gruppen interessiert ist, die entsprechenden Tests aber gleiche Varianzen voraussetzen, wünscht er sich, dass der Unterschied *nicht* signifikant wird. Andernfalls wäre die Varianzhomogenitätsannahme verletzt. Wir haben es also hier wieder mit einem Test zu tun, bei dem in den meisten Anwendungsfällen das erwünschte Ergebnis mit der statistischen Nullhypothese korrespondiert. Das hat für die Logik des Tests verschiedene Implikationen:

(1) Macht man den Test »strenger«, indem man das Signifikanzniveau α verringert, so muss eine gegebene Abweichung zwischen zwei Stichprobenvarianzen größer sein, um signifikant zu werden. Der Begriff »streng« ist also irreführend: Man macht den Test durch die Verringerung des Signifikanzniveaus vielmehr liberaler, denn ein Effekt (d. h. der Unterschied zwischen den Varianzen) muss größer sein, damit er signifikant wird.

(2) Bei einer geringen Stichprobengröße hat der Test eine geringe Power. Die Wahrscheinlichkeit, dass der Test ein signifikantes Ergebnis liefert, ist also geringer. Ein nicht-signifikantes Ergebnis bedeutet nicht zwingend, dass es keinen Unterschied zwischen den Varianzen gibt. Es könnte auch sein, dass sich die Populationsvarianzen unterscheiden, der Unterschied mangels Power des F-Tests aber nicht entdeckt werden konnte.

(3) Bei sehr großen Stichproben ist die Power des Tests entsprechend groß. Das bedeutet allerdings auch, dass der Varianzunterschied selbst dann signifikant wird, wenn er nur klein ist. Für die Testplanung ist es also entscheidend, diese Abweichung a priori so festzulegen, dass sie einem begründbaren Maximaleffekt entspricht: Wie groß darf der Varianzunterschied maximal sein, damit man ihn noch als »inhaltlich unbedeutend« bezeichnen kann?

Konfidenzintervall für die Effektgröße v'

Liegt ein Effekt vor, so folgt die Effektgröße einer mit dem Faktor v' gewichteten zentralen $F_{(df_1;\,df_2)}$-Verteilung. Die Grenzen des Konfidenzintervalls ergeben sich daher in Analogie zu Gleichung F 10.20a zu:

$$v'_u = v' \cdot F_{\left(\frac{\alpha}{2};\,df_2;\,df_1\right)} \quad \text{und} \quad v'_o = v' \cdot F_{\left(1-\frac{\alpha}{2};\,df_2;\,df_1\right)}$$

(F 11.41)

Man beachte, dass die Freiheitsgrade der Werte der F-Verteilung, die in die Berechnung der Intervallgrenzen eingehen, $(df_2;\,df_1)$ und nicht $(df_1;\,df_2)$ sind (s. zur Herleitung Hartung et al., 2005).

Für Effektgrößen werden typischerweise zweiseitige Konfidenzintervalle bestimmt, da sie die Präzision widerspiegeln, mit der eine bestimmte Effektgröße geschätzt wird. Grundsätzlich lassen sich jedoch auch einseitige Konfidenzintervalle bestimmen. Man erhält das einseitige $(1-\alpha)$-Konfidenzintervall für die Alternativhypothese $\sigma_1^2 < \sigma_2^2$ und $v' = \sigma_1^2/\sigma_2^2$:

$$\left[0;\, v' \cdot F_{(1-\alpha;\,df_2;\,df_1)}\right]$$

(F 11.42a)

Das einseitige $(1-\alpha)$-Konfidenzintervall für die Alternativhypothese $\sigma_1^2 > \sigma_2^2$ lautet:

$$\left[v' \cdot F_{(\alpha; df_2; df_1)}; \infty\right) \qquad \text{(F 11.42b)}$$

Beispiel

90 %-Konfidenzintervall für v' im Beispiel des Stimmungsexperiments

Bleiben wir bei unserem vorangegangenen Beispiel. Die Varianz in der Kontrollbedingung war $v' = F = 2{,}5$ Mal so groß wie die Varianz in der Experimentalbedingung. Wo liegen die Grenzen des zweiseitigen 90 %-Konfidenzintervalls für die Effektgröße v? Nach Gleichung F 11.41 erhält man:

$$v'_u = v' \cdot F_{(\alpha/2; df_2; df_1)} = 2{,}5 \cdot 0{,}504 = 1{,}260 \quad \text{und}$$

$$v'_o = v' \cdot F_{(1-\alpha/2; df_2; df_1)} = 2{,}5 \cdot 1{,}984 = 4{,}960$$

Mit 90%iger Wahrscheinlichkeit überdeckt das Intervall [1,26; 4,96] den wahren Populationseffekt.

A-priori-Poweranalyse: Bestimmung der optimalen Stichprobengröße

Sind die Irrtumswahrscheinlichkeiten α und β festgelegt und wurde a priori ein hypothetischer Populationseffekt v'_1 spezifiziert, lässt sich die optimale Stichprobengröße einfach bestimmen. Für den einseitigen Test setzt man die unter der Alternativhypothese größere Varianz in den Zähler von v'_1 und bestimmt die Freiheitsgrade $df_1 = n_1 - 1$ und $df_2 = n_2 - 1$ so, dass gilt:

$$v'_1 = \frac{F_{(1-\alpha; df_1; df_2)}}{F_{(\beta; df_1; df_2)}} \qquad \text{(F 11.43)}$$

Hierzu muss man noch das Verhältnis der beiden Stichprobengrößen n_1 und n_2 zueinander festlegen. Üblicherweise wählt man gleich große Stichproben, sofern andere Gründe nicht dagegen sprechen. Beim zweiseitigen Test setzt man in Gleichung F 11.43 für $1-\alpha$ den Wert $1-\alpha/2$ ein. Zur Bestimmung der Stichprobengrößen kann man auf das Programm G*Power (🖱) zurückgreifen.

Beispiel

Stichprobenumfangsplanung bei $v'_1 = 2$

Wie groß müssen die Stichproben sein, damit ein Varianzunterschied auf einem Signifikanzniveau von $\alpha = 10\,\%$ (einseitig) mit $1-\beta = 95\,\%$ signifikant wird, wenn der postulierte Populationseffekt $v'_1 = 2$ beträgt? Wir wollen zwei gleich große Stichproben ziehen. Mit Hilfe des Programms G*Power ermitteln wir eine optimale Stichprobengröße von $n_1 = n_2 = 74$. Es werden also insgesamt $n = 148$ Personen benötigt, um auf einem Signifikanzniveau von $\alpha = 10\,\%$ mit einer Wahrscheinlichkeit von $1-\beta = 95\,\%$ ein signifikantes Ergebnis zu erzielen, wenn der Populationseffekt $v'_1 = 2$ beträgt.

11.3.2 Levene-Test

Ein Problem des F-Tests besteht darin, dass er sehr sensitiv auf Verletzungen der Normalverteilungsannahme reagiert. Ein Verfahren, das gegenüber einer Verletzung der Normalverteiltheit in den beiden Teilpopulationen robuster ist, ist der Varianzhomogenitätstest von Levene (1960), der ebenfalls zur Überprüfung der Nullhypothese der Varianzgleichheit herangezogen werden kann. Der Levene-Test ist prinzipiell auch für den Vergleich von Varianzen aus mehr als zwei Stichproben geeignet (mit solchen Tests werden wir uns genauer in Kapitel 13 beschäftigen), aber da er in der Praxis auch für zwei Stichproben wesentlich häufiger verwendet wird als der F-Test, behandeln wir den Levene-Test schon in diesem Kapitel.

Prüfgröße

In einem ersten Schritt werden die Messwerte x_{mi} innerhalb der beiden Stichproben ($i = 1, 2$) so transformiert, dass sie absolute Abweichungen von ihrem jeweiligen Stichprobenmittelwert ($\bar{x}_i$) darstellen:

$$y_{mi} = |x_{mi} - \bar{x}_i| \qquad \text{(F 11.44)}$$

Von diesen Werten werden nun wiederum die beiden Stichprobenmittelwerte ($\bar{y}_i$) sowie der Gesamtmittelwert ($\bar{y}$) berechnet. Anschließend werden in einem

> **Beispiel**
>
> **Levene-Test**
>
> In Tabelle 11.4 sind in den Spalten 2 und 3 die Messwerte der Variablen X_{mi} in zwei Stichproben ($n_1 = n_2 = 16$) aufgelistet. Die Stichprobenvarianzen betragen $\hat{\sigma}_1^2 = 20$ und $\hat{\sigma}_1^2 = 5{,}2$ (vgl. die letzte Zeile in Tabelle 11.4). Ob dieser Unterschied statistisch bedeutsam ist, soll mit Hilfe eines Levene-Tests geprüft werden ($\alpha = 10\,\%$). Obwohl unsere Nullhypothese ungerichtet ist, wird der Test einseitig und nicht zweiseitig durchgeführt. Dieses Phänomen haben wir schon in Abschnitt 10.5 beim χ^2-Test kennengelernt. Es rührt hier daher, dass im Zähler von F 11.45 die Summe von Quadraten steht: Durch die Quadrierung wird die Richtung der Abweichungen aufgehoben. Egal, in welcher Stichprobe die größere bzw. kleinere Varianz vorliegt, wird der Ausdruck umso größer, je größer der Unterschied ist. Uns interessiert daher nur die rechte Seite der F-Verteilung. Der kritische F-Wert ist somit derjenige Wert, der unter der zentralen F-Verteilung einen Flächenanteil von 10 % nach rechts hin abschneidet.

Tabelle 11.4 Datenbeispiel für den Levene-Test

m	x_{m1}	x_{m2}	y_{m1}	y_{m2}	$(y_{m1} - \bar{y}_1)^2$	$(y_{m2} - \bar{y}_2)^2$
1	1	1	6	3,5	5,0625	2,25
2	2	1	5	3,5	1,5625	2,25
3	2	2	5	2,5	1,5625	0,25
4	3	2	4	2,5	0,0625	0,25
5	3	3	4	1,5	0,0625	0,25
6	4	3	3	1,5	0,5625	0,25
7	5	4	2	0,5	3,0625	2,25
8	6	4	1	0,5	7,5625	2,25
9	7	6	0	1,5	14,0625	0,25
10	8	6	1	1,5	7,5625	0,25
11	9	6	2	1,5	3,0625	0,25
12	10	6	3	1,5	0,5625	0,25
13	12	6	5	1,5	1,5625	0,25
14	11	7	4	2,5	0,0625	0,25
15	14	7	7	2,5	10,5625	0,25
16	15	8	8	3,5	18,0625	2,25
Summe	112	72	60	32	75	14
Mittelwert	7	4,5	3,75	2		
Stichprobenvarianz	20	5,2				

In den Spalten 4 und 5 der Tabelle finden sich die nach Formel F 11.44 transformierten Werte (y_{mi}). Die Stichprobenmittelwerte der beiden transformierten Variablen lauten $\bar{y}_1 = 3{,}75$ und $\bar{y}_2 = 2$. Der Gesamtmittelwert der transformierten Variablen ist $\bar{y} = 2{,}875$. In den Spalten 6 und 7 stehen die quadrierten Abweichungen der Einzelwerte vom jeweiligen Stichprobenmittelwert $(y_{mi} - \bar{y}_i)^2$. Setzt man diese Werte in Formel F 11.45 ein, ergibt sich:

$$W = (16 + 16 - 2) \cdot \frac{24{,}5}{75 + 14} = 30 \cdot 0{,}275 = 8{,}26$$

Gesucht ist nun der kritische F-Wert, der unter einer F-Verteilung mit $df_1 = 1$ und $df_2 = 30$ Freiheitsgraden einen Flächenanteil von 10 % nach rechts abschneidet. Mit Hilfe eines Verteilungsrechners oder Tabelle A.8 im Anhang A ermitteln wir einen Wert von $F_{(0{,}90; 1; 30)} = 2{,}88$. Der empirische F-Wert ist größer als der kritische Wert; der Varianzunterschied ist also signifikant. Die Nullhypothese, dass die beiden Varianzen auf Populationsebene identisch sind, muss verworfen werden.

zweiten Schritt diese transformierten Werte in eine Prüfgröße W transformiert, deren Wert w wie folgt berechnet wird:

$$w = (n_1 + n_2 - 2) \cdot \frac{\sum_{i=1}^{p=2} n_i \cdot (\bar{y}_i - \bar{y})^2}{\sum_{i=1}^{p=2} \sum_{m=1}^{n_i} (y_{mi} - \bar{y}_i)^2} \quad \text{(F 11.45)}$$

Die Prüfgröße W ist F-verteilt mit $df_1 = 1$ und $df_2 = n_1 + n_2 - 2$ Freiheitsgraden.

Der Levene-Test ist robuster gegenüber einer Verletzung der Normalverteiltheitsannahme als der F-Test auf Varianzhomogenität. Ist die Verteilung des Merkmals in den beiden Stichproben stark asymmetrisch, kann die Transformation der Ausgangswerte gemäß Formel F 11.44 auch auf der Basis des Medians (anstatt auf der Basis des Mittelwertes) erfolgen (»Brown-Forsythe-Test«). Ist die Verteilung des Merkmals sehr breitgipflig, liegen also relativ viele Werte an den beiden Enden der Verteilung, kann anstelle des Mittelwerts in Formel F 11.44 auch das getrimmte arithmetische Mittel verwendet werden.

11.4 Vergleich von Häufigkeitsverteilungen zwischen zwei unabhängigen Stichproben

Bei den in diesem Abschnitt beschriebenen Tests wird getestet, ob zwei unabhängige Stichproben aus Populationen stammen, die hinsichtlich der Wahrscheinlichkeit, mit der ein dichotomes Merkmal X den Wert x annimmt, gleich sind oder sich voneinander unterscheiden.

Statistisches Hypothesenpaar

Im ungerichteten Fall lautet die Nullhypothese, dass die Wahrscheinlichkeit, mit der ein dichotomes Merkmal Y, dessen Merkmalsausprägungen wir mit y_1 und y_2 bezeichnen (allgemein y_j, $j = 1, 2$), seine Merkmalsausprägungen in Population 1 mit gleicher Wahrscheinlichkeit annimmt wie in Population 2. Bezeichnen wir mit π_{1j} die Wahrscheinlichkeit, mit der die Zufallsvariable Y die Merkmalsausprägung y_j in der ersten Population annimmt, und mit π_{2j} die entsprechende Wahrscheinlichkeit in der zweiten Population, so lautet das statistische Hypothesenpaar im ungerichteten Falle:

H_0: $\pi_{1j} = \pi_{2j}$

H_1: $\pi_{1j} \neq \pi_{2j}$

Im gerichteten Falle lautet das statistische Hypothesenpaar:

H_0: $\pi_{1j} \leq \pi_{2j}$ oder $\pi_{1j} \geq \pi_{2j}$

H_1: $\pi_{1j} > \pi_{2j}$ oder $\pi_{1j} < \pi_{2j}$

Diese Hypothesen beziehen sich auf die Homogenität versus Heterogenität der beiden Verteilungen zwischen den beiden Populationen. Die Prüfgröße zur Testung dieser Hypothesen ist identisch mit der

Prüfgröße des Vierfelder-χ^2-Tests, der zur Überprüfung der Unabhängigkeit zweier dichotomer Zufallsvariablen entwickelt wurde.

Homogenitäts- vs. Unabhängigkeitshypothese. Zwischen der Homogenitäts- und der Unabhängigkeitshypothese besteht konzeptuell allerdings folgender Unterschied: Bei der Homogenitätshypothese gehen wir von zwei Populationen aus, aus denen wir jeweils getrennt eine Stichprobe ziehen. Wir sind z. B. daran interessiert, ob sich Männer und Frauen in der Prävalenzrate der Depression unterscheiden. Bei der Überprüfung der Homogenitätshypothese ziehen wir aus der Population der Frauen eine Stichprobe bestimmter Größe und aus der Population der Männer eine Stichprobe bestimmter Größe. Wir bestimmen in beiden Stichproben die Auftretensrate der Depression und testen, ob diese sich zwischen den beiden Geschlechtsgruppen signifikant unterscheidet.

Bei der Überprüfung der Unabhängigkeitshypothese ist man daran interessiert, ob es einen Zusammenhang zwischen Geschlecht und Depression gibt. Man zieht aus der Gesamtpopulation eine Stichprobe und notiert bei jeder Person das Geschlecht und ob die Person an Depression erkrankt ist oder nicht. Diese Stichprobenziehung hat zur Folge, dass nun auch die Geschlechtsvariable eine Zufallsvariable (X) ist und wir die Wahrscheinlichkeit schätzen können, mit der eine zufällig gezogene Person männlich oder weiblich ist. Beim Vorgehen bei der Homogenitätshypothese hingegen ist das Geschlecht durch die Zugehörigkeit zu einer der beiden Populationen festgelegt und eine Schätzung der Wahrscheinlichkeit, mit der die Geschlechtsvariable verteilt ist, nicht möglich, da wir die Gruppengrößen ja a priori festgelegt haben. Die Unabhängigkeit impliziert, dass die Verteilung der Variablen Y nicht von der Ausprägung der Variablen X abhängt.

Beide Vorgehensweisen führen im Endeffekt jedoch zur gleichen Prüfgröße, so dass wir die Prüfgröße anhand des Vierfelder-χ^2-Test zur Testung der Unabhängigkeitshypothese herleiten, da dieser Test in den Sozial- und Verhaltenswissenschaften weit verbreitet ist. Wir werden die hergeleitete Prüfgröße dann auch für Fragestellungen anwenden, die eher dem Typus der Homogenitätshypothese entsprechen und bei denen die Zugehörigkeit zu einer Gruppe a priori festlegt.

11.4.1 Vierfelder-χ^2-Test

Im Folgenden bezeichnen wir die Gruppenvariable mit X und ihre Merkmalsausprägungen mit x_i, wobei wir nur zwei Gruppen (Merkmalsausprägungen x_1 und x_2) betrachten. Da im Falle eines dichotomen Merkmals die Variable Y zwei Merkmalsausprägungen annehmen kann, lässt sich die Häufigkeitsverteilung in den beiden Stichproben auch als zweidimensionale Häufigkeitstabelle mit 2×2 Feldern (Vierfeldertafel) darstellen. In dieser Tafel stehen entweder absolute Häufigkeiten (n_{ij}) oder relative Häufigkeiten (h_{ij}). Der erste Index bezeichnet die Merkmalsausprägung der Variablen X, der zweite Index die Merkmalsausprägung der Variablen Y.

Statistische Hypothesen

Nach Formel F 7.22 sind die beiden Zufallsvariablen X und Y unabhängig, wenn gilt:

$$P(X = x_i, Y = y_j) = P(X = x_i) \cdot P(Y = y_j)$$

Zur Vereinfachung führen wir folgende Bezeichnungen ein:

$$\pi_{ij} = P(X = x_i, Y = y_j)$$
$$\pi_{i\bullet} = P(X = x_i)$$
$$\pi_{\bullet j} = P(Y = y_j)$$

Die Unbhängigkeitshypothese ist dann äquivalent zu der folgenden ungerichteten Nullhypothese:

$$H_0: \pi_{ij} = \pi_{i\bullet} \cdot \pi_{\bullet j}$$

Die ungerichtete Alternativhypothese lautet:

$$H_1: \pi_{ij} \neq \pi_{i\bullet} \cdot \pi_{\bullet j}$$

Bei einer gerichteten Hypothese geht man davon aus, dass eine Merkmalsausprägung in der einen Gruppe wahrscheinlicher ist als in der anderen. Um die Hypothese gerichtet zu formulieren, muss man sich für eine Merkmalskombination entscheiden. Ohne Einschränkung der Allgemeingültigkeit wählen wir der Einfachheit halber die Kombination (1, 1) und betrachten daher die Wahrscheinlichkeit π_{11}. Die Hypothese, dass die Wahrscheinlichkeit der ersten Merkmalsausprägung von Y in der ersten Gruppe (x_1) größer ist als in der zweiten Gruppe (x_2), impliziert, dass die Wahrscheinlichkeit der Merkmalskombination (1, 1) größer ist, als man unter der Unabhängigkeitshypothese erwarten würde. Es lässt sich daher das folgende Hypothesenpaar formulieren:

$H_0: \pi_{11} \leq \pi_{1\bullet} \cdot \pi_{\bullet 1}$

$H_1: \pi_{11} > \pi_{1\bullet} \cdot \pi_{\bullet 1}$

Postuliert man, dass die Wahrscheinlichkeit der ersten Merkmalsausprägung von Y in der ersten Gruppe (x_1) kleiner ist als in der zweiten Gruppe (x_2), erhält man:

$H_0: \pi_{11} \geq \pi_{1\bullet} \cdot \pi_{\bullet 1}$

$H_1: \pi_{11} < \pi_{1\bullet} \cdot \pi_{\bullet 1}$

Unter der Unabhängigkeitsannahme lassen sich die erwarteten Häufigkeiten (ε_{ij}) für die einzelnen Zellen berechnen:

$$\varepsilon_{ij} = n \cdot \pi_{ij} = n \cdot \pi_{i\bullet} \cdot \pi_{\bullet j} \qquad \text{(F 11.46)}$$

Die Wahrscheinlichkeiten $\pi_{i\bullet}$ und $\pi_{\bullet j}$ sind meistens nicht bekannt. Sie lassen sich jedoch über die relativen Häufigkeiten $n_{i\bullet}/n$ bzw. $n_{\bullet j}/n$ schätzen; damit ergeben sich die geschätzten erwarteten Häufigkeiten, die wir mit e_{ij} bezeichnen:

$$e_{ij} = \hat{\varepsilon}_{ij} = n \cdot \frac{n_{i\bullet}}{n} \cdot \frac{n_{\bullet j}}{n} = \frac{n_{i\bullet} \cdot n_{\bullet j}}{n} \qquad \text{(F 11.47)}$$

Je größer die Abweichung der empirischen Häufigkeitsverteilung von der theoretisch erwarteten Häufigkeitsverteilung unter der Nullhypothese, desto stärker spricht das gegen die Gültigkeit der Nullhypothese. Die gleiche Logik haben wir bereits beim Mediantest (s. Abschn. 11.2) kennengelernt.

Um die Prüfgröße zu berechnen, ermitteln wir die relative quadrierte Abweichung der empirisch beobachteten von der theoretisch erwarteten Verteilung in der Vierfeldertafel. Genauer gesagt: Wir berechnen die quadrierte Abweichung zwischen n_{ij} und ε_{ij} bzw. e_{ij} für alle Zellen, relativieren diese quadrierten Abweichungen an ε_{ij} bzw. e_{ij} und summieren diese relativen quadrierten Abweichungen über alle Zellen auf. Der resultierende Wert ist der Wert einer Prüfgröße, die asymptotisch χ^2-verteilt ist mit $df = 1$ Freiheitsgrad (s. Formel F 11.21):

$$\chi^2 = \sum_{i=1}^{2} \sum_{j=1}^{2} \frac{(n_{ij} - \varepsilon_{ij})^2}{\varepsilon_{ij}} \qquad \text{(F 11.48a)}$$

im Falle bekannter Wahrscheinlichkeiten und

$$\chi^2 = \sum_{i=1}^{2} \sum_{j=1}^{2} \frac{(n_{ij} - e_{ij})^2}{e_{ij}} \qquad \text{(F 11.48b)}$$

im Falle geschätzter Wahrscheinlichkeiten

Je größer χ^2, desto ungleicher sind die relativen Häufigkeiten in den beiden Stichproben. Der χ^2-Wert kann aufgrund der Quadrierung im Zähler niemals negativ werden. Man testet die Nullhypothese daher stets einseitig. Im Fall einer ungerichteten Nullhypothese ist der kritische χ^2-Wert derjenige Wert, der unter einer zentralen χ^2-Verteilung einen Flächenanteil von α nach rechts hin abschneidet. Will man eine gerichtete Hypothese überprüfen, ist der kritische χ^2-Wert derjenige Wert, der unter einer zentralen χ^2-Verteilung einen Flächenanteil von $2 \cdot \alpha$ nach rechts hin abschneidet (s. Abschn. 10.5).

Beispiel

Untersuchung zum Studienspaß

In einer Untersuchung mit $n_1 = 100$ Studierenden der Universität in F. und $n_2 = 120$ Studierenden der Universität in S. wurde überprüft, wie viele auf die Frage, ob ihnen ihr Studium Spaß mache, mit »ja« antworteten. Dies war in F. bei 60 und in S. bei 96 Studierenden der Fall. Die relative Häufigkeit derjenigen Studierenden, denen das Studium Spaß macht, betrug also in F. $h_1 = 0{,}60$ und in S. $h_2 = 0{,}80$. Unterscheiden sich diese beiden relativen Häufigkeiten signifikant voneinander? Diese Frage soll auf der Basis eines Vierfelder-χ^2-Tests auf einem Signifikanzniveau von $\alpha = 5\,\%$ beantwortet werden. Die ▶

Vierfeldertafel der empirisch beobachteten absoluten Häufigkeiten n_{ij} findet sich in Tabelle 11.5 a. Ferner sind in dieser Tabelle auch die Spaltensummen ($n_{\cdot j}$) sowie die Zeilensummen ($n_{i\cdot}$) eingetragen. Die Vierfeldertafel der erwarteten Häufigkeiten unter der Nullhypothese findet sich in Tabelle 11.5 b. Die erwarteten Häufigkeiten wurden mit Hilfe von Formel F 11.47 ermittelt, da die zugrundeliegenden Wahrscheinlichkeiten nicht bekannt sind, sondern geschätzt wurden.

Tabelle 11.5 Datenbeispiel für den Vierfelder-χ^2-Test. In der Untersuchung wurden Studierende zweier Universitäten gefragt, ob ihnen ihr Studium Spaß mache

a Empirisch ermittelte Vierfeldertafel

	»nein« ($y_1 = 0$)	»ja« ($y_2 = 1$)	Zeilensumme
Universität F.	$n_{11} = 40$	$n_{12} = 60$	$n_{1\cdot} = 100$
Universität S.	$n_{21} = 24$	$n_{22} = 96$	$n_{2\cdot} = 120$
Spaltensumme	$n_{\cdot 1} = 64$	$n_{\cdot 2} = 156$	$n = 220$

b Erwartete Vierfeldertafel unter der Nullhypothese

	»nein« ($y_1 = 0$)	»ja« ($y_2 = 1$)	Zeilensumme
Universität F.	$e_{11} = 29{,}1$	$e_{12} = 70{,}9$	$e_{1\cdot} = 100$
Universität S.	$e_{21} = 34{,}9$	$e_{22} = 85{,}1$	$e_{2\cdot} = 120$
Spaltensumme	$e_{\cdot 1} = 64$	$e_{\cdot 2} = 156$	$e = 220$

Eingesetzt in Formel F 11.21 ergibt sich folgender χ^2-Wert:

$$\chi^2 = \frac{(40-29{,}1)^2}{29{,}1} + \frac{(60-70{,}9)^2}{70{,}9}$$
$$+ \frac{(24-34{,}9)^2}{34{,}9} + \frac{(96-85{,}1)^2}{85{,}1}$$
$$= 4{,}09 + 1{,}68 + 3{,}41 + 1{,}40 = 10{,}58$$

Der kritische Wert bei $\alpha = 5\,\%$ beträgt unter einer χ^2-Verteilung mit $df = 1$ Freiheitsgrad $\chi^2_{(0{,}95;1)} = 3{,}841$. Unser empirisch ermittelter Wert liegt darüber. Die Nullhypothese, der zufolge sich die relative Häufigkeit in beiden Universitätsstädten nicht unterscheidet, wird also abgelehnt.

Kontinuitätskorrektur

Wir haben bereits in Abschnitt 11.2 festgestellt, dass der χ^2-Test ein asymptotischer Test ist und nur bei größeren Stichproben robuste Ergebnisse liefert, und darauf hingewiesen, dass die erwartete Häufigkeit jeder Zelle der Tafel mindestens 5 betragen sollte. Bei kleinen Stichproben empfiehlt es sich grundsätzlich, auf einen exakten Test zurückzugreifen – in diesem Fall auf den Fisher-Yates-Test (s. Abschn. 11.4.2). In Zeiten, in denen leistungsfähige Statistikprogramme zur Durchführung des Fisher-Yates-Tests noch nicht zur Verfügung standen, wurde empfohlen, eine Kontinuitätskorrektur nach Yates (1934) anzuwenden.

Für den Einstichproben-χ^2-Test hatten wir die Kontinuitätskorrektur bereits in Abschnitt 10.5 behandelt. Der Vorschlag lautet, anstatt der *Mitten* der Häufigkeitsdifferenz-Kategorien die *Untergrenzen* zu verwenden. Dies bedeutet, dass von allen Häufigkeitsdifferenzen ($n_{ij} - \varepsilon_{ij}$) ein konstanter Wert von 0,5 abgezogen wird. Der so korrigierte χ^2-Wert χ^2_c lautet demnach:

$$\chi^2_c = \sum_{j=1}^{2}\sum_{i=1}^{2} \frac{(|n_{ij} - \varepsilon_{ij}| - 0{,}5)^2}{\varepsilon_{ij}} \quad \text{(F 11.49)}$$

Für die geschätzten erwarteten Häufigkeiten e_{ij} erhält man den korrigierten χ^2-Wert in analoger Weise. Da der exakte Fisher-Yates-Test nun mittels leistungsstarker Statistikprogramme einfach berechnet werden kann, wird diese Korrektur nicht mehr benötigt (Agresti, 2002).

Effektgrößen

Für den Vierfelder-χ^2-Test gibt es mehrere Effektgrößen, die wir hier nur kurz vorstellen wollen und die in Abschnitt 15.3.3 ausführlicher dargestellt werden.

Differenz zweier Wahrscheinlichkeiten. Eine einfache Möglichkeit, den Unterschied zweier Populationswahrscheinlichkeiten zu quantifizieren, besteht darin, ihre Differenz zu bilden:

$$\Delta_\pi = \pi_{1j} - \pi_{2j} \tag{F 11.50}$$

Odds-Ratio (Wettquotientenverhältnis). Dieses Maß werden wir in Kapitel 15 als Assoziationsmaß für zwei dichotome Variablen kennenlernen. Es ist für Populationswahrscheinlichkeiten wie folgt definiert:

$$OR_\pi = \frac{\pi_{11}/\pi_{12}}{\pi_{21}/\pi_{22}} \tag{F 11.51}$$

Wenn das Odds-Ratio den Wert 1 annimmt, ist der Quotient aus Wahrscheinlichkeit und Gegenwahrscheinlichkeit in beiden Stichproben (d. h. für Zähler und Nenner) identisch. Ist der Wert größer als 1, dann ist das Verhältnis im Zähler größer als im Nenner. Bezogen auf unser Beispiel würde das bedeuten, dass das Verhältnis von »nein«-Sagern zu »ja«-Sagern auf die Frage nach dem Spaß am Studium in Population 1 (Universität F.) größer ist als in Population 2 (Universität S.). Ist das Verhältnis im Nenner größer als das Verhältnis im Zähler, ist das Odds-Ratio kleiner als 1. In diesem Falle wäre das Verhältnis von »nein«-Sagern zu »ja«-Sagern auf die Frage nach dem Spaß am Studium in Population 2 größer als in Population 1. Wird das Odds-Ratio aus den Daten geschätzt, so berechnet es sich wie folgt:

$$OR = \frac{n_{11}/n_{12}}{n_{21}/n_{22}} \tag{F 11.52}$$

Korrelationskoeffizienten und Effektstärkemaß ω. Neben dem Wettquotientenverhältnis gibt es noch andere Kennwerte, mit denen man Richtung und Stärke eines Zusammenhangs zwischen zwei dichotomen Variablen X_i und Y_j beschreiben kann. Dazu gehören etwa Yules Q, der φ-Koeffizient oder die tetrachorische Korrelation. Auf alle diese Kennwerte werden wir in Kapitel 15 genauer eingehen.

Cohen (1988) hat für χ^2-Tests das Effektstärkemaß ω vorgeschlagen (s. Abschn. 10.5):

$$\omega = \sqrt{\sum_{i=1}^{2}\sum_{j=1}^{2} \frac{(\pi_{ij} - \pi_{ij0})^2}{\pi_{ij0}}} \tag{F 11.53}$$

Dabei bedeuten π_{ij0} die erwarteten Wahrscheinlichkeiten unter der Nullhypothese und π_{ij} die Wahrscheinlichkeiten in der Population. Wird ω aus den Daten geschätzt, so kann man sich die Tatsache zunutze machen, dass es mit dem χ^2-Test in folgendem Zusammenhang steht (s. Formel F 10.30):

$$\hat{\omega} = \sqrt{\frac{\chi^2}{n}}$$

Im Falle einer Vierfeldertafel ist das Effektstärkemaß $\hat{\omega}$ im Übrigen identisch mit dem Korrelationskoeffizienten $\hat{\varphi}$ (Phi-Koeffizient). Ein Nachteil dieses Effektstärkemaßes (und damit auch des Phi-Koeffizienten) ist, dass es nur dann den Maximalwert +1 oder den Minimalwert −1 annimmt, wenn die Verteilung der Zeilensummen identisch mit denen der Spaltensummen ist, d. h., wenn $n_{1\cdot} = n_{\cdot 1}$ und $n_{2\cdot} = n_{\cdot 2}$ (s. hierzu ausführlich Abschn. 15.3.3). Cohen (1988) hat als Heuristik folgende Taxonomie für ω vorgeschlagen:

- $\omega \approx 0{,}10$: »kleiner« Effekt
- $\omega \approx 0{,}30$: »mittlerer« Effekt
- $\omega \approx 0{,}50$: »großer« Effekt.

Kontingenzkoeffizient C. Dieses Effektstärkenmaß steht mit ω in folgendem Zusammenhang:

$$C = \sqrt{\frac{\omega^2}{\omega^2 + 1}} \tag{F 11.54}$$

Wird der Koeffizient aus den Daten geschätzt, kann er also auch über den χ^2-Wert berechnet werden:

$$\hat{C} = \sqrt{\frac{\chi^2}{\chi^2 + n}} = \sqrt{\frac{\hat{\omega}^2}{\hat{\omega}^2 + 1}} \tag{F 11.55}$$

Konfidenzintervalle für Effektgrößenschätzer

Für alle genannten Effektgrößenschätzer lassen sich ihre Standardfehler und damit auch die Grenzen der entsprechenden $(1-\alpha)$-Konfidenzintervalle angeben (s. auch Abschn. 15.4.3). Wir wollen uns hier nur auf eine der genannten Effektgrößen konzentrieren, nämlich ω. Man bestimmt die Grenzen des Konfidenzintervalls über eine Transformation der Grenzen des Konfidenzintervalls für den Nonzentralitätsparameter, da diese einfacher zu bestimmen sind.

Um die untere Grenze eines zweiseitigen $(1-\alpha)$-Konfidenzintervalls ω_u zu bestimmen, benötigt man den Nonzentralitätsparameter einer nonzentralen χ^2-Verteilung, unter der der empirisch ermittelte χ^2-Wert einen Flächenanteil von $\alpha/2$ nach rechts abschneidet. Anders gesagt: Die Wahrscheinlichkeit, dass unter der gesuchten χ^2-Verteilung mit dem Nonzentralitätsparameter λ_u ein beliebiger χ^2-Wert größer ist als der empirische χ^2-Wert, soll $p = \alpha/2$ sein. Um die obere Grenze des Konfidenzintervalls ω_o zu bestimmen, benötigt man den Nonzentralitätsparameter einer nonzentralen χ^2-Verteilung, unter der der empirisch ermittelte χ^2-Wert einen Flächenanteil von $\alpha/2$ nach links abschneidet. Anders gesagt: Die Wahrscheinlichkeit, dass unter der gesuchten χ^2-Verteilung mit dem Nonzentralitätsparameter λ_o ein beliebiger χ^2-Wert kleiner ist als der empirische χ^2-Wert, soll $p = \alpha/2$ sein. Die Nonzentralitätsparameter der beiden Verteilungen müssen nun noch in die Metrik der Effektgröße ω umgerechnet werden:

$$\omega_u = \sqrt{\frac{\lambda_u}{n}} \quad \text{und} \quad \omega_o = \sqrt{\frac{\lambda_o}{n}} \qquad \text{(F 11.56)}$$

Die beiden Nonzentralitätsparameter müssen iterativ geschätzt werden; hierzu stehen das Programm NDC (Steiger, 2004) oder andere Programme zur Verfügung. (🖱 Auf entsprechende Internetseiten verweisen wir in unseren Online-Materialien.)

A-priori-Poweranalyse: Bestimmung der optimalen Stichprobengröße

Sind die Irrtumswahrscheinlichkeiten α und β festgelegt und wurde a priori ein konkreter Populationseffekt ω_1 postuliert, lässt sich die optimale Stichprobengröße für den hier beschriebenen χ^2-Test einfach über den Nonzentralitätsparameter λ_1 bestimmen. Löst man F 10.31 bzw. F 11.56 nach n auf, erhält man:

$$n = \frac{\lambda_1}{\omega_1^2} \qquad \text{(F 11.57)}$$

Der Nonzentralitätsparameter λ_1 ergibt sich aus der Teststärke, also dem Flächenanteil unter der nonzentralen χ^2-Verteilung, den ein kritischer χ^2-Wert nach rechts hin abschneidet. Da der Nonzentralitätsparameter von n abhängt, muss er iterativ geschätzt werden. Dies kann z. B. mit Hilfe des Programms G*Power (🖱) erfolgen.

> **Beispiel**
>
> **95%-Konfidenzintervall für die Effektgröße ω für das Datenbeispiel zum Studienspaß**
>
> In der im vorigen Beispiel geschilderten Untersuchung wurden in zwei Universitätsstädten die relativen Häufigkeiten (dafür, die Frage, ob einem das Studium Spaß mache, zu bejahen) $h_1 = h_{1\cdot} = 0{,}60$ und $h_2 = h_{2\cdot} = 0{,}80$ ermittelt. Diese beiden relativen Häufigkeiten unterscheiden sich signifikant voneinander. Wie groß ist nun die empirische Effektstärke $\hat{\omega}$, und wo liegen die Grenzen des 95%-Konfidenzintervalls für die Effektstärke ω?
>
> Die Schätzung für $\hat{\omega}$ können wir nach Formel F 10.30 vornehmen. Da der χ^2-Wert $\chi^2 = 10{,}58$ und die Stichprobengröße $n = 220$ betragen, ergibt sich $\hat{\omega} = \sqrt{10{,}58/220} = 0{,}22$. Es handelt sich also um einen kleinen bis mittleren Effekt. Die Nonzentralitätsparameter der beiden nonzentralen χ^2-Verteilungen, für die gilt, dass ein Wert von $\chi^2 = 10{,}58$ einen Flächenanteil von 2,5 % nach links bzw. rechts abschneidet, bestimmen wir mit Hilfe des Programms NDC (Steiger, 2004). Es ergeben sich folgende Werte: $\lambda_u = 1{,}671$ und $\lambda_o = 27{,}172$. Umgerechnet in ω ergibt sich nach Formel F 11.56 $\omega_u = \sqrt{1{,}671/220} = 0{,}087$ und $\omega_o = \sqrt{27{,}172/220} = 0{,}351$. Der wahre Populationseffekt wird also mit einer Wahrscheinlichkeit von 95 % von dem Intervall [0,087; 0,351] überdeckt.

> **Beispiel**
>
> **Stichprobenumfangsplanung bei $\omega_1 = 0{,}30$**
> Wie groß muss die Stichprobe sein, damit der Unterschied zwischen zwei relativen Häufigkeiten auf einem zweiseitigen Signifikanzniveau von $\alpha = 5\,\%$ mit $1 - \beta = 90\,\%$ signifikant wird, wenn der a priori angenommene Populationseffekt $\omega_1 = 0{,}30$ beträgt? Mit Hilfe des Programms G*Power ermitteln wir einen Nonzentralitätsparameter von $\lambda_1 = 10{,}53$. Setzen wir diesen Wert in Formel F 11.57 ein, ergibt sich $n = 10{,}53/(0{,}30)^2 = 117$. Es werden also 117 Personen benötigt, um auf einem zweiseitigen Signifikanzniveau von $\alpha = 5\,\%$ mit $1 - \beta = 90\,\%$ ein signifikantes Ergebnis zu erzielen, wenn der Populationseffekt $\omega_1 = 0{,}30$ beträgt.

11.4.2 Fisher-Yates-Test

Bei kleineren Stichproben bietet es sich an, auf einen exakten Test zurückzugreifen. Ein solcher exakter Test für Vierfeldertafeln ist der Fisher-Yates-Test (oder einfacher: Fishers exakter Test). Der Test ergibt die exakte Wahrscheinlichkeit, die beobachtete bivariate Häufigkeitsverteilung oder eine noch stärker von der Nullhypothese abweichende Verteilung zu erhalten, wenn die Nullhypothese gilt. Die Wahrscheinlichkeit der beobachteten bivariaten Häufigkeitsverteilung unter der H_0 ergibt sich nach folgender Formel:

$$p = \frac{n_{1\bullet}! \cdot n_{2\bullet}! \cdot n_{\bullet 1}! \cdot n_{\bullet 2}!}{n! \cdot n_{11}! \cdot n_{12}! \cdot n_{21}! \cdot n_{22}!}$$

$$= \frac{(n_{11} + n_{12})! \cdot (n_{21} + n_{22})! \cdot (n_{11} + n_{21})! \cdot (n_{12} + n_{22})!}{n! \cdot n_{11}! \cdot n_{12}! \cdot n_{21}! \cdot n_{22}!}$$

(F 11.58)

Da es sich hierbei um die Wahrscheinlichkeit für eine einzige (nämlich die beobachtete) Häufigkeitsverteilung unter der H_0 handelt, allerdings noch nicht um die Wahrscheinlichkeit für diese oder jede noch stärker von der H_0 abweichende Häufigkeitsverteilung unter der H_0, müssen zusätzlich die Wahrscheinlichkeiten für alle bivariaten Häufigkeitsverteilungen berechnet werden, die noch stärker gegen die Nullhypothese sprechen unter der Voraussetzung, dass die Randsummen ($n_{i\bullet}$ und $n_{\bullet j}$) fest vorgegeben sind. Hierzu greift man typischerweise auf Computerprogramme wie z. B. SPSS exact oder Statxact zurück. Im Folgenden werden wir das prinzipielle Vorgehen anhand unseres Beispiels illustrieren.

> **Beispiel**
>
> **Fisher-Yates-Test für den Zusammenhang zwischen Studienspaß und Studienort**
> Nehmen wir an, der Zusammenhang zwischen Studienspaß und Studienort sei an einer wesentlich kleineren Stichprobe ($n = 22$) als der in Tabelle 11.5 dargestellten erhoben worden. Die Hypothese lautet, dass Studierenden an der Universität S. das Studium mehr Spaß macht als Studierenden an der Universität F. Wir gehen also von einer gerichteten Hypothese aus. An der Universität F. wurden $n_1 = 10$ Personen befragt, von denen 6 die Frage nach dem Spaß am Studium bejaht haben. An der Universität S. wurden $n_2 = 12$ Personen befragt, von denen 9 die Frage nach dem Spaß am Studium bejaht haben. Die beiden beobachteten relativen Häufigkeiten betragen also $h_1 = 0{,}6$ und $h_2 = 0{,}75$. Die absoluten Häufigkeiten in der Vierfeldertafel lauten $n_{11} = 4$, $n_{12} = 6$, $n_{21} = 3$ und $n_{22} = 9$. Die Randsummen lauten $n_{1\bullet} = 10$, $n_{2\bullet} = 12$, $n_{\bullet 1} = 7$ und $n_{\bullet 2} = 15$. Weichen die beiden relativen Häufigkeiten signifikant voneinander ab?
>
> Unter der Nullhypothese hat diese Häufigkeitsverteilung gemäß Formel F 11.58 eine empirische Wahrscheinlichkeit von
>
> $$p = \frac{10! \cdot 12! \cdot 7! \cdot 15!}{22! \cdot 4! \cdot 6! \cdot 3! \cdot 9!} = 0{,}271 \,.$$
>
> Wie würde nun eine stärker von der Nullhypothese abweichende Häufigkeitsverteilung aussehen unter der Voraussetzung, dass die Randsummen gleich bleiben? Eine Möglichkeit bestünde darin, dass von den 10 Befragten in F. eine Person mit »nein« statt mit »ja« und von den 12 Befragten in S. eine Person mit »ja« statt mit »nein« antwortet. Die Häufigkei-

ten würden dann $n_{11} = 5$, $n_{12} = 5$, $n_{21} = 2$ und $n_{22} = 10$ betragen. Die Randsummen lauten dann immer noch $n_{1\bullet} = 10$, $n_{2\bullet} = 12$, $n_{\bullet 1} = 7$ und $n_{\bullet 2} = 15$. Eine solche Häufigkeitsverteilung hat unter der Nullhypothese eine Wahrscheinlichkeit von $p = 0{,}098$. Stellen wir uns nun vor, es gäbe eine weitere Person in F., die mit »nein« statt mit »ja« antwortet, und noch eine weitere Person in S., die mit »ja« statt mit »nein« antwortet: $n_{11} = 6$, $n_{12} = 4$, $n_{21} = 1$ und $n_{22} = 11$. Eine solche Häufigkeitsverteilung hat unter der Nullhypothese eine Wahrscheinlichkeit von $p = 0{,}015$. Die am stärksten gegen die H_0 sprechende Häufigkeitsverteilung wäre schließlich diejenige, die resultieren würde, wenn gar keine Person in S. mit »nein« und eine weitere Person in F. mit »nein« statt mit »ja« geantwortet hat: $n_{11} = 7$, $n_{12} = 3$, $n_{21} = 0$ und $n_{22} = 12$. Eine solche Häufigkeitsverteilung hat unter der Nullhypothese eine Wahrscheinlichkeit von $p = 0{,}001$.

Addiert man nun die Wahrscheinlichkeiten für diese Verteilungen unter der H_0, ergibt sich: $p = 0{,}271 + 0{,}098 + 0{,}015 + 0{,}001 = 0{,}384$. Da diese Wahrscheinlichkeit nicht gleich $\alpha = 5\,\%$ oder geringer ist, wird die H_0 nicht abgelehnt.

11.5 Der Zweistichproben-χ^2-Test

Der Vierfelder-χ^2-Test, den wir in Abschnitt 11.4.1 behandelt haben, stellt einen Spezialfall des nun zu behandelnden Zweistichproben-χ^2-Tests dar. Will man die Hypothese überprüfen, ob sich die Verteilung einer kategorialen Variablen, die mehr als zwei Ausprägungen aufweist, zwischen zwei Populationen unterscheidet, kann auf die Prüfgröße des Unabhängigkeitstests zurückgegriffen werden, der sich auf eine $p \times k$-Kontingenztafel bezieht.

Bei diesem Test wird die beobachtete bivariate Häufigkeitsverteilung zweier kategorialer Variablen X und Y mit einer theoretisch erwarteten Häufigkeitsverteilung verglichen. Die Ausprägungen x_i der Variablen X stellen wieder die Zeilen ($i = 1, \ldots, p = 2$) und die Ausprägungen y_j ($j = 1, \ldots, k$) der Variablen Y die Spalten dar. Da in diesem Kapitel Verfahren behandelt werden, in denen es um den Vergleich zweier Stichproben geht, nehmen wir hier an, dass die Variable X zwei Kategorien hat, während die Variable Y mehrkategorial ist. Natürlich ist es ohne Einschränkungen möglich, den Test auf Fälle mit $p > 2$ Kategorien von X zu erweitern, dessen Prüfgröße zum Vergleich von mehr als zwei Stichproben herangezogen werden könnte (s. Abschn. 15.3.4, 15.4.4).

Die bivariate Häufigkeitsverteilung der beiden Merkmale X und Y lässt sich am besten als zweidimensionale Häufigkeitstabelle (»Kontingenztafel«) mit $p \times k$ Feldern darstellen. Wenn die ungerichtete Nullhypothese zutrifft und die beiden Variablen voneinander unabhängig sind, dann ergeben sich folgende Wahrscheinlichkeiten in den Zellen der Kontingenztafel auf der Basis des Multiplikationstheorems für unabhängige Ereignisse:

$$\pi_{ij} = \pi_{i\bullet} \cdot \pi_{\bullet j}$$

Hieraus lassen sich wiederum die erwarteten Häufigkeiten (ε_{ij}) schätzen (s. Formel F 11.46):

$$\varepsilon_{ij} = n \cdot \pi_{i\bullet} \cdot \pi_{\bullet j}$$

Sind die Wahrscheinlichkeiten nicht bekannt, schätzt man die erwarteten Häufigkeiten über

$$e_{ij} = \hat{\varepsilon}_{ij} = \frac{n_{i\bullet} \cdot n_{\bullet j}}{n}$$

(s. Formel F 11.47). Je größer die Abweichung der empirischen Häufigkeitsverteilung von der theoretisch erwarteten Häufigkeitsverteilung unter der Nullhypothese, desto stärker spricht das Ergebnis gegen die Gültigkeit der Nullhypothese. Bei mehr als zwei Kategorien einer Variablen wird die generelle Nullhypothese ungerichtet formuliert und die Hypothese wie bei den anderen χ^2-Tests einseitig getestet.

Prüfgröße

Um die Prüfgröße zu berechnen, bilden wir die quadrierte Abweichung zwischen n_{ij} und ε_{ij} bzw. e_{ij} für alle Zellen, relativieren diese quadrierten Abweichungen an ε_{ij} bzw. e_{ij} und summieren diese relativierten quadrierten Abweichungen über alle Zellen auf. Der resultierende Kennwert (χ^2-Test nach Pearson) ist asymptotisch χ^2-verteilt mit $df = (p - 1) \cdot (k - 1)$ Freiheitsgraden (s. Formel F 11.21):

$$\chi^2 = \sum_{i=1}^{p} \sum_{j=1}^{k} \frac{(n_{ij} - \varepsilon_{ij})^2}{\varepsilon_{ij}} \quad \text{bzw.}$$

$$\chi^2 = \sum_{i=1}^{p} \sum_{j=1}^{k} \frac{(n_{ij} - e_{ij})^2}{e_{ij}}$$

Je größer χ^2, desto stärker weichen die beobachteten Häufigkeiten von den erwarteten Häufigkeiten ab.

Der χ^2-Wert kann aufgrund der Quadrierung im Zähler niemals negativ werden, deshalb wird der Test immer nur einseitig durchgeführt.

Spezifische Hypothesen und globale Tests

Können wir das Ergebnis des im Beispielkasten dargestellten Experiments zur »moralischen Säuberung« als hinreichenden Beleg für die inhaltliche Hypothese verstehen, dass unmoralisches Verhalten (genauer: die Erinnerung an eigenes unmoralisches Verhalten) mit einem Bedürfnis nach Reinwaschung einhergeht? Obwohl das Experiment raffiniert geplant und die

> **Beispiel**
>
> **Wählt man eher Seife, wenn man sich moralisch beschmutzt hat?**
>
> Wir haben bereits in Abschnitt 10.5, als es um den Einstichproben-χ^2-Test ging, die Studie von Zhong und Liljenquist (2006) erwähnt. Die Grundidee dieser Untersuchung greifen wir hier erneut auf, allerdings geben wir die Umsetzung der Studie sowie die Ergebnisse aus didaktischen Gründen hier in leicht veränderter Form wieder. In der Untersuchung gab es zwei experimentelle Bedingungen: Eine Hälfte der Versuchspersonen (Bedingung 1) sollte sich an eine Situation erinnern, in der sie sich vor kurzem unethisch verhalten hatte, und diese Situation aufschreiben. Die andere Hälfte (Bedingung 2) sollte sich an eine Situation erinnern, in der sie sich vor kurzem ethisch verhalten hatte, und diese Situation aufschreiben. Anschließend durften sich alle Versuchspersonen eines von drei (etwa gleich teuren) Produkten aussuchen, die sie als Dank für ihre Teilnahme mit nach Hause nehmen konnten: (1) einen Kugelschreiber, (2) eine Tafel Schokolade oder (3) ein Stück Seife. Wir gehen davon aus, dass $n = 60$ Versuchspersonen an der Studie teilgenommen haben, davon $n_{1 \bullet} = 30$ in der »unethischen« Bedingung und $n_{2 \bullet} = 30$ in der »ethischen« Bedingung. Die Kontingenztafel ist in Tabelle 11.6 a dargestellt (es handelt sich hier *nicht* um die tatsächlichen Ergebnisse der Studie).
>
> Die Nullhypothese besagt, dass die beiden Merkmale, also experimentelle Bedingung (X) und Produktwahl (Y), unabhängig voneinander sind. Anders ausgedrückt: Wenn die experimentelle Manipulation keinen Effekt auf die Produktwahl hat, müsste die Verteilung der gewählten Produkte in Bedingung 1 mit der Verteilung in Bedingung 2 identisch sein.
>
> Wichtig ist hier zu verstehen, dass wir keine Gleichverteilung über alle Zellen der Tabelle hinweg annehmen; die Nullhypothese lautet also *nicht* $\varepsilon_{ij} = (\pi \cdot k)/n$. Eine solche Gleichverteilung wäre für unsere inhaltliche Hypothese eine zu strenge Annahme, denn dass sich die Personen über die Ausprägungen von X hinweg sowie über die experimentellen Bedingungen hinweg ungleich verteilen, hat ja noch überhaupt nichts mit einem Effekt der experimentellen Bedingung auf die Produktwahl zu tun. Dass sich die Personen über die Produkte hinweg nicht gleich verteilen (s. die unterste Zeile in Tabelle 11.6 a), hängt damit zusammen, dass Schokolade generell beliebter ist als ein Kugelschreiber oder Seife. Ungleiche Randverteilungen sprechen also noch nicht gegen die inhaltliche Hypothese; die Randverteilungen dürfen daher auch nicht Gegenstand der Nullhypothese sein. Gesucht ist also diejenige bivariate Häufigkeitsverteilung, die unter der Nullhypothese der Unabhängigkeit beider Merkmale resultieren müsste, wobei die Randverteilungen sich nicht verändern dürfen.
>
> Um die unter der Nullhypothese erwartete Häufigkeitsverteilung zu berechnen, greifen wir wieder

Tabelle 11.6 Datenbeispiel für den zweidimensionalen χ^2-Test. In der Untersuchung sollten sich die Versuchspersonen an eigenes ethisches oder unethisches Verhalten erinnern und durften als kleines Dankeschön eins von drei Produkten wählen

a Empirisch ermittelte Kontingenztafel

	y_1: Kugelschreiber	y_2: Schokolade	y_3: Stück Seife	Summe
Unethische Bedingung	$n_{11} = 6$	$n_{12} = 10$	$n_{13} = 14$	$n_{1\bullet} = 30$
Ethische Bedingung	$n_{21} = 11$	$n_{22} = 15$	$n_{23} = 4$	$n_{2\bullet} = 30$
Summe	$n_{\bullet 1} = 17$	$n_{\bullet 2} = 25$	$n_{\bullet 3} = 18$	$n = 60$

b Erwartete Kontingenztafel unter der Nullhypothese

	y_1: Kugelschreiber	y_2: Schokolade	y_1: Stück Seife	Summe
Unethische Bedingung	$e_{11} = 8{,}5$	$e_{12} = 12{,}5$	$e_{13} = 9$	$n_{1\bullet} = 30$
Ethische Bedingung	$e_{21} = 8{,}5$	$e_{22} = 12{,}5$	$e_{23} = 9$	$n_{2\bullet} = 30$
Summe	$n_{\bullet 1} = 17$	$n_{\bullet 2} = 25$	$n_{\bullet 3} = 18$	$n = 60$

auf Formel F 11.47 zurück, da die Verteilung der Variablen Y unter der Nullhypothese in den beiden Populationen (experimentellen Bedingungen) nicht bekannt ist, sondern geschätzt werden muss. Mit Hilfe der Formel können die erwarteten Häufigkeiten in den Zellen der Kontingenztabelle so ermittelt werden, dass die Verteilung von Y nicht von der Bedingung abhängt, wobei sich die Randverteilungen, also die Verteilung der Zeilen- und Spaltensummen, nicht verändern. Die erwarteten Häufigkeiten sind in Tabelle 11.6 b eingetragen. Wir wollen nun mit Hilfe eines zweidimensionalen χ^2-Tests überprüfen, ob die beiden Verteilungen signifikant voneinander abweichen. Hierzu führen wir einen einseitigen Test auf einem Signifikanzniveau von $\alpha = 5\,\%$ durch. Da die beiden Merkmale $p = 2$ und $k = 3$ Kategorien haben, hat der Test $df = (2-1) \cdot (3-1) = 2$ Freiheitsgrade.

Setzt man die beobachteten und die erwarteten Häufigkeiten in Gleichung F 10.22 ein, ergibt sich:

$$\chi^2 = \frac{(6-8{,}5)^2}{8{,}5} + \frac{(10-12{,}5)^2}{12{,}5} + \frac{(14-9)^2}{9}$$
$$+ \frac{(11-8{,}5)^2}{8{,}5} + \frac{(15-12{,}5)^2}{12{,}5} + \frac{(4-9)^2}{9}$$
$$= 0{,}74 + 0{,}5 + 2{,}78 + 0{,}74 + 0{,}5 + 2{,}78 = 8{,}026$$

Der kritische Wert unter der Nullhypothese bei $\alpha = 5\,\%$ lautet $\chi^2_{(0{,}95;\,2)} = 5{,}99$. Der hier gefundene Wert von $\chi^2 = 8{,}026$ liegt über diesem kritischen Wert. Das Testergebnis zeigt also einen bedeutsamen Unterschied zwischen beiden Verteilungen an. Die Nullhypothese, dass die Verteilung der gewählten Produkte nicht von der experimentellen Bedingung abhängt, muss abgelehnt werden.

Ergebnisse beeindruckend sind, spricht ein signifikantes Testergebnis noch nicht unbedingt für die Gültigkeit dieser inhaltlichen Hypothese. Ein signifikantes Ergebnis bedeutet zunächst nur, dass die beiden Merkmale nicht unabhängig voneinander sind. Worin genau die gefundene Abhängigkeit besteht, lässt sich aus den Ergebnissen nicht ersehen. In unserem Beispiel wäre es denkbar, dass sich ein Unterschied in der Verteilung der gewählten Produkte zwischen den beiden experimentellen Bedingungen lediglich in Bezug auf die Produkte »Kugelschreiber« und »Schokolade« zeigt, ohne dass die Häufigkeit, mit der die Seife gewählt wurde, irgendetwas zur Signifikanz des Ergebnisses beigetragen hätte.

Tabelle 11.7 zeigt ein solches Datenbeispiel. Die Randverteilungen sind exakt identisch mit denen in Tabelle 11.6. Jedoch gibt es hier überhaupt keinen Unterschied zwischen den beiden Bedingungen hin-

Tabelle 11.7 Alternatives Ergebnis für das Beispiel in Tabelle 11.6

	y_1: Kugelschreiber	y_2: Schokolade	y_3: Stück Seife	Summe
Unethische Bedingung	$n_{11} = 2$	$n_{12} = 19$	$n_{13} = 9$	$n_{1\bullet} = 30$
Ethische Bedingung	$n_{21} = 15$	$n_{22} = 6$	$n_{23} = 9$	$n_{2\bullet} = 30$
Summe	$n_{\bullet 1} = 17$	$n_{\bullet 2} = 25$	$n_{\bullet 3} = 18$	$n = 60$

sichtlich der absoluten und relativen Häufigkeit, mit der die Seife gewählt wurde – ein klares Argument gegen die inhaltliche Hypothese. Trotzdem ist der Unterschied zwischen beiden Verteilungen in diesem Fall hoch signifikant ($\chi^2 = 16{,}7$; $p = 0{,}0002$). Dies ist dem Umstand zuzuschreiben, dass sich die relativen Häufigkeiten der Präferenzen für die Produkte »Kugelschreiber« und »Schokolade« zwischen den beiden experimentellen Bedingungen stark unterscheiden: Aus irgendeinem Grund wählen die Personen in der »unethischen« Bedingung weitaus häufiger die Schokolade, während die Personen in der »ethischen« Bedingung weitaus häufiger den Kugelschreiber wählen. Mit der Seife hat das nichts zu tun: Diese Unterschiede sind kein Beleg für die inhaltliche Annahme, unmoralisches Verhalten gehe mit einem erhöhten Bedürfnis nach Reinwaschung einher.

Das Beispiel zeigt deutlich: Der χ^2-Test bezieht sich immer dann, wenn die zugrundeliegende Kontingenztafel aus mehr als vier voneinander unabhängigen Zellen besteht, auf eine globale Abweichung der empirischen Häufigkeitsverteilung von einer theoretisch angenommenen Verteilung. Dies gilt für den eindimensionalen χ^2-Test in gleicher Weise. Der hier dargestellte zweidimensionale χ^2-Test ist also ein Globaltest (oder auch »Omnibus-Test«). Er liefert wichtige Erkenntnisse, aber er ist nicht in der Lage, spezifische Hypothesen, die sich auf bestimmte Teile der Kontingenztafel (d. h. vier spezifische Zellen) beziehen, gerichtet zu testen.

Eine Möglichkeit, dies zu tun, besteht darin, im Anschluss an den Globaltest spezifische Einzelvergleiche durchzuführen. So wäre es bezogen auf unser Beispiel möglich, die beiden experimentellen Bedingungen zum einen für das Produktpaar »Kugelschreiber« – »Seife« und zum anderen für das Produktpaar »Schokolade« – »Seife« separat mit Hilfe eines Vierfelder-χ^2-Tests zu testen. Die inhaltliche Hypothese, dass die Erinnerung an eigenes unmoralisches Verhalten dazu führt, dass man häufiger die Seife wählt, dürfte dann als bestätigt gelten, wenn in beiden Einzeltests ein hypothesenkonformer Unterschied in der Produktwahl zwischen den beiden Bedingungen gefunden würde. Solche nachgeschalteten Tests haben allerdings ihrerseits Probleme. So erhöht sich die Wahrscheinlichkeit, mit der man einen statistischen Fehler der ersten Art begeht (Kumulierung der α-Irrtumswahrscheinlichkeiten). Auf dieses Phänomen werden wir in Abschnitt 13.1 genauer eingehen. Eine andere Möglichkeit besteht darin, spezifische Residuen auf ihre Bedeutsamkeit zu überprüfen.

Pearson-Residuen und standardisierte Pearson-Residuen

Ein Residuum kennzeichnet die Abweichung einer beobachteten Zellhäufigkeit von ihrer erwarteten Zellhäufigkeit. Beim Pearson-Residuum (pr_{ij}) wird diese Abweichung durch die Quadratwurzel der erwarteten Häufigkeit geteilt:

$$pr_{ij} = \frac{n_{ij} - \varepsilon_{ij}}{\sqrt{\varepsilon_{ij}}} \quad \text{bzw.} \quad pr_{ij} = \frac{n_{ij} - e_{ij}}{\sqrt{e_{ij}}} \quad \text{(F 11.59)}$$

Dieses Residuum heißt Pearson-Residuum, da sein Quadrat genau die Summanden des χ^2-Tests nach Pearson sind. Teilt man dieses Residuum durch seinen Standardfehler, erhält man das standardisierte Pearson-Residuum (prs_{ij}):

$$prs_{ij} = \frac{n_{ij} - \varepsilon_{ij}}{\sqrt{\varepsilon_{ij} \cdot \left(1 - \frac{n_{i\bullet}}{n}\right) \cdot \left(1 - \frac{n_{\bullet j}}{n}\right)}} \quad \text{bzw.}$$

$$prs_{ij} = \frac{n_{ij} - e_{ij}}{\sqrt{e_{ij} \cdot \left(1 - \frac{n_{i\bullet}}{n}\right) \cdot \left(1 - \frac{n_{\bullet j}}{n}\right)}} \quad \text{(F 11.60)}$$

Tabelle 11.8 Pearson-Residuen und standardisierte Pearson-Residuen für das Beispiel in Tabelle 11.6

	y_1: Kugelschreiber	y_2: Schokolade	y_3: Stück Seife
Unethische Bedingung	$pr_{11} = -0{,}9$ $prs_{11} = -1{,}4$	$pr_{12} = -0{,}7$ $prs_{12} = -1{,}3$	$pr_{13} = 1{,}7$ $prs_{13} = 2{,}8$
Ethische Bedingung	$pr_{21} = 0{,}9$ $prs_{21} = 1{,}4$	$pr_{22} = 0{,}7$ $prs_{22} = 1{,}3$	$pr_{23} = -1{,}7$ $prs_{23} = -2{,}8$

Dieses Residuum ist asymptotisch standardnormalverteilt. Absolute Werte größer als ±1,96 zeigen daher bei einem Signifikanzniveau von $\alpha = 0{,}05$ (zweiseitig) eine bedeutsame Abweichung einer Zellhäufigkeit von ihrer unter der Nullhypothese erwarteten Zellhäufigkeit an. Bei einem einseitigen Test lautet der kritische Wert ±1,645. Auf diese Werte sollte man aber nur dann zurückgreifen, wenn man eine singuläre Hypothese testen will, da man ansonsten auch mit dem Problem der Kumulierung des α-Fehlers konfrontiert wird. Große Residuen (größer als 2 oder 3) weisen aber auf jeden Fall darauf hin, dass es in diesem Bereich der Tabelle Abweichungen von der Nullhypothese gibt. Solche Residuen werden auch von Statistikprogrammen berechnet, aber z. T. unterschiedlich bezeichnet. In dem Computerprogramm SPSS z. B. heißt das Pearson-Residuum »standardisiertes Residuum« und das standardisierte Pearson-Residuum »korrigiertes standardisiertes Residuum«.

Die Pearson-Residuen für unser Beispiel sind in Tabelle 11.8 zusammengestellt. Sie zeigen, dass es in unserem Datenbeispiel aus Tabelle 11.6 hinsichtlich der Kategorien »Kugelschreiber« und »Schokolade« keine bedeutsamen Abweichungen der Zellhäufigkeiten von ihren unter der Nullhypothese erwarteten Zellhäufigkeiten gibt, während dies in der Kategorie »Seife« sehr wohl der Fall ist, da die standardisierten Pearson-Residuen hier größer sind als ±1,96.

Gerichtete und ungerichtete Hypothesen; ein- und zweiseitiger Test

An dem hier behandelten χ^2-Test lässt sich ein weiteres Problem diskutieren: Dadurch, dass alle Differenzen zwischen den beobachteten und den erwarteten Häufigkeiten bei der Berechnung des χ^2-Wertes quadriert werden (vgl. Formel F 11.21), geht auch die Information über die Richtung dieser Differenzen, also ihr Vorzeichen, verloren. Das betrifft natürlich nicht nur den zweidimensionalen χ^2-Test, sondern in gleicher Weise den eindimensionalen sowie den Vierfelder-χ^2-Test. Dies kann im Falle gerichteter inhaltlicher Hypothesen gravierend sein. So würde eine Vierfeldertafel mit den beobachteten Häufigkeiten $n_{11} = 10$, $n_{12} = 20$, $n_{21} = 20$ und $n_{22} = 10$ zu genau dem gleichen Testergebnis führen wie eine Vierfeldertafel mit den beobachteten Häufigkeiten $n_{11} = 20$, $n_{12} = 10$, $n_{21} = 10$ und $n_{22} = 20$. Und dies, obwohl die Verteilungen im einen Fall möglicherweise exakt hypothesenkonform und im anderen Fall exakt hypothesenkonträr sind.

▶ Erstens bedeutet das, dass ein signifikantes Testergebnis als solches noch kein Beleg für die Gültigkeit einer inhaltlichen Hypothese sein kann. Vielmehr muss im Anschluss die Verteilung inspiziert werden, um zu klären, ob die beobachtete Abweichung von der erwarteten Verteilung der inhaltlichen Hypothese entspricht oder ihr womöglich zuwiderläuft. Hierzu kann man auf die Pearson-Residuen, insbesondere das standardisierte Pearson-Residuum, zurückgreifen.

▶ Zweitens bedeutet der Verlust an Information über die Richtung des Effekts, dass es nicht möglich ist, mit Hilfe des hier betrachteten χ^2-Tests gerichtete statistische Hypothesen zu testen. Der χ^2-Test testet Nullhypothesen lediglich ungerichtet. Allerdings testet er jede Nullhypothese auch immer nur einseitig, denn die χ^2-Verteilung ist durch den Wert 0 nach unten begrenzt (s. auch das Beispiel in Abschn. 10.5).

Effektstärke, Konfidenzintervalle, Teststärke

Die Ermittlung des Konfidenzintervalls für die Prüfgröße, die Definition des Populationseffekts, die Schätzung des Effekts aus den Daten sowie die Bestimmung des Konfidenzintervalls für die Effektgröße sind beim zweidimensionalen χ^2-Test identisch mit dem Vierfelder-χ^2-Test und sollen daher hier nicht noch einmal behandelt werden. Vielmehr sollen die Berechnung der Effektgröße sowie die Bestimmung des zugehörigen Konfidenzintervalls und die Bestimmung des optimalen Stichprobenumfangs nur kurz an zwei Beispielen verdeutlicht werden.

> **Beispiel**
>
> **Effektgröße und zugehöriges Konfidenzintervall im Beispiel des Experiments zur »moralischen Säuberung«**
> Wie groß ist im Beispiel aus Tabelle 11.6 die Effektstärke, und wo liegen die Grenzen des 95 %-Konfidenzintervalls? Gemäß Formel F 10.30 ergibt sich für die Effektstärke $\hat{\omega} = \sqrt{8{,}026/60} = 0{,}366$. Es handelt sich nach Cohen (1988) also um einen mittleren Effekt. Um die Grenzen des 95 %-Konfidenzintervalls für die Effektgröße ω zu bestimmen, müssen wir – etwa mit Hilfe des Programms NDC (Steiger, 2004) – zunächst die Nonzentralitätsparameter der beiden nonzentralen Verteilungen ermitteln, unter denen ein Wert von $\chi^2 = 8{,}026$ einen Flächenanteil von 2,5 % nach links bzw. nach rechts abschneidet. Wir ermitteln die Nonzentralitätsparameter $\lambda_u = 0{,}182$ und $\lambda_o = 21{,}67$. Setzt man beide Werte in Formel F 11.56 ein, ergibt sich eine Untergrenze des Konfidenzintervalls von $\omega_u = 0{,}055$ und eine Obergrenze von $\omega_o = 0{,}60$. Mit einer 95%igen Wahrscheinlichkeit wird der »wahre« Effekt also von einem Intervall mit den Grenzen [0,055; 0,60] überdeckt.

> **Beispiel**
>
> **Stichprobenumfangsplanung bei $\omega_1 = 0{,}50$**
> Angenommen, die Kontingenztafel würde $p = 2$ Stichproben und $k = 5$ Merkmalskategorien umfassen. Wie groß ist die benötigte Stichprobe, um einen »großen« postulierten Effekt nach Cohen (1988; also $\omega_1 = 0{,}50$) mit einer Wahrscheinlichkeit von $1 - \beta = 99\,\%$ auf einem Signifikanzniveau von $\alpha = 1\,\%$ zu finden, falls ein solcher Effekt wirklich existiert? Der entsprechende zweidimensionale χ^2-Test hätte hier $df = 4$ Freiheitsgrade. Mit Hilfe des Programms G*Power ermitteln wir einen Nonzentralitätsparameter von $\lambda_1 = 32$. Setzen wir diesen Wert in Gleichung F 11.57 ein, erhalten wir $n = 32/(0{,}50)^2 = 128$. Man benötigt also insgesamt 128 Personen, damit der Unterschied in den Verteilungen auf dem 1 %-Niveau mit einer Wahrscheinlichkeit von 99 % signifikant wird, wenn ein Effekt der Größe $\omega_1 = 0{,}50$ in der Population vorliegt.

Zusammenfassung

▶ Der statistische Test für den Vergleich zweier Mittelwerte aus unabhängigen Stichproben unter der Nullhypothese kann bei bekannter Populationsstandardabweichung σ mit Hilfe des Zweistichproben-Gauß-Tests vorgenommen werden. Ist σ nicht bekannt und muss aus den Daten geschätzt werden, kann der t-Test für unabhängige Stichproben verwendet werden. Beide Tests setzen voraus, dass das Merkmal X in der Population stetig und normalverteilt ist und die beiden Populationsvarianzen gleich (homogen) sind.

▶ Führt eine Verletzung der Varianzhomogenitätsannahme dazu, dass der t-Test zu liberal wird, kann auf den Welch-Test zurückgegriffen werden. Dies macht den Test strenger.

▶ Ist das Merkmal innerhalb der beiden Populationen nicht normalverteilt, können die zentralen Tendenzen zweier unabhängiger Stichproben mit Hilfe nonparametrischer Verfahren (wie dem Mediantest oder dem Wilcoxon-Rangsummen-Test bzw. U-Test) auf Gleichheit getestet werden.

▶ Der Mediantest prüft, ob sich das Verhältnis von Werten, die oberhalb des Gesamtmedians liegen, zu Werten, die unterhalb des Gesamtmedians liegen, zwischen beiden Stichproben unterscheidet. Es handelt sich hierbei um eine spezielle Form des Vierfelder-χ^2-Tests. Er kann auch bei nicht stetigen und ordinalskalierten Variablen verwendet werden.

- Der Wilcoxon-Rangsummen-Test bzw. der U-Test prüfen, ob sich die Rangsummen zwischen den beiden Stichproben voneinander unterscheiden. Beide Tests sind algebraisch äquivalent. Sie setzen voraus, dass es sich bei der abhängigen Variablen um ein stetiges Merkmal handelt, das in beiden Populationen gleiche Verteilungsform aufweist.
- Für den Vergleich zweier Stichprobenvarianzen kann der F-Test auf Varianzhomogenität verwendet werden. Dieser Test setzt voraus, dass X in der Population stetig und normalverteilt ist.
- Der Levene-Test zum Vergleich zweier Stichprobenvarianzen ist robuster gegenüber der Verletzung der Normalverteilungsannahme.
- Für den Vergleich zweier relativer Häufigkeiten kann der Vierfelder-χ^2-Test verwendet werden. Bei kleinen Stichproben sollte der Vergleich zweier relativer Häufigkeiten mittels eines exakten Tests, des Fisher-Yates-Tests, erfolgen.
- Inwiefern eine bivariate Häufigkeitsverteilung von einer Verteilung abweicht, die von der Unabhängigkeit der beiden Variablen ausgeht, kann mit Hilfe des Zweistichproben-χ^2-Tests überprüft werden. Hierbei handelt es sich um einen Globaltest, auf dessen Basis keine spezifischen inhaltlichen Hypothesen über Ausschnitte aus der Kontingenztabelle getestet werden können.

Fragen und Übungsaufgaben

Fragen

(1) Wie lauten die Voraussetzungen für die Anwendung des t-Tests für unabhängige Stichproben?
(2) Unter welchen Bedingungen wird der t-Test für unabhängige Stichproben bei Verletzung der Varianzhomogenitätsannahme zu konservativ, wann wird er zu liberal?
(3) Was ist beim t-Test für unabhängige Stichproben unter einer »gepoolten« Innerhalb-Standardabweichung zu verstehen?
(4) Wie lauten die Voraussetzungen für die Anwendung des Wilcoxon-Rangsummentests bzw. des U-Tests?
(5) Erläutern Sie, wieso der Wilcoxon-Rangsummentest und der U-Test algebraisch identisch sind.
(6) Erläutern Sie, wieso die Prüfgröße beim Varianzhomogenitätstest F-verteilt ist.
(7) Erläutern Sie, wieso bei der Kontinuitätskorrektur für den χ^2-Test vom Betrag einer jeden Differenz $n_{ij} - \varepsilon_{ij}$ eine Konstante von 0,5 subtrahiert wird.
(8) Was ist unter der Aussage zu verstehen, beim Zweistichproben-χ^2-Test handele es sich um einen Globaltest, der keine spezifischen Hypothesen testen könne?

Übungsaufgaben

(1) In unseren Online-Materialien finden Sie die Datei »daten_kap11.txt«, die die Rohdaten eines Zwei-Gruppen-Experiments enthält. In diesem Experiment wurden die Versuchspersonen entweder in gute Stimmung (Gruppe 1) oder in schlechte Stimmung (Gruppe 2) versetzt; anschließend sollten sie eine Anagrammaufgabe lösen. Gezählt wurde, wie viele Anagramme die Versuchspersonen in den beiden Bedingungen gelöst haben. Bei dieser abhängigen Variablen soll es sich um einen Indikator für die stetige Variable kognitive Leistungsfähigkeit handeln.

Lesen Sie diese Datendatei in ein Statistikprogramm (z. B. R, SPSS) oder ein Tabellenkalkulationsprogramm (z. B. Excel) ein. Beantworten Sie die folgenden Fragen:
(a) Wie lauten die Mittelwerte, die Stichprobenstandardabweichungen und die Standardfehler innerhalb der beiden Gruppen?
(b) Wo liegen die Grenzen der beiden zweiseitigen 90 %-Konfidenzintervalle für die Mittelwerte μ_1 und μ_2?
(c) Wie lauten die Mittelwertsdifferenz und der Standardfehler dieser Mittelwertsdifferenz?

(d) Wie lauten der empirische t-Wert und sein exakter p-Wert beim einseitigen Test? Welche statistische Entscheidung legt das Testergebnis nahe, wenn der t-Test für unabhängige Stichproben auf einem Signifikanzniveau von $\alpha = 5\%$ (einseitig) durchgeführt wird?

(e) Wo liegen die Grenzen des einseitigen 95%-Konfidenzintervalls für die Mittelwertsdifferenz $\varepsilon = \mu_1 - \mu_2$?

(f) Wie lautet die empirische Effektstärke d'_2? Bewerten Sie die Größe von d'_2 anhand der Taxonomie von Cohen.

(g) Wo liegen die Grenzen des zweiseitigen 95%-Konfidenzintervalls für die Effektgröße δ'?

(h) Prüfen Sie mit Hilfe eines Levene-Tests, ob die beiden Stichprobenvarianzen signifikant voneinander abweichen. Zu welchem Ergebnis kommen Sie?

(2) Bleiben wir bei dem in Aufgabe 1 geschilderten Experiment, in dem die Stimmung zweier Gruppen von Versuchspersonen manipuliert wurde. Es soll nun geprüft werden, ob die Stimmung auch die Bereitschaft zur Hilfeleistung beeinflusst. Die Versuchspersonen erhielten als Entlohnung für ihre Teilnahme an der Untersuchung 10 Euro, die sie (a) entweder selbst behalten, (b) der Universität zur Verbesserung der Bibliotheksausstattung oder (c) einem Kinderhilfswerk spenden durften. Die Entscheidung der Versuchsperson wurde registriert. Dabei ergab sich folgende Häufigkeitsverteilung: In Gruppe 1 (positive Stimmung) entschieden sich 5 Personen für a, 12 Personen für b und 13 Personen für c. In Gruppe 2 (negative Stimmung) entschieden sich 10 Personen für a, 14 Personen für b und 6 Personen für c.

(a) Prüfen Sie mit Hilfe eines Zweistichproben-χ^2-Tests auf einem Signifikanzniveau von $\alpha = 5\%$, ob die Verteilungen in den beiden Stichproben (Bedingungen) signifikant voneinander abweichen. Zu welchem Ergebnis kommen Sie?

(b) Wie lauten die empirische Effektgröße $\hat{\omega}$ und das zweiseitige 90%-Konfidenzintervall für die Effektgröße ω? Bewerten Sie die Größe des empirischen Effekts.

(c) Wie viele Personen wären in diesem Experiment benötigt worden, um einen Effekt der ermittelten Größe mit einer Wahrscheinlichkeit von 95% zu finden, falls ein solcher Effekt in der Population tatsächlich existiert (Post-hoc-Poweranalyse)?

12 Unterschiede zwischen zwei abhängigen Stichproben

Was Sie in diesem Kapitel lernen

▸ Was sind abhängige Stichproben?
▸ Wie testet man, ob zwei Mittelwerte aus abhängigen Stichproben signifikant voneinander abweichen?
▸ Wie testet man, ob zwei relative Häufigkeiten aus abhängigen Stichproben signifikant voneinander abweichen?
▸ Wie testet man, ob die Häufigkeitsverteilungen aus zwei abhängigen Stichproben signifikant voneinander abweichen?

Was bedeutet »abhängige Stichproben«?
Von abhängigen Stichproben spricht man, wenn ein Messwert in Stichprobe 1 von einem bestimmten Messwert in Stichprobe 2 beeinflusst wird (und umgekehrt). Dies ist dann der Fall, wenn die Messwertpaare (1) von der gleichen Person unter verschiedenen Bedingungen bzw. aus unterschiedlichen Zeitpunkten stammen (Messwiederholungen), (2) von verschiedenen Personen stammen, die zusammengehören (natürliche Paare), oder (3) von verschiedenen Personen stammen, die einander zugeordnet wurden (z. B. aufgrund einer Parallelisierung der Stichproben).

Messwiederholung. Man stelle sich vor, ein Forscher wolle die Gedächtnisleistung einer Gruppe von Personen einmal zu Beginn einer Untersuchung testen (Bedingung oder »Stichprobe« 1) und ein zweites Mal, nachdem diese Personen ein Gedächtnistraining erhalten haben (Bedingung oder »Stichprobe« 2). Man spricht hier von Messwiederholung oder intraindividueller Bedingungsvariation. Die Messwerte in den beiden Bedingungen (vor dem Training und nach dem Training) sind deshalb nicht unabhängig voneinander, da sie von den gleichen Personen stammen und menschliches Verhalten und Erleben typischerweise eine gewisse Konsistenz über Situationen und eine gewisse Stabilität über die Zeit aufweist. So könnte es sein, dass eine Person, die bereits vor dem Training eine unterdurchschnittliche Gedächtnisleistung hatte, zwar von dem Training profitiert hat, aber im Vergleich zu den anderen trainierten Personen immer noch eine unterdurchschnittliche Gedächtnisleistung aufweist. Auch könnte es sein, dass eine andere Person, die bereits vor dem Training sehr motiviert war, sich beim ersten Gedächtnistest stark angestrengt und daher überdurchschnittliche Werte erzielt hat, sich auch nach dem Training stark anstrengt und überdurchschnittliche Werte erzielt.

Man könnte also sagen: Die Ursachen, die bereits vor dem Training zu interindividuellen Unterschieden in den Gedächtnistestwerten führen (ein generell eher schlechtes Gedächtnis; die Motivation, beim Test gute Werte zu erzielen, etc.), sind partiell die gleichen, die auch nach dem Training zu interindividuellen Unterschieden führen. Die Varianz in den Messwerten zum ersten Messzeitpunkt ist also möglicherweise teilweise auf die gleichen Ursachen zurückzuführen wie die Varianz in den Messwerten zum zweiten Messzeitpunkt, nämlich auf all diejenigen Ursachen,

▸ hinsichtlich deren sich Personen unterscheiden,
▸ die die Messwerte beeinflussen und
▸ die über die Zeit hinweg stabil bzw. über Situationen hinweg konsistent bleiben.

Natürliche Paare. Ein zweiter Fall von abhängigen Stichproben ist dann gegeben, wenn die Versuchspersonen von vornherein Pärchen bilden, von denen der eine Paarling zur ersten Stichprobe und der andere zur zweiten Stichprobe gehört. Man stelle sich vor, ein Forscher wolle den Einfluss von Ressourcenknappheit auf Egoismus untersuchen: Versuchspersonen sollen im Rahmen eines Laborexperiments Essensgutscheine unter vier Studierenden und sich selbst aufteilen. In einer experimentellen Bedingung werden zur Aufteilung 50 Gutscheine zur Verfügung gestellt, in einer zweiten Bedingung lediglich 10 Gutscheine. Gemessen wird, wie viele Gutscheine die Versuchspersonen für sich behalten. Der Forscher führt dieses Experiment mit Geschwisterpaaren durch und ordnet jeweils ein Geschwisterteil der einen und das andere Geschwisterteil der anderen Versuchsbedingung zu. Auch wenn es sich bei den Personen der beiden Stichproben (bzw. Bedingungen) um unterschiedliche Personen handelt, muss davon ausgegangen werden, dass es innerhalb der Geschwisterpaare systematische Abhängigkeiten gibt: Möglicherweise sind zwei Geschwister aufgrund ihrer gemeinsamen Sozialisation (oder auch einer gemeinsamen Veranlagung) generell großzügiger, während sich ein anderes Geschwisterpaar – ebenfalls aufgrund der gemeinsamen Sozialisation oder Veranlagung – generell egoistischer verhält und sich deshalb selbst auch mehr Essensgutscheine zuteilt als den anderen Personen. Auch hier muss also damit gerechnet werden, dass die Varianz in den beiden Stichproben zumindest teilweise auf die gleichen Ursachen zurückzuführen ist.

Parallelisierung. Ein dritter Fall von abhängigen Stichproben ist gegeben, wenn man Versuchspersonen nicht zufällig (randomisiert) auf zwei Versuchsbedingungen aufteilt, sondern eine versuchsplanerische Technik anwendet, die sicherstellt, dass sich systematische Störeinflüsse über die Versuchsbedingungen dennoch gleich verteilen. Die Rede ist von der Technik des Parallelisierens oder Ausbalancierens. Diese hatten wir bereits in Abschnitt 4.3.3 angesprochen. Die Störvariable, die man ausbalancieren möchte, muss im Vorhinein gemessen worden sein. Abhängig von der Merkmalsausprägung, die eine Person auf der Störvariablen hat, wird sie gezielt einer der beiden Versuchsbedingungen zugewiesen. Man stelle sich vor, eine Forscherin wolle den Einfluss der Stimmung auf die Hilfsbereitschaft untersuchen. Im Rahmen eines Laborexperiments wird ein Teil der Versuchspersonen in gute Stimmung, der andere Teil in schlechte Stimmung versetzt. Die Forscherin rechnet damit, dass dispositionelle Unterschiede in der Empathiefähigkeit die Ergebnisse systematisch beeinflussen: Empathiefähige Menschen sind hilfsbereiter als solche, die weniger empathiefähig sind. Da sie aus Kostengründen nur eine relativ kleine Stichprobe ziehen kann, vertraut sie nicht darauf, dass sich individuelle Unterschiede in der Empathiefähigkeit allein durch Randomisierung auf die beiden Bedingungen gleich verteilen. Deshalb misst sie die Empathiefähigkeit ihrer Versuchspersonen im Rahmen eines Vortests. Von zwei Personen mit annähernd gleichen Empathiefähigkeitswerten wird eine der Bedingung »positive Stimmung«, die andere der Bedingung »negative Stimmung« zugeteilt. Sie bildet also Paare von Versuchspersonen mit gleichen Ausprägungen auf dem zu kontrollierenden Merkmal. Bei diesen Paaren handelt es sich um unterschiedliche Personen, und in diesem Fall sind diese Personen noch nicht einmal miteinander verwandt. Trotzdem besteht zwischen ihnen eine Abhängigkeit: Sie haben (annähernd) gleiche Ausprägungen auf der Störvariablen.

Wie wir in diesem Kapitel sehen werden, müssen diese Abhängigkeiten zwischen den Stichproben (oder Bedingungen) bei der inferenzstatistischen Absicherung mit berücksichtigt werden.

Was mit »Abhängigkeit« nicht gemeint ist

Die Abhängigkeit zweier Stichproben lässt sich nur dann modellieren, wenn sich Messwertpaare eindeutig einander zuordnen lassen, also entweder dadurch, dass es sich um zwei Messwerte der gleichen Person handelt, um zwei Messwerte miteinander verwandter oder befreundeter Personen oder um zwei Messwerte von Personen, die aufgrund ihrer Merkmalsausprägung in einer vorher gemessenen Störvariablen einander zugeordnet wurden (Parallelisierung). Nicht modellierbar ist die Abhängigkeit zweier Stichproben hingegen, wenn sich die Abhängigkeiten unsystematisch über die Messwerte in den beiden Stichproben verteilen. Stellen wir uns vor, in einer psychosomatischen Klinik solle die Wirksamkeit zweier Therapieformen miteinander verglichen werden. Die Leiterin der Untersuchung achtet auf eine randomisierte Zuweisung von Patienten zu einer der beiden Bedingungen. Sie kann jedoch nicht verhindern, dass die Patienten sich während der Therapien untereinander austauschen und sich somit gegenseitig beeinflussen. Da man nicht weiß, wer sich mit wem unterhalten hat, kann man die dadurch entstandene Abhängigkeit von Messwerten nicht modellieren und somit nicht kontrollieren.

Eine zweite Form der Abhängigkeit, die hier nicht behandelt wird, könnte dadurch entstehen, dass sich Personen innerhalb einer Stichprobe bzw. einer Bedingung gegenseitig beeinflussen. Um das erwähnte Beispiel wieder aufzugreifen: Auch innerhalb einer Therapiebedingung könnten sich die Patienten über den Therapeuten, über ihre Leiden und über sonstige Faktoren austauschen, die ihre Messwerte auf dem verwendeten Instrument zur Messung des Therapieerfolgs beeinflussen. Solche Abhängigkeiten innerhalb einer Stichprobe können ebenfalls nicht modelliert werden. In diesem Kapitel behandeln wir nur solche Verfahren, die annehmen, dass die Messwerte innerhalb einer Bedingung voneinander unabhängig sind.

12.1 Vergleich der zentralen Tendenz zweier abhängiger Stichproben

12.1.1 Parametrischer Test: Der *t*-Test für abhängige Stichproben

Die Frage lautet, ob zwei Stichprobenmittelwerte ($\bar{x}_1$ und $\bar{x}_2$), die in zwei abhängigen Stichproben beobachtet wurden, bedeutsam voneinander abweichen. Da es sich um abhängige Stichproben handelt, kann der statistische Kennwert, der hier daraufhin getestet werden soll, ob (und wie stark) er von 0 abweicht, auf zwei Arten gebildet werden:

(1) Zum einen kann man in beiden Stichproben (oder Bedingungen) die beobachteten Stichprobenmittelwerte ermitteln und dann deren Differenz berechnen ($e = \bar{x}_1 - \bar{x}_2$). Dieses Vorgehen kennen wir vom *t*-Test für unabhängige Stichproben (s. Abschn. 11.1.2).

(2) Alternativ kann man für jedes Messwertpaar (z. B. die beiden Werte, die dieselbe Person in zwei Bedingungen abgibt; die beiden Werte, die zwei Geschwister in zwei Bedingungen abgeben; die beiden Werte, die zwei einander zugeordnete Personen in zwei Bedingungen abgeben) die Differenz berechnen ($d_m = x_{m1} - x_{m2}$) und über die Differenzen aller Wertepaare den Mittelwert bilden ($\bar{x}_D$).

In beiden Fällen resultiert das gleiche Ergebnis; der Unterschied ist lediglich formaler Natur. Wir werden hier die zweite Formulierung des statistischen Kennwertes verwenden.

Statistisches Hypothesenpaar

Die ungerichtete Nullhypothese beim *t*-Test für abhängige Stichproben lautet, dass zwei empirisch ermittelte Stichprobenmittelwerte ($\bar{x}_1$ und $\bar{x}_2$) aus zwei Populationen mit den Mittelwerten μ_1 und μ_2 stammen, deren Differenz 0 beträgt. Diese Hypothese ist gleichbedeutend mit der Aussage, dass in der Population der Mittelwert aller Differenzen (μ_D) 0 beträgt. Die ungerichtete Alternativhypothese besagt, dass zwei empirisch ermittelte Stichprobenmittelwerte ($\bar{x}_1$ und $\bar{x}_2$) aus zwei Populationen mit den Mittelwerten μ_1 und μ_2 stammen, deren Differenz ungleich 0 ist. Diese Hypothese ist gleichbedeutend mit der Aussage, dass der Mittelwert aller Differenzen (μ_D) ungleich 0 ist:

$H_0: \mu_1 = \mu_2$ oder $\mu_D = 0$

$H_1: \mu_1 \neq \mu_2$ oder $\mu_D \neq 0$

Im gerichteten Falle lautet das statistische Hypothesenpaar:

$H_0: \mu_1 \geq \mu_2$ oder $\mu_D \geq 0$

$H_1: \mu_1 < \mu_2$ oder $\mu_D < 0$

bzw.

$H_0: \mu_1 \leq \mu_2$ oder $\mu_D \leq 0$

$H_1: \mu_1 > \mu_2$ oder $\mu_D > 0$

Der Schätzer für μ_D ist der Stichprobenmittelwert der empirisch beobachteten Messwertdifferenzen $\bar{X}_D$. Dessen Stichprobenkennwerteverteilung hat unter der Nullhypothese einen Mittelwert von 0, da angenommen wird, dass es in der Population keinen Unterschied zwischen den beiden Stichproben (bzw. Bedingungen) gibt. Damit hat der *t*-Test für abhängige Stichproben eine ähnliche Struktur wie der Einstichproben-*t*-Test (s. Abschn. 10.1): In beiden Tests wird ein Mittelwert (hier: der Mittelwert aller Messwertdifferenzen in einer Stichprobe) gegen einen fixen Wert getestet.

Prüfgröße

Um die Prüfgröße zu konstruieren, benötigen wir die Standardabweichung der Stichprobenkennwerteverteilung, d. h. den Standardfehler von $\bar{X}_D$. Beim Einstichproben-*t*-Test betrug der geschätzte Standardfehler von $\bar{X}$ gemäß Formel F 8.4 $\hat{\sigma}_{\bar{X}} = \hat{\sigma}_X / \sqrt{n}$. Analog hierzu berechnet sich der geschätzte Standardfehler von $\bar{X}_D$ wie folgt:

$$\hat{\sigma}_{\bar{X}_D} = \sqrt{\frac{\hat{\sigma}_D^2}{n}} = \frac{\hat{\sigma}_D}{\sqrt{n}} \qquad (\text{F 12.1})$$

Auch hier zeigt sich, dass der Standardfehler mit zunehmender Stichprobengröße (*n*) kleiner wird, d. h., dass der Populationsmittelwert der Messwertdifferenzen umso genauer durch den Stichprobenmittelwert der Messwertdifferenzen geschätzt wird, je größer die Stichprobe ist.

Um den Ablehnungsbereich bzw. den kritischen Wert unter der H_0 zu ermitteln, müssen wir die Quantile der *t*-Verteilung heranziehen. Wir müssen also $\bar{X}_D$ in eine *t*-verteilte Prüfgröße T transformieren. Diese Transformation erfolgt nach der Formel

$$T_{\bar{X}_D} = \frac{\bar{X}_D - E(\bar{X}_D)}{\hat{\sigma}_{\bar{X}_D}}. \qquad (\text{F 12.2})$$

Da unter der Nullhypothese der Erwartungswert von $\bar{X}_D$ gleich 0 ist, verkürzt sich die Formel unter der Nullhypothese wie folgt:

$$T_{\bar{X}_D} = \frac{\bar{X}_D}{\hat{\sigma}_{\bar{X}_D}} \qquad (\text{F 12.3a})$$

Der Wert dieser Prüfgröße in einer konkreten Anwendung lautet:

$$t_{\bar{X}_D} = \frac{\bar{x}_D}{\hat{\sigma}_{\bar{X}_D}} \qquad (\text{F 12.3b})$$

Um den Ablehnungsbereich bei gegebenem Signifikanzniveau α zu bestimmen, kann man also auf die Quantile der *t*-Verteilung zurückgreifen. Die Freiheitsgrade (*df*) ergeben sich beim *t*-Test für abhängige Stichproben zu $df = n - 1$, wobei *n* die Anzahl der Messwert*paare* ist (und nicht die Anzahl aller beobachteten Werte!). Die Berechnung der Freiheitsgrade ist unmittelbar einleuchtend, denn von *n* Messwertpaaren können nur $n - 1$ Paare frei variieren. Für größere Stichproben (Faustregel: $n \geq 30$) können alternativ auch die Quantile der Standardnormalverteilung verwendet werden. Der Test unter der Standardnormalverteilung ist ein asymptotischer Test für die Prüfgröße *T*; allerdings ist der exakte Test dem asymptotischen Test vorzuziehen.

> **Beispiel**
>
> ### *t*-Test für abhängige Stichproben – Ressourcenknappheit und Egoismus
>
> Ein Forscher möchte – wie weiter oben bereits beschrieben – den Einfluss von Ressourcenknappheit auf egoistisches Verhalten untersuchen und realisiert zwei Versuchsbedingungen: In Bedingung 1 sollen die Versuchspersonen 50 Gutscheine zwischen sich und vier weiteren Studierenden aufteilen, in Bedingung 2 sollen sie 10 Gutscheine aufteilen. Gemessen wird, wie viele Gutscheine die Versuchspersonen prozentual für sich behalten. Die Hypothese lautet, dass sich die Versuchspersonen im Falle knapper Ressourcen (Bedingung 2) prozentual mehr Gutscheine selbst zuteilen als im Falle ausreichender Ressourcen (Bedingung 1). Der Forscher führt dieses Experiment mit insgesamt $n = 10$ Geschwisterpaaren durch und ordnet jeweils ein Geschwisterteil der ersten und das andere Geschwisterteil der ersten Versuchsbedingung zu. Die Ergebnisse sind in Tabelle 12.1 aufgelistet. Im Durchschnitt teilen sich die Versuchspersonen in der ersten Bedingung 32 % der zu verteilenden Gutscheine zu, in der zweiten Bedingung sind es 43 %. Die Mittelwertsdifferenz bzw. der Mittelwert der Differenzen lautet $\bar{x}_D = -0{,}11$. Die Stichprobenstandardabweichung der Messwertdifferenzen beträgt $\hat{\sigma}_D = 0{,}075$.

Tabelle 12.1 Ergebnisse im Datenbeispiel zum *t*-Test für abhängige Stichproben

Messwertpaar	50 Gutscheine	10 Gutscheine	Differenz
1	0,40	0,49	−0,09
2	0,25	0,25	0,00
3	0,31	0,51	−0,20
4	0,44	0,55	−0,11
5	0,25	0,35	−0,10
6	0,33	0,54	−0,21
7	0,26	0,24	0,02
8	0,38	0,49	−0,11
9	0,23	0,38	−0,15
10	0,35	0,50	−0,15
Mittelwert	$\bar{x}_1 = 0{,}32$	$\bar{x}_2 = 0{,}43$	$\bar{x}_D = -0{,}11$
Standardabweichung	$\hat{\sigma}_1 = 0{,}07$	$\hat{\sigma}_2 = 0{,}12$	$\hat{\sigma}_D = 0{,}08$

Ein Blick auf die Messwertpaare genügt, um zu erkennen, dass die Stichproben (also die Messwerte in den beiden experimentellen Bedingungen) voneinander abhängig sind. So teilt sich das erste Paar insgesamt recht viele Gutscheine zu (40 % in der ersten Bedingung und 49 % in der zweiten). Es handelt sich also hier um zwei Personen, die sich hinsichtlich ihrer egoistischen Verhaltenstendenzen ähneln. Das zweite Paar teilt sich insgesamt weniger Gutscheine zu (25 % in beiden Bedingungen). Auch hier ist die Ähnlichkeit auffällig. Welche Ursachen diese Ähnlichkeiten haben, ist unwichtig. Entscheidend ist, dass es einen oder mehrere Faktoren gibt, die eine Ähnlichkeit der Messwerte innerhalb der Paare bewirken. Es handelt sich somit um Faktoren, die sowohl einen Teil der Varianz in der ersten Bedingung als auch einen Teil der Varianz in der zweiten Bedingung erzeugen.

Zurück zur Frage, ob die Differenz zwischen den beiden Bedingungsmittelwerten statistisch bedeutsam ist. Diese Frage soll auf der Basis eines *t*-Tests für abhängige Stichproben auf einem einseitigen Signifikanzniveau von $\alpha = 5\,\%$ beantwortet werden. Um die Prüfgröße zu berechnen, müssen wir zunächst den Standardfehler des Stichprobenkennwertes $\bar{X}_D$ nach Formel F 12.1 schätzen. Er beträgt $\hat{\sigma}_{\bar{X}_D} = 0{,}075/\sqrt{10} = 0{,}024$. Setzen wir diesen Wert in Formel F 12.3b ein, resultiert ein *t*-Wert von: $t_{\bar{X}_D} = -0{,}11/0{,}024 = -4{,}63$. Der kritische *t*-Wert beträgt bei $df = 10 - 1 = 9$ Freiheitsgraden $t_{(0{,}05;9)} = -1{,}833$ (s. Tab. A.3 im Anhang A). Dieser Wert schneidet einen Flächenanteil von 5 % unter der Verteilung nach links ab. Der empirisch ermittelte Wert ist kleiner und somit extremer als der kritische Wert. Der Mittelwertsunterschied ist demnach signifikant, die Nullhypothese kann verworfen werden. Dieses (fiktive) Datenbeispiel würde also nahelegen, dass man bei knappen Ressourcen tatsächlich egoistischer ist.

Voraussetzungen

Die Anwendung des *t*-Tests für abhängige Stichproben ist an folgende Voraussetzungen geknüpft:
(1) Die Messwerte *innerhalb* der Paare dürfen sich gegenseitig beeinflussen bzw. voneinander abhängig sein; *zwischen* den Messwertpaaren darf es jedoch keine systematischen Einflüsse oder Abhängigkeiten geben. Beispiele für die Verletzung dieser Annahme haben wir bereits genannt.

(2) Die Differenzvariable D muss in der Population normalverteilt sein, wobei die Stichprobenkennwerteverteilung von $\bar{X}_D$ bei hinreichend großen Stichproben (Faustregel: $n \geq 30$) aufgrund des zentralen Grenzwertsatzes auch bei Abweichung von dieser Voraussetzung approximativ normalverteilt und der Test dementsprechend robust ist. Ist die Stichprobe klein und sind die Differenzen nicht normalverteilt, kann ggf. auf einen nonparametrischen Test (wie den Wilcoxon-Test, den wir in Abschnitt 12.2 behandeln werden) ausgewichen werden. Die Normalverteilungsannahme impliziert, dass stetige Variablen vorliegen müssen. Dies ist in unserem Beispiel streng genommen nicht der Fall. Wir behandeln die Variablen jedoch als quasi-stetige Variablen und nehmen an, dass die Differenzvariable approximativ normalverteilt ist.

Kovarianz

Wir haben gesehen, dass die Abhängigkeit zweier Stichproben darin besteht, dass sich zwei Werte *innerhalb* eines Messwertpaares ähnlicher sind als zwei Messwerte *zwischen* unterschiedlichen Messwertpaaren. Diese Ähnlichkeit ist bei abhängigen Stichproben wahrscheinlich auf die gleichen Ursachen zurückzuführen. Die Messwerte in Stichprobe (bzw. Bedingung) 1 variieren also teilweise aus dem gleichen Grund, aus dem sie in Stichprobe (bzw. Bedingung) 2 variieren. Eine solche gemeinsame Varianz wird auch als Kovarianz bezeichnet. Wir werden die Kovarianz als statistischen Kennwert für die Stärke des Zusammenhangs zweier Variablen in Kapitel 15 kennenlernen. Trotzdem sei an dieser Stelle ein Vorgriff erlaubt. Die Kovarianz wird in der Population – genau wie die Varianz bzw. die Standardabweichung – mit dem griechischen Buchstaben σ bezeichnet. Um sie von der Varianz bzw. von der Standardabweichung zu unterscheiden, erhält sie *zwei* Indizes, z. B. σ_{12} im Falle einer bekannten Populationskovarianz zwischen den Stichproben 1 und 2 oder $\hat{\sigma}_{12}$ im Falle einer unbekannten, aber aus den Stichprobendaten geschätzten Populationskovarianz.

Die Kovarianz hat für den t-Test für abhängige Stichproben eine sehr wichtige Bedeutung: Sie ist der entscheidende Unterschied zwischen dem t-Test für abhängige und dem t-Test für unabhängige Stichproben. Machen wir uns dies klar, indem wir noch einmal den Nenner der Prüfgröße T im Falle unabhängiger Stichproben, also den Standardfehler der Mittelwertsdifferenz $\bar{X}_1 - \bar{X}_2$, betrachten (s. Formel F 11.7 und F 11.8):

$$\hat{\sigma}_{\bar{X}_1 - \bar{X}_2} = \sqrt{\frac{\hat{\sigma}_{inn}^2}{n_1} + \frac{\hat{\sigma}_{inn}^2}{n_2}}$$

Gehen wir nun der Einfachheit halber davon aus, dass die Stichprobengrößen gleich sind ($n_1 = n_2 = n$), dann vereinfacht sich diese Formel nach Formel F 11.8 zu:

$$\hat{\sigma}_{\bar{X}_1 - \bar{X}_2} = \sqrt{\frac{\hat{\sigma}_1^2 + \hat{\sigma}_2^2}{n}} \qquad \text{(F 12.4)}$$

Die beiden zentralen Bausteine dieses Standardfehlers sind die Varianzen innerhalb der beiden Stichproben. Handelt es sich um unabhängige Stichproben, so ergibt ihre Summe die gemeinsame Innerhalb-Varianz (vgl. den Zähler des Bruchs in F 12.4). Handelt es sich hingegen um abhängige Stichproben, so sind ein Teil der Varianz in Stichprobe 1 und ein Teil der Varianz in Stichprobe 2 auf gemeinsame Ursachen zurückzuführen. Würde man diese Tatsache missachten, würde man die Varianz, die auf diese gemeinsamen Ursachen zurückzuführen ist, in Formel F 12.4 quasi doppelt mitzählen. Die Varianz in Stichprobe 1, die auf gemeinsame Ursachen zurückzuführen ist, ist die Kovarianz $\hat{\sigma}_{12}$. Gleiches gilt für die Varianz in Stichprobe 2.

Deshalb muss beim t-Test für abhängige Stichproben die Kovarianz $\hat{\sigma}_{12}$ zweimal von der Summe der beiden Stichprobenvarianzen abgezogen werden:

$$\hat{\sigma}_{\bar{X}_1 - \bar{X}_2} = \hat{\sigma}_{\bar{X}_D} = \sqrt{\frac{\hat{\sigma}_1^2 + \hat{\sigma}_2^2 - 2 \cdot \hat{\sigma}_{12}}{n}} \qquad \text{(F 12.5)}$$

Das bedeutet: Wenn es keine gemeinsamen Ursachen für die Varianz innerhalb der beiden Stichproben gibt (d. h., wenn die Messwerte voneinander unabhängig sind), ist die Kovarianz $\hat{\sigma}_{12} = 0$, und der t-Test für abhängige Stichproben entspricht dem t-Test für unabhängige Stichproben. Je mehr die Varianzen innerhalb der beiden Stichproben auf gemeinsame Ursachen zurückzuführen sind, desto größer wird die Kovarianz, und desto kleiner wird der Standardfehler von $\bar{X}_D$.

Vertiefung

Zum gleichen Ergebnis kommen wir, wenn wir die Rechenregel für Varianzen von Summenvariablen heranziehen (Formel F 7.35); diese hatten wir in Abschnitt 7.2 behandelt:

$$Var(\alpha \cdot X + \beta \cdot Y) = \alpha^2 \cdot Var(X) + \beta^2 \cdot Var(Y) + 2 \cdot \alpha \cdot \beta \cdot Cov(X, Y)$$

In unserem Falle ist $\alpha = +1$ und $\beta = -1$. Damit ergibt sich:

$$Var(1 \cdot X - 1 \cdot Y) = 1 \cdot Var(X) + 1 \cdot Var(Y) + 2 \cdot 1 \cdot (-1) \cdot Cov(X, Y)$$

$$Var(X - Y) = Var(X) + Var(Y) - 2 \cdot Cov(X, Y)$$

Angewendet auf unseren Fall folgt daraus:

$$\sigma^2_{X_1 - X_2} = \sigma^2_D = \sigma^2_1 + \sigma^2_2 - 2 \cdot \sigma_{12} \quad \text{(F 12.6a)}$$

Für die Standardabweichung der Differenzen ergibt sich dann:

$$\sigma_D = \sqrt{\sigma^2_1 + \sigma^2_2 - 2 \cdot \sigma_{12}} \quad \text{(F 12.6b)}$$

Konfidenzintervall für den Mittelwert der Differenzen

Die Grenzen des zweiseitigen $(1-\alpha)$-Konfidenzintervalls für den Populationsmittelwert μ_D lassen sich wie folgt berechnen:

$$\bar{x}_D \pm t_{\left(1-\frac{\alpha}{2}; df\right)} \cdot \hat{\sigma}_{\bar{X}_D} \quad \text{(F 12.7a)}$$

Beim einseitigen Konfidenzintervall mit $H_1: \mu_D > 0$ lauten die Grenzen:

$$\left[\left(\bar{x}_D - t_{(1-\alpha; df)} \cdot \hat{\sigma}_{\bar{X}_D}\right); +\infty\right) \quad \text{(F 12.7b)}$$

Beim einseitigen Konfidenzintervall mit $H_1: \mu_D < 0$ lauten die Grenzen:

$$\left(-\infty; \left(\bar{x}_D + t_{(1-\alpha; df)} \cdot \hat{\sigma}_{\bar{X}_D}\right)\right] \quad \text{(F 12.7c)}$$

Effektgröße und Effektgrößenschätzer

Mit »Populationseffekt« ist der Unterschied zwischen den beiden Populationsmittelwerten bzw. die Abweichung des Populationsmittelwerts der Messwertdifferenzen von 0 gemeint. Die bloße Abweichung hat allerdings den Nachteil, dass ihre Höhe von der Metrik der Differenzen und damit indirekt von der Metrik des Merkmals X abhängt. Effektgrößen aus Untersuchungen, in denen unterschiedliche Skalierungen von X verwendet wurden, sind also nicht direkt

Beispiel

Der Einfluss der Kovarianz auf die Streuung der Differenzwerte

Welchen Einfluss die Höhe der Kovarianz $\hat{\sigma}_{12}$ auf die Streuung der Differenzwerte hat, wollen wir an einem einfachen Beispiel veranschaulichen. In Abbildung 12.1 sind zwei Datensituationen abgebildet. Stellen wir uns vor, es handele sich um ein Experiment mit intraindividueller Bedingungsvariation: Die beiden Messwerte innerhalb einer Zeile stammen also von derselben Person.

Die beiden Situationen sind fast identisch; lediglich zwei Werte wurden in Bedingung 2 ausgetauscht (die betreffenden Werte sind fett gedruckt). An den Stichprobenmittelwerten sowie an den Standardabweichungen innerhalb der beiden Stichproben ändert sich dadurch nichts. Was sich aber ändert, ist die Kovarianz. In der oberen Situation ist die Kovarianz $\hat{\sigma}_{12}$ relativ groß. Dies erkennt man daran, dass eine Person, die in Bedingung 1 einen hohen Wert hat, auch in Bedingung 2 einen hohen Wert hat, und dass eine Person, die in Bedingung 1 einen niedrigen Wert hat, auch in Bedingung 2 einen niedrigen Wert hat. Es gibt also große Ähnlichkeiten zwischen den Messwerten einer Person, und diese Ähnlichkeiten sind auf personspezifische Ursachen zurückzuführen, die sich in beiden Bedingungen gleichermaßen auswirken (also über die Bedingungen hinweg konsistent bleiben).

In der unteren Situation hingegen ist die Kovarianz $\hat{\sigma}_{12}$ geringer. Dies erkennt man daran, dass die Person, die in Bedingung 1 den höchsten Wert hat, in Bedingung 2 nur noch einen mittleren Wert hat, und dass eine Person, die in Bedingung 1 einen mittleren Wert hat, in Bedingung 2 nun den höchsten Wert hat. Die Messwerte sind sich also im unteren Beispiel unähnlicher als im oberen Beispiel. Da zur Berechnung der Standardabweichung der Differenzvariablen die Kovarianz in doppelter Höhe von der Summe der Stichprobenvarianzen abgezogen wird (s. Formel F 12.5), ist $\hat{\sigma}_D$ im oberen Beispiel geringer als im unteren. Daher ist im oberen Beispiel auch der Standardfehler von $\bar{X}_D$ geringer als im unteren Beispiel.

$x_{11} = 13$	$x_{21} = 10$	$d_1 = 3$
$x_{12} = 12$	$x_{22} = 7$	$d_2 = 5$
$x_{13} = 9$	$x_{23} = 7$	$d_3 = 2$
$x_{14} = 6$	$x_{24} = 4$	$d_4 = 2$
$\bar{x}_1 = 10$	$\bar{x}_2 = 7$	$\bar{x}_D = 3$
$\hat{\sigma}_1 = 3{,}16$	$\hat{\sigma}_2 = 2{,}45$	$\hat{\sigma}_D = 1{,}41$

$x_{11} = 13$	$x_{21} = 7$	$d_1 = 6$
$x_{12} = 12$	$x_{22} = 7$	$d_2 = 5$
$x_{13} = 9$	$x_{23} = 10$	$d_3 = -1$
$x_{14} = 6$	$x_{24} = 4$	$d_4 = 2$
$\bar{x}_1 = 10$	$\bar{x}_2 = 7$	$\bar{x}_D = 3$
$\hat{\sigma}_1 = 3{,}16$	$\hat{\sigma}_2 = 2{,}45$	$\hat{\sigma}_D = 3{,}16$

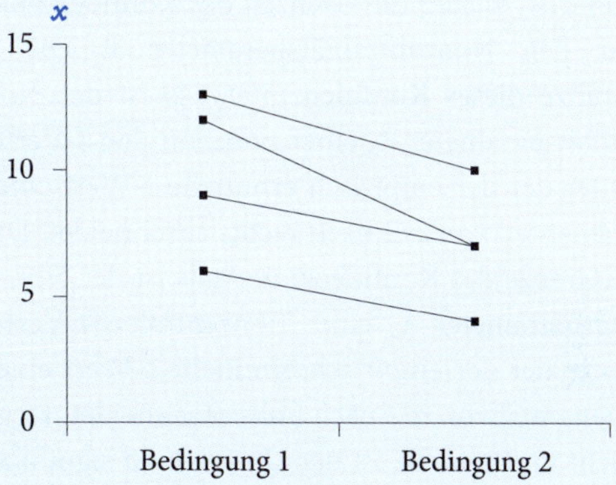

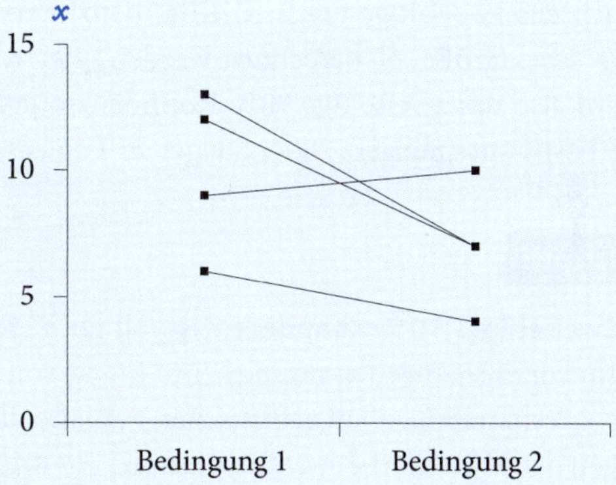

Abbildung 12.1 Zwei Datenbeispiele zum t-Test für abhängige Stichproben

miteinander vergleichbar. Zum Vergleich verschiedener Studien bietet es sich daher an, die Effektgröße an der Standardabweichung der Differenzen zu standardisieren, ähnlich wie wir es bereits beim Einstichprobentest getan haben (vgl. Abschn. 10.1). Der standardisierte Populationseffekt wird als δ'' bezeichnet (vgl. Formel F 8.2a):

$$\delta'' = \frac{\mu_D}{\sigma_D} \qquad \text{(F 12.8)}$$

Die Konventionen für die Effektgröße δ'' lauten nach Cohen (1988) für den t-Test für abhängige Stichproben:
▶ $|\delta''| \approx 0{,}14$: »kleiner« Effekt
▶ $|\delta''| \approx 0{,}35$: »mittlerer« Effekt
▶ $|\delta''| \approx 0{,}57$: »großer« Effekt.

Schätzt man den Populationseffekt aus den Daten und muss der Standardfehler der Differenzen aus den Daten geschätzt werden, ergibt sich in Anlehnung an

Formel F 8.40:

$$d_2'' = \frac{\bar{x}_D}{\hat{\sigma}_D} \qquad (F\ 12.9)$$

Konfidenzintervall für die Effektgröße δ''

Um die Grenzen des $(1-\alpha)$-Konfidenzintervalls für die Effektgröße δ'' zu bestimmen, berechnet man zunächst wieder die Grenzen des Konfidenzintervalls für den Nonzentralitätsparameter λ. Die untere Grenze dieses Konfidenzintervalls ist der Nonzentralitätsparameter λ_u einer nonzentralen t-Verteilung, unter der der empirisch ermittelte t-Wert einen Flächenanteil von $\alpha/2$ nach rechts abschneidet. Die obere Grenze des Konfidenzintervalls ist der Nonzentralitätsparameter λ_o einer nonzentralen t-Verteilung, unter der der empirisch ermittelte t-Wert einen Flächenanteil von $\alpha/2$ nach links abschneidet. Liegt die 0 nicht im Intervall, ist der Unterschied signifikant. Im Falle einer gerichteten Alternativhypothese kann anstatt des einseitigen $(1-\alpha)$-Konfidenzintervalls auch das zweiseitige $(1-2\cdot\alpha)$-Konfidenzintervall für die Effektgröße δ'' berechnet werden. Bei $\alpha = 0{,}05$ wird also das zweiseitige 90%-Konfidenzintervall für δ'' bestimmt (Steiger, 2004; Steiger & Fouladi, 1997; s. Kap. 13). Der Nonzentralitätsparameter steht mit der Effektgröße δ'' in folgender Beziehung:

$$\lambda = \delta'' \cdot \sqrt{n} \qquad (F\ 12.10)$$

Sind die Nonzentralitätsparameter λ_u und λ_o bestimmt, lassen sie sich wie folgt in die Metrik der Effektgröße δ'' zurücktransformieren:

$$\delta_u'' = \frac{\lambda_u}{\sqrt{n}} \quad \text{bzw.} \quad \delta_o'' = \frac{\lambda_o}{\sqrt{n}} \qquad (F\ 12.11)$$

A-priori-Poweranalyse: Bestimmung der optimalen Stichprobengröße

Sind die Irrtumswahrscheinlichkeiten α und β festgelegt und ein hypothetischer Populationseffekt δ_1'' unter der Alternativhypothese spezifiziert, lässt sich die optimale Stichprobengröße beim t-Test für abhängige Stichproben einfach über den Nonzentralitätsparameter λ_1 bestimmen. Löst man Formel F 12.10 nach n auf und setzt den spezifizierten Populationseffekt δ_1'' ein, ergibt sich:

$$n = \left(\frac{\lambda_1}{\delta_1''}\right)^2 \qquad (F\ 12.12)$$

> **Beispiel**
>
> **Zweiseitiges 90%-Konfidenzintervall für δ'' für den Effekt von Ressourcenknappheit auf Egoismus**
>
> Im vorangegangenen Beispiel zum Effekt von Ressourcenknappheit auf egoistisches Verhalten betrugen der Mittelwert der Differenzen $\bar{x}_D = -0{,}11$ und die geschätzte Standardabweichung der Messwertdifferenzen $\hat{\sigma}_D = 0{,}075$. Der empirische t-Wert betrug $t = -0{,}11/0{,}024 = -4{,}63$. Wie groß ist die empirische Effektgröße d'' und wo liegen die Grenzen des zweiseitigen 90%-Konfidenzintervalls für die Effektgröße δ''?
>
> Für die Effektgröße ergibt sich nach Formel F 12.9 $d_2'' = -0{,}11/0{,}075 = -1{,}46$. Es handelt sich – legt man die Taxonomie von Cohen (1988) zugrunde – um einen großen Effekt. Um die Grenzen des zweiseitigen 90%-Konfidenzintervalls für die Effektgröße δ'' zu bestimmen, benötigen wir die Nonzentralitätsparameter λ_u und λ_o bei einem t-Wert von $t = -4{,}63$. Mit Hilfe eines Verteilungsrechners oder des Computerprogramms NDC (🖱) ermitteln wir $\lambda_u = -6{,}96$ und $\lambda_o = -2{,}13$. Die beiden nonzentralen t-Verteilungen sind in Abbildung 12.2 eingezeichnet. Diese Werte können wir nun gemäß Formel F 12.11 in δ''-Werte umrechnen. Für die untere Grenze ergibt sich ein Wert von $\delta_u'' = -6{,}96/3{,}16 = -2{,}20$; für die obere Grenze ergibt sich ein Wert von $\delta_o'' = -2{,}13/3{,}16 = -0{,}67$. Das einseitige 95%-Konfidenzintervall lautet $(-\infty;\ -0{,}67]$. Die obere Schranke – und damit auch der statistische Schluss – ist identisch mit dem zweiseitigen 90%-Konfidenzintervall. Das zweiseitige Konfidenzintervall zeigt durch die untere Beschränktheit die Präzision der Schätzung besser an (Steiger, 2004).

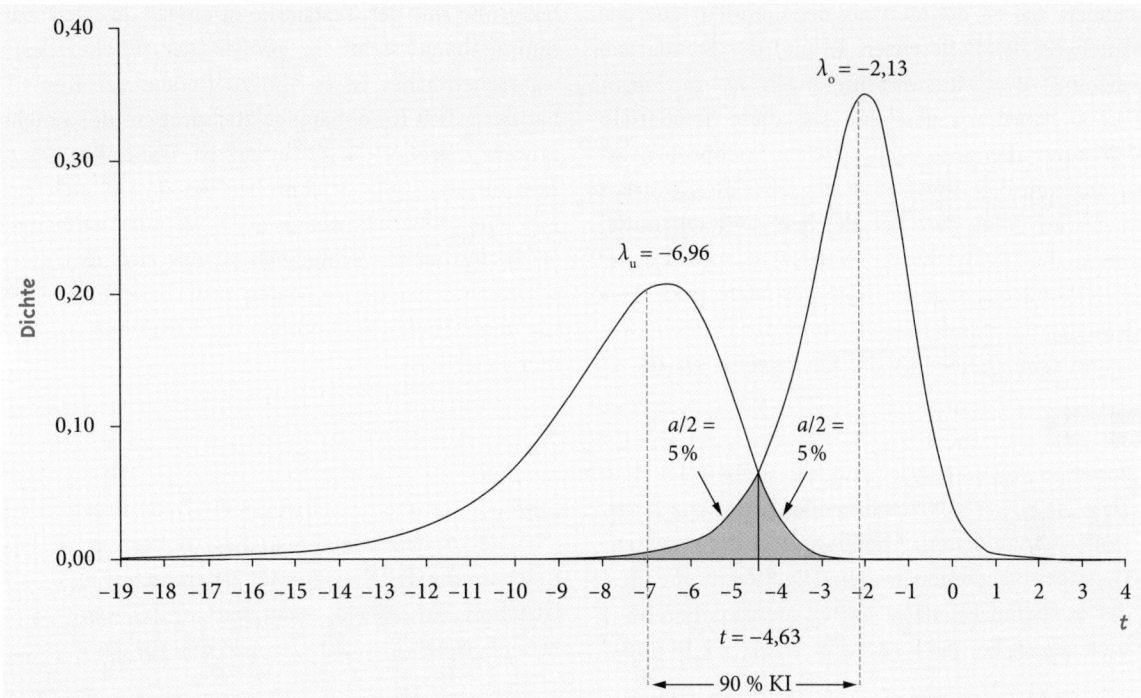

Abbildung 12.2 Zweiseitiges 90%-Konfidenzintervall für den Nonzentralitätsparameter beim *t*-Test für abhängige Stichproben (Datenbeispiel aus Abb. 12.1)

Der Nonzentralitätsparameter λ_1 ergibt sich aus der Teststärke, also dem Flächenanteil unter der nonzentralen *t*-Verteilung, den ein kritischer Wert t_{krit} nach rechts (bei $\delta_1'' > 0$) bzw. nach links (bei $\delta_1'' < 0$) abschneidet. Der kritische Wert ist wiederum derjenige *t*-Wert, der einen Flächenanteil von α (bei einem einseitigen Test) oder $\alpha/2$ (bei einem zweiseitigen Test) nach rechts (bei $\delta_1'' > 0$) bzw. nach links (bei $\delta_1'' < 0$) abschneidet. Sind α und β festgelegt, steht also auch der Nonzentralitätsparameter λ_1 fest.

> **Beispiel**
>
> **A-priori-Poweranalyse für einen Effekt von $\delta_1'' = 0{,}25$**
>
> Wie groß müsste die Stichprobe sein, damit der Unterschied zwischen zwei Mittelwerten aus abhängigen Stichproben bei einem angenommenen Populationseffekt von $\delta_1'' = 0{,}25$ auf einem Signifikanzniveau von $\alpha = 5\%$ (einseitiger Test) mit einer Wahrscheinlichkeit von $1 - \beta = 95\%$ signifikant wird – vorausgesetzt, ein Effekt dieser Größe existiert tatsächlich? Mit Hilfe des Programms G*Power ermitteln wir einen Nonzentralitätsparameter von $\lambda_1 = 3{,}307$. Setzen wir diesen Wert in Formel F 12.12 ein, erhalten wir $n = (3{,}307/0{,}25)^2 = 175$ (man beachte, dass es sich bei *n* um die Anzahl der Messwert*paare* handelt!). Wir benötigen also 175 Personen (und dementsprechend 350 Messwerte), um die Nullhypothese mit einer Wahrscheinlichkeit von $1 - \beta = 95\%$ ablehnen zu können, falls es den spezifizierten Effekt in der Population tatsächlich gibt.

Kovarianz und Teststärke

Ist die Kovarianz σ_{12} zwischen den Messwertpaaren größer 0, so hat der *t*-Test für abhängige Stichproben – bei gleicher Stichprobengröße und gleichen Streuungen innerhalb der Stichproben – eine größere Teststärke als der *t*-Test für unabhängige Stichproben. Dies lässt sich leicht nachvollziehen, wenn wir noch einmal die Definition der Effektgröße δ'' anschauen. Sie ist definiert als der Quotient aus dem Mittelwert der Differenzen μ_D und der Standardabweichung der Messwertdifferenzen D. In Formel F 12.6b haben wir gesehen, dass diese Standardabweichung – bei ansonsten gleichen Stichprobenvarianzen – umso geringer wird, je größer die Kovarianz ist. Daraus folgt, dass bei gleichem Differenzmittelwert μ_D die Effektgröße δ'' größer wird, sobald $\sigma_{12} > 0$ ist. Je ähnlicher sich die Messwertpaare sind, desto kleiner ist die Standardabweichung der Differenzwerte, und desto größer ist die Effektgröße. Da die Effektgröße mit der Teststärke in einem direkten Zusammenhang steht (je größer der Effekt, desto wahrscheinlicher ist es, ihn zu finden; vgl. Kap. 8), hat der t-Test für abhängige Stichproben umso mehr Power, je größer die Kovarianz ist. Daher hat der t-Test für abhängige Stichproben bei $\sigma_{12} > 0$ auch immer eine größere Power als der t-Test für unabhängige Stichproben – schließlich ist der einzige Unterschied zwischen diesen beiden Tests, dass beim t-Test für unabhängige Stichproben die Kovarianz σ_{12} immer gleich 0 ist.

> **Beispiel**
>
> **Post-hoc-Poweranalyse für das Datenbeispiel in Abbildung 12.1**
>
> Dass die Power mit zunehmender Kovarianz steigt, wollen wir an dem in Abbildung 12.1 dargestellten Datenbeispiel demonstrieren. Die Effektgröße für die im oberen Teil dargestellte Datensituation beträgt gemäß Formel F 12.9 $d'' = 3/1{,}41 = 2{,}12$ und für die im unteren Teil dargestellte Datensituation $d'' = 3/3{,}16 = 0{,}95$. Setzt man diese Werte zur Bestimmung des Nonzentralitätsparameters in Gleichung F 12.10 ein, erhält man für das obere Datenbeispiel $\hat{\lambda} = 2{,}12 \cdot 2 = 4{,}24$ und für das
>
>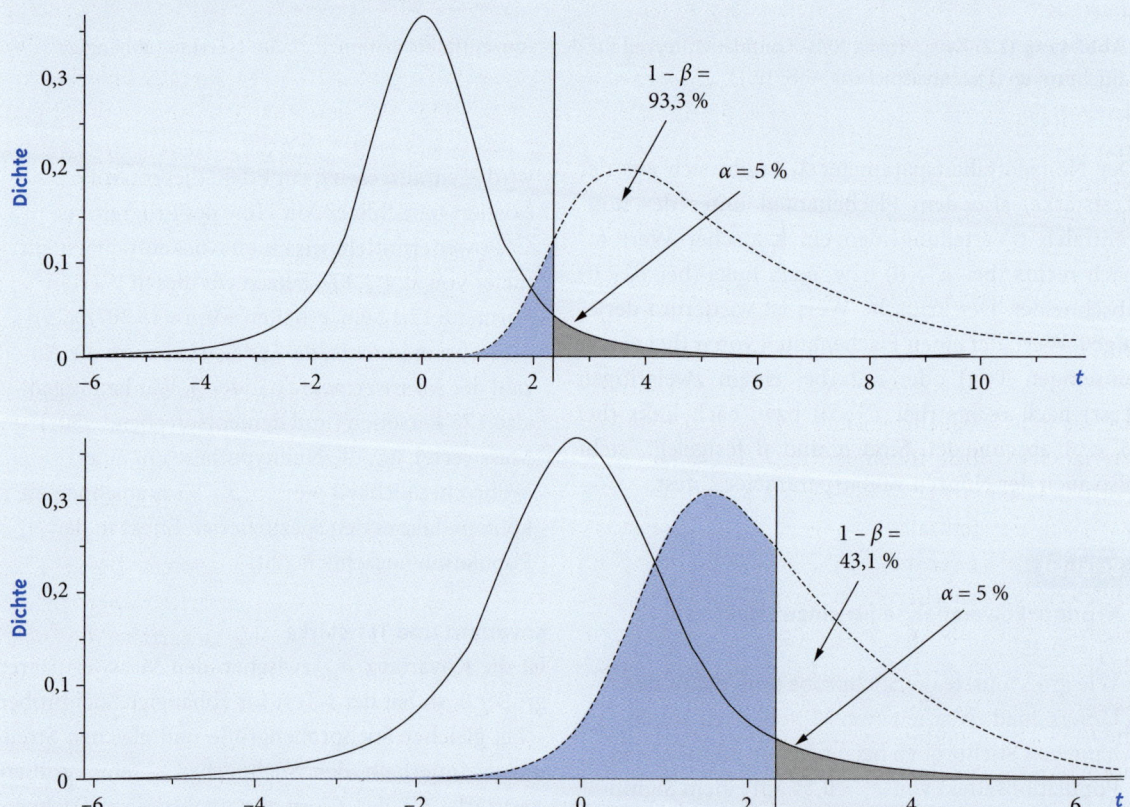
>
> **Abbildung 12.3** Einfluss der Kovarianz auf die Effektstärke (und damit auf die Teststärke) beim t-Test für abhängige Stichproben (Datenbeispiel aus Abb. 12.1)

untere Datenbeispiel $\hat{\lambda} = 0{,}95 \cdot 2 = 1{,}90$. Mit den geschätzten Nonzentralitätsparametern liegt nun auch fest, welche Power die Tests in den beiden Beispielen haben. Wir können sie entweder mit Hilfe eines Verteilungsrechners oder einfacher mit Hilfe des Programms G*Power bestimmen. Wir müssen lediglich noch das Signifikanzniveau α festlegen. Angenommen, es soll $\alpha = 5\,\%$ betragen (einseitiger Test). Dann ist die Power des Tests im oberen Beispiel $1 - \beta = 93{,}3\,\%$, während die Power des Tests im unteren Beispiel lediglich $1 - \beta = 43{,}1\,\%$ beträgt. Das zeigt: Je größer die Kovarianz, desto größer ist die Teststärke des t-Tests für abhängige Stichproben.

Der Unterschied zwischen diesen beiden Datensituationen ist in Abbildung 12.3 graphisch veranschaulicht. Der Unterschied in den beiden Nonzentralitätsparametern zeigt sich darin, dass im oberen Teil ($\hat{\lambda} = 4{,}24$) die Stichprobenkennwerteverteilung unter der Alternativhypothese (gestrichelter Graph) weiter von der Stichprobenkennwerteverteilung unter der Nullhypothese (durchgezogener Graph) entfernt liegt als im unteren Teil ($\hat{\lambda} = 1{,}90$) und dementsprechend der Flächenanteil, den der kritische t-Wert bei $\alpha = 5\,\%$ ($t_{(0{,}95;\,3)} = 2{,}35$) unter der Alternativhypothese nach rechts abschneidet (also die Teststärke $1 - \beta$), im oberen Teil der Abbildung größer ist als im unteren.

12.1.2 Nonparametrische Tests

Alle in diesem Abschnitt beschriebenen Verfahren können zum Vergleich der zentralen Tendenz zweier abhängiger Stichproben verwendet werden, wenn das arithmetische Mittel nicht zur Bestimmung der zentralen Tendenz geeignet ist oder wenn das Merkmal in der Population zwar stetig, aber nicht normalverteilt und die Stichprobe klein ist ($n < 30$). In diesem Fall würden parametrische Verfahren wie der t-Test für abhängige Stichproben nicht zu robusten Ergebnissen kommen. Stattdessen lässt sich der Vorzeichentest oder der Wilcoxon-Vorzeichen-Rangtest verwenden.

Vorzeichentest

In Abschnitt 10.2 haben wir bereits den Vorzeichentest als eine Möglichkeit kennengelernt, die Abweichung eines Stichprobenmedians von einem fixen Wert zu testen. Diesen Test können wir auch für den Vergleich der zentralen Tendenzen zweier abhängiger Stichproben verwenden. Man bestimmt für jedes Messwertpaar, welcher der beiden Messwerte größer ist. Man führt also quasi ein Bernoulli-Experiment durch, bei dem es zwei mögliche Ausgänge geben kann: $A: x_{1m} < x_{2m}$ und $B: x_{1m} > x_{2m}$. Für den Fall, dass die Mediane η_1 und η_2 der beiden abhängigen Stichproben nicht voneinander abweichen (Nullhypothese), haben beide Ereignisse A und B die gleiche Wahrscheinlichkeit in der Population, $\pi_A = \pi_B = \pi_0 = 0{,}5$. Anders gesagt: Man erwartet genauso viele Differenzen $x_{1m} - x_{2m}$ mit positivem Vorzeichen wie solche mit negativem Vorzeichen. Wenn die Alternativhypothese $\eta_1 \neq \eta_2$ gilt, müssten die Wahrscheinlichkeiten π_A bzw. π_B in der Population ungleich 0,5 sein; man erwartet also mehr Differenzen mit positivem als mit negativem Vorzeichen oder umgekehrt.

Die Prüfgröße beim Vorzeichentest ist die absolute Häufigkeit von positiven Differenzen $x_{1m} - x_{2m}$. Diese Prüfgröße wird im Folgenden mit S bezeichnet. Die Variable S ist binomialverteilt und hat unter der Nullhypothese einen Erwartungswert von $E(S) = n \cdot 0{,}5$ und eine Varianz von $Var(S) = n \cdot 0{,}25$. Je weiter der Wert s von 0,5 abweicht, desto mehr spricht dies gegen die Gültigkeit der Nullhypothese.

Mit Hilfe eines Verteilungsrechners (🖱) oder Tabelle A.1 in Anhang A lässt sich ablesen, wie groß die Wahrscheinlichkeit einer empirisch ermittelten Häufigkeit s unter der Nullhypothese ist. Ein solcher Test wird Vorzeichentest genannt, da nur das Vorzeichen der Differenz $x_{1m} - x_{2m}$ betrachtet wird. Bei größeren Stichproben ($n \geq 40$) ist die Variable S approximativ normalverteilt; in diesem Fall können also die Quantile der Standardnormalverteilung zur Bestimmung des kritischen Wertes unter der Nullhypothese herangezogen werden. Im Falle der Nullhypothese $\pi_0 = 0{,}5$ ergibt sich in Anlehnung an Formel F 10.5:

$$z = \sqrt{n} \cdot \frac{s/n - 0{,}5}{0{,}5} \qquad \text{(F 12.13)}$$

> **Beispiel**
>
> **Vorzeichentest für das Datenbeispiel in Tabelle 12.1**
>
> Wir werten nun das Datenbeispiel in Tabelle 12.1 mit Hilfe des Vorzeichentests aus. Dazu zählen wir in der letzten Spalte der Tabelle aus, in wie vielen der 10 möglichen Fälle die Differenz $x_{1m} - x_{2m}$ positiv ist. Differenzen gleich 0 (wie hier bei $m = 2$) lassen wir außer Acht (andere Vorschläge, wie mit solchen Fällen umzugehen ist, finden sich bei Bortz et al., 2008). Die Anzahl der Fälle, die in die Analyse eingehen, reduziert sich also auf $n = 9$. Wir sehen, dass die Differenz in einem Fall ($m = 7$) positiv und in den restlichen 8 Fällen negativ ist. Damit beträgt der Wert der Prüfgröße in unserem Beispiel $s = 1$. Unter der Nullhypothese würde man einen Wert von $E(S) = 9 \cdot 0{,}5 = 4{,}5$ erwarten. Liegt dieser Wert signifikant unter dem unter der Nullhypothese erwarteten Wert, wenn wir den Test auf einem Signifikanzniveau von $\alpha = 5\%$ (einseitig) durchführen?
>
> Gesucht ist die Wahrscheinlichkeit, mit der die Differenz $x_{1m} - x_{2m}$ bei $s \leq 1$ Paar positiv ist unter der Nullhypothese, dass dies bei 4,5 Paaren der Fall sein müsste. Tabelle A.1 im Anhang A entnehmen wir, dass die Wahrscheinlichkeit $P(S \leq 1)$ unter der Nullhypothese ($\pi_0 = 0{,}5$) bei $n = 9$ Personen 0,0195 beträgt. Da dieser p-Wert kleiner ist als das vorab definierte α-Niveau, können wir die Hypothese, dass die zentralen Tendenzen gleich sind, verwerfen.
>
> Führen wir den Test auf der Basis der Standardnormalverteilung durch, ergibt sich als Prüfgröße gemäß Formel F 12.13:
>
> $$z = \sqrt{9} \cdot \frac{1/9 - 0{,}5}{0{,}5} = 3 \cdot (-0{,}78) = -2{,}33$$
>
> Der kritische z-Wert liegt bei einem einseitigen Signifikanzniveau von $\alpha = 5\%$ bei $z_{0{,}05} = -1{,}645$. Der empirische Wert liegt unterhalb des kritischen Wertes; wir können die Nullhypothese also auch bei Anwendung des approximativen Tests verwerfen. Wir sollten allerdings betonen, dass von der Anwendung des approximativen Tests in diesem Fall aufgrund der kleinen Stichprobe dringend abzuraten ist.

Effektgröße und Effektgrößenschätzer. Als Effektgröße kann – genau wie beim Vorzeichentest in Abschnitt 10.2 – auf den γ-Koeffizienten von Cohen (1988) zurückgegriffen werden. Dieser beträgt unter der Nullhypothese mit $\pi_0 = 0{,}5$ gemäß Gleichung F 10.7:

$$\gamma = \pi - 0{,}5$$

Definiert man π als die Wahrscheinlichkeit, mit der eine beliebige Differenz zwischen zwei Werten $x_{1m} - x_{2m}$ in der Population positiv ist, dann bedeutet ein Wert von $\gamma = -0{,}5$, dass alle Werte in Bedingung 1 *kleiner* sind als in Bedingung 2 (woraus sich ergibt, dass $\eta_1 < \eta_2$ ist). Ein Wert von $\gamma = +0{,}5$ bedeutet, dass alle Werte in Bedingung 1 *größer* sind als in Bedingung 2 (woraus sich ergibt, dass $\eta_1 > \eta_2$ ist). Ein Wert von $\gamma = 0$ bedeutet, dass es in der Population genauso viele positive wie negative Differenzen gibt. In Anlehnung an Cohen (1988) lassen sich folgende Richtwerte zur Beurteilung der Effektgröße γ benennen:

▶ $|\gamma| \approx 0{,}05$: »kleiner« Effekt
▶ $|\gamma| \approx 0{,}15$: »mittlerer« Effekt
▶ $|\gamma| \approx 0{,}25$: »großer« Effekt.

Die Effektgröße γ kann bei $\pi_0 = 0{,}5$ wie folgt aus den Daten geschätzt werden (vgl. Formel F 10.8):

$$g = \hat{\gamma} = s/n - 0{,}5$$

Konfidenzintervall für die Effektgröße γ. Verwendet man aufgrund einer hinreichend großen Stichprobe die standardnormalverteilte Prüfgröße Z, so lassen sich aus dieser die Grenzen eines approximativen Konfidenzintervalls für die Wahrscheinlichkeit π und damit auch jene für die Effektgröße γ nach dem in Kapitel 8 beschriebenen Vorgehen herleiten (s. auch die Ausführungen zum Binomialtest in Abschn. 10.4). Als approximative Intervallgrenzen für die Wahrscheinlichkeit π erhält man gemäß den Formeln F 10.23 und F 10.24:

$$\pi_u = \frac{2 \cdot n \cdot h + z^2_{\left(1-\frac{\alpha}{2}\right)} - z_{\left(1-\frac{\alpha}{2}\right)} \sqrt{z^2_{\left(1-\frac{\alpha}{2}\right)} + 4 \cdot n \cdot h \cdot (1-h)}}{2 \cdot \left(n + z^2_{\left(1-\frac{\alpha}{2}\right)}\right)}$$

$$\pi_o = \frac{2 \cdot n \cdot h + z^2_{\left(1-\frac{\alpha}{2}\right)} + z_{\left(1-\frac{\alpha}{2}\right)} \sqrt{z^2_{\left(1-\frac{\alpha}{2}\right)} + 4 \cdot n \cdot h \cdot (1-h)}}{2 \cdot \left(n + z^2_{\left(1-\frac{\alpha}{2}\right)}\right)}$$

Aus diesen Intervallgrenzen lassen sich die approximativen Grenzen des Konfidenzintervalls für die Effektstärke γ mit Hilfe von Formel F 10.25 bestimmen:

$$\gamma_u = \pi_u - \pi_0 \quad \text{und} \quad \gamma_o = \pi_o - \pi_0$$

Zu beachten ist der Unterschied zwischen der oberen Intervallgrenze π_o und der Wahrscheinlichkeit unter der Nullhypothese π_0.

Beispiel

Konfidenzintervall für die Effektgröße γ im Datenbeispiel aus Tabelle 12.1

Wo liegen die Grenzen des zweiseitigen 90%-Konfidenzintervalls für die Effektgröße γ im Datenbeispiel aus Tabelle 12.1? Gemäß Formel F 10.8 berechnen wir als Schätzer für die Effektgröße einen Wert von $g = 1/9 - 0{,}5 = -0{,}39$. Die Wahrscheinlichkeit π schätzen wir mit $h = 1/9 = 0{,}11$. Nach den Gleichungen F 10.23 und F 10.24 erhält man folgende Intervallgrenzen des zweiseitigen 90%-Konfidenzintervalls für die Wahrscheinlichkeit π:

$$\pi_u = \frac{0{,}59}{23{,}41} = 0{,}03$$

$$\pi_o = \frac{8{,}82}{23{,}41} = 0{,}38$$

Für das zweiseitige 90%-Konfidenzintervall für die Effektgröße γ ergeben sich bei einer unter der H_0 postulierten Wahrscheinlichkeit von $\pi_0 = 0{,}5$ nach Formel F 10.25 eine untere Intervallgrenze von $\gamma_u = 0{,}03 - 0{,}5 = -0{,}47$ und eine obere Intervallgrenze von $\gamma_o = 0{,}38 - 0{,}5 = -0{,}12$. Der wahre Populationseffekt wird also mit einer Wahrscheinlichkeit von 90% von dem Intervall [−0,47; −0,12] überdeckt.

Wilcoxon-Vorzeichen-Rangtest

Auch diesen Test hatten wir bereits in Abschnitt 10.2 kennengelernt. Hierbei berechnet man zunächst die Differenzen $d_m = x_{1m} - x_{2m}$. Anhand der Absolutbeträge dieser Differenzen ($|d_m|$) werden dann Rangplätze zugewiesen (Rang 1 für den geringsten Differenzbetrag, Rang 2 für den zweitgeringsten Differenzbetrag etc.). Schließlich wird die Summe der Rangplätze für all diejenigen Personen berechnet, deren Differenzwert $d_m > 0$ ist. Diese Summe ist der Wert der Prüfgröße W^+. Das Komplement dieser Prüfgröße entspricht der Summe der Rangplätze all derjenigen Personen, deren Differenzwert $d_m < 0$ ist. Diese Summe ist der Wert der Prüfgröße W^-.

Bei Geltung der Nullhypothese dürfen sich die Werte der Prüfgrößen W^+ und W^- nur zufällig unterscheiden. In diesem Fall entspricht W^+ der Hälfte der Summe aller Rangplätze. Das statistische Hypothesenpaar beim Wilcoxon-Vorzeichen-Rangtest entspricht dem des Vorzeichentests, da es in beiden Fällen um die Wahrscheinlichkeit geht, mit der die Differenz d_m positiv oder negativ ist.

Der Erwartungswert der Prüfgröße W^+ beträgt bei Geltung der Nullhypothese gemäß Formel F 10.10:

$$E(W^+) = \frac{n \cdot (n+1)}{4}$$

Die Prüfgröße W^+ folgt einer diskreten Verteilung, deren kritische Werte in Tabelle A.4 im Anhang A tabelliert sind. Bei größeren Stichproben ($n > 20$) ist W^+ approximativ normalverteilt; die Varianz beträgt dann gemäß Formel F 10.11:

$$Var(W^+) = \frac{n \cdot (n+1) \cdot (2 \cdot n + 1)}{24}$$

In diesem Fall kann man einen Wert der Prüfgröße W^+ in einen z-Wert überführen und die Quantile der

Standardnormalverteilung verwenden, um den kritischen Wert zu bestimmen. Dies wollen wir an einem kleinen Beispiel veranschaulichen.

> **Beispiel**
>
> **Wilcoxon-Vorzeichen-Rangtest für das Datenbeispiel aus Tabelle 12.1**
> Wir bleiben bei unserem Beispiel aus Tabelle 12.1. Auch hier werden wir der Einfachheit halber alle Nulldifferenzen ($d_m = x_{1m} - x_{2m} = 0$) nicht berücksichtigen. Es verbleiben $n = 9$ Fälle, denen nun nach der Höhe ihrer (absoluten) Differenzen Rangplätze zugewiesen werden. Es gibt nur einen Fall, bei dem die Differenz positiv ist. Dieser Fall hat auch die niedrigste absolute Differenz und erhält damit den Rangplatz 1. Damit ist $w^+ = 1$. In allen anderen Fällen ist die Differenz negativ. Diese Fälle haben außerdem höhere absolute Differenzen und erhalten daher die Rangplätze 2 bis 9. Die Summe dieser Rangplätze ist $w^- = 2 + 3 + 4 + 5 + 6 + 7 + 8 + 9 = 44$. Der Test soll auf einem einseitigen Signifikanzniveau von $\alpha = 5\%$ durchgeführt werden. Mit Hilfe von Tabelle A.4 im Anhang A ermitteln wir für dieses Signifikanzniveau einen kritischen Wert von $w^+_{krit} = 9$. Bei $w^+ \leq w^+_{krit}$ wird die Nullhypothese verworfen, bei $w^+ > w^+_{krit}$ wird sie nicht verworfen. In unserem Fall wird die Nullhypothese verworfen, denn w^+ ist kleiner als der kritische Wert.

Voraussetzungen. Der Wilcoxon-Vorzeichen-Rangtest setzt voraus, dass die Differenzvariable in der Population stetig und symmetrisch verteilt ist. Dabei muss sie nicht notwendigerweise normalverteilt sein. Eine weitere Voraussetzung lautet, dass die Messwert*paare* voneinander unabhängig sind – dieser Voraussetzung sind wir bereits beim *t*-Test für abhängige Stichproben begegnet. Handelt es sich bei den Messwertpaaren um die Messwerte zweier unterschiedlicher (z. B. verwandter, befreundeter oder einander zugewiesener) Personen, sollte die Zuweisung von Personen (Paarlingen) zu Bedingungen zufällig erfolgen.

Der Vorzeichentest und der Wilcoxon-Vorzeichen-Rangtest sind bei Bortz und Lienert (2008) sowie Bortz et al. (2008) genauer beschrieben. Dort werden auch Vorschläge gemacht, wie mit Stichproben zu verfahren ist, bei denen es viele Fälle mit Nulldifferenzen gibt.

A-priori-Poweranalyse: Bestimmung der optimalen Stichprobengröße
Sind die Irrtumswahrscheinlichkeiten α und β festgelegt und ein hypothetischer Populationseffekt π_1 spezifiziert, lässt sich die optimale Stichprobengröße bestimmen. Auch das haben wir bereits in Abschnitt 10.2 besprochen. Für den Vorzeichentest lautet die Formel zur Bestimmung von *n* (vgl. Noether, 1987; s. Formel F 10.12):

$$n = \frac{(z_\alpha + z_\beta)^2}{4 \cdot (\pi_1 - 0{,}5)^2}$$

Für den Wilcoxon-Vorzeichen-Rangtest lautet die Formel (s. Formel F 10.13):

$$n = \frac{(z_\alpha + z_\beta)^2}{3 \cdot (\pi_1 - 0{,}5)^2}$$

Dabei bezeichnet z_α denjenigen *z*-Wert, der einen Flächenanteil von α unter der Standardnormalverteilung nach rechts abschneidet, und z_β denjenigen *z*-Wert, der einen Flächenanteil von β unter der Standardnormalverteilung nach links abschneidet.

> **Beispiel**
>
> **A-priori-Poweranalyse für einen Effekt von $\pi_1 = 0{,}40$**
> Wie groß müsste die Stichprobe sein, damit der Vorzeichentest und der Wilcoxon-Vorzeichen-Rangtest bei einem a priori postulierten Effekt von $\pi_1 = 0{,}40$ mit einer Wahrscheinlichkeit von $1 - \beta = 95\%$ auf einem zweiseitigen Signifikanzniveau von $\alpha = 5\%$ zu dem Ergebnis kommen, dass die Nullhypothese abgelehnt werden kann? Zunächst müssen wir die Werte $z_{\alpha/2} = z_{(0{,}025)}$ und $z_\beta = z_{(0{,}05)}$ bestimmen. Mit Hilfe eines Verteilungsrechners ermitteln wir $z_{(0{,}025)} = -1{,}96$ und $z_{(0{,}05)} = -1{,}645$. Setzen wir diese beiden Werte in

Formel F 10.14 ein, ergibt sich für den Vorzeichentest:

$$n = \frac{(-1{,}96 + -1{,}645)^2}{4 \cdot (0{,}4 - 0{,}5)^2} = \frac{13}{0{,}04} = 325$$

Für den Wilcoxon-Vorzeichen-Rangtest ergibt sich nach Formel F 10.15:

$$n = \frac{(-1{,}96 + -1{,}645)^2}{3 \cdot (0{,}4 - 0{,}5)^2} = \frac{13}{0{,}03} = 433{,}33$$

Man benötigt also 325 bzw. 434 Personen, damit die Nullhypothese mit einer Wahrscheinlichkeit von 95 % abgelehnt werden kann, wenn der Effekt in der Population $\pi_1 = 0{,}40$ beträgt. Die benötigte Stichprobe ist deshalb so außerordentlich groß, weil es sich um einen verhältnismäßig kleinen Effekt handelt und die Teststärke mit 95 % relativ hoch sein soll.

12.2 Vergleich von Häufigkeitsverteilungen zwischen zwei abhängigen Stichproben

Bei den in diesem Abschnitt beschriebenen Tests wird überprüft, ob sich zwei abhängige Stichproben hinsichtlich der relativen Häufigkeit, mit der ein qualitatives Merkmal X den Wert x annimmt, bedeutsam voneinander unterscheiden. Wir werden zunächst den Fall behandeln, dass es sich bei X um ein dichotomes Merkmal handelt. Anschließend werden wir eine Erweiterung auf den Fall mehrkategorialer Merkmale vornehmen.

12.2.1 Dichotome Merkmale: Der McNemar-Test

Wie im Falle eines dichotomen Merkmals und zweier unabhängiger Stichproben lässt sich die Häufigkeitsverteilung in den beiden Stichproben auch als Vierfeldertafel darstellen. In dieser Tafel stehen entweder absolute oder relative Häufigkeiten. Handelt es sich um unabhängige Stichproben, so lautet die Nullhypothese, dass die Wahrscheinlichkeitsverteilung der Variablen X in beiden Populationen gleich ist. Diese Hypothese konnte mit der Prüfgröße des Vierfelder-χ^2-Tests überprüft werden (s. Abschn. 11.4.1). Im Fall abhängiger Stichproben greifen wir auf die Prüfgröße des McNemar-Tests auf Symmetrie in einer Vierfeldertafel zurück. Was besagt die Nullhypothese, die diesem Test zugrunde liegt? Dies wollen wir an einem Beispiel veranschaulichen (s. folgenden Kasten).

Dass die beiden Messungen in dem dort beschriebenen Experiment voneinander abhängig sind, wird klar, wenn man sich vor Augen führt, dass die Personen zu beiden Zeitpunkten ja die gleichen sind: Ihre Entscheidungen zu beiden Zeitpunkten werden also gleichermaßen durch interindividuell variable, aber

> **Beispiel**
>
> **Erhöht ein positiver Selbstwert risikoreiches Verhalten?**
>
> Ein Entscheidungsforscher möchte untersuchen, ob der Selbstwert sich auf Risikoverhalten auswirkt. Er führt ein Laborexperiment durch, in dem sich die Versuchspersonen zwischen zwei Möglichkeiten der Entlohnung für die Teilnahme an dem Experiment entscheiden sollen. Möglichkeit 1 ist profitabel, aber riskant: Versuchspersonen nehmen an einer Lotterie teil, in der sie mit einer Wahrscheinlichkeit von 0,1 einen Betrag von 100 Euro gewinnen können. Möglichkeit 2 ist weniger profitabel, aber dafür auch weniger riskant: Hier können die Versuchspersonen mit einer Wahrscheinlichkeit von 0,5 einen Betrag von 20 Euro gewinnen. Nachdem sich die Versuchspersonen entschieden haben, folgt das eigentliche Experiment: Alle Personen absolvieren einen Leistungstest und erhalten vom Versuchsleiter eine (fingierte) Rückmeldung über ihre vorgeblich herausragend gute Leistung, die auf überdurchschnittliche Intelligenz schließen lasse. Mit dieser Rückmeldung will der Versuchsleiter den Selbstwert

der Versuchspersonen erhöhen. Anschließend fragt er noch einmal, an welcher der beiden Lotterien die Person teilnehmen möchte: an der profitablen, aber riskanten oder an der weniger riskanten, aber dafür auch weniger profitablen. Sollte die Hypothese zutreffen, dass sich ein positiver Selbstwert auf die Risikobereitschaft auswirkt, müssten die Personen beim zweiten Mal eher die profitable und riskante Lotterie wählen.

Wie sieht nun die Vierfeldertafel in diesem Beispiel aus? Die beiden »Stichproben« oder Bedingungen sind hier die beiden Messzeitpunkte, also vor dem Leistungstest (t_1) und nach der Leistungsrückmeldung (t_2). Die beiden möglichen Merkmalsausprägungen sind die beiden Lotterien, zwischen denen sich die Versuchspersonen entscheiden können, also die profitable und riskante oder die weniger profitable und weniger riskante. Es liegen somit zwei Zufallsvariablen vor: Die Variable X repräsentiert die Wahl der Lotterie zum ersten Messzeitpunkt, die Variable Y die Wahl der Lotterie zum zweiten Messzeitpunkt. Die Ausprägungen x_1 und y_1 stehen für die profitable und riskante Lotterie, die Ausprägungen x_2 und y_2 stehen für die weniger profitable und weniger riskante Lotterie. In Tabelle 12.2 wird ein Datenbeispiel gegeben. Demnach haben sich von $n = 40$ untersuchten Personen zu Beginn 35 % für die profitable und riskante Strategie entschieden. Im Anschluss an die positive Leistungsrückmeldung entscheiden sich jedoch wesentlich mehr Personen (57,5 %) für diese Strategie.

Tabelle 12.2 Datenbeispiel für den McNemar-Test. Die Versuchspersonen können sich einmal vor dem Leistungstest (t_1) und einmal nach der positiven Leistungsrückmeldung (t_2) zwischen zwei Entlohnungsvarianten entscheiden

		t_2: nachher		Summe
		y_1: profitabel und riskant	y_2: wenig profitabel und wenig riskant	
t_1: vorher	x_1: profitabel und riskant	$n_{11} = 11$	$n_{12} = 3$	$n_{1\bullet} = 14$
	x_2: wenig profitabel und wenig riskant	$n_{21} = 12$	$n_{22} = 14$	$n_{2\bullet} = 26$
Summe		$n_{\bullet 1} = 23$	$n_{\bullet 2} = 17$	$n = 40$

partiell zeitlich stabile und transsituativ konsistente Merkmale (wie dispositionelle Risikobereitschaft, Ängstlichkeit etc.) beeinflusst. Diese Abhängigkeit kann der Vierfeldertafel in Tabelle 12.2 entnommen werden. In den beiden Zeilen der Tafel ist die Verteilung der Entscheidungen zu Beginn des Experiments, in den beiden Spalten die Verteilung am Ende des Experiments dargestellt. Die vier resultierenden Zellen enthalten die Kombinationen der Merkmalsausprägungen. Aus ihnen ist abzulesen, wie viele Personen ihr Entscheidungsverhalten geändert haben (Zellen (1, 2) und (2, 1)) und wie viele ihre Entscheidung beibehalten haben (Zellen (1, 1) und (2, 2)). Von den $n_{1\bullet} = 14$ Personen, die sich bereits vorher für die profitable und riskante Lotterie entschieden haben, entscheiden sich hinterher noch $n_{11} = 11$ Personen für diese; $n_{12} = 3$ haben ihr Entscheidungsverhalten hingegen geändert. Von den $n_{2\bullet} = 26$ Personen, die sich zunächst für die wenig profitable und wenig riskante Lotterie entschieden haben, ändern $n_{21} = 12$ ihr Entscheidungsverhalten und entscheiden sich anschließend für die profitable und riskante, während $n_{22} = 14$ bei ihrer Entscheidung bleiben und auch bei der zweiten Entscheidung die wenig profitable und riskante Lotterie wählen.

Statistisches Hypothesenpaar

Die Nullhypothese des McNemar-Tests besagt, dass Veränderungen zwischen den Bedingungen bzw. Messzeitpunkten zufällig sind. In diesem Fall müsste die Wahrscheinlichkeit, dass man von der profitablen und riskanten zu der wenig profitablen und wenig riskanten Lotterie wechselt (π_{12}), genauso groß sein wie die Wahrscheinlichkeit, dass man von der wenig profitablen und wenig riskanten zu der profitablen und riskanten Lotterie wechselt (π_{21}). Die beiden »Wechselwahrscheinlichkeiten« müssen somit gleich sein, und die Vierfeldertafel auf Populationsebene muss eine symmetrische Struktur aufweisen. Im Falle einer ungerichteten Nullhypothese testet man somit die Symmetriehypothese; das Hypothesenpaar lautet:

$H_0: \pi_{12} = \pi_{21}$

$H_1: \pi_{12} \neq \pi_{21}$

Im Falle einer gerichteten Hypothese lautet das statistische Hypothesenpaar:

$H_0: \pi_{12} \leq \pi_{21}$ bzw. $\pi_{12} \geq \pi_{21}$

$H_1: \pi_{12} > \pi_{21}$ bzw. $\pi_{12} < \pi_{21}$

Sind die Wechselwahrscheinlichkeiten gleich, folgt hieraus auch die Gleichheit der Randverteilungen:

$\pi_{1\bullet} = \pi_{\bullet 1}$ sowie $\pi_{2\bullet} = \pi_{\bullet 2}$

Für die Wahrscheinlichkeiten der beiden Kategorien einer Variablen gilt: $\pi_{1\bullet} = 1 - \pi_{2\bullet}$ sowie $\pi_{\bullet 1} = 1 - \pi_{\bullet 2}$. Daher reicht es aus, nur eine Kategorie zu betrachten. Wählt man die erste Kategorie aus, so lässt sich das Hypothesenpaar bei der ungerichteten Hypothese auch wie folgt formulieren:

$H_0: \pi_{1\bullet} = \pi_{\bullet 1}$

$H_1: \pi_{1\bullet} \neq \pi_{\bullet 1}$

Die Hypothesenpaare der gerichteten Hypothesen lassen sich dann in entsprechender Weise formulieren.

Exakter Test

Je ungleicher die Veränderungen in die eine oder andere Richtung sind, desto eher spricht dies gegen die Nullhypothese. Diese Logik liegt auch der Konstruktion der Prüfgröße zugrunde. Die Häufigkeiten ε_{12} und ε_{21}, die man unter der H_0 erwarten würde, müssten gleich sein und $\varepsilon_{12} = \varepsilon_{21} = n \cdot \pi_{12} = n \cdot \pi_{21}$ betragen. Je weiter die beobachteten Zellhäufigkeiten n_{12} und n_{21} von diesem Wert abweichen, desto eher spricht dies gegen die Nullhypothese.

Betrachten wir nur die Personen, die die Merkmalsausprägung gewechselt haben, so ist die Wahrscheinlichkeit, dass eine zufällig betrachtete Person aus der Wechslergruppe in die Zelle (1, 2) fällt, gleich 0,50 – genauso groß wie die Wahrscheinlichkeit, in die Zelle (2, 1) zu fallen. Wenn $s = n_{12} + n_{21}$, so kann bei gegebenem s die Häufigkeit n_{12} nur Werte zwischen 0 und s annehmen. Dies gilt in analoger Weise für n_{21}. Die Wahrscheinlichkeit, dass unter der Nullhypothese die Häufigkeit n_{12} einen bestimmten Wert zwischen 0 und s annimmt, lässt sich somit über die Binomialverteilung bestimmen. Dies gilt wiederum in analoger Weise für n_{21} (vgl. Abschn. 10.4).

Wir hatten in Abschnitt 7.2.3 gesehen, dass die Binomialverteilung über zwei Parameter beschrieben ist: den Stichprobenumfang, in unserem Fall also s, und die Wahrscheinlichkeit π. Diese beträgt in Bezug auf die Frage, zu welcher der beiden Wechslergruppen eine Person gehört, gegeben die Nullhypothese, $\pi_0 = 0{,}50$. Da beide Häufigkeiten voneinander abhängig sind, reicht es aus, eine der beiden Häufigkeiten, z. B. n_{12}, zu betrachten. Der McNemar-Test überprüft dann, ob die Wahrscheinlichkeit, unter der Nullhypothese einen Wert von n_{12} oder eine noch größere Abweichung von der Erwartung unter der Nullhypothese zu finden, kleiner als das vorgegebene Signifikanzniveau α ist. Beim zweiseitigen Test bestimmt man den kritischen Bereich über die $\alpha/2$- und $(1 - \alpha/2)$-Quantile der Binomialverteilung und verwirft die Nullhypothese, wenn n_{12} in den kritischen Bereich fällt. Bei einem einseitigen Test kommt es darauf an, wie sich π_{12} und π_{21} unter der Alternativhypothese verhalten. Im Fall $H_1: \pi_{12} > \pi_{21}$ verwirft man die Nullhypothese, wenn n_{12} größer oder gleich dem $(1 - \alpha)$-Quantil ist, im Fall von $H_1: \pi_{12} < \pi_{21}$ verwirft man die Nullhypothese, wenn n_{12} kleiner oder gleich dem α-Quantil ist. Die Quantile lassen sich sehr leicht mit Hilfe eines Verteilungsrechners für die Binomialverteilung oder über Tabelle A.1 im Anhang A bestimmen.

Asymptotischer Test: Standardnormalverteilung

Bei großen Stichproben (Faustregel: $n \geq 40$) kann die absolute Häufigkeit n_{12} der Wechsler in Zelle (1, 2), die wir im Folgenden mit h bezeichnen, in den Wert einer standardnormalverteilten Prüfgröße Z transformiert werden (vgl. Formel F 10.3). Hierzu benötigt man den Erwartungswert und die Varianz der Variablen H. Ein Wert der Variablen H ist die Häufigkeit h in einer konkreten Untersuchung. Der Erwartungswert von H unter der Nullhypothese lautet in Anlehnung an Formel F 7.44:

$$E(H) = s \cdot 0{,}5 = (n_{12} + n_{21}) \cdot 0{,}5 \quad \text{(F 12.14)}$$

Die Varianz von H lautet in Anlehnung an Formel F 7.45

$$Var(H) = s \cdot \pi \cdot (1 - \pi) = (n_{12} + n_{21}) \cdot \pi \cdot (1 - \pi)$$
$$\text{(F 12.15)}$$

Unter der Nullhypothese ist $\pi_0 = 0{,}5$. Außerdem haben wir festgelegt, dass $h = n_{12}$ ist. Damit berechnet sich der z-Wert wie folgt:

$$\begin{aligned} z &= \frac{n_{12} - (n_{12} + n_{21}) \cdot 0{,}5}{\sqrt{(n_{12} + n_{21}) \cdot 0{,}25}} \\ &= \frac{(n_{12} - n_{21}) \cdot 0{,}5}{\sqrt{(n_{12} + n_{21}) \cdot 0{,}5}} \\ &= \frac{n_{12} - n_{21}}{\sqrt{n_{12} + n_{21}}} \end{aligned} \quad \text{(F 12.16)}$$

Die Quantile der Standardnormalverteilung können zur Bestimmung des kritischen Wertes herangezogen werden.

χ^2-Test

Eine dritte Möglichkeit besteht darin, einen Kennwert zu verwenden, der einer χ^2-Verteilung folgt. Hierzu ermitteln wir die relative quadrierte Abweichung der empirisch beobachteten von der theoretisch erwarteten Verteilung in den beiden »Wechsler-Zellen« (1, 2) und (2, 1). Der resultierende Wert der Prüfgröße lautet dann:

$$\begin{aligned} \chi^2 &= \frac{\left(n_{12} - \frac{n_{12} + n_{21}}{2}\right)^2}{\frac{n_{12} + n_{21}}{2}} + \frac{\left(n_{21} - \frac{n_{12} + n_{21}}{2}\right)^2}{\frac{n_{12} + n_{21}}{2}} \\ &= \frac{(n_{12} - n_{21})^2}{n_{12} + n_{21}} \end{aligned} \quad \text{(F 12.17)}$$

Die Prüfgröße ist asymptotisch χ^2-verteilt mit $df = 1$ Freiheitsgrad. Je größer χ^2, desto ungleicher sind die relativen Häufigkeiten in den beiden »Wechsler-Zellen« (1, 2) und (2, 1).

Wie man sieht, ist der χ^2-Wert in einen z^2-Wert überführbar:

$$\chi^2 = \frac{(n_{12} - n_{21})^2}{n_{12} + n_{21}} = z^2 \quad \text{(F 12.18)}$$

Allerdings sollte die Standardnormalverteilung zur Bestimmung des kritischen Wertes bzw. des Ablehnungsbereiches unter der H_0 nur bei größeren Stichproben (Faustregel: $n \geq 40$) verwendet werden. Der χ^2-Test ist hingegen auch schon bei kleineren Stichproben geeignet.

> **Beispiel**
>
> **McNemar-Test für das Beispiel Selbstwert und Risikoverhalten**
> Wie lautet das Ergebnis des McNemar-Tests für das in Tabelle 12.2 dargestellte Beispiel? Insgesamt haben sich 15 der 40 Personen umentschieden, die erwarteten Häufigkeiten in den beiden »Wechsler-Zellen« (1, 2) und (2, 1) betragen unter der Nullhypothese also jeweils 7,5. Setzen wir diese Werte in Formel F 12.17 ein, erhalten wir:
>
> $$\chi^2 = \frac{(3-12)^2}{3+12} = \frac{81}{15} = 5{,}4$$
>
> Da wir unsere Hypothese gerichtet formuliert haben und beim χ^2-Wert die Richtung des Unterschieds verloren geht, müssen wir zur Überprüfung unserer gerichteten Hypothese auf einem Signifikanzniveau von $\alpha = 5\,\%$ das 0,90-Quantil der χ^2-Verteilung mit $df = 1$ Freiheitsgrad heranziehen (s. Abschn. 10.5). Der kritische Wert beträgt somit $\chi^2_{(0{,}90;1)} = 2{,}706$ (s. Tab. A.5 im Anhang A). Unser empirisch ermittelter Wert liegt darüber. Die Nullhypothese, der zufolge es weniger oder genauso viele Wechsler von der wenig profitablen und wenig riskanten zur profitablen und riskanten Lotterie gibt wie umgekehrt, ist also zurückzuweisen. Das Ergebnis dieser (fiktiven) Untersuchung bestätigt somit die Hypothese, dass ein

positiver Selbstwert mit risikoreicherem Verhalten einhergeht.

Würde man hier anstatt der χ^2-Verteilung die Standardnormalverteilung als Prüfverteilung heranziehen, würde man gemäß Formel F 12.16 einen Wert von $z = -2{,}324$ erhalten. Auch dieser Wert liegt bei $\alpha = 5\,\%$ unterhalb des kritischen Wertes von $z_{(0{,}05)} = -1{,}645$.

Kontinuitätskorrektur

Wir haben bereits in Abschnitt 11.2 festgestellt, dass die Signifikanztestung über die χ^2-verteilte Prüfgröße voraussetzt, dass die erwartete Häufigkeit in allen Zellen einer Vierfeldertafel nicht kleiner als 5 ist. Bei kleineren Stichproben wurde früher empfohlen, eine Kontinuitätskorrektur anzuwenden (Yates, 1934). Für den McNemar-Test lautet diese Korrektur in Anlehnung an Formel F 10.28:

$$\chi_c^2 = \frac{(|n_{12} - n_{21}| - 0{,}5)^2}{n_{12} + n_{21}} \qquad (F\ 12.19)$$

Im Falle kleiner Stichproben sollte heutzutage jedoch auf leistungsfähige Computer zurückgegriffen und ein exakter Test durchgeführt werden.

Effektgröße und Effektgrößenschätzer

γ'-Koeffizient. Unter der Nullhypothese weisen beide Variablen X und Y dieselbe Verteilung auf. Bezogen auf die Wahrscheinlichkeiten der ersten Kategorie der beiden Variablen bedeutet dies: $\pi_{1\cdot} = \pi_{\cdot 1}$. Liegt ein Effekt vor, so unterscheiden sich die beiden Wahrscheinlichkeiten, und zwar umso stärker, je größer der Effekt ist. Wir definieren daher das Effektgrößemaß

$$\gamma' = \pi_{1\cdot} - \pi_{\cdot 1}. \qquad (F\ 12.20)$$

Agresti (2002) bezeichnet dieses Effektgrößemaß mit δ. Da wir mit δ Mittelwertsdifferenzen bezeichnen, greifen wir auf den griechischen Buchstaben γ zurück und bezeichnen ihn in Abgrenzung zum Koeffizienten γ von Cohen (1988) beim Vorzeichentest (Abschn. 10.2), beim Binomialtest (Abschn. 10.4) oder beim Vorzeichentest nach Abschnitt 12.1.2 mit γ'. Bei beiden Effektgrößen handelt es sich um Differenzen zweier Wahrscheinlichkeiten.

Das Effektgrößemaß γ' lässt sich über den Koeffizienten g' schätzen:

$$g' = n_{1\cdot}/n - n_{\cdot 1}/n = h_{1\cdot} - h_{\cdot 1} \qquad (F\ 12.21)$$

In unserem Beispiel erhalten wir anhand von Tabelle 12.2: $g' = n_{1\cdot}/n - n_{\cdot 1}/n = 14/40 - 23/40 = -0{,}225$.

Konfidenzintervall für die Effektgröße γ'. Sind die Populationswahrscheinlichkeiten nicht bekannt und werden über die relativen Häufigkeiten h_{ij} geschätzt, so erhält man nach Agresti (2002) beim Vorliegen großer Stichproben folgendes approximative zweiseitige $(1-\alpha)$-Konfidenzintervall für γ':

$$\gamma' = g' \pm z_{(1-\alpha/2)} \hat{\sigma}_{G'} \qquad (F\ 12.22)$$

Mit $\hat{\sigma}_{G'}$ wird die Standardabweichung (Standardfehler) der geschätzten Effektgrößenvariablen G' bezeichnet, deren Wert in einer konkreten Anwendung g' ist. Diese Standardabweichung wird wie folgt bestimmt:

$$\hat{\sigma}_{G'} = \sqrt{\left[(h_{21} + h_{12}) - (h_{21} - h_{12})^2\right]/n}$$

In unserem Beispiel in Tabelle 12.2 erhalten wir

$$\hat{\sigma}_{G'} = \sqrt{\left[(0{,}3 + 0{,}075) - (0{,}3 - 0{,}075)^2\right]/40} = 0{,}09$$

und somit als zweiseitiges 0,90-Konfidenzintervall:

$$[(-0{,}225 - 1{,}64 \cdot 0{,}09);\ (-0{,}225 + 1{,}64 \cdot 0{,}09)]$$
$$= [-0{,}37;\ 0{,}08]$$

Für einseitige $(1-\alpha)$-Konfidenzintervalle (s. Abschn. 8.5.2) erhält man:

$$[-1;\ g' + z_{(1-\alpha)} \hat{\sigma}_{G'}] \quad \text{und} \quad [g' - z_{(1-\alpha)} \hat{\sigma}_{G'};\ 1]$$
$$(F\ 12.23)$$

In unserem Beispiel sind wir von der gerichteten Hypothese ausgegangen, dass es zum zweiten Messzeitpunkt mehr Personen gibt, die eine profitable und riskante Lotterie wählen, als zum ersten Messzeitpunkt und somit $\pi_{1\cdot} < \pi_{\cdot 1}$. Wir erhalten das zu dieser gerichteten Alternativhypothese korrespondierende einseitige 0,95-Konfidenzintervall:

$$[-1;\ g' + z_{(90)} \hat{\sigma}_{G'}] = [-1;\ -0{,}225 + 1{,}64 \cdot 0{,}09]$$
$$= [-1;\ -0{,}08]$$

Die 0 liegt nicht im Konfidenzintervall, unsere Effektgröße g' weicht somit signifikant von 0 ab.

Odds-Ratio. Eine zweite Möglichkeit, den Effekt des McNemar-Tests zu bestimmen, besteht in der Berechnung eines Odds-Ratio (OR), das wir ausführlich in Abschnitt 15.3.3 behandeln werden. Ein Odds-Ratio ist das Verhältnis zweier Wahrscheinlichkeitsverhältnisse. Das Odds-Ratio als Effektgröße beim McNemar-Test ist definiert als das Verhältnis aus folgenden beiden Wahrscheinlichkeitsverhältnissen: (1) dem Verhältnis π_{12}/π_{21} der beiden Wechselwahrscheinlichkeiten und (2) dem Verhältnis dieser Wechselwahrscheinlichkeiten unter der Nullhypothese, das wir durch den Index 0 kenntlich machen: π_{12_0}/π_{21_0}. Da unter der Nullhypothese $\pi_{12_0}/\pi_{21_0} = 1$ ist, erhalten wir folgendes Populations-Odds-Ratio OR_{pop}:

$$OR_{pop} = \frac{\frac{\pi_{12}}{\pi_{21}}}{\frac{\pi_{12_0}}{\pi_{21_0}}} = \frac{\pi_{12}}{\pi_{21}} \qquad \text{(F 12.24)}$$

Es lässt sich über den Quotienten $OR = n_{12}/n_{21}$ aus den Daten schätzen und beträgt in unserem Beispiel $OR = n_{12}/n_{21} = 3/12 = 0{,}25$. Das Odds-Ratio wird von einigen Statistikprogrammen wie z. B. G*Power der Bestimmung der optimalen Stichprobe zugrunde gelegt.

A-priori-Poweranalyse: Bestimmung der optimalen Stichprobengröße

Sind die Irrtumswahrscheinlichkeiten α und β festgelegt und wurde a priori ein hypothetischer Populationseffekt spezifiziert, so liegt auch die vierte Größe des Testsystems, also n, fest. Wie bei allen anderen Tests bedeutet n auch hier die Stichprobengröße, die benötigt wird, um mit einer Wahrscheinlichkeit von $1 - \beta$ die Nullhypothese auf einem festgelegten α-Niveau zu verwerfen, wenn in der Population ein Effekt der spezifizierten Größe existiert. Gesucht ist der kritische Wert, der unter der Nullhypothese einen Flächenanteil von α und unter der Alternativhypothese einen Flächenanteil von $1 - \beta$ nach rechts abschneidet. Damit liegt automatisch auch der Erwartungswert der Binomialverteilung unter der Alternativhypothese fest. Da dieser $n \cdot \pi_1$ beträgt, lässt sich n direkt berechnen. Ein Beispiel hatten wir bereits in Abschnitt 10.4 durchgespielt.

> **Beispiel**
>
> **A-priori-Poweranalyse für einen Effekt der Größe $OR_{pop_1} = 3$**
>
> Im Programm G*Power findet man die Poweranalyse für den McNemar-Test unter »exakte Tests«. Es muss spezifiziert werden,
> - ob es sich um einen zweiseitigen oder einen einseitigen Test handelt,
> - wie groß der angenommene Populationseffekt (in Form des Odds-Ratio OR_{pop_1}) ist,
> - die Irrtumswahrscheinlichkeiten α und β (bzw. die Teststärke $1 - \beta$) und
> - die Wahrscheinlichkeit von Wechslern (oder »Wechselwahrscheinlichkeit«) π_{W1}, die man erwartet:
>
> $$\pi_{W1} = \pi_{12}^* + \pi_{21}^* \qquad \text{(F 12.25)}$$
>
> Die Wahrscheinlichkeiten π_{12}^* und π_{21}^* sind die hypothetischen Wechselwahrscheinlichkeiten, die man erwartet. Wie groß ist die Stichprobe, die benötigt wird, um einen Effekt der Größe $OR_{pop_1} = 3$ mit einer Wahrscheinlichkeit von $1 - \beta = 90\,\%$ auf dem $5\,\%$-Niveau (einseitig) zu finden, falls er wirklich existiert? Angenommen, die Wechselwahrscheinlichkeit beträgt $\pi_{W1} = 0{,}5$. Dann erhalten wir mit G*Power einen Wert von $n = 66$.

12.2.2 Mehrkategoriale Merkmale: Der Bowker-Test

Der Bowker-Test ist eine Erweiterung des McNemar-Tests auf mehrkategoriale Variablen X und Y. Diese beiden Variablen werden unter zwei unterschiedlichen Bedingungen erhoben, so dass dieser Test zur Analyse zweier abhängiger Stichproben (Bedingungen) herangezogen werden kann. Wie der McNemar-Test überprüft er die Hypothese der Symmetrie in einer $k \times k$-Tafel, wobei k die Anzahl der Kategorien angibt. Aus dieser Kontingenztabelle geht das »Wechselverhalten« der beobachteten Personen hervor. Die Nullhypothese besagt, dass die Wechselwahrscheinlichkeiten aller möglichen Wechsel gleich sind. Für den Fall, dass das Merkmal drei Kategorien hat, gibt es sechs mögliche Wechsel, und zwar von Kategorie 1 nach Kategorie 2 (und umgekehrt), von Kategorie 1 nach Kategorie 3 (und umgekehrt) sowie von Kategorie 2 nach Kategorie 3 (und umgekehrt). Damit handelt es sich nicht mehr um ein Bernoulli-Experiment (s. Abschn. 7.2.2). Dementsprechend stellt die Anzahl der Wechsler in *einer* Zelle der $k \times k$-Tafel auch keine hinreichend informative Testgröße mehr dar. Vielmehr müssen die Wechselhäufigkeiten in allen sechs möglichen Wechsler-Zellen simultan betrachtet werden.

Beispiel

Interdependenz sozialer Wertorientierungen

Viele Situationen des alltäglichen Lebens sind soziale Dilemmasituationen: Man muss sich entscheiden, ob man so handelt, dass sich (1) der größtmögliche Nutzen für alle Beteiligten ergibt (kooperative Strategie), (2) der größtmögliche Nutzen für einen selbst (individualistische Strategie) oder (3) der größtmögliche Unterschied zwischen dem eigenen Nutzen und dem Nutzen anderer (kompetitive Strategie). Menschen unterscheiden sich in ihrer Präferenz für eine dieser Strategien. Man bezeichnet diese Präferenzen als »soziale Wertorientierungen« (Messick & McClintock, 1968). Eine Forscherin möchte die Interdependenz dieser Wertorientierungen unter Brüdern erforschen. Sie nimmt an, dass ältere Brüder selbst dann eher kompetitiv sind, wenn ihre jüngeren Geschwister kooperativ sind, während jüngere Brüder nur dann kompetitiv sind, wenn ihre älteren Geschwister ebenfalls kompetitiv sind. Die Forscherin begründet ihre Hypothese damit, dass ältere Brüder im Sinne der Interdependenztheorie von Kelley und Thibaut (1978) eine größere Verhaltenskontrolle haben als jüngere. Um diese Hypothese zu überprüfen, wird die soziale Wertorientierung von insgesamt 25 Geschwisterpaaren per Fragebogen erhoben. Das Ergebnis ist in Tabelle 12.3 abgetragen. Die Variable X mit den Merkmalsausprägungen x_i ($i = 1, 2, 3$) erfasst die Wertorientierungen des jüngeren Bruders, die Variable Y mit den Merkmalsausprägungen y_j ($j = 1, 2, 3$) die Wertorientierungen des älteren Bruders.

Tabelle 12.3 Datenbeispiel für den Bowker-Test: Ergebnisse einer Untersuchung der Interdependenz sozialer Wertorientierungen unter Brüdern

		Älterer Bruder			Summe
		y_1: kooperativ	y_2: individualistisch	y_3: kompetitiv	
Jüngerer Bruder	x_1: kooperativ	$n_{11} = 14$	$n_{12} = 6$	$n_{13} = 4$	$n_{1\bullet} = 24$
	x_2: individualistisch	$n_{21} = 2$	$n_{22} = 8$	$n_{23} = 6$	$n_{2\bullet} = 16$
	x_3: kompetitiv	$n_{31} = 1$	$n_{32} = 2$	$n_{33} = 7$	$n_{3\bullet} = 10$
Summe		$n_{\bullet 1} = 17$	$n_{\bullet 2} = 16$	$n_{\bullet 3} = 17$	$n = 50$

Man sieht, dass jüngere Brüder grundsätzlich eher kooperative Strategien bevorzugen, während sich die Strategien bei älteren Brüdern nicht unterscheiden. Die Frage ist nun, ob die Strategieunterschiede asymmetrisch sind (wie es die Hypothese besagt) oder symmetrisch. Symmetrisch würde bedeuten, dass die drei diskordanten Kombinationen (der eine ist kooperativ, der andere individualistisch; der eine ist kooperativ, der andere ist kompetitiv; der eine ist individualistisch, der andere kompetitiv) unabhängig davon sind, welcher von beiden der ältere und welcher der jüngere Bruder ist. In diesem ▶

Fall müssten die entsprechenden Zellenpaare in der Matrix (also n_{12} und n_{21}, n_{13} und n_{31}, n_{23} und n_{32}) jeweils gleich häufig besetzt sein. Dies ist die Verteilungsannahme in diesem Beispiel unter der Nullhypothese. Mit Hilfe des Bowker-Tests kann nun überprüft werden, wie ungleich die Zellenpaare über die drei diskordanten Kombinationen verteilt sind.

Statistisches Hypothesenpaar

Um Zeilen und Spalten einer symmetrischen $k \times k$-Tafel voneinander unterscheiden zu können und gleichzeitig die Symmetrie besser zum Ausdruck zu bringen, werden die Zeilen mit dem Index j und die Spalten mit dem Index j' bezeichnet. Die ungerichtete Nullhypothese des Bowker-Tests besagt, dass die Zellpaare, die zu einer diskordanten Kombination gehören, mit gleicher Wahrscheinlichkeit $\pi_{jj'}$ und $\pi_{j'j}$ in der Population vorkommen:

$H_0: \pi_{jj'} = \pi_{j'j}$ für alle $j \neq j'$

$H_1: \pi_{jj'} \neq \pi_{j'j}$ für mindestens ein Paar $j \neq j'$

Da es sich bei beiden Variablen um mehrkategoriale Variablen handelt und die Kategorien keine Ordnung aufweisen, ist eine gerichtete Hypothese nicht einfach möglich.

Prüfgröße

Um die Prüfgröße zu bilden, berechnen wir die quadrierte Differenz zwischen $n_{jj'}$ und $n_{j'j}$ für alle diskordanten Kombinationen, relativieren diese an der Summe $(n_{jj'} + n_{j'j})$ und summieren diese relativen quadrierten Abweichungen über alle diskordanten Kombinationen auf. Die resultierende Prüfgröße ist asymptotisch χ^2-verteilt mit $df = k \cdot (k-1)/2$ Freiheitsgraden. Der Wert dieser Prüfgröße in einer empirischen Untersuchung wird wie folgt berechnet:

$$\chi^2 = \sum_{j=1}^{k} \sum_{j'=1}^{k} \frac{(n_{jj'} - n_{j'j})^2}{n_{jj'} + n_{j'j}} \quad \text{mit } j > j' \qquad (F\ 12.26)$$

Je größer χ^2, desto ungleicher sind die Zellbesetzungen in den diskordanten Zellpaaren.

Beispiel

Bowker-Test für das Datenbeispiel zur Interdependenz sozialer Wertorientierungen

Zu welchem Ergebnis kommt der Bowker-Test für das in Tabelle 12.3 dargestellte Datenbeispiel, wenn der Test auf einem Signifikanzniveau von $\alpha = 5\%$ durchgeführt wird? Setzt man die beobachteten Häufigkeiten in den drei diskordanten Zellpaaren in Formel F 12.28 ein, ergibt sich:

$$\chi^2 = \frac{(6-2)^2}{6+2} + \frac{(4-1)^2}{4+1} + \frac{(6-2)^2}{6+2}$$
$$= 2 + 1{,}8 + 2 = 5{,}8$$

Der kritische χ^2-Wert bei $df = 3$ Freiheitsgraden und $\alpha = 5\%$ lautet $\chi^2_{(0{,}95;\ 3)} = 7{,}815$. Der empirische Wert liegt in unserem Beispiel unter diesem kritischen Wert; die Nullhypothese kann nicht verworfen werden.

Voraussetzungen

Beim Bowker-Test wird – wie bei den anderen χ^2-Tests für kategoriale Variablen, die wir bisher behandelt haben – vorausgesetzt, dass die erwarteten Häufigkeiten in allen Zellen mindestens 1 und darüber hinaus in mindestens 80 % der Zellen nicht kleiner als 5 sind. Die erwartete Häufigkeit pro Zelle ist dabei $(n_{jj'} + n_{j'j})/2$. Ist diese Voraussetzung verletzt, kann man anstatt des asymptotischen χ^2-Tests auch einen exakten Test durchführen (Krauth, 1973). Dieser Test ist bei Bortz et al. (2008) beschrieben. Die Bestimmung einer Effektgröße und des zugehörigen Konfidenzintervalls sowie die Bestimmung der optimalen Stichprobengröße sind kompliziert, da der χ^2-Test für den Fall, dass die $k \times k$-Tafel asymmetrisch ist (was unter der Alternativhypothese der Fall ist), nicht zu robusten Ergebnissen führt. Lösungsvorschläge wurden u. a. von May und Johnson (2001) gemacht.

Zusammenfassung

▶ Abhängige Stichproben liegen dann vor, wenn es Messwertpaare gibt, deren Paarlinge unterschied-

- lichen »Stichproben« (oder Bedingungen) angehören und systematische Ähnlichkeiten aufweisen.
- Bei abhängigen Stichproben stammen die Messwertpaare (1) von der gleichen Person unter verschiedenen Bedingungen bzw. aus unterschiedlichen Zeitpunkten (Messwiederholungen), (2) von verschiedenen Personen, die zusammengehören (natürliche Paare), oder (3) von verschiedenen Personen, die einander zugeordnet wurden (z. B. aufgrund einer Parallelisierung der Stichproben).
- Die Ähnlichkeiten zwischen den Messwerten eines Paars sind z. T. dadurch zu erklären, dass es gemeinsame Ursachen gibt (z. B. partiell stabile und konsistente Persönlichkeitsunterschiede, die sich unter allen Bedingungen auswirken). Solche gemeinsamen Ursachen erzeugen eine gemeinsame Variation der Messwerte in den beiden Bedingungen (Kovarianz).
- Ein parametrischer Test zum Vergleich der zentralen Tendenzen (Mittelwerte) zweier abhängiger Stichproben ist der t-Test für abhängige Stichproben.
- Der t-Test für abhängige Stichproben hat eine größere Teststärke als der t-Test für unabhängige Stichproben, wenn die Kovarianz zwischen den Stichproben größer 0 ist. Je größer die Kovarianz, desto größer die Teststärke.
- Der t-Test für abhängige Stichproben setzt voraus, dass es zwischen den Messwerten innerhalb einer Bedingung keine systematischen Abhängigkeiten gibt (zwischen den Paarlingen hingegen schon).
- Nonparametrische Tests zum Vergleich der zentralen Tendenzen (Mediane) zweier abhängiger Stichproben sind der Vorzeichentest und der Wilcoxon-Vorzeichen-Rangtest.
- Handelt es sich um ein kategoriales Merkmal, dessen Häufigkeitsverteilung zwischen zwei abhängigen Stichproben verglichen werden soll, können der McNemar-Test (für dichotome Merkmale) oder der Bowker-Test (für mehrkategoriale Merkmale) verwendet werden.

Fragen und Übungsaufgaben

Fragen

(1) Wie lauten die Voraussetzungen für die Anwendung des t-Tests für abhängige Stichproben?

(2) Was bedeutet die Aussage, es dürfe beim t-Test für abhängige Stichproben zwar »zwischen den Paarlingen« Abhängigkeiten geben, nicht aber »innerhalb der Bedingungen«? Erläutern Sie diese Aussage an einem Beispiel.

(3) Wieso hat der t-Test für abhängige Stichproben unter Umständen eine größere Teststärke als der t-Test für unabhängige Stichproben?

(4) Beschreiben Sie die Logik, die dem Vorzeichentest zugrunde liegt.

(5) Welcher Test ist teststärker: der Vorzeichentest oder der Wilcoxon-Vorzeichen-Rangtest?

(6) Beschreiben Sie die Logik, die dem McNemar-Test zugrunde liegt. Begründen Sie, wieso die Prüfgröße beim McNemar-Test exakt binomialverteilt ist.

Übungsaufgaben

(1) In den Online-Materialien zu diesem Buch finden Sie die Datei »daten_kap11.txt«. Mit diesen Daten hatten Sie bereits in Kapitel 11 gearbeitet. Stellen Sie sich vor, es handele sich nicht – wie in Übungsaufgabe 1 in Kapitel 11 beschrieben – um ein Zwei-Gruppen-Experiment, bei dem die Versuchspersonen randomisiert einer von zwei experimentellen Bedingungen zugewiesen wurden, sondern vielmehr um ein Experiment mit intraindividueller Bedingungsvariation (Messwiederholung). Die insgesamt 40 Versuchspersonen werden zunächst in gute Stimmung versetzt, anschließend sollen sie eine Anagrammaufgabe lösen. Dann werden sie in schlechte Stimmung versetzt und sollen schließlich eine zweite Anagrammaufgabe lösen. Die Ergebnisse des ersten Messzeitpunkts (gute Stimmung) stehen in der ersten

Spalte, die Ergebnisse des zweiten Messzeitpunkts (schlechte Stimmung) stehen in der zweiten Spalte.

Lesen Sie diese Datendatei in ein Statistikprogramm (z. B. R oder SPSS) oder ein Tabellenkalkulationsprogramm (z. B. Excel) ein. Beantworten Sie die folgenden Fragen:

(a) Prüfen Sie mit einem t-Test für abhängige Stichproben, ob die mittlere Differenz zwischen den beiden Messzeitpunkten auf dem 5 %-Niveau (einseitig) statistisch bedeutsam ist.

(b) Wie lautet die empirische Effektstärke d_2''? Bewerten Sie die Größe von d_2'' anhand der Taxonomie von Cohen.

(c) Wo liegen die Grenzen des zweiseitigen 95 %-Konfidenzintervalls für die Effektgröße δ''?

(d) Wie groß war die Wahrscheinlichkeit, einen Effekt der gefundenen Größe (d_2'') oder einen noch größeren bei einem Signifikanzniveau von 5 % zu finden, falls der Effekt wirklich existiert?

(e) Führen Sie mit diesen Daten einen Vorzeichentest durch. Prüfen Sie die Signifikanz des Ergebnisses auf der Basis eines z-Tests ($\alpha = 5$ %, einseitig).

(2) Bleiben wir bei dem in Aufgabe 1 geschilderten Experiment, in dem die Versuchspersonen einmal in gute und einmal in schlechte Stimmung versetzt wurden. Es soll nun geprüft werden, ob die Stimmung auch die Bereitschaft zur Hilfeleistung beeinflusst. Die Versuchspersonen sollten sich nach jeder der beiden Stimmungsinduktionen entscheiden, ob sie die 10 Euro, die sie als Entlohnung für ihre Teilnahme an der Untersuchung erhalten haben, (a) selbst behalten oder (b) einem Kinderhilfswerk spenden. Die Ergebnisse sind in der nachfolgenden Tabelle zusammengefasst.

(a) Prüfen Sie mit Hilfe eines McNemar-Tests auf der Basis der χ^2-Verteilung, ob es mehr Wechsler von »selbst behalten« nach »spenden« als von »spenden« nach »selbst behalten« gibt ($\alpha = 5$ %, gerichtete Hypothese). Zu welchem Ergebnis kommen Sie, und was bedeutet dieses Ergebnis inhaltlich?

(b) Wie lautet die empirische Effektstärke, ausgedrückt als Odds-Ratio? Interpretieren Sie diesen Wert inhaltlich.

(c) Wie viele Personen wären in diesem Experiment benötigt worden, um einen Effekt der in Aufgabe b ermittelten Größe (OR) mit einer Wahrscheinlichkeit von 95 % zu finden ($\alpha = 5$ %; gerichtete Hypothese), falls ein solcher Effekt in der Population tatsächlich existiert (Post-hoc-Poweranalyse)? Führen Sie mit G*Power eine Stichprobenumfangsplanung für den exakten Binomialtest durch.

		Schlechte Stimmung (Zeitpunkt 2)		Summe
		y_1: selbst behalten	y_2: spenden	
Gute Stimmung (Zeitpunkt 1)	x_1: selbst behalten	$n_{11} = 7$	$n_{12} = 2$	$n_{1\cdot} = 9$
	x_2: spenden	$n_{21} = 12$	$n_{22} = 19$	$n_{2\cdot} = 31$
Summe		$n_{\cdot 1} = 19$	$n_{\cdot 2} = 21$	$n = 40$

13 Unterschiede zwischen mehreren unabhängigen Stichproben: Varianzanalyse und verwandte Verfahren

> **Was Sie in diesem Kapitel lernen**
> - Wie testet man Mittelwertsunterschiede zwischen mehreren Stichproben auf Signifikanz?
> - Was versteht man unter einer Varianzanalyse?
> - Wie testet man spezifische Hypothesen über Mittelwerte und Kombinationen von Mittelwerten?
> - Was ist mit einer α-Fehler-Kumulierung gemeint?
> - Was bedeutet es, wenn zwei unabhängige Variablen miteinander interagieren?
> - Wie können Unterschiede zwischen mehreren unabhängigen Stichproben auf der Basis eines nonparametrischen Tests auf Signifikanz überprüft werden?

Der Vergleich von mehr als zwei Gruppen hinsichtlich der zentralen Tendenz einer Variablen gehört zu den häufigsten Problemstellungen der empirischen Psychologie. Für die experimentelle Psychologie ist diese Problemstellung prototypisch. In der experimentellen Psychologie nimmt man die kontrollierte Manipulation einer theoretisch vermuteten Verhaltensursache vor und beobachtet, ob sich das Verhalten wie erwartet ändert. Ein Beispiel: Aus der sozialen Lerntheorie von Bandura (1977) lässt sich die Hypothese ableiten, dass Personen das Verhalten einer anderen Person (eines »Modells«) eher nachahmen, wenn dieses Modell für sein Verhalten belohnt wird. Wird das Modell für sein Verhalten hingegen bestraft, zeigen die beobachtenden Personen dieses Verhalten nicht mehr. Es handelt sich hier um eine einfache und intuitiv plausible Hypothese, und genau das macht sie zu einem guten Beispiel für unsere Zwecke.

Angenommen, wir wollten die Hypothese experimentell überprüfen. Die Versuchspersonen werden per Zufall einer von drei Gruppen (experimentellen Bedingungen) zugewiesen: Die Personen in Gruppe 1 sehen einen kurzen Film, in dem eine (Modell-)Person ihres Alters zu sehen ist, die für ein bestimmtes Verhalten (z. B. Aggression) belohnt wird. Die Personen in Gruppe 2 sehen den gleichen Film, allerdings wird das Modell hier für das gleiche Verhalten bestraft. Die Personen in Gruppe 3 sehen ebenfalls den Film, allerdings bleibt das Verhalten des Modells hier ohne Konsequenzen. Gruppe 3 ist also eine Kontrollgruppe. Die unabhängige Variable (UV) ist in diesem Beispiel die Verhaltenskonsequenz (Belohnung, Bestrafung, keine Konsequenz). Die abhängige Variable (AV) ist die Intensität der Nachahmung des Verhaltens durch die Versuchspersonen. Die UV wird als Ursache der AV angesehen, genauer gesagt: Unterschiede in der UV werden als Ursache für Unterschiede in der AV angesehen. Sollte die Hypothese korrekt sein, müsste das Nachahmungsverhalten der Versuchspersonen in Gruppe 1 stärker sein als in der Kontrollgruppe, während es in Gruppe 2 schwächer sein sollte als in der Kontrollgruppe.

Faktor und Faktorstufen. Die kategoriale (nominalskalierte) UV bezeichnet man auch als Faktor; die Ausprägungen auf dem Faktor nennt man Stufen. Im vorliegenden Beispiel hat der Faktor »Verhaltenskonsequenz« drei Stufen (Belohung, Bestrafung, keine Konsequenz). Bei den Ausprägungen der kategorialen UV kann es sich um experimentell hergestellte Bedingungen handeln, aber auch um die Ausprägungen einer nicht experimentell manipulierten Variablen. Ist man z. B. daran interessiert, ob sich Wähler verschiedener Parteien in ihrer konservativen Einstellung unterscheiden, wären die Ausprägungen der

UV (verschiedene Parteien) nicht experimentell variiert. In diesem Fall läge eine nicht-experimentelle Studie vor (s. Abschn. 4.5).

Faktorielle Versuchspläne. In unserem Beispiel gibt es nur einen Faktor. Man spricht dann von einem einfaktoriellen Versuchsplan. Handelt es sich bei der abhängigen Variablen um eine stetige Variable, so nennt man die entsprechende Auswertungsmethode einfaktorielle Varianzanalyse (Abschn. 13.1). Wenn zwei Faktoren vorliegen, spricht man von einem zweifaktoriellen Versuchsplan und entsprechend von einer zweifaktoriellen Varianzanalyse (Abschn. 13.2). Im vorliegenden Beispiel hätte man auch noch den Einfluss des Geschlechts der Modellperson überprüfen können. Dann hätte ein sog. 3×2-Versuchsplan vorgelegen. Es hätten also 6 Mittelwerte verglichen werden müssen. Hätte man zusätzlich noch das Geschlecht der Versuchspersonen mit berücksichtigt, hätte ein dreifaktorieller Versuchsplan vorgelegen, der mittels einer dreifaktoriellen Varianzanalyse auszuwerten gewesen wäre. Insgesamt hätten dann $3 \cdot 2 \cdot 2 = 12$ Mittelwerte miteinander verglichen werden müssen. Da stetige Variablen typischerweise metrisches Skalenniveau voraussetzen, ist die Varianzanalyse ein Verfahren, bei dem die Variation in einer metrischen Variablen auf die Variation in einer oder mehreren nominalskalierten Variablen zurückgeführt wird. Sie ist aber generell nicht für alle metrischen Variablen geeignet, sondern nur für solche, die stetig oder zumindest quasi-stetig sind. Handelt es sich bei der abhängigen Variablen um eine ordinalskalierte oder eine nominalskalierte Variable, so muss auf andere Verfahren zurückgegriffen werden, die wir in den Abschnitten 13.3 und 13.4 behandeln.

Unabhängige und abhängige Stichproben. Wie beim Vergleich zweier Gruppen können auch beim Vergleich mehrerer Gruppen abhängige oder unabhängige Stichproben vorliegen. Wenn unabhängige Stichproben verglichen werden (vgl. Kap. 11), spricht man von Faktoren ohne Messwiederholung. Wenn abhängige Stichproben verglichen werden (vgl. Kap. 12), spricht man von Faktoren mit Messwiederholung. In diesem Kapitel werden wir lediglich Versuchspläne und Auswertungsmethoden für unabhängige Stichproben behandeln. Das bedeutet: In jeder Zelle des Versuchsplans befinden sich andere Versuchspersonen, und für jede Person in diesem Versuchsplan gilt, dass ihre Merkmalsausprägung unabhängig von der Merkmalsausprägung irgendeiner anderen Versuchsperson ist. Versuchspläne mit abhängigen Stichproben sowie gemischte Pläne (d. h. mehrfaktorielle Pläne, bei denen mindestens ein Faktor messwiederholt ist und mindestens ein anderer Faktor nicht messwiederholt ist) behandeln wir in Kapitel 14.

13.1 Einfaktorielle Varianzanalyse

Wir beginnen mit dem einfachsten varianzanalytischen Modell, der einfaktoriellen Varianzanalyse mit einem dreifach gestuften Faktor. Die Erläuterung erfolgt anhand des zuvor geschilderten Experiments zum Modelllernen (Bandura, 1976, 1977). Die unabhängige Variable (UV) ist in unserem Beispiel die Konsequenz des Verhaltens, das das Modell im Film zeigt (Belohnung, Bestrafung, keine Konsequenz). Die abhängige Variable (AV) ist die Intensität der Nachahmung des Modells durch die Versuchspersonen. Sie wird mit Hilfe einer stetigen Variablen (z. B. einer visuellen Analogskala) gemessen. Nehmen wir an, diese Variable könne Werte zwischen 0 und 100 annehmen. Nehmen wir weiterhin an, für das Experiment hätten $n = 15$ Personen zur Verfügung gestanden, die per Zufall den drei experimentellen Bedingungen zugewiesen wurden. Die experimentellen Bedingungen erhalten einen Laufindex von $j = 1, ..., p$ (mit $p = 3$ in unserem Beispiel). Die Personen erhalten innerhalb jeder Bedingung einen Laufindex von $m = 1, ..., n_j$. Mit n_j wird die Anzahl der Personen bezeichnet, deren Verhalten unter der Bedingung j untersucht wird. In unserem Beispiel gilt für alle Bedingungen: $n_j = 5$. Die (fiktiven) Rohdaten des Versuchs stehen in Tabelle 13.1.

13.1.1 Grundidee der Varianzanalyse

Die einfache Varianzanalyse stellt eine Erweiterung des t-Tests für unabhängige Stichproben (s. Abschn. 11.1.2) auf den Fall von mehr als zwei Stichproben dar. Wie beim t-Test werden zwei Quellen von Un-

Tabelle 13.1 Fiktive Daten einer Untersuchung zur Verhaltenswirksamkeit von Modelllernen

Person m	Stufe a_j des Faktors A		
	Belohnung (a_1)	Bestrafung (a_2)	Keine Konsequenz (a_3)
1	57	18	36
2	45	15	27
3	49	13	43
4	69	37	29
5	70	37	55
$\bar{x}_j$	58	24	38
$\bar{x}$	40		

terschieden zwischen Personen betrachtet: zum einen Unterschiede zwischen den Bedingungen und zum anderen Unterschiede innerhalb der Bedingungen. Unterschiede zwischen den Bedingungen schlagen sich in Unterschieden zwischen den Mittelwerten der Bedingungen nieder. In Tabelle 13.1 sind diese Mittelwerte eingetragen (untere Zeile). Sie betragen $\bar{x}_1 = 58$, $\bar{x}_2 = 24$ und $\bar{x}_3 = 38$. Es zeigt sich also eine Variation der drei Mittelwerte.

Worauf ist diese Variation zurückzuführen? Zunächst liegt es auf der Hand, diese Variation zwischen den Bedingungen dem Einfluss der experimentellen Manipulation zuzuschreiben: Die Mittelwerte unterscheiden sich, da die Gruppen unterschiedlichen Filmen ausgesetzt waren. Aus statistischer Sicht ist diese Schlussfolgerung aber nicht ohne weiteres zulässig. Warum? Wir haben bereits in Kapitel 8 gesehen, dass sich die Mittelwerte von drei Stichproben unterscheiden können, selbst wenn sie aus der gleichen Population mit dem gleichen Populationsmittelwert gezogen wurden. Wir haben gezeigt, dass man aufgrund des Stichprobenfehlers bei wiederholten Ziehungen von Stichproben aus derselben Population eine Verteilung des arithmetischen Mittels erhält, die wir Stichprobenkennwerteverteilung des Mittelwerts genannt haben. Was wäre, wenn die Variation der Mittelwerte in Tabelle 13.1 nichts anderes widerspiegelte als den Stichprobenfehler? Dann wäre die Schlussfolgerung, dass die Variation auf die experimentelle Manipulation zurückzuführen ist,

falsch. Aufgrund der Sachverhalte, die wir in Kapitel 8 behandelt haben, ist davon auszugehen, dass die Variation zumindest zu einem Teil auf den Stichprobenfehler zurückgeführt werden kann. Die zentrale Frage ist daher, ob die Variation der Mittelwerte partiell oder ausschließlich den Stichprobenfehler widerspiegelt, d. h., ob alle Mittelwertsunterschiede auf den Zufall bzw. die zufällige Ziehung dreier Stichproben zurückführbar sind oder ob die experimentelle Manipulation einen Effekt hat.

Bevor wir zeigen, wie die Hypothese, dass die Variation der Mittelwerte rein zufallsbedingt ist, statistisch überprüft werden kann, werden wir zwei wichtige Zerlegungen kennenlernen, und zwar die Zerlegung der Messwerte und der Quadratsummen. Darauf aufbauend werden wir zeigen, wie ein Zusammenhangsmaß (Effektstärkemaß) definiert werden kann. Die folgenden Abschnitte sind rein deskriptivstatistisch gehalten; zu ihrem Verständnis werden keine wahrscheinlichkeitstheoretischen Kenntnisse vorausgesetzt. Auf die Inferenzstatistik werden wir dann erst bei der Behandlung der statistischen Hypothesenüberprüfung in Abschnitt 13.1.7 zurückgreifen.

13.1.2 Messwertzerlegung

In der Varianzanalyse lässt sich der beobachtete Wert x_{mj} einer Person m, deren Verhalten in der Bedingung j erhoben wurde, in zwei Werte zerlegen: (1) den Mittelwert $\bar{x}_j$ der jeweiligen Bedingung und (2) die Abweichung ihres Wertes x_{mj} vom Bedingungsmittelwert $\bar{x}_j$. Diesen Abweichungswert bezeichnen wir mit $e_{mj} = x_{mj} - \bar{x}_j$. Die Zerlegung

$$x_{mj} = \bar{x}_j + (x_{mj} - \bar{x}_j) = \bar{x}_j + e_{mj} \qquad \text{(F 13.1)}$$

ist trivial, hat aber einige wichtige Implikationen. Zunächst repräsentiert sie die verschiedenen Quellen der Variation. Individuelle Messwerte unterscheiden sich, da Personen unterschiedlichen Bedingungen angehören. Sie erhalten somit ein unterschiedliches »Grundniveau«, je nachdem welcher Bedingung sie angehören. Darüber hinaus unterscheiden sich die Individuen innerhalb der drei experimentellen Bedingungen. Die Werte e_{mj} zeigen, ob ein Individuum einen Wert aufweist, der gleich dem Mittelwert oder aber über- bzw. unterdurchschnittlich im Vergleich zum Mittelwert seiner Bezugsgruppe (seiner Bedingung) ist.

Die Abweichungswerte e_{mj} haben wir in Tabelle 13.2 für das Beispiel des Modelllernens zusammengestellt. Der Wert $e_{11} = -1$ zeigt beispielsweise an, dass die erste Person in der ersten Bedingung einen Wert aufweist, der unter dem Durchschnitt der ersten Bedingung liegt. Die vierte Person in der ersten Bedingung hat hingegen einen überdurchschnittlichen Wert ($e_{41} = 11$) usw.

Die Variation der Werte e_{mj} kann nicht auf generelle Unterschiede zwischen den Bedingungen zurückgeführt werden, sondern vielmehr auf interindividuelle Unterschiede, die mit der experimentellen Manipulation nichts zu tun haben. Handelt es sich bei dem erhobenen Verhalten um die Intensität des gezeigten aggressiven Verhaltens, so können die Verhaltensunterschiede innerhalb der Bedingung z. B. auf Unterschiede in der Disposition zu aggressivem Verhalten (»Aggressivität«) zurückgeführt werden. Personen mit einer hohen Aggressivität werden unter verschiedenen Bedingungen eher aggressives Verhalten zeigen als Personen mit einer geringen Aggressivität. Unterschiede können aber auch rein messfehlerbedingt sein, da Messfehlereinflüsse bei psychologischen Messungen nicht vermieden werden können (s. Kap. 22). In den meisten Fällen werden solche Unterschiede innerhalb einer Bedingung sowohl auf »wahre« als auch auf messfehlerbedingte Einflüsse zurückgeführt werden können.

Residual- oder Fehlerwerte. In Termini der Versuchsplanung stellen Unterschiede zwischen den Bedingungsmittelwerten systematische Unterschiede und Unterschiede innerhalb der Bedingungen unsystematische Unterschiede dar. Unsystematische Unterschiede gehen aus Sicht der experimentellen Psychologie auf unsystematische Störvariablen zurück, also Störvariablen, die von der Bedingungsvariation unabhängig sind (s. Abschn. 4.3.2). Die Werte e_{mj} heißen daher auch Residual- oder Fehlerwerte, da sie den Anteil des Wertes der AV kennzeichnen, der übrig bleibt, wenn man den systematischen Anteil herausnimmt. Sie beschreiben also denjenigen Anteil der AV, der nicht aufgrund der Zugehörigkeit zu einer Bedingung vorhergesagt werden kann und somit einen Prognosefehler darstellt.

13.1.3 Zerlegung der Bedingungsmittelwerte und Effekte einzelner Bedingungen

Die Bedingungsmittelwerte können ebenfalls zerlegt werden, und zwar in den Gesamtmittelwert $\bar{x}$ und die Abweichung der Bedingungsmittelwerte $\bar{x}_j$ vom Gesamtmittelwert $\bar{x}$. Diese Abweichung zeigt den *Effekt* einer Faktorstufe an. Wir bezeichnen sie mit t_j, da solche Unterschiede darauf zurückgeführt werden sollen, dass die Personen in den unterschiedlichen Bedingungen unterschiedlich »behandelt« (engl. treatment = Behandlung) wurden.

$$t_j = \bar{x}_j - \bar{x} \qquad (F\ 13.2)$$

Wie bereits erwähnt, ist bei der Interpretation der Effekte jedoch zu beachten, dass der Effektkoeffizient t_j sowohl aufgrund wahrer Effekte als auch aufgrund des Stichprobenfehlers von 0 abweichen kann. Ein positiver Wert von t_j zeigt an, dass der Bedingungsmittelwert über dem Gesamtmittelwert liegt. Ist t_j negativ, so liegt der Bedingungsmittelwert unter dem Gesamtmittelwert. Entspricht der Bedingungsmittelwert genau dem Gesamtmittelwert, so ist t_j gleich 0. In diesem Fall liegt kein Effekt vor.

Tabelle 13.2 Tabelle der Abweichungswerte $e_{mj} = x_{mj} - \bar{x}_j$ für das Datenbeispiel in Tabelle 13.1

Person m	Stufe a_j des Faktors A		
	Belohnung (a_1)	Bestrafung (a_2)	Keine Konsequenz (a_3)
1	−1	−6	−2
2	−13	−9	−11
3	−9	−11	5
4	11	13	−9
5	12	13	17
$\bar{e}_j$	0	0	0
$\bar{e}$		0	

Aufbauend auf der Definition des Effektkoeffizienten t_j erhalten wir somit die folgende (triviale) Zerlegung der Mittelwerte

$$\bar{x}_j = \bar{x} + (\bar{x}_j - \bar{x}) = \bar{x} + t_j \qquad \text{(F 13.3)}$$

und darauf aufbauend eine erweiterte Zerlegung der individuellen Messwerte in

$$x_{mj} = \bar{x}_j + e_{mj} = \bar{x} + (\bar{x}_j - \bar{x}) + e_{mj}$$
$$= \bar{x} + t_j + e_{mj}. \qquad \text{(F 13.4)}$$

Zerlegung eines individuellen Messwerts. Ein individueller Messwert wird also in drei Anteile (Komponenten) zerlegt:

(1) einen Anteil, der das »Grundniveau« des Verhaltens über alle Bedingungen hinweg repräsentiert (dieses Grundniveau wird über den Gesamtmittelwert $\bar{x}$ ausgedrückt),

(2) einen Anteil, der den Effekt einer Bedingung (Faktorstufe) repräsentiert (dieser Effekt wird über die bedingungsspezifische Abweichung t_j ausgedrückt), und

(3) einen Anteil, der nicht auf Unterschiede zwischen den Bedingungen zurückgeführt werden kann (e_{mj}) und alle Quellen der Unterschiedlichkeit repräsentiert, die nicht bereits in der Unterschiedlichkeit der Bedingungsmittelwerte stecken.

In Abbildung 13.1 ist diese Zerlegung der Messwerte für das Datenbeispiel in Tabelle 13.1 veranschaulicht. Im Folgenden und in dieser Abbildung bezeichnen wir den Faktor (die UV) mit A und seine Ausprägungen (Stufen) mit a_j.

In Abschnitt 13.1.12 werden wir sehen, dass es noch andere Möglichkeiten gibt, Effekte zu definieren. Eine weitere Möglichkeit besteht z. B. darin, den Mittelwert in der ersten und der zweiten Bedingung mit dem Mittelwert in der dritten Bedingung (der Kontrollbedingung) zu kontrastieren.

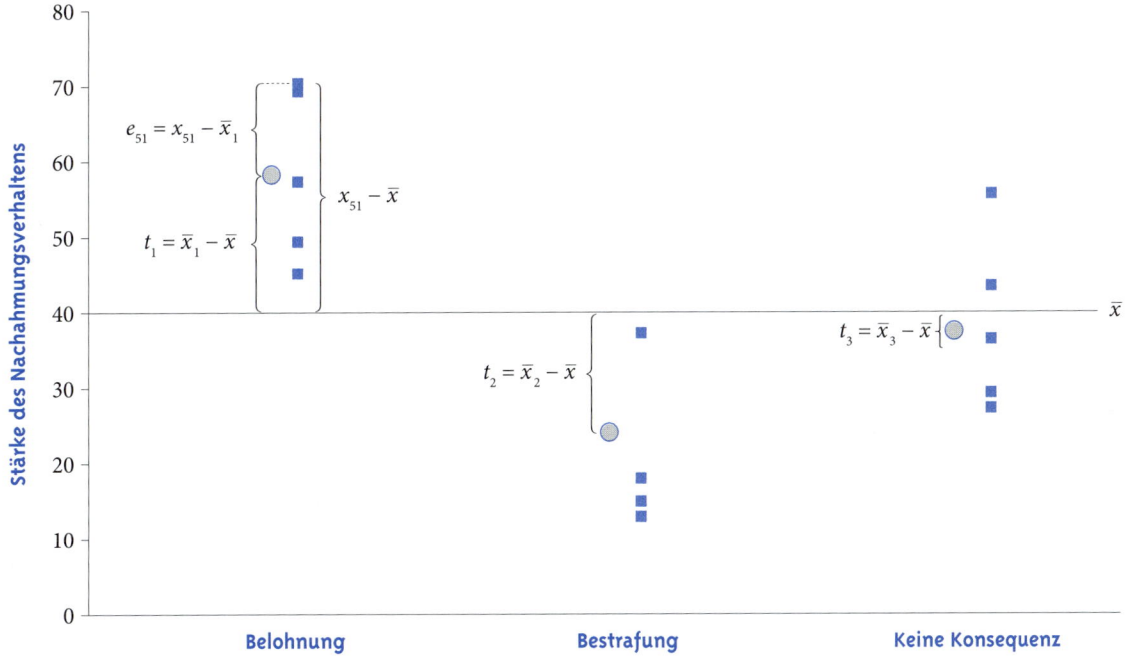

Abbildung 13.1 Graphische Darstellung der Messwertzerlegung für das Datenbeispiel in Tabelle 13.1. Die Messwerte innerhalb der drei Bedingungen sind als kleine Quadrate eingezeichnet; die drei Bedingungsmittelwerte sind durch grau gefüllte Kreise gekennzeichnet; der Gesamtmittelwert ist als schwarze horizontale Linie eingezeichnet. Man sieht, dass sich die Abweichung eines Messwertes x_{mj} vom Gesamtmittelwert $\bar{x}$ additiv aus dem Bedingungseffekt t_j und dem Fehlerwert e_{mj} ergibt

> **Beispiel**
>
> **Verhaltenskonsequenz und Imitationsverhalten: Effekte der Bedingungen**
>
> Für das Beispiel in Tabelle 13.1 lassen sich die drei Effekte t_j wie folgt berechnen:
>
> $t_1 = \bar{x}_1 - \bar{x} = 58 - 40 = 18$
>
> $t_2 = \bar{x}_2 - \bar{x} = 24 - 40 = -16$
>
> $t_3 = \bar{x}_3 - \bar{x} = 38 - 40 = -2$
>
> Der Effekt $t_1 = 18$ zeigt, dass die Belohnungsbedingung (a_1) einen positiven Effekt hat. In dieser Bedingung wird das Verhalten überdurchschnittlich stark imitiert. Die Bestrafungsbedingung (a_2) hat eine negativen Effekt: $t_2 = -16$. Das Verhalten wird unterdurchschnittlich stark imitiert. Der Effekt $t_3 = -2$ zeigt ebenfalls einen negativen Effekt an, das Verhalten wird auch in der Bedingung ohne Konsequenz (a_3) unterdurchschnittlich stark imitiert. Allerdings ist dieser Effekt sehr viel geringer als der Effekt t_2; der Bedingungsmittelwert in der Kontrollgruppe ($\bar{x}_3$) liegt also sehr nahe am Gesamtmittelwert $\bar{x}$.

Wir haben anhand des Beispiels gesehen, dass die Bedingungsmittelwerte voneinander abweichen und somit auf deskriptivstatistischer Ebene Effekte nachweisbar sind. Wie bei anderen statistischen Verfahren, die wir schon kennengelernt haben, hängt die Größe des Effekts auch von der Metrik des Messinstruments ab. Untersucht man z. B. anhand eines varianzanalytischen Designs die Auswirkungen verschiedener Ernährungsbedingungen auf die Gewichtsentwicklung von Kindern, so sind die Werte der Effektkoeffizienten t_j und damit die Größen der Effekte davon abhängig, ob das Gewicht in Kilogramm oder Gramm gemessen wurde. Wie bei anderen statistischen Verfahren wurden für die Varianzanalyse standardisierte Effektgrößen entwickelt, die die Interpretation der Effekte über verschiedene Studien hinweg erleichtern. Eine gängige Effektgröße basiert auf dem Verhältnis aus der Variation, die zwischen den Bedingungen besteht, und der Gesamtvariation des Merkmals. Diese Quellen der Variation werden über verschiedene Quadratsummen erfasst, die wir im folgenden Abschnitt einführen werden.

13.1.4 Quadratsummenzerlegung

Bei der einfaktoriellen Varianzanalyse ohne Messwiederholung wird die Variation der Messwerte in zwei Quellen zerlegt: Unterschiede zwischen den Gruppen und Unterschiede innerhalb der Gruppen. Als Maß der Variation dient die Quadratsumme. Die Gesamtvariation wird durch die *Gesamtquadratsumme* (oder »totale Quadratsumme«; abgekürzt QS_{tot}) repräsentiert:

$$QS_{tot} = \sum_{j=1}^{p} \sum_{m=1}^{n_j} \left(x_{mj} - \bar{x} \right)^2 \qquad \text{(F 13.5)}$$

Sie beträgt in unserem Beispiel $QS_{tot} = 4532$.

Zerlegung der totalen Quadratsumme

Die totale Quadratsumme wird zerlegt in eine Quadratsumme, die die Variation zwischen den experimentellen Bedingungen ausdrückt, und eine Quadratsumme, die die Variation zwischen den Messwerten innerhalb der experimentellen Bedingungen ausdrückt. Daher spricht man auch von Quadratsummenzerlegung. Um die Logik der Quadratsummenzerlegung anschaulich zu machen, stellen wir uns zunächst zwei Extremfälle vor.

Nur Unterschiede zwischen den Bedingungen. Der erste Extremfall ist folgender: Wie würde das Datenmuster in Tabelle 13.1 aussehen, wenn es nur Unterschiede *zwischen* den Bedingungsmittelwerten, nicht aber Unterschiede zwischen den Messwerten *innerhalb* einer Bedingung gäbe? Anders gesagt: Wie würden die Daten aussehen, wenn – bei gleichbleibenden Mittelwerten – die Variation aller 15 Messwerte nur auf einen Einfluss der experimentellen Manipulation zurückzuführen wäre? Ein solches Datenmuster ist in Tabelle 13.3 abgetragen. Die Bedingungsmittelwerte sind identisch mit denen aus Tabelle 13.1, damit ist auch der Gesamtmittelwert identisch ($\bar{x} = 40$). Der Unterschied zu Tabelle 13.1 besteht darin, dass alle Messwerte innerhalb einer experimentellen Bedingung identisch sind, und zwar mit ihren jeweiligen Bedingungsmittelwerten. Die Variation in den Messwerten, die allein auf Unterschiede zwischen den Bedingungen zurückzuführen ist, wird als *Zwischen-Quadratsumme* (abgekürzt QS_{zw}) bezeichnet. Die Formel für die Zwischen-Quadratsumme lautet:

$$QS_{zw} = \sum_{j=1}^{p}\sum_{m=1}^{n_j} (\bar{x}_j - \bar{x})^2 \qquad (F\ 13.6a)$$

oder vereinfacht:

$$QS_{zw} = \sum_{j=1}^{p} n_j \cdot (\bar{x}_j - \bar{x})^2 = \sum_{j=1}^{p} n_j \cdot t_j^2 \qquad (F\ 13.6b)$$

In unserem Beispiel beträgt $QS_{zw} = 2920$. Dieser Wert ergibt sich auch, wenn man die Quadratsumme anhand von Formel F 13.5 über die 15 Werte in Tabelle 13.3 berechnet.

Tabelle 13.3 Datenmuster für den Fall, dass es nur Unterschiede zwischen den Bedingungen, nicht aber zwischen den Messwerten innerhalb der Bedingungen gäbe

Person m	Stufe a_j des Faktors A		
	Belohnung (a_1)	Bestrafung (a_2)	Keine Konsequenz (a_3)
1	58	24	38
2	58	24	38
3	58	24	38
4	58	24	38
5	58	24	38
t_j	18	−16	−2
$\bar{x}$		40	

Nur Unterschiede innerhalb der Bedingungen. Der zweite Extremfall ist folgender: Wie würde das Datenmuster in Tabelle 13.1 aussehen, wenn es nur Unterschiede *innerhalb* der experimentellen Bedingungen, nicht aber Unterschiede *zwischen* den experimentellen Bedingungen gäbe? Anders gesagt: Wie würden die Daten aussehen, wenn es – bei gleicher Variation zwischen den Messwerten innerhalb der Bedingungen – überhaupt keinen Einfluss der experimentellen Manipulation gäbe? Ein solches Datenmuster ist in Tabelle 13.2 abgetragen. Für die Abweichungswerte $e_{mj} = x_{mj} - \bar{x}_j$ gilt, dass ihre gesamte Variation lediglich auf Unterschiede zwischen den Messwerten innerhalb der Bedingungen zurückzuführen ist. Die Variation der Abweichungswerte wird als *Innerhalb-Quadratsumme* (abgekürzt QS_{inn}) bezeichnet. Die Formel für die Innerhalb-Quadratsumme lautet:

$$QS_{inn} = \sum_{j=1}^{p}\sum_{m=1}^{n_j} (x_{mj} - \bar{x}_j)^2 \qquad (F\ 13.7)$$

In unserem Beispiel beträgt $QS_{inn} = 1612$. Dieser Wert ist identisch mit der Quadratsumme aller 15 Werte in Tabelle 13.2.

Additivität der Quadratsummen

Die QS_{tot} ist identisch mit der Summe aus QS_{zw} und QS_{inn}:

$$QS_{tot} = QS_{zw} + QS_{inn} \qquad (F\ 13.8)$$

Das bedeutet: Die Gesamtvariation aller Messwerte (QS_{tot}) kann bei der einfaktoriellen Varianzanalyse additiv zerlegt werden in zwei Teile. Der eine Teil ist ein Maß für die Variation zwischen den Werten, welche nur auf einen Einfluss der experimentellen Bedingungen zurückgeführt werden kann (QS_{zw}). Der zweite Teil ist ein Maß für die Variation zwischen den Werten, welche nur auf Unterschiede innerhalb der experimentellen Bedingungen zurückgeführt werden kann (QS_{inn}); diese Unterschiede können nicht auf einen Einfluss der experimentellen Manipulation zurückgeführt werden.

> **Vertiefung**
>
> **Nachweis der Additivität der Quadratsummen**
> Wie lässt sich zeigen, dass aus der Zerlegung der Messwerte in der Varianzanalyse nach Gleichung F 13.4 die Additivität der Quadratsummen nach Gleichung F 13.8 folgt?
>
> Nach Gleichung F 13.4 gilt:
>
> $$\begin{aligned} x_{mj} &= \bar{x} + t_j + e_{mj} \\ &= \bar{x} + (\bar{x}_j - \bar{x}) + (x_{mj} - \bar{x}_j) \end{aligned}$$

13.1 Einfaktorielle Varianzanalyse

Durch Umstellen erhalten wir:
$$x_{mj} - \overline{x} = (\overline{x}_j - \overline{x}) + (x_{mj} - \overline{x}_j) \quad \text{(F 13.9a)}$$

Quadrieren wir diese Gleichung auf beiden Seiten, ergibt sich:
$$(x_{mj} - \overline{x})^2 = ((\overline{x}_j - \overline{x}) + (x_{mj} - \overline{x}_j))^2$$
$$(x_{mj} - \overline{x})^2 = (\overline{x}_j - \overline{x})^2 + (x_{mj} - \overline{x}_j)^2$$
$$+ 2 \cdot (\overline{x}_j - \overline{x}) \cdot (x_{mj} - \overline{x}_j) \quad \text{(F 13.9b)}$$

Summiert man nun die quadrierten Abweichungen über alle Werte hinweg auf, erhält man:
$$\sum_{j=1}^{p} \sum_{m=1}^{n_j} (x_{mj} - \overline{x})^2 = \sum_{j=1}^{p} \sum_{m=1}^{n_j} (\overline{x}_j - \overline{x})^2$$
$$+ \sum_{j=1}^{p} \sum_{m=1}^{n_j} (x_{mj} - \overline{x}_j)^2$$
$$+ 2 \cdot \sum_{j=1}^{p} \sum_{m=1}^{n_j} ((\overline{x}_j - \overline{x}) \cdot (x_{mj} - \overline{x}_j))$$
$$\text{(F 13.9c)}$$

Nun nehmen wir bei dem ersten Summanden auf der rechten Seite der Gleichung noch eine kleine Umformung vor: Da die Abweichung $\overline{x}_j - \overline{x}$ ja für alle n_j Personen innerhalb einer Bedingung identisch ist, kann man $\sum_{j=1}^{p} \sum_{m=1}^{n_j} (\overline{x}_j - \overline{x})^2$ durch $\sum_{j=1}^{p} n_j \cdot (\overline{x}_j - \overline{x})^2$ ersetzen. Damit ergibt sich:
$$\sum_{j=1}^{p} \sum_{m=1}^{n_j} (x_{mj} - \overline{x})^2 = \sum_{j=1}^{p} n_j \cdot (\overline{x}_j - \overline{x})^2$$
$$+ \sum_{j=1}^{p} \sum_{m=1}^{n_j} (x_{mj} - \overline{x}_j)^2$$
$$+ 2 \cdot \sum_{j=1}^{p} \sum_{m=1}^{n_j} ((\overline{x}_j - \overline{x}) \cdot (x_{mj} - \overline{x}_j))$$
$$\text{(F 13.9d)}$$

Bei dem Summanden auf der linken Seite der Gleichung handelt es sich – wie man bei einem Vergleich mit Formel F 13.5 unschwer erkennen kann – um die totale Quadratsumme QS_{tot}. Der erste Summand auf der rechten Seite der Gleichung ist uns ebenfalls bekannt, und zwar aus Formel F 13.6b: Es ist die Zwischen-Quadratsumme QS_{zw}. Der zweite Summand entspricht der Innerhalb-Quadratsumme QS_{inn} (s. Formel F 13.7). Der dritte Summand lässt sich wie folgt umformen:
$$2 \cdot \sum_{j=1}^{p} \sum_{m=1}^{n_j} ((\overline{x}_j - \overline{x}) \cdot (x_{mj} - \overline{x}_j))$$
$$= 2 \cdot \sum_{j=1}^{p} (\overline{x}_j - \overline{x}) \cdot \sum_{m=1}^{n_j} (x_{mj} - \overline{x}_j) \quad \text{(F 13.9e)}$$

Diese Umformung ist zulässig, da $\overline{x}_j - \overline{x}$ für jede Person m konstant ist.

Aus den Eigenschaften des arithmetischen Mittels (s. Formel F 6.13) folgt außerdem:
$$\sum_{m=1}^{n_j} (x_{mj} - \overline{x}_j) = 0$$

Folglich ist der dritte Summand in Gleichung F 13.9d gleich 0, und die Formel verkürzt sich zu:
$$\sum_{j=1}^{p} \sum_{m=1}^{n_j} (x_{mj} - \overline{x})^2 = \sum_{j=1}^{p} n_j \cdot (\overline{x}_j - \overline{x})^2$$
$$+ \sum_{j=1}^{p} \sum_{m=1}^{n_j} (x_{mj} - \overline{x}_j)^2 \quad \text{(F 13.9f)}$$
$$QS_{tot} = QS_{zw} + QS_{inn}$$

Effektgröße $\hat{\eta}^2$

Die Variation, die allein auf einen Einfluss der verschiedenen Bedingungen zurückgeführt werden kann, wird auch als *systematische Variation,* erklärte Variation oder Treatment-Variation bezeichnet. Die Variation, die *nicht* auf einen Einfluss der Bedingungen zurückgeführt werden kann, wird auch als *unsystematische Variation,* unerklärte Variation oder Residualvariation bezeichnet. Je größer die systematische Variation im Vergleich zur unsystematischen Variation, desto größer ist der Effekt der experimentellen Manipulation, desto stärker werden die Messwerte also durch einen Effekt des Faktors beeinflusst. Es ist daher sinnvoll, den Anteil der systematischen Variation (ausgedrückt über QS_{zw}) an der Gesamtvariation (ausgedrückt über QS_{tot}) zu relativieren. Man erhält dann die Effektgröße $\hat{\eta}^2$. Diese wird mit einem Dach (ˆ) versehen, um sie von der Populationseffektgröße, die wir in Abschnitt 13.1.9 einführen, abzugrenzen:

$$\hat{\eta}^2 = \frac{QS_{zw}}{QS_{tot}} = \frac{\sum_{j=1}^{p} n_j \cdot (\bar{x}_j - \bar{x})^2}{\sum_{j=1}^{p} \sum_{m=1}^{n_j} (x_{mj} - \bar{x})^2} \qquad (F\ 13.10)$$

Dieser Quotient $\hat{\eta}^2$ kann nur zwischen den Werten 0 (für den Fall, dass es überhaupt keinen Effekt des Faktors gibt und die Gesamtvariation lediglich auf unsystematische Unterschiede zwischen den Werten innerhalb der Bedingungen zurückgeführt werden kann) und 1 (für den Fall, dass die Gesamtvariation nur auf Unterschiede zwischen den Bedingungen und damit auf einen Effekt des Faktors zurückgeführt werden kann) variieren.

Teilt man sowohl den Zähler als auch den Nenner durch die Gesamtstichprobengröße $n = n_1 + \ldots + n_j + \ldots n_p$, so steht im Nenner die Gesamtvarianz und im Zähler die Varianz der durch die Bedingungszugehörigkeit vorhergesagten Werte. Ein vorhergesagter Wert einer Person ist der Wert, den man erwartet, wenn man von einer Person lediglich weiß, zu welcher Bedingung sie gehört. Die Effektstärke $\hat{\eta}^2$ ist somit ein Maß dafür, welcher Anteil der beobachteten Varianz zwischen Individuen durch die Zugehörigkeit zu unterschiedlichen Faktorstufen bedingt (determiniert) ist. Man sagt daher auch, dass $\hat{\eta}^2$ ein Bestimmtheitsmaß oder ein Determinationskoeffizient ist (s. hierzu auch Abschn. 16.5). Da man in der Varianzanalyse die Varianz der abhängigen Variablen durch die Variation der unabhängigen Variablen erklären oder aufklären will, spricht man auch von dem Anteil der aufgeklärten oder erklärten Varianz an der Gesamtvarianz.

> **Beispiel**
>
> **Modelllernen und Imitationsverhalten: Effektgrößenmaß $\hat{\eta}^2$**
>
> Für unser Beispiel des Modelllernens erhalten wir einen Wert von $\hat{\eta}^2 = QS_{zw}/QS_{tot} = 2920/4532 = 0{,}644$. Somit werden 64,4 % der Variation der abhängigen Variablen Verhaltensintensität durch die Bedingungsvariation erklärt. Hingegen gehen 35,6 % der Variation auf Unterschiede zwischen Personen zurück, die nichts mit der Bedingungsvariation zu tun haben.

Bisher haben wir den Effekt der experimentellen Manipulation in unserem Beispiel deskriptivstatistisch nachgewiesen. Es stellt sich nun die Frage, ob die Variation der Bedingungsmittelwerte und die Abweichung der Effektgröße $\hat{\eta}^2$ von 0 einzig auf den Stichprobenfehler, der mit dem Ziehen von drei Stichproben verknüpft ist, zurückgeführt werden kann oder ob sich hierin auch ein wirklicher Effekt der Bedingungsvariation verbirgt. In einem nächsten Schritt wollen wir daher den gefundenen Effekt der UV auf die AV inferenzstatistisch absichern. Die allgemeine Struktur dieser inferenzstatistischen Absicherung erfolgt wie bei den in den vorangegangenen Kapiteln beschriebenen Verfahren auf der Basis eines Nullhypothesentests. Um zu verstehen, was die Nullhypothese (und ihr Pendant, die Alternativhypothese) bei der Varianzanalyse bedeutet und was sie genau besagt, müssen wir uns zunächst das Populationsmodell der Varianzanalyse vergegenwärtigen.

13.1.5 Populationsmodell der einfaktoriellen Varianzanalyse

Wir betrachten das Populationsmodell auf zweierlei Arten.

Modell in Erwartungswertsdarstellung

Bei dem Modell in Erwartungswertdarstellung zerlegen wir einen Messwert in der Population in Analogie zu Gleichung F 13.1 wie folgt in den Erwartungswert (Bedingungspopulationsmittelwert) μ_j und den Residualwert ε_{mj}:

$$x_{mj} = \mu_j + \varepsilon_{mj} \qquad (F\ 13.11)$$

Nullhypothese. Wie lautet die Nullhypothese in Bezug auf das Modell in der Erwartungswertdarstellung? Bleiben wir bei unserem Modelllern-Beispiel: Stellen wir uns vor, es gäbe eine fiktive Population (zum Konzept der »fiktiven Population« s. Abschn. 9.3.1) von Personen in der Bedingung »Belohnung« (a_1), eine weitere fiktive Population von Personen in der Bedingung »Bestrafung« (a_2) und eine dritte Population von Personen in der Kontrollgruppe (a_3), dann würde die Nullhypothese annehmen, dass die Populationsmittelwerte dieser drei Populationen identisch sind:

$$H_0: \mu_1 = \mu_2 = \mu_3 \qquad \text{(F 13.12a)}$$

Allgemein formuliert lautet die Nullhypothese:

$$H_0: \mu_i = \mu_j \quad \text{für alle Paare } (i, j), \ i \neq j \qquad \text{(F 13.12b)}$$

Alternativhypothese. Die Alternativhypothese besagt, dass sich mindestens zwei Mittelwerte unterscheiden. Formal:

$$H_1: \mu_i \neq \mu_j \quad \text{für mindestens ein Paar } (i, j), \ i \neq j \qquad \text{(F 13.13)}$$

Modell in Effektdarstellung

Das Modell in Effektdarstellung ist in Analogie zur Messwertzerlegung nach Gleichung F 13.4 definiert:

$$x_{mj} = \mu + \tau_j + \varepsilon_{mj} \qquad \text{(F 13.14)}$$

mit $\tau_j = \mu_j - \mu$. Das Modell besagt, dass ein Messwert durch

- den unbedingten Populationsmittelwert (μ),
- den Populationseffekt derjenigen Bedingung, aus der der Wert gezogen wurde (τ_j), und
- alle unsystematischen Einflüsse inklusive des Messfehlers (ε_{mj})

beeinflusst wird.

Nullhypothese. Die Nullhypothese lässt sich wie folgt umformulieren: Die drei Populationsmittelwerte, die für die drei experimentellen Bedingungen stehen, weichen *nicht* von ihrem Durchschnitt ab, d. h., alle Effekte sind gleich 0:

$$H_0: \tau_j = 0 \quad \text{für alle } j \qquad \text{(F 13.15)}$$

Alternativhypothese. Die Alternativhypothese besagt, dass mindestens ein Effekt von 0 verschieden ist:

$$H_1: \tau_j \neq 0 \quad \text{für mindestens ein } j \qquad \text{(F 13.16)}$$

Populationseffekt τ_j. Der Koeffizient τ_j wird als Populationseffekt einer Bedingung a_j bezeichnet. Er gibt die Abweichung eines bedingten Populationsmittelwerts vom Gesamtmittelwert an. Mit dieser Definition lässt sich der bedingte Populationsmittelwert einer Bedingung a_j wie folgt reformulieren:

$$\mu_j = \mu + \tau_j \qquad \text{(F 13.17)}$$

Der Populationsmittelwert einer Bedingung a_j setzt sich zusammen aus einem unbedingten Gesamtmittelwert und dem Effekt der Bedingung a_j. Bezogen auf unser Beispiel: Der Mittelwert in einer der drei experimentellen Bedingungen setzt sich zusammen aus dem durchschnittlichen Nachahmungsverhalten über alle Bedingungen hinweg und einem Effekt der jeweiligen experimentellen Bedingung.

Vertiefung

Gleiche vs. ungleiche Stichprobengrößen

Die einfaktorielle Varianzanalyse wird zur Auswertung experimenteller, quasi-experimenteller und nicht-experimenteller Forschungsarbeiten eingesetzt. In der experimentellen Psychologie wird im idealen Fall eine Zufallsstichprobe aus der Gesamtpopulation gezogen und per Zufall so auf die verschiedenen Bedingungen verteilt, dass die jeweiligen Bedingungen gleiche Stichprobenumfänge aufweisen. Dies vereinfacht die Anwendung der einfaktoriellen Varianzanalyse, da sich die einzelnen Berechnungsformeln verkürzen. Man geht von gleich großen fiktiven Populationen aus. Im Falle gleicher Stichprobengrößen gilt für den Gesamtpopulationsmittelwert μ daher, dass der Mittelwert der Bedingungsmittelwerte dem Gesamtmittelwert entspricht:

$$\mu = \frac{1}{p} \cdot \sum_{j=1}^{p} \mu_j \qquad \text{(F 13.18)}$$

Daraus folgt, dass – bei gleich großen Stichproben in allen Bedingungen – die Summe der Effekte 0 ergibt:

$$\sum_{j=1}^{p} \tau_j = 0 \quad \text{(F 13.19)}$$

In der nicht-experimentellen und häufig auch der quasi-experimentellen Forschung liegen typischerweise unterschiedliche Stichprobengrößen vor. Auch bei experimentellen Studien kann es zu Ausfällen von Versuchspersonen kommen, die dazu führen, dass in den unterschiedlichen Bedingungen die Stichproben unterschiedlich groß sind. Im Falle ungleicher Stichprobenbedingungen legt man μ wie folgt fest:

$$\mu = \sum_{j=1}^{p} \frac{n_j}{n} \cdot \mu_j \quad \text{(F 13.20)}$$

Auch hier ist n_j die Größe der Stichprobe in einer Bedingung j und n die Größe der Gesamtstichprobe. Für Populationseffekte τ_j ergibt sich dann:

$$\tau_j = \mu_j - \mu = \mu_j - \sum_{j=1}^{p} \frac{n_j}{n} \cdot \mu_j \quad \text{(F 13.21)}$$

und somit:

$$\sum_{j=1}^{p} \frac{n_j}{n} \cdot \tau_j = 0 \quad \text{(F 13.22)}$$

Residual- oder Fehlerwerte ε_{mj}. Sollten sich Personen innerhalb einer Bedingung unterscheiden, so kann das – dem Modell zufolge – nur an personspezifischen Residualeinflüssen liegen. Diese Residualeinflüsse sind in dem Term ε_{mj} zusammengefasst. Dieser Term (das sog. Residuum) umfasst alle »wahren«, aber nicht kontrollierten Einflüsse und alle messfehlerbedingten Einflüsse. Man nennt den Residualwert häufig auch Fehlerwert. Diese Einflüsse sind vollständig unabhängig von der experimentellen Manipulation.

Weitere Annahmen: Verteilung der Residualvariablen (Fehlervariablen)

Um die oben dargestellten Hypothesen statistisch zu überprüfen, werden in Bezug auf die Residuen drei einschränkende Annahmen getroffen, die in empirischen Anwendungen falsch sein können: Unabhängigkeit der Residuen, Homoskedastizität und Normalverteilung.

Unabhängigkeit der Residuen (Fehler). Die Unabhängigkeit der Residuen bedeutet, dass die Residualwerte innerhalb einer Bedingung voneinander unabhängig sind, aber auch die Residualwerte zwischen den Bedingungen. Diese Unabhängigkeitsannahme ist z. B. dann erfüllt, wenn die Stichprobe unter jeder Bedingung eine Zufallsstichprobe aus der zugrundeliegenden Population darstellt. Die Unabhängigkeit der Residuen wäre dann verletzt, wenn abhängige Stichproben vorliegen oder aber wenn die Stichproben in den Bedingungen aufgrund eines mehrstufigen Auswahlverfahrens zustande gekommen sind. Bezogen auf unser Beispiel des Modelllernens wäre die Unabhängigkeitsannahme beim folgenden Vorgehen nicht sichergestellt: Zunächst werden Schulklassen per Zufall ausgewählt, und alle Kinder einer Klasse schauen einen Film. Wenn sich Kinder innerhalb der gleichen Klasse in Bezug auf ihr aggressives Verhalten ähnlicher sind als Kinder aus verschiedenen Klassen, wären die Residuen innerhalb einer Bedingung nicht unabhängig voneinander. Wenn die Kinder darüber hinaus noch alle Filme sehen, die Stichproben unter den verschiedenen Bedingungen also dieselben sind, dann ist auch die Unabhängigkeit zwischen den Bedingungen verletzt, sofern sich die Kinder in ihrer Disposition zum aggressiven Verhalten unterscheiden.

Homoskedastizität. Es wird angenommen, dass auf Populationsebene die verschiedenen Bedingungen sich in den Merkmalsvarianzen nicht unterscheiden. Dies bedeutet auch, dass sich die Residualvariablen in ihren Varianzen zwischen den verschiedenen Populationen (Bedingungen) nicht unterscheiden dürfen.

Normalverteilung. Innerhalb jeder Bedingung müssen die Merkmalsvariable und somit auch die Residualvariable normalverteilt sein.

> **Vertiefung**
>
> **Formale Darstellung der Verteilungsannahmen**
> Im varianzanalytischen Modell ist eine Merkmalsausprägung x_{mj} die Realisierung einer Zufallsvariablen X_{mj}, die das Ergebnis eines Zufallsexperiments abbildet, bei dem aus einer Population eine Person m gezogen wird, einer Bedingung a_j zugeordnet wird (bzw. ihre Ausprägung a_j registriert wird) und ihre Merkmalsausprägung x_{mj} festgestellt wird. In gleicher Weise ist ein Wert ε_{mj} die Realisierung einer Zufallsvariablen. Diese Residualvariable müssten wir – wie alle anderen Zufallsvariablen auch – mit einem griechischen Großbuchstaben bezeichnen. Allerdings ist der griechische Großbuchstabe E (Epsilon) optisch nicht von dem lateinischen Großbuchstaben E zu unterscheiden. Deshalb werden wir die Residualvariable in der Population mit dem kleinen griechischen Buchstaben ε und nicht mit E bezeichnen. Dementsprechend bezeichnen wir auch die Residualvarianz in der Population mit σ_ε^2 und nicht mit σ_E^2, wie wir es nach unseren Notationsregeln eigentlich tun müssten. Wir könnten sonst optisch nicht eindeutig zwischen der Populations- und Stichprobenebene trennen. Die Bedeutung der einzelnen Kenngrößen und Parameter wird im Kontext jedoch deutlich. Dies trifft auch auf andere griechische Buchstaben wie z. B. τ zu, da auch das große griechische T (Tau) optisch nicht vom lateinischen T zu unterscheiden ist.
>
> Wenn wir also hier mit ε_{mj} die Zufallsresidualvariable bezeichnen, dann können wir die oben genannten Annahmen der Homoskedastizität und der Normalverteilung der Residuen wie folgt formal darstellen:
>
> $$\varepsilon_{mj} \sim N(0, \sigma_\varepsilon^2) \quad m = 1, \ldots, n_j; \quad j = 1, \ldots, p$$
>
> Die Varianz der Variablen ε_{mj} hängt weder vom Index j noch vom Index m ab (Homoskedastizität). Aus der Unabhängigkeitsannahme folgt: Cov $(\varepsilon_m, \varepsilon_{m'}) = 0$ für $m \neq m'$. Daraus folgt, dass auch die Messwertvariablen X_{mj} unabhängig und normalverteilt sind mit einem Erwartungswert von $\mu + \tau_j$ und einer konstanten Varianz σ_ε^2:
>
> $$X_{mj} \sim N(\mu + \tau_j, \sigma_\varepsilon^2) \quad m = 1, \ldots, n_j; \quad j = 1, \ldots, p$$

13.1.6 Schätzung der Populationsparameter

Nun kennen wir das Modell der einfaktoriellen Varianzanalyse auf Populationsebene. Im Modell in Effektdarstellung gibt es also drei Populationsparameter, die wir aus den Stichprobendaten schätzen müssen: den unbedingten Populationsmittelwert (μ), den Effekt einer experimentellen Bedingung (τ_j) und das Residuum ε_{mj} bzw. die Populationsresidualvarianz (σ_ε^2).

Schätzung des unbedingten Populationsmittelwerts μ

Wir haben bereits in Abschnitt 8.5.1 gesehen, dass der Stichprobenmittelwert ein erwartungstreuer, konsistenter, effizienter und suffizienter Schätzer des Populationsmittelwertes ist. Von diesen Eigenschaften machen wir hier Gebrauch: Wir schätzen den unbedingten Populationsmittelwert μ aus dem Gesamtmittelwert $\bar{x}$:

$$\hat{\mu} = \bar{x} = \frac{\sum_{j=1}^{p} \sum_{m=1}^{n_j} x_{mj}}{n} \quad \text{(F 13.23)}$$

Schätzung des Effekts τ_j

Da der Effekt einer Bedingung a_j definiert ist als die Abweichung eines Bedingungsmittelwertes μ_j vom unbedingten Mittelwert μ und wir auch hier davon ausgehen können, dass ein bedingter Stichprobenmittelwert $\bar{x}_j$ ein erwartungstreuer, konsistenter, effizienter und suffizienter Schätzer des bedingten Populationsmittelwertes μ_j ist, können wir den Populationseffekt τ_j nach Gleichung F 13.2 anhand des Stichprobeneffekts t_j schätzen:

$$t_j = \hat{\tau}_j = \bar{x}_j - \bar{x} \qquad \text{(F 13.24)}$$

Dabei gilt auch hier, dass sich die Stichprobeneffekte über alle Bedingungen hinweg zu 0 aufaddieren, wenn man sie mit der relativen Häufigkeit ihrer Bedingung gewichtet (vgl. Formel F 13.22):

$$\sum_{j=1}^{p} \frac{n_j}{n} \cdot t_j = 0 \qquad \text{(F 13.25a)}$$

Im Falle gleicher Stichprobengrößen verkürzt sich die Formel wie folgt:

$$\sum_{j=1}^{p} t_j = 0 \qquad \text{(F 13.25b)}$$

Schätzung der Populationsresidualvarianz σ_ε^2

Die Populationsresidualvarianz ist diejenige Variation in den Messwerten, die lediglich auf unsystematische, d. h. nicht-kontrollierte oder messfehlerbedingte Einflüsse zurückgeführt werden kann und nicht auf Unterschiede zwischen den Bedingungen. Im Prinzip kann diese Varianz anhand der Stichprobenvarianz innerhalb jeder Bedingung geschätzt werden, da jede dieser Varianzen innerhalb einer Bedingung eine Schätzung der Populationsresidualvarianz darstellt, sofern die Varianzhomogenitätsannahme erfüllt ist. Teilt man die Quadratsumme innerhalb einer Bedingung durch $n_j - 1$, erhält man eine mittlere Quadratsumme (MQS) für die Bedingung a_j:

$$MQS_j = \frac{\sum_{m=1}^{n_j}(x_{mj} - \bar{x}_j)^2}{n_j - 1} \qquad \text{(F 13.26)}$$

Die Schätzgenauigkeit kann man erhöhen, indem man die MQS_j über die p Bedingungen hinweg mittelt. Der Durchschnitt aller MQS_j ist dann wiederum ein Schätzer für die Populationsresidualvarianz. Diese durchschnittliche Innerhalb-Varianz wird auch als »gemeinsame« oder »gepoolte« Innerhalb-Varianz (MQS_{inn}) bezeichnet. Die genaue Berechnung von MQS_{inn} hängt davon ab, ob die Stichprobengrößen in den p Bedingungen gleich sind oder nicht.

Gleich große Stichproben. Sind die Stichprobengrößen in allen Bedingungen identisch, ist die gemeinsame Innerhalb-Varianz nichts anderes als das arithmetische Mittel aller geschätzten Varianzen innerhalb der einzelnen Bedingungen:

$$\hat{\sigma}_\varepsilon^2 = MQS_{inn} = \frac{\sum_{j=1}^{p} MQS_j}{p} \qquad \text{(F 13.27a)}$$

Unterschiedlich große Stichproben. Sind die Stichprobengrößen unterschiedlich, wird das gewogene arithmetische Mittel aller bedingten Innerhalb-Varianzen verwendet (s. Formel F 11.8):

$$\hat{\sigma}_\varepsilon^2 = MQS_{inn} = \frac{\sum_{j=1}^{p}\left(MQS_j \cdot (n_j - 1)\right)}{\sum_{j=1}^{p}(n_j - 1)} \qquad \text{(F 13.27b)}$$

Setzt man nun Gleichung F 13.26 für den Ausdruck MQS_j in Gleichung F 13.27b ein, erhält man:

$$MQS_{inn} = \frac{\sum_{j=1}^{p}\sum_{m=1}^{n_j}(x_{mj} - \bar{x}_j)^2}{\sum_{j=1}^{p}(n_j - 1)} = \frac{QS_{inn}}{\sum_{j=1}^{p}(n_j - 1)} = \frac{QS_{inn}}{n - p}$$

$$\text{(F 13.27c)}$$

Schätzung eines Residualwerts (Fehlerwerts) ε_{mj}. Ein Residualwert ε_{mj} wird über den Stichprobenresidualwert e_{mj} geschätzt:

$$e_{mj} = \hat{\varepsilon}_{mj} = x_{mj} - \bar{x}_j \qquad \text{(F 13.28)}$$

> **Vertiefung**
>
> ### MQS_{inn} als erwartungstreuer Schätzer der Populationsresidualvarianz
>
> Um nachzuweisen, dass es sich bei der MQS_{inn} um einen erwartungstreuen Schätzer der Populationsresidualvarianz handelt, greifen wir auf Gleichung F 13.27c zurück. Der Wert der MQS_{inn} in Gleichung F 13.27c in einer konkreten Untersuchung ist die Realisierung der Zufallsvariablen
>
> $$\frac{\sum_{j=1}^{p}\sum_{m=1}^{n_j}(X_{mj} - \bar{X}_j)^2}{\sum_{j=1}^{p}(n_j - 1)}.$$
>
> Der Erwartungswert der mittleren Quadratsumme (innerhalb) ist der Erwartungswert dieser Zufallsvariablen, für den nach den Rechenregeln für Erwartungswerte (s. Abschn. 7.2) gilt:
>
> $$E\left(\frac{\sum_{j=1}^{p}\sum_{m=1}^{n_j}(X_{mj} - \bar{X}_j)^2}{\sum_{j=1}^{p}(n_j - 1)}\right) = \frac{\sum_{j=1}^{p} E\left(\sum_{m=1}^{n_j}(X_{mj} - \bar{X}_j)^2\right)}{\sum_{j=1}^{p}(n_j - 1)}$$
>
> (F 13.29)
>
> Um den Erwartungswert der mittleren Quadratsumme zu bestimmen, müssen wir
>
> $$E\left(\sum_{m=1}^{n_j}(X_{mj} - \bar{X}_j)^2\right)$$
>
> bestimmen. Durch Erweitern mit $n_j - 1$ und Anwendung von Rechenregel F 7.30 erhalten wir:
>
> $$E\left(\sum_{m=1}^{n_j}(X_{mj} - \bar{X}_j)^2\right) = E\left(\frac{\sum_{m=1}^{n_j}(X_{mj} - \bar{X}_j)^2}{n_j - 1} \cdot (n_j - 1)\right)$$
>
> $$= (n_j - 1) \cdot E\left(\frac{\sum_{m=1}^{n_j}(X_{mj} - \bar{X}_j)^2}{n_j - 1}\right)$$
>
> (F 13.30)
>
> Nach Abschnitt 8.5.1 ist die Stichprobenvarianz ein erwartungstreuer Schätzer für die Populationsvarianz, daher gilt:
>
> $$E\left(\frac{\sum_{m=1}^{n_j}(X_{mj} - \bar{X}_j)^2}{n_j - 1}\right) = \sigma_{\varepsilon_j}^2$$
>
> Aufgrund der Homoskedastizitätsannahme folgt $\sigma_{\varepsilon_j}^2 = \sigma_\varepsilon^2$ und somit:
>
> $$E\left(\frac{\sum_{j=1}^{p}\sum_{m=1}^{n_j}(X_{mj} - \bar{X}_j)^2}{\sum_{j=1}^{p}(n_j - 1)}\right) = \frac{\sum_{j=1}^{p}(n_j - 1) \cdot \sigma_\varepsilon^2}{\sum_{j=1}^{p}(n_j - 1)}$$
>
> $$= \sigma_\varepsilon^2 \cdot \frac{\sum_{j=1}^{p}(n_j - 1)}{\sum_{j=1}^{p}(n_j - 1)}$$
>
> $$= \sigma_\varepsilon^2$$
>
> (F 13.31)
>
> Die MQS_{inn} ist demzufolge ein erwartungstreuer Schätzer für die Populationsresidualvarianz σ_ε^2.

13.1.7 Überprüfung der Nullhypothese: Der *F*-Test der einfaktoriellen Varianzanalyse

Wie können wir nun die Nullhypothese, dass sich die Mittelwerte in den unterschiedlichen Bedingungen in der Population nicht unterscheiden, überprüfen? Die Grundidee des Hypothesentests bei der Varianzanalyse basiert auf folgender Idee: Wenn die Nullhypothese gültig ist – was beim Nullhypothesentest vorausgesetzt wird –, sind die Unterschiede zwischen den Bedingungsmittelwerten rein zufallsbedingt. Dies bedeutet, dass die Schwankung der Mittelwerte über die Bedingungen hinweg nur von der Varianz des Merkmals und der Stichprobengröße abhängt. Anhand der Varianz der Mittelwerte über die Bedingungen hinweg kann man somit die Varianz des Merkmals in der Population schätzen. Wie wir bereits in Gleichung F 13.27c gesehen haben, lässt sich die Populationsvarianz des Merkmals auch anhand der MQS_{inn} schätzen. Bei Gültigkeit der Nullhypothese schätzt die Residualvarianz ja die Merkmalsvarianz in der Population, da es keine wahren systematischen Unterschiede gibt. Beide Schätzungen der Varianz sind unabhängig voneinander. Die beiden Varianzschätzungen sollten sich bei Gültigkeit der Nullhypothese also nur zufällig unterscheiden. Bevor wir den statistischen Test präsentieren, werden wir den zweiten Schätzer für die Residualvarianz bzw. Merkmalsvarianz in der Population herleiten.

Wir haben in Gleichung F 8.4 gesehen, dass der Standardfehler des Mittelwertes wie folgt bestimmt werden kann:

$$\sigma_{\bar{X}} = \sqrt{\frac{\sigma_X^2}{n}} = \frac{\sigma_X}{\sqrt{n}}$$

Hieraus erhält man die Varianz einfach durch Quadrierung:

$$\sigma_{\bar{X}}^2 = \frac{\sigma_X^2}{n}$$

und hieraus:

$$\sigma_X^2 = n \cdot \sigma_{\bar{X}}^2 \quad \text{(F 13.32)}$$

Man kann daher die Varianz des Merkmals in der Population auch über die Varianz der Bedingungsmittelwerte schätzen: $\hat{\sigma}_X^2 = n \cdot \hat{\sigma}_{\bar{X}}^2$. Wie kann man die Varianz $\hat{\sigma}_{\bar{X}}^2$ bestimmen? In Analogie zur Schätzung der Merkmalsvarianz in der Population kann man die Stichprobenvarianz der Mittelwerte bestimmen, indem man ihre Quadratsumme berechnet und durch $p - 1$ teilt:

$$\hat{\sigma}_{\bar{X}}^2 = \frac{\sum_{j=1}^{p}(\bar{x}_j - \bar{x})^2}{p-1} \quad \text{(F 13.33)}$$

In die Varianzschätzung gehen alle p Mittelwerte mit gleichem Gewicht ein. Dies ist sinnvoll, wenn alle p Stichproben gleich groß sind. Unterscheiden sich die Stichprobengrößen, ist es angemessener, die Mittelwerte, die anhand größerer Stichproben gewonnen sind, stärker zu gewichten, da diese mit höherer Präzision geschätzt wurden. Man schätzt im Falle ungleich großer Stichproben die Varianz der Mittelwerte daher über das gewogene Mittel der Abweichungsquadrate:

$$\hat{\sigma}_{\bar{X}}^2 = \frac{\sum_{j=1}^{p}(\bar{x}_j - \bar{x})^2 \cdot \frac{n_j}{n}}{p-1} = \frac{\sum_{j=1}^{p}(\bar{x}_j - \bar{x})^2 \cdot n_j}{(p-1) \cdot n} \quad \text{(F 13.34)}$$

Anhand dieser Gleichung erhält man – bei Gültigkeit der Nullhypothese – eine Schätzung der Merkmalsvarianz in der Population: Nach Gleichung F 13.34 und Gleichung F 13.32 ergibt sich:

$$\hat{\sigma}_X^2 = n \cdot \hat{\sigma}_{\bar{X}}^2 = n \cdot \frac{\sum_{j=1}^{p}(\bar{x}_j - \bar{x})^2 \cdot n_j}{(p-1) \cdot n} = \frac{\sum_{j=1}^{p}(\bar{x}_j - \bar{x})^2 \cdot n_j}{p-1}$$

(F 13.35a)

Wie man sieht, entspricht der Zähler in Gleichung F 13.35a der Quadratsumme zwischen den Bedingungen nach Gleichung F 13.6b. Man kann für F 13.35a daher auch schreiben:

$$\hat{\sigma}_X^2 = \frac{QS_{zw}}{p-1} \quad \text{(F 13.35b)}$$

Das Verhältnis $QS_{zw}/(p-1)$ ist eine mittlere Quadratsumme zwischen den Bedingungen (MQS_{zw}). Wie die MQS_{inn} ist auch die MQS_{zw} bei Gültigkeit der Nullhypothese eine erwartungstreue Schätzung für die Populationsresidualvarianz.

Mit der MQS_{inn} und der MQS_{zw} liegen somit zwei voneinander unabhängige Schätzungen der Populationsresidualvarianz vor, die sich bei Gültigkeit der Nullhypothese nur zufällig unterscheiden dürften. Gilt die Nullhypothese jedoch nicht, so fließen in die MQS_{zw} noch zusätzlich die Unterschiede zwischen den Populationsmittelwerten ein. Die Stichprobenmittelwerte unterscheiden sich dann nicht nur aufgrund des Stichprobenfehlers, sondern auch aufgrund der systematischen Unterschiede zwischen den Bedingungen. Je größer die MQS_{zw} im Vergleich zur MQS_{inn} ist, umso mehr spricht dies dafür, dass die Nullhypothese nicht gilt. Diesen Sachverhalt macht man sich für die statistische Testung der Nullhypothese zunutze.

Erwartungswert der mittleren Quadratsumme zwischen den Bedingungen

Der Erwartungswert der MQS_{zw} beträgt

$$E(MQS_{zw}) = \sigma_\varepsilon^2 + \frac{\sum_{j=1}^{p} \tau_j^2 \cdot n_j}{p-1}. \qquad \text{(F 13.36)}$$

Der Beweis dieser Gleichung ist komplex, und wir verzichten daher darauf, ihn darzustellen (s. hierzu Hays, 1994; Kirk, 1995). Die Gleichung zeigt, dass die MQS_{zw} unter Gültigkeit der Nullhypothese eine erwartungstreue Schätzung der Residualvarianz ist. Ist die Nullhypothese nicht gültig, so ist der Erwartungswert größer als die Residualvarianz, und zwar umso größer, je größer die Effekte sind.

Um zu überprüfen, ob sich die MQS_{inn} und MQS_{zw} signifikant unterscheiden, kann auf einen F-Test zurückgegriffen werden.

F-Test

Aus dieser Logik lässt sich nun die Prüfgröße für den statistischen Test ableiten: Wenn die Nullhypothese gilt und alle Bedingungsmittelwerte in den p verschiedenen Populationen identisch sind, schätzen die MQS_{zw} und die MQS_{inn} exakt das Gleiche, nämlich die Populationsresidualvarianz. Wenn die Alternativhypothese gilt und es zwischen den Bedingungsmittelwerten in der Population Unterschiede gibt, ist der Erwartungswert der MQS_{zw} größer als der Erwartungswert der MQS_{inn}.

Die Prüfgröße ist nun nichts anderes als der Quotient aus MQS_{zw} und MQS_{inn}. Da es sich bei beiden mittleren Quadratsummen um unabhängige Schätzungen der Residualvarianz handelt, können sie sich in einer einzelnen Untersuchung auch bei Gültigkeit der Nullhypothese voneinander unterscheiden. In einer konkreten Untersuchung kann es vorkommen, dass die MQS_{zw} größer, kleiner oder gleich der MQS_{inn} ist. Bei Gültigkeit der Nullhypothese erwarten wir jedoch, dass sie im Mittel – über alle potentiellen Stichprobenziehungen mit denselben Stichprobengrößen hinweg – gleich sind.

Zur Überprüfung der Nullhypothese greift man auf den Wert einer F-verteilten Prüfgröße zurück:

$$F = \frac{MQS_{zw}}{MQS_{inn}} \qquad \text{(F 13.37)}$$

Die F-Verteilung, die wir bereits in Abschnitt 7.3.4 kennengelernt haben, ist durch zwei Parameter bestimmt: die Freiheitsgrade des Kennwerts, der im Zähler des Quotienten steht (df_1), und die Freiheitsgrade des Kennwerts, der im Nenner des Quotienten steht (df_2). Die Freiheitsgrade der MQS_{zw} betragen

$$df_1 = df_{zw} = p - 1. \qquad \text{(F 13.38)}$$

Die Freiheitsgrade der MQS_{inn} betragen

$$df_2 = df_{inn} = n - p. \qquad \text{(F 13.39)}$$

Ist der empirische F-Wert größer als der kritische F-Wert bei gegebenem Signifikanzniveau α, so wird die Nullhypothese verworfen.

Zerlegung der Quadratsummen und der Freiheitsgrade

Wie wir bereits anhand von Gleichung F 13.8 gesehen haben, lässt sich in der einfaktoriellen Varianzanalyse die Gesamtquadratsumme in die Quadratsumme zwischen den Bedingungen und die Quadratsumme innerhalb der Bedingungen zerlegen:

$$QS_{tot} = QS_{zw} + QS_{inn}$$

Wir haben gezeigt, dass $MQS_{zw} = QS_{zw}/(p-1)$ unter Gültigkeit der Nullhypothese eine Schätzung der Residualvarianz darstellt (F 13.36). Die Anzahl der Freiheitsgrade ergibt sich daraus, dass bei Kenntnis des Gesamtmittelwerts nur $p-1$ Bedingungsmittelwerte frei variieren können. In analoger Weise erhielten wir $MQS_{inn} = QS_{inn}/(n-p)$. Die Anzahl der Freiheitsgrade ergibt sich hier aus dem Sachverhalt, dass die MQS_{inn} über die Quadratsummen innerhalb der einzelnen Bedingungen hinweg gebildet wurden und bei Kenntnis des Bedingungsmittelwerts innerhalb jeder der p Bedingungen nur $n_j - 1$ Werte frei variieren können. Addiert man beide Freiheitsgrade, erhält man die Gesamtfreiheitsgrade (df_{tot}). Das bedeutet, dass man die Freiheitsgrade nach der gleichen Logik zerlegen kann wie die Quadratsumme:

$$df_{tot} = df_{zw} + df_{inn} \quad \text{(F 13.40a)}$$

Ausformuliert ergibt sich:

$$df_{tot} = (p-1) + (n-p)$$
$$= p - 1 + n - p = n - 1 \quad \text{(F 13.40b)}$$

Teilt man die Gesamtquadratsumme (QS_{tot}) durch die Gesamtfreiheitsgrade (df_{tot}), so erhält man eine Schätzung der Gesamtvarianz in der Population:

$$\hat{\sigma}_X^2 = \frac{QS_{tot}}{df_{tot}} \quad \text{(F 13.41)}$$

Diese können wir daher auch als totale mittlere Quadratsumme (MQS_{tot}) bezeichnen. Für unser Datenbeispiel erhalten wir als Schätzung der Gesamtvarianz in der Population:

$$MQS_{tot} = \hat{\sigma}_X^2 = \frac{\sum_{j=1}^{p}\sum_{m=1}^{n_j}(x_{mj} - \bar{x})^2}{n-1} = \frac{4532}{14} = 323{,}71$$

Sowohl die Quadratsummen als auch ihre Freiheitsgrade sind also additiv. Das gilt aber nicht für die drei mittleren Quadratsummen. Dies leuchtet unmittelbar ein, schätzen doch alle drei mittleren Quadratsummen – unter der Gültigkeit der Nullhypothese – dasselbe, nämlich die Merkmalsvarianz in der Population.

> **Beispiel**
>
> **F-Test im Datenbeispiel zum Modelllernen**
> Für unser Datenbeispiel zum Modelllernen aus Tabelle 13.1 lassen sich folgende mittlere Quadratsummen ermitteln: $MQS_{zw} = 2920/2 = 1460$ und $MQS_{inn} = 1612/12 = 134{,}33$. Der Quotient aus diesen beiden mittleren Quadratsummen beträgt $F = 1460/134{,}33 = 10{,}87$. Dieser Quotient hat $df_1 = 2$ Zählerfreiheitsgrade und $df_2 = 12$ Nennerfreiheitsgrade. Anhand von Tabelle A.8 im Anhang A oder mit Hilfe eines Verteilungsrechners bestimmen wir, dass der kritische F-Wert bei 2 Zähler- und 12 Nennerfreiheitsgraden bei einem Signifikanzniveau von $\alpha = 5\%$ $F_{(0{,}95;\,2;\,12)} = 3{,}885$ beträgt. Unser Wert liegt deutlich darüber. Die Nullhypothese wird daher abgelehnt. Es gibt zwischen mindestens zwei der drei experimentellen Bedingungen einen signifikanten Unterschied im Nachahmungsverhalten.

> **Vertiefung**
>
> **Wieso folgt der Quotient MQS_{zw}/MQS_{inn} einer F-Verteilung?**
> In Abschnitt 10.3 hatten wir festgestellt, dass der Quotient aus einer Stichprobenvarianz und einer Populationsvarianz multipliziert mit ihren Freiheitsgraden χ^2-verteilt ist (vgl. Formel F 10.14d). Daraus folgt, dass auch der Quotient aus der MQS_{zw} und der Residualvarianz bzw. der MQS_{inn} und der Residualvarianz jeweils multipliziert mit ihren Freiheitsgraden unter Gültigkeit der Nullhypothese χ^2-verteilt ist:
>
> $$\frac{MQS_{zw}}{\sigma_X^2} \cdot (p-1) = \chi^2$$
> $$\Rightarrow \frac{MQS_{zw}}{\sigma_X^2} = \frac{\chi^2}{p-1} = \frac{\chi^2}{df_1} \quad \text{(F 13.42)}$$

Für den Quotienten aus der MQS_{inn} und der Residualvarianz ergibt sich:

$$\frac{MQS_{inn}}{\sigma_X^2} \cdot p \cdot (n_j - 1) = \chi^2 \quad \text{(F 13.43)}$$

$$\Rightarrow \frac{MQS_{inn}}{\sigma_X^2} = \frac{\chi^2}{p \cdot (n_j - 1)} = \frac{\chi^2}{df_2}$$

Dass der Quotient zweier voneinander unabhängiger χ^2-verteilter Variablen, die jeweils durch ihre Freiheitsgrade dividiert wurden, einer F-Verteilung folgt, hatten wir bereits in Abschnitt 7.3.4 festgestellt (vgl. Formel F 7.87):

$$F = \frac{\frac{\chi_1^2}{df_1}}{\frac{\chi_2^2}{df_2}}$$

Setzen wir die Formeln F 13.42 und F 13.43 in diesen Ausdruck ein, erhalten wir:

$$F = \frac{\frac{MQS_{zw}}{\sigma_X^2}}{\frac{MQS_{inn}}{\sigma_X^2}} \quad \text{(F 13.44)}$$

Kürzt man nun noch die Populationsvarianz σ_X^2 heraus, ergibt sich Gleichung F 13.37:

$$F = \frac{MQS_{zw}}{MQS_{inn}}$$

Wie wir in Abschnitt 7.3.4 gesehen haben, beträgt der Erwartungswert einer F-verteilten Zufallsvariablen X: $E(X) = df_2/(df_2 - 2)$. Bei Gültigkeit der Nullhypothese nähert sich der Erwartungswert der F-verteilten Prüfgröße mit zunehmenden Stichprobengrößen n_j dem Wert 1 an.

Ergebnisdarstellung

Tabellarische Darstellung. Das Ergebnis einer Varianzanalyse wird häufig in Form einer Tabelle dargestellt, in deren Zeilen die »Quellen der Variation« stehen, aus denen sich die Gesamtvariation der abhängigen Variablen zusammensetzt bzw. in die sie zerlegt werden kann, und in deren Spalten die relevanten statistischen Informationen stehen, also die Quadratsummen (QS), die Freiheitsgrade (df), die mittleren Quadratsummen (MQS), der F-Wert (der in der Zeile, die für den Faktor steht, ergänzt wird), der zu diesem F-Wert gehörige p-Wert (Achtung: Hier ist mit p nicht die Anzahl der Gruppen gemeint, sondern vielmehr die Wahrscheinlichkeit für diesen oder jeden größeren F-Wert unter der Nullhypothese) sowie der Schätzer der Effektgröße η^2. Für unser Datenbeispiel findet sich eine solche Darstellung in Tabelle 13.4.

Häufig wird darauf verzichtet, die Gesamtquadratsumme anzugeben, da sie sich additiv aus den beiden Quadratsummen zusammensetzt und nicht in den F-Wert zur Überprüfung der Nullhypothese einfließt. Auch diese reduzierte Darstellung (ohne die untere Zeile in Tab. 13.4) wäre korrekt.

Schreibweise im laufenden Text. Wenn das Ergebnis einer Varianzanalyse z. B. in Zeitschriftenartikeln oder wissenschaftlichen Buchbeiträgen berichtet wird, wird typischerweise nur die nötigste Information gegeben. Dazu gehören der empirische F-Wert inklusive seiner Zähler- und Nennerfreiheitsgrade (getrennt durch ein Semikolon) in Klammern hinter dem F-Wert, anschließend der exakte p-Wert (Ach-

Tabelle 13.4 Ergebnistabelle einer einfaktoriellen Varianzanalyse (bezogen auf das Beispiel in Tab. 13.1)

Quelle der Variation	QS	df	MQS	F	p	$\hat{\eta}^2$
Faktor A (zwischen)	2920	2	1460	10,87	0,002	0,64
Fehler (innerhalb)	1612	12	134,33			
Total	4532	14	323,71			

tung: Auch hier ist mit *p* nicht die Anzahl der Gruppen gemeint, sondern vielmehr die Wahrscheinlichkeit für diesen oder jeden größeren *F*-Wert unter der Nullhypothese) und schließlich der Effektgrößenschätzer (meistens $\hat{\eta}^2$). Bezogen auf unser Beispiel würde man schreiben:

$$F(2; 12) = 10{,}87; \quad p = 0{,}002; \quad \hat{\eta}^2 = 0{,}64$$

Graphische Darstellung. Mittelwertsunterschiede zwischen den Faktorstufen werden meist in Form eines Säulendiagramms dargestellt. Solche Säulendiagramme können zusätzlich Fehlerbalken enthalten. Wie in Abschnitt 11.1.2 ausgeführt wurde, können diese Fehlerbalken Unterschiedliches bedeuten: Entweder handelt es sich um die *Standardabweichungen* innerhalb der Faktorstufen, die *Standardfehler* des Mittelwerts innerhalb der Faktorstufen oder um das *Konfidenzintervall* um den Mittelwert innerhalb der jeweiligen Faktorstufe. Die gebräuchlichste Form ist die, in der die Fehlerbalken die Standardfehler darstellen (s. Abb. 13.2). Zur Interpretation dieser Balken sei auf Abschnitt 11.1.2 verwiesen.

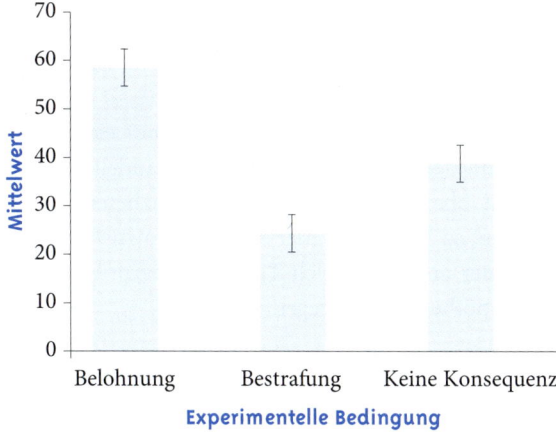

Abbildung 13.2 Graphische Darstellung des Mittelwertsunterschieds im Datenbeispiel zum Modelllernen (Tab. 13.1) mit Angabe von Fehlerbalken (Standardfehler der Bedingungsmittelwerte)

Eigenschaften und Besonderheiten des *F*-Tests

Der *F*-Test als Globaltest.
Mit Hilfe des *F*-Tests der Varianzanalyse kann überprüft werden, ob es zwischen den *p* Stichprobenmittelwerten bedeutsame Unterschiede gibt. Lehnt man die Nullhypothese ab, weiß man also lediglich, *dass* es solche Unterschiede gibt; man weiß allerdings noch nicht, *welcher* Stichprobenmittelwert von welchem anderen bedeutsam abweicht. Der *F*-Test überprüft also nur die globale Nullhypothese, dass alle $\tau_j = 0$ sind, und eine Ablehnung der Nullhypothese bedeutet nur, dass davon ausgegangen wird, dass mindestens zwei $\tau_j \neq 0$ bzw. mindestens zwei Mittelwerte voneinander verschieden sind. Es müssen mindestens zwei $\tau_j \neq 0$ sein, damit die Summe aller τ_j in der Population 0 ergibt. Der *F*-Test der Varianzanalyse ist bei $p > 2$ Bedingungen also ein Globaltest. Meist möchte man jedoch wissen, wie genau sich die *p* Bedingungsmittelwerte voneinander unterscheiden. In Abschnitt 13.1.12 werden wir sehen, wie man Mittelwertsunterschiede testen kann; in Abschnitt 13.1.13 werden wir sehen, wie man spezifische Hypothesen, die sich auf die *Struktur* von Mittelwertsunterschieden beziehen, gezielt testen kann.

Ein- und zweiseitige Tests.
Da eine mittlere Quadratsumme aus quadrierten Abweichungen besteht, kann die Quadratsumme nur positive Werte annehmen. Daraus folgt, dass auch der *F*-Quotient nur positive Werte annehmen kann. *F*-Werte können nur zwischen 0 und +∞ variieren. Das wiederum impliziert, dass nur die rechte Seite der *F*-Verteilung zur Bestimmung der kritischen Werte herangezogen wird. Man testet die Nullhypothese stets einseitig.

F-Werte kleiner 1.
Für den Fall, dass die Nullhypothese gilt, erwarten wir, dass der *F*-Wert etwas größer als 1 ist. In einzelnen Untersuchungen kann es durchaus vorkommen, dass *F*-Werte kleiner werden als 1, nämlich immer dann, wenn die MQS_{zw} kleiner ist als die MQS_{inn}. Dies ist dann meist auf den Stichprobenfehler zurückzuführen. Findet man in einem Stichprobendatensatz einen *F*-Wert kleiner 1, erübrigt sich der Signifikanztest.

Beziehung zwischen *F*-Test und *t*-Test.
Wir hatten in Abschnitt 11.1.2 den *t*-Test für unabhängige Stichproben als Möglichkeit kennengelernt, die Unterschiedlichkeit zweier Stichprobenmittelwerte aus unabhängigen Stichproben auf Signifikanz zu testen. Natürlich lässt sich ein solcher Signifikanztest bei

$p = 2$ Stichproben auch mit Hilfe der Varianzanalyse durchführen. Tatsächlich kommen die Varianzanalyse bei $p = 2$ Stichproben und der t-Test für unabhängige Stichproben exakt zum gleichen Ergebnis: Der F-Wert entspricht dem Quadrat des t-Wertes.

13.1.8 Verletzungen der Voraussetzungen

Die Anwendung des F-Tests der Varianzanalyse setzt voraus, dass die Annahmen des varianzanalytischen Modells (s. Abschn. 13.1.5) erfüllt sind. Wie wirken sich Verletzungen dieser Annahmen aus?

Unabhängigkeitsannahme

Es muss sichergestellt sein, dass es sich bei den Teilstichproben um unabhängige Zufallsstichproben handelt. Ist die Unabhängigkeitsannahme verletzt, so wird die Populationsresidualvarianz unterschätzt; dies erhöht die Wahrscheinlichkeit eines α-Fehlers drastisch (s. Kap. 19). Das bedeutet, dass die Wahrscheinlichkeit, die Nullhypothese fälschlicherweise abzulehnen, größer ist als das vorher festgelegte Signifikanzniveau.

Verteilung der abhängigen Variablen

Die abhängige Variable muss in jeder der p Populationen stetig und normalverteilt sein, wobei der F-Test bei hinreichend großen Stichproben (Faustregel: $n_j > 30$) aufgrund des zentralen Grenzwertsatzes gegen Verletzungen der Normalverteilungsannahme relativ robust ist. Ob X normalverteilt ist bzw. ob die Verteilung von X innerhalb jeder Bedingung signifikant von einer Normalverteilung abweicht, kann mit den in Abschnitt 10.6 behandelten Verfahren (z. B. dem Kolmogorov-Smirnov-Test) überprüft werden. Da die Varianzanalyse ein Spezialfall des Allgemeinen Linearen Modells ist (s. Abschn. 18.7.2), kann auch auf die in Abschnitt 18.13.7 behandelten Verfahren zur Überprüfung der Normalverteilungsannahme der Residuen zurückgegriffen werden. Im Falle nicht-normalverteilter Variablen und kleiner Stichproben sollte ein nonparametrisches Verfahren wie z. B. der in Abschnitt 13.3 beschriebene Kruskal-Wallis-Test angewendet werden. Nicht-normalverteilte Variablen können auch transformiert werden, um Variablen zu erhalten, die eher der Normalverteilung folgen (s. Abschn. 18.13.7). Ist die Abweichung von der Normalverteilungsannahme durch Ausreißerwerte bedingt, kann auf robuste Verfahren wie z. B. den Vergleich getrimmter Mittelwerte (s. Abschn. 6.4.2) zurückgegriffen werden (s. hierzu Wilcox, 2003).

Varianzhomogenität (Homoskedastizität)

Die Varianzen innerhalb aller p Populationen müssen homogen sein. Simulationsstudien haben jedoch gezeigt, dass der F-Test relativ robust gegenüber Verletzungen der Varianzhomogenitätsannahme ist, wenn die Stichproben gleich groß sind. Sind die Stichproben ungleich groß und unterscheiden sich die Varianzen zwischen den Stichproben, so hat dies folgende Auswirkungen auf das Testergebnis:

▶ Ist die Varianz in einer kleineren Stichprobe *größer* als in einer größeren Stichprobe (z. B. $\hat{\sigma}_1^2 < \hat{\sigma}_2^2$ bei $n_1 > n_2$), so wird der F-Test zu liberal, d. h., die Wahrscheinlichkeit eines α-Fehlers erhöht sich.

▶ Ist die Varianz in einer kleineren Stichprobe *kleiner* als in einer größeren Stichprobe (z. B. $\hat{\sigma}_1^2 > \hat{\sigma}_2^2$ bei $n_1 > n_2$), so wird der F-Test zu konservativ, d. h., die Wahrscheinlichkeit eines α-Fehlers ist in Wirklichkeit geringer als das nominelle α-Niveau.

Ob die Varianzhomogenitätsannahme erfüllt ist, kann mit dem in Abschnitt 11.3.2 behandelten Levene-Test überprüft werden. Ist Varianzheterogenität gegeben, so kann entweder auf den Brown-Forsythe-Test oder auf den Welch-Test zur Überprüfung der Nullhypothese zurückgegriffen werden.

Brown-Forsythe-Test. Bei dem Brown-Forsythe-Test (Brown & Forsythe, 1974) werden die Unterschiede zwischen den Varianzen berücksichtigt, und in den Nenner des F-Werts fließen die Schätzungen der unterschiedlichen Populationsvarianzen ein. Darüber hinaus werden die Nennerfreiheitsgrade korrigiert. Der F-Wert des Brown-Forsythe-Tests lautet:

$$F_{BF} = \frac{\sum_{j=1}^{p} n_j \cdot (\bar{x}_j - \bar{x})^2}{\sum_{j=1}^{p} \left(1 - \frac{n_j}{n}\right) \cdot \hat{\sigma}_j^2} \quad \text{(F 13.45)}$$

Die Brown-Forsythe-Prüfgröße folgt approximativ einer F-Verteilung mit $df_1 = p - 1$ und

$$df_2 = \frac{1}{\sum_{j=1}^{p} \frac{g_j^2}{n_j - 1}} \quad \text{mit} \quad g_j = \frac{\left(1 - \frac{n_j}{n}\right)\hat{\sigma}_j^2}{\sum_{j=1}^{p}\left(1 - \frac{n_j}{n}\right)\hat{\sigma}_j^2}.$$

(F 13.46)

Im Falle gleich großer Stichproben n_j ist der F_{BF}-Wert mit dem F-Wert nach Gleichung F 13.37 identisch. Die Nennerfreiheitsgrade sind in diesem Fall jedoch von den Nennerfreiheitsgraden des F-Tests nach Gleichung F 13.37 verschieden.

Welch-Test. Den Welch-Test haben wir schon in Kapitel 11 für den Vergleich zweier Mittelwerte bei heterogenen Varianzen kennengelernt (s. F 11.11). Für den Fall von mehr als zwei Gruppen lautet der Wert der Prüfgröße:

$$F_W = \frac{\frac{1}{p-1} \cdot \sum_{j=1}^{p} \frac{n_j}{\hat{\sigma}_j^2} \cdot \left(\bar{x}_j - \frac{\sum_{j}^{p} \frac{n_j}{\hat{\sigma}_j^2} \cdot \bar{x}_j}{\sum_{j}^{p} \frac{n_j}{\hat{\sigma}_j^2}}\right)^2}{1 + \frac{2 \cdot (p-2)}{3 \cdot df_2}}$$

(F 13.47)

Diese Prüfgröße ist approximativ F-verteilt mit $df_1 = p - 1$ Zählerfreiheitsgraden und

$$df_2 = \frac{p^2 - 1}{3 \cdot \sum_{j=1}^{p}\left(1 - \frac{\frac{n_j}{\hat{\sigma}_j^2}}{\sum_{j=1}^{p}\frac{n_j}{\hat{\sigma}_j^2}}\right)^2 \cdot \frac{1}{n_j - 1}}$$

(F 13.48)

Nennerfreiheitsgraden.

Vergleich von Brown-Forsythe- und Welch-Test. Im Falle von Varianzheterogenität können sowohl der Brown-Forsythe- als auch der Welch-Test zur Überprüfung der Nullhypothese herangezogen werden. Maxwell und Delaney (2004) geben einen Überblick über die Studien, die der Frage nachgegangen sind, unter welchen Bedingungen auf welchen Test zurückgegriffen werden sollte. Diese Studien legen allerdings keine eindeutige Empfehlung nahe. Eindeutig ist lediglich der Befund, dass beide Tests dem F-Test der Varianzanalyse überlegen sind, wenn Varianzheterogenität (Heteroskedastizität) mit ungleichen Stichprobengrößen gepaart ist. Stehen keine Statistikprogramme zur Verfügung, kann auf den Brown-Forsythe-Test zurückgegriffen werden, da er einfacher zu berechnen ist als der Welch-Test.

Robuste Verfahren. Sind Varianzunterschiede durch Ausreißer bedingt, kann auf robuste Verfahren wie den Vergleich getrimmter Mittelwerte zurückgegriffen werden (Wilcox, 2003).

13.1.9 Effektgrößenmaße und Konfidenzintervall

Effektgrößenmaß $\hat{\eta}^2$. Ein Maß für den Populationseffekt hatten wir bereits in Abschnitt 13.1.4 kennengelernt: die standardisierte Effektgröße $\hat{\eta}^2$. Sie lässt sich gemäß Formel F 13.10 aus dem Quotienten aus der Zwischen-Quadratsumme und der Gesamtquadratsumme berechnen. Aufgrund der Additivität der Zwischen- und der Innerhalb-Quadratsumme handelt es sich bei $\hat{\eta}^2$ um ein relatives Maß, das den Anteil der durch die UV (z. B. die experimentelle Manipulation) aufgeklärten Varianz an der Gesamtvarianz der AV angibt und nur zwischen 0 und 1 variieren kann. Der Effektgrößenschätzer $\hat{\eta}^2$ lässt sich auch direkt aus dem empirischen F-Wert berechnen:

$$\hat{\eta}^2 = \frac{F \cdot df_{zw}}{F \cdot df_{zw} + df_{inn}}$$

(F 13.49)

Auf Populationsebene ist die Effektgröße η^2 definiert als der Anteil der Varianz, die auf den Faktor zurückgeführt werden kann, an der Gesamtvarianz. Die Varianz, die auf den Faktor zurückgeführt werden kann, entspricht der Varianz der Effekte, die wie folgt definiert wird (Kelley, 2007):

$$\sigma_\tau^2 = \sum_{j=1}^{p} \tau_j^2 \cdot \frac{n_j}{n} = \frac{\sum_{j=1}^{p} \tau_j^2 \cdot n_j}{n}$$

(F 13.50)

Die Gesamtvarianz ist die Summe aus der Effektvarianz σ_τ^2 und der Populationsresidualvarianz σ_ε^2:

$$\eta^2 = \frac{\sigma_\tau^2}{\sigma_\tau^2 + \sigma_\varepsilon^2} \quad \text{(F 13.51)}$$

Diese Populationseffektgröße wird zuweilen auch mit ω^2 bezeichnet (Hays, 1994). Die Konventionen für η^2 lauten in Anlehnung an Cohen (1988):
- $\eta^2 \approx 0{,}01$: »kleiner« Effekt
- $\eta^2 \approx 0{,}06$: »mittlerer« Effekt
- $\eta^2 \approx 0{,}14$: »großer« Effekt.

Zur Schätzung der Populationseffektgröße η^2 kann auf die Stichprobeneffektgröße $\hat{\eta}^2$ nach den Gleichungen F 13.10 und F 13.49 zurückgegriffen werden.

Effektgrößenschätzer $\hat{\omega}^2$. Allerdings handelt es sich bei $\hat{\eta}^2$ nicht um einen erwartungstreuen Schätzer von η^2. Selbst wenn in der Population eine Populationseffektgröße von $\eta^2 = 0$ vorliegt, erwartet man eine Schätzung $\hat{\eta}^2$, die größer als 0 ist. Dies kommt daher, dass selbst im Falle von $\eta^2 = 0$ die erwartete Zähler-Quadratsumme aufgrund des Stichprobenfehlers größer als 0 ist. Als Alternative zu $\hat{\eta}^2$ kann auf $\hat{\omega}^2$ zurückgegriffen werden:

$$\hat{\omega}^2 = \frac{QS_{zw} - (p-1) \cdot MQS_{inn}}{QS_{tot} + MQS_{inn}} \quad \text{(F 13.52)}$$

Im Gegensatz zu $\hat{\eta}^2$ beinhaltet die geschätzte Effektgröße $\hat{\omega}^2$ keine systematische positive Überschätzung der Populationseffektgröße η^2.

Andere Effektgrößenmaße

Das Effektgrößenmaß η^2 und seine Schätzer $\hat{\eta}^2$ bzw. $\hat{\omega}^2$ gehören zu den am häufigsten berichteten Effektgrößenmaßen bei der Varianzanalyse. Ein Grund hierfür ist sicherlich, dass η^2 die vorteilhafte Eigenschaft hat, dass es nur zwischen 0 und 1 variieren kann und leicht interpretierbar ist als der relative Anteil der »aufgeklärten« Varianz an der Gesamtvarianz. Damit ist dieses Maß identisch mit dem Effektgrößenmaß bei der Regressionsanalyse, dem sog. Determinationskoeffizienten R^2 (s. Abschn. 16.5).

Signal-zu-Rauschen-Quotient (oder Effektgrößenmaß ϕ^2). Das Effektgrößenmaß ϕ^2 ist definiert als der Quotient aus Effektvarianz und Residualvarianz:

$$\phi^2 = \frac{\sigma_\tau^2}{\sigma_\varepsilon^2} \quad \text{(F 13.53)}$$

Dieses Maß wird auch als »Signal-zu-Rauschen-Quotient« (signal-to-noise ratio; vgl. Fleishman, 1980) bezeichnet. Hierbei macht man von einer Analogie mit Konzepten der Signalentdeckungstheorie (Green & Swets, 1966) Gebrauch. Das »Rauschen« symbolisiert die Residualvarianz: Je lauter ein akustisches Rauschen (je größer die Residualvarianz), desto schwieriger ist es, ein akustisches Signal, etwa einen bestimmten Ton, zu entdecken. Das »Signal« symbolisiert den Effekt: Je lauter das Signal (je größer die Effektvarianz), desto leichter ist er auch bei einem lauten Rauschen zu entdecken. Das Effektgrößenmaß ϕ^2 hat viele vorteilhafte mathematische Eigenschaften. Ein Nachteil von ϕ^2 ist, dass es auch Werte größer 1 annehmen kann und daher weniger einfach interpretiert werden kann. Im Rahmen der multiplen Regressionsanalyse (Abschn. 18.7.6) werden wir dem Effektgrößenmaß ϕ^2 wieder begegnen. Die beiden Effektgrößenmaße η^2 und ϕ^2 lassen sich wie folgt ineinander überführen:

$$\phi^2 = \frac{\eta^2}{1-\eta^2} \quad \text{und} \quad \eta^2 = \frac{\phi^2}{1+\phi^2} \quad \text{(F 13.54)}$$

Die Schätzung für ϕ^2 erfolgt aus den Daten mit Hilfe des geschätzten Effektgrößenmaßes $\hat{\eta}^2$ oder $\hat{\omega}^2$, indem man in Formel F 13.54 die geschätzten Werte für η^2 einsetzt. Die Konventionen für ϕ^2 lauten:
- $\phi^2 \approx 0{,}01$: »kleiner« Effekt
- $\phi^2 \approx 0{,}0625$: »mittlerer« Effekt
- $\phi^2 \approx 0{,}16$: »großer« Effekt.

Effektgrößenmaß ϕ. Das Effektgrößenmaß ϕ^2 ist zwar ebenfalls ein standardisiertes Maß, da es an der Populationsresidualvarianz standardisiert wird, aber es folgt aufgrund seiner Quadrierung einer schwer interpretierbaren Metrik. Zieht man die Quadratwurzel aus ϕ^2, so erhält man das Effektgrößenmaß ϕ, das in Standardabweichungseinheiten von X vorliegt und daher besser interpretierbar ist:

$$\phi = \sqrt{\frac{\sigma_\tau^2}{\sigma_\varepsilon^2}} \qquad \text{(F 13.55)}$$

Außerdem ist es überführbar in das Effektgrößenmaß δ', das wir bereits in Abschnitt 11.1.2 für den Zweistichprobentest kennengelernt haben (vgl. Formel F 11.12):

$$\delta' = \frac{\mu_1 - \mu_2}{\sigma_{\text{inn}}}$$

Bei $p = 2$ Bedingungen ist $\delta' = 2 \cdot \phi$. Dementsprechend ist bei gleich großen Stichproben $d' = 2 \cdot f$.

> **Vertiefung**
>
> **Zusammenhang zwischen den Effektgrößen δ' und ϕ**
> Es ist leicht zu erkennen, dass bei $p = 2$ Bedingungen und bei gleich großen Stichproben $\delta' = 2 \cdot \phi$ ist, denn im Nenner steht bei beiden Formeln die (»gepoolte«) Populations-Innerhalb-Varianz (oder Populationsresidualvarianz), und im Zähler steht bei Formel F 13.55 im Falle von $p = 2$ Bedingungen mit $n_1/n = n_2/n = 0{,}5$:
>
> $$\sqrt{\sigma_\tau^2} = \sqrt{(\mu_1 - \mu)^2 \cdot 0{,}5 + (\mu_2 - \mu)^2 \cdot 0{,}5}$$
> $$= \sqrt{\begin{aligned}&(\mu_1 - (\mu_1 \cdot 0{,}5 + \mu_2 \cdot 0{,}5))^2 \cdot 0{,}5 \\ &+ (\mu_2 - (\mu_1 \cdot 0{,}5 + \mu_2 \cdot 0{,}5))^2 \cdot 0{,}5\end{aligned}}$$
> $$= \sqrt{\begin{aligned}&(\mu_1 \cdot 0{,}5 - \mu_2 \cdot 0{,}5)^2 \cdot 0{,}5 \\ &+ (\mu_2 \cdot 0{,}5 - \mu_1 \cdot 0{,}5)^2 \cdot 0{,}5\end{aligned}}$$
> $$= 0{,}5 \cdot \sqrt{0{,}5} \cdot \sqrt{(\mu_1 - \mu_2)^2 + (\mu_2 - \mu_1)^2}$$
> $$= 0{,}5 \cdot \sqrt{0{,}5} \cdot \sqrt{2 \cdot (\mu_1 - \mu_2)^2},$$
>
> da $(\mu_2 - \mu_1)^2 = (\mu_1 - \mu_2)^2$
>
> $$= 0{,}5 \cdot (\mu_1 - \mu_2) \qquad \text{(F 13.56)}$$
>
> Eingesetzt in Formel F 13.55 ergibt sich dann:
>
> $$\phi = \frac{0{,}5 \cdot (\mu_1 - \mu_2)}{\sigma_\varepsilon}$$
> $$\Rightarrow 2 \cdot \phi = \frac{(\mu_1 - \mu_2)}{\sigma_\varepsilon} = \delta'$$

Die Konventionen für ϕ orientieren sich an den Konventionen für δ' (s. Abschn. 11.1.2). Sie lauten nach Cohen (1988):

▶ $\phi \approx 0{,}10$: »kleiner« Effekt
  (zum Vergleich: $|\delta'| \approx 0{,}20$: »kleiner« Effekt)
▶ $\phi \approx 0{,}25$: »mittlerer« Effekt
  (zum Vergleich: $|\delta'| \approx 0{,}50$: »mittlerer« Effekt)
▶ $\phi \approx 0{,}40$: »großer« Effekt
  (zum Vergleich: $|\delta'| \approx 0{,}80$: »großer« Effekt).

Um ϕ aus den Daten zu schätzen, transformiert man das geschätzte Effektgrößenmaß $\hat{\eta}^2$ gemäß Formel F 13.54 und zieht die Quadratwurzel. Dann erhält man den Effektgrößenschätzer f:

$$f = \hat{\phi} = \sqrt{\frac{\hat{\eta}^2}{1 - \hat{\eta}^2}} \qquad \text{(F 13.57)}$$

In dieser Gleichung könnte man $\hat{\eta}^2$ auch durch $\hat{\omega}^2$ ersetzen.

Konfidenzintervalle für Effektgrößen

Da – wie wir gesehen haben – alle Effektgrößenmaße ineinander überführbar sind, genügt es, lediglich das Konfidenzintervall für ein Maß zu bestimmen. Die Grenzen dieses Konfidenzintervalls sind dann ebenfalls ineinander überführbar. Üblicherweise bestimmt man die Grenzen des Konfidenzintervalls für den Nonzentralitätsparameter λ. Auch dieser Parameter ist quasi ein Effektgrößenmaß: Für den Fall, dass die Nullhypothese nicht gilt und $\sigma_\tau^2 > 0$ ist, folgt der Quotient $MQS_{\text{zw}}/MQS_{\text{inn}}$ einer nonzentralen F-Verteilung. Der Nonzentralitätsparameter λ ist ein Maß dafür, wie stark die nonzentrale F-Verteilung von der zentralen F-Verteilung abweicht. Er ist für die einfaktorielle Varianzanalyse definiert als der quadrierte Signal-zu-Rauschen-Quotient ϕ^2, der mit der Stichprobengröße n multipliziert wird:

$$\lambda = n \cdot \frac{\sigma_\tau^2}{\sigma_\varepsilon^2} = n \cdot \phi^2 \qquad \text{(F 13.58)}$$

Wir haben mit $\hat{\eta}^2$ und $\hat{\omega}^2$ zwei Schätzer für $\sigma_\tau^2/\sigma_\varepsilon^2$ kennengelernt. Beide können zur Schätzung eines Konfidenzintervalls für $\sigma_\tau^2/\sigma_\varepsilon^2$ verwendet werden. Allerdings steht nur das Konfidenzintervall, das auf der Grundlage von $\hat{\eta}^2$ bestimmt wird, im Einklang mit dem Nullhypothesentest: Wenn der Wert 0 nicht im Konfidenzintervall liegt, muss die Nullhypothese, dass alle Populationsmittelwerte gleich sind, verworfen werden. Wir illustrieren die Bestimmung der Grenzen des Konfidenzintervalls daher anhand von $\hat{\eta}^2$. Wir zeigen anschließend, wie die Grenzen des Konfidenzintervalls in Bezug auf den Effektgrößenschätzer $\hat{\omega}^2$ gewonnen werden können.

Das Grundprinzip der Bestimmung des Konfidenzintervalls besteht darin, zunächst die Grenzen des Konfidenzintervalls für den Nonzentralitätsparameter zu bestimmen und diese dann in die Intervallgrenzen für η^2 zu transformieren. Bei der Varianzanalyse wird dabei häufig nicht auf das 95 %-Konfidenzintervall, sondern auf das 90 %-Konfidenzintervall zurückgegriffen (Steiger, 2004). Der Grund ist der folgende: Die Effektgröße für η^2 kann nur positive Werte annehmen; daher testet man die Nullhypothese, dass η^2 gleich 0 ist, einseitig. Diese Hypothese kann mit dem *F*-Test der Varianzanalyse überprüft werden. Zu einem einseitigen Signifikanztest mit dem Signifikanzniveau α korrespondiert das einseitige $(1-\alpha)$-Konfidenzintervall (s. Abschn. 8.5.2). Das einseitige Konfidenzintervall ist zu einer Seite hin offen und ist daher schwieriger im Sinne der Präzision der Parameterschätzung zu interpretieren als das zweiseitige Konfidenzintervall. Daher wird von manchen Wissenschaftlern das zweiseitige Konfidenzintervall bevorzugt (Steiger, 2004). Damit das zweiseitige Konfidenzintervall für einen einseitigen Signifikanztest herangezogen werden kann, muss der α-Wert verdoppelt werden, allerdings nur für die Bildung der Grenzen des zweiseitigen Konfidenzintervalls. Man kann die Nullhypothese, dass η^2 gleich 0 ist, einseitig auf einem a priori festgelegten α-Niveau also dadurch testen, indem man überprüft, ob die 0 im zweiseitigen $(1-2\cdot\alpha)$-Konfidenzintervall liegt. Will man also die Nullhypothese, dass η^2 gleich 0 ist, einseitig auf dem 5 %-Niveau testen, bestimmt man die Grenzen des zweiseitigen 90 %-Konfidenzintervalls und prüft, ob dieses Intervall den Wert 0 einschließt.

Aufbauend auf den Gleichungen F 13.57 und F 13.58 kann der Nonzentralitätsparameter wie folgt geschätzt werden:

$$\hat{\lambda} = n \cdot f^2 = n \cdot \frac{\hat{\eta}^2}{1-\hat{\eta}^2} \qquad \text{(F 13.59)}$$

Mit der Definition nach Gleichung F 13.58 kann λ in alle zuvor genannten Effektgrößenmaße umgerechnet werden.

Für η^2 ergibt sich:

$$\eta^2 = \frac{\lambda}{\lambda + n} \qquad \text{(F 13.60a)}$$

Für ϕ^2 ergibt sich:

$$\phi^2 = \frac{\lambda}{n} \qquad \text{(F 13.60b)}$$

Um die Grenzen des zweiseitigen $(1-\alpha)$-Konfidenzintervalls für ein beliebiges Effektgrößenmaß zu bestimmen, ermitteln wir zunächst das Konfidenzintervall für den Nonzentralitätsparameter. Sind die Ober- und Untergrenze dieses Intervalls (λ_u und λ_o) bestimmt, können sie anhand der Formeln F 13.60a und b in die Unter- bzw. Obergrenze des Konfidenzintervalls für ein beliebiges Effektgrößenmaß zurücktransformiert werden.

Um die Grenzen des Konfidenzintervalls auf der Grundlage des Effektgrößenschätzers $\hat{\omega}^2$ aus den Grenzen des Konfidenzintervalls auf der Grundlage von $\hat{\eta}^2$ zu bestimmen, formen wir zunächst Gleichung F 13.52 so um, dass $\hat{\omega}^2$ als eine Funktion von $\hat{\eta}^2$ ausgedrückt wird (Fidler & Thompson, 2001):

$$\hat{\omega}^2 = \frac{\hat{\eta}^2 \cdot QS_{\text{tot}} - \frac{(p-1)}{df_{\text{inn}}} \cdot (1-\hat{\eta}^2) \cdot QS_{\text{tot}}}{QS_{\text{tot}} + \frac{(1-\hat{\eta}^2) \cdot QS_{\text{tot}}}{df_{\text{inn}}}} \qquad \text{(F 13.61)}$$

Die Ober- und Untergrenze des Konfidenzintervalls erhält man, indem man in diese Gleichung für $\hat{\eta}^2$ die Grenzen des Konfidenzintervalls einsetzt, die man auf Grundlage von $\hat{\eta}^2$ erhalten hat.

> **Beispiel**
>
> **Effektgrößen und Konfidenzintervalle für das Modelllern-Beispiel**
>
> Für das Beispiel aus Tabelle 13.1 haben wir folgende Quadratsummen ermittelt: $QS_{zw} = 2920$ und $QS_{inn} = 1612$. Daraus ergeben sich folgende Punktschätzer für den Populationseffekt:
>
> - $\hat{\eta}^2 = QS_{zw}/(QS_{zw} + QS_{inn}) = 2920/(2920 + 1612)$
> $= 0{,}644$
> - $\hat{\omega}^2 = 0{,}568$
> - $f^2 = \hat{\eta}^2/(1-\hat{\eta}^2) = 0{,}64/(1 - 0{,}64) = 1{,}81$
> - $f = \sqrt{f^2} = \sqrt{1{,}81} = 1{,}35$
>
> Der geschätzte Nonzentralitätsparameter beträgt gemäß Formel F 13.59 $\hat{\lambda} = n \cdot f^2 = 15 \cdot 1{,}81 = 27{,}17$. Wo liegen die Untergrenze und die Obergrenze des 90%-Konfidenzintervalls für den »wahren« Nonzentralitätsparameter? Mit Hilfe des Programms NDC ( ) bestimmen wir die Werte $\lambda_u = 4{,}62$ und $\lambda_o = 45{,}85$. Diese beiden Werte können nun wie folgt in die Ober- und Untergrenzen des 90%-Konfidenzintervalls für die vier behandelten Effektgrößenmaße umgerechnet werden:
>
> - Für η^2 ergibt sich gemäß F 13.60a: [0,235; 0,753]
> - Für ϕ^2 ergibt sich gemäß F 13.60b: [0,305; 3,056] bzw. für ϕ: [0,555; 1,748]
>
> In allen Fällen umschließt das 90%-Konfidenzintervall nicht den Wert 0. Der Effekt ist also signifikant von 0 verschieden und ist nach der Taxonomie von Cohen (1988) mindestens als »groß« zu bezeichnen.
>
> Für $\hat{\omega}^2$ erhalten wir nach Gleichung F 13.52 $\hat{\omega}^2 = 0{,}568$. Der Wert ist erwartungsgemäß kleiner als der Wert von $\hat{\eta}^2$. Nach Gleichung F 13.61 erhält man die folgende Unter- bzw. Obergrenze des 90%-Konfidenzintervalls auf der Grundlage von $\hat{\omega}^2$:
>
> $$\omega_u^2 = \frac{0{,}235 \cdot 4532 - \frac{2}{12} \cdot (1-0{,}235) \cdot 4532}{4532 + \frac{(1-0{,}235) \cdot 4532}{12}} = 0{,}102$$
>
> $$\omega_o^2 = \frac{0{,}753 \cdot 4532 - \frac{2}{12} \cdot (1-0{,}753) \cdot 4532}{4532 + \frac{(1-0{,}753) \cdot 4532}{12}} = 0{,}698$$

13.1.10 Poweranalyse

Die Poweranalyse des F-Tests bei der einfaktoriellen Varianzanalyse hat die gleiche Struktur wie bei allen bisher besprochenen Verfahren. Auch hier gilt, dass die Irrtumswahrscheinlichkeiten α und β, der Effekt und die Stichprobengröße ein geschlossenes System bilden: Spezifiziert man drei dieser Größen, liegt die vierte fest. Dies lässt sich nutzen, um die Power des F-Tests im Nachhinein zu ermitteln (Post-hoc-Poweranalyse) oder um die Stichprobengröße im Vorhinein so zu planen, dass der Effekt mit hinreichender Wahrscheinlichkeit gefunden werden kann (A-priori-Poweranalyse).

Post-hoc-Poweranalyse

Im Rahmen einer Post-hoc-Poweranalyse kann man ermitteln, wie groß die Wahrscheinlichkeit war, mit der – bei gegebenem Signifikanzniveau α und gegebener Stichprobengröße n – ein Effekt einer bestimmten Größe signifikant wird, unter der Annahme, dass ein Effekt dieser Größe tatsächlich existiert. Bezogen auf das Modelllern-Beispiel in Tabelle 13.1 könnte man sich fragen, wie groß die Wahrscheinlichkeit war, mit einer Stichprobengröße von $n = 15$ einen Effekt der Größe $\hat{\eta}^2 = 0{,}64$ zu finden, wenn der Test auf einem Signifikanzniveau von $\alpha = 5\%$ durchgeführt wird und ein Effekt dieser Größe tatsächlich existiert. Wir ahnen schon, dass die Power hinreichend gut sein muss, da der Effekt recht groß ist. Gefragt ist also nach dem Flächenanteil, den ein Wert von $F_{(0{,}95;\,2;\,12)} = 3{,}89$ unter der Dichtefunktion einer nonzentralen F-Verteilung mit $df_{zw} = 2$ Zählerfreiheitsgraden, $df_{inn} = 12$ Nennerfreiheitsgraden und einem Nonzentralitätsparameter von $\hat{\lambda} = 27{,}17$ nach rechts hin abschneidet. Mit Hilfe eines Verteilungsrechners (oder des Programms G*Power;) ermitteln wir einen Flächenanteil von $1 - \beta = 0{,}988$ (s. Abb. 13.3). Einen Effekt dieser Größe findet man also auch dann

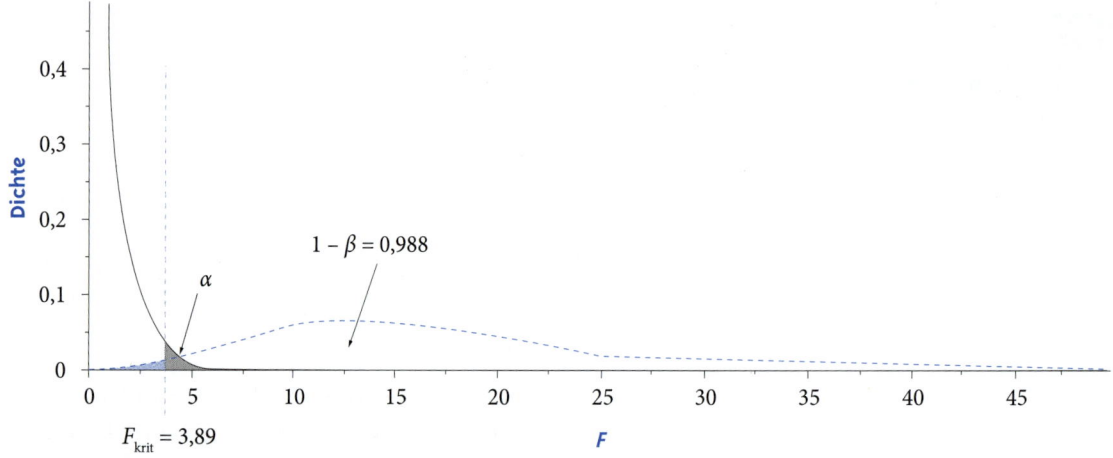

Abbildung 13.3 Wahrscheinlichkeit, bei $n = 15$ und $\alpha = 5\%$ einen Effekt der Größe $\hat{\eta}^2 = 0{,}64$ zu finden, falls dieser Effekt wirklich existiert

mit hinreichender Sicherheit, wenn die Stichprobe nur aus $n = 15$ Personen besteht.

A-priori-Poweranalyse: Planung des optimalen Stichprobenumfangs

Der Einfachheit halber (und weil es mit der Darstellung in Cohen, 1988, sowie mit dem Programm G*Power konsistent ist) werden wir im Folgenden ϕ als Maß für den Effekt in der Population verwenden. Wie wir gesehen haben, lässt sich ϕ leicht in alle übrigen Effektstärkenmaße umrechnen. Sind die Irrtumswahrscheinlichkeiten α und β festgelegt und wurde a priori ein hypothetischer Populationseffekt ϕ_1 spezifiziert, lässt sich die optimale Stichprobengröße für den F-Test einfach über den Nonzentralitätsparameter λ_1 bestimmen.

Formt man Formel F 13.61 um, ergibt sich:

$$n = \frac{\lambda_1}{\phi_1^2} \qquad \text{(F 13.62)}$$

Der Nonzentralitätsparameter λ_1 ergibt sich aus der Teststärke, also dem Flächenanteil unter der nonzentralen F-Verteilung, den ein kritischer Wert F_{krit} nach rechts abschneidet. Der kritische Wert wiederum ist derjenige F-Wert, der unter der zentralen F-Verteilung einen Flächenanteil von α nach rechts abschneidet. Sind die Irrtumswahrscheinlichkeiten α und β festgelegt, steht also auch der Nonzentralitätsparameter λ_1 fest. Die Gesamtstichprobengröße n wird dann auf die verschiedenen Bedingungen anteilsmäßig so aufgeteilt, wie die Bedingungen anteilsmäßig in die Berechnung der Populationseffektgröße eingeflossen sind. In experimentellen Studien wird man aber typischerweise gleich große Bedingungsstichproben wählen, da die Varianzanalyse unter dieser Bedingung robuster gegen Verletzungen ihrer Annahmen ist.

> **Beispiel**
>
> **A-priori-Poweranalyse für ein Experiment zum Modelllernen bei $\phi_1 = 0{,}10$**
>
> Nehmen wir an, es würde sich bei dem Effekt der stellvertretenden Belohnung bzw. Bestrafung auf das Nachahmungsverhalten nicht um einen großen, sondern nur um einen kleinen Effekt in der Population handeln. Wie groß müsste die Gesamtstichprobe sein, damit – unter der Annahme, der Effekt habe in der Population eine Größe $\phi_1 = 0{,}10$ – die Nullhypothese $\mu_1 = \mu_2 = \mu_3$ mit einer Wahrscheinlichkeit von $1 - \beta = 90\%$ abgelehnt werden kann, wenn der Test auf einem Signifikanzniveau von

$\alpha = 5\,\%$ durchgeführt wird? Gesucht ist der Nonzentralitätsparameter einer nonzentralen F-Verteilung, unter deren Dichtefunktion der Wert F_{krit} einen Flächenanteil von 90 % nach rechts und gleichzeitig unter der Dichtefunktion der zentralen F-Verteilung einen Flächenanteil von 5 % nach rechts abschneidet.

Mit Hilfe des Programms G*Power ermitteln wir einen Nonzentralitätsparameter von $\lambda_1 = 12{,}69$. Setzen wir diesen Wert in Formel F 13.62 ein,

erhalten wir:

$$n = \frac{12{,}69}{0{,}1^2} = 1269$$

Man würde also in jeder Bedingung $1269/3 = 423$ Personen benötigen, damit die Nullhypothese bei einem a priori festgelegten Populationseffekt von $\phi_1 = 0{,}10$ auf einem α-Niveau von 5 % mit einer Wahrscheinlichkeit von $1 - \beta = 90\,\%$ abgelehnt werden kann (s. Abb. 13.4).

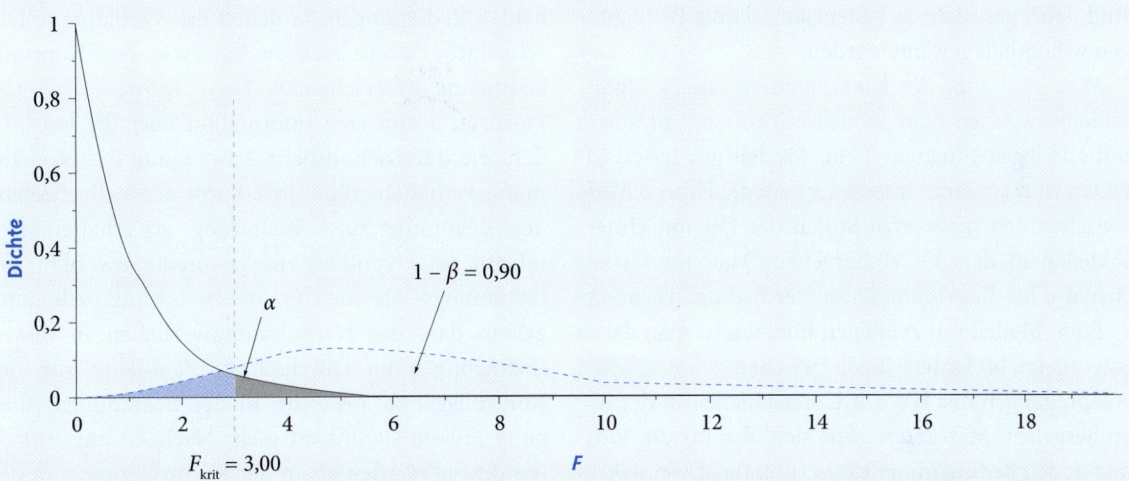

Abbildung 13.4 Wahrscheinlichkeit, bei $n = 1269$ und $\alpha = 5\,\%$ einen Effekt der Größe $\phi_1 = 0{,}10$ zu finden, falls dieser Effekt wirklich existiert

13.1.11 Varianzanalyse mit zufälligen Effekten

Die Darstellung in diesem Abschnitt bezog sich auf den Fall, dass es sich bei der unabhängigen Variablen um einen Faktor mit festen Effekten handelt. Fester Effekt bedeutet, dass das variierte Merkmal nur eine bestimmte Anzahl möglicher Ausprägungen hat und dass die realisierten Faktorstufen genau diesen Ausprägungen entsprechen. Dies ist in experimentellen Untersuchungen meist der Fall: Die experimentelle Manipulation (wie etwa die Belohnung bzw. Bestrafung des Verhaltens eines »Modells« in unserem Beispiel) kann nur in den gewählten Ausprägungen vorliegen. Hat der Faktor hingegen unendlich viele mögliche Ausprägungen und stellen die realisierten Faktorstufen nur eine Zufallsauswahl dieser Ausprägungen dar, spricht man von einem Faktor mit zufälligen Effekten. Stellen wir uns vor, wir wollten den Einfluss der Beleuchtungsstärke auf die Konzentrationsleistung untersuchen und hätten per Zufall drei unterschiedliche Beleuchtungsstärken als Faktorstufen realisiert; in diesem Fall läge ein Faktor mit zufälligen Effekten vor.

Wenn die realisierten Bedingungen lediglich eine Zufallsauswahl aus der Vielzahl möglicher Realisierungen der unabhängigen Variablen darstellen, ist man meist nicht an genau denjenigen Unterschieden (den »Effekten«) interessiert, die man konkret realisiert hat, sondern vielmehr an dem Gesamteffekt, den die unabhängige Variable mit all ihren unterschiedlichen Merkmalsausprägungen auf die abhängige Variable hat. Bezogen auf das Beleuchtungsstärke-Beispiel heißt das: Wir wollen eine Aussage darüber treffen, welchen Einfluss die Beleuchtungsstärke auf die Konzentrationsleistung hat, und diese Aussage soll auf alle möglichen Merkmalsausprägungen der Beleuchtungsstärke generalisierbar sein, auch wenn wir nur p unterschiedliche Beleuchtungsstärken untersucht haben. Die Bedingungsmittelwerte selbst sind dabei gar nicht so bedeutsam, da die Bedingungen willkürlich gewählt wurden.

Was sind nun die Konsequenzen dieses Unterschieds zwischen dem Modell mit festen und jenem mit zufälligen Effekten? Beim Modell mit festen Effekten ist man daran interessiert, ob die Unterschiede zwischen den *realisierten* Stufen der UV mit Unterschieden in der AV einhergehen. Man interessiert sich also für die *Ausprägungen* der Bedingungseffekte τ_j. Beim Modell mit zufälligen Effekten ist man daran interessiert, ob Unterschiede zwischen den *möglichen* Ausprägungen der UV mit Unterschieden in der AV einhergehen. Man interessiert sich also für die *Varianz* in den Bedingungseffekten (σ_τ^2). Bei der einfaktoriellen Varianzanalyse ist dieser Unterschied ohne Konsequenzen für die rechnerische Durchführung. Bei der zweifaktoriellen Varianzanalyse hingegen müssen die Effekte im Modell mit zufälligen Effekten anders geschätzt werden als im Modell mit festen Effekten (s. Abschn. 13.2). In Kapitel 19 werden wir zeigen, wie man ein Effektstärkemaß für den Fall einer einfaktoriellen Varianzanalyse mit zufälligen Effekten definieren und schätzen kann (Intraklassen-Korrelation).

13.1.12 Paarvergleiche und Post-hoc-Tests

Bei $p > 2$ Faktorstufen ist der F-Test ein Omnibus-Test, mit dem lediglich ermittelt werden kann, ob die Unterschiede zwischen den Bedingungsmittelwerten signifikant von 0 abweichen. Wie diese Abweichung genau aussieht, ist dem Ergebnis des F-Tests nicht zu entnehmen. Im Falle eines signifikanten Effekts weicht zumindest bei gleich großen Stichproben der größte Bedingungsmittelwert bedeutsam vom kleinsten ab. Angewendet auf unser Ausgangsbeispiel, das Drei-Gruppen-Experiment zum Einfluss stellvertretender Belohnung bzw. Bestrafung auf das Nachahmungsverhalten, bedeutet ein signifikanter Effekt, dass das Verhalten in der Belohnungsbedingung eher nachgeahmt wird als in der Bestrafungsbedingung. Häufig wird man daran interessiert sein, ob sich alle oder nur bestimmte Mittelwertpaare signifikant unterscheiden. Man wird sich daher mit dem Ergebnis des globalen Tests nicht zufriedengeben. In unserem Beispiel wäre man daran interessiert, ob sich die beiden Bedingungen, in denen das Verhalten unterschiedliche Konsequenzen hat, von der Kontrollbedingung unterscheiden. Diese wurde ja bewusst konstruiert, um eine Information über die *baseline*, d. h. die durchschnittliche Ausprägung des Nachahmungsverhaltens ohne jede Form der stellvertretenden Belohnung oder Bestrafung, zu erhalten. Der inhaltlichen Hypothese zufolge müsste sowohl für die Belohnungs- als auch für die Bestrafungsbedingung gelten, dass das Nachahmungsverhalten in diesen Bedingungen im Durchschnitt signifikant von der Kontrollgruppe abweicht: In der Belohnungsbedingung müsste signifikant mehr Nachahmungsverhalten gezeigt werden als in der Kontrollgruppe, in der Bestrafungsbedingung signifikant weniger. Auf der Ebene der Populationsmittelwerte würde man also folgendes Muster erwarten:

$$\mu_{\text{Belohnung}} > \mu_{\text{Kontrollgruppe}} > \mu_{\text{Bestrafung}}$$

Paarvergleiche

Eine Möglichkeit, diese Hypothese gezielt zu testen, besteht darin, die erwarteten Unterschiede zwischen den drei Gruppen in Form von Paarvergleichen auszudrücken. Bei $p = 3$ Bedingungen gibt es $s = 3$ nichtredundante Paarvergleiche: Ausgedrückt als Mittelwertsdifferenzen sind das $P_1 = \mu_1 - \mu_2$, $P_2 = \mu_1 - \mu_3$ und $P_3 = \mu_2 - \mu_3$. Die Paarvergleiche nennen wir P_r und führen für sie den Laufindex $r = 1, \ldots, s$ ein. Allgemein gilt für die Anzahl möglicher nichtredundanter Paarvergleiche:

$$s = \frac{1}{2} \cdot p \cdot (p-1) \qquad \text{(F 13.63)}$$

In unserem Fall würde man folgende Mittelwertsdifferenzen zwischen den Bedingungspaaren erwarten:

$P_1: \mu_{\text{Belohnung}} - \mu_{\text{Kontrollgruppe}} > 0$

$P_2: \mu_{\text{Belohnung}} - \mu_{\text{Bestrafung}} > 0$

$P_3: \mu_{\text{Kontrollgruppe}} - \mu_{\text{Bestrafung}} > 0$

Diese drei Paarvergleiche könnte man auf der Basis dreier Zweistichprobentests auf Signifikanz testen. Beispielsweise könnte man drei t-Tests für unabhängige Stichproben durchführen. Allerdings greift man bei einem Post-hoc-Mittelwertsvergleich nicht auf den einfachen t-Test zurück, sondern auf einen t-Test, bei dem der Standardfehler im Nenner auf Grundlage aller p Bedingungen bestimmt wurde. Dies hat den Vorteil, dass man die gesamte Information, die in den Daten steckt, zur Schätzung des Standardfehlers ausnutzt.

t-Wert für einen Post-hoc-Paarvergleich

Wir haben schon in Abschnitt 11.1.2 gesehen, dass man einen Mittelwertsunterschied anhand des t-Tests für unabhängige Stichproben auf Signifikanz überprüfen kann. Bei Post-hoc-Mittelwertsvergleichen greift man nicht auf die Prüfgröße nach Gleichung F 11.9b zurück, sondern auf den Wert folgender Prüfgröße, die die Mittelwerte zweier Bedingungen j und j' (mit $j \neq j'$) miteinander vergleicht:

$$t = \frac{\bar{x}_j - \bar{x}_{j'}}{\sqrt{\left(\frac{1}{n_j} + \frac{1}{n_{j'}}\right) \cdot MQS_{\text{inn}}}} \quad \text{(F 13.64)}$$

Im Nenner dieser Prüfgröße steht die MQS_{inn}, die bei Gültigkeit der Voraussetzungen der einfachen Varianzanalyse eine Schätzung der Residualvarianz darstellt. Diese Residualvarianz wird über alle p Bedingungen hinweg geschätzt, auch wenn nur zwei der p Bedingungen miteinander verglichen werden. Zur Schätzung der Residualvarianz wird somit die gesamte verfügbare Information über die Varianz der Messwerte innerhalb der Bedingungen ausgeschöpft. Unter Gültigkeit der Nullhypothese folgt die Prüfgröße einer t-Verteilung mit $df = n - p$ Freiheitsgraden. In die Freiheitsgrade fließt somit die Gesamtstichprobengröße n ein und nicht nur die Summe der beiden Teilstichprobengrößen n_j und $n_{j'}$.

Problem bei Post-hoc-Mittelwertsvergleichen. Sind alle drei Mittelwertsunterschiede in unserem Beispiel signifikant von 0 verschieden und sind die Vorzeichen dieser Unterschiede erwartungsgemäß, gilt die spezifische inhaltliche Hypothese als bestätigt. Dieses Vorgehen hat jedoch einen entscheidenden Nachteil: Man kann zeigen, dass die Wahrscheinlichkeit, in mindestens einem der drei t-Tests ein signifikantes Ergebnis zu erhalten, obwohl die Nullhypothese zutrifft (also das Risiko eines α-Fehlers), nicht mehr dem nominellen Signifikanzniveau (z. B. $\alpha = 5\,\%$) entspricht, sondern darüber liegt. Dieses Phänomen nennt man α-Fehler-Kumulierung.

α-Fehler-Kumulierung

Um das Konzept der α-Fehler-Kumulierung zu verstehen, muss man sich vor Augen führen, dass in einem Auswertungsdesign mit mehr als zwei Gruppen zwei unterschiedliche Arten von α-Fehlern existieren:

▶ der α-Fehler, der sich auf einen *spezifischen* Paarvergleich P_r bezieht,
▶ der α-Fehler, der sich auf die Menge *aller s* Paarvergleiche innerhalb der gleichen Studie bezieht; man spricht dabei auch von einer Familie von Paarvergleichen.

Im ersten Falle ist α_r die Wahrscheinlichkeit, für einen spezifischen Paarvergleich P_r die Nullhypothese fälschlicherweise abzulehnen. Im zweiten Falle ist α_{fam} die Wahrscheinlichkeit, für mindestens einen der s Paarvergleiche einer Familie die Nullhypothese fälschlicherweise abzulehnen. Im Englischen nennt man α_{fam} daher auch »family-wise error rate« oder »experiment-wise error rate«. Handelt es sich bei den Paarvergleichen um unabhängige Ereignisse, so lässt sich zeigen, dass die beiden Fehlerwahrscheinlichkeiten α_r und α_{fam} wie folgt zusammenhängen:

$$\alpha_{\text{fam}} = 1 - (1 - \alpha_r)^s \quad \text{(F 13.65)}$$

Die Formel ist leicht aus dem Multiplikationstheorem der Wahrscheinlichkeitsrechnung (s. Abschn. 7.1.6) heraus zu erklären. Gemäß Formel F 7.18 gilt für zwei unabhängige Ereignisse A und B:

$P(A \cap B) = P(A) \cdot P(B)$

In unserem Fall handelt es sich bei den beiden »Ereignissen« um die Wahrscheinlichkeit, in einem spezifischen Paarvergleich eine richtige statistische Entscheidung zu treffen. Nehmen wir an, es gelte die (globale) Nullhypothese und die Bedingungsmittelwerte seien in der Population identisch. Werden die Paarvergleiche jeweils auf einem Signifikanzniveau von $\alpha_r = 5\%$ durchgeführt, so beträgt die Wahrscheinlichkeit, mit der ein Paarvergleich P_1 richtigerweise nicht signifikant wird, $1 - \alpha_1 = 0{,}95$. Führen wir nun einen zweiten Paarvergleich P_2 durch und ist dieser von dem ersten Paarvergleich stochastisch unabhängig, gilt $1 - \alpha_2 = 0{,}95$. Wie groß ist nun die Wahrscheinlichkeit, mit der beide Paarvergleiche (also P_1 und P_2) richtigerweise nicht signifikant werden? Gemäß Formel F 7.18 ist dies das Produkt der beiden Einzelwahrscheinlichkeiten, also

$$1 - \alpha_{fam} = (1 - \alpha_1) \cdot (1 - \alpha_2) = 0{,}95 \cdot 0{,}95 = 0{,}9025.$$

Das Gegenteil der Wahrscheinlichkeit, mit der beide Paarvergleiche richtigerweise nicht signifikant werden, ist die Wahrscheinlichkeit, mit der mindestens einer der beiden Paarvergleiche fälschlicherweise signifikant wird. Diese Wahrscheinlichkeit beträgt in unserem Beispiel mit zwei Paarvergleichen $\alpha_{fam} = 1 - 0{,}9025 = 0{,}0975$. Im Falle mehrerer Paarvergleiche lässt sich der kumulierte α-Fehler mit Hilfe von Formel F 13.65 berechnen. Bei $s = 3$ unabhängigen Paarvergleichen und $\alpha_r = 5\%$ beträgt der kumulierte α-Fehler $\alpha_{fam} = 1 - 0{,}857 = 0{,}143$. Würde man in einem Design mit $p = 4$ Gruppen alle $s = 6$ Paarvergleiche auf $\alpha_r = 5\%$ testen, so würde der kumulierte α-Fehler $\alpha_{fam} = 1 - 0{,}735 = 0{,}265$ betragen. Man sieht, wie α_{fam} in Abhängigkeit von der Anzahl der Paarvergleiche (und damit von der Anzahl der Faktorstufen) in die Höhe schnellt.

Zur Lösung des Problems der α-Fehler-Kumulierung sind mehrere Vorschläge gemacht worden. Dazu gehören

- die Adjustierung der spezifischen Irrtumswahrscheinlichkeit α_r und
- die Adjustierung der kritischen Werte für die multiplen Paarvergleiche.

Auf die Adjustierung der spezifischen Irrtumswahrscheinlichkeit greift man typischerweise zurück, wenn man nur einige ausgewählte Mittelwertsvergleiche vornehmen will. Die Adjustierung der kritischen Werte bezieht sich auf den Fall, wo alle möglichen Mittelwertsvergleiche auf einem festgelegten α_{fam} abgesichert werden sollen.

Adjustierung der spezifischen Irrtumswahrscheinlichkeit

Šidák-Adjustierung. Eine naheliegende Möglichkeit besteht darin, α_{fam} zu adjustieren, indem man schon von vornherein ein strengeres Signifikanzniveau für jeden einzelnen der s Paarvergleiche ansetzt. Für eine solche Adjustierung kann man Formel F 13.65 verwenden (Šidák, 1967). Löst man die Gleichung nach α_r auf, erhält man:

$$\alpha_r = 1 - \sqrt[s]{1 - \alpha_{fam}} \qquad \text{(F 13.66)}$$

Bonferroni-Adjustierung. Der italienische Mathematiker Carlo Emilio Bonferroni hat gezeigt, dass man zu sehr ähnlichen Ergebnissen kommt, wenn man α_{fam} durch die Anzahl der durchzuführenden Tests dividiert:

$$\alpha_r = \frac{\alpha_{fam}}{s} \qquad \text{(F 13.67)}$$

In unserem Falle mit $p = 3$ Faktorstufen und $s = 3$ Paarvergleichen müsste das spezifische Signifikanzniveau α_r auf $0{,}05/3 = 0{,}017$ festgesetzt werden. Man sieht, dass die Methode zu sehr konservativen Testungen für die einzelnen Paarvergleiche führt. Die Bonferroni-Methode ist also eine strenge Form der α-Adjustierung; die Paarvergleiche haben daher eine geringere Power. Die Korrektur nach Šidák (1967) ist etwas weniger streng, da sie zu einem geringeren Powerverlust mit Zunahme der Paarvergleiche führt.

Bonferroni-Holm-Methode. Der schwedische Mathematiker Sture Holm hat eine weniger konservative Möglichkeit der α-Adjustierung vorgeschlagen, die unter dem Namen »Bonferroni-Holm-Adjustierung« bekannt geworden ist (Holm, 1979). Diese Form der Adjustierung wird in vier Schritten durchgeführt:

(1) Festlegung von α_{fam}
(2) Durchführung der s Paarvergleiche und Ermittlung der jeweiligen p_r-Werte. Ein p_r-Wert ist der p-Wert des r-ten Paarvergleichs.

(3) Sortieren der Paarvergleiche nach den p_r-Werten in aufsteigender Reihenfolge, so dass P_1 der Mittelwertsunterschied mit dem »signifikantesten« Effekt, P_2 der Mittelwertsunterschied mit dem »zweitsignifikantesten« Effekt etc. und P_s der Mittelwertsunterschied mit dem am wenigsten signifikanten Effekt ist.
(4) Bestimmung des adjustierten spezifischen Signifikanzniveaus auf der Basis der Gleichung

$$\alpha_r = \frac{\alpha_{\text{fam}}}{s-(r-1)}. \qquad \text{(F 13.68)}$$

Die s Paarvergleiche werden also auf unterschiedlichen adjustierten spezifischen Signifikanzniveaus durchgeführt. P_1 (also der Mittelwertsunterschied mit dem »signifikantesten« Effekt) wird auf dem strengsten Niveau $\alpha_1 = \alpha_{\text{fam}}/s$ durchgeführt, P_2 (also der Mittelwertsunterschied mit dem »zweitsignifikantesten« Effekt) auf einem etwas liberaleren Niveau $\alpha_2 = \alpha_{\text{fam}}/(s-1)$, P_3 auf einem noch liberaleren Niveau $\alpha_3 = \alpha_{\text{fam}}/(s-2)$ usw. Der Mittelwertsunterschied mit dem am wenigsten signifikanten Effekt (P_s) wird dann auf dem liberalsten Signifikanzniveau $\alpha_s = \alpha_{\text{fam}}$ durchgeführt. Alle Paarvergleichs-Nullhypothesen, deren p_r kleiner ist als das jeweilige adjustierte spezifische Signifikanzniveau α_r, werden abgelehnt. Mit derjenigen Paarvergleichs-Nullhypothese, deren p_r größer ist als das jeweilige adjustierte spezifische Signifikanzniveau α_r, werden alle nachfolgenden Paarvergleichs-Nullhypothesen *nicht* mehr abgelehnt.

> **Beispiel**
>
> **Bonferroni- und Bonferroni-Holm-Adjustierung für das Modelllern-Beispiel**
>
> In unserem Beispiel aus Tabelle 13.1 ergeben sich folgende Mittelwertsunterschiede:
> ▶ Belohnung vs. Bestrafung:
> $P_1 = \bar{x}_1 - \bar{x}_2 = 58 - 24 = 34$
> ▶ Belohnung vs. Kontrollgruppe:
> $P_2 = \bar{x}_1 - \bar{x}_3 = 58 - 38 = 20$
> ▶ Bestrafung vs. Kontrollgruppe:
> $P_3 = \bar{x}_2 - \bar{x}_3 = 24 - 38 = -14$.
>
> Um zu überprüfen, ob diese Mittelwertsunterschiede signifikant von 0 verschieden sind, transformieren wir diese nach Formel F 13.64 in die t-verteilte Prüfgröße. Der Nenner in Formel F 13.64 berechnet sich dabei für alle drei Paarvergleiche zu $\sqrt{(1/5+1/5) \cdot 134{,}44} = 7{,}33$. Damit ergeben sich folgende t-Werte:
> ▶ Belohnung vs. Bestrafung:
> $t_1 = 34/7{,}33 = 4{,}64$; $p_1 = 0{,}001$
> ▶ Belohnung vs. Kontrollgruppe:
> $t_2 = 20/7{,}33 = 2{,}73$; $p_2 = 0{,}018$
> ▶ Bestrafung vs. Kontrollgruppe:
> $t_3 = -14/7{,}33 = -1{,}91$; $p_3 = 0{,}08$.
>
> Wenn die Fehlerwahrscheinlichkeit $\alpha_{\text{fam}} = 5\,\%$ betragen soll, so müssen die Paarvergleiche nach der Bonferroni-Adjustierung auf einem spezifischen Signifikanzniveau von $\alpha_r = 0{,}05/3 = 0{,}017$ durchgeführt werden. Der gleiche Wert für α_r ergibt sich nach der Šidák-Adjustierung. Auf der Basis dieser Adjustierung ist nur der Vergleich P_1 signifikant. Wenn die spezifischen Signifikanzniveaus nach der Methode von Holm (1979) adjustiert werden, ergibt sich für den Vergleich P_1: $\alpha_1 = 0{,}05/3 = 0{,}017$, für den Vergleich P_2: $\alpha_2 = 0{,}05/2 = 0{,}025$ und für den Vergleich P_3: $\alpha_3 = 0{,}05/1 = 0{,}05$. Auf der Basis dieser Adjustierung sind also die Vergleiche P_1 und P_2 signifikant. Man sieht, dass die Holm-Adjustierung weniger streng ist als die Bonferroni- und die Šidák-Adjustierung. Inhaltlich lässt sich das Ergebnis (auf der Basis der Holm-Adjustierung) wie folgt interpretieren: Der Mittelwert des Nachahmungsverhaltens ist in der Belohnungsbedingung größer als in den beiden anderen Bedingungen, allerdings ist das Nachahmungsverhalten in der Bestrafungsbedingung nicht signifikant schwächer als in der Kontrollgruppe. Aus diesem fiktiven Datenbeispiel wäre also zu folgern, dass die Modelllern-Hypothese nur für stellvertretend belohntes Verhalten, nicht aber für stellvertretend bestraftes Verhalten gilt.

Adjustierung der kritischen Werte

Je mehr Mittelwertsvergleiche vorgenommen werden, umso stärker geht die Strategie, eine Bonferroni-Korrektur vorzunehmen, mit einem Verlust an Power einher. Der Verlust an Power ist dann am größten, wenn alle möglichen Mittelwerte miteinander verglichen werden sollen. Für diesen Fall wurden Techniken entwickelt, die sicherstellen, dass die α_{fam}-Fehlerwahrscheinlichkeit eingehalten wird, und im Vergleich zur Bonferroni-Korrektur eine höhere Power aufweisen. Hierbei wird nicht das spezifische Signifikanzniveau eines Paarvergleichs (α_r), sondern vielmehr der kritische Wert adjustiert, den eine beliebige Mittelwertdifferenz P_r bzw. der Wert der dazugehörigen Prüfgröße überschreiten muss, damit die Nullhypothese abgelehnt werden kann. Multiple Paarvergleiche auf der Basis adjustierter kritischer Werte sind in den meisten Statistikprogrammen als sog. »post hoc«-Tests oder »a posteriori«-Tests im Rahmen einer varianzanalytischen Auswertungsprozedur implementiert. Aus der Vielzahl der in der Literatur vorgeschlagenen Adjustierungen greifen wir uns hier lediglich die beiden bekanntesten heraus, die Tukey-Methode und die Dunnett-Methode. Einen umfassenden Überblick über verschiedene weitere Verfahren, die für spezifische Fragestellungen und Datensituationen (z. B. ungleiche Varianzen zwischen den Bedingungen) angemessen sind, gibt Kirk (1995).

Tukey-Test und Tukey-Kramer-Test. Beim Tukey-Test (auch »Honest Significant Difference«-Test oder HSD-Test genannt) wird ein Paarvergleich P_r (also eine Mittelwertdifferenz zwischen zwei Bedingungen) auf der Basis einer adjustierten Prüfverteilung, die der t-Verteilung ähnelt, auf Signifikanz getestet. Die adjustierte Prüfverteilung wird auch als »studentized range«-Verteilung (oder q-Verteilung) bezeichnet. Die q-Verteilung hängt von zwei Parametern ab: der Anzahl der Mittelwerte (Stufen des Faktors) und den Freiheitsgraden für $\hat{\sigma}_\varepsilon^2$, also $df_{inn} = n - p$. In unseren Online-Materialien verweisen wir auf Tabellen mit kritischen q-Werten sowie auf kostenlose Computerprogramme, mit denen der Tukey-Test durchgeführt werden kann. Er ist auch in den gängigen Statistikprogrammen wie R oder SPSS enthalten.

Der Absolutbetrag einer empirischen Mittelwertdifferenz P_r muss den folgenden kritischen Wert P_{krit} überschreiten, damit die Nullhypothese abgelehnt werden kann:

$$P_{krit} = q_{(\alpha, p, df_{inn})} \cdot \sqrt{\frac{p \cdot \hat{\sigma}_\varepsilon^2}{n}}$$

Der Tukey-Test setzt voraus, dass für alle p Bedingungen gleiche Stichprobengrößen vorliegen. Unterscheiden sich die Stichprobengrößen zwischen den Bedingungen, muss auf den Tukey-Kramer-Test (Tukey, 1953; Kramer, 1956) zurückgegriffen werden.

Dunnett-Test. Den Dunnett-Test wendet man an, wenn es eine Kontrollbedingung gibt, gegen die alle anderen Bedingungen getestet werden sollen. In diesem Fall ist der Dunnett-Test angemessener als der Tukey-Test, da ja nicht alle möglichen Mittelwertsvergleiche von Interesse sind. Der Dunnett-Test stellt das gewünschte α_{fam} für genau $p - 1$ Mittelwertsvergleiche sicher. Man bestimmt die Differenz zwischen dem Mittelwert einer Bedingung und der Kontrollbedingung nach Gleichung F 13.64. Hierbei ist zu beachten, dass der Dunnett-Test gleiche Stichprobengrößen voraussetzt. Man vergleicht den berechneten t-Wert mit einem kritischen Wert (d_{krit}), der einer entsprechenden Tabelle entnommen werden muss. Eine alternative Testmöglichkeit: Der Absolutbetrag einer empirischen Mittelwertdifferenz P_r muss den folgenden kritischen Wert P_{krit} überschreiten, damit die Nullhypothese abgelehnt werden kann:

$$P_{krit} = d_{krit} \cdot \sqrt{\frac{2 \cdot p \cdot \hat{\sigma}_\varepsilon^2}{n}} \qquad \text{(F 13.69)}$$

Der Dunnett-Test ist auch in gängigen Statistikprogrammen wie R oder SPSS enthalten.

> **Beispiel**
>
> **Tukey-Test und Dunnett-Test für das Modelllern-Beispiel**
> Um mit Hilfe eines Tukey-Tests zu überprüfen, welche der drei Mittelwertsunterschiede signifikant von 0 abweichen, muss zunächst der kritische q-Wert ermittelt werden. Bei einem Signifikanzniveau von α_{fam} = 5 % beträgt dieser Wert bei p = 3 Mittelwerten und df_{inn} = 12 Nennerfreiheitsgraden

q_{krit} = 3,77. Ein Mittelwertsunterschied muss folgenden Wert überschreiten, damit die Nullhypothese abgelehnt werden kann:

$$P_{krit} = 3{,}77 \cdot \sqrt{\frac{3 \cdot 134{,}33}{15}} = 19{,}54$$

Beim Dunnett-Test werden nur zwei Paarvergleiche durchgeführt, nämlich der Vergleich zwischen der Belohnungs- und der Kontrollgruppe ($\bar{x}_1 - \bar{x}_3$) und der Vergleich zwischen der Bestrafungs- und der Kontrollgruppe ($\bar{x}_2 - \bar{x}_3$). Um mit Hilfe des Dunnett-Tests zu überprüfen, welche der beiden Mittelwertsunterschiede signifikant von 0 abweicht, muss zunächst der kritische Wert ermittelt werden. Bei einem Signifikanzniveau von α_{fam} = 5 % (zweiseitig) beträgt dieser Wert bei df_{inn} = 12 Nennerfreiheitsgraden d_{krit} = 2,50. Gemäß Formel F 13.69 muss ein Mittelwertsunterschied folgenden Wert überschreiten, damit die Nullhypothese abgelehnt werden kann:

$$P_{krit} = 2{,}5 \cdot \sqrt{\frac{2 \cdot 3 \cdot 134{,}33}{15}} = 18{,}33$$

Beide Tests kommen zum gleichen Ergebnis: Der Mittelwertsunterschied zwischen der Belohnungs- und der Kontrollgruppe ist signifikant. Der Unterschied zwischen der Bestrafungs- und der Kontrollgruppe hingegen ist nicht signifikant. Nach dem Tukey-Test gilt zusätzlich: Der Unterschied zwischen der Belohnungs- und der Bestrafungsbedingung ist signifikant.

Wie sollte man Mittelwertsunterschiede post hoc testen?

Wir haben nun verschiedene Strategien zur Überprüfung von Mittelwertsunterschieden kennengelernt. Auf welche Strategie sollte man zurückgreifen? Der Einsatz des Tukey- und des Dunnett-Tests sind klar, da vorher festliegt, dass man entweder alle möglichen Mittelwertspaare vergleichen will (Tukey-Test) oder gezielt $p - 1$ Paarvergleiche (Dunnett-Test) vornehmen will. Ist man nur an wenigen Mittelwertsvergleichen interessiert, ist es günstiger, eine Korrektur des α_r-Wertes vorzunehmen. Allerdings ist es wichtig, vorher festzulegen, welche Mittelwertsvergleiche untersucht werden sollen. Die Verlockung ist groß, die Anzahl der vorzunehmenden Mittelwertsvergleiche an den Daten festzumachen und die Korrektur des α_r-Wertes nur auf die Mittelwertsvergleiche zu beziehen, die a posteriori aufgrund ihrer geschätzten Werte besonders interessant erscheinen.

In unserem Beispiel am Modelllernen ist man z. B. a priori an drei Vergleichen interessiert: (1) dem Vergleich der Bestrafungs- mit der Kontrollbedingung, (2) dem Vergleich der Belohnungs- mit der Kontrollbedingung und (3) dem Vergleich der Bestrafungs- mit der Belohnungsbedingung. Nun hat sich in unserem Beispiel anhand der Daten gezeigt, dass sich die Kontroll- und die Bestrafungsbedingung kaum unterscheiden, so dass man auf die Idee kommen könnte, nur den Unterschied zwischen der Bestrafungs- und der Kontrollbedingung auf Signifikanz zu überprüfen und dies ohne Korrektur, um sich einen Gewinn an Power einzukaufen. Dies wäre aber nicht korrekt, da man a priori von drei Vergleichen ausgegangen ist. Selbst wenn man nur einen Paarvergleich auf Signifikanz überprüfen würde, müsste man die Korrektur in Bezug auf drei Vergleiche vornehmen. Geht man datengeleitet z. B. immer nur so vor, die größte Mittelwertsdifferenz post hoc auf Signifikanz zu überprüfen, würde man – im Vergleich zu einem a priori festgelegten Mittelwertsvergleich – die α-Fehlerwahrscheinlichkeit deutlich erhöhen (s. hierzu Maxwell & Delaney, 2004). Hat man a priori keine gezielten Hypothesen, sollte man die Mittelwertsvergleiche, die man vornimmt, anhand des Tukey-Tests überprüfen.

13.1.13 Kontrastanalyse

Die Kontrastanalyse kann als eine spezielle Form der Varianzanalyse verstanden werden. Der Unterschied zwischen beiden Analysen besteht darin, dass bei der Kontrastanalyse spezifische Hypothesen über die Struktur der Mittelwerte in einem faktoriellen Design getestet werden, während die Varianzanalyse zunächst einmal nur die globale Unterschiedlichkeit der Mittelwerte überprüft. Unter einem Kontrast, den wir mit dem Buchstaben Λ (griech. Lambda) bezeichnen, versteht man eine Linearkombination (d. h. eine mit sog. Kontrastkoeffizienten K gewichtete Summe) der p Mittelwerte eines Faktors:

$$\Lambda = K_1 \cdot \mu_1 + K_2 \cdot \mu_2 + K_3 \cdot \mu_3 + \ldots + K_p \cdot \mu_p, \quad \text{(F 13.70)}$$

wobei die Bedingung erfüllt sein muss, dass die Summe der Kontrastkoeffizienten 0 ergibt:

$$\sum_{j=1}^{p} K_j = 0 \quad \text{(F 13.71)}$$

Hat man eine spezifische Hypothese über die Struktur der Mittelwerte (genauer: über die Struktur der Mittelwerts*unterschiede*), so lässt sich diese Hypothese mit Hilfe spezifischer Werte für die Kontrastkoeffizienten, also die »Gewichte« der Mittelwerte, ausdrücken. Die Werte für K_j werden also festgelegt, und zwar so, dass sie die inhaltliche Hypothese bezüglich der Struktur der Mittelwertsunterschiede exakt widerspiegeln.

Ein Beispiel: Eine Forscherin möchte die Wirksamkeit dreier klinischer Interventionsformen miteinander vergleichen und führt zu diesem Zweck eine Evaluationsstudie durch. Die Patienten in Gruppe 1 erhalten eine psychoanalytische Behandlung, während die Gruppen 2 und 3 mit zwei spezifischen Formen der Verhaltenstherapie behandelt werden. Die Forscherin interessiert sich für die Frage, ob die Wirksamkeit einer psychoanalytischen Behandlung größer ist als die durchschnittliche Wirksamkeit der beiden verhaltenstherapeutischen Behandlungen. Sie würde erwarten, dass der Mittelwert in Gruppe 1 größer ist als der Durchschnitt der Mittelwerte in den Gruppen 2 und 3. Formal: $\mu_1 > (\mu_2 + \mu_3)/2$. Man benötigt Kontrastkoeffizienten, die den Mittelwert der psychoanalytischen Behandlungsgruppe gegen den Durchschnitt der Mittelwerte der beiden verhaltenstherapeutischen Behandlungsgruppen kontrastieren. Hierfür bieten sich folgende Werte an: $K_1 = 1$, $K_2 = -0{,}5$ und $K_3 = -0{,}5$. Der Kontrast lautet dann: $\Lambda = 1 \cdot \mu_1 - 0{,}5 \cdot \mu_2 - 0{,}5 \cdot \mu_3 = \mu_1 - 0{,}5 \cdot (\mu_2 + \mu_3)$. Das Ergebnis einer Kontrastanalyse ist allerdings von der Metrik der Kontrastkoeffizienten völlig unabhängig; in unserem Beispiel hätten wir auch die Werte $K_1 = 2$, $K_2 = -1$ und $K_3 = -1$ oder $K_1 = 10$, $K_2 = -5$ und $K_3 = -5$ wählen können.

Kontrastanalyse und Paarvergleiche

In Abschnitt 13.1.12 haben wir schon Verfahren kennengelernt, um Mittelwertsdifferenzen auf Signifikanz zu testen. Auch der hier beschriebene Mittelwertsvergleich lässt sich in einen Kontrast übersetzen. So entspricht im Drei-Gruppen-Experiment

- der Paarvergleich $\mu_1 - \mu_2$ einem Kontrast mit den Koeffizienten $K_1 = 1$, $K_2 = -1$ und $K_3 = 0$;
- der Paarvergleich $\mu_2 - \mu_3$ einem Kontrast mit den Koeffizienten $K_1 = 0$, $K_2 = 1$ und $K_3 = -1$;
- der Paarvergleich $\mu_1 - \mu_3$ einem Kontrast mit den Koeffizienten $K_1 = 1$, $K_2 = 0$ und $K_3 = -1$.

Die Zuweisung von Werten für die Kontrastkoeffizienten folgt unmittelbar aus Gleichung F 13.70: Setzt man etwa für K_j die Werte $K_1 = 1$, $K_2 = -1$ und $K_3 = 0$ in diese Gleichung ein, erhält man:

$$\Lambda = 1 \cdot \mu_1 + (-1) \cdot \mu_2 + 0 \cdot \mu_3 = \mu_1 - \mu_2$$

Inferenzstatistische Absicherung eines Kontrasts

In Bezug auf einen Kontrast Λ lassen sich verschiedene Hypothesen überprüfen. Üblicherweise wird die ungerichtete Nullhypothese $H_0: \Lambda = 0$ oder eine der beiden gerichteten Nullhypothesen $H_0: \Lambda \leq 0$ bzw. $H_0: \Lambda \geq 0$ überprüft. Hierzu muss zunächst ein Kontrast geschätzt werden. Dabei greift man auf die Stichprobenmittelwerte zurück:

$$L = \hat{\Lambda} = K_1 \cdot \bar{x}_1 + K_2 \cdot \bar{x}_2 + K_3 \cdot \bar{x}_3 + \ldots + K_p \cdot \bar{x}_p$$

(F 13.72)

Auf der Grundlage des Stichprobenkontrastes L bestimmt man den Wert einer entsprechenden Prüfgröße. Hierzu stehen zwei Prüfgrößen zur Auswahl: entweder eine t- oder eine F-verteilte Prüfgröße. Da beide Prüfgrößen ineinander überführbar sind ($F = t^2$), führen sie zum selben Ergebnis des Signifikanztests. Allerdings können einseitige Hypothesen der Form $H_0: \Lambda \leq 0$ einfacher mit dem t-Test überprüft werden, da dann die Richtung der Abweichung von 0 direkt erkennbar ist. Will man gerichtete Hypothesen mit dem F-Test überprüfen, muss man zur Bestimmung des kritischen F-Werts den α-Wert verdoppeln bzw. den p-Wert halbieren.

Die Transformation eines Kontrasts in einen F-Wert erfolgt genauso wie bei der Varianzanalyse (vgl. Formel F 13.37): Im Zähler des F-Quotienten steht die mittlere Quadratsumme des Kontrasts; im Nenner steht die mittlere Quadratsumme innerhalb der kontrastierten Bedingungen als Schätzer für die Populationsresidualvarianz:

$$F = \frac{MQS_{Kontrast}}{MQS_{inn}} = \frac{\frac{QS_{Kontrast}}{df_{Kontrast}}}{MQS_{inn}} \quad \text{(F 13.73a)}$$

Da die Freiheitsgrade eines Kontrasts immer $df_{Kontrast} = 1$ sind, verkürzt sich Formel F 13.73a wie folgt:

$$F = \frac{QS_{Kontrast}}{MQS_{inn}} \quad \text{(F 13.73b)}$$

Die MQS_{inn} im Nenner dieses Quotienten ist identisch mit der MQS_{inn} aus der Varianzanalyse (s. Formel F 13.27c). Die $QS_{Kontrast}$ im Zähler des Quotienten berechnet sich wie folgt:

$$QS_{Kontrast} = \frac{\left(\sum_{j=1}^{p} K_j \cdot \bar{x}_j\right)^2}{\sum_{j=1}^{p} \frac{K_j^2}{n_j}} \quad \text{(F 13.74)}$$

Der Ausdruck im Zähler von Formel F 13.74 folgt direkt aus Formel F 13.70; er ist nichts anderes als das Quadrat der mit K_j gewichteten Summe der p Bedingungsmittelwerte, also eben der quadrierte Kontrast L. Allerdings hat dieser Ausdruck die ungünstige Eigenschaft, von den spezifischen Werten der Kontrastkoeffizienten K_j abzuhängen. Je weiter die K_j von 0 abweichen, desto größer wird der Ausdruck. Welche Werte die Kontrastkoeffizienten annehmen, soll aber irrelevant für das Ergebnis der Kontrastanalyse sein. Daher muss der Ausdruck im Zähler von Formel F 13.74 durch $\sum_{j=1}^{p}(K_j^2/n_j)$ dividiert werden; dadurch erreicht man, dass er von den konkreten Werten der Kontrastkoeffizienten unabhängig wird.

Machen wir uns das an einem sehr einfachen Rechenbeispiel klar. Sagen wir, in einem Zwei-Gruppen-Experiment mit $n_j = 10$ ist $\bar{x}_1 = 4$ und $\bar{x}_2 = 8$. Eine Varianzanalyse müsste hier zum gleichen Ergebnis kommen wie eine Kontrastanalyse. Bei der Varianzanalyse würde sich für die Zwischen-Quadratsumme ergeben:

$$QS_{zw} = \sum_{j=1}^{p} n_j \cdot (\bar{x}_j - \bar{x})^2$$

$$= 10 \cdot (4 - 6)^2 + 10 \cdot (8 - 6)^2 = 80$$

Bei der Kontrastanalyse mit $K_1 = +1$ und $K_2 = -1$ würde sich nach Formel F 13.74 ergeben:

$$QS_{Kontrast} = \frac{(1 \cdot 4 - 1 \cdot 8)^2}{\frac{(1)^2 + (-1)^2}{10}} = \frac{16}{0{,}2} = 80$$

Beide Quadratsummen kommen also zum gleichen Ergebnis, und das muss auch so sein. Hätte man bei der Kontrastanalyse die Kontrastkoeffizienten $K_1 = +2$ und $K_2 = -2$ gewählt, würde sich nach Formel F 13.74 ergeben:

$$QS_{Kontrast} = \frac{(2 \cdot 4 - 2 \cdot 8)^2}{\frac{(2)^2 + (-2)^2}{10}} = \frac{64}{0{,}8} = 80$$

Die Quadratsumme ist somit von den Werten der Kontrastkoeffizienten unabhängig.

> **Beispiel**
>
> **Kontrastanalyse für das Modelllern-Beispiel**
>
> Wir veranschaulichen die Durchführung einer Kontrastanalyse nun wieder anhand des Drei-Gruppen-Experiments zum Modelllernen aus Tabelle 13.1. Wir wollen die Annahme überprüfen, dass μ_1 größer als der Durchschnitt aus μ_2 und μ_3 ist. Hierzu testen wir die folgende statistische Nullhypothese: $\mu_1 \leq (\mu_2 + \mu_3)/2$ (oder $\mu_1 - 0{,}5 \cdot (\mu_2 + \mu_3) \leq 0$). Wir wählen die Kontrastkoeffizienten $K_1 = 1$, $K_2 = -0{,}5$ und $K_3 = -0{,}5$. Die Bedingungsmittelwerte lauten $\bar{x}_1 = 58$, $\bar{x}_2 = 24$ und $\bar{x}_3 = 38$. Damit ergibt sich folgender linearer Kontrast (Linearkombination der Bedingungsmittelwerte):
>
> $$L = \sum_{j=1}^{p} K_j \cdot \bar{x}_j = 1 \cdot 58 - 0{,}5 \cdot 24 - 0{,}5 \cdot 38 = 27$$

▶

Nun berechnen wir die Quadratsumme für diesen Kontrast nach Formel F 13.74:

$$QS_{\text{Kontrast}} = \frac{(1 \cdot 58 - 0{,}5 \cdot 24 - 0{,}5 \cdot 38)^2}{\frac{1^2 + (-0{,}5)^2 + (-0{,}5)^2}{5}}$$

$$= \frac{729}{0{,}3} = 2430$$

Die $MQS_{\text{inn}} = 134{,}33$ hatten wir bereits ermittelt. Setzen wir diese Werte in Formel F 13.73b ein, erhalten wir $F = 2430/134{,}33 = 18{,}09$. Da wir eine gerichtete Hypothese haben, beträgt der kritische F-Wert für ein Signifikanzniveau von $\alpha = 5\%$ bei $df_1 = 1$ Zählerfreiheitsgrad und $df_2 = 12$ Nennerfreiheitsgraden $F_{(0{,}90;\,1;\,12)} = 3{,}18$. Unser empirischer F-Wert liegt weit darüber; der Kontrast ist also signifikant. Die Nullhypothese, der zufolge gilt: $\mu_1 \leq 0{,}5 \cdot (\mu_2 + \mu_3)$, kann abgelehnt werden.

Übrigens: Hätten wir für die Kontrastkoeffizienten die Werte $K_1 = 2$, $K_2 = -1$ und $K_3 = -1$ gewählt, hätte der lineare Kontrast den Wert $L = 2 \cdot 58 - 1 \cdot 24 - 1 \cdot 38 = 54$ angenommen. Allerdings wäre das gleiche Ergebnis des Signifikanztests herausgekommen, denn die QS_{Kontrast} wäre auch hier 2430 gewesen, wie die folgende Rechnung zeigt:

$$QS_{\text{Kontrast}} = \frac{(2 \cdot 58 - 1 \cdot 24 - 1 \cdot 38)^2}{\frac{2^2 + (-1)^2 + (-1)^2}{5}} = \frac{2916}{1{,}2} = 2430$$

Vergleich von mehreren Kontrasthypothesen

Die vielen Möglichkeiten bei der Zuweisung von Werten zu den Kontrastkoeffizienten machen die Kontrastanalyse zu einem sehr flexiblen Analyseinstrument. Das folgende Beispiel zeigt, dass Kontrastanalysen auch dazu verwendet werden können, spezifische konkurrierende Hypothesen über die Struktur von Mittelwertsunterschieden separat zu testen und damit zu ermitteln, welche Hypothese am ehesten mit den Daten verträglich ist.

Beispiel

Der Einfluss von Alkoholkonsum auf aggressives Verhalten

Viele Studien belegen, dass der Konsum von Alkohol – kurz- und langfristig – mit einer erhöhten Bereitschaft zu aggressivem Verhalten einhergeht (z. B. Bushman, 1993; Chermack & Taylor, 1995). Der Effekt wurde schon sehr früh laborexperimentell nachgewiesen, dann aber kritisiert mit dem Argument, es könne sich bei dem Alkoholeffekt in Wirklichkeit um einen sog. Demand-Effekt handeln: Wenn Versuchspersonen ein alkoholisches Getränk zu sich nehmen und anschließend die Möglichkeit haben, sich gegenüber einer (fiktiven) zweiten Versuchsperson aggressiv zu verhalten, könnte es sein, dass die bloße Erwartung oder Voreinstellung, dass Alkohol aggressiv mache, die Wahrscheinlichkeit für eigenes aggressives Verhalten erhöhe. Um diese Alternativerklärung zu testen, haben Pihl et al. (1981) sich folgendes Versuchsdesign einfallen lassen: 48 männliche Versuchspersonen wurden randomisiert einer von vier experimentellen Bedingungen zugewiesen:

(1) In Gruppe 1 (»kein Alkohol«) erhielten die Versuchspersonen ein nicht-alkoholisches Getränk; ihnen wurde gesagt, dass es sich um ein Getränk mit einer sehr schwachen Dosis Alkohol handele.

(2) In Gruppe 2 (»Placebo«) erhielten die Versuchspersonen ebenfalls ein nicht-alkoholisches Getränk; ihnen wurde allerdings gesagt, es handele sich um ein stark alkoholisches Getränk.

(3) In Gruppe 3 (»Anti-Placebo«) erhielten die Versuchspersonen ein stark alkoholisches Getränk; ihnen wurde allerdings gesagt, dass es sich um ein Getränk mit einer sehr schwachen Dosis Alkohol handele.

(4) In Gruppe 4 (»Alkohol«) erhielten die Versuchspersonen ein stark alkoholisches Getränk, und genau das wurde ihnen auch gesagt.

Abhängige Variable war das Ausmaß des aggressiven Verhaltens, gemessen über die Stärke eines elektrischen Schocks, den die Versuchspersonen einer scheinbaren zweiten Versuchsperson applizieren sollten (eine adaptierte Version des »Taylor Aggressionsparadigmas«, vgl. Taylor, 1967). Wenn es tatsächlich stimmt, dass Alkohol die Aggressionsbereitschaft erhöht, dann müssten die Aggressionsmittelwerte in den Gruppen 3 und 4 höher sein als in den Gruppen 1 und 2. Wenn es sich hingegen lediglich um einen Demand-Effekt, also einen Effekt der Erwartung der Versuchspersonen, nicht aber einen wahren Alkoholeffekt, handelt, dann müssten die Aggressionsmittelwerte in den Gruppen 2 und 4 höher sein als in den Gruppen 1 und 3. Aber natürlich könnte es auch sein, dass nur dann aggressives Verhalten resultiert, wenn Alkohol konsumiert wurde *und* die Versuchspersonen wussten, dass sie Alkohol konsumieren; in diesem Fall wären sowohl der Alkohol als auch eine Erwartung über seine Wirkung nötig, um den Effekt zu provozieren. Sollte diese Hypothese korrekt sein, müsste der Aggressionsmittelwert in Gruppe 4 höher sein als in den drei anderen Gruppen.

Tabelle 13.5 Ergebnis des Vier-Gruppen-Experiments zum Einfluss der Alkoholdosis auf Aggression (aus Pihl et al., 1981)

Gruppe a_1: Kein Alkohol	Gruppe a_2: Placebo	Gruppe a_3: Anti-Placebo	Gruppe a_4: Alkohol
$\bar{x}_1 = 61$	$\bar{x}_2 = 73{,}25$	$\bar{x}_3 = 69{,}33$	$\bar{x}_4 = 70$
$\hat{\sigma}_1 = 14{,}69$	$\hat{\sigma}_2 = 7{,}64$	$\hat{\sigma}_3 = 10{,}57$	$\hat{\sigma}_4 = 9{,}04$
$n_1 = 12$	$n_2 = 12$	$n_3 = 12$	$n_4 = 12$

Tabelle 13.5 zeigt die Mittelwerte und Varianzen in den vier experimentellen Bedingungen in der Untersuchung von Pihl et al. (1981). Anhand dieser Daten wollen wir versuchen zu ermitteln, welche der drei Hypothesen (»echter« Effekt des Alkoholkonsums, Effekt der bloßen Erwartung, Effekt von Alkohol *und* Erwartung) am besten auf die Daten passt. Um bei mehreren Kontrasten die einzelnen Kontraste L unterscheiden zu können, versehen wir sowohl die Kontraste als auch die dazugehörigen Kontrastkoeffizienten K mit einem zweiten Index i: K_{ij} ist somit der Kontrastkoeffizient der Bedingung a_j des i-ten Kontrasts L_i bzw. Λ_i.

▶ Hypothese 1 („echter" Alkoholeffekt) wäre mit folgenden Kontrastkoeffizienten kompatibel:

$K_{11} = -1$, $K_{12} = -1$, $K_{13} = 1$, $K_{14} = 1$

▶ Hypothese 2 (Erwartungseffekt) wäre mit folgenden Kontrastkoeffizienten kompatibel:

$K_{21} = -1$, $K_{22} = 1$, $K_{23} = -1$, $K_{24} = 1$

▶ Hypothese 3 (Effekt von Alkohol *und* Erwartung) wäre mit folgenden Kontrastkoeffizienten kompatibel:

$K_{31} = -1$, $K_{32} = -1$, $K_{33} = -1$, $K_{34} = 3$

Für jede der drei Hypothesen kann nun ein Kontrast $L_i = \sum_{j=1}^{p} K_{ij} \cdot \bar{x}_j$ berechnet werden. Für die Alkoholeffekt-Hypothese beträgt der Kontrast $L_1 = 5{,}08$; für die Erwartungseffekt-Hypothese und für die Alkohol-und-Erwartungseffekt-Hypothese betragen die Kontraste $L_2 = 12{,}92$ und $L_3 = 6{,}42$. Rechnet man die gewichteten Summen in Quadratsummen um (Formel F 13.74), ergeben sich folgende Werte: $QS_{\text{Kontrast}}(L_1) = 77{,}42$ (Alkoholeffekt-Hypothese), $QS_{\text{Kontrast}}(L_2) = 500{,}78$ (Erwartungseffekt-Hypothese) und $QS_{\text{Kontrast}}(L_3) = 41{,}22$ (Alkohol-und-Erwartungseffekt-Hypothese).

Die MQS_{inn} beträgt hier 116,90. Setzen wir diese Werte in Formel F 13.73b ein, erhalten wir die Werte $F(L_1) = 0{,}66$ (Alkoholeffekt-Hypothese), $F(L_2) = 4{,}28$ (Erwartungseffekt-Hypothese) und $F(L_3) = 0{,}35$ (Alkohol-und-Erwartungseffekt-Hypothese). Der kritische F-Wert bei $\alpha = 5\%$ (gerichtete Hypothese) beträgt bei $df_1 = df_{\text{Kontrast}} = 1$ und $df_2 = df_{\text{inn}} = 4 \cdot (12 - 1) = 44$ $F_{(0{,}90;\,1;\,44)} = 2{,}82$. In der Untersuchung von Pihl et al. (1981) konnte also lediglich die Erwartungseffekt-Hypothese bestätigt werden: In den beiden Bedingungen, in denen die Versuchspersonen glaubten, ein stark alkoholisches Getränk zu sich zu nehmen, war die Aggression höher als in den Bedingungen, in denen die Versuchspersonen glaubten, nur ein schwach alkoholisches Getränk zu sich zu nehmen – unabhängig vom tatsächlichen Alkoholgehalt des Getränks.

(Der Vollständigkeit halber sollte erwähnt werden, dass es durchaus eine Reihe von Studien gibt, in denen ein „echter" Effekt des Alkoholkonsums auf Aggression nachgewiesen wurde; vgl. etwa Bushman, 1993.)

Testung eines Differenzkontrasts

Konkurrierende Kontrasthypothesen lassen sich außerdem direkt gegeneinander testen. So könnte man bezogen auf das Alkohol-Aggressions-Beispiel überprüfen, ob die Erwartungseffekt-Hypothese signifikant besser auf die Daten passt als die Alkoholeffekt-Hypothese. Hierzu verwendet man die Differenzen zwischen den Kontrastkoeffizienten zweier konkurrierender Kontrasthypothesen als einen neuen (Differenz-)Kontrast. Das wiederum setzt allerdings voraus, dass die Kontrastkoeffizienten der beiden Kontrasthypothesen auch tatsächlich in der gleichen Metrik vorliegen (d. h. gleiche Mittelwerte und gleiche Standardabweichungen haben). Ansonsten würde die Differenzbildung keinen Sinn machen, da die Kontrastvariablen gar nicht miteinander vergleichbar wären.

In unserem Alkohol-Aggressions-Beispiel haben die Kontrastkoeffizienten für die Erwartungseffekt-Hypothese die gleiche Metrik wie die Koeffizienten für die Alkoholeffekt-Hypothese: Die Kontrastkoeffizienten für den ersten Kontrast lauten $K_{11} = -1$, $K_{12} = -1$, $K_{13} = 1$, $K_{14} = 1$; die Koeffizienten für den zweiten Kontrast lauten $K_{21} = -1$, $K_{22} = 1$, $K_{23} = -1$, $K_{24} = 1$. Der Mittelwert der Kontrastkoeffizienten ist also gleich 0, und ihre empirische Standardabweichung ist gleich 1. Das heißt, wir können problemlos die Differenzen zwischen den Kontrastkoeffizienten bilden. Die resultierenden Differenzkoeffizienten ΔK_j lauten:

$\Delta K_1 = -1 - (-1) = 0$

$\Delta K_2 = -1 - 1 = -2$

$\Delta K_3 = 1 - (-1) = 2$

$\Delta K_4 = 1 - 1 = 0$

Gewichtet man die Bedingungsmittelwerte in Tabelle 13.5 mit diesen Koeffizienten und berechnet die Summe, erhält man einen Differenzkontrast mit dem Wert $\Delta L = -7{,}84$. Umgerechnet in eine Kontrast-Quadratsumme ergibt sich $QS_{Kontrast} = 92{,}2$. Teilt man diese durch $MQS_{inn} = 116{,}9$, resultiert ein Wert von $F = 0{,}79$. Dieser ist wesentlich kleiner als der kritische Wert von $F_{(0{,}90;\, 1;\, 44)} = 2{,}82$. Daraus folgt, dass die Erwartungseffekt-Hypothese nicht signifikant besser auf die Daten passt als die Alkoholeffekt-Hypothese.

Orthogonale Kontraste

Gilt für zwei konkurrierende Kontrasthypothesen, dass sie unterschiedliche, nicht-redundante Effekte testen, die nicht auseinander ableitbar sind, dann spricht man von orthogonalen Kontrasten. Beispielsweise wären bei einem Drei-Gruppen-Experiment der Kontrast mit den Koeffizienten $K_{11} = -2$, $K_{12} = 1$ und $K_{13} = 1$ und der Kontrast mit den Koeffizienten $K_{21} = 0$, $K_{22} = -1$ und $K_{23} = 1$ orthogonal, denn beide Kontraste implizieren nicht-redundante Annahmen: Unter der (ungerichteten) Nullhypothese impliziert der erste Kontrast $\mu_1 = (\mu_2 + \mu_3)/2$ der zweite impliziert $\mu_2 = \mu_3$. Demgegenüber wären der Kontrast mit den Koeffizienten $K_{11} = -1$, $K_{12} = 0$ und $K_{13} = 1$ und der Kontrast mit den Koeffizienten $K_{21} = -2$, $K_{22} = 1$ und $K_{23} = 1$ *nicht* orthogonal, denn beide Kontraste implizieren zum Teil redundante Annahmen: Der erste Kontrast impliziert unter der (ungerichteten) Nullhypothese, dass $\mu_1 = \mu_3$ ist; der zweite impliziert, dass $\mu_1 = (\mu_2 + \mu_3)/2$ ist.

Formal erkennt man zwei orthogonale Kontraste L_i und $L_{i'}$ mit $i \neq i'$ daran, dass die Summe der mit $1/n_j$ gewichteten Kontrastprodukte gleich 0 ist:

$$\sum_{j=1}^{p} \frac{K_{ij} \cdot K_{i'j}}{n_j} = 0 \qquad (F\ 13.75)$$

Im Falle gleicher Stichprobengrößen n_j vereinfacht sich Gleichung F 13.75 zu:

$$\sum_{j=1}^{p} K_{ij} \cdot K_{i'j} = 0 \qquad \text{(F 13.76)}$$

Für das vorangegangene Beispiel zum Zusammenhang zwischen Alkoholkonsum und Aggressionsneigung handelt es sich bei der Alkoholeffekt-Hypothese und der Erwartungseffekt-Hypothese um zwei orthogonale Kontraste, denn setzt man die Koeffizienten dieser beiden Kontraste in Gleichung F 13.76 ein, erhält man:

$$(-1)\cdot(-1)+(-1)\cdot 1+1\cdot(-1)+1\cdot 1 = 1-1-1+1 = 0$$

Bei den Hypothesen 1 (Alkoholeffekt-Hypothese) und 3 (Alkohol-und-Erwartungseffekt-Hypothese) handelt es sich hingegen um zwei nicht-orthogonale Kontraste, denn setzt man die Koeffizienten dieser beiden Kontraste in Gleichung F 13.76 ein, erhält man:

$$(-1)\cdot(-1)+(-1)\cdot(-1)+1\cdot(-1)+1\cdot 3$$
$$= 1+1-1+3 = 4$$

Orthogonale Kontraste haben eine vorteilhafte Eigenschaft: Die Summe der Kontrast-Quadratsummen aller möglichen orthogonalen Kontraste entspricht genau der Zwischen-Quadratsumme der Varianzanalyse für den Gesamteffekt dieses Faktors. Dabei gilt, dass die Anzahl der Kontraste, die nötig sind, um den Gesamteffekt eines Faktors vollständig in einem Set orthogonaler Kontraste abzubilden, immer $p-1$ beträgt. Die Anzahl der nötigen orthogonalen Kontraste beträgt also immer 1 weniger als die Anzahl der Faktorstufen. Die Anzahl der orthogonalen Kontraste, die auf Grundlage von p Mittelwerten gebildet werden können, entspricht genau den Zählerfreiheitsgraden der einfachen Varianzanalyse.

Bezogen auf unser Alkohol-Aggressions-Beispiel (Tab. 13.5) wären demnach 3 Kontraste nötig gewesen, um den Gesamteffekt des Faktors vollständig in einem Set orthogonaler Kontraste abzubilden. Beispielsweise würde sich das folgende Set von gerichteten Hypothesen in ein Set von orthogonalen Kontrasten überführen lassen:

$$H_1(1): \frac{\mu_1+\mu_3}{2} < \frac{\mu_2+\mu_4}{2}$$
$$H_1(2): \frac{\mu_1+\mu_2}{2} < \frac{\mu_3+\mu_4}{2}$$
$$H_1(3): \frac{\mu_1+\mu_4}{2} < \frac{\mu_2+\mu_3}{2}$$

Ausgedrückt durch lineare Kontraste:

$$H_1(1): \mu_1+\mu_3-\mu_2-\mu_4 < 0$$
$$H_1(2): \mu_1+\mu_2-\mu_3-\mu_4 < 0$$
$$H_1(3): \mu_1+\mu_4-\mu_2-\mu_3 < 0$$

Die zu diesem Set gehörigen Kontrastkoeffizienten lauten:

$$K_{11}=1,\ K_{12}=-1,\ K_{13}=1,\ K_{14}=-1$$
$$K_{21}=1,\ K_{22}=1,\ K_{23}=-1,\ K_{24}=-1$$
$$K_{31}=1,\ K_{32}=-1,\ K_{33}=-1,\ K_{34}=1$$

Die Zwischen-Quadratsumme dieses vierstufigen Faktors lässt sich also additiv in diese drei Kontrasthypothesen zerlegen (s. Übungsaufgabe 1h).

Testet man nicht nur eine einzige Kontrasthypothese, sondern ein ganzes Set von Kontrasten, dann ist zu beachten, dass die Gefahr einer Kumulierung der Fehlerwahrscheinlichkeit α besteht (s. Abschn. 13.1.12). Jeder der $p-1$ Kontrasttests muss also auf einem korrigierten α-Niveau durchgeführt werden.

Trendtests

Ein weiteres Beispiel für spezifische Kontrasthypothesen sind sog. Trendtests. Bei einem Trend nimmt man nicht – wie in den vorangegangenen Beispielen – einfache Größer-Kleiner-Relationen zwischen den beteiligten Stichprobenmittelwerten an, sondern formuliert spezifische Hypothesen über quantitative Unterschiede zwischen den Mittelwerten. Trendtests sind allerdings nur dann sinnvoll, wenn es sich bei den Faktorstufen um äquidistante Abstufungen eines quantitativen Merkmals handelt.

Ein Beispiel: Man möchte den Effekt der Alkoholdosis auf aggressives Verhalten untersuchen und manipuliert im Experiment die Alkoholdosis, die Versuchspersonen verabreicht bekommen, bevor sie die

Möglichkeit haben, sich gegenüber einer zweiten (fiktiven) Person aggressiv zu verhalten. Gruppe 1 erhält ein Getränk ohne Alkohol, Gruppe 2 erhält ein Getränk, das 0,4 Gramm Alkohol pro Kilogramm Körpergewicht enthält, Gruppe 3 eines mit 0,8 Gramm Alkohol und Gruppe 4 eines mit 1,2 Gramm Alkohol pro Kilogramm Körpergewicht. Die vier Stufen des Faktors sind äquidistant, denn der Unterschied in der Alkoholdosis ist zwischen allen benachbarten Faktorstufen gleich groß.

Nun könnte man die Hypothese testen, dass die Aggression über diese vier Stufen hinweg linear ansteigt, d. h., dass mit jeder Faktorstufe die Aggression um einen konstanten Betrag zunimmt (z. B. $\mu_1 = 20$, $\mu_2 = 30$, $\mu_3 = 40$ und $\mu_4 = 50$). Hierbei würde es sich um einen *linearen Trend* (oder Trend erster Ordnung) handeln. Alternativ könnte man die Hypothese testen, dass die Aggression über die Stufen hinweg einem *quadratischen Trend* (oder Trend zweiter Ordnung) folgt, d. h., dass der Zusammenhang zwischen Alkoholdosis und Aggression U-förmig ist (z. B. $\mu_1 = 40$, $\mu_2 = 30$, $\mu_3 = 30$ und $\mu_4 = 40$). Und drittens könnte man die Hypothese testen, dass die Aggression über die Stufen hinweg einem *kubischen Trend* (oder Trend dritter Ordnung) folgt, d. h., dass der Zusammenhang zwischen Alkoholdosis und Aggression zickzackförmig ist (z. B. $\mu_1 = 30$, $\mu_2 = 50$, $\mu_3 = 20$ und $\mu_4 = 40$). Diese drei Trendhypothesen bilden ein Set polynomialer Kontraste. Hypothese 1 testet ein Polynom erster Ordnung (den linearen Trend), Hypothese 2 ein Polynom zweiter Ordnung (den quadratischen Trend) und Hypothese 3 ein Polynom dritter Ordnung (den kubischen Trend). Das Interessante an diesem Set polynomialer Kontraste ist, dass sie ebenfalls orthogonal sind, wenn man die Kontrastkoeffizienten wie folgt wählt:

$K_{11} = -3$, $K_{12} = -1$, $K_{13} = 1$, $K_{14} = 3$

$K_{21} = 1$, $K_{22} = -1$, $K_{23} = -1$, $K_{24} = 1$

$K_{31} = -1$, $K_{32} = 3$, $K_{33} = -3$, $K_{34} = 1$

Trendtests werden typischerweise dann verwendet, wenn es sich bei der unabhängigen Variablen um den Faktor Zeit handelt und man z. B. wissen will, ob die Veränderung in einer bestimmten Merkmalsausprägung über die Zeit hinweg linear, quadratisch, kubisch etc. ist. Voraussetzung dafür, dass man die Kontrastkoeffizienten so wählen kann, wie wir es hier beschrieben haben, ist, dass die Abstände zwischen allen Messzeitpunkten gleich sind.

Auch hier gilt, dass man eine Kontrasthypothese weniger braucht als der Faktor Stufen hat. Bei $p = 4$ Stufen genügt es also, den Effekt des Faktors in einen linearen, einen quadratischen und einen kubischen Trend zu zerlegen. Bei $p = 3$ Stufen ist der Effekt des Faktors additiv in einen linearen und einen quadratischen Trend zerlegbar. Tabelle 13.6 zeigt, wie man Kontrastkoeffizienten für Trendtests bei unterschiedlicher Anzahl von Faktorstufen zuweisen kann.

Tabelle 13.6 Kontrastkoeffizienten für Trendtests

Stufen	Effekt	K_1	K_2	K_3	K_4	K_5
$p = 2$	linear	−1	+1			
$p = 3$	linear	−1	0	+1		
	quadratisch	+1	−2	+1		
$p = 4$	linear	−3	−1	+1	+3	
	quadratisch	+1	−1	−1	+1	
	kubisch	−1	+3	−3	+1	
$p = 5$	linear	−2	−1	0	+1	+2
	quadratisch	+2	−1	−2	−1	+2
	kubisch	−1	+2	0	−2	+1
	quartisch	+1	−4	+6	−4	+1

Weitere Sets von Kontrasthypothesen

In vielen Statistikprogrammen lassen sich Sets von Kontrasthypothesen meist mit Hilfe eines einfachen Klicks testen. Diese Sets testen stets $p - 1$ vordefinierte Kontraste. Ob es sich um ein theoretisch sinnvolles Set von Kontrasthypothesen handelt, muss im Einzelfall entschieden werden. Wichtig ist es zu verstehen, dass vordefinierte Sets längst nicht erschöpfend sind. Für spezifische Kontrasthypothesen ist es nötig, die entsprechenden Analysen von Hand durchzuführen. Wichtig ist außerdem zu sagen, dass es sich bei den vordefinierten Sets nicht immer um orthogonale Kontraste handelt. Zu den orthogonalen Kontrasten zählen polynomiale Kontraste, Helmert-Kontraste und Differenzkontraste (nachzuprüfen über Formel F 13.76). Tabelle 13.7 gibt einen Überblick über diese Sets und was sie bedeuten.

α-Kumulierung

Die einfaktorielle Varianzanalyse testet die Nullhypothese, dass alle möglichen Kontraste auf Populationsebene gleich 0 sind. Wird die Nullhypothese verwor-

Tabelle 13.7 Unterschiedliche Sets von Kontrasten (bezogen auf den Fall eines Faktors mit $p = 4$ Stufen)

Name des Kontrasts	Kontrasthypothesen (Beispiele)	Kontrastkoeffizienten				Anwendungsbeispiel
		K_1	K_2	K_3	K_4	
Einfacher Kontrast	$\mu_1 < \mu_2$	−1	1	0	0	Test auf Abweichungen dreier Experimentalgruppen (2, 3, 4) von einer Kontrollgruppe (1)
	$\mu_1 < \mu_3$	−1	0	1	0	
	$\mu_1 < \mu_4$	−1	0	0	1	
Abweichungskontrast	$\mu_1 < \frac{\mu_2 + \mu_3 + \mu_4}{3}$	−3	1	1	1	Test auf Abweichung einer Gruppe (1, 2 und 3) vom Durchschnitt der jeweils anderen drei Gruppen
	$\mu_2 < \frac{\mu_1 + \mu_3 + \mu_4}{3}$	1	−3	1	1	
	$\mu_3 < \frac{\mu_1 + \mu_2 + \mu_4}{3}$	1	1	−3	1	
Wiederholter Kontrast	$\mu_1 < \mu_2$	−1	1	0	0	Test auf Abweichungen zwischen zwei benachbarten Gruppen
	$\mu_2 < \mu_3$	0	−1	1	0	
	$\mu_3 < \mu_4$	0	0	−1	1	
Helmert-Kontrast	$\mu_1 < \frac{\mu_2 + \mu_3 + \mu_4}{3}$	−3	1	1	1	Test auf Abweichung einer Gruppe vom Durchschnitt der nachfolgenden Gruppen
	$\mu_2 < \frac{\mu_3 + \mu_4}{2}$	0	−2	1	1	
	$\mu_3 < \mu_4$	0	0	−1	1	
Differenzkontrast	$\mu_1 < \mu_2$	−1	1	0	0	Test auf Abweichung einer Gruppe vom Durchschnitt der vorangegangenen Gruppen
	$\frac{\mu_1 + \mu_2}{2} < \mu_3$	−1	−1	2	0	
	$\frac{\mu_1 + \mu_2 + \mu_3}{3} < \mu_4$	−1	−1	−1	3	

fen, geht man davon aus, dass mindestens ein Kontrast von 0 verschieden ist. Wie beim Post-hoc-Mittelwertvergleich stellt sich auch bei der Kontrastanalyse das Problem der α-Kumulierung. Je mehr Kontraste überprüft werden, umso stärker steigt der $α_{fam}$-Fehler für eine Familie von Kontrasten an. Wie beim Post-hoc-Mittelwertvergleich gibt es zwei Wege: Zum einen kann der $α_r$-Fehler für die Überprüfung eines Kontrastes so adjustiert werden, dass ein spezifischer $α_{fam}$-Wert sichergestellt wird. Zum anderen können die kritischen Werte der Prüfgrößen adjustiert werden. Auf letztere Strategie greift man zurück, wenn die Überprüfung aller möglichen Kontraste auf einem festgelegten $α_{fam}$-Niveau abgesichert werden sollen. Dies leistet der Scheffé-Test. Weitere Tests für spezifische Verletzungen der Annahmen der Varianzanalyse werden bei Kirk (1995) behandelt.

Scheffé-Test. Beim Scheffé-Test wird der empirische F-Wert nach Gleichung F 13.73a mit dem Wert $F_{krit} \cdot (p - 1)$ verglichen. Die Adjustierung besteht also darin, dass der kritische Wert um das $(p-1)$-fache größer ist als F_{krit} und der Test damit strenger wird. Der Wert F_{krit} ist der kritische F-Wert der Varianzanalyse für das vollständige Design mit allen p Stufen für ein gegebenes Signifikanzniveau $α_{fam}$. Dieser Wert hat dementsprechend $df_1 = p - 1$ Zähler- und $df_2 = n - p$ Nennerfreiheitsgrade. Ist der empirische F-Wert für einen Paarvergleich größer als $F_{krit} \cdot (p - 1)$, wird die Nullhypothese für diesen Paarvergleich abgelehnt.

13.2 Zweifaktorielle Varianzanalyse

Bisher haben wir den Einfluss *eines* Faktors bzw. der Variation *einer* unabhängigen Variablen auf eine abhängige Variable behandelt. In diesem Abschnitt werden wir uns mit dem Einfluss bzw. der Variation zweier unabhängiger Variablen auf eine abhängige Variable befassen. Wichtig ist an dieser Stelle noch einmal zu betonen, dass wir in diesem gesamten Kapitel mit »unabhängigen Stichproben« arbeiten; wir gehen also davon aus, dass die Messwerte innerhalb einer experimentellen Bedingung unabhängig von irgendeinem Messwert in irgendeiner anderen Bedingung sind. Jede Versuchsperson wird also per Zufall einer Bedingung zugeordnet. Um das deutlich zu machen, spricht man auch von einer »Varianzanalyse ohne Messwiederholung«. Versuchsdesigns mit Messwiederholungen, in denen Messwerte der gleichen Versuchsperson in mehreren Bedingungen erhoben werden, werden wir in Kapitel 14 behandeln.

Greifen wir auf unser Ausgangsbeispiel zurück. Wir haben angenommen, dass das Verhalten eines Modells dann stärker nachgeahmt wird, wenn das Modell für sein Verhalten bekräftigt wurde. Diese Hypothese folgt direkt aus der sozialen Lerntheorie von Bandura (1977). Nun lässt sich aus dieser Theorie aber noch eine zweite Hypothese ableiten: Wie stark eine Person A eine Person B imitiert, hängt nicht nur davon ab, ob B für ihr Verhalten belohnt bzw. bestraft wurde, sondern auch davon, wie ähnlich sich Person A und B sind. Ein gewisses Maß an wahrgenommener Ähnlichkeit ist Bandura (1977) zufolge die Voraussetzung dafür, dass Modelllernen stattfindet und das Verhalten eines Modells nachgeahmt wird.

Diese Hypothese ließe sich überprüfen, indem man – zusätzlich zu den Verhaltenskonsequenzen für das Modell – die Ähnlichkeit zwischen dem Modell und der Versuchsperson variiert. Wird die Untersuchung mit Kindern durchgeführt, könnte man z. B. das Alter des Modells variieren: Im einen Fall könnte es sich um ein etwa gleichaltriges Kind handeln, im anderen Fall um eine erwachsene Person. Man würde erwarten, dass Kinder ein anderes Kind stärker nachahmen als einen Erwachsenen.

Zur Prüfung dieser Hypothese ist ein zweifaktorieller Versuchsplan erforderlich. Der einfachste Versuchsplan wäre einer, in dem sowohl das Alter des Modells als auch die Verhaltenskonsequenzen für das Modell zweistufig variiert werden. Durch eine vollständige Kreuzung der beiden Faktoren »Ähnlichkeit« und »Verhaltenskonsequenzen« ergeben sich vier experimentelle Bedingungen oder genauer gesagt: ein zweifaktorielles Design mit 2 × 2 Bedingungskombinationen:

(1) Modell ist ähnlich (Kind) und wird belohnt.
(2) Modell ist unähnlich (Erwachsener) und wird belohnt.
(3) Modell ist ähnlich (Kind) und wird nicht belohnt.

(4) Modell ist unähnlich (Erwachsener) und wird nicht belohnt.

Zur Benennung von Faktoren in mehrfaktoriellen Versuchsplänen hat sich die Konvention entwickelt, die Faktoren mit Großbuchstaben zu bezeichnen. Den ersten Faktor (hier: Ähnlichkeit) bezeichnet man mit dem Buchstaben A, den zweiten Faktor (hier: Verhaltenskonsequenz) bezeichnet man mit B. Die Stufen des Faktors A werden mit $j = 1, \ldots, p$ indiziert. Die Stufen des Faktors B werden mit $k = 1, \ldots, q$ indiziert. Die Personen innerhalb einer der vier Bedingungskombinationen (»Zellen«) $(ab)_{jk}$ werden mit $m = 1, \ldots, n_{Zelle}$ indiziert, so dass ein Messwert x innerhalb einer Bedingungskombination drei Indizes erhält: m für die »laufende Nummer« des Messwertes in der Bedingungskombination $(ab)_{jk}$; j für die Faktorstufe a_j und k für die Faktorstufe b_k. Wir behandeln im Folgenden nur den Fall gleicher Stichprobengrößen innerhalb der verschiedenen Zellen (Bedingungskombinationen). Die Gesamtstichprobengröße n ergibt sich dann zu $n = p \cdot q \cdot n_{Zelle}$.

> **Beispiel**
>
> **Der Einfluss von Ähnlichkeit und Belohnung auf Nachahmungsverhalten**
>
> Wir erläutern die zweifaktorielle Varianzanalyse wieder an einem konkreten Datenbeispiel. Die Messwerte x_{mjk} für dieses (fiktive) Beispiel sind in Tabelle 13.8 abgetragen. Der Faktor A hat hier $p = 2$ Stufen, Faktor B hat ebenfalls $q = 2$ Stufen. In jeder der vier Bedingungskombinationen (oder „Zellen" des Versuchsplans) gibt es $n_{Zelle} = 5$ Versuchspersonen. Die Gesamtstichprobe besteht also aus $n = 20$ Personen. Die Personen wurden den vier Bedingungskombinationen zufällig (randomisiert) zugewiesen, um systematische Störeinflüsse zu minimieren. In Tabelle 13.9 sind in den Zellen des Designs nicht die Rohwerte, sondern der Übersichtlichkeit halber nur die Mittelwerte der AV »Intensität des Nachahmungsverhaltens« (eine stetige Variable, die Werte zwischen 0 und 100 annehmen kann) in den jeweiligen Bedingungskombinationen ($\bar{x}_{jk}$) abgetragen. Zusätzlich sind in der rechten Spalte von Tabelle 13.9 die beiden Zeilenmittelwerte $\bar{x}_{j\bullet}$ (d. h. die Mittelwerte in den Bedingungen a_j über die Bedingungen des Faktors B hinweg) und in der unteren Zeile die beiden Spaltenmittelwerte $\bar{x}_{\bullet k}$ (d. h. die Mittelwerte in den Bedingungen b_k über die Bedingungen des Faktors A hinweg) abgetragen. In der rechten unteren Zelle von Tabelle 13.9 findet sich auch der Gesamtmittelwert $\bar{x}$, d. h. der Mittelwert aller 20 Werte über die vier Bedingungskombinationen hinweg.

Tabelle 13.8 Zweifaktorielles Design zur Untersuchung des Einflusses von stellvertretender Belohnung und Ähnlichkeit zwischen Versuchsperson und Modell auf die Verhaltensimitation

Rohdaten (x_{mjk})		Faktor B: Verhaltenskonsequenz	
		Belohnung (b_1)	Keine Belohnung (b_2)
Faktor A: Ähnlichkeit	Kind (a_1)	58	29
		46	36
		50	27
		70	55
		71	43
	Erwachsener (a_2)	28	23
		21	33
		36	35
		44	51
		51	43

Tabelle 13.9 Mittelwerte in den Bedingungskombinationen von A und B

Mittelwerte ($\bar{x}_{jk}$)		Faktor B: Verhaltenskonsequenz		Zeilenmittelwerte
		Belohnung (b_1)	Keine Belohnung (b_2)	
Faktor A: Ähnlichkeit	Kind (a_1)	$\bar{x}_{11} = 59$	$\bar{x}_{12} = 38$	$\bar{x}_{1\bullet} = 48{,}5$
	Erwachsener (a_2)	$\bar{x}_{21} = 36$	$\bar{x}_{22} = 37$	$\bar{x}_{2\bullet} = 36{,}5$
Spaltenmittelwerte		$\bar{x}_{\bullet 1} = 47{,}5$	$\bar{x}_{\bullet 2} = 37{,}5$	$\bar{x} = 42{,}5$

13.2.1 Grundidee der zweifaktoriellen Varianzanalyse

Wie bei der einfaktoriellen Varianzanalyse geht es auch bei der zweifaktoriellen Varianzanalyse darum herauszufinden, ob und in welchem Ausmaß die Unterschiede, die man zwischen Messwerten auf der abhängigen Variablen X findet, auf verschiedene Quellen der Variation zurückgeführt werden können. Drei Fragen sind hierbei von zentraler Bedeutung:

(1) Inwieweit lassen sich Unterschiede in der abhängigen Variablen X auf Unterschiede zwischen den Stufen des Faktors A zurückführen?
(2) Inwieweit lassen sich Unterschiede in der abhängigen Variablen X auf Unterschiede zwischen den Stufen des Faktors B zurückführen?
(3) Hängt der Einfluss des Faktors A auf die Variable X von der Stufe des Faktors B ab, bzw. hängt der Einfluss des Faktors B auf die Variable X von der Stufe des Faktors A ab?

Bezogen auf unser Beispiel sind z. B. folgende Fragen relevant:

(1) Hängt die Intensität des Imitationsverhaltens davon ab, ob es sich bei dem im Film gezeigten Modell um ein Kind oder eine erwachsene Person gehandelt hat?
(2) Hängt die Intensität des Imitationsverhaltens davon ab, ob das Modell im Film für sein Verhalten belohnt wurde oder nicht?
(3) Hängt die Wirkung der stellvertretenden Verhaltensbelohnung von der Ähnlichkeit zwischen der Versuchsperson und dem Modell ab? Konkret: Ist der Unterschied hinsichtlich der Intensität des Nachahmungsverhaltens zwischen den Bedingungen »Belohnung« und »keine Belohnung« größer (oder kleiner) je nachdem, ob es sich bei dem Modell um ein Kind oder eine erwachsene Person handelt?

Um eine Antwort auf die erste Frage zu finden, kann man die Zeilenmittelwerte in Tabelle 13.9 miteinander vergleichen. Je stärker sich diese Mittelwerte unterscheiden, umso stärker wirkt sich die Variation der Merkmalausprägungen (Stufen) des Faktors A auf die abhängige Variable aus. In analoger Weise kann man vorgehen, um eine Antwort auf die zweite Frage zu finden. Man vergleicht hierzu die Spaltenmittelwerte. Um zu untersuchen, ob die Wirkung eines Faktors von der Ausprägung des anderen Faktors abhängt, kann man sich die bedingten Mittelwerte anschauen. Die bedingten Mittelwerte eines Faktors A sind die Mittelwerte dieses Faktors innerhalb (bedingt auf) einer Stufe des Faktors B. Tabelle 13.9 kann man z. B. entnehmen, dass sich die bedingten Mittelwerte des Faktors A unter der Belohnungsbedingung stärker unterscheiden als unter der Bedingung ohne Belohnung. Dies ist ein Hinweis darauf, dass sich die Ähnlichkeit zwischen Modell und Kind unter der Belohnungsbedingung stärker auswirkt als unter der anderen Bedingung.

Im Folgenden soll nun bestimmt werden, wie stark sich die verschiedenen Einflussquellen auf das Verhalten auswirken und ob die Unterschiede zwischen den Bedingungen substantielle Unterschiede widerspiegeln oder einfach nur auf den Stichprobenfehler, also auf das wiederholte Ziehen von Stichproben (in unserem Beispiel: vier Stichproben), zurückzuführen sind. Wir behandeln die zweifaktorielle Varianzanalyse deskriptivstatistisch, so dass ihre Grundideen auch verstanden werden können, ohne über wahrscheinlichkeitstheoretische und inferenzstatistische Kenntnisse zu verfügen. In Abschnitt 13.2.6 und den folgenden Abschnitten behandeln wir dann die inferenzstatistischen Grundlagen der zweifaktoriellen Varianzanalyse.

13.2.2 Messwertzerlegung

Wie bei der einfaktoriellen Varianzanalyse lässt sich ein Messwert x_{mjk} aus der Bedingungskombination $(ab)_{jk}$ zunächst in den Mittelwert dieser Bedingungskombination (also den Zellmittelwert $\bar{x}_{jk}$) und in einen Residualwert (Fehlerwert) zerlegen:

$$x_{mjk} = \bar{x}_{jk} + e_{mjk} \qquad \text{(F 13.77)}$$

Der Residualwert gibt an, inwieweit es sich bei einem individuellen Messwert um eine über-, unter- oder durchschnittliche Merkmalsausprägung im Vergleich zum Zellmittelwert handelt.

Der Zellmittelwert $\bar{x}_{jk}$ lässt sich in folgende vier Komponenten zerlegen.

Gesamtmittelwert. Der Gesamtmittelwert $\bar{x}$ ist der Mittelwert aller individuellen Messwerte x_{mjk}.

Haupteffekte des Faktors A. Der Haupteffekt t_{a_j} der Faktorstufe a_j ist die Abweichung des Mittelwerts $\bar{x}_{j\bullet}$ vom Gesamtmittelwert $\bar{x}$:

$$t_{a_j} = \bar{x}_{j\bullet} - \bar{x} \qquad \text{(F 13.78)}$$

Der Effekt t_{a_j} heißt Haupteffekt, da er angibt, wie stark sich die Messwerte in der Bedingung a_j vom Gesamtmittelwert unterscheiden, unabhängig davon, welchen Stufen des Faktors B die Werte zugeordnet sind. Jede Stufe des Faktors A weist einen Haupteffekt t_{a_j} auf. Es gibt also so viele Haupteffekte des Faktors A, wie es Stufen gibt, insgesamt also p Haupteffekte. In unserem Beispiel betragen die beiden Haupteffekte $t_{a_1} = 6$ und $t_{a_2} = -6$. Die Summe der Haupteffekte t_{a_j} ist immer gleich 0:

$$\sum_{j=1}^{p} t_{a_j} = 0 \qquad \text{(F 13.79)}$$

Haupteffekte des Faktors B. In analoger Weise lässt sich für jede Stufe des Faktors B ein Haupteffekt t_{b_k} bestimmen. Er ist die Abweichung des Mittelwerts $\bar{x}_{\bullet k}$ vom Gesamtmittelwert $\bar{x}$:

$$t_{b_k} = \bar{x}_{\bullet k} - \bar{x} \qquad \text{(F 13.80)}$$

In unserem Beispiel betragen die beiden Haupteffekte $t_{b_1} = 5$ und $t_{b_2} = -5$. Es gilt in gleicher Weise:

$$\sum_{k=1}^{q} t_{b_k} = 0 \qquad \text{(F 13.81)}$$

Interaktionseffekte (Wechselwirkungseffekte). Die Haupteffekte der beiden Faktoren betreffen die Variation der Zellmittelwerte eines Faktors über die Stufen des anderen Faktors hinweg. Es handelt sich um unbedingte Effekte des jeweiligen Faktors; sie hängen nicht von der Ausprägung auf dem jeweils anderen Faktor ab. Wie wir aber bereits anhand von Tabelle 13.9 gesehen haben, können die bedingten Haupteffekte des einen Faktors in den unterschiedlichen Stufen des jeweils anderen Faktors unterschiedlich groß sein. In diesem Fall gibt es also eine Variation zwischen den vier Zellmittelwerten, die weder durch die Haupteffekte von A noch durch die Haupteffekte von B erklärt werden kann. Diese Variation geht auf eine *Wechselwirkung* (oder Interaktion) zwischen den Faktoren A und B zurück. Eine Wechselwirkung liegt dann vor, wenn sich die Abweichung $\bar{x}_{jk} - \bar{x}$ nicht vollständig auf die Haupteffekte $t_{a_j} = (\bar{x}_{j\bullet} - \bar{x})$ und $t_{b_k} = (\bar{x}_{\bullet k} - \bar{x})$ zurückführen lässt. Wenn die Bedingung

$$(\bar{x}_{jk} - \bar{x}) = (\bar{x}_{j\bullet} - \bar{x}) + (\bar{x}_{\bullet k} - \bar{x}) = t_{a_j} + t_{b_k}$$
$$\text{(F 13.82)}$$

erfüllt ist, hängt die Wirkung eines Faktors nicht von der Ausprägung des anderen Faktors ab. Für einen Zellmittelwert gilt dann:

$$\bar{x}_{jk} = \bar{x} + (\bar{x}_{j\bullet} - \bar{x}) + (\bar{x}_{\bullet k} - \bar{x}) = \bar{x} + t_{a_j} + t_{b_k}$$
$$\text{(F 13.83)}$$

Der Zellmittelwert setzt sich somit aus dem Gesamtmittelwert und den Haupteffekten zusammen. Ist hingegen die Bedingung

$$(\bar{x}_{jk} - \bar{x}) \neq (\bar{x}_{j\bullet} - \bar{x}) + (\bar{x}_{\bullet k} - \bar{x}) \qquad \text{(F 13.84)}$$

gegeben, dann weicht der Zellmittelwert von dem Mittelwert ab, den man aufgrund des Gesamtmittelwerts und der Haupteffekte erwarten würde. Diese

Abweichung ist der Interaktionseffekt $t_{(a\times b)_{jk}}$ einer Bedingungskombination $(ab)_{jk}$:

$$\begin{aligned} t_{(a\times b)_{jk}} &= \bar{x}_{jk} - \left[(\bar{x}_{j\bullet} - \bar{x}) + (\bar{x}_{\bullet k} - \bar{x}) + \bar{x} \right] \\ &= \bar{x}_{jk} - \left[t_{a_j} + t_{b_k} + \bar{x} \right] \\ &= \bar{x}_{jk} - t_{a_j} - t_{b_k} - \bar{x} \end{aligned} \quad \text{(F 13.85)}$$

Es gibt bei der zweifaktoriellen Varianzanalyse somit $p \cdot q$ Interaktionseffekte. In unserem Beispiel gibt es 4 Interaktionseffekte. Sie lauten: $t_{(a\times b)_{11}} = 5{,}5$; $t_{(a\times b)_{12}} = -5{,}5$; $t_{(a\times b)_{21}} = -5{,}5$ und $t_{(a\times b)_{22}} = 5{,}5$. Die Summe der Interaktionseffekte über alle Stufen eines Faktors ist jeweils 0:

$$\sum_{j=1}^{p} t_{(a\times b)_{jk}} = \sum_{k=1}^{q} t_{(a\times b)_{jk}} = 0 \quad \text{(F 13.86)}$$

Bedingte Haupteffekte (»simple effects«)

Bei den Haupteffekten der Faktorstufen a_j, also $t_{a_j} = (\bar{x}_{j\bullet} - \bar{x})$, und den Haupteffekten der Faktorstufen b_k, also $t_{b_k} = (\bar{x}_{\bullet k} - \bar{x})$, handelt es sich um Abweichungen der Zeilen- bzw. Spaltenmittelwerte vom Gesamtmittelwert. Mit t_{a_j} ist also der Haupteffekt einer Faktorstufe a_j gemittelt über alle Stufen des Faktors B hinweg gemeint. Umgekehrt ist mit t_{b_k} der Haupteffekt einer Faktorstufe b_k gemittelt über alle Stufen des Faktors A hinweg gemeint. Neben diesen unbedingten Haupteffekten gibt es auch noch bedingte Haupteffekte (oder »einfache« Haupteffekte; engl. simple effects). Damit sind die Haupteffekte einer Faktorstufe innerhalb einer Stufe des jeweils anderen Faktors gemeint. In unserem Beispiel gibt es sowohl in der Faktorstufe b_1 als auch in der Faktorstufe b_2 bedingte Haupteffekte von a_j. Die bedingten Haupteffekte von a_j in b_1 betragen $(\bar{x}_{11} - \bar{x}_{\bullet 1})$ = 59 − 47,5 = 11,5 und $(\bar{x}_{21} - \bar{x}_{\bullet 1})$ = 36 − 47,5 = −11,5. Die bedingten Haupteffekte von a_j in b_2 betragen $(\bar{x}_{12} - \bar{x}_{\bullet 2})$ = 38 − 37,5 = 0,5 und $(\bar{x}_{22} - \bar{x}_{\bullet 2})$ = 37 − 37,5 = −0,5.

Umgekehrt gibt es sowohl in der Faktorstufe a_1 als auch in der Faktorstufe a_2 bedingte Haupteffekte von b_k. Die bedingten Haupteffekte von b_k in a_1 betragen $(\bar{x}_{11} - \bar{x}_{1\bullet})$ = 59 − 48,5 = 10,5 und $(\bar{x}_{12} - \bar{x}_{1\bullet})$ = 38 − 48,5 = −10,5. Die bedingten Haupteffekte von b_k in a_2 betragen $(\bar{x}_{21} - \bar{x}_{2\bullet})$ = 36 − 36,5 = −0,5 und $(\bar{x}_{22} - \bar{x}_{2\bullet})$ = 37 − 36,5 = 0,5.

Haupteffekte, bedingte Haupteffekte und Interaktionen

Um das Konzept der Wechselwirkung, das für die mehrfaktorielle Varianzanalyse zentral ist, noch ein wenig besser zu veranschaulichen, spielen wir nun anhand eines einfachen 2×2-Designs unterschiedliche Kombinationen aus Haupt- und Interaktionseffekten durch (s. Tab. 13.10).

Fall 0: Keine Haupteffekte, keine Interaktion. Das ist der einfachste Fall. Er bedeutet, dass alle Zellmittelwerte mit dem Gesamtmittelwert (und damit auch untereinander) identisch sind. Dieser Fall ist hier nicht eigens in Tabellenform dargestellt.

Fall 1: Nur Haupteffekte des Faktors A. In diesem Fall ist die Variation der Zellmittelwerte allein auf die Haupteffekte des Faktors A zurückzuführen. Die vier Zellmittelwerte variieren also nur zwischen den Stufen des Faktors A, und außerdem sind die bedingten Haupteffekte von a_j in beiden Stufen von B gleich groß (es gibt also keine Interaktionseffekte). Ein solcher Fall ist in Tabelle 13.10 a dargestellt.

Fall 2: Nur Haupteffekte des Faktors B. In diesem Fall ist die Variation der Zellmittelwerte allein auf die Haupteffekte des Faktors B zurückzuführen. Die vier Zellmittelwerte variieren also nur zwischen den Stufen des Faktors B, und außerdem sind die bedingten Haupteffekte von b_k in beiden Stufen von A gleich groß (es gibt also keine Interaktionseffekte). Ein solcher Fall ist in Tabelle 13.10 b dargestellt.

Fall 3: Haupteffekte der beiden Faktoren A und B. In diesem Fall ist die Variation der Zellmittelwerte sowohl auf die Haupteffekte des Faktors A als auch auf die Haupteffekte des Faktors B zurückzuführen. Die vier Zellmittelwerte variieren also zwischen den Stufen des Faktors A und zwischen den Stufen des Faktors B, aber die bedingten Haupteffekte eines Faktors sind in allen Stufen des jeweils anderen Faktors gleich groß (es gibt also keine Interaktionseffekte). Ein solcher Fall ist in Tabelle 13.10 c dargestellt.

Fall 4: Haupteffekte der beiden Faktoren A und B und Interaktionseffekte. In diesem Fall variieren die vier Zellmittelwerte zwischen den Stufen des Faktors A

Tabelle 13.10 Unterschiedliche Kombinationen von Haupteffekten und Interaktionseffekten

a Nur Haupteffekte von A

	b_1	b_2	$\bar{x}_{j\bullet}$
a_1	$\bar{x}_{11}=6$	$\bar{x}_{12}=6$	$\bar{x}_{1\bullet}=6$
a_2	$\bar{x}_{21}=2$	$\bar{x}_{22}=2$	$\bar{x}_{2\bullet}=2$
$\bar{x}_{\bullet k}$	$\bar{x}_{\bullet 1}=4$	$\bar{x}_{\bullet 2}=4$	$\bar{x}=4$

b Nur Haupteffekte von B

	b_1	b_2	$\bar{x}_{j\bullet}$
a_1	$\bar{x}_{11}=6$	$\bar{x}_{12}=2$	$\bar{x}_{1\bullet}=4$
a_2	$\bar{x}_{21}=6$	$\bar{x}_{22}=2$	$\bar{x}_{2\bullet}=4$
$\bar{x}_{\bullet k}$	$\bar{x}_{\bullet 1}=6$	$\bar{x}_{\bullet 2}=2$	$\bar{x}=4$

c Haupteffekte von A und B

	b_1	b_2	$\bar{x}_{j\bullet}$
a_1	$\bar{x}_{11}=8$	$\bar{x}_{12}=4$	$\bar{x}_{1\bullet}=6$
a_2	$\bar{x}_{21}=4$	$\bar{x}_{22}=0$	$\bar{x}_{2\bullet}=2$
$\bar{x}_{\bullet k}$	$\bar{x}_{\bullet 1}=6$	$\bar{x}_{\bullet 2}=2$	$\bar{x}=4$

d Haupteffekte von A und B und Interaktionseffekte

	b_1	b_2	$\bar{x}_{j\bullet}$
a_1	$\bar{x}_{11}=9$	$\bar{x}_{12}=3$	$\bar{x}_{1\bullet}=6$
a_2	$\bar{x}_{21}=3$	$\bar{x}_{22}=1$	$\bar{x}_{2\bullet}=2$
$\bar{x}_{\bullet k}$	$\bar{x}_{\bullet 1}=6$	$\bar{x}_{\bullet 2}=2$	$\bar{x}=4$

e Haupteffekte von A und Interaktionseffekte

	b_1	b_2	$\bar{x}_{j\bullet}$
a_1	$\bar{x}_{11}=8$	$\bar{x}_{12}=4$	$\bar{x}_{1\bullet}=6$
a_2	$\bar{x}_{21}=0$	$\bar{x}_{22}=4$	$\bar{x}_{2\bullet}=2$
$\bar{x}_{\bullet k}$	$\bar{x}_{\bullet 1}=4$	$\bar{x}_{\bullet 2}=4$	$\bar{x}=4$

f Keine Haupteffekte, nur Interaktionseffekte

	b_1	b_2	$\bar{x}_{j\bullet}$
a_1	$\bar{x}_{11}=6$	$\bar{x}_{12}=2$	$\bar{x}_{1\bullet}=4$
a_2	$\bar{x}_{21}=2$	$\bar{x}_{22}=6$	$\bar{x}_{2\bullet}=4$
$\bar{x}_{\bullet k}$	$\bar{x}_{\bullet 1}=4$	$\bar{x}_{\bullet 2}=4$	$\bar{x}=4$

und zwischen den Stufen des Faktors B, und außerdem sind die bedingten Haupteffekte eines Faktors in den Stufen des jeweils anderen Faktors unterschiedlich: Der Unterschied zwischen a_1 und a_2 ist in b_1 größer als in b_2, und außerdem ist der Unterschied zwischen b_1 und b_2 in a_1 größer als in a_2. Es gibt also neben den Haupteffekten auch Interaktionseffekte. Ein solcher Fall ist in Tabelle 13.10 d dargestellt.

Fall 5: Nur Haupteffekte des Faktors A und Interaktionseffekte. In diesem Fall gibt es zwar Haupteffekte des Faktors A, nicht aber Haupteffekte des Faktors B; außerdem ist der Unterschied zwischen a_1 und a_2 in b_1 größer als in b_2. Es gibt also nur Haupteffekte des Faktors A und Interaktionseffekte. Ein solcher Fall ist in Tabelle 13.10 e dargestellt. Natürlich gibt es auch den umgekehrten Fall, dass es Haupteffekte des Faktors B (und keine Haupteffekte des Faktors A), aber Interaktionseffekte gibt; diesen Fall haben wir hier aus Platzgründen nicht eigens dargestellt.

Fall 6: Keine Haupteffekte, nur Interaktionseffekte. In diesem Fall gibt es keine Haupteffekte der Faktoren A und B, sondern nur Interaktionseffekte: Der Unterschied zwischen a_1 und a_2 ist in b_1 positiv und in b_2 negativ; sie addieren sich zu 0 auf, weshalb die Haupteffekte des Faktors A gleich 0 sind. Gleiches gilt für die Haupteffekte des Faktors B. Die beiden Faktoren haben keine Haupteffekte, aber sie interagieren miteinander, d. h., es gibt unterschiedlich gerichtete bedingte Haupteffekte eines Faktors in den Stufen des jeweils anderen Faktors. Ein solcher Fall ist in Tabelle 13.10 f dargestellt.

Graphische Darstellung von Interaktionseffekten

In Abbildung 13.5 sind die sechs in Tabelle 13.10 beschriebenen Fälle graphisch in Form von Liniendiagrammen dargestellt. Dabei sind die beiden Stufen des Faktors A als zwei Punkte auf der Abszisse abgetragen; die beiden Stufen des Faktors B sind als separate Linien eingezeichnet. Wir erinnern uns, dass es in den Fällen 1, 2 und 3 (s. Tab. 13.10 a, b und c) keine Interaktionseffekte gibt. Das erkennen wir in Abbildung 13.5 daran, dass die beiden Linien, die die Stufen des Faktors B kennzeichnen, parallel verlaufen. Die Linien verlaufen immer dann parallel, wenn die bedingten Haupteffekte des Faktors A in beiden Stufen des Faktors B gleich groß sind (und umgekehrt, also wenn die bedingten Haupteffekte des Faktors B in beiden Stufen des Faktors A gleich groß sind).

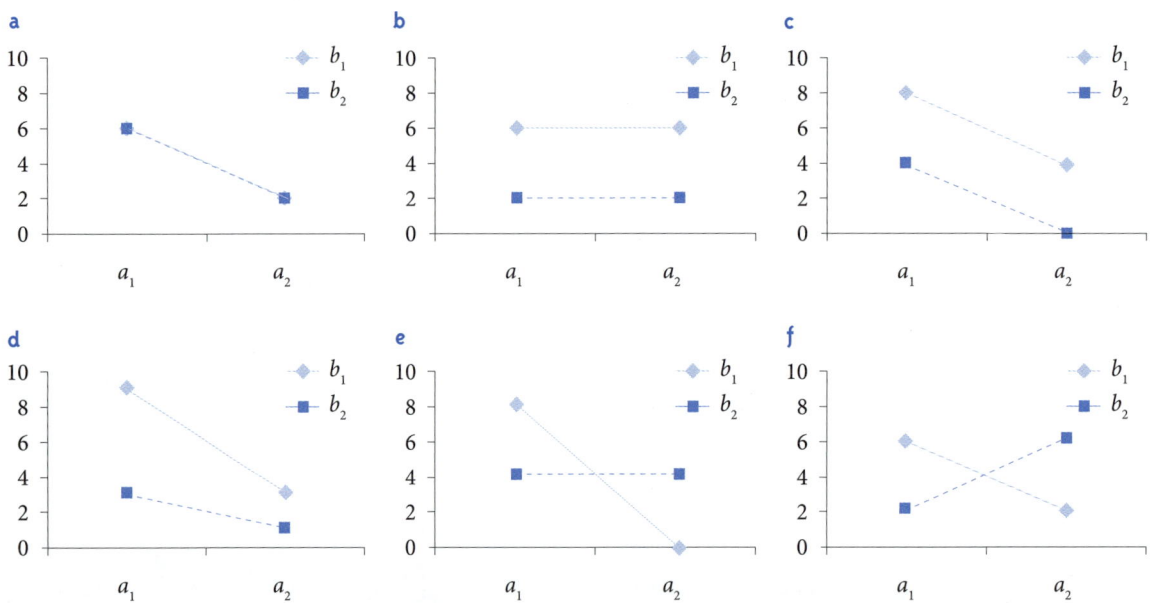

Abbildung 13.5 Graphische Darstellung der Mittelwertsunterschiede in den in Tabelle 13.10 dargestellten Beispielfällen (mit den Stufen des Faktors A auf der Abszisse und den Stufen des Faktors B als unterschiedlichen Linien)

In den Fällen 4, 5 und 6 (s. Tab. 13.10 d, f und g) hingegen gibt es Interaktionseffekte zwischen A und B. Das erkennen wir in Abbildung 13.5 daran, dass die beiden Linien, die die Faktorstufen von B kennzeichnen, nicht parallel verlaufen. Das bedeutet: Die bedingten Haupteffekte des Faktors A sind in den beiden Stufen von B nicht gleich groß. In den Fällen 4 und 5 ist der Effekt des Faktors A in b_1 größer als in b_2. In Fall 6 kehrt der Effekt von A sogar sein Vorzeichen um.

In Abbildung 13.6 sind die gleichen sechs Beispielfälle noch einmal anders dargestellt. Im Gegensatz zu Abbildung 13.5 sind nun auf der Abszisse die beiden Stufen des Faktors B abgetragen und die beiden Stufen des Faktors A als separate Linien eingezeichnet. Diese Abbildung zeigt, dass Interaktion ein symmetrisches Konzept ist: Wenn eine Interaktion vorliegt, unterscheiden sich die Effekte des Faktors A in Abhängigkeit von den Stufen des Faktors B, und umgekehrt unterscheiden sich die Effekte des Faktors B in Abhängigkeit von den Stufen des Faktors A. Für beide Darstellungsformen (Abb. 13.5 und Abb. 13.6) gilt: Wenn die Linien, die die Stufen eines Faktors indizieren, parallel laufen, gibt es keine Interaktionseffekte – egal ob die separaten Linien die Stufen von A oder die Stufen von B indizieren. Umgekehrt: Wenn die Linien nicht parallel verlaufen, dann gibt es Interaktionseffekte.

Welche Darstellungsform gewählt wird, also ob die Stufen von A oder die Stufen von B auf der Abszisse abgetragen werden, ist prinzipiell egal. Beide Darstellungsformen eignen sich dazu, Haupt- und Interaktionseffekte graphisch darzustellen. Die Entscheidung für eine der beiden Darstellungsformen hängt von inhaltlichen und ästhetischen Überlegungen ab.

> **Definition eines Interaktionseffekts**
>
> Eine Interaktion zwischen zwei Faktoren A und B liegt dann vor, wenn sich die bedingten Haupteffekte eines Faktors zwischen den Stufen des jeweils anderen Faktors unterscheiden.

Der Begriff der Interaktion bedeutet übrigens nicht, dass die beiden unabhängigen Variablen A und B voneinander abhängig sind. So sind z. B. in einer zweifaktoriellen Varianzanalyse die beiden unabhängigen Variablen (Faktoren) immer dann unabhängig

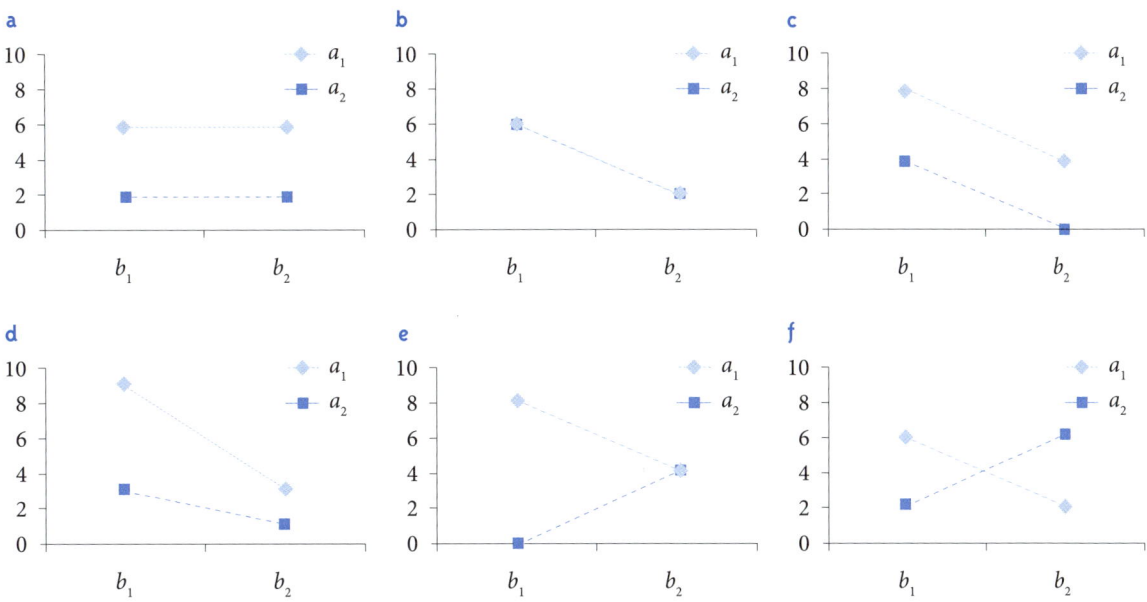

Abbildung 13.6 Graphische Darstellung der Mittelwertsunterschiede in den in Tabelle 13.10 dargestellten Beispielfällen (mit den Stufen des Faktors B auf der Abszisse und den Stufen des Faktors A als unterschiedlichen Linien)

voneinander, wenn die Zellbesetzungen (n_{Zelle}) in allen Zellen gleich groß sind. Eine Interaktion bedeutet lediglich, dass der *Effekt* eines Faktors von der Ausprägung des jeweils anderen Faktors abhängt: Die bedingten Haupteffekte von a_j in b_1 unterscheiden sich von den bedingten Haupteffekten von a_j in b_2. Umgekehrt unterscheiden sich die bedingten Haupteffekte von b_k in a_1 von den bedingten Haupteffekten von b_k in a_2.

Wir haben gesehen, dass die Existenz von Interaktionseffekten im Prinzip völlig unabhängig davon sein kann, ob es darüber hinaus noch (unbedingte) Haupteffekte gibt oder nicht. Gibt es in einem zweifaktoriellen Design lediglich Haupteffekte, aber keine Interaktionseffekte, spricht man auch von additiven Effekten der Faktoren A und B. Interaktionseffekte werden oft auch als multiplikative Effekte von A und B bezeichnet. Das soll deutlich machen, dass die Variation in der abhängigen Variablen nicht nur von der Variation in A und der Variation in B abhängt, sondern auch noch von einer Verknüpfung der Variation in beiden Faktoren. Wir werden in Kapitel 18 sehen, dass eine solche Verknüpfung tatsächlich mathematisch als das Produkt zweier Variablen modelliert werden kann.

Formen der Interaktion

Eine Interaktion zwischen zwei Faktoren kann unterschiedliche Formen haben: Man unterscheidet ordinale, disordinale und semidisordinale (oder hybride) Interaktionen. Wir werden diese drei Formen der Interaktion anhand eines einfachen 2×2-Designs erläutern.

Ordinale Interaktionen. Eine Interaktion ist ordinal, wenn der bedingte Unterschied (bedingte Mittelwertsdifferenz) zwischen a_1 und a_2 in beiden Stufen des Faktors B das gleiche Vorzeichen hat und wenn der Unterschied zwischen b_1 und b_2 in beiden Stufen des Faktors A das gleiche Vorzeichen hat. Dieser Fall ist in Tabelle 13.10 d dargestellt. Graphisch erkennt man eine ordinale Interaktion daran, dass sich die Linien in beiden Darstellungsarten (also mit den Stufen von A oder mit den Stufen von B auf der Abszisse) nicht kreuzen. In unserem Beispiel kreuzen sich die Linien weder in Abbildung 13.5 d noch in Abbildung 13.6 d. Die Differenz $\bar{x}_{11} - \bar{x}_{12}$ und die Differenz $\bar{x}_{21} - \bar{x}_{22}$ sind beide positiv, und außerdem haben die beiden Differenzen $\bar{x}_{11} - \bar{x}_{21}$ und $\bar{x}_{12} - \bar{x}_{22}$ das gleiche Vorzeichen.

Disordinale Interaktionen. Eine Interaktion ist disordinal, wenn der bedingte Unterschied zwischen a_1 und a_2 in den Stufen des Faktors B unterschiedliche Vorzeichen hat und wenn der Unterschied zwischen b_1 und b_2 in den Stufen des Faktors A unterschiedliche Vorzeichen hat. Dieser Fall ist in Tabelle 13.10 f dargestellt. Graphisch erkennt man eine disordinale Interaktion meist daran, dass sich die Linien in beiden Darstellungsarten (also mit den Stufen von A oder mit den Stufen von B auf der Abszisse) kreuzen. In unserem Beispiel kreuzen sich die Linien sowohl in Abbildung 13.5 f als auch in Abbildung 13.6 f. Die Differenz $\bar{x}_{11} - \bar{x}_{12}$ und die Differenz $\bar{x}_{21} - \bar{x}_{22}$ haben unterschiedliche Vorzeichen, und außerdem haben die beiden Differenzen $\bar{x}_{11} - \bar{x}_{21}$ und $\bar{x}_{12} - \bar{x}_{22}$ unterschiedliche Vorzeichen.

Semidisordinale (hybride) Interaktionen. Eine Interaktion ist semidisordinal, wenn der bedingte Unterschied zwischen a_1 und a_2 in den Stufen des Faktors B unterschiedliche Vorzeichen hat, während der Unterschied zwischen b_1 und b_2 in den Stufen des Faktors A keine unterschiedlichen Vorzeichen hat (oder umgekehrt). Dieser Fall ist in Tabelle 13.10 e dargestellt. Graphisch erkennt man eine semidisordinale Interaktion meist daran, dass sich die Linien in einer der beiden Darstellungsarten kreuzen, in der anderen Darstellungsart hingegen nicht. In unserem Beispiel kreuzen sich die Linien zwar in Abbildung 13.5 e, aber nicht in Abbildung 13.6 e. Die Differenz $\bar{x}_{11} - \bar{x}_{12}$ ist positiv, die Differenz $\bar{x}_{21} - \bar{x}_{22}$ ist hingegen negativ. Die Differenz $\bar{x}_{11} - \bar{x}_{21}$ ist positiv, die Differenz $\bar{x}_{12} - \bar{x}_{22}$ ist zwar 0, aber nicht negativ.

Interpretation der Haupteffekte bei unterschiedlichen Interaktionsformen

Es dürfte deutlich geworden sein, dass die Haupteffekte der Faktoren A und B in Abhängigkeit davon, um welche Form der Interaktion zwischen A und B es sich handelt, unterschiedlich zu interpretieren sind. Machen wir uns das an einem einfachen Beispiel

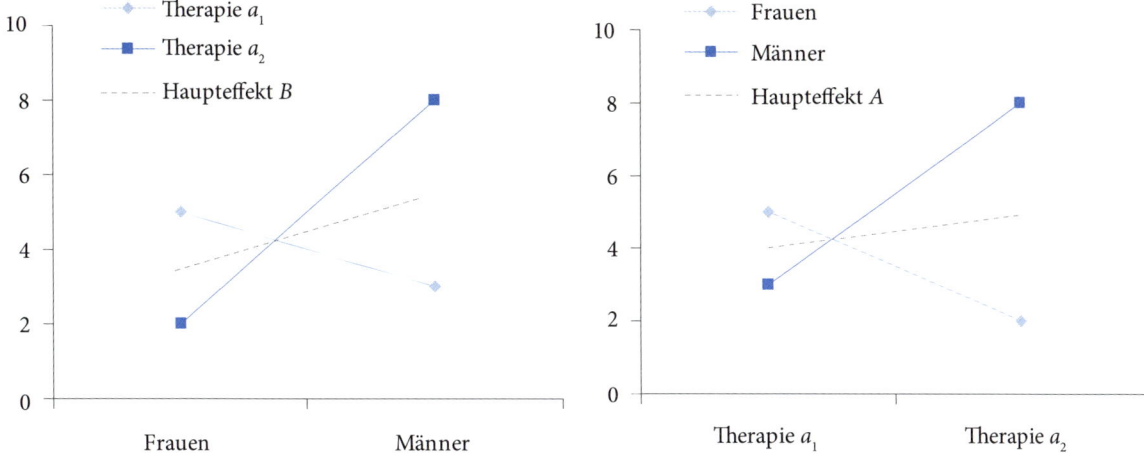

Abbildung 13.7 Disordinale Interaktion zwischen den Faktoren *A* (Therapieform) und *B* (Geschlecht des Patienten). Haupteffekte der Therapieformen bzw. der beiden Geschlechter (grau gestrichelte Linie) dürfen hier nicht ohne weiteres interpretiert werden

klar: Die beiden Stufen des Faktors *A* seien zwei unterschiedliche Therapieformen, und Faktor *B* sei das Geschlecht der Patienten. Abhängige Variable sei die Wirksamkeit der Therapie. Wenn die Interaktion zwischen *A* und *B* ordinal ist, dann dürfen wir die beiden Haupteffekte »Therapieform« und »Geschlecht« uneingeschränkt interpretieren: Wir können z. B. behaupten, dass die Therapie a_2 »immer« (d. h. in beiden Geschlechtern) besser (oder schlechter) wirke als die Therapie a_1. Wenn die Interaktion zwischen *A* und *B* allerdings disordinal ist, und zwar dergestalt, dass die Therapie a_1 eher bei Frauen und die Therapie a_2 eher bei Männern wirkt, dann könnte es dennoch sein, dass es Haupteffekte des Faktors *A* gibt, d. h., dass im Durchschnitt die Therapie a_2 immer noch besser ist als a_1, aber wir dürfen nun nicht mehr ohne weiteres sagen, dass die Therapie a_2 *grundsätzlich* besser sei als Therapie a_1. Therapie a_2 ist eben nur bei Männern besser als Therapie a_1 (s. Abb. 13.7). Das Beispiel zeigt, dass Haupteffekte bei disordinalen sowie bei semidisordinalen Interaktionen schwieriger zu interpretieren sind.

13.2.3 Quadratsummenzerlegung

Aufbauend auf der Messwertzerlegung lässt sich wie bei der einfaktoriellen Varianzanalyse die Zerlegung der Quadratsummen ableiten. Die totale Quadratsumme ist dabei die Summe der quadrierten Abweichungen jedes einzelnen Wertes vom Gesamtmittelwert:

$$QS_{tot} = \sum_{k=1}^{q}\sum_{j=1}^{p}\sum_{m=1}^{n_{Zelle}}\left(x_{mjk}-\bar{x}\right)^2 \qquad \text{(F 13.87)}$$

Sie kennzeichnet die gesamte Variation der Messwerte über alle Bedingungen hinweg. Sie beträgt in unserem Beispiel $QS_{tot} = 3887$.

Zerlegung der totalen Quadratsumme

Auch bei der zweifaktoriellen Varianzanalyse wird die gesamte Variation über alle Messwerte hinweg – ausgedrückt als totale Quadratsumme – in zwei Teile zerlegt: Variation zwischen den Bedingungskombinationen (d. h. Variation zwischen den Zellmittelwerten) und Variation innerhalb der Bedingungskombinationen (d. h. Variation innerhalb einer Zelle).

Variation zwischen den Zellen. Bei der Variation zwischen den Zellen handelt es sich um die Variation der Zellmittelwerte, d. h. deren (quadrierte) Abweichung vom Gesamtmittelwert. Summiert man diese quadrierten Abweichungen über alle Messwerte hinweg auf, ergibt sich – analog zu Formel F 13.6a bei der einfaktoriellen Varianzanalyse – folgende Zwischen-Quadratsumme:

$$QS_{zw} = \sum_{k=1}^{q}\sum_{j=1}^{p}\sum_{m=1}^{n_{Zelle}} (\bar{x}_{jk} - \bar{x})^2$$

$$= n_{Zelle} \cdot \sum_{k=1}^{q}\sum_{j=1}^{p} (\bar{x}_{jk} - \bar{x})^2 \qquad (F\ 13.88)$$

In unserem Beispiel beträgt $QS_{zw} = 1825$.

Variation innerhalb der Zellen. Bei der Variation innerhalb der Zellen handelt es sich um die Variation der Messwerte innerhalb der Zellen des Versuchsplans, d. h. deren (quadrierte) Abweichung vom jeweiligen Zellmittelwert. Summiert man diese quadrierten Abweichungen über alle Messwerte auf, ergibt sich – analog zu Formel F 13.7 bei der einfaktoriellen Varianzanalyse – folgende Innerhalb-Quadratsumme:

$$QS_{inn} = \sum_{k=1}^{q}\sum_{j=1}^{p}\sum_{m=1}^{n_{Zelle}} (x_{mjk} - \bar{x}_{jk})^2 \qquad (F\ 13.89)$$

In unserem Beispiel beträgt $QS_{inn} = 2062$.

> **! Additivität der Quadratsummen (I)**
>
> Auch für die zweifaktorielle Varianzanalyse gilt: Die totale Quadratsumme QS_{tot} ist identisch mit der Summe aus QS_{zw} und QS_{inn} (s. Formel F 13.8)
>
> $QS_{tot} = QS_{zw} + QS_{inn}$
>
> Das bedeutet: Die Gesamtvariation aller Messwerte (QS_{tot}) kann in zwei Teile zerlegt werden. Der eine Anteil der Variation kann nur auf die Einflüsse der beiden Faktoren zurückgeführt werden (QS_{zw}). Der zweite Anteil der Variation kann nur auf Unterschiede zwischen den Werten innerhalb einer Bedingungskombination zurückgeführt werden (QS_{inn}) und ist daher von den Einflüssen der beiden Faktoren unabhängig.

Zerlegung der Zwischen-Quadratsumme

Bis hierhin war die Quadratsummenzerlegung – abgesehen von der Notation – identisch mit der Quadratsummenzerlegung bei der einfaktoriellen Varianzanalyse. Nun kommt der entscheidende Unterschied zwischen der einfaktoriellen und der zweifaktoriellen Varianzanalyse. Er betrifft die Zwischen-Quadratsumme. Während bei der einfaktoriellen Varianzanalyse die QS_{zw} allein auf einen Effekt des einen und einzigen Faktors zurückgeführt werden konnte, gibt es nun bei der zweifaktoriellen Varianzanalyse drei mögliche Ursachen für die Variation zwischen den Zellmittelwerten: Die Variation zwischen den Zellmittelwerten könnte zurückgehen

(1) auf Unterschiede zwischen den Stufen des Faktors A (unbedingte Haupteffekte von A),
(2) auf Unterschiede zwischen den Stufen des Faktors B (unbedingte Haupteffekte von B) oder
(3) darauf, dass sich die Unterschiede zwischen den Stufen des Faktors A über die Stufen des Faktors B hinweg unterscheiden (Wechselwirkungseffekte $A \times B$).

Quadratsumme des Faktors A. Die Variation zwischen den Zellmittelwerten, die auf Unterschiede zwischen den Stufen des Faktors A zurückgeht, äußert sich in einer Variation der Bedingungsmittelwerte $\bar{x}_{j\bullet}$ zwischen den Faktorstufen a_j (also den unbedingten Haupteffekten des Faktors A). Bezogen auf unser Beispiel lägen Haupteffekte des Faktors »Ähnlichkeit« vor, wenn Kind-Modelle eher nachgeahmt werden als Erwachsenen-Modelle – unabhängig von der Belohnung des Modells. Die Formel für die Quadratsumme, die Haupteffekte von A indiziert, lautet:

$$QS_A = \sum_{k=1}^{q}\sum_{j=1}^{p}\sum_{m=1}^{n_{Zelle}} (\bar{x}_{j\bullet} - \bar{x})^2$$

$$= q \cdot n_{Zelle} \cdot \sum_{j=1}^{p} (\bar{x}_{j\bullet} - \bar{x})^2 \qquad (F\ 13.90)$$

In unserem Beispiel beträgt $QS_A = 720$.

Quadratsumme des Faktors B. Variation, die auf Unterschiede zwischen den Stufen des Faktors B zurückgeht, äußert sich in einer Variation der Bedingungsmittelwerte $\bar{x}_{\bullet k}$ zwischen den Faktorstufen b_k (also den unbedingten Haupteffekten des Faktors B). Bezogen auf unser Beispiel lägen Haupteffekte des Faktors »Verhaltenskonsequenz« vor, wenn belohntes Modellverhalten eher nachgeahmt wird als nichtbelohntes Modellverhalten – unabhängig davon, ob es sich bei dem Modell um ein Kind oder um einen

Erwachsenen handelt. Die Formel für die Quadratsumme, die die Haupteffekte von B indiziert, lautet:

$$QS_B = \sum_{k=1}^{q}\sum_{j=1}^{p}\sum_{m=1}^{n_{Zelle}} (\bar{x}_{\bullet k} - \bar{x})^2$$

$$= p \cdot n_{Zelle} \cdot \sum_{k=1}^{q} (\bar{x}_{\bullet k} - \bar{x})^2 \qquad \text{(F 13.91)}$$

In unserem Beispiel beträgt $QS_B = 500$.

Wechselwirkung zwischen den Faktoren A und B.

Zusätzlich zu den unbedingten Effekten des jeweiligen Faktors gibt es eine Variation zwischen den vier Zellmittelwerten, die weder durch die Haupteffekte von A noch durch die Haupteffekte von B erklärt werden kann. Diese Variation geht auf eine Wechselwirkung (oder Interaktion) zwischen den Faktoren A und B zurück. Die Formel für die Quadratsumme, die eine Wechselwirkung zwischen A und B indiziert, lautet:

$$QS_{A \times B} = \sum_{k=1}^{q}\sum_{j=1}^{p}\sum_{m=1}^{n_{Zelle}} ((\bar{x}_{jk} - \bar{x}) - (\bar{x}_{j\bullet} - \bar{x}) - (\bar{x}_{\bullet k} - \bar{x}))^2$$

$$\text{(F 13.92a)}$$

Will man also die Variation in den Zellmittelwerten, die nur auf die Interaktion zurückzuführen ist, herausfiltern, muss man – wie in Formel F 13.92a deutlich wird – von der Abweichung $\bar{x}_{jk} - \bar{x}$ diejenigen Abweichungen subtrahieren, die auf die unbedingten (Haupt-)Effekte zurückzuführen sind, also $\bar{x}_{j\bullet} - \bar{x}$ und $\bar{x}_{\bullet k} - \bar{x}$. Umgeformt kann man auch schreiben:

$$QS_{A \times B} = \sum_{k=1}^{q}\sum_{j=1}^{p}\sum_{m=1}^{n_{Zelle}} (\bar{x}_{jk} - \bar{x}_{j\bullet} - \bar{x}_{\bullet k} + \bar{x})^2$$

$$= n_{Zelle} \cdot \sum_{k=1}^{q}\sum_{j=1}^{p} (\bar{x}_{jk} - \bar{x}_{j\bullet} - \bar{x}_{\bullet k} + \bar{x})^2$$

$$\text{(F 13.92b)}$$

In unserem Beispiel beträgt $QS_{A \times B} = 605$.

> **! Additivität der Quadratsummen (II)**
>
> Die totale Quadratsumme QS_{tot} kann bei der zweifaktoriellen Varianzanalyse in vier Teile zerlegt werden: einen Anteil, der auf Haupteffekte des Faktors A zurückgeht, einen Anteil, der auf Haupteffekte des Faktors B zurückgeht, einen Anteil, der auf Effekte der Interaktion zwischen den Faktoren A und B zurückgeht, und einen Anteil, der auf unerklärte Variationen innerhalb einer Bedingungskombination (Residualvariation) zurückgeht:
>
> $$QS_{tot} = QS_A + QS_B + QS_{A \times B} + QS_{inn}$$

Varianzaufklärung

Bei der einfaktoriellen Varianzanalyse hatten wir den Quotienten $\hat{\eta}^2$ als Maß für die Stärke des Effekts eines Faktors eingeführt. Er war definiert als der Anteil der Zwischen-Quadratsumme an der totalen Quadratsumme und war damit ein standardisiertes, relativiertes Maß für den Anteil der aufgeklärten Varianz. Bei der zweifaktoriellen Varianzanalyse gibt es nun nicht mehr nur eine unabhängige Variable, sondern zwei unabhängige Variablen und somit drei Quellen der Variation in der abhängigen Variablen, die durch die unabhängigen Variablen bestimmt wird (Haupteffekte von A und B sowie Interaktionseffekte). Für jede Effektgruppe lässt sich angeben, wie groß der Anteil der durch sie aufgeklärten Varianz an der Gesamtvarianz ist.

Nicht-partielles Effektstärkenmaß $\hat{\eta}^2$.

Analog zu Formel F 13.10 ergibt sich:

$$\hat{\eta}^2_{Effekt} = \frac{QS_{Effekt}}{QS_{tot}} \qquad \text{(F 13.93)}$$

Für QS_{Effekt} kann man eine beliebige Quadratsumme einsetzen (also A, B oder A × B). Bei der zweifaktoriellen Varianzanalyse gibt es dementsprechend drei Effektstärkekoeffizienten. Gemeinsam ergeben diese drei Koeffizienten den Anteil der insgesamt aufgeklärten Varianz $\hat{\eta}^2_{gesamt}$:

$$\hat{\eta}^2_{gesamt} = \hat{\eta}^2_A + \hat{\eta}^2_B + \hat{\eta}^2_{A \times B} \qquad \text{(F 13.94)}$$

In unserem Beispiel zum Modelllernen in Tabelle 13.8 bzw. Tabelle 13.9 ergeben sich die Werte $\hat{\eta}^2_A = 0{,}185$; $\hat{\eta}^2_B = 0{,}129$ und $\hat{\eta}^2_{A \times B} = 0{,}156$. Zusammen ergibt sich der Anteil der insgesamt aufgeklärten Varianz $\hat{\eta}^2_{gesamt} = 0{,}47$.

Partielles Effektstärkenmaß $\hat{\eta}_p^2$. Das Effektstärkemaß $\hat{\eta}_{\text{Effekt}}^2$ gibt den Anteil der aufgeklärten Varianz an der Gesamtvarianz an. Der Nachteil dieses Maßes besteht darin, dass die Größe eines bestimmten Effekts (z. B. eines Effekts des Faktors A) davon abhängt, welche weiteren Effekte in der Analyse getestet wurden. Daher sind zwei empirische Untersuchungen, die nicht genau gleich aufgebaut sind, hinsichtlich der Effektstärken nicht direkt miteinander vergleichbar. Stellen wir uns vor, in einer zweiten Studie zum Modelllernen seien nicht die Faktoren »Verhaltenskonsequenz« und »Ähnlichkeit«, sondern die Faktoren »Verhaltenskonsequenz« und »Sympathie des Modells« unabhängig voneinander variiert worden. Wenn man nun den Varianzanteil, den der Faktor »Verhaltenskonsequenz« aufklärt, zwischen beiden Studien vergleichen will, steht man vor dem Problem, dass das Effektstärkenmaß $\hat{\eta}_A^2$ einen solchen Vergleich nicht zulässt. Nehmen wir an, die Varianz, die auf die Variation der Verhaltenskonsequenzen zurückgeht, sei in beiden Studien identisch. Man müsste zu dem Schluss kommen, dass der Effekt des Faktors »Verhaltenskonsequenz« gleich groß ist. Die Größe von $\hat{\eta}_A^2$ könnte sich aber dennoch zwischen beiden Studien unterscheiden, und zwar nur deshalb, weil möglicherweise die Haupteffekte der Sympathie in Studie 2 größer waren als die Haupteffekte der Ähnlichkeit in Studie 1. Um das Problem der Nicht-Vergleichbarkeit von Effekten zwischen unterschiedlichen Studien zu umgehen, wurde vorgeschlagen, die durch einen Effekt erklärte Varianz nicht an der Gesamtvarianz zu relativieren, sondern an der Summe aus der Varianz dieses Effekts und der Residualvarianz. Für den Schätzer von η^2 bedeutet das: Man teilt die Quadratsumme eines Effekts durch die Summe aus dieser Quadratsumme und der Innerhalb-Quadratsumme. Es resultiert das sog. partielle Effektstärkenmaß $\hat{\eta}_{p\_\text{Effekt}}^2$:

$$\hat{\eta}_{p\_\text{Effekt}}^2 = \frac{QS_{\text{Effekt}}}{QS_{\text{Effekt}} + QS_{\text{inn}}} \qquad \text{(F 13.95)}$$

In unserem Beispiel in Tabelle 13.8 bzw. Tabelle 13.9 ergeben sich die Werte $\hat{\eta}_{p\_A}^2 = 0{,}259$; $\hat{\eta}_{p\_B}^2 = 0{,}195$ und $\hat{\eta}_{p\_A\times B}^2 = 0{,}227$. Man sieht, dass die partiellen Effektstärkenmaße jeweils größer sind als die nicht-partiellen. Das liegt daran, dass in den Nenner des Effektstärkenquotienten nicht mehr die totale Quadratsumme eingeht, sondern nur noch ein Teil davon.

Welches Maß sollte verwendet werden? Der Vorteil des partiellen Effektstärkenmaßes besteht darin, dass die Größe eines bestimmten Effekts nun unabhängig davon ist, aus welchen anderen Faktoren das jeweilige varianzanalytische Design besteht. $\hat{\eta}_p^2$ ist also über unterschiedliche Studien hinweg besser vergleichbar. Will man die Größe eines bestimmten Effekts zwischen verschiedenen Studien vergleichen, bietet es sich an, $\hat{\eta}_p^2$ zu inspizieren. Der Nachteil ist, dass sich die partiellen Effektstärkemaße innerhalb einer Studie nicht mehr zu einem Gesamteffekt, d. h. dem Anteil der insgesamt aufgeklärten Varianz an der Gesamtvarianz, aufaddieren. Will man also die Größe unterschiedlicher Effekte innerhalb der gleichen Studie in Relation zueinander setzen, bietet es sich an, das nicht-partielle Effektstärkenmaß $\hat{\eta}^2$ zu inspizieren.

13.2.4 Populationsmodell der zweifaktoriellen Varianzanalyse

Wenn eine Effekt-Quadratsumme größer 0 ist, dann stellt sich die Frage, ob das lediglich auf einen Stichprobenfehler zurückgeführt werden muss (d. h., dass es sich hier um eine stichprobenspezifische Zufallsschwankung handelt) oder ob es in der Population tatsächlich die entsprechenden Haupt- und/oder Interaktionseffekte gibt. Um dies zu prüfen, werden statistische Tests benötigt, die wir im Folgenden behandeln werden.

Beginnen wir mit dem Populationsmodell der zweifaktoriellen Varianzanalyse. Es beschreibt das Zustandekommen eines beliebigen Messwertes x_{mjk} in der Population. Wie bei der einfachen Varianzanalyse gibt es zwei Modellformulierungen.

Modell in Erwartungswertdarstellung

Bei dem Modell in Erwartungswertsdarstellung zerlegen wir einen Messwert in den zellenspezifischen Erwartungswert (Bedingungspopulationsmittelwert) μ_{jk} und den Residualwert ε_{mjk}:

$$x_{mjk} = \mu_{jk} + \varepsilon_{mjk} \qquad \text{(F 13.96)}$$

Nullhypothese. Der Nullhypothese zufolge sind alle Zellen-Erwartungswerte gleich:

$H_0: \mu_{jk} = \mu_{j'k'}$ für alle Erwartungswerte und
$(j, k) \neq (j', k')$ \hfill (F 13.97)

Alternativhypothese. Die Alternativhypothese besagt, dass sich mindestens zwei Erwartungswerte (Populationsmittelwerte) unterscheiden müssen. Formal:

$H_1: \mu_{jk} \neq \mu_{j'k'}$ für mindestens zwei Erwartungswerte und $(j, k) \neq (j', k')$ \hfill (F 13.98)

Modell in Effektdarstellung

Das Modell in Effektdarstellung besagt, dass ein Messwert beeinflusst wird durch

- den unbedingten Populationsmittelwert (μ),
- den Haupteffekt derjenigen Stufe des Faktors A, aus der der Wert gezogen wurde (τ_{a_j}),
- den Haupteffekt derjenigen Stufe des Faktors B, aus der der Wert gezogen wurde (τ_{b_k}),
- den Interaktionseffekt der Kombination der beiden Bedingungen, aus der der Wert gezogen wurde (($\tau_{(a \times b)_{jk}}$), und
- alle unsystematischen Einflüsse (jenseits der Variationen von A und B) einschließlich des Messfehlers (ε_{mjk}):

$x_{mjk} = \mu + \tau_{a_j} + \tau_{b_k} + \tau_{(a \times b)_{jk}} + \varepsilon_{mjk}$ \hfill (F 13.99)

Die Haupteffektparameter τ_{a_j} und τ_{b_k} stehen für die Abweichung eines Bedingungsmittelwertes in der Population vom Gesamtmittelwert:

$\tau_{a_j} = \mu_{j\bullet} - \mu$ \hfill (F 13.100)

$\tau_{b_k} = \mu_{\bullet k} - \mu$ \hfill (F 13.101)

Der Interaktionseffektparameter $\tau_{(a \times b)_{jk}}$ steht für die Abweichung eines Zellmittelwertes vom Gesamtmittelwert, nachdem die Haupteffekte der Faktoren A und B subtrahiert wurden:

$\tau_{(a \times b)_{jk}} = \mu_{jk} - \mu_{j\bullet} - \mu_{\bullet k} + \mu$ \hfill (F 13.102)

Für die Effektparameter gilt:

$\sum_{j=1}^{p} \tau_{a_j} = \sum_{k=1}^{q} \tau_{b_k} = \sum_{j=1}^{p} \tau_{(a \times b)_{jk}} = \sum_{k=1}^{q} \tau_{(a \times b)_{jk}} = 0$

\hfill (F 13.103)

Statistisches Hypothesenpaar

Für jeden dieser drei Typen von Effektparametern lässt sich die Nullhypothese prüfen, dass der jeweilige Effekt in der Population gleich 0 ist:

Haupteffekte A: $H_0: \mu_{j\bullet} - \mu = 0$ oder $\tau_{a_j} = 0$
für alle j

Haupteffekte B: $H_0: \mu_{\bullet k} - \mu = 0$ oder $\tau_{b_k} = 0$
für alle k

Interaktion $A \times B$: $H_0: \mu_{jk} - \mu_{j\bullet} - \mu_{\bullet k} + \mu = 0$ oder
$\tau_{(a \times b)_{jk}} = 0$ für alle jk

Die Nullhypothese für die Haupteffekte von A geht also davon aus, dass die p Bedingungsmittelwerte von A identisch sind; Entsprechendes gilt für die Haupteffekte von B. Die Nullhypothese für die Interaktion zwischen A und B geht davon aus, dass es außer den Haupteffekten keine weiteren Einflüsse auf die Zellmittelwerte μ_{jk} gibt.

Die entsprechenden Alternativhypothesen lauten:

Haupteffekte A: $H_1: \mu_{j\bullet} - \mu \neq 0$ oder $\tau_{a_j} \neq 0$
für mind. ein j

Haupteffekte B: $H_1: \mu_{\bullet k} - \mu \neq 0$ oder $\tau_{b_k} \neq 0$
für mind. ein k

Interaktion $A \times B$: $H_1: \mu_{jk} - \mu_{j\bullet} - \mu_{\bullet k} + \mu \neq 0$ oder
$\tau_{(a \times b)_{jk}} \neq 0$ für mind. ein jk

Annahmen

Zur Schätzung der Residualvarianz und zur statistischen Überprüfung der genannten Nullhypothesen treffen wir die Annahme, dass die Residuen ε_{mjk} voneinander unabhängig und um $\mu + \tau_{a_j} + \tau_{b_k} + \tau_{(a \times b)_{jk}}$ herum normalverteilt sind. Wir gehen ferner davon aus, dass die Residuen in allen Bedingungskombinationen von A und B normalverteilt sind und dass ihre Varianzen in allen Zellen identisch sind. Diese letzte Annahme wird als Varianzhomogenitätsannahme (oder Homoskedastizitätsannahme) bezeichnet:

$\sigma^2_{\varepsilon_{jk}} = \sigma^2_{\varepsilon}$ \hfill (F 13.104)

Wir haben bei der einfaktoriellen Varianzanalyse ausführlich besprochen, wie mit Verletzungen der Annahmen der Varianzanalyse umgegangen werden kann. Dies gilt für die zweifaktorielle Varianzanalyse in analoger Weise. Im Falle der Verletzung der Varianzhomogenität kann auf einen Test von Brown und Forsythe (1974) zurückgegriffen werden.

13.2.5 Schätzung der Populationsparameter

Bei der zweifaktoriellen Varianzanalyse gibt es fünf Klassen von Populationsparametern, die wir aus den Stichprobendaten schätzen müssen. Die Schätzungen können wie folgt aufgrund der empirisch beobachteten Daten erfolgen.

Schätzung des unbedingten Populationsmittelwerts μ. Genau wie bei der einfaktoriellen Varianzanalyse schätzen wir den unbedingten Populationsmittelwert μ aus dem Gesamtmittelwert $\bar{x}$:

$$\hat{\mu} = \bar{x} = \frac{\sum_{k=1}^{q}\sum_{j=1}^{p}\sum_{m=1}^{n_{Zelle}} x_{mjk}}{p \cdot q \cdot n_{Zelle}} \quad \text{(F 13.105)}$$

Schätzung der Haupteffekte τ_{a_j}. Die Haupteffekte des Faktors A schätzen wir anhand der Stichprobenhaupteffekte nach Gleichung F 13.78 über die Abweichung der Bedingungsmittelwerte $\bar{x}_{j\bullet}$ vom Gesamtmittelwert $\bar{x}$:

$$t_{a_j} = \hat{\tau}_{a_j} = \bar{x}_{j\bullet} - \bar{x} \quad \text{(F 13.106)}$$

Schätzung der Haupteffekte τ_{b_k}. Die Haupteffekte des Faktors B schätzen wir anhand der Stichprobenhaupteffekte nach Gleichung F 13.80 über die Abweichung der Bedingungsmittelwerte $\bar{x}_{\bullet k}$ vom Gesamtmittelwert $\bar{x}$:

$$t_{b_k} = \hat{\tau}_{b_k} = \bar{x}_{\bullet k} - \bar{x} \quad \text{(F 13.107)}$$

Schätzung der Interaktionseffekte $\tau_{(a \times b)_{jk}}$. Die Interaktionseffekte der Faktoren A und B schätzen wir anhand der Stichprobenhaupteffekte nach Gleichung F 13.85 über die Abweichung der Zellmittelwerte $\bar{x}_{jk}$ vom Gesamtmittelwert $\bar{x}$, nachdem die Haupteffekte subtrahiert wurden:

$$\begin{aligned} t_{(a \times b)_{jk}} = \hat{\tau}_{(a \times b)_{jk}} &= (\bar{x}_{jk} - \bar{x}) - (\bar{x}_{j\bullet} - \bar{x}) - (\bar{x}_{\bullet k} - \bar{x}) \\ &= \bar{x}_{jk} - \bar{x}_{j\bullet} - \bar{x}_{\bullet k} + \bar{x} \end{aligned} \quad \text{(F 13.108)}$$

Schätzung des Residuums ε_{mjk}. Das personspezifische Residuum wird über die Abweichung eines Messwertes vom Mittelwert der entsprechenden Bedingungskombination (Zellmittelwert) geschätzt:

$$\hat{\varepsilon}_{mjk} = x_{mjk} - \bar{x}_{jk} \quad \text{(F 13.109)}$$

Schätzung der Populationsresidualvarianz σ_ε^2. Eine Schätzung der Populationsresidualvarianz erhält man in Analogie zur einfaktoriellen Varianzanalyse, indem innerhalb einer Zelle die Quadratsumme QS_{jk} durch $n_{Zelle} - 1$ geteilt wird. Hierdurch erhält man $p \cdot q$ mittlere Quadratsummen MQS_{jk} und damit $p \cdot q$ Schätzungen der Residualvarianz. Unter der Annahme der Homoskedastizität schätzen diese $p \cdot q$ mittleren Quadratsummen dieselbe Populationsvarianz. Wie bei der einfachen Varianzanalyse erhält man eine bessere Schätzung, wenn man diese Schätzungen über alle Zellen hinweg mittelt. Dies entspricht genau folgendem Quotienten:

$$\hat{\sigma}_\varepsilon^2 = \frac{\sum_{k=1}^{q}\sum_{j=1}^{p}\sum_{m=1}^{n_{Zelle}} (x_{mjk} - \bar{x}_{jk})^2}{p \cdot q \cdot (n_{Zelle} - 1)} \quad \text{(F 13.110)}$$

13.2.6 Überprüfung der Nullhypothesen

Der Nullhypothesentest bei der zweifaktoriellen Varianzanalyse folgt dem gleichen Grundprinzip, das wir bei der einfaktoriellen Varianzanalyse ausführlich dargestellt haben. Wir betrachten drei Nullhypothesen, die sich auf die Haupteffekte der beiden Faktoren und die Interaktionseffekte beziehen. Unter der Nullhypothese ist die Variation der entsprechenden Stichprobenmittelwerte ausschließlich auf den Stichprobenfehler zurückführbar, so dass die Variation der Stichprobenmittelwerte nur von der Varianz des Merkmals (der Residualvarianz) und der Stichprobengröße abhängt. Man erhält somit über die verschiedenen mittleren Quadratsummen unabhängige Schätzungen der Residualvarianzen.

Zerlegung der totalen Freiheitsgrade

Genau wie bei der einfaktoriellen Varianzanalyse sind mit jeder Quadratsumme entsprechende Freiheitsgrade verbunden. Die Freiheitsgrade ergeben sich dabei aus der Anzahl der Größen, die bei der Berechnung einer Summe von Abweichungswerten frei variieren können. Da die (einfache!) Summe von Abweichungswerten per Definition immer 0 ergeben muss, können nicht alle Summanden frei variieren, sondern sind festgelegt. Bei den Zwischen-Freiheitsgraden, bei denen es um die Abweichungen der Zellmittelwerte vom Gesamtmittelwert geht, können alle Zellmittelwerte bis auf einen frei variieren:

$$df_{zw} = p \cdot q - 1 \qquad (F\ 13.111)$$

Bei den Innerhalb-Freiheitsgraden, bei denen es um die Abweichung der Messwerte innerhalb einer Zelle von ihrem Zellmittelwert geht, können pro Zelle alle Werte bis auf einen frei variieren; über alle Zellen hinweg ergibt sich dann:

$$\begin{aligned}df_{inn} &= p \cdot q \cdot (n_{Zelle} - 1) \\ &= n - (p \cdot q)\end{aligned} \qquad (F\ 13.112)$$

Genau wie bei der einfaktoriellen Varianzanalyse sind die Freiheitsgrade additiv. Die Zwischen- und die Innerhalb-Freiheitsgrade addieren sich zu den totalen Freiheitsgraden auf:

$$df_{tot} = df_{zw} + df_{inn}$$

Zum anderen addieren sich die Freiheitsgrade der Quadratsummen von A, B sowie $A \times B$ zu den Zwischen-Freiheitsgraden auf:

$$df_{zw} = df_A + df_B + df_{A \times B} \qquad (F\ 13.113)$$

Daraus folgt natürlich auch:

$$df_{tot} = df_A + df_B + df_{A \times B} + df_{inn} \qquad (F\ 13.114)$$

Im Folgenden werden wir zeigen, wie die drei Freiheitsgrade, die sich zu den Zwischen-Freiheitsgraden df_{zw} aufsummieren, berechnet werden.

Freiheitsgrade der Haupteffekte des Faktors A.
Da in die Quadratsumme für die Haupteffekte des Faktors A die Abweichungen der p Bedingungsmittelwerte vom Gesamtmittelwert eingehen (und die einfache Summe dieser Abweichungen wiederum 0 ergeben muss), können hier $p - 1$ Bedingungsmittelwerte frei variieren:

$$df_A = p - 1 \qquad (F\ 13.115)$$

Freiheitsgrade der Haupteffekte des Faktors B.
Da in die Quadratsumme für die Haupteffekte des Faktors B die Abweichungen der q Bedingungsmittelwerte vom Gesamtmittelwert eingehen (und die einfache Summe dieser Abweichungen wiederum 0 ergeben muss), können hier $q - 1$ Bedingungsmittelwerte frei variieren:

$$df_B = q - 1 \qquad (F\ 13.116)$$

Freiheitsgrade der Interaktionseffekte von A und B.
Bei der Quadratsumme für die Wechselwirkung $A \times B$ gibt es – wie wir in Formel F 13.92a gesehen haben – drei Abweichungen: die Abweichung der Zellmittelwerte vom Gesamtmittelwert ($\bar{x}_{jk} - \bar{x}$), die Abweichung der Bedingungsmittelwerte des Faktors A vom Gesamtmittelwert ($\bar{x}_{j\bullet} - \bar{x}$) und die Abweichung der Bedingungsmittelwerte des Faktors B vom Gesamtmittelwert ($\bar{x}_{\bullet k} - \bar{x}$). Alle diese Abweichungen müssen jeweils in der Summe 0 ergeben. Das heißt: Bei der ersten Abweichung können alle Zellmittelwerte bis auf einen frei variieren (also $p \cdot q - 1$), bei der zweiten Abweichung können alle Bedingungsmittelwerte des Faktors A bis auf einen frei variieren (also $p - 1$), und bei der dritten Abweichung können alle Bedingungsmittelwerte des Faktors B bis auf einen frei variieren (also $q - 1$). Die Freiheitsgrade der Wechselwirkung berechnen sich demnach wie folgt:

$$\begin{aligned}df_{A \times B} &= (p \cdot q - 1) - (p - 1) - (q - 1) \\ &= (p - 1) \cdot (q - 1)\end{aligned} \qquad (F\ 13.117)$$

Mittlere Quadratsummen
Teilt man die Quadratsummen durch die Freiheitsgrade, erhält man mittlere Quadratsummen. Diese Quotienten sind – aufgrund der Tatsache, dass additive Zählerterme durch unterschiedlich große Nennerterme geteilt werden – natürlich nicht mehr addi-

tiv. Man erhält folgende mittlere Quadratsummen:

$$MQS_A = \frac{QS_A}{df_A} = \frac{q \cdot n_{\text{Zelle}} \cdot \sum_{j=1}^{p}(\overline{x}_{j\bullet} - \overline{x})^2}{p-1} \quad \text{(F 13.118)}$$

$$MQS_B = \frac{QS_B}{df_B} = \frac{p \cdot n_{\text{Zelle}} \cdot \sum_{k=1}^{q}(\overline{x}_{\bullet k} - \overline{x})^2}{q-1} \quad \text{(F 13.119)}$$

$$MQS_{A \times B} = \frac{QS_{A \times B}}{df_{A \times B}}$$
$$= \frac{n_{\text{Zelle}} \cdot \sum_{k=1}^{q}\sum_{j=1}^{p}(\overline{x}_{jk} - \overline{x}_{j\bullet} - \overline{x}_{\bullet k} + \overline{x})^2}{(p-1)\cdot(q-1)} \quad \text{(F 13.120)}$$

$$MQS_{\text{inn}} = \frac{QS_{\text{inn}}}{df_{\text{inn}}} = \frac{\sum_{k=1}^{q}\sum_{j=1}^{p}\sum_{m=1}^{n_{\text{Zelle}}}(x_{mjk} - \overline{x}_{jk})^2}{p \cdot q \cdot (n_{\text{Zelle}} - 1)} \quad \text{(F 13.121)}$$

$$MQS_{\text{tot}} = \frac{QS_{\text{tot}}}{df_{\text{tot}}} = \frac{\sum_{k=1}^{q}\sum_{j=1}^{p}\sum_{m=1}^{n_{\text{Zelle}}}(x_{mjk} - \overline{x})^2}{p \cdot q \cdot n_{\text{Zelle}} - 1} \quad \text{(F 13.122)}$$

Erwartungswerte der mittleren Quadratsummen

Wir haben bereits bei der einfaktoriellen Varianzanalyse festgestellt, dass der Erwartungswert der MQS_{inn} der Populationsresidualvarianz entspricht (s. Formel F 13.31); die MQS_{inn} ist also ein erwartungstreuer Schätzer der Populationsresidualvarianz. Ferner haben wir gezeigt, dass bei der einfaktoriellen Varianzanalyse in den Erwartungswert der MQS_{zw} die Populationsresidualvarianz und die Populationseffekte einfließen (s. Formel F 13.36). Für die zweifaktorielle Varianzanalyse gilt das Gleiche. Genauer gesagt kann man zeigen, dass die Erwartungswerte der mittleren Quadratsummen für die drei möglichen Effekte, die bei der zweifaktoriellen Varianzanalyse getestet werden können, jeweils der Summe aus der Populationsresidualvarianz und der (gewichteten) jeweiligen Populationseffektvarianz entsprechen:

$$E(MQS_A) = \sigma_\varepsilon^2 + q \cdot n_{\text{Zelle}} \cdot \sum_{j=1}^{p}\frac{\tau_{a_j}^2}{p-1} \quad \text{(F 13.123)}$$

$$E(MQS_B) = \sigma_\varepsilon^2 + p \cdot n_{\text{Zelle}} \cdot \sum_{k=1}^{q}\frac{\tau_{b_k}^2}{q-1} \quad \text{(F 13.124)}$$

$$E(MQS_{A \times B}) = \sigma_\varepsilon^2 + n_{\text{Zelle}} \cdot \sum_{j=1}^{p}\sum_{k=1}^{q}\frac{\tau_{(a \times b)_{jk}}^2}{(p-1)\cdot(q-1)} \quad \text{(F 13.125)}$$

Das bedeutet: Gilt für eine Familie von Effekten die Nullhypothese, dass die Populationseffektvarianz gleich 0 ist, so stellen die entsprechenden mittleren Quadratsummen jeweils Schätzer der Populationsresidualvarianz dar.

F-Tests

Aus dieser Logik heraus können wir für jeden zu testenden Effekt einen F-Bruch konstruieren:

$$F_A = \frac{MQS_A}{MQS_{\text{inn}}} \quad \text{(F 13.126)}$$

$$F_B = \frac{MQS_B}{MQS_{\text{inn}}} \quad \text{(F 13.127)}$$

$$F_{A \times B} = \frac{MQS_{A \times B}}{MQS_{\text{inn}}} \quad \text{(F 13.128)}$$

Diese Quotienten folgen unter der Nullhypothese einer F-Verteilung mit df_A, df_B bzw. $df_{A \times B}$ Zählerfreiheitsgraden und $df_{\text{inn}} = p \cdot q \cdot (n_{\text{Zelle}} - 1)$ Nennerfreiheitsgraden bei gleich großen Stichproben in allen Bedingungskombinationen (wie wir es durchweg für die zweifaktorielle Varianzanalyse annehmen).

Test der Nullhypothese, dass alle Zellmittelwerte identisch sind

Bei der zweifaktoriellen Varianzanalyse werden drei F-Tests durchgeführt. Jeder dieser Tests testet eine Familie von Effekten und sichert die statistische Entscheidung auf einem festgelegten α_{fam} ab. Liegen beispielsweise p Faktorstufen vor, so testet der F-Test zur Überprüfung des Einflusses des Faktors A auch

> **Beispiel**
>
> **F-Test im Datenbeispiel zum Modelllernen aus Tabelle 13.8 bzw. 13.9**
>
> Für das Datenbeispiel hatten wir die Quadratsummen bereits berechnet; sie betragen: $QS_A = 720$, $QS_B = 500$ und $QS_{A \times B} = 605$. Die Zwischen-Quadratsumme beträgt damit $QS_{zw} = 1825$. Die Innerhalb-Quadratsumme beträgt $QS_{inn} = 2062$. Die totale Quadratsumme beträgt also $QS_{tot} = 3887$.
>
> Die Freiheitsgrade berechnen sich wie folgt: $df_A = 1$, $df_B = 1$, $df_{A \times B} = 1$. Die Zwischen-Freiheitsgrade betragen damit $df_{zw} = 3$. Die Innerhalb-Freiheitsgrade betragen $df_{inn} = 16$. Die totalen Freiheitsgrade betragen also $df_{tot} = 19$. Daraus ergeben sich folgende mittlere Quadratsummen: $MQS_A = 720$, $MQS_B = 500$ und $MQS_{A \times B} = 605$ und $MQS_{inn} = 128{,}88$. Diese Größen können auch hier wieder in Form einer Tabelle zusammengefasst werden (s. Tab. 13.11).
>
> **Tabelle 13.11** Ergebnistabelle einer zweifaktoriellen Varianzanalyse (bezogen auf das Beispiel in Tab. 13.8 bzw. Tab. 13.9)
>
> | Quelle der Variation | QS | df | MQS | F | p | $\hat{\eta}^2$ | $\hat{\eta}^2_p$ |
> |---|---|---|---|---|---|---|---|
> | Faktor A | 720 | 1 | 720 | 5,587 | 0,031 | 0,185 | 0,259 |
> | Faktor B | 500 | 1 | 500 | 3,880 | 0,066 | 0,129 | 0,195 |
> | Interaktion $A \times B$ | 605 | 1 | 605 | 4,694 | 0,046 | 0,156 | 0,227 |
> | Fehler | 2062 | 16 | 128,88 | | | | |
> | Total | 3887 | 19 | 204,58 | | | | |
>
> Der kritische Wert bei einem Signifikanzniveau von $\alpha = 5\%$ ist aufgrund der identischen Zähler- und Nennerfreiheitsgrade für alle Effekte der gleiche, nämlich $F_{(0{,}95;\, 1;\, 16)} = 4{,}494$. Das bedeutet: Mindestens ein Haupteffekt des Faktors A (Ähnlichkeit) und mindestens ein Interaktionseffekt aus Ähnlichkeit und Verhaltenskonsequenzen sind signifikant von 0 verschieden. Da beide Faktoren nur zwei Stufen aufweisen und sich die Effekte zu 0 aufaddieren, bedeutet dies, dass alle Haupteffekte des Faktors A und alle Interaktionseffekte von 0 verschieden sind. Hingegen sind die Haupteffekte des Faktors B (Verhaltenskonsequenzen) nicht signifikant von 0 verschieden.
>
> Die vier Zellmittelwerte aus Tabelle 13.9 sind in Abbildung 13.8 in Form eines Säulendiagramms dargestellt, und zwar in zwei Versionen: In Abbildung 13.8 a sind die beiden Stufen des Faktors A auf der Abszisse abgetragen, und die beiden Stufen des Faktors B sind durch unterschiedlich stark gefärbte Säulen gekennzeichnet. In Abbildung 13.8 b ist es umgekehrt: Die beiden Stufen des Faktors B sind auf der Abszisse abgetragen, und die unterschiedlich stark gefärbten Säulen kennzeichnen die beiden Stufen des Faktors A. Die Höhe der Säulen entspricht den jeweiligen Zellmittelwerten; die Fehlerbalken kennzeichnen den Standardfehler des jeweiligen Zellmittelwertes. Die Graphik zeigt: Wenn die Modellperson für ihr Verhalten belohnt wird, steigt die Intensität des Nachahmungsverhaltens im Vergleich zu nicht-belohntem Modellverhalten – aber nur dann, wenn es sich bei dem Modell um ein Kind handelt (große Ähnlichkeit), und nicht, wenn es sich um eine erwachsene Person handelt (geringe Ähnlichkeit). Andersherum ausgedrückt: Ähnliche Modelle werden stärker nachgeahmt als unähnliche Modelle – aber nur dann, wenn das Modell für sein Verhalten belohnt wird.

▶

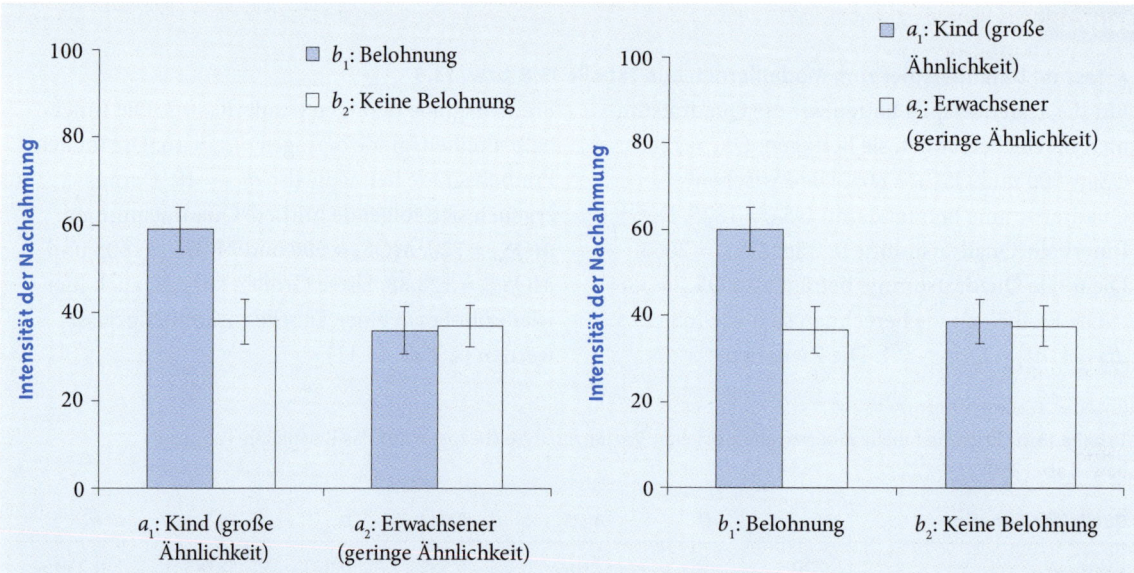

Abbildung 13.8 Graphische Darstellung der Mittelwertsunterschiede im Modelllern-Beispiel aus Tabelle 13.9

Interessant an diesem Beispiel ist, dass die Haupteffekte des Faktors A zwar signifikant von 0 verschieden sind, dass sie aber v. a. auf den hohen Zellmittelwert in der Bedingungskombination „Kind, mit Belohnung" zurückgeführt werden können. Der Zellmittelwert in der Bedingungskombination „Kind, ohne Belohnung" hingegen ist relativ gering. Die Vergrößerung eines bedingten Haupteffekts kann zu der Vergrößerung eines (unbedingten) Haupteffekts führen, ohne dass sich die anderen bedingten Haupteffekte ändern müssen. Dies zeigt, dass man bei der Interpretation der Haupteffekte vorsichtig sein muss, wenn Interaktionseffekte vorliegen. Ein großer Haupteffekt kann lediglich auf einen großen bedingten Haupteffekt (also einen Effekt, der sich nicht in allen Stufen des anderen Faktors zeigt) zurückführbar sein. In unserem Fall wäre es daher eine Fehlinterpretation, aus den hohen Haupteffekten eines Faktors zu schließen, dass dieser Faktor in allen Stufen des jeweils anderen Faktors einen Effekt hat. Ein großer Haupteffekt kann auch dadurch zustande kommen, dass ein großer bedingter Haupteffekt vorliegt und die anderen bedingten Haupteffekte möglicherweise gar nicht von 0 verschieden sind.

simultan die Hypothese, dass alle p Haupteffekte dieses Faktors gleich 0 sind und sichert diese Entscheidung auf dem festgelegten α-Niveau ab. Ist man hingegen an der Nullhypothese interessiert, dass alle Zellmittelwerte in der Population gleich sind, würde man diese Hypothese mit der einfaktoriellen Varianzanalyse überprüfen und die verschiedenen Zellen als verschiedene Bedingungen betrachten. Würde man diese Hypothese anhand der drei F-Tests überprüfen, käme es zu einer α-Fehler-Kumulierung aufgrund des dreifachen Testens. Die Wahrscheinlichkeit, dass mindestens einer der drei Tests zu einer falschen Ablehnung der Nullhypothese führt, wäre dann größer als das α-Niveau, dass man jedem einzelnen der drei F-Tests der zweifaktoriellen Varianzanalyse zugrunde legt, und man müsste eine Korrektur vornehmen. Das leistet aber gerade die einfaktorielle Varianzanalyse. Man kann diese generelle Hypothese also mit einer einfaktoriellen Varianzanalyse testen, indem man die verschiedenen Zellen als Stufen eines Faktors behandelt. Der F-Wert entspricht dann dem F-Wert der einfachen Varianzanalyse. Man erhält ihn, indem man die MQS_{zw} durch die MQS_{inn} teilt. Dieser generelle F-Test wird von einigen

Statistikprogrammen automatisch ausgegeben. Bei der Anwendung der zweifaktoriellen Varianzanalyse ist man aber üblicherweise an den drei Familien von Tests (Haupteffekte der beiden Faktoren, Interaktionseffekte) interessiert, so dass man den globalen Test häufig nicht berichtet.

13.2.7 Effektgrößenmaße und Konfidenzintervalle

In Abschnitt 13.2.3 haben wir zwei verschiedene Typen von Effektgrößen kennengelernt: das $\hat{\eta}^2_{\text{Effekt}}$, bei dem die Quadratsumme eines Faktors bzw. der Interaktion durch die Gesamtquadratsumme geteilt wird, und die Effektgröße $\hat{\eta}^2_{\text{p\_Effekt}}$, bei der die Quadratsumme eines Effekts nur durch die Quadratsumme des Effekts und der Quadratsumme innerhalb der Zellen geteilt wird. Wie wir bereits in Abschnitt 13.2.3 ausgeführt haben, hängt die Entscheidung für eine der beiden Effektgrößen von theoretischen Überlegungen ab.

Effektgröße η^2_{Effekt}

Die Effektgrößen η^2_{Effekt} lassen sich wie folgt definieren:

$$\eta^2_A = \frac{\sigma^2_A}{\sigma^2_A + \sigma^2_B + \sigma^2_{A\times B} + \sigma^2_\varepsilon} \quad \text{mit} \quad \sigma^2_A = \frac{1}{p} \cdot \sum_{j=1}^{p} \tau^2_{a_j}$$

(F 13.129)

$$\eta^2_B = \frac{\sigma^2_B}{\sigma^2_A + \sigma^2_B + \sigma^2_{A\times B} + \sigma^2_\varepsilon} \quad \text{mit} \quad \sigma^2_B = \frac{1}{q} \cdot \sum_{k=1}^{q} \tau^2_{b_k}$$

(F 13.130)

$$\eta^2_{A\times B} = \frac{\sigma^2_{A\times B}}{\sigma^2_A + \sigma^2_B + \sigma^2_{A\times B} + \sigma^2_\varepsilon}$$

mit

$$\sigma^2_{A\times B} = \frac{1}{p \cdot q} \cdot \sum_{j=1}^{p} \sum_{k=1}^{q} \tau^2_{(a\times b)_{jk}}$$

(F 13.131)

Diese Effektgrößen können über $\hat{\eta}^2_{\text{Effekt}}$ nach Gleichung F 13.93 aus den Daten geschätzt werden. Wir haben bereits bei der einfaktoriellen Varianzanalyse gesehen, dass sich die Schätzer der Effektstärkenmaße direkt aus den empirischen F-Werten bestimmen lassen. Das nicht-partielle Effektgrößenmaß $\hat{\eta}^2_{\text{Effekt}}$ lässt sich genauso berechnen wie in Formel F 13.49:

$$\hat{\eta}^2_{\text{Effekt}} = \frac{F_{\text{Effekt}} \cdot df_{\text{Effekt}}}{F_A \cdot df_A + F_B \cdot df_B + F_{A\times B} \cdot df_{A\times B} + df_{\text{inn}}}$$

(F 13.132)

Wir haben bereits in Abschnitt 13.1.9 darauf hingewiesen, dass $\hat{\eta}^2_{\text{Effekt}}$ kein erwartungstreuer Schätzer für η^2_{Effekt} ist. Der Effektgrößenschätzer $\hat{\omega}^2_{\text{Effekt}}$ berücksichtigt die Überschätzung der Populationseffektstärke η^2_{Effekt} durch $\hat{\eta}^2_{\text{Effekt}}$. Die Formel lautet bei der zweifaktoriellen Varianzanalyse:

$$\hat{\omega}^2_{\text{Effekt}} = \frac{QS_{\text{Effekt}} - df_{\text{Effekt}} \cdot MQS_{\text{inn}}}{QS_{\text{tot}} + MQS_{\text{inn}}}$$
$$= \frac{df_{\text{Effekt}} \cdot (F_{\text{Effekt}} - 1)}{df_A \cdot F_A + df_B \cdot F_B + df_{A\times B} \cdot F_{A\times B} + df_{\text{inn}} + 1}$$

(F 13.133)

Effektgröße $\eta^2_{\text{p\_Effekt}}$

Die partiellen Effektgrößen $\eta^2_{\text{p\_Effekt}}$ lassen sich wie folgt definieren:

$$\eta^2_{\text{p\_}A} = \frac{\sigma^2_A}{\sigma^2_A + \sigma^2_\varepsilon} \quad \text{mit} \quad \sigma^2_A = \frac{1}{p} \cdot \sum_{j=1}^{p} \tau^2_{a_j} \quad \text{(F 13.134)}$$

$$\eta^2_{\text{p\_}B} = \frac{\sigma^2_B}{\sigma^2_B + \sigma^2_\varepsilon} \quad \text{mit} \quad \sigma^2_B = \frac{1}{q} \cdot \sum_{k=1}^{q} \tau^2_{b_k} \quad \text{(F 13.135)}$$

$$\eta^2_{\text{p\_}A\times B} = \frac{\sigma^2_{A\times B}}{\sigma^2_{A\times B} + \sigma^2_\varepsilon} \quad \text{mit} \quad \sigma^2_{A\times B} = \frac{1}{p \cdot q} \cdot \sum_{j=1}^{p} \sum_{k=1}^{q} \tau^2_{(a\times b)_{jk}}$$

(F 13.136)

Diese Effektgrößen können über $\hat{\eta}^2_{\text{p\_Effekt}}$ nach Gleichung F 13.95 aus den Daten geschätzt werden. Das partielle Effektgrößenmaß $\hat{\eta}^2_{\text{p\_Effekt}}$ lässt sich auch direkt aus dem entsprechenden F-Wert berechnen:

$$\hat{\eta}^2_{\text{p\_Effekt}} = \frac{F_{\text{Effekt}} \cdot df_{\text{Effekt}}}{F_{\text{Effekt}} \cdot df_{\text{Effekt}} + df_{\text{inn}}}$$

(F 13.137)

Der in Bezug auf die Überschätzung korrigierte Effektgrößenschätzer $\hat{\omega}^2_{\text{p\_Effekt}}$ lautet:

$$\hat{\omega}^2_{\text{p\_Effekt}} = \frac{QS_{\text{Effekt}} - df_{\text{Effekt}} \cdot MQS_{\text{inn}}}{QS_{\text{Effekt}} + (n - df_{\text{Effekt}}) \cdot MQS_{\text{inn}}}$$
$$= \frac{df_{\text{Effekt}} \cdot (F_{\text{Effekt}} - 1)}{df_{\text{Effekt}} \cdot (F_{\text{Effekt}} - 1) + n}$$

(F 13.138)

Andere Effektgrößen. Wir beschränken uns im Folgenden auf das partielle Effektgrößenmaß, da es der Bestimmung der optimalen Stichprobengröße zugrunde gelegt wird. Das partielle Effektgrößenmaß $\hat{\eta}^2_{p\_Effekt}$ kann problemlos mit Hilfe der Formeln F 13.54 und F 13.57 in andere Effektgrößenmaße, die wir in Abschnitt 13.1.9 zur einfaktoriellen Varianzanalyse behandelt haben, wie $f^2_{p\_Effekt}$ oder f_{p_Effekt}, umgerechnet werden. Bei allen diesen Maßen handelt es sich um partielle Effektstärkenmaße, die sich nur auf einen einzigen Effekt und die Populationsresidualvarianz beziehen.

Konfidenzintervalle für Effektgrößen

Um die Grenzen des $(1-\alpha)$-Konfidenzintervalls für eine Effektstärke zu bestimmen, benötigt man die Grenzen des entsprechenden Konfidenzintervalls für den Nonzentralitätsparameter der nicht-zentralen F-Verteilung. Die Umrechnung der Effektgrößenmaße $\hat{\eta}^2_{p\_Effekt}$, $f^2_{p\_Effekt}$ oder f_{p_Effekt} in den geschätzten Nonzentralitätsparameter $\hat{\lambda}_{p\_Effekt}$ kann in Analogie zu Formel F 13.59 erfolgen. Auch hier wird aufgrund der Besonderheiten der F-Verteilung meist das 90 %-Konfidenzintervall anstatt des 95 %-Konfidenzintervalls herangezogen (Steiger, 2004).

Auf der Basis der Effektstärke $f^2_{p\_Effekt}$ kann $\hat{\lambda}_{p\_Effekt}$ wie folgt bestimmt werden:

$$\hat{\lambda}_{p\_Effekt} = f^2_{p\_Effekt} \cdot n_{Zelle} \cdot p \cdot q \quad \text{(F 13.139)}$$

Nachdem Untergrenze und Obergrenze des Konfidenzintervalls für den Nonzentralitätsparameter (λ_u und λ_o) bestimmt sind, lassen sich diese dann in die Unter- und Obergrenzen für beliebige Effektgrößenmaße zurücktransformieren:
Für $\eta^2_{p\_Effekt}$ ergibt sich:

$$\eta^2_{p\_Effekt} = \frac{\lambda}{\lambda + (p \cdot q \cdot n_{Zelle})} \quad \text{(F 13.140)}$$

Für $\phi^2_{p\_Effekt}$ ergibt sich:

$$\phi^2_{p\_Effekt} = \frac{\lambda}{p \cdot q \cdot n_{Zelle}} \quad \text{(F 13.141)}$$

Die Konfidenzintervalle auf der Grundlage von $\hat{\omega}^2_{p\_Effekt}$ erhält man, indem man die Formeln für $\hat{\omega}^2_{p\_Effekt}$ derart umformt, dass sie eine Funktion von $\hat{\eta}^2_{p\_Effekt}$ darstellen und dann in diese Gleichungen die Grenzen der Konfidenzintervalle auf der Grundlage von $\hat{\eta}^2_{p\_Effekt}$ einsetzt (s. Abschn. 13.1.9).

> **Beispiel**
>
> **Effektgröße des Interaktionseffekts im Modelllern-Beispiel und Konfidenzintervall**
>
> Der Übersichtlichkeit halber beschränken wir uns in der folgenden Beispielrechnung auf den Interaktionseffekt zwischen »Verhaltenskonsequenzen« und »Ähnlichkeit«. Wir wollen wissen, wie groß die beiden partiellen Effektstärkenmaße $\hat{\eta}^2_{p\_A \times B}$ und $f^2_{p\_A \times B}$ für diesen Effekt sind und wo die Grenzen des 90 %-Konfidenzintervalls für die Populationseffekte $\eta^2_{p\_A \times B}$ und $\phi^2_{p\_A \times B}$ liegen. Zunächst berechnen wir $\hat{\eta}^2_{p\_A \times B}$ direkt aus dem empirischen F-Wert nach Formel F 13.137:
>
> $$\hat{\eta}^2_{p\_A \times B} = \frac{4{,}694 \cdot 1}{4{,}694 \cdot 1 + 16} = 0{,}227$$
>
> Umgerechnet in $f^2_{A \times B}$ ergibt sich nach Formel F 13.57: $f^2_{p\_A \times B} = \hat{\eta}^2_{p\_A \times B} / (1 - \hat{\eta}^2_{p\_A \times B}) = 0{,}227/(1 - 0{,}227) = 0{,}294$.
>
> Nach der Taxonomie von Cohen (1988) handelt es sich also um einen großen Effekt. Mit Hilfe des Programms NDC ( ) bestimmen wir folgende Ober- bzw. Untergrenze des 90 %-Konfidenzintervalls für den Nonzentralitätsparameter: $\lambda_u = 0{,}045$ und $\lambda_o = 15{,}17$. Diese beiden Werte können nach F 13.140 und F 13.141 zurücktransformiert werden. Für $\eta^2_{p\_A \times B}$ ergibt sich ein Intervall mit den Grenzen [0,002; 0,431]; für $\phi^2_{p\_A \times B}$ ergibt sich ein Intervall mit den Grenzen [0,002; 0,759].

A-priori-Poweranalyse: Planung des optimalen Stichprobenumfangs

Sind die Irrtumswahrscheinlichkeiten α und β festgelegt und wurde a priori die hypothetische Größe für einen der drei Effekte in der Population spezifiziert, lässt sich die optimale Stichprobengröße einfach über den Nonzentralitätsparameter λ_1 bestimmen. Löst man die Formeln F 13.140 und F 13.141

> **Beispiel**
>
> **A-priori-Poweranalyse für eine Effektstärke von $\phi_1 = 0{,}25$**
>
> Nehmen wir an, eine Forscherin interessiert sich im Rahmen eines 3×2-faktoriellen Designs für die Haupteffekte des Faktors B und außerdem für die Interaktion $A \times B$. Sie vermutet, dass der Einfluss des Faktors B und der Interaktion $A \times B$ in der Population einer mittleren Größe entspricht: $\phi_{(p\_B)1} = \phi_{(p\_A \times B)1} = 0{,}25$. Dies würde $\phi^2_{(p\_B)1} = \phi^2_{(p\_A \times B)1} = 0{,}0625$ bzw. $\eta^2_{(p\_B)1} = \eta^2_{(p\_A \times B)1} = 0{,}0588$ entsprechen. Wie groß müsste die Gesamtstichprobe sein, damit jede der beiden Nullhypothesen mit einer Wahrscheinlichkeit von $1 - \beta = 95\ \%$ abgelehnt werden kann, wenn die entsprechenden Populationseffekte tatsächlich existieren und jeder der beiden Tests auf einem Signifikanzniveau von $\alpha = 5\ \%$ durchgeführt wird? Der F-Test für die Haupteffekte des Faktors B hat $df_B = q - 1 = 1$ Zählerfreiheitsgrad, der F-Test für die Interaktion $df_{A \times B} = (p - 1) \cdot (q - 1) = 2$ Zählerfreiheitsgrade. Das gilt es bei der Bestimmung der Nonzentralitätsparameter zu berücksichtigen.
>
> Mit Hilfe des Programms G*Power ( ) ermitteln wir die Nonzentralitätsparameter $\lambda_{(B)1} = 13{,}125$ und $\lambda_{(A \times B)1} = 15{,}6875$. Setzen wir diese Werte in Formel F 13.143 ein, erhalten wir
>
> ▶ für die Haupteffekte von B
> $$n_{Zelle} = \frac{13{,}125}{0{,}0625 \cdot 3 \cdot 2} = 35$$
>
> ▶ und für die Interaktion
> $$n_{Zelle} = \frac{15{,}6875}{0{,}0625 \cdot 3 \cdot 2} = 41{,}83$$
>
> Personen pro Zelle. In einem solchen Fall, in dem die benötigten Stichprobengrößen für unterschiedliche Effekte unterschiedlich ausfallen, nimmt man die größte Zahl. Unsere Forscherin müsste also insgesamt $n = 3 \cdot 2 \cdot 42 = 252$ Personen untersuchen, damit die Nullhypothese des Interaktionseffekts bei einem a priori festgelegten Populationseffekt von $\phi_{(p\_A \times B)1} = 0{,}25$ auf einem α-Niveau von 5 % mit einer Wahrscheinlichkeit von $1 - \beta = 95\ \%$ abgelehnt werden kann, wenn der Effekt tatsächlich existiert.

nach n_{Zelle} auf, ergibt sich

für $\eta^2_{(p\_Effekt)1}$: $\quad n_{Zelle} = \dfrac{\lambda_1 \cdot (1 - \eta^2_{(p\_Effekt)1})}{\eta^2_{(p\_Effekt)1} \cdot p \cdot q} \qquad$ (F 13.142)

für $\phi^2_{(p\_Effekt)1}$: $\quad n_{Zelle} = \dfrac{\lambda_1}{\phi^2_{(p\_Effekt)1} \cdot p \cdot q} \qquad$ (F 13.143)

Der Nonzentralitätsparameter λ_1 ergibt sich aus der Teststärke, also dem Flächenanteil unter der nonzentralen F-Verteilung, den ein kritischer Wert F_{krit} nach rechts abschneidet. Der kritische Wert wiederum ist derjenige F-Wert, der unter der zentralen F-Verteilung einen Flächenanteil von α nach rechts abschneidet. Sind die Irrtumswahrscheinlichkeiten α und β festgelegt, steht also auch der Nonzentralitätsparameter λ_1 fest.

13.2.8 Post-hoc-Tests und geplante Kontraste

Liegen bedeutsame Effekte vor, stellt sich wie bei der einfaktoriellen Varianzanalyse die Frage, wo die Quellen der Effekte spezifisch zu verorten sind. Nun sind eine ganze Reihe von »Unterschieden zwischen Unterschieden« möglich, wie man schon aus den Beispielen in Abbildung 13.5 (bzw. Tab. 13.10) erkennen kann. Diese unterschiedlichen Interaktionsmuster würden inhaltlich zu völlig unterschiedlichen Schlussfolgerungen führen. Nehmen wir z. B. an, in unserem 2×2-Experiment zum Einfluss der Verhaltenskonsequenz und der Ähnlichkeit eines Modells auf die Nachahmungswahrscheinlichkeit hätte sich gezeigt, dass der Effekt der stellvertretenden Belohnung bei ähnlichen Modellen wie erwartet positiv, aber bei unähnlichen Modellen negativ ist (das Verhalten erwachsener Modelle wird also bei Belohnung weniger nachgeahmt als ohne Belohnung). Das wäre ein völlig anderer Befund als der unsrige gewesen: Er wäre nicht mit der Theorie des Modelllernens von Bandura (1977) konsistent und insofern erklärungsbedürftig gewesen. Hätten wir nur die F-Tests inspiziert und nicht auf die Struktur der Mittelwertsunterschiede geachtet, hätten wir das erklärungsbedürftige Muster gar nicht bemerkt.

Das bedeutet: Ein signifikanter Interaktionseffekt ist nicht immer ein hinreichender Beleg dafür, dass die inhaltliche Hypothese als empirisch bestätigt gelten kann. Die gefundenen Interaktionseffekte müssen dahingehend interpretiert werden, ob sie mit der zugrundeliegenden Hypothese übereinstimmen.

Es gibt darüber hinaus Fälle, wo man spezifische Hypothesen über die bedingten Haupteffekte hat, die die Interaktion bewirken. Oder aber man hat spezifische Hypothesen in Bezug auf ganz bestimmte Mittelwertsdifferenzen zwischen zwei ausgewählten Zellen. Und dementsprechend müssen – nachdem man die statistische Bedeutsamkeit des globalen Interaktionseffekts nachgewiesen hat – diese spezifischen Hypothesen ebenfalls empirisch geprüft werden.

Man könnte z. B. die Hypothese haben, dass es in der Stufe a_1 einen Unterschied zwischen b_1 und b_2 gibt, während es in der Stufe a_2 keine solchen bedingten Haupteffekte der Faktorstufen von B gibt. Darüber hinaus kann es sein, dass man a priori keine spezifische Hypothese hat, man aber post hoc wissen möchte, ob die Unterschiede zwischen bestimmten Mittelwerten bedeutsam sind. Man kann somit post hoc oder geplant (1) bestimmte bedingte Haupteffekte, (2) spezifische Kontraste oder (3) einzelne Mittelwerte vergleichen.

Bedingte Haupteffekte

Im Falle eines einfachen 2×2-Designs gibt es für jeden Faktor zwei bedingte Haupteffekte, die man mit Hilfe zweier Paarvergleiche gegen 0 absichern kann: den bedingten Haupteffekt von a_j in b_1 und den bedingten Haupteffekt von a_j in b_2 sowie den bedingten Haupteffekt von b_k in a_1 und den bedingten Haupteffekt von b_k in a_2. Allgemein lassen sich im Falle eines $p \times q$-Designs q Hypothesen über die bedingten Haupteffekte von a_j in den Stufen von B oder p Hypothesen über die bedingten Haupteffekte von b_k in den Stufen von A testen. Eine Hypothese über einen bedingten Haupteffekt ist nichts anderes als eine einfaktorielle Varianzanalyse über die Stufen eines Faktors innerhalb einer bestimmten Stufe des jeweils anderen Faktors, wobei auf die MQS_{inn} der zweifaktoriellen Varianzanalyse zurückgegriffen wird. Im Falle eines 3×5-Designs müssen demnach 5 einfaktorielle Varianzanalysen für die bedingten Haupteffekte von A gerechnet werden, wobei jede dieser Varianzanalysen zunächst einmal einen Globaltest über die Unterschiede zwischen den $p = 3$ Mittelwerten innerhalb einer Faktorstufe von B darstellt, welche dann wiederum gezielter getestet werden müssen.

Es dürfte klar geworden sein, dass die Anzahl von Tests, die zur Prüfung spezifischer Hypothesen durchgeführt werden müssen, umso größer wird, je komplexer das Versuchsdesign ist. Dies hat Implikationen für die Kumulierung der Fehlerwahrscheinlichkeiten. Die Signifikanzniveaus oder die kritischen Werte für die Paarvergleiche müssen in diesen Fällen entsprechend korrigiert werden (s. Abschn. 13.1.12).

Geplante Kontraste

Eine wesentlich elegantere und effizientere Möglichkeit, spezifische Hypothesen über bedingte Haupteffekte zu testen, stellt die Durchführung einer Kontrastanalyse dar. Das Grundprinzip der Kontrastanalyse unterscheidet sich bei der zweifaktoriellen Varianzanalyse nicht von dem bei der einfaktoriellen Varianzanalyse. Entscheidend ist, dass bei der Kontrastanalyse im Falle einer zweifaktoriellen Varianzanalyse nicht mehr zwischen Haupt- und Interaktionseffekten unterschieden werden muss. Das kommt daher, dass die Zuordnung zu Faktoren für die Kontrastanalyse nicht mehr direkt relevant ist; man betrachtet nur noch die unterschiedlichen Bedingungskombinationen und die Unterschiede, die es zwischen ihnen gibt. Man behandelt somit die verschiedenen Bedingungskombinationen quasi als Stufen eines Faktors.

Der Vorteil von Kontrastanalysen besteht darin, dass sie sehr flexibel sind: So können alle Effekte, die auch auf der Basis einer zweifaktoriellen Varianzanalyse getestet werden können, in Form von Kontrasten modelliert (und getestet) werden. Zusätzlich können spezifische Hypothesen über Unterschiede zwischen einzelnen Gruppen bzw. Mittelwerten über Gruppen hinweg getestet werden – dazu sind die globalen F-Tests der Varianzanalyse nicht in der Lage.

Im Folgenden zeigen wir drei Beispiele für Kontrasthypothesen in einem einfachen 2×2-Design mit gleich großen Gruppen. Jede Gruppe wird mit einem festgelegten Kontrastkoeffizienten K_{jk} versehen.

Mittelwertsunterschiede der Stufen von A. Will man wissen, ob sich die Mittelwerte der Stufen des Faktors A unterscheiden, würde die spezifische Alternativhypothese lauten:

$$\frac{\mu_{11} + \mu_{12}}{2} > \frac{\mu_{21} + \mu_{22}}{2} \quad \text{(F 13.144)}$$

Man testet somit die Alternativhypothese, dass sich die sog. (Populations-)Randmittelwerte $\mu_{1\bullet}$ und $\mu_{2\bullet}$ voneinander unterscheiden. Die entsprechenden Kontrastkoeffizienten für die vier Gruppen lauten dann:

$$K_{11} = 0{,}5;\ K_{12} = 0{,}5;\ K_{21} = -0{,}5;\ K_{22} = -0{,}5$$

Will man Dezimalzahlen vermeiden, kann man auch folgende Kontrastkoeffizienten verwenden:

$$K_{11} = 1,\ K_{12} = 1,\ K_{21} = -1,\ K_{22} = -1$$

Diese Kontrastkoeffizienten sind ebenfalls zulässig, da man beide Seiten in F 13.144 mit der Zahl 2 multiplizieren kann, ohne die Hypothese zu ändern. Der entsprechende lineare Kontrast muss dann größer als 0 sein. Die spezifische Alternativhypothese lautet dann:

$$H_1\colon 1 \cdot \mu_{11} + 1 \cdot \mu_{12} - 1 \cdot \mu_{21} - 1 \cdot \mu_{22} > 0$$

Mittelwertsunterschiede der Stufen von B. Will man wissen, ob sich die Mittelwerte der Stufen des Faktors B unterscheiden, würde die spezifische Alternativhypothese lauten:

$$\frac{\mu_{11} + \mu_{21}}{2} > \frac{\mu_{12} + \mu_{22}}{2}$$

Man testet somit die Alternativhypothese, dass sich die sog. (Populations-)Randmittelwerte $\mu_{\bullet 1}$ und $\mu_{\bullet 2}$ voneinander unterscheiden. Die entsprechenden Kontrastkoeffizienten für die vier Gruppen lauten dann:

$$K_{11} = 1,\ K_{12} = -1,\ K_{21} = 1,\ K_{22} = -1$$

Gleich große Haupteffekte der Faktoren A und B. Eine weitere mögliche Hypothese wäre, dass zwei Faktoren A und B jeweils exakt gleich große Haupteffekte haben. Im einfachsten Fall, einem 2×2-faktoriellen Design, würde das implizieren, dass der Unterschied zwischen den Zeilenmittelwerten (Bedingungsmittelwerten des Faktors A) genauso groß ist wie der Unterschied zwischen den Spaltenmittelwerten (den Bedingungsmittelwerten des Faktors B). Formal würde die Nullhypothese also lauten:

$$H_0\colon (\mu_{11} + \mu_{12}) - (\mu_{21} + \mu_{22})$$
$$= (\mu_{11} + \mu_{21}) - (\mu_{12} + \mu_{22})$$

Übersetzt in Kontraste würde sich nun ergeben:

$$H_0\colon \Lambda = ((\mu_{11} + \mu_{12}) - (\mu_{21} + \mu_{22}))$$
$$- ((\mu_{11} + \mu_{21}) - (\mu_{12} + \mu_{22})) = 0$$

Der Ausdruck zwischen den beiden Gleichheitszeichen lässt sich wie folgt vereinfachen:

$$((\mu_{11} + \mu_{12}) - (\mu_{21} + \mu_{22})) - ((\mu_{11} + \mu_{21}) - (\mu_{12} + \mu_{22}))$$
$$= \mu_{11} + \mu_{12} - \mu_{21} - \mu_{22} - \mu_{11} - \mu_{21} + \mu_{12} + \mu_{22}$$
$$= \mu_{12} - \mu_{21} - \mu_{21} + \mu_{12}$$
$$= 2\mu_{12} - 2\mu_{21}$$

Hieraus ergibt sich die vereinfachte Nullhypothese:

$$H_0\colon \Lambda = 2\mu_{12} - 2\mu_{21} = 0$$

Die entsprechenden Kontrastkoeffizienten für die vier Gruppen könnten dann lauten:

$$K_{11} = 0,\ K_{12} = 2,\ K_{21} = -2,\ K_{22} = 0$$

Sets von Kontrasten

Genauso wie die hier beschriebenen drei Beispiele lassen sich viele weitere und komplexere Kontrasthypothesen aufstellen und testen. Dabei kann es sein, dass eine spezifische Hypothese über das Muster der Mittelwertsunterschiede sich nicht in einem einzigen Kontrast darstellen lässt, sondern dass man mehrere Kontraste benötigt, um die spezifische Hypothese vollständig abzubilden. Das wäre z. B. der Fall, wenn man die Hypothese testen möchte, dass die Faktoren A und B disordinal miteinander interagieren und dabei keine Haupteffekte haben (ein solcher Fall wäre vergleichbar mit der in Tabelle 13.10 f dargestellten und in Abbildung 13.5 f bzw. Abbildung 13.6 f graphisch veranschaulichten Datensituation). Man bräuchte einen Kontrast, der die Hypothese einer disordinalen Interaktion abbildet, einen zweiten Kontrast, der die Hypothese abbildet, dass es keine Haupteffekte auf A gibt, und einen dritten Kontrast, der die Hypothese abbildet, dass es keine Haupteffekte auf B gibt. Wie man solche Sets von Kontrasten simultan testen kann, ist bei Maxwell und Delaney (2004) beschrieben.

Inferenzstatistische Absicherung eines Kontrasts

Die inferenzstatistische Absicherung eines Kontrasts erfolgt genauso wie bei der einfaktoriellen Varianzanalyse. Die Quadratsumme des Kontrasts berechnet sich wie folgt:

$$QS_{\text{Kontrast}} = \frac{n_{\text{Zelle}} \cdot \left(\sum_{k=1}^{q} \sum_{j=1}^{p} K_{jk} \cdot \bar{x}_{jk} \right)^2}{\sum_{k=1}^{q} \sum_{j=1}^{p} K_{jk}^2} \quad \text{(F 13.145)}$$

Teilt man diese Quadratsumme durch die MQS_{inn}, erhält man eine F-verteilte Prüfgröße mit $df_{\text{Kontrast}} = 1$ Zählerfreiheitsgrad und $df_{\text{inn}} = p \cdot q \cdot (n_{\text{Zelle}} - 1)$ Nennerfreiheitsgraden.

Beispiel

Kontrastanalyse für das Modelllern-Beispiel

Wir nehmen in Anlehnung an die soziale Lerntheorie an, dass der Einfluss der stellvertretenden Belohnung auf das Nachahmungsverhalten im Falle einer ähnlichen Modellperson größer ist als im Falle einer unähnlichen. Legen wir das in Tabelle 13.9 dargestellte Versuchsdesign zugrunde, behaupten wir also, dass die Differenz $\mu_{11} - \mu_{12}$ (d. h. der Effekt der stellvertretenden Belohnung in der Bedingung »Kind«) größer ist als die Differenz $\mu_{21} - \mu_{22}$ (d. h. der Effekt der stellvertretenden Belohnung in der Bedingung »Erwachsener«). Formal lautet die statistische Alternativhypothese $H_1: \mu_{11} - \mu_{12} > \mu_{21} - \mu_{22}$. Die statistische Nullhypothese, die wir testen müssen, lautet dementsprechend:

$H_0: (\mu_{11} - \mu_{12}) - (\mu_{21} - \mu_{22}) \leq 0$

$\mu_{11} - \mu_{12} - \mu_{21} + \mu_{22} \leq 0$

Wir könnten die folgenden Kontrastkoeffizienten für die vier Gruppen wählen:

$K_{11} = 1, \quad K_{12} = -1, \quad K_{21} = -1, \quad K_{22} = 1$

Wenn wir diese Werte verwenden, um die Mittelwerte in Tabelle 13.9 zu gewichten, ergibt sich nach Formel F 13.145 die Kontrast-Quadratsumme:

$$QS_{\text{Kontrast}} = \frac{5 \cdot ((1 \cdot 59) + (-1 \cdot 38) + (-1 \cdot 36) + (1 \cdot 37))^2}{1^2 + (-1)^2 + (-1)^2 + 1^2}$$

$$= \frac{2420}{4} = 605$$

Den Wert für MQS_{inn} hatten wir bereits weiter oben ermittelt; er beträgt $MQS_{\text{inn}} = 128{,}88$. Der Quotient aus QS_{Kontrast} und MQS_{inn} ergibt dann $F = 605/128{,}88 = 4{,}69$. Da wir eine gerichtete Hypothese testen, entspricht der kritische F-Wert bei einem Signifikanzniveau von 5 % dem 0,90-Quantil einer F-Verteilung mit $df_{\text{Kontrast}} = 1$ Zählerfreiheitsgrad und $df_{\text{inn}} = 16$ Nennerfreiheitsgraden; dieser Wert beträgt $F_{(0{,}90;\, 1;\, 16)} = 3{,}05$. Unser empirischer F-Wert liegt darüber; der Kontrast ist also auf dem 5 %-Niveau signifikant. Darüber hinaus entsprechen die Vorzeichen der empirischen Mittelwertsdifferenzen auch den Vorzeichen, wie sie in unserer spezifischen Alternativhypothese angenommen werden. Wir können die Nullhypothese, der zufolge der Einfluss der stellvertretenden Belohnung in den beiden Stufen des Faktors »Ähnlichkeit« gleich groß ist, verwerfen.

Effektstärken für Kontrastanalysen

Die inferenzstatistische Absicherung eines Kontrasts liefert nur einen Hinweis darauf, ob die Nullhypothese abgelehnt werden kann. Das ist eine wichtige Information, aber noch viel mehr wird man daran interessiert sein, wie stark der Kontrast von 0 abweicht. Ein solches Effektstärkenmaß, das angibt, wie stark der spezifizierte Kontrast von 0 abweicht, gibt es in der Tat (Rosenthal et al., 2000). Es hat große Ähnlichkeit mit der Quadratwurzel aus dem Effektgrößenmaß $\hat{\eta}^2$ und kann direkt aus dem F-Wert der Kontrastanalyse bestimmt werden:

$$\hat{\eta}_K = \sqrt{\frac{F_{\text{Kontrast}}}{\frac{QS_{\text{zw}}}{MQS_{\text{inn}}} + df_{\text{inn}}}} \qquad (\text{F 13.146})$$

Dabei sind F_{Kontrast} der F-Wert der Kontrastanalyse und QS_{zw} die Zwischen-Quadratsumme (also die Summe der Quadratsummen für den Faktor A, den Faktor B und die Interaktion), die nach Formel F 13.88 berechnet wird. Die Ausdrücke MQS_{inn} und df_{inn} sind bekannt.

Das Effektgrößenmaß $\hat{\eta}_K$ kann nur zwischen 0 und 1 variieren. Nimmt es den Wert 0 an, so bedeutet dies, dass der spezifische Kontrast nicht von 0 abweicht. Je stärker es von 0 abweicht, desto größer ist der Kontrast.

In unserem vorangegangenen Beispiel berechnet sich $\hat{\eta}_K$ wie folgt:

$$\hat{\eta}_K = \sqrt{\frac{4{,}69}{\frac{1825}{128{,}88} + 16}} = 0{,}394$$

Dieser Wert ist als relativ hoch zu bezeichnen. Wir können also davon ausgehen, dass das spezifizierte Muster von Kontrastkoeffizienten recht gut mit dem Muster der empirischen Mittelwerte übereinstimmt.

13.2.9 Ungleiche Stichprobengrößen: Nonorthogonale Varianzanalyse

Wir haben nur den einfachsten Fall gleicher Stichprobengrößen pro Zelle des Untersuchungsplans behandelt. Dies hat den Vorteil, dass die beiden kategorialen Variablen (Faktoren) A und B voneinander unabhängig sind. Dies kann man einerseits leicht anhand von Zusammenhangsmaßen für nominalskalierte Variablen nachweisen, die wir in den Abschnitten 15.4.3 und 15.4.4 behandeln werden. Man kann es sich aber auch leicht ohne Rückgriff auf die Zusammenhangsmaße mit Hilfe des Unabhängigkeitstheorems der Wahrscheinlichkeitstheorie (Gleichung F 7.18) veranschaulichen. Angenommen, wir sind in unserem Beispiel so vorgegangen, dass wir aus der Population von Kindern eines bestimmten Alters eine Stichprobe der Größe n gezogen haben und die Kinder per Zufall in vier gleich große Gruppen aufgeteilt haben. Dies hat zur Folge, dass die beiden Faktoren A und B eine Gleichverteilung aufweisen. Es gibt genauso viele Kinder, die einen Film mit Kind als Modell sehen, wie Kinder, die einen Film mit einem Erwachsenen als Modell sehen (je 50 %). Darüber hinaus gibt es genauso viele Kinder, die einen Belohnungsfilm gesehen haben, wie Kinder, die einen Film ohne Belohnung gesehen haben (50 %). In jeder der vier Bedingungskombinationen befinden sich 25 % der Kinder. Somit beträgt die Wahrscheinlichkeit, dass ein zufällig gezogenes Kind einer spezifischen Bedingungskombination $(ab)_{jk}$ angehört, genau 0,25, und dies entspricht dem Produkt der Wahrscheinlichkeit, dass das Kind der Bedingung a_j, und der Wahrscheinlichkeit, dass das Kind der Bedingung b_k angehört. Die Unabhängigkeit der beiden Faktoren hat zur Folge, dass sich die Quadratsumme zwischen den Bedingungen additiv in drei Quadratsummen zerlegen lässt, die den Einfluss dreier voneinander unabhängiger Quellen der Variation widerspiegeln.

> **Vertiefung**
>
> **Orthogonalität von Faktoren**
>
> Da die beiden Faktoren in einer zweifaktoriellen Varianzanalyse mit gleich großen Zellenhäufigkeiten (Stichproben) voneinander unabhängig sind, nennt man sie auch orthogonal. Der Begriff »orthogonal« entstammt der Geometrie. In der Geometrie sind zwei Vektoren zueinander orthogonal (rechtwinklig), wenn ihr Skalarprodukt ▶

> (s. Anhang B) gleich 0 ist. In der geometrischen Darstellung schließen sie dann einen rechten Winkel (daher rechtwinklig oder orthogonal) ein. Lineare Modelle wie die Varianzanalyse lassen sich auch geometrisch darstellen (Kockelkorn, 2000). Sind zwei Variablen voneinander abhängig, nennt man sie auch *nonorthogonal*.

Zur Frage, wie eine nonorthogonale Varianzanalyse ausgewertet werden sollte, gibt es eine umfangreiche Literatur, die wir in einem einführenden Lehrbuch nicht behandeln können (s. hierzu ausführlich Steyer, 1979; Werner, 1997). Wir werden das Problem der Nonorthogonalität von unabhängigen Variablen in Abschnitt 18.11.5 im Rahmen der multiplen Regressionsanalyse behandeln.

13.2.10 Mehrfaktorielle Varianzanalyse

Die Varianzanalyse ist nicht auf zwei Faktoren beschränkt, sondern es können theoretisch so viele unabhängige Variablen (Faktoren) berücksichtigt werden, wie es eine Fragestellung erlaubt.

Dreifaktorielle Varianzanalyse

Liegen z. B. drei Faktoren A, B und C vor, spricht man von einer dreifaktoriellen Varianzanalyse. Hätte jeder der Faktoren zwei Stufen, läge eine $2 \times 2 \times 2$-Varianzanalyse vor. In diesem Fall würde man für jeden der drei Faktoren zwei Haupteffekte betrachten, darüber hinaus gäbe es für jede mögliche Zweierkombination der drei Faktoren vier Interaktionseffekte. Man nennt diese dann Interaktionseffekte erster Ordnung. Es gäbe darüber hinaus noch eine Interaktion zweiter Ordnung, die sich in acht Interaktionseffekten niederschlagen würde. Eine Interaktion zweiter Ordnung zeigt an, dass ein Interaktionseffekt zweier Faktoren (z. B. $A \times B$) von der Ausprägung des dritten Faktors (in diesem Fall C) abhängt. Würde man in unserem Beispiel als dritten Faktor das Geschlecht des betrachtenden Kindes einführen und würde sich die Interaktion zwischen der Verhaltenskonsequenz und der Ähnlichkeit des Modells zwischen Mädchen und Jungen unterscheiden, läge ein Interaktionseffekt zweiter Ordnung vor.

Im extremen Fall könnte z. B. für Mädchen eine Interaktion zwischen Verhaltenskonsequenz und Modellähnlichkeit vorliegen, für Jungen hingegen nicht. Bei einer dreifaktoriellen Varianzanalyse gibt es somit acht Quellen der Variation und zugeordnete Quadratsummen:
(1) Faktor A
(2) Faktor B
(3) Faktor C
(4) Interaktion $A \times B$
(5) Interaktion $A \times C$
(6) Interaktion $B \times C$
(7) Interaktion $A \times B \times C$
(8) Residuum.

Dieses Prinzip lässt sich auf mehrfaktorielle Varianzanalysen mit mehr als drei Faktoren erweitern.

Notationsregel

Varianzanalytische Untersuchungspläne werden üblicherweise wie folgt bezeichnet: Man gibt für jeden Faktor die Anzahl der Stufen an und verbindet diese Zahlen mit einem Malzeichen. Eine $4 \times 2 \times 3 \times 2$-Varianzanalyse z. B. ist eine vierfaktorielle Varianzanalyse, wobei der erste Faktor vier Stufen, der zweite Faktor zwei Stufen, der dritte Faktor drei Stufen und der vierte Faktor zwei Stufen aufweist.

13.3 Test auf Gruppenunterschiede für Rangdaten (Kruskal-Wallis-Test)

Ist die Normalverteilungsannahme verletzt, z. B. dadurch, dass die Verteilung des Merkmals in den verschiedenen Subpopulationen stark asymmetrisch ist, besteht die Möglichkeit, Unterschiede zwischen den Mittelwerten mehrerer Faktorstufen mit Hilfe eines verteilungsfreien Verfahrens zu testen. Das Äquivalent zur einfaktoriellen Varianzanalyse im Falle von ordinalskalierten abhängigen Variablen ist die sog. *Rangvarianzanalyse*. Es gibt mehrere rangvarianzanalytische Verfahren; am weitesten verbreitet ist der von Kruskal und Wallis (1952) beschriebene H-Test, der häufig einfach Kruskal-Wallis-Test genannt wird.

Hierbei handelt es sich um eine Erweiterung des U-Tests (von Mann & Whitney, 1947) auf mehr als zwei Stichproben (s. Abschn. 11.2.2). Die Rangvarianzanalyse testet die Nullhypothese, dass es zwischen den Subpopulationen (Gruppen, Bedingungen) keinen Unterschied in der zentralen Tendenz gibt, genauer gesagt: dass die Mediane aller Gruppen auf Populationsebene identisch sind.

Vorgehen beim H-Test

Genau wie beim U-Test werden allen Messwerten (unabhängig davon, aus welcher Bedingung a_j diese Werte stammen) Rangplätze in aufsteigender Reihenfolge zugewiesen und bedingungsspezifische Rangsummen (RS_j) gebildet. Dann werden diese Rangsummen in den Wert einer Prüfgröße H umgerechnet:

$$H = \frac{12}{n \cdot (n+1)} \cdot \sum_{j=1}^{p} \frac{RS_j^2}{n_j} - 3 \cdot (n+1) \quad \text{(F 13.147)}$$

Hier ist n die Größe der Gesamtstichprobe und n_j die Stichprobengröße in den einzelnen Bedingungen. Diese Prüfgröße ist approximativ χ^2-verteilt mit $df = p - 1$ Freiheitsgraden. Ist der H-Wert größer als ein kritischer χ^2-Wert für ein gegebenes Signifikanzniveau α, kann die Nullhypothese verworfen werden. Das würde bedeuten, dass mindestens zwei der p Mediane signifikant voneinander abweichen.

Beispiel

H-Test für das Modelllern-Beispiel aus Tabelle 13.1

Zu welchem Ergebnis kommen wir, wenn wir die Daten aus Tabelle 13.1 auf der Basis des H-Tests auswerten? Zunächst weisen wir jedem der 15 Messwerte in aufsteigender Reihenfolge seinen jeweiligen Rangplatz zu (s. Tab. 13.12).

Tabelle 13.12 Rangplätze der Messwerte aus Tabelle 13.1

Person m	Stufe a_j des Faktors		
	Belohnung (a_1)	Bestrafung (a_2)	Keine Konsequenz (a_3)
1	13	3	6
2	10	2	4
3	11	1	9
4	14	7,5	5
5	15	7,5	12
Rangsumme RS_j	63	21	36
Gesamt-Rangsumme		120	

Die bedingungsspezifischen Rangsummen lauten $RS_1 = 63$, $RS_2 = 21$ und $RS_3 = 36$. Die Gesamt-Rangsumme ist dann $RS_{gesamt} = 120$. Sie ergibt sich zu:

$$RS_{gesamt} = \frac{n \cdot (n+1)}{2} \quad \text{(F 13.148)}$$

Wir sehen, dass sich die drei Rangsummen erwartungsgemäß unterscheiden: In Bedingung 1 (Belohnung) ist die Rangsumme höher, d. h., hier finden sich Messwerte in größerer Ausprägung als in den Bedingungen 2 (Bestrafung) und 3 (Kontrollgruppe). Um zu testen, ob die bedingungsspezifischen Rangsummen signifikant voneinander abweichen, bestimmen wir nach Formel F 13.147 den H-Wert:

$$H = \frac{12}{15 \cdot (15+1)} \cdot \left(\frac{63^2}{5} + \frac{21^2}{5} + \frac{36^2}{5} \right) - 3 \cdot (15+1)$$
$$= 0{,}05 \cdot 1141{,}2 - 48$$
$$= 9{,}06$$

Für ein Signifikanzniveau von $\alpha = 5\%$ beträgt der kritische Wert unter der Nullhypothese $\chi^2_{(0,95;\ 2)} = 5{,}99$. Unser H-Wert liegt über diesem kritischen Wert; die Nullhypothese kann also abgelehnt werden. Die zentralen Tendenzen unterscheiden sich signifikant zwischen den drei experimentellen Bedingungen.

Voraussetzungen

Der *H*-Test setzt voraus, dass das Merkmal *X* in der Population stetig ist. Die Verteilung innerhalb der Bedingungen darf dabei von der Normalverteilung abweichen. Ferner wird vorausgesetzt, dass die Stichproben voneinander unabhängig sind, dass die Messwerte innerhalb einer Gruppe voneinander unabhängig sind und dass die Verteilungen des Merkmals sich zwischen den Subpopulationen nicht unterscheiden. Das beinhaltet auch, dass die Streuungen in den Subpopulationen homogen sein müssen. Das ist ein wichtiger Gesichtspunkt, denn in vielen wissenschaftlichen Arbeiten wird die Anwendung eines *H*-Tests damit begründet, dass die Varianzhomogenitätsannahme verletzt gewesen sei und von daher keine herkömmliche Varianzanalyse hätte gerechnet werden dürfen. Ob dieser Schluss gerechtfertigt ist, hängt allerdings von den Ursachen für die beobachtete Varianzheterogenität ab.

Varianzheterogenität aufgrund von Ausreißern. Wenn die Stichproben klein sind und es in einer Gruppe einzelne Ausreißer- oder Extremwerte gibt, kann das die Ursache für Unterschiede in den Varianzen zwischen den Gruppen sein. In diesem Fall wäre die Anwendung eines *H*-Tests in der Tat eine Lösung, denn während einzelne Ausreißer und Extremwerte auf den Bedingungsmittelwert (und die Bedingungsvarianz) einen großen Einfluss haben können, ist ihr Einfluss im Falle von Rangsummen wesentlich geringer.

Varianzheterogenität aufgrund bedingungsspezifischer Homogenisierung. Ist die Varianzheterogenität zwischen den Bedingungen allerdings darauf zurückzuführen, dass die Messwerte in einer Gruppe aufgrund der Versuchsplanung homogener (oder heterogener) sind als in einer anderen Gruppe, hilft auch der *H*-Test nicht unbedingt weiter. Wenn man z. B. in einem Experiment zum Einfluss der Stimmung auf die Konzentrationsleistung eine Gruppe in positive Stimmung, eine zweite Gruppe in negative Stimmung versetzt und darüber hinaus eine Kontrollgruppe heranzieht, in der keine Stimmungsinduktion durchgeführt wird, so ist damit zu rechnen, dass die Messwerte in der Kontrollgruppe heterogener sind als in den beiden Experimentalgruppen. In einem solchen Fall ist die Varianzheterogenität zwischen den Bedingungen ein Resultat der Versuchsplanung. Zwar ist der *H*-Test im Allgemeinen robuster gegenüber Verletzungen der Varianzhomogenitätsannahme als der *F*-Test bei der herkömmlichen Varianzanalyse, aber es sollte beachtet werden, dass auch der *H*-Test im Falle stark heterogener Varianzen zu liberal wird.

Exakter Test und Umgang mit Rangbindungen

Wir haben zwar gesagt, dass die Prüfgröße *H* approximativ χ^2-verteilt ist; es gibt aber auch einen exakten Test für *H* (kritische Werte sind z. B. bei Hartung et al., 2005, tabelliert). Der exakte Test sollte durchgeführt werden, wenn das Design aus $p = 3$ Gruppen besteht und die Stichprobengröße in mindestens einer der drei Gruppen kleiner als 5 ist (Daniel, 1990; Siegel & Castellan, 1988).

Wie in Fällen zu verfahren ist, in denen es viele Rangbindungen gibt, ist bei Hartung et al. (2005) beschrieben. Eine Möglichkeit wäre, die Prüfgröße *H* zu korrigieren (Rangbindungs-Adjustierung). Der Wert für *H* wird durch diese Korrektur leicht erhöht; der Test wird damit teststärker. Statistikprogramme nehmen solche Korrekturen automatisch vor.

Post-hoc-Tests

Auch der *H*-Test ist ein Globaltest, d. h., er testet unter der Alternativhypothese lediglich, ob sich mindestens zwei der *p* Gruppen hinsichtlich ihrer zentralen Tendenz in den Subpopulationen unterscheiden. Um zu überprüfen, *welche* Bedingungsmediane signifikant voneinander abweichen, könnte man nun für jeden Paarvergleich einen eigenen *U*-Test – natürlich mit einem adjustierten α-Niveau – durchführen. Da die Prüfgröße *U* für größere Stichproben ($n_j > 20$) approximativ normalverteilt ist (Conover, 1999), könnte man die Paarvergleiche in diesem Falle auch auf der Basis eines *z*-Tests durchführen, ebenfalls mit adjustiertem α-Niveau (vgl. Daniel, 1990; Siegel & Castellan, 1988). Man kann zeigen, dass die Differenz zwischen zwei mittleren Rängen (also die Differenz zwischen den bedingungsspezifischen Rangsummen RS_j geteilt durch die Anzahl von Personen innerhalb der jeweiligen Bedingung) dann signifikant von 0 verschieden ist, wenn sie größer ist als der folgende kritische Wert R_{krit}:

$$R_{\text{krit}} = z_{\text{adj}} \cdot \sqrt{\frac{n \cdot (n+1)}{12} \cdot \left(\frac{1}{n_j} + \frac{1}{n_{j'}}\right)} \quad \text{(F 13.149)}$$

Dabei ist z_{adj} derjenige Wert, der unter der Standardnormalverteilung einen Flächenanteil von $\alpha_{\text{fam}}/(2 \cdot s)$ im Falle einer ungerichteten Alternativhypothese bzw. α_{fam}/s im Falle einer gerichteten Alternativhypothese abschneidet. Der adjustierte z-Wert basiert also auf einer Bonferroni-Korrektur der α-Niveaus, auf denen die s Paarvergleiche durchgeführt werden.

Nimmt man an, dass es über die Bedingungen hinweg einen geordneten (monotonen) Trend gibt, lässt sich der sog. Jonckheere-Terpstra-Test anwenden (Jonckheere, 1954). Nimmt man an, dass der Trend über die Bedingungen hinweg umgekehrt U-förmig ist, lässt sich der sog. Schirm-Test (Mack & Wolfe, 1981) anwenden. Beide Trendtests sind bei Conover (1999) beschrieben.

Teststärke

Die Teststärke des Kruskal-Wallis-H-Tests ist – bei gegebenem Effekt, gegebener Stichprobengröße und gegebenem Signifikanzniveau α – gegenüber der einfaktoriellen Varianzanalyse leicht verringert. Als Daumenregel lässt sich sagen, dass die Varianzanalyse nur etwa 95 % der Stichprobengröße benötigt, die der H-Test braucht, um die Nullhypothese mit einer Wahrscheinlichkeit von $1-\beta$ ablehnen zu können, falls ein Effekt der spezifizierten Größe tatsächlich existiert. Simulationsstudien haben jedoch gezeigt, dass der H-Test gegenüber der einfaktoriellen Varianzanalyse dann eine größere Teststärke hat, wenn das Merkmal X in der Population nicht normalverteilt ist. Dieser Teststärkevorteil ist v. a. dann relevant, wenn die Stichprobe klein ist und es Ausreißerwerte gibt, auf die die Varianzanalyse sensitiv, der H-Test allerdings nicht reagiert (Zimmermann & Zumbo, 1993).

Tests für mehrfaktorielle Versuchspläne

Der Kruskal-Wallis-Test ist ein Test für einen einfaktoriellen Versuchsplan. Auswertungsmethoden für mehrfaktorielle Untersuchungspläne für Rangdaten werden u. a. von Brunner und Munzel (2002) beschrieben.

13.4 Verfahren für kategoriale abhängige Variablen

Wir haben bisher Verfahren beschrieben, die stetige Variablen voraussetzen. Stetige Variablen in der Psychologie setzen typischerweise mindestens Intervallskalenniveau voraus. Nicht jede intervallskalierte Variable ist allerdings eine stetige Variable. Die genannten varianzanalytischen Verfahren werden in den Wissenschaften auch dann eingesetzt, wenn quasi-stetige Variablen vorliegen und die Voraussetzungen der Verfahren approximativ erfüllt sind. Sie sind jedoch nicht für kategoriale Variablen geeignet. Wir haben in den Kapiteln 5 und 6 zwei Typen von kategorialen Variablen kennengelernt: Variablen, bei denen die Kategorien nicht geordnet sind (nominalskalierte Variablen), und Variablen, bei denen die Kategorien eine Ordnung aufweisen (ordinalskalierte kategoriale Variablen). Will man mehrere Gruppen vergleichen, wenn kategoriale abhängige Variablen vorliegen, werden spezielle Verfahren benötigt, die wir in den Kapiteln 20 und 21 beschreiben werden.

Nominalskalierte abhängige Variablen. Liegen nominalskalierte abhängige Variablen vor, ist das Pendant zur Varianzanalyse das Logit-Modell. Dieses werden wir in Abschnitt 20.6 beschreiben.

Ordinalskalierte kategoriale abhängige Variablen. Bei ordinalskalierten kategorialen abhängigen Variablen kann man auf die logistische Regressionsanalyse zurückgreifen, die wir in Abschnitt 21.10 behandeln werden. Hierzu müssen die kategorialen unabhängigen Variablen (Faktoren) in Kodiervariablen überführt werden. Wie dies geschehen kann, werden wir in Abschnitt 18.11 im Rahmen der multiplen Regressionsanalyse erläutern.

Zusammenfassung

▶ Die Varianzanalyse ist eine Familie statistischer Verfahren, mit denen Unterschiede zwischen

- mehreren Mittelwerten simultan getestet werden können.
- In der varianzanalytischen Terminologie werden die unabhängigen Variablen *Faktoren* und die unterschiedlichen Realisierungen dieser Faktoren *Stufen* genannt.
- Bei der einfaktoriellen Varianzanalyse wird unter der Alternativhypothese geprüft, ob sich mindestens zwei der p Faktorstufen hinsichtlich ihrer Mittelwerte signifikant voneinander unterscheiden.
- Die einfaktorielle Varianzanalyse zerlegt die gesamte Variation in der abhängigen Variablen in einen Teil, der auf die Variation zwischen den Faktorstufen zurückgeht, und einen Teil, der auf die Variation von Messwerten innerhalb der Faktorstufen zurückgeht.
- Statistisch wird diese Variation auf der Ebene der Quadratsummen (Summe von quadrierten Abweichungswerten) betrachtet. Bei der einfaktoriellen Varianzanalyse addieren sich die Zwischen-Quadratsumme und die Innerhalb-Quadratsumme zur totalen Quadratsumme auf.
- Der Quotient aus der Zwischen-Quadratsumme und der totalen Quadratsumme schätzt den Anteil der durch die Bedingungsvariation aufgeklärten Varianz an der Gesamtvarianz. Er wird mit $\hat{\eta}^2$ bezeichnet und fungiert als Schätzer der Effektgröße η^2.
- Teilt man die Quadratsummen durch ihre Freiheitsgrade, erhält man mittlere Quadratsummen (MQS).
- Die $MQS_{inn(erhalb)}$ ist ein Schätzer für die Populationsresidualvarianz. Die $MQS_{zw(ischen)}$ ist ein Schätzer für die Summe aus Populationseffektvarianz und Populationsresidualvarianz.
- Der Quotient aus MQS_{zw} und MQS_{inn} folgt unter der Nullhypothese der Gleichheit aller Populationsmittelwerte einer F-Verteilung. Je größer der F-Wert, desto eher kann die Nullhypothese, dass sich die Mittelwerte zwischen den Faktorstufen nicht voneinander unterscheiden, abgelehnt werden.
- Die Anwendung des F-Tests ist bei der einfaktoriellen Varianzanalyse ohne Messwiederholung geknüpft an (1) die Bedingung unabhängiger Messwerte, (2) die Bedingung unabhängiger Stichproben zwischen den Faktorstufen, (3) die Annahme normalverteilter Variablen in den den einzelnen Faktorstufen zugrunde liegenden Populationen, (4) die Annahme homogener Populationsvarianzen zwischen den einzelnen Faktorstufen (Homoskedastizität).
- Der F-Test bei der einfaktoriellen Varianzanalyse ist ein Globaltest. Hat man spezifische Hypothesen über Unterschiede zwischen den einzelnen Faktorstufen, kann man diese über Paarvergleiche (mit adjustiertem α-Niveau), mit Post-hoc-Tests (mit adjustierten kritischen Werten) oder über geplante Kontraste testen.
- Der α_{fam}-Fehler einer Familie von statistischen Tests gibt die Wahrscheinlichkeit an, mindestens eine der Nullhypothesen fälschlicherweise zu verwerfen.
- Die Bonferroni-Korrektur adjustiert das α-Niveau eines statistischen Tests derart, dass ein vorher festgelegter α_{fam}-Fehler nicht überschritten wird.
- Auf den Dunnett-Test greift man zurück, wenn verschiedene Treatmentbedingungen mit einer Kontrollbedingung verglichen werden sollen.
- Der Tukey-Test sichert die statistische Überprüfung aller möglichen Vergleiche von Mittelwertspaaren auf einem festgelegten α_{fam}-Niveau ab.
- Der Scheffé-Test sichert die statistische Überprüfung aller möglichen linearen Kontraste auf einem festgelegten α_{fam}-Niveau ab.
- Bei der mehrfaktoriellen Varianzanalyse gibt es mehrere unabhängige Variablen, deren Haupt- und Interaktionseffekte simultan getestet werden können.
- Bei der mehrfaktoriellen Varianzanalyse spricht man von Haupteffekten des Faktors A, wenn dieser Faktor A unabhängig von Faktor B (d. h. gemittelt über die Stufen des Faktors B) einen Einfluss auf die abhängige Variable hat. Analog verhält es sich mit den Haupteffekten des Faktors B.
- Ein Haupteffekt einer Stufe eines Faktors ist die Abweichung des Mittelwerts dieser Stufe vom Mittelwert aller Stufen des Faktors.
- Haupteffekte auf Populationsebene repräsentieren die Populationsmittelwertsunterschiede.
- Haupteffekte auf Stichprobenebene repräsentieren Mittelwertsunterschiede, die auf den Stichpro-

benfehler und/oder Populationsmittelwertsunterschiede zurückgeführt werden.
- Unterscheiden sich Richtung und/oder Stärke des Effekts eines Faktors A zwischen den Stufen des Faktors B, so spricht man von einer Interaktion der Faktoren A und B (oder einfacher von einer Interaktion $A \times B$).
- Für jede Zelle des Untersuchungsplans wird ein Interaktionseffekt definiert, der die Abweichung eines Zellmittelwerts vom Gesamtmittelwert kennzeichnet, von welcher die Haupteffekte abgezogen wurden.
- Bei der zweifaktoriellen Varianzanalyse wird die gesamte Variation der abhängigen Variablen zerlegt in (1) einen Anteil, der auf die Haupteffekte von A, (2) einen Anteil, der auf die Haupteffekte von B, (3) einen Anteil, der auf die Interaktionseffekte $A \times B$, und (4) einen Anteil, der auf (unerklärte) Variation innerhalb der Bedingungskombinationen (Residual- bzw. Fehlerwerte) zurückgeht.
- Bei der zweifaktoriellen Varianzanalyse können also drei Effekttypen inferenzstatistisch abgesichert werden: die Haupteffekte von A und B und die Interaktionseffekte $A \times B$. Für jeden Effekttyp wird ein eigener F-Wert berechnet.
- Mit Hilfe geplanter Kontraste können bei der zweifaktoriellen Varianzanalyse Hypothesen über spezifische Kombination aus Haupt- und Interaktionseffekten getestet werden. Diese spezifischen Hypothesen können auch direkt gegeneinander getestet werden.
- Im Falle stetiger, aber nicht-normalverteilter Messwerte bei der abhängigen Variablen können Unterschiede zwischen mehreren Bedingungen mit Hilfe einer Rangvarianzanalyse nach Kruskal und Wallis durchgeführt werden.
- Im Falle nominalskalierter abhängiger Variablen greift man zum Vergleich mehrerer Gruppen auf das Logit-Modell zurück.
- Im Falle ordinalskalierter kategorialer Variablen greift man zum Vergleich mehrerer Gruppen auf die logistische Regressionsanalyse für ordinalskalierte Variablen zurück, wobei die Faktoren in Kodiervariablen überführt werden müssen.

Fragen und Übungsaufgaben

Fragen
(1) Was besagt das Populationsmodell der einfaktoriellen Varianzanalyse?
(2) Wie sind die Bedingungseffekte τ_j bei der einfaktoriellen Varianzanalyse definiert, und was bedeuten sie inhaltlich?
(3) Wie lauten die Voraussetzungen für die Anwendung des F-Tests bei der einfaktoriellen Varianzanalyse?
(4) Formulieren Sie die Nullhypothese einer einfaktoriellen Varianzanalyse mit $p = 4$ Gruppen auf drei verschiedene Arten.
(5) Wieso ist der Erwartungswert der MQS_{zw} bei Gültigkeit der Nullhypothese mit der Populationsresidualvarianz identisch?
(6) In welcher Beziehung steht der F-Wert der einfaktoriellen Varianzanalyse mit zwei Stufen zum t-Wert?
(7) Was ist der Unterschied zwischen festen und zufälligen Effekten?
(8) Welche Effektstärkenmaße gibt es für die Varianzanalyse, und welche Wertebereiche haben diese Maße jeweils?
(9) Was versteht man unter dem Begriff »α-Fehler-Kumulierung«?
(10) Wie funktioniert die Bonferroni-Holm-Adjustierung, und welchen Vorteil hat sie gegenüber der Bonferroni-Adjustierung?
(11) Was sind polynomiale Kontraste?
(12) Wie lautet das Populationsmodell der zweifaktoriellen Varianzanalyse?
(13) Was versteht man unter einem Haupteffekt?
(14) Was versteht man unter der Interaktion zweier Faktoren?
(15) Wie wird ein Interaktionseffekt definiert?
(16) Wie kann die Hypothese, dass es bei einer 2×2-faktoriellen Varianzanalyse additive Haupteffekte beider Faktoren, aber keine Interaktion gibt, in ein Set von Kontrasthypothesen übersetzt werden?

(17) Was versteht man unter einfachen Haupteffekten, und wie werden sie überprüft?

(18) Was ist der Unterschied zwischen einem partiellen und einem nicht-partiellen Effektstärkenmaß? Wann wendet man welches Maß an?

(19) Wie lauten die Voraussetzungen für die Anwendung des H-Tests nach Kruskal und Wallis?

(20) Unter welchen Bedingungen sollte man den Kruskal-Wallis-Test der einfaktoriellen Varianzanalyse vorziehen?

(21) Wie testet man Unterschiede zwischen mehreren Gruppen auf Signifikanz, wenn (a) nominalskalierte und (b) ordinalskalierte kategoriale abhängige Variablen vorliegen?

Übungsaufgaben

(1) In unseren Online-Materialien finden Sie die Datei »daten_kap13.txt«, die die Rohdaten eines Vier-Gruppen-Experiments enthält. In diesem Experiment wurde die Hypothese untersucht, dass die Konzentrationsleistung von Personen unter dem Einfluss klassischer Instrumentalmusik (Bedingung 1) höher ist als unter dem Einfluss von Rockmusik (Bedingung 2), von einer Opernarie (Bedingung 3) oder von deutscher Schlagermusik (Bedingung 4). Die Versuchspersonen wurden randomisiert einer der vier experimentellen Bedingungen zugeteilt und sollten sich entsprechende Musikstücke für ca. 15 Minuten anhören. Gleichzeitig sollten sie einen Konzentrationstest bearbeiten. Die erreichte Punktzahl in diesem Test fungiert als abhängige Variable.
Lesen Sie diese Datendatei in ein Statistikprogramm (z. B. R, SPSS) oder ein Tabellenkalkulationsprogramm (z. B. Excel) ein. Beantworten Sie die folgenden Fragen:
  (a) Wie lauten die Mittelwerte, die Stichprobenstandardabweichungen und die Standardfehler innerhalb der vier Gruppen?
  (b) Prüfen Sie, ob die Voraussetzungen für die Anwendung des F-Tests der einfaktoriellen Varianzanalyse erfüllt sind.
  (c) Prüfen Sie mit Hilfe einer einfaktoriellen Varianzanalyse, ob sich die vier Bedingungsmittelwerte signifikant voneinander unterscheiden. Der F-Test wird auf einem Signifikanzniveau von $\alpha = 5\%$ durchgeführt.
  (d) Wie lautet die empirische Effektstärke $\hat{\eta}^2$? Bewerten Sie die Größe von $\hat{\eta}^2$ anhand der Taxonomie von Cohen. Wo liegen die Grenzen des 90%-Konfidenzintervalls für die Effektgröße η^2?
  (e) Wie groß war die Power dieses Tests, wenn man die empirische Effektstärke $\hat{\eta}^2$ als Schätzer für den »wahren« Populationseffekt zugrunde legt?
  (f) Prüfen Sie mit Hilfe der Bonferroni-Holm-Methode, welche Bedingungsmittelwerte sich signifikant voneinander unterscheiden.
  (g) Wie lautet die kritische Differenz zwischen zwei Bedingungsmittelwerten in Anlehnung an die Methode von Tukey? Welche Mittelwertsdifferenzen überschreiten in diesem Datenbeispiel die kritische Differenz?
  (h) Prüfen Sie das folgende Set von Kontrasthypothesen. Zeigen Sie anhand der Additivität der drei Quadratsummen, dass es sich hier um ein Set orthogonaler Kontraste handelt.

$$\frac{\mu_1 + \mu_3}{2} < \frac{\mu_2 + \mu_4}{2}$$

$$\frac{\mu_1 + \mu_2}{2} < \frac{\mu_3 + \mu_4}{2}$$

$$\frac{\mu_1 + \mu_4}{2} < \frac{\mu_2 + \mu_3}{2}$$

(2) Führen Sie mit dem Datenbeispiel aus der Datei »daten_kap13.txt« eine Rangvarianzanalyse (H-Test) durch. Zu welchem Ergebnis kommen Sie?

(3) In Tabelle 13.5 sind die Ergebnisse des Experiments von Pihl et al. (1981) angegeben. Dort wurden 48 männliche Versuchspersonen einer von vier experimentellen Bedingungen zuge-

wiesen. Jede Bedingung umfasst 12 Versuchspersonen; es wurde variiert, ob (a) den Versuchspersonen ein alkoholisches oder ein nicht-alkoholisches Getränk gegeben wurde und (b) ob ihnen gesagt wurde, dass es sich um ein alkoholisches oder um ein nicht-alkoholisches Getränk handele. Wir haben in Abschnitt 13.1.13 so getan, als hätten wir es mit einem vierstufigen Faktor zu tun. Man kann das Experiment aber auch als zweifaktorielles Design mit den Faktoren A (»Getränk« mit den Stufen »alkoholisch« vs. »nicht-alkoholisch«) und B (»Ankündigung« mit den Stufen »alkoholisch« vs. »nicht-alkoholisch«) auffassen. In einem solchen Auswertungsdesign könnten neben den Haupteffekten des Faktors A und den Haupteffekten des Faktors B auch noch die Interaktionseffekte $A \times B$ getestet werden.

(a) Testen Sie mit Hilfe einer zweifaktoriellen Varianzanalyse, ob es Haupteffekte des Faktors A, Haupteffekte des Faktors B und Interaktionseffekte $A \times B$ gibt. Wie lassen sich die Ergebnisse der drei F-Tests inhaltlich interpretieren?

(b) Berechnen Sie die Effektgrößen dieser drei Effekte für die Effektgrößenmaße $\hat{\eta}^2$ (nicht-partiell), $\hat{\eta}^2_p$ (partiell), ϕ^2 und ϕ. Bewerten Sie die Größe der Effekte.

(c) Wie viele Personen wären nötig gewesen, um die Nullhypothese, dass alle Interaktionseffekte $A \times B$ in der Population gleich 0 sind, mit einer Wahrscheinlichkeit von 90 % abzulehnen, wenn der Test auf einem Signifikanzniveau von $\alpha = 5\,\%$ durchgeführt wird und der Effekt in der Population $\eta^2_{(p\_A \times B)1} = 0{,}05$ beträgt?

14 Unterschiede zwischen mehreren abhängigen Stichproben: Varianzanalyse mit Messwiederholung und verwandte Verfahren

> **Was Sie in diesem Kapitel lernen**
>
> ▶ Wie testet man, ob Bedingungsmittelwerte bei Experimenten mit intraindividueller Bedingungsvariation signifikant voneinander abweichen?
> ▶ In welche Bestandteile wird bei der Varianzanalyse mit Messwiederholung die Gesamtvariation zerlegt?
> ▶ Wie können bei der Varianzanalyse mit Messwiederholung spezifische Hypothesen über Mittelwertsunterschiede getestet werden?
> ▶ Wie werden Interaktionseffekte zwischen zwei messwiederholten Faktoren getestet?
> ▶ Wie werden Interaktionseffekte zwischen einem messwiederholten und einem nichtmesswiederholten Faktor getestet?
> ▶ Wie testet man auf der Basis eines nonparametrischen Tests, ob die Mediane mehrerer messwiederholter Bedingungen signifikant voneinander abweichen?

In Kapitel 13 haben wir die Varianzanalyse als Möglichkeit kennengelernt, Mittelwertsunterschiede aus mehreren unabhängigen Stichproben auf ihre statistische Bedeutsamkeit hin zu testen. Die Variation in den Messwerten, die ein Faktor (bzw. mehrere Faktoren und ihre Wechselwirkung) verursacht, haben wir als Effekte (Haupteffekte, Interaktionseffekte) bezeichnet und gesehen, dass solche Effekte auf der Basis eines F-Tests inferenzstatistisch abgesichert werden können. Wir haben gesagt, dass eine notwendige Voraussetzung für die Anwendung des in Kapitel 13 beschriebenen F-Tests darin besteht, dass es zwischen Messwerten, die aus unterschiedlichen Stichproben (d. h. aus unterschiedlichen Stufen des Faktors) stammen, keinerlei gegenseitigen Abhängigkeiten gibt. Es muss sich also bei den Stufen eines Faktors jeweils um unabhängige Stichproben handeln: In den unterschiedlichen Faktorstufen müssen sich unterschiedliche Personen befinden.

In diesem Kapitel werden wir nun sehen, wie die Varianzanalyse funktioniert, wenn es sich bei den Faktorstufen um *abhängige* Stichproben handelt. Was mit abhängigen Stichproben gemeint ist (und was nicht mit ihnen gemeint ist), haben wir bereits in Kapitel 12 ausführlich behandelt. Abhängige Stichproben liegen z. B. vor, wenn es sich um Experimente mit intraindividueller Bedingungsvariation handelt (sog. messwiederholte Faktoren) oder wenn unterschiedliche Versuchspersonen in den unterschiedlichen Faktorstufen einander zugeordnet werden können (aufgrund einer »natürlichen Beziehung« zwischen ihnen oder aufgrund gleicher Ausprägungen auf einer Kontrollvariablen; vgl. die Technik des Parallelisierens in Abschn. 4.3.3). Da die wiederholte Messung an den gleichen Personen den typischen Anwendungsfall abhängiger Stichproben darstellt, wird die entsprechende Auswertungsprozedur als »Varianzanalyse mit Messwiederholung« (engl. repeated-measures analysis of variance, RM-ANOVA oder auch within-subjects ANOVA) bezeichnet. Den Fall einer einfaktoriellen Varianzanalyse mit Messwiederholung werden wir in Abschnitt 14.1 detailliert behandeln.

Im Falle von mehrfaktoriellen Designs können Messwiederholungen bei keinem, einigen oder allen Faktoren vorliegen. Sind alle Faktoren messwiederholt, spricht man von einem komplett messwiederholten Design; sind nur einige Faktoren messwiederholt, andere hingegen nicht, spricht man von einem partiell messwiederholten Design. Wir werden uns in Abschnitt 14.2 auf zwei Fälle beschränken: ein zweifaktorielles Design mit vollständiger Messwiederholung und ein zweifaktorielles Design mit Messwiederholung auf einem Faktor. Abschließend werden wir in diesem Kapitel noch einen nonparametrischen Test auf Unterschiede zwischen mehreren Medianen im Falle eines messwiederholten Faktors vorstellen (Abschn. 14.3) und auf Verfahren für kategoriale Variablen verweisen (Abschn. 14.4).

14.1 Einfaktorielle Varianzanalyse mit Messwiederholung

Wir haben in Abschnitt 13.1 darauf hingewiesen, dass die einfaktorielle Varianzanalyse *ohne* Messwiederholung eine Erweiterung (oder Verallgemeinerung) des *t*-Tests für unabhängige Stichproben ist (vgl. Abschn. 11.1.2). Dementsprechend ist die einfaktorielle Varianzanalyse *mit* Messwiederholung eine Erweiterung des *t*-Tests für abhängige Stichproben (vgl. Abschn. 12.1.1). Sie wird dann verwendet, wenn überprüft werden soll, ob sich die Mittelwerte aus mehreren abhängigen Stichproben (z. B. experimentellen Bedingungen) signifikant voneinander unterscheiden. Der klassische Fall von abhängigen Stichproben ist die intraindividuelle Bedingungsvariation: Von allen Personen in der Stichprobe werden wiederholt Messwerte unter unterschiedlichen experimentellen Bedingungen erhoben. Beispielsweise könnte man die kognitive Leistungsfähigkeit von Personen dreimal erheben und miteinander vergleichen: (1) ohne Stimmungsinduktion, (2) nach positiver Stimmungsinduktion und (3) nach negativer Stimmungsinduktion. Mit einem solchen Design könnte die Hypothese überprüft werden, dass sich positive Stimmung förderlich und negative Stimmung hemmend auf die kognitive Leistungsfähigkeit auswirken. Da in allen drei experimentellen Bedingungen die gleichen Personen getestet werden, handelt es sich um abhängige Stichproben: Die Messwerte werden über die drei Bedingungen hinweg miteinander kovariieren, da die kognitive Leistungsfähigkeit eben nicht nur von der Stimmung, sondern auch von personengebundenen Variablen abhängt, die über die drei Stimmungsbedingungen hinweg stabil bleiben (Intelligenz, Teilnahmemotivation etc.).

Kovariation zwischen den Messungen. Ein Teil der Variation in den Messwerten ist also dadurch zu erklären, dass es sich um die gleichen Personen (und damit teilweise um die gleichen personengebundenen Einflüsse auf die Messwerte) handelt. Wir haben in Kapitel 12.1 die Kovarianz als einen statistischen Kennwert kennengelernt, der angibt, wie groß der Einfluss solcher personengebundenen Merkmale ist (s. hierzu ausführlich Abschn. 15.3.1). Genauer gesagt: Die Kovarianz gibt an, wie groß diejenigen Unterschiede zwischen Personen sind, die über zwei Messungen hinweg stabil bleiben. Liegen hingegen mehr als zwei Messungen vor, muss der Varianzanteil, der auf stabile Personunterschiede zurückgeht, anders quantifiziert werden. In Abschnitt 14.1.2 werden wir sehen, wie diese »Varianz zwischen Personen« bestimmt werden kann und welche Rolle sie für die Zerlegung der Gesamtvariation spielt. Durch die Kovariation der Wiederholungsmessungen können stabile Störvariablen, die an die Person gebunden sind (z. B. Persönlichkeitsmerkmale) identifiziert und statistisch kontrolliert werden. Hierdurch reduziert sich der Anteil unerklärter Varianz, die beim *F*-Wert im Nenner steht. Der *F*-Wert wird größer, und ein Ergebnis wird eher signifikant. Hierdurch gewinnt man an Teststärke (Power) und benötigt eine geringere optimale Stichprobengröße als bei einer Varianzanalyse ohne Messwiederholung. Dies ist ein großer Vorteil von Messwiederholungsdesigns.

Sequenzeffekte. Ein Nachteil experimenteller Designs mit intraindividueller Bedingungsvariation besteht darin, dass die Messwerte nicht vor systematischen Verfälschungen gefeit sind. So könnte es sein, dass Versuchspersonen im Laufe der Untersuchung die Hypothese erraten oder dass ihre Motivation, am Experiment teilzunehmen, zunehmend nachlässt oder dass sie Antwort- bzw. Lösungsstrategien von einer Messung auf die nächste übertragen bzw. sich an ihre früheren Antworten erinnern etc. All diese systematischen Verfälschungen, die typisch für Messwiederholungsdesigns sind, werden unter dem Begriff *Sequenzeffekte* zusammengefasst. Für eine Systematik solcher Sequenzeffekte und den Umgang mit ihnen (etwa die Berücksichtigung bestimmter Kontrollstrategien wie die intra- oder interindividuelle Ausbalancierung) verweisen wir auf einschlägige Lehrbücher zur Versuchsplanung (z. B. Huber, 2009; Hussy & Jain, 2002; Shadish et al., 2002).

Veränderungsmessung. In vielen psychologischen Fragestellungen geht es nicht um Unterschiede, die durch die Manipulation einer experimentellen Variablen hervorgerufen werden, sondern lediglich um Unterschiede im Laufe der Zeit. Anders gesagt: Oft ist die Zeit selbst die unabhängige Variable, und man interessiert sich für die Veränderung in den (durchschnittlichen) Messwerten über die Zeit hinweg. Beispielsweise interessiert man sich in der allgemeinen Entwicklungspsychologie dafür, ob sich psychologische Merkmale mit dem Alter verändern. Dies erfordert die wiederholte Messung der fraglichen Merkmale. Werden über die Zeit hinweg immer wieder Messwerte von den gleichen Personen erhoben, handelt es sich um eine sog. Längsschnittuntersuchung. Auch hier kann man sich mit Hilfe einer Varianzanalyse mit Messwiederholung der Frage widmen, ob die Unterschiede in den Mittelwerten zwischen den Messgelegenheiten signifikant variieren.

Evaluationsforschung. Interessiert man sich im Rahmen einer Untersuchung zur Wirksamkeit einer psychologischen Intervention dafür, ob und inwieweit sich durch die Intervention die Merkmalsausprägung über die Zeit hinweg verändert hat (z. B. inwieweit durch eine Psychotherapie das Ausmaß subjektiver Belastungen reduziert wurde oder inwieweit durch ein Lerntraining die Schulleistung von Kindern verbessert wurde), so sind wiederum Messwiederholungsdesigns angezeigt. Messwiederholungsdesigns sind typisch für die Evaluationsforschung, v. a. für die Prozess- und die Wirksamkeitsevaluation (vgl. Gollwitzer & Jäger, 2009).

Datenbeispiel

Um die Grundidee der einfaktoriellen Varianzanalyse mit Messwiederholung zu veranschaulichen, beginnen wir auch hier mit einem einfachen Datenbeispiel. Stellen wir uns vor, das in Abschnitt 13.1 geschilderte Experiment zum Modelllernen sei nicht auf der Basis einer interindividuellen Bedingungsvariation, sondern vielmehr auf der Basis einer *intra*individuellen Bedingungsvariation durchgeführt worden. Insgesamt werden fünf Personen untersucht, und zwar jeweils unter drei Bedingungen. Zunächst sehen die Probanden einen Film, in dem eine Person ihres Alters für ein bestimmtes Verhalten (z. B. Aggression) belohnt wird. Im Anschluss daran wird mit einem Selbstberichtsmaß (z. B. einer visuellen Analogskala mit Ausprägungen zwischen 0 und 100) gemessen, wie stark die Personen dazu tendieren, das vom Modell gezeigte Verhalten nachzuahmen. Anschließend sehen die gleichen Personen einen zweiten Film, in dem die Modellperson für ihr Verhalten bestraft wird; wiederum wird die Nachahmungstendenz per Selbstauskunft gemessen. Schließlich sehen die Probanden einen dritten Film, in dem das Verhalten der Modellperson ohne Konsequenzen bleibt. Die Nachahmungstendenz wird hier ein drittes Mal gemessen.

Die unabhängige Variable (UV) ist also die Verhaltenskonsequenz (Belohnung, Bestrafung, keine Konsequenz). Die abhängige Variable (AV) ist die Nachahmungstendenz. Sollte die Hypothese, die aus der Theorie des Modelllernens von Bandura (1976, 1977) abgeleitet wurde, korrekt sein, müsste die Nachahmungstendenz nach dem ersten Film (Belohnungsbedingung) am stärksten und nach dem zweiten Film (Bestrafungsbedingung) am schwächsten sein. Dass es sich hier zugegebenermaßen um ein ziemlich problematisches Versuchsdesign handelt, da mit erheblichen Verzerrungen durch Sequenzeffekte zu rechnen ist, dürfte klar sein. Trotzdem werden wir mit diesem Beispiel weiterarbeiten.

Die experimentellen Bedingungen erhalten einen Laufindex von $j = 1, ..., p$ (mit $p = 3$ in unserem Beispiel). Die Personen erhalten einen Laufindex von $m = 1, ..., n$ (mit $n = 5$ in unserem Beispiel). Den Index j können wir bei n hier weglassen, da die Anzahl der beobachteten Werte pro Bedingung aufgrund der Messwiederholung der Gesamtanzahl aller Versuchspersonen entspricht. Die (fiktiven) Rohdaten des Versuchs stehen in Tabelle 14.1. Beachten Sie, dass es sich hier um die gleichen Rohdaten handelt wie in Tabelle 13.1 (in Abschn. 13.1). Wir haben bewusst die gleichen Daten gewählt, um den Unterschied zwischen der Varianzanalyse ohne Messwiederholung und der Varianzanalyse mit Messwiederholung (und die statistischen Implikationen dieses Unterschiedes) deutlich zu machen.

Personen als »zufällige Faktorstufen«

Der Unterschied zwischen Tabelle 13.1 und Tabelle 14.1 besteht darin, dass wir hier eine zusätzliche Spalte eingefügt haben, in der die *durchschnittliche Nachahmungstendenz* einer Person über die drei experimentellen Bedingungen hinweg angegeben ist. In Tabelle 13.1 wäre es aufgrund des interindividuellen Designs nicht sinnvoll gewesen, einen solchen Personmittelwert zu berechnen, da den unterschiedlichen experimentellen Bedingungen unterschiedliche Personen zugeordnet waren. Beim intraindividuellen Design hingegen stammen alle Messwerte innerhalb der gleichen Zeile des Versuchsplans von ein und derselben Person. Daher ist hier nicht nur der Bedingungsmittelwert $\bar{x}_{\bullet j}$ (Spaltenmittelwert; s. die untere Zeile in Tab. 14.1), sondern auch der Personmittelwert $\bar{x}_{m\bullet}$ (Zeilenmittelwert; s. die rechte Spalte in Tab. 14.1) sinnvoll interpretierbar.

In Abschnitt 13.1.11 hatten wir die Unterscheidung zwischen »festen« und »zufälligen« Effekten (bzw. Faktoren) kennengelernt. Bei den drei experimentellen Bedingungen in unserem Beispiel handelt es sich zweifelsohne um Stufen eines festen Faktors, denn das variierte Merkmal kann nur eine bestimmte Anzahl möglicher Ausprägungen haben, und die realisierten Faktorstufen entsprechen genau diesen Ausprägungen. Bei Messwiederholungsdesigns kann man nun auch die unterschiedlichen Personen als »Stufen« eines »Faktors« auffassen. Der Personfaktor umfasst dabei alle möglichen Unterschiede zwischen den Personen. Da es sich hier um unendlich viele Personunterschiede handeln kann und sich die beobachteten Personen zufällig hinsichtlich dieser Personmerkmale unterscheiden, handelt es sich formal gesehen um einen zufälligen Faktor. Anders als der Bedingungsfaktor ist der Personfaktor von untergeordnetem Interesse für die Hypothesenprüfung, aber die Vorstellung, dass es sich bei den Personen um Stufen eines zufälligen Faktors handelt, hilft uns, die Logik der Quadratsummenzerlegung besser zu verstehen. Wir können also die einfaktorielle Varianzanalyse mit Messwiederholung als quasi-zweifaktorielles Design mit einem Faktor »Bedingung« und einem zweiten Faktor »Person« auffassen.

14.1.1 Messwertzerlegung

Nach Tabelle 14.1 gibt es drei Quellen der Variation: (1) Unterschiede zwischen den experimentellen Bedingungen, (2) Unterschiede zwischen den Personen und (3) den Anteil der Variation, der weder auf Haupteffekte der Bedingungen noch auf Personeffekte zurückgeführt werden kann. Dieser Restanteil (Residualanteil) geht auf Interaktionen zwischen den Personen und den Bedingungen und andere unsystematische Störeinflüsse wie z. B. den Messfehler zurück.

Der Messwert x_{mj} einer Person m in einer Bedingung a_j lässt sich daher wie folgt zerlegen:

$$x_{mj} = \bar{x} + t_j + p_m + e_{mj} \qquad \text{(F 14.1)}$$

Tabelle 14.1 Fiktive Daten eines Experiments zum Modelllernen (mit intraindividueller Bedingungsvariation)

Person m	Stufe a_j des Faktors			Personmittelwert $\bar{x}_{m\bullet}$
	Belohnung (a_1)	Bestrafung (a_2)	Keine Konsequenz (a_3)	
1	57	18	36	37
2	45	15	27	29
3	49	13	43	35
4	69	37	29	45
5	70	37	55	54
Bedingungsmittelwert $\bar{x}_{\bullet j}$	58	24	38	$\bar{x} = 40$

In dieser Gleichung bezeichnet $\bar{x}$ den Gesamtmittelwert aller Werte, $t_j = \bar{x}_{.j} - \bar{x}$ ist der Haupteffekt der j-ten Stufe des Faktors A, d. h. die Abweichung des Bedingungsmittelwerts $\bar{x}_{.j}$ vom Gesamtmittelwert $\bar{x}$. Mit $p_m = \bar{x}_{m.} - \bar{x}$ wird der Haupteffekt der m-ten Person bezeichnet, d. h. die Abweichung des Mittelwerts $\bar{x}_{m.}$ einer Person m (über alle p Bedingungen hinweg) vom Gesamtmittelwert $\bar{x}$. Der Residualwert $e_{mj} = x_{mj} - \bar{x} - t_j - p_m$ einer Person m in Bedingung a_j ist der Anteil am Wert der Person, der übrig bleibt, wenn man den Gesamtmittelwert und die Bedingungs- und Personeffekte abzieht.

14.1.2 Quadratsummenzerlegung

Die Gesamtvariation (totale Quadratsumme) der 15 Messwerte berechnet sich analog zu dem in Abschnitt 13.1.4 beschriebenen Vorgehen. Sie ist definiert als die Summe der quadrierten Abweichungen der einzelnen Messwerte vom Gesamtmittelwert:

$$QS_{tot} = \sum_{j=1}^{p}\sum_{m=1}^{n}(x_{mj} - \bar{x})^2 \qquad \text{(F 14.2)}$$

Sie beträgt in unserem Beispiel $QS_{tot} = 4532$.

Wie kann die totale Quadratsumme bei der einfaktoriellen Varianzanalyse mit Messwiederholung zerlegt werden? Um das zu veranschaulichen, machen wir von der Vorstellung Gebrauch, es handele sich bei den unterschiedlichen Personen um Stufen eines zufälligen Faktors. Genau wie jeder andere Faktor kann also auch jede Person einen Haupteffekt, d. h. einen von der experimentellen Bedingung unabhängigen (und insofern unbedingten) Effekt, haben, der darauf zurückzuführen ist, dass hier unterschiedliche Personen untersucht wurden und dass insofern personabhängige und über die unterschiedlichen Messungen hinweg konsistente Personmerkmale zu Buche schlagen. Zusätzlich gibt es für jede Stufe des Faktors A einen Haupteffekt der experimentellen Bedingung, der von der jeweiligen Person unabhängig ist. Und schließlich kann es sein, dass der Effekt der experimentellen Manipulation bei unterschiedlichen Personen unterschiedlich ausfällt; man könnte hier von einer Art Interaktion zwischen Person und Bedingung sprechen – wobei unklar bleibt, ob es sich hier um einen echten Interaktionseffekt zwischen Personmerkmalen und der experimentellen Bedingung handelt oder lediglich um unsystematische Effekte wie Messfehler etc.

Bei der einfaktoriellen Varianzanalyse mit Messwiederholung wird die totale Quadratsumme QS_{tot} also in drei Teile zerlegt:
- eine Variation zwischen Personen (QS_{zwP}),
- eine Variation zwischen den Stufen des Faktors A (QS_{zwA}) und
- eine Variation, die darauf zurückzuführen ist, dass die Haupteffekte der Bedingungen und Personen den Messwert nicht vollständig determinieren – warum auch immer. Diese Quadratsumme werden wir im Folgenden daher als *Residualquadratsumme* bezeichnen und mit QS_{Res} notieren.

Variation zwischen Personen

Die Variation zwischen Personen ist derjenige Teil der Gesamtvariation, der auf Unterschiede zwischen den Personen – unabhängig von den Faktorstufen – zurückgeht. Es handelt sich also um diejenigen Unterschiede zwischen Personen, die sich über alle Faktorstufen hinweg konsistent zeigen. Die Variation zwischen Personen ist ein unbedingter (d. h. von Faktor A unabhängiger) Effekt des »Faktors« Person.

Die Variation zwischen Personen ist übrigens das, was beim t-Test für abhängige Stichproben die Kovarianz ist – ein Maß für den Einfluss derjenigen Merkmale, die über die Zeit und über die experimentellen Bedingungen hinweg konsistent sind und stabile Unterschiede zwischen den Personen produzieren. Solche stabilen Unterschiede zwischen Personen manifestieren sich in der Variation der Personmittelwerte (s. rechte Spalte in Tab. 14.1).

Die Zwischen-Personen-Quadratsumme QS_{zwP} basiert also auf den quadrierten Abweichungen der Personmittelwerte vom Gesamtmittelwert:

$$\begin{aligned}QS_{zwP} &= \sum_{j=1}^{p}\sum_{m=1}^{n}(\bar{x}_{m.} - \bar{x})^2 \\ &= p \cdot \sum_{m=1}^{n}(\bar{x}_{m.} - \bar{x})^2\end{aligned} \qquad \text{(F 14.3)}$$

Sie beträgt in unserem Beispiel $QS_{zwP} = 1128$.

Variation zwischen Faktorstufen

Die Variation zwischen den Faktorstufen ist derjenige Teil der Gesamtvariation, der auf systematische Unterschiede zwischen den experimentellen Bedingungen zurückgeführt werden kann. Diese Unterschiede manifestieren sich – genau wie bei der einfaktoriellen Varianzanalyse ohne Messwiederholung – in der Variation der Bedingungsmittelwerte (s. untere Zeile in Tab. 14.1). Die Zwischen-Quadratsumme des Faktors A (QS_{zwA}) basiert also auf den quadrierten Abweichungen der Bedingungsmittelwerte vom Gesamtmittelwert:

$$QS_{zwA} = \sum_{m=1}^{n} \sum_{j=1}^{p} (\bar{x}_{\bullet j} - \bar{x})^2$$
$$= n \cdot \sum_{j=1}^{p} (\bar{x}_{\bullet j} - \bar{x})^2 \qquad \text{(F 14.4)}$$

Sie beträgt in unserem Beispiel $QS_{zwA} = 2920$.

Variation zwischen Personen in Bezug auf den Effekt des Faktors

Wenn wir die Personen und die Bedingungsvariation als Faktoren auffassen, dann besteht auch die Möglichkeit, dass diese miteinander interagieren. Inhaltlich bedeutet diese Interaktion, dass sich Personen darin unterscheiden, wie groß die Unterschiede in ihren Messwerten zwischen den drei Bedingungen sind. Graphisch kann man die Idee einer solchen Interaktion zwischen Person und Bedingung veranschaulichen, wenn man die Messwerte in einem Liniendiagramm abträgt und dabei die Personen als Ausprägungen auf der Abszisse und die experimentellen Bedingungen als drei unterschiedliche Linien auffasst (s. Abb. 14.1). Man sieht deutlich, dass die Linien nicht parallel verlaufen; es gibt also (Person-)Unterschiede in den (Bedingungs-)Unterschieden.

Machen wir uns die Idee einer Interaktion zwischen Person und Bedingung an Abbildung 14.1 klar. Wir sehen z. B., dass die Messwerte von Person 2 näher beieinanderliegen als die Messwerte von Person 1. Der Effekt der experimentellen Manipulation ist bei Person 1 größer als bei Person 2. Möglicherweise ist dieser Unterschied zwischen den beiden Personen darauf zurückzuführen, dass Person 2 ihr

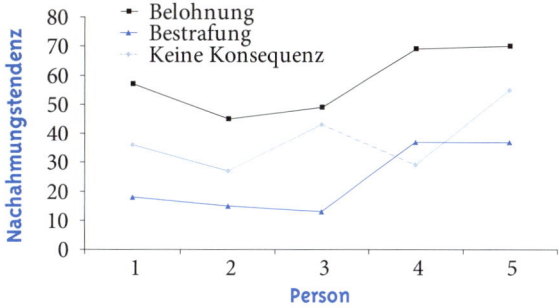

Abbildung 14.1 Graphische Darstellung der Interaktion zwischen Person und Bedingung (Datenbeispiel aus Tab. 14.1)

Verhalten generell weniger stark an stellvertretenden Verhaltensbekräftigungen ausrichtet. Und möglicherweise ist der Effekt bei Person 1 genau deshalb stärker, weil diese Person ihr Verhalten sehr stark daran ausrichtet, ob andere Menschen für das gleiche Verhalten belohnt oder bestraft werden. Diese Überlegung würde nahelegen, dass es eine echte Interaktion zwischen der experimentellen Manipulation (stellvertretende Verhaltenskonsequenzen) und Merkmalen der beobachtenden Personen (hier: Sensibilität für stellvertretende Verhaltenskonsequenzen) gibt. Das Problem ist: Wir können nicht testen, ob es sich um eine echte Interaktion handelt oder lediglich um zufällige Schwankungen bzw. Messfehler, die überhaupt nicht auf systematische Personunterschiede zurückzuführen sind. Der Grund dafür, dass wir systematische Person-Bedingungs-Interaktionen nicht testen können, ist der, dass wir in jeder Kombination von Person und Bedingung jeweils nur einen einzigen Messwert haben. Wie stark dieser Messwert von Messfehlern vs. von systematischen Person-Bedingungs-Interaktionseffekten beeinflusst ist, können wir nicht herausfinden. Insofern werden wir der Einfachheit halber die entsprechende Quadratsumme mit QS_{Res} bezeichnen.

Wie quantifiziert man die Residualquadratsumme QS_{Res}? Grundsätzlich erfolgt die Berechnung nicht anders, als in Abschnitt 13.2.3 beschrieben. Es handelt sich um die Variation zwischen den Messwerten, die weder auf einen unbedingten Effekt der Person noch auf einen unbedingten Effekt der Bedingung zurückgeführt werden kann. Diese Variation manifestiert sich also in den Abweichungen der Messwerte vom Gesamtmittelwert, nachdem der Haupteffekt einer Person und der Haupteffekt der Bedingung a_j von diesen Abweichungen abgezogen wurden (vgl. auch Formel F 13.92a):

$$QS_{Res} = \sum_{j=1}^{p}\sum_{m=1}^{n}\left((x_{mj}-\bar{x})-(\bar{x}_{\bullet j}-\bar{x})-(\bar{x}_{m\bullet}-\bar{x})\right)^2$$
$$= \sum_{j=1}^{p}\sum_{m=1}^{n}\left(x_{mj}-\bar{x}_{\bullet j}-\bar{x}_{m\bullet}+\bar{x}\right)^2 \qquad \text{(F 14.5)}$$

Sie beträgt in unserem Beispiel $QS_{Res} = 484$.

Die Summe aus QS_{zwP}, QS_{zwA} und QS_{Res} entspricht der totalen Quadratsumme.

> **! Additivität der Quadratsummen**
>
> Bei der einfaktoriellen Varianzanalyse mit Messwiederholung lässt sich die totale Quadratsumme QS_{tot} in drei Teile zerlegen:
> - einen Teil, der die Variation zwischen Personen ausdrückt (»Haupteffekte« der Person; QS_{zwP}),
> - einen Teil, der die Variation zwischen Bedingungen ausdrückt (Haupteffekte des Faktors A; QS_{zwA}), und
> - einen Teil, der ausdrückt, wie sehr sich die Personen hinsichtlich der Effekte der Bedingungsvariation voneinander unterscheiden (QS_{Res}):
>
> $$QS_{tot} = QS_{zwP} + QS_{zwA} + QS_{Res} \qquad \text{(F 14.6)}$$

Variation zwischen und innerhalb von Personen

Versuchen wir nun, die Quadratsummenzerlegung bei der einfaktoriellen Varianzanalyse mit Messwiederholung mit jener ohne Messwiederholung zu vergleichen. Bei der einfaktoriellen Varianzanalyse ohne Messwiederholung haben wir die totale Quadratsumme in zwei Teile zerlegt: eine Variation zwischen Bedingungen (QS_{zw}) und eine Variation innerhalb von Bedingungen (QS_{inn}). Bei der einfaktoriellen Varianzanalyse mit Messwiederholung haben wir die totale Quadratsumme in drei Teile zerlegt: eine Variation zwischen Bedingungen (QS_{zwA}), eine Variation zwischen Personen (QS_{zwP}) und eine Variation, die darauf zurückgeht, dass sich der Effekt der experimentellen Manipulation zwischen den Personen unterscheidet (QS_{Res}).

Variation zwischen Bedingungen.

Die Variation zwischen Bedingungen ist in beiden varianzanalytischen Modellen die gleiche, und sie wird auch gleich berechnet (vgl. die Formeln F 13.6b und F 14.4). Da unser Datenbeispiel in Tabelle 14.1 exakt dem in Tabelle 13.1 entspricht, resultiert für die Variation zwischen den Bedingungen in beiden Fällen der gleiche Wert, nämlich 2920. Das bedeutet auch, dass der Anteil der Variation, der auf die experimentelle Manipulation zurückzuführen ist (also der Anteil der QS_{zwA} an der totalen Quadratsumme), für beide Modelle gleich ist. Darauf kommen wir später zurück, wenn es um die Bestimmung der Effektstärke geht. Der einzige formale Unterschied ist, dass es sich bei der QS_{zw} bei der Varianzanalyse ohne Messwiederholung um eine Variation *zwischen Personen* handelt, während es sich bei der QS_{zwA} bei der Varianzanalyse mit Messwiederholung aufgrund der intraindividuellen Bedingungsvariation um eine Variation *innerhalb von Personen* handelt.

Variation innerhalb Bedingungen.

Bei der einfaktoriellen Varianzanalyse ohne Messwiederholung haben wir die Innerhalb-Quadratsumme wie folgt hergeleitet: Wir hatten einen Fall konstruiert, in dem es nur Unterschiede *innerhalb* der, nicht aber *zwischen* den experimentellen Bedingungen gibt (s. Abschn. 13.1.4). Die Quadratsumme dieser um ihren jeweiligen Bedingungsmittelwert zentrierten Messwerte betrug gemäß Formel F 13.7 $QS_{inn} = 1612$. Ein Vergleich mit den Quadratsummen, die wir in diesem Kapitel berechnet haben, zeigt: Dieser Wert entspricht der Summe aus der Zwischen-Personen-Quadratsumme QS_{zwP} und der Residualquadratsumme QS_{Res} (1128 + 484 = 1612). Mit anderen Worten: Die QS_{inn} bei der Varianzanalyse ohne Messwiederholung entspricht der Summe aus QS_{zwP} und QS_{Res} bei der Varianzanalyse mit Messwiederholung:

$$QS_{inn} = QS_{zwP} + QS_{Res} \qquad \text{(F 14.7)}$$

Bei der QS_{zwP} handelt es sich um Variation *zwischen Personen*, während es sich bei der QS_{Res} um Variation *innerhalb von Personen* handelt.

QS_{zwP} und QS_{innP}. Während also bei der Varianzanalyse ohne Messwiederholung eine Unterscheidung in Variationsquellen zwischen den bzw. innerhalb der *Bedingungen* im Vordergrund steht, wird bei der Varianzanalyse mit Messwiederholung zunächst danach unterschieden, ob es sich um Variationsquellen zwischen oder innerhalb der *Personen* handelt. Die Variation zwischen Personen drückt sich in der Zwischen-Personen-Quadratsumme QS_{zwP} aus, die Variation innerhalb von Personen in der Zwischen-Bedingungen-Quadratsumme QS_{zwA} und der Quadratsumme QS_{Res}, deren Summe die Innerhalb-Personen-Quadratsumme QS_{innP} ergibt. Sie berechnet sich in unserem Beispiel zu 2920 + 484 = 3404. Die Quadratsummenzerlegung bei der einfaktoriellen Varianzanalyse mit und ohne Messwiederholung ist in Abbildung 14.2 graphisch veranschaulicht.

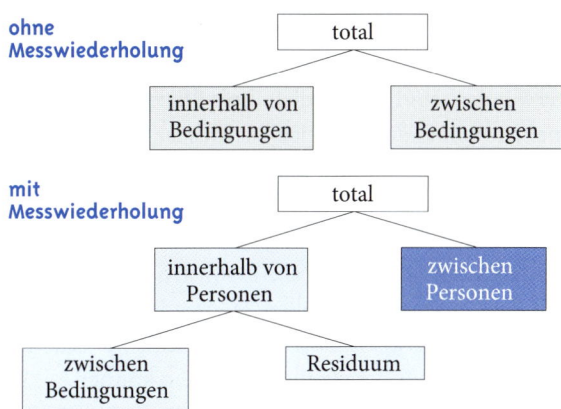

Abbildung 14.2 Quadratsummenzerlegung bei der einfaktoriellen Varianzanalyse mit und ohne Messwiederholung

14.1.3 Effektgrößenmaße

Als Effektgröße bietet sich auch bei der einfaktoriellen Varianzanalyse mit Messwiederholung an, denjenigen Anteil der Varianz der Messwerte zu quantifizieren, der auf den Effekt des Faktors *A* zurückzuführen ist. Insoweit stimmt die Bedeutung des Konzepts »Effektgröße« bei Varianzanalysen mit Messwiederholung genau mit der Bedeutung bei Varianzanalysen ohne Messwiederholung überein. Kompliziert wird es, wenn man den Populationseffekt aus den Daten schätzen will, und das liegt an der Abhängigkeit der Stichproben bei der Varianzanalyse mit Messwiederholung. Diese Abhängigkeit kann berücksichtigt werden oder nicht, und genau das macht den Unterschied zwischen dem partiellen Effektstärkenschätzer $\hat{\eta}_p^2$ und dem nicht-partiellen Effektstärkenschätzer $\hat{\eta}^2$ aus. Wir werden beide Maße im Folgenden behandeln und im Anschluss daran diskutieren, ob und wann es sinnvoll ist, die Abhängigkeit der Stichproben mit zu berücksichtigen oder nicht.

Nicht-partielles Effektstärkenmaß $\hat{\eta}^2$

Eine einfache Möglichkeit besteht darin, in Analogie zur einfaktoriellen Varianzanalyse ohne Messwiederholung den Anteil der aufgeklärten Varianz an der Gesamtvarianz aller Messwerte als Effektstärkenmaß zu interpretieren. Ein solches Effektstärkenmaß η^2 lässt sich empirisch über den Quotienten aus der Quadratsumme QS_{zwA} und der totalen Quadratsumme schätzen:

$$\hat{\eta}^2 = \frac{QS_{zwA}}{QS_{tot}} = \frac{QS_{zwA}}{QS_{zwA} + QS_{zwP} + QS_{Res}} \quad \text{(F 14.8)}$$

Die totale Quadratsumme QS_{tot} beinhaltet (1) Unterschiede zwischen den Bedingungen (Haupteffekte des Faktors *A*; QS_{zwA}), (2) Unterschiede zwischen den Personen (Haupteffekte der Personen; QS_{zwP}) und (3) einen Teil, der ausdrückt, wie sehr sich die Personen hinsichtlich der Effekte der Bedingungsvariation voneinander unterscheiden (QS_{Res}). Nun könnte man argumentieren, dass die zweite dieser drei Varianzquellen, also jene, die auf stabile Unterschiede zwischen den Personen zurückgeht, für die Effektstärkenschätzung irrelevant ist. Folgt man diesem Argument, dann könnte man dem Ausdruck auf der rechten Seite von Formel F 14.8 vorwerfen, dass er den »wahren« Populationseffekt unterschätzt, da er in seinem Nenner eine Varianzquelle enthält, die für die Frage, wie viel Varianz durch den Faktor *A* erklärt wurde und wie viel Varianz unerklärt bleibt, irrelevant ist. Aus diesem Grund wurde zusätzlich vorgeschlagen, ein Effektstärkenmaß zu konstruieren, das diese irrelevante Varianzquelle nicht mehr beinhaltet und insofern die Unterschätzung des »wahren« Effekts abmildert.

Partielles Effektstärkenmaß $\hat{\eta}_p^2$

Der Unterschied zwischen dem nicht-partiellen Effektstärkenmaß $\hat{\eta}^2$ und dem partiellen Effektstärkenmaß $\hat{\eta}_p^2$ besteht darin, dass bei Letzterem der Anteil der Gesamtvarianz, der auf stabile Unterschiede zwischen den Personen zurückgeht, nicht berücksichtigt wird. Bei der Schätzung der Effektstärke geht die QS_{zwP} also nicht mehr mit in die Gleichung ein:

$$\hat{\eta}_p^2 = \frac{QS_{zwA}}{QS_{zwA} + QS_{Res}} \qquad (F\ 14.9)$$

Da beim partiellen Effektstärkenmaß der Nenner niemals einen größeren Wert annehmen kann als beim nicht-partiellen Effektstärkenmaß, ist $\hat{\eta}_p^2$ größer als $\hat{\eta}^2$ (es sei denn, die QS_{zwP} ist gleich 0). Der Unterschied zwischen beiden wird umso größer, je größer der Anteil der Gesamtvariation ist, der auf stabile Personunterschiede zurückgeführt werden kann.

Welches Effektstärkenmaß ist informativer?

Stellen wir uns vor, das zu Beginn dieses Kapitels geschilderte Experiment zum Modelllernen mit drei experimentellen Bedingungen wäre (1) einmal mit einer »echten« Messwiederholung (intraindividuelle Bedingungsvariation: alle Personen durchlaufen alle Bedingungen des Faktors A), (2) einmal mit einer »Quasi-Messwiederholung« aufgrund einer Parallelisierung der Versuchspersonen anhand eines Vortests (interindividuelle Bedingungsvariation, wobei Personen mit gleichen Ausprägungen auf der Vortestvariablen jeweils einer der drei experimentellen Bedingungen zugewiesen werden) und (3) ein drittes Mal ohne Messwiederholung (interindividuelle Bedingungsvariation mit randomisierter Zuweisung der Personen zu einer der drei Bedingungen) durchgeführt worden. Im ersten Fall ist eine hohe Zwischen-Personen-Quadratsumme QS_{zwP} zu erwarten; im zweiten Fall dürfte die QS_{zwP} kleiner sein, da die Abhängigkeit zwischen den Messwerten hier nur noch auf eine einzige Variable (nämlich diejenige, die im Vortest gemessen wurde) zurückzuführen ist; und im dritten Fall ist die QS_{zwP} definitionsgemäß gleich 0. Die QS_{tot} wäre in allen drei Fällen die gleiche, und auch die Haupteffekte der Bedingungen wären in allen drei Fällen exakt identisch. Das nicht-partielle Effektstärkenmaß $\hat{\eta}^2$ würde in allen drei Fällen also den gleichen Wert annehmen. Das partielle Effektstärkenmaß $\hat{\eta}_p^2$ hingegen wäre im ersten Fall größer als im zweiten Fall und dort wiederum größer als im dritten Fall, weil eben die Varianz, die auf konsistente Personenunterschiede zurückgeht (QS_{zwP}), hier nicht mit in den Ausdruck im Nenner eingeht und der Ausdruck im Nenner dementsprechend im ersten Fall kleiner ist als im zweiten Fall und dort wiederum kleiner ist als im dritten Fall.

Das Beispiel zeigt, dass mit dem partiellen Effektstärkenmaß $\hat{\eta}_p^2$ ein Problem verbunden ist: Untersucht man den gleichen Effekt mit unterschiedlichen Designs (intraindividuelle vs. interindividuelle Bedingungsvariation), dann unterscheidet sich das partielle Effektstärkenmaß $\hat{\eta}_p^2$ zwischen diesen Designs auch dann, wenn die Unterschiede zwischen den Bedingungsmittelwerten in den Designs exakt identisch sind. Unterschiedliche Untersuchungen, die zwar das Gleiche untersuchen, aber unterschiedliche Designs verwenden, sind hinsichtlich ihrer Effektgrößen nicht mehr miteinander vergleichbar. Das ist v. a. dann ein Problem, wenn man im Rahmen einer sog. Metaanalyse versucht, die Effektgrößen, die in vielen unterschiedlichen Primärstudien gefunden wurden, zusammenzufassen (Dunlap et al., 1996). Und dabei sollen standardisierte Effektgrößen ja gerade so definiert sein, dass sie auch über unterschiedliche Studien hinweg miteinander verglichen werden können.

Welches der beiden Effektstärkenmaße informativer ist, hängt auch von der konzeptuellen Bedeutung des Faktors ab, den man untersuchen will. Handelt es sich bei dem Faktor A um eine experimentell manipulierte Variable, die man sowohl mit einem intraindividuellen als auch mit einem interindividuellen Design untersuchen kann, sollte man beide Effektstärkenmaße berichten. Das nicht-partielle Effektstärkenmaß $\hat{\eta}^2$ erlaubt dann einen besseren Vergleich mit Studien, die mit einem interindividuellen Design gearbeitet haben. Handelt es sich bei dem Faktor A hingegen um die Zeit und ist man daran interessiert, wie viel Varianz in den Messwerten durch Veränderungen in der Merkmalsausprägung über die Zeit hinweg aufgeklärt wird, so wäre das partielle Effektstärkenmaß $\hat{\eta}_p^2$ informativer, da Unterschiede in der

Größe der Personeffekte für die Schätzung des Veränderungseffekts irrelevant sind.

Statistikprogramme wie SPSS geben nur das partielle Effektstärkenmaß an; will man zusätzlich das nicht-partielle Effektstärkenmaß berichten, so muss man es anhand von Formel F 14.8 selbst berechnen.

> **Beispiel**
>
> **Effektgrößenmaße für das Modelllern-Beispiel**
> Wie groß ist der Effekt der experimentellen Manipulation (Faktor A) in unserem Datenbeispiel aus Tabelle 14.1? Zunächst berechnen wir das geschätzte nicht-partielle Effektstärkenmaß nach Formel F 14.8:
>
> $\hat{\eta}^2 = QS_{zwA}/QS_{tot} = 2920/4532 = 0{,}64$
>
> Das partielle Effektstärkenmaß beträgt nach Formel F 14.9:
>
> $\hat{\eta}_p^2 = QS_{zwA}/(QS_{zwA} + QS_{Res}) = 2920/3404 = 0{,}86$

Auch bei der einfaktoriellen Varianzanalyse mit Messwiederholung stellt sich die Frage, ob die Unterschiede zwischen den Bedingungen statistisch bedeutsam sind oder ob die Mittelwertsunterschiede durch Messfehler bedingt sind. Selbst dann, wenn man Personen nicht verschiedenen Treatments aussetzt und sie einfach so wiederholt misst, erwartet man Unterschiede zwischen den Mittelwerten, die auf unsystematische Zufallsschwankungen über die Messgelegenheiten hinweg zurückgeführt werden können. Daher stellt sich die Frage, ob sich die Bedingungshaupteffekte signifikant von 0 unterscheiden. Um dieser Frage nachzugehen, werden wir zunächst wieder das Populationsmodell behandeln.

14.1.4 Populationsmodell der einfaktoriellen Varianzanalyse mit Messwiederholung

Das Populationsmodell der einfaktoriellen Varianzanalyse mit Messwiederholung besagt, dass ein Messwert beeinflusst wird durch
- den unbedingten Populationsmittelwert (μ),
- den Populationseffekt derjenigen Bedingung, unter der der Wert erhoben wurde (τ_j),
- Effekte, die auf die Eigenschaften der jeweiligen Person zurückgehen (π_m),
- den bedingten Effekt der Bedingung, gegeben eine spezifische Person (Interaktion Person × Bedingung; $(\pi\tau)_{mj}$), und
- alle unsystematischen Einflüsse einschließlich des Messfehlers (ε_{mj}).

Formal:

$$x_{mj} = \mu + \tau_j + \pi_m + (\pi\tau)_{mj} + \varepsilon_{mj} \quad \text{(F 14.10a)}$$

Da sich die Einflussgrößen $(\pi\tau)_{mj}$ und ε_{mj} mit diesem Design empirisch nicht trennen lassen, gehen wir im Folgenden davon aus, dass alle Interaktionseffekte $(\pi\tau)_{mj}$ gleich 0 sind. Damit verkürzt sich Formel F 14.10a wie folgt:

$$x_{mj} = \mu + \tau_j + \pi_m + \varepsilon_{mj} \quad \text{(F 14.10b)}$$

Diese Annahme vereinfacht die weitere Ableitung des Modells.

Haupteffekt der Bedingung a_j. Der Koeffizient τ_j wird – genau wie bei der einfaktoriellen Varianzanalyse ohne Messwiederholung – als Haupteffekt einer Bedingung a_j bezeichnet. Er ist definiert als die Abweichung eines Bedingungsmittelwerts ($\mu_{\bullet j}$) vom Gesamtmittelwert:

$$\tau_j = \mu_{\bullet j} - \mu \quad \text{(F 14.11)}$$

Das impliziert, dass die Summe der Haupteffekte über alle p Bedingungen hinweg immer 0 ergeben muss:

$$\sum_{j=1}^{p} \tau_j = 0 \quad \text{(F 14.12)}$$

Die Haupteffekte τ_j variieren nicht über Personen hinweg; sie sind für alle Personen in der Population konstant. Insofern trägt ihre Varianz auch nichts zur Varianz der Messwerte innerhalb einer Bedingung bei.

Haupteffekt der Person m. Der Koeffizient π_m kennzeichnet den unbedingten Effekt einer Person m. Hierunter fallen alle Merkmale dieser Person, die von der experimentellen Manipulation unabhängig sind, also über die Messungen hinweg stabil bleiben. Der Haupteffekt π_m ist definiert als die Abweichung eines Personmittelwerts ($\mu_{m\bullet}$) vom Gesamtmittelwert:

$$\pi_m = \mu_{m\bullet} - \mu \quad \text{(F 14.13)}$$

Auch hier gilt, dass die Summe der Personen-Haupteffekte über alle n Personen hinweg immer 0 ergeben muss:

$$\sum_{m=1}^{n} \pi_m = 0 \qquad \text{(F 14.14)}$$

Da es sich bei den Haupteffekten der Personen um zufällige Effekte handelt, lässt sich ihre Varianz (σ_π^2) nicht von vornherein kontrollieren; vielmehr ist sie ein Populationsparameter, der aus den Daten geschätzt werden muss. Wichtig ist, dass die Personen-Haupteffekte einen Teil der Unterschiede zwischen den Personen (und damit einen Teil der Varianz innerhalb einer Bedingung) erklären.

Residuum. Das Residuum ε_{mj} setzt sich – wie wir gesehen haben – zusammen aus allen unsystematischen Einflüssen wie z. B. dem Messfehler. Es ist derjenige Teil in der Variation der Messwerte, der weder durch Bedingungseffekte noch durch Personeffekte erklärt werden kann. Setzt man die Formeln F 14.11 und F 14.13 in Formel F 14.10b ein und löst nach ε_{mj} auf, ergibt sich:

$$\begin{aligned}\varepsilon_{mj} &= x_{mj} - \mu - \tau_j - \pi_m \\ &= x_{mj} - \mu - (\mu_{\bullet j} - \mu) - (\mu_{m\bullet} - \mu) \\ &= x_{mj} - \mu - \mu_{\bullet j} + \mu - \mu_{m\bullet} + \mu \\ &= x_{mj} - \mu_{\bullet j} - \mu_{m\bullet} + \mu \end{aligned} \qquad \text{(F 14.15)}$$

Das Residuum ist also nichts anderes als die Abweichung der einzelnen Messwerte vom Gesamtmittelwert, nachdem sowohl der Bedingungs- als auch der Personeffekt herausgenommen wurden. Die Varianz dieses Residuums (σ_ε^2) ist ein Populationsparameter, der aus den Daten geschätzt werden muss; auch sie klärt einen Teil der Varianz der Messwerte innerhalb der Bedingungen auf.

Varianz der Messwertvariablen

Unter der Annahme, dass das Modell in Formel F 14.10b gültig ist, lässt sich die Varianz der Messwertvariablen X_{mj} anhand der siebten Rechenregel für Varianzen (vgl. Formel F 7.35) zerlegen. Die Variable X_{mj} repräsentiert die potentiellen Werte einer zufällig gezogenen Person m in einer Bedingung a_j. Der individuelle Wert x_{mj} ist die Realisierung der Variablen X_{mj} in einer konkreten Studie. Wenden wir Formel F 7.35 auf unser Problem an, erhalten wir:

$$\begin{aligned}Var(X_{mj}) &= Var(\mu + \tau_j + \pi_m + \varepsilon_{mj}) \\ &= Var(\mu) + Var(\tau_j) + Var(\pi_m) \\ &\quad + Var(\varepsilon_{mj}) + Cov(\mu, \tau_j) \\ &\quad + Cov(\mu, \pi_m) + Cov(\mu, \varepsilon_{mj}) \\ &\quad + Cov(\tau_j, \pi_m) + Cov(\tau_j, \varepsilon_{mj}) \\ &\quad + Cov(\pi_m, \varepsilon_{mj}) \end{aligned} \qquad \text{(F 14.16a)}$$

Der Gesamtmittelwert μ und die Bedingungs-Haupteffekte τ_j variieren nicht zwischen Personen; der Effekt einer Bedingung a_j ist für alle Personen in der Population gleich. Innerhalb einer Bedingung a_j gibt es also keine Varianz von τ_j. Bei τ_j handelt es sich somit innerhalb von a_j um eine Konstante.

Die Feststellung, dass μ und τ_j Konstanten sind, hat verschiedene Implikationen:

▶ Die beiden Ausdrücke $Var(\mu)$ und $Var(\tau_j)$ sind beide gleich 0.
▶ Alle Kovarianzen, an denen μ und τ_j beteiligt sind, sind gleich 0; denn wenn eine Variable eine Konstante ist, kann sie auch nicht mit anderen Variablen kovariieren (s. Abschn. 15.3.1).

Damit verkürzt sich Formel F 14.16a wie folgt:

$$Var(X_{mj}) = Var(\pi_m) + Var(\varepsilon_{mj}) + Cov(\pi_m, \varepsilon_{mj})$$

(F 14.16b)

Annahmen

Bei der einfaktoriellen Varianzanalyse mit Messwiederholung werden in Bezug auf die drei Größen auf der rechten Seite von Formel F 14.16b die folgenden drei zusätzlichen Annahmen getroffen (Fahrmeir et al., 1996a):

(1) Die zufälligen Personeffekte π_m sind unabhängig und identisch normalverteilt mit $N(0, \sigma_\pi^2)$.
(2) Die Residuen ε_{mj} sind unabhängig und identisch normalverteilt mit $N(0, \sigma_\varepsilon^2)$.
(3) Die Kovarianz der Personeffekte und der Residuen ist gleich 0: $Cov(\pi_m, \varepsilon_{mj}) = 0$.

Aus diesen Annahmen folgt, dass die Varianz von X_{mj} der Varianz $\sigma_{X_j}^2$ entspricht mit

$$\sigma_{X_j}^2 = \sigma_\pi^2 + \sigma_\varepsilon^2. \qquad \text{(F 14.17)}$$

Bei Gültigkeit der Modellannahmen in der Population muss die Varianz des Merkmals in allen Faktorstufen identisch sein, nämlich $\sigma_\pi^2 + \sigma_\varepsilon^2$. Aufgrund der Annahme, dass die Variablen unabhängig und identisch verteilt sind, lassen wir im Folgenden bei der weiteren Betrachtung der Variablen des Populationsmodells aus Gründen der Vereinfachung den Index m für die Person einfach weg. Mit X_j bezeichnen wir die Variable, deren Werte die individuellen Messwerte x_{mj} in einer Bedingung (bzw. einem Messzeitpunkt) a_j sind, π bezeichnet die Personeneffektvariable und ε_j die Residualvariable in der Bedingung a_j.

Kovarianz zwischen den Faktorstufen

Bei Designs mit intraindividueller Bedingungsvariation (Messwiederholung) sind die Messwerte über die Faktorstufen hinweg nicht unabhängig voneinander, da sie von den gleichen Personen stammen. Das Ausmaß dieser Abhängigkeit kann über die Kovarianz quantifiziert werden. Das hatten wir bereits in Abschnitt 12.1.1 im Rahmen des t-Tests für abhängige Stichproben festgestellt, und in Abschnitt 15.3.1 werden wir die Kovarianz im Detail behandeln. Die Kovarianz gibt das Ausmaß der Abhängigkeit der Messwerte zu verschiedenen Messgelegenheiten (in verschiedenen Bedingungen) wieder. Die Kovariation ist dann hoch, wenn Individuen, die in einer Bedingung überdurchschnittliche Werte haben, auch in einer anderen Bedingung überdurchschnittliche Werte aufweisen und umgekehrt. In einem Design mit intraindividueller Bedingungsvariation und $p = 3$ Faktorstufen können demnach drei Kovarianzen berechnet werden: $Cov(X_1, X_2)$, $Cov(X_1, X_3)$ und $Cov(X_2, X_3)$. Bei intraindividuellen Designs gibt es also nicht nur Varianzen innerhalb der Faktorstufen, sondern auch Kovarianzen zwischen den Faktorstufen. Varianzen und Kovarianzen werden in Form einer Matrix (Varianz-Kovarianz-Matrix oder einfach *Kovarianzmatrix*) dargestellt. Eine Kovarianzmatrix wird mit dem griechischen Großbuchstaben Σ (Sigma) bezeichnet. Um deutlich zu machen, dass es sich um eine Matrix handelt, wird **Σ** fett gesetzt. Für den Fall, dass es $p = 3$ Faktorstufen gibt, sieht die Kovarianzmatrix der Variablen X_j wie folgt aus:

$$\boldsymbol{\Sigma}_X = \begin{pmatrix} Var(X_1) & Cov(X_2, X_1) & Cov(X_3, X_1) \\ Cov(X_1, X_2) & Var(X_2) & Cov(X_3, X_2) \\ Cov(X_1, X_3) & Cov(X_2, X_3) & Var(X_3) \end{pmatrix}$$

(F 14.18)

Eine Kovarianzmatrix ist immer quadratisch und hat p Zeilen und p Spalten. In der Hauptdiagonale der Matrix stehen die Varianzen innerhalb einer jeweiligen Faktorstufe. In den restlichen Zellen der Matrix stehen die Kovarianzen zwischen zwei der p Faktorstufen.

In der einfaktoriellen Varianzanalyse mit Messwiederholung wird angenommen, dass die Residuen, die zu verschiedenen Bedingungen gehören, voneinander unabhängig sind und daher eine Kovarianz von 0 aufweisen. Unter den Modellannahmen der einfaktoriellen Varianzanalyse mit Messwiederholung gibt es daher nur einen Grund, aus dem die Messwerte über die Bedingungen hinweg kovariieren: nämlich dass es stabile Personunterschiede gibt. Diese sind auf die Personen-Haupteffekte π_m zurückzuführen; sie manifestieren sich also in der Varianz σ_π^2. Da die Personen-Haupteffekte über alle Messgelegenheiten hinweg konstant sind, müssen alle Kovarianzen gleich sein und der Personvarianz σ_π^2 entsprechen. Mit dieser Feststellung und der Zerlegung der Varianzen in Formel F 14.17 lässt sich die Kovarianzmatrix in F 14.18 wie folgt reformulieren:

$$\boldsymbol{\Sigma}_X = \begin{pmatrix} \sigma_\pi^2 + \sigma_\varepsilon^2 & \sigma_\pi^2 & \sigma_\pi^2 \\ \sigma_\pi^2 & \sigma_\pi^2 + \sigma_\varepsilon^2 & \sigma_\pi^2 \\ \sigma_\pi^2 & \sigma_\pi^2 & \sigma_\pi^2 + \sigma_\varepsilon^2 \end{pmatrix}$$

(F 14.19)

> **! Kovarianzstruktur des Modells der einfaktoriellen Varianzanalyse mit Messwiederholung**
>
> Aus den genannten Annahmen der einfaktoriellen Varianzanalyse mit Messwiederholung folgt, dass alle Faktorstufen in der Population eine konstante Varianz aufweisen, die der Summe aus der Personvarianz und der Residualvarianz entspricht, und dass die Kovarianz der Messwerte zwischen zwei beliebigen Faktorstufen der Personvarianz entspricht.

14.1.5 Schätzung der Populationsparameter

Es gibt vier Populationsparameter, die wir aus den Stichprobendaten schätzen müssen: den unbedingten Populationsmittelwert (μ), den Effekt einer experimentellen Bedingung (τ_j), den Effekt einer Person (π_m) bzw. die Personvarianz (σ_π^2) und das Residuum ε_{mj} bzw. die Populationsresidualvarianz (σ_ε^2).

Unbedingter Populationsmittelwert μ. Den unbedingten Populationsmittelwert μ schätzen wir wieder aus dem Gesamtmittelwert $\bar{x}$ (s. auch Formel F 13.23):

$$\hat{\mu} = \bar{x} = \frac{\sum_{j=1}^{p}\sum_{m=1}^{n} x_{mj}}{p \cdot n} \qquad \text{(F 14.20)}$$

Bedingungs-Haupteffekte τ_j. Die Bedingungs-Haupteffekte τ_j schätzen wir aus den Differenzen der Bedingungsmittelwerte $\bar{x}_{\bullet j}$ vom Gesamtmittelwert $\bar{x}$ (vgl. Formel F 13.24):

$$\hat{\tau}_j = \bar{x}_{\bullet j} - \bar{x} \qquad \text{(F 14.21)}$$

Personen-Haupteffekte π_m. Die Personen-Haupteffekte π_m schätzen wir aus den Abweichungen der Personenmittelwerte $\bar{x}_{m\bullet}$ vom Gesamtmittelwert $\bar{x}$:

$$\hat{\pi}_m = \bar{x}_{m\bullet} - \bar{x} \qquad \text{(F 14.22)}$$

Residuum ε_{mj}. Nachdem die Abweichungen $\bar{x}_{\bullet j} - \bar{x}$ und $\bar{x}_{m\bullet} - \bar{x}$ zur Schätzung der Populationsparameter τ_j und π_m verwendet werden, bleibt nur noch eine Quelle der Variation übrig, die zur Schätzung des Residuums ε_{mj} verwendet werden kann (vgl. Formel F 14.15):

$$\begin{aligned}\hat{\varepsilon}_{mj} = e_{mj} &= (x_{mj} - \bar{x}) - (\bar{x}_{\bullet j} - \bar{x}) - (\bar{x}_{m\bullet} - \bar{x}) \\ &= x_{mj} - \bar{x}_{\bullet j} - \bar{x}_{m\bullet} + \bar{x}\end{aligned} \qquad \text{(F 14.23)}$$

14.1.6 Inferenzstatistik der einfaktoriellen Varianzanalyse mit Messwiederholung

Statistisches Hypothesenpaar

Die Nullhypothese, die bei der einfaktoriellen Varianzanalyse mit Messwiederholung typischerweise getestet wird, besagt, dass es einen Effekt der experimentellen Bedingung in der Population *nicht* gibt und dass Abweichungen der Bedingungsmittelwerte vom Gesamtmittelwert nur zufällig, d. h. aufgrund von Messfehlern, von 0 verschieden sind. In unserem Beispiel würde die Nullhypothese annehmen, dass die Populationsmittelwerte in den drei Bedingungen identisch sind:

$$H_0: \mu_{\bullet 1} = \mu_{\bullet 2} = \mu_{\bullet 3} \qquad \text{(F 14.24a)}$$

Oder alternativ:

$$H_0: \mu_{\bullet j} - \mu = 0 \quad \text{für alle } j \qquad \text{(F 14.24b)}$$

Die Alternativhypothese besagt, dass es zwischen mindestens zwei der Populationsmittelwerte einen Unterschied gibt, also:

$$H_1: \mu_{\bullet j} - \mu \neq 0 \quad \text{für mindestens ein } j \qquad \text{(F 14.25)}$$

Um die Hypothesen überprüfen zu können, greifen wir wiederum auf eine F-verteilte Prüfgröße zurück, die zwei unabhängige Schätzungen der Residualvarianz zueinander ins Verhältnis setzt, deren Erwartungswerte unter der Gültigkeit der Nullhypothese gleich sind. Hierzu definieren wir zunächst wieder für jede Quadratsumme eine mittlere Quadratsumme, indem wir die Quadratsumme durch ihre Freiheitsgrade teilen. Wir werden daher zunächst die Zerlegung der Freiheitsgrade behandeln und darauf aufbauend die Definition der mittleren Quadratsummen.

Zerlegung der Freiheitsgrade

Die Freiheitsgrade zu den drei Quadratsummen bestimmen wir nach der gleichen Systematik wie bei der zweifaktoriellen Varianzanalyse ohne Messwiederholung (vgl. die Formeln F 13.115 bis F 13.117):

$$df_{\text{zwP}} = n - 1 \qquad \text{(F 14.26)}$$

$$df_{\text{zwA}} = p - 1 \qquad \text{(F 14.27)}$$

$$df_{\text{Res}} = (n - 1) \cdot (p - 1) \qquad \text{(F 14.28)}$$

Auch hier gilt, dass die totalen Freiheitsgrade der Summe dieser drei Freiheitsgrade entsprechen:

$$df_{\text{tot}} = df_{\text{zwP}} + df_{\text{zwA}} + df_{\text{Res}} \qquad \text{(F 14.29)}$$

Für unser Beispiel in Tabelle 14.1 ermitteln wir $df_{\text{zwP}} = 4$, $df_{\text{zwA}} = 2$ und $df_{\text{Res}} = 8$. Bei 15 Messwerten gibt es $df_{\text{tot}} = 14$ totale Freiheitsgrade; dies entspricht genau der Summe der drei Freiheitsgrade df_{zwP}, df_{zwA} und df_{Res}.

Mittlere Quadratsummen

Teilt man die Quadratsummen durch die Freiheitsgrade, erhält man mittlere Quadratsummen. Diese Quotienten sind – aufgrund der Tatsache, dass additive Zählerterme durch unterschiedlich große Nennerterme geteilt werden – natürlich nicht mehr additiv. Bei der einfaktoriellen Varianzanalyse mit Messwiederholung berechnen sich die mittleren Quadratsummen wie folgt:

$$MQS_{zwP} = \frac{QS_{zwP}}{df_{zwP}} = \frac{p \cdot \sum_{m=1}^{n}(\bar{x}_{m\bullet} - \bar{x})^2}{n-1} \quad \text{(F 14.30)}$$

$$MQS_{zwA} = \frac{QS_{zwA}}{df_{zwA}} = \frac{n \cdot \sum_{j=1}^{p}(\bar{x}_{\bullet j} - \bar{x})^2}{p-1} \quad \text{(F 14.31)}$$

$$MQS_{Res} = \frac{QS_{Res}}{df_{Res}} = \frac{\sum_{j=1}^{p}\sum_{m=1}^{n}(x_{mj} - \bar{x}_{\bullet j} - \bar{x}_{m\bullet} + \bar{x})^2}{(n-1)\cdot(p-1)}$$

$$\text{(F 14.32)}$$

Für das Datenbeispiel in Tabelle 14.1 berechnen wir folgende mittlere Quadratsummen: $MQS_{zwP} = 1128/4 = 282$; $MQS_{zwA} = 2920/2 = 1460$ und $MQS_{Res} = 484/8 = 60{,}5$.

Erwartungswerte der mittleren Quadratsummen

Um die Logik des F-Tests bei der einfaktoriellen Varianzanalyse mit Messwiederholung zu verstehen, müssen wir uns zunächst vergegenwärtigen, wie die Erwartungswerte der mittleren Quadratsummen bei Geltung der statistischen Null- bzw. der statistischen Alternativhypothese aussehen. Dabei werden wir nicht so detailliert vorgehen wie bei der einfaktoriellen Varianzanalyse ohne Messwiederholung (Abschn. 13.1.6), da die Herleitung prinzipiell identisch ist.

Erwartungswert der MQS_{Res}. Der Erwartungswert der MQS_{Res} entspricht der Populationsresidualvarianz:

$$E(MQS_{Res}) = \sigma_\varepsilon^2 \quad \text{(F 14.33)}$$

Daher ist die MQS_{Res} ein erwartungstreuer Schätzer der Populationsresidualvarianz.

Erwartungswert der MQS_{zwP}. Es lässt sich zeigen, dass die MQS_{zwP} zwar die wahre Personvarianz beinhaltet, dass aber die Varianz der Personmittelwerte ihrerseits durch die Residualvarianz beeinflusst ist und insofern die MQS_{zwP} neben der wahren Personvarianz auch noch Messfehler- und andere unsystematische Einflüsse in sich trägt. Der Erwartungswert der MQS_{zwP} berechnet sich also wie folgt:

$$E(MQS_{zwP}) = \sigma_\varepsilon^2 + p \cdot \sigma_\pi^2 \quad \text{(F 14.34)}$$

Erwartungswert der MQS_{zwA}. Auch für die MQS_{zwA} gilt, dass sie von den wahren Bedingungseffekten abhängt, dass aber die Varianz der Bedingungsmittelwerte ihrerseits durch die Residualvarianz beeinflusst ist und insofern die MQS_{zwA} neben den wahren Bedingungseffekten auch noch Messfehler- und andere unsystematische Einflüsse in sich trägt:

$$E(MQS_{zwA}) = \sigma_\varepsilon^2 + \frac{n}{p-1} \cdot \sum_{j=1}^{p}\tau_j^2 \quad \text{(F 14.35)}$$

Erwartungswert der MQS_{zwA} bei Geltung der Nullhypothese. Wenn die Nullhypothese ($\mu_{\bullet j} - \mu = 0$ für alle j) gilt, sind alle Effekte $\tau_j = 0$. In diesem Fall ist die Summe der quadrierten Bedingungseffekte gleich 0, und Gleichung F 14.35 würde sich wie folgt verkürzen:

$$E(MQS_{zwA}) = \sigma_\varepsilon^2 \quad \text{(F 14.36)}$$

Im Klartext: Bei Geltung der Nullhypothese hat die MQS_{zwA} den gleichen Erwartungswert wie die MQS_{Res}. Beide wären dann erwartungstreue Schätzer der Populationsresidualvarianz.

Erwartungswert der MQS_{zwA} bei Geltung der Alternativhypothese. Wenn die Alternativhypothese ($\mu_{\bullet j} - \mu \neq 0$ für mind. ein j) gilt, dann ist bei mindestens einer Bedingung $\tau_j \neq 0$. In diesem Fall ist die Summe der quadrierten Bedingungseffekte größer 0, und der Erwartungswert der MQS_{zwA} ist entsprechend größer als der Erwartungswert der MQS_{Res}.

F-Test

Die Prüfgröße zur Überprüfung der Nullhypothese ($\mu_{.j} - \mu = 0$ für alle j) ist folgerichtig der Quotient aus MQS_{zwA} und MQS_{Res}. Je größer die Bedingungs-Haupteffekte, desto größer wird die MQS_{zwA} im Vergleich zur MQS_{Res}. Der Wert der Prüfgröße berechnet sich wie folgt:

$$F = \frac{MQS_{zwA}}{MQS_{Res}} \qquad \text{(F 14.37)}$$

Dieser Quotient folgt einer F-Verteilung, die durch ihre Zähler- und Nennerfreiheitsgrade bestimmt wird. Die Freiheitsgrade der MQS_{zwA} betragen gemäß Formel F 14.27 $df_1 = df_{zwA} = p - 1$. Die Freiheitsgrade der MQS_{Res} betragen gemäß Formel F 14.28 $df_2 = df_{Res} = (n - 1) \cdot (p - 1)$. Ist der empirische F-Wert größer als der kritische F-Wert bei gegebenem Signifikanzniveau α, so wird die Nullhypothese verworfen.

14.1.7 Sphärizität und Compound Symmetry

Wir haben die drei Annahmen der einfaktoriellen Varianzanalyse mit Messwiederholung bereits in Abschnitt 14.1.4 eingeführt und dabei gesehen, dass die Kovarianzmatrix eine spezifische Struktur aufweisen muss: Die Varianzen müssen in allen Faktorstufen homogen und die Kovarianzen für alle beliebigen Paare von Faktorstufen identisch sein. Eine Kovarianzmatrix, die diese Struktur aufweist, wird Compound-Symmetry-Matrix (oder CS-Matrix) genannt. Man kann sich vorstellen, dass eine solche CS-Struktur eine recht strenge Annahme darstellen, insbesondere wenn es sich bei der unabhängigen Variablen um den Faktor »Zeit« handelt und die Abstände zwischen den Messzeitpunkten groß sind. Die Kovarianz zwischen zwei Messzeitpunkten ist typischerweise umso größer, je näher die Messzeitpunkte beieinan-

> **Beispiel**
>
> **F-Test im Modelllern-Beispiel**
> Für unser Datenbeispiel in Tabelle 14.1 haben wir folgende mittlere Quadratsummen ermittelt: $MQS_{zwA} = 1460$ und $MQS_{Res} = 60{,}5$. Der Quotient aus diesen beiden mittleren Quadratsummen beträgt $F = 24{,}13$. Aus Tabelle A.8 im Anhang A oder aus einem Verteilungsrechner lesen wir ab, dass der kritische F-Wert bei $df_1 = df_{zwA} = 2$ Zähler- und $df_2 = df_{Res} = 8$ Nennerfreiheitsgraden bei einem Signifikanzniveau von $\alpha = 5\,\%$ $F_{(0{,}95;\,2;\,8)} = 4{,}46$ beträgt. Unser Wert liegt darüber. Die Nullhypothese wird also abgelehnt. Zwischen mindestens zwei der drei experimentellen Bedingungen gibt es einen signifikanten Unterschied im Nachahmungsverhalten.
>
> Das Ergebnis dieser Varianzanalyse kann auch hier in einer Tabelle zusammengefasst werden. Tabelle 14.2 zeigt, wie eine solche Zusammenfassung – bezogen auf unser Datenbeispiel – aussieht. Die Tabelle sieht ähnlich aus wie Tabelle 13.4 (in Abschn. 13.1.7), mit zwei Unterschieden: Erstens ist hier eine weitere Zeile eingefügt, in der der Einfluss des Faktors »Person« abgetragen ist; zweitens ist eine weitere Spalte eingefügt, in der neben dem nicht-partiellen Effektstärkenschätzer $\hat{\eta}^2$ das partielle Effektstärkenmaß $\hat{\eta}_p^2$ abgetragen ist.
>
> **Tabelle 14.2** Ergebnistabelle einer einfaktoriellen Varianzanalyse mit Messwiederholung (Datenbeispiel aus Tab. 14.1)
>
> | Quelle der Variation | QS | df | MQS | F | p | $\hat{\eta}^2$ | $\hat{\eta}_p^2$ |
> |---|---|---|---|---|---|---|---|
> | Faktor A | 2920 | 2 | 1460 | 24,13 | 0,0004 | 0,64 | 0,86 |
> | Person | 1128 | 4 | 282 | | | | |
> | Residuum | 484 | 8 | 60,5 | | | | |
> | Total | 4532 | 14 | 323,71 | | | | |

derliegen. Je weiter sie auseinanderliegen, desto größer wird der Einfluss personspezifischer Veränderungen und desto schwächer der Einfluss stabiler Personunterschiede.

Huynh und Feldt (1976) konnten zeigen, dass der F-Test der einfaktoriellen Varianzanalyse mit Messwiederholung auch dann zu robusten Ergebnissen kommt, wenn die Kovarianzmatrix keine CS-Struktur, sondern lediglich eine sphärische Struktur aufweist.

Sphärizität (oder Zirkularität)

Huynh und Feldt (1976) zufolge ist es ausreichend, wenn die Populations-Kovarianzmatrix der Faktorstufen sphärisch (oder zirkulär) ist. Sphärizität bedeutet, dass die Varianzen aller möglichen Differenzvariablen gleich sind. Differenzwerte erhält man, wenn man zwei Messwerte der gleichen Person aus zwei der p Faktorstufen voneinander abzieht. Bei drei Faktorstufen lassen sich somit drei Differenzvariablen berechnen (bei vier Faktorstufen wären es bereits sechs Differenzvariablen, bei fünf Faktorstufen wären es zehn Differenzvariablen). Ist Sphärizität gegeben, haben alle Differenzvariablen die gleiche Varianz.

Die Sphärizitätsannahme ist weniger streng als die Annahme gleicher Varianzen und Kovarianzen; formal ist Compound Symmetry ein Spezialfall von Sphärizität. Aber auch die Sphärizitätsannahme kann leicht verletzt sein, etwa wenn es sich um ein Design handelt, in dem die Personen in größeren zeitlichen Abständen wiederholt untersucht werden. Ist Sphärizität nicht gegeben, wird der F-Test zu liberal, d. h., die Wahrscheinlichkeit eines α-Fehlers ist größer als das vorher festgelegte Signifikanzniveau (Box, 1954).

Box-Epsilon.

Box (1954) hat einen Index entwickelt, der anzeigt, wie stark eine Kovarianzmatrix in der Population von der Sphärizität abweicht. Dieser Index wird mit ε bezeichnet. Er kann Werte zwischen $1/(p-1)$ und 1 annehmen. Eine Matrix, die die Sphärizitätsannahme perfekt erfüllt, weist ein $\varepsilon = 1$ auf. Je stärker die Sphärizitätsannahme verletzt ist, umso mehr weicht der ε-Wert von 1 ab. Ist Sphärizität nicht gegeben, erlaubt der ε-Wert eine Korrektur der Zähler- und der Nennerfreiheitsgrade für die Bestimmung des kritischen F-Werts. Da der Populations-ε-Wert üblicherweise nicht bekannt ist, muss er aus den Daten geschätzt werden. Hierzu gibt es verschiedene Methoden, die zu unterschiedlichen Schätzungen und entsprechenden Korrekturen der Freiheitsgrade führen.

Greenhouse-Geisser-Epsilon.

Eine Möglichkeit, den ε-Index zu schätzen, haben Greenhouse und Geisser (1959) vorgestellt. Der ε-Index wird über eine komplizierte Formel geschätzt, in der die Elemente der geschätzten Kovarianzmatrix $\hat{\Sigma}_X$ miteinander verrechnet werden. Der geschätzte $\hat{\varepsilon}_{GG}$-Wert nach Greenhouse und Geisser (1959) kann ebenfalls zwischen $1/(p-1)$ und 1 variieren. Bei $p = 3$ Faktorstufen beträgt die Untergrenze also 0,5. Je näher der $\hat{\varepsilon}_{GG}$-Wert an dem Wert 1 liegt, desto eher ist die Sphärizitätsannahme erfüllt. Im Allgemeinen gilt die Sphärizitätsannahme als verletzt, wenn $\hat{\varepsilon}_{GG}$ kleiner ist als 0,75.

Mauchly-Test.

Eine Möglichkeit, die Abweichung der empirischen Kovarianzmatrix von einer perfekt sphärischen Matrix zu testen, stellt der Mauchly-Test dar (Mauchly, 1940). Die Teststatistik basiert auf einem Vergleich zwischen der empirischen Kovarianzmatrix (bzw. ihrer Determinante und ihrer Spur, s. hierzu Anhang B) und einer sphärischen Matrix. Die Mauchly-Statistik ist approximativ χ^2-verteilt mit $p - 1$ Freiheitsgraden. Ist der empirische χ^2-Wert größer als der kritische Wert auf einem vorher festgelegten Signifikanzniveau α, so muss die Annahme, dass es sich bei der empirischen Kovarianzmatrix um eine sphärische Matrix handelt, verworfen werden. Es hat sich allerdings gezeigt, dass der Mauchly-Test zu streng wird (d. h. zu oft zur Entscheidung führt, die Sphärizitätsannahme abzulehnen), wenn die Normalverteilungsannahme verletzt ist. Von daher sollte das Ergebnis des Mauchly-Tests nur mit Vorsicht interpretiert werden.

Was tun, wenn die Sphärizitätsannahme verletzt ist?

Der F-Test ist gegenüber einer Verletzung der Sphärizitätsannahme nicht so robust wie gegenüber einer Verletzung der Normalverteilungsannahme (Box, 1954). Ist die Sphärizitätsannahme verletzt, sollte der F-Test nur mit Vorsicht interpretiert werden, da er dann zu liberal wird. Eine Möglichkeit besteht daher

Beispiel

Compound Symmetry und Sphärizität im Modelllern-Beispiel

Wie sieht die geschätzte Kovarianzmatrix ($\hat{\Sigma}_X$) für unser Datenbeispiel in Tabelle 14.1 aus, und wie müsste eine modellkonforme Kovarianzmatrix in Anlehnung an Formel F 14.19 aussehen? Um die geschätzte Kovarianzmatrix vollständig angeben zu können, müssen wir zunächst die Varianzen innerhalb der Faktorstufen und die Kovarianzen zwischen den Faktorstufenpaaren berechnen. Die Stichprobenvarianzen können wir gemäß Formel F 8.11 berechnen; sie betragen hier $\hat{\sigma}^2_{X_1} = 129$; $\hat{\sigma}^2_{X_2} = 144$ und $\hat{\sigma}^2_{X_3} = 130$. Die Kovarianz werden wir in Abschnitt 15.3.1 (Formel F 15.2) und Abschnitt 15.4.1 (Formel F 15.31) genauer kennenlernen; wir wollen sie hier trotzdem schon einmal vorwegnehmen. Für zwei Variablen X_1 und X_2 lautet die Formel für die Stichprobenkovarianz:

$$\hat{\sigma}_{X_1 X_2} = \frac{\sum_{m=1}^{n}(x_{m1} - \overline{x}_{\bullet 1}) \cdot (x_{m2} - \overline{x}_{\bullet 2})}{n-1} \quad \text{(F 14.38)}$$

Die Kovarianzen betragen in unserem Beispiel $\hat{\sigma}_{X_1 X_2} = 130{,}25$; $\hat{\sigma}_{X_1 X_3} = 51{,}25$ und $\hat{\sigma}_{X_2 X_3} = 40$. In Matrixschreibweise lassen sich die Varianzen und Kovarianzen in unserem Datenbeispiel aus Tabelle 14.1 wie folgt darstellen:

$$\hat{\Sigma}_X = \begin{pmatrix} 129 & 130{,}25 & 51{,}25 \\ 130{,}25 & 144 & 40 \\ 51{,}25 & 40 & 130 \end{pmatrix}$$

Unter Geltung des Modells in Formel F 14.10b müssten die Varianzen sowie die Kovarianzen in der Population homogen sein. Wie müsste eine solche modellkonforme Matrix mit CS-Struktur aussehen? Aus Formel F 14.19 wissen wir, dass in der Hauptdiagonalen der Ausdruck $\sigma^2_\pi + \sigma^2_\varepsilon$ und in allen anderen Zellen die Personvarianz σ^2_π stehen müsste. Nun wissen wir aus Formel F 14.34, dass die MQS_{zwP} ein erwartungstreuer Schätzer des Ausdrucks $\sigma^2_\varepsilon + p \cdot \sigma^2_\pi$ ist. Setzen wir in Formel F 14.34 nun die Schätzer für die Populationsvarianzen ein und lösen nach $\hat{\sigma}^2_\pi$ auf, ergibt sich:

$$\hat{\sigma}^2_\pi = \frac{MQS_{\text{zwP}} - \hat{\sigma}^2_\varepsilon}{p} \quad \text{(F 14.39)}$$

Ferner wissen wir aus Formel F 14.33, dass die MQS_{Res} ein erwartungstreuer Schätzer der Populationsresidualvarianz σ^2_ε ist. Setzen wir also nun in Formel F 14.39 für $\hat{\sigma}^2_\varepsilon$ den Wert $MQS_{\text{Res}} = 60{,}5$ ein, ergibt sich bei $p = 3$ für die geschätzte Personvarianz $\hat{\sigma}^2_\pi = (282 - 60{,}5)/3 = 73{,}83$. Dies entspricht gleichzeitig der vom Modell geschätzten Kovarianz zwischen zwei beliebigen Faktorstufen. In die Hauptdiagonale setzen wir den Ausdruck $\hat{\sigma}^2_\pi + \hat{\sigma}^2_\varepsilon = \hat{\sigma}^2_\pi + MQS_{\text{Res}} = 73{,}83 + 60{,}5 = 134{,}33$ ein. In Anlehnung an Formel F 14.19 erhalten wir die geschätzte CS-Matrix:

$$\hat{\Sigma}_X = \begin{pmatrix} 134{,}33 & 73{,}83 & 73{,}83 \\ 73{,}83 & 134{,}33 & 73{,}83 \\ 73{,}83 & 73{,}83 & 134{,}33 \end{pmatrix}$$

Hier handelt es sich um eine Matrix mit homogenen Varianzen und homogenen Kovarianzen, also eine CS-Struktur. Man sieht, dass unsere aus den Daten geschätzte Kovarianzmatrix von der geschätzten CS-Kovarianzmatrix abweicht: Sowohl die Varianzen in den drei experimentellen Bedingungen als auch die Kovarianzen zwischen zwei der drei Bedingungen unterscheiden sich relativ stark.

Als Nächstes testen wir, ob unsere aus den Daten geschätzte Kovarianzmatrix von einer sphärischen Matrix abweicht. Hierzu inspizieren wir den Epsilon-Index von Greenhouse und Geisser (1959) und das Ergebnis des Mauchly-Tests mit Hilfe eines Statistikprogramms (z. B. SPSS). Wir erhalten für den Epsilon-Index nach Greenhouse-Geiser den Wert $\hat{\varepsilon}_{\text{GG}} = 0{,}545$. Das ist schon recht nah an der Untergrenze, die $\hat{\varepsilon}_{\text{GG}}$ bei $p = 3$ Faktorstufen haben kann, nämlich 0,5. Die Abweichung von der sphärischen Matrix ist also recht groß. Die Mauchly-Statistik beträgt 0,164. Für die Prüfgröße des Mauchly-Tests erhalten wir den Wert 5,425. Dieser Wert schneidet unter einer χ^2-Verteilung mit $df = 2$ Freiheitsgraden einen Flächenanteil von $p = 0,07$ nach rechts ab. Die Nullhypothese, der zufolge es sich bei unserer Kovarianzmatrix um eine sphärische Matrix handelt, muss zwar auf einem Signifikanzniveau von $\alpha = 5\,\%$ nicht verworfen werden; es sollte allerdings hinzugefügt werden, dass der Mauchly-Test bei $n = 5$ Personen auch nur eine sehr geringe Power hat. Die Wahrscheinlichkeit, die Nullhypothese der Sphärizität selbst bei großen Abweichungen von einer sphärischen Matrix (wie sie in unserem Beispiel gegeben ist) abzulehnen, ist also gering.

darin, den F-Test strenger zu machen, etwa indem man die Freiheitsgrade zur Bestimmung des kritischen F-Wertes reduziert und somit den kritischen Wert erhöht. Dies kann auf zwei Wegen geschehen.

Greenhouse-Geisser-Korrektur. Eine Möglichkeit, die Freiheitsgrade des kritischen F-Wertes zu korrigieren, besteht darin, sie mit dem $\hat{\varepsilon}_{GG}$-Index nach Greenhouse und Geisser (1959) zu multiplizieren. Da $\hat{\varepsilon}_{GG}$ bei perfekter Sphärizität den Wert 1 annimmt, findet in diesem Fall keine Korrektur statt. Je weiter die Kovarianzmatrix von einer sphärischen Matrix abweicht, desto kleiner wird $\hat{\varepsilon}_{GG}$. Das heißt für die Korrektur der Freiheitsgrade: Je weiter die Abweichung von der Sphärizität, desto mehr werden die Freiheitsgrade nach unten korrigiert.

Huynh-Feldt-Korrektur. In Simulationsstudien hat sich gezeigt, dass die Greenhouse-Geisser-Korrektur recht streng ist und dazu führt, dass die Nullhypothese der einfaktoriellen Varianzanalyse mit Messwiederholung zu selten abgelehnt wird. Daher haben Huynh und Feldt (1976) eine alternative Schätzformel für ε und eine darauf aufbauende Korrekturformel vorgeschlagen. Das nach Huynh-Feldt geschätzte Epsilon bezeichnen wir mit $\hat{\varepsilon}_{HF}$. Die beiden Schätzungen von ε stehen in folgender Beziehung zueinander:

$$\hat{\varepsilon}_{HF} = \frac{n \cdot (p-1) \cdot \hat{\varepsilon}_{GG} - 2}{(p-1) \cdot ((n-1) - (p-1) \cdot \hat{\varepsilon}_{GG})} \quad \text{(F 14.40)}$$

Der Wert für $\hat{\varepsilon}_{HF}$ ist größer als der Wert für $\hat{\varepsilon}_{GG}$. Multipliziert man die Freiheitsgrade des kritischen F-Wertes mit $\hat{\varepsilon}_{HF}$ anstatt mit $\hat{\varepsilon}_{GG}$, fällt die Korrektur also schwächer aus, was in den meisten Fällen dazu führt, dass der kritische F-Wert nicht so stark nach oben korrigiert wird wie bei der Greenhouse-Geisser-Korrektur.

> **Beispiel**
>
> **Korrektur der Freiheitsgrade im Modelllern-Beispiel**
>
> Zu welchem Ergebnis kommen wir, wenn wir in unserem Beispiel aus Tabelle 14.1 bzw. Tabelle 14.2 die Freiheitsgrade des kritischen F-Wertes nach Greenhouse-Geisser bzw. Huynh-Feldt korrigieren? Für den geschätzten Epsilon-Index nach Greenhouse-Geisser erhalten wir mit SPSS einen Wert von $\hat{\varepsilon}_{GG} = 0,545$. Multiplizieren wir beide Freiheitsgrade mit diesem Wert, so ergeben sich $df_{\text{Zähler\_GG}} = 2 \cdot 0,545 = 1,09$ und $df_{\text{Nenner\_GG}} = 8 \cdot 0,545 = 4,36$. Der kritische F-Wert bei einem Signifikanzniveau von $\alpha = 5\,\%$ beträgt in diesem Fall $F_{(0,95;\,1,09;\,4,36)} = 7,71$. Für den Epsilon-Index nach Huynh und Feldt ermitteln wir gemäß Formel F 14.40 einen Wert von $\hat{\varepsilon}_{HF} = 0,592$. Obwohl $\hat{\varepsilon}_{HF}$ näher an 1 liegt als $\hat{\varepsilon}_{GG}$, ergibt sich exakt der gleiche kritische F-Wert: Multiplizieren wir die Freiheitsgrade mit $\hat{\varepsilon}_{HF}$, so ergeben sich $df_{\text{Zähler\_HF}} = 2 \cdot 0,592 = 1,18$ und $df_{\text{Nenner\_HF}} = 8 \cdot 0,592 = 4,74$. Der kritische F-Wert bei einem Signifikanzniveau von $\alpha = 5\,\%$ beträgt in diesem Fall ebenfalls $F_{(0,95;\,1,18;\,4,74)} = 7,71$. Die Korrektur der Freiheitsgrade hat den F-Test (unabhängig von der gewählten Korrekturmethode) zwar strenger gemacht, aber die Nullhypothese ist in unserem Beispiel dennoch zu verwerfen, da der empirische F-Wert (24,13) immer noch größer ist als der korrigierte kritische Wert.

In den meisten Statistikprogrammen werden die Ergebnisse des *F*-Tests auf der Basis beider Korrekturmöglichkeiten automatisch mit ausgegeben, so dass eine händische Korrektur der Freiheitsgrade nicht nötig ist.

Der Vollständigkeit halber sei noch gesagt, dass es auch Auswertungsprozeduren gibt, die Sphärizität nicht voraussetzen. So werden der Kovarianzstruktur z. B. bei der multivariaten Varianzanalyse (MANOVA) keine Restriktionen auferlegt, wenn man sie zur Auswertung eines einfaktoriellen Plans mit Messwiederholung einsetzt (Stevens, 2009). Ist die Sphärizitätsannahme erfüllt, führt die Anwendung der MANOVA zu einem Verlust an Teststärke, so dass in diesem Fall die einfaktorielle Varianzanalyse mit Messwiederholung verwendet werden sollte. Im Falle der Verletzung der Annahme der Sphärizität kann auf die MANOVA oder die vorgestellten Korrekturen zurückgegriffen werden. Allerdings sollte die MANOVA nach Empfehlungen von Maxwell und Delaney (2004) nicht angewendet werden, wenn $n < p + 10$ ist. Eine weitere Möglichkeit besteht darin, hierarchische lineare Modelle (HLM; s. Kap. 19) zur Auswertung längsschnittlicher Daten zu verwenden (z. B. Singer & Willett, 2003).

14.1.8 Effektgrößenmaße und Konfidenzintervalle

Wie wir bereits in Abschnitt 14.1.3 gesehen haben, lassen sich bei der einfaktoriellen Varianzanalyse mit Messwiederholung zwei Arten von Effektgrößen bestimmen, das nicht-partielle η^2 und das partielle η_p^2. Auf Populationsebene werden sie analog zu den vergleichbaren Maßen bei der zweifaktoriellen Varianzanalyse ohne Messwiederholung (s. Abschn. 13.1.9) bestimmt.

Effektgröße η^2

Die (nicht-partielle) Effektgröße η^2 lässt sich wie folgt definieren:

$$\eta^2 = \frac{\sigma_A^2}{\sigma_A^2 + \sigma_\pi^2 + \sigma_\varepsilon^2} \quad \text{mit} \quad \sigma_A^2 = \frac{1}{p} \cdot \sum_{j=1}^{p} \tau_{a_j}^2 \qquad \text{(F 14.41)}$$

Diese Effektgrößen kann über $\hat{\eta}^2$ nach Gleichung F 14.8 aus den Daten geschätzt werden.

Wir haben bereits in Abschnitt 13.1.9 darauf hingewiesen, dass $\hat{\eta}^2$ kein erwartungstreuer Schätzer für η^2 ist, und daher den Effektgrößenschätzer $\hat{\omega}^2$ eingeführt. Dieser lautet für die einfaktorielle Varianzanalyse mit Messwiederholung (Olejnik & Algina, 2000; s. auch Formel F 13.52):

$$\hat{\omega}^2 = \frac{df_{zwA} \cdot (MQS_{zwA} - MQS_{Res})}{QS_{tot} + MQS_{zwP}} \qquad \text{(F 14.42)}$$

Effektgröße η_p^2

Die partielle Effektgröße η_p^2 lässt sich wie folgt definieren:

$$\eta_p^2 = \frac{\sigma_A^2}{\sigma_A^2 + \sigma_\varepsilon^2} \quad \text{mit} \quad \sigma_A^2 = \frac{1}{p} \cdot \sum_{j=1}^{p} \tau_{a_j}^2 \qquad \text{(F 14.43)}$$

Ihr Wert lässt sich nach Gleichung F 14.9 schätzen. Der entsprechende erwartungstreue partielle Effektgrößenschätzer $\hat{\omega}_p^2$ lautet (Olejnik & Algina, 2000):

$$\hat{\omega}_p^2 = \frac{df_{zwA} \cdot (MQS_{zwA} - MQS_{Res})}{QS_{zwA} + MQS_{Res} \cdot (n - df_{zwA})} \qquad \text{(F 14.44)}$$

Intraklassen-Korrelation

Bei der einfaktoriellen Varianzanalyse mit Messwiederholung ist die Einteilung empirisch ermittelter Effekte in »große«, »mittlere« oder »kleine« etwas komplizierter als bei der Varianzanalyse ohne Messwiederholung. Der Grund ist der zuvor diskutierte: Wie groß ein Effekt ist, hängt auch davon ab, wie groß derjenige Anteil der Varianz in den Messwerten ist, der auf stabile interindividuelle Unterschiede zurückgeht. Der Anteil der Personvarianz an der Gesamtvarianz wird auch als Intraklassen-Korrelation (abgekürzt ρ) bezeichnet. Sie ist definiert als der Anteil der Personvarianz (σ_π^2) an der Summe der Personvarianz und der Residualvarianz (σ_ε^2):

$$\rho = \frac{\sigma_\pi^2}{\sigma_\pi^2 + \sigma_\varepsilon^2} \qquad \text{(F 14.45)}$$

Dieser Ausdruck wird als »Korrelation« bezeichnet, weil er angibt, wie ähnlich sich zwei Messwerte sind, die von derselben Person (aber unter unterschiedlichen Bedingungen bzw. zu unterschiedlichen Zeitpunkten) abgegeben werden. Wir werden in Kapitel 19 näher auf die Intraklassen-Korrelation eingehen.

Wie kann man die Intraklassen-Korrelation ermitteln? Hilfreich ist, dass wir wissen, wie die Personvarianz und die Residualvarianz aus den Daten geschätzt werden können. Der Schätzer der Personvarianz ist gemäß Formel F 14.39:

$$\hat{\sigma}_\pi^2 = \frac{MQS_{zwP} - MQS_{Res}}{p}$$

Der Schätzer für die Residualvarianz ist MQS_{Res} (s. Formel F 14.33). Also ergibt sich für die geschätzte Intraklassen-Korrelation:

$$\hat{\rho} = \frac{\hat{\sigma}_\pi^2}{\hat{\sigma}_\pi^2 + \hat{\sigma}_\varepsilon^2} = \frac{MQS_{zwP} - MQS_{Res}}{MQS_{zwP} + (p-1) \cdot MQS_{Res}} \quad (F\ 14.46)$$

Kleine, mittlere und große Effekte

Wie kann man nun diese Intraklassen-Korrelation bei der Beurteilung der Effektstärke bei der einfaktoriellen Varianzanalyse mit Messwiederholung angemessen berücksichtigen? Eine Möglichkeit besteht darin, die Taxonomie zur Beurteilung von Effektstärken für die einfaktorielle Varianzanalyse ohne Messwiederholung nach Cohen (1988) heranzuziehen und diese um den Einfluss der Intraklassen-Korrelation zu korrigieren. Ist die Annahme, dass alle Varianzen der p Bedingungen identisch sind und alle Kovarianzen zwischen den Bedingungspaaren identisch sind (die Varianz-Kovarianz-Matrix also eine CS-Struktur aufweist), erfüllt, dann kann man zeigen, dass die Effektstärke ϕ'^2 im Falle einer Varianzanalyse mit Messwiederholung mit dem Effektstärkenmaß η^2 im Falle einer Varianzanalyse ohne Messwiederholung wie folgt zusammenhängt:

$$\phi'^2 = \frac{\eta^2}{(1-\rho) \cdot (1-\eta^2)} \quad (F\ 14.47)$$

Das Effektstärkenmaß ϕ'^2 lässt sich dann in die Effektstärke η'^2 umrechnen (s. auch Formel F 13.54):

$$\eta'^2 = \frac{\phi'^2}{1+\phi'^2} \quad (F\ 14.48)$$

Diesen Zusammenhang können wir nutzen, um Effektstärken aus Varianzanalysen mit Messwiederholung anhand der Klassifikation von Cohen (1988) zu bewerten (vgl. Barcikowski & Robey, 1985). Tabelle 14.3 zeigt einen Klassifikationsvorschlag für große, mittlere und kleine Effektgrößen bei vier unterschiedlichen Ausprägungen der Intraklassen-Korrelation. Man sieht deutlich, dass ein Effekt einer bestimmten Größe als umso »größer« bewertet werden kann, je kleiner die Intraklassen-Korrelation (d. h. je geringer der Einfluss personspezifischer Unterschiede) ist. Da Formel F 14.47 nur dann gilt, wenn alle Varianzen gleich sind und alle Kovarianzen gleich sind, sollten die Werte in Tabelle 14.3 auch nur dann verwendet werden, wenn diese Voraussetzung erfüllt bzw. nicht allzu stark verletzt ist.

Tabelle 14.3 Klassifikation von Effektgrößen (η'^2) bei Varianzanalysen mit Messwiederholung. Dem Vorschlag liegt die Taxonomie von Cohen (1988) für Effektstärken bei der Varianzanalyse ohne Messwiederholung (η^2) zugrunde

Intraklassen-Korrelation	Kleiner Effekt ($\eta^2 = 0{,}01$)	Mittlerer Effekt ($\eta^2 = 0{,}06$)	Großer Effekt ($\eta^2 = 0{,}14$)
$\rho = 0{,}20$	0,012	0,072	0,167
$\rho = 0{,}40$	0,016	0,094	0,211
$\rho = 0{,}60$	0,024	0,135	0,286
$\rho = 0{,}80$	0,048	0,238	0,444

Das Effektstärkenmaß η'^2 ist zwar nicht mit dem partiellen Effektstärkenmaß η_p^2 identisch, aber beide werden meist zu ähnlichen Ergebnissen kommen (jedenfalls dann, wenn die Annahme homogener Varianzen und homogener Kovarianzen erfüllt ist). Das liegt daran, dass sie im Grunde von der gleichen Ursache abhängen (nämlich dem Ausmaß stabiler Personunterschiede, also σ_π^2).

Konfidenzintervall für Effektgrößen

Um die Grenzen des zweiseitigen $(1-\alpha)$-Konfidenzintervalls für eine Effektstärke bei der einfaktoriellen Varianzanalyse mit Messwiederholung zu bestimmen, benötigt man die Grenzen des entsprechenden Konfidenzintervalls für den Nonzentralitätsparameter der nonzentralen F-Verteilung. Barcikowski und Robey (1985) haben vorgeschlagen, den Nonzentralitätsparameter anhand des Effektstärkenmaßes ϕ'^2 zu bestimmen:

$$\lambda' = n \cdot p \cdot \phi'^2 \quad (F\ 14.49)$$

Nachdem Untergrenze und Obergrenze des Konfidenzintervalls für den Nonzentralitätsparameter (λ'_u und λ'_o) bestimmt sind, lassen sie sich wie folgt in die Unter- und Obergrenzen für das Effektstärkenmaß ϕ'^2 zurückrechnen:

$$\phi'^2 = \frac{\lambda'}{n \cdot p} \qquad \text{(F 14.50)}$$

Die Formeln F 14.49 und F 14.50 lassen sich nur dann zur Schätzung des Nonzentralitätsparameters aus den Daten verwenden, wenn die Sphärizitätsannahme erfüllt ist. Für den Fall, dass die Sphärizitätsannahme verletzt ist, muss der geschätzte Nonzentralitätsparameter korrigiert werden. Muller und Barton (1989) haben vorgeschlagen, für diese Korrektur den Koeffizienten ε zu verwenden, den wir schon bei der Korrektur der Freiheitsgrade kennengelernt haben. Um den Korrekturkoeffizienten ε aus den Daten zu schätzen, kann man entweder die Methode nach Greenhouse und Geisser (1959) oder nach Huynh und Feldt (1976) verwenden. Der geschätzte Nonzentralitätsparameter $\hat{\lambda}'$ wird dann einfach mit $\hat{\varepsilon}$ multipliziert.

> **Beispiel**
>
> **Effektgröße im Modelllern-Beispiel und Konfidenzintervall**
>
> Wie groß ist der Effekt der experimentellen Manipulation (»Faktor A«) in unserem Datenbeispiel aus Tabelle 14.1, und wo liegen die Grenzen des zweiseitigen 90 %-Konfidenzintervall für den Populationseffekt? Um das Effektstärkenmaß ϕ'^2 schätzen zu können, benötigen wir zunächst die Intraklassen-Korrelation. Diese schätzen wir anhand von Formel F 14.46:
>
> $$\hat{\rho} = \frac{282 - 60{,}5}{282 - 60{,}5 \cdot (1-3)} = 0{,}55$$
>
> Damit kann das Effektstärkenmaß ϕ'^2 in Anlehnung an Formel F 14.47 wie folgt aus den Daten geschätzt werden:
>
> $$\phi'^2 = \frac{0{,}644}{(1-0{,}55) \cdot (1-0{,}644)} = 4{,}022$$
>
> Mit Hilfe des Programms NDC ( ) bestimmen wir folgende Unter- bzw. Obergrenze des zweiseitigen 90 %-Konfidenzintervalls für den Nonzentralitätsparameter: $\lambda'_u = 11{,}9$ und $\lambda'_o = 100{,}67$. Diese beiden Werte können nach Formel F 14.50 in die Metrik des Effektstärkenmaßes ϕ'^2 zurücktransformiert werden. So ergibt sich als Untergrenze des Intervalls $\phi'^2_u = 0{,}793$ und als Obergrenze $\phi'^2_o = 6{,}713$. Der wahre Populationseffekt ϕ'^2 wird also mit einer Wahrscheinlichkeit von 90 % von einem Intervall mit den Grenzen [0,79; 6,71] überdeckt.

14.1.9 A-priori-Poweranalyse: Planung des optimalen Stichprobenumfangs

Mit Hilfe des Nonzentralitätsparameters sind wir in der Lage, den Stichprobenumfang einer einfaktoriellen Varianzanalyse mit Messwiederholung so zu planen, dass die Wahrscheinlichkeit, mit der unter der Annahme eines spezifischen Populationseffekts unter der Alternativhypothese (ϕ'^2_1) auf einem festgelegten Signifikanzniveau α die Nullhypothese abgelehnt werden kann, $1 - \beta$ beträgt. Hierzu legen wir einen spezifischen Populationseffekt – z. B. unter Zuhilfenahme von Tabelle 14.3 – fest. Dann lässt sich die optimale Stichprobengröße für den F-Test einfach über den Nonzentralitätsparameter λ'_1 bestimmen. Löst man Formel F 14.49 nach n auf, erhält man:

$$n = \frac{\lambda'_1}{p \cdot \phi'^2_1} \qquad \text{(F 14.51)}$$

Der Nonzentralitätsparameter λ'_1 ergibt sich aus der Teststärke, also dem Flächenanteil unter der nonzentralen F-Verteilung, den ein kritischer Wert F_{krit} nach rechts abschneidet. Der kritische Wert wiederum ist derjenige F-Wert, der unter der zentralen F-Verteilung einen Flächenanteil von α nach rechts abschneidet. Sind die Irrtumswahrscheinlichkeiten α und β festgelegt, steht also auch der Nonzentralitätsparameter λ'_1 fest. Komplizierter ist hingegen die Festlegung des hypothetischen Populationseffekts ϕ'^2_1. Dieser Wert kann nur bestimmt werden, wenn man die Intraklassen-Korrelation in der Population kennt oder (z. B. auf der Basis von früheren Untersuchungen) schätzen kann (s. folgenden Beispielkasten).

Möchte man die Teststärke post hoc für die empirischen Daten (d. h. unter Verwendung des empirisch ermittelten Effektstärkenschätzers) bestimmen und ist die Sphärizitätsannahme verletzt, so muss der Nonzentralitätsparameter mit dem Korrekturkoeffizienten ε (geschätzt nach Greenhouse-Geisser oder nach Huynh-Feldt) multipliziert werden.

14.1.10 Kontrastanalyse

Genau wie bei der einfaktoriellen Varianzanalyse ohne Messwiederholung lassen sich auch bei der einfaktoriellen Varianzanalyse mit Messwiederholung spezifische Kontrasthypothesen formulieren und testen. Solche Kontraste werden bei Messwiederholungsdesigns v. a. dann verwendet, wenn es sich bei der unabhängigen Variablen um den Faktor Zeit handelt und man einen bestimmten Verlauf der Mittelwerte über die p Messgelegenheiten annimmt. Der angenommene Verlauf der Mittelwerte impliziert eine Hypothese über die Form der Veränderung der Merkmalsausprägungen über die Zeit hinweg. Ein Beispiel: Man will die Annahme testen, dass die Lernmotivation von Schülerinnen und Schülern im Verlauf eines Schuljahres stetig absinkt. Diese Veränderungshypothese impliziert einen Abwärtstrend der durchschnittlichen Lernmotivationswerte über die Messzeitpunkte

> **Beispiel**
>
> **Planung eines Messwiederholungs-Experiments**
>
> Eine Entwicklungspsychologin plant eine Längsschnittstudie mit $p = 4$ Messzeitpunkten. Sie möchte herausfinden, ob und wie sich die motorische Koordination bei dreijährigen Kindern im Laufe eines Jahres (im Abstand von jeweils drei Monaten) verändert. Der Test, mit dem sie motorische Fähigkeiten messen will, liefert intervallskalierte Messungen; die Testwerte sind in der Population normalverteilt. Die Forscherin weiß, dass die Stabilität motorischer Fähigkeiten innerhalb eines Jahres bei Kindern recht hoch ist; sie geht von einer Intraklassen-Korrelation von $\rho = 0{,}60$ aus. Ferner geht sie von einem kleinen Effekt in der Population aus. Das würde – im Falle eines Designs mit unkorrelierten Messungen – einer postulierten Populationseffektstärke von $\eta_1^2 = 0{,}01$ bzw. $\phi_1^2 = 0{,}01/(1-0{,}01) = 0{,}01$ entsprechen. Umgerechnet in das korrigierte Effektstärkenmaß $\phi_1'^2$ würde sich nach Formel F 14.47 dann ein Wert von $\phi_1'^2 = 0{,}01/((1-0{,}6) \cdot (1-0{,}01))$ = 0,025 bzw. $\eta_1'^2 = 0{,}025/(1+0{,}025) = 0{,}024$ ergeben.
>
> Wie viele Kinder muss ihre Stichprobe umfassen, damit die Nullhypothese auf einem Signifikanzniveau von $\alpha = 5\,\%$ mit einer Wahrscheinlichkeit von $1-\beta = 90\,\%$ abgelehnt werden kann, falls es einen Effekt der postulierten Größe tatsächlich gibt? Zur Berechnung des optimalen Stichprobenumfangs nehmen wir das Programm G*Power ( ) zu Hilfe. G*Power verwendet als Effektstärkenmaß ϕ (bzw. ϕ_1, also die positive Quadratwurzel aus ϕ_1^2). Wir geben in dem Programm das unkorrigierte Effektstärkenmaß ϕ_1 an, da die Intraklassen-Korrelation gesondert eingegeben werden muss und das Programm die Umrechnung in $\phi_1'^2$ selbst vornimmt. Die in G*Power einzugebenden Werte lauten also $\phi_1 = 0{,}1$; $\alpha = 0{,}05$; $1-\beta = 0{,}90$; »number of groups« = 1 (da die Kinder hier nicht mehr in unterschiedliche Gruppen eingeteilt werden); »repetitions« (das entspricht der Anzahl der Stufen des messwiederholten Faktors, also p) = 4; »corr among repeated measures« (das entspricht der Intraklassen-Korrelation ρ) = 0,60 und »nonsphericity correction« (das entspricht dem Korrekturfaktor ε) = 1 (da wir hier der Einfachheit halber von einer perfekt sphärischen Matrix ausgehen). G*Power ermittelt einen Nonzentralitätsparameter von $\lambda_1' = 14{,}4$. Setzen wir diesen Wert in Formel F 14.51 ein, erhalten wir $n = 14{,}4/(4 \cdot 0{,}025) = 144$.
>
> Man würde also insgesamt 144 Personen benötigen, damit die Nullhypothese bei einem a priori festgelegten Populationseffekt von $\phi_1'^2 = 0{,}025$ auf einem α-Niveau von 5 % mit einer Wahrscheinlichkeit von $1-\beta = 90\,\%$ abgelehnt werden kann (s. Abb. 14.3).

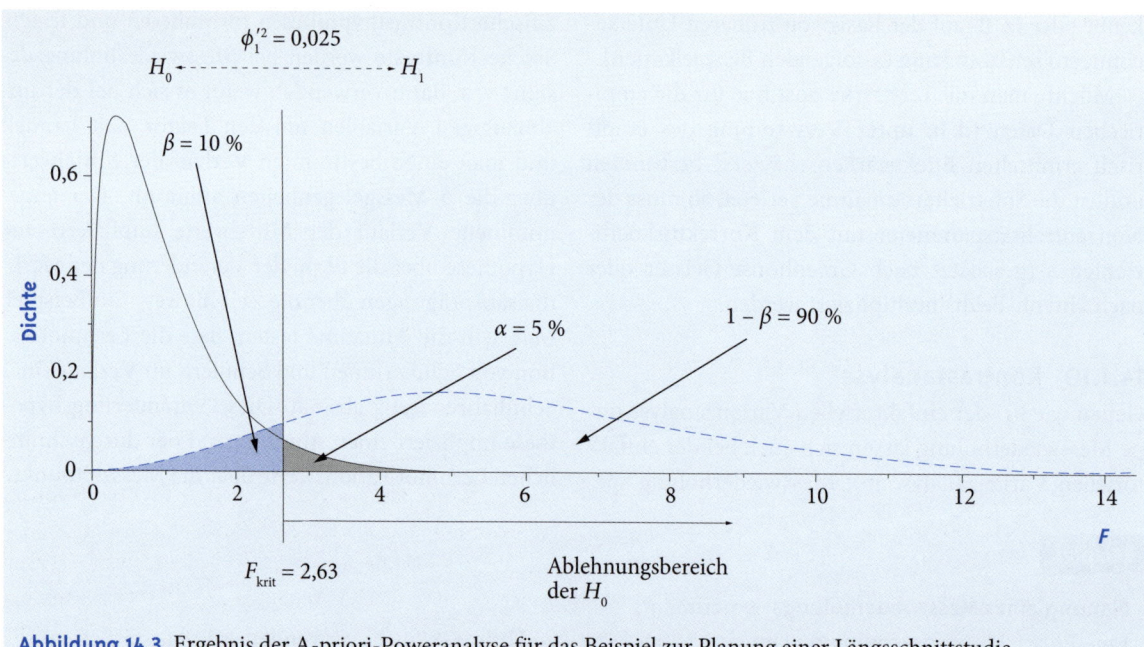

Abbildung 14.3 Ergebnis der A-priori-Poweranalyse für das Beispiel zur Planung einer Längsschnittstudie

hinweg. Dieser Trend kann linear sein (d. h., mit jeder Zeiteinheit nimmt die Lernmotivation um einen konstanten Betrag ab), er kann aber auch polynomisch höherer Ordnung (also quadratisch, kubisch etc.) sein. Solche polynomialen Trends einfacher oder höherer Ordnung lassen sich relativ leicht modellieren, wie wir im Folgenden sehen werden. Nichtlineare Veränderungen, die sich nicht über einen polynomialen Trend beschreiben lassen (etwa Veränderungen mit einem »Knick«, d. h. einem Punkt auf der Zeitachse, an dem sich die Stärke oder die Form eines Trends verändert), sind leichter mit Hilfe von multiplen Regressionen zu modellieren (Singer & Willett, 2003).

Linearer Trend

Unter einem Kontrast Λ versteht man eine Linearkombination (d. h. eine mit Kontrastkoeffizienten K gewichtete Summe) der p Mittelwerte des messwiederholten Faktors (vgl. Formel F 13.70):

$$\Lambda = K_1 \cdot \mu_{\bullet 1} + K_2 \cdot \mu_{\bullet 2} + K_3 \cdot \mu_{\bullet 3} + \ldots + K_p \cdot \mu_{\bullet p},$$

wobei die Bedingung erfüllt sein muss, dass die Summe der Kontrastkoeffizienten 0 ergibt (vgl. Formel F 13.71):

$$\sum_{j=1}^{p} K_j = 0$$

Ein linearer Trend über die Zeit hinweg lässt sich nun einfach modellieren, indem man den Messzeitpunkten (d. h. den Faktorstufen) die Kontrastkoeffizienten so zuordnet, dass (1) ihre numerischen Unterschiede den tatsächlichen zeitlichen Abständen entsprechen (Äquidistanz) und dass (2) ihre Summe 0 ergibt. Sind die Messungen ohnehin gleichabständig (d. h., liegt ein konstantes Intervall zwischen den Messzeitpunkten), so könnten die Kontrastkoeffizienten wie folgt festgelegt werden:

- bei p = 3 Messzeitpunkten:
  $K_1 = -1$, $K_2 = 0$, $K_3 = +1$
- bei p = 4 Messzeitpunkten:
  $K_1 = -3$, $K_2 = -1$, $K_3 = +1$, $K_4 = +3$
- bei p = 5 Messzeitpunkten:
  $K_1 = -2$, $K_2 = -1$, $K_3 = 0$, $K_4 = +1$, $K_5 = +2$

usw.

Das Ergebnis einer Kontrastanalyse ist von der Metrik der Kontrastkoeffizienten völlig unabhängig; lediglich die Summennormierung in Formel F 13.71 muss erfüllt sein. Die mit 0 kodierte Messgelegenheit ist also immer die »mittlere«, d. h. der Durchschnitt auf der Zeitachse.

Die inferenzstatistische Absicherung eines Kontrasts erfolgt analog zu dem in Abschnitt 13.1.13 beschriebenen Vorgehen. Er wird über den Ausdruck $L = \sum_{j=1}^{p} K_j \cdot \bar{x}_{\bullet j}$ geschätzt. Man erhält gemäß Formel F 13.73b und F 13.74 eine F-verteilte Prüfgröße, deren Werte wie folgt bestimmt werden:

$$F = \frac{n \cdot \left(\sum_{j=1}^{p} K_j \cdot \bar{x}_{\bullet j} \right)^2}{\sum_{j=1}^{p} K_j^2 \cdot MQS_{Res}} \quad \text{(F 14.52)}$$

Der kritische Wert unter der F-Verteilung hat $df_1 = df_{Kontrast} = 1$ Zählerfreiheitsgrad und $df_2 = df_{Res} = (p - 1) \cdot (n - 1)$ Nennerfreiheitsgrade. Ist der Wert der Prüfgröße in F 14.52 größer als der kritische F-Wert auf einem vorher festgelegten Signifikanzniveau α, dann ist der Kontrast signifikant von 0 verschieden; die Nullhypothese, der zufolge es keinen Trend in der durchschnittlichen Merkmalsausprägung über die Messzeitpunkte hinweg gibt, kann abgelehnt werden. Für den Fall, dass man eine gerichtete Kontrasthypothese testen will, kann man den F-Test auf der Basis eines doppelten α-Niveaus durchführen (bzw. den p-Wert halbieren; vgl. Abschn. 13.1.13).

Polynomiale Trends höherer Ordnung

In Abschnitt 13.1.13 hatten wir polynomiale Trends höherer Ordnung besprochen und an einem Beispiel veranschaulicht. Zwei Einsichten sind uns aus Abschnitt 13.1.13 bereits bekannt und finden auch hier, bei der Varianzanalyse mit Messwiederholung, Anwendung: (1) Polynomiale Trends bilden ein Set orthogonaler Kontraste, d. h., die einzelnen Trendtests sind miteinander unkorreliert. (2) Die Anzahl der Kontraste in einem Set kann maximal $p - 1$ betragen. In Abbildung 14.4 sind die drei möglichen Trends (linear, quadratisch, kubisch) graphisch abgetragen.

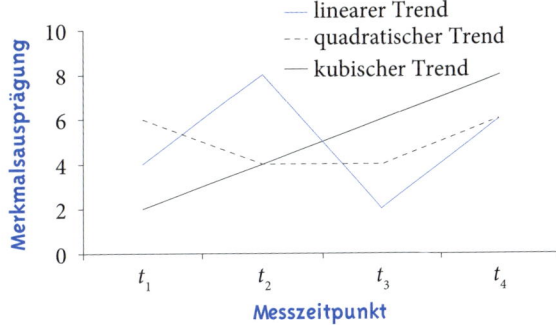

Abbildung 14.4 Set polynomialer Trends bei $p = 4$ Messzeitpunkten

Quadratischer Trend. Ein polynomialer Trend zweiter Ordnung ist ein quadratischer Trend. Wenn es sich bei der unabhängigen Variablen um den Faktor »Zeit« handelt, dann würde ein quadratischer Trend besagen, dass die Merkmalsausprägung zunächst negativ beschleunigt abnimmt, um ab einem »mittleren« Messzeitpunkt wieder positiv beschleunigt anzusteigen (s. Abb. 14.4, gestrichelte graue Linie). Eine solche Trendhypothese lässt sich wie folgt in Kontrastkoeffizienten übersetzen:

▶ bei $p = 3$ Messzeitpunkten:
$K_1 = +1$, $K_2 = -2$, $K_3 = +1$
▶ bei $p = 4$ Messzeitpunkten:
$K_1 = +1$, $K_2 = -1$, $K_3 = -1$, $K_4 = +1$
▶ bei $p = 5$ Messzeitpunkten:
$K_1 = +2$, $K_2 = -1$, $K_3 = -2$, $K_4 = -1$, $K_5 = +2$

usw.

Kubischer Trend. Ein polynomialer Trend dritter Ordnung ist ein kubischer Trend. Wenn es sich bei der unabhängigen Variablen um den Faktor »Zeit« handelt, dann würde ein kubischer Trend besagen, dass die Merkmalsausprägung zunächst zunimmt, dann wieder abnimmt und schließlich wieder zunimmt (s. Abb. 14.4, blaue Linie). Eine solche Trendhypothese lässt sich wie folgt in Kontrastkoeffizienten übersetzen (man beachte, dass ein kubischer Trend bei $p = 3$ Messzeitpunkten nicht testbar ist):

▶ bei $p = 4$ Messzeitpunkten:
$K_1 = -1$, $K_2 = +3$, $K_3 = -3$, $K_4 = +1$
▶ bei $p = 5$ Messzeitpunkten:
$K_1 = -1$, $K_2 = +2$, $K_3 = 0$, $K_4 = -2$, $K_5 = +1$

usw.

> **Beispiel**
>
> **Wie sinkt die Lernmotivation von Schülerinnen und Schülern im Laufe des Schuljahres?**
>
> Eine Schulpsychologin misst die Lernmotivation von Schülerinnen und Schülern in einer Klasse im Laufe eines Schuljahres zu $p = 4$ Messzeitpunkten: ein Mal zu Beginn des Schuljahres und anschließend noch drei weitere Male, jeweils im Abstand von genau drei Monaten. In Tabelle 14.4 sind die Daten von $n = 8$ Schülerinnen und Schülern abgetragen. Folgt der durchschnittliche Verlauf der Lernmotivation über die vier Messzeitpunkte hinweg einem linearen, einem quadratischen oder einem kubischen Trend? Um bei mehreren Kontrasten die einzelnen Kontraste L unterscheiden zu können, versehen wir sowohl die Kontraste als auch die dazugehörigen Kontrastkoeffizienten K mit einem zweiten Index i: K_{ij} ist somit der Kontrastkoeffizient der Bedingung a_j des i-ten Kontrasts. Die Kontrastkoeffizienten für die drei Kontraste lauten wie folgt:
>
> linearer Trend:
> $K_{11} = -3, \ K_{12} = -1, \ K_{13} = +1, \ K_{14} = +3$
>
> quadratischer Trend:
> $K_{21} = +1, \ K_{22} = -1, \ K_{23} = -1, \ K_{24} = +1$
>
> kubischer Trend:
> $K_{31} = -1, \ K_{32} = +3, \ K_{33} = -3, \ K_{34} = +1$
>
> Für jede der drei Kontrasthypothesen kann nun eine gewichtete Summe der Bedingungsmittelwerte $\sum_{j=1}^{p} K_{ij} \cdot \bar{x}_{\bullet j}$ berechnet werden. Für den linearen Trend beträgt sie $-10{,}75$; für den quadratischen Trend -1 und für den kubischen Trend $-2{,}75$. Rechnet man die gewichteten Summen nach Formel F 13.74 in Quadratsummen um, ergeben sich folgende Werte: $QS_1 = 46{,}225$; $QS_2 = 2$ und $QS_3 = 3{,}025$. Auch hier gilt, dass die Summe der drei Quadratsummen der QS_{zwA} entspricht, d. h. der Quadratsumme für den Faktor »Zeit« in der herkömmlichen Varianzanalyse (s. Formel F 14.4); sie beträgt in diesem Beispiel $QS_{zwA} = 51{,}25$.
>
> Die MQS_{Res}, die wir nach Formel F 14.32 berechnen, beträgt hier 3,37. Setzen wir diese Werte in Formel F 14.52 ein, erhalten wir für die drei Kontraste die Werte $F_1 = 13{,}72$; $F_2 = 0{,}59$ und $F_3 = 0{,}90$. Da wir hier drei Kontraste testen, müssen wir die Kumulierung des α-Fehlers mit berücksichtigen. Wir testen anhand der Bonferroni-Korrektur (s. Abschn. 13.1.12) jeden einzelnen Kontrast auf der Basis eines Signifikanzniveaus von $0{,}05/3 = 0{,}017$ (s. Formel F 13.67). Der kritische F-Wert für ein Signifikanzniveau von $\alpha = 1{,}7\,\%$ bei $df_{Kontrast} = 1$ Zählerfreiheitsgrad und $df_{Res} = 21$ Nennerfreiheitsgraden beträgt $F_{(0{,}983;\,1;\,21)} = 6{,}77$. Der lineare Trend ist signifikant; der quadratische und der kubische Trend sind hingegen nicht signifikant. Die Veränderung der Lernmotivation der acht Schülerinnen und Schüler über die vier Messzeitpunkte hinweg folgt also einem linearen Trend.

Tabelle 14.4 Rohdaten für das Beispiel zur Veränderung der Lernmotivation

Person m	t_1: Beginn des Schuljahres	t_2: 3 Monate später	t_3: 6 Monate später	t_4: 9 Monate später
1	18	15	15	12
2	15	16	14	11
3	17	16	17	10
4	16	14	15	15
5	16	19	17	18
6	19	14	15	10
7	15	12	13	12
8	14	15	13	14
Mittelwert $\bar{x}_{\bullet j}$	16,25	15,125	14,875	12,75

Wie man bei der einfaktoriellen Varianzanalyse mit Messwiederholung paarweise Mittelwertsvergleiche post hoc durchführt und dabei die Inflation des α-Fehlers kontrolliert, werden wir hier aus Platzgründen nicht behandeln. Dazu sei auf das Lehrbuch von Hays (1994) verwiesen.

14.2 Zweifaktorielle Varianzanalyse mit Messwiederholung

Bei der zweifaktoriellen Varianzanalyse mit Messwiederholung unterscheiden wir zwei Fälle: Im einen Fall sind beide Faktoren (A und B) messwiederholt bzw. intraindividuell variiert (Abschn. 14.2.1), im zweiten Fall ist nur einer der Faktoren messwiederholt (Abschn. 14.2.2). Zentral für das Verständnis der zweifaktoriellen Varianzanalyse mit Messwiederholung ist das Konzept der Wechselwirkung zwischen den beiden Faktoren. Genau wie bei der zweifaktoriellen Varianzanalyse ohne Messwiederholung (Abschn. 13.2) können hier drei Typen von Effekten getestet werden – unabhängig davon, ob auf einem oder auf beiden Faktoren eine Messwiederholung vorliegt oder nicht: (1) Haupteffekte des Faktors A, (2) Haupteffekte des Faktors B und (3) Interaktionseffekte $A \times B$. Eine Interaktion zwischen zwei Faktoren liegt dann vor, wenn der Effekt eines Faktors von der Ausprägung auf dem jeweils anderen Faktor abhängt, d. h., wenn sich die einfachen Haupteffekte eines Faktors (d. h. Ausmaß und/oder Richtung der Unterschiede zwischen den Mittelwerten auf den Stufen dieses Faktors) zwischen den Stufen des jeweils anderen Faktors unterscheiden.

14.2.1 Zweifaktorielle Varianzanalyse mit Messwiederholung auf beiden Faktoren

Um die zweifaktorielle Varianzanalyse mit Messwiederholung auf beiden Faktoren zu veranschaulichen, greifen wir auf das Beispiel in Abschnitt 13.2 und auf die Rohdaten aus Tabelle 13.8 zurück. Variiert wurde zum einen, ob es sich bei der beobachteten Person um ein Kind (d. h. große Ähnlichkeit zur Versuchsperson) oder um einen Erwachsenen handelte (d. h. geringe Ähnlichkeit zur Versuchsperson; Faktor A). Zum anderen wurde variiert, ob die beobachtete Person für ihr Verhalten belohnt wurde oder nicht (Faktor B). Gemessen wurde die Nachahmungstendenz der Kinder, die an dem Experiment teilnahmen. Gehen wir nun davon aus, dass beide Faktoren intraindividuell variiert wurden. Das bedeutet: Jedes Kind hat vier Filme gesehen, die sich wie folgt unterschieden haben:
(1) Die beobachtete Person war der Versuchsperson ähnlich und wurde für ihr Verhalten belohnt.
(2) Die beobachtete Person war der Versuchsperson ähnlich und wurde für ihr Verhalten nicht belohnt.
(3) Die beobachtete Person war der Versuchsperson unähnlich und wurde für ihr Verhalten belohnt.
(4) Die beobachtete Person war der Versuchsperson unähnlich und wurde für ihr Verhalten nicht belohnt.

Nach jedem Film wurde die Nachahmungstendenz gemessen, d. h., jede Versuchsperson hat vier Werte abgegeben.

Man ahnt sofort die Vor- und Nachteile eines solchen Designs gegenüber einem komplett nicht-messwiederholten Design. Der Vorteil besteht darin, dass man Versuchspersonen spart: Wenn man beide Faktoren intraindividuell variiert und alle Versuchspersonen alle Bedingungskombinationen durchlaufen, dann entspricht die Anzahl der Messwerte pro Zelle der Anzahl aller benötigten Versuchspersonen. In unserem Beispiel nehmen an dem Versuch nur fünf Kinder teil, aber am Ende hat man trotzdem 20 Messwerte. Der Nachteil ist, dass es aufgrund der Messwiederholung zu Sequenzeffekten kommen kann: Falls es Unterschiede zwischen den Bedingungskombinationen gibt, ist nicht ohne weiteres zu klären, ob diese auf einen echten Effekt der Bedingung oder lediglich auf einen Effekt der Reihenfolge (z. B.: nachdem man das Modell einmal nachgeahmt hat, macht man es anschließend weniger) oder der fortgeschrittenen Zeit (Müdigkeit, Motivationsverlust) zurückzuführen ist.

Die Rohdaten aus Tabelle 13.8 sind in Tabelle 14.5 noch einmal abgetragen. Allerdings ist die Darstel-

Tabelle 14.5 Rohdaten des Modelllern-Experiments aus Tabelle 13.8; hier als zweifaktorielle Varianzanalyse mit Messwiederholung auf beiden Faktoren

Faktor A (Ähnlichkeit)	Kind (a_1)		Erwachsener (a_2)		Personmittel-
Faktor B (Belohnung)	Belohnung (b_1)	Keine Belohnung (b_2)	Belohnung (b_1)	Keine Belohnung (b_2)	werte $\bar{x}_{m\cdot\cdot}$
$m = 1$	58	29	28	23	34,5
$m = 2$	46	36	21	33	34
$m = 3$	50	27	36	35	37
$m = 4$	70	55	44	51	55
$m = 5$	71	43	51	43	52
Bedingungsmittelwerte $\bar{x}_{\cdot jk}$	59	38	36	37	$\bar{x} = 42,5$

lungsform anders: Die vier Bedingungskombinationen stehen nebeneinander. Die Spalte ganz rechts gibt für jedes Kind, das an der Untersuchung teilgenommen hat, den Personmittelwert $\bar{x}_{m\cdot\cdot}$ über alle vier Bedingungskombinationen hinweg an. In der unteren Zeile der Tabelle sind die vier Bedingungsmittelwerte $\bar{x}_{\cdot jk}$ über die fünf Personen hinweg eingetragen.

Populationsmodell

Beginnen wir mit dem Populationsmodell der zweifaktoriellen Varianzanalyse mit Messwiederholung auf beiden Faktoren, und zwar in Effektdarstellung (vgl. Abschn. 13.2.4 zur zweifaktoriellen Varianzanalyse ohne Messwiederholung). Es beschreibt das Zustandekommen eines beliebigen Messwertes x_{mjk} in der Population wie folgt (vgl. auch Formel F 13.99):

$$x_{mjk} = \mu + \tau_{a_j} + \tau_{b_k} + \tau_{(a\times b)_{jk}} + \pi_m + (\tau_a\pi)_{mj}$$
$$+ (\tau_b\pi)_{mk} + \varepsilon_{mjk} \qquad \text{(F 14.53)}$$

Das Modell besagt, dass ein beliebiger Messwert x einer Person m in einer Bedingungskombination $(ab)_{jk}$ beeinflusst wird durch

- den unbedingten Populationsmittelwert (μ),
- den Haupteffekt der Bedingung a_j des Faktors A (τ_{a_j}),
- den Haupteffekt der Bedingung b_k des Faktors B (τ_{b_k}),
- den Interaktionseffekt der Bedingungskombination $(ab)_{jk}$ ($\tau_{(a\times b)_{jk}}$),
- den Haupteffekt einer Person m über alle Bedingungskombinationen hinweg (π_m),
- die Interaktion einer Person m mit einer Bedingung a_j (($\tau_a\pi)_{mj}$),
- die Interaktion einer Person m mit einer Bedingung b_k (($\tau_b\pi)_{mk}$) und
- unsystematische Einflüsse wie den Messfehler (zusammengefasst im Residualwert ε_{mjk}).

Annahmen

Das in Formel F 14.53 dargestellte Modell impliziert folgende Annahmen (Fahrmeir et al., 1996a):
- Die Personeffekte π_m sind voneinander unabhängig und folgen einer Normalverteilung mit dem Mittelwert 0 und der Varianz σ^2_π.
- Die Residualeinflüsse ε_{mjk} sind voneinander unabhängig und folgen einer Normalverteilung mit dem Mittelwert 0 und der Varianz σ^2_ε.
- Die Interaktionseffekte $(\tau_a\pi)_{mj}$ sind voneinander unabhängig und folgen einer Normalverteilung mit dem Mittelwert 0 und der Varianz $\sigma^2_{\pi A}$.
- Die Interaktionseffekte $(\tau_b\pi)_{mk}$ sind voneinander unabhängig und folgen einer Normalverteilung mit dem Mittelwert 0 und der Varianz $\sigma^2_{\pi B}$.
- Die vier genannten Zufallsgrößen sind voneinander unabhängig.

Die Kovarianzen haben in diesem Modell eine komplizierte Struktur, die bei Fahrmeier et al. (1996) im Detail beschrieben ist. Für uns reicht es aus zu wissen, dass wieder anhand eines Tests auf Sphärizität überprüft werden kann, ob diese Struktur in der Population vorliegt. Die Gültigkeit der Sphärizitätsannahme kann man z. B. auf der Basis des Mauchly-Tests (Mauchly, 1940) überprüfen. Muss die Nullhypothese des Mauchly-Tests abgelehnt werden, dann ist die Sphärizitätsannahme verletzt. Es hat sich allerdings gezeigt, dass der Mauchly-Test zu streng wird, wenn die Normalverteilungsannahme verletzt ist.

Verletzungen der Modellannahmen. Ist die Sphärizitätsannahme verletzt, so wird der F-Test, den wir im Folgenden vorstellen werden, zu liberal; d. h., die Nullhypothese wird abgelehnt, obwohl sie möglicherweise gilt. Eine Möglichkeit besteht daher darin, die Freiheitsgrade des F-Tests (etwa nach der Formel von Greenhouse-Geisser oder von Huynh-Feldt) zu korrigieren und den Test damit strenger durchzuführen.

Quadratsummen- und Freiheitsgradezerlegung

Haupteffekte des Faktors A. Der Modellparameter τ_{a_j} ist definiert als die Abweichung eines Mittelwertes in der Bedingung a_j vom Gesamtmittelwert (s. auch Formel F 13.100):

$$\tau_{a_j} = \mu_{\bullet j \bullet} - \mu \qquad \text{(F 14.54)}$$

Bezogen auf unser Beispiel gibt der Parameter τ_{a_j} an, ob sich die durchschnittliche Nachahmungstendenz in der Bedingung »große Ähnlichkeit (Kind)« von jener in der Bedingung »geringe Ähnlichkeit (Erwachsener)« unterscheidet. Je größer dieser Unterschied, desto größer τ_{a_j}. Wir schätzen ihn über die Abweichung der Bedingungsmittelwerte $\bar{x}_{\bullet j \bullet}$ vom Gesamtmittelwert $\bar{x}$ (s. auch Formel F 13.106):

$$\hat{\tau}_{a_j} = \bar{x}_{\bullet j \bullet} - \bar{x} \qquad \text{(F 14.55)}$$

Quadriert man diesen Term und summiert die quadrierten Abweichungen über alle Beobachtungen hinweg, erhält man die Quadratsumme QS_A (s. auch Formel F 13.90):

$$QS_A = q \cdot n \cdot \sum_{j=1}^{p} (\bar{x}_{\bullet j \bullet} - \bar{x})^2 \qquad \text{(F 14.56)}$$

Da in diese Quadratsumme die Abweichungen der p Bedingungsmittelwerte vom Gesamtmittelwert eingehen (und die einfache Summe dieser Abweichungen wiederum 0 ergeben muss), können hier $p - 1$ Bedingungsmittelwerte frei variieren. Die Freiheitsgrade für die QS_A berechnen sich also wie folgt (s. auch Formel F 13.115):

$$df_A = p - 1 \qquad \text{(F 14.57)}$$

Haupteffekte des Faktors B. Der Modellparameter τ_{b_k} ist definiert als die Abweichung eines Mittelwertes in der Bedingung b_k vom Gesamtmittelwert (s. auch Formel F 13.101):

$$\tau_{b_k} = \mu_{\bullet \bullet k} - \mu \qquad \text{(F 14.58)}$$

Bezogen auf unser Beispiel fragt der Parameter τ_{b_k} danach, ob sich die durchschnittliche Nachahmungstendenz in der Bedingung »Belohnung« von jener in der Bedingung »keine Belohnung« unterscheidet. Je größer dieser Unterschied, desto größer τ_{b_k}. Wir schätzen ihn über die Abweichung der Bedingungsmittelwerte $\bar{x}_{\bullet \bullet k}$ vom Gesamtmittelwert $\bar{x}$ (s. auch Formel F 13.107):

$$\hat{\tau}_{b_k} = \bar{x}_{\bullet \bullet k} - \bar{x} \qquad \text{(F 14.59)}$$

Quadriert man diesen Term und summiert die quadrierten Abweichungen über alle Beobachtungen hinweg, erhält man die Quadratsumme QS_B (s. auch Formel F 13.91):

$$QS_B = p \cdot n \cdot \sum_{k=1}^{q} (\bar{x}_{\bullet \bullet k} - \bar{x})^2 \qquad \text{(F 14.60)}$$

Da in diese Quadratsumme die Abweichungen der q Bedingungsmittelwerte vom Gesamtmittelwert eingehen (und die einfache Summe dieser Abweichungen wiederum 0 ergeben muss), können hier $q - 1$ Bedingungsmittelwerte frei variieren (s. auch Formel F 13.116):

$$df_B = q - 1 \qquad \text{(F 14.61)}$$

Interaktionseffekte der beiden Faktoren (A × B). Der Modellparameter $\tau_{(a \times b)_{jk}}$ ist definiert als die Abweichung des Mittelwerts einer Bedingungskombination $(ab)_{jk}$ vom Gesamtmittelwert, nachdem die Haupteffekte der Faktoren A und B subtrahiert wurden

(s. auch Formel F 13.102):

$$\tau_{(a\times b)_{jk}} = \mu_{\bullet jk} - \mu_{\bullet j\bullet} - \mu_{\bullet\bullet k} + \mu \quad \text{(F 14.62)}$$

Bezogen auf unser Beispiel gibt der Parameter $\tau_{(a\times b)_{jk}}$ an, ob – bezogen auf die durchschnittliche Nachahmungstendenz – der Unterschied zwischen »Belohnung« und »keine Belohnung« davon abhängt, ob es sich bei dem Modell im Film um ein Kind (»große Ähnlichkeit«) oder um einen Erwachsenen (»geringe Ähnlichkeit«) handelt. Beispielsweise könnte die Belohnung des Modells nur dann eine Rolle spielen, wenn das Modell große Ähnlichkeit mit der Versuchsperson aufweist. Dann würde man erwarten, dass der Unterschied zwischen den Bedingungen »Belohnung« und »keine Belohnung« in der Bedingung »große Ähnlichkeit« größer ist als in der Bedingung »geringe Ähnlichkeit«. Je größer dieser Unterschied zwischen Unterschieden, desto größer der Parameter $\tau_{(a\times b)_{jk}}$. Wir schätzen ihn wie folgt (s. auch Formel F 13.108):

$$\hat{\tau}_{(a\times b)_{jk}} = (\bar{x}_{\bullet jk} - \bar{x}) - (\bar{x}_{\bullet j\bullet} - \bar{x}) - (\bar{x}_{\bullet\bullet k} - \bar{x})$$
$$= \bar{x}_{\bullet jk} - \bar{x}_{\bullet j\bullet} - \bar{x}_{\bullet\bullet k} + \bar{x} \quad \text{(F 14.63)}$$

Quadriert man diesen Term und summiert die quadrierten Abweichungen über alle Beobachtungen hinweg, erhält man die Quadratsumme $QS_{A\times B}$ (s. auch Formel F 13.92b):

$$QS_{A\times B} = n \cdot \sum_{k=1}^{q} \sum_{j=1}^{p} \left(\bar{x}_{\bullet jk} - \bar{x}_{\bullet j\bullet} - \bar{x}_{\bullet\bullet k} + \bar{x}\right)^2 \quad \text{(F 14.64)}$$

Von den $p \cdot q$ Mittelwerten in diesem Design können alle bis auf einen variieren; hiervon müssen nun noch die Freiheitsgrade für den Faktor A und die Freiheitsgrade für den Faktor B abgezogen werden. Die Freiheitsgrade für die Wechselwirkung berechnen sich also wie folgt (s. auch Formel F 13.117):

$$df_{A\times B} = (p \cdot q - 1) - (p - 1) - (q - 1)$$
$$= (p - 1) \cdot (q - 1) \quad \text{(F 14.65)}$$

Haupteffekt einer Person m. Der Modellparameter π_m kennzeichnet den Effekt einer Person m über alle $p \cdot q$ Bedingungskombinationen hinweg. Bezogen auf unser Beispiel könnte es sein, dass das Nachahmungsverhalten generell, d. h. unabhängig von der experimentellen Manipulation, bei einigen Kindern größer ist, bei anderen kleiner. Ein solcher Personeffekt könnte z. B. auf Persönlichkeitsunterschiede zurückzuführen sein (etwa die soziale Abhängigkeit: Kinder mit größerer sozialer Abhängigkeit imitieren das Verhalten irgendeines Modells eher als Kinder mit niedriger sozialer Abhängigkeit). Der Modellparameter π_m ist definiert als die Abweichung eines unbedingten Personmittelwertes vom Gesamtmittelwert (s. auch Formel F 14.13):

$$\pi_m = \mu_{m\bullet\bullet} - \mu \quad \text{(F 14.66)}$$

Wir schätzen ihn über die Abweichung der Personmittelwerte $\bar{x}_{m\bullet\bullet}$ vom Gesamtmittelwert $\bar{x}$ (s. auch Formel F 14.22):

$$\hat{\pi}_m = \bar{x}_{m\bullet\bullet} - \bar{x} \quad \text{(F 14.67)}$$

Quadriert man diesen Term und summiert die quadrierten Abweichungen über alle Beobachtungen hinweg, erhält man die Quadratsumme QS_P (s. auch Formel F 14.3):

$$QS_P = p \cdot q \cdot \sum_{m=1}^{n} (\bar{x}_{m\bullet\bullet} - \bar{x})^2 \quad \text{(F 14.68)}$$

Bei dieser Quadratsumme können innerhalb jeder Bedingungskombination $n - 1$ Messwerte frei variieren, denn die unbedingten Personeffekte müssen im Durchschnitt 0 ergeben. Also beträgt die Zahl der Freiheitsgrade für die Quadratsumme QS_P:

$$df_P = n - 1 \quad \text{(F 14.69)}$$

Interaktionseffekt zwischen einer Person m und der Bedingung a_j. Der Modellparameter $(\tau_a \pi)_{mj}$ beinhaltet die Information, inwiefern Unterschiede zwischen den Stufen des Faktors A abhängig davon sind, um welche Person m es sich handelt. Der Parameter $(\tau_a \pi)_{mj}$ kennzeichnet also eine Interaktion zwischen den Personen und den Stufen des Faktors A. Bezogen auf unser Beispiel könnte es sein, dass der Unterschied im Nachahmungsverhalten zwischen den Bedingungen »große Ähnlichkeit« und »geringe Ähnlichkeit« bei einigen Kindern größer ist, bei anderen kleiner. Solche differentiellen Effekte können eine Reihe von Ursachen haben. So könnte es sich um einen echten Interaktionseffekt mit einer Persönlichkeitsvariablen handeln (möglicherweise sind Kinder mit einem hohen sozialen Anschlussmotiv stärker durch ein ähnliches Modell beeinflussbar, während bei Kindern mit niedrigem Anschlussmotiv die Ähnlichkeit des Modells keinen Einfluss hat). Es könnte aber auch sein, dass es sich hier lediglich um unsystematische Effekte (wie etwa die Reihenfolge, in der die Bedingungen dargeboten wurden) handelt. Insofern sind solche bedingten Personeffekte nicht ohne weiteres zu erklären. Der Parameter $(\tau_a\pi)_{mj}$ ist definiert als die Abweichung eines Personmittelwerts (d. h. des Mittelwerts einer Person m über die q Stufen des Faktors B hinweg; $\mu_{mj\bullet}$) vom Gesamtmittelwert μ, nachdem die Effekte, die auf den Haupteffekt der Bedingung a_j und auf den unbedingten Personeffekt zurückzuführen sind, subtrahiert wurden:

$$(\tau_a\pi)_{mj} = (\mu_{mj\bullet} - \mu) - (\mu_{\bullet j\bullet} - \mu) - (\mu_{m\bullet\bullet} - \mu)$$
$$= \mu_{mj\bullet} - \mu_{\bullet j\bullet} - \mu_{m\bullet\bullet} + \mu \quad \text{(F 14.70)}$$

Wir schätzen den Modellparameter $(\tau_a\pi)_{mj}$ wie folgt:

$$\widehat{(\tau_a\pi)}_{mj} = \bar{x}_{mj\bullet} - \bar{x}_{\bullet j\bullet} - \bar{x}_{m\bullet\bullet} + \bar{x} \quad \text{(F 14.71)}$$

Quadriert man diesen Term und summiert die quadrierten Abweichungen über alle Beobachtungen hinweg, erhält man die Quadratsumme $QS_{P \times A}$:

$$QS_{P \times A} = \sum_{k=1}^{q}\sum_{j=1}^{p}\sum_{m=1}^{n}(\bar{x}_{mj\bullet} - \bar{x}_{\bullet j\bullet} - \bar{x}_{m\bullet\bullet} + \bar{x})^2$$
$$= q \cdot \sum_{j=1}^{p}\sum_{m=1}^{n}(\bar{x}_{mj\bullet} - \bar{x}_{\bullet j\bullet} - \bar{x}_{m\bullet\bullet} + \bar{x})^2 \quad \text{(F 14.72)}$$

Bei dieser Quadratsumme können innerhalb jeder Stufe des Faktors A $n-1$ Personmittelwerte frei variieren. Gleichzeitig aber setzt das Modell voraus, dass die Personeffekte π_m über alle Bedingungen bzw. Bedingungskombinationen hinweg einen Mittelwert von 0 haben; deshalb können über die Stufen des Faktors A hinweg $p-1$ Messwerte frei variieren. Also beträgt die Zahl der Freiheitsgrade für die Quadratsumme $QS_{P \times A}$:

$$df_{P \times A} = (p-1) \cdot (n-1) \quad \text{(F 14.73)}$$

Interaktionseffekt zwischen einer Person m und der Bedingung b_k. Der Modellparameter $(\tau_b\pi)_{mk}$ beinhaltet die Information, inwiefern Unterschiede zwischen den Stufen des Faktors B abhängig davon sind, um welche Person m es sich handelt. Der Parameter $(\tau_b\pi)_{mk}$ kennzeichnet also eine Interaktion zwischen den Personen und den Stufen des Faktors B. Bezogen auf unser Beispiel könnte es sein, dass der Unterschied im Nachahmungsverhalten zwischen den Bedingungen »Belohnung« und »keine Belohnung« bei einigen Kindern größer ist, bei anderen kleiner. Auch hier kann es sich um einen echten Interaktionseffekt mit einer Persönlichkeitsvariablen handeln (möglicherweise sind Kinder mit großer Belohnungssensitivität eher durch eine stellvertretende Belohnungsvariation beeinflussbar als Kinder mit niedriger Belohnungssensitivität). Es könnte aber auch sein, dass es sich hier lediglich um unsystematische Effekte handelt. Der Parameter $(\tau_b\pi)_{mk}$ ist definiert als die Abweichung eines Personmittelwerts (d. h. des Mittelwerts einer Person m über die p Stufen des Faktors A hinweg; $\mu_{m\bullet k}$) vom Gesamtmittelwert μ, nachdem die Effekte, die auf den Haupteffekt der Bedingung b_k und auf den unbedingten Personeffekt zurückzuführen sind, subtrahiert wurden:

$$(\tau_b\pi)_{mk} = (\mu_{m\bullet k} - \mu) - (\mu_{\bullet\bullet k} - \mu) - (\mu_{m\bullet\bullet} - \mu)$$
$$= \mu_{m\bullet k} - \mu_{\bullet\bullet k} - \mu_{m\bullet\bullet} + \mu \quad \text{(F 14.74)}$$

Wir schätzen den Modellparameter $(\tau_b\pi)_{mk}$ wie folgt:

$$\widehat{(\tau_b\pi)}_{mk} = \bar{x}_{m\bullet k} - \bar{x}_{\bullet\bullet k} - \bar{x}_{m\bullet\bullet} + \bar{x} \quad \text{(F 14.75)}$$

Quadriert man diesen Term und summiert die quadrierten Abweichungen über alle Beobachtungen hinweg, erhält man die Quadratsumme $QS_{P \times B}$:

$$QS_{P \times B} = \sum_{k=1}^{q}\sum_{j=1}^{p}\sum_{m=1}^{n}(\bar{x}_{m\bullet k} - \bar{x}_{\bullet\bullet k} - \bar{x}_{m\bullet\bullet} + \bar{x})^2$$
$$= p \cdot \sum_{k=1}^{q}\sum_{m=1}^{n}(\bar{x}_{m\bullet k} - \bar{x}_{\bullet\bullet k} - \bar{x}_{m\bullet\bullet} + \bar{x})^2 \quad \text{(F 14.76)}$$

Bei dieser Quadratsumme können innerhalb jeder Stufe des Faktors B $n-1$ Personmittelwerte frei variieren. Gleichzeitig aber setzt das Modell voraus, dass die Personeffekte π_m über alle Bedingungen und Bedingungskombinationen hinweg einen Mittelwert von 0 haben; deshalb können über die Stufen des

Faktors B hinweg $q - 1$ Messwerte frei variieren. Also beträgt die Zahl der Freiheitsgrade für die Quadratsumme $QS_{P \times B}$:

$$df_{P \times B} = (q - 1) \cdot (n - 1) \quad \text{(F 14.77)}$$

Residuum. Schließlich bleibt noch eine einzige Varianzquelle übrig, das Residuum ε_{mjk}. Es basiert auf der Abweichung zwischen einem Messwert x_{mjk} und dem Gesamtmittelwert, nachdem alle bisher genannten Effekte subtrahiert wurden:

$$\begin{aligned}\varepsilon_{mjk} &= \left(x_{mjk} - \mu\right) - \left(\mu_{\bullet j \bullet} - \mu\right) - \left(\mu_{\bullet \bullet k} - \mu\right) \\ &\quad - \left(\mu_{\bullet jk} - \mu_{\bullet j \bullet} - \mu_{\bullet \bullet k} + \mu\right) - \left(\mu_{m \bullet \bullet} - \mu\right) \\ &\quad - \left(\mu_{mj\bullet} - \mu_{\bullet j \bullet} - \mu_{m \bullet \bullet} + \mu\right) \\ &\quad - \left(\mu_{m \bullet k} - \mu_{\bullet \bullet k} - \mu_{m \bullet \bullet} + \mu\right) \\ &= x_{mjk} - \mu_{\bullet jk} - \mu_{mj\bullet} - \mu_{m \bullet k} + \mu_{\bullet j \bullet} + \mu_{\bullet \bullet k} + \mu_{m \bullet \bullet} - \mu\end{aligned}$$

(F 14.78)

Es wird wie folgt geschätzt:

$$\begin{aligned}\hat{\varepsilon}_{mjk} &= x_{mjk} - \bar{x}_{\bullet jk} - \bar{x}_{mj\bullet} - \bar{x}_{m \bullet k} + \bar{x}_{\bullet j \bullet} \\ &\quad + \bar{x}_{\bullet \bullet k} + \bar{x}_{m \bullet \bullet} - \bar{x}\end{aligned} \quad \text{(F 14.79)}$$

Quadriert man diesen Term und summiert die quadrierten Abweichungen über alle Beobachtungen hinweg, erhält man die Quadratsumme QS_{Res}:

$$\begin{aligned}QS_{Res} = \sum_{k=1}^{q}\sum_{j=1}^{p}\sum_{m=1}^{n} &(x_{mjk} - \bar{x}_{\bullet jk} - \bar{x}_{mj\bullet} - \bar{x}_{m \bullet k} \\ &+ \bar{x}_{\bullet j \bullet} + \bar{x}_{\bullet \bullet k} + \bar{x}_{m \bullet \bullet} - \bar{x})^2\end{aligned} \quad \text{(F 14.80)}$$

Die Freiheitsgrade der QS_{Res} ergeben sich wie folgt:

$$df_{Res} = (p - 1) \cdot (q - 1) \cdot (n - 1) \quad \text{(F 14.81)}$$

Graphische Darstellung der Quadratsummenzerlegung

Die Zerlegung der Quadratsummen bzw. der Freiheitsgrade kann graphisch dargestellt werden (s. Abb. 14.5). Die Gesamtvariation wird zunächst in zwei Teile geteilt: Variation innerhalb von Personen und Variation zwischen Personen. Zur Variation *innerhalb* von Personen gehören diejenigen Anteile, die zumindest zum Teil auf Variationen innerhalb einer Person beruhen. Das betrifft alle Effekte außer dem unbedingten Personeffekt. Dieser gehört zur Variation *zwischen* Personen. Aus Abbildung 14.5 wird auch deutlich, dass die Quadratsummen sowie die Freiheitsgrade additiv sind.

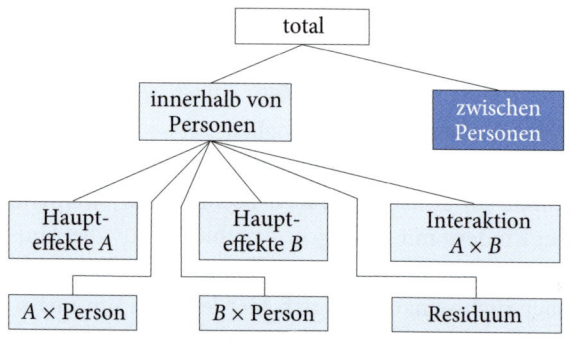

Abbildung 14.5 Quadratsummenzerlegung bei der zweifaktoriellen Varianzanalyse mit Messwiederholung auf beiden Faktoren

F-Tests.

Teilt man die sieben Quadratsummen durch ihre jeweiligen Freiheitsgrade, erhält man die sieben mittleren Quadratsummen der zweifaktoriellen Varianzanalyse mit Messwiederholung auf beiden Faktoren.

Wie kann man nun die drei festen Effekte (Faktor A, Faktor B und Interaktion $A \times B$) auf Signifikanz testen?

Eine genaue Herleitung der Erwartungswerte der mittleren Quadratsummen würde an dieser Stelle zu weit führen. Die entsprechenden Formeln lassen sich z. B. bei Fahrmeir et al. (1996a) finden. Wir wollen lediglich feststellen, dass hier genau nach dem gleichen Prinzip verfahren wird wie in allen bisher behandelten varianzanalytischen Modellen: Der F-Bruch soll so gebildet werden, dass sich Zähler und Nenner des Quotienten lediglich in dem zu testenden Effekt voneinander unterscheiden. Gilt die Nullhypothese, dann müssten Zähler und Nenner des F-Bruchs zwei unabhängige Schätzer für dieselbe Varianz darstellen und dürften sich nur zufällig voneinander unterscheiden. Je größer der zu testende Effekt, desto größer müsste F werden. Diese Konstruktionslogik hat zur Folge, dass die MQS_A an der $MQS_{P \times A}$ getestet wird, die MQS_B an der $MQS_{P \times B}$ und die $MQS_{A \times B}$ an der MQS_{Res} (s. Formeln F 14.82 bis F 14.84).

Die berechneten F-Werte können dann mit den jeweiligen kritischen F-Werten verglichen werden. Die kritischen F-Werte ergeben sich aus dem Signifikanzniveau α sowie den Zähler- und den Nennerfreiheitsgraden des jeweiligen F-Bruchs. Zu beachten ist hier, dass sich die Freiheitsgrade für die drei

$$F_A = \frac{MQS_A}{MQS_{P\times A}} = \frac{\dfrac{q\cdot n\cdot \sum\limits_{j=1}^{p}\left(\overline{x}_{\bullet j\bullet}-\overline{x}\right)^2}{p-1}}{\dfrac{q\cdot \sum\limits_{j=1}^{p}\sum\limits_{m=1}^{n}\left(\overline{x}_{mj\bullet}-\overline{x}_{\bullet j\bullet}-\overline{x}_{m\bullet\bullet}+\overline{x}\right)^2}{(p-1)\cdot(n-1)}}$$ (F 14.82)

$$F_B = \frac{MQS_B}{MQS_{P\times B}} = \frac{\dfrac{p\cdot n\cdot \sum\limits_{k=1}^{q}\left(\overline{x}_{\bullet\bullet k}-\overline{x}\right)^2}{q-1}}{\dfrac{p\cdot \sum\limits_{k=1}^{q}\sum\limits_{m=1}^{n}\left(\overline{x}_{m\bullet k}-\overline{x}_{\bullet\bullet k}-\overline{x}_{m\bullet\bullet}+\overline{x}\right)^2}{(q-1)\cdot(n-1)}}$$ (F 14.83)

$$F_{A\times B} = \frac{MQS_{A\times B}}{MQS_{Res}} = \frac{\dfrac{n\cdot \sum\limits_{k=1}^{q}\sum\limits_{j=1}^{p}\left(\overline{x}_{\bullet jk}-\overline{x}_{\bullet j\bullet}-\overline{x}_{\bullet\bullet k}+\overline{x}\right)^2}{(p-1)\cdot(q-1)}}{\dfrac{\sum\limits_{k=1}^{q}\sum\limits_{j=1}^{p}\sum\limits_{m=1}^{n}\left(x_{mjk}-\overline{x}_{\bullet jk}-\overline{x}_{mj\bullet}-\overline{x}_{m\bullet k}+\overline{x}_{\bullet j\bullet}+\overline{x}_{\bullet\bullet k}+\overline{x}_{m\bullet\bullet}-\overline{x}\right)^2}{(p-1)\cdot(q-1)\cdot(n-1)}}$$ (F 14.84)

Beispiel

Varianzanalytische Auswertung für das Modelllern-Experiment

In Tabelle 14.6 findet sich eine zusammengefasste Auswertung für das Datenbeispiel in Tabelle 14.5. Der Übersichtlichkeit halber wurden die Zeilen so angeordnet, dass die Prüfvarianzen für den jeweils zu testenden Effekt direkt unter der jeweiligen Effektvarianz stehen. Man sieht an den p-Werten, die in der sechsten Spalte der Tabelle eingetragen sind, dass die Interaktion $A \times B$ signifikant von 0 verschieden ist und überdies eine extrem hohe Effektstärke hat. Diesen Befund kennen wir bereits aus Abschnitt 13.2; er ist graphisch in Abbildung 13.8 dargestellt. Hier hatte sich gezeigt, dass die Belohnung des Modells nur dann einen Effekt auf die Nachahmungstendenz hat, wenn es sich bei dem Modell um eine Person handelt, die der Versuchsperson ähnlich ist (also ein Kind anstatt eines Erwachsenen).

Die Mittelwerte sind in den vier Bedingungskombinationen die gleichen geblieben, nur an der inferenzstatistischen Absicherung der drei Effekte hat sich gegenüber der entsprechenden Auswertung in Abschnitt 13.2.2 etwas geändert. Interessant ist daher ein Vergleich zwischen Tabelle 14.6 und dem Ergebnis der zweifaktoriellen Varianzanalyse ohne Messwiederholung in Abschnitt 13.2.2. Man sieht, dass die mittleren Quadratsummen im Zähler des jeweiligen F-Bruchs identisch sind; hier hat sich nichts geändert. Auch hinsichtlich der Zählerfreiheitsgrade gibt es keinen Unterschied zwischen der zweifaktoriellen Varianzanalyse ohne Messwiederholung und der zweifaktoriellen Varianzanalyse mit Messwiederholung auf beiden Faktoren. Lediglich hinsichtlich der Nenner der F-Brüche gibt es Unterschiede: Die Nenner aller drei F-Brüche sind bei der zweifaktoriellen Varianzanalyse mit Messwiederholung wesentlich kleiner als bei der Analyse ohne Messwiederholung. Die Erklärung hierfür ist einfach: Durch die Messwiederholung konnte ein entscheidender Anteil unerklärter Variation erklärt werden; unerklärt bleibt jeweils nur noch das, was in Bezug auf einen bestimmten Effekt unsystematisch zwischen Personen variiert. Was hingegen zwischen Personen stabil bleibt, geht in die jeweilige Prüfvarianz nicht mehr mit ein. Deshalb sind die F-Werte in Tabelle 14.6 alle wesentlich größer als in Abschnitt 13.2.2.

Tabelle 14.6 Ergebnistabelle der zweifaktoriellen Varianzanalyse für das Datenbeispiel aus Tabelle 14.5

Quelle der Variation	QS	df	MQS	F	p	$\hat{\eta}_p^2$
Person	1652	4	413			
Haupteffekte A (Ähnlichkeit)	720	1	720	21,49	0,01	0,84
Person × A	134	4	33,5			
Haupteffekte B (Belohnung)	500	1	500	7,30	0,05	0,65
Person × B	274	4	68,5			
Interaktionseffekte A × B	605	1	605	1210	<0,001	0,997
Residuum	2	4	0,5			
Total	3887	19	204,58			

Quotienten in Abhängigkeit von der Anzahl der Faktorstufen (p und q) voneinander unterscheiden können.

Effektstärkenmaße

Die Effektstärkenschätzung bei der zweifaktoriellen Varianzanalyse mit Messwiederholung auf beiden Faktoren kann analog zur einfaktoriellen Varianzanalyse mit Messwiederholung vorgenommen werden. Auch hier unterscheidet man zwischen nicht-partiellen (oder »generalisierten«) Effektstärkenmaßen und partiellen Effektstärkenmaßen. Partielle Effektstärkenmaße sind aufgrund möglicher systematischer Unterschiede in den Intraklassen-Korrelationen nicht über verschiedene Studien hinweg vergleichbar; daher bietet es sich an, immer beide Effektstärkenmaße zu berichten. Die Formeln für die partiellen und nicht-partiellen Schätzer für das Effektstärkenmaß η^2 sind in Tabelle 14.7 zusammengefasst. Die Formeln für den erwartungstreuen Schätzer $\hat{\omega}^2_{\text{Effekt}}$ bzw. $\hat{\omega}^2_{\text{p\_Effekt}}$ können dem Artikel von Olejnik und Algina (2003) entnommen werden.

Der Vollständigkeit halber sei an dieser Stelle gesagt, dass die in Tabelle 14.7 angegebenen nicht-partiellen (oder »generalisierten«) Effektstärkenschätzer nur dann zu verwenden sind, wenn es sich bei den beteiligten Faktoren tatsächlich um feste (deterministische) Faktoren handelt, d. h. solche, bei denen der Experimentator die vollständige Kontrolle über die Merkmalsausprägung hat. Das trifft für experimentell manipulierte Variablen in den meisten Fällen zu. Handelt es sich jedoch um einen zufälligen (stochastischen) Faktor, dessen Ausprägungen eine Zufallsauswahl aller möglichen Ausprägungen darstellen (z. B. beim Alter oder dem Einkommen einer Person), sind die Formeln in Tabelle 14.7 nicht anwendbar. Wie im Falle stochastischer Faktoren zu

Tabelle 14.7 Nicht-partielle und partielle Effektstärkenmaße bei der zweifaktoriellen Varianzanalyse mit Messwiederholung auf beiden Faktoren

	Nicht-partiell ($\hat{\eta}^2$)	Partiell ($\hat{\eta}_p^2$)
Haupteffekt A	$\dfrac{QS_A}{QS_{\text{tot}} - QS_B - QS_{A \times B}}$	$\dfrac{QS_A}{QS_A + QS_{P \times A}}$
Haupteffekt B	$\dfrac{QS_B}{QS_{\text{tot}} - QS_A - QS_{A \times B}}$	$\dfrac{QS_B}{QS_B + QS_{P \times B}}$
Interaktionseffekt A × B	$\dfrac{QS_{A \times B}}{QS_{\text{tot}} - QS_A - QS_B}$	$\dfrac{QS_{A \times B}}{QS_{A \times B} + QS_{\text{Res}}}$

verfahren ist, werden wir hier nicht behandeln. Hierzu sei auf Keppel (1991), Kirk (1995) oder Maxwell und Delaney (2004) verwiesen.

Nonzentralitätsparameter

Die Bestimmung von Konfidenzintervallen für Effektstärken, die Poweranalyse und die Planung des optimalen Stichprobenumfangs für eine zweifaktorielle Varianzanalyse mit Messwiederholung auf beiden Faktoren erfolgt wieder auf der Basis des Nonzentralitätsparameters λ'. Dieser ergibt sich aus dem Effektstärkenmaß ϕ^2_{Effekt} bzw. dem korrigierten Effektstärkenmaß ϕ'^2_{Effekt} (s. Abschn. 14.1.8):

$$\lambda' = n \cdot p \cdot q \cdot \phi'^2_{\text{Effekt}}$$
$$= \frac{n \cdot p \cdot q \cdot \phi^2_{\text{Effekt}}}{1-\rho} \quad \text{(F 14.85)}$$

Die Rückrechnung von λ' in ϕ^2_{Effekt} erfolgt dann entsprechend:

$$\phi^2_{\text{Effekt}} = \frac{\lambda' \cdot (1-\rho)}{n \cdot p \cdot q} \quad \text{(F 14.86)}$$

Auch hier ist ρ die Intraklassen-Korrelation, die angibt, wie ähnlich sich die Messwerte in unterschiedlichen Bedingungen bzw. unterschiedlichen Bedingungskombinationen sind, wenn sie von der gleichen Person abgegeben wurden. Ihre Berechnung ist allerdings etwas komplizierter als in Abschnitt 14.1.8 geschildert; wir werden hier daher nicht im Detail auf die Intraklassen-Korrelation im Falle mehrfaktorieller Varianzanalysen mit Messwiederholung eingehen.

> **Beispiel**
>
> **Stichprobenumfangsplanung im Modelllern-Experiment**
>
> Wie viele Personen hätten wir in unserem Beispielexperiment zum Modelllernen benötigt, um einen Effekt des Faktors A (»Ähnlichkeit« mit $p = 2$ Stufen) mittlerer Größe mit einer Wahrscheinlichkeit von $1 - \beta = 95\,\%$ auf einem Signifikanzniveau von $\alpha = 5\,\%$ aufzudecken, falls dieser Effekt wirklich existiert?
>
> Bei der Varianzanalyse ohne Messwiederholung würde ein postulierter Effekt mittlerer Größe dem Wert $\eta_1^2 = 0{,}06$ (bzw. $\phi_1^2 = 0{,}0625$) entsprechen. Die Intraklassen-Korrelation ρ schätzen wir aus der Korrelation zwischen den (durchschnittlichen) Personenmittelwerten $\bar{x}_{m1\bullet}$ und $\bar{x}_{m2\bullet}$ (das Konzept der Korrelation werden wir in Kap. 15 ausführlich behandeln). Sie beträgt hier $\hat{\rho} = 0{,}85$.
>
> Die Bestimmung des Nonzentralitätsparameters kann bei der zweifaktoriellen Varianzanalyse mit Messwiederholung leider nicht mehr so einfach mit Hilfe des Programms G*Power erfolgen wie bei der einfaktoriellen Varianzanalyse mit Messwiederholung. G*Power stellt (zurzeit) leider kein Modul zur Berechnung des optimalen Stichprobenumfangs a priori zur Verfügung; allerdings kann man sich mit dem Modul zur Berechnung der Teststärke post hoc behelfen. Hierbei geht man folgendermaßen vor: Man berechnet den Nonzentralitätsparameter λ_1' für einen beliebigen Wert für n (z. B. $n = 10$) und bestimmt auf dieser Basis die Power. Ist die Power zu niedrig, versucht man, sich durch eine Erhöhung des Wertes für n schrittweise der gewünschten Power zu nähern. Ist die Power höher als gewünscht, versucht man, sich der gewünschten Power schrittweise durch eine Verringerung des Wertes für n zu nähern.
>
> Beginnen wir mit dem Wert $n = 10$. Eingesetzt in Formel F 14.85 ergibt sich für den Nonzentralitätsparameter:
>
> $$\lambda_1' = \frac{10 \cdot 2 \cdot 2 \cdot 0{,}0625}{1 - 0{,}85} = 16{,}67$$
>
> Bei $n = 10$ Personen hätte der F-Wert $df_1 = (p - 1) = 1$ Zählerfreiheitsgrad und $df_2 = (p - 1) \cdot (n - 1) = 9$ Nennerfreiheitsgrade. Das ergibt laut G*Power eine Teststärke von $1 - \beta = 0{,}951$. Diese Teststärke entspricht der gewünschten Teststärke; eine Stichprobengröße von $n = 10$ wäre also optimal, um einen Effekt mittlerer Größe auf einem Signifikanzniveau von $\alpha = 5\,\%$ mit einer Wahrscheinlichkeit von $1 - \beta = 95\,\%$ zu finden unter der Annahme, die Intraklassen-Korrelation betrage $\rho = 0{,}85$.

Bestimmung des optimalen Stichprobenumfangs

Mit Hilfe des Nonzentralitätsparameters sind wir zum einen in der Lage, die Teststärke jeder der drei F-Tests bei der zweifaktoriellen Varianzanalyse mit Messwiederholung zu bestimmen; zum anderen können wir den optimalen Stichprobenumfang so planen, dass die Wahrscheinlichkeit, mit der unter der Annahme eines spezifischen Populationseffekts unter der Alternativhypothese auf einem festgelegten Signifikanzniveau α die Nullhypothese abgelehnt werden kann, $1-\beta$ beträgt. Hierzu legen wir einen spezifischen Populationseffekt ($\phi^2_{1\_\text{Effekt}}$ bzw. $\phi'^2_{1\_\text{Effekt}}$) fest. Dann lässt sich die optimale Stichprobengröße für den F-Test über den Nonzentralitätsparameter λ'_1 bestimmen. Setzt man in Formel F 14.86 den Ausdruck λ'_1 ein und löst die Formel nach n auf, erhält man:

$$n = \frac{\lambda'_1 \cdot (1-\rho)}{p \cdot q \cdot \phi^2_{1\_\text{Effekt}}} \qquad (\text{F } 14.87)$$

Der Nonzentralitätsparameter λ'_1 ergibt sich aus der Teststärke, also dem Flächenanteil unter der nonzentralen F-Verteilung, den ein kritischer Wert F_{krit} nach rechts abschneidet. Der kritische Wert wiederum ist derjenige F-Wert, der unter der zentralen F-Verteilung einen Flächenanteil von α nach rechts abschneidet. Sind die Irrtumswahrscheinlichkeiten α und β festgelegt, steht also auch der Nonzentralitätsparameter λ'_1 fest.

14.2.2 Zweifaktorielle Varianzanalyse mit Messwiederholung auf einem Faktor

Auch hier greifen wir wieder auf das Datenbeispiel aus Tabelle 13.8 bzw. Tabelle 14.5 zurück. Gehen wir nun davon aus, dass der Faktor A (Ähnlichkeit) interindividuell, der Faktor B (Belohnung) hingegen intraindividuell variiert wurde. Das bedeutet: Jedes Kind, das an der Untersuchung teilnimmt, sieht zwei Filme, die sich wie folgt unterscheiden: (1) Die beobachtete Person wird für ihr Verhalten belohnt; (2) die beobachtete Person wird für ihr Verhalten nicht belohnt. Der Faktor B (Belohnung) ist also der messwiederholte Faktor (»within-subjects factor«) in diesem Design. Die Kinder werden randomisiert auf zwei Gruppen aufgeteilt: In Gruppe 1 ist die beobachtete Person in den Filmen ebenfalls ein Kind (hohe Ähnlichkeit); in Gruppe 2 ist sie eine erwachsene Person (geringe Ähnlichkeit). Der Faktor A (Ähnlichkeit) ist also der nicht-messwiederholte Faktor (»between-subjects factor«) in diesem Design.

Die Daten sind in Tabelle 14.8 noch einmal dargestellt. Im Unterschied zu Tabelle 14.5 stehen die Stu-

Tabelle 14.8 Rohdaten des Modelllern-Experiments aus Tabelle 13.8; hier als zweifaktorielle Varianzanalyse mit Messwiederholung auf einem Faktor

Rohdaten (x_{mjk})		Faktor B (Belohnung)		Personmittelwerte $\bar{x}_{mj\bullet}$
		Belohnung (b_1)	Keine Belohnung (b_2)	
Faktor A (Ähnlichkeit)	Kind (a_1)	58	29	43,5
		46	36	41
		50	27	38,5
		70	55	62,5
		71	43	57
	Erwachsener (a_2)	28	23	25,5
		21	33	27
		36	35	35,5
		44	51	47,5
		51	43	47

fen des nicht-messwiederholten Faktors hier wieder in den Zeilen; das erleichtert die Auswertung. In der letzten Spalte sind die Personmittelwerte $\bar{x}_{mj\bullet}$ eingetragen. Die Personmittelwerte können hier nicht mehr über alle Bedingungskombinationen, sondern nur noch über die Stufen des messwiederholten Faktors hinweg berechnet werden. Da wir es hier nur noch mit einer Messwiederholung auf einem Faktor zu tun haben, benötigen wir mehr Versuchspersonen, um auf 20 Messwerte zu kommen. An dieser Untersuchung haben insgesamt 10 Kinder teilgenommen, von denen jedes zwei Werte abgibt. In jeder Bedingungskombination des Versuchsdesigns befinden sich $n_{Zelle} = 5$ Kinder.

Split-Plot-Designs

Designs mit einem messwiederholten und einem nicht-messwiederholten Faktor werden in der Versuchsplanung auch als Split-Plot-Designs oder als Mehrgruppen-Messwiederholungs-Designs bezeichnet. Sie sind typisch für die Evaluationsforschung, z. B. wenn getestet werden soll, ob die Verringerung des Leidensdrucks in einer Therapiegruppe stärker ist als in einer Kontrollgruppe, die keine Therapie erhält. Der messwiederholte Faktor wäre hier die Zeit, der nicht-messwiederholte Faktor die Zugehörigkeit zu einer der beiden Gruppen.

Populationsmodell

Beginnen wir auch hier mit dem Populationsmodell der zweifaktoriellen Varianzanalyse mit Messwiederholung auf einem Faktor. Es beschreibt das Zustandekommen eines beliebigen Messwertes x_{mjk} in der Population:

$$x_{mjk} = \mu + \tau_{a_j} + \tau_{b_k} + \tau_{(a \times b)_{jk}} + \pi_{m(j)} + \varepsilon_{mjk} \quad \text{(F 14.88)}$$

Das Modell besagt, dass ein beliebiger Messwert x einer Person m in Gruppe j bei der Messgelegenheit k beeinflusst wird durch
- den unbedingten Populationsmittelwert (μ),
- den Haupteffekt der Bedingung a_j (τ_{a_j}),
- den Haupteffekt der jeweiligen Messgelegenheit (τ_{b_k})
- den Interaktionseffekt der Bedingungskombination $(ab)_{jk}$ ($\tau_{(a \times b)_{jk}}$),
- den Effekt einer Person m innerhalb der Gruppe j ($\pi_{m(j)}$) und
- alle unsystematischen Einflüsse einschließlich des Messfehlers (zusammengefasst im Ausdruck ε_{mjk}).

Da eine Person m nur einer der Stufen des nicht-messwiederholten Faktors zugeordnet wird, sagt man auch, dass die Personen innerhalb der Stufen des Faktors A verschachtelt (oder »genestet«) sind. Man bringt dies zum Ausdruck, indem man den Zähler für die Bedingung (j) im Index von $\pi_{m(j)}$ in Klammern setzt.

Annahmen

Das in Formel F 14.88 dargestellte Modell impliziert folgende Annahmen:
- Die bedingten Personeffekte $\pi_{m(j)}$ innerhalb einer Gruppe j sind voneinander unabhängig und folgen einer Normalverteilung mit dem Mittelwert 0 und der Varianz $\sigma^2_{\pi(j)}$.
- Die Residualeinflüsse ε_{mjk} sind voneinander unabhängig und folgen einer Normalverteilung mit dem Mittelwert 0 und der Varianz σ^2_ε.
- Personeffekte und Residualeinflüsse sind voneinander unabhängig.

Als Konsequenz dieser Annahmen folgt die Kovarianzstruktur innerhalb jeder Stufe des nicht-messwiederholten Faktors einer CS-Struktur. Dies bedeutet, dass die Varianzen zu allen p Messgelegenheiten gleich sind und auf Populationsebene der Summe $\sigma^2_{\pi(j)} + \sigma^2_\varepsilon$ entsprechen und dass darüber hinaus die Kovarianzen aller Messgelegenheitspaare gleich sind und auf Populationsebene der Varianz $\sigma^2_{\pi(j)}$ entsprechen. Dies gilt für alle Bedingungen a_j, so dass sich die Populations-Kovarianzmatrizen nicht zwischen den Stufen des nicht-messwiederholten Faktors unterscheiden.

Verletzung der Modellannahmen. Für die Normalverteilungsannahme gilt, dass die Varianzanalyse relativ robust gegenüber ihrer Verletzung ist, sofern die Stichprobe groß genug ist. Die Annahme einer CS-Struktur ist hingegen problematisch, da sie oft unplausibel und dementsprechend oft verletzt ist. Nehmen wir das Beispiel Therapieevaluation: Selbst wenn die Therapie im Vergleich zu einer Wartekontrollgruppe erfolgreich ist und im Laufe der Zeit zu einer

Verringerung des Leidensdrucks führt, so wäre es unplausibel anzunehmen, dass dieser Verlauf für alle Personen in der Therapiegruppe gleich ist. Manche Personen profitieren mehr von einer Therapie, andere weniger. In den meisten Fällen wird es deshalb so sein, dass die Varianz der Messwerte zu den späteren Messgelegenheiten (nach der Therapie) größer ist als vorher. Problematisch ist auch die Implikation gleicher Kovarianzen. So kann es sein, dass zwei Messgelegenheiten umso geringer miteinander kovariieren, je weiter sie zeitlich auseinanderliegen (autoregressive Struktur, s. Kap. 25). Auch das ist nicht unplausibel, sondern z. B. darauf zurückzuführen, dass unterschiedlichen Personen im Laufe der Zeit unterschiedliche Dinge widerfahren, die dann zu unterschiedlichen Verläufen über die Zeit hinweg (und damit zu geringeren Zusammenhängen) führen. Die Annahme einer CS-Struktur ist also gerade in solchen Fällen, in denen man mit differentiellen Verläufen rechnet, unplausibel und führt zu verzerrten Testergebnissen, wenn sie verletzt ist.

Test auf Gültigkeit der Modellannahmen. Die Gültigkeit der CS-Annahme kann statistisch überprüft werden, z. B. auf der Basis des Mauchly-Tests (Mauchly, 1940). Es hat sich jedoch gezeigt, dass der Mauchly-Test zu streng wird, wenn die Normalverteilungsannahme verletzt ist. Die Annahme homogener Varianz-Kovarianz-Matrizen zwischen den Stufen des nicht-messwiederholten Faktors kann mit Hilfe des Box-Tests überprüft werden. Die Gleichheit der Varianzen zwischen den Stufen des nicht-messwiederholten Faktors kann mit Hilfe des Levene-Tests (vgl. Abschn. 11.3.2) überprüft werden. Für alle diese Anpassungstests gilt: Muss die Nullhypothese abgelehnt werden, dann ist die entsprechende Modellannahme verletzt.

Umgang mit Verletzungen der Sphärizitätsannahme. Auch hier gilt, dass eine Verletzung der CS-Annahme zwar nicht mehr modellkompatibel ist, aber nicht zu einer Verzerrung des F-Tests führt, wenn die Matrix zumindest eine sphärische Struktur aufweist. Aber auch die Sphärizitätsannahme ist in einigen Fällen, in denen Split-Plot-Designs typischerweise angewendet werden, unplausibel: So ist davon auszugehen, dass die Varianzen von Messwertdifferenzen umso größer sind, je weiter die Messzeitpunkte auseinanderliegen. Ist die Sphärizitätsannahme verletzt, so wird der F-Test zu liberal, d. h., die Nullhypothese wird abgelehnt, obwohl sie möglicherweise gilt. Eine Möglichkeit besteht daher darin, die Freiheitsgrade des F-Tests (etwa nach der Formel von Greenhouse-Geisser oder von Huynh-Feldt) zu korrigieren und den Test damit strenger durchzuführen. Eine andere Möglichkeit besteht darin, auf Modelle der Veränderungsmessung zurückzugreifen, die diese restriktive Annahme nicht treffen. Wir werden in Kapitel 25 auf Modelle der Veränderungsmessung hinweisen, die weniger restriktiv sind und auf den Fall mehrerer Gruppen erweitert werden können.

Quadratsummen- und Freiheitsgradezerlegung

Das Modell in Formel F 14.88 besteht aus fünf Komponenten (plus dem Populationsmittelwert): den drei festen Effekten ($\tau_{a_j}, \tau_{b_k}, \tau_{(a \times b)_{jk}}$) und zwei Residualtermen ($\pi_{m(j)}, \varepsilon_{mjk}$). Bei den festen Effekten handelt es sich – genau wie in Abschnitt 14.2.1 – um die Haupteffekte des Faktors A, die Haupteffekte des Faktors B und die Interaktion $A \times B$. Sie werden genauso geschätzt, wie in Abschnitt 14.2.1 beschrieben; auch die Berechnung der Quadratsummen und der Freiheitsgrade ist exakt identisch. Änderungen ergeben sich lediglich im Hinblick auf die beiden Residualterme. Wir werden daher im Folgenden nur diese beiden Parameter, ihre Schätzer und die Ableitung der Quadratsummen beschreiben.

Effekte der Personen innerhalb von a_j. Der Modellparameter $\pi_{m(j)}$ kennzeichnet den Effekt einer Person m innerhalb einer Stufe a_j des nicht-messwiederholten Faktors (A). Hierunter fallen alle Merkmale dieser Person, die über die q Stufen des messwiederholten Faktors hinweg stabil bleiben. Der Parameter $\pi_{m(j)}$ ist definiert als die Abweichung eines Personmittelwerts (d. h. des Mittelwerts einer Person über alle Stufen des messwiederholten Faktors hinweg) ($\mu_{mj\bullet}$) vom Bedingungsmittelwert der jeweiligen Stufe des nicht-messwiederholten Faktors:

$$\pi_{m(j)} = \mu_{mj\bullet} - \mu_{\bullet j\bullet} \qquad \text{(F 14.89)}$$

Man könnte also auch sagen, der bedingte Personeffekt manifestiert sich in der Variation der Personmittelwerte $\mu_{mj\bullet}$ innerhalb einer Faktorstufe a_j. Bezogen auf unser Beispiel gibt der Parameter $\pi_{m(j)}$ an, ob es interindividuelle Unterschiede im Nachahmungsverhalten zwischen den Kindern innerhalb einer Gruppe gibt, die über die beiden Filme hinweg (Faktorstufen »Belohnung« und »keine Belohnung«) konstant bleiben. So könnte es sein, dass das Nachahmungsverhalten einiger Kinder grundsätzlich größer ist als das anderer Kinder, unabhängig davon, welchen Film die Kinder gerade gesehen haben. Je größer solche stabilen interindividuellen Unterschiede (die z. B. auf Unterschiede in der dispositionellen Selbstunsicherheit zurückgehen) sind, desto größer ist $\pi_{m(j)}$. Wir schätzen diesen bedingten Personeffekt wie folgt:

$$\hat{\pi}_{m(j)} = \bar{x}_{mj\bullet} - \bar{x}_{\bullet j\bullet} \qquad (\text{F 14.90})$$

Quadriert man diesen Term und summiert die quadrierten Abweichungen über alle Beobachtungen hinweg, erhält man die Quadratsumme $QS_{P\_in\_A}$:

$$QS_{P\_in\_A} = \sum_{k=1}^{q} \sum_{j=1}^{p} \sum_{m=1}^{n_{Zelle}} \left(\bar{x}_{mj\bullet} - \bar{x}_{\bullet j\bullet} \right)^2$$
$$= q \cdot \sum_{j=1}^{p} \sum_{m=1}^{n_{Zelle}} \left(\bar{x}_{mj\bullet} - \bar{x}_{\bullet j\bullet} \right)^2 \qquad (\text{F 14.91})$$

Da bei dieser Quadratsumme innerhalb jeder Stufe des Faktors A $n_{Zelle} - 1$ Personmittelwerte frei variieren können, beträgt die Zahl der Freiheitsgrade über alle Stufen des Faktors A hinweg:

$$df_{P\_in\_A} = p \cdot (n_{Zelle} - 1) \qquad (\text{F 14.92})$$

Residuum. Das Residuum ε_{mjk} setzt sich zusammen aus unsystematischen Einflüssen bzw. dem Messfehler. Es ist derjenige Teil in der Variation der Messwerte, der weder durch die Haupteffekte oder die Interaktionseffekte noch durch die bedingten Personeffekte erklärt werden kann.

$$\varepsilon_{mjk} = (x_{mjk} - \mu) - (\mu_{\bullet j\bullet} - \mu) - (\mu_{\bullet \bullet k} - \mu)$$
$$- (\mu_{\bullet jk} - \mu_{\bullet j\bullet} - \mu_{\bullet \bullet k} + \mu) - (\mu_{mj\bullet} - \mu_{\bullet j\bullet})$$
$$= x_{mjk} - \mu_{\bullet jk} - \mu_{mj\bullet} + \mu_{\bullet j\bullet} \qquad (\text{F 14.93})$$

Das Residuum ist also nichts anderes als die Abweichung der einzelnen Messwerte vom Gesamtmittelwert, nachdem sowohl alle Haupt- und Interaktionseffekte als auch die bedingten Personeffekte (innerhalb einer Bedingung a_j) herausgenommen wurden. Es wird wie folgt geschätzt:

$$\hat{\varepsilon}_{mjk} = x_{mjk} - \bar{x}_{\bullet jk} - \bar{x}_{mj\bullet} + \bar{x}_{\bullet j\bullet} \qquad (\text{F 14.94})$$

Quadriert man diesen Term und summiert die quadrierten Abweichungen über alle Beobachtungen hinweg, erhält man die Quadratsumme QS_{Res}:

$$QS_{Res} = \sum_{k=1}^{q} \sum_{j=1}^{p} \sum_{m=1}^{n_{Zelle}} (x_{mjk} - \bar{x}_{\bullet jk} - \bar{x}_{mj\bullet} + \bar{x}_{\bullet j\bullet})^2 \qquad (\text{F 14.95})$$

Bei dieser Quadratsumme können innerhalb jeder Zelle $(ab)_{jk}$ genau $n_{Zelle} - 1$ Messwerte frei variieren, da innerhalb einer Bedingungskombination – laut dem Populationsmodell – die Summe der Abweichungen 0 ergeben muss. Zusätzlich muss aber auch die Summe der Personeffekte 0 ergeben, deshalb können über die q Stufen des messwiederholten Faktors auch nur $q - 1$ Messwerte frei variieren. Über die p Stufen des nicht-messwiederholten Faktors können alle Werte frei variieren. Insgesamt ergeben sich die Freiheitsgrade der QS_{Res} damit zu:

$$df_{Res} = p \cdot (q - 1) \cdot (n_{Zelle} - 1) \qquad (\text{F 14.96})$$

Graphische Darstellung der Quadratsummenzerlegung

Die Zerlegung der Quadratsummen bzw. der Freiheitsgrade kann graphisch dargestellt werden (s. Abb. 14.6). Die Gesamtvariation wird zunächst in zwei Teile geteilt: Variation innerhalb von Personen und Variation zwischen Personen. Zur Variation *innerhalb* von Personen gehören diejenigen Anteile, die zumindest zum Teil auf Variationen innerhalb einer Person beruhen. Das betrifft die Haupteffekte des messwiederholten Faktors (und damit QS_B), aber es betrifft auch die Interaktionseffekte zwischen Faktor A und Faktor B (und damit $QS_{A\times B}$), denn auch diese sind zumindest partiell auf Unterschiede zurückzuführen, die sich innerhalb der Versuchspersonen zeigen. Schließlich gehört zu dieser Kategorie auch noch das Residuum (und damit QS_{Res}), denn hier handelt es sich ja um eine »Interaktion« zwischen dem zufälligen Faktor »Person« und dem mess-

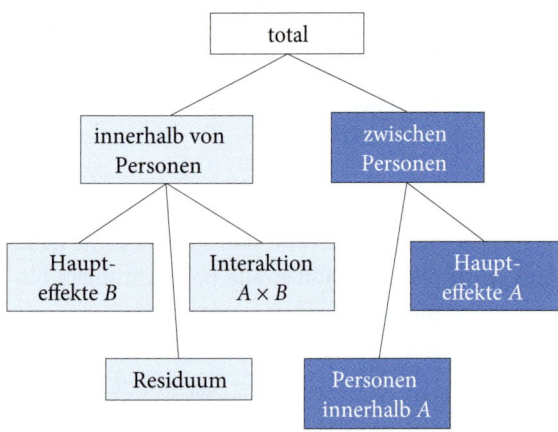

Abbildung 14.6 Quadratsummenzerlegung bei der zweifaktoriellen Varianzanalyse mit Messwiederholung auf einem Faktor

wiederholten Faktor. Zur Variation *zwischen* Personen gehören diejenigen Anteile, die ausschließlich auf Variationen zwischen unterschiedlichen Personen beruhen. Hierzu gehören die Haupteffekte des nicht-messwiederholten Faktors (und damit QS_A) sowie Unterschiede zwischen den Personen innerhalb der Stufen dieses Faktors (und damit $QS_{P\_in\_A}$). Aus Abbildung 14.6 wird auch deutlich, dass die Quadratsummen sowie die Freiheitsgrade additiv sind.

F-Tests

Teilt man die fünf Quadratsummen durch ihre jeweiligen Freiheitsgrade, erhält man die fünf mittleren Quadratsummen der zweifaktoriellen Varianzanalyse mit Messwiederholung auf einem Faktor. Wie kann man nun die drei festen Effekte auf Signifikanz testen? Auch hier gilt: Der F-Bruch soll so gebildet werden, dass sich Zähler und Nenner des Quotienten lediglich in dem zu testenden Effekt voneinander unterscheiden. Gilt die Nullhypothese, dann müssten Zähler und Nenner des F-Bruchs jeweils voneinander unabhängige Schätzungen der gleichen Varianz darstellen und dürften nur zufällig voneinander abweichen. Je größer der zu testende Effekt, desto größer müsste F werden.

Diese Konstruktionslogik hat zur Folge, dass die beiden Effekte, die zur Klasse der Innerhalb-Personen-Variationen gehören (nämlich die Haupteffekte des messwiederholten Faktors B und die Interaktionseffekte $A \times B$) an einer anderen Prüfvarianz getestet werden müssen als der Effekt, der zur Klasse der Zwischen-Personen-Variationen gehört (nämlich die Haupteffekte des nicht-messwiederholten Faktors A). Genauer gesagt: Trifft in Bezug auf die Haupteffekte von a_j die Nullhypothese $\tau_{a_j} = 0$ (für alle j) zu, dann entspricht der Erwartungswert der MQS_A genau dem Erwartungswert der $MQS_{P\_in\_A}$. Deshalb bildet sich der F-Bruch für die Haupteffekte von a_j wie folgt:

$$F_A = \frac{MQS_A}{MQS_{P\_in\_A}} \quad \text{(F 14.97)}$$

Anders verhält es sich mit den beiden Innerhalb-Personen-Effekten. Trifft in Bezug auf die Haupteffekte von b_k oder auf die Interaktion $A \times B$ die Nullhypothese $\tau_{b_k} = 0$ (für alle k) bzw. $\tau_{(a \times b)_{jk}} = 0$ (für alle jk) zu, dann entspricht der Erwartungswert der MQS_B bzw. der Erwartungswert der $MQS_{A \times B}$ genau dem Erwartungswert der MQS_{Res}. Deshalb bildet sich der F-Bruch für diese beiden Effekte wie folgt:

$$F_B = \frac{MQS_B}{MQS_{Res}} \quad \text{(F 14.98)}$$

$$F_{A \times B} = \frac{MQS_{A \times B}}{MQS_{Res}} \quad \text{(F 14.99)}$$

Die berechneten F-Werte können dann mit den jeweiligen kritischen F-Werten verglichen werden. Die kritischen F-Werte ergeben sich aus dem Signifikanzniveau α sowie den Zähler- und den Nennerfreiheitsgraden des jeweiligen F-Bruchs. Zu beachten ist hier, dass sich die Freiheitsgrade für die drei Quotienten in Abhängigkeit von der Anzahl der Faktorstufen (p und q) voneinander unterscheiden können.

Effektstärkenmaße

Die nicht-partiellen Effektstärkenmaße $\hat{\eta}^2_{\text{Effekt}}$ und die partiellen Effektstärkenmaße $\hat{\eta}^2_{\text{p\_Effekt}}$ für jeden der drei Effekte können mit Hilfe der in Tabelle 14.7 angegebenen Formeln bestimmt werden. Die Formeln für den erwartungstreuen Schätzer $\hat{\omega}^2_{\text{Effekt}}$ bzw. $\hat{\omega}^2_{\text{p\_Effekt}}$ können dem Artikel von Olejnik und Algina (2003) entnommen werden.

> **Beispiel**
>
> **Varianzanalytische Auswertung für das Modelllern-Experiment**
>
> Die zusammenfassende Auswertungstabelle für das Datenbeispiel in Tabelle 14.8 findet sich in Tabelle 14.9. Genau wie in Tabelle 14.6 wurden die Zeilen so angeordnet, dass die Quelle der Variation, an der ein bestimmter Effekt getestet wird, direkt unterhalb dieses Effekts steht. Hier sind die Haupteffekte von B und die Interaktion $A \times B$ auf einem α-Niveau von 5 % signifikant. Das ist interessant, da das Muster der signifikanten und nicht-signifikanten Effekte in Tabelle 14.6 etwas anders aussah: Dort waren alle drei Tests signifikant. Die Erklärung für diesen Unterschied liegt auf der Hand: Durch die komplette Messwiederholung auf beiden Faktoren wurde mehr Residualvarianz gebunden als im Falle der Messwiederholung auf nur einem Faktor.

Tabelle 14.9 Ergebnistabelle der zweifaktoriellen Varianzanalyse für das Datenbeispiel aus Tabelle 14.8

Quelle der Variation	QS	df	MQS	F	p	$\hat{\eta}_p^2$
Haupteffekte von A (Ähnlichkeit)	720	1	720	3,225	0,11	0,29
Person innerhalb A	1786	8	223,25			
Haupteffekte von B (Belohnung)	500	1	500	14,49	0,005	0,64
Interaktionseffekte $A \times B$	605	1	605	17,54	0,003	0,69
Residuum	276	8	34,5			
Total	3887	19	204,58			

! Wichtig ist hier nochmals zu betonen, dass partielle Effektstärkenmaße für die Haupteffekte von Faktoren, die im Rahmen eines zweifaktoriellen Designs getestet wurden, nicht mit Effektstärkenmaßen für die Haupteffekte der gleichen Faktoren aus einfaktoriellen Designs verglichen werden können. Der Grund für diese Nicht-Vergleichbarkeit ist, dass der zweite Faktor die Residualvarianz innerhalb einer Bedingung des anderen Faktors häufig verringert. Dadurch wird die Effektstärke eines Faktors in einem zweifaktoriellen Design meist größer sein als in einem einfaktoriellen Design.

Effektstärkenmaß δ_{TK}. Im Rahmen von Evaluationsstudien, in denen die Wirksamkeit einer Maßnahme daran bemessen wird, wie stark die Veränderung zwischen zwei Messzeitpunkten (z. B. die Verringerung des Leidensdrucks oder die Zunahme an Fertigkeiten zwischen dem ersten Messzeitpunkt t_1 und dem zweiten Messzeitpunkt t_2) in einer behandelten Gruppe (i. F. der Einfachheit halber »Therapiegruppe« T genannt) im Vergleich zu einer unbehandelten (oder unspezifisch behandelten) Gruppe (i. F. »Kontrollgruppe« K genannt) ist, sind die Haupteffekte der Bedingung und der Zeit nur von untergeordnetem Interesse; hypothesenrelevant ist die Interaktion Bedingung × Zeit. Für diesen Interaktionseffekt wurden neben $\eta_{A \times B}^2$ (nicht-partiell) und $\eta_{p\_A \times B}^2$ (partiell) weitere Effektstärkenmaße vorgeschlagen, die besser vergleichbar mit Cohens δ sind (vgl. Abschn. 10.1). Zu ihnen gehört das Effektstärkenmaß δ_{TK} (Becker, 1988), das den Unterschied in der relativen Veränderung zwischen Therapiegruppe T und Kontrollgruppe K angibt (daher der Index TK) und das wie folgt definiert ist:

$$\delta_{TK} = \frac{\mu_{\bullet T2} - \mu_{\bullet T1}}{\sigma_1} - \frac{\mu_{\bullet K2} - \mu_{\bullet K1}}{\sigma_1} \quad \text{(F 14.100)}$$

Hier stehen $\mu_{\bullet T1}$ und $\mu_{\bullet T2}$ für die Mittelwerte in der Therapiegruppe zum ersten und zweiten Messzeitpunkt, $\mu_{\bullet K1}$ und $\mu_{\bullet K2}$ für die Mittelwerte in der Kontrollgruppe zum ersten und zweiten Messzeitpunkt und σ_1 für die Populationsstandardabweichung der Messwerte zum ersten Messzeitpunkt. Geschätzt wird δ_{TK} wie folgt aus den Daten:

$$\hat{\delta}_{TK} = \frac{\bar{x}_{\bullet T2} - \bar{x}_{\bullet T1}}{\hat{\sigma}_1} - \frac{\bar{x}_{\bullet K2} - \bar{x}_{\bullet K1}}{\hat{\sigma}_1} \quad (F\ 14.101)$$

Dabei ist $\hat{\sigma}_1$ die über die beiden Bedingungen (T und K) aggregierte (»gepoolte«) Standardabweichung zum ersten Messzeitpunkt (s. auch Formel F 11.8):

$$\hat{\sigma}_1 = \sqrt{\frac{\hat{\sigma}_{T1}^2 \cdot (n_{T1} - 1) + \hat{\sigma}_{K1}^2 \cdot (n_{K1} - 1)}{(n_{T1} - 1) + (n_{K1} - 1)}} \quad (F\ 14.102)$$

Bei den beiden Quotienten, die auf der rechten Seite von Gleichung F 14.101 voneinander abgezogen werden, handelt es sich wiederum jeweils um Effektgrößen. Genauer gesagt sind es standardisierte Differenzen zwischen der Vorher- und Nachher-Messung, wobei der erste Ausdruck die standardisierte Differenz in der Therapiegruppe und der zweite die standardisierte Differenz in der Kontrollgruppe bezeichnet. Die Standardisierung an der geschätzten Standardabweichung zum ersten Messzeitpunkt bietet sich an, wenn die Vortest-Messung (die ja noch völlig unbeeinflusst von Veränderungen oder Gruppenunterschieden sein dürfte) eine unverzerrte Schätzung der Populationsstandardabweichung des gemessenen Merkmals darstellt (Grawe & Braun, 1994). Das geschätzte Effektstärkenmaß $\hat{\delta}_{TK}$ ist also nichts anderes als die Differenz zweier standardisierter Differenzen. Ist diese »doppelte Differenz« größer 0, dann war die Veränderung in der Therapiegruppe größer als in der Kontrollgruppe, was für eine Wirkung der Therapie sprechen würde. Dieser Effektstärkenschätzer ist dann geeignet, wenn sich die Fragestellung, die der Untersuchung zugrunde liegt, auf den Gruppenunterschied (und nicht auf das Ausmaß der Veränderung) bezieht (Morris & DeShon, 2002). Die standardisierte Differenz bezieht sich auf die durchschnittliche Veränderung zwischen zwei Messzeitpunkten, relativiert an der Streuung der Messwerte zum ersten Messzeitpunkt. Eine standardisierte Differenz von 0,80 bedeutet, dass im Nachtest die Messwerte um durchschnittlich 0,8 Standardabweichungseinheiten höher liegen als im Vortest.

Effektstärkenmaß δ_V. Die Relativierung an den Vortestwerten mag in vielen Fällen sinnvoll sein, aber sie beinhaltet keine Information darüber, wie stark sich die Personen in ihrer Veränderung voneinander unterschieden haben. Solche differentiellen Veränderungen sind für die Frage der Wirksamkeit einer therapeutischen Intervention jedoch durchaus interessant: Wenn sich alle Personen in der Therapiegruppe im gleichen Maße verändern, spricht das möglicherweise eher für die Wirksamkeit der Therapie, als wenn sich einige Personen sehr stark, andere hingegen gar nicht verändern. Ein Effektstärkenmaß, das das Ausmaß solcher differentiellen Veränderungen mit einbezieht, haben wir bereits in Abschnitt 12.1.1 im Zusammenhang mit dem t-Test für abhängige Stichproben kennengelernt: das standardisierte Effektstärkenmaß δ'', bei dem die durchschnittliche Differenz μ_D an der Standardabweichung der Differenzen σ_D standardisiert wird (s. Formel F 12.8):

$$\delta'' = \frac{\mu_D}{\sigma_D} \quad (F\ 14.103)$$

Ein Wert von $\delta'' = 0{,}80$ bedeutet, dass die durchschnittliche Veränderung zwischen Vorher- und Nachher-Messung 0,8 Standardabweichungseinheiten oberhalb von 0 liegt. Diese Aussage kann unter Umständen informativer sein als die Aussage, die die standardisierte Differenz erlaubt. Auch hier ist es möglich, für die Kontroll- und die Therapiegruppe getrennt ein standardisiertes Effektstärkenmaß zu berechnen und dann deren Differenz zu interpretieren. Dieses Effektstärkenmaß bezeichnen wir mit δ_V:

$$\delta_V = \frac{\mu_{\bullet T2} - \mu_{\bullet T1}}{\sigma_D} - \frac{\mu_{\bullet K2} - \mu_{\bullet K1}}{\sigma_D} \quad (F\ 14.104)$$

Hier steht σ_D für die Populationsstandardabweichung der Differenzen. Geschätzt wird δ_V wie folgt aus den Daten:

$$\hat{\delta}_V = \frac{\bar{x}_{\bullet T2} - \bar{x}_{\bullet T1}}{\hat{\sigma}_D} - \frac{\bar{x}_{\bullet K2} - \bar{x}_{\bullet K1}}{\hat{\sigma}_D} \quad (F\ 14.105)$$

Dabei ist $\hat{\sigma}_D$ die über die beiden Bedingungen (T und K) aggregierte (»gepoolte«) Standardabweichung der Differenzen (s. auch Formel F 11.8):

$$\hat{\sigma}_D = \sqrt{\frac{\hat{\sigma}_{TD}^2 \cdot (n_{TD} - 1) + \hat{\sigma}_{KD}^2 \cdot (n_{KD} - 1)}{(n_{TD} - 1) + (n_{KD} - 1)}} \quad (F\ 14.106)$$

Anders als bei δ_{TK} bezieht δ_V das Ausmaß individueller Unterschiede in der Veränderung mit ein. Welches der beiden Effektstärkenmaße im Einzelfall aussagekräftiger ist, hängt also von der Fragestellung ab (Morris & DeShon, 2002).

Nonzentralitätsparameter

Zur Bestimmung der Konfidenzintervalle für Effektstärken, zur Poweranalyse und zur Planung des optimalen Stichprobenumfangs für eine zweifaktorielle Varianzanalyse mit Messwiederholung auf einem Faktor benötigen wir auch hier den Nonzentralitätsparameter λ'. Er ergibt sich aus dem Effektstärkenmaß ϕ^2 bzw. dem korrigierten Effektstärkenmaß ϕ'^2 (s. Formel F 14.47). Allerdings wird er – anders als bei der zweifaktoriellen Varianzanalyse mit Messwiederholung auf beiden Faktoren (Abschn. 14.2.1) – hier für die drei zu testenden Effekte unterschiedlich definiert.

Innerhalb-Personen-Effekte. Für den messwiederholten Faktor B sowie für die Interaktion $A \times B$ ist λ' so definiert, wie wir es bereits in Abschnitt 14.2.1 beschrieben haben (vgl. Formel F 14.85):

$$\lambda' = n_{Zelle} \cdot p \cdot q \cdot \phi'^2$$
$$= \frac{n_{Zelle} \cdot p \cdot q \cdot \phi^2}{1 - \rho} \quad \text{(F 14.107)}$$

Zwischen-Personen-Effekt. Für den nicht-messwiederholten Faktor A ist λ' wie folgt definiert:

$$\lambda' = n_{Zelle} \cdot p \cdot q \cdot \frac{\phi^2}{1 + (q-1) \cdot \rho} \quad \text{(F 14.108)}$$

Mit Hilfe der Formeln F 14.107 und F 14.108 können die $(1 - \alpha)$-Konfidenzintervalle für Effektgrößen bestimmt werden (vgl. Abschn. 14.1.8).

Planung des optimalen Stichprobenumfangs

Zur Bestimmung des optimalen Stichprobenumfangs muss man (1) das Signifikanzniveau α, (2) die Power $1 - \beta$ und (3) den hypothetischen Effekt in der Population (ϕ_1^2 bzw. ϕ'^2_1) festlegen. Außerdem muss man die Intraklassen-Korrelation ρ kennen oder aus bereits vorhandenen Daten (oder Untersuchungen) schätzen können. Auch hier erfolgt die Bestimmung des Nonzentralitätsparameters λ'_1 für die beiden Innerhalb-Personen-Effekte (Faktor B und Interaktion $A \times B$) und den Zwischen-Personen-Effekt (Faktor A) in unterschiedlicher Weise.

Innerhalb-Personen-Effekte. Löst man Formel F 14.107 nach n_{Zelle} auf und setzt die Größen ϕ_1^2 bzw. ϕ'^2_1 sowie λ'_1 ein, ergibt sich für die beiden Innerhalb-Personen-Effekte (Faktor B und Interaktion $A \times B$):

$$n_{Zelle} = \frac{\lambda'_1}{p \cdot q \cdot \phi'^2_1}$$
$$= \frac{\lambda'_1 \cdot (1 - \rho)}{p \cdot q \cdot \phi_1^2} \quad \text{(F 14.109)}$$

Zwischen-Personen-Effekte. Löst man Formel F 14.108 nach n_{Zelle} auf und setzt die Größen ϕ_1^2 bzw. ϕ'^2_1 sowie λ'_1 ein, ergibt sich für den den Zwischen-Personen-Effekt (Faktor A):

$$n_{Zelle} = \frac{\lambda_1 \cdot (1 + (q-1) \cdot \rho)}{p \cdot q \cdot \phi_1^2} \quad \text{(F 14.110)}$$

> **Beispiel**
>
> **Optimale Stichprobengröße für die Interaktion $A \times B$ im Modelllern-Experiment**
>
> Wie viele Personen hätten wir benötigt, um im Falle eines Split-Plot-Designs einen Interaktionseffekt mittlerer Größe mit einer Wahrscheinlichkeit von $1 - \beta = 90\,\%$ auf einem Signifikanzniveau von $\alpha = 5\,\%$ aufzudecken, falls dieser Effekt wirklich existiert?
>
> Bei der Varianzanalyse ohne Messwiederholung würde ein postulierter Effekt mittlerer Größe dem Wert $\eta_1^2 = 0{,}06$ (bzw. $\phi_1^2 = 0{,}0625$) entsprechen. Die Intraklassen-Korrelation ρ schätzen wir aus der Korrelation zwischen den Personmittelwerten $\bar{x}_{mj1}$ und $\bar{x}_{mj2}$ (das Konzept der Korrelation werden wir in Kap. 15 ausführlich behandeln). Sie beträgt hier $\hat{\rho} = 0{,}53$.
>
> Die Bestimmung des Nonzentralitätsparameters muss auch hier iterativ erfolgen. Man berechnet den Nonzentralitätsparameter λ'_1 für einen beliebigen Wert für n_{Zelle} (z. B. $n_{Zelle} = 10$) und bestimmt auf ▶

dieser Basis die Power. Ist die Power zu niedrig, versucht man, sich durch eine Erhöhung des Wertes für n_{Zelle} schrittweise der gewünschten Power zu nähern. Ist die Power höher als gewünscht, versucht man, sich der gewünschten Power schrittweise durch eine Verringerung des Wertes für n_{Zelle} zu nähern.

Beginnen wir mit dem Wert $n_{Zelle} = 10$. Eingesetzt in Formel F 14.107 ergibt sich für den Nonzentralitätsparameter:

$$\lambda'_1 = \frac{n_{Zelle} \cdot p \cdot q \cdot \phi_1^2}{1-\rho} = \frac{10 \cdot 2 \cdot 2 \cdot 0{,}0625}{1-0{,}53} = \frac{2{,}5}{0{,}47} = 5{,}32$$

Bei $n_{Zelle} = 10$ hätte der F-Wert gemäß Formel F 14.65 $df_1 = df_{A \times B} = (p-1) \cdot (q-1) = 1$ Zählerfreiheitsgrad und gemäß Formel F 14.96 $df_2 = df_{Res} = p \cdot (q-1) \cdot (n_{Zelle}-1) = 18$ Nennerfreiheitsgrade. Das ergibt laut G*Power eine Teststärke von $1 - \beta = 0{,}588$. Diese Teststärke liegt unter der gewünschten Teststärke.

Versuchen wir es mit dem Wert $n_{Zelle} = 20$. Eingesetzt in Formel F 14.107 ergibt sich für den Nonzentralitätsparameter:

$$\lambda'_1 = \frac{20 \cdot 2 \cdot 2 \cdot 0{,}0625}{1-0{,}53} = \frac{5}{0{,}47} = 10{,}64$$

Bei $n_{Zelle} = 20$ hätte der F-Wert gemäß Formel F 14.65 $df_1 = df_{A \times B} = (p-1) \cdot (q-1) = 1$ Zählerfreiheitsgrad und gemäß Formel F 14.96 $df_2 = df_{Res} = p \cdot (q-1) \cdot (n_{Zelle}-1) = 38$ Nennerfreiheitsgrade. Das ergibt laut G*Power eine Teststärke von $1 - \beta = 0{,}89$. Diese Teststärke entspricht schon fast der gewünschten Teststärke. Bei $n_{Zelle} = 21$ beträgt $\lambda'_1 = 11{,}17$ und die Teststärke $1 - \beta = 0{,}903$. Eine Stichprobengröße von $n_{Zelle} = 21$ wäre also optimal, um einen Effekt mittlerer Größe auf einem Signifikanzniveau von $\alpha = 5\%$ mit einer Wahrscheinlichkeit von $1 - \beta = 90\%$ zu finden unter der Annahme, die Intraklassen-Korrelation betrage $\rho = 0{,}53$.

14.3 Nichtparametrischer Test für Medianunterschiede zwischen abhängigen Stichproben (Friedman-Test)

Das Äquivalent zur einfaktoriellen Varianzanalyse mit Messwiederholung für ordinalskalierte Daten ist die Rangvarianzanalyse von Friedman (1937, 1940), die auch als Friedman-Test bezeichnet wird. Der Friedman-Test testet die Nullhypothese, dass sich die Mediane der p Messgelegenheiten nicht voneinander unterscheiden.

Vorgehen beim Friedman-Test

Zunächst werden die Messwerte, die jede Person m auf jeder Faktorstufe a_j abgibt, in Rangplätze (R_{mj}) transformiert: Die Faktorstufe, auf der eine Person m den niedrigsten Messwert aufweist, erhält den Rang 1; die Faktorstufe, auf der diese Person den höchsten Messwert aufweist, erhält den Rang p. Diese Rangtransformation erfolgt für alle Personen in der Stichprobe in gleicher Weise. Nun lassen sich über alle Personen hinweg für jede Faktorstufe getrennt Rangsummen berechnen. Wenn diese Rangsummen voneinander abweichen, spricht das gegen die Nullhypothese; wenn sie hingegen gleich sind, spricht das für die Nullhypothese.

Prüfgröße K für den exakten Test

Für jede Person m beträgt die Summe aller Ränge über die p Faktorstufen hinweg immer $RS_{m\bullet} = p \cdot (p+1)/2$. Summiert man diese Summe aller Ränge über alle Personen hinweg auf, erhält man die Gesamt-Rangsumme $RS_{ges} = n \cdot p \cdot (p+1)/2$. Das bedeutet, dass die Rangsummen für jede Faktorstufe a_j bei Geltung der Nullhypothese $RS_{\bullet j} = n \cdot (p+1)/2$ betragen müssten. Je weiter die Faktorstufen-Rangsummen $RS_{\bullet j}$ von diesem erwarteten Wert unter der H_0 abweichen, desto stärker spricht das gegen die Gültigkeit der Nullhypothese.

Die Prüfgröße ist nun nichts anderes als die Summe der quadrierten Abweichungen aller Faktorstufen-Rangsummen $RS_{\bullet j}$ von dem unter der H_0 erwarteten Wert, addiert über alle Faktorstufen hinweg. Diese Prüfgröße bezeichnen wir mit K:

$$K = \sum_{j=1}^{p}\left(RS_{\bullet j} - \frac{n\cdot(p+1)}{2}\right)^2 \quad \text{(F 14.111)}$$

Der empirisch ermittelte Wert k dieser Prüfgröße kann nun mit dem kritischen Wert k_{krit} auf einem beliebigen Signifikanzniveau α verglichen werden. (Die kritischen Werte der Prüfgröße K sind in den Online-Materialien tabelliert.) Die Prüfverteilung von K hängt von zwei Parametern ab, der Anzahl der Faktorstufen (p) und der Anzahl der Personen (n). Ist der empirische k-Wert größer als der kritische Wert, kann die Nullhypothese verworfen werden.

Prüfgröße Q für den approximativen Test

Eine andere Möglichkeit der Testdurchführung besteht darin, die Prüfgröße K in eine Prüfgröße Q zu transformieren. Für den Fall, dass es keine Rangbindungen gibt, lautet die Formel für die Transformation von K in Q:

$$Q = \frac{12 \cdot K}{p \cdot n \cdot (p+1)} \quad \text{(F 14.112)}$$

Alternativ lässt sich Q auch direkt aus den Faktorstufen-Rangsummen berechnen:

$$Q = \frac{12 \cdot \sum_{j=1}^{p} RS_{\bullet j}^2}{p \cdot n \cdot (p+1)} - 3 \cdot n \cdot (p+1) \quad \text{(F 14.113)}$$

Für den Fall, dass es Rangbindungen gibt, lautet die Formel für die Transformation von K in Q:

$$Q = \frac{12 \cdot (p-1) \cdot K}{p \cdot n \cdot (p^2-1) - \sum_{m=1}^{n} t_m \cdot (t_m^2 - 1)} \quad \text{(F 14.114)}$$

Die Größe t_m steht für die Anzahl von Rangbindungen pro Person (der Buchstabe t steht für engl. »ties« = Rangbindungen).

Diese Prüfgröße ist approximativ χ^2-verteilt mit $df = p - 1$ Freiheitsgraden. Ist der Q-Wert größer als ein kritischer χ^2-Wert für ein gegebenes Signifikanzniveau α, kann die Nullhypothese verworfen werden. Das würde bedeuten, dass mindestens zwei der p Mediane signifikant voneinander abweichen.

> **Beispiel**
>
> **Friedman-Test für das Modelllern-Beispiel in Tabelle 14.1**
>
> Zu welchem Ergebnis kommen wir, wenn wir die Daten aus Tabelle 14.1 auf der Basis eines Friedman-Tests auswerten? Zunächst transformieren wir die Messwerte wie oben beschrieben in Ränge R_{mj} (s. Tab. 14.10).

Tabelle 14.10 Datenbeispiel für den Friedman-Test: Rohwerte aus Tabelle 14.1, transformiert in Ränge

Person m	Stufe a_j des Faktors		
	Belohnung (a_1)	Bestrafung (a_2)	Keine Konsequenz (a_3)
1	3	1	2
2	3	1	2
3	3	1	2
4	3	2	1
5	3	1	2
Rangsummen $RS_{\bullet j}$	$RS_{\bullet 1} = 15$	$RS_{\bullet 2} = 6$	$RS_{\bullet 3} = 9$

Wir sehen, dass sich die drei Rangsummen erwartungsgemäß unterscheiden: In Bedingung 1 (Belohnung) ist die Rangsumme höher als in den Bedingungen 2 (Bestrafung) und 3 (Kontrollgruppe). Unter der Nullhypothese, der zufolge die Mediane der drei Bedingungen (und damit auch die bedingungsspezifischen Rangsummen) gleich sein müssten, würden wir für die bedingungsspezifischen Rangsummen jeweils den Wert $n \cdot (p+1)/2 = 10$ erwarten. Für die Prüfgröße K ermitteln wir nach Formel F 14.111 den Wert $k = (15-10)^2 + (6-10)^2 + (9-10)^2 = 42$.

Um zu testen, ob die Rangsummen signifikant voneinander abweichen, bestimmen wir nach Formel F 14.112 den Q-Wert: $Q = 12 \cdot 42/3 \cdot 5 \cdot (3+1) = 504/60 = 8{,}4$. Für ein Signifikanzniveau von $\alpha = 5\,\%$ beträgt der kritische Wert unter der Nullhypothese $\chi^2_{(0{,}95;\,2)} = 5{,}99$. Unser Q-Wert liegt über diesem kritischen Wert; die Nullhypothese wird also verworfen.

Abschließende Bemerkungen zum Friedman-Test

Der Friedman-Test setzt voraus, dass das Merkmal X in der Population stetig ist. Die Verteilung darf dabei von der Normalverteilung abweichen. Dies trifft im Übrigen auch für den H-Test (s. Abschn. 13.3) sowie für den U-Test (s. Abschn. 11.2.2) zu. Ferner setzt der Friedman-Test voraus, dass die Messwerte zwischen den unterschiedlichen Personen voneinander unabhängig sind. Darüber hinaus setzt er voraus, dass nicht nur die Dispersionen in den Faktorstufen a_j gleich sind, sondern auch, dass die gemeinsamen Dispersionen (bei Variablen mit metrischem Skalenniveau würde man von Kovarianzen sprechen) aller Paare von Faktorstufen gleich sind (Brunner & Langer, 1999). Man könnte vereinfacht sagen, dass auch der Friedman-Test so etwas wie Compound Symmetry voraussetzt.

Der exakte Test auf der Basis der Prüfgröße K sollte durchgeführt werden, wenn die Stichprobengröße $n \leq 7$ ist (Gibbons & Chakraborti, 2003). Die χ^2-Approximation der in Formel F 14.112 bzw. F 14.114 dargestellten Prüfgröße ist befriedigend; allerdings haben Iman und Davenport (1980) eine Prüfgröße vorgeschlagen, die approximativ F-verteilt ist und deren Approximation offenbar besser gelingt.

Auch der Friedman-Test ist ein Globaltest, d. h., er testet lediglich, ob sich mindestens zwei der p Mediane signifikant voneinander unterscheiden. Um zu überprüfen, *welche* Mediane signifikant voneinander abweichen, könnte man nun für jeden Paarvergleich einen Vorzeichentest oder einen Wilcoxon-Vorzeichen-Rangtest – natürlich mit einem adjustierten α-Niveau – durchführen (vgl. Abschn. 12.1.2).

Nimmt man an, dass es über die Bedingungen hinweg einen geordneten (monotonen) Trend gibt, lässt sich der sog. Page-Test anwenden (Page, 1963). Dieser Trendtest ist bei Gibbons und Chakraborti (2003) beschrieben. Eine Möglichkeit, im Rahmen eines Friedman-Tests multiple Paarvergleiche zu testen, ist bei Sprent (1993) beschrieben. Brunner und Langer (1999) behandeln nonparametrische Verfahren, die die Compound Symmetry nicht voraussetzen und auch für die Analyse mehrerer Gruppen geeignet sind.

Da der Friedman-Test in der Psychologie nur selten angewendet wird, verzichten wir an dieser Stelle auf eine Diskussion von Effektgrößen und Effektgrößenschätzern beim Friedman-Test. Auch das Thema Poweranalyse werden wir hier nicht weiter vertiefen. Es hat sich allerdings gezeigt, dass der Friedman-Test im Vergleich zur einfaktoriellen Varianzanalyse mit Messwiederholung nur eine relativ geringe Power hat (Zimmermann & Zumbo, 1993). Die relative Effizienz des Friedman-Tests beträgt – unter der Annahme, dass das gemessene Merkmal in der Population normalverteilt ist – im Vergleich zur einfaktoriellen Varianzanalyse mit Messwiederholung $0{,}955 \cdot p/(p+1)$. Das bedeutet, dass der Friedman-Test bei $p = 3$ Faktorstufen etwa die 1,4-fache Stichprobengröße wie die Varianzanalyse benötigt, um einen postulierten Effekt bei gegebenem Signifikanzniveau mit einer Wahrscheinlichkeit von $1 - \beta$ aufdecken zu können (Daniel, 1990).

14.4 Verfahren für kategoriale abhängige Variablen

Wir haben bisher Verfahren beschrieben, die stetige Variablen voraussetzen. Für die Veränderungsanalyse auf der Basis von kategorialen (nominal- oder ordinalskalierten) Variablen stehen verschiedene Verfahren zur Verfügung, die im Rahmen eines einführenden Lehrbuchs nicht behandelt werden können. Das Pendant zur einfaktoriellen Varianzanalyse für kategoriale abhängige Variablen wäre ein Eingruppen-Markov-Modell. In einem Markov-Modell werden die Übergangswahrscheinlichkeiten zwischen den Kategorien einer unabhängigen Variablen, die zu mehreren Messzeitpunkten erhoben wurde, betrachtet und spezifische Hypothesen über das Ausmaß von Stabilität und Veränderung getestet. Markov-Modelle lassen sich auch zu Mehrgruppen-Markov-Modellen erweitern, in denen spezifische Hypothesen über Stabilität und Veränderung in verschiedenen unabhängigen Gruppen (z. B. verschiedene Treatmentgruppen) behandelt werden können. Veränderungsmodelle für kategoriale Variablen werden ausführlich von Hagenaars (1990) und Langeheine (1988) sowie Langeheine und van de Pol (1990) behandelt.

Zusammenfassung

- Bei der Varianzanalyse mit Messwiederholung werden Unterschiede zwischen p Mittelwerten aus abhängigen Stichproben auf Signifikanz getestet.
- Die einfaktorielle Varianzanalyse mit Messwiederholung kann man sich auch wie eine zweifaktorielle Varianzanalyse vorstellen, mit den Personen als einem zufälligen Faktor (bestehend aus n »Faktorstufen«).
- Bei der einfaktoriellen Varianzanalyse mit Messwiederholung kann die totale Quadratsumme aller Messwerte zerlegt werden in einen Teil, der auf die Haupteffekte des Faktors A zurückgeht (QS_{zwA}), einen Teil, der auf Personunterschiede zurückgeht (QS_{zwP}), und einen dritten Teil, der auf Messfehler, unsystematische Einflüsse oder Interaktionseffekte zwischen Personen und Stufen des Faktors A zurückgeht (QS_{Res}).
- Die Haupteffekte des Faktors A und die Residualquadratsumme QS_{Res} variieren innerhalb der Personen; die »Haupteffekte« der Personen variieren zwischen den Personen.
- Die mittlere Quadratsumme MQS_{Res} schätzt die Populationsresidualvarianz.
- Das Modell der einfaktoriellen Varianzanalyse mit Messwiederholung nimmt an, dass die Messwerte normalverteilt sind, eine konstante Varianz in allen Faktorstufen und eine konstante Kovarianz zwischen allen Faktorstufen-Paaren haben (Compound-Symmetry-Annahme).
- Der F-Test führt aber selbst bei Verletzung der Compound-Symmetry-Annahme zu robusten Ergebnissen, wenn die Varianz-Kovarianz-Matrix der Faktorstufen (d. h. der Messgelegenheiten) zumindest eine sphärische Struktur aufweist. Das bedeutet, dass die Varianzen aller Differenzvariablen homogen sein sollen.
- Ob die Sphärizitätsannahme erfüllt ist, lässt sich mit Hilfe des Mauchly-Tests überprüfen.
- Bei der Definition der Effektstärke ist die Kovarianz zwischen den Stufen des messwiederholten Faktors (genauer gesagt die sog. Intraklassen-Korrelation) zu berücksichtigen. Die Effektstärkenmaße η_p^2 und η'^2 berücksichtigen die Intraklassen-Korrelation, wenn auch in unterschiedlicher Weise.
- Inwiefern die Unterschiede zwischen den Mittelwerten auf den einzelnen Faktorstufen einem bestimmten Trend (z. B. einem linearen, quadratischen oder kubischen Trend) folgen, kann mit Hilfe sog. Trendtests überprüft werden.
- Bei der zweifaktoriellen Varianzanalyse mit Messwiederholung können entweder beide Faktoren oder nur einer von beiden messwiederholt sein. In beiden Fällen können drei Klassen von Effekten getestet werden: Haupteffekte des Faktors A, Haupteffekte des Faktors B und Interaktionseffekte $A \times B$.
- Zweifaktorielle Varianzanalysen mit Messwiederholung auf einem Faktor werden auch als Split-Plot-Designs bezeichnet. Sie können auch als drei-

faktorielle Varianzanalysen mit den Personen als zufällige Stufen eines dritten Faktors aufgefasst werden, welcher den Stufen des nicht-messwiederholten Faktors hierarchisch untergeordnet ist.
- Bei diesem Modell werden die Haupteffekte des nicht-messwiederholten Faktors an der Prüfvarianz $MQS_{P\_in\_A}$ getestet; die Haupteffekte des messwiederholten Faktors und die Interaktion werden an der Prüfvarianz MQS_{Res} getestet.
- Um die Effektstärke des Interaktionseffekts im Falle eines 2×2-Designs zu quantifizieren, stehen bei diesem Modell zusätzlich zu den Effektstärkenmaßen $\eta^2_{p\_A\times B}$ und $\eta'^2_{A\times B}$ spezielle Effektstärkenmaße zur Verfügung, die in der Metrik von Standardabweichungseinheiten vorliegen und Unterschiede zwischen den beiden Gruppen in Bezug auf die standardisierte Veränderung anzeigen (δ_{TK} und δ_V).
- Ist die abhängige Variable zwar stetig, aber die Normalverteilungsannahme grob verletzt, kann im einfaktoriellen Falle der Friedman-Test durchgeführt werden. Dieser testet, ob sich p Mediane aus abhängigen Stichproben signifikant voneinander unterscheiden.
- Für den Friedman-Test stehen unterschiedliche Prüfgrößen zur Verfügung. Die Prüfgröße K entspricht der Summe der quadrierten Abweichungen zwischen der beobachteten Faktorstufen-Rangsumme und der unter der H_0 erwarteten Rangsumme. Mit der Prüfgröße K kann ein exakter Test durchgeführt werden. Sie kann aber auch umgerechnet werden in andere Prüfgrößen, die approximativ χ^2-verteilt (Prüfgröße Q) oder approximativ F-verteilt sind.
- Der Friedman-Test hat gegenüber der einfaktoriellen Varianzanalyse mit Messwiederholung eine geringere Teststärke.
- Im Falle kategorialer Variablen kann zur Veränderungsanalyse auf Markov-Modelle zurückgegriffen werden.

Fragen und Übungsaufgaben

Fragen

(1) Was besagt das Populationsmodell der einfaktoriellen Varianzanalyse mit Messwiederholung?
(2) Wie lassen sich die Parameter dieses Modells aus den Daten schätzen?
(3) Wie lauten die Voraussetzungen für die Anwendung des F-Tests bei der einfaktoriellen Varianzanalyse mit Messwiederholung?
(4) Formulieren Sie die Nullhypothese einer einfaktoriellen Varianzanalyse mit Messwiederholung bei $p = 4$ Stufen auf dem messwiederholten Faktor auf zwei verschiedene Arten.
(5) Was besagt die Sphärizitätsannahme?
(6) Was versteht man unter der Intraklassen-Korrelation bei der einfaktoriellen Varianzanalyse mit Messwiederholung?
(7) Wie lautet das Populationsmodell der zweifaktoriellen Varianzanalyse mit Messwiederholung auf beiden Faktoren?
(8) Welche Annahmen und Voraussetzungen werden beim Modell der zweifaktoriellen Varianzanalyse mit Messwiederholung auf einem Faktor gemacht?
(9) Wann lassen sich bei diesem Modell die Effektstärkenmaße δ_{TK} und δ_V sinnvoll interpretieren, und worin besteht der Unterschied zwischen ihnen?
(10) Erläutern Sie in Grundzügen die Auswertungslogik, die dem Friedman-Test zugrunde liegt.

Übungsaufgaben

(1) In den Übungsaufgaben zu Kapitel 13 hatten Sie bereits mit der Datei »daten_kap13.txt« ( ) gearbeitet. Hier handelte es sich um ein fiktives Vier-Gruppen-Experiment. Stellen Sie sich vor, die vier Bedingungen (es handelte sich um eines von vier Musikstücken, die die Versuchspersonen während der Bearbeitung eines Konzentrationstests anhören mussten) seien nicht interindividuell, sondern vielmehr intraindividuell variiert worden. Die Versuchspersonen müssen also nacheinander vier Musikstücke hören und bearbeiten währenddessen je einen Konzentrationstest. Die erreichte Punktzahl in diesem Test fungiert als abhängige Variable.

Lesen Sie diese Datendatei in ein Statistikprogramm (z. B. R, SPSS) oder ein Tabellenkalkulationsprogramm (z. B. Excel) ein. Hier müssen Sie darauf achten, dass das Eingabeformat bei messwiederholten Designs anders ist als bei nicht-messwiederholten Designs: Die Stufen des messwiederholten Faktors stehen nun in unterschiedlichen Spalten und nicht mehr in unterschiedlichen Zeilen. Beantworten Sie die folgenden Fragen:

(a) Prüfen Sie, ob die Voraussetzungen für die Anwendung des F-Tests für die einfaktorielle Varianzanalyse mit Messwiederholung erfüllt sind.

(b) Prüfen Sie mit Hilfe einer einfaktoriellen Varianzanalyse mit Messwiederholung, ob sich die vier Bedingungsmittelwerte signifikant voneinander unterscheiden. Der F-Test wird auf einem Signifikanzniveau von $\alpha = 5\,\%$ durchgeführt.

(c) Wie lauten die empirischen Effektstärken $\hat{\eta}^2$, $\hat{\eta}_p^2$ und $\hat{\eta}'^2$? Bewerten Sie die Größe von $\hat{\eta}'^2$ anhand der Taxonomie von Cohen. Wo liegen die Grenzen des zweiseitigen 90 %-Konfidenzintervalls für die Effektgröße η'^2?

(d) Wie viele Versuchspersonen wären – bei einem Signifikanzniveau von $\alpha = 5\,\%$ – nötig gewesen, um einen kleinen Effekt (nach der Taxonomie von Cohen) mit einer Wahrscheinlichkeit von $1 - \beta = 95\,\%$ zu finden, falls es ihn gibt? Verwenden Sie für die Intraklassen-Korrelation ρ den aus den Daten geschätzten Wert.

(2) Führen Sie mit dem Datenbeispiel aus der Datei »daten_kap13.txt« einen Friedman-Test durch. Zu welchem Ergebnis kommen Sie?

(3) Es soll die Wirksamkeit einer neuen therapeutischen Maßnahme zur Verringerung von Ängstlichkeit überprüft werden. Hierzu werden 100 Patientinnen und Patienten mit pathologischer Ängstlichkeit per Zufall einer Therapiebedingung oder einer Wartekontrollbedingung zugewiesen (Faktor A). Die Ängstlichkeit wird auf der Basis eines normierten Verfahrens (stetige Variable) zu zwei Messzeitpunkten erfasst: unmittelbar vor Beginn der therapeutischen Maßnahme und unmittelbar nach Beendigung der Maßnahme (Faktor B; messwiederholt). Die Rohdaten für diese Untersuchung finden Sie in der Datei »daten_kap14.txt« ( ).

(a) Testen Sie mit Hilfe einer zweifaktoriellen Varianzanalyse mit Messwiederholung auf einem Faktor, ob es (1) Haupteffekte des Faktors A, (2) Haupteffekte des Faktors B und (3) Interaktionseffekte $A \times B$ gibt. Wie lassen sich die Ergebnisse der drei F-Tests inhaltlich interpretieren?

(b) Schätzen Sie die Stärke des Effekts der Interaktion in der Metrik der Effektstärkenmaße $\eta_{A \times B}^2$ (nicht-partiell) und $\eta_{p\_A \times B}^2$ (partiell). Berechnen Sie zusätzlich die Effektstärkenmaße δ_{TK} und δ_V. Interpretieren Sie alle ermittelten Effektgrößenschätzer.

(c) Wo liegen die Grenzen des zweiseitigen 90 %-Konfidenzintervalls für die Effektstärke $\eta_{A \times B}'^2$?

(d) Wie viele Personen wären nötig gewesen, um die Nullhypothese für die Interaktion $A \times B$ mit einer Wahrscheinlichkeit von 90 % abzulehnen, wenn der Test auf einem Signifikanzniveau von $\alpha = 5\,\%$ durchgeführt wird und der Effekt in der Population $\eta_1^2 = 0{,}1$ beträgt? Verwenden Sie für die Intraklassen-Korrelation ρ den Wert 0,70.

V Zusammenhangs- und Regressionsanalyse

15 Zusammenhänge zwischen zwei Variablen: Korrelations- und Assoziationsmaße

Was Sie in diesem Kapitel lernen

▶ Wie kann man Verteilungen von zwei Variablen gleichzeitig beschreiben?
▶ Was versteht man unter einer Korrelation?
▶ Warum gibt es mehrere Korrelationskoeffizienten?
▶ Wie und wie gut kann man die Note in der Methodenklausur aus dem Vorbereitungsaufwand vorhersagen?

15.1 Erläuterung des Korrelationsprinzips an drei Beispielen

In den Kapiteln 6 und 7 haben wir uns mit der Beschreibung der Verteilung einer Variablen befasst. Häufig interessiert in der Psychologie und in anderen Sozialwissenschaften jedoch die gleichzeitige Analyse von zwei oder mehr Variablen. Wir beschränken uns zunächst auf die gleichzeitige Betrachtung von zwei Variablen, die in der Psychologie und in anderen Sozialwissenschaften eine große Rolle spielt. Denn meistens interessieren sich Forscher und Praktiker nicht nur für die Häufigkeitsverteilung der Messwerte einer Variablen, sondern möchten auch wissen, wie zwei Variablen miteinander zusammenhängen, z. B. eine psychologische Störung mit einem bestimmten Erziehungsverhalten der Eltern, die mathematische Begabung mit der musikalischen Begabung, die Lebenszufriedenheit mit dem Berufserfolg usw.

Kovariation und Korrelation

Wenn in der Psychologie und anderen Sozialwissenschaften vom »Zusammenhang zwischen zwei Variablen« die Rede ist, meint man damit, dass sie kovariieren, also gemeinsam variieren. Die Begriffe *Zusammenhang* und *Kovariation* sind also gleichbedeutend. Insbesondere bei kategorialen Variablen spricht man auch von *Assoziation*. Der Zusammenhang zwischen zwei Variablen wird häufig auch als *Korrelation* bezeichnet, insbesondere wenn eine bestimmte Form der mathematischen Beschreibung des Zusammenhangs mitgeteilt werden soll. Wir werden in diesem Kapitel eine Reihe von Korrelationskoeffizienten kennenlernen, die diesen Zweck erfüllen.

Was bedeutet es, wenn zwei Variablen kovariieren oder korrelieren? Eine *gleichsinnige oder positive Korrelation* liegt vor, wenn zwei Merkmale bei den meisten Merkmalsträgern in einer Stichprobe ähnlich ausgeprägt sind, also bei einem Objekt bzw. einer Person beide stark, bei einem anderen Objekt oder einer Person beide schwach usw. Beispielsweise sind viele Dinge umso schwerer, je größer sie sind. Größe und Gewicht korrelieren also positiv. Von einer *gegenläufigen oder negativen Korrelation* spricht man, wenn hohe Ausprägungen einer Variablen mit niedrigen Ausprägungen der anderen Variablen einhergehen. Beispielsweise korreliert Sensation Seeking, eine Eigenschaft, die wir bereits in Kapitel 1 kennengelernt hatten, negativ mit der Lebenserwartung. Personen mit einer starken Ausprägung dieses Persönlichkeitsmerkmals gehen gerne Risiken ein und bringen sich dadurch häufig in Gefahr – manchmal mit tödlichen Folgen. Wenn zwei Variablen korrelieren, kann man von den Ausprägungen einer Variablen auf die Ausprägungen der anderen Variablen schließen. Je nachdem, ob sie stark oder schwach korrelieren, ändert sich auch die Genauigkeit des Schließens. Machen wir uns dieses Prinzip an einigen Beispielen klar.

Beispiel 1: Wahlstatus und Ablehnungsstatus

Unser erstes Beispiel bezieht sich auf das Ergebnis einer (fiktiven) soziometrischen Erhebung in einer

Schulklasse. Man stelle sich vor, alle Schülerinnen und Schüler seien gebeten worden, bis zu fünf Mitschülerinnen und Mitschüler zu benennen, die ihnen sympathisch sind, und bis zu fünf andere, die ihnen unsympathisch sind. Aus der Gesamtheit aller Nennungen seien zwei soziometrische Merkmale gebildet worden: der sog. Wahlstatus (die Anzahl von Sympathiebekundungen) und der sog. Ablehnungsstatus (die Anzahl von Antipathiebekundungen; eine genauere Beschreibung dieser soziometrischen Indizes findet man bei Dollase, 2006, oder Gollwitzer & Schmitt, 2009).

Konzeptuell sind Wahlstatus und Ablehnungsstatus zwei unabhängige Merkmale. Schülerinnen und Schüler, die nicht zu den beliebtesten gehören, müssen nicht notwendigerweise zu den unbeliebtesten gehören und umgekehrt. Ob und wie die beiden Merkmale faktisch zusammenhängen, ist eine empirische Frage. Denkbar wäre zunächst, dass beide Variablen unkorreliert sind. Insbesondere bei großen Gruppen könnte es sein, dass man vom Wahlstatus nicht auf den Ablehnungsstatus einer Person schließen kann. Intuitiv näher liegt jedoch die Vermutung, dass Wahlstatus und Ablehnungsstatus negativ korrelieren. Eine negative Korrelation würde bedeuten, dass Gruppenmitglieder umso seltener aktiv abgelehnt werden, je beliebter sie sind. Wahlstatus und Ablehnungsstatus könnten aber auch positiv korreliert sein. Man denke etwa an umstrittene Personen in politischen Parteien, die von einer relativ großen Fraktion unterstützt (gewählt), von einer annähernd gleich großen anderen Fraktion hingegen abgelehnt werden. Diese Personen haben einen ausgeprägten Wahlstatus und gleichzeitig einen ausgeprägten Ablehnungsstatus. Weniger zentrale Personen werden zwar von nur wenigen Parteimitgliedern favorisiert, stoßen aber gleichzeitig auch kaum auf Ablehnung. Ein solches Muster würde eine positive Korrelation zwischen dem Wahlstatus und dem Ablehnungsstatus ergeben. Unabhängig davon, ob also der faktische Zusammenhang positiv oder negativ ist: Sofern der Zusammenhang nicht 0 ist, könnte man den Ablehnungsstatus einer Person bei Kenntnis ihres Wahlstatus mit größerer Genauigkeit vorhersagen, als wenn man den Wahlstatus nicht kennen würde.

Beispiel 2: Geschlecht und Motorleistung

Betrachten wir nun den Zusammenhang zwischen einer nominalskalierten Variablen, dem Geschlecht einer Person, und einer metrischen Variablen, der Motorleistung ihres Autos. Nehmen wir einmal an, Männer würden leistungsstärkere Autos bevorzugen als Frauen. Müsste man die Motorleistung des Wagens erraten, den eine Person fährt, über die man nichts weiß, würde man klugerweise die durchschnittliche Motorleistung aller zugelassenen PKW in Erfahrung bringen und diesen Wert nennen. Denn der Mittelwert ist in einer solchen Situation ein präziser Schätzwert für eine reale, aber unbekannte Merkmalsausprägung. Obwohl der Wert der Variablen »Motorleistung« im Einzelfall mit großer Wahrscheinlichkeit von diesem Mittelwert abweicht, wäre jeder andere Schätzwert mit einem noch größeren Fehler behaftet. Die Genauigkeit der Schätzung ließe sich in unserem Beispiel jedoch erhöhen, wenn man das Geschlecht der Person wüsste, um deren Wagen es geht. Wüsste man, dass es sich um eine Frau handelt, könnte man sich die Korrelation zwischen Geschlecht und Motorleistung zunutze machen, um zu einer genaueren Schätzung zu kommen. Bei Frauen würde man vielleicht einen Wert nennen, der 10 % unter der Durchschnittsleistung aller zugelassenen PKW liegt, bei Männern einen Wert, der 10 % über dem Mittelwert liegt.

Handelt es sich in unserem Beispiel um eine positive oder um eine negative Korrelation? Da die Kategorien von Nominalskalen keine quantitative Bedeutung haben (auch wenn sie mit Zahlen kodiert werden können), kann man von »gleichsinnigen« oder »gegenläufigen« Zusammenhängen nur dann sprechen, wenn feststeht, wie das Geschlecht kodiert wurde. Wenn wir die Motorleistung auf der Kilowatt-Skala messen und das Geschlecht mit »1« für männlich und »2« für weiblich kodieren, ergibt sich eine negative Korrelation, da »niedrige« Werte auf der Geschlechtsvariablen (»1« für Männer) mit höheren Werten auf der Variablen »Motorleistung« einhergehen, während »hohe« Werte auf der Geschlechtsvariablen (»2« für Frauen) mit niedrigeren Werten auf der Variablen »Motorleistung« einhergehen. Hätten wir das Geschlecht umgekehrt kodiert (männlich = 2;

weiblich = 1), würde sich eine positive Korrelation ergeben.

Da die Korrelation zwischen dem Geschlecht und der Motorleistung nicht perfekt ist, kann man nicht fehlerfrei von der einen Variablen auf die andere schließen. Eine perfekte, d. h. fehlerfreie Vorhersage wäre nur möglich, wenn beide Variablen perfekt korrelieren würden. Eine perfekte Korrelation wäre gegeben, wenn alle Männer Autos mit exakt gleicher Leistung fahren würden (z. B. 100 kW) und ebenso alle Frauen (z. B. 75 kW). In diesem Fall würde man die Motorleistung fehlerfrei angeben können, wenn man das Geschlecht wüsste. Umgekehrt könnte man aus der Motorleistung zweifelsfrei schließen, ob das Auto einer Frau oder einem Mann gehört.

Beispiel 3: Wissenschaftliche Disziplin und bevorzugtes Krankheitsmodell
Betrachten wir schließlich die Korrelation zwischen zwei nominalskalierten Variablen: der wissenschaftlichen Disziplin, in der eine Person tätig ist, und dem Krankheitsmodell, das die Person bevorzugt. Als Disziplinen wählen wir »Psychologie« und »Medizin«, als Krankheitsmodelle »psychosozial« und »organisch«. Nehmen wir einmal an, Psychologen würden psychische Störungen bevorzugt mit dem psychosozialen Umfeld der Person erklären, während Mediziner eher dazu neigen, psychische Störungen auf organische Prozesse zurückzuführen. Wenn diese Korrelation bestünde, könnten wir das von einer Person bevorzugte Krankheitsmodell mit größerer Sicherheit aus ihrer Berufszugehörigkeit schließen als bei Unabhängigkeit der beiden Variablen. Ob es sich hier, technisch gesehen, um eine positive oder um eine negative Korrelation handelt, hängt wiederum davon ab, wie wir die Kategorien kodieren. Wenn wir »Psychologie« und »psychosozial« mit »1«, »Medizin« und »organisch« mit »2« kodieren, ergibt sich eine positive Korrelation. Negativ wäre die Korrelation, wenn wir »Psychologie« und »organisch« mit »1«, »Medizin« und »psychosozial« mit »2« kodieren würden. Inhaltlich ist es nur sinnvoll, den Zusammenhang als »positiv« oder »negativ« zu bezeichnen, wenn man sich auf eine vorher festgelegte Kodierung der Kategorien bezieht.

15.2 Tabellarische und graphische Darstellung von bivariaten Messwertreihen

Wenn wir Zusammenhänge wie die aus den drei Beispielen beschreiben wollen, müssen wir Messwertpaare betrachten. Unser Ausgangsmaterial besteht also nicht mehr aus einer Urliste von Messwerten, sondern aus einer Urliste von Messwertpaaren; man spricht daher auch von einer bivariaten Messwertreihe.

Punktediagramm und Punkteschwarm

Beispiel 1: Wahlstatus und Ablehnungsstatus. Für unser erstes Beispiel nehmen wir die Daten aus Tabelle 15.1. Sie enthält den Wahlstatus und den Ablehnungsstatus von 20 Schülerinnen und Schülern einer Klasse. In Tabelle 15.1 ist die Datenmatrix dargestellt. Sie enthält die Messwerte aller Personen für beide Merkmale.

Tabelle 15.1 Bivariate Urliste der beiden metrischen Variablen Wahlstatus und Ablehnungsstatus (Anzahl von Nennungen pro Schüler/-in)

Schüler/-in	Wahlstatus	Ablehnungsstatus
Peter	0	2
Anna	0	4
Fritz	1	2
Hubert	1	1
Bert	3	2
Suse	0	1
Frieda	2	1
Mark	3	3
Luise	5	4
Kurt	2	0
Sabine	4	5
Gisela	0	0
Erika	3	4
Hans	1	0
Eva	3	2
Adam	2	1
Mario	0	3
Rosa	5	0
Ferdi	3	1
Lutz	0	1

Die Zahlen lassen z. B. erkennen, dass

- Rosa fünfen ihrer Mitschülerinnen und Mitschüler sympathisch ist, aber niemandem aus der Klasse unsympathisch,
- Luise und Rosa am beliebtesten sind,
- Luise umstritten ist, Rosa hingegen nicht,
- Sabine am unbeliebtesten ist,
- Gisela ihren Mitschülerinnen und Mitschülern offenbar gleichgültig ist, sie jedenfalls weder Sympathien noch Antipathien auf sich zieht.

Zur graphischen Darstellung können diese 20 Messwertpaare in ein sog. *Punktediagramm* überführt werden. Die beiden Variablen spannen ein zweidimensionales Koordinatensystem auf, in dem die Merkmalsträger als Punkte erscheinen, deren Koordinaten den Messwerten auf den beiden Variablen entsprechen. Wenn wir den Wahlstatus aus unserem Beispiel auf der Abszisse (x-Achse) und den Ablehnungsstatus auf der Ordinate (y-Achse) abtragen, ergibt sich für unser Datenbeispiel das Punktediagramm in Abbildung 15.1.

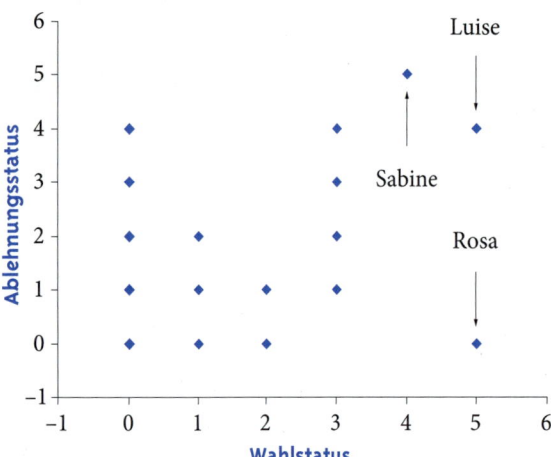

Abbildung 15.1 Bivariates Punktediagramm für die beiden metrischen Variablen Wahlstatus und Ablehnungsstatus (Daten aus Tab. 15.1)

Die Koordinaten von Sabine (4, 5) bedeuten, dass sie von 4 Personen gewählt und von 5 Personen abgelehnt wird. Die Koordinaten von Rosa (5, 0) besagen, dass sie von 5 anderen Personen gewählt und von niemandem abgelehnt wurde. Die Koordinaten von Luise (5, 4) bedeuten, dass sie, wie Rosa, von 5 anderen Personen gewählt, aber auch von 4 Personen abgelehnt wurde. Wenn Daten aus großen Stichproben von Merkmalsträgern vorliegen, entsteht ein Punktediagramm mit vielen Punkten. Man spricht deshalb auch von einem *Punkteschwarm*. Aus der Form des Punkteschwarms lässt sich ersehen, wie und wie stark die beiden Variablen zusammenhängen. Ein Punktediagramm heißt auch *Streudiagramm* (engl. scatterplot), da es die Streuung der Werte anzeigt.

Punkteschwarm und Korrelationsart. Abbildung 15.2 enthält vier Punkteschwärme unterschiedlicher Form: Punkteschwarm a entspricht einer schwachen positiven Korrelation. Wenn man den x-Wert eines Merkmalsträgers kennt, kann man den y-Wert nur ungefähr abschätzen, aber nicht genau angeben. Punkteschwarm b zeigt eine perfekte Korrelation. Hierbei wissen wir genau, welchen y-Wert ein Merkmalsträger mit einem bestimmten x-Wert hat und umgekehrt welchen x-Wert ein Merkmalsträger mit einem bestimmten y-Wert hat. Punkteschwarm c entspricht einer starken negativen Korrelation. Kleine x-Werte gehen mit großen y-Werten und große x-Werte mit kleinen y-Werten einher. Auch hier ist der Zusammenhang nicht perfekt, die Korrelation aber stärker als im ersten Punkteschwarm. Punkteschwarm d zeigt ebenfalls einen systematischen Zusammenhang zwischen zwei Variablen. Allerdings gilt hier jetzt nicht mehr die Regel »je größer x, desto größer y« oder »je kleiner x, desto kleiner y«; vielmehr schwärmen hier die Punkte um eine Parabel. Es handelt sich um einen nichtlinearen, genauer gesagt einen quadratischen Zusammenhang. Man beachte, dass auch in diesem Fall der y-Wert eines Merkmalsträgers bei Kenntnis seines x-Wertes besser geschätzt werden kann als bei Unkenntnis seines x-Wertes.

Beispiel 2: Geschlecht und Motorleistung. Tabelle 15.2 gibt das hypothetische Ergebnis einer Befragung zu unserem zweiten Beispiel wieder: Elf Männer und neun Frauen wurden um die Angabe der Motorleistung ihres Autos gebeten. Die Messwertpaare, die sich ergeben, können auch hier in ein Punktediagramm übertragen werden (s. Abb. 15.3). Allerdings kommen jetzt nur noch zwei x-Werte vor (männlich,

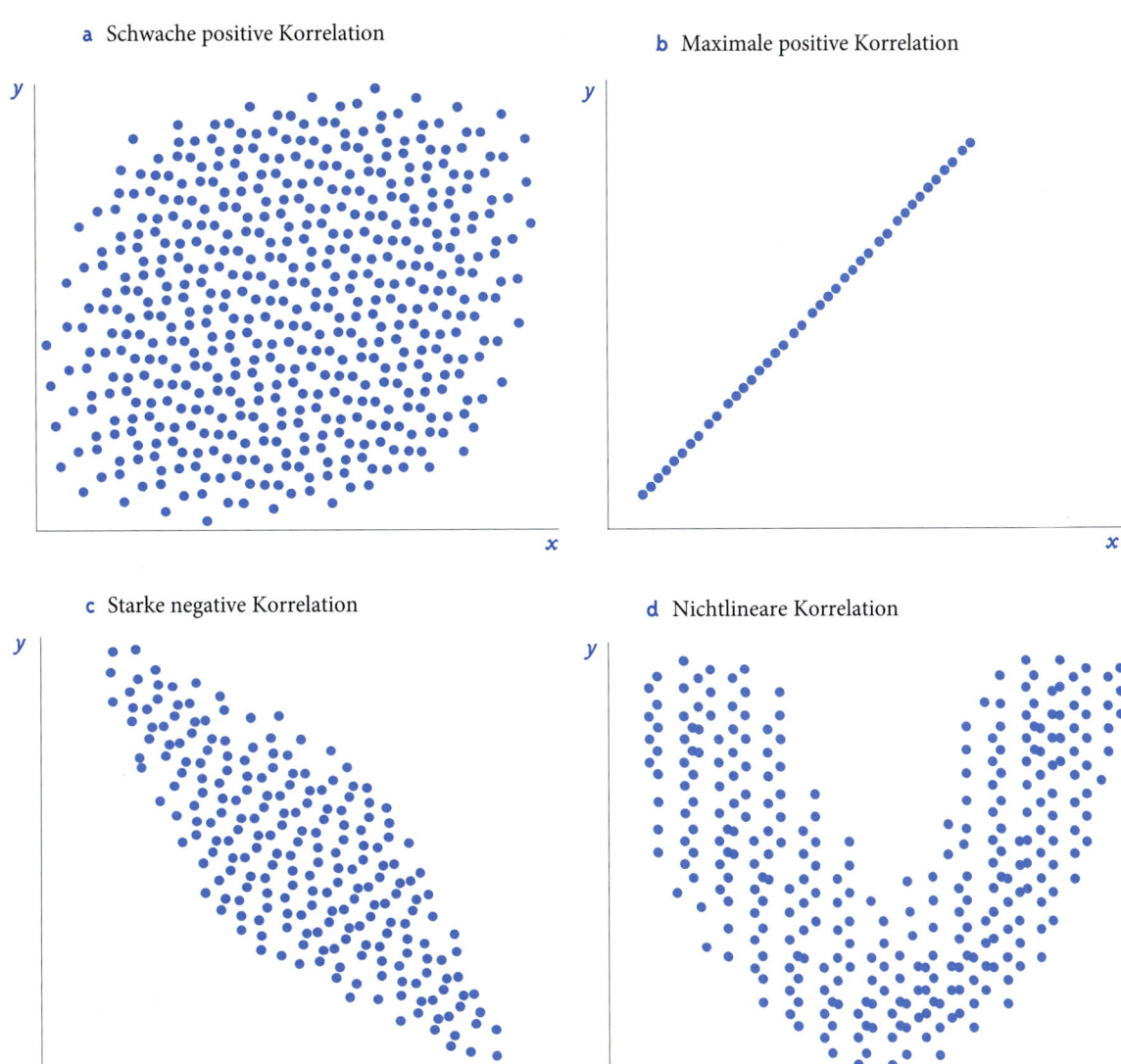

Abbildung 15.2 Vier Punkteschwärme, die die unterschiedliche Stärke und Form von Korrelationen darstellen

weiblich), weshalb es unpassend erscheint, von einem Punkteschwarm zu sprechen. In unserem Beispiel ähnelt die Anordnung der Messwertpaare eher zwei Perlenketten.

Bivariates Säulendiagramm, Kontingenztabelle, Kreuztabelle, Vierfeldertafel

Beispiel 3: Disziplin und Krankheitsmodell. Tabelle 15.3 enthält das hypothetische Ergebnis einer kleinen Untersuchung, bei der Mitglieder zweier wissenschaftlicher Disziplinen, Psychologen und Ärzte, zu ihrem favorisierten Krankheitsmodell befragt wurden. Eine graphische Darstellung der Messwertpaare in Form eines Punktediagramms wäre nicht mehr sinnvoll, da beide Variablen nur zwei Werte annehmen können und deshalb nur vier verschiedene Punkte im Koordinatensystem erscheinen würden. Da mehrere Merkmalsträger durch gleiche Koordinaten (Messwertpaare) definiert sind und deshalb die Punkte, durch die sie repräsentiert werden, in der Abbildung zusammenfallen würden, muss man eine dritte Dimension

Tabelle 15.2 Bivariate Urliste der nominalskalierten Variablen Geschlecht (1 = männlich, 2 = weiblich) und der metrischen Variablen Motorleistung (in kW)

Person	Geschlecht	Motorleistung
Peter	1	60
Anna	2	30
Fritz	1	70
Hubert	1	80
Bert	1	90
Suse	2	40
Frieda	2	50
Mark	1	100
Luise	2	60
Kurt	1	110
Sabine	2	70
Gisela	2	80
Erika	2	90
Hans	1	120
Eva	2	100
Adam	1	130
Mario	1	140
Rosa	2	110
Ferdi	1	150
Lutz	1	160

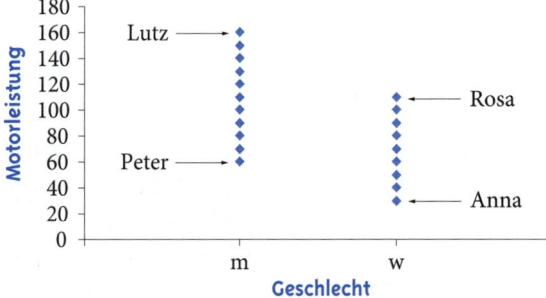

Abbildung 15.3 Bivariates Punktediagramm für die nominalskalierte Variable Geschlecht (m = männlich, w = weiblich) und die metrische Variable Motorleistung (in kW; Daten aus Tab. 15.2)

einführen, um die Graphik aussagekräftig zu machen. Dafür eignen sich bivariate Säulendiagramme. Abbildung 15.4 enthält das bivariate Säulendiagramm für unser Datenbeispiel. Die Höhe jeder Säule gibt die absolute Häufigkeit n_{ij} für die Kombination einer Merkmalsausprägung a_i der Variablen X und b_j der Variablen Y an. In der Forschungspraxis werden anstelle solcher Säulendiagramme häufig auch sog. Kontingenztabellen oder Kreuztabellen erstellt. Kreuztabellen für zwei zweiwertige (dichotome, binäre) nominalskalierte Variablen bestehen aus vier Zellen, die die Häufigkeiten enthalten, und werden deshalb auch Vierfeldertafeln genannt. Überträgt man die Daten unseres Beispiels in eine Vierfeldertafel, ergibt sich Tabelle 15.4.

Tabelle 15.3 Bivariate Urliste der beiden nominalskalierten Variablen wissenschaftliche Disziplin und bevorzugtes Krankheitsmodell

Person	Disziplin	Krankheitsmodell
Janetzko	Psychologin	psychosozial
Geigalat	Arzt	organisch
Schick	Psychologe	psychosozial
Hess	Arzt	organisch
Stumm	Psychologe	psychosozial
Jores	Psychologin	psychosozial
Müller	Arzt	organisch
Nechvatal	Psychologin	psychosozial
Schröter	Arzt	organisch
Beckmann	Psychologin	organisch
Bolle	Arzt	organisch
Lehmann	Psychologe	psychosozial
Brenner	Ärztin	psychosozial
Rindermann	Psychologe	organisch
Thesen	Arzt	psychosozial
Groß	Psychologe	psychosozial
Litschke	Arzt	organisch
Breit	Psychologe	psychosozial
Wagner	Arzt	organisch
Kindermann	Psychologe	psychosozial

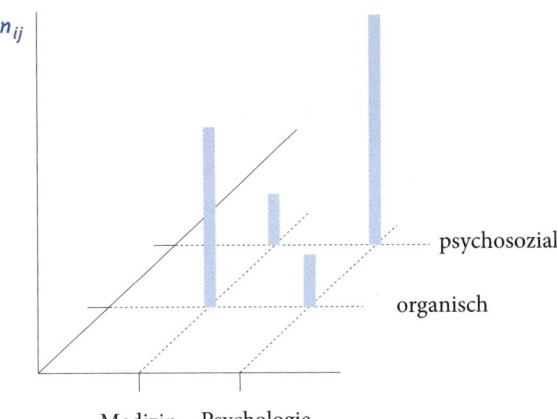

Abbildung 15.4 Bivariates Säulendiagramm für die beiden nominalskalierten Variablen wissenschaftliche Disziplin und bevorzugtes Krankheitsmodell (Daten aus Tab. 15.3)

Tabelle 15.4 Bivariate Häufigkeitsverteilung der beiden nominalskalierten Variablen wissenschaftliche Disziplin und bevorzugtes Krankheitsmodell (Daten aus Tab. 15.3)

		Disziplin		Randsumme
		Psychologie	Medizin	
Krankheitsmodell	psychosozial	9	2	11
	organisch	2	7	9
Randsumme		11	9	20

> **Vertiefung**
>
> Bivariate Diagramme wie das Säulendiagramm in Abbildung 15.4 können auch für polytome Variablen (d. h. kategoriale Variablen mit mehr als zwei Kategorien oder Messwerten) verwendet werden. Es werden dann so viele Säulen benötigt, wie Messwertpaare vorkommen oder vorkommen können. Im Falle zweier quantitativer Variablen ist diese Darstellungsform nur sinnvoll, wenn entweder die Anzahl von Messwerten begrenzt ist oder die primären Häufigkeitsverteilungen in sekundäre Häufigkeitsverteilungen überführt wurden (s. Abschn. 6.4.1). Man spricht dann von bivariaten Histogrammen.

15.3 Korrelationskoeffizienten

Wenden wir uns nun der Frage zu, wie die Information, die bivariate Häufigkeitsverteilungen beinhalten, mathematisch beschrieben werden kann. Attraktiv wäre es, wenn man mittels eines einzigen Koeffizienten angeben könnte, wie (positiv, negativ) und wie eng zwei Variablen miteinander zusammenhängen. Dies ist tatsächlich in vielen Fällen möglich. Mathematische Begriffe, die diesen Zweck erfüllen, nennt man Korrelationskoeffizienten.

Dass in der Statistik mehrere unterschiedliche Korrelationskoeffizienten existieren, hat zwei Gründe: Erstens bedeutet »Zusammenhang«, wie wir in unseren Beispielen gesehen haben, je nach Skalenniveau etwas anderes, auch wenn es dabei immer um Kovariation geht. Man braucht also für verschiedene Skalenniveaus verschiedene Korrelationskoeffizienten, so wie man je nach Skalenniveau verschiedene Kennwerte benötigt, um die zentrale Tendenz und die Dispersion einer univariaten Verteilung zu beschreiben (s. Kap. 6). Da wir es jetzt mit zwei Variablen zu tun haben und diese das gleiche oder aber ein unterschiedliches Skalenniveau haben können, ergeben sich mehrere Kombinationen von Skalenniveaus, die zumindest teilweise ihre eigenen Korrelationskoeffizienten erfordern. Der zweite Grund für die Existenz mehrerer Korrelationskoeffizienten liegt darin, dass es nicht nur eine, sondern prinzipiell viele mathematische Möglichkeiten gibt, den Zusammenhang zwischen zwei Variablen zu quantifizieren.

Wir werden im weiteren Verlauf dieses Kapitels aus der großen Zahl potentieller und in der statistischen Literatur vorgeschlagener Zusammenhangsmaße die wichtigsten einführen. Als Ordnungskriterium für unsere Abhandlung wählen wir das Skalenniveau der beteiligten Variablen.

In diesem Abschnitt (15.3) beschreiben wir Korrelationskoeffizienten zunächst aus deskriptivstatistischer Sicht. Dieser Abschnitt setzt keine wahrscheinlichkeitstheoretischen Kenntnisse voraus und schließt direkt an Kapitel 6 zur Deskriptivstatistik an. Inferenzstatistische Fragen werden im nächsten Abschnitt (15.4) behandelt.

15.3.1 Zwei metrische Variablen

Kreuzproduktsumme und Kovarianz

Eine positive Korrelation bedeutet, dass bei Merkmalsträgern hohe Messwerte auf einer Variablen X auch mit hohen Messwerten auf der zweiten Variablen Y und niedrige Messwerte auf X mit niedrigen Messwerten auf Y einhergehen. Wenn wir »niedrig« und »hoch« durch »unterdurchschnittlich« und »überdurchschnittlich« ersetzen, ist Formel F 15.1 geeignet, Art und Enge des Zusammenhangs zwischen X und Y mathematisch zu kennzeichnen.

> **Definition**
>
> Die **Kreuzproduktsumme** (oder: Summe der Abweichungsprodukte) zweier Variablen X und Y wird wie folgt berechnet:
>
> $$KPS_{XY} = \sum_{m=1}^{n}(x_m - \bar{x}) \cdot (y_m - \bar{y}) \qquad \text{(F 15.1)}$$
>
> Die Kreuzproduktsumme ist definiert als die Summe der Produkte der Abweichungen aller Einzelwerte auf der Variablen X vom Mittelwert der Variablen X mit den entsprechenden Abweichungen aller Einzelwerte auf der Variablen Y vom Mittelwert der Variablen Y. Es ist wichtig zu beachten, dass die multiplizierten Abweichungswerte wiederum Einzelwerte sind, die denselben Messwertträger beschreiben.

Eigenschaften der Kreuzproduktsumme. Die Kreuzproduktsumme KPS hat folgende Eigenschaften:

- Positiv wird ein Produkt bei Merkmalsträgern, die entweder auf beiden Variablen überdurchschnittliche oder auf beiden Variablen unterdurchschnittliche Werte haben.
- Negativ wird ein Produkt bei Merkmalsträgern, die auf einer Variablen einen überdurchschnittlichen Wert, auf der anderen Variablen einen unterdurchschnittlichen Wert haben.
- Wenn überwiegend positive Produkte in die Summe eingehen, wird die Kreuzproduktsumme positiv. Eine positive Kreuzproduktsumme bedeutet also, dass eine positive Korrelation vorliegt.
- Je mehr positive Produkte in die Summe eingehen, desto größer wird die Kreuzproduktsumme.
- Wenn überwiegend negative Produkte in die Summe eingehen, wird die Kreuzproduktsumme negativ. Eine negative Kreuzproduktsumme bedeutet also, dass die beiden Variablen gegenläufig variieren und eine negative Korrelation vorliegt.
- Je mehr negative Produkte in die Summe eingehen, desto stärker negativ wird die Kreuzproduktsumme.
- Wenn sich positive und negative Produkte die Waage halten, wird die Kreuzproduktsumme 0 oder liegt zumindest nahe 0. In diesem Fall besteht zwischen den beiden Variablen kein oder nur ein geringer Zusammenhang.
- Die Kreuzproduktsumme hängt zum einen von der Anzahl der Merkmalsträger (n), zum anderen von der Streuung der beiden beteiligten Variablen ab.

Dass die Kreuzproduktsumme von der Anzahl der Merkmalsträger abhängt, lässt sich leicht beheben, indem man die Kreuzproduktsumme durch n dividiert, also das mittlere Produkt der Abweichungswerte vom Mittelwert berechnet. Dieses mittlere Kreuzprodukt ist ein wichtiges Zusammenhangsmaß und heißt *Kovarianz* (Formel F 15.2).

> **Definition**
>
> Die **Kovarianz** zweier Variablen X und Y beträgt:
>
> $$s_{XY} = \frac{1}{n} \cdot \sum_{m=1}^{n}(x_m - \bar{x}) \cdot (y_m - \bar{y}) \qquad \text{(F 15.2)}$$

Die Kovarianz ist eng mit der Varianz verwandt. Die Varianz ist nichts anderes als die Kovarianz einer Variablen mit sich selbst. Die Kovarianz teilt deshalb einige Eigenschaften der Varianz, die wir bereits kennengelernt hatten (s. Abschn. 6.4.4).

Eigenschaften der Kovarianz. Die Kovarianz weist folgende wichtige Eigenschaften auf:

- Ist eine der beiden Variablen eine Konstante (d. h., jeder Merkmalsträger hat denselben Messwert), dann ist die Kovarianz immer gleich 0. Dies kann man sich leicht veranschaulichen: Bei einer

Konstanten ist der Mittelwert gleich den Merkmalsausprägungen; somit sind alle Abweichungen gleich 0. Dann müssen auch alle Abweichungsprodukte gleich 0 sein.

▶ So wie bei der Varianz größere Abweichungen überproportional stärker ins Gewicht fallen als kleinere Abweichungen, so nimmt auch die Kovarianz überproportional zu, je weiter die Messwerte vom Mittelwert entfernt sind. Die Kovarianz reagiert somit sensitiv auf Ausreißerwerte. In dem Beispiel in Abbildung 15.5 kommt die hohe Kovarianz nur durch einen einzigen Merkmalsträger zustande. Würde man die Person mit dem Wertepaar (5, 9) entfernen, wäre die Kovarianz gleich 0.

▶ Ferner gilt wie bei der Varianz, dass die Addition von Konstanten a und b zu den Messwerten an der Kovarianz nichts ändert:

$$\frac{1}{n} \cdot \sum_{m=1}^{n} \left[(x_m + a) - (\bar{x} + a) \right] \cdot \left[(y_m + b) - (\bar{y} + b) \right]$$
$$= \frac{1}{n} \cdot \sum_{m=1}^{n} (x_m - \bar{x}) \cdot (y_m - \bar{y}) \quad \text{(F 15.3)}$$

▶ Wird jeder x-Messwert mit einer Konstanten a multipliziert und jeder y-Messwert mit einer Konstanten b, verändert sich die Kovarianz um den Faktor $a \cdot b$:

$$\frac{1}{n} \cdot \sum_{m=1}^{n} (a \cdot x_m - a \cdot \bar{x}) \cdot (b \cdot y_m - b \cdot \bar{y})$$
$$= a \cdot b \cdot \frac{1}{n} \cdot \sum_{m=1}^{n} (x_m - \bar{x}) \cdot (y_m - \bar{y}) \quad \text{(F 15.4)}$$

▶ Dadurch, dass die Kreuzproduktsumme durch n geteilt wird, ist es anhand der Kovarianz möglich, unterschiedlich große Stichproben in Bezug auf den Zusammenhang zweier Variablen X und Y, der innerhalb jeder Stichprobe ermittelt wurde, miteinander zu vergleichen. So kann z. B. der Wert für die Kovarianz zwischen Attraktivität (X) und Berufserfolg (Y) innerhalb einer Stichprobe von 100 Frauen mit dem entsprechenden Kovarianzwert innerhalb einer Stichprobe von 50 Männern verglichen werden. Dies ist allerdings nur dann sinnvoll, wenn die beiden Merkmale X und Y in beiden Gruppen mit der gleichen Maßeinheit (Metrik) erhoben werden.

x_m	y_m
4,25	3
5	9
3,25	3
4,5	3

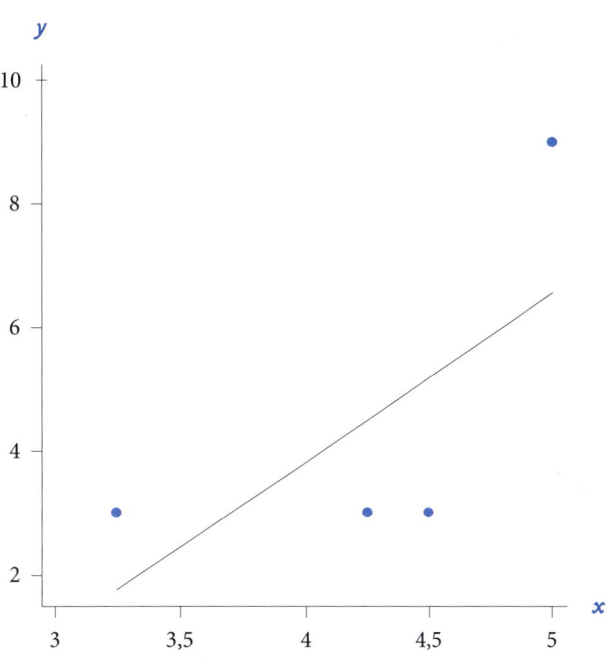

Abbildung 15.5 Daten und Punktediagramm der Kovarianz (s_{XY} = 1,13) und Korrelation (r_{XY} = 0,68) im Falle eines Ausreißerwertes

▶ Die Kovarianzen von Variablenpaaren, die in unterschiedlichen Maßeinheiten vorliegen, sind nicht direkt miteinander vergleichbar. Diese Eigenschaft der Kovarianz kann man sich am Beispiel von Körpergröße und Gewicht leicht klar machen: Misst man die Körpergröße in Millimetern und das Körpergewicht in Gramm, fällt die Kovarianz viel größer aus, als wenn man Zentimeter und Kilogramm als Maßeinheiten wählt.

Produkt-Moment-Korrelation

Das letztgenannte Problem kann man lösen, indem man die Variablen z-transformiert. Wie wir in Kapitel 6 gelernt haben, können alle Variablen durch die z-Transformation in einen einheitlichen Maßstab überführt werden, dessen Maßeinheit die Standardabweichung ist (s. Abschn. 6.5). Der entsprechende Koeffizient, also die Kovarianz zweier standardisierter Variablen, heißt Produkt-Moment-Korrelation und wurde von Pearson (1895) beschrieben, zuvor aber schon von Bravais (1846) entwickelt. Deshalb findet man in der Literatur zuweilen auch die Bezeichnungen »Pearson-Korrelation« oder »Bravais-Pearson-Korrelation«.

> **Definition**
>
> Die **Produkt-Moment-Korrelation** zweier Variablen X und Y wird wie folgt berechnet:
>
> $$r_{XY} = \frac{1}{n} \cdot \sum_{m=1}^{n} z_{x_m} \cdot z_{y_m}$$
>
> $$= \frac{1}{n} \cdot \sum_{m=1}^{n} \frac{(x_m - \bar{x})}{s_X} \cdot \frac{(y_m - \bar{y})}{s_Y}$$
>
> $$= \frac{\frac{1}{n} \cdot \sum_{m=1}^{n} (x_m - \bar{x}) \cdot (y_m - \bar{y})}{s_X s_Y}$$
>
> $$= \frac{s_{XY}}{s_X \cdot s_Y} \qquad (F\ 15.5)$$

Die Produkt-Moment-Korrelation erhält man somit, indem man die Kovarianz durch das Produkt der Standardabweichungen dividiert. Da die Produkt-Moment-Korrelation häufiger berechnet wird als alle anderen Korrelationskoeffizienten, hat es sich eingebürgert, sie verkürzt als »Korrelation« zu bezeichnen und alle anderen Korrelationskoeffizienten mit einem Zusatz zu versehen. Symbolisiert wird die empirische Produkt-Moment-Korrelation mit r oder mit r_{XY}, wenn die beteiligten Variablen benannt werden sollen.

Eigenschaften der Produkt-Moment-Korrelation. Die Produkt-Moment-Korrelation teilt einige Eigenschaften mit der Kovarianz, da sie ja auch eine Kovarianz ist, nämlich die Kovarianz z-transformierter Variablen:
▶ Wenn beide z-Werte eines Merkmalsträgers positiv oder negativ sind, wird das Produkt positiv.
▶ Wenn ein z-Wert positiv, der andere negativ ist, wird das Produkt negativ.
▶ Wenn positive z-Wert-Produkte überwiegen, ist die Korrelation positiv.
▶ Wenn negative z-Wert-Produkte überwiegen, ist die Korrelation negativ.
▶ Wenn sich positive und negative z-Wert-Produkte die Waage halten, ist die Korrelation 0.

Die Korrelation reagiert sensitiv auf Ausreißerwerte. In Abbildung 15.5 kommt die hohe Korrelation von $r = 0{,}68$ nur durch einen Merkmalsträger zustande. Der Interpretation der Korrelation sollte immer eine Inspektion des Punktediagramms vorausgehen.

In folgenden Eigenschaften unterscheidet sich die Produkt-Moment-Korrelation von der Kovarianz:
▶ Der Korrelationskoeffizient kann maximal +1 und minimal −1 werden.
▶ Bei einer Korrelation von 1 haben alle Personen auf einer Variablen den gleichen z-Wert wie auf der anderen Variablen. Der Punkteschwarm ergibt in diesem Fall eine Linie.
▶ Bei einer Korrelation von −1 sind die Beträge der beiden z-Werte einer Person gleich, die Vorzeichen jedoch gegensätzlich.
▶ Ist eine der beiden Variablen eine Konstante, ist die Korrelation nicht definiert, da eine Konstante eine Standardabweichung von 0 hat und z-Werte in diesem Fall nicht definiert sind.
▶ Der Korrelationskoeffizient ist invariant gegenüber linearen Transformationen, d. h., die Addition von Konstanten zu den Variablen und ihre Multiplikation mit Konstanten ändert nichts am Wert

der Korrelation. Den Grund für diese Invarianz kann man sich leicht klarmachen: Jede lineare Transformation von Variablen wird durch die z-Transformation neutralisiert.

▶ Die letztgenannte Eigenschaft verdeutlicht, dass die Produkt-Moment-Korrelation ein Maß für den linearen Zusammenhang zwischen zwei Variablen ist. Ist der Zusammenhang nicht-linearer Natur, dann kann die Produkt-Moment-Korrelation nicht ihre maximalen Werte von −1 und +1 annehmen, selbst wenn der nicht-lineare Zusammenhang perfekt wäre. In Abbildung 15.2 d wäre die Produkt-Moment-Korrelation ungefähr 0, da kein linearer Trend in den Daten ist. Selbst wenn in Abbildung 15.2 d alle Werte auf einer Parabellinie liegen würden und somit ein perfekter (quadratischer) Zusammenhang bestünde, wäre die Produkt-Moment-Korrelation gleich 0. Dieser Sachverhalt hat zwei wichtige Konsequenzen:

(1) Eine Korrelation von $r_{XY} = 0$ bedeutet nicht zwangsläufig, dass es keinen Zusammenhang zwischen zwei Merkmalen gibt. Sie besagt nur, dass kein *linearer* Zusammenhang vorliegt.

(2) Es ist immer wichtig, die Daten anhand eines Punktediagramms (Streudiagramms) zu betrachten, bevor man die Produkt-Moment-Korrelation interpretiert. Liegen kurvilineare Abhängigkeiten vor, müssen diese berücksichtigt werden. Wie man dies tun kann, werden wir in Abschnitt 18.10 behandeln.

Beispiel

Berechnung von Kreuzproduktsumme, Kovarianz und Korrelation

Zur Veranschaulichung der Berechnung von Kreuzproduktsumme, Kovarianz und Korrelation nehmen wir die Daten aus Tabelle 15.1 zum Wahlstatus und Ablehnungsstatus. Die einzelnen Rechenschritte, die zur Bestimmung der Kreuzproduktsumme, der Kovarianz und der Korrelation erforderlich sind, können anhand von Tabelle 15.5 nachvollzogen werden. Sie umfasst elf Spalten. In Spalte 1 stehen an Stelle der Namen der Personen (Tab. 15.1) fortlaufende Nummern, die zur Indizierung der Messwerte und der abgeleiteten Werte in den restlichen Spalten dienen. Die Spalten 2 und 3 enthalten die Messwerte der Merkmalsträger auf den beiden Variablen. Die letzte Zeile dieser beiden Spalten enthält die Summe der Messwerte, aus der nach Formel F 6.11 der Mittelwert der Variablen berechnet wird. Die Mittelwerte betragen 1,90 (Wahlstatus) und 1,85 (Ablehnungsstatus). Die Spalten 4 und 5 enthalten die Differenzen zwischen den Messwerten und den Mittelwerten der Variablen, die zur Berechnung der Kreuzproduktsumme (Formel F 15.1) und der Kovarianz (Formel F 15.2) benötigt werden. Quadriert man die Abweichungswerte in den Spalten 4 und 5, ergeben sich die Abweichungsquadrate in den Spalten 6 und 7. Diese werden zur Berechnung der Standardabweichungen (Formel F 6.27) benötigt. Die Standardabweichung des Wahlstatus beträgt 1,64, die Standardabweichung des Ablehnungsstatus beträgt 1,49. Mittelwerte und Standardabweichungen braucht man für die Transformation der Messwerte in z-Werte (Formel F 6.33). Diese z-Werte wurden in die Spalten 8 und 9 eingetragen. Spalte 10 enthält die Produkte der Abweichungswerte (Spalten 4 und 5), die nach Formel F 15.2 in die Berechnung der Kovarianz einfließen. Die Produkte aus den z-Werten (Spalten 8 und 9), aus denen sich die Produkt-Moment-Korrelation nach Formel F 15.5 ergibt, stehen in Spalte 11. Da die Kovarianz als das mittlere Abweichungsprodukt definiert ist, braucht man die Summe der Werte in Spalte 10 nur noch durch 20 zu dividieren. Es ergibt sich ein Wert für die Kovarianz von $s_{XY} = 0{,}64$. Die Korrelation kann nun auf zwei unterschiedlichen Wegen berechnet werden (s. Formel F 15.5). Wir können entweder die Kovarianz durch das Produkt der beiden Standardabweichungen dividieren oder die Summe der z-Wert-Produkte (letzte Zeile in Spalte 11) durch die Anzahl der Merkmalsträger dividieren. Auf beiden Wegen gelangen wir zu einem Wert von $r_{XY} = 0{,}26$ für die Korrelation. Wahlstatus und Ablehnungsstatus hängen in unserem (fiktiven) Beispiel also mittelstark (siehe unten) gleichsinnig miteinander zusammen.

Tabelle 15.5 Berechnung von Produktsumme, Kovarianz und Korrelation (Daten aus Tab. 15.1)

1	2	3	4	5	6	7	8	9	10	11
m	x_m	y_m	$(x_m - \bar{x})$	$(y_m - \bar{y})$	$(x_m - \bar{x})^2$	$(y_m - \bar{y})^2$	z_{x_m}	z_{y_m}	$(x_m - \bar{x}) \cdot (y_m - \bar{y})$	$z_{x_m} z_{y_m}$
1	0	2	−1,90	0,15	3,61	0,02	−1,16	0,10	−0,29	−0,12
2	0	4	−1,90	2,15	3,61	4,62	−1,16	1,44	−4,09	−1,67
3	1	2	−0,90	0,15	0,81	0,02	−0,55	0,10	−0,14	−0,06
4	1	1	−0,90	−0,85	0,81	0,72	−0,55	−0,57	0,77	0,31
5	3	2	1,10	0,15	1,21	0,02	0,67	0,10	0,17	0,07
6	0	1	−1,90	−0,85	3,61	0,72	−1,16	−0,57	1,62	0,66
7	2	1	0,10	−0,85	0,01	0,72	0,06	−0,57	−0,09	−0,03
8	3	3	1,10	1,15	1,21	1,32	0,67	0,77	1,27	0,52
9	5	4	3,10	2,15	9,61	4,62	1,89	1,44	6,67	2,72
10	2	0	0,10	−1,85	0,01	3,42	0,06	−1,24	−0,19	−0,08
11	4	5	2,10	3,15	4,41	9,92	1,28	2,11	6,62	2,70
12	0	0	−1,90	−1,85	3,61	3,42	−1,16	−1,24	3,52	1,44
13	3	4	1,10	2,15	1,21	4,62	0,67	1,44	2,37	0,97
14	1	0	−0,90	−1,85	0,81	3,42	−0,55	−1,24	1,67	0,68
15	3	2	1,10	0,15	1,21	0,02	0,67	0,10	0,17	0,07
16	2	1	0,10	−0,85	0,01	0,72	0,06	−0,57	−0,09	−0,03
17	0	3	−1,90	1,15	3,61	1,32	−1,16	0,77	−2,19	−0,89
18	5	0	3,10	−1,85	9,61	3,42	1,89	−1,24	−5,74	−2,34
19	3	1	1,10	−0,85	1,21	0,72	0,67	−0,57	−0,94	−0,38
20	0	1	−1,90	−0,85	3,61	0,72	−1,16	−0,57	1,62	0,66
Σ	38	37	0	0	53,80	44,55	0	0	12,70	5,19

Interpretation der Produkt-Moment-Korrelation

Die Produkt-Moment-Korrelation gibt die Stärke des *linearen* Zusammenhangs zwischen zwei Variablen an: Je größer der Wert ihres Absolutbetrags, umso stärker ist der Zusammenhang. Eine Korrelation von $r_{XY} = 0$ besagt, dass die beiden Variablen nicht in *linearer* Form voneinander abhängen. Eine Nullkorrelation impliziert nicht zwangsläufig, dass die beiden Variablen voneinander *unabhängig* sind. Umgekehrt impliziert aber die Unabhängigkeit zweier Variablen immer eine Nullkorrelation. Wenn zwei Variablen in keiner Weise voneinander abhängig sind, dann darf auch keine lineare Abhängigkeit bestehen, und ihre Korrelation muss zwangsläufig 0 sein.

Wie ist der konkrete Wert einer Korrelation zu interpretieren? Was ist ein starker, was ist ein schwacher Zusammenhang? Die Antwort auf diese Fragen hängt sehr von dem konkreten Anwendungsgebiet ab. Was in einem Anwendungsgebiet als starker Zusammenhang angesehen wird, gilt in einem anderen Bereich als schwacher. Nach Cohen (1988) lassen sich Korrelationen grob wie folgt klassifizieren:

▶ $|r_{XY}| \approx 0{,}10$: schwacher Zusammenhang
▶ $|r_{XY}| \approx 0{,}30$: mittlerer Zusammenhang
▶ $|r_{XY}| \approx 0{,}50$: starker Zusammenhang.

Bei der Interpretation einer Korrelation muss auch darauf geachtet werden, dass der Wertebereich, über den man eine Aussage treffen will, angemessen repräsentiert ist. In Abbildung 15.6 sind für die in Abbildung 15.2 dargestellten vier Fälle jeweils Subgruppen ausgewählt, die nicht das gesamte interessierende Wertespektrum umfassen. Diese Fälle sind von den jeweiligen Ellipsen umschlossen. Im Fall a wurden zwei Extremgruppen ausgewählt, und zwar solche mit geringen x- und hohen y-Werten sowie solche mit hohen x- und geringen y-Werten. Würde man nur die beiden Extremgruppen in den Datensatz aufnehmen und dann eine Korrelation über alle Werte rechnen, wäre die Korrelation negativ – im Gegensatz zur positiven Korrelation, die man auf Grundlage aller Werte erhält. Im Fall b würde sich das Ergebnis durch die Auswahl einer Subgruppe nicht ändern, da der Zusammenhang perfekt ist. In den Fällen c und d wäre die Produkt-Moment-Korrelation in den ausgewählten Subgruppen positiv, obwohl sie in der Gesamtgruppe entweder negativ (c) oder annähernd 0 (d) ist. Dies zeigt, dass man sich *vor* Durchführung einer Studie genau überlegen muss, über welche Gruppe man eine Aussage treffen will, und diese entsprechend auswählen muss.

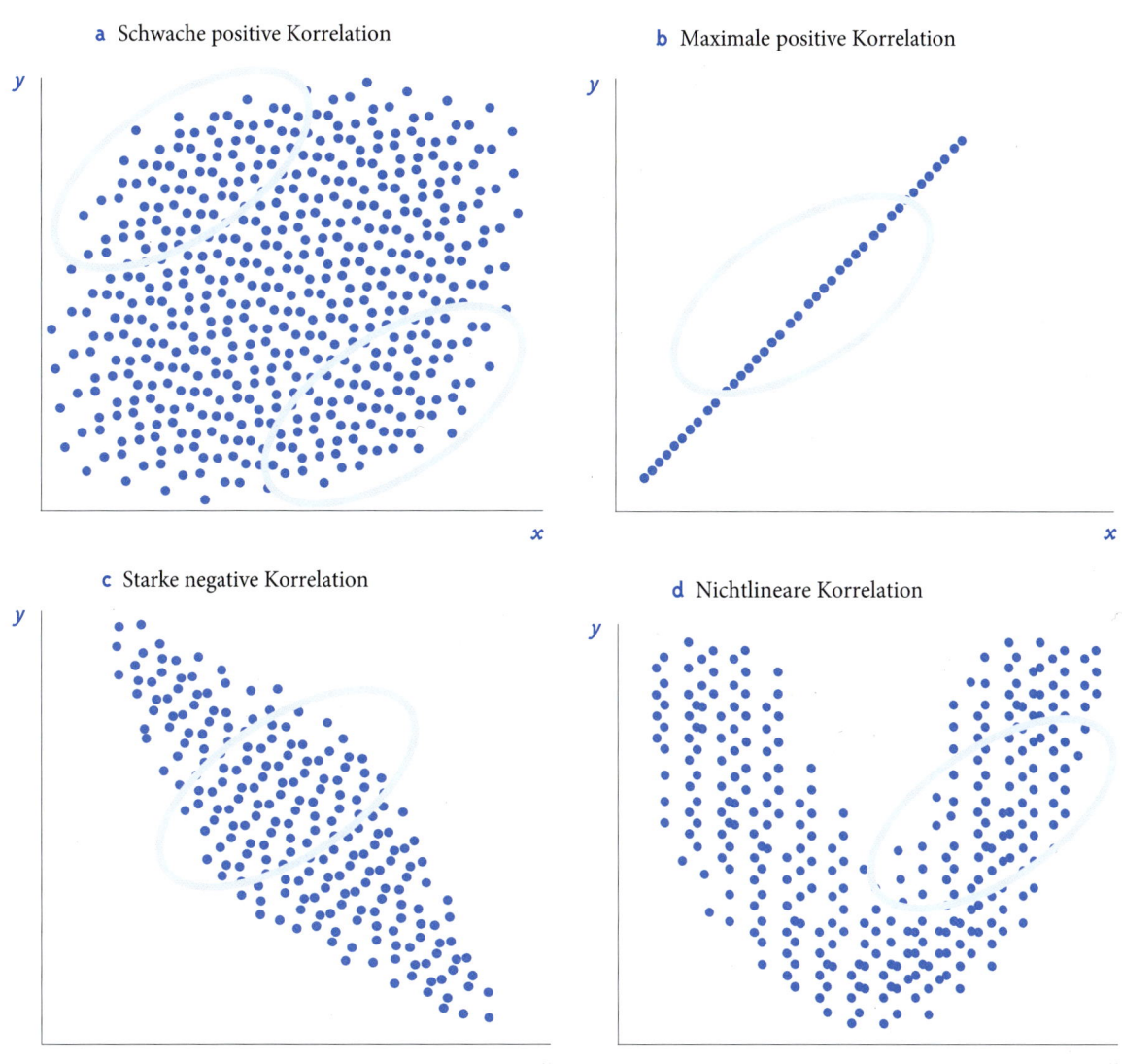

Abbildung 15.6 Selektionsfehler: Die hellblauen Ovale kennzeichnen Ausschnitte aus den bivariaten Verteilungen, die den interessierenden Wertebereich der beiden Variablen verfälscht repräsentieren

Robuste Korrelation

Wie wir am Beispiel in Abbildung 15.5 gesehen haben, reagiert die Korrelation sehr sensitiv auf Ausreißer. Ein Korrelationsmaß, das wenig auf Ausreißer reagiert, ist die winsorisierte Korrelation. Den winsorisierten Mittelwert haben wir bereits in Abschnitt 6.4.2, die winsorisierte Varianz in Abschnitt 6.4.4 kennengelernt. Die winsorisierte Korrelation ist nichts anderes als die Produkt-Moment-Korrelation der winsorisierten Werte.

Korrelationsmatrix

In vielen Untersuchungen der Psychologie werden mehr als zwei Variablen erhoben, meistens auch um zu erfahren, wie diese Variablen miteinander zusammenhängen. Um diese Frage zu klären, ist es üblich, zunächst alle bivariaten Korrelationen zu berechnen. Jede Variable wird also mit jeder anderen korreliert. Das Ergebnis trägt man in eine sog. Korrelationsmatrix ein. Eine solche Matrix ist quadratisch, d. h., sie umfasst ebenso viele Zeilen wie Spalten. In den Spalten und Zeilen stehen, in gleicher Reihenfolge, die Untersuchungsvariablen. In die Zellen, die sich aus der Kreuzung der Spalten mit den Zeilen ergeben, werden die Korrelationen zwischen der jeweiligen Spaltenvariablen und der jeweiligen Zeilenvariablen eingetragen. In der Hauptdiagonale der Matrix stehen die Korrelationen der Variablen mit sich selbst. Da eine Variable mit sich selbst immer perfekt korreliert, betragen die Diagonalelemente von Korrelationsmatrizen immer 1. Eine weitere Besonderheit von Korrelationsmatrizen ist ihre Symmetrie: Zwei Variablen gehen in eine Korrelation »gleichrangig« ein, d. h., die Reihenfolge ihrer Nennung ist für die Korrelation irrelevant. Deshalb sind die beiden Dreiecksmatrizen, in die eine Korrelationsmatrix durch ihre Hauptdiagonale geteilt wird, identisch. Es ist deshalb üblich, dass man nur eine der beiden Dreiecksmatrizen ausfüllt, meistens die untere.

Weiterhin ist es bei metrisch skalierten Variablen üblich, dass man die obere Hälfte der Matrix nutzt, um die Kovarianzen mitzuteilen. Und schließlich werden Korrelations- und Kovarianzmatrizen häufig um zwei Spalten oder Zeilen erweitert, in die die Mittelwerte und Standardabweichungen der Variablen eingetragen werden.

Multitrait-Multimethod-Matrix

In Tabelle 15.6 wird ein Beispiel für eine solche Matrix gegeben. Sie enthält die Produkt-Moment-Korrelationen, die Kovarianzen, die Mittelwerte und die Standardabweichungen von vier Variablen. Bei diesen Variablen handelt es sich um zwei Merkmale (Extraversion, Neurotizismus), die durch zwei Methoden (Selbstbericht, Fremdbericht) erhoben wurden. In der Untersuchung haben sich $n = 481$ Personen in Bezug auf ihre Extraversion und ihren Neurotizismus selbst eingeschätzt. Gleichzeitig wurde eine Freundin oder ein Freund gebeten, die Person bezüglich dieser Merkmale auf denselben Skalen einzuschätzen.

Tabelle 15.6 Korrelationen (Hauptdiagonale und untere Dreiecksmatrix), Kovarianzen (obere Dreiecksmatrix; grau gefärbt), Standardabweichungen und Mittelwerte von zwei Methoden (Selbstbericht, Fremdbericht) zur Messung von zwei Merkmalen (Extraversion und Neurotizismus)

		Methode 1: Selbstbericht		Methode 2: Fremdbericht	
		Extraversion	Neurotizismus	Extraversion	Neurotizismus
Methode 1: Selbstbericht	Extraversion	1	0,009	0,265	0,024
	Neurotizismus	0,015	1	–0,054	0,203
Methode 2: Fremdbericht	Extraversion	0,467	–0,084	1	–0,002
	Neurotizismus	0,042	0,316	–0,005	1
Mittelwert $\bar{x}$		3,786	3,626	3,913	3,065
Standardabweichung s_x		0,736	0,837	0,771	0,767

Eine Matrix, in der die Korrelationen zwischen mehreren Merkmalen (engl. traits), die durch verschiedene Methoden (engl. methods) erfasst wurden, zusammengestellt sind, heißt Multitrait-Multimethod-Matrix. Sie wurde von Campbell und Fiske (1959) vorgeschlagen, um die konvergente und diskriminante Validität bestimmen zu können.

Konvergente Validität. Konvergente Validität liegt dann vor, wenn die Korrelation zwischen den Variablen, die dasselbe Merkmal erfassen, jedoch über verschiedene Methoden gemessen werden, hoch ist. Diese *Monotrait-Heteromethod-Korrelationen* sind in Tabelle 15.6 fett gesetzt. Sie liegen auf der sog. Validitätsdiagonalen. Die Korrelationen befinden sich hier in einem Bereich, den man üblicherweise für den Zusammenhang zwischen Selbst- und Fremdberichten von Persönlichkeitsmerkmalen findet (Eid et al., 2006a; Geiser et al., im Druck; Schmitt, 2006). Sie zeigen daher konvergente Validität an. Die Korrelation ist für das Merkmal Extraversion höher als für das Merkmal Neurotizismus. Dies liegt daran, dass das Merkmal Extraversion einfacher zu beobachten ist als das Merkmal Neurotizismus.

Diskriminante Validität. Diskriminante Validität liegt vor, wenn die Korrelationen zwischen Merkmalen, die voneinander unabhängig sein sollen, auch gering sind – egal, mit welcher Methode sie erfasst wurden. Auch dies ist bei den Korrelationen in Tabelle 15.6 der Fall. Alle Korrelationen zwischen Extraversion und Neurotizismus liegen nahe bei 0. Auffällig ist, dass die Korrelationen zwischen beiden Merkmalen nicht wesentlich höher sind, wenn sie mit derselben Methode erfasst wurden, als wenn sie mit verschiedenen Methoden erfasst wurden. Ist die Korrelation zwischen zwei Merkmalen, die mit derselben Methode erfasst werden, höher als die Korrelation zwischen diesen Merkmalen, wenn sie mit verschiedenen Methoden erfasst wurden, dann zeigt dies einen Effekt der Erfassungsmethode an. Die beiden Korrelationen wären dadurch erhöht, dass sich auf beide Messungen derselbe Methodeneffekt auswirkt.

Mittelwerte und Standardabweichungen. Die Mittelwertsunterschiede in Tabelle 15.6 zeigen, dass die Extraversion von Personen im Fremdbericht höher eingeschätzt wird als im Selbstbericht. Umgekehrt wird der Neurotizismus im Selbstbericht höher eingeschätzt als im Fremdbericht. Bezüglich der Standardabweichungen zeigt sich, dass der Neurotizismus im Fremdbericht homogener und im Selbstbericht heterogener eingeschätzt wird. Umgekehrt zeigen sich bezüglich der Extraversion geringere individuelle Unterschiede im Selbstbericht als im Fremdbericht.

15.3.2 Zwei ordinalskalierte Variablen

Bei der Darstellung von ordinalskalierten Variablen haben wir bereits die wichtige Unterscheidung von singulären Daten und Daten mit geordneten Antwortkategorien kennengelernt und auf den Umgang mit verbundenen Rängen (Rangbindungen) hingewiesen (s. Abschn. 6.3). Beide Aspekte – die Unterscheidung der beiden Datenarten und das Vorhandensein bzw. Fehlen von Rangbindungen – spielen auch bei der Auswahl eines geeigneten Korrelationskoeffizienten für ordinale Variablen eine bedeutsame Rolle. Wir werden mehrere Koeffizienten behandeln. Zunächst stellen wir den τ-Koeffizienten vor, der von Kendall (1938) in die Statistik eingeführt wurde und daher häufig als Kendalls τ (sprich »tau«) bezeichnet wird, der aber bereits von Fechner (1897) beschrieben wurde. Der τ-Koeffizient ist ein für singuläre Daten geeigneter Koeffizient und hat bei der Anwendung auf diese Daten eine einfache und klare Bedeutung. Im Falle von Rangbindungen muss auf andere Koeffizienten zurückgegriffen werden. Für die Analyse kategorialer Variablen mit Rangbindungen sind der γ-Koeffizient (Goodman & Kruskal, 1954) und der polychorische Korrelationskoeffizient geeignet, für singuläre Daten der e-Koeffizient von Wilson (1974). Letzteren grenzen wir von anderen Koeffizienten für singuläre Daten mit Rangbindungen ab und behandeln die Frage, auf welche Koeffizienten zurückgegriffen werden kann, wenn der Zusammenhang zwischen einer kategorialen Variablen mit geordneten Antwortkategorien und einer singulären Variablen mit Rangbindungen beschrieben wird. Schließlich werden wir noch den Rangkorrelationskoeffizienten von Spearman behandeln, der häufig berechnet wird, aber bei der Analyse ordinaler Variablen auch einige Probleme aufwirft.

Rangkorrelation nach Kendall

Im Folgenden werden wir zeigen, wie die Rangkorrelation anhand von Stichprobendaten bestimmt und interpretiert werden kann. Um den Unterschied zwischen dem Wert des Koeffizienten τ in der Population und in einer Stichprobe kenntlich zu machen, versehen wir den Stichprobenwert mit dem Symbol für ein Dach »^« ($\hat{\tau}$). Wir greifen nicht wie bei der Produkt-Moment-Korrelation auf einen lateinischen Buchstaben zurück, da sich die Bezeichnung τ etabliert hat und ein lateinischer Buchstabe eher zur Verwirrung führen würde. Diese Notation werden wir auch für andere in diesem Kapitel behandelte Koeffizienten beibehalten, die mit einem griechischen Buchstaben bezeichnet werden. Die Rangkorrelation nach Kendall lässt sich wie folgt berechnen:

$$\hat{\tau} = \frac{n_K - n_D}{\frac{n \cdot (n-1)}{2}} = \frac{2 \cdot (n_K - n_D)}{n \cdot (n-1)} \quad \text{(F 15.6)}$$

In der Formel steht n_K für die Anzahl von Konkordanzen, n_D für die Anzahl von Diskordanzen. Was heißt das? Die Rangkorrelation nach Kendall beruht auf einem vollständigen Paarvergleich aller Merkmalsträger im Hinblick auf ihre jeweiligen Rangplätze. Für jedes mögliche Personenpaar wird also ermittelt, wer den höheren bzw. den niedrigeren Rang auf einer Variablen hat. Insgesamt sind damit $n \cdot (n-1)/2$ Paarvergleiche möglich. Diese Paarvergleiche werden für beide Variablen angestellt. Anschließend werden die Ergebnisse der Paarvergleiche für die beiden Variablen miteinander verglichen. Für alle möglichen Paarungen wird ausgezählt, ob der jeweilige Paarvergleich bei beiden Variablen zu einem konkordanten Ergebnis geführt hat (Merkmalsträger A hatte in beiden Variablen einen höheren oder einen niedrigeren Rangplatz als Merkmalsträger B) oder zu einem diskordanten Ergebnis (A hatte bei einer Variable einen höheren, bei der anderen Variable jedoch einen niedrigeren Rangplatz als B). Die Anzahl n_K der konkordanten Paare wird dann mit der Anzahl n_D der diskordanten Paare verglichen. Gibt es mehr konkordante als diskordante Paare, spricht dies für einen positiven Zusammenhang zwischen den beiden Merkmalen, da die Personen sich in ähnlicher Weise auf beiden Merkmalen anordnen lassen. Die Differenz $n_K - n_D$, die im Zähler von $\hat{\tau}$ steht, ist dann positiv. Ist die Anordnung der Merkmalsträger in Bezug auf beide Merkmale identisch, gibt es nur konkordante Paare, und die Anzahl der diskordanten Paare ist gleich 0. Im Zähler von $\hat{\tau}$ steht dann n_K. Sind die Rangfolgen perfekt gegenläufig, gibt es nur diskordante Paare und im Zähler von $\hat{\tau}$ steht $-n_D$. Im Falle eines perfekten positiven Zusammenhangs (Gleichheit der Rangfolge) entspricht der Zähler von $\hat{\tau}$ somit n_K, im Falle eines perfekten negativen Zusammenhangs $-n_D$.

Da der Wert im Zähler von der Anzahl der Paarvergleiche abhängt, muss er durch die Anzahl der Paarvergleiche $n \cdot (n-1)/2$ dividiert werden, um ein normiertes und einfacher zu interpretierendes Maß zu erhalten. Liegen *keine* Rangbindungen vor, kann ein Paar entweder nur konkordant oder nur diskordant sein. Die Anzahl der Paarvergleiche entspricht daher genau der Anzahl aller konkordanten und diskordanten Paare, und man erhält die äquivalente Formel:

$$\hat{\tau} = \frac{n_K - n_D}{n_K + n_D} \quad \text{(F 15.7)}$$

An dieser Formel erkennt man sehr schnell, dass $\hat{\tau}$ im Falle eines perfekten positiven Zusammenhangs ($n_D = 0$) den Wert $\hat{\tau} = +1$ und im Falle eines perfekten negativen Zusammenhangs ($n_K = 0$), den Wert $\hat{\tau} = -1$ annimmt.

Umgang mit Rangbindungen

Liegen Rangbindungen vor, dann stehen die Personen, denen der gleiche Rangplatz zugeordnet wird, nicht mehr in einer »größer«-/»kleiner«-Beziehung, wie es für die Bestimmung der konkordanten und diskordanten Paare beim Koeffizienten $\hat{\tau}$ notwendig ist. Dieser Paarvergleich kann daher nicht mehr in die Bestimmung der konkordanten und diskordanten Paare eingehen. Dies hat zur Folge, dass die Gesamtzahl der in Bezug auf die Konkordanzen und Diskor-

> **Beispiel**
>
> **Rangkorrelation zwischen Anstrengung und Leistung**
>
> Machen wir uns das Vorgehen bei der Bestimmung und Interpretation der Rangkorrelation an einem kleinen Datenbeispiel klar. In Tabelle 15.7 stehen die Rangplätze von $n = 5$ Personen in zwei Variablen (X = Anstrengung und Y = Leistung). Tabelle 15.8 gibt in der ersten Spalte an, welche Person mit welcher anderen verglichen wird. Bei $n = 5$ Personen sind $n \cdot (n-1)/2 = 10$ Paarvergleiche möglich; Tabelle 15.8 hat daher auch 10 Zeilen. In Spalte 2 und 3 stehen die Ergebnisse der Vergleiche. Spalte 4 und 5 enthalten die Ergebnisse der Konkordanzprüfung, die der besseren Übersicht halber in zwei Spalten aufgeführt werden. Wenn wir die Summen dieser Spalten in Formel F 15.6 eintragen, ergibt sich eine Rangkorrelation von $\hat{\tau} = 0{,}4$:
>
> $$\hat{\tau} = \frac{(n_K - n_D)}{\frac{n \cdot (n-1)}{2}} = \frac{(7-3)}{10} = 0{,}4$$
>
> Die Rangkorrelation besagt, dass es einen positiven Zusammenhang zwischen Anstrengung und Leistung gibt. Höhere Anstrengung geht mit höherer Leistung, geringere Anstrengung mit geringerer Leistung einher.
>
> **Tabelle 15.7** Anstrengung und Leistung von fünf Personen: Rangzahlen
>
> | | Anstrengung | Leistung |
> |------|-------------|----------|
> | Uta | 1 | 2 |
> | Anna | 2 | 3 |
> | Elke | 3 | 1 |
> | Ina | 4 | 5 |
> | Gabi | 5 | 4 |

Tabelle 15.8 Rangkorrelation zwischen Anstrengung und Leistung: Paarvergleiche, Konkordanzen, Diskordanzen

	Anstrengung	Leistung	Konkordanz	Diskordanz
Uta mit Anna	1 < 2	2 < 3	×	
Uta mit Elke	1 < 3	2 > 1		×
Uta mit Ina	1 < 4	2 < 5	×	
Uta mit Gabi	1 < 5	2 < 4	×	
Anna mit Elke	2 < 3	3 > 1		×
Anna mit Ina	2 < 4	3 < 5	×	
Anna mit Gabi	2 < 5	3 < 4	×	
Elke mit Ina	3 < 4	1 < 5	×	
Elke mit Gabi	3 < 5	1 < 4	×	
Ina mit Gabi	4 < 5	5 > 4		×
Summe			$n_K = 7$	$n_D = 3$

danzen verglichenen Paare nicht mehr $n \cdot (n-1)/2$ entspricht.

Es gibt verschiedene Möglichkeiten, mit diesem Problem umzugehen. Welchen Koeffizienten man wählt, hängt davon ab, ob singuläre Daten mit Rangbindungen oder aber kategoriale Daten mit geordneten Antwortkategorien vorliegen. Die Ursache der Rangbindungen unterscheidet sich zwischen beiden Arten von Daten: Bei kategorialen Daten mit geordneten Kategorien entstehen die Rangbindungen dadurch, dass alle Unterschiede innerhalb einer Kategorie nivelliert werden. Personen, die sich also in ihrer Merkmalsausprägung graduell unterscheiden, bekommen durch die Kategorisierung dennoch den gleichen Wert. Bei singulären Daten mit Rangbindungen ist dies anders. Kommen beispielsweise zwei Personen zeitgleich beim Marathon ins Ziel, dann ist diese Rangbindung ein Indikator für eine tatsächlich identische Merkmalsausprägung.

Der γ-Koeffizient für kategoriale Daten mit geordneten Antwortkategorien

Sind die Rangbindungen auf die Kategorisierung der Merkmalsausprägungen zurückzuführen, dann verstecken sich möglicherweise hinter diesen Rangbindungen Unterschiede zwischen Personen, die aber nicht mehr abgebildet werden. Nehmen wir an, eine Person A gehört in Bezug auf das Merkmal X einer höheren Rangklasse an als eine Person B, in Bezug auf das Merkmal Y hingegen gehört sie der gleichen Rangklasse an wie B. Hätte man die Merkmalsausprägungen feiner als mit den vorgegebenen Kategorien erfasst, könnte sich hier möglicherweise eine Konkordanz, eine Diskordanz oder eine Ranggleichheit verbergen. Aus diesem Blickwinkel betrachtet sind die Rangbindungen für die Bestimmung des Zusammenhangs uneindeutig. Dies hat zur Folge, dass die Differenz der Anzahl der konkordanten und diskordanten Paare ($n_K - n_D$) nur auf die Anzahl der Paare bezogen wird, die eindeutig in einer konkordanten oder diskordanten Beziehung stehen. Man erhält dann den Koeffizienten γ (Goodman & Kruskal, 1954). Um einen anhand einer Stichprobe ermittelten statistischen Kennwert vom entsprechenden Populationsparameter abzugrenzen, bezeichnen wir den γ-Koeffizienten in einer Stichprobe mit $\hat{\gamma}$:

$$\hat{\gamma} = \frac{n_K - n_D}{n_K + n_D} \qquad (F\ 15.8)$$

Der Koeffizient $\hat{\gamma}$ entspricht somit genau dem Wert des Koeffizienten $\hat{\tau}$, wenn keine Rangbindungen vorliegen. Bei Rangbindungen unterscheiden sich $\hat{\gamma}$ und $\hat{\tau}$ jedoch.

$\hat{\gamma}$ ist 0, wenn es so viele konkordante Paare wie diskordante Paare gibt; beide Merkmale hängen dann nicht zusammen. Der Wert von $\hat{\gamma}$ ist umso positiver, je mehr konkordante Paare es im Vergleich zu diskordanten Paaren gibt; er ist umso negativer, je mehr diskordante Paare es im Vergleich zu konkordanten Paaren gibt. Der untere Wert von -1 wird erreicht, wenn alle nicht gebundenen Paare diskordant sind. Der obere Wert von $+1$ ergibt sich, wenn alle nicht gebundenen Paare konkordant sind.

Da bei kategorialen Daten mit geordneten Antwortkategorien häufig eine Vielzahl von Merkmalsträgern untersucht wird, berechnet man die Anzahl der Konkordanzen und Diskordanzen nicht anhand des individuellen Paarvergleichs wie in Tabelle 15.8, sondern mit Hilfe folgender Formeln:

$$n_K = \sum_{i=1}^{k-1} \sum_{j=1}^{l-1} n_{ij} \cdot \left(\sum_{a=i+1}^{k} \sum_{b=j+1}^{l} n_{ab} \right) \qquad (F\ 15.9)$$

$$n_D = \sum_{i=1}^{k-1} \sum_{j=2}^{l} n_{ij} \cdot \left(\sum_{a=i+1}^{k} \sum_{b=1}^{j-1} n_{ab} \right) \qquad (F\ 15.10)$$

Mit n_{ij} sowie mit n_{ab} werden die absoluten Häufigkeiten einer Zelle in einer zweidimensionalen Kontingenztafel bezeichnet. Die unterschiedliche Indizierung kommt dadurch zustande, dass jeweils über unterschiedliche Zellen hinweg summiert wird. Die Indizes i und a bezeichnen die Kategorien des Merkmals X, das k verschiedene Ausprägungen aufweist. Die Indizes j und b kennzeichnen die Kategorien des Merkmals Y, das l verschiedene Ausprägungen aufweist. Die beiden Formeln zur Berechnung der Anzahl der Konkordanzen und Diskordanzen erschließen sich am einfachsten anhand eines Beispiels (s. folgenden Beispielkasten).

Die polychorische Korrelation

Die polychorische Korrelation ist ein Zusammenhangsmaß, das ebenfalls für kategoriale Variablen mit geordneten Antwortkategorien geeignet ist und häufig zu sehr ähnlichen Werten wie der $\hat{\gamma}$-Koeffizient führt. Die polychorische Korrelation kann nicht einfach per Hand berechnet werden, hierzu sind spezielle Statistikprogramme wie z. B. Mplus (Muthén & Muthén, 2004–2008) oder die kostenlos im Internet verfügbaren Programme R (Luhmann, 2010) und OpenMx (Neale et al., 2003; Links in den Online-

Beispiel

Bereichsspezifische Lebenszufriedenheit

In Tabelle 15.9 ist eine Kreuztabelle für zwei Variablen X und Y angegeben. Die Variable X erfasst die Zufriedenheit mit Freundschaftsbeziehungen, die Variable Y die Zufriedenheit mit der eigenen Person. Jede der beiden Variablen hat drei Kategorien: (1) »unzufrieden«, (2) »weder noch« und (3) »zufrieden«. Insgesamt wurden $n = 432$ Personen befragt. Der Tabelle ist z. B. zu entnehmen, dass $n_{33} = 281$ Personen sowohl mit ihrer Person als auch mit ihren Freundschaften zufrieden sind, $n_{11} = 12$ Personen mit beiden Lebensbereichen unzufrieden sind und $n_{31} = 48$ Personen mit ihren Freundschaften zufrieden, mit ihrer Person selbst jedoch unzufrieden sind.

Tabelle 15.9 Kreuztabelle: Zufriedenheit mit sich selbst und mit Freundschaften

		Selbst			Randsumme
		1: unzufrieden	2: weder noch	3: zufrieden	
Freundschaften	1: unzufrieden	12	4	17	33
	2: weder noch	9	6	17	32
	3: zufrieden	48	38	281	367
Randsumme		69	48	315	432

Wie lässt sich jetzt die Anzahl der Konkordanzen bestimmen? Bezogen auf dieses Beispiel lässt sich Formel F 15.9 wie folgt ausschreiben:

$$n_K = \sum_{i=1}^{2}\sum_{j=1}^{2} n_{ij} \cdot \left(\sum_{a=i+1}^{3}\sum_{b=j+1}^{3} n_{ab} \right)$$
$$= n_{11} \cdot (n_{22} + n_{23} + n_{32} + n_{33})$$
$$+ n_{12} \cdot (n_{23} + n_{33})$$
$$+ n_{21} \cdot (n_{32} + n_{33})$$
$$+ n_{22} \cdot (n_{33})$$

Setzt man die Werte für die absoluten Zellhäufigkeiten ein, erhält man:

$$n_K = 12 \cdot (6 + 17 + 38 + 281)$$
$$+ 4 \cdot (17 + 281)$$
$$+ 9 \cdot (38 + 281)$$
$$+ 6 \cdot (281)$$
$$= 4104 + 1192 + 2871 + 1686$$
$$= 9853$$

Insgesamt gibt es somit 9853 konkordante Paare. An diesem Beispiel wird das Prinzip deutlich, nach dem die Konkordanzen bestimmt werden: Alle Personen mit der Wertekombination (1, 1) stehen mit allen Personen, die auf beiden Merkmalen einen höheren Wert haben, in konkordanter Beziehung. Dies sind alle Personen mit den Wertekombinationen (2, 2), (2, 3), (3, 2) und (3, 3). Da 6 Personen die Wertekombination (2, 2), 17 Personen die Wertekombination (2, 3), 38 Personen die Wertekombination (3, 2) und 281 Personen die Wertekombination (3, 3) aufweisen, steht jede Person der Wertekombination (1, 1) mit 342 Personen (6 + 17 + 38 + 281 = 342) in konkordanter Beziehung. Da 12 Personen die Wertekombination (1, 1) aufweisen, gibt es also in Bezug auf die Wertekombination (1, 1) 4104 konkordante Paare (12 · 342 = 4104). Die Anzahl der konkordanten Paare wird für die anderen Zellen mit Hilfe von Formel F 15.9 systematisch ermittelt.

Für die Anzahl diskordanter Paare ergibt sich nach Formel F 15.10:

$$n_D = \sum_{i=1}^{2}\sum_{j=2}^{3} n_{ij} \cdot \left(\sum_{a=i+1}^{3}\sum_{b=1}^{j-1} n_{ab} \right)$$
$$= n_{12} \cdot (n_{21} + n_{31})$$
$$+ n_{13} \cdot (n_{21} + n_{22} + n_{31} + n_{32})$$
$$+ n_{22} \cdot (n_{31})$$
$$+ n_{23} \cdot (n_{31} + n_{32})$$

Setzt man die Werte der Tabelle 15.9 ein, erhält man:

$$\begin{aligned}
n_D &= 4 \cdot (9+48) \\
&+ 17 \cdot (9+6+48+38) \\
&+ 6 \cdot (48) \\
&+ 17 \cdot (48+38) \\
&= 228 + 1717 + 288 + 1462 \\
&= 3695
\end{aligned}$$

Auch das Prinzip der Bestimmung diskordanter Paare soll am Beispiel einer Zelle illustriert werden: Alle Personen mit der Wertekombination (1, 2) stehen mit Personen in einer diskordanten Beziehung, die auf dem einen Merkmal einen höheren und auf dem anderen Merkmal einen geringeren Wert haben, also allen Personen mit den Wertekombinationen (2, 1) und (3, 1). Da 9 Personen mit der Wertekombination (2, 1) und 48 Personen mit der Wertekombination (3, 1) vorhanden sind, gibt es für jede Person der Wertekombination (1, 2) 57 Personen (9 + 48 = 57), mit denen sie in einer diskordanten Beziehung steht. Da 4 Personen die Wertekombination (1, 2) aufweisen, gibt es somit in Bezug auf die Wertekombination (1, 2) 228 diskordante Paare (4 · 57 = 228). Die diskordanten Paare in Bezug auf die anderen Zellen lassen sich in analoger Weise bestimmen.

Setzt man die Anzahlen konkordanter und diskordanter Paare in Formel F 15.8 ein, erhält man:

$$\hat{\gamma} = \frac{n_K - n_D}{n_K + n_D} = \frac{9853 - 3695}{9853 + 3695} = 0{,}45$$

Zwischen beiden Zufriedenheitseinschätzungen gibt es also einen positiven Zusammenhang. Personen, die mit sich selbst zufrieden sind, sind auch tendenziell eher mit ihren Freundschaften zufrieden.

Materialien) notwendig. Daher kann hier auch keine einfache Berechnungsformel präsentiert werden. Es soll aber kurz die Grundidee der polychorischen Korrelation beschrieben werden. Ihr liegen folgende Annahmen zugrunde (Olsson, 1979):

(1) Jeder der beiden kategorialen Variablen liegt eine kontinuierliche, *normalverteilte* Variable zugrunde. Bezogen auf unser Beispiel der Lebenszufriedenheit würde dies bedeuten, dass es z. B. in Bezug auf die Einschätzung der Zufriedenheit mit Freundschaften viele feine Unterschiede zwischen Personen gibt, die Zufriedenheitseinschätzung somit eine stetige Variable wäre. Diese, den kategorialen Variablen zugrunde liegenden, nicht direkt beobachtbaren (latenten) Variablen werden mit X^* und Y^* bezeichnet.

(2) Durch die Messung mittels einer kategorialen Variablen – in unserem Beispiel eines Zufriedenheitsitems mit nur drei Kategorien – ist es jedoch nicht möglich, diese feinen Unterschiede abzubilden. Vielmehr müssen sich Personen nun in eine der drei Kategorien einordnen. Dem Modell der polychorischen Korrelation zufolge stellt man sich das so vor, dass die latente kontinuierliche Variable durch zwei Schwellenparameter in drei Teile (die Kategorien) zerteilt wird. Liegt der Wert der Person auf der kontinuierlichen Variablen unter der ersten Schwelle, so wählt sie die erste Kategorie; liegt ihr Wert zwischen der ersten und der zweiten Schwelle, wählt sie die zweite Kategorie; liegt er über der zweiten Schwelle, wählt sie die dritte Kategorie. Die Schwellenparameter lassen sich z. B. anhand der Häufigkeiten der Kategorien bestimmen, die ja einer Normalverteilung folgen sollen.

(3) Geht man davon aus, dass nicht nur jede latente Variable für sich normalverteilt ist, sondern die beiden Variablen X^* und Y^* einer bivariaten Normalverteilung folgen (s. Abschn. 15.4.1), lässt sich die Produkt-Moment-Korrelation der Variablen X^* und Y^* schätzen. Diese Korrelation nennt man *polychorische Korrelation*.

Dieses Modell lässt sich auf Variablen mit mehr als drei Kategorien entsprechend erweitern. In diesem Fall benötigt man einfach weitere Schwellenparameter. Die polychorische Korrelation basiert auf diesen Modellvorstellungen. Die Annahmen des polychorischen Korrelationsmodells sind für viele Bereiche der

Psychologie plausibel. Da es sich um Modellannahmen handelt, können sie allerdings auch falsch sein. Methoden, um ihre Gültigkeit zu überprüfen, sind bei Muthén (1993) beschrieben.

Wir haben die polychorische Korrelation ausführlicher beschrieben, da diese Korrelation faktorenanalytischen Modellen für ordinale Variablen zugrunde gelegt wird, die in den Abschnitten 23.8 und 24.5 beschrieben werden. In unserem Beispiel der beiden Zufriedenheitsurteile beträgt die polychorische Korrelation $r_{pol} = 0{,}35$ und ist etwas kleiner als der Wert des $\hat{\gamma}$-Koeffizienten. Im Gegensatz zur polychorischen Korrelation basiert die Berechnung des $\hat{\gamma}$-Koeffizienten auf keinen restriktiven Modellannahmen. Außerdem wird der $\hat{\gamma}$-Koeffizient – im Gegensatz zur polychorischen Korrelation – von vielen Statistikprogrammen berechnet, so dass man üblicherweise auf die Berechnung des $\hat{\gamma}$-Koeffizienten zurückgreifen wird.

Der e-Koeffizient für singuläre Daten mit Rangbindungen

Bei singulären Daten mit Rangbindungen werden die Rangbindungen nicht durch das Antwortformat erzwungen, sondern können sich frei ergeben. Beobachtet man z. B., wie lange Kinder zur Lösung zweier Aufgaben brauchen, so kann es sein, dass zwei Kinder bei einer der beiden Aufgaben, bei beiden Aufgaben oder bei keiner der beiden Aufgaben gleichzeitig fertig werden. Rangbindungen müssen sich somit nicht ergeben. Sie können aber ein Resultat der Untersuchung sein. Es lassen sich generell zwei Arten von Rangbindungen unterscheiden: Rangbindungen, die sich nur in Bezug auf eines der beiden Merkmale einstellen, und Rangbindungen, die beide Merkmale gleichzeitig betreffen.

Was sind die Konsequenzen von Rangbindungen für die Bewertung des Zusammenhangs zwischen zwei singulären Variablen? Bei einem strikt positiven Zusammenhang zwischen beiden Variablen würde man erwarten, dass eine Person A, die in Bezug auf das Merkmal X einen höheren Rangwert aufweist als eine Person B, auch in Bezug auf das Merkmal Y einen höheren Rangwert als B hat (konkordante Beziehung). Umgekehrt würde man bei einem strikt negativen Zusammenhang erwarten, dass Rangplatzunterschiede zwischen zwei Variablen in einer diskordanten Beziehung stehen. Stehen zwei Personen auf beiden Merkmalen in einer Rangbindung, stört dies weder den strikt positiven noch den strikt negativen Zusammenhang, da beide Personen bezüglich beider Merkmale gleiche Merkmalsausprägungen aufweisen. Ein strikt positiver Zusammenhang würde allerdings dadurch gestört werden, dass eine Person A, die in Bezug auf das Merkmal X einen höheren Rangwert aufweist als eine Person B, in Bezug auf das Merkmal Y mit dieser Person in einer Rangbindung steht. Dies würde in analoger Weise für einen strikt negativen Zusammenhang gelten. Da bei singulären Daten mit Rangbindungen davon ausgegangen wird, dass Rangbindungen durch das Antwortformat nicht erzwungen werden, zeigt die Rangbindung auf einem Merkmal in Verbindung mit unterschiedlichen Rangwerten auf dem anderen Merkmal an, dass der Zusammenhang nicht so strikt ausgeprägt ist, wie es möglich gewesen wäre. Würde man diese Rangbindungen auf nur einem Merkmal – wie beim $\hat{\gamma}$-Koeffizienten – nicht berücksichtigen, würde man die Stärke des empirischen Zusammenhangs zwischen X und Y überschätzen.

Wilson (1974) schlägt daher den Koeffizienten e vor, bei dem zur Normierung der Differenz der Anzahl der konkordanten und diskordanten Paare ($n_K - n_D$) nur die Anzahl der Paare ausgeschlossen werden, die auf *beiden* Merkmalen eine Rangbindung aufweisen, nicht aber – wie beim $\hat{\gamma}$-Koeffizienten – die Paare, die nur auf einem Merkmal Rangbindungen aufweisen. Die Differenz $n_K - n_D$ wird daher durch die Anzahl aller Paare dividiert, die *nicht auf beiden Merkmalen* Rangbindungen aufweisen. Die Anzahl der Paare, an der $n_K - n_D$ relativiert wird, ergibt sich also aus

(1) der Anzahl der Paare, die in einer konkordanten Beziehung stehen (n_K), plus

(2) der Anzahl der Paare, die in einer diskordanten Beziehung stehen (n_D), plus

(3) der Anzahl der Paare, die nur in Bezug auf das Merkmal X in einer Rangbindung stehen ($n_{B(X)}$), plus

(4) der Anzahl der Paare, die nur in Bezug auf das Merkmal Y in einer Rangbindung stehen ($n_{B(Y)}$).

Man erhält daher:

$$e = \frac{n_K - n_D}{n_K + n_D + n_{B(X)} + n_{B(Y)}} \qquad \text{(F 15.11)}$$

Der e-Koeffizient kann also nur dann einen minimalen Wert von −1 und einen maximalen Wert von +1 annehmen, wenn keine Rangbindungen vorliegen, die nur ein Merkmal betreffen. Liegen Rangbindungen auf nur einem Merkmal vor, so wird der maximal mögliche Wert von e verringert. Obwohl der e-Koeffizient eine klare Bedeutung hat und einfacher zu interpretieren ist als andere Koeffizienten für singuläre Daten mit Rangbindungen, wird er üblicherweise von kommerziellen Statistikprogrammen nicht berechnet, so dass er anhand von Formel F 15.11 von Hand berechnet werden muss.

> **Beispiel**
>
> ### e-Koeffizient für die Korrelation zwischen Anstrengung und Leistung
>
> In Tabelle 15.10 wurde das Beispiel aus Tabelle 15.7 modifiziert, indem auf jedem Merkmal zwei Rangbindungen eingeführt wurden. Tabelle 15.11 zeigt, wie die Größen bestimmt werden können, die man für die Berechnung von e braucht. Setzt man diese in Formel F 15.11 ein, erhält man:
>
> $$e = \frac{n_K - n_D}{n_K + n_D + n_{B(X)} + n_{B(Y)}} = \frac{17 - 1}{17 + 1 + 1 + 1}$$
> $$= \frac{16}{20} = 0{,}8$$
>
> Es besteht somit ein relativ hoher positiver Zusammenhang zwischen Anstrengung und Leistung.

Tabelle 15.10 Zusammenhang von Anstrengung und Leistung: Rangbindungen

	Anstrengung	Leistung
Uta	1	2
Anna	2,5	3
Elke	2,5	1
Ina	4	4,5
Gabi	5	4,5
Ulla	6,5	6,5
Maja	6,5	6,5

Tabelle 15.11 Wilsons e-Koeffizient: Paarvergleiche, Konkordanzen, Diskordanzen

	Anstrengung (X)	Leistung (Y)	Konkordanz	Diskordanz	Rangbindung (X)	Rangbindung (Y)
Uta mit Anna	1 < 2,5	2 < 3	×			
Uta mit Elke	1 < 2,5	2 > 1		×		
Uta mit Ina	1 < 4	2 < 4,5	×			
Uta mit Gabi	1 < 5	2 < 4,5	×			
Uta mit Ulla	1 < 6,5	2 < 6,5	×			
Uta mit Maja	1 < 6,5	2 < 6,5	×			
Anna mit Elke	2,5 = 2,5	3 > 1			×	
Anna mit Ina	2,5 < 4	3 < 4,5	×			
Anna mit Gabi	2,5 < 5	3 < 4,5	×			
Anna mit Ulla	2,5 < 6,5	3 < 6,5	×			
Anna mit Maja	2,5 < 6,5	3 < 6,5	×			
Elke mit Ina	2,5 < 4	1 < 4,5	×			
Elke mit Gabi	2,5 < 5	1 < 4,5	×			

Tabelle 15.11 (Fortsetzung)

	Anstrengung (X)	Leistung (Y)	Konkordanz	Diskordanz	Rangbindung (X)	Rangbindung (Y)
Elke mit Ulla	2,5 < 6,5	1 < 6,5	×			
Elke mit Maja	2,5 < 6,5	1 < 6,5	×			
Ina mit Gabi	4 < 5	4,5 = 4,5				×
Ina mit Ulla	4 < 6,5	4,5 < 6,5	×			
Ina mit Maja	4 < 6,5	4,5 < 6,5	×			
Gabi mit Ulla	5 < 6,5	4,5 < 6,5	×			
Gabi mit Maja	5 < 6,5	4,5 < 6,5	×			
Ulla mit Maja	6,5 = 6,5	6,5 = 6,5			×	×
			$n_K = 17$	$n_D = 1$	$n_{B(X)} = 1$	$n_{B(Y)} = 1$

Alternative Korrelationsmaße im Falle von singulären Daten mit Rangbindungen

Für den Fall von singulären Daten mit Rangbindungen wurden eine Reihe von Korrelationskoeffizienten entwickelt, die z. B. bei Woods (2007) beschrieben sind und von Freeman (1986) und Gonzalez und Nelson (1996) in Bezug auf ihre inhaltliche Bedeutung vergleichend diskutiert werden. Die Koeffizienten $\hat{\gamma}$ und e, die beide im Falle fehlender Rangbindungen der Rangkorrelation $\hat{\tau}$ von Kendall entsprechen, haben sich dabei als die Koeffizienten erwiesen, die eine klare Bedeutung haben. Im Falle von Rangbindungen wird von Statistikprogrammen häufig der Koeffizient τ_b von Kendall (1948) berechnet, den wir in Bezug auf die Stichprobendaten mit $\hat{\tau}_b$ bezeichnen:

$$\hat{\tau}_b = \frac{n_K - n_D}{\sqrt{(n_K + n_D + n_{B(X)}) \cdot (n_K + n_D + n_{B(Y)})}} \quad \text{(F 15.12)}$$

Der Nenner dieses Koeffizienten ist das geometrische Mittel aus zwei Häufigkeiten: $n_K + n_D + n_{B(X)}$ und $n_K + n_D + n_{B(Y)}$. Die Häufigkeit $n_K + n_D + n_{B(X)}$ ist die Anzahl der Paarvergleiche, bei denen keine Rangbindungen auf dem Merkmal Y vorliegen, die Häufigkeit $n_K + n_D + n_{B(Y)}$ die Anzahl der Paarvergleiche, bei denen keine Rangbindungen auf dem Merkmal X vorliegen. Der Nenner ist somit die mittlere Anzahl (geometrisches Mittel) von Paarvergleichen, bei denen keine einseitige Rangbindung vorliegt. Dieser Ausdruck ist jedoch schwer zu interpretieren. Zu einer detaillierten kritischen Auseinandersetzung mit dem Koeffizienten $\hat{\tau}_b$ sei auf Freeman (1986), Gonzalez und Nelson (1996) und Wilson (1974) verwiesen.

Zusammenhang zwischen einer singulären Variablen und einer Variablen mit geordneten Antwortkategorien

Der Koeffizient $\hat{\gamma}$ ist für kategoriale Variablen mit geordneten Antwortkategorien geeignet, der Koeffizient e für singuläre Variablen mit Rangbindungen. Wie sollte man verfahren, wenn der Zusammenhang zwischen einer kategorialen Variablen mit geordneten Antwortkategorien und einer singulären Variablen mit Rangbindungen untersucht wird? Wir behandeln den allgemeinen Fall mit Rangbindungen, da der Fall ohne Rangbindungen ein Spezialfall davon ist. Ein sinnvoller Koeffizient wird nach demselben Prinzip bestimmt, das wir bei der Berechnung der Koeffizienten $\hat{\gamma}$ und e kennengelernt haben. Rangbindungen, die sich auf der kategorialen Variablen (erzwungenermaßen) ergeben, werden nicht berücksichtigt, Rangbindungen auf der singulären Variablen schon, sofern sie nur eine der beiden Variablen betreffen. Bezeichnet X die kategoriale Variable mit geordneten Kategorien und Y die singuläre Variable mit Rangbindungen, ergibt sich der Koeffizient d_{YX} nach Somers (1962):

$$d_{YX} = \frac{n_K - n_D}{n_K + n_D + n_{B(Y)}} \quad \text{(F 15.13)}$$

Bezeichnet hingegen Y die kategoriale Variable mit geordneten Kategorien und X die singuläre Variable mit Rangbindungen, ergibt sich der Koeffizient $d_{Y \cdot X}$ nach Kim (1971):

$$d_{Y \cdot X} = \frac{n_K - n_D}{n_K + n_D + n_{B(X)}} \quad \text{(F 15.14)}$$

Beide Koeffizienten führen für unsere Zwecke zum gleichen Ergebnis, da es willkürlich ist, ob man die kategoriale Variable mit X oder mit Y bezeichnet. Der Unterschied zwischen beiden Koeffizienten kommt dadurch zustande, dass sie für gerichtete Beziehungen entwickelt wurden, in denen die Unterscheidung zwischen abhängiger Variable Y und unabhängiger Variable X von Bedeutung ist. Im Falle gerichteter Beziehungen führen beide Koeffizienten zu unterschiedlichen Ergebnissen (Freeman, 1986). Im Falle ungerichteter korrelativer Beziehungen ist es hingegen nur wichtig, dass man die Rangbindungen in Bezug auf die singuläre Variable ausschließt (Gonzales & Nelson, 1996).

Rangkorrelation nach Spearman

Von Spearman (1904b) wurde ein weiterer Korrelationskoeffizient für ordinalskalierte Variablen entwickelt. Er wird häufig mit r_S abgekürzt, da der griechische Buchstabe ρ (Rho) die Korrelation in der Population bezeichnet, und zuweilen auch *Spearmans Rho* genannt. Spearmans Rangkorrelation ist nichts anderes als die Produkt-Moment-Korrelation der Rangwerte. Wenn keine verbundenen Ränge (mehrfaches Vorkommen einer Rangzahl) vorliegen, kann folgende einfachere Formel verwendet werden:

$$r_S = 1 - \frac{6 \cdot \sum_{m=1}^{n} d_m^2}{n \cdot (n^2 - 1)} \quad \text{(F 15.15)}$$

Darin bedeutet d die Rangplatzdifferenz eines Merkmalsträgers m zwischen seiner Rangzahl im ersten Merkmal und seiner Rangzahl im zweiten Merkmal. Steht ein Merkmalsträger in der X-Variablen auf dem Rangplatz 1 und in der Y-Variablen auf Rangplatz 4, dann beträgt $d = -3$. Da d quadriert wird, ist das Vorzeichen der Differenz unerheblich. Im Falle von Rangbindungen wird einfach die Produkt-Moment-Korrelation der Rangwerte bestimmt. Diese Rangkorrelation hat folgende Eigenschaften:

- Je größer die Differenz der Rangplätze, desto mehr geht der Quotient nach dem Minuszeichen gegen 2 und der Korrelationskoeffizient gegen -1.
- Je kleiner die Differenz der Rangplätze, desto mehr geht der Quotient gegen 0 und die Korrelation gegen $+1$.

Der Rangkorrelationskoeffizient hat nicht nur formale Ähnlichkeiten mit der Produkt-Moment-Korrelation, sondern auch einige Eigenschaften mit ihr gemeinsam. So reagiert er sensibel auf Fälle, in denen eine Person auf einem Merkmal einen sehr kleinen Rangwert, auf einem anderen Merkmal einen sehr großen Rangwert aufweist. Dann wird der Differenzwert sehr groß, und sein Quadrat geht mit einem starken Gewicht in die Korrelationsbildung ein. Auch setzt er die Linearität der Ränge voraus. Um eine perfekte Korrelation zu erhalten, müssen die Ränge der Personen auf den beiden Merkmalen in einem Punktediagramm auf einer Geraden liegen. Die Rangkorrelation nach Spearman nutzt somit nicht die reine Ordnung in größer und kleiner aus, wie dies bei den zuvor behandelten Koeffizienten der Fall ist, die auf dem Vergleich der Anzahl der konkordanten und diskordanten Paare basieren. Es kann sogar sein, dass die Rangkorrelation nach Spearman von 0 verschieden ist, obwohl die Anzahl der Konkordanzen und Diskordanzen gleich ist und somit im ordinalen Sinne kein Zusammenhang besteht (Freeman, 1986). Die Rangkorrelation nach Spearman nutzt somit mehr als die ordinale Ordnung aus und wurde deswegen als Korrelationsmaß für ordinale Daten kritisiert (Gigerenzer, 1981). Die Rangkorrelation nach Spearman sollte daher bei ordinalen Daten nur wohlüberlegt eingesetzt werden.

Vergleich verschiedener Korrelationsmaße bei der Analyse von Ratingskalen

In der Psychologie sehr weit verbreitete Antwortformate sind Ratingskalen. Bei Ratingskalen werden Merkmale auf einer Antwortskala mit geordneten Antwortkategorien eingeschätzt. Häufig geht man bei der Analyse von Ratingskalen davon aus, dass die Antwortkategorien gleichabständig sind und man sie wie intervallskalierte Variablen behandeln darf, wenn man ihren Kategorien fortlaufende Zahlen (z. B. 1, 2, 3, 4, 5) zuweist. Der Zusammenhang zwischen Ratingskalen wird daher oft auch mit der Produkt-Moment-Korrelation ausgewertet. Hierbei muss jedoch Folgendes beachtet werden:

(1) Unterscheiden sich die beiden Ratingskalen in ihren Verteilungen, kann die Produkt-Moment-Korrelation nicht ihre Maximalwerte (−1, +1) annehmen. Dies gilt im Übrigen auch für metrische Variablen. Unterschiede in Verteilungen der beiden Merkmale kommen bei Ratingskalen jedoch häufiger vor, da Ratingskalen sich oft bewusst in ihrer Formulierung unterscheiden, um in verschiedenen Ausprägungsbereichen eines Merkmals zu differenzieren. Hierdurch kommen leicht Verteilungsunterschiede zustande. So weist z. B. ein Item wie »Ich bin häufig gut gelaunt« häufig eine symmetrische Verteilung auf, während das Item »Ich bin sehr oft zu Tode betrübt« eher eine schiefe Verteilung erzeugt.

(2) Die Produkt-Moment-Korrelation repräsentiert häufig nicht die Art des Zusammenhangs, den man theoretisch erwarten würde, da sie die ordinale Abhängigkeit nicht angemessen repräsentiert.

Diese Beschränktheit der Produkt-Moment-Korrelation wollen wir an einem kurzen Beispiel erläutern. In Tabelle 15.12 ist die bivariate Häufigkeitsverteilung (Kreuztabelle) für die Merkmalsausprägungen (Antwortkategorien) zweier Items (»Ich fühle mich im Moment glücklich« und »Ich fühle mich im Moment unglücklich«) dargestellt. Angegeben sind die absoluten Häufigkeiten n_{ij} für jede Kombination von Merkmalsausprägungen. Die erste Kategorie jeder Ratingskala mit dem Wert 0 bedeutet »trifft gar nicht zu«, die vierte mit dem Wert 3 bedeutet »trifft sehr stark zu«, die beiden Kategorien dazwischen geben die zunehmende Stärke an. Das Beispiel wurde so gewählt, dass perfekte Bipolarität besteht (s. hierzu ausführlich Lischetzke & Eid, im Druck); d. h., man kann beide Gefühlszustände nicht gleichzeitig erleben, beide Gefühlszustände sind einander entgegengesetzt. Wer sich momentan wenigstens etwas glücklich fühlt, kann sich nicht gleichzeitig unglücklich fühlen. Wer sich mindestens etwas unglücklich fühlt, kann sich nicht glücklich fühlen. Das Item »glücklich« differenziert zwischen denjenigen Personen, die sich überhaupt nicht unglücklich fühlen. Umgekehrt differenziert das Item »unglücklich« zwischen denjenigen Personen, die sich überhaupt nicht glücklich fühlen. Der Sachverhalt, dass sich beide Stimmungszustände ausschließen, wird durch den $\hat{y}$-Koeffizienten angemessen repräsentiert. Er beträgt für dieses Beispiel $\hat{y} = -1$. Die Produkt-Moment-Korrelation ist demgegenüber nicht in der Lage, diese perfekt gegenläufige Abhängigkeitsbeziehung aufzudecken; ihr Wert ist für dieses Beispiel $r = -0{,}50$. Auch die Rangkorrelationskoeffizienten nach Kendall ($\hat{\tau}_b = -0{,}48$) und Spearman ($r_S = -0{,}53$) sind nicht in der Lage, diese Zusammenhangsbeziehung aufzudecken. Einzig der $\hat{y}$-Koeffizient, den wir für diese Art der Daten empfohlen haben, ist in der Lage, die perfekt bipolare Struktur angemessen anzuzeigen.

Tabelle 15.12 Zusammenhang zwischen den kategorialen Variablen »sich glücklich fühlen« und »sich unglücklich fühlen« (perfekte Bipolarität)

		»glücklich«				Randsumme
		0	1	2	3	
»unglücklich«	0	10	60	60	35	165
	1	10	0	0	0	10
	2	5	0	0	0	5
	3	5	0	0	0	5
Randsumme		30	60	60	35	185

15.3.3 Zwei dichotome nominalskalierte Variablen

In Tabelle 15.4 haben wir schon die bivariate Häufigkeitsverteilung von zwei nominalskalierten Variablen kennengelernt. Die Variable X repräsentiert das favorisierte Krankheitsmodell mit den zwei Ausprägungen »psychosozial« und »organisch«, die Variable Y die wissenschaftliche Disziplin mit den Merkmalsausprägungen »Psychologie« und »Medizin«. Bei beiden Variablen handelt es sich um nominalskalierte Variablen, da die Ausprägungen keine Ordnung aufweisen. Wir behandeln dichotome Variablen jedoch separat von nominalskalierten Variablen, da sie besondere nominalskalierte Variablen sind, bei denen Zusammenhangsmaße bestimmt werden können, die bei polytomen nominalskalierten Variablen nicht sinnvoll wären. Das Besondere liegt darin, dass bei Variablen, die nur zwei Kategorien aufweisen, die Richtung des Zusammenhangs sinnvoll interpretierbar ist. Dies gilt auch für den Mittelwert und die Varianz, die bei nominalskalierten Variablen mit mehr als zwei Kategorien nicht sinnvoll interpretiert werden können, wohl aber bei dichotomen Variablen. Dies wollen wir zunächst am Beispiel der beiden dichotomen Variablen in Tabelle 15.4 (in Abschn. 15.2) verdeutlichen.

Mittelwert bei dichotomen Variablen

Zur Bestimmung des Mittelwerts weisen wir der Merkmalsausprägung »psychosozial« den Wert 0 und der Merkmalsausprägung »organisch« den Wert 1 sowie der Merkmalsausprägung »Psychologie« den Wert 0 und der Merkmalsausprägung »Medizin« den Wert 1 zu. Jede der beiden Variablen X und Y kann somit die Werte 0 und 1 annehmen. In Abschnitt 6.4.2 haben wir gesehen, dass sich der arithmetische Mittelwert auf der Grundlage der Merkmalsausprägungen berechnen lässt, indem man jede Merkmalsausprägung mit ihrer Häufigkeit multipliziert, die mit der Häufigkeit gewichteten Werte aufsummiert und die Summe durch die Anzahl n der Untersuchungsobjekte teilt. Da 11 der untersuchten 20 Personen ein psychosoziales Modell und 9 ein organisches Krankheitsmodell präferieren, erhält man für den Mittelwert der Variablen X (Krankheitsmodell):

$$\bar{x} = \frac{1}{20} \cdot (0 \cdot 11 + 1 \cdot 9) = \frac{9}{20} = 0{,}45$$

Da die erste Kategorie (»psychosozial«) mit 0 kodiert wurde, geht sie nicht unmittelbar in die Berechnung des Mittelwerts mit ein. Der verbleibende Wert ist nichts anderes als die absolute Häufigkeit der mit $x=1$ kodierten Merkmalsausprägung, geteilt durch die Anzahl der Merkmalsträger. Der Mittelwert von 0,45 entspricht daher dem relativen Anteil der untersuchten Personen, die ein organisches Krankheitsmodell favorisieren (h_1). Der Mittelwert der Variablen Y (Disziplin) beträgt $\bar{y} = 0{,}45$ und zeigt an, dass 45 % der untersuchten Personen Medizinerinnen und Mediziner sind. Diese einfache Interpretation des Mittelwerts ist allerdings nur dann gegeben, wenn man die Wertezuordnung mit 0 und 1 wählt. Eine solche Variable, die nur die Werte 0 und 1 annehmen kann, nennt man eine *Indikatorvariable* (s. Abschn. 7.2.2). Die Indikatorvariable X zeigt mit dem Wert $x=1$ das Vorliegen eines organischen Krankheitsmodells an, die Indikatorvariable Y mit dem Wert $y=1$ Medizin als Disziplin. Hätte man eine andere zulässige Wertezuordnung gewählt, z. B. den Wert $x=234$ für die erste Kategorie und den Wert $x=888$ für die zweite Kategorie, hätte der Mittelwert seine einfache Interpretation verloren; er würde dann für beide Variablen 528,30 betragen. Da die Zahlenzuordnung bei dichotomen Variablen willkürlich ist, sofern beiden Merkmalsausprägungen unterschiedliche Zahlen zugeordnet werden, bietet es sich bei dichotomen Variablen grundsätzlich an, eine der beiden Kategorien mit 0, die andere mit 1 zu kodieren.

Varianz bei dichotomen Variablen

Da der Mittelwert bei Indikatorvariablen sinnvoll interpretierbar ist, kann auch die Varianz bestimmt und sinnvoll interpretiert werden. Liegen Merkmalsausprägungen und ihre relativen Häufigkeiten vor, so lässt sich die Varianz einfach bestimmen als die Summe der mit den relativen Häufigkeiten gewichteten Abweichungsquadrate. Bezeichnet man die relative Häufigkeit einer Ausprägung der Variablen X mit h_i, so erhält man für die Variable X mit den beiden Ausprägungen $a_1 = 0$ und $a_2 = 1$:

$$s_X^2 = \frac{1}{n} \cdot [(a_1 - \bar{x})^2 \cdot n_1 + (a_2 - \bar{x})^2 \cdot n_2]$$
$$= [(a_1 - \bar{x})^2 \cdot h_1 + (a_2 - \bar{x})^2 \cdot h_2]$$
$$= [(0 - h_2)^2 \cdot h_1 + (1 - h_2)^2 \cdot h_2]$$
$$= [(h_2)^2 \cdot h_1 + (h_1)^2 \cdot h_2]$$
$$= h_1 \cdot h_2 \cdot [h_2 + h_1]$$
$$= h_1 \cdot h_2 \qquad \text{(F 15.16)}$$

Bei dieser Herleitung macht man von folgenden beiden Eigenschaften Gebrauch:

(1) Der Mittelwert einer Indikatorvariablen ist gleich der relativen Häufigkeit der Kategorie, die mit 1 kodiert wurde. In unserem Beispiel ist es die zweite Kategorie ($a_2 = 1$).

(2) Die Summe der relativen Häufigkeiten der beiden Kategorien ergibt immer 1: $h_2 + h_1 = 1$. Hieraus ergibt sich, dass $h_1 = 1 - h_2$.

Die Varianz einer Indikatorvariablen ist also gleich dem Produkt der relativen Häufigkeiten der beiden Kategorien. Die maximale Varianz von $s_X^2 = 0{,}5 \cdot 0{,}5 = 0{,}25$ ist dann gegeben, wenn beide Kategorien gleich häufig besetzt sind. Dies ist der größtmögliche Unterschied. Die Varianz ist gleich 0, wenn eine Kategorie nicht besetzt ist. Dann gibt es keine interindividuellen Unterschiede.

Wie lassen sich die Varianzen der dichotomen Variablen in Tabelle 15.4 berechnen? Bezeichnen wir mit n_{ij} die absoluten Zellhäufigkeiten, wobei i die Ausprägung der Variablen X und j die Ausprägung der Variablen Y indiziert, so erhält man für die Variable X: $h_1 = (n_{11} + n_{12})/n = 11/20$ und $h_2 = (n_{21} + n_{22})/n = 9/20$. Hieraus ergibt sich:

$$s_X^2 = h_1 \cdot h_2 = \frac{11}{20} \cdot \frac{9}{20} = \frac{99}{400} \approx 0{,}25$$

Die Varianz von Y lässt sich in analoger Weise berechnen und ergibt ebenfalls etwa 0,25.

Produkt-Moment-Korrelation bei dichotomen Variablen: Der φ-Koeffizient

Bei dichotomen Daten ist es nicht nur sinnvoll, Mittelwerte und Varianzen zu bestimmen, sondern es ist darauf aufbauend auch möglich, die Kovarianz und die Produkt-Moment-Korrelation zu berechnen und zu interpretieren. Die Produkt-Moment-Korrelation wird bei dichotomen Variablen Koeffizient φ (griech. Phi, manchmal auch mit ϕ bezeichnet) genannt. Da er nichts anderes als die Produkt-Moment-Korrelation ist, kann er bestimmt werden, indem die Kategorienwerte in die Formel für die Produkt-Moment-Korrelation (F 15.5) eingesetzt werden. Da die Daten bei dichotomen Variablen jedoch häufig in Form von Kontingenztafeln vorliegen, kann man auf folgende einfachere Bestimmungsgleichung zurückgreifen, wobei wir wieder den anhand von Stichproben gewonnenen Wert mit einem Dach (ˆ) versehen:

$$\hat{\varphi} = \frac{n_{11} \cdot n_{22} - n_{12} \cdot n_{21}}{\sqrt{(n_{11} + n_{21}) \cdot (n_{12} + n_{22}) \cdot (n_{11} + n_{12}) \cdot (n_{21} + n_{22})}}$$

(F 15.17)

Mit n_{ij} werden die absoluten Zellhäufigkeiten bezeichnet. Der Zähler ist nichts anderes als die Differenz der Anzahl von Konkordanzen und Diskordanzen, die wir bei ordinalen Daten schon kennengelernt haben: $n_K = n_{11} \cdot n_{22}$ und $n_D = n_{12} \cdot n_{21}$. Man kann sich anhand von Tabelle 15.4 leicht veranschaulichen, dass $n_{11} \cdot n_{22}$ der Anzahl der Konkordanzen entspricht. Für alle neun Personen mit dem Wertepaar (0, 0), das der Merkmalskombination (psychosozial, Psychologie) entspricht, sind 7 Personen mit dem Wertepaar (1, 1), d. h. der Merkmalskombination (organisch, Medizin), konkordant, somit gibt es $n_{11} \cdot n_{22} = 9 \cdot 7 = 63$ konkordante Paare. Umgekehrt sind für alle zwei Personen der Wertekombination (0, 1), die der Merkmalskombination (psychosozial, Medizin) entspricht, zwei Personen mit der Wertekombination (1, 0) diskordant, somit gibt es $n_{12} \cdot n_{21} = 2 \cdot 2 = 4$ diskordante Paare. Der Nenner entspricht der Wurzel aus dem Produkt aller vier Randsummen. Der $\hat{\varphi}$-Koeffizient ist also dann 0, wenn es genauso viele konkordante wie diskordante Paare gibt.

Eigenschaften des $\hat{\varphi}$-Koeffizienten. Der $\hat{\varphi}$-Koeffizient wird sehr häufig als Korrelationsmaß für dichotome Variablen verwendet. Er weist – wie die Produkt-Moment-Korrelation – einen Wertebereich von [−1; +1] auf. Allerdings können die Randwerte von

> **Beispiel**
>
> **Berechnung von $\hat{\varphi}$**
> Für das Beispiel in Tabelle 15.4 ergeben sich folgende vier Zellhäufigkeiten: $n_{11} = 9$, $n_{12} = 2$, $n_{21} = 2$ und $n_{22} = 7$. Setzt man diese in Formel F 15.17 ein, erhält man:
>
> $$\hat{\varphi} = \frac{9 \cdot 7 - 2 \cdot 2}{\sqrt{(9+2) \cdot (2+7) \cdot (9+2) \cdot (2+7)}}$$
> $$= \frac{63 - 4}{\sqrt{11 \cdot 9 \cdot 11 \cdot 9}} = \frac{59}{\sqrt{9801}} = \frac{59}{99} = 0{,}60$$
>
> Denselben Wert hätte man auch erhalten, hätte man den $\hat{\varphi}$-Koeffizienten über die Gleichung der Produkt-Moment-Korrelation bestimmt. Die Korrelation zeigt an, dass es einen hohen Zusammenhang zwischen der Disziplin und dem Krankheitsmodell gibt, und zwar derart, dass in der Psychologie eher ein psychosoziales Krankheitsmodell und in der Medizin eher ein organisches Krankheitsmodell vorherrscht.

−1 und +1 nur dann erreicht werden, wenn der Zusammenhang perfekt ist und die beiden Variablen gleiche Verteilungen aufweisen. Dies ist eine allgemeine Eigenschaft der Produkt-Moment-Korrelation, die auch für metrische Variablen gilt. Unterscheiden sich zwei Merkmale in ihren Verteilungen, kann die Produkt-Moment-Korrelation nicht ihren möglichen maximalen bzw. minimalen Wert annehmen. Wenn sich zwei dichotome Variablen in ihren Verteilungen (Randsummen) unterscheiden, dann kann auch ihre Korrelation nicht mehr den maximal positiven bzw. negativen Wert annehmen. Je stärker sich die beiden Randverteilungen unterscheiden, desto geringer ist der mögliche absolute Wert des $\hat{\varphi}$-Koeffizienten. Um diese Beschränkung aufzuheben, wurden Korrekturformeln entwickelt, auf deren Darstellung wir allerdings verzichten, da andere Zusammenhangsmaße für dichotome Variablen diese Beschränkung nicht aufweisen.

Bei der Interpretation des Vorzeichens von $\hat{\varphi}$ muss beachtet werden, dass es lediglich davon abhängt, wie die Merkmalskategorien kodiert wurden. Eine inhaltliche Bedeutung kommt dem Vorzeichen nur in Bezug auf die gewählte Kodierung zu. Das Vorzeichen ist nicht invariant unter den bei Nominalskalen zulässigen Transformationen. Bei der Präsentation des $\hat{\varphi}$-Koeffizienten mit Vorzeichen muss daher immer die gewählte Kodierung mit angegeben werden.

Yules Q

Der Koeffizient Q nach Yule (1900, 1912) ist ein anderes Korrelationsmaß für dichotome Variablen, das die Beschränkungen des $\hat{\varphi}$-Koeffizienten nicht aufweist. Dieser Korrelationskoeffizient wurde von Yule zu Ehren des belgischen Statistikers Quetelet Q genannt. Er kann wie folgt anhand von Stichprobendaten bestimmt werden:

$$Q = \frac{n_{11} \cdot n_{22} - n_{12} \cdot n_{21}}{n_{11} \cdot n_{22} + n_{12} \cdot n_{21}} = \frac{n_K - n_D}{n_K + n_D} \qquad \text{(F 15.18)}$$

Der Zähler von Q unterscheidet sich nicht vom Zähler des $\hat{\varphi}$-Koeffizienten. Der Nenner von Q ist nichts anderes als die Summe der konkordanten und diskordanten Paare. Der Koeffizient Q entspricht somit dem Koeffizienten $\hat{\gamma}$. Der Zähler des Q-Koeffizienten ist positiv, wenn es mehr gleichsinnige Paare gibt (in unserem Beispiel: »psychosozial, Psychologie« und »organisch, Medizin«) als gegensinnige Paare (in unserem Beispiel: »psychosozial, Medizin« und »organisch, Psychologie«). Der Q-Koeffizient nimmt einen negativen Wert an, wenn es mehr gegensinnige als gleichsinnige Paare gibt. Auch hierbei ist wieder zu beachten, dass sich gleich- und gegensinnig nur auf die Anordnung der Kategorien in der Tabelle bezieht, die aber bei nominalskalierten Variablen willkürlich ist. Würde man in Tabelle 15.4 die Disziplinen Psychologie und Medizin einfach vertauschen, würde sich das Vorzeichen von Q ändern, nicht aber sein absoluter Wert. Bei der Interpretation des Vorzeichens von Q muss also immer mitgeteilt werden, wie die Kategorien der beiden Variablen in der Tabelle angeordnet sind. Ist diese Anordnung festgelegt, lässt sich das Vorzeichen von Q eindeutig interpretieren.

> **Beispiel**
>
> **Berechnung von Q**
> Setzt man die vier Zellhäufigkeiten: $n_{11} = 9$, $n_{12} = 2$, $n_{21} = 2$ und $n_{22} = 7$ aus Tabelle 15.4 in Formel F 15.18 ein, ergibt sich:
>
> $$Q = \frac{n_{11} \cdot n_{22} - n_{12} \cdot n_{21}}{n_{11} \cdot n_{22} + n_{12} \cdot n_{21}} = \frac{9 \cdot 7 - 2 \cdot 2}{9 \cdot 7 + 2 \cdot 2}$$
>
> $$= \frac{63-4}{63+4} = \frac{59}{67} = 0{,}88$$
>
> Es besteht somit ein starker positiver Zusammenhang zwischen der Disziplin und dem Krankheitsmodell.

Vergleich von Q und $\hat{\varphi}$

Die Koeffizienten Q und $\hat{\varphi}$ hängen wie folgt zusammen:

- Der Absolutbetrag von Yules Q ist immer gleich 1, wenn wenigstens eine Zelle der 2×2-Tabelle nicht besetzt ist. Der Absolutbetrag des $\hat{\varphi}$-Koeffizienten ist hingegen erst dann 1, wenn eine der Diagonalen nicht besetzt ist, wenn also entweder n_{11} und n_{22} gleich 0 oder n_{12} und n_{21} gleich 0 sind. Wenn $\hat{\varphi} = 1$, muss auch immer gelten: $Q = 1$. Umgekehrt gilt diese Beziehung jedoch nicht.
- Der Q-Koeffizient von Yule entspricht dem Wert des $\hat{\varphi}$-Koeffizienten, wenn die beiden Variablen gleichverteilt sind, d. h., wenn jede der Kategorien eine relative Häufigkeit von 0,50 aufweist.
- Ist $\hat{\varphi} \neq 1$ und sind die beiden Variablen nicht gleichverteilt, dann weist der $\hat{\varphi}$-Koeffizient immer einen kleineren Wert auf als Yules Q.

Q oder $\hat{\varphi}$? Die beiden Koeffizienten unterscheiden sich darin, wie strikt der Zusammenhang sein muss, um zu einem maximalen Wert zu führen. Bei der Auswahl eines der beiden Koeffizienten muss daher überlegt werden, welcher der beiden Koeffizienten den theoretischen Erwartungen am besten entspricht. Hierbei kann man sich die Überlegungen zunutze machen, die wir bereits bei dem $\hat{\gamma}$-Koeffizienten angestellt haben.

- Kommt die Kategorisierung in zwei Werte dadurch zustande, dass ein metrisch gedachtes Merkmal dichotom erfasst wird, ist Yules Q der Koeffizient der Wahl. Zwei (fiktive) Beispiele für diesen Fall sind in Tabelle 15.13 a und b dargestellt. Das erste Beispiel haben wir schon bei der Einführung des $\hat{\gamma}$-Koeffizienten besprochen. Der Wert des Q-Koeffizienten von $Q = -1$ zeigt an, dass sich beide Stimmungszustände gegenseitig ausschließen, die beiden Items perfekt bipolar (also entgegengesetzt) sind. Die Produkt-Moment-Korrelation (der $\hat{\varphi}$-Koeffizient) ist nicht in der Lage, die Bipolarität aufzudecken. Auch der Wert von $Q = 1$ im zweiten Beispiel hat eine klare Bedeutung. Er zeigt an, dass die beiden Items eine eindeutige Ordnung aufweisen. Das Item »glücklich« ist schwieriger als das Item »zufrieden«: Man kann zufrieden und nicht glücklich sein, aber es kommt nicht vor, dass man glücklich und nicht zufrieden ist. Das Erleben von Glück setzt Zufriedenheit voraus. Der Q-Koeffizient deckt diese klare Ordnung auf. Beide Items lassen sich auf einem Wohlbefindenskontinuum anordnen, das durch die beiden Items in drei getrennte Bereiche eingeteilt wird: (1) nicht zufrieden und nicht glücklich, (2) zufrieden und nicht glücklich, (3) zufrieden und glücklich. Diese klare Ordnung der Items wäre nicht gegeben, wenn es auch Personen gäbe, die nicht zufrieden, aber glücklich wären.

Tabelle 15.13 Bivariate Häufigkeitsverteilungen von zwei nominalskalierten Variablen: Yules Q und der Koeffizient $\hat{\varphi}$ im Vergleich

a Zusammenhang zwischen »glücklich« und »unglücklich«: $Q = -1$, $\hat{\varphi} = -0{,}5$

		»glücklich«		Randsumme
		nein	ja	
»unglücklich«	nein	30	30	60
	ja	30	0	30
Randsumme		60	30	90

b Zusammenhang zwischen »zufrieden« und »glücklich«: $Q = 1$, $\hat{\varphi} = 0{,}5$

		»zufrieden«		Randsumme
		nein	ja	
»glücklich«	nein	30	30	60
	ja	0	30	30
Randsumme		30	60	90

c Zusammenhang zwischen »Geschlecht« und »Präferenz für die Partei F«: $Q = 1$, $\hat{\varphi} = 0{,}5$

		Präferenz für Partei F		Randsumme
		nein	ja	
Geschlecht	Mann	30	30	60
	Frau	0	30	30
Randsumme		30	60	90

Liegen natürliche Kategorien wie z. B. das Geschlecht ($x = 1$: weiblich, $x = 0$: männlich) und die Parteipräferenz ($x = 1$: Anhänger dieser Partei, $x = 0$: kein Anhänger dieser Partei) vor, muss überlegt werden, welche Stärke des Zusammenhangs theoretisch sinnvoll und erwünscht ist. Im (fiktiven) Beispiel in Tabelle 15.13 c wird der Zusammenhang zwischen dem Geschlecht und der Präferenz für eine feministische Partei (Partei F) dargestellt. Der Wert von $Q = 1$ zeigt an, dass es keine Frauen gibt, die die feministische Partei nicht befürworten. Der Wert von $\hat{\varphi}$ hingegen spiegelt wider, dass man nicht für alle Geschlechtsgruppen die Parteipräferenz vorhersagen kann. Dem Q-Koeffizienten zufolge lassen sich drei klare Gruppen trennen, die sich auf einer Geschlechtsdimension eindeutig anordnen lassen: (1) Mann und Nicht-Feminist, (2) Mann und Feminist, (3) Frau und Feministin. Wenn diese Ordnung der Merkmalskombination theoretisch von Interesse ist, wird man auf den Koeffizienten Q zurückgreifen. Ist hingegen von Interesse, inwieweit man aus dem Geschlecht die Parteipräferenz vorhersagen will, wird man auf den $\hat{\varphi}$-Koeffizienten zurückgreifen.

Das Odds-Ratio (Wettquotientenverhältnis)

Das Odds-Ratio ist ein anderes Zusammenhangsmaß für dichotome Variablen, das in direktem Zusammenhang mit Yules Q steht. Das Odds-Ratio ist ein Verhältnis (engl. ratio), das zwei Chancen (engl. odds) miteinander vergleicht. Was ist eine Chance? Betrachten wir die beiden Ausprägungen des Krankheitsmodells (Variable X) in Tabelle 15.4. Sowohl für das Krankheitsmodell »psychosozial« als auch für das Krankheitsmodell »organisch« lässt sich die Chance berechnen, dass ein Anhänger dieses Modells der Disziplin »Psychologie« vs. »Medizin« angehört. Für das Krankheitsmodell *psychosozial* ist diese Chance:

$$\text{Chance}^{\text{Psychologie/Medizin}}_{\text{psychosozial}} = \frac{n_{11}}{n_{12}} = \frac{9}{2} = 4{,}50 \qquad \text{(F 15.19)}$$

Die Chance ist das Verhältnis zweier Häufigkeiten. Die Chance, dass jemand, der Anhänger eines psychosozialen Krankheitsmodells ist, der Disziplin Psychologie im Vergleich zur Disziplin Medizin angehört, ist in unserem Beispiel 4,5 zu 1. Die Häufigkeit, dass ein Vertreter eines psychosozialen Krankheitsmodells Psychologe ist, ist also 4,5-mal so hoch wie die Häufigkeit, dass er zur Gruppe der Mediziner gehört. Bezeichnet man mit h_{ij} die *relative* Häufigkeit einer Zelle in Tabelle 15.4, dann kann man die Chance auch in Form der relativen Häufigkeit schreiben, da man sowohl den Zähler als auch den Nenner von F 15.19 durch n teilen darf, ohne dass sich der Wert der Chance ändert:

$$\text{Chance}^{\text{Psychologie/Medizin}}_{\text{psychosozial}} = \frac{h_{11}}{h_{12}} = \frac{\frac{9}{20}}{\frac{2}{20}} = 4{,}50$$

Da die relativen Häufigkeiten eine Schätzung der Wahrscheinlichkeiten darstellen, kann man die Chance auch so interpretieren, dass die (geschätzte) Wahrscheinlichkeit, dass ein Anhänger eines psychosozialen Krankheitsmodells zur Disziplin Psychologie ge-

Tabelle 15.14 Bivariate Häufigkeitsverteilung der beiden nominalskalierten Variablen Krankheitsmodell und Disziplin. Beide Variablen sind unabhängig voneinander

		Disziplin		Randsumme
		Psychologie	Medizin	
Krankheitsmodell	psychosozial	6	3	9
	organisch	6	3	9
Randsumme		12	6	18

hört, 4,5-mal so hoch ist wie die (geschätzte) Wahrscheinlichkeit, dass er der Medizin angehört.

In analoger Weise kann auch die Chance für die Kategorie *organisch* bestimmt werden:

$$\text{Chance}_{\text{organisch}}^{\text{Psychologie/Medizin}} = \frac{n_{21}}{n_{22}} = \frac{2}{7} = 0{,}29$$

Die Chance, dass ein Anhänger eines organischen Krankheitsmodells der Psychologie im Vergleich zur Medizin angehört, ist somit 0,29 zu 1. Es ist also sehr viel wahrscheinlicher, dass ein Anhänger eines organischen Krankheitsmodells Mediziner ist. Betrachtet man statt der Chance Psychologie/Medizin die Chance Medizin/Psychologie, so sieht man, dass es 3,5-mal so wahrscheinlich ist, dass ein Vertreter eines organischen Krankheitsmodells der Medizin als dass er der Psychologie angehört.

Was haben diese Chancen nun mit einem Zusammenhang zwischen zwei Variablen zu tun? Wann gäbe es keinen Zusammenhang zwischen dem Krankheitsmodell und der Disziplin? Bezogen auf die Chancen gäbe es keinen Zusammenhang, wenn die Chance Psychologie/Medizin für beide Ausprägungen des Krankheitsmodells gleich wäre. Wäre für beide Ausprägungen des Krankheitsmodells das Verhältnis der Häufigkeiten von Psychologen und Medizinern gleich, z. B. 2 : 1, würde dies bedeuten, dass man unter den Anhängern beider Krankheitsmodelle doppelt so viele Psychologen wie Mediziner fände. Tabelle 15.14 enthält ein solches fiktives Beispiel. Man sieht, dass sich die Disziplinen nicht darin unterscheiden, welches Krankheitsmodell sie bevorzugen. Immer dann, wenn sich die Chancen der beiden Ausprägungen eines Merkmals, die man für die Ausprägungen des anderen Merkmals berechnet, nicht unterscheiden, sind beide Variablen unabhängig, und es besteht kein Zusammenhang. Das Verhältnis der beiden Chancen ist das *Odds-Ratio*:

$$OR = \frac{\frac{n_{11}}{n_{12}}}{\frac{n_{21}}{n_{22}}} \qquad (\text{F 15.20})$$

Das Odds-Ratio wird im Deutschen auch als *Wettquotientenverhältnis* bezeichnet, da eine Chance auch Wettquotient genannt wird. Wenn das Odds-Ratio den Wert 1 annimmt, sind die beiden Variablen unabhängig voneinander. Ist der Wert größer als 1, dann ist das Verhältnis im Zähler größer als im Nenner, und es besteht somit ein gleichsinniger Zusammenhang. Ist der Wert kleiner als 1, dann ist das Verhältnis im Nenner größer als das Verhältnis im Zähler, und es besteht somit ein gegensinniger Zusammenhang.

Kreuzproduktverhältnis. Multipliziert man die Chance im Zähler mit dem Kehrwert der Chance im Nenner, erhält man den Ausdruck

$$\frac{n_{11} \cdot n_{22}}{n_{12} \cdot n_{21}}.$$

Dieser Ausdruck heißt Kreuzproduktverhältnis und ist eine zweite Bestimmungsgleichung für das Odds-Ratio. Der Begriff Kreuzproduktverhältnis ist darauf zurückzuführen, dass im Zähler das Produkt der Häufigkeiten auf der Diagonalen steht, die die Gleichsinnigkeit anzeigt, und im Nenner das Produkt der Häufigkeiten, die auf der Diagonalen zu finden sind, die die Gegensinnigkeit anzeigt. Verbindet man die zugehörigen Zellen (1, 1) und (2, 2) mit einer Linie und die Zellen (1, 2) und (2, 1) mit einer anderen Linie, erhält man ein Kreuz (×). Man kann sich daher leicht merken, wie das Kreuzproduktverhältnis bestimmt wird. An dem Kreuzproduktverhältnis kann man erkennen, dass der Wert des Odds-Ratio umso größer ist, je größer das Produkt der Häufigkeiten auf der gleichsinnigen Diagonalen und je geringer das Produkt auf der gegensinnigen Diagonalen ist. Umgekehrt ist das Verhältnis umso kleiner, je größer das Produkt im Nenner und somit der gegensinnige Zusammenhang ist. Ist das Kreuzprodukt gleich 1, besteht kein Zusammenhang.

Eigenschaften des Odds-Ratio. Bei der Interpretation des Odds-Ratio ist Folgendes zu beachten:

(1) Die untere Grenze des Odds-Ratio ist gleich 0. Dieser Wert wird dann erreicht, wenn eine der vier Häufigkeiten gleich 0 ist. Diese Häufigkeit

> **Beispiel**
>
> **Berechnung des Odds-Ratio**
> Das Odds-Ratio und das Kreuzproduktverhältnis für das Beispiel in Tabelle 15.4 lassen sich nach Formel F 15.20 wie folgt bestimmen:
>
> $$OR = \frac{\frac{n_{11}}{n_{12}}}{\frac{n_{21}}{n_{22}}} = \frac{n_{11} \cdot n_{22}}{n_{12} \cdot n_{21}} = \frac{\frac{9}{2}}{\frac{2}{7}} = \frac{9 \cdot 7}{2 \cdot 2} = \frac{63}{4} = 15{,}75$$
>
> Das Odds-Ratio ist sehr groß und zeigt, dass es einen gleichsinnigen Zusammenhang gibt. Dieser große Wert kommt dadurch zustande, dass das Verhältnis im Zähler sehr groß ist, in der Kategorie »psychosozial« somit deutlich mehr Psychologen als Mediziner zu finden sind. Das Verhältnis im Nenner ist hingegen sehr klein, da in der Kategorie »organisch« deutlich mehr Mediziner als Psychologen zu finden sind.
>
> Das Odds-Ratio (Wettquotientenverhältnis) für die Kreuztabelle in Tabelle 15.14 ergibt:
>
> $$OR = \frac{\frac{n_{11}}{n_{12}}}{\frac{n_{21}}{n_{22}}} = \frac{n_{11} \cdot n_{22}}{n_{12} \cdot n_{21}} = \frac{\frac{6}{3}}{\frac{6}{3}} = \frac{6 \cdot 3}{3 \cdot 6} = \frac{18}{18} = 1$$
>
> Dies zeigt, dass in diesem Beispiel kein Zusammenhang zwischen beiden Variablen besteht.

muss im Zähler der Chance stehen, da sonst weder die Chance noch das Odds-Ratio definiert wären. Da die Anordnung der Kategorien bei nominalskalierten Variablen beliebig ist, lassen sich bei einer Nullzelle die Kategorien immer so anordnen, dass dies erfüllt ist.

(2) Liegen zwei Nullzellen vor, d. h., haben zwei Zellen eine Häufigkeit von 0, dann ist das Odds-Ratio über das Verhältnis der Chancen nicht definiert. Man kann aber das Kreuzproduktverhältnis bestimmen. Will man bei zwei Nullzellen das Kreuzproduktverhältnis bestimmen, müssen die Kategorien so angeordnet werden, dass die Zellen (1, 1) und (2, 2) die Nullhäufigkeiten aufweisen, damit die 0 im Zähler und nicht im Nenner des Kreuzproduktverhältnisses auftritt. Auch muss ausgeschlossen sein, dass die beiden Zellen, die die Nullhäufigkeiten aufweisen, zu derselben Kategorie einer Variablen gehören. Das Kreuzproduktverhältnis ist im Falle zweier Nullzellen immer 0. Dies zeigt einen – in Bezug auf die gewählte Kategorienanordnung – perfekten negativen Zusammenhang an, da nur die gegenläufigen Zellen besetzt sind.

(3) Das Odds-Ratio hat keine Obergrenze.

(4) In unserem Beispiel haben wir die Chancen Psychologie/Medizin für die Ausprägungen der Variablen X bestimmt. Wir hätten allerdings auch die Chancen psychosozial/organisch für die Ausprägungen der Variablen Y bestimmen können. Wir hätten dann folgendes Odds-Ratio erhalten:

$$OR = \frac{\frac{n_{11}}{n_{21}}}{\frac{n_{12}}{n_{22}}} = \frac{\frac{9}{2}}{\frac{2}{7}} = 15{,}75$$

Der Wert des Odds-Ratio hat sich somit nicht verändert. Dies muss auch so sein, da auch dieses Odds-Ratio denselben Zusammenhang in den Daten widerspiegelt.

(5) Die Interpretation der Richtung des Zusammenhangs muss immer auf die Anordnung der Kategorien bezogen werden. Vertauscht man z. B. in Tabelle 15.4 die beiden Kategorien »psychosozial« und »organisch«, so ändert sich auch der Wert des Odds-Ratio, da dann die Chance in Bezug auf die Kategorie »organisch« im Zähler steht, wohingegen die Chance bezüglich »psychosozial« im Nenner steht. Man erhält dann den Wert: $OR = 4/63 = 0{,}06$. Dieser Wert zeigt einen negativen Zusammenhang gleicher Stärke an. Die Stärke des Zusammenhangs ändert sich nicht. Dies erkennt man daran, dass 0,06 der Kehrwert von 15,75 ist und das Produkt beider Odds-Ratios den Wert 1 ergibt: $63/4 \cdot 4/63 = 1$. Der Wert 0,06 weicht in Bezug auf die Verhältnisbildung genauso stark von 1 ab wie der Wert 15,75. Allerdings hat sich die Richtung des Zusammenhangs geändert. Dies muss auch so sein, da nach Vertauschung der Kategorien die Zellen

(1, 2) und (2, 1) den gleichsinnigen Zusammenhang anzeigen.

(6) Das Odds-Ratio weist folgende Invarianzeigenschaft auf: Multipliziert man eine Zeile oder eine Spalte der Kreuztabelle mit einem Faktor (ungleich 0), so ändert sich der Wert des Odds-Ratio nicht. Dies ist eine wichtige Eigenschaft. Angenommen, man hätte in der Untersuchung in Tabelle 15.4 doppelt so viele Psychologen untersucht, und angenommen, der Anteil derer, die ein psychosoziales bzw. ein organisches Krankheitsmodell favorisieren, hätte sich nicht geändert. Man hätte somit 18 Personen für die Kombination (psychosozial, Psychologie) und 4 Personen für die Kombination (organisch, Psychologie). Auf Seiten der Kategorie Medizin hat sich nichts geändert. Die Chancen Psychologie/Medizin verdoppeln sich, da doppelt so viele Psychologie-Vertreter im Zähler beider Chancen stehen. Das Odds-Ratio verändert sich hierdurch allerdings nicht, da sich diese Verdoppelung durch die Bildung des Verhältnisses wieder auskürzt. Diese Eigenschaft gilt allerdings nicht für den Koeffizienten $\hat{\varphi}$, der sich ändert. Verdoppelt man die Häufigkeit der Psychologen, ergibt sich für den $\hat{\varphi}$-Koeffizienten nach Formel F 15.16 ein Wert von $\hat{\varphi} = 0{,}57$. Dieser Wert ist kleiner als der frühere Wert von $\hat{\varphi} = 0{,}60$, da sich die beiden Randverteilungen unterscheiden. Hieran erkennt man die Abhängigkeit des $\hat{\varphi}$-Koeffizienten von Unterschieden in den Verteilungen der beiden Merkmale, die beim Odds-Ratio nicht gegeben ist. Auch der Wert von Yules Q ändert sich durch die Multiplikation einer Zeile oder Spalte mit einem Faktor nicht. Dies wird deutlich, wenn wir im Folgenden den engen Zusammenhang zwischen Yules Q und Odds-Ratio behandeln.

Odds-Ratio und Yules Q. Das Odds-Ratio hat einen entscheidenden Nachteil, der seine Interpretation erschwert: Es hat keine numerische Obergrenze, und daher ist sein Wert nicht ganz so einfach zu interpretieren. Es lässt sich jedoch zeigen, dass Yules Q ein auf den Wertebereich von −1 bis +1 normiertes Odds-Ratio darstellt. Teilt man den Zähler und den Nenner von Yules Q durch $n_{12} \cdot n_{21}$ und berücksichtigt, dass das Odds-Ratio gleich dem Kreuzproduktverhältnis ist, erhält man:

$$Q = \frac{n_{11} \cdot n_{22} - n_{12} \cdot n_{21}}{n_{11} \cdot n_{22} + n_{12} \cdot n_{21}} = \frac{\dfrac{n_{11} \cdot n_{22}}{n_{12} \cdot n_{21}} - \dfrac{n_{12} \cdot n_{21}}{n_{12} \cdot n_{21}}}{\dfrac{n_{11} \cdot n_{22}}{n_{12} \cdot n_{21}} + \dfrac{n_{12} \cdot n_{21}}{n_{12} \cdot n_{21}}}$$

$$= \frac{OR - 1}{OR + 1} \qquad \text{(F 15.21)}$$

Yules Q und das Odds-Ratio sind somit direkt ineinander überführbar, und Yules Q hängt nur von dem Wert des Odds-Ratio ab.

Tetrachorische Korrelation

Bei ordinalen Variablen haben wir bereits die polychorische Korrelation kennengelernt. Die polychorische Korrelation ging von dem Modell aus, dass jeder ordinalen Variablen eine kontinuierliche, normalverteilte Variable zugrunde liegt, die durch Schwellenwerte in die verschiedenen Kategorien eingeteilt wird. Ein Spezialfall der polychorischen Korrelation für dichotome Variablen ist die tetrachorische Korrelation. Die tetrachorische Korrelation ist nichts anderes als die polychorische Korrelation, die auf dichotome Variablen angewandt wird. So wie Yules Q ein Spezialfall von $\hat{\gamma}$ ist, ist die tetrachorische Korrelation ein Spezialfall der polychorischen Korrelation. Wir haben bereits bei der Darstellung der polychorischen Korrelation darauf verwiesen, dass ihre Berechnung aufwendig ist und spezieller Computerprogramme bedarf. Für die Berechnung der tetrachorischen Korrelation kann man auf folgende Näherungsformel zurückgreifen:

$$r_{\text{tet}} = \cos\left(\frac{180°}{1 + \sqrt{\dfrac{n_{11} \cdot n_{22}}{n_{12} \cdot n_{21}}}}\right) \qquad \text{(F 15.22)}$$

Man sieht, dass diese Näherungsformel nur vom Kreuzproduktverhältnis abhängt, diese Bestimmung der tetrachorischen Korrelation somit eine andere Form der Normierung des Odds-Ratio darstellt. In dieser Näherungsformel steht »cos« für die Winkelfunktion Cosinus. Zur Erinnerung hier die Cosinus-

Werte für drei Winkel, die man gedanklich parat haben muss, um die Eigenschaften der Formel zu verstehen: $\cos(180°) = -1$; $\cos(90°) = 0$; $\cos(0°) = 1$. Daraus folgt:

▶ Je größer das Kreuzproduktverhältnis bzw. das Odds-Ratio wird, desto größer wird der Nenner, desto kleiner der Quotient, und desto mehr geht r_{tet} gegen +1.
▶ Je kleiner das Kreuzproduktverhältnis wird, desto mehr geht der Nenner gegen 1, der Quotient gegen 180° und r_{tet} gegen −1.
▶ Ist das Kreuzproduktverhältnis gleich 1, wird der Nenner 2, der Quotient beträgt dann 90° und $r_{tet} = 0$.
▶ Die Formel ist nicht definiert, wenn das Kreuzproduktverhältnis nicht definiert ist. In diesem Fall muss auf eine Variante der Formel zurückgegriffen werden, die z. B. bei Diehl und Kohr (1999, S. 276) beschrieben ist.

Die tetrachorische Korrelation kann wie Yules Q nur Werte im Bereich von −1 und +1 annehmen. Bezogen auf das Beispiel in Tabelle 15.4 ergibt sich eine tetrachorische Korrelation in Höhe von $r_{tet} = 0{,}81$. Diese ist nur unwesentlich kleiner als der Wert von Yules Q und größer als der Wert des $\hat{\varphi}$-Koeffizienten. Im Gegensatz zur tetrachorischen Korrelation wird bei Yules Q jedoch keine explizite Annahme über eine zugrundeliegende normalverteilte Variable getroffen. Yules Q ist daher voraussetzungsärmer und bietet sich als Korrelationsmaß an. Bei dem Beispiel in Tabelle 15.4 ist es z. B. kaum sinnvoll, von zugrundeliegenden normalverteilten Variablen auszugehen, da beide Variablen natürliche Kategorien aufweisen, die nicht durch eine (gedachte) Kategorisierung entstanden sind. Auf die tetrachorische Korrelation wird in faktorenanalytischen Modellen für dichotome Variablen zurückgegriffen (s. Abschn. 23.8 und 24.5).

15.3.4 Zwei polytome nominalskalierte Variablen

Dichotome Variablen haben wir als einen Spezialfall von nominalskalierten Variablen behandelt, die bei der Bestimmung von Zusammenhangsmaßen quasi wie metrische Variablen ($\hat{\varphi}$-Koeffizient) oder wie ordinale Variablen (Yules Q, tetrachorische Korrelation) behandelt werden. Dies liegt daran, dass man bei dichotomen Variablen, auch wenn sie keine Ordnung aufweisen, diese der Interpretation »auferlegen« kann. So kann z. B. ein organisches Krankheitsmodell als »organischer« als ein psychosoziales Krankheitsmodell interpretiert werden, wodurch eine Ordnung und sinnvolle Richtung des Zusammenhangs impliziert wird. Dies ist jedoch bei polytomen Variablen (nominalskalierten Variablen mit mehr als zwei Kategorien) nicht mehr der Fall. Daher darf man weder Korrelationsmaße für metrische noch für ordinale Variablen anwenden. Dies würde zu Ergebnissen führen, die nicht sinnvoll interpretierbar wären.

Wie kann man nun den Zusammenhang zwischen zwei polytomen nominalskalierten Variablen mathematisch beschreiben? Wir wählen als Beispiel den Zusammenhang zwischen dem Studienfach und der Art der späteren Berufstätigkeit. Die Variable X = Studienfach möge die drei Kategorien beinhalten: »Medizin«, »Psychologie« und »Informatik«; die Variable Y = Berufsstatus die drei Kategorien: »freiberuflich«, »angestellt im öffentlichen Dienst« und »angestellt in der Privatwirtschaft«. Tabelle 15.15 enthält das fiktive Ergebnis einer Erhebung dieser beiden Variablen in einer Stichprobe von 45 Personen.

Tabelle 15.15 Zusammenhang zwischen den beiden polytomen Variablen Studienfach und Berufsstatus: Beobachtete Häufigkeiten und erwartete Häufigkeiten (in Klammern)

Studienfach (X)	Berufsstatus (Y)			Summe
	freiberuflich	öffentlicher Dienst	Privatwirtschaft	
Medizin	10 (5)	2 (5)	3 (5)	15
Psychologie	3 (5)	10 (5)	2 (5)	15
Informatik	2 (5)	3 (5)	10 (5)	15
Summe	15	15	15	45

Betrachten wir zunächst die Zahlenwerte in dieser Kontingenztabelle, die nicht eingeklammert sind. Es handelt sich um die beobachteten Häufigkeiten der Merkmalskonfigurationen. Auffallend ist an diesen Zahlen, dass sie sich sehr deutlich von Zelle zu Zelle unterscheiden. Offensichtlich gibt es zwischen den beiden Variablen einen Zusammenhang. Denn:

▶ Mediziner sind überproportional oft freiberuflich tätig, hingegen vergleichsweise selten im öffentlichen Dienst oder in der Privatwirtschaft angestellt.
▶ Psychologen sind überproportional häufig im öffentlichen Dienst angestellt, hingegen eher selten freiberuflich oder in der privaten Wirtschaft tätig.
▶ Informatiker sind überproportional in der privaten Wirtschaft tätig, aber vergleichsweise selten freiberuflich oder im öffentlichen Dienst tätig.

Wie kann man die Stärke dieses Zusammenhangs mathematisch fassen? Es leuchtet intuitiv ein, dass man die beobachteten Häufigkeiten wohl am besten mit den Häufigkeiten vergleicht, die sich ergeben würden, wenn beide Merkmale unabhängig wären, man also das eine Merkmal überhaupt nicht aus dem anderen vorhersagen könnte. In unserem Beispiel wäre diese Unabhängigkeit gegeben, wenn in jeder Zelle fünf Fälle beobachtet worden wären, sich also die insgesamt 45 Personen völlig gleichmäßig über alle neun Zellen verteilen würden.

Tatsächlich wählt man zur mathematischen Beschreibung des empirischen Zusammenhangs zwischen den beiden Variablen Koeffizienten, die die empirische Häufigkeitsverteilung in einer bestimmten Weise mit den bei Unabhängigkeit der beiden Variablen zu erwartenden Häufigkeiten vergleichen. Der wichtigste dieser Koeffizienten heißt χ^2. Wir haben diesen Koeffizienten schon in Abschnitt 11.5 beschrieben. Da wir bei der Einführung in die Korrelations- und Assoziationsmaße, die wir im ersten Teil dieses Kapitels vorlegen, keine wahrscheinlichkeitstheoretischen Kenntnisse voraussetzen, werden wir diesen Koeffizienten in Bezug auf die hier zu behandelnde Thematik erneut einführen. Wir definieren den Koeffizienten wie folgt:

$$\chi^2 = \sum_{i=1}^{k} \sum_{j=1}^{l} \frac{(n_{ij} - e_{ij})^2}{e_{ij}} \qquad \text{(F 15.23)}$$

In dieser Formel steht n_{ij} für die beobachteten und e_{ij} für die erwarteten Häufigkeiten. Mit den Indizes i und j werden die Zeilen und Spalten der Häufigkeitstabelle kenntlich gemacht. Eine allgemeine Kontingenztabelle ist in Tabelle 15.16 dargestellt. In dieser Kontingenztabelle werden mit a_i die Merkmalsausprägungen der Variablen X und mit b_j die Merkmalsausprägungen der Variablen Y bezeichnet. Wenn alle beobachteten Häufigkeiten den erwarteten Häufigkeiten entsprechen, liegt Unabhängigkeit vor. Je größer der χ^2-Wert ist, umso größer ist der Zusammenhang. Allerdings ist der Wert nach oben hin nicht beschränkt, was seine Interpretation erschwert.

Tabelle 15.16 Kontingenztabelle für zwei polytome Variablen (a_i: Merkmalsausprägungen der Variablen X, b_j: Merkmalsausprägungen der Variablen Y, n_{ij}: beobachtete Häufigkeiten)

X \ Y	b_1	...	b_j	...	b_l	
a_1	n_{11}	...	n_{1j}	...	n_{1l}	$n_{1\bullet}$
...	...	...	...	...	...	...
a_i	...	...	n_{ij}	...	n_{il}	...
...	...	...	...	...	...	...
a_k	n_{k1}	...	n_{kj}	...	n_{kl}	$n_{k\bullet}$
	$n_{\bullet 1}$	...	$n_{\bullet j}$	...	$n_{\bullet l}$	n

> **Beispiel**
>
> **Berechnung von χ^2**
> Zur Veranschaulichung der Formel wenden wir sie auf die Zahlenwerte in Tabelle 15.15 an. In Klammern sind hier die erwarteten Häufigkeiten zusätzlich angegeben. Für jede Zelle müssen wir zunächst die Differenz zwischen der beobachteten Häufigkeit und der erwarteten Häufigkeit bilden, dann diese Differenz quadrieren und schließlich das Resultat durch die erwartete Häufigkeit der Zelle dividieren. Für die Zelle (1, 1) (Medizin, freiberuflich) ergibt sich als sog. χ^2-Komponente folgender Wert: $(10 - 5)^2/5 = 5$. Wenn wir nach dieser Regel alle neun χ^2-Komponenten berechnen und aufsummieren, ergibt sich ein χ^2-Wert von 22,8.

Berechnung erwarteter Häufigkeiten nach dem Multiplikationstheorem

Nun stellt sich die Frage, wie wir zu den bei Unabhängigkeit der Variablen zu erwartenden Häufigkeiten kommen. In unserem Beispiel war dieses Problem intuitiv leicht zu lösen, da wir für jede Ausprägung jeder der beiden Variablen gleich viele Personen zur Verfügung hatten. Unsere Spaltensummen und unsere Zeilensummen betrugen jeweils 15, und damit waren die sog. Randverteilungen ausgeglichen. Wie geht man aber vor, wenn die Spaltensummen oder die Zeilensummen variieren? Ein solches Beispiel ist in Tabelle 15.17 dargestellt. In diesem Fall wenden wir das sog. Multiplikationstheorem der Wahrscheinlichkeitstheorie an. Es besagt, dass die gemeinsame Wahrscheinlichkeit zweier Elementarereignisse gleich dem Produkt der Einzelwahrscheinlichkeiten dieser Elementarereignisse ist, wenn beide Ereignisse voneinander unabhängig sind (s. Abschn. 7.1.6).

Aus dem Alltag sind wir mit diesem Theorem vertraut. Wir wissen, dass die Wahrscheinlichkeit, mit einem fairen Würfel eine »6« zu würfeln, 1/6 beträgt. Wie wahrscheinlich ist es nun, dass man mit zwei Würfeln gleichzeitig je eine »6« würfelt? Nach dem Multiplikationstheorem beträgt diese Wahrscheinlichkeit 1/36. Dieses Ergebnis würde sich, auf lange Sicht gesehen, in 1/36 aller zweifachen Würfelwürfe zeigen.

Fasst man zwei Würfel als zwei Nominalskalen mit je sechs möglichen Werten auf, lässt sich die Würfelanalogie auf jede beliebige Kombination von Nominalskalen übertragen – allerdings nicht ganz unmittelbar. Denn bei einem Würfel wissen wir, dass jede der sechs Zahlen mit gleicher Wahrscheinlichkeit vorkommt, wenn es sich um einen fairen Würfel handelt. Bei den Nominalskalen, mit denen wir es in der Psychologie zu tun haben, können die Wahrscheinlichkeiten zwischen den Merkmalskategorien jedoch variieren. Bezogen auf unser Beispiel wäre diese Situation gegeben, wenn die Stichprobe mehr Mediziner als Psychologen oder mehr freiberuflich tätige als im öffentlichen Dienst angestellte Personen enthalten würde (s. Tab. 15.17). Dieser Möglichkeit ungleicher Randverteilungen wird im Multiplikationstheorem Rechnung getragen, indem zunächst die zu einer Zelle gehörigen Randwahrscheinlichkeiten bestimmt, diese dann multipliziert und auf die Gesamtzahl der Merkmalsträger relativiert werden:

$$e_{ij} = \frac{n_{i\bullet} \cdot n_{\bullet j}}{n} \quad \text{(F 15.24)}$$

Die Punkte, die in Formel F 15.24 anstelle der Indizes i und j erscheinen, bedeuten, dass die Indexwerte zusammengefasst werden, indem über die entsprechenden Häufigkeiten aufsummiert wird. Das Symbol $n_{1\bullet}$ steht somit für die erste Zeilensumme, das Symbol $n_{\bullet 1}$ für die erste Spaltensumme (s. Tab. 15.16).

Wenn wir Formel F 15.24 auf unser Beispiel (Tab. 15.15) anwenden, ergeben sich genau die Zahlenwerte, zu denen wir in diesem einfachen Fall gleicher Spalten- und Zeilensummen auch intuitiv kommen. Wenden wir diese Berechnungsformel auf die Häufigkeiten in Tabelle 15.17 an, sieht man, dass die erwarteten Häufigkeiten genau den beobachteten Häufigkeiten entsprechen. So ergibt sich z. B. für die erwartete Zellhäufigkeit e_{11}:

$$e_{11} = \frac{45 \cdot 45}{75} = 27$$

Wenn alle beobachteten den erwarteten Häufigkeiten entsprechen, ist der χ^2-Wert immer gleich 0. Dies bedeutet, dass beide Variablen voneinander unabhängig sind. Was dies bedeutet, sieht man am Beispiel in Tabelle 15.17. Obwohl sich die einzelnen Studienfächer und Beschäftigungsverhältnisse in ihrer Häufigkeit unterscheiden können, liegt aber folgender Sachverhalt vor:

(1) Für alle Studienfächer ist der Anteil der Beschäftigungsverhältnisse 3:1:1. Dies bedeutet, dass der relative Anteil der freiberuflich Tätigen für alle drei Studienfächer dreimal so groß ist wie der relative Anteil der anderen beiden Beschäftigungsverhältnisse, die sich in ihrem relativen Anteil nicht unterscheiden.
(2) Für alle Beschäftigungsverhältnisse ist der Anteil der drei Studienfächer 3:1:1. Dies bedeutet, dass der relative Anteil der Mediziner für alle drei Beschäftigungsverhältnisse dreimal so groß ist wie der relative Anteil der anderen beiden Studienfächer, die sich in ihrem relativen Anteil nicht unterscheiden.

Immer dann, wenn sich die bedingten Verteilungen der relativen Häufigkeiten eines Merkmals nicht zwischen den Ausprägungen des anderen Merkmals unterscheiden, liegt Unabhängigkeit zwischen zwei nominalskalierten Variablen vor. Dies ist in den Tabellen 15.18 und 15.19 für das Beispiel in Tabelle 15.17 nochmals veranschaulicht.

Tabelle 15.17 Zusammenhang zwischen den beiden polytomen Variablen Studienfach und Berufsstatus: Beobachtete Häufigkeiten

Studienfach (X)	Berufsstatus (Y)			Summe
	freiberuflich	öffentlicher Dienst	Privatwirtschaft	
Medizin	27	9	9	45
Psychologie	9	3	3	15
Informatik	9	3	3	15
Summe	45	15	15	75

Tabelle 15.18 Bedingte relative Häufigkeit $h(b_j|a_i) = \frac{n_{ij}}{n_{i\bullet}}$ für das Beispiel in Tabelle 15.17

Studienfach (X)	Berufsstatus (Y)			Summe
	freiberuflich	öffentlicher Dienst	Privatwirtschaft	
Medizin	0,6	0,2	0,2	1
Psychologie	0,6	0,2	0,2	1
Informatik	(0,6)	0,2	(0,2)	1

$h(b_1|a_3) = \frac{n_{31}}{n_{3\bullet}}$ $h(b_3|a_3) = \frac{n_{33}}{n_{3\bullet}}$

Tabelle 15.19 Bedingte relative Häufigkeit $h(a_i|b_j) = \frac{n_{ij}}{n_{\bullet j}}$ für das Beispiel in Tabelle 15.17

Studienfach (X)	Berufsstatus (Y)		
	freiberuflich	öffentlicher Dienst	Privatwirtschaft
Medizin	0,6	0,6	(0,6)
Psychologie	0,2	0,2	0,2
Informatik	0,2	(0,2)	0,2
Summe	1	1	1

$h(a_3|b_2) = \frac{n_{32}}{n_{\bullet 2}}$ $h(a_1|b_3) = \frac{n_{13}}{n_{\bullet 3}}$

Assoziationsmaß *V* nach Cramér

Unschön am χ^2-Koeffizienten ist seine Abhängigkeit von der Stichprobengröße. Wie man sich leicht vor Augen führen kann, würde sich in unserem Beispiel ein anderer χ^2-Wert ergeben, wenn wir alle Häufigkeiten in Tabelle 15.15 verdoppeln würden. Um diesen Nachteil zu beheben, kann χ^2 an der Stichprobengröße relativiert werden. Ein Assoziationsmaß, das dies leistet, ist der Koeffizient *V* von Cramér (1946), der wie folgt berechnet wird:

$$V = \sqrt{\frac{\chi^2}{n \cdot (s-1)}} \quad \text{(F 15.25)}$$

In Formel F 15.25 steht *n* für die Stichprobengröße und *s* für die Anzahl von Messwertkategorien der Variablen mit der geringeren Zahl von Messwertkategorien. Wenn also eine der beiden Variablen drei Kategorien unterscheidet und die andere vier, dann beträgt *s* = 3.

Wenn wir Cramérs *V* für unser Beispiel in Tabelle 15.15 berechnen, ergibt sich ein Wert von *V* = 0,50. Den gleichen Wert würden wir erhalten, wenn wir die beobachteten Häufigkeiten in Tabelle 15.15 verdoppeln würden. *V* kann zwischen 0 und 1 variieren. Negative *V*-Werte gibt es ebenso wenig wie negative χ^2-Werte. Dies ist eine Folge der Quadrierung der Differenzen zwischen beobachteten und erwarteten Häufigkeiten. Da die Kategorien von Nominalskalen keine quantitative Bedeutung haben (auch wenn sie mit Zahlen kodiert werden können), kann von »gleichsinnigen« und »gegenläufigen« Zusammenhängen inhaltlich nicht sinnvoll gesprochen werden. Deshalb ist es auch nicht erforderlich, mathematisch zwischen positiven und negativen Korrelationen zu unterscheiden.

Cramérs *V* und $\hat{\varphi}$-Koeffizient

Wendet man Cramérs *V* auf dichotome nominalskalierte Variablen (*s* = 2) an, so entspricht der Wert, den man erhält, dem Absolutbetrag des Koeffizienten $\hat{\varphi}$:

$$|\hat{\varphi}| = \sqrt{\frac{\chi^2}{n}} \quad \text{(F 15.26)}$$

15.3.5 Eine dichotome Variable und eine metrische Variable

Bei den bisher behandelten Koeffizienten wurde der Zusammenhang zwischen Merkmalen gleichen Skalenniveaus abgebildet. Im Folgenden werden wir zeigen, wie Zusammenhänge quantifiziert werden können, wenn sich Merkmale in ihren Skalenniveaus unterscheiden. Wir behandeln zunächst den Fall einer metrischen und einer dichotomen Variablen. Wir behandeln zwei Koeffizienten, die punktbiseriale und die biseriale Korrelation. Die Wahl des Koeffizienten hängt davon ab, ob man davon ausgeht, dass die Ausprägungen der dichotomen Variablen eine natürliche Dichotomie widerspiegeln, oder davon, dass der dichotomen Variablen eine metrische, normalverteilte Variable zugrunde liegt (künstliche Dichotomie). Ein Beispiel für eine natürliche Dichotomie wäre das Geschlecht oder die Bedingungen in einem Experiment (z. B. Experimentalgruppe vs. Kontrollgruppe). Ein Beispiel für eine künstliche Dichotomie wären die Kategorien »stimme zu« vs. »lehne ab« bei der Einstellungsmessung, wenn man davon ausgeht, dass die Einstellung eigentlich ein metrischer Begriff ist. Im Falle natürlich dichotomer Variablen bestimmt man die punktbiseriale Korrelation, im Falle künstlich dichotomer Variablen die biseriale Korrelation.

Punktbiseriale Korrelation

Wenn der Zusammenhang zwischen einer natürlich dichotomen Variablen und einer metrischen Variablen bestimmt werden soll, greift man auf den punktbiserialen Korrelationskoeffizienten zurück, der wie folgt berechnet wird:

$$r_{\text{pbis}} = \frac{\bar{x}_2 - \bar{x}_1}{s_X} \cdot \sqrt{\frac{n_1 \cdot n_2}{n^2}} \quad \text{(F 15.27)}$$

Dabei bedeutet:

▶ $\bar{x}_1$: Mittelwert der metrischen Variablen *X* in Kategorie 1 der nominalskalierten Variablen
▶ $\bar{x}_2$: Mittelwert der metrischen Variablen *X* in Kategorie 2 der nominalskalierten Variablen
▶ s_X: Standardabweichung der metrischen Variablen *X*

- n_1: Anzahl von Merkmalsträgern in Kategorie 1 der nominalskalierten Variablen
- n_2: Anzahl von Merkmalsträgern in Kategorie 2 der nominalskalierten Variablen
- n: Gesamtanzahl ($n = n_1 + n_2$).

Die punktbiseriale Korrelation ist eine Funktion des auf die Streuung der metrischen Variablen X relativierten Mittelwertsunterschieds in X zwischen den beiden Kategorien der nominalskalierten Variablen. Der Wertebereich von r_{pbis} erstreckt sich von -1 bis $+1$. r_{pbis} kann mathematisch in den Produkt-Moment-Korrelationskoeffizienten überführt werden, und deshalb kann man zu seiner Berechnung auch einfach die Produkt-Moment-Korrelation zwischen beiden Variablen bestimmen.

Biseriale Korrelation

Im Falle künstlich dichotomisierter Variablen wird der biseriale Korrelationskoeffizient berechnet. Seine Formel lautet:

$$r_{bis} = \frac{\bar{x}_2 - \bar{x}_1}{s_X} \cdot \frac{n_1 \cdot n_2}{u \cdot n \cdot \sqrt{n^2 - n}} \qquad (F\ 15.28)$$

Die Symbole sind gleichbedeutend mit denen in Formel F 15.27 für die punktbiseriale Korrelation. Neu ist das Symbol »u«. Es entspricht dem Ordinatenwert desjenigen z-Wertes der Standardnormalverteilung, der n_2/n bzw. n_1/n Anteile der Fläche abschneidet. Da sich diese Anteile immer zu 1 addieren und die Normalverteilungskurve symmetrisch ist, sind die beiden z-Werte bis auf das Vorzeichen identisch, und folglich ergibt sich der gleiche Ordinatenwert. Dieser kann anhand eines Verteilungsrechners ( ) bestimmt werden. Zur Bestimmung der biserialen Korrelation kann auf Statistikprogramme zurückgegriffen werden, die auch die polychorische und tetrachorische Korrelation berechnen, da die biseriale Korrelation zu dieser Familie von Korrelationskoeffizienten gehört (z. B. R; Luhmann, 2010; Statistikprogramme für lineare Strukturgleichungsmodelle wie Mplus; Muthén & Muthén, 2004–2008).

15.3.6 Eine dichotome nominalskalierte Variable und eine ordinalskalierte Variable

Auch für diese Kombination können verschiedene Koeffizienten betrachtet werden. Wir werden zunächst den rangbiserialen Korrelationskoeffizienten nach Cureton (1956) vorstellen, der für Fälle, bei denen es keine Bindungen auf der ordinalskalierten Variablen gibt, geeignet ist, und uns danach dem Umgang mit Rangbindungen widmen.

Rangbiseriale Korrelation

Es gibt verschiedene rangbiseriale Korrelationskoeffizienten (Bortz et al., 2008), von denen wir nur die einfach zu bestimmende biseriale Rangkorrelation nach Cureton (1956) behandeln werden, die für die Analyse des Zusammenhangs zwischen einer dichotomen und einer singulären ordinalskalierten Variablen, auf der keine Rangbindungen vorliegen, geeignet ist. Diese wird wie folgt berechnet:

$$r_{rangbis} = \frac{n_K - n_D}{n_1 \cdot n_2} \qquad (F\ 15.29)$$

Dabei bezeichnen n_K und n_D die Anzahl von Konkordanzen und Diskordanzen, n_1 und n_2 die Anzahl von Fällen in den beiden Kategorien der dichotomisierten Variablen. Die Berechnung der rangbiserialen Korrelation bereitet erfahrungsgemäß Verständnisschwierigkeiten und soll deshalb an einem Rechenbeispiel ausführlich erläutert werden.

Beispiel

Berechnung der rangbiserialen Korrelation zwischen Begabung und Versetzung

Tabelle 15.20 enthält ein fiktives Datenbeispiel aus dem Schulbereich. Eine Lehrerin sei gebeten worden, die Begabung von zehn Schülerinnen und Schülern ihrer Klasse einzuschätzen und aus ihrem Urteil eine Rangreihe zu bilden. Die Rangplätze stehen in Spalte 2 der Tabelle, wobei die Reihenfolge der Merkmalsträger hier noch beliebig ist. Am Ende des Schuljahres wird festgestellt, welche der beurteilten Schülerinnen und Schüler versetzt wurden und welche die Klassenstufe wiederholen müssen. In Tabelle 15.21 werden die Konkordanzen und Diskordanzen bestimmt. Dazu werden zunächst die Merkmalsträger nach ihrem Rangplatz aufsteigend sortiert und dabei in diejenige Spalte eingetragen, die ihrem Messwert auf der dichotomen Variablen entspricht. Versetzte Schülerinnen und Schüler werden in die erste Spalte geschrieben, nicht versetzte in die zweite. Nun wird ausgezählt, in wie vielen Fällen Rangplatzunterschiede zwischen Merkmalsträgern zu ihrem Messwert auf der dichotomen Variablen »passen«. Es wird ausgezählt, wie vielen Merkmalsträgern der anderen dichotomen Kategorie jeder Merkmalsträger überlegen ist. Konkordant sind überlegene Rangplätze, wenn der »Sieger« in die inhaltlich passende Kategorie der dichotomen Variablen fällt. Diskordant sind überlegene Rangplätze, wenn der »Sieger« der inhaltlich unpassenden Kategorie der dichotomen Variablen entstammt. In unserem Beispiel gewinnt Anne, die laut Urteil der Lehrerin begabteste Schülerin, alle fünf Paarvergleiche mit den Merkmalsträgern aus der Kategorie »nicht versetzt«, da diese fünf Personen einen schlechteren Rangplatz als Anne haben. Zum gleichen Ergebnis kommen wir für Judith (Platz 2) und Gregor (Platz 3). Auch sie haben im Vergleich zu allen fünf Personen aus der Kategorie »nicht versetzt« den besseren Rangplatz. Die Ergebnisse aller 15 Paarvergleiche, die wir bisher angestellt haben, sind konkordant mit dem Messwert der Personen in der binären Variablen. Denn die Gewinner der Paarvergleiche wurden versetzt, die Verlierer wurden nicht versetzt. Für die drei erstplatzierten Personen (Anne, Judith, Gregor) verbuchen wir folglich je fünf Konkordanzen in Spalte 3. Wenn wir die Rangreihe weiter abarbeiten, stoßen wir auf zwei Personen, deren Rangplätze sie im Paarvergleiche mit Mitgliedern der anderen Kategorie überlegen machen und Diskordanzen erzeugen, weil sie inhaltlich gegenläufig zur Versetzung bzw. Nichtversetzung sind. Denise (Platz 4) und Vera (Platz 5) wurden nicht versetzt, obwohl ihre Begabung von der Lehrerin höher eingeschätzt wurde als die Begabung von Friedel und Clemens. Für Denise und Vera vermerken wir folglich je zwei Diskordanzen in Spalte 4. Die drei restlichen Personen unterliegen in allen Paarvergleichen mit Mitgliedern der anderen Kategorie und tragen somit weder zu Konkordanzen noch zu Diskordanzen bei. Wenn wir die Summe der Konkordanzen und Diskordanzen in Formel F 15.29 eintragen, ergibt sich eine rangbiseriale Korrelation von 0,68.

Tabelle 15.20 Rangbiseriale Korrelation zwischen Begabung und Versetzung: Rohdaten

	Begabungsrang	versetzt
Gregor	3	ja
Judith	2	ja
Anne	1	ja
Denise	4	nein
Clemens	7	ja
Norbert	8	nein
Marlene	9	nein
Friedel	6	ja
Vera	5	nein
Edmund	10	nein

Tabelle 15.21 Rangbiseriale Korrelation zwischen Begabung und Versetzung: Bestimmung von Konkordanzen (K) und Diskordanzen (D)

Begabungsrang in »versetzt«	Begabungsrang in »nicht versetzt«	K	D
1. Anne		5	
2. Judith		5	
3. Gregor		5	
	4. Denise		2
	5. Vera		2
6. Friedel		3	
7. Clemens		3	
	8. Norbert		
	9. Marlene		
	10. Edmund		
Summe		21	4

Vorzeichen der Korrelation. Wir haben die Variablen für dieses Beispiel bewusst so gewählt, dass es inhaltlich gerechtfertigt erscheint, von einer positiven oder negativen Korrelation zu sprechen, und dass die Begriffe der Konkordanz und Diskordanz einen inhaltlichen Sinn ergeben. Da Nominalzahlen aber keine quantitative Bedeutung haben, muss in Fällen, in denen die Richtung der Korrelation nicht durch die inhaltliche Bedeutung der Kategorien bestimmt werden kann, festgelegt werden, welche Kategorienzugehörigkeit welchem Ergebnis des Paarvergleichs zugeordnet wird. Das Vorzeichen der Korrelation kann wie bei den anderen Maßen für dichotome Variablen nur in Bezug auf die gewählte Kategorienzuordnung interpretiert werden und ist nicht invariant unter den bei Nominalskalen zulässigen Transformationen.

Koeffizienten für Rangbindungen auf der ordinalskalierten Variablen

Wir haben bei der Vorstellung von Korrelationskoeffizienten für ordinale Variablen schon auf die Problematik hingewiesen, die durch Rangbindungen entsteht. Wir haben Rangbindungen danach unterschieden, ob sie durch ein kategoriales Antwortformen erzwungen werden oder sich bei singulären Variablen als Resultat ergeben.

Eine dichotome Variable und eine Variable mit geordneten Kategorien. Dichotome Variablen können als kategoriale Variablen mit geordneten Antwortkategorien aufgefasst werden, wenn man den beiden Kategorien interpretativ eine Ordnung unterstellen kann. Wie wir bereits gesehen haben, kann man zur Analyse zweier kategorialer Variablen mit geordneten Kategorien den $\hat{y}$-Koeffizienten heranziehen. Daher ist der $\hat{y}$-Koeffizient auch der Koeffizient der Wahl, wenn der Zusammenhang zwischen einer dichotomen Variablen mit einer ordinalskalierten Variablen mit geordneten Antwortkategorien untersucht werden soll.

Eine dichotome Variable und eine singuläre Variable mit Rangbindungen. Handelt es sich bei der ordinalskalierten Variablen um eine singuläre Variable mit Rangbindungen und kann den Kategorien der dichotomen Variablen eine Ordnung unterstellt werden, können hierfür die bereits in Abschnitt 15.3.2 behandelten Koeffizienten d_{YX} nach Somers (1962) und $d_{Y \cdot X}$ nach Kim (1971) bestimmt werden.

15.3.7 Weitere Skalenkombinationen

Neben den ausführlich dargestellten Assoziationsmaßen gibt es auch für einen Teil der bisher nicht behandelten Kombinationen von Variablen auf unterschiedlichen Skalenniveaus Assoziationsmaße, die wir im Folgenden im Überblick nennen werden.

Eine dichotome Variable und eine polytome nominalskalierte Variable

Dichtome Variablen können wie polytome Variablen behandelt werden. Die für den Zusammenhang zweier polytomer nominalskalierter Variablen behandelten Maße lassen sich direkt auf diese Variablenkombination übertragen.

Eine polytome nominalskalierte Variable und eine metrische Variable

In diesem Fall kann man als Zusammenhangsmaß auf den Koeffizienten $\hat{\eta}^2$ (η: griech. Eta), zurückgreifen, dessen Bestimmung wir im Rahmen der Varianzanalyse behandeln (s. Kap. 13.1.4). Die Quadratwurzel aus $\hat{\eta}^2$ kann als Korrelationsmaß interpretiert werden. Im Falle einer dichotomen nominalskalierten Variablen entspricht dieses Maß der punktbiserialen Korrelation.

Eine polytome nominalskalierte Variable und eine ordinalskalierte Variable

Handelt es sich bei der ordinalskalierten Variablen um eine kategoriale Variable mit geordneten Antwortkategorien, so kann diese Variable wie eine nominalskalierte Variable behandelt werden und können Assoziationsmaße für die Kombination zweier nominalskalierter Variablen bestimmt werden (Cramérs V). Hierdurch verliert man allerdings die Information, die in der Ordnung steckt. Für die Kombination einer nominalskalierten Variablen und einer singulären ordinalskalierten Variablen ist uns kein normiertes Assoziationsmaß bekannt. Gruppiert man Personen aufgrund ihrer Ränge in Gruppen, so kann man sie wie eine ordinalskalierte Variable mit geordneten Antwortkategorien behandeln und z. B. Cramérs V bestimmen.

> **Vertiefung**
>
> **Probitregression**
> Um die ordinale Information bei ordinalskalierten Variablen mit geordneten Kategorien nicht zu verlieren, könnte man die in der nominalskalierten Variablen vorhandene Information durch Kodiervariablen abbilden (z. B. durch eine Dummy-Kodierung, s. Abschn. 18.11.1) und die Kodiervariablen als unabhängige Variable in einer Probitregressionsanalyse mit der ordinalen Variablen als abhängiger Variablen analysieren. Die Quadratwurzel der durch die Kodiervariablen erklärten Varianz wäre dann ein angemessenes Korrelationsmaß, es entspricht der multiplen Korrelation (s. Abschn. 18.6) in der Probitanalyse. In der Probit-Regressionsanalyse wird angenommen, dass der ordinalen abhängigen Variablen eine normalverteilte metrische Variable zugrunde liegt. Allerdings behandeln wir die Probitregression nicht in diesem Buch. Für ein Anwendungsbeispiel sei auf Eid et al. (1996) verwiesen.

Eine ordinalskalierte Variable und eine metrische Variable

Ist die ordinalskalierte Variable eine kategoriale Variable mit geordneten Kategorien, so kann die *polyseriale Korrelation* berechnet werden. Die polyseriale Korrelation ist die Korrelation zwischen der metrischen Variablen und der der kategorialen Variablen zugrundeliegenden metrischen Variablen. Sie setzt – wie die biseriale Korrelation bei dichotomen Variablen und die polychorische Korrelation bei ordinalskalierten Variablen – voraus, dass der kategorialen Variablen eine metrische, normalverteilte Variable zugrunde liegt. Zur Berechnung der polyserialen Korrelation braucht man spezielle Statistikprogramme, die wir bereits bei der polychorischen Korrelation erwähnt haben (z. B. R; Luhmann, 2010; Mplus von Muthén & Muthén, 2004–2008).

Ist die ordinalskalierte Variable eine singuläre Variable, gibt es zwei Möglichkeiten: (1) Man kann die metrische Variable wie eine ordinalskalierte Variable behandeln, indem man die Rangwerte berechnet und dann auf ein Korrelationsmaß für zwei ordinalskalierte Variablen zurückgreift. (2) Oder man kann die Rangwerte der ordinalskalierten Variablen zu Gruppen zusammenfassen, diese dann wie eine kategoriale Variable mit geordneten Kategorien behandeln und die polyseriale Korrelation bestimmen. Welche der beiden Strategien man wählt, hängt von der theoretischen Fragestellung und auch von der Anzahl der Rangbindungen ab. Weist die singuläre Variable viele Rangbindungen auf, bietet es sich an, die Werte in Kategorien zusammenzufassen. Liegen keine Rangbindungen vor, würde die Kategorisierung mit einem Informationsverlust einhergehen. In diesem Fall würde man eher die metrische Variable als ordinalskalierte Variable behandeln und ein Korrelationsmaß für singuläre Variablen bestimmen.

15.3.8 Wahl eines Korrelationskoeffizienten

In diesem Kapitel haben wir verschiedene Korrelationsmaße behandelt. Diese sind für unterschiedliche Datenarten und unterschiedliche Fragestellungen geeignet. Falls mehrere Zusammenhangsmaße infrage kommen, haben wir Empfehlungen gegeben. Diese Empfehlungen sind in Tabelle 15.22 für die verschiedenen Kombinationen von Skalenarten zusammengefasst. Viele kommerzielle Statistikprogramme erlauben es nicht, all diese Korrelationskoeffizienten zu berechnen. Luhmann (2010) zeigt, wie diese Korrelationskoeffizienten mit dem kostenlos verfügbaren Statistikprogramm R berechnet werden können.

15.4 Inferenzstatistik zu bivariaten Zusammenhangsmaßen

In den bisherigen Abschnitten haben wir Möglichkeiten vorgestellt, die Stärke und die Richtung eines Zusammenhangs zwischen zwei Variablen X und Y zu quantifizieren. Hat man die Stärke des Zusammenhangs berechnet, so stellt sich als Nächstes die

Tabelle 15.22 Bivariate Assoziationsmaße: Zusammenfassung empfohlener Koeffizienten für den Zusammenhang zweier Variablen X und Y, die sich im Skalenniveau gleichen oder unterscheiden können

X \ Y	Metrisch	Ordinal singuläre Variable	Ordinal Rangklassen	Dichotom	Nominal
Metrisch	Produkt-Moment-Korrelation	Kendalls τ (ohne Rangbindungen) Wilsons e (Rangbindungen)	Polyseriale Korrelation	Punktbiseriale Korrelation (natürliche Dichotomie) Biseriale Korrelation (künstliche Dichotomie)	Koeffizient η
Ordinal singuläre Variable		Kendalls τ (ohne Rangbindungen) Wilsons e (Rangbindungen)	Somers d_{YX} Kims $d_{Y \cdot X}$	Rangbiseriale Korrelation (ohne Rangbindungen) Somers d_{YX} Kims $d_{Y \cdot X}$	Singuläre Variable in Rangklassen aufteilen
Ordinal Rangklassen			Koeffizient γ	Koeffizient γ	Cramérs V Multiples R in einer Probitregression
Dichotom				Yules Q φ-Koeffizient	Cramérs V
Nominal					Cramérs V

Frage, ob der gefundene Zusammenhang statistisch bedeutsam von 0 abweicht. Wäre dies nicht der Fall, wäre es also nicht hinreichend unwahrscheinlich, eine Korrelation von z. B. $r_{XY} = 0{,}33$ zu finden unter der Annahme, dass die »wahre« Korrelation in der Population $\rho_{XY} = 0$ beträgt, so könnte man jedenfalls nicht ausschließen, dass es in Wirklichkeit gar keinen Zusammenhang zwischen X und Y gibt. Die Korrelation von $r_{XY} = 0{,}33$ könnte also auch nur ein Zufallstreffer gewesen sein. Eine inferenzstatistische Absicherung empirisch ermittelter Zusammenhänge ist deshalb nötig, um ihr zufälliges Zustandekommen auszuschließen. In diesem Abschnitt wollen wir Möglichkeiten einer solchen inferenzstatistischen Testung behandeln. Wir behandeln sie am Beispiel der Produkt-Moment-Korrelation ausführlich, in Bezug auf die anderen Zusammenhangsmaße nur in ihren wichtigsten Aspekten.

15.4.1 Zwei metrische Variablen

Zu Beginn des Kapitels haben wir die Kovarianz und die Korrelation als zwei Zusammenhangsmaße für metrische Variablen kennengelernt. Um Hypothesen über die Kovarianz und die Korrelation in der Population testen zu können, müssen zunächst die Zusammenhangsmaße auf Populationsebene definiert werden. Dann muss gezeigt werden, wie sie anhand von Stichprobendaten geschätzt werden können und wie die Schätzgenauigkeit berechnet werden kann. Darüber hinaus muss ihre Stichprobenkennwerteverteilung bekannt sein.

Empirische Kovarianz, Stichprobenkovarianz und geschätzte Populationskovarianz

Die empirische Kovarianz s_{XY} dient der deskriptiven Beschreibung eines Zusammenhangs zwischen zwei Merkmalen anhand von Daten in einer Stichprobe.

Ihr Pendant auf Populationsebene ist die Populationskovarianz $Cov(X, Y) = \sigma_{XY}$. Diese wird in Analogie zur Kovarianz in der Deskriptivstatistik (vgl. Abschn. 15.3.1) definiert als:

$$Cov(X,Y) = \sigma_{XY} = E([X - E(X)] \cdot [Y - E(Y)])$$

(F 15.30)

Die Kovarianz ist also nichts anderes als der Erwartungswert des Kreuzprodukts. Bei der Varianz haben wir schon gesehen, dass die empirische Varianz kein erwartungstreuer Schätzer der Populationsvarianz ist (s. Abschn. 8.5.1). Auch die empirische Kovarianz s_{XY} ist kein erwartungstreuer Schätzer der Populationskovarianz σ_{XY}. Dies leuchtet unmittelbar ein, da die Varianz einer Variablen die Kovarianz der Variablen mit sich selbst ist. Im Gegensatz zur empirischen Kovarianz s_{XY} ist die geschätzte Populationskovarianz $\hat{\sigma}_{XY}$ ein erwartungstreuer Schätzer der Kovarianz $Cov(X, Y) = \sigma_{XY}$ zweier Zufallsvariablen X und Y in der Population. Diese heißt auch Stichprobenkovarianz, da sie eine Schätzung der Populationskovarianz anhand von Stichprobendaten ist. In Analogie zur geschätzten Populationsvarianz wird die Kreuzproduktsumme nicht durch n, sondern durch $n - 1$ dividiert:

$$\hat{\sigma}_{XY} = \frac{1}{n-1} \cdot \sum_{m=1}^{n} (x_m - \bar{x}) \cdot (y_m - \bar{y})$$

(F 15.31)

Will man die Kovarianz in einer Population schätzen, greift man somit auf die geschätzte Populationskovarianz (Stichprobenkovarianz) und nicht auf die empirische Kovarianz s_{XY} zurück.

> **Vertiefung**
>
> **Rechenregeln für Kovarianzen**
>
> Wie für die Erwartungswerte und die Varianzen von Zufallsvariablen gibt es auch für die Kovarianzen von Zufallsvariablen Rechenregeln, auf die wir in einigen der folgenden Kapitel zurückgreifen werden. Wir werden die wichtigsten darstellen (s. hierzu ausführlicher Steyer & Eid, 2001). Wenn X, Y, X_1, X_2, Y_1 und Y_2 Zufallsvariablen und α, β, α_1, α_2, β_1 und β_2 reelle Zahlen sind, dann gilt:
>
> (1) $Cov(X, Y) = 0$, falls $X = \alpha$
> (2) $Cov(\alpha \cdot X, \beta \cdot Y) = \alpha \cdot \beta \cdot Cov(X, Y)$
> (3) $Cov(\alpha + X, \beta + Y) = Cov(X, Y)$
> (4) $Cov(\alpha_1 \cdot X_1 + \alpha_2 \cdot X_2, \beta_1 \cdot Y_1 + \beta_2 \cdot Y_2)$
> $= \alpha_1 \cdot \beta_1 \cdot Cov(X_1, Y_1) + \alpha_1 \cdot \beta_2 \cdot Cov(X_1, Y_2)$
> $+ \alpha_2 \cdot \beta_1 \cdot Cov(X_2, Y_1) + \alpha_2 \cdot \beta_2 \cdot Cov(X_2, Y_2)$
>
> Diese Rechenregeln haben folgende Bedeutung:
> (1) Die Kovarianz einer Variablen mit einer Konstanten ist immer 0.
> (2) Multipliziert man eine Variable X mit einer Konstanten α und eine Variable Y mit einer Konstanten β, dann verändert sich deren Kovarianz um das Produkt $\alpha \cdot \beta$.
> (3) Addiert man zu den Variablen X und Y jeweils eine Konstante, ändert sich deren Kovarianz nicht.
> (4) Bildet man jeweils die gewichtete Summe zweier X-Variablen und zweier Y-Variablen, so lässt sich die Kovarianz der beiden gewichteten Summenvariablen einfach bestimmen, indem man die Kovarianz für jede Kombination von X- und Y-Variablen bestimmt, diese mit dem Produkt der beiden Gewichte multipliziert und die gewichteten Kovarianzen aufsummiert.

Empirische Korrelation, Stichprobenkorrelation und geschätzte Populationskorrelation

Die Populationskorrelation $Kor(X, Y) = \rho_{XY}$ zweier Zufallsvariablen X und Y ist – in Analogie zur empirischen Korrelation r_{XY} – definiert als die Kovarianz $Cov(X, Y)$ der beiden Variablen geteilt durch das Produkt ihrer Standardabweichungen (vgl. Abschn. 15.3.1):

$$Kor(X,Y) = \rho_{XY} = \frac{Cov(X,Y)}{\sqrt{Var(X) \cdot Var(Y)}} = \frac{\sigma_{XY}}{\sigma_X \cdot \sigma_Y}$$

(F 15.32)

In entsprechender Weise erhält man die geschätzte Populationskorrelation bzw. Stichprobenkorrelation $\hat{\rho}_{XY}$, indem man die geschätzte Populationskovarianz $\hat{\sigma}_{XY}$ durch das Produkt der geschätzten Populationsstandardabweichungen teilt. Wie leicht zu sehen ist, sind die empirische Korrelation r_{XY} und die geschätzte Populationskorrelation $\hat{\rho}_{XY}$ identisch:

$$\hat{\rho}_{XY} = \frac{\hat{\sigma}_{XY}}{\hat{\sigma}_X \cdot \hat{\sigma}_Y} = \frac{\frac{n}{n-1} \cdot s_{XY}}{\sqrt{\frac{n}{n-1} \cdot s_X^2} \cdot \sqrt{\frac{n}{n-1} \cdot s_Y^2}}$$

$$= \frac{\frac{n}{n-1} \cdot s_{XY}}{\frac{n}{n-1} \cdot \sqrt{s_X^2 \cdot s_Y^2}} = \frac{s_{XY}}{s_X \cdot s_Y} = r_{XY} \quad \text{(F 15.33)}$$

Die Korrelation r_{XY} kann daher als Schätzwert für die Populationskorrelation herangezogen werden.

Korrelationshypothesen überprüfen

Beginnen wir mit der inferenzstatistischen Absicherung einer empirisch ermittelten Produkt-Moment-Korrelation r_{XY}. Mit »inferenzstatistische Absicherung« ist in den meisten Fällen eine Absicherung gegen 0 gemeint. Das bedeutet, dass der Test auf der Annahme basiert, dass die Korrelation in der Population 0 beträgt. Diese Annahme entspricht der (ungerichteten) statistischen Nullhypothese:

H_0: $\rho_{XY} = 0$

Die statistische Alternativhypothese würde demnach lauten:

H_1: $\rho_{XY} \neq 0$

Von Interesse ist hier die Wahrscheinlichkeit, eine Korrelation von r_{XY} oder eine Korrelation, die von ihrem Betrag her noch stärker von 0 abweicht, unter der Nullhypothese zu erhalten. Ist diese Wahrscheinlichkeit gering (üblicherweise kleiner oder gleich 5 %), wird die Nullhypothese abgelehnt. Die Hypothese kann auch gerichtet formuliert werden, indem man z. B. unter der Alternativhypothese annimmt, dass die Korrelation in der Population größer 0 ist. Diese beiden Fälle werden wir als Erstes behandeln.

Eine andere Möglichkeit besteht darin, eine Stichprobenkorrelation gegen eine Populationskorrelation zu testen, von der angenommen wird, dass sie ungleich 0 ist. Beispielsweise könnte man die Hypothese $\rho_{XY} = a$ (mit $a \neq 0$) testen. Auch diesen Fall werden wir behandeln.

Schließlich ist es möglich, zwei Produkt-Moment-Korrelationen auf Unterschiedlichkeit zu testen. Die statistische Nullhypothese würde dann der Annahme entsprechen, dass die Differenz beider Korrelationen gleich 0 sei. Wie die inferenzstatistische Testung in diesem Fall genau aussieht, hängt davon ab, ob die beiden Korrelationen aus abhängigen oder unabhängigen Stichproben stammen. Der Einfachheit halber verzichten wir im Folgenden auf die Indizierung mit X und Y und verstehen – sofern nichts anderes angegeben ist – unter r nicht nur die empirische, sondern auch die Stichproben-Produkt-Moment-Korrelation und unter ρ die Populations-Produkt-Moment-Korrelation zweier Variablen X und Y.

Absicherung einer Produkt-Moment-Korrelation gegen 0

Nehmen wir an, eine Forscherin wolle die Hypothese testen, dass Intelligenz und Kreativität positiv miteinander korrelieren. In der Tat findet die Forscherin in einer Stichprobe von $n = 53$ Personen, die jeweils einen Intelligenztest (X) und einen Kreativitätstest (Y) bearbeitet haben, eine Produkt-Moment-Korrelation von $r = 0{,}33$. Bei einer gerichteten Testung lautet das statistische Hypothesenpaar demnach formal:

H_0: $\rho \leq 0$

H_1: $\rho > 0$

Die Frage lautet, ob die empirisch ermittelte Korrelation von $r = 0{,}33$ signifikant größer als 0 ist. Von Interesse ist also die Wahrscheinlichkeit, eine Korrelation von $r = 0{,}33$ oder eine noch größere zu erhalten, wenn die Populationskorrelation höchstens 0 beträgt. Hierzu muss man die Stichprobenkennwerteverteilung des Korrelationskoeffizienten kennen. Setzt man voraus, dass die beiden Variablen bivariat normalverteilt sind und die Stichprobe eine Zufallsstichprobe aus der zugrundeliegenden infiniten (oder sehr großen) Population darstellt, lässt sich diese bestimmen.

Bivariate Normalverteilung. Die bivariate (zweidimensionale) Normalverteilung beschreibt die gemeinsame Normalverteilung zweier Zufallsvariablen X

und Y. Abbildung 15.7 gibt eine bivariate Normalverteilung von zwei unkorrelierten Zufallsvariablen wieder.

Raumsegmente unter der Oberfläche entsprechen hier der Wahrscheinlichkeit, mit der Messwertpaare innerhalb der Messwertgrenzen vorkommen, die durch die Grundfläche des Raumsegments definiert sind. Man kann sich das wie folgt vorstellen. Angenommen, die bivariate Normalverteilung sei ein Kuchen. Wir zerschneiden diesen Kuchen, indem wir viermal das Messer ansetzen und den Kuchen an den Stellen $x_1 = 0$, $x_2 = 1$, $y_1 = 0$, $y_2 = 1$ so zerschneiden, dass ein Stück mit einer quadratischen Grundfläche mit der Seitenlänge 1 entsteht. Der relative Anteil des Volumens dieses Stücks am Gesamtkuchen gibt die Wahrscheinlichkeit wieder, dass die Wertekombination (x, y) einer zufällig gezogenen Person sowohl in den Bereich $(0 \leq X \leq 1)$ als auch in den Bereich $(0 \leq Y \leq 1)$ fällt. Dass die beiden Variablen unkorreliert sind, erkennt man an der symmetrischen Glockenform der bivariaten Verteilung. Wären die Variablen korreliert, würde die Verteilung einer »gequetschten« Glocke ähneln, deren Rand eine Ellipse beschreibt. Die bivariate Normalverteilung ist durch fünf Parameter bestimmt: die beiden Erwartungswerte und die beiden Varianzen der Variablen sowie ihre Korrelation. Ihre Dichtefunktion lautet:

$$f(x,y) = \frac{1}{2 \cdot \pi \cdot \sigma_X \cdot \sigma_Y \cdot \sqrt{1-\rho^2}} \cdot \exp\left(-\frac{\frac{(x-\mu_X)^2}{\sigma_X^2} - \frac{2 \cdot \rho \cdot (x-\mu_X) \cdot (y-\mu_Y)}{\sigma_X \cdot \sigma_Y} + \frac{(y-\mu_Y)^2}{\sigma_Y^2}}{2 \cdot (1-\rho^2)}\right)$$

(F 15.34)

Dabei bezeichnet π wie bei der univariaten Normalverteilung die Kreiszahl ($\pi = 3{,}14159\ldots$).

Test der Unkorreliertheit anhand der t-Verteilung. Sind die beiden Variablen bivariat normalverteilt, dann lässt sich zeigen, dass der transformierte Wert

$$t = \frac{r \cdot \sqrt{n-2}}{\sqrt{1-r^2}} \quad \text{(F 15.35)}$$

die Realisierung einer unter ($\rho = 0$) t-verteilten Prüfgröße ist. Zieht man unendlich viele Stichproben der Größe n aus der Population und berechnet für jede Stichprobe die Korrelation und den transformierten t-Wert, dann folgen die verschiedenen t-Werte einer t-Verteilung. Nehmen wir noch einmal unser Beispiel: Unter der Annahme, die Populationskorrelation betrage $\rho \leq 0$, wird in einer Stichprobe mit $n = 53$ Personen eine empirische Korrelation von $r = 0{,}33$ ermittelt. Weicht diese Korrelation signifikant von 0 ab? Hierbei handelt es sich um eine zusammengesetzte Nullhypothese mit der Obergrenze $\rho = 0$. Gemäß Formel F 15.35 berechnet sich der t-Wert zu:

$$t = \frac{r \cdot \sqrt{n-2}}{\sqrt{1-r^2}}$$
$$= \frac{0{,}33 \cdot \sqrt{53-2}}{\sqrt{1-(0{,}33)^2}} = \frac{2{,}357}{0{,}944} = 2{,}5$$

Die Freiheitsgrade dieses t-Wertes errechnen sich folgendermaßen:

$$df = n - 2 \quad \text{(F 15.36)}$$

In diesem Beispiel hat der t-Wert demnach $df = 51$ Freiheitsgrade. Mittels eines Verteilungsrechners

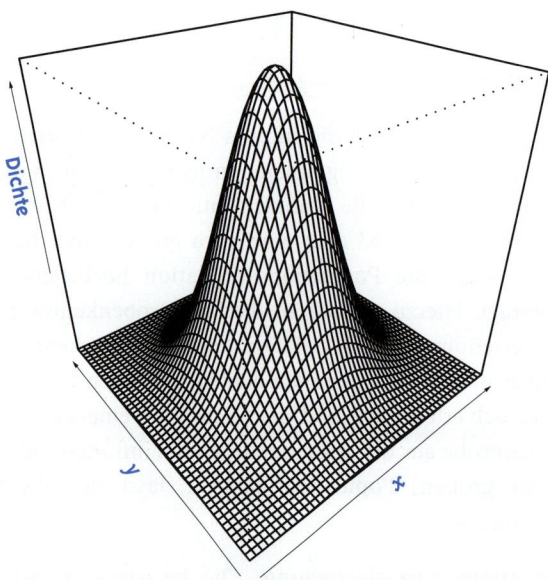

Abbildung 15.7 Bivariate Normalverteilung von zwei unkorrelierten Zufallsvariablen

sehen wir, dass die Wahrscheinlichkeit, bei $df = 51$ einen t-Wert von 2,50 oder einen noch größeren zu erhalten, $p = 0{,}008$ beträgt (s. auch Tab. A.3 im Anhang A). Bei einem vorher festgelegten α-Wert von 0,05 verwerfen wir die Nullhypothese. Die Korrelation ist signifikant von 0 verschieden.

Absicherung einer Produkt-Moment-Korrelation gegen einen Wert ungleich 0

Der im vorherigen Abschnitt behandelte t-Wert liefert unter der Annahme der bivariaten Normalverteilung und der Nullkorrelation den exakten p-Wert. Er kann jedoch nicht herangezogen werden, wenn man die Hypothese testen will, dass die Populationskorrelation einen spezifischen Wert a annimmt. Hierzu muss die Stichprobenkennwerteverteilung unter den spezifischen Populationskorrelationen bekannt sein. Es gibt einen solchen exakten Test und entsprechende Tabellen, die zur Hypothesentestung herangezogen werden können (David, 1954). Üblicherweise greift man jedoch auf einen approximativen Test zurück, der die Korrelation so transformiert, dass ihre Stichprobenkennwerteverteilung approximativ standardnormalverteilt ist, so dass der Gauß-Einstichproben-Test (s. Abschn. 10.1) zur Prüfung der Nullhypothese $H_0: \rho = a$ bzw. der zusammengesetzten Nullhypothesen $H_0: \rho \leq a$ oder $H_0: \rho \geq a$ herangezogen werden kann. Die vorzunehmende Transformation heißt Fisher-Z-Transformation. Die Formel dafür lautet:

$$Z_r = \frac{1}{2} \cdot \ln \frac{1+r}{1-r} \quad \text{(F 15.37)}$$

Durch Umstellen erhält man die Formel für die Retransformation von Z-Werten in r-Werten:

$$r = \frac{e^{2 \cdot Z_r} - 1}{e^{2 \cdot Z_r} + 1} \quad \text{(F 15.38)}$$

Test anhand der Fisher-Z-Transformation. Um den Gauß-Einstichprobentest anwenden zu können, muss man die Korrelation also zunächst in einen Fisher-Z-Wert umrechnen. Gemäß Formel F 15.37 beträgt dieser in unserem Beispiel $Z_r = 0{,}343$. Es lässt sich zeigen, dass Z-Werte, die man anhand verschiedener Stichproben gleicher Größe aus der zugrundeliegenden Population erhält, approximativ normalverteilt sind und folgenden approximativen Erwartungswert sowie folgende approximative Varianz aufweisen (Hartung et al., 2005):

$$E(Z) = \frac{1}{2} \cdot \ln \frac{1+\rho}{1-\rho} + \frac{\rho}{2 \cdot (n-1)} = \zeta \quad \text{(F 15.39)}$$

$$Var(Z) = \frac{1}{n-3} = \sigma_Z^2 \quad \text{(F 15.40)}$$

(Achtung: In diesen beiden Gleichungen bezeichnet Z die Zufallsvariable, deren Werte die einzelnen Z_r-Werte in den verschiedenen Stichproben sind.)

Hieraus ergibt sich folgender Wert einer standardnormalverteilten Prüfgröße:

$$z = \frac{Z_r - \zeta}{\sigma_Z} = \frac{Z_r - \zeta}{\sqrt{\frac{1}{n-3}}} = (Z_r - \zeta) \cdot \sqrt{n-3} \quad \text{(F 15.41)}$$

(Man beachte die Kleinschreibung von Standardwerten z und dagegen die Großschreibung von Fisher-Z-Werten!)

Beispiel

Test der Hypothese: $\rho = 0{,}55$

Nehmen wir an, wir wollten eine empirische Korrelation von $r = 0{,}68$, die in einer Stichprobe von $n = 225$ Personen ermittelt wurde, gegen eine angenommene Populationskorrelation von $\rho = 0{,}55$ testen. Weicht diese Korrelation überzufällig von der Populationskorrelation ab?

Da es sich hier um eine ungerichtete Hypothese handelt, lautet das statistische Hypothesenpaar:

$H_0: \rho = 0{,}55$

$H_1: \rho \neq 0{,}55$

Die in Fisher-Z-Werte transformierte Stichprobenkorrelation $r = 0{,}68$ beträgt $Z_r = 0{,}829$. Für die Po- ▸

pulationskorrelation $\rho = 0{,}55$ erhält man den Wert $\zeta = 0{,}620$. Der Standardfehler der Fisher-Z-Werte beträgt gemäß Formel F 15.40 $\sigma_Z = 0{,}067$. Der z-Wert lautet also gemäß Formel F 15.41:

$$z = \frac{Z_r - \zeta}{\sigma_Z}$$

$$= \frac{0{,}829 - 0{,}620}{0{,}067} = \frac{0{,}209}{0{,}067} = 3{,}12$$

Man beachte, dass der Test in diesem Fall zweiseitig durchgeführt werden muss. Um die Nullhypothese verwerfen zu können, muss also die Wahrscheinlichkeit, einen z-Wert von 3,12 oder größer *oder* einen z-Wert von −3,12 oder kleiner zu finden, ausreichend klein sein ($p \leq 0{,}05$). Die Summe der Flächen, die die Intervalle $z \geq +3{,}12$ und $z \leq -3{,}12$ unter der Standardnormalverteilung abschneiden, beträgt $p = 0{,}017$. Daraus können wir folgern: Die Annahme, dass die empirisch gefundene Korrelation von $r = 0{,}68$ aus einer Population stammt, in der die Korrelation zwischen den Variablen $\rho = 0{,}55$ beträgt, wird verworfen. Die Stichprobenkorrelation ist signifikant höher.

Der approximative Test anhand der Fisher-Z-Transformation kann auch zur Überprüfung der Hypothese, dass die Korrelation in der Population 0 beträgt, als asymptotischer Test herangezogen werden. Für unser Beispiel einer Korrelation von $r = 0{,}33$ ($n = 53$) und der Nullhypothese $H_0: \rho \leq 0$ kommen wir zu einem annähernd gleichen Ergebnis wie mit dem exakten t-Test: $z = 2{,}42$, $p = 0{,}008$. Die statistische Entscheidung führt zum selben Ergebnis. Wir verwerfen die Nullhypothese.

Die Gleichung des Erwartungswerts zeigt, dass der Erwartungswert der Z-transformierten Werte nicht gleich der Z-Transformation der Populationskorrelation ρ ist:

$$Z_\rho = \frac{1}{2} \cdot \ln \frac{1+\rho}{1-\rho}, \qquad \text{(F 15.42)}$$

sondern um die additive Konstante $\rho/[2 \cdot (n-1)]$ größer. Der Z_r-Wert in der Stichprobe ist somit kein erwartungstreuer Schätzer des ζ_ρ-Werts in der Population. Dies trifft im Übrigen auch auf die Korrelation r zu, die kein erwartungstreuer Schätzer von ρ ist (Hotelling, 1953). Die Produkt-Moment-Korrelation r unterschätzt die Populationskorrelation ρ im Mittel ungefähr um den Wert $\rho \cdot (1-\rho^2)/[2 \cdot (n-1)]$. Das Ausmaß, mit dem die Korrelation ρ bzw. der Z_ρ-Wert verzerrt geschätzt werden, nimmt mit Zunahme der Stichprobengröße ab und ist bei größerem n vernachlässigbar gering. Beispielsweise wird bei einer Korrelation von $\rho = 0{,}50$ und $n = 30$ die Korrelation um den Wert 0,003 und der Z_ρ-Wert um den Wert 0,0086 verzerrt geschätzt. Man vernachlässigt diese verzerrte Schätzung daher üblicherweise und ersetzt in Formel F 15.41 ζ durch Z_ρ, was wir der Einfachheit halber im Folgenden auch machen werden.

Vertiefung

Korrektur der Korrelation und Mittelung von Korrelationskoeffizienten

Aufgrund der verzerrten Schätzung des Korrelationskoeffizienten wurden verschiedene Korrekturformeln entwickelt, über die Schulze (2004) einen Überblick gibt. Da die Verzerrung der Schätzung mit Zunahme der Stichprobengröße abnimmt, werden diese Korrekturen häufig nicht angewandt. Bei der Mittelung von Korrelationen scheinen sie jedoch eine Rolle zu spielen. An der Mittelung von Korrelationen ist man in verschiedenen Forschungskontexten interessiert. Ein Beispiel sind Metaanalysen (s. Abschn. 4.6), in denen die in verschiedenen Studien gefundenen Korrelationen zwischen zwei Variablen (z. B. die Korrelation zwischen Extraversion und Wohlbefinden) gemittelt werden. Die Frage, wie Korrelationen gemittelt werden sollen, ist strittig. Typischerweise wird empfohlen, zunächst jede Korrelation in einen Z-Wert zu übertragen, die Z-Werte zu mitteln und den gemittelten Z-Wert wieder in einen Korrelationswert zurückzutransformieren. Hunter und Schmidt (1990) hingegen empfehlen, die Korrelationswerte zu mitteln, da dann die mittlere Korrelation weniger verzerrt sei. Schulze (2004) hat eine systematische Simulationsstudie durchgeführt. Er fand, dass für die Mittelung der Korrelationen eine Korrektur nach Olkin und Pratt (1958) die besten Eigenschaften aufweist. Hierzu wird eine Korrelation r_i zunächst in einen G_i-Wert transformiert, um die Verzerrung, mit der ein einzelner Korrelationswert behaftet ist, zu verringern:

$$G_i = r_i \cdot \left(1 + \frac{1-r_i^2}{2 \cdot (n_i - 1 - 3)}\right) \quad \text{(F 15.43)}$$

Dabei kennzeichnet n_i die Stichprobengröße der i-ten Studie, aus der die Korrelation r_i stammt. Je größer n_i ist, desto eher entspricht der G_i-Wert der Korrelation. Die einzelnen G_i-Werte werden dann mit n_i gewichtet und über die unterschiedlichen Studien hinweg (von $i = 1, ..., k$) gemittelt:

$$\bar{G} = \frac{\sum_{i=1}^{k} n_i \cdot G_i}{\sum_{i=1}^{k} n_i} \quad \text{(F 15.44)}$$

Der $\bar{G}$-Wert ist dann der Schätzwert für die mittlere Korrelation.

Zweiseitiges Konfidenzintervall des Korrelationskoeffizienten

In Abschnitt 8.5.2 hatten wir das $(1-\alpha)$-Konfidenzintervall eines Parameterschätzers definiert als den Bereich (d. h. das Intervall) um den geschätzten Parameter, der mit einer Wahrscheinlichkeit von $1 - \alpha$ den wahren Parameter überdeckt. Um das Konfidenzintervall für die Produkt-Moment-Korrelation zu bestimmen, greift man auf die transformierten Fisher-Z-Werte zurück, die approximativ normalverteilt sind. Die Streuung der Stichprobenkennwerteverteilung von Fisher-Z-transformierten Korrelationskoeffizienten (σ_Z) ergibt sich nach Formel F 15.40. Die Grenzen eines Konfidenzintervalls für eine beliebige Überdeckungswahrscheinlichkeit $1 - \alpha$ ergeben sich in Anlehnung an Formel F 8.18 im Falle von Fisher-Z-Werten zu:

$$Z_r \pm z_{\left(1-\frac{\alpha}{2}\right)} \cdot \sigma_Z = Z_r \pm z_{\left(1-\frac{\alpha}{2}\right)} \cdot \frac{1}{\sqrt{n-3}} \quad \text{(F 15.45)}$$

Dabei ist z derjenige Wert, der einen Flächenanteil von $\alpha/2$ unter der Standardnormalverteilung nach rechts hin abschneidet. Wollte man z. B. das zweiseitige 95%-Konfidenzintervall bestimmen ($\alpha = 0,05$), wäre der z-Wert, der einen Flächenanteil von 0,025 unter der Normalverteilung nach rechts hin abschneidet, gleich $z_{(1-0,05/2)} = z_{0,975} = 1,96$.

Für das obige Beispiel ($r = 0,33$; $Z_r = 0,343$; $n = 53$; $\sigma_Z = 0,14$) ergeben sich also gemäß Formel F 15.45 folgende Intervallgrenzen:

▶ untere Intervallgrenze:
$$Z_r - z_{(0,975)} \cdot \sigma_Z = 0,343 - 1,96 \cdot 0,14 = 0,069$$

▶ obere Intervallgrenze:
$$Z_r + z_{(0,975)} \cdot \sigma_Z = 0,343 + 1,96 \cdot 0,14 = 0,617$$

Das 95%-Konfidenzintervall beträgt also [0,069; 0,617]. Es umschließt nicht den Wert 0, was darauf hindeutet, dass eine Korrelation von $r = 0,33$ bei $n = 53$ Personen signifikant von 0 verschieden ist ($\alpha = 0,05$; zweiseitiger Test). Die Intervallgrenzen lassen sich nach Gleichung 15.38 wieder in Korrelationen umrechnen. In Bezug auf Korrelationswerte erhält man dann das Konfidenzintervall [0,069; 0,549]. Das Konfidenzintervall ist also relativ groß.

A-priori-Poweranalyse: Bestimmung des adäquaten Stichprobenumfangs

Aus Formel F 15.40 geht hervor, dass die Streuung der Stichprobenkennwerteverteilung von Fisher-Z-transformierten Korrelationskoeffizienten allein von der Stichprobengröße n abhängt: Je größer n, desto geringer die Streuung der Fisher-Z-Verteilung. Damit ist klar, dass auch die Breite des Konfidenzintervalls nur von der Stichprobengröße abhängt: Je größer n, desto schmaler das Konfidenzintervall. Umgekehrt kann man nun bestimmen, wie groß die Stichprobe mindestens sein muss, um ein Konfidenzintervall einer bestimmten Breite zu erhalten.

Optimaler Stichprobenumfang bei Festlegung der Breite des Konfidenzintervalls. In Anlehnung an Formel F 8.19 berechnet sich die Breite b_{KI} eines zweiseitigen $(1-\alpha)$-Konfidenzintervalls wie folgt:

$$b_{KI} = 2 \cdot z_{\left(1-\frac{\alpha}{2}\right)} \cdot \sigma_Z$$

$$= 2 \cdot z_{\left(1-\frac{\alpha}{2}\right)} \cdot \sqrt{\frac{1}{n-3}} \quad \text{(F 15.46)}$$

Löst man Formel F 15.46 nach n auf, erhält man:

$$b_{KI}^2 = 4 \cdot z_{\left(1-\frac{\alpha}{2}\right)}^2 \cdot \frac{1}{n-3}$$

$$b_{KI}^2 \cdot (n-3) = 4 \cdot z_{\left(1-\frac{\alpha}{2}\right)}^2$$

$$n = \frac{4 \cdot z_{\left(1-\frac{\alpha}{2}\right)}^2}{b_{KI}^2} + 3 \quad \text{(F 15.47)}$$

Wie groß müsste also die Stichprobengröße n sein, wenn das zweiseitige 95%-Konfidenzintervall für eine Korrelation von $r_{XY} = 0{,}33$ (bzw. $Z_r = 0{,}343$) z. B. die Breite 0,4 und daher $b_{KI} = 0{,}459$ (Fisher-Z-Werte) haben soll (und damit zwischen $r = 0{,}13$ und $r = 0{,}53$ bzw. zwischen $Z_r = 0{,}131$ und $Z_r = 0{,}590$ schwanken darf)? Gemäß Formel F 15.47 ergibt sich:

$$n = \frac{4 \cdot z_{0{,}975}^2}{b_{KI}^2} + 3$$

$$= \frac{4 \cdot 1{,}96^2}{0{,}459^2} + 3 = 75{,}94$$

Man benötigt also $n = 76$ Personen, wenn das 95%-Konfidenzintervall für eine Korrelation von $r_{XY} = 0{,}33$ (bzw. $Z_r = 0{,}343$) sich zwischen $r = 0{,}13$ und $r = 0{,}53$ (bzw. $Z_r = 0{,}131$ und $Z_r = 0{,}590$) erstrecken soll.

Optimaler Stichprobenumfang für den Signifikanztest. Eine andere Möglichkeit, »optimale« Stichprobenumfänge zu bestimmen, besteht darin, die Stichprobengröße so zu bestimmen, dass ein hypothetischer Populationseffekt ρ_1 bei einer Irrtumswahrscheinlichkeit α mit einer Wahrscheinlichkeit von $1-\beta$ (Power) aufgedeckt werden kann (vgl. Abschn. 8.4). Will man z. B. unter der Annahme einer Populationskorrelation von $\rho_1 = 0{,}30$ mit 95%iger Wahrscheinlichkeit ein signifikantes Ergebnis bei $\alpha = 5\%$ (zweiseitiger Test) erhalten, benötigt man eine Stichprobengröße von $n = 138$ Personen. Tabelle 15.23 gibt die optimale Stichprobengröße für eine Reihe von Werten für α, β und n wieder. Für beliebige Werte

Tabelle 15.23 Optimale Stichprobenumfänge für eine Korrelation bei unterschiedlichen Kombinationen von Irrtumswahrscheinlichkeiten α und β (zweiseitiger Test)

		$\alpha = 1\%$	$\alpha = 5\%$	$\alpha = 10\%$
$\beta = 1\%$	$r = 0{,}10$	2390	1828	1569
	$r = 0{,}30$	254	195	167
	$r = 0{,}50$	83	64	55
$\beta = 5\%$	$r = 0{,}10$	1772	1293	1077
	$r = 0{,}30$	189	138	115
	$r = 0{,}50$	62	46	38
$\beta = 10\%$	$r = 0{,}10$	1481	1046	853
	$r = 0{,}30$	158	112	92
	$r = 0{,}50$	52	37	31

von α, β und n lässt sich die benötigte Stichprobengröße mit Computerprogrammen wie z. B. G*Power (🖱) berechnen. Diese Computerprogramme kann man auch nutzen, um die optimale Stichprobengröße zu bestimmen, wenn man die Hypothese testen will, dass in der Population die Korrelation einem Wert ungleich 0 entspricht.

Verletzung der Normalverteilungsannahme

Die vorgestellten Tests sowie die Bestimmung des Konfidenzintervalls setzen voraus, dass die beiden Variablen in der Population bivariat normalverteilt sind. Diehl und Arbinger (2001) geben einen Überblick über Simulationsstudien, die sich der Frage gewidmet haben, wie robust die Tests gegenüber Verletzungen der Normalverteilung sind. Sie kommen zu dem Schluss, dass für den Fall, dass die Populationskorrelation gleich 0 ist, der t-Test der Nullhypothese ($H_0: \rho = 0$) sehr robust ist und seine Anwendung auch bei Verletzung der Normalverteilungsannahme eher unbedenklich ist. Dies ist der häufigste und typische Anwendungsfall des Korrelationstests.

Im Fall des Tests der Nullhypothese auf einen spezifischen Wert der Korrelation, der ungleich 0 ist, sind die Befunde nicht so einhellig. Vielmehr scheint die Stichprobenkennwerteverteilung deutlicher von der Nonnormalität beeinflusst zu werden, was Konsequenzen für die Bestimmung des p-Wertes für den approximativen Test anhand der Fisher-Z-Transformation sowie für die Grenzen des Konfidenzintervalls hat. Diehl und Arbinger (2001) empfehlen in einem solchen Fall, die Annahme der bivariaten Normalverteilung zu überprüfen.

Überprüfung der Annahme der bivariaten Normalverteilung.
Die Überprüfung, ob die Daten aus einer bivariaten Normalverteilung stammen, wird im Forschungsalltag selten vorgenommen, da typischerweise die Nullhypothese der Unkorreliertheit überprüft wird. Die bivariate Normalverteilung impliziert, dass beide Variablen univariat normalverteilt sind. Um die Hypothese der bivariaten Normalverteilung zu überprüfen, kann daher zunächst überprüft werden, ob die beiden betrachteten Variablen univariat normalverteilt sind (Looney, 1995). Ist eine der beiden Variablen nicht normalverteilt, kann die Hypothese der bivariaten Normalverteilung verworfen werden. Allerdings folgt aus der univariaten Normalverteilung der beiden Variablen nicht zwangsläufig ihre bivariate Normalverteilung. Diese Annahme muss konkret getestet werden. Hierzu kann auf Tests zur multivariaten Normalverteilung zurückgegriffen werden, da die bivariate Normalverteilung ein Spezialfall der multivariaten Normalverteilung ist. Solche Tests – wie z. B. Mardias (1975) Test auf multivariate Normalverteilung – sind nicht in allen Statistikprogrammen implementiert. Man findet sie z. B. in Statistikprogrammen für lineare Strukturgleichungsmodelle wie Mplus (Muthén & Muthén, 2004–2008). Zur vertiefenden Auseinandersetzung, wie die Frage der bi- und multivariaten Normalverteilung überprüft werden soll, sei auf Horsewell und Looney (1992), Kim und Bickel (2003) sowie Looney (1995) verwiesen.

Umgang mit nicht-normalverteilten Variablen.
Ist die Annahme der bivariaten Normalverteilung verletzt, so gibt es verschiedene Möglichkeiten, mit diesem Problem umzugehen: Ist die Nonnormalität auf Ausreißerwerte zurückzuführen, können die Ausreißer – sofern gute Gründe vorliegen – eliminiert werden, oder es kann auf die robuste Korrelation (s. am Ende dieses Abschnitts) ausgewichen werden. Weiterhin kann man die beiden Variablen einer Transformation auf Normalität unterziehen (s. Abschn. 18.13.7), um dann zu überprüfen, ob hierdurch auch die bivariate Normalverteilung sichergestellt werden kann. Schließlich kann man auf Korrelationskoeffizienten für ordinale Variablen zurückgreifen, deren statistische Überprüfung die bivariate Normalverteilung nicht voraussetzt.

Vergleich zweier Korrelationskoeffizienten aus unabhängigen Stichproben

Bisher haben wir Fälle behandelt, in denen man daran interessiert war, eine empirisch ermittelte Korrelation gegen 0 oder gegen einen anderen beliebigen Wert zu testen. Für den Fall, dass man daran interessiert ist, den Unterschied zweier Korrelationen, die man in unterschiedlichen Stichproben gewonnen hat, gegen 0 zu testen, lautet das statistische Hypothesenpaar im ungerichteten Fall:

$H_0: \rho_1 = \rho_2$ oder $H_0: \rho_1 - \rho_2 = 0$

$H_1: \rho_1 \neq \rho_2$ oder $H_1: \rho_1 - \rho_2 \neq 0$

bzw. im gerichteten Fall beispielsweise:

$H_0: \rho_1 \geq \rho_2$ oder $H_0: \rho_1 - \rho_2 \geq 0$

$H_1: \rho_1 < \rho_2$ oder $H_1: \rho_1 - \rho_2 < 0$

Man könnte z. B. daran interessiert sein, ob die Korrelation zwischen Extraversion und Wohlbefinden in der Gruppe der Frauen größer als in der Gruppe der Männer ist. Der folgende Test setzt voraus, dass die beiden Stichproben unabhängig voneinander sind.

Auch in diesem Fall muss man die beiden empirischen Korrelationskoeffizienten, deren Unterschiedlichkeit man inferenzstatistisch absichern will, zunächst in Fisher-Z-Werte transformieren (s. Formel F 15.37). Der Stichprobenkennwert, dessen Verteilung wir für die Testung und die Ermittlung von Flächenanteilen (Wahrscheinlichkeiten) benötigen, ist die Differenz zweier Fisher-Z-transformierter Korrelationskoeffizienten ($Z_{r_1} - Z_{r_2}$). Die Streuung dieser Stichprobenkennwerteverteilung ergibt sich wie folgt:

$$\sigma_{Z_{r_1} - Z_{r_2}} = \sqrt{\frac{1}{n_1 - 3} + \frac{1}{n_2 - 3}} \quad \text{(F 15.48)}$$

Möchte man z. B. testen, ob eine Korrelation von $r_1 = 0{,}33$, die in einer Stichprobe von $n_1 = 53$ Personen gewonnen wurde, signifikant kleiner ist als eine Korrelation von $r_2 = 0{,}68$, die in einer Stichprobe von $n_2 = 225$ Personen gewonnen wurde, würde sich die Streuung der Stichprobenkennwerteverteilung wie folgt berechnen:

$$\sigma_{Z_{r_1} - Z_{r_2}} = \sqrt{\frac{1}{n_1 - 3} + \frac{1}{n_2 - 3}}$$
$$= \sqrt{\frac{1}{53 - 3} + \frac{1}{225 - 3}} = 0{,}16$$

Die Differenz zwischen den beiden Fisher-Z-transformierten Korrelationskoeffizienten ($Z_{r_1} = 0{,}343$ und $Z_{r_2} = 0{,}829$) wird dann durch diese Streuung geteilt;

der resultierende Quotient ist approximativ standardnormalverteilt, sofern die beiden Korrelationen jeweils einer bivariaten Normalverteilung entstammen:

$$z = \frac{Z_{r_1} - Z_{r_2}}{\sigma_{Z_{r_1} - Z_{r_2}}} \quad \text{(F 15.49)}$$

In unserem Beispiel ergibt sich ein z-Wert von

$$z = \frac{Z_{r_1} - Z_{r_2}}{\sigma_{Z_{r_1} - Z_{r_2}}} = \frac{0{,}343 - 0{,}829}{0{,}16} = -3{,}04.$$

Die Wahrscheinlichkeit, diesen oder einen kleineren z-Wert unter der Nullhypothese zu erhalten, beträgt $p = 0{,}001$ (einseitiger Test). Auf einem vorher festgelegten α-Niveau von $\alpha = 0{,}05$ unterscheiden sich die beiden Korrelationen also signifikant voneinander. In unseren Online-Materialien verweisen wir auf frei verfügbare Computerprogramme zur Durchführung dieses Tests. Die optimale Stichprobengröße für diesen Test lässt sich z. B. auch mit Hilfe des Computerprogramms G*Power bestimmen.

Vergleich zweier Korrelationskoeffizienten aus abhängigen Stichproben

Im vorangegangenen Fall ging es darum, die Unterschiedlichkeit zweier Korrelationskoeffizienten, die aus zwei unabhängigen Stichproben gewonnen wurden, inferenzstatistisch abzusichern. Der beschriebene Test ist allerdings nur dann anwendbar, wenn es sich bei den beiden Stichproben um unabhängige Teilmengen der Population handelt. Will man hingegen zwei Korrelationskoeffizienten miteinander vergleichen, die aus ein und derselben Stichprobe kommen, ist ein anderes Verfahren angezeigt. Beispielhaft könnte man sich vorstellen, dass an einer Studierendenstichprobe von $n = 100$ drei Persönlichkeitseigenschaften gemessen wurden: (1) Neurotizismus, (2) Extraversion und (3) Aggressivität. Die Korrelation zwischen Neurotizismus und Extraversion betrage $r_{12} = 0{,}36$, die Korrelation zwischen Neurotizismus und Aggressivität $r_{13} = 0{,}28$ und die Korrelation zwischen Extraversion und Aggressivität $r_{23} = 0{,}52$. Die Frage soll nun lauten, ob Neurotizismus mit Extraversion signifikant höher korreliert als mit Aggressivität. Es soll also getestet werden, ob der Unterschied zwischen r_{12} und r_{13} statistisch bedeutsam ist.

Das statistische Hypothesenpaar lautet im ungerichteten Fall:

H_0: $\rho_{12} = \rho_{13}$ oder H_0: $\rho_{12} - \rho_{13} = 0$

H_1: $\rho_{12} \neq \rho_{13}$ oder H_1: $\rho_{12} - \rho_{13} \neq 0$

bzw. im gerichteten Fall beispielsweise:

H_0: $\rho_{12} \leq \rho_{13}$ oder H_0: $\rho_{12} - \rho_{13} \leq 0$

H_1: $\rho_{12} > \rho_{13}$ oder H_1: $\rho_{12} - \rho_{13} > 0$

Auch in diesem Fall muss man die beiden empirischen Korrelationskoeffizienten, deren Unterschiedlichkeit man inferenzstatistisch absichern will, zunächst in Fisher-Z-Werte transformieren (s. Formel F 15.37). Der Stichprobenkennwert, dessen Verteilung wir für die Testung und die Ermittlung von Flächenanteilen (Wahrscheinlichkeiten) benötigen, ist die Differenz zweier Fisher-Z-transformierter Korrelationskoeffizienten ($Z_{r_{12}} - Z_{r_{13}}$). Die Streuung dieser Stichprobenkennwerteverteilung ergibt sich wie folgt:

$$\sigma_{Z_{r_{12}} - Z_{r_{13}}} = \sqrt{\frac{2 - 2 \cdot \sigma_{12/13}}{n-3}} \quad \text{(F 15.50)}$$

Der Term $\sigma_{12/13}$ bezeichnet die Populationskovarianz der Stichprobenkennwerteverteilungen der beiden Korrelationen r_{12} und r_{13}. Sie kann wie folgt aus den Stichprobenkorrelationen geschätzt werden:

$$\hat{\sigma}_{12/13} = \frac{1}{\left(1 - r_1^2\right)^2} \cdot \left(r_{23} \cdot \left(1 - 2 \cdot r_1^2\right) - 0{,}5 \cdot r_1^2 \cdot \left(1 - 2 \cdot r_1^2 - r_{23}^2\right)\right) \quad \text{(F 15.51)}$$

Die Korrelation r_1 bezeichnet den Durchschnitt der Korrelationen r_{12} und r_{13}:

$$r_1 = \frac{r_{12} + r_{13}}{2} \quad \text{(F 15.52)}$$

In unserem Beispiel ergeben sich $r_1 = (0{,}36 + 0{,}28)/2 = 0{,}32$ und $\hat{\sigma}_{12/13} = 0{,}48$. Dementsprechend beträgt $\hat{\sigma}_{Z_{r_{12}} - Z_{r_{13}}} = 0{,}104$. Die Differenz zwischen den beiden Fisher-Z-transformierten Korrelationskoeffizienten ($Z_{r_{12}} = 0{,}377$ und $Z_{r_{13}} = 0{,}288$) wird dann durch diese Streuung geteilt; der resultierende Quotient ist approximativ standardnormalverteilt, sofern die beiden Korrelationen aus einer bivariaten Normalverteilung stammen:

$$z = \frac{Z_{r_{12}} - Z_{r_{13}}}{\hat{\sigma}_{Z_{r_{12}} - Z_{r_{13}}}} \quad \text{(F 15.53)}$$

In unserem Beispiel ergibt sich ein z-Wert von

$$z = \frac{Z_{r_{12}} - Z_{r_{13}}}{\hat{\sigma}_{Z_{r_{12}} - Z_{r_{13}}}} = \frac{0{,}09}{0{,}104} = 0{,}86.$$

Die Wahrscheinlichkeit, diesen oder einen größeren z-Wert unter der Nullhypothese zu erhalten, beträgt $p = 0{,}195$ (einseitiger Test). Die beiden Korrelationen unterscheiden sich also nicht signifikant auf einem vorher festgelegten α-Niveau von $\alpha = 0{,}05$. Die Annahme, Neurotizismus korreliere mit Extraversion nicht höher als mit Aggressivität, kann also nicht verworfen werden. Im Internetsupport verweisen wir auf frei verfügbare Computerprogramme zur Durchführung dieses Tests.

Robuste Korrelation

Statistische Tests sowie Konfidenzintervalle für die winsorisierte Korrelation werden bei Wilcox (2003) beschrieben. Er zeigt auch, wie diese Korrelation mit dem Computerprogramm S-Plus geschätzt und die Konfidenzintervalle bestimmt werden können.

15.4.2 Assoziationsmaße für ordinale Variablen

In Abschnitt 15.3.2 haben wir verschiedene Zusammenhangsmaße für ordinalskalierte Variablen kennengelernt. In Bezug auf diese Assoziationsmaße können dieselben Hypothesen wie für die Produkt-Moment-Korrelation überprüft werden. So ist man z. B. daran interessiert, ob ein solches Zusammenhangsmaß bedeutsam von 0 abweicht und wie hoch ein Konfidenzintervall für einen geschätzten Parameter ist.

Exakte Tests, asymptotische Tests und Monte-Carlo-Approximation

Bei der statistischen Überprüfung von Zusammenhangsmaßen für ordinale Variablen lassen sich exakte Tests, Monte-Carlo-Tests und asymptotische Tests unterscheiden (s. Abschn. 9.2.1, 9.2.4). Exakte Tests basieren auf der exakten Stichprobenkennwerteverteilung. Für ihre Durchführung sind spezifische Tabellen, in denen die exakten p-Werte tabelliert sind, oder aber spezielle Computerprogramme notwendig. Da exakte Tests heutzutage mit Statistikprogrammen (wie z. B. SPSS Exact Tests, StatXact 8) durchgeführt werden, verzichten wir auf die umfangreiche Darstellung der Formeln und der entsprechenden Verteilungen. Wenn immer möglich, sollte auf exakte Tests zurückgegriffen werden, da diese die korrekten p-Werte zu Verfügung stellen. Diese p-Werte können wie bei den bisher behandelten statistischen Tests interpretiert werden. Ist ein p-Wert kleiner oder gleich einem a priori festgelegten α-Wert, so ist die Nullhypothese zu verwerfen. Statistikprogramme stellen typischerweise die p-Werte für einen zweiseitigen Test zur Verfügung. Für einen einseitigen Test müssen die berichteten p-Werte halbiert werden (nicht aber das a priori festgelegte α-Niveau). Exakte Tests sind bei großen Stichproben sehr rechenintensiv, so dass man in diesem Fall auf die Monte-Carlo-Approximation (s. Absch. 9.2.4) oder auf asymptotische Tests zurückgreift. Da für die Schätzung der p-Werte nach der Monte-Carlo-Methode ebenfalls Computerprogramme benötigt werden und ihre Beschreibung unnötig komplex wäre, stellen wir im Folgenden nur die Grundidee der asymptotischen Tests vor. Das Grundprinzip der Monte-Carlo-Tests wird von Baltes-Götz (1998) in verständlicher Weise dargestellt. Auf Monte-Carlo-Tests kann zurückgegriffen werden, wenn die Stichprobe zu groß für exakte Tests ist, man die den asymptotischen Tests zugrunde liegenden Annahmen jedoch nicht treffen will.

Wir haben drei Arten von Zusammenhangsmaßen für ordinale Variablen kennengelernt, die wir im Folgenden getrennt behandeln werden: (1) Maße, die auf dem Vergleich der Anzahl konkordanter und diskordanter Paare basieren, (2) den Korrelationskoeffizienten nach Spearman als Produkt-Moment-Korrelation der Rangwerte und (3) die polychorische Korrelation.

Maße, die auf dem Vergleich konkordanter und diskordanter Paare basieren

Zu dieser Klasse von Koeffizienten gehören: τ, γ, e, τ_b, d_{YX} und $d_{Y \cdot X}$. Diesen Koeffizienten ist gemeinsam, dass in ihrem Zähler die Differenz $n_K - n_D$ steht, d. h. die Differenz der Anzahl konkordanter und diskordanter Paare. Teilt man beide Anzahlen wie beim Koeffizienten $\hat{\tau}$ durch die Anzahl aller möglichen Paarvergleiche, erhält man die Differenz der relativen Anteile konkordanter (h_K) und diskordanter (h_D) Paare (sofern keine Rangbindungen vorliegen):

$$\hat{\tau} = \frac{n_K - n_D}{\frac{n \cdot (n-1)}{2}} = \frac{n_K}{\frac{n \cdot (n-1)}{2}} - \frac{n_D}{\frac{n \cdot (n-1)}{2}} = h_K - h_D$$

(F 15.54)

Der entsprechende Populationskoeffizient τ würde dann der Differenz zweier Wahrscheinlichkeiten entsprechen, nämlich der Wahrscheinlichkeit π_K, dass ein zufällig aus der Population gezogenes Paar in einer konkordanten Beziehung steht, und der Wahrscheinlichkeit π_D, dass ein zufällig gezogenes Paar in einer diskordanten Beziehung steht (Rangbindungen ausgeschlossen):

$$\tau = \pi_K - \pi_D \qquad \text{(F 15.55)}$$

Die Populationsparameter aller anderen Koeffizienten lassen sich in entsprechender Weise formulieren (Agresti, 1984). Für den Koeffizienten γ folgt beispielsweise:

$$\gamma = \frac{\pi_K - \pi_D}{\pi_K + \pi_D} \qquad \text{(F 15.56)}$$

Für alle Koeffizienten, deren Stichprobenkennwert die Differenz $n_K - n_D$ im Zähler trägt, kann die Hypothese, dass es keinen Zusammenhang zwischen beiden Variablen gibt, anhand der Nullhypothese $H_0: \pi_K - \pi_D = 0$ überprüft werden. Auch lassen sich die gerichteten Hypothesen $H_0: \pi_K - \pi_D \leq 0$ und $H_0: \pi_K - \pi_D \geq 0$ in entsprechender Weise testen.

Exakter Test. Für Stichproben des Umfangs $4 \leq n \leq 40$ sind in Tabelle A.9 im Anhang A die kritischen Werte für die Nullhypothese $H_0: \pi_K - \pi_D = 0$ angegeben. Für einen spezifischen Wert der Differenz $n_K - n_D$ kann in dieser Tabelle nachgeschaut werden, ob der empirisch ermittelte Wert größer als der kritische Wert ist. Diese Tabelle bezieht sich auf den Fall, dass keine Rangbindungen vorliegen. Im Fall von

$$\sigma^2_{n_K-n_D} = \frac{n \cdot (n-1) \cdot (2 \cdot n + 5) - \sum_i n_{X(i)} \cdot (n_{X(i)} - 1) \cdot (2 \cdot n_{X(i)} + 5) - \sum_j n_{Y(j)} \cdot (n_{Y(j)} - 1) \cdot (2 \cdot n_{Y(j)} + 5)}{18}$$
$$+ \frac{\left[\sum_i n_{X(i)} \cdot (n_{X(i)} - 1) \cdot (n_{X(i)} - 2)\right]\left[\sum_j n_{Y(j)} \cdot (n_{Y(j)} - 1) \cdot (n_{Y(j)} - 2)\right]}{9 \cdot n \cdot (n-1) \cdot (n-2)}$$
$$+ \frac{\left[\sum_i n_{X(i)} \cdot (n_{X(i)} - 1)\right]\left[\sum_j n_{Y(j)} \cdot (n_{Y(j)} - 1)\right]}{2 \cdot n \cdot (n-1)} \quad \text{(F 15.58)}$$

Rangbindungen führt der Test zu konservativen Entscheidungen, da dann die Zahl der möglichen Konkordanzen und Diskordanzen vermindert ist. Dies ist so, weil gebundene Paare nicht in die Anzahl der Konkordanzen und Diskordanzen einfließen. Die Entscheidung ist in diesem Fall konservativ, da der kritische Wert größer ist als der zu einem nominellen α-Wert gehörige. Man tendiert also eher zu einer Beibehaltung der Nullhypothese.

Asymptotischer Test. Für große Stichproben lässt sich die Hypothese anhand der standardnormalverteilten Prüfgröße

$$z = \frac{(n_K - n_D)}{\sigma_{n_K - n_D}} \quad \text{(F 15.57)}$$

überprüfen. Mit Hilfe dieser Formel können alle behandelten Koeffizienten (τ, γ, e, τ_b, d_{YX} und $d_{Y \cdot X}$) auf Signifikanz überprüft werden. Die Bestimmungsformel des Standardfehlers $\sigma_{n_K-n_D}$ ist allerdings komplex, der quadrierte Standardfehler lässt sich nach Formel F 15.58 (s. o.) berechnen (Agresti, 1984, S. 180). In dieser Gleichung bezeichnet $n_{X(i)}$ die Anzahl aller Werte, die bezüglich der Variablen X in einer Bindungsgruppe i stehen. Eine Bindungsgruppe umfasst alle Rangbindungen, die denselben Wert aufweisen. In analoger Weise ist $n_{Y(j)}$ die Anzahl aller Werte, die bezüglich der Variablen Y in einer Bindungsgruppe j stehen.

Beispiel

Wilsons e

In Abschnitt 15.3.2 haben wir Wilsons e als ein Korrelationsmaß für singuläre ordinale Variablen mit Rangbindungen kennengelernt und haben es anhand des Beispiels in den Tabellen 15.10 und 15.11 berechnet. Wie lässt sich nun bestimmen, ob der Koeffizient von $e = 0{,}80$ bedeutsam von 0 abweicht? Hierzu müssen wir neben $n = 7$ die Werte von $n_{X(i)}$ und $n_{Y(j)}$ bestimmen. Wenden wir uns zunächst der Variablen X in Tabelle 15.10 zu. Es gibt auf dieser Variablen zwei Bindungsgruppen: Die erste Bindungsgruppe ($i = 1$) umfasst Anna und Elke, daher ist $n_{X(1)} = 2$. Die zweite Bindungsgruppe ($i = 2$) umfasst Ulla und Maja, daher ist auch $n_{X(2)} = 2$. Auch auf der Variablen Y (Leistung) gibt es zwei Bindungsgruppen, deren Größe jeweils 2 beträgt (Ina und Gabi sowie Ulla und Maja); daher sind $n_{Y(1)} = 2$ und $n_{Y(2)} = 2$. Es ist wichtig, zwischen den Werten $n_{B(X)}$ und $n_{B(Y)}$ einerseits sowie $n_{X(i)}$ und $n_{Y(j)}$ andererseits zu unterscheiden: Mit $n_{B(X)}$ wird die Anzahl der Paare bezeichnet, die auf der Variablen X in einer Bindung stehen, nicht aber auf der Variablen Y. Der Ausdruck $n_{X(i)}$ hingegen bezeichnet die Anzahl aller Werte einer Bindungsgruppe (und nicht der Paare) auf der Variablen X, unabhängig davon, ob sie auch auf der Variablen Y in einer Bindung stehen oder nicht. Setzt man die Werte von n, $n_{X(i)}$ und $n_{Y(j)}$ in Gleichung F 15.58 ein und zieht die Wurzel, erhält man $\sigma_{n_K-n_D} = 6{,}007$. Damit ergibt sich der z-Wert gemäß Gleichung F 15.57:

$$z = \frac{(n_K - n_D)}{\sigma_{n_K-n_D}} = \frac{16}{6{,}007} = 2{,}664$$

Dieser z-Wert ist größer als der kritische Wert von 1,96 ($\alpha = 0{,}05$, zweiseitig). Die Nullhypothese der Unkorreliertheit wird daher verworfen. Dieser asymptotische Test ergibt nach Kendall und Gibbons (1990) schon bei Stichprobengrößen, die größer als 10 sind, valide Ergebnisse, sofern keine umfangreichen Bindungen vorliegen. In unserem Beispiel, das wir nur zu Illustrationszwecken berechnet haben, beträgt $n = 7$. Man sollte daher sicherheitshalber auf den exakten Test zurückgreifen, dessen kritische Werte in Tabelle A.9 im Anhang A zu finden sind. Bezüglich des exakten Tests ist die Differenz $n_K - n_D$ ebenfalls bedeutsam von 0 verschieden ($\alpha = 0{,}05$, zweiseitig).

Die Bestimmungsformel des Standardfehlers ist komplex. Wir wollen daher zwei einfachere Methoden illustrieren, und zwar einmal für den Koeffizienten τ ohne Rangbindungen und einmal für den Koeffizienten γ.

Kendalls τ. Für Kendalls τ reduziert sich für den Fall ohne Rangbindungen Gleichung F 15.58 zu:

$$\sigma_{n_K - n_D} = \sqrt{\frac{n \cdot (n-1) \cdot (2 \cdot n + 5)}{18}} \qquad \text{(F 15.59)}$$

Man erhält die approximativ standardnormalverteilte Prüfgröße

$$z = \frac{n_K - n_D}{\sqrt{\dfrac{n \cdot (n-1) \cdot (2 \cdot n + 5)}{18}}}. \qquad \text{(F 15.60)}$$

Für unser Beispiel in Abschnitt 15.3.2 ergibt sich:

$$z = \frac{n_K - n_D}{\sqrt{\dfrac{n \cdot (n-1) \cdot (2 \cdot n + 5)}{18}}} = \frac{4}{4{,}08} = 0{,}98$$

Dieser Wert ist kleiner als der kritische z-Wert von 1,96 für einen zweiseitigen Test bei $\alpha = 0{,}05$. Die Nullhypothese wird daher nicht verworfen. Auch der exakte Test, den man bei Stichproben dieser Größe anwenden würde, ergibt ein nicht-signifikantes Ergebnis.

Koeffizient γ. Für den Koeffizienten γ lässt sich ein asymptotischer Test auf der Grundlage des geschätzten Standardfehlers

$$\hat{\sigma}_\gamma = \sqrt{\frac{n \cdot (1 - \hat{\gamma}^2)}{n_K + n_D}} \qquad \text{(F 15.61)}$$

durchführen (Siegel & Cartellan, 1988), sofern die Stichprobe mindestens $n = 100$ beträgt. Da die Stichprobenkennwerteverteilung in diesem Fall approximativ normalverteilt ist, ergibt sich folgender z-Wert:

$$z = \frac{\hat{\gamma}}{\hat{\sigma}_\gamma} = \frac{\hat{\gamma}}{\sqrt{\dfrac{n \cdot (1 - \hat{\gamma}^2)}{n_K + n_D}}} \qquad \text{(F 15.62)}$$

Für unser Beispiel in Abschnitt 15.3.2 ergibt sich:

$$z = \frac{\hat{\gamma}}{\sqrt{\dfrac{n \cdot (1 - \hat{\gamma}^2)}{n_K + n_D}}} = \frac{0{,}45}{\sqrt{\dfrac{432 \cdot (1 - 0{,}2025)}{9853 + 3695}}}$$

$$= \frac{0{,}45}{0{,}1595} = 2{,}82$$

Dieser Wert ist größer als der kritische z-Wert von 1,96 für einen zweiseitigen Test bei $\alpha = 0{,}05$. Die Nullhypothese wird daher verworfen.

Konfidenzintervalle. Der Standardfehler $\sigma_{n_K - n_D}$ ist nur bei Gültigkeit der Nullhypothese korrekt. Er kann daher nicht zur Bestimmung von Konfidenzintervallen herangezogen werden. Die Standardfehler für die behandelten Koeffizienten für den Fall von 0 verschiedener Populationswerte sind sehr komplex und sollen daher nicht dargestellt werden. Sie sind in der Arbeit von Woods (2007) für alle in diesem Kapitel behandelten Maße für ordinale Variablen tabellarisch zusammengestellt. Diese Standardfehler können der Bestimmung von Konfidenzintervallen zugrunde gelegt werden. Sie können auch zur Signifikanztestung der beschriebenen Koeffizienten herangezogen werden, indem überprüft wird, ob die 0 im Konfidenzintervall enthalten ist.

Bestimmung der optimalen Stichprobengröße. Zur Bestimmung der optimalen Stichprobengröße bei

Assoziationsmaße für ordinale Variablen gibt es bisher nur wenige Ansätze. Für Kendalls τ ergibt sich nach Noether (1987) folgende Formel zur Bestimmung des optimalen Stichprobenumfangs für einen einseitigen Test:

$$n_{opt} = \frac{(z_\alpha - z_\beta)^2}{\frac{9}{4} \cdot \tau^2} = \frac{(z_\alpha - z_\beta)^2}{\frac{9}{4} \cdot (\pi_K - \pi_D)^2} \quad \text{(F 15.63)}$$

Will man ein $\tau = 0{,}6$ mit einer Power von $1 - \beta = 0{,}80$ auf einem α-Niveau von $\alpha = 0{,}05$ absichern, erhält man einen optimalen Stichprobenumfang von

$$n_{opt} = \frac{(1{,}64 + 0{,}84)^2}{\frac{9}{4} \cdot 0{,}36} = \frac{6{,}15}{0{,}81} = 7{,}59.$$

Man benötigt daher $n = 8$ Personen, um diesen Effekt abzusichern.

Asymptotische Tests und Konfidenzintervalle: Rangkorrelation nach Spearman

Sofern die Populationskorrelation gleich 0 ist, folgt die Stichprobenkennwerteverteilung der Rangkorrelation nach Spearman asymptotisch einer Normalverteilung mit der Standardabweichung $1/\sqrt{n-1}$ (Woods, 2007). Daher erhält man die approximativ standardnormalverteilte Prüfgröße

$$z = r_s \cdot \sqrt{n-1}. \quad \text{(F 15.64)}$$

Die Bestimmung der Konfidenzintervalle wird bei Woods (2007) behandelt.

Polychorische Korrelation

Die polychorische Korrelation lässt sich nur mit Hilfe von speziellen Statistikprogrammen wie z. B. solchen für lineare Strukturgleichungsmodelle wie Mplus (Muthén & Muthén, 2004–2008) bestimmen. Diese Programme stellen auch entsprechende Signifikanztests zur Verfügung, anhand deren die Annahme der Unkorreliertheit statistisch überprüft werden kann.

Vergleich von Korrelationsmaßen. Wie bei der Produkt-Moment-Korrelation lassen sich auch bei Assoziationsmaßen für ordinale Variablen Hypothesen über die Gleichheit und Verschiedenheit von Assoziationsmaßen testen. Hierzu sei auf Agresti (1984) und Sheskin (2007) verwiesen.

15.4.3 Assoziationsmaße für dichotome Variablen

In Abschnitt 15.3.3 haben wir den φ-Koeffizienten, das Odds-Ratio, Yules Q und die tetrachorische Korrelation als Assoziationsmaße für dichotome Variablen kennengelernt. Die Nullhypothese auf Unabhängigkeit entspricht bei allen Assoziationsmaßen der folgenden Nullhypothese:

$$H_0: \pi_{11} \cdot \pi_{22} - \pi_{12} \cdot \pi_{21} = 0$$

Dies lässt sich leicht begründen. Sowohl im Zähler des φ-Koeffizienten als auch im Zähler von Yules Q befindet sich $n_{11} \cdot n_{22} - n_{12} \cdot n_{21}$. Die beiden Koeffizienten ändern ihre Werte nicht, wenn man die Häufigkeiten durch die relativen Häufigkeiten ersetzt, womit man im Zähler $h_{11} \cdot h_{22} - h_{12} \cdot h_{21}$ erhält. Die zugrundeliegenden Populationsparameter sind die entsprechenden Wahrscheinlichkeiten. Dies leuchtet unmittelbar ein, da die relativen Häufigkeiten Schätzwerte für die Populationswahrscheinlichkeiten sind (s. Abschn. 7.1.5). Die Nullhypothese impliziert folgende äquivalente Nullhypothesen:

$$H_0: \pi_{11} \cdot \pi_{22} = \pi_{12} \cdot \pi_{21} \quad \text{und} \quad H_0: \frac{\pi_{11} \cdot \pi_{22}}{\pi_{12} \cdot \pi_{21}} = 1$$

Das Verhältnis der beiden Wahrscheinlichkeitsprodukte liegt der Bestimmung des Populationswertes des Odds-Ratio und der approximativen Bestimmung der tetrachorischen Korrelation zugrunde. Diese Nullhypothesen sind auch gleichbedeutend mit der Nullhypothese, dass beide Variablen stochastisch unabhängig sind. Wie wir in Abschnitt 11.4 gesehen haben, sind zwei kategoriale Variablen stochastisch unabhängig, wenn gilt: $\pi_{ij} = \pi_{i\bullet} \cdot \pi_{\bullet j}$. Macht man von dieser Beziehung Gebrauch, so lässt sich einfach zeigen, dass unter der Unabhängigkeitsannahme die Differenz $\pi_{11} \cdot \pi_{22} - \pi_{12} \cdot \pi_{21}$ gleich 0 sein muss:

$$\pi_{11} \cdot \pi_{22} - \pi_{12} \cdot \pi_{21} = \pi_{1\bullet} \cdot \pi_{\bullet 1} \cdot \pi_{2\bullet} \cdot \pi_{\bullet 2}$$
$$- \pi_{1\bullet} \cdot \pi_{\bullet 2} \cdot \pi_{2\bullet} \cdot \pi_{\bullet 1} = 0$$

Zur statistischen Überprüfung der Unabhängigkeitshypothese können wir auf die in Abschnitt 11.4 behandelten Tests zurückgreifen, die wir daher auch für die inferenzstatistische Absicherung der Assoziationsmaße für dichotome Variablen heranziehen können. Es müssen daher keine neuen Signifikanztests zur Überprüfung der Unkorreliertheit zweier Variablen eingeführt werden. Dies gilt auch für die Bestimmung der optimalen Stichprobengröße, die dem in Abschnitt 11.4 behandelten Vorgehen folgt.

Konfidenzintervalle

Wir stellen im Folgenden die Konfidenzintervalle für das Odds-Ratio und Yules Q dar. Da der φ-Koeffizient einen Spezialfall von Cramérs V darstellt, entspricht sein Konfidenzintervall dem Konfidenzintervall von Cramérs V, das wir im nächsten Abschnitt 15.4.4 behandeln werden.

Odds-Ratio. Um ein Konfidenzintervall für das Odds-Ratio zu bestimmen, wird zunächst ein Konfidenzintervall für das logarithmierte Odds-Ratio ln(OR) bestimmt, da sich die Stichprobenkennwerteverteilung von ln(OR) schneller (mit Zunahme von n) der Normalverteilung annähert, als dies für die Stichprobenkennwerteverteilung des Odds-Ratio der Fall ist (Agresti, 2002). Der geschätzte Standardfehler von ln(OR) beträgt:

$$\hat{\sigma}_{\ln(OR)} = \sqrt{\frac{1}{n_{11}} + \frac{1}{n_{12}} + \frac{1}{n_{21}} + \frac{1}{n_{22}}} \quad \text{(F 15.65)}$$

Hieraus ergibt sich im Falle großer Stichproben das Konfidenzintervall

$$\ln(OR) \pm z_{\left(1-\frac{\alpha}{2}\right)} \cdot \hat{\sigma}_{\ln(OR)} \quad \text{(F 15.66)}$$

Wenn man die Schranken dieses Konfidenzintervalls bestimmt hat, kann man das Konfidenzintervall für das OR berechnen, indem man den Wert der Exponentialfunktion der Intervallschranken bestimmt.

> **Beispiel**
>
> **Disziplin und Krankheitsmodell: Odds-Ratio**
> Für unser Beispiel in Tabelle 15.4 ergibt sich folgender Standardfehler:
>
> $$\hat{\sigma}_{\ln(OR)} = \sqrt{\frac{1}{n_{11}} + \frac{1}{n_{12}} + \frac{1}{n_{21}} + \frac{1}{n_{22}}}$$
> $$= \sqrt{\frac{1}{9} + \frac{1}{2} + \frac{1}{2} + \frac{1}{7}} = 1{,}12$$

und folgendes zweiseitiges 95 %-Konfidenzintervall für ln(15,75) = 2,76:

$$2{,}76 \pm 1{,}96 \cdot 1{,}12 = 2{,}76 \pm 2{,}20$$

Das Konfidenzintervall umfasst somit die Werte [0,56; 4,96]. Hieraus ergeben sich als Schranken des Konfidenzintervalls für das Odds-Ratio: $e^{0{,}56} = 1{,}75$ und $e^{4{,}96} = 142{,}59$. Das Konfidenzintervall für das Odds-Ratio, das die Werte [1,75; 142,59] umfasst, ist sehr groß. Dies ist auf die vergleichsweise kleine Stichprobe von n = 20 zurückzuführen. Allerdings sollte das Konfidenzintervall anhand größerer Stichproben bestimmt werden, da bei einer Stichprobe der Größe n = 20 fraglich ist, ob die Stichprobenkennwerteverteilung normalverteilt ist. Die Bestimmung des Konfidenzintervals des Odds-Ratio im Falle kleiner Stichproben ist komplexer Natur. Hierzu sei auf Agresti (2002, S. 99) verwiesen.

Yules Q. Die Stichprobenkennwerteverteilung von Yules Q ist asymptotisch normalverteilt mit dem geschätzten Standardfehler

$$\hat{\sigma}_Q = \frac{1}{2} \cdot (1 - Q^2) \cdot \sqrt{\frac{1}{n_{11}} + \frac{1}{n_{12}} + \frac{1}{n_{21}} + \frac{1}{n_{22}}} \quad \text{(F 15.67)}$$

(Hartung et al., 2005). Hieraus erhält man für große Stichproben das zweiseitige $(1 - \alpha)$-Konfidenzintervall

$$Q \pm z_{\left(1-\frac{\alpha}{2}\right)} \cdot \hat{\sigma}_Q. \quad \text{(F 15.68)}$$

> **Beispiel**
>
> **Disziplin und Krankheitsmodell: Yules Q**
> Berechnet man für unser Beispiel in Tabelle 15.4 den Standardfehler für Yules Q, erhält man:
>
> $$\hat{\sigma}_Q = \frac{1}{2} \cdot (1 - Q^2) \cdot \sqrt{\frac{1}{n_{11}} + \frac{1}{n_{12}} + \frac{1}{n_{21}} + \frac{1}{n_{22}}}$$
> $$= \frac{1}{2} \cdot (1 - 0{,}88^2) \cdot \sqrt{\frac{1}{9} + \frac{1}{2} + \frac{1}{2} + \frac{1}{7}} = 0{,}13$$
>
> Hieraus ergibt sich folgendes zweiseitiges 95 %-Konfidenzintervall für Q = 0,88:
>
> $$0{,}88 \pm 1{,}96 \cdot 0{,}13 = 0{,}88 \pm 0{,}25$$

Die obere Grenze des Konfidenzintervalls (1,13) liegt außerhalb des möglichen Wertebereichs von Q. Wir setzen daher die Obergrenze auf 1 fest und erhalten als Konfidenzintervall [0,63; 1]. Wie bereits beim Konfidenzintervall für das Odds-Ratio erwähnt, sollte auch bei Yules Q das Konfidenzintervall anhand größerer Stichproben bestimmt werden.

Vergleich verschiedener Assoziationsmaße

Auch bei dichotomen Variablen kann es von Interesse sein, ob sich Assoziationen zwischen Gruppen oder zwischen verschiedenen Merkmalen unterscheiden. Dies lässt sich z. B. anhand von log-linearen Modellen (s. Kap. 20) überprüfen (s. hierzu auch Agresti, 2002).

15.4.4 Assoziationsmaße für nominalskalierte Variablen

Als Assoziationsmaß für nominalskalierte Variablen haben wir Cramérs V kennengelernt, das wie folgt definiert wurde (s. Formel F 15.25):

$$V = \sqrt{\frac{\chi^2}{n \cdot (s-1)}}$$

Der Bezug zum Signifikanztest wird hier unmittelbar deutlich: Cramérs V ist gleich 0, wenn die beiden Variablen stochastisch unabhängig sind. Die Hypothese, dass in der Population beide Variablen stochastisch unabhängig sind, kann mit dem χ^2-Test (s. Abschn. 11.4, 20.4.1) überprüft werden. Führt dieser Test zu einem signifikanten Ergebnis, wird die Nullhypothese der Unabhängigkeit verworfen. Zur Bestimmung der optimalen Stichprobengröße kann man ebenfalls dem in Abschnitt 11.4 beschriebenen Vorgehen folgen.

Konfidenzintervall

Die Stichprobenkennwerteverteilung von Cramérs V ist asymptotisch normalverteilt mit dem geschätzten Standardfehler $\hat{\sigma}_V$ (Hartung et al., 2005; s. Formel F 15.69 unten). Ist V normalverteilt, lautet die Formel für das zweiseitige $(1-\alpha)$-Konfidenzintervall:

$$V \pm z_{\frac{\alpha}{2}} \cdot \hat{\sigma}_V \qquad \text{(F 15.70)}$$

Da Cramérs V eine untere Grenze von 0 hat, zieht man zur Überprüfung der Hypothese, dass der Wert von Cramérs V in der Population gleich 0 ist, entweder das einseitige $(1-\alpha)$-Konfidenzintervall heran, oder aber man bestimmt das zweiseitige $(1-2\cdot\alpha)$-Konfidenzintervall. Der Vorteil eines zweiseitigen Konfidenzintervalls liegt darin, dass es in Bezug auf die Präzision, mit der ein Parameter geschätzt wurde, besser zu interpretieren ist.

> **Beispiel**
>
> **Studienfach und Berufsstatus**
> Für unser Beispiel zum Zusammenhang von Studienfach und dem Berufsstatus (s. Tab. 15.15 in Abschn. 15.3.4) ergibt sich ein χ^2-Wert von $\chi^2 = 22{,}80$, der bei $df = 4$ Freiheitsgraden ein signifikantes Ergebnis anzeigt. Die Nullhypothese der Unabhängigkeit wird verworfen. Nach Formel F 15.69 berechnet sich der Standardfehler zu $\hat{\sigma}_V = 0{,}15$. Das zweiseitige 90%-Konfidenzintervall umfasst die Werte $0{,}5 \pm 1{,}64 \cdot 0{,}15 = 0{,}5 \pm 0{,}25$ und somit [0,25; 0,75].

Vergleich verschiedener Assoziationsmaße

Ist man daran interessiert, ob sich der Zusammenhang zwischen zwei nominalskalierten Variablen zwischen Gruppen unterscheidet, muss man auf komplexere Verfahren der Analyse kategorialer Variablen wie z. B. log-lineare Modelle (s. Kap. 20) zurückgreifen (Agresti, 2002).

$$\hat{\sigma}_V = \sqrt{\frac{4\sum_{i=1}^{k}\sum_{j=1}^{l}\frac{n_{ij}^3}{n_{i\bullet}^2 n_{\bullet j}^2} - 3\sum_{i=1}^{k}\frac{1}{n_{i\bullet}}\left(\sum_{j=1}^{l}\frac{n_{ij}^2}{n_{i\bullet}n_{\bullet j}}\right)^2 - 3\sum_{j=1}^{l}\frac{1}{n_{\bullet j}}\left(\sum_{i=1}^{k}\frac{n_{ij}^2}{n_{i\bullet}n_{\bullet j}}\right)^2 + 2\sum_{i=1}^{k}\sum_{j=1}^{l}\frac{n_{ij}}{n_{i\bullet}n_{\bullet j}}\left(\sum_{p=1}^{k}\frac{n_{pj}^2}{n_{p\bullet}n_{\bullet j}}\right)\left(\sum_{q=1}^{l}\frac{n_{iq}^2}{n_{i\bullet}n_{\bullet q}}\right)}{4\cdot(s-1)\cdot V^2}}$$

(F 15.69)

15.4.5 Andere Assoziationsmaße

Auf Fragen der inferenzstatistischen Absicherung der anderen Koeffizienten wollen wir nur kurz eingehen.

Punktbiseriale Korrelation, rangbiseriale Korrelation und η^2

Die punktbiseriale Korrelation ist ein Maß für den Zusammenhang einer natürlich dichotomen Variablen und einer metrischen Variablen. Wie wir in Formel F 15.28 gesehen haben, basiert die punktbiseriale Korrelation auf dem Vergleich der Mittelwerte der metrischen Variablen zwischen den beiden Ausprägungen (Gruppen) der dichotomen Variablen. Unterscheiden sich beide Gruppen in ihren Mittelwerten bedeutsam, ist auch die punktbiseriale Korrelation bedeutsam von 0 verschieden. Diese Hypothese kann daher mit den in Abschnitt 11.1.1 behandelten Tests zum Vergleich von Mittelwerten zwischen zwei unabhängigen Stichproben überprüft werden.

Die rangbiseriale Korrelation ist das Pendant zur punktbiserialen Korrelation für den Fall, dass man zwei Gruppen nicht in Bezug auf ihre Mittelwerte vergleicht, sondern nur die Ranginformation ausnutzt. Die rangbiseriale Korrelation kann mit Hilfe des Wilcoxon-Rangsummen-Tests bzw. des Mann-Whitney-U-Tests, den wir in Abschnitt 11.2.2 vorgestellt haben, auf Signifikanz überprüft werden.

Die Quadratwurzel aus dem Zusammenhangsmaß $\hat{\eta}^2$ kann als Erweiterung des punktbiserialen Korrelationskoeffizienten auf den Fall einer mehrkategorialen nominalskalierten Variablen angesehen werden. Wir haben $\hat{\eta}^2$ in Abschnitt 13.1.4 als Effektstärkemaß der einfaktoriellen Varianzanalyse ohne Messwiederholung kennengelernt. Zur inferenzstatistischen Absicherung kann daher auf den inferenzstatistischen Test der einfaktoriellen Varianzanalyse ohne Messwiederholung zurückgegriffen werden, mit dem die Nullhypothese überprüft wird, dass sich in der Population die Mittelwerte der metrischen Variablen zwischen den verschiedenen Gruppen nicht unterscheiden.

Biseriale und polyseriale Korrelation

Die biseriale Korrelation ist die Korrelation zwischen einer künstlich dichotomisierten und einer metrischen Variablen. Die polyseriale Korrelation wird berechnet, wenn einer kategorialen Variablen mit geordneten Antwortkategorien eine (gedachte) metrische Variable zugrunde liegt, die mit einer anderen metrischen Variablen in Beziehung gesetzt werden soll. Um beide Koeffizienten zu berechnen, greift man üblicherweise auf spezifische Statistikprogramme wie z. B. Mplus (Geiser, 2010; Muthén & Muthén, 2004–2008) zurück, die auch spezifische inferenzstatistische Tests enthalten, deren p-Werte genauso wie die p-Werte anderer statistischer Tests interpretiert werden können. Sie sollen daher nicht im Detail dargestellt werden.

Zusammenfassung

▶ Die Kovarianz ist die mittlere Kreuzproduktsumme zweier Variablen. Sie ist ein unstandardisiertes Zusammenhangsmaß.

▶ Die Produkt-Moment-Korrelation ist die Kovarianz geteilt durch das Produkt der Standardabweichungen zweier Variablen.

▶ Die Produkt-Moment-Korrelation gibt das Ausmaß des *linearen* Zusammenhangs zwischen zwei Variablen an.

▶ Die Produkt-Moment-Korrelation (r) kann Werte zwischen −1 und 1 (jeweils einschließlich) annehmen. Ein Wert von −1 zeigt einen perfekten negativen linearen Zusammenhang, ein Wert von 1 einen perfekten positiven linearen Zusammenhang an.

▶ Ein Wert von $r = 0$ zeigt an, dass zwei Variablen unkorreliert sind. Dies bedeutet, dass sie linear unabhängig sind. Es bedeutet jedoch nicht zwangsläufig, dass die Variablen voneinander unabhängig sind, da andere Zusammenhangsformen auch bei einer Nullkorrelation möglich sind.

▶ Lineare Transformationen der Variablen ändern den Wert der Produkt-Moment-Korrelation nicht.

▶ Die Produkt-Moment-Korrelation ist nicht definiert, wenn eine der beiden Variablen eine Konstante ist.

▶ Die Produkt-Moment-Korrelation reagiert sensitiv auf Ausreißerwerte. Die robuste Korrelation reagiert weniger stark auf Ausreißerwerte.

- Der Rangkorrelationskoeffizient $\hat{\tau}$ nach Kendall ist ein Zusammenhangsmaß für singuläre ordinalskalierte Variablen, bei denen keine Rangbindungen vorliegen. Er basiert auf der Differenz der Anzahl konkordanter und diskordanter Paare, die durch die Anzahl aller möglichen Paarvergleiche geteilt wird.
- Ein Paar steht in einer konkordanten Beziehung, wenn ein Paarling auf beiden Variablen einen höheren Rangwert aufweist als der andere Paarling.
- Ein Paar steht in einer diskordanten Beziehung, wenn ein Paarling auf der einen Variablen einen höheren Rangwert als der andere Paarling aufweist, auf der anderen Variablen jedoch einen geringeren.
- Nimmt $\hat{\tau}$ einen Wert von 1 an, stehen alle untersuchten Paare in einer konkordanten Beziehung. Beträgt $\hat{\tau}$ −1, stehen alle Paare in einer diskordanten Beziehung. Ist $\hat{\tau}$ gleich 0, gibt es genauso viele konkordante wie diskordante Paare.
- Der $\hat{\gamma}$-Koeffizient ist ein Zusammenhangsmaß für zwei kategoriale Variablen mit geordneten Antwortkategorien.
- Der $\hat{\gamma}$-Koeffizient wird berechnet, indem die Differenz der Anzahl konkordanter und diskordanter Paare durch ihre Summe geteilt wird. Paare, die weder in einer konkordanten noch in einer diskordanten Beziehung stehen, werden nicht betrachtet.
- Die polychorische Korrelation ist ein Korrelationsmaß für kategoriale Variablen mit geordneten Antwortkategorien. Bei ihr wird angenommen, dass jeder kategorialen Variablen eine metrische normalverteilte Variable zugrunde liegt.
- Den Koeffizienten e nach Wilson berechnet man, wenn singuläre ordinalskalierte Variablen Rangbindungen aufweisen. Bei ihm wird die Differenz der Anzahl konkordanter und diskordanter Paare geteilt durch die Summe der Anzahl konkordanter und diskordanter Paare sowie der Anzahl der Paare, die nur auf einer, nicht aber auf beiden Variablen eine Rangbindung aufweisen.
- Um den Zusammenhang zwischen einer kategorialen Variablen mit geordneten Antwortkategorien und einer singulären ordinalskalierten Variablen (mit und ohne Rangbindungen) zu bestimmen, greift man auf Somers d_{YX} bzw. Kims $d_{Y \cdot X}$ zurück. Beide Koeffizienten sind identisch. Bei ihnen wird die Differenz der Anzahl konkordanter und diskordanter Paare geteilt durch die Summe der Anzahl konkordanter und diskordanter Paare sowie der Anzahl der Paare, die nur auf der singulären, nicht aber auf der kategorialen Variablen eine Rangbindung aufweisen.
- Spearmans *Rho* ist die Produkt-Moment-Korrelation der Rangwerte.
- Berechnet man die Produkt-Moment-Korrelation bei dichotomen Variablen, erhält man den $\hat{\varphi}$-Koeffizienten. Sein möglicher Wertbereich ist beschränkt, wenn sich die Variablen in ihren Randverteilungen unterscheiden.
- Yules *Q* entspricht dem Koeffizienten $\hat{\gamma}$, wenn man ihn für dichotome Variablen berechnet. Sein Wertebereich ist durch Unterschiede in den Randverteilungen nicht eingeschränkt.
- Das Odds-Ratio (Wettquotientenverhältnis) ist das Verhältnis zweier Chancen. Man bestimmt es für zwei dichotome Variablen, indem man das Verhältnis aus zwei Häufigkeiten bildet, und zwar der Häufigkeiten der beiden Kategorien der Variablen X für die beiden Ausprägungen der Variablen Y.
- Das Odds-Ratio entspricht dem Kreuzproduktverhältnis.
- Die untere Grenze des Odds-Ratio ist 0; nach oben ist es nicht beschränkt.
- Yules *Q* stellt eine Standardisierung des Odds-Ratio auf den Wertebereich von −1 bis 1 dar.
- Das Odds-Ratio ist invariant bezüglich der Multiplikation der Zeilen und/oder Spalten einer Kreuztabelle mit einer beliebigen Konstanten (ungleich 0).
- Die tetrachorische Korrelation ist der Spezialfall der polychorischen Korrelation für den Fall dichotomer Variablen. Auch bei ihr wird daher angenommen, dass jeder kategorialen Variablen eine metrische normalverteilte Variable zugrunde liegt.
- Cramérs *V* ist ein Assoziationsmaß für zwei nominalskalierte Variablen, das Werte zwischen 0 und 1 annehmen kann.

- Um den Zusammenhang zwischen einer metrischen und einer dichotomen Variable zu bestimmen, greift man auf die punktbiseriale Korrelation (natürliche Dichotomie) bzw. die biseriale Korrelation (künstliche Dichotomie) zurück.
- Die rangbiseriale Korrelation ist ein Korrelationsmaß für den Zusammenhang zwischen einer dichotomen und einer singulären ordinalskalierten Variablen.
- Die Stichprobenkovarianz ist kein erwartungstreuer Schätzer der Populationskovarianz.
- Zur Schätzung der Populationskovarianz muss die Kreuzproduktsumme durch $n-1$ geteilt werden.
- Die Fisher-Z-Transformation der Produkt-Moment-Korrelation wird vorgenommen, um eine approximativ standardnormalverteilte Prüfgröße für die statistische Absicherung der Korrelation gegen einen Wert ungleich 0 zu erhalten.

Fragen und Übungsaufgaben

Fragen

(1) Was ist der formale Unterschied zwischen der Kreuzproduktsumme und der Kovarianz?
(2) Welchen Wert hat die Kovarianz, wenn eine der beiden beteiligten Variablen eine Varianz von 0 hat?
(3) Wie verändert sich die Kovarianz, wenn man zu allen Werten auf der Variablen X eine Konstante von 3 und zu allen Werten auf der Variablen Y eine Konstante von 5 hinzuaddiert?
(4) Wie verändert sich die Kovarianz, wenn man alle Werte auf der Variablen X mit 10 und alle Werte auf der Variablen Y mit 15 multipliziert?
(5) Wie verändert sich die Korrelation, wenn man zu allen Werten auf der Variablen X eine Konstante von 3 und zu allen Werten auf der Variablen Y eine Konstante von 5 hinzuaddiert?
(6) Wie verändert sich die Korrelation, wenn man alle Werte auf der Variablen X mit 10 und alle Werte auf der Variablen Y mit 15 multipliziert?
(7) Was versteht man unter Monotrait-Heteromethod-Korrelationen? Wie sollten diese Korrelationen aussehen, um eine hohe konvergente Validität anzuzeigen?
(8) Wann kann man den e-Koeffizienten als Maß für die Korrelation zweier Variablen einsetzen?
(9) Wann kann man den $\hat{\gamma}$-Koeffizienten als Maß für die Korrelation zweier Variablen einsetzen?
(10) Was ist der Unterschied zwischen dem $\hat{\varphi}$-Koeffizienten und Yules Q?
(11) Was ist der Unterschied zwischen dem Odds-Ratio und dem Kreuzproduktverhältnis?
(12) Welchen Wertebereich kann das Odds-Ratio annehmen?
(13) Was ist der Unterschied zwischen χ^2 und Cramérs V?
(14) Was ist der Unterschied zwischen der punktbiserialen und der biserialen Korrelation?

Übungsaufgaben

(1) Sie fragen acht Kinder und Jugendliche in der Landauer Fußgängerzone, wie viele Stunden sie am Tag fernsehen und wie alt sie sind. Sie erhalten die folgenden Daten:

Person Nr.	Alter	Stunden TV pro Tag
1	12	2
2	13	1
3	15	4
4	16	3
5	18	6
6	20	5
7	22	3
8	24	4

Berechnen Sie die Kreuzproduktsumme, die Kovarianz und die Produkt-Moment-Korrelation.

(2) Die Korrelation zweier Variablen X und Y beträgt $r_{XY} = -0{,}88$. Die Streuungen betragen $s_X = 3{,}3$ und $s_Y = 10{,}5$. Es wurden Daten von $n = 230$ Personen erhoben. Berechnen Sie die Kovarianz und die Kreuzproduktsumme.

(3) Welche der folgenden Aussagen ist richtig?
   (a) Ist der Zusammenhang zweier Variablen positiv, so sind auch alle Kreuzprodukte positiv. ☐ richtig ☐ falsch
   (b) Bei einem perfekten linearen Zusammenhang zwischen X und Y liegen alle Punkte im Streudiagramm auf einer Linie. ☐ richtig ☐ falsch
   (c) Es gilt immer: Je steiler die »Linie« im Streudiagramm, desto stärker ist der Zusammenhang zwischen X und Y. ☐ richtig ☐ falsch
   (d) Wenn x-Werte, die oberhalb des Mittelwertes von X liegen, mit y-Werten einhergehen, die unterhalb des Mittelwerts von Y liegen (und umgekehrt), so liegt ein negativer Zusammenhang vor. ☐ richtig ☐ falsch
   (e) Die Kreuzproduktsumme kann niemals kleiner als 0 werden. ☐ richtig ☐ falsch
   (f) Die Kovarianz kann niemals kleiner als 0 werden. ☐ richtig ☐ falsch
   (g) Die Kovarianz kann niemals größer als 1 werden. ☐ richtig ☐ falsch
   (h) Die Kovarianz kann maximal so groß werden wie das Produkt der Streuungen von X und Y. ☐ richtig ☐ falsch

(4) Berechnen Sie die Rangkorrelation nach Spearman für die Rohdaten in Tabelle 15.7. Vergleichen Sie das Ergebnis mit dem Wert, den wir für die Rangkorrelation nach Kendall in unserem Rechenbeispiel bestimmt hatten. Was muss man aus dem Vergleich schließen?

(5) In einer Untersuchung zum Sonnenschutzverhalten wurden $n = 518$ Personen in Bezug auf ihre Einstellung zur Hautbräune befragt (Variable X). Außerdem wurde notiert, welchen Lichtschutzfaktor (Variable Y) die Sonnenmilchflasche aufwies, die die Personen aus einem Sortiment gewählt haben. Die Variable X hat die beiden Ausprägungen »negativ« (a_1) und »positiv« (a_2). Die Variable Y hat die beiden Ausprägungen »gering« (b_1) und »hoch« (b_2). Es ergaben sich folgende Zellhäufigkeiten: $n_{11} = 39$, $n_{12} = 75$, $n_{21} = 203$, $n_{22} = 201$.

Berechnen Sie:
   (a) den $\hat{\varphi}$-Koeffizienten zum einen nach Formel F 15.17, zum anderen als Spezialfall von Cramérs V nach Formel F 15.25
   (b) das Odds-Ratio
   (c) Yules Q.

Überprüfen Sie die statistische Nullhypothese, dass es keinen Zusammenhang zwischen beiden Variablen gibt ($\alpha = 0{,}05$). Interpretieren Sie das Ergebnis.

16 Abhängigkeiten zwischen zwei Variablen: Einfache lineare Regression

> **Was Sie in diesem Kapitel lernen**
>
> ▶ Kann man aus dem Vorbereitungsaufwand, den Studierende für eine Klausur erbringen, die Klausurnote vorhersagen?
> ▶ Wie kann man die Genauigkeit einer solchen Vorhersage exakt beziffern?
> ▶ Kann man auch die Vorhersagefehler genau beziffern und, wenn ja, wie?
> ▶ Wie hängt die Vorhersagegleichung von der Maßeinheit ab, in der die beteiligten Variablen vorliegen?
> ▶ Welchen Einfluss auf die Vorhersagegleichung hat die Standardisierung der beteiligten Variablen?
> ▶ Wie hängt der Korrelationskoeffizient mit dem Regressionsgewicht zusammen?

Im letzten Kapitel haben wir anhand einiger Beispiele erläutert, dass man von einem Zusammenhang zwischen zwei Variablen spricht, wenn die eine Variable aus der anderen vorhergesagt werden kann. Wir haben festgestellt, dass die Vorhersage umso genauer gelingt, je höher zwei Variablen miteinander korrelieren. Anschließend haben wir für verschiedene Kombinationen von Skalen Korrelationskoeffizienten eingeführt, die den Zusammenhang zwischen zwei Variablen mathematisch beschreiben.

Nun wollen wir uns etwas genauer damit befassen, wie die Messwerte einer Variablen aus denen der anderen Variablen vorhergesagt werden können. Wir beschränken uns dabei auf den Fall zweier metrischer Variablen. Betrachten wir zum Einstieg in die Aufgabenstellung noch einmal die Darstellung von Messwertpaaren in einem Punktediagramm. Wenn der Punkteschwarm, so wie in Abbildung 15.2 b (in Abschn. 15.2), eine Linie darstellt, können die Messwerte einer Variablen Y fehlerfrei aus den Messwerten der anderen Variablen X vorhergesagt werden. In diesem hypothetischen Fall beträgt die Produkt-Moment-Korrelation $r_{XY} = 1$. Dieser Fall ist z. B. gegeben, wenn man eine Variable mit sich selbst korreliert, die Messwerte der Merkmalsträger auf einer Variablen also einfach kopiert und die Korrelation der Variablen mit ihrer Kopie berechnet. Da die Messwerte jedes Messwertepaares identisch sind, kann fehlerfrei vom ersten Messwert eines Merkmalsträgers auf den zweiten geschlossen werden.

Mit Ausnahme der Korrelation einer Variablen mit sich selbst kommen perfekte Korrelationen in der Psychologie praktisch nicht vor. Bivariate Punkteschwärme entsprechen also praktisch nie Linien, sondern ähneln den Punkteschwärmen in Abbildung 15.2 a oder 15.2 c. Wie kann nun in diesen Fällen einer unvollständigen Korrelation eine Variable Y aus einer Variablen X vorhergesagt werden? Wie würde man z. B. vorgehen, wenn man bei einer Gruppe von Psychologiestudierenden die Punktezahl in der Methodenklausur (Y) aus der Stundenanzahl für die Klausurvorbereitung (X) vorhersagen wollte? Da die Korrelation zwischen diesen beiden Variablen mit Sicherheit nicht perfekt ist, wird uns eine exakte Vorhersage nicht gelingen.

Wenn wir in einem solchen Fall eine möglichst genaue Vorhersage treffen wollen, benötigen wir offensichtlich eine Methode, die eine Minimierung des Vorhersagefehlers gewährleistet. Die Regressionsanalyse ist eine solche Methode. »Regression« (von lat. regredi = zurückgehen) bedeutet in diesem Zusammenhang, dass eine abhängige Variable (AV) auf eine unabhängige Variable (UV) zurückgeführt wird. Eine UV wird auch als Prädiktor und eine AV als Kriterium bezeichnet (s. Abschn. 4.1.3). Eine Prädiktorvariable wird üblicherweise mit X, eine Kriteriumsvariable mit Y symbolisiert. Einen Prädiktor nennt man auch *Regressor* (Variable, auf die zurückgeführt wird) und ein Kriterium *Regressand* (Variable, die zurückgeführt wird). Will man anhand der Unterschiede in der UV Unterschiede in der AV erklären, spricht man auch von erklärender Variable (UV) und zu erklärender Variable (AV).

Eigenschaften des Mittelwerts

Um zu verstehen, wie die Regressionsmethode funktioniert, wollen wir uns die Eigenschaften des Mittelwertes in Erinnerung rufen. Nehmen wir einmal an, wir wollten die Punktzahl in der Methodenklausur einer Psychologiestudentin prognostizieren, deren Vorbereitungsaufwand wir nicht kennen. Wie wir im letzten Kapitel gelernt und am Beispiel »Geschlecht und Motorleistung« (in Abschn. 15.1) erläutert hatten, wäre es in dieser Situation vernünftig, die Durchschnittspunktzahl der Methodenklausur ($\bar{y}$) anzugeben, weil der Mittelwert, sofern die Variable glockenförmig verteilt ist, derjenige Wert ist, der eine Verteilung am besten repräsentiert.

In Kapitel 6 hatten wir noch zwei weitere Eigenschaften des Mittelwertes kennengelernt, die für unsere Problemstellung von Bedeutung sind: Erstens beträgt die Summe aller Differenzen zwischen den Messwerten und dem Mittelwert (also die Summe aller $(y_m - \bar{y})$) immer 0, und zweitens ist die Summe der quadrierten Abweichungen aller Messwerte vom Mittelwert (also die Summe aller $(y_m - \bar{y})^2$) immer kleiner als die Summe der quadrierten Abweichungen der Messwerte von irgendeinem anderen Wert. Daraus folgt, dass wir mit dem Mittelwert denjenigen Wert prognostizieren, der den tatsächlichen Werten insgesamt am nächsten kommt. Wir machen also insgesamt den geringsten Vorhersagefehler, wenn wir zur Vorhersage der Methodennote einer beliebigen Studentin die Durchschnittsnote in Methodenlehre angeben. Diesen Durchschnitt bezeichnet man auch als *unbedingten Mittelwert*. Er ist »unbedingt«, da es nur einen gibt und dieser nicht von X abhängt.

Bedingte Mittelwerte

Nun kennen wir in unserem Gedankenexperiment zwar den Vorbereitungsaufwand der Psychologiestudentin nicht, wir wissen aber, dass es sich um eine Frau handelt. Wenn es nun so wäre, dass Studentinnen in Methodenklausuren typischerweise besser oder schlechter abschneiden würden als Studenten, könnten wir mit dieser Information die Genauigkeit unserer Prognose steigern. Analog zu unserem Beispiel »Geschlecht und Motorleistung« würden wir zur Prognose der Punktzahl unserer Studentin nicht mehr die Durchschnittsnote aller Studierenden heranziehen, sondern die Durchschnittsnote von Studentinnen.

Dieses Vorgehen wäre gleichbedeutend mit der Prognose der Punktzahl aus dem Geschlecht. Die Prädiktorvariable »Geschlecht« (X) kann zwei Werte annehmen (z. B. weiblich: $x = 0$; männlich: $x = 1$) und für jeden dieser beiden Werte lässt sich der Mittelwert der Kriteriumsvariablen bestimmen. Diese Mittelwerte nennt man bedingte Mittelwerte ($\bar{y}|x$). Unter der Bedingung, dass wir die Punktzahl einer Student*in* vorhersagen wollen, nehmen wir einen anderen Mittelwert als unter der Bedingung, dass wir die Punktzahl eines Student*en* vorhersagen wollen. Mit Hilfe der Zusatzinformation, dass Studentinnen und Studenten sich hinsichtlich ihrer Punktzahl in der Methodenklausur unterscheiden, können wir also unseren Vorhersagefehler verringern.

Die Genauigkeitssteigerung rührt daher, dass die Punktzahl innerhalb der beiden Geschlechtsgruppen weniger variiert als in der Gesamtgruppe von Männern und Frauen. Deshalb ist die Summe der quadrierten Abweichungswerte innerhalb der Geschlechtsgruppen kleiner als die Summe der quadrierten Abweichungswerte über alle Personen hinweg.

Lineare Regression

Nun übertragen wir dieses Prinzip auf eine metrische X-Variable und nehmen statt des Geschlechts die Anzahl der Vorbereitungsstunden als Prädiktor der Punktzahl in der Methodenklausur. Es ist anzunehmen, dass mit der Anzahl der Stunden, die jemand in die Vorbereitung auf die Klausur investiert, auch die Anzahl der in der Klausur erzielten Punkte steigt. Das würde bedeuten, dass X (Vorbereitungszeit) und Y (Punktzahl) positiv miteinander korreliert sind: $r_{XY} > 0$. Der beste Schätzwert für die erreichte Punktzahl einer Person, deren Vorbereitungszeit $x = 40$ Stunden betrug, wäre dann der Mittelwert aller Studierenden, deren Vorbereitungszeit ebenfalls $x = 40$ Stunden betrug. Statt des Geschlechts haben wir nun die Vorbereitungszeit als Bedingung, unter der wir den Mittelwert der erreichten Punktzahl bilden und als besten Schätzwert der individuellen Note angeben. Da die Vorbereitungszeit theoretisch in unendlich vielen Stufen variieren kann, haben wir es, anders als beim Geschlecht, nicht mehr nur mit zwei bedingten Mittelwerten zu tun, sondern theoretisch mit unendlich vielen. Praktisch lassen sich genau so viele bedingte Mittelwerte ermitteln, wie es Ausprägungen der unabhängigen Variablen gibt.

Analog zum Geschlechtsunterschied würde die Genauigkeit unserer Notenprognose dadurch zunehmen, dass innerhalb einer Gruppe von Personen mit gleicher Vorbereitungszeit die erzielten Klausurpunkte weniger stark streuen als in der Gesamtgruppe. Deshalb liegt der bedingte Mittelwert der Punktzahl (durchschnittliche Punktzahl innerhalb einer Gruppe mit gleicher Vorbereitungszeit) näher an den tatsächlichen Punktzahlen der einzelnen Studierenden als der unbedingte Mittelwert (durchschnittliche Punktzahl aller Studierenden).

Ideal wäre es, wenn die bedingten Mittelwerte anhand einer einfachen Funktion der unabhängigen Variablen vorhergesagt werden könnten. Wenn alle bedingten Mittelwerte z. B. auf einer Geraden liegen, muss man nur noch die Geradengleichung kennen, um anhand eines x-Wertes den y-Wert einer Person zu prognostizieren. Man müsste dann nicht mehr für jeden einzelnen x-Wert den bedingten Mittelwert tabellieren. Dies würde insbesondere bei vielen x-Werten die Prognose erleichtern. Im Rahmen der Regressionsanalyse versucht man den Zusammenhang zwischen den bedingten Mittelwerten und der unabhängigen Variablen durch eine solche Funktion zu beschreiben.

Im Modell der einfachen linearen Regression wird angenommen, dass der Zusammenhang zwischen den bedingten Mittelwerten und den Werten der unabhängigen Variablen durch eine lineare Beziehung beschrieben wird. Im Idealfall liegen die bedingten Mittelwerte auf einer geraden Linie. Diese Gerade nennt man Regressionsgerade. Wenn der Zusammenhang zwischen den Variablen linear ist, lassen sich die y-Werte der Merkmalsträger anhand der Regressionsgeraden optimal aus ihren x-Werten vorhersagen.

Stichprobe und Population

In einer Stichprobe von Personen werden die bedingten Mittelwerte nicht perfekt auf einer Geraden liegen, auch wenn in der zugrundeliegenden Population das lineare Regressionsmodell gelten würde. Abweichungen der beobachteten von den geschätzten Werten werden schon allein durch die Stichprobenziehung und den damit verbundenen Stichprobenfehler zustande kommen (s. Abschn. 8.4). In der Population beschreibt die Regression die Abhängigkeit der bedingten Erwartung einer Variablen Y von der Variablen X (Steyer, 2003). Für jeden Wert x von X kann man den bedingten Erwartungswert von Y betrachten. Die bedingte Erwartung kann, muss aber nicht einer mathematisch einfach beschreibbaren Funktion folgen. In diesem Kapitel werden wir uns im ersten Teil auf die Deskriptivstatistik der einfachen linearen Regressionsanalyse beschränken, das theoretische Modell der bedingten Erwartung sowie inferenzstatistische Fragen der einfachen Regressionsanalyse werden wir in Abschnitt 16.9 behandeln.

Ziel des vorliegenden Kapitels ist es zu zeigen, wie eine angenommene lineare Beziehung zwischen zwei Variablen beschrieben werden kann. Wir gehen daher von konkreten x- und y-Werten aus und zeigen, wie man in einen vorhandenen Punkteschwarm eine Gerade optimal einpassen kann. Die Grundidee der Regressionsanalyse werden wir weiterhin am Beispiel der Prädiktion erläutern.

Wahrer und approximativer linearer Zusammenhang

Die Annahme, dass der Zusammenhang zwischen der abhängigen und der unabhängigen Variablen linearer Natur ist, kann falsch sein. Wenn man beispielsweise die Körpergröße aus dem Alter vorhersagen wollte, wäre es sicher falsch, davon auszugehen, dass der Zusammenhang linear ist. Denn die Körpergröße nimmt zwar bis zu einem bestimmten Alter stetig zu, sie bleibt aber, nachdem Menschen ausgewachsen sind, über längere Zeit konstant und nimmt im Alter allmählich wieder ab. Die altersbedingten

Größenmittelwerte liegen folglich nicht auf einer Geraden, sondern auf einer gekrümmten Linie. Man spricht deshalb auch von einem kurvilinearen Zusammenhang (vgl. auch Abb. 15.2 d in Abschn. 15.2).

Obwohl die Annahme der Linearität nicht immer stimmt, wird das Modell der linearen Regression häufig zur Prognose herangezogen. Dies hat zwei Gründe: Erstens stehen psychologische Variablen sehr oft in einem annähernd linearen Zusammenhang. Zweitens sind die Abweichungen von der Linearität häufig so gering, dass sie als unsystematische Schwankungen interpretiert werden können. Sofern die Abweichungen von der Linearität unbedeutend sind, nimmt man einen geringfügig größeren Vorhersagefehler in Kauf, um sich die attraktiven Eigenschaften des linearen Regressionsmodells erhalten zu können, die in seiner Anschaulichkeit und in seiner einfachen mathematischen Formulierung bestehen.

16.1 Kleinste-Quadrate-Kriterium

Unabhängig davon, ob der Zusammenhang zwischen zwei Variablen linear ist oder nicht, stellt die Summe der quadrierten Differenzen zwischen den anhand der unabhängigen Variable X vorhergesagten Werten und den beobachteten y-Werten ein Kriterium für die Optimierung der Vorhersage mittels der Regressionsmethode bereit. Den anhand eines x_m-Wertes vorhergesagten y_m-Wert bezeichnen wir mit $\hat{y}_m$. Man nennt dieses Kriterium das Kleinste-Quadrate-Kriterium. Im Falle der linearen Regression schreibt es vor, die Regressionsgerade so in den Punkteschwarm zu legen, dass die Summe der quadrierten Abstände der beobachteten Kriteriumswerte von der Regressionsgeraden ein Minimum ergibt. Die Regressionsmethode minimiert also die Summe der Abweichungsquadrate (SAQ):

$$SAQ = \sum_{m=1}^{n} (y_m - \hat{y}_m)^2 \to \min! \qquad \text{(F 16.1)}$$

Die Bedeutung der SAQ hatten wir bei der Definition der Varianz erstmals kennengelernt (vgl. Formel F 6.26). Der einzige Unterschied in der Bedeutung des Begriffs hier und dort besteht darin, dass wir es hier mit Abweichungen von geschätzten Werten ($\hat{y}_m$) zu tun haben, die man anhand eines Regressionsmodells erhält. Die Optimierung der Vorhersage anhand des Kleinste-Quadrate-Kriteriums ist also gleichbedeutend mit der Minimierung der quadrierten Abweichungen.

Wir wollen uns die lineare Regression anhand eines fiktiven Zahlenbeispiels verdeutlichen (s. folgenden Beispielkasten). Betrachten wir nun zunächst den Punkteschwarm, der sich aus den Messwertpaaren der 25 Merkmalsträger ergibt. Er ist in Abbildung 16.1 dargestellt. Man sieht sofort, dass die Punkte nicht auf einer Linie liegen. Der Zusammenhang zwischen den beiden Variablen ist also nicht perfekt. Allerdings hat der Punkteschwarm eine gerade, stark gestreckte Form. Daraus können wir schließen, dass die beiden Variablen miteinander hoch korreliert sind. Außerdem sehen wir, dass der Punkteschwarm von links nach rechts ansteigt. Da die Abszisse von links nach rechts und die Ordinate von unten nach oben zunehmende Werte abbilden, können wir aus der Lage des Punkteschwarms eine positive Korrelation erschließen. Eine Berechnung der Korrelation

> **Beispiel**
>
> **Lernaufwand und erreichte Punktzahl in einer Klausur**
> In Tabelle 16.1 stehen die Messwerte beider Variablen von 25 namentlich bezeichneten Psychologiestudierenden. Die erste Wertespalte enthält die Messwerte der Studierenden auf der Prädiktorvariablen (Anzahl von Stunden x_m der Vorbereitung auf die Methodenklausur). In der nächsten Wertespalte sind die Punkte y_m der jeweiligen Person in der Methodenklausur aufgeführt. Unter den Messwertzeilen dieser beiden Spalten sind die Messwertsummen, die Mittelwerte der Variablen, die empirischen Standardabweichungen und die empirischen Varianzen notiert.

Tabelle 16.1 Datenbeispiel zur linearen Regression (X: Klausurvorbereitung in Stunden; Y: Klausurpunkte)

	m	x_m	y_m	$\hat{y}_m$	$e_m = y_m - \hat{y}_m$	$e_m^2 = (y_m - \hat{y}_m)^2$
Bauer	1	18	21	19	2	4
Bergmann	2	26	22	23	−1	1
Diener	3	46	37	33	4	16
Fischer	4	42	30	31	−1	1
Förster	5	20	19	20	−1	1
Fuhrmann	6	26	25	23	2	4
Gärtner	7	38	32	29	3	9
Schreiber	8	34	32	27	5	25
Köhler	9	40	30	30	0	0
Küfer	10	30	22	25	−3	9
Maler	11	24	26	22	4	16
Müller	12	14	19	17	2	4
Richter	13	44	29	32	−3	9
Schäfer	14	10	13	15	−2	4
Schmied	15	28	27	24	3	9
Schneider	16	28	21	24	−3	9
Gerber	17	36	25	28	−3	9
Schuster	18	16	16	18	−2	4
Steiger	19	50	33	35	−2	4
Steinmetz	20	24	17	22	−5	25
Töpfer	21	36	28	28	0	0
Wagner	22	32	23	26	−3	9
Weber	23	34	26	27	−1	1
Weidner	24	22	23	21	2	4
Zöllner	25	32	29	26	3	9
Summe		750,00	625,00	625,00	0,00	186,00
Mittelwert		30,00	25,00	25,00	0,00	7,44
Standardabweichung		10,09	5,73	5,04	2,73	
Varianz		101,76	32,88	25,44	7,44	

bestätigt unseren Eindruck: Die Produkt-Moment-Korrelation beträgt $r_{XY} = 0{,}88$. Man kann also in diesem fiktiven Beispiel die in der Methodenklausur erzielten Punkte gut aus der Anzahl der für die Vorbereitung aufgewendeten Stunden vorhersagen.

Welchen $\hat{y}$-Wert werden wir beim Vorliegen eines bestimmten x-Wertes prognostizieren? Denjenigen Wert, den die Regressionsgerade dem jeweiligen x-Wert zuordnet: Einem x_m-Wert von 50 ordnet die Regressionsgerade den $\hat{y}_m$-Wert von 35 zu; einem x_m-Wert von 24 den $\hat{y}_m$-Wert 22 usw. Für eine Person, die sich $x_m = 50$ Stunden auf die Klausur vorbereitet hat, erwarten wir also $\hat{y}_m = 35$ Klausurpunkte; für eine Person, die sich $x_m = 24$ Stunden vorbereitet hat, erwarten wir $\hat{y}_m = 22$ Klausurpunkte. Die dritte Wertespalte von Tabelle 16.1 enthält die prognostizierten $\hat{y}_m$-Werte aller Merkmalsträger.

Abbildung 16.1 zeigt, dass diese Erwartungen falsch sein können und es überwiegend auch sind. Nur in zwei Fällen liegen die Messwerte exakt auf der Regressionsgeraden. Nur in diesen beiden Fällen stimmen also die vorhergesagten Werte mit den beobachteten überein. In allen anderen Fällen liegen die beobachteten Werte entweder über oder unter der Geraden, streuen also um den vorhergesagten Wert. Betrachten wir die Situation bei Psychologiestudentin Steinmetz etwas genauer. Sie hat sich $x_{20} = 24$ Stunden auf die Klausur vorbereitet. Die Regression lässt $\hat{y}_{20} = 22$ Klausurpunkte für sie erwarten. Tatsächlich erreichte Frau Steinmetz aber nur $y_{20} = 17$ Punkte. Ihre Leistung wurde also um $\hat{y}_{20} - y_{20} = 5$ Punkte überschätzt.

Abbildung 16.1 zeigt weiterhin, dass auch die bedingten y-Mittelwerte (also die Mittelwerte aller beobachteten y-Werte mit identischem x-Wert) meistens nicht genau auf der Regressionsgeraden liegen.

Viele x-Werte kommen nur einmal vor, charakterisieren also nur einen der 25 Studierenden. In diesen Fällen ist die durchschnittliche Punktzahl in der Klausur identisch mit der Punktzahl dieses einen Merkmalsträgers. Wenn sein y-Wert nicht auf der Regressionsgeraden liegt, liegt auch der bedingte y-Mittelwert nicht auf der Geraden. Aber auch bei mehreren Merkmalsträgern mit identischem x-Wert liegt der (bedingte) Mittelwert der y-Werte häufig nicht auf der Regressionsgeraden, so z. B. bei den beiden Personen Steinmetz und Maler. Beide haben $x_{11} = x_{20} = 24$ Stunden gelernt. Steinmetz hat $y_{20} = 17$ Punkte in der Klausur erreicht, Maler hingegen $y_{11} = 26$. Der Mittelwert aus beiden y-Werten beträgt $(\bar{y} | x = 24) = 21{,}5$. Der vorhergesagte Wert beträgt jedoch $(\hat{y} | x = 24) = 22$. Wir können daraus schließen, dass der Zusammenhang zwischen den beiden Variablen nicht linear ist. Allerdings sind die Abweichungen von der Linearität sowohl optisch als auch numerisch relativ gering. Deshalb ist es vernünftig, mit dem Modell der linearen Regression zu operieren. Wenn man das tut, gibt es keine andere Gerade, die

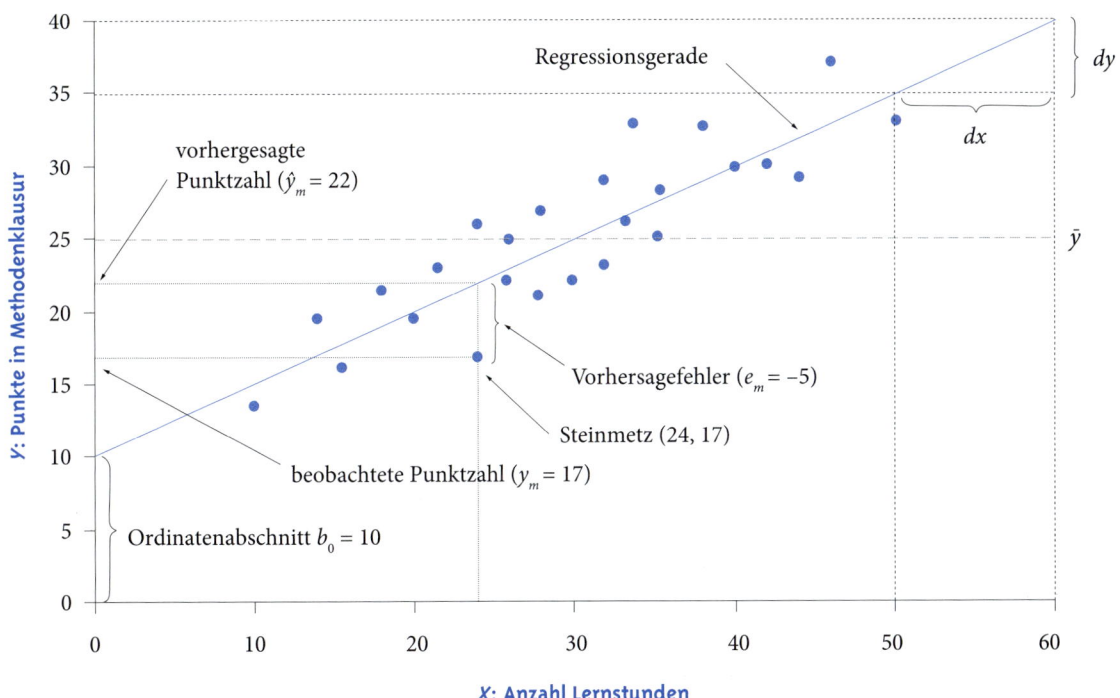

Abbildung 16.1 Einfache lineare Regression zum Zahlenbeispiel aus Tabelle 16.1

das Kleinste-Quadrate-Kriterium besser erfüllt als die in Abbildung 16.1 eingezeichnete Regressionsgerade.

Wie gut die Vorhersage der Punktzahl durch die Vorbereitungszeit ist, können wir der vierten und fünften Wertespalte entnehmen. Dort sind die Differenzen zwischen den beobachteten und den vorhergesagten Klausurpunkten $y_m - \hat{y}_m$ sowie die Abweichungsquadrate $(y_m - \hat{y}_m)^2$ eingetragen. Die einfachen Differenzen werden mit e_m bezeichnet (der Buchstabe e rührt vom englischen »error« = Fehler her, denn bei den Abweichungen handelt es sich um Prognose- oder Schätzfehler); die quadrierten Differenzen werden mit e_m^2 bezeichnet.

Beide Spalten verdienen Beachtung. Zunächst sieht man, dass die Summe der einfachen Differenzen e_m gleich 0 ist. Dieser Sachverhalt zeigt uns, dass die Regressionsgerade so gewählt wurde, dass es durchschnittlich (über alle Personen hinweg) zu keiner Verschätzung der Klausurpunkte kommt. Das sieht man auch daran, dass die Mittelwerte der y-Werte und der $\hat{y}$-Werte identisch sind: $\bar{y} = \bar{\hat{y}}$. Durchschnittlich werden $\bar{y} = 25$ Punkte erreicht, und diesen Mittelwert sagt auch die Regression vorher. Betrachten wir nun die Abweichungsquadrate e_m^2. Ihre Summe beträgt 186, und keine andere gerade Linie durch den Punkteschwarm würde zu einem kleineren Wert führen.

16.2 Regressionsgleichung

Mathematisch lässt sich die lineare Beziehung zwischen den vorhergesagten individuellen Werten $\hat{y}_m$ und den individuellen Werten x_m auf der unabhängigen Variablen wie folgt beschreiben:

$$\hat{y}_m = b_0 + b_1 \cdot x_m \tag{F 16.2}$$

Insbesondere im nächsten und im übernächsten Kapitel werden wir auch auf folgende analoge Variablenschreibweise zurückgreifen:

$$\hat{Y} = b_0 + b_1 \cdot X \tag{F 16.3}$$

Die Gleichung F 16.2 bezieht sich auf den Zusammenhang zwischen den Werten eines Merkmalträgers m, Gleichung F 16.3 auf die Variablen, deren Werte die Merkmalsausprägungen sind.

Regressionsgewicht b_1. In diesen Gleichungen bezeichnet b_1 das Regressionsgewicht. Das Regressionsgewicht ist für alle Merkmalsträger gleich. Es wird über die erste Ableitung der Funktion bestimmt und beziffert die Steigung der Regressionsgeraden. Die Steigung der Geraden lässt erkennen, um wie viele Einheiten $\hat{Y}$ zunimmt, wenn X um eine Einheit zunimmt. Abbildung 16.1 veranschaulicht, was Steigung bedeutet und wie sie bestimmt werden kann. Man nimmt zwei hypothetische Messwertpaare, die auf der Regressionsgeraden liegen, und bildet für die beiden x-Werte ebenso wie für die beiden y-Werte die Differenz. Diese Differenzen sind, der Konvention entsprechend, in Abbildung 16.1 mit dx und dy bezeichnet. Der Quotient dy/dx gibt die Steigung der Regressionsgeraden an, also das Gewicht b_1, mit dem X zur optimalen Vorhersage von Y multipliziert wird. Der Koeffizient b_1 wird auch als Steigungskoeffizient oder in Anlehnung an den englischen Begriff für »Steigung« als *Slope* bezeichnet.

Achsenabschnitt b_0. Der Koeffizient b_0 wird auch als additive Konstante oder Achsen- oder Ordinatenabschnitt bezeichnet. Es ist der Schnittpunkt der Regressionsgeraden mit der Ordinate und damit derjenige $\hat{y}$-Wert, den die Regressionsfunktion einem x-Wert von 0 zuordnet. Da die Regressionsgerade ein Stück der Ordinate abschneidet, wird b_0 in Anlehnung an den englischen Begriff für »Abschnitt« auch als *Intercept* bezeichnet.

Bestimmung der Regressionskoeffizienten

Wie gelangt man zu den beiden Regressionskoeffizienten b_0 und b_1? Es lässt sich zeigen, dass diejenige Gerade das Kleinste-Quadrate-Kriterium

$$SAQ = \sum_{m=1}^{n}(y_m - \hat{y}_m)^2$$
$$= \sum_{m=1}^{n}(y_m - (b_0 + b_1 \cdot x_m))^2 \to \min!$$

am besten erfüllt, deren Steigung b_1 in folgender Beziehung zum Produkt-Moment-Korrelationskoeffizienten steht:

$$b_1 = r_{XY} \cdot \frac{s_Y}{s_X} = \frac{s_{XY}}{s_X^2} \tag{F 16.4}$$

Daraus folgt, dass bei z-standardisierten Variablen (s. Kap. 6.5) das Regressionsgewicht mit dem Korrelationskoeffizienten identisch ist. Die Korrelation ist also nichts anderes als das Regressionsgewicht zweier z-standardisierter Variablen. Daraus können wir ersehen, dass die Produkt-Moment-Korrelation den linearen Zusammenhang zwischen zwei Variablen beschreibt. Die Korrelation zwischen X und Y beträgt in unserem Beispiel $r_{XY} = 0{,}88$. Wenn man diesen Wert mit dem Quotienten der Standardabweichungen von Y und X multipliziert (s. Tab. 16.1), ergibt sich ein Regressionsgewicht von $b_1 = 0{,}5$.

Dieses Regressionsgewicht bedeutet, dass $\hat{Y}$ um eine halbe Maßeinheit zunimmt, wenn X um eine ganze Maßeinheit zunimmt. Jede zusätzliche Stunde Klausurvorbereitung zahlt sich in unserem Beispiel also in einem erwarteten Gewinn von einem halben Klausurpunkt aus.

Kommen wir nun zum Ordinatenabschnitt b_0. Er wird wie folgt bestimmt:

$$b_0 = \bar{y} - b_1 \cdot \bar{x} \qquad \text{(F 16.5)}$$

Bilden wir in unserem Beispiel nach Formel F 16.5 die Differenz zwischen dem Mittelwert von Y und dem mit b_1 gewichteten Mittelwert von X, ergibt sich: $b_0 = 25 - 0{,}5 \cdot 30 = 10$. Der Ordinatenabschnitt b_0 ist derjenige $\hat{y}$-Wert, den man erwartet, wenn $x = 0$ ist. Übertragen auf unser Beispiel bedeutet dies, dass Psychologiestudierende, die überhaupt nicht für die Klausur lernen (also einen Wert von $x = 0$ haben), mit $(\hat{y}|x=0) = b_0 = 10$ Klausurpunkten rechnen können. Jede zusätzliche Stunde lässt einen halben Klausurpunkt mehr erwarten.

Während wir die vorhergesagten $\hat{y}$-Werte bisher anhand von Abbildung 16.1 geometrisch abgelesen hatten, können wir nun nach Kenntnis der Werte von b_0 und b_1 die unter x erwarteten $\hat{y}$-Werte auch algebraisch bestimmen. Hierzu greifen wir auf Gleichung F 16.2 zurück und setzen für b_0 den Wert 10 und für b_1 den Wert 0,5 sowie die interessierenden x_m-Werte ein und errechnen die zugehörigen $\hat{y}_m$-Werte. Dann ergibt sich die Gleichung

$$\hat{y}_m = 10 + 0{,}5 \cdot x_m.$$

16.3 Regressionsresiduum

Die Differenz $y_m - \hat{y}_m$ zwischen einem vorhergesagten und beobachteten y-Wert nennt man Regressionsresiduum (oder kurz: Residuum), Residualwert oder Fehlerwert e_m. Will man die y-Werte anhand der x-Werte vorhersagen, so zeigen die Residuen $e_m = y_m - \hat{y}_m$ den Vorhersagefehler an. Je größer die Fehlerwerte, umso größer ist die Abweichung eines beobachteten vom vorhergesagten Wert. Ist ein Fehlerwert gleich 0, liegt der beobachtete Wert auf der Regressionsgeraden. Sind alle Fehlerwerte gleich 0, liegen alle beobachteten Werte auf der Regressionsgeraden, die Vorhersage ist dann perfekt. Von Regressions*residuum* wird gesprochen, weil nach der bestmöglichen Vorhersage der y-Werte aus den x-Werten ein Rest der y-Werte zurückbleibt, der nicht vorhergesagt oder, wie man auch sagt, erklärt werden konnte.

Eine einfache Umformung zeigt, dass sich die y-Werte additiv aus den vorhergesagten $\hat{y}$-Werten und den Vorhersagefehlern zusammensetzen:

$$y_m = \hat{y}_m + e_m = b_0 + b_1 \cdot x_m + e_m \qquad \text{(F 16.6)}$$

in Variablenschreibweise:

$$Y = \hat{Y} + E = b_0 + b_1 \cdot X + E \qquad \text{(F 16.7)}$$

Vertiefung

Die **Residualwerte** weisen folgende Eigenschaften auf, die sich aufgrund der Kleinste-Quadrate-Schätzung ergeben:

(1) Die Summe aller Regressionsresiduen ist gleich 0:

$$\sum_{m=1}^{n} e_m = \sum_{m=1}^{n} (y_m - \hat{y}_m) = 0 \qquad \text{(F 16.8)}$$

(2) Die Summe aller quadrierten Regressionsresiduen ist minimal:

$$\sum_{m=1}^{n} e_m^2 = \sum_{m=1}^{n} (y_m - \hat{y}_m)^2 \to \min! \qquad \text{(F 16.9)}$$

(3) Die Korrelation zwischen X und E ist gleich 0:

$$r_{XE} = 0 \qquad \text{(F 16.10)}$$

(4) Die Korrelation zwischen $\hat{Y}$ und E ist ebenfalls gleich 0:

$$r_{\hat{Y}E} = 0 \qquad \text{(F 16.11)}$$

Die erste Eigenschaft besagt, dass die Summe der Residualwerte 0 ist; d. h., über alle Werte hinweg betrachtet, mitteln sich die Fehler aus. Die zweite Eigenschaft ist das Kleinste-Quadrate-Kriterium, wodurch die Fehlerstreuung minimiert wird. Der dritten Eigenschaft zufolge sind die X-Variable und die Fehlervariable unkorreliert. Die Residualwerte repräsentieren somit den Teil des Merkmals Y, der nicht mit dem Merkmal X zusammenhängt. Da X und $\hat{Y}$ immer perfekt miteinander korreliert sind (denn schließlich wurden alle $\hat{y}$-Werte ja so vorhergesagt, dass sie genau auf einer Linie liegen), ist auch die Korrelation zwischen den erwarteten $\hat{y}$-Werten und den Regressionsresiduen gleich 0.

Residualvarianz und Standardschätzfehler

Alle Kennwerte der deskriptiven Statistik, die wir in Kapitel 6 kennengelernt haben, lassen sich auch für die Regressionsresiduen berechnen. Der Mittelwert der Regressionsresiduen beträgt 0. Die Varianz der Residualwerte gibt an, wie stark die beobachteten y-Werte um die Regressionsgerade und damit um die vorhergesagten $\hat{y}$-Werte streuen. Je größer bei einer gegebenen Maßeinheit von Y die Varianz der Residualwerte ausfällt, desto ungenauer war die Vorhersage, desto größer also der Vorhersagefehler. Deshalb bezeichnet man die Residualvarianz auch als Fehlervarianz. Ihre Bestimmungsgleichung lautet:

$$s_E^2 = \frac{\sum_{m=1}^{n}(y_m - \hat{y}_m)^2}{n} \qquad \text{(F 16.12)}$$

Wenn man aus der Fehlervarianz die Quadratwurzel zieht, erhält man die Standardabweichung des Regressionsresiduums, den sog. Standardschätzfehler:

$$s_E = \sqrt{\frac{\sum_{m=1}^{n}(y_m - \hat{y}_m)^2}{n}} \qquad \text{(F 16.13)}$$

Der Standardschätzfehler steht mit der Produkt-Moment-Korrelation in folgender Beziehung:

$$s_E = s_Y \cdot \sqrt{1 - r_{XY}^2} \qquad \text{(F 16.14)}$$

Je größer die Korrelation ist, umso geringer ist die Streuung der Residualwerte und umso geringer der Standardschätzfehler. Dies leuchtet unmittelbar ein, da wir in Kapitel 15 gesehen haben, dass die Datenpunkte umso enger um die Gerade liegen, je höher die Korrelation ist.

16.4 Quadratsummenzerlegung und Varianzzerlegung

Wie man sich leicht anhand von Abbildung 16.1 veranschaulichen kann, sind zwei Abweichungswerte besonders interessant. Der Abweichungswert $y_m - \bar{y}$ gibt an, wie stark ein beobachteter y-Wert vom (unbedingten) Mittelwert abweicht. Kennt man die x-Werte nicht, so wäre der Mittelwert $\bar{y}$ der beste vorhergesagte Wert für den y-Wert einer Person. Der Abweichungswert $y_m - \hat{y}_m$ zeigt die Abweichung des beobachteten Wertes von dem Wert an, den man aufgrund des x-Wertes prädizieren würde. In dem Maße, in dem sich der Wert $y_m - \hat{y}_m$ im Vergleich zu $y_m - \bar{y}$ verringert, verbessert sich die Prognose durch die Hinzunahme der x-Werte. Beide Abweichungswerte lassen sich wie folgt in eine Beziehung bringen:

$$y_m - \bar{y} = (y_m - \hat{y}_m) + (\hat{y}_m - \bar{y}) \qquad \text{(F 16.15)}$$

Hieraus und aus dem Sachverhalt, dass die X-Variable und die Residualvariable unkorreliert sind, folgt die Zerlegung der Abweichungsquadrate (Quadratsummenzerlegung).

> **Definition**
>
> Bei der **Quadratsummenzerlegung** ergibt sich die Quadratsumme (Summe der quadrierten Abweichungen) einer Variablen Y additiv aus der Quadratsumme von E (d. h. der Summe der quadrierten Regressionsresiduen) und der Quadratsumme von $\hat{Y}$:
>
> $$\sum_{m=1}^{n}(y_m - \bar{y})^2 = \sum_{m=1}^{n}(y_m - \hat{y}_m)^2 + \sum_{m=1}^{n}(\hat{y}_m - \bar{y})^2$$
>
> (F 16.16)
>
> $$QS_Y = QS_E + QS_{\hat{Y}}$$

Teilt man beide Seiten von Gleichung F 16.16 durch die Anzahl n der Merkmalsträger, erhält man folgende Zerlegung der Varianz der beobachteten y-Werte.

> **Definition**
>
> Bei der **Varianzzerlegung** ergibt sich die Varianz einer Variablen Y additiv aus der Varianz von E und der Varianz von $\hat{Y}$:
>
> $$\frac{\sum_{m=1}^{n}(y_m - \bar{y})^2}{n} = \frac{\sum_{m=1}^{n}(y_m - \hat{y}_m)^2}{n} + \frac{\sum_{m=1}^{n}(\hat{y}_m - \bar{y})^2}{n}$$
>
> (F 16.17)
>
> $$s_Y^2 = s_E^2 + s_{\hat{Y}}^2$$

Systematische und unsystematische Varianz

Die Varianz der y-Werte ist die Summe zweier Varianzkomponenten: der systematischen Varianz $s_{\hat{Y}}^2$, die durch den Prädiktor X gebunden (erklärt, determiniert) wird, und der unsystematischen Varianz s_E^2 (Fehlervarianz, Residualvarianz). Die Unterschiede zwischen den Merkmalsträgern auf dem Merkmal Y lassen sich zum Teil auf ihre Unterschiede auf dem Merkmal X zurückführen, zum Teil aber auch nicht. Ein Teil der Unterschiede in Y ist also nicht auf Unterschiede in X zurückzuführen, sondern auf alle möglichen anderen Einflüsse auf Y, die jedoch nicht mit erhoben wurden. So hängen in unserem Beispiel die Klausurpunkte nicht nur von der Vorbereitungszeit ab, sondern auch von anderen systematischen Unterschieden zwischen den Merkmalsträgern (wie in der Intelligenz, dem mathematischen Verständnis oder der Leistungsmotivation) oder unsystematischen Unterschieden (wie etwa den Fehlern, die der Dozent oder die Dozentin bei der Korrektur der Klausur macht). Unsystematische Einflüsse auf Y werden auch als Messfehler bezeichnet (s. Kap. 22). Grundsätzlich gilt: Je größer die Varianz $s_{\hat{Y}}^2$ im Vergleich zur Varianz s_E^2 ist, umso genauer gelingt die Prognose.

16.5 Determinationskoeffizient und Indeterminationskoeffizient

Aus der letztgenannten Feststellung lässt sich ein standardisiertes Maß für die Güte der Vorhersage konstruieren: Da $s_{\hat{Y}}^2$ und s_E^2 additiv sind, ist der Anteil von $s_{\hat{Y}}^2$ an der Gesamtvarianz von Y ein Maß dafür, wie präzise die Vorhersage von Y durch X erfolgt. Da $s_{\hat{Y}}^2$ niemals größer sein kann als s_Y^2, kann ein solcher Quotient nur zwischen den Werten 0 und 1 variieren. Ein Wert von 0 würde bedeuten, dass die Varianz der vorhergesagten Werte $s_{\hat{Y}}^2 = 0$ wäre und die Gesamtvarianz von Y lediglich auf Fehler zurückzuführen wäre ($s_Y^2 = s_E^2$). Ein Wert von 1 würde bedeuten, dass die Varianz der vorhergesagten Werte der Gesamtvarianz entsprechen würde ($s_{\hat{Y}}^2 = s_Y^2$); in diesem Fall gäbe es also überhaupt keinen Vorhersagefehler, und die Residualvarianz wäre $s_E^2 = 0$.

Der Quotient aus $s_{\hat{Y}}^2$ und s_Y^2, also der Anteil der erklärten Varianz an der Gesamtvarianz, wird als Determinationskoeffizient R^2 bezeichnet:

$$R^2 = \frac{s_{\hat{Y}}^2}{s_Y^2} \qquad \text{(F 16.18a)}$$

Sein Gegenpart, der Quotient aus s_E^2 und s_Y^2, also der Anteil der unerklärten Varianz an der Gesamtvarianz, wird als Indeterminationskoeffizient bezeichnet:

$$1 - R^2 = \frac{s_E^2}{s_Y^2} \qquad \text{(F 16.18b)}$$

Determinationskoeffizient und Indeterminationskoeffizient ergeben also in der Summe 1:

$$R^2 + (1 - R^2) = \frac{s_{\hat{Y}}^2}{s_Y^2} + \frac{s_E^2}{s_Y^2} = 1 \qquad \text{(F 16.19)}$$

Man greift bei der Bezeichnung der beiden Koeffizienten auf R^2 zurück, da beide Koeffizienten eng mit der Produkt-Moment-Korrelation r zusammenhängen. Wie man durch Umformen von Formel F 16.14 leicht erkennen kann (s. Übung 3), gilt im Falle der einfachen linearen Regression:

$$1 - R^2 = 1 - r_{XY}^2 \qquad \text{(F 16.20a)}$$

$$R^2 = r_{XY}^2 \qquad \text{(F 16.20b)}$$

Der Determinationskoeffizient wird mit einem großen R und nicht mit einem kleinen r bezeichnet, da er auch für den Fall mehrerer unabhängiger Variablen definiert wird (s. Abschn. 18.6) und im Fall mehrerer Variablen das Quadrat der multiplen Korrelation darstellt.

Determinationskoeffizient gleich 0 ($R^2 = 0$)

Ist der Determinationskoeffizient gleich 0, so bedeutet dies, dass beide Variablen unkorreliert sind. Die Variable X ist nicht in der Lage, Unterschiede in Y zu erklären oder vorherzusagen, wenn man einen linearen Zusammenhang voraussetzt. Wie man sich an Gleichung F 16.4 leicht vor Augen führen kann, hat die Regressionsgerade in diesem Fall eine Steigung von 0, denn wenn $r_{XY} = 0$ ist, muss auch $b_1 = 0$ sein:

$$b_1 = 0 \cdot \frac{s_Y}{s_X} = 0$$

Die Regressionsgerade ist dann eine Parallele zur Abszisse. Wo schneidet sie nun die y-Achse, d. h., wo liegt ihr Achsenabschnitt b_0? Wie man sich an Gleichung F 16.5 leicht klarmachen kann, liegt der Achsenabschnitt in diesem Fall bei $b_0 = \bar{y}$:

$$b_0 = \bar{y} - 0 \cdot \bar{x} = \bar{y}$$

Das leuchtet ein, denn wenn X nicht mit Y korreliert ist und insofern keinen Beitrag zur Vorhersage von y-Werten leisten kann, ist der beste Schätzer (d. h. derjenige Wert mit dem geringsten durchschnittlichen Fehler) der unbedingte Mittelwert von Y.

Der Determinationskoeffizient ist immer 0, wenn $\hat{Y}$ eine Konstante ist, da in diesem Fall die Variation in Y nicht auf die Variation in X zurückgeführt werden kann. Ist Y eine Konstante, so ist der Determinationskoeffizient nicht definiert. In diesem Fall wäre es auch nicht sinnvoll, die Variation in Y erklären zu wollen.

Determinationskoeffizient gleich 1 ($R^2 = 1$)

Ist der Determinationskoeffizient gleich 1, bedeutet dies, dass beide Variablen perfekt korreliert sind. Alle Unterschiede in Y lassen sich auf Unterschiede in X zurückführen. Y ist eine lineare Funktion von X, alle Residualwerte und somit die Residualvarianz sind 0. In diesem Fall hat die Regressionsgerade folgende Steigung:

$$b_1 = 1 \cdot \frac{s_Y}{s_X} = \frac{s_Y}{s_X}$$

Der Achsenabschnitt lautet dann:

$$b_0 = \bar{y} - 1 \cdot \frac{s_Y}{s_X} \cdot \bar{x} = \bar{y} - \frac{s_Y}{s_X} \cdot \bar{x}$$

Determinationskoeffizient zwischen 0 und 1 ($R^2 = c$)

Nimmt R^2 einen Wert c zwischen 0 und 1 an, so bedeutet dies, dass $c \cdot 100\,\%$ der Varianz in Y auf die Variation in X zurückgeführt werden kann, sofern ein linearer Zusammenhang zwischen diesen beiden Variablen besteht. Ist der Zusammenhang nicht linearer Natur, gibt der Determinationskoeffizient in der einfachen linearen Regressionsanalyse nicht den gesamten determinierten Varianzanteil wieder, sondern nur denjenigen Anteil, der auf einen linearen Trend zurückgeführt werden kann. Wie eine kurvilineare Beziehung zwischen zwei Variablen modelliert werden kann und in welcher Weise der Determinationskoeffizient in diesem Fall bestimmt werden kann, behandeln wir in Abschnitt 18.10.

> **Beispiel**
>
> **Vorbereitungszeit und Klausurergebnis**
> Die eingeführten Begriffe und ihre Zusammenhänge wollen wir nun anhand unserer fiktiven Untersuchung zur Vorhersage des Klausurerfolgs aus der Vorbereitungszeit veranschaulichen.
>
> **Regressionsresiduum.** Tabelle 16.1 (in Abschn. 16.1) enthält in der vierten Wertespalte das Regressionsresiduum e_m. Der Residualwert entspricht dem Schätz- oder Vorhersagefehler, der bei dieser Person gemacht wurde. Für Steinmetz errechnet sich zum Beispiel ein Residualwert von $e_{20} = -5$ (s. Tab. 16.1). Die Summe aller Residualwerte beträgt 0. Folglich beträgt auch der Mittelwert aller Residualwerte 0 (vgl. Tab. 16.1, Zeilen »Summe« und »Mittelwert«).

Fehlervarianz. Die fünfte Wertespalte von Tabelle 16.1 enthält das quadrierte Regressionsresiduum e_m^2. Wenn man die quadrierten Residualwerte aller Merkmalsträger aufsummiert, erhält man die Summe der Abweichungsquadrate (vgl. Zeile »Summe«). Sie beträgt in unserem Beispiel 186. Dividiert man diese Spaltensumme durch die Anzahl der Merkmalsträger, erhält man die empirische Residualvarianz oder empirische Fehlervarianz. In unserem Beispiel ergibt sich für die Fehlervarianz ein Wert von $s_E^2 = 7{,}44$ (vgl. Zeile »Varianz« in der vierten Wertespalte).

Varianzadditivität. Um die Varianzadditivität nachzuvollziehen, berechnen wir zusätzlich zur Fehlervarianz die Varianzen der y-Werte ($s_Y^2 = 32{,}88$) und der $\hat{y}$-Werte ($s_{\hat{Y}}^2 = 25{,}44$). Übereinstimmend mit Formel F 16.17 ist die Differenz zwischen beiden Werten identisch mit dem Wert, den wir für die Fehlervarianz errechnet haben ($s_E^2 = 7{,}44$).

Determinationskoeffizient und Indeterminationskoeffizient. Wenn wir die Varianzen der $\hat{y}$-Werte und der Residualwerte durch die Varianz der y-Werte dividieren, erhalten wir den systematischen Varianzanteil (Determinationskoeffizient) und den unsystematischen Varianzanteil (Indeterminationskoeffizient). Der Determinationskoeffizient beträgt $R^2 = 0{,}77$. Den gleichen Wert erhalten wir, wenn wir die Korrelation zwischen X und Y ($r_{XY} = 0{,}88$) quadrieren. Für den Indeterminationskoeffizienten ergibt sich ein Wert von $1 - R^2 = 0{,}23$. Indeterminationskoeffizient und Determinationskoeffizient addieren sich zu 1.

16.6 Negatives Regressionsgewicht und Regressionsrichtung

Bisher haben wir nur den Fall eines positiven Zusammenhangs behandelt. Im Folgenden thematisieren wir, worin sich ein negativer Zusammenhang zeigt.

16.6.1 Negatives Regressionsgewicht

Wenn X und Y negativ korreliert sind, ergibt sich nach Formel F 16.4 auch ein negatives Regressionsgewicht $b_1 < 0$. Ein negatives Regressionsgewicht bedeutet, dass der erwartete $\hat{y}$-Wert um b_1 Einheiten abnimmt, wenn x um eine Einheit zunimmt. Hätten wir in unserem Beispiel statt der Klausurpunkte Noten auf der üblichen Notenskala von 1 bis 6 verwendet, hätte sich eine negative Korrelation zwischen Vorbereitungszeit und Klausurergebnis ergeben. Der Betrag der negativen Korrelation zwischen Vorbereitungszeit und Klausurnote hätte sich vom Betrag der positiven Korrelation zwischen Vorbereitungszeit und Punktzahl ($r_{XY} = 0{,}88$) höchstwahrscheinlich unterschieden, da die Notenskala keine perfekt lineare Funktion der Punkteskala ist und die Produkt-Moment-Korrelation nur gegenüber linearen Transformationen invariant ist (s. Abschn. 15.3.1). Bei Verwendung der Notenskala statt der Punkteskala hätten sich nicht nur das Vorzeichen und der Betrag der Korrelation geändert, sondern auch die Regressionsgleichung. Denn durch die Transformation von Punkten in Noten ändert sich der Maßstab der abhängigen Variablen, damit das Regressionsgewicht b_1, mit dem X zur optimalen Vorhersage von Y multipliziert wird, und schließlich auch b_0, der Achsenabschnitt. Allerdings setzt die inferenzstatistische Absicherung der Regressionsgewichte voraus, dass die Residualvariable stetig und normalverteilt ist, was bei der Notenskala nicht der Fall wäre. Man würde daher für die Vorhersage der Note ein Regressionsmodell für kategoriale Variablen mit geordneten Antwortkategorien (s. Abschn. 21.10) vorziehen.

16.6.2 Regressionsrichtung

Bei der Berechnung von Korrelationen wird keine Unterscheidung zwischen abhängigen und unabhängigen Variablen vorausgesetzt oder getroffen. Korrelationskoeffizienten sind symmetrische Zusammenhangsmaße. Bei der Regression gilt dieses Symmetrieprinzip grundsätzlich nicht. Es macht also einen Unterschied, welche der beiden Variablen als unabhängige Variable und welche als abhängige Variable betrachtet wird. Diese Asymmetrie kann man sich leicht anhand von Formel F 16.4 klarmachen, nach der sich das Regressionsgewicht von X (UV) für die Vorhersage von Y (AV) aus der Produkt-Moment-Korrelation und den Standardabweichungen der beiden Variablen berechnen lässt.

Regression von X auf Y

Wenn wir den Status der beiden Variablen vertauschen und X aus Y vorhersagen, so dass die Regressionsgleichung

$$\hat{x}_m = b_0^* + b_1^* \cdot y_m \qquad (\text{F 16.21})$$

lautet, ändert sich Formel 16.4 zu

$$b_1^* = r_{XY} \cdot \frac{s_X}{s_Y}, \qquad (\text{F 16.22})$$

und entsprechend ändert sich auch Formel 16.5 zu

$$b_0^* = \bar{x} - b_1^* \cdot \bar{y}. \qquad (\text{F 16.23})$$

Für unser Beispiel »Vorbereitungszeit und Klausurergebnis« ergeben sich für die Vorhersage der Klausurpunkte (Y) aus der Vorbereitungszeit (X) und der Vorbereitungszeit (X) aus den Klausurpunkten (Y) folglich zwei verschiedene Regressionsgleichungen:

$$\hat{y}_m = 10 + 0{,}5 \cdot x_m \qquad (\text{F 16.24})$$

und

$$\hat{x}_m = -8{,}69 + 1{,}55 \cdot y_m \qquad (\text{F 16.25})$$

Während wir anhand von Gleichung F 16.24 vorhersagen, wie viele Punkte eine Person voraussichtlich erzielt, die sich eine bestimmte Zeit lang auf die Klausur vorbereitet hat, erlaubt Gleichung F 16.25 die Vorhersage (oder genauer: die »Nachhersage«) der Vorbereitungszeit aus der Anzahl der Klausurpunkte.

Regressionsgerade.

Anhand eines einfachen Zahlenbeispiels kann man sich davon überzeugen, dass die beiden Regressionsgeraden nicht deckungsgleich durch den Punkteschwarm gehen: Wenn wir vorhersagen, wie viele Punkte jemand voraussichtlich erreicht, der sich $x_m = 10$ Stunden auf die Klausur vorbereitet hat, ergibt sich nach der Regressionsgleichung F 16.24 ein Vorhersagewert von $\hat{y}_m = 15$ Klausurpunkten. Wenn wir die Regressionsrichtung umkehren und vorhersagen (bzw. »nachhersagen«), wie viele Stunden sich jemand auf die Klausur vorbereitet hat, der $y_m = 15$ Klausurpunkte erzielt hat, ergibt sich nach der Regressionsgleichung F 16.25 ein Vorhersagewert (bzw. »Nachhersagewert«) von $\hat{x}_m = 14{,}50$ Stunden.

Abbildung 16.2 illustriert die Asymmetrie der Regression graphisch: Die beiden Regressionslinien verlaufen weder deckungsgleich noch parallel durch den Punkteschwarm, sondern schneiden sich und bilden dabei vier Winkel. Der Cosinus des spitzen Winkels (α) ist mit der Produkt-Moment-Korrelation von X und Y identisch.

Regressionskoeffizienten.

Man beachte weiterhin, dass die beiden Regressionsgeraden in Abbildung 16.2 nicht nur unterschiedlich verlaufen, sondern auch unterschiedlich zu lesen sind: Während b_0 den Ordinatenabschnitt bezeichnet, also denjenigen $\hat{y}$-Wert, den wir für einen x-Wert von $x = 0$ erwarten, steht b_0^* für den Abszissenabschnitt, also denjenigen $\hat{x}$-Wert, den wir für einen y-Wert von $y = 0$ vorhersagen. In unserem Beispiel beträgt der Abszissenabschnitt $b_0^* = -8{,}75$. Praktisch ist dieser Wert nicht sinnvoll, da negative Vorbereitungszeiten unvorstellbar sind. Dennoch handelt es sich um den theoretischen Wert, den man bei Personen erwarten würde, die in der Klausur keinen einzigen Punkt erzielt haben.

Auch b_1 und b_1^* haben verschiedene Bedeutung: Das Regressionsgewicht b_1 gibt an, um wie viele Einheiten sich die $\hat{y}$-Werte verändern, wenn wir Y aus X vorhersagen und sich X um eine Einheit verändert. Hingegen gibt das Regressionsgewicht b_1^* an, um wie viele Einheiten sich die $\hat{x}$-Werte verändern, wenn wir X aus Y vorhersagen und sich Y um eine Einheit verändert.

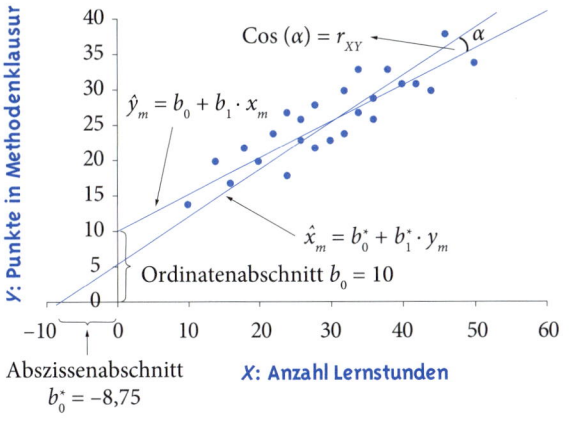

Abbildung 16.2 Regression von Y auf X und Regression von X auf Y zum Zahlenbeispiel aus Tabelle 16.1

16.7 Regression standardisierter Werte

Standardisiert man die Werte der unabhängigen und der abhängigen Variablen durch eine z-Transformation, dann haben beide Variablen einen Mittelwert von 0 und eine Standardabweichung von 1. Berechnet man auf der Grundlage der standardisierten Werte eine einfache lineare Regression, so ergibt sich folgendes Regressionsgewicht (der Index s zeigt an, dass die Werte zunächst standardisiert wurden):

$$b_{1s} = r_{XY} \cdot \frac{s_Y}{s_X} = r_{XY} \cdot \frac{1}{1} = r_{XY} \quad \text{(F 16.26)}$$

Bei z-standardisierten Variablen ist das Regressionsgewicht mit dem Korrelationskoeffizienten identisch. Für den Ordinatenabschnitt b_{0s} der standardisierten Regression gilt:

$$b_{0s} = \bar{y} - b_{1s} \cdot \bar{x} = 0 - b_{1s} \cdot 0 = 0 \quad \text{(F 16.27)}$$

Bei einer standardisierten Regression geht die Regressionsgerade also immer durch den Ursprung des Koordinatensystems (0; 0). Die Steigung ist immer gleich der Korrelation. Je steiler die Gerade, desto höher die Korrelation, wobei die Steigung nicht größer als 1 oder kleiner als −1 werden kann. Das Regressionsgewicht der *un*standardisierten Regression hat hingegen keine Ober- oder Untergrenze. Wird die Steigung der Geraden in der standardisierten Regression steiler, wandern die Punkte auch näher zur Geraden hin, da bei höherer Korrelation auch der Punkteschwarm immer enger wird und mit steigender Korrelation gegen eine Gerade konvergiert. Dies ist bei der unstandardisierten Regression nicht zwangsläufig der Fall. Im Falle der unstandardisierten Regression kann die Regressionsgerade sehr steil, die Korrelation hingegen dennoch gering sein, wenn die Varianz von Y größer ist als die Varianz von X (s. Formel F 16.4). In der standardisierten Regression wird das Regressionsgewicht als Beta-Koeffizient (β) bezeichnet. Wir vermeiden dies und nennen sie vielmehr b_{1s}, da wir griechische Buchstaben für Populationsparameter (s. Abschn. 16.9) verwenden. Die standardisierte Regression und die unstandardisierte Regression eröffnen unterschiedliche Einsichten in die Daten. Beide haben ihre Berechtigung. Auf welche Regression sollte man in einer empirischen Untersuchung zurückgreifen?

Unstandardisierte Regression
Auf die unstandardisierte Regression greift man immer dann zurück, wenn man y-Werte anhand der x-Werte voraussagen will und wenn man den Zusammenhang zwischen verschiedenen Gruppen vergleichen will.

Vorhersage. Will man beispielsweise die Länge der Publikationsliste (Y-Variable) einer Wissenschaftlerin anhand ihrer eingeworbenen Forschungsmittel (X-Variable) vorhersagen, greift man auf die unstandardisierte Regression zurück. Aufgrund der Regressionsgewichte kann man die erwartete Anzahl von Publikationen vorhersagen und erhält einen Wert, den man direkt interpretieren kann, nämlich als Anzahl von Publikationen bzw. Anteilen davon. Diese einfache Interpretation geht durch die Standardisierung verloren. Das Problem der Standardisierung in diesem Kontext ist, dass sie sich immer auf die Verteilungskennwerte der untersuchten Stichprobe (Mittelwerte, Standardabweichungen) bezieht und daher nicht einfach auf andere Stichproben und Situationen übertragbar ist. Die Maßeinheiten in der unstandardisierten Regression (hier: Euro und Publikationsanzahl) hängen nicht wie bei der standardisierten Regression (Maßeinheit: eine Standardabweichung) von den Dispersionen der Merkmale in der Stichprobe ab.

Vergleich verschiedener Gruppen. Will man beispielsweise wissen, ob der Zusammenhang zwischen der Länge der Publikationsliste und der Höhe eingeworbener Forschungsmittel in zwei unterschiedlichen wissenschaftlichen Disziplinen (z. B. Psychologie und Biologie) gleich ist, würde man ebenfalls eher unstandardisierte Regressionsgewichte vergleichen. Gleiche b_1-Koeffizienten würden anzeigen, dass sich in beiden Disziplinen mit einem Euro Forschungsmittelzuwachs der erwartete Publikationsertrag in gleicher Weise ändert. Der Vergleich der standardisierten Regressionsgewichte würde einen anderen Vergleich beinhalten: Angenommen, die b_1-Gewichte wären gleich, aber in der Psychologie wäre die Varianz der eingeworbenen Forschungsmittel geringer als in der Biologie. Dann würden sich unterschiedliche Regressionsgewichte b_{1s} ergeben. Diese unterschiedlichen Regressionsgewichte b_{1s} würden nicht erkennen lassen, dass der erwartete Publikationsertrag in beiden Disziplinen in gleicher Weise von den Forschungsmitteln abhängt. Der Vergleich der standardisierten Regressionskoeffizienten ist deswegen jedoch nicht uninteressant: Unterschiede in den standardisierten Regressionsgewichten würden Korrelationsunterschiede anzeigen und somit den Sachverhalt, dass in beiden Disziplinen die Publikationsleistung unterschiedlich genau (präzise) anhand der Forschungsmittel vorhergesagt werden könnte. Dieser Aspekt ist ebenfalls interessant, hätte aber eine vollkommen andere Bedeutung als die Gleichheit der unstandardisierten Regressionsgewichte.

Standardisierte Regressionsgewichte

Auf standardisierte Regressionsgewichte würde man zurückgreifen, wenn man in verschiedenen Studien Zusammenhänge zwischen denselben Merkmalen untersucht hat, die Messinstrumente sich jedoch in ihrer Maßeinheit unterscheiden. Hat man beispielsweise in verschiedenen Ländern den Zusammenhang zwischen Extraversion und Wohlbefinden untersucht, in jedem Land aber eine andere Extraversionsskala und eine andere Wohlbefindensskala eingesetzt, dann ist es wenig sinnvoll, die unstandardisierten Regressionsgewichte zu vergleichen, da sich die Skalen in ihren Maßeinheiten unterscheiden. In diesem Fall vergleicht man die standardisierten Regressionsgewichte. Man hat dann eine vergleichbare Maßeinheit und weiß, dass das standardisierte Regressionsgewicht die erwartete Veränderung im Wohlbefinden pro Extraversionszuwachs um eine Standardabweichung widerspiegelt.

Auf standardisierte Regressionskoeffizienten würde man auch zurückgreifen, wenn man die Zusammenhänge zwischen solchen unterschiedlichen Merkmalen vergleichen wollte, die nicht auf derselben Skala gemessen wurden, z. B. den Zusammenhang zwischen Ärgerintensität und Blutdruck mit dem Zusammenhang zwischen Angstintensität und Hautleitfähigkeit.

16.8 Bedeutung der linearen Regression

Die lineare Regressionsanalyse hat in der Statistik eine große Bedeutung, die weit über die Problemstellungen, die wir in diesem Kapitel behandelt haben, hinausgeht. Sie wird in vielen Bereichen der Sozial- und Verhaltenswissenschaften zur *Prädiktion* von Merkmalsausprägungen, aber auch zur *Erklärung* von Merkmalsunterschieden eingesetzt. Die einfache lineare Regressionsanalyse ist jedoch in dreierlei Hinsicht beschränkt.

Beschränkungen

Additiv-lineare Zerlegung. Die additiv-lineare Zerlegung ist nur dann sinnvoll, wenn die abhängige Variable eine metrische Variable ist. Im Falle nichtmetrischer Variablen greift man auf andere Ansätze wie z. B. die logistische Regressionsanalyse zurück (s. Kap. 21).

Eine unabhängige Variable. Die einfache lineare Regressionsanalyse nimmt darüber hinaus an, dass es nur eine unabhängige Variable gibt. Aufgrund der Multideterminiertheit des Verhaltens und Erlebens benötigt man zur Prädiktion und Erklärung üblicherweise jedoch mehrere unabhängige Variablen. Die multiple Regressionsanalyse ist eine diesbezügliche Erweiterung der einfachen Regressionsanalyse (s. Kap. 18).

Zusammenhang. Schließlich nimmt die einfache lineare Regressionsanalyse an, dass der Zusammenhang zwischen beiden Variablen linear ist. Im Falle nicht-linearer Zusammenhänge kann z. B. auf Spezialfälle der multiplen Regressionsanalyse zurückgegriffen werden (s. Abschn. 18.10). Bevor die multiple Regressionsanalyse behandelt wird, müssen zunächst einige wesentliche Grundkonzepte wie die Partial- und die Semipartialkorrelation im nächsten Kapitel behandelt werden.

16.9 Inferenzstatistik der einfachen linearen Regression

Im Folgenden zeigen wir, wie das Populationsmodell der einfachen linearen Regression aussieht, welche Annahmen getroffen werden müssen, um die Populationsparameter anhand von Stichprobendaten zu schätzen, und wie entsprechende Konfidenzintervalle bestimmt werden können. Wir werden sehen, dass man bei der Regressionsanalyse – genau wie bei der Varianzanalyse (s. Abschn. 13.1.11) – zwei Modelle unterscheidet: (1) ein Modell, bei dem man annimmt, dass die Werte der unabhängigen Variablen feste Werte sind, die vollständig durch die Untersuchungsplanung determiniert sind (Modell mit deterministischem Regressor oder »fixed X regression model«); (2) ein Modell, bei dem angenommen wird, dass die Ausprägungen der unabhängigen Variablen Realisierungen einer Zufallsvariablen X sind, also nicht vollständig durch die Untersuchungsplanung determiniert werden können (Modell mit stochastischem Regressor oder »random X regression model«). Wir werden die Konsequenzen beider Modelle behandeln und sehen, dass man unter bestimmten Umständen in beiden Modellen auf dieselben Formeln zur Berechnung der Prüfgrößen und Konfidenzintervalle zurückgreifen kann.

16.9.1 Populationsmodell der einfachen linearen Regression

Wir haben das Grundprinzip der linearen Regressionsanalyse anhand der bedingten Mittelwerte eingeführt und aufgezeigt, dass ein lineares Regressionsmodell dann ein sinnvolles Modell zur Beschreibung des Zusammenhangs ist, wenn die Mittelwerte von Y, die man für verschiedene x-Werte erhält, auf einer Geraden liegen. Wir haben aber auch gesehen, dass diese Annahme auf der Ebene der Stichprobe wenig sinnvoll ist, da die bedingten Mittelwerte schon allein zufallsbedingt von der Geraden abweichen können. Bei der Behandlung der Varianzanalyse (s. Kap. 13) haben wir ein ähnliches Phänomen kennengelernt. Auch wenn die Erwartungswerte der Variablen Y in den verschiedenen Bedingungen (Ausprägungen der unabhängigen Variable X) in der Population gleich sind, können sie sich in den Stichprobendaten allein aufgrund des Stichprobenfehlers unterscheiden.

Bedingte Erwartung

Im Populationsmodell der einfachen linearen Regression trifft man nun genau die Annahme, dass die Erwartungswerte der Variablen Y für jede Ausprägung der Variablen X auf einer Geraden liegen:

$$E(Y|X) = \beta_0 + \beta_1 \cdot X \qquad \text{(F 16.28)}$$

Der Ausdruck $E(Y|X)$ bezeichnet die bedingte Erwartung der Variablen Y gegeben die Variable X. Die Werte der bedingten Erwartung sind die bedingten Erwartungswerte $E(Y|X=x)$, d. h. die Erwartungswerte von Y für spezifische Werte x der unabhängigen Variablen X (zum Konzept der bedingten Erwartung s. ausführlich Steyer, 2003). Hieraus ergibt sich die Zerlegung der abhängigen Variablen Y:

$$Y = E(Y|X) + \varepsilon = \beta_0 + \beta_1 \cdot X + \varepsilon \qquad \text{(F 16.29)}$$

ε bezeichnet die Residualvariable auf der Ebene der Population.

Lineare Regression vs. lineare Quasi-Regression

Die lineare Regression setzt voraus, dass alle bedingten Erwartungswerte auf einer Geraden liegen. Das ist eine sehr strenge Form der Abhängigkeit, die jedoch die Realität nicht immer zutreffend beschreibt. Wie wir in Kapitel 18 sehen werden, gibt es verschiedene Formen der regressiven Abhängigkeit der abhängigen Variablen Y von einer unabhängigen Variablen X. Diese Abhängigkeit kann auch so geartet sein, dass sie nicht durch eine einfache Funktion beschrieben werden kann. Nähert man die Abhängigkeit der bedingten Erwartung von den unabhängigen Variablen durch eine mathematische Funktion an, so beschreibt diese Funktion nicht mehr die Abhängigkeit der bedingten Erwartung von der unabhängigen Variablen X, sondern die bestmögliche funktionale Beschreibung der Abhängigkeit. Zur Unterscheidung zwischen der wahren Regression, die voraussetzt, dass die bedingten Erwartungswerte von Y exakt modelliert werden, und der bestmöglichen funktionalen Repräsentation des Zusammenhangs verwendet Steyer (2003) die Unterscheidung zwischen Regression und Quasi-Regression. Diese Unterscheidung wollen wir an einem einfachen Beispiel veranschaulichen.

In Abbildung 16.3 ist die Abhängigkeit der bedingten Erwartung $E(Y|X)$ von X dargestellt. Man sieht, dass die bedingten Erwartungswerte von Y nicht auf einer Linie angeordnet werden können, sondern um eine Gerade streuen. Dies ist ein Beispiel dafür, dass die bedingte Erwartung in nicht-linearer Weise von der unabhängigen Variablen X abhängt, die Abhängigkeit durch eine lineare Gerade jedoch approximiert werden kann. Bei der linearen Geraden handelt es sich aber nicht um die Regression, sondern um die bestmögliche lineare Repräsentation der Abhängigkeit. Man spricht daher streng genommen von der linearen Quasi-Regression. Eine häufige Anwendung besteht darin, die beste lineare Approximation im Sinne der linearen Quasi-Regression auf der Basis des Kleinste-Quadrate-Kriteriums aufzudecken. Steyer (2003, Kap. 8.4) zeigt, wie die Annahme der Linearität der Regression überprüft werden kann. In Kapitel 18 werden wir eine einfache Methode kennenlernen, wie man überprüfen kann, ob eine nichtlineare Kurve die Abhängigkeit besser beschreibt als eine lineare.

16.9.2 Inferenzstatistische Schätzung und Testung

Um die Parameter des Regressionsmodells inferenzstatistisch absichern und die Konfidenzintervalle schätzen zu können, müssen zusätzliche Annahmen getroffen werden (z. B. Fahrmeir et al., 1996b). Wir werden diese Annahmen für das Modell mit einem deterministischen und das Modell mit einem stochastischen Regressor getrennt behandeln.

Modell mit einem deterministischen Regressor

Bei diesem Modell wird angenommen, dass die Ausprägungen der unabhängigen Variablen X feste Werte sind, die durch die Untersuchungsplanung determiniert sind. Man geht von deterministischen unabhängigen Variablen aus, deren Werte vorher ausgewählt werden und sich messfehlerfrei bestimmen lassen. Dies trifft für geplante Untersuchungen zu, in denen man für feste Werte der unabhängigen Variablen Stichproben auswählt, die sich dann bezüglich ihrer y-Werte unterscheiden können. Bezogen auf unser Beispiel wäre dies dann der Fall, wenn in der Untersuchung vorher die Vorbereitungszeiten für die Klausur festgelegt werden würden, man für die ausgewählten Vorbereitungszeiten Substichproben ziehen würde und dann die Werte der abhängigen Variablen (Klausurerfolg) in den einzelnen Substichproben bestimmen würde. Man könnte dann z. B. die Mittelwerte der Punkte in der Methodenklausur bestimmen

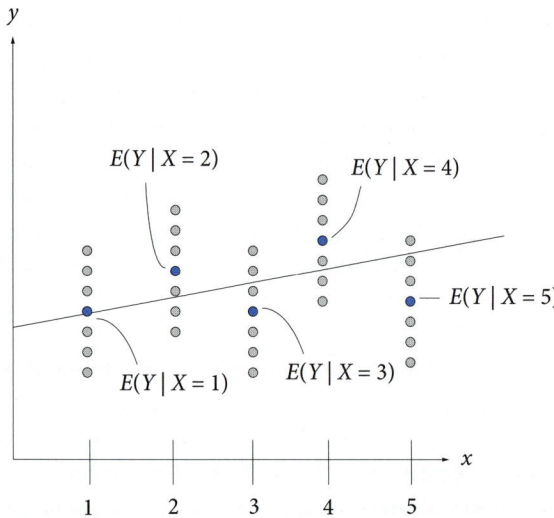

Abbildung 16.3 Nicht-lineare Abhängigkeit der bedingten Erwartung $E(Y|X)$ von X und lineare Quasi-Regression

und eine lineare Regressionsgerade anpassen. Bei der abhängigen Variablen handelt es sich um eine Zufallsvariable, deren Werte man erklären bzw. vorhersagen möchte. Das Modell mit einem deterministischen Regressor wird auch das »klassische« Modell der Regressionsanalyse genannt und ist ein Spezialfall des Allgemeinen Linearen Modells (ALM), das wir in Kapitel 18 ausführlicher behandeln werden. Es entspricht konzeptuell dem varianzanalytischen Modell mit festen Faktoren, das – wie wir in Kapitel 18 sehen werden – ebenfalls einen Spezialfall des ALM darstellt.

Zur inferenzstatistischen Testung der Parameter und der Bestimmung der Konfidenzintervalle im Modell mit einem deterministischen Regressor müssen drei zusätzliche Annahmen getroffen werden (Mickey et al., 2004):

(1) Homoskedastizität
(2) Normalverteilung der Fehlervariablen
(3) Unabhängigkeit der Fehler.

Dies sind genau die drei Annahmen, die wir bei der Varianzanalyse mit festen Effekten schon kennengelernt haben. In Abschnitt 18.13 werden wir ausführlich behandeln, wie man die Gültigkeit dieser Annahmen überprüfen kann und wie man bei Verletzung der Annahmen verfährt.

Homoskedasitizität. Unter Homoskedastizität versteht man, dass die bedingte Varianz $Var(Y|X)$ in der Population für jede Ausprägung x von X gleich ist. $Var(Y|X = x)$ ist die Varianz der abhängigen Variablen für einen spezifischen x-Wert. Im Modell der einfachen linearen Regressionsgeraden ist es die Streuung (Varianz) der y-Werte um die Regressionsgerade an der Stelle einer bestimmten Merkmalsausprägung x. Die bedingte Varianz $Var(Y|X)$ ist gleich der bedingten Fehlervarianz $Var(\varepsilon|X)$, denn die Streuung der y-Werte um die Regressionsgerade (d. h. um einen bedingten $\hat{y}$-Wert) herum ist nichts anderes als die Streuung der bedingten Regressionsresiduen. Die bedingte Fehlervarianz wird auch mit σ_ε^2 bezeichnet:

$$Var(Y|X) = Var(\varepsilon|X) = \sigma_\varepsilon^2 \qquad \text{(F 16.30)}$$

Bedingte Normalverteilung. Die bedingten Verteilungen der abhängigen Variablen Y bzw. der Fehlervariablen ε müssen nicht nur gleiche Varianzen aufweisen, sondern darüber hinaus auch normalverteilt sein.

Unabhängigkeit der Fehler. Die Stichprobenziehung muss so geartet sein, dass die Fehler (d. h. die Regressionsresiduen) zwischen den Merkmalträgern voneinander unabhängig sind. Nehmen wir die Tagesform als ein Beispiel: Die Tagesform beeinflusst das Klausurergebnis systematisch, aber sie wurde hier nicht untersucht; also verursacht ihr Einfluss unerklärte Varianz in Y. Angenommen, die Klausurwerte stammen aus verschiedenen Klausuren, die zu unterschiedlichen Tageszeiten geschrieben wurden. In diesem Fall würden die Residuen derjenigen Studierenden, die dieselbe Klausur geschrieben haben, höchstwahrscheinlich voneinander abhängen. Die Annahme unabhängiger Fehler wäre verletzt. Die Unabhängigkeit von Fehlern hat also viel mit der Frage gemeinsam, ob es sich um eine echte Zufallsziehung aus der Population gehandelt hat oder aber um eine Ziehung, die systematische Abhängigkeiten zwischen den Merkmalträgern (genauer gesagt: zwischen Fehlereinflüssen der Merkmalträger) begünstigte. Die Unabhängigkeit der Fehler wäre im Falle verschiedener Klausuren, die zu unterschiedlichen Tageszeiten geschrieben wurden, verletzt, da man ein mehrstufiges Auswahlverfahren gewählt hat, in dem zunächst Lehrveranstaltungen per Zufall ausgewählt werden und dann wiederum Studierende pro Lehrveranstaltung per Zufall gezogen werden. In diesem Fall muss die hierarchische Struktur der Daten im Rahmen eines hierarchischen linearen Modells (s. Kap. 19) berücksichtigt werden.

Eine Verletzung der Unabhängigkeitsannahme wäre auch dann gegeben, wenn die Bewertung einer Klausur davon abhängen würde, wie die zuvor korrigierte Klausur bewertet wurde. Dieses Beispiel ist nicht aus der Luft gegriffen: Solche systematischen Reihenfolgeeffekte sind gut untersucht und gut belegt: So neigen Korrektoren dazu, eine mittelmäßige Klausur milder zu bewerten, wenn sie zuvor eine sehr schlechte Klausur korrigieren mussten (Kontrasteffekt). Dieses Problem könnte man dadurch in den Griff bekommen, dass jede Klausur von einem anderen Korrektor korrigiert oder aber man das Bewertungsschema objektivieren würde.

Ist die Annahme unabhängiger Fehler verletzt, so hat dies massive Auswirkungen auf die Wahrscheinlichkeit, eine falsche statistische Entscheidung zu treffen. So erhöht sich die Wahrscheinlichkeit eines α-Fehlers selbst bei schwacher Verletzung der Unabhängigkeitsannahme drastisch: Ein statistischer Test produziert dann mit größerer Wahrscheinlichkeit ein signifikantes Ergebnis, und man würde die Nullhypothese ablehnen, obwohl diese Entscheidung falsch ist (Stevens, 2009).

Die Unabhängigkeit der Fehler bedeutet formal, dass die Fehlervariablen ε_m unabhängig voneinander sind. (Zur Erinnerung: Im Stichprobenmodell erhält die Fehlervariable jetzt einen Index m, da jede Person m die Replikation eines Zufallsvorgangs verkörpert (s. Abschn. 9.3.1).) Bezieht man die beiden anderen Annahmen noch mit ein, lassen sich alle drei Annahmen in der Annahme bündeln, dass die Fehlervariablen ε_m unabhängig und identisch normalverteilt sein müssen mit $\varepsilon_m \sim N(0, \sigma_\varepsilon^2)$. Dies impliziert: $Cov(\varepsilon_m, \varepsilon_{m'}) = 0$ für $m \neq m'$.

Modell mit einem stochastischen Regressor

Im Modell mit einer stochastischen unabhängigen Variablen wird davon ausgegangen, dass die Werte x der unabhängigen Variablen X Realisierungen einer Zufallsvariablen sind, deren empirisch beobachtete Merkmalsausprägungen nicht durch die Untersuchungsplanung kontrolliert werden können. In diesem Modell handelt es sich also nicht nur bei der abhängigen, sondern darüber hinaus auch bei der unabhängigen Variablen um eine Zufallsvariable, deren Werte vor der Durchführung der Untersuchung nicht festliegen, sondern ein Ergebnis der Untersuchung sind. Bezogen auf unser Beispiel würde ein stochastischer Regressor vorliegen, wenn wir per Zufall 25 Studierende auswählen und ihre Vorbereitungszeit und ihr jeweiliges Klausurergebnis registrieren würden. Sowohl die x- als auch die y-Werte sind somit Ergebnisse eines Zufallsprozesses. Dies dürfte der typische Anwendungsfall der Regressionsanalyse in der nicht-experimentellen Forschung sein. Da beide Variablen Zufallsvariablen sind, ist es in diesem Fall möglich, nicht nur die Regression von Y auf X zu betrachten, sondern auch die Regression von X auf Y. Da beide Variablen Zufallsvariablen sind, ist es auch möglich, anhand der Stichprobe die Popula-

tionskennwerte der unabhängigen Variablen (wie z. B. ihren Populationsmittelwert und ihre Populationsvarianz) sowie die Populationskorrelation ρ und die dazugehörigen Standardfehler zu schätzen und Hypothesen zu überprüfen. Hierfür ist es notwendig, Verteilungsannahmen zu treffen. Wie bei der Produkt-Moment-Korrelation wird hierzu üblicherweise die Annahme getroffen, dass beide Variablen bivariat normalverteilt sind. Diese Verteilungsannahme hat den Vorteil, dass hieraus ohne zusätzliche Annahmen folgt, dass die bedingte Verteilung von Y gegeben X normal ist und Homoskedastizität gegeben ist. Dies gilt zwangsläufig auch für die bedingte Verteilung von X gegeben Y. Sowohl für die Regression von Y auf X als auch für die Regression von X auf Y kann daher auf die Schätzverfahren, die für den Fall deterministischer Regressoren entwickelt wurden und die genau auf diesen Annahmen basieren, zurückgegriffen werden. Diese Schätzverfahren werden wir im Folgenden behandeln.

16.9.3 Schätzung der Residualvarianz und des Standardschätzfehlers

Wir zeigen zunächst, wie die Residualvarianz geschätzt werden kann, da diese auch den Standardfehlern der anderen Regressionsparameter zugrunde liegt. Zur Schätzung der Residualvarianz σ_ε^2 greift man auf die Residuen zurück, die man in der Stichprobe anhand des Kleinste-Quadrate-Kriteriums wie folgt erhält: $e_m = y_m - \hat{y}_m = y_m - (b_0 + b_1 \cdot x_m)$. Die durch $n-2$ geteilte Quadratsumme dieser Residuen ist eine erwartungstreue Schätzung der Residualvarianz in der Population:

$$\hat{\sigma}_\varepsilon^2 = \frac{\sum_{m=1}^{n} e_m^2}{n-2} = \frac{\sum_{m=1}^{n}(y_m - \hat{y}_m)^2}{n-2} \qquad \text{(F 16.31)}$$

Die Quadratsumme wird durch $n-2$ geteilt, da man durch die Schätzung von b_0 und b_1 zwei Freiheitsgrade (df) verliert. Bei der Schätzung der Populationsvarianz haben wir gesehen, dass wir durch $n-1$ teilen müssen, da wir durch die Mittelwertsbestimmung $df = 1$ Freiheitsgrad verlieren. In der Regressionsanalyse ist die Fehlerstreuung die Streuung der y-Werte um die geschätzten $\hat{y}$-Werte. Zur Bestimmung der

$\hat{y}$-Werte müssen b_0 und b_1 geschätzt werden, wodurch man nicht nur einen, sondern zwei Freiheitsgrade verliert. Die Wurzel aus dieser geschätzten Populationsfehlervarianz ist der geschätzte Standardschätzfehler, der ein Maß dafür ist, wie stark in der Population die beobachteten Y-Werte um die vorhergesagten Werte streuen:

$$\hat{\sigma}_\varepsilon = \sqrt{\frac{\sum_{m=1}^{n} e_m^2}{n-2}} = \sqrt{\frac{\sum_{m=1}^{n}(y_m - \hat{y}_m)^2}{n-2}} \quad \text{(F 16.32)}$$

16.9.4 Schätzung und Überprüfung des Regressionsgewichts β_1

Das Regressionsgewicht b_1, dass wir in einer Stichprobe anhand der Kleinste-Quadrate-Schätzung bestimmen können (s. Formel F 16.4), stellt eine erwartungstreue Schätzung des Regressionsgewichts β_1 in der Population dar. Unter den drei in Abschnitt 16.9.2 genannten Annahmen folgt die Stichprobenkennwerteverteilung des Regressionsgewichts B_1 ebenfalls einer Normalverteilung mit Erwartungswert $E(B_1) = \beta_1$ und der Varianz (quadriertem Standardfehler)

$$Var(B_1) = \sigma_{B_1}^2 = \frac{\sigma_\varepsilon^2}{\sum_{m=1}^{n}(x_m - \bar{x})^2} = \frac{\sigma_\varepsilon^2}{n \cdot s_X^2}. \quad \text{(F 16.33)}$$

Da die Populationsresidualvarianz σ_ε^2 typischerweise nicht bekannt ist, muss diese aus den Daten geschätzt werden, so dass man folgendermaßen den geschätzten quadrierten Standardfehler von B_1 erhält:

$$\hat{\sigma}_{B_1}^2 = \frac{\hat{\sigma}_\varepsilon^2}{\sum_{m=1}^{n}(x_m - \bar{x})^2} = \frac{\hat{\sigma}_\varepsilon^2}{n \cdot s_X^2} \quad \text{(F 16.34)}$$

Da man s_E^2 nach Formel F 16.14 umformulieren kann in $s_E^2 = (1 - r_{XY}^2) \cdot s_Y^2$ und $\hat{\sigma}_\varepsilon^2 = s_E^2 \cdot n/(n-2)$, folgt hieraus:

$$\hat{\sigma}_{B_1} = \sqrt{\frac{(1-r_{XY}^2) \cdot s_Y^2 \cdot \frac{n}{n-2}}{n \cdot s_X^2}} = \sqrt{\frac{(1-r_{XY}^2) \cdot s_Y^2}{(n-2) \cdot s_X^2}}$$

$$= \sqrt{\frac{1-r_{XY}^2}{n-2} \cdot \frac{s_Y^2}{s_X^2}} \quad \text{(F 16.35)}$$

Zur Überprüfung der Nullhypothese $H_0: \beta_1 = \beta_{10}$ bzw. ihrer gerichteten Varianten kann auf folgende standardisierte Prüfgröße zurückgegriffen, werden, die einer t-Verteilung mit $df = n - 2$ Freiheitsgraden folgt:

$$t = \frac{b_1 - \beta_{10}}{\hat{\sigma}_{B_1}} \quad \text{(F 16.36)}$$

Hiermit kann auch die spezielle Nullhypothese $H_0: \beta_1 = 0$ überprüft werden. Als zweiseitiges $(1-\alpha)$-Konfidenzintervall erhält man:

$$b_1 \pm t_{\left(1-\frac{\alpha}{2}; n-2\right)} \cdot \hat{\sigma}_{B_1} \quad \text{(F 16.37)}$$

> **Beispiel**
>
> **Klausurvorbereitung und Klausurerfolg: Regressionsgewicht**
>
> Für unser Anwendungsbeispiel erhalten wir nach Tabelle 16.1:
>
> $$\hat{\sigma}_\varepsilon^2 = \frac{\sum_{m=1}^{n}(y_m - \hat{y}_m)^2}{n-2} = \frac{186}{23} = 8{,}087$$
>
> und
>
> $$\hat{\sigma}_{B_1}^2 = \frac{\hat{\sigma}_\varepsilon^2}{n \cdot s_X^2} = \frac{8{,}087}{25 \cdot 101{,}76} = 0{,}0032$$
>
> und somit $\hat{\sigma}_{B_1} = 0{,}057$. Als zweiseitiges 95 %-Konfidenzintervall erhält man $0{,}5 \pm 2{,}069 \cdot 0{,}057 = 0{,}5 \pm 0{,}118$. Da die 0 nicht im Konfidenzintervall von [0,382; 0,618] liegt, ist das Regressionsgewicht bedeutsam von 0 verschieden. Diese Schlussfolgerung erhält man auch anhand des t-Tests:
>
> $$t = \frac{0{,}5 - 0}{0{,}057} = 8{,}772$$
>
> Der Wert ist größer als der kritische t-Wert von $t_{(0{,}975;\, df=23)} = 2{,}069$. Die Nullhypothese, dass keine regressive Abhängigkeit vorliegt, wird daher auf einem $\alpha = 0{,}05$ mit einem zweiseitigen Test verworfen.

16.9.5 Schätzung und Überprüfung des Achsenabschnitts β_0

Auch für den Achsenabschnitt β_0 in der Population ist der Achsenabschnitt b_0, den man mittels der Kleinste-Quadrate-Schätzung anhand der Stichprobendaten nach Formel F 16.5 bestimmen kann, ein erwartungstreuer Schätzer, dessen Stichprobenkennwerteverteilung unter den in Abschnitt 16.9.2 getroffenen Annahmen der Normalverteilung folgt mit dem Erwartungswert $E(B_0) = \beta_0$ und der Varianz

$$\sigma_{B_0}^2 = \sigma_\varepsilon^2 \cdot \frac{\sum_{m=1}^{n} x_m^2}{n \cdot \sum_{m=1}^{n}(x_m - \overline{x})^2} = \sigma_\varepsilon^2 \cdot \frac{s_X^2 + \overline{x}^2}{n \cdot s_X^2}$$

$$= \sigma_\varepsilon^2 \cdot \left(\frac{1}{n} + \frac{\overline{x}^2}{n \cdot s_X^2}\right). \quad \text{(F 16.38)}$$

Muss die Populationsresidualvarianz geschätzt werden, was typischerweise der Fall ist, erhält man folgenden geschätzten Standardfehler:

$$\hat{\sigma}_{B_0} = \hat{\sigma}_\varepsilon \cdot \sqrt{\frac{1}{n} + \frac{\overline{x}^2}{n \cdot s_X^2}} \quad \text{(F 16.39)}$$

Die Nullhypothese $H_0: \beta_0 = \beta_{00}$ bzw. eine ihrer gerichteten Varianten kann mit folgender Prüfgröße getestet werden, die einer t-Verteilung mit $df = n - 2$ Freiheitsgraden folgt:

$$t = \frac{b_0 - \beta_{00}}{\hat{\sigma}_{B_0}} \quad \text{(F 16.40)}$$

Als zweiseitiges $(1-\alpha)$-Konfidenzintervall ergibt sich:

$$b_0 \pm t_{\left(1-\frac{\alpha}{2}; n-2\right)} \hat{\sigma}_{B_0} \quad \text{(F 16.41)}$$

Beispiel

Klausurvorbereitung und Klausurerfolg: Achsenabschnitt

Für unser Anwendungsbeispiel erhalten wir nach Tabelle 16.1:

$$\hat{\sigma}_{B_0} = \hat{\sigma}_\varepsilon \cdot \sqrt{\frac{1}{n} + \frac{\overline{x}^2}{n \cdot s_X^2}}$$

$$= 2{,}844 \cdot \sqrt{\frac{1}{25} + \frac{30^2}{25 \cdot 101{,}76}} = 1{,}785$$

Das zweiseitige 95%-Konfidenzintervall berechnet sich zu $10 \pm 2{,}069 \cdot 1{,}785 = 10 \pm 3{,}693$. Da die 0 nicht im Konfidenzintervall von [6,307; 13,693] liegt, ist der Achsenabschnitt bedeutsam von 0 verschieden. Diese Schlussfolgerung erhält man auch anhand des t-Tests:

$$t = \frac{10 - 0}{1{,}785} = 5{,}602$$

Der Wert ist größer als der kritische t-Wert von $t_{(0{,}975;\, df=23)} = 2{,}069$, und die Nullhypothese muss auf einem $\alpha = 0{,}05$ mit einem zweiseitigen Test verworfen werden. Im Gegensatz zur statistischen Absicherung des Regressionsgewichts sind der Signifikanztest und die Bestimmung des Konfidenzintervalls für den Achsenabschnitt häufig wenig interessant. In unserem Anwendungsbeispiel bedeutet die Nullhypothese $H_0: \beta_0 = 0$, dass Studierende, die sich nicht auf die Klausur vorbereitet haben, keinen Punkt erhalten.

16.9.6 Schätzung der bedingten Erwartungswerte

Hat man den Achsenabschnitt b_0 und das Regressionsgewicht b_1 bestimmt, kann man die Regressionsgleichung zur Vorhersage eines Wertes der abhängigen Variablen anhand eines Wertes der unabhängigen Variablen einsetzen. Zum einen kann man den bedingten Erwartungswert $E(Y|X = x)$ schätzen, zum anderen einen individuellen Wert y_m prognostizieren. Wir widmen uns zunächst der Schätzung des Erwartungswerts und behandeln im Abschnitt 16.9.7 die Prognose eines individuellen Wertes.

Den bedingten Erwartungswert $E(Y|X = x)$ schätzt man über den vorhergesagten Wert

$$\hat{y} = b_0 + b_1 \cdot x.$$

Der Standardfehler für die Regressionsgerade beträgt:

$$\hat{\sigma}_{\hat{E}(Y|X=x)} = \hat{\sigma}_\varepsilon \cdot \sqrt{\frac{1}{n} + \frac{(x - \overline{x})^2}{n \cdot s_X^2}} \quad \text{(F 16.42)}$$

Je weiter ein x-Wert vom Mittelwert der unabhängigen Variablen abweicht, umso größer ist der Standardfehler des bedingten Erwartungswertes, und umso unsicherer ist seine Schätzung. Diesen Sachverhalt kann man sich leicht veranschaulichen, wenn man die einfache lineare Regression in Form von Abweichungswerten darstellt. Ein Abweichungswert ist die Differenz des individuellen Wertes von dem Mittelwert der Variablen. Bildet man für beide Variablen die Abweichungswerte, so erhält man folgende Prognosegleichung im einfachen Regressionsmodell:

$$\hat{y} - \bar{y} = b_1 \cdot (x - \bar{x})$$

Angenommen, der Mittelwert der Y-Variablen in einer Stichprobenuntersuchung sei 2, und das geschätzte Regressionsgewicht b_1 sei 1, so erhält man folgende Prädiktionsgleichung für diesen Anwendungsfall:

$$\hat{y} - 2 = 1 \cdot (x - \bar{x}) \quad \text{und somit} \quad \hat{y} = 2 + 1 \cdot (x - \bar{x})$$

Jedoch sind sowohl der Mittelwert der Y-Variablen als auch das Regressionsgewicht b_1 geschätzte Werte, die sich im Allgemeinen nicht mit den Populationswerten decken. Wir nehmen nun für unser Beispiel an, dass der wahre Populationsmittelwert von Y den Wert $\mu_y = 2{,}5$ aufweise und der wahre Populationswert des Regressionsgewichts $\beta_1 = 1{,}5$ betrage. Man erhält dann folgende Prädiktionsgleichung auf der Grundlage der Populationswerte:

$$E(Y|X=x) = 2{,}5 + 1{,}5 \cdot [x - E(X)]$$

Man sieht, dass sich die Stichprobenprädiktionsgleichung von der Populationsprädiktionsgleichung unterscheidet. Man sieht auch, dass der Populationsregressionsparameter $\beta_1 = 1{,}5$ durch den Stichprobenparameter $b_1 = 1$ unterschätzt wird, was auf den Stichprobenfehler zurückgeführt werden kann. Je stärker also ein Wert x vom Mittelwert $\bar{x}$ abweicht, umso stärker werden sich die vorhergesagten Werte anhand der Stichprobengleichung und der Populationsgleichung unterscheiden. Beträgt die Abweichung $x - \bar{x} = 1$, wäre der geschätzte Kriteriumswert auf der Grundlage des Stichprobenmodells $\hat{y} = 3$, für das Populationsmodell jedoch $E(Y|X) = 4$. Beträgt die Abweichung $x - \bar{x} = 5$, so ist der vorhergesagte Wert anhand des Stichprobenmodells $\hat{y} = 7$, anhand des Populationsmodells jedoch $E(Y|X=x) = 10$. Dies zeigt: Je stärker der individuelle Prädiktorwert vom Mittelwert der Prädiktorvariablen abweicht, umso größer ist die Verschätzung des bedingten Erwartungswerts, die auf den Stichprobenfehler zurückgeführt werden kann. Aufgrund dieses Sachverhalts verläuft das Konfidenzintervall für die bedingten Erwartungswerte nicht parallel zur Regressionsgeraden, sondern hat eine fächerartige Gestalt (s. Abb. 16.4). Dieses Konfidenzintervall bestimmt sich wie folgt:

$$\hat{y} \pm t_{\left(1-\frac{\alpha}{2};\, n-2\right)} \cdot \hat{\sigma}_{\hat{E}(Y|X=x)} \qquad \text{(F 16.43)}$$

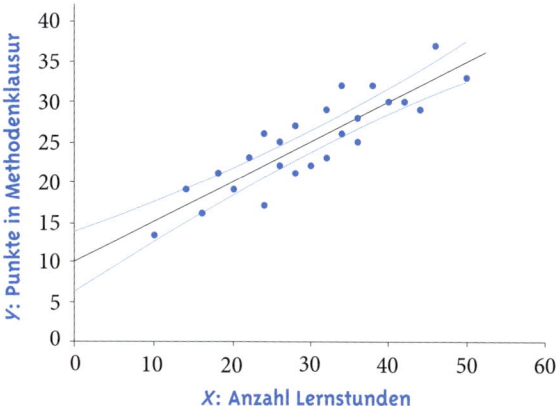

Abbildung 16.4 Konfidenzintervall für die bedingten Erwartungswerte (Regressionsgeraden) zum Zahlenbeispiel aus Tabelle 16.1

16.9.7 Vorhersage individueller Kriteriumswerte

Will man nicht den bedingten Erwartungswert, sondern einen individuellen y-Wert anhand des x-Wertes vorhersagen, dann ist der Prognosefehler größer. Dies kann man sich leicht veranschaulichen. Will man z. B. für eine Person, die sich 40 Stunden auf die Klausur vorbereitet hat, ihr Klausurergebnis vorhersagen, bevor sie die Klausur geschrieben hat, so wird man als besten Prognosewert den Wert auf der Regressionsgeraden wählen. Zu der Prognoseunsicherheit, die durch die ungenaue Schätzung des bedingten Erwartungswerts zustande kommt (Standardfehler von $\hat{y}$), kommt nun noch eine zweite Quelle der Prognoseunsicherheit ins Spiel, nämlich der Sachverhalt, dass das wirkliche Klausurergebnis nicht gleich dem Wert auf der Regressionsgeraden sein wird, sondern von diesem höchstwahrscheinlich abweichen wird. Bezeichnet man mit x_0 den Wert einer neu gezogenen Person und mit $\hat{y}_0$ den prognostizierten Wert, so erhält man folgende geschätzte Standardabweichung für die geschätzten individuellen Werte:

$$\hat{\sigma}_{\hat{Y}_0} = \hat{\sigma}_\varepsilon \cdot \sqrt{1 + \frac{1}{n} + \frac{(x_0 - \bar{x})^2}{n \cdot s_X^2}} \quad \text{(F 16.44)}$$

Auch diese Standardabweichung wird umso größer, je stärker der individuelle Wert x_0 vom Mittelwert $\bar{x}$ abweicht. Daher hat auch das Konfidenzintervall

$$\hat{y}_0 \pm t_{\left(1-\frac{\alpha}{2}; n-2\right)} \cdot \hat{\sigma}_{\hat{Y}_0} \quad \text{(F 16.45)}$$

die typische Fächerform, die in Abbildung 16.5 dargestellt ist. Im Vergleich zu Abbildung 16.4 sieht man, dass das Konfidenzintervall für individuelle prognostizierte Werte deutlich größer ist.

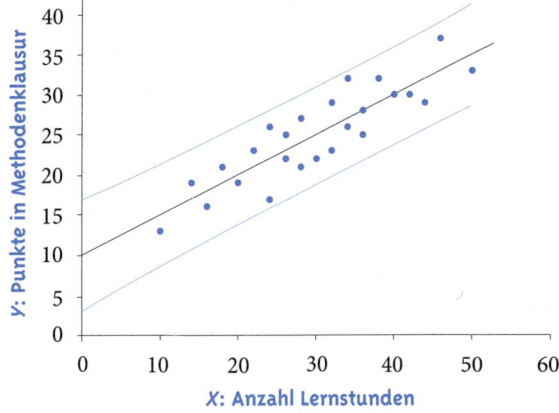

Abbildung 16.5 Konfidenzintervall für vorhergesagte individuelle Werte zum Zahlenbeispiel in Tabelle 16.1

16.9.8 Schätzung und Überprüfung des Determinationskoeffizienten

In Abschnitt 15.4.1 haben wir schon gesehen, dass die Produkt-Moment-Korrelation, die man anhand von Stichprobendaten bestimmt, keine erwartungstreue Schätzung der Populationskorrelation ρ darstellt. Entsprechend ist auch die quadrierte Korrelation keine erwartungstreue Schätzung des Determinationskoeffizienten P^2 (P = großes griechisches Rho). Wir haben bereits in Abschnitt 15.4.1 darauf hingewiesen, dass es verschiedene Korrekturformeln gibt, von denen sich die von Olkin und Pratt (1958) vorgestellte Korrektur für verschiedene Anwendungsbereiche als sinnvoll erwiesen hat. Für die Schätzung des Populations-Determinationskoeffizienten lautet die Korrekturformel nach Olkin und Pratt (1958):

$$R^2_{\text{korr OP}} = 1 - \frac{n-3}{n-2} \cdot \left[(1-R^2) + \frac{2 \cdot (1-R^2)^2}{n}\right] \quad \text{(F 16.46)}$$

Zur Überprüfung der Nullhypothese H_0: $P^2 = 0$ kann auf folgende Prüfgröße zurückgegriffen werden:

$$F = (n-2) \cdot \frac{R^2}{1-R^2} \quad \text{(F 16.47)}$$

Diese Prüfgröße folgt unter der Nullhypothese der Unkorreliertheit einer F-Verteilung mit $df_1 = 1$ Zähler- und $df_2 = n - 2$ Nennerfreiheitsgraden. Mit dieser Prüfgröße kommt man zum selben Ergebnis, wie wenn man die Korrelation anhand des t-Tests in Formel F 15.35 zur Signifikanztestung heranzieht. Der F-Wert in F 16.47 ist nichts anderes als der quadrierte t-Wert in F 15.35. Da der Determinationskoeffizient nicht kleiner als 0 werden kann, überprüft man die Nullhypothese H_0: $P^2 = 0$ anhand des kritischen F-Wertes, der an der rechten Seite der Verteilung einen Flächenanteil von α abschneidet.

Ist die Nullhypothese der Unkorreliertheit nicht gültig, so folgt der Ausdruck in Gleichung F 16.47 einer nicht-zentralen F-Verteilung mit dem Nonzentralitätsparameter

$$\lambda = n \cdot \frac{P^2}{1-P^2}. \quad \text{(F 16.48)}$$

Um ein $(1-\alpha)$-Konfidenzintervall für den Determinationskoeffizienten P^2 zu erhalten, schätzt man zunächst ein Konfidenzintervall für den Nonzentralitätsparameter λ auf der Grundlage des geschätzten Nonzentralitätsparameters

$$\hat{\lambda} = n \cdot \frac{R^2}{1-R^2}. \quad \text{(F 16.49)}$$

Man transformiert also zunächst das R^2 in den geschätzten Nonzentralitätsparameter, da man für den Nonzentralitätsparameter die Intervallgrenzen einfach bestimmen kann. Hierzu geht man wie folgt vor:

Die untere Grenze des Konfidenzintervalls ist der Nonzentralitätsparameter λ_u derjenigen nonzentralen F-Verteilung, von der der Ausdruck in F 16.47 einen Flächenanteil von $\alpha/2$ vom oberen Ende der Verteilung abschneidet. Die obere Grenze des Konfidenzintervalls ist der geschätzte Nonzentralitätsparameter λ_o derjenigen nonzentralen F-Verteilung, von der der Ausdruck in F 16.47 einen Flächenanteil von $\alpha/2$ vom unteren Ende der Verteilung abschneidet. Diese Intervallschranken können dann durch folgende Gleichungen in die unteren und oberen Grenzen des Intervalls für P^2 umgerechnet werden:

$$P_u^2 = \frac{\lambda_u}{\lambda_u + n} \quad \text{und} \quad P_o^2 = \frac{\lambda_o}{\lambda_o + n} \qquad \text{(F 16.50)}$$

Zur Berechnung der Nonzentralitätsparameter, die die Intervallgrenzen bilden, benötigt man ein Statistikprogramm. Auf geeignete Statistikprogramme wie z. B. das Programm NDC von Steiger (o. J.) verweisen wir in unseren Online-Materialien. Das Konfidenzintervall kann auch direkt mit dem Statistikprogramm R und dem Paket MBESS (Kelley, 2007) berechnet werden.

Im Gegensatz zu Regressionskoeffizienten wird für den Determinationskoeffizienten häufig nicht auf das 95 %-Konfidenzintervall, sondern auf das 90 %-Konfidenzintervall zurückgegriffen. Dies liegt daran, dass der Determinationskoeffizient nur positive Werte annehmen kann. Die Nullhypothese $H_0: P^2 = 0$ wird daher einseitig getestet. Zu einem einseitigen Signifikanztest mit dem Signifikanzniveau α korrespondiert das einseitige $(1-\alpha)$-Konfidenzintervall (s. Abschn. 8.5.2). Das einseitige Konfidenzintervall ist zu einer Seite hin offen, und es ist daher schwieriger von einem einseitigen Konfidenzintervall auf die Präzision zu schließen, mit der der Determinationskoeffizient geschätzt wurde. Daher präferieren einige Wissenschaftler das zweiseitige Konfidenzintervall (Steiger, 2004). Damit aber das zweiseitige Konfidenzintervall für einen einseitigen Signifikanztest herangezogen werden kann, muss der α-Wert verdoppelt werden. Man kann daher die Nullhypothese, dass P^2 gleich 0 ist, einseitig auf einem a priori festgelegten α-Niveau auch dadurch testen, dass das zweiseitige $(1-2 \cdot \alpha)$-Konfidenzintervall berechnet wird und überprüft wird, ob die 0 im zweiseitigen $(1-2 \cdot \alpha)$-Konfidenzintervall liegt.

Bestimmung der optimalen Stichprobengröße

Zur Bestimmung der optimalen Stichprobengröße muss man die Effektgröße in der Population sowie das α- und das β-Niveau vorher festlegen. Die Effektgröße lautet:

$$\phi^2 = \frac{P^2}{1-P^2}$$

Nach Cohen (1988) gelten folgende Konventionen:
- kleiner Effekt: $\phi^2 \approx 0{,}02$
- mittlerer Effekt: $\phi^2 \approx 0{,}15$
- großer Effekt: $\phi^2 \approx 0{,}35$.

Die optimale Stichprobengröße lässt sich nach Gleichung F 16.48 über den Nonzentralitätsparameter einer nonzentralen F-Verteilung bestimmen. Der Nonzentralitätsparameter – und damit auch die Stichprobengröße – wird so bestimmt, dass der kritische Wert, der unter der zentralen F-Verteilung (Nullhypothese) einen Flächenanteil von α abschneidet, gleichzeitig unter der nonzentralen F-Verteilung (Alternativhypothese) einen Flächenanteil von $1-\beta$ nach rechts hin abschneidet. Dieser Nonzentralitätsparameter sowie der dazugehörige optimale Stichprobenumfang kann mit einem Statistikprogramm wie z. B. G*Power (Faul et al., 2007) einfach bestimmt werden.

Unterschiede im Modell mit stochastischem Regressor

Während sich die Stichprobenkennwerteverteilung von R^2 bei Gültigkeit der Nullhypothese $H_0: P^2 = 0$ nicht zwischen dem Modell mit deterministischem und dem Modell mit stochastischem Regressor unterscheidet und man in beiden Fällen dieselben Tests anwenden kann, ist dies nicht mehr der Fall, wenn in der Population ein Zusammenhang zwischen beiden Variablen besteht. Die Stichprobenkennwerteverteilung von R^2 folgt dann nicht mehr einer nonzentralen F-Verteilung. Die Verteilung ist komplexer. Wir wollen diese Verteilung nicht im Detail beschreiben, sondern verweisen auf Mendoza und Stafford (2001). Dies hat jedoch wichtige Konsequenzen sowohl für die Berechnung des Konfidenzintervalls als auch für die Bestimmung der optimalen Stichprobengröße. Beide müssen bei stochastischen Regressoren anders bestimmt werden als bei deterministischen Regressoren. Dies rührt daher, dass man bei stochastischen Regressoren noch den Stichprobenfehler berücksichtigen muss, der mit den unabhängigen Variablen verbunden ist. Tabellen, wie sie z. B. bei Cohen (1988) zu finden sind, gehen üblicherweise von dem Modell mit deterministischem Regressor aus. Für stochastische Regressoren werden spezifische Programme wie z. B. G*Power (Faul et al., 2007) oder R2 (Steiger & Fouladi, 1997) benötigt, die kostenlos im Internet verfügbar sind (Links in den Online-Materialien). Bei der einfachen linearen Regressionsanalyse kann im Falle eines stochastischen Regressors zur Bestimmung eines Konfidenzintervalls für R^2 auch auf das Konfidenzintervall für die Produkt-Moment-Korrelation, das sich nach Gleichung F 15.45 bestimmen lässt, zurückgegriffen werden. Die Intervallschranken müssen dann quadriert werden. Da der Determinationskoeffizient nur positive, die Korrelation jedoch auch negative Werte annehmen kann, muss die untere Schranke des Konfidenzintervalls für den Determinationskoeffizienten auf 0 gesetzt werden, wenn die 0 ins Konfidenzintervall des Determinationskoeffizienten fällt. Die obere Schranke des Konfidenzintervalls des Determinationskoeffizienten ist dann der größere Wert der beiden quadrierten Schranken des Konfidenzintervalls der Korrelation. Auch bei der Bestimmung der Stichprobengröße kann auf das Verfahren, das wir bei der Produkt-Moment-Korrelation beschrieben haben, zurückgegriffen werden. Dies ist möglich, da im Populationsmodell der Produkt-Moment-Korrelation von zwei stochastischen Variablen ausgegangen wird und die gleiche Verteilungsannahme (bivariate Normalverteilung) wie beim Regressionsmodell mit einem stochastischen Regressor getroffen wird. Während man nach dem in Abschnitt 15.4.1 beschriebenen Vorgehen ein approximatives Konfidenzintervall und eine approximative Stichprobengrößenbestimmung erhält, liefern die Programme G*Power und R2 exakte Werte.

> **Beispiel**
>
> **Klausurvorbereitung und Klausurerfolg: Determinationskoeffizient**
>
> In unserem Beispiel hat sich eine Korrelation von $r = 0{,}88$ und somit ein Determinationskoeffizient von $R^2 = 0{,}774$ ergeben. Das nach Olkin und Pratt (1958) korrigierte R^2 beträgt $R^2_{\text{korr OP}} = 0{,}759$ und unterscheidet sich nur unwesentlich von dem unkorrigierten Determinationskoeffizienten. Der Wert der Prüfgröße zur Überprüfung der Nullhypothese, dass der Determinationskoeffizient in der Population gleich 0 ist, beträgt $F = 23 \cdot 0{,}774 / 0{,}226 = 78{,}645$. Dieser Wert ist deutlich größer als der kritische F-Wert von $F_{(0{,}95;\,1;\,23)} = 4{,}279$. Die Nullhypothese wird daher verworfen.
>
> Zur Bestimmung des zweiseitigen 0,90-Konfidenzintervalls wurde zunächst angenommen, dass die unabhängige Variable ein deterministischer Regressor sei, was in unserem Beispiel wenig sinnvoll ist, aber der klassischen Annahme des Allgemeinen Linearen Modells entspricht. Zunächst wurde mit dem im Internet frei verfügbaren und sehr einfach zu bedienenden Programm NDC (Steiger, o. J.;) für den gefundenen F-Wert als untere Grenze des Konfidenzintervalls der Nonzentralitätsparameter $\lambda_u = 37{,}330$ und als obere Grenze der Nonzentralitätsparameter $\lambda_o = 132{,}379$ bestimmt. Diese Intervallgrenzen wurden dann in die unteren und oberen Grenzen des Intervalls für P^2 nach Gleichung F 16.50 umgerechnet, wodurch man $P^2_u = 0{,}599$ und $P^2_o = 0{,}841$ und somit das Konfidenzintervall [0,599; 0,841] erhält.
>
> Berechnet man das zweiseitige 90 %-Konfidenzintervall für das Modell mit einem stochastischen Regressor mit dem Statistikprogramm R2 (Steiger & Fouladi, 1992), ergibt sich das Konfidenzintervall [0,586; 0,875], das erwartungsgemäß größer ausfällt. Da wir in unserem Beispiel von einem stochastischen Regressor ausgehen, greifen wir auf dieses Konfidenzintervall zurück.

Um die benötigten optimalen Stichprobengrößen zu vergleichen, wurde die optimale Stichprobengröße bestimmt, um einen theoretisch postulierten Determinationskoeffizienten von $P_1^2 = 0{,}25$ bei einem $\alpha = 0{,}05$ und einem $\beta = 0{,}20$ statistisch absichern zu können. Die Berechnung mit dem Statistikprogramm G*Power für das Modell mit einem deterministischen Regressor ergab eine optimale Stichprobengröße von $n = 26$. Die optimale Stichprobengröße für das Modell mit einem stochastischen Regressor, die wir mit R2 berechnet haben, lag erwartungsgemäß mit $n = 29$ höher. Da wir in unserem Beispiel von einem stochastischen Regressor ausgehen, würden wir für unsere Studie eine Stichprobengröße von $n = 29$ festlegen.

Zusammenfassung

▶ Anhand einer Regressionsanalyse werden Unterschiede in einer abhängigen Variablen Y auf Unterschiede in einer unabhängigen Variablen X zurückgeführt.

▶ Je nach Forschungsfrage wird die abhängige Variable auch Kriteriumsvariable, zu erklärende Variable oder Regressand genannt und die unabhängige Variable entsprechend Prädiktorvariable, erklärende Variable oder Regressor.

▶ In einer linearen Regression geht man davon aus, dass in der Population alle bedingten Erwartungswerte der abhängigen Variablen Y, die man für die einzelnen Werte der Variablen X erwartet, auf einer Geraden liegen, der Regressionsgeraden.

▶ Die Regressionsgerade wird durch den Achsenabschnitt b_0 (Population: β_0) und das Regressionsgewicht b_1 (Population: β_1) bestimmt.

▶ Der Achsenabschnitt und das Regressionsgewicht lassen sich nach der Kleinste-Quadrate-Methode schätzen.

▶ Ein Residual- oder Fehlerwert ist die Abweichung des empirisch gefundenen y-Werts von dem aufgrund der Regression erwarteten $\hat{y}$-Wert (dem Wert auf der Regressionsgeraden).

▶ Die Fehlerstreuung kennzeichnet das Ausmaß der Prognoseunsicherheit und wird auch Standardschätzfehler genannt.

▶ Der Determinationskoeffizient (Bestimmtheitsmaß) ist der Anteil der Varianz der abhängigen Variablen Y, der durch die Variation der unabhängigen Variablen X determiniert wird.

▶ Der Determinationskoeffizient ist im Falle der einfachen linearen Regression gleich dem quadrierten Produkt-Moment-Korrelationskoeffizienten.

▶ Der Determinationskoeffizient kann Werte zwischen 0 (keine Varianzaufklärung) und 1 (100%ige Varianzaufklärung) annehmen.

▶ Der Indeterminationskoeffizient ist der Anteil der Residualvarianz an der Varianz der abhängigen Variablen Y.

▶ Auf die unstandardisierten Regressionskoeffizienten greift man zurück, wenn man Gruppen vergleichen oder individuelle Werte vorhersagen will.

▶ Auf die standardisierten Regressionsgewichte greift man zurück, wenn man Zusammenhänge zwischen Variablen, die in unterschiedlichen Maßeinheiten erfasst wurden, vergleichen will.

▶ Im Modell mit deterministischem Regressor geht man von festen Werten der unabhängigen Variablen aus, die aufgrund der Untersuchungsplanung feststehen (bzw. kontrolliert werden können) und messfehlerfrei gemessen werden.

▶ Im Modell mit stochastischem Regressor geht man davon aus, dass die Werte der unabhängigen Variablen Realisierungen einer Zufallsvariablen sind. Die realisierten Werte hängen von der Stichprobenziehung ab.

▶ Zur inferenzstatistischen Absicherung der Regressionskoeffizienten und zur Bestimmung der Konfidenzintervalle im Modell mit deterministischem Regressor werden die Annahmen der bedingten Normalverteilung, der Homoskedastizität und der Unabhängigkeit der Fehler getroffen.

- Im Modell mit stochastischem Regressor trifft man die Annahme, dass beide Variablen bivariat normalverteilt sind.
- Unter Gültigkeit der Nullhypothese, dass kein Zusammenhang zwischen beiden Variablen besteht, unterscheiden sich beide Modelle nicht in den statistischen Tests und Konfidenzintervallen.
- Beide Modelle unterscheiden sich in der Verteilung des Determinationskoeffizienten R^2, wenn in der Population ein Zusammenhang zwischen beiden Variablen besteht. Daher muss zur Bestimmung des Konfidenzintervalls des Determinationskoeffizienten und zur Bestimmung der optimalen Stichprobengröße auf unterschiedliche Verfahren zurückgegriffen werden. Im Falle eines stochastischen Regressors ist das Konfidenzintervall größer, und es wird eine größere Stichprobe benötigt.

Fragen und Übungsaufgaben

Fragen

(1) Wie heißt die Bestimmungsgleichung der Regressionsgeraden in der einfachen linearen Regressionsanalyse?

(2) Wie werden der Achsenabschnitt und die Steigung der Geraden in der unstandardisierten und in der standardisierten einfachen linearen Regressionsanalyse bestimmt?

(3) In welche Komponenten kann die Varianz der abhängigen Variablen in der einfachen linearen Regressionsanalyse zerlegt werden?

(4) Wie sind der Determinations- und der Indeterminationskoeffizient definiert, und was bedeuten sie?

(5) Nennen Sie drei Eigenschaften der Residualwerte in der einfachen linearen Regressionsanalyse.

(6) Erläutern Sie das Grundprinzip der Kleinste-Quadrate-Schätzung.

Übungsaufgaben

(1) Tragen Sie die x-Werte und die y-Werte aus Tabelle 16.1 mittels eines Tabellenkalkulationsprogramms oder eines Statistikprogramms in eine Datei ein, und berechnen Sie anhand der Regressionsgleichung F 16.2 die $\hat{y}$-Werte sowie die Residualwerte ($e_m = y_m - \hat{y}_m$). Überprüfen Sie das Ergebnis anhand der Werte in Tabelle 16.1.

(2) Berechnen Sie mit Hilfe der Korrelationsprozedur des verwendeten Programms die Produkt-Moment-Korrelationen zwischen der unabhängigen Variablen X, der abhängigen Variablen Y, der Variablen $\hat{Y}$ der vorhergesagten Werte und der Residualvariablen E. Vergleichen Sie die Korrelationen, und erklären Sie das Ergebnis.

(3) Zeigen Sie, dass aus Formel F 16.14 und F 16.18b folgt: $1 - R^2 = 1 - r_{XY}^2$ und $R^2 = r_{XY}^2$.

17 Partialkorrelation und Semipartialkorrelation

Was Sie in diesem Kapitel lernen

- Was versteht man unter den Begriffen der Partialkorrelation und Semipartialkorrelation?
- Wie lassen sich Partial- und Semipartialkorrelationen berechnen?
- Worin unterscheiden sich Partial- und Semipartialkorrelation?
- Wofür werden Partial- und Semipartialkorrelationen benötigt?
- Fühlen sich Extravertierte nur deswegen wohler, weil sie ihre Stimmungen besser regulieren können?
- Warum sind Menschen umso zufriedener mit ihrer finanziellen Situation, je mehr Schulden sie haben?
- Warum verdienen große Menschen mehr als kleine Menschen?

17.1 Aufgaben und Ziele der Partial- und Semipartialkorrelation

In den letzten beiden Kapiteln haben wir Methoden kennengelernt, um den Zusammenhang zwischen zwei Merkmalen zu beschreiben. Die bivariate Analyse reicht für viele Fragestellungen der Psychologie jedoch nicht aus. Es gibt verschiedene Gründe, warum es notwendig ist, mehrere Variablen in einer multivariaten Analyse zu berücksichtigen (s. Abschn. 9.4.1). Mehrere Variablen werden u. a. benötigt zur Aufdeckung von

- redundanten Zusammenhängen,
- Scheinkorrelationen und
- maskierten Zusammenhängen.

Aufdeckung redundanter Zusammenhänge

Es ist ein wichtiges Ziel der multivariaten Datenanalyse zu erkennen, welche Zusammenhänge zwischen Variablen redundant sind. Nehmen wir das Beispiel der Vorhersage des Berufserfolgs, das bei der Auslese von Bewerbern wichtig ist. Es ist ein häufig repliziertes Ergebnis der Personalpsychologie, dass der Berufserfolg einerseits mit der Intelligenz, andererseits mit der durchschnittlichen Schulnote korreliert ist. Es stellt sich hierbei die Frage, ob es sich bei beiden Zusammenhängen um eigenständige Zusammenhänge handelt und beide Informationen (Intelligenz, Schulerfolg) zur Vorhersage des Berufserfolges herangezogen werden können.

Da man weiß, dass Schulerfolg und Intelligenz ebenfalls zusammenhängen, könnte man die Vermutung haben, dass der Zusammenhang zwischen den Schulnoten und dem Berufserfolg lediglich den Zusammenhang zwischen der Intelligenz und den Schulnoten einerseits und der Intelligenz und dem Berufserfolg andererseits widerspiegelt. Wenn dies der Fall wäre, könnte man auf die durchschnittliche Schulnote als Auswahlkriterium von Bewerbern getrost verzichten. Vermutlich ist dies aber nicht der Fall, so dass sich beide Variablen zur Vorhersage des Berufserfolgs eignen und der Verzicht auf einen der beiden Prädiktoren zu einer schlechteren Prognose führen würde. Diese Fragestellung kann nur im Rahmen einer multivariaten Datenanalyse geklärt werden. Eine multivariate Analyse erlaubt darüber hinaus auch zu bestimmen, wie viel Varianz in der abhängigen Variablen Y durch einen Prädiktor X_1 unabhängig von den anderen Prädiktorvariablen (genauer gesagt: unabhängig davon, was der Prädiktor X_1 mit den anderen Prädiktoren im Regressionsmodell $X_2, X_3, \ldots, X_k$ gemeinsam hat) aufgeklärt wird.

Aufdeckung von Scheinkorrelationen bzw. Kontrolle von Störeinflüssen

In vielen Untersuchungen in den Sozial- und Verhaltenswissenschaften ist es nicht möglich, alle Störvariablen durch Methoden der Untersuchungsplanung zu kontrollieren. Man muss daher den Einfluss von Störvariablen mit erheben und statistisch kontrollieren. Zusammenhänge, die man zwischen Variablen findet, können sich dann als Scheinzusammenhänge (engl. spurious correlations) erweisen.

Ein Beispiel: Wenn man das Einkommen von Berufsanfängern mit ihrer Körpergröße korreliert, findet man einen positiven Zusammenhang. Dies könnte die Vermutung nahelegen, dass kleine Menschen in schlechter bezahlten Berufen landen, warum auch immer. Hierbei wird jedoch übersehen, dass die Körpergröße und das Einkommen möglicherweise nur deshalb miteinander korreliert sind, weil sie beide mit dem Geschlecht zusammenhängen. So sind Frauen einerseits durchschnittlich kleiner als Männer und verdienen andererseits auch durchschnittlich weniger als Männer. Um die Vermutung, dass es sich bei der Korrelation zwischen der Körpergröße und dem Einkommen um eine Scheinkorrelation handelt, prüfen zu können, muss der Zusammenhang zwischen der Körpergröße und dem Einkommen um den Einfluss des Geschlechts bereinigt werden. Würden innerhalb der beiden Geschlechtsgruppen die Körpergröße und das Einkommen unkorreliert sein, so würde es sich bei dem Zusammenhang in der geschlechtsgemischten Gesamtgruppe um einen Scheinzusammenhang handeln, der dadurch zustande kommt, dass das Geschlecht als wichtige Störvariable für den Zusammenhang zwischen Einkommen und Körpergröße nicht in die Analyse einbezogen wurde. Man spricht in diesem Zusammenhang von dem Geschlecht auch als ausgelassener Drittvariablen. Scheinzusammenhänge können somit nur aufgedeckt werden, wenn man Verfahren zur Analyse von mehreren Variablen zur Verfügung hat.

Aufdeckung von maskierten Zusammenhängen

Ein weiteres, mit den beiden zuletzt genannten eng verwandtes Anliegen der multivariaten Datenanalyse besteht darin zu erkennen, ob Zusammenhänge zwischen zwei Variablen durch eine dritte Variable maskiert werden. Dies bedeutet, dass der theoretisch postulierte Zusammenhang zwischen zwei Variablen durch eine oder mehrere weitere Variablen verdeckt wird.

Ein Beispiel aus der Forschung zur Lebenszufriedenheit: In einer Studie, deren Ergebnisse wir später detailliert beschreiben, ergab sich der auf den ersten Blick paradoxe Befund, dass Menschen umso zufriedener mit ihrer finanziellen Situation waren, je mehr Schulden sie hatten. Man würde eigentlich das Gegenteil erwarten. Eine Detailanalyse unter Berücksichtigung des Einkommens ergab, dass es bei gleichem Einkommen den erwarteten negativen Zusammenhang zwischen Schulden und Zufriedenheit mit der finanziellen Situation gab. Dieser Zusammenhang wurde verdeckt dadurch, dass das Einkommen einerseits positiv mit der Zufriedenheit, andererseits aber auch mit der Höhe der Schulden positiv korreliert war. Wohlhabende Leute sind zufriedener, haben aber auch mehr Schulden als weniger wohlhabende Menschen. Ignoriert man, dass Zufriedenheit und Schulden gleichsinnig mit der Höhe des Einkommens korrelieren, ergibt sich der scheinbar paradoxe Befund, dass Menschen umso zufriedener sind, je mehr Schulden sie haben.

Die Partial- und die Semipartialkorrelation sind einfache Methoden, um solche redundanten und maskierten Zusammenhänge zu entdecken. Darüber hinaus ist die Kenntnis der Partial- und der Semipartialkorrelation für das Verständnis der multiplen Regressionsanalyse unabdingbar. Schließlich kann man die multivariaten Verfahren wie die Faktorenanalyse (s. Kap. 23 und 24) und lineare Strukturgleichungsmodelle (s. Kap. 25) nur verstehen, wenn man mit dem Konzept der Partialkorrelation vertraut ist.

> **Beispiel**
>
> **Extraversion und Wohlbefinden**
> Einer gesicherten Erkenntnis der Wohlbefindensforschung zufolge korreliert die Extraversion positiv mit dem habituellen Wohlbefinden (Diener & Lucas, 1999; Eid et al., 2003c). Gesellige Menschen fühlen sich häufiger wohl als weniger gesellige Menschen. Die Ursache dieses Zusammenhangs ist allerdings weniger klar. Eine Hypothese zur Erklärung des Zusammenhangs besagt, dass extraver-

tierte Personen sich nur deswegen wohler fühlen, weil sie ihre Stimmungen besser regulieren können als weniger extravertierte Personen. Wenn diese Hypothese richtig wäre, sollte der Zusammenhang zwischen Extraversion und Wohlbefinden verschwinden, wenn die dispositionelle Fähigkeit einer Person, ihre Stimmungen zu regulieren, kontrolliert werden würde. Eine solche Möglichkeit der Kontrolle bietet die Partialkorrelation zwischen Extraversion und Wohlbefinden. Die Partialkorrelation kennzeichnet den Zusammenhang zwischen Extraversion und Wohlbefinden, der um den Einfluss der Stimmungsregulationskompetenz bereinigt ist.

Tabelle 17.1 Beispiele für Partialkorrelationen und Semipartialkorrelationen

a Nichtbedeutsame Partialkorrelation bei bedeutsamer Korrelation nullter Ordnung	b Partialkorrelation < Korrelation nullter Ordnung
Variablen: WB – habituelles Wohlbefinden EX – Extraversion AS – Fähigkeit zur Aufrechterhaltung guter Stimmung ($n = 237$)	Variablen: WB – habituelles Wohlbefinden EX – Extraversion VS – Fähigkeit zur Verbesserung schlechter Stimmung ($n = 235$)
$r_{WB,\,EX} = 0{,}25^{**}$ $r_{WB,\,EX \cdot AS} = 0{,}08$ $r_{(EX \cdot AS)\,WB} = 0{,}07$ $r_{(WB \cdot AS)\,EX} = 0{,}08$	$r_{WB,\,EX} = 0{,}25^{**}$ $r_{WB,\,EX \cdot VS} = 0{,}15^{**}$ $r_{(EX \cdot VS)\,WB} = 0{,}13^{**}$ $r_{(WB \cdot VS)\,EX} = 0{,}14^{**}$

Korrelationen nullter Ordnung
 	
     WB   EX   AS
WB 1
EX 0,25** 1
AS 0,50** 0,37** 1
	Korrelationen nullter Ordnung
	
	     WB EX VS
	WB 1
	EX 0,25** 1
	VS 0,49** 0,26** 1

c Partialkorrelation > Korrelation nullter Ordnung	d Bedeutsame Partialkorrelation und bedeutsame Korrelation nullter Ordnung mit unterschiedlichen Vorzeichen
Variablen: HS – habituelle Stimmung PS – positive Stimmung (momentaner Zustand) SA – Stimmungsabweichung ($n = 176$)	Variablen: SC – Schulden FZ – finanzielle Zufriedenheit VE – Vermögen ($n = 878$)
$r_{HS,\,PS} = 0{,}31^{**}$ $r_{HS,\,PS \cdot SA} = 0{,}49^{**}$ $r_{(HS \cdot SA)\,PS} = 0{,}34^{**}$ $r_{(PS \cdot SA)\,HS} = 0{,}49^{**}$	$r_{SC,\,FZ} = 0{,}11^{**}$ $r_{SC,\,FZ \cdot VE} = -0{,}07^{*}$ $r_{(SC \cdot VE)\,FZ} = -0{,}06^{*}$ $r_{(FZ \cdot VE)\,SC} = -0{,}07^{*}$

Korrelationen nullter Ordnung
 	
     HS   PS   SA
HS 1
PS 0,31** 1
SA −0,04 0,72** 1
	Korrelationen nullter Ordnung
	
	     SC FZ VE
	SC 1
	FZ 0,11** 1
	VE 0,35** 0,48** 1

*: $p \leq 0{,}05$; **: $p \leq 0{,}01$

Das Datenbeispiel in Tabelle 17.1 a zeigt, dass der Zusammenhang zwischen Wohlbefinden und Extraversion $r_{WB,EX} = 0{,}25$ beträgt (und statistisch signifikant ist). Kontrolliert man den Einfluss der Fähigkeit zur Aufrechterhaltung guter Stimmungen, einer wichtigen Komponente der Stimmungsregulationskompetenz, so beträgt die Partialkorrelation nur noch $r_{WB,EX \cdot AS} = 0{,}08$ (und ist nicht mehr signifikant von 0 verschieden). Unter Berücksichtigung der Drittvariablen Stimmungsregulationskompetenz verschwindet der Zusammenhang zwischen Extraversion und Wohlbefinden. Die Extraversion enthält keinen über die Stimmungsregulation hinausgehenden Anteil, der einen Beitrag zur Vorhersage des Wohlbefindens leisten könnte.

Die Partialkorrelation als Korrelation von Regressionsresiduen

Im Folgenden wollen wir präzisieren, was es genau bedeutet, wenn man davon spricht,

- den Zusammenhang zweier Variablen von dem Einfluss einer dritten Variablen zu bereinigen,
- eine Drittvariable konstant zu halten,
- den Einfluss einer Drittvariablen zu kontrollieren,
- eine Drittvariable auszupartialisieren.

Die einfache Regressionsanalyse bietet einen methodischen Rahmen, das Grundprinzip der Partialkorrelation und der Konstanthaltung von Drittvariablen zu erläutern.

Idealisiertes Beispiel. In Abbildung 17.1 a ist der bivariate Zusammenhang zwischen zwei Variablen X und Y mit fiktiven Daten dargestellt. Aus Gründen der besseren Anschaulichkeit idealisieren wir in der folgenden Darstellung unser Ausgangsbeispiel. Die Variable X repräsentiert die Extraversion, Y messe das Wohlbefinden. Beide Variablen seien zu $r = 0{,}50$ korreliert. Zur Verdeutlichung sind die Werte von vier Personen eingetragen. Fritz hat den höchsten Extraversionswert und einen mittelhohen Wohlbefindenswert, Renate und Inge haben denselben mittelhohen Extraversionswert, unterscheiden sich aber im Wohlbefinden. Inge hat im Vergleich zu Renate einen höheren Wohlbefindenswert. Frank hat schließlich den geringsten Extraversions- und den geringsten Wohlbefindenswert. Insgesamt ergibt dieses Datenmuster eine Korrelation von $r = 0{,}50$.

In Abbildung 17.1 b ist der Zusammenhang zwischen der Extraversion X und der Stimmungsregulationskompetenz Z dargestellt. Abbildung 17.1 c veranschaulicht den Zusammenhang zwischen dem Wohlbefinden Y und der Stimmungsregulationskompetenz Z. Sowohl die Extraversion als auch das Wohlbefinden korrelieren zu $r = 0{,}71$ mit der Stimmungsregulationskompetenz.

Abbildung 17.1 b gibt die einfache Regression zwischen der Extraversion (X) und der Stimmungsregulationskompetenz (Z) wieder. Der Achsenabschnitt beträgt $b_0 = 1{,}67$, die Steigung $b_1 = 0{,}67$. Fritz und Inge verfügen über dieselbe hohe Stimmungsregulationskompetenz ($z = 5$), unterscheiden sich aber in ihrer Extraversion (Fritz: $x = 6$; Inge: $x = 4$). Ebenso weisen Renate und Frank dieselbe Stimmungsregulationskompetenz auf ($z = 2$), unterscheiden sich aber ebenfalls in ihrer Extraversion (Renate: $x = 4$; Frank: $x = 2$).

Die Unterschiede in den Extraversionswerten (X) (gegeben die Stimmungsregulationskompetenz Z) zeigen sich in den Residualwerten der vier Personen (s. Abb. 17.1 b). Fritzens und Renates Residualwerte betragen jeweils $e_{X(Z)} = 1$. Dies bedeutet, dass ihre empirisch beobachtete Extraversion (x_m) um den Wert 1 über demjenigen Wert liegt, den man für eine Person ihrer Stimmungsregulationskompetenz erwarten würde ($\hat{x}|z$). In Bezug auf die Residualwerte haben Renate und Fritz also denselben Extraversionswert $e_{X(Z)} = 1$. In Bezug auf ihre nicht-residualisierten Extraversionswerte (x_m) unterscheiden sich beide aber deutlich: Fritz hat mit dem Wert $x = 6$ eine hohe Extraversion, Renate mit dem Wert $x = 4$ eine geringere.

Dem einfachen Regressionsmodell zufolge kommt der Unterschied zwischen Fritz und Renate dadurch zustande, dass sich beide in ihrer Stimmungsregulationskompetenz unterscheiden und höhere Stimmungsregulationskompetenz mit höherer Extraversion einhergeht. Berücksichtigt man jedoch die un-

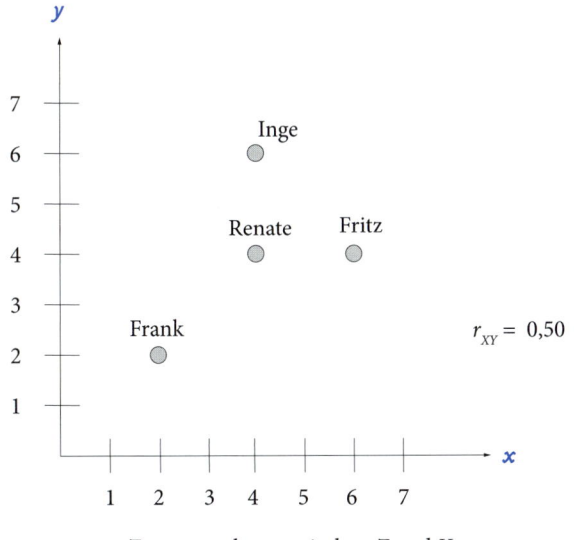
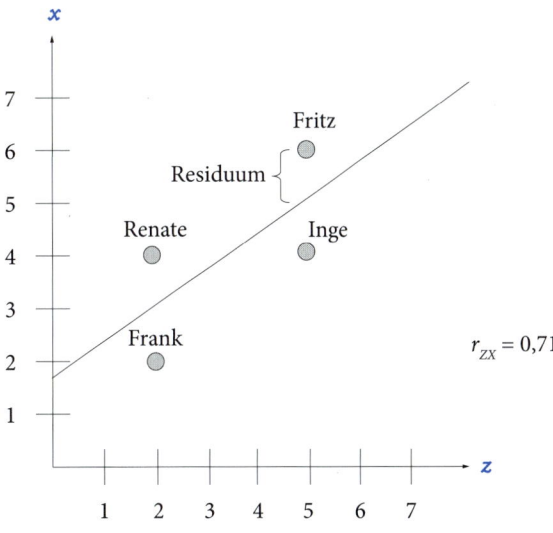
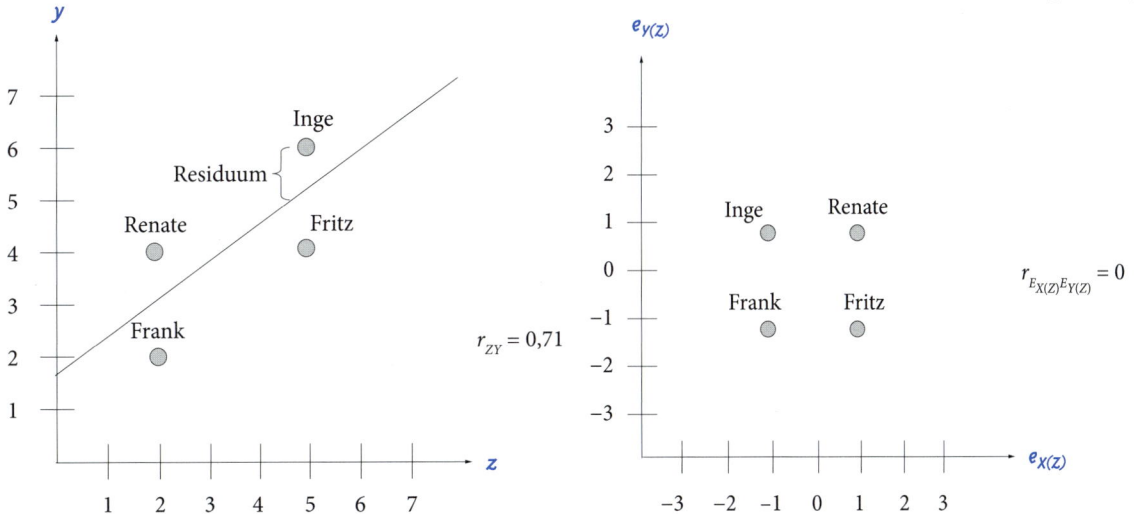

Abbildung 17.1 Darstellung der Partialkorrelation als Korrelation von Regressionsresiduen (X: Extraversion, Y: Wohlbefinden, Z: Stimmungsregulationskompetenz)

terschiedliche Stimmungsregulationskompetenz beider Personen mittels der einfachen Regressionsanalyse, ergibt sich, dass beide – im Vergleich zu Personen mit identischer Stimmungsregulationskompetenz – über eine überdurchschnittliche Extraversion verfügen. Der Residualwert ist somit der Extraversionswert, bei dem Unterschiede in der Stimmungsregulationskompetenz berücksichtigt, kontrolliert oder – wie man auch sagt – auspartialisiert wurden: Man nimmt der Extraversion quasi denjenigen Teil (Part) weg, der auf die Stimmungsregulationskompetenz zurückgeführt werden kann.

Im Unterschied zu Fritz und Renate verfügen Frank und Inge über eine vergleichsweise geringe (residualisierte) Extraversion von $e_{X(Z)} = -1$. Wenn wir nun Renate mit Inge vergleichen, stellen wir fest, dass sie zwar denselben (nicht-residualisierten) Extraversionswert ($x = 4$) haben, sich ihre residualisierten Extraversionswerte aber unterscheiden (Renate: $e_{X(Z)}= +1$; Inge: $e_{X(Z)}= -1$). Dies kommt dadurch zustande, dass beide sich in ihrer Stimmungsregulationskompetenz unterscheiden und Inge einen für ihre Stimmungsregulationskompetenz geringen Extraversionswert hat, während der von Renate vergleichsweise hoch ist.

Abbildung 17.1 c gibt den regressiven Zusammenhang zwischen dem Wohlbefinden (Y) und der Stimmungsregulationskompetenz (Z) wieder und kann in gleicher Weise interpretiert werden. Für jede Person erhalten wir erneut einen Residualwert, der nun angibt, inwieweit das Wohlbefinden einer Person von dem Wert abweicht, den man aufgrund ihrer Stimmungsregulationskompetenz erwarten würde. Die Residualwerte sind somit die Wohlbefindenswerte, die nicht aufgrund der Stimmungsregulationskompetenz erklärt werden können. Inge und Renate haben einen positiven Residualwert von $e_{Y(Z)}= +1$, während Frank und Fritz einen negativen Residualwert von $e_{Y(Z)}= -1$ aufweisen.

Nun kann man sich die Frage stellen, ob diese Residualwerte des Wohlbefindens mit den Residualwerten der Extraversion korreliert sind. Sie wären positiv korreliert, wenn Personen, die (gegeben ihre Stimmungsregulationskompetenz) höhere Extraversionswerte aufweisen, auch höhere Wohlbefindenswerte zeigen würden. Wäre dies der Fall, so könnte die Stimmungsregulationskompetenz den Zusammenhang zwischen der Extraversion und dem Wohlbefinden nicht vollständig erklären. In unserem idealisierten Beispiel ist dies aber nicht der Fall. Die Residualwerte sind unkorreliert, wie man Abbildung 17.1 d entnehmen kann. Demzufolge lässt sich der Zusammenhang zwischen Extraversion und Wohlbefinden vollständig auf die Stimmungsregulationskompetenz zurückführen. Die Korrelation der Regressionsresiduen heißt Partialkorrelation.

17.2 Partialkorrelation

Formal lässt sich die Partialkorrelation anhand der einfachen Regressionsanalyse wie folgt ermitteln. Zunächst ist für die lineare Abhängigkeit der Variablen X von Z die Regressionsgleichung zu formulieren. Diese lautet in Variablenform:

$$X = b_{0(XZ)} + b_{1(XZ)} \cdot Z + E_{X(Z)} \qquad (F\ 17.1)$$

Da wir zur Bestimmung der Partialkorrelation mehrere einfache Regressionen betrachten müssen, indizieren wir die Regressionskoeffizienten mit zwei Symbolen in einer Klammer: zunächst dem Symbol für die abhängige Variable (hier: X), dann dem Symbol für die unabhängige Variable (hier: Z). Bei Kenntnis der Regressionskoeffizienten $b_{0(XZ)}$ und $b_{1(XZ)}$ lässt sich die Variable der vorhergesagten $\hat{x}$-Werte anhand der folgenden Gleichung berechnen:

$$\hat{X}|Z = b_{0(XZ)} + b_{1(XZ)} \cdot Z \qquad (F\ 17.2)$$

Hieraus erhält man die Residualvariable nach der Gleichung:

$$E_{X(Z)} = X - \hat{X}|Z \qquad (F\ 17.3)$$

In analoger Weise lauten die Regressionsgleichungen für die Vorhersage von Y aus Z:

$$Y = b_{0(YZ)} + b_{1(YZ)} \cdot Z + E_{Y(Z)} \qquad (F\ 17.4)$$

$$\hat{Y}|Z = b_{0(YZ)} + b_{1(YZ)} \cdot Z \qquad (F\ 17.5)$$

$$E_{Y(Z)} = Y - \hat{Y}|Z \qquad (F\ 17.6)$$

Die Regressionskoeffizienten können mit der üblichen Kleinste-Quadrate-Schätzmethode (s. Abschn. 16.1) geschätzt werden. Die Partialkorrelation entspricht der Korrelation $r_{E_{X(Z)}E_{Y(Z)}}$ der beiden Residualvariablen. Sie wird häufig auch mit $r_{XY \bullet Z}$ symbolisiert. Die Variable, die auspartialisiert wird, steht hinter dem dicken Punkt.

> **Definition**
>
> Die **Partialkorrelation** ist eine bivariate Korrelation zwischen zwei Residualvariablen:
>
> $$r_{XY \bullet Z} = r_{E_{X(Z)}E_{Y(Z)}} \qquad (F\ 17.7)$$
>
> Residualvariablen werden auch Partialvariablen genannt.

Korrelation nullter Ordnung. Um die bivariate Korrelation von der Partialkorrelation unterscheiden zu können, wird die bivariate Korrelation häufig auch als Korrelation nullter Ordnung bezeichnet. Der Ausdruck »nullter Ordnung« bezieht sich darauf, dass keine Drittvariable auspartialisiert wird. Wird eine Variable auspartialisiert, nennt man die Partialkorrelation auch Partialkorrelation erster Ordnung. Wie wir weiter unten noch sehen werden, können auch mehrere Variablen auspartialisiert werden. Die Ordnung der Korrelation gibt dann die Anzahl der Variablen an, die auspartialisiert werden.

Partialkorrelation und bedingte Korrelation. Die Partialkorrelation $r_{XY \bullet Z}$ unterscheidet sich von der bedingten Korrelation $r_{XY|Z=z}$. Die bedingte Korrelation ist die Korrelation zwischen zwei Variablen X und Y für eine spezifische Ausprägung z der Variablen Z. Bezogen auf unser Beispiel könnte sich die Korrelation zwischen Wohlbefinden und Extraversion für verschiedene Ausprägungen der Stimmungsregulationskompetenz unterscheiden. Die Partialkorrelation kann als eine über die Verteilung der Variablen Z gemittelte bedingte Korrelation interpretiert werden, wobei der Begriff »gemittelt« nach Steyer (2003, S. 190) so zu verstehen ist, dass die Partialkorrelation anhand der gemittelten bedingten Kovarianzen und Varianzen bestimmt wird.

Einfachere Berechnungsformel. Es gibt noch eine zweite, einfachere Berechnungsformel für die Partialkorrelation, die ausschließlich auf den bivariaten Korrelationen der drei Variablen aufbaut. Diese Berechnungsformel lautet:

$$r_{XY \bullet Z} = \frac{r_{XY} - r_{XZ} \cdot r_{YZ}}{\sqrt{1-r_{XZ}^2} \cdot \sqrt{1-r_{YZ}^2}} \quad (\text{F 17.8})$$

Anhand dieser Formel lässt sich die Partialkorrelation einfach berechnen, wenn die bivariaten Korrelationen bekannt sind. Darüber hinaus können anhand dieser Berechnungsformel die Bedingungen identifiziert werden, unter denen die Partialkorrelation kleiner, größer oder gleich der bivariaten Korrelation ist.

Vergleich von Partialkorrelation und Korrelation nullter Ordnung

Die Partialkorrelation kann gleich der Korrelation nullter Ordnung sein, sie kann aber auch kleiner oder größer sein. Im Folgenden skizzieren wir die Bedingungen, unter denen diese drei verschiedenen Fälle auftreten können.

$r_{XY \bullet Z} = r_{XY}$. Anhand von Gleichung F 17.8 wird deutlich, dass sich die Partialkorrelation und die Korrelation nullter Ordnung dann nicht unterscheiden, wenn die Drittvariable Z mit den beiden Variablen X und Y unkorreliert ist. Dies ist unmittelbar einleuchtend: Wenn keine der beiden Variablen mit der Drittvariablen korreliert ist, dann kann die Kontrolle der Drittvariablen auch nichts bewirken.

$|r_{XY \bullet Z}| < |r_{XY}|$. Der Betrag der Partialkorrelation kann kleiner als der Betrag der Korrelation nullter Ordnung sein. In unserem einführenden Beispiel war die Partialkorrelation kleiner als die Korrelation nullter Ordnung und nicht mehr bedeutsam von 0 verschieden. Die Partialkorrelation ist dann exakt 0, wenn das Produkt der Korrelationen der beiden Variablen X und Y mit der Drittvariablen Z gleich der Korrelation nullter Ordnung ist. Ist das Produkt der Korrelationen der beiden Variablen X und Y mit der Drittvariablen Z größer als die Korrelation nullter Ordnung, wird die Partialkorrelation negativ. Ist die Partialkorrelation bedeutsam von 0 verschieden, bedeutet dies, dass die Drittvariable den Zusammenhang zwischen den beiden Variablen nur teilweise, aber nicht vollständig erklären kann. Ein solches Beispiel ist in Tabelle 17.1 b angegeben. In diesem Beispiel wurde eine zweite Komponente der Stimmungsregulation, die Fähigkeit zur Verbesserung schlechter Stimmung, aus der Extraversion und dem Wohlbefinden auspartialisiert. Im Gegensatz zur Fähigkeit zur Aufrechterhaltung guter Stimmung kann die Fähigkeit zur Verbesserung schlechter Stimmung den Zusammenhang zwischen Extraversion und Wohlbefinden nicht vollständig erklären, es bleibt eine bedeutsame Restkorrelation.

$|r_{XY \bullet Z}| > |r_{XY}|$. Eine Partialkorrelation kann auch größer sein als die Korrelation nullter Ordnung. Dies ist nach Gleichung F 17.8 dann der Fall, wenn die Drittvariable mit einer der beiden anderen Variablen zu 0 korreliert ist. Ein solches Anwendungsbeispiel ist in Tabelle 17.1 c dargestellt. Wir wollen es im Folgenden etwas detaillierter behandeln.

> **Beispiel**
>
> ### Wann ist die Partialkorrelation größer als die Korrelation nullter Ordnung?
>
> In diesem Beispiel wurde in einer Längsschnittsstudie (Eid et al., 1999) das habituelle Wohlbefinden erfragt, d. h. das Wohlbefinden, das man im Allgemeinen erlebt (»Im Allgemeinen fühle ich mich …«). Zusätzlich wurde in einer konkreten Situation die momentane positive Stimmung eingeschätzt (»Im Moment fühle ich mich …«). Schließlich wurde in der konkreten Situation angegeben, wie stark der momentane Stimmungszustand von dem üblicherweise erlebten habituellen Wohlbefinden abweicht (»Im Vergleich dazu, wie ich mich im Allgemeinen fühle, fühle ich mich im Moment …«).
>
> Ausgehend von einer Zustands-Eigenschafts-Theorie (State-Trait-Theorie) des Stimmungserlebens lässt sich der momentane Stimmungszustand additiv in den habituellen Stimmungswert (Trait, Eigenschaft) und eine situationsspezifische Abweichung zerlegen. Demzufolge sollte der Stimmungszustand mit jeder seiner beiden Komponenten (habituelles Stimmungserleben, Stimmungsabweichung) positiv korreliert sein. Die beiden Komponenten sind jedoch als voneinander unabhängig konzeptualisiert, so dass das habituelle Stimmungserleben nicht mit der Stimmungsabweichung zusammenhängen sollte.
>
> Die Korrelationen nullter Ordnung in Tabelle 17.1 c zeigen ein theoriekonformes Ergebnis. Will man aufgrund des Stimmungszustandes auf die habituelle Stimmung schließen, so wird man anhand der momentanen Stimmung die habituelle Stimmung vorhersagen. Diese Vorhersage kann u. a. deswegen nicht perfekt sein, da die Momentanstimmung nicht nur die habituelle Stimmung, sondern auch die Stimmungsabweichung widerspiegelt.
>
> Die Vorhersagegüte müsste sich jedoch erhöhen, wenn man der momentanen Stimmung den Teil, der auf die Stimmungsabweichung zurückgeht, entnehmen könnte. Dies ist möglich, indem die Stimmungsabweichung aus der momentanen Stimmung auspartialisiert wird. Wie die Korrelationen in Tabelle 17.1 c zeigen, ist dies auch wirklich der Fall. Die Partialkorrelation ist mit $r_{HS,PS \bullet SA} = 0{,}49$ größer als die Korrelation nullter Ordnung, die $r_{HS,PS} = 0{,}31$ beträgt.
>
> Warum dies der Fall ist, kann man an Formel F 17.8 und den Korrelationen nullter Ordnung sehen: Die Korrelation zwischen dem habituellen Wohlbefinden und der momentanen Stimmungsabweichung ist annähernd 0 ($r_{HS,SA} = -0{,}04$). Hierdurch wird das Korrelationsprodukt im Zähler von Formel F 17.8 quasi 0, d. h., der Zähler in Formel F 17.8 weicht kaum von der Korrelation nullter Ordnung ab: $r_{HS,PS} - r_{HS,SA} \cdot r_{PS,SA}$ = $0{,}31 - (-0{,}04) \cdot 0{,}72 = 0{,}34$. Aufgrund der hohen Korrelation zwischen der Stimmungsabweichung und dem positiven Stimmungszustand wird jedoch der Nenner in Formel F 17.8 kleiner als 1:
>
> $$\sqrt{1 - r^2_{HS,SA}} \cdot \sqrt{1 - r^2_{PS,SA}} = 0{,}999 \cdot 0{,}694 = 0{,}693$$
>
> Dadurch ergibt der Quotient einen höheren Wert als die Korrelation nullter Ordnung $r_{HS,PS}$: Die Partialkorrelation beträgt $r_{HS,PS \bullet SA} = 0{,}34/0{,}693 = 0{,}49$. Um eine Partialkorrelation zu erhalten, die größer als die Korrelation nullter Ordnung ist, muss man also eine Drittvariable auswählen, die mit der einen Variablen möglichst zu 0, mit der anderen Variablen jedoch möglichst hoch korreliert ist.

Venn-Diagramm und Suppressorvariable

Dieses Phänomen kann man sich auch anhand eines Venn-Diagramms veranschaulichen (s. Abb. 17.2). Jeder Kreis steht für eine Variable. Die Kreisflächen symbolisieren die Varianzen der Variablen X, Y und Z. Die Schnittflächen zweier Kreise symbolisieren die gemeinsame Varianz der beiden Variablen. Die Graphik veranschaulicht, dass die habituelle Stimmung und die positive Stimmung 9,61 % gemeinsame Varianz haben. Die gemeinsame Varianz ist die quadrier-

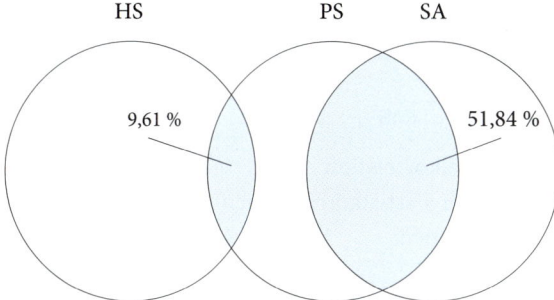

Abbildung 17.2 Darstellung einer Suppressorvariable anhand eines Venn-Diagramms (HS: habituelle Stimmung, PS: positive Stimmung, SA: momentane Stimmungsabweichung)

te Korrelation, d. h. der Determinationskoeffizient, der angibt, wie viel an Varianz einer Variablen durch die andere Variable determiniert ist (s. Abschn. 16.5).

Die positive Stimmung und die momentane Stimmungsabweichung weisen 51,84 % gemeinsame Varianz auf. Die momentane Stimmungsabweichung und das habituelle Wohlbefinden haben jedoch keine gemeinsame Varianz. Die Stimmungsabweichung repräsentiert – man sagt auch bindet oder unterdrückt bzw. supprimiert – einen Teil der Varianz der positiven Stimmung, die für deren Zusammenhang mit dem habituellen Wohlbefinden irrelevant ist.

Eine Variable, die diese Eigenschaft aufweist, heißt *Suppressorvariable*. Wir werden uns mit diesem Typus von Variablen noch ausführlicher in Kapitel 18 beschäftigen. In unserem Anwendungsbeispiel zeichnet sich die Suppressorvariable Stimmungsabweichung dadurch aus, dass sie für die Vorhersage der habituellen Stimmung aus dem Stimmungszustand von Bedeutung ist, obwohl ihre Korrelation nullter Ordnung mit dem Wohlbefinden nicht bedeutsam von 0 verschieden ist.

Negative Suppression

Partialkorrelation und Korrelation nullter Ordnung können sich nicht nur in ihrer Höhe, sondern auch in ihrem Vorzeichen unterscheiden. Man nennt einen solchen Fall »negative Suppression«. Eine negative Suppression resultiert dann, wenn die Korrelation nullter Ordnung positiv ist und das Produkt der Korrelationen der beiden Variablen Y und X mit der Drittvariablen größer ist als die Korrelation nullter Ordnung. Ein solches Beispiel ist in Tabelle 17.1 d angeführt.

> **Beispiel**
>
> **Schuldenhöhe und finanzielle Zufriedenheit**
> In diesem Beispiel wurde die Höhe der Schulden einer Person mit der Einschätzung ihrer finanziellen Zufriedenheit korreliert. Die Daten sind einer großangelegten Studie zum erlebten Gerechtigkeitsempfinden im wiedervereinigten Deutschland entnommen (Schmitt & Maes, 2001). Interessanterweise ist die Korrelation nullter Ordnung zwischen beiden Variablen positiv: $r_{SC,FZ} = 0{,}11$. Je höher die Schulden, umso zufriedener sind die untersuchten Personen mit ihrer finanziellen Situation. Die Richtung der Korrelation ist erstaunlich, da man intuitiv den umgekehrten Zusammenhang erwarten würde.
>
> Dieses Phänomen lässt sich jedoch leicht erklären, wenn man sich alle Korrelationen nullter Ordnung anschaut. Die Höhe der Schulden ist auch positiv mit der Höhe des Vermögens korreliert: $r_{SC,VE} = 0{,}35$. Je vermögender eine Person ist, desto mehr Schulden macht sie auch, z. B. um ein repräsentatives Haus zu bauen oder ein teures Segelschiff zu kaufen. Die Größe des Vermögens ist wiederum positiv mit der finanziellen Zufriedenheit korreliert: $r_{FZ,VE} = 0{,}48$. Partialisiert man nun die Höhe des Vermögens aus, wird der Zusammenhang negativ: $r_{SC,FZ \cdot VE} = -0{,}07$. Bei konstantem Vermögen zeigt sich also der erwartete Zusammenhang zwischen der Höhe der Schulden und der finanziellen Zufriedenheit. Man erwartet somit, dass in einer Gruppe von Personen mit gleichem Vermögen diejenigen zufriedener sind, die weniger Schulden haben. Das Vermögen hat somit den erwarteten Zusammenhang maskiert und sogar ins Gegenteil verkehrt. Man spricht in einem solchen Fall von negativer Suppression.

Partialkorrelationen höherer Ordnung

Wie wir bereits erwähnt haben, kann die Partialkorrelation nicht nur in Bezug auf *eine* Drittvariable Z berechnet werden, sondern es können beliebig viele Drittvariablen Z_i (mit $i = 1, \ldots, k$) kontrolliert werden. Greifen wir hierzu auf unser Beispiel des Zusammenhangs der Extraversion (X) mit dem Wohlbefinden (Y) in Abhängigkeit von der Fähigkeit zur Stimmungsregulation (Z) zurück. Wir haben bisher zwei Partialkorrelationen betrachtet. Zum einen wurde die Fähigkeit zur Verbesserung schlechter Stimmung (Z_1), zum anderen die Fähigkeit zur Aufrechterhaltung guter Stimmung (Z_2) auspartialisiert. Nun liegt es nahe, den Einfluss beider Komponenten der Stimmungsregulationskompetenz gemeinsam zu kontrollieren. Dies ist anhand der Partialkorrelation zweiter Ordnung möglich. Hierzu berechnen wir die Regressionsresiduen nicht nur in Bezug auf eine unabhängige Variable, sondern beziehen zwei unabhängige Variablen in die Regressionsgleichung ein:

$$X = b_{0(XZ)} + b_{1(XZ)} \cdot Z_1 + b_{2(XZ)} \cdot Z_2 + E_{X(Z)} \quad \text{(F 17.9)}$$

Dies ist die Gleichung einer multiplen Regressionsanalyse, die wir im Detail im nächsten Kapitel behandeln werden. Die Variable der erwarteten $\hat{x}$-Werte lässt sich in Analogie zur einfachen linearen Regression wie folgt bestimmen:

$$\hat{X}|Z_1, Z_2 = b_{0(XZ)} + b_{1(XZ)} \cdot Z_1 + b_{2(XZ)} \cdot Z_2 \quad \text{(F 17.10)}$$

Die Residualvariable (Partialvariable) ergibt sich hieraus wieder als Differenz der abhängigen Variablen X und der Variablen, deren Werte die vorhergesagten $\hat{x}$-Werte sind:

$$E_{X(Z)} = X - \left(\hat{X}|Z_1, Z_2\right) \quad \text{(F 17.11)}$$

Für die Variable Y lauten die Gleichungen in analoger Weise:

$$Y = b_{0(YZ)} + b_{1(YZ)} \cdot Z_1 + b_{2(YZ)} \cdot Z_2 + E_{Y(Z)} \quad \text{(F 17.12)}$$

$$\hat{Y}|Z_1, Z_2 = b_{0(YZ)} + b_{1(YZ)} \cdot Z_1 + b_{2(YZ)} \cdot Z_2 \quad \text{(F 17.13)}$$

$$E_{Y(Z)} = Y - \left(\hat{Y}|Z_1, Z_2\right) \quad \text{(F 17.14)}$$

Ein Residualwert kennzeichnet in diesem Fall die Abweichung eines individuellen Extraversions- bzw. eines individuellen Wohlbefindenswertes von demjenigen Wert, den man aufgrund der Ausprägungen beider Kompetenzen der Stimmungsregulation erwarten würde. Die Partialkorrelation ist auch in diesem Fall die Korrelation der Regressionsresiduen:

$$r_{XY \bullet Z_1, Z_2} = r_{E_{X(Z)} E_{Y(Z)}} \quad \text{(F 17.15)}$$

Die Partialkorrelation zweiter Ordnung lässt sich anhand der Partialkorrelationen erster Ordnung wie folgt berechnen:

$$r_{XY \bullet Z_1, Z_2} = \frac{r_{XY \bullet Z_1} - r_{XZ_2 \bullet Z_1} \cdot r_{YZ_2 \bullet Z_1}}{\sqrt{1 - r^2_{XZ_2 \bullet Z_1}} \cdot \sqrt{1 - r^2_{YZ_2 \bullet Z_1}}} \quad \text{(F 17.16)}$$

Diese Vorschrift lässt sich verallgemeinern: Für die Berechnung der Partialkorrelation dritter Ordnung braucht man die Partialkorrelationen zweiter Ordnung (und für diese die Partialkorrelationen erster Ordnung).

In unserem Anwendungsbeispiel beträgt die Partialkorrelation zweiter Ordnung zwischen der Extraversion und dem Wohlbefinden nach Auspartialisierung beider Komponenten der Stimmungsregulationskompetenz $r_{XY \bullet Z_1, Z_2} = 0{,}05$. Diese Korrelation ist nicht bedeutsam. Die Partialkorrelation zweiter Ordnung ist kleiner als die beiden Partialkorrelationen erster Ordnung. Sie ist allerdings nur unwesentlich kleiner als die Partialkorrelation erster Ordnung, bei der die Fähigkeit zur Aufrechterhaltung positiver Stimmungen auspartialisiert wurde. Dies zeigt, dass die zusätzliche Kontrolle der Fähigkeit zur Verbesserung schlechter Stimmung keinen zusätzlichen Erklärungsgewinn bringt. Dies liegt daran, dass beide Stimmungsregulationskompetenzen mit $r_{Z_1, Z_2} = 0{,}43$ vergleichsweise hoch korreliert sind und die Fähigkeit zur Aufrechterhaltung positiver Stimmung die Korrelation zwischen der Extraversion und dem Wohlbefinden bereits hinreichend erklärt hat.

Partialkorrelation bei anderen Variablentypen

Wir haben die Partialkorrelation am Beispiel der Produkt-Moment-Korrelation behandelt, da dies der häufigste Anwendungsbereich ist und die im nächsten Kapitel behandelte multiple Regressionsanalyse hierauf aufbaut.

Das Konzept der Kontrolle von Drittvariablen und der Berechnung der Partialkorrelation ist allerdings nicht auf den Fall metrischer Variablen und die Produkt-Moment-Korrelation beschränkt, sondern kann auch bei anderen Variablentypen und Zusammenhangsmaßen betrachtet werden. Die Partialkorrelation kann auch bei ordinalskalierten Variablen berechnet werden (s. hierzu z. B. Bortz et al., 2008; Sheskin, 2007). Bei kategorialen Variablen lassen sich vergleichbare Konzepte im Rahmen der log-linearen Analyse untersuchen (s. hierzu Kap. 20; Agresti, 2002).

17.3 Semipartialkorrelation

Wird die Drittvariable Z nur aus einer der beiden Variablen X und Y auspartialisiert, spricht man von einer Semipartialkorrelation.

Definition

Die **Semipartialkorrelation** $r_{(Y \cdot Z)X}$ ist die Korrelation einer Variablen X mit einer Residualvariablen oder Partialvariablen Y, die um den Einfluss von Z bereinigt wurde:

$$r_{(Y \cdot Z)X} = r_{E_{Y(Z)} X} \tag{F 17.17}$$

Der Unterschied zwischen der Partial- und der Semipartialkorrelation lässt sich graphisch in pfadanalytischer Darstellungsform anhand von Abbildung 17.3 verdeutlichen. In Abbildung 17.3 a ist die Partialkorrelation als Korrelation zweier Regressionsresiduen dargestellt. Die Pfeile zeigen an, dass Unterschiede in den abhängigen Variablen sowohl durch die unabhängigen Variablen als auch durch die Residualvariablen bestimmt werden. Der Bogen zwischen den beiden Residualvariablen symbolisiert die Partialkorrelation. Abbildung 17.3 c enthält die Darstellungsform für eine Partialkorrelation von 0. In diesem Fall wird kein Korrelationsbogen angegeben. Die Variable Z erklärt somit den gesamten Zusammenhang zwischen den Variablen X und Y.

In Abbildung 17.3 b ist die Semipartialkorrelation dargestellt. Die Variable Z wird nur noch aus der Variablen Y auspartialisiert. Die Semipartialkorrelation ist die Korrelation zwischen der Variablen X und

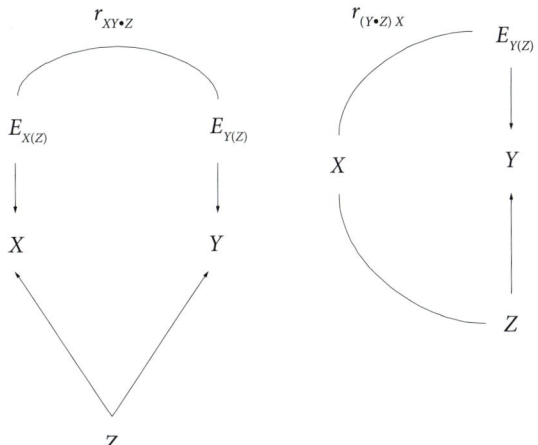

a Partialkorrelation   **b** Semipartialkorrelation

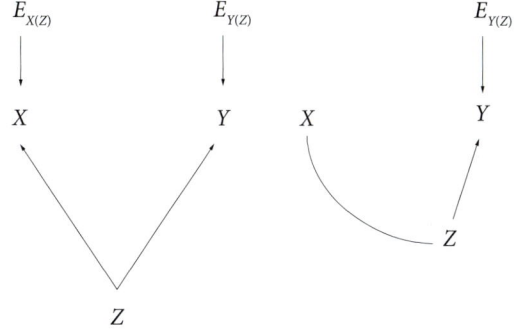

c Partialkorrelation $r_{XY \cdot Z} = 0$ **d** Semipartialkorrelation $r_{(Y \cdot Z)X} = 0$

Abbildung 17.3 Pfadanalytische Darstellung der Partial- und der Semipartialkorrelation

der Residualvariablen $E_{Y(Z)}$, symbolisiert durch einen entsprechenden Bogen. Der Korrelationsbogen zwischen den Variablen X und Z zeigt an, dass beide Variablen korreliert sein können. In Abbildung 17.3 d ist der Fall einer Semipartialkorrelation von 0 dargestellt. Die Variable X weist keinen Zusammenhang mit der Variablen Y auf, wenn der Einfluss von Z auf Y kontrolliert wird. Die Korrelation nullter Ordnung zwischen X und Y kann natürlich von 0 verschieden sein. In Abbildung 17.3 d wird die Korrelation nullter Ordnung zwischen X und Y dadurch erklärt, dass X mit Z korreliert ist und Z einen Einfluss auf Y hat. Man sagt auch, dass der Zusammenhang zwischen X und Y von Z vermittelt wird.

Die Semipartialkorrelation $r_{(Y \bullet Z)X}$ lässt sich entweder als Korrelation einer Variablen X und einem Regressionsresiduum $E_{Y(Z)}$ berechnen oder anhand der Korrelationen nullter Ordnung:

$$r_{(Y \bullet Z)X} = \frac{r_{XY} - r_{XZ} \cdot r_{YZ}}{\sqrt{1 - r_{YZ}^2}} \qquad \text{(F 17.18)}$$

Diese Formel zur Berechnung der Semipartialkorrelation unterscheidet sich von der Formel F 17.8 zur Berechnung der Partialkorrelation nur im Nenner, in dem nun der Ausdruck, der sich auf die Korrelation zwischen X und Z bezieht, nicht mehr enthalten ist. Partialkorrelation und Semipartialkorrelation sind dann gleich, wenn die Kontrollvariable Z nur mit Y korreliert ist, also der Variablen, aus der sie auspartialisiert wird. Je stärker die Kontrollvariable Z mit X korreliert, also der Variablen, aus der sie nicht auspartialisiert wird, umso kleiner ist der Betrag der Semipartialkorrelation im Vergleich zum Betrag der Partialkorrelation.

Partialkorrelation oder Semipartialkorrelation?

Ob man sich in einer empirischen Untersuchung für die Anwendung der Partial- oder der Semipartialkorrelation entscheidet, hat theoretische Gründe. Der theoretische Unterschied zwischen beiden Korrelationen wird in der pfadanalytischen Darstellung in Abbildung 17.3 deutlich, wenn man die Pfadmodelle als Kausalmodelle interpretiert. In diesem Fall nimmt man bei der Partialkorrelation an, dass die Variable Z beide Variablen X und Y ursächlich beeinflusst. Diese Interpretation ist aber nicht in allen empirischen Anwendungen plausibel.

Greifen wir wieder auf unser Beispiel des Zusammenhangs zwischen Extraversion (X) und Wohlbefinden (Y) in Abhängigkeit von der Fähigkeit zur Stimmungsregulation (Z) zurück. Während es durchaus plausibel erscheint, die Beziehung zwischen der Fähigkeit zur Stimmungsregulation und dem Wohlbefinden als gerichtete Beziehung zu interpretieren ($Z \to Y$), und zwar derart, dass höhere Stimmungsregulationskompetenz zu höherem Wohlbefinden führt, ist die Annahme einer kausalen Wirkung der Stimmungsregulationskompetenz auf die Extraversion ($Z \to X$) zunächst weniger einsichtig. Für die Interpretation, dass die Fähigkeit zur Stimmungsregulation zu höherer Extraversion führt, lassen sich zwar einige Begründungen anführen, wie z. B., dass Personen, die ihre Stimmungen besser regulieren können, auch sozial verträglicher, somit beliebter und dadurch auch extravertierter sind. Diese Vorstellung ist aber psychologisch nicht zwingend und auch weniger plausibel als die Annahme eines ursächlichen Einflusses der Stimmungsregulationskompetenz auf das Wohlbefinden.

Will man sich deshalb im vorliegenden Fall der Annahme eines kausalen Einflusses der Stimmungsregulationskompetenz auf die Extraversion nicht anschließen, würde man auf die Semipartialkorrelation zurückgreifen und die Stimmungsregulationskompetenz nur aus dem Wohlbefinden auspartialisieren. In unserem Beispiel bedeutet dies inhaltlich, dass man die Extraversion mit demjenigen Teil des Wohlbefindens korrelieren würde, der nicht durch die Stimmungsregulationskompetenz bedingt ist.

Will man keine kausalanalytischen Interpretationen vornehmen, so bieten auch Überlegungen zur Nützlichkeit einer Variablen zur Vorhersage einer anderen Variablen eine Grundlage, zwischen Partial- und Semipartialkorrelationen zu unterscheiden. Greifen wir zur Erläuterung dieses Sachverhalts erneut auf unser Wohlbefindensbeispiel zurück. Eine Wohlbefindensforscherin könnte etwa ausschließlich daran interessiert sein, interindividuelle Unterschiede im Wohlbefinden vorherzusagen, und sich die Frage stellen, welche Variablen hierfür geeignet sind. Die Forscherin wäre in unserem Beispiel daran interessiert, ob die Extraversion (X) einen Vorhersagebeitrag zum Wohlbefinden (Y) leisten kann, der über den Vorhersagebeitrag der Kompetenz zur Aufrechterhaltung positiver Stimmung (Z) hinausgeht.

Dies ist äquivalent zu der Frage, ob derjenige Teil der Extraversion, der nichts mit der Fähigkeit zur Aufrechterhaltung positiver Stimmung zu tun hat, mit dem Wohlbefinden korreliert ist. In diesem Fall ist nur der gemessene Wohlbefindenswert relevant, der residualisierte Wohlbefindenswert hingegen irrelevant. Wohl aber müsste bei dieser Fragestellung die Kompetenz zur Aufrechterhaltung positiver Stimmung aus der Extraversion auspartialisiert werden. Das heißt, es würde das Residuum der Extraversion bestimmt werden, das nichts mehr mit der Aufrechterhaltung positiver Stimmung gemeinsam hat. Die Korrelation dieses Residuums mit dem Wohlbefinden wäre die Semipartialkorrelation $r_{(EX \bullet AS)WB}$ in Tabelle 17.1 a.

Die Wohlbefindensforscherin könnte außerdem auch daran interessiert sein, ob die Fähigkeit zur Aufrechterhaltung positiver Stimmung über die Extraversion hinaus einen Beitrag zur Vorhersage des Wohlbefindens leisten kann. Dann würde sie die Semipartialkorrelation $r_{(AS \bullet EX)WB}$ berechnen.

In Tabelle 17.1 sind für die verschiedenen Beispiele jeweils zwei verschiedene Semipartialkorrelationen berechnet worden. Die Partialkorrelationen und Semipartialkorrelationen unterscheiden sich in den in Tabelle 17.1 a, b und d behandelten Beispielen nur sehr geringfügig, so dass die Unterschiede bei einer Rundung auf zwei Dezimalstellen numerisch häufig nicht erkennbar sind. Diese Ähnlichkeit spiegelt eine Besonderheit der Daten wider. Prinzipiell können sich beide Koeffizienten natürlich unterscheiden, wie das Beispiel in Tabelle 17.1 c deutlich macht.

17.4 Inferenzstatistische Absicherung der Partial- und der Semipartialkorrelation

Wie bei der Korrelation nullter Ordnung so stehen auch zur Absicherung der Partial- und Semipartialkorrelation inferenzstatistische Verfahren zur Verfügung. Signifikanztests für die Partialkorrelation werden von den meisten Statistikpaketen zur Verfügung gestellt. Die Überprüfung der Semipartialkorrelation ist auch im Rahmen der multiplen Regressionsanalyse einfach möglich, wie wir im nächsten Kapitel sehen werden.

Statistisches Hypothesenpaar

Die Nullhypothese für den Test auf Absicherung einer Partialkorrelation gegen 0 lautet, dass die Partialkorrelation in der Population den Wert 0 annimmt. Die Alternativhypothese besagt, dass die Partialkorrelation von 0 abweicht. Die Null- bzw. Alternativhypothese kann gerichtet oder ungerichtet formuliert werden. Im ungerichteten Fall lautet das statistische Hypothesenpaar:

$H_0: \rho_{XY \bullet Z} = 0$

$H_1: \rho_{XY \bullet Z} \neq 0$

Im gerichteten Fall lautet das statistische Hypothesenpaar:

$H_0: \rho_{XY \bullet Z} \leq 0$ oder $H_0: \rho_{XY \bullet Z} \geq 0$

$H_1: \rho_{XY \bullet Z} > 0$ oder $H_1: \rho_{XY \bullet Z} < 0$

Das statistische Hypothesenpaar für den Test auf Abweichung einer Partialkorrelation höherer Ordnung von 0 sowie für den Test auf Abweichung einer Semipartialkorrelation von 0 werden analog formuliert.

Prüfgröße

Die Prüfgröße für den Test auf Absicherung einer Partialkorrelation gegen 0 stellen wir hier gleich für den allgemeinen Fall einer Partialkorrelation höherer Ordnung vor. Die Prüfgröße ist wie folgt definiert:

$$F = \frac{r^2_{XY \bullet Z_1, \ldots, Z_k}}{1 - r^2_{XY \bullet Z_1, \ldots, Z_k}} \cdot (n - k - 2) \qquad \text{(F 17.19)}$$

Die Prüfgröße folgt also einer zentralen F-Verteilung mit $df_1 = 1$ und $df_2 = n - k - 2$ Freiheitsgraden. Hierbei ist n die Stichprobengröße und k die Anzahl der Drittvariablen $Z_i = Z_1, \ldots, Z_k$, die auspartialisiert werden sollen.

Ist der empirische F-Wert größer als ein kritischer F-Wert bei gegebenem Signifikanzniveau α, so ist die Partialkorrelation signifikant von 0 verschieden.

Die Prüfgröße für den Test auf Absicherung einer Semipartialkorrelation gegen 0 ist wie folgt definiert:

$$F = \frac{r^2_{(Y \bullet Z_1, \ldots, Z_k)X}}{1 - r^2_{(Y \bullet Z_1, \ldots, Z_k)X}} \cdot (n - k - 2) \qquad \text{(F 17.20)}$$

Bei beiden Prüfgrößen wird die multivariate Normalverteilung der Variablen vorausgesetzt.

Weitere Fragestellungen

Für weitergehende inferenzstatistische Fragestellungen ist die Spezialliteratur zu konsultieren. Häufig ist man in einer empirischen Anwendung nicht nur daran interessiert, ob die Partialkorrelation von 0 verschieden ist, sondern außerdem daran, ob sich die Partialkorrelation bedeutsam von der Korrelation nullter Ordnung unterscheidet. Diese Frage ist dann relevant, wenn überprüft werden soll, ob die Drittvariable einen signifikanten Beitrag zur Erklärung des Zusammenhangs zwischen zwei Variablen leisten kann bzw. ob eine Drittvariable einen bedeutsamen Suppressoreffekt aufweist. Olkin und Finn (1995) zeigen, wie diese Frage statistisch überprüft werden kann. Malgady (1987) behandelt diese Frage für die Semipartialkorrelation. Programme zur Berechnung der Partialkorrelation sind auch kostenlos im Internet verfügbar. (Entsprechende Links finden sich in den Online-Materialien.) Wie man die Teststärke und Konfidenzintervalle für die Partial- und Semipartialkorrelation bestimmen kann, behandeln wir im nächsten Kapitel zur multiplen Regressionsanalyse.

Zusammenfassung

- Partial- und Semipartialkorrelation dienen dazu, den Einfluss von Drittvariablen zu kontrollieren, um hierdurch Scheinkorrelationen, redundante oder maskierte Zusammenhänge aufzudecken.
- Partialkorrelationen sind Korrelationen zwischen Residuen (Residualvariablen, Partialvariablen), d. h. zwischen Variablen, die in Bezug auf eine oder mehrere Drittvariablen residualisiert wurden.
- Bei Semipartialkorrelationen wird der Einfluss von Drittvariablen nur bei einer der beiden Variablen kontrolliert. Eine Semipartialkorrelation ist daher die Korrelation zwischen einer Variablen und einem Regressionsresiduum.
- Die Ordnung einer Partialkorrelation bzw. einer Semipartialkorrelation gibt die Anzahl der Drittvariablen an, deren Einfluss auspartialisiert wurde.

Fragen und Übungsaufgaben

Fragen

(1) Was sind Aufgaben und Ziele der Partial- und der Semipartialkorrelation?
(2) Wie wird die Partialkorrelation bestimmt?
(3) Wie wird die Semipartialkorrelation bestimmt?
(4) Unter welchen Bedingungen ist die Partialkorrelation
   (a) gleich
   (b) kleiner
   (c) größer
   als die Korrelation nullter Ordnung?
(5) Was ist eine Suppressorvariable?
(6) Unter welchen Bedingungen kann die Partialkorrelation ein anderes Vorzeichen als die Korrelation nullter Ordnung aufweisen?
(7) Für welche Fragestellungen ist die Semipartialkorrelation der Partialkorrelation vorzuziehen?

Übungsaufgaben

(1) Rechnen Sie die in diesem Kapitel behandelten Beispiele zur Partialkorrelation nach, indem Sie die behandelten Partialkorrelationen anhand eines Ihnen zur Verfügung stehenden Statistikprogramms bestimmen. Hierzu finden Sie in den Online-Materialien die folgenden drei Datensätze:
   (a) »Regulation.dat« enthält die Daten des Beispiels zur Stimmungsregulation;
   (b) »Abweichung.dat« enthält die Daten des Beispiels zur Stimmungsabweichung;
   (c) »Schulden.dat« enthält die Daten des Beispiels zum Zusammenhang zwischen Schulden und finanzieller Zufriedenheit.
   Die Dateien »Regulation.sav«, »Abweichung.sav« und »Schulden.sav« enthalten die Daten im SPSS-Format. Die Datenbeschreibungen sind in den Dateien »Regulation.bes«, »Abweichung.bes« und »Schulden.bes« enthalten.

(2) Berechnen Sie anhand der in Übung 1 genannten Datensätze für die Extraversions- und die Wohlbefindensvariable jeweils die Residualwerte, die sich ergeben, wenn von den beobach-

teten Werten die aufgrund der Fähigkeit zur Aufrechterhaltung positiver Stimmung erwarteten Werte abgezogen werden. Hierzu müssen Sie sowohl für die Extraversion als auch das Wohlbefinden zunächst einfache Regressionsanalysen rechnen und dem Ihnen zur Verfügung stehenden Statistikprogramm mitteilen, dass es die (unstandardisierten) Residuen abspeichern soll. Machen Sie sich die Bedeutung der Residualwerte klar.

(3) Berechnen Sie anhand der in Übung 1 genannten Datensätze die Korrelation zwischen den in der letzten Aufgabe berechneten Residualwerten und überprüfen Sie, dass der Wert der Korrelation identisch ist mit dem Wert der Korrelation, den Sie mit der Option zur Berechnung der Partialkorrelation Ihres Statistikprogramms erhalten.

(4) Berechnen Sie anhand der in Übung 1 genannten Datensätze für alle Beispiele die Semipartialkorrelation, indem Sie für alle Variablen, aus denen eine Drittvariable auspartialisiert wurde, die Residualwerte berechnen und mit der anderen, interessierenden Variablen korrelieren.

(5) In dem Datensatz »Regulation.dat« bzw. »Regulation.sav« ist neben der Extraversion auch der Neurotizismus als Variable enthalten. Berechnen Sie

(a) die Korrelation nullter Ordnung zwischen dem habituellen Wohlbefinden (*WB*), dem Neurotizismus (*NEU*), der Fähigkeit zur Aufrechterhaltung positiver Stimmung (*AS*) und der Fähigkeit zur Verbesserung schlechter Stimmung (*VS*);

(b) die Partialkorrelation zwischen Neurotizismus und habituellem Wohlbefinden, indem Sie die Fähigkeit zur Aufrechterhaltung positiver Stimmung auspartialisieren;

(c) die Partialkorrelation zwischen Neurotizismus und habituellem Wohlbefinden, indem Sie die Fähigkeit zur Verbesserung schlechter Stimmung auspartialisieren;

(d) die Partialkorrelation zweiter Ordnung zwischen Neurotizismus und habituellem Wohlbefinden, indem Sie die Fähigkeit zur Aufrechterhaltung positiver Stimmung und die Fähigkeit zur Verbesserung schlechter Stimmung auspartialisieren.

(e) Interpretieren Sie jeweils die Ergebnisse.

18 Multiple Regressionsanalyse

> **Was Sie in diesem Kapitel lernen**
>
> ▶ Brauchen wir mehr als eine unabhängige Variable zur Vorhersage des Wohlbefindens?
> ▶ Wie nützlich sind Persönlichkeitsvariablen zur Vorhersage des Wohlbefindens?
> ▶ Welche Menschen profitieren mehr von ihrer Fähigkeit zur emotionalen Ansteckung als andere Menschen?
> ▶ Hängt die Zufriedenheit mit universitärer Lehre linear von den erlebten Anforderungen ab? Oder sind Studierende umso zufriedener, je weniger sie unter- oder überfordert werden?
> ▶ Was ist Lords Paradox?
> ▶ Welche Voraussetzungen müssen erfüllt sein, damit man die multiple Regressionsanalyse anwenden darf?
> ▶ Wie kann man überprüfen, ob diese Voraussetzungen erfüllt sind?

18.1 Zielsetzungen der multiplen Regressionsanalyse

Mit der Partial- und der Semipartialkorrelation haben wir einfache Methoden zur Kontrolle von Drittvariablen kennengelernt. Mit den Ideen der Partial- und Semipartialkorrelation eng verwandt ist die multiple Regressionsanalyse. Sie stellt eine Erweiterung der einfachen Regressionsanalyse dar, die bereits in Kapitel 16 behandelt wurde. Während in der einfachen Regressionsanalyse Unterschiede in einer abhängigen Variablen (Kriterium, Regressand) auf Unterschiede in einer unabhängigen Variablen (Prädiktor, Regressor) zurückgeführt werden, werden in der multiplen Regressionsanalyse mehrere unabhängige Variablen berücksichtigt. Daher eignet sich die multiple Regressionsanalyse zur Untersuchung der Multideterminiertheit des Verhaltens.

18.1.1 Berücksichtigung von Redundanzen und Kontrolle von Störvariablen

Die multiple Regression berücksichtigt korrelierte Prädiktoren. Korrelierte Prädiktoren können einerseits redundante Information anzeigen, andererseits aber auch darauf hinweisen, dass die regressive Beziehung zwischen zwei Variablen von einer Drittvariablen verfälscht wird. Eine wichtige Zielsetzung der multiplen Regressionsanalyse besteht darin, solche Redundanzen zu erkennen und ggf. zu eliminieren sowie den Einfluss von Störvariablen zu kontrollieren. Diesbezüglich sind die Ziele der multiplen Regressionsanalyse mit den Zielen der Partial- und Semipartialkorrelation vergleichbar. Wie wir im letzten Kapitel gesehen haben, basieren die Partial- und Semipartialkorrelation zweiter und höherer Ordnung auf der multiplen Regressionsanalyse, da sie Korrelationen zwischen Regressionsresiduen darstellen, die bezüglich mehrerer unabhängiger Variablen gebildet wurden. Zwischen der Partialkorrelation und der multiplen Regressionsanalyse besteht jedoch ein wesentlicher Unterschied: Während die Partial- und Semipartialkorrelation einen ungerichteten Zusammenhang zwischen zwei Variablen kennzeichnen, beschreibt die multiple Regression einen gerichteten Zusammenhang. Diese Gerichtetheit ist die Grundlage für zwei weitere Zielsetzungen der multiplen Regressionsanalyse: Prognose (Prädiktion) und Erklärung.

18.1.2 Prognose und Erklärung

Die multiple Regressionsanalyse ermöglicht es, ein Kriterium anhand mehrerer Prädiktoren vorherzusagen. So erlaubt die multiple Regressionsanalyse, den Wert einer Person auf einer Kriteriumsvariablen zu prognostizieren, wenn man die Ausprägungen dieser Person auf den Prädiktorvariablen kennt. Ein Beispiel hierfür ist die Prognose des zukünftigen Berufserfolgs anhand von Prädiktoren, die im Rahmen einer Eignungsuntersuchung erhoben werden. In den meisten

Fällen besteht das Ziel der multiplen Regressionsanalyse jedoch in der Erklärung individueller Unterschiede in der Ausprägung einer Kriteriumsvariablen. Die Frage z. B., warum sich Menschen in Persönlichkeitsvariablen wie der Extraversion oder dem Neurotizismus unterscheiden, lässt sich nur anhand einer Vielzahl potentiell erklärender Variablen untersuchen. So sind neben genetischen Einflüssen auch Umwelteinflüsse zu berücksichtigen, die die Persönlichkeit eines Individuums beeinflussen können. Während sich die Prognose auf die Vorhersage eines zukünftigen (d. h. noch nicht erhobenen) Merkmals bezieht, setzt die Erklärung an vorhandenen (d. h. bereits beobachteten) Merkmalsausprägungen an und will die Bedingungen für deren Unterschiedlichkeit untersuchen.

Beschreiben vs. Erklären von Abhängigkeit. Die Prognose setzt nicht voraus, dass die Prädiktoren auch die Ursachen der zukünftigen Merkmalsausprägung sind. So kann man aufgrund des Extraversionswertes einer Person ihr zukünftiges Wohlbefinden prognostizieren, ohne genau zu wissen, aufgrund welcher Wirkungszusammenhänge die Extraversion das Wohlbefinden beeinflusst. Für die Prognose einer Merkmalsausprägung genügt es also, die regressive Abhängigkeit zwischen der Kriteriumsvariablen und den Prädiktorvariablen lediglich zu beschreiben. Eine Erklärung dieser Abhängigkeiten ist hingegen gehaltvoller, da sie den zugrundeliegenden Wirkmechanismus für den Zusammenhang zwischen Variablen untersucht. So können wir z. B. das Wohlbefinden eines Zwillings anhand des Wohlbefindens seines Zwillingsgeschwisters besser prognostizieren, als wenn wir das Wohlbefinden des Geschwisters nicht kennen (z. B. Eid et al., 2003c). Die Erklärung dieses Zusammenhangs ist jedoch schwieriger. Der Zusammenhang kann möglicherweise darauf zurückgeführt werden, dass die Geschwister füreinander sorgen und sich aufmuntern. Es ist jedoch auch denkbar, dass die Zwillinge in ihrer Herkunftsfamilie in ähnlicher Weise gelernt haben, ihre Gefühle zu regulieren. Schließlich könnte der Zusammenhang auch dadurch bedingt sein, dass das Wohlbefinden zu einem gewissen Grad erblich ist.

Bedingungen für Kausalität. Um zwischen verschiedenen Erklärungsmodellen unterscheiden zu können, benötigen wir weitere Informationen. Um die gerichtete Abhängigkeit zwischen zwei Variablen derart kausal interpretieren zu können, dass die unabhängige Variable die Ursache für die abhängige Variable ist, müssen mehrere Voraussetzungen erfüllt sein. So muss die unabhängige Variable der abhängigen Variablen zeitlich vorgeordnet sein, die Ursache also *vor* der Wirkung existieren. Auch darf der regressive Zusammenhang zwischen zwei Variablen nicht auf andere Erklärungsmöglichkeiten, z. B. ausgelassene Drittvariablen, zurückführbar sein. Steyer (1992, 2003) hat auf der Grundlage der Regressionsanalyse eine sehr elaborierte Kausalitätstheorie entwickelt. Starke Kausalität liegt seiner Theorie zufolge vor, wenn sich der Einfluss der unabhängigen Variablen auf die abhängige Variable nicht ändert, wenn weitere unabhängige Variablen in die Regressionsanalyse mit aufgenommen werden. Neben dieser starken Form der Kausalität lassen sich schwächere Formen definieren (s. hierzu ausführlich Steyer, 1992).

18.1.3 Analyse komplexer Zusammenhänge

Wie wir im Folgenden sehen werden, können Prognose- und Erklärungsmodelle sehr komplex sein. Nicht immer hängt ein Kriterium nur in linearer Weise von einem Prädiktor ab. Vielmehr können zwischen den Prädiktoren und dem Kriterium auch kurvenförmige Zusammenhänge bestehen. Solche nicht-linearen Zusammenhänge werden von manchen Theorien explizit vorhergesagt. Auch ist der Einfluss einer unabhängigen Variablen auf eine abhängige Variable nicht immer für alle Personen gleich. Vielmehr kann die regressive Abhängigkeit zweier Variablen interindividuell variieren und von der Ausprägung einer dritten Variablen abhängen, einer sog. Moderatorvariablen (moderierte Regression).

In der einfachen linearen Regression in Kapitel 16 haben wir nur den Fall untersucht, dass sowohl die abhängige wie auch die unabhängige Variable metrischer Natur sind. Diese Annahme werden wir in Bezug auf die abhängige Variable aufrechterhalten. Die unabhängige Variable hingegen kann metrisch, aber auch dichotom (d. h. kategorial mit zwei Ausprägungen) sein. Wie wir sehen werden, ist die Varianzanalyse ein Spezialfall der Regressionsanalyse mit nominalskalierten unabhängigen Variablen. Da sich die Varianzanalyse und die Regressionsanalyse unter einem gemeinsamen Dach vereinen lassen, nennt man den methodologischen Ansatz, bei dem Merkmalsunterschiede in einer abhängigen metrischen Variablen vorausgesagt bzw. erklärt werden sollen, auch Allgemeines Lineares Modell (ALM). Die Regressionsanalyse mit metrischen unabhängigen Variablen und die Varianzanalyse mit nominalskalierten unabhängigen Variablen sind zwei Spezialfälle des ALM. Im Rahmen des ALM können auch unabhängige Variablen analysiert werden, die sich in ihrem Skalenniveau unterscheiden. So kann z. B. ein Teil der unabhängigen Variablen nominalskaliert und ein Teil der unabhängigen Variablen metrischer Natur sein. Sofern die nominalskalierten Variablen nicht mit den metrischen Variablen interagieren, nennt man diesen Spezialfall Kovarianzanalyse.

Im Folgenden werden wir die Grundprinzipien der multiplen Regressionsanalyse erläutern. Darüber hinaus werden wir zeigen, wie sich komplexere Modelle wie die Kovarianzanalyse und die moderierte Regressionsanalyse anwenden lassen. Schließlich behandeln wir nominalskalierte unabhängige Variablen und Modelle mit unabhängigen Variablen unterschiedlicher Skalenniveaus.

18.2 Notation

Wie bei der einfachen Regressionsanalyse lassen sich verschiedene Notationen unterscheiden. Wir beschreiben zunächst die multiple Regressionsanalyse als ein Modell zur Beschreibung empirisch erhobener Daten. Diese deskriptivstatistische Behandlung der multiplen Regressionsanalyse kommt ohne inferenzstatistische Kenntnisse aus. In Abschnitt 18.7 beschreiben wir dann das Populationsmodell der multiplen Regressionsanalyse und behandeln Fragen der Inferenzstatistik.

Regressionsgleichung für Merkmalsträger

In der Modellgleichung für Merkmalsträger werden die Werte der abhängigen Variablen wie in der einfachen Regressionsanalyse mit y_m bezeichnet. Der Index m steht für den Merkmalsträger (Untersuchungseinheit, z. B. eine Person). In der multiplen Regressionsanalyse werden k verschiedene unabhängige Variablen $X_1, …, X_k$ berücksichtigt. Der Wert eines Merkmalsträgers (z. B. einer Person) auf einer unabhängigen Variablen erhält zwei Indizes (x_{mj}): Der erste Index m bezeichnet den Merkmalsträger (z. B. die Person) und läuft von 1 bis n (n: Anzahl der betrachteten Personen); der zweite Index j bezeichnet, um welche Variable X es sich handelt, und läuft von 1 bis k (k: Anzahl der unabhängigen Variablen). Mit e_m wird der Residualwert einer Person m bezeichnet. Hieraus ergibt sich folgende Modellgleichung für Merkmalsträger (Untersuchungseinheiten):

$$y_m = b_0 + b_1 \cdot x_{m1} + b_2 \cdot x_{m2} + \ldots \\ + b_j \cdot x_{mj} + \ldots + b_k \cdot x_{mk} + e_m, \qquad \text{(F 18.1)}$$

wobei mit b_0 der Achsenabschnitt bezeichnet wird und die Koeffizienten b_1 bis b_k die Regressionsgewichte der einzelnen unabhängigen Variablen sind.

Regressionsgleichung für Variablen

Die multiple Regressionsanalyse kann auch in folgender Modellgleichung für Variablen formuliert werden:

$$Y = b_0 + b_1 \cdot X_1 + b_2 \cdot X_2 + \ldots + b_j \cdot X_j \\ + \ldots + b_k \cdot X_k + E \qquad \text{(F 18.2)}$$

Mit Y wird die abhängige Variable (Kriterium) bezeichnet, während X_1 bis X_k die unabhängigen Variablen kennzeichnen. E bezeichnet die Residualvariable. Die Merkmalsausprägungen y_m sind die Werte der Variablen Y, die Merkmalsausprägungen $x_{m1}, …, x_{mk}$ die Werte der Variablen X_1 bis X_k. Die Residualwerte e_m sind die Werte der Variablen E.

Regressionsgleichung für vorhergesagte Werte

Wie bei der einfachen Regressionsanalyse lässt sich für jede gefundene Konstellation der Werte der unabhängigen Variablen ein Wert auf der abhängigen

Variablen vorhersagen. Greift man auf die Modellgleichung für Merkmalsträger zurück, so erhält man:

$$\hat{y}_m = b_0 + b_1 \cdot x_{m1} + b_2 \cdot x_{m2} + \ldots + b_j \cdot x_{mj}$$
$$+ \ldots + b_k \cdot x_{mk} \quad \text{(F 18.3)}$$

Der Wert $\hat{y}_m$ ist der anhand der Regressionsanalyse vorhergesagte Wert einer Untersuchungseinheit (z. B. einer Person) m. Er entspricht somit einer Linearkombination der x-Werte. Die Regressionsgewichte werden so bestimmt, dass der $\hat{y}_m$-Wert optimal vorhergesagt wird. Was »optimal« bedeutet, werden wir in Abschnitt 18.3.3 behandeln. In Variablenform lässt sich Gleichung F 18.3 wie folgt schreiben:

$$\hat{Y} = b_0 + b_1 \cdot X_1 + b_2 \cdot X_2 + \ldots + b_j \cdot X_j + \ldots + b_k \cdot X_k$$
$$\text{(F 18.4)}$$

18.3 Lineare Regression für zwei metrische unabhängige Variablen

Im Folgenden sollen einige Eigenschaften der multiplen Regressionsanalyse für den einfachsten Fall zweier metrischer unabhängiger Variablen erläutert werden. In diesem Fall lässt sich ein beobachteter y-Wert wie folgt zerlegen:

$$y_m = b_0 + b_1 \cdot x_{m1} + b_2 \cdot x_{m2} + e_m \quad \text{(F 18.5)}$$

Ein beobachteter y-Wert lässt sich somit additiv zerlegen in eine Regressionskonstante b_0, den mit b_1 gewichteten Wert x_{m1}, den mit b_2 gewichteten Wert x_{m2} und den Residualwert e_m.

18.3.1 Multiple Regression als kompensatorisches Modell

Da sich Individuen auf den unabhängigen Variablen X_1 und X_2 unterscheiden können, kann derselbe vorhergesagte $\hat{y}$-Wert durch eine unterschiedliche Kombination von x_1- und x_2-Werten zustande kommen. Den kompensatorischen Charakter der multiplen Regressionsanalyse wollen wir anhand eines Beispiels erläutern.

Beispiel: Habituelles Wohlbefinden und Stimmungsregulationskompetenz

In einer Untersuchung wurde überprüft, inwieweit individuelle Unterschiede im habituellen Wohlbefinden auf die Unterschiede in der Stimmungsregulationskompetenz zurückgeführt werden können. In der Stimmungsregulationstheorie unterscheidet man zwei allgemeine Regulationskompetenzen: die Fähigkeit zur Aufrechterhaltung guter Stimmung und die Fähigkeit zur Verbesserung schlechter Stimmung (Lischetzke & Eid, 2003). Personen mit einer hohen Fähigkeit zur Aufrechterhaltung guter Stimmung sind in der Lage, eine gute Stimmung, die sie erleben, lange aufrechtzuerhalten. Personen mit einer hohen Fähigkeit zur Verbesserung schlechter Stimmung gelingt es relativ schnell, aus einer schlechten Stimmung herauszukommen. In einer Untersuchung an 240 Studierenden ließ sich die Abhängigkeit des habituellen Wohlbefindens (WB) von beiden Regulationskompetenzen wie folgt beschreiben:

$$\widehat{WB} = 1{,}82 + 0{,}35 \cdot AS + 0{,}33 \cdot VS,$$

wobei $b_0 = 1{,}82, b_1 = 0{,}35, b_2 = 0{,}33$. Die Variable AS erfasst die Fähigkeit zur Aufrechterhaltung positiver Stimmung, VS die Fähigkeit zur Verbesserung schlechter Stimmung, $\widehat{WB}$ das aufgrund beider Kompetenzen vorhergesagte Wohlbefinden. Diese Regressionsgleichung zeigt, dass sowohl die Fähigkeit zur Aufrechterhaltung positiver Stimmung als auch die Fähigkeit zur Verbesserung schlechter Stimmung einen positiven Einfluss auf das Wohlbefinden haben, und zwar derart, dass bei höherer Fähigkeit zur Aufrechterhaltung guter Stimmung und höherer Fähigkeit zur Verbesserung schlechter Stimmung das Wohlbefinden höher ist.

Die beiden Stimmungsregulationskompetenzen erfassen zwei unterschiedliche, aber miteinander zusammenhängende Fähigkeiten. Beide Facetten der Regulationskompetenz sind zu $r = 0{,}44$ miteinander korreliert. Diese Korrelation zeigt an, dass Personen mit höherer Fähigkeit zur Aufrechterhaltung guter Stimmung tendenziell auch eine höhere Fähigkeit zur Verbesserung schlechter Stimmung haben. Allerdings sind aufgrund der nicht perfekten Korrelation auch unterschiedliche Kombinationen der beiden Regulationskompetenzen möglich. Der kompensatorische Charakter der multiplen Regressionsanalyse zeigt sich darin, dass ein geringer Wert auf der Variablen »Fähigkeit zur Aufrechterhaltung guter Stimmung« durch einen hohen Wert auf der Variablen »Fähigkeit zur Verbesserung schlechter Stimmung« ausgeglichen werden kann. Da die beiden Regulationskompetenzen einen fast gleich hohen Regressionskoeffizienten aufweisen, hat z. B. eine Person, die auf der Variablen AS einen Wert von 1 und auf der Variablen VS einen Wert von 3 hat, einen fast identischen vorhergesagten Wert wie eine Person, die auf der Variablen AS einen Wert von 3 und auf der Variablen VS einen Wert von 1 hat. Das additiv-lineare Modell in dieser einfachen Form ist nur für Variablenkonstellationen geeignet, bei denen ein solcher kompensatorischer Ausgleich sinnvoll ist. Wir werden an späterer Stelle zeigen, wie in der multiplen Regressionsanalyse neben der rein additiven Verknüpfung der Variablen auch ihre multiplikative Verknüpfung berücksichtigt werden kann.

18.3.2 Graphische Darstellung

Die multiple Regressionsanalyse lässt sich in Form von Pfaddiagrammen darstellen. Abbildung 18.1 zeigt eine multiple Regressionsanalyse mit zwei unabhängigen Variablen X_1 und X_2. Diese sind durch Pfeile mit der abhängigen Variablen Y verbunden. Die Pfeile gehen immer von den unabhängigen Variablen aus und haben ihre Pfeilspitze bei der abhängigen Variablen. An die Pfeile werden die Regressionsgewichte geschrieben. Der Pfeil, der von der Residualvariablen E auf Y zeigt, erhält keine Zahl, da die Residualvariable mit keinem Regressionskoeffizienten verknüpft ist und somit immer ein Gewicht von 1 hat. Der Bogen zwischen den beiden unabhängigen Variablen X_1 und X_2 kennzeichnet einen ungerichteten Zusammenhang und somit die Kovarianz $s_{X_1 X_2}$ bzw. die Korrelation $r_{X_1 X_2}$ der beiden unabhängigen Variablen. In der pfadanalytischen Darstellungsform wird der Achsenabschnitt b_0, der nichts zur Erklärung interindividueller Unterschiede in der Kriteriumsvariablen beiträgt, nicht berücksichtigt.

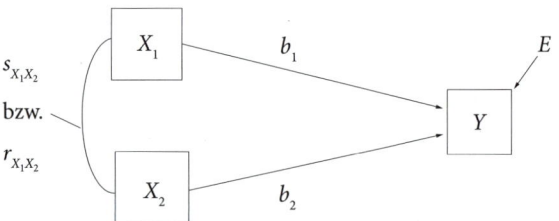

Abbildung 18.1 Pfadanalytische Darstellung einer multiplen Regressionsanalyse mit zwei unabhängigen Variablen. Modellgleichung: $Y = b_0 + b_1 \cdot X_1 + b_2 \cdot X_2 + E$

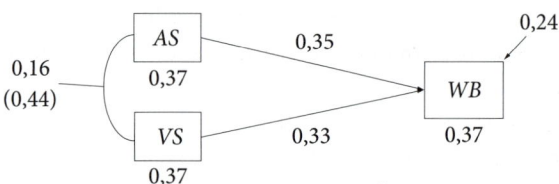

Abbildung 18.2 Ergebnis einer multiplen Regressionsanalyse mit der abhängigen Variablen Wohlbefinden (WB) und den unabhängigen Variablen Fähigkeit zur Aufrechterhaltung guter Stimmung (AS) und Fähigkeit zur Verbesserung schlechter Stimmung (VS)

In Abbildung 18.2 ist das Pfadmodell für unser Stimmungsregulationsbeispiel dargestellt. Die empirischen Ergebnisse einer Regressionsanalyse trägt man wie folgt in ein Pfaddiagramm ein: Ein Kästchen steht für eine Variable. In das Kästchen schreibt man den Namen der Variablen, also WB für Wohlbefinden, AS für die Aufrechterhaltung guter Stimmung und VS für die Verbesserung schlechter Stimmung. Unter das Kästchen, das die Variable bezeichnet, schreibt man die Varianz der Variablen. Demzufolge bezeichnet 0,37 die Varianzen des Wohlbefindens, der Aufrechterhaltung guter Stimmung und der Verbesserung schlechter Stimmung. Diese drei Varianzen sind bis auf Unterschiede auf der dritten Nachkommastelle zufälligerweise gleich. Der Bogen zwischen den beiden unabhängigen Variablen kennzeichnet den Zusammenhang zwischen beiden Variablen. An diesen Bogen schreibt man die Kovarianz der beiden Variablen, die $s_{X_1 X_2} = 0{,}16$ beträgt. Unter die Kovarianz schreibt man in Klammern die Korrelation, die in unserem Beispiel $r_{X_1 X_2} = 0{,}44$ beträgt. Die Zahlen an den beiden Pfeilen sind die Regressionsgewichte. In unserem Beispiel ist $b_1 = 0{,}35$ das Regressionsgewicht der Variablen Aufrechterhaltung guter Stimmung und $b_2 = 0{,}33$ das Regressionsgewicht der Variablen Verbesserung schlechter Stimmung. An den Pfeil, der die Residualvariable (die Fehlervariable) repräsentiert, schreibt man die Varianz der Fehlervariablen, die im vorliegenden Fall $s_E^2 = 0{,}24$ beträgt.

18.3.3 Bestimmung der Regressionskoeffizienten

Wie bei der einfachen linearen Regression werden auch in der multiplen Regressionsanalyse die Regressionskoeffizienten derart geschätzt, dass das Kleinste-Quadrate-Kriterium erfüllt wird. Dies bedeutet, dass die Summe der Abweichungsquadrate (SAQ) von beobachteten und vorhergesagten y-Werten minimal sein soll.

> **Definition**
>
> Nach dem **Kleinste-Quadrate-Kriterium** wird die Summe der Abweichungsquadrate minimiert:
>
> $$SAQ = \sum_{m=1}^{n} (y_m - \hat{y}_m)^2 \rightarrow \min!$$

Während bei der einfachen Regressionsanalyse die Regressionskoeffizienten anhand einfacher Formeln berechnet werden können, ist die Bestimmung der Regressionskoeffizienten in der multiplen Regressionsanalyse komplizierter.

Regressionsebene

Eine multiple Regressionsanalyse mit zwei unabhängigen Variablen lässt sich auch als Regressionsebene darstellen. In Abbildung 18.3 ist eine multiple Regressionsanalyse mit zwei unabhängigen Variablen X_1 und X_2 dargestellt. Für jede Kombination von x_1- und x_2-Werten liegen die geschätzten $\hat{y}$-Werte auf einer Ebene. Die beobachteten y-Werte schwanken um diese Ebene. Man kann sich das Prinzip wie folgt veranschaulichen. Man stelle sich einen Schwarm Bienen in einem dreidimensionalen Raum vor, z. B. einem Zimmer. Die Flughöhe hänge von der Nähe zu

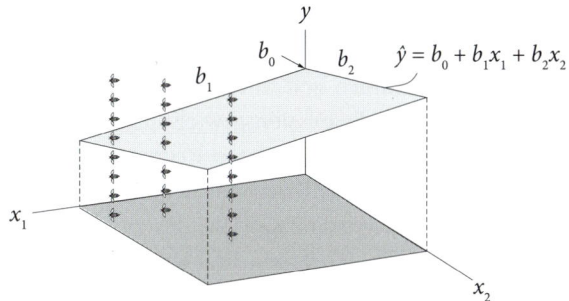

Abbildung 18.3 Darstellung einer multiplen Regressionsanalyse mit zwei unabhängigen Variablen X_1 und X_2 in Form einer Regressionsebene

den Zimmerwänden ab. Die Flughöhe einer Biene entspricht dem y-Wert dieser Biene, die Projektion dieser Biene auf den Fußboden entspricht ihren Koordinaten in Bezug auf die Variablen X_1 und X_2. Durch die Regressionsanalyse wird nun quasi ein großes Blatt durch diesen Bienenschwarm derart gelegt, dass die Abweichung der einzelnen Bienen von diesem Blatt minimal ist. Man bestimmt die Position des Blattes, indem man die Summe der quadrierten Abweichungen aller Bienen von diesem Blatt minimiert.

Regressionsgewichte bei der einfachen und der multiplen Regression

Wie unterscheiden sich die Regressionsgewichte der einzelnen Prädiktoren $b_1, \ldots, b_k$ im Falle einer multiplen Regression von den entsprechenden Regressionsgewichten im Falle von k separaten (bivariaten) Regressionsanalysen? Die Regressionsgewichte bei der multiplen Regressionsanalyse sind nur dann mit den entsprechenden Regressionsgewichten der einfachen Regressionsanalyse identisch, wenn die unabhängigen Variablen untereinander unkorreliert sind. Bei korrelierten unabhängigen Variablen muss diese Korrelation bei der Berechnung der Regressionsgewichte berücksichtigt werden. Dass dies notwendig ist, kann man sich anhand eines einfachen Beispiels veranschaulichen. Angenommen, eine unabhängige Variable korreliert mit der abhängigen Variablen perfekt. Dann kann aufgrund der unabhängigen Variablen die abhängige Variable genau (d. h. fehlerfrei) vorhergesagt werden. Würde man nun eine zweite unabhängige Variable, die ebenfalls mit der abhängigen Variablen korreliert ist, in die Regressionsgleichung mit aufnehmen und würde man für b_2 einfach das entsprechende Regressionsgewicht dieses Prädiktors aus der einfachen bivariaten Regression einsetzen, so würde man das Kriterium deutlich verschätzen. Denn das Regressionsgewicht des zweiten Prädiktors würde die Schätzung des Kriteriumswertes verändern – und das, obwohl bereits der erste Prädiktor die Kriteriumswerte perfekt vorhergesagt hat. Bei der Bestimmung der Regressionsgewichte ist es daher wichtig, sowohl die Zusammenhänge zwischen den unabhängigen Variablen untereinander als auch die Zusammenhänge zwischen den unabhängigen Variablen und der abhängigen Variablen zu berücksichtigen.

Die Bestimmung der Regressionsgewichte ist bei mehr als zwei unabhängigen Variablen mathematisch kompliziert und rechnerisch aufwendig; sie wird matrixalgebraisch vorgenommen. Wir werden uns im Folgenden zunächst auf den Fall zweier Prädiktoren konzentrieren, da hierfür die Regressionsgewichte anschaulich bestimmt und interpretiert werden können. Die Bestimmung der Regressionsgewichte bei mehr als zwei Prädiktoren werden wir im Anhang B behandeln.

Bestimmung der Regressionsgewichte b_j

Das Regressionsgewicht der ersten Variablen X_1 lässt sich wie folgt bestimmen:

$$b_1 = b_{1s} \cdot \frac{s_Y}{s_{X_1}}, \qquad \text{(F 18.6)}$$

wobei

$$b_{1s} = \frac{r_{YX_1} - r_{YX_2} \cdot r_{X_1 X_2}}{1 - r_{X_1 X_2}^2} \qquad \text{(F 18.7)}$$

das standardisierte Regressionsgewicht ist, d. h. das Regressionsgewicht, das man erhält, wenn man die Variablen zunächst standardisiert (z-transformiert). Das Regressionsgewicht b_1 lässt sich einfach aus dem standardisierten Regressionsgewicht b_{1s} berechnen, indem man es mit der Standardabweichung der abhängigen Variablen multipliziert und durch die Standardabweichung der unabhängigen Variablen X_1 dividiert.

Das Regressionsgewicht der zweiten Variablen X_2 erhält man in analoger Weise:

$$b_2 = b_{2s} \cdot \frac{s_Y}{s_{X_2}}$$

und

$$b_{2s} = \frac{r_{YX_2} - r_{YX_1} \cdot r_{X_1 X_2}}{1 - r_{X_1 X_2}^2}$$

Je nach den Korrelationen der Variablen untereinander kann sich das Regressionsgewicht einer unabhängigen Variablen in einer multiplen Regressionsanalyse deutlich vom Regressionsgewicht dieser Variablen in einer einfachen Regressionsanalyse unterscheiden. Das Regressionsgewicht einer unabhängigen Variablen in der multiplen Regressionsanalyse kann größer oder kleiner als das Regressionsgewicht dieser Variablen in der einfachen Regressionsanalyse, aber auch mit diesem identisch sein. Zudem kann das Regressionsgewicht in der multiplen Regressionsanalyse auch ein anderes Vorzeichen aufweisen als das Regressionsgewicht dieser Variablen in der einfachen Regressionsanalyse. Wir werden dies im Folgenden anhand einiger empirischer Beispiele demonstrieren. Wir werden das Regressionsgewicht einer Variablen in der einfachen Regressionsanalyse b_{einf} und das Regressionsgewicht einer Variablen in der multiplen Regressionsanalyse b_{mult} nennen. Rein formal lassen sich folgende Fälle identifizieren.

$b_{einf} = b_{mult}$. Das Regressionsgewicht einer Variablen in der multiplen Regression entspricht dem Regressionsgewicht dieser Variablen in einer einfachen Regression, wenn alle Prädiktorvariablen untereinander unkorreliert sind.

$b_{einf} > b_{mult}$. Das Regressionsgewicht der Variablen X_1 in der multiplen Regression ist kleiner als ihr Regressionsgewicht in der einfachen Regression, wenn folgende Beziehung gilt:

$$r_{YX_1} > \frac{r_{YX_1} - r_{YX_2} \cdot r_{X_1 X_2}}{1 - r_{X_1 X_2}^2} \qquad \text{(F 18.8)}$$

Diese Beziehung folgt aus Gleichung F 18.7 und der Tatsache, dass das Regressionsgewicht in der einfachen Regressionsanalyse gleich der Produkt-Moment-Korrelation ist (linke Seite von Gleichung F 18.8). Aus Gleichung F 18.8 folgt z. B. für positive Korrelationen $r_{X_1X_2}$, r_{YX_1} und r_{YX_2}:

$$r_{X_1X_2} < \frac{r_{YX_2}}{r_{YX_1}} \qquad (F\ 18.9)$$

Sofern die beiden unabhängigen Variablen miteinander korreliert sind, ist die Gleichung F 18.9 z. B. immer erfüllt, wenn $r_{YX_2} > r_{YX_1}$, da dann der Ausdruck auf der rechten Seite immer größer als 1 ist, die Korrelation auf der linken Seite aber kleiner als 1 sein muss. Wären beide unabhängigen Variablen zu 1 korreliert, wäre die Bestimmungsgleichung F 18.8 nicht definiert. In diesem Fall wäre es auch sinnlos, beide Variablen in die Regressionsgleichung aufzunehmen, da die zweite Variable keine neue Information enthält. Man sagt dann, dass zwischen beiden Variablen *exakte Kollinearität* vorliegt. Sind beide unabhängigen Variablen unkorreliert, kann Gleichung F 18.8 nie erfüllt sein, da dann in beiden Seiten der Ungleichung die gleiche Korrelation stehen würde, wodurch die Ungleichung falsch wäre.

$b_{einf} < b_{mult}$. Das Regressionsgewicht der Variablen X_1 in der multiplen Regression kann auch größer sein als das entsprechende Regressionsgewicht dieser Variablen in der einfachen Regression. Dies ist dann der Fall, wenn folgende Beziehung gilt:

$$r_{YX_1} < \frac{r_{YX_1} - r_{YX_2} \cdot r_{X_1X_2}}{1 - r_{X_1X_2}^2} \qquad (F\ 18.10)$$

und somit z. B. für positive Korrelationen $r_{X_1X_2}$, r_{YX_1} und r_{YX_2}:

$$r_{X_1X_2} > \frac{r_{YX_2}}{r_{YX_1}} \qquad (F\ 18.11)$$

Diese Ungleichung ist z. B. immer dann erfüllt, wenn die Variable X_2 mit der Kriteriumsvariablen unkorreliert ist. Diesen speziellen Fall einer sog. klassischen Suppressorvariablen werden wir in Abschnitt 18.8 behandeln. Die Bedingung in Ungleichung F 18.11 zeigt, dass dieser Fall umso eher eintritt, je höher die Korrelation der beiden unabhängigen Variablen ist und je stärker sich die Korrelationen zwischen den unabhängigen und der abhängigen Variablen zugunsten einer höheren Korrelation r_{YX_1} unterscheiden.

Wir haben diese drei verschiedenen Fälle für die Variable X_1 behandelt, sie gelten natürlich in analoger Weise auch für die Variable X_2. Diese Fälle zeigen, dass der Austausch oder das Weglassen einer einzigen unabhängigen Variablen die Regressionsgewichte der anderen Prädiktoren deutlich verändern kann.

Bestimmung des Achsenabschnitts b_0
Wie bei der einfachen Regression wird der Achsenabschnitt, also die Regressionskonstante b_0, auf der Grundlage der Mittelwerte und der Regressionsgewichte bestimmt:

$$b_0 = \bar{y} - b_1 \cdot \bar{x}_1 - b_2 \cdot \bar{x}_2 \qquad (F\ 18.12)$$

Die Größe der Regressionskonstanten b_0 hängt von den Mittelwerten der abhängigen und der unabhängigen Variablen sowie von den Regressionsgewichten b_1 und b_2 ab. Die Regressionskonstante b_0 entspricht dem erwarteten Wert der abhängigen Variablen Y, wenn alle unabhängigen Variablen den Wert 0 annehmen. Abbildung 18.3 ist zu entnehmen, dass b_0 der Schnittpunkt der Regressionsebene mit der Y-Achse ist. Im Falle standardisierter Variablen ist die Regressionskonstante b_0 immer gleich 0.

18.4 Bedeutung der Regressionsgewichte

Die Bedeutung der Regressionsgewichte kann man auf zwei verschiedene Arten erläutern: Man kann multiple Regressionsgewichte auffassen
(1) als Regressionsgewichte bedingter einfacher Regressionen oder
(2) als das Regressionsgewicht zweier Regressionsresiduen.

Wir beschränken uns der Einfachheit halber wieder auf den Fall zweier Prädiktoren.

18.4.1 Multiple Regressionsgewichte als Regressionsgewichte bedingter einfacher Regressionen

Das multiple Regressionsgewicht b_j kann als Regressionsgewicht einer unabhängigen Variablen in einer bedingten einfachen Regressionsanalyse interpretiert werden. Eine bedingte Regressionsanalyse liegt dann vor, wenn wir die Ausprägungen aller anderen unabhängigen Variablen konstant halten. Dies ist z. B. dann der Fall, wenn nur Personen mit denselben Ausprägungen auf den unabhängigen Variablen betrachtet werden. Im Beispiel der beiden Stimmungsregulationskompetenzen ist das Regressionsgewicht der Fähigkeit zur Aufrechterhaltung guter Stimmung identisch mit dem Regressionsgewicht dieser Variablen in einer einfachen Regressionsanalyse, wenn die Fähigkeit zur Verbesserung schlechter Stimmung auf einen Wert fixiert ist. Das multiple Regressionsgewicht der Fähigkeit zur Aufrechterhaltung guter Stimmung ist also nichts anderes als das einfache Regressionsgewicht dieser Variablen in Subgruppen von Personen, die sich in Bezug auf den anderen Prädiktor nicht unterscheiden. Durch die multiple Regressionsanalyse überprüft man den Einfluss einer unabhängigen Variablen auf die abhängige Variable bei Konstanthaltung aller anderen unabhängigen Variablen. Dieser Sachverhalt ist für drei ausgewählte Gruppen von Personen, die unterschiedliche Werte auf der Variablen VS aufweisen, in Abbildung 18.4 dargestellt. Man sieht hier, dass die Abhängigkeit des Wohlbefindens von der Fähigkeit zur Aufrechterhaltung guter Stimmung in allen drei Subgruppen gleich ist, dass sich die drei Subgruppen jedoch in ihren Regressionskonstanten unterscheiden. Dies lässt sich dadurch erklären, dass die Fähigkeit zur Verbesserung schlechter Stimmung auch einen Effekt auf das Wohlbefinden hat. Die drei Gleichungen, die in Abbildung 18.4 dargestellt sind, erhält man, indem man einfach die drei Werte (1, 2, 3) für die Verbesserung schlechter Stimmung in die Regressionsgleichung einsetzt:

Regressionsgleichung für $VS = 1$:
$$\widehat{WB} = 1{,}82 + 0{,}35 \cdot AS + 0{,}33 \cdot 1$$
$$= 2{,}15 + 0{,}35 \cdot AS$$

Regressionsgleichung für $VS = 2$:
$$\widehat{WB} = 1{,}82 + 0{,}35 \cdot AS + 0{,}33 \cdot 2$$
$$= 2{,}48 + 0{,}35 \cdot AS$$

Regressionsgleichung für $VS = 3$:
$$\widehat{WB} = 1{,}82 + 0{,}35 \cdot AS + 0{,}33 \cdot 3$$
$$= 2{,}81 + 0{,}35 \cdot AS$$

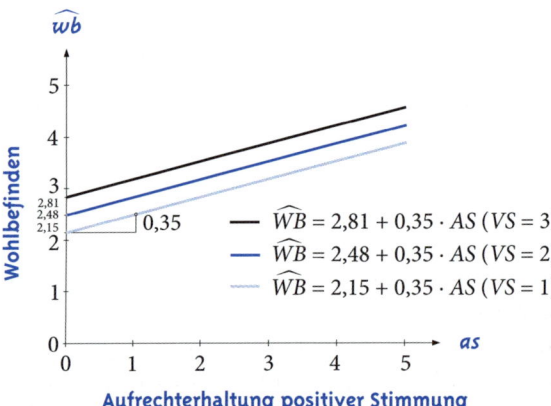

Abbildung 18.4 Bedingte Regression von Wohlbefinden (WB) auf Aufrechterhaltung guter Stimmung (AS) für drei ausgewählte Werte von Fähigkeit zur Verbesserung schlechter Stimmung (VS)

Diese drei Regressionsgleichungen unterscheiden sich von der Regressionsgleichung, die man erhalten würde, wenn man die Variable VS *nicht* mit berücksichtigen würde (also für den Fall einer einfachen bivariaten Regression von WB auf AS). Da AS und VS untereinander korreliert sind ($r = 0{,}44$), deckt die Fähigkeit zur Aufrechterhaltung guter Stimmung auch einen Teil der Fähigkeit zur Verbesserung schlechter Stimmung ab. Da nun auch die Verbesserung schlechter Stimmung mit dem Wohlbefinden zusammenhängt, ist ein Teil des Effekts von AS auf WB redundant mit dem Effekt von VS auf WB. Diese Redundanz wird bei der multiplen Regression berücksichtigt. Das Regressionsgewicht in einer multiplen Regressionsanalyse gibt also nur an, inwieweit eine unabhängige Variable einen Beitrag zur Erklärung bzw. Prädiktion der abhängigen Variablen leisten kann, der über den Erklärungs- bzw. Prädiktionsbeitrag aller anderen unabhängigen Variablen in der Gleichung hinausgeht. Das Regressionsgewicht eines Prädiktors X_i gibt somit an, inwieweit die Variation im Kriterium Y auf diesen Prädiktor zurückzuführen ist unter der Bedingung, dass alle anderen Prädiktorvariablen konstant gehalten werden. Daher kann man multiple Regressionsgewichte auch als bedingte einfache Regressionsgewichte verstehen.

Bezogen auf unser Beispiel: Das Regressionsgewicht der Variablen AS zeigt an, um wie viele Einheiten sich die vorhergesagten Werte für WB verändern, wenn sich AS um eine Einheit erhöht und VS konstant bleibt. Nehmen wir z. B. an, eine Person ($m = 1$) hat einen Wert von 1 auf AS und einen Wert von 1 auf VS. Hieraus ergibt sich aufgrund der Regressionsgleichung ein erwarteter Wohlbefindenswert von $\widehat{wb}_1 = 2{,}50$. Nun können wir diesen erwarteten Wohlbefindenswert mit dem erwarteten Wohlbefindenswert einer Person ($m = 2$) vergleichen, die sich zwar nicht in VS, aber in AS von jener Person unterscheidet: Nehmen wir an, die zweite Person habe den Wert 2 auf der Variablen AS. Setzt man nun für diese Person den Wert in die Bestimmungsgleichung ein, erhält man einen erwarteten Wohlbefindenswert von $\widehat{wb}_2 = 2{,}85$. Die Differenz der erwarteten Wohlbefindenswerte der beiden Personen ($\widehat{wb}_2 - \widehat{wb}_1 = 2{,}85 - 2{,}50 = 0{,}35$) entspricht genau dem (unstandardisierten) multiplen Regressionsgewicht von AS.

Die Feststellung, dass das Regressionsgewicht einer Variablen angibt, um welchen erwarteten Wert sich die abhängige Variable ändert, wenn man den Wert der unabhängigen Variablen um eine Einheit erhöht, ohne dass man jedoch die Werte auf den anderen unabhängigen Variablen verändert, gilt für alle unabhängigen Variablen gleichermaßen. Analog zur Abbildung 18.4 könnte man auch die regressive Abhängigkeit des Wohlbefindens von VS unter Konstanthaltung von AS darstellen. Das Regressionsgewicht der Verbesserung schlechter Stimmung zeigt an, um welchen Wert sich der erwartete $\hat{y}$-Wert ändert, wenn die Verbesserung schlechter Stimmung um eine Finheit erhöht wird und die Fähigkeit zur Aufrechterhaltung guter Stimmung konstant gehalten wird.

18.4.2 Multiple Regressionsgewichte als Regressionsgewichte von Regressionsresiduen

Die zweite Interpretationsmöglichkeit eines Regressionsgewichts b_j in der multiplen Regressionsanalyse besteht darin, es als Regressionsgewicht zweier Residualvariablen aufzufassen. Die beiden Residualvariablen erhält man, indem man den fraglichen Prädiktor X_j und das Kriterium Y um alle Abhängigkeiten von den anderen Prädiktorvariablen (die in die multiple Regressionsgleichung mit aufgenommen werden) bereinigt. Zur Veranschaulichung greifen wir noch einmal auf das Beispiel zurück, in dem das Wohlbefinden auf Unterschiede in beiden Stimmungsregulationskompetenzen zurückgeführt wird. Wir wollen die Bedeutung des multiplen Regressionsgewichts für die Variable X_1 erläutern. Sie trifft in analoger Weise auf die Variable X_2 zu. Die Bedeutung des Regressionsgewichts ist eng mit der Partialkorrelation verknüpft, weswegen die multiplen Regressionsgewichte auch *Partialregressionsgewichte* genannt werden.

In Abbildung 18.5 sind zwei einfache Regressionsanalysen dargestellt, in denen sowohl Unterschiede im Wohlbefinden (Y) als auch Unterschiede in der Aufrechterhaltung guter Stimmung (X_1) auf Unterschiede in der Verbesserung schlechter Stimmung (X_2) zurückgeführt werden. Da die Verbesserung schlechter Stimmung die Unterschiede im Wohlbefinden und in der Aufrechterhaltung guter Stimmung nicht perfekt erklären kann, gibt es zwei Residualvariablen: die Residualvariable $E_{Y(X_2)}$, deren Werte die Abweichungen der beobachteten y-Werte (Wohlbefinden) von den aufgrund der Variablen X_2 (Verbesserung schlechter Stimmung) vorhergesagten $\hat{y}$-Werten sind, und die Residualvariable $E_{X_1(X_2)}$, deren Werte die Abweichungen der beobachteten x_1-Werte (Aufrechterhaltung guter Stimmung) von den aufgrund der Variablen X_2 (Verbesserung schlechter Stimmung) vorhergesagten $\hat{x}_1$-Werten sind. Beide Residualvariablen sind also nun um den Einfluss von X_2 bereinigt; anders gesagt: Der Einfluss von X_2 wurde sowohl aus X_1 als auch aus Y auspartialisiert. Trotzdem können die beiden Residualvariablen miteinander korrelieren: Die Fähigkeit zur Aufrechterhaltung guter Stimmung kann mit mehr Wohlbe-

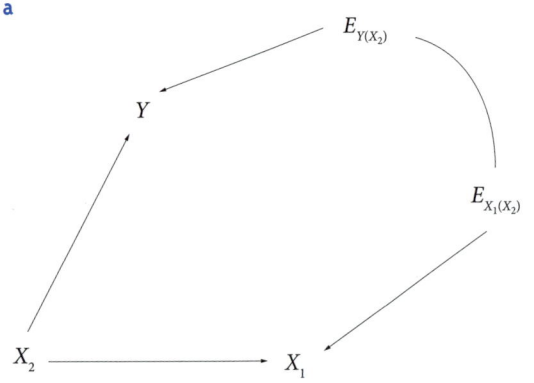

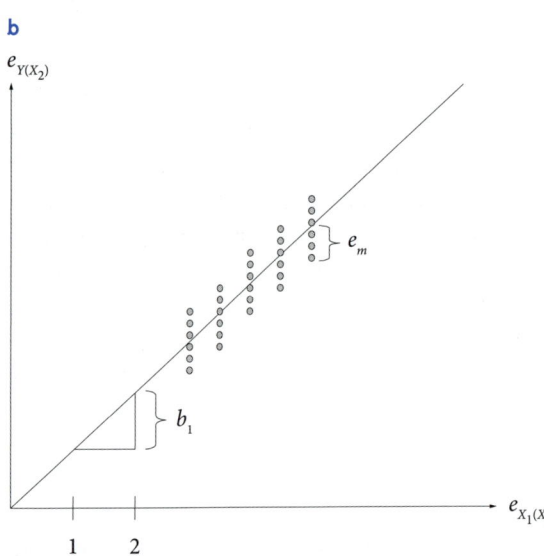

Abbildung 18.5 Partialregressionsgewicht b_1 als Regressionsgewicht von Regressionsresiduen

finden einhergehen, obwohl man aus diesem Zusammenhang die Fähigkeit zur Verbesserung schlechter Stimmung auspartialisiert hat. Eine solche mögliche Kovariation zwischen $E_{Y(X_2)}$ und $E_{X_1(X_2)}$ ist in Abbildung 18.5 a durch den Kovarianzbogen dargestellt.

Berechnet man nun eine einfache lineare Regressionsanalyse mit $E_{Y(X_2)}$ als Kriterium und $E_{X_1(X_2)}$ als Prädiktor, so erhält man ein einfaches Regressionsgewicht, das in der Abbildung 18.5 b als b_1 bezeichnet wird. Dieses Regressionsgewicht b_1 der Regressionsresiduen entspricht genau dem multiplen Regressionsgewicht der Variablen X_1 in der multiplen Regressionsanalyse. Das Regressionsgewicht b_1 kennzeichnet also den Teil des Einflusses der unabhängigen Variablen X_1 auf die abhängige Variable Y, der nicht bereits durch X_2 erklärt wird. Das Regressionsgewicht b_1 ist also ein Maß dafür, welchen Einfluss die Variable X_1 über die Variable X_2 hinausgehend auf die Variable Y hat. In analoger Weise lässt sich das Partialregressionsgewicht für die Variable X_2 bestimmen.

Vergleich mit der Partialkorrelation

Die Nähe zur Partialkorrelation wird hier deutlich, da die Partialkorrelation als die bivariate Korrelation von Regressionsresiduen definiert ist (s. Abschn. 17.2). Es gibt jedoch einen bedeutsamen Unterschied zwischen dem Partialregressionsgewicht und der Partialkorrelation. Das Partialregressionsgewicht ist das unstandardisierte Regressionsgewicht zweier Residualvariablen. Transformiert man die Variablen in z-Werte, so dass sie einen Mittelwert von 0 und eine Standardabweichung von 1 haben, erhält man ein standardisiertes multiples Regressionsgewicht, dessen Berechnung bereits dargestellt wurde (s. Gleichung F 18.7). Dieses standardisierte Regressionsgewicht entspricht jedoch ebenfalls nicht der Partialkorrelation, da im Falle standardisierter Variablen die X- und Y-Variablen standardisiert werden, im Falle der Partialkorrelation hingegen die Residualvariablen. Partialregressionsgewicht und Partialkorrelation sind verwandt, aber nicht identisch. Zwischen den Partialregressionsgewichten und den Partialkorrelationen besteht folgende Beziehung (s. Übung 1):

$$b_1 = r_{X_1 Y \bullet X_2} \cdot \frac{\sqrt{s_Y^2 \cdot (1 - r_{X_2 Y}^2)}}{\sqrt{s_{X_1}^2 \cdot (1 - r_{X_2 X_1}^2)}}$$

bzw.

$$b_2 = r_{X_2 Y \bullet X_1} \cdot \frac{\sqrt{s_Y^2 \cdot (1 - r_{X_1 Y}^2)}}{\sqrt{s_{X_2}^2 \cdot (1 - r_{X_2 X_1}^2)}} \quad \text{(F 18.13)}$$

Der Ausdruck $s_Y^2 \cdot (1 - r_{X_2 Y}^2)$ ist die Varianz der Residualvariablen $E_{Y(X_2)}$, $s_{X_1}^2 \cdot (1 - r_{X_2 X_1}^2)$ die Varianz der Residualvariablen $E_{X_1(X_2)}$ und $s_{X_2}^2 \cdot (1 - r_{X_2 X_1}^2)$ die Varianz der Residualvariablen $E_{X_2(X_1)}$. Gleichung F 18.13 zeigt die strukturelle Ähnlichkeit zum Regressionskoeffizienten in der einfachen Regressionsanalyse (s. Gleichung F 16.4). Das Regressionsgewicht in der einfachen Regressionsanalyse wird bestimmt als die Korrelation nullter Ordnung multipliziert mit dem Verhältnis aus den Standardabweichungen der abhängigen Variablen und der unabhängigen Variablen. Bei zwei Prädiktoren ist der Partialregressionskoeffizient eines Prädiktors das Produkt aus der Partialkorrelation erster Ordnung dieses Prädiktors mit dem Kriterium, multipliziert mit dem Verhältnis der Standardabweichungen dieses Prädiktors und des Kriteriums, nachdem aus beiden Variablen der Einfluss des anderen Prädiktors herauspartialisiert wurde.

18.4.3 Unstandardisierte vs. standardisierte Regressionsgewichte

Wir haben bereits bei der Bestimmung der Regressionsgewichte in Abschnitt 16.7 gesehen, dass zwei Arten von Regressionsgewichten unterschieden werden können: Unstandardisierte Regressionsgewichte werden auf der Grundlage der Metrik der Variablen berechnet, in der sie gemessen wurden. Darüber hinaus lassen sich standardisierte Regressionsgewichte als Regressionsgewichte von z-transformierten Variablen bestimmen. Das unstandardisierte Regressionsgewicht gibt an, um welchen Betrag sich die vorhergesagten $\hat{y}$-Werte ändern, wenn die unabhängige Variable sich um eine Einheit ändert. Das standardisierte Regressionsgewicht gibt in analoger Weise an, um wie viele Standardabweichungseinheiten sich die vorhergesagten $\hat{y}$-Werte ändern, wenn sich die unabhängige Variable um eine Standardabweichungseinheit verändert. Üblicherweise gibt man bei einer Regressionsanalyse beide Regressionsgewichte an. Standardisierte und unstandardisierte Regressionsgewichte sind für unterschiedliche Fragestellungen geeignet, wie wir bereits bei der einfachen Regressionsanalyse in Abschnitt 16.7 besprochen haben und hier nochmals zusammenfassend wiederholen wollen.

Vergleich verschiedener Gruppen

Geht es darum, verschiedene Gruppen von Personen in Bezug auf die regressive Abhängigkeit zu vergleichen, so greift man auf die unstandardisierten Regressionsgewichte zurück. Ist man z. B. daran interessiert, ob sich Frauen und Männer in der Beziehung zwischen Wohlbefinden und den beiden Stimmungsregulationskompetenzen unterscheiden, so würde man statistisch die Gleichheit der unstandardisierten Regressionsgewichte zwischen beiden Gruppen überprüfen. Für diese Fragestellung sind die unstandardisierten Regressionsgewichte den standardisierten Regressionsgewichten vorzuziehen, da die Frage im Mittelpunkt steht, ob Frauen und Männer, die über dieselben Regulationskompetenzen verfügen, auch denselben erwarteten Wohlbefindenswert haben. Dies wäre dann der Fall, wenn die Regressionskoeffizienten in beiden Geschlechtsgruppen gleich wären. Die standardisierten Regressionsgewichte sind hierzu nicht geeignet, da sich Frauen und Männer in den Varianzen der Variablen unterscheiden können. Ist dies der Fall, so werden in beiden Geschlechtsgruppen unterschiedliche Standardisierungen vorgenommen, da die Abweichungswerte durch unterschiedliche Standardabweichungen geteilt werden. Dies hat zur Folge, dass sich trotz gleicher unstandardisierter Regressionsgewichte unterschiedliche standardisierte Regressionsgewichte ergeben können. Für die Prognose des Verhaltens in beiden Geschlechtsgruppen sind jedoch die Variablen in ihrer ursprünglichen Metrik ausschlaggebend, wie man sie auch in zukünftigen Untersuchungen erheben würde.

Vergleich verschiedener Variablen

Auf standardisierte Regressionsgewichte greift man zurück, wenn man verschiedene Variablen, die in einer unterschiedlichen Metrik erfasst wurden, hinsichtlich ihres Vorhersagebeitrages an der abhängigen Variablen miteinander vergleichen möchte. Für diesen Vergleich sind die unstandardisierten Regressionsgewichte weniger gut geeignet, da die Größe eines unstandardisierten Regressionsgewichts auch von der Metrik einer Variablen abhängt. Dies haben wir schon bei der einfachen Regressionsanalyse gesehen. Hat man z. B. in verschiedenen Studien die regressive Abhängigkeit des Wohlbefindens von der Stimmungsregulationskompetenz untersucht und die Merkmale mit unterschiedlichen Messinstrumenten erfasst, sind die Regressionsgewichte aufgrund der Unterschiede in der Metrik zwischen den Studien nur schwer zu vergleichen. Standardisiert man die Variablen in den verschiedenen Studien durch eine z-Transformation, lassen sich die Regressionsgewichte zwischen den Studien vergleichen. Das standardisierte Regressionsgewicht zeigt die erwartete Veränderung der $\hat{y}$-Werte an, wenn sich die unabhängige Variable um eine Standardabweichungseinheit verändert und die anderen unabhängigen Variablen konstant gehalten werden.

18.5 Lineare Regression für mehrere metrische unabhängige Variablen

Im Falle von mehr als zwei unabhängigen Variablen erweitert sich die Regressionsgleichung durch die Hinzunahme der mit einem (Partial-)Regressionsgewicht gewichteten Werte der weiteren Variablen X_j:

$$\hat{y}_m = b_0 + b_1 \cdot x_{m1} + b_2 \cdot x_{m2} + \ldots + b_j \cdot x_{mj}$$
$$+ \ldots + b_k \cdot x_{mk}$$

Die Bedeutung der Regressionskoeffizienten lässt sich in Analogie zum Fall zweier unabhängiger Variablen herleiten. Der Achsenabschnitt b_0 (die additive Konstante) ergibt sich aus den Mittelwerten der abhängigen und der mit den Regressionsgewichten gewichteten unabhängigen Variablen:

$$b_0 = \bar{y} - (b_1 \cdot \bar{x}_1 + b_2 \cdot \bar{x}_2 + \ldots + b_j \cdot \bar{x}_j$$
$$+ \ldots + b_k \cdot \bar{x}_k) \qquad \text{(F 18.14)}$$

Ein Regressionsgewicht b_j erhält man in Analogie zum Falle zweier Variablen wie folgt:
- Aus der Variablen X_j wird der Einfluss aller anderen unabhängigen Variablen $X_{j'}$ ($j' \neq j$) auspartialisiert. Man erhält dann eine Residualvariable $E_{X_j(X_1,\ldots,X_{j-1},X_{j+1},\ldots,X_k)}$, die den Teil von X_j repräsentiert, der nicht durch alle anderen unabhängigen Variablen gemeinsam vorhergesagt werden kann.
- Aus der abhängigen Variablen Y wird ebenfalls der Einfluss aller anderen unabhängigen Variablen $X_{j'}$ ($j' \neq j$) auspartialisiert, so dass man eine Residualvariable $E_{Y(X_1,\ldots,X_{j-1},X_{j+1},\ldots,X_k)}$ erhält, die den Teil von Y repräsentiert, der nicht durch die unabhängigen Variablen (X_j ausgenommen) gemeinsam vorhergesagt werden kann.

- Das Regressionsgewicht b_j ist das Regressionsgewicht einer einfachen linearen Regressionsanalyse, in der $E_{Y(X_1,\ldots,X_{j-1},X_{j+1},\ldots,X_k)}$ auf $E_{X_j(X_1,\ldots,X_{j-1},X_{j+1},\ldots,X_k)}$ zurückgeführt wird.

Das Regressionsgewicht b_j hängt in Analogie zum Fall zweier Prädiktoren wie folgt mit der Partialkorrelation zusammen:

$$b_j = r_{X_j Y \bullet X_1,\ldots,X_{j-1},X_{j+1},\ldots,X_k}$$
$$\cdot \frac{\sqrt{s_Y^2 \cdot (1 - R_{Y|X_1,\ldots,X_{j-1},X_{j+1},\ldots,X_k}^2)}}{\sqrt{s_{X_j}^2 \cdot (1 - R_{X_j|X_1,\ldots,X_{j-1},X_{j+1},\ldots,X_k}^2)}} \qquad \text{(F 18.15)}$$

In dieser Formel bezeichnet $r_{X_j Y \bullet X_1,\ldots,X_{j-1},X_{j+1},\ldots,X_k}$ die Partialkorrelation $(k-1)$-ter Ordnung zwischen Y und X_j, d. h. die Korrelation der Regressionsresiduen, nachdem sowohl aus Y als auch aus X_j der Teil auspartialisiert wurde, der auf die anderen unabhängigen Variablen zurückgeführt werden kann. Die Abhängigkeit des Partialregressionskoeffizienten b_j in der multiplen Regression von der Partialkorrelation $(k-1)$-ter Ordnung zeigt, was es bedeutet, dass in der multiplen Regression der Einfluss anderer Variablen kontrolliert wird. Es wird überprüft, ob die beiden Variablen Y und X_j auch dann noch kovariieren, wenn der Einfluss aller anderen Variablen durch Auspartialisieren statistisch kontrolliert wurde. Das Regressionsgewicht b_j ist immer dann 0, wenn die Partialkorrelation gleich 0 ist. Auch das Prinzip der Berücksichtigung von Redundanzen wird deutlich. Wenn X_j keine Information für die Prädiktion von Y enthält, die nicht schon durch die anderen unabhängigen Variablen abgedeckt wird, dann ist das Partialregressionsgewicht b_j gleich 0.

Der Ausdruck $s_Y^2 \cdot (1 - R_{Y|X_1,\ldots,X_{j-1},X_{j+1},\ldots,X_k}^2)$ bezeichnet die Residualvarianz von Y, d. h. die Varianz von Y, die übrig bleibt, wenn die durch alle unabhängigen Variablen X (mit Ausnahme von X_j) determinierte Varianz entfernt wurde. Mit $R_{Y|X_1,\ldots,X_{j-1},X_{j+1},\ldots,X_k}^2$ wird der Determinationskoeffizient bezeichnet, d. h. der Anteil der Varianz von Y, der durch die Prädiktoren $X_1, \ldots, X_{j-1}, X_{j+1}, \ldots, X_k$ determiniert wird. Es ist die quadrierte multiple Korrelation zwischen Y und $X_1, \ldots, X_{j-1}, X_{j+1}, \ldots, X_k$, d. h. die Korrelation einer abhängigen Variablen mit allen unabhängigen Variablen ausgenommen X_j. Was sich dahinter verbirgt, werden wir im nächsten Abschnitt erläutern. Das Partialregressionsgewicht b_j lässt sich nicht mehr so einfach berechnen wie im Falle zweier unabhängiger Variablen. Zu seiner Bestimmung greift man auf die matrixalgebraische Bestimmungsformel zurück (s. hierzu Anhang B).

18.6 Multiple Korrelation und Determinationskoeffizient R^2

Wie bei der einfachen Regressionsanalyse lässt sich auch bei der multiplen Regressionsanalyse die Stärke des Zusammenhangs zwischen der abhängigen Variablen und den unabhängigen Variablen quantifizieren. Die Pendants zum einfachen Korrelationskoeffizienten und zum Determinationskoeffizienten der einfachen Regressionsanalyse sind der multiple Korrelationskoeffizient und der multiple Determinationskoeffizient R^2. Im Gegensatz zur Produkt-Moment-Korrelation, die mit r symbolisiert wird, bezeichnet man die multiple Korrelation mit einem großen R. Die multiple Korrelation ist die Korrelation zwischen den beobachteten y-Werten und den durch die Regressionsanalyse vorhergesagten $\hat{y}$-Werten:

$$R = r_{Y\hat{Y}} \qquad \text{(F 18.16)}$$

Da die Variable $\hat{Y}$ eine Linearkombination aller unabhängigen Variablen $X_1, ..., X_k$ ist, lässt sich die multiple Korrelation auch wie folgt ausdrücken:

$$R = r_{Y(b_0 + b_1 X_1 + b_2 X_2 + ... + b_j X_j + ... + b_k X_k)} \qquad \text{(F 18.17)}$$

Wir symbolisieren daher die multiple Korrelation im Folgenden manchmal auch mit $R_{Y(X_1 X_2 ... X_j ... X_k)}$, um kenntlich zu machen, mit welcher Menge von unabhängigen Variablen X_j die abhängige Variable Y korreliert ist. Die multiple Korrelation kann nicht negativ werden, da die Regressionsgewichte so bestimmt werden, dass die Abweichung der vorhergesagten Kriteriumswerte von den beobachteten Kriteriumswerten minimal wird. Folglich gehen höhere y-Werte tendenziell immer mit höheren $\hat{y}$-Werten einher und geringere y-Werte tendenziell immer mit geringeren $\hat{y}$-Werten. Somit kann die multiple Korrelation nur zwischen 0 und 1 variieren.

Das Quadrat der multiplen Korrelation ist der multiple Determinationskoeffizient R^2:

$$R^2 = r_{Y\hat{Y}}^2 \qquad \text{(F 18.18)}$$

Hieraus folgt, dass der multiple Determinationskoeffizient gleich dem Verhältnis aus der Varianz der vorhergesagten $\hat{y}$-Werte und der beobachteten y-Werte ist (s. Übung 2):

$$R^2 = \frac{s_{\hat{Y}}^2}{s_Y^2} \qquad \text{(F 18.19)}$$

Der multiple Determinationskoeffizient (das multiple Bestimmtheitsmaß) ist der Anteil an der Varianz der beobachteten Variablen, der durch alle unabhängigen Variablen gemeinsam bestimmt (determiniert) wird. Der Determinationskoeffizient kann Werte zwischen 0 und 1 annehmen. Ein Determinationskoeffizient von 0 bedeutet, dass die Varianz der vorhergesagten Variablen $\hat{Y}$ gleich 0 ist; d. h., unabhängig von ihren Werten auf den unabhängigen Variablen erhält jede Person denselben vorhergesagten Wert. Die unabhängigen Variablen sind in diesem Fall ungeeignet, Unterschiede in der abhängigen Variablen vorherzusagen. Ein Determinationskoeffizient von 1 besagt, dass alle vorhergesagten Werte mit allen beobachteten Werten übereinstimmen. Die unabhängigen Variablen erklären in diesem Fall die gesamte Variation der abhängigen Variablen. Multiple Determinationskoeffizienten zwischen 0 und 1 zeigen das Maß der Vorhersageleistung der unabhängigen Variablen an. Je höher der Determinationskoeffizient ist, umso größer ist der Anteil der durch die unabhängigen Variablen erklärten Varianz der abhängigen Variablen.

Varianzzerlegung

Die Bedeutung des Determinationskoeffizienten kann man sich auch an der Zerlegung der Varianz der beobachteten y-Werte in die Varianz der vorhergesagten Werte und die Varianz der Residualwerte klarmachen:

$$s_Y^2 = s_{\hat{Y}}^2 + s_E^2 \qquad \text{(F 18.20)}$$

Teilt man beide Seiten der Gleichung F 18.20 durch die Varianz der beobachteten Variablen, so erhält man:

$$\frac{s_Y^2}{s_Y^2} = 1 = \frac{s_{\hat{Y}}^2}{s_Y^2} + \frac{s_E^2}{s_Y^2} \quad \text{(F 18.21)}$$

Hieraus folgt, dass sich die beiden Varianzverhältnisse auf der rechten Seite der Gleichung F 18.21 zu 1 addieren. Der erste dieser beiden Varianzquotienten ist der multiple Determinationskoeffizient. Zieht man den multiplen Determinationskoeffizienten von 1 ab, erhält man den multiplen Indeterminationskoeffizienten (s. Abschn. 16.5):

$$1 - R^2 = \frac{s_E^2}{s_Y^2}$$

Quadratsummenzerlegung

Wie wir bereits in Abschnitt 16.4 gesehen haben, ist die Varianzzerlegung in Formel F 18.20 äquivalent zur Quadratsummenzerlegung:

$$\sum_{m=1}^{n}(y_m - \overline{y})^2 = \sum_{m=1}^{n}(y_m - \hat{y}_m)^2 + \sum_{m=1}^{n}(\hat{y}_m - \overline{y})^2 \quad \text{(F 18.22)}$$

Damit lässt sich der multiple Determinationskoeffizient wie folgt definieren:

$$R^2 = \frac{s_{\hat{Y}}^2}{s_Y^2} = \frac{\sum_{m=1}^{n}(\hat{y}_m - \overline{y})^2}{\sum_{m=1}^{n}(y_m - \overline{y})^2} \quad \text{(F 18.23)}$$

Der multiple Indeterminationskoeffizient lässt sich dann wie folgt definieren:

$$1 - R^2 = \frac{s_E^2}{s_Y^2} = \frac{\sum_{m=1}^{n}(y_m - \hat{y}_m)^2}{\sum_{m=1}^{n}(y_m - \overline{y})^2} \quad \text{(F 18.24)}$$

Der multiple Indeterminationskoeffizient gibt den Anteil der unerklärten Varianz in Y an. Da sich der multiple Determinationskoeffizient und der Indeterminationskoeffizient zu 1 addieren, reicht es aus, einen von beiden zu berichten. Üblicherweise wird der multiple Determinationskoeffizient berichtet.

Multiple Determination als Summe von Semipartialdeterminationen zunehmend höherer Ordnung

Der multiple Determinationskoeffizient lässt sich auch als Summe von Semipartialdeterminationen (quadrierten Semipartialkorrelationen) zunehmend höherer Ordnung darstellen. Dies wollen wir wieder anhand eines empirischen Beispiels illustrieren. Wir greifen hierbei auf die abhängige Variable Wohlbefinden (Y) und die drei unabhängigen Variablen Fähigkeit zur Aufrechterhaltung guter Stimmung (X_1), Verbesserung schlechter Stimmung (X_2) und Extraversion (X_3) zurück. Wir betrachten nun drei Regressionsanalysen:

(1) die einfache Regressionsanalyse mit der abhängigen Variablen Wohlbefinden (Y) und der unabhängigen Variablen Aufrechterhaltung guter Stimmung (X_1) – Modell I

(2) die multiple Regressionsanalyse mit der abhängigen Variablen Wohlbefinden (Y) und den unabhängigen Variablen Aufrechterhaltung guter Stimmung (X_1) und Verbesserung schlechter Stimmung (X_2) – Modell II

(3) die multiple Regressionsanalyse mit der abhängigen Variablen Wohlbefinden (Y) und den unabhängigen Variablen Aufrechterhaltung guter Stimmung (X_1), Verbesserung schlechter Stimmung (X_2) und Extraversion (X_3) – Modell III.

Die Determinationskoeffizienten für diese drei Regressionsanalysen sind in Tabelle 18.1 angegeben. Die Ergebnisse im Folgenden beziehen sich auf die Daten von denjenigen $n = 237$ Personen, von denen Angaben auf allen vier Variablen vorliegen. Diese Tabelle enthält auch die Änderungen in den Determinationskoeffizienten, wenn man von Modell I zu Modell II und von Modell II zu Model III übergeht. Wir bezeichnen solche Differenzen in R^2 mit dem griechischen Großbuchstaben Δ (Delta). Die durch einen hinzugenommenen Prädiktor zusätzlich zu den bisherigen Prädiktoren aufgeklärte Varianz in Y bezeichnet man auch als *Inkrement* in R^2. Zusätzliche Prädiktoren klären also inkrementelle Varianz in Y auf.

Der Determinationskoeffizient in Modell I entspricht der quadrierten Produkt-Moment-Korrelation zwischen dem Wohlbefinden und der Aufrechterhaltung

Tabelle 18.1 Determinationskoeffizienten und Veränderungen der Determinationskoeffizienten in drei Regressionsmodellen

Modell	Unabhängige Variable(n)	R^2	ΔR^2
I	Aufrechterhaltung guter Stimmung	0,249	
II	Aufrechterhaltung guter Stimmung, Verbesserung schlechter Stimmung	0,338	0,089
III	Aufrechterhaltung guter Stimmung, Verbesserung schlechter Stimmung, Extraversion	0,339	0,001

guter Stimmung ($R_I^2 = 0{,}249$). Der Determinationskoeffizient in Modell II ($R_{II}^2 = 0{,}338$) entspricht der quadrierten multiplen Korrelation zwischen dem Wohlbefinden und den beiden Stimmungsregulationskompetenzen. Die Veränderung in R^2 zwischen Modell I und Modell II ($\Delta R_{II}^2 = 0{,}089$) entspricht dem quadrierten Semipartialkorrelationskoeffizienten zwischen dem Wohlbefinden und der Verbesserung schlechter Stimmung, nachdem aus der Verbesserung schlechter Stimmung die Aufrechterhaltung guter Stimmung herauspartialisiert wurde. Der multiple Determinationskoeffizient in Modell III ($R_{III}^2 = 0{,}339$) entspricht der quadrierten multiplen Korrelation zwischen dem Wohlbefinden und den drei unabhängigen Variablen. Die Veränderung in R^2 zwischen Modell II und Modell III ($\Delta R_{III}^2 = 0{,}001$) entspricht dem quadrierten Semipartialkorrelationskoeffizienten zwischen dem Wohlbefinden und der Extraversion, nachdem aus der Extraversion der Einfluss der beiden Stimmungsregulationskompetenzen herauspartialisiert wurde. Die multiple Determination lässt sich somit als Summe von Semipartialdeterminationen zunehmend höherer Ordnung darstellen:

$$R^2_{Y|X_1,X_2,X_3} = r^2_{X_1 Y} + r^2_{(X_2 \bullet X_1)Y} + r^2_{(X_3 \bullet X_1, X_2)Y} \quad \text{(F 18.25)}$$

Das schrittweise Vorgehen kann man sich somit so vorstellen:

(1) Zunächst wird der erste Prädiktor (X_1) mit dem Kriterium korreliert. Das Quadrat der Korrelation entspricht dem Varianzanteil des Kriteriums Y, den dieser erste Prädiktor (X_1) erklären kann.

(2) Dann wird der erste Prädiktor (X_1) aus dem zweiten Prädiktor (X_2) auspartialisiert. Die Residualvariable $E_{X_2(X_1)}$ wird wiederum mit dem Kriterium Y korreliert. Das Quadrat der Semipartialkorrelation erster Ordnung ($r_{(X_2 \bullet X_1)Y}$) gibt den Varianzanteil des Kriteriums an, den der zweite Prädiktor zusätzlich zum ersten Prädiktor erklärt.

(3) Dann werden die beiden ersten Prädiktoren aus einem dritten auspartialisiert und die Residualvariable $E_{X_3(X_1, X_2)}$ mit dem Kriterium Y korreliert. Das Quadrat der Semipartialkorrelation zweiter Ordnung ($r_{(X_3 \bullet X_1, X_2)Y}$) gibt den Varianzanteil des Kriteriums wieder, den der dritte Prädiktor zusätzlich zu den beiden ersten Prädiktoren erklärt.

(4) Die Summe aller so berechneten Semipartialdeterminationen entspricht der multiplen Determination (dem Determinationskoeffizienten in der multiplen Regressionsanalyse).

Die Reihenfolge, in der die unabhängigen Variablen in die Regressionsgleichung aufgenommen werden, spielt für die Gesamtdetermination keine Rolle. Die Summe der Semipartialdeterminationen ist für eine Menge von unabhängigen Variablen immer gleich. Allerdings hängt die Höhe der Semipartialdetermination einer unabhängigen Variablen davon ab, welche Prädiktoren zuvor berücksichtigt wurden. Dies lässt sich wiederum anhand unseres Beispiels einfach veranschaulichen. In Tabelle 18.2 wurde die Reihenfolge der Prädiktoren verändert. In Modell I ist nur die Extraversion als unabhängige Variable erhalten. Der Determinationskoeffizient beträgt $R_I^2 = 0{,}063$, d. h., die Extraversion erklärt 6,3 % der Varianz des Wohlbefindens. Im Modell II wurde zusätzlich die Aufrechterhaltung guter Stimmung aufgenommen. Der Determinationskoeffizient beträgt $R_{II}^2 = 0{,}254$. Dies bedeutet, dass die Aufrechterhaltung guter Stimmung zusätzlich zur Extraversion 19,1 % der Varianz des Wohlbefindens erklärt. Nach Auspartialisierung der Extraversion beträgt der quadrierte Semipartialkorrelationskoeffizient zwischen dem Wohlbefinden und der Aufrechterhaltung guter Stimmung somit 0,191. Im Modell III wurde als dritte Prädiktorvariable die Verbesserung schlechter Stimmung mit in die Regressionsgleichung aufgenommen. Der Determina-

Tabelle 18.2 Determinationskoeffizienten und Veränderungen der Determinationskoeffizienten in drei Regressionsmodellen bei veränderter Reihenfolge der unabhängigen Variablen

Modell	Unabhängige Variable(n)	R^2	ΔR^2
I	Extraversion	0,063	
II	Extraversion, Aufrechterhaltung guter Stimmung	0,254	0,191
III	Extraversion, Aufrechterhaltung guter Stimmung, Verbesserung schlechter Stimmung	0,339	0,085

Tabelle 18.3 Determinationskoeffizienten und Veränderungen der Determinationskoeffizienten in drei Regressionsmodellen bei veränderter Reihenfolge der unabhängigen Variablen

Modell	Unabhängige Variable(n)	R^2	ΔR^2
I	Verbesserung schlechter Stimmung	0,239	
II	Verbesserung schlechter Stimmung, Extraversion,	0,256	0,017
III	Verbesserung schlechter Stimmung, Extraversion, Aufrechterhaltung guter Stimmung	0,339	0,084

tionskoeffizient beträgt $R^2_{III}= 0{,}339$ und ist identisch mit R^2_{III} in Tabelle 18.1. Durch die Verbesserung schlechter Stimmung wird über die Extraversion und die Aufrechterhaltung guter Stimmung hinaus 8,5 % der Varianz des Wohlbefindens aufgeklärt. Folglich beträgt der quadrierte Semipartialkorrelationskoeffizient zweiter Ordnung zwischen der Verbesserung schlechter Stimmung und dem Wohlbefinden 0,085. Der Erklärungsbeitrag einer Variablen hängt somit davon ab, an welcher Stelle sie in die Regressionsgleichung aufgenommen wird. So erklärt z. B. die Aufrechterhaltung guter Stimmung 24,9 % der Varianz des Kriteriums, wenn außer ihr keine andere Prädiktorvariable berücksichtigt wird (Modell I in Tab. 18.1). Hingegen erklärt die Aufrechterhaltung guter Stimmung nur 19,1 % der Varianz des Kriteriums, wenn gleichzeitig auch die Extraversion als Prädiktor berücksichtigt wird (Modell II in Tab. 18.2).

Nützlichkeit

Die Semipartialdetermination der höchstmöglichen Ordnung hat eine ganz spezielle Bedeutung. Sie gibt an, wie viel Varianz ein Prädiktor zusätzlich *zu allen anderen* Prädiktoren erklärt und beziffert somit die Nützlichkeit des Prädiktors. So ist die Nützlichkeit der Extraversion 0,001 (s. Tab. 18.1), während die Nützlichkeit der Verbesserung schlechter Stimmung 0,085 beträgt (s. Tab. 18.2). Die Nützlichkeit der Aufrechterhaltung guter Stimmung beträgt 0,084 (s. Tab. 18.3). Die Nützlichkeit der Extraversion ist somit im Vergleich zu den beiden Stimmungsregulationskompetenzen sehr gering. Deren Nützlichkeit ist ungefähr gleich groß (Varianzanteil von 8,4 bzw. 8,5 %).

Semipartialkorrelationskoeffizient vs. Partialregressionskoeffizient

Man beachte den Unterschied zwischen dem Semipartialkorrelationskoeffizienten und dem Partialregressionskoeffizienten: Wenn man den Regressionskoeffizienten eines Prädiktors bestimmt, partialisiert man alle anderen Prädiktoren sowohl aus dem Kriterium als auch aus dem fraglichen Prädiktor aus und berechnet die einfache Regression von der Residualvariablen des Kriteriums auf die Residualvariable des fraglichen Prädiktors. Bei der Semipartialkorrelation partialisiert man einen Prädiktor nur aus den anderen Prädiktoren heraus, nicht aber aus dem Kriterium.

18.7 Inferenzstatistik zur multiplen Regressionsanalyse

Bei der multiplen Regressionsanalyse handelt es sich um eine Erweiterung der einfachen Regressionsanalyse, die wir in Kapitel 16 kennengelernt haben. Daher können die dort behandelten Aspekte auch auf die multiple Regressionsanalyse übertragen werden. Insbesondere lassen sich die beiden in Abschnitt 16.9.2 behandelten Modelle, und zwar das Modell mit deterministischem und das Modell mit stochastischem

Regressor, auch für die multiple Regression formulieren. Auch lässt sich das Populationsmodell, das wir in Abschnitt 16.9.1 behandelt haben, auf den Fall mehrerer unabhängiger Variablen erweitern.

18.7.1 Populationsmodell der multiplen Regression

Im Populationsmodell der multiplen Regressionsanalyse geht man davon aus, dass sich die bedingten Erwartungswerte der Variablen Y vollständig durch die unabhängigen Variablen und ihre Linearkombination vorhersagen lassen:

$$E(Y \mid X_1, ..., X_k) = \beta_0 + \beta_1 \cdot X_1 + \beta_2 \cdot X_2 + ... + \beta_j \cdot X_j \\ + ... + \beta_k \cdot X_k \quad \text{(F18.26)}$$

Der Ausdruck $E(Y \mid X_1, ..., X_k)$ bezeichnet die bedingte Erwartung der Variablen Y gegeben alle unabhängigen Variablen $X_1, ..., X_k$. Hieraus ergibt sich die Zerlegung der abhängigen Variablen Y:

$$Y = E(Y \mid X_1, ..., X_k) + \varepsilon = \beta_0 + \beta_1 \cdot X_1 + \beta_2 \cdot X_2 + ... \\ + \beta_j \cdot X_j + ... + \beta_k \cdot X_k + \varepsilon \quad \text{(F 18.27)}$$

18.7.2 Inferenzstatistische Schätzung und Testung

Um die Parameter des Regressionsmodells inferenzstatistisch absichern und die Konfidenzintervalle schätzen zu können, müssen zusätzliche Annahmen getroffen werden, die wir in Kapitel 16 ausführlich behandelt haben. Wir haben diese Annahmen für das Modell mit einem deterministischen und das Modell mit einem stochastischen Regressor getrennt behandelt. Bei der multiplen Regressionsanalyse werden dieselben Annahmen wie bei der einfachen Regressionsanalyse getroffen. Auch bei der multiplen Regressionsanalyse unterscheiden sich die Parameterschätzungen nicht zwischen beiden Modellen, wohl aber die Stichprobenkennwerteverteilungen des Determinationskoeffizienten, falls dieser in der Population von 0 verschieden ist. Hieraus ergeben sich auch Unterschiede für die Konfidenzintervalle und die Bestimmung der optimalen Stichprobengröße. Wir werden die in Abschnitt 16.9 ausführlich behandelten Annahmen daher nur zusammenfassend wiederholen

und auf das Modell der multiplen Regressionsanalyse übertragen.

Modell mit deterministischen Regressoren

Wie wir bereits gesehen haben, wird bei diesem Modell angenommen, dass die Ausprägungen der unabhängigen Variablen X feste Werte sind, also vollständig der Kontrolle des Forschenden unterliegen. Man geht somit von deterministischen unabhängigen Variablen aus, wie es für geplante Untersuchungen zutrifft, in denen man für feste Werte der unabhängigen Variablen Stichproben auswählt, die sich dann bezüglich ihrer y-Werte unterscheiden können. Dieses Modell wird auch Allgemeines Lineares Modell (ALM) genannt. Wir werden in den Abschnitten 18.11 und 18.12 sehen, dass man in diesem Modell auch kategoriale unabhängige Variablen sowie gleichzeitig kategoriale unabhängige und metrische unabhängige Variablen untersuchen kann. Zur inferenzstatistischen Absicherung der geschätzten Modellparameter und zur Bestimmung der Konfidenzintervalle werden drei zusätzliche Annahmen getroffen (s. Abschn. 16.9.2):

(1) Homoskedastizität
(2) Normalverteilung der Residualvariablen
(3) Unabhängigkeit der Residuen.

Diese Annahmen haben dieselbe Bedeutung, die wir in Abschnitt 16.9 ausführlich behandelt haben. Übertragen auf die multiple Regressionsanalyse bedeutet die Homoskedastizität:

$$Var(Y \mid X_1, ..., X_k) = Var(\varepsilon \mid X_1, ..., X_k) = \sigma_\varepsilon^2$$
(F 18.28)

Die bedingte Normalverteilung bezieht sich ebenfalls auf die Bedingung aller unabhängigen Variablen.

Modell mit stochastischen Regressoren

Im Modell mit einer stochastischen unabhängigen Variablen wird davon ausgegangen, dass es sich bei den Werten x der unabhängigen Variablen X um die Realisierungen einer Zufallsvariablen handelt. In Analogie zum Modell mit einer unabhängigen Variablen wird im Modell der multiplen Regression angenommen, dass alle betrachteten $k + 1$ Variablen multivariat normalverteilt sind. Die multivariate Normalverteilung ist die Erweiterung der bivariaten

Normalverteilung auf den Fall von mehr als zwei Variablen. Sie lässt sich graphisch nicht mehr einfach darstellen, und ihre Dichtefunktion lässt sich nur matrixalgebraisch definieren, worauf wir verzichten. Hat man einen Satz von Variablen, die multivariat normalverteilt sind, folgt hieraus, dass jedes Paar von Variablen bivariat normalverteilt und jede einzelne Variable univariat normalverteilt ist. Der Umkehrschluss gilt hingegen nicht notwendigerweise: Liegen k univariat normalverteilte Variablen vor, folgt nicht zwangsläufig, dass die gemeinsame Verteilung dieser Variablen einer k-variaten (k-dimensionalen) Normalverteilung entspricht.

18.7.3 Schätzung der Residualvarianz und des Standardschätzfehlers

Die Schätzung der Residualvarianz folgt demselben Prinzip wie bei der einfachen linearen Regressionsanalyse (s. Abschn. 16.9.3). Die Quadratsumme dieser Residuen wird nun durch $n - k - 1$ geteilt, da man durch die Schätzung von k Regressionsgewichten und einem Achsenabschnitt $k + 1$ Freiheitsgrade verliert:

$$\hat{\sigma}_\varepsilon^2 = \frac{1}{n-k-1} \cdot \sum_{m=1}^{n} e_m^2$$

$$= \frac{1}{n-k-1} \cdot \sum_{m=1}^{n} (y_m - \hat{y}_m)^2 \quad \text{(F 18.29)}$$

Die Wurzel aus dieser geschätzten Populationsfehlervarianz ist der geschätzte *Standardschätzfehler* der multiplen Regressionsanalyse. Er gibt an, wie stark in der Population die beobachteten y-Werte um die vorhergesagten Werte streuen.

18.7.4 Schätzung, Signifikanztest und Konfidenzintervalle für die multiple Korrelation und den Determinationskoeffizienten

Wie wir bereits in Abschnitt 16.9.8 gesehen haben, ist der Determinationskoeffizient R^2 keine erwartungstreue Schätzung des Populations-Determinationskoeffizienten P^2. Vielmehr gilt (Wishart, 1931):

$$E(R^2 | P^2 = 0) = \frac{k}{n-1} \quad \text{(F 18.30)}$$

Diese Formel zeigt, dass die Verzerrung umso kleiner wird, je größer n ist. Für kleine Stichproben wurden verschiedene Korrekturformeln entwickelt, über die Carter (1979) einen Überblick und Anwendungsempfehlungen gibt. Wie wir bereits in Kapitel 15 und 16 erwähnt haben, hat sich in verschiedenen Kontexten die Korrekturformel nach Olkin und Pratt (1958) bewährt. Diese lautet für die multiple Regressionsanalyse:

$$R^2_{\text{korr-OP}} = 1 - \frac{n-3}{n-k-1}$$
$$\cdot \left[(1-R^2) + \frac{2}{n-k+1} \cdot (1-R^2)^2 \right] \quad \text{(F 18.31)}$$

Die Bezeichnung $R^2_{\text{korr-OP}}$ mit OP für Olkin und Pratt haben wir gewählt, weil wir weiter unten noch eine zweite Korrektur von R^2 behandeln werden. Von unterschiedlichen Statistikprogrammen werden unterschiedliche Korrekturformeln herangezogen. Bei großen Stichproben weichen die korrigierten Determinationskoeffizienten nur unwesentlich von den unkorrigierten ab, so dass in diesem Fall auf eine Korrektur verzichtet werden kann.

Signifikanztest

Zunächst interessiert bei der multiplen Regressionsanalyse, ob die unabhängigen Variablen insgesamt einen Beitrag zur Erklärung von Unterschieden in der abhängigen Variablen leisten. Die Nullhypothese lautet, dass die multiple Korrelation in der Population (P: großes griechisches Rho) gleich 0 ist:

$$H_0: P = 0$$

Die entsprechende Alternativhypothese hierzu lautet, dass die multiple Korrelation in der Population größer als 0 ist:

$$H_1: P > 0$$

Diese Formulierung ist äquivalent zu der Aussage, dass der Determinationskoeffizient in der Population den Wert 0 annimmt. Sie ist auch äquivalent zu der Aussage, dass der Einfluss aller unabhängigen Variablen nicht bedeutsam ist, d. h., dass in der Population alle Regressionsgewichte β_j den Wert 0 aufweisen:

$$H_0: \beta_1 = \ldots = \beta_j = \ldots = \beta_k = 0$$

Hierzu korrespondiert die Alternativhypothese, dass mindestens ein Regressionsgewicht β_j in der Population von 0 verschieden ist:

H_1: mindestens ein $\beta_j \neq 0$

Zur Testung der Nullhypothese existiert eine Prüfstatistik, die unter der Nullhypothese, dass der Determinationskoeffizient in der Population gleich 0 ist, einer F-Verteilung mit $df_1 = k$ Zähler- und $df_2 = n - k - 1$ Nennerfreiheitsgraden folgt:

$$F = \frac{n-k-1}{k} \cdot \frac{R^2}{(1-R^2)} \qquad (F\ 18.32)$$

Bei dieser Teststatistik wird der Determinationskoeffizient R^2 mit dem Indeterminationskoeffizienten $1 - R^2$ verglichen. Dieses Verhältnis wird multipliziert mit dem Verhältnis zwischen Nennerfreiheitsgraden ($df_2 = n - k - 1$) und Zählerfreiheitsgraden ($df_1 = k$). Durch Umformen und aufgrund der Formeln F 18.23 und F 18.24 ergibt sich, dass dieser F-Wert gleichbedeutend mit folgendem Quotienten ist:

$$F = \frac{\frac{R^2}{k}}{\frac{1-R^2}{n-k-1}} = \frac{\frac{\sum_{m=1}^{n}(\hat{y}_m - \bar{y})^2}{k}}{\frac{\sum_{m=1}^{n}(y_m - \hat{y}_m)^2}{n-k-1}} \qquad (F\ 18.33a)$$

Im Zähler dieses F-Werts steht die Quadratsumme der vorhergesagten Werte (QSR) und somit die durch die Regression determinierte Variation geteilt durch die Zählerfreiheitsgrade. Im Nenner steht die Residualquadratsumme (QSE) geteilt durch die Nennerfreiheitsgrade. Teilt man die einzelnen Quadratsummen durch die zugeordneten Freiheitsgrade, so erhält man – wie wir bereits bei der Varianzanalyse (s. Kap. 13) gesehen haben – die mittleren Quadratsummen. Wie bei der Varianzanalyse wird die F-verteilte Prüfgröße gebildet, indem die mittlere Quadratsumme der Regression ($MQSR$) durch die mittlere Quadratsumme der Residuen ($MQSE$) geteilt wird:

$$F = \frac{MQSR}{MQSE} \qquad (F\ 18.33b)$$

Daher lassen sich die Ergebnisse einer multiplen Regressionsanalyse auch in Form einer Varianzanalysetafel darstellen (s. Tab. 18.4). Für unser empirisches Beispiel mit der abhängigen Variablen Wohlbefinden und den beiden unabhängigen Variablen Aufrechterhaltung guter Stimmung und Verbesserung schlechter Stimmung ergibt sich die Varianzanalysetafel in Tabelle 18.5. Man sieht, dass die beiden Prädiktorvariablen einen bedeutsamen Einfluss auf die abhängige Variable haben, wenn man ein α-Niveau von $\alpha = 0{,}05$ zugrunde legt: Der p-Wert des F-Wertes ist deutlich kleiner als 0,05.

Die mittlere Residualquadratsumme von $MQSE = 0{,}25$ entspricht der geschätzten Fehlervarianz $\hat{\sigma}_\varepsilon^2$. Ihre Quadratwurzel ist der geschätzte Standardschätzfehler $\hat{\sigma}_\varepsilon = 0{,}50$, der in einigen Statistikprogrammen auch Standardfehler des Schätzers genannt wird.

Teilt man die mittlere Residualquadratsumme ($MQSE$) durch die mittlere gesamte (totale) Quadratsumme ($MQST$), erhält man eine Schätzung des Indeterminationskoeffizienten, auf die in Statistikprogrammen häufig zurückgegriffen wird, da sie weniger verzerrt ist als das Verhältnis der Quadratsummen. Diese Verzerrung ist dadurch bedingt, dass der Determinationskoeffizient R^2 kein erwartungstreuer Schätzer des Populationsdeterminationskoeffizienten ist. Hieraus ergibt sich eine weitere korrigierte Schätzung des Determinationskoeffizienten aufgrund der mittleren Quadratsummen (MQS):

$$R^2_{\text{korr-MQS}} = 1 - \frac{MQSE}{MQST} \qquad (F\ 18.34)$$

Die Ergebnisse in Tabelle 18.5 zeigen, dass sich das R^2 (0,34) und die beiden korrigierten R^2-Werte nach F 18.31 (0,34) und F 18.34 (0,32) nur unwesentlich voneinander unterscheiden. Dies liegt an der relativ großen Stichprobe von $n = 237$. Durch die beiden Stimmungsregulationskompetenzen werden ungefähr 32 % der Varianz des Wohlbefindens bestimmt.

Konfidenzintervalle

Wie wir schon bei der einfachen linearen Regressionsanalyse in Abschnitt 16.9.8 gesehen haben, geht man bei der Bestimmung des Konfidenzintervalls des Populations-Determinationskoeffizienten P^2 so vor, dass der geschätzte Determinationskoeffizient R^2 zu-

Tabelle 18.4 Darstellung der Ergebnisse einer Regressionsanalyse in Form einer Varianzanalysetafel

Quelle der Variation	Quadratsumme (QS)	Freiheitsgrade (df)	Mittlere Quadratsumme	F-Wert	p-Wert
Regression	QSR	k	MQSR	$\dfrac{MQSR}{MQSE}$	
Residuen	QSE	n – k – 1	MQSE		
Gesamt	QST	n – 1	MQST		

Tabelle 18.5 Regression des subjektiven Wohlbefindens auf die beiden Facetten der Stimmungsregulationskompetenz: Ergebnisse in Form einer Varianzanalysetafel sowie geschätzte Determinationskoeffizienten ($n = 237$)

Quelle der Variation	Quadratsumme (QS)	Freiheitsgrade (df)	Mittlere Quadratsumme	F-Wert	p-Wert
Regression	29,66	2	14,83	59,70	< 0,01
Residuen	58,13	234	0,25		
Gesamt	87,79	236	0,37		

$$R^2 = \frac{QSR}{QST} = 1 - \frac{QSE}{QST} = 1 - \frac{58{,}13}{87{,}79} = 0{,}34$$

$$R^2_{\text{korr-OP}} = 1 - \frac{n-3}{n-k-1} \cdot \left[(1-R^2) + \frac{2}{n-k+1} \cdot (1-R^2)^2\right] = 1 - \frac{234}{234}\left[0{,}66 + \frac{2}{236}(1-0{,}34)^2\right] = 0{,}34$$

$$R^2_{\text{korr-MQS}} = 1 - \frac{MQSE}{MQST} = 1 - \frac{0{,}25}{0{,}37} = 0{,}32$$

nächst in den geschätzten Nonzentralitätsparameter einer nonzentralen F-Verteilung übertragen wird. Um diesen geschätzten Nonzentralitätsparameter wird ein Konfidenzintervall für den Populations-Nonzentralitätsparameter gelegt. Die untere und die obere Intervallgrenze werden dann in Intervallschranken für den Determinationskoeffizienten retransformiert, wodurch man ein Konfidenzintervall für den Determinationskoeffizienten erhält. Der Nonzentralitätsparameter der nonzentralen F-Verteilung wird wie folgt geschätzt:

$$\hat{\lambda} = n \cdot \frac{R^2}{1-R^2} \qquad \text{(F 18.35)}$$

Um ein $(1-\alpha)$-Konfidenzintervall für λ zu schätzen, bestimmt man z. B. mit dem Computerprogramm NDC (Steiger, o. J.) die Intervallgrenzen λ_u und λ_o. Diese können dann mittels der Gleichungen F 16.50 in die unteren und oberen Grenzen des Intervalls für P^2 umgerechnet werden:

$$P^2_u = \frac{\lambda_u}{\lambda_u + n} \quad \text{und} \quad P^2_o = \frac{\lambda_o}{\lambda_o + n} \qquad \text{(F 18.36)}$$

Man kann die Grenzen des Konfidenzintervalls auch direkt mit dem Statistikprogramm R und dem Paket MBESS (Kelley, 2007) berechnen. Aus den bereits in Abschnitt 16.9.8 genannten Gründen wird beim Determinationskoeffizienten häufig ein $(1 - 2 \cdot \alpha)$-Konfidenzintervall berechnet.

> **Beispiel**
>
> **Wohlbefinden und Stimmungsregulationskompetenz: Konfidenzintervall des Populations-Determinationskoeffizienten P^2**
>
> Nach dem in Abschnitt 16.9.8 beschriebenen Vorgehen bestimmen wir für unser Anwendungsbeispiel zunächst mit dem Programm NDC

(Steiger, o. J. 🖱) die Grenzen des zweiseitigen 90%-Konfidenzintervalls des Nonzentralitätsparameters. Sie betragen $\lambda_u = 81{,}41$ und $\lambda_o = 161{,}74$. Um diese Werte berechnen zu lassen, müssen wir dem Programm den F-Wert von 59,70 mitteilen. Die berechneten Intervallgrenzen werden dann nach Gleichung F 18.36 mit $n = 237$ in die Grenzen des Intervalls für P^2 umgerechnet, wodurch man $P_u^2 = 0{,}26$ und $P_o^2 = 0{,}41$ und somit das zweiseitige 90%-Konfidenzintervall [0,26; 0,41] erhält.

Die Bestimmung des in diesem Abschnitt behandelten Konfidenzintervalls setzt deterministische Regressoren voraus. In unserem Beispiel haben wir die Werte der Regressoren jedoch nicht a priori festgelegt, sondern sie als Ergebnis einer Zufallsziehung registriert. Das zugrundeliegende Modell entspricht also dem Modell mit stochastischen Regressoren. In diesem Fall kann der Determinationskoeffizient auch als Schätzer für die quadrierte multiple Korrelation der beiden Prädiktoren mit dem Kriterium in der Population angesehen werden, da ja nun auch die Werte auf den unabhängigen Variablen durch Zufallsauswahl entstanden sind und ihre Verteilungen nicht a priori festgelegt wurden. Deshalb müssen wir den Stichprobenfehler der Ausprägungen der unabhängigen Variablen berücksichtigen, wodurch sich – wie wir bereits in Abschnitt 16.9.8 gesehen haben – ein größeres Konfidenzintervall ergibt. Entsprechend folgt die Stichprobenkennwerteverteilung des Determinationskoeffizienten R^2 nicht mehr einer nonzentralen F-Verteilung, sondern einer komplexeren Verteilung. Um das Konfidenzintervall zu bestimmen, wendet man das bereits in Abschnitt 16.9.8 beschriebene Vorgehen an. Berechnet man das Konfidenzintervall für das Modell mit einem stochastischen Regressor mit dem Computerprogramm R2 (Steiger und Fouladi, 1997), ergibt sich das zweiseitige 90%-Konfidenzintervall [0,25; 0,42], das geringfügig größer ausfällt als das Konfidenzintervall für deterministische Prädiktoren.

Konfidenzintervalle lassen sich auch für korrigierte R^2-Werte bestimmen. Inferenzstatistische Entscheidungen, die man auf der Grundlage dieser Konfidenzintervalle trifft, stehen aber nicht mehr im Einklang mit den entsprechenden Signifikanztests und weisen noch andere Nachteile auf (Smithson, 2003), so dass sie üblicherweise nicht berechnet werden.

A-priori-Poweranalyse: Bestimmung der optimalen Stichprobengröße

Um den optimalen Stichprobenumfang zu bestimmen, folgt man dem bereits in Abschnitt 16.9.8 beschriebenen Vorgehen. Für das Modell mit deterministischen Regressoren legt man den erwarteten Determinationskoeffizienten P_1^2 in der Population, das α- und das β-Niveau vorher fest. Die Berechnung des optimalen Stichprobenumfangs basiert auf der Effektgröße

$$\phi_1^2 = \frac{P_1^2}{1 - P_1^2}. \quad \text{(F 18.37)}$$

Zur Bestimmung des optimalen Stichprobenumfangs bestimmt man den Nonzentralitätsparameter einer nonzentralen F-Verteilung, für die gilt, dass derjenige F-Wert, der unter der zentralen Verteilung einen Flächenanteil von α nach rechts abschneidet, unter der nonzentralen Verteilung einen Flächenanteil von β nach rechts abschneidet. Aus dem Nonzentralitätsparameter dieser Verteilung erhält man dann die optimale Stichprobengröße nach der Formel

$$n = \lambda_1 \cdot \frac{1 - P_1^2}{P_1^2}. \quad \text{(F 18.38)}$$

Zusätzlich zum Nonzentralitätsparameter muss nun noch der Populationseffekt, also der Populations-Determinationskoeffizient P_1^2, spezifiziert werden. Der Nonzentralitätsparameter λ_1 sowie der dazugehörige optimale Stichprobenumfang können z. B. mit dem Computerprogramm G*Power (Faul et al., 2007) bestimmt werden.

Im Falle stochastischer Regressoren legt man ebenfalls den Determinationskoeffizienten, das α- und das β-Niveau vorher fest und bestimmt dann die optimalen Stichprobengröße mit Hilfe eines Computerprogramms wie z. B. R2 von Steiger und Fouladi (1997), das die Stichprobenkennwerteverteilung von R^2 unter der Alternativhypothese adäquat bestimmt.

> **Beispiel**
>
> **Bestimmung des optimalen Stichprobenumfangs**
> Angenommen, man will anhand zweier Prädiktoren 25 % der Varianz einer Kriteriumsvariablen aufklären. Man trifft folgende Festlegungen: $\alpha = 0{,}05$, $\beta = 0{,}20$, $P_1^2 = 0{,}25$. Dann benötigt man nach G*Power $n = 33$ Personen für das Modell mit deterministischen Regressoren und nach R2 $n = 35$ Personen für das Modell mit stochastischen Prädiktoren. Der Unterschied zwischen beiden Modellen ist also relativ gering.

18.7.5 Schätzung, Signifikanztest und Konfidenzintervalle für einen Partialregressionskoeffizienten β_j

Muss die Nullhypothese, dass die multiple Korrelation gleich 0 ist, verworfen werden, stellt sich als Nächstes die Frage, welche der unabhängigen Variablen einen bedeutsamen Einfluss auf das Kriterium haben. Hierzu kann der Einfluss einzelner unabhängiger Variablen überprüft werden. Dabei wird die Nullhypothese geprüft, dass ein einzelner Partialregressionskoeffizient β_j ($j = 1, \ldots, k$) in der Population gleich 0 ist:

$H_0: \beta_j = 0$

Dem steht die Alternativhypothese gegenüber, dass der Partialregressionskoeffizient ungleich 0 ist:

$H_1: \beta_j \neq 0$

Diese beiden Hypothesen sind ein Spezialfall der allgemeineren Hypothese, dass der Regressionskoeffizient β_j in der Population einen spezifischen Wert β_{0j} annimmt:

$H_0: \beta_j = \beta_{0j}$ und $H_1: \beta_j \neq \beta_{0j}$

Gerichtete Hypothesen lassen sich entsprechend formulieren.

Zur Schätzung des Regressionsgewichts β_j in der Population greift man auf das Regressionsgewicht b_j zurück, das man in einer Stichprobe anhand der Kleinste-Quadrate-Schätzung bestimmen kann. Dieses stellt eine erwartungstreue Schätzung des Regressionsgewichts β_j in der Population dar. Der Standardfehler des Regressionsgewichts lässt sich in der multiplen Regressionsanalyse wie folgt bestimmen:

$$\hat{\sigma}_{B_j} = \frac{s_Y}{s_{X_j}} \sqrt{\frac{1-R^2}{n-k-1}} \cdot \sqrt{\frac{1}{1-R^2_{j|1,\ldots,j-1,j+1,\ldots,k}}} \quad \text{(F 18.39)}$$

Zur Erinnerung: Der Index des Standardfehlers ist ein großes B, da der Standardfehler die Standardabweichung der Stichprobenkennwerteverteilung ist. Ein Wert b_j von B_j ist die konkrete Realisierung der Zufallsvariablen B_j in einer Untersuchung. Der Ausdruck $R^2_{j|1,\ldots,j-1,j+1,\ldots,k}$ bezeichnet die quadrierte multiple Korrelation der unabhängigen Variablen X_j mit allen anderen unabhängigen Variablen. Ist diese quadrierte multiple Korrelation besonders groß, so wird das Regressionsgewicht ungenau geschätzt; d. h., je stärker eine unabhängige Variable mit allen anderen unabhängigen Variablen korreliert, umso ungenauer ist die Bestimmung ihres Regressionsgewichts anhand von Stichprobendaten. Wir werden auf dieses sog. Multikollinearitätsproblem in Abschnitt 18.13.4 zurückkommen.

Anhand des Standardfehlers in F 18.39 kann die Hypothese $H_0: \beta_j = \beta_{0j}$ überprüft werden. Hierzu teilt man die Abweichung $(b_j - \beta_{0j})$ durch den geschätzten Standardfehler des Regressionsgewichts und erhält folgende t-verteilte Prüfgröße:

$$T = \frac{B_j - \beta_{0j}}{\hat{\sigma}_{B_j}} \quad \text{(F 18.40)}$$

Die Freiheitsgrade der t-Verteilung betragen $df = n - k - 1$. Für eine konkrete Untersuchung mit einem geschätzten Regressionsgewicht b_j erhält man den t-Wert

$$t = \frac{b_j - \beta_{0j}}{\hat{\sigma}_{B_j}}.$$

Will man die Nullhypothese überprüfen, dass die Variable X_j keinen über die anderen unabhängigen Variablen hinausgehenden Prognose- bzw. Erklärungsbeitrag leistet, setzt man den Parameter β_{0j} in Gleichung F 18.40 gleich 0.

Auf der Grundlage des geschätzten Standardfehlers eines Regressionsgewichts lässt sich ein $(1-\alpha)$-Konfidenzintervall für das Regressionsgewicht bestimmen:

$$b_j \pm \hat{\sigma}_{B_j} \cdot t_{\left(1-\frac{\alpha}{2}; df\right)} \quad \text{(F 18.41)}$$

> **Beispiel**
>
> **Wohlbefinden und Stimmungsregulationskompetenz: Regressionsgewichte**
>
> In Tabelle 18.6 sind die Ergebnisse für unser Beispiel tabellarisch zusammengestellt. Die Ergebnisse zeigen, dass beide Regulationskompetenzen einen bedeutsamen Einfluss auf das Wohlbefinden haben. Die beiden Konfidenzintervalle enthalten nicht den Wert 0, was bedeutet, dass die beiden geschätzten Regressionsgewichte von 0 verschieden sind.
>
> Will man die gerichtete Alternativhypothese testen, dass die Partialregressionskoeffizienten in der Population größer als 0 sind, müssen die p-Werte in Tabelle 18.6 halbiert werden. Da in unserem Beispiel schon der zweiseitige Test zu einem signifikanten Ergebnis führt, muss dies zwangsläufig auch für den einseitigen Test gelten. Die untere Grenze des einseitigen Konfidenzintervalls enthält man in diesem Fall z. B. für das Regressionsgewicht β_1 mit $b_1 - \hat{\sigma}_{B_1} t_{(1-\alpha; n-k-1)} = 0{,}35 - \hat{\sigma}_{B_1} t_{(0{,}95; 234)} = 0{,}35 - 0{,}06 \cdot 1{,}65 = 0{,}251$. Das einseitige 0,95-Konfidenzintervall lautet dann $[0{,}251; \infty)$.

Tabelle 18.6 Ergebnisse einer multiplen Regressionsanalyse mit der abhängigen Variablen Wohlbefinden und den beiden Stimmungsregulationskompetenzen als unabhängigen Variablen (UV): Signifikanztests und Konfidenzintervalle für die Partialregressionskoeffizienten

UV	b_j	$\hat{\sigma}_{B_j}$	t-Wert	p-Wert	95 %-Konfidenzintervall	
					Untergrenze	Obergrenze
Aufrechterhaltung guter Stimmung	0,35	0,06	5,91	< 0,01	0,24	0,47
Verbesserung schlechter Stimmung	0,34	0,06	5,60	< 0,01	0,22	0,45

Überprüfung der Nützlichkeit

Eine zweite, äquivalente Möglichkeit, die Nullhypothese zu überprüfen, dass das Regressionsgewicht einer unabhängigen Variablen in der Population gleich 0 ist, besteht darin, anhand eines F-Tests den Verlust an aufgeklärter Varianz zu überprüfen, wenn die betreffende unabhängige Variable aus der Regressionsgleichung herausgenommen wird. Der Test basiert auf dem Vergleich der Determinationskoeffizienten zweier Regressionsmodelle. Der Determinationskoeffizient des Modells, das alle unabhängigen Variablen enthält (R_2^2), wird verglichen mit dem Determinationskoeffizienten des Modells, das alle unabhängigen Variablen bis auf die betreffende unabhängige Variable X_j enthält (R_1^2). Der F-Test lautet wie folgt:

$$F = (n - k - 1) \cdot \frac{R_2^2 - R_1^2}{(1 - R_2^2)} \qquad \text{(F 18.42)}$$

Die F-Verteilung hat $df_1 = 1$ Zähler- und $df_2 = n - k - 1$ Nennerfreiheitsgrade. Dass $df_1 = 1$ ist, lässt sich leicht erklären, denn die beiden verglichenen Regressionsmodelle unterscheiden sich lediglich in einem Modellparameter. Der F-Test überprüft, ob die Nützlichkeit der Prädiktorvariablen X_j von 0 verschieden ist. In Tabelle 18.7 wird dieser F-Test für unser Beispiel mit der abhängigen Variablen Wohlbefinden und den beiden Stimmungsregulationskompetenzen als unabhängigen Variablen veranschaulicht. Es wird der Erklärungszuwachs durch die Verbesserung schlechter Stimmung überprüft.

Die Änderung des Determinationskoeffizienten zeigt an, dass durch die Hinzunahme der Verbesserung schlechter Stimmung 9 % mehr Varianz der abhängigen Variablen erklärt wird als mit der Aufrechterhaltung guter Stimmung alleine. Dieser Zugewinn ist statistisch bedeutsam von 0 verschieden, da der p-Wert des F-Wertes kleiner als 0,05 ist.

Würde man die exakten Ergebnisse mit mehr als zwei Nachkommastellen angeben, würde man erkennen, dass der F-Wert in Tabelle 18.7 exakt dem quadrierten t-Wert des Regressionsgewichts b_2 in Tabelle 18.6 entspricht.

Tabelle 18.7 Ergebnisse einer multiplen Regressionsanalyse mit der abhängigen Variablen Wohlbefinden und den beiden Stimmungsregulationskompetenzen als unabhängigen Variablen (UV): Signifikanztest und Konfidenzintervalle für die Partialregressionskoeffizienten der Verbesserung schlechter Stimmung

Modell (UV)	R	R^2	Änderungsstatistiken				
			Änderung in R^2	F-Wert	df_1	df_2	p-Wert
Aufrechterhaltung guter Stimmung	0,50	0,25					
Aufrechterhaltung guter Stimmung, Verbesserung schlechter Stimmung	0,58	0,34	0,09	31,34	1	234	< 0,01

Der dargestellte F-Test ist der Spezialfall eines allgemeineren F-Tests zur Überprüfung der Hypothese, dass ein Satz von unabhängigen Variablen keinen bedeutsamen Beitrag zur Varianzaufklärung in der Population liefert, der über einen Satz von anderen unabhängigen Variablen hinausgeht. Diesen Test stellen wir im nächsten Abschnitt vor und zeigen, wie man Konfidenzintervalle und die optimalen Stichprobengröße berechnen kann.

18.7.6 Schätzung, Signifikanztest und Konfidenzintervalle für einen Satz unabhängiger Variablen

Neben der Frage, ob einzelne unabhängige Variablen einen bedeutsamen Einfluss auf die abhängige Variable haben, kann auch die Frage untersucht werden, ob eine Menge von unabhängigen Variablen einen bedeutsamen Einfluss auf die abhängige Variable hat. Hierzu betrachtet man die Determinationskoeffizienten zweier Modelle. In dem sog. uneingeschränkten Modell wird der Einfluss aller unabhängigen Variablen berücksichtigt. Der Determinationskoeffizient in diesem Modell wird mit R_u^2 bezeichnet. Das sog. eingeschränkte Modell enthält alle unabhängigen Variablen bis auf die Menge von unabhängigen Variablen, deren gemeinsamer Einfluss überprüft werden soll. Der Determinationskoeffizient in diesem eingeschränkten Modell wird mit R_e^2 bezeichnet. Die ungerichtete Nullhypothese, die hierbei überprüft wird, lautet, dass alle Partialregressionskoeffizienten der unabhängigen Variablen, deren Einfluss geprüft werden soll, gleich 0 sind. Die dazugehörige Alternativhypothese lautet, dass mindestens einer dieser Partialregressionskoeffizienten ungleich 0 ist.

Wäre man z. B. daran interessiert, ob die beiden Stimmungsregulationskompetenzen einen bedeutsamen Einfluss auf das Wohlbefinden haben, der über die Extraversion hinausgeht, würde man folgende eingeschränkte und uneingeschränkte Modelle betrachten:

▶ Das uneingeschränkte Modell würde die drei unabhängigen Variablen Extraversion, Verbesserung schlechter Stimmung und Aufrechterhaltung guter Stimmung umfassen.
▶ Das eingeschränkte Modell würde nur die Extraversion enthalten.

Über den Vergleich der Determinationskoeffizienten des uneingeschränkten und des eingeschränkten Modells prüft man die Nullhypothese $H_0: \beta_2 = \beta_3 = 0$, wobei X_2 die Verbesserung schlechter Stimmung und X_3 die Aufrechterhaltung guter Stimmung erfassen würde. Diese Nullhypothese ist äquivalent zur Nullhypothese $H_0: P_u^2 - P_e^2 = 0$. Zur Überprüfung dieser Nullhypothese gibt es einen F-Test, der wie folgt lautet:

$$F = \frac{(n - k_u - 1)}{k_u - k_e} \cdot \frac{R_u^2 - R_e^2}{(1 - R_u^2)} \qquad \text{(F 18.43)}$$

In dieser Formel bezeichnen R_u^2 den Determinationskoeffizienten des uneingeschränkten Modells, R_e^2 den Determinationskoeffizienten des eingeschränkten Modells, k_u die Anzahl der unabhängigen Variablen im uneingeschränkten Modell und k_e die Anzahl der unabhängigen Variablen im eingeschränkten Modell. Man beachte die Ähnlichkeit mit Formel F 18.42. Der Unterschied zwischen den beiden Gleichungen besteht lediglich im Nenner des vorderen Quotienten auf der rechten Seite der Gleichung. In Gleichung F 18.42 ist dieser Nenner immer 1, da sich die beiden verglichenen Regressionsmodelle lediglich

Tabelle 18.8 Vergleich zweier Regressionsmodelle zur Vorhersage des habituellen Wohlbefindens

Modell (UV)	R	R²	Änderungsstatistiken				
			Änderung in R²	F-Wert	df_1	df_2	p-Wert
Eingeschränkt: Extraversion	0,25	0,06					
Uneingeschränkt: Extraversion; Verbesserung schlechter Stimmung; Aufrechterhaltung guter Stimmung	0,58	0,34	0,28	48,77	2	233	< 0,01

in einem Modellparameter unterscheiden. Die F-Verteilung hat $df_1 = k_u - k_e$ Zähler- und $df_2 = n - k_u - 1$ Nennerfreiheitsgrade.

Der Ausdruck $R_u^2 - R_e^2$ ist die Semipartialdetermination (quadrierte multiple semipartielle Korrelation), die wir in Abschnitt 18.5.1 ausführlich behandelt haben. Die Ergebnisse für unser Beispiel sind in Tabelle 18.8 zusammengefasst. Sie zeigen, dass die beiden Stimmungsregulationskompetenzen über die Extraversion hinausgehend bedeutsame Unterschiede im Wohlbefinden erklären. Der zusätzliche Anteil an erklärter Varianz beträgt 28 %. Dieser Beitrag ist bei einem vorher festgelegten Signifikanzniveau von $\alpha = 0{,}05$ signifikant, da der p-Wert des zugehörigen F-Tests kleiner als 0,05 ist.

Konfidenzintervalle

In Analogie zum Konfidenzintervall für den allgemeinen Determinationskoeffizienten P^2 bestimmt man das Konfidenzintervall zunächst nicht für den Semipartialdeterminationskoeffizienten, sondern greift auf die folgende Effektgröße zurück:

$$\phi_2^2 = \frac{P_u^2 - P_e^2}{1 - P_u^2} \qquad \text{(F 18.44a)}$$

Diese Effektgröße entspricht der Semipartialdetermination geteilt durch den Indeterminationskoeffizienten des uneingeschränkten Modells und ist daher schwierig zu interpretieren, da sie auch größer als 1 werden kann (etwa wenn $P_u^2 = 0{,}80$ und $P_e^2 = 0{,}50$). Es lässt sich allerdings zeigen, dass die Effektgröße ϕ_2^2 sich auch aus dem quadrierten multiplen partiellen Korrelationskoeffizienten $P_{YX_{u-e} \bullet X_e}^2$ herleiten lässt:

$$\phi_2^2 = \frac{P_{YX_{u-e} \bullet X_e}^2}{1 - P_{YX_{u-e} \bullet X_e}^2} \qquad \text{(F 18.44b)}$$

Die multiple partielle Korrelation $P_{YX_{u-e} \bullet X_e}$ ist die Korrelation zwischen der abhängigen Variablen Y und den unabhängigen Variablen, die im uneingeschränkten Modell, nicht aber im eingeschränkten Modell enthalten sind, nachdem der Einfluss aller unabhängigen Variablen, die im eingeschränkten Modell enthalten sind, auspartialisiert wurde. Sie bestimmt sich wie folgt:

$$P_{YX_{u-e} \bullet X_e} = \sqrt{\frac{P_u^2 - P_e^2}{1 - P_e^2}} \qquad \text{(F 18.45)}$$

Der Vorteil der Effektgröße in Gleichung F 18.44b besteht darin, dass sie nur von der quadrierten multiplen partiellen Korrelation abhängt und hierauf aufbauend sehr einfach ein Konfidenzintervall für die quadrierte multiple partielle Korrelation bestimmt werden kann. Man bestimmt daher das Konfidenzintervall für die quadrierte Partialkorrelation und nicht für die quadrierte Semipartialkorrelation, da dieses komplexer zu bestimmen wäre und die Partialkorrelation auch für viele Anwendungsfälle diejenige Information enthält, die von Interesse ist. Dass man für die quadrierte partielle multiple Korrelation relativ einfach ein Konfidenzintervall erhalten kann, sieht man an der Analogie der Struktur von Gleichung F 18.44b zur Gleichung F 18.37.

Ist die multiple partielle Korrelation in der Population von 0 verschieden, dann ist der folgende F-Wert ein Wert einer nonzentralen F-Verteilung:

$$F = \frac{n - k_u - 1}{k_u - k_e} \cdot \frac{R_{YX_{u-e} \bullet X_e}^2}{1 - R_{YX_{u-e} \bullet X_e}^2}$$

$$= \frac{n - k_u - 1}{k_u - k_e} \cdot \frac{\dfrac{R_u^2 - R_e^2}{1 - R_e^2}}{1 - \dfrac{R_u^2 - R_e^2}{1 - R_e^2}} \qquad \text{(F 18.46)}$$

Diese nonzentrale F-Verteilung hat $df_1 = k_u - k_e$ und $df_2 = n - k_u - 1$ Freiheitsgrade und einen Nonzentralitätsparameter

$$\lambda = n \cdot \frac{P^2_{YX_{u-e} \bullet X_e}}{1 - P^2_{YX_{u-e} \bullet X_e}} = n \cdot \phi^2_2. \quad \text{(F 18.47)}$$

Um ein Konfidenzintervall für $P^2_{YX_{u-e} \bullet X_e}$ zu erhalten, bestimmt man zunächst die Grenzen des Intervalls für den Nonzentralitätsparameter, das man auf der Grundlage des geschätzten Nonzentralitätsparameters bestimmt, den man wie folgt erhält:

$$\hat{\lambda} = n \cdot \frac{R^2_{YX_{u-e} \bullet X_e}}{1 - R^2_{YX_{u-e} \bullet X_e}} \quad \text{(F 18.48)}$$

Die Grenzen des $(1-\alpha)$-Konfidenzintervalls lassen sich bestimmen, indem die Nonzentralitätsparameter der nonzentralen F-Verteilungen bestimmt werden, von denen der Ausdruck F 18.46 jeweils $\alpha/2$ Flächenanteile am oberen (λ_u) bzw. unteren Ende (λ_o) abschneidet. Diese Schranken des Konfidenzintervalls können z. B. mit dem Programm NDC bestimmt werden. Diese Intervallschranken lassen sich dann in Intervallschranken für die quadrierte partielle multiple Korrelation wie folgt umrechnen:

$$\text{unteres } P^2_{YX_{u-e} \bullet X_e} = \frac{\lambda_u}{\lambda_u + n}$$

und

$$\text{oberes } P^2_{YX_{u-e} \bullet X_e} = \frac{\lambda_o}{\lambda_o + n} \quad \text{(F 18.49)}$$

Auch für $P^2_{YX_{u-e} \bullet X_e}$ berichtet man häufig das 90%-Konfidenzintervall, da die quadrierte partielle multiple Korrelation eine untere Schranke von 0 hat. Das 90%-Konfidenzintervall kann dann zur Signifikanztestung auf einem α-Niveau von $\alpha = 0{,}05$ herangezogen werden (s. hierzu die Ausführungen in Abschn. 16.9.8).

Im Falle stochastischer Regressoren ist uns kein vergleichbarer Ansatz bekannt.

A-priori-Poweranalyse: Bestimmung der optimalen Stichprobengröße

Um den optimalen Stichprobenumfang zu bestimmen, legt man die quadrierte multiple partielle Korrelation in der Population, das α- und das β-Niveau

> **Beispiel**
>
> **Wohlbefinden, Stimmungsregulationskompetenz und Extraversion: Konfidenzintervall**
>
> Für unser Beispiel bestimmen wir zunächst anhand von Tabelle 18.8 den F-Wert gemäß Gleichung F 18.46:
>
> $$F = \frac{n-k_u-1}{k_u-k_e} \cdot \frac{\frac{R^2_u - R^2_e}{1 - R^2_e}}{1 - \frac{R^2_u - R^2_e}{1 - R^2_e}}$$
>
> $$= \frac{237-3-1}{3-1} \cdot \frac{\frac{0{,}34-0{,}06}{1-0{,}06}}{1 - \frac{0{,}34-0{,}06}{1-0{,}06}}$$
>
> $$= 116{,}5 \cdot \frac{0{,}298}{0{,}702} = 49{,}454$$
>
> Dieser F-Wert hat $df_1 = 2$ Zähler- und $df_2 = 233$ Nennerfreiheitsgrade. Wir bestimmen nun mit Hilfe des Programms NDC (Steiger, 2004;) für den gefundenen F-Wert von 49,454 als untere Grenze des zweiseitigen 90%-Konfidenzintervalls den Nonzentralitätsparameter $\lambda_u = 65{,}09$ und als obere Grenze den Nonzentralitätsparameter $\lambda_o = 136{,}91$. Diese Intervallgrenzen werden dann nach Gleichung F 18.49 mit $n = 237$ in die unteren und oberen Grenzen des 90%-Konfidenzintervalls für die quadrierte partielle multiple Korrelation umgerechnet, wodurch man das Konfidenzintervall [0,22; 0,37] erhält. Das 90%-Konfidenzintervall für die Effektstärke ϕ^2_2 lautet übrigens unter Rückgriff auf Gleichung F 18.44b [0,28; 0,59].

vorher fest. Dazu bestimmt man den Nonzentralitätsparameter einer nonzentralen F-Verteilung, für die gilt, dass derjenige F-Wert, der unter der zentralen F-Verteilung einen Flächenanteil von α nach rechts abschneidet, unter der nonzentralen F-Verteilung einen Flächenanteil von β nach links abschneidet. Der Nonzentralitätsparameter dieser nonzentralen F-Verteilung sowie der dazugehörige optimale Stichprobenumfang kann z. B. mit dem Computerprogramm G*Power (Faul et al., 2007) bestimmt werden. Angenommen, man erwartet für zwei Prädiktoren eine quadrierte partielle multiple Korrelation von 0,25 nach Auspartialisieren einer Variablen. Man trifft folgende Festlegungen: $\alpha = 0{,}05$, $\beta = 0{,}20$, $P^2_{YX_{u-e} \bullet X_e} = 0{,}25$. Dann benötigt man nach G*Power $n = 33$ Personen. Im Falle stochastischer Regressoren ist uns kein vergleichbares Vorgehen bekannt.

18.7.7 Verfahren zur Auswahl unabhängiger Variablen

Die in den letzten beiden Abschnitten dargestellten Sachverhalte kann man sich zunutze machen, um unabhängige Variablen für ein Regressionsmodell auszuwählen. Hierbei lassen sich zwei generelle Strategien unterscheiden:
(1) die Auswahl von unabhängigen Variablen aufgrund theoretischer Überlegungen
(2) die datengesteuerte Auswahl von Variablen zur Maximierung der Varianzaufklärung der abhängigen Variablen bei gleichzeitiger Minimierung der Anzahl zu berücksichtigender unabhängiger Variablen.

Theoretische Auswahl

Bei der theoretischen Auswahl nimmt man diejenigen unabhängigen Variablen in eine Regressionsanalyse auf, von denen man aufgrund theoretischer Überlegungen eine Varianzaufklärung erwartet. In verschiedenen Forschungskontexten ist es sinnvoll, die unabhängigen Variablen zu Gruppen zusammenzufassen und diese nacheinander blockweise in die Regressionsanalyse aufzunehmen. Hierdurch kann man spezifische Hypothesen überprüfen. In unserem Beispiel könnte man daran interessiert sein, Unterschiede im Wohlbefinden auf Unterschiede in der Stimmungsregulationskompetenz und Unterschiede in der Persönlichkeit zurückzuführen. Die Stimmungsregulationskompetenz setzt sich aus mehreren Komponenten oder Facetten zusammen (z. B. Aufrechterhaltung guter Stimmung, Verbesserung schlechter Stimmung), die Persönlichkeit aus mehreren Eigenschaften (z. B. Extraversion, Neurotizismus, Gewissenhaftigkeit etc.). Bei einer blockweisen Aufnahme der unabhängigen Variablen würde man alle Variablen, die Regulationskompetenzen erfassen, sowie alle Persönlichkeitsvariablen zu jeweils einem Block zusammenfassen. Aus theoretischer Sicht würde man zunächst den Block mit den Stimmungsregulationskompetenzen aufnehmen, da diese dem Kriterium Wohlbefinden theoretisch näher stehen als Persönlichkeitseigenschaften. In einem zweiten Schritt würde man den Block mit Persönlichkeitsvariablen aufnehmen, um zu prüfen, ob Persönlichkeitsmerkmale einen inkrementellen Beitrag zur Aufklärung der Varianz des Wohlbefindens leisten. Unter einem inkrementellen Beitrag versteht man denjenigen Beitrag, den die neu aufgenommenen Variablen zur Varianzaufklärung leisten, der über die bereits im Modell enthaltenen Variablen hinausgeht.

Datengesteuerte Auswahl

Neben der theoretischen Festlegung von unabhängigen Variablen kann deren Auswahl auch datengesteuert erfolgen. Dies ist z. B. dann sinnvoll, wenn kein theoretisches Modell vorliegt und man sehr viele unabhängige Variablen zur Verfügung hat, von denen man die besten zur Prädiktion auswählen möchte. Dies bedeutet, dass man aus einer Menge verfügbarer Prädiktoren diejenigen auswählen möchte, die die Kriteriumsvariable optimal vorhersagen. Alle ausgewählten Variablen sollten einen signifikanten Beitrag zur Vorhersage des Kriteriums leisten. Gleichzeitig sollten Prädiktoren, die keinen signifikanten Beitrag zur Vorhersage des Kriteriums leisten, nicht in das Modell mit aufgenommen werden. Zur datengesteuerten Auswahl gibt es drei Strategien:
(1) die Vorwärtsselektion,
(2) die Rückwärtselimination und
(3) die schrittweise Regression.

Bei allen drei Verfahren muss vorher ein α-Niveau festgelegt werden, das angibt, ab wann eine unabhängige Variable einen signifikanten Beitrag zur Aufklärung der Varianz des Kriteriums liefert. Die Selektion der Variablen auf der Basis des gewählten Signifikanzniveaus erledigt dann das jeweilige Statistikprogramm.

Vorwärtsselektion. Bei der Vorwärtsselektion gibt man dem Statistikprogramm alle unabhängigen Variablen bekannt, die für die Vorhersage des Kriteriums in

Frage kommen. Das Programm nimmt im ersten Schritt diejenige Variable auf, die am höchsten mit der Kriteriumsvariablen korreliert ist. Im nächsten Schritt nimmt es diejenige Variable auf, deren F-Wert nach Formel F 18.43 am größten und gleichzeitig signifikant ist. Im dritten Schritt wird diejenige Variable aufgenommen, die über die beiden bereits in der Gleichung enthaltenen Variablen hinaus am meisten zusätzliche Varianz aufklärt, d. h. diejenige der verbliebenen Variablen, deren F-Wert nach Formel F 18.43 am größten und gleichzeitig signifikant ist. Das Verfahren wird abgebrochen, wenn keine der verbliebenen Variablen mehr einen signifikanten zusätzlichen Erklärungsbeitrag leistet. Für unser Beispiel, in dem Wohlbefindensunterschiede auf Unterschiede in den beiden Stimmungsregulationskompetenzen und in der Extraversion zurückgeführt werden, folgt dieses Aufnahmeschema den Ergebnissen in Tabelle 18.1. Zuerst wird die Aufrechterhaltung guter Stimmung aufgenommen, dann die Fähigkeit zur Verbesserung schlechter Stimmung. Danach stoppt das Verfahren. Die Extraversion wird nicht aufgenommen, da sie keinen signifikanten zusätzlichen Beitrag zur Vorhersage des Wohlbefindens erbringt.

Rückwärtselimination. Bei diesem Verfahren geht das Programm umgekehrt vor. Zunächst werden alle unabhängigen Variablen aufgenommen. Dann wird in einem ersten Schritt diejenige Variable entfernt, die den geringsten und einen nicht-signifikanten F-Wert nach Formel F 18.42 aufweist. Im nächsten Schritt wird diejenige Variable eliminiert, die von den in der Regressionsgleichung verbliebenen unabhängigen Variablen den geringsten und einen nicht-signifikanten F-Wert aufweist. Dieses Verfahren wird so lange fortgesetzt, bis es keine unabhängige Variable in der Gleichung mehr gibt, deren F-Wert nicht signifikant ist. Nach diesem Verfahren wird in unserem Beispiel als Erstes die Extraversion entfernt. Alle weiteren Variablen verbleiben in der Gleichung. Manche Statistikprogramme verwenden für den Ausschluss von Prädiktorvariablen bei der Rückwärtselimination ein liberaleres Signifikanzkriterium (z. B. $\alpha = 10\%$) als für den Einschluss bei der Vorwärtsselektion.

Schrittweise Regression. Bei der schrittweisen Regression werden beide Strategien kombiniert. Man startet mit einer Vorwärtsselektion auf der Basis eines vorher festgelegten Signifikanzniveaus für den Einschluss (α_E). Nimmt man sukzessive neue unabhängige Variablen auf, kann es passieren, dass bei einer bestimmten Kombination unabhängiger Variablen der Vorhersagebeitrag einer bereits aufgenommen Variablen nicht länger signifikant ist. Überschreitet der p-Wert einer solchen Variablen ein vorher festgelegtes Signifikanzniveau für den Ausschluss (α_A), so wird diese Variable entfernt, bevor eine weitere neue Variable aufgenommen wird. In manchen Statistikprogrammen wird das Signifikanzniveau für den Ausschluss von Variablen liberaler angesetzt als das Signifikanzniveau für den Einschluss; die entsprechenden Voreinstellungen in den gängigen Statistikprogrammen lassen sich jedoch leicht ändern.

Prognosegüte und Kreuzvalidierung

Hat man die unabhängigen Variablen für das Regressionsmodell ausgewählt, stellt sich die Frage, wie gut das Modell eine Prognose in zukünftigen Fällen leistet. Die Regressionsparameter wurden anhand einer Stichprobe mit einem bestimmten Stichprobenfehler bestimmt, so dass die Prognosegüte in einer anderen Stichprobe nicht automatisch gleich gut sein muss. Wie kann man diese untersuchen? Zum einen könnte man zusätzliche Stichproben ziehen, um die Prognosegüte in ihnen zu untersuchen. Den damit verbundenen Aufwand will man jedoch nicht immer auf sich nehmen. Stattdessen kann man alternative Strategien anwenden, die unter dem Begriff der Kreuzvalidierung (engl. cross-validation) zusammengefasst werden. Eine Möglichkeit der Kreuzvalidierung besteht darin, den Datensatz in zwei Hälften zu teilen. Anhand der einen Hälfte des Datensatzes sucht man das am besten passende Regressionsmodell (sog. Trainings-Substichprobe). Dann nimmt man die zweite Hälfte des Datensatzes (sog. Test-Substichprobe) und prognostiziert für alle Personen dieser Test-Substichprobe ihre y-Werte anhand ihrer x-Werte und der Regressionsgewichte, die man in der Trainings-Substichprobe gewonnen hat. Die Korrelation zwischen den so vorhergesagten Werten und ihren beobachteten y-Werten ist ein Maß für die Prognosegüte. Weicht diese stark von der multiplen Regression in der Trainingsstichprobe ab, zeigt dies, dass die Prognosegüte nicht von der Trainings-Substichprobe auf die Test-Substichprobe verallgemeinert werden kann.

Dieses Vorgehen lässt sich jedoch mit Kockelkorn (2000) aus zwei Gründen kritisieren: (1) Bei der Suche nach dem besten Regressionsmodell verzichtet man auf einen Teil der Daten, wodurch die Schätzungenauigkeit (Standardfehler der Regressionsgewichte und der vorhergesagten y-Werte) zunimmt. (2) Die Aufteilung in beide Stichproben ist mit einer gewissen Beliebigkeit behaftet. Aus diesen Gründen wird zum einen empfohlen, die Trainings-Substichprobe deutlich größer zu wählen als die Test-Substichprobe. Tabachnik und Fidell (2007) schlagen z. B. hierfür eine Aufteilung in 80 % und 20 % vor. Zum anderen kann man so vorgehen, dass man alle möglichen oder zumindest sehr viele Aufteilungen der Gesamtstichprobe in die beiden Substichproben vornimmt und die Ergebnisse zusammenfasst.

Häufig wählt man eine Extremvariante der Kombination beider Strategien. Als Trainings-Substichprobe wird die Stichprobe angesehen, aus der ein einziges Element entfernt wurde. Man bestimmt dann die Regressionsparameter anhand dieser Stichprobe und prognostiziert den y-Wert für dasjenige Element (in der Psychologie meist ein Individuum), das der Stichprobe vorher entnommen wurde. Dieses Verfahren kann man für alle Stichprobenelemente wiederholen und die Abweichungen aufsummieren oder mitteln.

Prognosefehler PRESS. Bezeichnet man mit $\hat{y}_{m\setminus(m)}$ den vorhergesagten y-Wert von m, den man anhand der Parameterschätzungen in der Stichprobe ohne m (daher: $\setminus(m)$) gewonnen hat, erhält man zwei Gütemaße für die Prognose. Das erste Maß ist der Prognosefehler PRESS (engl. prediction error sum of squares):

$$PRESS = \sum_{m=1}^{n} (y_m - \hat{y}_{m\setminus(m)})^2 \qquad \text{(F 18.50)}$$

Dieses Maß ist die Summe der quadrierten Abweichungen der wahren von den vorhergesagten Werten. Je stärker die Werte in den Test-Substichproben (hier jeweils ein einzelnes m) von den erwarteten Werten, die man anhand der Trainings-Substichprobe gewonnen hat, abweichen, desto schlechter ist die Prognose, und umso größer wird dann auch der quadrierte Abweichungswert und somit der PRESS-Wert. Ein Nachteil des PRESS-Wertes ist, dass er von der Stichprobengröße abhängt.

Kreuzvalidierungsfehler CVE. Um die Abhängigkeit des PRESS-Wertes von der Stichprobengröße n aufzuheben, teilt man ihn durch n und enthält den Kreuzvalidierungsfehler CVE (engl. cross validation error):

$$CVE = \frac{1}{n} \cdot \sum_{m=1}^{n} (y_m - \hat{y}_{m\setminus(m)})^2 \qquad \text{(F 18.51)}$$

> **Beispiel**
>
> **Wohlbefinden, Stimmungsregulationskompetenz und Extraversion: Kreuzvalidierungsfehler**
> Berechnet man für die drei Regressionsmodelle in Tabelle 18.1 den Kreuzvalidierungsfehler, so erhält man folgende Werte:
> ▶ Modell I (Aufrechterhaltung guter Stimmung): $CVE_I = 0{,}2832$
> ▶ Modell II (Aufrechterhaltung guter Stimmung, Verbesserung schlechter Stimmung): $CVE_{II} = 0{,}2526$
> ▶ Modell III (Aufrechterhaltung guter Stimmung, Verbesserung schlechter Stimmung, Extraversion): $CVE_{III} = 0{,}2538$.
>
> Man sieht, dass der Kreuzvalidierungsfehler im zweiten Modell am geringsten ist. Auch dieser Befund spricht dafür, das zweite Modell auszuwählen. Mit Statistikprogrammen kann man sich die »gelöschten« oder »ausgeschlossenen« Residuen ausgeben lassen. Diese muss man dann quadrieren und mitteln und erhält damit den Kreuzvalidierungsfehler CVE.

Overfitting vermeiden

Das Beispiel zeigt, dass sich die Prognosegüte – gemessen über den Kreuzvalidierungsfehler – verschlechtern kann, wenn zusätzliche Prädiktoren hinzugenommen werden, deren Aufklärungsbeitrag nicht signifikant ist. Dies kann man sich wie folgt erklären: Ist das Regressionsgewicht einer unabhängigen Variablen in der Population gleich 0, wird es in der Stichprobe aufgrund des Stichprobenfehlers aber typischerweise abweichend von 0 geschätzt. Dann führt die Gewichtung des Wertes der unabhängigen Variablen mit dem geschätzten – von 0 verschiedenen – Regressionsgewicht zu einer Verzerrung der Schätzung. Diese Verzerrung wirkt sich aufgrund des Stichprobenfehlers in unterschiedlichen Stichproben unterschiedlich aus. Daher sollte man es vermeiden, Prädiktoren in die Gleichung aufzunehmen, die in der Population ein Regressionsgewicht von 0 haben. Eine Missachtung dieser Empfehlung führt zu einem sog. »overfitting« (Überanpassung). Man hat mehr unabhängige Variablen im Modell, als benötigt werden, und dies bewirkt in aller Regel eine Verschlechterung der Prognosegüte.

18.7.8 Schätzung und Überprüfung des Achsenabschnitts β_0

Auch für den Populations-Achsenabschnitt β_0 ist der Achsenabschnitt b_0, den man mittels der Kleinste-Quadrate-Schätzung anhand der Stichprobendaten nach Formel F 18.14 bestimmen kann, ein erwartungstreuer Schätzer. Hypothesen über den Achsenabschnitt werden allerdings selten getestet. Der Standardfehler des Achsenabschnitts soll daher nicht im Detail beschrieben werden. Er wird von Fahrmeir et al. (2007) ausführlich behandelt und von Statistikprogrammen routinemäßig berechnet. Bezeichnet man den geschätzten Standardfehler des Achsenabschnitts mit $\hat{\sigma}_{B_0}$, so erhält man zur Überprüfung der Nullhypothese $H_0: \beta_0 = \beta_{0(0)}$ bzw. einer ihrer gerichteten Varianten folgenden Wert der Prüfgröße, die einer t-Verteilung mit $df = n - k - 1$ Freiheitsgraden folgt:

$$t = \frac{b_0 - \beta_{0(0)}}{\hat{\sigma}_{B_0}} \qquad \text{(F 18.52)}$$

Als zweiseitiges $(1-\alpha)$-Konfidenzintervall ergibt sich:

$$b_0 \pm t_{\left(1-\frac{\alpha}{2};\,n-k-1\right)} \cdot \hat{\sigma}_{b_0} \qquad \text{(F 18.53)}$$

Beispiel

Wohlbefinden und Stimmungsregulationskompetenz: Achsenabschnitt

In unserem Anwendungsbeispiel, in dem das Wohlbefinden auf die beiden Stimmungsregulationskompetenzen zurückgeführt wurde ($n = 237$), beträgt der geschätzte Achsenabschnitt $b_0 = 1{,}801$ mit einem Standardfehler von $\hat{\sigma}_{b_0} = 0{,}194$. Das bedeutet: Der geschätzte Wohlbefindenswert einer Person, die sowohl hinsichtlich ihrer Fähigkeit zur Aufrechterhaltung guter Stimmung als auch ihrer Fähigkeit zur Reduzierung schlechter Stimmung eine Ausprägung von 0 hat, beträgt 1,801. Nun soll geprüft werden, ob dieser Wert signifikant von Null verschieden ist. Das zweiseitige 95 %-Konfidenzintervall umfasst die Werte [1,419; 2,183]. Die Überprüfung der Nullhypothese $H_0: \beta_0 = 0$ führt zu einem t-Wert von $t = 9{,}291$. Der Wert ist größer als der kritische t-Wert von $t_{(0{,}975;\,234)} = 1{,}97$, und die Nullhypothese muss auf einem Signifikanzniveau von $\alpha = 0{,}05$ bei einem zweiseitigen Test verworfen werden.

18.7.9 Schätzung der bedingten Erwartungswerte und individuell prognostizierter Werte

Wie bei der einfachen linearen Regression können auch bei der multiplen Regressionsanalyse die bedingten Erwartungswerte, die individuellen prognostizierten Werte sowie deren Konfidenzintervalle geschätzt werden. Das Grundprinzip ist dasselbe wie bei den Verfahren, die wir in den Abschnitten 16.9.6 und 16.9.7 beschrieben haben. Allerdings sind die Formeln für die Bestimmung der Konfidenzintervalle komplexer und setzen Kenntnisse der Matrixalgebra voraus. Wir verzichten daher auf ihre Darstellung. Die Konfidenzintervalle lassen sich von Statistikprogrammen wie z. B. R oder SPSS berechnen, die die unteren und oberen Grenzen der Konfidenzintervalle für den geschätzten Erwartungswert und den prognostizierten individuellen Wert direkt in die Datendatei schreiben. Dies ist hilfreich, da wir bereits in den Abschnitten 16.9.6 und 16.9.7 gesehen haben, dass die Breite des Konfidenzintervalls von der Ausprägung der unabhängigen Variablen abhängt. Dies ist auch bei der multiplen Regressionsanalyse so. Für jede Konfiguration von Werten auf den unabhängigen Variablen ergeben sich unterschiedliche Intervallgrenzen, die sich aufgrund der Mehrdimensionalität auch nicht mehr einfach graphisch darstellen lassen. Für die Praxis der Datenanalyse reicht es aus zu wissen, was die Grenzen der Konfidenzintervalle bedeuten und dass sie für Individuen, die sich in ihren Werten auf den unabhängigen Variablen unterscheiden, verschieden sind.

18.8 Suppressorvariable

Wir haben in den vorherigen Abschnitten gesehen, dass sich der Einfluss einer unabhängigen Variablen auf die Kriteriumsvariable verringern kann, wenn weitere unabhängige Variablen in die Regressionsgleichung aufgenommen werden, die mit der ursprünglichen unabhängigen Variablen korreliert sind. Im Rahmen der multiplen Regressionsanalyse kann es jedoch nicht nur zu einer Verminderung des Einflusses einer unabhängigen Variablen auf die abhängige Variable kommen, wenn andere unabhängige Variablen in die Regressionsgleichung aufgenommen werden. Es kann auch der umgekehrte Fall eintreten, dass der Erklärungsbeitrag einer unabhängigen Variablen im Rahmen einer multiplen Regressionsanalyse größer ist als in einer einfachen Regressionsanalyse. Ein solches Beispiel haben wir schon im Kapitel zur Partialkorrelation kennengelernt. Wir werden es hier erneut aufgreifen.

> **Beispiel**
>
> **Habituelle Stimmung, Momentanstimmung, Stimmungsabweichung**
>
> Das Beispiel bezog sich auf die Vorhersage der habituellen Stimmung (*HS*) aus der momentanen guten (positiven) Stimmung (*PS*) und der Stimmungsabweichung (*SA*) (vgl. Tab. 17.1 c in Abschn. 17.1). In dem dort beschriebenen Datenbeispiel gab es zwischen der momentanen positiven Stimmung und der habituellen Stimmung eine Korrelation von $r = 0{,}31$, die anzeigt, dass man aufgrund der momentanen Stimmung mit einem gewissen Prognosefehler das habituelle Stimmungserleben einer Person vorhersagen kann. Außerdem haben wir gesehen, dass die momentane Stimmungsabweichung einer Person, d. h. ihre Angabe, ob sie sich in einer bestimmten Situation besser oder schlechter fühlt als im Allgemeinen, nicht mit der habituellen Stimmung korreliert ist. Die Korrelation zwischen der momentanen Stimmungsabweichung und dem habituellen Stimmungserleben betrug $r = -0{,}04$ und war nicht signifikant. Dies bedeutet, dass man aufgrund der momentanen Stimmungsabweichung nicht das habituelle Stimmungserleben einer Person prognostizieren kann, was im Einklang mit theoretischen Überlegungen zur emotionalen Befindlichkeit steht. Nimmt man nun die momentane Stimmungsabweichung als einzigen Prädiktor in eine einfache lineare Regressionsanalyse auf, so wird das Regressionsgewicht dieser Variablen mit $b_1 = -0{,}036$ geschätzt und ist auf einem vorher festgelegten α-Niveau von $\alpha = 0{,}05$ nicht bedeutsam von 0 verschieden ($p = 0{,}592$). Die momentane Stimmungsabweichung leistet somit keinen Beitrag zur Prognose des habituellen Stimmungserlebens. Die Situation ändert sich jedoch, wenn man sowohl die momentane positive Stimmung als auch die Stimmungsabweichung als Prädiktoren zur Vorhersage der habituellen Stimmung betrachtet. Die Regressionsgleichung lautet wie folgt:
>
> $$\widehat{HS} = 8{,}105 - 0{,}489 \cdot SA + 0{,}631 \cdot PS$$
>
> Alle Regressionsgewichte sind auf einem vorher festgelegten α-Niveau von $\alpha = 0{,}05$ signifikant von 0 verschieden (alle $p < 0{,}01$). Zusammen erklären die beiden unabhängigen Variablen 24 % der Varianz des habituellen Stimmungserlebens. Die positive Stimmung allein erklärt nur 9,4 % der Varianz (wenn man sie als alleinige unabhängige Variable

> betrachtet). Über die positive Stimmung hinausgehend erklärt die Stimmungsabweichung zusätzlich 14,6 % der Varianz. Ihr Semipartialdeterminationskoeffizient beträgt $R^2_{(SA \bullet PS)HS} = 0{,}146$, obwohl ihr Determinationskoeffizient in der einfachen Regressionsanalyse nur $R^2 = 0{,}002$ beträgt. Durch die Hinzunahme der positiven Momentanstimmung steigt der Erklärungsbeitrag der Stimmungsabweichung an. Dieser Zuwachs ist bedeutsam von 0 verschieden ($p < 0{,}01$).

Klassische Suppressorvariable

Dieses Beispiel zeigt sehr anschaulich, dass eine unabhängige Variable, die mit dem Kriterium unkorreliert ist, im Rahmen einer multiplen Regressionsanalyse durchaus einen bedeutsamen Beitrag zur Vorhersage einer Kriteriumsvariablen leisten kann. Dieses zunächst kontraintuitiv erscheinende Phänomen wurde von Horst (1941) Suppression genannt. Unter einer Suppressorvariablen X_2 versteht Horst (1941) eine Variable, die mit dem Kriterium unkorreliert ist, mit einer anderen unabhängigen Variablen jedoch eine bedeutsame Korrelation aufweist. Hierdurch kommt es zu dem Phänomen, dass die multiple Korrelation größer ist als die bivariate Korrelation zwischen der Kriteriumsvariablen Y und der anderen Prädiktorvariablen X_1. Formal gesehen lässt sich dieses Phänomen anhand der folgenden drei Gleichungen beschreiben:

$$\rho_{YX_2} = 0 \qquad (F\ 18.54)$$

$$\rho_{X_1 X_2} > 0 \qquad (F\ 18.55)$$

$$P_{Y(X_1, X_2)} > \rho_{YX_1} \qquad (F\ 18.56)$$

Inhaltlich lässt sich das Phänomen wie folgt erklären: Die Korrelation zwischen der Variablen X_1 und der Kriteriumsvariablen zeigt an, dass die unabhängige Variable einen Teil enthält, der mit dem Kriterium zusammenhängt. Der Korrelation der beiden unabhängigen Variablen ist zu entnehmen, dass sie teilweise etwas Gemeinsames erfassen. Die Suppressorvariable X_2 enthält jedoch keinen Teil, der zur Vorhersage des Kriteriums geeignet ist, da ihre Korrelation mit dem Kriterium gleich 0 ist. Aufgrund ihrer Korrelation mit der Variablen X_1 ist die Variable X_2 in der Lage, einen Teil der Variablen X_1 zu »unterdrücken« (supprimieren), der nichts mit der Kriteriumsvariablen zu tun hat. Hierdurch wird der Vorhersagebeitrag der Variablen X_1 für die Kriteriumsvariable vergrößert.

In unserem Beispiel enthält die momentane Stimmung einen Anteil, der auf das habituelle Stimmungserleben zurückgeführt werden kann, und einen Teil, der spezifisch für eine Situation ist. Dieser spezifische Anteil, der auf die Situation zurückgeführt werden kann, ist für die Vorhersage des habituellen Wohlbefindens wenig brauchbar, da das habituelle Wohlbefinden ja gerade als situationsübergreifende Eigenschaft einer Person definiert ist. Aufgrund der momentanen Stimmungsabweichung lässt sich nun dieser situationsspezifische Anteil des momentanen Stimmungserlebens, der mit dem habituellen Wohlbefinden nichts zu tun hat, teilweise unterdrücken. Dadurch tritt derjenige Anteil der momentanen Stimmung klarer hervor, der indikativ für das habituelle Wohlbefinden ist. Das von Horst (1941) beschriebene Phänomen wird in der statistischen Literatur als *klassische* Suppressorsituation bezeichnet. Eine Variable X_2, die die Anforderungen der Gleichungen F 18.54 bis F 18.56 erfüllt, heißt klassische Suppressorvariable. Hiervon lassen sich andere Suppressionskonzepte abgrenzen.

Andere Typen von Suppressorvariablen

Conger (1974) versteht unter einer Suppressorvariablen eine Variable X_2, deren Aufnahme in die Regressionsanalyse dazu führt, dass das standardisierte multiple Regressionsgewicht einer anderen unabhängigen Variablen X_1 größer ist als die bivariate Korrelation (also das standardisierte bivariate Regressionsgewicht) zwischen der unabhängigen Variablen X_1 und der Kriteriumsvariablen Y. Formal lässt sich das durch folgende Ungleichung darstellen:

$$\beta_{1s} > \rho_{YX_1} \qquad (F\ 18.57)$$

Diese Definition verdeutlicht, dass durch die Suppressorvariable X_2 der Erklärungsbeitrag einer anderen Variablen X_1 vergrößert wird. Das Phänomen der klassischen Suppression lässt sich auch unter dieses Konzept der Definition einer Suppressorvariablen subsumieren. Das geschätzte standardisierte Regressionsgewicht für die Momentanstimmung in der multiplen Regressionsgleichung beträgt $b_{1s} = 0{,}708$, während die geschätzte bivariate Korrelation mit $r = 0{,}31$ kleiner ist.

Reziproke Suppression. Neben der klassischen Suppression lässt sich auch die sog. reziproke Suppression unter diese Definition einer Suppressorvariablen subsumieren. Unter reziproker Suppression versteht man das Phänomen, dass zwei unabhängige Variablen jeweils positiv mit der Kriteriumsvariablen korrelieren, jedoch untereinander eine negative Korrelation aufweisen. Hierdurch kommt es zu dem Phänomen, dass das standardisierte multiple Regressionsgewicht der Variablen X_1 größer ist als ihre bivariate Korrelation mit dem Kriterium und dass auch das standardisierte multiple Regressionsgewicht der Variablen X_2 größer ist als ihre bivariate Korrelation mit dem Kriterium. Das Konzept der reziproken Suppression lässt sich wie folgt formal definieren:

$$\rho_{YX_1} > 0, \quad \rho_{YX_2} > 0, \quad \rho_{X_1 X_2} < 0 \qquad \text{(F 18.58)}$$

und

$$\beta_{1s} > \rho_{YX_1}, \quad \beta_{2s} > \rho_{YX_2} \qquad \text{(F 18.59)}$$

Reziproke Suppression bedeutet, dass die unabhängigen Variablen Anteile erfassen, die nichts mit der Kriteriumsvariablen zu tun haben. Dies erkennt man an der negativen Korrelation zwischen den unabhängigen Variablen. Gleichzeitig sind beide unabhängigen Variablen mit der Kriteriumsvariablen aber positiv korreliert.

> **Beispiel**
>
> **Emotionale Selbstaufmerksamkeit**
> In einer Studie zur emotionalen Selbstaufmerksamkeit haben wir drei Skalen eingesetzt ($n = 240$):
> (1) eine Skala zur Erfassung der *allgemeinen emotionalen Selbstaufmerksamkeit* (*ESA*; Lischetzke et al., 2001), die die allgemeine Tendenz erfasst, auf eigene Gefühle zu achten;
> (2) die Skala *Dysfunktionale Selbstaufmerksamkeit* (*DSA;* Hoyer, 2000), die maladaptive Aspekte der Selbstaufmerksamkeit erfasst wie z. B. die Tendenz, nicht mehr aufhören zu können, auf den eigenen Zustand zu fokussieren, selbst wenn dies nicht zu einer Problemlösung beiträgt;
> (3) die Skala *Funktionale Selbstaufmerksamkeit* (*FSA*; Hoyer, 2000), die adaptive Aspekte der Selbstaufmerksamkeit erfasst, wie z. B. die Selbstwirksamkeitserwartung, eine Lösung für ein Problem zu finden und die Selbstaufmerksamkeit flexibel und zieladäquat steuern zu können.
>
> Sowohl die dysfunktionale als auch die funktionale Selbstaufmerksamkeit sind positiv mit der allgemeinen emotionalen Selbstaufmerksamkeit korreliert ($r = 0{,}248$ bzw. $r = 0{,}192$), wohingegen die dysfunktionale und die funktionale Selbstaufmerksamkeit negativ zu $r = -0{,}343$ korreliert sind. Führt man nun eine multiple Regressionsanalyse mit der emotionalen Selbstaufmerksamkeit als abhängiger und sowohl der dysfunktionalen als auch der funktionalen Selbstaufmerksamkeit als unabhängiger Variablen durch, ergeben sich standardisierte Regressionsgewichte für die beiden unabhängigen Variablen, die größer sind als ihre bivariaten Korrelationen mit der abhängigen Variablen (s. Tab. 18.9). Außerdem ist der multiple Determinationskoeffizient größer als die Summe der Determinationskoeffizienten, die sich in den beiden einfachen Regressionsanalysen ergeben. Die Semipartialdetermination jeder der beiden unabhängigen Variablen mit der abhängigen Variablen ist größer als ihre quadrierte Korrelation mit dieser. Jeder der beiden Prädiktoren profitiert in Bezug auf seine Vorhersageleistung also von der Anwesenheit des anderen Prädiktors in der multiplen Regressionsanalyse.

Tabelle 18.9 Reziproke Suppression: Regression der emotionalen Selbstaufmerksamkeit (*ESA*) auf die dysfunktionale (*DSA*) und die funktionale (*FSA*) Selbstaufmerksamkeit

Unabhängige Variable	b_j	b_{js}	R	R^2
Einfache lineare Regressionsanalysen				
Dysfunktionale Selbstaufmerksamkeit	0,246	0,248	0,248	0,062
Funktionale Selbstaufmerksamkeit	0,213	0,192	0,192	0,037
Multiple Regressionsanalyse				
Dysfunktionale Selbstaufmerksamkeit	0,353	0,356	0,386	0,149
Funktionale Selbstaufmerksamkeit	0,349	0,314		
Korrelation				
$r_{DSA,\,FSA} = -0{,}343$				

Anmerkung: Alle angegebenen Größen sind auf einem $\alpha = 0{,}05$ signifikant.

Negative Suppression. Als dritte Form der Suppression lässt sich die negative Suppression definieren, die dadurch gekennzeichnet ist, dass zwei unabhängige Variablen positiv miteinander korreliert sind. Die Korrelation der Suppressorvariablen X_2 mit der Kriteriumsvariablen ist jedoch kleiner als das Produkt aus der Korrelation der Variablen X_1 mit dem Kriterium und der Korrelation der beiden unabhängigen Variablen untereinander. Formal ausgedrückt:

$$\rho_{X_1 X_2} > 0, \quad \rho_{YX_2} < \rho_{YX_1} \cdot \rho_{X_1 X_2} \quad \text{(F 18.60)}$$

Beispiel

Vermögen, Schulden und finanzielle Zufriedenheit

Schätzt man die Populationskorrelationen mit den Stichprobenkorrelationen, so ist diese Situation im Beispiel in Tabelle 17.1 d (in Abschn. 17.1) erfüllt. Will man die finanzielle Zufriedenheit (Y) anhand des Vermögens (X_1) und der Schulden (X_2) vorhersagen, so erhält man folgende Konstellation der Korrelationen:

$$r_{X_1 X_2} > 0, \quad r_{YX_2} < r_{YX_1} \cdot r_{X_1 X_2}$$
$$0{,}35 > 0, \quad 0{,}11 < 0{,}17$$

In Tabelle 18.10 berichten wir die Ergebnisse der einfachen und der multiplen Regressionsanalyse. Diese zeigen, dass das Regressionsgewicht der Schulden sein Vorzeichen wechselt. Während in der einfachen Regressionsanalyse die Schulden einen positiven Einfluss auf die finanzielle Zufriedenheit haben, ist ihr Einfluss in der multiplen Regressionsanalyse negativ. Dies ist darauf zurückzuführen, dass in der einfachen Regressionsanalyse der Einfluss des Vermögens, das hoch positiv mit den Schulden korreliert ist, nicht kontrolliert wurde. Hohe Schulden zu haben scheint in der bivariaten Regression also mit größerer finanzieller Zufriedenheit einherzugehen, aber die inhaltliche Bedeutung dieses Effekts wird erst durch die multiple Regressionsanalyse klar: Erst wenn man das Vermögen auspartialisiert, zeigt sich der wesentlich plausiblere negative Zusammenhang zwischen Schulden und Zufriedenheit: Hohe Schulden sind offenbar nur deshalb bivariat positiv mit der Zufriedenheit korreliert, weil Personen, die viele Schulden machen, generell mehr Geld besitzen. Es ist dieses Vermögen, das die Zufriedenheit ausmacht. Kontrolliert man jedoch den Einfluss des Vermögens (d. h., partialisiert man das Vermögen heraus), so zeigt sich: Je höher die Schulden, desto geringer die finanzielle Zufriedenheit.

Tabelle 18.10 Negative Suppression: Regression der finanziellen Zufriedenheit (*FZ*) auf das Vermögen (*VE*) und die Schulden (*SC*)

Unabhängige Variable	b_j	b_{js}	R	R^2
Einfache lineare Regressionsanalysen				
Vermögen	0,933	0,476	0,476	0,226
Schulden	$0{,}827 \cdot 10^{-7}$	0,108	0,108	0,012
Multiple Regressionsanalyse				
Vermögen	0,977	0,498	0,480	0,230
Schulden	$-0{,}5 \cdot 10^{-7}$	−0,065		

Anmerkung: Alle angegebenen Größen sind auf einem α = 0,05 signifikant.

Suppression als Erhöhung der Nützlichkeit

Eine weitere Definition von Suppressorvariablen stammt von Velicer (1978). Dieser Definition zufolge liegt eine Suppressionssituation dann vor, wenn die Nützlichkeit einer Variablen X_j größer ist als die quadrierte Korrelation dieser Prädiktorvariablen mit dem Kriterium, formal ausgedrückt:

$$U_{X_j} > \rho_{YX_j}^2 \qquad \text{(F 18.61)}$$

U_{X_j} bezeichnet die Nützlichkeit (engl. utility) der Variablen X_j, die wir in Abschnitt 18.6 definiert haben. Sie kennzeichnet den Anteil an zusätzlicher Varianzaufklärung, den die Variable X_j leistet, wenn man sie als letzte Variable in die Regressionsgleichung aufnimmt. Der Vorteil von Velicers Definition besteht darin, dass sie auch auf regressionsanalytische Modelle angewendet werden kann, in denen mehr als nur zwei unabhängige Variablen berücksichtigt werden. Einen Überblick über verschiedene Suppressionsdefinitionen und ihre Bedeutung für die psychologische Forschung geben Tzelgov und Henik (1991). Mit der Frage von Suppressionseffekten in der multiplen Regressionsanalyse und im Allgemeinen Linearen Modell setzen sich Holling (1983) sowie Smith et al. (1992) auseinander.

18.9 Moderierte Regressionsanalyse

In den bisher behandelten Regressionsanalysen wird angenommen, dass die unabhängigen Variablen additiv verknüpft sind. Wir haben in Abbildung 18.4 (in Abschn. 18.4.1) eine wichtige Implikation dieser additiven Verknüpfung gesehen: Das Regressionsgewicht einer unabhängigen Variablen hängt nicht von den Ausprägungen der anderen Variablen ab. Dies bedeutet, dass der Einfluss einer unabhängigen Variablen auf die Kriteriumsvariable für jede Ausprägung der anderen unabhängigen Variablen die gleiche Form aufweist. Es liegt somit keine Interaktion vor. Im Beispiel mit zwei unabhängigen Variablen in Abbildung 18.4 zeigt sich dies darin, dass die Regressionsgeraden parallel verlaufen. Diese rein additive Verknüpfung von unabhängigen Variablen ist in vielen Fällen zu einfach, wenn nicht gar psychologisch unplausibel. Welchen Effekt eine unabhängige Variable auf eine abhängige Variable hat, hängt nicht selten von der Ausprägung auf einer oder mehreren weiteren Variablen (sog. Moderatorvariablen) ab. Dies wollen wir am Beispiel der Abhängigkeit des habituellen Wohlbefindens von der Extraversion und von der Fähigkeit zur Ansteckung mit positiven Affekten erläutern.

> **Beispiel**
>
> **Emotionale Ansteckung, Extraversion und Wohlbefinden**
>
> Unter der Fähigkeit zur Ansteckung mit positiven Affekten verstehen wir die Fähigkeit einer Person, positive Stimmungen aus ihrer Umgebung aufzunehmen und für die Wohlbefindensregulation zu nutzen. Wir nennen sie im Folgenden einfach »emotionale Ansteckung«. Je stärker diese Fähigkeit ausgebildet ist, umso stärker wird das habituelle Wohlbefinden einer Person ausgeprägt sein. In einer einfachen linearen Regressionsanalyse würden wir ein positives Regressionsgewicht erwarten. Welches Ergebnis würden wir erwarten, wenn wir zusätzlich die Extraversion als unabhängige Variable in das Modell aufnehmen? Man kann sich vorstellen, dass die Extraversion und die emotionale Ansteckung nicht rein additiv auf das Wohlbefinden wirken, sondern die Interaktion der Extraversion und der emotionalen Ansteckung darüber hinaus eine Rolle spielt. Interaktion bedeutet, dass der Einfluss der emotionalen Ansteckung von der Ausprägung der Extraversion abhängt, bzw. umgekehrt, dass der Einfluss der Extraversion von der Ausprägung der emotionalen Ansteckung abhängt. Warum? Man kann sich vorstellen, dass sich die emotionale Ansteckung bei Personen mit hoher Extraversion stärker auf das Wohlbefinden auswirkt als bei Personen mit niedriger Extraversion, da extravertierte Personen soziale Kontexte häufiger aufsuchen und von daher häufiger in Situationen gelangen, die emotionale Ansteckung ermöglichen. Verfügt man über die Fähigkeit zur emotionalen Ansteckung, aber meidet tendenziell soziale Kontakte (was bei eher introvertierten Personen der Fall ist), so wird sich diese auf das Wohlbefinden nicht auswirken können. In der Gruppe der hoch Extravertierten würde man daher eine steilere Regressionsgerade, die den Zusammenhang zwischen dem Wohlbefinden und der emotionalen Ansteckung beschreibt, erwarten als in einer Gruppe von Introvertierten. Da es sich bei der Extraversion nicht um eine dichotome, sondern im Allgemeinen um eine metrische Variable handelt, kann man diese Hypothese auch stärker formulieren, indem man annimmt, dass das Regressionsgewicht, das den Zusammenhang zwischen Wohlbefinden und der emotionalen Ansteckung beschreibt, eine Funktion der Extraversion ist. Im Folgenden werden wir zeigen, wie solche Moderatorhypothesen im Rahmen der multiplen Regressionsanalyse überprüft werden können, wobei wir uns auf das Beispiel der Abhängigkeit des Wohlbefindens von der Extraversion und der emotionale Ansteckung beziehen werden.

Eine Regressionsanalyse, in der der Einfluss einer unabhängigen Variablen von der Ausprägung einer anderen unabhängigen Variablen abhängt, heißt moderierte Regressionsanalyse. In Abschnitt 4.1.3 haben wir das Konzept einer Moderatorvariablen schon vorgestellt, das sich auf die Regressionsanalyse übertragen lässt.

18.9.1 Moderierte Regressionsanalyse: Zwei unabhängige Variablen

Das Grundmodell der moderierten Regressionsanalyse für eine abhängige Variable Y und zwei unabhängige Variablen X_1 und X_2 lässt sich auf Ebene der Stichprobe wie folgt formulieren:

$$Y = b_0 + b_1 \cdot X_1 + b_2 \cdot X_2 + b_3 \cdot X_1 \cdot X_2 + E \quad \text{(F 18.62)}$$

Das Modell der moderierten Regression unterscheidet sich von dem bisherigen Modell der multiplen Regressionsanalyse dahingehend, dass eine dritte unabhängige Variable in die Regressionsgleichung aufgenommen wird, das Produkt der beiden unabhängigen Variablen X_1 und X_2. Die Werte dieser Produktvariablen lassen sich einfach berechnen, indem man für jede Person ihre Werte auf den beiden unabhängigen Variablen multipliziert. Diese Produktvariable wird dann wie eine ganz gewöhnliche unabhängige Variable zusätzlich in die Regressionsgleichung mit aufgenommen. Einige Statistikprogramme wie z. B. SPSS übernehmen die Berechnung der Produktvariablen automatisch, wenn man im Rahmen der Option zum Allgemeinen Linearen Modell ein Modell mit einer Interaktionsvariablen spezifiziert. Die vorhergesagten Werte $\hat{y}_m$ hängen somit von den Werten auf den beiden unabhängigen Variablen sowie ihrem Produkt ab:

$$\hat{Y} = b_0 + b_1 \cdot X_1 + b_2 \cdot X_2 + b_3 \cdot X_1 \cdot X_2 \quad \text{(F 18.63)}$$

Will man wie in Abbildung 18.4 die regressive Abhängigkeit der abhängigen Variablen Y von einer der beiden unabhängigen Variablen (z. B. X_1) – bei Konstanthaltung der anderen unabhängigen Variablen (z. B. X_2) – darstellen, muss man Gleichung F 18.63 wie folgt umformen:

$$\hat{Y} = \underbrace{(b_0 + b_2 \cdot X_2)}_{b_{01}} + \underbrace{(b_1 + b_3 \cdot X_2)}_{b_{11}} \cdot X_1 \quad \text{(F 18.64)}$$

$$\hat{Y} = b_{01} + b_{11} \cdot X_1$$

Diese Darstellungsform der moderierten Regression zeigt, dass die abhängige Variable Y in linearer Weise von der unabhängigen Variablen X_1 abhängt, dass die Regressionskoeffizienten b_{01} und b_{11} jedoch ihrerseits lineare Funktionen der anderen unabhängigen Variablen darstellen: Je nachdem, welchen Wert die Variable X_2 annimmt, ändern sich auch die Regressionskoeffizienten b_{01} und b_{11}. Für einen bestimmten Wert x_2 der Variablen X_2 lässt sich die Abhängigkeit der Variablen Y von X_1 darstellen als:

$$\hat{Y} = (b_0 + b_2 \cdot x_2) + (b_1 + b_3 \cdot x_2) \cdot X_1 \quad \text{(F 18.65)}$$

Bei dieser Darstellung wird deutlicher, dass es für einen festgelegten x_2-Wert einen festen Achsenabschnitt und ein festes Regressionsgewicht gibt. Man könnte die Regressionsgleichung natürlich auch so umstellen, dass die Abhängigkeit der Variablen Y von X_2 – bei gegebenem Wert von X_1 – betrachtet wird. Dann erhält man:

$$\hat{Y} = (b_0 + b_1 \cdot x_1) + (b_2 + b_3 \cdot x_1) \cdot X_2$$

> **Beispiel**
>
> **Emotionale Ansteckung, Extraversion und Wohlbefinden: Moderierte Regression**
>
> Wir wollen die moderierte Regressionsanalyse anhand einer empirischen Anwendung illustrieren. Anhand einer Stichprobe von $n = 137$ Studierenden wurden das habituelle Wohlbefinden (Y: WB), die Extraversion (X_1: EX) und die emotionale Ansteckung (X_2: EA) erfasst. Das Modell der moderierten Regressionsanalyse lässt sich wie folgt formulieren:
>
> $$\widehat{WB} = b_0 + b_1 \cdot EX + b_2 \cdot EA + b_3 \cdot EX \cdot EA \quad \text{(F 18.66)}$$
>
> Die Extraversions- und die emotionalen Ansteckungswerte wurden für alle Personen multipliziert, und die so gewonnene Produktvariable wurde als dritte unabhängige Variable in die Regressionsanalyse aufgenommen. Die Analyse ergab die folgenden geschätzten Regressionskoeffizienten:
>
> $$\widehat{WB} = 4{,}38 - 0{,}28 \cdot EX - 0{,}38 \cdot EA + 0{,}15 \cdot EX \cdot EA$$
>
> Zur Illustration betrachten wir die Extraversion als Moderatorvariable und stellen die Regression des Wohlbefindens auf die emotionale Ansteckung in Abhängigkeit von den Extraversionswerten dar. Durch Umformung der Gleichung nach der allgemeinen Gleichung F 18.65 erhalten wir:
>
> $$\widehat{WB} = (4{,}38 - 0{,}28 \cdot EX) + (-0{,}38 + 0{,}15 \cdot EX) \cdot EA$$
>
> Man sieht an dieser Gleichung, dass sowohl der Achsenabschnitt als auch der Steigungskoeffizient eine Funktion der Extraversion sind. Je größer der Extraversionswert ist, desto kleiner ist der Achsenabschnitt und desto größer ist der Anstieg der Regressionsgeraden. Graphisch stellt man die moderierte Regression häufig derart dar, dass die regressive Beziehung für drei ausgewählte Werte der Moderatorvariablen gezeichnet wird. Üblicherweise wählt man hierzu (1) den Mittelwert der Moderatorvariablen aus, (2) den Wert, der eine Standardabweichungseinheit unter dem Mittelwert liegt, und (3) den Wert, der eine Standardabweichungseinheit über dem Mittelwert liegt.

In Abbildung 18.6 sind die Regressionsgeraden für die drei entsprechenden Ausprägungen der Extraversion dargestellt, und zwar erstens für den Mittelwert der Extraversion (3,79), zweitens für den Wert, der eine Standardabweichungseinheit unter dem Mittelwert der Extraversion liegt (3,79 – 0,77 = 3,02) und drittens für den Wert, der eine Standardabweichungseinheit über dem Mittelwert der Extraversion liegt (3,79 + 0,77 = 4,56). Die graphische Veranschaulichung der drei Geraden zeigt, dass der Steigungskoeffizient mit Zunahme der Extraversion größer wird, die Fähigkeit zur Ansteckung mit positiver Stimmung sich somit umso stärker auf das Wohlbefinden auswirkt, je größer die Extraversion einer Person ist. In dieser Graphik sind nur drei Regressionsgeraden dargestellt; es ist jedoch wichtig darauf hinzuweisen, dass es eine solche Regressionsgerade für jeden Wert der Moderatorvariablen gibt, also für jeden Extraversionswert.

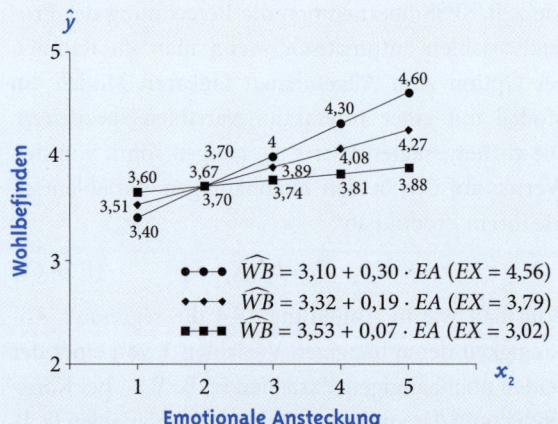

Abbildung 18.6 Darstellung der moderierten Regression: Regression des Wohlbefindens auf die emotionale Ansteckung für drei Extraversionswerte

18.9.2 Moderierte Regression mit zentrierten Variablen

In dem bisherigen Beispiel wurde die moderierte Regression auf der Grundlage der erhobenen Daten berechnet. Dabei besteht jedoch das Problem, dass die Produktvariable ($X_1 \cdot X_2$) sowohl mit X_1 als auch mit X_2 hoch korreliert ist. Das muss sie auch, denn sie besteht ja schließlich aus den beiden Variablen. Eine zu hohe Interkorrelation der Prädiktorvariablen im Regressionsmodell führt jedoch, wie wir in Abschnitt 18.7.5 gesehen haben und in Abschnitt 18.13.4 noch genauer beschreiben werden, zu einem Problem bei der Schätzung der Regressionsgewichte (Multikollinearität). Wie wir in Abschnitt 18.7.5 gesehen haben, hat eine hohe Korrelation zwischen unabhängigen Variablen zur Folge, dass die Regressionsgewichte der betroffenen unabhängigen Variablen nur sehr ungenau geschätzt werden können, da der Standardfehler des Regressionsgewichts von der multiplen Korrelation einer unabhängigen Variablen mit allen anderen unabhängigen Variablen abhängt (s. Gleichung F 18.39).

Wie hoch die Produktvariable $X_1 \cdot X_2$ mit ihren Konstituenten X_1 bzw. X_2 korreliert ist, hängt nun zum einen von der Interkorrelation zwischen X_1 und X_2 ab: Je höher die Korrelation der beiden unabhängigen Variablen, desto größer ist auch der Produktterm mit beiden von ihnen korreliert. Interessanterweise ändert sich die Korrelation der Produktvariablen mit ihren beiden Konstituenten, wenn man die Konstituenten in zulässiger Weise transformiert: So lässt sich zeigen, dass sich die Korrelation zwischen $X_1 \cdot X_2$ und X_2 erhöhen kann, wenn man eine Konstante zu X_1 hinzuaddiert, was bei metrischen Variablen zulässig ist (s. Abschn. 5.5). Das Gleiche gilt umgekehrt: Die Korrelation zwischen $X_1 \cdot X_2$ und X_1 kann sich erhöhen, wenn man eine Konstante zu X_2 hinzuaddiert.

In Tabelle 18.11 ist ein Beispiel dargestellt: Die beiden Variablen X_1 und X_2 im oberen Teil der Tabelle korrelieren miteinander zu $r = 0,48$. Der Produktterm $X_1 \cdot X_2$ korreliert mit X_1 zu $r = 0,81$ und mit X_2 zu $r = 0,84$. Addiert man nun eine Konstante von 20 auf X_1 (s. den mittleren Teil von Tab. 18.11), so erhöht sich natürlich nicht die Korrelation zwischen X_1 und X_2 (denn der Korrelationskoeffizient von Pearson ist invariant gegenüber linearen Transformationen), wohl aber die Korrelation zwischen $X_1 \cdot X_2$ und

Tabelle 18.11 Korrelation zwischen einem Produktterm $X_1 \cdot X_2$ und seinen Konstituenten X_1 bzw. X_2 in Abhängigkeit von Transformationen von X_1 bzw. X_2

X_1	X_2	$X_1 \cdot X_2$		X_1	X_2
1	1	1	X_2	0,48	
2	3	6	$X_1 \cdot X_2$	0,81	0,84
3	5	15			
4	1	4			
5	3	15			
6	5	30			

X_1	X_2	$X_1 \cdot X_2$		X_1	X_2
21	1	21	X_2	0,48	
22	3	66	$X_1 \cdot X_2$	0,57	0,99
23	5	115			
24	1	24			
25	3	75			
26	5	130			

X_{1A}	X_{2A}	$X_{1A} \cdot X_{2A}$		X_{1A}	X_{2A}
−2,5	−2	5	X_{2A}	0,48	
−1,5	0	0	$X_{1A} \cdot X_{2A}$	0	0
−0,5	2	−1			
0,5	−2	−1			
1,5	0	0			
2,5	2	5			

X_2: Sie beträgt als Folge der Transformation nun $r = 0,99$. Im Falle einer solch hohen Interkorrelation zwischen zwei Prädiktorvariablen resultiert für die multiple Regression (und insbesondere für die inferenzstatistische Absicherung der Regressionskoeffizienten) ein gravierendes Schätzproblem.

Eine Möglichkeit, diesem Problem zu entgehen oder es zumindest abzumildern, besteht darin, die beiden unabhängigen Variablen X_1 und X_2 so zu transformieren, dass ihr Mittelwert gleich 0 ist. Dies kann man einfach erreichen, indem man von jedem Wert x_{1m} den Mittelwert $\bar{x}_1$ abzieht und von jedem Wert x_{2m} den Mittelwert $\bar{x}_2$ abzieht. Die resultierenden Werte sind also nun um ihren ursprünglichen Mittelwert herum zentriert, daher werden sie auch als *zentrierte Variablen* (oder Abweichungsvariablen) bezeichnet. Um unzentrierte von zentrierten Variablen zu unterscheiden, schreiben wir im Index einer zentrierten Variablen (oder einer Abweichungsvariablen) ein A (für Abweichung). Damit sind die beiden Abweichungsvariablen wie folgt definiert:

$$X_{1A} = X_1 - \bar{X}_1 \quad \text{und} \quad X_{2A} = X_2 - \bar{X}_2$$

Der Produktterm wird dann aus den zentrierten Variablen gebildet:

$$X_{1A} \cdot X_{2A} = (X_1 - \bar{X}_1) \cdot (X_2 - \bar{X}_2)$$

Wichtig ist, dass es sich hier um eine Produktvariable aus zentrierten Variablen handelt (und nicht etwa um ein zentriertes Produkt zweier unzentrierter Variablen!).

Die zentrierten Werte für das Beispiel aus Tabelle 18.11 und die Produktvariable aus den zentrierten unabhängigen Variablen sind im unteren Teil dieser Tabelle abgetragen: Es lässt sich leicht feststellen, dass nun sowohl X_{1A} als auch X_{2A} jeweils einen Mittelwert von 0 haben. Allein diese Zentrierung hat dazu geführt, dass die Korrelation zwischen $X_{1A} \cdot X_{2A}$ und X_{1A} sowie zwischen $X_{1A} \cdot X_{2A}$ und X_{2A} restlos verschwindet: Sie ist gleich 0. Zwar gibt es noch immer die Korrelation zwischen X_{1A} und X_{2A} von $r = 0{,}48$, aber eine Korrelation in dieser Höhe erzeugt noch kein Multikollinearitätsproblem.

Die Korrelation zwischen einem Produktterm $X_{1A} \cdot X_{2A}$ und seinen zentrierten Konstituenten X_{1A} und X_{2A} ist immer dann Null, wenn beide unabhängigen Variablen normalverteilt sind. Je asymmetrischer X_{1A} und X_{2A} verteilt sind, desto stärker weicht die Korrelation zwischen dem Produktterm und seinen zentrierten Konstituenten von Null ab. Aber auch in diesem Fall ist die Korrelation deutlich geringer als im Falle unzentrierter Variablen (und ihres Produktterms).

Das vollständige Regressionsmodell im Falle von zentrierten Variablen lautet wie folgt:

$$\hat{Y} = b_0 + b_1 \cdot (X_1 - \bar{X}_1) + b_2 \cdot (X_2 - \bar{X}_2) \\ + b_3 \cdot (X_1 - \bar{X}_1) \cdot (X_2 - \bar{X}_2) \quad \text{(F 18.67)}$$

bzw.

$$\hat{Y} = b_0 + b_1 \cdot X_{1A} + b_2 \cdot X_{2A} + b_3 \cdot X_{1A} \cdot X_{2A} \quad \text{(F 18.68)}$$

> **Beispiel**
>
> **Emotionale Ansteckung, Extraversion und Wohlbefinden: Zentrierte Variablen**
>
> In Tabelle 18.12 sind die geschätzten Parameter für die moderierte Regression auf der Grundlage der unzentrierten Variablen und der zentrierten Variablen zusammengestellt. Darüber hinaus werden auch die Korrelationen der unabhängigen Variablen einander gegenübergestellt. Diese Tabelle verdeutlicht einige wichtige Eigenschaften:
> (1) Das Regressionsgewicht der Produktvariablen sowie der Standardfehler ihres Regressionsgewichts unterscheiden sich nicht zwischen den Modellen mit unzentrierten und zentrierten Variablen, d. h., die Größe des geschätzten Interaktionseffekts sowie seine inferenzstatistische Absicherung hängen nicht davon ab, ob die unabhängigen Variablen zentriert wurden oder nicht.
> (2) Die Regressionsgewichte der unabhängigen Variablen und der Achsenabschnitt hängen davon ab, ob zentrierte oder unzentrierte Variablen gewählt werden.
> (3) Die Standardfehler der geschätzten Regressionsparameter der unabhängigen Variablen und des Achsenabschnitts sind bei zentrierten Variablen deutlich kleiner als bei unzentrierten Variablen. Dies ist darauf zurückzuführen, dass die unabhängigen Variablen mit der Produktvariablen bei zentrierten Variablen deutlich geringer korreliert sind als bei unzentrierten Variablen.
> (4) Während die Korrelation der Produktvariablen bei unzentrierten Variablen mit der Extraversion $r = 0{,}80$ und mit der emotionalen Ansteckung $r = 0{,}83$ beträgt, sind die Korrelationen bei zentrierten Variablen mit $r = -0{,}17$ und $r = -0{,}14$ deutlich geringer.
>
> Wie man Abbildung 18.7 entnehmen kann, ist der Verlauf der bedingten Regressionsgeraden für die drei Werte der Extraversion unabhängig davon, ob die Regressionsanalyse mit zentrierten oder mit unzentrierten Variablen durchgeführt wurde. Auch die Determinationskoeffizienten unterscheiden sich nicht zwischen beiden Ansätzen. Der Determinationskoeffizient beträgt in beiden Fällen $R^2 = 0{,}10$. In beiden Ansätzen ist auch der Zuwachs des Determinationskoeffizienten R^2, der durch die Hinzunahme der Produktvariablen erreicht wird, mit 1,5 % gleich. Dieser zusätzliche Erklärungsgewinn mag auf den ersten Blick klein erscheinen. Es ist

Tabelle 18.12 Vergleich der geschätzten Regressionsparameter und deren Standardfehler einer moderierten Regression mit der abhängigen Variablen Wohlbefinden (*WB*) und den unabhängigen Variablen Extraversion (*EX*) und emotionale Ansteckung (*EA*) für zentrierte und unzentrierte Variablen

	Unzentrierte Variablen			Zentrierte Variablen		
	Regressionsparameter (Standardfehler)	t-Wert	p	Regressionsparameter (Standardfehler)	t-Wert	p
Konstante (Achsenabschnitt)	4,380 (0,805)	5,442	< 0,001	3,859 (0,040)	96,817	< 0,001
Extraversion (*EX*)	−0,276 (0,218)	−1,264	0,207	0,163 (0,053)	3,086	0,002
Emotionale Ansteckung (*EA*)	−0,382 (0,280)	−1,366	0,173	0,176 (0,064)	2,776	0,006
Produktvariable (*EX · EA*)	0,147 (0,073)	2,007	0,046	0,147 (0,073)	2,007	0,046

Korrelationen

	Unzentrierte Variablen		Zentrierte Variablen	
	EX	EA	EX	EA
Extraversion (*EX*)				
Emotionale Ansteckung (*EA*)	0,356		0,356	
Produktvariable (*EX · EA*)	0,804	0,828	−0,170	−0,142

hierbei jedoch zu beachten, dass die Erklärungskraft von Interaktionsvariablen im Allgemeinen recht klein ist. Nach Champoux und Peters (1987) liegt sie für psychologische Untersuchungen im Bereich von 3 %, nach Chaplin (1991) liegt sie im Bereich der differentialpsychologischen Forschung bei etwa 8 %. Für die Vorhersage eines individuellen Kriteriumswertes ist der Moderatoreffekt jedoch von großer Bedeutung. So zeigt Abbildung 18.7, dass eine Person mit einem zentrierten Ansteckungswert von 2, die eine um eine Standardabweichung unterdurchschnittliche Extraversion aufweist, einen erwarteten Wohlbefindenswert von 3,86 zugeordnet bekommt, während dieser Wert für eine Person mit gleicher emotionaler Ansteckung, aber mit einem um eine Standardabweichung überdurchschnittlichen Extraversionswert 4,58 beträgt. Dies ist für eine Variable mit einem Wertebereich von 1 bis 5 ein erheblicher Unterschied.

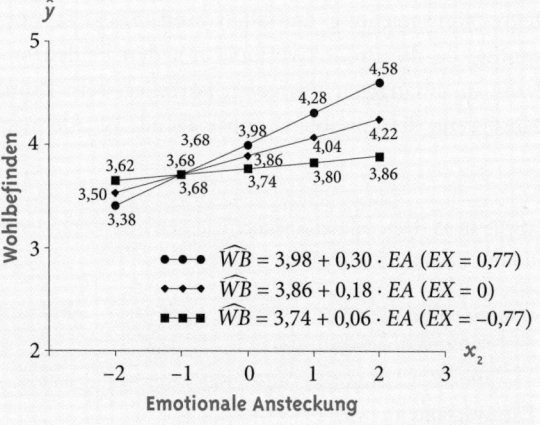

Abbildung 18.7 Darstellung der moderierten Regression: Regression des Wohlbefindens auf die emotionale Ansteckung für drei Extraversionswerte: Zentrierte Variablen

18.9.3 Inferenzstatistische Absicherung eines Moderatoreffekts

Ob in einer empirischen Anwendung ein Moderatoreffekt vorliegt oder nicht, lässt sich dadurch überprüfen, ob das Regressionsgewicht der Produktvariablen bedeutsam von 0 abweicht. In unserem Beispiel mit zwei unabhängigen Variablen lautet das Populationsmodell der moderierten Regression:

$$E(Y \mid X_1, X_2) = \beta_0 + \beta_1 \cdot X_1 + \beta_2 \cdot X_2 + \beta_3 \cdot X_1 \cdot X_2$$

(F 18.69)

Folglich lautet die Nullhypothese:

$H_0: \beta_3 = 0$

Die Alternativhypothese lautet:

$H_1: \beta_3 \neq 0$

Diese Hypothese kann auch gerichtet formuliert werden. Bei der inferenzstatistischen Absicherung des Interaktionseffekts ist zu beachten, dass dieser nur dann korrekt überprüft wird, wenn in der Regressionsgleichung nicht nur die Produktvariable, sondern auch die beiden unabhängigen Variablen, auf deren Grundlage die Produktvariable gebildet wurde, in der Regressionsgleichung enthalten sind. Dies ist notwendig, da die Produktvariable mit den beiden anderen unabhängigen Variablen korreliert sein kann, selbst wenn die Variablen zentriert sind. Würde man die unabhängigen Variablen nicht in die Regressionsgleichung aufnehmen, könnten sich hinter einem signifikanten Interaktionseffekt Effekte der beiden unabhängigen Variablen verbergen. Zur Überprüfung der Moderatorhypothese ist es daher notwendig zu zeigen, dass die Interaktionsvariable über die unabhängigen Variablen hinaus einen bedeutsamen Beitrag zur Erklärung der Variation in der Kriteriumsvariablen leistet.

Inferenzstatistisch kann die Interaktionshypothese auf zwei Arten überprüft werden: Zum einen lässt sich die Nullhypothese $H_0: \beta_3 = 0$ anhand eines t-Tests statistisch überprüfen. Die Ergebnisse in Tabelle 18.12 zeigen, dass in unserem Beispiel die Nullhypothese verworfen werden muss. Die zweite Möglichkeit besteht darin, zwei Regressionsmodelle miteinander zu vergleichen, wobei das erste (eingeschränkte) Regressionsmodell nur die beiden unabhängigen Variablen (z. B. Extraversion und Ansteckung mit positivem Affekt) enthält, das zweite (uneingeschränkte) Regressionsmodell daneben noch die Produktvariable. Inferenzstatistisch wird dann überprüft, ob die Hinzunahme der Interaktionsvariablen zu einer signifikanten Erhöhung der erklärten Varianz führt. Das Ergebnis dieses Tests ist in Tabelle 18.13 dargestellt. Er führt exakt zu demselben Ergebnis wie der Test des Regressionsgewichts anhand des t-Tests. Der F-Wert entspricht genau dem quadrierten t-Wert.

Tabelle 18.13 Determinationskoeffizienten und Veränderungen der Determinationskoeffizienten in dem Modell ohne (I) und mit Produktvariable (II)

Unabhängige Variable	R^2	Änderung in R^2	F-Wert	df_1	df_2	Signifikanz
Modell I						
Extraversion						
Ansteckung mit positivem Affekt	0,089					
Modell II						
Extraversion						
Ansteckung mit positivem Affekt						
Interaktion	0,104	0,015	4,028	1	233	0,046

Bedingte Regressionsgewichte

Liegt ein bedeutsamer Moderatoreffekt vor und wählt man die Variable X_1 als Moderatorvariable aus, so unterscheiden sich die Regressionsgewichte von X_2 für verschiedene Ausprägungen von X_1 (s. Abb. 18.6 und 18.7). Bezogen auf das Populationsmodell sieht die bedingte lineare Regression wie folgt aus:

$$E(Y \mid X_1 = x_1, X_2) = (\beta_0 + \beta_1 \cdot x_1) + (\beta_2 + \beta_3 \cdot x_1) \cdot X_2$$

Ist man daran interessiert, die Nullhypothese, dass das bedingte lineare Regressionsgewicht $(\beta_2 + \beta_3 \cdot x_1)$ gleich 0 ist, zu überprüfen, muss man auf spezifische Signifikanztests zurückgreifen. Cohen et al. (2003) zeigen, wie diese Hypothese untersucht werden kann und wie der Standardfehler und das Konfidenzintervall für ein solches bedingtes Regressionsgewicht (engl. simple slope) berechnet werden können.

Auswirkungen des Messfehlers

Der Regressionsanalyse liegt die Annahme zugrunde, dass die unabhängigen Variablen messfehlerfrei gemessen wurden. Wie wir in Kapitel 22 sehen werden, ist diese Annahme für viele Fragestellungen der Psychologie problematisch, da man Messfehlereinflüsse bei vielen Messungen nicht vermeiden kann. Dies ist insbesondere dann der Fall, wenn man von stochastischen Regressoren ausgeht. Messfehler in den unabhängigen Variablen führen dazu, dass die Regressionsgewichte nicht mehr erwartungstreu, nicht konsistent und mit geringer Effizienz geschätzt werden. Dies ist besonders bei moderierten Regressionsanalysen gravierend, da die Produktvariablen messfehlerbehafteter sind als die unabhängigen Variablen, auf deren Grundlage sie berechnet wurden. Daraus folgt, dass Moderatoreffekte unterschätzt werden und die Teststärke sich verringert. Je messfehlerbehafteter unabhängige Variablen sind, desto schwieriger ist es, Moderatoreffekte aufzudecken (Klein, 2000). Im Falle messfehlerbehafteter unabhängiger Variablen sollte man daher zur Analyse von Moderatoreffekten auf Modelle mit latenten Variablen zurückgreifen (s. Kap. 25).

Stochastische Regressoren

Im Fall stochastischer Regressoren trifft man die Annahme, dass die abhängige und die unabhängigen Variablen multivariat normalverteilt sind. Sind die unabhängigen Variablen normalverteilt und liegt eine Interaktion zwischen ihnen vor, kann die abhängige Variable nicht mehr normalverteilt sein, sondern folgt einer komplexen Verteilungsform (Klein, 2000). Eine Voraussetzung der inferenzstatistischen Absicherung des Regressionsmodells mit stochastischen Regressoren ist somit im Falle einer Interaktion a priori nicht erfüllt. Im Falle stochastischer Regressoren bietet es sich an, auf Verfahren der Parameterschätzung und der inferenzstatistischen Testung zurückzugreifen, die für lineare Strukturgleichungsmodelle entwickelt wurden.

18.10 Analyse nicht-linearer Zusammenhänge

In Kapitel 16 haben wir die einfache lineare Regression kennengelernt, in der von einem linearen Zusammenhang zwischen zwei Variablen – wie bei der Produkt-Moment-Korrelation – ausgegangen wird. Diese Annahme wurde in diesem Kapitel auf mehrere Variablen übertragen. Der multiplen Regressionsanalyse liegt in der in Formel F 18.1 dargestellten Form die Annahme zugrunde, dass die Regression einer abhängigen auf eine unabhängige Variable linear ist, wenn die anderen Variablen statistisch kontrolliert werden. Dies ist für den Fall zweier unabhängiger Variablen in Abbildung 18.4 (in Abschn. 18.4.1) dargestellt. Die Annahme der Linearität ist für manche Fragestellungen der Psychologie jedoch keine theoretisch angemessene Annahme.

> **Beispiel**
>
> **Zufriedenheit mit einem Kurs und wahrgenommene Anforderung**
>
> Ein Beispiel, in dem eine lineare Beziehung zwischen zwei Variablen theoretisch wenig sinnvoll ist, ist der Zusammenhang zwischen der Zufriedenheit mit einem Kurs (Seminar) an der Universität und den wahrgenommenen Anforderungen. Eine lineare Beziehung würde bedeuten, dass die ▶

Zufriedenheit mit den wahrgenommenen Anforderungen entweder linear anwächst oder linear abfällt. Beide Annahmen sind wenig sinnvoll. Vielmehr weiß man aus der Lehrevaluationsforschung, dass Studierende dann besonders zufrieden sind, wenn ein Kurs eine mittlere Schwierigkeit aufweist. Ist der Kurs zu leicht, ist man schnell unterfordert, langweilt sich und ist unzufrieden. Ist der Kurs hingegen zu schwer, ist man überfordert, frustriert und ebenfalls unzufrieden. Man würde daher einen nicht-linearen, genauer gesagt einen umgekehrt U-förmigen Zusammenhang zwischen beiden Variablen erwarten.

Wie lassen sich nicht-lineare Zusammenhänge modellieren?

Dies geht im Rahmen der multiplen Regressionsanalyse relativ einfach. In Abbildung 18.8 sind drei verschiedene nicht-lineare Formen des Zusammenhangs zwischen einer abhängigen Variablen Y und einer unabhängigen Variablen X angegeben. In den beiden ersten Fällen besteht ein Zusammenhang in Form einer Parabel zwischen den vorhergesagten $\hat{y}$-Werten und den x-Werten. Man spricht in diesen beiden Fällen auch von einem *quadratischen* Zusammenhang. Im dritten Beispiel ist der Zusammenhang *kubischer* Natur.

Ein nicht-linearer Zusammenhang lässt sich im Rahmen der multiplen Regressionsanalyse beschreiben, indem Polynome höherer Ordnung definiert und in die Analyse einbezogen werden. Für den einfachen Fall einer quadratischen nicht-linearen Abhängigkeit zwischen einer abhängigen Variablen Y und einer unabhängigen Variablen X erhält man die Regressionsgleichung, indem man die x-Werte quadriert und die so entstandene Variable X^2 zusätzlich zu der unquadrierten Variablen X in die Regressionsgleichung mit aufnimmt:

$$\hat{y}_m = b_0 + b_1 \cdot x_m + b_2 \cdot x_m^2 \quad \text{(F 18.70)}$$

bzw.

$$y_m = b_0 + b_1 \cdot x_m + b_2 \cdot x_m^2 + e_m \quad \text{(F 18.71)}$$

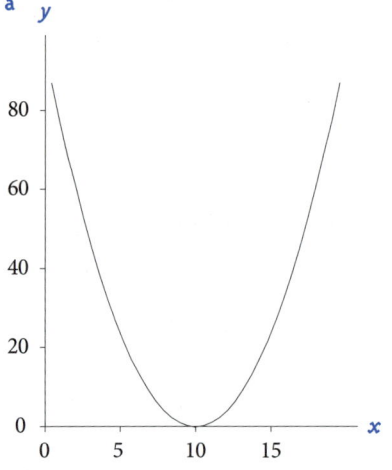
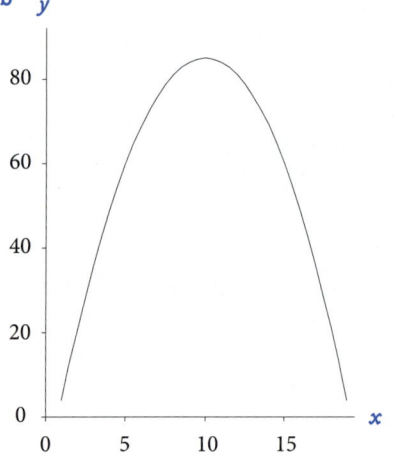
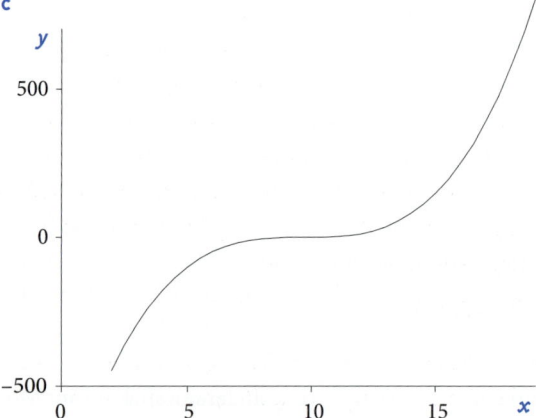

Abbildung 18.8 Verschiedene Formen nicht-linearer Zusammenhänge zwischen zwei Variablen **a** Quadratischer Zusammenhang: $y_m = (x_m - 10)^2$ **b** Quadratischer Zusammenhang: $y_m = 85 - (x_m - 10)^2$ **c** Kubischer Zusammenhang: $y_m = (x_m - 10)^2 + (x_m - 10)^3$

Diese kurvilineare Regression ist also nichts anderes als eine multiple Regressionsanalyse mit den beiden Prädiktoren X und X^2. Einen kubischen Zusammenhang erhält man, indem man für jeden Wert x_m den Wert x_m^3 berechnet und diese Variable X^3 zusätzlich zu der quadrierten Variablen X^2 und der Variablen X in die Regressionsgleichung aufnimmt:

$$y_m = b_0 + b_1 \cdot x_m + b_2 \cdot x_m^2 + b_3 \cdot x_m^3 + e_m \qquad \text{(F 18.72)}$$

Dies kann nun beliebig weitergeführt werden, indem sukzessive die Werte x_m^4, x_m^5, ... in die Gleichung aufgenommen werden. In der Psychologie gibt es aber selten Fälle, in denen ein Zusammenhang vorliegt, der mit einem Polynom vierter oder noch höherer Ordnung beschrieben werden kann. Der am häufigsten vorkommende nicht-lineare Zusammenhang ist sicherlich der quadratische Zusammenhang.

Um die quadratische Regression zu illustrieren, haben wir Daten simuliert, die den Zusammenhang zwischen der Zufriedenheit und der wahrgenommenen Anforderung illustrieren, so wie man sie in etwa in empirischen Studien gewonnen hat. Eine Analyse dieser simulierten Daten mit der multiplen Regressionsanalyse ergab für das Beispiel des Zusammenhangs zwischen Zufriedenheit und Anforderung folgende Regressionsgleichung:

$$\hat{y}_m = 1{,}433 + 2{,}641 \cdot x_m - 0{,}429 \cdot x_m^2$$

In dieser Regressionsgleichung wird der quadratische Term genauso behandelt wie eine andere unabhängige Variable. Für unseren Anwendungsfall ist der Zusammenhang in Abbildung 18.9 a dargestellt. Diese Abbildung enthält auch die einfache lineare Regression, die man erhält, wenn man die quadratische Komponente nicht berücksichtigt. Die einfache lineare Regressionsgleichung lautet:

$$\hat{y}_m = 5{,}010 + 0{,}032 \cdot x_m$$

Diese Gleichung und Abbildung 18.9 a zeigen, dass beide Variablen nicht-linear regressiv voneinander abhängig sind. Die Produkt-Moment-Korrelation beträgt $r = 0{,}035$; die multiple Korrelation, die den quadratischen Zusammenhang berücksichtigt, beträgt hingegen $R = 0{,}637$ und ist sehr hoch. Dies zeigt, dass man den Zusammenhang zwischen beiden Variablen erheblich verschätzen würde, würde man die quadratische Komponente nicht in die Gleichung mit aufnehmen.

Da bei einer Vielzahl von unabhängigen Variablen die Überprüfung nicht-linearer Effekte sehr aufwendig sein kann, geht man in der Forschungspraxis meist

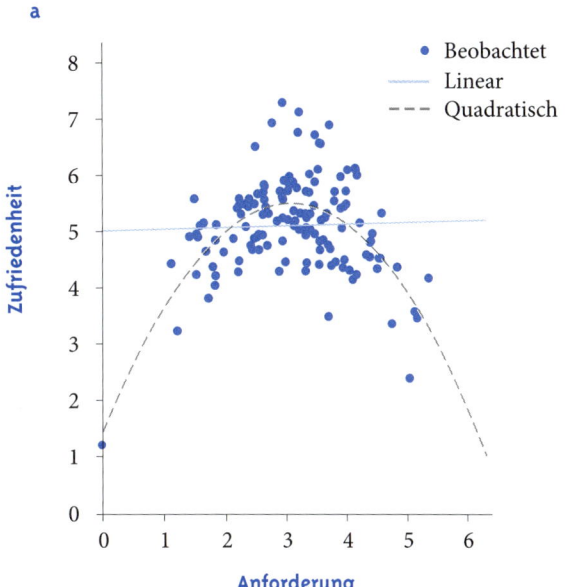

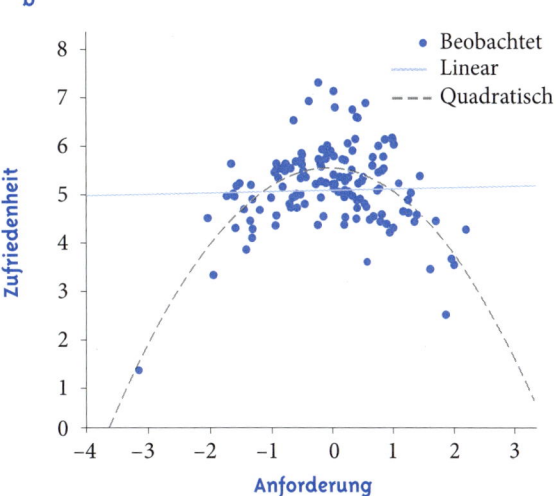

Abbildung 18.9 Ergebnis einer linearen und einer quadratischen Regression für das Beispiel des Zusammenhangs zwischen der Zufriedenheit mit einem Kurs und den wahrgenommenen Anforderungen
a Unzentrierte Variablen **b** Zentrierte Variablen

so vor, dass man nicht-lineare Effekte in multiplen Regressionsanalysen nur dann untersucht, wenn es hierfür auch theoretische Argumente gibt.

Zentrierte unabhängige Variablen

Um Probleme zu vermeiden, die mit der hohen Korrelation der Ausgangsvariablen mit der quadrierten Variablen verknüpft sind, greift man wie bei der moderierten Regression zur Zentrierung. Dass auch in diesem Fall die Zentrierung positive Effekte hat, leuchtet unmittelbar ein, wenn man sich vergegenwärtigt, dass die quadratische Variable X^2 ja nichts anderes ist als eine Produktvariable $(X \cdot X)$, wie man sie auch bei der moderierten Regression betrachtet. Die Zentrierung ändert nicht die Form der Beziehung, wie man sich anhand eines Vergleichs der Abbildungen 18.9 a (unzentrierte Werte) und 18.9 b (zentrierte Werte) veranschaulichen kann. Auch ändert sich das geschätzte Regressionsgewicht der quadratischen Komponente nicht, wie man der Regressionsgleichung entnehmen kann:

$$\hat{y}_m = 4{,}497 - 0{,}053 \cdot x_m - 0{,}429 \cdot x_m^2$$

Inferenzstatistische Absicherung

Zur Überprüfung der Hypothese, dass ein nicht-linearer Zusammenhang zwischen der abhängigen und der unabhängigen Variablen vorliegt, geht man wie bei anderen Modellen der multiplen Regressionsanalyse vor. Man überprüft die Hypothese, dass das Regressionsgewicht der nicht-linearen Komponente, die von Interesse ist, in der Population nicht von 0 verschieden ist. Wie bei der moderierten Regressionsanalyse ist es wichtig, dass alle Terme einer nicht-linearen Gleichung in die Regressionsgleichung mit aufgenommen werden. Überprüft man z. B. ein quadratisches Regressionsmodell, müssen neben den x^2-Werten auch die x-Werte in die Regressionsgleichung aufgenommen werden. Dies ist notwendig, da die quadrierte Variable X^2 mit der Ausgangsvariablen X hoch korreliert ist und somit der Einfluss der Variablen selbst kontrolliert werden muss. Würde man die Ausgangsvariable nicht mit in die Regressionsgleichung aufnehmen, so könnte ein bedeutsamer Einfluss des quadratischen Terms in Wirklichkeit bloß einen einfachen linearen Einfluss widerspiegeln, sodass die Schlussfolgerung, dass es sich um eine nicht-lineare Abhängigkeit handelt, falsch wäre. Bezogen auf unser Beispiel zeigt sich, dass im Modell mit unzentrierten Variablen alle Regressionskoeffizienten bedeutsam von 0 verschieden sind ($\alpha = 0{,}05$), im Modell mit zentrierten Variablen sind nur der Achsenabschnitt und das Regressionsgewicht der quadratischen Komponente signifikant von 0 verschieden.

18.11 Analyse kategorialer unabhängiger Variablen

In den bisherigen Anwendungen der multiplen Regressionsanalyse haben wir metrische unabhängige Variablen analysiert. Die multiple Regressionsanalyse kann auch herangezogen werden, um den Einfluss kategorialer unabhängiger Variablen zu überprüfen. Das klassische Verfahren zur Analyse einer metrischen abhängigen Variablen und einer kategorialen unabhängigen Variablen ist die einfaktorielle Varianzanalyse, die wir bereits in Kapitel 13 behandelt haben. Wie Cohen (1968) gezeigt hat, handelt es sich bei der multiplen Regressionsanalyse und der Varianzanalyse um zwei Spezialfälle eines allgemeinen statistischen Modells zur Analyse metrischer abhängiger Variablen, das Allgemeines Lineares Modell (ALM) genannt wird. Um kategoriale unabhängige Variablen im Rahmen der Regressionsanalyse untersuchen zu können, ist es notwendig, die Information, die in den unabhängigen kategorialen Variablen enthalten ist, zunächst anhand von Kodiervariablen abzubilden. Wir werden im Folgenden zwei Möglichkeiten der Bildung von Kodiervariablen vorstellen: zum einen die Dummy-Kodierung und zum anderen die Effektkodierung. In beiden Fällen werden zur Kodierung einer Variablen, die aus c Kategorien besteht, nur $c - 1$ Kodiervariablen benötigt.

! Im Allgemeinen werden zur Kodierung einer unabhängigen Variablen, die aus c Kategorien besteht, $c - 1$ Kodiervariablen benötigt.

18.11.1 Dummy-Kodierung

Wir wollen die Grundidee der Dummy-Kodierung anhand eines konkreten empirischen Beispiels einführen.

Einführendes Beispiel: Materielle Situation und Stadtgröße

Die abhängige Variable in unserem Beispiel ist die materielle Situation einer Person. Hierbei handelt es sich um den Mittelwert von z-transformierten Einzelindikatoren, die unterschiedliche Ausgangsskalierungen aufwiesen. Diese Einzelindikatoren erfassen u. a. die berufliche Situation einer Person (z. B. Stellenumfang, Befristungsstatus, hierarchische Position), ihr Einkommen, ihre Ersparnisse und andere Vermögenswerte wie Immobilien und Wertgegenstände sowie ihre Wohnsituation (Eigentumsverhältnisse, Größe und Ausstattungsniveau der Wohnung oder des Hauses). Wir wollen nun untersuchen, inwieweit die materielle Situation einer Person davon abhängt, ob sie in einer Großstadt, Mittelstadt oder Kleinstadt wohnt. Die unabhängige Variable ist somit der »Größenstatus« einer Stadt, eine kategoriale Variable, die drei Kategorien aufweist. Die Daten entstammen einer Untersuchung von Schmitt und Maes (2001), in der die Lebensqualität von Deutschen untersucht wurde. Hierzu wurden sowohl in den neuen als auch in den alten Bundesländern Personen befragt, die in Klein-, Mittel- oder Großstädten leben. Der Untersuchungsplan war so angelegt, dass für alle sechs Zellen (zwei Regionen mal drei Stadtgrößen) dieselbe Anzahl von Personen untersucht werden sollten. Aufgrund von Untersuchungsausfällen sind jedoch nicht alle sechs Zellen gleich häufig besetzt.

In einem ersten Schritt wollen wir anhand der kategorialen Variablen Stadtgröße zeigen, wie kategoriale Variablen kodiert werden können. In einem späteren Schritt werden wir dann die Region (West – Ost) hinzunehmen. Wie sehen die Daten aus? In Tabelle 18.14 a sind die Werte von jeweils vier Personen, die in einer Großstadt, einer Mittelstadt bzw. einer Kleinstadt leben, dargestellt. Tabelle 18.14 b enthält die kodierte Datenmatrix. Da die unabhängige Variable Stadtgröße drei Kategorien aufweist, werden zwei Kodiervariable X_1 und X_2 benötigt. Die erste Spalte der Datenmatrix in Tabelle 18.14 b enthält die

Tabelle 18.14 Darstellung einer Dummy-Kodierung anhand einer metrischen abhängigen Variablen (materielle Situation) und einer kategorialen unabhängigen Variablen (Größenstatus einer Stadt: Groß-, Mittel- oder Kleinstadt)

a Auszug aus den Rohdaten: Werte der abhängigen Variablen (materielle Situation) von jeweils vier Personen einer Großstadt, einer Mittelstadt und einer Kleinstadt

Großstadt	Mittelstadt	Kleinstadt
0,41	–0,36	–0,25
–0,25	–0,32	–0,44
0,00	–0,52	–0,15
0,10	0,13	0,16

b Auszug aus der dummy-kodierten Datenmatrix

y	X_1	X_2	
0,41	1	0	
–0,25	1	0	
0,00	1	0	Großstadt
0,10	1	0	
–0,36	0	1	
–0,32	0	1	
–0,52	0	1	Mittelstadt
0,13	0	1	
–0,25	0	0	
–0,44	0	0	
–0,15	0	0	Kleinstadt
0,16	0	0	

Werte der 12 Personen auf der abhängigen Variablen (materielle Situation). Die Werte auf der ersten Kodiervariablen (X_1) resultieren daraus, dass Personen, die in einer Großstadt leben, den Wert 1 zugeordnet bekommen, während alle anderen Personen den Wert 0 erhalten. Die erste Kodiervariable zeigt somit an, ob eine Person in einer Großstadt lebt oder nicht. Die Kodierung auf der zweiten Kodiervariablen (X_2) wird so vorgenommen, dass alle Personen, die in einer Mittelstadt leben, den Wert 1 zugeordnet bekommen, während alle anderen Personen auf dieser Kodiervariablen den Wert 0 erhalten. Die zweite Kodiervariable zeigt somit an, ob eine Person in einer

Mittelstadt lebt oder nicht. Personen, die in einer Kleinstadt leben, erhalten auf beiden Kodiervariablen eine 0. Somit lässt sich anhand beider Kodiervariablen auch eindeutig erkennen, ob eine Person in einer Kleinstadt lebt. Eine dritte Kodiervariable, die die Zugehörigkeit zur Kleinstadt derart anzeigen würde, dass alle Personen, die in einer Kleinstadt leben, eine 1 und alle anderen Personen eine 0 zugeordnet bekommen, wäre somit redundant. Durch beide Kodiervariablen wird also die gesamte Information kodiert, die in der Zugehörigkeit zu einer Stadt einer bestimmten Größe enthalten ist. (Dies zeigt sich darin, dass Personen unterschiedlicher Stadtgrößen eine unterschiedliche Wertekombination auf beiden Kodiervariablen aufweisen.). Die in unserem Beispiel vorgenommene Kodierung illustriert die allgemeine Regel der Dummy-Kodierung, die wir im Folgenden zusammenfassen.

> **Definition**
>
> Die **Dummy-Kodierung** erfolgt in folgenden Schritten:
> (1) Wähle eine der c Kategorien der unabhängigen Variablen als Referenzkategorie aus.
> (2) Weise dieser Referenzkategorie auf allen Kodiervariablen den Wert 0 zu.
> (3) Weise allen anderen Kategorien der unabhängigen Variablen Werte auf den Kodiervariablen derart zu, dass
>   (a) jede Kategorie nur auf einer einzigen Kodiervariablen einen Wert von 1 aufweist, auf allen anderen Kodiervariablen den Wert 0,
>   (b) jede Kodiervariable nur für eine einzige Kategorie den Wert 1 aufweist, für alle anderen den Wert 0.

Die kodierte Datenmatrix kann einer multiplen Regressionsanalyse unterzogen werden, in die die abhängige Variable Y und die beiden unabhängigen Variablen X_1 und X_2 eingehen. Einige Statistikprogramme übernehmen die Bildung der Dummy-Variablen, so dass diese nicht von dem Anwender gebildet werden müssen. Bei dem Statistikprogramm SPSS entspricht die Dummy-Kodierung z. B. dem »einfachen Kontrast« unter der Option »Kontrastbildung« beim Allgemeinen Linearen Modell. Die multiple Regressionsanalyse ergibt für unser Datenbeispiel folgende Gleichung:

$$\hat{Y} = -0{,}054 + 0{,}132 \cdot X_1 + 0{,}001 \cdot X_2 \qquad \text{(F 18.73)}$$

Die Regressionskoeffizienten haben bei einer Dummy-Kodierung eine besondere Bedeutung.

Bedeutung des Achsenabschnitts b_0

Die Regressionskonstante b_0 entspricht dem Mittelwert der abhängigen Variablen in der Referenzkategorie, d. h. der Personengruppe, die auf allen Kodiervariablen eine 0 aufweist. Dass dem Achsenabschnitt b_0 diese Bedeutung zukommt, wird deutlich, wenn man in die Gleichung F 18.73 jeweils den Wert 0 für die Kodiervariablen X_1 und X_2 einsetzt. Für die Wertekombination $x_1 = 0$ und $x_2 = 0$ ergibt sich dann der erwartete y-Wert von $\hat{y} = -0{,}054$. Dies ist genau der Mittelwert der Personen, die in einer Kleinstadt leben, da die Kleinstadt als Referenzgruppe gewählt wurde. Der $\hat{y}$-Wert ist gleich dem Mittelwert in dieser Kategorie, da der Mittelwert der beste Schätzwert nach dem Kleinste-Quadrate-Kriterium ist. Wie man Tabelle 18.15 entnehmen kann, entspricht b_0 genau dem Mittelwert in der Kleinstadt-Bedingung.

Tabelle 18.15 Mittelwerte der abhängigen Variablen in den verschiedenen Größenstatus-Kategorien

Kategorie	Mittelwert
Großstadt (n = 896)	0,078
Mittelstadt (n = 755)	−0,053
Kleinstadt (n = 733)	−0,054
Gesamtmittelwert (gewichteter Mittelwert)	−0,004
Ungewichteter Mittelwert der Mittelwerte in den Kategorien	−0,010

Bedeutung der Regressionsgewichte b_j

Das Regressionsgewicht b_1 der ersten Dummy-Variablen entspricht der Differenz zwischen dem Mittelwert der Kategorie, die auf der Variablen X_1 eine 1 zugeordnet bekommen hat, und dem Mittelwert der

Referenzgruppe. In unserem Beispiel entspricht also b_1 der Differenz zwischen dem Mittelwert der Personen, die in einer Großstadt leben, und dem Mittelwert der Personen, die in einer Kleinstadt leben. Auch das lässt sich zeigen, indem in Gleichung F 18.73 für X_1 und für X_2 diejenigen Werte eingesetzt werden, die bei der Dummy-Kodierung für die Kategorie »Großstadt« ($x_1 = 1$ und $x_2 = 0$) festgelegt wurden. Hieraus folgt: $\hat{y} = -0{,}054 + 0{,}132 = 0{,}078$. In analoger Weise entspricht das Regressionsgewicht b_2 der zweiten Dummy-Variablen der Differenz zwischen dem Mittelwert der Gruppe, die auf der zweiten Dummy-Variablen eine 1 zugeordnet bekommen hat, und der Referenzgruppe. In unserem Beispiel ist dies die Differenz zwischen dem Mittelwert der Personen, die in einer Mittelstadt leben, und dem Mittelwert der Personen, die in einer Kleinstadt leben.

Aus diesem Beispiel wird deutlich, dass die Kodiervariablen bei der Dummy-Kodierung dazu dienen, die Mittelwerte der abhängigen Variablen zwischen zwei Kategorien der unabhängigen Variablen zu vergleichen. Es handelt sich dabei immer um den Vergleich einer Referenzkategorie mit einer anderen der $c - 1$ Kategorien. Die Regressionsgewichte der Kodiervariablen geben Richtung und Größe des jeweiligen Unterschieds zwischen den verglichenen Mittelwerten an. Wir haben im Rahmen der Varianzanalyse solche paarweisen Unterschiede zwischen Kategorien einer unabhängigen Variablen in Bezug auf die abhängige Variable als Kontraste bezeichnet. Eine Dummy-Kodierung erlaubt also die Modellierung (und Testung) einfacher Kontraste zwischen Kategorienpaaren.

In unserem Beispiel gibt es neben dem Unterschied zwischen Klein- und Großstadt und dem Unterschied zwischen Klein- und Mittelstadt noch einen dritten Unterschied, nämlich den zwischen Mittel- und Großstadt. Dieser Unterschied wurde nicht über eine eigene Kodiervariable modelliert. Das war auch nicht nötig, denn der Unterschied zwischen Mittel- und Großstadt lässt sich direkt aus den beiden anderen Kontrasten berechnen:

Großstadt – Mittelstadt
= (Großstadt – Kleinstadt)
  – (Mittelstadt – Kleinstadt)

Die Richtung und Größe des Unterschieds zwischen Großstadt und Mittelstadt ist also nichts anderes als die Differenz zwischen den Regressionsgewichten b_1 und b_2. In unserem Beispiel ergibt sich für diese Differenz $b_1 - b_2 = 0{,}132 - 0{,}001 = 0{,}131$. Dies ist der Unterschied zwischen dem Mittelwert der Personen, die in einer Mittelstadt leben, und dem Mittelwert der Personen, die in einer Großstadt leben. Das lässt sich wiederum an den in Tabelle 18.15 dargestellten Mittelwerten leicht nachvollziehen. Der dritte Kontrast lässt sich also aus den ersten beiden Kontrasten bestimmen. Er wird daher in die multiple Regressionsanalyse auch nicht aufgenommen. Das bedeutet allerdings auch, dass der dritte Kontrast nicht direkt inferenzstatistisch abgesichert werden kann. Ist man aus theoretischen Gründen an einer inferenzstatistischen Absicherung des Kontrasts zwischen Mittel- und Großstadt in Bezug auf die finanzielle Situation der Einwohner interessiert, hätte man die Dummy-Kodierung anders vornehmen müssen, etwa indem man die Kategorie »Mittelstadt« zur Referenzkategorie macht.

18.11.2 Effektkodierung

Eine weitere Möglichkeit der Kodierung kategorialer Variablen ist die Effektkodierung. Bei der Effektkodierung unterscheidet man zwei Formen: die ungewichtete und die gewichtete Effektkodierung. Wir werden beide Formen zunächst vorstellen und illustrieren, um danach zu diskutieren, unter welchen Bedingungen man zu welcher der beiden Formen greift.

Ungewichtete Effektkodierung

Eine ungewichtete Effektkodierung der in Tabelle 18.14 a angegebenen Daten ist in Tabelle 18.16 dargestellt. Wie bei der Dummy-Kodierung werden auch bei der Effektkodierung nur zwei Kodiervariablen benötigt, um die gesamte Information, die in den Daten steckt, zu kodieren. Bei der Effektkodierung geht man wie folgt vor. Man wählt wieder eine Referenzkategorie aus. Diese Referenzkategorie erhält nun auf beiden Kodiervariablen nicht eine 0, sondern eine –1. Ansonsten unterscheiden sich die Werte der Kodiervariablen nicht von denen der Dummy-Kodierung, wie man Tabelle 18.16 entnehmen kann.

Tabelle 18.16 Kodierte Datenmatrix für eine ungewichtete Effektkodierung der Daten in Tabelle 18.14 a

y	X_1	X_2	
0,41	1	0	
−0,25	1	0	
0,00	1	0	Großstadt
0,10	1	0	
−0,36	0	1	
−0,32	0	1	
−0,52	0	1	Mittelstadt
0,13	0	1	
−0,25	−1	−1	
−0,44	−1	−1	
−0,15	−1	−1	Kleinstadt
0,16	−1	−1	

> **Definition**
>
> Die **allgemeine Regel der ungewichteten Effektkodierung** lautet:
> (1) Wähle eine der c Kategorien der unabhängigen Variablen als Referenzkategorie aus.
> (2) Weise der Referenzkategorie auf allen Kodiervariablen den Wert −1 zu.
> (3) Weise allen anderen Kategorien der unabhängigen Variablen einen Wert auf den $c − 1$ Kodiervariablen derart zu, dass
>   (a) jede Kategorie nur auf einer einzigen Kodiervariablen einen Wert von 1 aufweist, auf allen anderen Kodiervariablen den Wert 0,
>   (b) jede Kodiervariable nur für eine einzige Kategorie den Wert 1 und für die Referenzkategorie den Wert −1 aufweist, für alle anderen Kategorien den Wert 0.

Angewendet auf unser Beispiel bedeutet dies, dass Personen, die in einer Großstadt leben, auf der ersten Kodiervariablen eine 1 und auf der zweiten Kodiervariablen eine 0 zugewiesen bekommen. Personen, die in der Mittelstadt leben, erhalten auf der ersten Kodiervariablen eine 0 und auf der zweiten Kodiervariablen eine 1. Personen die in der Kleinstadt leben, bekommen auf beiden Kodiervariablen den Wert −1 zugeordnet. Das Statistikprogramm SPSS nimmt diese Zuordnung von Werten auf den Kodiervariablen in der Kontrast-Option »Abweichung« beim Allgemeinen Linearen Modell selbständig vor. Eine multiple Regressionsanalyse der Daten unseres Beispiels mit diesen Kodiervariablen ergibt:

$$\hat{Y} = -0{,}010 + 0{,}088 \cdot X_1 - 0{,}043 \cdot X_2$$

Bei der ungewichteten Effektkodierung haben die Regressionsparameter eine andere Bedeutung als bei der Dummy-Kodierung und als bei der gewichteten Effektkodierung.

Bedeutung des Achsenabschnitts b_0. Die Regressionskonstante b_0 entspricht dem *ungewichteten* Mittelwert der Mittelwerte in den drei Kategorien. Dies bedeutet, dass die drei Mittelwerte der Großstadt, Mittelstadt und Kleinstadt addiert und durch 3 geteilt werden. Der ungewichtete Mittelwert berücksichtigt nicht, dass die drei Kategorien der unabhängigen Variablen unterschiedliche Größen haben können. Dies hat zur Folge, dass sich der ungewichtete Mittelwert von dem Gesamtmittelwert über alle Personen unterscheiden kann.

In unserem Datenbeispiel sind die Stichprobengrößen in den drei Kategorien der Stadtgröße relativ unterschiedlich. Von daher ist es nicht verwunderlich, dass der Gesamtmittelwert (−0,004) von dem Durchschnitt der drei Kategorienmittelwerte (−0,010) abweicht (s. Tab. 18.15). Der Achsenabschnitt b_0 entspricht also nur dann dem Gesamtmittelwert, wenn alle Teilstichproben gleich groß sind.

Bedeutung der Regressionsgewichte b_j. Das Regressionsgewicht b_1 der ersten Kodiervariablen entspricht der Differenz zwischen dem Mittelwert der Kategorie, die auf der Variablen X_1 eine 1 zugeordnet bekommen hat, und dem ungewichteten Mittelwert über alle Kategorien hinweg (also dem Wert, der auch durch den Achsenabschnitt b_0 ausgedrückt wird). In unserem Beispiel zeigt er somit an, dass Bewohner einer Großstadt im Mittel um den Wert 0,088 wohlhabender sind als der Durchschnitt. Der

Regressionsparameter b_2 entspricht der Differenz zwischen dem Mittelwert der Kategorie, die auf der Variablen X_2 eine 1 zugeordnet bekommen hat, und dem ungewichteten Mittelwert über alle Kategorien hinweg. In unserem Beispiel zeigt b_2 an, dass Bewohner einer Mittelstadt im Mittel um den Wert 0,043 weniger wohlhabend sind als der Durchschnitt. Der Mittelwert der Kleinstadt (Referenzkategorie) ist durch keinen Parameter repräsentiert, sondern muss aus den anderen berechnet werden:

$$\hat{y}_{\text{Kleinstadt}} = b_0 - b_1 - b_2 = -0{,}010 - 0{,}088 + 0{,}043 = -0{,}055$$

Der Unterschied zum Mittelwert in Tabelle 18.15 ist auf kleine Unschärfen bei der Rundung zurückzuführen.

Gewichtete Effektkodierung

Bei einer gewichteten Effektkodierung bildet man die Werte der Kodiervariablen derart, dass sie nicht Abweichungen vom ungewichteten Mittelwert der Kategorien, sondern Abweichungen vom gewichteten Mittelwert (also dem Gesamtmittelwert) darstellen. Der gewichtete Mittelwert wird gebildet, indem die Mittelwerte in den drei Kategorien mit ihrer relativen Häufigkeit gewichtet und aufsummiert werden. Diesen Kennwert hatten wir in Abschnitt 6.4.2 als gewogenes arithmetisches Mittel (*GAM*) kennengelernt (Formel F 6.16):

$$GAM_X = \frac{\sum_{r=1}^{s} \bar{x}_r \cdot n_r}{\sum_{r=1}^{s} n_r}$$

Das *GAM* entspricht dem Gesamtmittelwert, d. h. dem Mittelwert, den wir erhalten, wenn wir die individuellen Werte aufsummieren und durch n teilen.

Um also zu erreichen, dass der Achsenabschnitt b_0 dem Gesamtmittelwert entspricht und die Regressionsgewichte b_j spezifischen Abweichungen von diesem Gesamtmittelwert entsprechen, muss der Wert, der der Referenzkategorie zugeordnet wird, geändert werden. Der Referenzkategorie wird nicht mehr der Wert von –1 auf allen Kodiervariablen zugewiesen, sondern auf jeder Kodiervariablen X_j ein anderer Wert. Auf der ersten Kodiervariablen X_1 wird der Referenzkategorie der Wert $-(n_{X_1}/n_R)$ zugewiesen, wobei mit n_{X_1} die Stichprobengröße derjenigen Kategorie bezeichnet wird, der auf der Kodiervariablen X_1 eine 1 zugewiesen wurde (in unserem Beispiel entspricht das der Anzahl der Personen, die in einer Großstadt leben, also $n = 896$), während mit n_R die Stichprobengröße in der Referenzkategorie bezeichnet wird (in unserem Beispiel die Anzahl der Personen, die in einer Kleinstadt leben, also $n = 733$). In unserem Beispiel wird der Referenzkategorie auf der ersten Kodiervariablen X_1 also der Wert $-(896/733) = -1{,}222$ zugewiesen. Auf der zweiten Kodiervariablen X_2 wird der Referenzkategorie der Wert $-(n_{X_2}/n_R)$ zugewiesen, wobei mit n_{X_2} die Stichprobengröße derjenigen Kategorie bezeichnet wird, der auf der Kodiervariablen X_2 eine 1 zugewiesen wurde (in unserem Beispiel entspricht das der Anzahl aller Personen, die in einer Mittelstadt leben, also $n = 755$). In unserem Beispiel wird der Referenzkategorie auf der zweiten Kodiervariablen X_2 also der Wert $-(755/733) = -1{,}03$ zugewiesen. Allgemein lautet die Formel zur Bestimmung der Werte, die der Referenzkategorie auf einer Kodiervariablen X_j im Falle einer gewichteten Effektkodierung zugewiesen werden, demnach $-(n_{X_j}/n_R)$.

Eine gewichtete Effektkodierung wird von Statistikprogrammen im Allgemeinen nicht automatisch erzeugt, sondern muss eigenhändig vorgenommen werden. Die gewichtete Effektkodierung der in Tabelle 18.14 a angegebenen Daten ist in Tabelle 18.17 dargestellt.

Um für unser Beispiel die Regressionskoeffizienten zu bestimmen, verwenden wir die in Tabelle 18.17 dargestellte Effektkodierung. Eine multiple Regressionsanalyse mit diesen Kodiervariablen ergibt:

$$\hat{Y} = -0{,}004 + 0{,}082 \cdot X_1 - 0{,}049 \cdot X_2$$

Damit entspricht der Wert von b_0 jetzt genau dem Gesamtmittelwert von –0,004 (s. Tab. 18.15). Das Regressionsgewicht b_1 entspricht der Differenz zwischen dem Mittelwert der Großstadt und dem Gesamtmittelwert, das Regressionsgewicht b_2 der Differenz zwischen dem Mittelwert der Mittelstadt und dem Gesamtmittelwert.

Tabelle 18.17 Kodierte Datenmatrix für eine gewichtete Effektkodierung der Daten in Tabelle 18.14 a

y	X_1	X_2	
0,41	1	0	
−0,25	1	0	
0,00	1	0	Großstadt
0,10	1	0	
−0,36	0	1	
−0,32	0	1	
−0,52	0	1	Mittelstadt
0,13	0	1	
−0,25	−1,222	−1,030	
−0,44	−1,222	−1,030	
−0,15	−1,222	−1,030	Kleinstadt
0,16	−1,222	−1,030	

Definition

Die **allgemeine Regel der gewichteten Effektkodierung** lautet:
(1) Wähle eine der c Kategorien der unabhängigen Variablen als Referenzkategorie aus.
(2) Weise der Referenzkategorie auf der Kodiervariablen X_j den Wert $-(n_{X_j}/n_R)$ zu.
(3) Weise allen anderen Kategorien der unabhängigen Variablen einen Wert auf den $c-1$ Kodiervariablen derart zu, dass
 (a) jede Kategorie nur auf einer einzigen Kodiervariablen einen Wert von 1 aufweist, auf allen anderen Kodiervariablen den Wert 0,
 (b) jede Kodiervariable nur für eine einzige Kategorie den Wert 1 und für die Referenzkategorie den Wert $-(n_{X_j}/n_R)$ aufweist, für alle anderen Kategorien den Wert 0.

Gewichtete oder ungewichtete Effektkodierung?

Auf die ungewichtete Effektkodierung greift man üblicherweise dann zurück, wenn die Unterschiede in den Größen der Teilstichproben auf unsystematische Ausfälle zurückgeführt werden können. Ein typisches Anwendungsgebiet der ungewichteten Effektkodierung sind experimentelle Studien, in denen sich die Bedingungen aufgrund unsystematischer Unterschiede in ihrer Stichprobengröße unterscheiden, z. B. durch Ausfälle von Versuchspersonen. Letztlich gewichtet man also inhaltlich – und dann auch statistisch – alle Bedingungen gleich. Der Gesamtmittelwert soll den Mittelwert der verschiedenen Bedingungen repräsentieren und nicht von Unterschieden in den Kategorienhäufigkeiten abhängen. Da unserem Beispiel ein solcher Stichprobenplan zugrunde liegt, würde man in unserem Beispiel zur ungewichteten Effektkodierung greifen.

Auf die gewichtete Effektkodierung greift man in Anwendungen zurück, bei denen die Unterschiede in den Kategorienhäufigkeiten inhaltlich relevant sind und berücksichtigt werden müssen. Dies ist insbesondere dann der Fall, wenn die Unterschiede zwischen den Größen der Teilstichproben repräsentativ für die Population sind. Dies wäre in unserem Beispiel der Fall, wenn per Zufall aus der Bevölkerung Deutschlands eine repräsentative Stichprobe gezogen worden wäre und man registriert hätte, ob die Personen in einer Groß-, Mittel- oder Kleinstadt leben. Die Unterschiede in den Kategorienhäufigkeiten kommen dadurch zustande, dass wir eine Zufallsstichprobe gezogen haben und die Unterschiede zwischen den drei Kategorien die Unterschiede in der Population widerspiegeln. Auf die gewichtete Effektkodierung würde man in unserem Beispiel auch dann zurückgreifen, wenn man die drei Stichproben für die Groß-, Mittel- oder Kleinstädte nachträglich unterschiedlich gewichten wollte, um einen adäquateren Schätzwert für den Gesamtmittelwert Deutschlands zu erhalten.

18.11.3 Vergleich von Dummy- und Effektkodierung

Die unterschiedlichen Bedeutungen der Regressionsparameter bei der Dummy- bzw. Effektkodierung sind in Tabelle 18.18 einander gegenübergestellt. Welche Form der Kodierung man wählt, hängt von der Fragestellung einer Untersuchung ab. Lässt sich aufgrund des Versuchsdesigns eine Referenzgruppe

Tabelle 18.18 Bedeutung der Regressionsparameter bei der Dummy- und Effektkodierung

Regressionsparameter	Dummy-Kodierung	Ungewichtete Effektkodierung	Gewichtete Effektkodierung
b_0	Mittelwert in der Kategorie, die auf beiden Kodiervariablen eine 0 aufweist (Referenzkategorie)	ungewichteter Mittelwert der Kategorienmittelwerte	gewichteter Mittelwert der Kategorienmittelwerte
b_j	Differenz der Mittelwerte der Kategorie j und der Referenzkategorie	Differenz des Mittelwerts der Kategorie j und des ungewichteten Gesamtmittelwerts	Differenz des Mittelwerts der Kategorie j und des gewichteten Gesamtmittelwerts

klar festlegen, so ist die Dummy-Kodierung die Methode der Wahl. Ein typisches Beispiel ist eine experimentelle Studie, in der verschiedene Experimentalbedingungen mit einer Kontrollbedingung verglichen werden. Ein anderes Beispiel ist der Vergleich verschiedener Interventionen mit einer Kontrollbedingung (z. B. Wartekontrollgruppe oder Placebo-Kontrollgruppe). In beiden Fällen kommt der Kontrollbedingung die klare Bedeutung einer Referenzgruppe zu und man ist u. a. daran interessiert, inwieweit sich die einzelnen experimentellen bzw. Interventionsbedingungen von dieser Kontrollbedingung unterscheiden. Für die Auswertung dieser Fragestellungen hat die Dummy-Kodierung Vorteile, da die Regressionsgewichte der Dummy-Kodierung genau den Kontrast zwischen einzelnen experimentellen bzw. Interventionsgruppen und der Kontrollgruppe abbilden.

Ist die Wahl einer Referenzgruppe jedoch nicht so eindeutig möglich, so bietet sich die Effektkodierung an, wenn man daran interessiert ist, inwieweit sich einzelne Bedingungen von dem Gesamtmittelwert über alle Bedingungen hinweg unterscheiden. Ein Beispiel ist eine experimentelle Untersuchung, in der unterschiedliche Ausprägungen auf der unabhängigen Variablen miteinander verglichen werden sollen, ohne dass eine Kontrollbedingung realisiert wurde (z. B. wenn man drei Therapieformen hinsichtlich ihrer Effektivität miteinander vergleichen möchte, dabei aber keine Kontrollgruppe realisieren konnte oder wollte). Ein zweites Beispiel ist eine Untersuchung, in der verschiedene Altersgruppen von Jugendlichen (z. B. 12–14 Jahre, 14–16 Jahre, 16–18 Jahre) hinsichtlich einer bestimmten abhängigen Variablen (z. B. Aggressivität) miteinander verglichen werden sollen. Auch hier wird man eher daran interessiert sein, Abweichungen zwischen einer jeweiligen Alterskategorie und dem Gesamtmittelwert über alle Altersgruppen hinweg zu untersuchen, und daher eine Effektkodierung wählen.

Alle vorgestellten Kodierformen unterscheiden sich nicht in Bezug auf die aufgeklärte Varianz der abhängigen Variablen. Dies werden wir im Abschnitt 18.11.4 zur Inferenzstatistik zeigen.

Weitere Kodierformen

Neben der Dummy- und der Effektkodierung existieren noch andere Kodierformen. So haben wir z. B. in Kapitel 13 zur Varianzanalyse lineare Kontraste kennengelernt. Diese Kontraste lassen sich direkt auf die Bestimmung von Kodiervariablen übertragen. Wir haben bei der Definition orthogonaler Kontraste in Abschnitt 13.1.13 gesehen, dass bei diesen Kontrasten die Mittelwerte einzelner Bedingungen (Kategorien) gewichtet werden. Will man solche linearen Kontraste im Rahmen der multiplen Regressionsanalyse untersuchen, so geht dies sehr einfach. Für jeden linearen Kontrast wird eine Kodiervariable definiert. Die Gewichte der Mittelwerte im linearen Kontrast sind die Werte der Kodiervariablen. Diese Werte werden den einzelnen Bedingungen zugeordnet. Die multiple Regressionsanalyse mit diesen Kontrasten führt zum selben Ergebnis wie die Analyse der Kontraste in Abschnitt 13.1.13.

18.11.4 Inferenzstatistische Absicherung der Regressionsparameter

Für die inferenzstatistische Absicherung der Regressionsparameter bei der multiplen Regression mit kategorialen unabhängigen Variablen sind keine zusätzlichen Annahmen notwendig. Die Kodiervariablen sind ganz »normale« Prädiktoren in einer multiplen Regressionsanalyse. In dem zugrundeliegenden Populationsmodell repräsentieren die Regressionsgewichte die entsprechenden Unterschiede zwischen den Populationsmittelwerten. Die Konfidenzintervalle, statistischen Tests und die Bestimmung der Stichprobengröße folgen dem in Abschnitt 18.7 beschriebenen Vorgehen. Wir beschränken uns daher darauf, in Tabelle 18.19 die geschätzten Parameter, ihre Standardfehler und t-Werte anzugeben. In allen drei Fällen erhält man einen Determinationskoeffizienten von $R^2 = 0{,}009$, der auf einem vorher festgelegten Signifikanzniveau von $\alpha = 0{,}05$ signifikant von 0 verschieden ist ($F = 11{,}015$, $df_1 = 2$, $df_2 = 2381$, $p < 0{,}001$). Der Wert des Determinationskoeffizienten ist exakt gleich dem Wert von $\hat{\eta}^2$, den man erhalten würde, wenn die Daten mit einer einfaktoriellen Varianzanalyse (s. Abschn. 13.1.4) ausgewertet werden würden. Auch der F-Wert ist exakt identisch. Die Größe des Determinationskoeffizienten zeigt an, dass der Effekt sehr klein ist. Nur 9 Promille der Unterschiede in der materiellen Situation werden durch die Größe der Stadt, in der man wohnt, bestimmt.

Die Signifikanztests in Tabelle 18.19 zeigen in Bezug auf die Dummy-Kodierung, dass die mittlere materielle Situation in der Kleinstadt (b_0) bedeutsam von 0 verschieden ist. Auch unterscheidet sich die materielle Situation von Personen, die in Großstädten wohnen, signifikant von solchen, die in Kleinstädten wohnen (b_1). Nicht bedeutsam hingegen sind die Unterschiede zwischen Mittel- und Kleinstädten hinsichtlich der mittleren materiellen Situation ihrer Einwohner (b_2).

Die Ergebnisse der Effektkodierungen unterscheiden sich kaum zwischen der gewichteten und der ungewichteten Form, da auch der Unterschied zwischen dem ungewichteten Mittelwert und dem gewichteten Mittelwert über die drei Kategorien hinweg nur relativ gering ist (s. Tab. 18.15). Die Ergebnisse zeigen zunächst, dass der Mittelwert der materiellen Situation

Tabelle 18.19 Ergebnisse der Parameterschätzungen für die Dummy- und die Effektkodierungen

a Dummy-Kodierung

	Wert	Standardfehler	t-Wert	p-Wert
b_0	−0,054	0,024	−2,224	0,026
b_1	0,132	0,033	4,007	< 0,001
b_2	0,001	0,034	0,042	0,967

b Ungewichtete Effektkodierung

	Wert	Standardfehler	t-Wert	p-Wert
b_0	−0,010	0,014	−0,725	0,469
b_1	0,088	0,019	4,694	< 0,001
b_2	−0,043	0,019	−2,214	0,027

c Gewichtete Effektkodierung

	Wert	Standardfehler	t-Wert	p-Wert
b_0	−0,004	0,014	−0,316	0,752
b_1	0,082	0,017	4,693	< 0,001
b_2	−0,049	0,020	−2,444	0,015

nicht von 0 verschieden ist. Dies verwundert nicht, da die abhängige Variable ja auf der Basis z-transformierter Indikatoren der materiellen Situation definiert wurde und Standardwerte immer einen Mittelwert von 0 haben. Dass der Koeffizient b_0 nicht exakt gleich 0 ist, ist auf einzelne fehlende Werte zurückzuführen. Beide Regressionsgewichte b_1 und b_2 sind von 0 verschieden, was inhaltlich bedeutet, dass die materielle Situation von Großstadtbewohnern überdurchschnittlich und die von Mittelstadtbewohnern unterdurchschnittlich ist.

18.11.5 Analyse mehrerer kategorialer unabhängiger Variablen

Die Erweiterung auf mehr als eine kategoriale unabhängige Variable ist einfach. Zunächst muss man sich für eine Form der Kodierung entscheiden. Dann müssen für alle unabhängigen Variablen Kodiervariablen definiert werden. Um Interaktionen zwischen den unabhängigen Variablen zu überprüfen, müssen wie bei der moderierten Regressionsanalyse Produktvariablen in die Regressionsgleichung aufgenommen werden. Die Produktvariablen erhält man, indem man alle Kodiervariablen, die zur Kodierung der Bedingungen der ersten unabhängigen Variablen benötigt werden, mit allen Kodiervariablen, die zur Kodierung der Bedingungen der zweiten unabhängigen Variablen benötigt werden, multipliziert. Um die Äquivalenz zwischen Varianzanalyse und Regressionsanalyse mit kategorialen unabhängigen Variablen deutlich zu machen, bezeichnen wir die unabhängigen Variablen wie in der Varianzanalyse als Faktoren. Wir erklären das Vorgehen, indem wir das Beispiel im letzten Abschnitt um einen zweiten Faktor erweitern, der zwei Kategorien (Stufen) aufweist. Der zweite Faktor (Region) zeigt an, ob die untersuchte Person in den alten Bundesländern (West) oder in den neuen Bundesländern (Ost) lebt. Wir zeigen also im Folgenden, wie man eine zweifaktorielle Varianzanalyse mit dem Faktor A (Größenstatus einer Stadt, dreistufig: klein, mittel, groß) und dem Faktor B (Region, zweistufig: Ost, West) und der abhängigen Variablen Y (materielle Situation) im Rahmen der multiplen Regressionsanalyse durchführen kann. Wir greifen auf die Dummy-Kodierung zurück, könnten aber auch auf jede andere der beschriebenen Kodierformen zurückgreifen. Das im Folgenden beschriebene Vorgehen ist direkt auf alle anderen Kodierformen übertragbar. Zunächst müssen für den zweiten Faktor Kodiervariablen eingeführt werden. Da dieser nur über zwei Kategorien verfügt, reicht eine Kodiervariable aus, um die Information, die in dem Ost-West-Vergleich steckt, zu kodieren. Wir weisen den neuen Bundesländern den Wert 0 und den alten Bundesländern den Wert 1 zu; damit ist die Region »neue Bundesländer« die Referenzkategorie. In Tabelle 18.20 sind die Werte zwölf ausgewählter Personen auf der abhängigen Variablen Y sowie auf den Kodiervariablen angegeben.

Kodiervariablen für die unabhängigen Merkmale

Die erste Spalte in Tabelle 18.20 enthält die Werte auf der abhängigen Variablen (materielle Situation). Spalte 2 und 3 enthalten die zugewiesenen Werte auf den beiden Dummy-Variablen zur Kodierung der Stufen auf dem Faktor »Ortsgröße«, die wir schon kennengelernt haben. Wir fügen einen Index A hinzu, um deutlich zu machen, dass sich diese beiden Kodiervariablen auf den ersten Faktor beziehen. Spalte 4 enthält die zugewiesenen Werte auf der Dummy-Variablen zur Kodierung der Stufen auf dem Faktor »Region«. Sie erhält den Index B, um deutlich zu machen, dass sie den zweiten Faktor repräsentiert. Jeder Faktor wird durch eine Menge von Kodiervariablen repräsentiert, wobei in jeder Menge die Anzahl der Kodiervariablen gleich der Anzahl der Kategorien (Stufen) minus 1 ist. Würde man weitere kategoriale unabhängige Variablen berücksichtigen, würde man entsprechend weitere Mengen von Kodiervariablen hinzufügen.

Kodiervariablen für die Interaktion

Die Spalten 5 und 6 enthalten die Kodiervariablen für die Interaktion zwischen den beiden Faktoren A und B. Die Anzahl der Kodiervariablen, die für die Kodierung der Interaktion notwendig sind, ergibt sich aus dem Produkt der Anzahl der Kodiervariablen des einen Faktors mit der Anzahl der Kodiervariablen des anderen Faktors. In unserem Beispiel haben wir zwei Kodiervariablen für den Faktor »Größenstatus« und

Tabelle 18.20 Multiple Regression mit zwei kategorialen unabhängigen Variablen und ihrer Interaktion; Dummy-Kodierung

Y	Faktor *A* Ortsgröße		Faktor *B* Region	Interaktion			
	X_{A1}	X_{A2}	X_B	$X_{A1 \cdot B}$	$X_{A2 \cdot B}$		
1,98	1	0	1	1	0	Großstadt	
−0,28	1	0	1	1	0		
−0,15	0	1	1	0	1	Mittelstadt	West
0,55	0	1	1	0	1		
−0,30	0	0	1	0	0	Kleinstadt	
−0,18	0	0	1	0	0		
−0,38	1	0	0	0	0	Großstadt	
−0,40	1	0	0	0	0		
−0,53	0	1	0	0	0	Mittelstadt	Ost
0,16	0	1	0	0	0		
−0,48	0	0	0	0	0	Kleinstadt	
−0,15	0	0	0	0	0		

eine Kodiervariable für den Faktor »Region«, wir benötigen daher 2 · 1 = 2 Kodiervariablen für die Interaktion. Die Werte auf diesen beiden Kodiervariablen ergeben sich einfach aus dem Produkt der Werte auf denjenigen Kodiervariablen, aus denen das Produkt gebildet wurde. Somit ergeben sich die Werte der Interaktionskodiervariablen $X_{A1 \cdot B}$ aus dem Produkt der dummy-kodierten Variablen X_{A1} und der Kodiervariablen X_B. Die Werte der zweiten Kodiervariablen der Interaktion ergeben sich aus dem Produkt der Werte der Kodiervariablen X_{A2} und der Kodiervariablen X_B (s. Tab. 18.20).

Bedeutung der Regressionskoeffizienten

Bezogen auf unser Beispiel lautet die Gleichung der Regressionsanalyse:

$$\widehat{Y} = b_0 + b_1 \cdot X_{A1} + b_2 \cdot X_{A2} + b_3 \cdot X_B + b_4 \cdot X_{A1 \cdot B} + b_5 \cdot X_{A2 \cdot B} \quad \text{(F 18.74)}$$

Berechnet man eine multiple Regressionsanalyse auf der Grundlage der Daten aus der Untersuchung von Schmitt und Maes (2001) mit $n = 1942$ Personen und legt die in Tabelle 18.20 dargestellten Kodierungen zugrunde, erhält man die folgenden geschätzten Regressionskoeffizienten:

$$\widehat{Y} = -0{,}192^{**} + 0{,}054 \cdot X_{A1} + 0{,}049 \cdot X_{A2}$$
$$\quad (0{,}032) \quad\quad (0{,}045) \quad\quad (0{,}045)$$
$$+ 0{,}352^{**} \cdot X_B + 0{,}033 \cdot X_{A1 \cdot B} - 0{,}182^{*} \cdot X_{A2 \cdot B}$$
$$\quad (0{,}052) \quad\quad\quad (0{,}069) \quad\quad\quad (0{,}072)$$

$$\text{(F 18.75)}$$

Die Zahlen (in Klammern) unter den geschätzten Parametern geben den Standardfehler des jeweiligen Regressionskoeffizienten an. Die Sternchen repräsentieren das Ergebnis des dazugehörigen *t*-Tests auf Absicherung des jeweiligen Regressionskoeffizienten gegen 0. Ein Sternchen zeigt an, dass der *p*-Wert kleiner oder gleich 0,05 ist, zwei Sternchen spiegeln ein $p \leq 0{,}01$ wider. Fehlt ein Sternchen, zeigt dies an, dass der Wert auf einem Signifikanzniveau von $\alpha = 5\,\%$ (zweiseitig) nicht signifikant von 0 verschieden ist.

Die Regressionskoeffizienten der Dummy-Variablen zur Kodierung des Faktors »Größenstatus« unterscheiden sich von den Koeffizienten, die wir für das Modell ohne den Ost-West-Vergleich erhalten haben

(s. Formel F 18.73). Dies ist darauf zurückzuführen, dass sich die Bedeutung der Regressionsgewichte der Dummy-Variablen zur Kodierung des Faktors »Größenstatus« ändert, wenn weitere Prädiktoren hinzukommen. Die Bedeutung der Regressionsgewichte ergibt sich aus dem Modell der multiplen Regressionsgewichte, so wie wir es auch für die metrischen unabhängigen Variablen eingeführt haben. Neben diesem Ansatz gibt es im Falle korrelierter Faktoren (sog. nonorthogonale Varianzanalyse, s. Abschn. 13.2.9) noch weitere Ansätze, die wir nicht weiter behandeln werden (s. folgenden Vertiefungskasten).

Vertiefung

Nonorthogonale Varianzanalyse: Vier Typen von Quadratsummen zur Überprüfung spezifischer Effekte

Bei der Analyse kategorialer unabhängiger Variablen gibt es neben der Zerlegung der Quadratsummen, auf die wir im Rahmen der multiplen Regressionsanalyse in den Abschnitten 18.6 und 18.7 zurückgegriffen haben (sog. Quadratsumme vom Typ III), drei weitere Typen von Quadratsummen, die sich nur dann nicht unterscheiden, wenn die unabhängigen Variablen unabhängig voneinander sind (sog. orthogonales Design). Liegen Abhängigkeiten zwischen den unabhängigen Variablen vor (nonorthogonales Design), so kann in unterschiedlicher Weise mit diesen Abhängigkeiten umgegangen werden. Hierzu gibt es eine umfangreiche Literatur (Stichwort: nonorthogonale Varianzanalyse), die wir in einem einführenden Lehrbuch nicht behandeln können (s. hierzu ausführlich Steyer, 1979; Werner, 1997). Wir wollen sie jedoch kurz skizzieren und anhand unseres Beispiels zeigen, was sich dahinter verbirgt.

Die vier Quadratsummen unterscheiden sich darin, wie die Abhängigkeiten zwischen den unabhängigen Merkmalen (Faktoren) korrigiert werden. Diese vier Typen von Quadratsummen werden von Statistikprogrammen unter dem Allgemeinen Linearen Modell berechnet, z. B. von dem Computerprogramm SPSS unter der Option »Modell«. Die Voreinstellung ist typischerweise »Typ III«, da diese Quadratsumme dem üblichen regressionsanalytischen Modell entspricht. Bei jedem Typ werden für die Regressionskonstante, jeden Faktor sowie für jede Interaktion zwischen Faktoren eine Quadratsumme, eine mittlere Quadratsumme sowie ein F-Wert und ein p-Wert bestimmt. Wir lassen im Folgenden die Quadratsumme der Regressionskonstanten außen vor und widmen uns den unabhängigen Merkmalen (Faktoren).

Typ I. Bei der Quadratsumme vom Typ I hängen die Quadratsummen von der Reihenfolge der Aufnahme der unabhängigen Merkmale (Faktoren) ins Modell ab. Diese Reihenfolge muss bei Statistikprogrammen spezifiziert werden (z. B. bei SPSS unter der Option »Modell«). Die erste Quadratsumme repräsentiert den Einfluss des ersten Faktors, der in das Modell aufgenommen wurde. Der Einfluss des Faktors wird nicht korrigiert, weder in Bezug auf seine Abhängigkeit mit den anderen Faktoren noch mit den Interaktionsvariablen. Sein Einfluss repräsentiert also auch die Variationsquellen, die er mit den anderen unabhängigen Variablen teilt. Die Quadratsumme des zweiten Faktors, der ins Modell aufgenommen wurde, kennzeichnet den Einfluss des zweiten Faktors, der um die Abhängigkeit mit dem ersten Faktor korrigiert wurde, nicht aber in Bezug auf seine Abhängigkeit mit den Interaktionsvariablen. Die Quadratsumme zeigt also an, was der zweite Faktor über den ersten Faktor hinaus erklärt. Hat man mehr als zwei Faktoren, werden die weiteren Faktoren in derselben Weise behandelt (korrigiert). Schließlich repräsentiert die Quadratsumme der Interaktion den Anteil der Variation, der durch die Interaktion bedingt ist, nachdem die Haupteffekte auspartialisiert wurden. In unserem Beispiel gibt es zwei mögliche Reihenfolgen, mit denen die Faktoren aufgenommen werden können: (1) zuerst die Stadtgröße und dann die Region oder (2) zuerst die Region und dann die Stadtgröße. Für welche Reihenfolge man sich entscheidet, muss theoretisch gut begründet sein. Angenommen, in unserem Beispiel wären die Ortsgröße und die Region stark voneinander abhängig, da es in den alten Bundesländern mehr Groß- und in den neuen Bundesländern mehr Kleinstädte gäbe, und man fände, dass es sowohl einen West-Ost- als auch einen Großstadt-Kleinstadt-Unterschied in der materiellen Situation gebe, dann stellte sich die Frage, ob der Unterschied in der materiellen Situation eher auf den West-Ost-Unterschied oder den Großstadt-Kleinstadt-Unterschied zurückführbar wäre. Würde man argumentieren, dass der West-Ost-Unterschied der zentrale (»kausale«) Wirkfaktor sei und der Großstadt-Kleinstadt-Unterschied nur dadurch zustande komme, dass es im Westen mehr Großstädte gäbe, würde man den Faktor Region als Ersten aufnehmen, dann den Faktor Ortsgröße, um zu sehen, ob diese noch über den Regionunterschied hinaus etwas erklärt, und schließlich die Interaktion. Die Quadratsumme vom Typ I ist dann geeignet, wenn die Abhängigkeit der Variablen substantielle Unterschiede in den Zellenbesetzungen widerspiegelt, die nicht einfach auf unsystematischen Ausfall zurückführbar sind und es klare Hypothesen über eine Kausalkette gibt, die getestet werden sollen. Das Vorgehen bei dieser Quadratsumme entspricht dem Vorgehen der multiplen Regressionsanalyse, wenn blockweise unabhängige Variablen aufgenommen werden. Die Quadratsumme vom Typ I ist für experimentelle Designs mit Zufallsausfällen nicht geeignet, da es hier keine klare hierarchische Ordnung gibt.

Typ II. Bei der Quadratsumme vom Typ II werden die Haupteffekte in Bezug auf ihre Abhängigkeit von den anderen Haupteffekten korrigiert, nicht aber in Bezug auf ihre Abhängigkeit von den Interaktionsvariablen. Die Quadratsumme einer der Haupteffekte spiegelt also wider, was dieser Faktor über die anderen Faktoren hinaus erklärt. Es findet also eine wechselseitige Korrektur statt, wie es bei einer multiplen Regressionsanalyse der Fall ist, wenn keine Interaktionsvariablen aufgenommen wurden. Die Quadratsumme der Interaktion ist in Bezug auf alle Haupteffekte korrigiert. Diese Quadratsumme ist dann geeignet, wenn es keine klare kausale Ordnung gibt und keine Interaktion vorliegt.

Typ III. Die Quadratsumme vom Typ III entspricht der üblichen multiplen Regressionsanalyse, wenn alle unabhängigen Variablen aufgenommen wurden. Alle unabhängigen Variablen werden in Bezug auf ihre Abhängigkeit von allen anderen unabhängigen Variablen korrigiert. Die Quadratsumme eines Faktors spiegelt wider, welchen Beitrag dieser Faktor zur Varianzaufklärung über die anderen Faktoren *und* die Interaktionen hinaus leistet. Die Quadratsumme von diesem Typ ist die Voreinstellung bei vielen Computerprogrammen. Sie ist insbesondere für experimentelle Studien geeignet, bei denen die Abhängigkeiten durch zufällige Ausfälle entstehen. Wir greifen in unserem Anwendungsfall auf diesen Quadratsummentyp zurück, da die Studie so angelegt war, dass die beiden Faktoren voneinander unabhängig sein sollten, indem für jede Kombination (Zelle) der beiden Faktoren gleich große Zufallsstichproben gezogen wurden. Die Nonorthogonalität entsteht dadurch, dass die Rücklaufquoten von den Personen, die kontaktiert wurden, nicht für alle Zellen gleich waren.

Typ IV. Dieser Quadratsummentyp ist dann geeignet, wenn bestimmte Zellkombinationen bewusst nicht besetzt sind (sog. strukturelle Nullhäufigkeiten). Sind – wie in unserem Beispiel – alle Zellen besetzt, enstspricht diese Quadratsumme der Quadratsumme vom Typ III. Wir behandeln den Fall struktureller Nullhäufigkeiten nicht. Hierzu sei auf Werner (1997) verwiesen.

Kausale Effekte. Die einzelnen Quadratsummen sind mit spezifischen Interpretationen in Bezug auf die Bedeutung von Haupteffekten verknüpft, die ausführlich bei Werner (1997) behandelt werden. Sie erlauben jedoch nicht die Überprüfung aller Kausalhypothesen, die theoretisch sinnvoll sind. Will man anhand nicht-experimenteller Studien Kausalhypothesen untersuchen, sei die Lektüre der Arbeiten von Steyer (1992, 2003) empfohlen.

Wir werden im Folgenden die Bedeutung jedes einzelnen Regressionskoeffizienten herleiten und das Ergebnis der empirischen Untersuchung interpretieren. Die Bedeutung der Regressionskoeffizienten kann man sich leicht veranschaulichen, wenn man Werte für die verschiedenen X-Variablen in Gleichung F 18.74 einsetzt.

Bedeutung von b_0. Der Achsenabschnitt entspricht dem erwarteten $\hat{y}$-Wert, wenn alle Kodiervariablen den Wert 0 annehmen. Dies ist der Mittelwert der materiellen Situation aller Personen, die in einer Kleinstadt in den neuen Bundesländern leben. Der Wert von $b_0 = -0{,}192$ ist signifikant von 0 verschieden. Da ein z-Wert von 0 dem Gesamtmittelwert entspricht, ist die materielle Situation in ostdeutschen Kleinstädten unterdurchschnittlich und liegt um 0,192 Standardabweichungen unter dem Mittelwert.

Bedeutung von b_1. Das Regressionsgewicht b_1 entspricht der Differenz aus dem Mittelwert der materiellen Situation in einer ostdeutschen Großstadt und einer ostdeutschen Kleinstadt. Dies folgt unmittelbar aus dem Kodierschema in Tabelle 18.20. Personen, die in einer ostdeutschen Großstadt leben, haben auf der ersten Kodiervariablen einen Wert von 1, auf allen anderen einen Wert von 0. Für alle Personen dieser Gruppe setzt sich ihr erwarteter $\hat{y}$-Wert (also der Gruppenmittelwert) additiv zusammen aus dem Achsenabschnitt b_0 und dem Regressionsgewicht b_1: $\hat{y}_{\text{Großstadt-Ost}} = b_0 + b_1$. Hieraus folgt, dass das Regressionsgewicht die Differenz aus dem Mittelwert in einer ostdeutschen Großstadt und einer ostdeutschen Kleinstadt darstellt. Dieser Wert beträgt in unserem Beispiel $b_1 = 0{,}054$ und ist nicht bedeutsam von 0 verschieden. In den neuen Bundesländern unterscheiden sich Klein- und Großstädte somit nicht in ihrer mittleren materiellen Situation.

Bedeutung von b_2. Das Regressionsgewicht b_2 entspricht der Differenz aus dem Mittelwert der materiellen Situation in einer ostdeutschen Mittelstadt und einer ostdeutschen Kleinstadt. Dies folgt ebenfalls aus dem Kodierschema in Tabelle 18.20. Personen, die in einer ostdeutschen Mittelstadt leben, haben auf der ersten Kodiervariablen einen Wert von 1, auf allen anderen einen Wert von 0. Daher erhält man für den erwarteten $\hat{y}$-Wert in ostdeutschen Mittelstädten: $\hat{y}_{\text{Mittelstadt-Ost}} = b_0 + b_2$. Für unser Beispiel ergibt sich ein Wert von $b_2 = 0{,}049$, der ebenfalls nicht signifikant von 0 verschieden ist. Auch die mittlere materielle Situation ostdeutscher Mittelstädte unterscheidet sich nicht von ostdeutschen Kleinstädten.

Bedeutung von b_3. Das Regressionsgewicht b_3 entspricht der Differenz zwischen der mittleren materiellen Situation in westdeutschen Kleinstädten und der mittleren materiellen Situation in ostdeutschen Kleinstädten. Die mittlere materielle Situation von Personen in westdeutschen Kleinstädten ergibt sich auf der Basis des Kodierschemas in Tabelle 18.20 nach Gleichung F 18.74 zu $\hat{y}_{\text{Kleinstadt-West}} = b_0 + b_3$. In unserem Beispiel erhalten wir den Wert $b_3 = 0{,}352$; dieser Wert ist signifikant von 0 verschieden. Die mittlere materielle Situation ist in westdeutschen Kleinstädten also signifikant höher als in ostdeutschen Kleinstädten.

Bedeutung von b_4. Um die Bedeutung des Regressionsgewichts b_4 herzuleiten, setzen wir die Werte von Personen in westdeutschen Großstädten (s. Tab. 18.20) in die Gleichung F 18.74 ein und erhalten:

$$\hat{y}_{\text{Großstadt-West}} = b_0 + b_1 + b_3 + b_4$$

Durch Umformen und Einsetzen der Bedeutung von b_0, b_1 und b_3 erhält man:

$$\begin{aligned}
b_4 &= \hat{y}_{\text{Großstadt-West}} - b_0 - b_1 - b_3 \\
&= \hat{y}_{\text{Großstadt-West}} - \hat{y}_{\text{Kleinstadt-Ost}} - \hat{y}_{\text{Großstadt-Ost}} \\
&\quad + \hat{y}_{\text{Kleinstadt-Ost}} - \hat{y}_{\text{Kleinstadt-West}} + \hat{y}_{\text{Kleinstadt-Ost}} \\
&= \hat{y}_{\text{Großstadt-West}} - \hat{y}_{\text{Großstadt-Ost}} - \hat{y}_{\text{Kleinstadt-West}} \\
&\quad + \hat{y}_{\text{Kleinstadt-Ost}} \\
&= \left(\hat{y}_{\text{Großstadt-West}} - \hat{y}_{\text{Großstadt-Ost}}\right) \\
&\quad - \left(\hat{y}_{\text{Kleinstadt-West}} - \hat{y}_{\text{Kleinstadt-Ost}}\right)
\end{aligned}$$

Das Regressionsgewicht kontrastiert somit Unterschiede zwischen west- und ostdeutschen Großstädten mit Unterschieden in west- und ostdeutschen Kleinstädten. Der Wert des Regressionsgewichts ist gleich 0, wenn die Differenz in der mittleren materiellen Situation zwischen west- und ostdeutschen Städten nicht davon abhängt, ob es sich um eine Groß- und Kleinstadt handelt (oder alternativ: wenn die Differenz in der mittleren materiellen Situation zwischen Klein- und Großstädten nicht von der Region abhängt). Ist hingegen der Wert des Regressionskoeffizienten von 0 verschieden, zeigt dies an, dass der West-Ost-Effekt von der Größe der Stadt abhängt (moderiert wird bzw. alternativ: dass der Unterschied zwischen Klein- und Großstädten von der Region moderiert wird). Hierdurch kommt der Interaktionseffekt zum Ausdruck: Der Effekt eines Faktors auf die abhängige Variable hängt von der Ausprägung auf dem anderen Faktor ab. In unserer Untersuchung ergibt sich ein Wert von $b_4 = 0{,}033$, der auf einem vorher festgelegten α von $\alpha = 0{,}05$ nicht signifikant von 0 verschieden ist. Der Unterschied zwischen west- und ostdeutschen Städten in der mittleren materiellen Situation hängt nicht davon ab, ob es sich um Groß- oder Kleinstädte handelt. (Oder alternativ: Der Unterschied zwischen Klein- und Großstädten ist zwischen den alten und den neuen Bundesländern nicht signifikant.)

Bedeutung von b_5. Die Bedeutung des Regressionsgewichts b_5 leiten wir in gleicher Weise her wie die Bedeutung des Regressionsgewichts b_4. Setzen wir die Werte von Personen in westdeutschen Mittelstädten (s. Tab. 18.20) in die Gleichung F 18.74 ein, erhalten wir:

$$\hat{y}_{\text{Mittelstadt-West}} = b_0 + b_2 + b_3 + b_5$$

Durch Umformen und Einsetzen der Bedeutung von b_0, b_2 und b_3 ergibt sich:

$$\begin{aligned}
b_5 &= \hat{y}_{\text{Mittelstadt-West}} - b_0 - b_2 - b_3 \\
&= \hat{y}_{\text{Mittelstadt-West}} - \hat{y}_{\text{Kleinstadt-Ost}} - \hat{y}_{\text{Mittelstadt-Ost}} \\
&\quad + \hat{y}_{\text{Kleinstadt-Ost}} - \hat{y}_{\text{Kleinstadt-West}} + \hat{y}_{\text{Kleinstadt-Ost}} \\
&= \hat{y}_{\text{Mittelstadt-West}} - \hat{y}_{\text{Mittelstadt-Ost}} - \hat{y}_{\text{Kleinstadt-West}} \\
&\quad + \hat{y}_{\text{Kleinstadt-Ost}} \\
&= (\hat{y}_{\text{Mittelstadt-West}} - \hat{y}_{\text{Mittelstadt-Ost}}) \\
&\quad - (\hat{y}_{\text{Kleinstadt-West}} - \hat{y}_{\text{Kleinstadt-Ost}})
\end{aligned}$$

Das Regressionsgewicht b_5 vergleicht Unterschiede zwischen west- und ostdeutschen Mittelstädten mit Unterschieden zwischen west- und ostdeutschen Kleinstädten (oder alternativ: zwischen Klein- und Mittelstädten in den neuen Bundesländern mit Unterschieden zwischen Klein- und Mittelstädten in den alten Bundesländern). Ist das Regressionsgewicht von 0 verschieden, so bedeutet das, dass der West-Ost-Unterschied in Kleinstädten anders ausfällt als in Mittelstädten (oder alternativ: dass der Unterschied zwischen Klein- und Mittelstädten in den neuen Bundesländern anders ausfällt als in den alten Bundesländern). Der Wert von $b_5 = -0{,}182$ in unserer Untersuchung ist negativ und in der Tat signifikant von 0 verschieden (bei $\alpha = 5\,\%$). Er zeigt an, dass sich der West-Ost-Unterschied in der materiellen Situation in Kleinstädten deutlicher zeigt als in Mittelstädten.

Bedeutung der Regressionskoeffizienten im restringierten Modell

Wir haben in den vorherigen Abschnitten gezeigt, dass sich die Regressionskoeffizienten als Funktionen der empirischen Mittelwerte ausdrücken lassen. Dies ist jedoch nur dann der Fall, wenn alle möglichen Effekte – also die Haupteffekte und die Interaktionseffekte – in der Regressionsgleichung enthalten sind. Ein solches Modell, das alle möglichen Effekte enthält, nennt man saturiertes Modell. Würde man z. B. die Interaktionseffekte aus dem Regressionsmodell entfernen, so ließen sich die Regressionskoeffizienten nur als Funktion der erwarteten $\hat{y}$-Werte formulieren. Die erwarteten $\hat{y}$-Werte können dann von den empirischen Mittelwerten abweichen. Nimmt man mögliche Effekte aus dem Modell heraus, so spricht man von einem restringierten Modell. Ist das restringierte Modell in der Population korrekt, so sind die Regressionsparameter in der Population als Funktionen der Populationsmittelwerte darstellbar. Selbst wenn das Modell in der Population gilt, werden sich aber die in der Stichprobe berechneten erwarteten $\hat{y}$-Werte aufgrund des Stichprobenfehlers von den empirischen Mittelwerten unterscheiden.

Inferenzstatistische Absicherung des Interaktionseffekts

In unserem Beispiel haben wir die einzelnen Regressionskoeffizienten auf Signifikanz geprüft. Im Rahmen der multiplen Regressionsanalyse kann man auch die Nullhypothese, dass weder die eine noch die andere Interaktionsvariable einen bedeutsamen Einfluss hat, überprüfen. In unserem Beispiel lautet diese Nullhypothese $H_0: \beta_4 = \beta_5 = 0$. Man überprüft sie, in-

Tabelle 18.21 Regressionsanalyse mit Dummy-Variablen: Überprüfung der Interaktionshypothese

Unabhängige Variablen	R	R^2	Änderungsstatistiken				
			Änderung in R^2	F-Wert	df_1	df_2	p-Wert
Ortsgröße, Ost – West	0,253	0,064	0,064	44,316	3	1938	< 0,001
Ortsgröße, Ost – West, Interaktion	0,264	0,070	0,006	5,578	2	1936	0,004

dem man zunächst in einem ersten Block die drei Kodiervariablen der Faktoren A und B in die Regressionsgleichung aufnimmt und dann in einem zweiten Block die beiden Kodiervariablen, die die Interaktion repräsentieren, hinzunimmt. Ist die Zunahme des Determinationskoeffizienten statistisch bedeutsam, muss die Nullhypothese, dass keine Interaktion vorliegt, verworfen werden. Die Ergebnisse dieser Analysen sind für unser Beispiel in Tabelle 18.21 zusammengestellt. Die Hinzunahme der beiden Interaktionskodiervariablen führt zu einer signifikanten Erhöhung des Determinationskoeffizienten. Durch die Interaktionsvariablen werden zusätzlich 6 Promille an Varianz erklärt.

Vorgehen bei mehr als zwei unabhängigen Merkmalen

Hat man mehr als zwei unabhängige Merkmale, geht man in derselben Weise wie beschrieben vor. Man kodiert zunächst jedes unabhängige Merkmal. Um die Interaktion zu überprüfen, müssen dann alle Kodiervariablen eines Merkmals mit allen Kodiervariablen eines anderen Merkmals multipliziert werden. Um Interaktionen höherer Ordnung zu überprüfen, müssen die Kodiervariablen von mehreren Merkmalen miteinander multipliziert werden etc.

18.12 Gemeinsame Analyse kategorialer und metrischer unabhängiger Variablen

In der multiplen Regressionsanalyse ist es nicht nur möglich, metrische und kategoriale unabhängige Variablen getrennt zu analysieren, es gibt darüber hinaus auch die Möglichkeit, metrische Variablen und kategoriale Variablen gemeinsam in eine Analyse zu integrieren. Dies möchten wir anhand eines Beispiels aus der kulturvergleichenden Forschung illustrieren.

> **Beispiel**
>
> **Positive Emotionen und Lebenszufriedenheit in China und den USA**
> In einer Untersuchung zur Lebenszufriedenheit wurde untersucht, inwieweit das Lebenszufriedenheitsurteil einer Person von der Anzahl der positiven Emotionen, die eine Person in einem gewissen Zeitraum erlebt hat, abhängt. Aus dieser Studie haben wir zu Illustrationszwecken zwei Nationen (China, USA) ausgewählt. Die Lebenszufriedenheit wurde mit der Satisfaction-with-Life-Skala (Pavot & Diener, 1993) erfasst, einer Skala, die aus fünf Items besteht, die auf einer siebenstufigen Antwortskala eingeschätzt werden. Der Summenwert dieser fünf Items ist der Wert der abhängigen Variablen in dieser Analyse. Der Wertebereich reicht von 5 bis 35; je höher der Wert, desto höher die Lebenszufriedenheit. Von Interesse ist die Frage, inwieweit die Lebenszufriedenheit von der Anzahl positiver Affekte (*PA*), die eine Person in einem bestimmten Zeitraum erlebt hat, sowie der Zugehörigkeit zu einer Nation abhängt. Der Wertebereich der Skala *PA* reicht von 0 (keine positiven Affekte) bis 24 (sehr häufig positive Affekte).

Wir werden zwei Modelle analysieren, zunächst ein Modell mit einer additiven Verknüpfung der beiden unabhängigen Variablen, und danach ein Modell, in dem zusätzlich die Interaktion zwischen der Anzahl positiver Affekte und der Nation berücksichtigt wird.

18.12.1 Additive Verknüpfung kategorialer und kontinuierlicher Variablen: Kovarianzanalyse

Verknüpft man die unabhängigen kategorialen und kontinuierlichen Variablen additiv, erhält man ein multiples Regressionsmodell, das äquivalent zu der sog. *Kovarianzanalyse* ist. In der Kovarianzanalyse werden keine Interaktionen zwischen den kontinuierlichen und den kategorialen Variablen zugelassen, während Interaktionen zwischen den kategorialen Variablen erlaubt sind. Die Kovarianzanalyse ist eine Erweiterung der Varianzanalyse um kontinuierliche unabhängige Variablen, die *Kovariaten* genannt werden. Die Kovarianzanalyse wird v. a. aus zweierlei Gründen eingesetzt: Zum einen kann man untersuchen, ob eine oder mehrere kontinuierliche Variablen einen Einfluss auf die abhängige Variable haben, der über die Effekte einer kategorialen Variablen hinausgeht. Zum anderen wird durch die kontinuierlichen Variablen zusätzliche Varianz erklärt, wodurch die Residualvarianz in der abhängigen Variablen verringert wird. Der Zähler in Gleichung F 18.32 zur inferenzstatistischen Absicherung eines Regressionsgewichts wird verringert, hierdurch erhöht sich der F-Wert, ein Effekt wird also eher signifikant. Durch die Hinzunahme von Kovariaten, die einen bedeutsamen Einfluss haben, erhöht sich somit die Teststärke (Power) zur Absicherung eines Effekts der kategorialen Variablen. Aufgrund des Gewinns an Teststärke werden weniger Versuchspersonen benötigt, als wenn man den Effekt einer kategorialen Variablen ohne Kovariaten absichern würde. Wir behandeln die Kovarianzanalyse im Rahmen der multiplen Regressionsanalyse, da dies den Vorteil hat, die Annahme der Kovarianzanalyse, dass keine Interaktionen zwischen den kontinuierlichen und kategorialen Variablen vorliegt, zu überprüfen. Das Vorgehen bei der Kovarianzanalyse folgt einer einfachen Struktur.

> **Definition**
>
> Die **Kovarianzanalyse** ist in folgenden Schritten vorzunehmen:
> (1) Repräsentiere die kategorialen unabhängigen Variablen durch Kodiervariablen.
> (2) Nimm die Kodiervariablen und die kontinuierlichen unabhängigen Variablen in die multiple Regressionsanalyse auf.
> (3) Lasse keine Interaktionen zwischen kategorialen und kontinuierlichen Variablen zu.

In unserem Beispiel kodieren wir zunächst die Zugehörigkeit zu einer Nation. Wir haben hierzu die Dummy-Kodierung gewählt. Personen, die in China leben, wird der Wert 0, Personen, die in den USA leben, der Wert 1 zugeordnet. Sowohl die metrische Variable positiver Affekt (PA: X_1) als auch die kategoriale Variable Nation (X_2) können nun als zwei unabhängige Variablen in die Analyse aufgenommen werden. Das multiple Regressionsmodell mit der abhängigen Variablen Lebenszufriedenheit (LZ: Y) und den beiden unabhängigen Variablen wird durch folgende Regressionsgleichung beschrieben:

$$\widehat{Y} = b_0 + b_1 \cdot X_1 + b_2 \cdot X_2$$

bzw.

$$\widehat{LZ} = b_0 + b_1 \cdot PA + b_2 \cdot Nation$$

Eine Regressionsanalyse ($n = 998$) ergab folgende Regressionsgleichung:

$$\widehat{LZ} = 11{,}612^{**} + 0{,}699^{**} \cdot PA + 2{,}971^{**} \cdot Nation$$
$$\;\;\;\;\;\;(0{,}395)\;\;\;\;\;\;(0{,}046)\;\;\;\;\;\;\;\;\;\;\;\;(0{,}449)$$

Die Zahlen (in Klammern) unter den geschätzten Parametern geben den Standardfehler des jeweiligen Regressionskoeffizienten an. Teilt man den geschätzten Wert durch den Standardfehler, erhält man wie bei jeder anderen Regressionsanalyse den Wert einer t-verteilten Prüfgröße. Die Sternchen repräsentieren den p-Wert des dazugehörigen t-Tests. Ein Sternchen bedeutet wiederum, dass der p-Wert kleiner oder gleich 0,05 ist, zwei Sternchen zeigen ein $p \leq 0{,}01$ an. Alle drei Regressionskoeffizienten sind signifikant von 0 verschieden, legt man a priori ein $\alpha = 0{,}05$ fest. Wie lassen sich nun die Regressionskoeffizienten interpretieren?

Bedeutung von b_0. Der Achsenabschnitt zeigt den erwarteten $\hat{y}$-Wert für Personen in China ($X_2 = 0$) an, die einen Wert von 0 auf der Variablen PA haben.

Der Wert $X_1 = 0$ besagt, dass keine positiven Affekte erlebt werden. Für diese Personen erwarten wir einen Lebenszufriedenheitswert von $\hat{y} = 11{,}612$.

Bedeutung von b_1. Das Regressionsgewicht von $b_1 = 0{,}699$ zeigt an, dass sowohl in China als auch in den USA die Lebenszufriedenheit ansteigt, wenn mehr positive Affekte erlebt werden. Mit einer Zunahme der positiven Affekte um den Wert 1 erwartet man in beiden Nationen einen mittleren Zuwachs der Lebenszufriedenheit von 0,699.

Bedeutung von b_2. Das Regressionsgewicht von $b_2 = 2{,}971$ zeigt an, dass Personen, die gleich viel positive Affekte erleben, in den USA einen um den Wert 2,971 höheren erwarteten Lebenszufriedenheitswert aufweisen als in China. Es ist der bedingte Effekt der nationalen Zugehörigkeit, der mittlere Unterschied zwischen den beiden Nationen in der Lebenszufriedenheit, der nicht darauf zurückgeführt werden kann, dass sich beide Nationen auch im Erleben positiver Affekte unterscheiden.

Adjustierte Mittelwerte

In unserem Beispiel unterscheiden sich die beiden Nationen sowohl in ihren Mittelwerten für die Lebenszufriedenheit als auch in ihren Mittelwerten für die Häufigkeit positiver Affekte. Wir berichten in Tabelle 18.22 die Mittelwerte in beiden Nationen.

Tabelle 18.22 Mittelwerte für die Lebenszufriedenheit und die Häufigkeit positiver Affekte in China und den USA

	$\bar{x}_1$ (positiver Affekt)	$\bar{y}$ (Lebenszufriedenheit)
China	6,941	16,464
USA	13,000	23,670
Gesamt	9,624	19,656

Man sieht, dass US-Amerikaner sowohl in der Lebenszufriedenheit als auch in der Häufigkeit positiver Affekte höhere Mittelwerte aufweisen als Chinesen. Um beide Nationen in Bezug auf ihre mittlere Lebenszufriedenheit zu vergleichen, insoweit sie nicht auf das Erleben positiver Affekte zurückgeführt werden kann, berechnet man die adjustierten Mittelwerte.

> **Definition**
>
> Ein **adjustierter Mittelwert** ist der Mittelwert der abhängigen Variablen einer bestimmten Gruppe (Kategorie einer kategorialen unabhängigen Variablen), der anhand der Regressionsgleichung in dieser Gruppe für den Gesamtmittelwert der Kovariaten bestimmt wird.

Adjustiert bedeutet, dass wir Personen gleicher Ausprägung auf den Kovariaten betrachten und dadurch Unterschiede zwischen Personen konstant halten. In unserem Beispiel berechnen wir für beide Nationen die adjustierten Mittelwerte der Lebenszufriedenheit für den Gesamtmittelwert der Kovariaten positiver Affekte $\bar{x}_1 = 9{,}624$:

$$\hat{y}_{China} = 11{,}612 + 0{,}699 \cdot 9{,}624 = 18{,}339$$
$$\hat{y}_{USA} = 11{,}612 + 0{,}699 \cdot 9{,}624 + 2{,}971 = 21{,}31$$

Man sieht, dass der Mittelwertunterschied in der Lebenszufriedenheit zwischen den USA und China kleiner geworden ist, wenn man Personen vergleicht, die gleich häufig positive Affekte erleben. Während der Mittelwertunterschied in der Lebenszufriedenheit ohne Berücksichtigung der Kovariaten 23,670 − 16,464 = 7,206 beträgt, ergibt sich für die adjustierten Mittelwerte ein Unterschied von 2,971. Die Differenz der adjustierten Mittelwerte entspricht genau dem Regressionsgewicht der Variablen Nation. Dies ist nicht erstaunlich, da dieses Regressionsgewicht den Unterschied zwischen den beiden Regressionsgeraden angibt, d. h. den Wert, um den die Regressionsgerade in den USA über der Regressionsgeraden in China liegt (s. Abb. 18.10). Da die erwarteten $\hat{y}$-Werte in beiden Nationen auf den Geraden liegen, müssen auch die adjustierten Mittelwerte auf diesen Geraden liegen. Die adjustierten Mittelwerte geben also den mittleren Unterschied zwischen beiden Nationen an, der nicht auf Unterschiede im Erleben positiver Affekte zurückgeführt werden kann. Bei der Interpretation der adjustieren Mittelwerte müssen einige Aspekte beachtet werden, die wir diskutieren, nachdem wir die Kovarianzanalyse für zentrierte unabhängige Variablen behandelt haben.

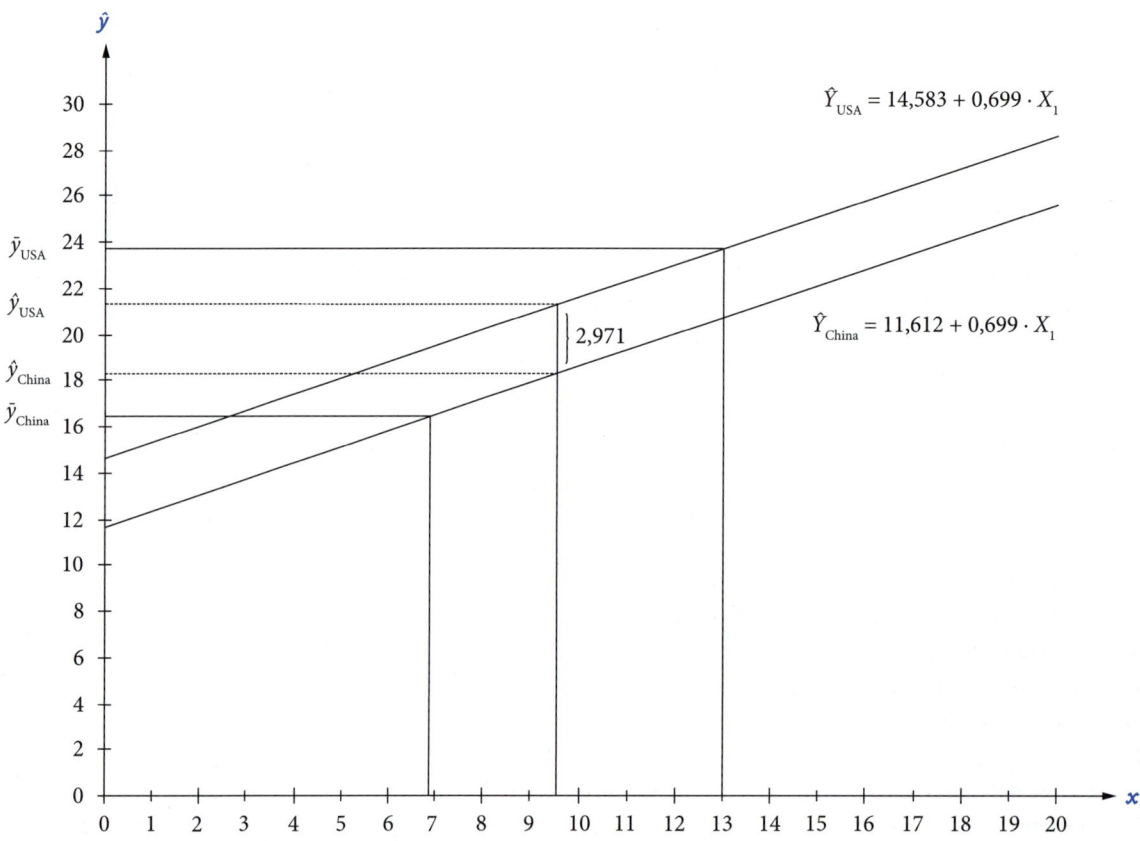

Abbildung 18.10 Lebenszufriedenheit in Abhängigkeit von dem Erleben positiver Affekte und der Nation: Adjustierte und nicht-adjustierte Mittelwerte

Zentrierte Kovariaten

Zentrierte unabhängige Variablen haben wir schon bei der moderierten Regressionsanalyse kennengelernt. Auch bei der Kovarianzanalyse hat es Vorteile, die kontinuierlichen unabhängigen Variablen (Kovariaten) vor der Analyse zu zentrieren. Ein Vorteil besteht darin, dass der Mittelwert aller Kovariaten dann gleich 0 ist. Der adjustierte Mittelwert einer Gruppe entspricht bei zentrierten Kovariaten dem Achsenabschnitt plus dem Wert der Gruppe auf der Kodiervariablen. In unserem Beispiel ergeben sich für die beiden Nationen die folgenden Regressionsgleichungen:

$$\hat{y}_{China} = 18{,}339 + 0{,}699 \cdot 0 = 18{,}339$$
$$\hat{y}_{USA} = 18{,}339 + 0{,}699 \cdot 0 + 2{,}971 = 21{,}310$$

Man sieht, dass sich durch die Zentrierung weder die Regressionsgewichte noch die adjustierten Mittelwerte ändern. Die Achsenabschnitte nehmen zwangsläufig einen neuen Wert an, da in ihre Bestimmung die Mittelwerte der Kovariaten einfließen (s. F 18.14). Die Zentrierung führt dazu, dass die Mittelwerte der Kovariaten sich ändern und nun gleich 0 sind. Bei zentrierten Kovariaten entspricht der Achsenabschnitt dem adjustierten Mittelwert in der Gruppe, die auf allen Kodiervariablen eine 0 aufweist. In unserem Beispiel entspricht der Achsenabschnitt dem adjustierten Mittelwert in China. Das Regressionsgewicht der Dummy-Variablen gibt den Mittelwertsunterschied zwischen China und den USA wieder. Ist dieses Regressionsgewicht – wie in unserem Beispiel – signifikant von 0 verschieden (bei $\alpha = 0{,}05$), zeigt dies an, dass sich die adjustierten Mittelwerte bedeutsam unterscheiden. In unserem Beispiel können daher die Unterschiede der beiden Nationen im Erleben positiver Affekte den Nationenunterschied nicht vollständig erklären. Es gibt noch einen bedingten Nationenunterschied.

Interpretation der adjustierten Mittelwerte

Bei der Interpretation der adjustierten Mittelwerte sind verschiedene Aspekte zu beachten (Agresti & Finlay, 2009; Cohen et al., 2003).

Korrektheit des Regressionsmodells. Die adjustierten Mittelwerte sind nur dann angemessene Schätzwerte für die Mittelwerte in den beiden Populationen (China, USA), wenn das Regressionsmodell korrekt ist. Dies bedeutet, dass die Beziehung zwischen der Lebenszufriedenheit und dem Erleben positiver Affekte in beiden Nationen linear und das Regressionsgewicht in beiden Ländern gleich sein muss. Letztere Annahme bedeutet, dass es keine Interaktion zwischen den beiden unabhängigen Variablen (*PA*, *Nation*) gibt. Beide Annahmen können falsch sein, und ihre Gültigkeit muss überprüft werden, bevor die adjustierten Mittelwerte interpretiert werden. Wir werden in Abschnitt 18.12.3 zeigen, wie dies geschehen kann, und feststellen, dass wir in unserem Beispiel die Grundannahme der Kovarianzanalyse, dass es keine Interaktion zwischen den kategorialen unabhängigen Variablen und den Kovariaten gibt, nicht aufrechterhalten können. Wir können daher die berichteten adjustierten Mittelwerte nicht sinnvoll interpretieren. Wir haben das Beispiel bewusst gewählt, um deutlich zu machen, dass die Annahmen, die der Berechnung der adjustierten Mittelwerte zugrunde liegen, vorher überprüft werden müssen. Dies ist im Rahmen der multiplen Regressionsanalyse einfach möglich. Problematisch ist die Annahme insbesondere dann, wenn sich die Gruppen sehr stark in ihren Mittelwerten auf den Kovariaten unterscheiden und sich deren Verteilungen – im Extremfall – gar nicht überlappen. Dann lässt sich nicht überprüfen, ob in beiden Gruppen das Regressionsmodell mit gleichen Regressionsgewichten über den gesamten Wertebereich der Kovariaten hinweg gilt. Würden sich jedoch die Regressionsmodelle in ihren Steigungen in den Bereichen, die sich nicht überlappen, in der Population unterscheiden, dann käme es zu einer Fehlinterpretation der adjustierten Mittelwerte. Bei sehr großen Unterschieden in den Mittelwerten auf den Kovariaten sollten adjustierte Mittelwerte deshalb nur äußerst vorsichtig interpretiert werden.

Abhängigkeit adjustierter Mittelwertsunterschiede von den unabhängigen Variablen. Die beiden Nationen unterscheiden sich möglicherweise noch in anderen unabhängigen Variablen, die nicht ins Modell aufgenommen wurden. Der bedingte Nationeneffekt kann nur in Bezug auf die im Modell repräsentierten unabhängigen Variablen interpretiert werden. Es könnte sein, dass durch Hinzunahme weiterer Kovariaten, die mit der Variablen Nation korreliert sind, der bedingte Unterschied zwischen den Gruppen weiter schrumpft. Die Aufnahme aller relevanten Variablen in das Modell ist insbesondere dann wichtig, wenn kausale Interpretationen vorgenommen werden. Wir werden dies anhand eines Beispiels aus der quasi-experimentellen Evaluationsforschung im nächsten Abschnitt verdeutlichen und zeigen, dass man mit kausalen Schlussfolgerungen äußerst vorsichtig sein muss.

Messfehlerfreiheit der unabhängigen Variablen. Wir haben schon in Abschnitt 16.9.2 gesehen, dass die Regressionsanalyse voraussetzt, dass die unabhängigen Variablen fehlerfrei gemessen wurden. Dies ist in der Psychologie nur für wenige Variablen möglich. Unsere Nationenvariable dürfte dazugehören, die Variable zur Erfassung des Erlebens positiver Affekte sicherlich nicht. Wir werden die Konsequenzen des Messfehlers und Möglichkeiten, damit umzugehen, ausführlich in den Kapiteln 22–25 behandeln. Da der Messfehler jedoch gravierende Konsequenzen für die Interpretation adjustierter Mittelwerte haben kann und Unterschiede in den adjustierten Mittelwerten artifiziell erzeugen kann, werden wir die Konsequenzen des Messfehlers für die Interpretation adjustierter Mittelwerte im nächsten Abschnitt anhand eines Beispiels der quasi-experimentellen Evaluationsforschung illustrieren. Eine Konsequenz des Messfehlers ist es, dass die Regressionsgewichte verzerrt geschätzt werden, was erhebliche Konsequenzen für die Interpretation der adjustierten Mittelwerte haben kann.

18.12.2 Kovarianzanalyse in quasi-experimentellen Designs

Wir wollen einige Probleme, die mit der Interpretation adjustierter Mittelwerte in der quasi-experimentellen Forschung verbunden sind, am Beispiel eines sehr häufig realisierten Designs aufzeigen: des Interventions-Kontrollgruppen-Designs mit Vorher- und Nachhermessung. Wir werden dieses Thema sehr ausführlich behandeln, da diesem Design in der Evaluationsforschung eine große Bedeutung zukommt und die Probleme, die mit der Interpretation adjustierter Mittelwerte verknüpft sind, in Lehrbüchern häufig nur knapp behandelt werden.

Wir wählen ein Beispiel aus der Bildungsforschung, da man in diesem Bereich häufig nur nicht-experimentell arbeiten kann, d. h. Gruppen (z. B. Bundesländer oder Schulformen) vergleicht, die bereits gegeben sind und nicht kontrolliert manipuliert werden können. Außerdem sind die Ergebnisse von Bildungsstudien und ihre Interpretationen mit weitreichenden Konsequenzen verbunden. Wir wollen die Auswirkung aufzeigen, die die Verletzung von zwei Voraussetzungen hat: (1) Die Kovariate wurde nicht messfehlerfrei gemessen; (2) es wurden nicht alle relevanten unabhängigen Variablen in die Modellgleichung aufgenommen, d. h., es liegt ein sog. Underfitting vor. Wir arbeiten mit simulierten Daten, da wir dann die Zusammenhänge in der Population kennen und die Auswirkungen genau identifizieren können.

> **Beispiel**
>
> **Schulform und Lesekompetenz**
> In einer europäischen Hauptstadt gibt es die Wahl, nach dem vierten Schuljahr an der Grundschule bis zum sechsten Schuljahr zu verbleiben, um dann auf eine weiterführende Schule, z. B. das Gymnasium, zu wechseln, oder bereits nach dem vierten Schuljahr den Wechsel zu vollziehen. Ein Forscher interessiert sich für die Auswirkungen eines frühzeitigen Wechsels auf die weiterführende Schule und untersucht zwei große Schulen zu Beginn des fünften und nach dem sechsten Schuljahr in Bezug auf die Lesekompetenz (LK) der teilnehmenden Schüler. Die eine Schule ist eine Grundschule (GS) mit 500 Schülern, die andere ein Gymnasium (GM) mit 500 Schülern. Zur Überprüfung von Unterschieden in der Lesekompetenz nach dem sechsten Schuljahr (abhängige Variable: LK_2) führt er eine Kovarianzanalyse durch. Dabei ist die Schulform die (kategoriale) unabhängige Variable (SF; Grundschule: $SF = 0$, Gymnasium: $SF = 1$) und die Lesekompetenz zu Beginn des fünften Schuljahres (LK_1) die Kovariate. Die Logik dieses Modells ist folgende: Da Kinder mit einer höheren Lesekompetenz tendenziell früher aufs Gymnasium wechseln, könnte es sein, dass Unterschiede in der Lesekompetenz am Ende des sechsten Schuljahres (LK_2) nicht wirklich auf Unterschiede in der Schulform, sondern vielmehr auf bereits vorhandene Unterschiede in der Lesekompetenz (zu Beginn des fünften Schuljahres) zurückzuführen sind. Der Forscher möchte mit Hilfe
>
>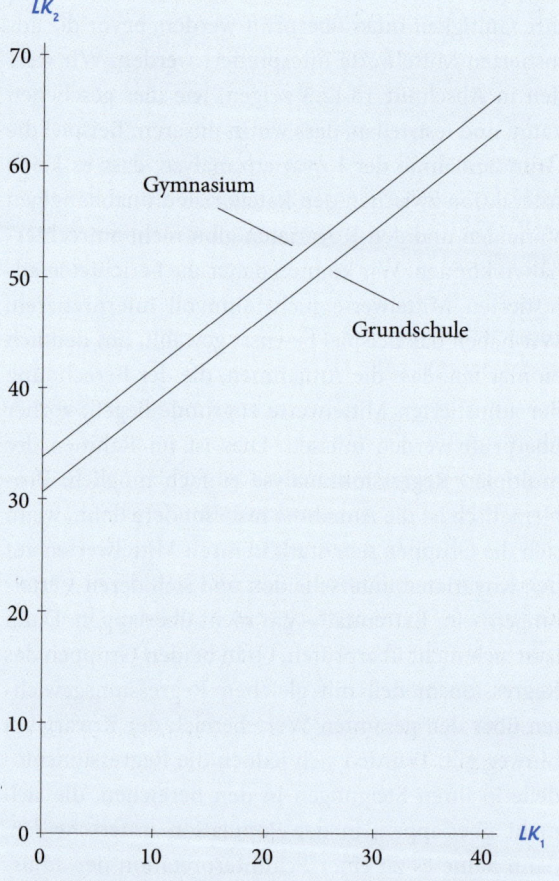
>
> **Abbildung 18.11** Lesekompetenz nach dem sechsten Schuljahr (LK_2) in Abhängigkeit von der Lesekompetenz zu Beginn des fünften Schuljahres (LK_1) und der Schulform (fiktives Beispiel)

der Kovarianzanalyse nun überprüfen, ob die Schulform über die bereits bestehenden Unterschiede in der Lesekompetenz hinaus einen Beitrag zur Erklärung der Lesekompetenz am Ende des sechsten Schuljahres leistet. Er erhält folgendes Ergebnis einer Kovarianzanalyse:

$$\widehat{LK_2} = 30{,}560^{**} + 0{,}797^{**} \cdot LK_1 + 2{,}971^{**} \cdot SF$$

(F 18.76)

Sowohl die Lesekompetenz zu Beginn des fünften Schuljahres als auch die Schulform haben einen bedeutsamen Einfluss. Das Regressionsgewicht der Schulform zeigt den Unterschied in den adjustierten Mittelwerten an. Im Gymnasium ist die durchschnittliche Leseleistung um den Wert 2,971 höher als in der Grundschule, wenn man den Einfluss der Lesekompetenz zu Beginn des fünften Schuljahres statistisch kontrolliert. In Abbildung 18.11, die die erwarteten LK_2-Werte in Abhängigkeit von den LK_1-Werten und der Schulform wiedergibt, wird dies deutlich. Das Gymnasium liegt in allen Bereichen über der Grundschule. Da insbesondere auch die guten Schüler im Gymnasium eine höhere Lesekompetenz nach dem sechsten Schuljahr aufweisen als die Schüler mit einem vergleichbaren LK_1-Wert in der Grundschule, interpretiert unser Forscher dies als ein Beleg dafür, dass ein frühzeitiger Wechsel zum Gymnasium die Lesekompetenz steigert, und empfiehlt der Schulbehörde eine Umgestaltung des Schulsystems. Bisher erscheinen alle Ergebnisse erwartungskonform und plausibel. Sollte man dieser Empfehlung folgen?

Um die Frage zu beantworten, schauen wir uns die Datensituation etwas genauer an. In Tabelle 18.23 sind die Mittelwerte, Standardabweichungen und Retestkorrelationen angegeben. Die Korrelationen zwischen den LK_1-Werten und den LK_2-Werten in den beiden Schulformen liegen bei ungefähr 0,80, was für kognitive Fähigkeiten wie die Lesekompetenz typisch ist. Die Schüler der beiden Schultypen unterscheiden sich im Mittel nach dem sechsten Schuljahr um ungefähr 10 Einheiten in der Lesekompetenz, was einer relativ großen Effektstärke entspricht. Sie unterscheiden sich – wie zu erwarten war – auch bereits zu Beginn des fünften Schuljahres um etwa 10 Punkte. Darüber hinaus fällt auf, dass der mittlere Kompetenzzuwachs in beiden Gruppen mit etwa 10 Punkten annähernd gleich groß ist. Überprüft man die Differenzwerte $LK_2 - LK_1$ zwischen den beiden Schulformen mittels eines t-Tests für unabhängige Stichproben auf Signifikanz, erhält man einen t-Wert von $t = -0{,}397$, $df = 998$, $p = 0{,}692$. Das Ergebnis zeigt, dass der Mittelwertunterschied auf einem vorher festgelegten Signifikanzniveau von $\alpha = 0{,}05$ nicht signifikant von 0 verschieden ist. Beide Schulformen unterscheiden sich somit nicht hinsichtlich des Zuwachses an Lesekompetenz. Dieses Ergebnis führt zu einer vollkommen anderen Schlussfolgerung als das Ergebnis der Kovarianzanalyse, obwohl dieselben Daten untersucht wurden. Dieses Phänomen nennt man Lords Paradox. Der Name geht auf den Psychometriker Frederic M. Lord zurück, der dieses Phänomen 1967 beschrieben hat (Lord, 1967).

Tabelle 18.23 Lesekompetenz in einer Grundschule und einem Gymnasium (fiktive Daten). Angegeben sind Mittelwerte und Standardabweichungen sowie Retestkorrelationen

	5. Schuljahr (Beginn)	6. Schuljahr (Ende)	Retestkorrelation
Grundschule	$\bar{x}_{GS} = 100{,}333$ $\hat{\sigma}_{X\text{-}GS} = 14{,}473$	$\bar{y}_{GS} = 110{,}567$ $\hat{\sigma}_{Y\text{-}GS} = 14{,}493$	$r_{XY\text{-}GS} = 0{,}802$
Gymnasium	$\bar{x}_{GM} = 110{,}227$ $\hat{\sigma}_{X\text{-}GM} = 15{,}072$	$\bar{y}_{GM} = 120{,}698$ $\hat{\sigma}_{Y\text{-}GM} = 15{,}081$	$r_{XY\text{-}GM} = 0{,}790$

Lords Paradox

Lords Paradox beschreibt das Phänomen, dass die Analyse von mittleren Veränderungen und die Kovarianzanalyse zu einander widersprechenden Ergebnissen führen, wenn Veränderungen für natürlich vorgefundene, d. h. nicht randomisiert gebildete Gruppen in einem Vortest-Nachtest-Design untersucht werden. Das Paradox lässt sich in unserem Beispiel darauf zurückführen, dass die Messung der Lesekompetenz messfehlerbehaftet ist. Während der Messfehler der abhängigen Variablen (LK_2) in das Residuum der multiplen Regressionsanalyse einfließt, bleibt der Messfehler der Kovariate (LK_1) unberücksichtigt. Der Messfehler »stört« den t-Test der mittleren Veränderungen nicht, da der t-Test auf den Mittelwerten basiert und sich deshalb die individuellen Messfehler ausmitteln (s. hierzu ausführlich Abschn. 22.1.3). Dies ist bei der Kovarianzanalyse aber nicht der Fall, wie wir im Folgenden zeigen werden.

Der Messfehler und seine Auswirkungen

Um die Auswirkungen des Messfehlers zu verstehen, empfehlen wir, zunächst Kapitel 22 zu lesen. Wir werden aber versuchen, die Konsequenzen des Messfehlers so darzustellen, dass man sie auch ohne Lektüre von Kapitel 22 nachvollziehen kann. Daher werden wir zunächst die Grundidee der Messfehlertheorie zusammenfassen. Der Messfehlertheorie zufolge setzt sich ein beobachteter Wert aus einem wahren Wert (engl. true score) und einem Messfehler zusammen. Die wahren Werte sind Ausprägungen einer latenten (nicht beobachtbaren) Variablen, die True-Score-Variable genannt und mit τ bezeichnet wird. Die Messfehlervariable (kurz: Fehlervariable) wird mit ε bezeichnet. Eine beobachtete Variable lässt sich somit in eine True-Score-Variable und die Fehlervariable zerlegen. Für eine unabhängige Variable X folgt daher: $X = \tau + \varepsilon$. Ein beobachteter Lesekompetenzwert spiegelt somit z. T. die Lesekompetenz und z. T. den Messfehler wider. Aus der Zerlegung der beobachteten Variablen X folgt auch die Zerlegung ihrer Varianz $Var(X) = Var(\tau) + Var(\varepsilon)$. Wie wir in Abschnitt 22.1.4 zeigen werden, wird das Verhältnis aus der Varianz der True-Score-Variablen τ und der Varianz der beobachteten Variablen X Reliabilität genannt; es gibt an, in welchem Ausmaß beobachtete Unterschiede wahre Unterschiede widerspiegeln.

Datensimulation. Die Daten in Tabelle 18.23 wurden durch ein Simulationsverfahren erzeugt. Wir gingen hierbei von folgenden Gegebenheiten in der Population aus: Die Populationsmittelwerte für die wahren Werte betrugen in der Grundschule in der fünften Klasse 100 und in der sechsten Klasse 110, in dem Gymnasium 110 und 120. Es wurde angenommen, dass die wahren Werte im fünften Schuljahr in beiden Schulformen normalverteilt sind mit einer Standardabweichung von 13,42. Für beide Schulformen wurden aus dieser Verteilung 500 wahre Werte gezogen. Der wahre Wert eines Schülers im Nachtest (LK_2) ergab sich als sein Vortestwert (LK_1) plus einer Konstanten von 10. Jeder Schüler hat sich also in Bezug auf seine wahren Werte in exakt gleichem Ausmaß verändert, unabhängig davon, welcher Schule er angehört. Zu jedem Vortestwert und jedem Nachtestwert wurde ein Fehlerwert addiert, und zwar derart, dass die Reliabilitäten 0,80 betragen.

Erklärung der Auswirkungen des Messfehlers. Bevor wir die Auswirkungen des Messfehlers formal erläutern, wollen wir zunächst zeigen, dass sich die Berücksichtigung des Messfehlers auch wirklich auf die Ergebnisse der Analysen in unserem Beispiel auswirkt. Berechnet man die Kovarianzanalyse nicht auf der Grundlage der messfehlerbehafteten beobachteten Vortestwerte, sondern der wahren Vortestwerte der einzelnen Schüler (τ_{LK_1}), erhält man folgende Gleichung:

$$\widehat{LK}_2 = 11{,}067** + 0{,}993** \cdot \tau_{LK_1} - 0{,}166 \cdot SF$$

(F 18.77)

Diese Gleichung zeigt uns zwei wichtige Ergebnisse:
(1) Der Einfluss der Schulform ist in dieser Gleichung nicht mehr signifikant. Die Hypothese, dass die adjustierten Mittelwerte in beiden Schulformen in der Population gleich sind, wird nicht verworfen. Der hoch signifikante Effekt der Kovariate hingegen war theoretisch zu erwarten: Die Unterschiede im Nachtest sind v. a. darauf zurückzuführen, dass sich die Schüler im Vortest unterscheiden und die beiden Schulformen unterschiedliche Vortestmittelwerte aufweisen.

(2) Das Regressionsgewicht der Kovariate (also der Vortestwerte) ist größer, wenn man die wahren LK_1-Werte betrachtet, als wenn man die beobachteten (messfehlerbehafteten) LK_1-Werte betrachtet. Hierin liegt des Rätsels Lösung. Durch den Messfehler wird das Regressionsgewicht der Kovariate im Modell mit den beobachteten LK_1-Werten unterschätzt. Dadurch fällt die Adjustierung der LK_2-Werte durch die LK_1-Werte schwächer aus, als es aufgrund der wahren Werte notwendig gewesen wäre. Damit wird auch die Differenz in den erwarteten Nachtestwerten zwischen beiden Schulformen unterschätzt: Da sich beide Schulformen in ihren mittleren Ausgangswerten unterscheiden, ist der erwartete Unterschied in den Nachtestwerten bei einem Regressionsgewicht von 0,797 (ohne Berücksichtigung des Messfehlers) geringer als bei einem Regressionsgewicht von 0,993 (mit Berücksichtigung des Messfehlers). Dies wird dann durch das signifikante Regressionsgewicht der Variablen, die die Schulform repräsentiert, ausgeglichen.

Man kann das Phänomen wie folgt veranschaulichen. In der Population wurde der wahre Nachtestwert einer Person bestimmt, indem zum Vortestwert der Wert 10 hinzuaddiert wurde. Daher gilt auch für die Mittelwerte in den beiden Schulformen auf Populationsebene:

Mittelwert(Nachtest$_{GM}$)
= 10 + Mittelwert(Vortest$_{GM}$)

Mittelwert(Nachtest$_{GS}$)
= 10 + Mittelwert(Vortest$_{GS}$)

Hieraus ergibt sich für die Mittelwertsdifferenz im Nachtest:

Mittelwert(Nachtest$_{GM}$) − Mittelwert(Nachtest$_{GS}$)
= Mittelwert(Vortest$_{GM}$) − Mittelwert(Vortest$_{GS}$)

Diese Beziehung bleibt erhalten, wenn wir uns die Ergebnisse der Regressionsanalyse mit der fehlerbereinigten Kovariate in der Stichprobe anschauen. Das Regressionsgewicht ist (aufgrund des Stichprobenfehlers) nur unwesentlich von 1 verschieden, die erwartete Mittelwertsdifferenz im Nachtest gleich der Mittelwertsdifferenz im Vortest, wie es den Daten in Tabelle 18.23 – abgesehen vom Stichprobenfehler – auch entspricht.

Verzerrte Schätzung des Regressionsgewichts durch Messfehler. Der Messfehler beeinflusst nicht die Mittelwerte der Variablen, da sich die Messfehler ausmitteln. In den Stichprobendaten sind daher die Mittelwertsunterschiede im Nachtest – abgesehen vom Stichprobenfehler – gleich den Mittelwertsunterschieden im Vortest. Allerdings beeinflusst der Messfehler die Berechnung des Regressionsgewichts. Betrachten wir hierzu die beiden Schulformen getrennt. Innerhalb einer Schulform ist das Regressionsgewicht gleich dem Regressionsgewicht der einfachen linearen Regression. Dies wird nach Gleichung F 16.4 wie folgt bestimmt:

$$b_1 = \frac{s_{XY}}{s_X^2},$$

in der Population dann entsprechend:

$$\beta_1 = \frac{Cov(X,Y)}{Var(X)}$$

Wie wir in Abschnitt 22.2.1 zeigen werden, wird in der Messfehlertheorie typischerweise angenommen, dass die Messfehler verschiedener Variablen voneinander unabhängig sind, da die Messfehler zufällige, unsystematische Einflüsse widerspiegeln. Daher folgt, dass die Kovarianz zweier Variablen X und Y gleich der Kovarianz ihrer True-Score-Variablen τ_X und τ_Y ist: $Cov(X, Y) = Cov(\tau_X, \tau_Y)$. Für die Varianz von X ergibt sich: $Var(X) = Var(\tau_X) + Var(\varepsilon)$ und somit für das Regressionsgewicht:

$$\beta_1 = \frac{Cov(\tau_X, \tau_Y)}{Var(\tau_X) + Var(\varepsilon)}$$

Diese Formel zeigt zwei wichtige Sachverhalte: (1) Das Regressionsgewicht der messfehlerbehafteten Variablen hängt nur vom Messfehler der unabhängigen Variablen X, nicht aber vom Messfehler der abhängigen Variablen Y ab. (2) Es wird umso kleiner, je größer die Fehlervarianz und damit je geringer die Reliabilität ist. Dies lässt sich für das Regressionsgewicht eines Modells mit einer unabhängigen Variablen einfach herleiten. Das Regressionsgewicht der multiplen Regressionsanalyse wird in komplexer Weise vom Messfehler der unabhängigen Variablen beeinflusst. Es kann sowohl zu Unter- als auch Überschätzungen kommen. Für unsere Argumentation reicht es jedoch aus zu sehen, dass das Regressionsgewicht durch Messfehlereinflüsse auf die unabhängigen Variablen verzerrt wird. In unserem Populationsmodell ist ein einfaches lineares Modell das korrekte Modell zur Vorhersage der Lesekompetenz nach dem sechsten Schuljahr. Würden wir nun aufgrund der messfehlerbehafteten Variablen in der Gesamtstichprobe eine einfache Regressionsanalyse durchführen, bekämen wir folgende Regressionsgleichung:

$$\widehat{LK_2} = 29{,}272** + 0{,}820** \cdot LK_1 \qquad \text{(F 18.78)}$$

Aufgrund des Messfehlers wird das Regressionsgewicht erwartungsgemäß unterschätzt. Es beträgt 0,820 und nicht 1. Für die beiden Schulformen ergeben sich hieraus folgende erwarteten Mittelwerte von LK_2:

erwarteter Mittelwert(Nachtest$_{GM}$)
= 29,272 + 0,820 · Mittelwert(Vortest$_{GM}$)

erwarteter Mittelwert(Nachtest$_{GS}$)
= 29,272 + 0,820 · Mittelwert(Vortest$_{GS}$)

Hieraus ergibt sich die erwartete Mittelwertsdifferenz:

Mittelwert(Nachtest$_{GM}$) − Mittelwert(Nachtest$_{GS}$)
= 0,820 · [Mittelwert(Vortest$_{GM}$)
 − Mittelwert(Vortest$_{GS}$)]

Man erwartet aufgrund des verzerrt geschätzten Regressionsgewichts, dass die Nachtestdifferenz nur das 0,820-fache der Vortestdifferenz beträgt. Wie wir Tabelle 18.23 entnehmen, sind beide Differenzen jedoch gleich. Um das Regressionsmodell optimal an die Daten anzupassen, nutzt die Regressionsanalyse die Möglichkeit, die sich bietet, wenn die Schulform als kategoriale Variable zusätzlich in die Regressionsgleichung aufgenommen wird. Das Regressionsgewicht der Schulform gleicht die durch das verzerrte Regressionsgewicht des Vortests erwartete zu geringe Mittelwertsdifferenz des Nachtests aus, indem das Regressionsgewicht, das ja ebenfalls die Differenz zwischen beiden Schulformen (Ausprägungen der Dummy-Variablen) gewichtet, einen positiven Wert erhält.

Wichtige Erkenntnisse. Aus den bisherigen Ausführungen ergeben sich sechs wichtige Erkenntnisse:

(1) Der Messfehler der unabhängigen Variablen kann zu Fehlinterpretationen des Effekts der kategorialen Variablen führen. In unserem Beispiel wurde der Effekt der Schulform überschätzt; er kann aber auch unterschätzt werden (s. hierzu ausführlich Campbell & Kenny, 1999, Kap. 5).

(2) Die Berücksichtigung des Messfehlers behebt das Problem, das durch die Messfehlerverzerrung entsteht.

(3) Im Falle messfehlerbehafteter unabhängiger Variablen sollte zu Modellen mit latenten Variablen (s. Kap. 22–25) gegriffen werden, um die Verzerrung zu beheben.

(4) Es sollte angestrebt werden, unabhängige Variablen – soweit es geht – ohne Messfehler zu messen.

(5) Kausalinterpretationen (hier: Effekt der Schulform) sollten in der quasi- und nicht-experimentellen Forschung mit großer Vorsicht vorgenommen werden.

(6) Im Gegensatz zur Kovarianzanalyse führt der t-Test der Differenzwerte zum korrekten Schluss, auch ohne dass die Variablen in Bezug auf ihren Messfehler korrigiert wurden. Dies erklärt sich daraus, dass der t-Test auf einem Mittelwertsvergleich basiert und die Messfehler bei der Mittelung der Werte ausgemittelt werden.

Kovarianzanalyse und messwiederholte Varianzanalyse

Die Daten in Tabelle 18.23 könnte man auch mit einer zweifaktoriellen Varianzanalyse mit Messwiederholung auf einem Faktor auswerten (s. Abschn. 14.2.2). Man hätte dann einen zweistufigen Gruppenfaktor (Schulform) und einen zweistufigen Messwiederholungsfaktor (Messzeitpunkte: Beginn der fünften Klasse, Ende der sechsten Klasse). In unserem Beispiel würde man einen Haupteffekt für die Schulform erwarten, da die Gymnasialschüler auf beiden Kompetenzmessungen höhere Werte haben. Man würde außerdem einen Haupteffekt der Messzeitpunkte erwarten, da die Lesekompetenz generell zunimmt. Man würde aber keinen Interaktionseffekt erwarten, da sich die Kinder in beiden Schulformen gleich entwickeln. Genau dies ist auch der Fall. Der F-Wert der Interaktion beträgt $F = 0{,}158$ ($df_1 = 1$, $df_2 = 998$, $p = 0{,}692$) und ist nicht signifikant. Der F-Wert ist exakt gleich dem quadrierten t-Wert des t-Tests, beide Tests führen zum selben Ergebnis und selben p-Wert. Zur Analyse differentieller Veränderungen in Abhängigkeit von der Schulform können daher sowohl der t-Test für Differenzwerte als auch die zweifaktorielle Varianzanalyse mit Messwiederholung auf einem Faktor herangezogen werden.

Auswirkungen ausgelassener relevanter unabhängiger Variablen

Kommen wir zum zweiten Problem, dem Problem ausgelassener relevanter unabhängiger Variablen. Die Kovarianzanalyse führt in der nicht-experimentellen Forschung nur dann zu einem validen Schluss in Bezug auf den Effekt einer unabhängigen (kategorialen) Variablen, wenn keine relevanten Variablen ausgelassen werden. Der Effekt der unabhängigen Variablen wird auch dann verzerrt geschätzt, wenn es weitere Variablen gibt, die mit der unabhängigen Variablen zusammenhängen und über die im Modell bereits berücksichtigten Variablen hinaus die abhängige Variable beeinflussen würden – hätte man sie ins Modell aufgenommen. Werden sie ausgelassen, wird der Effekt falsch geschätzt, und diese Verzerrung lässt sich nicht einfach wie beim Messfehler durch die Messfehlerbereinigung ausgleichen. Auch dies wollen wir an unserem Beispiel illustrieren.

> **Beispiel**
>
> **Schulvergleich in der Lesekompetenz: Effekte ausgelassener unabhängiger Variablen**
>
> Wir haben in einer Erweiterung unserer Simulationsstudie angenommen, dass innerhalb der beiden Schulformen der wahre Nachtestwert nicht nur von dem Vortestwert abhängt, sondern darüber hinaus von einer zweiten Variablen, die wir soziale Schicht (SOS) nennen und die wir aus Einfachheitsgründen dichotom mit den Werten 0 (niedrige soziale Schicht) und 1 (hohe soziale Schicht) erfasst haben. Innerhalb jeder Schulform liegt folgende Gleichung der Datensimulation zugrunde:
>
> Wahrer LK_2-Wert = 10 + wahrer LK_1-Wert $+ 5 \cdot SOS$
>
> Bei gleichen wahren Vortestwerten haben Kinder aus einer höheren sozialen Schicht im Vergleich zu Kindern aus einer niedrigeren sozialen Schicht einen um 5 erhöhten Nachtestwert. Man könnte sich diesen Unterschied dadurch erklären, dass in Familien aus einer höheren sozialen Schicht mehr Bücher vorhanden sind, mehr Leseanreize gesetzt werden, mehr mit den Kindern gelesen wird usw. Wichtig ist, dass innerhalb jeder Schulform die Gleichung dieselbe ist. Kinder innerhalb der gleichen sozialen Schicht entwickeln sich also in beiden Schulformen gleich. Wir haben nun die Daten so erzeugt, dass die soziale Schicht mit der Schulform korreliert ist, und zwar derart, dass der Anteil hoher sozialer Schicht im Gymnasium 80 % und bei den in der Grundschule verbliebenen Schülern 20 % beträgt. Das Populationsmodell lautet also für die Gesamtpopulation:
>
> Wahrer LK_2-Wert = 10 + wahrer LK_1-Wert $+ 5 \cdot SOS + 0 \cdot SF$
>
> Die Schulform ist mit der sozialen Schicht korreliert, hat aber über sie hinaus keinen Effekt. Der Unterschied zwischen den beiden Schulformen ist also nicht auf den Unterricht zurückzuführen, sondern auf die ungleiche Verteilung der Variablen SOS über die beiden Schulformen hinweg. Sowohl zu dem wahren Vortestwert als auch zu dem wahren Nachtestwert wurde ein Fehlerwert addiert. Die beobachteten Variablen wurden einer Kovarianzanalyse unterzogen. Die soziale Schicht wurde zunächst nicht berücksichtigt. Man erhält folgendes Ergebnis:
>
> $$\widehat{LK_2} = 31{,}786** + 0{,}795** \cdot LK_1 + 5{,}355** \cdot SF$$
>
> (F 18.79)
>
> Man sieht, dass sowohl das Regressionsgewicht der Kovariate (Vortest; LK_1) als auch das Regressionsgewicht der Schulform signifikant von 0 verschie-

den sind. Der Schuleffekt ist gegenüber Gleichung F 18.76 noch größer geworden. Man wäre folglich noch eher verführt, das Ergebnis dieser Analyse dahingehend zu deuten, dass der frühzeitige Wechsel zum Gymnasium mit einem deutlich höheren Kompetenzgewinn einhergeht als das Verbleiben an der Grundschule.

Was passiert, wenn man anstatt der fehlerbehafteten beobachteten Werte für LK_1 die wahren Werte im Vortest in die Regressionsgleichung aufnimmt? Man erhält in diesem Fall folgende Gleichung:

$$\widehat{LK}_2 = 12{,}609** + 0{,}987** \cdot \tau_{LK_1} \\ + 2{,}982** \cdot SF \quad \text{(F 18.80)}$$

Das Regressionsgewicht der Kovariate wird nun – abgesehen vom Stichprobenfehler – korrekt geschätzt. Dadurch wird auch der Effekt der Schulform verringert, da sie nicht mehr die Unterschätzung der Mittelwerte aufgrund des verzerrten Regressionsgewichts ausgleichen muss. Aber der Effekt der Schulform verschwindet nicht, sondern bleibt bedeutsam. Dies ist darauf zurückzuführen, dass die Schulform mit der sozialen Schicht zusammenhängt, die nicht in die Regressionsgleichung aufgenommen wurde. Der Effekt der Schulform ist also ein Scheineffekt.

Was passiert nun, wenn wir die soziale Schicht mit in die Regressionsgleichung aufnehmen und zunächst die messfehlerbehaftete Kovariate berücksichtigen? Wir erhalten die Gleichung:

$$\widehat{LK}_2 = 30{,}767** + 0{,}797** \cdot LK_1 + 2{,}766** \cdot SF \\ + 4{,}157** \cdot SOS \quad \text{(F 18.81)}$$

Gegenüber Gleichung F 18.79 hat sich das Gewicht der Schulform verringert, ist aber weiterhin signifikant. Es ist ein bedeutsamer Effekt der sozialen Schicht hinzugekommen. Erst wenn wir die Kovariate um ihren Messfehler bereinigen und die True-Score-Variable in das Modell aufnehmen, sind die Abweichungen der geschätzten Parameter von den Populationsparametern nur auf den Stichprobenfehler zurückzuführen, und der Effekt der Schulform verschwindet:

$$\widehat{LK}_2 = 11{,}111** + 0{,}993** \cdot \tau_{LK_1} - 0{,}078 \cdot SF \\ + 4{,}860** \cdot SOS \quad \text{(F 18.82)}$$

In diesem Beispiel wäre auch die zweifaktorielle Varianzanalyse mit Messwiederholung auf einem Faktor nicht in der Lage, den wahren Effekt aufzudecken, wenn die soziale Schicht nicht mit in das Modell aufgenommen wird. Dies rührt daher, dass sich die beiden Schulformen in ihren mittleren Zuwächsen bedeutsam unterscheiden (s. Tab. 18.24). Dieser Unterschied zeigt jedoch keinen Schuleffekt an, sondern geht auf die Konfundierung der Schulform mit der sozialen Schicht zurück. Erst wenn man die Varianzanalyse um den Faktor SOS erweitert, verschwindet auch dort der Effekt, dass die Schulform mit dem Messwiederholungsfaktor interagiert; dies zeigt, dass sich beide Schulformen nicht in ihren bedingten Effekten unterscheiden. Für die adäquate Interpretation des Schuleffekts ist es daher notwendig, dass alle relevanten Variablen in die Regressionsgleichung aufgenommen werden.

Tabelle 18.24 Lesekompetenz in einer Grundschule und einem Gymnasium (fiktive Daten)

a Mittelwerte und Standardabweichungen

	5. Schuljahr (Beginn)	6. Schuljahr (Ende)
Grundschule	$\bar{x}_{GS} = 100{,}333$ $\hat{\sigma}_{X\text{-}GS} = 14{,}473$	$\bar{y}_{GS} = 111{,}557$ $\hat{\sigma}_{Y\text{-}GS} = 14{,}595$
Gymnasium	$\bar{x}_{GM} = 110{,}227$ $\hat{\sigma}_{X\text{-}GM} = 15{,}072$	$\bar{y}_{GM} = 124{,}768$ $\hat{\sigma}_{Y\text{-}GM} = 15{,}096$

b Korrelationen zwischen den Variablen Lesekompetenz (LK), Schulform (SF) und soziale Schicht (SOS)

	LK_1	LK_2	SF
LK_2	0,814**		
SF	0,318**	0,407**	
SOS	0,183**	0,320**	0,618**

**$p \leq 0{,}01$

Schlussfolgerungen

Die beiden Simulationsstudien haben gezeigt, dass Fehlinterpretationen in Bezug auf den Effekt der kategorialen Variablen in der nicht-experimentellen Forschung sowohl durch die Messfehlerabhängigkeit der Kovariaten als auch durch das Auslassen relevanter Variablen bedingt sein können. Da die Kovarianzanalyse ein Spezialfall der multiplen Regressionsanalyse ist, trifft dies auch allgemein auf die Regressionsanalyse zu.

Allgemein gilt, dass Regressionskoeffizienten verzerrt geschätzt werden, wenn die unabhängigen Variablen mit einem Messfehler gemessen wurden. Der Messfehler der abhängigen Variablen vergrößert die Residualwerte, die Messfehlervarianz vergrößert die Residualvarianz. Dies hat zur Folge, dass der Determinationskoeffizient unterschätzt wird. Der Messfehler der abhängigen Variablen wirkt sich aber nicht verzerrend auf die Schätzung der Regressionskoeffizienten aus. Vielmehr vergrößert er die Vorhersageungenauigkeit. Die Regressionskoeffizienten werden im Allgemeinen auch verzerrt geschätzt, wenn relevante unabhängige Variablen nicht in die Regressionsgleichung aufgenommen wurden.

Konsequenzen für die Anwendung der Regressionsanalyse. Was bedeutet dies für die Anwendung der multiplen Regressionsanalyse? Man muss darauf achten, dass der Messfehlereinfluss bei den unabhängigen Variablen relativ gering ist, und man muss möglichst alle relevanten Variablen in das Modell aufnehmen. Im Falle der Messfehlerbehaftetheit bietet es sich an, auf moderne Verfahren mit latenten Variablen auszuweichen (s. Kap. 25). Bei sehr reliablen Messinstrumenten ist die Verschätzung der Regressionskoeffizienten relativ gering. Sehr viel schwieriger ist es, einen Kausaleffekt abzusichern. Dies geht streng genommen nur, wenn man Personen zu den Werten der unabhängigen Variablen per Zufall zuweist (Randomisierung, s. Abschn. 4.3.3). Ist dies nicht durchführbar, müssen möglichst alle relevanten Störvariablen identifiziert und in die Modellgleichung aufgenommen werden. Um die Regressionsgewichte im Sinne kausaler Effekte interpretieren zu können, müssen also besondere Maßnahmen der Kontrolle von konfundierten Variablen ergriffen werden. Mit spezifischen Verfahren zur Absicherung von Kausalinterpretationen in der psychologischen Forschung beschäftigen sich z. B. die Arbeiten von Rubin (2006) sowie Steyer (1992, 2003). Baumert et al. (2009) zeigen anhand einer empirischen Untersuchung zum Frühübergang in ein Gymnasium, wie solche Methoden gewinnbringend eingesetzt werden können, um Fehlinterpretationen zu vermeiden.

Auch wenn man die konfundierten Variablen nicht alle kennt und berücksichtigen kann, ist es in verschiedenen Forschungskontexten sinnvoll, die Regressionsanalyse einzusetzen. Man darf die Effekte dann nur nicht leichtfertig im Sinne kausaler Effekte interpretieren. In unserem Beispiel kann es durchaus sinnvoll sein, die Variable Schulform in die Regressionsanalyse aufzunehmen, auch wenn man die soziale Schicht nicht kennt. Dies ist z. B. dann sinnvoll, wenn man die Lesekompetenz nach dem sechsten Schuljahr prädizieren möchte. Für diesen Zweck leistet die Schulform einen bedeutsamen Beitrag, wenn man die soziale Schicht nicht kennt oder nicht berücksichtigt. Man muss sich dann aber bewusst sein, dass es sich nicht um den wahren, erklärenden kausalen Effekt handelt.

18.12.3 Interaktionen zwischen kategorialen und kontinuierlichen Variablen

Die Überprüfung von Interaktionen folgt dem bereits in den Abschnitten zur moderierten Regression und zu kategorialen unabhängigen Variablen beschriebenen Vorgehen (s. Abschn. 18.9 und 18.11). Die metrischen unabhängigen Variablen werden mit den Kodiervariablen multipliziert, und die so entstandenen Produktvariablen werden in die Regressionsgleichung aufgenommen. Signifikanzstatistisch wird überprüft, ob diese Interaktionsterme zusätzlich zu den metrischen unabhängigen Variablen und den Kodiervariablen einen bedeutsamen Varianzanteil des Kriteriums erklären. In unserem Beispiel aus der kulturvergleichenden Lebenszufriedenheitsforschung haben wir die Interaktionsvariable zwischen der Nation und der Häufigkeit positiver Affekte berechnet, indem wir die beiden Variablen miteinander multipliziert und diese Interaktionsvariable zusätzlich in die Regressionsgleichung aufgenommen haben. Die Analyse ergibt folgende Gleichung, wobei in Klammern wieder die Standardfehler angegeben sind:

$$\hat{Y} = 13{,}329^{**} + 0{,}452^{**} \cdot X_1 - 2{,}111^{**} \cdot X_2$$
$$(0{,}495) \quad (0{,}063) \quad\quad (1{,}008)$$
$$+ 0{,}506^{**} \cdot X_1 \cdot X_2$$
$$(0{,}090)$$

Die Variable X_1 kennzeichnet das Erleben positiver Affekte, die Variable X_2 die Nation. Die Analyse zeigt, dass der Einfluss der Interaktionsvariablen bedeutsam ist. In diesem Beispiel wurde die metrische Variable nicht zentriert, woraus sich der vergleichsweise hohe Standardfehler des Regressionsgewichts der Variablen X_2 erklärt, die zu $r = 0{,}95$ mit der Produktvariablen korreliert ist. Wir haben in diesem Anwendungsfall die Variable nicht zentriert, um die Auswirkung der Interaktion der Variablen in Bezug auf die ursprüngliche Metrik der Variablen in Abbildung 18.12 graphisch darstellen zu können. Die Interaktionsvariable klärt zusätzlich zu den anderen Variablen 1,9 % Varianz auf. Die weitere Hinzunahme des Quadrates der Variablen PA (X_1) sowie des Produktes aus der quadrierten PA-Variablen und der Nationenvariablen (X_2) führt zu keiner signifikanten Erhöhung des Determinationskoeffizienten R^2 (R^2-Änderung $= 0{,}003$, $F = 2{,}143$, $df_1 = 2$, $df_2 = 992$, $p = 0{,}118$). Der Zusammenhang zwischen der Häufigkeit positiver Affekte und der Lebenszufriedenheit innerhalb der beiden Nationen ist also nicht kurvilinear.

Auch wenn der Zuwachs an Varianzaufklärung durch die Produktvariable auf den ersten Blick gering erscheint, sieht man sowohl in Abbildung 18.12 als auch in Tabelle 18.25, dass die Interaktion bedeutsame Auswirkungen auf die erwarteten Werte der Lebenszufriedenheit hat und die Missachtung der Interaktion bedeutsame Prognosefehler nach sich ziehen würde.

In Abbildung 18.12 sind die Regressionsgeraden dargestellt, die man für beide Nationen erhält, wenn man deren Werte in die Regressionsgleichung einsetzt. Die Graphik zeigt, dass sich beide Geraden

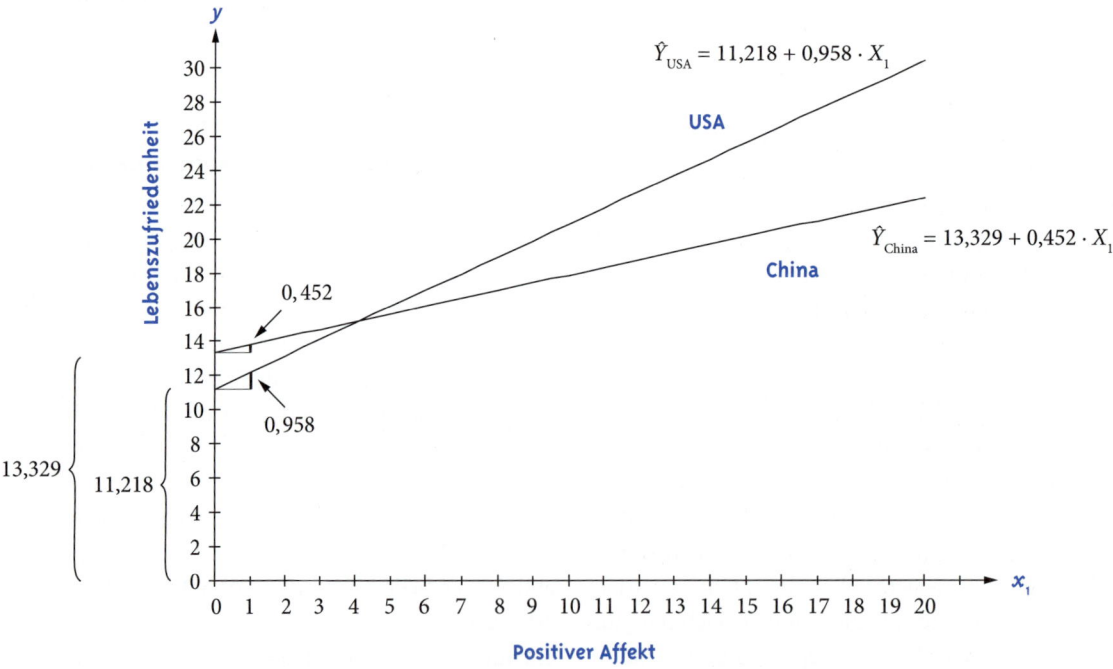

Abbildung 18.12 Lebenszufriedenheit in Abhängigkeit von dem Erleben positiver Affekte in zwei verschiedenen Nationen: Interaktion zwischen den unabhängigen Variablen

schneiden. Im unteren Bereich der Skala zur Erfassung des Erlebens positiver Affekte ist die Lebenszufriedenheit in China größer, während sie im hohen Wertebereich in den USA größer ist. Die Regressionsgerade ist in den USA steiler als in China, d. h., die Lebenszufriedenheit hängt in den USA stärker vom Wohlbefinden ab als in China. Suh et al. (1998) geben hierzu eine ausführliche theoretische Begründung, die v. a. auf der Bedeutung von positiven Gefühlen in individualistischen (USA) versus kollektivistischen (China) Nationen beruht.

Konsequenzen ausgelassener Interaktionsvariablen

Um zu veranschaulichen, zu welchen Fehlprognosen es kommen kann, wenn wichtige Variablen nicht in die Regressionsanalyse aufgenommen wurden, sind in Tabelle 18.25 vier Regressionsmodelle und ihre Konsequenzen für die Prognose von Lebenszufriedenheit in beiden Nationen dargestellt. Im ersten Regressionsmodell wird nur der Einfluss des positiven Affekts untersucht, im zweiten Regressionsmodell wird ausschließlich die Nation als unabhängige Variable aufgenommen. Im dritten Regressionsmodell, das dem Modell der Kovarianzanalyse entspricht, werden die Effekte des positiven Affekts und der Nation simultan geschätzt. Das vierte Modell enthält zusätzlich die Interaktion zwischen positivem Affekt und Nation. In diese vier verschiedenen Regressionsgleichungen wurde jeweils ein Wert von 20 für die Häufigkeit des Erlebens positiver Affekte eingesetzt, den ein virtueller Herr Li in China und ein virtueller Herr Miller in den USA aufweisen könnten. Anhand der Regressionsgleichung wird dann der erwartete Lebenszufriedenheitswert berechnet. Man sieht, dass die vier Regressionsmodelle zu unterschiedlichen Ergebnissen kommen. Insbesondere der Vergleich des Modells, das die Interaktion enthält, mit dem Modell, das der Kovarianzanalyse entspricht, ist in Bezug auf die Bewertung der Bedeutung der Interaktion relevant. Hier sieht man, dass bei Missachtung der Interaktion die Lebenszufriedenheitswerte der beiden Personen deutlich verschätzt werden: Die Lebenszufriedenheit von Herrn Li wird in dem ausschließlich additiven Modell überschätzt, die Lebenszufriedenheit von Herrn Miller unterschätzt. Die Hinzunahme der Interaktion führt zu einer präziseren Prognose der Lebenszufriedenheit beider Personen.

Aptitude-Treatment-Interaction-Analyse

Ein Regressionsmodell, das eine metrische unabhängige Variable, eine kategoriale unabhängige Variable sowie deren Interaktion enthält, wird in der Fachliteratur auch unter dem Begriff der Aptitude-Treatment-Interaction-Analyse diskutiert (Snow, 1989). Dieser Begriff stammt aus der Pädagogischen Psychologie. Anhand eines entsprechenden Designs wird untersucht, ob sich verschiedene Interventionen (Treatments) in Abhängigkeit von der Ausgangsleistung oder Begabung (Aptitude) unterschiedlich auswirken. Verschiedene Untersuchungen haben gezeigt, dass der Effekt eines Treatments für Personen unterschiedlicher Ausgangsleistung unterschiedlich ausfällt. Solche Fragestellungen können im Rahmen der multiplen Regressionsanalyse angemessen untersucht werden.

Tabelle 18.25 Erwartete Lebenszufriedenheitswerte für die fiktiven Personen Herrn Li und Herrn Miller, die beide über einen Wert von 20 auf der Variablen zur Erfassung positiver Affekte (X_1) verfügen, in vier Regressionsmodellen

	Nur PA (X_1)	Nur Nation (X_2) 0: China, 1: USA	Additiv	Interaktiv
Regressionsgleichung	$\hat{Y} = 11{,}122 + 0{,}887 \cdot X_1$	$\hat{Y} = 16{,}464 + 7{,}207 \cdot X_2$	$\hat{Y} = 11{,}612 + 0{,}699 \cdot X_1 + 2{,}971 \cdot X_2$	$\hat{Y} = 13{,}329 + 0{,}452 \cdot X_1 - 2{,}111 \cdot X_2 + 0{,}506 \cdot X_1 \cdot X_2$
Herr Li	28,862	16,464	25,592	22,369
Herr Miller	28,862	23,671	28,563	30,378

18.13 Regressionsdiagnostik

Wir haben in den verschiedenen Abschnitten dieses Kapitels dargelegt, auf welchen Annahmen die multiple Regressionsanalyse aufbaut und was alles beachtet werden muss, wenn man eine multiple Regressionsanalyse durchführt. In diesem Abschnitt werden wir verschiedene Möglichkeiten vorstellen, um zu überprüfen, ob diese Annahmen erfüllt sind und ob es auffällige Strukturen in den Daten gibt, die die Interpretation gefährden. Wir behandeln folgende Themen:

(1) korrekte Spezifikation des Modells
(2) Messfehlerfreiheit der unabhängigen Variablen
(3) Ausreißer und einflussreiche Datenpunkte
(4) Multikollinearität
(5) Homoskedastizität
(6) Unabhängigkeit der Residuen
(7) Normalverteilung der Residuen.

18.13.1 Korrekte Spezifikation des Modells

Eine wichtige Voraussetzung für die korrekte Interpretation der Ergebnisse ist, dass das Modell korrekt spezifiziert wird. Damit ist gemeint, dass keine relevanten Variablen ausgelassen wurden und dass Variablen, die in der Population keinen bedeutsamen Beitrag zur Vorhersage oder Erklärung der abhängigen Variablen leisten, nicht ins Modell aufgenommen wurden. Das Auslassen relevanter Variablen nennt man auch *Underfitting*, die Aufnahme von irrelevanten Variablen auch *Overfitting*. Wir haben Konsequenzen des Under- und Overfitting an verschiedenen Stellen dieses Kapitels besprochen und wollen die Konsequenzen nun zusammenfassend diskutieren.

Underfitting

Kurvilinearität. Die Beziehung zwischen der abhängigen Variablen und den unabhängigen Variablen ist nicht linearer, sondern kurvilinearer Form. Hätten wir in dem Beispiel in Abschnitt 18.10, in dem wir die Zufriedenheit mit einem Kurs auf die wahrgenommenen Anforderungen zurückführten, die quadratische Komponente nicht in das Regressionsmodell aufgenommen, wären wir zu einem vollkommen falschen Schluss über den Zusammenhang beider Variablen gekommen. Während beide Variablen im rein linearen Modell nicht bedeutsam zusammenhängen, ist der Zusammenhang im quadratischen Regressionsmodell sehr hoch und signifikant von 0 verschieden.

Interaktionen. In unserem kulturvergleichenden Beispiel in Abschnitt 18.12.3 würde man den Zusammenhang zwischen der Lebenszufriedenheit und dem Erleben positiver Affekte falsch einschätzen und die Lebenszufriedenheitswerte verzerrt prognostizieren, wenn man die Produktvariable, die die Interaktion zwischen beiden Variablen repräsentiert, auslassen würde.

Konfundierte Variablen. In unserem hypothetischen Schulbeispiel in Abschnitt 18.12.2 haben wir gesehen, wie man das bedeutsame Regressionsgewicht der Schulform im Sinne eines Schuleffektes fehldeuten kann, wenn nicht alle Variablen, die mit der Schulform korreliert (konfundiert) sind, in die Regressionsgleichung aufgenommen wurden. Die kausale Interpretation von Regressionsgewichten in nicht-experimentellen Studien, die mit der multiplen Regressionsanalyse ausgewertet werden, kann nur mit äußerster Vorsicht vorgenommen werden und setzt neben der zeitlichen Vorgeordnetheit der verursachenden Variablen voraus, dass alle konfundierten Variablen in die Regressionsgleichung aufgenommen und kontrolliert wurden. Ein Regressionsgewicht kann daher nur in Bezug auf die im Modell enthaltenen anderen unabhängigen Variablen interpretiert werden.

Aufdecken von Underfitting. Wie kann man Underfitting aufdecken? Die Berücksichtigung der relevanten konfundierten Variablen setzt typischerweise voraus, dass man eine theoretische Vorstellung von dem Wirkprozess hat und die potentiellen Störvariablen bei der Planung der Studie erfasst hat. In unserem Schulbeispiel ist es also wichtig, all diejenigen Variablen aufgrund theoretischer Überlegungen schon *vor* der Datenerhebung theoretisch zu identifizieren und zu erheben, die mit der Schulform potentiell korreliert sind. Diese sollten bereits vor dem Schulwechsel erhoben werden, um ihren Einfluss auf die Schulwahl und die abhängige Variable angemessen untersuchen zu können. Häufig wird man aber nicht alle potentiellen Störvariablen kennen, so dass man mit der kausalen Interpretation entsprechend vorsichtig sein muss.

Ob relevante Produktvariablen ausgelassen wurden, kann überprüft werden, indem diese in die Regressionsgleichung aufgenommen werden und untersucht wird, ob sie einen bedeutsamen Einfluss haben. In ähnlicher Weise kann auch vorgegangen werden, um die Nicht-Linearität eines Effekts zu überprüfen. Hat man theoretische Vorstellungen von der Form des nicht-linearen Zusammenhangs, kann ein entsprechendes Regressionsmodell spezifiziert und überprüft werden. Hierzu können Polynome höherer Ordnung gebildet werden und getestet werden, ob diese einen bedeutsamen Einfluss haben. Auch können andere nicht-lineare Regressionsmodelle spezifiziert werden. Statistikprogramme bieten hierzu verschiedene Modelle an wie z. B. die logarithmische Regression oder die exponentielle Funktion.

Hat man keine theoretischen Vorstellungen von der Form des Zusammenhangs, kann man sich auch anhand der Daten eine Funktion anpassen lassen. Eine Möglichkeit besteht darin, sich eine LOWESS (oder LOESS)-Anpassungslinie angeben zu lassen. Diese Linie folgt keiner Regressionsgleichung und zählt daher zu den nonparametrischen Regressionsverfahren. Sie erlaubt es, die Daten in Bezug auf die Art des Zusammenhangs zwischen beiden Variablen exploratorisch zu analysieren.

LOWESS-Anpassungsverfahren. Durch ein LOWESS-Anpassungsverfahren kann eine Linie in das Punktediagramm eingepasst werden, die den Zusammenhang zwischen beiden Variablen widerspiegelt, ohne dass eine konkrete Gleichung angegeben werden muss. Bei diesem Verfahren handelt es sich um ein Glättungsverfahren (*LO*cally *WE*ighted *S*catterplot *S*moother, Cleveland, 1979). Die Methode arbeitet in groben Zügen wie folgt: Für einen Wert x_m einer unabhängigen Variablen X betrachtet man eine vorher festzulegende Anzahl von x-Werten um diesen Wert herum. Meistens bemisst man die Anzahl der betrachteten x-Werte anhand eines Häufigkeitskriteriums (z. B. 10 % aller Werte). Für diese x-Werte bestimmt man eine lineare Regression und ordnet dem Zielwert x_m denjenigen erwarteten $\hat{y}$-Wert zu, der auf der Regressionsgeraden liegt. Dies macht man nun für alle x-Werte und enthält somit die erwarteten $\hat{y}$-Werte. Je nachdem, wie viele Werte man um einen Zielwert x_m zulässt, ist die angepasste Linie stärker oder weniger stark geglättet. Durch Ausprobieren kann man diejenige Linie auswählen, die die Daten angemessen repräsentiert. Die LOWESS-Anpassungslinie kann man z. B. mit dem Computerprogramm SPSS unter der Option »Scatterplot« erstellen. In Abbildung 18.13 ist eine solche Anpassungslinie dargestellt, wobei 70 % der Werte um einen x-Wert berücksichtigt wurden. Sie zeigt, dass der Zusammenhang kurvilinearer Natur ist. Die Anpassung einer quadratischen Regression ist daher sinnvoll. Die parametrische Regression hat den Vorteil, dass die Regressionsgleichung zur Vorhersage individueller $\hat{y}$-Werte genutzt werden kann. Als exploratives Verfahren kann aber die LOWESS-Anpassung gute Dienste leisten. Solche Glättungsverfahren lassen sich auch für die Regression mit mehreren unabhängigen Variablen und für robuste Verfahren nutzen (s. hierzu Wilcox, 2003).

Verringerte Teststärke. Hat man nicht alle relevanten unabhängigen Variablen berücksichtigt, so hat dies auch zur Folge, dass die erklärte Varianz geringer ist.

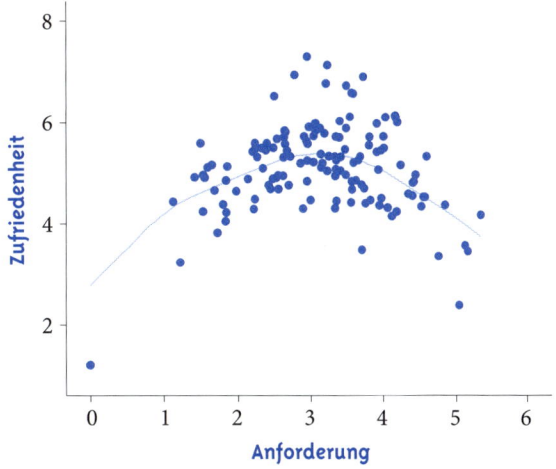

Abbildung 18.13 LOWESS-Anpassungslinie für den Zusammenhang zwischen Zufriedenheit mit einem Kurs und wahrgenommener Anforderung

Da man hierdurch an Teststärke verliert, benötigt man eine größere Stichprobe, um einen Effekt inferenzstatistisch abzusichern. Den Verlust an Teststärke erkennt man daran, dass der Determinationskoeffizient kleiner ist, wenn nicht alle relevanten unabhängigen Variablen berücksichtigt wurden. Hierdurch vergrößert sich der Nenner in der Prüfgröße F 18.32.

Overfitting

Konsequenzen des Overfitting haben wir schon in Abschnitt 18.7.7 kennengelernt. Die Hinzunahme irrelevanter unabhängiger Variablen kann zu einer verzerrten Schätzung der Regressionsgewichte der anderen Variablen führen, wodurch Prognose- und Kreuzvalidierungsfehler begünstigt werden. Irrelevante unabhängige Variablen sollten daher aus der Regression genommen werden.

18.13.2 Messfehlerfreiheit der unabhängigen Variablen

Wir haben den Einfluss des Messfehlers ausführlich am Beispiel des Zusammenhangs von Schulform und Lesekompetenz im Rahmen der Kovarianzanalyse in Abschnitt 18.12.2 behandelt. In der einfachen Regressionsanalyse führt der Messfehler der unabhängigen Variablen zu einer Unterschätzung des wahren Regressionsgewichts, in einer multiplen Regressionsanalyse können die Verzerrungen in unterschiedliche Richtungen gehen. Der Grad der Messfehlerabhängigkeit der Messungen der unabhängigen Variablen sollte daher bestimmt werden. Hierzu kann man auf die Reliabilität zurückgreifen. Wir zeigen in Abschnitt 22.2, wie man diese schätzen kann. Sind die unabhängigen Variablen in hohem Maße messfehlerbehaftet, sollte auf Regressionsmodelle mit latenten Variablen zurückgegriffen werden, die wir in Kapitel 25 behandeln.

18.13.3 Ausreißer und einflussreiche Datenpunkte

Wir haben schon bei der Produkt-Moment-Korrelation in Kapitel 15 gesehen, dass die Korrelation durch einzelne Ausreißer sehr verzerrt werden kann. Da die Regressionsanalyse eng mit der Korrelationsanalyse verwandt ist, können Ausreißer auch die Ergebnisse einer Regressionsanalyse verzerren. Ausreißer sind Werte, die sich stark von den restlichen Werten unterscheiden. Ausreißerwerte können sowohl auf der abhängigen als auch auf den unabhängigen Variablen auftreten. Wir werden daher zeigen, wie man Ausreißerwerte auf beiden Variablenarten identifizieren kann. Ausreißerwerte können, müssen aber nicht zwangsläufig die Parameterschätzung verzerren. Wenn es z. B. für einen festen x_m-Wert einen positiven und einen negativen Ausreißerwert auf der Y-Variablen gibt, muss dies keinen Effekt auf die Schätzung der Regressionsgeraden haben. Es wurde daher zusätzlich noch das Konzept der einflussreichen Datenpunkte (engl. influential data points) entwickelt. Ein einflussreicher Datenpunkt ist dadurch gekennzeichnet, dass sich die Schätzungen der Regressionsparameter und der vorhergesagten Werte stark verändern, wenn dieser Datenpunkt (z. B. die Wertekombination einer Person) den Daten entnommen wird.

Zur Aufdeckung von Ausreißerwerten und einflussreichen Datenpunkten gibt es statistische Kennwerte, die wir im Folgenden beschreiben werden. Über die Bestimmung dieser Kennwerte hinaus sollte man die Daten vor einer Regressionsanalyse immer genau kontrollieren.

Datenkontrolle

Bei der Datenkontrolle ist es wichtig zu überprüfen, ob alle Daten innerhalb der Wertebereiche der Variablen liegen oder ob es Daten gibt, die allein schon durch ihren Wert darauf hinweisen, dass ein Eingabefehler vorliegen muss. Wir erinnern uns noch an eine Kollegin aus Amerika, die ihre Studierenden nach deren Gewicht gefragt hat und – ohne dass die Studierenden bei der Befragung darüber informiert waren – beim Verlassen des Hörsaals das Gewicht aller Studierenden durch eine Waage bestimmt hat. Die Korrelation zwischen dem selbst eingeschätzten und dem objektiv gemessenen Gewicht lag nahe bei 0. Dieses Ergebnis war spektakulär – spricht es doch für eine starke Selbsttäuschung. Allerdings zeigte sich bei der Datenkontrolle, dass die Kollegin vergessen hatte, dem Statistikprogramm mitzuteilen, dass alle fehlenden objektiv gemessenen Gewichtswerte mit 99 kodiert waren, so dass das Programm den Wert 99 als wahren Gewichtswert interpretierte. Nach Behebung dieses Fehlers korrelierte das objektive Gewicht mit dem selbst eingeschätzten Gewicht zu ungefähr $r = 0{,}80$. Eine Person mit dem Wert 99 wäre ein einflussreicher Datenpunkt gewesen. Dieses Beispiel zeigt, wie wichtig die Datenkontrolle ist. Hierauf ist schon bei der Dateneingabe zu achten. Bei Fragebogenstudien erlebt man z. B. immer wieder, dass Personen, die die Untersuchung boykottieren wollen, absurde Antwortmuster produzieren. Werden diese nicht erkannt und die entsprechenden Personen nicht aus dem Datensatz entfernt, kann es zu schwerwiegenden Ergebnisverfälschungen kommen.

Identifikation von Ausreißerwerten auf den unabhängigen Variablen

Um Ausreißerwerte auf einer unabhängigen Variablen aufzudecken, kann man auf die Mahalanobis-Distanz und die Hebelwerte zurückgreifen. Wir illustrieren diese Kennwerte nur für den Fall einer einfachen Regressionsanalyse, da sie im multiplen Fall matrixalgebraisch bestimmt werden müssen. Die Übertragung auf den multiplen Fall ist konzeptuell jedoch einfach. Die Kennwerte geben jeweils an, wie stark die Werte der Personen auf den unabhängigen Variablen von ihrem Mittelwert abweichen.

Mahalanobis-Distanz. Ein extremer Wert liegt vor, wenn die Abweichung des individuellen Wertes vom Mittelwert groß ist. Da die Richtung der Abweichung keine Rolle spielt, quadriert man den Abweichungswert. Da die Größe der Abweichung vom Maßstab abhängt, teilt man den quadrierten Abweichungswert durch die Varianz. Um diese Abweichung auf die ursprüngliche Metrik zu beziehen, berechnet man die Quadratwurzel aus diesem Quotienten und erhält für jede Person m ihren Mahalanobis-Distanzwert d_m, benannt nach dem indischen Statistiker Prasanta Chandra Mahalanobis (1893–1972):

$$d_m = \sqrt{\frac{(x_m - \bar{x})^2}{\hat{\sigma}_X^2}} \qquad \text{(F 18.83)}$$

Statistikprogramme wie SPSS berechnen typischerweise den quadrierten Mahalanobis-Distanzwert d_m^2 und berichten diesen als Mahalanobis-Distanzwert. Je größer dieser Wert ist, umso stärker ist die Abweichung. Die Werte in Tabelle 18.26 zeigen für das Beispiel des Zusammenhangs zwischen der studentischen Zufriedenheit mit einem Kurs und den wahrgenommenen Anforderungen in diesem Kurs, dass die quadrierten Mahalanobis-Distanzwerte zwischen 0,445 und 53,668 liegen. Die Mahalanobis-Distanzwerte lassen sich direkt in Hebelwerte überführen, die wir im Folgenden vorstellen und für die wir kritische Werte angeben werden.

Hebelwert. Der Begriff Hebelwert (engl. leverage = Hebelwirkung) rührt daher, dass Werte der unabhängigen Variablen, die sehr weit von ihrem Mittelwert entfernt sind, sich stärker auf die Bestimmung der Regressionsgewichte auswirken. Dies kann man

Tabelle 18.26 Zufriedenheit und wahrgenommene Anforderung: Identifikation von Ausreißern: Residuenstatistik, Mahalanobis-Distanz und zentrierter Hebelwert ($n = 136$)

	Minimum	Maximum	Mittelwert	Standardabweichung
Nicht standardisierte Residuen	−1,840	1,807	0,000	0,664
Standardisierte Residuen	−2,750	2,702	0,000	0,993
Studentisierte Residuen	−2,765	2,718	0,000	1,003
Gelöschtes Residuum	−1,860	1,828	−0,001	0,678
Studentisierte ausgeschlossene Residuen	−2,838	2,786	0,001	1,011
Mahalanobis-Distanz	0,445	53,668	1,985	5,115
Zentrierter Hebelwert	0,003	0,398	0,015	0,038

sich anhand von Abbildung 16.4 im Kapitel zur einfachen Regressionsanalyse veranschaulichen (s. Abschn. 16.9.6). Wir haben anhand dieser Abbildung gesehen, dass das Konfidenzintervall für die Regressionsgerade von der Ausprägung der unabhängigen Variablen abhängt: Je weiter ein Wert der unabhängigen Variablen von seinem Mittelwert abweicht, umso größer ist das Konfidenzintervall der Regressionsgeraden. Man stelle sich nun die Regressionsgerade als Stab im Raum vor. Würde man die Regressionsgerade am Mittelpunkt der *x*-Achse verankern und mit konstanter Kraft an ihr ziehen, dann wäre der Ausschlag – die Hebelwirkung – umso größer, je weiter entfernt vom Ankerpunkt man ziehen würde. Die Hebelwerte zeigen diese Hebelwirkung an.

Wir wollen den statistischen Hintergrund ihrer Bestimmung nicht beleuchten (s. hierzu z. B. Stevens, 2009) und die Hebelwerte nur für den Fall einer einzigen unabhängigen Variablen formal angeben. In diesem Fall berechnet sich der Hebelwert einer Person zu:

$$h_m = \frac{1}{n} + \frac{(x_m - \bar{x})^2}{(n-1) \cdot \hat{\sigma}_X^2} = \frac{1}{n} + \frac{d_m^2}{n-1} \qquad \text{(F 18.84)}$$

Zieht man von den Hebelwerten den Wert 1/n ab, erhält man die zentrierten Hebelwerte. Diese entsprechen der quadrierten Mahalanobis-Distanz geteilt durch (n – 1). Die zentrierten Hebelwerte können Werte zwischen 0 und 1 – 1/n annehmen, in unserem Beispiel also Werte zwischen 0 und 0,993. Zur Bewertung dieser Hebelwerte werden in der Literatur verschiedene Schwellenwerte diskutiert, ab denen Hebelwerte als auffällig gelten. So schlagen z. B. Belsey et al. (1980) als unteren Schwellenwert 2 · k/n bei großen und 3 · k/n bei kleinen Stichproben vor. In unserem Beispiel wären Schwellenwerte von 2 · k/n = 2 · 2/136 = 0,029 und 3 · k/n = 3 · 2/136 = 0,044 in Betracht zu ziehen. Über der ersten Schwelle liegen in unserem Beispiel 9,6 % der Werte, über der zweiten Schwelle 5,95 % der Werte. Die Schwellenwerte wurden ausgehend von der Überlegung bestimmt, bei normalverteilten Variablen ungefähr die 5 % der extremsten Werte aufzudecken. Cohen et al. (2003) weisen darauf hin, dass man anhand dieser Schwellen

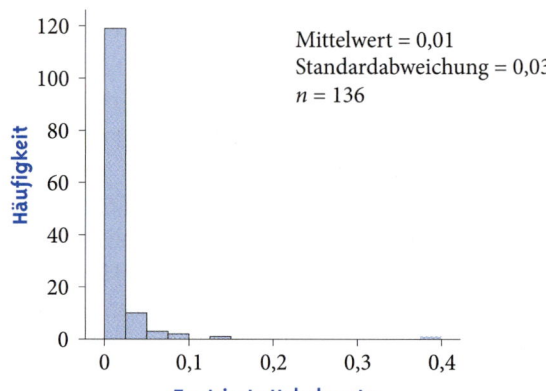

Abbildung 18.14 Histogramm der zentrierten Hebelwerte für das Beispiel »Zufriedenheit mit einem Kurs und wahrgenommene Anforderung«

meist zu viele auffällige Werte erhält, und empfehlen, sich die Verteilung der Hebelwerte anzuschauen und nur diejenigen Werte genauer zu inspizieren, die sich stark von den anderen unterscheiden. Abbildung 18.14 zeigt das Histogramm der Hebelwerte. Es ist ein Hebelwert auffällig, der mit 0,398 den höchsten Wert aufweist (s. auch Tab. 18.26). Dem Datensatz entnehmen wir, dass dies die Person ist, die den geringsten Wert auf der Variablen Anforderung aufweist. In unserer Studierendenstichprobe ist also die Person, die sich sehr unterfordert fühlt, auffällig, und ihr kommt eine große Hebelwirkung zu.

Identifikation von Ausreißerwerten auf der abhängigen Variablen

Bei der Identifikation von Ausreißerwerten auf der abhängigen Variablen greift man auf die Residuen zurück. In Tabelle 18.26 ist die Residuenstatistik, die von dem Statistikprogramm SPSS ausgegeben wird, zusammengestellt. Andere Computerprogramme stellen diese Information in ähnlicher Weise zur Verfügung. Zunächst werden die Residualwerte (nicht standardisierte Residuen) der 136 Personen zusammengefasst. Der Residualwert ist – wie wir schon gesehen haben – die Differenz zwischen dem beobachteten y_m-Wert einer Person *m* und ihrem geschätzten $\hat{y}_m$-Wert. Der kleinste in unserem Datenbeispiel »Zufriedenheit mit einem Kurs und wahrgenommene Anforderung« gefundene Residualwert beträgt –1,840, der größte 1,807, der Mittelwert der Residualwerte muss 0 sein, die Standardabweichung gibt die Streuung der Residualwerte an. Je stärker der Residualwert von 0 abweicht, umso stärker weicht der y-Wert einer Person von der Regressionsgeraden ab. Da die Größe der Residuen vom Maßstab abhängt, mit der die Variable gemessen wurde, werden die Residuen normiert. Hierzu gibt es verschiedene Möglichkeiten, wobei deren Benennung uneinheitlich ist (z. B. Kockelkorn, 2000). Wir folgen der Namensgebung der SPSS-Ausgabe, nennen jeweils aber auch alternative Bezeichnungen, die angemessener und in der Statistik gebräuchlich sind.

Standardisiertes Residuum. Das standardisierte Residuum erhält man, indem das Residuum durch seine geschätzte Standardabweichung geteilt wird. Die geschätzte Standardabweichung ist der geschätzte Standardschätzfehler, den man nach Gleichung F 18.29 erhält. In unserem Beispiel ist die geschätzte Standardabweichung $\hat{\sigma} = 0{,}669$. Sie darf nicht mit der Standardabweichung der Residuen in Tabelle 18.26 verwechselt werden. Die Standardabweichung der Residuen ist die Standardabweichung der Residualwerte, die man in einer konkreten Stichprobe findet. Die geschätzte Standardabweichung ist die geschätzte Standardabweichung der Residuen in der Population.

Studentisiertes Residuum. Bei der Bestimmung des studentisierten Residuums macht man sich eine Eigenschaft des Regressionsmodells zunutze. Es lässt sich zeigen, dass die Präzision, mit der die Residuen geschätzt werden, umso mehr ansteigt, je weiter ein x-Wert von seinem Mittelwert entfernt ist. Beim studentisierten Residuum wird das Residuum nicht durch den allgemeinen geschätzten Standardschätzfehler geteilt, sondern durch die geschätzte Standardabweichung des Residuums an der Stelle x_m. Diese Standardabweichung erhält man, indem man den geschätzten Standardschätzfehler mit dem Wert $\sqrt{1-h_m}$ multipliziert, wobei h_m den Hebelwert bezeichnet. Dieses Residuum wird auch *internally studentized residual* genannt. Es ist eine genauere Schätzung eines normierten Residuums als das standardisierte Residuum und sollte diesem vorgezogen werden.

Gelöschtes Residuum. Dieses Residuum erhält man, indem man für die Schätzung der Regressionsparameter die Person aus den Daten nimmt und ihren vorhergesagten Wert auf der Grundlage dieser Schätzgleichung bestimmt. Dies hat den Vorteil, dass die Regressionsgleichung selbst nicht schon durch die Person verzerrt wird. Hierdurch wird verhindert, dass eine Person, die einen Ausreißerwert aufweist, die Schätzgleichung schon so verändert, dass sie als Ausreißer schwerer zu identifizieren ist.

Studentisierte ausgeschlossene Residuen. Die Bestimmung dieser Residuen folgt demselben Prinzip wie die Bestimmung des gelöschten Residuums. Die betrachtete Person wird bei der Schätzung der Regressionsparameter nicht berücksichtigt. Auf der Grundlage dieser Regressionsparameter wird ihr vorhergesagter Wert und ihr Residualwert bestimmt. Dieser wird dann durch die geschätzte Residualstandardabweichung an der Stelle ihrer x-Werte geteilt, wobei ihr Wert in die Bestimmung dieser Standardabweichung nicht eingeflossen ist. Dieses Residuum wird in der Literatur *externally studentized residual* genannt. Manche Autoren nennen es auch einfach studentisiertes Residuum (Kockelkorn, 2000). Dieses Residuum ist das Residuum, das man der Bewertung der Residuen zugrunde legen sollte. Ist das Regressionsmodell in der Population gültig, folgt dieses Residuum einer t-Verteilung mit $df = n - k - 1$ Freiheitsgraden. Anhand der kritischen Werte der t-Verteilung kann man beurteilen, wie extrem der Residualwert ist und festlegen, welche Werte man sich genauer anschaut. Häufig wird empfohlen, ein studentisiertes Residuum genauer zu betrachten, das einen absoluten Wert aufweist, der größer als 3 ist. Dies ist in unserem Beispiel nicht der Fall.

Umgang mit Ausreißerwerten

Die in diesem Abschnitt behandelten Statistiken helfen, Ausreißerwerte zu identifizieren. Wie sollte man mit ihnen umgehen? Zunächst einmal kann ein Ausreißerwert ein ganz normaler Wert der Verteilung sein. Wenn ein Merkmal z. B. in einer Population normalverteilt ist, kann es vorkommen, dass ein extremer Wert in die Stichprobe gelangt, auch wenn dies selten ist. Ausreißer sollte man nur dann aus den Daten nehmen, wenn man einen guten Grund dafür hat. Wenn man z. B. bei einer Exploration der Ausreißerwerte merkt, dass die Wertekombination der Person auf Eingabefehler, Missverständnisse, Boykott etc. schließen lässt, dann ist dies ein guter Grund, den Ausreißerwert aus den Daten zu nehmen. Hat man solche Hinweise nicht, ist die Entscheidung schwieriger. Wirkt sich der Ausreißer wenig auf die Schätzung der Regressionsparameter aus, so kann man ihn in den Daten belassen. Wirkt er sich stark aus, so gibt es mehrere Möglichkeiten, die wir behandeln werden, nachdem wir Möglichkeiten vorgestellt haben, wie man solche einflussreichen Datenpunkte identifiziert. Die Analyse der Ausreißerstatistiken für unser Beispiel zeigen nur einen auffälligen Wert, nämlich die Person, die sich von dem Kurs sehr unterfordert fühlte. Allerdings ist ihr Wert ein zulässiger – wenn auch seltener – Wert, und man würde den Wert daher nicht aus dem Datensatz entnehmen.

Einflussreiche Datenpunkte

Einflussreiche Datenpunkte sind dadurch gekennzeichnet, dass sich der Wert der geschätzten Regressionsgewichte stark ändert, wenn dieser Datenpunkt (in unserem Beispiel eine Person) aus den Daten herausgenommen wird. Die Veränderung kann für jeden Regressionskoeffizienten getrennt betrachtet werden.

Darüber hinaus kann auch insgesamt betrachtet werden, wie stark sich die vorhergesagten $\hat{y}$-Werte ändern.

Änderung der Regressionskoeffizienten (DfBETA und DfBETAS).

Zur Bewertung der Änderung der Regressionskoeffizienten, die man erhält, wenn ein Datenpunkt (eine Beobachtungseinheit wie z. B. eine Person) aus dem Datensatz entfernt wird, kann man die DfBETA-Werte bestimmen. Das »Df« steht für die Differenz, »BETA« für einen Regressionskoeffizienten. Ein DfBETA-Wert ist einfach die Differenz aus dem geschätzten Regressionskoeffizienten mit und ohne die Beobachtungseinheit (z. B. Person) in der Stichprobe. Man erhält somit einen solchen Wert für jede Beobachtungseinheit und jeden Regressionskoeffizienten. In Tabelle 18.27 sind diese Werte für den Achsenabschnitt, das Regressionsgewicht der zentrierten Anforderungsvariablen und der quadrierten zentrierten Anforderungsvariablen (Anforderung^2) in Bezug auf ihren Minimal-, Maximal- und Mittelwert sowie die Standardabweichung zusammengestellt. Man sieht, dass die Werte relativ klein sind.

Um die Veränderungen in Bezug auf verschiedene Regressionskoeffizienten vergleichbar zu machen, werden DfBETAS berechnet. Das »S« am Ende des Namens zeigt an, dass es sich um standardisierte Werte handelt. Man erhält sie, indem man den DfBETA-Wert durch den Standardfehler des Regressionskoeffizienten teilt, den man auf der Grundlage

Tabelle 18.27 Einflussreiche Datenpunkte: Geschätzte Werte für das Beispiel der Regression der Zufriedenheit mit einem Kurs auf die wahrgenommene Anforderung

	Minimum	Maximum	Mittelwert	Standardabweichung
DfBETA Achsenabschnitt	–0,017	0,020	0,000	0,006
DfBETA Anforderung	–0,029	0,023	0,000	0,006
DfBETA Anforderung^2	–0,022	0,022	–0,000	0,004
DfBETAS Achsenabschnitt	–0,252	0,295	0,000	0,088
DfBETAS Anforderung	–0,477	0,386	0,000	0,088
DfBETAS Anforderung^2	–0,498	0,481	–0,001	0,086
DfFIT	–0,151	0,147	–0,001	0,023
DfFITS	–0,677	0,594	–0,001	0,150
Cook-Distanz	0,000	0,148	0,007	0,017

der Stichprobe ohne die Beobachtungseinheit (z. B. Person) berechnet. Nach Cohen et al. (2003) zeigen DfBETAS-Werte, die in kleinen bzw. mittelgroßen Stichproben vom Betrag her größer als 2 sind, auffällige Werte an, für große Stichproben empfehlen die Autoren, DfBETAS-Werte, die vom Betrag her größer als $2/\sqrt{n}$ sind, kritisch zu betrachten. In unserem Beispiel weist nach dem ersten Kriterium keine Person einen extremen DfBETAS-Wert auf, nach dem zweiten Kriterium gibt es zwei auffällige Personen. Die eine Person mit den beiden höchsten positiven DfBETAS-Werten für die Regressionsgewichte der linearen und der quadratischen Komponente hat einen zentrierten Anforderungswert von 2,22 und einen Zufriedenheitswert von 4,18. Die Person mit den höchsten negativen DfBETAS-Werten hat einen zentrierten Anforderungswert von 1,91 und einen Zufriedenheitswert von 2,40. Beide Personen sind in Abbildung 18.9b (in Abschn. 18.10) am rechten Ende der Anforderungsverteilung zu finden. Sie unterscheiden sich bei ungefähr gleichem Anforderungswert in ihrem Zufriedenheitswert. Beide Personen haben jedoch plausible Wertekombinationen. Darüber hinaus ist die unstandardisierte numerische Veränderung durch die Entnahme einer der beiden Personen gering, so dass man die Personen im Datensatz belassen würde.

Änderung der vorhergesagten *ŷ*-Werte (DfFIT und DfFITS).

Während sich die DfBETA-Werte auf einzelne Regressionskoeffizienten beziehen, kann man sich auch die Frage stellen, wie sich die erwarteten *ŷ*-Werte ändern, wenn man eine Person der Stichprobe entnimmt. Hierzu kann man auf die DfFIT- und die DfFITS-Werte zurückgreifen. Ein DfFIT-Wert ist die Differenz aus dem vorhergesagten Wert, den man für eine Person erhält, wenn man ihn anhand der Regressionskoeffizienten bestimmt, die man an der Gesamtstichprobe gewonnen hat, und dem Wert, den man anhand der Regressionskoeffizienten vorhersagt, die man anhand der Stichprobe geschätzt hat, aus der die Person entnommen wurde. Teilt man diese Differenz durch den geschätzten Standardfehler der vorhergesagten Werte auf der Grundlage der ohne die Person gewonnenen Regressionskoeffizienten, erhält man das standardisierte DfFITS-Maß. Nach Cohen et al. (2003) sind DfFITS-Werte auffällig, die in kleinen bzw. mittleren Stichproben einen absoluten Betragswert aufweisen, der größer als 1 ist, für große Stichproben sehen sie einen Wert von $2 \cdot \sqrt{(k+1)/n}$ als kritische Schwelle an. In unserem Beispiel beträgt letzterer Schwellenwert 0,297. Acht Personen unserer Stichprobe weisen einen Wert auf, dessen Absolutbetrag größer als 0,297 ist. Allerdings weisen nur die beiden schon über DfBETAS identifizierten Personen mit 0,594 und –0,677 DfFITS-Werte auf, die sehr deutlich über der Schwelle liegen.

Es lässt sich zeigen, dass der DfFITS-Wert einer Person aus dem Produkt ihres studentisierten ausgeschlossenen Residuums und dem Faktor $\sqrt{h_m/(1-h_m)}$ gebildet wird. Es fließen also sowohl extreme Werte auf der abhängigen als auch der unabhängigen Variablen ein. Eine Person ist somit dann besonders einflussreich, wenn sie sowohl auf der abhängigen als auch der unabhängigen Variablen extreme Werte aufweist.

Cooks Distanz.

Cook (1979) hat einen Koeffizienten zur Identifikation von einflussreichen Werten entwickelt, der eng mit dem DfFITS-Wert verwandt ist. Es lässt sich zeigen, dass Cooks Distanzwert eine Funktion des quadrierten DfFITS-Wert ist. Dieser wird (1) mit der geschätzten Residualvarianz im Modell ohne die Person multipliziert und (2) durch die geschätzte Residualvarianz im Modell mit der Person dividiert, die mit $k + 1$ gewichtet wird. Beide Maße lassen sich somit direkt ineinander umrechnen. Wenn sich beide geschätzten Residualvarianzen nicht unterscheiden, wäre Cooks Distanz einfach der quadrierte, durch $k + 1$ dividierte DfFITS-Wert. Cooks Distanz kann keine negativen Werte annehmen. Cooks Distanz hat eine komplexe Verteilung (s. Kockelkorn, 2000). Cook empfiehlt daher aus Einfachheitsgründen, auf die Quantile der *F*-Verteilung mit $df_1 = k + 1$ und $df_2 = n - k - 1$ zurückzugreifen. Als kritische Schwelle empfehlen Cohen et al. (2003) das $\alpha = 0{,}50$-Quantil. In unserem Fall beträgt dieses $F(3,133) = 0{,}793$. Nach diesem Kriterium ist keiner der Werte einflussreich (s. Tab. 18.27). Obwohl die DfFITS-Werte und Cooks Distanzwerte ineinander überführbar sind, kommen wir anhand der Schwellenwerte zu unterschiedlichen Ergebnissen, wenn wir die Schwellenwerte für große Stichproben betrachten. Legen wir die Empfehlungen für mittelgroße Stichproben zugrunde, zu der wir die unsrige zählen, kommen wir zu einer einheitlichen Bewertung derart, dass es keine einflussreichen Datenpunkte gibt.

Umgang mit einflussreichen Datenpunkten
Einflussreiche Datenpunkte können die geschätzten Regressionskoeffizienten verzerren. Dies kann gravierende Folgen haben, wenn man eine Regressionsgleichung etwa zur Prognose zukünftigen Verhaltens einsetzen will. Wenn z. B. eine Unternehmensberatungsfirma eine Regressionsgleichung zur Bestimmung des zukünftigen Berufserfolgs anhand einer Stichprobe geschätzt hat, möchte sie, dass das zukünftige Verhalten präzise vorhergesagt wird. Wie geht man mit einflussreichen Datenpunkten um? Wie bei den Ausreißerwerten ist zunächst zu klären, ob diese Werte auf Fehler zurückzuführen sind, die anzeigen, dass den Werten nicht vertraut werden kann. Ist dies der Fall, kann der Wert entnommen werden. Ist dies nicht der Fall, muss man sich überlegen, wie man weiter vorgeht. Hat man Hinweise darauf, dass für die Person andere Prozesse gelten als für den Rest der Stichprobe und dies extrem selten ist, würde man die Person herausnehmen, dies mitteilen und die Einzigartigkeit der Person beschreiben. Ist z. B. in die Stichprobe zur Bestimmung des Berufserfolgs Bill Gates gerutscht, und bemisst man den Berufserfolg am Einkommen, könnte die Regressionsgleichung sehr verzerrt werden. Nimmt man Bill Gates heraus mit der Begründung, dass für Milliardäre andere Prozesse gelten, die man in einer eigenen Milliardärsstudie untersuchen sollte, wird jeder nachvollziehen können, dass man es vorzieht, eine valide Prognosegleichung für die Population der Nicht-Milliardäre zu schätzen und diese für die Personalauswahl zu verwenden. In diesem Beispiel hätte man eine sog. Mischverteilung (Nussbeck et al., im Druck; Rost & Eid, 2009): Die Population setzt sich aus verschiedenen Subpopulationen zusammen, für die ein unterschiedliches Regressionsmodell gilt. Um solche Subpopulationen mit einem Mischverteilungsmodell aufdecken zu können, müssten die Subpopulationen entsprechend groß in der Stichprobe vertreten sein. Ein einzelner Bill Gates würde nicht ausreichen.

Einflussreiche Werte können auch auf eine Fehlspezifikation des Modells hinweisen. Entfernen wir in unserem Beispiel die quadratische Komponente aus dem Regressionsmodell, erhalten wir DfFITS- und Distanzwerte nach Cook, die nach den Kriterien für mittelgroße Stichproben auffällig sind. Eine weitere Möglichkeit besteht darin, auf robuste Regressionsverfahren zurückzugreifen, die wenig sensitiv auf Ausreißer und einflussreiche Werte reagieren. Solche Verfahren sind u. a. bei Wilcox (2003) beschrieben.

18.13.4 Multikollinearität

Unter Multikollinearität versteht man eine hohe multiple Korrelation eines Prädiktors mit anderen Prädiktoren. Wie wir anhand von Gleichung F 18.39 gesehen haben, wirkt sich eine hohe Multikollinearität dahingehend aus, dass der Standardfehler des Regressionsgewichts derjenigen Variablen, die mit den anderen hoch korreliert, groß ist und das Regressionsgewicht somit unpräzise geschätzt wird. Zur Bestimmung des Ausmaßes der Multikollinearität können zwei Koeffizienten bestimmt werden, die voneinander abhängen: der Toleranz- und der Varianzinflations-Faktor.

Toleranzfaktor und Varianzinflations-Faktor
Toleranzfaktor. Den Toleranzfaktor erhält man, indem man die quadrierte multiple Korrelation eines Prädiktors mit allen anderen unabhängigen Variablen von 1 abzieht:

$$TOL_j = 1 - R^2_{j|1,\ldots,j-1,j+1,\ldots,k}$$

Der Toleranzfaktor ist 0, wenn die Variable perfekt linear abhängig (perfekt vorhersagbar) von allen anderen Prädiktoren ist. Man spricht dann von exakter Multikollinearität. In diesem Fall kann die unabhängige Variable über die anderen Variablen hinaus nichts erklären, und ihr Regressionsgewicht kann auch mathematisch nicht eindeutig bestimmt werden. Der maximale Wert der Toleranz ist 1. In diesem Fall ist die Variable mit allen anderen Variablen unkorreliert. In der Literatur findet man häufig den Hinweis, dass ein Wert des Toleranzfaktors kleiner als 0,10 Multikollinearität anzeige, wobei auch bei größeren Werten Probleme auftreten können. In jedem Fall sollten die geschätzten Parameter und ihre Standardfehler bei jeder Anwendung genau inspiziert werden, und es sollte überprüft werden, ob die Regressionsgewichte plausible Werte annehmen und ihre Standardfehler nicht zu groß sind.

Varianzinflations-Faktor. Der Varianzinflations-Faktor ist der Kehrwert der Toleranz:

$VIF_j = 1/TOL_j$

Seine untere Grenze ist 1 und zeigt an, dass die Variable mit allen anderen unabhängigen Variablen unkorreliert ist. Je größer der Varianzinflations-Faktor wird, desto größer ist die Multikollinearität. Der Begriff Varianzinflations-Faktor lässt sich darauf zurückführen, dass die Varianz der Parameterschätzung, d. h. der quadrierte Standardfehler eines Regressionskoeffizienten, von der multiplen Korrelation beeinflusst wird. Ein Wert des Varianzinflations-Faktors, der größer als 10 ist, wird in der Literatur häufig als auffallend bewertet.

> **Beispiel**
>
> **Zufriedenheit mit einem Kurs und wahrgenommene Anforderung: Toleranz- und Varianzinflations-Faktor**
>
> In unserem Lehrevaluationsbeispiel gibt es nur zwei unabhängige Variablen, die lineare und die quadratische Komponente. Es gibt daher nur eine Korrelation zwischen den unabhängigen Variablen, und folglich haben beide dieselben Werte auf dem Toleranz- und Varianzinflations-Faktor. Im Falle der unzentrierten Variablen beträgt der Toleranzfaktor $TOL_1 = TOL_2 = 0{,}046$ und der Varianzinflations-Faktor $VIF_1 = VIF_2 = 21{,}739$. Es liegt also sehr hohe Multikollinearität vor. Im Falle der zentrierten Variablen liegen die Werte bei $TOL_1 = TOL_2 = 0{,}980$ und $VIF_1 = VIF_2 = 1{,}020$. Die Multikollinearität ist also äußerst gering.

Behebung des Multikollinearitätsproblems

Zur Behebung des Multikollinearitätsproblems gibt es verschiedene Möglichkeiten.

Zentrierung. Bei Produktvariablen, die sich aus einer geraden Anzahl von multiplizierten Variablen ergeben, wird das Multikollinearitätsproblem vermindert, indem man die Variablen zentriert. Dies gilt sowohl für die moderierte Regression als auch die nichtlineare Regression mit polynomialen Termen.

Eliminierung von unabhängigen Variablen. Man kann unabhängige Variablen, die sehr hoch mit allen anderen unabhängigen Variablen korreliert sind, auch aus der Regressionsgleichung herausnehmen, sofern sie keinen eigenständigen Betrag über die anderen unabhängigen Variablen hinaus liefern.

Aggregation. Eine weitere Möglichkeit besteht darin, hoch interkorrelierte unabhängige Variablen zusammenzufassen (zu aggregieren). Der Aggregation liegt dabei die Annahme zugrunde, dass die hoch interkorrelierten Variablen aus psychologischer Sicht dasselbe Merkmal erfassen. Hierzu bildet man z. B. den Mittelwert aus den Variablen und nimmt die so neu gebildete aggregierte Variable anstelle der ursprünglichen Variablen in die Regressionsgleichung auf.

Faktorenanalytische Reduktion. Hoch interkorrelierte unabhängige Variablen können auch einer Faktorenanalyse oder einer Hauptkomponentenanalyse unterzogen werden (s. Kap. 24), und die Faktorwerte können als Werte der unabhängigen Variablen in die Regressionsanalyse aufgenommen werden. Schließlich besteht noch die Möglichkeit, die Abhängigkeit der Variablen dadurch zu berücksichtigen, dass für sie ein Faktor modelliert wird und dieser direkt in einem linearen Strukturgleichungsmodell als unabhängige Variable berücksichtigt wird (s. Kap. 25).

18.13.5 Homoskedastizität

Homoskedastizität bedeutet, dass sich die bedingten Residualvarianzen in der Population nicht voneinander unterscheiden. Die Varianz der Residuen hängt in der Population nicht von den Ausprägungen der unabhängigen Variablen ab und ist für die verschiedenen Konstellationen der unabhängigen Variablen gleich. Das Gegenteil von Homoskedastizität wird *Heteroskedastizität* genannt. Heteroskedastizität liegt vor, wenn die Varianz der Residuen sich zwischen Ausprägungen der unabhängigen Variablen unterscheidet.

Konsequenzen der Heteroskedastizität

Ist die Homoskedastizität verletzt, so sind die geschätzten Parameter weiterhin erwartungstreue Schätzer für die Populationsparameter. Allerdings werden die Standardfehler und somit die Konfidenzintervalle und die Irrtumswahrscheinlichkeiten verzerrt bestimmt.

Residuenplots

Die Homoskedastizität lässt sich anhand von sog. Residuenplots darstellen, in denen üblicherweise studentisierte Residuen auf der Y-Achse gegen die aufgrund der Regression vorhergesagten $\hat{y}$-Werte auf der X-Achse abgebildet werden. Abbildung 18.15 enthält einen Residuenplot für unser Lehrevaluationsbeispiel. Auf der X-Achse sind die korrigierten geschätzten Werte abgetragen. Das sind die geschätzten $\hat{y}$-Werte der Personen, die man anhand der Regressionskoeffizienten erhält, für deren Schätzung die Person aus der Stichprobe entnommen wurde. Auf der Y-Achse sind die studentisierten Residualwerte abgetragen. Wie man sieht, schwanken die Residualwerte unsystematisch um 0. Es lassen sich keine starken Unterschiede in den bedingten Schwankungen der Residualwerte erkennen. Die Annahme der Homoskedastizität kann beibehalten werden.

Abbildung 18.16 zeigt einen konstruierten Residuenplot, in dem die Homoskedastizitätsannahme verletzt ist. Die bedingten Varianzen sind an den Randbereichen stärker als im mittleren Bereich. Der Residuenplot zeigt noch eine weitere Besonderheit: Die Residualwerte schwanken nicht unsystematisch um 0, sondern weisen eine kurvilineare Form auf. Dies zeigt, dass das Modell falsch spezifiziert wurde. Für den Residuenplot wurde ein Datensatz erzeugt, in dem eine kurvilineare Beziehung zwischen der abhängigen und der unabhängigen Variablen besteht, wobei in der Analyse nur die lineare Komponente spezifiziert wurde. Diese Fehlspezifikation kann durch den Residuenplot aufgedeckt werden. Der Residuenplot ist also nicht nur in der Lage, die Heteroskedastizität aufzudecken, sondern auch Fehlspezifikationen sichtbar zu machen. Fehlspezifikationen äußern sich darin, dass die bedingten Mittelwerte der Residuen von 0 abweichen. In unserem Beispiel sind die bedingten Mittelwerte der Residuen im mittleren Bereich negativ und in den Randbereichen positiv und weisen somit auf Fehlspezifikation hin.

Tests zur Überprüfung der Homoskedastizitätsannahme

Zur Überprüfung der Homoskedastizitätsannahme gibt es verschiedene statistische Tests, die bei Kockelkorn (2000) dargestellt sind. Diese Tests unterscheiden sich in den Alternativhypothesen, die sie testen, und setzen Vorwissen über die Form der Verletzung der Homoskedastizität voraus. Sie sind in Statistikprogrammen nicht routinemäßig implementiert und werden im Forschungsalltag selten angewendet. Als einfache Überprüfungsmöglichkeit schlagen Cohen et al. (2003) vor, die Untersuchungsobjekte anhand ihrer x-Werte in Gruppen annähernd gleicher Größe

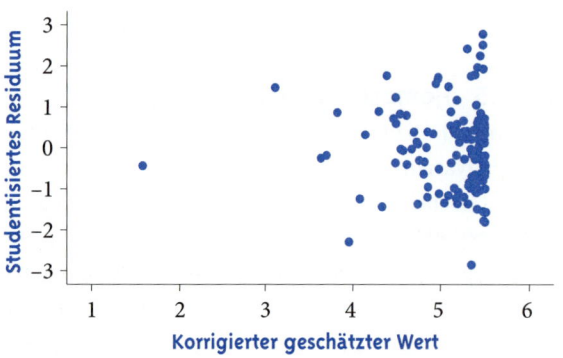

Abbildung 18.15 Residuenplot für das Beispiel »Zufriedenheit mit einem Kurs und wahrgenommene Anforderung«

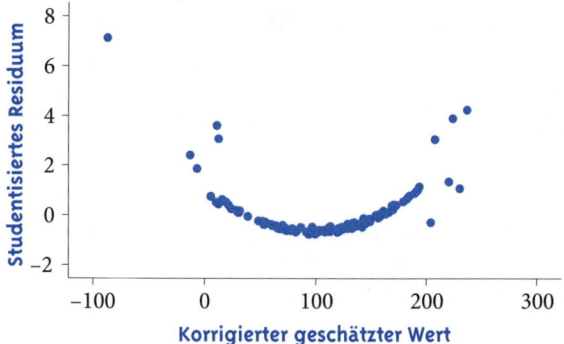

Abbildung 18.16 Residuenplot für das Beispiel »Zufriedenheit mit einem Kurs und wahrgenommene Anforderung«: Simulierte Daten

zu unterteilen und die Residualvarianzen in diesen Gruppen zu schätzen. Unterscheiden sich die beiden Gruppen mit der geringsten und größten Varianz um mindestens den Faktor 10, zeigt dies nach Cohen et al. (2003) eine bedeutsame Verletzung der Homoskedastizitätsannahme an.

Umgang mit Heteroskedastizität

Im Falle von Heteroskedastizität kann auf das gewichtete Kleinste-Quadrate-Schätzverfahren (engl. weighted least squares) zurückgegriffen werden. Während beim einfachen Kleinste-Quadrate-Schätzverfahren (engl. ordinary least squares) die Regressionskoeffizienten so geschätzt werden, dass die Summe der quadrierten Abweichungen der beobachteten y-Werte von den vorhergesagten $\hat{y}$-Werten minimal ist, wird beim gewichteten Verfahren jeder quadrierte Abweichungswert mit einem individuellen Wert w_m gewichtet und die Summe der gewichteten quadrierten Abweichungen minimiert. Die Grundidee hierbei ist es, die y-Werte so zu transformieren, dass die Voraussetzung der Homoskedastizität erfüllt wird (Draper & Smith, 1998). Das Gewicht ist der Kehrwert der Residualvarianz in der Population für eine bestimmte Konstellation der Werte auf den unabhängigen Variablen, die für eine Person m mit einer entsprechenden Konfiguration der Werte auf der unabhängigen Variablen geschätzt wird. Um diese bedingte Residualvarianz zu erhalten, geht man in zwei Schritten vor. Im ersten Schritt schätzt man für jede Person ihren Residualwert in der Regressionsanalyse. In einem zweiten Schritt gehen die quadrierten Residualwerte als Werte der abhängigen Variablen in eine weitere Regression ein, in der sie auf die unabhängigen Variablen zurückgeführt werden. Die geschätzten Werte der abhängigen Variablen, deren Werte die quadrierten Residualwerte sind, sind dann die geschätzten Residualvarianzen für eine bestimmte Konstellation von unabhängigen Variablen. Die geschätzten Residualvarianzwerte müssen dann dem Datensatz hinzugefügt werden, und die Variable, die diese Werte enthält, muss als Gewichtsvariable definiert werden. Dieses Verfahren setzt allerdings große Stichproben voraus, um sicherzustellen, dass es genügend Personen mit derselben Merkmalskonstellation be-

züglich der unabhängigen Variablen gibt, um die bedingten Residualvarianzen zuverlässig schätzen zu können. Darüber hinaus weisen Cohen et al. (2003) darauf hin, dass in der WLS-Regressionsanalyse standardisierte Kenngrößen wie der Determinationskoeffizient keine klare Bedeutung mehr haben. Sie empfehlen daher, die WLS-Regression nur für den Fall sehr großer Stichproben und sehr gravierender Verletzungen der Homoskedastizität einzusetzen.

18.13.6 Unabhängigkeit der Residuen

In der Regressionsanalyse wird angenommen, dass die Residuen voneinander unabhängig sind. Diese Annahme ist in zwei typischen Anwendungsfällen in der Psychologie verletzt: (1) wenn der Stichprobenziehung Klumpenstichproben oder mehrstufige Auswahlverfahren zugrunde lagen (s. Abschn. 9.3.2), (2) bei serialer Abhängigkeit, die typischerweise in Einzelfalluntersuchungen auftritt (s. Abschn. 9.3.2).

Klumpenstichproben und mehrstufige Auswahlverfahren

Bezogen auf unser Beispiel der Lehrevaluation lägen Klumpenstichproben vor, wenn aus allen Lehrveranstaltungen Deutschlands eine Zufallsstichprobe gezogen worden wäre und man dann alle Studierenden der Lehrveranstaltung befragt hätte. Ein mehrstufiges Auswahlverfahren läge vor, wenn man zunächst aus den Dozenten Deutschlands eine Zufallstichprobe gezogen, dann aus allen Lehrveranstaltungen des Dozenten eine Zufallsstichprobe ausgewählt und schließlich aus jeder Lehrveranstaltung eine Zufallsstichprobe von Studenten gezogen hätte. Diesen beiden Stichprobenziehungen ist gemeinsam, dass die Messobjekte (Studierende) keine einfache Zufallsstichprobe aus einer gemeinsamen Population darstellen, sondern Abhängigkeiten dadurch entstehen, dass sie gezielt aus einer gemeinsamen Lehrveranstaltung ausgewählt wurden. Die Annahme der Unabhängigkeit der Residuen wäre bei einer solchen Stichprobe z. B. dann verletzt, wenn sich Studierende, die dasselbe Anforderungsniveau wahrnehmen, in ihrer Zufriedenheitseinschätzung einander ähnlicher sind, wenn sie dieselbe Veranstaltung besucht haben als wenn sie verschiedene Veranstaltungen besucht haben.

Konsequenzen. Liegt eine solche Abhängigkeit der Residuen vor, so werden die Regressionskoeffizienten nicht verzerrt geschätzt. Allerdings werden die Standardfehler typischerweise unterschätzt, so dass Effekte eher signifikant werden. Die faktische Irrtumswahrscheinlichkeit α ist also größer als das nominell festgelegte Signifikanzniveau.

Umgang mit dem Problem. Wie geht man mit dem Problem um, dass die Residuen voneinander abhängig sind? Eine Möglichkeit besteht darin, auf hierarchische lineare Modelle zurückzugreifen, die wir in Kapitel 19 behandeln werden. Diese Modelle berücksichtigen die geschachtelte Datenstruktur angemessen. Hat man nur eine geringe Anzahl von Klumpen oder Gruppen im mehrstufigen Auswahlverfahren, kann man auch einfach so vorgehen, dass man die Zugehörigkeit zu einem Klumpen oder einer Gruppe anhand von Kodiervariablen kodiert und diese Kodiervariablen als unabhängige Variablen mit in die Regressionsgleichung aufnimmt (s. Abschn. 18.11).

Seriale Abhängigkeit

Dieses Problem liegt dann vor, wenn die Werte einer Ordnung unterliegen und die Residuen sich beeinflussen. Ein typischer Anwendungsbereich, in dem dieses Problem auftritt, ist die Einzelfallanalyse. Angenommen, wir befragen eine Person jeden Morgen nach ihrer Stimmung und erheben, wie lange die Person geschlafen hat. Uns interessiert die regressive Abhängigkeit der Stimmung von der Schlafdauer. Die Schlafdauer wird die Stimmung nicht perfekt vorhersagen. Da die Stimmung von vielen Einflüssen abhängt, wird es Tage geben, an denen eine Person bei gleicher Schlafdauer besser oder schlechter gestimmt ist, als man allein aufgrund der Schlafdauer erwarten würde. Darüber hinaus kann die Stimmung von der Stimmung am Vortag abhängen. Geht man schlecht gelaunt ins Bett, kann die Stimmung am nächsten Morgen schlechter sein, als man aufgrund der Schlafdauer erwarten würde. Schläft man wohlgemut ein, wird die Stimmung am nächsten Tag bei gleicher Schlafdauer tendenziell besser sein. Dies hat zur Folge, dass das Residuum der Messung an einem Tag vom Residuum des Vortages abhängt. War das Residuum am Vortag positiv (bessere Stimmung als aufgrund der Schlafdauer zu erwarten), wird tendenziell das Residuum am Folgetag auch positiver sein. Die Residuen der beiden Tage hängen somit voneinander ab. Sofern es sich um einen systematischen Prozess handelt, kann man die sog. Autokorrelationen der Residuen bestimmen.

Autokorrelation. Eine Autokorrelation ist die Korrelation eines Merkmals mit seiner zeitversetzt wiederholten Messung. Man unterscheidet bei Autokorrelationen die Ordnung der Autokorrelation. Bei einer Autokorrelation erster Ordnung wird eine Messreihe mit der um einen Messzeitpunkt versetzten Messreihe korreliert. Bei einer Autokorrelation zweiter Ordnung ist die Wiederholungsmessreihe um zwei Messzeitpunkte versetzt etc. Eine Autokorrelation erster Ordnung der Residuen zeigt an, wie stark die Residuen des Folgetages mit den Residuen des Vortages (über die gesamte Messreihe hinweg) zusammenhängen. Liegen solche Autokorrelationen vor, ist die Annahme der Unabhängigkeit der Residuen verletzt. Die Regressionsgewichte werden zwar unverzerrt geschätzt, aber die Standardfehler sind nicht korrekt. In einem solchen Fall sollte auf regressionsanalytische Modelle, die diese Abhängigkeit berücksichtigen, zurückgegriffen werden. Für den Einzelfall sind z. B. zeitreihenanalytische Ansätze die Modelle der Wahl (z. B. Köhler, 2008). Ob die Autokorrelation der Residuen statistisch bedeutsam ist, kann mit dem Durbin-Watson-Test überprüft werden, der in vielen Statistikprogrammen implementiert ist.

18.13.7 Normalverteilung der Residuen

Im Allgemeinen Linearen Modell wird angenommen, dass die Residualvariablen in der Population bedingt – und daher auch unbedingt – normalverteilt sind und sich deren bedingte Varianzen nicht unterscheiden. Allerdings haben wir schon in Abschnitt 18.13.3 gesehen, dass die geschätzten Residualwerte nicht die gleichen bedingten Varianzen aufweisen. Im Gegenteil, sie unterscheiden sich in ihnen. Wir haben dies bereits bei der Bestimmung der studentisierten Residuen behandelt. Diese erhält man, indem man die Residualwerte durch die bedingten geschätzten Standardabweichungen dividiert. Auch sind die geschätzten Residualwerte in systematischer Weise voneinander abhängig (Kockelkorn, 2000). Daher werden zur Überprüfung der Normalverteilungsannahme keine exakten Tests herangezogen, sondern heuristische Verfahren. Zum einen kann man sich das Histogramm der Residuen anschauen, zum anderen einen Probability-Probability-Plot.

Histogramm der Residuen

Kockelkorn (2000) empfiehlt, ein Histogramm der studentisierten Residuen zu erstellen, die er skalierte Residuen nennt, da diese identisch normalverteilt sind. Allerdings erstellen Statistikprogramme wie SPSS routinemäßig bei der Regressionsdiagnostik häufig nur das Histogramm der standardisierten Residuen, so dass das Histogramm der studentisierten Residuen vom Anwender erstellt werden muss (bei SPSS mit der Option »deskriptive Statistik«). In Abbildung 18.17 ist das Histogramm der studentisierten Residuen für das Lehrevaluationsbeispiel dargestellt. Es gibt keinen Anlass, die Hypothese der Normalverteilung der Residuen in der Population zu verwerfen. In der Tat haben wir die Daten aus didaktischen Gründen so simuliert, dass dem Modell der Datensimulation eine normalverteilte Residualvariable zugrunde lag. Wie Abbildung 18.17 verdeutlicht, kann man allein schon aufgrund des Stichprobenfehlers nicht davon ausgehen, dass die geschätzten Residualwerte perfekt einer Normalverteilung folgen.

Probability-Probability-Plot

Eine zweite Möglichkeit besteht darin, den sog. Probability-Probability-Plot (P-P-Plot) zu inspizieren, in dem zwei kumulierte Wahrscheinlichkeiten gegeneinander abgetragen werden. Auch für diesen Plot sollte man auf die studentisierten Residuen zurückgreifen, wohingegen Statistikprogramme wie SPSS häufig routinemäßig die standardisierten Residuen zugrunde legen. Auch der P-P-Plot setzt eigentlich voraus, dass die Beobachtungen voneinander unabhängig sind, was bei den geschätzten Residuen nicht der Fall ist. Nichtsdestotrotz ist der P-P-Plot von großem heuristischem Wert. In Abbildung 18.18 ist ein solcher P-P-Plot der studentisierten Residuen für unser Beispiel dargestellt, anhand dessen man die Normalverteilungshypothese visuell überprüfen kann. Auf der Abszisse sind die geschätzten kumulierten Wahrscheinlichkeiten der studentisierten Residuen angegeben. Hierzu ordnet man die Residuen ihrer Größe nach und schätzt dann die kumulierten Wahrscheinlichkeiten anhand der kumulierten Häufigkeiten der Daten. Auf der Ordinate sind dazu die kumulierten Wahrscheinlichkeiten für einen spezifischen

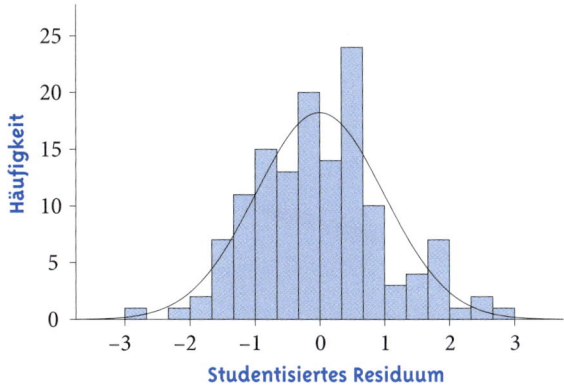

Abbildung 18.17 Histogramm der studentisierten Residuen für das Beispiel »Zufriedenheit mit einem Kurs und wahrgenommene Anforderung«

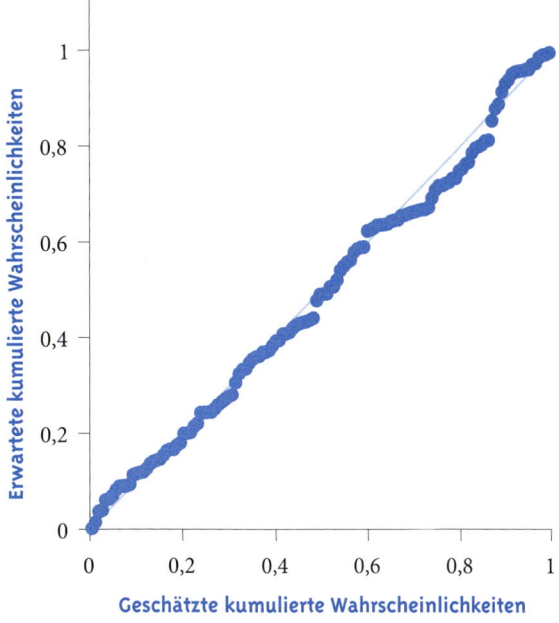

Abbildung 18.18 Probability-Probability-Plot der studentisierten Residuen für das Beispiel »Zufriedenheit mit einem Kurs und wahrgenommene Anforderung«

Abszissenwert aufgetragen, die man bei Gültigkeit eines bestimmten Verteilungsmodells erwarten würde. In unserem Fall wollen wir überprüfen, ob die Werte normalverteilt sind. Die Normalverteilung hängt von zwei Parametern ab, dem Erwartungswert und der Varianz. Da man beide Populationsparameter nicht kennt, schätzt man sie aus den Daten. Daraufhin schätzt man die erwarteten kumulierten Wahrscheinlichkeiten über die Quantile der Normalverteilung. Sind die Residuen normalverteilt, liegen alle Punkte auf einer Geraden. In unserem Fall weichen sie nur unwesentlich von der Geraden ab. Auch dies zeigt, dass die Normalverteilungsannahme nicht gravierend verletzt ist.

Neben dem P-P-Plot gibt es noch den Q-Q-Plot (Quantile-Quantile-Plot), der dieselbe Information enthält. Beim Q-Q-Plot werden nicht die kumulierten Wahrscheinlichkeiten, sondern die Quantile gegeneinander abgetragen. Auch beim Q-Q-Plot liegen im Idealfall alle Punkte auf einer Geraden.

Konsequenzen der Verletzung der Normalverteilungsannahme

Ist die Normalverteilungsannahme verletzt, erhält man trotzdem unverzerrte Schätzungen der Regressionsgewichte. Bei großen Stichproben wirkt sich die Verletzung auch nicht gravierend auf die Schätzung der Standardfehler und die Signifikanztests aus. Hinweise auf die Verletzung der Normalverteilungsannahme, die man durch die Histogramme der studentisierten Residuen und den P-P-Plot erhält, können aber auf eine Fehlspezifikation des Modells hinweisen (Cohen et al., 2003). Daher werden beide graphische Methoden v. a. dazu genutzt, fehlspezifizierte Modelle aufzudecken. Um dies zu verdeutlichen, haben wir Daten derart simuliert, dass es eine starke kurvilineare Abhängigkeit zwischen der abhängigen und einer unabhängigen Variablen gibt. In die Regressionsanalyse haben wir allerdings nur die lineare Komponente aufgenommen. Das Histogramm und der P-P-Plot der studentisierten Residuen in den Abbildungen 18.19 und 18.20 zeigen eine starke Abweichung von der Normalverteilungsannahme an. Diese ist aber ausschließlich auf die Fehlspezifikation des Modells zurückzuführen. Nimmt man die quadratische Kom-

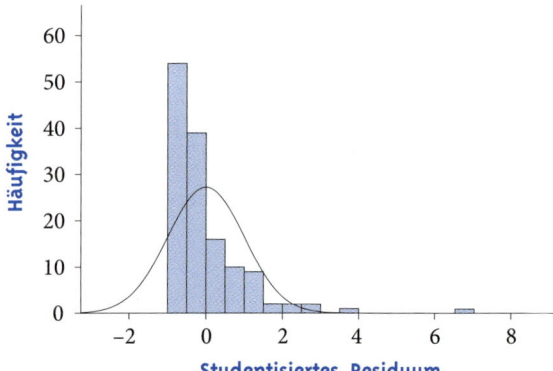

Abbildung 18.19 Histogramm der studentisierten Residuen: Simulierte Daten

ponente ins Modell auf, weisen die Residuen keine gravierende Abweichung von der Normalverteilung mehr auf. Dies verwundert nicht, da der Datensimulation normalverteilte Residuen zugrunde lagen.

Umgang mit nicht-normalverteilten Daten

Zeigen die Residuen Abweichungen von der Normalverteilung an, ist zunächst zu überprüfen, ob dies auf Fehlspezifikationen zurückgeführt werden kann. Ist dies nicht der Fall und hat man kleine Stichproben,

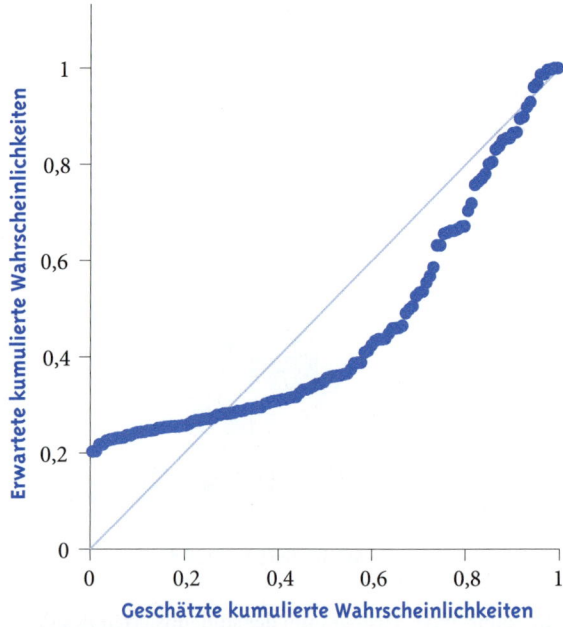

Abbildung 18.20 Probability-Probability-Plot der studentisierten Residuen: Simulierte Daten

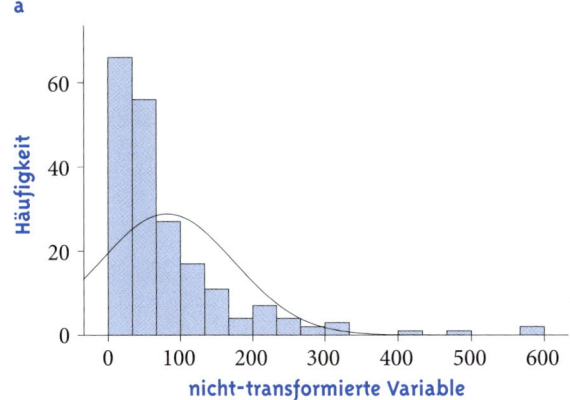

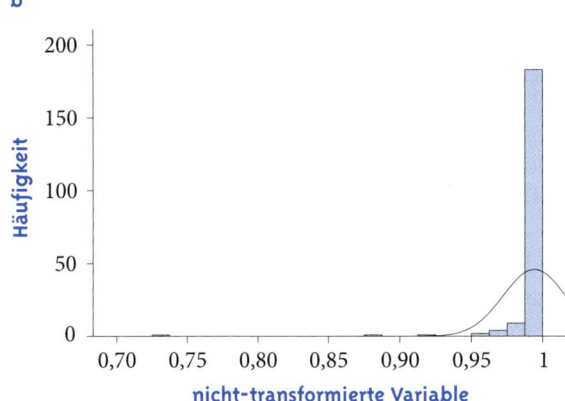

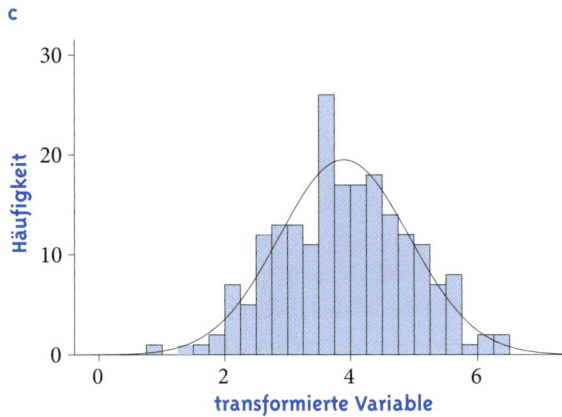

Abbildung 18.21 Zwei Typen nicht-normalverteilter Variablen und ihre Verteilungsform nach ihrer Transformation

so dass sich die Verletzung der Normalverteilungsannahme auf die Standardfehler, Konfidenzintervalle und Signifikanztests auswirken kann, können die Daten so transformiert werden, dass ihre Abweichung von der Normalverteilung geringer wird. Hierzu kann je nach Verteilung der Variablen auf verschiedene Transformationen zurückgegriffen werden. Wir wollen nur zwei Transformationen illustrieren. Die Verteilung der Variablen in Abbildung 18.21 a zeigt eine Verteilungsform, die der Exponentialverteilung ähnelt. Folglich transformieren wir die Daten mit einer logarithmischen Transformation der Art $X_t = \ln(X)$, wobei X_t die transformierte Variable bezeichnet und »ln« für den logarithmus naturalis steht. Die Verteilung der transformierten Variablen finden wir in Abbildung 18.21 c. Die transformierte Variable folgt approximativ einer Normalverteilung. Die Verteilung in Abbildung 18.21 b ist extrem rechtssteil und linksschief. Diese Variable transformieren wir mit der Transformationsvorschrift

$$X_t = \frac{1}{2} \cdot \ln\left(\frac{1+X}{1-X}\right)$$

und erhalten wiederum die Verteilung in Abbildung 18.21 c, die approximativ normalverteilt ist.

18.13.8 Multivariate Normalverteilung der Variablen

Die Verteilungsannahmen in Bezug auf die Residuen werden im Modell mit deterministischen Regressoren getroffen. In diesem Modell müssen keine Verteilungsannahmen in Bezug auf die unabhängigen Variablen getroffen werden. Im Modell mit stochastischen Regressoren wird eine Verteilungsannahme in Bezug auf die gemeinsame Verteilung der abhängigen und aller unabhängigen Variablen getroffen. Obwohl auch andere Verteilungsannahmen denkbar sind und entsprechende Ansätze formuliert wurden, wird im Modell mit stochastischen Regressoren typischerweise die Annahme der multivariaten Normalverteilung getroffen. Wie diese Annahme überprüft werden kann, haben wir schon im Abschnitt 15.4.1 zur Produkt-Moment-Korrelation behandelt.

Tests auf multivariate Normalverteilung finden aus dreierlei Gründen selten Anwendung in der Forschungspraxis:

(1) Sie sind in vielen Standard-Statistikprogrammen nicht implementiert.

(2) Aus der Verletzung der univariaten Normalverteilung, für deren Überprüfung verschiedene Standardtests zur Verfügung stehen (s. Kap. 10), folgt auch die Verletzung der multivariaten Normalverteilung (allerdings folgt aus der Nichtverletzung der univariaten Normalverteilung nicht zwangsläufig die Nichtverletzung der multivariaten Normalverteilung).
(3) Bei vielen Anwendungen geht man implizit vom Modell mit deterministischen Regressoren aus.

Auch wenn dieses Modell für viele Fragestellungen der Psychologie und anderer Sozial- und Verhaltenswissenschaften streng genommen nicht das korrekte Modell ist, schränkt man – um die Vorteile und Einfachheit des Allgemeinen Linearen Modells zu nutzen – implizit die Ergebnisse auf die realisierten Werte der unabhängigen Variablen ein bzw. geht davon aus, sie in zukünftigen Studien wiederherstellen zu können. Oder aber man geht wie O'Brien und Muller (1993) davon aus, dass sich beide Modelle in ihren Ergebnissen in Bezug auf das Konfidenzintervall des Determinationskoeffizienten und die Bestimmung der optimalen Stichprobengröße nicht gravierend unterscheiden. Wie wir in unserem Beispiel in Abschnitt 18.7 gesehen haben, war dieser Unterschied im konkreten Anwendungsfall nicht groß.

18.13.9 Verletzung der Annahmen und Konsequenzen

In Tabelle 18.28 ist zusammengestellt, wie sich Verletzungen von Annahmen auf die Schätzung der Regressionsgewichte und der Standardfehler auswirken. Es zeigt sich, dass sich nur eine Fehlspezifikation des Modells und Messfehler bei den unabhängigen Variablen dahingehend auswirken, dass die Regressionsparameter verzerrt geschätzt werden. Verletzungen aller Voraussetzungen wirken sich hingegen auf verzerrte Schätzungen der Standardfehler aus und haben somit verzerrte Signifikanztests zur Folge. In der Tabelle erscheinen Ausreißer und einflussreiche Daten sowie die Multikollinearität nicht, da es sich hierbei nicht um Voraussetzungen der multiplen Regressionsanalyse handelt, sondern um problematische Datensituationen.

Tabelle 18.28 Konsequenzen der Verletzung von Voraussetzungen der multiplen Regressionsanalyse

Voraussetzung	Geschätzte Regressionskoeffizienten	Geschätzte Standardfehler
Korrekte Spezifikation des Modells	Verzerrung	Verzerrung
Messfehlerfreiheit der unabhängigen Variablen	Verzerrung	Verzerrung
Homoskedastizität	keine Verzerrung	Verzerrung
Unabhängigkeit der Residuen	keine Verzerrung	Verzerrung
Normalverteilung der Residuen	keine Verzerrung	Verzerrung

Zusammenfassung

▶ Die multiple Regressionsanalyse dient der Kontrolle von Störvariablen, der Prognose und Erklärung des Verhaltens anhand mehrerer unabhängiger Variablen.

▶ Die multiple Regressionsanalyse ist ein kompensatorisches Modell – niedrige Werte auf einer unabhängigen Variablen können durch hohe Werte auf anderen unabhängigen Variablen ausgeglichen werden.

▶ Die Regressionskoeffizienten werden nach dem Kleinste-Quadrate-Kriterium geschätzt.

▶ Das Regressionsgewicht einer unabhängigen Variablen gibt an, um wie viel sich die erwarteten $\hat{y}$-Werte ändern, wenn man die unabhängige Variable um eine Maßeinheit erhöht und die Werte auf allen anderen unabhängigen Variablen konstant hält.

▶ Regressionsgewichte in der multiplen Regression werden auch Partialregressionsgewichte genannt, da sie als einfache Regressionsgewichte von Residualvariablen dargestellt werden können.

▶ Auf unstandardisierte Regressionsgewichte greift man beim Vergleich mehrerer Gruppen zurück; standardisierte Regressionsgewichte eignen sich zum Vergleich verschiedener Variablen.

- Die multiple Korrelation ist die bivariate Korrelation zwischen der abhängigen Variablen und der aufgrund der unabhängigen Variablen vorhergesagten abhängigen Variablen. Sie kann Werte von 0 bis 1 annehmen. Ihr quadrierter Wert ist der multiple Determinationskoeffizient.
- Der multiple Determinationskoeffizient kann in eine Summe von Semipartialdeterminationen zunehmend höherer Ordnung zerlegt werden.
- Der Anteil der Varianz der abhängigen Variablen, der von einer unabhängigen Variablen über alle anderen unabhängigen Variablen hinaus determiniert wird, heißt Nützlichkeit.
- Im Modell mit deterministischen Regressoren geht man davon aus, dass die Ausprägungen der unabhängigen Variablen feste Werte sind, die unter Kontrolle des Forschenden stehen. Zur inferenzstatistischen Absicherung der Modellgrößen wird angenommen, dass die Residualvariablen bedingt (d. h. gegeben die Ausprägungen der unabhängigen Variablen) normalverteilt sind und ihre bedingte Varianz für alle Konstellationen der unabhängigen Variablen konstant ist (Homoskedastizität). Darüber hinaus müssen die Residuen voneinander unabhängig sein.
- Im Modell mit stochastischen Regressoren wird angenommen, dass die Werte der unabhängigen Variablen Realisierungen von Zufallsvariablen sind und sich ihre Werte daher von Stichprobe zu Stichprobe unterscheiden können. In diesem Modell wird angenommen, dass die abhängigen und unabhängigen Variablen multivariat normalverteilt sind. Hieraus folgt, dass die Residuen bedingt normalverteilt sind und gleiche bedingte Varianzen aufweisen.
- Das Modell mit stochastischen Regressoren unterscheidet sich vom Modell mit deterministischen Regressoren nicht in den Parameterschätzungen, wohl aber im Konfidenzintervall für den Determinationskoeffizienten und in der Bestimmung der optimalen Stichprobengröße, um einen a priori festgelegten Populationsdeterminationskoeffizienten abzusichern.
- Die Effektgröße zur Bestimmung der optimalen Stichprobengröße besteht aus dem Populationsdeterminationskoeffizienten dividiert durch den Populationsindeterminationskoeffizienten.
- Datengesteuerte Verfahren zur Auswahl bedeutsamer unabhängiger Variablen sind die Vorwärtsselektion, die Rückwärtselimination und die schrittweise Regression.
- Die Prognose- und Kreuzvalidierungsfehler erlauben es abzuschätzen, wie zuverlässig die Regressionsanalyse in zukünftigen Studien eingesetzt werden kann.
- Suppressorvariablen lassen sich in klassische, reziproke und negative Suppressorvariablen unterteilen.
- In der moderierten Regressionsanalyse werden Interaktionen zwischen den unabhängigen Variablen berücksichtigt.
- In der moderierten Regressionsanalyse sollten die unabhängigen Variablen vor der Bildung der Produktvariablen zentriert werden, um die Multikollinearität zu verringern und die Interpretation zu erleichtern.
- Nicht-lineare Beziehungen lassen sich durch die Hinzunahme von Polynomen höherer Ordnung berücksichtigen.
- Kategoriale Variablen müssen durch Kodiervariablen kodiert werden, um sie als unabhängige Variablen in die Regressionsanalyse aufzunehmen.
- Einfache Kodiermöglichkeiten sind die Dummy- und die Effektkodierung.
- Bei der Kovarianzanalyse werden metrische und kategoriale Variablen als unabhängige Variablen berücksichtigt. Es wird angenommen, dass sie additiv, nicht aber multiplikativ zusammenwirken.
- Adjustierte Mittelwerte sind die mittels der Kovarianzanalyse vorhergesagten Gruppenmittelwerte an der Stelle der Gesamtmittelwerte der Kovariaten.
- Wertet man Untersuchungspläne der quasi- und nicht-experimentellen Forschung mit der Kovarianzanalyse aus, müssen Artefakte, die durch den Messfehler und ausgelassene Drittvariablen hervorgerufen werden können, besonders beachtet werden.
- Bei der Aptitude-Treatment-Interaction-Analyse werden Interaktionen zwischen metrischen und kategorialen unabhängigen Variablen zugelassen.

- Die Regressionsdiagnostik widmet sich der Aufdeckung von Umständen, die die valide Interpretation der Ergebnisse gefährden.
- Um die Ergebnisse der Regressionsanalyse angemessen interpretieren zu können, ist es notwendig, dass das Modell korrekt spezifiziert wird. Fehlspezifikationen führen zu verzerrten Parameterschätzungen und verzerrten Standardfehlern.
- Bei der Regressionsanalyse wird angenommen, dass die unabhängigen Variablen messfehlerfrei gemessen wurden. Der Messfehler führt zu verzerrten Schätzungen der Regressionsparameter und ihrer Standardfehler.
- Verletzungen der Homoskedastizität können mit einem Residuenplot aufgedeckt werden. Heteroskedastizität führt zu verzerrten Standardfehlern.
- Die bedingte Normalverteilungsannahme der Residuen kann mit einem Histogramm und einem P-P-Plot der studentisierten Residuen graphisch überprüft werden. Verletzungen der Normalverteilungsannahme führen bei kleinen Stichproben zu verzerrten Schätzungen der Standardfehler.
- Die Abhängigkeit der Residuen kann u. a. durch einen Klumpeneffekt, mehrstufige Auswahlverfahren und seriale Abhängigkeiten hervorgerufen werden. Abhängigkeiten der Residuen führen zu verzerrten Schätzungen der Standardfehler.
- Multikollinearität kann durch den Toleranz- und den Varianzinflations-Faktor aufgedeckt werden. Hohe Multikollinearität führt zu hohen Standardfehlern der Regressionsgewichte.

Fragen und Übungsaufgaben

Fragen

(1) Nennen Sie verschiedene Zielsetzungen, die man mit der Anwendung der multiplen Regressionsanalyse verfolgt.

(2) Wie lautet die Regressionsgleichung für Merkmalsträger?

(3) Warum handelt es sich bei der multiplen Regressionsanalyse um ein kompensatorisches Modell?

(4) Unter welchen Bedingungen ist das Regressionsgewicht der multiplen Regressionsanalyse
   (a) gleich dem
   (b) kleiner als das
   (c) größer als das
   Regressionsgewicht der unabhängigen Variablen in der einfachen Regressionsanalyse?

(5) Wie hängt das Partialregressionsgewicht mit der Partialkorrelation zusammen?

(6) Für welche Fragestellungen verwendet man unstandardisierte, für welche standardisierte Regressionsgewichte?

(7) Was bedeutet die multiple Korrelation, und wie berechnet man sie?

(8) Wie lautet die Quadratsummenzerlegung der multiplen Regressionsanalyse?

(9) Was versteht man darunter, dass man die multiple Determination als Summe von Semipartialdeterminationen zunehmend höherer Ordnung darstellen kann?

(10) Wie lautet das Populationsmodell der multiplen Regressionsanalyse?

(11) Welche Voraussetzungen zur inferenzstatistischen Testung werden im Modell mit deterministischen Regressoren gemacht?

(12) Welche Voraussetzungen zur inferenzstatistischen Testung werden im Modell mit stochastischen Regressoren gemacht?

(13) Wie überprüft man inferenzstatistisch die Nullhypothese, dass
   (a) der Determinationskoeffizient in der Population
   (b) der quadrierte Semipartialkorrelationskoeffizient in der Population
   gleich 0 ist?

(14) Wie lautet die Effektgröße ϕ_1^2 zur Bestimmung der optimalen Stichprobengröße?

(15) Welche Verfahren zur Auswahl unabhängiger Variablen kennen Sie? Erläutern Sie diese.

(16) Was versteht man unter dem Prognosefehler?

(17) Was versteht man unter dem Kreuzvalidierungsfehler?

(18) Was versteht man unter einer Suppressorvariablen?
(19) Welche Typen von Suppressorvariablen unterscheidet man, und was bedeuten sie?
(20) Was versteht man unter der Nützlichkeit einer Variablen?
(21) Was versteht man unter Zentrierung von Variablen, und weswegen nimmt man sie vor?
(22) Beschreiben Sie das Vorgehen zur Überprüfung von Interaktionseffekten in der multiplen Regressionsanalyse (moderierte Regression).
(23) Was sind bedingte Regressionsgewichte?
(24) Wie kann man mit der Regressionsanalyse nicht-lineare Zusammenhänge untersuchen?
(25) Was versteht man unter Dummy-Kodierung, und nach welchem Prinzip werden die Kodiervariablen gebildet?
(26) Worin unterscheiden sich die ungewichtete und die gewichtete Effektkodierung?
(27) Was bedeuten die Regressionskoeffizienten bei der Dummy-, was bei der Effektkodierung?
(28) Wie überprüft man Interaktionen zwischen kategorialen unabhängigen Variablen mit der multiplen Regressionsanalyse?
(29) Was ist eine Kovarianzanalyse?
(30) Was versteht man unter adjustierten Mittelwerten, und warum bestimmt man sie?
(31) Welche Probleme stellen sich, wenn man die Kovarianzanalyse zur Auswertung quasi-experimenteller Untersuchungspläne in der Evaluationsforschung einsetzt?
(32) Was ist Lords Paradox?
(33) Was versteht man unter einer Aptitude-Treatment-Interaction-Analyse?
(34) Was versteht man unter Under- und was unter Overfitting, und welche Konsequenzen haben diese?
(35) Was ist ein LOWESS-Anpassungsverfahren?
(36) Wie kann man Ausreißerwerte auf der abhängigen und der unabhängigen Variablen identifizieren?
(37) Was sind einflussreiche Datenpunkte, und wie kann man sie identifizieren?
(38) Was versteht man unter Multikollinearität, und wie kann man sie aufdecken?
(39) Was sind die Konsequenzen von Heteroskedastizität?
(40) Was ist ein Residuenplot, und wofür setzt man ihn ein?
(41) Was versteht man unter der Unabhängigkeit von Residuen?
(42) Wie kann man die Normalverteilungshypothese untersuchen?
(43) Welche Konsequenzen haben die Verletzungen von Annahmen, auf denen die multiple Regressionsanalyse basiert?

Übungsaufgaben

(1) Zeigen Sie, dass zwischen dem Partialregressionsgewicht und der Partialkorrelation die Beziehung F 18.13 gilt.
(2) Zeigen Sie, dass Gleichung F 18.19 aus Gleichung F 18.18 folgt.
(3) In einer Untersuchung zur Lebenszufriedenheit (Y) wollen Sie die Hypothese überprüfen, dass sich die Arbeitszufriedenheit (X_1) umso stärker auf die Lebenszufriedenheit auswirkt, je größer die Wichtigkeit ist, die man der Arbeit zuschreibt (X_2). Hierzu erheben Sie die Lebenszufriedenheit, die Arbeitszufriedenheit und die Wichtigkeit mit intervallskalierten Skalen. Beschreiben Sie, wie Sie zur Überprüfung dieser Hypothese vorgehen. Formulieren Sie hierbei (mathematisch) das Regressionsmodell, das Sie Ihrer Hypothesenüberprüfung zugrunde legen, und formulieren Sie die statistische Nullhypothese, die Sie testen wollen. Beschreiben Sie auch, wie Sie zu einer statistischen Entscheidung gelangen.
(4) In einer multiplen Regressionsanalyse wird der Einfluss der unabhängigen Variablen A, B, C und D auf die abhängige Variable E untersucht. Die einzelnen Variablen erfassen folgende Konstrukte:

A: Zufriedenheit mit dem Freundeskreis
B: Zufriedenheit mit dem Partner
C: Zufriedenheit mit der finanziellen Unterstützung durch die Eltern
D: Zufriedenheit mit den Wohnverhältnissen
E: Lebenszufriedenheit

Die einzelnen unabhängigen Variablen wurden nacheinander in die Regressionsanalyse aufgenommen. In der folgenden Tabelle sind die Werte der zugehörigen Determinationskoeffizienten angegeben:

Prädiktoren in der Regressionsgleichung	R^2
A	0,16
A, B	0,27
A, B, C	0,49
A, B, C, D	0,65

Ergänzen Sie die folgenden Aussagen, so dass sie richtige Antworten ergeben.

Die Produkt-Moment-Korrelation zwischen der Variablen E und der Variablen _____ beträgt $r = 0,40$.

Die _____ Korrelation zwischen der Variablen E und D beträgt 0,40.

Die multiple Korrelation zwischen der Variablen E und den Variablen A, B und C beträgt _____.

Die Variablen C und D erklären 38 % der Variation in der Lebenszufriedenheit unter der Bedingung, dass _____ _____.

(5) Nachdem Sie eine einfache lineare Regression gerechnet haben, finden Sie folgenden Residuenplot. Die Achse »Fitted: x« kennzeichnet die vorhergesagten Werte. Welche Schlussfolgerungen ziehen Sie in Bezug auf die Gültigkeit der Annahmen der Regressionsanalyse in diesem Anwendungsfall? Welche Annahmen werden verletzt sein? Warum?

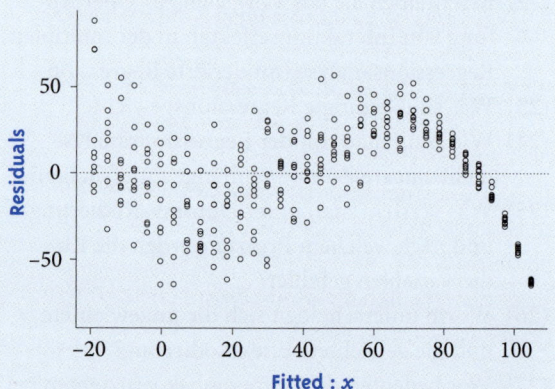

(6) In der folgenden Tabelle finden Sie zwei nominalskalierte Variablen. Sie möchten beide Variablen in eine Regressionsanalyse als unabhängige Variablen aufnehmen und neben ihren Haupteffekten auch den Effekt der Interaktion testen. Tragen Sie in die folgende Tabelle die Dummy-Variablen ein, um die Information, die in den unabhängigen Variablen steckt, zu kodieren. Wählen Sie für jede Dummy-Variable eine Spalte, und geben Sie in den Zeilen für jede Dummy-Variable den Wert an, den die Dummy-Variable für diese Gruppe (Wertekombinationen) annimmt.

Variable 1 (Altersgruppe)	Variable 2 (Bildungsniveau)	Dummy-Variable
1	1	
2	1	
3	1	
1	2	
2	2	
3	2	

19 Hierarchische lineare Modelle (Mehrebenenanalyse)

> **Was Sie in diesem Kapitel lernen**
>
> ▶ Worin besteht bei hierarchischen linearen Modellen die Hierarchie?
> ▶ Was versteht man unter einer Mehrebenenstruktur?
> ▶ Welchen Vorteil bieten hierarchische lineare Modelle gegenüber herkömmlichen Regressionsmodellen?
> ▶ Wie kann der Einfluss von Prädiktorvariablen auf unterschiedlichen Ebenen modelliert werden?
> ▶ Wie testet man die Modellparameter auf statistische Bedeutsamkeit?

Hierarchische lineare Modelle (oder: Mehrebenenmodelle; engl. multilevel models) sind im Prinzip nichts anderes als Regressionsmodelle: Auch hier sollen Unterschiede zwischen Personen auf einer abhängigen Variablen (Kriterium, Regressand) auf Unterschiede zwischen diesen Personen auf einer oder mehreren unabhängigen Variablen (Prädiktoren, Regressoren) zurückgeführt werden. Der Unterschied zwischen den herkömmlichen Regressionsmodellen und den hierarchischen linearen Modellen besteht darin, dass diese in der Lage sind, eine hierarchische Struktur (Mehrebenenstruktur) in den Daten mit zu berücksichtigen. Wir werden zunächst (Abschn. 19.1) klären, was genau mit hierarchischen Datenstrukturen gemeint ist und inwiefern hierarchische Datenstrukturen für die herkömmliche Regressionsanalyse problematisch sind. Anschließend behandeln wir ein einfaches Modell für zwei Ebenen.

19.1 Hierarchische Datenstrukturen

Bei den in den Kapiteln 16 und 18 behandelten Regressionsmodellen waren wir davon ausgegangen, dass es sich bei den Untersuchungseinheiten in der Stichprobe um zufällige Ziehungen aus einer Population handelt und die Messwerte dementsprechend voneinander unabhängig sind. Diese Annahme ist jedoch in manchen Untersuchungen nicht erfüllt. Stellen wir uns vor, eine Psychologin wollte im Rahmen einer pädagogisch-psychologischen Untersuchung ermitteln, ob die Aggressionsneigung von Schülerinnen und Schülern vom Geschlecht der Schüler (Jungen sind aggressiver als Mädchen), von ihrer Beliebtheit (dem »Peer-Status«) innerhalb ihrer Klasse (je geringer der Status, desto aggressiver) und von ihrer Leistungsfähigkeit (je weniger leistungsfähig, desto aggressiver) abhängt. Sie erhebt die entsprechenden Daten in mehreren Schulen und dort wiederum in mehreren Schulklassen. Sind die so gewonnenen Messwerte auf der abhängigen Variablen »Aggressionsneigung« nun voneinander unabhängig?

Wahrscheinlich nicht, denn es ist anzunehmen, dass sich die Messwerte auf der Aggressionsvariablen Y innerhalb einer Schulklasse ähnlicher sind als die Messwerte zwischen verschiedenen Schulklassen und dass es darüber hinaus auch innerhalb einer Schule größere Ähnlichkeiten gibt als zwischen verschiedenen Schulen. Wie kann man sich solche Ähnlichkeiten und Unähnlichkeiten erklären? Nehmen wir an, die untersuchten Schulklassen unterscheiden sich im psychosozialen Klima: In einigen Klassen ist das Klima freundlich und unterstützend, in anderen Klassen rau und feindselig. Nehmen wir weiterhin an, dass das Klima in einer Klasse die Aggressionsneigung der Schüler in der Klasse beeinflusst: Je schlechter das Klima, desto größer die Aggression.

Aus diesen Vermutungen ergeben sich folgende Konsequenzen: Zieht man aus einer Klasse eine beliebige Person und registriert ihren Aggressionswert, so ist zu erwarten, dass dieser dem Aggressionswert einer beliebigen zweiten Person dann ähnlicher ist, wenn es sich um eine Person aus der gleichen Klasse handelt, als wenn es sich um eine Person aus einer anderen Klasse handelt.

Mehrstufige Stichprobenziehung

Der oben beschriebene Fall einer Stichprobenziehung ist ein Beispiel für ein mehrstufiges Auswahlverfahren der Stichprobenziehung, wie wir es in Abschnitt 9.3.2 behandelt haben. Bei einem mehrstufigen Auswahlverfahren werden nicht n voneinander unabhängige Elemente (z. B. Schüler) aus der Population gezogen, sondern es werden Zufallsstichproben auf mehreren Ebenen (engl. levels) gezogen. In unserem Beispiel hat die Psychologin zunächst aus der Menge aller Schulen einige Schulen ausgewählt, dann hat sie eine Zufallsauswahl von Klassen aus allen Klassen dieser Schulen getroffen. Schließlich hat sie per Zufall aus jeder Klasse einige Schülerinnen und Schüler ausgewählt. Es liegen somit Stichprobenziehungen auf drei Ebenen vor (Ebene 3: Schulen, Ebene 2: Klassen, Ebene 1: Schülerinnen und Schüler).

Der Einfachheit halber beschränken wir uns im Folgenden auf die Betrachtung von Mehrebenenstrukturen mit zwei Ebenen. Wann immer Level-1-Einheiten (in unserem Beispiel Schüler) hierarchisch in Level-2-Einheiten (in unserem Beispiel Schulklassen) verschachtelt sind, spricht man von einer hierarchischen (geschachtelten oder »genesteten«) Datenstruktur. Es gibt Schüler innerhalb von Schulklassen (Ebene 1), und es gibt verschiedene Schulklassen (Ebene 2). Im Folgenden werden wir sehen, dass hierarchische Datenstrukturen mit zwei Risiken verbunden sind: dem Risiko falscher Schlüsse bei der Interpretation von Zusammenhangs- und Beeinflussungsstrukturen und dem Risiko falscher Schlüsse bei der inferenzstatistischen Absicherung von Korrelationen bzw. Regressionsgewichten.

19.1.1 Risiko falscher Schlüsse bei der Interpretation von Zusammenhängen

Machen wir uns das erste Risiko an einem einfachen Beispiel klar. Ein Betriebspsychologe interessiert sich für den Zusammenhang zwischen Verantwortung (X) und Arbeitszufriedenheit (Y) und führt eine kleine Untersuchung mit jeweils fünf Mitarbeitern in drei Unternehmen durch. Verantwortung und Arbeitszufriedenheit werden mittels zweier visueller Analogskalen erfasst, die sich von 0 (»überhaupt keine Verantwortung« bzw. »sehr niedrige Arbeitszufriedenheit«) bis 10 (»sehr große Verantwortung« bzw. »sehr hohe Arbeitszufriedenheit«) erstrecken. Die Rohdaten dieser Untersuchung finden Sie in Tabelle 19.1. Die einzelnen Messwerte lauten x_{mi} und y_{mi}. Der Index m steht für die Personen innerhalb einer Firma (Ebene 1) und läuft in unserem Beispiel von 1 bis 5, also $m = 1, \ldots, 5$. Der Index i steht für die unterschiedlichen Firmen (Ebene 2) und läuft in unserem Beispiel von 1 bis 3, also $i = 1, \ldots, 3$.

Tabelle 19.1 Datenbeispiel für den Zusammenhang zwischen Verantwortung und Arbeitszufriedenheit

Firma	Verantwortung (X)	Arbeitszufriedenheit (Y)
A ($i = 1$)	$x_{11} = 1$	$y_{11} = 8$
	$x_{21} = 2$	$y_{21} = 7$
	$x_{31} = 2$	$y_{31} = 8$
	$x_{41} = 3$	$y_{41} = 9$
	$x_{51} = 5$	$y_{51} = 9$
B ($i = 2$)	$x_{12} = 4$	$y_{12} = 4$
	$x_{22} = 4$	$y_{22} = 6$
	$x_{32} = 5$	$y_{32} = 6$
	$x_{42} = 6$	$y_{42} = 7$
	$x_{52} = 6$	$y_{52} = 8$
C ($i = 3$)	$x_{13} = 5$	$y_{13} = 2$
	$x_{23} = 8$	$y_{23} = 1$
	$x_{33} = 8$	$y_{33} = 2$
	$x_{43} = 8$	$y_{43} = 3$
	$x_{53} = 9$	$y_{53} = 3$

Zusammenhänge innerhalb und zwischen Gruppen

Auch hier haben wir es mit einer hierarchischen Datenstruktur zu tun: Mitarbeiter (Level-1-Einheiten) gehören verschiedenen Firmen an (Level-2-Einheiten). Würde man diese Tatsache ignorieren und über alle 15 Messwerte hinweg eine Regressionsanalyse zur Vorhersage von Arbeitszufriedenheit aus Verantwortung durchführen, ergäbe sich nach dem Kleinste-Quadrate-Kriterium (s. Abschn. 16.1) die Regressionsgleichung: $y_m = 9{,}44 - 0{,}77 \cdot x_m + e_m$. Der Achsenabschnitt (engl. intercept) beträgt $b_0 = 9{,}44$, das Regressionsgewicht (engl. slope) beträgt $b_1 = -0{,}77$. Der Korrelationskoeffizient beträgt $r_{XY} = -0{,}69$. Das negative Vorzeichen des Regressionsgewichts bzw. der Korrelation legt die Interpretation nahe, dass der Zusammenhang zwischen Verantwortung und Arbeitszufriedenheit negativ ist; offenbar ist die Arbeitszufriedenheit umso geringer, je größer die Verantwortung ist, die auf den Schultern der Mitarbeiter lastet. Das Streudiagramm für den Zusammenhang zwischen X und Y ist in Abbildung 19.1 dargestellt.

Ganz anders sieht das Ergebnis jedoch aus, wenn man sich den Zusammenhang zwischen Verantwortung und Arbeitszufriedenheit getrennt für jede Firma anschaut. In diesem Fall ergibt sich in allen drei Firmen ein positiver Zusammenhang, wie man in Abbildung 19.2 leicht erkennen kann.

Dass der Zusammenhang über alle Messwerte hinweg negativ, der Zusammenhang innerhalb jeder Firma jedoch positiv ist, liegt daran, dass sich die Firmen sowohl hinsichtlich der durchschnittlichen Ausprägung von X (Verantwortung) als auch hinsichtlich der durchschnittlichen Ausprägung von Y (Arbeitszufriedenheit) voneinander unterscheiden: In Firma A ist die Verantwortung niedrig, aber die Arbeitszufriedenheit hoch; in Firma C ist die Verantwortung hoch, aber die Arbeitszufriedenheit niedrig. Auf Firmenebene sieht der Zusammenhang also ganz anders aus als auf Mitarbeiterebene. Wie könnte dieses Ergebnismuster erklärt werden? Eine Erklärung könnte die Existenz einer (ausgelassenen) Drittvariablen sein, die mit X und Y auf Firmenebene zusammenhängt, z. B. der wirtschaftliche Erfolg der Firma. Möglicherweise ist Firma A wirtschaftlich sehr erfolgreich, so dass viele Mitarbeiter eingestellt werden können, auf die sich die Last der Verantwortung verteilt. Gleichzeitig erhöht der wirtschaftliche Erfolg der Firma die Arbeitszufriedenheit der Angestellten. In Firma C hingegen mussten aufgrund des wirtschaftlichen Misserfolgs Mitarbeiter entlassen werden, was einerseits dazu geführt hat, dass jeder einzelne Mitarbeiter nun mehr Verantwortung trägt, und andererseits bewirkt hat, dass die Arbeitszufriedenheit gering ist.

Ökologischer Fehlschluss

Unser fiktives Datenbeispiel in Tabelle 19.1 wurde so konstruiert, dass man an ihm sehr schön das Phänomen des sog. ökologischen Fehlschlusses demonstrieren kann. Einen ökologischen Fehlschluss (engl. ecological fallacy; Robinson, 1950) begeht man, wenn man einen Zusammenhang bzw. einen Effekt, der auf der Ebene von Gruppen (Level-2-Einheiten) gefunden

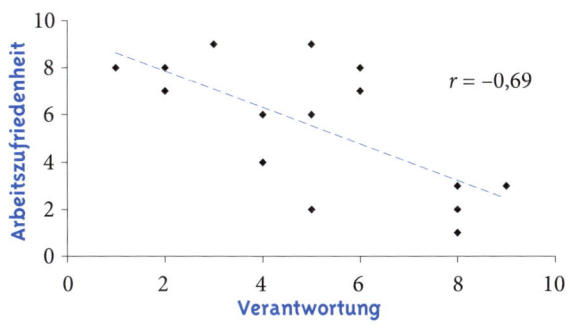

Abbildung 19.1 Streudiagramm für das Datenbeispiel aus Tabelle 19.1: Regression über alle Messwerte hinweg

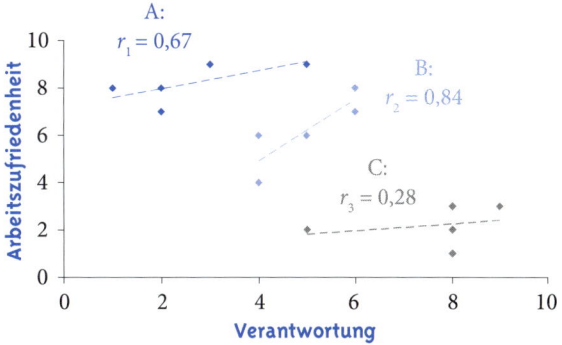

Abbildung 19.2 Streudiagramm für das Datenbeispiel aus Tabelle 19.1: Regression für jede Firma getrennt

wurde, fälschlicherweise auf der Ebene von Individuen (Level-1-Einheiten) interpretiert. Bezogen auf unser Firmenbeispiel: Über die drei Firmen hinweg gibt es einen negativen Zusammenhang zwischen Verantwortung und Arbeitszufriedenheit. Dieser starke negative Zusammenhang auf Firmenebene führt dazu, dass Verantwortung und Arbeitszufriedenheit auch über alle 15 Mitarbeiter hinweg negativ miteinander zusammenhängen. Man könnte nun der Gefahr erliegen, diesen Zusammenhang auf der Ebene von Mitarbeitern innerhalb einer Firma zu interpretieren. Eine solche Interpretation könnte lauten, dass die Arbeitszufriedenheit eines Mitarbeiters innerhalb einer Firma umso mehr sinkt, je größer die Verantwortung ist, die auf seinen Schultern lastet. Eine solche Interpretation auf Individualebene wäre jedoch falsch, denn die Ergebnisse innerhalb der drei Firmen zeigen übereinstimmend einen positiven Zusammenhang: Je größer die Verantwortung innerhalb der Firma, desto größer ist auch die Arbeitszufriedenheit.

Bekannt geworden ist der ökologische Fehlschluss durch Robinson (1950): Er zitiert einen Befund, nach dem auf der Ebene von US-Bundesstaaten die relative Anzahl von dunkelhäutigen Einwohnern mit der Analphabetenrate zusammenhängt: Je größer der Anteil von Farbigen an der Einwohnerzahl eines Staates, desto höher die Analphabetenrate. Darf man aufgrund dieses Befundes schlussfolgern, dass Analphabetismus auf die Hautfarbe zurückzuführen ist? Nein, denn auch hier könnte es eine Reihe von Konfundierungen auf der Ebene der Bundesstaaten geben (etwa soziostrukturelle Faktoren wie Armut und mangelnde Weiterbildungsmöglichkeiten).

19.1.2 Verletzung der Unabhängigkeitsannahme

Ein zweites Problem hierarchischer Datenstrukturen resultiert daraus, dass innerhalb einer Level-2-Einheit die Messwerte homogener sind als zwischen unterschiedlichen Level-2-Einheiten. Je größer die Unterschiede auf dem gemessenen Merkmal zwischen unterschiedlichen Level-2-Einheiten (Firmen, Schulklassen etc.) im Vergleich zu den Unterschieden innerhalb dieser Level-2-Einheiten (Mitarbeiter in Firmen, Schüler in Klassen etc.) sind, desto wahrscheinlicher ist die Unabhängigkeit der Messwerte verletzt.

Intraklassen-Korrelation

Aus dieser Formulierung wird klar, dass das Ausmaß der »Nicht-Unabhängigkeit« zwischen den Messwerten aufgrund systematischer Level-2-Unterschiede im gemessenen Merkmal darüber erfasst werden kann, wie groß die Variation zwischen Level-2-Einheiten im Vergleich zur Variation zwischen Level-1-Einheiten ist. Ein statistischer Kennwert, der diese Variationssystematik sinnvoll quantifizieren kann, ist die Intraklassen-Korrelation (engl. intraclass correlation; abgekürzt ICC). Diese haben wir bereits in Abschnitt 14.1.8 im Zusammenhang mit der Varianzanalyse mit Messwiederholung kennengelernt. Wir können die Logik der Messwiederholung bei der Varianzanalyse auf den Fall hierarchischer Datenstrukturen übertragen. Bei der Messwiederholung können Personen als Stufen eines zufälligen Faktors konzipiert werden. Bei hierarchischen Datenstrukturen kann man die Level-2-Einheiten als Stufen eines zufälligen Faktors auffassen. Ähnlich wie man bei der Messwiederholung die Varianz des zufälligen Personenfaktors (also die Varianz, die auf stabile Unterschiede zwischen den Personen zurückgeht) schätzt, kann man bei hierarchischen Datenstrukturen die Varianz des zufälligen Gruppenfaktors (also die Varianz, die auf konsistente Unterschiede zwischen den Level-2-Einheiten zurückgeht) schätzen. In Anlehnung an Formel F 14.45 ist die Intraklassen-Korrelation ρ im Falle hierarchischer Datenstrukturen auf Populationsebene wie folgt definiert:

$$\rho = \frac{\sigma^2_{\text{Level-2}}}{\sigma^2_{\text{gesamt}}} = \frac{\sigma^2_{\text{Level-2}}}{\sigma^2_{\text{Level-2}} + \sigma^2_{\text{Level-1}}} \qquad (\text{F 19.1})$$

Aus Formel F 19.1 wird ersichtlich, dass die Gesamtvarianz aller Messwerte (σ^2_{gesamt}) zerlegt werden kann in einen Anteil, der auf Unterschiede zwischen den Level-2-Einheiten zurückgeht ($\sigma^2_{\text{Level-2}}$), und einen Anteil, der auf Unterschiede zwischen Level-1-Einheiten innerhalb der Level-2-Einheiten zurückgeht ($\sigma^2_{\text{Level-1}}$). Dieser Quotient kann zwischen 0 und 1 variieren und gibt an, wie ähnlich sich zwei Werte sind, die aus der gleichen Level-2-Einheit stammen. Ist der Quotient gleich 0, gibt es keine Varianz zwischen den Gruppenmittelwerten; die gesamte Varianz ist auf Unterschiede zwischen Level-1-Einheiten innerhalb der Level-2-Einheiten zurückzuführen. Zwei zufällig gezogene Messwerte, die aus der gleichen Level-2-Einheit stammen, sind sich also nicht ähnlicher als zwei zufällig gezogene Messwerte, die aus unterschiedlichen Level-2-Einheiten stammen. Ist der Quotient gleich 1, so ist die gesamte Varianz auf Unterschiede zwischen den Level-2-Einheiten zurückzuführen. Innerhalb der Level-2-Einheiten unterscheiden sich die Level-1-Einheiten nicht mehr voneinander.

Schätzung der Intraklassen-Korrelation

Um zu zeigen, wie man die Intraklassen-Korrelation bestimmt, greifen wir zunächst auf eine einfache (aber leider falsche) Schätzung zurück und zeigen dann, wie man einen erwartungstreuen Schätzer der Intraklassen-Korrelation aus den Daten gewinnen kann.

Zerlegung der empirischen Varianz. Man könnte auf die Idee kommen, die Intraklassen-Korrelation einfach anhand einer Zerlegung der empirischen Varianzen zu bestimmen. Machen wir uns das an unserem Beispiel in Tabelle 19.1 klar. Die empirische Varianz aller 15 Messwerte auf dem Merkmal Arbeitszufriedenheit (Y) beträgt $s_Y^2 = 7{,}18$. Die Mittelwerte der Arbeitszufriedenheit in den drei Firmen A, B und C lauten $\bar{y}_A = 8{,}2$; $\bar{y}_B = 6{,}2$ und $\bar{y}_C = 2{,}2$. Die Mittelwerte weichen also voneinander ab; es gibt offenbar konsistente (d. h. über alle Mitarbeiter hinweg existierende) Unterschiede in der Arbeitszufriedenheit zwischen den drei Firmen, den Level-2-Einheiten. Das Ausmaß dieser Unterschiede lässt sich über die Varianz der drei Mittelwerte ausdrücken. Sie beträgt in diesem Beispiel $s_{\bar{Y}}^2 = 6{,}22$. Innerhalb der Firmen gibt es jedoch auch Unterschiede zwischen den Mitarbeitern. Es lassen sich also drei Varianzen auf Mitarbeiterebene berechnen, je eine pro Firma. Diese empirischen Varianzen lauten $s_A^2 = 0{,}56$; $s_B^2 = 1{,}76$ und $s_C^2 = 0{,}56$. Der Mittelwert dieser drei Varianzen ergibt die gepoolte Innerhalb-Varianz (s.

Formel F 13.27a). Sie beträgt $s_{\text{inn}}^2 = 0{,}96$. Die gesamte empirische Varianz entspricht der Summe aus s_{inn}^2 und $s_{\bar{Y}}^2$:

$$s_Y^2 = s_{\bar{Y}}^2 + s_{\text{inn}}^2 \qquad \text{(F 19.2)}$$

In unserem Beispiel: $7{,}18 = 6{,}22 + 0{,}96$. Man könnte nun den Anteil der Varianz der Mittelwerte an der Gesamtvarianz (s. Formel F 19.1) als einen Schätzwert für die Intraklassen-Korrelation interpretieren. In unserem Beispiel beträgt der Quotient $s_{\bar{Y}}^2 / s_Y^2 = 6{,}22/7{,}18 = 0{,}87$. Dieser Wert legt nahe, dass die Gesamtvarianz der Messwerte zum großen Teil auf Unterschiede zwischen den drei Firmen und weniger auf Unterschiede zwischen den Mitarbeitern innerhalb der Firmen zurückgeht.

Erwartungstreue Schätzung. Der Quotient $s_{\bar{Y}}^2 / s_Y^2$ ist zwar gut interpretierbar, hat aber einen entscheidenden Nachteil: Er ist kein erwartungstreuer Schätzer der Intraklassen-Korrelation in der Population ρ. Das liegt daran, dass wir mit den empirischen Varianzen gearbeitet haben, die keine erwartungstreuen Schätzer der entsprechenden Populationsvarianzen sind. So spiegelt die empirische Varianz der Mittelwerte nicht nur die Varianz der Populationsmittelwerte (d. h. Unterschiede zwischen den Level-2-Einheiten) wider, sondern auch den Stichprobenfehler. Dies ist einleuchtend, denn die Mittelwerte sind ihrerseits nur Schätzer der Populationsmittelwerte; auch sie enthalten einen Stichprobenfehler (vgl. die entsprechenden Ausführungen in den Abschnitten 8.4 und 8.5). Der Erwartungswert der Varianz der Mittelwerte entspricht der Summe aus der Populations-Level-2-Varianz und dem quadrierten Standardfehler der Mittelwerte. Für den Fall, dass die Anzahl der Level-1-Einheiten ($n_{\text{Level-1}}$) in allen Level-2-Einheiten gleich ist, lautet die Formel:

$$E\left(\hat{\Sigma}_{\bar{Y}}^2\right) = \sigma_{\text{Level-2}}^2 + \frac{\sigma_{\text{Level-1}}^2}{n_{\text{Level-1}}} \qquad \text{(F 19.3)}$$

Löst man diese Formel nach $\sigma_{\text{Level-2}}^2$ auf, ergibt sich:

$$\sigma_{\text{Level-2}}^2 = E\left(\hat{\Sigma}_{\bar{Y}}^2\right) - \frac{\sigma_{\text{Level-1}}^2}{n_{\text{Level-1}}} \qquad \text{(F 19.4a)}$$

In einer konkreten Untersuchung ist $\hat{\sigma}_{\bar{Y}}^2$ eine Realisierung der Zufallsvariablen $\hat{\Sigma}_{\bar{Y}}^2$. Die Level-1-Populationsvarianz $\sigma_{\text{Level-1}}^2$ wird mit Hilfe der Innerhalb-Varianz aus den Daten geschätzt. Damit ergibt sich für eine konkrete Untersuchung als Schätzer der Level-2-Populationsvarianz:

$$\hat{\sigma}_{\text{Level-2}}^2 = \hat{\sigma}_{\bar{Y}}^2 - \frac{\hat{\sigma}_{\text{Level-1}}^2}{n_{\text{Level-1}}} \quad \text{(F 19.4b)}$$

Die geschätzte Populationsvarianz der Gruppenmittelwerte $\hat{\sigma}_{\bar{Y}}^2$ kann wie folgt aus den Daten berechnet werden:

$$\hat{\sigma}_{\bar{Y}}^2 = \frac{\sum_{i=1}^{n_{\text{Level-2}}} (\bar{y}_{\bullet i} - \bar{y})^2}{n_{\text{Level-2}} - 1} \quad \text{(F 19.5)}$$

Die geschätzte Level-1-Varianz kann – gleiche Gruppengrößen vorausgesetzt – wie folgt berechnet werden:

$$\hat{\sigma}_{\text{Level-1}}^2 = \frac{\sum_{i=1}^{n_{\text{Level-2}}} \sum_{m=1}^{n_{\text{Level-1}}} (y_{mi} - \bar{y}_{\bullet i})^2}{(n_{\text{Level-1}} - 1) \cdot n_{\text{Level-2}}} \quad \text{(F 19.6)}$$

In unserem Beispiel berechnen wir die Werte $\hat{\sigma}_{\text{Level-1}}^2 = 1{,}2$ und $\hat{\sigma}_{\bar{Y}}^2 = 9{,}33$. Damit ergibt sich: $\hat{\sigma}_{\text{Level-2}}^2 = 9{,}33 - 1{,}2/5 = 9{,}093$. Die erwartungstreu geschätzte Intraklassen-Korrelation beträgt dann:

$$\hat{\rho} = \frac{\hat{\sigma}_{\text{Level-2}}^2}{\hat{\sigma}_{\text{Level-2}}^2 + \hat{\sigma}_{\text{Level-1}}^2} = \frac{9{,}093}{9{,}093 + 1{,}2} = 0{,}88$$

Für den Fall, dass die Gruppengrößen (also die Anzahl der Level-1-Einheiten pro Level-2-Einheit) über die Gruppen hinweg ungleich sind, muss man in den Formeln F 19.4b und F 19.6 ein sog. »gepooltes« $n_{\text{Level-1}}$ einsetzen (s. Snijders & Bosker, 1999). Dabei kann es sich um den harmonischen Mittelwert aller Gruppengrößen n_i über die Gruppen hinweg handeln (s. auch Abschn. 19.4, Gleichung F 19.42).

Warum ist eine Verletzung der Unabhängigkeitsannahme problematisch?

Wir wissen nun, dass eine systematische Abhängigkeit zwischen Messwerten in hierarchischen Datenstrukturen sich in einer Homogenisierung der Messwerte innerhalb der Level-2-Einheiten manifestiert. Die Abhängigkeit lässt sich über die Intraklassen-Korrelation quantifizieren. Wann aber ist eine von 0 verschiedene Intraklassen-Korrelation – also eine Verletzung der Unabhängigkeitsannahme – problematisch? Sie ist dann problematisch, wenn die Unabhängigkeit nicht gegeben ist, obwohl ein statistischer Test sie voraussetzt. Nehmen wir als Beispiel die Regressionsanalyse: Bei der inferenzstatistischen Absicherung der Regressionsparameter wird vorausgesetzt, dass Fehler (d. h. die Regressionsresiduen) zwischen den Merkmalsträgern voneinander unabhängig sind (s. Abschn. 16.9.2). Bezogen auf unser Firmenbeispiel wäre die Unabhängigkeitsannahme dann verletzt, wenn es Unterschiede zwischen den Firmen hinsichtlich der Arbeitszufriedenheit gibt, die nicht durch systematische Unterschiede in der firmenspezifischen Verantwortung erklärt werden können. Einen Grund für solche systematischen Unterschiede hatten wir bereits diskutiert: Es könnte sein, dass sich die Firmen hinsichtlich ihres wirtschaftlichen Erfolges voneinander unterscheiden und der wirtschaftliche Erfolg wiederum die durchschnittliche Arbeitszufriedenheit der Mitarbeiter innerhalb der Firma beeinflusst. Wenn also die Arbeitszufriedenheit in einer erfolgreichen Firma größer ist als in einer weniger erfolgreichen Firma, dann sind sich zwei Messwerte aus der gleichen Firma ähnlicher als zwei Messwerte aus zwei unterschiedlichen Firmen. Wird der wirtschaftliche Erfolg als systematische Varianzquelle auf Firmenebene nicht berücksichtigt, dann ist die Annahme der Unabhängigkeit der Residualvariablen (der Fehlervariablen) verletzt. Dies hat zur Folge, dass der aus den Daten geschätzte Standardfehler des Regressionsgewichts verzerrt geschätzt werden würde. Je stärker die Unabhängigkeitsannahme in Bezug auf die abhängige Variable Y in einer Regressionsanalyse verletzt ist, desto stärker unterschätzt die aus den Daten berechnete Stichprobenresidualvarianz die Populationsresidualvarianz von Y. Dies wiederum hat zur Folge, dass das Risiko einer statistischen Fehlentscheidung erhöht ist.

Je kleiner der Standardfehler ist, desto größer wird der Wert einer Prüfgröße zur inferenzstatistischen

Absicherung eines Regressionskoeffizienten (vgl. etwa Formel F 16.36):

$$t = \frac{b_1 - \beta_{10}}{\hat{\sigma}_{B_1}}$$

Je größer aber der Wert der Prüfgröße ist, desto eher wird die Nullhypothese (z. B. $\beta_{10} = 0$) abgelehnt. Die Entscheidung gegen die Nullhypothese ist mit größerer Wahrscheinlichkeit falsch, der Test zu liberal, und das Risiko eines α-Fehlers entspricht nicht dem a priori festgelegten Signifikanzniveau.

Wie drastisch sich eine Verletzung der Unabhängigkeitsannahme auf das Risiko eines α-Fehlers auswirkt, zeigt Abbildung 19.3. Hier ist das Risiko eines α-Fehlers für einen F-Test auf Gleichheit von p Gruppenmittelwerten als Funktion der Intraklassen-Korrelation ρ und der Anzahl der Gruppen bei einem nominellen Signifikanzniveau von $\alpha = 5\,\%$ abgetragen.

Man sieht, dass bereits bei einer Intraklassen-Korrelation von $\rho = 0{,}10$ das Risiko einer statistischen Fehlentscheidung bei 10 Gruppen und 10 Fällen pro Gruppe auf ca. 50 % ansteigt, obwohl das nominelle Signifikanzniveau auf $\alpha = 5\,\%$ festgelegt wurde. Bereits eine relativ geringe Verletzung der Unabhängigkeitsannahme hat also extreme Auswirkungen auf die Wahrscheinlichkeit einer statistischen Fehlentscheidung.

Umgang mit Verletzungen der Unabhängigkeitsannahme

Wir haben in den Kapiteln 10 bis 14 und in Kapitel 18 schon einige Möglichkeiten kennengelernt, Verletzungen der Annahme unabhängiger Residuen zu berücksichtigen. Eine Möglichkeit ist, die Variable, die für systematische Unterschiede in der abhängigen Variablen zwischen den Level-2-Einheiten sorgt, zu identifizieren und mit in die Regressionsgleichung einzuschließen. Man könnte also etwa den wirtschaftlichen Erfolg der Firmen messen und als Prädiktorvariable betrachten. Wenn die systematischen Unterschiede zwischen den Firmen hinsichtlich der durchschnittlichen Arbeitszufriedenheit also wirklich nur durch systematische Unterschiede im wirtschaftlichen Erfolg der Firmen bedingt sind, dann wäre die Ursache für die Nicht-Unabhängigkeit der Residuen identifiziert und das Problem durch den Einschluss dieser Prädiktorvariablen behoben. In den meisten Fällen ist die Abhängigkeit der Residuen jedoch nicht nur auf eine einzige Ursache zurückzuführen; oft sind diese Ursachen theoretisch nicht ohne weiteres bestimmbar oder gar nicht messbar.

Alternativ könnte man die Zugehörigkeit zu einer Firma mittels Kodiervariablen in der Regressionsgleichung berücksichtigen. Auch Interaktionen zwischen den Kodiervariablen und den Level-1-Prädiktoren ließen sich modellieren. Man würde dann die Firmenzugehörigkeit wie einen festen Faktor (bzw. einen deterministischen Regressor) behandeln. Die Firmenzugehörigkeit ist aber in Wirklichkeit ein zufälliger Faktor; bei den systematischen Unterschieden zwischen den Firmen hinsichtlich der abhängigen Variablen handelt es sich also um zufällige Effekte. Dennoch kann es bei einer kleinen Anzahl von Level-2-Einheiten sinnvoll sein, sie als Stufen eines festen Faktors zu behandeln und die Abhängigkeit innerhalb der Level-2-Einheiten mit Hilfe einer multiplen Regressionsanalyse zu modellieren. Ist die Anzahl der Level-2-Einheiten groß, ist es hingegen sinnvoller, hierarchische lineare Modelle zu verwenden.

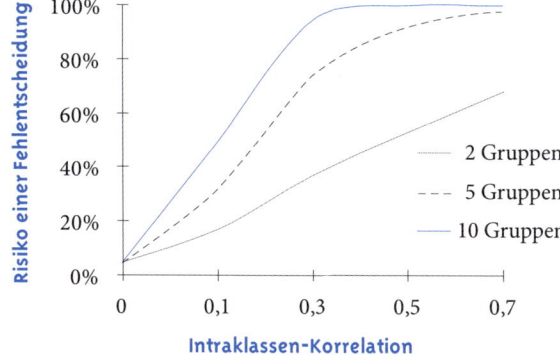

Abbildung 19.3 Risiko eines α-Fehlers als Funktion der Intraklassen-Korrelation und der Anzahl der Gruppen (bei $n_{\text{Level-1}} = 10$ Fällen pro Gruppe und einem nominellen Signifikanzniveau von $\alpha = 0{,}05$)

19.1.3 Vorteile von hierarchischen linearen Modellen

Wir haben gesehen, dass die Missachtung hierarchischer Datenstrukturen zwei Probleme nach sich ziehen kann: das Risiko eines ökologischen Fehlschlusses und das Risiko eines erhöhten Irrtumsrisikos beim statistischen Testen. Ein drittes Risiko, auf das wir hier nicht näher eingegangen sind, besteht darin, dass auch die statistischen Kennwerte selbst verzerrt geschätzt würden, wenn man sie z. B. für jede Level-2-Einheit getrennt berechnen und dann mitteln würde. Dies gilt v. a. dann, wenn die Messungen in unterschiedlichen Level-2-Einheiten unterschiedlich reliabel sind.

Hierarchische lineare Modelle leisten einen Beitrag zur Lösung dieser Probleme. Dies setzt aber voraus, dass die Modelle korrekt angewandt und interpretiert werden. Wir werden im Folgenden einige Gefahren der Fehlanwendung und -interpretation genauer behandeln.

Ökologischer Fehlschluss. Hierarchische lineare Modelle können das Risiko einer falschen Interpretation mindern, denn alle systematischen Unterschiede zwischen Level-2-Einheiten werden – solange das Modell keine entsprechenden Prädiktorvariablen auf Ebene 2 vorsieht, welche diese Unterschiede erklären können – als unerklärte Variation betrachtet. Systematische Level-2-Unterschiede verzerren also nicht die Schätzung des Zusammenhangs auf Ebene 1. Bezogen auf unser Datenbeispiel in Tabelle 19.1: Wenn man die hierarchische Datenstruktur missachtet, gehen systematische Firmenunterschiede in die Korrelation zwischen X und Y mit ein (vgl. Abb. 19.1); wenn man sie hingegen beachtet, werden solche systematischen Firmenunterschiede wie eine unerklärte Varianzquelle behandelt und gehen nicht in die Korrelation zwischen X und Y mit ein (vgl. Abb. 19.2).

Konfundierungen. Wie bei jedem anderen statistischen Modell auch darf man allerdings die Zusammenhänge auf den verschiedenen Ebenen nicht vorschnell kausal interpretieren. Dass man die Ebenen trennen kann, heißt nicht, dass die Zusammenhänge auf den verschiedenen Ebenen einen kausalen Prozess widerspiegeln. Das Problem der Konfundierung stellt sich auf verschiedenen Ebenen. Auch hier bezogen auf unser Beispiel: Auf Firmenebene ist der Zusammenhang zwischen Verantwortung und Arbeitszufriedenheit negativ. Das ist zunächst einmal ein empirisches Ergebnis. Wir haben spekuliert, dass diese negative Korrelation aufgrund einer Konfundierung mit einer dritten, hier nicht gemessenen Firmenvariablen (z. B. wirtschaftlicher Erfolg) entstanden sein könnte. Ob diese Vermutung zutrifft, lässt sich natürlich auch mit Hilfe eines hierarchischen linearen Modells nur dadurch überprüfen, dass weitere Variablen mit in das Modell aufgenommen werden. Die Frage nach der Kausalität lässt sich nun auf verschiedenen Ebenen untersuchen. Hierzu muss man allerdings auf allen Ebenen Analysestrategien bzw. Untersuchungsdesigns wählen, die eine solche Analyse erlauben (vgl. etwa die Ausführungen zur Kovarianzanalyse in Abschn. 18.12).

Verletzung der Unabhängigkeitsannahme. Indem systematische Level-2-Effekte (in Modellen ohne Level-2-Prädiktor) wie eine eigene Varianzquelle behandelt werden, wird die Nicht-Unabhängigkeit zwischen den Messwerten mit berücksichtigt. Wie wir später sehen werden, werden solche systematischen Level-2-Effekte im »zufälligen Teil« des Modells separat von zufälligen Level-1-Residuen geschätzt. Hierarchische lineare Modelle zerlegen also die unerklärte Varianz auf unterschiedlichen Ebenen. Die Form der Abhängigkeit zwischen den Messwerten, die hier modelliert wird, ist also eine ganz spezifische: Modelliert wird nur diejenige Abhängigkeit, die darauf zurückzuführen ist, dass es systematische (und nicht gemessene) Level-2-Effekte gibt, die zwischen den Level-2-Einheiten variieren und sich auf alle Level-1-Einheiten innerhalb der Level-2-Einheit konsistent auswirken. Bezogen auf unser Firmenbeispiel in Tabelle 19.1: Wenn die Arbeitszufriedenheit vom wirtschaftlichen Erfolg der Firma abhängt, dann ist das eine systematische Varianzquelle, die erklärt, wieso sich die Messwerte innerhalb einer Firma ähnlicher sind als die Messwerte aus unterschiedlichen Firmen. In Abhängigkeit vom wirtschaftlichen Erfolg bekommen alle Mitarbeiter innerhalb einer Firma also einen konstanten Anteil Arbeitszufriedenheit »zugeschlagen« oder »abgezogen«.

Nicht berücksichtigen kann ein hierarchisches lineares Modell den Fall, dass es innerhalb einer Level-2-Einheit weitere systematische Abhängigkeiten zwischen den Residuen gibt. Ferner wird davon ausgegangen, dass die Level-2-Einheiten voneinander unabhängig sind. Diese Annahme wäre dann verletzt, wenn der Stichprobenplan eine Stichprobenziehung auf drei Ebenen vorgesehen hat (z. B. Zufallsauswahl von Branchen, für die zufällig Firmen ausgewählt wurden, innerhalb deren dann wiederum zufällig Mitarbeiter ausgewählt wurden). Die Auswertung mit einem hierarchischen linearen Modell muss also alle diejenigen Ebenen umfassen, die der Stichprobenziehung zugrunde lagen.

19.2 Modelle ohne Level-2-Prädiktoren

Wir wollen zunächst nur den einfachsten Fall behandeln, bei dem es keine Prädiktoren auf der Gruppenebene (Ebene 2) gibt und nur ein Prädiktor auf der Individualebene (Ebene 1) vorhanden ist. Der Grundstruktur nach haben wir es also mit einer einfachen linearen Regressionsanalyse (s. Kap. 16) zu tun. Der Unterschied besteht aber darin, dass wir Stichproben auf zwei Ebenen gezogen haben. Aufgrund der Zufallsstichprobenziehung auf der Gruppenebene hat dies zur Konsequenz, dass die Regressionsparameter sich nicht nur zwischen den Gruppen unterscheiden, sondern dass es sich bei ihnen um Zufallsvariablen handelt. Deshalb wird dieses Modell auch *Random-Coefficients-Modell* genannt. Bevor wir das Modell in Abschnitt 19.2.2 auf Populationsebene beschreiben und zeigen, wie die Modellparameter geschätzt werden, beginnen wir im folgenden Abschnitt mit einer einfachen Herleitung der Logik dieses Modells auf der Basis der Stichprobendaten.

19.2.1 Eine vereinfachte Annäherung: Lineare Regressionsmodelle auf jeder Ebene

Um die Logik des hierarchischen linearen Modells zu veranschaulichen, gehen wir in einer vereinfachten Annäherung nur von den Stichprobendaten aus und tun so, als könnte man die Modellparameter direkt aus den Stichprobendaten berechnen. Später werden wir sehen, dass die Parameter mit Hilfe aufwendigerer Verfahren geschätzt werden müssen. Der Einfachheit halber gehen wir wieder davon aus, dass alle Level-2-Einheiten gleich viele, nämlich $n_{\text{Level-1}}$ Personen umfassen.

Separate Regressionsgleichungen für jede Level-2-Einheit

Schauen wir noch einmal auf das Datenbeispiel in Tabelle 19.1. In diesem Beispiel wurden in drei Firmen jeweils fünf Personen zu ihrer Verantwortung (X) und ihrer Arbeitszufriedenheit (Y) befragt. In jeder Firma ließe sich nun ein eigenes, »firmenspezifisches« lineares Regressionsmodell zur Vorhersage von Arbeitszufriedenheit aus Verantwortung bestimmen. Die drei Regressionsgleichungen lauten dann allgemein (vgl. auch Formel F 16.6):

$$y_{mi} = b_{0i} + b_{1i} \cdot x_{mi} + e_{mi} \qquad \text{(F 19.7)}$$

Der Index m kennzeichnet, um welche Person (Level-1-Einheit) innerhalb einer Firma es sich handelt; er läuft (bei gleichen Gruppengrößen) von 1 bis $n_{\text{Level-1}}$. Der Index i kennzeichnet, um welche Firma (Level-2-Einheit) es sich handelt; er läuft von 1 bis $n_{\text{Level-2}}$. Formel F 19.7 ist also nichts anderes als ein einfaches lineares Regressionsmodell für die Vorhersage von Y durch X, wobei jede Firma ihre eigene Regressionsgleichung bekommt und insofern die Regressionskoeffizienten b_0 und b_1 firmenspezifisch sind und daher einen Index i erhalten.

In unserem Beispiel ergeben sich folgende firmenspezifische Regressionsgleichungen:

für Firma A: $y_{m1} = 7{,}24 + 0{,}37 \cdot x_{m1} + e_{m1}$

für Firma B: $y_{m2} = -0{,}05 + 1{,}25 \cdot x_{m2} + e_{m2}$

für Firma C: $y_{m3} = 1{,}04 + 0{,}15 \cdot x_{m3} + e_{m3}$

Die drei Regressionsgeraden sind als unterschiedlich gefärbte Linien in Abbildung 19.2 eingezeichnet. Die firmenspezifischen Achsenabschnitte b_{0i} geben den geschätzten $\hat{y}_{mi}$-Wert bei $x_{mi} = 0$ wieder. Die firmenspezifischen Regressionsgewichte b_{1i} geben wieder, wie sich zwei geschätzte $\hat{y}_{mi}$-Werte unterscheiden, wenn sich zwei x_{mi}-Werte um eine Einheit unterscheiden.

Man sieht, dass sich sowohl die firmenspezifischen Achsenabschnitte als auch die firmenspezifischen Regressionsgewichte voneinander unterscheiden: Wenn die Verantwortung $x_{mi} = 0$ beträgt, ist die Arbeitszufriedenheit in Firma A wesentlich größer als in den Firmen B und C. Auch die firmenspezifischen Regressionsgewichte unterscheiden sich: Mit jeder Einheit auf Verantwortung nimmt die Arbeitszufriedenheit in Firma B stärker zu als in den Firmen A und C. In Firma C ist die Zunahme der Arbeitszufriedenheit bei steigender Verantwortung am schwächsten. Wenn man sich Abbildung 19.2 anschaut, könnte man mutmaßen, dass in Firma C die Arbeitszufriedenheit so gering ist, dass selbst das Ausmaß an Verantwortung keinen Unterschied mehr macht.

Einfache lineare Regression auf Ebene 1

Die Gleichung in Formel F 19.7 beschreibt eine einfache lineare Regression auf der Ebene der Mitarbeiter innerhalb einer Firma. Die Gleichung beschreibt das Zustandekommen eines Messwertes auf der Variablen Y bei Person m in Firma i durch (1) systematische Unterschiede zwischen den Firmen in Bezug auf Y bei $x = 0$ (also b_{0i}) und (2) systematische Unterschiede zwischen den Firmen in Bezug auf den Unterschied zwischen zwei y-Werten, wenn sich die entsprechenden x-Werte um eine Einheit unterscheiden (also b_{1i}). Der Ausdruck e_{mi} ist ein Residuum auf der Individualebene und wird als Level-1-Residuum bezeichnet. Es hängt davon ab, wie gut die Regressionsgleichung innerhalb jeder Firma in der Lage ist, den Zusammenhang zwischen X und Y zu beschreiben. Je stärker die empirischen y-Werte von den geschätzten $\hat{y}$-Werten abweichen (d. h., je weiter die Punkte im Streudiagramm um ihre jeweilige Regressionsgerade streuen), desto größer wird das Level-1-Residuum. Das Residuum e_{mi} ist spezifisch für jeden Messwert (in unserem Beispiel also jede Person m in Firma i) und erhält deshalb zwei Indizes:

$$e_{mi} = y_{mi} - \hat{y}_{mi} \quad \text{(F 19.8)}$$

Quadriert man den Ausdruck und mittelt ihn über alle Level-1- und alle Level-2-Einheiten hinweg, erhält man die empirische Level-1-Residualvarianz (vgl. Formel F 16.12):

$$s_E^2 = \frac{1}{n_{\text{Level-2}}} \cdot \sum_{i=1}^{n_{\text{Level-2}}} \left(\frac{1}{n_{\text{Level-1}}} \cdot \sum_{m=1}^{n_{\text{Level-1}}} (y_{mi} - \hat{y}_{mi})^2 \right) \quad \text{(F 19.9)}$$

Bezogen auf unser Beispiel: Die Level-1-Residualvarianz entspricht dem Mittelwert der drei firmenspezifischen Residualvarianzen (s. Formel F 13.27a). Diese lauten $s_{E_1}^2 = 0{,}56$; $s_{E_2}^2 = 1{,}76$ und $s_{E_3}^2 = 0{,}56$. Der Mittelwert dieser drei Varianzen ergibt $s_{\text{Level-1}}^2 = s_E^2 = 0{,}96$. Für den Fall, dass die Gruppen ungleich groß sind (d. h., die Anzahl der Level-1-Einheiten zwischen den Level-2-Einheiten unterschiedlich ist), muss man in Formel F 19.9 anstatt $n_{\text{Level-1}}$ den Ausdruck n_i einsetzen (s. auch Formel F 13.27b).

Schwankungen der Regressionsgewichte auf Ebene 2

Nun wenden wir uns der Beobachtung zu, dass die firmenspezifischen Achsenabschnitte und die firmenspezifischen Regressionsgewichte sich von Firma zu Firma unterscheiden. Diese Beobachtung betrifft die Untersuchungseinheiten auf Ebene 2. Wieso die Achsenabschnitte b_{0i} und die Regressionsgewichte b_{1i} sich voneinander unterscheiden, wissen wir nicht. Hätten wir eine Variable auf der Firmenebene gemessen (z. B. den wirtschaftlichen Erfolg der Firma), so könnten wir prüfen, ob die Variation in b_{0i} und die Variation in b_{1i} mit der Variation dieser Level-2-Variablen zusammenhängt. Ein solches Modell werden wir in Abschnitt 19.3 kennenlernen. Hier haben wir keine solche Level-2-Variable zur Verfügung. Dementsprechend beschreibt das Level-2-Modell hier nur die Variation in b_{0i} und in b_{1i}, und diese Variation bleibt unerklärt oder zufällig.

Die Unterschiede zwischen den b_{0i} lassen sich ausdrücken durch die Abweichung der Achsenabschnitte b_{0i} von einem durchschnittlichen Achsenabschnitt c_{00}. Der durchschnittliche Achsenabschnitt c_{00} ist nichts anderes als der Mittelwert aller b_{0i}:

$$c_{00} = \frac{\sum_{i=1}^{n_{\text{Level-2}}} b_{0i}}{n_{\text{Level-2}}} \quad \text{(F 19.10)}$$

Die Abweichung eines Achsenabschnitts b_{0i} von diesem durchschnittlichen Achsenabschnitt c_{00} wird mit u_{0i} bezeichnet:

$$u_{0i} = b_{0i} - c_{00} \quad \text{(F 19.11)}$$

Der Achsenabschnitt ist somit keine Konstante, sondern eine Variable B_0, deren Werte die Achsenabschnitte in den einzelnen Level-2-Einheiten sind. In gleicher Weise handelt es sich bei U_0 um eine Variable, deren Werte die Abweichungswerte in einer Level-2-Einheit sind.

Die Unterschiede zwischen den b_{1i} lassen sich ausdrücken durch die Abweichung der Regressionsgewichte b_{1i} von einem durchschnittlichen Regressionsgewicht c_{10}. Das durchschnittliche Regressionsgewicht c_{10} ist nichts anderes als der Mittelwert aller b_{1i}:

$$c_{10} = \frac{\sum_{i=1}^{n_{\text{Level-2}}} b_{1i}}{n_{\text{Level-2}}} \quad \text{(F 19.12)}$$

Die Abweichung eines Regressionsgewichts b_{1i} von diesem durchschnittlichen Regressionsgewicht c_{10} wird mit u_{1i} bezeichnet:

$$u_{1i} = b_{1i} - c_{10} \quad \text{(F 19.13)}$$

Wie bei dem Achsenabschnitt handelt es sich auch bei dem Regressionsgewicht um eine Variable B_1, deren Werte die Regressionsgewichte in den einzelnen Level-2-Einheiten sind. In analoger Weise handelt es sich bei U_1 um eine Variable, deren Werte die Abweichungswerte in einer Level-2-Einheit sind. Wir können die Formeln F 19.11 und F 19.13 auch wie folgt umformen:

$$\begin{aligned} b_{0i} &= c_{00} + u_{0i} \\ b_{1i} &= c_{10} + u_{1i} \end{aligned} \quad \text{(F 19.14)}$$

In unserem Beispiel aus Tabelle 19.1 beträgt der durchschnittliche Achsenabschnitt $c_{00} = 2{,}74$ und das durchschnittliche Regressionsgewicht $c_{10} = 0{,}59$.

Varianzen der Regressionskoeffizienten zwischen Level-2-Einheiten. Wenn sich die Regressionskoeffizienten zwischen den Level-2-Einheiten unterscheiden, stellt sich die Frage, wie stark die Schwankung ist. Man kann diese Schwankung anhand der empirischen Varianzen quantifizieren. Man erhält diese Varianz für die Achsenabschnitte, wenn man den Ausdruck in Formel F 19.11 quadriert und über alle Level-2-Einheiten hinweg mittelt:

$$s_{U_0}^2 = \frac{\sum_{i=1}^{n_{\text{Level-2}}} (b_{0i} - c_{00})^2}{n_{\text{Level-2}}} = \frac{\sum_{i=1}^{n_{\text{Level-2}}} (u_{0i})^2}{n_{\text{Level-2}}} \quad \text{(F 19.15)}$$

Die empirische Varianz der Achsenabschnitte beträgt in unserem Beispiel:

$$s_{U_0}^2 = \frac{\begin{pmatrix}(7{,}24 - 2{,}74)^2 + (-0{,}05 - 2{,}74)^2 \\ + (1{,}04 - 2{,}74)^2\end{pmatrix}}{3} = 10{,}3$$

Die Varianz der Regressionsgewichte erhält man, wenn man den Ausdruck in Formel F 19.13 quadriert und über alle Level-2-Einheiten hinweg mittelt:

$$s_{U_1}^2 = \frac{\sum_{i=1}^{n_{\text{Level-2}}} (b_{1i} - c_{10})^2}{n_{\text{Level-2}}} = \frac{\sum_{i=1}^{n_{\text{Level-2}}} (u_{1i})^2}{n_{\text{Level-2}}} \quad \text{(F 19.16)}$$

Die empirische Varianz der Regressionsgewichte beträgt in unserem Beispiel:

$$s_{U_1}^2 = \frac{\begin{pmatrix}(0{,}37 - 0{,}59)^2 + (1{,}25 - 0{,}59)^2 \\ + (0{,}15 - 0{,}59)^2\end{pmatrix}}{3} = 0{,}23$$

Je größer die beiden Varianzen $s_{U_0}^2$ und $s_{U_1}^2$ sind, desto stärker unterscheiden sich die Level-2-Einheiten hinsichtlich der Achsenabschnitte bzw. der Regressionskoeffizienten.

Kovarianz zwischen U_0 und U_1. Da die Achsenabschnitte und die Regressionsgewichte zwischen den Level-2-Einheiten variieren, können sie auch über die Level-2-Einheiten hinweg miteinander zusammenhängen. Dieser Zusammenhang kann entweder positiv oder negativ sein. Ein positiver Zusammenhang zwischen U_0 und U_1 bedeutet: Je größer der Achsenabschnitt einer Level-2-Einheit, desto größer ist ihr Regressionsgewicht (und umgekehrt). Ein negativer Zusammenhang bedeutet: Je kleiner der Achsenabschnitt einer Level-2-Einheit, desto größer ist ihr Regressionsgewicht (und umgekehrt). Bezogen auf unser Beispiel würde ein positiver Zusammenhang zwischen U_0 und U_1 bedeuten, dass in denjenigen Firmen, in denen die Arbeitszufriedenheit (bei $x_{mi} = 0$) hoch ist, auch der Zusammenhang zwischen Verantwortung und Arbeitszufriedenheit hoch ist, während in denjenigen Firmen, in denen die Arbeitszufriedenheit (bei $x_{mi} = 0$) niedrig ist, auch der Zusammenhang zwischen Verantwortung und Arbeitszufriedenheit niedrig ist. Ein solcher Fall ist in Abbildung 19.4 a dargestellt. Ein negativer Zusammenhang zwischen U_0 und U_1 würde bedeuten, dass in denjenigen Firmen, in denen die Arbeitszufriedenheit (bei $x_{mi} = 0$) hoch ist, der Zusammenhang zwischen Verantwortung und Arbeitszufriedenheit gering ist, während in denjenigen Firmen, in denen die Arbeitszufriedenheit (bei $x_{mi} = 0$) niedrig ist, der Zusammenhang zwischen Verantwortung und Arbeitszufriedenheit größer ist. Ein solcher Fall ist in Abbildung 19.4 b dargestellt.

Der Zusammenhang zwischen U_0 und U_1 kann über die Kovarianz und die Korrelation ausgedrückt werden (vgl. Abschnitt 15.3.1, Formel F 15.2). Die Formel für die empirische Kovarianz lautet:

$$s_{U_0 U_1} = \frac{\sum_{i=1}^{n_{\text{Level-2}}} (b_{0i} - c_{00}) \cdot (b_{1i} - c_{10})}{n_{\text{Level-2}}} \quad \text{(F 19.17)}$$

In unserem Datenbeispiel aus Tabelle 19.1 beträgt die empirische Kovarianz $s_{U_0 U_1} = -0{,}70$. Das bedeutet: Je größer die Arbeitszufriedenheit (gegeben eine Verantwortung von $x_{mi} = 0$), desto geringer ist der Zusammenhang der Arbeitszufriedenheit mit der Verantwortung. Anders gesagt: In einer Firma, in der die Arbeitszufriedenheit ohnehin schon hoch ist, wird der Zusammenhang zwischen der Arbeitszufriedenheit und der Verantwortung geringer sein als in einer Firma, in der die Arbeitszufriedenheit gering ist. Je geringer die Arbeitszufriedenheit, desto mehr wirkt sich das Ausmaß an Verantwortung auf sie aus.

Varianz-Kovarianz-Matrix der Level-2-Residuen. Die Varianz der Achsenabschnitte, der Regressionsgewichte sowie ihre Kovarianz bilden eine Varianz-Kovarianz-Matrix der Level-2-Abweichungswerte (Level-2-Residuen). In dieser Matrix stehen die Varianzen in der Hauptdiagonale, die Kovarianz steht abseits der Hauptdiagonale. Die Varianz-Kovarianz-

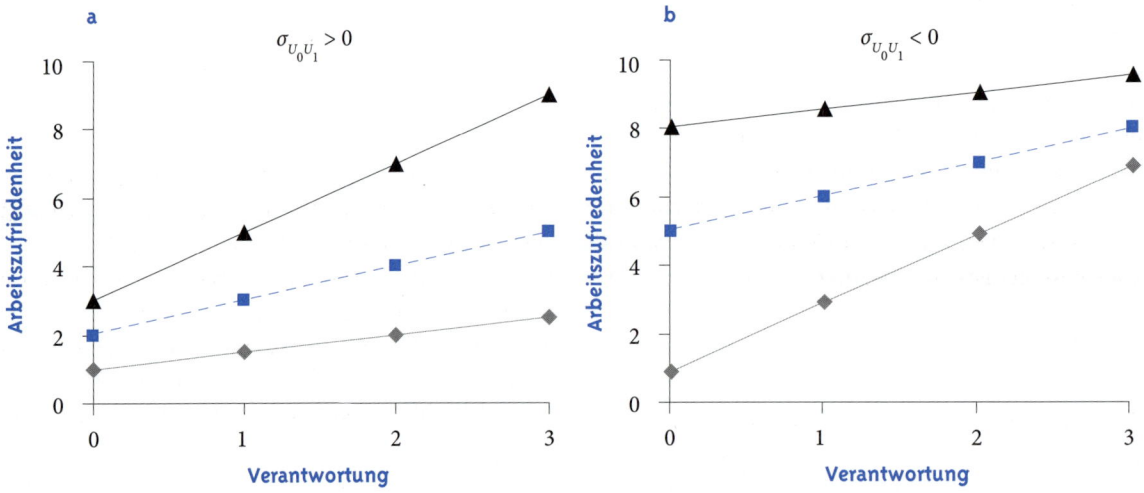

Abbildung 19.4 Zusammenhang zwischen Achsenabschnitten und Regressionsgewichten über Level-2-Einheiten hinweg **a** Positiver Zusammenhang **b** Negativer Zusammenhang

Matrix der Level-2-Residuen wird mit $\mathbf{S}_U$ bezeichnet.

$$\mathbf{S}_U = \begin{bmatrix} s_{U_0}^2 & s_{U_0 U_1} \\ s_{U_1 U_0} & s_{U_1}^2 \end{bmatrix} \quad \text{(F 19.18)}$$

Zerlegung der abhängigen Variablen

Die Regressionsgleichung nach Formel F 19.7 und die Zerlegung in F 19.14 können nun zusammengefügt werden. Dazu setzt man die Gleichungen F 19.14 einfach in F 19.7 ein und erhält nach Umstellen:

$$y_{mi} = c_{00} + c_{10} \cdot x_{mi} + u_{0i} + u_{1i} \cdot x_{mi} + e_{mi} \quad \text{(F 19.19)}$$

Die zentrale Frage bei dieser Zerlegung ist, ob sich die Werte u_{0i} bzw. u_{1i} zwischen den Level-2-Einheiten nur zufällig (aufgrund von Stichprobenfehlern) unterscheiden. Wenn diese Unterschiede ausschließlich auf den Stichprobenfehler zurückzuführen wären und sich die Level-2-Einheiten nicht in ihren Achsenabschnitten bzw. Regressionskoeffizienten unterscheiden würden, würde es ausreichen, ein einziges Regressionsmodell für alle Personen zu betrachten. Die Mehrebenenstruktur in den Daten könnte dann unberücksichtigt bleiben.

Um dieser Frage nachgehen zu können, muss man zunächst ein Populationsmodell definieren und zeigen, wie man die Parameter dieses Regressionsmodells schätzen kann. Insbesondere interessiert man sich hierbei für die Varianzen der Achsenabschnitte und der Regressionsgewichte, da diese das Ausmaß der Unterschiedlichkeit zwischen den Level-2-Einheiten quantifizieren. Wie wir bereits in Kapitel 8 gelernt haben, sind die empirischen Varianzen keine optimalen Schätzer für die Populationsvarianzen; und so ist es auch hier. Die deskriptivstatistisch orientierte Darstellung diente dazu, die Logik eines hierarchischen linearen Modells zu veranschaulichen. Im Folgenden zeigen wir, wie die Parameter des Modells angemessener geschätzt werden können.

19.2.2 Das Random-Coefficients-Modell auf Populationsebene

Auf Populationsebene lautet das Modell in Formel F 19.19:

Level-1-Modell:

$$y_{mi} = \beta_{0i} + \beta_{1i} \cdot x_{mi} + \varepsilon_{mi} \quad \text{(F 19.20a)}$$

Level-2-Modell:

$$\beta_{0i} = \gamma_{00} + v_{0i}$$
$$\beta_{1i} = \gamma_{10} + v_{1i} \quad \text{(F 19.20b)}$$

Gesamtmodell:

$$y_{mi} = \gamma_{00} + \gamma_{10} \cdot x_{mi} + v_{0i} + v_{1i} \cdot x_{mi} + \varepsilon_{mi} \quad \text{(F 19.20c)}$$

Was bedeuten die einzelnen Bestandteile dieser Gleichung?

▶ Der Parameter γ_{00} steht für den gruppenunspezifischen Achsenabschnitt, d. h. den erwarteten Wert für β_{0i}.
▶ Der Parameter γ_{10} steht für das gruppenunspezifische Regressionsgewicht, d. h. den erwarteten Wert für β_{1i}.
▶ Der Residualwert v_{0i} kennzeichnet die Abweichung des Achsenabschnitts einer Level-2-Einheit vom erwarteten Achsenabschnitt (sog. *zufälliger Achsenabschnitt* oder »random intercept«). Die Varianz dieser Residualwerte steht für die Variation in β_{0i} zwischen den Level-2-Einheiten.
▶ Der Residualwert v_{1i} kennzeichnet die Abweichung des Regressionsgewichts einer Level-2-Einheit vom erwarteten Regressionsgewicht (sog. *zufälliges Regressionsgewicht* oder »random slope«). Die Varianz dieser Residualwerte steht für die Variation in β_{1i} zwischen den Level-2-Einheiten.
▶ Der Residualwert ε_{mi} ist eine Ausprägung des Level-1-Residuums.

Dieses Modell heißt Random-Coefficients-Modell oder Modell mit zufälligen Koeffizienten, da die Werte v_{0i} und v_{1i} Realisierungen von Zufallsvariablen sind; es handelt sich bei ihnen um *zufällige Effekte*. Die Level-2-Einheiten in einer Studie werden zufällig aus der Population aller Level-2-Einheiten ausgewählt. Zufällig sind darüber hinaus noch die Werte der Residualvariablen ε. Beim sog. »zufälligen Teil« des Modells können somit die Populationsresidualvarianz σ_ε^2 und die Varianz-Kovarianz-Matrix der Level-2-Residuen auf Populationsebene geschätzt werden:

$$\boldsymbol{\Sigma}_v = \begin{bmatrix} \sigma_{v_0}^2 & \sigma_{v_0 v_1} \\ \sigma_{v_1 v_0} & \sigma_{v_1}^2 \end{bmatrix} \quad \text{(F 19.21)}$$

Was die Notation der Varianzen und Kovarianzen im zufälligen Teil des Modells angeht, so werden wir hier ausnahmsweise weiterhin Kleinbuchstaben für die Zufallsvariablen verwenden, da die entsprechenden griechischen Großbuchstaben (E für das Level-1-Residuum und Y für die Level-2-Residuen) aufgrund ihrer optischen Ähnlichkeiten mit den entsprechenden lateinischen Buchstaben zu Verwechslungen führen könnten.

Neben den Varianzen bzw. Kovarianzen für die Residuen im zufälligen Teil des Modells sind aber auch die Regressionsparameter γ_{00} und γ_{10} von Interesse. Diese schwanken nicht zwischen den Level-2-Einheiten. Man spricht daher von *festen Größen*.

Insgesamt müssen also sechs Modellparameter geschätzt werden: die zwei Parameter, die den sog. »festen Teil« des Modells beschreiben (γ_{00} und γ_{10}), und die vier Varianz- bzw. Kovarianzkomponenten, die den zufälligen Teil des Modells beschreiben (σ_ε^2, $\sigma_{v_0}^2$, $\sigma_{v_1}^2$ und $\sigma_{v_0 v_1}$).

Schätzung der Modellparameter

Um die Logik des Random-Coefficients-Modells zu veranschaulichen, sind wir in Abschnitt 19.2.1 so vorgegangen, dass wir firmenspezifische Regressionsgleichungen auf der Basis des in Abschnitt 16.1 dargestellten Kleinste-Quadrate-Kriteriums berechnet haben. Das bedeutet: Wir haben die Achsenabschnitte

---

Vertiefung

Das multiple Random-Coefficients-Modell

Natürlich ist es auch möglich, mehr als eine Prädiktorvariable in einem Random-Coefficients-Modell zu berücksichtigen. Wir haben dann eine multiple Regressionsgleichung auf der Individualebene, ähnlich wie wir sie aus Kapitel 18 kennen (Formel F 18.1). Das multiple Random-Coefficients-Modell lautet dann:

Level-1-Modell:

$$y_{mi} = \beta_{0i} + \beta_{1i} \cdot x_{1mi} + \beta_{2i} \cdot x_{2mi} + \ldots + \beta_{ji} \cdot x_{jmi}$$
$$+ \ldots + \beta_{ki} \cdot x_{kmi} + \varepsilon_{mi} \qquad \text{(F 19.22a)}$$

Level-2-Modell:

$$\beta_{0i} = \gamma_{00} + v_{0i}$$
$$\beta_{1i} = \gamma_{10} + v_{1i}$$
$$\beta_{2i} = \gamma_{20} + v_{2i}$$
$$\ldots \qquad \text{(F 19.22b)}$$
$$\beta_{ji} = \gamma_{j0} + v_{ji}$$
$$\ldots$$
$$\beta_{ki} = \gamma_{k0} + v_{ki}$$

Gesamtmodell:

$$y_{mi} = \gamma_{00} + \gamma_{10} \cdot x_{1mi} + \gamma_{20} \cdot x_{2mi} + \ldots$$
$$+ \gamma_{j0} \cdot x_{jmi} + \ldots + \gamma_{k0} \cdot x_{kmi} + v_{0i}$$
$$+ v_{1i} \cdot x_{1mi} + v_{2i} \cdot x_{2mi} + \ldots + v_{ji} \cdot x_{jmi}$$
$$+ \ldots + v_{ki} \cdot x_{kmi} + \varepsilon_{mi} \qquad \text{(F 19.22c)}$$

Der Index j bezeichnet, um welche Variable X es sich handelt, und läuft von 0 bis k (k: Anzahl der Level-1-Prädiktorvariablen), wobei sich $j = 0$ auf den Achsenabschnitt bezieht. Die Varianz-Kovarianz-Matrix enthält dann die Varianzen und Kovarianzen aller Variablen $v_0, v_1, \ldots, v_k$.

Auf das multiple Random-Coefficients-Modell trifft all das zu, was wir für die multiple Regressionsanalyse festgestellt haben. So kann es z. B. aufgrund der Interkorrelation der Prädiktorvariablen Redundanz- oder Suppressionseffekte geben. Auch können Level-1-Prädiktorvariablen miteinander interagieren; der Interaktionsterm entspricht dann wie bei der multiplen Regressionsanalyse dem Produkt aus den beiden miteinander interagierenden Variablen.

Der Einfachheit halber werden wir im Folgenden jedoch beim einfachen Random-Coefficients-Modell mit einer Level-1-Prädiktorvariablen bleiben.

b_{0i} und die Regressionsgewichte b_{1i} so bestimmt, dass innerhalb jeder Firma die Summe der Abweichungsquadrate minimal ist (vgl. Formel F 16.1):

$$SAQ = \sum_{m=1}^{n_{\text{Level-1}}} (y_{mi} - \hat{y}_{mi})^2 \quad \text{(F 19.23)}$$

Das Kleinste-Quadrate-Kriterium, das wir im Zusammenhang mit der Regressionsanalyse kennengelernt haben, kann bei hierarchischen Datenstrukturen nicht herangezogen werden, da es nicht erlaubt, die Schwankungen der Regressionsparameter zwischen den Level-2-Einheiten zu schätzen. Wir müssen daher auf andere Verfahren der Parameterschätzung zurückgreifen. Das bekannteste und am meisten verwendete Verfahren zur Parameterschätzung ist die sog. *Maximum-Likelihood-Methode* (ML-Methode). Mit Hilfe der ML-Methode werden die Modellparameter so geschätzt, dass die Wahrscheinlichkeit (engl. likelihood) der beobachteten Daten unter dem gegebenen Modell maximiert wird.

Die ML-Methode ist ein iteratives Verfahren, d. h., die besten Schätzungen werden schrittweise ermittelt. Im ersten Schritt werden für die Modellparameter Startwerte eingesetzt (z. B. auf der Basis gruppenspezifischer Regressionsgleichungen mit Kleinste-Quadrate-Schätzung wie in unserem Beispiel), und es wird eine sog. *Likelihood-Funktion* bestimmt. Die Likelihood-Funktion gibt an, wie wahrscheinlich es ist, die beobachteten Daten zu erhalten, wenn in der Population die geschätzten Parameter gelten würden. In den folgenden Schritten wird die Parameterschätzung schrittweise so verändert, dass die Likelihood-Funktion immer größer wird. Nach jeder Iteration wird registriert, wie stark sich die Parameterschätzungen im Vergleich zum vorhergehenden Schritt verändert haben. Unterschreitet diese Veränderung einen bestimmten kritischen Wert, werden keine weiteren Iterationen mehr durchgeführt. Man sagt, das Schätzverfahren habe konvergiert.

Beim ML-Verfahren werden zwei unterschiedliche Likelihood-Funktionen unterschieden:
▶ die *Full-Maximum-Likelihood*-Funktion (FML) und
▶ die *Restricted-Maximum-Likelihood*-Funktion (RML).

Die FML-Funktion beinhaltet sowohl die festen Effekte als auch den zufälligen Teil des Modells; alle Modellparameter werden beim sog. FML-Verfahren also simultan geschätzt. Die RML-Funktion beinhaltet nur die Varianzkomponenten im zufälligen Teil des Modells; die Regressionsparameter der festen Effekte werden beim sog. RML-Verfahren also zunächst als bekannt vorausgesetzt und erst geschätzt, nachdem die Schätzung der Varianzen und Kovarianzen der Residualvariablen konvergiert ist. Beide Verfahren führen zu ähnlichen Schätzungen für die festen Effekte, aber unter Umständen zu unterschiedlichen Schätzungen für die Varianzen und Kovarianzen der Residualvariablen. Das RML-Verfahren produziert robustere Schätzungen als das FML-Verfahren und kann darüber hinaus für einen direkten Modellvergleich zweier Modelle, die sich nur hinsichtlich ihrer zufälligen Parameter unterscheiden, herangezogen werden. Sollen zwei Modelle verglichen werden, die sich darüber hinaus hinsichtlich ihrer festen Parameter unterscheiden, muss das FML-Verfahren herangezogen werden, um einen direkten Modellvergleich zu ermöglichen.

> **Beispiel**
>
> **Parameterschätzung im Datenbeispiel aus Tabelle 19.1**
> Für das Datenbeispiel in Tabelle 19.1 ermitteln wir auf der Basis einer RML- und einer FML-Schätzung die in Tabelle 19.2 enthaltenen Parameterschätzer mit Hilfe des Programms HLM (Raudenbush et al., 1994–2008;). Die RML-Schätzung benötigt 17 Iterationen, bis sie konvergiert, die FML-Schätzung 2025 Iterationen. Diese große Zahl an Iterationen legt den Verdacht nahe, dass die FML-Schätzung nicht vertrauenswürdig ist. Tabelle 19.2 zeigt, dass beide Schätzmethoden bei den Regressionsparametern zu ähnlichen, bei den Varianzkomponenten jedoch zu sehr unterschiedlichen Schätzungen führen. Das liegt höchstwahrscheinlich an der sehr geringen Zahl von Level-2-Einheiten.

Tabelle 19.2 Schätzung der Modellparameter auf der Basis des RML- und des FML-Verfahrens für das Datenbeispiel in Tabelle 19.1

	RML	FML
Geschätzte Modellparameter im festen Teil des Modells		
Achsenabschnitt ($\hat{\gamma}_{00}$)	3,34	3,89
Regressionsgewicht ($\hat{\gamma}_{10}$)	0,47	0,37
Geschätzte Modellparameter im zufälligen Teil des Modells		
Level-1-Residualvarianz ($\hat{\sigma}_\varepsilon^2$)	0,75	0,82
Varianz der zufälligen Achsenabschnitte ($\hat{\sigma}_{v_0}^2$)	12,70	6,76
Varianz der zufälligen Regressionsgewichte ($\hat{\sigma}_{v_1}^2$)	0,17	0,01
Kovarianz ($\hat{\sigma}_{v_0 v_1}$)	−0,27	0,29

Inferenzstatistische Absicherung der Modellparameter

Ein Vorteil der Schätzung der Modellparameter mit dem ML-Verfahren besteht darin, dass zusammen mit der Parameterschätzung auch der Standardfehler der Schätzung ausgegeben wird (s. auch Abschn. 19.5). Teilt man den Wert des Parameterschätzers durch den jeweiligen Standardfehler, erhält man den Wert einer approximativ standardnormalverteilten Prüfgröße. Diese Prüfgröße kann zur inferenzstatistischen Absicherung der Modellparameter herangezogen werden. Die (ungerichtete) Nullhypothese, die hier getestet wird, besagt, dass der jeweilige Modellparameter in der Population gleich 0 ist; die (ungerichtete) Alternativhypothese besagt, dass er in der Population von 0 verschieden ist. Die Nullhypothese wird abgelehnt, wenn der Wert der Prüfgröße extremer ist als ein kritischer Wert bei gegebenem Signifikanzniveau α.

Einige Programme (z. B. HLM; Raudenbush et al., 1994–2008) verwenden andere Teststatistiken: Bei HLM werden die Parameterschätzer für die festen Effekte mit einer t-verteilten Prüfgröße und die Schätzer der Varianzkomponenten mit einer χ^2-verteilten Prüfgröße auf Signifikanz getestet.

Voraussetzungen

Die Schätzung der Parameter mittels der ML-Methode sowie die inferenzstatistische Absicherung der geschätzten Modellparameter basiert auf Voraussetzungen, die jene für die Regressionsanalyse erweitern. Für den einfachen Fall einer Zweiebenenstruktur lauten die Voraussetzungen wie folgt:
(1) Die Residuen auf Ebene 1 sind unabhängig und identisch normalverteilt mit $\varepsilon_{mi} \sim N(0, \sigma_\varepsilon^2)$.
(2) Die Residuen auf Ebene 2 sind unabhängig und identisch multivariat normalverteilt mit Erwartungswerten 0 und einer Varianz-Kovarianz-Matrix, die im Falle eines Prädiktors der Matrix Σ_v in Gleichung F 19.21 folgt und in Fällen mit mehr als einem Prädiktor einer entsprechend erweiterten Varianz-Kovarianz-Matrix.

Verletzungen der Annahmen. Wie wirkt sich eine Verletzung der Normalverteilungsannahme auf die Güte der Parameterschätzung aus? Van der Leeden et al. (1997) konnten mit Hilfe von Simulationsstudien zeigen, dass die Schätzung der festen Effekte selbst bei Verletzungen der Normalverteilungsannahme recht robust ist. Was die Robustheit der Parameterschätzung beim zufälligen Teil des Modells angeht, kommen unterschiedliche Simulationen zu unterschiedlichen Ergebnissen. Maas und Hox (2004) argumentieren, dass die Schätzung der Varianzen und Kovarianzen im zufälligen Teil des Modells selbst bei schweren Verletzungen der Normalverteilungsannahme auf Ebene 1 vertrauenswürdig ist, jedenfalls wenn die Anzahl der Level-2-Einheiten mindestens 30 beträgt. Ist die Normalverteilungsannahme auf der Gruppenebene (Ebene 2) verletzt, so werden die Standardfehler der Varianzen und Kovarianzen der Level-2-Residuen unterschätzt (Maas & Hox, 2004); infolgedessen wird der statistische Test zu liberal.

Robuste Standardfehler. Eine Möglichkeit, die Verzerrung der Prüfgrößen im Falle nicht-normalverteilter Residuen auszugleichen, besteht darin, die Standardfehler der Parameterschätzer zu korrigieren (Details sind bei Goldstein, 1995, oder Raudenbush & Bryk, 2002, beschrieben). Die Korrektur führt zu robusten Standardfehlern. Die Korrektur wirkt sich nur schwach auf die inferenzstatistische Absicherung der Parameterschätzungen im festen Teil des Modells aus, hingegen unter Umständen stark auf die Standardfehler der Varianzen und Kovarianzen im zufälligen Teil des Modells. Simulationsstudien haben gezeigt, dass robuste Standardfehler (bei ausreichender Anzahl von Level-2-Einheiten) zu weniger verzerrten Testergebnissen führen, wenn die Verteilung der Residuen nicht normal, aber dennoch symmetrisch ist. Ist die Verteilung der Residuen hingegen asymmetrisch (links- oder rechtsschief), können auch robuste Standardfehler nicht verhindern, dass die inferenzstatistische Absicherung der geschätzten Varianzkomponenten verzerrt wird. In diesem Fall bietet es sich an, die gemessene Variable durch eine geeignete Transformation stärker zu normalisieren (Maas & Hox, 2004).

Anzahl der Level-2-Einheiten. Eine robuste Schätzung der Standardfehler setzt eine hinreichend große Stichprobe auf der zweiten Ebene (d. h. Anzahl beobachteter Level-2-Einheiten) voraus. Generell gilt, dass die Anzahl der Beobachtungen auf der höchsten Ebene wichtiger ist als die Anzahl der Beobachtungen auf den unteren Ebenen. Früheren Simulationsstudien zufolge wird für eine akkurate Schätzung der Standardfehler eine Stichprobengröße von mindestens $n_{\text{Level-2}} = 100$ benötigt. Neuere Simulationsstudien legen jedoch nahe, dass die benötigte Stichprobengröße v. a. davon abhängt, wofür man sich interessiert. Ist man lediglich an einer Schätzung der Parameter im festen Teil des Modells interessiert, reicht bereits eine Größe von $n_{\text{Level-2}} = 10$ aus. Ist man auch an einer verlässlichen Absicherung der Varianzen und Kovarianzen im zufälligen Teil des Modells interessiert, sind mindestens $n_{\text{Level-2}} = 50$ Gruppen nötig. Bei Verletzungen der Normalverteilungsannahme auf der Gruppenebene sind $n_{\text{Level-2}} = 100$ Gruppen nötig, um zu verlässlichen Schätzungen der Standardfehler zu kommen (Maas & Hox, 2003, 2004, 2005).

Passung des Modells auf die Daten

Die Likelihood-Funktion bildet nicht nur die Grundlage der Parameterschätzung; sie kann auch herangezogen werden, um die Passung eines Modells auf die Daten zu prüfen. Der Koeffizient, der zur Diagnose der Passung eines Modells auf die Daten herangezogen wird, ist die Devianz, die wie folgt aus der maximalen Likelihood-Funktion berechnet wird:

$$Dev = -2 \cdot \ln(L) \qquad (\text{F 19.24})$$

In Formel F 19.24 steht ln für den natürlichen Logarithmus zur Basis e (der Eulerschen Zahl e = 2,71828…) und L für den Wert der maximierten Likelihood-Funktion. Da L meist wesentlich kleiner als 1 ist, wird der Ausdruck $\ln(L)$ negativ. Um ihn wieder positiv zu machen, wird er mit -2 multipliziert. Je größer also der Wert für Dev, desto schlechter passt das Modell auf die Daten.

Direkte Modellvergleiche. Die Devianz eines Modells lässt sich nicht direkt interpretieren, aber sie hat eine vorteilhafte mathematische Eigenschaft: Mit ihrer Hilfe kann man zwei Modelle direkt inferenzstatistisch miteinander vergleichen, vorausgesetzt, es handelt sich um genestete Modelle. Zwei Modelle sind genestet (d. h. ineinander verschachtelt), wenn das eine Modell durch Restriktion bzw. Freisetzung von Modellparametern in das andere Modell überführt werden kann. Man testet dann die Nullhypothese, dass die Restriktion in der Population gültig ist. Beispielsweise könnte man die Nullhypothese testen, dass die Kovarianz zwischen dem zufälligen Achsenabschnitt und dem zufälligen Regressionsgewicht gleich 0 ist. Man könnte auch die Nullhypothese prüfen, dass ein fester Effekt gleich 0 ist. Ein Modell, in dem ein Parameter auf den Wert 0 fixiert wurde, ist restriktiver als ein Modell, in dem dieser

Parameter nicht fixiert wurde; das restriktivere Modell passt daher schlechter auf die Daten und müsste dementsprechend eine höhere Devianz haben als das weniger restriktive Modell. Ob diese Erhöhung der Devianz statistisch bedeutsam ist, kann sehr leicht getestet werden: Man berechnet die Differenz zwischen den Devianzen der beiden Modelle:

$$\Delta Dev = Dev_1 - Dev_2 \quad \text{(F 19.25)}$$

Hier ist Modell 1 (mit der Devianz Dev_1) das restriktivere Modell und Modell 2 (mit der Devianz Dev_2) das weniger restriktive Modell. Diese Differenz ist approximativ χ^2-verteilt mit $df = q_2 - q_1$ Freiheitsgraden. Dabei steht q_1 für die Anzahl der zu schätzenden Modellparameter im restriktiveren Modell und q_2 für die Anzahl der zu schätzenden Modellparameter im weniger restriktiven Modell. Da beim restriktiveren Modell weniger Parameter geschätzt werden müssen, ist die Differenz $q_2 - q_1$ immer positiv. Wenn beide Modelle gleich gut auf die Daten passen, dürfen sich ihre beiden Devianzen nicht bedeutsam unterscheiden. Je größer der Wert für ΔDev, desto schlechter passt das restriktivere Modell gegenüber dem weniger restriktiven Modell auf die Daten, und desto wichtiger scheinen die Modellparameter, die in Modell 1 restringiert wurden, für die Anpassungsgüte des Modells zu sein. Will man zwei Modelle gegeneinander testen, die sich hinsichtlich einer Restriktion im zufälligen Teil voneinander unterscheiden, sollte das RML-Verfahren zur Parameterschätzung verwendet werden. Will man zwei Modelle gegeneinander testen, die sich hinsichtlich einer Restriktion im festen Teil voneinander unterscheiden, sollte das FML-Verfahren zur Parameterschätzung verwendet werden.

Informationskriterien. Eine andere Möglichkeit, die Passung eines Modells auf die Daten zu diagnostizieren bzw. zwei Modelle hinsichtlich ihrer Passung zu vergleichen, besteht in der Berechnung sog. Informationskriterien. Auch sie basieren auf der Devianz eines Modells, aber sie beziehen zusätzlich die Anzahl geschätzter Modellparameter mit ein. Zu den Informationskriterien gehören u. a. der Akaike-Index (oder: Akaike Information Criterion, AIC) und der Schwarz-Index (oder: Bayesian Information Criterion, BIC). Die Formeln lauten:

$$AIC = Dev + 2 \cdot q \quad \text{(F 19.26)}$$

$$BIC = Dev + q \cdot \ln(n) \quad \text{(F 19.27)}$$

Der BIC zieht zusätzlich zur Anzahl der zu schätzenden Modellparameter (q) eines Modells die Stichprobengröße (n) ins Kalkül: Je mehr Modellparameter zu schätzen sind und je größer die Stichprobe ist, desto größer wird der BIC und desto schlechter passt ein Modell auf die Daten. Modellvergleiche lassen sich mit Hilfe des AIC und des BIC auch dann vornehmen, wenn zwei Modelle nicht genestet sind. Hierfür gibt es allerdings keinen formalen Test. Es kann somit lediglich deskriptiv ausgesagt werden, dass das Modell mit dem kleineren AIC bzw. dem kleineren BIC besser auf die Daten passt.

Wie viel Varianz klärt ein Prädiktor auf?

Im Zusammenhang mit der multiplen Regressionsanalyse haben wir festgestellt, dass man die praktische Bedeutsamkeit einer hinzugenommenen Prädiktorvariablen darüber quantifizieren kann, wie groß der Zuwachs an aufgeklärter Varianz (genauer gesagt: der Zuwachs in R^2) ausfällt (vgl. Abschn. 18.6). Der Zuwachs in R^2 – und damit die Reduktion der unerklärten Varianz – wird in der multiplen Regressionsanalyse als ein Maß für den eigenständigen Effekt einer Variablen, d. h. ihre Nützlichkeit, verwendet. Auch bei dem Random-Coefficients-Modell kann bestimmt werden, wie viel Varianz ein Level-1-Prädiktor allein oder über den Einfluss anderer Prädiktoren hinaus erklärt. Es ist auch möglich, den Einfluss eines Sets von Prädiktoren X_j mit $j = 1, ..., k$ zu quantifizieren. Man erreicht dies, indem man den Betrag ermittelt, um den die unerklärte Varianz, d. h. die Level-1-Residualvarianz, geringer wird, wenn die Prädiktoren in das Modell mit eingeschlossen werden. Um zu bestimmen, wie viel an Varianz durch alle unabhängigen Variablen gemeinsam determiniert wird, vergleicht man die Level-1-Residualvarianz zweier Modelle miteinander, und zwar die des sog. Intercept-Only-Modells und die des sog. Random-Intercept-Modells.

Intercept-Only-Modell. Man bestimmt in einem ersten Schritt, wie viel Varianz in der abhängigen Variablen auf die Individualebene (Ebene 1) entfällt, wenn gar kein Prädiktor im Modell enthalten ist. Man spricht in diesem Fall von einem leeren Modell oder einem Intercept-Only-Modell, da der einzige feste Effekt der Mittelwert von Y ist. Das Intercept-Only-Modell lautet folgendermaßen:

$$y_{mi} = \gamma_{00} + v_{0i} + \varepsilon_{mi} \quad \text{(F 19.28)}$$

Es besteht also nur aus einem zu schätzenden festen Modellparameter (γ_{00}) und zwei Residualvarianzen, nämlich $\sigma^2_{v_0}$ (der Varianz der Achsenabschnitte) und σ^2_ε (der Level-1-Residualvarianz, d. h. der Variation der Individualwerte um ihren jeweiligen Gruppenmittelwert). Mit Hilfe eines Intercept-Only-Modells kann im Übrigen auch die Intraklassen-Korrelation aus den Daten geschätzt werden. Sie ergibt sich – in Anlehnung an Formel F 19.1 – aus dem Anteil der geschätzten Varianz der Achsenabschnitte an der Gesamtvarianz, welche beim Intercept-Only-Modell der Summe aus der geschätzten Varianz der Achsenabschnitte und der geschätzten Level-1-Residualvarianz entspricht:

$$\hat{\rho} = \frac{\hat{\sigma}^2_{v_0}}{\hat{\sigma}^2_{v_0} + \hat{\sigma}^2_\varepsilon} \quad \text{(F 19.29)}$$

Random-Intercept-Modell. In einem zweiten Schritt erweitert man das Modell in Formel F 19.28 um den bzw. die Level-1-Prädiktoren, deren Effekt bestimmt werden soll. Der zufällige Teil des Modells wird jedoch nicht um zufällige Regressionsgewichte (»random slopes«) erweitert, sondern bleibt unverändert. Die Varianz der Regressionsgewichte wird also auf 0 gesetzt. Ein solches multiples Random-Intercept-Modell lautet für das Gesamtmodell (in Anlehnung an das Modell in Gleichung F 19.22c) wie folgt:

$$y_{mi} = \gamma_{00} + \gamma_{10} \cdot x_{1mi} + \gamma_{20} \cdot x_{2mi} + \ldots + \gamma_{j0} \cdot x_{jmi}$$
$$+ \ldots + \gamma_{k0} \cdot x_{kmi} + v_{0i} + \varepsilon_{mi} \quad \text{(F 19.30)}$$

Auch hier besteht der zufällige Teil des Modells lediglich aus zwei Residualvarianzen, nämlich $\sigma^2_{v_0}$ (der Varianz der Achsenabschnitte) und σ^2_ε (der Level-1-Residualvarianz). Durch den Einschluss der Level-1-Prädiktoren müsste sich nun die Level-1-Residualvarianz verringert haben, nicht aber die Varianz der Achsenabschnitte.

Anteilige Reduktion der Level-1-Residualvarianz. Aus dieser Logik lässt sich eine Art Determinationskoeffizient (»Pseudo-R^2«) berechnen, der angibt, wie groß die anteilige Reduktion der Level-1-Residualvarianz durch die Hinzunahme der Level-1-Prädiktoren X_j ist. Dass es sich nicht wirklich um einen Determinationskoeffizienten wie bei der multiplen Regression handelt, sondern vielmehr um eine indirekte Schätzung der durch die Level-1-Prädiktoren aufgeklärten Varianz (die aufgrund der ML-Schätzung auch niemals 1 werden kann), wird durch den Begriff »Pseudo« ausgedrückt. Der Wert für R^2_X berechnet sich aus der geschätzten Level-1-Residualvarianz des Intercept-Only-Modells bzw. desjenigen Modells, das die fraglichen Prädiktoren nicht mit einschließt ($\hat{\sigma}^2_{\varepsilon\_1}$), abzüglich der geschätzten Level-1-Residualvarianz des Random-Intercept-Modells, das die fraglichen Prädiktoren mit einschließt ($\hat{\sigma}^2_{\varepsilon\_2}$), geteilt durch die geschätzte Level-1-Residualvarianz des Intercept-Only-Modells:

$$R^2_X = \frac{\hat{\sigma}^2_{\varepsilon\_1} - \hat{\sigma}^2_{\varepsilon\_2}}{\hat{\sigma}^2_{\varepsilon\_1}} \quad \text{(F 19.31)}$$

Anteilige Reduktion der Gesamtresidualvarianz. Eine zweite Möglichkeit, die durch die Level-1-Prädiktoren aufgeklärte Varianz zu quantifizieren, basiert nicht auf der anteiligen Reduktion der Level-1-Residualvarianz, sondern auf der anteiligen Reduktion der Gesamtresidualvarianz (Snijders & Bosker, 1999). Den mathematischen Hintergrund für diesen Alternativvorschlag werden wir später kennenlernen. Der Wert für $R^{2'}_X$ berechnet sich aus der geschätzten Residualvarianz des Intercept-Only-Modells bzw. desjenigen Modells, das die fraglichen Prädiktoren nicht mit einschließt (d. h. der Summe aus $\hat{\sigma}^2_{v_0\_1}$ und $\hat{\sigma}^2_{\varepsilon\_1}$), abzüglich der geschätzten Residualvarianz des Random-Intercept-Modells, das die fraglichen Prädiktoren mit einschließt (d. h. der Summe aus $\hat{\sigma}^2_{v_0\_2}$ und $\hat{\sigma}^2_{\varepsilon\_2}$), geteilt durch die geschätzte Residualvarianz des Intercept-Only-Modells:

$$R^{2'}_X = \frac{\left(\hat{\sigma}^2_{v_0\_1} + \hat{\sigma}^2_{\varepsilon\_1}\right) - \left(\hat{\sigma}^2_{v_0\_2} + \hat{\sigma}^2_{\varepsilon\_2}\right)}{\hat{\sigma}^2_{v_0\_1} + \hat{\sigma}^2_{\varepsilon\_1}} \quad \text{(F 19.32)}$$

> **Beispiel**
>
> **Wovon hängt die Aggressionsneigung von Schülern ab?**
>
> Eine Psychologin möchte im Rahmen einer pädagogisch-psychologischen Untersuchung herausfinden, ob die Aggressionsneigung von Schülerinnen und Schülern (gemessen über Selbstauskünfte der Schüler) vom Geschlecht der Schüler (0 = Mädchen; 1 = Jungen), vom Peer-Status in der Klasse (gemessen über die Urteile von Mitschülern) und von der Leistungsfähigkeit (gemessen über die Urteile der Lehrer) abhängt. Sie erhebt in 11 Klassen (mit jeweils 21 bis 29 Schülern) Daten von insgesamt $n = 274$ Schülerinnen und Schülern. Sie schätzt die Modellparameter für insgesamt vier Modelle:
>
> (1) ein Intercept-Only-Modell:
>
> $$y_{mi} = \gamma_{00} + \upsilon_{0i} + \varepsilon_{mi}$$
>
> (2) ein Random-Intercept-Modell mit Geschlecht (GE) als Prädiktor:
>
> $$y_{mi} = \gamma_{00} + \gamma_{10} \cdot GE_{mi} + \upsilon_{0i} + \varepsilon_{mi}$$
>
> (3) ein Random-Intercept-Modell mit Peer-Status (PS) als zusätzlichem Prädiktor:
>
> $$y_{mi} = \gamma_{00} + \gamma_{10} \cdot GE_{mi} + \gamma_{20} \cdot PS_{mi} + \upsilon_{0i} + \varepsilon_{mi}$$
>
> (4) ein Random-Intercept-Modell mit Leistungsfähigkeit (LF) als zusätzlichem Prädiktor:
>
> $$y_{mi} = \gamma_{00} + \gamma_{10} \cdot GE_{mi} + \gamma_{20} \cdot PS_{mi} + \gamma_{30} \cdot LF_{mi} + \upsilon_{0i} + \varepsilon_{mi}$$
>
> Bei den Modellen 2 bis 4 handelt es sich um Random-Intercept-Modelle, d. h., die Varianz der Regressionsgewichte ($\sigma^2_{\upsilon_1}$) wurde auf 0 gesetzt, um den Anteil erklärter Varianz jeder neu hinzugenommenen Level-1-Prädiktorvariablen schätzen zu können. Das erkennt man daran, dass in allen Modellen der Ausdruck für die zufälligen Regressionsgewichte (υ_{1i}) fehlt.
>
> Die Ergebnisse finden sich in Tabelle 19.3. Im oberen Teil der Tabelle sind die Schätzer der Regressionsgewichte und ihre geschätzten Standardfehler eingetragen; im mittleren Teil sind die beiden Residualvarianzen auf Schülerebene ($\hat{\sigma}^2_\varepsilon$) und auf Klassenebene ($\hat{\sigma}^2_{\upsilon_0}$) aufgeführt. Im unteren Teil stehen die Devianz des jeweiligen Modells und die Anzahl der Modellparameter (q). Alle Parameter wurden mit der RML-Methode geschätzt.

Tabelle 19.3 Schätzung der Modellparameter und ihrer Standardfehler (in Klammern) für das Aggressionsbeispiel (GE: Geschlecht, PS: Peer-Status, LF: Leistungsfähigkeit)

	(1) Intercept-Only-Modell	(2) + GE	(3) + PS	(4) + LF
Achsenabschnitt ($\hat{\gamma}_{00}$)	1,365 (0,138)	0,914 (0,155)	0,531 (0,180)	0,600 (0,370)
Regressionsgewicht für GE ($\hat{\gamma}_{10}$)		0,843 (0,143)	0,759 (0,140)	0,759 (0,140)
Regressionsgewicht für PS ($\hat{\gamma}_{20}$)			0,037 (0,009)	0,036 (0,010)
Regressionsgewicht für LF ($\hat{\gamma}_{30}$)				−0,004 (0,018)
Varianz der Level-1-Residuen ($\hat{\sigma}^2_\varepsilon$)	1,51	1,34	1,26	1,26
Varianz der zufälligen Achsenabschnitte ($\hat{\sigma}^2_{\upsilon_0}$)	0,15	0,15	0,16	0,16
Devianz	905,65	874,72	864,89	871,04
Anzahl Parameter (q)	3	4	5	6

Man erkennt deutlich, dass das Geschlecht einen starken Effekt auf die Aggressionsneigung hat: Der Wert der Prüfgröße für das Regressionsgewicht des Geschlechts in Modell 2 beträgt $z = \hat{\gamma}_{10}/\hat{\sigma}_{\hat{\gamma}_{10}}$ $= 0{,}843/0{,}143 = 5{,}9$. Der kritische z-Wert bei einem zweiseitigen Test auf einem Signifikanzniveau von $\alpha = 5\,\%$ beträgt 1,96. Die Nullhypothese, der zufolge das Geschlecht keinen Effekt auf die Aggressionsneigung hat, ist also zu verwerfen.

Wie stark ist nun der Einfluss des Geschlechts? Wir können zwei unterschiedliche Werte für die durch das Geschlecht aufgeklärte Varianz an der Varianz der Aggressionsneigung berechnen (Formeln F 19.31 und F 19.32). Für die anteilige Reduktion der Level-1-Residualvarianz ergibt sich $R^2_{GE} = (1{,}51 - 1{,}34)/1{,}51 = 0{,}11$. Für die anteilige Reduktion der Gesamtresidualvarianz ergibt sich $R^{2\,\prime}_{GE} = (1{,}66 - 1{,}49)/1{,}66 = 0{,}10$.

Für die Effekte der beiden anderen Prädiktorvariablen in den Modellen 3 und 4 lässt sich nun berechnen, wie viel *zusätzliche* Varianz sie über die bereits im Modell enthaltenen Variablen hinaus aufklären. Wir schätzen dieses Inkrement in R^2 durch die Hinzunahme des jeweiligen Prädiktors. Dazu vergleichen wir die Level-1-Residualvarianz bzw. die Gesamtresidualvarianz nicht mehr mit der des leeren Modells, sondern mit der des unmittelbar benachbarten Modells, also desjenigen Modells, das den neuen Prädiktor noch nicht enthält. Der Effekt der Hinzunahme der Variablen Peer-Status über das Geschlecht hinaus beträgt $R^2_{PS} = (1{,}34 - 1{,}26)/1{,}34 = 0{,}06$ bzw. $R^{2\,\prime}_{PS} = (1{,}49 - 1{,}42)/1{,}49 = 0{,}05$. Der Effekt der Hinzunahme des Prädiktors Leistungsfähigkeit über das Geschlecht und den Peer-Status hinaus beträgt $R^2_{LF} = 0$ bzw. $R^{2\,\prime}_{LF} = 0$. Modell 3 und Modell 4 unterscheiden sich weder in der Varianz der Achsenabschnitte noch in der Level-1-Residualvarianz. Die Leistungsfähigkeit leistet demnach keinen eigenständigen Erklärungsbeitrag, also keinen Beitrag zur Vorhersage der Aggressionsneigung, der über das Geschlecht und den Peer-Status hinaus ginge.

19.3 Modelle mit Level-2-Prädiktoren

19.3.1 Modelle mit Cross-Level-Interaktion

Bisher haben wir lediglich Modelle mit einem (oder mehreren) Level-1-Prädiktor(en) behandelt. Ihre Hinzunahme klärt Varianz auf der Individualebene auf. Systematische Unterschiede zwischen den Level-2-Einheiten, die z. B. darin bestehen können, dass sich die Gruppen hinsichtlich ihrer gruppenspezifischen Achsenabschnitte und möglicherweise auch hinsichtlich ihrer gruppenspezifischen Regressionsgewichte voneinander unterscheiden, bleiben hingegen unberücksichtigt. Um zu erklären, wieso die Achsenabschnitte und die Regressionsgewichte zwischen den Gruppen voneinander abweichen, benötigen wir eine (oder mehrere) Variable(n), die auf der Gruppenebene variieren. Um deutlich zu machen, ob es sich bei einem Prädiktor um eine Variable auf Individualebene (Ebene 1) oder aber auf Gruppenebene (Ebene 2) handelt, werden wir Level-2-Prädiktorvariablen mit Z kennzeichnen. Mit der Prüfgröße Z dürfen solche Level-2-Prädiktorvariablen jedoch nicht verwechselt werden!

Level-2-Modell

Wenn man eine Level-2-Prädiktorvariable Z einführt, ist es möglich zu überprüfen, ob diese Variable die Variation in den gruppenspezifischen Achsenabschnitten β_{0j} und den gruppenspezifischen Regressionsgewichten β_{1j} zumindest partiell erklären kann. Am Level-1-Modell ändert sich dadurch nichts. Es sieht genauso aus wie das Modell in Gleichung F 19.20a (für eine X-Variable) bzw. das Modell in Gleichung F 19.22a (für mehrere X-Variablen). Das Level-2-Modell beinhaltet nun die Level-2-Prädiktorvariable. Für den Fall, dass es eine Level-1-Prädiktorvariable X und eine Level-2-Prädiktorvariable Z gibt, lautet das Level-2-Modell auf Populationsebene wie folgt:

$$\beta_{0i} = \gamma_{00} + \gamma_{01} \cdot z_i + v_{0i}$$
$$\beta_{1i} = \gamma_{10} + \gamma_{11} \cdot z_i + v_{1i}$$
(F 19.33)

Was bedeuten die Bestandteile in diesen Gleichungen?

- Der Parameter γ_{00} steht für den gruppenunspezifischen Achsenabschnitt, d. h. den erwarteten Wert für β_{0i}, wenn $z_i = 0$ ist.
- Der Parameter γ_{01} steht für den Effekt der Level-2-Variablen (das Regressionsgewicht von Z) auf den Achsenabschnitt β_{0i}, d. h. die erwartete Veränderung in β_{0i}, wenn sich z_i um eine Einheit erhöht.
- Der Parameter γ_{10} steht für das gruppenunspezifische Regressionsgewicht, d. h. den erwarteten Wert für β_{1i}, wenn $z_i = 0$ ist.
- Der Parameter γ_{11} steht für den Effekt der Level-2-Variablen (das Regressionsgewicht von Z) auf das Regressionsgewicht β_{1i}, d. h. die erwartete Veränderung in β_{1i}, wenn sich z_i um eine Einheit erhöht.
- Der Residualwert v_{0i} kennzeichnet die zufällige Abweichung des Achsenabschnitts einer Level-2-Einheit. Die Varianz dieser Residualwerte steht für die Variation in β_{0i} zwischen den Level-2-Einheiten, die nicht durch Z erklärt werden kann.
- Der Residualwert v_{1i} kennzeichnet die zufällige Abweichung des Regressionsgewichts einer Level-2-Einheit. Die Varianz dieser Residualwerte steht für die Variation in β_{1i} zwischen den Level-2-Einheiten, die nicht durch Z erklärt werden kann.

Gesamtmodell

Setzen wir das Level-2-Modell (Gleichung F 19.33) in das Level-1-Modell (Gleichung F 19.20a) ein, erhalten wir das folgende Gesamtmodell:

$$y_{mi} = \gamma_{00} + \gamma_{10} \cdot x_{mi} + \gamma_{01} \cdot z_i + \gamma_{11} \cdot x_{mi} \cdot z_i$$
$$+ v_{0i} + v_{1i} \cdot x_{mi} + \varepsilon_{mi}$$
(F 19.34)

In diesem Modell werden im festen Teil zwei additive Effekte der Variablen X und Z und ein Interaktionseffekt modelliert: Der Parameter γ_{10} steht für den Effekt der Variablen X, d. h. das Regressionsgewicht von X, wenn $z_i = 0$ ist. Der Parameter γ_{01} steht für den Effekt der Variablen Z, d. h. das Regressionsgewicht von Z, wenn $x_{mi} = 0$ ist. Der Parameter γ_{11} steht für den Interaktionseffekt $X \times Z$; er gibt an, wie sehr das gruppenspezifische Regressionsgewicht von X von der Ausprägung der Gruppe auf Z abhängt. Da hier eine Level-2-Variable mit einer Level-1-Variablen interagiert, spricht man auch von einer *Cross-Level-Interaktion*.

Da es in diesem Modell nur eine X-Variable gibt, gibt es auch nur eine Residualvariable v_1 und dementsprechend auch nur eine Varianz der zufälligen Regressionsgewichte ($\sigma^2_{v_1}$) sowie nur eine Kovarianz zwischen den zufälligen Achsenabschnitten und den zufälligen Regressionsgewichten ($\sigma_{v_0 v_1}$). Die Varianz-Kovarianz-Matrix der Level-2-Residuen lautet also genau wie in Formel F 19.21:

$$\Sigma_v = \begin{bmatrix} \sigma^2_{v_0} & \sigma_{v_0 v_1} \\ \sigma_{v_1 v_0} & \sigma^2_{v_1} \end{bmatrix}$$

Insgesamt müssen in diesem Modell acht Modellparameter geschätzt werden: die vier Parameter, die den festen Teil des Modells beschreiben (γ_{00}, γ_{10}, γ_{01} und γ_{11}), und die vier Varianz- bzw. Kovarianzkomponenten, die den zufälligen Teil des Modells beschreiben (σ^2_{ε}, $\sigma^2_{v_0}$, $\sigma^2_{v_1}$ und $\sigma_{v_0 v_1}$).

Anwendung auf das Firmenbeispiel

Wenden wir nun die Logik des Modells in Gleichung F 19.34 auf unser Firmenbeispiel an (s. Tab. 19.1 in Abschn. 19.1.1). Wir hatten festgestellt, dass sowohl die firmenspezifischen Achsenabschnitte als auch die firmenspezifischen Regressionsgewichte variieren (s. Tab. 19.2 in Abschn. 19.2.2). Das könnte daran liegen, dass die drei beobachteten Firmen in unterschiedlichem Ausmaß wirtschaftlich erfolgreich sind. Möglicherweise variieren die firmenspezifischen Achsenabschnitte ja deshalb, weil sich die drei Firmen in ihrem wirtschaftlichen Erfolg unterscheiden: Die durchschnittliche Arbeitszufriedenheit bei $x_{mi} = 0$ (also β_{0i}) könnte umso größer sein, je größer der wirtschaftliche Erfolg ist. Anders gesagt: β_{0i} und Z könnten positiv miteinander zusammenhängen. Möglicherweise variieren außerdem die firmenspezifischen Regressionsgewichte aufgrund der Unterschiede im

Erfolg: Der Effekt der Verantwortung (ausgedrückt über β_{1i}) könnte umso größer sein, je größer der wirtschaftliche Erfolg ist, etwa weil Verantwortung in einer wirtschaftlich erfolgreichen Firma eher als Herausforderung erlebt wird, während Verantwortung in einer nicht-erfolgreichen Firma als Belastung erlebt wird. Anders gesagt: β_{1i} und Z könnten ebenfalls positiv miteinander zusammenhängen; hier würde es sich um einen Interaktionseffekt zwischen der Verantwortung der Mitarbeiter (VA als Level-1-Variable) und dem wirtschaftlichen Erfolg der Firma (WE als Level-2-Variable) handeln. Das Modell lautet also (mit konkreten Variablennamen) auf Populationsebene:

Level-1: $\quad y_{mi} = \beta_{0i} + \beta_{1i} \cdot VA_{mi} + \varepsilon_{mi}$

Level-2: $\quad \beta_{0i} = \gamma_{00} + \gamma_{01} \cdot WE_i + \upsilon_{0i}$
$\quad\quad\quad\; \beta_{1i} = \gamma_{10} + \gamma_{11} \cdot WE_i + \upsilon_{1i}$

Gesamtmodell: $y_{mi} = \gamma_{00} + \gamma_{10} \cdot VA_{mi}$
$\quad\quad\quad\quad\quad + \gamma_{01} \cdot WE_i + \gamma_{11} \cdot VA_{mi} \cdot WE_i$
$\quad\quad\quad\quad\quad + \upsilon_{0i} + \upsilon_{1i} \cdot VA_{mi} + \varepsilon_{mi}$

> **Beispiel**
>
> **Ein eigentlich unzulässiges Rechenbeispiel**
> Aufgrund der viel zu kleinen Stichprobe können wir die Parameter des Modells anhand der Daten in Tabelle 19.1 nicht mittels ML-Verfahren schätzen. Aber um die Logik des Modells zu veranschaulichen, verwenden wir im Folgenden die firmenspezifischen Achsenabschnitte und Regressionsgewichte, die wir anhand dreier separater Schätzungen auf der Basis des Kleinste-Quadrate-Kriteriums ermittelt haben (s. Abschn. 19.2.1), auch wenn dieses Vorgehen – wie wir gesehen haben – nicht zulässig ist.
> Die Achsenabschnitte lauten $b_{01} = 7{,}24$; $b_{02} = -0{,}05$ und $b_{03} = 1{,}04$. Die Regressionsgewichte lauten $b_{11} = 0{,}37$; $b_{12} = 1{,}25$ und $b_{13} = 0{,}15$. Nehmen wir an, dass der wirtschaftliche Erfolg der drei Firmen bekannt ist; er beträgt für Firma A $z_1 = 6$, für Firma B $z_2 = 1$ und für Firma C $z_3 = 3$. Rechnet man nun eine einfache lineare Regression (auf der Basis des Kleinste-Quadrate-Kriteriums)

mit B_0 bzw. B_1 als Kriterien und Z als Prädiktor, erhält man folgende Gleichungen:

$b_{0i} = -2{,}28 + 1{,}51 \cdot z_i + u_{0i}\quad$ und
$b_{1i} = 1{,}11 - 0{,}16 \cdot z_i + u_{1i}$

Damit ergibt sich das folgende Gesamtmodell:

$y_{mi} = -2{,}28 + 1{,}11 \cdot x_{mi} + 1{,}51 \cdot z_i - 0{,}16 \cdot x_{mi} \cdot z_i$
$\quad\quad + u_{0i} + u_{1i} \cdot x_{mi} + e_{mi}$

Demnach ist die Arbeitszufriedenheit umso größer, je größer die Verantwortung der Mitarbeiter innerhalb einer Firma und je größer der wirtschaftliche Erfolg der Firma ist. Die Interaktion zwischen Verantwortung und Erfolg ist hingegen negativ; offenbar wirkt sich die Verantwortung umso weniger auf die Arbeitszufriedenheit aus, je wirtschaftlich erfolgreicher eine Firma ist.

19.3.2 Kontexteffekte

Bei vielen Prädiktorvariablen kann man sehr genau definieren, ob es sich um eine Level-1-Prädiktorvariable handelt (also eine Variable, die zwischen Individuen innerhalb von Gruppen variiert) oder um eine Level-2-Prädiktorvariable (also eine Variable, die zwischen Gruppen variiert). Manchmal jedoch kann ein und dasselbe Merkmal sowohl einen Effekt auf der Individualebene als auch einen Effekt auf der Gruppenebene haben. Nehmen wir unser kleines Firmenbeispiel in Tabelle 19.1: Natürlich variiert die Verantwortung der befragten Mitarbeiter innerhalb der Firmen, deshalb ist Verantwortung eine Level-1-Variable. Aber möglicherweise variieren auch die Firmen systematisch hinsichtlich der Verantwortung, die ihre Mitarbeiter haben. In diesem Fall ist Verantwortung auf Firmenebene eine Level-2-Prädiktorvariable.

Im ersten Moment mag es unplausibel erscheinen, dass die gleiche Variable sowohl auf der Individual- als auch auf der Firmenebene variieren kann und dass sie auf diesen beiden Ebenen unterschiedliche Effekte auf die abhängige Variable hat. An unserem Firmenbeispiel können wir einen solchen Fall jedoch gut veranschaulichen. Man weiß aus der sozialpsychologischen Forschung, dass Menschen soziale Vergleiche nur mit solchen Personen anstellen, die ihnen ähnlich sind (Festinger, 1954). Dieses Prinzip führt dazu, dass unterschiedliche Personen unterschiedliche Vergleichsstandards heranziehen. Fragt man z. B. ein Vorstandsmitglied eines DAX-notierten Unternehmens, wie viel es im Jahr verdient, und gibt für seine Antwort eine subjektive Ratingskala von 0 (sehr wenig) bis 10 (sehr viel) vor, wird es sein Urteil eher auf einen Vergleich mit anderen Vorstandsmitgliedern gründen, nicht aber auf einen Vergleich mit Arbeitern und mittleren Angestellten. Es könnte also durchaus sein, dass das Vorstandsmitglied den Wert 7 angibt, weil andere Vorstandsmitglieder noch mehr verdienen als es. Mit der Antwort, die ein Arbeiter auf die gleiche Frage gibt, ist dieser Wert nicht mehr zu vergleichen. Nun dürften sich Vorstandsmitglieder durchaus darüber im Klaren sein, dass sie ein Vielfaches mehr verdienen als die große Mehrheit der deutschen Arbeitnehmer; deshalb werden die Werte, die Vorstandsmitglieder auf die Frage nach dem Jahresverdienst angeben, im Durchschnitt höher ausfallen als die Werte, die Arbeiter auf diese Frage angeben. Wenn nun die unterschiedlichen Positionen, die man innerhalb einer Firma haben kann, die Level-2-Einheiten darstellen und die Befragten innerhalb einer Positionskategorie die Level-1-Einheiten, dann ist die Variable »Jahresverdienst« durchaus ein Merkmal, das auf beiden Ebenen variieren kann.

Dass dieses Merkmal auf seinen beiden Ebenen auch unterschiedliche Effekte haben kann, wird anhand der folgenden Überlegung klar. Nehmen wir an, dass in die Bewertung des Einkommens sowohl der Vergleich mit den Beschäftigten auf unterschiedlichen Führungsebenen als auch der Vergleich mit den Beschäftigten auf der gleichen Ebene einfließt. Nehmen wir darüber hinaus an, dass die Level-2-Variation in den Werten dadurch entsteht, dass sich die Befragten mit allen Beschäftigten in ihrer Firma vergleichen, und die Level-1-Variation dadurch entsteht, dass sie sich mit anderen Beschäftigten innerhalb der Subgruppe derer, die die gleiche Position haben wie sie, vergleichen. Dann könnten diese unterschiedlichen Vergleiche durchaus unterschiedliche Effekte auf die Arbeitszufriedenheit nach sich ziehen: Man könnte zum einen umso zufriedener sein, je mehr man im Vergleich mit allen Beschäftigten der Firma verdient; zum anderen könnte man umso zufriedener sein, je mehr man im Vergleich mit anderen Beschäftigten in der gleichen Position verdient. Ein hierarchisches lineares Modell kann klären, welcher Vergleich für die Zufriedenheit wichtiger ist: der Vergleich mit allen Beschäftigten oder der Vergleich mit Beschäftigten in gleicher Position.

Will man die Effekte des gleichen Merkmals auf zwei verschiedenen Ebenen untersuchen und weicht der Effekt des Merkmals auf der Individualebene von dem des Merkmals auf Gruppenebene ab, spricht man von einem *Kontexteffekt*.

Big-Fish-Little-Pond-Effekt

Ein Beispiel für einen solchen Kontexteffekt ist der sog. Big-Fish-Little-Pond-Effekt (oder einfacher: Fischteicheffekt; vgl. Marsh & Hau, 2003; Marsh et al., 2000). Der Fischteicheffekt beschreibt das Phänomen, dass die Leistungen von Schülern nicht nur von ihrer individuellen Begabung, sondern auch von der durchschnittlichen Begabung der anderen Schüler in der Klasse abhängen. Ein durchschnittlich begabtes Kind wird demzufolge bessere Leistungen zeigen, wenn die durchschnittliche Begabung seiner Klassenkameraden eher niedrig ausgeprägt ist, denn dann gehört es zu den Leistungsstarken in der Klasse und erfährt entsprechend viel positive Rückmeldung. Das gleiche Kind würde in einer Klasse mit hoher durchschnittlicher Begabung schlechtere Leistungen zeigen, da es hier zu den leistungsschwachen Schülern gehört. Das bedeutet: Ein und dieselbe Variable (Begabung) kann Effekte auf zwei Ebenen haben (Individual- bzw. Schülerebene und Gruppen- bzw. Klassenebene), und das wiederum heißt: Die Leistung eines Kindes setzt sich additiv zusammen aus der individuellen Begabung und der durchschnittlichen Begabung der anderen Kinder in der Klasse.

> **Beispiel**
>
> **Kontexteffekt der Leistungsfähigkeit im Aggressionsbeispiel**
>
> In Abschnitt 19.2 haben wir ein Beispiel zur Vorhersage der Aggressionsneigung von Schülern durch ihr Geschlecht, ihren Peer-Status und ihre Leistungsfähigkeit behandelt (s. Tab. 19.3). Greifen wir die Leistungsfähigkeit heraus. Welchen Einfluss hat sie auf die Aggressionsbereitschaft auf der Individualebene (als Schülermerkmal) und welchen auf der Gruppenebene (als Klassenmerkmal)?
>
> Zunächst müssen wir denjenigen Anteil der Variation der Leistungsfähigkeit, der auf die Individualebene entfällt, von demjenigen Anteil trennen, der auf die Gruppenebene entfällt. Letzterer ergibt sich aus der Variation der Klassenmittelwerte $\mu_{\bullet i}$. Eine Variable, die nur noch auf der Individualebene variiert, erhalten wir, indem wir den Leistungsfähigkeitswert jedes Schülers von seinem jeweiligen Klassenmittelwert abziehen ($x_{mi} - \mu_{\bullet i}$). Die beiden so gebildeten Variablen setzen wir in das Modell ein; dabei gehen wir davon aus, dass der Zusammenhang zwischen der Leistungsfähigkeit und der Aggression innerhalb der Klassen für alle untersuchten Klassen gleich ist. Wir setzen also die Varianz der zufälligen Regressionsgewichte gleich 0. Ferner lassen wir in diesem Modell keine Cross-Level-Interaktion zu. Das Modell lautet dann auf der Populationsebene:
>
> $$y_{mi} = \gamma_{00} + \gamma_{10} \cdot (x_{mi} - \mu_{\bullet i}) + \gamma_{01} \cdot \mu_{\bullet i} + \upsilon_{0i} + \varepsilon_{mi}$$
>
> (F 19.35a)
>
> Auf der Stichprobenebene lautet das Modell dann:
>
> $$y_{mi} = c_{00} + c_{10} \cdot (x_{mi} - \overline{x}_{\bullet i}) + c_{01} \cdot \overline{x}_{\bullet i} + u_{0i} + e_{mi}$$
>
> (F 19.35b)
>
> Das Ergebnis der Parameterschätzung, die mittels RML vorgenommen wurde, ist in Tabelle 19.4 enthalten.
>
> Um den Kontexteffekt graphisch zu veranschaulichen, verwenden wir drei hypothetische Werte für die Level-1-Variable und drei hypothetische Werte für die Level-2-Variable, und zwar jeweils den Wert, der eine Standardabweichungseinheit unterhalb des Mittelwerts liegt (niedrig), den Mittelwert der jeweiligen Variablen (mittel) und den Wert, der eine Standardabweichungseinheit oberhalb des Mittelwerts liegt (hoch). Das entspricht für die Level-1-Variable den Werten $x_{mi} - \overline{x}_{\bullet i} = -4,4$; $x_{mi} - \overline{x}_{\bullet i} = 0$ und $x_{mi} - \overline{x}_{\bullet i} = +4,4$; und es entspricht für die Level-2-Variable den Werten $\overline{x}_{\bullet i} = 13,43$; $\overline{x}_{\bullet i} = 14,49$ und $\overline{x}_{\bullet i} = 15,55$. Die geschätzten bedingten Erwartungswerte für die jeweiligen Wertekombinationen sind in Abbildung 19.5 dargestellt. Dabei ist der Individualeffekt der Leistungsfähigkeit auf der Abszisse abgetragen; der Klasseneffekt der Leistungsfähigkeit zeigt sich in den unterschiedlichen Geraden.
>
> **Tabelle 19.4** Kontexteffekt der Leistungsfähigkeit im Aggressionsbeispiel
>
> | | Schätzung (Standardfehler) |
> |---|---|
> | Achsenabschnitt ($\hat{\gamma}_{00}$) | −0,98 (1,96) |
> | Leistungsfähigkeit: Klasseneffekt ($\hat{\gamma}_{01}$) | 0,16 (0,13) |
> | Leistungsfähigkeit: Individualeffekt ($\hat{\gamma}_{10}$) | −0,05 (0,02) |
> | Varianz der Level-1-Residuen ($\hat{\sigma}_{\varepsilon}^{2}$) | 0,14 |
> | Varianz der zufälligen Achsenabschnitte ($\hat{\sigma}_{\upsilon_{0}}^{2}$) | 1,48 |
>
>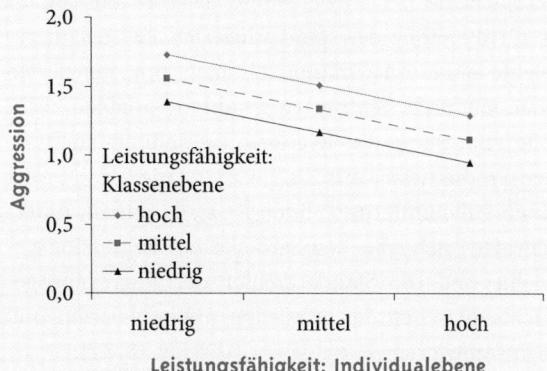
>
> **Abbildung 19.5** Graphische Darstellung eines Kontexteffekts im Aggressionsbeispiel

Zunächst stellen wir fest, dass der Individualeffekt der Leistungsfähigkeit negativ ist: Je größer die Leistungsfähigkeit eines Kindes innerhalb einer Klasse, desto geringer ist seine Aggressionsbereitschaft. Das ist nicht unplausibel. Interessanterweise zeigt sich jedoch gleichzeitig, dass der Effekt der Leistungsfähigkeit auf der Gruppenebene positiv ausfällt, d. h., je größer die durchschnittliche Leistungsfähigkeit der Kinder in einer Klasse, desto größer ist die individuelle Aggressionsbereitschaft eines Kindes bei konstanter individueller Leistungsfähigkeit. Konkret: Ein Kind mit durchschnittlicher Leistungsfähigkeit ($x_{mi} - \bar{x}_{\bullet i} = 0$) verhält sich in einer Klasse mit hoher durchschnittlicher Leistungsfähigkeit ($\bar{x}_{\bullet i} = 15{,}55$; in Abb. 19.5 durch die graue Linie dargestellt) aggressiver als in einer Klasse mit niedriger durchschnittlicher Leistungsfähigkeit ($\bar{x}_{\bullet i} = 13{,}43$; in Abb. 19.5 durch die schwarze Linie dargestellt). Zwar ist dieser Effekt nicht statistisch bedeutsam (der Wert der Prüfgröße beträgt $z = 0{,}16/0{,}13 = 1{,}20$; der kritische z-Wert bei einem zweiseitigen Test auf einem Signifikanzniveau von $\alpha = 5\,\%$ beträgt 1,96). Rein deskriptiv bedeutet das positive Vorzeichen in der Stichprobe jedoch, dass die Leistungsfähigkeit auf Gruppenebene sich positiv auf die Aggressionsbereitschaft auswirkt. Eine Erklärung für diesen Effekt könnte lauten, dass das Sozialverhalten in Klassen mit hohem Leistungsniveau stärker wettbewerbsorientiert ist und sich diese Wettbewerbsorientierung in aggressiven Verhaltenstendenzen ausdrückt.

Zentrierung unabhängiger Variablen

Solange die Regressionsgleichung nur Haupteffekte (und keine Produkt- oder Polynomterme) der unabhängigen Variablen enthält, hat eine lineare Transformation zwar Auswirkungen auf die unstandardisierten Regressionskoeffizienten, nicht aber auf die standardisierten Regressionskoeffizienten und ebenfalls nicht auf die Standardfehler der Regressionskoeffizienten. Das gilt auch dann, wenn man die Prädiktorvariablen um ihren Mittelwert herum zentriert, also anstatt der x-Werte die entsprechenden Abweichungswerte ($x_{mi} - \bar{x}_{\bullet i}$) in die Regressionsgleichung einsetzt. Solange die Regressionsgleichung nur die Haupteffekte der Abweichungsvariablen enthält, ist es für die Höhe der standardisierten Regressionsgewichte ohne Auswirkung, ob man mit zentrierten oder mit nicht-zentrierten Prädiktorvariablen rechnet. Erst wenn die Regressionsgleichung auch einen Produktterm, z. B. $(x_{1mi} - \bar{x}_{1\bullet i}) \cdot (x_{2mi} - \bar{x}_{2\bullet i})$, oder einen Polynomterm, z. B. $(x_{mi} - \bar{x}_{\bullet i})^2$, enthält, unterscheiden sich die standardisierten Regressionsgewichte und die Standardfehler der Regressionsgewichte zwischen den Modellen mit zentrierten und nicht-zentrierten Variablen (s. Abschn. 18.9.2).

Wie wirken sich nun die Zentrierung und die Standardisierung der unabhängigen Variablen bei hierarchischen linearen Modellen aus? Zunächst einmal stellen wir fest, dass es hier zwei Arten gibt, eine Prädiktorvariable zu zentrieren: Sie kann entweder um den Mittelwert einer jeweiligen Gruppe (Level-2-Einheit) $\bar{x}_{\bullet i}$ oder um den Gesamtmittelwert $\bar{x}$ herum zentriert werden. Die Zentrierung um den Gruppenmittelwert ($x_{mi} - \bar{x}_{\bullet i}$) wird auch als *Group-Mean-Centering* bezeichnet, die Zentrierung um den Gesamtmittelwert ($x_{mi} - \bar{x}$) als *Grand-Mean-Centering*. Auf Populationsebene entspricht dies den Zentrierungen $x_{mi} - \mu_{\bullet i}$ bzw. $x_{mi} - \mu$.

Grand-Mean-Centering.

Solange das hierarchische lineare Modell keine Interaktionsterme und keine zufälligen Regressionsgewichte enthält, funktioniert das Grand-Mean-Centering genauso, wie weiter oben und in Kapitel 18 beschrieben: Die standardisierten Regressionsgewichte und die Standardfehler der Regressionskoeffizienten ändern sich nicht, der unstandardisierte Achsenabschnitt ändert sich jedoch aufgrund der Zentrierung. Das wollen wir kurz veranschaulichen. Nehmen wir den einfachen Fall einer Regressionsgleichung mit einem Prädiktor X. Das hierarchische lineare Modell auf der Basis der Rohwerte und ohne zufällige Regressionsgewichte lautet:

$$y_{mi} = \gamma_{00} + \gamma_{10} \cdot x_{mi} + \upsilon_{0i} + \varepsilon_{mi} \quad \text{(F 19.36)}$$

In diesem Modell gibt der Koeffizient γ_{00} den erwarteten Wert für Y bei $x_{mi} = 0$ wieder. Wird der Prädiktor X um den Gesamtmittelwert herum zentriert, lautet das Modell:

$$y_{mi} = \gamma_{00} + \gamma_{10} \cdot (x_{mi} - \mu) + \upsilon_{0i} + \varepsilon_{mi} \qquad (F\ 19.37)$$

In diesem Modell gibt der Koeffizient γ_{00} den erwarteten Wert für Y bei $x_{mi} = \mu$ wieder. Durch das Grand-Mean-Centering hat der Achsenabschnitt also immer eine sinnvolle Interpretation. Der Koeffizient γ_{10} ändert sich infolge des Grand-Mean-Centering nicht, da von jedem Messwert x_{mi} lediglich eine Konstante (μ) abgezogen wird. Der Koeffizient γ_{10} gibt an, um wie viele Einheiten sich Y verändern würde, wenn sich X um eine Einheit verändert.

Group-Mean-Centering ohne Gruppenmittelwerte.
Anders sieht es aus, wenn man die Prädiktorvariable(n) nicht um den Gesamtmittelwert, sondern um den jeweiligen Gruppenmittelwert herum zentriert. Das Modell lautet dann:

$$y_{mi} = \gamma_{00} + \gamma_{10} \cdot (x_{mi} - \mu_{\bullet i}) + \upsilon_{0i} + \varepsilon_{mi} \qquad (F\ 19.38)$$

Der Unterschied zwischen den beiden Modellen F 19.37 und F 19.38 besteht darin, dass in Modell F 19.37 die Variation der Gruppenmittelwerte mit berücksichtigt wird, während diese in Modell F 19.38 nicht mehr enthalten ist. Modell F 19.38 bezieht nur noch denjenigen Anteil der Variation in X mit ein, der zwischen Individuen innerhalb der Gruppen variiert, aber nicht mehr denjenigen Anteil, der zwischen den Gruppen variiert. Beim Group-Mean-Centering wird die Variation der Gruppenmittelwerte also gleich 0 gesetzt.

Group-Mean-Centering mit Gruppenmittelwerten.
Eine Möglichkeit, die in Modell F 19.38 fehlende Variationsquelle in das Modell einzubeziehen, besteht darin, die Gruppenmittelwerte als festen Effekt zu modellieren. Das Modell entspricht dann der Gleichung F 19.35a:

$$y_{mi} = \gamma_{00} + \gamma_{10} \cdot (x_{mi} - \mu_{\bullet i}) + \gamma_{01} \cdot \mu_{\bullet i} + \upsilon_{0i} + \varepsilon_{mi}$$

In diesem Modell bezeichnet γ_{10} den Effekt von X innerhalb der Gruppen (d. h. auf Individualebene) und γ_{01} den zusätzlichen Effekt der Gruppenmittelwerte von X (d. h. einen Effekt auf Gruppenebene; s. Kreft et al., 1995). Durch den Einschluss der Gruppenmittelwerte wird also deren Variation wieder in das Modell mit einbezogen; daher entsprechen die Varianzen der Residuen υ_{0i} und ε_{mi} genau denjenigen der Modelle in den Gleichungen F 19.36 und F 19.37. Außerdem entsprechen der Parameter γ_{10} und der Standardfehler von $\hat{\gamma}_{10}$ genau denjenigen der Modelle in den Gleichungen F 19.36 und F 19.37. Die Modelle in den Gleichungen F 19.35a, F 19.36 und F 19.37 sind somit algebraisch äquivalent. Das Modell in Gleichung F 19.38 hingegen ist nicht äquivalent zu den anderen.

Modelle mit zufälligen Regressionsgewichten.
Bei den Modellen in den Gleichungen F 19.35a bis F 19.38 wurde keine zufällige Variation der Regressionsgewichte zugelassen. Sind die Modelle in den Gleichungen F 19.35a, F 19.36 und F 19.37 auch dann noch algebraisch äquivalent, wenn man sie jeweils um einen Varianzausdruck für die zufälligen Regressionsgewichte erweitert? Die Antwort lautet nein. Zwar lässt sich zeigen, dass das Modell auf der Basis von Rohwerten algebraisch mit dem Modell auf der Basis der Grand-Mean-zentrierten Werte identisch ist; hingegen ist das Modell auf der Basis der Group-Mean-zentrierten Werte nicht äquivalent zu den beiden anderen – auch dann nicht, wenn der Gruppenmittelwert als fester Effekt in das Modell aufgenommen wird (Kreft et al., 1995).

Schlussfolgerung für die Anwendung.
Fassen wir zusammen: Bei Modellen ohne zufällige Regressionsgewichte ist es für die Parameterschätzung und deren inferenzstatistische Absicherung irrelevant, ob man mit den Rohwerten von X, den Grand-Mean-zentrierten Werten von X oder den Group-Mean-zentrierten Werten *plus* dem Gruppenmittelwert (als festem Effekt) arbeitet. Bei Modellen mit zufälligen Regressionsgewichten hingegen ändert sich das Modell, wenn man mit Group-Mean-zentrierten Werten arbeitet. Daher sollte man sich zuvor genau überlegen, ob eine Zentrierung der Werte auf die Gruppenmittelwerte inhaltlich sinnvoll ist oder nicht. Will man Kontexteffekte untersuchen (etwa im Bereich der Forschung zu relativer Deprivation oder sozialen

Vergleichsprozessen), könnte ein Group-Mean-Centering sinnvoll sein. Group-Mean-Centering bietet sich auch dann an, wenn Unterschiede zwischen den Gruppenmittelwerten theoretisch irrelevant sind und die Interpretierbarkeit eines Level-1-Effekts erschweren (Enders & Tofighi, 2007). Wenn ein Group-Mean-Centering inhaltlich nicht hinreichend begründbar ist, etwa weil Unterschiede zwischen den Gruppenmittelwerten möglicherweise doch inhaltlich bedeutsam sind, sollte man eher ein Grand-Mean-Centering vornehmen (Hox, 2002).

> **Beispiel**
>
> **Kontexteffekt der Leistungsfähigkeit im Aggressionsbeispiel**
>
> Greifen wir zur Veranschaulichung der Auswirkung unterschiedlicher Zentrierungsarten noch einmal auf das letzte Beispiel zurück. Wir haben uns die Frage gestellt: Welchen Einfluss hat die Leistungsfähigkeit der Schüler auf die Aggressionsbereitschaft auf der Individualebene (als Schülermerkmal) und auf der Gruppenebene (als Klassenmerkmal)?
>
> Wir werden sechs Modelle vergleichen. Jedes dieser Modelle beinhaltet zwei feste Effekte, und zwar die Leistungsfähigkeit der Schüler auf der Individualebene (γ_{10}) und die Leistungsfähigkeit der Schüler auf Gruppenebene (γ_{01}). Wir variieren bei dem Individualeffekt lediglich, ob es sich um die Rohwerte der Leistungsfähigkeit (x_{mi}; Modell 1), um Grand-Mean-zentrierte Werte ($x_{mi} - \mu$; Modell 2) oder um Group-Mean-zentrierte Werte ($x_{mi} - \mu_{\bullet i}$; Modell 3) handelt. Diese drei Möglichkeiten spielen wir je zweimal durch: Bei Modell A lassen wir keine zufälligen Regressionsgewichte zu (d. h., das Modell nimmt an, dass der Effekt der Leistungsfähigkeit auf die Aggression in allen Klassen gleich stark ist), bei Modell B lassen wir zufällige Regressionsgewichte zu (d. h., das Modell erlaubt, dass sich der Effekt der Leistungsfähigkeit auf die Aggression zwischen den Schulklassen unsystematisch unterscheidet).

Tabelle 19.5 Auswirkungen unterschiedlicher Zentrierungen auf die Parameterschätzung im Aggressionsbeispiel

	A: ohne zufällige Regressionsgewichte			B: mit zufälligen Regressionsgewichten		
	Modell A1: Rohwerte (x_{mi})	Modell A2: Grand-Mean-Centering ($x_{mi} - \bar{x}$)	Modell A3: Group-Mean-Centering ($x_{mi} - \bar{x}_{\bullet i}$)	Modell B1: Rohwerte (x_{mi})	Modell B2: Grand-Mean-Centering ($x_{mi} - \bar{x}$)	Modell B3: Group-Mean-Centering ($x_{mi} - \bar{x}_{\bullet i}$)
Achsenabschnitt ($\hat{\gamma}_{00}$)	−0,979	−1,652	−0,979	−0,847	−1,495	−0,932
Leistungsfähigkeit: Individualeffekt ($\hat{\gamma}_{10}$)	−0,046	−0,046	−0,046	−0,045	−0,045	−0,044
Leistungsfähigkeit: Klasseneffekt ($\hat{\gamma}_{01}$)	0,208	0,208	0,162	0,197	0,197	0,158
Varianz der Level-1-Residuen ($\hat{\sigma}_\varepsilon^2$)	1,475	1,475	1,475	1,465	1,465	1,465
Varianz der zufälligen Achsenabschnitte ($\hat{\sigma}_{v_0}^2$)	0,140	0,140	0,140	0,377	0,142	0,140
Varianz der zufälligen Regressionsgewichte ($\hat{\sigma}_{v_1}^2$)				0,0005	0,0005	0,0006
Kovarianz ($\hat{\sigma}_{v_0 v_1}$)				−0,012	−0,004	−0,005

Die geschätzten Modellparameter sind in Tabelle 19.5 zusammengefasst. Wir sehen, dass die geschätzten Parameter der Modelle ohne zufällige Regressionsgewichte (A1, A2 und A3) alle recht ähnlich ausfallen. Unterschiede gibt es zum einen in Bezug auf den geschätzten gruppenunspezifischen Achsenabschnitt ($\hat{\gamma}_{00}$). Das ist leicht zu erklären: In den Modellen A1 (Rohwerte) und A3 (Group-Mean-Centering) gibt der Achsenabschnitt den erwarteten Aggressionswert eines Kindes mit einer Leistungsfähigkeit von 0 in einer Klasse mit dem Gruppenmittelwert 0 (in Bezug auf die durchschnittliche Leistungsfähigkeit) wieder. In Modell A2 (Grand-Mean-Centering) gibt der Achsenabschnitt den erwarteten Aggressionswert eines Kindes mit einer *durchschnittlichen* Leistungsfähigkeit in einer Klasse mit dem Gruppenmittelwert 0 wieder.

Außerdem unterscheiden sich die Regressionsgewichte der Leistungsfähigkeit auf Gruppenebene ($\hat{\gamma}_{01}$). Auch das ist leicht zu erklären: In Modell A3 handelt es sich hierbei um den Effekt der durchschnittlichen Leistungsfähigkeit auf die Aggression auf der Klassenebene. In den Modellen A1 und A2 hingegen handelt es sich bei diesem Regressionsgewicht um den Kontexteffekt, also den Unterschied zwischen dem Einfluss der Leistungsfähigkeit auf der Individualebene (–0,046) und den Einfluss der durchschnittlichen Leistungsfähigkeit auf der Klassenebene (0,162).

Bei den Modellen mit zufälligen Regressionsgewichten (B) sehen wir zunächst, dass die Modelle B1 und B2 hinsichtlich der beiden geschätzten Regressionsgewichte $\hat{\gamma}_{01}$ und $\hat{\gamma}_{10}$ identisch sind. Diese beiden Modelle sind algebraisch äquivalent. Bei Modell B3 stellen wir fest, dass sich alle Modellparameter von den Parametern in B1 und B2 unterscheiden. Bei Modell B3 handelt es sich also um ein anderes Modell; es ist nicht mehr zu den beiden anderen Modellen algebraisch äquivalent.

19.4 Modellvergleich und Varianzaufklärung

In Abschnitt 19.2.2 haben wir gesehen, wie man bestimmen kann, wie viel Varianz ein Level-1-Prädiktor (X) aufklärt. Wie kann man nun die Varianz ermitteln, die ein Level-2-Prädiktor (Z) oder eine Cross-Level-Interaktion ($X \times Z$) aufklärt? Um diese Fragen zu beantworten, verwenden wir die gleiche Logik wie schon zuvor bei der geschätzten Varianzaufklärung durch einen Level-1-Prädiktor: Wir vergleichen die unaufgeklärte Varianz des Modells, in dem der fragliche Prädiktor enthalten ist, mit der unaufgeklärten Varianz des Modells, das den fraglichen Prädiktor nicht mit einschließt.

Durch einen Level-2-Prädiktor aufgeklärte Varianz

Bei der Level-2-Residualvarianz, die sich durch den Einschluss eines Level-2-Prädiktors verringern müsste, handelt es sich um die Varianz der zufälligen Achsenabschnitte ($\sigma^2_{v_0}$). Daher sollte im zufälligen Teil des Modells auf der Gruppenebene auch nur diese Varianzkomponente enthalten sein. Das Vergleichsmodell ist das Intercept-Only-Modell in Gleichung F 19.28.

Durch den Einschluss von Z müsste die Varianz der zufälligen Achsenabschnitte $\sigma^2_{v_0}$ kleiner sein als im Intercept-Only-Modell. Je größer der Unterschied in der (unaufgeklärten) Varianz, desto größer der Effekt von Z. Auch für Z kann ein Pseudo-R^2 anhand der geschätzten Größen berechnet werden:

$$R^2_Z = \frac{\hat{\sigma}^2_{v_0\_1} - \hat{\sigma}^2_{v_0\_2}}{\hat{\sigma}^2_{v_0\_1}} \quad \text{(F 19.39)}$$

Dabei ist $\hat{\sigma}^2_{v_0\_1}$ die geschätzte Varianz der zufälligen Achsenabschnitte im Intercept-Only-Modell und $\hat{\sigma}^2_{v_0\_2}$ die geschätzte Varianz der zufälligen Achsenabschnitte in dem Modell, das den Level-2-Prädiktor Z mit einschließt. In beiden Modellen muss die Varianz der zufälligen Regressionsgewichte ($\sigma^2_{v_1}$) auf 0 gesetzt werden.

Negative Werte für R_Z^2

So weit klingt die Herleitung von R_Z^2 sehr plausibel. Allerdings hat sie einen Nachteil: Man kann zeigen, dass $\hat{\sigma}_{v_{0\_1}}^2$ unter bestimmten Umständen nicht kleiner, sondern größer wird, wenn man einen Prädiktor Z in das Modell mit einschließt. In diesem Fall ist $\hat{\sigma}_{v_{0\_2}}^2$ größer als $\hat{\sigma}_{v_{0\_1}}^2$. Das heißt, es kann sogar sein, dass durch den Einschluss einer Prädiktorvariablen der Wert für R_Z^2 negativ wird. – Wie kann das sein? Erinnern wir uns daran, dass die Varianz der Mittelwerte nicht nur von der »wahren« Level-2-Varianz abhängt, sondern auch noch Stichprobenfehler beinhaltet. Wir haben schon im Zusammenhang mit der Intraklassen-Korrelation festgestellt, dass der Erwartungswert der Level-2-Varianz der Summe aus der Populations-Level-2-Varianz und dem quadrierten Standardfehler der Mittelwerte entspricht (s. Formel F 19.3 im Falle gleicher Gruppengrößen):

$$E(\hat{\Sigma}_{\bar{Y}}^2) = \sigma_{\text{Level-2}}^2 + \frac{\sigma_{\text{Level-1}}^2}{n_{\text{Level-1}}}$$

Das bedeutet: Selbst wenn es überhaupt keine »wahren« Unterschiede zwischen den Gruppen in der Population gibt, ist der Erwartungswert des Schätzers für die Varianz der zufälligen Achsenabschnitte aufgrund des Stichprobenfehlers ungleich 0; er entspricht bei gleichen Gruppengrößen $\sigma_{\text{Level-1}}^2/n_{\text{Level-1}}$. Auf Stichprobenebene ergibt sich die erwartungstreu geschätzte Varianz der zufälligen Achsenabschnitte in Anlehnung an Formel F 19.4b (wiederum im Falle gleicher Gruppengrößen) also wie folgt:

$$\hat{\sigma}_{v_0}^2 = \hat{\sigma}_{\bar{Y}}^2 - \frac{\hat{\sigma}_{\text{Level-1}}^2}{n_{\text{Level-1}}} \quad \text{(F 19.40)}$$

Für das Intercept-Only-Modell erhält man dann:

$$\hat{\sigma}_{v_{0\_1}}^2 = \hat{\sigma}_{\bar{Y}}^2 - \frac{\hat{\sigma}_{\varepsilon\_1}^2}{n_{\text{Level-1}}}$$

Mit $\hat{\sigma}_{\varepsilon\_1}^2$ bezeichnen wir jetzt die geschätzte Residualvarianz im Intercept-Only-Modell. Fügen wir nun einen Prädiktor hinzu, der nur einen Effekt auf der Individualebene, nicht aber auf der Gruppenebene hat, so führt dies dazu, dass die geschätzte Residualvarianz in diesem Modell ($\hat{\sigma}_{\varepsilon\_2}^2$) kleiner wird als im Intercept-Only-Modell ($\hat{\sigma}_{\varepsilon\_1}^2$), da der Prädiktor ja einen Teil der Varianz erklärt und sich somit die Residualvarianz auf der Individualebene verringert. Wenn dieser Prädiktor aber keinen Einfluss auf Unterschiede zwischen den Level-2-Einheiten hat, folgt automatisch, dass $\hat{\sigma}_{v_{0\_2}}^2$ größer sein muss als $\hat{\sigma}_{v_{0\_1}}^2$, da von der geschätzten Varianz von Y in Gleichung F 19.40 ja ein kleinerer Wert abgezogen wird. Folglich wird R_Z^2 zwangsläufig negativ (s. hierzu ausführlich Snjiders & Bosker, 1999). Negative Werte können darauf hinweisen, dass das Modell falsch spezifiziert ist.

Snijders und Bosker (1999) haben vorgeschlagen, die durch die Hinzunahme eines Level-2-Prädiktors (Z) aufgeklärte Varianz wie folgt zu berechnen:

$$R_Z^{2\prime} = \frac{\left(\hat{\sigma}_{v_{0\_1}}^2 + \frac{\hat{\sigma}_{\varepsilon\_1}^2}{n_{\text{Level-1}}}\right) - \left(\hat{\sigma}_{v_{0\_2}}^2 + \frac{\hat{\sigma}_{\varepsilon\_2}^2}{n_{\text{Level-1}}}\right)}{\hat{\sigma}_{v_{0\_1}}^2 + \frac{\hat{\sigma}_{\varepsilon\_1}^2}{n_{\text{Level-1}}}} \quad \text{(F 19.41)}$$

Dabei sind $\hat{\sigma}_{v_{0\_1}}^2$ und $\hat{\sigma}_{\varepsilon\_1}^2$ die geschätzten Residualvarianzen in dem Modell, das den Level-2-Prädiktor Z nicht mit einschließt; $\hat{\sigma}_{v_{0\_2}}^2$ und $\hat{\sigma}_{\varepsilon\_2}^2$ sind die geschätzten Residualvarianzen in dem Modell, das den Level-2-Prädiktor Z enthält. Der Ausdruck $n_{\text{Level-1}}$ steht nach wie vor für die Anzahl der Level-1-Einheiten innerhalb einer Level-2-Einheit. Formel F 19.41 setzt also voraus, dass die Anzahl der Level-1-Einheiten in allen Level-2-Einheiten gleich ist.

Ungleiche Gruppengrößen. Sind die Gruppengrößen (d. h. die Anzahl der Level-1-Einheiten innerhalb der Level-2-Einheiten) über die Gruppen hinweg unterschiedlich, muss man anstatt $n_{\text{Level-1}}$ in Formel F 19.41 ein gepooltes $\tilde{n}_{\text{Level-1}}$ einsetzen. Hierbei kann es sich z. B. um den harmonischen Mittelwert der Level-1-Einheiten in den Level-2-Einheiten (n_i) handeln:

$$\tilde{n}_{\text{Level-1}} = \frac{n_{\text{Level-2}}}{\sum_{i=1}^{n_{\text{Level-2}}} \frac{1}{n_i}} \quad \text{(F 19.42)}$$

Der Wert $R_Z^{2\prime}$ kann definiert werden als die anteilige Verringerung der Varianz der Mittelwerte $\bar{Y}$ durch den Einschluss eines Level-2-Prädiktors. Allerdings kann auch diese Formulierung des Effekts einer Level-2-Variablen nicht immer verhindern, dass negative Werte für $R_Z^{2\prime}$ resultieren.

Durch den Cross-Level-Interaktionseffekt aufgeklärte Varianz

Wenn es in der Population eine Cross-Level-Interaktion ($X \times Z$) gibt, dann müsste es die Varianz der zufälligen Regressionsgewichte sein, die sich durch die Hinzunahme des Effekts γ_{11} reduziert. Das ist einleuchtend, denn beim Random-Coefficients-Modell in Formel F 19.20c bleiben Unterschiede in den Regressionsgewichten von X zwischen den Gruppen unerklärt. Nun haben wir mit Z eine potenzielle Erklärung für diese Unterschiede. Dementsprechend müsste sich die unerklärte Varianz der zufälligen Regressionsgewichte durch den Einschluss des Interaktionseffekts in das Modell reduzieren.

Nehmen wir an, das Modell beinhalte einen Level-1-Prädiktor (X), einen Level-2-Prädiktor (Z) und eine Cross-Level-Interaktion ($X \times Z$), deren Effekt bestimmt werden soll. Dann lautet das Modell mit Interaktionsterm (siehe Gleichung F 19.34):

$$y_{mi} = \gamma_{00} + \gamma_{10} \cdot x_{mi} + \gamma_{01} \cdot z_i + \gamma_{11} \cdot x_{mi} \cdot z_i \\ + \upsilon_{0i} + \upsilon_{1i} \cdot x_{mi} + \varepsilon_{mi}$$

Das entsprechende Vergleichsmodell ohne Interaktionsterm lautet:

$$y_{mi} = \gamma_{00} + \gamma_{10} \cdot x_{mi} + \gamma_{01} \cdot z_i \\ + \upsilon_{0i} + \upsilon_{1i} \cdot x_{mi} + \varepsilon_{mi} \quad \text{(F 19.43)}$$

Durch den Einschluss von $X \times Z$ müsste die Varianz der zufälligen Regressionsgewichte ($\sigma_{\upsilon_1}^2$) in Modell F 19.34 kleiner sein als in F 19.43. Je größer die Reduktion in $\hat{\sigma}_{\upsilon_1}^2$ durch den Einschluss des Interaktionseffekts $\hat{\gamma}_{11}$, desto größer der Cross-Level-Interaktionseffekt $X \times Z$. Allerdings stellt sich auch hier das Problem der schwierigen Interpretierbarkeit: Wenn ein Modell zufällige Regressionsgewichte enthält, hängen die geschätzten Varianzen von der Skalierung der unabhängigen Variablen im Modell ab (dies ist auch in Abb. 19.4 erkennbar). Deshalb bietet es sich an, alle Level-1-Prädiktorvariablen im Modell an ihrem jeweiligen Gesamtmittelwert zu zentrieren.

Das Pseudo-R^2 für den Interaktionseffekt lässt sich wie folgt aus den Daten schätzen:

$$R^2_{X \times Z} = \frac{\hat{\sigma}_{\upsilon_1\_1}^2 - \hat{\sigma}_{\upsilon_1\_2}^2}{\hat{\sigma}_{\upsilon_1\_1}^2} \quad \text{(F 19.44)}$$

Dabei ist $\hat{\sigma}_{\upsilon_1\_1}^2$ die geschätzte Varianz der zufälligen Regressionsgewichte im Modell ohne Cross-Level-Interaktion und $\hat{\sigma}_{\upsilon_1\_2}^2$ die geschätzte Varianz der zufälligen Regressionsgewichte im Modell mit Cross-Level-Interaktion.

Beispiel

Varianzaufklärung im Aggressionsbeispiel

Nehmen wir an, die Psychologin wollte die Hypothese überprüfen, dass die Aggressionsneigung von Schülerinnen und Schülern vom Peer-Status der Schüler innerhalb einer Klasse abhängt und dass dieser Effekt umso größer ist, je mehr Jungen es in der Klasse gibt. Die Psychologin nimmt also eine Interaktion zwischen dem Peer-Status innerhalb der Klasse (PS; einer Level-1-Variablen, die zwischen Kindern innerhalb einer Klasse variiert) und dem Anteil von Jungen in der Klasse (AJ; einer Level-2-Variablen, die zwischen Klassen variiert) an. Das Level-1-Modell lautet:

$$y_{mi} = \beta_{0i} + \beta_{1i} \cdot PS_{mi} + \varepsilon_{mi}$$

Hierbei bedeutet PS_{mi} den Peer-Status eines Schülers m in Klasse i. Die Variable wurde – der besseren Interpretierbarkeit wegen – am Gesamtmittelwert zentriert.

Das Level-2-Modell lautet:

$$\beta_{0i} = \gamma_{00} + \gamma_{01} \cdot AJ_i + \upsilon_{0i} \\ \beta_{1i} = \gamma_{10} + \gamma_{11} \cdot AJ_i + \upsilon_{1i}$$

Hierbei bedeutet AJ_i den relativen Anteil von Jungen in einer Klasse i.

Das Gesamtmodell lautet:

$$y_{mi} = \gamma_{00} + \gamma_{10} \cdot PS_{mi} + \gamma_{01} \cdot AJ_i \\ + \gamma_{11} \cdot PS_{mi} \cdot AJ_i + \upsilon_{0i} + \upsilon_{1i} \cdot PS_{mi} + \varepsilon_{mi}$$

▶

Die geschätzten Modellparameter für den festen Teil des Modells sind in Tabelle 19.6 eingetragen. In Tabelle 19.7 stehen die Varianzkomponenten in unterschiedlichen Modellen, anhand deren die Effektgrößen bestimmt werden. Modell 1 ist das Intercept-Only-Modell. Modell 2 beinhaltet den Level-1-Effekt PS. Modell 3 enthält zusätzlich den Level-2-Effekt AJ. Die bisherigen drei Modelle berücksichtigen noch keine zufälligen Regressionsgewichte. Modell 4 beinhaltet die beiden Haupteffekte PS und AJ sowie die Varianz der zufälligen Regressionsgewichte von PS. Modell 5 schließlich enthält zusätzlich die Cross-Level-Interaktion PS × AJ.

Tabelle 19.6 Modell mit Cross-Level-Interaktion im Aggressionsbeispiel: Schätzung der Modellparameter im festen Teil des Modells

	Schätzung (Standardfehler)
Achsenabschnitt ($\hat{\gamma}_{00}$)	0,703 (0,609)
Peer-Status PS ($\hat{\gamma}_{10}$)	0,181 (0,092)
Relative Anzahl Jungen pro Klasse AJ ($\hat{\gamma}_{01}$)	1,143 (1,119)
Cross-Level-Interaktion PS × AJ ($\hat{\gamma}_{11}$)	–0,25 (0,169)

Tabelle 19.7 Aggressionsbeispiel: Varianzen und Kovarianzen im zufälligen Teil von fünf aufeinander aufbauenden Modellen (PS: Peer-Status, AJ: Anteil von Jungen)

Varianzkomponente	(1) Intercept-Only-Modell	(2) + PS	(3) + AJ	(4) + $\hat{\sigma}^2_{v_1}$	(5) + PS × AJ
Varianz der Level-1-Residuen ($\hat{\sigma}^2_\varepsilon$)	1,51	1,39	1,39	1,27	1,27
Varianz der zufälligen Achsenabschnitte ($\hat{\sigma}^2_{v_0}$)	0,15	0,17	0,18	0,10	0,09
Varianz der zufälligen Regressionsgewichte ($\hat{\sigma}^2_{v_1}$)				0,003	0,002
Kovarianz ($\hat{\sigma}_{v_0 v_1}$)				0,005	0,005

Wie groß ist der Anteil der durch die drei festen Effekte aufgeklärten Varianz? Für den Haupteffekt von PS vergleichen wir die Level-1-Residualvarianz in Modell 1 mit der Level-1-Residualvarianz in Modell 2 (s. Tab. 19.7). Diese Differenz setzen wir in Formel F 19.31 ein und erhalten den Wert $R^2_{PS} = (1,51-1,39)/1,51 = 0,08$. Der durch PS erklärte Anteil an der Gesamtresidualvarianz beträgt gemäß Formel F 19.32 $R^2_{PS}{}' = (1,66-1,56)/1,66 = 0,06$.

Für den Haupteffekt von AJ vergleichen wir die Varianz der zufälligen Achsenabschnitte in Modell 1 mit der entsprechenden Varianz in Modell 3. Diese Differenz setzen wir in Formel F 19.39 ein und erhalten den Wert $R^2_{AJ} = (0,15-0,18)/0,15 = -0,2$. Hier haben wir den oben beschriebenen Fall eines negativen Wertes für R^2_Z. Schafft die Formel von Snijders und Bosker (1999) hier Abhilfe?

Das harmonische Mittel von $n_{\text{Level-1}}$ über alle 11 Klassen hinweg beträgt $\tilde{n}_{\text{Level-1}} = 24{,}7$. Wenn wir diesen Wert in Formel F 19.41 einsetzen und mit Hilfe dieser Formel Modell 3 gegen Modell 1 testen, erhalten wir:

$$R^2_{AJ}{}' = \frac{(0,15+1,51/24,7)-(0,18+1,39/24,7)}{(0,15+1,51/24,7)}$$
$$= \frac{0,211-0,236}{0,211} = -0,12$$

Der Wert ist noch immer negativ, obwohl er nun nicht mehr so stark von 0 abweicht wie R^2_{AJ}. Möglicherweise ist das Modell also falsch spezifiziert. Dieser Schluss liegt auch angesichts des Ergebnisses nahe, dass der Effekt der Variablen AJ nicht signifikant von 0 verschieden war (der Wert der Prüfgröße beträgt $z = 1,14/1,12 = 1,02$; der kritische

z-Wert bei einem zweiseitigen Test auf einem Signifikanzniveau von $\alpha = 5\,\%$ beträgt 1,96).

Für den Effekt der Cross-Level-Interaktion $PS \times AJ$ vergleichen wir die Varianz der zufälligen Regressionsgewichte in Modell 4 mit der Varianz der zufälligen Regressionsgewichte in Modell 5. Diese Differenz setzen wir in Formel F 19.44 ein und erhalten den Wert

$$R^2_{PS \times AJ} = \frac{0{,}003 - 0{,}002}{0{,}003} = 0{,}333.$$

19.5 Poweranalyse und optimaler Stichprobenumfang

Mit Hilfe der Parameterschätzung auf der Basis eines Maximum-Likelihood-Verfahrens lässt sich jeder Modellparameter inferenzstatistisch absichern. Die ungerichtete Nullhypothese für einen solchen Test lautet, dass der entsprechende Parameter in der Population den Wert 0 aufweist. Es handelt sich also um Tests gegen einen fixen Wert (s. auch Kap. 10). Alle diese Tests haben eine Teststärke. Die Wahrscheinlichkeit, die Nullhypothese abzulehnen, falls ein Effekt der spezifizierten Größe in der Population existiert, kann bestimmt werden. Außerdem kann die optimale Stichprobe bestimmt werden, um bei gegebenem Signifikanzniveau α und gegebenem Effekt mit der gewünschten Wahrscheinlichkeit $1 - \beta$ einen Effekt aufzudecken, falls dieser in der Population existiert. In den meisten Fällen wird es darum gehen, die Power des Tests eines Regressionskoeffizienten (fester Teil des Modells) gegen 0 zu ermitteln bzw. zu optimieren; die Power von Tests zur Absicherung von Varianzkomponenten (zufälliger Teil des Modells) ist seltener von Interesse.

Welche Stichprobengröße ist gemeint?

Die Power eines Tests hängt von der Stichprobengröße ab: Je größer die Stichprobe, desto größer die Power – unter der Annahme, dass α und der Effekt konstant bleiben. Dabei ist mit Stichprobengröße die Anzahl der Untersuchungsobjekte auf derjenigen Ebene gemeint, auf der der fragliche Parameter angesiedelt ist. Konkret: Bei der inferenzstatistischen Absicherung einer Level-1-Prädiktorvariablen ist die Anzahl der Untersuchungsobjekte auf der Individualebene relevant (bei 20 Klassen mit je 25 Schülern wären das 500 Untersuchungsobjekte). Bei der inferenzstatistischen Absicherung eines Level-2-Prädiktors ist die Anzahl der Untersuchungsobjekte auf der Gruppenebene relevant (bei 20 Klassen also 20 Untersuchungsobjekte). Die Gruppengrößen (also $n_{\text{Level-1}}$) sind für die Absicherung eines Level-2-Prädiktors weniger relevant. Es kommt also nicht so sehr auf die Größe, sondern vielmehr auf die Anzahl der Gruppen ($n_{\text{Level-2}}$) an.

Approximative Power für die Testung eines Regressionsgewichts gegen 0

Für die A-priori-Poweranalyse bei Tests zur Absicherung eines Level-1-Effekts (d. h. des Regressionsgewichts einer Level-1-Prädiktorvariablen X_j) gegen 0 kann man die folgende Formel verwenden (Snijders, 2005):

$$\frac{\gamma_{j0}}{\sigma_{\hat{\gamma}_{j0}}} \approx z_{\left(1-\frac{\alpha}{2}\right)} + z_{(1-\beta)} \qquad \text{(F 19.45)}$$

In dieser Formel ist γ_{j0} der wahre Regressionsparameter einer Level-1-Prädiktorvariablen in der Population und $\sigma_{\hat{\gamma}_{j0}}$ der Standardfehler des geschätzten Regressionsgewichts. Der Wert $z_{(1-\alpha/2)}$ ist derjenige Wert unter der Standardnormalverteilung, der einen Flächenanteil von $\alpha/2$ nach rechts hin abschneidet; der Wert $z_{(1-\beta)}$ ist der Wert unter der Standardnormalverteilung, der einen Flächenanteil von β nach rechts hin abschneidet. Legt man das Signifikanzniveau z. B. auf $\alpha = 5\,\%$ (also $z_{(1-\alpha/2)} = 1{,}96$) und die gewünschte Power auf $1 - \beta = 90\,\%$ (also $z_{(1-\beta)} = 1{,}28$) fest, sollte der Quotient aus dem wahren Populationsparameter und dem Standardfehler seines Schätzers mindestens 3,24 betragen. Formel F 19.45 ist lediglich als Approximation zu verstehen; in dieser Formel wird der Einfachheit halber davon ausgegangen, dass der Quotient aus dem wahren Populationsparameter und dem Standardfehler seines Schätzers (also die nonzentrale Verteilung der Prüfgröße) standardnormalverteilt ist.

Modell ohne zufällige Regressionsgewichte. In einem Modell ohne zufällige Regressionsgewichte lässt sich der Standardfehler eines geschätzten Level-1-Regressionskoeffizienten wie folgt schätzen:

$$\hat{\sigma}_{\hat{\gamma}_{j0}} = \sqrt{\frac{\hat{\sigma}_{\varepsilon}^2}{n \cdot \hat{\sigma}_X^2}} \qquad (F\ 19.46)$$

Dabei ist $\hat{\sigma}_{\varepsilon}^2$ die geschätzte Varianz des Level-1-Residuums und $\hat{\sigma}_X^2$ die geschätzte Populationsvarianz des Level-1-Prädiktors X, wobei angenommen wird, dass die Varianz von X in allen Gruppen gleich ist. Mit n ist die Anzahl der Untersuchungsobjekte (bei gleichen Gruppengrößen also $n_{\text{Level-1}} \cdot n_{\text{Level-2}}$) gemeint.

Modell mit zufälligen Regressionsgewichten. In einem Modell mit zufälligen Regressionsgewichten lässt sich der Standardfehler eines geschätzten Level-1-Regressionskoeffizienten wie folgt schätzen:

$$\hat{\sigma}_{\hat{\gamma}_{j0}} = \sqrt{\frac{n_{\text{Level-1}} \cdot \hat{\sigma}_{v_1}^2 \cdot \hat{\sigma}_X^2 + \hat{\sigma}_{\varepsilon}^2}{n \cdot \hat{\sigma}_X^2}} \qquad (F\ 19.47)$$

Level-2-Prädiktor. In einem Modell ohne zufällige Regressionsgewichte lässt sich der Standardfehler eines geschätzten Level-2-Regressionskoeffizienten wie folgt schätzen:

$$\hat{\sigma}_{\hat{\gamma}_{0j}} = \sqrt{\frac{n_{\text{Level-1}} \cdot \hat{\sigma}_{v_0}^2 + \hat{\sigma}_{\varepsilon}^2}{n \cdot \hat{\sigma}_Z^2}} \qquad (F\ 19.48)$$

In den Formeln F 19.47 und F 19.48 wird der Einfachheit halber davon ausgegangen, dass die Gruppengrößen ($n_{\text{Level-1}}$) in allen Gruppen identisch sind. Kennt man den wahren Populationsparameter γ_{j0}, so lässt sich die Power des entsprechenden Tests bei gegebenem Signifikanzniveau α und gegebener Stichprobengröße mit Hilfe der genannten Formeln berechnen. Umgekehrt lässt sich die optimale Stichprobengröße bei gewünschter Power für einen hypothetischen Populationseffekt berechnen.

Gewichtung mit dem »Designeffekt«

Eine andere einfache Möglichkeit, die optimale Stichprobengröße in hierarchischen linearen Modellen zu bestimmen, besteht darin, sie zunächst so zu berechnen, als handele es sich um eine herkömmliche multiple Regression (vgl. Abschn. 18.7.5), und den ermittelten Wert für n um einen Faktor zu korrigieren, der die hierarchische Datenstruktur berücksichtigt. Dieser Faktor wird als Designeffekt bezeichnet und beschreibt das Ausmaß der Nicht-Unabhängigkeit der Daten auf der Individualebene. Der Designeffekt hängt davon ab, ob es in dem Modell zufällige Regressionsgewichte gibt oder nicht. Enthält das Modell keine zufälligen Regressionsgewichte, berechnet man den Designeffekt (abgekürzt mit DE) wie folgt (Kish, 1965):

$$DE = 1 + (n_{\text{Level-1}} - 1) \cdot \hat{\rho} \qquad (F\ 19.49)$$

Hier ist $\hat{\rho}$ die geschätzte Intraklassen-Korrelation (vgl. Abschn. 19.1.1). Die um den Designeffekt korrigierte Stichprobengröße erhält man wie folgt:

$$n_{DE} = n \cdot DE = n \cdot (1 + (n_{\text{Level-1}} - 1) \cdot \hat{\rho}) \qquad (F\ 19.50)$$

Hat man z. B. mit Hilfe des in Abschnitt 18.7 beschriebenen Vorgehens zur A-priori-Poweranalyse bei der multiplen Regression eine benötigte Stichprobengröße von n = 200 (mit $n_{\text{Level-2}}$ = 20 Gruppen und $n_{\text{Level-1}}$ = 10 Personen pro Gruppe) ermittelt und zieht den Designeffekt mit ins Kalkül und geht man ferner von einer Intraklassen-Korrelation von $\hat{\rho}$ = 0,10 aus, so beträgt die benötigte Stichprobengröße n_{DE} = 200 · (1 + (10 − 1) · 0,10) = 380. Das bedeutet: Bei $n_{\text{Level-1}}$ = 10 Personen pro Gruppe benötigt man nicht etwa 20, sondern 38 Gruppen, um bei einer Intraklassen-Korrelation von $\hat{\rho}$ = 0,10 die gleiche Power zu erhalten wie im Fall einer nicht-hierarchische Datenstruktur.

Enthält das Modell zufällige Regressionsgewichte, so berechnet man den Designeffekt wie folgt (Snijders, 2005):

$$DE = \frac{n_{\text{Level-1}} \cdot \hat{\sigma}_{v_1}^2 \cdot \hat{\sigma}_X^2 + \hat{\sigma}_{\varepsilon}^2}{\hat{\sigma}_{v_1}^2 \cdot \hat{\sigma}_X^2 + \hat{\sigma}_{v_0}^2 + \hat{\sigma}_{\varepsilon}^2} \qquad (F\ 19.51)$$

Poweranalysen mit speziellen Computerprogrammen
Weitere Möglichkeiten, Poweranalysen im Rahmen hierarchischer linearer Modell vorzunehmen, sind bei Hox (2002), Raudenbush und Liu (2000) sowie Snijders und Bosker (1993) beschrieben. Es gibt spezielle Computerprogramme zur Berechnung der optimalen Stichprobengröße wie etwa das Programm PinT (*Power in Two*-level designs; Bosker et al., 2003). Links auf solche Computerprogramme finden sich in unseren Online-Materialien.

Zusammenfassung

▶ Hierarchische lineare Modelle sind Regressionsmodelle, die eine hierarchische Datenstruktur berücksichtigen. Hierarchische Datenstrukturen sind solche, bei denen untere Einheiten in übergeordneten Einheiten verschachtelt sind (z. B. Schüler in Klassen, Schulklassen in Schulen, Mitarbeiter in Firmen etc.) und insofern keine vollständig voneinander unabhängigen Zufallsziehungen aus der Population möglich sind.

▶ Beachtet man die hierarchische Struktur in den Daten nicht, besteht die Gefahr falscher Schlüsse (z. B. des ökologischen Fehlschlusses). Außerdem werden die Standardfehler der geschätzten Modellparameter zu gering geschätzt, was zu einer Erhöhung der Irrtumswahrscheinlichkeit α führt.

▶ Im Rahmen hierarchischer linearer Modelle können auf allen Ebenen Prädiktorvariablen berücksichtigt werden. Auch Interaktionsterme können in das Modell mit aufgenommen werden; handelt es sich dabei um eine Interaktion zwischen Prädiktorvariablen auf unterschiedlichen Ebenen, spricht man von einer Cross-Level-Interaktion.

▶ Prädiktorvariablen auf der Individualebene können sowohl feste Effekte haben (d. h., es wird angenommen, dass der Effekt eines Prädiktors in allen Gruppen gleich ist); sie können aber auch zufällige Effekte haben (d. h., es wird angenommen, dass der Effekt des Prädiktors zwischen den Gruppen unterschiedlich ist). Solche zufälligen Unterschiede hinsichtlich der gruppenspezifischen Regressionsgewichte von X auf Y werden als zufällige Regressionsgewichte (random slopes) bezeichnet.

▶ Zufällige Unterschiede hinsichtlich der gruppenspezifischen Achsenabschnitte werden als zufällige Achsenabschnitte (random intercepts) bezeichnet.

▶ Ein Modell, in dem es keinen Prädiktor gibt, sondern lediglich die Varianz in der abhängigen Variablen Y auf die unterschiedlichen Ebenen aufgeteilt wird, nennt man Intercept-Only-Modell.

▶ Ein Modell, in dem es einen Level-1-Prädiktor mit einem festen Effekt (aber keine zufälligen Regressionsgewichte) gibt, nennt man Random-Intercept-Modell.

▶ Ein Modell, in dem der oder die Level-1-Prädiktoren sowohl feste als auch zufällige Regressionsgewichte haben, nennt man Random-Coefficients-Modell.

▶ Zufällige Achsenabschnitte und zufällige Regressionsgewichte können miteinander korrelieren. Ihre Korrelation kann geschätzt werden.

▶ Die Modellparameter können mittels des Maximum-Likelihood-Verfahrens geschätzt werden. Dabei unterscheidet man zwei Varianten: die Full-Maximum-Likelihood-(FML-)Schätzung und die Restricted-Maximum-Likelihood-(RML-)Schätzung.

▶ Jeder Modellparameter kann inferenzstatistisch abgesichert, d. h. gegen 0 getestet werden. Außerdem können zwei ineinander verschachtelte Modelle direkt gegeneinander getestet werden.

▶ Die Frage, wie viel Varianz ein Effekt auf der Individual- bzw. auf der Gruppenebene aufklärt, ist nicht leicht zu beantworten. Es können aber sog. Pseudo-R^2-Werte berechnet werden. Der Effekt einer Level-1-Prädiktorvariablen drückt sich in einer Verringerung der Level-1-Residualvarianz aus; der Effekt einer Level-2-Prädiktorvariablen drückt sich in einer Verringerung der Varianz der zufälligen Achsenabschnitte aus; der Effekt einer Cross-Level-Interaktion drückt sich in einer Verringerung der Varianz der zufälligen Regressionsgewichte aus.

▶ Bei der Berechnung der Pseudo-R^2-Werte besteht die Gefahr irregulärer Ergebnisse. So kann es vor-

kommen, dass die geschätzten Residualvarianzen sich durch den Einschluss einer Variablen erhöhen, statt sich zu verringern. Dies resultiert in nicht interpretierbaren negativen Werten für R^2.
▶ Ein und dieselbe Variable X kann sowohl auf der Individualebene als auch auf der Gruppenebene einen Effekt auf Y haben. Um einen solchen Gruppeneffekt zu modellieren, geht X sowohl als Group-Mean-zentrierte Abweichungsvariable (Level-1-Prädiktor) als auch als Mittelwertsvariable (Level-2-Prädiktor) in das Modell ein.
▶ Auch bei hierarchischen linearen Modellen kann für jeden inferenzstatistischen Test die Power und die optimale Stichprobengröße berechnet werden. Die Poweranalyse ist jedoch v. a. bei Modellen mit zufälligen Regressionsgewichten kompliziert und kann daher nur mit speziellen Computerprogrammen (z. B. PinT) durchgeführt werden.

Fragen und Übungsaufgaben

Fragen
(1) Erläutern Sie, was mit hierarchischen Datenstrukturen gemeint ist.
(2) Was besagt die Intraklassen-Korrelation, und wie ist sie definiert?
(3) Was versteht man unter einem ökologischen Fehlschluss?
(4) Was versteht man unter zufälligen Achsenabschnitten und zufälligen Regressionsgewichten?
(5) Erläutern Sie an einem selbst gewählten Beispiel, was eine negative Korrelation zwischen zufälligen Achsenabschnitten und zufälligen Regressionsgewichten bedeutet.
(6) Wann sollte man zur inferenzstatistischen Absicherung der Modellparameter robuste Standardfehler verwenden?
(7) Was versteht man unter einem Kontexteffekt?
(8) Erläutern Sie zwei Möglichkeiten, Prädiktorvariablen auf der Individualebene zu zentrieren.
(9) Wieso ist bei der Poweranalyse die Gruppengröße (d. h. $n_{Level-1}$) weniger relevant als die Anzahl der Gruppen ($n_{Level-2}$)?

Übungsaufgaben
In den Online-Materialien finden Sie die Datei »daten_kap19.txt« sowie eine Erläuterung zu den Variablen in den Spalten. Lesen Sie die Daten in ein Statistikprogramm (z. B. SPSS oder R) ein und lösen Sie die folgenden Aufgaben:
(1) Berechnen und interpretieren Sie die Intraklassen-Korrelation für die Variablen Peer-Status (PEER) und Leistungsfähigkeit (LEISTUNG).
(2) Testen Sie mit Hilfe eines Random-Coefficients-Modells die Hypothese, dass der Peer-Status eines Schülers (Y) von seiner Aggressionsneigung (X) abhängt und dass dieser Effekt zwischen den Schulklassen unsystematisch variiert. Interpretieren Sie alle Modellparameter (einschließlich der Varianzkomponenten im zufälligen Teil des Modells) und inspizieren Sie, ob die Parameter signifikant von 0 abweichen.
(3) Wie viel Varianz im Peer-Status (Y) wird durch die Aggressionsneigung (X) aufgeklärt?
(4) Testen Sie die Hypothese, dass der Effekt der Aggressionsneigung eines Schülers innerhalb der Klasse (X) auf die Leistungsfähigkeit (Y) davon abhängt, wie groß der Jungenanteil in einer Klasse (Z) ist; d. h., testen Sie die Interaktion $X \times Z$.
Interpretieren Sie die Modellparameter. Wie viel Varianz klärt der Interaktionseffekt auf?
(5) Prüfen Sie über einen direkten Modellvergleich, ob das Modell mit Interaktionseffekt $X \times Z$ signifikant besser auf die Daten passt als das Modell ohne Interaktionseffekt.

20 Log-lineare Modelle und Logit-Modelle

> **Was Sie in diesem Kapitel lernen**
>
> ▶ Wieso kann der Effekt einer Therapie in der Gesamtpopulation negativ, in den Subpopulationen der Frauen und Männer jedoch positiv sein?
> ▶ Wie kann man überprüfen, ob der Zusammenhang zweier kategorialer Variablen von der Ausprägung einer dritten kategorialen Variablen abhängt?
> ▶ Wie können Unterschiede in einer kategorialen abhängigen Variablen auf Unterschiede in mehreren kategorialen unabhängigen Variablen zurückgeführt werden?

20.1 Zielsetzungen der log-linearen Analyse

Wir haben bereits in den Kapiteln 11 und 15 gesehen, wie der Zusammenhang zwischen zwei kategorialen Variablen bestimmt werden kann, z. B. der Zusammenhang zwischen der Variablen »Intervention« mit den beiden Ausprägungen »Interventionsgruppe« und »Kontrollgruppe« und der Variablen »Symptombelastung« mit den beiden Ausprägungen »Symptom vorhanden« und »Symptom nicht vorhanden«. In Kapitel 11 haben wir gezeigt, wie man überprüfen kann, ob sich zwei Gruppen (z. B. zwei Interventionsbedingungen) hinsichtlich einer kategorialen abhängigen Variablen (z. B. der Symptombelastung) unterscheiden. In Kapitel 15 haben wir verschiedene Zusammenhangsmaße diskutiert, die man heranziehen kann, um die Stärke der Assoziation zwischen den beiden Variablen zu quantifizieren. Die Ansätze, die wir in den Kapiteln 11 und 15 behandelt haben, bezogen sich auf den bivariaten Fall, bei dem nur zwei Variablen vorliegen. In diesem Kapitel werden wir nun zeigen, wie man diese Ansätze auf den multivariaten Fall erweitern kann. Log-lineare Modelle eignen sich zur multivariaten Zusammenhangsanalyse, d. h., es können mehr als zwei Variablen berücksichtigt werden, die sich in mehrdimensionalen Kontingenztafeln anordnen lassen. Dadurch wird es möglich, Fragestellungen, die wir im Rahmen von Kapitel 17 für metrische Variablen behandelt haben (Partialkorrelation und Semipartialkorrelation), auch bei kategorialen Variablen zu untersuchen. Von besonderem Interesse ist dabei, wie man bei kategorialen Variablen Scheinkorrelationen oder auch maskierte Zusammenhänge aufdecken kann. Warum dies wichtig ist, werden wir zunächst anhand des Simpson-Paradoxes illustrieren.

Neben der Identifikation von Scheinkorrelationen verfolgt eine log-lineare Analyse aber auch noch weitere Ziele. Im Allgemeinen geht es darum, zunächst ein Modell aufzustellen, das die Variation in den Zellhäufigkeiten erklärt, und dann zu überprüfen, ob dieses Modell auch gültig ist. Was dies genau bedeutet, werden wir im Einzelnen sehen. Die log-lineare Analyse ist nicht auf dichotome (binäre, zweiwertige) Variablen beschränkt, sondern es können auch mehrkategoriale Variablen analysiert werden. Auch ist die Anzahl der zu analysierenden Variablen theoretisch nicht beschränkt, es gibt aber praktische Grenzen. In diesem Kapitel werden wir uns der Einfachheit halber auf dichotome Variablen und die Analyse von 2×2-Tabellen (zwei dichotome Variablen) sowie auf $2 \times 2 \times 2$-Tabellen (drei dichotome Variablen) beschränken.

20.1.1 Das Simpson-Paradox

Der britische Statistiker Edward Hugh Simpson hat sich intensiv mit der Interpretation von Zusammenhängen in Kontingenztabellen beschäftigt und auf zunächst paradox erscheinende Änderungen von Zusammenhängen hingewiesen, wenn man zusätzliche Variablen mit in die Kontingenztabelle aufnimmt. Machen wir uns dies an einem klassischen Beispiel

Tabelle 20.1 Zusammenhang zwischen Behandlung (A) und Erfolg (B) (Daten nach Simpson, 1951)

	B_1: am Leben	B_2: tot	Summe
A_1: keine Behandlung	$n_{11} = 6$	$n_{12} = 6$	$n_{1\bullet} = 12$
A_2: Behandlung	$n_{21} = 20$	$n_{22} = 20$	$n_{2\bullet} = 40$
Summe	$n_{\bullet 1} = 26$	$n_{\bullet 2} = 26$	$n = 52$

von Simpson (1951) klar. In Tabelle 20.1 ist der Zusammenhang zwischen zwei Variablen dargestellt. Die Ausprägungen A_i der Variablen A (Behandlung) kennzeichnen, ob eine Person eine Behandlung erfahren hat (A_2) oder nicht (A_1). Die Ausprägungen B_j der Variablen B zeigen an, ob eine Person noch am Leben (B_1) oder verstorben (B_2) ist. Die Häufigkeiten zeigen, dass es keinen Zusammenhang zwischen beiden Variablen gibt. In der Behandlungsgruppe wie in der Nicht-Behandlungsgruppe beträgt der prozentuale Anteil der Personen, die noch am Leben sind, 50 %. Berechnet man die in Kapitel 15.3.3 behandelten Zusammenhangsmaße für dichotome Variablen, so zeigen diese die Unabhängigkeit der beiden Variablen an: Das Odds-Ratio nimmt den Wert 1 und Yules Q den Wert 0 an. Man würde also schlussfolgern, dass die Therapie wirkungslos ist.

Dieses Bild ändert sich, wenn man das Geschlecht als dritte Variable (C) hinzunimmt. In Tabelle 20.2 ist die dreidimensionale Kontingenztabelle mit den Variablen Behandlung, Erfolg und Geschlecht angegeben. Innerhalb der beiden Geschlechtsgruppen besteht nun ein deutlicher Zusammenhang zwischen der Behandlung und dem Erfolg, und dieser Zusammenhang unterscheidet sich nicht zwischen den beiden Geschlechtsgruppen. Berechnet man das Odds-Ratio für die beiden Variablen Behandlung und Erfolg (vgl. Abschn. 15.3.3, Formel F 15.20), erhält man in beiden Geschlechtsgruppen den Wert $OR = 0{,}833$:

$$OR = \frac{4 \cdot 5}{8 \cdot 3} = \frac{2 \cdot 15}{12 \cdot 3} = 0{,}833$$

Es besteht also ein negativer Zusammenhang zwischen beiden Variablen. Dies wird deutlich, wenn man auf der Grundlage des Odds-Ratio den Koeffizienten Q nach Yule bestimmt, der $Q = -0{,}091$ beträgt. Aufgrund der Kategorienbezeichnungen bedeutet dieser Zusammenhang, dass in der Gruppe mit Behandlung (»höhere« Ausprägung der Variablen A) der relative Anteil der Überlebenden (»geringere« Ausprägung der Variablen B) größer ist als in der Gruppe ohne Behandlung. Die Behandlung hat somit einen positiven Effekt auf die Überlebensrate, und zwar in beiden Teilgruppen.

Das Paradox besteht darin, dass die Behandlung in der Gesamtgruppe keinen Effekt hat, obwohl sie innerhalb der beiden Geschlechtsgruppen einen positiven Effekt hat und sich die Gesamtgruppe vollständig aus beiden Geschlechtsgruppen zusammensetzt. Das Ergebnis könnte sogar noch extremer sein, denn es ist möglich, dass der Effekt der Behandlung in der Gesamtgruppe negativ, in den beiden Teilgruppen jedoch positiv ist (Steyer, 2003; Tu et al., 2008). Wie lässt sich dieses Paradox erklären? Schauen

Tabelle 20.2 Zusammenhang zwischen Behandlung (A), Erfolg (B) und Geschlecht (C) (Daten nach Simpson, 1951)

		Geschlecht (C)			
		Mann		Frau	
		Erfolg (B)		Erfolg (B)	
		am Leben	tot	am Leben	tot
Behandlung (A)	keine Behandlung	4	3	2	3
	Behandlung	8	5	12	15

wir uns hierzu Tabelle 20.2 noch etwas genauer an. Man sieht, dass 84 % der Frauen (27 von 32), jedoch nur 65 % der Männer (13 von 20) behandelt wurden. Die beiden Variablen Behandlung und Geschlecht sind somit nicht unabhängig voneinander. Berechnet man Yules Q für den Zusammenhang zwischen Behandlung und Geschlecht, erhält man einen Wert von $Q = 0{,}488$. Darüber hinaus gibt es einen positiven Zusammenhang zwischen Geschlecht und Erfolg ($Q = 0{,}317$), da der Anteil der Überlebenden bei den Frauen (44 %) geringer ist als bei den Männern (60 %).

Das Simpson-Paradox veranschaulicht einige wichtige Sachverhalte:
(1) Der unbedingte Zusammenhang zwischen zwei Variablen A und B und der bedingte Zusammenhang zwischen A und B innerhalb einer Bedingung von C können sich unterscheiden.
(2) Der unbedingte Zusammenhang zwischen A und B muss nicht dem mittleren bedingten Zusammenhang (über alle Bedingungen von C hinweg) entsprechen. Der Effekt in der Gesamtgruppe muss also nicht dem mittleren Effekt der Teilgruppen entsprechen.
(3) Sind A und B mit C konfundiert, so muss der Einfluss von C kontrolliert werden, um Scheinzusammenhänge oder maskierte Zusammenhänge aufzudecken.

Die log-lineare Analyse erlaubt es, Scheinzusammenhänge und maskierte Zusammenhänge zu erkennen. Dies geschieht durch die gezielte statistische Prüfung der Hypothese, dass der Zusammenhang zweier Variablen nicht von der Ausprägung einer dritten Variablen abhängt. Wir werden die Grundidee der log-linearen Analyse im folgenden Abschnitt vorstellen. Hierbei greifen wir auf ein reales Beispiel und nicht auf das konstruierte Beispiel von Simpson zurück, da sich anhand des realen Beispiels einige Grundfragen besser veranschaulichen lassen.

20.1.2 Ein einführendes Beispiel: Sonnenschutzverhalten

In einer Studie zum Sonnenschutzverhalten wurden 518 Personen verschiedene Fragen und verschiedene Aufklärungsbotschaften vorgegeben. Nach Abschluss der Untersuchung sollten sie aus einem Sortiment von Sonnenmilchflaschen, die sich im Lichtschutzfaktor unterschieden, eine Flasche auswählen. Für die log-lineare Analyse wurden drei Variablen ausgewählt:

(1) Eine Frage zur Einschätzung der Attraktivität der Hautbräune (Variable A). Der Wortlaut des Items lautet: »Mit gebräunter Haut finde ich mich attraktiver als mit ungebräunter.« Als Antwortalternativen sind in die Analyse die beiden Kategorien »Ablehnung« (A_1) und »Zustimmung« (A_2) eingegangen.
(2) Der Lichtschutzfaktor (LSF, Variable B) der gewählten Flasche. Die Variable B hat die Ausprägungen »gering« (B_1) und »hoch« (B_2). Für die Ausprägung »gering« wurden die Lichtschutzfaktoren 4 und 12, für die Ausprägung »hoch« die Lichtschutzfaktoren 20 und 26 zusammengefasst.
(3) Das Geschlecht (Variable C) mit den Ausprägungen Frau (C_1) und Mann (C_2).

Tabelle 20.3 Zusammenhang zwischen wahrgenommener Attraktivität der Hautbräune (A), Wahl eines Lichtschutzfaktors (B) und Geschlecht (C)

		Geschlecht (C)			
		Frau		Mann	
		LSF (B)		LSF (B)	
		gering	hoch	gering	hoch
Attraktivität der Hautbräune (A)	Ablehnung	14	30	25	45
	Zustimmung	122	87	81	114

Fragestellungen

Mit einer log-linearen Analyse lassen sich nun verschiedene Fragestellungen untersuchen, so z. B.:

- Gibt es einen Zusammenhang zwischen der Einstellung zur Hautbräune und der Wahl des Lichtschutzfaktors? Bevorzugen Personen, die sich mit brauner Haut attraktiv finden, Sonnenmilch mit einem geringeren Lichtschutzfaktor als Personen, die die Frage nach der Attraktivität gebräunter Haut verneinen?
- Unterscheidet sich der Zusammenhang zwischen der Einstellung zur Hautbräune und der Wahl eines Lichtschutzfaktors zwischen den beiden Geschlechtsgruppen? Ist der Zusammenhang bei Frauen stärker (oder schwächer) als bei Männern?
- Gibt es einen Zusammenhang zwischen Geschlecht und der Wahl des Lichtschutzfaktors? Greifen Frauen zu einem höheren Lichtschutzfaktor als Männer?
- Unterscheidet sich der Zusammenhang zwischen Geschlecht und Wahl eines Lichtschutzfaktors für die Gruppen von Personen, die sich in ihrer Einstellung zur Hautbräune unterscheiden? Ist der Zusammenhang stärker (oder schwächer) bei Personen, die Hautbräune attraktiv finden, im Vergleich zu Personen, die Hautbräune nicht attraktiv finden?

Bevor wir zeigen, wie man diese Fragestellungen mit einer log-linearen Analyse der $2 \times 2 \times 2$-Tabelle untersuchen kann, werden wir zunächst die Grundkonzepte für den einfachsten Fall einer 2×2-Tabelle erläutern.

20.2 Log-lineare Analyse einer 2×2-Kontingenztabelle

Wir bedienen uns zu diesem Zweck der 2×2-Tabelle der Variablen A und B aus dem Sonnenschutzbeispiel (s. Tab. 20.4). In log-linearen Modellen werden verschiedene Koeffizienten zur Beschreibung der Häufigkeiten in der Tabelle herangezogen. Anhand dieser Koeffizienten kann beurteilt werden, ob es einen Zusammenhang zwischen zwei Variablen gibt und ob sich die Kategorien einer Variablen in ihrer Häufigkeit unterscheiden. Das Modell lässt sich in mehreren Formen darstellen, von denen wir drei vorstellen werden. Wir beginnen mit der üblichen Schreibweise und führen das Modell als ein multiplikatives und ein additiv-lineares Modell ein. Danach erläutern wir das Modell mit einer Referenzkategorie, das manchen Statistikprogrammen wie z. B. SPSS zugrunde liegt.

20.2.1 Das multiplikative Modell

Im multiplikativen Modell basiert die Definition der Koeffizienten auf dem geometrischen Mittel (s. Abschn. 6.4.2). Das geometrische Mittel wird herangezogen, wenn man mit Produkten und Verhältnissen arbeitet, während man das arithmetische Mittel nutzt, wenn mit Summen und Differenzen gearbeitet wird. Nach Formel F 6.17 wird das geometrische Mittel wie folgt bestimmt:

$$GM_X = \bar{x}_{geom} = \sqrt[n]{\prod_{m=1}^{n} x_m}$$

Die Koeffizienten des log-linearen Modells bauen zunächst darauf auf, dass man das geometrische Mittel aller Zellhäufigkeiten berechnet. Dieses Mittel

Tabelle 20.4 Zusammenhang zwischen wahrgenommener Attraktivität der Hautbräune (A) und Wahl eines Lichtschutzfaktors (B) für die Daten aus Tabelle 20.3

	B_1: gering	B_2: hoch	Summe
A_1: Ablehnung	$n_{11} = 39$	$n_{12} = 75$	$n_{1\bullet} = 114$
A_2: Zustimmung	$n_{21} = 203$	$n_{22} = 201$	$n_{2\bullet} = 404$
Summe	$n_{\bullet 1} = 242$	$n_{\bullet 2} = 276$	$n = 518$

bezeichnen wir mit $\hat{y}$. Das Dach (ˆ) zeigt an, dass es sich um einen Wert handelt, den wir anhand einer Stichprobe gewonnen haben und den wir zur Schätzung des Populationsparameters y heranziehen. Das Populationsmodell werden wir erst in Abschnitt 20.3.1 behandeln. Für den Fall einer 2×2-Tabelle lautet $\hat{y}$:

$$\hat{y} = \sqrt[4]{\prod_{i=1}^{2}\prod_{j=1}^{2} n_{ij}} = \sqrt[4]{n_{11} \cdot n_{12} \cdot n_{21} \cdot n_{22}} \quad \text{(F 20.1)}$$

In unserem Beispiel in Tabelle 20.4 beträgt
$\hat{y} = \sqrt[4]{39 \cdot 75 \cdot 203 \cdot 201} = 104{,}52$.

Als Nächstes betrachtet man die mittleren Häufigkeiten der Ausprägungen einer Variablen, wobei man über die Ausprägungen der anderen Variablen (geometrisch) mittelt. Betrachten wir zunächst die Variable A. Für die erste Ausprägung (Kategorie) dieser Variablen (A_1) berechnen wir das geometrische Mittel über die beiden Ausprägungen der Variablen B, d. h.:

$$\overline{A}_{1\,geom} = \sqrt[2]{n_{11} \cdot n_{12}} \quad \text{(F 20.2)}$$

Im nächsten Schritt teilt man dieses geometrische Mittel durch den (geometrischen) Gesamtmittelwert $\hat{y}$ und erhält damit den Koeffizienten $\hat{y}_1^A$:

$$\hat{y}_1^A = \frac{\sqrt[2]{n_{11} \cdot n_{12}}}{\sqrt[4]{n_{11} \cdot n_{12} \cdot n_{21} \cdot n_{22}}} \quad \text{(F 20.3)}$$

Im Zähler steht das geometrische Mittel, das über die Zellenhäufigkeiten berechnet wird, die zu der ersten Kategorie der Variablen A gehören. Dieser Mittelwert wird ins Verhältnis gesetzt zum Gesamtmittelwert, der im Nenner steht. In gleicher Weise lässt sich auch der Koeffizient $\hat{y}_2^A$ bestimmen:

$$\hat{y}_2^A = \frac{\sqrt[2]{n_{21} \cdot n_{22}}}{\sqrt[4]{n_{11} \cdot n_{12} \cdot n_{21} \cdot n_{22}}} \quad \text{(F 20.4)}$$

Das Produkt der beiden Koeffizienten ergibt immer 1:

$$\hat{y}_1^A \cdot \hat{y}_2^A = \frac{\sqrt[2]{n_{11} \cdot n_{12}}}{\sqrt[4]{n_{11} \cdot n_{12} \cdot n_{21} \cdot n_{22}}} \cdot \frac{\sqrt[2]{n_{21} \cdot n_{22}}}{\sqrt[4]{n_{11} \cdot n_{12} \cdot n_{21} \cdot n_{22}}} = 1$$

$$\text{(F 20.5)}$$

Bei zwei Kategorien genügt es somit, nur einen der beiden Koeffizienten zu bestimmen, z. B. $\hat{y}_1^A$, da der andere Koeffizient sich direkt aus diesem ergibt: $\hat{y}_2^A = 1/\hat{y}_1^A$. Weicht das geometrische Mittel im Zähler von Gleichung F 20.3 nicht von dem geometrischen Mittel im Nenner ab, dann unterscheiden sich die erste Kategorie der Variablen A und – aufgrund von Gleichung F 20.5 – deren zweite Kategorie im Mittel nicht voneinander. Ist die erste Kategorie im Mittel häufiger besetzt als die zweite, dann wird das Verhältnis in Gleichung F 20.3 größer als 1. Ist das geometrische Mittel für die erste Kategorie der Variablen A kleiner als für die zweite, dann ist der Wert des Verhältnisses in Gleichung F 20.3 kleiner als 1.

Für unser Beispiel ergibt sich für die Kategorie A_1 (Ablehnung der Frage nach der Attraktivität brauner Haut):

$$\hat{y}_1^A = \frac{\sqrt[2]{n_{11} \cdot n_{12}}}{\sqrt[4]{n_{11} \cdot n_{12} \cdot n_{21} \cdot n_{22}}} = \frac{\sqrt[2]{39 \cdot 75}}{\sqrt[4]{39 \cdot 75 \cdot 203 \cdot 201}} = 0{,}52$$

und für die Kategorie A_2 (Zustimmung zur Frage nach der Attraktivität brauner Haut):

$$\hat{y}_2^A = 1/\hat{y}_1^A = 1/0{,}52 = 1{,}923$$

Die untersuchten Personen haben somit eher eine positive Einstellung zur Hautbräune.

Für die Variable B lassen sich Effektkoeffizienten in entsprechender Weise definieren:

$$\hat{y}_1^B = \frac{\sqrt[2]{n_{11} \cdot n_{21}}}{\sqrt[4]{n_{11} \cdot n_{12} \cdot n_{21} \cdot n_{22}}} \quad \text{(F 20.6)}$$

und

$$\hat{y}_2^B = \frac{\sqrt[2]{n_{12} \cdot n_{22}}}{\sqrt[4]{n_{11} \cdot n_{12} \cdot n_{21} \cdot n_{22}}} \quad \text{(F 20.7)}$$

Die beiden Koeffizienten haben eine analoge Bedeutung zu den Koeffizienten für die Variable A. Sie kennzeichnen Unterschiede in den mittleren Besetzungen der Kategorien der Variablen B. Für unser Beispiel ergeben sich $\hat{y}_1^B = 0{,}85$ und $\hat{y}_2^B = 1{,}176$. Dies bedeutet, dass Personen tendenziell eher zu einem höheren Lichtschutzfaktor greifen, wobei der Unterschied zwischen den beiden mittleren Kategorienbesetzungen gering ist, da beide Koeffizienten nahe bei 1 liegen.

Neben den Koeffizienten, die sich nur auf eine Variable beziehen, gibt es noch solche, die sich auf Kombinationen beider Variablen beziehen. In unserem Beispiel einer 2×2-Tabelle gibt es vier Zellen und somit für jede Zelle einen Koeffizienten. Der Koeffizient $\hat{\gamma}_{11}^{AB}$ für die Zellkombination A_1 und B_1 berechnet sich wie folgt:

$$\hat{\gamma}_{11}^{AB} = \frac{n_{11}}{\hat{\gamma} \cdot \hat{\gamma}_1^A \cdot \hat{\gamma}_1^B} = \sqrt[4]{\frac{n_{11} \cdot n_{22}}{n_{12} \cdot n_{21}}} = \sqrt[4]{\frac{\frac{n_{11}}{n_{12}}}{\frac{n_{21}}{n_{22}}}} \quad \text{(F 20.8)}$$

Der Koeffizient $\hat{\gamma}_{11}^{AB}$ gibt an, in welchem Ausmaß die Zellhäufigkeit n_{11} (im Zähler) von der Zellhäufigkeit (im Nenner) abweicht, die wir allein aufgrund der mittleren Zellhäufigkeiten ($\hat{\gamma}$) sowie der Randverteilungen, also der Präferenzen für die einzelnen Kategorien einer Variablen ($\hat{\gamma}_1^A, \hat{\gamma}_1^B$), erwarten würden. Setzt man für die einzelnen Koeffizienten ihre Bestimmungsgleichungen ein, sieht man, dass der Wert von $\hat{\gamma}_{11}^{AB}$ der vierten Wurzel aus dem Kreuzproduktverhältnis bzw. dem Odds-Ratio entspricht. Beide Maße haben wir in Kapitel 15 schon als Zusammenhangsmaße für zwei dichotome Variablen kennengelernt. Besteht kein Zusammenhang zwischen den beiden Variablen A und B, so sind das Kreuzproduktverhältnis und das Odds-Ratio gleich 1. Der Koeffizient $\hat{\gamma}_{11}^{AB}$ nimmt in diesem Fall auch den Wert 1 an. Besteht ein positiver (gleichgerichteter) Zusammenhang zwischen beiden Variablen, so sind das Kreuzproduktverhältnis, das Odds-Ratio und somit auch der Koeffizient $\hat{\gamma}_{11}^{AB}$ größer als 1. Besteht ein negativer (gegengerichteter) Zusammenhang zwischen beiden Variablen, so ist der Koeffizient $\hat{\gamma}_{11}^{AB}$ kleiner als 1. In unserem Beispiel berechnen sich das Kreuzproduktverhältnis und das Odds-Ratio gemäß Formel F 15.20 wie folgt:

$$OR = \frac{n_{11} \cdot n_{22}}{n_{12} \cdot n_{21}} = \frac{39 \cdot 201}{75 \cdot 203} = 0{,}51$$

Der Koeffizient $\hat{\gamma}_{11}^{AB}$ nimmt daher den Wert $\hat{\gamma}_{11}^{AB} = \sqrt[4]{0{,}51} = 0{,}84$ an. Es besteht also ein negativer Zusammenhang zwischen der Einstellung zur Hautbräune und der Wahl des Lichtschutzfaktors: Wer die Frage nach der Attraktivität brauner Haut bejaht, wählt auch eher einen kleineren Lichtschutzfaktor.

Nun lässt sich nicht nur für die Zelle (1, 1) ein solcher Koeffizient berechnen, sondern auch für die drei anderen Zellen. Es lässt sich zeigen, dass für die Koeffizienten $\hat{\gamma}_{ij}^{AB}$ folgende Beziehung gilt:

$$\prod_{i=1}^{2} \hat{\gamma}_{ij}^{AB} = \prod_{j=1}^{2} \hat{\gamma}_{ij}^{AB} = 1 \quad \text{(F 20.9)}$$

Für $\hat{\gamma}_{12}^{AB}$ gilt: $\hat{\gamma}_{11}^{AB} \cdot \hat{\gamma}_{12}^{AB} = 1$ und somit $\hat{\gamma}_{12}^{AB} = 1/\hat{\gamma}_{11}^{AB}$. Für $\hat{\gamma}_{21}^{AB}$ gilt: $\hat{\gamma}_{11}^{AB} \cdot \hat{\gamma}_{21}^{AB} = 1$ und somit $\hat{\gamma}_{21}^{AB} = 1/\hat{\gamma}_{11}^{AB}$. Für $\hat{\gamma}_{22}^{AB}$ gilt schließlich: $\hat{\gamma}_{21}^{AB} \cdot \hat{\gamma}_{22}^{AB} = 1$ und somit $\hat{\gamma}_{22}^{AB} = 1/\hat{\gamma}_{21}^{AB} = \hat{\gamma}_{11}^{AB}$.

Dies bedeutet, dass die Werte aller Koeffizienten festliegen, wenn ein Koeffizient, z. B. $\hat{\gamma}_{11}^{AB}$, bestimmt wurde.

Bei der Analyse einer 2×2-Kontingenztabelle mit log-linearen Modellen reicht es somit aus, nur die vier Koeffizienten $\hat{\gamma}$, $\hat{\gamma}_1^A$, $\hat{\gamma}_1^B$ und $\hat{\gamma}_{11}^{AB}$ zu bestimmen. Aus der Definition der Koeffizienten folgt, dass im log-linearen Modell eine Zellhäufigkeit multiplikativ zusammengesetzt ist:

$$n_{ij} = \hat{\gamma} \cdot \hat{\gamma}_i^A \cdot \hat{\gamma}_j^B \cdot \hat{\gamma}_{ij}^{AB} \quad \text{(F 20.10)}$$

Mit einem log-linearen Modell führt man Unterschiede in den Zellhäufigkeiten auf unterschiedliche Quellen der Variation zurück. Sind alle Zellen gleich häufig besetzt, dann lautet die Modellgleichung:

$$n_{ij} = \hat{\gamma}$$

In diesem Fall nehmen alle anderen Koeffizienten den Wert 1 an und verschwinden aus der Gleichung. Weder unterscheiden sich die beiden Variablen in ihren Kategorienhäufigkeiten, noch gibt es einen Zusammenhang zwischen den beiden Variablen. In dem Modell

$$n_{ij} = \hat{\gamma} \cdot \hat{\gamma}_i^A \cdot \hat{\gamma}_j^B$$

können sich alle Zellen in ihren Häufigkeiten unterscheiden, diese Unterschiede sind aber allein auf die Randverteilungen zurückführbar. Einen Zusammenhang zwischen beiden Variablen gibt es hingegen nicht, da $\hat{\gamma}_{ij}^{AB} = 1$. Kennt man die Randverteilungen, also die unterschiedlichen Präferenzen der Kategorien der Variablen, lassen sich die Zellhäufigkeiten exakt reproduzieren. Ist das nicht der Fall, muss der Koeffizient $\hat{\gamma}_{ij}^{AB}$ noch hinzukommen, der ermöglicht, dass sich die Zellhäufigkeiten stärker voneinander unterscheiden, als man allein aufgrund der Randverteilungen erwarten würde.

20.2.2 Das additive Modell

Im Unterschied zur Darstellung des log-linearen Modells in multiplikativer Form weist die additive Darstellung des Modells eine größere Ähnlichkeit zum varianzanalytischen (s. Kap. 13) und zum regressionsanalytischen Modell (s. Kap. 18) auf. Die Koeffizienten des multiplikativen und des additiven Modells können einfach ineinander überführt werden. Hierzu logarithmiert man beide Seiten von Gleichung (F 20.10) und erhält:

$$\ln(n_{ij}) = \ln(\hat{\gamma} \cdot \hat{\gamma}_i^A \cdot \hat{\gamma}_j^B \cdot \hat{\gamma}_{ij}^{AB}) \qquad \text{(F 20.11)}$$

Hieraus folgt nach den Rechenregeln für Logarithmen:

$$\ln(n_{ij}) = \ln(\hat{\gamma}) + \ln(\hat{\gamma}_i^A) + \ln(\hat{\gamma}_j^B) + \ln(\hat{\gamma}_{ij}^{AB}) \qquad \text{(F 20.12)}$$

Definiert man nun:

$$m_{ij} = \ln(n_{ij}) \qquad \text{(F 20.13)}$$

$$\hat{\lambda} = \ln(\hat{\gamma}) \qquad \text{(F 20.14)}$$

$$\hat{\lambda}_i^A = \ln(\hat{\gamma}_i^A) \qquad \text{(F 20.15)}$$

$$\hat{\lambda}_j^B = \ln(\hat{\gamma}_j^B) \qquad \text{(F 20.16)}$$

$$\hat{\lambda}_{ij}^{AB} = \ln(\hat{\gamma}_{ij}^{AB}), \qquad \text{(F 20.17)}$$

so erhält man das additiv-parametrisierte Modell:

$$m_{ij} = \hat{\lambda} + \hat{\lambda}_i^A + \hat{\lambda}_j^B + \hat{\lambda}_{ij}^{AB} \qquad \text{(F 20.18)}$$

Bestimmung der Koeffizienten

Die Koeffizienten des additiven Modells lassen sich zum einen durch Logarithmieren der Koeffizienten des multiplikativen Modells berechnen. Es gibt noch eine zweite, äquivalente Berechnungsmöglichkeit. Bei dieser werden zunächst die Zellhäufigkeiten logarithmiert und dann die Randsummen und das arithmetische Mittel der logarithmierten Zellhäufigkeiten bestimmt. Diese sind für unser Beispiel in den Tabellen 20.5 und 20.6 angegeben. Aufbauend auf diesen logarithmierten Häufigkeiten lassen sich die Koeffizienten in Analogie zur zweifaktoriellen Varianzanalyse in Kapitel 13 bestimmen.

Koeffizient $\hat{\lambda}$. Der Koeffizient $\hat{\lambda}$ entspricht dem Mittelwert der logarithmierten Zellhäufigkeiten, man erhält ihn daher als $\hat{\lambda} = m_{..}/4$. In unserem Beispiel

Tabelle 20.5 Zusammenhang zwischen wahrgenommener Attraktivität der Hautbräune (A) und Wahl eines Lichtschutzfaktors (B): Tabelle der logarithmierten Häufigkeiten als Grundlage des additiv-parametrisierten Modells in Bezug auf die Datenstruktur in Tabelle 20.4

	B_1: gering	B_2: hoch	Summe
A_1: Ablehnung	$m_{11} = \ln(n_{11})$	$m_{12} = \ln(n_{12})$	$m_{1\bullet}$
A_2: Zustimmung	$m_{21} = \ln(n_{21})$	$m_{22} = \ln(n_{22})$	$m_{2\bullet}$
Summe	$m_{\bullet 1}$	$m_{\bullet 2}$	$m_{\bullet\bullet}$

Tabelle 20.6 Zusammenhang zwischen wahrgenommener Attraktivität der Hautbräune (A) und Wahl eines Lichtschutzfaktors (B): logarithmierte Häufigkeiten in Bezug auf das Datenbeispiel zum Sonnenschutzverhalten in Tabelle 20.4

	B_1: gering	B_2: hoch	Summe
A_1: Ablehnung	$m_{11} = 3{,}66$	$m_{12} = 4{,}32$	$m_{1\bullet} = 7{,}98$
A_2: Zustimmung	$m_{21} = 5{,}32$	$m_{22} = 5{,}30$	$m_{2\bullet} = 10{,}62$
Summe	$m_{\bullet 1} = 8{,}98$	$m_{\bullet 2} = 9{,}62$	$m_{\bullet\bullet} = 18{,}60$

ergibt sich: $\hat{\lambda} = 18{,}60 / 4 = 4{,}65$. Dieser Koeffizient hängt nur von der Stichprobengröße ab und hat keine weitere inhaltliche Bedeutung.

Koeffizienten $\hat{\lambda}_i^A$. Die Koeffizienten $\hat{\lambda}_i^A$ erhält man, indem man zunächst die logarithmierten Häufigkeiten, die zu der Kategorie i der Variablen A gehören, mittelt und hiervon das Gesamtmittel $\hat{\lambda}$ abzieht:

$$\hat{\lambda}_i^A = \frac{(m_{i1} + m_{i2})}{2} - \hat{\lambda}$$

In unserem Beispiel erhalten wir die Werte:

$$\hat{\lambda}_1^A = (m_{11} + m_{12})/2 - \hat{\lambda} = (3{,}66 + 4{,}32)/2 - 4{,}65$$
$$= 3{,}99 - 4{,}65 = -0{,}66$$

und

$$\hat{\lambda}_2^A = (m_{21} + m_{22})/2 - \hat{\lambda} = (5{,}32 + 5{,}30)/2 - 4{,}65$$
$$= 5{,}31 - 4{,}65 = +0{,}66$$

Die Koeffizienten geben somit Abweichungen der mittleren logarithmierten Häufigkeiten vom Gesamtmittel wieder. In unserem Beispiel sind die beiden Koeffizienten ungleich 0, d. h., die beiden Ausprägungen der Variablen A sind unterschiedlich besetzt. In der Terminologie der Varianzanalyse handelt es sich hierbei um Haupteffekte der Variablen A. Ein positiver Wert von $\hat{\lambda}_i^A$ zeigt an, dass die Kategorie i im Mittel häufiger gewählt wird, als aufgrund des Gesamtmittels erwartet wird (positiver Effekt); ein negativer Wert zeigt an, dass die Kategorie i seltener gewählt wird, als aufgrund des Gesamtmittels zu erwarten ist (negativer Effekt). In unserem Beispiel zeigen die Werte $\hat{\lambda}_1^A = -0{,}66$ und $\hat{\lambda}_2^A = 0{,}66$ an, dass die ablehnende Kategorie der Einstellung zur Hautbräune im Mittel seltener gewählt wird als die befürwortende Kategorie, Personen somit eher eine positive als eine negative Einstellung zur Hautbräune haben. Die beiden Koeffizienten addieren sich zu 0, da sie Abweichungen vom Gesamtmittel darstellen.

Koeffizienten $\hat{\lambda}_j^B$. Die Koeffizienten $\hat{\lambda}_j^B$ werden analog zu den Koeffizienten $\hat{\lambda}_i^A$ bestimmt, indem man zunächst die logarithmierten Häufigkeiten, die zu der Kategorie j gehören, mittelt und hiervon das Gesamtmittel $\hat{\lambda}$ abzieht:

$$\hat{\lambda}_j^B = \frac{(m_{1j} + m_{2j})}{2} - \hat{\lambda}$$

In unserem Beispiel ergeben sich folgende Werte:

$$\hat{\lambda}_1^B = (m_{11} + m_{21})/2 - \hat{\lambda} = (3{,}66 + 5{,}32)/2 - 4{,}65$$
$$= 4{,}49 - 4{,}65 = -0{,}16$$

und

$$\hat{\lambda}_2^B = (m_{12} + m_{22})/2 - \hat{\lambda} = (4{,}32 + 5{,}30)/2 - 4{,}65$$
$$= 4{,}81 - 4{,}65 = +0{,}16$$

Der negative Wert von $\hat{\lambda}_1^B = -0{,}16$ und der positive Wert von $\hat{\lambda}_2^B = 0{,}16$ zeigen an, dass die untersuchten Personen im Mittel eher zu einem höheren Lichtschutzfaktor greifen. Die geringe Abweichung von 0 zeigt an, dass die Haupteffekte der Variablen B eher gering sind.

Koeffizienten $\hat{\lambda}_{ij}^{AB}$. Die Koeffizienten $\hat{\lambda}_{ij}^{AB}$ kennzeichnen die Abweichungen der logarithmierten Häufigkeit einer Zelle (i, j) von der logarithmierten Häufigkeit, die man allein aufgrund des generellen Mittelwertes und der beiden Randverteilungen, also der Haupteffekte, erwarten würde. Wie bestimmt man diese erwartete logarithmierte Häufigkeit? Sie ist – in Analogie zur zweifaktoriellen Varianzanalyse (Kap. 13) – nichts anderes als der generelle Mittelwert plus die beiden Haupteffekte und somit $\hat{\lambda} + \hat{\lambda}_i^A + \hat{\lambda}_j^B$. Daher ergibt sich für $\hat{\lambda}_{ij}^{AB}$:

$$\hat{\lambda}_{ij}^{AB} = m_{ij} - \left(\hat{\lambda} + \hat{\lambda}_i^A + \hat{\lambda}_j^B\right)$$

Für unser Beispiel erhalten wir:

$$\hat{\lambda}_{11}^{AB} = m_{11} - \left(\hat{\lambda} + \hat{\lambda}_1^A + \hat{\lambda}_1^B\right) = 3{,}66 - (4{,}65 - 0{,}66 - 0{,}16)$$
$$= 3{,}66 - 3{,}83 = -0{,}17$$

$$\hat{\lambda}_{12}^{AB} = m_{12} - \left(\hat{\lambda} + \hat{\lambda}_1^A + \hat{\lambda}_2^B\right) = 4{,}32 - (4{,}65 - 0{,}66 + 0{,}16)$$
$$= 4{,}32 - 4{,}15 = 0{,}17$$

$$\hat{\lambda}_{21}^{AB} = m_{21} - \left(\hat{\lambda} + \hat{\lambda}_2^A + \hat{\lambda}_1^B\right) = 5{,}32 - (4{,}65 + 0{,}66 - 0{,}16)$$
$$= 5{,}32 - 5{,}15 = 0{,}17$$

$$\hat{\lambda}_{22}^{AB} = m_{22} - \left(\hat{\lambda} + \hat{\lambda}_2^A + \hat{\lambda}_2^B\right) = 5{,}30 - (4{,}65 + 0{,}66 + 0{,}16)$$
$$= 5{,}30 - 5{,}47 = -0{,}17$$

Die Werte in unserem Beispiel zeigen, dass es im Falle einer 2×2-Tabelle ausreicht, nur einen Koeffizienten zu bestimmen, da alle anderen von diesem abhängen, und zwar in folgender Weise:

$$\hat{\lambda}_{12}^{AB} = -\hat{\lambda}_{11}^{AB}$$
$$\hat{\lambda}_{21}^{AB} = -\hat{\lambda}_{11}^{AB}$$
$$\hat{\lambda}_{22}^{AB} = \hat{\lambda}_{11}^{AB}$$

Allgemein bedeutet dies, dass die Summe zweier Koeffizienten, die in derselben Zeile oder in derselben Spalte stehen, gleich 0 ist. Diese Eigenschaft des additiven Modells ist das Pendant zur Eigenschaft des multiplikativen Modells, dass das Produkt zweier Koeffizienten, die in der gleichen Zeile oder der gleichen Spalte stehen, gleich 1 ist. Ist ein Koeffizient $\hat{\lambda}_{ij}^{AB}$ gleich 0, so zeigt dies an, dass die logarithmierte Häufigkeit nicht von dem aufgrund der Haupteffekte (der Randverteilungen) zu erwartenden Wert abweicht. Es besteht kein Zusammenhang zwischen den beiden Variablen. Ein Koeffizient $\hat{\lambda}_{ij}^{AB}$ nimmt in der 2×2-Tabelle immer dann den Wert 0 an, wenn das Odds-Ratio gleich 1 ist, da ln(1) = 0.

Der negative Wert von $\hat{\lambda}_{11}^{AB}$ in unserem Beispiel zeigt an, dass Personen mit ablehnender Haltung zur Hautbräune häufiger zu einem höheren Lichtschutzfaktor greifen, als aufgrund der Haupteffekte (der Randverteilungen) zu erwarten wäre. Da dieser Koeffizient der logarithmierte $\hat{\gamma}_{11}^{AB}$-Wert ist und Letzterer nur vom Odds-Ratio abhängt, kommt in dem negativen $\hat{\lambda}_{11}^{AB}$-Koeffizienten zum Ausdruck, dass das Odds-Ratio kleiner als 1 und der Zusammenhang somit negativ ist. Eine geringere Ausprägung der einen Variablen geht tendenziell mit einer höheren Ausprägung der anderen Variablen einher. Daher weisen die gegenläufigen Kategorienkombinationen (1, 2) und (2, 1) einen positiven und die gleichgerichteten Kategorienkombinationen (1, 1) und (2, 2) einen negativen Koeffizienten $\hat{\lambda}_{ij}^{AB}$ auf.

Allgemein lässt sich folgende Regel formulieren: Sind die Koeffizienten $\hat{\lambda}_{ij}^{AB}$ der gleichgerichteten Kategorienkombinationen größer als 0, so besteht ein positiver (gleichgerichteter) Zusammenhang zwischen A und B; sind sie kleiner als 0, besteht ein negativer (gegengerichteter) Zusammenhang zwischen A und B. Sind sie gleich 0, besteht kein Zusammenhang zwischen A und B.

20.2.3 Das Modell basierend auf einer Referenzkategorie

Das multiplikativ-parametrisierte und das additiv-lineare (additiv-parametrisierte) Modell sind die am häufigsten gewählten Darstellungsformen des log-linearen Modells, wobei das additiv-lineare Modell noch verbreiteter ist, was sich in dem Namen *log-lineares* Modell direkt niederschlägt. Darüber hinaus gibt es noch weitere Darstellungsformen, auf die in spezifischen Statistikprogrammen zurückgegriffen wird. In dem Computerprogramm SPSS wird z. B. auf das Modell mit einer Referenzkategorie zurückgegriffen. Hierzu wählt man für jede der beiden Variablen eine Referenzkategorie aus. Die Grundzerlegung ist dieselbe wie im additiven Modell, allerdings werden die Koeffizienten anders definiert und haben daher auch eine andere Bedeutung. Bezeichnen wir die Koeffizienten dieses Modells mit $\hat{\delta}$, so erhalten wir folgendes Modell:

$$\ln(n_{ij}) = \hat{\delta} + \hat{\delta}_i^A + \hat{\delta}_j^B + \hat{\delta}_{ij}^{AB} \quad \text{(F 20.19)}$$

Die Bedeutung der Koeffizienten ergibt sich aus der Wahl der Referenzkategorie. Die Wahl der Referenzkategorie ist beliebig. Statistikprogramme haben häufig eine spezifische Voreinstellung, die die Referenzkategorie festlegt. So wird in manchen Programmen die Kategorie gewählt, der durch die Kodierung der höchste Wert zugeordnet wurde. In unserem Beispiel würde dies der zweiten Kategorie entsprechen. Wählt man die zweite Kategorie als Referenzkategorie aus, so haben die Koeffizienten die folgende Bedeutung:

Koeffizient $\hat{\delta}$. Der Koeffizient $\hat{\delta} = \ln(n_{22})$ wird in dieser Darstellungsform nicht mehr als Gesamtmittel definiert, sondern entspricht der logarithmierten Häufigkeit der Kategorie (2, 2), die die Kombination der beiden Referenzkategorien darstellt, also der Kombination aus einer Zustimmung zur Frage nach der Attraktivität brauner Haut und der Wahl eines hohen Lichtschutzfaktors. In unserem Beispiel erhalten wir $\hat{\delta} = \ln(n_{22}) = m_{22} = \ln(201) = 5{,}30$. Wie man Gleichung F 20.19 leicht entnehmen kann, hat dies zur Folge, dass folgende Koeffizienten gleich 0 sein müssen: $\hat{\delta}_2^A = \hat{\delta}_2^B = \hat{\delta}_{22}^{AB} = 0$. Nur dann ist die Gleichung F 20.19 für die Zelle (2, 2) erfüllt.

Koeffizient $\hat{\delta}_1^A$. Für den Koeffizienten $\hat{\delta}_1^A$ gilt:

$$\hat{\delta}_1^A = \ln(n_{12}) - \ln(n_{22}) = m_{12} - m_{22}$$

Dieser Koeffizient kontrastiert somit die beiden Kategorien der Variablen A (Hautbräune) in Bezug auf die Referenzkategorie der Variablen B (B_2 = hoher Lichtschutzfaktor). Er erfasst daher, ob sich Personen, die einen hohen Lichtschutzfaktor wählen, in ihrer Einstellung zur Hautbräune unterscheiden. In unserem Beispiel erhalten wir $\hat{\delta}_1^A = m_{12} - m_{22} = 4{,}32 - 5{,}30 = -0{,}98$. Der negative Wert zeigt an, dass es in der Gruppe der Personen, die einen hohen Lichtschutzfaktor wählen, weniger Personen gibt, die eine ablehnende Einstellung zur Hautbräune haben, als Personen, die eine positive Einstellung zu ihr haben. Aufgrund dieser Definition von $\hat{\delta}_1^A$ muss gelten, dass $\hat{\delta}_{12}^{AB} = 0$, da ansonsten die Gleichung F 20.19 für die Zelle (1, 2) nicht erfüllt wäre.

Koeffizient $\hat{\delta}_1^B$. Für den Koeffizienten $\hat{\delta}_1^B$ gilt dann in analoger Weise:

$$\hat{\delta}_1^B = \ln(n_{21}) - \ln(n_{22}) = m_{21} - m_{22}$$

Dieser Koeffizient kontrastiert somit die beiden Kategorien der Variablen B (Lichtschutzfaktor) in Bezug auf die Referenzkategorie der Variablen A (A_2 = positive Einstellung zur Hautbräune). Er spiegelt daher wider, ob sich Personen, die eine positive Einstellung zur Hautbräune haben, in der Wahl des Lichtschutzfaktors unterscheiden. In unserem Beispiel zeigt der Wert $\hat{\delta}_1^B = m_{21} - m_{22} = 5{,}32 - 5{,}30 = 0{,}02$ an, dass es etwas mehr Personen gibt, die einen geringen, als Personen, die einen hohen Lichtschutzfaktor wählen. Der Effekt ist allerdings sehr gering. Diese Definition von $\hat{\delta}_1^B$ hat zur Folge, dass $\hat{\delta}_{21}^{AB} = 0$ ist, da ansonsten die Gleichung F 20.19 für die Zelle (2, 1) nicht gültig wäre.

Koeffizient $\hat{\delta}_{11}^{AB}$. Wir haben bei der Beschreibung der anderen Koeffizienten schon gesehen, dass deren Definition zur Folge hat, dass $\hat{\delta}_{12}^{AB} = \hat{\delta}_{21}^{AB} = \hat{\delta}_{22}^{AB} = 0$ ist. Hieraus und aus der Definition der anderen Koeffizienten folgt, dass

$$\hat{\delta}_{11}^{AB} = \ln\left(\frac{n_{11} \cdot n_{22}}{n_{12} \cdot n_{21}}\right)$$

gelten muss (s. Übung 1). Der Koeffizient $\hat{\delta}_{11}^{AB}$ ist also nichts anderes als das logarithmierte Odds-Ratio. In unserem Beispiel erhalten wir daher den Wert $\hat{\delta}_{11}^{AB} = \ln(0{,}515) = -0{,}664$. Der negative Wert zeigt an, dass es einen negativen Zusammenhang zwischen A und B gibt.

20.2.4 Vergleich der verschiedenen Formulierungen des Modells

Wir haben drei verschiedene Formulierungen des log-linearen Modells kennengelernt. In allen Formulierungen werden die Häufigkeiten bzw. logarithmierten Häufigkeiten in das Produkt bzw. die Summe verschiedener Koeffizienten zerlegt. Auf welche Formulierung man zurückgreift, hängt von der Fragestellung ab, die man untersuchen möchte. Aufbauend auf der Fragestellung sollte man die Formulierung auswählen, deren Koeffizienten am besten der Fragestellung entsprechen.

Die verschiedenen Formulierungen weisen eine hohe Ähnlichkeit zur Varianzanalyse auf. Das varianzanalytische Modell, das wir in Kapitel 13 kennengelernt haben, entspricht von der Modellstruktur her dem additiv-parametrisierten Modell in Gleichung F 20.18. Auch die Koeffizienten lassen sich in analoger Weise als Haupteffekte und Interaktionseffekte interpretieren. Während in der Varianzanalyse die arithmetischen Mittelwerte in eine Summe aus Haupt- und Interaktionseffekten zerlegt werden, sind es im additiv-parametrisierten log-linearen Modell die logarithmierten Häufigkeiten. Im Kapitel zur multiplen Regressionsanalyse (Kap. 18) haben wir gesehen, dass es verschiedene Möglichkeiten gibt, das varianzanalytische Modell als regressionsanalytisches Modell zu formulieren. Neben der Effektkodierung, bei der die Effekte als Abweichungen vom generellen Mittelwert definiert werden, haben wir die Dummykodierung behandelt, bei der die Effekte als Abweichungen vom Mittelwert einer Referenzkategorie definiert werden. In analoger Weise geht man auch beim log-linearen Modell vor. Die Formulierung des additiv-parametrisierten Modells nach Gleichung F 20.18 entspricht der Effektkodierung, die Formulierung des Modells mit einer Referenzkategorie nach Gleichung F 20.19 der Dummykodierung. Aufgrund seiner großen Ähnlichkeit zur Effektzerlegung in der Varianzanalyse wird in den meisten Anwendungsfällen das additiv-parametrisierte Modell verwendet.

20.2.5 Allgemeiner Fall einer $I \times J$-Kontingenztabelle

Die hier für den einfachsten Fall einer 2×2-Tabelle behandelten log-linearen Modelle lassen sich ohne weiteres auf den allgemeinen Fall einer $I \times J$-Tabelle übertragen, in der die Variable A I verschiedene Bedingungen aufweist und die Variable B J verschiedene Bedingungen. Abweichend von den anderen Kapiteln, in denen kategoriale Variablen behandelt werden, bezeichnen wir in diesem Kapitel die Anzahl der Kategorien einer Variablen mit großen Buchstaben, da dies die Notation im Fall der Erweiterung auf mehr als zwei Variablen erleichtert. Je nach gewählter Formulierung des Modells liegt die Erweiterung auf der Hand.

Multiplikatives Modell

Im multiplikativen Modell wird der Koeffizient $\hat{\gamma}$ als geometrisches Mittel aller $I \cdot J$ Zellen bestimmt. Ein Koeffizient $\hat{\gamma}_i^A$ wird wie folgt berechnet: Zunächst wird das geometrische Mittel derjenigen J Zellen der Variablen B bestimmt, die zur Ausprägung i der Variablen A gehören. Dieses geometrische Mittel wird durch das geometrische Gesamtmittel ($\hat{\gamma}$) geteilt. Hieraus folgt:

$$\prod_{i=1}^{I} \hat{\gamma}_i^A = 1$$

In analoger Weise werden die Koeffizienten $\hat{\gamma}_j^B$ bestimmt, und es gilt:

$$\prod_{j=1}^{J} \hat{\gamma}_j^B = 1$$

Schließlich kennzeichnet ein Koeffizient $\hat{\gamma}_{ij}^{AB}$ das Ausmaß, in dem die Zellhäufigkeit n_{ij} von der Zellhäufigkeit abweicht, die man aufgrund der Koeffizienten $\hat{\gamma}$, $\hat{\gamma}_i^A$ und $\hat{\gamma}_j^B$ erwarten würde. Für die Koeffizienten $\hat{\gamma}_{ij}^{AB}$ ergibt sich:

$$\prod_{i=1}^{I} \hat{\gamma}_{ij}^{AB} = \prod_{j=1}^{J} \hat{\gamma}_{ij}^{AB} = 1$$

Additives Modell

Im additiven Modell bestimmt man den Koeffizienten $\hat{\lambda}$ als arithmetisches Mittel aller $I \cdot J$ Zellen. Die Koeffizienten $\hat{\lambda}_i^A$ und $\hat{\lambda}_j^B$ stellen jeweils Abweichungen vom arithmetischen Mittel ($\hat{\lambda}$) dar. Hieraus folgt aufgrund der Eigenschaften des arithmetischen Mittels (s. Abschn. 6.4.2):

$$\sum_{i=1}^{I} \hat{\lambda}_i^A = 0 \quad \text{und} \quad \sum_{j=1}^{J} \hat{\lambda}_j^B = 0$$

Die Koeffizienten $\hat{\lambda}_{ij}^{AB}$ kennzeichnen die Abweichungen der logarithmierten Häufigkeit einer Zelle (i, j) von der erwarteten logarithmierten Zellhäufigkeit, die man aufgrund der Koeffizienten $\hat{\lambda}$, $\hat{\lambda}_i^A$ und $\hat{\lambda}_j^B$ erwarten würde. Für die Koeffizienten $\hat{\lambda}_{ij}^{AB}$ folgt:

$$\sum_{i=1}^{I} \hat{\lambda}_{ij}^{AB} = \sum_{j=1}^{J} \hat{\lambda}_{ij}^{AB} = 0$$

Modell basierend auf einer Referenzkategorie

In dem Modell mit einer Referenzkategorie repräsentiert der Koeffizient $\hat{\delta}$ – wie im Modell für die 2×2-Tabelle – die logarithmierte Häufigkeit der Zelle, die die Kombination der beiden Referenzkategorien darstellt. Die Koeffizienten $\hat{\delta}_i^A$ und $\hat{\delta}_j^B$ stellen jeweils den Kontrast der betrachteten Kategorie von der Referenzkategorie dieser Variablen dar, und zwar innerhalb der Referenzkategorie der anderen Variablen. Die Interpretation der Interaktionskoeffizienten lässt sich dann aus der Modellgleichung durch Einsetzen der Koeffizienten $\hat{\delta}$, $\hat{\delta}_i^A$ und $\hat{\delta}_j^B$ wie im Fall der 2×2-Tabelle herleiten.

20.3 Inferenzstatistische Absicherung

Wie bei den anderen statistischen Modellen, die wir vorgestellt haben, stellt sich auch bei dem log-linearen Modell die Frage, ob ein Koeffizient signifikant von dem Wert verschieden ist, den man unter der Nullhypothese erwarten würde. Je nachdem, welches Modell man betrachtet, bezieht sich die Frage nach der statistischen Bedeutsamkeit auf unterschiedliche Werte. Im multiplikativen Modell »verschwindet«

z. B. ein Koeffizient aus dem Modell, wenn er den Wert 1 aufweist. In einer empirischen Untersuchung wird es extrem selten vorkommen, dass einer der Koeffizienten exakt gleich 1 ist. Es stellt sich dann zwangsläufig die Frage, ob die Koeffizienten signifikant von 1 abweichen. Dies ist gleichbedeutend mit der Frage, wie wahrscheinlich es ist, einen solchen Koeffizienten oder einen größeren (bzw. kleineren) in einer Stichprobe der vorliegenden Größe zu finden, wenn in der Population der entsprechende Parameter 1 beträgt. In den beiden anderen Modellformulierungen lautet die Frage, ob die Koeffizienten signifikant von 0 abweichen. Um diese Frage klären und statistische Tests vorstellen zu können, müssen wir zunächst die Populationsmodelle behandeln. Diese stellen wir – wie alles Weitere, was wir in den folgenden Abschnitten behandeln – nur für das multiplikative und das additive Modell vor. Die Prinzipien gelten jedoch auch für das Modell mit einer Referenzkategorie.

20.3.1 Populationsmodelle für eine 2×2-Kontingenztabelle

Die Populationsmodelle für das multiplikative und das additive Modell ergeben sich in Analogie zu den Formulierungen der Modelle aufgrund der beobachteten Häufigkeiten. In den Populationsmodellen greift man auf die Wahrscheinlichkeiten zurück, mit der einzelne Zellen auftreten, da die Wahrscheinlichkeiten die theoretischen Populationsparameter sind, die mit den beobachteten Häufigkeiten korrespondieren.

Das multiplikative Populationsmodell

Im multiplikativen Populationsmodell geht man von den Wahrscheinlichkeiten der einzelnen Zellen aus und zerlegt diese in Analogie zu Gleichung F 20.10:

$$\pi_{ij} = \gamma^* \cdot \gamma_i^A \cdot \gamma_j^B \cdot \gamma_{ij}^{AB} \qquad \text{(F 20.20)}$$

mit

$$\gamma^* = \sqrt[4]{\pi_{11} \cdot \pi_{12} \cdot \pi_{21} \cdot \pi_{22}}, \quad \gamma_i^A = \frac{\sqrt[2]{\pi_{i1} \cdot \pi_{i2}}}{\sqrt[4]{\pi_{11} \cdot \pi_{12} \cdot \pi_{21} \cdot \pi_{22}}},$$

$$\gamma_j^B = \frac{\sqrt[2]{\pi_{1j} \cdot \pi_{2j}}}{\sqrt[4]{\pi_{11} \cdot \pi_{12} \cdot \pi_{21} \cdot \pi_{22}}}, \quad \gamma_{ij}^{AB} = \frac{\pi_{ij}}{\gamma^* \cdot \gamma_i^A \cdot \gamma_j^B}$$

Multipliziert man beide Seiten von Gleichung F 20.20 mit der Stichprobengröße n, erhält man die theoretisch zu erwartenden Häufigkeiten ε_{ij}:

$$\varepsilon_{ij} = n \cdot \pi_{ij} = n \cdot \gamma^* \cdot \gamma_i^A \cdot \gamma_j^B \cdot \gamma_{ij}^{AB} \qquad \text{(F 20.21)}$$

Definiert man $\gamma = n \cdot \gamma^*$, so erhält man das Modell in folgender Schreibweise:

$$\varepsilon_{ij} = n \cdot \pi_{ij} = \gamma \cdot \gamma_i^A \cdot \gamma_j^B \cdot \gamma_{ij}^{AB} \qquad \text{(F 20.22)}$$

Diese Schreibweise hat den Vorteil, dass die Parameter des Modells in Gleichung F 20.22 direkt anhand der Koeffizienten des Modells nach Gleichung F 20.10 geschätzt werden können, also γ anhand von $\hat{\gamma}$, γ_i^A anhand von $\hat{\gamma}_i^A$, γ_j^B anhand von $\hat{\gamma}_j^B$ und γ_{ij}^{AB} anhand von $\hat{\gamma}_{ij}^{AB}$.

Das additive Populationsmodell

Das additive Populationsmodell ergibt sich durch Logarithmieren beider Seiten von Gleichung F 20.22:

$$\ln(\varepsilon_{ij}) = \ln(n \cdot \pi_{ij}) = \ln(\gamma \cdot \gamma_i^A \cdot \gamma_j^B \cdot \gamma_{ij}^{AB}) \qquad \text{(F 20.23)}$$

Hieraus ergibt sich in Analogie zu Gleichung F 20.12:

$$\ln(\varepsilon_{ij}) = \ln(\gamma) + \ln(\gamma_i^A) + \ln(\gamma_j^B) + \ln(\gamma_{ij}^{AB}) \qquad \text{(F 20.24)}$$

und nach Definition von $\lambda = \ln(\gamma)$, $\lambda_i^A = \ln(\gamma_i^A)$, $\lambda_j^B = \ln(\gamma_j^B)$ und $\lambda_{ij}^{AB} = \ln(\gamma_{ij}^{AB})$:

$$\ln(\varepsilon_{ij}) = \lambda + \lambda_i^A + \lambda_j^B + \lambda_{ij}^{AB} \qquad \text{(F 20.25)}$$

Die Populationsparameter können wie folgt anhand der Stichprobendaten geschätzt werden: λ anhand von $\hat{\lambda}$, λ_i^A anhand von $\hat{\lambda}_i^A$, λ_j^B anhand von $\hat{\lambda}_j^B$ und λ_{ij}^{AB} anhand von $\hat{\lambda}_{ij}^{AB}$.

20.3.2 Parameterschätzung und Hypothesentestung

Im letzten Abschnitt haben wir gezeigt, wie die Parameter der Populationsmodelle anhand der Stichprobenkoeffizienten geschätzt werden können. Wie bei jeder Schätzung von Populationsparametern anhand von Stichprobendaten stellt sich auch hier die Frage, wie genau die Modellparameter geschätzt und wie Konfidenzintervalle für die Parameterschätzungen bestimmt werden können. Darüber hinaus ist von Interesse, wie überprüft werden kann, ob einzelne Koeffizienten bedeutsam von einem postulierten Wert abweichen. Wir wollen diese Fragen anhand des additiven Modells behandeln, da diese Modellvariante am häufigsten gewählt wird. Die konzeptuelle Übertragung auf die anderen Modellvarianten ist einfach. Zum Verständnis der Parameterschätzung und des Hypothesentests ist es wichtig, verschiedene Modelle der Stichprobenziehung zu unterscheiden.

Stichprobenziehung: Verschiedene Erhebungsschemata

Beim log-linearen Modell unterscheidet man im Allgemeinen drei Arten der Stichprobenziehung (Hamerle & Tutz, 1996):

(1) das multinomiale Erhebungsschema,
(2) das produkt-multinomiale Erhebungsschema und
(3) das Poisson-Erhebungsschema.

Die Unterschiede in den Erhebungsschemata haben zur Konsequenz, dass sich die Anzahl der frei variierenden Parameter zwischen den Modellen unterscheidet. Ein Modell enthält so viele frei variierende Parameter, wie erwartete Zellhäufigkeiten variieren können.

Multinomiales Erhebungsschema. Beim multinomialen Erhebungsschema zieht man eine Stichprobe vorgegebener Größe und bestimmt die Häufigkeiten in den einzelnen Zellen. Dieses Erhebungsschema liegt unserem Beispiel des Sonnenschutzverhaltens zugrunde. In dieser Untersuchung wurden eine Stichprobe von 518 Personen gezogen und dann die Häufigkeiten der Zellen in Tabelle 20.4 bestimmt. Die Randverteilungen der beiden Variablen lagen vor der Stichprobenziehung nicht fest. Wählt man eine Zufallsstichprobe mit festem Umfang aus, so folgen die beobachteten Zellhäufigkeiten einer Multinomialverteilung (s. Abschn. 7.2.4; Hamerle & Tutz, 1996). Daher heißt diese Form der Stichprobenziehung auch multinomiales Erhebungsschema. Bei einem multinomialen Erhebungsschema können bei einer $I \times J$-Tabelle genau $I \cdot J - 1$ erwartete Zellhäufigkeiten frei variieren, in unserem Beispiel einer 2×2-Tabelle also drei erwartete Häufigkeiten. Bei einem festgelegten Gesamtumfang, wie er beim multinomialen Schema vorliegt, muss die vierte erwartete Häufigkeit zwangsläufig festliegen, wenn drei frei variieren. Da die Parameter Quellen der Unterschiedlichkeit in den Zellhäufigkeiten repräsentieren, können auch nur drei Parameter frei geschätzt werden. Beim multinomialen Erhebungsschema sind dies genau ein Parameter der Gruppe der λ_i^A-Parameter, ein Parameter aus der Gruppe der λ_j^B-Parameter und ein Parameter aus der Gruppe der λ_{ij}^{AB}-Parameter. Dies wird deutlich, wenn man sich vergegenwärtigt, dass im Falle einer 2×2-Tabelle gilt (s. Abschn. 20.2.2): $\lambda_1^A = -\lambda_2^A$, $\lambda_1^B = -\lambda_2^B$ bzw. $\lambda_{11}^{AB} = -\lambda_{12}^{AB} = -\lambda_{21}^{AB} = \lambda_{22}^{AB}$. Daher kann jeweils nur ein Parameter jeder Parametergruppe frei variieren. Die Schätzung des Parameters λ ergibt sich aus den vier geschätzten erwarteten Zellhäufigkeiten. Daher ist es beim multinomialen Erhebungsschema nicht sinnvoll, für diesen Parameter einen Standardfehler zu bestimmen und einen Signifikanztest durchzuführen.

Produkt-multinomiales Erhebungsschema. Das produkt-multinomiale Erhebungsschema unterscheidet sich vom multinomialen Erhebungsschema darin, dass die Randverteilung einer der beiden Variablen nicht frei variieren kann, sondern vorher festgelegt wird. Bei unserem Beispiel wäre ein produkt-multinomiales Erhebungsschema gegeben, wenn vorher festgelegt worden wäre, dass 250 Personen mit einer positiven Einstellung zur Hautbräune und 250 Personen mit einer negativen Einstellung untersucht werden sollen und aus der Population der Personen mit positiver Einstellung ebenso wie aus der Population der Personen mit negativer Einstellung eine Zufallsstichprobe von jeweils 250 Personen gezogen worden wäre. Das Erhebungsschema entspricht in diesem Fall dem Schema einer einfaktoriellen Varianzanalyse mit festen Effekten (s. Kap. 13). Bei diesem Erhebungsschema folgen die Kategorienhäufigkeiten der Variablen B innerhalb einer festen Stufe der Variablen A einer Multinomialverteilung, die Verteilung aller Kategorien folgt einer produkt-multinomialen Verteilung, die sich aus dem Produkt der Multinomialverteilungen innerhalb der festen Stufen ergibt (s. hierzu im Detail Hamerle & Tutz,

1996). Bei einem produkt-multinomialen Erhebungsschema können bei einer $I \times J$-Tabelle genau $I \cdot J - I$ erwartete Zellhäufigkeiten frei variieren, wenn I die Anzahl der Kategorien der Variablen bezeichnet, deren Randverteilung durch das Erhebungsschema vorgegeben ist. In unserem Beispiel einer 2×2-Tabelle können somit zwei erwartete Häufigkeiten frei variieren. Wurde z. B. die Randverteilung der Einstellung zur Hautbräune (Variable A) a priori durch das Erhebungsschema vorgegeben, kann innerhalb jeder Einstellungsgruppe nur die erwartete Häufigkeit einer der beiden Lichtschutzfaktoren frei variieren, die erwartete Häufigkeit der anderen Kategorie dieser Variablen liegt fest, um die Randverteilung zu reproduzieren. Es können also nur zwei erwartete Häufigkeiten frei variieren. In diesem Beispiel hätte man somit auch nur zwei Parameter, die frei variieren könnten, und zwar ein λ_j^B und ein λ_{ij}^{AB}. Die Schätzung der Parameter λ_i^A erfolgt so, dass die Randverteilungen der Variablen A perfekt angepasst werden, sie können also nicht mehr frei variieren. Gleiches gilt für den Parameter λ, dessen Schätzung sich wiederum zwangsläufig aus den erwarteten Häufigkeiten ergibt. Beim produkt-multinomialen Erhebungsschema würde man daher keine Standardfehler für λ_i^A und λ bestimmen und diese auch nicht auf Signifikanz überprüfen.

Poisson-Erhebungsschema. Beim Poisson-Erhebungsschema liegt die Größe der Stichprobe vorher nicht fest, sondern ist das Ergebnis einer Untersuchung, bei der man in einem Zeitabschnitt Daten erhebt. In unserem Beispiel könnte man z. B. eine dreistündige Untersuchung in einem Supermarkt durchführen, die Anzahl der Personen registrieren, die eine bestimmte Sonnenmilchflasche auswählen, und diese in Bezug auf ihre Einstellung zur Hautbräune befragen. Die Stichprobengröße ergibt sich anhand der Anzahl der Personen, die in dem spezifischen Zeitraum eine Sonnenmilchflasche kaufen. Da beim Poisson-Erhebungsschema die Stichprobengröße nicht a priori festlegt, können bei einer $I \times J$-Tabelle alle $I \cdot J$ erwarteten Zellhäufigkeiten und daher auch $I \cdot J$ Parameter frei variieren. In unserem Beispiel einer 2×2-Tabelle können der Parameter λ und jeweils ein Parameter aus der Gruppe der λ_i^A-Parameter, der Gruppe der λ_j^B-Parameter und der Gruppe der λ_{ij}^{AB}-Parameter frei variieren. Da die Stichprobengröße nicht a priori festlegt, ist es auch sinnvoll, einen Standardfehler für λ zu bestimmen und spezifische Hypothesen über diesen Parameter zu testen.

20.3.3 Standardfehler und Konfidenzintervalle

Wir haben bereits gesehen, dass die Parameter des additiven log-linearen Modells anhand der Stichprobenkoeffizienten $\hat{\lambda}$, $\hat{\lambda}_i^A$, $\hat{\lambda}_j^B$ und $\hat{\lambda}_{ij}^{AB}$ geschätzt werden können. Die Schätzmethoden und Ergebnisse unterscheiden sich nicht zwischen den drei Erhebungsschemata. Allerdings ist es nicht in allen Fällen sinnvoll, den Standardfehler eines Parameters zu bestimmen. Wie wir gesehen haben, muss dies je nach Erhebungsschema entschieden werden. Die Stichprobenkennwerteverteilungen dieser Koeffizienten folgen asymptotisch einer Normalverteilung und weisen im Falle einer 2×2-Tabelle folgende geschätzte Standardabweichungen (Standardfehler) auf:

$$\hat{\sigma}_{\hat{\lambda}} = \sqrt{\left(\frac{1}{4}\right)^2 \cdot \left(\frac{1}{n_{11}} + \frac{1}{n_{12}} + \frac{1}{n_{21}} + \frac{1}{n_{22}}\right) - \frac{1}{n}} \quad \text{(F 20.26)}$$

und

$$\hat{\sigma}_{\hat{\lambda}_i^A} = \hat{\sigma}_{\hat{\lambda}_j^B} = \hat{\sigma}_{\hat{\lambda}_{ij}^{AB}} = \sqrt{\left(\frac{1}{4}\right)^2 \cdot \left(\frac{1}{n_{11}} + \frac{1}{n_{12}} + \frac{1}{n_{21}} + \frac{1}{n_{22}}\right)}$$

(F 20.27)

Aufgrund dieser Standardfehler können auch approximative Konfidenzintervalle bestimmt werden. Das zweiseitige $(1-\alpha)$-Konfidenzintervall erhält man, indem man zu dem geschätzten Parameter das $z_{(1-\alpha/2)}$-fache eines Standardfehlers hinzuaddiert bzw. subtrahiert. Den $z_{(1-\alpha/2)}$-Wert erhält man mit Hilfe eines Verteilungsrechners ( ) bzw. anhand von Tabelle A.2 im Anhang A. Für den Parameter λ erhält man z. B. das folgende Konfidenzintervall: $\hat{\lambda} \pm z_{(1-\alpha/2)} \cdot \sigma_{\hat{\lambda}}$. Die Konfidenzintervalle der anderen Parameter werden in analoger Weise bestimmt.

> **Beispiel**
>
> **Sonnenschutzverhalten: Bestimmung der zweiseitigen 95%-Konfidenzintervalle**
>
> Für unser Beispiel, in dem wir ein multinomiales Erhebungsschema gewählt haben, ist es nicht sinnvoll, den Standardfehler von $\hat{\lambda}$ zu bestimmen. Für die anderen Parameter erhalten wir:
>
> $$\hat{\sigma}_{\hat{\lambda}_1^A} = \hat{\sigma}_{\hat{\lambda}_1^B} = \hat{\sigma}_{\hat{\lambda}_{11}^{AB}} = \sqrt{\left(\frac{1}{4}\right)^2 \cdot \left(\frac{1}{39} + \frac{1}{75} + \frac{1}{203} + \frac{1}{201}\right)}$$
> $$= \sqrt{0{,}00305} = 0{,}055$$
>
> Hieraus ergeben sich folgende approximative zweiseitige 95%-Konfidenzintervalle für
>
> λ_1^A: $[-0{,}768; -0{,}552]$, λ_1^B: $[-0{,}268; -0{,}052]$
> und λ_{11}^{AB}: $[-0{,}278; -0{,}062]$.

20.3.4 Signifikanztests

Hypothesen in Bezug auf die Parameter des log-linearen Modells können einfach überprüft werden, indem man von dem Sachverhalt Gebrauch macht, dass die Stichprobenkoeffizienten unter Gültigkeit der Nullhypothese approximativ normalverteilt sind mit den in den Formeln F 20.26 und F 20.27 angegebenen Standardfehlern. Teilt man den geschätzten Wert durch den Standardfehler, z. B.

$$z_{ij}^{AB} = \frac{\hat{\lambda}_{ij}^{AB}}{\hat{\sigma}_{\hat{\lambda}_{ij}^{AB}}}, \qquad (F\ 20.28)$$

erhält man eine Prüfgröße zur Testung der ungerichteten Nullhypothese $H_0: \lambda_{ij}^{AB} = 0$ bzw. der zu einer gerichteten Alternativhypothese korrespondierenden Nullhypothese $H_0: \lambda_{ij}^{AB} \leq 0$ oder $H_0: 0 \leq \lambda_{ij}^{AB}$. Die Prüfgröße ist unter der Nullhypothese approximativ standardnormalverteilt. Ist der empirische z-Wert größer als der kritische z-Wert, wird die Nullhypothese verworfen. In unserem Beispiel erhalten wir für den Koeffizienten $\hat{\lambda}_{11}^{AB}$:

$$z_{11}^{AB} = \frac{\hat{\lambda}_{11}^{AB}}{\hat{\sigma}_{\hat{\lambda}_{11}^{AB}}} = \frac{-0{,}17}{0{,}055} = -3{,}091$$

Dieser Wert ist kleiner als der kritische Wert von $-1{,}96$ bei einem zweiseitigen Test der Nullhypothese mit einer Irrtumswahrscheinlichkeit von $\alpha = 0{,}05$. Zu demselben Ergebnis kommen wir, wenn wir uns das 95%-Konfidenzintervall anschauen. Ein Wert von 0 liegt außerhalb des Konfidenzintervalls. Der Koeffizient weicht somit bedeutsam von 0 ab.

Umgang mit Nullzellen

Die Bestimmung der Koeffizienten basiert in allen Fällen auf Verhältnissen von Häufigkeiten bzw. Differenzen von logarithmierten Häufigkeiten. Die Koeffizienten lassen sich also nur dann bestimmen, wenn die Häufigkeiten im Nenner von 0 verschieden sind. Dies ist in Anwendungen nicht immer der Fall. Man unterscheidet zwei Arten von Zellen, die eine Häufigkeit von 0 aufweisen, sog. Nullzellen, und zwar strukturelle Nullzellen (engl. structural zeros, fixed zeros) und Stichproben-Nullzellen (engl. sampling zeros, random zeros).

Strukturelle Nullzellen. Strukturelle Nullzellen entstehen dadurch, dass bestimmte Kombinationen von Kategorien nicht möglich sind. Bezeichnet z. B. die eine Variable unterschiedliche körperliche Beschwerden (Kopfschmerzen, Magenschmerzen, Menstruationsbeschwerden) und die andere Variable das Geschlecht, so wäre die Kombination aus der Kategorie »Menstruationsbeschwerden« und der Kategorie »Mann« eine strukturelle Nullzelle, denn eine Besetzung dieser Zelle ist a priori nicht möglich. Strukturelle Nullzellen kommen in den Verhaltens- und Sozialwissenschaften selten vor. Eine Möglichkeit, mit strukturellen Nullzellen umzugehen, besteht darin, Teiltabellen zu analysieren, die komplett sind. In dem Beispiel der Menstruationsbeschwerden könnte man getrennte log-lineare Analysen für Männer und Frauen durchführen und in diesen getrennten Analysen den Zusammenhang zwischen Symptomen und anderen Variablen untersuchen. In der Analyse für Männer würde es die Kategorie »Menstruationsbeschwerden« nicht geben. Ist eine getrennte Analyse für unterschiedliche Gruppen nicht möglich, muss man sog. quasi-log-lineare Modelle für unvollständige Kontingenztafeln anwenden. Solche Modelle werden wir hier nicht behandeln (sie sind z. B. bei Christensen, 1997, oder Fienberg, 1972, beschrieben).

Stichproben-Nullzellen. Stichproben-Nullzellen entstehen dadurch, dass eine bestimmte Merkmalskombination in der Stichprobe nicht vorgekommen ist, obwohl diese Merkmalskombination möglich ist. Dies ist meist darauf zurückzuführen, dass die Wahrscheinlichkeit einer Zelle sehr gering ist und die Stichprobe nicht ausreichend groß war, diese unwahrscheinliche Zelle zu füllen. Im Falle von Stichproben-Nullzellen wird üblicherweise so vorgegangen, dass zu den beobachteten Häufigkeiten aller Zellen eine kleine Zahl addiert wird. Einige Statistikprogramme wie z. B. SPSS addieren routinemäßig einen Wert von 0,5 zu allen Zellhäufigkeiten (dies kann durch die Option DELTA verändert werden). Dieses Verfahren ist jedoch nicht unumstritten (s. hierzu ausführlicher Agresti, 2002; Kennedy, 1992). Werte sollten zu den Zellhäufigkeiten nur addiert werden, wenn eine der Zellen auch wirklich eine beobachtete Häufigkeit von 0 aufweist. Von einer routinemäßigen Addition, wie sie SPSS vornimmt, muss abgeraten werden. Darüber hinaus ist die Verzerrung der Schätzung geringer, wenn man einen sehr viel kleineren Wert als 0,5 wählt. Schließlich gibt es neuere statistische Ansätze, mit diesem Problem umzugehen (s. Agresti, 2002).

20.4 Überprüfung von Modellen

Neben der inferenzstatistischen Testung einzelner Parameter gibt es auch die Möglichkeit, die Hypothese, dass mehrere Parameter gleich 1 (im multiplikativen Modell) oder 0 (im additiven Modell) sind, simultan zu überprüfen. Angenommen, eine Forscherin hat die Idee, dass die erwarteten Häufigkeiten aller Zellen gleich sind, dass es also weder einen Zusammenhang zwischen beiden Variablen gibt noch die Kategorien einer Variablen im Mittel unterschiedlich besetzt sind. In diesem Fall würde man die Nullhypothese

$$H_0: \ln(\varepsilon_{ij}) = \lambda$$

überprüfen, die impliziert, dass $\lambda_i^A = \lambda_j^B = \lambda_{ij}^{AB} = 0$. Die Nullhypothese beschreibt die Gültigkeit eines spezifischen Modells in der Population, dem zufolge alle logarithmierten und somit auch alle nicht logarithmierten Zellwahrscheinlichkeiten gleich sind:

$$H_0: \ln(\varepsilon_{ij}) = \ln(n \cdot \pi_{ij}) = \lambda \qquad \text{(F 20.29)}$$

Hieraus ergibt sich die Erwartung, dass alle Zellhäufigkeiten gleich sind. Diese Erwartung könnte in einer konkreten Untersuchung aus zweierlei Gründen nicht erfüllt sein: Zum einen kann dies auf den Stichprobenfehler zurückgeführt werden. Das Modell kann wahr sein, die beobachteten Häufigkeiten können sich aber dennoch unterscheiden, da wir nicht die gesamte Population untersuchen, sondern nur eine Stichprobe daraus. Dieser Stichprobenfehler ist – wie bei allen anderen statistischen Verfahren, die wir behandelt haben – nicht zu vermeiden. Zum anderen und zusätzlich zu dem Stichprobenfehler können die Unterschiede in den beobachteten Häufigkeiten widerspiegeln, dass das Modell falsch ist, die Zellwahrscheinlichkeiten in der Population sich also unterscheiden. Mit Hilfe statistischer Tests kann diese Hypothese überprüft werden. Darüber hinaus stellt sich die Frage, wie die Parameter eines solchen restringierten Modells geschätzt werden können, da die Wahrscheinlichkeiten der Zellen oft nicht bekannt sind. Hierbei greift man auf die geschätzten erwarteten Häufigkeiten zurück. Beide Aspekte, die Modellüberprüfung und die Parameterschätzung, werden wir im Detail behandeln.

20.4.1 Statistische Überprüfung von Modellannahmen

Die statistische Überprüfung der Modellannahmen basiert auf dem Vergleich der beobachteten Häufigkeiten n_{ij} und der Häufigkeiten, die man aufgrund eines Modells erwarten würde. Wir wollen dies am einfachsten Modell $\ln(\varepsilon_{ij}) = \lambda$ erläutern. Dieses Modell lässt sich nach den erwarteten Häufigkeiten auflösen, womit man das multiplikative Modell bekommt:

$$\ln(\varepsilon_{ij}) = \lambda \;\Rightarrow\; \varepsilon_{ij} = \exp(\lambda) = \gamma$$

Der Wert $\exp(\lambda)$ ist der Wert der Exponentialfunktion an der Stelle λ. Zur Modelltestung greifen wir der Einfachheit halber auf das multiplikative Modell zurück. Die erwarteten Häufigkeiten sind die theoretisch anhand der Zellwahrscheinlichkeiten erwarteten Häufigkeiten. Wenn alle Zellen gleich wahrscheinlich sind, kann man die Zellwahrscheinlichkeiten anhand der Anzahl der Zellen bestimmen:

$$\pi_{ij} = \frac{1}{I \cdot J}$$

Die Anzahl der Zellen erhält man, indem man die Anzahl der Kategorien der Variablen A (I) mit der Anzahl der Kategorien der Variablen B (J) multipliziert. In unserem Beispiel einer 2×2-Tabelle erhält man: $\pi_{ij} = 1/4$. Die erwarteten Häufigkeiten ε_{ij} werden dann über $\varepsilon_{ij} = n \cdot \pi_{ij}$ bestimmt. Diese erwarteten Häufigkeiten ε_{ij} können mit den beobachteten Häufigkeiten n_{ij} verglichen werden. Je stärker sich beide unterscheiden, umso eher spricht dies dafür, dass die Modellannahmen nicht zutreffen, das Modell somit nicht gültig ist. Um die Abweichungen von beobachteten und erwarteten Häufigkeiten statistisch überprüfen zu können, stehen verschiedene Teststatistiken zur Verfügung, von denen wir nur die zwei wichtigsten behandeln werden: den Pearson-χ^2-Test und den Likelihood-Ratio-Test.

Pearson-χ^2-Test

Den χ^2-Test, der auch Pearson-χ^2-Test genannt wird, haben wir bereits in Kapitel 10 kennengelernt. Er vergleicht die beobachteten mit den erwarteten Häufigkeiten anhand folgender Prüfgröße:

$$PE = \sum_{i=1}^{I} \sum_{j=1}^{J} \frac{(n_{ij} - \varepsilon_{ij})^2}{\varepsilon_{ij}} \qquad \text{(F 20.30)}$$

Diese Prüfgröße folgt unter den bereits in Abschnitt 10.5 behandelten Bedingungen einer χ^2-Verteilung. Wir bezeichnen diese Prüfgröße in diesem Kapitel mit PE, um sie von einer weiteren Prüfgröße, die wir im folgenden Abschnitt vorstellen und die unter denselben Annahmen ebenfalls χ^2-verteilt ist, abzugrenzen. Die Anzahl der Freiheitsgrade (df) erhält man nach folgender Formel:

df = Anzahl der Zellen − Anzahl der geschätzten Parameter

In dem Modell $\varepsilon_{ij} = \gamma$ wird nur ein Parameter (nämlich γ) geschätzt, es liegen somit $df = 4 - 1 = 3$ Freiheitsgrade vor. Da man ε_{ij} meist nicht kennt, sondern über e_{ij} schätzt, verwendet man in der Forschungspraxis typischerweise die Gleichung

$$PE = \sum_{i=1}^{I} \sum_{j=1}^{J} \frac{(n_{ij} - e_{ij})^2}{e_{ij}}.$$

Die geschätzten erwarteten Häufigkeiten e_{ij} werden über $e_{ij} = \hat{\varepsilon}_{ij} = n \cdot \hat{\pi}_{ij}$ bestimmt. Mit $\hat{\pi}_{ij}$ werden die geschätzten Zellwahrscheinlichkeiten bezeichnet.

Likelihood-Ratio-Test

Eine andere Möglichkeit, die beobachteten mit den erwarteten Häufigkeiten auf bedeutsame Abweichungen zu vergleichen, bietet der Likelihood-Ratio-Test (LR-Test):

$$LR = 2 \sum_{i=1}^{I} \sum_{j=1}^{J} n_{ij} \cdot \ln \frac{n_{ij}}{\varepsilon_{ij}} \qquad \text{(F 20.31)}$$

Diese Prüfgröße folgt ebenfalls unter den bereits in Abschnitt 10.5 behandelten Bedingungen einer χ^2-Verteilung. Der Pearson-Test und der Likelihood-Ratio-Test überprüfen dieselbe Nullhypothese und führen bei Vorliegen der Voraussetzungen prinzipiell zu denselben statistischen Schlüssen. Der Pearson-χ^2-Test hat den Vorteil, dass er etwas robuster gegen Verletzungen der Voraussetzungen im Falle kleiner Stichproben ist. Der LR-Test hat den Vorteil, dass Modelle, die ineinander geschachtelt sind, statistisch gegeneinander getestet werden können. Was man unter ineinander geschachtelten Modellen versteht, werden wir in Abschnitt 20.4.4 erläutern. Kennt man die zu erwartenden Häufigkeiten ε_{ij} nicht und schätzt sie über e_{ij}, verwendet man die Gleichung

$$LR = 2 \sum_{i=1}^{I} \sum_{j=1}^{J} n_{ij} \cdot \ln \frac{n_{ij}}{e_{ij}}.$$

> **Beispiel**
>
> **Gleichverteilungsmodell**
>
> In unserem Beispiel des Sonnenschutzverhaltens impliziert das Modell, dass alle Zellen gleiche Wahrscheinlichkeiten aufweisen, folgende Erwartung an die Zellhäufigkeiten:
>
> $$\ln(\varepsilon_{ij}) = \lambda$$
>
> Wir bestimmen die erwarteten Zellhäufigkeiten anhand der Stichprobendaten mittels
>
> $$\varepsilon_{ij} = n \cdot \pi_{ij} = \frac{n}{I \cdot J} = \frac{518}{4} = 129{,}5.$$
>
> Für die Pearson-Teststatistik ergibt sich in unserem Beispiel:
>
> $$\begin{aligned} PE &= \sum_{i=1}^{I}\sum_{j=1}^{J} \frac{(n_{ij}-\varepsilon_{ij})^2}{\varepsilon_{ij}} \\ &= \frac{(39-129{,}5)^2}{129{,}5} + \frac{(75-129{,}5)^2}{129{,}5} \\ &\quad + \frac{(203-129{,}5)^2}{129{,}5} + \frac{(201-129{,}5)^2}{129{,}5} \\ &= 167{,}375 \end{aligned}$$
>
> Dieser Wert ist größer als der kritische Wert von $\chi^2_{(df=3;0{,}95)} = 7{,}815$ (bei $\alpha = 5\,\%$). Wir verwerfen daher die Hypothese der Gleichverteilung der Zellwahrscheinlichkeiten.
>
> Die Likelihood-Ratio-Teststatistik nimmt folgenden Wert an:
>
> $$\begin{aligned} LR &= 2\sum_{i=1}^{I}\sum_{j=1}^{J} n_{ij} \cdot \ln\frac{n_{ij}}{\varepsilon_{ij}} \\ &= 2 \cdot \left(39 \cdot \ln\frac{39}{129{,}5} + 75 \cdot \ln\frac{75}{129{,}5}\right. \\ &\quad \left. + 203 \cdot \ln\frac{203}{129{,}5} + 201 \cdot \ln\frac{201}{129{,}5}\right) \\ &= 183{,}698 \end{aligned}$$
>
> Auch dieser Wert ist größer als der kritische Wert $\chi^2_{(df=3;0{,}95)} = 7{,}815$, und wir kommen daher zu demselben statistischen Schluss.

20.4.2 Unabhängigkeitsmodell und saturiertes Modell

Neben dem Gleichverteilungsmodell gibt es weitere Modelle, die in vielen Anwendungen von Interesse sind. Wir werden die zwei wichtigsten Modelle behandeln: das Unabhängigkeitsmodell und das saturierte Modell.

Unabhängigkeitsmodell

Das Unabhängigkeitsmodell haben wir schon in den Abschnitten 11.4.1 und 15.4.3 kennengelernt. Ihm liegt die Hypothese zugrunde, dass die beiden beteiligten Variablen voneinander unabhängig sind. Dies bedeutet, dass sich die Wahrscheinlichkeit einer Zelle aus dem Produkt der Randverteilungen ergibt (s. Abschn. 11.4.1):

$$\pi_{ij} = \pi_{i\bullet} \cdot \pi_{\bullet j}$$

Als log-lineares Modell lässt sich das Unabhängigkeitsmodell wie folgt formulieren:

$$\varepsilon_{ij} = \gamma \cdot \gamma_i^A \cdot \gamma_j^B \qquad \text{(F 20.32)}$$

Im Gegensatz zum Gleichverteilungsmodell wird zugelassen, dass die Randverteilungen der einzelnen Variablen nicht einer Gleichverteilung folgen müssen, sondern frei variieren können. Allerdings wird angenommen, dass es keinen Zusammenhang zwischen beiden Variablen gibt, also $\gamma_{ij}^{AB} = 1$ ist.

Schätzung der Parameter. Die Parameterschätzung erhält man, indem man die Wahrscheinlichkeiten π_{ij} unter der Modellannahme $\pi_{ij} = \pi_{i\bullet} \cdot \pi_{\bullet j}$ anhand der relativen Häufigkeiten wie folgt schätzt (zum Konzept der relativen Häufigkeit s. Abschn. 6.1.2):

$$\hat{\pi}_{ij} = \hat{\pi}_{i\bullet} \cdot \hat{\pi}_{\bullet j} = h_{i\bullet} \cdot h_{\bullet j}$$

Für unser Beispiel erhalten wir: $\hat{\pi}_{11} = h_{1\bullet} \cdot h_{\bullet 1} = 0{,}103$, $\hat{\pi}_{12} = h_{1\bullet} \cdot h_{\bullet 2} = 0{,}117$, $\hat{\pi}_{21} = h_{2\bullet} \cdot h_{\bullet 1} = 0{,}364$ und $\hat{\pi}_{22} = h_{2\bullet} \cdot h_{\bullet 2} = 0{,}416$. Setzt man diese Werte als geschätzte Werte in die Bestimmungsgleichungen der Koeffizienten ein, erhält man:

$$\begin{aligned} \hat{\gamma} &= n \cdot \hat{\gamma}^* = n \cdot \sqrt[4]{\hat{\pi}_{11} \cdot \hat{\pi}_{12} \cdot \hat{\pi}_{21} \cdot \hat{\pi}_{22}} \\ &= 518 \cdot \sqrt[4]{0{,}103 \cdot 0{,}117 \cdot 0{,}364 \cdot 0{,}416} = 107{,}062 \end{aligned}$$

$$\hat{\gamma}_1^A = \frac{\sqrt[2]{\hat{\pi}_{11} \cdot \hat{\pi}_{12}}}{\sqrt[4]{\hat{\pi}_{11} \cdot \hat{\pi}_{12} \cdot \hat{\pi}_{21} \cdot \hat{\pi}_{22}}} = 0{,}531$$

$$\hat{\gamma}_2^A = \frac{\sqrt[2]{\hat{\pi}_{21} \cdot \hat{\pi}_{22}}}{\sqrt[4]{\hat{\pi}_{11} \cdot \hat{\pi}_{12} \cdot \hat{\pi}_{21} \cdot \hat{\pi}_{22}}} = 1{,}883$$

$$\hat{\gamma}_1^B = \frac{\sqrt[2]{\hat{\pi}_{11} \cdot \hat{\pi}_{21}}}{\sqrt[4]{\hat{\pi}_{11} \cdot \hat{\pi}_{12} \cdot \hat{\pi}_{21} \cdot \hat{\pi}_{22}}} = 0{,}937$$

$$\hat{\gamma}_2^B = \frac{\sqrt[2]{\hat{\pi}_{12} \cdot \hat{\pi}_{22}}}{\sqrt[4]{\hat{\pi}_{11} \cdot \hat{\pi}_{12} \cdot \hat{\pi}_{21} \cdot \hat{\pi}_{22}}} = 1{,}067$$

Aufgrund der Modellrestriktionen müssen alle geschätzten Parameter $\hat{\gamma}_{ij}^{AB}$ den Wert 1 annehmen (s. Übung 2). Diese Parameter können jedoch nur dann interpretiert werden, wenn das Modell gültig ist und die Modellannahmen nicht verworfen werden müssen. Multipliziert man die geschätzten Zellwahrscheinlichkeiten mit $n = 518$, so erhält man die geschätzten erwarteten Zellhäufigkeiten e_{ij}. Berechnet man auf deren Grundlage die Werte der Pearson-Teststatistik und des Likelihood-Ratio-Tests, erhält man die Werte $PE = 9{,}186$ und $LR = 9{,}342$.

In diesem Modell werden drei Parameter geschätzt, es liegt daher ein Freiheitsgrad vor ($df = 4 - 3 = 1$). Die Werte der Teststatistiken sind größer als der kritische χ^2-Wert $\chi^2_{(df=1;0{,}95)} = 3{,}841$ (bei $\alpha = 5\,\%$). Das Modell passt nicht auf die Daten und wird verworfen. Die Parameter des Modells können daher auch nicht interpretiert werden.

Saturiertes Modell

Ein besonderes Modell ist das saturierte Modell. Dieses Modell enthält alle Modellparameter, es werden also keine Restriktionen für die Modellparameter formuliert. In unserem Modell ist das saturierte Modell das vollständige log-lineare Modell einer 2×2-Tabelle. Es lautet: $\varepsilon_{ij} = \gamma \cdot \gamma_i^A \cdot \gamma_j^B \cdot \gamma_{ij}^{AB}$. Im saturierten Modell entsprechen die erwarteten Häufigkeiten den beobachteten Häufigkeiten, das Modell ist somit »gesättigt« (saturiert). Das Modell passt perfekt, was nicht verwunderlich ist, da es keine Restriktionen enthält. Die Werte der PE- und der LR-Statistik sind daher immer gleich 0, der Modelltest hat immer 0 Freiheitsgrade, in unserem Beispiel: $df = 4 - 4 = 0$.

Die geschätzten Modellparameter entsprechen den Parametern, die wir bereits in den Abschnitt 20.2.1 berechnet haben.

20.4.3 Hierarchische und nicht-hierarchische log-lineare Modelle

Für jede Tabelle lässt sich eine Reihe von Modellen spezifizieren, indem man einen oder mehrere Parameter aus der Populations-Modellgleichung herausnimmt und somit spezifische Hypothesen über einzelne Parameter oder simultan über mehrere Parameter formuliert. Man unterscheidet im Allgemeinen zwei große Klassen von log-linearen Modellen: hierarchische und nicht-hierarchische Modelle.

Im Allgemeinen zeichnen sich log-lineare Modelle dadurch aus, dass die Parameter eine gewisse Ordnung aufweisen. Im einfachsten Fall einer 2×2-Tabelle haben wir Parameter erster Ordnung, die sich nur auf eine Variable beziehen, also die Parameter γ_i^A und γ_j^B. Darüber hinaus gibt es noch Parameter zweiter Ordnung, die sich auf Abhängigkeiten zwischen zwei Variablen beziehen; dies sind die Parameter γ_{ij}^{AB}. Wie wir noch sehen werden, gibt es bei der Berücksichtigung von drei Variablen (z. B. in einer 2×2×2-Tabelle) auch Parameter dritter Ordnung usw.

Hierarchische log-lineare Modelle zeichnen sich durch folgende Eigenschaft aus: Befindet sich ein Parameter im Modell, der eine spezifische Variable enthält, so müssen alle Parameter niedrigerer Ordnung ebenfalls im Modell enthalten sein, die diese Variable enthalten. In unserem Beispiel wären folgende Modelle hierarchische log-lineare Modelle:

(a) $\varepsilon_{ij} = \gamma \cdot \gamma_i^A \cdot \gamma_j^B \cdot \gamma_{ij}^{AB}$
(b) $\varepsilon_{ij} = \gamma \cdot \gamma_i^A \cdot \gamma_j^B$
(c) $\varepsilon_{ij} = \gamma \cdot \gamma_i^A$
(d) $\varepsilon_{ij} = \gamma \cdot \gamma_j^B$
(e) $\varepsilon_{ij} = \gamma$

Modelle, die diese Eigenschaft nicht erfüllen, heißen nicht-hierarchische log-lineare Modelle. Das Modell $\varepsilon_{ij} = \gamma \cdot \gamma_i^A \cdot \gamma_{ij}^{AB}$ ist ein nicht-hierarchisches log-lineares Modell, da es den Parameter γ_{ij}^{AB}, nicht aber den Parameter γ_j^B enthält. Nicht-hierarchische log-lineare Modelle sind meist schwer zu interpretieren, so dass wir uns auf hierarchische Modelle beschränken. Zu einer ausführlichen Diskussion nicht-hierarchischer log-linearer Modelle verweisen wir auf Langeheine (1983).

20.4.4 Modellvergleiche

Anhand des Likelihood-Ratio-Tests können Modelle gegeneinander getestet werden, wenn sie ineinander geschachtelt sind. Ein (restriktiveres) Modell ist in ein anderes (allgemeineres) Modell geschachtelt, wenn es durch spezifische Restriktionen aus dem allgemeinen Modell hervorgeht. So ist z. B. das Modell $\varepsilon_{ij} = \gamma \cdot \gamma_i^A$ in das Modell $\varepsilon_{ij} = \gamma \cdot \gamma_i^A \cdot \gamma_j^B \cdot \gamma_{ij}^{AB}$ geschachtelt, da es Letzterem die Restriktionen $\gamma_{ij}^{AB} = 1$ und $\gamma_j^B = 1$ auferlegt. Das Modell $\varepsilon_{ij} = \gamma \cdot \gamma_i^A$ ist auch in das Modell $\varepsilon_{ij} = \gamma \cdot \gamma_i^A \cdot \gamma_j^B$ geschachtelt, da es ein Spezialfall des letztgenannten Modells mit $\gamma_j^B = 1$ darstellt.

Vergleicht man zwei Modelle statistisch miteinander, so überprüft man die Nullhypothese, dass beide Modelle auf der Ebene der Population identisch sind. Der Vergleich des Modells $\varepsilon_{ij} = \gamma \cdot \gamma_i^A$ mit dem Modell $\varepsilon_{ij} = \gamma \cdot \gamma_i^A \cdot \gamma_j^B \cdot \gamma_{ij}^{AB}$ überprüft die Nullhypothese

$$H_0: \varepsilon_{ij} = \gamma \cdot \gamma_i^A = \gamma \cdot \gamma_i^A \cdot \gamma_j^B \cdot \gamma_{ij}^{AB}$$

und somit die Nullhypothese $H_0: \gamma_j^B \cdot \gamma_{ij}^{AB} = 1$.

Likelihood-Ratio-Differenzen-Test

Eine solche Nullhypothese kann über den Likelihood-Ratio-Differenzen-Test überprüft werden. Hierzu bildet man die Differenz der Werte des Likelihood-Ratio-Tests der beiden Modelle und die Differenz der dazugehörigen Freiheitsgrade. Bezeichnet LR_A den Wert der Likelihood-Ratio-Statistik des allgemeineren Modells und LR_S die Likelihood-Ratio-Statistik des spezifischeren Modells, bildet man zur Überprüfung der Nullhypothese folgende Differenz:

$$LR_{Diff} = LR_S - LR_A$$

Unter Gültigkeit der Nullhypothese folgt diese Teststatistik bei entsprechend großen Stichproben einer χ^2-Verteilung mit $df_{Diff} = df_S - df_A$ Freiheitsgraden. Um diesen statistischen Modellvergleich anwenden zu können, muss vorausgesetzt werden, dass das allgemeinere Modell gültig ist. Ist bereits das allgemeinere Modell nicht gültig, kann das restriktivere Modell ebenfalls nicht gültig sein. Es ist wichtig zu beachten, dass dieser Modellvergleich nur über die Differenzen der LR-Werte, nicht aber der PE-Werte durchgeführt werden kann.

Beispiel

Vergleich hierarchischer Modelle

Die Modellgütekoeffizienten der verschiedenen hierarchischen log-linearen Modelle, die man für unser Beispiel berechnen kann, sind in Tabelle 20.7 zusammengestellt. Die Modellgütekoeffizienten zeigen, dass nur das saturierte Modell die Daten angemessen beschreibt. Alle anderen hierarchischen Modelle müssen verworfen werden. Zulässige Modellvergleiche darf man daher nur in Bezug auf das saturierte Modell vornehmen. Die Werte des Likelihood-Ratio-Differenzen-Tests entsprechen in diesem Fall direkt dem Wert des Likelihood-Ratio-Tests für das spezifische Modell, da der Wert des Likelihood-Ratio-Tests für das saturierte Modell immer gleich 0 ist.

Um den statistischen Modellvergleich mit einem nicht-saturierten Modell zu illustrieren, vergleichen wir Modell b in Tabelle 20.7 mit dem restriktiveren Modell d. Wir erhalten: $LR_{Diff} = LR_S - LR_A$ = 181,465 − 9,342 = 172,123, $df_{Diff} = df_S - df_A$ = 2 − 1 = 1. Der LR_{Diff}-Wert ist größer als der kritische Wert bei einem Signifikanzniveau von $\alpha = 5\,\%$, nämlich $\chi^2_{(df=1;\,0,95)} = 3{,}841$. Wir verwerfen somit das restriktivere Modell. Allerdings ist dieser Test nur zu Illustrationszwecken durchgeführt worden und streng genommen nicht zulässig, da bereits das weniger restriktive Modell nicht gültig ist.

Tabelle 20.7 Modellgüte verschiedener hierarchischer log-linearer Modelle: Werte des Likelihood-Ratio-Tests

Modell	LR-Wert	Freiheitsgrade	p-Wert
(a) $\varepsilon_{ij} = \gamma \cdot \gamma_i^A \cdot \gamma_j^B \cdot \gamma_{ij}^{AB}$	0	0	1,000
(b) $\varepsilon_{ij} = \gamma \cdot \gamma_i^A \cdot \gamma_j^B$	9,342	1	0,002
(c) $\varepsilon_{ij} = \gamma \cdot \gamma_i^A$	11,575	2	0,003
(d) $\varepsilon_{ij} = \gamma \cdot \gamma_j^B$	181,465	2	< 0,001
(e) $\varepsilon_{ij} = \gamma$	183,698	3	< 0,001

Ockhams Rasiermesser

Unter Ockhams Rasiermesser (engl. Occam's Razor, benannt nach Wilhelm von Ockham, 1285–1347) versteht man das Sparsamkeitsprinzip in den Wissenschaften. Diesem Prinzip zufolge ist diejenige von mehreren Erklärungen (Theorien) vorzuziehen, die ein Phänomen am einfachsten erklärt. Bezogen auf ein log-lineares Modell, das die Variation der Zellhäufigkeiten erklären will, empfiehlt dieses Prinzip, dasjenige Modell auszuwählen, das anhand statistischer Tests nicht verworfen werden muss und unter allen passenden Modellen das sparsamste, also dasjenige mit den wenigsten Parametern ist. Statistische Modellvergleiche anhand des Likelihood-Ratio-Differenzen-Tests erlauben es, dieses Prinzip umzusetzen, indem Modelle sukzessive durch Eliminierung von Parametern vereinfacht werden und gleichzeitig überprüft wird, ob die Vereinfachung mit einer statistisch bedeutsamen Verschlechterung der Modellanpassungsgüte einhergeht.

20.4.5 Spezifikation von Modellen beim produkt-multinomialen Erhebungsschema

Wir haben die Formulierung spezifischer Modelle anhand des multinomialen Erhebungsschemas illustriert, bei dem die Stichprobengröße festlegt, nicht aber die Randverteilungen der Variablen. Das Poisson-Erhebungsschema ist noch liberaler, indem auch die Stichprobengröße nicht festlegt und es sinnvoll ist, spezifische Hypothesen über den Parameter γ zu testen. Das produkt-multinomiale Erhebungsschema ist restriktiver als die beiden anderen Erhebungsschemata, indem a priori die Randverteilung einer der beiden Variablen festgelegt wird. Ist dies z. B. die Variable A, so hat dies zur Konsequenz, dass es nicht sinnvoll ist, Hypothesen über den Parameter γ_i^A zu überprüfen, da dieser für die Reproduktion der Randverteilung der Variablen A zuständig ist, die ja a priori festgelegt wurde. Dies bedeutet aber auch, dass der Parameter γ_i^A in jedem der zu überprüfenden log-linearen Modelle enthalten sein muss, da er zur exakten Reproduktion der Randverteilungen benötigt wird.

20.4.6 Effektgröße und Konfidenzintervall

Die Effektgrößen im log-linearen Modell sind die log-linearen Parameter. Für diese lassen sich auch Konfidenzintervalle bestimmen, wie wir in Abschnitt 20.3.3 gezeigt haben. So ist z. B. der Parameter γ_{ij}^{AB} eine Funktion des Odds-Ratio, das eine Effektgröße für den Zusammenhang zweier dichotomer Variablen darstellt (s. Abschn. 15.3.3). Darüber hinaus können auch aufbauend auf den Teststatistiken Effektgrößen bestimmt werden. Für den χ^2-Test, den wir in diesem Kapitel in Abgrenzung zum Likelihood-Ratio-Test Pearson-χ^2-Test nennen, haben wir dies ebenfalls in Abschnitt 11.4.1 gezeigt. Dort haben wir als Effektgröße das Effektstärkemaß ω nach Cohen eingeführt (Formel F 11.53):

$$\omega = \sqrt{\sum_{i=1}^{2}\sum_{j=1}^{2} \frac{(\pi_{ij} - \pi_{ij0})^2}{\pi_{ij0}}}$$

Dieses Effektgrößemaß hängt von π_{ij0}, den erwarteten Wahrscheinlichkeiten unter der Modellannahme, und

π_{ij}, den Wahrscheinlichkeiten in der Population, ab. Ein solches Effektgrößemaß lässt sich in analoger Weise für den Likelihood-Ratio-Test formulieren:

$$\omega_{LR} = \sqrt{2 \sum_{i=1}^{I} \sum_{j=1}^{J} \pi_{ij} \cdot \ln \frac{\pi_{ij}}{\pi_{ij0}}} \qquad \text{(F 20.33)}$$

Diese Effektgrößemaße lassen sich anhand der Daten einfach schätzen:

$$\hat{\omega} = \sqrt{\frac{PE}{n}} \quad \text{und} \quad \hat{\omega}_{LR} = \sqrt{\frac{LR}{n}}$$

Wie man ein Konfidenzintervall für ω bestimmen kann, wurde ausführlich in Abschnitt 11.4.1 behandelt und illustriert. Dies lässt sich in direkter Weise auf den vorliegenden Fall anwenden und in analoger Weise auf ω_{LR} übertragen. Wir werden dies daher nicht illustrieren, zumal es bei der log-linearen Analyse üblich ist, die Konfidenzintervalle für die einzelnen log-linearen Parameter zu bestimmen.

20.4.7 Bestimmung der optimalen Stichprobengröße

Um die optimale Stichprobengröße bestimmen zu können, müssen die Irrtumswahrscheinlichkeiten α und β festgelegt und a priori ein konkreter Populationseffekt postuliert werden. Je nachdem, mit welchem statistischen Test man ein log-lineares Modell überprüfen will, greift man entweder auf ω oder auf ω_{LR} zurück. Die postulierten (aber unbekannten) Effektgrößen kennzeichnen wir wieder durch den zusätzlichen Index 1: ω_1 bzw. ω_{LR1}. Will man die optimale Stichprobengröße für einen Modellvergleich bestimmen, darf man nur auf den Likelihood-Ratio-Test und somit auf ω_{LR} zurückgreifen. Die Bestimmung der optimalen Stichprobengröße folgt dem bereits in Abschnitt 11.4.1 beschriebenen Vorgehen. Wir wollen sie daher nur für den Vergleich zweier Modelle anhand des Likelihood-Ratio-Differenzen-Tests illustrieren. Hierzu muss zunächst die postulierte Effektgröße

$$\omega_{LR1} = \sqrt{2 \sum_{i=1}^{I} \sum_{j=1}^{J} \pi_{ij}^* \cdot \ln \frac{\pi_{ij}^*}{\pi_{ij0}}} \qquad \text{(F 20.34)}$$

bestimmt werden. Hierfür benötigt man die postulierten Wahrscheinlichkeiten π_{ij}^* unter dem Modell, von dessen Gültigkeit man ausgeht, ebenso wie die Zellwahrscheinlichkeiten π_{ij0}, die man unter dem restriktiveren Modell erwartet. Man bestimmt die optimale Stichprobengröße nun so, dass sie diesen Unterschied in den Wahrscheinlichkeiten bei einem fixierten α mit einer Teststärke von $1-\beta$ aufdeckt. Unter der spezifischen Alternativhypothese, die durch den postulierten Effekt gegeben ist, folgt die LR-Teststatistik einer nonzentralen χ^2-Verteilung mit denselben Freiheitsgraden, die dem statistischen Modellvergleich zugrunde liegen. Diese nonzentrale χ^2-Verteilung ist durch den Nonzentralitätsparameter $\lambda_1 = n \cdot \omega_{LR1}^2$ gekennzeichnet. Löst man diesen nach der Stichprobengröße n auf, erhält man:

$$n = \frac{\lambda_1}{\omega_{LR1}^2}$$

Der Nonzentralitätsparameter λ_1 ergibt sich aus der Teststärke, also dem Flächenanteil unter der nonzentralen χ^2-Verteilung, den der kritische χ^2-Wert des Nullhypothesentests nach rechts abschneidet. Hat man den Nonzentralitätsparameter λ_1 der nonzentralen Verteilung gefunden, ergibt sich die Stichprobengröße direkt aus dem Nonzentralitätsparameter und der quadrierten Effektgröße. Die Berechnung der optimalen Stichprobengröße kann z. B. mit Hilfe des Programms G*Power (🖱) erfolgen.

> **Beispiel**
>
> **A-priori-Poweranalyse: Komorbidität von Depression und generalisierter Angststörung**
>
> Wir wollen die Bestimmung der optimalen Stichprobengröße anhand des Vergleichs des Modells $\varepsilon_{ij} = \gamma \cdot \gamma_i^A \cdot \gamma_j^B \cdot \gamma_{ij}^{AB}$ mit dem Modell $\varepsilon_{ij} = \gamma$ illustrieren. Die Variable A bezeichne die Depressivität mit den zwei Ausprägungen »depressiv« (A_1) und »nicht-depressiv« (A_2). Die Variable B bezeichne die generalisierte Angststörung mit den beiden Ausprägungen »Angststörung« (B_1) und »keine Angststörung« (B_2). Um die Zellwahrscheinlichkeiten zu postulieren, konsultierten wir relevante Arbeiten

zur Prävalenz und Komorbidität beider Störungen. Wir gehen von einer Prävalenzrate der Depression von $\pi_{1\cdot} = 0{,}08$ und einer Prävalenzrate der generalisierten Angststörung von $\pi_{\cdot 1} = 0{,}10$ aus. Darüber hinaus vermuten wir, dass 14 % der Personen, die an einer Depression leiden, auch an einer generalisierten Angststörung erkrankt sind. Hieraus ergeben sich folgende postulierte Zellwahrscheinlichkeiten: $\pi_{11}^* = 0{,}0112$, $\pi_{12}^* = 0{,}0688$, $\pi_{21}^* = 0{,}0888$, $\pi_{22}^* = 0{,}8312$. Das Odds-Ratio beträgt in Anlehnung an Formel F 15.20 $OR = (\pi_{11}^* \cdot \pi_{22}^*)/(\pi_{21}^* \cdot \pi_{12}^*) = 1{,}524$ und weist auf eine Abhängigkeit beider Variablen und somit auf eine gewisse Komorbidität von Depression und Angststörung hin. Unter dem Modell $\varepsilon_{ij} = \gamma$ sind alle Wahrscheinlichkeiten gleich $\pi_{ij0} = 0{,}25$. Man erhält daher folgende postulierte Effektgröße:

man die Effektgröße $\omega_{LR1} = 1{,}252$, $\alpha = 0{,}05$ und $\beta = 0{,}20$ in das Programm G*Power ein, erhält man eine optimale Stichprobengröße von $n = 11$. Diese ist sehr klein, da der Effekt sehr groß ist. Dies hat zur Folge, dass die erwarteten Häufigkeiten ebenfalls sehr klein sind. Multipliziert man die postulierten Zellwahrscheinlichkeiten mit 11, erhält man erwartete Zellhäufigkeiten von $\varepsilon_{11} = 0{,}12$; $\varepsilon_{12} = 0{,}76$; $\varepsilon_{21} = 0{,}98$ und $\varepsilon_{22} = 9{,}14$. Diese sind für drei Zellen kleiner als 5, so dass fraglich ist, ob die Verteilung der Prüfgröße auch wirklich hinreichend gut durch die χ^2-Verteilung approximiert wird. Will man in allen Zellen erwartete Häufigkeiten erhalten, die mindestens 5 betragen, braucht man im vorliegenden Fall aufgrund der geringen Wahrscheinlichkeit, dass eine zufällig gezogene Person derzeit sowohl an einer Depression als auch einer generalisierten

$$\omega_{LR1} = \sqrt{2\left(\pi_{11}^* \cdot \ln\frac{\pi_{11}^*}{\pi_{110}} + \pi_{12}^* \cdot \ln\frac{\pi_{12}^*}{\pi_{120}} + \pi_{21}^* \cdot \ln\frac{\pi_{21}^*}{\pi_{210}} + \pi_{22}^* \cdot \ln\frac{\pi_{22}^*}{\pi_{220}}\right)}$$

$$= \sqrt{2\left(0{,}0112 \cdot \ln\frac{0{,}0112}{0{,}25} + 0{,}0688 \cdot \ln\frac{0{,}0688}{0{,}25} + 0{,}0888 \cdot \ln\frac{0{,}0888}{0{,}25} + 0{,}8312 \cdot \ln\frac{0{,}8312}{0{,}25}\right)}$$

$$= 1{,}252$$

Diese Effektgröße ist sehr groß, was nicht verwundert, da die postulierten Zellwahrscheinlichkeiten sehr stark von den Zellwahrscheinlichkeiten unter dem restringierten Modell abweichen. Die zentrale und die nonzentrale χ^2-Verteilung weisen in diesem Beispiel $df = 3$ Freiheitsgrade auf. Gibt

Angststörung leidet, $5/0{,}0112 = 446{,}43$, also 447 Personen. Dieses Beispiel zeigt, dass man bei der Bestimmung der optimalen Stichprobengröße neben der Power auch die Voraussetzungen der Prüfgröße im Auge haben muss.

20.5 Log-lineares Modell für eine 2×2×2-Kontingenztabelle

Das log-lineare Modell lässt sich auf mehr als zwei Variablen erweitern. Die Modellerweiterung folgt der Struktur der varianzanalytischen Modelle (s. Kap. 13). Für jede Kategorie einer Variablen kommt ein Haupteffekt-Parameter hinzu. Darüber hinaus werden für alle möglichen Variablenkombinationen »Interaktionsparameter« hinzugenommen. Wir werden die Erweiterung um eine Variable etwas genauer beleuchten und die Bedeutung der Parameter für das log-lineare Modell einer 2×2×2-Tabelle beschreiben und illustrieren. Das Modell lässt sich allgemein für den Fall einer $I \times J \times K$-Tabelle formulieren. Die Koeffizienten dieses Modells stellen wir in Abschnitt 20.5.4 vor. Die im Folgenden behandelten Koeffizienten sind Spezialfälle der Koeffizienten des allgemeinen Falls, die bei einer 2×2×2-Tabelle jedoch einfachere Berechnungsformeln implizieren.

20.5.1 Multiplikatives Modell

Das (saturierte) multiplikative log-lineare Modell für eine $2 \times 2 \times 2$-Tabelle lautet auf Stichprobenebene:

$$n_{ijk} = \hat{\gamma} \cdot \hat{\gamma}_i^A \cdot \hat{\gamma}_j^B \cdot \hat{\gamma}_k^C \cdot \hat{\gamma}_{ij}^{AB} \cdot \hat{\gamma}_{jk}^{BC} \cdot \hat{\gamma}_{ik}^{AC} \cdot \hat{\gamma}_{ijk}^{ABC} \quad \text{(F 20.35)}$$

Mit k werden die Abstufungen der dritten Variablen C bezeichnet.

Koeffizienten höchster Ordnung $\hat{\gamma}_{ijk}^{ABC}$

Besonders interessant sind in diesem Modell die Koeffizienten höchster Ordnung $\hat{\gamma}_{ijk}^{ABC}$. Für die jeweils erste Kategorie der drei Variablen ist dieser Koeffizient wie folgt definiert:

$$\hat{\gamma}_{111}^{ABC} = \sqrt[8]{\dfrac{\dfrac{n_{111} \cdot n_{221}}{n_{121} \cdot n_{211}}}{\dfrac{n_{112} \cdot n_{222}}{n_{122} \cdot n_{212}}}} \quad \text{(F 20.36)}$$

Unter der Wurzel steht ein Ausdruck, bei dem zwei Kreuzproduktverhältnisse miteinander verglichen werden. Das Kreuzproduktverhältnis im Zähler bezieht sich auf den Zusammenhang der beiden Variablen A und B in der ersten Stufe der Variablen C. Das Kreuzproduktverhältnis im Nenner gibt den Zusammenhang zwischen den beiden Variablen A und B in der zweiten Stufe der Variablen C an. Der Parameter ist somit 1, wenn der Zusammenhang zwischen A und B nicht von der Ausprägung der Variablen C abhängt. Ist der Parameter größer als 1, bedeutet dies, dass das Kreuzproduktverhältnis in der ersten Stufe der Variablen C größer ist als in der zweiten. Ist der Koeffizient kleiner als 1, bedeutet dies, dass das Kreuzproduktverhältnis in der zweiten Stufe der Variablen C größer ist als in der ersten. Ist der Parameter $\hat{\gamma}_{ijk}^{ABC}$ von 1 verschieden, so bedeutet dies allgemein, dass der Zusammenhang zwischen zwei Variablen von der dritten Variablen moderiert wird (zum Konzept der Moderatorvariablen s. Abschn. 4.1.3). Aufgrund der Beziehung

$$\prod_{i=1}^{I} \hat{\gamma}_{ijk}^{ABC} = \prod_{j=1}^{J} \hat{\gamma}_{ijk}^{ABC} = \prod_{k=1}^{K} \hat{\gamma}_{ijk}^{ABC} = 1$$

reicht es im Falle einer $2 \times 2 \times 2$-Tabelle aus, den Parameter für eine Wertekombination der drei Variablen zu berechnen. Alle anderen Parameter liegen dann fest.

Koeffizienten $\hat{\gamma}_{ij}^{AB}$, $\hat{\gamma}_{jk}^{BC}$ und $\hat{\gamma}_{ik}^{AC}$

Die Koeffizienten $\hat{\gamma}_{ij}^{AB}$, $\hat{\gamma}_{jk}^{BC}$ und $\hat{\gamma}_{ik}^{AC}$ repräsentieren den mittleren Zusammenhang zwischen zwei Variablen gemittelt über die Kategorien der dritten Variablen. Die Koeffizienten hängen also vom durchschnittlichen bedingten Kreuzproduktverhältnis zweier Variablen ab (wobei der Durchschnitt über die Stufen der dritten Variablen berechnet wird). Für die Wertekombination (1, 1) der beiden Variablen A und B hat der Koeffizient z. B. folgende Bedeutung:

$$\hat{\gamma}_{11}^{AB} = \sqrt[8]{\prod_{k=1}^{2} \dfrac{n_{11k} \cdot n_{22k}}{n_{12k} \cdot n_{21k}}} = \sqrt[8]{\dfrac{n_{111} \cdot n_{221}}{n_{121} \cdot n_{211}} \cdot \dfrac{n_{112} \cdot n_{222}}{n_{122} \cdot n_{212}}}$$

(F 20.37)

Dieser Koeffizient hängt somit nur vom bedingten Kreuzproduktverhältnis der Variablen A und B ab, (geometrisch) gemittelt über die Ausprägungen der Variablen C. Die anderen Parameter zweiter Ordnung lassen sich in entsprechender Weise interpretieren. Auch für diese Parameter reicht es aus, jeweils nur eine Wertekombination zu betrachten. Alle anderen Parameter liegen dann fest, da gilt:

$$\prod_{i=1}^{I} \hat{\gamma}_{ij}^{AB} = \prod_{j=1}^{J} \hat{\gamma}_{ij}^{AB} = 1$$

Es gibt einen bedeutsamen Unterschied zwischen dem durchschnittlichen bedingten und dem unbedingten Kreuzproduktverhältnis (Odds-Ratio) zweier Variablen. Im Gegensatz zum unbedingten Odds-Ratio wird beim durchschnittlichen bedingten Odds-Ratio der Einfluss einer dritten Variablen kontrolliert, da ihre Werte statistisch konstant gehalten werden und der Zusammenhang zwischen zwei Variablen *innerhalb* der Kategorien einer dritten Variablen betrachtet wird (vgl. die Ausführungen zum Simpson-Paradox).

Die Interpretation der Koeffizienten $\hat{\gamma}_{ij}^{AB}$, $\hat{\gamma}_{jk}^{BC}$ und $\hat{\gamma}_{ik}^{AC}$ ist insbesondere dann sinnvoll, wenn der Koeffizient höchster Ordnung ($\hat{\gamma}_{ijk}^{ABC}$) gleich 1 bzw. nicht statistisch bedeutsam von 1 verschieden ist. In diesem Fall unterscheidet sich der Zusammenhang zwischen zwei Variablen nicht für die verschiedenen Kategorien der dritten Variablen. Die Koeffizienten $\hat{\gamma}_{ij}^{AB}$, $\hat{\gamma}_{jk}^{BC}$ und $\hat{\gamma}_{ik}^{AC}$ repräsentieren in diesem Fall den um den Einfluss einer Drittvariablen korrigierten Zusammenhang zweier Variablen, der für alle Ausprägungen der Drittvariablen gleich ist. Dies zeigt, dass das log-lineare Modell zur Aufdeckung von Scheinzusammenhängen geeignet ist, wenn mindestens drei Variablen berücksichtigt werden. Wir haben bereits in den Kapiteln 17 und 18 ausführlich diskutiert, warum es wichtig ist, solche Scheinzusammenhänge aufzudecken und den Einfluss dritter Variablen zu kontrollieren. Ist z. B. der Populationsparameter γ_{ij}^{AB} gleich 1, obwohl es einen bedeutsamen (unbedingten) Zusammenhang zwischen den beiden Variablen A und B gibt, so zeigt dies an, dass es sich bei Letzterem um einen Scheinzusammenhang handelt. Konzeptuell entsprechen die Koeffizienten $\hat{\gamma}_{ij}^{AB}$, $\hat{\gamma}_{jk}^{BC}$, $\hat{\gamma}_{ik}^{AC}$, die im Falle einer $2\times 2\times 2$-Tabelle gemittelte bedingte Zusammenhänge repräsentieren, der Partialkorrelation für metrische Variablen (s. Kap. 17).

Koeffizienten $\hat{\gamma}_i^A$, $\hat{\gamma}_j^B$ und $\hat{\gamma}_k^C$

Schließlich repräsentieren die Koeffizienten $\hat{\gamma}_i^A$, $\hat{\gamma}_j^B$ und $\hat{\gamma}_k^C$ Unterschiede in den mittleren Häufigkeiten, mit denen die beiden Kategorien einer Variablen besetzt sind. So zeigt z. B. der Koeffizient

$$\hat{\gamma}_1^A = \sqrt[8]{\prod_{j=1}^{2}\prod_{k=1}^{2}\frac{n_{1jk}}{n_{2jk}}} = \sqrt[8]{\frac{n_{111}}{n_{211}}\cdot\frac{n_{112}}{n_{212}}\cdot\frac{n_{121}}{n_{221}}\cdot\frac{n_{122}}{n_{222}}}$$

(F 20.38)

den über alle Kombinationen der Variablen B und C gemittelten Unterschied in der Besetzung der beiden Kategorien der Variablen A an.

Koeffizient $\hat{\gamma}$

Wie beim log-linearen Modell für eine 2×2-Tabelle entspricht der Koeffizient $\hat{\gamma}$ dem geometrischen Mittel aller Zellhäufigkeiten:

$$\hat{\gamma} = \sqrt[8]{\prod_{i=1}^{2}\prod_{j=1}^{2}\prod_{k=1}^{2} n_{ijk}}$$
$$= \sqrt[8]{n_{111}\cdot n_{112}\cdot n_{121}\cdot n_{122}\cdot n_{211}\cdot n_{212}\cdot n_{221}\cdot n_{222}}$$

(F 20.39)

20.5.2 Additives Modell

Das (saturierte) additive log-lineare Modell für eine $2\times 2\times 2$-Tabelle ergibt sich einfach durch Logarithmieren:

$$\begin{aligned}m_{ijk} &= \ln(n_{ijk})\\ &= \ln(\hat{\gamma}\cdot\hat{\gamma}_i^A\cdot\hat{\gamma}_j^B\cdot\hat{\gamma}_k^C\cdot\hat{\gamma}_{ij}^{AB}\cdot\hat{\gamma}_{jk}^{BC}\cdot\hat{\gamma}_{ik}^{AC}\cdot\hat{\gamma}_{ijk}^{ABC})\\ &= \ln(\hat{\gamma}) + \ln(\hat{\gamma}_i^A) + \ln(\hat{\gamma}_j^B) + \ln(\hat{\gamma}_k^C) + \ln(\hat{\gamma}_{ij}^{AB})\\ &\quad + \ln(\hat{\gamma}_{jk}^{BC}) + \ln(\hat{\gamma}_{ik}^{AC}) + \ln(\hat{\gamma}_{ijk}^{ABC})\\ &= \hat{\lambda} + \hat{\lambda}_i^A + \hat{\lambda}_j^B + \hat{\lambda}_k^C + \hat{\lambda}_{ij}^{AB} + \hat{\lambda}_{jk}^{BC} + \hat{\lambda}_{ik}^{AC} + \hat{\lambda}_{ijk}^{ABC}\end{aligned}$$

(F 20.40)

Wie bei einer 2×2-Kontingenztabelle hat die Darstellung des Modells in multiplikativer Form den Vorteil, dass die Interpretation der Parameter anschaulicher ist, wohingegen die additive Darstellung des Modells eine größere Ähnlichkeit zur Darstellung des varianzanalytischen Modells aufweist.

20.5.3 Parameterschätzung und Modelltestung

Die Parameterschätzung, die Schätzung der Standardfehler und die Modelltestung erfolgen nach denselben Prinzipien und Methoden, die wir bereits für die 2×2-Tabelle beschrieben haben. Die Pearson-Teststatistik und der Likelihood-Ratio-Test lassen sich einfach auf den dreidimensionalen Fall erweitern (s. Übung 3). Die Populationsmodelle lassen sich in analoger Weise auf der Grundlage der Zellwahrscheinlichkeiten formulieren. Allerdings sind die Berechnungen der erwarteten Häufigkeiten unter spezifischen Modellannahmen nicht mehr so einfach möglich. So müssen z. B. die erwarteten Häufigkeiten für ein log-lineares Modell, das den Parameter höchster Ordnung nicht enthält, anhand iterativer Schätzmethoden wie z. B. dem IPF-Verfahren (engl. iterative proportional fitting; auch Deming-Stephan-Algorithmus genannt) oder dem Newton-Raphson-Verfahren vorgenommen werden (s. hierzu ausführlicher Andreß et al., 1997; Hamerle & Tutz, 1996).

> **Beispiel**
>
> **Einstellung zur Hautbräune, Wahl eines Lichtschutzfaktors und Geschlecht**
>
> In Tabelle 20.3 (in Abschn. 20.1.2) ist eine dreidimensionale Erweiterung unseres Beispiels dargestellt, die neben der Einstellung zur Hautbräune und der Wahl des Lichtschutzfaktors das Geschlecht als dritte Variable enthält. Die Analyse dieser Tabelle mit einem log-linearen Modell erlaubt die Untersuchung der Frage, ob der Zusammenhang zwischen der Einstellung zur Hautbräune und dem Gesundheitsverhalten (Wahl des Lichtschutzfaktors) vom Geschlecht moderiert wird. Zur Klärung dieser Frage wird die Nullhypothese $\gamma_{ijk}^{ABC} = 1$ bzw. $\lambda_{ijk}^{ABC} = 0$ getestet. Eine Analyse der Kontingenztabelle mit einem additiven log-linearen Modell ergab die Parameterschätzungen, die in Tabelle 20.8 zusammengestellt sind. Der Parameter höchster Ordnung wurde mit $\hat{\lambda}_{111}^{ABC} = -0{,}107$ geschätzt. Das 95 %-Konfidenzintervall dieses Parameters enthält den Wert 0. Wir verwerfen daher die Nullhypothese H_0: $\lambda_{ijk}^{ABC} = 0$ auf einem Signifikanzniveau von $\alpha = 0{,}05$ nicht.
>
> **Tabelle 20.8** Ergebnisse der Analyse der Kontingenztabelle in Tabelle 20.3 mit einem additiven log-linearen Modell
>
> | Parameter | Geschätzter Wert | Geschätzter Standardfehler | 95 %-Konfidenzintervall |
> |---|---|---|---|
> | $\hat{\lambda}_{111}^{ABC}$ | −0,107 | 0,057 | [−0,218; 0,005] |
> | $\hat{\lambda}_{11}^{AB}$ | −0,168 | 0,057 | [−0,280; −0,057] |
> | $\hat{\lambda}_{11}^{BC}$ | 0,063 | 0,057 | [−0,048; 0,175] |
> | $\hat{\lambda}_{11}^{AC}$ | −0,141 | 0,057 | [−0,252; −0,029] |
> | $\hat{\lambda}_{1}^{A}$ | −0,667 | 0,057 | [−0,779; −0,555] |
> | $\hat{\lambda}_{1}^{B}$ | −0,169 | 0,057 | [−0,281; −0,058] |
> | $\hat{\lambda}_{1}^{C}$ | −0,106 | 0,057 | [−0,218; 0,006] |
>
> Wir kommen zu demselben statistischen Schluss, wenn wir die Gültigkeit des Modells $\ln(\varepsilon_{ijk}) = \lambda + \lambda_i^A + \lambda_j^B + \lambda_k^C + \lambda_{ij}^{AB} + \lambda_{jk}^{BC} + \lambda_{ik}^{AC}$ mit dem Pearson-Test und dem Likelihood-Ratio-Test überprüfen. Anhand beider Tests kann die Nullhypothese der Modellgültigkeit nicht verworfen werden (s. Tab. 20.9). Wir gehen somit davon aus, dass
>
> (1) der Zusammenhang zwischen der Einstellung zur Hautbräune und der Wahl des Lichtschutzfaktors nicht vom Geschlecht moderiert wird,
> (2) der Zusammenhang zwischen Geschlecht und der Wahl des Lichtschutzfaktors nicht von der Einstellung zur Hautbräune abhängt und
>
> **Tabelle 20.9** Modellgüte verschiedener hierarchischer log-linearer Modelle für die Kontingenztabelle in Tabelle 20.3: Werte der Pearson-Teststatistik (*PE*) und des Likelihood-Ratio-Tests (*LR*)
>
> | Modell | df | PE-Wert (p-Wert) | LR-Wert (p-Wert) |
> |---|---|---|---|
> | (a) $\ln(\varepsilon_{ijk}) = \lambda + \lambda_i^A + \lambda_j^B + \lambda_k^C + \lambda_{ij}^{AB} + \lambda_{jk}^{BC} + \lambda_{ik}^{AC}$ | 1 | 3,550 (0,060) | 3,562 (0,051) |
> | (b) $\ln(\varepsilon_{ijk}) = \lambda + \lambda_i^A + \lambda_j^B + \lambda_k^C + \lambda_{ij}^{AB} + \lambda_{jk}^{BC}$ | 2 | 8,025 (0,018) | 7,996 (0,018) |
> | (c) $\ln(\varepsilon_{ijk}) = \lambda + \lambda_i^A + \lambda_j^B + \lambda_k^C + \lambda_{ij}^{AB} + \lambda_{ik}^{AC}$ | 2 | 11,618 (0,003) | 11,672 (0,003) |
> | (d) $\ln(\varepsilon_{ijk}) = \lambda + \lambda_i^A + \lambda_j^B + \lambda_k^C + \lambda_{jk}^{BC} + \lambda_{ik}^{AC}$ | 2 | 11,039 (0,004) | 11,149 (0,004) |
> | (e) $\ln(\varepsilon_{ijk}) = \lambda + \lambda_i^A + \lambda_j^B + \lambda_k^C$ | 4 | 27,392 (< 0,001) | 27,205 (< 0,001) |

(3) der Zusammenhang zwischen Geschlecht und der Einstellung zur Hautbräune unabhängig vom gewählten Lichtschutzfaktor ist.

In einem weiteren Schritt interessieren wir uns dafür, ob die bedingten bivariaten Zusammenhänge bedeutsam sind, ob also die Parameter λ_{ij}^{AB}, λ_{jk}^{BC} und λ_{ik}^{AC} bedeutsam von 0 verschieden sind. Gemäß den Ergebnissen in Tabelle 20.9 muss das Modell $\ln(\varepsilon_{ijk}) = \lambda + \lambda_i^A + \lambda_j^B + \lambda_k^C$ (Modell e) verworfen werden ($\alpha = 0{,}05$). Dieser Modelltest überprüft die simultane Hypothese, dass $\lambda_{ij}^{AB} = \lambda_{jk}^{BC} = \lambda_{ik}^{AC} = 0$. Diese Hypothese wird bereits dann verworfen, wenn einer der drei Parameter von 0 verschieden ist. Testet man jeden Parameter einzeln, müssen auch diese drei Modelle (b, c, d) verworfen werden. Das Modell $\ln(\varepsilon_{ijk}) = \lambda + \lambda_i^A + \lambda_j^B + \lambda_k^C + \lambda_{ij}^{AB} + \lambda_{jk}^{BC} + \lambda_{ik}^{AC}$ (Modell a) ist daher das sparsamste passende hierarchische log-lineare Modell für diese Kontingenztabelle.

Die von diesem Modell implizierte Tabelle der erwarteten Häufigkeiten ist in Tabelle 20.10 angegeben. Diese erwarteten Häufigkeiten wurden mit dem Statistikprogramm SPSS berechnet. Aufbauend auf diesen erwarteten Häufigkeiten lassen sich die Parameter für die bedingten bivariaten Zusammenhänge schätzen. Hierbei machen wir wieder von der Eigenschaft Gebrauch, dass bei restringierten Modellen die Parameter auf Grundlage der modellkonformen erwarteten Häufigkeiten geschätzt werden.

Bei restringierten Modellen werden daher in den Bestimmungsgleichungen die beobachteten Häufigkeiten einfach durch die erwarteten Häufigkeiten ersetzt. Wir berechnen zunächst den Parameter des multiplikativen Modells:

$$\hat{\gamma}_{11}^{AB} = \sqrt[8]{\frac{e_{111} \cdot e_{221}}{e_{121} \cdot e_{211}} \cdot \frac{e_{112} \cdot e_{222}}{e_{122} \cdot e_{212}}}$$

$$= \sqrt[8]{\frac{18{,}188 \cdot 91{,}188}{25{,}812 \cdot 117{,}812} \cdot \frac{20{,}812 \cdot 109{,}812}{49{,}188 \cdot 85{,}188}}$$

$$= \sqrt[8]{0{,}545 \cdot 0{,}545} = 0{,}859$$

Der Wert des Parameters ist kleiner als 1. Dies zeigt, dass es einen negativen bedingten Zusammenhang zwischen der Einstellung zur Hautbräune und der Wahl des Lichtschutzfaktors gibt. Personen, die eine positive Einstellung zur Hautbräune haben, tendieren im Vergleich zu Personen, die eine negative Einstellung zur Hautbräune haben, eher dazu, einen geringeren Lichtschutzfaktor zu wählen. Das bedingte Odds-Ratio nimmt einen Wert von 0,545 an. Den geschätzten Parameter des additiven Modells erhält man, indem man den geschätzten Parameter des multiplikativen Modells logarithmiert. Hieraus ergibt sich ein Wert von $\hat{\lambda}_{11}^{AB} = -0{,}152$. Der negative Wert zeigt den negativen Zusammenhang an.

Tabelle 20.10 Zusammenhang zwischen wahrgenommener Attraktivität der Hautbräune (A), Wahl eines Lichtschutzfaktors (B) und Geschlecht (C): Erwartete Häufigkeiten für das log-lineare Modell $\ln(\varepsilon_{ijk}) = \lambda + \lambda_i^A + \lambda_j^B + \lambda_k^C + \lambda_{ij}^{AB} + \lambda_{jk}^{BC} + \lambda_{ik}^{AC}$

		Geschlecht (C)			
		Frau		Mann	
		LSF (B)		LSF (B)	
		gering	hoch	gering	hoch
Attraktivität der Hautbräune (A)	gering	18,188	25,812	20,812	49,188
	hoch	117,812	91,188	85,188	109,812

Für die beiden anderen Parameter erhält man folgende geschätzte Werte:

$$\hat{\gamma}_{11}^{BC} = \sqrt[8]{\prod_{i=1}^{2} \frac{e_{i11} \cdot e_{i22}}{e_{i12} \cdot e_{i21}}} = \sqrt[8]{\frac{e_{111} \cdot e_{122}}{e_{112} \cdot e_{121}} \cdot \frac{e_{211} \cdot e_{222}}{e_{212} \cdot e_{221}}}$$

$$= \sqrt[8]{\frac{18{,}188 \cdot 49{,}188}{20{,}812 \cdot 25{,}812} \cdot \frac{117{,}812 \cdot 109{,}812}{85{,}188 \cdot 91{,}188}}$$

$$= \sqrt[8]{1{,}665 \cdot 1{,}665} = 1{,}136$$

bzw. $\hat{\lambda}_{11}^{BC} = \ln(\hat{\gamma}_{11}^{BC}) = \ln(1{,}136) = 0{,}128$ und

$$\hat{\gamma}_{11}^{AC} = \sqrt[8]{\prod_{j=1}^{2} \frac{e_{1j1} \cdot e_{2j2}}{e_{1j2} \cdot e_{2j1}}} = \sqrt[8]{\frac{e_{111} \cdot e_{212}}{e_{112} \cdot e_{211}} \cdot \frac{e_{121} \cdot e_{222}}{e_{122} \cdot e_{221}}}$$

$$= \sqrt[8]{\frac{18{,}188 \cdot 85{,}188}{20{,}812 \cdot 117{,}812} \cdot \frac{25{,}812 \cdot 109{,}812}{49{,}188 \cdot 91{,}188}}$$

$$= \sqrt[8]{0{,}632 \cdot 0{,}632} = 0{,}892$$

bzw. $\hat{\lambda}_{11}^{AC} = \ln(\hat{\gamma}_{11}^{AC}) = \ln(0{,}892) = -0{,}114$

Diese Koeffizienten zeigen, dass es einen positiven Zusammenhang zwischen dem Geschlecht und der Wahl des Lichtschutzfaktors gibt ($\hat{\lambda}_{11}^{BC} = 0{,}128$), und zwar derart, dass Männer tendenziell einen höheren Lichtschutzfaktor wählen als Frauen ($OR = 1{,}665$). Darüber hinaus gibt es einen negativen Zusammenhang zwischen dem Geschlecht und der Einstellung zur Hautbräune ($\hat{\lambda}_{11}^{AC} = -0{,}114$). Frauen haben eine positivere Einstellung zur Hautbräune als Männer.

Die Parameter γ_i^A, γ_j^B und γ_k^C bzw. λ_i^A, λ_j^B und λ_k^C interessieren im vorliegenden Beispiel inhaltlich wenig, da die Verteilung einer Variablen bedeutsam von den Ausprägungen der anderen Variablen abhängt. Für ihre Schätzung sei daher auf Übung 4 verwiesen. Da wir ein multinomiales Erhebungsschema gewählt haben, sind darüber hinaus die Parameter γ und λ inhaltlich wenig aussagekräftig.

20.5.4 Das log-lineare Modell für eine $I \times J \times K$-Kontingenztabelle

Für den allgemeinen Fall einer $I \times J \times K$-Tabelle, d. h. für den Fall von drei Variablen mit mehr als zwei Kategorien, lassen sich die Koeffizienten des multiplikativen Modells wie folgt bestimmen, wobei wir für jede Parameterklasse nur einen Koeffizienten präsentieren (Andreß et al., 1997):

$$\hat{\gamma} = \sqrt[I \cdot J \cdot K]{\prod_{i=1}^{I} \prod_{j=1}^{J} \prod_{k=1}^{K} n_{ijk}}$$

$$\hat{\gamma}_i^A = \frac{\sqrt[J \cdot K]{\prod_{j=1}^{J} \prod_{k=1}^{K} n_{ijk}}}{\hat{\gamma}}$$

$$\hat{\gamma}_{ij}^{AB} = \frac{\sqrt[K]{\prod_{k=1}^{K} n_{ijk}}}{\hat{\gamma} \cdot \hat{\gamma}_i^A \cdot \hat{\gamma}_j^B}$$

$$\hat{\gamma}_{ijk}^{ABC} = \frac{n_{ijk}}{\hat{\gamma} \cdot \hat{\gamma}_i^A \cdot \hat{\gamma}_j^B \cdot \hat{\gamma}_k^C \cdot \hat{\gamma}_{ij}^{AB} \cdot \hat{\gamma}_{jk}^{BC} \cdot \hat{\gamma}_{ik}^{AC}}$$

20.6 Logit-Modell

Das log-lineare Modell untersucht ungerichtete Zusammenhänge. Es ist ein symmetrisches Modell, in dem alle Zusammenhänge zwischen allen Variablen gleichberechtigt sind. Häufig ist man aber nicht an all diesen Zusammenhängen interessiert, sondern v. a. an der Variation eines Merkmals. In unserem Beispiel des Sonnenschutzverhaltens ist man z. B. primär daran interessiert, Unterschiede in der Wahl des Lichtschutzfaktors zu erklären, und man möchte wissen, inwieweit das Sonnenschutzverhalten von der Einstellung zur Hautbräune, dem Geschlecht und der Interaktion zwischen Einstellung und Geschlecht abhängt. In diesem Fall ist das Sonnenschutzverhalten die abhängige Variable, das Geschlecht und die Einstellung sind die unabhängigen Variablen. Von Interesse sind somit gerichtete Beziehungen.

Das Logit-Modell erlaubt eine solche Analyse. Es ist ein Modell, in dem die Variation in einer kategorialen abhängigen Variablen auf die Variation in kategorialen unabhängigen Variablen zurückgeführt wird. Es ist das Pendant zur Varianzanalyse, wenn kategoriale abhängige Variablen vorliegen. Während die Varianzanalyse metrische stetige abhängige Variablen voraussetzt, geht das Logit-Modell von kategorialen abhängigen Variablen aus. In Bezug auf die unabhängigen Variablen sind die Voraussetzungen in beiden Fällen dieselben, es wird von kategorialen unabhängigen Variablen ausgegangen.

Der Logit und seine Zerlegung

Ausgangspunkt des Logit-Modells ist der Logit. Der Logit ist das logarithmierte Verhältnis zweier Wahrscheinlichkeiten, und zwar der Wahrscheinlichkeiten der Kategorien einer kategorialen Variablen. Greifen wir auf unser Beispiel des Sonnenschutzverhaltens zurück und betrachten den Fall einer $2 \times 2 \times 2$-Tabelle, also der Vorhersage der Wahl des Lichtschutzfaktors (Variable B) durch die Einstellung zur Attraktivität brauner Haut (Variable A) und das Geschlecht (Variable C). Die Wahrscheinlichkeit π_{i1k} bezeichnet die Wahrscheinlichkeit, dass Personen, die der i-ten Kategorie der Variablen A und der k-ten Kategorie der Variablen C angehören, den geringeren Lichtschutzfaktor wählen. Die Gegenwahrscheinlichkeit $\pi_{i2k} = 1 - \pi_{i1k}$ ist die Wahrscheinlichkeit, dass Personen, die der i-ten Kategorie der Variablen A und der k-ten Kategorie der Variablen C angehören, den höheren Lichtschutzfaktor wählen. Das Verhältnis beider Wahrscheinlichkeiten π_{i1k}/π_{i2k} bezeichnet die Chance, den geringeren im Vergleich zum höheren Lichtschutzfaktor zu wählen, und zwar innerhalb der Kombination (i, k) der beiden anderen Variablen. In unserem Beispiel ist die Chance ein Maß für das Risikoverhalten (Wahrscheinlichkeit der Wahl des geringeren Lichtschutzfaktors relativiert an der Wahrscheinlichkeit der Wahl eines höheren Lichtschutzfaktors). Je höher die Chance ausgeprägt ist, umso wahrscheinlicher ist die Wahl eines geringeren Lichtschutzfaktors im Verhältnis zur Wahl eines höheren Lichtschutzfaktors. Logarithmiert man die Chance, erhält man den Logit $\ln(\pi_{i1k}/\pi_{i2k})$.

In unserem Beispiel einer $2 \times 2 \times 2$-Tabelle hat dieser Logit vier Ausprägungen, und zwar für jede der vier Kombinationen, die sich aus den beiden Einstellungs- und den beiden Geschlechtsgruppen ergeben. Von Interesse ist nun, worauf die Variation dieser vier Logit-Werte zurückgeführt werden kann und inwieweit die beiden unabhängigen Variablen und ihre Interaktion hierzu Beiträge leisten können. Um diese Frage untersuchen zu können, greift man darauf zurück, dass sich die beiden logarithmierten Wahrscheinlichkeiten π_{i1k} und π_{i2k} im log-linearen Modell in Parameter zerlegen lassen, die diese Einflussgrößen repräsentieren. Für eine $2 \times 2 \times 2$-Tabelle ergibt sich das zu Gleichung F 20.40 korrespondierende additive log-lineare Modell auf Ebene der Population wie folgt:

$$\ln(\varepsilon_{ijk}) = \ln(n \cdot \pi_{ijk}) = \lambda + \lambda_i^A + \lambda_j^B + \lambda_k^C + \lambda_{ij}^{AB}$$
$$+ \lambda_{jk}^{BC} + \lambda_{ik}^{AC} + \lambda_{ijk}^{ABC} \quad \text{(F 20.41)}$$

Um diese Gleichung nach π_{ijk} auflösen zu können, machen wir von folgender Rechenregel für Logarithmen und zwei reelle Zahlen a und b Gebrauch:

$$\ln(a \cdot b) = \ln(a) + \ln(b)$$

Wendet man diese Rechenregel auf Gleichung F 20.41 an, erhält man:

$$\ln(n \cdot \pi_{ijk}) = \ln(n) + \ln(\pi_{ijk}) = \lambda + \lambda_i^A + \lambda_j^B + \lambda_k^C + \lambda_{ij}^{AB}$$
$$+ \lambda_{jk}^{BC} + \lambda_{ik}^{AC} + \lambda_{ijk}^{ABC}$$

Durch Umstellen ergibt sich:

$$\ln(\pi_{ijk}) = \lambda + \lambda_i^A + \lambda_j^B + \lambda_k^C + \lambda_{ij}^{AB} + \lambda_{jk}^{BC}$$
$$+ \lambda_{ik}^{AC} + \lambda_{ijk}^{ABC} - \ln(n)$$

Nach der Rechenregel $\ln(a/b) = \ln(a) - \ln(b)$ gilt ebenfalls: $\ln(\pi_{i1k}/\pi_{i2k}) = \ln(\pi_{i1k}) - \ln(\pi_{i2k})$. Somit erhält man für den Logit folgende Zerlegung, wenn man auf das log-lineare Modell zurückgreift:

$$\ln \frac{\pi_{i1k}}{\pi_{i2k}} = \ln(\pi_{i1k}) - \ln(\pi_{i2k})$$
$$= \lambda + \lambda_i^A + \lambda_1^B + \lambda_k^C + \lambda_{i1}^{AB} + \lambda_{1k}^{BC} + \lambda_{ik}^{AC} + \lambda_{i1k}^{ABC}$$
$$- \ln(n) - [\lambda + \lambda_i^A + \lambda_2^B + \lambda_k^C + \lambda_{i2}^{AB}$$
$$+ \lambda_{2k}^{BC} + \lambda_{ik}^{AC} + \lambda_{i2k}^{ABC} - \ln(n)]$$
$$= \lambda + \lambda_i^A + \lambda_1^B + \lambda_k^C + \lambda_{i1}^{AB} + \lambda_{1k}^{BC} + \lambda_{ik}^{AC} + \lambda_{i1k}^{ABC}$$
$$- \ln(n) - \lambda - \lambda_i^A - \lambda_2^B - \lambda_k^C - \lambda_{i2}^{AB} - \lambda_{2k}^{BC}$$
$$- \lambda_{ik}^{AC} - \lambda_{i2k}^{ABC} + \ln(n)$$
$$= (\lambda_1^B - \lambda_2^B) + (\lambda_{i1}^{AB} - \lambda_{i2}^{AB}) + (\lambda_{1k}^{BC} - \lambda_{2k}^{BC})$$
$$+ (\lambda_{i1k}^{ABC} - \lambda_{i2k}^{ABC}) \quad \text{(F 20.42)}$$

Interessanterweise fallen bei der Zerlegung des Logits somit alle Parameter aus der Gleichung, in denen die Variable B nicht vorkommt. Im nächsten Schritt definiert man die neuen Parameter:

$$\omega_1^B = (\lambda_1^B - \lambda_2^B), \quad \omega_{i1}^{AB} = (\lambda_{i1}^{AB} - \lambda_{i2}^{AB}),$$
$$\omega_{1k}^{BC} = (\lambda_{1k}^{BC} - \lambda_{2k}^{BC}) \quad \text{und} \quad \omega_{i1k}^{ABC} = (\lambda_{i1k}^{ABC} - \lambda_{i2k}^{ABC})$$

Man erhält dann das Logit-Modell in einer vereinfachten Schreibweise:

$$\ln \frac{\pi_{i1k}}{\pi_{i2k}} = \omega_1^B + \omega_{i1}^{AB} + \omega_{1k}^{BC} + \omega_{i1k}^{ABC} \qquad \text{(F 20.43)}$$

Da die Gleichheit $\ln(\pi_{i1k}/\pi_{i2k}) = \ln(\varepsilon_{i1k}/\varepsilon_{i2k})$ gilt, lässt sich das Logit-Modell auch anhand der erwarteten Häufigkeiten formulieren:

$$\ln \frac{\varepsilon_{i1k}}{\varepsilon_{i2k}} = \omega_1^B + \omega_{i1}^{AB} + \omega_{1k}^{BC} + \omega_{i1k}^{ABC} \qquad \text{(F 20.44)}$$

Die Parameter des Logit-Modells lassen sich somit einfach aus den Parametern des log-linearen Modells schätzen. Im Fall einer $2\times 2\times 2$-Tabelle ist dies besonders einfach möglich, da gilt:

$$\lambda_2^B = -\lambda_1^B, \quad \lambda_{i2}^{AB} = -\lambda_{i1}^{AB},$$
$$\lambda_{2k}^{BC} = -\lambda_{1k}^{BC} \quad \text{und} \quad \lambda_{i2k}^{ABC} = -\lambda_{i1k}^{ABC}$$

Daher ergibt sich:

$$\omega_1^B = 2\cdot \lambda_1^B, \quad \omega_{i1}^{AB} = 2\cdot \lambda_{i1}^{AB},$$
$$\omega_{1k}^{BC} = 2\cdot \lambda_{1k}^{BC} \quad \text{und} \quad \omega_{i1k}^{ABC} = 2\cdot \lambda_{i1k}^{ABC} \qquad \text{(F 20.45)}$$

Zur Parameterschätzung, Signifikanztestung und Modelltestung können daher die entsprechenden Ansätze der log-linearen Analyse herangezogen werden. Passt ein restringiertes log-lineares Modell auf die Daten, würde man dem Logit-Modell entsprechend das restringierte Modell zugrunde legen.

Beispiel

Sonnenschutzverhalten: Logit-Modell

Für unser Beispiel des Sonnenschutzverhaltens erhalten wir auf Grundlage der Parameterschätzungen in Tabelle 20.8 des saturierten log-linearen Modells folgendes saturierte Logit-Modell für die abhängige Variable »Lichtschutzfaktor«:

$$\ln \frac{\hat{\varepsilon}_{i1k}}{\hat{\varepsilon}_{i2k}} = \ln \frac{n_{i1k}}{n_{i2k}} = \hat{\omega}_1^B + \hat{\omega}_{i1}^{AB} + \hat{\omega}_{1k}^{BC} + \hat{\omega}_{i1k}^{ABC}$$

Wie beim log-linearen Modell reicht es aus, jeweils einen Parameter jeder Gruppe zu schätzen, und man erhält aus den Ergebnissen in Tabelle 20.8: $\hat{\omega}_1^B = -0{,}338$, $\hat{\omega}_{11}^{AB} = -0{,}336$, $\hat{\omega}_{11}^{BC} = 0{,}126$ und $\hat{\omega}_{111}^{ABC} = -0{,}214$. Die Interpretation folgt der Interpretation der Parameter des log-linearen Modells. Da der Parameter höchster Ordnung im log-linearen Modell nicht bedeutsam von 0 verschieden ist, gilt dies auch für den Parameter $\hat{\omega}_{i1k}^{ABC}$.

Zusammenfassung

▶ Log-lineare Modelle dienen zur Analyse multidimensionaler Kontingenztabellen.

▶ Mit log-linearen Modellen können Scheinkorrelationen und maskierte Zusammenhänge bei kategorialen Variablen aufgedeckt werden.

▶ Das Simpson-Paradox bezeichnet den Sachverhalt, dass sich der Zusammenhang zweier Variablen verändern kann, wenn er als bedingter Zusammenhang, gegeben die Ausprägungen einer dritten Variablen, bestimmt wird. Es beschreibt das Phänomen, dass der Zusammenhang in der Gesamtpopulation selbst dann nicht dem mittleren Zusammenhang in zwei Teilpopulationen entsprechen muss, wenn der Zusammenhang in beiden Gruppen gleich ist und die Gesamtpopulation sich vollständig in die beiden Teilpopulationen zerlegen lässt.

▶ In einem log-linearen Modell führt man Unterschiede in den Zellhäufigkeiten auf unterschiedliche Quellen der Variation zurück. Diese Quellen sind zum einen Unterschiede in den mittleren Häufigkeiten der Kategorien, die zu einer Variablen gehören, zum anderen Zusammenhänge zwischen den Variablen.

▶ Im multiplikativen log-linearen Modell werden die erwarteten Zellhäufigkeiten in das Produkt der log-linearen Parameter zerlegt.

- Im multiplikativen log-linearen Modell für eine 2×2-Tabelle ist der Parameter höchster Ordnung nur vom Kreuzproduktverhältnis bzw. dem Odds-Ratio abhängig. Ein Wert des Parameters γ_{ij}^{AB}, der größer als 1 ist, beschreibt einen positiven Zusammenhang, ein Wert kleiner als 1 einen negativen Zusammenhang. Ein Wert, der gleich 1 ist, zeigt die Unabhängigkeit beider Variablen an. Die Parameter γ_i^A und γ_j^B repräsentieren Unterschiede in den mittleren Besetzungen der Kategorien einer Variablen. Der Parameter γ hängt nur von den erwarteten Zellhäufigkeiten ab.
- Im additiven Modell werden die logarithmierten erwarteten Häufigkeiten in die Summe der log-linearen Parameter zerlegt. Man erhält die Parameter des additiven Modells durch Logarithmieren der Parameter des multiplikativen Modells.
- Im log-linearen Modell mit einer Referenzkategorie repräsentieren die Parameter Kontraste zu den gewählten Referenzkategorien.
- Beim log-linearen Modell unterscheidet man im Allgemeinen drei Arten der Stichprobenziehung: (1) das multinomiale Erhebungsschema, (2) das produkt-multinomiale Erhebungsschema und (3) das Poisson-Erhebungsschema.
- Beim multinomialen Erhebungschema zieht man eine Stichprobe vorgegebener Größe und bestimmt die Häufigkeiten in den einzelnen Zellen.
- Das produkt-multinomiale Erhebungsschema unterscheidet sich vom multinomialen Erhebungsschema darin, dass die Randverteilung einer der beiden Variablen nicht frei variieren kann, sondern vorher festgelegt wird.
- Beim Poisson-Erhebungsschema liegt die Größe der Stichprobe vorher nicht fest, sondern ist das Ergebnis einer Untersuchung, bei der man in einem Zeitabschnitt Daten erhebt.
- Zur Überprüfung der Modellgültigkeit können der Pearson-χ^2-Test und der Likelihood-Ratio-Test herangezogen werden. Die Freiheitsgrade ergeben sich aus der Anzahl der Zellen minus der Anzahl zu schätzender Parameter.
- Im Gleichverteilungsmodell wird angenommen, dass alle Zellen die gleiche Wahrscheinlichkeit aufweisen.
- Im Unabhängigkeitsmodell sind die betrachteten Variablen unabhängig voneinander.
- Das saturierte Modell enthält alle möglichen Modellparameter. Bei ihm sind die erwarteten Häufigkeiten mit den beobachteten Häufigkeiten identisch.
- Anhand des Likelihood-Ratio-Tests können Modelle gegeneinander getestet werden, die ineinander geschachtelt sind. Ein (restriktiveres) Modell ist in ein anderes (allgemeineres) Modell geschachtelt, wenn es durch spezifische Restriktionen aus dem allgemeineren Modell hervorgeht.
- Im log-linearen Modell für eine $2\times 2\times 2$-Tabelle repräsentiert der Parameter höchster Ordnung Unterschiede im Zusammenhang zweier Variablen in Abhängigkeit von der Ausprägung einer dritten Variablen. Die Parameter, die den Zusammenhang zweier Variablen widerspiegeln, hängen vom gemittelten Zusammenhang zweier Variablen ab, wobei die (geometrische) Mittelung über die Ausprägungen der dritten Variablen erfolgt.
- Das Logit-Modell ist ein Modell, in dem die Variation in einer kategorialen abhängigen Variablen auf die Variation in kategorialen unabhängigen Variablen zurückgeführt wird.
- Der Logit ist das logarithmierte Verhältnis der Wahrscheinlichkeiten zweier Kategorien einer kategorialen Variablen.
- Die Parameter des Logit-Modells können anhand der Parameter des log-linearen Modells bestimmt werden.

Fragen und Übungsaufgaben

Fragen

(1) Zur Auswertung welcher Fragestellungen braucht man log-lineare Modelle?
(2) Was versteht man unter dem Simpson-Paradox?
(3) Wie ist das multiplikative log-lineare Modell für eine 2×2-Tabelle definiert?
(4) Wie ist das additive log-lineare Modell für eine 2×2-Tabelle definiert?
(5) Wie erhält man das additive log-lineare Modell für eine 2×2-Tabelle aus dem multiplikativen Modell?
(6) Wie hängt der Koeffizient $\hat{\gamma}_{ij}^{AB}$ im log-linearen Modell für eine 2×2-Tabelle mit dem Kreuzproduktverhältnis zusammen?
(7) Was versteht man unter einem
   (a) multinomialen Erhebungsschema,
   (b) produkt-multinomialen Erhebungsschema,
   (c) Poisson-Erhebungsschema?
(8) Wie lautet das Gleichverteilungsmodell für eine 2×2-Tabelle?
(9) Wie lautet das Unabhängigkeitsmodell für eine 2×2-Tabelle?
(10) Wie kann man anhand des Likelihood-Ratio-Differenzen-Tests Modellvergleiche durchführen?
(11) Was versteht man unter hierarchischen log-linearen Modellen?
(12) Was versteht man unter Ockhams Rasiermesser (Occam's Razor)?
(13) Wie ist das multiplikative log-lineare Modell für eine $2\times 2\times 2$-Tabelle definiert?
(14) Wie ist das additive log-lineare Modell für eine $2\times 2\times 2$-Tabelle definiert?
(15) Wie kann man mit einem log-linearen Modell für eine $2\times 2\times 2$-Tabelle Scheinzusammenhänge aufdecken?
(16) Was versteht man unter strukturellen Nullzellen, was unter Stichproben-Nullzellen?

Übungsaufgaben

(1) Zeigen Sie, dass im log-linearen Modell basierend auf einer Referenzkategorie

$$\hat{\delta}_{11}^{AB} = \ln\left(\frac{n_{11}\cdot n_{22}}{n_{12}\cdot n_{21}}\right)$$

gelten muss.

(2) Zeigen Sie, dass im Unabhängigkeitsmodell für eine 2×2-Tabelle alle Koeffizienten $\hat{\gamma}_{ij}^{AB}$ den Wert 1 annehmen müssen.

(3) Berechnen Sie die Werte der Pearson-Teststatistik und des Likelihood-Ratio-Tests für das Modell $\ln(\varepsilon_{ijk}) = \lambda + \lambda_i^A + \lambda_j^B + \lambda_k^C + \lambda_{ij}^{AB} + \lambda_{jk}^{BC} + \lambda_{ik}^{AC}$ und die Daten in Tabelle 20.3.

(4) Schätzen Sie die Parameter λ_i^A, λ_j^B und λ_k^C für das Modell $\ln(\varepsilon_{ijk}) = \lambda + \lambda_i^A + \lambda_j^B + \lambda_k^C + \lambda_{ij}^{AB} + \lambda_{jk}^{BC} + \lambda_{ik}^{AC}$ anhand der Daten in Tabelle 20.10.

(5) Bestimmen sie alle hierarchischen additiven log-linearen Modelle für die $2\times 2\times 2$-Tabelle. Stellen Sie die Modelle als Populationsmodelle dar.

21 Logistische Regressionsanalyse

Was Sie in diesem Kapitel lernen

▶ Wie kann man Unterschiede in einer kategorialen abhängigen Variablen auf Unterschiede in einer oder mehreren unabhängigen Variablen zurückführen?

▶ Wie lässt sich die Idee der multiplen Regressionsanalyse auf kategoriale abhängige Variablen übertragen?

▶ Woran erkennt man die Güte einer Klassifikation?

▶ Inwieweit hängt die Lebenszufriedenheit von positiven und negativen täglichen Ereignissen ab?

Im letzten Kapitel haben wir das log-lineare Modell kennengelernt, das wir heranziehen können, um Zusammenhänge zwischen kategorialen Variablen zu analysieren. Im log-linearen Modell wird keine Unterscheidung zwischen abhängigen und unabhängigen Variablen getroffen; es ist ein Modell für ungerichtete Zusammenhänge. Wir haben darüber hinaus gesehen, dass sich auf der Grundlage eines log-linearen Modells auch ein Logit-Modell definieren lässt. Im Logit-Modell werden Unterschiede in einer abhängigen kategorialen Variablen auf Unterschiede in einer oder mehreren unabhängigen kategorialen Variablen zurückgeführt. Wie geht man aber vor, wenn die abhängige Variable kategorialer Natur ist und die unabhängigen Variablen alle oder teilweise metrischer Natur sind? Für solche Fragestellungen ist die logistische Regressionsanalyse geeignet. Sie stellt das Pendant zur multiplen Regressionsanalyse dar, die für metrische abhängige Variablen entwickelt wurde (Kap. 18). Wir werden die logistische Regressionsanalyse ausführlich für dichotome (zweiwertige) Variablen darstellen und anschließend zeigen, wie dieser Ansatz auf den Fall einer mehrkategorialen abhängigen Variablen mit geordneten oder ungeordneten Kategorien übertragen werden kann.

21.1 Grundidee der logistischen Regressionsanalyse für dichotome abhängige Variablen

Dichotome Variablen können nur zwei Werte annehmen. Beispiele für solche Variablen sind die Lösung einer Aufgabe (Kategorien: gelöst, nicht gelöst), die Symptombelastung (Kategorien: Symptom liegt vor, Symptom liegt nicht vor) oder die Antwort auf eine Behauptung, mit der eine Einstellung gemessen wird (Kategorien: trifft zu, trifft nicht zu). Wie in der multiplen Regressionsanalyse gehen wir davon aus, dass interindividuelle Unterschiede in der abhängigen Variablen nicht perfekt aufgrund individueller Unterschiede in der unabhängigen Variablen vorhergesagt bzw. erklärt werden können, sondern dass wir die Ausprägung der abhängigen Variablen nur mit einer bestimmten Unsicherheit vorhersagen können. Diese Unsicherheit wird in der logistischen Regressionsanalyse dadurch berücksichtigt, dass die Wahrscheinlichkeit, ein bestimmtes Verhalten zu zeigen (z. B. eine bestimmte Kategorie zu wählen), betrachtet wird. In der logistischen Regressionsanalyse ist die Wahrscheinlichkeit, mit der eine bestimmte Kategorie gewählt wird, eine Funktion der unabhängigen Variablen. Diese Wahrscheinlichkeit kann mit der Zunahme der Werte der unabhängigen Variablen ansteigen (positiver Zusammenhang), abfallen (negativer Zusammenhang) oder gleich bleiben (Unabhängigkeit).

Wir werden die logistische Regression zunächst für den einfachsten Fall einer unabhängigen Variablen (einfache logistische Regressionsanalyse) und verschiedene Formen der Modelldarstellung behandeln. Wir beziehen uns dabei auf das Populationsmodell und zeigen anschließend, wie die Parameter geschätzt und Hypothesen überprüft werden können.

21.1.1 Einfache logistische Regressionsanalyse

Die logistische Regressionsanalyse lässt sich in drei Formen darstellen: In der ersten Darstellungsform betrachtet man die Wahrscheinlichkeit einer Kategorie der abhängigen Variablen als Funktion der unabhängigen Variablen. In der zweiten Darstellungsform bildet man den Wettquotienten (s. Kap. 15.3.3) und modelliert ihn als Funktion der unabhängigen Variablen. In der dritten Darstellungsform wird der Logit (s. Abschn. 20.6) in eine Linearkombination der unabhängigen Variablen zerlegt.

Darstellung in Form bedingter Wahrscheinlichkeiten

Im Falle einer dichotomen abhängigen Variablen Y können den Kategorien beliebige Werte zugewiesen werden, sofern sie sich zwischen den beiden Kategorien unterscheiden. Wir wählen daher die einfachste Zuordnung, indem wir einer Kategorie den Wert 0, der anderen Kategorie den Wert 1 zuordnen. In der logistischen Regressionsanalyse mit einer einzigen unabhängigen Variablen X werden die bedingten Wahrscheinlichkeiten $P(Y=1|X=x)$ und $P(Y=0|X=x)$ betrachtet. $P(Y=1|X=x)$ ist also die Wahrscheinlichkeit, mit der eine Person auf der Variablen Y den Wert $y=1$ erhält, wenn sie auf der Variablen X den Wert x aufweist. $P(Y=0|X=x)$ ist die entsprechende bedingte Wahrscheinlichkeit für die Kategorie mit dem Wert $y=0$. Wenn die beiden Kategorien einander ausschließen, was bei der logistischen Regression vorausgesetzt wird, dann ist $P(Y=0|X=x)$ die Gegenwahrscheinlichkeit zu $P(Y=1|X=x)$ und es gilt:

$$P(Y=1|X=x) = 1 - P(Y=0|X=x)$$

Es reicht daher, nur eine der beiden Wahrscheinlichkeiten zu modellieren. Üblicherweise weist man der Kategorie, die von besonderem Interesse ist (z. B. Lösung einer Aufgabe, Zustimmung zu einer Aussage etc.), den Wert 1 zu und beschränkt sich auf die bedingte Wahrscheinlichkeitsfunktion $P(Y=1|X)$. Die bedingte Wahrscheinlichkeitsfunktion $P(Y=1|X)$ weist jedem Wert x von X den Wert $P(Y=1|X=x)$ der bedingten Wahrscheinlichkeit zu.

In der logistischen Regression wird die Abhängigkeit der bedingten Wahrscheinlichkeitsfunktion $P(Y=1|X)$ von der unabhängigen Variablen X durch eine nicht-lineare Funktion beschrieben. Der Grund hierfür ist, dass eine lineare Funktion mit einem gravierenden Problem behaftet wäre: Handelt es sich bei der unabhängigen Variablen X um eine metrische Variable, die in ihrem Wertebereich nicht beschränkt ist, so hätte eine lineare Funktion zur Folge, dass die bedingte Wahrscheinlichkeitsfunktion unterhalb eines bestimmten x-Wertes und oberhalb eines bestimmten x-Wertes den zulässigen Wertebereich der Wahrscheinlichkeit von 0 bis 1 verlassen würde (s. Abb. 21.1). In Abbildung 21.1 hätte z. B. eine Person mit dem Wert $x = 5$ auf der unabhängigen Variablen eine bedingte Wahrscheinlichkeit, die größer als 1 wäre. Dies ist aber theoretisch nicht möglich, da Wahrscheinlichkeiten nur Werte zwischen 0 und 1 annehmen können (s. Abschn. 7.1.5). Um dieses Problem zu beheben, wird die Funktion nun so definiert, dass sie gegen 0 strebt, wenn die Variable X gegen $-\infty$ strebt, und gegen den Wert 1, wenn die Variable X gegen $+\infty$ strebt. Hierzu greift man auf die Exponentialfunktion zurück, da diese vorteilhafte mathematische Eigenschaften hat. Wie bei der einfachen linearen Regression (s. Kap. 16) wird die Funktion durch zwei Parameter bestimmt: (1) einen Parameter (β_0), der zum Ausdruck bringt, dass generell die Wahrscheinlichkeit, eine bestimmte Kategorie zu wählen,

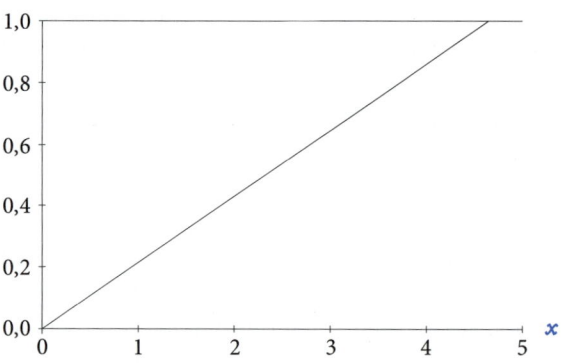

Abbildung 21.1 Abhängigkeit der bedingten Wahrscheinlichkeit von einer metrischen unabhängigen Variablen im linearen Modell

bei $X = 0$ auf einem höheren oder geringeren Niveau liegen kann; (2) einen Parameter (β_1), der anzeigt, wie stark die Wahrscheinlichkeit, die Kategorie zu wählen, mit Zunahme der Werte auf der unabhängigen Variablen ansteigt. Die Funktion lautet:

$$P(Y=1|X) = \frac{e^{\beta_0+\beta_1 \cdot X}}{1+e^{\beta_0+\beta_1 \cdot X}} \qquad \text{(F 21.1)}$$

Die bedingte Wahrscheinlichkeit ist umso größer, je größer β_0 und je größer β_1 ist. In den Abbildungen 21.2 und 21.3 sind die Funktionen für mehrere Parameter β_0 und β_1 angegeben. Die Funktion hat in allen Fällen die charakteristische Form einer logistischen Ogive, die für einen positiven Parameter β_1 gegen den Wert 0 strebt, wenn die Variable X gegen $-\infty$ strebt, und die gegen den Wert 1 strebt, wenn die Variable X gegen ∞ strebt.

Bedeutung von β_0. Der Parameter β_0 bestimmt die Wahrscheinlichkeit $P(Y = 1 | X = 0)$ für den Wert 0 der unabhängigen Variablen X:

$$P(Y=1|X=0) = \frac{e^{\beta_0}}{1+e^{\beta_0}}$$

Je größer β_0 ist, umso größer ist diese Wahrscheinlichkeit. In Abbildung 21.2 sind die bedingten Wahrscheinlichkeitsfunktionen für vier verschiedene Parameter β_0 dargestellt. Der Parameter β_1 wurde für alle vier Kurven der Einfachheit halber auf den Wert 1 festgelegt. Die Abbildung zeigt, dass die Wahrscheinlichkeit $P(Y = 1 | X = 0)$ umso größer ist, je größer der Parameter β_0 ist. Da die Kurven denselben Parameter β_1 haben, schneiden sich die bedingten Wahrscheinlichkeitsfunktionen nicht und sind anhand einer Verschiebung entlang der x-Achse inei-

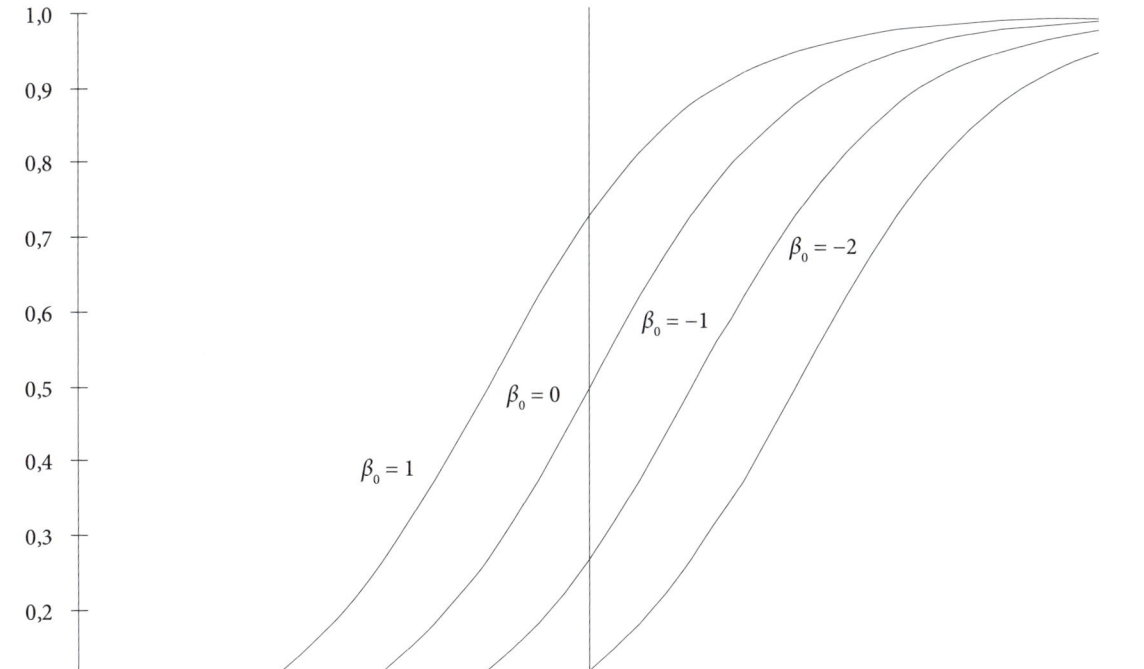

Abbildung 21.2 Abhängigkeit der bedingten Wahrscheinlichkeit von einer metrischen unabhängigen Variablen im logistischen Regressionsmodell: Auswirkungen verschiedener Regressionskonstanten β_0

nander überführbar. Je größer der Parameter β_0 ist, umso weiter links liegt die Kurve. Je nachdem, um welche unabhängige Variable es sich handelt, muss der Wert 0 nicht zwangsläufig ein möglicher oder sinnvoller Wert sein. Will man den Parameter β_0 als Wert der bedingten Wahrscheinlichkeit an der Stelle $X = 0$ interpretieren, bietet es sich an, die Variable X zu zentrieren. Eine zentrierte Variable erhält man, indem man von jedem x-Wert den Mittelwert von X abzieht. Dann hängt der Wahrscheinlichkeitswert, den man für den Mittelwert von X erwartet, nur von β_0 ab.

Bedeutung von β_1. Der Parameter β_1 bestimmt die Steigung der Wahrscheinlichkeitsfunktion und damit, wie stark sich Unterschiede auf der unabhängigen Variablen X auf Unterschiede in den bedingten Wahrscheinlichkeiten auswirken. In Abbildung 21.3 sind die bedingten Wahrscheinlichkeitsfunktionen für fünf verschiedene Werte von β_1 dargestellt. Der Einfachheit halber wurde in allen Fällen $\beta_0 = 0$ gesetzt. Die Abbildung zeigt Folgendes:

▶ Ist der Parameter β_1 größer als 0, so ist die bedingte Wahrscheinlichkeit der Kategorie mit dem Wert 1 eine monoton steigende Funktion der Variablen X. Die Wahrscheinlichkeit strebt asymptotisch dem Wert 0 zu, je kleiner X wird, ohne dass die Wahrscheinlichkeit den Wert 0 je erreichen kann. Die Wahrscheinlichkeitskurve strebt mit größer werdendem X asymptotisch dem Wahrscheinlichkeitswert 1 zu, ohne ihn je zu erreichen.

▶ Ist der Parameter β_1 kleiner als 0, so ist die Wahrscheinlichkeit der Kategorie 1 eine monoton fallende Funktion der Variablen X. Die Wahrscheinlichkeit strebt mit kleiner werdendem X asympto-

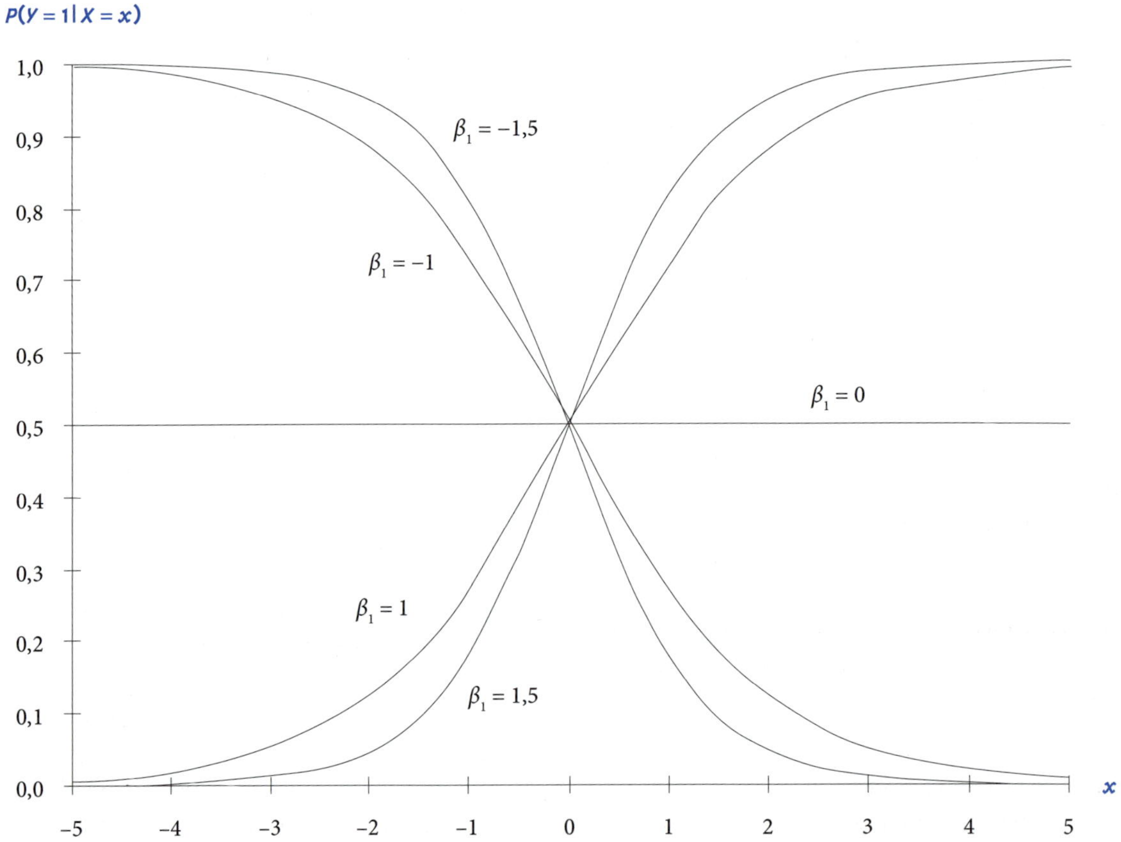

Abbildung 21.3 Abhängigkeit der bedingten Wahrscheinlichkeit von einer metrischen unabhängigen Variablen im logistischen Regressionsmodell: Auswirkungen verschiedener Regressionsgewichte β_1

tisch dem Wert 1 und mit größer werdendem X asymptotisch dem Wert 0 zu.
- Ist der Parameter β_1 gleich 0, dann sind beide Variablen X und Y voneinander unabhängig. Die Wahrscheinlichkeitsfunktion ist dann eine Konstante und verläuft parallel zur x-Achse.
- Unterschiede zwischen zwei x-Werten wirken sich unterschiedlich stark auf Unterschiede in den bedingten Wahrscheinlichkeiten aus. Liegen die x-Werte um den Wendepunkt der Wahrscheinlichkeitsfunktion herum, dann wirkt sich derselbe Unterschied sehr viel deutlicher aus als in den Randbereichen, wo die Wahrscheinlichkeitsfunktion Werte nahe bei 0 oder 1 annimmt.
- Je größer der Betrag von β_1 ist, umso stärker wirken sich Unterschiede zwischen zwei x-Werten,

> **Vertiefung**
>
> ### Einfache logistische Regression und einfache lineare Regression
>
> Wie bei der einfachen linearen Regressionsanalyse für metrische abhängige Variablen (s. Kap. 16) wird auch bei der logistischen Regression der Zusammenhang zwischen der abhängigen und der unabhängigen Variablen durch zwei Parameter bestimmt, die das Niveau bei $X = 0$ und den Anstieg der Funktion festlegen, die die Abhängigkeit zwischen X und Y beschreibt. Wir haben schon gesehen, dass das lineare Regressionsmodell für dichotome abhängige Variablen nicht geeignet ist, da die Werte der bedingten Wahrscheinlichkeitsfunktion auf den Bereich zwischen 0 und 1 eingeschränkt sind. Darüber hinaus gibt es noch zwei weitere Gründe, warum wir die in Kapitel 16 behandelte einfache lineare Regressionsanalyse nicht auf dichotome Variablen anwenden können.
>
> **Normalverteilung der Residuen.** Um die Parameter auf Signifikanz überprüfen zu können, wird bei der Regressionsanalyse für metrische Variablen angenommen, dass die Residuen bedingt normalverteilt sind. Die Normalverteilung setzt stetige Variablen voraus. Dichotome Variablen können aber nur zwei Werte annehmen, und somit können auch die Residuen nur zwei Werte annehmen. Die Verteilungsvoraussetzungen der Regressionsanalyse für metrische Variablen können bei dichotomen Variablen daher nicht erfüllt sein.
>
> **Homoskedastizität.** Darüber hinaus wird im einfachen linearen Regressionsmodell vorausgesetzt, dass die bedingten Varianzen der Residualvariablen und somit auch der Variablen Y gleich sind und nicht von der Ausprägung der Variablen X abhängen (Annahme der Homoskedastizität). Auch diese Annahme ist bei dichotomen Variablen schon a priori immer falsch. Dies lässt sich leicht veranschaulichen. In Abschnitt 7.2.2 haben wir darauf hingewiesen, dass die Varianz einer dichotomen Variablen berechnet wird, indem die Wahrscheinlichkeit der einen Kategorie mit der Wahrscheinlichkeit der anderen Kategorie multipliziert wird. Für die bedingte Varianz $Var(Y|X)$ der Variablen Y gegeben die Variable X ergibt sich daher für den dichotomen Fall:
>
> $$Var(Y|X) = P(Y=1|X) \cdot P(Y=0|X)$$
> $$= P(Y=1|X) \cdot [1 - P(Y=1|X)] \quad \text{(F 21.2)}$$
>
> Die bedingte Varianz weist daher eine charakteristische Form auf, die in Abbildung 21.4 dargestellt ist. Sie steigt an, bis sie ihren maximalen Wert von 0,25 erreicht hat, um dann wieder abzufallen. Der maximale Wert wird an dem Wert x von X erreicht, an dem die bedingte Wahrscheinlichkeit $P(Y=1|X)$ den Wert 0,5 annimmt. Je weiter ein Wert der unabhängigen Variablen von dieser Stelle maximaler bedingter Varianz entfernt ist, desto kleiner wird die bedingte Varianz. Sie strebt gegen 0, wenn die bedingte Wahrscheinlichkeit gegen 0 oder 1 strebt. Das heißt, die bedingte Varianz ist eine symmetrische Funktion, die nur von der bedingten Wahrscheinlichkeit abhängt. Die Homoskedastizität kann also nicht erfüllt sein. Die bedingte Varianz gibt die Prognoseunsicherheit an. Sie ist dann klein, wenn die bedingten Wahrscheinlichkeiten Werte nahe 0 und 1 annehmen. Sie ist maximal, wenn die bedingte Wahrscheinlichkeit gleich 0,5 ist. ▶

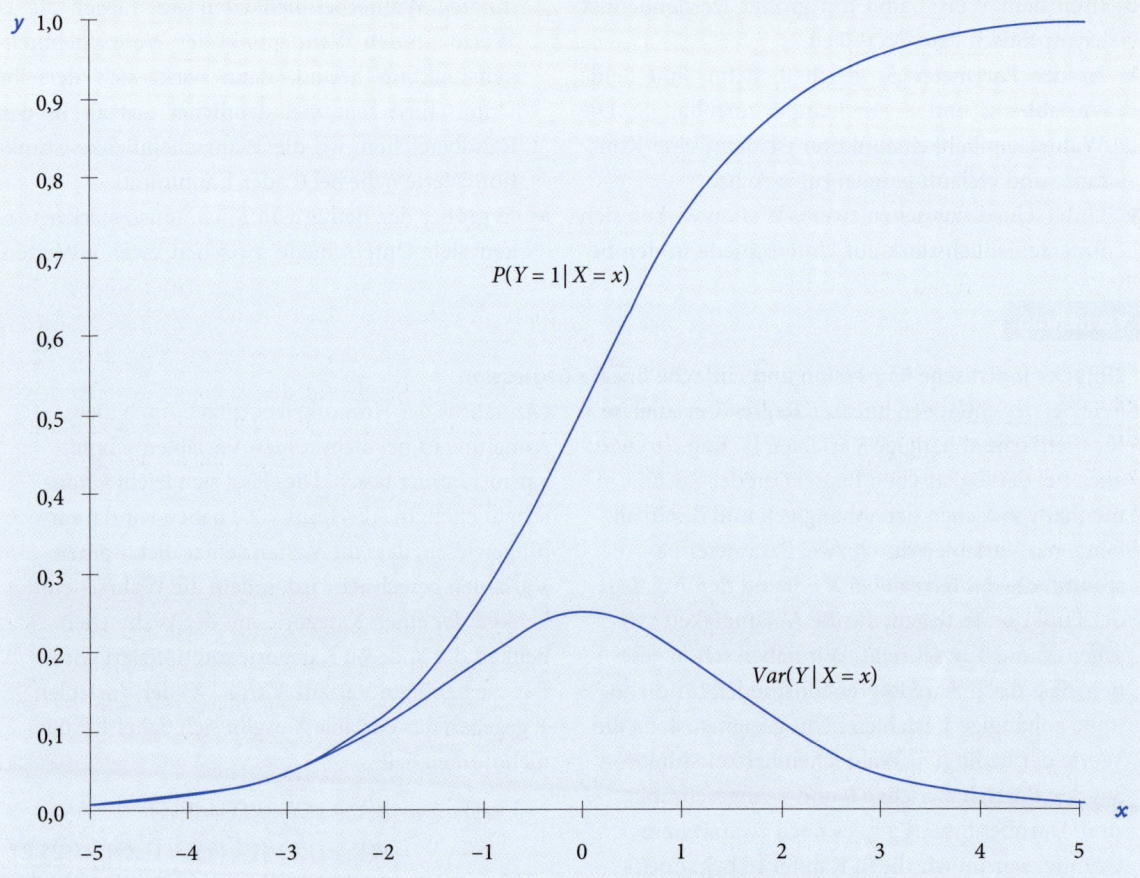

Abbildung 21.4 Abhängigkeit der bedingten Wahrscheinlichkeit und der bedingten Varianz von einer metrischen unabhängigen Variablen im logistischen Regressionsmodell

die um den Wendepunkt herum liegen, auf Unterschiede in der bedingten Wahrscheinlichkeitsfunktion aus.

▶ Die bedingte Wahrscheinlichkeit ist gleich 0,5, wenn gilt: $X = -\beta_0/\beta_1$ (s. Übung 3).

Darstellung in Form der bedingten Wettquotienten

Das Modell der logistischen Regression lässt sich noch in einer zweiten Form darstellen, in der der bedingte Wettquotient in ein Produkt von Parametern zerlegt wird. Den Wettquotienten haben wir bereits in Abschnitt 15.3.3 kennengelernt. Dieser entspricht dem Verhältnis aus der Wahrscheinlichkeit eines Ereignisses und seiner Gegenwahrscheinlichkeit. Im logistischen Regressionsmodell betrachtet man den bedingten Wettquotienten, der das Verhältnis aus der bedingten Wahrscheinlichkeit $P(Y = 1 \mid X = x)$ und der Gegenwahrscheinlichkeit $[1 - P(Y = 1 \mid X = x)]$ darstellt. Die bedingten Wettquotienten $P(Y = 1 \mid X = x)/[1 - P(Y = 1 \mid X = x)]$ sind Werte der bedingten Wettquotientenfunktion $P(Y = 1 \mid X)/[1 - P(Y = 1 \mid X)]$. Aus Gleichung F 21.1 folgt durch Umstellen (s. Übung 4):

$$\frac{P(Y=1\mid X)}{1-P(Y=1\mid X)} = e^{\beta_0 + \beta_1 \cdot X} = e^{\beta_0} \cdot e^{\beta_1 \cdot X} = e^{\beta_0} \cdot (e^{\beta_1})^X$$

(F 21.3)

Der Wettquotient (engl. odds) lässt sich in das Produkt aus e^{β_0} und $(e^{\beta_1})^X$ zerlegen.

Bedeutung von e^{β_0}. Der erste Parameter (e^{β_0}) entspricht dem Wettquotienten an der Stelle $X = 0$. Ist

$\beta_0 = 0$, so ist $e^{\beta_0} = 1$ und der Wettquotient ebenfalls gleich 1, beide Kategorien haben somit die gleiche Wahrscheinlichkeit von 0,5 an der Stelle $X = 0$. Ist $\beta_0 > 0$, dann ist $e^{\beta_0} > 1$ und die Wahrscheinlichkeit der Kategorie mit dem Wert $y = 1$ größer als die Wahrscheinlichkeit der Kategorie mit dem Wert $y = 0$. Ist $\beta_0 < 0$, dann ist $e^{\beta_0} < 1$ und die Wahrscheinlichkeit der Kategorie mit dem Wert $y = 1$ kleiner als die Wahrscheinlichkeit der Kategorie mit dem Wert $y = 0$.

Bedeutung von e^{β_1} (Odds-Ratio). Der Parameter e^{β_1} gibt die Veränderung des Wettquotienten an, wenn die unabhängige Variable um eine Einheit erhöht wird. Machen wir uns dies zunächst an dem Beispiel von $X = 0$ und $X = 1$ deutlich. Für beide Werte gilt nach Gleichung F 21.3:

$$\frac{P(Y=1|X=0)}{1-P(Y=1|X=0)} = e^{\beta_0} \qquad \text{(F 21.4)}$$

$$\frac{P(Y=1|X=1)}{1-P(Y=1|X=1)} = e^{\beta_0} \cdot e^{\beta_1} \qquad \text{(F 21.5)}$$

Setzt man Gleichung F 21.4 in Gleichung F 21.5 ein, erhält man:

$$\frac{P(Y=1|X=1)}{1-P(Y=1|X=1)} = \frac{P(Y=1|X=0)}{1-P(Y=1|X=0)} \cdot e^{\beta_1}$$

und hieraus:

$$e^{\beta_1} = \frac{\dfrac{P(Y=1|X=1)}{1-P(Y=1|X=1)}}{\dfrac{P(Y=1|X=0)}{1-P(Y=1|X=0)}} \qquad \text{(F 21.6)}$$

Der Parameter e^{β_1} entspricht also einem Wettquotientenverhältnis (Odds-Ratio), das wir schon in Abschnitt 15.3.3 als Zusammenhangsmaß bei kategorialen Variablen kennengelernt haben. Ist $\beta_1 = 0$ und somit $e^{\beta_1} = 1$, dann hängt der Wettquotient nicht von der Ausprägung der unabhängigen Variablen ab, es gibt somit keinen Zusammenhang zwischen den beiden Variablen X und Y. Ist $\beta_1 > 0$, dann ist $e^{\beta_1} > 1$, und es besteht ein positiver Zusammenhang zwischen X und Y: Je größer X wird, umso größer wird auch das Odds-Ratio und somit die Chance, dass die Kategorie mit dem Wert $y = 1$ gewählt wird im Vergleich zur Kategorie mit dem Wert $y = 0$. Wenn $\beta_1 < 0$ und somit auch $e^{\beta_1} < 1$, ist der Zusammenhang negativ. Die Chance, die Kategorie mit dem Wert $y = 1$ im Vergleich zur Kategorie mit dem Wert $y = 0$ zu wählen, sinkt mit Zunahme von X. Der Parameter e^{β_1} gibt also an, mit welchem Faktor der bedingte Wettquotient gewichtet wird, wenn der Wert der Variablen X um eine Messeinheit erhöht wird. Der Wettquotient für $X = 3$ setzt sich daher aus dem Produkt $e^{\beta_0} \cdot e^{\beta_1} \cdot e^{\beta_1} \cdot e^{\beta_1} = e^{\beta_0} \cdot (e^{\beta_1})^3$ zusammen, also aus e^{β_0}, dem Wettquotienten für $X = 0$, und dem Faktor e^{β_1} für jede Erhöhung des Wertes von X um eine Einheit. Beträgt z. B. $e^{\beta_1} = 1{,}2$, ist der Wettquotient für $X = 3$ um das $1{,}2^3 = 1{,}73$-fache größer als der Wettquotient für $X = 0$.

Darstellung in Form des Logits

In der dritten Darstellungsform der logistischen Regressionsanalyse greift man auf den Logit zurück. Der Logit ist der logarithmierte Wettquotient. Der Wettquotient ist das Verhältnis aus einer Wahrscheinlichkeit und ihrer Gegenwahrscheinlichkeit (s. Abschn. 15.3.3). Logarithmiert man beide Seiten der Gleichung F 21.3, erhält man die bedingte Logit-Funktion $\ln(P(Y=1|X)/[1-P(Y=1|X)])$ als lineare Funktion der unabhängigen Variablen X (s. Übung 5):

$$\ln\left(\frac{P(Y=1|X)}{1-P(Y=1|X)}\right) = \beta_0 + \beta_1 \cdot X \qquad \text{(F 21.7)}$$

Mit »ln« wird der logarithmus naturalis bezeichnet. Diese Darstellung der logistischen Regression hat den Vorteil, dass die rechte Seite der Gleichung F 21.7 der rechten Seite von Gleichung F 16.28 der einfachen linearen Regression exakt entspricht. Dies zeigt die Analogie zwischen der einfachen logistischen und der einfachen linearen Regression: In der einfachen linearen Regression wird der bedingte Erwartungswert $E(Y|X=x)$ additiv linear zerlegt, in der logistischen Regression der bedingte Logit $\ln(P(Y=1|X=x)/[1-P(Y=1|X=x)])$.

Die additive Zerlegung in F 21.7 folgt direkt aus der Gleichung der logistischen Regression nach F 21.1. Umgekehrt könnte man auch Gleichung F 21.1 aus Gleichung F 21.7 ableiten und Gleichung F 21.7 zur Grundlage der Definition der logistischen Regression machen. Dem läge die folgende Überlegung zugrunde: Wir haben bereits in Abbildung 21.1 gesehen, dass eine linear-additive Zerlegung der bedingten Wahrscheinlichkeit nicht sinnvoll ist, da die bedingte Wahrscheinlichkeit in ihrem Wertebereich beschränkt ist. Man kann nun die bedingte Wahrscheinlichkeit so transformieren, dass diese Beschränkung aufgehoben wird. Dies bewirkt die Logit-Transformation. Der Logit strebt gegen $-\infty$, wenn der Wettquotient gegen 0 strebt, die Wahrscheinlichkeit der Kategorie mit dem Wert $y = 1$ somit unendlich klein wird. Dabei muss der Fall $P(Y = 1|X) = 0$ ausgeschlossen werden, da der Logarithmus an der Stelle 0 nicht definiert ist. Der Logit strebt gegen $+\infty$, wenn der Wettquotient gegen ∞ strebt. Dies ist der Fall, wenn die bedingte Wahrscheinlichkeit $P(Y = 1|X)$ gegen 1 strebt. Dabei muss wiederum der Fall $P(Y = 1|X) = 1$ ausgeschlossen werden, da ansonsten der Nenner des Wettquotienten 0 und der Wettquotient somit nicht definiert wäre. Die logistische Regression setzt somit voraus, dass die Zugehörigkeit zu einer Kategorie nie perfekt vorhergesagt werden kann. Sie ließe sich z. B. dann nicht anwenden, wenn alle Personen mit einem Wert $x < x_S$ die erste Kategorie und alle Personen mit einem Wert $x \geq x_S$ die zweite Kategorie wählen würden, wobei x_S ein Schwellenwert wäre, der die Variablen X in zwei Hälften teilt, innerhalb deren die Kategorienzugehörigkeit jeweils perfekt vorhergesagt werden könnte. In diesem Fall wäre eine Bestimmung der Parameter nicht möglich.

Bedeutung von β_0. Die Konstante β_0 entspricht dem Wert des Logits an der Stelle $X = 0$ und hat somit eine analoge Bedeutung zum Achsenabschnitt in der einfachen linearen Regression.

Bedeutung von β_1. Das Regressionsgewicht β_1 zeigt an, um welchen Wert der Logit sich ändert, wenn der Wert der Variablen X um eine Einheit erhöht wird. Ist das Regressionsgewicht β_1 gleich 0, besteht kein Zusammenhang zwischen beiden Variablen.

> **Beispiel**
>
> **Lebenszufriedenheit und positive Tagesereignisse**
> In einer Studie an $n = 502$ Personen wurde der Zusammenhang zwischen der Lebenszufriedenheit einer Person und der Anzahl ihrer positiven Tagesereignisse in den letzten 24 Stunden untersucht. Personen markierten auf einer Liste von 30 positiven Tagesereignissen alle, die sie in den letzten 24 Stunden erlebt hatten. Der mögliche Wertebereich der unabhängigen Variablen erstreckt sich daher von 0 bis 30. Die abhängige Variable Lebenszufriedenheit wurde anhand des Items »Ich bin mit meinem Leben zufrieden« erfasst. Der Antwort »ja« wurde der Wert 1, der Antwort »nein« der Wert 0 zugeordnet. Eine Analyse des Zusammenhangs beider Variablen auf der Basis einer logistischen Regressionsanalyse ergab folgende Ergebnisse: $b_0 = \hat{\beta}_0 = 0{,}0113$ und $b_1 = \hat{\beta}_1 = 0{,}0728$. Hieraus lässt sich die bedingte Wahrscheinlichkeitsfunktion schätzen, die mit $\hat{P}(Y = 1|X)$ bezeichnet wird, wobei das Symbol ^ wieder angibt, dass es sich um eine Schätzung handelt.
>
> **Darstellung in Form der bedingten Wahrscheinlichkeiten.** Für die geschätzte bedingte Wahrscheinlichkeitsfunktion ergibt sich somit:
>
> $$\hat{P}(Y = 1|X) = \frac{e^{0{,}0113 + 0{,}0728 X}}{1 + e^{0{,}0113 + 0{,}0728 X}}$$
>
> Graphisch ist diese Funktion in Abbildung 21.5 dargestellt. Diese Graphik zeigt Folgendes:
> ▶ Der Wert b_0 ist größer als 0. Dadurch ist die Wahrscheinlichkeit, mit dem Leben zufrieden zu sein, selbst dann größer als 0,50, wenn man kein positives Lebensereignis auf der Liste angeben konnte ($X = 0$).
> ▶ Die bedingte Wahrscheinlichkeit liegt für $X = 0$ nahe bei 0,50, da der Wert von b_0 nur geringfügig größer als 0 ist.
> ▶ Die bedingte Wahrscheinlichkeit, mit dem Leben zufrieden zu sein, nimmt mit der Anzahl der positiven Tagesereignisse zu, da b_1 größer als 0 ist. Der Zuwachs ist nicht linear.

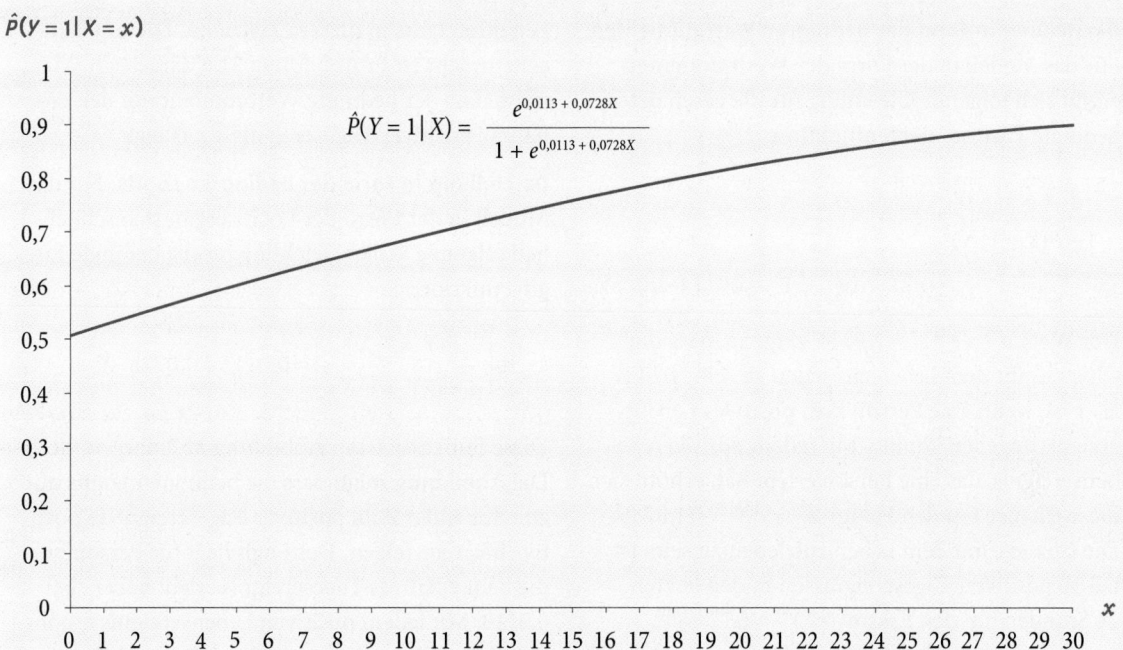

Abbildung 21.5 Lebenszufriedenheit und positive Tagesereignisse: Bedingte Wahrscheinlichkeitsfunktion

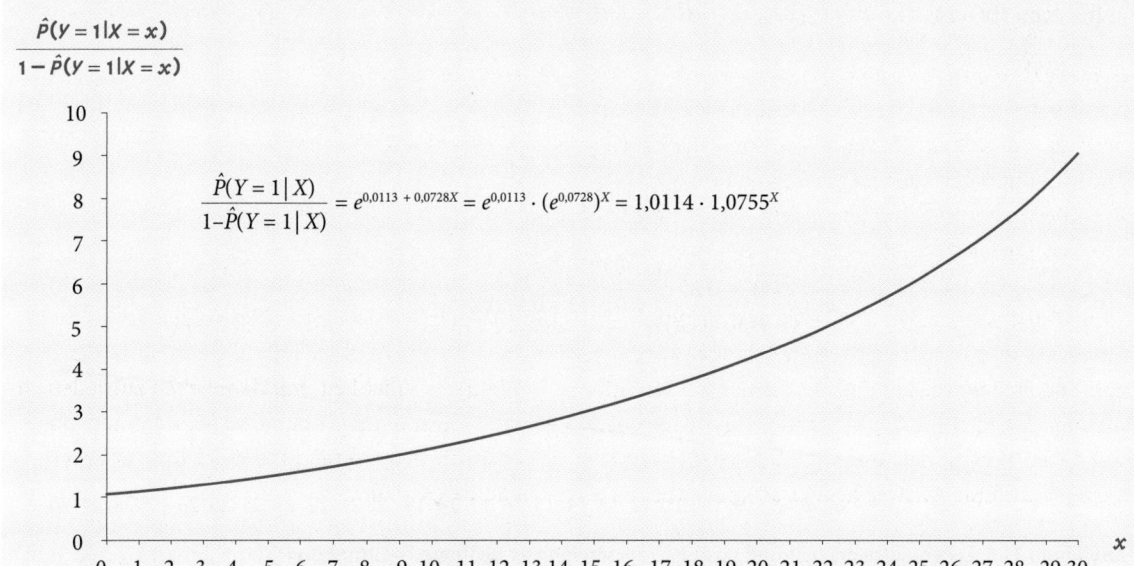

Abbildung 21.6 Lebenszufriedenheit und positive Tagesereignisse: Bedingte Wettquotientenfunktion

Darstellung in Form der bedingten Wettquotienten. Für das Modell in der Form der Wettquotienten ergibt sich folgende Gleichung für die geschätzte bedingte Wettquotientenfunktion:

$$\frac{\hat{P}(Y=1|X)}{1-\hat{P}(Y=1|X)} = e^{0{,}0113+0{,}0728X}$$
$$= e^{0{,}0113} \cdot (e^{0{,}0728})^X = 1{,}0114 \cdot 1{,}0755^X$$

Der Wert $e^{b_0} = e^{0{,}0113} = 1{,}0114$ zeigt an, dass die Chance, mit dem Leben zufrieden zu sein, größer als 1 ist, wenn eine Person kein positives Lebensereignis angeben konnte. Mit jedem positiven Lebensereignis, das eine Person erlebt hat, erhöht sich diese Chance um den Faktor $e^{b_1} = e^{0{,}0728} = 1{,}0755$. Die Chance, mit dem Leben zufrieden zu sein, ist bei 30 positiven Tagesereignissen in den letzten 24 Stunden um den Faktor $(e^{b_1})^{30} = (e^{0{,}0728})^{30} = 1{,}0755^{30} = 8{,}8779$ größer als ohne ein positives Lebensereignis in diesem Zeitraum. Dieser Chancenzuwachs ist in Abbildung 21.6 dargestellt. Man sieht, dass der bedingte Wettquotient mit der Zunahme positiver Tagesereignisse ansteigt.

Darstellung in Form der bedingten Logits. Für das Modell in der Form der Logits ergibt sich schließlich folgende Schätzgleichung für die bedingte Logit-Funktion:

$$\ln\left(\frac{\hat{P}(Y=1|X)}{1-\hat{P}(Y=1|X)}\right) = 0{,}0113 + 0{,}0728 \cdot X$$

Diese Funktion ist in Abbildung 21.7 dargestellt. Die Abbildung zeigt, dass die bedingten Logits mit zunehmender Zahl positiver Tagesereignisse positiv-linear ansteigen. Der Logit liegt für Personen, die kein positives Tagesereignis erlebt haben, bei 0,0113. Mit jedem positiven Lebensereignis erhöht sich der bedingte Logit um den Wert 0,0728.

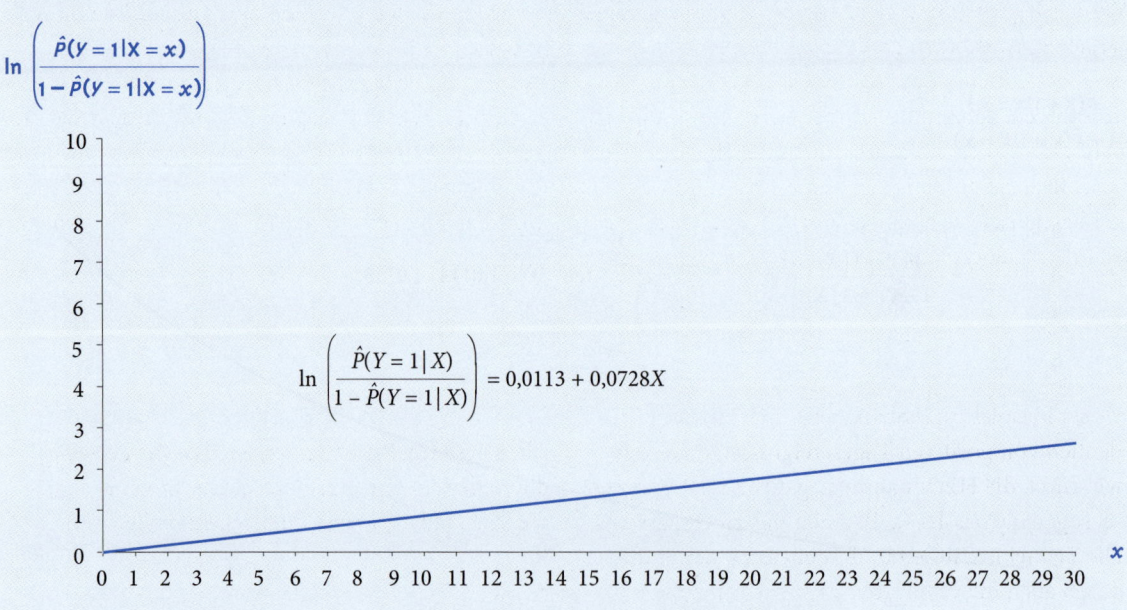

Abbildung 21.7 Lebenszufriedenheit und positive Tagesereignisse: Bedingte Logitfunktion

Bei der Regressionsanalyse für metrische abhängige Variablen (Kap. 16 und 18) haben wir neben den unstandardisierten Regressionskoeffizienten noch standardisierte Regressionskoeffizienten behandelt, die man erhält, wenn die abhängige und die unabhängigen Variablen standardisiert werden. Dies ist bei der logistischen Regressionsanalyse nicht so einfach möglich. Um die standardisierten Koeffizienten zu erhalten, müsste man die Logit-Variable standardisieren, deren Standardabweichung aber nicht einfach zu bestimmen ist.

Menard (2001) beschreibt ein Verfahren, wie man die Standardabweichung der Logit-Variablen schätzen und standardisierte Koeffizienten bestimmen kann. Eine einfachere Möglichkeit besteht darin, nur die unabhängigen Variablen zu standardisieren. Man erhält dann »semi-standardisierte« Regressionskoeffizienten (Cohen et al., 2003). Das Regressionsgewicht β_1 wäre mithin als diejenige Veränderung des bedingten Logits zu interpretieren, die man erhält, wenn man den Wert der unabhängigen Variablen um eine Standardabweichung erhöht. Da auch Statistikprogramme häufig keine Standardisierung vornehmen, verzichtet man bei Anwendungen der logistischen Regressionsanalyse üblicherweise auf standardisierte Regressionskoeffizienten.

21.1.2 Multiple logistische Regression

Wie die Regressionsanalyse für metrische abhängige Variablen, so ist auch die logistische Regressionsanalyse nicht auf eine unabhängige Variable beschränkt. Im Rahmen der multiplen logistischen Regressionsanalyse kann der Einfluss mehrerer unabhängiger Variablen (die durch $j = 1, \ldots, k$ indiziert werden) auf eine kategoriale abhängige Variable untersucht werden. In Analogie zur multiplen Regressionsanalyse lässt sich das multiple logistische Regressionsmodell wie folgt definieren:

$$P(Y=1|X_1,\ldots,X_k) = \frac{e^{\beta_0+\beta_1 \cdot X_1+\beta_2 \cdot X_2+\ldots+\beta_k \cdot X_k}}{1+e^{\beta_0+\beta_1 \cdot X_1+\beta_2 \cdot X_2+\ldots+\beta_k \cdot X_k}} \quad \text{(F 21.8)}$$

Für die beiden anderen Darstellungsformen ergibt sich:

$$\frac{P(Y=1|X_1,\ldots,X_k)}{1-P(Y=1|X_1,\ldots,X_k)} = e^{\beta_0+\beta_1 \cdot X_1+\beta_2 \cdot X_2+\ldots+\beta_k \cdot X_k} \quad \text{(F 21.9)}$$

und

$$\ln\left(\frac{P(Y=1|X_1,\ldots,X_k)}{1-P(Y=1|X_1,\ldots,X_k)}\right) = \beta_0 + \beta_1 \cdot X_1 + \beta_2 \cdot X_2 + \ldots + \beta_k \cdot X_k \quad \text{(F 21.10)}$$

Wie bei der multiplen Regressionsanalyse (Kap. 18) ermöglicht es das multiple logistische Regressionsmodell, den Einfluss einer unabhängigen Variablen auf die abhängige Variable zu bestimmen, wenn der Einfluss weiterer unabhängiger Variablen kontrolliert wird. Die Bedeutung eines Regressionskoeffizienten β_j bezieht sich dann darauf, wie sich die bedingte Wahrscheinlichkeit der Kategorie mit dem Wert $y = 1$ bzw. wie sich der bedingte Wettquotient und damit der bedingte Logit in Abhängigkeit von einer unabhängigen Variablen X_j ändern, wenn alle anderen unabhängigen Variablen konstant gehalten werden.

> **Beispiel**
>
> **Lebenszufriedenheit und positive sowie negative Tagesereignisse**
>
> Unser Beispiel zur Abhängigkeit der Lebenszufriedenheit von positiven Tagesereignissen ergänzen wir durch die Hinzunahme negativer Tagesereignisse, sog. daily hassles (z. B. einen Bus zu verpassen). Die Teilnehmerinnen und Teilnehmer der Studie gaben auch für 30 negative Ereignisse an, ob sie diese in den letzten 24 Stunden erlebt hatten. Eine Analyse der drei Variablen mit der multiplen logistischen Regressionsanalyse, in die als unabhängige Variablen die positiven Tagesereignisse (X_1) und die negativen Tagesereignisse (X_2) eingingen, ergab folgende Parameterschätzungen: $\hat{\beta}_0 = b_0 = 0{,}449$, $\hat{\beta}_1 = b_1 = 0{,}083$ und $\hat{\beta}_2 = b_2 = -0{,}123$.
>
> **Darstellung in Form bedingter Wahrscheinlichkeiten.** Diese Koeffizienten zeigen, dass für Personen, die weder ein positives noch ein negatives Ereignis angegeben haben, eine Wahrscheinlichkeit von
>
> $$\hat{P}(Y=1|X_1=0, X_2=0) = \frac{e^{0{,}449}}{1+e^{0{,}449}} = 0{,}610$$
>
> geschätzt wird. Mit zunehmender Anzahl positiver Ereignisse nimmt die Wahrscheinlichkeit, die Frage nach der Lebenszufriedenheit zu bejahen, zu ($\hat{\beta}_1 = b_1 = 0{,}083$), gegeben eine Ausprägung der negativen Tagesereignisse. Umgekehrt nimmt diese Wahrscheinlichkeit mit der Anzahl genannter nega-

tiver Tagesereignisse ab ($\hat{\beta}_2 = b_2 = -0{,}123$), gegeben eine Ausprägung der positiven Tagesereignisse.

Darstellung in Form bedingter Wettquotienten.
Für das Modell in Form der Wettquotienten lassen sich die Parameter wie folgt schätzen: Der Wert $e^{b_0} = e^{0{,}449} = 1{,}567$ zeigt, dass die Chance, mit dem Leben zufrieden zu sein, um das 1,567-fache höher ist als die Wahrscheinlichkeit, mit dem Leben unzufrieden zu sein, wenn eine Person weder ein positives noch ein negatives Lebensereignis angibt. Bei konstanten negativen Tagesereignissen, d. h. innerhalb einer Gruppe von Personen mit derselben Anzahl negativer Tagesereignisse, erhöht sich der Wettquotient mit jedem positiven Lebensereignis um den Faktor $e^{b_1} = e^{0{,}083} = 1{,}087$. Bei konstanten positiven Tagesereignissen vermindert sich der Wettquotient mit jedem negativen Tagesereignis um den Faktor $e^{b_2} = e^{-0{,}123} = 0{,}884$. Negative Tagesereignisse wirken sich somit stärker auf die Lebenszufriedenheit aus als positive Tagesereignisse. Um ein negatives Tagesereignis mit dem Effekt 0,884 auszugleichen, bedarf es des Faktors $1/0{,}884 = 1{,}131$. Dies entspricht dem $1{,}131/1{,}087 = 1{,}040$-fachen Effekt eines positiven Tagesereignisses. Die Akkumulation dieses Effekts wird deutlich, wenn man den erwarteten Wettquotienten für eine Person berechnet, die sowohl 30 positive als auch 30 negative Tagesereignisse erlebt hat. Dieser erwartete Wettquotient beträgt:

$$\frac{\hat{P}(Y=1 \mid X_1 = 30; X_2 = 30)}{1 - \hat{P}(Y=1 \mid X_1 = 30; X_2 = 30)}$$
$$= 1{,}567 \cdot 1{,}087^{30} \cdot 0{,}884^{30}$$
$$= 1{,}567 \cdot 12{,}215 \cdot 0{,}025$$
$$= 1{,}567 \cdot 0{,}305$$
$$= 0{,}478$$

Der Wettquotient entspricht ungefähr einem Drittel des Wettquotienten von Personen, die weder ein positives noch ein negatives Ereignis angegeben haben. Die 30 positiven Tagesereignisse können die 30 negativen Tagesereignisse nicht ausgleichen. Die Wahrscheinlichkeit, mit dem Leben unzufrieden zu sein, ist in dieser Gruppe ungefähr doppelt so groß wie die Wahrscheinlichkeit, mit dem Leben zufrieden zu sein.

Darstellung in Form bedingter Logits. Wie bei der einfachen logistischen Regression lässt sich auch die multiple logistische Regression in Form von bedingten Logits darstellen. Für unser Beispiel ergibt sich die Gleichung:

$$\ln\left(\frac{\hat{P}(Y=1 \mid X_1; X_2)}{1 - \hat{P}(Y=1 \mid X_1; X_2)}\right)$$
$$= 0{,}449 + 0{,}083 \cdot X_1 - 0{,}123 \cdot X_2$$

Die geschätzten Parameter zeigen, dass der Logit für Personen, die weder ein positives noch ein negatives Tagesereignis erlebt haben, gleich $\hat{\beta}_0 = b_0 = 0{,}449$ ist. Gegeben eine Anzahl negativer Tagesereignisse, erhöht sich der Logit für jedes erlebte positive Tagesereignis um $\hat{\beta}_1 = b_1 = 0{,}083$ Einheiten. Der Logit verringert sich um $\hat{\beta}_2 = b_2 = -0{,}123$ für jedes negative Tagesereignis, sofern man die Anzahl der positiven Tagesereignisse statistisch konstant hält.

Wie bei der multiplen Regressionsanalyse für metrische abhängige Variablen können die unabhängigen Variablen sowohl metrischer als auch qualitativer Natur sein. Auch können Interaktionen zwischen den unabhängigen Variablen (unabhängig vom Variablentyp) und Polynome der unabhängigen Variablen untersucht werden.

Nominalskalierte unabhängige Variablen

Im Falle nominalskalierter unabhängiger Variablen greift man auf dieselben Kodierschemata zurück, die wir bereits bei der multiplen Regressionsanalyse in Abschnitt 18.11 kennengelernt haben. Die Bedeutung der Parameter unterscheidet sich wie bei der multiplen Regressionsanalyse, je nachdem, welche Form der Kodierung man wählt. Die Bedeutung der Parameter lässt sich direkt auf die logistische Regressionsanalyse übertragen. Greift man auf das Modell in Form der Logits zurück, so haben die Parameter eine analoge Bedeutung zu den Parametern im Modell der multiplen Regressionsanalyse nach Kapitel 18. Wählt man z. B. die Dummy-Kodierung im Falle einer unabhängigen kategorialen Variablen, so entspricht der Parameter β_0 dem Logit der abhängigen Variablen in der Referenzkategorie der unabhängigen Variablen (d. h. derjenigen Kategorie, die auf allen Dummy-Variablen den Wert 0 hat). Ein Parameter β_j kennzeichnet den Unterschied zwischen dem Logit in der Referenzkategorie und dem Logit derjenigen Kategorie, die auf der Dummy-Variablen X_j mit 1 kodiert wurde. In derselben Weise lassen sich die Bedeutungen der Regressionsgewichte für die anderen Kodierschemata übertragen. Aufgrund der strukturellen Äquivalenz der Kodierschemata in der multiplen linearen Regressionsanalyse und der multiplen logistischen Regressionsanalyse soll die Kodierung nominalskalierter Variablen nicht weiter vertieft werden. Stattdessen sei auf Abschnitt 18.11 verwiesen. Sind alle unabhängigen Variablen nominalskaliert, dann entspricht das Modell der logistischen Regression dem Logit-Modell, das wir in Abschnitt 20.6 behandelt haben.

Ordinalskalierte unabhängige Variablen

Ordinalskalierte kategoriale unabhängige Variablen können wie nominalskalierte Variablen behandelt werden. Hierbei geht allerdings die Ordnung der Kategorien verloren. Eine weitere Möglichkeit besteht darin, ordinalskalierte unabhängige Variablen wie metrische unabhängige Variablen zu behandeln. In diesem Fall haben jedoch die einzelnen Werte der ordinalen Variablen eine metrische Bedeutung, und man nimmt eine lineare Abhängigkeit der Wettquotienten von der ordinalskalierten Variablen an. Diese Annahme muss in einer empirischen Anwendung sinnvoll sein. Kann man diese Annahme nicht sinnvollerweise treffen, ist es immer besser, die ordinalskalierten unabhängigen Variablen wie nominalskalierte unabhängige Variablen zu behandeln und entsprechende Kodiervariablen zu definieren.

Moderierte logistische Regressionsanalyse

Auch bei der logistischen Regressionsanalyse können Moderatorhypothesen untersucht werden, indem die unabhängigen Variablen multipliziert werden und man die Produktvariablen als zusätzliche unabhängige Variablen in die logistische Regression aufnimmt. Hierbei geht man genauso vor, wie wir dies ausführlich in Abschnitt 18.9 beschrieben haben. Auch können Interaktionen zwischen den unabhängigen Variablen analysiert werden, die sich in ihrem Skalenniveau unterscheiden. Dies haben wir in Abschnitt 18.12.3 erläutert. Das in den Abschnitten 18.9 und 18.12 beschriebene Vorgehen lässt sich auf die logistische Regressionsanalyse übertragen, so dass wir dieses Thema nicht weiter vertiefen.

Polynomiale Beziehungen

Auch in der logistischen Regressionsanalyse können Regressionsmodelle analysiert werden, bei denen die unabhängigen Variablen quadriert werden oder Potenzen höherer Ordnung berücksichtigt werden. In solchen Modellen können kurvilineare Abhängigkeiten des bedingten Logits von den unabhängigen Variablen betrachtet werden. Solche Analysen sind in den Sozial- und Verhaltenswissenschaften selten, sie folgen aber genau dem in Abschnitt 18.10 detailliert beschriebenen Vorgehen bei der multiplen Regressionsanalyse. Wir behandeln daher auch dieses Thema nicht vertiefend.

21.2 Parameterschätzung

Die Parameter der logistischen Regression werden anhand des Maximum-Likelihood-Verfahrens (ML-Verfahren) geschätzt. Wir werden dieses Verfahren und die Schätzgleichungen nicht im Detail behandeln

(s. hierzu Agresti, 2002), sondern nur das Grundprinzip skizzieren. Das ML-Verfahren basiert auf der Likelihood-Funktion, die wir bereits in Abschnitt 19.2.2 kennengelernt haben. Die Likelihood-Funktion beschreibt die Wahrscheinlichkeit der Daten, die man in einer Untersuchung erhalten hat, als Funktion der Modellparameter unter der Voraussetzung, dass das Modell gilt. Machen wir uns dies an einem einfachen Beispiel deutlich. Hierzu betrachten wir nur drei Personen ($m = 1, 2, 3$), die alle denselben Wert $x_m = 1$ auf der unabhängigen Variablen aufweisen. Zwei der Personen wählen die Kategorie $y = 1$, eine Person die Kategorie $y = 0$. Wie sieht die Likelihood für diesen speziellen Fall aus? Betrachten wir die Wahrscheinlichkeiten dieser drei Ereignisse. Nach Gleichung F 21.1 gilt:

$$P(Y=1 \mid x_1 = 1) = \frac{e^{\beta_0 + \beta_1}}{1 + e^{\beta_0 + \beta_1}}$$

$$P(Y=1 \mid x_2 = 1) = \frac{e^{\beta_0 + \beta_1}}{1 + e^{\beta_0 + \beta_1}}$$

$$P(Y=0 \mid x_3 = 1) = 1 - P(Y=1 \mid x_3 = 1) = 1 - \frac{e^{\beta_0 + \beta_1}}{1 + e^{\beta_0 + \beta_1}}$$

Bilden die drei Personen eine Zufallsstichprobe, so sind sie unabhängig voneinander gezogen worden. Hieraus folgt, dass die Wahrscheinlichkeit, dass die erste Person und die zweite Person den Wert $y = 1$ und die dritte Person den Wert $y = 0$ aufweisen, dem Produkt der drei Einzelwahrscheinlichkeiten entspricht:

$$P(Y=1 \mid x_1 = 1) \cdot P(Y=1 \mid x_2 = 1) \cdot [1 - P(Y=1 \mid x_3 = 1)]$$
$$= \frac{e^{\beta_0 + \beta_1}}{1 + e^{\beta_0 + \beta_1}} \cdot \frac{e^{\beta_0 + \beta_1}}{1 + e^{\beta_0 + \beta_1}} \cdot \left(1 - \frac{e^{\beta_0 + \beta_1}}{1 + e^{\beta_0 + \beta_1}}\right) \quad \text{(F 21.11)}$$

Dies wäre die Likelihood-Funktion für die Daten in diesem einfachen Beispiel. Die Likelihood-Funktion wird mit L bezeichnet. Allgemein lässt sich diese für den Fall einer unabhängigen Variablen wie folgt schreiben:

$$L = \prod_{m=1}^{n} P(Y=1 \mid x_m)^{y_m} \cdot [1 - P(Y=1 \mid x_m)]^{(1-y_m)}$$
(F 21.12)

Mit y_m wird der Wert der Person m auf der Variablen Y bezeichnet. Die bedingten Wahrscheinlichkeiten in Gleichung F 21.12 hängen nur von den beiden Regressionsparametern β_0 und β_1 ab. Diese Parameter sind aber unbekannt. Sie werden so geschätzt, dass die Likelihood-Funktion L ihren maximal möglichen Wert annimmt. Diese geschätzten Parameter $b_0 = \hat{\beta}_0$ und $b_1 = \hat{\beta}_1$ sind dann diejenigen aller möglichen Parameter, für die die gefundenen Daten maximal wahrscheinlich sind. Beide Parameter können nur mit iterativen Methoden geschätzt werden, wofür man Statistikprogramme braucht.

Die ML-Methode erlaubt auch die Schätzung von Standardfehlern für die geschätzten Parameter $\hat{\beta}_0$ und $\hat{\beta}_1$. Hierauf aufbauend können auch Konfidenzintervalle berechnet werden. Da die Schätzer asymptotisch normalverteilt sind, lässt sich ein asymptotisches zweiseitiges $(1-\alpha)$-Konfidenzintervall für einen Parameter β_0 bzw. β_j über

$$b_0 \pm z_{\left(1-\frac{\alpha}{2}\right)} \cdot \hat{\sigma}_{B_0} \quad \text{bzw.} \quad b_j \pm z_{\left(1-\frac{\alpha}{2}\right)} \cdot \hat{\sigma}_{B_j} \quad \text{(F 21.13)}$$

berechnen, wobei $\hat{\sigma}_{B_0}$ und $\hat{\sigma}_{B_j}$ die geschätzten Standardfehler der Stichprobenkennwerte B_0 und B_j bezeichnen. Liegt der Wert 0 im Konfidenzintervall, so ist der entsprechende Regressionskoeffizient b_0 bzw. b_j nicht signifikant von 0 verschieden. Aus den Grenzen der Konfidenzintervalle für die Parameter β_0 und β_j lassen sich auch die Grenzen der Konfidenzintervalle für die Parameter e^{β_0} bzw. e^{β_j} bestimmen, indem man den Wert der Exponentialfunktion für die Grenzen der Konfidenzintervalle für β_0 bzw. β_j bestimmt:

$$\left[e^{b_0} - e^{b_0 - z_{\left(1-\frac{\alpha}{2}\right)} \cdot \hat{\sigma}_{B_0}}; e^{b_0} + e^{b_0 + z_{\left(1-\frac{\alpha}{2}\right)} \cdot \hat{\sigma}_{B_0}}\right]$$

$$\text{bzw.} \quad \left[e^{b_j} - e^{b_j - z_{\left(1-\frac{\alpha}{2}\right)} \cdot \hat{\sigma}_{B_j}}; e^{b_j} + e^{b_j + z_{\left(1-\frac{\alpha}{2}\right)} \cdot \hat{\sigma}_{B_j}}\right] \quad \text{(F 21.14)}$$

Im Gegensatz zu den Konfidenzintervallen für die Parameter β_0 und β_j sind die Konfidenzintervalle für die Parameter e^{β_0} und e^{β_j} nicht symmetrisch, da sie in ihrem möglichen Wertebereich nach unten beschränkt sind ($e^{\beta_0} > 0$; $e^{\beta_j} > 0$).

> **Beispiel**
>
> **Lebenszufriedenheit und Tagesereignisse: Parameterschätzung**
>
> Für unser Beispiel, in dem wir Unterschiede in der Lebenszufriedenheit auf Unterschiede in der Anzahl positiver und negativer Tagesereignisse zurückgeführt haben, erhält man folgende Standardfehler: $\hat{\sigma}_{B_0}=0{,}294$; $\hat{\sigma}_{B_1}=0{,}025$ und $\hat{\sigma}_{B_2}=0{,}032$. Hieraus ergeben sich folgende zweiseitige 0,95-Konfidenzintervalle für
>
> β_0: $[0{,}449 - 1{,}96 \cdot 0{,}294; 0{,}449 + 1{,}96 \cdot 0{,}294]$
> $= [-0{,}127; 1{,}025]$
>
> e^{β_0}: $[e^{-0{,}127}; e^{1{,}025}] = [0{,}881; 2{,}787]$
>
> β_1: $[0{,}083 - 1{,}96 \cdot 0{,}025; 0{,}083 + 1{,}96 \cdot 0{,}025]$
> $= [0{,}034; 0{,}132]$
>
> e^{β_1}: $[e^{0{,}034}; e^{0{,}132}] = [1{,}035; 1{,}141]$
>
> β_2: $[-0{,}123 - 1{,}96 \cdot 0{,}032; -0{,}123 + 1{,}96 \cdot 0{,}032]$
> $= [-0{,}186; -0{,}060]$
>
> e^{β_2}: $[e^{-0{,}186}; e^{-0{,}060}] = [0{,}830; 0{,}942]$
>
> Die Ergebnisse zeigen, dass der Koeffizient b_0 nicht signifikant von 0 verschieden ist, da die 0 im Konfidenzintervall von β_0 liegt. Daher ist auch der Koeffizient e^{b_0} nicht von 1 verschieden, was sich auch daran zeigt, dass die 1 im Konfidenzintervall von e^{β_0} liegt. Hingegen sind die Parameter b_1 und b_2 signifikant von 0 verschieden; d. h., die Koeffizienten e^{b_1} und e^{b_2} unterscheiden sich bedeutsam von 1.

21.3 Hypothesenprüfung

Wie bei der multiplen Regressionsanalyse lassen sich auch bei der multiplen logistischen Regressionsanalyse verschiedene Hypothesen überprüfen. Erstens kann die Hypothese überprüft werden, dass ein einzelner Parameter β_0 oder β_j gleich 0 ist. Zweitens kann die Hypothese überprüft werden, dass keine der unabhängigen Variablen einen bedeutsamen Einfluss auf die abhängige Variable hat, also die Hypothese H_0: $\beta_1 = \ldots = \beta_j = \ldots = \beta_k = 0$. Schließlich kann die Hypothese überprüft werden, dass ein Satz von unabhängigen Variablen keinen bedeutsamen Einfluss über andere unabhängige Variablen hinaus hat.

21.3.1 Hypothesentests für einen einzelnen Parameter

Die Hypothese, dass ein einzelner Parameter β_0 oder β_j gleich 0 ist (H_0: $\beta_0 = 0$ bzw. H_0: $\beta_j = 0$) lässt sich anhand dreier Tests statistisch überprüfen: anhand des z-Tests, des Wald-Tests und des Likelihood-Ratio-Tests (Likelihood-Quotienten-Tests). Alle drei basieren auf den ML-Schätzungen und der Eigenschaft der ML-Schätzer, dass deren Stichprobenkennwerteverteilung asymptotisch (d. h. bei $n \to \infty$) einer Normalverteilung folgt.

z-Test

Beim z-Test wird der geschätzte Parameter durch seinen geschätzten Standardfehler geteilt:

$$z = \frac{b_0}{\hat{\sigma}_{B_0}} \quad \text{bzw.} \quad z = \frac{b_j}{\hat{\sigma}_{B_j}} \quad \text{(F 21.15)}$$

Diese Prüfgröße ist asymptotisch standardnormalverteilt, so dass man die kritischen Werte für ein a priori festgelegtes α-Niveau bzw. die p-Werte anhand der Quantile der Standardnormalverteilung bestimmen kann. Überprüft man mit dieser Prüfgröße die ungerichtete Nullhypothese H_0: $\beta_0 = 0$ bzw. H_0: $\beta_j = 0$, dann bestimmt man als kritische Werte das $\alpha/2$-Quantil und das $(1 - \alpha/2)$-Quantil der Standardnormalverteilung. Ist der Wert der Prüfgröße kleiner als der untere kritische Wert oder größer als der obere kritische Wert, so verwirft man die ungerichtete Nullhypothese. Zur Überprüfung einer gerichteten Nullhypothese H_0: $\beta_0 \leq 0$ bzw. H_0: $\beta_j \leq 0$ bestimmt man als kritischen Wert das $(1 - \alpha)$-Quantil der Standardnormalverteilung und verwirft die (gerichtete) Nullhypothese, wenn der Wert der Prüfgröße größer als der kritische Wert ist. Zur Überprüfung einer gerichteten Nullhypothese $H_0: \beta_0 \geq 0$ bzw. $H_0: \beta_j \geq 0$ bestimmt man als kritischen Wert das α-Quantil der Standardnormalverteilung und verwirft die (gerichtete) Nullhypothese, wenn der Wert der Prüfgröße kleiner als der kritische Wert ist.

Wald-Test

Der Wald-Test basiert auf dem quadrierten z-Wert. Wie wir in Abschnitt 7.3.4 gesehen haben, folgt eine quadrierte standardnormalverteilte Variable einer χ^2-Verteilung mit einem Freiheitsgrad. Quadriert man die Prüfgröße in Gleichung F 21.15, so erhält man die asymptotisch χ^2-verteilte Prüfgröße

$$z^2 = \frac{b_0^2}{\hat{\sigma}_{B_0}^2} \quad \text{bzw.} \quad z^2 = \frac{b_j^2}{\hat{\sigma}_{B_j}^2}. \qquad \text{(F 21.16)}$$

Diese Prüfgröße wird auch Wald-Statistik genannt. Um eine ungerichtete Nullhypothese auf einem spezifischen α-Niveau zu überprüfen, bestimmt man als kritischen Wert das $(1-\alpha)$-Quantil der χ^2-Verteilung und verwirft die Nullhypothese, wenn der empirisch gewonnene z^2-Wert größer als der kritische Wert ist.

Zur Überprüfung einer gerichteten Nullhypothese auf einem spezifischen α-Niveau geht man wie folgt vor: Durch die Quadrierung des z-Wertes liegen die kritischen Werte sowohl für eine positive als auch für eine negative Abweichung am rechten Ende der Verteilung. Daher muss als kritischer Wert das $(1-2\cdot\alpha)$-Quantil der χ^2-Verteilung bestimmt werden. Im kritischen Bereich liegen dann sowohl die $\alpha \cdot 100\,\%$ extremen positiven als auch die $\alpha \cdot 100\,\%$ extremen negativen Abweichungen. Würde man hingegen das $(1-\alpha)$-Quantil der χ^2-Verteilung als kritischen Wert bestimmen, so würde der kritische Bereich nur $\alpha/2 \cdot 100\,\%$ der extremen Abweichungen unter der (gerichteten) Nullhypothese enthalten, und man würde die Hypothese nicht auf dem intendierten α-Niveau, sondern auf dem $\alpha/2$-Niveau testen. Eine zweite Möglichkeit der Überprüfung einer gerichteten Hypothese besteht darin, den p-Wert heranzuziehen. Hierbei ist zu beachten, dass Statistikprogramme üblicherweise den p-Wert für eine ungerichtete Hypothese angeben. Man erhält den p-Wert für eine gerichtete Hypothese, indem man den p-Wert der ungerichteten Hypothese durch 2 dividiert. Ist dieser neu berechnete p-Wert für die gerichtete Hypothese kleiner oder gleich 0,05, wird die gerichtete Hypothese verworfen.

Likelihood-Ratio-Test

Der Likelihood-Ratio-Test vergleicht die Likelihoods zweier logistischer Regressionsmodelle miteinander. Man kann ihn zur Überprüfung der Hypothese $H_0: \beta_j = 0$ heranziehen, indem man die Likelihood des Modells mit dem Prädiktor X_j mit der Likelihood eines Modells vergleicht, aus dem der Prädiktor X_j herausgenommen wurde. Das erstgenannte Modell ist das *uneingeschränkte Modell*, da alle Regressionsparameter frei geschätzt werden können. Das zweite Modell nennt man *eingeschränktes Modell*, da in ihm der Parameter β_j nicht mehr frei geschätzt werden kann, sondern auf 0 fixiert wird. Die Fixierung des Parameters β_j auf 0 hat zur Folge, dass die Likelihood der Daten entweder gleich bleibt oder aber kleiner wird. Sie bleibt gleich, wenn die ML-Schätzung des Parameters β_j, also der Koeffizient b_j, exakt gleich 0 ist, da die Likelihood auf Grundlage der geschätzten Parameter bestimmt wird. Die Likelihood wird kleiner, wenn der Koeffizient b_j ungleich 0 ist, man ihn aber zwangsweise auf 0 fixiert. Die Likelihood kann dann nicht mehr maximal werden, da hierfür ja notwendig gewesen wäre, dass der Koeffizient b_j den nach der Maximum-Likelihood-Methode geschätzten Wert und eben nicht 0 annimmt. Es stellt sich dann die Frage, ob die Veränderung der Likelihood statistisch bedeutsam ist, d. h., ob der Unterschied in den beiden Likelihood-Werten nur durch den Stichprobenfehler zustande kommt oder aber anzeigt, dass der Parameter β_j in der Population von 0 verschieden ist. Dies kann mit dem Likelihood-Ratio-Test statistisch überprüft werden.

Hierzu vergleicht man die Likelihoods des eingeschränkten und des uneingeschränkten Modells miteinander. Angenommen, wir wollen in einer multiplen logistischen Regressionsanalyse mit zwei unabhängigen Variablen die Hypothese $H_0: \beta_2 = 0$ überprüfen, dann würden wir die folgenden beiden Modelle miteinander vergleichen:

$$M_u: \ln\left(\frac{P(Y=1|X_1, X_2)}{1-P(Y=1|X_1, X_2)}\right)$$
$$= \beta_0 + \beta_1 \cdot X_1 + \beta_2 \cdot X_2$$

$$M_e: \ln\left(\frac{P(Y=1|X_1, X_2)}{1-P(Y=1|X_1, X_2)}\right) = \beta_0 + \beta_1 \cdot X_1 + 0 \cdot X_2$$
$$= \beta_0 + \beta_1 \cdot X_1 = \ln\left(\frac{P(Y=1|X_1)}{1-P(Y=1|X_1)}\right)$$

Hierbei steht M_u für das uneingeschränkte und M_e für das eingeschränkte Modell. Für beide Modelle lassen sich die Parameter anhand der Maximum-Likelihood-Methode bestimmen und die Likelihood auf Grundlage der geschätzten Parameter berechnen. Mit L_u bezeichnen wir die Likelihood des uneingeschränkten Modells, mit L_e die Likelihood des eingeschränkten Modells. Der Ausdruck

$$LR = -2 \cdot \ln\left(\frac{L_e}{L_u}\right) = -2 \cdot [\ln(L_e) - \ln(L_u)] \quad \text{(F 21.17)}$$

ist unter Gültigkeit der Nullhypothese ($H_0: \beta_j = 0$) asymptotisch χ^2-verteilt mit einem Freiheitsgrad. Zur Überprüfung der Nullhypothese bestimmt man den kritischen Wert als $(1-\alpha)$-Quantil der χ^2-Verteilung mit einem Freiheitsgrad. Überschreitet der LR-Wert den kritischen Wert, wird die Nullhypothese verworfen.

Vergleich der drei Tests

Der z-Test und der Wald-Test führen zum selben Ergebnis, das sich vom Likelihood-Ratio-Test unterscheiden kann. Im Vergleich zum Likelihood-Ratio-Test verfügt der Wald-Test über eine geringere Teststärke, wenn die Regressionsgewichte einen großen (positiven oder negativen) Wert annehmen (Agresti, 2002). Auch bei kleineren Stichproben hat der Likelihood-Ratio-Test eine größere Teststärke als der Wald-Test. Der Likelihood-Ratio-Test ist daher dem Wald-Test und somit auch dem z-Test vorzuziehen.

Beispiel

Tagesereignisse und Lebenszufriedenheit: z-Test, Wald-Test und Likelihood-Ratio-Test

Für unser Beispiel der Regression der Lebenszufriedenheit auf positive und negative Tagesereignisse ergeben sich folgende Werte des z-Tests und des Wald-Tests für die Regressionskoeffizienten:

$b_0 = 0{,}449; \quad \hat{\sigma}_{B_0} = 0{,}294; \quad z = \frac{0{,}449}{0{,}294} = 1{,}53;$

$z^2 = \frac{0{,}449^2}{0{,}294^2} = 2{,}33; \quad p = 0{,}127$

$b_1 = 0{,}083; \quad \hat{\sigma}_{B_1} = 0{,}025; \quad z = \frac{0{,}083}{0{,}025} = 3{,}32;$

$z^2 = \frac{0{,}083^2}{0{,}025^2} = 11{,}022; \quad p = 0{,}001$

$b_2 = -0{,}123; \quad \hat{\sigma}_{B_2} = 0{,}032; \quad z = \frac{-0{,}123}{0{,}032} = -3{,}844;$

$z^2 = \frac{-0{,}123^2}{0{,}032^2} = 14{,}774; \quad p = 0{,}001$

Die Ergebnisse zeigen, dass der Regressionskoeffizient b_0 nicht signifikant von 0 verschieden ist, wo hingegen die beiden Regressionsgewichte b_1 und b_2 signifikant von 0 verschieden sind.

Um die Nullhypothesen $H_0: \beta_1 = 0$ und $H_0: \beta_2 = 0$ anhand des Likelihood-Ratio-Tests zu überprüfen, werden die Likelihoods für folgende drei Modelle benötigt:

$$M_u: \ln\left(\frac{P(Y=1|X_1, X_2)}{1-P(Y=1|X_1, X_2)}\right)$$
$$= \beta_0 + \beta_1 \cdot X_1 + \beta_2 \cdot X_2$$

$$M_{e1}: \ln\left(\frac{P(Y=1|X_2)}{1-P(Y=1|X_2)}\right) = \beta_0 + \beta_2 \cdot X_2$$

$$M_{e2}: \ln\left(\frac{P(Y=1|X_1)}{1-P(Y=1|X_1)}\right) = \beta_0 + \beta_1 \cdot X_1$$

Statistikprogramme wie z. B. das Programm SPSS berichten häufig nicht die Likelihoods, sondern direkt die χ^2-Werte des Likelihood-Ratio-Tests. Hierzu muss man die unabhängigen Variablen schrittweise in das Regressionsmodell aufnehmen. Nimmt man zunächst die Variable X_2 auf und dann die Variable X_1, erhält man den χ^2-Wert des Likelihood-Ratio-Tests für den Vergleich des Modells M_{e1} mit dem Modell M_u. Mit diesem Vergleich überprüft man die Nullhypothese $H_0: \beta_1 = 0$. Der χ^2-Wert beträgt 11,984, der dazugehörige p-Wert ist bei einem Freiheitsgrad gleich $p = 0{,}001$. Der Koeffizient b_1 ist somit signifikant von 0 verschieden.

Zur Überprüfung der Nullhypothese $H_0: \beta_2 = 0$ vergleicht man das Modell M_{e2} mit dem Modell M_u. Der χ^2-Wert beträgt 14,947, der dazugehörige p-Wert ist bei einem Freiheitsgrad kleiner als 0,001. Auch der Koeffizient b_2 ist somit signifikant von 0 verschieden.

21.3.2 Hypothesentests für ein Set von unabhängigen Variablen

Die Hypothese, dass mehrere Regressionsparameter gleich 0 sind, lässt sich ebenfalls mit dem Likelihood-Ratio-Test untersuchen. Hierzu definiert man ein eingeschränktes Modell, in dem die Parameter, deren Bedeutsamkeit man untersuchen will, auf 0 fixiert wurden. Angenommen, man hat ein multiples logistisches Regressionsmodell mit drei unabhängigen Variablen. Dann lautet das uneingeschränkte Modell:

$$M_u: \ln\left(\frac{P(Y=1|X_1,X_2,X_3)}{1-P(Y=1|X_1,X_2,X_3)}\right) = \beta_0 + \beta_1 \cdot X_1 + \beta_2 \cdot X_2 + \beta_3 \cdot X_3$$

Zur Überprüfung der Nullhypothese $H_0: \beta_1 = \beta_2 = 0$ betrachtet man das eingeschränkte Modell:

$$M_e: \ln\left(\frac{P(Y=1|X_1,X_2,X_3)}{1-P(Y=1|X_1,X_2,X_3)}\right) = \beta_0 + 0 \cdot X_1 + 0 \cdot X_2 + \beta_3 \cdot X_3 = \beta_0 + \beta_3 \cdot X_3$$
$$= \ln\left(\frac{P(Y=1|X_3)}{1-P(Y=1|X_3)}\right)$$

Zur Überprüfung der Hypothese greift man auf den Likelihood-Ratio-Test nach Gleichung F 21.17 zurück. Die Anzahl der Freiheitsgrade entspricht der Differenz der Anzahl der zu schätzenden Parameter in beiden betrachteten Modellen. In unserem Beispiel enthält das uneingeschränkte Modell M_u vier Parameter ($\beta_0, \beta_1, \beta_2, \beta_3$), das eingeschränkte Modell M_e zwei Parameter (β_0, β_3), daher liegen 4 − 2 = 2 Freiheitsgrade vor.

Beispiel

Lebenszufriedenheit, Tagesereignisse und Geschlecht

Wir ergänzen unser Beispiel, in dem wir die Lebenszufriedenheit auf Tagesereignisse zurückführen, durch eine dritte unabhängige Variable, das Geschlecht (X_3). Im uneingeschränkten Modell haben wir somit drei unabhängige Variablen. Ist man daran interessiert, ob Tagesereignisse überhaupt einen Effekt haben, prüft man die Hypothese, dass sowohl der Einfluss positiver als auch der Einfluss negativer Ereignisse in der Population gleich 0 ist. Im eingeschränkten Modell verbleibt daher nur das Geschlecht. Der χ^2-Wert für den Vergleich der beiden Modelle beträgt 23,262, der dazugehörige p-Wert ist bei zwei Freiheitsgraden kleiner als 0,001. Tagesereignisse haben somit einen bedeutsamen, über das Geschlecht hinausgehenden Einfluss auf die Lebenszufriedenheit. Wenn ein Set von unabhängigen Variablen einen bedeutsamen Einfluss hat, impliziert dies nicht zwangsläufig, dass jede einzelne unabhängige Variable einen signifikanten Einfluss hat. Denn die Nullhypothese, dass sowohl die Variable X_1 als auch die Variable X_2 in der Population keinen Einfluss auf die abhängige Variable haben (formal: $\beta_1 \wedge \beta_2 = 0$; $\wedge$: logisches »und«), wird bereits dann verworfen, wenn eine der beiden Variablen einen Parameter aufweist, der von 0 verschieden ist.

Neben dem Likelihood-Ratio-Test kann eine Hypothese in Bezug auf mehrere Parameter auch mit einem multivariaten Wald-Test überprüft werden. Auch diese Teststatistik ist χ^2-verteilt, und die Anzahl der Freiheitsgrade entspricht der Differenz der beiden Parameteranzahlen. Dieser Test wird z. B. von dem Statistikprogramm SPSS routinemäßig berichtet, wenn kategoriale unabhängige Variablen untersucht werden, für deren Kodierung mehr als eine Kodiervariable benötigt wird. Auch bei Hypothesentests für Gruppen von unabhängigen Variablen ist der Likelihood-Ratio-Test dem Wald-Test überlegen.

21.3.3 Hypothesentests in Bezug auf alle unabhängigen Variablen

Schließlich ist man häufig daran interessiert, ob die in die Analyse eingeschlossenen unabhängigen Variablen überhaupt einen Einfluss auf die abhängige Variable haben. Dies entspricht der Hypothese $H_0: \beta_1 = \ldots = \beta_j = \ldots = \beta_k = 0$. Diese Hypothese ist eine Erweiterung der Hypothese in Abschnitt 21.3.2 und lässt sich daher auch anhand des multivariaten Wald-Tests und des Likelihood-Ratio-Tests überprüfen. Hierzu vergleicht man das uneingeschränkte Modell, das alle unabhängigen Variablen enthält, mit dem eingeschränkten Modell, das keine unabhängigen Variablen enthält, sondern nur den Parameter β_0. In diesem Fall hat der Modelltest genau $df = k$ Freiheitsgrade.

> **Beispiel**
>
> **Lebenszufriedenheit, Tagesereignisse und Geschlecht**
>
> Vergleicht man das Modell, das alle drei unabhängigen Variablen (positive Tagesereignisse, negative Tagesereignisse, Geschlecht) umfasst, mit dem Modell, das keine unabhängigen Variablen enthält, ergibt sich ein χ^2-Wert für den Likelihood-Ratio-Test von 27,053 mit einem dazugehörigen p-Wert bei drei Freiheitsgraden von $p < 0,001$. Wenigstens eine der unabhängigen Variablen hat somit einen signifikanten Einfluss auf die abhängige Variable.

21.3.4 Zerlegung der Likelihood-Ratio-Teststatistik

Der im letzten Abschnitt vorgestellte Test überprüft das uneingeschränkte Modell gegen das eingeschränkte Modell, das keine unabhängigen Variablen mehr enthält. Die Likelihood-Ratio-Teststatistik für diesen generellen Fall lässt sich additiv zerlegen in die Likelihood-Ratio-Teststatistiken von Teilmodellen, die derart aufeinander aufbauen, dass zunehmend weitere unabhängige Variablen aufgenommen werden, die am Ende das Gesamtmodell ergeben. Verdeutlichen wir uns dies am Beispiel mit vier unabhängigen Variablen und den folgenden Modellen:

$$M_u: \ln\left(\frac{P(Y=1|X_1,X_2,X_3,X_4)}{1-P(Y=1|X_1,X_2,X_3,X_4)}\right)$$
$$= \beta_0 + \beta_1 \cdot X_1 + \beta_2 \cdot X_2 + \beta_3 \cdot X_3 + \beta_4 \cdot X_4$$

$$M_{e1}: \ln\left(\frac{P(Y=1|X_1,X_2,X_3)}{1-P(Y=1|X_1,X_2,X_3)}\right)$$
$$= \beta_0 + \beta_1 \cdot X_1 + \beta_2 \cdot X_2 + \beta_3 \cdot X_3$$

$$M_{e2}: \ln\left(\frac{P(Y=1|X_1,X_2)}{1-P(Y=1|X_1,X_2)}\right)$$
$$= \beta_0 + \beta_1 \cdot X_1 + \beta_2 \cdot X_2$$

$$M_{e3}: \ln\left(\frac{P(Y=1|X_1)}{1-P(Y=1|X_1)}\right) = \beta_0 + \beta_1 \cdot X_1$$

$$M_{e4}: \ln\left(\frac{P(Y=1)}{1-P(Y=1)}\right) = \beta_0$$

Den Wert der Likelihood-Ratio-Teststatistik für den Vergleich des uneingeschränkten Modells M_u mit dem eingeschränkten Modell M_{e4}, das das restriktivste Modell ist, bezeichnen wir mit $LR(M_u - M_{e4}) = -2 \cdot [\ln(L_{e4}) - \ln(L_u)]$ (s. Gleichung F 21.17). Der Wert $LR(M_u - M_{e4})$ lässt sich wie folgt additiv in folgende Komponenten zerlegen:

$$LR(M_u - M_{e4}) = LR(M_u - M_{e1}) + LR(M_{e1} - M_{e2}) + LR(M_{e2} - M_{e3}) + LR(M_{e3} - M_{e4})$$

Bei dieser Zerlegung weisen die Modelle eine Ordnung derart auf, dass jeweils eine weitere unabhängige Variable hinzukommt. Mit welcher unabhängigen Variablen man anfängt, ist für die Gesamtzerlegung egal. Diese ergibt immer den $LR(M_u - M_{e4})$-Wert. Allerdings hängt die Größe und somit auch die Signifikanz der LR-Werte davon ab, mit welchen Variablen die Zerlegung begonnen wurde und welche Variablen im nächsten Schritt hinzukommen. Eine zur LR-Zerlegung analoge Zerlegung haben wir schon bei der multiplen Regressionsanalyse kennengelernt, in der sich der Gesamt-Determinationskoeffizient in eine Summe von Semipartial-Determinationen zerlegen ließ (s. Abschn. 18.6). Wie bei der multiplen Regressionsanalyse kann diese Zerlegung für die Auswahl unabhängiger Variablen genutzt werden. Will man z. B. in einer Studie, in der es um die Auswahl von Prädiktoren für eine optimale Vorhersage einer dichotomen Kriteriumsvariablen geht, diejenigen Prädiktoren auswählen, die das Kriterium am besten vorhersagen und ungeeignete unabhängige Variablen ausschließen, kann man wie bei der multiplen Regressionsanalyse entweder zu einer Vorwärtsselektion oder einer Rückwärtselimination greifen.

Vorwärtsselektion. Bei der Vorwärtsselektion geht man so vor, dass man zunächst diejenige unabhängige Variable auswählt, die den größten signifikanten LR-Wert hervorruft, wenn man das Modell mit einem Prädiktor gegen das Modell ohne einen einzigen Prädiktor testet. Im nächsten Schritt würde man diejenige unabhängige Variable hinzunehmen, die den größten signifikanten LR-Wert produziert, wenn man das Modell mit zwei Prädiktoren gegen das Modell mit einem Prädiktor testet etc. Dies macht man so lange, bis die Hinzunahme weiterer unabhängiger Variablen nicht mehr zu einer signifikanten Verbesserung der Vorhersage führt.

Rückwärtselimination. Bei der Rückwärtselimination geht man umgekehrt vor. Man schließt zunächst alle unabhängigen Variablen in die Regressionsgleichung ein. Im nächsten Schritt schließt man als Erstes diejenige unabhängige Variable aus, deren Herausnahme aus der Regressionsgleichung zu dem kleinsten nicht-signifikanten LR-Wert führt, den man erhält, wenn man das komplette Modell mit dem Modell ohne diese unabhängige Variable vergleicht. Dann entnimmt man die nächste unabhängige Variable, deren Herausnahme zu dem kleinsten nicht-signifikanten LR-Wert führt etc. Dies macht man so lange, bis eine weitere Entnahme zu einem signifikanten LR-Wert führt.

Allgemeine Zerlegungsregel

Die Zerlegung des $LR(M_u - M_{e4})$-Wertes gilt z. B. auch für folgende Zerlegung:

$$LR(M_u - M_{e4}) = LR(M_u - M_{e2}) + LR(M_{e2} - M_{e4})$$

Mit $LR(M_{e2} - M_{e4})$ wird überprüft, ob sich durch die Aufnahme der Variablen X_1 und X_2 die Vorhersage der abhängigen Variablen signifikant verbessert, $LR(M_u - M_{e2})$ dient zur Testung, ob die weitere Hinzunahme von X_3 und X_4 die Vorhersage signifikant verbessert. Diese Zerlegung von $LR(M_u - M_{e4})$ ist immer dann möglich, wenn die Modelle ineinander verschachtelt sind, d. h. die Modelle sich so in eine hierarchische Struktur bringen lassen, dass das übergeordnete Modell immer alle Variablen des untergeordneten Modells enthält und das Modell auf der höchsten Hierarchiestufe alle unabhängigen Variablen umfasst.

21.4 Effektstärkemaße

Bei der multiplen Regressionsanalyse haben wir den Determinationskoeffizienten als Effektstärkenmaß kennengelernt (s. Abschn. 18.6). Der Determinationskoeffizient gibt den Anteil an der Varianz der abhängigen Variablen an, der durch die unabhängigen Variablen determiniert wird. Die Grundlage für die Definition des Determinationskoeffizienten war die Zerlegung der abhängigen Variablen in eine Linearkombination der unabhängigen Variablen und der Residualvariablen. Darüber hinaus wird in der Regressionsanalyse angenommen, dass die bedingte Residualvarianz unabhängig von den Ausprägungen der unabhängigen Variablen ist. In der Population ist somit die Vorhersagegüte unabhängig von den Werten der unabhängigen Variablen. Daher ist die erklärte Varianz bzw. ihre standardisierte Form (Determinationskoeffizient) ein sinnvolles und generell akzeptiertes Effektstärkenmaß.

Beide Annahmen sind bei der logistischen Regressionsanalyse jedoch a priori nicht sinnvoll (erste Annahme) bzw. verletzt (zweite Annahme). Daher müssen andere Maße für die Stärke des Zusammenhangs der abhängigen Variablen mit den unabhängigen Variablen definiert werden. Im Gegensatz zur multiplen Regressionsanalyse gibt es jedoch kein generell anerkanntes Maß, sondern nur verschiedene Vorschläge. Wir werden nur drei Maße behandeln, die typischerweise von Statistikprogrammen berichtet werden, und zwar die Koeffizienten nach McFadden (1974), Cox und Snell (1989) und Nagelkerke (1991). Im Vergleich zum Determinationskoeffizienten bei Regressionsmodellen fallen ihre Werte meist geringer aus, und es gibt wenig Anhaltspunkte, wie ihre Größe in verschiedenen Forschungskontexten zu bewerten ist. Meist greift man daher zur Bewertung der Effektstärke auf die Interpretation der einzelnen Koeffizienten e^{β_j}, der Odds-Ratios, aber weniger auf die globalen Effektstärkenmaße zurück. Es gibt bisher auch noch kaum Ansätze zur Bestimmung von Konfidenzintervallen für diese generellen Effektgrößenmaße (Smithson, 2003), und die Bestimmung der optimalen Stichprobengröße basiert ebenfalls nicht auf ihnen. Wir werden daher diese Effektgrößen nur knapp behandeln und auch keine Konfidenzintervalle vorstellen.

McFadden-Index

McFadden (1974) hat einen Index (MF) vorgeschlagen, der auf dem Vergleich von drei logarithmierten Likelihoods basiert:

$$MF = \frac{\ln(L_M) - \ln(L_0)}{\ln(L_S) - \ln(L_0)} = \frac{\ln(L_0) - \ln(L_M)}{\ln(L_0)} \quad \text{(F 21.18)}$$

Mit L_M wird die Likelihood des Modells bezeichnet, das alle unabhängigen Variablen enthält, L_0 ist das Modell, das nur die Regressionskonstante, aber keine unabhängigen Variablen enthält. Die Differenz $\ln(L_M) - \ln(L_0)$ gibt somit den Erklärungsgewinn an, der aus der Hinzunahme der unabhängigen Variablen in das Modell resultiert. Diese Differenz ist aber nicht normiert. McFadden hat daher vorgeschlagen, diese Differenz an der Differenz $\ln(L_S) - \ln(L_0)$ zu normieren. L_S ist die Likelihood des saturierten Modells. Was man unter einem saturierten Modell versteht, haben wir bereits im letzten Kapitel zum loglinearen Modell kennengelernt (Abschn. 20.4.2). Ein saturiertes Modell ist ein Modell, das keine Restriktionen enthält und somit die Daten perfekt reproduziert. Bei der logistischen Regressionsanalyse enthält das saturierte Modell so viele Parameter wie untersuchte Personen, und zwar nimmt man für jede Person ihren gefundenen y-Wert als Schätzwert für ihre Wahrscheinlichkeit, die Kategorie mit dem Wert 1 zu wählen. Hat sie die 1 gewählt, dann ist ihre Wahrscheinlichkeit gleich 1; hat sie die 0 gewählt, ist ihre Wahrscheinlichkeit gleich 0. Folglich ist die Likelihood $L_S = 1$, da die Wahrscheinlichkeit der Daten unter dem Modell mit n Parametern gleich 1 ist. Ein solches Modell ist wissenschaftlich nicht interessant, aber es stellt die obere Grenze für die Erklärungsgüte dar.

Je stärker sich die Likelihood eines Modells mit weniger Parametern der Likelihood des saturierten Modells annähert, umso besser ist die Erklärungskraft des Modells. Der Index von McFadden quantifiziert die Erklärungskraft des betrachteten Modells in Anteilen der perfekten Erklärungskraft des saturierten Modells. Ist der Koeffizient gleich 1, entspricht das betrachtete Modell dem saturierten Modell und weist die größtmögliche Erklärungskraft auf. Ist der Koeffizient gleich 0, bringt die Hinzunahme der unabhängigen Variablen keine zusätzliche Erklärung.

Cox-Snell-Index

Der Index nach Cox und Snell (1989) vergleicht die Likelihood des Modells, das nur den Parameter β_0, aber keine unabhängigen Variablen enthält (L_0), mit dem Modell, das die k unabhängigen Variablen enthält (L_M), nach der Gleichung:

$$CS = 1 - \left(\frac{L_0}{L_M}\right)^{\frac{2}{n}} \quad \text{(F 21.19)}$$

Je größer L_M im Vergleich zu L_0 wird, d. h., je erklärungsstärker die unabhängigen Variablen sind, umso kleiner wird der Wert L_0/L_M und umso größer wird der Index CS. Cox und Snell (1989) haben den Koeffizienten in dieser Form definiert, da er, wenn man ihn auf die multiple Regressionsanalyse anwendet und die entsprechenden Likelihoods einsetzt, genau dem Determinationskoeffizienten entspricht. Er kann daher als Koeffizient »erklärter Variation« (Nagelkerke, 1991, S. 691) interpretiert werden, wobei der Begriff der Variation weit zu fassen ist. Während der Koeffizient bei der multiplen Regressionsanalyse den maximalen Wert 1 annehmen kann, konnte Nagelkerke (1991) zeigen, dass dies im Falle kategorialer Variablen nicht möglich ist. Dies erschwert die Interpretation des Koeffizienten.

Nagelkerke-Index

Nagelkerke (1991) hat gezeigt, dass der maximal mögliche Wert des *CS*-Index

$$CS_{max} = 1 - (L_0)^{\frac{2}{n}} \qquad (F\ 21.20)$$

ist. Der Nagelkerke-Index ist nun eine Standardisierung des *CS*-Index an CS_{max}:

$$NK = \frac{CS}{CS_{max}} \qquad (F\ 21.21)$$

Dieser standardisierte Koeffizient hat eine Obergrenze von 1.

> **Beispiel**
>
> **Lebenszufriedenheit und Tagesereignisse: McFadden-, Cox-Snell- und Nagelkerke-Index**
>
> Für das Beispiel mit der abhängigen Variablen Lebenszufriedenheit und den beiden unabhängigen Variablen positive und negative Tagesereignisse beträgt der McFadden-Index *MF* = 0,039, der Cox-Snell-Index *CS* = 0,047 und der Nagelkerke-Index *NK* = 0,067. Die Werte sind klein. Allerdings ist der Effekt der Tagesereignisse nicht zu vernachlässigen, wie wir anhand des Odds-Ratios gesehen haben. Das Statistikprogramm SPSS berechnet im Rahmen der logistischen Regression für dichotome abhängige Variablen nur die *CS*- und *NK*-Indizes, für die logistische Regressionsanalyse mehrkategorialer abhängiger Variablen (s. Abschn. 21.9) jedoch alle drei Indizes. Ist man auch im dichotomen Fall am *MF*-Index interessiert, kann man eine logistische Regressionsanalyse für mehrkategoriale Variablen rechnen. Dies ist zulässig, da jede dichotome Variable ein Spezialfall einer mehrkategorialen Variablen ist.

21.5 Klassifikation

Die logistische Regressionsanalyse kann auch zur Klassifikation von Personen herangezogen werden. Anhand der Regressionsgleichung kann man den Wert einer Person auf der abhängigen Variablen vorhersagen und sie der Klasse von Personen (Kategorie der abhängigen Variablen) zuordnen, für die ihre Wahrscheinlichkeit maximal ist. Hierzu greift man auf die anhand der Regressionsgleichung geschätzten Wahrscheinlichkeiten einer Person für die beiden Kategorien der abhängigen Variablen zurück.

Dies ist insbesondere dann von Interesse, wenn man die Werte einer Person auf den unabhängigen Variablen kennt und an einer Prognose ihrer Ausprägung auf der abhängigen Variablen interessiert ist. Ist etwa die abhängige Variable eine klinische Diagnose mit den beiden Kategorien »Alzheimer-Krankheit« und »keine Alzheimer-Krankheit«, so lässt sich anhand der Ausprägungen einer Person auf den unabhängigen Variablen die bedingte Wahrscheinlichkeit bestimmen, mit der diese Person an der Alzheimer-Krankheit erkranken wird oder nicht. Anhand der Wahrscheinlichkeiten kann man Personen Risikoklassen zuordnen. So könnten z. B. alle Personen, die eine Wahrscheinlichkeit von mindestens 0,50 haben, der Risikoklasse »Alzheimer-Erkrankung« zugeordnet werden. Die Wahrscheinlichkeitsschwelle kann aber auch anders festgelegt werden, z. B. auf 0,20 oder 0,70. Statistikprogramme haben üblicherweise eine (veränderbare) Voreinstellung von 0,50, da man in den meisten Fällen daran interessiert sein dürfte, Personen der Klasse (Kategorie) zuzuordnen, für die ihre Wahrscheinlichkeit maximal ist.

Die Güte einer Klassifikation kann man beurteilen, indem man sich die Trefferquoten anschaut, d. h. überprüft, wie viele Personen auch wirklich der Kategorie angehören, der man sie anhand ihrer geschätzten Wahrscheinlichkeit zugeordnet hat. Hierzu muss man die wahre Ausprägung der Person auf der abhängigen Variablen kennen. Üblicherweise untersucht man die Klassifikationsgüte anhand der Stichprobe, mit Hilfe deren man auch die Regressionsparameter geschätzt hat, da von diesen Personen ja zwangsläufig die Werte auf der abhängigen Variablen vorhanden sind. Für Prognosezwecke aussagekräftiger ist es jedoch, die Regressionsgewichte anhand einer Stichprobe zu schätzen und die Klassifikationsgüte anhand einer zweiten Stichprobe zu überprüfen. Dazu schätzt man die Werte auf der abhängigen Variablen in der zweiten Stichprobe anhand der Parameter der ersten Stichprobe und vergleicht diese Schätzwerte mit den tatsächlichen Werten auf der abhängigen Variablen. Der Anteil der richtig Klassifizierten, d. h. die *Trefferquote,* ist ein Maß für die Güte der Klassifikation (s. folgenden Beispielkasten). Ein solches Vorgehen wird auch als Kreuzvalidierung bezeichnet.

Bei der Bewertung der Klassifikationsgüte muss man mehrere Dinge beachten. In dem Beispiel der Lebenszufriedenheit erscheint eine Trefferquote von 69,9 % recht hoch zu sein. Allerdings ist die Trefferquote bereits dann sehr hoch, wenn man überhaupt keinen Prädiktor in Betracht zieht, sondern die Personen allein aufgrund der relativen Häufigkeiten in den beiden Kategorien klassifiziert. Da wesentlich mehr Personen die Frage nach der Lebenszufriedenheit bejaht haben, ist die geschätzte Wahrscheinlichkeit für die Kategorie »ja« (0,69) größer als die geschätzte Wahrscheinlichkeit für die Kategorie »nein« (0,31). Würde man also einfach alle Personen der Gruppe der Lebenszufriedenen zuordnen, so würde der Prozentsatz der richtig Klassifizierten bereits 69 % betragen und sich somit nur unwesentlich von der Trefferquote unter Einbezug der beiden unabhängigen Variablen unterscheiden.

Der Gewinn an Klassifikationsgüte durch die Hinzunahme der beiden unabhängigen Variablen ist also nur gering. Dies liegt daran, dass die Auftretenswahrscheinlichkeit für die Lebenszufriedenheit an sich schon sehr hoch ist und die bedingten Wahrscheinlichkeiten für die Kategorie »ja« bei fast allen Wertekombinationen der unabhängigen Variablen über 0,50 liegen. Betrachtet man nur die Anzahl der posi-

> **Beispiel**
>
> **Klassifikation in Lebenszufriedene und -unzufriedene**
>
> Zur Illustration greifen wir auf unser Beispiel der Abhängigkeit der Lebenszufriedenheit von positiven und negativen Tagesereignissen zurück. Wir überprüfen die Klassifikationsgüte anhand derselben Stichprobe und greifen dabei auf die Klassifikationstabelle zurück, die von Statistikprogrammen standardmäßig ausgegeben wird. Diese ist in Tabelle 21.1 dargestellt. Die Tabelle zeigt, dass von den (19 + 138 =) 157 Personen, die angegeben haben, mit ihrem Leben nicht zufrieden zu sein, 19 Personen (12,1 %) durch das Regressionsmodell auch dieser Klasse zugeordnet wurden. Die restlichen 138 Personen (87,9 %) wurden falsch klassifiziert. Für Personen, die angaben, mit ihrem Leben zufrieden zu sein, wurden hingegen 96,2 % (332/345 · 100 %) richtig klassifiziert. Insgesamt liegt somit der Prozentsatz der richtig Klassifizierten bei 69,9 % ((19 + 332)/(19 + 138 + 13 + 332) · 100 %).

Tabelle 21.1 Klassifikationstabelle: Vorhersage der Lebenszufriedenheit anhand positiver und negativer Lebensereignisse

Beobachtet		Vorhergesagt		Prozentsatz der richtig Klassifizierten
		»Ich bin mit meinem Leben zufrieden«		
		nein	ja	
»Ich bin mit meinem Leben zufrieden"	nein ($y = 0$)	19	138	12,1
	ja ($y = 1$)	13	332	96,2
Gesamtprozentsatz				69,9

tiven Tagesereignisse als unabhängige Variable, so liegen sogar alle bedingten Wahrscheinlichkeiten für die Zufriedenheitskategorie über 0,50 (s. Abb. 21.5), und es ergäbe sich für die Klassifikation überhaupt kein Gewinn durch die Hinzunahme dieser Variablen. Allerdings zeigt Abbildung 21.5 auch, dass die geschätzte bedingte Wahrscheinlichkeit, der Kategorie »ja« ($y = 1$) anzugehören, doch deutlich mit der Anzahl positiver Tagesereignisse zunimmt und der Einfluss dieser unabhängigen Variablen somit bedeutsam ist. Unterschiede in der Trefferquote werden durch die Hinzunahme von unabhängigen Variablen v. a. dann hervorgerufen, wenn sich die (unbedingten) relativen Häufigkeiten zweier Kategorien nicht stark unterscheiden und die geschätzten bedingten Wahrscheinlichkeiten für einen Teil der Ausprägungen der unabhängigen Variablen unter 0,50 und für einen anderen Teil über 0,50 liegen.

Diese verschiedenen Aspekte muss man beachten, wenn man die Trefferquote als ein Maß für die Güte der Vorhersageleistung interpretieren möchte. Man wird auf die Klassifikationstabelle v. a. dann zurückgreifen, wenn die Klassifikation von Personen ein Ziel der Analyse ist. Ist man hingegen daran interessiert, Unterschiede in den bedingten Wahrscheinlichkeiten zu erklären, dann sind die Regressionsparameter aussagekräftiger.

21.6 Bestimmung der optimalen Stichprobengröße

Wie wir schon erwähnt haben, basiert die Bestimmung der optimalen Stichprobengröße nicht auf einem globalen Effektgrößenmaß, sondern darauf, eine vorher festgelegte Teststärke $1 - \beta$ (Achtung: β ohne Index ist der Fehler zweiter Art, s. Abschn. 8.2) bei einem festgelegten Fehler erster Art (α) zur Überprüfung der Hypothese in Bezug auf einen einzigen Regressionsparameter sicherzustellen. Die Bestimmung der optimalen Stichprobengröße ist komplex, und es gibt verschiedene Ansätze hierfür. Wir werden nicht alle theoretischen Ansätze im Detail behandeln, sondern einige Empfehlungen in Bezug auf die Forschungspraxis geben. Zur Festlegung der optimalen Stichprobengröße muss man – wie bei den anderen statistischen Verfahren auch – die akzeptierten Grenzen für einen Fehler erster Art (α) und zweiter Art (β) sowie die Effektgröße festlegen. Darüber hinaus muss die Verteilung der unabhängigen Variablen spezifiziert werden. Im Falle mehrerer unabhängiger Variablen muss zusätzlich noch die quadrierte multiple Korrelation der unabhängigen Variablen, deren Einfluss man überprüfen will, mit allen anderen unabhängigen Variablen bestimmt werden.

Der Ansatz von Hsieh

Betrachten wir zunächst den Fall der einfachen logistischen Regressionsanalyse. Hierzu hat Hsieh (1989) eine Bestimmungsformel für den z- bzw. den Wald-Test vorgeschlagen. Diese basiert auf der Effektgröße τ:

$$\tau = \ln\left(\frac{P(Y=1 \mid X = E(X))}{P(Y=1 \mid X = E(X) + \sigma_X)}\right) \quad \text{(F 21.22)}$$

Diese Effektgröße drückt also den erwarteten Logit aus für zwei Werte auf der unabhängigen Variablen, die sich um eine Standardabweichung unterscheiden. Trifft man nun noch die Annahme, dass die unabhängige Variable X normalverteilt ist, lässt sich der optimale Stichprobenumfang nach Hsieh (1989) für einen einseitigen Test wie folgt bestimmen (nach Agresti, 2002, S. 242):

$$n = \frac{\left(z_\alpha + z_\beta \cdot e^{-\frac{\tau^2}{4}}\right)^2 \left(1 + 2 \cdot P(Y=1 \mid X = E(X)) \cdot \delta\right)}{P(Y=1 \mid X = E(X)) \cdot \tau^2}$$

(F 21.23)

mit

$$\delta = \frac{\left(1 + (1+\tau^2) \cdot e^{\frac{5\tau^2}{4}}\right)}{1 + e^{-\frac{\tau^2}{4}}} \quad \text{(F 21.24)}$$

Im Falle einer multiplen logistischen Regression muss die Formel F 21.23 noch durch $1 - R^2$ dividiert werden, wobei R^2 die quadrierte multiple Korrelation der interessierenden unabhängigen Variablen mit allen anderen unabhängigen Variablen ist. Im Falle einer multiplen logistischen Regressionsanalyse wird die bedingte Wahrscheinlichkeit von $Y = 1$ gegeben die Erwartungswerte aller unabhängigen Variablen bestimmt. Die Effektgröße τ ist dann eine bedingte Effektgröße, die den Effekt unter der Bedingung der Erwartungswerte aller anderen unabhängigen Variablen spezifiziert (Agresti, 2002).

Neuere Ansätze

Diese Bestimmungsformel ist komplex und rechenintensiv. Darüber hinaus gibt es neuere Ansätze, die auch für andere Verteilungsformen der unabhängigen Variablen geeignet sind und die nicht nur auf den z- bzw. Wald-Test, sondern auch auf den Likelihood-Ratio-Test bezogen sind. Das Statistikprogramm G*Power 3.1 (Faul, 2009) hat diese neueren Ansätze integriert. Will man die Bestimmung der optimalen Stichprobengröße mit diesem Programm vornehmen, muss man sich zunächst entscheiden, ob man die rechenintensive Methode zur Bestimmung der optimalen Stichprobengröße für den Wald-Test bzw. den Likelihood-Ratio-Test nach Lyles, Lin und Willliamson (2007) anwenden will oder die schnellere Approximation für größere Stichproben nach Whittemore (1981). Danach muss die Verteilung der unabhängigen Variablen festgelegt werden, wobei neben der Normalverteilung verschiedene andere Verteilungsformen spezifiziert werden können. Im Falle einer multiplen logistischen Regression muss die quadrierte multiple Korrelation der interessierenden unabhängigen Variablen mit allen anderen unabhängigen Variablen festgelegt werden. Schließlich muss die postulierte Effektgröße berechnet werden. Dies ist auf zwei Weisen möglich:

(1) entweder über die erwarteten bedingten Wahrscheinlichkeiten von $Y = 1$ an der Stelle $X = 1$ unter der Nullhypothese und der spezifischen Alternativhypothese
(2) oder über die erwartete bedingte Wahrscheinlichkeit unter der Nullhypothese an der Stelle $X = 1$ und den erwarteten Regressionsparameter β_{j1}, wobei der zweite Index 1 anzeigt, dass es der unter der spezifischen Alternativhypothese erwartete Parameter ist, der sich vom wahren Populationsparameter unterscheiden kann.

> **Beispiel**
>
> **Lebenszufriedenheit und Extraversion**
> Wir interessieren uns für den Zusammenhang zwischen Lebenszufriedenheit und Extraversion und planen eine Untersuchung, in die wir neben der Extraversion (X_1) auch die anderen vier Persönlichkeitsfaktoren des Fünf-Faktoren-Modells (Neurotizismus, Offenheit, Verträglichkeit, Gewissenhaftigkeit) einbeziehen wollen. Wir erwarten eine geringe multiple Korrelation zwischen der Extraversion und den anderen Persönlichkeitsfaktoren und legen R^2 auf 0,1 fest. Unter der Nullhypothese, dass das Regressionsgewicht der Extraversion in der Population gleich 0 ist, erwarten wir eine bedingte Wahrscheinlichkeit von 0,5 für $Y = 1$ an der Stelle $X_1 = 1$. Unter der spezifischen Alternativhypothese erwarten wir einen Wert von 0,6. Wir legen die beiden Fehler erster und zweiter Art wie folgt fest: $\alpha = 0{,}05$ und $\beta = 0{,}20$. Wir gehen davon aus, dass die unabhängige Variable Extraversion standardnormalverteilt ist, und entscheiden uns für einen (einseitigen) Likelihood-Ratio-Test und eine Bestimmung der optimalen Stichprobengröße nach Lyles et al. (2007). G*Power berechnet als optimale Stichprobengröße $n_{\text{opt}} = 163$.

21.7 Voraussetzungen der Maximum-Likelihood-Schätzung und Hypothesentestung

Wir haben in den Abschnitten 21.2 und 21.3 erläutert, nach welchem Prinzip sich die Parameter der logistischen Regressionsanalyse anhand der ML-Methode schätzen lassen und wie Hypothesen im Rahmen dieser Schätztheorie überprüft werden können. Wir haben in diesem Zusammenhang gesehen, dass die Stichprobenverteilungen der Regressionskoeffizienten asymptotisch der Normalverteilung folgen. Es stellt sich wie bei anderen statistischen Verfahren die Frage nach den Voraussetzungen, die getroffen werden müssen, wenn auf diese Schätzmethoden zurückgegriffen werden soll. Die Voraussetzungen, auf denen die ML-Schätzungen aufbauen, sind wenig restriktiv:

(1) Das Modell muss korrekt spezifiziert sein. Dies bedeutet, dass die bedingten Wahrscheinlichkeiten wirklich der postulierten Form folgen müssen und nicht irgendeiner anderen Form.
(2) Die abhängige Variable ist bedingt binomialverteilt gegeben die Ausprägungen der unabhängigen Variablen.
(3) Die Beobachtungen sind unabhängig voneinander.

Korrekte Spezifikation des Modells. Diese Annahme ist erfüllt, wenn zum einen das Modell die relevanten unabhängigen Variablen enthält und zum anderen die bedingte Wahrscheinlichkeitsfunktion der postulierten Funktion entspricht und nicht irgendeine andere Form aufweist. Wir werden im nächsten Abschnitt im Rahmen der Regressionsdiagnostik Tests zur Überprüfung dieser Annahme vorstellen. Allerdings hat sich gezeigt, dass die logistische Regressionsanalyse gegenüber der Verletzung der funktionalen Form relativ robust ist (Menard, 2001).

Bedingte Binomialverteilung. Die zweite Annahme, die der bedingten Binomialverteilung, ist wenig restriktiv, da es sich um dichotome Variablen handelt. Hierzu muss zunächst sichergestellt werden, dass jede Person eine, aber nur eine der beiden Kategorien der abhängigen Variablen auswählt, was in der Regel gewährleistet ist. Die Annahme der Binomialverteilung impliziert, dass die bedingte Varianz der Varianz der Binomialverteilung folgt. Diese Annahme kann durch eine zu große Streuung (Überdispersion) oder eine zu kleine Streuung (Unterdispersion) verletzt sein. Der Fall der Überdispersion ist häufiger und lässt sich nach Rasch et al. (2008) auf verschiedene mögliche Gründe zurückführen. So kann eine Überdispersion bedeuten, dass das Modell falsch spezifiziert wurde, dass also wichtige Variablen nicht in die Modellgleichung aufgenommen wurden, oder dass die bedingte Wahrscheinlichkeitsfunktion einer anderen Form folgt. Überdispersion kann auch von Ausreißern hervorgerufen werden oder durch eine Stichprobenziehung, die von einer Zufallsziehung abweicht. Wie werden im nächsten Abschnitt zur Regressionsdiagnostik behandeln, wie man solche Verletzungen aufdecken kann. Verletzungen der Varianzannahme kann man auch aufdecken, indem man die aufgrund des Modells erwartete Varianz der Variablen Y mit der beobachteten Varianz von Y vergleicht. Die erwartete Varianz erhält man, indem man aufgrund des Modells die prognostizierten $\hat{y}$-Werte schätzt, diese mittelt und die Varianz dann über $\bar{\hat{y}} \cdot (1-\bar{\hat{y}})$ berechnet. Üblicherweise kommt man aber mit der Regressionsdiagnostik aus. Um Überdispersion zu vermeiden bzw. zu korrigieren, ist sicherzustellen, dass diese genannten potentiellen Ursachen nicht gegeben sind. Dies kann man entweder versuchsplanerisch über die Stichprobenziehung erreichen oder durch die Behebung von Abweichungen, die man mit Mitteln der Regressionsdiagnostik aufdeckt. Es gibt darüber hinaus spezielle Modelle, die die Überdispersion direkt berücksichtigen, die wir aber nicht behandeln (Collett, 1991; Rasch et al., 2008).

Unabhängigkeit der Beobachtungen. Diese Voraussetzung lässt sich am besten versuchsplanerisch sicherstellen, z. B. dadurch, dass die Stichprobe als eine echte Zufallsstichprobe aus der Population gezogen wird. Sie wäre verletzt, wenn z. B. ein mehrstufiges Auswahlverfahren vorgenommen worden wäre (s. Abschn. 9.3.2). In diesem Fall würde man auf eine hierarchische logistische Regression zurückgreifen, die diese Abhängigkeit berücksichtigen würde (z. B. Hox, 2002).

Stichprobengröße

Wir haben gesehen, dass die Konfidenzintervalle und die Methoden der Hypothesenüberprüfung, die auf ML-Schätzungen aufbauen, große Stichproben voraussetzen, da die Schätzer der Parameter nur asymptotisch einer Normalverteilung folgen, also für ein n, das gegen unendlich strebt. Damit stellt sich zwangsläufig die Frage nach der benötigten Stichprobengröße, um diese asymptotischen Eigenschaften zuverlässig zu erfüllen. Diese Frage ist zu unterscheiden von der Frage nach der optimalen Stichprobengröße, die wir in Abschnitt 21.6 behandelt haben und die sich auf die Power des statistischen Tests bezieht.

Nach Andreß et al. (1997) sollte – quasi als Faustregel – die Stichprobengröße mindestens $n = 100$ betragen, da die Differenz aus der Stichprobengröße und der Anzahl zu schätzender Parameter nicht unter 50, sondern besser über 100 liegen sollte. Peduzzi et al. (1996) zufolge sollte diejenige Kategorie der abhängigen Variablen, die geringer besetzt ist, mindestens zehnmal so viele Untersuchungseinheiten umfassen, wie das Modell Parameter enthält. Bei kleinen Stichproben bietet es sich an, auf exakte Schätzmethoden zurückzugreifen, die wir nicht behandeln (s. hierzu Agresti, 2001; Corocran et al., 2001; Potter, 2005) und die in speziellen Statistikprogrammen wie z. B. LogXact (Cytel, 1989–2007) implementiert sind.

21.8 Regressionsdiagnostik

Bei der Regressionsdiagnostik geht es darum aufzudecken, ob wesentliche Voraussetzungen der Regressionsanalyse verletzt sind bzw. ob Datensituationen – wie z. B. Ausreißerwerte – zu verzerrten Schätzungen führen. Wir haben die Prinzipien der Regressionsdiagnostik schon ausführlich in Abschnitt 18.13 zur multiplen Regressionsanalyse behandelt. Da die Prinzipien ähnlich sind, werden wir diese nicht ausführlich illustrieren, sondern verweisen hierzu auf die Anwendungen in Abschnitt 18.13. Wir beschränken uns auf die spezifischen Aspekte für die logistische Regressionsanalyse. Wie bei der multiplen Regressionsanalyse für metrische Variablen befassen wir uns v. a. mit den Fragen nach der korrekten Spezifikation des Modells und der Modellanpassungsgüte, der Messfehlerbehaftetheit der unabhängigen Variablen, der Multikollinearität und der Identifikation von Ausreißern und einflussreichen Datenpunkten. Hinzu kann bei der logistischen Regression noch das Problem kommen, dass eine Kategorie der abhängigen Variablen für Wertekombinationen der unabhängigen Variablen nicht besetzt ist (»Nullzellenproblem«).

21.8.1 Korrekte Spezifikation des Modells und Modellanpassungsgüte

Genau wie bei der Regressionsanalyse für metrische abhängige Variablen wird auch bei der logistischen Regressionsanalyse vorausgesetzt, dass das Modell korrekt spezifiziert ist, also alle relevanten unabhängigen Variablen und keine irrelevanten unabhängigen Variablen enthält. Dies bedeutet auch, dass – wenn nötig – quadrierte Variablen oder Polynome höherer Ordnung sowie Produktvariablen aufgenommen werden. Konsequenzen der Fehlspezifikation haben wir ausführlich in Abschnitt 18.13.1 behandelt. Diese Aspekte lassen sich direkt auf die logistische Regression übertragen.

Hinzu kommt bei der logistischen Regression die Frage, ob das Modell in Bezug auf die Spezifikation der bedingten Wahrscheinlichkeitsfunktion korrekt ist. Wir werden zwei Ansätze zu ihrer Klärung behandeln. Der erste basiert auf dem Vergleich der Likelihood des Modells mit der Likelihood des saturierten Modells (Devianztest), der zweite ist ein von Hosmer und Lemeshow (1980) vorgeschlagener Test, der dem Devianztest überlegen ist, falls es nur wenige Personen gibt, die dieselbe Wertekombination auf den unabhängigen Variablen aufweisen.

Devianztest

Ein Devianztest basiert auf dem Vergleich der Likelihoods zweier Modelle. Der Devianztest, den man heranzieht, um zu überprüfen, ob die bedingte Wahrscheinlichkeitsfunktion korrekt spezifiziert wurde, vergleicht die Likelihood des spezifizierten Modells mit der Likelihood des saturierten Modells. Das saturierte Modell haben wir schon in Abschnitt 21.4 kennengelernt. Es ist das Modell, das keine Restriktionen enthält und somit perfekt auf die Daten passt. Es enthält n Parameter, also so viele, wie es Untersuchungsobjekte gibt. Das saturierte Modell ist der Maßstab der Modellanpassungsgüte. Das spezifizierte Modell geht von der gleichen Datensituation wie das saturierte Modell aus, d. h. von denselben abhängigen und unabhängigen Variablen, unterscheidet sich aber von diesem, indem die Form des Zusammenhangs spezifiziert wird. Hierdurch werden viele Parameter eingespart, da nur noch die Parameter des Regressionsmodells benötigt werden. Erreicht das restringierte Modell die gleiche Anpassungsgüte wie das saturierte Modell, dann kann man auch davon ausgehen, dass die spezifizierte Form der bedingten Wahrscheinlichkeitsfunktion korrekt ist.

Schon allein aufgrund des Stichprobenfehlers werden sich aber das postulierte Modell und das saturierte Modell unterscheiden. Würde man viele unterschiedliche Stichproben gleicher Größe aus der Population ziehen, dann würde man eine Verteilung von Likelihood-Werten für das Modell erhalten. Daher stellt sich die Frage, ob sich die Likelihood des spezifizierten Modells (L_M) signifikant von der Likelihood des saturierten Modells (L_S) unterscheidet. Dies kann man statistisch testen, indem man folgende Prüfgröße definiert:

$$D_M = -2 \cdot (\ln(L_M) - \ln(L_S)) \quad \text{(F 21.25)}$$

Diese Prüfgröße folgt asymptotisch einer χ^2-Verteilung mit $df = n - k - 1$ Freiheitsgraden, wobei k wiederum die Anzahl der unabhängigen Variablen bezeichnet. Ein statistisch signifikantes Ergebnis zeigt an, dass sich beide Modelle in ihrer Anpassungsgüte signifikant unterscheiden. Es wird daher ein Ergebnis angestrebt, das *nicht* signifikant ist, da das spezifizierte Modell nicht weniger gut als das am besten passende Modell sein soll. Da das saturierte Modell perfekt passt, ist seine Likelihood $L_S = 1$ und somit $\ln(L_S) = 0$. Die Gleichung F 21.25 reduziert sich daher zu $D_M = -2 \cdot \ln(L_M)$.

> **Beispiel**
>
> **Lebenszufriedenheit und Tagesereignisse: Devianztest**
>
> Für das Beispiel, in dem Unterschiede in der Lebenszufriedenheit auf Unterschiede in positiven und negativen Lebensereignissen zurückgeführt werden, rechnen wir den Wert $-2 \cdot \ln(L_M)$ = 599,433 aus. Da $\ln(L_S) = 0$ ist, erhalten wir D_M = 599,433. Bei einer Stichprobengröße von n = 502 und zwei unabhängigen Variablen erhalten wir df = 499 Freiheitsgrade. Mit Hilfe eines Verteilungsrechners berechnen wir einen p-Wert von p = 0,001. Dieser p-Wert zeigt auf dem vorher gewählten α-Niveau von α = 0,05 ein signifikantes Ergebnis an. Demzufolge würde das spezifizierte Modell eine schlechtere Modellanpassungsgüte aufweisen.

Mangelnde Validität des Devianztests. Bei dem Devianztest ist zu beachten, dass der Test große Stichproben voraussetzt. Insbesondere dann, wenn eine Vielzahl von Wertekombinationen der unabhängigen Variablen existiert, die nur wenige Personen aufweisen, ist nicht sichergestellt, dass die Prüfgröße einer χ^2-Verteilung folgt. Es ist dann fraglich, ob der p-Wert korrekt ist. Diese Frage stellt sich auch in unserem Beispiel. Bei 29,3 % der Kombinationen von Werten der beiden unabhängigen Variablen ist eine der beiden Kategorien der abhängigen Variablen nicht besetzt (Anmerkung: Diese Information erhält man von dem Statistikprogramm SPSS nur dann, wenn man eine logistische Regression für mehrkategoriale Variablen rechnet, nicht aber für die logistische Regression für dichotome Variablen). Die Problematik der mangelnden Validität des Devianztests hat dazu geführt, dass manche Statistikprogramme wie SPSS diesen Test nicht mehr berichten. Weiterhin wurden deshalb alternative Tests entwickelt, die das Problem von gering oder gar nicht besetzten Wertekombinationen berücksichtigen. Einen solchen Test, den Hosmer-Lemeshow-Test, stellen wir im folgenden Abschnitt vor.

Devianztest und Likelihood-Ratio-Test. Der Devianztest basiert – wie der Likelihood-Ratio-Test – auf dem Vergleich zweier Likelihoods. Beim Likelihood-Ratio-Test ist man bestrebt, die Nullhypothese abzulehnen, da man nachweisen will, dass die unabhängigen Variablen einen bedeutsamen Einfluss haben. Beim Devianztest ist man hingegen bestrebt, die Nullhypothese beizubehalten. Der Devianztest wird durch das Problem gering besetzter Wertekombinationen in seiner Validität gefährdet. Beim Likelihood-Ratio-Test besteht dieses Problem nicht (Cohen et al., 2003).

Hosmer-Lemeshow-Test

Der Hosmer-Lemeshow-Test basiert auf dem folgenden Grundgedanken: Für jede Kombination von Werten auf den unabhängigen Variablen können anhand der multiplen logistischen Regressionsanalyse die Wahrscheinlichkeiten der beiden Kategorien der abhängigen Variablen bestimmt werden. Multipliziert man diese Wahrscheinlichkeiten mit der Anzahl der Personen, die eine bestimmte Wertekombination der unabhängigen Variablen aufweisen, erhält man die erwarteten Häufigkeiten der beiden Kategorien der abhängigen Variablen. Diese erwarteten Häufigkeiten können mit den beobachteten Häufigkeiten verglichen werden. Bei Modellgültigkeit sollten die beobachteten Häufigkeiten nur zufällig von den erwarteten Häufigkeiten abweichen. Dieses Prinzip der Überprüfung der Modellgültigkeit haben wir bei verschiedenen anderen Methoden der Analyse kategorialer Variablen schon kennengelernt (s. Abschn. 10.6.2, 11.4, 11.5, 20.4).

Bei vielen unabhängigen Variablen können die Anzahl der Wertekombinationen jedoch sehr groß und die Häufigkeiten, mit denen sie auftreten, entsprechend gering sein. Dies verletzt die Voraussetzungen der Testverfahren, die man zum Vergleich der erwarteten und beobachteten Häufigkeiten heranzieht. Man geht daher anders vor und gruppiert die Daten. Hosmer und Lemeshow (1980) haben hierzu einen Test vorgestellt, der auf folgendem Prinzip basiert: Für jede Person werden ihre Wahrscheinlichkeiten für die beiden Kategorien der abhängigen Variablen geschätzt. Man nimmt dann die Wahrscheinlichkeiten für die erste Kategorie und gruppiert die Personen anhand ihrer Wahrscheinlichkeiten in zehn Gruppen derart, dass die 10 % der Personen mit den höchsten Wahrscheinlichkeiten der ersten Gruppe, die 10 % mit den zweithöchsten Wahrscheinlichkeiten der zweiten Gruppe etc. zugeordnet werden. Man teilt also die Personen anhand der Dezile der geschätzten bedingten Wahrscheinlichkeiten in zehn Gruppen ein. Da Personen mit gleicher geschätzter Wahrscheinlichkeit nicht unterschiedlichen Gruppen zugewiesen werden, kann es vorkommen, dass sich die Gruppengrößen unterscheiden oder auch weniger als zehn Gruppen gebildet werden. Für jede Gruppe q der g verschiedenen Gruppen ($q = 1, …, g$) bestimmt man die Anzahl der Personen, die die Kategorie mit dem Wert 1 angegeben haben. Diese beobachtete Häufigkeit bezeichnen wir mit o_q. Die erwartete Häufigkeit bestimmen wir wie folgt: Innerhalb jeder Gruppe wird die Wahrscheinlichkeit für die Kategorie mit dem Wert 1 geschätzt und über alle Personen innerhalb der Gruppe hinweg gemittelt. Diese geschätzte mittlere Wahrscheinlichkeit bezeichnen wir mit $\hat{\bar{\pi}}_q$. Multipliziert man diese geschätzte mittlere Wahrscheinlichkeit mit der Anzahl n_q von Personen innerhalb der Gruppe, erhält man die geschätzte erwartete Häufigkeit innerhalb einer Gruppe: $e_q = n_q \cdot \hat{\bar{\pi}}_q$. Hierauf aufbauend ist die Hosmer-Lemeshow-Teststatistik wie folgt definiert:

$$\chi^2_{HL} = \sum_{q=1}^{g} \frac{(o_q - e_q)^2}{e_q(1 - \hat{\bar{\pi}}_q)} \qquad \text{(F 21.26)}$$

Unter der Nullhypothese der Modellgültigkeit folgt diese Prüfgröße approximativ einer χ^2-Verteilung mit $df = g - 2$ Freiheitsgraden.

Ein signifikantes Testergebnis zeigt an, dass die bedingte Wahrscheinlichkeit nicht der postulierten Form folgt. Alternativen zum Hosmer-Lemeshow-Test für kleine Stichproben behandelt Kuss (2002).

> **Beispiel**
>
> **Lebenszufriedenheit und Tagesereignisse: Hosmer-Lemeshow-Test**
>
> In Tabelle 21.2 ist die mit dem Statistikprogramm SPSS berechnete Kontingenztabelle des Hosmer-Lemeshow-Tests für unser Beispiel dargestellt, in dem Unterschiede in der Lebenszufriedenheit auf Unterschiede in der Anzahl positiver und negativer Tagesereignisse zurückgeführt werden. Für diesen Test werden nur die Häufigkeiten für $Y = 1$ verwendet, da die Häufigkeiten für $Y = 0$ keine unabhängige Information beinhalten. Die Hosmer-Lemeshow-Prüfgröße beträgt $\chi^2_{HL} = 2{,}437$. Bei $df = 8$ Freiheitsgraden entspricht diesem χ^2_{HL}-Wert ein p-Wert von $p = 0{,}965$. Die Nullhypothese, der zufolge die beobachteten Häufigkeiten innerhalb einer Gruppe nicht von den erwarteten Häufigkeiten abweichen, muss nicht abgelehnt werden, wenn der Test auf einem Signifikanzniveau von $\alpha = 5\%$ durchgeführt wird. Dies spricht für die Annahme, dass das Modell gut auf die Daten passt.

Tabelle 21.2 Kontingenztabelle für Hosmer-Lemeshow-Test

Gruppe	Kategorie »nein« ($y = 0$)		Kategorie »ja« ($y = 1$)		Gruppengröße (n_q)
	Häufigkeit beobachtet	erwartet	Häufigkeit beobachtet (o_q)	erwartet (e_q)	
1	28	26,185	22	23,815	50
2	22	21,121	28	28,879	50
3	18	18,034	30	29,966	48
4	16	17,222	34	32,778	50
5	12	15,672	38	34,328	50
6	14	14,203	36	35,797	50
7	13	13,537	40	39,463	53
8	13	11,244	35	36,756	48
9	10	10,357	39	38,643	49
10	11	9,426	43	44,574	54

21.8.2 Messfehlerbehaftetheit der unabhängigen Variablen und Multikollinearität

In Bezug auf die unabhängigen Variablen müssen – wie bei der multiplen Regressionsanalyse für metrische Variablen – Einflüsse der Messfehler sowie der Multikollinearität berücksichtigt werden.

Messfehlereinflüsse

Bei der multiplen Regressionsanalyse haben wir schon ausführlich erörtert, dass die Regressionskoeffizienten verzerrt geschätzt werden, wenn die Werte auf den unabhängigen Variablen nicht fehlerfrei gemessen wurden. Die gleiche Problematik stellt sich auch bei der logistischen Regression. Zu ihrer Lösung wurden verschiedene Ansätze entwickelt (s. hierzu Rosner et al., 1990; Stefanski & Carroll, 1985; Thoresen, 2006). Lineare Strukturgleichungsmodelle erlauben es inzwischen, auch Zusammenhänge zwischen metrischen und kategorialen Variablen auf der Ebene messfehlerbereinigter Variablen zu untersuchen (s. Kap. 23 und 25).

Multikollinearität

Wie bei der Regressionsanalyse für metrische Variablen wirkt sich auch bei der logistischen Regression eine Multikollinearität der unabhängigen Variablen auf die Berechnung der Standardfehler der Regressionskoeffizienten aus. Zur Diagnose der Multikollinearität und zur Behebung der dadurch bedingten Probleme kann man auf die bereits in Abschnitt 18.13.4 beschriebenen Ansätze zurückgreifen.

21.8.3 Identifikation von Ausreißern und einflussreichen Datenpunkten

Bei der Darstellung der Regressionsanalyse für metrische Variablen in Abschnitt 18.13.3 haben wir gezeigt, dass der Identifikation von Ausreißerwerten und einflussreichen Datenpunkten eine große Bedeutung zukommt. Ausreißerwerte sind extreme Werte auf einer Variablen, die sich stark von den restlichen Werten unterscheiden. Ausreißer können sich, müssen sich aber nicht auf die Parameterschätzung auswirken. Ausreißer weisen aber auf jeden Fall auf auffällige Daten hin, deren Validität überprüft werden sollte. Einflussreiche Datenpunkte sind dadurch gekennzeichnet, dass ihre Herausnahme aus dem Datensatz zu einer starken Veränderung der geschätzten Regressionskoeffizienten führt. Sie haben somit einen großen Einfluss auf die Schätzung der Parameter.

Ausreißerwerte

Ausreißer lassen sich sowohl in Bezug auf die abhängige Variable als auch die unabhängigen Variablen betrachten. In Bezug auf die abhängige Variable werden Ausreißerwerte in der multiplen Regressionsanalyse für metrische Variablen mit Hilfe von Residualstatistiken aufgedeckt. Residuen basieren auf der Differenz zwischen den beobachteten Werten auf der abhängigen Variablen und den aufgrund des Modells vorhergesagten Werten. Im Rahmen der logistischen Regressionsanalyse lassen sich mehrere Residualstatistiken berechnen, u. a. das Pearson-Residuum und das Devianz-Residuum, die z. B. bei Agresti (2002) beschrieben sind. Diese sind allerdings nur von begrenztem Nutzen. Dies liegt daran, dass die abhängige Variable im dichotomen Fall nur zwei Werte annehmen kann. Das Ausreißerkonzept lässt sich daher nur schwer auf die abhängige Variable übertragen. Die Analyse individueller Residualwerte ist daher wenig sinnvoll (Agresti, 2002).

In Bezug auf die unabhängigen Variablen lassen sich in Analogie zur multiplen Regressionsanalyse Hebelwerte bestimmen (s. Abschn. 18.13.3). Aber auch diese sind nur von beschränktem Nutzen. Im Gegensatz zur Regressionsanalyse für metrische Variablen führt die Berechnung der Hebelwerte bei der logistischen Regression zu dem Phänomen, dass die Hebelwerte zunächst umso größer werden, je extremer ein Wert wird, sich dann aber für die extremsten Fälle wieder verringern. Cohen et al. (2003) schlagen daher vor, Hebelwerte nur im Bereich bedingter Wahrscheinlichkeiten zwischen 0,10 und 0,90 für eine Ausreißerkontrolle zu verwenden.

Einflussreiche Datenpunkte

Wie bei der multiplen Regressionsanalyse kann zur Identifikation von einflussreichen Datenpunkten auf Cooks Distanz und die Veränderung der Regressionskoeffizienten nach Herausnahme einzelner Werte (DfBETA, DfBETAS) zurückgegriffen werden. Diese Koeffizienten haben wir ausführlich in Abschnitt 18.13.3 behandelt und illustriert.

21.8.4 Nullzellenproblem

Ein besonderes Problem bei der Analyse kategorialer Variablen stellen Nullzellen dar. Nullzellen sind Fälle, in denen eine der Kategorien der abhängigen Variablen für eine Wertekombination der unabhängigen Variablen nicht besetzt ist. Dieses Problem haben wir schon in Abschnitt 20.3.4 behandelt. Die dort erörterten Sachverhalte sind direkt auf die logistische Regression mit kategorialen unabhängigen Variablen übertragbar, da diese dem Logit-Modell entsprechen.

Vollständige und quasi-vollständige Separierbarkeit

Bei metrischen unabhängigen Variablen kommt es häufig vor, dass eine der Kategorien der abhängigen Variablen für eine Wertekombination der unabhängigen Variablen nicht besetzt ist. Dies stellt aber im Vergleich zu kategorialen unabhängigen Variablen weit weniger ein Problem dar, da die funktionale Abhängigkeit, die durch wenige Parameter bestimmt wird, es erlaubt, die Regressionskurve über den gesamten Wertebereich hinweg zu bestimmen, so dass die Schätzung der Parameter üblicherweise nicht gestört wird, wenn eine Kategorie der abhängigen Variablen für eine Wertekombination der unabhängigen Variablen nicht besetzt ist.

Allerdings gibt es eine spezifische Konstellation von Nullzellen, die Probleme hervorruft. Diese Konstellation nennt man vollständige Separierbarkeit (Menard, 2001). Im Falle einer einfachen logistischen Regressionsanalyse haben wir diese Konstellation schon in Abschnitt 21.1.1 behandelt. Vollständige Separierbarkeit liegt im Fall der einfachen logistischen Regression dann vor, wenn alle Personen mit Werten unterhalb eines spezifischen Wertes die eine Kategorie der abhängigen Variablen, alle Personen mit Werten oberhalb dieses spezifischen Wertes hingegen die andere Kategorie der abhängigen Variablen wählen. In diesem Fall können die Regressionsparameter nicht geschätzt werden. Wie bei einer unabhängigen Variablen liegt auch im Falle mehrerer unabhängiger Variablen vollständige Separierbarkeit dann vor, wenn die Werte der abhängigen Variablen aufgrund der unabhängigen Variablen perfekt vorhergesagt werden können. Für jede Wertekombination der unabhängigen Variablen ist dann eine der beiden Kategorien der abhängigen Variablen nicht besetzt. Zwar werden bei der multiplen logistischen Regressionsanalyse im Falle vollständiger Separierbarkeit die Regressionsparameter geschätzt, sie nehmen aber extrem große Werte an. Dies gilt auch für die Standardfehler. Hierzu kommt es auch, wenn die Separierbarkeit zwar nicht vollständig ist, aber für einen Teil der Wertekombinationen besteht (quasi-vollständige Separierbarkeit). Extrem hohe Parameterschätzungen und extrem hohe Standardschätzfehler können auf eine solche Datenkonstellation hinweisen.

Ob sie tatsächlich vorliegt, kann man überprüfen, indem man sich eine Kontingenztabelle ausgeben lässt, in der die Ausprägungen der abhängigen Variablen gegen alle vorkommenden Wertekombinationen der unabhängigen Variablen tabelliert werden. Diese Kontingenztabelle kann man sich z. B. von dem Statistikprogramm SPSS (allerdings nur unter der Option für mehrkategoriale abhängige Variablen) ausgeben lassen. Im Falle vollständiger oder quasi-vollständiger Separierbarkeit sollten die Regressionsparameter nicht interpretiert werden. Vollständige Separierbarkeit zeigt eine Situation an, die in Bezug auf die Erklärung von interindividuellen Unterschieden in gewisser Weise »optimal« ist, da wir die Unterschiede perfekt erklären können. Allerdings kann vollständige Separierbarkeit auch auf problematische Datensituationen hinweisen. So kann sie dann entstehen, wenn sehr viele unabhängige Variablen in das Regressionsmodell aufgenommen wurden und die Stichprobe klein ist. In diesem Fall zeigt eine auftretende vollständige oder quasi-vollständige Separierbarkeit an, dass die Stichprobe für die Anzahl unabhängiger Variablen im Modell zu klein ist. Zur Lösung des Problems müsste entweder die Stichprobe vergrößert oder die Anzahl der unabhängigen Variablen reduziert werden.

21.9 Logistisches Regressionsmodell für mehrkategoriale nominalskalierte abhängige Variablen

Bisher haben wir nur den Spezialfall dichotomer (zweiwertiger) abhängiger Variablen betrachtet. Das logistische Regressionsmodell lässt sich aber auch bei mehrkategorialen (polytomen) abhängigen Variablen anwenden. In diesem Abschnitt konzentrieren wir uns auf mehrkategoriale Variablen, deren Kategorien keine Ordnung aufweisen. Es handelt sich also um nominalskalierte Variablen. Im nächsten Abschnitt 21.10 behandeln wir dann den Fall geordneter Kategorien.

Bedingte Kategorienwahrscheinlichkeiten

Im Falle mehrerer Kategorien kann man die bedingte Wahrscheinlichkeit für jede einzelne Kategorie in Abhängigkeit von den unabhängigen Variablen bestimmen. Wie im dichotomen Fall ist aber jede Kategorienwahrscheinlichkeit von den übrigen abhängig. Hat man z. B. eine Variable mit vier Kategorien und kennt man die bedingte Wahrscheinlichkeit von drei Kategorien, dann liegt die bedingte Wahrscheinlichkeit für die vierte Kategorie fest. Bei c Kategorien können also nur die bedingten Wahrscheinlichkeiten von $c-1$ Kategorien frei variieren, die bedingte Wahrscheinlichkeit der vierten Kategorie liegt fest.

Bedingte Wettquotienten und Logits

Bei mehrkategorialen Variablen können verschiedene Verhältnisse von bedingten Wahrscheinlichkeiten betrachtet werden. So kann man jede Kategorie mit allen anderen Kategorien vergleichen. Machen wir uns dies am Beispiel von vier Kategorien deutlich. In diesem Fall kann man die bedingte Wahrscheinlichkeit der ersten Kategorie mit der bedingten Wahrscheinlichkeit der zweiten, der dritten und der vierten Kategorie vergleichen, indem man die jeweiligen bedingten Wahrscheinlichkeiten ins Verhältnis zueinander setzt. Darüber hinaus kann man noch die bedingte Wahrscheinlichkeit der zweiten Kategorie mit der bedingten Wahrscheinlichkeit der dritten und der vierten Kategorie vergleichen. Schließlich kann man die bedingte Wahrscheinlichkeit der dritten mit der vierten Kategorie vergleichen. Diese verschiedenen Vergleiche sind jedoch nicht unabhängig voneinander. Bei einer kategorialen abhängigen Variablen mit c Kategorien reicht es aus, $c-1$ Wahrscheinlichkeitsverhältnisse zu betrachten. Man wählt hierzu üblicherweise eine Referenzkategorie aus und setzt die bedingten Wahrscheinlichkeiten der anderen Kategorien zur bedingten Wahrscheinlichkeit dieser Referenzkategorie ins Verhältnis. Dies gilt dann in analoger Weise für die logarithmierten Wettquotienten, die Logits.

Zur Illustration greifen wir auf ein Beispiel mit vier Kategorien und einer unabhängigen Variablen X zurück. Wir weisen den Kategorien der abhängigen Variablen wieder ganze Zahlen beginnend mit 0 zu. Wählt man die erste Antwortkategorie mit dem Wert 0 als Referenzkategorie, können die folgenden drei bedingten Logit-Funktionen betrachtet werden:

$$\ln\left(\frac{P(Y=1|X)}{P(Y=0|X)}\right), \quad \ln\left(\frac{P(Y=2|X)}{P(Y=0|X)}\right),$$
$$\ln\left(\frac{P(Y=3|X)}{P(Y=0|X)}\right) \qquad \text{(F 21.27)}$$

Diese drei bedingten Logit-Funktionen enthalten alle Informationen, die die abhängige Variable birgt. Alle anderen bedingten Logit-Funktionen können aus diesen drei bedingten Logit-Funktionen bzw. den ihnen zugrunde liegenden Wahrscheinlichkeitsverhältnissen berechnet werden. So ist z. B.:

$$\ln\left(\frac{P(Y=2|X)}{P(Y=1|X)}\right) = \ln\left(\frac{\frac{P(Y=2|X)}{P(Y=0|X)}}{\frac{P(Y=1|X)}{P(Y=0|X)}}\right)$$
$$= \ln\left(\frac{P(Y=2|X)}{P(Y=0|X)}\right) - \ln\left(\frac{P(Y=1|X)}{P(Y=0|X)}\right) \qquad \text{(F 21.28)}$$

Die Auswahl der Referenzkategorie ist zwar grundsätzlich beliebig, es bietet sich jedoch an, sie nach theoretischen Gesichtspunkten auszuwählen, da die Regressionsparameter ihre Bedeutung in Bezug auf diese Referenzkategorie haben.

Regressionsmodell

Für jede der drei bedingten Logit-Funktionen in Gleichung F 21.27 lässt sich ein logistisches Regressionsmodell nach Gleichung F 21.7 bzw. im Falle mehrerer unabhängiger Variablen nach Gleichung F 21.10 definieren. Die Regressionskoeffizienten β_0 und β_1 können sich zwischen den bedingten Logit-Funktionen unterscheiden, so dass eine weitere Indizierung notwendig ist. Wir geben jeweils zusätzlich in Klammern die Werte der abhängigen Variablen Y an, auf welche sich die bedingten Logit-Funktionen beziehen. So bezeichnet z. B. $\beta_{0(1,0)}$ die Regressionskonstante für das Modell, das die Kategorie 1 mit der Kategorie 0 kontrastiert, $\beta_{1(1,0)}$ ist das entsprechende Regressionsgewicht. Für eine abhängige Variable Y mit vier Kategorien erhält man daher die folgenden drei logistischen Regressionsgleichungen:

$$\ln\left(\frac{P(Y=1|X)}{P(Y=0|X)}\right) = \beta_{0(1,0)} + \beta_{1(1,0)}X \qquad \text{(F 21.29a)}$$

$$\ln\left(\frac{P(Y=2|X)}{P(Y=0|X)}\right) = \beta_{0(2,0)} + \beta_{1(2,0)}X \qquad \text{(F 21.29b)}$$

$$\ln\left(\frac{P(Y=3|X)}{P(Y=0|X)}\right) = \beta_{0(3,0)} + \beta_{1(3,0)}X \qquad \text{(F 21.29c)}$$

Die Erweiterung zu einem multiplen Regressionsmodell lässt sich einfach vornehmen und folgt dem Beispiel für dichotome abhängige Variablen. Ebenfalls in Analogie zum dichotomen Modell lässt sich das Modell auch in Form von Wettquotienten definieren.

Parameterschätzung und Hypothesentests

Man erhält für jede der Modellgleichungen Parameterschätzungen, Standardfehler, Wald-Tests und Konfidenzintervalle. Hierbei wird vorausgesetzt, dass die abhängige Variable eine bedingte Multinomialverteilung (s. Abschn. 7.2.4) aufweist und die Untersuchungseinheiten unabhängig voneinander gezogen wurden. Man spricht daher auch von einer *multinomialen logistischen Regressionsanalyse*. Mit Hilfe von Likelihood-Ratio-Tests lässt sich auch überprüfen, ob eine unabhängige Variable insgesamt, d. h. über die verschiedenen Kategorien der abhängigen Variablen hinweg, einen bedeutsamen Einfluss hat. Bezogen auf die Gleichungen F 21.29a – c wäre dies die Hypothese H_0: $\beta_{1(1,0)} = \beta_{1(2,0)} = \beta_{1(3,0)} = 0$. Da drei Parameter auf einen festen Wert fixiert werden, hat der Likelihood-Ratio-Test zur Überprüfung dieser Hypothese drei Freiheitsgrade. Darüber hinaus lassen sich auch für die multinomiale logistische Regression die behandelten Effektgrößen schätzen.

Modellüberprüfung

Der Hosmer-Lemeshow-Test lässt sich zur Überprüfung der Modellgültigkeit bei mehrkategorialen Variablen nicht anwenden. Die Modellgüte kann mit zwei Tests überprüft werden, die wir bereits in Abschnitt 20.4.1 zum log-linearen Modell kennengelernt haben, und zwar dem Pearson-χ^2-Test nach Gleichung F 20.30 und dem Likelihood-Ratio-Test nach Gleichung F 20.31. In diesen Tests werden die beobachteten und die unter dem Modell erwarteten Häufigkeiten für eine zweidimensionale Kontingenztabelle verglichen.

Bei der Modellüberprüfung im Rahmen der logistischen Regression wird die Kreuztabelle wie folgt erstellt: Die c Kategorien der abhängigen Variablen werden gegen die verschiedenen Wertekombinationen der unabhängigen Variablen, die in der Stichprobe aufgetreten sind, kreuztabelliert. Die Anzahl der verschiedenen Wertekombinationen bezeichnen wir mit l. Die Wertekombinationen werden auch Subpopulationen oder Teilgesamtheiten genannt. Für jede Zelle dieser $c \times l$-Tabelle werden die beobachteten Häufigkeiten bestimmt und auf Grundlage der geschätzten Parameter des Regressionsmodells die erwarteten Häufigkeiten berechnet. Bei Modellgültigkeit in der Population dürfen sich die beobachteten und die erwarteten Häufigkeiten nur aufgrund des Stichprobenfehlers unterscheiden. Zur Überprüfung der Hypothese der Modellgültigkeit werden die beobachteten und die erwarteten Häufigkeiten in die Gleichungen F 20.30 und F 20.31 eingesetzt. Diese Prüfgrößen sind asymptotisch χ^2-verteilt und weisen im vorliegenden Anwendungsfall $df = (c-1) \cdot l - n_p$ Freiheitsgrade auf, wobei n_p der Anzahl der zu schätzenden Regressionsparameter (β_0 und β_j) entspricht. Die Hypothese der Modellgültigkeit wird beibehalten, wenn sich die beobachteten und die erwarteten Häufigkeiten nicht bedeutsam unterscheiden, der Pearson-χ^2-Test und der Likelihood-Ratio-Test somit zu einem nicht-signifikanten Ergebnis führen.

Zwei Dinge sind bei der Anwendung dieser Tests zu beachten:

(1) Dieser Likelihood-Ratio-Test darf nicht mit den anderen Likelihood-Ratio-Tests, die wir in diesem Kapitel behandelt haben, verwechselt werden. Likelihood-Ratio-Tests gibt es für viele statistische Verfahren und für verschiedene Hypothesen. Für die Interpretation eines Likelihood-Ratio-Tests muss immer geklärt werden, welche konkrete Hypothese er auf Grundlage welcher Daten überprüft.

(2) Wie wir in Abschnitt 10.5 gesehen haben, macht der χ^2-Test, den wir in diesem Kapitel Pearson-χ^2-Test nennen, strenge Voraussetzungen in Bezug auf die benötigte Stichprobengröße. Dies gilt in gleicher Weise für den Likelihood-Ratio-Test. Wir hatten in Abschnitt 10.5 darauf hingewiesen, dass die erwartete Häufigkeit jeder Zelle 1 sein muss und mindestens 80 % der Zellen eine erwartete Häufigkeit größer 5 aufweisen sollten. Bei Verletzung dieser Voraussetzungen ist es fraglich, ob die Prüfgrößen des Pearson-χ^2-Tests und des Likelihood-Ratio-Tests einer χ^2-Verteilung folgen und ob daher der p-Wert und darauf aufbauend der statistische Schluss korrekt sind. Wie man sich leicht vorstellen kann, sind diese Voraussetzungen bei metrischen unabhängigen Variablen meist nicht erfüllt, denn bei metrischen unabhängigen Variablen gibt es eine Vielzahl von Wertekombinationen, die oft nur bei einer einzigen Person vorkommen. Bei diesen Personen ist lediglich eine Kategorie der abhängigen Variablen besetzt, alle anderen sind zwangsläufig unbesetzt. Wir haben dieses Nullzellenproblem in Abschnitt 21.8.4 behandelt. Statistikprogramme wie SPSS berichten daher die Anzahl der Zellen, die eine beobachtete Häufigkeit von 0 aufweisen. Diese Information kann herangezogen werden, um zu beurteilen, ob die p-Werte des Pearson-χ^2-Tests und des Likelihood-Ratio-Tests vertrauenswürdig sind. Man kann sich auch die Kreuztabelle der erwarteten Häufigkeiten ausgeben lassen und die Zellen zählen, deren erwartete Häufigkeiten kleiner 5 sind. Dies ist bei vielen unabhängigen Variablen jedoch sehr aufwendig. Sind die Voraussetzungen nicht erfüllt und hat man berechtigte Zweifel, dass die Prüfgrößen des Pearson-χ^2-Tests und des Likelihood-Ratio-Tests nicht einer χ^2-Verteilung folgen, verzichtet man auf die Anwendung der Tests. Da beide Prüfgrößen unter der Nullhypothese einer χ^2-Verteilung mit $df = (c-1) \cdot l - n_p$ Freiheitsgraden folgen, zeigen stark unterschied-

liche Werte der beiden Prüfgrößen beim selben Datensatz an, dass die Verteilungsannahme nicht erfüllt ist. Ansonsten müssten beide Prüfgrößen einander sehr ähnlich sein oder sogar denselben Wert aufweisen. Als Alternative zum Verzicht auf diese Tests könnte man verschiedene Subpopulationen zusammenfassen. Dies ist aber aufwendig, gerade wenn mehrere unabhängige Variablen vorliegen. Außerdem muss gut überlegt werden, welche Zusammenfassungen unter theoretischen Gesichtspunkten sinnvoll bzw. mit der Fragestellung verträglich sind.

> **Beispiel**
>
> ### Sonnenschutzverhalten
>
> In einer Studie zum Sonnenschutzverhalten hat Eid (1997) anhand eines Klassifikationsverfahrens vier Typen von Personen ermittelt, die sich in ihrem Sonnenschutzverhalten unterscheiden. Diese Typen bilden die Ausprägungen der nominalskalierten Variablen »Sonnenschutzverhalten«. Die Werte dieser Variablen Y (Typen) lassen sich wie folgt charakterisieren:
> - Der erste Typus ($y = 0$) umfasst Personen, die den Aufenthalt in der Sonne meiden, Schatten aufsuchen, sich nicht absichtlich sonnen und sich in der Sonne schützen. Zu diesem Typus gehörten 20,1 % der untersuchten $n = 508$ Personen.
> - Der zweite Typus ($y = 1$) sonnt sich nicht absichtlich, meidet aber nicht die Sonne, sucht nicht den Schatten auf und schützt sich vergleichsweise wenig in der Sonne. Diesem Typus gehörten 28,3 % der untersuchten Personen an.
> - Der dritte Typus ($y = 2$) ist durch ein mittleres Niveau an Risiko- und Schutzverhaltensweisen gekennzeichnet. 27,0 % der untersuchten Personen zeigten dieses Verhalten.
> - Der vierte Typus ($y = 3$) bildet eine Hochrisikoklasse, die sich absichtlich sonnt, keinen Schatten aufsucht und sich in der Sonne vergleichsweise wenig schützt. Diesem Typus wurden 24,6 % der Stichprobe zugeordnet.
>
> Als Referenzkategorie für die multinomiale logistische Regression wurde der erste Typus ($y = 0$) ausgewählt. Die drei Typen, die stärker risikobehaftetes Verhalten zeigen, werden mit dem Typus kontrastiert, der sich vor der Sonne und ihren Gefahren schützt.
>
> In einer multinomialen logistischen Regression wurde untersucht, inwieweit Unterschiede in der Typenzugehörigkeit auf zwei unabhängige Variablen zurückgeführt werden können, und zwar die Einstellung zur Hautbräune (X_1: Hautbräune), wobei höhere Werte eine positivere Einstellung anzeigen, sowie die Wichtigkeit der eigenen Attraktivität (X_2: Attraktivität). Je größer der Wert auf X_2, umso wichtiger ist es der Person, attraktiv zu sein. Beide Variablen wurden auf der Basis von Selbstbeschreibungen erhoben.
>
> Um die Frage der generellen Modellgültigkeit zu überprüfen, wurden die Werte des Pearson-χ^2-Tests nach Gleichung F 20.30 und des Likelihood-Ratio-Tests nach Gleichung F 20.31 berechnet (s. Abschn. 21.9): $PE = 620{,}869$ ($df = 669$, $p = 0{,}908$) und $LR = 603{,}398$ ($df = 669$, $p = 0{,}967$). Die Werte beider Prüfgrößen sind einander relativ ähnlich, und die p-Werte weisen darauf hin, dass die Nullhypothese der Modellgültigkeit nicht verworfen werden muss. Allerdings sind 59,2 % der Zellen der Kontingenztabelle, die diesen Tests zugrunde liegt, nicht besetzt, so dass ungeklärt ist, ob den p-Werten vertraut werden kann.
>
> In einem nächsten Schritt überprüfen wir anhand der in Abschnitt 21.3.2 beschriebenen Likelihood-Ratio-Tests, ob jede der beiden unabhängigen Variablen einen über die andere unabhängige Variable hinausgehenden bedeutsamen Einfluss auf die abhängige Variable hat. Sowohl die Annahme, dass $\beta_{1(1,0)} = \beta_{1(2,0)} = \beta_{1(3,0)} = 0$ sind, als auch die Annahme, dass $\beta_{2(1,0)} = \beta_{2(2,0)} = \beta_{2(3,0)} = 0$ sind, muss verworfen werden ($\chi^2 = 77{,}682$; $p < 0{,}001$ bzw. $\chi^2 = 24{,}174$; $p < 0{,}001$).

Tabelle 21.3 enthält die geschätzten Parameter, ihre Standardfehler, die Werte der Wald-Teststatistiken sowie die Konfidenzintervalle für die Parameter des Modells in Form der Wettquotienten (Odds-Ratios). Die Interpretation der Parameter erfolgt analog zur Interpretation der Parameter der multiplen logistischen Regressionsanalyse für dichotome abhängige Variablen. Wir wollen daher nur die wesentlichen Ergebnisse zusammenfassen. Die erste unabhängige Variable hat einen signifikanten positiven Einfluss in allen drei Regressionsmodellen. Das Regressionsgewicht hat den größten Wert für den Vergleich der Hochrisikoklasse ($y = 3$) mit der Gruppe, die sich am stärksten schützt ($y = 0$). Erhöht man die Einstellung zur Hautbräune um eine Einheit, erhöht sich – gegeben eine bestimmte Ausprägung der Wichtigkeit der eigenen Attraktivität – der Wettquotient um das 12,95-fache. Das heißt, die Chance, der Hochrisikoklasse eher anzugehören als der »Schutzgruppe«, erhöht sich mit jeder Einheit auf der Antwortskala, die die Einstellung zur Hautbräune indiziert, um das 12,95-fache – gegeben eine Ausprägung der Wichtigkeit der eigenen Attraktivität. Der Effekt der Einstellung zur Hautbräune ist geringer beim Vergleich der mittleren Risikoklasse ($y = 2$) mit der Schutzklasse ($y = 0$); hier beträgt das Odds-Ratio 4,98. Am geringsten, aber immer noch signifikant, ist der Effekt der Einstellung zur Hautbräune beim Vergleich der Schutzklasse ($y = 0$) mit Typus 2 ($y = 1$), also der Gruppe von Personen, die die Sonne zwar nicht absichtlich aufsucht, sich aber auch nicht schützt. Die Wahrscheinlichkeit, diesem Typus im Vergleich zur Schutzklasse anzugehören, verdoppelt sich mit jeder Einheit der Einstellung zur Hautbräune bei gegebener Wichtigkeit der Attraktivität.

Der Effekt der Wichtigkeit der eigenen Attraktivität auf die Typenzugehörigkeit ist vergleichsweise geringer. Dieser Prädiktor leistet keinen Beitrag zur Trennung der Typen 1 und 2 sowie 1 und 3. Allerdings ist die Wichtigkeit der eigenen Attraktivität für die Unterscheidung der Hochrisikoklasse ($y = 3$) von der Schutzklasse ($y = 0$) bedeutsam. Die Chance, der Hochrisikoklasse im Vergleich zur Schutzklasse anzugehören, verdreifacht sich mit jeder Einheit der Attraktivitätswichtigkeit – gegeben einen festen Wert der Einstellung zur Hautbräune. Die negativen Werte der drei Parameter $b_{0(1,0)}$, $b_{0(2,0)}$ und $b_{0(3,0)}$ bringen zum Ausdruck, dass die Wahrscheinlichkeit, zur Schutzklasse zu gehören, für $X_1 = 0$ und $X_2 = 0$ größer ist als die Wahrscheinlichkeit für die anderen Klassen.

Tabelle 21.3 Ergebnisse der Parameterschätzungen für das logistische Regressionsmodell für eine vierkategoriale abhängige Variable

Kategorie		b	Standard-fehler	Wald-Test	df	p-Wert	e^b	95%-Konfidenzintervall für e^b	
								Untergrenze	Obergrenze
1	Konstanter Term	−0,543	0,874	0,385	1	0,535			
	Hautbräune	0,710	0,268	7,040	1	0,008	2,034	1,204	3,435
	Attraktivität	−0,330	0,251	1,730	1	0,188	0,719	0,440	1,175
2	Konstanter Term	−5,571	1,042	28,565	1	<0,001			
	Hautbräune	1,605	0,293	29,945	1	<0,001	4,976	2,801	8,841
	Attraktivität	0,426	0,282	2,287	1	0,131	1,531	0,881	2,661
3	Konstanter Term	−11,004	1,313	70,193	1	<0,001			
	Hautbräune	2,561	0,340	56,769	1	<0,001	12,952	6,652	25,216
	Attraktivität	1,110	0,334	11,070	1	0,001	3,034	1,578	5,834

Die Referenzkategorie lautet: 0; b: geschätzter Regressionskoeffizient (b_0 bzw. b_j); e^b: geschätzter Regressionskoeffizient des Modells in Wettquotientenschreibweise

21.10 Logistisches Regressionsmodell für ordinalskalierte abhängige Variablen

Ein besonderer Typ kategorialer Variablen sind solche, deren Kategorien eine Ordnung aufweisen (s. Abschn. 6.3). Bei logistischen Regressionsmodellen nutzt man die Ordnung der Kategorien, um ein Modell zu definieren, das mit weniger Parametern auskommt als das multinomiale Regressionsmodell. Die Grundidee ist auch hier, dass man zunächst eine Logit-Variable definiert. Wir wollen das Prinzip anhand des Items »Ich bin mit meinem Leben zufrieden« einführen. Dieses Item ist mit einer Antwortskala verknüpft, die die folgenden vier geordneten Kategorien (Werte) aufweist: »stimmt überhaupt nicht« ($y = 0$), »stimmt überwiegend nicht« ($y = 1$), »stimmt überwiegend« ($y = 2$), »stimmt genau« ($y = 3$). Wir betrachten zunächst nur eine unabhängige Variable X.

Bedingte kumulierte Wahrscheinlichkeitsfunktionen

Das logistische Regressionsmodell für ordinale Variablen mit vier geordneten Kategorien basiert auf folgenden drei bedingten kumulierten Wahrscheinlichkeitsfunktionen (zum Begriff der kumulierten Wahrscheinlichkeit s. Abschn. 7.2):

$$P(Y \leq 0 | X) = P(Y = 0 | X)$$

$$P(Y \leq 1 | X) = P(Y = 0 | X) + P(Y = 1 | X)$$

$$P(Y \leq 2 | X) = P(Y = 0 | X) + P(Y = 1 | X) + P(Y = 2 | X)$$

Dabei ist $P(Y \leq 0 | X = x)$ die Wahrscheinlichkeit, dass eine Person mit der Ausprägung x auf der Variablen X höchstens die erste Kategorie wählt. Da 0 der geringste Wert der Variablen Y ist, ist diese Wahrscheinlichkeit gleich der Wahrscheinlichkeit, die erste Kategorie zu wählen. $P(Y \leq 1 | X = x)$ ist die Wahrscheinlichkeit, dass eine Person mit dem Wert x höchstens die zweite Kategorie wählt. Dies entspricht der Wahrscheinlichkeit, entweder die erste oder die zweite Kategorie zu wählen, und somit der Summe beider Wahrscheinlichkeiten (s. Abschn. 7.2). $P(Y \leq 2 | X = x)$ ist die Wahrscheinlichkeit, höchstens die dritte Kategorie zu wählen. Die bedingte Wahrscheinlichkeitsfunktion $P(Y \leq 3 | X)$ wird nicht weiter betrachtet. Ihr Wert muss immer 1 sein, da jede Person ja irgendeine Kategorie auswählen muss.

Bedingte Logit-Funktionen und ihre Zerlegung

Um auf Grundlage dieser bedingten Wahrscheinlichkeitsfunktionen ein logistisches Regressionsmodell zu definieren, müssen wieder entsprechende bedingte Logit-Funktionen definiert werden, die additiv-linear zerlegt werden können. Man geht nun wie bei dichotomen Antwortvariablen so vor, dass man die Wahrscheinlichkeiten durch ihre Gegenwahrscheinlichkeiten dividiert, dieses Wahrscheinlichkeitsverhältnis logarithmiert und additiv-linear zerlegt:

$$\ln\left(\frac{P(Y \leq 0 | X)}{P(Y > 0 | X)}\right) = \beta_{00} + \beta_1 \cdot X \quad \text{(F 21.30a)}$$

$$\ln\left(\frac{P(Y \leq 1 | X)}{P(Y > 1 | X)}\right) = \beta_{01} + \beta_1 \cdot X \quad \text{(F 21.30b)}$$

$$\ln\left(\frac{P(Y \leq 2 | X)}{P(Y > 2 | X)}\right) = \beta_{02} + \beta_1 \cdot X \quad \text{(F 21.30c)}$$

Allgemein erhält man bei einer kategorialen abhängigen Variablen mit c Kategorien:

$$\ln\left(\frac{P(Y \leq i | X)}{P(Y > i | X)}\right) = \beta_{0i} + \beta_1 \cdot X; \; 0 \leq i \leq c-1 \quad \text{(F 21.31)}$$

Die Gleichung F 21.31 weist eine Besonderheit auf. Im Gegensatz zur logistischen Regressionsanalyse für nominalskalierte Variablen hängt das Regressionsgewicht β_1 nicht von der Kategorie ab, sondern ist für alle bedingten Logit-Funktionen gleich. Hierdurch spart man zu schätzende Parameter. Ein solches Modell mit konstantem Regressionsgewicht wird in der englischsprachigen Literatur auch *proportional odds model* genannt (Agresti & Finlay, 2009). Das folgende Beispiel erläutert, dass die Annahme gleicher Regressionsgewichte die Parallelität der bedingten Logit-Funktionen zur Folge hat (s. folgenden Beispielkasten).

Die Parallelität in dem Beispiel ergibt sich aus der Annahme, dass das Regressionsgewicht β_1 für alle bedingten Wahrscheinlichkeitsfunktionen gleich ist.

> **Beispiel**
>
> **Neurotizismus und Lebenszufriedenheit: Parallelität der bedingten Wahrscheinlichkeitsfunktionen**
>
> In Abbildung 21.8 sind die bedingten Wahrscheinlichkeitsfunktionen $P(Y \leq i \mid X)$ für eine vierkategoriale Variable abgebildet. Angenommen, unsere abhängige Variable ist die bereits vorgestellte Lebenszufriedenheit und die unabhängige Variable die Persönlichkeitsvariable Neurotizismus. In diesem illustrierenden Beispiel gehen wir der Einfachheit halber davon aus, dass der Parameter β_1 den Wert 1 annimmt. Zunächst sehen wir, dass alle bedingten Wahrscheinlichkeitsfunktionen parallel verlaufen und monoton ansteigen. Sie steigen monoton an, da das Regressionsgewicht positiv ist. Inhaltlich bedeutet das: Die Wahrscheinlichkeit, eine niedrigere Kategorie ($Y \leq i$) gegenüber einer höheren Kategorie ($Y > i$) zu wählen, steigt mit Zunahme des Neurotizismus an. Je höher der Neurotizismus, desto größer ist die Wahrscheinlichkeit, auf der Antwortskala eine niedrigere Kategorie anzukreuzen, desto geringer ist also die Lebenszufriedenheit.
>
>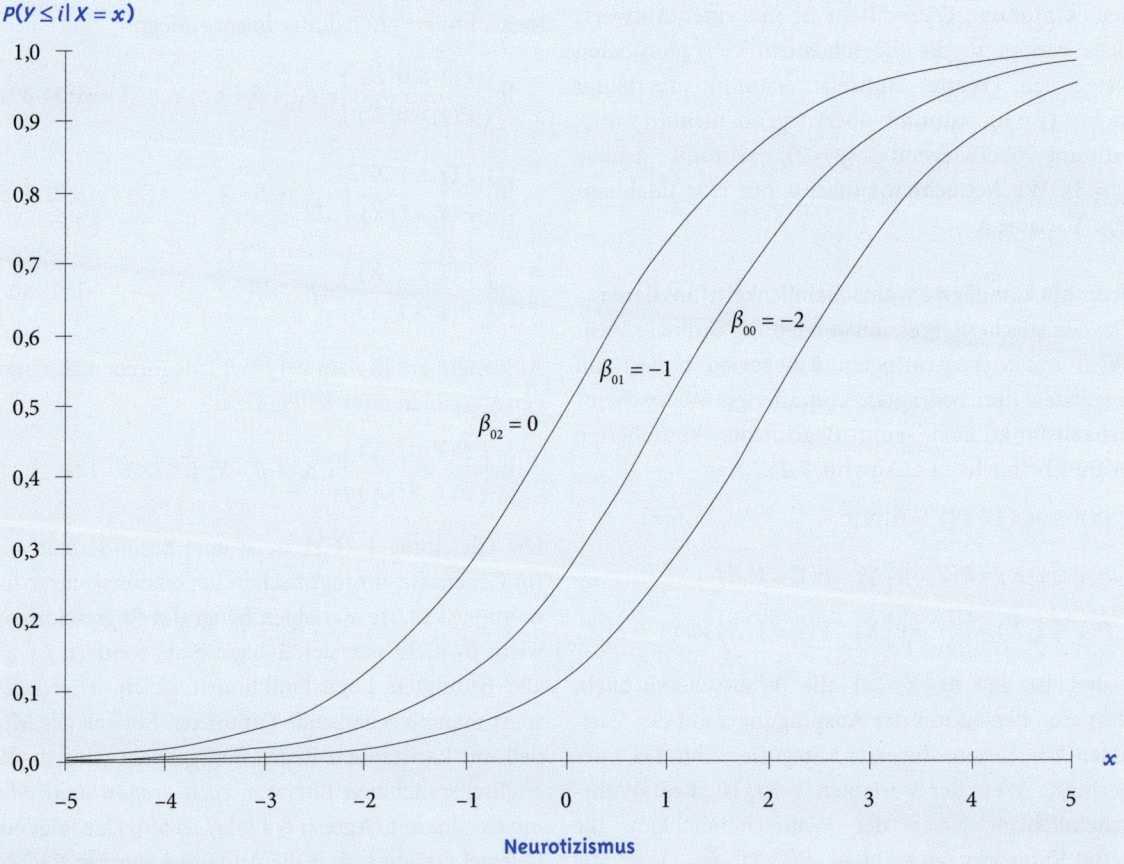
>
> **Abbildung 21.8** Abhängigkeit der bedingten Wahrscheinlichkeitsfunktion $P(Y \leq i \mid X)$ von der unabhängigen Variablen X (hier: Neurotizismus) im logistischen Regressionsmodell für eine vierkategoriale abhängige Variable mit geordneten Antwortkategorien (proportional odds model)

Hierbei handelt es sich um eine Restriktion, die das Modell vereinfacht. Diese Restriktion kann allerdings in empirischen Anwendungen falsch sein. Die Annahme der Parallelität kann mit einem Likelihood-Ratio-Test (»Parallelitätstest«) überprüft werden, der in manchen Statistikprogrammen implementiert ist. Er prüft die Nullhypothese, dass die bedingten Wahrscheinlichkeitsfunktionen in der Population parallel verlaufen. Muss diese Hypothese verworfen werden, kann man die Annahme der Gleichheit der Regressionsgewichte aufheben und für jede der bedingten Logit-Funktionen in den Gleichungen 21.30a–c eine eigene logistische Regression für dichotome Variablen annehmen. Dieser Ansatz wird in der englischsprachigen Fachliteratur als *nested dichotomies approach* bezeichnet, da die Dichotomisierung der abhängigen Variablen sukzessive anhand der Ordnung der Kategorien erfolgt und die dichotomen Variablen somit ineinander verschachtelt sind. Eine andere Möglichkeit besteht darin, auf die Ordnung der Kategorien ganz zu verzichten und das Modell für nominalskalierte Variablen anzuwenden.

Regressionskonstanten als Schwellenparameter

Die Regressionskonstanten unterscheiden sich zwischen den Kategorien und weisen eine Ordnung über die Kategorien der abhängigen Variablen hinweg auf. Je kleiner der Wert i von Y, desto kleiner der dazugehörige Parameter. Dies muss so sein, da $P(Y \leq i | X) \leq P(Y \leq i' | X)$ für $i < i'$. Die Werte können auch als Schwellenwerte interpretiert werden. Greifen wir hierzu nochmals auf unser Beispiel mit $\beta_1 = 1$ zurück (s. Abb. 21.8). Eine Person wählt mit einer Wahrscheinlichkeit von 0,50 die erste Kategorie, wenn ihr x-Wert gleich $-\beta_{00}$ ist, da dann gilt:

$$\ln\left(\frac{P(Y \leq 0 | X = -\beta_{00})}{P(Y > 0 | X = -\beta_{00})}\right) = \beta_{00} + 1 \cdot (-\beta_{00}) = 0$$

Je kleiner der Wert des Parameters β_{00} ist, umso größer muss der Wert x sein, damit die gleiche bedingte Wahrscheinlichkeit erreicht wird. Je größer β_{00} ist, umso geringer kann x sein, damit eine Wahrscheinlichkeit von 0,50 erreicht wird. Dies gilt in gleicher Weise für alle anderen Wahrscheinlichkeitswerte. Der Parameter ist also ein Leichtigkeitsparameter, der anzeigt, wie leicht es fällt, die niedrigere Kategorie zu wählen. Man sagt auch, er gibt die Schwelle für die Wahl dieser Kategorie an. Je größer der Wert ist, umso geringer ist die Schwelle, die erste Kategorie zu wählen.

Der Parameter β_{01} kann in analoger Weise interpretiert werden: als Schwelle, die erste oder die zweite Kategorie zu wählen. Je größer β_{01} ist, umso geringer ist die Schwelle, eine der beiden niedrigsten Kategorien zu wählen. Die Schwelle β_{01} trennt in unserem Beispiel somit die Kategorien, die Zustimmung ausdrücken, von den Schwellen, die Ablehnung ausdrücken. Die dritte Schwelle trennt schließlich die Kategorie, die die höchste Zustimmung ausdrückt, von den restlichen Kategorien. Ist der Wert β_{02} groß, ist es schon bei einer relativ geringen Ausprägung auf X wahrscheinlich, eine der drei unteren Kategorien zu wählen, bzw. fällt es schwer, höchste Zufriedenheit anzugeben.

Geringe und große Schwellenabstände.
Liegen alle drei Schwellenparameter (Regressionskonstanten) β_{00}, β_{01} und β_{02} nahe beieinander, bedeutet dies, dass die mittleren Kategorien wenig in Bezug auf die unabhängige Variable differenzieren. Bei geringen Abständen zwischen zwei Schwellen sind auch die Unterschiede zwischen den beiden bedingten Logits für einen gegebenen Wert x der unabhängigen Variablen X gering (s. Übung 6):

$$\beta_{0i+1} - \beta_{0i} = \ln\left(\frac{P(Y \leq i+1 | X = x)}{P(Y > i+1 | X = x)}\right) - \ln\left(\frac{P(Y \leq i | X = x)}{P(Y > i | X = x)}\right) \quad \text{(F 21.32)}$$

Dies bedeutet aber wiederum, dass die Kategorie $i + 1$ eine geringe bedingte Wahrscheinlichkeit hat, gewählt zu werden, da gilt (s. Übung 7):

$$\beta_{0i+1} - \beta_{0i} = \ln\left(\frac{P(Y \leq i | X = x) + P(Y = i+1 | X = x)}{P(Y > i | X = x) - P(Y = i+1 | X = x)}\right) - \ln\left(\frac{P(Y \leq i | X = x)}{P(Y > i | X = x)}\right) \quad \text{(F 21.33)}$$

Die Kategorie $i + 1$ wird also eher »übersprungen«. Sind die Schwellenparameter hingegen sehr weit voneinander entfernt, bedeutet dies, dass die mittleren Kategorien in einem breiten Bereich der unabhängigen Variablen eine hohe Wahrscheinlichkeit haben, gewählt zu werden.

Alternative Schreibweise

Wir haben bei der Behandlung der logistischen Regression für ordinale Variablen anhand des Beispiels Lebenszufriedenheit und Neurotizismus gesehen, dass ein *positives* Regressionsgewicht einen *negativen* Zusammenhang zwischen beiden Variablen anzeigt, und zwar dass erhöhter Neurotizismus mit erhöhter *Un*zufriedenheit einhergeht, obwohl höhere Werte der abhängigen Variablen Y im Sinne höherer Lebenszufriedenheit zu interpretieren sind. Dies steht im Gegensatz zur Regressionsanalyse bei metrischen und bei dichotomen Variablen. Diese Umkehrung in der Interpretation erklärt sich daraus, dass im Zähler der Wahrscheinlichkeitsverhältnisse die unteren Kategorien der abhängigen Variablen stehen. Um die Bedeutung des Regressionsgewichts in Einklang mit den anderen Regressionsmodellen zu bringen, gibt es eine zweite, alternative Schreibweise, auf die in manchen Computerprogrammen wie SPSS zurückgegriffen wird:

$$\ln\left(\frac{P(Y \leq i \mid X)}{P(Y > i \mid X)}\right) = \beta_{0i} - \beta_1 \cdot X; \ 0 \leq i \leq c-1 \quad \text{(F 21.34)}$$

Bei dieser Schreibweise wird das Regressionsgewicht mit –1 multipliziert. Ein positives β_1 bedeutet dann einen positiven Zusammenhang. In der Gleichung wird dieses positive β_1 negativ gewichtet. Bei der Anwendung von Statistikprogrammen ist daher vorher zu klären, mit welcher Schreibweise das Programm arbeitet.

Multiple logistische Regression für ordinale Variablen

Die Erweiterung zum multiplen Modell ist einfach und liegt auf der Hand. Für k unabhängige Variablen X_j ergibt sich je nach Schreibweise:

$$\ln\left(\frac{P(Y \leq i \mid X_1,...,X_k)}{P(Y > i \mid X_1,...,X_k)}\right) = \beta_{0i} + \beta_1 \cdot X_1 + ... + \beta_k \cdot X_k; \ 0 \leq i \leq c-1 \quad \text{(F 21.35)}$$

oder:

$$\ln\left(\frac{P(Y \leq i \mid X_1,...,X_k)}{P(Y > i \mid X_1,...,X_k)}\right) = \beta_{0i} - \beta_1 \cdot X_1 - ... - \beta_k \cdot X_k; \ 0 \leq i \leq c-1 \quad \text{(F 21.36)}$$

Setzt man die bedingte Multinomialverteilung der abhängigen Variablen Y gegeben die unabhängigen Variablen X_j voraus und geht man von der Unabhängigkeit der Untersuchungsobjekte aus, können die Parameter des Modells anhand der Maximum-Likelihood-Methode geschätzt werden. Man erhält entsprechend Parameterschätzungen, Standardfehler und Konfidenzintervalle sowie Likelihood-Ratio-Tests.

> **Beispiel**
>
> **Lebenszufriedenheit und Persönlichkeit**
>
> Wir illustrieren das multiple logistische Regressionsmodell für ordinale Variablen anhand eines Beispiels, in dem Unterschiede in der Lebenszufriedenheit auf Unterschiede in der Persönlichkeit, und zwar Unterschiede in den fünf Variablen Extraversion, Verträglichkeit, Gewissenhaftigkeit, Neurotizismus und Offenheit, zurückgeführt werden sollen. Die abhängige Variable Lebenszufriedenheit wurde anhand des bereits vorgestellten Items »Ich bin mit meinem Leben zufrieden« erfasst, das anhand der vier Kategorien »stimmt überhaupt nicht« ($y = 0$), »stimmt überwiegend nicht« ($y = 1$), »stimmt überwiegend« ($y = 2$), »stimmt genau« ($y = 3$) zu bewerten war. Die Persönlichkeitsvariablen wurden mit Kurzskalen erfasst. Untersucht wurden $n = 241$ Personen. Die Analysen wurden mit dem Statistikprogramm SPSS durchgeführt, das mit dem Modell in Schreibweise F 21.36 arbeitet. Positive Regressionsgewichte zeigen somit einen positiven Zusammenhang an.
>
> Der Test auf Parallelität der bedingten Wahrscheinlichkeitsfunktionen zeigte, dass die Annahme der Parallelität nicht verworfen werden muss ($\chi^2 = 15{,}631$, $df = 10$, $p = 0{,}111$). Die Untersuchung

ergab Folgendes (s. Tab. 21.4): Von den Persönlichkeitsvariablen haben nur die Variablen Extraversion, Gewissenhaftigkeit und Neurotizismus einen bedeutsamen Einfluss, der über die jeweils anderen unabhängigen Variablen hinausgeht. Der Einfluss der Extraversion und der Gewissenhaftigkeit ist positiv, der Einfluss des Neurotizismus negativ. Extravertierte und gewissenhafte Menschen sind also mit ihrem Leben tendenziell zufriedener als weniger extravertierte und gewissenhafte Menschen. Hingegen nimmt die Lebenszufriedenheit mit zunehmendem Neurotizismus ab.

Die Schwellen zeigen die erwartete Ordnung an. Die beiden ersten Schwellen sind nicht bedeutsam von 0 verschieden, wohl aber die dritte Schwelle. Der Abstand zwischen der zweiten und dritten Schwelle ist sehr groß, was anzeigt, dass die bedingte Wahrscheinlichkeit, die dritte Kategorie zu wählen, hoch ausgeprägt ist. Dies zeigt sich auch an den relativen Häufigkeiten der Kategorien: 60,5 % der untersuchten Personen haben die dritte Kategorie gewählt.

Tabelle 21.4 Ergebnisse der Parameterschätzungen für das logistische Regressionsmodell für ordinale abhängige Variablen

		b	Standardfehler	Wald-Test	df	p-Wert	Konfidenzintervall 95 %	
							Untergrenze	Obergrenze
Schwelle b_{0i}	b_{00}	−1,737	1,281	1,838	1	0,175	−4,247	0,774
	b_{01}	−0,268	1,227	0,048	1	0,827	−2,673	2,137
	b_{02}	3,412	1,252	7,427	1	0,006	0,958	5,865
Gewicht b_j	Extraversion	0,454	0,192	5,586	1	0,018	0,078	0,831
	Verträglichkeit	0,242	0,254	0,903	1	0,342	−0,257	0,740
	Gewissenhaftigkeit	0,586	0,190	9,525	1	0,002	0,214	0,959
	Neurotizismus	−0,763	0,177	18,679	1	<0,001	−1,109	−0,417
	Offenheit	0,108	0,233	0,215	1	0,643	−0,348	0,564

Zusammenfassung

▶ Die Regressionsanalyse für metrische Variablen ist aus drei Gründen für dichotome Variablen nicht geeignet: (1) aufgrund der verletzten Annahme der linearen Abhängigkeit, (2) aufgrund der Verletzung der Normalverteilungsannahme der Residualvariablen, (3) aufgrund der Verletzung der Homoskedastizitätsannahme.

▶ In der logistischen Regressionsanalyse werden Unterschiede in einer kategorialen abhängigen Variablen auf Unterschiede in einer oder mehreren unabhängigen Variablen zurückgeführt.

▶ In der logistischen Regressionsanalyse ist die Wahrscheinlichkeit, mit der eine bestimmte Kategorie gewählt wird, eine Funktion der unabhängigen Variablen.

▶ Die unabhängigen Variablen können kategorial oder metrisch sein. Auch können Interaktionen zwischen den unabhängigen Variablen (unabhängig vom Variablentyp) und Polynome der unabhängigen Variablen untersucht werden.

▶ Es gibt drei Darstellungsformen der logistischen Regressionsanalyse, je nachdem, ob man die bedingte Wahrscheinlichkeitsfunktion, die bedingte Wettquotientenfunktion oder die bedingte Logit-Funktion in Abhängigkeit von den unabhängigen Variablen betrachtet.

▶ In der einfachen logistischen Regression wird die Abhängigkeit der bedingten Wahrscheinlichkeitsfunktion $P(Y = 1 | X)$ von der unabhängigen Variablen X durch eine nicht-lineare Funktion beschrieben.

- Wie bei der einfachen linearen Regression wird die Funktion durch zwei Parameter bestimmt.
- Der Parameter β_0 bringt zum Ausdruck, dass die Wahrscheinlichkeit, eine bestimmte Kategorie zu wählen, an der Stelle $X = 0$ auf einem höheren oder niedrigeren Niveau liegt.
- Der Parameter β_1 zeigt an, wie stark die Wahrscheinlichkeit, die Kategorie zu wählen, mit Zunahme der Werte auf der unabhängigen Variablen ansteigt. Positive Werte zeigen einen positiven, negative Werte einen negativen Zusammenhang an.
- Im Falle von $\beta_1 = 0$ liegt regressive Unabhängigkeit vor.
- In der Darstellung der einfachen logistischen Regression in Form der Wettquotienten wird der bedingte Wettquotient an der Stelle $X = x$ in ein Produkt der Parameter e^{β_0} und $(e^{\beta_1})^x$ zerlegt.
- Der Parameter e^{β_0} entspricht dem Wettquotienten an der Stelle $X = 0$.
- Der Parameter e^{β_1} gibt an, mit welchem Faktor der bedingte Wettquotient gewichtet wird, wenn der Wert der Variablen X um eine Messeinheit erhöht wird. Er entspricht dem Wettquotientenverhältnis (Odds-Ratio).
- In der Darstellung der logistischen Regression in Form der Logits wird die bedingte Logit-Funktion als eine lineare Funktion der unabhängigen Variablen X definiert.
- Im Rahmen der multiplen logistischen Regressionsanalyse kann der Einfluss mehrerer unabhängiger Variablen auf eine kategoriale abhängige Variable untersucht werden.
- Die Regressionsgewichte einer unabhängigen Variablen in der multiplen logistischen Regression geben den Einfluss der Variablen wieder, gegeben feste Ausprägungen der anderen unabhängigen Variablen.
- Zur Parameterschätzung wird auf das Maximum-Likelihood-Verfahren zurückgegriffen, welches die Parameter derart schätzt, dass die gefundenen Daten maximal wahrscheinlich sind.
- Maximum-Likelihood-Schätzer sind asymptotisch normalverteilt.
- Maximum-Likelihood-Schätzungen setzen voraus, dass das Modell korrekt spezifiziert wurde, dass die abhängige Variable bedingt binomialverteilt ist und dass die Beobachtungen voneinander unabhängig sind.
- Hypothesen in Bezug auf einzelne Parameter können mit dem z-Test, dem Wald-Test und dem Likelihood-Ratio-Test durchgeführt werden.
- Hypothesen in Bezug auf mehrere Parameter können mit dem multivariaten Wald-Test oder dem Likelihood-Ratio-Test durchgeführt werden.
- Der Likelihood-Ratio-Test ist den anderen Tests in Bezug auf die Teststärke überlegen.
- Anhand der Likelihood-Ratio-Teststatistik können Vorwärts- und Rückwärts-Selektionsstrategien realisiert werden.
- Maße der generellen Effektstärke sind der McFadden-Index, der Cox-Snell-Index und der Nagelkerke-Index.
- Anhand der geschätzten Wahrscheinlichkeiten können Personen bezüglich der Kategorien der abhängigen Variablen klassifiziert werden. Die Trefferquote gibt die Klassifikationsgüte an.
- Die Regressionsdiagnostik bezieht sich auf die Frage nach der korrekten Spezifikation des Modells und der Modellanpassungsgüte, den Einfluss von Messfehlern, die Multikollinearität, die Identifikation von Ausreißern und einflussreichen Datenpunkten sowie auf Probleme, die durch Nullzellen zustande kommen.
- Die Modellgüte kann mit dem Hosmer-Lemeshow-Test überprüft werden.
- Vollständige Separierbarkeit liegt vor, wenn die Werte der abhängigen Variablen aufgrund der unabhängigen Variablen perfekt vorhergesagt werden können. Im Falle der einfachen logistischen Regressionsanalyse sind dann die Parameter nicht schätzbar, im Falle der multiplen Regressionsanalyse führt die vollständige oder quasi-vollständige Separierbarkeit zu hohen Schätzwerten und hohen Standardfehlern.
- Bei der logistischen Regressionsanalyse für mehrkategoriale nominalskalierte abhängige Variablen mit c Kategorien betrachtet man $c - 1$ Wahrscheinlichkeitsverhältnisse bzw. ihre Logits. Man wählt eine Referenzkategorie aus und setzt die bedingten Wahrscheinlichkeiten der anderen Kate-

gorien zur bedingten Wahrscheinlichkeit dieser Referenzkategorie ins Verhältnis.
▶ Für jede der $c-1$ bedingten Wettquotientenfunktionen bzw. Logit-Funktionen lässt sich ein logistisches Regressionsmodell analysieren.
▶ Die logistische Regressionsanalyse für kategoriale abhängige Variablen mit geordneten Antwortkategorien baut auf den Logits der bedingten kumulierten Wahrscheinlichkeitsfunktionen auf. Jede dieser bedingten Logit-Variablen wird additiv-linear zerlegt, wobei angenommen wird, dass die Regressionsgewichte sich nicht zwischen den bedingten Logit-Funktionen unterscheiden. Im nested dichotomies approach wird diese Annahme aufgehoben.
▶ Im logistischen Regressionsmodell für ordinale Variablen können die Regressionskonstanten als Schwellenwerte interpretiert werden.

Fragen und Übungsaufgaben

Fragen

(1) Wie ist das Modell der einfachen logistischen Regressionsanalyse für dichotome abhängige Variablen in Form (a) der bedingten Wahrscheinlichkeitsfunktionen, (b) der bedingten Wettquotientenfunktionen und (c) der bedingten Logit-Funktionen definiert?

(2) Wie lassen sich die Regressionsparameter β_0 und β_1 in den drei Darstellungsformen der einfachen logistischen Regressionsanalyse interpretieren?

(3) Warum kann die Regressionsanalyse für metrische Variablen nicht auf dichotome und mehrkategoriale Variablen angewendet werden?

(4) Erläutern Sie den Grundgedanken der Maximum-Likelihood-Schätzung!

(5) Welche Annahmen müssen getroffen werden, damit die Maximum-Likelihood-Schätzungen und ihre Standardfehler korrekt sind?

(6) Welche Probleme sind mit dem Devianztest zur Überprüfung der Modellgültigkeit verknüpft?

(7) Auf welchem Grundgedanken basiert der Hosmer-Lemeshow-Test?

(8) Warum lassen sich Residuen bei der logistischen Regressionsanalyse nur schwer zur Beurteilung von Ausreißern heranziehen?

(9) Was besagt das Nullzellenproblem?

(10) Was versteht man unter vollständiger Separierbarkeit, und was sind ihre Konsequenzen?

(11) Wie ist das logistische Regressionsmodell für nominalskalierte abhängige Variablen definiert?

(12) Unter welchen Bedingungen ist die Überprüfung der Modellanpassungsgüte des Regressionsmodells für nominalskalierte abhängige Variablen mit dem Pearson-χ^2-Test und dem Likelihood-Ratio-Test problematisch?

(13) Wie ist das logistische Regressionsmodell für ordinalskalierte abhängige Variablen definiert?

(14) Was kann getan werden, wenn die Annahme der Parallelität der bedingten Wahrscheinlichkeitsfunktionen im proportional odds model verworfen werden muss?

Übungen

(1) Berechnen Sie den Wert der bedingten Wahrscheinlichkeit $P(Y=1 \mid X=x)$ für $\beta_0 = 0{,}2$, $\beta_1 = 1{,}2$ und $x = 3$.

(2) Berechnen Sie anhand des Beispiels in Abschnitt 21.1.2 (a) die bedingte Wahrscheinlichkeit, mit dem Leben zufrieden zu sein, (b) den bedingten Wettquotienten sowie (c) den bedingten Logit für Personen, die
   (a) kein positives, aber 30 negative Tagesereignisse angegeben haben,
   (b) kein negatives, aber 30 positive Tagesereignisse angegeben haben,
   (c) 30 positive und 15 negative Tagesereignisse angegeben haben.

(3) Zeigen Sie, dass die bedingte Wahrscheinlichkeit $P(Y=1 \mid X=x)$ gleich 0,5 ist, wenn gilt: $x = -\beta_0/\beta_1$.

(4) Zeigen Sie, dass Gleichung F 21.3 aus Gleichung F 21.1 folgt.

(5) Zeigen Sie, dass Gleichung F 21.7 aus Gleichung F 21.3 folgt.

(6) Zeigen Sie, dass Gleichung F 21.32 gültig ist.

(7) Zeigen Sie, dass Gleichung F 21.33 gültig ist.

VI Modelle mit latenten Variablen

22 Messfehlertheorie und Klassische Testtheorie

> **Was Sie in diesem Kapitel lernen**
>
> ▶ Welche Auswirkungen haben Messfehler?
> ▶ Was versteht man unter dem »wahren Messwert« einer Person, und wie kann er bestimmt werden?
> ▶ Wie lässt sich überprüfen, ob verschiedene Messinstrumente dasselbe Merkmal erfassen?
> ▶ Was versteht man unter der Klassischen Testtheorie?
> ▶ Wie kann man die Zuverlässigkeit einer Messung bestimmen?
> ▶ Wie ist die Reliabilität definiert, und wie lässt sie sich schätzen?
> ▶ Wie kann die Zuverlässigkeit einer Messung gesteigert werden?
> ▶ Wie können Items für ein Testverfahren optimal ausgewählt werden?

Die Methoden und Modelle, die wir in den letzten Kapiteln kennengelernt haben, gehen davon aus, dass die Messwerte genau diejenigen Merkmalsausprägungen widerspiegeln, die für die Forschung von Interesse sind. Demzufolge entspricht z. B. ein Intelligenzwert der Intelligenz einer Person. Die Annahme, dass ein beobachteter Messwert mit der »wahren« Merkmalsausprägung identisch ist, wird in der Psychologie jedoch schon seit langem in Frage gestellt. Hierfür ist v. a. ein Ergebnis psychologischer Forschungen ausschlaggebend, das sich häufig finden lässt: Untersuchen wir eine Person mit demselben psychologischen Testverfahren mehrmals, so stellen sich häufig nicht dieselben Werte ein, sondern die Werte einer Person schwanken über die verschiedenen Messungen hinweg. Man findet dieses Ergebnis selbst bei psychodiagnostischen Verfahren, die stabile Merkmale einer Person wie z. B. die Intelligenz messen sollen.

Für dieses Phänomen gibt es zwei mögliche Erklärungen: Erstens könnte dieses Ergebnis bedeuten, dass psychologische Merkmale permanenten Schwankungen unterliegen, es somit keine perfekte Stabilität im menschlichen Verhalten und Erleben gibt. Die zweite Erklärung besagt, dass sich die Merkmale der Personen nicht verändert haben, psychologische Messungen jedoch nicht in der Lage sind, diese Merkmale genau zu erfassen, da psychologische Messungen Messfehlereinflüssen unterliegen.

Diese zweite Erklärung ist insofern naheliegend, als Messfehler in vielen Bereichen vorkommen, die wir aus unserem Alltag kennen: Man stellt sich morgens in kurzfristigen Abständen auf die Badezimmerwaage und stellt fest, dass sie geringfügige Unterschiede aufweist, aber sich unterdessen kaum unser Gewicht geändert haben kann. Wir messen Fieber mit dem Thermometer im linken und rechten Ohr eines Kindes und stellen leichte Unterschiede fest, obwohl beide Messungen die Temperatur desselben Körpers anzeigen sollen.

Die Tatsache, dass selbst geeichte und mechanisch einwandfrei arbeitende Geräte nicht immer frei von Messfehlern sind, ist sogar bei der Polizei bekannt: So wird bei einer Radarkontrolle typischerweise selbst dann kein Strafzettel erteilt, wenn man bis zu 10 % schneller gefahren ist, als es die erlaubte Höchstgeschwindigkeit zulässt. Hier wird der Messfehler des Radargeräts mit berücksichtigt. Bei einer Geschwindigkeitsüberschreitung von 10 % oder weniger bleibt eine gewisse Unsicherheit, ob das Auto wirklich zu schnell gefahren ist, da Radargeräte je nach Entfernung, Aufstellwinkel usw. die wahre Geschwindigkeit nicht perfekt erfassen können.

Jede physikalische Messung enthält also einen gewissen Messfehler. Die Genauigkeit oder Zuverlässigkeit, mit der ein Messinstrument etwas misst (die sog. Reliabilität), muss erfasst und angegeben werden (z. B. in der Beschreibung der Waage, des Thermometers oder des Radargeräts), um abschätzen zu können, mit welcher Genauigkeit Aussagen über eine Merkmalsausprägung getroffen und interpretiert werden können. Je höher die Reliabilität eines Messinstruments, desto zuverlässiger ist jede einzelne Messung.

22.1 Theoretische Konzepte der Klassischen Testtheorie

Auch bei psychologischen Messungen hat man es mit Messfehlern zu tun. Wie diese theoretisch konzipiert sind und wie mit ihnen umzugehen ist, ist in der Messfehlertheorie beschrieben. Diese bildet die Grundlage der sog. Klassischen Theorie psychometrischer Tests (kurz: Klassische Testtheorie) (Lord & Novick, 1968). In diesem Abschnitt werden wir die wichtigsten theoretischen Konzepte der Klassischen Testtheorie kennenlernen. Wir werden die Begriffe »Messfehlertheorie« und »Klassische Testtheorie« als synonyme Begriffe verwenden.

22.1.1 Theoretische Konzeption des Messfehlers

Messfehler sind auch bei psychologischen Messungen nur schwer zu vermeiden. Ursachen von Messfehlern können vielfältig sein wie z. B.:

- Bei einem Intelligenztest kann eine Instruktion falsch verstanden worden sein.
- Bei der Angabe der Lösung kann das Antwortkästchen verwechselt werden.
- Bei der Dateneingabe kann ein Fehler entstanden sein, indem ein Wert falsch gelesen oder eingegeben wurde.
- Bei einer psychophysiologischen Messung kann eine Elektrode verrutscht sein.
- Eine Hormonbestimmung im Blut hängt immer auch von der Blutstichprobe ab, die entnommen wurde.

Messfehler haben zur Folge, dass selbst dann, wenn wir die wahre Merkmalsausprägung einer Person (z. B. ihre wahre Intelligenz) kennen würden, nur mit einer bestimmten Wahrscheinlichkeit vorausgesagt werden könnte, ob diese Person eine bestimmte Aufgabe lösen wird oder nicht. Ein Merkmal spiegelt sich somit nicht perfekt im Verhalten wider; Verhalten wird vielmehr über das Merkmal hinaus noch von anderen Faktoren beeinflusst. Sofern diese Faktoren zufällige und unsystematische Einflüsse darstellen, die mit dem interessierenden Merkmal unkorreliert sind, handelt es sich um Messfehler.

Unsystematische Einflüsse

Messfehler stellen unsystematische Einflüsse dar (wie verrutschte Elektroden etc.), die unabhängig von der Merkmalsausprägung der Personen sind. Selbst hochintelligente Personen lösen manchmal, wenn auch selten, eine vergleichsweise leichte Aufgabe nicht richtig; und auch weniger intelligenten Personen gelingt es manchmal, eine schwierige Aufgabe zu lösen. Der Einfluss des Messfehlers auf eine Messung ist also durchaus eine Erklärung dafür, dass Testwerte, die von derselben Person zu zwei unterschiedlichen Zeitpunkten gewonnen werden, voneinander abweichen.

Das Messfehlerkonzept ist somit eng verknüpft mit der alltäglichen Erfahrung, dass das Verhalten von Menschen nicht perfekt vorhersagbar ist.

Systematische Einflüsse

Während Messfehler unsystematische Einflüsse darstellen, gehen Merkmals*veränderungen* auf systematische Einflüsse zurück und sind für die Forschung meist von großem Interesse, da sie Aufschluss über die Bedingungen des Verhaltens und seiner Veränderbarkeit geben. Merkmalsveränderungen können auf eine Vielzahl von systematischen Einflüssen zurückgeführt werden, wie tageszeitliche Schwankungen oder jahreszeitliche Rhythmen, Anforderungen einer Situation, Lernprozesse, Reifungsvorgänge, psychologische Interventionen etc.

Die Frage, ob eine beobachtete Merkmalsveränderung messfehlerbedingt (und somit unsystematisch) ist oder den Einfluss einer systematischen Bedingung des Verhaltens widerspiegelt, ist eine der wichtigsten Fragen der psychologischen Grundlagenforschung, der psychologischen Diagnostik, aber auch der psychologischen Methodenlehre. Zur Untersuchung dieser Frage sind spezielle Methoden und Modelle der Datenanalyse notwendig, die in den nächsten Kapiteln vorgestellt werden.

Mangelnde Homogenität

Ein anderes häufig zu findendes Phänomen ist, dass zwei psychodiagnostische Verfahren, die zur Messung desselben psychologischen Merkmals konstruiert wurden, nicht perfekt miteinander korrelieren. Demzufolge kann aufgrund des Testergebnisses einer Person in einem Test nicht perfekt auf ihr Testergebnis in einem anderen Test geschlossen werden. Auch für dieses Phänomen lassen sich zwei Erklärungen anführen: Die mangelnde Homogenität beider Verfahren könnte einerseits auf Messfehler zurückgeführt werden. Da die Messungen mit beiden Instrumenten messfehlerbehaftet sein dürften und Messfehler unsystematische Schwankungen widerspiegeln – was in diesem Fall heißt, dass auf den einen Test andere Messfehler einwirken müssen als auf den anderen –, können beide Messungen nicht perfekt korreliert sein. Andererseits könnte die mangelnde Homogenität auch daher rühren, dass es den Testkonstrukteuren nicht gelungen ist, zwei psychodiagnostische Verfahren zu konstruieren, die genau dasselbe messen, sondern unterschiedliche, aber eng zusammenhängende Merkmale. Auch hierbei stellt sich die theoretisch interessante Frage, ob die Unterschiede zwischen den beiden Messinstrumenten rein messfehlerbedingt sind, beide Verfahren also dasselbe Merkmal – gleichwohl mit einer gewissen Ungenauigkeit – messen, oder ob die Unterschiede auch systematische Unterschiede in den Merkmalen widerspiegeln, die durch beide Verfahren erfasst werden. Eine solche Trennung des Messfehlers von der wahren Merkmalsvariabilität erfordert entsprechende statistische Verfahren.

Konstruktvalidität

Die Frage, ob ein Messinstrument, das zur Erfassung von Veränderungen konstruiert wurde, auch wirklich zur Erfassung wahrer Veränderungen geeignet ist und ob mehrere Messinstrumente dasselbe Merkmal oder unterschiedliche Merkmale erfassen, bezieht sich auf die Validität psychologischer Messungen. Genauer gesagt handelt es sich um die Frage nach der Konstruktvalidität, d. h., ob ein Messinstrument *das* Konstrukt (Merkmal) erfasst, das es erfassen soll. Für Instrumente zur Messung variabler Zustände besteht eine Voraussetzung für ihre Konstruktvalidität darin, dass die Variabilität der Messwerte über die Zeit hinweg auf systematische Unterschiede und nicht lediglich auf messfehlerbedingte Unterschiede zurückführbar sein muss.

Hat man es mit einem mehrdimensionalen Konstrukt (wie z. B. der Intelligenz) zu tun, stellt sich ein ähnliches Problem. Ein Messinstrument, das eine bestimmte Facette des Konstrukts (z. B. fluide Intelligenz) erfassen soll, dürfte mit einem Messinstrument, das eine andere Facette des gleichen Konstrukts (z. B. kristalline Intelligenz) erfassen soll, nicht perfekt korrelieren. Dabei muss ausgeschlossen werden können, dass die eingeschränkten Korrelationen zwischen den Messinstrumenten nicht lediglich durch unsystematische Messfehler bedingt sind.

Der Messfehlereinfluss und seine Folgen

Die Berücksichtigung des Messfehlers ist nicht nur für die Bestimmung der Konstruktvalidität psychologischer Messungen von Bedeutung, sondern für alle Formen von Zusammenhangs- und Bedingungsanalysen. So lässt sich zeigen, dass die Korrelation zwischen zwei beobachteten Testwerten den wahren Zusammenhang zwischen den beiden Merkmalen unterschätzt, und zwar umso mehr, je stärker die Messungen messfehlerbehaftet sind. Die Korrelation messfehlerbehafteter Variablen muss daher um den Messfehlereinfluss korrigiert werden, um zuverlässigere Maße des wahren Zusammenhangs zwischen Merkmalen zu erhalten.

Folgen für die Schätzung von Regressionskoeffizienten. Eine verzerrte Schätzung des wahren Zusammenhangs zwischen zwei Variablen findet man nicht nur in korrelationsstatistischen, sondern auch in regressionsanalytischen Untersuchungen. Betrachten wir zunächst die Messfehlerabhängigkeit der unabhängigen Variablen. In der einfachen Regressionsanalyse mit nur einer unabhängigen Variablen (s. Kap. 16) wird der wahre Zusammenhang zwischen der unabhängigen und der abhängigen Variablen unterschätzt, wenn die Messfehlerbehaftetheit der unabhängigen Variablen nicht angemessen berücksichtigt wird. In der multiplen Regressionsanalyse mit mehreren unabhängigen Variablen (s. Kap. 18) stellt sich die Situation komplexer dar. Hier kann es entweder zu einer Unter- oder zu einer Überschätzung des wahren Zusammenhangs kommen. Eine unabhängige Variable, die sehr unzuverlässig gemessen wurde, kann sogar zu einer verzerrten Schätzung des Regressionsgewichts einer anderen unabhängigen Variablen führen, die selbst sehr zuverlässig gemessen wurde, und zwar dann, wenn beide Variablen miteinander korreliert sind (Pedhazur & Pedhazur-Schmelkin, 1991). Dieser Effekt des Messfehlers ist im Allgemeinen umso größer, je unzuverlässiger die unabhängigen Variablen gemessen wurden und je höher die unabhängigen Variablen untereinander korreliert sind. Im Falle unzuverlässiger Messungen sind die Regressionskoeffizienten somit nur mit Vorsicht zu interpretieren. Wir haben schon in Abschnitt 18.12.2 gezeigt, wie es in der quasi-experimentellen Forschung zu Schuleffekten zu gravierenden Fehlinterpretationen kommen kann, wenn der Messfehler nicht berücksichtigt wird.

Folgen für die Varianzanalyse. Bei der Varianzanalyse (s. Kap. 13) ist die Messfehlerabhängigkeit in Bezug auf die unabhängigen (kategorialen) Variablen in vielen Anwendungen weniger gravierend, da diese häufig experimentelle Bedingungen repräsentieren, die meist ohne Messfehler registriert werden können (z. B. eine Person erhält eine Behandlung vs. eine Person erhält keine Behandlung). Auch bei Gruppierungsvariablen wie z. B. dem Geschlecht oder dem Schulabschluss ist der Messfehler von untergeordneter Bedeutung. Findet die Gruppenzuordnung in der Varianzanalyse hingegen auf der Grundlage gemessener Variablen statt, die messfehlerbehaftet sind (z. B. Hochintelligente vs. Niedrigintelligente), dann ist der Einfluss des Messfehlers auf die unabhängige Variable für die Ergebnisse von Bedeutung, und auch in diesem Fall würde der wahre Einfluss verzerrt geschätzt werden.

Folgen für die Höhe des Determinationskoeffizienten. Bei der abhängigen Variablen wird in der Regressions- und der Varianzanalyse (und generell im Allgemeinen Linearen Modell) die Messfehlerabhängigkeit hingegen dadurch berücksichtigt, dass das Residuum, also derjenige Anteil der abhängigen Variablen, der nicht durch die unabhängigen Variablen erklärt werden kann, auch den Messfehler umfasst. Je messfehlerbehafteter die Messung der abhängigen Variablen ist, desto geringer wird der durch die unabhängigen Variablen erklärte Varianzanteil, also der Determinationskoeffizient, sein. Indem man auch auf der Ebene der abhängigen Variablen den Messfehler von den systematischen Einflüssen trennt, kann man einen Beitrag zur genaueren Schätzung des Determinationskoeffizienten (auf der Ebene messfehlerfreier Variablen) leisten.

Folgen für die Power des statistischen Tests. Da die Teststärke (Power) zur inferenzstatistischen Absicherung eines Effekts auch von der Effektgröße (dem Determinationskoeffizienten) abhängt, verringert sich durch die Messfehlerbehaftetheit der abhängigen und der unabhängigen Variablen auch die Teststärke des jeweiligen statistischen Tests. Durch die Berücksichtigung des Messfehlers in der Regressionsanalyse werden also nicht nur die Regressionskoeffizienten angemessener geschätzt, sondern auch die Teststärke zur inferenzstatistischen Absicherung der Koeffizienten erhöht.

Der Messfehlereinfluss und seine Folgen sind nicht nur für Methoden von Bedeutung, die für kontinuierliche Variablen entwickelt wurden, sondern auch für Methoden zur Analyse kategorialer (nominal- und ordinalskalierter) Variablen. Es wurden daher Modelle, die den Messfehlereinfluss berücksichtigen, für alle Variablenarten entwickelt. In diesem Kapitel werden wir die Grundideen der Modelle für metrische Variablen behandeln. Im nächsten Kapitel werden wir auch zeigen, wie der Messfehler bei ordinalskalierten kategorialen Variablen berücksichtigt werden kann.

22.1.2 Theoretische Konzeption des wahren Wertes

Modelle, die den Messfehler berücksichtigen, wurden zunächst für metrische Variablen entwickelt und haben in der psychologischen Methodenlehre eine lange Tradition. Die Forschungsaktivitäten in diesem Bereich gehen auf die Arbeiten von Spearman (1904a) und von Galton (Pearson, 1924) zurück. Diese Ansätze basieren auf der Idee eines wahren Wertes (engl. true score), der die vom Messfehler befreite Merkmalsausprägung einer Person repräsentiert.

Die Idee des wahren Wertes basiert auf einer Konzeption des Messfehlers, wie sie auch im Alltag häufig praktiziert wird. Angenommen, eine Person misst wiederholt in kurzen Abständen ihren Blutdruck und stellt Schwankungen zwischen den einzelnen Messwerten fest. Welchen Wert soll sie nun in das Blutdrucktagebuch, das der Arzt ihr mitgegeben hat, eintragen? In diesem Fall erscheint es plausibel, alle Messwerte zu mitteln und den mittleren Blutdruckwert als besten Indikator des wahren Blutdruckes heranzuziehen. Die Wahl dieses Werts basiert auf folgendem Gedanken: Wenn die einzelnen Blutdruckmessungen messfehlerbehaftet sind und der Messfehler eine unsystematische Störquelle darstellt (d. h. also die jeweiligen Fehlereinflüsse von dem wahren Blutdruck unabhängig sind), dann werden die gemessenen Werte manchmal unterhalb und manchmal oberhalb des wahren Wertes liegen. Der Mittelwert aller Messungen minimiert den Messfehlereinfluss dadurch, dass sich diese unsystematischen Abweichungen nach oben und unten ausgleichen. Anders gesagt: Wäre es möglich, die Messwerte über alle denkbaren Messungen hinweg zu mitteln, würde sich der Messfehlereinfluss ausmitteln. Grundsätzlich ließen sich auch die anderen Kennwerte der zentralen Tendenz zur Bestimmung eines »besten« Personenkennwerts heranziehen. Man könnte z. B. auch den Modalwert oder den Median nehmen. Historisch gesehen hat sich der Mittelwert aber aufgrund seiner statistischen Eigenschaften (s. Abschn. 6.4.2) durchgesetzt.

Der wahre Wert als Erwartungswert

Dieser Grundgedanke des »Herausmittelns« des Messfehlers hat auch in die Testtheorie Eingang gefunden. In der Klassischen Testtheorie wird die messfehlerbereinigte Merkmalsausprägung einer Person durch den wahren Wert repräsentiert. Der wahre Wert wird als Erwartungswert einer intraindividuellen, d. h. personspezifischen Verteilung eines Merkmals definiert. Dieser Definition liegt folgendes Gedankenexperiment zugrunde: Angenommen, man könnte eine Person unendlich oft unter denselben Gegebenheiten mit demselben Messinstrument untersuchen. Dann erhielte man – falls Messfehler vorhanden sind – eine intraindividuelle Verteilung der beobachtbaren Messwerte dieser Person. Der Erwartungswert (theoretische Mittelwert) dieser Verteilung wäre dann der wahre Wert. Diese Definition des wahren Wertes ist in Abbildung 22.1 für vier Personen veranschaulicht. Auf der Abszisse sind die vier Personen (Jakob, Rosa, Joshua, Johanna) abgetragen. Stellen wir uns nun vor, ein Merkmal (Y) würde bei allen vier Personen unendlich oft gemessen werden. Die gemessenen Werte (in der Graphik mit ○ markiert) werden nicht immer gleich sein, sondern mehr oder weniger stark schwanken. Wenn man annimmt, dass diese Schwankungen unsystematisch sind, dann ist der Mittelwert aller Messwerte pro Person ihr wahrer Wert (in der Graphik mit ● markiert).

Von einem Gedankenexperiment muss man sprechen, da man Personen mit psychologischen Messinstrumenten nicht wirklich unendlich oft unter denselben Gegebenheiten untersuchen kann. Dies ist unmittelbar einsichtig, wenn man sich Merkmale wie z. B. die Intelligenz vorstellt, die nicht beliebig oft mit dem identischen Messinstrument gemessen werden kann, ohne dass eine Person durch die häufige Bearbeitung des Instrumentes lernt und sich dadurch ihre wahre Merkmalsausprägung ändert.

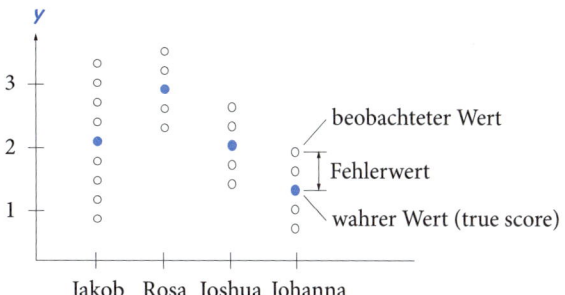

Abbildung 22.1 Darstellung von vier intraindividuellen Merkmalsverteilungen einer Variablen Y. Stellt man sich vor, dass die Variable mehrmals gemessen wurde, resultieren unterschiedliche beobachtete Messwerte (○). Diese Messwerte beinhalten jedoch Messfehler; der wahre Wert (●) ist der Erwartungswert der intraindividuellen Verteilung einer Person

Der wahre Wert ist auch nicht im Sinne eines biologischen Eigenschaftswerts zu verstehen. Wahre Werte können, müssen aber nicht ein physiologisches Substrat haben. Der wahre Wert ist zunächst nichts anderes als ein mathematisches Konstrukt, das die zentrale Tendenz einer intraindividuellen Merkmalsverteilung kennzeichnet. Der Begriff »wahr« ist somit nicht im Sinne von »wirklich in einer Person vorhanden« fehlzudeuten.

Die Grundgleichung der Messfehlertheorie

In Abbildung 22.1 lässt sich jeder theoretisch beobachtbare Y-Wert (○) zerlegen in den wahren Wert (●) und einen Messfehlerwert, der die Abweichung des beobachteten Werts vom wahren Wert darstellt. Führt man zur Kennzeichnung der Variablen, die die wahren Werte misst, das Symbol τ ein (kleines griechisches Tau, entspricht dem lateinischen »t«; für true score) und versieht alle Variablen mit einem Index i ($i = 1, ..., p$) für unterschiedliche Tests oder einzelne Testfragen und alle Personen mit einem Index m ($m = 1, ..., n$), so setzt sich der beobachtete Wert y einer Person m im Test i wie folgt zusammen:

$$y_{mi} = \tau_{mi} + \varepsilon_{mi} \qquad (\text{F 22.1})$$

Der Messfehler ε_{mi} ist also die Abweichung eines beobachteten Werts vom wahren Wert. Ein Beispiel: Liegt der wahre Wert einer Person bei $\tau_{mi} = 2$ und beträgt der beobachtete Wert $y_{mi} = 1{,}5$, so beträgt der Messfehler entsprechend $\varepsilon_{mi} = -0{,}5$.

Über alle n Personen hinweg ist Y_i also eine (empirisch beobachtbare) Variable, die ihrerseits durch zwei Variablen beeinflusst ist: die True-Score-Variable τ_i und die Fehlervariable ε_i.

> **Definition**
>
> Die **Grundgleichung der Messfehlertheorie** lautet somit:
>
> $$Y_i = \tau_i + \varepsilon_i \qquad (\text{F 22.2})$$

22.1.3 Eigenschaften der Messfehler- und der True-Score-Variablen

In der Klassischen Testtheorie geht man davon aus, dass eine Person per Zufall aus einer Population von Personen gezogen wird und ihre Merkmalsausprägungen beobachtet werden. Definiert man den wahren Wert einer Person als Erwartungswert einer intraindividuellen Verteilung, so lässt sich zeigen, dass aus dieser Definition – ohne dass weitere Annahmen getroffen werden müssen – vier wichtige Eigenschaften der Messfehler- und der True-Score-Variablen folgen (s. auch Steyer & Eid, 2001, Kap. 9):

(1) Der Erwartungswert einer Messfehlervariablen ist für jede Ausprägung der True-Score-Variablen gleich 0.
(2) Der unbedingte Erwartungswert einer Messfehlervariablen ist gleich 0.
(3) Messfehler- und True-Score-Variablen sind unkorreliert.
(4) Die Varianz einer beobachteten Messwertvariablen lässt sich additiv zerlegen in die Varianz der True-Score-Variablen und die Varianz der Messfehlervariablen.

Bedingter Erwartungswert einer Messfehlervariablen gleich 0.

In Abbildung 22.1 wird dargestellt, dass sich die Messfehler im Falle mehrerer Messungen des gleichen Merkmals bei der gleichen Person herausmitteln. Dies gilt für jede Person. Zwei Personen, die den gleichen wahren Wert haben, werden nicht unbedingt die gleichen Testwerte erzielen, da eine einzelne Messung immer mehr oder weniger messfehlerbehaftet ist. Aber über viele Personen mit identischem wahrem Wert mitteln sich diese Messfehler heraus. Betrachten wir z. B. alle Personen mit dem wahren Wert $\tau_i = 3$, so ist der durchschnittliche Messfehler (sein Erwartungswert) für alle Personen mit diesem wahren Wert gleich 0: $E(\varepsilon_i | \tau_i = 3) = 0$. Allgemeiner gesagt: Der Erwartungswert des Messfehlers ist – gegeben einen bestimmten wahren Wert – gleich 0. Dies gilt nicht nur für die True-Score-Variable τ_i des Merkmals Y_i (jeweils gleicher Index i), sondern auch für die True-Score-Variable τ_j eines beliebigen anderen Merkmals Y_j. Daher wird die Gleichung so allgemein formuliert:

$$E(\varepsilon_i | \tau_j) = 0 \qquad (\text{F 22.3})$$

Für den Index $j = i$ entspricht τ_j genau der True-Score-Variablen τ_i. Misst beispielsweise die Variable Y_1 die Extraversion und die Variable Y_2 die Intelligenz, dann bedeutet diese Eigenschaft, dass sich für alle Personen mit einem bestimmten wahren Intelligenzwert auf der Variablen τ_2 nicht nur die Fehlerwerte ihrer Intelligenzmessungen (Werte auf der Variablen ε_2), sondern auch die ihrer Extraversionsmessungen (Werte auf der Variablen ε_1) theoretisch ausmitteln.

Unbedingter Erwartungswert einer Messfehlervariablen gleich 0. Aus der vorherigen Eigenschaft folgt notwendigerweise, dass der Erwartungswert des Fehlers immer 0 ist und dass diese Eigenschaft unabhängig davon ist, welchen wahren Wert die getesteten Personen auf dem Merkmal i oder auf irgendeinem anderen Merkmal j haben:

$$E(\varepsilon_i) = 0 \qquad (\text{F 22.4})$$

Unabhängigkeit der Messfehler- und True-Score-Variablen. Die Grundgleichung der Messfehlertheorie besagt, dass es zwei unabhängige Einflüsse auf den beobachteten Wert y_{mi} einer Person gibt: ihren jeweiligen wahren Wert (τ_{mi}) und einen person- und variablenspezifischen Messfehler (ε_{mi}). Aus der Definition des wahren Werts als des personspezifischen Erwartungswerts folgt ohne irgendeine weitere Annahme, dass die True-Score-Variablen und die Fehlervariablen unkorreliert sind (Steyer & Eid, 2001). Wie groß der Messfehler einer Person bei einer Messung ist, ist also unabhängig davon, welchen wahren Wert diese Person hat. Dies gilt auch für die Korrelation zwischen dem Messfehler einer Variablen i und dem wahren Wert irgendeiner anderen Variablen j: Auch hier ist die Korrelation – und entsprechend auch die Kovarianz – gleich 0:

$$Cov(\varepsilon_i, \tau_j) = 0 \qquad (\text{F 22.5})$$

Misst beispielsweise die Variable Y_1 die Extraversion und die Variable Y_2 die Intelligenz, dann bedeutet diese Eigenschaft, dass die Fehlervariable bei der Intelligenzmessung (ε_2) unabhängig von der True-Score-Variablen bei der Extraversionsmessung (τ_1) ist – und natürlich auch umgekehrt. Aus dieser allgemeinen Formel folgt für $j = i$: $Cov(\varepsilon_i, \tau_i) = 0$

Additive Varianzzerlegung in die Varianz der True-Score- und der Fehlervariablen. Die Varianz einer beobachteten Messwertvariablen lässt sich additiv zerlegen in die Varianz der True-Score-Variablen und die Varianz der Messfehlervariablen:

$$Var(Y_i) = Var(\tau_i) + Var(\varepsilon_i) \qquad (\text{F 22.6})$$

Anders gesagt: Der Befund, dass sich die beobachteten Messwerte y_{mi} zwischen n Personen unterscheiden, kann zwei Ursachen haben. Zum einen könnte es sein, dass sich die n Personen hinsichtlich ihrer wahren Werte unterscheiden. Die Unterschiede zwischen verschiedenen Personen im Intelligenztest könnte darauf zurückzuführen sein, dass die betrachteten Personen wirklich unterschiedlich intelligent sind; das wäre die Varianz der True-Score-Variablen $Var(\tau_i)$. Zum anderen könnte es sein, dass sich die n Personen hinsichtlich ihrer Messfehler unterscheiden. Die Unterschiede zwischen den Personen im Intelligenztest wären in diesem Fall nicht auf einen wirklichen Intelligenzunterschied zurückzuführen, sondern lediglich auf Messfehler; das wäre die Varianz der Messfehlervariablen $Var(\varepsilon_i)$. Beide Quellen der Variation müssen daher als mögliche Erklärung beobachtbarer Unterschiede berücksichtigt werden. In den meisten Untersuchungen werden beide Varianzquellen vorhanden sein, sowohl wahre als auch messfehlerbedingte Unterschiede zwischen Personen.

22.1.4 Theoretische Konzeption der Reliabilität

Die additive Varianzzerlegung ist die Grundlage für die Definition eines der wichtigsten Kennwerte der Messfehlertheorie, der Reliabilität $Rel(Y_i)$ einer beobachteten Variablen.

> **Definition**
>
> Die **Reliabilität** wird definiert als Anteil der wahren Varianz an der Gesamtvarianz:
>
> $$Rel(Y_i) = \frac{Var(\tau_i)}{Var(Y_i)} = \frac{Var(\tau_i)}{Var(\tau_i) + Var(\varepsilon_i)} \qquad (\text{F 22.7})$$

Im Klartext: Wenn die Gesamtvarianz einer Messung von zwei unabhängigen Einflüssen abhängt (Unterschiede in den wahren Werten und Unterschiede in den Messfehlern; siehe die vierte Eigenschaft), dann ist die Reliabilität der *Anteil* der Varianz, der durch

Unterschiede in den wahren Werten zustande gekommen ist. Die Reliabilität (Zuverlässigkeit) ist also ein Maß für die Messfehlerfreiheit einer Messung. Die Reliabilität kann Werte zwischen 0 und 1 annehmen. Ein Wert von 0 bedeutet, dass alle interindividuellen Unterschiede messfehlerbedingt sind, während ein Wert von 1 besagt, dass es keinen Messfehler gibt und alle beobachteten Unterschiede zwischen Personen auf wahre Unterschiede zurückgeführt werden können.

Die Reliabilität als differentialpsychologisches Maß

Die Reliabilität ist ein Kennwert dafür, inwieweit beobachtbare *inter*individuelle Merkmalsunterschiede durch wahre Merkmalsunterschiede bedingt sind. Sie ist ein *differentialpsychologisches* Maß und gibt an, wie zuverlässig interindividuelle Unterschiede erfasst werden können. Bestehen keine wahren interindividuellen Unterschiede zwischen Menschen in einem Merkmal, dann ist die Reliabilität immer gleich 0, unabhängig davon, wie groß die Messfehlervarianz ist. Eine Reliabilität von 0 bedeutet, dass das Verfahren wahre interindividuelle Unterschiede vortäuscht, die es nicht gibt.

Die Höhe der Reliabilität hängt nicht nur von der Messfehlervarianz, sondern auch von dem Ausmaß wahrer Unterschiede ab. Die Bestimmung der Reliabilität anhand von Stichprobendaten ist deshalb auch stark von der Zusammensetzung der Stichprobe abhängig. Wählt man eine in Bezug auf das Merkmal homogene Stichprobe (geringe Varianz der wahren Werte), so wird die geschätzte Reliabilität bei gleichem Fehlereinfluss geringer sein, als wenn man eine heterogene Stichprobe (große Varianz der wahren Werte) wählt. Ein Intelligenztest dürfte in einer Stichprobe, die aus Studierenden in einem Numerus-Clausus-Fach besteht, weniger reliabel sein als ein Intelligenztest in einer Stichprobe, die repräsentativ für die Gesamtbevölkerung ist, sofern es keine Unterschiede in den Fehlervarianzen zwischen den Studierenden und der Gesamtbevölkerung gibt.

Reliabilität und Messfehlervarianz

Da der Wert der Reliabilität stark von der Varianz der wahren Werte abhängt, ist es oft auch sinnvoll, neben der Reliabilität die Varianz des Messfehlers zu beachten, insbesondere dann, wenn man die Zuverlässigkeit einer Messung zwischen verschiedenen Gruppen vergleichen will (z. B. zwischen Männern und Frauen), die mit demselben Messinstrument untersucht wurden. In diesem Fall ist die Messfehlervarianz innerhalb der Gruppen ein interessanteres Maß als die Reliabilität, da die Messfehlervarianz – unabhängig von der Verteilung der wahren Werte in beiden Gruppen – die Messfehlerabhängigkeit widerspiegelt.

Zum Vergleich der Zuverlässigkeit verschiedener Messinstrumente greift man hingegen auf die Reliabilität zurück, da sie ein normiertes Maß ist, das die Messfehlerabhängigkeit unabhängig von der Maßeinheit der Variablen angibt. Betrachtet man verschiedene Instrumente, die sich in der Maßeinheit oder in ihrem Wertebereich unterscheiden, dann lässt sich die Fehlervarianz nur schwer zwischen beiden Instrumenten vergleichen, da die Höhe der Fehlervarianz auch von der Metrik der Variablen abhängt. Misst man beispielsweise die Länge einmal in Millimetern und einmal in Metern, dann wird man bei gleicher Zuverlässigkeit der Messung eine höhere Fehlervarianz bei der Millimeterskala als bei der Meterskala erhalten, da der Wertebereich bei der Millimeterskala 1000-mal größer ist als der Bereich bei der Meterskala. Nach den Rechenregeln für Varianzen, die wir in Abschnitt 6.4.4 behandelt haben, ist die Varianz bei der Millimeterskala um das 1000^2- = 1.000.000-fache höher als bei der Meterskala. Solche Metrikunterschiede werden bei der Berechnung der Reliabilität dadurch berücksichtigt, dass die Fehlervarianz durch die beobachtete Varianz geteilt wird. Zum Vergleich von Messinstrumenten, die sich in ihrer Metrik unterscheiden, ist die Reliabilität als standardisiertes Maß daher geeigneter als die Angabe der unstandardisierten Fehlervarianzen.

Unreliabilität

Teilt man die Messfehlervarianz durch die beobachtete Varianz eines Merkmals, so erhält man den Unreliabilitätskoeffizienten.

Der Unreliabilitätskoeffizient $URel(Y)$ ist ein Maß für die Unzuverlässigkeit einer Messung. Reliabilität und Unreliabilität addieren sich zu 1 auf, so dass es ausreicht, einen der beiden Koeffizienten zu berichten.

> **Definition**
>
> Die **Unreliabilität** ist der Anteil der Fehlervarianz an der Gesamtvarianz:
>
> $$URel(Y_i) = \frac{Var(\varepsilon_i)}{Var(Y_i)} = \frac{Var(\varepsilon_i)}{Var(\tau_i) + Var(\varepsilon_i)} \quad \text{(F 22.8)}$$

Unzulässige Kritik an der Klassischen Testtheorie

Die vier wichtigen Eigenschaften der Messfehler- und der True-Score-Variablen, die wir behandelt haben, folgen ohne weitere Zusatzannahmen aus der Definition des wahren Wertes als Erwartungswert einer intraindividuellen Verteilung. Insbesondere bedeutet dies auch, dass diese Eigenschaften somit in empirischen Anwendungen nicht falsch sein können. Sie können genauso wenig falsch sein wie die Eigenschaft eines Schimmels (Pferd), weiß zu sein. Dieser Hinweis ist besonders wichtig, da man in der wissenschaftlichen Literatur bisweilen auf die Behauptung stößt, dass z. B. die Unkorreliertheit des Messfehlers mit der True-Score-Variablen verletzt sein könne oder wenig sinnvoll sei (z. B. Kranz, 1986).

Diese »Kritik« an den Eigenschaften der Messfehlertheorie kommt dadurch zustande, dass die Messfehlertheorie früher anhand von sog. Axiomen eingeführt wurde. Axiome sind in der Mathematik Annahmen, die gesetzt werden, um hieraus andere Eigenschaften abzuleiten. In den frühen Arbeiten zur Klassischen Testtheorie wurden die oben dargestellten Eigenschaften der wahren Werte und der Messfehler als Behauptungen eingeführt und entsprechend kritisiert. Lord und Novick (1968), Zimmerman (1976) und in der Folge Steyer (1989) konnten jedoch zeigen, dass diese vier wichtigen Eigenschaften der Messfehler- und der True-Score-Variablen keine Axiome, sondern unmittelbare Folgerungen aus der Grundgleichung der Messfehlertheorie sind, wenn man die wahren Werte als personbedingte Erwartungswerte definiert (s. ausführlich Steyer & Eid, 2001). Die Kritik an den »Axiomen« der Klassischen Testtheorie ist somit hinfällig, wenn man sich dieser Definition des wahren Wertes anschließt.

Klassische Testtheorie und Regressionsanalyse

Die moderne Klassische Testtheorie basiert auf einer regressionsanalytischen Definition des wahren Werts. Die Grundgleichung der Klassischen Testtheorie $Y_i = \tau_i + \varepsilon_i$ lässt sich somit auch als ein einfaches regressionsanalytisches Modell interpretieren. Die abhängige Variable ist die beobachtete Variable Y_i, die unabhängige Variable ist die True-Score-Variable τ_i. Der Reliabilitätskoeffizient ist dann nichts anderes als ein Determinationskoeffizient, wie wir ihn bereits in Kapitel 16 kennengelernt haben. Die Reliabilität entspricht daher auch der quadrierten Korrelation zwischen der beobachteten Variablen und der True-Score-Variablen:

$$Rel(Y_i) = [Kor(\tau_i, Y_i)]^2 \quad \text{(F 22.9)}$$

Empirische Bestimmung der Reliabilität

Die Reliabilität einer Variablen kann nur dann berechnet werden, wenn die Varianz der True-Score-Variablen bekannt ist. Diese kann jedoch nicht ohne weitere Zusatzannahmen bestimmt werden. In der Grundzerlegung der Varianz einer beobachteten Variablen tauchen eine Bekannte ($Var(Y_i)$) und zwei Unbekannte auf ($Var(\tau_i)$, $Var(\varepsilon_i)$). Die Gleichung ist somit nicht eindeutig nach der Varianz der True-Score-Variablen auflösbar, und die Definition der Reliabilität ist zunächst nur auf der Grundlage unseres Gedankenexperiments definiert.

Um die Reliabilität bestimmen zu können, muss dasselbe Merkmal mindestens zweimal gemessen werden. Hierbei kann man unterschiedlich vorgehen:

▶ Verschiedene Messinstrumente werden zur Messung desselben Merkmals eingesetzt (*Paralleltestmethode*).
▶ Ein Fragebogen oder Test zur Messung eines Merkmals wird in zwei oder mehrere unterschiedliche Subskalen oder Subtests aufgeteilt (*Testhalbierungs-* bzw. *Testunterteilungsmethode*).
▶ Das Merkmal wird wiederholt mit demselben Verfahren gemessen (*Testwiederholungsmethode*).

22.2 Messmodelle

Hat man das Merkmal mit einer dieser Methoden mehrmals gemessen, müssen die Messinstrumente gewissen Homogenitätsanforderungen genügen, um die Reliabilität bestimmen zu können. Diese Homogenitätsanforderungen werden in sog. Messmodellen formalisiert. Im Folgenden werden wir die einfachsten Messmodelle behandeln, deren Annahmen erfüllt sein müssen, um die Reliabilität bestimmen zu können. Ein Ausblick auf komplexere Messmodelle wird in Kapitel 23 gegeben.

Das erste Modell,

- das Modell essentiell τ-äquivalenter Variablen (Abschn. 22.2.1),

werden wir ausführlich behandeln. Die nachfolgenden Modelle, d. h.

- das Modell essentiell τ-paralleler Variablen (Abschn. 22.2.2),
- das Modell τ-äquivalenter Variablen (Abschn. 22.2.3) und
- das Modell τ-paralleler Variablen (Abschn. 22.2.4),

sind Spezialfälle des ersten Modells; ihre Behandlung fällt daher kürzer aus. Nach einem Zwischenfazit (Abschn. 22.2.5) werden wir schließlich noch

- das Modell τ-kongenerischer Variablen (Abschn. 22.2.6)

darstellen.

22.2.1 Modell essentiell τ-äquivalenter Variablen

Im Folgenden sollen die Annahmen des Modells essentiell τ-äquivalenter Variablen anhand eines Beispiels eingeführt werden. Das Beispiel bezieht sich auf die Messung der emotionalen Klarheit, einer Teilkomponente der emotionalen Intelligenz (Salovey & Mayer, 1990). Zur Erfassung der emotionalen Klarheit wurde von Lischetzke et al. (2001) eine Skala entwickelt, deren Reliabilität anhand des Modells essentiell τ-äquivalenter Variablen überprüft werden soll. Die Anwendung des Modells essentiell τ-äquivalenter Variablen setzt voraus, dass das Merkmal mehrmals gemessen wurde. Um mehrere Indikatoren der emotionalen Klarheit zu erhalten, wurde die Skala in drei Testteile (Subskalen) mit je zwei Items aufgeteilt (Testunterteilungsmethode). Die drei Subskalen und die zugeordneten Items sind in Tabelle 22.1 zusammengestellt.

Innerhalb jeder Subskala wurden die Werte, die eine Person auf den beiden Items erhalten hat, gemit-

Tabelle 22.1 Skala »Klarheit eigener Gefühle«. Items der drei Subskalen zur Erfassung der emotionalen Klarheit

		fast nie	manchmal	oft	immer
Subskala I					
1	Ich bin mir im Unklaren darüber, was ich fühle.*	1	2	3	4
2	Ich habe Schwierigkeiten, meinen Gefühlen einen Namen zu geben.*	1	2	3	4
Subskala II					
3	Ich habe Schwierigkeiten, meine Gefühle zu beschreiben.*	1	2	3	4
4	Ich kann meine Gefühle benennen.	1	2	3	4
Subskala III					
5	Ich bin mir unsicher, was ich eigentlich fühle.*	1	2	3	4
6	Ich weiß, was ich fühle.	1	2	3	4

* Diese Items wurden vor der Analyse rekodiert (1 → 4; 2 → 3; 3 → 2; 4 → 1).

telt. Diese individuellen Mittelwerte stellen die beobachteten Werte der Variablen Y_i dar. In diesem Beispiel liegen somit drei beobachtete Testvariablen (Subskalen I, II und III) vor, die sich wie folgt in ihre True-Score- und Fehlervariablen zerlegen lassen (s. Gleichung F 22.2):

$$Y_1 = \tau_1 + \varepsilon_1$$
$$Y_2 = \tau_2 + \varepsilon_2$$
$$Y_3 = \tau_3 + \varepsilon_3$$

Im Modell essentiell τ-äquivalenter Variablen wird nun angenommen, dass sich die drei wahren Werte bei einer Person zwar unterscheiden können (d. h., eine Person kann in den drei Subskalen drei unterschiedliche wahre Werte haben), aber dass die drei wahren Werte alle perfekt miteinander korreliert sind. Der einzige Grund, weshalb es Unterschiede bei einer Person zwischen den drei wahren Werten geben kann, ist also, dass sich die wahren Werte in einer Konstanten voneinander unterscheiden. Damit ist gemeint, dass sich die wahren Werte aller Personen in einer Subskala um einen konstanten Wert von den wahren Werten in einer anderen Subskala unterscheiden. Es könnte z. B. sein, dass die wahren Werte aller befragten Personen in der dritten Subskala eine Einheit höher liegen als die wahren Werte in der ersten Subskala.

Was könnte der Grund für diesen Unterschied sein? Naheliegend ist die Annahme, dass die beiden Items der dritten Subskala leichter zu bejahen sind als die beiden Items in der ersten Subskala – obwohl beide Subskalen bei allen Personen das gleiche Merkmal messen sollen, nämlich die emotionale Klarheit (was wiederum impliziert, dass die wahren Werte der beiden Subskalen perfekt miteinander korreliert sind).

Leichtigkeit und Schwierigkeit von Items

In der Psychometrie spricht man von einem »leichten Item«, wenn alle Personen – unabhängig von ihren wahren Werten – dem Item eher zustimmen können oder einen höheren Wert im Sinne der Merkmalsausprägung angeben (z. B. den Wert 4 auf einer Skala von 1 bis 5 bei der Messung der momentanen Stimmung mit dem Item »fröhlich«). Im Gegensatz dazu spricht man von einem »schweren Item«, wenn alle Personen dieses Item eher verneinen oder einen geringeren Wert im Sinne der Merkmalsausprägung angeben (z. B. den Wert 2 auf einer Skala von 1 bis 5 bei der Messung der momentanen Stimmung mit dem Item »himmelhoch jauchzend«). Solche Leichtigkeits- bzw. Schwierigkeitsunterschiede zwischen Items können die Ursache dafür sein, dass sich wahre Werte zwischen Items bzw. Subskalen unterscheiden, obwohl alle Items und Subskalen exakt das gleiche Merkmal messen.

Translation

Die Konstante, um die sich die wahren Werte zwischen den drei Subskalen voneinander unterscheiden und die die Leichtigkeits- bzw. Schwierigkeitsunterschiede zwischen den Subskalen repräsentiert, nennen wir α. Da es in unserem Beispiel drei wahre Werte gibt, kann es auch nur drei Unterschiede (α) zwischen ihnen geben, und zwar für jedes mögliche Paar einen:

$$\alpha_{12} = \tau_1 - \tau_2 \qquad \text{(F 22.10a)}$$
$$\alpha_{13} = \tau_1 - \tau_3 \qquad \text{(F 22.10b)}$$
$$\alpha_{23} = \tau_2 - \tau_3 \qquad \text{(F 22.10c)}$$

Man sagt auch, die drei True-Score-Variablen seien Translationen (Übersetzungen) voneinander. Allgemein lautet diese Translation:

$$\tau_i = \tau_j + \alpha_{ij} \qquad \text{(F 22.11)}$$

Konkret auf unser Beispiel bezogen ergibt sich also:

$$\tau_1 = \tau_2 + \alpha_{12} \qquad \text{(F 22.11a)}$$
$$\tau_1 = \tau_3 + \alpha_{13} \qquad \text{(F 22.11b)}$$
$$\tau_2 = \tau_3 + \alpha_{23} \qquad \text{(F 22.11c)}$$

In der Gleichung F 22.11 bezeichnet α_{ij} eine reelle Konstante, die spezifisch für zwei True-Score-Variablen ist. Inhaltlich besagt diese Annahme, dass die wahren Werte der drei Verfahren zwar nicht identisch, aber perfekt auseinander ableitbar sind, wenn die Konstante α_{ij} bekannt ist. Die drei verschiedenen True-Score-Variablen sind somit perfekt korreliert und messen in diesem Sinne dasselbe. True-Score-

Variablen, die sich nur durch eine Konstante unterscheiden, heißen essentiell τ-äquivalent.

Aufgrund der Konstanten α_{ij} wird zugelassen, dass sich die drei verschiedenen Skalen in ihrem Niveau unterscheiden können. Unterscheidet sich eine True-Score-Variable durch eine positive Konstante von einer anderen True-Score-Variablen, so besagt dies, dass alle Personen bei der ersten True-Score-Variablen höhere Werte aufweisen als bei der zweiten True-Score-Variablen. Die Differenz zwischen den wahren Werten zweier verschiedener Testverfahren ist für alle Personen gleich und somit von der Person unabhängig.

> **Definition**
>
> Weisen Personen auf einer True-Score-Variablen τ_i höhere Werte als auf einer anderen True-Score-Variablen τ_j auf, dann sind die Verhaltensweisen, die mit τ_i erfasst werden, »leichter« zu zeigen als die Verhaltensweisen, die mit τ_j erfasst werden. Der Parameter $\alpha_{ij} = \tau_i - \tau_j$ kann daher als **Leichtigkeitsparameter** interpretiert werden.

Vergleich zweier Personen

Das Modell essentiell τ-äquivalenter Variablen weist eine wichtige Eigenschaft auf, die die Differenz der wahren Werte zweier Personen betrifft: Die Differenz der wahren Werte zweier Personen bei einer Subskala ist immer gleich, unabhängig davon, um welche Subskala es sich handelt. Angenommen, Person A und Person B hätten in der ersten Subskala die wahren Werte $\tau_{A1} = 3$ und $\tau_{B1} = 2$. Die Differenz zwischen beiden Personen wäre demnach $\tau_{A1} - \tau_{B1} = 1$. Nehmen wir nun ferner an, dass sich Subskala I und Subskala II um die Konstante $\alpha_{12} = 1$ voneinander unterscheiden, so hätten die beiden Personen in der zweiten Subskala die Werte $\tau_{A2} = 2$ und $\tau_{B2} = 1$. Die Differenz zwischen beiden Personen wäre wiederum $\tau_{A2} - \tau_{B2} = 1$. Die Differenz der wahren Werte zweier Personen beim gleichen Instrument (in unserem Beispiel die Subskala eines Tests) ist somit unabhängig davon, mit welchem Instrument das Merkmal gemessen wird.

Definition einer gemeinsamen Variablen

Anhand des Modells essentiell τ-äquivalenter Variablen lassen sich alle Subskalen oder Items bezüglich ihrer Leichtigkeit miteinander vergleichen. Dies ist jedoch sehr aufwendig, da man $p \cdot (p-1)/2$ Paarvergleiche durchführen müsste. Bei $p = 10$ Subskalen oder Items wären das schon 45 Paarvergleiche und entsprechend 45 Leichtigkeitsparameter α_{ij}. Glücklicherweise müssen nicht alle Paarvergleiche durchgeführt werden, sondern man kann das Modell deutlich vereinfachen, indem man eine True-Score-Variable als Vergleichsstandard auswählt und alle anderen True-Score-Variablen mit dieser einen vergleicht. Da sich alle True-Score-Variablen nur um eine Konstante unterscheiden, sind in diesem Vergleich alle Informationen über alle möglichen Paarvergleiche enthalten. Man muss nicht einmal eine bestimmte True-Score-Variable auswählen; es genügt, einen Vergleichstandard zu wählen, der sich von den True-Score-Variablen um eine Konstante unterscheidet. Im Rahmen dieser Vorgaben ist die Wahl des Vergleichstandards beliebig. Üblicherweise wählt man den Vergleichstandard so, dass sein Erwartungswert (Mittelwert) gleich 0 ist. Die α-Parameter haben in diesem Fall eine einfache Bedeutung: Sie entsprechen genau den Erwartungswerten der jeweiligen True-Score-Variablen. Bezeichnet man den Vergleichstandard mit η (sprich: »eta«), so lässt sich das Modell essentiell τ-äquivalenter Variablen wie folgt reformulieren:

$$\tau_i = \eta + \alpha_i \quad \text{(F 22.12)}$$

Für das vorliegende Beispiel ergeben sich dann folgende drei Gleichungen:

$$\tau_1 = \eta + \alpha_1 \quad \text{(F 22.12a)}$$

$$\tau_2 = \eta + \alpha_2 \quad \text{(F 22.12b)}$$

$$\tau_3 = \eta + \alpha_3 \quad \text{(F 22.12c)}$$

Die α-Parameter haben jetzt nur noch einen Index, da sie sich auf einen festgelegten Vergleichstandard η beziehen.

Die Gleichungen F 22.12a–c sind äquivalent zu den drei vorherigen Gleichungen F 22.11a–c. Dies lässt sich daran erkennen, dass sich die Gleichungen

F 22.11a–c aus den Gleichungen 22.12a–c herleiten lassen. Dies soll nur für die Gleichung F 22.11a veranschaulicht werden. Löst man die Gleichungen F 22.12a und F 22.12b jeweils nach η auf und setzt beide gleich, so erhält man:

$$\tau_1 - \alpha_1 = \tau_2 - \alpha_2$$

Durch Umformen ergibt sich:

$$\tau_1 - \tau_2 = \alpha_1 - \alpha_2 \qquad \text{(F 22.13)}$$

Definiert man nun $\alpha_{12} = \tau_1 - \tau_2$, erhält man:

$$\alpha_{12} = \alpha_1 - \alpha_2 \qquad \text{(F 22.14)}$$

Setzt man F 22.14 in F 22.13 ein, folgt F 22.11a:

$$\tau_1 = \tau_2 + \alpha_{12}.$$

Definition

Da die True-Score-Variablen im Modell essentiell τ-äquivalenter Variablen alle perfekt miteinander korreliert sind, es sich also bloß um Ableitungen derselben Variablen (η) handelt, kann man η auch als **gemeinsame latente Variable** bezeichnen.

Normierung der gemeinsamen Variablen η

Wie wir gesehen haben, ist die Wahl von η in gewisser Weise beliebig. Sie muss einfach eine beliebige Translation der True-Score-Variablen sein. Die Festlegung der gemeinsamen Variablen η nennt man auch Normierung. Generell lassen sich zwei alternative Normierungen wählen:

Fixierung des Erwartungswerts von η auf einen beliebigen Wert. Allgemein gilt, dass die Parameter α_i der Differenz aus dem Erwartungswert der beobachteten Variablen Y_i und dem Erwartungswert der gemeinsamen Variablen η entsprechen (s. Übung 1):

$$\alpha_i = E(Y_i) - E(\eta) \qquad \text{(F 22.15)}$$

Wenn nun der Erwartungswert der gemeinsamen Variablen η auf einen Wert fixiert wird, sind die Parameter α_i eindeutig bestimmt. Fixiert man z. B. den Erwartungswert von η auf 0, dann folgt, dass die Parameter α_i den jeweiligen Erwartungswerten (Mittelwerten) der beobachteten Variablen entsprechen:

$$\alpha_i = E(Y_i) \qquad \text{(F 22.16)}$$

Fixierung eines Parameters α_i auf einen beliebigen Wert. Die andere Möglichkeit, η zu normieren, besteht darin, *einen der Parameter α_i auf einen beliebigen Wert zu fixieren*. Legt man z. B. $\alpha_1 = 0$ fest, dann entspricht der Erwartungswert von η dem Erwartungswert der ersten beobachteten Variablen (s. Übung 1):

$$E(\eta) = E(Y_1) \qquad \text{(F 22.17)}$$

Für die anderen Parameter α_i ergibt sich dann:

$$\alpha_i = E(Y_i) - E(\eta)$$

Sowohl der Erwartungswert von η als auch die Parameter α_i sind dann eindeutig bestimmt.

Beispiel

Emotionale Klarheit

Für unser Anwendungsbeispiel sind in Tabelle 22.2 a die Mittelwerte der drei Subskalen zur Erfassung der emotionalen Klarheit angegeben. Unter der Annahme, dass das Modell essentiell τ-äquivalenter Variablen tatsächlich gilt, kann man F 22.12 in F 22.2 einsetzen und erhält die folgende Reformulierung der Grundgleichung:

$$Y_i = \alpha_i + \eta + \varepsilon_i \qquad \text{(F 22.18)}$$

Schätzt man α_i anhand der Mittelwerte der drei Subskalen in unserem Beispiel, ergibt sich damit:

$$Y_1 = 3{,}18 + \eta + \varepsilon_1 \qquad \text{(F 22.18a)}$$

$$Y_2 = 3{,}06 + \eta + \varepsilon_2 \qquad \text{(F 22.18b)}$$

$$Y_3 = 3{,}15 + \eta + \varepsilon_3 \qquad \text{(F 22.18c)}$$

Tabelle 22.2 Mittelwerte, Varianzen, Kovarianzen und Korrelationen der Subskalen zur Messung der emotionalen Klarheit sowie modellkonforme Mittelwerte und Kovarianzmatrizen für verschiedene Testmodelle

a Mittelwerte, Varianzen, Kovarianzen und Korrelationen (kursiv) der **beobachteten** Variablen

	y_1	y_2	y_3
Mittelwerte	3,18	3,06	3,15
y_1	0,47	*0,71*	*0,71*
y_2	0,37	0,56	*0,71*
y_3	0,34	0,37	0,49

b Von einem Modell **essentiell τ-äquivalenter** Variablen implizierte Mittelwerte, Varianzen und Kovarianzen

	y_1	y_2	y_3
Mittelwerte	3,18	3,06	3,15
y_1	0,49		
y_2	0,36	0,53	
y_3	0,36	0,36	0,49

$\chi^2(df = 2, n = 482) = 3{,}74; \ p = 0{,}15$

c Von einem Modell **essentiell τ-paralleler** Variablen implizierte Mittelwerte, Varianzen und Kovarianzen

	y_1	y_2	y_3
Mittelwerte	3,18	3,06	3,15
y_1	0,51		
y_2	0,36	0,51	
y_3	0,36	0,36	0,51

$\chi^2(df = 4, n = 482) = 8{,}67; \ p = 0{,}07$

d Von einem Modell **τ-äquivalenter** Variablen implizierte Mittelwerte, Varianzen und Kovarianzen

	y_1	y_2	y_3
Mittelwerte	3,14	3,14	3,14
y_1	0,49		
y_2	0,36	0,54	
y_3	0,36	0,36	0,49

$\chi^2(df = 4, n = 482) = 28{,}51; \ p < 0{,}01$

e Von einem Modell **τ-paralleler** Variablen implizierte Mittelwerte, Varianzen und Kovarianzen

	y_1	y_2	y_3
Mittelwerte	3,13	3,13	3,13
y_1	0,51		
y_2	0,36	0,51	
y_3	0,36	0,36	0,51

$\chi^2(df = 6, n = 482) = 35{,}65; \ p < 0{,}01$

f Von einem Modell **τ-kongenerischer** Variablen implizierte Mittelwerte, Varianzen und Kovarianzen

	y_1	y_2	y_3
Mittelwerte	3,18	3,06	3,15
y_1	0,47		
y_2	0,37	0,56	
y_3	0,34	0,37	0,49

$\chi^2(df = 0, n = 482) = 0; \ p = 1$

Graphische Darstellungsformen

In Abbildung 22.2 ist das Modell essentiell τ-äquivalenter Variablen für drei beobachtete Variablen (z. B. Subskalen) auf zwei Arten veranschaulicht.

Regressionsanalytische Darstellung. Der obere Teil der Abbildung (a) verdeutlicht, in welchem Zusammenhang die True-Score-Variablen (τ_i, abgetragen auf der Ordinate) mit der gemeinsamen Variablen η (abgetragen auf der Abszisse) stehen. Die Zusammenhänge sind als Regressionsgeraden dargestellt. Aus dieser Graphik lassen sich drei Dinge entnehmen:

(1) Der Zusammenhang zwischen τ_i und η ist für alle i Subskalen perfekt linear, d. h., die True-Score-Variablen aller drei Subskalen sind eine lineare Funktion der gemeinsamen Variablen η.

(2) Unterschiede zwischen den τ_i sind lediglich auf konstante Unterschiede in der Leichtigkeit bzw.

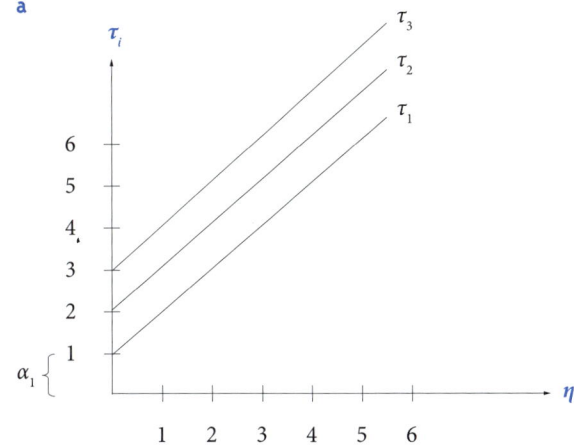

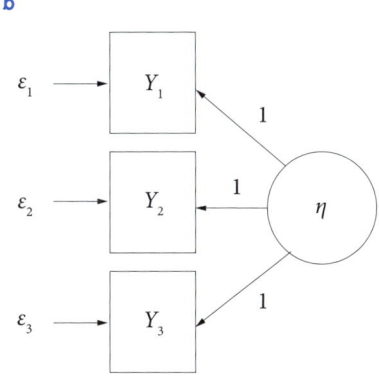

Abbildung 22.2 Modell essentiell τ-äquivalenter Variablen
a Regressionsanalytische Darstellung **b** Pfadanalytische Darstellung

Schwierigkeit der i Subskalen zurückzuführen (α_i).
(3) Die Steigung der Regressionsgeraden ist exakt gleich 1. Dies muss so sein, da in Gleichung F 22.12 vor η keine Zahl steht, was gleichbedeutend mit der Zahl 1 ist.

Die Achsenabschnitte der drei Subskalen entsprechen den Parametern α_i. In dem konstruierten Beispiel beträgt $\alpha_1 = 1$, $\alpha_2 = 2$ und $\alpha_3 = 3$. Die erste Subskala ist also am schwierigsten, die dritte am leichtesten.

Falls man den gemeinsamen Faktor η nun so normiert hat, dass sein Erwartungswert gleich 0 ist, entsprechen die Parameter α_i den Erwartungswerten der beobachteten Variablen (s. Gleichung F 22.16). Daher können die Erwartungswerte der True-Score-Variablen und somit die Parameter α_i einfach über die Mittelwerte der beobachteten Subskalen bestimmt werden.

Pfadanalytische Darstellung. Der untere Teil der Abbildung (b) zeigt das Modell essentiell τ-äquivalenter Variablen in der pfadanalytischen Darstellungsform. Aus dieser Abbildung wird deutlich, dass die beobachteten Variablen (Y_i) von einer gemeinsamen Variablen (η) und einer variablenspezifischen Messfehlervariablen (ε_i) beeinflusst werden. Dies wird in der Abbildung durch Pfeile, die alle von dem gemeinsamen Faktor bzw. den Messfehlervariablen ausgehen, symbolisiert. Zusätzlich wird im Modell essentiell τ-äquivalenter Variablen davon ausgegangen, dass alle Steigungsparameter gleich 1 sind. Dies wird in der Abbildung dadurch symbolisiert, dass alle Pfeile von der Variablen η aus mit 1 beschriftet sind. Die Leichtigkeitsparameter erscheinen nicht in der pfadanalytischen Darstellung, da sie keinen Einfluss auf die Varianzen und Kovarianzen haben.

Unkorrelierte Fehlervariablen

Aus der pfadanalytischen Darstellung wird eine Annahme des Modells essentiell τ-äquivalenter Variablen ersichtlich, die wir noch nicht besprochen haben: Im Modell wird angenommen, dass die Messfehler, die auf die beobachteten Variablen Y_i einwirken, untereinander unkorreliert sind. Das bedeutet, dass Fehler, die auf die Variable Y_1 einwirken, nichts mit den Fehlern zu tun haben dürfen, die auf die Variable Y_2 einwirken (das gilt für alle anderen Variablenpaare genauso). Formal gilt also:

$$Cov(\varepsilon_i, \varepsilon_j) = 0; \quad i \neq j \qquad (\text{F } 22.19)$$

Diese Annahme bedeutet, dass die gemeinsame Variable η *alle* Zusammenhänge erklärt, die zwischen den beobachteten Variablen bestehen. Mit anderen Worten: Dass die beobachteten Variablen Y_i miteinander korrelieren, darf – dem Modell zufolge – nur daran liegen, dass sie das gleiche Merkmal messen, und nicht daran, dass es gemeinsame Messfehlereinflüsse gibt. Das folgende Beispiel soll verdeutlichen, was unter solchen gemeinsamen Messfehlereinflüssen zu verstehen ist.

> **Beispiel**
>
> **Korrelierte Messfehler**
> Angenommen, drei Testverfahren (A, B und C) erfassen die Fähigkeit einer Person, Additionsaufgaben zu lösen. In A sind ausschließlich Aufgaben der Form »3 + 5 = ?« enthalten. Die beiden anderen Testverfahren B und C erfassen die Fähigkeit, Additionsaufgaben zu lösen, mit Textaufgaben der Form »Ein Bauer pflückt vom ersten Baum 3 Äpfel und vom zweiten Baum 5 Äpfel. Wie viele Äpfel hat er insgesamt?«. Bei den beiden Verfahren B und C könnte es sein, dass für die richtige Lösung nicht nur die rechnerische Additionsfähigkeit notwendig ist, sondern auch das Textverständnis. Ist dies der Fall, so würden B und C über die rechnerische Additionsfähigkeit hinaus noch eine zweite Fähigkeit erfassen, nämlich das Textverständnis. B und C wären also – über die Gemeinsamkeit mit A (Additionsfähigkeit) hinaus – miteinander korreliert. Da diese Korrelation nicht auf die gemeinsame Variable zwischen allen drei Verfahren zurückgeführt werden kann, handelt es sich um korrelierte Messfehler zwischen B und C.
>
> Korrelierte Fehlervariablen zeigen an, dass neben dem Merkmal, das allen Testverfahren zugrunde liegt, noch weitere Merkmale bei der Erklärung des Verhaltens eine Rolle spielen. Konsequenterweise kann dann eine weitere Variable in das Modell mit aufgenommen werden. Die wahren Werte des zweiten und dritten Testverfahrens würden dann zwei latente Variablen, die rechnerische Fähigkeit (η_1) und das Textverständnis (η_2), erfassen. Im Modell essentiell τ-äquivalenter Variablen mit unkorrelierten Fehlern wird dies explizit ausgeschlossen. Die Annahme unkorrelierter Fehler ist somit eine notwendige Annahme, um sicherzustellen, dass die verschiedenen Testverfahren nur *eine* gemeinsame Variable erfassen, d. h. unidimensional sind. Multidimensionale Modelle werden in Kapitel 23 behandelt.

Überprüfung der Modellgültigkeit

Ob das Modell essentiell τ-äquivalenter Variablen im Einzelfall gilt, muss zunächst anhand von sog. Modellgeltungstests überprüft werden. Wir besprechen nur den einfachsten Test ausführlich, weitere Möglichkeiten der Modellgeltungskontrolle werden bei Steyer und Eid (2001) behandelt.

Wenn alle drei beobachteten Variablen dasselbe Merkmal messen, dann ist zu erwarten, dass alle drei Testverfahren miteinander korreliert sind und dass diese Korrelation nur auf den gemeinsamen Faktor η zurückzuführen ist. In unserem Beispiel (s. Tab. 22.2 a) sind die drei Subskalen in der untersuchten Stichprobe hoch untereinander korreliert ($r_{ij} = 0{,}71$). Wenn die Annahme gilt, dass alle Zusammenhänge zwischen den drei Subskalen ausschließlich dadurch zustande kommen, dass die Testwerte von ein und demselben Merkmal (hier: emotionale Klarheit) beeinflusst werden, dann müssen die Zusammenhänge zwischen den drei Subskalen verschwinden, wenn der gemeinsame Faktor auspartialisiert wird (zur Definition der Partialkorrelation s. Kap. 17). Die Unkorreliertheit der Fehlervariablen bedeutet also, dass die Partialkorrelation zwischen den beobachteten Testvariablen 0 ist, wenn die gemeinsame Variable η auspartialisiert wird. Die Annahme unkorrelierter Fehler wäre verletzt, wenn z. B. zwei der drei Testverfahren über die gemeinsame Abhängigkeit vor der latenten Variablen η hinaus noch weitere Gemeinsamkeiten aufweisen würden, die Partialkorrelation zwischen ihnen somit nicht 0 wäre.

Kovarianzstruktur

Sind die Fehlervariablen unkorreliert, so lässt sich aus der in Abschnitt 15.4.1 dargestellten Rechenregeln für Kovarianzen einfach ableiten, dass die Kovarianzen der beobachteten Variablen gleich der Varianz der Variablen η sein müssen (s. Übung 2), d. h., es gilt:

$$Cov(Y_i, Y_j) = Var(\eta); \quad i \neq j \qquad \text{(F 22.20)}$$

Dies impliziert wiederum, dass die Kovarianzen in der Population eine bestimmte Struktur aufweisen müssen: Sie müssen zwischen allen beobachteten Variablen gleich sein, wenn das Modell essentiell τ-äquivalenter Variablen gilt (zu dem auch die Unkorreliertheit der Fehlervariablen gehört).

Überprüfung der Kovarianzstruktur. Die Gültigkeit dieser Implikation lässt sich statistisch überprüfen.

Greifen wir noch einmal auf unser Beispiel (Tab. 22.2 a) zurück. Man sieht, dass sich die Kovarianzen der drei verschiedenen beobachteten Variablen relativ ähnlich sind. Diese Kovarianzen haben wir anhand von Stichprobendaten berechnet. Mit dem Modellgeltungstest wird nun die Hypothese überprüft, dass alle drei Kovarianzen in der Population gleich sind. Man berechnet zunächst eine Kovarianzmatrix, die konform mit den Modellannahmen und der in der Stichprobe gefundenen Kovarianzmatrix möglichst ähnlich ist. Man berechnet also eine Kovarianzmatrix, die einerseits die Modellannahmen erfüllt, andererseits aber auch so gut wie möglich die Verhältnisse in der Realität widerspiegelt, die empirisch gefunden wurden. Diese Kovarianzmatrix, die von dem Modell essentiell τ-äquivalenter Variablen impliziert wird, berechnet man anhand von Methoden, die wir im nächsten Kapitel zur konfirmatorischen Faktorenanalyse ausführlicher behandeln werden. Die modelltheoretisch implizierte Kovarianzmatrix für unser Beispiel ist in Tabelle 22.2 b dargestellt.

Statistischer Test. Anhand eines statistischen Tests ist es dann möglich zu überprüfen, ob der Unterschied zwischen der empirischen Kovarianzmatrix und der modelltheoretisch implizierten Kovarianzmatrix statistisch bedeutsam ist. Dieser Test wird im nächsten Kapitel ausführlich behandelt. Für das weitere Verständnis dieses Kapitels zur Klassischen Testtheorie reicht es aus zu wissen, dass

- mit diesem Test die Nullhypothese überprüft wird, dass sich in der Population die Kovarianzmatrix der beobachteten Variablen nicht von der modellimplizierten Kovarianzmatrix unterscheidet;
- ein signifikantes Ergebnis somit anzeigt, dass das Modell verworfen werden muss und nicht auf die Daten passt;
- die Teststatistik χ^2-verteilt ist und in Tabelle 22.2 der χ^2-Wert (in Klammern: Freiheitsgrade df und Stichprobengröße n) sowie der zugehörige p-Wert angegeben ist;
- die Freiheitsgrade sich aus der Anzahl der verfügbaren Informationen minus der Anzahl der zu schätzenden Parameter ergeben.

In Tabelle 22.2 a sind neun verfügbare Informationen angegeben (drei Mittelwerte, drei Varianzen, drei Kovarianzen), im Modell essentiell τ-äquivalenter Variablen werden sieben Parameter berechnet (drei Achsenabschnitte, die Varianz von η und drei Fehlervarianzen). Daher liegen zwei Freiheitsgrade vor ($df = 9–7 = 2$). Ein $p \leq 0{,}05$ zeigt an, dass das Modell auf einem α-Niveau von $\alpha = 0{,}05$ verworfen werden muss. Dies ist für die Anwendung des Modells essentiell τ-äquivalenter Variablen nicht der Fall. Dies ist ein Hinweis darauf, dass das Modell gut auf die Daten passt.

Bestimmung der Reliabilität

Sind die Annahmen des Modells essentiell τ-äquivalenter Variablen erfüllt, so lässt sich die Reliabilität sehr einfach anhand der Kovarianzen der beobachteten Variablen bestimmen. Es lässt sich nämlich zeigen, dass im Falle der Gültigkeit des Modells essentiell τ-äquivalenter Variablen die Varianz einer True-Score-Variablen τ_i gleich der Varianz der gemeinsamen latenten Variablen η ist:

$$Var(\tau_i) = Var(\eta) \qquad \text{(F 22.21)}$$

Dies ist offensichtlich, da sich die True-Score-Variablen von der latenten Variablen η nur durch eine Konstante unterscheiden und sich die Varianz einer Variablen nicht ändert, wenn man zu allen Werten dieselbe Konstante addiert (s. Kap. 7.2). Da die Varianz der latenten Variablen η gleich der Kovarianz zweier beliebiger essentiell τ-äquivalenter Variablen ist, lässt sich die Reliabilität einer beobachteten Y-Variablen wie folgt bestimmen:

$$Rel(Y_i) = \frac{Var(\tau_i)}{Var(Y_i)} = \frac{Var(\eta)}{Var(Y_i)}$$
$$= \frac{Cov(Y_i, Y_j)}{Var(Y_i)}, \; i \neq j \qquad \text{(F 22.22)}$$

> **Beispiel**
>
> **Emotionale Klarheit: Berechnung der Reliabilitäten**
> Anhand der vom Modell implizierten Kovarianzmatrix in Tabelle 22.2 b lassen sich die Varianzen von η und der Fehlervariablen wie folgt schätzen (die Dächer über den Varianzen und Kovarian-

zen zeigen an, dass es sich hierbei um die anhand von Strichprobendaten geschätzten Populationsparameter handelt):

$$\widehat{Var}(\eta) = \widehat{Cov}(Y_i, Y_j) = 0{,}36$$

$$\widehat{Var}(\varepsilon_1) = \widehat{Var}(Y_1) - \widehat{Var}(\eta) = 0{,}49 - 0{,}36 = 0{,}13$$

$$\widehat{Var}(\varepsilon_2) = \widehat{Var}(Y_2) - \widehat{Var}(\eta) = 0{,}53 - 0{,}36 = 0{,}17$$

$$\widehat{Var}(\varepsilon_3) = \widehat{Var}(Y_3) - \widehat{Var}(\eta) = 0{,}49 - 0{,}36 = 0{,}13$$

Für die Reliabilitäten erhält man folgende Werte:

$$\widehat{Rel}(Y_1) = \frac{\widehat{Var}(\eta)}{\widehat{Var}(Y_1)} = \frac{0{,}36}{0{,}49} = 0{,}73$$

$$\widehat{Rel}(Y_2) = \frac{\widehat{Var}(\eta)}{\widehat{Var}(Y_2)} = \frac{0{,}36}{0{,}53} = 0{,}68$$

$$\widehat{Rel}(Y_3) = \frac{\widehat{Var}(\eta)}{\widehat{Var}(Y_3)} = \frac{0{,}36}{0{,}49} = 0{,}73$$

Die Gleichungen zeigen, dass die Reliabilität ausschließlich anhand von Kenngrößen (Varianzen, Kovarianzen) der beobachteten Variablen bestimmt werden kann. Unter der Voraussetzung, dass das Modell essentiell τ-äquivalenter Variablen mit unkorrelierten Fehlern gültig ist, muss man die latenten (nicht-beobachtbaren) Variablen somit nicht kennen.

22.2.2 Modell essentiell τ-paralleler Variablen

Im Modell essentiell τ-äquivalenter Variablen wird angenommen, dass alle beobachteten Messwerte Y_i in gleicher Weise von der latenten Variablen η abhängen. Die Varianzen der beobachteten Variablen ($Var(Y_i)$) bestehen also alle aus dem gleichen Anteil wahrer Varianz ($Var(\eta)$). Dass die beobachteten Variablen dennoch unterschiedliche Varianzen haben, liegt allein daran, dass die Varianzen der variablenspezifischen Messfehler unterschiedlich groß sind. Dies ist auch der Grund dafür, dass die Reliabilitäten der beobachteten Variablen unterschiedlich sind.

Die Annahme unterschiedlich großer Messfehlereinflüsse (und daher unterschiedlicher Reliabilitäten) zwischen den beobachteten Variablen kann man restringieren. Würde man behaupten, dass die Messfehlereinflüsse bei allen beobachteten Variablen gleich groß sind, hätte man eine Variante des Modells essentiell τ-äquivalenter Variablen geschaffen, die noch restriktiver ist als das »Original«. Ein solches Modell ist das Modell essentiell τ-paralleler Variablen.

> **Definition**
>
> Im **Modell essentiell τ-paralleler Variablen** gelten alle Annahmen des Modells essentiell τ-äquivalenter Variablen; zusätzlich wird angenommen, dass die Messfehlereinflüsse bei allen beobachteten Variablen gleich groß sind. Man kann daher bei der Angabe der Fehlervarianz auf den Index der Fehlervariablen verzichten:
>
> $$Var(\varepsilon_i) = Var(\varepsilon_j) = Var(\varepsilon), \ i \neq j \quad \text{(F 22.23)}$$

Bestimmung der Reliabilität

Im Modell essentiell τ-paralleler Variablen lässt sich die Reliabilität über die Korrelation der beobachteten Variablen bestimmen. Nach Gleichung F 22.22 gilt ja:

$$Rel(Y_i) = \frac{Var(\tau_i)}{Var(Y_i)} = \frac{Var(\eta)}{Var(Y_i)} = \frac{Cov(Y_i, Y_j)}{Var(Y_i)}, \ i \neq j$$

Im Modell essentiell τ-paralleler Variablen sind aufgrund gleicher Messfehlervarianzen auch alle Varianzen der beobachteten Variablen identisch, d. h., $Var(Y_i)$ ist für alle Y-Variablen konstant: $Var(Y_i) = Var(Y_j)$. Zusätzlich sind die Kovarianzen aller Variablenpaare identisch, d. h., $Cov(Y_i, Y_j)$ ist für alle $i \neq j$ konstant. Daraus ergibt sich, dass alle Variablen die gleiche Reliabilität haben (s. Übung 3):

$$Rel(Y_i) = \frac{Cov(Y_i, Y_j)}{Var(Y_i)} = \frac{Cov(Y_i, Y_j)}{\sqrt{Var(Y_i) \cdot Var(Y_j)}}$$
$$= Kor(Y_i, Y_j), \ i \neq j \quad \text{(F 22.24)}$$

> ! Nur im Modell essentiell τ-paralleler Variablen ist es somit zulässig, die Korrelation zweier Testvariablen als Reliabilität zu interpretieren – auch wenn dies in der gängigen Praxis der Testkonstruktion und Testanalyse häufig nicht beachtet wird und die Korrelation zwischen Testverfahren, die dasselbe messen sollen, vorschnell als Reliabilität interpretiert wird.

Kovarianzstruktur und Modellgeltungstest

Die vom Modell essentiell τ-paralleler Variablen implizierte Kovarianzmatrix ist restriktiver als die vom Modell essentiell τ-äquivalenter Variablen implizierte Kovarianzmatrix und ist in Tabelle 22.2 c angegeben. Man sieht, dass die Varianzen der beobachteten Variablen in diesem Modell so geschätzt wurden, dass sie für alle i Subskalen identisch sind. Durch die Restriktion spart man sich im Vergleich zum Modell essentiell τ-äquivalenter Variablen zwei zu schätzende Parameter: Während im Modell essentiell τ-äquivalenter Variablen insgesamt drei Fehlervarianzen zu schätzen waren, ist es im Modell essentiell τ-paralleler Variablen nur noch eine. Das bedeutet auch, dass der Test zur statistischen Absicherung der Modellgüte zwei Freiheitsgrade mehr hat ($df = 4$). Auch in diesem Fall ist der entsprechende χ^2-Wert unter der Nullhypothese auf einem α-Niveau von $\alpha = 0{,}05$ nicht signifikant ($p = 0{,}07$); die Annahmen dieses Modells müssen im vorliegenden Fall nicht verworfen werden.

Die geschätzte Reliabilität aller Y-Variablen ist gemäß Gleichung F 22.24 $\widehat{Rel}(Y) = 0{,}36/0{,}51 = 0{,}71$. Man kann aus Tabelle 22.2 c herleiten, dass dies exakt der modelltheoretisch implizierten Korrelation zwischen allen Variablen entspricht. Die Leichtigkeitsparameter unterscheiden sich im Modell essentiell τ-paralleler Variablen nicht von denen im Modell essentiell τ-äquivalenter Variablen.

22.2.3 Modell τ-äquivalenter Variablen

Im Modell τ-äquivalenter Variablen wird wie im Modell essentiell τ-äquivalenter Variablen zugelassen, dass die Fehlervarianzen verschieden sind; allerdings wird angenommen, dass sich die beobachteten Variablen nicht in ihrer Schwierigkeit bzw. Leichtigkeit, also in Bezug auf die Parameter α_i, unterscheiden. Da es in diesem Modell keine Unterschiede in der Leichtigkeit bzw. Schwierigkeit der beobachteten Variablen gibt, sind alle True-Score-Variablen gleich, und der Leichtigkeitsparamer α_i fällt weg. Dies führt zu folgendem Testmodell:

$$Y_i = \eta + \varepsilon_i \qquad (F\ 22.25)$$

Der Erwartungswert von η entspricht in diesem Modell genau den Erwartungswerten der beobachteten Variablen $E(\eta) = E(Y_i)$. Das bedeutet wiederum, dass eine Implikation des Modells τ-äquivalenter Variablen die Gleichheit aller Erwartungswerte ist:

$$E(Y_i) = E(Y_j), \quad i \neq j \qquad (F\ 22.26)$$

Kovarianzstruktur und Modellgeltungstest

Im Modell τ-äquivalenter Variablen müssen daher zusätzlich zu der Gleichheit der Kovarianzen auch die Erwartungswerte der beobachteten Variablen gleich sein. Die Varianzen der beobachteten Variablen dürfen sich hingegen unterscheiden. Die vom Modell τ-äquivalenter Variablen eingeführte Restriktion führt dazu, dass zwei Modellparameter weniger geschätzt werden müssen als im Modell essentiell τ-äquivalenter Variablen. Der Modellgeltungstest gewinnt also zwei Freiheitsgrade hinzu.

Die von diesem Modell implizierten Varianzen, Kovarianzen und Mittelwerte sind in Tabelle 22.2 d angegeben. Der Modellgeltungstest χ^2 hat nun $df = 4$ Freiheitsgrade, zwei mehr als der Test für das Modell essentiell τ-äquivalenter Variablen. Der χ^2-Test führt auf einem α-Niveau von $\alpha = 0{,}05$ zu einem signifikanten Ergebnis ($p < 0{,}01$), d. h., die Annahmen dieses Modells müssen für das vorliegende Anwendungsbeispiel verworfen werden. Dies bedeutet, dass sich die Mittelwerte und somit die Leichtigkeitsparameter zwischen den drei Subskalen unterscheiden.

Übrigens: Da die Reliabilitäten der drei beobachteten Variablen durch die Restriktion gleicher Mittelwerte nicht beeinflusst werden (s. Gleichung F 22.22 – dort kommt der Parameter α_i ja gar nicht vor), sind die Reliabilitäten identisch mit denen aus dem Modell essentiell τ-äquivalenter Variablen.

22.2.4 Modell τ-paralleler Variablen

Wird zusätzlich zu den Annahmen des Modells τ-äquivalenter Variablen noch die Annahme gleicher Fehlervarianzen getroffen (s. Gleichung F 22.23), so liegt ein Modell τ-paralleler Variablen vor. Zusätzlich zur Gleichung des Modells τ-äquivalenter Variablen

$$Y_i = \eta + \varepsilon_i$$

wird die Gleichheit der Fehlervarianzen angenommen:

$$Var(\varepsilon_i) = Var(\varepsilon_j) = Var(\varepsilon), \quad i \neq j \quad \text{(F 22.27)}$$

Dieses Modell ist das restriktivste Modell, da sich die beobachteten Variablen weder in ihren Varianzen und Kovarianzen noch in ihren Mittelwerten unterscheiden dürfen. Die von diesem Modell implizierten Varianzen, Kovarianzen und Mittelwerte sind in Tabelle 22.2 e zusammengestellt. Es müssen somit nur drei Parameter berechnet werden: die Varianz von η, der Erwartungswert von η sowie eine Fehlervarianz. Folglich hat der χ^2-Test $df = 6$ Freiheitsgrade, zwei mehr als das Modell τ-äquivalenter Variablen und das Modell essentiell τ-paralleler Variablen. Das Modell muss natürlich verworfen werden, da schon das weniger restriktive Modell τ-äquivalenter Variablen nicht auf die Daten passte. Von daher verwundert es nicht, dass der χ^2-Test zu einem signifikanten Ergebnis führt ($p < 0,01$). Bei allen diesen Spezialfällen wird wie beim Modell essentiell τ-äquivalenter Variablen auch die Annahme der Unkorreliertheit der Fehler gemacht. Wenn wir uns im Folgenden auf eines dieser Modelle beziehen, dann ist die Annahme unkorrelierter Fehler immer mit eingeschlossen.

Die Reliabilitätsberechnung funktioniert beim Modell τ-paralleler Variablen genauso wie beim Modell essentiell τ-paralleler Variablen (s. Gleichung F 22.24).

22.2.5 Zwischenfazit

Den verschiedenen statistischen Modelltests zufolge passt das Modell essentiell τ-paralleler Variablen gut auf die Daten. Seine Modellanpassung ist nicht wesentlich schlechter als die Modellanpassung des Modells essentiell τ-äquivalenter Variablen. Dem Modell essentiell τ-paralleler Variablen ist daher der Vorzug zu geben, da es das sparsamere Modell ist. Unsere drei Skalen unterscheiden sich somit nicht bedeutsam in ihren Fehlervarianzen und ihrer Reliabilität. Die drei Skalen unterscheiden sich aber in ihren Leichtigkeitsparametern; insbesondere erweist sich die zweite Teilskala als etwas schwieriger als die beiden anderen.

> **Vertiefung**
>
> **Zwei oder drei beobachtete Variablen?**
> Um die Leichtigkeitsparameter α_i, die Varianz von η, die Fehlervarianzen und somit die Reliabilität im Modell essentiell τ-äquivalenter Variablen bestimmen zu können, hätten zwei beobachtbare Variablen (Testverfahren, Skalen) ausgereicht. In diesem Falle hätte es fünf bekannte Informationen gegeben (zwei Varianzen, eine Kovarianz, zwei Mittelwerte). Das Modell essentiell τ-äquivalenter Variablen wäre durch genau fünf Parameter vollständig beschrieben gewesen (zwei Parameter α_i, die Varianz von η und zwei Fehlervarianzen). Das bedeutet, es hätte genauso viele bekannte Informationen wie unbekannte Parameter gegeben – es hätte nur eine mögliche Lösung für die Berechnung der unbekannten Parameter gegeben. Allerdings hat das Modell in diesem Fall keine testbaren Konsequenzen, da alle Informationen in den Daten zur Schätzung der Parameter gebraucht werden; der Modellgeltungstest hätte $df = 0$ Freiheitsgrade gehabt. Um statistisch überprüfen zu können, ob das Modell essentiell τ-äquivalenter Variablen empirisch gültig ist, müssen deshalb mindestens drei beobachtbare Variablen vorliegen. Die Gültigkeit der zusätzlichen Annahmen der restriktiveren Modelle wie der Modelle τ-äquivalenter, τ-paralleler und essentiell τ-paralleler Variablen können auch schon bei zwei beobachteten Variablen überprüft werden, denn hier werden ja entsprechend weniger Modellparameter benötigt.

Reliabilität der Gesamtskala
Die Aufteilung der Skala zur Erfassung der emotionalen Klarheit in drei Subskalen wurde vorgenommen, um die wahre Varianz von der Fehlervarianz trennen

zu können. In vielen Anwendungsfällen ist man jedoch weniger an den Reliabilitäten der Subskalen interessiert, sondern vielmehr an der Reliabilität der Gesamtskala, d. h. der Summe aller p Items:

$$S = \sum_{i=1}^{p} Y_i \qquad (F\ 22.28)$$

Die Reliabilität der Gesamtskala kann aus den Reliabilitäten der Teilskalen berechnet werden.

Spearman-Brown-Formel der Testverlängerung. Sind die Annahmen des Modells essentiell τ-paralleler Variablen für die p beobachteten Variablen erfüllt, so kann die Reliabilität der Summenvariablen wie folgt mit Hilfe der sog. Spearman-Brown-Formel der Testverlängerung berechnet werden:

$$Rel(S) = \frac{p \cdot Rel(Y_i)}{1 + (p-1) \cdot Rel(Y_i)} \qquad (F\ 22.29)$$

Diese Formel gilt auch dann, wenn anstatt des Summenwerts der Mittelwert der verschiedenen Subskalen oder Items verwendet wird. In Tabelle 22.3 ist die Abhängigkeit der Reliabilität der Summenvariablen ($Rel(S)$) von der Anzahl der aufsummierten (aggregierten) Items (p) für drei ausgewählte Itemreliabilitäten ($Rel(Y_i)$) zusammengestellt. Tabelle 22.3 zeigt deutlich, wie die Reliabilität einer Skala mit der Anzahl der Items ansteigt. Die praktische Implikation dieses Sachverhalts liegt darin, dass die Reliabilität eines Testverfahrens erhöht werden kann, wenn das Testverfahren durch Hinzunahme von essentiell τ-parallelen Items verlängert wird.

> **Beispiel**
>
> **Emotionale Klarheit: Reliabilität der Gesamtskala**
> In unserem Anwendungsbeispiel (Tab. 22.2) ergibt sich für die Reliabilität der Gesamtskala zur Messung der emotionalen Klarheit (vgl. Gleichung F 22.29):
>
> $$\widehat{Rel}(S) = \widehat{Rel}(Y_1 + Y_2 + Y_3) = \frac{3 \cdot \widehat{Rel}(Y_i)}{1 + 2 \cdot \widehat{Rel}(Y_i)}$$
>
> $$= \frac{3 \cdot 0{,}71}{1 + 2 \cdot 0{,}71} = \frac{2{,}13}{2{,}42} = 0{,}88$$
>
> Die Reliabilität der Gesamtskala ist somit deutlich größer (0,88) als die Reliabilitäten der Teilskalen (0,71). Wichtig ist die Einsicht, dass die Spearman-Brown-Formel nur für essentiell τ-parallele Variablen und den Spezialfall τ-paralleler Variablen gilt.

Cronbachs Alpha. Für essentiell τ-äquivalente Variablen und die anderen Spezialfälle dieses Modells (also das Modell essentiell τ-paralleler, das Modell τ-äquivalenter und das Modell τ-paralleler Variablen) kann die Reliabilität anhand des sog. α-Koeffizienten nach Cronbach (1951) berechnet werden:

$$\alpha = \frac{p}{p-1} \cdot \left(1 - \frac{\sum_{i=1}^{p} Var(Y_i)}{Var(S)}\right) \qquad (F\ 22.30)$$

Tabelle 22.3 Reliabilität einer Summenvariablen im Modell essentiell τ-paralleler Variablen (berechnet nach der Spearman-Brown-Formel) für drei ausgewählte Reliabilitäten

$Rel(Y_i)$	Anzahl p der beobachteten Variablen Y_i				
	1	5	10	15	20
0,50	0,50	0,83	0,91	0,94	0,95
0,60	0,60	0,88	0,94	0,96	0,97
0,70	0,70	0,92	0,96	0,97	0,98

> **Beispiel**
>
> **Emotionale Klarheit: Berechnung von Cronbachs Alpha**
>
> Zur Berechnung von Cronbachs Alpha greifen wir auf die vom Modell essentiell τ-paralleler Variablen implizierte Kovarianzmatrix zurück, da dieses Modell das restriktivste noch passende Modell ist. Für den Zähler von Formel F 22.30 erhalten wir, indem wir die geschätzten Werte aus Tabelle 22.2 c einsetzen:
>
> $$\sum_{i=1}^{3} \widehat{Var}(Y_i) = \widehat{Var}(Y_1) + \widehat{Var}(Y_2) + \widehat{Var}(Y_3)$$
> $$= 0{,}51 + 0{,}51 + 0{,}51 = 1{,}53$$
>
> Aufgrund der Rechenregeln für Varianzen (s. Kap. 7.2) ergibt sich für den Nenner folgender geschätzte Wert:
>
> $$\widehat{Var}(S) = \widehat{Var}(Y_1 + Y_2 + Y_3)$$
> $$= \widehat{Var}(Y_1) + \widehat{Var}(Y_2) + \widehat{Var}(Y_3) + 2 \cdot \widehat{Cov}(Y_1, Y_2) + 2 \cdot \widehat{Cov}(Y_1, Y_3) + 2 \cdot \widehat{Cov}(Y_2, Y_3)$$
> $$= 0{,}51 + 0{,}51 + 0{,}51 + 3 \cdot 2 \cdot 0{,}36 = 3{,}69$$
>
> Setzt man die Werte in Formel 22.30 ein, erhält man:
>
> $$\hat{\alpha} = \frac{3}{3-1} \cdot \left(1 - \frac{1{,}53}{3{,}69}\right) = 1{,}5 \cdot (1 - 0{,}41) = 0{,}88$$
>
> Da die Annahmen des Modells essentiell τ-paralleler Variablen erfüllt sind, entspricht Cronbachs Alpha der Reliabilität nach Spearman-Brown. Cronbachs Alpha wäre allerdings auch schon ein Maß für die Reliabilität, wenn nur die Annahmen des Modells essentiell τ-äquivalenter Variablen erfüllt wären. Berechnet man Cronbachs Alpha anhand der vom Modell essentiell τ-äquivalenter Variablen implizierten Kovarianzmatrix, erhält man ebenfalls einen geschätzten Alpha-Wert von 0,88.

Cronbachs Alpha ist einer der am häufigsten berichteten Koeffizienten in der Psychologie. In den allermeisten Anwendungen wird allerdings nicht überprüft, ob die Annahmen des Modells essentiell τ-äquivalenter Variablen erfüllt sind. Üblicherweise wird Cronbachs Alpha anhand von Formel 22.30 berechnet, indem einfach die Varianzen aus der Matrix der beobachteten Variablen (Tab. 22.2 a) und nicht der vom Modell implizierten Kovarianzmatrix eingesetzt werden. Ohne eine Überprüfung der Gültigkeit des Modells essentiell τ-äquivalenter Variablen darf der Koeffizient Alpha jedoch nicht als Reliabilität interpretiert werden. Sind die True-Score-Variablen keine Translationen voneinander (wie es das Modell essentiell τ-äquivalenter Variablen voraussetzt), sondern nur korreliert, so stellt Cronbachs Alpha eine untere Schranke der Reliabilität dar, sofern die Fehlervariablen unkorreliert sind (Steyer & Eid, 2001).

Cronbachs Alpha entspricht zwar nicht unter allen Bedingungen der Reliabilität, es zeigt allerdings an, wie stark die einzelnen beobachteten Variablen (Teilskalen, Items etc.) miteinander zusammenhängen. Dies wird deutlich, wenn man sich vergegenwärtigt, dass in die Berechnung der Varianz der Summenvariablen ($Var(S)$) die Kovarianzen der beobachteten Variablen einfließen. Je höher deren Zusammenhang, umso höher ist die Varianz der Summenvariablen, und umso größer ist nach Formel F 22.30 der Wert von Cronbachs Alpha. Cronbachs Alpha wird daher häufig auch als »innere Konsistenz« oder »interne Konsistenz« bezeichnet, da es anzeigt, wie stark die unterschiedlichen Komponenten eines Tests miteinander zusammenhängen. Es darf dann allerdings nicht falsch interpretiert werden. Sind die Annahmen des Modells essentiell τ-äquivalenter Variablen nicht erfüllt, so ist die Interpretation von Cronbachs Alpha als Reliabilität (z. B. eines Tests) unzulässig. Auch zeigt ein hoher Wert von Cronbachs Alpha nicht zwangsläufig an, dass der Test eindimensional ist. Die Annahme der Eindimensionalität muss immer überprüft werden. Hierzu sind die in diesem Kapitel vorgestellten Modelle geeignet.

Will man überprüfen, ob zwei oder mehrere Alpha-Koeffizienten gleich sind, kann man auf entsprechende statistische Tests zurückgreifen. Diese unterscheiden sich danach, ob die Alpha-Koeffizienten an derselben Stichprobe (Feldt et al., 1987) oder an unabhängigen Stichproben (Bonett, 2003; Feldt & Kim, 2006; Kim & Feldt, 2008) gewonnen wurden.

22.2.6 Modell τ-kongenerischer Variablen

Das Modell essentiell τ-äquivalenter Variablen und seine Spezialfälle zeichnen sich dadurch aus, dass sich alle True-Score-Variablen τ_i nur um eine additive Konstante unterscheiden. In der regressionsanalytischen Darstellung des Modells (s. Abb. 22.2 a) zeigt sich dies darin, dass alle Regressionsgeraden parallel verlaufen und die Steigung 1 haben. Diese Annahme muss nicht immer erfüllt sein. Sie ist dann verletzt, wenn die linearen Abhängigkeiten der True-Score-Variablen von der latenten Variablen η durch unterschiedliche Steigungskoeffizienten gekennzeichnet sind. Graphisch ist ein solcher Sachverhalt in Abbildung 22.3 dargestellt. Ein Modell, das die Annahme konstanter Steigungskoeffizienten lockert, heißt Modell τ-kongenerischer Variablen.

Unterschiede in den Steigungskoeffizienten

In dieser Abbildung erfassen zwar alle True-Score-Variablen dieselbe latente Variable η, sie unterscheiden sich jedoch in den Steigungskoeffizienten der Geraden, die nun nicht mehr 1 sein müssen und nicht mehr parallel verlaufen müssen. Das bedeutet, dass Gleichung F 22.12 um einen weiteren Modellparameter ergänzt werden muss, nämlich denjenigen, der die Unterschiede in der »Steigung der Regressionsgeraden« angeben kann. Einen solchen Steigungsparameter (oder »Ladungsparameter«) nennen wir im Folgenden λ (sprich: »lambda«). Gleichung F 22.12 erweitert sich also zu:

$$\tau_i = \alpha_i + \lambda_i \cdot \eta \qquad (F\ 22.31)$$

Das Testmodell (s. Gleichung F 22.18) lautet dementsprechend:

$$Y_i = \alpha_i + \lambda_i \cdot \eta + \varepsilon_i \qquad (F\ 22.32)$$

Der Parameter α_i kennzeichnet den Achsenabschnitt, der Parameter λ_i die Steigung einer Variablen. Auch im Modell τ-kongenerischer Variablen wird – zusätzlich zur Gültigkeit der Gleichung F 22.32 – die Annahme der Unkorreliertheit der Fehlervariablen getroffen.

Unterschied zum Modell essentiell τ-äquivalenter Variablen

Das Modell τ-kongenerischer Variablen unterscheidet sich von dem Modell essentiell τ-äquivalenter Variablen dahin gehend, dass Unterschiede in den Steigungskoeffizienten λ_i zugelassen werden. Das Modell essentiell τ-äquivalenter Variablen ist somit ein Spezialfall des Modells τ-kongenerischer Variablen, nämlich der Spezialfall, bei dem alle Steigungskoeffizienten λ_i gleich 1 sind. Entsprechend werden in der pfadanalytischen Darstellungsform (s. Abb. 22.3 b) die Pfeile nicht mehr mit »1« beschriftet; vielmehr erhält jede Variable Y_i ihren eigenen Parameter λ_i.

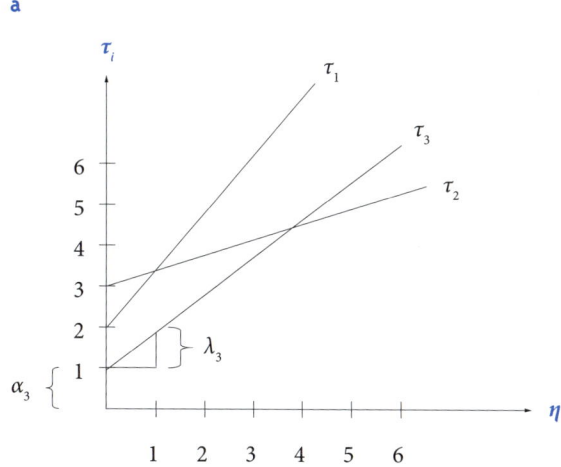

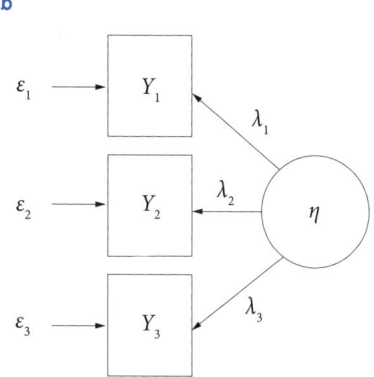

Abbildung 22.3 Modell τ-kongenerischer Variablen **a** Regressionsanalytische Darstellung **b** Pfadanalytische Darstellung

Bedeutung unterschiedlicher Steigungskoeffizienten (Ladungskoeffizienten)

Wie kommen unterschiedliche Steigungskoeffizienten zustande bzw. was bedeuten sie? Eine Ursache für unterschiedliche Steigungskoeffizienten kann sein, dass sich zwei Variablen in ihrer Metrik unterscheiden. Eine zweite Ursache kann sein, dass sich zwei Variablen in ihrer Diskriminationsfähigkeit unterscheiden.

Unterschiede in der Metrik. Unterschiedliche Steigungskoeffizienten kommen dann zustande, wenn sich die verschiedenen Testverfahren in ihrer Maßeinheit unterscheiden. Diesen Sachverhalt kennt man aus der alltäglichen Messung. Angenommen, wir messen die Körpertemperatur einmal mit einem Thermometer, das die Temperatur in Celsius anzeigt, und einmal mit einem Thermometer, das die Temperatur in Fahrenheit angibt. Wir gehen davon aus, dass jedes Thermometer die Temperatur mit einem bestimmten Messfehler misst. Die zugrundeliegenden wahren Werte ließen sich aber aufgrund der Beziehung zwischen der Celsius- und der Fahrenheitskala wie folgt ineinander umrechnen (s. Abschn. 5.5.1), sofern τ_F die True-Score-Variable der Fahrenheitmessung und τ_C die True-Score-Variable der Celsius-Messung bezeichnet:

$$\tau_F = 32 + 1{,}8 \cdot \tau_C \qquad \text{(F 22.33)}$$

Die Fahrenheit-Skala und die Celsius-Skala sind lineare Transformationen. Die True-Score-Variablen unterscheiden sich nicht nur um eine additive Konstante ($\alpha_{FC} = 32$) wie im Modell essentiell τ-äquivalenter Variablen, sondern darüber hinaus um eine multiplikative Konstante ($\lambda_{FC} = 1{,}8$). Ein Modell essentiell τ-äquivalenter Variablen könnte also in diesem Beispiel gar nicht auf die Datensituation passen.

Unterschiede in der Diskriminationsfähigkeit. Unterschiede in den Steigungskoeffizienten können auch Unterschiede in den Diskriminationsfähigkeiten der verschiedenen beobachteten Variablen anzeigen. Wenn zwei Items dasselbe Merkmal messen, dann hat ein Item genau dann eine höhere Diskriminationsfähigkeit als ein anderes, wenn der Unterschied in den wahren Werten zweier Personen auf diesem Item größer ist als bei dem anderen. Der Unterschied zwischen beiden Personen zeigt sich bei dem Verfahren mit höherer Diskriminationsfähigkeit deutlicher. Items mit höherer Diskriminationsfähigkeit haben auch größere Parameter λ_i, da sich nur dann ein Merkmalsunterschied auf der gemeinsamen Merkmalsvariablen η in einem größeren Unterschied auf der True-Score-Variablen τ_i niederschlägt (s. Abb. 22.3). Deshalb werden die Parameter λ_i auch *Diskriminationsparameter* genannt. Unterschiede in den Diskriminationsparametern können dadurch zustande kommen, dass die Items der verschiedenen Skalen bzw. Testverfahren aufgrund ihrer Formulierung bzw. den für ihre Bearbeitung notwendigen Fähigkeiten das zu messende Merkmal in unterschiedlicher Stärke ansprechen.

Vergleich zweier Personen

Im Gegensatz zum Modell essentiell τ-äquivalenter Variablen ist der Vergleich zweier Personen nicht mehr unabhängig davon, mit welchem Instrument (bzw. Subskala oder Item) das Merkmal zu messen versucht wurde. Die Ursache hierfür liegt auf der Hand: Zwei Personen, die sich in einem Merkmal unterscheiden, weisen ja bei einem Item mit einem größeren Diskriminationsparameter größere Unterschiede in ihren wahren Werten auf als bei einem Item mit einem kleineren Diskriminationsparameter.

Vergleich zweier Messinstrumente

Auch die Eigenschaft des Modells essentiell τ-äquivalenter Variablen, dass der Vergleich zweier Messinstrumente von den untersuchten Personen unabhängig ist, ist nicht mehr gegeben. Bei dem Beispiel in Abbildung 22.3 hat eine Person mit einem Wert von $\eta = 2$ einen größeren wahren Wert auf der zweiten True-Score-Variablen τ_2 als auf der dritten True-Score-Variablen τ_3. Für diese Person ist das zweite Testverfahren somit leichter als das dritte. Für eine Person mit dem Wert $\eta = 5$ ist hingegen das dritte Testverfahren leichter als das zweite, da sie auf dem dritten Testverfahren einen größeren Wert hat als auf dem zweiten. Die Differenz der wahren Werte einer Person zwischen verschiedenen Testverfahren ist nun nicht mehr für alle Personen gleich, sondern von ihrer Merkmalsausprägung abhängig.

Lineare Transformationen

Wie das Beispiel der Temperaturmessung schon gezeigt hat, liegt dem Modell τ-kongenerischer Variablen die Idee zugrunde, dass die True-Score-Variablen linear voneinander abhängig sind. Eine True-Score-Variable τ_i ist also eine lineare Funktion irgend einer anderen True-Score-Variablen τ_j:

$$\tau_i = \alpha_{ij} + \lambda_{ij} \cdot \tau_j \quad \text{(F 22.34)}$$

Bei drei True-Score-Variablen ergibt sich also:

$$\tau_1 = \alpha_{12} + \lambda_{12} \cdot \tau_2 \quad \text{(F 22.34a)}$$

$$\tau_1 = \alpha_{13} + \lambda_{13} \cdot \tau_3 \quad \text{(F 22.34b)}$$

$$\tau_2 = \alpha_{23} + \lambda_{23} \cdot \tau_3 \quad \text{(F 22.34c)}$$

Da für zwei verschiedene True-Score-Variablen sowohl nach Gleichung F 22.34

$$\tau_i = \alpha_{ij} + \lambda_{ij} \cdot \tau_j$$

als auch nach Gleichung F 22.31

$$\tau_i = \alpha_i + \lambda_i \cdot \eta$$

und

$$\tau_j = \alpha_j + \lambda_j \cdot \eta$$

gelten, kennzeichnet der Koeffizient λ_{ij} die Unterschiedlichkeit (genauer gesagt: das Verhältnis) zweier Steigungskoeffizienten λ_i und λ_j zueinander:

$$\lambda_{ij} = \frac{\lambda_i}{\lambda_j} \quad \text{(F 22.35)}$$

Dies erkennt man leicht, wenn man $\tau_j = \alpha_j + \lambda_j \cdot \eta$ nach η auflöst und in $\tau_i = \alpha_i + \lambda_i \cdot \eta$ einsetzt:

$$\tau_i = \alpha_i + \lambda_i \cdot \left[\frac{1}{\lambda_j} \cdot (\tau_j - \alpha_j)\right]$$

$$= \alpha_i + \frac{\lambda_i}{\lambda_j} \cdot \tau_j - \frac{\lambda_i}{\lambda_j} \cdot \alpha_j$$

$$= \left(\alpha_i - \frac{\lambda_i}{\lambda_j} \cdot \alpha_j\right) + \frac{\lambda_i}{\lambda_j} \cdot \tau_j \quad \text{(F 22.36)}$$

Hieraus ergibt sich auch, dass sich α_{ij} wie folgt bestimmen lässt:

$$\alpha_{ij} = \alpha_i - \frac{\lambda_i}{\lambda_j} \cdot \alpha_j \quad \text{(F 22.37)}$$

Festlegung der gemeinsamen latenten Variablen η

Wie im Modell essentiell τ-äquivalenter Variablen ist auch im Modell τ-kongenerischer Variablen die Wahl einer Variablen η – mit gewissen Einschränkungen – beliebig. Aufgrund der Unterschiede in den Diskriminationsparametern reicht es allerdings nicht mehr aus, die Variable η dadurch festzulegen (zu normieren), dass ihr Mittelwert oder ein Parameter α_i auf 0 oder eine andere Zahl fixiert wird. Diese Fixierung reicht im Modell essentiell τ-äquivalenter Variablen aus, da sich die True-Score-Variablen nur in den Leichtigkeitsparametern α_i und somit nur in ihren Mittelwerten unterscheiden.

Im Modell τ-kongenerischer Variablen jedoch unterscheiden sich die True-Score-Variablen nicht nur in ihren Mittelwerten, sondern auch in ihren Maßeinheiten. Dies wird am Temperaturbeispiel deutlich. Haben wir die Temperatur einmal mit einem Fahrenheit-Messinstrument (Y_1) und einmal mit einem Celsius-Messinstrument (Y_2) gemessen, so ergibt sich für deren True-Score-Variablen:

$$\tau_1 = \alpha_1 + \lambda_1 \cdot \eta$$

$$\tau_2 = \alpha_2 + \lambda_2 \cdot \eta$$

Die Variable η repräsentiert die wahren Temperaturwerte, aber wie können diese interpretiert werden? In welcher Maßeinheit drücken diese Werte die Temperatur aus? Ohne eine Verankerung der latenten Variablen können deren Werte nicht interpretiert und auch nicht bestimmt werden. Eine solche Verankerung ist allerdings leicht herzustellen. Fixiert man z. B. α_2 auf den Wert 0 ($\alpha_2 = 0$) und λ_2 auf den Wert 1 ($\lambda_2 = 1$), so ergibt sich $\tau_2 = \eta$. Hieraus folgt, dass η die Temperatur in Maßeinheiten der Celsius-Skala ausdrückt. Man würde dann erwarten, dass sich nach Gleichung F 22.33 für $\alpha_1 = 32$ und für $\lambda_1 = 9/5$ ergibt, da τ_1 die Temperatur in Fahrenheit repräsentiert. Dies ist allerdings nur eine mögliche Festlegung, man könnte natürlich auch α_1 auf den Wert 0 und λ_1 auf den Wert 1 fixieren.

Die Festlegung der Celsius- und Fahrenheitskalen ist selbst wiederum bis zu einem gewissen Grad beliebig. Man könnte beliebig viele neue Temperaturskalen definieren, die lineare Transformationen der Celsius- und Fahrenheit-Skalen wären. All diese neuen Temperaturskalen wären zur Messung der Temperatur geeignet. Dies impliziert, dass man im Modell τ-kongenerischen Variablen einen α-Koeffizienten auf einen beliebigen Wert und einen λ-Koeffizienten auf einen Wert größer 0 fixieren muss. Warum dieser Wert nicht negativ sein darf, wird unten in Gleichung F 22.38 deutlich. Würde man ihn auf 0 setzen, würde dies bedeuten, dass die True-Score-Variable, deren Diskriminationsparameter gleich 0 wäre, nicht von der latenten Variablen η abhängen würde. Diese Fixierung würde also nicht die Metrik der gemeinsamen Variablen festlegen, sondern eine sehr strenge inhaltliche Hypothese implizieren, nämlich die, dass die beobachtete Variable nicht mit dem zu messenden Konstrukt zusammenhängt. Daher sollte man die Fixierung des λ-Koeffizienten auf den Wert 0 nur dann vornehmen, wenn diese spezielle und äußerst restriktive Hypothese getestet werden soll.

Im Modell essentiell τ-äquivalenter Variablen haben wir bereits gesehen, dass wir alternativ zur Fixierung eines α-Parameters einfach auch den Erwartungswert der latenten Variablen η fixieren könnten, z. B. auf den Wert 0. Dies war möglich, da sich die True-Score-Variablen nur in ihren Erwartungswerten unterscheiden können. Im Modell τ-kongenerischer Variablen gibt es eine vergleichbare alternative Fixierungsmöglichkeit, die sich nicht auf die α- und λ-Koeffizienten, sondern auf die latente Variable η bezieht. Im Gegensatz zum Modell essentiell τ-äquivalenter Variablen können sich im Modell τ-kongenerischer Variablen die True-Score-Variablen nicht nur in ihren Erwartungswerten, sondern auch in ihren Varianzen unterscheiden, da die Varianzen der True-Score-Variablen mit der Größe ihrer Diskriminationsparameter quadratisch ansteigen (s. Übung 5). Man muss daher noch zusätzlich zum Erwartungswert auch die Varianz von η auf einen (beliebigen) Wert größer 0 festlegen. Typischerweise legt man den Erwartungswert auf 0 und die Varianz auf 1 fest, so dass latente standardisierte Variablen vorliegen. In unserem Beispiel der Temperaturmessung würde man in diesem Fall die Temperatur in Maßeinheiten einer Temperatur-Standardabweichung messen. Diese Festlegung ist bei der Temperaturmessung wenig attraktiv, da man mit der Celsius-Skala bzw. der Fahrenheit-Skala sehr vertraut ist und die Festlegung der Metrik der latenten Variablen η auf eine dieser Skalen einfacher zu interpretieren ist. Bei psychologischen Skalen liegen solche »vertrauten« Maßeinheiten häufig nicht vor, so dass eine Standardisierung der latenten Variablen η häufig als Normierung gewählt wird. Im Modell τ-kongenerischer Variablen gibt es also zwei Möglichkeiten der Normierung, die sich entweder auf die Fixierung eines α- und eines λ-Koeffizienten beziehen oder alternativ die Festlegung des Erwartungswertes und der Varianz der gemeinsamen latenten Variablen η zum Gegenstand haben.

Bestimmung der Diskriminationsparameter λ_i

Bei standardisierten η-Variablen lassen sich die Diskriminationsparameter wie folgt bestimmen, wenn mindestens drei verschiedene beobachtbare Variablen vorliegen (Steyer & Eid, 2001):

$$\lambda_i = \sqrt{\frac{Cov(Y_i,Y_j) \cdot Cov(Y_i,Y_k)}{Cov(Y_j,Y_k)}}; \; i \neq j, j \neq k, i \neq k$$

(F 22.38)

Da der Wert der Wurzel positiv oder negativ sein kann, wird zur eindeutigen Bestimmung des λ-Parameters der positive Wert der Wurzel festgelegt.

Legt man die Varianz von η nicht fest, so kann man die Diskriminationsparameter anhand folgenden Verhältnisses bestimmen:

$$\frac{\lambda_i}{\lambda_j} = \frac{Cov(Y_i,Y_k)}{Cov(Y_j,Y_k)}; \; i \neq j, j \neq k, i \neq k \quad \text{(F 22.39)}$$

Zur eindeutigen Bestimmung muss man daher einen λ-Parameter auf einen positiven Wert fixieren. Dieser Wert muss positiv sein, da sich das Vorzeichen des λ-Parameters nicht vom Fall der Standardisierung von η (s. F 22.38) unterscheiden soll. Da die Diskriminationsparameter aufgrund der Wurzelziehung nur positive Werte annehmen können, müssen die Skalen so kodiert sein, dass hohe Werte jeweils dieselbe Bedeutung im Sinne der Konstruktausprägung aufweisen. Dies wurde bei den Items der drei Teilskalen so sichergestellt, dass die Werte aller Items, die die emotionale Unklarheit erfassen, rekodiert wurden (s. Rekodierungsvorschrift in Tab. 22.1).

Fixiert man z. B. den Parameter λ_1, so würde man aufgrund von Gleichung F 22.39 für die zweite und die dritte beobachtbare Variable (und auch jede weitere beobachtbare Variable) folgende eindeutig bestimmbaren Koeffizienten erhalten:

$$\frac{\lambda_2}{\lambda_1} = \frac{\lambda_2}{1} = \frac{Cov(Y_2, Y_3)}{Cov(Y_1, Y_3)}$$

und

$$\frac{\lambda_3}{\lambda_1} = \frac{\lambda_3}{1} = \frac{Cov(Y_3, Y_2)}{Cov(Y_1, Y_2)}$$

Bei der Bestimmung der λ-Parameter ist es notwendig, dass die Kovarianzen im Nenner von 0 verschieden sind. Davon ist jedoch auszugehen, wenn allen beobachteten Variablen eine gemeinsame latente Variable zugrunde liegt, die beobachtbaren Variablen somit dasselbe Konstrukt erfassen.

Bestimmung der Varianz von η und der Fehlervarianzen

Normiert man die gemeinsame Variable η durch Fixierung eines Diskriminationsparameters, so lässt sich die Varianz von η anhand der Kovarianz zweier beliebiger beobachtbarer Variablen wie folgt bestimmen, wenn man von der Beziehung $Cov(Y_i, Y_j) = \lambda_i \cdot \lambda_j \cdot Var(\eta)$ Gebrauch macht:

$$Var(\eta) = \frac{Cov(Y_i, Y_j)}{\lambda_i \cdot \lambda_j} \quad \text{(F 22.40)}$$

Für die Fehlervarianzen gilt dann aufgrund der Varianzzerlegung $Var(Y_i) = \lambda_i^2 \cdot Var(\eta) + Var(\varepsilon_i)$:

$$Var(\varepsilon_i) = Var(Y_i) - \lambda_i^2 \cdot Var(\eta) \quad \text{(F 22.41)}$$

Bestimmung der Leichtigkeitsparameter α_i

Die Leichtigkeitsparameter lassen sich wie folgt bestimmen:

$$\alpha_i = E(Y_i) - \lambda_i \cdot E(\eta) \quad \text{(F 22.42)}$$

Wird z. B. die Normierungsbedingung $E(\eta) = 0$ gewählt, entsprechen sie – wie im Modell essentiell τ-äquivalenter Variablen – den Mittelwerten der beobachteten Variablen (s. Gleichung F 22.16): $\alpha_i = E(Y_i)$.

Wird hingegen zur Normierung ein α-Koeffizient festgelegt, z. B. α_1, so lässt sich der Erwartungswert von η nach Gleichung F 22.42 wie folgt bestimmen:

$$E(\eta) = \frac{E(Y_1) - \alpha_1}{\lambda_1} \quad \text{(F 22.43)}$$

Hat man den Erwartungswert von η hierdurch bestimmt, lassen sich alle anderen α-Koeffizienten nach Gleichung F 22.42 berechnen.

> **Beispiel**
>
> #### Emotionale Klarheit: Modell τ-kongenerischer Variablen
>
> Wenden wir das Modell τ-kongenerischer Variablen auf unsere Fragestellung (unseren Fragebogen zur Messung emotionaler Klarheit; s. Tab. 22.1) an. Zur Berechnung der Diskriminationsparameter wird auf die Kovarianzen in der vom Modell implizierten Kovarianzmatrix zurückgegriffen, die in Tabelle 22.2 f dargestellt ist. Durch Einsetzen der Kovarianzen in die Gleichung F 22.38 erhält man folgende Schätzwerte für die Diskriminationsparameter, wenn man sich dazu entscheidet, die η-Variable zu standardisieren: $\hat{\lambda}_1 = 0{,}58; \hat{\lambda}_2 = 0{,}63; \hat{\lambda}_3 = 0{,}58$.
>
> Wählt man hingegen die alternative Normierungsbedingung, indem man den Erwartungswert von η zwar ebenfalls auf 0 fixiert, jedoch den ersten Koeffizienten $\lambda_1 = 1$ setzt, so erhält man folgende Werte für die Diskriminationsparameter: $\lambda_1 = 1{,}00$ (fixiert); $\hat{\lambda}_2 = 1{,}09; \hat{\lambda}_3 = 1{,}00$. Bei dieser Normierung lässt sich die Varianz von η nach Gleichung F 22.40 wie folgt schätzen:
>
> $$\widehat{Var}(\eta) = \frac{\widehat{Cov}(Y_1, Y_2)}{\lambda_1 \cdot \hat{\lambda}_2} = \frac{0{,}37}{1 \cdot 1{,}09} = 0{,}34$$

▶

Diese Varianz ist der Varianz von η im Modell essentiell τ-äquivalenter Variablen sehr ähnlich. Beide Normierungen sind zulässig und führen zu denselben Reliabilitätsschätzungen (Steyer & Eid, 2001). Der Vorteil der zweiten Normierung liegt darin, dass die Werte der Diskriminationsparameter nun besser mit denjenigen des Modells essentiell τ-äquivalenter Variablen verglichen werden können. In letztgenanntem Modell wurde ja nicht nur die Steigung der ersten True-Score-Variablen, sondern die aller True-Score-Variablen auf 1 fixiert. Die Werte der unter dieser Normierung geschätzten Diskriminationsparameter unterscheiden sich kaum voneinander und liegen alle bei 1. Dies ist nicht verwunderlich, da auf diesen Datensatz auch das restriktivere Modell essentiell τ-äquivalenter Variablen mit gleichen Diskriminationsparametern passt.

Bei beiden betrachteten Normierungen entsprechen die geschätzten Parameter α_i den Mittelwerten der beobachteten Variablen in Tabelle 22.2:

$$\hat{\alpha}_1 = \hat{E}(Y_1) = \bar{y}_1 = 3{,}18$$
$$\hat{\alpha}_2 = \hat{E}(Y_2) = \bar{y}_2 = 3{,}06$$
$$\hat{\alpha}_3 = \hat{E}(Y_3) = \bar{y}_3 = 3{,}15$$

Modellgültigkeit

Auch die Gültigkeit des Modells τ-kongenerischer Variablen kann über den Vergleich der empirischen und der vom Modell implizierten Kovarianzmatrix empirisch überprüft werden. In unserem Beispiel ist die vom Modell implizierte Kovarianzmatrix perfekt identisch mit der empirisch gefundenen Kovarianzmatrix (s. Tab. 22.2 a und f). Sowohl der χ^2-Wert als auch die zugeordneten Freiheitsgrade sind 0. Dies rührt daher, dass insgesamt neun Informationen (drei Mittelwerte, drei Varianzen, drei Kovarianzen) zur Berechnung der Modellparameter zur Verfügung stehen und neun Modellparameter berechnet werden müssen: Legt man z. B. die latente Variable η durch Standardisierung fest, müssen drei Achsenabschnittsparameter α_i, drei Diskriminationsparameter λ_i und drei Fehlervarianzen bestimmt werden. Da alle Informationen für die Berechnung der Modellparameter benötigt werden, stehen keine weiteren Informationen zur Verfügung, um das Modell zu testen. Dieser Sachverhalt wird im nächsten Kapitel ausführlich behandelt werden. An dieser Stelle reicht es aus zu wissen, dass man zur Berechnung der Parameter des Modells τ-kongenerischer Variablen mindestens drei beobachtbare Variablen benötigt. Erst dann, wenn vier beobachtbare Variablen vorliegen, können die Annahmen des Modells τ-kongenerischer Variablen empirisch überprüft werden. In unserem Beispiel bräuchten wir also eine weitere beobachtete Variable, um zu überprüfen, ob die Annahmen des Modells τ-kongenerischer Variablen erfüllt sind. In unserem Anwendungsbeispiel ist es nicht notwendig, eine weitere Variable zu erheben, da die drei betrachteten Variablen schon die Annahmen der restriktiveren Modelle essentiell τ-äquivalenter und essentiell τ-paralleler Variablen erfüllen.

Bestimmung der Reliabilität

Im Modell τ-kongenerischer Variablen lässt sich die Varianz einer True-Score-Variablen nach den Rechenregeln für Varianzen (s. Kap. 7.2) wie folgt bestimmen:

$$Var(\tau_i) = \lambda_i^2 \cdot Var(\eta) \qquad \text{(F 22.44)}$$

Hieraus ergibt sich:

$$Rel(Y_i) = \frac{Var(\tau_i)}{Var(Y_i)} = \frac{\lambda_i^2 \cdot Var(\eta)}{Var(Y_i)} \qquad \text{(F 22.45)}$$

Für unser Anwendungsbeispiel ergeben sich folgende Reliabiliätskoeffizienten:

$$\widehat{Rel}(Y_1) = \frac{\lambda_1^2 \cdot \widehat{Var}(\eta)}{\widehat{Var}(Y_1)} = \frac{1^2 \cdot 0{,}34}{0{,}47} = 0{,}72$$

$$\widehat{Rel}(Y_2) = \frac{\hat{\lambda}_2^2 \cdot \widehat{Var}(\eta)}{\widehat{Var}(Y_2)} = \frac{1{,}09^2 \cdot 0{,}34}{0{,}56} = 0{,}72$$

$$\widehat{Rel}(Y_3) = \frac{\hat{\lambda}_3^2 \cdot \widehat{Var}(\eta)}{\widehat{Var}(Y_3)} = \frac{1{,}00^2 \cdot 0{,}34}{0{,}49} = 0{,}69$$

Die Varianzen der beobachteten Variablen können wieder der vom Modell implizierten Kovarianzmatrix in Tabelle 22.2 f entnommen werden.

McDonalds Omega

Auch im Modell τ-kongenerischer Variablen kann die Reliabilität der Summenvariablen S berechnet werden, die sich durch Summierung aller kongenerischen Variablen Y_i ergibt. In diesem Fall entspricht die Reliabilität McDonalds Omega (McDonald, 1970, 1999). Für standardisierte Variablen η lässt sich dieser Koeffizient wie folgt berechnen (s. Übung 6):

$$\omega = \frac{\left(\sum_{i=1}^{p}\lambda_i\right)^2}{\left(\sum_{i=1}^{p}\lambda_i\right)^2 + \sum_{i=1}^{p}Var(\varepsilon_i)} \qquad (F\ 22.46)$$

22.3 Vergleich der verschiedenen Testmodelle

In Abschnitt 22.2 wurden fünf verschiedene *eindimensionale* Testmodelle vorgestellt, die in einer verschachtelten Beziehung zueinander stehen (s. Abb. 22.4). Eindimensional bedeutet, dass die True-Score-Variablen aller beobachteten Variablen lineare Funktionen voneinander sind, so dass von einer True-Score-Variablen die Werte auf der anderen True-Score-Variablen perfekt vorhergesagt werden können. Dass die beobachteten Variablen nicht perfekt korreliert sind, obwohl sie dasselbe Merkmal erfassen, ist allein auf unsystematische Messfehlereinflüsse zurückzuführen. Die Modelle lassen sich wie folgt vergleichen:

▶ Das Modell τ-kongenerischer Variablen ist das allgemeinste der fünf Modelle. Bei ihm dürfen die verschiedenen beobachteten Variablen unterschiedliche Leichtigkeitsparameter, unterschiedliche Diskriminationsparameter und unterschiedliche Fehlervarianzen aufweisen.

▶ Das Modell essentiell τ-äquivalenter Variablen ist ein Spezialfall des Modells τ-kongenerischer Variablen. Es geht aus diesem durch Fixierung der Diskriminationsparameter auf einen gemeinsamen Wert hervor. Testverfahren, die essentiell τ-äquivalent sind, messen dasselbe Konstrukt mit gleicher Diskriminationsfähigkeit, sind allerdings unterschiedlich »leicht« bzw. »schwierig«.

Das Modell essentiell τ-äquivalenter Variablen hat drei Spezialfälle:

(1) Im Modell τ-äquivalenter Variablen besitzen die Testverfahren gleiche Diskriminationsparameter und dazu noch gleiche Leichtigkeitsparameter. Die Testverfahren können sich nur noch in ihrer Fehlervarianz und somit ihrer Reliabilität unterscheiden.

(2) Im Modell essentiell τ-paralleler Variablen werden Unterschiede in den Leichtigkeitsparametern zugelassen, dafür wird aber angenommen, dass alle Fehlervarianzen gleich sind.

(3) Beim Modell τ-paralleler Variablen werden die Annahmen der Modelle τ-äquivalenter und essentiell τ-paralleler Variablen kombiniert. In diesem restriktivsten Modell der Messfehlertheorie erfassen alle Testverfahren dasselbe eindimensionale Merkmal mit gleicher Leichtigkeit, Diskriminationsfähigkeit und Reliabilität.

Statistischer Modellvergleich

Die empirische Gültigkeit aller Modelle kann statistisch überprüft werden. Wie im nächsten Kapitel gezeigt werden wird, können diese Modelle auch direkt gegeneinander getestet werden. Man nimmt in einer empirischen Anwendung das Modell an, das am restriktivsten ist, die Datenstruktur jedoch nicht schlechter beschreibt als eines der weniger restriktiven Modelle. Dies entspricht dem Ziel jeder Wissenschaft, die Realität möglichst sparsam, aber zutreffend abzubilden (Sparsamkeitsprinzip, Ockhams Rasiermesser, s. Abschn. 20.4.4).

Hierarchische Ordnung der Modelle

Die verschachtelte Ordnung impliziert, dass ein Modell, das in Abbildung 22.4 auf einer tieferen Stufe steht, auch alle Annahmen erfüllt, die in einem Modell auf einer höheren Stufe getroffen werden. Dies bedeutet, dass das Modell τ-paralleler Variablen zwangsläufig auch ein Modell τ-kongenerischer Variablen ist, allerdings ein sehr spezielles. Umgekehrt gilt dies nicht, da ein Modell τ-kongenerischer Variablen weniger restriktiv ist als z. B. ein Modell τ-paralleler Variablen.

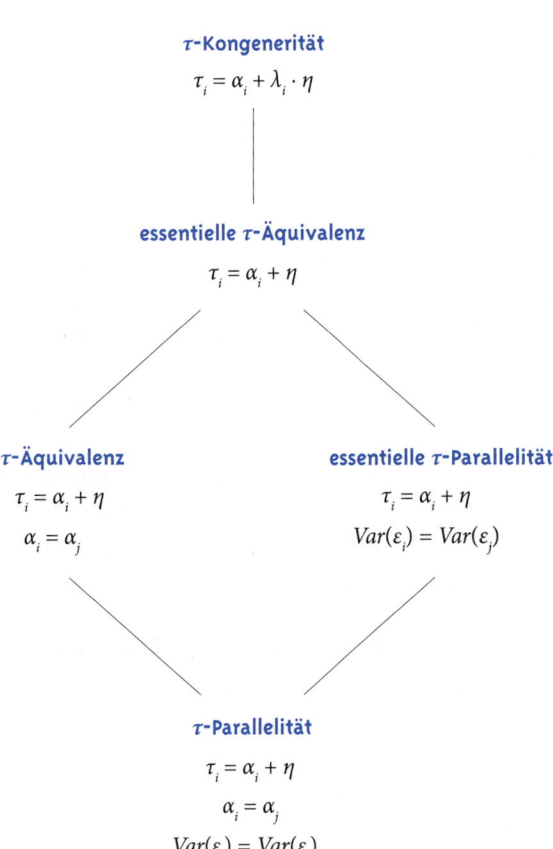

Abbildung 22.4 Geschachtelte Struktur der verschiedenen Testmodelle

22.4 Funktion von Testmodellen für die Psychodiagnostik

Die Testmodelle, die wir in diesem Kapitel behandelt haben, zielen darauf ab, systematische wahre Unterschiede von unsystematischen messfehlerbedingten Unterschieden zu trennen. Hierdurch wird es möglich, die Reliabilität zu bestimmen und wahre Merkmalsunterschiede zu messen. Dies kann man sich für die Psychodiagnostik zunutze machen, und zwar in zweierlei Hinsicht: Zum einen leisten die Testmodelle einen Beitrag zur Itemselektion und Testkonstruktion, zum anderen zur Schätzung wahrer Werte.

22.4.1 Itemselektion und Testkonstruktion

Bei der Konstruktion psychologischer Tests und Fragebogen (s. Kap. 3) will man häufig Verfahren konstruieren, die ein eindimensionales Konstrukt erfassen. In dem Beispiel, das wir diesem Kapitel zugrunde gelegt haben, wäre dies die emotionale Klarheit. Die in diesem Kapitel behandelten Testmodelle erlauben es zu überprüfen, ob die ausgewählten Indikatoren ein eindimensionales Konstrukt erfassen. Erst dann, wenn ein solches Modell nicht verworfen werden muss, kann man die Indikatoren als homogen im Sinne eines eindimensionalen Modells ansehen. Sollte auch das am wenigsten restriktive Modell verworfen werden, zeigt dies an, dass es nicht gelungen ist, homogene Indikatoren im Sinne eines eindimensionalen Modells zu erfassen. In diesem Fall muss man die Quellen der mangelnden Modellanpassung aufdecken und ggf. Indikatoren entfernen oder zu einem mehrdimensionalen Modell übergehen. Wie man dies machen kann, werden wir im nächsten Kapitel zur konfirmatorischen Faktorenanalyse sehen. Müssen die Modellannahmen nicht verworfen werden, kann man die Ergebnisse der Analyse auch zur Auswahl von Items nutzen.

Reliabilität
Werden die Modelle nicht auf der Grundlage von Subtests, sondern einzelner Items berechnet, so kann man die Modelle auch zur Itemselektion heranziehen. Man wählt in diesem Fall diejenigen Items für ein Testverfahren aus, die die höchste Reliabilität aufweisen, da die Berechnungsformeln zur Bestimmung der Reliabilität des Gesamttests zeigen, dass diese v. a. von den reliablen Subtests profitiert. Die Itemreliabilität ist somit das entscheidende Itemselektionskriterium in der Messfehlertheorie (Klassischen Testtheorie).

Trennschärfe. Wir haben in Gleichung F 22.9 gezeigt, dass die Reliabilität der quadrierten Korrelation der beobachteten Variablen mit der True-Score-Variablen entspricht. Da in den eindimensionalen Modellen, die wir in diesem Kapitel behandelt haben, die True-Score-Variable eine lineare Funktion der gemeinsamen Variablen η ist, entspricht die Reliabilität auch der quadrierten Korrelation der beobachteten Variablen mit der gemeinsamen latenten Variablen. Je höher diese Korrelation ist, umso höher ist daher auch die Reliabilität.

Zur Reliabilitätssteigerung der Gesamtskala kann man daher auch Items nach dem Kriterium ihrer Korrelation mit der gemeinsamen latenten Variablen auswählen, die notwendigerweise zum gleichen Ergebnis wie die Selektion nach der Itemreliabilität führt. Diese Korrelationen werden in der Testtheorie auch *Trennschärfekoeffizienten* genannt.

Die Trennschärfe eines Items steht in engem Zusammenhang mit dem Diskriminationsparameter λ_i. Dies kann man sich leicht veranschaulichen. In den eindimensionalen Modellen hängt eine beobachtete Variable nur von dem gemeinsamen Faktor und der Fehlervariablen ab. Strukturell entspricht dies der Zerlegung in einem einfachen Regressionsmodell (s. Gleichung F 22.32): Die λ-Koeffizienten entsprechen den unstandardisierten Regressionsgewichten. Diese unstandardisierten Koeffizienten sind im Modell essentiell τ-äquivalenter Variablen alle gleich 1 (s. Gleichung F 22.18).

Standardisiert man nun die beobachteten Variablen und die gemeinsame Variable η, indem man eine z-Transformation durchführt (s. Abschn. 6.5), dann gehen die λ-Koeffizienten in standardisierte Koeffizienten über, die standardisierten Regressionsgewichten entsprechen. Da in der einfachen Regressionsanalyse standardisierte Regressionsgewichte der Korrelation zwischen der abhängigen und der unabhängigen Variablen entsprechen, ist auch ein solcher standardisierter Diskriminationsparameter ein Korrelationskoeffizient, und zwar die Korrelation zwischen Y_i und η. Der quadrierte standardisierte Diskriminationsparameter ist daher gleich der Reliabilität. Die Auswahl der Items nach ihrem standardisierten Diskriminationsparameter ist daher ein weiteres Selektionskriterium.

Standardisiert man essentiell τ-äquivalente Variablen, führt dies dazu, dass die Diskriminationsparameter, die in ihrer unstandardisierten Form ja alle gleich 1 sind und sich nicht zwischen den beobachteten Variablen unterscheiden, sich in ihrer standardisierten Form nun zwischen den beobachteten Variablen unterscheiden können, nämlich dann, wenn sich diese in ihren Fehlervarianzen und somit ihren Reliabilitäten unterscheiden. Nur im Modell essentiell τ-paralleler und im Modell τ-paralleler Variablen bleibt die Gleichheit der Diskriminationsparameter nach der Standardisierung erhalten. Dies zeigt, dass in den beiden letztgenannten Modellen alle Items gleich gut zur Erfassung des latenten Merkmals sind.

In der Praxis der Testkonstruktion wird die Trennschärfe typischerweise nicht als Korrelation der beobachteten Variablen mit der gemeinsamen Variablen η, sondern als Korrelation der beobachteten Variablen (des Items) mit der Summenvariablen (der Summe aller Itemantworten) definiert. Die Grundidee ist hierbei, dass der Summenwert ein Schätzwert für den Wert auf der gemeinsamen Variablen darstellt. Diese Definition ist jedoch eher pragmatischer Natur und hat eine historische Ursache darin, dass statistische Ansätze zur konfirmatorischen Analyse der Eindimensionalität eines Tests erst in der zweiten Hälfte des 20. Jahrhunderts entwickelt wurden. Die Itemselektion auf der Grundlage der Korrelation der Items mit der Summenvariablen hat im Vergleich zu dem in diesem Kapitel vorgeschlagenen Vorgehen einen entscheidenden Nachteil: Man geht von der ungeprüften Annahme aus, dass der Test unidimensional ist. Moderne statistische Ansätze wie die in diesem Kapitel behandelten Modelle erlauben eine theoretisch zufriedenstellendere Definition der Trennschärfe und ihrer Bestimmung. Yousfi (2005a, b) setzt sich intensiv mit der Frage auseinander, inwieweit klassische Strategien der Itemselektion und Testkonstruktion, die u. a. auf der klassischen Definition der Trennschärfe basieren, in die Irre führen können, wenn zugrundeliegende Modellannahmen nicht adäquat überprüft werden.

> **Vertiefung**
>
> **Anwendungsbeschränkungen der Klassischen Testtheorie**
> Bei der Itemselektion und der Testkonstruktion auf der Grundlage der Klassischen Testtheorie muss allerdings beachtet werden, dass Modelle der Klassischen Testtheorie nur zur Analyse metri-

scher beobachteter Variablen geeignet sind, da sie wie die Regressionsanalyse von einer linear-additiven Zerlegung der beobachteten Variablen ausgehen. Modelle der Klassischen Testtheorie haben ihren Anwendungsbereich also eher da, wo schon fertige Skalen vorliegen, oder aber da, wo die einzelnen Messungen eher metrischen Charakter haben (z. B. bei visuellen Analogskalen, physiologischen und biochemischen Messungen). Die Klassische Testtheorie ist bei nominalskalierten Variablen nicht geeignet und bei Variablen mit geordneten Antwortkategorien nur eingeschränkt anwendbar. Sie kann bei Variablen mit geordneten Antwortkategorien angewendet werden, wenn diese mehrere Kategorien aufweisen, die Variablen annähernd symmetrisch verteilt sind und die Differenzen zweier Kategorienwerte sinnvoll interpretierbar sind. Allerdings ist auch bei Variablen mit geordneten Antwortkategorien angemesseneren Modellen der Vorzug zu geben. Für kategoriale Variablen wurden spezielle Messfehlermodelle entwickelt, die unter dem Namen Item-Response-Theorie zusammengefasst werden und die für diese Variablenarten angemessener sind als Modelle der Klassischen Testtheorie (Rost, 2004). Wir werden die Item-Response-Theorie nicht ausführlich behandeln, im nächsten und übernächsten Kapitel aber kurz auf faktorenanalytische Modelle für ordinale Variablen eingehen.

22.4.2 Messung latenter Merkmalsausprägungen

Die zweite Funktion eines Messmodells bezieht sich auf die Messung latenter Merkmalsausprägungen. Im Rahmen eines solchen Messmodells ist es möglich, die individuellen wahren Werte zu schätzen. Dies ist v. a. für psychodiagnostische Fragestellungen relevant. Hierbei reicht es aus, die Werte der Personen auf der gemeinsamen latenten Variablen η zu schätzen. Die in diesem Kapitel vorgestellten Messmodelle sind spezielle Modelle der sog. Faktorenanalyse; es handelt sich hierbei um Ein-Faktor-Modelle. Die *Faktorenanalyse* beschreibt eine Familie statistischer Verfahren, mit deren Hilfe die Kovariation und Variation verschiedener beobachteter Variablen auf einige (im Allgemeinen wenige) unbeobachtete latente Variablen (sog. Faktoren) zurückgeführt werden können. Die Faktorenanalyse hat eine sehr lange Tradition in der Psychologie und gehört zu den am häufigsten eingesetzten statistischen Verfahren. Im Gegensatz zur exploratorischen Faktorenanalyse (s. Kap. 24), handelt es sich bei den beschriebenen Modellen der Klassischen Testtheorie um Modelle der konfirmatorischen Faktorenanalyse, die im nächsten Kapitel behandelt wird. Während man bei der *exploratorischen* Faktorenanalyse herausfinden will, wie viele Faktoren man braucht, um die Zusammenhänge der Variablen zufriedenstellend abbilden zu können, und man wissen möchte, welche beobachteten Variablen mit welchen Faktoren eng zusammenhängen, hat man bei der *konfirmatorischen* Faktorenanalyse bereits eine Hypothese über die Anzahl der Faktoren und darüber, welche beobachteten Variablen mit welchem Faktor zusammenhängen.

Schätzung der latenten Merkmalsausprägungen

Zur Schätzung von latenten Faktorwerten wurden verschiedene Schätzmethoden entwickelt, die u. a. bei Basilevsky (1994), Beauducel und Rabe (in Druck), Lawley und Maxwell (1971) sowie Skrondal und Rabe-Hesketh (2004) dargestellt sind. Schätzmethoden für Faktorwerte sind in gängigen Statistikprogrammen zur Faktorenanalyse implementiert, insbesondere in denjenigen zur konfirmatorischen Faktorenanalyse. Die Grundidee der Schätzung der Faktorwerte besteht darin, diese optimal aus den beobachtbaren Werten vorherzusagen. In dem Statistikprogramm Mplus (Muthén und Muthén, 2004–2008) ist zur Schätzung der Faktorwerte eine Methode nach dem Bayes-Ansatz implementiert, die der Regressionsmethode nach Lawley und Maxwell (1971) entspricht. Hierdurch wird für jede Person ihr erwarteter Faktorwert auf der Grundlage ihrer beobachteten Werte geschätzt. Die beobachteten Werte sind die unabhängigen Variablen, die eine Voraussage der Faktorwerte anhand einer Regressionsgleichung erlauben.

Faktorwertkoeffizienten. Die Regressionsgewichte werden Faktorwertkoeffizienten (engl. factor score coefficients) genannt und von Statistikprogrammen berichtet. Auf die formale Darstellung ihrer Bestimmung wollen wir verzichten (s. hierzu Lawley & Maxwell, 1971; Muthén & Muthén, 2004–2008; Skrondal & Rabe-Hesketh, 2004). Die individuell geschätzten Werte $\hat{\eta}_m$ (Faktorwerte) der latenten Variablen η (Faktor) lassen sich aufgrund der geschätzten Faktorwertkoeffizienten $\hat{\kappa}_i$ durch folgende Gleichung bestimmen:

$$\hat{\eta}_m = \hat{E}(\eta) + \sum_{i=1}^{p} \hat{\kappa}_i \cdot \left[y_{mi} - (\hat{\alpha}_i + \hat{\lambda}_i \cdot \hat{E}(\eta)) \right] \quad \text{(F 22.47)}$$

Mit $\hat{E}(\eta)$ wird der geschätzte Erwartungswert von η bezeichnet. Der Ausdruck $(\hat{\alpha}_i + \hat{\lambda}_i \cdot \hat{E}(\eta))$ gibt den vom Modell implizierten geschätzten Erwartungswert von Y_i wieder. Die unabhängigen Variablen Y_i, die in Gleichung F 22.47 einfließen, sind daher zentriert. Die von Statistikprogrammen geschätzten Leichtigkeitsparameter, Faktorladungen, Faktorwertkoeffizienten und der geschätzte Erwartungswert von η lassen sich nun in Gleichung F 22.47 einsetzen, so dass man die geschätzten Faktorwerte erhält.

Maße für die Güte der Schätzung. Ein Maß für die Güte der Schätzung ist der Faktorwertdeterminationskoeffizient (engl. factor score determinacy value). Er entspricht der Korrelation der geschätzten Faktorwerte mit der latenten Variablen η. Darüber hinaus wird z. B. von dem Programm Mplus die »factor score posterior covariance matrix« (Posterior-Kovarianzmatrix der Faktorwerte) ausgegeben. Diese enthält im Falle eines Faktors nur einen Wert. Dieser Wert entspricht dem quadrierten Standardfehler der Faktorwertschätzung (Skrondal & Rabe-Hesketh, 2004), also der Genauigkeit, mit der der Faktorwert geschätzt wird. Geht man davon aus, dass die beobachteten Variablen und der latente gemeinsame Faktor multivariat normalverteilt sind, folgt auch der gemeinsame Faktor η – gegeben die beobachteten Variablen – einer Normalverteilung (Basilevsky, 1994), woraus wiederum folgt, dass auch die anhand der Modellparameter geschätzten Faktorwerte approximativ normalverteilt sind. Approximativ bedeutet, dass die Stichprobe hinreichend groß sein muss. Was »hinreichend groß« bedeutet, werden wir bei der Darstellung der Schätzmethoden der konfirmatorischen Faktorenanalyse im nächsten Kapitel behandeln. Als Konsequenz ergibt sich hieraus, dass anhand des Standardfehlers (der Quadratwurzel der Posterior-Varianz der Faktorwerte) ein approximatives Konfidenzintervall für einen geschätzten Faktorwert berechnet werden kann:

$$\hat{\eta}_m \pm z_{\frac{\alpha}{2}} \cdot \hat{\sigma}_{\hat{\eta}_m}$$

Dabei bezeichnet $\hat{\sigma}_{\hat{\eta}_m}$ den geschätzten Standardfehler des Faktorwerts.

> **Beispiel**
>
> **Geschätzte Faktorwerte im Modell essentiell τ-paralleler Variablen**
>
> In Tabelle 22.4 ist für unser Beispiel der Messung der emotionalen Klarheit ein kleiner Ausschnitt aus dem Datensatz mit den beobachteten Werten der verschiedenen Personen auf den drei Teilskalen sowie den von dem Statistikprogramm Mplus (Muthén & Muthén, 2004–2008) geschätzten Faktorwerten (Werten der Variablen η) für das Modell essentiell τ-paralleler Variablen angegeben. Aus diesen Werten lassen sich die drei wahren Werte (Werte der Variablen τ_1, τ_2, τ_3) durch Addition mit den Leichtigkeitsparametern bestimmen. Wie wir bereits gesehen haben, entsprechen die geschätzten Leichtigkeitsparameter den Mittelwerten der beobachteten Variablen, sofern aus Normierungsgründen der Erwartungswert des gemeinsamen Faktors η auf 0 fixiert wird. Als Größen, die in Gleichung F 22.47 eingesetzt werden müssen, liegen daher $\hat{E}(\eta) = 0$; $\hat{\alpha}_1 = 3{,}18$; $\hat{\alpha}_2 = 3{,}06$ sowie $\hat{\alpha}_3 = 3{,}15$ fest. Es fehlen noch die Faktorwertkoeffizienten, die anhand des Computerprogramms wie folgt geschätzt wurden: $\hat{\kappa}_1 = \hat{\kappa}_2 = \hat{\kappa}_3 = 0{,}29$. Setzt man diese Werte in Gleichung F 22.47 ein, erhält man (bis auf Rundungsungenauigkeiten) die in Tabelle 22.4 geschätzten Faktorwerte. Für die erste ▶

Person in Tabelle 22.4 mit den Werten 1,5; 1,5 und 2 auf den drei beobachteten Variablen erhält man:

$$\begin{aligned}\hat{\eta}_1 &= 0 + 0{,}29 \cdot [1{,}5 - (3{,}18 + 1 \cdot 0)] \\ &\quad + 0{,}29 \cdot [1{,}5 - 3{,}06] + 0{,}29 \cdot [2 - 3{,}15] \\ &= 0{,}29 \cdot [1{,}5 - 3{,}18] + 0{,}29 \cdot [1{,}5 - 3{,}06] \\ &\quad + 0{,}29 \cdot [2 - 3{,}15] \\ &= 0{,}29 \cdot [-1{,}68] + 0{,}29 \cdot [-1{,}56] + 0{,}29 \cdot [-1{,}15] \\ &= -0{,}49 - 0{,}45 - 0{,}33 \\ &= -1{,}27\end{aligned}$$

Aufgrund der Rundung auf zwei Nachkommastellen weicht dieser Wert von dem Wert in Tabelle 22.4 etwas ab, da dieser aufgrund mehrerer Nachkommastellen berechnet wurde.

Der Wert des Faktorwertdeterminationskoeffizienten beträgt in dieser Anwendung 0,94 und zeigt eine generell präzise Schätzung der Faktorwerte an. Die geschätzte Posterior-Varianz der Faktorwerte wird auf 0,04 geschätzt. Hieraus ergibt sich ein geschätzter Standardfehler von $\hat{\sigma}_{\hat{\eta}_m} = 0{,}20$. Für die erste Person in Tabelle 22.4 mit geschätztem Faktorwert von $-1{,}29$ ergibt sich das approximative 95 %-Konfidenzintervall von

$$\begin{aligned}-1{,}29 \pm (-1{,}96) \cdot 0{,}20 &= -1{,}29 \pm 0{,}39 \\ &= [-1{,}68; -0{,}90].\end{aligned}$$

Dieses Intervall überdeckt mit einer Wahrscheinlichkeit von 0,95 den wahren Faktorwert für eine Person mit den Werten 1,5; 1,5 und 2 auf den drei beobachteten Variablen.

Tabelle 22.4 Werte ausgewählter Personen auf den drei Subskalen und geschätzte Werte auf der gemeinsamen Variablen η und den drei True-Score-Variablen τ_i

y_1	y_2	y_3	$\hat{\eta}$	$\hat{\tau}_1$	$\hat{\tau}_2$	$\hat{\tau}_3$
1,5	1,5	2	−1,29	1,89	1,77	1,86
3	4	4	0,48	3,65	3,53	3,62
3	2,5	2	−0,55	2,63	2,50	2,60
4	4	4	0,77	3,95	3,82	3,92

Der Summenwert als Schätzwert. Häufig wird zur Schätzung der gemeinsamen latenten Variablen der Summenwert herangezogen, d. h., die verschiedenen beobachteten Werte einer Person werden einfach aufsummiert oder gemittelt. Der Summenwert ist jedoch nur im Falle essentiell τ-paralleler Variablen oder τ-paralleler Variablen proportional zum Faktorwert (Skrondal & Rabe-Hesketh, 2004). Dies ist in unserem Beispiel der Fall. Häufig wird der Summenwert allerdings herangezogen, ohne vorher die Annahme der τ-Parallelität zu überprüfen. Liegen z. B. ein τ-kongenerisches Modell und somit Unterschiede in den Faktorladungen vor, stellt sich bei der Aufsummierung die Frage, was der resultierende Summenwert bedeutet. Dies lässt sich leicht am Beispiel der Temperaturmessung veranschaulichen: Angenommen, Unterschiede in den Faktorladungen kommen dadurch zustande, dass die Temperatur zum einen in Celsius, zum anderen in Fahrenheit gemessen wurde. Summiert man oder mittelt man die beiden Messungen, hätte man eine Mischung aus Celsius- und Fahrenheit-Messungen, die schwierig zu interpretieren ist. In diesem Fall hat die Schätzung der Faktorwerte einen entscheidenden Vorteil. Normiert man z. B. die latente Variable durch Fixierung auf die Celsius-Skala, können auch die Faktorwerte in der Celsius-Skala interpretiert werden. Bei der in der Psychologie üblichen Aufsummierung von Items und Teilskalen stellt sich also immer die Frage der Bedeutung dieser neu konstruierten Skala. Die in diesem Kapitel vorgestellten Modelle erlauben eine klarere Antwort auf die Frage nach der Bedeutung von Messwerten. Die Bedeutung der latenten Variablen und ihrer Metrik wird durch die beobachteten Variablen, ihre Verknüpfung mit den latenten Variablen und die Auswahl der latenten Variablen durch Normierung eindeutig festgelegt. Aus didaktischen Gründen sind wir bei der Einführung der Modelle schon von Teilskalen ausgegangen, die selbst wiederum auf der Summierung von Itemantworten basierten. Dies war v. a. dadurch begründet, dass die in diesem Kapitel vorgestellten Modelle metrische Variablen voraussetzen. Ob diese Summierung sinnvoll ist, kann im Rahmen von faktorenanalytischen Modellen für ordinale Variablen, die im nächsten Kapitel vorgestellt werden, überprüft werden.

Zusammenhänge zwischen den True-Score-Variablen verschiedener Konstrukte

Neben der Schätzung individueller wahrer Werte in der Psychodiagnostik ist man in der psychologischen Forschung vornehmlich daran interessiert, Zusammenhänge zwischen den True-Score-Variablen verschiedener Merkmale zu untersuchen, d. h. messfehlerbereinigte Beziehungen zu analysieren. Hierzu braucht man die individuellen wahren Werte nicht zu schätzen, sondern kann direkt die Zusammenhänge zwischen den verschiedenen latenten Variablen η bestimmen. Dies ist im Rahmen sog. linearer Strukturgleichungsmodelle möglich. Die lineare Strukturgleichungsanalyse verbindet die Idee der Messfehlertheorie und der Regressions- bzw. Pfadanalyse und wird in Kapitel 25 vorgestellt.

Zusammenfassung

- Im Rahmen der Klassischen Theorie psychometrischer Tests (Messfehlertheorie) wird ein beobachteter Wert in einen wahren Wert (true score) und einen Messfehlerwert zerlegt.
- Die Varianz einer beobachteten Variablen lässt sich additiv in die Varianz der True-Score- und die Varianz der Fehlervariablen zerlegen.
- Die Reliabilität ist definiert als der Anteil der Varianz der True-Score-Variablen an der Varianz der beobachteten Variablen. Sie zeigt an, in welchem Ausmaß beobachtbare Unterschiede zwischen Messwerten wahre Merkmalsunterschiede widerspiegeln. Ihr Wertebereich liegt zwischen 0 und 1.
- Um die Reliabilität bestimmen zu können, muss ein Merkmal mehrfach erhoben werden, und die beobachteten Variablen müssen bestimmten Homogenitätsannahmen genügen.
- Durch die getroffenen Homogenitätsannahmen werden verschiedene eindimensionale psychometrische Messmodelle definiert, deren Gültigkeit anhand empirischer Daten überprüft werden kann.
- Im Modell τ-kongenerischer Variablen dürfen die verschiedenen beobachteten Variablen unterschiedliche Leichtigkeitsparameter, unterschiedliche Diskriminationsparameter und unterschiedliche Fehlervarianzen aufweisen.
- Im Modell essentiell τ-äquivalenter Variablen dürfen sich die beobachteten Variablen nur in Bezug auf die Leichtigkeitsparameter und die Fehlervarianzen unterscheiden.
- Im Modell τ-äquivalenter Variablen dürfen sich die beobachteten Variablen nur in ihren Fehlervarianzen, nicht aber in ihren Leichtigkeitsparametern unterscheiden.
- Im Modell essentiell τ-paralleler Variablen werden Unterschiede in den Leichtigkeitsparametern zugelassen, nicht aber Unterschiede in den Fehlervarianzen.
- Im Modell τ-paralleler Variablen erfassen alle Testverfahren dasselbe eindimensionale Merkmal mit gleicher Leichtigkeit, Diskriminationsfähigkeit und Fehlervarianz.
- Die Reliabilität der Gesamtskalen kann anhand der Reliabilitäten der Teilskalen berechnet werden. Je nach Modell kann hierbei auf die Spearman-Brown-Formel, Cronbachs Alpha oder McDonalds Omega zurückgegriffen werden.

Fragen und Übungsaufgaben

Fragen

(1) Wie lautet die Grundgleichung der Klassischen Testtheorie psychometrischer Tests?
(2) Wie ist der wahre Wert in dieser Theorie definiert, und was ist daran »wahr«?
(3) Was sind die Konsequenzen der Messfehlerabhängigkeit psychologischer Messungen?
(4) Nennen Sie vier wichtige Eigenschaften der True-Score- und der Messfehlervariablen.
(5) Was sind die Grundannahmen des
   (a) Modells essentiell τ-äquivalenter Variablen?
   (b) Modells τ-äquivalenter Variablen?
   (c) Modells essentiell τ-paralleler Variablen?
   (d) Modells τ-paralleler Variablen?
   (e) Modells τ-kongenerischer Variablen?
(6) Erläutern Sie, was Korrelationen der Fehlervariablen bedeuten.
(7) Wofür braucht man die Spearman-Brown-Formel der Testverlängerung?

Übungsaufgaben

(1) Zeigen Sie, dass
   (a) die Parameter α_i im Modell essentiell τ-äquivalenter Variablen genau den Erwartungswerten der beobachteten Variablen Y_i entsprechen, wenn der gemeinsame Faktor η wie folgt normiert wird:
   $$E(\eta) = 0$$
   (b) die Erwartungswerte der beobachteten Variablen Y_i gleich dem Erwartungswert von η sind, falls $\alpha_i = 0$ gesetzt wird.
(2) Zeigen Sie, dass im Modell essentiell τ-äquivalenter Variablen die Kovarianzen der beobachteten Variablen gleich der Varianz von η sein müssen.
(3) Zeigen Sie, dass im Modell essentiell τ-paralleler Variablen die Reliabilität einer Variablen Y_i gleich der Korrelation dieser Variablen mit einer Variablen Y_j ($i \neq j$) ist.
(4) Zeigen Sie, dass die Gleichung F 22.34
$$\tau_i = \lambda_{ij} \cdot \tau_j + \alpha_{ij}$$
aus der Gleichung F 22.31
$$\tau_i = \lambda_i \cdot \eta + \alpha_i$$
folgt.
(5) Zeigen Sie, dass aus Gleichung F 22.31 folgt:
$$Var(\tau_i) = \lambda_i^2 \cdot Var(\eta)$$
(6) Bestimmen Sie den Koeffizienten nach McDonald ω für das Anwendungsbeispiel zum Modell τ-kongenerischer Variablen.

23 Mehrdimensionale Messmodelle und konfirmatorische Faktorenanalyse

Was Sie in diesem Kapitel lernen

▶ Worin unterscheiden sich ein- und mehrdimensionale Modelle menschlichen Verhaltens und Erlebens?
▶ Wie kann man überprüfen, ob Unterschiede in der Selbst- und der Fremdeinschätzung des Verhaltens und Erlebens nicht einfach messfehlerbedingt sind?
▶ Wie lassen sich Zusammenhänge zwischen mehreren Merkmalen messfehlerbereinigt berechnen?
▶ Wie kann man psychologische Ideen in psychometrische Modelle übertragen und diese statistisch überprüfen?
▶ Woran erkennt man, dass ein mehrdimensionales Modell die Realität angemessen beschreibt?

Im letzten Kapitel zur Messfehlertheorie und Klassischen Testtheorie wurden fünf verschiedene Modelle zur Bestimmung der Reliabilität und zur Messung einer gemeinsamen fehlerbereinigten latenten Variablen vorgestellt. Die beschriebenen Modelle wurden im Rahmen der Klassischen Theorie psychometrischer Tests entwickelt. Alle fünf Modelle haben eine Eigenschaft gemeinsam: Sie gehen davon aus, dass sich alle Personen bezüglich des zu untersuchenden Merkmals auf einer Dimension (der gemeinsamen latenten Variablen η) anordnen lassen. Die Zusammenhänge (Kovarianzen), die sich zwischen den beobachteten Variablen feststellen lassen, werden vollständig durch die latente Variable erklärt. Dies zeigt sich darin, dass die Partialkorrelationen der beobachteten Variablen gleich 0 sind, wenn die latente Variable auspartialisiert wird. In den in Kapitel 22 vorgestellten Modellen wird angenommen, dass alle Fehlerkorrelationen 0 sind. Die Fehlerkorrelationen entsprechen den Partialkorrelationen, die man erhält, wenn man den Einfluss der gemeinsamen Variablen η auspartialisiert. Die Annahme unkorrelierter Fehlervariablen kann jedoch in empirischen Anwendungen verletzt sein. Fehlerkorrelationen weisen darauf hin, dass eine einzige latente Variable zur Erklärung des Zusammenhangs der beobachteten Variablen nicht ausreicht, sondern weitere latente Variablen notwendig sind. Dies bedeutet, dass die in Kapitel 22 behandelten Modelle von der Eindimensionalität des untersuchten Merkmalsbereichs ausgehen. In vielen Bereichen der Psychologie beschreiben mehrdimensionale Modelle die Unterschiede zwischen Menschen in psychologischen Merkmalen angemessener. Ein einfaches Beispiel soll uns diesen Sachverhalt verdeutlichen.

23.1 Ein einführendes Beispiel: Die Konvergenz von Selbst- und Fremdbericht

In einer Untersuchung zum emotionalen Wohlbefinden wurde 203 Personen eine Skala zur Erfassung des habituellen Wohlbefindens vorgelegt. Diese Skala besteht aus sechs Adjektiven, anhand deren erfasst wird, wie sich eine Person im Allgemeinen fühlt. Zur Bestimmung der Messfehlerabhängigkeit wurden diese sechs Items in drei Teilskalen gruppiert. Ein Wert jeder Teilskala besteht aus dem arithmetischen Mittelwert der beiden Itemwerte einer Person (s. Tab. 23.1). Zusätzlich zu dem Selbstbericht wurde auch ein Fremdbericht über das habituelle Wohlbefinden dieser Person eingeholt. Hierzu wurde eine enge Freundin oder ein enger Freund gebeten, das habituelle Wohlbefinden der »Zielperson« anhand derselben Items einzuschätzen. Diese Items wurden

Tabelle 23.1 Teilskalen für die Erfassung des habituellen Wohlbefindens

		überhaupt nicht				sehr
		1	2	3	4	5
Teilskala I	gut	☐	☐	☐	☐	☐
	schlecht (r)	☐	☐	☐	☐	☐
Teilskala II	wohl	☐	☐	☐	☐	☐
	unglücklich (r)	☐	☐	☐	☐	☐
Teilskala III	unzufrieden (r)	☐	☐	☐	☐	☐
	glücklich	☐	☐	☐	☐	☐

Instruktion Selbstbericht: Im Allgemeinen fühle ich mich bzw. bin ich …
Instruktion Fremdbericht: Im Allgemeinen fühlt sie/er sich bzw. ist sie/er …

(r): Die Antworten wurden rekodiert, so dass ein hoher Wert bei allen Items Wohlbefinden anzeigt.
Rekodierung: 5→1; 4→2; 3→3; 2→4; 1→5

ebenfalls in drei Teilskalen gruppiert, so dass für jede Person insgesamt sechs Werte zur Bestimmung ihres Wohlbefindens vorliegen (s. Tab. 23.1).

Will man nun die Zuverlässigkeit der Messung bestimmen, so liegt es zunächst auf der Hand, die im letzten Kapitel beschriebenen Modelle der Messfehlertheorie anzuwenden. Eine empirische Anwendung selbst des am wenigsten restriktiven Modells τ-kongenerischer Variablen zeigt jedoch, dass dieses Modell den Zusammenhang zwischen den sechs Variablen nicht zufriedenstellend beschreibt und verworfen werden muss. Betrachtet man die Kovarianzen und die Korrelationen der sechs Variablen in Tabelle 23.2, so wird auch die Ursache für die mangelnde Modellgültigkeit deutlich: Während einerseits die drei Teilskalen des Selbstberichts untereinander hoch korreliert sind (zwischen 0,69 und 0,80) und andererseits auch die drei Teilskalen des Fremdberichts untereinander hoch korrelieren (zwischen 0,77 und 0,82), liegen die Korrelationen zwischen den Selbst- und

Tabelle 23.2 Mittelwerte, Varianzen, Kovarianzen und Korrelationen (blau gefärbt) der beobachteten Variablen zur Erfassung des emotionalen Wohlbefindens (Y_1, Y_2, Y_3: Teilskalen des Selbstberichts; Y_4, Y_5, Y_6: Teilskalen des Fremdberichts)

	Selbstbericht			Fremdbericht		
	y_1	y_2	y_3	y_4	y_5	y_6
Mittelwerte	3,995	3,904	3,707	3,850	3,857	3,682
Selbstbericht						
y_1	0,433	0,695	0,686	0,265	0,282	0,304
y_2	0,347	0,576	0,800	0,290	0,306	0,331
y_3	0,356	0,479	0,623	0,223	0,298	0,295
Fremdbericht						
y_4	0,127	0,160	0,128	0,528	0,770	0,769
y_5	0,142	0,177	0,179	0,426	0,581	0,823
y_6	0,159	0,200	0,185	0,445	0,499	0,632

Fremdberichtsskalen deutlich darunter (zwischen 0,22 und 0,33). Dies bedeutet, dass sich das selbstberichtete und das fremdberichtete Wohlbefinden unterscheiden. Es gibt Personen, deren Wohlbefinden durch Freunde eher überschätzt wird, während bei anderen Personen das Wohlbefinden durch Freunde eher unterschätzt wird. Die geringeren Korrelationen zeigen an, dass selbst- und fremdberichtetes Wohlbefinden divergieren. Psychometrisch bedeutet dies, dass Unterschiede zwischen den individuellen Wohlbefindenswerten auf den sechs Teilskalen nicht nur durch Messfehler bedingt sind, sondern durch *systematische* Unterschiede in den Selbst- und Fremdbeurteilungsprozessen. Selbst wenn wir also das Wohlbefinden messfehlerfrei erfassen könnten, würden sich die wahren Werte, die dem Selbstbericht zugrunde liegen, von den wahren Werten des Fremdberichts unterscheiden. Für jede Person gäbe es somit einen vom Messfehler bereinigten (wahren) Selbstberichtswert und einen vom Messfehler bereinigten (wahren) Fremdberichtswert.

23.1.1 Ein zweidimensionales Modell

Diese Idee, dass Selbstberichtskalen und Fremdberichtsskalen verschiedene wahre Werte einer Person und verschiedene Messfehler erfassen, wird in einem zweidimensionalen Modell berücksichtigt. In dem in Abbildung 23.1 dargestellten zweidimensionalen Mo-

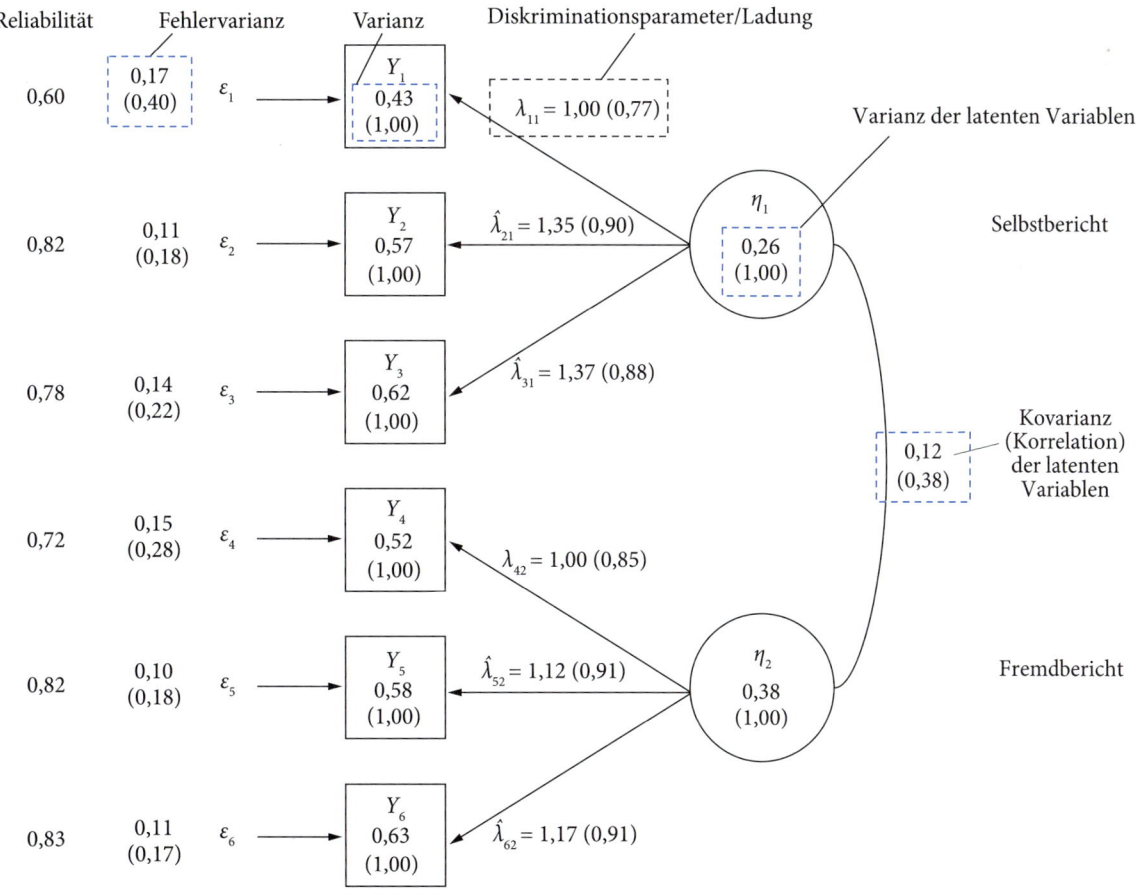

Abbildung 23.1 Zweidimensionales Modell zur Beschreibung des Zusammenhangs zwischen drei Selbstberichts-Teilskalen (Y_1, Y_2, Y_3) und drei Fremdberichts-Teilskalen (Y_4, Y_5, Y_6) zur Erfassung des habituellen Wohlbefindens. Angegeben sind die unstandardisierten Werte und die Werte, die man nach Standardisierung der manifesten Variablen und der latenten Variablen erhält, d. h. die komplett standardisierten Werte (in Klammern)

dell wird angenommen, dass sowohl die drei Selbstberichtsskalen als auch die drei Fremdberichtsskalen mit einem Modell essentiell τ-kongenerischer Variablen beschrieben werden können, die beiden latenten Variablen η_1 und η_2 sich jedoch zwischen den Selbst- und den Fremdberichtsskalen unterscheiden.

Notation

Wie in den eindimensionalen Modellen lässt sich auch in diesem mehrdimensionalen Messmodell eine beobachte Variable in zwei Anteile zerlegen, von denen einer durch die gemeinsame latente Variable und der andere durch die Fehlervariable bestimmt wird. Im Unterschied zu den eindimensionalen Modellen gibt es jetzt jedoch nicht nur mehr eine, sondern mehrere gemeinsame latente Variablen. Daher erhält die latente Variable η nun einen Index und wird im Allgemeinen mit η_j bezeichnet ($j = 1, …, k$). Folglich müssen auch die Diskriminationsparameter durch einen weiteren Index ergänzt werden: λ_{ij}. Der erste Index i bezeichnet die manifeste Variable, der zweite Index j die gemeinsame latente Variable η_j. Die Leichtigkeitsparameter behalten ihre Indizierung, da es weiterhin für jede Variable nur einen Leichtigkeitsparameter gibt. Die Zerlegung einer manifesten Variablen Y_i in dem zweidimensionalen Modell, das in Abbildung 23.1 dargestellt ist, lautet wie folgt:

$$Y_i = \alpha_i + \lambda_{i1} \cdot \eta_1 + \lambda_{i2} \cdot \eta_2 + \varepsilon_i \qquad \text{(F 23.1)}$$

Da jedoch angenommen wird, dass die ersten drei manifesten Variablen Y_1, Y_2 und Y_3 (die Selbstberichte) lediglich die latente Variable η_1 und die letzten drei manifesten Variablen Y_4, Y_5 und Y_6 (die Fremdberichte) nur die latente Variable η_2 erfassen, sind in dem dargestellten Modell die Diskriminationsparameter λ_{12}, λ_{22}, λ_{32} (der ersten drei beobachteten Variablen und der zweiten latenten Variablen) sowie die Diskriminationsparameter λ_{41}, λ_{51}, λ_{61} (der letzten drei beobachteten Variablen und der ersten latenten Variablen) alle per Vorannahme gleich 0.

Erläuterung der pfadanalytischen Darstellung des Modells

In Abbildung 23.1 sind die Ergebnisse der Modellschätzung mittels des Computerprogramms Mplus (Geiser, 2010; Muthén & Muthén, 2004–2008) dargestellt. In der Abbildung sind zwei Arten von Parametern angegeben: unstandardisierte Parameter und standardisierte Parameter, die man nach Standardisierung der manifesten Variablen Y_i und der latenten Variablen η_j erhält. Standardisierung bedeutet hier, dass von jedem Wert der Mittelwert der Variablen abgezogen wird und dieser Abweichungswert durch die Standardabweichung der Variablen geteilt wird (z-Transformation, s. Abschn. 6.5). Bei mehrdimensionalen Messmodellen handelt es sich strukturell gesehen um regressionsanalytische Modelle, wobei die unabhängigen Variablen latent (unbeobachtet) sind. Daher können die standardisierten Diskriminationsparameter wie standardisierte Regressionskoeffizienten interpretiert werden. Da in dem Modell in Abbildung 23.1 jede beobachtete Variable mit nur einer latenten Variablen η_j verknüpft ist, entspricht das Quadrat des standardisierten Diskriminationskoeffizienten genau der Reliabilität (s. Übung 1). Die Reliabilität lässt sich auch ermitteln, indem man die standardisierte Fehlervarianz von dem Wert 1 abzieht (s. Übung 2).

Konvergente Validität

Die gemeinsame Modellierung der sechs Teilskalen in einem Modell hat u. a. den Vorteil, dass die Korrelation zwischen den beiden latenten Variablen geschätzt werden kann. Diese liegt bei $r = 0{,}38$ und ist größer als jede der Korrelationen zwischen einer Selbstberichtsskala und einer Fremdberichtsskala. Während die Korrelationen der sechs manifesten Variablen aufgrund der Messfehler verringert sind, ist die Korrelation zwischen den beiden latenten Variablen η_1 und η_2 eine adäquatere, weil von Messfehlern freie Schätzung für den Zusammenhang zwischen Selbst- und Fremdbericht. Da es sich bei dem Selbst- und Fremdbericht um zwei verschiedene Methoden handelt, die dasselbe Merkmal erfassen sollen, wird diese Korrelation im Rahmen der multimethodalen Validierung auch als konvergente Validität bezeichnet (Campbell & Fiske, 1959). Konvergente Validität liegt dann vor, wenn die verschiedenen Methoden (z. B. Selbstbericht, Fremdbericht), mit denen dasselbe Merkmal erfasst werden soll, hoch miteinander korreliert sind (s. hierzu ausführlicher Eid & Diener, 2006a; Eid et al., 2006a; Eid et al., 2008b).

23.1.2 Ein alternatives Modell: Modell mit Methodenfaktor

Das Modell mit zwei korrelierten latenten Variablen ist nur eine Möglichkeit, die nicht perfekte Konvergenz des Selbst- und Fremdberichts abzubilden. Eine zweite, alternative Möglichkeit ist in Abbildung 23.2 dargestellt. Dieses Modell passt ebenfalls sehr gut zu den Daten. In diesem Modell sind alle sechs Teilskalen Indikatoren einer gemeinsamen latenten Variablen. Damit wird zum Ausdruck gebracht, dass alle sechs Teilskalen dasselbe Konstrukt messen sollen.

Die drei Fremdberichtsskalen erfassen darüber hinaus aber noch eine zweite latente Variable, die mit der ersten Variablen unkorreliert ist. Diese zweite Variable hat eine andere Bedeutung als die zweite latente Variable in Abbildung 23.1: Während die zweite latente Variable in Abbildung 23.1 die gemeinsame latente Variable der Fremdberichtsskalen ist und im Rahmen des kongenerischen Messmodells der Fremdberichtsskalen als Funktion der True-Score-Variablen der Fremdberichtsskalen definiert werden kann (s. Kap. 22), kennzeichnet die zweite latente Variable in Abbildung 23.2 die Abweichung der wahren Fremdberichtswerte von den wahren Selbstberichtswerten (s. hierzu ausführlich Eid, 2000; Eid et al., 2003b; Eid et al., 2006a).

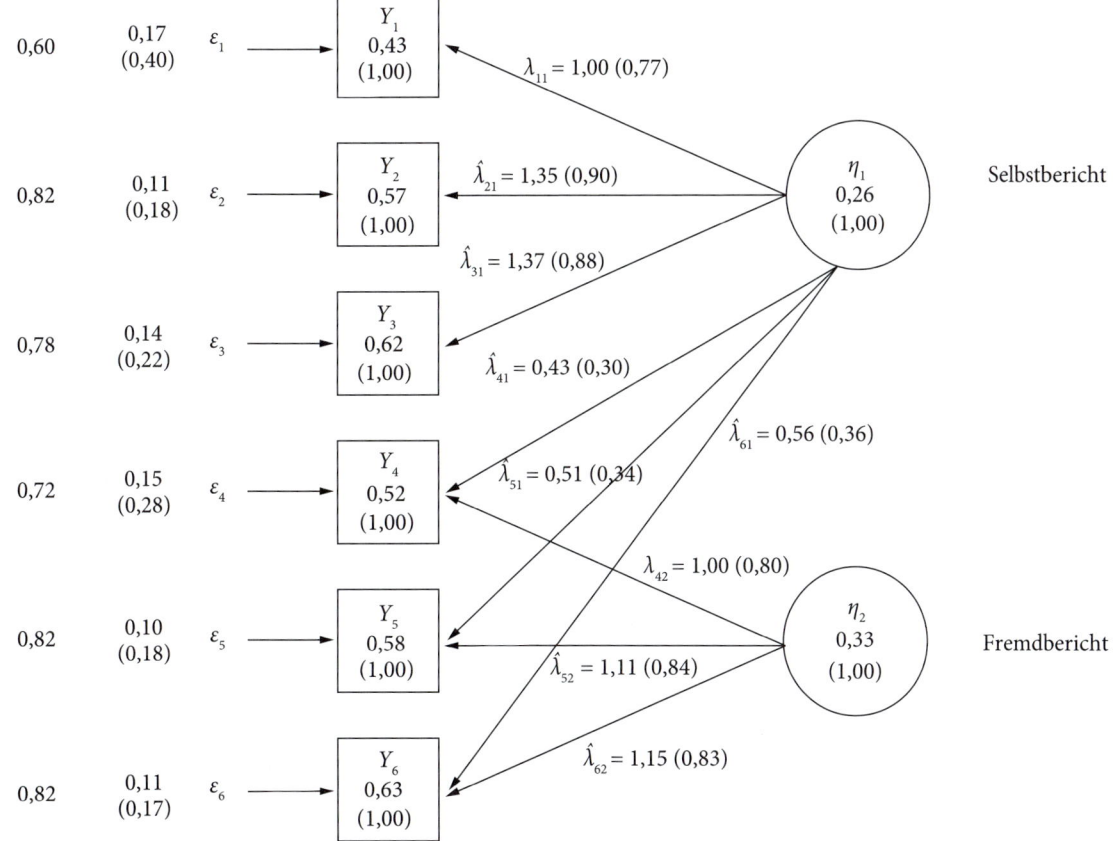

Abbildung 23.2 Alternatives zweidimensionales Modell zur Beschreibung des Zusammenhangs zwischen drei Selbstberichts-Teilskalen (Y_1, Y_2, Y_3) und drei Fremdberichts-Teilskalen (Y_4, Y_5, Y_6) zur Erfassung des habituellen Wohlbefindens. Angegeben sind die unstandardisierten und die komplett standardisierten Parameterschätzungen (in Klammern)

Diese alternative Darstellung zeigt, dass man aufgrund der Selbstberichtswerte die Fremdbeurteilungen zwar vorhersagen kann, aber nicht perfekt. Es bleibt ein Teil des Fremdberichts, der nichts mit dem Selbstbericht zu tun hat. Dies bedeutet, dass die zweite latente Variable den Methodeneffekt der Fremdberichtsmethode (im Vergleich zur Selbstberichtsmethode) kennzeichnet. Ein hoher positiver Wert auf der latenten Variablen η_2 bedeutet, dass das Wohlbefinden der Zielperson von ihrer Freundin/ihrem Freund vergleichsweise überschätzt wird, der wahre Fremdberichtswert also höher ist, als man aufgrund des selbstberichteten Wohlbefindenswertes erwarten würde. Umgekehrt bedeutet ein negativer Wert auf der Variablen η_2 in Abbildung 23.2, dass die Zielperson in ihrem Wohlbefinden von der Freundin/dem Freund vergleichsweise unterschätzt wird. Die latente Variable η_1 hat in Abbildung 23.2 dieselbe Bedeutung wie in Abbildung 23.1. Dies zeigt sich auch darin, dass die Diskriminationsparameter und die Reliabilitäten in gleicher Weise geschätzt werden.

Varianzkomponenten einer Fremdberichtsskala

Im Vergleich zur Darstellungsform in Abbildung 23.1 hat die Darstellungsform in Abbildung 23.2 den Vorteil, dass die latente Variable η_2 im Sinne einer methodenspezifischen Abweichung interpretiert werden kann. Da die Variable η_2 in Abbildung 23.2 mit der Variablen η_1 unkorreliert ist (wie Eid et al., 2003b gezeigt haben), lässt sich die Varianz einer Fremdberichtsskala in drei Anteile zerlegen:

$$Var(Y_i) = \lambda_{i1}^2 \cdot Var(\eta_1) + \lambda_{i2}^2 \cdot Var(\eta_2) + Var(\varepsilon_i) \quad \text{(F 23.2)}$$

Konsistenzkoeffizient und konvergente Validität. Die erste Varianzkomponente basiert auf der Varianz der beobachteten Variablen, die durch die erste latente Variable (den Selbstbericht) erklärt wird. Teilt man die durch die latente Variable η_1 erklärte Varianz einer Fremdberichtsskala Y_i durch deren Gesamtvarianz, erhält man den Konsistenzkoeffizienten:

$$Con(Y_i) = \frac{\lambda_{i1}^2 \cdot Var(\eta_1)}{Var(Y_i)} \quad \text{(F 23.3)}$$

Dieser Konsistenzkoeffizient gibt an, wie gut beobachtete Unterschiede in einer Fremdberichtsskala durch Unterschiede in den wahren Werten der Selbstberichte vorhergesagt werden können. Dieser Varianzanteil einer Fremdberichtsskala kennzeichnet ihre konvergente Validität.

Methodenspezifitätskoeffizient. Die zweite Varianzkomponente ist derjenige Varianzanteil einer Fremdberichtsskala, der auf Unterschiede in der latenten Variablen η_2 zurückgeführt werden kann. Es handelt sich somit um die für den Fremdbericht spezifische Varianz einer Fremdberichtsskala. Teilt man diese spezifische Varianz einer Fremdberichtsskala Y_i durch deren Gesamtvarianz, erhält man den Methodenspezifitätskoeffizienten:

$$MS(Y_i) = \frac{\lambda_{i2}^2 \cdot Var(\eta_2)}{Var(Y_i)} \quad \text{(F 23.4)}$$

Er spiegelt den Anteil an der Gesamtvarianz einer Fremdberichtsskala wieder, der mit der spezifischen Erfassungsmethode (hier also der Methode des Fremdberichts) erklärt werden kann.

Unreliabilität und Reliabilität. Teilt man die Messfehlervarianz einer Fremdberichtsskala Y_i durch deren Gesamtvarianz, erhält man die Unreliabilität dieser Fremdberichtsskala, also den Anteil ihrer Varianz, der durch den Messfehler bestimmt wird:

$$URel(Y_i) = \frac{Var(\varepsilon_i)}{Var(Y_i)} \quad \text{(F 23.5)}$$

Der Konsistenzkoeffizient und der Methodenspezifitätskoeffizient repräsentieren gemeinsam denjenigen Varianzanteil einer Fremdberichtsskala, der nicht auf den Messfehler zurückgeführt werden kann, und sie addieren sich daher zur Reliabilität:

$$Rel(Y_i) = \frac{\lambda_{i1}^2 \cdot Var(\eta_1) + \lambda_{i2}^2 \cdot Var(\eta_2)}{Var(Y_i)} \quad \text{(F 23.6)}$$

Reliabilität und Unreliabilität addieren sich zu 1 auf.

Schätzungen der Koeffizienten im Anwendungsbeispiel

Die Konsistenz-, Methodenspezifitäts- und Reliabilitätskoeffizienten der drei Fremdberichtsskalen sind

Tabelle 23.3 Reliabilitäts-, Konsistenz- und Methodenspezifitätskoeffizienten für das alternative zweidimensionale Modell in Abbildung 23.2

Manifeste Variable	Reliabilität $\widehat{Rel}(Y_i) = \dfrac{\hat{\lambda}_{i1}^2 \cdot \widehat{Var}(\eta_1) + \hat{\lambda}_{i2}^2 \cdot \widehat{Var}(\eta_2)}{\widehat{Var}(Y_i)}$	Konsistenz $\widehat{Kon}(Y_i) = \dfrac{\hat{\lambda}_{i1}^2 \cdot \widehat{Var}(\eta_1)}{\widehat{Var}(Y_i)}$	Methodenspezifität $\widehat{MS}(Y_i) = \dfrac{\hat{\lambda}_{i2}^2 \cdot \widehat{Var}(\eta_2)}{\widehat{Var}(Y_i)}$
Selbstbericht			
Y_1	0,60	0,60	
Y_2	0,82	0,82	
Y_3	0,78	0,78	
Fremdbericht			
Y_4	0,72	0,09	0,63
Y_5	0,82	0,12	0,70
Y_6	0,82	0,13	0,69

in Tabelle 23.3 zusammengestellt. Die Reliabilitäten entsprechen den Angaben in Abbildung 23.2. Sie unterscheiden sich nur unwesentlich von den Reliabilitäten in dem zweifaktoriellen Modell, das in Abbildung 23.1 dargestellt ist. Da sich beide Modelle auf dieselben Daten beziehen, sollte der geschätzte Messfehlereinfluss auch nicht verschieden sein. Für die Selbstberichtsmethode gleichen die Konsistenzkoeffizienten den Reliabilitätskoeffizienten, da die Selbstberichtsskalen nur die erste latente Variable indizieren und die Parameter λ_{12}, λ_{22} und λ_{32} somit alle gleich 0 sind. Die geringen Konsistenzkoeffizienten und die hohen Methodenspezifitätskoeffizienten der Fremdberichtsvariablen zeigen an, dass Fremdurteile nur zu einem geringen Teil durch Selbsturteile prädizierbar sind.

23.1.3 Verschiedene Darstellungsformen von Multidimensionalität

Wir haben die beiden Möglichkeiten der Modellierung von Divergenzen zwischen verschiedenen Messmethoden am Beispiel von Selbst- und Fremdberichten aus zwei Gründen so ausführlich dargestellt: (1) Sie zeigen, dass es mehrere sinnvolle Modelle der Multidimensionalität gibt. (2) Die beiden Modelle machen deutlich, dass man ein mehrdimensionales Phänomen so modellieren kann, dass eine manifeste Variable Indikator nur einer latenten Variablen ist oder aber auch als Indikator für mehrere latente Variablen fungieren kann.

Mehrere sinnvolle Modelle der Multidimensionalität. Erstens zeigen die beiden Darstellungsformen, dass es mehrere sinnvolle Möglichkeiten gibt, Multidimensionalität abzubilden. Beide Ansätze modellieren das gleiche psychologische Phänomen, jedoch in etwas unterschiedlicher Weise. Welche der beiden Darstellungsformen man wählt, hängt davon ab, welche Information man gewinnen möchte: Ist man ausschließlich an den wahren Werten des Selbst- und des Fremdberichts und ihrem korrelativen Zusammenhang interessiert, wählt man die erste Modellierungsform (Abb. 23.1). Ist man hingegen an einer latenten Variablen interessiert, die den methodenspezifischen Einfluss des Fremdberichts repräsentiert, also denjenigen Einfluss, den der Fremdbericht nicht mit dem Selbstbericht teilt, wählt man die zweite Modellierungsform (Abb. 23.2). Will man z. B. anhand weiterer Variablen erklären, warum es Personen gibt, deren Wohlbefinden von Freunden über- oder unterschätzt wird, würde man die zweite Darstellungsform wählen, da die zweite latente Variable in diesem Modell direkt mit anderen latenten Variablen in Beziehung gesetzt werden kann. So ist es etwa denkbar, dass manche Menschen den Kontakt zu

Freunden besonders dann suchen, wenn es ihnen gut geht, während sie sich eher zurückziehen, wenn es ihnen schlecht geht. Das allgemeine Wohlbefinden dieser Personen würde von Freunden vermutlich überschätzt werden. Bei anderen Personen könnte es genau umgekehrt sein: Sie neigen vielleicht dazu, sich vermehrt an Freunde zu wenden, wenn sie in schlechter Stimmung sind, während sie glückliche Stunden lieber allein genießen. Bei diesen Personen würde man mit einer Unterschätzung des allgemeinen Wohlbefindens durch Freunde rechnen. Hätte man das Kontaktverhalten mit mehreren Indikatoren erhoben, könnte man seine latente Variable η_3 mit η_1 und η_2 in Modell 2 korrelieren. Man würde eine hohe Korrelation der latenten Kontaktvariablen mit η_2 erwarten, aber keine Korrelation mit η_1 (wenn das Kontaktverhalten nicht mit dem selbstberichteten Wohlbefinden korreliert ist, wie im vorliegenden Beispiel angenommen wird). Denn η_1 repräsentiert denjenigen Einfluss auf Selbst- und Fremdeinschätzungen des Wohlbefindens, der von methodenspezifischen Einflüssen (Verzerrungen) des Fremdberichts unabhängig ist, während η_2 genau diese methodenspezifischen Einflüsse repräsentiert. Was würde man erwarten, wenn man das Kontaktverhalten mit den beiden latenten Variablen in Modell 1 korrelieren würde? Erneut würde man keine Korrelation mit η_1 erwarten, da der Selbstbericht des allgemeinen Wohlbefindens vom Kontaktverhalten unabhängig ist. Weiterhin würde man in Modell 1 eine geringere Korrelation zwischen dem Kontaktverhalten und η_2 erwarten als in Modell 2. Denn während η_2 in Modell 2 nur die methodenspezifischen Einflüsse repräsentiert, bildet η_2 in Modell 1 eine Mischung aus diesen methodenspezifischen Einflüssen und tatsächlichen Unterschieden im Wohlbefinden der Zielperson, die auch im Selbstbericht sichtbar werden.

Dekomposition einer beobachteten Variablen. Zweitens zeigen die beiden Modelle, dass man ein mehrdimensionales Phänomen so modellieren kann, dass eine manifeste Variable Indikator nur einer latenten Variablen ist (Modell 1), aber auch so, dass eine manifeste Variable als Indikator für mehrere latente Variablen fungiert (Modell 2). Aus dieser unterschiedlichen Modellierung ergibt sich, dass in Modell 1 eine beobachtete Variable nur in eine latente Variable und den Messfehler dekomponiert wird, während in Modell 2 eine beobachtete Variable in mehrere latente Variablen und den Messfehler zerlegt wird.

Es ist wichtig zu erkennen, dass die latenten Variablen in den beiden Modellen nicht identisch sind, sondern etwas Verschiedenes bedeuten. Weiterhin ist es wichtig einzusehen, dass die Wahl eines Modells zur Darstellung von Multidimensionalität nicht durch die Daten selbst bestimmt wird, sondern sich aus einer psychologischen Theorie oder einer inhaltlichen Fragestellung ergibt. Wenn unterschiedliche Modelle dieselben Daten gleich gut darzustellen vermögen, kann sich die Wahl eines Modells nicht aus den Daten ergeben, sonders muss von der Forschungsfrage geleitet sein.

23.2 True-Score-Modelle vs. Faktormodelle

Nicht alle mehrdimensionalen Modelle lassen sich den True-Score-Modellen zuordnen, die wir bisher behandelt haben. True-Score-Modelle gehen davon aus, dass der nicht durch die latenten Variablen bestimmte Anteil einer beobachteten Variablen ausschließlich Messfehlereinflüsse repräsentiert. Diese Annahme wird jedoch nicht in allen Modellen mit latenten Variablen getroffen. In faktorenanalytischen Modellen wird häufig davon ausgegangen, dass der Anteil, der nicht durch latente Variablen, d. h. die Faktoren, bestimmt wird, nicht nur Messfehlereinflüsse repräsentiert, sondern darüber hinaus noch einen wahren True-Score-Anteil, der nicht durch Faktoren gebunden ist. Diesem Modell zufolge lässt sich eine beobachtete Variable in drei Teile zerlegen:
(1) den Messfehler,
(2) einen spezifischen Anteil der True-Score-Variablen, der mit keiner anderen Variable geteilt wird, und
(3) einen Anteil der True-Score-Variablen, der mit den anderen Variablen geteilt wird und durch gemeinsame Faktoren erklärt wird.

23.2.1 Uniqueness und Kommunalität

Da der spezifische Faktor und der Messfehler jeweils nur auf einen einzelnen Indikator Einfluss haben, lassen sie sich nicht ohne weiteres voneinander trennen. Messfehler und spezifischer Anteil werden daher auch häufig unter dem Begriff »uniqueness« zusammengefasst. Häufig benutzt man auch einfach den Begriff der Fehlervariablen oder Residualvariablen und nimmt dabei in Kauf, dass diese Variablen nicht nur Messfehler im eigentlichen Sinne, sondern auch einen spezifischen Anteil enthalten. Im Folgenden werden wir den Begriff der Residualvariablen benutzen, der zum Ausdruck bringen soll, dass diese Variablen den nicht durch die gemeinsamen Faktoren bestimmten Teil der manifesten Variablen repräsentieren. Oft ist es schwer zu entscheiden, ob die nicht erklärte Varianz ausschließlich Messfehlervarianz oder auch spezifische Varianz umfasst. Der durch die gemeinsamen Faktoren erklärte Varianzanteil ist somit zumeist nur eine untere Grenze für die Reliabilität. Im Allgemeinen wird der durch die gemeinsamen Faktoren erklärte Varianzanteil der manifesten Variablen Kommunalität genannt (s. Abschn. 23.3). Enthält der spezifische Anteil nur Messfehlereinflüsse, so ist die Reliabilität gleich der Kommunalität. Hat man berechtigte Vermutungen, dass der nicht-erklärte Varianzanteil nicht ausschließlich auf Messfehlereinflüsse zurückgeht, kann der wahre spezifische Anteil z. B. dadurch bestimmt werden, dass andere Variablen in die Analysen einbezogen werden, die dieselbe True-Score-Variable wie die Ausgangsvariable erfassen. Das mehrdimensionale Messmodell muss somit durch zusätzliche Variablen erweitert werden, und der ursprünglich nicht vom Messfehler trennbare spezifische Anteil wird durch eine solche Erweiterung zu einem gemeinsamen Faktor der ursprünglichen Variablen und der zusätzlich aufgenommenen Variablen und lässt sich vom Messfehler trennen.

> **Beispiel**
>
> **Messung der Intelligenz**
>
> Wir wollen dies an einem kleinen Beispiel erläutern. Nehmen wir einmal an, jemand habe zur Messung der Intelligenz fünf Aufgaben zusammengestellt, deren Lösung die Fähigkeit zu logischen Schlussfolgerungen verlangt. Bei zwei Aufgaben müssen Zahlenfolgen, bei zwei Aufgaben Symbolfolgen fortgesetzt werden, und bei einer Aufgabe wird das Problem sprachlich vorgegeben (Textaufgabe). Die Analyse eines eindimensionalen Modells (mit einem Faktor) ergibt kleine Residualvarianzen für die numerischen und symbolischen Aufgaben und eine große Residualvarianz für die Textaufgabe. Dieses Ergebnis legt die Vermutung nahe, dass die große Residualvarianz der Textaufgabe nicht nur durch den Messfehler entsteht, sondern auch daher rührt, dass die Aufgabe außer der Fähigkeit zum logischen Schlussfolgern auch das Sprachverständnis misst. Um diese Hypothese zu prüfen, müsste der Test um mindestens eine weitere Textaufgabe erweitert werden. Dann könnte geprüft werden, ob die beiden Textaufgaben außer dem logischen Schlussfolgern das Sprachverständnis als einen weiteren (spezifischen) Faktor gemeinsam haben. Das logische Schlussfolgern würde dann dem Faktor η_1, das Sprachverständnis dem Faktor η_2 in Abbildung 23.2 entsprechen.

23.2.2 Faktoren und Ladungen

Die True-Score-Modelle, die wir dargestellt haben, implizieren somit spezielle Modelle der Faktorenanalyse. Häufig werden daher latente Variablen auch allgemein als Faktoren und Diskriminationsparameter als Ladungsparameter oder einfach als Ladungen bezeichnet. »Faktor« ist der weitere Begriff, da jede True-Score-Variable auch ein Faktor ist, aber nicht jeder Faktor gleich der True-Score-Variablen ist. Der Begriff »Faktor« bedeutet im Folgenden also allgemein eine latente Variable.

23.2.3 Konfirmatorische vs. exploratorische Faktorenanalyse

Bei den beiden mehrdimensionalen Messmodellen, die wir in den Abbildungen 23.1 und 23.2 dargestellt haben, handelt es sich um zwei spezielle faktorenanalytische Modelle. In beiden Fällen haben wir die Anzahl der Faktoren aufgrund theoretischer Überlegungen ausgewählt, da es sinnvoll erscheint, dass die drei Selbstberichtsvariablen dasselbe Konstrukt erfassen, und dies für die drei Fremdberichtsvariablen auch der Fall ist. Darüber hinaus ist es theoretisch gut begründet, dass Selbst- und Fremdberichte auch dann voneinander abweichen, wenn sie von Messfehlern bereinigt sind. Neben der Anzahl der Faktoren haben wir auch die Ladungsstruktur theoretisch festgelegt, indem wir z. B. in dem Modell in Abbildung 23.1 annehmen, dass die Selbstberichtsvariablen nur auf dem Selbstberichtsfaktor (nicht aber auf dem Fremdberichtsfaktor) und die Fremdberichtsvariablen nur auf dem Fremdberichtsfaktor (nicht aber auf dem Selbstberichtsfaktor) laden. Schließlich haben wir angenommen, dass die Residualvariablen unkorreliert sind.

Immer dann, wenn man ein faktorenanalytisches Modell in dieser Weise theoretisch festlegt, spricht man von konfirmatorischer (»bestätigender«, von lat. confirmare) Faktorenanalyse. Sie unterscheidet sich von der exploratorischen (»erkundenden«) Faktorenanalyse, die wir im nächsten Kapitel kennenlernen werden. Ziel der konfirmatorischen Faktorenanalyse ist es, ein Modell, das theoretisch begründet wurde, zu überprüfen und ggf. zu bestätigen. Bei der exploratorischen Faktorenanalyse kennt man die Anzahl der Faktoren und/oder die Ladungsstruktur nicht a priori, sondern man will aufgrund einer exploratorischen Analyse feststellen, wie viele Faktoren gebraucht werden, um die Zusammenhangsstruktur der manifesten Variablen zu erklären, und/oder welche manifesten Variablen auf welche latenten Variablen zurückgeführt werden können.

23.3 Grundidee der Faktorenanalyse

Grundzerlegung der Faktorenanalyse. Wie wir im einleitenden Beispiel hergeleitet haben, besteht die Grundidee der Faktorenanalyse darin, die beobachteten Variablen in eine Linearkombination der Faktoren und einer Residualvariablen zu zerlegen. Bezeichnet p die Anzahl der beobachteten Variablen und k die Anzahl der Faktoren, so lässt sich jede beobachtete Variable Y_i ($i = 1, …, p$) wie folgt zerlegen:

$$Y_i = \alpha_i + \lambda_{i1} \cdot \eta_1 + … + \lambda_{ij} \cdot \eta_j + … + \lambda_{ik} \cdot \eta_k + \varepsilon_i$$

bzw.

$$Y_i = \alpha_i + \sum_{j=1}^{k} \lambda_{ij} \cdot \eta_j + \varepsilon_i \qquad \text{(F 23.7)}$$

Varianzzerlegung. Unter der Annahme, dass die Faktoren η_j nicht mit den Residualvariablen ε_i korreliert sind:

$$Kor(\eta_j, \varepsilon_i) = 0, \text{ für alle } j = 1, …, k \text{ und } i = 1, …, p,$$

lässt sich die Varianz einer beobachteten Variablen in zwei Teile zerlegen, und zwar den Teil der Varianz, der durch die Faktoren bedingt wird, und den Teil, der nicht auf die Faktoren zurückgeführt werden kann:

$$Var(Y_i) = Var\left(\sum_{j=1}^{k} \lambda_{ij} \cdot \eta_j\right) + Var(\varepsilon_i) \qquad \text{(F 23.8)}$$

Kommunalität. Teilt man beide Seiten dieser Gleichung durch $Var(Y_i)$, so erhält man:

$$1 = \frac{Var\left(\sum_{j=1}^{k} \lambda_{ij} \cdot \eta_j\right)}{Var(Y_i)} + \frac{Var(\varepsilon_i)}{Var(Y_i)} \qquad \text{(F 23.9)}$$

Der durch die Faktoren bedingte Varianzanteil einer beobachteten Variablen wird Kommunalität $H(Y_i)$ genannt:

$$H(Y_i) = \frac{Var\left(\sum_{j=1}^{k} \lambda_{ij} \cdot \eta_j\right)}{Var(Y_i)} = 1 - \frac{Var(\varepsilon_i)}{Var(Y_i)} \qquad \text{(F 23.10)}$$

Faktorenanalyse und Regressionsanalyse. Die Kommunalität entspricht dem Determinationskoeffizienten in der multiplen Regressionsanalyse (s. Abschn. 18.6). Sie ist die quadrierte multiple Korrelation zwischen der beobachteten Variablen und den Faktoren. Die Grundzerlegung der Faktorenanalyse zeigt, dass die Faktorenanalyse ein lineares Modell ist, in dem eine abhängige Variable in eine Linearkombination unabhängiger Variablen zerlegt wird. Der Unterschied zur Regressionsanalyse besteht darin, dass in der Regressionsanalyse die unabhängigen Variablen beobachtete Variablen sind, wohingegen sie in der Faktorenanalyse latent sind.

> **Vertiefung**
>
> **Matrixalgebraische Darstellung der Faktorenanalyse**
>
> Häufig wird das faktorenanalytische Modell in matrixalgebraischer Form dargestellt, da es sich hierbei um eine ökonomische Darstellungsform handelt. Die Grundgleichung der Faktorenanalyse in Matrixschreibweise (s. Anhang B) lautet dann:
>
> $$\mathbf{y} = \boldsymbol{\alpha} + \boldsymbol{\Lambda} \cdot \boldsymbol{\eta} + \boldsymbol{\varepsilon} \qquad (F\ 23.11)$$
>
> Hierbei bedeutet:
> - $\mathbf{y}$: Vektor der Y-Variablen vom Typ $p \times 1$; p: Anzahl von manifesten Variablen (Merkmalen)
> - $\boldsymbol{\alpha}$: Vektor der Leichtigkeitsparameter α_i vom Typ $p \times 1$
> - $\boldsymbol{\Lambda}$ (großes griechisches Lambda): Faktorladungsmatrix vom Typ $p \times k$; k: Anzahl der Faktoren
> - $\boldsymbol{\eta}$: Vektor der Faktoren vom Typ $k \times 1$
> - $\boldsymbol{\varepsilon}$: Vektor der Residualvariablen ε_i vom Typ $p \times 1$
>
> Die Populationskovarianzmatrix $\boldsymbol{\Sigma}$ der manifesten Variablen Y_i lässt sich dann wie folgt im faktorenanalytischen Modell zerlegen:
>
> $$\boldsymbol{\Sigma} = \boldsymbol{\Lambda} \cdot \boldsymbol{\Phi} \cdot \boldsymbol{\Lambda}' + \boldsymbol{\Theta} \qquad (F\ 23.12)$$
>
> Hierbei wird die Annahme der Unkorreliertheit der Residualvariablen mit den Faktoren getroffen. Mit $\boldsymbol{\Phi}$ (großes griechisches Phi) wird die Kovarianzmatrix der Faktoren und mit $\boldsymbol{\Theta}$ (großes griechisches Theta) die Kovarianzmatrix der Residualvariablen bezeichnet.
>
> Diese Gleichung verdeutlicht, dass das Ziel der Faktorenanalyse darin liegt, die Zusammenhangsstruktur (im Sinne der Kovarianzmatrix) der manifesten Variablen zu erklären. Sind die Residualvariablen unkorreliert, gehen alle Zusammenhänge zwischen den beobachteten Variablen auf die gemeinsame Abhängigkeit der manifesten Variablen von den Faktoren und die Zusammenhänge zwischen den Faktoren zurück. Die matrixalgebraische Darstellung des Modells in Abbildung 23.1 wird in Abschnitt 23.4.1 behandelt, die matrixalgebraische Formulierung des Modells in Abbildung 23.2 ist Gegenstand von Übung 3.

23.4 Allgemeine Fragen bei der konfirmatorischen Faktorenanalyse

Den verschiedenen Modellen mit latenten Variablen, die wir in den vorherigen Abschnitten vorgestellt haben, liegt die gemeinsame Annahme zugrunde, dass beobachtbare Messwerte durch latente Werte und Residualwerte bestimmt werden. Da die latenten Variablen nicht direkt beobachtet werden können, sondern aus den beobachtbaren Werten erschlossen werden müssen, stellen sich bei Modellen mit latenten Variablen einige Fragen und Probleme, die sich bei den statistischen Verfahren für ausschließlich beobachtbare Variablen, die wir in den früheren Kapiteln kennengelernt haben, nicht in gleicher Weise stellen. Diese allgemeinen Grundfragen sollen im Folgenden behandelt werden. Sie treffen auf die Modelle der konfirmatorischen Faktorenanalyse im Allgemeinen zu, aber auch auf die Spezialfälle der ein- und mehrdimensionalen Testmodelle, die im Rahmen der True-Score-Modelle entwickelt wurden. Diese Fragen beziehen sich auf

(1) die korrekte Spezifikation eines Modells,
(2) das Problem, ob und in welcher Weise die Parameter eines faktorenanalytischen Modells (Leichtigkeitsparameter, Ladungen, Varianzen und Kovarianzen der Faktoren, Varianzen und Kovarianzen der Residualvariablen) anhand der verfügbaren Informationen (den Erwartungswerten, Varianzen und Kovarianzen der beobachteten Variablen) grundsätzlich bestimmt werden können (Identifikation),
(3) die Frage, wie die Parameter eines Modells geschätzt werden können, und

(4) ob das Modell überhaupt gültig ist bzw. wie die Gültigkeit eines Modells getestet werden kann (Überprüfung der Modellgültigkeit).

Wir werden diese vier Grundfragen im Folgenden detailliert behandeln.

> **Grundfragen der konfirmatorischen Faktorenanalyse**
> (1) Ist das Modell korrekt spezifiziert?
> (2) Ist das Modell identifiziert?
> (3) Wie können die Modellparameter geschätzt werden?
> (4) Ist das Modell gültig?

23.4.1 Modellspezifikation: Warum Theorie so wichtig ist!

Eine konfirmatorische Faktorenanalyse kann nur dann durchgeführt werden, wenn eine theoretische Vorstellung davon besteht, wie viele latente Variablen zur Erklärung beobachtbarer Unterschiede und Zusammenhänge benötigt werden und welche manifesten Variablen auf welchen latenten Variablen laden. Ohne ein gut begründetes theoretisches Modell ist eine konfirmatorische Faktorenanalyse meist zum Scheitern verurteilt. Die zentrale Frage, die im Rahmen der Modellspezifikation gelöst werden muss, besteht darin, eine inhaltliche Vorstellung angemessen in ein dimensionales Modell zu übertragen. Dies ist jedoch nicht immer so einfach, wie es auf den ersten Blick erscheint. Häufig wird die theoretische Vorstellung, dass verschiedene beobachtbare Merkmale »inhaltlich dasselbe« erfassen, mit der Unidimensionalität (Eindimensionalität) der Merkmale gleichgesetzt. Anwenderinnen und Anwender der konfirmatorischen Faktorenanalyse machen sich hierbei des Öfteren nicht bewusst, dass die Eindimensionalität eines Konstrukts eine äußerst strenge Annahme ist, wie bei der Darstellung der eindimensionalen Modelle der Klassischen Testtheorie in Kapitel 22 deutlich wurde. Zu Beginn jeder konfirmatorischen Faktorenanalyse steht somit die angemessene Übertragung theoretischer Vorstellungen in ein empirisch testbares dimensionales Modell.

Graphische Darstellung der Modellspezifikation

Im Rahmen der Modellspezifikation werden die Modellgleichungen festgelegt. Eine Möglichkeit besteht darin, das Modell graphisch darzustellen. Die pfadanalytische Darstellung des Modells in Abbildung 23.1 offenbart die Struktur des Modells: Die ersten drei manifesten Variablen sind Indikatoren des ersten Faktors, wohingegen die letzten drei manifesten Variablen Indikatoren des zweiten Faktors sind. Beide Faktoren dürfen korreliert sein, was durch den Bogen, der die beiden Faktoren verbindet, symbolisiert wird. Dieses Modell enthält verschiedene theoretische Annahmen, die sich in Restriktionen niederschlagen. Restriktionen werden an Parameter gestellt. Sie bedeuten, dass diese Parameter nicht mehr frei geschätzt werden können. In dem Modell in Abbildung 23.1 wird z. B. angenommen, dass Ladungen der ersten drei manifesten Variablen auf dem zweiten Faktor gleich 0 sind und dass sich die Ladungen der restlichen drei manifesten Variablen auf dem ersten Faktor nicht von 0 unterscheiden. Darüber hinaus wird angenommen, dass alle Fehlervariablen unkorreliert sind.

Modellspezifikation anhand von Modellgleichungen

Das spezifizierte Modell lässt sich auch anhand der Modellgleichungen eindeutig definieren. Ein Pfadmodell, wie das in Abbildung 23.1 dargestellte Modell, lässt sich wie folgt in Modellgleichungen übertragen: Variablen, auf die Pfeilspitzen zeigen, sind abhängige Variablen. Für jede abhängige Variable muss eine Modellgleichung erstellt werden. Im faktorenanalytischen Modell sind die abhängigen Variablen die beobachteten Variablen. Das heißt, dass das Modell in Abbildung 23.1 durch folgende Gleichungen spezifiziert wird:

$$Y_1 = \alpha_1 + \lambda_{11} \cdot \eta_1 + \varepsilon_1$$

$$Y_2 = \alpha_2 + \lambda_{21} \cdot \eta_1 + \varepsilon_2$$

$$Y_3 = \alpha_3 + \lambda_{31} \cdot \eta_1 + \varepsilon_3$$

$$Y_4 = \alpha_4 + \lambda_{42} \cdot \eta_2 + \varepsilon_4$$

$$Y_5 = \alpha_5 + \lambda_{52} \cdot \eta_2 + \varepsilon_5$$

$$Y_6 = \alpha_6 + \lambda_{62} \cdot \eta_2 + \varepsilon_6$$

> **Vertiefung**
>
> **Modellspezifikation in Matrixschreibweise**
>
> Eine dritte Möglichkeit der Modellspezifikation besteht darin, das Modell in Matrixschreibweise darzustellen:
>
> $y = \alpha + \Lambda \cdot \eta + \varepsilon$ und $\Sigma = \Lambda \cdot \Phi \cdot \Lambda' + \Theta$
>
> mit
>
> $$y = \begin{bmatrix} Y_1 \\ Y_2 \\ Y_3 \\ Y_4 \\ Y_5 \\ Y_6 \end{bmatrix}, \quad \alpha = \begin{bmatrix} \alpha_1 \\ \alpha_2 \\ \alpha_3 \\ \alpha_4 \\ \alpha_5 \\ \alpha_6 \end{bmatrix}, \quad \Lambda = \begin{bmatrix} \lambda_{11} & 0 \\ \lambda_{21} & 0 \\ \lambda_{31} & 0 \\ 0 & \lambda_{42} \\ 0 & \lambda_{52} \\ 0 & \lambda_{62} \end{bmatrix}, \quad \eta = \begin{bmatrix} \eta_1 \\ \eta_2 \end{bmatrix}, \quad \varepsilon = \begin{bmatrix} \varepsilon_1 \\ \varepsilon_2 \\ \varepsilon_3 \\ \varepsilon_4 \\ \varepsilon_5 \\ \varepsilon_6 \end{bmatrix}, \quad \Phi = \begin{bmatrix} Var(\eta_1) & Cov(\eta_1, \eta_2) \\ Cov(\eta_2, \eta_1) & Var(\eta_2) \end{bmatrix},$$
>
> $$\Theta = \begin{bmatrix} Var(\varepsilon_1) & 0 & 0 & 0 & 0 & 0 \\ 0 & Var(\varepsilon_2) & 0 & 0 & 0 & 0 \\ 0 & 0 & Var(\varepsilon_3) & 0 & 0 & 0 \\ 0 & 0 & 0 & Var(\varepsilon_4) & 0 & 0 \\ 0 & 0 & 0 & 0 & Var(\varepsilon_5) & 0 \\ 0 & 0 & 0 & 0 & 0 & Var(\varepsilon_6) \end{bmatrix}$$

Zusätzlich müssen Restriktionen auf den Varianzen und Kovarianzen der manifesten und latenten Variablen angegeben werden, sofern welche gesetzt werden. Im Beispiel von Abbildung 23.1 wäre dies:

$Cov(\varepsilon_i, \varepsilon_{i'}) = 0$ für $i \neq i'$

Eine theoretisch wohlbegründete Modellspezifikation schließt nicht aus, dass es auch noch andere sinnvolle Modelle gibt, die ebenfalls theoriebasiert sind. Wir haben dies im Detail anhand der Beispiele in den Abbildungen 23.1 und 23.2 gezeigt. Das Modell im Abbildung 23.2 lässt sich in analoger Weise spezifizieren (s. Übung 3). Die Modellspezifikation soll am besten schon vor der Datenerhebung erfolgen, um sicherzustellen, dass alle relevanten Informationen erhoben werden.

23.4.2 Identifizierbarkeit: Können alle Parameter eindeutig bestimmt werden?

Ist die Modellspezifikation geleistet, schließt sich die Frage an, ob alle Parameter eines Modells anhand der verfügbaren Informationen bestimmt werden können. Wie wir bereits bei den eindimensionalen Modellen gesehen haben, bestehen die verfügbaren Informationen aus der Kovarianzmatrix und den Erwartungswerten der beobachteten (manifesten) Variablen.

Unterschied zwischen Identifizierbarkeit und der Parameterschätzung

Im Gegensatz zu den manifesten Variablen können die Faktoren sowie die Ladungs- und Leichtigkeitsparameter nicht direkt beobachtet werden. Somit lassen sich die Verteilungskennwerte (Erwartungswerte, Varianzen) der latenten Variablen zunächst nicht so einfach bestimmen wie die der manifesten Variablen. Die Parameter eines Faktormodells (die Varianzen und Kovarianzen der Faktoren und Residualvariablen sowie die Faktorladungen und die Leichtigkeitsparameter) lassen sich nur dann bestimmen, wenn sie sich aus den verfügbaren Informationen (die Varianzen, Kovarianzen und Erwartungswerte der manifesten Variablen) berechnen lassen. Zwischen der Schätzung der Parameter und ihrer grundsätzlichen Bestimmbarkeit gibt es einen feinen Unterschied: Die Schätzung der Parameter erfolgt anhand von Stichprobendaten einer konkreten Untersuchung. Die grundsätzliche Bestimmbarkeit, die wir im Folgenden Identifizierbarkeit nennen werden, bezieht sich hingegen darauf, ob die Informationen, die in der Kovarianzmatrix der beobachteten Variablen vorliegen, grundsätzlich ausreichen, um die Parameter eines bestimmten Modells zu berechnen – unabhängig von einem konkreten Datensatz. Die Identifizierbarkeit eines Modells bezieht sich darauf, ob diese Parameter grundsätzlich bestimmbar wären, wenn das Modell in der Population gelten würde und die Populationskovarianzmatrix und die Erwartungswerte der beobachteten Variablen vorliegen würden. Die Frage der Parameterschätzung bezieht sich hingegen darauf, wie die Parameter dann anhand einer Stichprobe aus der Population geschätzt werden können. Ergibt sich bei der Klärung der Identifizierbarkeitsfrage, dass eine Bestimmung der Parameter grundsätzlich nicht möglich ist, dann wäre es unmöglich, die Parameterwerte anhand konkreter Daten mit einer bestimmten Methode zu schätzen. Bei der Identifizierbarkeitsfrage handelt es sich somit um ein theoretisches Problem und eine der wichtigsten Fragen der konfirmatorischen Faktorenanalyse. Wir werden sie daher entsprechend ausführlich behandeln. Aus didaktischen Gründen greifen wir auf das einfachste aller faktorenanalytischen Modelle zurück, ein einfaktorielles Modell mit zwei Indikatoren (s. Abb. 23.3). Darüber hinaus nehmen wir im Folgenden an, dass wir die Erwartungswerte der beobachteten Variablen und deren Kovarianzmatrix in der Population, über die wir eine Aussage machen wollen, kennen. Daher können wir Fragen der empirischen Schätzung von Parametern anhand von Stichprobendaten zunächst ignorieren.

Identifikation im Einfaktormodell

In einem einfaktoriellen Modell mit zwei Indikatoren (s. Abb. 23.3) sind folgende acht Größen zu bestimmen:

(1) der Leichtigkeitsparameter α_1,
(2) der Leichtigkeitsparameter α_2,

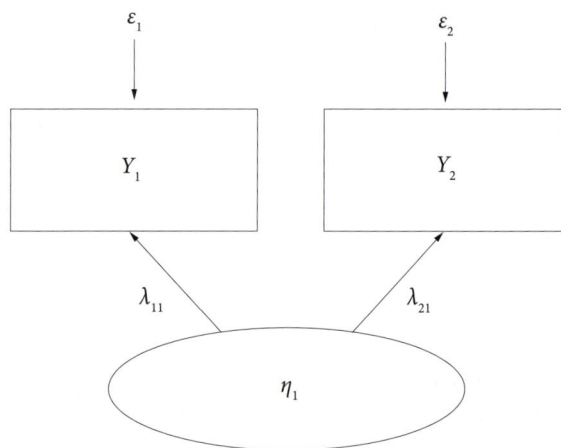

Abbildung 23.3 Einfaktormodell mit zwei manifesten Variablen sowie Populationskovarianzmatrix Σ und Erwartungswerte

(3) der Ladungsparameter λ_{11},
(4) der Ladungsparameter λ_{21},
(5) die Varianz $Var(\eta_1)$ der latenten Variablen η_1,
(6) der Erwartungswert $E(\eta_1)$ der latenten Variablen η_1,
(7) die Varianz $Var(\varepsilon_1)$ der Residualvariablen ε_1,
(8) die Varianz $Var(\varepsilon_2)$ der Residualvariablen ε_2.

Zur Verfügung stehen folgende Informationen:
(1) der Erwartungswert $E(Y_1)$ der manifesten Variablen Y_1,
(2) der Erwartungswert $E(Y_2)$ der manifesten Variablen Y_2,
(3) die Varianz $Var(Y_1)$ der manifesten Variablen Y_1,
(4) die Varianz $Var(Y_2)$ der manifesten Variablen Y_2,
(5) die Kovarianz $Cov(Y_1, Y_2)$ der beiden manifesten Variablen.

Zum Nachweis der Identifizierbarkeit muss gezeigt werden, dass die acht zu schätzenden Parameter anhand der Erwartungswerte sowie der Varianzen und Kovarianzen der manifesten Variablen berechnet werden können. Um dies nachzuweisen, betrachten wir zunächst die Modellgleichungen für die manifesten Variablen:

$$Y_1 = \alpha_1 + \lambda_{11} \cdot \eta_1 + \varepsilon_1$$

$$Y_2 = \alpha_2 + \lambda_{21} \cdot \eta_1 + \varepsilon_2$$

> **Vertiefung**
>
> **Zentrierte Variablen**
>
> Häufig werden in Strukturgleichungsmodellen die Mittelwerte der beobachteten Variablen und die Leichtigkeitsparameter α_1 nicht beachtet, da sie für den Zusammenhang zwischen den Faktoren sowie den Zusammenhang zwischen den Faktoren und den beobachteten Variablen nicht von Bedeutung sind. Man geht in diesen Modellen davon aus, dass die beobachteten Variablen als Abweichungsvariablen $A_i = Y_i - E(Y_i)$ vorliegen. Die Bildung von Abweichungsvariablen nennt man auch Zentrierung, da die Werte Abweichungen vom Zentrum (Erwartungswert) der Verteilung angeben. Man erhält dann für das vorliegende Beispiel folgende Gleichung:
>
> $$A_1 = \lambda_{11} \cdot \eta_1 + \varepsilon_1$$
>
> $$A_2 = \lambda_{21} \cdot \eta_1 + \varepsilon_2$$
>
> In diesem Fall liegen auch die latenten Variablen in Abweichungsform mit $E(\eta_1) = 0$ vor.

Für das Modell in Form der Abweichungsvariablen sind nur die Varianzen und Kovarianzen der manifesten Variablen von Bedeutung (Kovarianzstruktur). Betrachtet man die Variablen in ihrer ursprünglichen Form, kommen die Erwartungswerte hinzu (Erwartungswertstruktur). Im Folgenden werden wir vom allgemeinen Modell ausgehen. Die Bestimmung der Ladungsparameter sowie der Varianzen und Kovarianzen der latenten Variablen unterscheidet sich für das Modell in Form von Abweichungsvariablen nicht von dem allgemeineren Modell, in dem die Variablen nicht zentriert wurden. Interessiert man sich nur für die Kovarianzstruktur, was häufig der Fall ist, reicht es aus, zentrierte Variablen zu betrachten und deren Kovarianzstruktur zu untersuchen.

Wir wenden uns zunächst den Varianzen und Kovarianzen der beobachteten Variablen zu, um uns danach ihren Erwartungswerten zu widmen. Wendet man die Rechenregeln für Varianzen und Kovarianzen (s. Abschn. 7.2, 15.4.1) an, so kann man die Varianzen und Kovarianzen der manifesten Variablen wie folgt als Funktion der Modellparameter ausdrücken (zum Beweis s. Übung 4):

$$Var(Y_1) = \lambda_{11}^2 \cdot Var(\eta_1) + Var(\varepsilon_1) \quad \text{(F 23.13)}$$

$$Var(Y_2) = \lambda_{21}^2 \cdot Var(\eta_1) + Var(\varepsilon_2) \quad \text{(F 23.14)}$$

$$Cov(Y_1, Y_2) = \lambda_{11} \cdot \lambda_{21} \cdot Var(\eta_1) \quad \text{(F 23.15)}$$

Diese Gleichungen folgen aus der Unkorreliertheit der Faktoren mit den Residualvariablen, die für alle faktorenanalytischen Modelle gilt. Darüber hinaus wird in dem Modell in Abbildung 23.3 angenommen, dass die Residualvariablen unkorreliert sind.

Es ergeben sich somit drei Gleichungen, in denen die Varianzen und die Kovarianz der manifesten Variablen ausgedrückt werden als Funktionen der Parameter der latenten Variablen. In Bezug auf die Erwartungswerte kommen die beiden Gleichungen

$$E(Y_1) = \alpha_1 + \lambda_{11} \cdot E(\eta_1) \quad \text{(F 23.16)}$$

und

$$E(Y_2) = \alpha_2 + \lambda_{21} \cdot E(\eta_1) \quad \text{(F 23.17)}$$

hinzu. In diesen beiden Gleichungen kommen drei neue Parameter (α_1, α_2, $E(\eta_1)$) hinzu. Insgesamt haben wir somit ein Gleichungssystem, das aus fünf Gleichungen und acht Unbekannten besteht (zwei Leichtigkeitsparameter, zwei Ladungskoeffizienten, eine Faktorvarianz, der Erwartungswert des Faktors, zwei Residualvarianzen). Ein solches Gleichungssystem ist nicht lösbar. Man sagt, das Modell ist nicht identifiziert. Dies bedeutet, dass es keine eindeutigen Lösungen für die Modellparameter gibt. Es gibt unendlich viele Parameterkonstellationen, die diese Gleichungen erfüllen. Dies lässt sich leicht illustrieren. Setzen wir die in Abbildung 23.3 berichteten Varianzen und Kovarianzen der manifesten Variablen in die Gleichungen 23.13 bis 23.15 ein, so ergibt sich:

$$2{,}5 = Var(Y_1) = \lambda_{11}^2 \cdot Var(\eta_1) + Var(\varepsilon_1)$$

$$2{,}5 = Var(Y_2) = \lambda_{21}^2 \cdot Var(\eta_1) + Var(\varepsilon_2)$$

$$2{,}0 = Cov(Y_1, Y_2) = \lambda_{11} \cdot \lambda_{21} \, Var(\eta_1)$$

Setzt man z. B. für beide Ladungskoeffizienten den Wert 1 ein, für die Varianz von η_1 den Wert 2 und für die beiden Residualvarianzen jeweils den Wert 0,5, so sieht man, dass alle Gleichungen zutreffen. Man könnte aber ebenso für die beiden Ladungskoeffizienten den Wert 0,5 einsetzen, für die Varianz von η_1 den Wert 8 und für die beiden Residualvarianzen jeweils den Wert 0,5, dann wären die Gleichungen ebenfalls erfüllt. Es lassen sich unendlich viele weitere Konstellationen finden. Dies gilt in gleicher Weise für die Erwartungswerte.

Lösung des Identifikationsproblems. Das Problem, mit dem wir es hier zu tun haben, ähnelt dem Problem, das ein Architekt hat, der den Auftrag erhält, ein Haus mit einer rechteckigen Grundfläche von 100 qm zu bauen. Da es unendlich viele rechteckige Grundflächen von 100 qm gibt, muss der Architekt entweder die Länge oder die Breite des Hauses festlegen. Wenn der Architekt die Länge festlegt (z. B. 16 m), ergibt sich aus der vorgegebenen Grundfläche die Breite des Hauses (100 m²/16 m = 6,25 m).

Eine ähnliche Lösung bietet sich auch für unser Problem an. Bei acht Unbekannten und fünf Gleichungen müssen drei Parameter festgelegt werden. Die Festlegung ist willkürlich, es gibt aber gewisse Konventionen. In solch einem Fall könnte man z. B. die beiden Ladungskoeffizienten auf den Wert 1 und den Erwartungswert des Faktors auf den Wert 0 festlegen. Dann ergeben sich die folgenden fünf Gleichungen:

$$2{,}5 = Var(Y_1) = Var(\eta_1) + Var(\varepsilon_1)$$

$$2{,}5 = Var(Y_2) = Var(\eta_1) + Var(\varepsilon_2)$$

$$2{,}0 = Cov(Y_1, Y_2) = Var(\eta_1)$$

$$10 = E(Y_1) = \alpha_1$$

$$10 = E(Y_2) = \alpha_2$$

Aus diesen Gleichungen lässt sich ablesen, dass die Leichtigkeitsparameter jeweils den Wert 10 annehmen, die Varianz der η-Variablen gleich 2 ist und die Varianzen der Residualvariablen gleich 0,5 sind. Diese Festlegung wirkt sehr willkürlich. Das Willkürempfinden wird jedoch entschärft, wenn man sich die Konsequenzen dieser Festlegung etwas genauer ansieht. Wir haben bereits bei den eindimensionalen Testmodellen gesehen, dass eine wichtige Größe eines eindimensionalen Testmodells die Reliabilität ist. Was passiert nun mit der Reliabilität, wenn wir verschiedene (willkürliche) Festlegungen auswählen, indem wir zwei Parameter auf einen Wert fixieren?

Invarianz der Reliabilität. Wenn beide Ladungsparameter auf den Wert 1 fixiert werden, dann lässt sich die Reliabilität wie folgt bestimmen:

$$Rel(Y_1) = Var(\eta_1)/Var(Y_1) = 2{,}0/2{,}5 = 0{,}80$$

$$Rel(Y_2) = Var(\eta_1)/Var(Y_2) = 2{,}0/2{,}5 = 0{,}80$$

Wie würde die Reliabilität aussehen, wenn wir eine zweite Form der Festlegung wählen und die beiden Ladungskoeffizienten jeweils auf den Wert 0,5 festlegen würden? In diesem Fall würden sich folgende Gleichungen ergeben:

$$2{,}5 = Var(Y_1) = (0{,}5)^2 \cdot Var(\eta_1) + Var(\varepsilon_1)$$

$$2{,}5 = Var(Y_2) = (0{,}5)^2 \cdot Var(\eta_1) + Var(\varepsilon_2)$$

$$2{,}0 = Cov(Y_1, Y_2) = (0{,}5) \cdot (0{,}5) \cdot Var(\eta_1)$$

Für die Varianz von η_1 ergibt sich: $Var(\eta_1) = 2{,}0/0{,}25 = 8$. Die Reliabilitäten berechnen sich somit zu:

$$Rel(Y_1) = 0{,}25 \cdot Var(\eta_1)/Var(Y_1) = 0{,}25 \cdot 8/2{,}5 = 0{,}80$$

$$Rel(Y_2) = 0{,}25 \cdot Var(\eta_1)/Var(Y_2) = 0{,}25 \cdot 8/2{,}5 = 0{,}80$$

Das Beispiel zeigt, dass die Reliabilitäten nicht davon abhängen, welche (willkürliche) Festlegung der Ladungsparameter gewählt wird. Dies ist ein sehr wichtiges Ergebnis. Die Schätzung der Reliabilität ist für alle möglichen Festlegungen gleich. Auch wenn die Festlegung an sich willkürlich ist, ist die Schätzung relevanter Größen wie z. B. der Reliabilität unabhängig von den Festlegungen.

Bedeutung und Konsequenzen gleicher Ladungen.
Die Fixierung beider Ladungen auf den Wert 1 bedeutet, dass beide manifeste Variablen den Faktor mit gleicher Diskrimination erfassen. Dies ist die Annahme, die im Modell essentiell τ-äquivalenter Variablen (s. Abschn. 22.2.1) getroffen wird.

Identifikation eines Modells mit unterschiedlichen Ladungen. Die Ladungen können in einem Modell mit einem Faktor frei bestimmt werden, wenn mindestens drei manifeste Variablen vorliegen:

$Y_1 = \alpha_1 + \lambda_{11} \cdot \eta_1 + \varepsilon_1$

$Y_2 = \alpha_2 + \lambda_{21} \cdot \eta_1 + \varepsilon_2$

$Y_3 = \alpha_3 + \lambda_{31} \cdot \eta_1 + \varepsilon_3$

Dies ist das Modell τ-kongenerischer Variablen. Wir haben dieses Modell bereits in Abschnitt 22.2.6 ausführlich behandelt und gezeigt, wie sich die Parameter in diesem Modell bestimmen lassen. Wir wollen die dort behandelten Aspekte zunächst unter der Perspektive der Identifizierbarkeit wiederholen, um sie dann auf den allgemeinen Fall zu erweitern.

Festlegung der Metrik einer Variablen
Ein Faktor hat zunächst keine festgelegte Maßeinheit. Wir haben dies im Modell τ-kongenerischer Variablen schon gesehen und ausführlich behandelt. So haben wir gesehen, dass es zwei generelle Möglichkeiten gibt, die Maßeinheit festzulegen: Zum einen kann man die Ladung einer beobachteten Variablen fixieren, zum anderen die Varianz des Faktors auf einen positiven Wert festlegen. Darüber hinaus muss man die Lage (das Zentrum bzw. den Nullpunkt) des Faktors festlegen, indem man entweder den Erwartungswert des Faktors auf 0 fixiert ($E(\eta) = 0$) oder aber einen Koeffizienten α_i auf einen Wert festlegt. Beide Möglichkeiten lassen sich auf das allgemeine Modell der konfirmatorischen Faktorenanalyse übertragen. Für jeden Faktor muss eine solche Festlegung getroffen werden, um ihm eine Metrik zu geben und die Faktorwerte interpretieren zu können. In den Modellen mit zwei Faktoren in den Abbildungen 23.1 und 23.2 wurden z. B. für jeden Faktor jeweils die erste Ladung auf 1 und der Erwartungswert des Faktors auf 0 fixiert.

Vertiefung

Identifikation der Modellparameter im Einfaktormodell

Im Falle des Einfaktormodells mit drei beobachteten Variablen reicht die Festlegung der Metrik des Faktors bereits aus, um die Parameter des Modells zu bestimmen. Dies haben wir bereits in Abschnitt 22.2.6 gezeigt, wollen es aber aufgrund der Wichtigkeit für das Verständnis des Identifizierbarkeitsproblems zusammenfassend wiederholen. Zur Veranschaulichung greifen wir auf die Populationskovarianzmatrix sowie die Erwartungswerte der beobachteten Variablen zurück, die in Tabelle 23.4 dargestellt sind.

Zur Normierung der latenten Variablen legen wir $\alpha_1 = 0$ sowie $\lambda_{11} = 1$ fest und erhalten:

$Y_1 = 0 + 1 \cdot \eta_1 + \varepsilon_1$ (F 23.18)

$Y_2 = \alpha_2 + \lambda_{21} \cdot \eta_1 + \varepsilon_2$ (F 23.19)

$Y_3 = \alpha_3 + \lambda_{31} \cdot \eta_1 + \varepsilon_3$ (F 23.20)

Tabelle 23.4 Populationskovarianzmatrix und Erwartungswerte $E(Y_i)$ dreier beobachteter Variablen

	Y_1	Y_2	Y_3
Y_1	2,5		
Y_2	2,2	2,8	
Y_3	2,3	2,4	2,6
$E(Y_i)$	2	3	4

Für die Varianzen und Kovarianzen der beobachteten Variablen ergibt sich hieraus nach den Rechenregeln für Varianzen und Kovarianzen sowie aufgrund des Sachverhalts, dass die Residualvariablen mit dem Faktor unkorreliert sind, und der Annahme, dass alle Residualvariablen untereinander

▶

unkorreliert sind:

$$Cov(Y_1, Y_2) = \lambda_{21} \cdot Cov(\eta_1, \eta_1)$$
$$= \lambda_{21} \cdot Var(\eta_1) \quad \text{(F 23.21)}$$

$$Cov(Y_1, Y_3) = \lambda_{31} \cdot Cov(\eta_1, \eta_1)$$
$$= \lambda_{31} \cdot Var(\eta_1) \quad \text{(F 23.22)}$$

$$Cov(Y_2, Y_3) = \lambda_{21} \cdot \lambda_{31} \cdot Cov(\eta_1, \eta_1)$$
$$= \lambda_{21} \cdot \lambda_{31} \cdot Var(\eta_1) \quad \text{(F 23.23)}$$

Hieraus folgt:

$$Var(\eta_1) = \frac{Cov(Y_1, Y_2) \cdot Cov(Y_1, Y_3)}{Cov(Y_2, Y_3)} \quad \text{(F 23.24)}$$

$$\lambda_{21} = \frac{Cov(Y_1, Y_2)}{Var(\eta_1)} = \frac{Cov(Y_2, Y_3)}{Cov(Y_1, Y_3)} \quad \text{(F 23.25)}$$

$$\lambda_{31} = \frac{Cov(Y_1, Y_3)}{Var(\eta_1)} = \frac{Cov(Y_2, Y_3)}{Cov(Y_1, Y_2)} \quad \text{(F 23.26)}$$

Für die Varianzen der Residualvariablen ergibt sich durch einfaches Umformen:

$$Var(\varepsilon_1) = Var(Y_1) - Var(\eta_1)$$
$$= Var(Y_1) - \frac{Cov(Y_1, Y_2) \cdot Cov(Y_1, Y_3)}{Cov(Y_2, Y_3)}$$

$$Var(\varepsilon_2) = Var(Y_2) - \lambda_{21}^2 \cdot Var(\eta_1)$$
$$= Var(Y_2) - \frac{Cov(Y_2, Y_3) \cdot Cov(Y_1, Y_2)}{Cov(Y_1, Y_3)}$$

$$Var(\varepsilon_3) = Var(Y_3) - \lambda_{31}^2 \cdot Var(\eta_1)$$
$$= Var(Y_3) - \frac{Cov(Y_2, Y_3) \cdot Cov(Y_1, Y_3)}{Cov(Y_1, Y_2)}$$

Dass diese Gleichungen gültig sind, kann man sich leicht veranschaulichen, indem man die Gleichungen F 23.21 bis F 23.23 in die Gleichungen F 23.24 bis F 23.26 einsetzt. Sie zeigen, dass die Ladungsparameter und die Varianzen der latenten Variablen und der Residualvariablen eindeutig anhand der Varianzen und Kovarianzen der beobachteten Variablen bestimmt werden können. In analoger Weise kann man nachweisen, dass die Parameter λ_{11}, λ_{21} und λ_{31} identifiziert sind, wenn als Normierungsbedingung die Varianz der latenten Variablen auf den Wert 1 fixiert wurde (s. Abschn. 22.2.6).

Aus Gleichung F 23.18 ergibt sich – wie bereits beschrieben für den Erwartungswert von η_1:

$$E(\eta_1) = E(Y_1)$$

Nach den Rechenregeln für Erwartungswerte (s. Abschn. 7.2) folgt aus Gleichung F 23.19:

$$E(Y_2) = E(\alpha_2) + E(\lambda_{21} \cdot \eta_1) + E(\varepsilon_2)$$
$$= \alpha_2 + \lambda_{21} \cdot E(\eta_1) + 0$$

und somit

$$\alpha_2 = E(Y_2) - \lambda_{21} \cdot E(\eta_1) = E(Y_2) - \lambda_{21} \cdot E(Y_1)$$
$$= E(Y_2) - \frac{Cov(Y_2, Y_3)}{Cov(Y_1, Y_3)} \cdot E(Y_1)$$

In analoger Weise kann auch α_3 bestimmt werden:

$$\alpha_3 = E(Y_3) - \lambda_{31} \cdot E(\eta_1) = E(Y_3) - \lambda_{31} \cdot E(Y_1)$$
$$= E(Y_3) - \frac{Cov(Y_2, Y_3)}{Cov(Y_1, Y_2)} \cdot E(Y_1)$$

Auch der Erwartungswert der latenten Variablen η und die Leichtigkeitsparameter lassen sich somit eindeutig anhand der Verteilungskennwerte der beobachteten Variablen bestimmen. Dies lässt sich in analoger Weise für den Fall zeigen, dass zur Normierung der latenten Variablen η ihr Erwartungswert auf den Wert 0 fixiert wurde (s. Abschn. 22.2.6).

Identifikationsregeln

Die Darstellung der Identifizierbarkeit war schon für das sehr einfache Modell, das wir besprochen haben, sehr aufwendig. Glücklicherweise muss man nicht für jedes Modell die Identifizierbarkeit nachweisen, da sie für einige Standardfälle schon untersucht wurde. Analysiert man jedoch Modelle, die sich nicht unter solche Standardfälle subsumieren lassen, liegt es immer an dem Forschenden zu zeigen, dass das Modell auch wirklich identifiziert ist. Bei nicht-identifizierten Modellen kommen Computerprogramme für die Analyse konfirmatorischer Faktormodelle in den allermeisten Fällen nicht zu einer Lösung. Es kann aber auch passieren, dass für ein nicht-identifiziertes

Modell eine Lösung gefunden wird. Diese Lösung ist allerdings beliebig, und die Ergebnisse sind nicht nur wertlos, sondern irreführend und deshalb für den wissenschaftlichen Erkenntnisprozess schädlich.

Es gibt einige grobe Identifikationsregeln, die in vielen Fällen ausreichen, um die Identifikation sicherzustellen:

(1) Eine notwendige, aber nicht hinreichende Identifizierbarkeitsbedingung besagt, dass mindestens so viele Informationen (Varianzen, Mittelwerte und Kovarianzen der manifesten Variablen) vorliegen müssen, wie es zu bestimmende Parameter gibt; d. h., es muss gelten, dass die Anzahl zu schätzender Parameter kleiner oder gleich der Anzahl beobachteter Informationen ist.

Interessiert man sich nur für die *Kovarianzstruktur* (die Varianzen und Kovarianzen der beobachteten Variablen), nicht aber für die Erwartungswertstruktur (die Erwartungswerte der beobachteten Variablen), so bezieht sich die Anzahl zu schätzender Parameter auf die Ladungen, die Varianzen und Kovarianzen der latenten Variablen. In unserem Beispiel eines einfaktoriellen Modells mit drei beobachteten Variablen liegen drei Varianzen und drei Kovarianzen, also sechs Informationen vor. Da eine Ladung fixiert wurde, um der latenten Variablen eine Metrik zu geben, müssen noch zwei Ladungen, die Varianz des Faktors und die Varianzen der drei Residualvariablen bestimmt werden, insgesamt also sechs Parameter. Die notwendige Bedingung ist in diesem Fall erfüllt.

> **Definition**
>
> Die **Anzahl der Varianzen und Kovarianzen** der beobachteten Variablen lässt sich im Allgemeinen wie folgt bestimmen:
>
> Anzahl der Varianzen und Kovarianzen
> $$= \frac{p \cdot (p+1)}{2},$$
>
> wobei p die Anzahl der beobachteten Variablen kennzeichnet.

Die notwendige Identifizierbarkeitsbedingung zur Analyse von Kovarianzstrukturen lautet:

Anzahl zu bestimmender Parameter
$$\leq \frac{p \cdot (p+1)}{2}$$

Interessiert man sich für die *Kovarianz- und Erwartungswertstruktur*, so stehen noch p Erwartungswerte der beobachteten Variablen zusätzlich als Information zur Verfügung; es müssen allerdings zusätzlich noch die Leichtigkeitsparameter α_i bestimmt werden.

Die notwendige Identifizierbarkeitsbedingung zur Analyse von Kovarianz- und Erwartungswertstrukturen lautet:

Anzahl zu bestimmender Parameter
$$\leq \frac{p \cdot (p+1)}{2} + p$$

In unserem Beispiel (ein Faktor, drei beobachtete Variablen) stehen drei Erwartungswerte als zusätzliche Informationen zur Verfügung. Es müssen als zusätzliche Parameter zwei Leichtigkeitsparameter (falls der erste auf 0 fixiert wurde) und der Erwartungswert der latenten Variablen bestimmt werden. Insgesamt also neun Parameter (α_2, α_3, $E(\eta_1)$, λ_{21}, λ_{31}, $Var(\eta_1)$, $Var(\varepsilon_1)$, $Var(\varepsilon_2)$, $Var(\varepsilon_3)$). Hierzu stehen neun Informationen zur Verfügung:

$$\frac{p \cdot (p+1)}{2} + p = \frac{3 \cdot 4}{2} + 3 = 9$$

(2) Es muss für jeden Faktor mindestens die Ladung einer manifesten Variablen auf einen Wert (ungleich 0) festgelegt werden. Alternativ kann auch die Varianz der latenten Variablen auf einen Wert größer 0 (z. B. 1) fixiert werden.

(3) Analysiert man auch die *Erwartungswertstruktur*, muss für jeden Faktor der Erwartungswert auf einen Wert (z. B. 0) fixiert werden. Alternativ kann auch ein Leichtigkeitsparameter pro Faktor fixiert werden.

(4) Gibt es für jeden Faktor drei manifeste Variablen mit Ladungen ungleich 0, lädt jede beobachtete Variable nur auf einem Faktor und sind alle Re-

sidualvariablen unkorreliert, dann ist das Modell identifiziert.

(5) Liegt dieselbe Ladungsstruktur wie in (4) vor, gibt es für einen Faktor allerdings nur zwei auf ihm ladende manifeste Variablen und ist der Faktor mit allen anderen Variablen unkorreliert, so müssen für diesen Faktor beide Ladungskoeffizienten fixiert werden. Alternativ können auch die Varianz dieses Faktors (z. B. auf 1) fixiert und die Ladungen der beiden Variablen gleichgesetzt werden. Ist der Faktor hingegen mit anderen Faktoren korreliert, reicht es aus, eine Ladung oder die Faktorvarianz festzulegen (oder: zu restringieren).

Jöreskog (1979) hat eine hinreichende Bedingung formuliert, unter der ein Modell der konfirmatorischen Faktorenanalyse identifiziert ist. Diese Bedingung ist jedoch komplex und auf viele sinnvolle Modelle nicht anwendbar. Da sie hinreichend, aber nicht notwendig ist, müssen Modelle der konfirmatorischen Faktorenanalyse dieser Bedingung nicht folgen. Daher muss in diesen anderen Fällen der Identifikationsstatus mit der hier vorgestellten Vorgehensweise überprüft werden. Auf die Behandlung dieser Identifikationsbedingung wird daher verzichtet.

Identifikationsstatus

Enthält ein Modell Parameter, die nicht anhand der Kennwerte der manifesten Variablen bestimmt werden können, dann ist dieses Modell nicht identifiziert; ein solches Modell wird auch *unteridentifiziert* genannt. Können die Modellparameter genau bestimmt werden und enthält das Modell darüber hinaus genauso viele zu schätzenden Parameter wie Informationen, so ist das Modell *identifiziert*. Ein Modell heißt schließlich *überidentifiziert*, wenn alle Modellparameter bestimmt werden können und mehr Informationen (Varianzen und Kovarianzen und ggf. Erwartungswerte) zur Verfügung stehen, als zur Bestimmung der Parameter benötigt werden. Wie wir in den folgenden Abschnitten sehen werden, enthält das Modell dann Restriktionen an die Kennwerte (Erwartungswerte, Varianzen, Kovarianzen) der beobachteten Variablen. Restriktionen bedeuten, dass diese Varianzen und Kovarianzen nicht mehr frei variieren können, sondern bestimmten Erwartungen folgen müssen, die von dem betrachteten Modell impliziert werden. Man sagt auch, dass das Modell empirisch testbare Konsequenzen enthält.

23.4.3 Grundideen der Parameterschätzung und der Modelltestung

Bevor die Schätzung der Parameter behandelt wird, sollen einige Grundprinzipien des Testens von Modellen behandelt werden, die eine Voraussetzung für das Verständnis der Schätzmethoden darstellen. In unserem Beispiel eines einfaktoriellen Modells mit zwei Indikatoren haben wir nur so viele Festlegungen vorgenommen, wie notwendig waren, damit die Parameter genau bestimmt werden konnten. Man könnte dem Modell aber auch noch weitere Restriktionen auferlegen. So könnte ein Forscher z. B. die zusätzliche Hypothese haben, dass die Reliabilitäten beider Testverfahren gleich sind, d. h., es müsste zusätzlich gelten: $Var(\varepsilon_1) = Var(\varepsilon_2)$. Auch diese Annahme ist in dem Beispiel in Abbildung 23.3 erfüllt, wie wir bereits gesehen haben. Beide Residualvarianzen waren in unserem Beispiel gleich 0,5. Die Annahme gleicher Reliabilitäten wäre aber nicht erfüllt gewesen, wenn der Forscher z. B. die Kovarianzmatrix gefunden hätte, die in Tabelle 23.5 dargestellt ist.

Setzt man in diesem Beispiel wieder aus Identifikationsgründen die beiden Faktorladungen auf den Wert 1, so ergeben sich folgende Gleichungen:

$$2{,}7 = Var(Y_1) = Var(\eta_1) + Var(\varepsilon_1)$$

$$2{,}5 = Var(Y_2) = Var(\eta_1) + Var(\varepsilon_2)$$

$$2{,}0 = Cov(Y_1, Y_2) = Var(\eta_1)$$

Da die Annahme gleicher Reliabilitäten (essentiell τ-paralleler Tests) getroffen wird, welche die Gleich-

Tabelle 23.5 Beispielwerte für die Kovarianzmatrix zweier Variablen

	Y_1	Y_2
Y_1	2,70	
Y_2	2,00	2,50

heit der Residualvarianzen $Var(\varepsilon_1) = Var(\varepsilon_2)$ impliziert (s. Abschn. 22.2.2), kann zur weiteren Vereinfachung für beide Residualvarianzen eine einheitliche Bezeichnung gewählt werden, die deutlich macht, dass beide Residualvarianzen gleich sein sollen. Wählt man als neue Bezeichnung $Var(\varepsilon) = Var(\varepsilon_1) = Var(\varepsilon_2)$, so können die drei Gleichungen wie folgt vereinfacht werden:

$$2{,}7 = Var(Y_1) = Var(\eta_1) + Var(\varepsilon)$$

$$2{,}5 = Var(Y_2) = Var(\eta_1) + Var(\varepsilon)$$

$$2{,}0 = Cov(Y_1, Y_2) = Var(\eta_1)$$

Man hat nun ein Gleichungssystem mit drei Gleichungen und zwei Unbekannten ($Var(\eta_1)$ und $Var(\varepsilon)$). Ein solches Gleichungssystem kann wahr oder falsch sein. In unserem Beispiel wäre es falsch, da wir keine Werte von $Var(\varepsilon)$ und $Var(\eta_1)$ finden könnten, die die Bedingungen der ersten beiden Gleichungen erfüllen würden.

Für die Kovarianzmatrix unseres ersten Beispiels in Abbildung 23.3 wäre das Gleichungssystem hingegen wahr, da es mit $Var(\eta_1) = 2$ und $Var(\varepsilon) = 0{,}5$ eindeutig lösbar ist.

Dieses Beispiel zeigt, dass ein Modell dann testbare Restriktionen enthält, wenn es weniger zu schätzende Parameter aufweist, als Informationen (Varianzen, Kovarianzen) zur Verfügung stehen.

Testbare Restriktionen und empirischer Gehalt

Wenn mehr Informationen (Varianzen und Kovarianzen der manifesten Variablen) zur Verfügung stehen als zu schätzende Parameter, dann enthält ein Modell testbare Restriktionen. In unserem zweiten Beispiel impliziert das Modell die Restriktion, dass beide Residualvarianzen gleich sein müssen. Diese Restriktion ist empirisch testbar. Man sagt daher auch, dass das Modell empirischen Gehalt besitzt, da es Bedingungen gibt, die zu seiner Verwerfung führen können. Psychologische Modelle und Theorien lassen sich mit Modellen der konfirmatorischen Faktorenanalyse also nur dann überprüfen, wenn sie testbare Konsequenzen für die Varianzen und Kovarianzen und die Erwartungswerte der beobachtbaren Variablen haben. Bei Modellen mit latenten Variablen spiegelt sich somit wider, was für Modelle in den Wissenschaften im Allgemeinen gilt: Modelle wollen die Realität auf möglichst einfache Prinzipien zurückführen. Modelle sind aber nur dann gültig, wenn diese einfachen Prinzipien die Realität zuverlässig beschreiben. Bei Modellen der konfirmatorischen Faktorenanalyse ist die Realität, gegen die ein Modell getestet wird, die Kovarianzstruktur und die Erwartungswertstruktur der beobachtbaren Variablen. Aus didaktischen Gründen werden wir zunächst testbare Restriktionen anhand der Kovarianzstruktur ausführlich behandeln, da dies der übliche Anwendungsfall ist. Vertiefend werden wir am Ende dieses Kapitels Modelle beschreiben, die zusätzlich Erwartungswertstrukturen berücksichtigen.

Restriktionen als Erwartungen an die Kovarianzen und Varianzen der manifesten Variablen

Hypothesen, die man in Bezug auf die Parameter eines faktorenanalytischen Modells hat, müssen sich dadurch auszeichnen, dass die Varianzen und Kovarianzen, die man aufgrund der Modellannahmen erwartet, von den beobachteten Varianzen und Kovarianzen der manifesten Variablen abweichen können. Das heißt, eine Hypothese (Modellannahme) enthält Erwartungen an die Varianzen und Kovarianzen der manifesten Variablen. Da diese Variablen beobachtbar sind, lassen sich auch ihre Varianzen und Kovarianzen berechnen. In unserem Beispiel eines einfaktoriellen Modells mit zwei Indikatoren erfüllen alle Kovarianzmatrizen die Erwartung gleicher Reliabilitäten, bei denen die Varianzen beider Variablen denselben Wert aufweisen. Die entscheidende Idee der Testung von Modellen mit latenten Variablen liegt genau darin, dass man überprüft, ob diese Erwartung an die Varianzen und Kovarianzen sich mit der beobachteten Realität (den bestimmbaren Varianzen und Kovarianzen der beobachtbaren Variablen) in Einklang bringen lässt. Formal lässt sich diese Hypothese wie folgt ausdrücken:

$$\boldsymbol{\Sigma} = \boldsymbol{\Sigma}(\boldsymbol{\theta}) \qquad \text{(F 23.27)}$$

Die Matrix $\boldsymbol{\Sigma}$ ist die Populationskovarianzmatrix der manifesten Variablen, $\boldsymbol{\Sigma}(\boldsymbol{\theta})$ ist die Populationskovarianzmatrix, die man unter bestimmten Modellannahmen erwarten würde. Der Vektor **θ** enthält die Parameter des Modells. In unserem Beispiel mit einem Faktor und zwei manifesten Variablen wären die Parameter die auf 1 festgelegten Ladungsparameter sowie die Varianzen $Var(\eta_1)$, $Var(\varepsilon_1)$ und $Var(\varepsilon_2)$, wobei die Gleichheit der Residualvarianzen $Var(\varepsilon_1)$ = $Var(\varepsilon_2)$ gelten muss. Unterscheiden sich die Varianzen der beobachteten Variablen in der Population voneinander, dann muss die Populationskovarianzmatrix sich von der Kovarianzmatrix unterscheiden, die man erwarten würde, wenn die Fehlervarianzen gleich sind, d. h., es würde gelten:

$$\Sigma \neq \Sigma(\theta) \quad (F\ 23.28)$$

Statistische Überprüfung von Modellen

Das letzte Beispiel zeigt die Idee des Theorietestens bei der konfirmatorischen Faktorenanalyse auf. Es ist jedoch in einer Hinsicht zu einfach. Für den Modelltest müssten wir die Kovarianzmatrix der manifesten Variablen in der Population kennen. Diese kennen wir aber nicht, sondern können sie nur anhand einer Stichprobenkovarianzmatrix schätzen. Die Stichprobenkovarianzmatrix erfüllt jedoch die Erwartungen, die wir aufgrund einer Hypothese an eine Populationsmatrix stellen, üblicherweise nicht perfekt. Selbst wenn die Kovarianzmatrix, die unsere Hypothese impliziert, in der Population existiert, wird sie in einer zufällig aus der Population gezogenen Stichprobe aufgrund des Stichprobenfehlers von der Populationsmatrix abweichen. Wir wollen dieses Prinzip anhand simulierter Daten illustrieren.

Beispiel

Stichprobenfehler

Angenommen, wir wissen, dass in einer Population das Einfaktormodell mit gleichen Residualvarianzen gültig ist und folgende Kovarianzmatrix in der Population vorliegt:

$$\Sigma = \begin{bmatrix} 2{,}50 & \\ 2{,}00 & 2{,}50 \end{bmatrix}$$

Ziehen wir nun eine Stichprobe vom Umfang von 500 Personen aus dieser Population, so erhalten wir eine Stichprobenkovarianzmatrix. Diese haben wir anhand eines Computerprogramms simuliert. Wir erhalten z. B. folgende Stichprobenkovarianzmatrix aus der Population, in der die Populationskovarianzmatrix Σ vorliegt:

$$S = \begin{bmatrix} 2{,}40 & \\ 2{,}02 & 2{,}52 \end{bmatrix}$$

Diese Stichprobenkovarianzmatrix weicht aufgrund des Stichprobenfehlers von der Populationskovarianzmatrix ab. Die Stichprobenkovarianzmatrix wird mit **S**, die Populationskovarianzmatrix mit **Σ** bezeichnet. Würde man aufgrund der unterschiedlichen Varianzen der beiden beobachteten Variablen Y_1 und Y_2 in der Stichprobenkovarianzmatrix die Annahme gleicher Reliabilitäten in der Population verwerfen, würde man einen Fehler begehen, da in der Population diese Annahme erfüllt ist. Das Grundprinzip der inferenzstatistischen Modelltestung besteht darin zu überprüfen, wie wahrscheinlich es ist, dass sich bei der Gültigkeit unserer Annahme in der Population unsere Stichprobenkovarianzmatrix (oder eine Stichprobenkovarianzmatrix, die noch stärker von der Populationsmatrix abweicht) ergibt. Ist diese Wahrscheinlichkeit zu gering (z. B. ≤ 0,05), wird man die Annahme der Modellgültigkeit verwerfen; ist sie nicht zu gering (z. B. > 0,05), wird man die Modellannahme beibehalten. Die Grundfrage ist in unserem Beispiel somit die, ob die unterschiedlichen Varianzen in der Stichprobenkovarianzmatrix zufällig (stichprobenfehlerbedingt) oder systematisch (Unterschiede in der Population) bedingt sind. Das Prinzip des Modelltests entspricht somit exakt den Überlegungen, die wir in Kapitel 8 bei der Einführung in die Inferenzstatistik angestellt hatten.

Vom Modell implizierte Matrix

Wie bereits erwähnt, ergibt sich bei der statistischen Überprüfung unserer Modellannahme das Problem, dass wir die Populationskovarianzmatrix nicht kennen und somit nicht auf der Populationsebene überprüfen können, ob diese Kovarianzmatrix die Modellannahmen erfüllt. Um anhand der Stichprobenkovarianzmatrix die Modellgültigkeit überprüfen zu können, geht man wie folgt vor: Man geht zunächst davon aus, dass in der Population das Modell gültig ist. Man schätzt dann aufgrund der Stichprobendaten eine modellkonforme Populationskovarianzmatrix. Modellkonform bedeutet, dass diese Matrix die Erwartungen an die Varianzen und Kovarianzen erfüllen muss, die durch das Modell impliziert werden (z. B. die Gleichheit der Varianzen); man spricht daher auch von einer vom Modell implizierten Matrix. Dann überprüft man, ob die Stichprobenkovarianzmatrix von der modellkonformen bedeutsam (signifikant) abweicht. Die anhand der Stichprobendaten geschätzte, vom Modell implizierte Kovarianzmatrix wird mit $\Sigma(\hat{\theta})$ bezeichnet. Der Vektor $\hat{\theta}$ enthält die geschätzten Parameter des Modells. Anhand statistischer Tests, die auf dem »Vergleich« der beiden Kovarianzmatrizen S und $\Sigma(\hat{\theta})$ basieren, kann dann die Hypothese $\Sigma = \Sigma(\theta)$ überprüft werden. Diese Hypothese besagt, dass die Populationskovarianzmatrix Σ genau der modellkonformen Kovarianzmatrix $\Sigma(\theta)$ entspricht. Man überprüft diese Hypothese, indem man mit S die Populationsmatrix Σ und mit $\Sigma(\hat{\theta})$ die vom Modell implizierte Matrix $\Sigma(\theta)$ in der Population schätzt und statistisch überprüft, ob die Abweichungen zwischen S und $\Sigma(\hat{\theta})$ zufällig sind.

Im Folgenden sollen Methoden der Modellschätzung und -testung eingehender erörtert werden. Zur Schätzung der vom Modell implizierten Matrix gibt es verschiedene Schätzverfahren, die wir kennenlernen werden. Alle Schätzverfahren basieren auf demselben Prinzip: Die vom Modell implizierte Matrix wird derart geschätzt, dass sie (1) die Modellrestriktionen erfüllt und (2) möglichst nahe an der beobachteten Stichprobenmatrix liegt. Das heißt, die vom Modell implizierte Kovarianzmatrix soll – bei Erfüllung der Modellrestriktionen – so wenig wie möglich von der Stichprobenkovarianzmatrix abweichen. Ist dann der Unterschied zwischen beiden Matrizen immer noch »zu groß«, dann wird man das Modell verwerfen. Zur Bewertung dessen, was »zu groß« ist, gibt es verschiedene Modellgütekoeffizienten, die wir nach der Darstellung verschiedener Schätzmethoden kennenlernen werden.

23.5 Schätzmethoden

Wie könnte eine vom Modell implizierte Matrix für die Kovarianzmatrix in unserem simulierten Beispiel geschätzt werden? Eine erste Schätzung könnte so aussehen, dass wir sie einfach festlegen. So könnten wir zu unserer Stichprobenmatrix

$$S = \begin{bmatrix} 2{,}40 & \\ 2{,}02 & 2{,}52 \end{bmatrix}$$

z. B. die folgende modellkonforme Kovarianzmatrix willkürlich festlegen:

$$\Sigma(\hat{\theta}) = \begin{bmatrix} 2{,}00 & \\ 1{,}50 & 2{,}00 \end{bmatrix}$$

Diese Matrix ist zwar modellkonform, da die Varianzen gleich sind, aber sie wäre sicherlich eine schlechte Schätzung der Populationsmatrix, da die Varianzen und die Kovarianz zu sehr von der Stichprobenmatrix abweichen. Die vom Modell implizierte Kovarianzmatrix kann mit einem Statistikprogramm für die konfirmatorische Faktorenanalyse und lineare Strukturgleichungsmodelle bestimmt werden, und zwar entweder mit einem kommerziellen Programm (z. B. AMOS, EQS, LISREL, Mplus) oder aber mit dem kostenlosen, auf dem Statistikprogramm R basierenden Statistikprogramm OpenMx ( ). Mit dem Maximum-Likelihood-Schätzverfahren erhält man:

$$\Sigma(\hat{\theta}) = \begin{bmatrix} 2{,}46 & \\ 2{,}02 & 2{,}46 \end{bmatrix}$$

Diese Schätzung ist deutlich besser, da sie näher an der Stichprobenmatrix liegt. Aber auch diese Matrix weicht von der Stichprobenmatrix ab, da sie ja die Restriktion erfüllen muss, dass die beiden Messfehlervarianzen (und somit die Varianzen der manifesten Variablen) gleich sind. Diese Abweichung ist aber nicht bedeutsam, da ein statistischer Modelltest zeigt, dass das Modell in diesem Fall nicht verworfen werden muss ($\chi^2 = 0{,}95$, $df = 1$, $p = 0{,}33$). Wir können also davon ausgehen, dass unsere beiden Tests gleiche Reliabilitäten aufweisen. Was dieser Modelltest genau bedeutet, werden wir in Abschnitt 23.6.2 beschreiben. Zunächst sollen die wichtigsten Schätzverfahren, die für die konfirmatorische Faktorenanalyse entwickelt wurden, dargestellt werden.

23.5.1 Grundprinzip der Schätzmethoden

Wie wir bereits ausgeführt haben, basieren Schätzmethoden für die konfirmatorische Faktorenanalyse auf dem Prinzip, die unbekannten Modellparameter derart zu bestimmen, dass die geschätzte vom Modell implizierte Kovarianzmatrix $\Sigma(\hat{\theta})$ der empirischen Kovarianzmatrix S so ähnlich wie nur möglich wird, unter der Bedingung, dass die Modellrestriktionen erfüllt sind. Man minimiert somit die Diskrepanz zwischen beiden Matrizen. Unter bestimmten Voraussetzungen und sofern das Modell gültig ist, führen alle Schätzmethoden zu konsistenten Schätzern, d. h. zu Schätzwerten, die in großen Stichproben sehr nahe bei den Populationswerten liegen. Die verschiedenen Schätzmethoden unterscheiden sich in

- den Diskrepanzfunktionen, die minimiert werden, d. h. in der Form, in der die Abweichung zwischen implizierter und empirischer Kovarianzmatrix definiert wird;
- den Voraussetzungen (z. B. Verteilungsannahmen), die erfüllt sein müssen, damit sie zur Parameterschätzung herangezogen werden können;
- den verschiedenen Schätzeigenschaften.

Die einzelnen Verfahren werden im Folgenden in Bezug auf ihre Voraussetzungen und Beschränkungen beschrieben. Die Diskrepanzfunktionen, die bei den einzelnen Methoden minimiert werden, sind im folgenden Vertiefungskasten zusammengestellt und werden in der einschlägigen Spezialliteratur zur konfirmatorischen Faktorenanalyse beschrieben (z. B. Kaplan, 2009; Schermelleh-Engel et al., 2003). Anhang B führt in die Grundprinzipien der Matrixalgebra ein, auf der die einzelnen Gleichungen aufbauen. Für ein Verständnis der anschließend behandelten Schätz- und Testmethode ist die Kenntnis dieser Funktionen nicht notwendig. Sie dienen ausschließlich der vertiefenden Information.

Vertiefung

Diskrepanzfunktionen (»Fit-Funktionen«)

(1) Maximum-Likelihood-Methode (ML-Methode)

$$F_{\mathrm{ML}} = \ln|\Sigma(\hat{\theta})| - \ln|S| + \mathrm{tr}\left[S \cdot \Sigma(\hat{\theta})^{-1}\right] - p, \quad \text{(F 23.29)}$$

wobei $|X|$ die Determinante einer Matrix X bezeichnet (s. Anhang B), $\mathrm{tr}[X]$ die Spur einer Matrix X (s. Anhang B), $\hat{\theta}$ den Parametervektor und p die Anzahl der manifesten Variablen.

(2) Generalized-Least-Squares-Methode (GLS-Methode)

$$F_{\mathrm{GLS}} = \frac{1}{2} \cdot \mathrm{tr}\left\{[S - \Sigma(\hat{\theta})] \cdot S^{-1}\right\}^2 \quad \text{(F 23.30)}$$

(3) Weighted-Least-Squares-Methode (WLS-Methode)

$$F_{\mathrm{WLS}} = [s - \sigma(\hat{\theta})]' \cdot W^{-1} \cdot [s - \sigma(\hat{\theta})], \quad \text{(F 23.31)}$$

wobei

- s ein Vektor ist, der als Elemente die empirischen Varianzen und Kovarianzen enthält, und von jeder Kovarianz, die in der vollständigen Matrix doppelt vorkommt, nur eine enthält;
- $\sigma(\hat{\theta})$ der Vektor der korrespondierenden, nicht redundanten Elemente, der vom Modell implizierten Kovarianzmatrix ist; und
- W^{-1} die Inverse einer Gewichtsmatrix ist, die die asymptotischen Varianzen und Kovarianzen der Stichprobenvarianzen und -kovarianzen enthält (s. hierzu ausführlicher Kaplan, 2009).

(4) Unweighted-Least-Squares-Methode (ULS-Methode)

$$F_{\mathrm{ULS}} = \frac{1}{2} \cdot \mathrm{tr}\left[S - \Sigma(\hat{\theta})\right]^2 \quad \text{(F 23.32)}$$

23.5.2 Maximum-Likelihood-Verfahren

Die am häufigsten eingesetzte Schätzmethode ist das Maximum-Likelihood-Schätzverfahren (ML-Schätzverfahren). Mit diesem Verfahren werden die Parameter des Modells so geschätzt, dass die beobachtete Stichprobenmatrix maximal wahrscheinlich ist. Es setzt voraus, dass die analysierten Variablen multivariat normalverteilt sind. Darüber hinaus wird angenommen, dass die Beobachtungen unabhängig voneinander sind, z. B. durch eine einfache Zufallsstichprobe gewonnen wurden. Das Modell muss korrekt spezifiziert sein, d. h. die wahre Kovarianzstruktur in der Population widerspiegeln. Schließlich muss die Stichprobe hinreichend groß sein (Finney & DiStefano, 2006).

Standardfehler und Konfidenzintervalle. Mit dem ML-Schätzverfahren können nicht nur die Parameter des Modells geschätzt werden. Anhand der geschätzten Standardfehler können auch Konfidenzintervalle um die Parameter bestimmt werden. Somit kann auch getestet werden, ob sich die geschätzten Parameter signifikant von 0 oder einem anderen Wert unterscheiden. Darüber hinaus ermöglicht dieses Schätzverfahren, die Gesamtanpassung des Modells statistisch zu überprüfen. Die Schätzeigenschaften des ML-Schätzverfahrens (asymptotisch unverzerrte Schätzungen, asymptotisch effiziente Schätzungen, konsistente Schätzungen; zu Schätzeigenschaften s. Abschn. 8.5.1) gelten zwar nur unter asymptotischen Bedingungen, d. h., wenn die Stichprobe sehr groß wird; bei dieser Schätzmethode ist jedoch die Verzerrung der Parameterschätzungen auch bei kleinen Stichproben relativ gering. Allerdings hängt die Schätzgenauigkeit von der Größe der Stichprobe ab, und bei kleinen Stichproben kann es vermehrt zu unplausiblen Parameterschätzungen (z. B. negative Varianzen) und anderen Schätzproblemen (z. B. Probleme der Konvergenz der Schätzungen) kommen. So rät z. B. Boomsma (1983) aufgrund von Simulationsstudien von Stichproben ab, die kleiner als $N = 100$ sind. Diese Empfehlung kann jedoch nicht einfach verallgemeinert werden, da sie von den spezifischen Simulationen abhängt und bei sehr kleinen Modellen auch kleinere Stichproben herangezogen werden können. Bentler und Chou (1987) zufolge kann als untere Grenze für das Verhältnis von Stichprobengröße und Anzahl der zu schätzenden Parameter der Wert 5:1 betrachtet werden, insbesondere dann, wenn das Modell viele Indikatoren für die latenten Variablen enthält und hohe Faktorladungen vorliegen. Wir werden die Frage nach der Bestimmung der angemessenen Stichprobengröße am Ende dieses Kapitels thematisieren.

Generalized-Least-Squares-Verfahren. Eng verwandt mit dem ML-Schätzverfahren ist das Generalized-Least-Squares-Verfahren (GLS-Verfahren), das bei Modellgültigkeit und multivariat normalverteilten Variablen zu denselben Ergebnissen führt wie das ML-Schätzverfahren, ansonsten dem ML-Verfahren jedoch unterlegen zu sein scheint (Olsson et al., 1999).

23.5.3 Asymptotisch verteilungsfreie Verfahren

Ohne eine spezifische Verteilungsannahme kommen die sog. asymptotisch verteilungsfreien Schätzverfahren (ADF-Methoden: *a*symptotically *d*istribution *f*ree) wie z. B. das Weighted-Least-Squares-Verfahren (WLS-Verfahren) aus (Browne, 1984). Der Name des Verfahrens rührt daher, dass die gewichtete Differenz zwischen der Stichprobenkovarianzmatrix und der vom Modell implizierten Matrix minimiert wird. Asymptotisch bedeutet: für Stichprobengrößen, die gegen unendlich streben. Diese Schätzmethoden ermöglichen es ebenfalls, statistische Hypothesen in Bezug auf die Größe einzelner Modellparameter sowie die Gültigkeit des Gesamtmodells zu überprüfen. WLS-Schätzverfahren werden auch herangezogen, wenn die manifesten Variablen nicht kontinuierlich sind, sondern z. B. ordinal (s. Abschn. 23.8). Diese Schätzverfahren eignen sich darüber hinaus auch zur Analyse von Korrelationsmatrizen, während das Maximum-Likelihood-Verfahren und das Generalized-Least-Squares-Verfahren im Allgemeinen nur für Kovarianzmatrizen geeignet sind.

Große Stichproben. Allerdings setzt die Anwendung des WLS-Verfahrens sehr große Stichproben voraus, da die Gewichtsmatrix sonst nur sehr ungenau geschätzt werden kann. Nach einer Daumenregel von

Jöreskog und Sörbom (1988) sollte die Stichprobe mindestens $1{,}5\ p \cdot (p + 1)$ betragen, wobei p für die Anzahl der manifesten Variablen steht. Bei Modellen mit weniger als zwölf manifesten Variablen sollte die Stichprobengröße mindestens $n = 200$ betragen. Bentler und Chou (1987) empfehlen einen Stichprobenumfang, der mindestens zehnmal so groß ist wie die Anzahl zu schätzender Parameter. Die Ergebnisse neuerer Simulationsstudien zeigen, dass die benötigte Stichprobengröße noch weit größer sein muss. So ergeben die Simulationsstudien von Olsson et al. (2000), dass mindestens ein Stichprobenumfang von $n = 5000$ vorliegen muss, damit Modellüberprüfungen auf der Grundlage der mit der WLS-Methode geschätzten Parameter zu einer akzeptablen Verwerfungsrate führen. Sehr große Stichproben werden auch benötigt, um unverzerrte Schätzer zu erhalten. Im Falle kleinerer Stichproben kann auf Modifikationen des WLS-Schätzverfahrens, sog. robuste WLS-Schätzverfahren, zurückgegriffen werden wie z. B. das von Muthén und Muthén (2004–2008) in dem Computerprogramm Mplus implementierte WLSM (*m*ean-adjusted)- bzw. das WLSMV (*m*ean- and *v*ariance-adjusted)-Schätzverfahren. So scheint das WLSMV-Verfahren ersten wenigen Simulationsergebnissen zufolge zu angemessenen Schätzungen zu führen, wenn die Stichproben nicht zu klein ($n \geq 200$) und die Verteilungen nicht zu schief sind.

23.5.4 Andere Schätzmethoden

Das Unweighted-Least-Squares-(ULS-)Verfahren sowie das Two-Stage-Least-Squares-(TSLS-)Verfahren und die Instrumental-Variables-(IV-)Methode kommen bei der Parameterschätzung ohne Verteilungsannahmen aus. Eine inferenzstatistische Beurteilung der Ergebnisse ist bei allen drei Verfahren jedoch nur möglich, wenn die Variablen multivariat normalverteilt sind. Sie sollen daher hier nicht weiter behandelt werden, da dann auch auf das ML-Schätzverfahren zurückgegriffen werden kann.

Schätzverfahren für den Fall fehlender Werte: FIML-Schätzverfahren

Spezielle Schätzverfahren wurden für den Fall entwickelt, dass bestimmte Werte fehlen. Dies ist z. B. dann gegeben, wenn für eine Person Werte nur auf einigen der untersuchten Variablen vorliegen. In Statistikprogrammen zur Analyse von Modellen der konfirmatorischen Faktorenanalyse ist das sog. »full information maximum likelihood«-(FIML-)Schätzverfahren implementiert.

Vorteile des FIML-Schätzverfahrens. Das FIML-Schätzverfahren nutzt die gesamten Informationen aus, die in den Daten enthalten sind. Im Gegensatz zu dem früher häufig angewandten »listwise deletion«-Verfahren, bei dem eine Person schon dann aus dem Datensatz genommen wird, wenn sie einen einzigen fehlenden Wert hat, arbeitet das FIML-Verfahren mit allen verfügbaren Informationen und impliziert daher eine höhere Teststärke. Im Unterschied zum »pairwise deletion«-Verfahren, bei dem die Kovarianz bzw. Korrelation anhand aller Personen, die auf den beiden korrelierenden Variablen keinen fehlenden Wert aufweisen, berechnet wird, schwankt die Stichprobengröße beim FIML-Verfahren nicht zwischen den einzelnen Kovarianz- bzw. Korrelationskoeffizienten, so dass die Unsicherheit entfällt, welche Stichprobengröße man bei der »pairwise deletion« der Modellüberprüfung zugrunde legen soll.

Voraussetzungen des FIML-Schätzverfahrens. Die Anwendung des FIML-Verfahrens setzt neben der Normalverteilung der Variablen voraus, dass die fehlenden Daten durch eine bestimmte Ausfallsart zustande gekommen sind. Bei fehlenden Werten betrachtet man im Allgemeinen drei Ausfallsarten (s. Abschn. 9.3.3.; Enders, 2006; Schafer & Graham, 2002):

(1) **»Missing completely at random« (MCAR):** Hiermit ist gemeint, dass die fehlenden Werte auf einer Variablen Y_j weder von den anderen beobachteten Variablen noch von der Variablen selbst abhängen. Bezogen auf unser einführendes Beispiel (Abschn. 23.1) würde dies bedeuten, dass fehlende Fremdberichtswerte nicht von der Ausprägung der Selbstberichtsvariablen abhängen. Es fehlen z. B. nicht bevorzugt die Fremdberichtswerte der Personen, die sich selbst als unglücklich bezeichnen. Darüber hinaus hängt der Ausfall auch nicht von den Ausprägungen der

Variablen selbst ab. Dies wäre z. B. dann gegeben, wenn v. a. Fremdbeurteiler, die die Person als unglücklich einschätzen, die Abgabe ihres Urteils vermeiden.

(2) »Missing at random« (MAR): Bei dieser Ausfallsart ist der Ausfall systematisch, man kennt aber den Ausfallsprozess und kann die Ausfallsrate anhand von erhobenen Variablen vorhersagen. So könnten bei dem einführenden Beispiel Fremdberichte systematisch eher bei Personen mit geringerem selbstberichteten Wohlbefinden fehlen als bei Personen, die sich selbst als sehr glücklich bezeichnen. Es wird bei dieser Ausfallsrate aber angenommen, dass – gegeben einen Wert der den Ausfallsprozess erklärenden Variablen – der Ausfall unsystematisch ist. In unserem Beispiel: Wenn innerhalb der Gruppe der Personen geringeren selbstberichteten Wohlbefindens die Ausfallsrate beim Fremdbericht unsystematisch ist und nicht von der Fremdberichtsvariablen selbst abhängt, dann ist die Ausfallsrate »missing at random«. Würden hingegen innerhalb der Gruppe von Personen, die sich selbst als unglücklich bezeichnen, v. a. die Werte der Fremdbeurteiler fehlen, die die zu beurteilende Person als besonders unglücklich ansehen, wäre der Ausfall systematisch und nicht »missing at random«.

(3) »Missing not at random« (MNAR): Diese Ausfallsrate liegt vor, wenn die fehlenden Werte von der Ausprägung der Variablen selbst abhängen und die Variablen im Modell die Ausfallsrate nicht so erklären können, dass – gegeben die Ausprägungen dieser erklärenden Variablen – die Ausfälle nicht von den Werten der Variablen selbst abhängen.

Die Anwendung des FIML-Verfahren setzt voraus, dass der Ausfallsprozess »missing at random« oder »missing completely at random« ist. Die MCAR-Annahme dürfte in vielen Anwendungen nicht erfüllt sein, da sie sehr streng ist. Da es aber keinen allgemeinen statistischen Test zur Überprüfung der MAR-Annahme gibt (Potthoff et al., 2006), muss man versuchen, die Erfüllung der Annahmen dadurch sicherzustellen, dass man Variablen, die die Ausfallsrate erklären können, ins faktorenanalytische Modell mit aufnimmt. Erwartet man fehlende Werte in einer Studie, sollte man sich daher schon vorher überlegen, wodurch diese potentiell entstehen, um den Ausfallsprozess erklärende Variablen in das Modell aufnehmen zu können. In Längsschnittstudien kann man z. B. Personen einschätzen lassen, wie wahrscheinlich es ist, dass sie an der Folgeerhebung teilnehmen werden (Schafer & Graham, 2002), und diese Variable dann mit in die Analysen aufnehmen. Der Nachteil hierbei ist, dass man häufig an diesen Variablen (sog. Hilfsvariablen) und ihrer Modellierung nicht interessiert ist. Enders (2006) und Graham (2003) zeigen, wie diese Hilfsvariablen, die den Ausfallsprozess erklären sollen, modelliert werden können, ohne das interessierende Modell und dessen Interpretation zu stören. Graham et al. (2006) diskutieren die Analyse von Datendesigns mit fehlenden Werten, bei denen die fehlenden Werte bewusst geplant wurden (»missing by design«).

Alternative Verfahren. Neben dem FIML-Verfahren gibt es noch anderen Methoden zur Analyse fehlender Werte, die ebenfalls voraussetzen, dass der Ausfallsprozess mindestens »missing at random« ist. Hierzu zählen der EM-Algorithmus (E: expectation, M: maximization) und die multiple Imputation, die auch bei der konfirmatorischen Faktorenanalyse eingesetzt werden können. Diese sollen nicht vertiefend diskutiert werden (s. hierzu Enders, 2006; Schafer & Graham, 2002), da sie häufig zu ähnlichen Ergebnissen wie die FIML-Methode führen.

23.5.5 Wahl einer Schätzmethode

Im Falle multivariat normalverteilter Variablen bieten sich die ML- und GLS-Schätzmethoden als Methoden der Wahl an. Sind die Normalverteilungsannahmen nicht gravierend verletzt, kann das ML-Schätzverfahren herangezogen werden. Bei großen Abweichungen von der Normalverteilungsannahme können die Ergebnisse inferenzstatistischer Tests bei den ML- und GLS-Schätzverfahren allerdings sehr verzerrt sein. Die Parameterschätzung als solche scheint jedoch relativ robust gegenüber Verletzungen der Normalverteilungsannahme zu sein. Die Standardfehler werden hingegen unterschätzt, so dass Parameterschätzungen eher signifikant werden. Nach West et al. (1995) liegen gravierende Abweichungen von der Normalverteilung vor, wenn die Schiefe der manifesten Variablen größer als 2 und der Exzess größer als 7 ist. Überprüft man den multivariaten Exzess mit Mardias Koeffizient (Mardia, 1975), sollte dieser nicht größer als 3 sein (Bentler & Wu, 2002). Im Falle gravierender Abweichungen von der Normalverteilung können verschiedene Wege beschritten werden. Finney und DiStefano (2006) setzen sich ausführlich mit dieser Frage auseinander und diskutieren neben den bereits erwähnten asymptotisch verteilungsfreien Methoden und ihren robusten Varianten die Satorra-Bentler-Korrektur und das Bootstrap-Verfahren.

Korrekturen der Standardfehler

Die Satorra-Bentler-Korrektur berichtigt die Standardfehler, die bei nicht-normalverteilten Variablen durch die ML-Methode verzerrt geschätzt werden. Da die Parameter selbst auch bei nicht-normalverteilten Variablen nicht verzerrt geschätzt werden, müssen diese nicht korrigiert werden. Simulationsstudien zeigen, dass die nach Satorra-Bentler korrigierten Standardfehler bei nicht-normalverteilten Variablen geringere Verzerrungen aufweisen als Standardfehler, die man anhand der ML und der WLS-Methode erhält (s. zum Überblick Finney & DiStefano, 2006). Standardfehler bei nicht-normalverteilten Daten werden auch durch die in dem Statistikprogramm Mplus implementierten Methoden MLM und MLMV korrigiert, denen die ML-Methode zugrunde liegt.

Bootstrapping

Um adäquatere Standardfehler im Falle nicht-normalverteilter Verfahren zu erhalten, können diese auch anhand des naiven Bootstrapping (s. Abschn. 9.2.4) bestimmt werden. Beim naiven Bootstrap werden B verschiedene Stichproben der Größe n (mit Zurücklegen) aus der Stichprobe (der Größe n) gezogen, d. h., eine Person kann mehrmals in einer Stichprobe vorliegen (Bollen & Stine, 1992). Dann werden in jeder Stichprobe die Modellparameter geschätzt und die Standardabweichungen der Parameterschätzungen für jeden Parameter über die verschiedenen Substichproben hinweg bestimmt. Diese Standardabweichung entspricht dann dem Bootstrap-Standardfehler.

Erste Simulationsstudien (Nevitt & Hancock, 2001) zeigen, dass im Falle nicht-normalverteilter Variablen die Bootstrap-Standardfehler weniger verzerrt sind als die ML-Standardfehler und auch geringer als die nach Satorra-Bentler korrigierten Standardfehler. Diese Studien weisen darüber hinaus darauf hin, dass kleine Stichproben ($n \leq 100$) vermieden werden sollen, da die Bootstrap-Standardfehler in diesem Fall instabiler werden. Den in Finney und DiStefano (2006) zitierten Studien zufolge scheinen 250 Bootstrap-Stichproben auszureichen.

Die Ausführungen von Finney und DiStefano (2006) zeigen, dass bei Abweichungen von der Normalverteilungsannahme die Parameter nach der ML-Methode geschätzt und die Standardfehler nach der Satorra-Bentler-Korrektur berechnet oder aber die Bootstrap-Standardfehler zur Berechnung der Standardfehler und Signifikanztestung herangezogen werden können. Liegen keine kontinuierlichen (metrischen) manifesten Variablen vor, ist auf Messmodelle für ordinale Variablen (s. Abschn. 23.8) zurückzugreifen.

23.6 Beurteilung der Modellanpassungsgüte

Die Qualität eines Modells ergibt sich aus dem Vergleich der empirischen Kovarianzmatrix $\mathbf{S}$ mit der geschätzten (vom Modell implizierten) Kovarianzmatrix $\mathbf{\Sigma}(\hat{\boldsymbol{\theta}})$. Je geringer die Diskrepanz zwischen beiden, desto höher ist die Modellanpassungsgüte oder der Modell-Fit.

Zur Bewertung der Modellanpassung können verschiedene Gütemaße herangezogen werden, die sich auf Detailaspekte des Modells, das Gesamtmodell oder Modellvergleiche beziehen. Für diese drei Beurteilungsaspekte werden wir die wichtigsten Gütekoeffizienten vorstellen.

23.6.1 Detailmaße der Anpassungsgüte: Residuen

Die wichtigsten Detailmaße der Anpassungsgüte sind die Residuen, die aus der Differenz der empirischen und der vom Modell implizierten Kovarianzmatrix berechnet werden. Die Residuen erhält man, indem von den beobachteten Varianzen und Kovarianzen die vom Modell implizierten Varianzen und Kovarianzen subtrahiert werden. Für unser einfaches Beispiel eines Einfaktormodells mit zwei Indikatoren gleicher Reliabilität ergibt sich:

$$\mathbf{R} = \mathbf{S} - \mathbf{\Sigma}(\hat{\mathbf{\theta}}) = \begin{bmatrix} 2{,}40 & \\ 2{,}02 & 2{,}52 \end{bmatrix} - \begin{bmatrix} 2{,}46 & \\ 2{,}02 & 2{,}46 \end{bmatrix}$$

$$= \begin{bmatrix} -0{,}06 & \\ 0{,}00 & 0{,}06 \end{bmatrix},$$

wobei **R** die Matrix der Residuen bezeichnet. Sind die Werte der Residuen klein, passt das Modell gut. In unserem Beispiel sind alle Residuen sehr gering. Die Residuen sind allerdings schwer zu interpretieren, da ihre Größe von der Größe der Varianzen und Kovarianzen der betrachteten Variablen abhängt. Ein Residuum von 0,5 ist z. B. bei einer Varianz von 100 klein, bei einer Varianz von 0,7 jedoch beträchtlich. Es können daher auch standardisierte Residuen berechnet werden.

Standardisierte Residuen. Standardisierte Residuen sind Residuen, die durch den Wert ihres Standardfehlers geteilt und dadurch in z-Werte transformiert wurden. Standardisierte Residuen größer als 2,58 oder kleiner als −2,58 (kritische z-Werte für $\alpha = 0{,}01$, zweiseitig) weisen auf eine bedeutsame Abweichung und somit auf einen Modellspezifikationsfehler hin. Auch die standardisierten Residuen sind im vorliegenden Beispiel gering:

$$\mathbf{R}_{st} = \begin{bmatrix} -0{,}98 & \\ 0{,}00 & 0{,}98 \end{bmatrix}$$

> **Beispiel**
>
> **Modellanpassungsgüte verschiedener Modelle der Beurteilerübereinstimmung**
>
> Im Weiteren werden wir unser simuliertes Beispiel verlassen und die Modellgütekoeffizienten anhand des in Abbildung 23.1 dargestellten Modells mit zwei Faktoren beschreiben. Wir werden dieses Modell im Folgenden als unrestringiertes Modell (M-UR) bezeichnen. Darüber hinaus wollen wir noch zwei restriktivere Varianten des Modells berücksichtigen. In der ersten restriktiveren Variante wird angenommen, dass die Ladungsparameter der Selbstberichtsvariablen mit den Ladungsparametern der Fremdberichtsvariablen identisch sind (M-MI). Dies bedeutet, dass die Messstruktur der Selbstberichtsvariablen der Messstruktur der Fremdberichtsvariablen entspricht. Wird die erste Ladung sowohl für den Selbstberichtsfaktor als auch für den Fremdberichtsfaktor auf 1 festgesetzt (fixiert), dann wird die Ladung der zweiten beobachteten Variablen sowohl für den Selbst- als auch für den Fremdbericht auf 1,21 geschätzt. Der geschätzte Ladungsparameter der dritten Variablen beträgt 1,26. In der zweiten, noch restriktiveren Variante wird angenommen, dass alle Ladungen gleich 1 und die sechs Messvariablen somit essentiell τ-äquivalent sind (M-ALG). Die Modellgütekoeffizienten dieser drei Modelle sind in Tabelle 23.6 angegeben. Die Residuen und die standardisierten Residuen sind für die ersten beiden Modelle gering, während sie für das dritte Modell relativ groß sind und auf eine mangelnde Modellanpassungsgüte hindeuten. Dies ist ein erster Hinweis darauf, dass die Annahme gleicher Ladungen und somit gleicher Diskriminationsfähigkeiten der drei manifesten Variablen verletzt ist. So liegt z. B. im Modell M-ALG das größte standardisierte Residuum von 5,10 für die Kovarianz der ersten mit der dritten Variablen vor. Diese wird in dem restringierten Modell unterschätzt, da der Ladungskoeffizient in diesem Modell auf 1 fixiert wird, im unrestringierten Modell aber auf 1,37 geschätzt wird. Da die Kovarianz der beiden beobachteten Variablen gleich der mit dem Produkt der beiden Ladungen gewichteten Varianz ist, wird die Kovarianz der beobachteten Variablen im restringierten Modell unterschätzt, im unrestringierten Modell jedoch angemessen repräsentiert.

Tabelle 23.6 Modellgütekoeffizienten für drei verschiedene Modelle

Modellgütekoeffizient	Modell I Zweifaktormodell (unrestringiert) M-UR	Modell II Zweifaktormodell (Messinvarianz) M-MI	Modell III Zweifaktormodell (alle Ladungen gleich) M-ALG
Residuen			
größtes Residuum	0,02	0,04	0,08
kleinstes Residuum	−0,03	−0,04	−0,13
Standardisierte Residuen			
größtes Residuum	0,90	1,99	5,10
kleinstes Residuum	−1,63	−2,01	−5,04
Root Mean Square Residual (RMR)	0,01	0,02	0,05
Standardized Root Mean Square Residual (SRMR)	0,02	0,03	0,09
χ^2-Test-Wert	6,27	10,20	38,15
Freiheitsgrade (df)	8	10	12
p	0,62	0,42	<0,01
RMSEA	<0,01	0,01	0,11
p	0,87	0,76	<0,01
		Modell II vs. I	Modell III vs. II
χ^2-Differenz		3,93	27,95
df-Differenz		2	2
p		0,14	<0,01
CAIC	88,21	79,66	96,74
CFI	1,00	1,00	0,97

23.6.2 Gesamtanpassung des Modells

Während sich die Residuen auf die Anpassung einzelner Varianzen und Kovarianzen beziehen und eine Lokalisation von Passungsmängeln erlauben, gibt es verschiedene Modellgütekriterien, mit denen die Gesamtanpassung des Modells bewertet werden kann. Diese Koeffizienten sind in Tabelle 23.7 zusammengestellt und werden im Folgenden erläutert.

Root Mean Square Residual (RMR)

Das Root Mean Square Residual (RMR) ist die Quadratwurzel aus dem Mittelwert der quadrierten Residuen und somit ein Maß für das durchschnittliche Residuum. Im Unterschied zu Residuen und standardisierten Residuen sind RMR-Werte wegen der Quadrierung der Residuen immer positiv. Das RMR ist für die Modelle M-UR und M-MI gering, während es für das Modell M-ALG größer ist. Allerdings gilt

Tabelle 23.7 Gütekoeffizienten zur Bewertung der Gesamtanpassung eines Modells (nach Schermelleh-Engel et al., 2003)

a Gesamtanpassung des Modells

Root Mean Square Residual	$\text{RMR} = \sqrt{\dfrac{\sum_{i=1}^{p}\sum_{j=1}^{i}(s_{ij}-\hat{\sigma}_{ij})^2}{p(p+1)/2}}$
χ^2-Test	$\chi^2(df) = (n-1)\cdot F[\mathbf{S}, \mathbf{\Sigma}(\hat{\boldsymbol{\theta}})]$ df: Freiheitsgrade $F[\mathbf{S}, \mathbf{\Sigma}(\hat{\boldsymbol{\theta}})]$: Diskrepanzfunktion
Root Mean Square Error of Approximation (ε_a)	$\hat{\varepsilon}_a = \sqrt{\max\left\{\left(\dfrac{F[\mathbf{S}, \mathbf{\Sigma}(\hat{\boldsymbol{\theta}})]}{df} - \dfrac{1}{n-1}\right), 0\right\}}$

b Modellvergleiche

χ^2-Differenzen-Test	$\chi^2_{\text{diff}} = \chi^2_{\text{restringiert}} - \chi^2_{\text{unrestringiert}}$ $df_{\text{diff}} = df_{\text{restringiert}} - df_{\text{unrestringiert}}$
Akaike information criterion	$\text{AIC} = \chi^2 + 2\cdot t$ t: Anzahl zu schätzender Modellparameter
Bayesian information criterion	$\text{BIC} = \chi^2 + t \cdot \ln n$
Bayesian information criterion (sample-size adjusted)	$\text{BIC} = \chi^2 + t \cdot \ln\left(\dfrac{n+2}{24}\right)$
Consistent Akaike information criterion	$\text{CAIC} = \chi^2 + (1 + \ln n)\cdot t$
Expected Cross Validation Index	$\text{ECVI} = F\left[\mathbf{S}, \mathbf{\Sigma}(\hat{\boldsymbol{\theta}})\right] + \dfrac{2\cdot t}{n-1}$
Normed Fit Index	$\text{NFI} = \dfrac{\chi^2_i - \chi^2_t}{\chi^2_i}$ χ^2_i: χ^2-Wert des Unabhängigkeitsmodells (Baseline-Modell) χ^2_t: χ^2-Wert des betrachteten Modells
Parsimony Normed Fit Index	$\text{PNFI} = \dfrac{df_t}{df_i}\, \text{NFI}$
Nonnormed Fit Index	$\text{NNFI} = \dfrac{\dfrac{\chi^2_i}{df_i} - \dfrac{\chi^2_t}{df_t}}{\dfrac{\chi^2_i}{df_i} - 1}$

Tabelle 23.7 (Fortsetzung)

Comparative Fit Index	$\text{CFI} = 1 - \dfrac{\max[\chi_t^2 - df_t, 0]}{\max[(\chi_t^2 - df_t),(\chi_i^2 - df_i), 0]}$
Goodness-of-Fit Index	$\text{GFI} = 1 - \dfrac{\chi_t^2}{\chi_b^2}$ χ_b^2: χ^2-Wert des Baseline-Modells, in dem alle Parameter auf Null gesetzt wurden
Adjusted Goodness-of-Fit Index	$\text{AGFI} = 1 - \dfrac{\dfrac{\chi_t^2}{df_t}}{\dfrac{\chi_b^2}{df_b}}$
Parsimony Goodness-of-Fit Index	$\text{PGFI} = \dfrac{df_t}{df_b} \cdot \text{GFI}$

auch für das RMR, dass sein Wert nur in Bezug auf die Größe der Varianzen respektive Kovarianzen zu interpretieren ist. Um dieses Problem zu umgehen, kann auch ein standardisiertes Root Mean Square Residual (SRMR) berechnet werden, bei dem die Ausgangsvariablen standardisiert wurden. Werte des SRMR, die nahe bei 0 liegen, weisen auf eine gute Modellanpassung hin. Werte, die größer als 0,08 sind, weisen auf eine bedeutsame Abweichung des Modells von den Daten hin (Hu & Bentler, 1999). Im vorliegenden Fall ist der Wert des SRMR für die Modelle M-UR und M-MI ebenfalls sehr klein, wohingegen das SRMR des dritten Modells größer als 0,09 ist.

χ^2-Test

Die Gesamtanpassungsgüte kann bei den ML-, GLS- und WLS-Schätzmethoden mit einem χ^2-Test statistisch überprüft werden. Auch bei Verwendung der ULS-Methode kann der χ^2-Test verwendet werden, wenn die für diese Schätzmethode ansonsten nicht benötigte Annahme der multivariaten Normalverteilung der Messvariablen erfüllt ist. Mit dem χ^2-Test wird die Hypothese überprüft, dass die Kovarianzmatrix in der Population gleich der Kovarianzmatrix ist, die durch das Modell impliziert wird; d. h., es wird die Nullhypothese $H_0: \Sigma = \Sigma(\theta)$ getestet. Die Freiheitsgrade (df) dieses χ^2-Tests entsprechen der Differenz zwischen der Anzahl der Varianzen und Kovarianzen in der analysierten Kovarianzmatrix und der Anzahl der zu schätzenden Parameter. In Tabelle 23.2 (in Abschn. 23.1) stehen 21 Varianzen und Kovarianzen zur Verfügung. Da in Modell M-UR 13 Parameter geschätzt werden (4 Ladungen, 2 Faktorvarianzen, 1 Faktorkovarianz, 6 Fehlervarianzen), liegen 8 Freiheitsgrade ($df = 21-13 = 8$) vor. Der χ^2-Wert von 6,27 entspricht bei 8 Freiheitsgraden einer Wahrscheinlichkeit von $p = 0,63$. Die Wahrscheinlichkeit, bei Modellgültigkeit eine solche Stichprobenmatrix oder eine sogar noch stärker abweichende Stichprobenmatrix zu finden, ist also ziemlich groß. Die Nullhypothese, dass beide Matrizen identisch sind, kann daher beibehalten werden. Das Modell passt gut zu den Daten und hat sich somit empirisch bewährt. Dies trifft auch auf das zweite Modell mit der Messinvarianzannahme zu, wohingegen das dritte Modell verworfen werden muss (s. Tab. 23.6). Im Übrigen weist auch das alternative Modell von unserem einführenden Beispiel (s. Absch. 23.1.2), in dem die zweite latente Variable die Abweichung der Fremdberichte von den erwarteten Werten der Selbstberichte repräsentiert, eine sehr gute Modellanpassung auf (χ^2-Wert = 5,66, df = 6, p = 0,46) und muss nicht verworfen werden.

Stichprobengröße. Bei der Bewertung des χ^2-Tests muss berücksichtigt werden, dass die Stichprobengröße direkt in die Teststatistik einfließt. Je größer die Stichprobe ist, desto größer ist auch die Teststärke des Tests, so dass schon kleine Abweichungen zwischen der beobachteten und der vom Modell implizierten Kovarianzmatrix aufgedeckt werden. Die Nullhypothese kann daher bei sehr großen Stichproben verworfen werden, auch wenn die Unterschiede zwischen dem postulierten Modell und den beobachteten Daten substantiell sehr gering sind. Von daher ist es bei sehr großen Stichproben sinnvoll, sich die Größe der Modellabweichungen im Detail mittels der Residuen anzuschauen.

Verteilungsannahme. Darüber hinaus setzt der χ^2-Test voraus, dass die Annahmen, auf denen die jeweiligen Schätzmethoden basieren, erfüllt sind. Bei der ML-Schätzmethode, die die Standardmethode für die Schätzung von konfirmatorischen Faktormodellen darstellt, muss die Annahme der multivariaten Normalverteilung erfüllt sein. Schon bei moderat nicht-normalverteilten Variablen (insbesondere bei Variablen mit positiver Schiefe) ist der Fehler erster Art (α-Fehler) höher, als man aufgrund der χ^2-Verteilung erwarten würde. Korrekte Modelle werden also eher verworfen. In Bezug auf asymptotisch verteilungsfreie Schätzmethoden wie die WLS-Methode hat sich gezeigt, dass diese nur dann zu akzeptablen Fehlerraten führt, wenn die Stichprobengröße sehr groß ist. In den von Finney und DiStefano (2006) zitierten Studien war dies z. B. erst dann der Fall, wenn die Stichprobengrößen $n = 5000$ erreichen. Der auf verteilungsfreien Methoden basierende χ^2-Test scheint bei zu geringen Stichproben korrekt spezifizierte Modelle zu häufig zu verwerfen und falsch spezifizierte Modelle nicht angemessen aufzudecken. Im Falle nicht-normalverteilter Variablen ist der Satorra-Bentler-korrigierte χ^2-Test (Satorra & Bentler, 1994) dem ML-χ^2-Test und dem WLS-χ^2-Test vorzuziehen (Finney & DiStefano, 2006).

Zu robusten WLS-Verfahren liegen bisher nur begrenzt Ergebnisse aus Simulationsstudien vor, die aber zeigen, dass diese robusten Verfahren dem WLS-Verfahren überlegen sind. Eine Alternative stellt das Bootstrapping dar. Im Gegensatz zur Schätzung der Standardfehler führt der naive Bootstrap bei der Modelltestung nicht zu angemessenen Ergebnissen, da die Stichprobenkovarianzmatrix nicht perfekt dem Modell entspricht. Man würde daher aus nicht modellkonformen Daten Stichproben ziehen. Um die Bootstrap-Methode zur Bestimmung der Modellgüte anwenden zu können, müssen die Daten zunächst so transformiert werden, dass sie dem Modell entsprechen. Wie dies möglich ist, haben Bollen und Stine (1992) gezeigt. Aus den transformierten Daten werden dann Bootstrap-Stichproben gezogen und für jede Stichprobe der χ^2-Wert bestimmt. Diese χ^2-Werte bilden dann die empirische χ^2-Verteilung, die als Referenzverteilung dient, mit der man den in der Anwendung gefundenen χ^2-Wert vergleicht. Der relative Anteil der χ^2-Werte der Referenzverteilung, die größer sind als der gefundene χ^2-Wert, ist dann der p-Wert, den man zur Beurteilung der Modellgüte heranzieht. Werden z. B. 300 Bootstrap-Stichproben gezogen und haben 30 Stichproben einen größeren χ^2-Wert als den in der Untersuchung gefundenen, ist der zugeordnete p-Wert $p = 0{,}10$ (30/300). Dieses Verfahren ist als Bollen-Stine-Bootstrap in vielen Programmen der Strukturgleichungsanalyse implementiert. In ihrem Überblick über den Umgang mit nicht-normalverteilten Daten kommen Finney und DiStefano (2006) zu der Empfehlung, im Falle moderat nicht-normalverteilter Variablen (Schiefe < 2, Exzess < 7) die Satorra-Bentler-Korrektur anzuwenden; im Falle starker Abweichung von der Normalverteilung (Schiefe > 2, Exzess > 7) kann auf die Satorra-Bentler Korrektur oder den Bollen-Stine-Bootstrap zurückgegriffen werden.

Exakte Gültigkeit des Modells. Der χ^2-Wert setzt voraus, dass ein bestimmtes Modell in der Population exakt gilt. Dies ist jedoch für viele empirische Fragestellungen eine unrealistische Annahme, da in vielen Fällen ein Modell eine Vereinfachung des zugrundeliegenden Prozesses darstellen soll. Modelle sollen in den Sozialwissenschaften ja nicht nur die Datenstruktur gut erklären, sondern auch sparsam sein. So kann die statistische Testung der Nullhypothese $H_0: \Sigma = \Sigma(\theta)$ zur Folge haben, dass ein Modell, welches in der Population eine gute Approximation darstellt, in einer großen Stichprobe verworfen wird, da es die Populationskovarianzmatrix nicht exakt beschreibt.

Closeness-of-Fit-Koeffizienten

Im Gegensatz zum χ^2-Test, bei dem die exakte Gültigkeit eines Modells getestet wird, wird bei den Closeness-of-Fit-Statistiken überprüft, ob der Approximationsfehler in einem bestimmten Bereich liegt. Ein Approximationsfehler liegt vor, wenn das Modell die Kovarianzmatrix in der Population nicht perfekt reproduziert. Closeness-of-Fit-Koeffizienten geben daher an, wie nahe das postulierte Modell dem wahren Modell kommt. Ein Closeness-of-Fit-Koeffizient ist der Root Mean Square Error of Approximation (RMSEA, ε_a), der über die Stichprobendaten geschätzt werden kann ($\hat{\varepsilon}_a$, s. Tab. 23.7). Ein Modell wird dann als geeignet angesehen, wenn der Approximationsfehler des Modells relativ gering ist. Eine gute Modellapproximation liegt dann vor, wenn der RMSEA-Koeffizient kleiner als 0,05 ist. Verschiedene Programme zur Analyse von Strukturgleichungsmodellen stellen statistische Tests zur Verfügung, anhand deren die Nullhypothese überprüft werden kann, dass der RMSEA in der Population kleiner als 0,05 ($\varepsilon_a < 0,05$) ist. Im Beispiel unserer Untersuchung zum Wohlbefinden muss diese Annahme für die Modelle M-UR und M-MI nicht verworfen werden, während Modell M-ALG einen bedeutsamen RMSEA aufweist und somit auch keine gute Approximation der Realität darstellt.

23.6.3 Modellvergleiche

Die Güte eines Modells kann auch durch den Vergleich eines Modells mit einem konkurrierenden Modell überprüft werden. Nach den bisherigen Kriterien weisen sowohl das Modell M-UR als auch das Modell M-MI eine gute Modellanpassungsgüte auf. Welchem der beiden Modelle ist nun der Vorzug zu geben? Zur Beantwortung dieser Frage wurde eine Reihe von Teststatistiken entwickelt.

Likelihood-Ratio-Differenzen-Test

Die erste Teststatistik, der Likelihood-Ratio-Differenzen-Test, kann zum Vergleich zweier Modelle herangezogen werden, wenn diese ineinander verschachtelt sind. »Verschachtelt« bedeutet, dass ein Modell aus einem übergeordneten Modell durch spezifische Restriktionen hervorgeht. So ist z. B. Modell M-MI in Modell M-UR verschachtelt, da es Modell M-UR spezifische Restriktionen auferlegt. Auch Modell III ist in Modell M-UR verschachtelt. Schließlich führen die in Modell M-ALG getroffenen Restriktionen auch dazu, dass es sich bei Modell M-ALG um einen Spezialfall von Modell M-MI handelt. Diese drei Modelle lassen sich in folgende Struktur bringen: Modell M-MI geht aus Modell M-UR durch Restriktionen hervor, während sich Modell M-ALG durch Restriktionen aus Modell M-MI (und damit auch aus dem übergeordneten Modell M-UR) ergibt. Um ineinander verschachtelte Modelle miteinander zu vergleichen, wird die Differenz der χ^2-Werte und der Freiheitsgrade der beiden Modelle bestimmt. Der χ^2-Differenzwert wird berechnet, indem von dem χ^2-Wert des restringierten Modells der χ^2-Wert des unrestringierten Modells abgezogen wird. Ebenfalls wird die Differenz der Freiheitsgrade gebildet, indem von den Freiheitsgraden des restringierten Modells die Freiheitsgrade des unrestringierten Modells abgezogen werden. Da die Differenz der beiden χ^2-Werte ebenfalls χ^2-verteilt ist, wobei die Anzahl der Freiheitsgrade gleich der Differenz der Freiheitsgrade beider Modelle ist, kann die Hypothese statistisch überprüft werden (s. Tab. 23.6). Die Restriktionen in Modell M-MI führen im Vergleich zu Modell M-UR nicht zu einer signifikant schlechteren Modellanpassung, so dass die Hypothese der Gleichheit der Itemparameter zwischen den Selbst- und Fremdberichtsmaßen nicht verworfen wird. Da das Modell M-MI das einfachere Modell ist (mit weniger Parametern), wird ihm gegenüber Modell M-UR der Vorzug gegeben. Das Modell M-ALG führt jedoch im Vergleich zu Modell M-MI zu einer signifikant schlechteren Modellanpassung und muss daher verworfen werden.

Voraussetzungen des Likelihood-Ratio-Differenzen-Tests. Wie bereits gesagt, sind solche Modellvergleiche anhand des Likelihood-Ratio-Differenzen-Tests nur möglich, wenn zwei Modelle ineinander »verschachtelt« sind, d. h., wenn ein Modell durch bestimmte Restriktionen aus dem weniger restriktiven Modell hervorgeht. Das restriktivere Modell ist in diesem Sinne ein »Spezialfall« des weniger restriktiven Modells. Restriktionen können in Strukturgleichungsmodellen vorgenommen werden, indem man Parameter auf einen bestimmten Wert fixiert, verschiedene Parameter gleichsetzt oder annimmt, dass verschiedene Parameter in linearer oder nichtlinearer Weise voneinander abhängen. Hierbei muss jedoch folgendes beachtet werden:

▶ Der Likelihood-Ratio-Differenzen-Test folgt nicht zwingend einer χ^2-Verteilung, wenn das restringierte Modell dadurch entsteht, dass Parameter im unrestringierten Modell auf Grenzwerte (»boundary values«) gesetzt werden. Solche Grenzwerte sind Werte, die die Grenzen des Wertebereichs eines Parameters kennzeichnen. Beispiele hierfür sind eine Varianz von 0 oder eine Korrelation von 1 oder −1. In diesem Fall sollte entweder auf den χ^2-Differenzen-Test verzichtet werden und auf die weiter unten behandelten alternativen Möglichkeiten von Modellvergleichen zurückgegriffen werden. Oder aber man schätzt die korrekte Verteilung des χ^2-Differenzen-Tests. Dies ist allerdings komplex. Schritte, die hierbei vollzogen werden müssen, sind im Detail bei Stoel et al. (2006) beschrieben.

▶ Die beschriebene Vorgehensweise ist bei der ML-Methode korrekt. Bei Modellvergleichen mittels der Satorra-Bentler-korrigierten χ^2-Werte und der robusten ML- bzw. WLS-Methoden müssen Korrekturen vorgenommen werden, die für die Satorra-Bentler-Korrektur bei Satorra und Bentler (2001) beschrieben sind, bei anderen Verfahren in den entsprechenden Handbüchern der Computerprogramme.

Informationstheoretische Maße

Modelle, die nicht ineinander verschachtelt sind, können nicht direkt gegeneinander statistisch getestet werden. Sie können allerdings anhand von Informationsmaßen (z. B. den AIC, CAIC-, ECVI-Koeffizienten) miteinander verglichen werden. Bei diesen Koeffizienten wird neben der Modellgüte auch die Sparsamkeit des Modells berücksichtigt. Ein Modell ist umso sparsamer, je weniger zu schätzende Parameter es aufweist. In die Berechnung der Informationsmaße fließen neben der globalen Modellanpassungsgüte auch die Anzahl der Modellrestriktionen ein, wobei sich die Berechnungsformeln zwischen den Maßen unterscheiden. Anhand der Informationsmaße können dann verschiedene Modelle in eine Rangreihe gebracht werden. Das beste der konkurrierenden Modelle ist dasjenige, das beide Kriterien (Modellanpassung und Sparsamkeit) am besten erfüllt. Die Informationsmaße können auch zum Vergleich ineinander verschachtelter Modelle herangezogen werden, wenn diese Modelle nicht nur bezüglich der χ^2-Differenz, sondern auch bezüglich des Sparsamkeitskriteriums miteinander verglichen werden sollen. So besteht ein Problem bei Modellvergleichen anhand von χ^2-Werten darin, dass durch die Lockerung von Restriktionen in einem Modell der χ^2-Wert immer verbessert werden kann. Dies kann dazu führen, dass immer mehr Parameter freigesetzt werden, um eine bessere Modellanpassung zu erreichen, ohne dass das Modell noch unter inhaltlichen Gesichtspunkten sinnvoll ist (»capitalizing on chance«).

Für die betrachteten drei Modelle ist in Tabelle 23.6 der CAIC-Koeffizient angegeben. Er ist für Modell II am geringsten, Modell I folgt an zweiter Stelle, und Modell III weist den höchsten Koeffizienten auf. Auch bezüglich dieses Kriteriums ist Modell II vorzuziehen.

Incremental-Fit-Indizes

Zu den Modellgütekriterien, die auf Modellvergleichen basieren, zählen auch die sog. »Incremental Fit Indices«. Bei diesen Koeffizienten wird die Anpassungsgüte eines Modells mit einem sog. Baseline-Modell (z. B. dem Unabhängigkeitsmodell) verglichen. Bei einigen dieser Incremental-Fit-Indizes fließt – im Gegensatz zum χ^2-Test – die Stichprobengröße nicht direkt in die Berechnung der Teststatistik ein, womit ein Problem umgangen wird, das mit der Anwendung der χ^2-Statistik verbunden ist. Ein Beispiel ist der CFI (comparative fit index). Nimmt dieser Koeffizient Werte größer als 0,97 an, gilt die Modellanpassung als gut. Dem CFI zufolge passen alle drei Modelle gut zu den Daten.

Gesamtbewertung der Modelle

Zieht man alle genannten Kriterien in die Bewertung der Modellgüte ein, so zeigen die verschiedenen Kriterien mit hoher Übereinstimmung, dass das Modell M-ALG die Daten nicht zufriedenstellend beschreibt und zu einer signifikant schlechteren Modellanpassung führt als die Modelle M-UR und M-MI. Das Modell M-MI hingegen weist eine mit Modell M-UR vergleichbar gute Modellanpassungsgüte auf. Insbesondere führen die in diesem Modell zusätzlich getroffenen Restriktionen nicht zu einer schlechteren Modellanpassung, so dass diesem Modell unter den Aspekten der Modellanpassungsgüte und der Ökonomie (Sparsamkeit) der Vorzug gegeben wird.

23.6.4 Modellmodifikationen

Führt eine konfirmatorische Faktorenanalyse zu der Erkenntnis, dass das Modell die Datenstruktur nicht zufriedenstellend beschreibt, kann es in einem weiteren Schritt modifiziert werden. Hierzu können sog. Modifikationsindizes eine Hilfestellung geben. Modifikationsindizes geben für jeden restringierten Modellparameter an, um welchen Wert sich der globale χ^2-Test verändern würde, wenn die Restriktion aufgehoben würde. Einer Daumenregel zufolge weisen Modifikationsindizes mit Werten > 5 auf Fehlspezifikationen im Modell hin. Ein Modell sollte allerdings nicht einfach anhand großer Modifikationsindizes beliebig verändert werden. Vielmehr sollten nur Veränderungen zugelassen werden, die theoretisch sinnvoll sind. Darüber hinaus sollte die Gültigkeit eines modifizierten Modells anhand einer neuen Stichprobe kreuzvalidiert werden.

23.7 Bestimmung der optimalen Stichprobengröße

Abschließend soll die Frage behandelt werden, wie groß die Stichprobe für eine konfirmatorische Faktorenanalyse sein sollte. Diese Frage lässt sich aus zwei Perspektiven beleuchten. Die erste Perspektive bezieht sich auf die Bestimmung der Stichprobengröße anhand der vorher (a priori) festgelegten Teststärke (Power), mit der man einen bestimmten Effekt aufdecken will. Diese Perspektive haben wir ausführlich in Abschnitt 8.7 kennengelernt und bei den anderen bisher behandelten Methoden diskutiert. Die zweite Perspektive kommt dadurch hinzu, dass viele der in diesem Kapitel behandelten Methoden der Parameterschätzung und der Modellgüteüberprüfung Eigenschaften aufweisen, die nur asymptotisch gelten, d. h. für Stichprobengrößen, die gegen unendlich streben. Wie groß muss eine Stichprobe in einer konkreten Anwendung aber sein, damit diese Eigenschaften erfüllt sind? Simulationsstudien zeigen, dass dies von der Modellgröße, insbesondere der Anzahl zu schätzender Parameter, abhängt. Jedes Modell ist jedoch verschieden, so dass man aufgrund bisheriger Simulationsstudien nur grob auf die notwendige Stichprobengröße schließen kann. Zur Klärung dieser Fragen bieten sich Monte-Carlo-Simulationsstudien zur Bestimmung der relevanten Stichprobengröße in Bezug auf ein a priori spezifiziertes Modell in einer konkreten Anwendungsstudie an.

23.7.1 A-priori-Poweranalyse zur Bestimmung der Stichprobengröße

Eine A-priori-Poweranalyse (s. Abschn. 8.7.2) zielt darauf ab, die Größe der Stichprobe zu bestimmen, die man benötigt, um einen a priori festgelegten Effekt (z. B. die Größe einer Kovarianz oder Korrelation) bei einer a priori festgelegten Teststärke (z. B. einer Teststärke von 0,80, d. h. einem β-Fehler von $\beta = 0{,}20$) und bei einem a priori festgelegten α-Fehler (von z. B. $\alpha = 0{,}05$) statistisch abzusichern. In Modellen der konfirmatorischen Faktorenanalyse sind einzelne Parameter immer in ein umfangreicheres Modell eingebunden, das bei der Poweranalyse mit berücksichtigt werden muss. Angenommen, man plant eine Studie zur Selbst- und Fremdwahrnehmung, die man mit dem zweidimensionalen Modell in Abbildung 23.1 analysieren und dabei die Stichprobe so groß wählen möchte, dass eine Korrelation der Größe $Kor(\eta_1, \eta_2) = 0{,}38$ bei einem $\alpha = 0{,}05$ mit einer Power von 0,80 aufgedeckt werden kann. Zur Bestimmung der Stichprobengröße muss zunächst das erwartete Populationsmodell bestimmt werden. Dies bedeutet, dass man sowohl die Mittelwerte als auch die Kovarianzen der beobachteten Variablen bestimmt. Diese muss man entweder aus der bisherigen Forschung kennen oder aber aufgrund eigener Überlegungen festlegen. Hat man diese Größen festgelegt, fixiert man in einem nächsten Schritt den Parameter, den man absichern will, auf 0 (in unserem Beispiel die Korrelation der beiden Faktoren) und überprüft anhand der vorher generierten Mittelwerte und der Populationskovarianz die Modellgültigkeit. Hierzu muss man die Stichprobengröße festlegen, damit das Programm einen χ^2-Wert berechnen kann. Diesen χ^2-Wert nimmt man als approximativen Nonzentralitätsparameter. Aufgrund dieses Nonzentralitätsparameters und dem kritischen χ^2-Wert bei df Freiheitsgraden kann man den dazugehörigen β-Wert mittels der nonzentralen χ^2-Verteilung bestimmen. Die Power beträgt dann 1 minus diesen Wert. Da man bei unterschiedlichen Stichprobengrößen unterschiedliche Teststärke-Werte erhält, kann man durch eine systematische Variation der Stichprobengröße die zu einer a priori festgelegten Power passende Stichprobengröße finden. Die Online-Materialien zu Kapitel 23 enthalten einen Link zu einer Seite, wo das Vorgehen konkret an einem Beispiel dargestellt wird. Im Detail ist das Verfahren auch bei Hancock (2006) beschrieben.

23.7.2 Monte-Carlo-Simulationsstudie zur Bestimmung der Stichprobengröße

Will man herausfinden, welche Stichprobengröße mindestens vorliegen muss, damit bei einem a priori festgelegten Modell die asymptotischen Eigenschaften der Schätz- und Testmethoden erfüllt sind, kann man Monte-Carlo-Simulationsstudien durchführen. Diese kann man auch durchführen, um zu überprüfen, ob bei einem gegebenen Modell und gegebener Stichprobengröße die asymptotischen Eigenschaften erfüllt sind. Das Vorgehen ist im Detail bei Bandalos (2006) sowie Muthén und Muthén (2002) beschrieben. Die Grundidee ist hierbei, dass man ein Populationsmodell erstellt und dann viele (z. B. 500) Zufallsstichproben gleicher Größe aus dieser Population zieht, in jeder Zufallsstichprobe die Modellparameter schätzt und die Modellanpassung überprüft. Wenn die Eigenschaften der Schätzmethode erfüllt sind, sollte der mittlere Schätzwert eines Parameters (gemittelt über alle Simulationen) dem Populationsparameter entsprechen. Die Standardabweichung eines Parameters – berechnet über die in den verschiedenen Simulationsstichproben geschätzten Parameterwerte hinweg – sollte gleich seinem geschätzten Standardfehler sein. Die Quantile der Teststatistik, z. B. des χ^2-Tests, sollten den theoretisch erwarteten Quantilen entsprechen. So sollte z. B. in 5 % der Simulationsstichproben das Modell auf einem α-Niveau von 0,05 verworfen werden, in 10 % aller Simulationsstichproben auf einem α-Niveau von 0,10 etc. Die Schätzgüte kann anhand verschiedener Abweichungsstatistiken (»Bias«-Statistiken) bestimmt werden, die im Detail bei Bandalos (2006) sowie Muthén und Muthén (2002) beschrieben sind. Durch eine systematische Variation der Stichprobengröße erhält man dann Aussagen über die benötigte Stichprobengröße.

23.8 Faktorenanalyse für ordinale Variablen

Die bisher in diesem Kapitel behandelten Modelle der Faktorenanalyse setzen voraus, dass es sich bei den beobachteten Variablen um metrische Variablen handelt. Wie in der multiplen Regressionsanalyse wird bei diesen Modellen eine abhängige Variable in eine Linearkombination unabhängiger Variablen und eine Residualvariable zerlegt. Im faktorenanalytischen Modell sind die beobachteten Variablen die abhängigen Variablen und die Faktoren die unabhängigen Variablen. Wir haben bereits in Kapitel 21 zur logistischen Regressionsanalyse gesehen, dass diese additiv-lineare Zerlegung der abhängigen Variablen bei dichotomen und mehrkategorialen Variablen nicht sinnvoll ist. Hierfür sind v. a. zwei Gründe ausschlaggebend: Zum einen impliziert die lineare Zerlegung, dass die aufgrund der Ausprägungen der latenten Variablen erwarteten Werte der beobachteten Variablen ihren Wertebereich verlassen müssten, wenn die Faktorwerte sehr große oder sehr kleine Werte annehmen. Zum anderen sind bestimmte statistische Annahmen nicht erfüllt wie z. B. die Annahme der Homoskedastizität, d. h. die Annahme, dass die Varianz der Residualvariablen für alle Ausprägungen der latenten Variablen gleich ist. Für dichotome und mehrkategoriale Variablen mit geordneten Antwortkategorien wurden daher spezielle faktorenanalytische Modelle formuliert.

Logistische Testmodelle

Eine Möglichkeit der Modelldefinition besteht darin, den Ansatz der logistischen Regressionsanalyse (s. Kap. 21) auf faktorenanalytische Modelle zu übertragen. So kann z. B. bei dichotomen Variablen deren bedingte Logitfunktion bestimmt werden und in eine Linearkombination der Faktoren zerlegt werden. Modelle mit latenten Variablen, die diesem Prinzip folgen, heißen logistische Testmodelle (Rost, 2004). Das bekannteste Modell ist das Modell von Rasch (1960), in dem die bedingte Logitfunktion in zwei Komponenten zerlegt wird, und zwar eine latente Variable, die allen Items gemeinsam ist, und einen itemspezifischen Schwierigkeitsparameter. Bei dem Rasch-Modell handelt es sich somit um ein spezielles Einfaktormodell für dichotome Variablen. Es gibt inzwischen auch logistische Testmodelle für mehrdimensionale Strukturen (Rost, 2004). Diese Modelle basieren auf spezifischen Schätzmethoden und Verfahren zur Überprüfung der Modellgültigkeit, die wir im Detail nicht darstellen werden. Wir beschränken uns im Folgenden auf das faktorenanalytische Modell für ordinale Variablen, das den in diesem Kapitel ausführlich behandelten Schätz- und Testmethoden folgt. Dieses Modell basiert auf der Annahme, dass jeder kategorialen beobachteten Variablen eine kontinuierliche Variable zugrunde liegt (Finney & DiStefano, 2006; Jöreskog & Moustaki, 2001; Takane & deLeuuw, 1987).

23.8.1 Annahme einer itemspezifischen kontinuierlichen Variablen

Die Grundidee des faktorenanalytischen Modells für ordinale Variablen liegt darin anzunehmen, dass jedem Item eine metrische, normalverteilte Variable zugrunde liegt, die dann in eine Linearkombination der Faktoren zerlegt werden kann. Wir haben diese Idee schon in Abschnitt 15.3.2 kennengelernt, als wir die polychorische Korrelation eingeführt haben. Machen wir uns diese Idee an einem Beispiel aus der Stimmungsforschung deutlich.

> **Beispiel**
>
> #### Stimmungsmessung
>
> Zur Erfassung der momentanen Stimmung werden Personen typischerweise Adjektive vorgelegt, die einen Stimmungszustand kennzeichnen. Ein typisches Beispiel ist das Item »glücklich«. Die Personen sollen dann anhand einer mehrstufigen Antwortskala ihre momentane Stimmung angeben. So ist z. B. bei dem *Mehrdimensionalen Befindlichkeitsfragebogen* (Steyer et al., 1997) jedes Item mit einer fünfstufigen Antwortskala verknüpft. Die erste Kategorie wird mit »überhaupt nicht«, die fünfte Kategorie mit »sehr« bezeichnet. Die Kategorien sind geordnet, da eine höhere Kategorie eine stärkere Ausprägung der Stimmung anzeigt.
>
> Im faktorenanalytischen Modell für ordinale Variablen geht man davon aus, dass jedem einzelnen Item eine kontinuierliche itemspezifische Variable zugrunde liegt, die mit der beobachteten Variablen durch eine Schwellenbeziehung verknüpft ist. Diesem Modell zufolge unterscheiden sich Personen kontinuierlich in ihrem Stimmungserleben, durch die Erfassung anhand von fünf Antwortkategorien ist es aber nicht möglich, diese kontinuierlichen Unterschiede abzubilden. Vielmehr werden kontinuierliche Unterschiede in einem spezifischen Intervall zu einer Kategorie zusammengefasst. Personen wählen dann diejenige Kategorie aus, die ihrer momentanen Stimmung am besten entspricht.
>
> Diese Idee ist in Abbildung 23.4 graphisch dargestellt. Die Stimmung wird als kontinuierlich angenommen. Diese kontinuierlichen Unterschiede werden durch die Variable Y^* repräsentiert. Dem Modell zufolge hat jede Person einen Wert auf dieser kontinuierlichen Variablen Y^*. Die Variable Y^* wird aber nicht direkt gemessen, sondern die Stim-

mung wird über die Variable Y erfasst, die fünf Kategorien mit den Werten 0, 1, 2, 3 und 4 aufweist. Die fünf Kategorien der Variablen Y lassen sich auf der Variablen Y^* anordnen. Der Übergang zwischen zwei Kategorien wird durch eine Schwelle auf der kontinuierlichen Variablen Y^* gekennzeichnet. Dem Modell zufolge wählt eine Person die erste Kategorie aus, wenn ihr kontinuierlicher Stimmungswert kleiner oder gleich dem ersten Schwellenwert ist. Sie gibt eine Antwort in der zweiten Kategorie, falls ihr kontinuierlicher Stimmungswert größer als der erste Schwellenwert, aber kleiner oder gleich dem zweiten Schwellenwert ist, usw. Durch die Schwellen wird die kontinuierliche Variable in Intervalle unterteilt. Jede Kategorie korrespondiert genau mit einem Intervall. Eine Person wählt diese Kategorie aus, falls ihr kontinuierlich »gedachter« Stimmungswert in das Intervall fällt, das zu dieser Kategorie gehört.

Wie gesagt, es handelt sich um eine Modellvorstellung: Der Wert einer Person auf der Variablen Y^* wird nicht wirklich gemessen. Wirklich gemessen wird nur der Wert auf der Variablen Y.

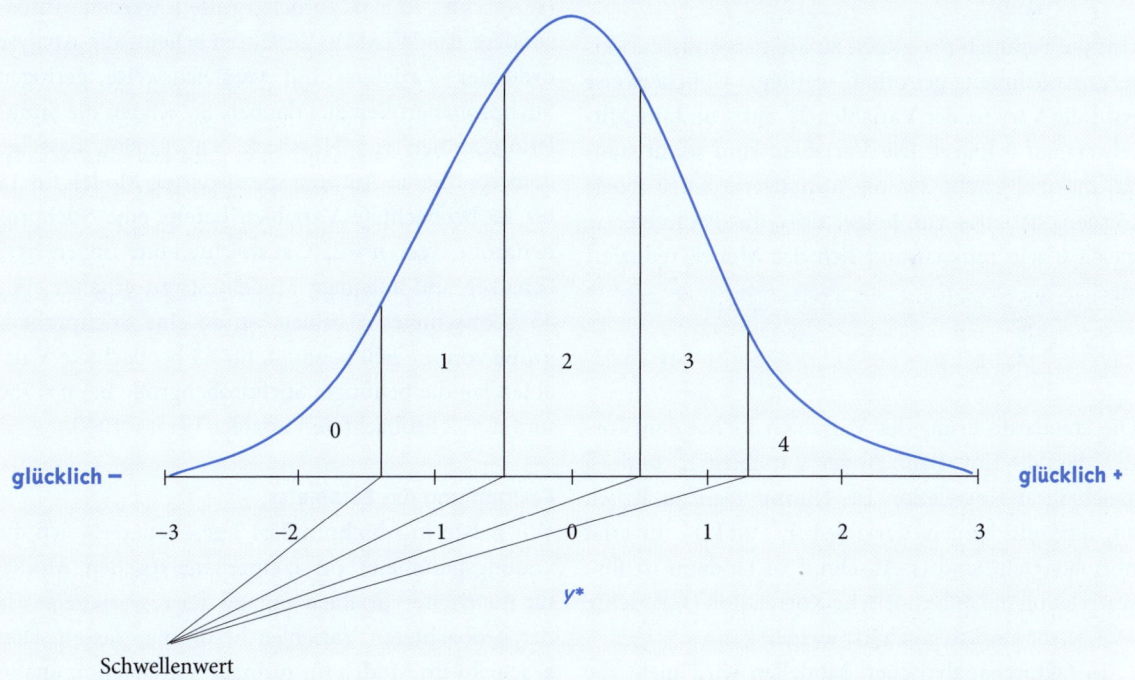

Abbildung 23.4 Annahme einer kontinuierlichen itemspezifischen Variablen Y^* im faktorenanalytischen Modell für ordinale Variablen

Schwellenwertbeziehung

Formal lässt sich der anhand unseres Stimmungsbeispiels erläuterte Sachverhalt wie folgt ausdrücken. Hat eine Variable Y_i c verschiedene Kategorien, die wir der Einfachheit halber von 0 bis $c - 1$ durchnummerieren, dann ist die Variable Y_i durch folgende Schwellenwertbeziehung mit ihrer Variablen Y_i^* verknüpft:

$Y_i = 0$, falls $Y_i^* \leq \kappa_{i1}$

$Y_i = s$, falls $\kappa_{is} < Y_i^* \leq \kappa_{i(s+1)}$, für $0 < s < c - 1$

$Y_i = c - 1$, falls $\kappa_{i(c-1)} < Y_i^*$

Mit κ bezeichnen wir die Schwellenparameter, die die Kategorien voneinander trennen. Im Falle von c Kategorien gibt es $c - 1$ Schwellenparameter. Es gibt also immer einen Schwellenparameter weniger, als es Kategorien gibt.

23.8.2 Faktorenanalytisches Modell

Die Variablen Y_i^* lassen sich nun in derselben Weise zerlegen, wie wir das bereits für die Faktorenanalyse für metrische beobachtete Variablen in Abschnitt 23.3 gesehen haben:

$$Y_i^* = \alpha_i + \sum_{j=1}^{k} \lambda_{ij} \cdot \eta_j + \varepsilon_i \quad \text{(F 23.32)}$$

Um die Parameter schätzen zu können, müssen weitere Annahmen getroffen werden. Üblicherweise wird die Varianz der Variablen Y_i^* auf 1 und ihr Mittelwert auf 0 fixiert. Die Variablen sind somit standardnormalverteilt. Da die Mittelwerte auf 0 fixiert werden, hat dies zur Folge, dass die Parameter α_i gleich 0 sein müssen und sich das Modell reduziert zu:

$$Y_i^* = \sum_{j=1}^{k} \lambda_{ij} \cdot \eta_j + \varepsilon_i \quad \text{(F 23.33)}$$

Die Standardisierung der Variablen Y_i^* hat den Vorteil, dass die Kovarianz zweier Variablen Y_i^* und Y_j^* gleich ihrer Korrelation ist. Nimmt man zusätzlich an, dass die beiden Variablen Y_i^* und Y_j^* bivariat normalverteilt sind (s. Abschn. 15.4.1), dann ist ihre Korrelation die polychorische Korrelation (s. Abschn. 15.3.2), die einfach geschätzt werden kann.

In faktorenanalytischen Modellen wird nicht die Kovarianzmatrix der beobachteten Variablen zerlegt, sondern die Matrix ihrer polychorischen Korrelationen. Alle anderen Prinzipien folgen aber den in diesem Kapitel beschriebenen Prinzipien der Faktorenanalyse für metrische Variablen. Dies bedeutet z. B., dass die Ladungen so geschätzt werden, dass die vom Modell implizierte polychorische Korrelationsmatrix die empirisch gewonnene polychorische Korrelationsmatrix so gut wie nur möglich reproduziert. Auch die vorgestellten Methoden der Überprüfung der Modellgültigkeit können auf das faktorenanalytische Modell für ordinale Variablen übertragen werden. Diese beziehen sich dann auf den Vergleich der vom Modell implizierten polychorischen Korrelationsmatrix mit der empirisch gewonnenen polychorischen Korrelationsmatrix. Auch gibt es spezifische Tests, um die Annahme zu überprüfen, dass den beobachteten Variablen normalverteilte Y^*-Variablen zugrunde liegen (Eid, 1995; Muthén, 1993). Allerdings wird auf diese Tests selten zurückgegriffen, da die polychorische Korrelation relativ robust gegenüber der Verletzung der Normalverteilungsannahme ist (Eid, 1995). Für die Schätzung der Modellparameter und die Überprüfung der Modellanpassung kann auf Weighted-Least-Squares-Verfahren (s. Abschn. 23.5.3) zurückgegriffen werden. Insbesondere das WLSMV-Verfahren scheint die Analyse ordinaler Variablen mit vergleichsweise geringen Stichprobengrößen zu erlauben. So zeigten die Simulationsstudien von Nussbeck et al. (2006), dass bei dem von diesen Autoren spezifizierten Modell für 18 bis 36 beobachtete Variablen bereits eine Stichprobengröße von $n = 250$ ausreichte, um unverzerrte Schätzer und adäquate Modelltests zu erhalten. Für 45 beobachtete Variablen wurde eine Stichprobengröße von $n = 500$ benötigt, für 63 beobachtete Variablen lag die benötigte Stichprobengröße bei $n = 750$ und für 72 beobachtete Variablen bei $n = 1000$.

Bestimmung der Parameter

Wir haben in Abschnitt 23.4.2 gesehen, dass sich die Ladungsparameter im faktorenanalytischen Modell für metrische Variablen anhand der Kovarianzmatrix der beobachteten Variablen bestimmen lassen. Dies geschieht im Modell für ordinale Variablen in analoger Weise anhand der Matrix der polychorischen Korrelationen. Die Identifikationsregeln, die wir in Abschnitt 23.4.2 ausführlich beschrieben haben, lassen sich vollständig auf das Modell für ordinale Variablen übertragen. Neu hinzu kommt die Bestimmung der Schwellenparameter. Geht man von der Standardnormalverteilung einer Variablen Y_i^* aus, so lassen sich die Schwellen z. B. einfach anhand der Quantile der Standardnormalverteilung bestimmen. Dies wird unmittelbar deutlich, wenn man sich Abbildung 23.4 anschaut. Bezeichnet man die Anzahl der Personen, die die erste Kategorie wählen, der der

Wert 0 zugeordnet wurde, mit n_0, dann kann die erste Schwelle über das n_0/n-Quantil der Standardnormalverteilung geschätzt werden. Der Ausdruck n_0/n entspricht der relativen Häufigkeit der ersten Kategorie. Die zweite Schwelle kann über das $(n_0 + n_1)/n$-Quantil der Standardnormalverteilung geschätzt werden, wenn n_1 die Anzahl der Personen bezeichnet, die die zweite Kategorie gewählt haben, usw.

> **Beispiel**
>
> **Stimmungsmessung: Einfaktormodell**
>
> Zur Illustration des faktorenanalytischen Modells für ordinale Variablen greifen wir auf das Beispiel der Stimmungsmessung zurück. Es wurden $n = 500$ Personen die vier Items »zufrieden«, »gut«, »wohl« und »glücklich« vorgelegt, die auf einer fünfstufigen Antwortskala beantwortet wurden. Die beiden Extremkategorien wurden mit »überhaupt nicht« und »sehr« verbal verankert. Wir überprüfen die Nullhypothese, dass die vier Items eine einzige latente Variable messen und es sich bei der mit diesen vier Items erfassten positiven Stimmung um ein eindimensionales Konstrukt handelt. Die Parameter wurden anhand der WLSMV-Schätzmethode geschätzt und die Hypothese anhand des χ^2-Tests getestet. Der χ^2-Wert von $\chi^2 = 7{,}119$ weist bei $df = 2$ Freiheitsgraden und einem p-Wert von $p = 0{,}029$ darauf hin, dass diese Nullhypothese auf einem α-Niveau von $\alpha = 0{,}05$ verworfen werden muss. Da jedoch der CFI-Wert von 0,999 auf eine gute Modellanpassung hinweist, sollen im Folgenden die geschätzten Parameter berichtet und interpretiert werden.
>
> In Bezug auf die Ladungen weisen alle vier Items ähnliche Werte auf. Die unstandardisierten Ladungen und die standardisierten Ladungen (in Klammern) lauten wie folgt:
>
> zufrieden: 1,000 (0,836)
> gut: 1,050 (0,878)
> wohl: 1,051 (0,878)
> glücklich: 1,032 (0,863)
>
> Die standardisierten Ladungen zeigen an, dass die beobachteten Variablen hoch mit der latenten Variablen korreliert sind. Da es sich bei den beobachteten Variablen um kategoriale Variablen mit geordneten Antwortkategorien handelt und bei der latenten Variablen um eine metrische Variable, entspricht eine standardisierte Ladung einer polyserialen Korrelation (s. Abschn. 15.3.7). Quadriert man die standardisierten Ladungen, erhält man eine Schätzung für die Itemkommunalitäten. Diese betragen für die einzelnen Items:
>
> zufrieden: 0,698
> gut: 0,770
> wohl: 0,772
> glücklich: 0,744
>
> Dies zeigt, dass zwischen 69,8 % und 77,2 % der Varianz der Y^*-Variablen durch den gemeinsamen Faktor determiniert werden. Diese Kommunalitäten sind als sehr hoch zu bewerten. Geht die gesamte Residualvarianz auf den Messfehler zurück, dann entsprechen diese Kommunalitäten den Reliabilitäten der einzelnen Items.
>
> Für die vier Schwellenwerte pro Item erhält man die folgenden Schätzungen:
>
> zufrieden: −1,911   −1,098   −0,197   0,970
> gut: −1,751   −0,931   −0,121   1,036
> wohl: −1,555   −0,900   0,015   1,155
> glücklich: −1,447   −0,765   0,161   1,248
>
> Betrachten wir zunächst die Schwellen des Items »zufrieden«. Die ersten drei Schwellen sind negativ. Dies zeigt, dass die untersuchten Personen dazu neigen, zufrieden zu sein. Die erste Schwelle von −1,911 entspricht dem 0,028-Quantil der Standardnormalverteilung. Sie zeigt, dass nur 2,8 % der untersuchten Personen überhaupt nicht zufrieden sind und die erste Kategorie wählten. Hingegen wählten 97,2 % der untersuchten Personen mindestens die zweite Kategorie. Die zweite Schwelle von −1,098 zeigt, dass 86,39 % mindestens die dritte Kategorie

ankreuzten. Der dritten Schwelle von −0,197 zufolge gaben 57,81 % der untersuchten Personen ihre Antwort in der vierten oder fünften Kategorie. Die vierte Schwelle von 0,970 deutet darauf hin, dass immerhin noch 16,6 % der untersuchten Personen sehr zufrieden waren und die höchste Kategorie wählten.

Die Schwellenunterschiede zwischen den Items zeigen, dass sich die Items in ihren Schwierigkeiten unterscheiden. Die Schwellenwerte des Items »glücklich« sind größer als die vergleichbaren Schwellenwerte aller anderen Items. Dies zeigt, dass dieses Item schwieriger ist als die anderen drei Items. Bei gleicher latenter Stimmungslage ist es bei den anderen drei Items leichter, eine höhere Kategorie anzugeben, als dies für das Item »glücklich« der Fall ist. Oder anders ausgedrückt: Um sehr glücklich zu sein, braucht es eine höhere positive Stimmung, als um sehr zufrieden zu sein.

23.9 Weitere Messmodelle mit latenten Variablen

Neben der Faktorenanalyse für metrische und ordinale Variablen gibt es noch weitere Modelle mit latenten Variablen, die wir in diesem Buch nicht behandeln werden. Wir haben bereits auf logistische Testmodelle hingewiesen, die im Rahmen der sog. *Item-Response-Theorie* entwickelt wurden. In diesen Modellen wird angenommen, dass den beobachteten Variablen eine oder mehrere metrische latente Variablen zugrunde liegen. Bei den beobachteten Variablen können sowohl nominalskalierte wie ordinalskalierte, aber auch metrische Variablen berücksichtigt werden (Fischer & Molenaar, 1995; Müller, 1999; van der Linden & Hambleton, 1996). Sie eignen sich insbesondere zur Itemselektion und Testkonstruktion (Moosbrugger & Kelava, 2007). Geht man von kategorialen latenten Variablen aus, so lassen sich zwei große Klassen von Modellen unterscheiden: Sind die beobachteten Variablen kategoriale Variablen mit ungeordneten oder geordneten Antwortkategorien, so heißt die Klasse von Modellen *latente Klassenanalyse* (engl. latent class analysis; Eid et al., 2003a; Gollwitzer, 2007; Lazarsfeld & Henry, 1968; Rost & Eid, 2009). Sind die latenten Variablen kategorial, die beobachteten Variablen hingegen metrisch, heißt die Modellklasse *latente Profilanalyse* (engl. latent profile analysis; Lazarsfeld & Henry, 1968). Modelle der latenten Klassenanalyse und der latenten Profilanalyse lassen sich mit Statistikprogrammen wie Mplus (Muthén & Muthén, 2004–2008) analysieren, die auch für die konfirmatorische Faktorenanalyse für metrische und ordinale Variablen herangezogen werden können. Inzwischen gibt es sogar Modelle, die die verschiedenen Modellklassen miteinander verbinden wie z. B. die Analyse latenter Klassen mit der konfirmatorischen Faktorenanalyse (Rost & Eid, 2009).

Zusammenfassung

▶ In Modellen der konfirmatorischen Faktorenanalyse wird jede beobachtete Variable additiv in eine Linearkombination von latenten Variablen (Faktoren) und eine Residualvariable zerlegt.
▶ Die Gewichtungskoeffizienten heißen Ladungsparameter oder einfach Ladungen.
▶ Die Residualvariable kann sowohl Messfehlereinflüsse als auch spezifische Anteile widerspiegeln.
▶ Die Kommunalität gibt den durch die gemeinsamen Faktoren erklärten Varianzanteil einer beobachteten Variablen an.
▶ Diese Modelle heißen konfirmatorisch, da sowohl die Anzahl der Faktoren als auch die Ladungsstruktur a priori aufgrund theoretischer Überlegungen festgelegt werden.
▶ Die Modellspezifikation umfasst die Definition eines Modells anhand eines Gleichungssystems oder anhand von graphischen Darstellungsformen.
▶ Die Identifizierbarkeit betrifft die Frage, ob alle Parameter des Modells anhand der verfügbaren Informationen (Varianzen, Kovarianzen, Erwartungswerte) eindeutig bestimmt werden können.

- Ein Modell ist identifiziert, wenn alle Parameter eindeutig bestimmt werden können.
- Ist ein Modell identifiziert und enthält es noch zusätzliche Restriktionen, heißt es überidentifiziert.
- Nicht-identifizierte Modelle heißen auch unteridentifiziert.
- Eine notwendige, aber nicht hinreichende Identifizierbarkeitsbedingung besagt, dass mindestens so viele Informationen wie zu bestimmende Parameter verfügbar sein müssen.
- Wichtige Schätzmethoden sind die Maximum-Likelihood-Methode sowie asymptotisch verteilungsfreie Methoden.
- Die FIML(= full information maximum likelihood)-Methode erlaubt die Schätzung der Modellparameter beim Vorliegen fehlender Werte unter maximaler Ausschöpfung der verfügbaren Informationen.
- Die Überprüfung der Modellgültigkeit basiert auf dem Vergleich der empirisch gewonnenen Varianzen, Kovarianzen und Erwartungswerte mit den vom Modell implizierten Varianzen, Kovarianzen und Erwartungswerten.
- Detailmaße der Anpassungsgüte sind Residuen und standardisierte Residuen.
- Globalmaße der Anpassungsgüte sind das Root Mean Square Residual, der χ^2-Test sowie Closeness-of-Fit-Koeffizienten.
- Der χ^2-Test prüft die Nullhypothese der perfekten Passung des Modells in der Population.
- Closeness-of-Fit-Koeffizienten zeigen die approximative Modellgültigkeit an.
- Modelle, die ineinander verschachtelt sind, können anhand des Likelihood-Ratio-Differenzen-Tests statistisch gegeneinander getestet werden.
- Modelle, die nicht ineinander verschachtelt sind, können anhand informationstheoretischer Maße miteinander verglichen werden.
- Incremental-Fit-Koeffizienten erlauben es, die Gültigkeit eines Modells im Vergleich zu einem Basismodell zu bewerten.
- Faktorenanalytische Modelle für ordinale Variablen basieren auf der Annahme einer kontinuierlichen Antwortvariablen, die jeder kategorialen beobachteten Variablen zugrunde liegt.
- Faktorenanalytische Modelle für ordinale Variablen gehen von der Matrix der polychorischen Korrelationen der beobachteten Variablen aus.

Fragen und Übungsaufgaben

Fragen

(1) Worin unterscheiden sich exploratorische und konfirmatorische Faktorenanalyse?
(2) Wie lautet die Grundgleichung der Faktorenanalyse?
(3) Wie sind Reliabilität und Unreliabilität definiert?
(4) Was versteht man unter Identifizierbarkeit?
(5) Erläutern Sie das Grundprinzip der Parameterschätzung bei der konfirmatorischen Faktorenanalyse.
(6) Welche Schätzmethoden kann man im Falle nicht-normalverteilter Variablen einsetzen?
(7) Welche Maße zur Bewertung der Modellgüte kennen Sie?

Übungsaufgaben

(1) Zeigen Sie, dass das Quadrat eines standardisierten Diskriminationskoeffizienten in dem zweidimensionalen Modell in Abbildung 23.1 genau der Reliabilität entspricht.
(2) Zeigen Sie, dass die Reliabilität der manifesten Variablen auch bestimmt werden kann, indem man die standardisierte Fehlervarianz von dem Wert 1 abzieht.
(3) Geben Sie das Modell in Abbildung 23.2 in matrixalgebraischer Form an, indem Sie die Struktur der einzelnen Vektoren und Matrizen berichten.
(4) Zeigen Sie unter Anwendung der Rechenregeln für Varianzen und Kovarianzen, dass die Glei-

chungen F 23.13 bis F 23.15 aus den Gleichungen $Y_1 = \alpha_1 + \lambda_{11} \cdot \eta_1 + \varepsilon_1$ und $Y_2 = \alpha_2 + \lambda_{21} \cdot \eta_1 + \varepsilon_2$ folgen, wenn man die Annahmen der konfirmatorischen Faktorenanalyse voraussetzt.

(5) Berechnen Sie die in den Abbildungen 23.1 und 23.2 dargestellten Modelle mittels eines Computerprogramms für konfirmatorische Faktormodelle (lineare Strukturgleichungsmodelle) anhand des Datensatzes in der Datei Kapitel-23.dat, die in den Online-Materialien zu Kapitel 23 zu finden ist ( ).

24 Exploratorische Faktorenanalyse und Hauptkomponentenanalyse

> **Was Sie in diesem Kapitel lernen**
>
> ▶ Wie kann man herausfinden, wie viele Dimensionen zur Beschreibung eines Merkmals notwendig sind?
> ▶ Worin unterscheiden sich Modelle der konfirmatorischen und exploratorischen Faktorenanalyse, und worin sind sie sich ähnlich?
> ▶ Worin bestehen Sinn und Zweck der exploratorischen Faktorenanalyse?
> ▶ Was versteht man unter einer Hauptkomponentenanalyse, und worin unterscheidet sie sich von einer Faktorenanalyse?
> ▶ Warum setzen dichotome und ordinale Variablen besondere faktorenanalytische Modelle voraus?

Die in den letzten Abschnitten behandelte konfirmatorische Faktorenanalyse und die verwandten ein- und mehrdimensionalen Modelle gehen davon aus, dass eine wohlbegründete theoretische Vorstellung von der Struktur der beobachteten Variablen existiert, die sich in ein dimensionales Modell übertragen lässt. Insbesondere muss theoretisch geklärt sein, wie viele Faktoren in einem Modell berücksichtigt werden sollen und wie die Struktur der Ladungsmatrix aussieht, d. h., welche manifesten Variablen auf welchen latenten Variablen laden. Häufig ist dieses Wissen nicht vorhanden: Wenn etwa ein neues Fragebogeninstrument zur Erfassung der dispositionellen Aggressivität konstruiert wird, ist mitunter nicht von vornherein klar, wie viele Dimensionen (z. B. unterschiedliche Formen oder unterschiedliche Funktionen aggressiver Verhaltensneigungen) den Items zugrunde liegen. Man greift dann zur exploratorischen Faktorenanalyse.

Ziele der exploratorischen Faktorenanalyse

Das Ziel einer exploratorischen Faktorenanalyse besteht zum einen darin herauszufinden, wie viele Faktoren benötigt werden, um die Zusammenhänge zwischen den beobachteten Variablen zu erklären. Zum anderen ist von Interesse, wie die Faktoren inhaltlich zu interpretieren sind, d. h., welche Konstrukte sie repräsentieren.

Zur exploratorischen Faktorenanalyse wird häufig dann gegriffen, wenn ein neues wissenschaftliches Gebiet erkundet (exploriert) werden soll. In der Psychologie gibt es viele Beispiele hierfür. Die in der Differentiellen Psychologie diskutierte Frage, wie viele Persönlichkeitseigenschaften für eine hinreichend gute Beschreibung individueller Unterschiede benötigt werden, basiert zu einem Großteil auf Untersuchungen, in denen eine exploratorische Faktorenanalyse verwendet wurde (Ostendorf, 1990). Ein mögliches Vorgehen zur Erkundung der Struktur der Persönlichkeit besteht darin, zunächst möglichst viele persönlichkeitsbeschreibende Begriffe einer Sprache zu sammeln, Personen zu bitten, sich anhand dieser Begriffe zu beschreiben, und dann die Anzahl der Begriffe mit Hilfe der exploratorischen Faktorenanalyse auf eine wesentlich geringere Anzahl von Faktoren zu reduzieren (Cattell, 1950). Ziel ist hierbei, Redundanzen in den Begriffen aufzudecken, die darauf zurückgeführt werden können, dass verschiedene persönlichkeitsbeschreibende Begriffe dasselbe Persönlichkeitskonstrukt erfassen. Letztlich will man mit diesem Vorgehen herausfinden, wie viele Persönlichkeitsdimensionen notwendig sind, um Unterschiede zwischen Menschen zu beschreiben. Zeigt eine Faktorenanalyse, dass sich die vielen Eigenschaftsbegriffe, die eine Sprache zur Verfügung stellt, einigen wenigen Persönlichkeitsdimensionen zuordnen lassen, dann liegt der wissenschaftliche Gewinn auf der Hand. Man muss nur noch vergleichsweise wenige Dimensionen der Persönlichkeit messen und nicht mehr die Ausprägungen auf allen möglichen persönlichkeitsbeschreibenden Begriffen.

Die Intelligenzforschung ist ein weiterer Bereich, in dem die Faktorenanalyse eine wichtige Rolle spielt, da mit ihrer Hilfe unterschiedliche Intelligenzmodelle miteinander verglichen werden können (Süß & Beauducel, 2005). Auch die Frage nach der Struktur von Emotionen oder Stimmungen wird häufig mittels der Faktorenanalyse untersucht (Eid et al., 1994).

24.1 Grundprinzipien der exploratorischen Faktorenanalyse

Das Grundprinzip der exploratorischen Faktorenanalyse entspricht dem der konfirmatorischen Faktorenanalyse dahin gehend, dass durch die Faktoren die Zusammenhänge zwischen den beobachteten Variablen erklärt werden sollen. Dies bedeutet, dass die Zusammenhänge zwischen den manifesten Variablen verschwinden sollen, wenn der Einfluss der Faktoren kontrolliert wird. Bei Gültigkeit eines faktorenanalytischen Modells sind die Partialkorrelationen der beobachteten Variablen nach Kontrolle der Faktoren somit gleich 0.

24.1.1 Grundgleichung der Faktorenanalyse

Die exploratorische Faktorenanalyse basiert wie die konfirmatorische Faktorenanalyse auf der Zerlegung der beobachteten (manifesten) Variablen Y_i ($i = 1, ..., p$) in eine Linearkombination gewichteter unbeobachteter Faktoren η_j ($j = 1, ..., k$) und eine Residualvariable ε_i:

$$Y_i = \alpha_i + \lambda_{i1} \cdot \eta_1 + \lambda_{i2} \cdot \eta_2 + ... + \lambda_{ij} \cdot \eta_j + ...$$
$$+ \lambda_{ik} \cdot \eta_k + \varepsilon_i \qquad (F\ 24.1)$$

Diese Grundgleichung unterscheidet sich nicht von derjenigen, die wir in Abschnitt 23.3 im Rahmen der konfirmatorischen Faktorenanalyse kennengelernt haben. Bei α_i handelt es sich um den Achsenabschnitt, den wir in Kapitel 23 auch Leichtigkeitsparameter genannt haben. Die Faktorladungen werden wie in Kapitel 23 mit λ_{ij} bezeichnet. Die Residualvariablen ε_i repräsentieren denjenigen Teil der manifesten Variablen, der nicht auf die gemeinsamen Faktoren zurückgeführt werden kann. Wie wir bereits im Rahmen der konfirmatorischen Faktorenanalyse in Abschnitt 23.2 gesehen haben, setzen sich die Residualvariablen aus spezifischen Faktoren und Messfehlern zusammen, die nicht voneinander getrennt werden können. Spezifische Faktoren repräsentieren wahre (messfehlerfreie) interindividuelle Unterschiede, die eine beobachtete Variable nicht mit den anderen beobachteten Variablen teilt. Der Messfehler repräsentiert unsystematische zufällige Einflüsse.

Häufig verzichtet man bei der exploratorischen Faktorenanalyse auf die Betrachtung der Leichtigkeitsparameter (Achsenabschnitte). Üblicherweise werden die beobachteten Variablen Y_i zunächst zentriert, d. h., man zieht von jedem y-Wert den Erwartungswert der Variablen ab. Darüber hinaus wird angenommen, dass der Erwartungswert der Faktoren und der Residualvariablen gleich 0 ist. Hieraus folgt, dass alle Leichtigkeitsparameter gleich 0 sind und nicht mehr in der Gleichung vorhanden sind. Im Folgenden werden wir – sofern nichts anderes vermerkt wird – der Einfachheit halber davon ausgehen, dass es sich bei den beobachteten Variablen um Abweichungsvariablen handelt und daher alle Leichtigkeitsparameter gleich 0 sind.

24.1.2 Schritte bei der exploratorischen Faktorenanalyse

Eine exploratorische Faktorenanalyse läuft üblicherweise in drei Schritten ab:
(1) Zunächst bestimmt man die Anzahl der Faktoren.
(2) Dann interpretiert man die Ladungen, die man in einer ersten Analyse bestimmt hat (Anfangslösung).
(3) Schließlich untersucht man, ob man durch eine Transformation der Ladungen und Faktoren (Rotation) ein Ergebnis erhält, das theoretisch besser zu interpretieren ist.

Festlegung der Anzahl der Faktoren. Da bei der exploratorischen Faktorenanalyse keine Hypothesen über die Anzahl der Faktoren und die Ladungsstruktur bestehen, geht man bei der Faktorenanalyse so vor, dass zunächst ein Modell mit einem Faktor analysiert wird und man dann schrittweise die Anzahl der Faktoren so lange erhöht, bis man ein Modell gefunden hat, das die Zusammenhangsstruktur der beobachteten Variablen zufriedenstellend beschreibt. Wir werden verschiedene Kriterien kennenlernen, anhand deren man die Güte der Modellanpassung bewerten kann.

Bestimmung der Anfangslösung. Für ein Modell mit festgelegter Anzahl von Faktoren wird eine Anfangslösung geschätzt, bei der von unkorrelierten Faktoren ausgegangen wird, die außerdem schätzmethodenspezifische Restriktionen erfüllen müssen. Diese Restriktionen werden wir im Folgenden bei den einzelnen faktorenanalytischen Ansätzen behandeln. Es wird darüber hinaus zugelassen, dass alle beobachteten Variablen auf allen Faktoren laden können, da man keine spezifische Hypothese über die Ladungsstruktur hat.

Rotation. Wie wir schon bei der konfirmatorischen Faktorenanalyse gesehen haben, kann es mehrere sinnvolle faktorielle Repräsentationen der Zusammenhänge zwischen den beobachteten Variablen geben (s. die Modelle in den Abbildungen 23.1 und 23.2). Dies gilt auch bei der explorativen Faktorenanalyse. Daher schließt sich im Allgemeinen an die Anfangslösung eine sog. Rotation der Faktoren an, d. h. eine Transformation der Faktoren und Ladungen derart, dass die Ergebnisse nach bestimmten Optimalitätskriterien, deren Grundzüge wir noch kennenlernen werden, besser interpretierbar sind.

Verschiedene faktorenanalytische Ansätze

Für die explorative Faktorenanalyse wurde eine Vielzahl von Modellen und Schätzverfahren entwickelt. Von diesen stellen wir im Folgenden nur zwei Verfahren vor, die sich in der bisherigen Forschung zur Faktorenanalyse bewährt haben und häufig eingesetzt werden (Fabrigar et al., 1999): die Maximum-Likelihood-Faktorenanalyse, die sehr eng mit der konfirmatorischen Faktorenanalyse verwandt ist, und die Hauptachsenanalyse, die auf der Hauptkomponentenanalyse aufbaut. Beide Ansätze sollen im Folgenden dargestellt werden.

24.2 Die Maximum-Likelihood-Faktorenanalyse

Bei der Maximum-Likelihood-Faktorenanalyse (ML-Faktorenanalyse) werden die Parameter des Modells anhand der Maximum-Likelihood-Methode geschätzt (s. Abschn. 23.5.2). Wie bei der konfirmatorischen Faktorenanalyse hat dies den Vorteil, dass das faktorenanalytische Modell statistisch getestet werden kann, d. h., es kann die Hypothese überprüft werden, dass in der Population die vom Modell implizierte Kovarianzmatrix der Stichprobenkovarianzmatrix der beobachteten Variablen entspricht. Darüber hinaus können Standardfehler der geschätzten Parameter bestimmt werden. Hierzu müssen bestimmte Annahmen getroffen werden.

24.2.1 Annahmen der Maximum-Likelihood-Faktorenanalyse

Bei der ML-Faktorenanalyse werden folgende Annahmen in Bezug auf das Populationsmodell getroffen:

(1) Die gemeinsame Verteilung der beobachteten Variablen Y_i folgt einer multivariaten Normalverteilung.
(2) Die Erwartungswerte der Faktoren η_j und der Residualvariablen ε_i sind 0: $E(\eta_j) = E(\varepsilon_i) = 0$.
(3) Die Residualvariablen ε_i sind untereinander unkorreliert.
(4) Die Faktoren sind mit den Residualvariablen unkorreliert.

Darüber hinaus wird noch angenommen, dass die Elemente der Stichprobe voneinander unabhängig sind.

Diese Annahmen haben verschiedenen Konsequenzen und Implikationen:

Normalverteilungsannahme. Wie wir schon in Abschnitt 23.5.2 zur konfirmatorischen Faktorenanalyse gesehen haben, setzt das ML-Verfahren voraus, dass die beobachteten Variablen multivariat normalverteilt sind. Dies erlaubt die Ableitung von Standardfehlern für die Schätzungen und Konfidenzintervalle für die Parameter, die Überprüfung einzelner Modellparameter auf Signifikanz und die Testung der

Gesamtanpassung des Modells durch den Vergleich der Kovarianzmatrix der beobachteten Variablen mit der vom faktorenanalytischen Modell implizierten Kovarianzmatrix (s. Abschn. 23.5.2, 23.6.2).

Erwartungswerte gleich 0. Diese Annahme stellt sicher, dass die Leichtigkeitsparameter (Achsenabschnitte) eindeutig bestimmt werden können. Sie entsprechen den Erwartungswerten der beobachteten Variablen und sind somit gleich 0, wenn die beobachteten Variablen als Abweichungsvariablen (zentrierte Variablen) vorliegen.

Unkorrelierte Residualvariablen. Die dritte Annahme impliziert, dass alle Korrelationen zwischen den beobachteten Variablen auf deren Abhängigkeit von den Faktoren zurückgeführt werden können. Die Partialkorrelationen der beobachteten Variablen sind somit gleich 0, wenn man aus ihnen den Einfluss der Faktoren auspartialisiert (zur Partialkorrelation s. Kap. 17). Die Faktoren und ihre Zusammenhänge erklären alle Zusammenhänge, die es zwischen den beobachteten Variablen gibt.

Unkorreliertheit der Faktoren mit den Residualvariablen. Die Unkorreliertheit von Faktoren und Residualvariablen impliziert, dass die Varianz einer beobachteten Variablen zerlegt werden kann in die Varianz, die durch die Faktoren determiniert wird, und die Varianz, die auf die Residualvariablen zurückgeht. Der durch die Faktoren erklärte Varianzanteil einer beobachteten Variablen heißt Kommunalität (s. Abschn. 23.3). Der durch die Residualvariablen bestimmte Varianzanteil repräsentiert den Einfluss von Messfehlern und spezifischen Faktoren und wurde in Abschnitt 23.2.1 »uniqueness« (Einzigartigkeit) genannt.

Alternative Schätzmethoden

Neben der ML-Schätzmethode lassen sich einige der im Rahmen der konfirmatorischen Faktorenanalyse behandelten alternativen Schätzmethoden auch bei der exploratorischen Faktorenanalyse anwenden (s. Abschn. 23.5.3 und 23.5.4). Auf diese Schätzmethoden kann zurückgegriffen werden, wenn die Annahme der Normalverteilung verletzt ist oder ordinale manifeste Variablen vorliegen. Diese alternativen Schätzmethoden sind z. B. in dem Computerprogramm Mplus (Muthén & Muthén, 2004–2008) implementiert. Wir werden auf die Analyse ordinaler Variablen in Abschnitt 24.5 gesondert eingehen.

24.2.2 Identifizierbarkeit und Anfangslösung

Wie wir bereits bei der konfirmatorischen Faktorenanalyse in Kapitel 23 festgestellt haben, muss nachgewiesen werden, dass die Parameter des Modells eindeutig anhand der Verteilungskennwerte der beobachteten Variablen bestimmbar sind. Wir haben darüber hinaus gesehen, dass es verschiedene faktorenanalytische Modelle gibt, die die Kovarianzmatrix gleichermaßen gut repräsentieren (s. hierzu z. B. die beiden Modelle in Abb. 23.1 und 23.2). Um eine eindeutige Lösung für die Schätzung der Ladungen, der Varianzen der Faktoren und der Residualvariablen sowie der Kovarianzen zwischen den Faktoren zu erhalten, müssen bestimmte Restriktionen vorgenommen werden. Bei der konfirmatorischen Faktorenanalyse haben wir das Problem dadurch gelöst, dass wir aufgrund theoretischer Überlegungen bestimmte Faktorenladungen auf einen Wert (z. B. 1 oder 0) fixiert haben und z. T. auch die Kovarianzen der Faktoren restringiert haben, in dem wir z. B. in Abbildung 23.2 die Kovarianz der Faktoren auf 0 gesetzt haben.

Wie geht man nun in einer exploratorischen Faktorenanalyse vor, bei der solche theoretischen Überlegungen nicht vorliegen? Zunächst sucht man eine Anfangslösung, die ein identifiziertes Modell liefert. Die gefundene Anfangslösung wird dann üblicherweise rotiert, um sie besser interpretierbar zu machen.

Anfangslösung

Um die Anfangslösung zu erhalten, wird bei der ML-Faktorenanalyse zunächst angenommen, dass die Faktoren standardisiert und unkorreliert sind. Das heißt, ihre Varianz wird auf 1 fixiert, und die Korrelationen zwischen den Faktoren werden auf 0 gesetzt. Beide Annahmen sind nicht restriktiv, wie wir in Abschnitt 23.4.2 gesehen haben: Die Festsetzung der Varianz der Faktoren auf 1 dient lediglich dazu, den

Faktoren eine Metrik zu geben. Die Annahme der Unkorreliertheit der Faktoren ist auch nicht gravierend, da unkorrelierte Faktoren in korrelierte Faktoren überführt werden können (s. Abb. 23.1. und 23.2), wenn es theoretisch sinnvoll ist. Dies geschieht, wie wir noch sehen werden, durch eine bestimmte Art der Rotation. Zusätzlich wird eine weitere Bedingung formuliert, die wir formal nicht weiter erklären wollen (s. Vertiefungskasten), deren Implikationen wir aber kurz beschreiben wollen. Diese Bedingung hat zur Konsequenz, dass der erste Faktor so viel Varianz der beobachteten Variablen wie möglich erklärt, der zweite Faktor von der verbleibenden Varianz so viel wie möglich erklärt etc. Die durch die Faktoren erklärte Varianz in den beobachteten Variablen wird somit sukzessive reduziert.

Vertiefung

Identifizierbarkeitsbedingung bei der ML-Faktorenanalyse

Durch die Annahme der Unkorreliertheit der Faktoren und ihre Standardisierung reduziert sich das in Abschnitt 23.3 behandelte faktorenanalytische Modell auf folgende Zerlegung der Kovarianzmatrix (s. Anhang B zur Matrixalgebra):

$$\Sigma = \Lambda \cdot \Lambda' + \Theta \qquad \text{(F 24.2)}$$

Mit Λ bezeichnet man die Faktorladungsmatrix; Θ, die Kovarianzmatrix der Residualvariablen, stellt eine Diagonalmatrix dar (s. Anhang B), d. h., alle Kovarianzen zwischen den Residualvariablen sind 0. Die Kovarianzmatrix der beobachteten Variablen wird also in zwei Teile zerlegt: die Ladungsstruktur und die Varianzen der Residualvariablen. Aus Identifizierbarkeitsgründen setzt die ML-Faktorenanalyse voraus, dass $\Lambda' \cdot \Theta^{-1} \cdot \Lambda$ eine Diagonalmatrix ist (Brachinger & Ost, 1996). Hierdurch werden $k \cdot (k-1)/2$ Restriktionen gesetzt. Durch die Standardisierung und die Annahme der Unkorreliertheit werden darüber hinaus weitere $k \cdot (k+1)/2$ Restriktionen auferlegt, insgesamt also genau k^2 Restriktionen, die zur Sicherstellung der Identifizierbarkeit benötigt werden (Kaplan, 2009).

Analyse der Kovarianzmatrix vs. der Korrelationsmatrix

Wir sind bisher davon ausgegangen, dass die Kovarianzmatrix den Ausgangspunkt der Analyse darstellt. Es lässt sich zeigen, dass das Modell der ML-Faktorenanalyse *skaleninvariant* ist. Das bedeutet: Selbst wenn man die beobachteten Variablen mit einem bestimmten Wert multipliziert, nimmt die Diskrepanzfunktion (»Fit-Funktion«), die man bei der Parameterschätzung minimiert, den gleichen minimalen Wert an wie im Falle untransformierter Variablen (s. Abschn. 23.5.1). Darüber hinaus lässt sich zeigen, dass das Modell der ML-Faktorenanalyse *skalenfrei* ist. Skalenfreiheit liegt dann vor, wenn sich die Ladungen und die Residualwerte im Faktormodell der transformierten Variablen direkt aus den Ladungen und den Residualwerten im Faktormodell der untransformierten Variablen bestimmen lassen, und zwar einfach durch eine entsprechende Transformation der Ladungen und Residualwerte.

Eine typische Transformation der Variablen besteht darin, die beobachteten zentrierten Variablen durch ihre Standardabweichung zu dividieren. Die Kovarianzmatrix dieser z-transformierten Variablen entspricht dann der Korrelationsmatrix. Man legt den faktorenanalytischen Analysen häufig die Korrelationsmatrix der beobachteten Variablen zugrunde, da dies zur Folge hat, dass die Faktorladungen im Falle unkorrelierter Faktoren genau den Korrelationen der beobachteten Variablen mit den Faktoren entsprechen. Die Faktorladungen haben somit im Falle standardisierter beobachteter Variablen und unkorrelierter sowie (im Zuge der Sicherstellung der Identifizierbarkeit) standardisierter Faktoren eine klare Bedeutung. Statistikprogramme legen den faktorenanalytischen Auswertungen daher typischerweise die Korrelationsmatrix zugrunde. Die Eigenschaften der Skaleninvarianz und der Skalenfreiheit gelten nicht für alle faktorenanalytischen Ansätze, u. a. nicht für Verfahren, die auf der Hauptkomponentenanalyse aufbauen (s. Abschn. 24.3).

24.2.3 Bestimmung der Anzahl der Faktoren und Modellgültigkeit

Sind die Voraussetzungen der ML-Faktorenanalyse erfüllt, kann man die Gültigkeit des Modells wie bei der konfirmatorischen Faktorenanalyse über den Vergleich der Kovarianzmatrix bzw. Korrelationsmatrix der beobachteten Variablen und der vom Modell implizierten Kovarianzmatrix bzw. Korrelationsmatrix überprüfen (s. Abschn. 23.6). Hierzu greift man wie bei der konfirmatorischen Faktorenanalyse auf eine Prüfgröße zurück, die bei Gültigkeit der Nullhypothese (Gleichheit der Kovarianzmatrix der p beobachteten Variablen und der vom Modell implizierten Kovarianzmatrix in der Population) einer χ^2-Verteilung folgt. Die Freiheitsgrade ergeben sich wie bei der konfirmatorischen Faktorenanalyse aus der Differenz der Anzahl der Informationen und der Anzahl der zu schätzenden Parameter. Zur Bewertung der Modellgüte können auch die anderen Modellgütekoeffizienten, die wir ausführlich in Abschnitt 23.6 behandelt haben, herangezogen werden.

Bestimmung der Anzahl der Faktoren. Zur Bestimmung der Anzahl der benötigten Faktoren kann bei der exploratorischen Faktorenanalyse so vorgegangen werden, dass die Modellgütekoeffizienten verschiedener Modelle bestimmt und miteinander verglichen werden. Man kann z. B. so vorgehen, dass Modelle mit unterschiedlichen Anzahlen von Faktoren überprüft und verglichen werden und man dasjenige Modell auswählt, das (1) den Modellgütekriterien zufolge nicht verworfen werden muss (Modellanpassungsgüte), (2) die geringste (oder eine vergleichsweise geringe) Anzahl von Faktoren aufweist (Sparsamkeitsprinzip) und (3) theoretisch sinnvoll interpretierbar ist.

Modellgütekoeffizienten. Die Anwendbarkeit des χ^2-Tests ist an Voraussetzungen geknüpft, die wir bereits im Rahmen der konfirmatorischen Faktorenanalyse behandelt haben. So können bei großen Stichproben schon geringe Abweichungen der erwarteten von den beobachteten Varianzen und Kovarianzen zu einer Verwerfung des Modells führen, obwohl es die Zusammenhänge zwischen den Variablen hinreichend gut beschreibt. Von daher können auch bei der exploratorischen Faktorenanalyse alternative Koeffizienten zur Modellbewertung herangezogen werden. Man kann anhand informationstheoretischer Maße (z. B. AIC, BIC) oder anhand des Root Mean Square Error of Approximation (RMSEA) dasjenige faktorenanalytische Modell auswählen, das in Bezug auf das Sparsamkeitskriterium bei gleichzeitiger Berücksichtigung der allgemeinen Modellanpassung die Zusammenhangsstruktur am besten beschreibt. Fabrigar et al. (1999) weisen allerdings darauf hin, dass die Anwendung dieser Koeffizienten im Rahmen der exploratorischen Faktorenanalyse noch wenig untersucht ist. Diese Gütekoeffizienten haben sich daher in der Forschungspraxis noch nicht etabliert, so dass bei Anwendungen der ML-Faktorenanalyse üblicherweise nur der χ^2-Test und der Eigenwertverlauf, der im Abschnitt 24.3.2 behandelt wird, herangezogen werden.

Heywood-Fälle

Unter Umständen kann bei der Parameterschätzung die Situation auftreten, dass eine Residualvarianz auf einen negativen Wert geschätzt wird. Da Varianzen keine negativen Werte annehmen können, handelt es sich um einen unzulässigen Schätzwert. Man nennt einen solchen Fall »Heywood-Fall«, benannt nach H. B. Heywood, der 1931 zum ersten Mal auf die Möglichkeit solcher Fälle hingewiesen hat. Nach McDonald (1985) sind solche Heywood-Fälle häufig darauf zurückzuführen, dass nicht ausreichend viele beobachtete Variablen mit substantiellen Ladungen für einen Faktor (sog. Indikatoren) in die Analyse aufgenommen wurden. Tritt diese Situation ein, sollte zunächst überprüft werden, ob solche Heywood-Fälle nicht auf eine Überfaktorisierung zurückzuführen sind. Von einer *Überfaktorisierung* spricht man, wenn mehr Faktoren extrahiert werden, als nötig sind, um die Korrelationen zwischen den manifesten Variablen zu erklären. Im Falle der Überfaktorisierung reduziert man die Anzahl der Faktoren. Liegt keine Überfaktorisierung vor, bietet es sich an, den betroffenen Faktor samt Indikatoren aus den Analysen auszuschließen oder – angemessener – weitere Indikatoren für den Faktor in die Analyse mit aufzunehmen.

Ist eine Faktorenanalyse überhaupt sinnvoll?

Bevor ein faktorenanalytisches Modell spezifiziert wird, kann die Frage gestellt werden, ob es überhaupt sinnvoll ist, ein faktorenanalytisches Modell zu spezifizieren. Eine Faktorenanalyse wäre dann nicht sinnvoll, wenn alle Variablen in der Population unkorreliert wären. Die Hypothese der Unabhängigkeit aller Variablen kann mittels eines χ^2-Tests überprüft werden. Dieser Test vergleicht die Kovarianzmatrix der beobachteten Variablen mit einer theoretischen Kovarianzmatrix, in der alle Kovarianzen gleich 0 sind (sog. »Nullmodell«). Dieser χ^2-Test hat $df = p \cdot (p - 1)/2$ Freiheitsgrade. Verwirft man die Nullhypothese der Unabhängigkeit, ist eine Grundvoraussetzung für die Anwendung der Faktorenanalyse – bedeutsame Korrelationen der beobachteten Variablen – erfüllt.

Bartlett-Test auf Sphärizität.

Weisen die Variablen über die Unabhängigkeit hinaus noch gleiche Varianzen auf, liegt Sphärizität vor. Bartlett (1950) hat einen Test auf Sphärizität vorgestellt (Bartlett-Test auf Sphärizität). Da bei einer Korrelationsmatrix alle Varianzen gleich sind, führt der Test auf Sphärizität bei Korrelationsmatrizen zum selben Ergebnis wie der Unabhängigkeitstest. Der Unabhängigkeitstest und der Bartlett-Test setzen voraus, dass die Annahmen der ML-Faktorenanalyse erfüllt sind.

> **Beispiel**
>
> **Selbst- und Fremdbericht zum habituellen Wohlbefinden: Exploratorische ML-Faktorenanalyse**
>
> Um die Gemeinsamkeiten und Unterschiede zur konfirmatorischen Faktorenanalyse zu demonstrieren, haben wir die Daten aus dem Beispiel in den Abbildungen 23.1 und 23.2 mittels einer exploratorischen ML-Faktorenanalyse reanalysiert. Wir haben hierzu auf das kostenlos im Internet verfügbare Statistikprogramm CEFA (Browne et al., 2008; 🖱) zurückgegriffen, das die Bestimmung von Standardfehlern und Konfidenzintervallen für die Parameter ermöglicht, was verschiedene andere Programme nicht leisten. In die Analysen sind sechs beobachtete Variablen eingegangen: drei Selbstberichtsskalen und drei Fremdberichtsskalen, die sich jeweils auf das habituelle Wohlbefinden beziehen. Die Korrelationen sind in Tabelle 23.2 zusammengestellt. Der Analyse wurde diese Korrelationsmatrix zugrunde gelegt. Der Bartlett-Test auf Sphärizität (berechnet mit dem Statistikprogramm SPSS) zeigte, dass die Unabhängigkeitshypothese verworfen werden muss ($\chi^2 = 819{,}88$; $df = 15$; $p < 0{,}01$), eine Faktorenanalyse somit sinnvoll ist.
>
> Die Analyse mit dem Statistikprogramm CEFA ergab folgende Ergebnisse. Dem χ^2-Modelltest zufolge muss das Einfaktormodell verworfen werden ($\chi^2 = 318{,}49$; $df = 9$; $p < 0{,}01$). Der RMSEA-Wert von 0,41 zeigt ebenfalls, dass das Modell nicht auf die Daten passt. Der p-Wert des Tests auf approximativen Fit (H_0: RMSEA$_{Population} \leq 0{,}05$) ist ebenfalls sehr klein ($p_{RMSEA} < 0{,}01$). Hingegen weist eine zweifaktorielle Lösung eine sehr gute Modellanpassung auf ($\chi^2 = 4{,}85$; $df = 4$; $p = 0{,}30$; RMSEA = 0,03; $p_{RMSEA} = 0{,}54$). Auch die informationstheoretischen Maße bestätigen die Überlegenheit des zweifaktoriellen Modells. So ist z. B. der von CEFA berechnete modifizierte AIC-Index für das zweifaktorielle Modell mit AIC = 0,19 deutlich kleiner als für das einfaktorielle Modell (AIC = 1,70). Eine dreifaktorielle Lösung ist nicht mehr empirisch testbar, da die Freiheitsgrade in diesem Fall gleich 0 sind. Alle Modelle mit mehr als drei Faktoren können in unserem Anwendungsbeispiel mit sechs manifesten Variablen nicht bestimmt werden, da diese Modelle zu viele zu schätzende Parameter enthalten (negative Freiheitsgrade). Da ein zweifaktorielles Modell die Datenstruktur gut beschreibt, wählen wir im vorliegenden Beispiel ein zweifaktorielles Modell aus.
>
> **Anfangslösung.** Die Anfangslösung für das Zwei-Faktoren-Modell ist in Tabelle 24.1 angegeben. Auf dem ersten Faktor weisen sowohl die Selbstberichts- als auch die Fremdberichtsvariablen hohe Ladungen auf. Der erste Faktor repräsentiert somit den Teil der manifesten Variablen, der allen manifesten Variablen gemeinsam ist, also das beiden Methoden

gemeinsame habituelle Wohlbefinden. Auf dem zweiten Faktor laden die Selbstberichtsvariablen positiv und die Fremdberichtsvariablen negativ. Dieser Faktor kontrastiert die Selbst- und Fremdberichte. Hat eine Person einen positiven Wert auf dem zweiten Faktor, so schätzt sie ihr Wohlbefinden im Selbstbericht höher ein, als Freunde und Verwandte das Wohlbefinden dieser Person im Fremdbericht einschätzen. Umgekehrt sind Personen mit negativen Werten auf dem zweiten Faktor solche, die ihr Wohlbefinden geringer einschätzen, als es von ihren Freunden eingeschätzt wird. Da die beiden Faktoren der Anfangslösung miteinander unkorreliert sind und sowohl die manifesten als auch die latenten Variablen standardisiert sind, können die Ladungen als Korrelationskoeffizienten der manifesten Variablen mit den Faktoren interpretiert werden. Die Ladungen auf dem ersten Faktor (bzw. ihre Absolutbeträge) sind generell größer als die Ladungen auf dem zweiten Faktor (bzw. ihre Absolutbeträge). Dies kommt durch die Identifikationsbedingung zustande, der zufolge der erste Faktor maximale Varianz der beobachteten Variablen aufklärt. Die Kommunalitäten sind in der letzten Spalte angegeben. Die Kommunalität ist wie bei der konfirmatorischen Faktorenanalyse ein Maß dafür, welcher Anteil der Varianz einer manifesten Variablen durch die Faktoren erklärt wird (s. Abschn. 23.3). Da beide Faktoren der Anfangslösung miteinander unkorreliert sind, entspricht die Kommunalität in diesem Fall der Summe der quadrierten Faktorladungen über beide Faktoren. Die geschätzten Kommunalitäten liegen zwischen $\hat{H}(Y_1) = 0{,}60$ und $\hat{H}(Y_6) = 0{,}82$ und zeigen an, dass zwischen 60 % und 82 % der Varianz der Variablen auf die Faktoren zurückgeführt werden können.

Tabelle 24.1 Maximum-Likelihood-Faktorenanalyse: Ladungskoeffizienten und Kommunalitäten für die sechs manifesten Variablen und zwei Faktoren F_1 und F_2 ($\chi^2 = 4{,}85$; $df = 4$; $p = 0{,}30$). Angegeben sind die Parameterschätzungen sowie für die rotierten Lösungen zusätzlich Standardfehler (in runden Klammern) und 90%-Konfidenzintervalle (in eckigen Klammern). Bei der obliquen Rotation beziehen sich die Standardfehler und Konfidenzintervalle nur auf die direkte Quartimin-Rotation. Da die Promax-Rotation zu gleichen Ladungskoeffizienten wie die direkte Quartimin-Rotation führte, wurden die Ergebnisse beider Rotationen in einer Spalte angegeben

Variable	Anfangslösung		Varimax-Rotation		Promax-Rotation direkte Quartimin-Rotation Mustermatrix		Promax-Rotation direkte Quartimin-Rotation Strukturmatrix		Kommunalität
	F_1	F_2	F_1	F_2	F_1	F_2	F_1	F_2	$\hat{H}(Y_i)$
Selbstbericht									
y_1	0,60	0,49	0,18 (0,05) [0,10; 0,26]	0,75 (0,03) [0,69; 0,80]	0,03 (0,05) [−0,04; 0,12]	0,76 (0,04) [0,70; 0,82]	0,32	0,77	0,60
y_2	0,68	0,59	0,19 (0,04) [0,12; 0,25]	0,88 (0,03) [0,83; 0,92]	0,01 (0,03) [−0,04; 0,06]	0,90 (0,03) [0,85; 0,94]	0,34	0,90	0,81
y_3	0,65	0,61	0,15 (0,04) [0,08; 0,22]	0,88 (0,03) [0,83; 0,92]	−0,03 (0,03) [−0,08; 0,02]	0,90 (0,03) [0,85; 0,95]	0,31	0,89	0,79

Tabelle 24.1 (Fortsetzung)

Variable	Anfangslösung		Varimax-Rotation		Promax-Rotation direkte Quartimin-Rotation Mustermatrix		Promax-Rotation direkte Quartimin-Rotation Strukturmatrix		Kommunalität
	F_1	F_2	F_1	F_2	F_1	F_2	F_1	F_2	$\hat{H}(y_i)$
				Fremdbericht					
y_4	0,75	−0,40	0,84	0,13	0,86	−0,03	0,85	0,30	0,72
			(0,02)	(0,04)	(0,03)	(0,03)			
			[0,79; 0,88]	[0,06; 0,21]	[0,81; 0,90]	[−0,08; 0,03]			
y_5	0,81	−0,40	0,89	0,17	0,91	0,00	0,91	0,35	0,82
			(0,02)	(0,04)	(0,02)	(0,03)			
			[0,85; 0,92]	[0,10; 0,24]	[0,87; 0,94]	[−0,04; 0,05]			
y_6	0,82	−0,39	0,89	0,19	0,90	0,02	0,91	0,36	0,82
			(0,02)	(0,04)	(0,02)	(0,03)			
			[0,85; 0,92]	[0,12; 0,25]	[0,86; 0,94]	[−0,03; 0,07]			
					Korrelation der Faktoren: 0,38 (0,07) [0,26; 0,48]				

Faktorenanalyse und Regressionsanalyse. Das Beispiel veranschaulicht, dass im Falle unkorrelierter Faktoren die Kommunalität einer manifesten Variablen gleich der Summe der quadrierten Faktorladungen ist. Die Analogie zur multiplen Regressionsanalyse wird hier besonders deutlich: Die manifesten Variablen können als abhängige Variablen, die Faktoren als unabhängige Variablen verstanden werden. Die Ladungen entsprechen somit standardisierten Regressionsgewichten, die im Falle unkorrelierter unabhängiger Variablen (hier: Faktoren) gleich den bivariaten Korrelationen sind.

24.2.4 Rotation

In unserem Beispiel haben wir für die beiden Faktoren in der Anfangslösung eine interessante Interpretation gefunden: Faktor 1 konnte als Maß für das habituelle Wohlbefinden, das beiden Erhebungsmethoden gemeinsam ist, interpretiert werden. Faktor 2 kontrastierte die beiden Erhebungsmethoden (Selbst- vs. Fremdbericht). Je nach Anwendungsfall muss die Anfangslösung jedoch nicht immer ohne weiteres interpretierbar sein, da die Anfangslösung in gewisser Weise arbiträr ist: Es gibt eine Vielzahl anderer möglicher faktorieller Repräsentationen, die die Datenstruktur mit gleicher Anpassungsgüte beschreiben. Aus diesem Grund hat es sich eingebürgert, die Faktoren und die Ladungen der Anfangslösung derart zu transformieren, dass sie gewisse Optimalitätskriterien erfüllen. Man spricht auch von einer Rotation der Faktoren, da sich diese Transformationen geometrisch als Rotationen veranschaulichen lassen und in früheren Zeiten tatsächlich auch geometrisch vorgenommen wurden. Es lassen sich zwei große Gruppen von Rotationen unterscheiden: orthogonale und oblique Rotationen. Bei orthogonalen Rotationen sind die rotierten Faktoren weiterhin unkorreliert, während oblique Rotationsverfahren zu korrelierten Faktoren führen.

> **Vertiefung**
>
> **Orthogonal und oblique**
> Die Begriffe »orthogonal« und »oblique« stammen aus der Geometrie. Die Korrelation zwischen zwei Variablen lässt sich auch geometrisch darstellen. Die n Merkmalsausprägungen auf jeder der beiden Variablen lassen sich jeweils als Vektor im n-dimensionalen Raum darstellen. Die Produkt-Moment-Korrelation entspricht dem Kosinus des Winkels zwischen den Vektoren. Wenn die beiden Vektoren rechtwinklig (orthogonal) zueinander stehen, beträgt der Kosinus des Winkels 0, d. h., die beiden Variablen sind unkorreliert. Wenn der Winkel, den die Vektoren bilden, schief (oblique) ist, ist der Kosinus des Winkels ungleich 0, d. h., die beiden Variablen sind korreliert. Bei spitzen Winkeln (< 90°) sind der Kosinus des Winkels und die Korrelation der Variablen positiv, bei stumpfen Winkeln (> 90°) sind Kosinus und Korrelation negativ.

Einfachstruktur

Die Rotationskriterien orientieren sich meist an Thurstones (1947) Kriterium der Einfachstruktur. Eine Einfachstruktur liegt vor, wenn eine manifeste Variable nicht auf allen Faktoren substantielle Ladungen aufweist, sondern auf einem oder mehreren Faktoren Ladungen von 0 vorliegen. Dies zeigt, dass eine beobachtete Variable von weniger Faktoren abhängt, als Faktoren benötigt werden, um den Zusammenhang zwischen allen beobachteten Variablen zu repräsentieren. Es gibt eine Vielzahl von Rotationskriterien, die wir nicht alle behandeln können. Wir stellen nur die am häufigsten eingesetzten Rotationskriterien dar. Weitere Kriterien finden sich z. B. in der Überblicksarbeit von Browne (2001).

Orthogonale Rotation

Das einflussreichste orthogonale Rotationskriterium, das auf den Ideen der Einfachstruktur aufbaut, ist das Varimax-Kriterium von Kaiser (1958).

Varimax-Rotation. Diesem Kriterium zufolge werden die Faktoren so rotiert, dass sie mit einigen manifesten Variablen hoch, mit anderen jedoch niedrig zusammenhängen. Dies bedeutet, dass die quadrierten Ladungen entweder sehr hohe oder sehr niedrige Werte aufweisen sollten und mittlere Werte vermieden werden. Um diese Situation herzustellen, wird bei der Varimax-Methode die *Vari*anz der quadrierten Ladungen *max*imiert.

Die Ladungsstruktur, die sich in unserem Anwendungsbeispiel mittels einer Varimax-Rotation ergibt, ist ebenfalls in Tabelle 24.1 dargestellt. Darüber hinaus wurden die mit dem Statistikprogramm CEFA (Browne et al., 2008) berechneten Standardfehler und die 90 %-Konfidenzintervalle für die Faktorladungen angegeben. Diese Konfidenzintervalle lassen die Präzision der Schätzung erkennen und können auch für einen Signifikanztest herangezogen werden: Schließt das zweiseitige 90 %-Konfidenzintervall den Wert 0 nicht mit ein, so kann die Hypothese, dass der Ladungsparameter in der Population gleich 0 ist, bei einem zweiseitigen Test auf einem Signifikanzniveau von $\alpha = 0{,}10$ und bei einem einseitigen Test auf einem Signifikanzniveau von $\alpha = 0{,}05$ verworfen werden (s. Abschn. 8.5.2). Im Fall vieler Ladungskoeffizienten kommt es allerdings leicht zu einer Kumulierung des α-Fehlers, wenn mehrere Ladungen gleichzeitig getestet werden (s. Abschn. 13.1.12). Hat man gezielte A-priori-Hypothesen in Bezug auf mehrere Ladungsparameter, bietet es sich an, diese im Rahmen einer konfirmatorischen Faktorenanalyse simultan zu testen, wodurch das α-Fehlerniveau korrekt eingehalten wird.

Zurück zu unserem Anwendungsbeispiel: Wie man in Tabelle 24.1 sieht, wurde der erste Faktor so rotiert, dass auf ihm alle Fremdberichtsvariablen hohe positive Ladungen, alle Selbstberichtsvariablen jedoch sehr geringe Ladungen aufweisen, die nahe bei 0 liegen. Der erste Faktor repräsentiert somit inhaltlich die Zusammenhänge, die zwischen allen Fremdberichtsvariablen bestehen; er erfasst das fremdberichtete Wohlbefinden. Der zweite Faktor wurde so rotiert, dass auf ihm alle Selbstberichtsvariablen hoch positiv laden, die Fremdberichtsvariablen jedoch sehr geringe Ladungen aufweisen. Der zweite Faktor repräsentiert somit das selbstberichtete Wohlbefinden. Da die orthogonale Rotation zu unkorrelierten Faktoren führt, sind die Ladungen wiederum als Korrela-

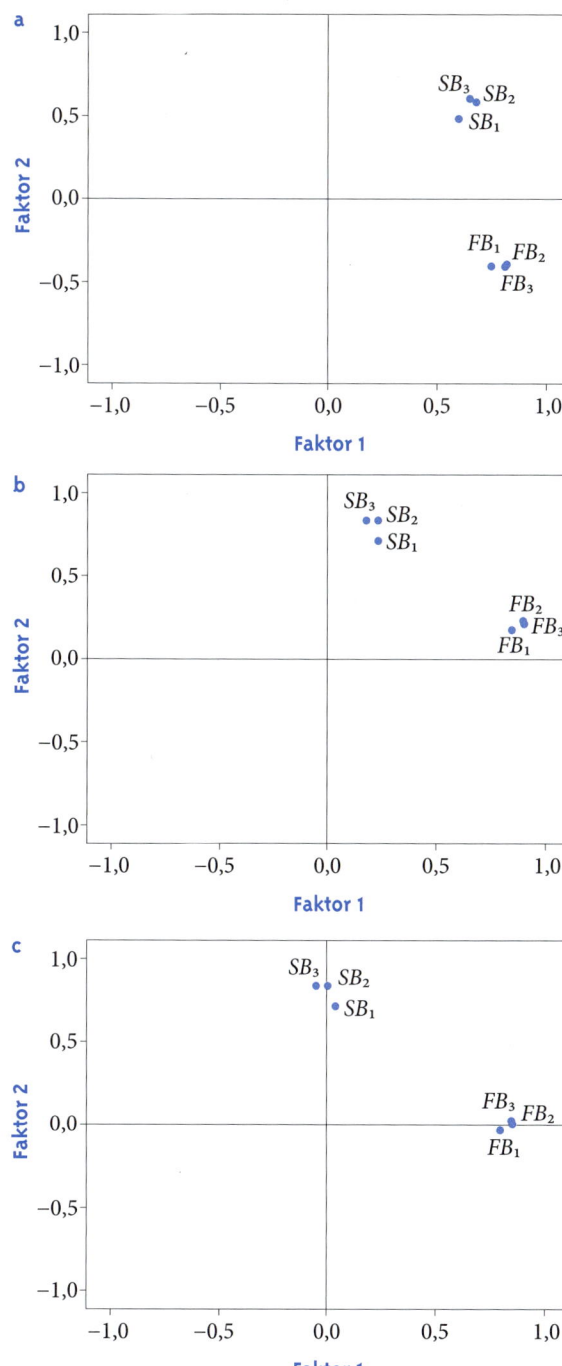

Abbildung 24.1 ML-Faktorenanalyse der Selbstberichte (SB_1, SB_2, SB_3) und der Fremdberichte (FB_1, FB_2, FB_3) des habituellen Wohlbefindens: Ladungsdiagramme
a Unrotierte Lösung **b** Varimax-rotierte Lösung **c** Lösung nach einer Promax-Rotation und einer direkten Quartimin-Rotation

tionen zu interpretieren. Auch die Eigenschaft, dass die Summe der Ladungsquadrate der Kommunalität entspricht, bleibt erhalten, wie man sich leicht anhand von Tabelle 24.1 klarmachen kann. Die Standardfehler sind gering und die Konfidenzintervalle relativ schmal, was auf eine präzise Schätzung der Ladungsparameter schließen lässt.

Ladungsdiagramm. Die Varimax-Rotation kann man sich graphisch anhand eines Ladungsdiagramms veranschaulichen. Bei einem Ladungsdiagramm stellen die Faktoren die Achsen dar. Eine Variable wird anhand ihrer Ladungen auf den Faktoren räumlich verortet. In Abbildung 24.1 a ist das Ladungsdiagramm für die unrotierte Lösung in unserem Beispiel dargestellt. Der Übersichtlichkeit halber wurden mit SB_1, SB_2, und SB_3 die drei beobachteten Selbstberichtsvariablen und mit FB_1, FB_2, und FB_3 die drei beobachteten Fremdberichtsvariablen bezeichnet. Die Ladungen auf dem ersten Faktor sind auf der Abszisse, die Werte auf dem zweiten Faktor auf der Ordinate abgetragen. Das Ladungsdiagramm für die unrotierte Lösung zeigt, dass alle Variablen eine vergleichsweise hohe Ladung auf dem ersten Faktor aufweisen, während der zweite Faktor beide Variablengruppen kontrastiert, indem die Selbstberichtsvariablen positive, die Fremdberichtsvariablen negative Ladungen auf diesem Faktor aufweisen.

Das Ladungsdiagramm für die Varimax-rotierte Lösung in Abbildung 24.1 b zeigt, dass nach der Rotation nur die Fremdberichtsvariablen hohe Ladungen auf dem ersten Faktor aufweisen (und Ladungen nahe 0 auf dem zweiten Faktor), während auf dem zweiten Faktor nur die Selbstberichtsvariablen hohe Ladungen aufweisen (und die Ladungen der Fremdberichtsvariablen nahe bei 0 liegen).

Weitere orthogonale Rotationskriterien. Neben der Varimax-Rotation gibt es eine Vielzahl weiterer orthogonaler Rotationstechniken, die sich in ihrem Rotationskriterium unterscheiden. Das Varimax-Kriterium führt dazu, dass ein genereller Faktor, auf dem alle beobachteten Variablen laden, eher vermieden wird. Ein genereller Faktor wird eher vom Quartimax-Kriterium zugelassen, bei dem die Summe der vierten Potenzen der Faktorladungen maximiert wird. Weitere

Rotationskriterien wie Equamax, Parsimax und Geomin sind im Überblick von Browne (2001) dargestellt. In unserem Beispiel führen diese Kriterien zu einer Ladungsstruktur, die sich nur unwesentlich von derjenigen der Varimax-Rotation unterscheidet. Wir berichten daher die Ergebnisse dieser Rotation nicht.

Oblique Rotation

Die orthogonale Rotation geht von der Unkorreliertheit der Faktoren aus. Diese Annahme dürfte in vielen psychologischen Anwendungsfällen verletzt oder zumindest fraglich sein. So haben wir bei der konfirmatorischen Faktorenanalyse in unserem Anwendungsbeispiel festgestellt, dass die Selbstberichts- und die Fremdberichtsfaktoren im Modell in Abbildung 23.1 positiv miteinander korreliert sind, was inhaltlich sinnvoll ist. Bei der obliquen Rotation werden solche Korrelationen zwischen den Faktoren zugelassen. Oft lässt sich anhand obliquer Rotationen besser eine Einfachstruktur der Ladungen erreichen. Da auch eine oblique Rotation zu unkorrelierten Faktoren führen kann, wenn diese die Zusammenhangsstruktur am besten repräsentieren, sind oblique Rotationsverfahren im Allgemeinen orthogonalen Rotationen vorzuziehen (Fabrigar et al., 1999). Die am häufigsten eingesetzten Verfahren sind die Promax-Rotation und die direkte Quartimin-Rotation.

Promax-Rotation. Bei der Promax-Rotation (Hendrickson & White, 1964) handelt es sich um ein einfaches Rotationsverfahren, bei dem zunächst eine orthogonale Varimax-Rotation durchgeführt wird. Die Ladungen der orthogonalen Varimax-Rotation werden dann potenziert, und zwar mit einem geraden Exponenten, um den Unterschied zwischen großen und kleinen Ladungen zu verstärken. Diese potenzierten Ladungen werden dann mit ihren ursprünglichen Vorzeichen versehen und stellen Elemente einer Ziel-Ladungsmatrix dar. Die Faktoren und ursprünglichen Ladungen der Varimax-rotierten Lösung werden dann so transformiert, dass die Abweichung der Ziel-Ladungsmatrix von der rotierten Ladungsmatrix minimal wird. Die transformierte Ladungsmatrix und die dazugehörigen Faktoren stellen dann die Lösung der Promax-Rotation dar. Bei diesem Rotationsverfahren muss der Exponent, der häufig mit κ (griech. Kappa) bezeichnet wird, festgelegt werden. Dieser Exponent steuert die Rotation und beeinflusst den Grad der Korreliertheit der Faktoren. Statistikprogramme eröffnen die Möglichkeit, den Wert für κ selbst zu bestimmen. Für die Festlegung von κ gibt es keine verbindlichen Richtlinien. Lawley und Maxwell (1971) empfehlen, keine Werte größer als 4 zu wählen, da diese zu sehr stark korrelierten Faktoren führen, was in den meisten Anwendungsfällen unerwünscht ist. Ein Wert von $\kappa = 4$ ist daher auch die Voreinstellung von SPSS, die in den meisten Fällen zu gut interpretierbaren Ladungsstrukturen führt.

Direkte Quartimin-Rotation. Ein obliques Rotationsverfahren, das ohne den Umweg über die Varimax-Rotation auskommt, ist die direkte Quartimin-Rotation (Jennrich & Sampson, 1966). Es lässt sich zeigen, dass dieses Verfahren ein Spezialfall eines allgemeineren Rotationsverfahrens ist, das direkte Oblimin-Rotation genannt wird. Bei der direkten Oblimin-Rotation wird die Kovarianz der quadrierten Ladungen, die zu verschiedenen Faktoren gehören, minimiert. Beim allgemeinen direkten Oblimin-Verfahren muss hierzu ein δ-Wert festgelegt werden, der die Stärke der Korrelation zwischen den Faktoren steuert. Die obere Grenze für einen sinnvollen δ-Wert liegt bei 0,8, nach unten gibt es keine Beschränkung (Harman, 1967). Eine direkte Quartimin-Rotation erhält man, indem man den δ-Wert auf 0 festlegt. Da die direkte Quartimin-Methode – im Gegensatz zur Promax-Methode – eine genau spezifizierte Funktion optimiert und keine Festlegung eines Rotationsparameters erfordert, bietet sie sich als oblique Rotationsmethode an (Browne, 2001). Nach der Varimax-Methode ist sie die in der Psychologie am häufigsten angewandte Rotationstechnik (Fabrigar et al., 1999).

> **Beispiel**
>
> **Habituelles Wohlbefinden: oblique Rotation**
> Da das Computerprogramm CEFA keine Promax-Rotation ermöglicht, haben wir diese mit dem Programm SPSS durchgeführt. Das Ladungsdiagramm für die Promax-Rotation in Abbildung 24.1 c zeigt, dass bei ihr die Einfachstruktur noch besser erreicht wird als bei der Varimax-Rotation,

da nun Ladungen einer beobachteten Variablen auf einem Faktor sehr hoch, auf dem anderen Faktor quasi 0 sind. Bei der Betrachtung von Ladungsdiagrammen ist zu beachten, dass das Koordinatensystem der Faktoren auch bei obliquen Rotationen als rechtwinkliges Koordinatensystem dargestellt wird, obwohl die beiden Faktoren korreliert sein können und geometrisch gesehen dann keinen rechten Winkel mehr bilden.

In unserem Beispiel ergibt die direkte Quartimin-Rotation dieselben Ergebnisse wie die Promax-Rotation (s. Tab. 24.1 und Abb. 24.1 c). Setzt man den δ-Wert in unserem Beispiel auf −400 fest, erhält man eine Lösung, die weitgehend der unrotierten Ausgangslösung entspricht.

Da bei obliquen Rotationen die Faktoren korreliert sein können, entsprechen die Ladungen im Allgemeinen nicht mehr den Korrelationen zwischen den Faktoren und den beobachteten Variablen. Daher werden bei obliquen Rotationen zwei Arten von Matrizen unterschieden: die Mustermatrix und die Strukturmatrix.

Mustermatrix. Die Mustermatrix (Ladungsmatrix; engl. factor pattern matrix) enthält die Ladungen im rotierten Faktorenmodell. In Tabelle 24.1 sind die mit dem Statistikprogramm CEFA geschätzten Ladungsparameter sowie die Standardfehler und Konfidenzintervalle angegeben. Die Ladungen der Mustermatrix in Tabelle 24.1 zeigen, dass die obliquen Rotationen zu einer ähnlichen Ladungsstruktur geführt haben wie die orthogonale Varimax-Rotation, allerdings mit dem Unterschied, dass die Ladungsstruktur der obliquen Rotationen noch besser das Kriterium der Einfachstruktur erfüllt, da die geringen Ladungen nun alle nahe bei 0 liegen. Die Standardfehler und Konfidenzintervalle beziehen sich auf die direkte Quartimin-Rotation. Alle Konfidenzintervalle der geringen Ladungen enthalten jetzt die 0 und zeigen an, dass diese nicht bedeutsam von 0 verschieden sind. Dies entspricht unserer Erwartung im konfirmatorischen Modell in Abbildung 23.1, in dem alle diese Ladungen auf 0 fixiert wurden. Insgesamt betrachtet unterscheiden sich die Parameterschätzungen der obliquen rotierten Lösungen nur unwesentlich von der standardisierten Lösung des Modells der konfirmatorischen Faktorenanalyse in Abbildung 23.1. Dies verdeutlicht die Gemeinsamkeiten zwischen der exploratorischen ML-Faktorenanalyse und der konfirmatorischen ML-Faktorenanalyse.

Strukturmatrix. Neben der Mustermatrix mit den Faktorladungen kann bei einer obliquen Rotation auch die Strukturmatrix (engl. factor structure matrix) betrachtet werden, die die Korrelationen der Faktoren mit den manifesten Variablen enthält. Die Koeffizienten der Strukturmatrix zeigen, dass der erste Faktor hoch mit den Fremdberichtsvariablen korreliert, während der zweite Faktor hohe Korrelationen mit den Selbstberichtsvariablen aufweist. Im Unterschied zu den Ladungskoeffizienten (Mustermatrix) sind die Korrelationen (Strukturmatrix) zwischen den beobachteten Selbstberichtsvariablen und dem Fremdberichtsfaktor sowie zwischen den beobachteten Fremdberichtsvariablen und dem Selbstberichtsfaktor nicht nahe bei 0. Vielmehr liegen diese Korrelationen oder Strukturkoeffizienten zwischen 0,30 und 0,36. Dies muss so sein, da die beiden Faktoren korreliert sind und die beobachteten Variablen daher auch mit dem Faktor korreliert sind, auf dem ihre Ladungen nahe bei 0 liegen. Je höher die Korrelationen der Faktoren sind, umso höher werden daher auch die Strukturkoeffizienten sein.

Korrelationen der Faktoren. Bei einer obliquen Rotation werden zusätzlich zu den Ladungen und Strukturkoeffizienten auch die Korrelationen zwischen den Faktoren angegeben. In unserem Beispiel beträgt die Korrelation der beiden Faktoren $r = 0{,}38$.

Zielrotation (Prokrustes-Rotation). Eine besondere Form der obliquen Rotation stellt die Zielrotation dar, die auch Prokrustes-Rotation genannt wird. In der griechischen Mythologie bot der Riese Prokrustes Reisenden ein Bett an, das entweder zu klein oder zu groß war. Durch Entfernen oder Strecken der Gliedmaßen passte Prokrustes die Reisenden an das Bett an (»Prokrustes-Bett«). Der Name Prokrustes-Rotation bringt zum Ausdruck, dass die Ladungskoeffizienten und Faktoren so rotiert werden, dass sie einer vorher festgelegten Zielmatrix so ähnlich (angepasst) wie möglich sind. Bei der bereits behandelten Promax-Methode handelt es sich um eine solche Zielrotation. Bei einer Zielrotation legt man die Ziel-Ladungsmatrix meistens durch Nullen und Einsen fest. Aufgrund der Entwicklung der konfirmatorischen Faktorenanalyse, die eine noch gezieltere Überprüfung einer theoretisch postulierten Faktorstruktur erlaubt, hat die Zielrotation (Prokrustes-Rotation) an Bedeutung verloren. Das Computerprogramm CEFA (Browne et al., 2008;) erlaubt die Durchführung von Prokrustes-Rotationen.

Weitere oblique Rotationsverfahren. Neben den behandelten obliquen Rotationsverfahren gibt es weitere oblique Rotationstechniken, die u. a. von Browne (2001) dargestellt werden.

24.2.5 Interpretation der Ergebnisse

Wie werden die Ergebnisse einer exploratorischen Faktorenanalyse interpretiert? Drei Ergebnisse sind von zentraler Bedeutung: (1) die Anzahl der Faktoren, (2) die Höhe der Kommunalitäten vs. Spezifitäten und (3) die Höhe der Ladungen.

Anzahl der Faktoren

Zunächst ist die Frage von Bedeutung, wie viele Faktoren zur Erklärung der Zusammenhänge zwischen den beobachteten Variablen notwendig sind. Gerade bei exploratorischen Fragestellungen, wo es um die Dimensionalität eines Merkmals geht, ist die Frage nach der Anzahl der Faktoren von zentraler Bedeutung. Allerdings sagt die Anzahl der Faktoren nur dann etwas über die Dimensionalität eines Merkmals aus, wenn die Indikatoren repräsentativ für diesen Merkmalsbereich sind, also eine repräsentative Stichprobe aus der Menge aller Indikatoren darstellen, anhand deren das Merkmal erfasst werden kann. Testtheoretisch gesprochen, müssen die beobachteten Variablen Inhaltsvalidität (Kontentvalidität) aufweisen, d. h., sie stellen eine repräsentative Stichprobe aus der Menge aller Indikatoren (Itemuniversum) dar, anhand deren das Merkmal erfasst werden kann (Schermelleh-Engel et al., 2006). So lässt sich z. B. die Dimensionalität der momentanen Stimmung nur dann angemessen untersuchen, wenn eine Zufallsauswahl von Adjektiven zur Beschreibung des momentanen Stimmungserlebens in die Analyse eingegangen ist. Die Frage nach der Inhaltsvalidität muss vor der Durchführung einer Faktorenanalyse geklärt werden. Bei der Beurteilung der Inhaltsvalidität greift man meist auf die Bewertung von Experten zurück.

Zur Klärung der Frage nach der Dimensionalität eines Konstruktbereichs reicht die Bewertung der Anzahl der Faktoren alleine jedoch noch nicht aus. Wie Thurstone (1934) in seiner klassischen Arbeit »The vectors of mind« am Beispiel der Persönlichkeitsforschung illustriert hat, ist es zusätzlich notwendig, die Kommunalitäten in die Bewertung mit einzuschließen.

Höhe der Kommunalitäten

Die Kommunalitäten zeigen an, wie viel Varianz durch die gemeinsamen Faktoren erklärt wird. In unserem Beispiel sind die Kommunalitäten sehr hoch. Der nicht erklärte Varianzanteil geht auf Messfehler und spezifische (aber nicht identifizierbare) Faktoren zurück (s. Abschn. 23.2). Zur Bewertung der Dimensionalität eines Merkmals ist es wichtig abzuschätzen, wie groß der Einfluss von spezifischen Faktoren ist. Ein Vergleich zwischen der geschätzten Reliabilität der beobachteten Variablen und ihrer Kommunalität stellt eine Möglichkeit dar, den Einfluss spezifischer Faktoren abzuschätzen. Liegen die Kommunalitäten im Bereich der zu erwartenden Reliabilitäten, ist kein Raum mehr für spezifische Einflüsse. Sind keine spezifischen Einflüsse vorhanden, klären die gemeinsamen Faktoren die wahre Varianz vollständig auf, und die Anzahl der Faktoren repräsentiert die Dimensionalität des Merkmalsbereichs.

Sind die Kommunalitäten hingegen deutlich geringer als die geschätzten Reliabilitäten, enthalten die Indikatoren offenbar einen großen spezifischen Varianzanteil, der nicht auf Messfehler zurückgeführt werden kann. Dies zeigt an, dass die gemeinsamen Faktoren die Variation der beobachteten Variablen nicht hinreichend erklären können. Dies bedeutet, dass die Dimensionalität eines Merkmals nicht angemessen repräsentiert wird und mehr Faktoren als die gemeinsamen Faktoren benötigt werden, um die Dimensionalität angemessen abzubilden. Um diese Faktoren zu identifizieren, müssen mehrere beobachtete Variablen in die Analyse aufgenommen werden, die denselben spezifischen Faktor erfassen. Diese Beobachtung machte bereits Thurstone (1934). Er fand in seinen Analysen zwar fünf Faktoren der Persönlichkeit, kam aufgrund der Kommunalitäten und Spezifitäten der verwendeten Adjektive zur Persönlichkeitsbeschreibung aber zu dem Schluss, dass die Dimensionalität der persönlichkeitsbeschreibenden Adjektive größer sein müsste als die Anzahl der von ihm gefundenen Faktoren. Aus solchen Beobachtungen folgt, dass Indikatoren einen Merkmalsbereich nicht nur repräsentativ abbilden, sondern auch so zahlreich sein müssen, dass jede Merkmalsdimension durch mehrere Indikatoren vertreten ist.

In unserem Beispiel ist der Wert auf einer beobachteten Variablen der Mittelwert der Antworten auf zwei Items. Bei Variablen, die nur aus zwei Items zusammengesetzt sind, sind erfahrungsgemäß Reliabilitäten im Bereich von 0,60 und 0,82, d. h. der Kommunalitäten in Tabelle 24.1, durchaus plausibel. Dies zeigt, dass wenig spezifische Varianz existiert und die beiden Faktoren die wahren Unterschiede zwischen den Personen hinsichtlich ihres Wohlbefindens offenbar hinreichend gut repräsentieren.

Höhe der Ladungen

Die inhaltliche Bedeutung der Faktoren ergibt sich aus den Ladungen. In der Forschungspraxis hat sich eine Daumenregel durchgesetzt, der zufolge Ladungen dann zur Interpretation von Faktoren taugen, wenn ihr Absolutbetrag > 0,30 ist. Diese Regel ist jedoch willkürlich und deshalb nicht unproblematisch (Cudeck, 2000). Jede Schätzung einer Faktorladung ist mit einem Schätzfehler verbunden; je nach Datensituation kann dieser Fehler größer oder kleiner ausfallen. Dennoch haben sich Regeln wie die 0,30-Regel eingebürgert. Dies ist wohl auch darauf zurückzuführen, dass bei explorativen Faktorenanalysen die Standardfehler und Konfidenzintervalle von vielen Statistikprogrammen nicht ausgegeben werden. Greift man – wie in unserem Datenbeispiel – auf die Konfidenzintervalle zurück, kann man die Schätzgenauigkeit berücksichtigen, indem man bei der Interpretation eines Faktors die Variablen nicht mit berücksichtigt, bei denen das Konfidenzintervall ihrer Ladung den Wert 0 umfasst. Weiterhin sollten bei der Interpretation die Variablen stärker beachtet werden, deren Ladung hoch ist. Besteht das Ziel einer exploratorischen Faktorenanalyse in der Konstruktion eines Testverfahrens, ist es darüber hinaus wichtig, die in Abschnitt 22.4.1 gegebenen Empfehlungen zu beachten.

In unserem Beispiel sind die Faktoren eindeutig zu interpretieren. Greift man auf die oblique Rotation zurück, kann man für den ersten Faktor alle Selbstberichtsvariablen ausschließen, da die Konfidenzintervalle der jeweiligen Ladungen die 0 enthalten. Die Ladungen der Fremdberichtsvariablen auf dem ersten Faktor liegen zwischen 0,86 und 0,91, die unteren Grenzen der Konfidenzintervalle liegen alle über 0,81. Der erste Faktor ist daher eindeutig als Fremdberichtsfaktor zu interpretieren, der zweite Faktor eindeutig als Selbstberichtsfaktor.

24.2.6 Bestimmung von Faktorwerten

Die explorative Faktorenanalyse erlaubt es, die Information, die in den p beobachteten Variablen enthalten ist, mit k Faktoren ($k < p$) abzubilden. Statt die Personen anhand ihrer Messwerte auf allen p beobachteten Variablen aufwendig zu beschreiben, kann man sie sparsamer und ohne großen Verlust an Genauigkeit mit wenigen Faktorwerten beschreiben. Die Bestimmung solcher Faktorwerte haben wir bereits in Abschnitt 22.4.2 ausführlich behandelt. Da sich die dortigen Ausführungen auch auf die ML-Faktorenanalyse übertragen lassen, können die dortigen Ausführungen direkt übernommen werden und bedürfen keiner weiteren Erklärung.

24.3 Hauptachsenanalyse und Hauptkomponentenanalyse

Die Hauptachsenanalyse ist ein weiteres Verfahren der explorativen Faktorenanalyse. Ihr Vorteil besteht darin, dass keine Verteilungsannahmen bezüglich der beobachteten Variablen getroffen werden müssen. Dem steht der Nachteil gegenüber, dass es weniger, insbesondere weniger inferenzstatistische Methoden zur Bewertung der Modellgüte gibt und sich die Hauptachsenanalyse im Unterschied zur ML-Faktorenanalyse nicht gleichermaßen stringent in einen methodologischen Rahmen einordnen lässt, der sowohl die exploratorische als auch die konfirmatorische Faktorenanalyse umfasst.

Die Hauptachsenanalyse, die auch Hauptfaktorenanalyse genannt wird (engl. principal axis analysis, principal factor analysis), baut auf der Hauptkomponentenanalyse (engl. principal component analysis) auf, einer Technik der Datenreduktion, die zunächst dargestellt werden soll.

24.3.1 Grundidee der Hauptkomponentenanalyse

Die Hauptkomponentenanalyse ist eine statistische Methode der Datenreduktion auf der Basis der Kovarianzmatrix bzw. Korrelationsmatrix der beobachteten Variablen. Da die Ergebnisse nicht skaleninvariant sind, wird der Analyse typischerweise die Korrelationsmatrix der beobachteten Variablen zugrunde gelegt. Zwischen der Faktorenanalyse und der Hauptkomponentenanalyse besteht ein bedeutsamer Unterschied: Die Faktorenanalyse ist ein statistisches Modell, dem zufolge die Kovarianz zwischen den beobachteten Variablen auf eine geringere Anzahl von latenten Faktoren zurückgeführt werden kann, die den Zusammenhang zwischen den beobachteten Variablen in der Population perfekt erklären. Um die Ladungen zu schätzen und die Gültigkeit des Modells zu überprüfen, müssen weitere Annahmen (wie z. B. die Annahme der multivariaten Normalverteilung) getroffen werden. Hingegen ist die Hauptkomponentenanalyse eine Methode der Datenreduktion, die ohne ein Populationsmodell und spezifische Annahmen auskommt. Die Hauptkomponenten sind Linearkombinationen der beobachteten Variablen, die so bestimmt werden, dass die erste Hauptkomponente maximale Varianz aufweist und die weiteren Hauptkomponenten sukzessive so viel Varianz wie möglich repräsentieren. Bei der Hauptkomponentenanalyse werden zunächst so viele Hauptkomponenten wie beobachtete Variablen betrachtet. In einem zweiten Schritt wird die Anzahl der Hauptkomponenten nach bestimmten Kriterien reduziert, um die Information, die in den beobachteten Variablen steckt, durch eine geringere Anzahl von Hauptkomponenten repräsentieren zu können.

Grundprinzip der Hauptkomponentenanalyse. Wir wollen das Grundprinzip der Hauptkomponentenanalyse zunächst anhand des einfachsten Beispiels zweier Variablen erläutern, bevor wir die Ergebnisse einer Hauptkomponentenanalyse unseres Beispiels von drei Selbst- und drei Fremdberichtsvariablen zur Erfassung des habituellen Wohlbefindens berichten. Zur Illustration der Grundidee der Hauptkomponentenanalyse greifen wir zunächst auf die ersten beiden Selbstberichtsvariablen Y_1 und Y_2 zurück. Beide Variablen sind zu $r = 0{,}70$ korreliert. Wir gehen im Folgenden von standardisierten manifesten Variablen aus, die einen Mittelwert von 0 und eine Varianz von 1 haben. Bezeichnet man die beiden Hauptkomponenten mit H_1 und H_2 und mit Z_1 und Z_2 die standardisierten Variablen Y_1 und Y_2, so werden die beiden beobachteten Variablen in der Hauptkomponentenanalyse wie folgt zerlegt:

$$Z_1 = \lambda_{11} \cdot H_1 + \lambda_{12} \cdot H_2$$

und

$$Z_2 = \lambda_{21} \cdot H_1 + \lambda_{22} \cdot H_2 \qquad \text{(F 24.3)}$$

In beiden Gleichungen gibt es keine Residualvariablen; die Unterschiede in den beiden beobachteten Variablen werden perfekt auf Unterschiede in den beiden Hauptkomponenten zurückgeführt. Es stellt sich zwangsläufig die Frage, warum man zwei gemessene Variablen in zwei Variablen zerlegt, deren Werte man zunächst nicht kennt. Der Sinn und Zweck der Hauptkomponentenanalyse wird offensichtlich, wenn man sich die Definition der Hauptkomponenten vor Augen führt.

Bedeutung der Hauptkomponenten. Neben der Zerlegung der beobachteten Variablen in Hauptkomponenten kann man umgekehrt die Hauptkomponenten in die beobachteten Variablen zerlegen:

$$H_1 = \gamma_{11} \cdot Z_1 + \gamma_{12} \cdot Z_2$$

und

$$H_2 = \gamma_{21} \cdot Z_1 + \gamma_{22} \cdot Z_2 \qquad \text{(F 24.4)}$$

Eine Hauptkomponente ist somit ihrerseits eine Linearkombination der beobachteten Variablen. Die Gewichtungsparameter γ_{ji} werden in der Hauptkomponentenanalyse so bestimmt, dass die Varianz der ersten Hauptkomponenten H_1 maximal ist. Die zweite

Hauptkomponente, die mit der ersten unkorreliert ist, erklärt die Restvarianz und klärt einen geringeren Anteil der Varianz auf als die erste Hauptkomponente.

Es gibt so viele Hauptkomponenten, wie es beobachtete Variablen gibt, sofern die beobachteten Variablen nicht perfekt voneinander abhängen. Die Hauptkomponenten werden unabhängig von der Anzahl der beobachteten Variablen nach dem gleichen Prinzip bestimmt, und zwar derart, dass sie maximale Restvarianz aufklären. Hat man z. B. drei manifeste Variablen, so würde die erste Hauptkomponente den größten Anteil der Varianz aufklären, die zweite Hauptkomponente den zweitgrößten Anteil und die dritte Hauptkomponente den Rest.

Bestimmung der γ-Gewichte

Die Bestimmung der γ-Gewichte soll mathematisch nicht vollständig nachvollzogen werden (s. folgenden Vertiefungskasten). Hierzu sei auf die Speziallliteratur verwiesen (z. B. Brachinger & Ost, 1996). Prinzipiell geschieht die Schätzung der Parameter derart, dass die Varianz der ersten Hauptkomponente maximiert wird unter der Nebenbedingung, dass die Summe der Gewichtungsquadrate $\gamma_{11}^2 + \gamma_{12}^2 = 1$ ist. Nach den Rechenregeln für Varianzen lässt sich z. B. die Varianz der ersten Hauptkomponente im Falle zweier manifester standardisierter Variablen wie folgt zerlegen:

$$\begin{aligned} Var(H_1) &= \gamma_{11}^2 \cdot Var(Z_1) + \gamma_{12}^2 \cdot Var(Z_2) \\ &\quad + 2 \cdot \gamma_{11}\gamma_{12} \cdot Cov(Z_1, Z_2) \end{aligned} \quad (\text{F 24.5})$$

Weiterhin macht man von der Eigenschaft Gebrauch, dass die Varianzen standardisierter Variablen gleich 1 sind und deren Kovarianz ihrer Korrelation entspricht. Die γ-Koeffizienten können nun so bestimmt werden, dass die Varianz der ersten Hauptkomponente maximal wird. Die γ-Gewichte der zweiten Hauptkomponente können unter einer analogen Normierungsbedingung und der zusätzlichen Bedingung, dass H_2 mit H_1 unkorreliert ist, ebenfalls so bestimmt werden, dass die Varianz der zweiten Hauptkomponente unter Gültigkeit der Nebenbedingungen maximal wird.

Vertiefung

Matrixalgebraische Bestimmung der γ-Gewichte

Im Falle von mehr als zwei Variablen lassen sich die Parameter matrixalgebraisch berechnen. Die Grundzüge der Matrixalgebra behandeln wir in Anhang B. Es lässt sich zeigen, dass sich die Bestimmung der Gewichtungskoeffizienten auf ein sog. Eigenwertproblem reduzieren lässt. Im Allgemeinen versteht man unter dem Eigenwert δ einer Matrix einen Skalar (Zahl), der für eine quadratische Matrix $\mathbf{A}$ (vom Typ $p \times p$) und einen Vektor $\mathbf{x}$ folgende Bedingung erfüllt:

$$\mathbf{A} \cdot \mathbf{x} = \delta \cdot \mathbf{x} \quad (\text{F 24.6})$$

Der Vektor $\mathbf{x}$ heißt Eigenvektor. Zu jeder quadratischen Matrix $\mathbf{A}$ vom Typ $p \times p$ gibt es genau p Eigenwerte und dazugehörige Eigenvektoren. Formalisiert man die Berechnung der Gewichtungsparameter der Hauptkomponentenanalyse als Eigenwertproblem, so kommt der Korrelationsmatrix $\mathbf{R}$ der manifesten Variablen die Rolle der Matrix $\mathbf{A}$ zu. Es lässt sich zeigen, dass die Eigenwerte genau den Varianzen der Hauptkomponenten entsprechen. Der höchste Eigenwert entspricht der Varianz der ersten Hauptkomponenten, der dazugehörige Eigenvektor $\mathbf{x}$ den Gewichtungskoeffizienten der ersten Hauptkomponente. Durch die Berechnung der Eigenwerte und -vektoren der Korrelationsmatrix erhält man somit die Varianzen und Gewichte der Hauptkomponenten. Diese Berechnung soll für den Fall zweier Variablen beispielhaft vollzogen werden. Ersetzen wir $\mathbf{A}$ in Gleichung F 24.6 durch $\mathbf{R}$ und $\mathbf{x}$ durch $\boldsymbol{\gamma}$, so erhalten wir durch Umformung:

$$\mathbf{R} \cdot \boldsymbol{\gamma} - \delta \cdot \boldsymbol{\gamma} = \mathbf{0} \quad (\text{F 24.7})$$

Der Vektor $\mathbf{0}$ enthält nur Nullen. Im nächsten Schritt kann der Vektor $\boldsymbol{\gamma}$ ausgeklammert werden, wobei $\mathbf{I}$ die Einheitsmatrix bezeichnet:

$$(\mathbf{R} - \delta \cdot \mathbf{I}) \cdot \boldsymbol{\gamma} = \mathbf{0} \quad (\text{F 24.8})$$

Eine Einheitsmatrix ist eine Matrix, die auf der Diagonalen nur den Wert 1 und in allen anderen Zellen den Wert 0 enthält (s. Anhang B). Konkret für unser Beispiel ausformuliert, sieht die Gleichung wie folgt aus:

$$\left(\begin{bmatrix} 1 & 0{,}7 \\ 0{,}7 & 1 \end{bmatrix} - \delta \cdot \begin{bmatrix} 1 & 0 \\ 0 & 1 \end{bmatrix} \right) \cdot \begin{bmatrix} \gamma_1 \\ \gamma_2 \end{bmatrix} = \begin{bmatrix} 0 \\ 0 \end{bmatrix}$$

▶

Dies ergibt:

$$\begin{bmatrix} 1-\delta & 0{,}7 \\ 0{,}7 & 1-\delta \end{bmatrix} \cdot \begin{bmatrix} \gamma_1 \\ \gamma_2 \end{bmatrix} = \begin{bmatrix} 0 \\ 0 \end{bmatrix}$$

Dieses Gleichungssystem hat eine triviale Lösung, die darin besteht, dass die Koeffizienten γ_1 und γ_2 gleich 0 sind. Diese Lösung ist für unseren Anwendungsfall nicht sehr sinnvoll. Eine nicht-triviale Lösung lässt sich dann finden, wenn die Determinante der Matrix $\mathbf{R} - \delta \cdot \mathbf{I}$ gleich 0 gesetzt wird, wodurch man die gewünschten Eigenwerte als Lösung der Optimierungsaufgabe erhält:

$$\begin{vmatrix} 1-\delta & 0{,}7 \\ 0{,}7 & 1-\delta \end{vmatrix} = 0$$

Die Determinante einer Matrix vom Typ 2 × 2 lässt sich leicht berechnen, indem das Produkt der Elemente der Nebendiagonalen vom Produkt der Elemente der Hauptdiagonalen subtrahiert wird (s. Anhang B):

$$(1-\delta) \cdot (1-\delta) - (0{,}7)^2 = 0$$

Hieraus ergibt sich nach Umformen:

$$\delta^2 - 2 \cdot \delta + 1 - 0{,}49 = 0$$

Löst man dieses Gleichungssystem nach δ auf, so erhält man zwei möglichen Eigenwerte:

$$\delta_1 = 1{,}70 \quad \text{und} \quad \delta_2 = 0{,}30$$

Die Varianz der ersten Hauptkomponente beträgt somit 1,70, die Varianz der zweiten Hauptkomponente 0,30. Bei gegebenen Eigenwerten können die Eigenvektoren zu jedem Eigenwert berechnet werden. Hierzu muss man für den ersten Eigenwert die folgende Gleichung lösen:

$$\begin{bmatrix} -0{,}7 & 0{,}7 \\ 0{,}7 & -0{,}7 \end{bmatrix} \cdot \begin{bmatrix} \gamma_{11} \\ \gamma_{12} \end{bmatrix} = \begin{bmatrix} 0 \\ 0 \end{bmatrix} \quad \text{(F 24.9)}$$

Der erste Index der γ-Koeffizienten zeigt an, dass es sich hierbei um den Eigenvektor für den ersten Eigenwert handelt. Welche Werte erhält man jetzt für γ_{11} und γ_{12}? Aus Gleichung F 24.9 erhält man die beiden folgenden Gleichungen:

$$-0{,}7 \cdot \gamma_{11} + 0{,}7 \cdot \gamma_{12} = 0$$
$$0{,}7 \cdot \gamma_{11} - 0{,}7 \cdot \gamma_{12} = 0$$

Man sieht, dass es eine unendliche Anzahl von Eigenvektoren gibt, die diese Gleichung erfüllen. Für sie alle muss gelten: $\gamma_{11} = \gamma_{12}$. Um den Eigenvektor eindeutig festzulegen, wird die Normierung $\gamma_{11}^2 + \gamma_{12}^2 = 1$ herangezogen. Diese Bedingung erfüllen nur die Zahlen $\gamma_{11} = \gamma_{12} = -0{,}71$ und $\gamma_{11} = \gamma_{12} = 0{,}71$. Die γ-Koeffizienten können also eindeutig bis auf das Vorzeichen bestimmt werden. Dies ist nicht weiter problematisch, da durch das Vorzeichen lediglich die Polung der Hauptkomponenten festgelegt wird. Wählt man den positiven Wert von 0,71, dann zeigt ein hoher Wert der ersten Hauptkomponente Wohlbefinden an; wählt man den negativen Wert, so zeigt ein hoher Wert der ersten Hauptkomponente das Gegenteil von Wohlbefinden an.

Für den zweiten Eigenwert erhält man nach dem gleichen Vorgehen: $\gamma_{21} = -0{,}71$ und $\gamma_{22} = 0{,}71$ bzw. $\gamma_{21} = 0{,}71$ und $\gamma_{22} = -0{,}71$ (s. Übung 1). Je nach Wahl eines der beiden Sets ändert sich die Polung der zweiten Hauptkomponente. Setzt man diese Werte in Gleichung F 24.5 ein, sieht man, dass sich aus ihnen und der Korrelation der manifesten Variablen die Varianzen der Hauptkomponenten bestimmen lassen (s. Übung 2). Im Folgenden gehen wir von den beiden Sets $\gamma_{11} = \gamma_{12} = 0{,}71$ sowie $\gamma_{21} = -0{,}71$ und $\gamma_{22} = 0{,}71$ aus. Eine hohe Ausprägung auf der ersten Hauptkomponente H_1 bedeutet dann Wohlbefinden. Eine hohe Ausprägung auf der zweiten Hauptkomponente H_2 geht mit hohen Werten auf Y_2 und geringen Werten auf Y_1 einher.

Bei Kenntnis der γ-Gewichte können die λ-Koeffizienten für die Zerlegung der standardisierten Variablen in Hauptkomponenten berechnet werden. Hierzu werden üblicherweise auch die Hauptkomponenten standardisiert, so dass die λ-Koeffizienten einfach den Korrelationen der Hauptkomponenten mit den manifesten Variablen entsprechen (da die Hauptkomponenten untereinander unkorreliert sind). Im Folgenden gehen wir immer von standardisierten Hauptkomponenten aus, ohne dies durch eine Indizierung deutlich zu machen. Auch die λ-Koeffizienten beziehen sich immer auf den Fall, dass sowohl die Hauptkomponenten als auch die manifesten Variablen standardisiert sind (vollstandardisierte Lösung). Für unser Anwendungsbeispiel ergeben sich folgende λ-Koeffizienten:

$$Z_1 = 0{,}92 \cdot H_1 - 0{,}39 \cdot H_2$$

und

$$Z_2 = 0{,}92 \cdot H_1 + 0{,}39 \cdot H_2$$

Diese Gleichungen machen nun Sinn und Zweck der Hauptkomponentenanalyse deutlich. Die λ-Koeffizienten, die zur ersten Hauptkomponente gehören, sind sehr hoch. Sie zeigen, dass die erste Hauptkomponente jeweils zu $r = 0{,}92$ mit der ersten und der zweiten manifesten Variablen korreliert ist. Dies bedeutet, dass die erste Hauptkomponente 85 % der Varianz der beiden Merkmale erklärt. Die erste Hauptkomponente repräsentiert somit den größten Teil der Information, die in den beiden Variablen vorhanden ist. Die zweite Hauptkomponente erklärt hingegen nur 15 % der Varianz der beiden Merkmale. Wäre man an einer Variablen interessiert, die die Hauptinformation, die in den Daten enthalten ist, gebündelt repräsentiert, würde es ausreichen, die Werte der Personen auf der ersten Hauptkomponente zu berücksichtigen.

Das Prinzip, dass die erste Hauptkomponente immer die maximal mögliche Varianz besitzt und somit ein Maximum der Gesamtinformation der Ausgangsvariablen enthält, gilt auch in Fällen mit mehr als zwei Variablen. In solchen Fällen wird die Vereinfachung und der Gewinn an Sparsamkeit, der sich durch eine Hauptkomponentenanalyse erzielen lässt, noch deutlicher. Wenn mehrere manifeste Variablen gleichmäßig hoch miteinander korreliert sind, kann eine einzige Hauptkomponente ausreichen, diese Variablen ohne einen unvertretbar großen Informationsverlust durch eine Hauptkomponente zu ersetzen.

Reduktion der Anzahl der Hauptkomponenten

In unserem Beispiel könnte man zu der Schlussfolgerung gelangen, dass die erste Hauptkomponente ausreicht, um die beiden Variablen zu ersetzen, und dass man auf die zweite Hauptkomponente verzichten kann. Man könnte die Gleichungen dann auch so umschreiben, dass man für jede beobachtete Variable eine Variable R_i einführt, die den Rest kennzeichnet, der nicht auf die erste Hauptkomponente zurückgeführt werden kann:

$$Z_1 = 0{,}92 \cdot H_1 + R_1 \quad \text{und} \quad Z_2 = 0{,}92 \cdot H_1 + R_2$$

(F 24.10)

Die strukturelle Äquivalenz dieser Gleichung zur Faktorenanalyse liegt auf der Hand. Ersetzen wir die H-Variable durch eine η-Variable und die R-Variablen durch ε-Variablen, haben wir die Grundgleichung der Faktorenanalyse (s. Gleichung F 24.1) vorliegen. Es gibt allerdings einen bedeutsamen Unterschied: Während die Residualvariablen ε_i im Modell der exploratorischen Faktorenanalyse unkorreliert sind, ist dies für die Residualvariablen R_i im reduzierten Hauptkomponentenmodell im Allgemeinen nicht der Fall. Dies wird im obigen Beispiel deutlich, wo R_1 und R_2 von derselben Variablen H_2 abhängen. Auch beziehen sich die beiden Gleichungen auf die beobachteten Daten und nicht auf ein zugrundeliegendes Populationsmodell. Während die Faktorenanalyse ein statistisches Modell ist, das durch bestimmte Modellannahmen in Bezug auf die Zerlegung einer manifesten Variablen und entsprechende Unabhängigkeitsannahmen definiert wird und in dem bestimmte Verteilungsannahmen getroffen werden, ist die Hauptkomponentenanalyse eine rein datenanalytisch orientierte Methode, bei der die Information in den manifesten Variablen auf andere Variablen transformiert wird. Sie kommt daher ohne jede Verteilungsannahme aus.

Hauptkomponentenanalyse und Faktorenanalyse

Die strukturelle Ähnlichkeit des reduzierten Hauptkomponentenmodells mit dem faktorenanalytischen Modell hat dazu geführt, dass sich die Hauptkomponentenanalyse zu der am häufigsten eingesetzten Methode zur Untersuchung faktorenanalytischer Fragestellungen entwickelt hat. Dies liegt u. a. daran, dass ihre Parameter relativ einfach zu bestimmen sind und sich die benötigte Rechnerkapazität in Grenzen hält. Es muss jedoch betont werden, dass die reduzierte Hauptkomponentenanalyse aufgrund der beschriebenen Unterschiede zur Faktorenanalyse nur als eine Approximation des faktorenanalytischen Modells angesehen werden kann. Immer dann, wenn es nicht darum geht, die varianzstärksten Repräsentanten der Information in den Daten zu erhalten, sondern wenn man an latenten Variablen (Faktoren) interessiert ist, deren Anzahl kleiner ist als die Anzahl der beobachteten Variablen und die trotzdem die Zusammenhänge zwischen den manifesten Variablen vollständig erklären, ist die Hauptkomponentenanalyse *nicht* die Methode der Wahl (s. Fabrigar et al., 1999). Dies liegt u. a. daran, dass die Hauptkomponenten nach dem Varianzmaximierungsprinzip gebildet werden und nicht danach, dass sie die Kovarianzen bzw. Korrelationen der manifesten Variablen vollständig erklären.

Um die Hauptkomponentenanalyse eher in Einklang mit faktorenanalytischen Ideen zu bringen, wurde mit der Hauptachsenanalyse ein Verfahren entwickelt, das zwar auf der Hauptkomponentenanalyse aufbaut, der Grundidee der Faktorenanalyse aber eher gerecht wird. Bevor wir die Hauptachsenanalyse genauer beschreiben, wollen wir uns mit der wichtigen Frage beschäftigen, welche der Hauptkomponenten aus der Gleichung entfernt werden können und somit als unwichtig für die Repräsentation der Information, die in den Daten vorhanden ist, erachtet werden. Hierzu wurden verschiedene Kriterien entwickelt, von denen einige sehr einflussreich geworden sind. Die wichtigsten Vertreter dieser sog. Extraktionskriterien sollen nun vorgestellt und an unserem Datenbeispiel erläutert werden.

24.3.2 Kriterien zur Bestimmung der relevanten Hauptkomponenten

Die Kriterien zur Bestimmung der relevanten Hauptkomponenten bauen alle auf den Eigenwerten der Hauptkomponenten und ihren Verlauf auf. Wie wir im Vertiefungskasten in Abschnitt 24.3.1 gezeigt haben, ist der Eigenwert einer Hauptkomponente gleich ihrer Varianz. Je größer der Eigenwert einer Hauptkomponente, desto größer ihre Varianz. Wie wir gesehen haben, nehmen die Varianzen der Hauptkomponenten sukzessive ab und somit auch ihre Eigenwerte.

Eigenwertverlauf

Die Eigenwerte werden typischerweise graphisch dargestellt. Der Eigenwertverlauf für unser Beispiel mit drei Selbst- und drei Fremdberichtsvariablen ist in Abbildung 24.2 wiedergegeben. Hier ist ein deutlicher Abfall der Eigenwerte zu sehen. Die Eigenwerte (Varianzen) der beiden ersten Hauptkomponenten sind relativ groß, während die Eigenwerte (Varianzen) der vier restlichen Hauptkomponenten relativ klein sind und sich kaum voneinander unterscheiden. Dies ist ein erster Hinweis darauf, dass die beiden ersten Hauptkomponenten die Hauptinformation in den Daten repräsentieren. Diese Erkenntnis steht im Einklang mit den Ergebnissen der konfirmatorischen Faktorenanalyse und der exploratorischen Faktorenanalyse nach der ML-Methode. Auch dort wurden nur zwei Faktoren benötigt, um die Zusammenhänge der beobachteten Variablen zu erklären.

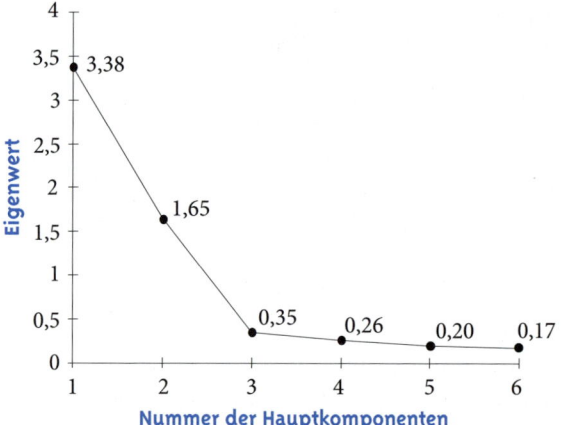

Abbildung 24.2 Datenbeispiel zum habituellen Wohlbefinden: Scree-Test (Scree-Plot) für das empirische Beispiel. Angegeben sind die Eigenwerte

Das Kriterium Eigenwerte ≥ 1 (Kaiser-Kriterium)

Diesem Kriterium zufolge, das auf Kaiser und Dickman (1959) zurückgeht, sind diejenigen Hauptkomponenten auszuwählen, deren Eigenwert größer oder gleich 1 ist. Dem Kriterium liegt die Idee zugrunde, dass eine bedeutsame Hauptkomponente mindestens so viel Varianz aufweisen sollte wie eine beobachtete Variable. Jede beobachtete Variable hat ja aufgrund der Standardisierung eine Varianz von 1. In unserem Anwendungsbeispiel würden diesem Kriterium zufolge zwei Hauptkomponenten ausgewählt werden.

Das Kaiser-Kriterium wurde in vielerlei Hinsicht kritisiert (s. Fabrigar et al., 1999). Zum einen ist die

Festlegung der Grenze von 1 zwar intuitiv plausibel, aber auch willkürlich. So werden bei einer strengen Anwendung dieses Kriteriums Hauptkomponenten mit einem Eigenwert, der etwas größer als 1 ist, ausgewählt, während Faktoren, deren Eigenwert geringfügig kleiner als 1 ist, nicht berücksichtigt, obwohl sie sich in ihren Eigenwerten kaum unterscheiden. Darüber hinaus führt die Anwendung des Kaiser-Kriteriums insbesondere bei einer großen Anzahl von beobachteten Variablen häufig zu einer Überfaktorisierung (d. h., es werden mehr Komponenten als nötig extrahiert). Aufgrund der Ergebnisse bisheriger Studien kommen Fabrigar et al. (1999) daher zu dem Schluss, dass das Kaiser-Kriterium für die Auswahl der Faktoren in den meisten Fällen ungeeignet ist.

Parallelanalyse

Die Parallelanalyse nach Horn (1965) basiert auf dem Vergleich der Eigenwerte, die man für eine bestimmte Stichprobenkorrelationsmatrix erhalten hat, mit den Eigenwerten der Korrelationsmatrix einer Stichprobe gleicher Größe, die zufällig aus einer Grundgesamtheit gezogen wurde, in der die Variablen unkorreliert sind. Alle Zusammenhänge in der letztgenannten Stichprobenkorrelationsmatrix (die man anhand von Zufallsdaten selbst erzeugen kann) sind zufällig. Der typische Eigenwertverlauf einer solchen Stichprobenkorrelationsmatrix von Zufallszahlen ist in Abbildung 24.3 dargestellt. Alle Eigenwerte sind relativ ähnlich und liegen ungefähr auf einer Linie. Auf der Grundlage einer Parallelanalyse sind diejenigen Hauptkomponenten als substantiell zu bewerten, deren Eigenwerte größer sind als die entsprechenden Eigenwerte einer Zufallskorrelationsmatrix gleicher Größe. Bei Anwendung dieses Kriteriums würden für unser Anwendungsbeispiel ebenfalls zwei Hauptkomponenten ausgewählt werden (s. Abb. 24.3).

Auch dieses Auswahlkriterium ist in gewisser Weise willkürlich, da Hauptkomponenten ausgewählt werden, wenn ihr Eigenwert nur geringfügig über dem Eigenwert der Zufallskorrelationsmatrix liegt, während Hauptkomponenten ausgeschlossen werden, deren Eigenwerte geringfügig kleiner als die Eigenwerte der Zufallsmatrix sind. Fabrigar et al. (1999) kommen nach einer Übersicht über die bisherige Literatur allerdings zu dem Schluss, dass dieses Extraktionskriterium in den meisten Fällen zu einer angemessenen Lösung führt. Luhmann (2010) zeigt, wie man eine Parallelanalyse einfach mit dem Programm R durchführen kann.

Scree-Test

Bei dem Scree-Test, der von Cattell (1966) vorgeschlagen wurde, macht man sich ebenfalls den Eigenwertverlauf von zufällig erzeugten Korrelationsmatrizen zunutze. Dem Scree-Test zufolge sind diejenigen Hauptkomponenten substantiell, deren Eigenwerte links von einem Knick im Eigenwertverlauf liegen. In Abbildung 24.2 zeigen die Eigenwerte der vierten bis sechsten Hauptkomponente einen Verlauf, der typisch für zufällig erzeugte Variablen ist, während die ersten beiden Eigenwerte sich deutlich davon abheben. Zwischen dem zweiten und dritten Eigenwert gibt es einen Knick im Eigenwertverlauf. Das Bild ähnelt einem Berghang. Während die ersten beiden Eigenwerte am »Berghang« haften, liegen die restlichen Eigenwerte wie »Geröll« (engl. scree) am Boden. Auf der Grundlage des Scree-Tests würden in unserem Anwendungsbeispiel ebenfalls zwei Hauptkomponenten extrahiert werden. Auch der Scree-Test wurde wegen seiner Subjektivität kritisiert, da die Entscheidung, worin sich ein substantieller Abfall der Eigenwerte zeigt, in gewisser Weise willkürlich ist. Fabrigar et al. (1999) kommen bei der Bewertung

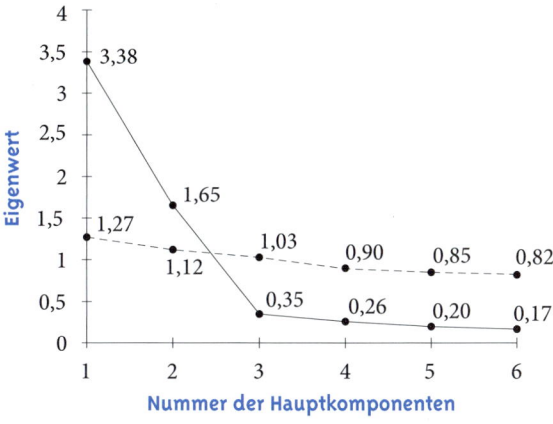

Abbildung 24.3 Darstellung der Paralleltest-Methode nach Horn anhand des Datenbeispiels zum habituellen Wohlbefinden. Eigenwertverlauf aus Abbildung 24.2 sowie Eigenwertverlauf von sechs Zufallsvariablen

des Scree-Tests zu dem Schluss, dass er dann ein angemessenes Verfahren zur Auswahl der Anzahl der Faktoren ist, wenn den Variablen varianzstarke gemeinsame Faktoren zugrunde liegen. Insgesamt betrachtet sind somit der Scree-Test und die Parallelanalyse dem Kriterium Eigenwerte ≥ 1 vorzuziehen.

Statistische Tests

Um zu überprüfen, wie viele Komponenten benötigt werden, stehen verschiedene statistische Tests zur Verfügung, die bei Basilevsky (1994) beschrieben sind. So kann z. B. die Hypothese überprüft werden, dass sich die $p - k$ kleinsten Eigenwerte nicht voneinander unterscheiden. Mit p haben wir die Anzahl der beobachteten Variablen bezeichnet und somit auch die Anzahl aller möglichen Hauptkomponenten; k entspricht der Anzahl der extrahierten Hauptkomponenten. Wenn die $p - k$ restlichen Hauptkomponenten nur Zufallsschwankungen repräsentieren, sollten ihre Eigenwerte in der Population gleich sein. Setzt man voraus, dass die beobachteten Variablen multivariat normalverteilt sind, stehen hierzu statistische Tests zur Verfügung, u. a. ein von Bartlett (1951) entwickelter Test auf Signifikanz der Hauptkomponenten. In der Psychologie und anderen Sozial- und Verhaltenswissenschaften finden diese Tests selten Anwendung.

24.3.3 Rotation und Ergebnisdarstellung

Die extrahierten Hauptkomponenten lassen sich mit denselben Methoden rotieren, die wir bereits in Abschnitt 24.2.4 im Rahmen der ML-Faktorenanalyse behandelt haben. Man berichtet typischerweise die rotierte Lösung, unter Umständen auch die unrotierte Lösung. Zusätzlich gibt man den Verlauf der Eigenwerte an und das Extraktionskriterium, das man zugrunde gelegt hat. Darüber teilt man mit, wie viel Varianz der beobachteten Variablen durch die extrahierten Hauptkomponenten erklärt wird.

Eigenwerte und Summe der Ladungsquadrate. In der unrotierten Anfangslösung entspricht die Summe der Ladungsquadrate für eine Hauptkomponente dem Eigenwert dieser Hauptkomponente. Sie kennzeichnet daher auch die Varianz einer Hauptkomponente.

Varianzaufklärung. Teilt man den Eigenwert einer Hauptkomponente durch die Summe der Eigenwerte aller Hauptkomponenten, so erhält man den Anteil der Gesamtvarianz, der durch eine Hauptkomponente erklärt wird. Da es durch eine vollständige Hauptkomponentenanalyse lediglich zu einer Umverteilung der Varianzen der Variablen kommt und die Varianzen der Variablen durch die Standardisierung den Wert 1 haben, ist die Summe der Eigenwerte der Hauptkomponenten mit der Zahl der Variablen identisch. Man kann den Anteil der Gesamtvarianz der Variablen, den eine Hauptkomponente erklärt, also auch ermitteln, indem man seinen Eigenwert durch die Zahl der Variablen teilt. Dieser Wert ist identisch mit dem Mittelwert der quadrierten Ladungen für eine Hauptkomponente über alle beobachteten Variablen hinweg. Da bei unkorrelierten Hauptkomponenten die Ladungen nichts anderes als Korrelationen zwischen den Hauptkomponenten und den Variablen sind, kann das durchschnittliche Ladungsquadrat einer Hauptkomponente auch als durchschnittlicher Determinationskoeffizient interpretiert werden. Der Anteil der Gesamtvarianz, den eine Hauptkomponente erklärt, ist also identisch mit dem durchschnittlichen Varianzanteil der beobachteten Variablen, den diese Hauptkomponente erklärt. Es ist üblich, die durch eine Hauptkomponente erklärte Varianz in Prozent anzugeben.

> **Beispiel**
>
> **Selbst- und Fremdbericht zum habituellen Wohlbefinden: Hauptkomponentenanalyse**
>
> Die Ergebnisse der reduzierten Hauptkomponentenanalyse mit zwei Hauptkomponenten sind in Tabelle 24.2 zusammengestellt. Neben der Anfangslösung werden auch die rotierten Lösungen nach der Varimax- und der Promax-Rotation sowie der direkten Quartimin-Rotation berichtet, die wir bei der ML-Faktorenanalyse erläutert haben. Die Ergebnisse der Promax-Rotation und der direkten

Quartimin-Rotation unterscheiden sich auch in dieser Anwendung nicht. Insgesamt betrachtet sind die Parameter des reduzierten Hauptkomponentenmodells den Parametern der ML-Faktorenanalyse in Tabelle 24.1 sehr ähnlich. Allerdings sind die Ladungen und somit auch die Kommunalitäten der Hauptkomponentenanalyse etwas größer als jene der ML-Faktorenanalyse. Die Werte in Tabelle 24.2 zeigen, dass die erste Hauptkomponente 56 % der Gesamtvarianz erklärt, während die zweite Hauptkomponente durchschnittlich 28 % der Varianz einer Variablen determiniert. Gemeinsam erklären die beiden ersten Hauptkomponenten somit 84 % der Gesamtvarianz, während der Rest von 16 % durch die verbleibenden vier Hauptkomponenten determiniert wird. Durch die Varimax-Rotation ändern sich die Summen der Ladungsquadrate. Sie sind nun für beide rotierten Hauptkomponenten relativ ähnlich und entsprechen überdies dem Kriterium der Einfachstruktur erheblich besser als die Ladungen der unrotierten Hauptkomponenten. Da bei der Varimax-Rotation die Unkorreliertheit der Hauptkomponenten erhalten bleibt, ist die Summe der Ladungsquadrate wiederum ein Maß für den Anteil der Gesamtvarianz, der durch einen Faktor bestimmt wird. Die erste rotierte Hauptkomponente erklärt nun 43 % der Varianz, die zweite Hauptkomponente 41 % der Varianz. Durch die Rotation wird die durch die beiden Hauptkomponenten erklärte Varianz der Variablen nicht verändert, die Rotation führt aber dazu, dass der Erklärungsbeitrag beider Hauptkomponenten ähnlich wird. Während nämlich bei der unrotierten Lösung alle manifesten Variablen auf der ersten Hauptkomponente hohe und auf der zweiten Hauptkomponente geringere Ladungen aufweisen, laden durch die Rotation auf jeder (rotierten) Hauptkomponente drei Variablen hoch und drei Variablen gering, so dass sich die Summe der quadrierten Ladungen und somit auch die erklärten Varianzen gleichmäßiger auf die beiden rotierten Hauptkomponenten verteilen. Für die Lösung, die man nach einer obliquen Rotation erhält, könnten ebenfalls die Summen der quadrierten Ladungen bestimmt werden, diese entsprechen jedoch aufgrund der korrelierten Faktoren nicht mehr der durch die Faktoren repräsentierten Teil der Gesamtvarianz der Variablen.

Tabelle 24.2 Faktorladungen und Kommunalitäten der manifesten Variablen sowie Eigenwerte und Varianzanteile für zwei Hauptkomponenten H_1 und H_2 in einer Hauptkomponentenanalyse

Variable	Anfangslösung		Varimax-Rotation		Promax-Rotation direkte Quartimin-Rotation Mustermatrix		Promax-Rotation direkte Quartimin-Rotation Strukturmatrix		Kommunalität
	H_1	H_2	H_1	H_2	H_1	H_2	H_1	H_2	$\hat{H}(y_i)$
				Selbstbericht					
y_1	0,70	0,52	0,16	0,86	0,01	0,87	0,31	0,87	0,76
y_2	0,75	0,54	0,18	0,90	0,02	0,91	0,33	0,92	0,85
y_3	0,72	0,57	0,13	0,91	−0,03	0,93	0,29	0,92	0,85
				Fremdbericht					
y_4	0,75	−0,53	0,91	0,17	0,93	−0,03	0,91	0,28	0,84
y_5	0,79	−0,50	0,92	0,17	0,93	0,01	0,93	0,33	0,87
y_6	0,80	−0,49	0,91	0,19	0,92	0,03	0,93	0,34	0,87
					Korrelation der Faktoren: 0,34				
$\sum_{i=1}^{p} \lambda_{ij}^2$	3,38	1,65	2,57	2,46					
Eigenwerte	3,38	1,65							
Varianzanteile	0,56	0,28	0,43	0,41					

24.3.4 Die Hauptachsenanalyse

Die Hauptkomponentenanalyse weicht von den faktorenanalytischen Modellen, die wir im Rahmen der konfirmatorischen Faktorenanalyse und der exploratorischen ML-Faktorenanalyse (und verwandter Modelle mit alternativen Schätzverfahren) kennengelernt haben, dahin gehend ab, dass die Varianzmaximierung der Hauptkomponenten und nicht die Erklärung der Kovarianz der beobachteten Variablen das bestimmende Kriterium für die Definition der Komponenten ist. In die Varianzmaximierung fließt die Varianz jeder manifesten Variablen ein, die neben dem Anteil, den sie mit den anderen Variablen teilt, auch ihren spezifischen Anteil und ihren Messfehleranteil umfasst. Um die Hauptkomponentenanalyse eher mit dem Modell der Faktorenanalyse in Einklang zu bringen, wurden Verfahren entwickelt, die darauf aufbauen, die Korrelationsmatrix um die spezifischen Einflüsse und die Messfehlereinflüsse zu bereinigen und die so bereinigte Korrelationsmatrix einer Hauptkomponentenanalyse zu unterziehen. In diesem Fall fließen in die Bestimmung der Hauptkomponenten nur die Zusammenhänge der manifesten Variablen ein.

Kommunalitätenproblem

Das Problem bei der Hauptachsenanalyse besteht darin, für jede Variable den Residualanteil (Messfehler, spezifischer Anteil) und den gemeinsamen Anteil zu bestimmen, der ja gerade durch die Faktorenanalyse herausgefunden werden soll. Dies ist das sog. Kommunalitätenproblem, da die Kommunalitäten den durch die Faktoren erklärten Varianzanteil kennzeichnen. Es gibt verschiedene Möglichkeiten, die Kommunalitäten zu schätzen, von denen wir nur eine Methode kurz skizzieren wollen.

Hauptkomponentenanalyse mit Kommunalitäteniteration.

Ein iteratives Verfahren zur Bestimmung der Kommunalitäten geht so vor, dass die Hauptdiagonale der Korrelationsmatrix zunächst durch die quadrierten multiplen Korrelationskoeffizienten einer manifesten Variablen mit allen anderen manifesten Variablen ersetzt wird. Die multiple Korrelation ist ein Maß für den Zusammenhang einer Variablen mit allen anderen Variablen und von daher ein plausibler Ausgangswert zur Bestimmung des Anteils der Varianz einer Variablen, der auf gemeinsame Faktoren zurückgeht. Die reduzierte Korrelationsmatrix mit den quadrierten multiplen Korrelationen auf der Hauptdiagonalen wird einer Hauptkomponentenanalyse unterzogen, wodurch die Kommunalitäten der um spezifische Varianzanteile und Messfehler bereinigten Korrelationsmatrix geschätzt werden. Die Anfangsschätzungen der Kommunalitäten werden nun durch diese neuen Kommunalitätsschätzungen ersetzt. Die Korrelationsmatrix mit den neuen Kommunalitätsschätzungen wird wiederum einer Hauptkomponentenanalyse unterzogen, wodurch abermals neue Kommunalitätsschätzungen resultieren, welche die alten Kommunalitätsschätzungen ersetzen. Dieses Verfahren wird so lange fortgesetzt, bis die Unterschiede in den Kommunalitätsschätzungen zwischen zwei aufeinanderfolgenden Iterationsschritten kleiner als ein Konvergenzkriterium sind. Die Korrelationsmatrix mit den im letzten Iterationsschritt geschätzten Kommunalitäten auf der Hauptdiagonalen liefert dann die Basis zur Extraktion der endgültigen Hauptkomponenten und zur Bestimmung ihrer Ladungskoeffizienten. Durch dieses Schätzverfahren, das Hauptachsenanalyse oder Hauptfaktorenanalyse genannt wird, erhält man Ladungskoeffizienten, die eher im Einklang mit dem faktorenanalytischen Modell nach Gleichung F 24.1 stehen.

Hauptachsenanalyse und Faktorenanalyse. Es muss allerdings beachtet werden, dass es sich auch bei diesem Verfahren nur um eine Approximation handelt, da nicht sichergestellt werden kann, dass die Residualvariablen R_i untereinander unkorreliert sind, wie es in dem Modell der exploratorischen Faktorenanalyse angenommen wird. Die Residualvariablen werden allerdings eher unkorreliert sein als bei der Hauptkomponentenanalyse.

Vorgehen bei einer Hauptachsenanalyse

Üblicherweise geht man bei der Hauptachsenanalyse so vor, dass die Anzahl der Faktoren anhand der im Abschnitt 24.3.2 behandelten Extraktionskriterien festgelegt wird. Dies ist das übliche Vorgehen, wie es

z. B. in dem Statistikprogramm SPSS implementiert ist. Man könnte die Hauptachsenanalyse allerdings auch so durchführen, dass die Anzahl der relevanten Faktoren nach jedem Iterationsschritt anhand der Eigenwerte der Korrelationsmatrix mit den geschätzten Kommunalitäten auf der Hauptdiagonalen bestimmt wird. Bei der Anwendung der Kriterien zur Bestimmung der Anzahl der relevanten Faktoren muss allerdings Folgendes beachtet werden (s. Fabrigar et al., 1999):

(1) Das Kriterium Eigenwerte ≥ 1 ist nur sinnvoll anwendbar, wenn es auf die (ursprüngliche) Korrelationsmatrix bezogen wird und *nicht* auf die Korrelationsmatrix mit den Kommunalitätenschätzungen auf der Hauptdiagonalen. Die Grundidee bei diesem Kriterium ist ja, dass die Hauptkomponenten mehr Varianz repräsentieren sollen als die beobachteten Variablen, die eine Varianz von 1 aufweisen. Deshalb ist es notwendig, dass auch die Varianzen von 1 auf der Hauptdiagonalen stehen.

(2) Beim Scree-Test und der Parallelanalyse nach Horn ist es hingegen umgekehrt. Sie führen zu valideren Ergebnissen, wenn sie sich auf die Korrelationsmatrix mit Kommunalitätenschätzungen auf der Hauptdiagonalen beziehen und nicht auf die (ursprüngliche) Korrelationsmatrix.

Die Ergebnisse einer Hauptachsenanalyse mit Kommunalitäteniteration sind in Tabelle 24.3 dargestellt. Die Ergebnisse sind bis auf sehr geringfügige Abweichungen identisch mit den Ergebnissen der ML-Faktorenanalyse. Die beiden ersten Faktoren erklären 76 % der Gesamtvarianz, die sich nach Rotation der Variablen wiederum fast gleichförmig auf die beiden Faktoren verteilen.

Tabelle 24.3 Faktorladungen und Kommunalitäten der manifesten Variablen sowie Eigenwerte und Varianzanteile für zwei Faktoren F_1 und F_2 in einer Hauptachsenanalyse mit Kommunalitäteniteration

Variable	Anfangslösung		Varimax-Rotation		Promax-Rotation direkte Quartimin-Rotation Mustermatrix		Promax-Rotation direkte Quartimin-Rotation Strukturmatrix		Kommunalität
	F_1	F_2	F_1	F_2	F_1	F_2	F_1	F_2	$\hat{H}(y_i)$
Selbstbericht									
y_1	0,64	0,44	0,18	0,75	0,03	0,76	0,32	0,77	0,60
y_2	0,73	0,53	0,18	0,88	0,01	0,90	0,35	0,90	0,81
y_3	0,70	0,56	0,14	0,88	−0,04	0,90	0,31	0,89	0,79
Fremdbericht									
y_4	0,72	−0,46	0,84	0,14	0,86	−0,02	0,85	0,30	0,72
y_5	0,78	−0,47	0,89	0,18	0,90	0,01	0,91	0,34	0,82
y_6	0,79	−0,45	0,89	0,20	0,90	0,02	0,91	0,36	0,82
					Korrelation der Faktoren: 0,38				
$\sum_{i=1}^{p} \lambda_{ij}^2$	3,15	1,40	2,36	2,21					
Varianzanteile	0,53	0,23	0,39	0,37					

24.4 Vergleich der Ansätze und praktische Empfehlungen

Vergleicht man die drei Ansätze der ML-Faktorenanalyse, der Hauptkomponentenanalyse und der Hauptachsenanalyse, so führen die ML-Faktorenanalyse und die Hauptachsenanalyse zu annähernd gleichen Ergebnissen, während die Ladungen und die Kommunalitäten bei der Hauptkomponentenanalyse höher ausfallen. Dies ist ein typisches Ergebnis. So zeigen Simulationsstudien, die von Widaman (1993) durchgeführt wurden, dass die Ladungen der Hauptkomponentenanalyse im Vergleich zu den faktorenanalytischen Modellen höher ausfallen. Ist man in einer Forschungsfrage daran interessiert, Faktoren zu identifizieren, die die Zusammenhänge der Variablen im Sinne der faktorenanalytischen Grundgleichung erklären, so sind die ML-Faktorenanalyse und die Hauptachsenanalyse der Hauptkomponentenanalyse vorzuziehen. Bei der Auswahl der Anzahl der Faktoren sollte man sich am Scree-Test, der Parallelanalyse von Horn (1965) oder den im Rahmen der ML-Faktorenanalyse behandelten Modellgütekriterien orientieren. Oblique Rotationen sind gegenüber orthogonalen Rotationen vorzuziehen.

Stichprobengröße

Eine der wesentlichen praktischen Fragen der Faktorenanalyse ist die nach der relevanten Stichprobengröße. Eine Mindestvoraussetzung der Anwendung der Faktorenanalyse besteht darin, dass die Stichprobe mindestens so viele Personen umfassen muss, wie beobachtete Variablen vorliegen. Dies reicht im Allgemeinen jedoch nicht aus. Im Rahmen der konfirmatorischen Faktorenanalyse haben wir bereits in Abschnitt 23.7 besprochen, wie die optimale Stichprobengröße bestimmt werden kann. Vom Grundprinzip her sind die dort behandelten Strategien auf die exploratorische ML-Faktorenanalyse übertragbar. Allerdings stellt sich hierbei ein grundlegendes Problem: Die Bestimmung der optimalen Stichprobengröße setzt grundsätzlich voraus, dass man eine Vorstellung davon hat, wie das Populationsmodell unter der Null- und der Alternativhypothese auszusehen hat. Gerade diese Information hat man bei einer exploratorischen Faktorenanalyse ja typischerweise nicht, sonst würde man direkt zu einer konfirmatorischen Faktorenanalyse greifen.

Meist hat man jedoch auch bei der exploratorischen Faktorenanalyse grobe Vorstellungen von der Anzahl der Faktoren und der Ladungsstruktur und kann dann auf die Ergebnisse von Studien zurückgreifen, die die Anforderungen an die Stichprobengröße in Abhängigkeit von der Anzahl der Faktoren, der beobachteten Variablen und der Ladungsstruktur untersucht haben. Man kann die Ergebnisse dieser allgemeinen Studien auch nutzen, um eine exploratorische Faktorenanalyse zu planen, da – wie wir im Folgenden sehen werden – die Anforderungen an die Stichprobengröße auch von der Anzahl der Indikatoren pro Faktor abhängen. Die Indikatoren eines Faktors sind die beobachteten Variablen, die hoch auf ihm laden.

Ergebnisse von Simulationsstudien. Um die Frage nach der benötigten Stichprobengröße zu klären, wurden einige Simulationsstudien durchgeführt, die Fabrigar et al. (1999) im Überblick darstellen. Sie kommen zu folgenden Empfehlungen:

- Es sollten mindestens 4 beobachtete Variablen für jeden (vermuteten) gemeinsamen Faktor in die Studie aufgenommen werden.
- Unter idealen Bedingungen, d. h. Kommunalitäten von 0,70 oder höher und 4–5 Indikatoren pro Faktor, reicht eine Stichprobengröße von $n = 100$ aus.
- Bei moderaten Kommunalitäten zwischen 0,40 und 0,70 sowie 4–5 Indikatoren pro Faktor ist eine Stichprobengröße von $n = 200$ oder mehr zu empfehlen.
- Sind diese Bedingungen nicht erfüllt, ist es wahrscheinlich, dass Stichprobenumfänge, die kleiner als $n = 400$ sind, zu verzerrten Ergebnissen führen. Es kann sogar sein, dass unter ungünstigen Bedingungen in Bezug auf die Anzahl der Indikatoren pro Faktor und die Reliabilitäten der beobachteten Variablen zufriedenstellend genaue Schätzungen der Ladungsparameter selbst bei Stichproben mit $n > 400$ nicht zu erreichen sind.

Studie von Mundfrom et al. (2005). Mundfrom et al. (2005) haben eine systematische Simulationsstudie zur Frage der erforderlichen Stichprobengröße für die ML-Faktorenanalyse durchgeführt. Hierzu haben sie Populations-Korrelationsmatrizen für 180 verschiedene Bedingungen gebildet und zu den Populationsmatrizen Stichprobenmatrizen mittels eines Simulationsverfahrens erzeugt. Diese wurden dann einer ML-Faktorenanalyse unterzogen und die Ergebnisse Varimax-rotiert. Die Ladungsstruktur der Varimax-rotierten Lösung in der Population diente als Zielstruktur, auf die die in den Stichproben extrahierten Faktoren mittels Prokrustes-Rotation rotiert wurden. Die Güte der Übereinstimmung der rotierten Ladungsstruktur mit der Zielstruktur wurde anhand eines Kongruenzkoeffizienten erfasst. Je nach Höhe der Koeffizienten wurden die Übereinstimmungen in fünf Klassen von »exzellenter« bis »miserabler« Übereinstimmung klassifiziert. Tabelle 24.4 enthält einen Auszug der Ergebnisse für exzellente und sehr gute Übereinstimmungen. Die Tabelle kann zur Orientierung für die Planung einer faktorenanalytischen Studie dienen. Die minimale benötigte Stichprobe ist in Abhängigkeit von der Anzahl der Faktoren (1 bis 5), der Anzahl der Indikatoren pro Faktor (3 bis 10) und der Struktur der Kommunalitäten aufgelistet. In Bezug auf die Struktur der Kommunalitäten wurden drei Bedingungen realisiert: In der ersten Bedingung weisen alle beobachteten Variablen hohe Kommunalitäten auf. In der zweiten Bedingung streuen die Kommunalitäten der beobachteten Variablen in einem breiten Bereich (zwischen 0,2 und 0,8). In der dritten Bedingung liegen die Kommunalitäten aller Variablen im niedrigen Bereich (zwischen 0,2 und 0,4). Die Tabelle zeigt Folgendes:

▶ Bei gegebener Anzahl von Faktoren nimmt die Größe der benötigten Stichprobe mit zunehmender Anzahl von Indikatoren pro Faktor ab. Es ist also günstig, mehrere Indikatoren pro Faktor aufzunehmen, obwohl dadurch die Anzahl der beobachteten Variablen, die in die Faktorenanalyse eingehen, steigt. Trotz Zunahme an beobachteten Variablen sinkt die benötigte Stichprobengröße, aber nur dann, wenn die hinzugenommenen beobachteten Variablen keinen neuen Faktor bilden.
▶ Bei gegebener Anzahl von Indikatoren pro Faktor steigt die benötigte Stichprobengröße mit der Anzahl der Faktoren.

Tabelle 24.4 Minimale benötigte Stichprobengröße, um eine exzellente bzw. sehr gute Anpassung der empirisch gewonnenen Ladungsstruktur an die Populationsladungsstruktur sicherzustellen (Auszug aus Mundfrom et al., 2005). I/F bezeichnet die Anzahl von Indikatoren pro Faktor

Kommunalitäten aller Variablen liegen im hohen Bereich (zwischen 0,6 und 0,8)										
I/F	Exzellente Übereinstimmung					Sehr gute Übereinstimmung				
	Anzahl der Faktoren					Anzahl der Faktoren				
	1	2	3	4	5	1	2	3	4	5
3	32	320	600	800	1000	13	90	170	260	300
4	27	150	260	350	450	13	75	120	170	220
5	21	75	130	260	260	11	45	65	90	130
6	19	55	95	160	200	12	40	50	55	70
7	18	45	75	110	130	11	40	40	55	55
8	18	45	75	90	75	11	40	30	40	45
9	17	40	60	65	80	12	35	30	40	50
10	15	35	60	70	65	13	35	35	45	55

Tabelle 24.4 (Fortsetzung)

Kommunalitäten der Variablen streuen in einem breiten Bereich (zwischen 0,2 und 0,8)										
I/F	Exzellente Übereinstimmung					Sehr gute Übereinstimmung				
	Anzahl der Faktoren					Anzahl der Faktoren				
	1	2	3	4	5	1	2	3	4	5
3	110	710	1300	1400	1400	35	160	450	500	700
4	65	220	350	700	900	25	90	130	240	320
5	50	130	200	300	300	30	60	80	110	140
6	50	95	140	180	200	20	55	65	75	70
7	40	75	105	160	150	20	50	55	75	65
8	36	65	90	90	130	15	45	45	50	55
9	33	55	70	85	90	15	40	40	50	50
10	32	55	75	80	85	14	35	35	45	55
Kommunalitäten aller Variablen liegen im niedrigen Bereich (zwischen 0,2 und 0,4)										
I/F	Exzellente Übereinstimmung					Sehr gute Übereinstimmung				
	Anzahl der Faktoren					Anzahl der Faktoren				
	1	2	3	4	5	1	2	3	4	5
3	150	900	1700	2600	3000	45	600	1200	1200	1300
4	95	270	450	800	1000	35	120	230	250	400
5	75	150	220	370	430	35	75	85	170	180
6	70	120	160	190	200	30	60	85	130	120
7	60	80	100	180	170	30	60	65	75	85
8	55	75	100	100	130	23	60	60	75	80
9	50	70	85	110	100	22	50	60	60	65
10	50	70	85	90	110	20	45	40	60	60

▶ Bei gegebener Anzahl von Indikatoren pro Faktor und gegebener Anzahl von Faktoren ist die benötigte minimale Stichprobengröße umso kleiner, je größer die Kommunalitäten sind.

Als generelle Regel ergibt sich hieraus, die Datenerhebung so zu planen, dass genügend Indikatoren für jeden erwarteten Faktor des Merkmalsbereichs erhoben und dabei möglichst zuverlässige Indikatoren verwendet werden, um hohe Kommunalitäten erreichen zu können.

24.5 Faktorenanalyse für dichotome und ordinale Variablen

Wir haben bereits bei der Behandlung der konfirmatorischen Faktorenanalyse in Abschnitt 23.8 darauf hingewiesen, dass faktorenanalytische Modelle, die auf einer additiven Zerlegung der beobachteten Variablen in eine Linearkombination von Faktoren und eine Residualvariable beruhen, nur dann sinnvoll sind, wenn es sich bei den beobachteten Variablen um metrische Variablen handelt. Dichotome und mehrkategoriale Variablen mit geordneten Antwortkategorien erfordern andere faktorenanalytische Modelle. Wendet man die bisher besprochenen Modelle der Faktorenanalyse und der Hauptkomponentenanalyse auf dichotome oder mehrkategoriale beobachtete Variablen an, kann dies zu artifiziellen Faktorstrukturen führen. Dies liegt u. a. daran, dass die Berechnung der Produkt-Moment-Korrelation bei dichotomen und ordinalen Variablen mit Problemen verbunden ist. Ein Grund hierfür ist, dass die Höhe der möglichen Korrelation zwischen zwei Variablen davon abhängt, wie stark sie sich in ihren Verteilungen unterscheiden. Je stärker sich zwei Variablen in ihren Verteilungen unterscheiden, umso geringer ist der mögliche Wertebereich der Korrelation.

Schwierigkeitsfaktoren

Dichotome Items z. B. unterscheiden sich typischerweise in ihren Verteilungen, da nicht alle Items gleich schwierig sind. Die Schwierigkeit eines Items wird über die Wahrscheinlichkeit bestimmt, eine Aufgabe zu lösen oder eine spezifische Antwort zu geben. Bei der Konstruktion von Tests und Fragebögen ist es gewünscht, dass sich Items in ihren Schwierigkeiten unterscheiden, da diese in unterschiedlichen Bereichen eines Konstrukts zwischen Individuen unterschiedlich gut diskriminieren. Die Produkt-Moment-Korrelation von dichotomen Items, die sich in ihren Schwierigkeiten unterscheiden, ist in ihrem Wertebereich beschränkt (s. hierzu die ausführliche Diskussion dieses Phänomens in Abschn. 15.3.3). Dies bedeutet, dass Items, die gleiche Schwierigkeiten aufweisen, höher miteinander korrelieren können als Items, die sich in ihren Schwierigkeiten unterscheiden. Items gleicher Schwierigkeit bilden daher eher einen Faktor als Items unterschiedlicher Schwierigkeit. Dies hat zur Folge, dass bei der Analyse von Produkt-Moment-Korrelationen dichotomer Items sog. Schwierigkeitsfaktoren entstehen können. Dies sind Faktoren, die nur durch Schwierigkeitsunterschiede bedingt sind, selbst dann, wenn die Items (mit einem angemessenen Modell für dichotome Variablen analysiert) eindimensional sind. Dieses Phänomen kann auch bei Variablen mit geordneten Antwortkategorien auftreten (und auch bei metrischen beobachteten Variablen).

Angemessene Korrelationen

Wir haben in den Abschnitten 15.3.2 und 15.3.3 ausführlich behandelt, dass es für dichotome und ordinale Variablen Zusammenhangsmaße gibt, die angemessener sind als die Produkt-Moment-Korrelationen. Für dichotome Variablen waren dies Yules Q und die tetrachorische Korrelation, für ordinalskalierte Variablen der γ-Koeffizient und die polychorische Korrelation. Wie wir bereits in Abschnitt 23.8 bei der konfirmatorischen Faktorenanalyse gesehen haben, greifen faktorenanalytische Modelle auf die tetrachorische und die polychorische Korrelation zurück, da es sich hierbei um die geschätzte Korrelation von kontinuierlichen normalverteilten Variablen handelt, die den kategorialen Variablen zugrunde liegen.

Faktorenanalyse und Hauptkomponentenanalyse

Die Faktorenanalyse und die Hauptkomponentenanalyse können auf die Analyse der tetrachorischen und polychorischen Korrelationen übertragen werden. Faktorenanalytische Modelle für ordinale und dichotome Variablen haben wir bereits ausführlich in Abschnitt 23.8 behandelt. Sie lassen sich mit denselben Schätzmethoden auf die exploratorische Faktorenanalyse übertragen. Alles, was wir prinzipiell zur exploratorischen ML-Faktorenanalyse in Abschnitt 24.2 ausgeführt haben, gilt analog auch für dichotome und ordinale Variablen und die Analyse der tetrachorischen bzw. polychorischen Korrelationen. Wir werden daher das Thema nicht weiter vertiefen. Das Statistikprogramm Mplus (Muthén & Muthén, 2004–2008) und das kostenlos im Internet verfügbare Statistikprogramm CEFA (Browne et al., 2008; 🖱) stellen verschiedene Schätzmethoden und Rotationstechniken für die Analyse dichotomer und ordinaler Variablen bereit.

Matrizen tetrachorischer und polychorischer Korrelationen können auch einer Hauptkomponentenanalyse und einer Hauptachsenanalyse unterzogen werden; und alles, was wir hierzu in dem Abschnitt 24.3 ausgeführt haben, lässt sich im Prinzip auf tetrachorische und polychorische Korrelationen übertragen. Auch dies wollen wir nicht weiter ausführen. Allerdings gibt es einen Unterschied: Da es sich bei tetrachorischen und polychorischen Korrelationen um geschätzte Produkt-Moment-Korrelationen der nicht direkt beobachtbaren kontinuierlichen Variablen handelt, die den kategorialen Variablen zugrunde liegen, können negative Eigenwerte auftreten, was bei einer Produkt-Moment-Korrelation beobachteter Variablen nicht möglich ist. Faktoren mit negativen Eigenwerten werden für die weitere Analyse nicht berücksichtigt.

24.6 Einzelfall-Faktorenanalyse und dynamische Faktorenanalyse

Die Faktorenanalyse setzt voraus, dass es sich bei der Stichprobe um eine Zufallsstichprobe handelt und die Untersuchungseinheiten voneinander unabhängig sind. Diese Annahme ist dann verletzt, wenn Daten einer einzelnen Person vorliegen, die im Längsschnitt gewonnen wurden. Hat man von einer einzigen Person Werte auf mehreren beobachteten Variablen zu vielen Messzeitpunkten erhoben, stellt sich in einigen Anwendungskontexten die Frage, ob sich die Abhängigkeiten zwischen den Variablen faktorenanalytisch reduzieren lassen bzw. wie komplex ein bestimmter Merkmalsbereich bei einer bestimmten Person geartet ist. In der Stimmungsforschung könnte man z. B. daran interessiert sein herauszufinden, wie viele Stimmungsdimensionen sich bei einer bestimmten Person unterscheiden lassen. Ist das Stimmungssystem einer Person, das sie zur Selbstbeschreibung nutzt, eher einfach aufgebaut, z. B. eindimensional im Sinne guter vs. schlechter Stimmung, oder komplex geartet, z. B. im Sinne eines dreidimensionalen Stimmungssystems mit den Facetten gehobene vs. gedrückte Stimmung, Wachheit vs. Schläfrigkeit und Ruhe vs. Unruhe?

Diese Frage kann man untersuchen, indem man die Daten einer Längsschnittstudie am Einzelfall faktorenanalytisch auswertet. Hierbei handelt es sich um eine sog. P-Faktorenanalyse nach Cattell (1988; s. auch Jones, 2007; Nesselroade, 2007). Auf Einzelfallebene erhobene Daten können nur dann einer in diesem Kapitel behandelten Faktorenanalyse unterzogen werden, wenn keine Abhängigkeiten über die Zeit vorliegen. Gerade bei wiederholten Messungen eines Merkmals bei derselben Person ist diese Voraussetzung jedoch meistens verletzt. Um ein faktorenanalytisches Modell im Einzelfall anzupassen, muss deshalb diese zeitliche Abhängigkeit der Messergebnisse berücksichtigt bzw. eliminiert werden. Dies erlaubt die sog. dynamische Faktorenanalyse (Browne & Zhang, 2007; Molenaar, 1985). Eine solche dynamische Faktorenanalyse kann z. B. mit dem im Internet kostenlos verfügbaren Programm DyFA2.03 (Browne & Zhang, 2005; 🖱) durchgeführt werden.

Zusammenfassung

▶ Ziel einer exploratorischen Faktorenanalyse ist es herauszufinden, wie viele Faktoren benötigt werden, um die Zusammenhänge der beobachteten Variablen zu erklären, und wie diese Faktoren zu interpretieren sind.
▶ In der exploratorischen Faktorenanalyse wird – wie in der konfirmatorischen Faktorenanalyse – eine beobachtete (manifeste) Variable in eine Linearkombination von latenten Variablen (Faktoren) und eine Residualvariable zerlegt.
▶ Im Modell der Faktorenanalyse erklären die Faktoren alle Zusammenhänge zwischen den beobachteten Variablen. Partialisiert man den Ein-

- fluss der Faktoren aus den beobachteten Variablen aus, ist die Partialkorrelation der beobachteten Variablen gleich 0.
- Die Residualvariable enthält den Einfluss des Messfehlers und spezifischer Faktoren.
- Spezifische Faktoren sind Quellen der Variation, die eine beobachtete Variable nicht mit anderen beobachteten Variablen teilt, die aber nicht auf den Messfehler, sondern auf wahre Unterschiede zurückgeführt werden.
- Der durch die Residualvariablen (Messfehler und spezifische Faktoren) bestimmte Varianzanteil wird »uniqueness« (Einzigartigkeit) genannt.
- Die Maximum-Likelihood-Faktorenanalyse (ML-Faktorenanalyse) setzt voraus, dass (1) die beobachteten Variablen Y_i einer multivariaten Normalverteilung folgen, (2) die Erwartungswerte der Faktoren η_j und der Residualvariablen ε_i gleich 0 sind, (3) die Residualvariablen ε_i untereinander unkorreliert sind und (4) die Faktoren mit den Residualvariablen unkorreliert sind. Darüber hinaus wird angenommen, dass die Elemente der Stichprobe voneinander unabhängig sind.
- Die Kommunalität ist der durch die Faktoren erklärte Varianzanteil einer beobachteten Variablen.
- Zur Bewertung der Modellgüte einer exploratorischen ML-Faktorenanalyse kann auf die Modellgütekoeffizienten der konfirmatorischen Faktorenanalyse zurückgegriffen werden.
- Ein gutes faktorenanalytisches Modell ist ein Modell, das (1) den Modellgütekriterien entsprechend nicht verworfen werden muss (Modellanpassungsgüte), (2) die geringste (oder eine vergleichsweise) geringe Anzahl von Faktoren aufweist (Sparsamkeitsprinzip) und (3) theoretisch sinnvoll interpretierbar ist.
- Ein Heywood-Fall ist eine Residualvarianz, die negativ geschätzt wird. Dies zeigt häufig an, dass nicht genügend Indikatoren für einen Faktor vorliegen.
- Der Bartlett-Test auf Sphärizität überprüft die Nullhypothese, dass alle beobachteten Variablen unkorreliert sind und gleiche Varianzen aufweisen.
- Rotationen stellen Transformationen der Faktoren dar. Rotationen werden vorgenommen, um die Interpretation der Faktoren zu erleichtern. Verschiedenen Rotationen liegen unterschiedliche Optimalitätskriterien zugrunde.
- Rotationsverfahren lassen sich in orthogonale und oblique Rotationen einteilen. Orthogonale Rotationen gewährleisten, dass die Faktoren untereinander unkorreliert sind. Oblique Rotationen lassen korrelierte Faktoren zu.
- Die meisten Rotationskriterien orientieren sich am Prinzip der Einfachstruktur. Einfachstruktur liegt vor, wenn eine beobachtete Variable nicht auf allen Faktoren substantielle Ladungen aufweist.
- Bei der Varimax-Rotation, dem am häufigsten eingesetzten orthogonalen Rotationskriterium, werden die Faktoren so rotiert, dass sie mit einigen manifesten Variablen hoch, mit anderen niedrig zusammenhängen. Sie maximiert die Varianz der quadrierten Ladungen.
- Die Promax-Rotation und die direkte Quartimin-Rotation sind die am häufigsten eingesetzten obliquen Rotationsverfahren.
- Da bei obliquen Rotationen die Faktoren korreliert sein können, entsprechen die Ladungen im Allgemeinen nicht mehr den Korrelationen zwischen den Faktoren und den beobachteten Variablen.
- Bei obliquen Rotationen werden zwei Arten von Matrizen unterschieden: die Mustermatrix und die Strukturmatrix. Die Mustermatrix enthält die Ladungen der beobachteten Variablen auf den Faktoren; die Strukturmatrix enthält die Korrelationen der beobachteten Variablen mit den Faktoren.
- Eine besondere Form der obliquen Rotation ist die Zielrotation, die auch Prokrustes-Rotation genannt wird. Hierbei werden die Ladungskoeffizienten und Faktoren so rotiert, dass sie sich einer vorher festgelegten Zielmatrix annähern.
- Bei der Interpretation der Ergebnisse einer exploratorischen Faktorenanalyse werden (1) die Anzahl der Faktoren, (2) die Höhe der Kommunalitäten und (3) die Höhe der Ladungen berücksichtigt.
- Will man anhand einer exploratorischen Faktorenanalyse Einsicht in die Dimensionalität eines Merkmals gewinnen, ist es notwendig, dass die beobachteten Variablen repräsentativ aus der Menge

- aller geeigneten Indikatoren des Merkmalsbereichs ausgewählt wurden. Sie sollen daher Inhaltsvalidität (Kontentvalidität) aufweisen.
- Inhaltsvalidität (Kontentvalidität) liegt vor, wenn die beobachteten Variablen eine repräsentative Stichprobe aus der Menge aller Indikatoren (Itemuniversum) darstellen.
- Die Hauptkomponentenanalyse ist eine statistische Methode der Datenreduktion. Sie basiert auf der Bestimmung der Hauptkomponenten einer Kovarianz- bzw. Korrelationsmatrix.
- Eine Hauptkomponente ist eine Linearkombination aller beobachteten Variablen.
- Es gibt so viele Hauptkomponenten wie beobachtete Variablen. Die Hauptkomponenten sind unkorreliert.
- Der Eigenwert einer Hauptkomponente entspricht ihrer Varianz.
- Die Hauptkomponenten werden so bestimmt, dass sie sukzessive maximale Varianz aufweisen: Die erste Hauptkomponente klärt den größten Anteil der Varianz der beobachteten Variablen auf, die zweite Hauptkomponente erklärt den größten Anteil der nach Extraktion der ersten Hauptkomponente verbleibenden Varianz usw.
- Ebenso wie Hauptkomponenten Linearkombinationen aller beobachteten Variablen sind, sind die beobachteten Variablen Linearkombinationen der Hauptkomponenten.
- Sind sowohl die beobachteten Variablen als auch die Hauptkomponenten standardisiert, entspricht das Einflussgewicht (Ladung) einer Hauptkomponente ihrer Korrelation mit der beobachteten Variablen.
- Die Summe der Ladungsquadrate einer Hauptkomponente entspricht dem Eigenwert dieser Hauptkomponente und somit ihrer Varianz.
- Reduziert man die Anzahl der Hauptkomponenten und repräsentiert man den Einfluss der fehlenden Hauptkomponenten jeweils durch eine Restvariable (Residualvariable) R_i, so können diese Residualvariablen – im Gegensatz zum faktorenanalytischen Modell – korreliert sein.
- Faktorenanalyse und Hauptkomponentenanalyse unterscheiden sich dahin gehend, dass in der Faktorenanalyse die Faktoren die Zusammenhänge zwischen den beobachteten Variablen vollständig erklären sollen, während die Hauptkomponenten die maximale Varianz der beobachteten Variablen aufklären sollen.
- Die Anzahl der relevanten Hauptkomponenten kann mittels des Kaiser-Kriteriums (Eigenwerte ≥ 1), der Parallelanalyse, des Scree-Tests und anhand statistischer Tests bestimmt werden.
- Nach dem Kaiser-Kriterium (Eigenwerte ≥ 1) werden alle Hauptkomponenten beibehalten, deren Eigenwert größer oder gleich 1 ist.
- Anhand der Parallelanalyse behält man diejenigen Hauptkomponenten bei, deren Eigenwerte größer sind als diejenigen Eigenwerte, die man erhalten würde, wenn man aus einer Population, in der die beobachteten Variablen unkorreliert sind, eine Zufallsstichprobe ziehen und über die Stichprobenkorrelationsmatrix eine Hauptkomponentenanalyse durchführen würde.
- Dem Scree-Test zufolge sind diejenigen Hauptkomponenten substantiell, deren Eigenwerte links von einem Knick im Eigenwertverlauf liegen.
- Mit statistischen Tests kann überprüft werden, ob sich die $p - k$ kleinsten Eigenwerte signifikant voneinander unterscheiden.
- Eine Hauptachsenanalyse ist eine Hauptkomponentenanalyse einer Korrelationsmatrix, deren Hauptdiagonale durch die Kommunalitäten der Variablen ersetzt wurde. Da die Kommunalitäten jedoch unbekannt sind (Kommunalitätenproblem), müssen sie geschätzt werden.
- Ausgangspunkt der Kommunalitätenschätzung können die quadrierten multiplen Korrelationen einer beobachteten Variablen mit allen anderen Variablen sein. Die solchermaßen geschätzten Kommunalitäten können iterativ durch die wiederholte Anwendung einer Hauptachsenanalyse sukzessive besser geschätzt werden.
- Die Hauptachsenanalyse stellt eine bessere Approximation des faktorenanalytischen Modells dar als die Hauptkomponentenanalyse.
- Die benötigte Stichprobengröße für eine Faktorenanalyse ist umso größer, je größer die Anzahl der Faktoren ist, je geringer die Kommunalitäten

sind und je geringer die Anzahl von Indikatoren pro Faktor ist.
▶ Faktorenanalytische Modelle, die auf der Produkt-Moment-Korrelation basieren, sind zur Analyse dichotomer und ordinaler beobachteter Variablen nicht geeignet, da bei diesen Variablen die lineare Zerlegung einer beobachteten Variablen nicht sinnvoll ist.
▶ Schwierigkeitsfaktoren sind artifizielle Faktoren, auf denen Items, die eindimensional im Sinne eines angemessenen Modells sind, laden, die gleichen Verteilungsformen aufweisen.
▶ Der faktorenanalytischen Auswertung dichotomer Variablen sollte die tetrachorische Korrelation zugrunde gelegt werden. Bei ordinalen Variablen mit geordneten Antwortkategorien sollte auf die polychorische Korrelationsmatrix zurückgegriffen werden.
▶ Zur Auswertung von Einzelfalldaten kann auf die P-Faktorenanalyse zurückgegriffen werden, wenn es keine Abhängigkeiten der Wiederholungsmessungen über die Zeit gibt, oder andernfalls auf Modelle der dynamischen Faktorenanalyse.

Fragen und Übungsaufgaben

Fragen

(1) Was ist das Ziel einer exploratorischen Faktorenanalyse?
(2) Welche Annahmen werden bei einer Maximum-Likelihood-Faktorenanalyse getroffen?
(3) Wie kann die Modellgüte einer exploratorischen ML-Faktorenanalyse bewertet werden?
(4) Was ist ein Heywood-Fall?
(5) Welche Nullhypothese überprüft der Bartlett-Test auf Sphärizität?
(6) Was ist eine Rotation?
(7) Was versteht man unter orthogonalen, was unter obliquen Rotationen?
(8) Was verbirgt sich hinter dem Prinzip der Einfachstruktur?
(9) Was ist der Unterschied zwischen einer Mustermatrix und einer Strukturmatrix?
(10) Was versteht man unter einer Prokrustes-Rotation?
(11) Welche Informationen werden bei der Interpretation der Ergebnisse einer exploratorischen Faktorenanalyse herangezogen?
(12) Worin besteht das Grundprinzip einer Hauptkomponentenanalyse?
(13) Was ist eine Hauptkomponente?
(14) Worin unterscheiden sich Faktorenanalyse und Hauptkomponentenanalyse?
(15) Nach welchen Kriterien lässt sich die Anzahl der relevanten Hauptkomponenten bestimmen, und was besagen diese?
(16) Was ist eine Hauptachsenanalyse?
(17) Wovon hängt die benötigte Stichprobengröße für eine Faktorenanalyse ab?
(18) Warum sind faktorenanalytische Modelle, die auf der Produkt-Moment-Korrelation basieren, zur Analyse dichotomer und ordinaler beobachteter Variablen nicht geeignet?
(19) Was versteht man unter Schwierigkeitsfaktoren?
(20) Worauf muss man bei der faktorenanalytischen Auswertung von Einzelfalldaten achten?

Übungsaufgaben

(1) Zeigen Sie, dass es sich bei $\gamma_{21} = -0{,}71$ und $\gamma_{22} = 0{,}71$ bzw. $\gamma_{21} = 0{,}71$ und $\gamma_{22} = -0{,}71$ jeweils um die Elemente eines Eigenvektors zum zweiten Eigenwert des Beispiels im Vertiefungskasten in Abschnitt 24.3.1 handelt.
(2) Zeigen Sie, dass man die Varianzen der Hauptkomponenten erhält, wenn man die Eigenvektoren und die Korrelation der beiden beobachteten Variablen des Beispiels im Vertiefungskasten in Abschnitt 24.3.1 in Gleichung F 24.5 einsetzt.
(3) Berechnen Sie anhand des Datensatzes kap24.dat (in den Online-Materialien verfügbar) eine ML-Faktorenanalyse, eine Hauptkomponentenanalyse und eine Hauptachsenanalyse mit zwei Faktoren bzw. Hauptkomponenten, indem Sie auf ein Statistikprogramm wie R oder CEFA zurückgreifen. Replizieren Sie die in diesem Kapitel dargestellten Ergebnisse, indem Sie die Faktoren einer Varimax- und einer direkten Quartimin-Rotation unterziehen.

25 Pfadanalyse und lineare Strukturgleichungsmodelle

Was Sie in diesem Kapitel lernen

- Wie kann man komplexe direkte und indirekte Einflüsse zwischen mehreren Variablen quantifizieren und testen?
- Wie können Beziehungen zwischen Variablen messfehlerfrei quantifiziert und getestet werden?
- Wie lässt sich die Veränderung in der momentanen Stimmung über die Zeit hinweg modellieren?
- Wie kann man überprüfen, wie groß die »wahre« Stabilität eines Merkmals über Zeit und über Situationen hinweg ist?

In Kapitel 18 haben wir die multiple Regressionsanalyse kennengelernt, die es erlaubt, Unterschiede in einer abhängigen Variablen auf Unterschiede in mehreren unabhängigen Variablen zurückzuführen. Die multiple Regressionsanalyse lässt sich für verschiedene Fragestellungen gewinnbringend einsetzen. Sie ist allerdings in zweierlei Hinsicht beschränkt: (1) Sie basiert auf einer strikten Trennung von abhängigen und unabhängigen Variablen. (2) Ihr liegt die Annahme der Messfehlerfreiheit der unabhängigen Variablen zugrunde.

Strikte Trennung von abhängigen und unabhängigen Variablen

Die Regressionsanalyse geht davon aus, dass eine Variable nur eine abhängige oder eine unabhängige Variable sein kann. Psychologische Theorien sind aber häufig komplexer. In Abbildung 25.1 ist dargestellt, wie im Modell des geplanten Verhaltens nach Ajzen und Madden (1986) der Zusammenhang zwischen Verhalten, Handlungsabsicht (Intention) und wahrgenommener Verhaltenskontrolle konzeptualisiert wird. Ajzen und Madden gehen davon aus, dass das Verhalten eine Funktion der Intention und der wahrgenommenen Verhaltenskontrolle ist. Darüber hinaus hängt die Intention von der wahrgenommenen Verhaltenskontrolle ab. Die Intention ist also eine unabhängige Variable für das Verhalten und gleichzeitig eine abhängige Variable für die wahrgenommene Verhaltenskontrolle. Die wahrgenommene Verhaltenskontrolle wirkt sich direkt auf das Verhalten aus, hat aber darüber hinaus noch einen Einfluss auf das Verhalten, der über die Intention vermittelt wird. Solche komplexen Zusammenhänge lassen sich im Rahmen der Pfadanalyse berücksichtigen.

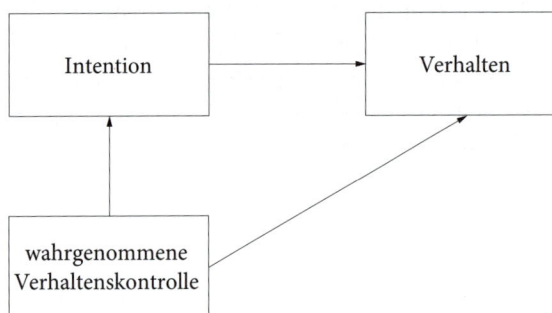

Abbildung 25.1 Abhängigkeiten zwischen Verhalten, Intention und wahrgenommener Verhaltenskontrolle im Modell des geplanten Verhaltens (Ajzen & Madden, 1986)

Annahme der Messfehlerfreiheit der unabhängigen Variablen

Die Regressionsanalyse geht davon aus, dass die unabhängigen Variablen messfehlerfrei gemessen wurden. Dies ist in den Sozial- und Verhaltenswissenschaften aber eher selten der Fall. Wir haben bereits in Abschnitt 18.12.2 gesehen, dass sich der Messfehler gravierend auswirken und zu erheblichen Fehlinterpretationen führen kann. In Kapitel 22 und 23 haben wir die Konsequenzen des Messfehlers vertieft und gezeigt, wie man messfehlerbedingte Unterschiede identifizieren und berücksichtigen kann. Auch die

Pfadanalyse, die eine Erweiterung der Regressionsanalyse darstellt, geht davon aus, dass die Merkmale messfehlerfrei erfasst wurden. Berücksichtigt man die Messfehlerbehaftetheit der Messung nicht, so werden auch die Parameter der Pfadanalyse verzerrt geschätzt. Lineare Strukturgleichungsmodelle erlauben es, »wahre« (messfehlerfreie) Unterschiede vom Messfehler zu trennen und komplexe Zusammenhänge auf der Ebene von nicht direkt beobachtbaren, messfehlerfreien latenten Variablen zu untersuchen. Wir werden in diesem Kapitel die Pfadanalyse und ihre Erweiterungen zu linearen Strukturgleichungsmodellen behandeln. Die Pfadanalyse stellt eine Erweiterung der multiplen Regressionsanalyse dar. Alle Fragestellungen, die wir im Rahmen der multiplen Regressionsanalyse in Kapitel 18 behandelt haben, lassen sich auch in pfadanalytischen Modellen untersuchen. Dies gilt insbesondere auch für die Aufdeckung von Scheinzusammenhängen und die Analyse von Moderatorbeziehungen. Wir werden die Fragestellungen und Analysemöglichkeiten, die wir in Kapitel 18 behandelt haben, in diesem Kapitel nicht wiederholen, sondern uns auf die Aspekte beschränken, die spezifisch für die Pfadanalyse sind.

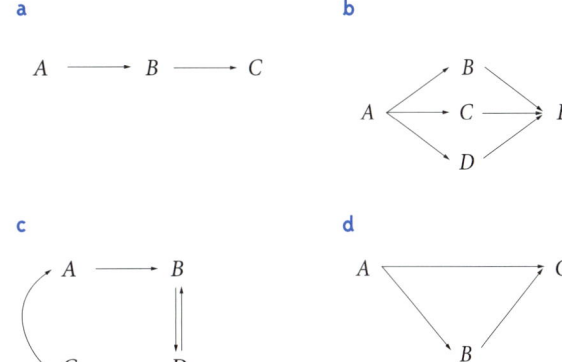

Abbildung 25.2 Verschiedene Formen pfadanalytischer Modelle **a** Indirekter Effekt (einfache Mediation) **b** Mehrere indirekte Effekte (multiple Mediation) **c** Wechselseitige Beeinflussung **d** Ein direkter und ein indirekter Effekt

25.1 Pfadanalyse

Die Pfadanalyse geht auf den Biologen Sewell Wright (1918, 1934) zurück. In einem pfadanalytischen Modell kann eine Variable sowohl abhängige als auch unabhängige Variable sein, und es können relativ komplexe Zusammenhangs- und Abhängigkeitsstrukturen betrachtet werden. In Abbildung 25.2 sind einige Abhängigkeitsstrukturen schematisch dargestellt.

Einfacher indirekter Effekt. In Abbildung 25.2 a sind drei Variablen A, B, C miteinander verkettet, wobei angenommen wird, dass die Variable A vermittelt über B auf C wirkt (einfache Mediation). Solche Verkettungsstrukturen findet man häufig in der Längsschnittsforschung. So hängt z. B. die Intelligenz im 10. Lebensjahr (Variable C) von der Intelligenz im 9. Lebensjahr (Variable B) ab, wobei die Intelligenz im 9. Lebensjahr (Variable B) wiederum von der Intelligenz im 8. Lebensjahr (Variable A) abhängt. In diesem Beispiel wurde dasselbe Merkmal dreimal erfasst, und Unterschiede zu einem späteren Zeitpunkt wurden auf Unterschiede zu einem früheren Zeitpunkt zurückgeführt. Daher nennt man ein solches Pfadmodell auch ein *autoregressives Modell*. Wir werden dieses Modell später noch einmal ausführlich aufgreifen.

Mehrere indirekte Effekte. In Abbildung 25.2 b wird der Einfluss einer Variablen A auf eine Variable E durch drei Variablen (B, C, D) vermittelt (mehrere indirekte Effekte). Die wahrgenommene Bedrohung durch eine Erkrankung (Variable A) kann sich z. B. darauf auswirken, dass mehr Sport getrieben wird (Variable B), dass das Ernährungsverhalten geändert wird (Variable C) und dass Stressregulationsstrategien angewandt werden (Variable D). Die in den Variablen B, C und D hervorgerufenen Veränderungen können sich auf die Gesundheit (Variable E) auswirken.

Wechselseitige Beeinflussung. In Abbildung 25.2 c beeinflussen sich die Variablen B und D gegenseitig, während die Variablen A und C einfach korreliert sind. Ein Beispiel hierfür wäre die wechselseitige Unterstützung in einer Ehe, wobei die Variable B die Unterstützungsleistungen der Ehefrau und die Variable D die des Ehemannes kennzeichnen. Diese Unterstützungsleistungen können auf andere Variablen, z. B. die Persönlichkeitsvariable Verträglichkeit, zurückgeführt werden. In Abbildung 25.2 c könnte z. B. die Variable A die Verträglichkeit der Ehefrau und die Variable C jene des Ehemannes erfassen. In diesem Modell wirkt sich die Variable B – vermittelt über die Variable D – wieder auf sich selbst aus. Dies gilt in analoger Weise für die Variable D. Modelle, die solche Rückkopplungen enthalten, heißen *nicht-rekursive* Modelle. Modelle, auf die das nicht zutrifft, heißen *rekursive* Modelle.

Direkter und indirekter Effekt. In Abbildung 25.2 d ist der Fall dargestellt, dass die Variable A einen Effekt auf C hat und dass der Gesamteffekt sich in zwei Teileffekte zerlegen lässt: einen direkten (d. h. nicht über andere Variablen im Modell erklärten oder vermittelten) und einen indirekten (d. h. über die Variable B vermittelten) Effekt. Ein Beispiel ist das Modell des geplanten Verhaltens in Abbildung 25.1.

25.1.1 Das pfadanalytische Modell als ein System von Regressionsmodellen

Das Teilmodell des geplanten Verhaltens aus Abbildung 25.1 ist in Abbildung 25.3 formalisiert als Pfadmodell dargestellt. In einem solchem Pfadmodell werden die additiven Konstanten (Achsenabschnitte) nicht eingetragen und müssen hinzugedacht werden. An die Pfeile werden die dazugehörigen Pfadkoeffizienten geschrieben. Da es die strenge Trennung in abhängige und unabhängige Variablen nicht mehr gibt, werden der Einfachheit halber alle Variablen mit Y bezeichnet.

Ein solches graphisches Modell lässt sich einfach in ein Gleichungssystem übertragen. Hierzu erstellt man für jede Variable, auf die mindestens ein Pfeil zeigt, eine Gleichung, in der diese Variable als abhängige Variable fungiert. In dieser Gleichung wird eine abhängige Variable in eine gewichtete Summe unabhängiger Variablen zerlegt. Die Gewichtungen werden auch als Pfadkoeffizienten bezeichnet. Man symbolisiert sie auf Populationsebene mit β_{ij}. Jeder Pfadkoeffizient hat zwei Indizes; der erste Index i gibt die abhängige Variable (AV), der zweite Index j die unabhängige Variable (UV) an. Der Pfadkoeffizient β_{23} kennzeichnet somit den Effekt der dritten UV auf die zweite AV. Sind in einer Graphik keine Pfadkoeffizienten angegeben, entsprechen diese üblicherweise dem Wert $\beta_{ij} = 1$. In jeder Gleichung muss zusätzlich die additive Konstante hinzugefügt werden, also der bedingte Erwartungswert der abhängigen Variablen, wenn alle unabhängigen Variablen den Wert 0 annehmen. In Analogie zu regressionsanalytischen Modellen bezeichnen wir die additiven Konstanten (Achsenabschnitte) mit β_{i0}. Der Index i von β_{i0} gibt die abhängige Variable an, zu der er gehört. Der Parameter β_{20} wäre dann der Achsenabschnitt, der zu der Variablen Y_2 gehört. Folgt man diesen Regeln, so lässt sich das Modell in Abbildung 25.3 in die beiden folgenden Gleichungen übertragen:

$$Y_2 = \beta_{20} + \beta_{21} \cdot Y_1 + \beta_{23} \cdot Y_3 + \varepsilon_2 \qquad (F\ 25.1)$$

und

$$Y_1 = \beta_{10} + \beta_{13} \cdot Y_3 + \varepsilon_1 \qquad (F\ 25.2)$$

Die beiden Gleichungen machen deutlich, dass sich das Pfadmodell in Abbildung 25.3 in Form zweier Regressionsgleichungen darstellen lässt.

Typen von Variablen

Im pfadanalytischen Modell werden verschiedene Arten von Variablen unterschieden, die wir z. T. schon in Abschnitt 4.1.3 behandelt haben. Hierbei ist die Unterscheidung zwischen exogenen und endogenen Variablen besonders wichtig. Ein weiterer wichtiger Typ von Variablen sind Mediatorvariablen (vermittelnde Variablen).

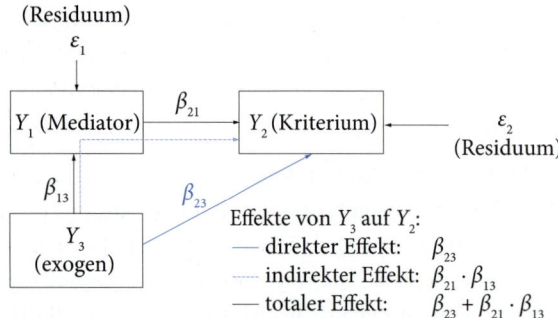

Abbildung 25.3 Modell aus Abbildung 25.1 formalisiert als Populations-Pfadmodell

Exogene Variablen. Exogene Variablen sind unabhängige Variablen, die im Modell nicht erklärt werden. Ihre Ursachen liegen außerhalb des Modells. Deshalb trifft auf sie kein Pfeil in der graphischen Darstellung und gibt es für sie keine Gleichung, in der sie als abhängige Variablen fungieren. In dem in Abbildung 25.3 dargestellten Modell ist die Variable Y_3 eine exogene Variable, da auf sie kein Pfeil trifft.

Endogene Variablen. Endogene Variablen sind abhängige Variablen, die im Modell erklärt werden. Verändern sich die Werte der exogenen Variablen, so erwartet man eine Veränderung der endogenen Variablen aufgrund der funktionalen Abhängigkeit der endogenen von der exogenen Variablen. In dem Beispiel in Abbildung 25.3 sind die Variablen Y_1 und Y_2 endogene Variablen.

Mediatorvariablen. Mediatorvariablen sind vermittelnde Variablen. Sie vermitteln den Einfluss, den eine Variable auf eine andere Variable hat. Eine Mediatorvariable steht in einer Kausalkette zwischen zwei anderen Variablen. Sie ist somit eine unabhängige und eine abhängige Variable zugleich. Die Variable Y_1 in Abbildung 25.3 ist eine vermittelnde Variable. Sie vermittelt z. T. den Einfluss, den die Variable Y_3 auf die Variable Y_2 hat.

Typen von Effekten

In der Pfadanalyse lassen sich drei Arten von Effekten unterscheiden, die wir noch nicht im Rahmen der multiplen Regressionsanalyse kennengelernt haben: direkte, indirekte und totale Effekte.

Direkter Effekt. Dieser repräsentiert den direkten Einfluss, den eine Variable auf eine andere Variable hat, ohne dass dieser durch weitere Variablen vermittelt, beeinflusst oder erklärt wird. In Abbildung 25.3 gibt es drei verschiedene direkte Effekte: Der Pfadkoeffizient β_{21} repräsentiert den direkten Effekt der Variablen Y_1 auf die Variable Y_2, der Pfadkoeffizient β_{23} den direkten Effekt der Variablen Y_3 auf die Variable Y_2 und der Pfadkoeffizient β_{13} den direkten Effekt der Variablen Y_3 auf die Variable Y_1. Direkte Effekte stehen also immer an den einzelnen Pfeilen der graphischen Darstellungsform.

Indirekter Effekt. Dieser kennzeichnet den Effekt, den eine unabhängige Variable vermittelt über eine oder mehrere weitere Variablen auf eine abhängige Variable hat. Die vermittelnden Variablen werden auch Mediatorvariablen genannt. Gibt es keine Mediatorvariablen in einem Modell, so gibt es auch keine indirekten Effekte. In Abbildung 25.3 gibt es mit Y_1 eine Variable, die den Einfluss der Variablen Y_3 auf die Variable Y_2 vermittelt. Folglich muss es einen indirekten Effekt von Y_3 auf Y_2 (vermittelt über Y_1) geben. In Abbildung 25.1 gibt es einen indirekten Effekt der wahrgenommenen Verhaltenskontrolle, der über die Intention vermittelt wird, auf das Verhalten. Um einen indirekten Effekt zu bestimmen, wählt man zunächst die Regressionsgleichung derjenigen endogenen Variablen aus, auf die der Effekt gerichtet ist. In unserem Beispiel eines über Y_1 vermittelten indirekten Effekts von Y_3 auf Y_2 ist dies die Variable Y_2 und somit die Gleichung F 25.1. In dieser Gleichung ersetzt man die Mediatorvariable (in unserem Beispiel Y_1) durch diejenige Gleichung, in der sie selbst als abhängige Variable vorkommt. In unserem Beispiel setzt man daher die Gleichung F 25.2 in die Gleichung F 25.1 ein. Man erhält dann:

$$\begin{aligned} Y_2 &= \beta_{20} + \beta_{21} \cdot Y_1 + \beta_{23} \cdot Y_3 + \varepsilon_2 \\ &= \beta_{20} + \beta_{21} \cdot (\beta_{10} + \beta_{13} \cdot Y_3 + \varepsilon_1) + \beta_{23} \cdot Y_3 + \varepsilon_2 \\ &= \beta_{20} + \beta_{21} \cdot \beta_{10} + \beta_{21} \cdot \beta_{13} \cdot Y_3 + \beta_{23} \cdot Y_3 + \beta_{21} \cdot \varepsilon_1 + \varepsilon_2 \\ &= (\beta_{20} + \beta_{21} \cdot \beta_{10}) + \beta_{21} \cdot \beta_{13} \cdot Y_3 + \beta_{23} \cdot Y_3 \\ &\quad + (\beta_{21} \cdot \varepsilon_1 + \varepsilon_2) \end{aligned} \quad \text{(F 25.3)}$$

Das Produkt $\beta_{21} \cdot \beta_{13}$ der Pfadkoeffizienten β_{21} und β_{13} ist der indirekte Effekt und entspricht also dem Produkt der Pfadkoeffizienten, die man auf dem indirekten Weg zwischen der relevanten unabhängigen Variablen (in unserem Beispiel Y_3) und der relevanten abhängigen Variablen (in unserem Beispiel die endogene Variable Y_2) findet.

Totaler Effekt. Der totale Effekt ist der Gesamteffekt, den eine unabhängige auf eine abhängige Variable hat. Man erhält ihn, indem man den direkten und den indirekten Effekt bzw. die indirekten Effekte addiert. Dass diese Summe auch wirklich den Gesamteffekt abbildet, wird an unserem Beispiel deutlich, wenn man in Gleichung F 25.3 die Variable Y_3 auf der rechten Seite ausklammert:

$$Y_2 = (\beta_{20} + \beta_{21} \cdot \beta_{10}) + \beta_{21} \cdot \beta_{13} \cdot Y_3 + \beta_{23} \cdot Y_3$$
$$+ (\beta_{21} \cdot \varepsilon_1 + \varepsilon_2)$$
$$= (\beta_{20} + \beta_{21} \cdot \beta_{10}) + (\beta_{21} \cdot \beta_{13} + \beta_{23}) \cdot Y_3$$
$$+ (\beta_{21} \cdot \varepsilon_1 + \varepsilon_2) \quad\quad\quad (\text{F } 25.4)$$

Das Gewicht $(\beta_{21} \cdot \beta_{13} + \beta_{23})$ der Variablen Y_3 ist der Gesamteffekt, den die Variable Y_3 auf die Variable Y_2 hat. Er setzt sich additiv zusammen aus dem indirekten Effekt $\beta_{21} \cdot \beta_{13}$ und dem direkten Effekt β_{23}.

Interpretation der Effekte

Der Gesamteffekt $\beta_{21} \cdot \beta_{13} + \beta_{23}$ gibt die erwartete Veränderung der Variablen Y_2 wieder, wenn die Variable Y_3 um eine Einheit erhöht wird. Wenn wir in unserem inhaltlichen Beispiel die wahrgenommene Verhaltenskontrolle um eine Einheit erhöhen, erhöht sich der erwartete Wert auf der abhängigen Variablen »Verhalten« um den Wert $\beta_{21} \cdot \beta_{13} + \beta_{23}$. Diese Veränderung kommt dadurch zustande, dass eine Erhöhung der wahrgenommenen Verhaltenskontrolle um eine Einheit dazu führt, dass sich der erwartete Wert der Intention um den Wert β_{13} erhöht. Erhöht man die Intention um das β_{13}-fache einer Einheit, so beträgt die erwartete Verhaltensänderung das β_{21}-fache von β_{13} und somit $\beta_{21} \cdot \beta_{13}$ (indirekter Effekt). Eine Erhöhung der wahrgenommenen Verhaltenskontrolle um eine Einheit hat über diesen indirekten Effekt hinaus noch den direkten Effekt, der das erwartete Verhalten zusätzlich um den Wert β_{23} ändert.

25.1.2 Parameterschätzung und Modellüberprüfung

Um die Koeffizienten eines pfadanalytischen Modells zu schätzen, greift man wie bei den regressionsanalytischen Modellen (Kap. 18) und den faktorenanalytischen Modellen (Kap. 22–24) auf den Mittelwertsvektor und die Kovarianzmatrix der Variablen zurück.

Schätzung der Parameter auf Grundlage des Mittelwertsvektors und der Kovarianzmatrix

Die Schätzung der Parameter folgt demselben Prinzip, das wir ausführlich in Kapitel 23 zur konfirmatorischen Faktorenanalyse beschrieben haben und daher nicht mehr im Detail wiederholen müssen (s. Abschn. 23.5). Das Grundprinzip ist das Folgende: Man geht einerseits von den Mittelwerten sowie den Varianzen und Kovarianzen der beobachteten Variablen Y, andererseits von dem spezifizierten Modell aus. Wie jedes faktorenanalytische Modell impliziert auch jedes pfadanalytische Modell eine Mittelwerts- und eine Kovarianzstruktur. Dies bedeutet, dass bei Modellgültigkeit die Varianzen und Kovarianzen sowie die Mittelwerte bestimmten Anforderungen genügen müssen. Angenommen, wir würden in einem äußerst restriktiven Modell annehmen, dass alle Variablen voneinander unabhängig sind und somit alle denkbaren Pfadkoeffizienten gleich 0 sind. Dieses Modell würde implizieren, dass alle Kovarianzen der Y-Variablen ebenfalls gleich 0 sind. Wenn ein Modell bestimmte Restriktionen enthält, also nicht alle Abhängigkeiten berücksichtigt werden, dann kann die vom Modell erwartete Kovarianz- und Mittelwertsstruktur von der beobachteten Kovarianzmatrix und dem Mittelwertsvektor abweichen. Ist das Modell gültig, dann ist diese Abweichung in der Population gleich 0. Zieht man nun eine Stichprobe aus der Population, um die Parameter zu schätzen und die Modellgültigkeit zu überprüfen, dann kann die geschätzte vom Modell implizierte Kovarianzmatrix und der Mittelwertsvektor von der Stichprobenkovarianzmatrix und dem Stichprobenmittelwertsvektor aufgrund des Stichprobenfehlers selbst dann abweichen, wenn das Modell in der Population gültig ist. Bei der Parameterschätzung setzt man zunächst die Gültigkeit des Modells voraus. Die Modellparameter werden nun – wie bei den faktorenanalytischen Modellen – so geschätzt, dass die vom Modell implizierte Kovarianzmatrix sowie der vom Modell implizierte Vektor der Mittelwerte so gut wie nur möglich die beobachtete Kovarianzmatrix und den beobachteten Mittelwertsvektor reproduzieren, unter Berücksichtigung der Restriktionen, die durch ein Modell impliziert werden. Alle Schätzmethoden, die wir in Abschnitt 23.5 behandelt haben, können daher auch für pfadanalytische Modelle angewandt werden. Die Voraussetzungen dieser Methoden sind dort im Detail beschrieben. Diese Methoden erlauben es auch, Standardfehler der Parameterschätzungen zu bestimmen. Es lässt sich zeigen, dass die Parameter rekursiver Modelle generell eindeutig bestimmbar sind, d. h. identifiziert sind (zum Problem der Identifizierbarkeit s. Abschn. 23.4.2). Dies trifft für nicht-rekursive Modelle nicht ohne weiteres zu. Wir werden uns auf den einfacheren Fall rekursiver Modelle beschränken. Die Voraussetzungen, unter denen die Koeffizienten nicht-rekursiver Modelle bestimmt werden können, werden u. a. von Kaplan (2009) behandelt.

Veränderungsanalyse: Autoregressive Modelle

Wir werden die Parameterschätzung und Modellüberprüfung anhand von autoregressiven Modellen illustrieren. Diese Modelle heißen autoregressiv, da in ihnen die Variation in einem Merkmal auf die Variation desselben Merkmals zu einem früheren Messzeitpunkt zurückgeführt wird. In Abbildung 25.2 a findet sich die Grundstruktur eines autoregressiven Modells mit drei Variablen (A, B, C). Um einige Spielarten autoregressiver Modelle hier vertiefen zu können, wählen wir ein Modell mit vier Variablen. Genauer gesagt handelt es sich um eine Variable (die momentane Stimmung, erfasst als Mittelwert zweier fünfstufiger Stimmungsitems), die zu vier Messzeitpunkten im Abstand von ungefähr zwei Stunden gemessen wurde. Die Daten stammen aus einer Studie zu Stimmungsverläufen über den Tag hinweg (Courvoisier et al., 2010). Um die Veränderung im Stimmungserleben abzubilden, wurden drei autoregressive Modelle analysiert ($n = 137$), die in Abbildung 25.4 dargestellt sind und die wir im Folgenden besprechen werden.

Autoregressives Modell erster Ordnung. In diesem Modell hängt die Stimmung zu einem Messzeitpunkt t_l (mit $l = 1, …, m$ Messzeitpunkten) nur von der Stimmung zu dem unmittelbar vorangegangenen Messzeitpunkt t_{l-1} ab (s. Abb. 25.4 a). Die Stimmungen zu früheren Messzeitpunkten haben keinen direkten Effekt, sondern wirken sich nur indirekt über die Stimmung zu den dazwischen liegenden Messzeitpunkten aus.

Autoregressives Modell zweiter Ordnung. In diesem Modell wirkt sich nicht nur die Stimmung zu dem unmittelbar vorangegangenen Messzeitpunkt t_{l-1} auf die Stimmung zu t_l aus, sondern darüber hinaus noch die Stimmung zu zwei Messzeitpunkten davor (t_{l-2}). Außerdem hat die Stimmung zum Zeitpunkt t_{l-2} einen über die Stimmung zum Zeitpunkt t_{l-1} vermittelten Effekt auf die Stimmung zum Zeitpunkt t_l (s. Abb. 25.4 b).

Autoregressives Modell dritter Ordnung. In diesem Modell wird die Stimmung zum Zeitpunkt t_l durch die Stimmung zu dem unmittelbar vorangegangenen Messzeitpunkt t_{l-1}, durch die Stimmung zum Messzeitpunkt t_{l-2} und durch die Stimmung zum Messzeitpunkt t_{l-3} direkt beeinflusst. Zusätzlich gibt es indirekte Effekte zwischen den Messzeitpunkten (s. Abb. 25.4 c).

Autoregressive Modelle höherer Ordnung sind grundsätzlich möglich; in unserem Beispiel mit $m = 4$ Messzeitpunkten lassen sich solche autoregressiven Modelle vierter und höherer Ordnung allerdings nicht mehr überprüfen.

In Abbildung 25.5 sind die drei autoregressiven Modelle dargestellt, in die nun die geschätzten Parameterwerte eingetragen sind, und zwar die Pfadkoeffizienten (über den Pfeilen), die Varianz der Variablen Y_1 zum ersten Messzeitpunkt (über dem Kästchen zum ersten Messzeitpunkt) sowie die Varianzen der Residualvariablen (über den Pfeilen über den Kästchen). Für alle geschätzten Werte sind in Klammern die Standardfehler angegeben sowie in fetter Schrift die geschätzten standardisierten Werte. Letztere erhält man, indem alle Y-Variablen mittels einer z-Transformation nach Gleichung F 6.33 standardisiert werden.

Da es sich bei pfadanalytischen Modellen um ein System von Regressionsmodellen handelt, können die Modellparameter (d. h. die Pfadkoeffizienten und die Achsenabschnitte aller abhängigen Variablen, die Varianzen der unabhängigen Variablen und die Residualvarianzen aller abhängigen Variablen) nach den im Rahmen der multiplen Regressionsanalyse behandelten Gleichungen bestimmt werden, allerdings nicht aufgrund der beobachteten Varianzen, Kovarianzen und Mittelwerte, sondern aufgrund der vom Modell implizierten Varianzen, Kovarianzen und

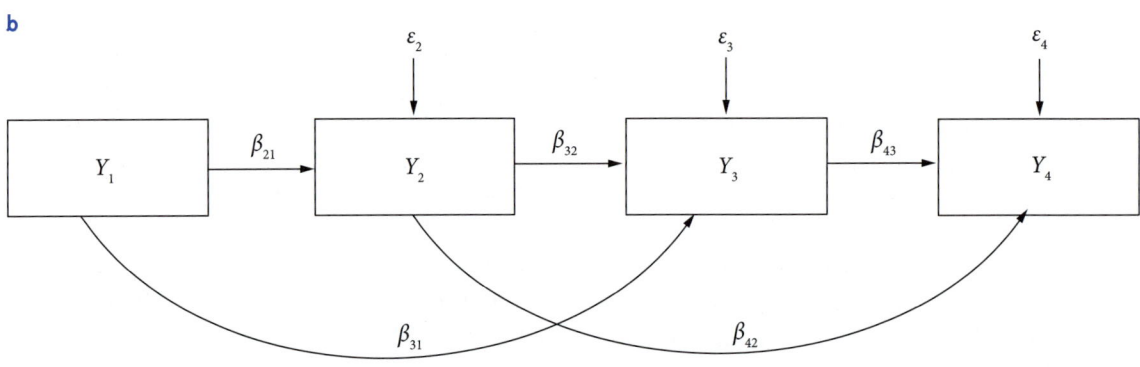

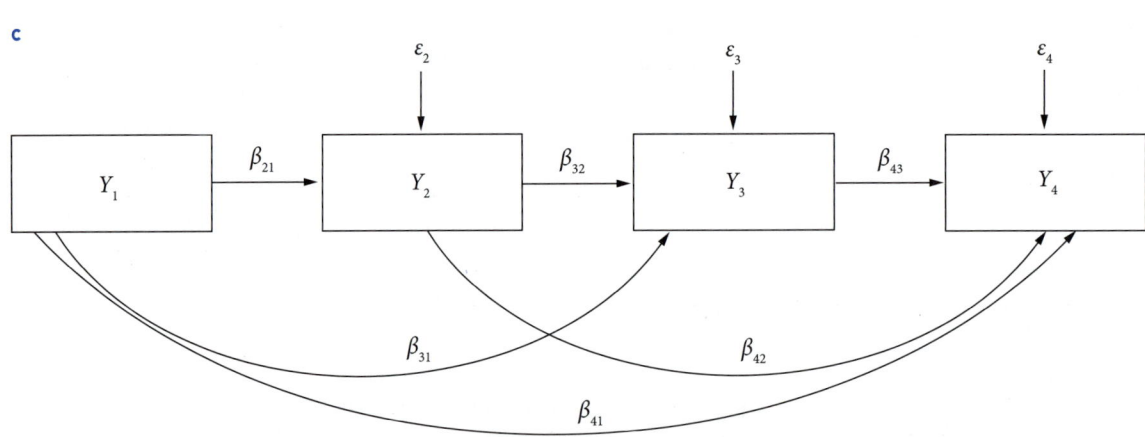

Abbildung 25.4 Autoregressive Pfadmodelle **a** Autoregressives Modell erster Ordnung **b** Autoregressives Modell zweiter Ordnung **c** Autoregressives Modell dritter Ordnung

Mittelwerte. Wie diese aussehen, werden wir im nächsten Abschnitt zur Überprüfung von Hypothesen behandeln.

Die geschätzten Achsenabschnitte, die wir mit b_{i0} bezeichnen, werden in der graphischen Darstellung eines Pfadmodells typischerweise nicht mit eingetragen. Sie lauten für die drei Modelle wie folgt:

(a) autoregressives Modell erster Ordnung:
$b_{20} = 2{,}31$; $b_{30} = 2{,}45$; $b_{40} = 2{,}07$

(b) autoregressives Modell zweiter Ordnung:
$b_{20} = 2{,}31$; $b_{30} = 2{,}24$; $b_{40} = 1{,}15$

(c) autoregressives Modell dritter Ordnung:
$b_{20} = 2{,}31$; $b_{30} = 2{,}23$; $b_{40} = 0{,}99$

Da ein pfadanalytisches Modell in ein System von Regressionsgleichungen zerlegt werden kann, ist die Bedeutung dieser Achsenabschnitte die gleiche wie im regressionsanalytischen Modell: Sie entsprechen dem bedingten Erwartungswert für die jeweilige ab-

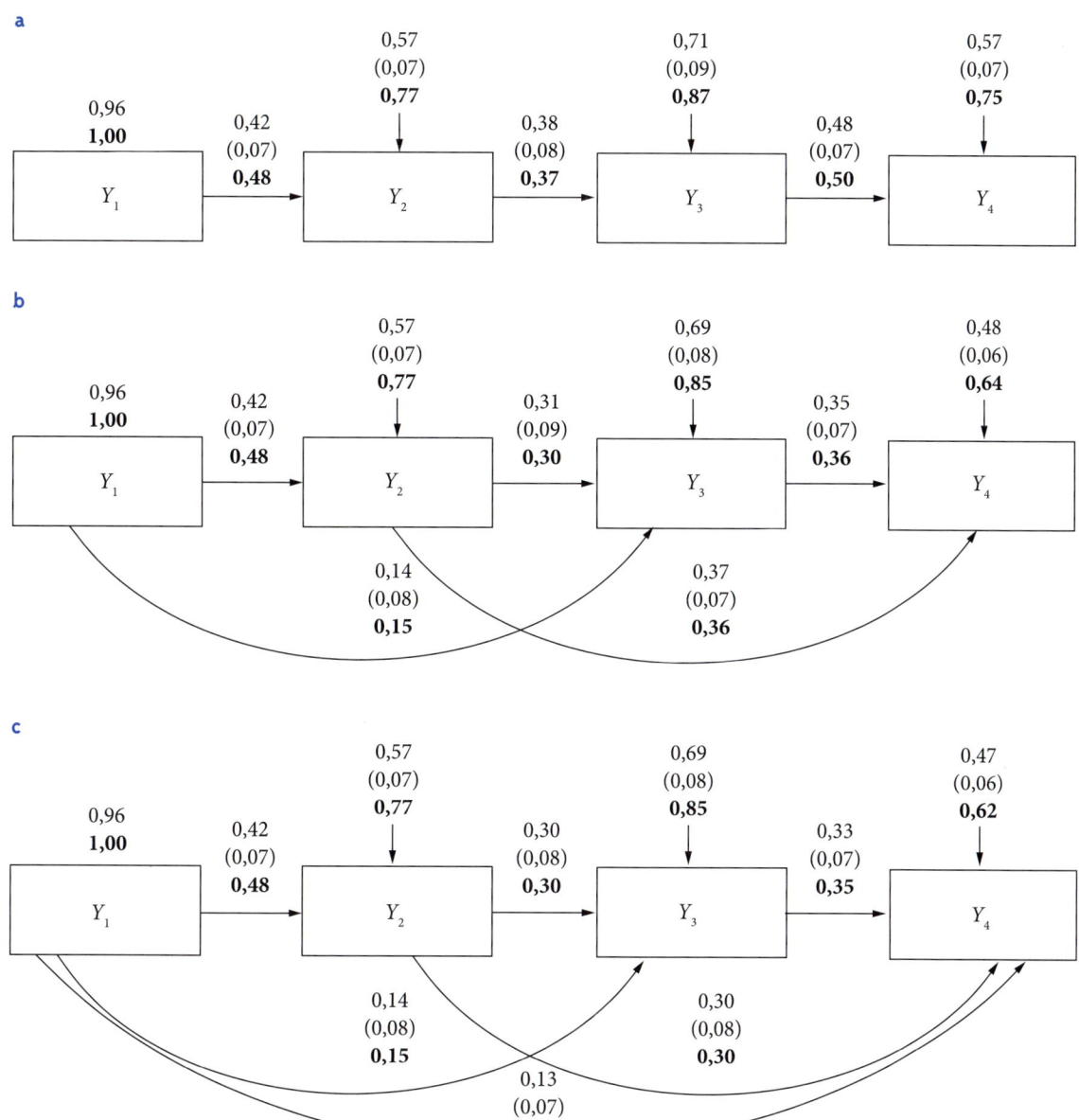

Abbildung 25.5 Autoregressive Pfadmodelle: Ergebnisse der Parameterschätzungen sowie Standardfehler (in Klammern) und Schätzungen für standardisierte Y-Variablen (fett) für das Beispiel wiederholt gemessener Stimmungszustände
a Autoregressives Modell erster Ordnung **b** Autoregressives Modell zweiter Ordnung **c** Autoregressives Modell dritter Ordnung

hängige Variable, wenn alle unabhängigen Variablen den Wert 0 annehmen. In die Schätzung der Achsenabschnitte fließen sowohl der Mittelwert der abhängigen Variablen ein, zu denen sie gehören, als auch die Pfadkoeffizienten und die Mittelwerte der unabhängigen Variablen, die einen direkten Einfluss auf die abhängige Variable haben. Der Achsenabschnitt β_{40} der Variablen Y_4 im autoregressiven Modell dritter Ordnung wird daher wie folgt geschätzt:

$$b_{40} = \bar{y}_4 - b_{41} \cdot \bar{y}_1 - b_{42} \cdot \bar{y}_2 - b_{43} \cdot \bar{y}_3$$

(s. hierzu Gleichung F 18.14). Die anhand von Stichprobendaten geschätzten Werte bezeichnen wir wie in der Regressionsanalyse mit den entsprechenden lateinischen Buchstaben. Die mit lateinischen Buchstaben bezeichneten Koeffizienten sind somit die Stichprobenkoeffizienten, die mit griechischen Buchstaben bezeichneten Parameter die Populationskoeffizienten. So bezeichnet z. B. $b_{40} = \hat{\beta}_{40}$ den anhand von Stichprobendaten geschätzten Parameter β_{40}. Die Achsenabschnitte sind in vielen Anwendungen von geringem Interesse, und wir werden sie auch in diesem Beispiel nicht weiter interpretieren.

> **Beispiel**
>
> **Stimmungserleben**
>
> **Autoregressives Modell erster Ordnung**
> Die Pfadkoeffizienten im autoregressiven Modell erster Ordnung geben an, wie stark sich die erwarteten Stimmungswerte von zwei Personen unterscheiden, die sich zu dem Messzeitpunkt davor in ihrem Stimmungserleben um eine Einheit unterschieden haben. So bedeutet z. B. der Koeffizient $b_{21} = 0{,}42$, dass man für Personen, die sich zum ersten Messzeitpunkt um eine Maßeinheit auf der Stimmungsskala unterscheiden, erwartet, dass sie sich zum zweiten Messzeitpunkt um 0,42 Einheiten unterscheiden. Stimmungsunterschiede zum zweiten Messzeitpunkt können jedoch nicht perfekt aus Stimmungsunterschieden zum ersten Messzeitpunkt vorhergesagt werden. Dies ist auf Einflüsse zurückzuführen, die interindividuelle Unterschiede in der intraindividuellen Veränderung der Stimmung vom ersten zum zweiten Messzeitpunkt bewirken. Diese Unterschiede werden durch die Residualvariable ε_2 repräsentiert, die neben »wahren« Einflüssen, die aber nicht gemessen wurden (und dementsprechend auch nicht modelliert werden können), auch den Messfehler umfasst. Die Trennung »wahrer« Einflüsse von messfehlerbedingten Einflüssen ist erst im Rahmen von linearen Strukturgleichungsmodellen möglich (s. Abschn. 25.2). Ein Messwert y_{m2} einer Person m zum zweiten Messzeitpunkt wird also zerlegt in einen vorhergesagten Wert $\hat{y}_{m2}$ und ein Residuum e_{m2}. Der Wert $\hat{y}_{m2}$ gibt den Stimmungswert einer Person m zur zweiten Messgelegenheit an, den wir aufgrund ihrer Stimmung zum ersten Messzeitpunkt erwarten. Hierin äußert sich die Vorhersagbarkeit und somit die Stabilität interindividueller Unterschiede über die Zeit. Der Wert e_{2m} hingegen repräsentiert denjenigen Teil der Stimmung zum zweiten Messzeitpunkt, der nicht anhand der Stimmung zum ersten Messzeitpunkt vorhergesagt werden kann. Er repräsentiert die Einflüsse, die interindividuelle Unterschiede in der Veränderung des Messwertes bedingen. Diese Unterschiede sind zum einen auf den Messfehler, zum anderen auf »wahre« Einflüsse (z. B. Situationseinflüsse) zurückführbar. Der standardisierte Pfadkoeffizient $b_{21s} = 0{,}48$ zeigt an, dass Personen, deren Stimmungsunterschied zum ersten Messzeitpunkt eine Standardabweichungseinheit beträgt, sich zum zweiten Messzeitpunkt gemäß der Erwartung um das 0,48-fache einer Standardabweichung unterscheiden. Die geschätzte Varianz der Residualvariablen von 0,57 spiegelt interindividuelle Unterschiede in den Veränderungswerten wider. Ihr standardisierter Wert von 0,77 zeigt an, dass 77 % der interindividuellen Unterschiede im Stimmungserleben zum zweiten Messzeitpunkt auf Veränderungseinflüsse zurückgeführt werden können, die nicht aus früheren Messzeitpunkten vorhersagbar (und damit nicht stabil) sind. Hingegen sind nur 23 % der Unterschiede zum zweiten Messzeitpunkt vorhersagbar (und damit stabil). Verkürzt gesagt: Bei Stimmungen handelt sich zum großen Teil um nicht-stabile Zustände.
>
> Im autoregressiven Modell erster Ordnung können verschiedene indirekte Effekte betrachtet werden. So gibt es einen indirekten Effekt von Y_1 auf Y_3, von Y_1 auf Y_4 und von Y_2 auf Y_4. Beispielsweise lässt sich die Variable Y_4 wie folgt als Funktion von Y_1 ausdrücken (s. Übung 1):
>
> $$Y_4 = (\beta_{40} + \beta_{43} \cdot \beta_{30} + \beta_{43} \cdot \beta_{32} \cdot \beta_{20}) + \beta_{43} \cdot \beta_{32} \cdot \beta_{21} Y_1 \\ + (\beta_{43} \cdot \beta_{32} \cdot \varepsilon_2 + \beta_{43} \cdot \varepsilon_3 + \varepsilon_4) \qquad \text{(F 25.5)}$$

Hieraus erhalten wir als indirekten Effekt von Y_1 auf Y_4: $\beta_{43} \cdot \beta_{32} \cdot \beta_{21}$. Dieser lässt sich in unserem Beispiel über

$$b_{43} \cdot b_{32} \cdot b_{21} = 0{,}48 \cdot 0{,}38 \cdot 0{,}42 = 0{,}077$$

schätzen. Der indirekte Effekt ist somit relativ gering. Würde man die Stimmung einer Person zum ersten Messzeitpunkt um eine Maßeinheit erhöhen, käme drei Messzeitpunkte später im Mittel nur noch das 0,077-fach dieser Erhöhung an. Will man die Stimmung zum vierten Messzeitpunkt (z. B. am Nachmittag) erhöhen, reicht es somit nicht aus, die Stimmung zum ersten Messzeitpunkt (z. B. am Morgen) zu erhöhen. In gleicher Weise lassen sich auch die indirekten Effekte von Y_2 auf Y_4 und von Y_1 auf Y_3 im autoregressiven Modell erster Ordnung herleiten (s. Übung 2).

Autoregressives Modell zweiter Ordnung

Im autoregressiven Modell zweiter Ordnung für vier Messgelegenheiten kommen zwei neue direkte Effekte hinzu. Hierdurch erhöht sich auch die Anzahl der indirekten Effekte, da die zusätzlichen direkten Effekte auch mehr indirekte Wege ermöglichen. Veranschaulichen wir uns diesen Sachverhalt, indem wir den Effekt der Stimmung zum ersten Messzeitpunkt auf die Stimmung zum vierten Messzeitpunkt untersuchen. In Abbildung 25.4 b lassen sich drei indirekte Wege von Y_1 zu Y_4 identifizieren:

$Y_1 \rightarrow Y_2 \rightarrow Y_3 \rightarrow Y_4$

$Y_1 \rightarrow Y_3 \rightarrow Y_4$

$Y_1 \rightarrow Y_2 \rightarrow Y_4$

Es gibt somit drei spezifische indirekte Effekte, die sich aus der Multiplikation der entsprechenden Pfadkoeffizienten ergeben (s. Übung 3):

$\beta_{43} \cdot \beta_{32} \cdot \beta_{21}$

$\beta_{43} \cdot \beta_{31}$

$\beta_{42} \cdot \beta_{21}$

Der totale indirekte Effekt ist dann die Summe der einzelnen spezifischen indirekten Effekte:

Totaler indirekter Effekt:
$\beta_{43} \cdot \beta_{32} \cdot \beta_{21} + \beta_{43} \cdot \beta_{31} + \beta_{42} \cdot \beta_{21}$

Da es im autoregressiven Modell zweiter Ordnung keinen direkten Effekt von Y_1 auf Y_4 gibt, ist der Gesamteffekt gleich dem totalen indirekten Effekt. Dieser lässt sich anhand der geschätzten Parameter in Abbildung 25.5 wie folgt schätzen:

$b_{43} \cdot b_{32} \cdot b_{21} + b_{43} \cdot b_{31} + b_{42} \cdot b_{21}$

$= 0{,}35 \cdot 0{,}31 \cdot 0{,}42 + 0{,}35 \cdot 0{,}14 + 0{,}37 \cdot 0{,}42$

$= 0{,}046 + 0{,}049 + 0{,}155 = 0{,}25$

Erhöht man die Stimmung zum ersten Messzeitpunkt um eine Messeinheit, würde dies – dem Modell zufolge – eine Erhöhung der Stimmung zum vierten Messzeitpunkt um ein Viertel einer Maßeinheit erwarten lassen. Die anderen Effekte lassen sich in analoger Weise bestimmen.

Autoregressives Modell dritter Ordnung

Im autoregressiven Modell dritter Ordnung kommt ein weiterer direkter Effekt hinzu, und zwar der direkte Effekt vom ersten zum vierten Messzeitpunkt. Hierdurch erhöht sich der Gesamteffekt, den die Stimmung zum ersten Messzeitpunkt auf die Stimmung zum vierten Messzeitpunkt hat, da zu dem im letzten Abschnitt behandelten totalen indirekten Effekt noch der direkte Effekt hinzukommt. Der Gesamteffekt lässt sich daher wie folgt bestimmen:

Totaler Effekt
= totaler indirekter Effekt + direkter Effekt
= $\beta_{43} \cdot \beta_{32} \cdot \beta_{21} + \beta_{43} \cdot \beta_{31} + \beta_{42} \cdot \beta_{21} + \beta_{41}$

Als Schätzung dieses totalen Effekts erhalten wir anhand der Werte in Abbildung 25.5:

$b_{43} \cdot b_{32} \cdot b_{21} + b_{43} \cdot b_{31} + b_{42} \cdot b_{21} + b_{41}$

$= 0{,}33 \cdot 0{,}30 \cdot 0{,}42 + 0{,}33 \cdot 0{,}14 + 0{,}30 \cdot 0{,}42 + 0{,}13$

$= 0{,}042 + 0{,}046 + 0{,}126 + 0{,}13 = 0{,}344$

Das autoregressive Modell dritter Ordnung enthält alle möglichen und empirisch überprüfbaren über die Zeit gerichteten direkten und indirekten Effekte und somit keine Restriktionen. Wie wir im nächsten Abschnitt sehen werden, handelt es sich deshalb um ein saturiertes Modell, d. h. ein in Bezug auf die möglichen Effekte gesättigtes Modell. Allgemein gilt, dass bei m Messzeitpunkten ein autoregressives Modell $(m-1)$-ter Ordnung alle möglichen über die Zeit gerichteten Pfade enthält.

25.1.3 Überprüfen von Hypothesen

In den Abbildungen 25.4 und 25.5 haben wir drei verschiedene Modelle zur Beschreibung der Zusammenhangsstruktur der vier Stimmungsvariablen vorgestellt. Diese Modelle lassen sich in Bezug auf ihre Komplexität in eine Ordnung bringen. Das komplexeste Modell ist das autoregressive Modell dritter Ordnung, das alle möglichen Pfade über die Zeit hinweg zulässt. Das autoregressive Modell zweiter Ordnung ist ein Spezialfall dieses allgemeineren Modells, denn es geht aus diesem durch die Restriktion $\beta_{41} = 0$ hervor. Das autoregressive Modell erster Ordnung ist das restriktivste Modell. Es ist ein Spezialfall des autoregressiven Modells zweiter Ordnung, denn es geht aus diesem durch die Restriktion $\beta_{42} = \beta_{31} = 0$ hervor. Gleichzeitig ist es ein Spezialfall des autoregressiven Modells dritter Ordnung mit der Restriktion $\beta_{42} = 0$, $\beta_{31} = 0$ und $\beta_{41} = 0$. Die Parameter all dieser Modelle lassen sich nur dann valide interpretieren, wenn die Modelle gültig sind. Man ist daher an der Überprüfung der Hypothese interessiert, dass das Modell in der Population gültig ist und somit die restringierten Parameter in der Population nicht von 0 abweichen.

Neben dieser Frage der allgemeinen Modellgültigkeit, die sich auf die Menge aller restringierten Parameter bezieht, können in pfadanalytischen Modellen auch konkrete Hypothesen in Bezug auf einzelne spezifische Parameter überprüft werden. Schließlich sind in pfadanalytischen Modellen auch Hypothesen in Bezug auf spezifische indirekte Effekte, auf den totalen indirekten Effekt sowie den Gesamteffekt formulier- und überprüfbar.

Überprüfung der Modellgültigkeit

Der Überprüfung der Gültigkeit eines Modells liegt dieselbe Nullhypothese wie bei faktorenanalytischen Modellen zugrunde, die wir schon ausführlich in Abschnitt 23.6 beschrieben haben. Es ist die Hypothese, dass in der Population die Kovarianzmatrix der beobachteten Variablen gleich der vom Modell implizierten Kovarianzmatrix ist und dass der Vektor der Erwartungswerte (theoretische Mittelwerte) der beobachteten Variablen gleich dem vom Modell implizierten Erwartungswertvektor ist. Zur statistischen Überprüfung kann man daher auf die in Abschnitt 23.6 ausführlich behandelten Verfahren und Modellgütekriterien zurückgreifen.

Wie bei den faktorenanalytischen Modellen sind die Kovarianzmatrix der beobachteten Variablen sowie ihre Erwartungswerte die Ausgangspunkte für die Überprüfung der Modellgültigkeit. Für unser Beispiel sind deren geschätzte Werte in Tabelle 25.1 angegeben. Für jedes pfadanalytische Modell gilt, dass die Kovarianzen, Varianzen und Erwartungswerte Funktionen der Modellparameter sind. Die Varianzen, Kovarianzen und Erwartungswerte lassen sich daher nach den in Abschnitt 7.2 behandelten Rechenregeln für Varianzen, Kovarianzen und Erwartungswerte aus den Modellparametern bestimmen. Wir wollen dies nur anhand eines Modells, und zwar des autoregressiven Modells erster Ordnung, illustrieren.

> **Beispiel**
>
> **Autoregressives Modell erster Ordnung: Bestimmung der implizierten Kovarianzen und Erwartungswerte**
>
> Im autoregressiven Modell erster Ordnung ergeben sich die Kovarianzen aus den Pfadkoeffizienten und den Varianzen der Variablen. In die Erwartungswerte fließen die Achsenabschnitte, die Pfadkoeffizienten und die Erwartungswerte der Variablen ein. Wir wollen dies nur für die Kovari-

anz $Cov(Y_1, Y_4)$ darstellen. Die Bestimmung der anderen Kovarianzen folgt demselben Prinzip. Im autoregressiven Modell erster Ordnung lässt sich die Variable Y_4 wie folgt als Funktion von Y_1 ausdrücken (s. Übung 1):

$$Y_4 = (\beta_{40} + \beta_{43} \cdot \beta_{30} + \beta_{43} \cdot \beta_{32} \cdot \beta_{20}) + \beta_{43} \cdot \beta_{32} \cdot \beta_{21} Y_1 + (\beta_{43} \cdot \beta_{32} \cdot \varepsilon_2 + \beta_{43} \cdot \varepsilon_3 + \varepsilon_4)$$

Da die Residualvariablen mit den unabhängigen Variablen in der Regressionsanalyse unkorreliert sind, ergibt sich hieraus für die Kovarianz (s. Übung 4):

$$Cov(Y_1, Y_4) = (\beta_{43} \cdot \beta_{32} \cdot \beta_{21}) \cdot Var(Y_1)$$

und den Erwartungswert (s. Übung 4):

$$E(Y_4) = (\beta_{40} + \beta_{43} \cdot \beta_{30} + \beta_{43} \cdot \beta_{32} \cdot \beta_{20}) + \beta_{43} \cdot \beta_{32} \cdot \beta_{21} \cdot E(Y_1)$$

Letztere Gleichung ergibt sich aufgrund der Eigenschaft der Residualvariablen, dass ihr Erwartungswert gleich 0 ist (s. Abschn. 16.3, 22.1.3).

Verschiedene Modelle stellen unterschiedlich starke Restriktionen an die Kovarianzmatrix und den Vektor der Erwartungswerte. Wir haben bereits in Kapitel 23 gesehen, dass sich die Restriktionen in der Anzahl der Freiheitsgrade niederschlagen. Diese ergeben sich aus der Anzahl der Varianzen, Kovarianzen und Erwartungswerte der beobachteten Variablen, von der man die Anzahl der zu schätzenden Parameter abzieht. Im Folgenden wollen wir die Modellgültigkeitsüberprüfung anhand der drei autoregressiven Modelle in Abbildung 25.4 illustrieren (s. folgenden Beispielkasten).

Überprüfung einzelner Parameter

Neben der Überprüfung der Modellgültigkeit können auch Hypothesen in Bezug auf einzelne Parameter getestet werden. Hierzu kann man den geschätzten Parameterwert durch den geschätzten Standardfehler des Parameters dividieren. Diese Prüfgröße ist t-verteilt. Zur Überprüfung der Hypothese $\beta_{41} = 0$ greifen wir auf die in Abbildung 25.5 c berichteten Ergebnis

> **Beispiel**
>
> #### Stimmungserleben: Anpassungsgüte der autoregressiven Modelle
>
> In Tabelle 25.1 sind die geschätzten, von den drei Modellen implizierten Varianzen, Kovarianzen und Mittelwerte angegeben. Diese zeigen, dass das autoregressive Modell dritter Ordnung perfekt auf die Daten passt. Dies liegt daran, dass das Modell alle möglichen Pfade über die Zeit zulässt und es sich um ein saturiertes Modell handelt. Dies wird daran erkennbar, dass die Anzahl der Freiheitsgrade in diesem Modell gleich 0 ist. Das etwas restriktivere autoregressive Modell zweiter Ordnung passt sehr gut auf die Daten. Die Hypothese, dass die von dem Modell implizierte Kovarianzmatrix und der implizierte Erwartungswertvektor nicht von der Populationskovarianzmatrix bzw. dem Populationsvektor der Erwartungswerte abweichen (perfekter Modellfit in der Population), muss somit nicht verworfen werden. Das autoregressive Modell erster Ordnung hingegen ist zu restriktiv und muss verworfen werden. Dies liegt vor allem daran, dass das autoregressive Modell erster Ordnung annimmt, dass die Stabilität über die Zeit hinweg abnimmt. Der implizierten Kovarianzmatrix zufolge erwartet dieses Modell, dass die Kovarianz zweier Variablen umso geringer ist, je weiter entfernt die beiden Variablen voneinander gemessen wurden. Dies ist bei den vorliegenden Daten jedoch nicht der Fall.
>
> Nach dem Prinzip von Ockhams Rasiermesser (s. Abschn. 20.4.4) nehmen wir daher das autoregressive Modell zweiter Ordnung an. Wir werden aber im Abschnitt zu den Strukturgleichungsmodellen zeigen, dass es noch einen Typus von Veränderungsmodellen gibt, der konzeptuell gesehen besser auf die Daten passt. Doch dazu später. Tabelle 25.1 zeigt, dass alle drei Modelle die beobachteten Mittelwerte exakt reproduzieren. Dies kommt daher, dass keine Restriktionen auf den Achsenabschnitten liegen und diese somit die beobachteten Mittelwerte perfekt reproduzieren können. Auch die von den Modellen implizierten Varianzen unterscheiden

sich nicht von den Varianzen der beobachteten Variablen in den drei Modellen. Dies liegt daran, dass keine Restriktionen in Bezug auf die Fehlervarianzen formuliert werden und diese so geschätzt werden, dass sie die Varianzen der beobachteten Variablen perfekt reproduzieren. Die Modelle legen somit nur Restriktionen auf die Autokovarianzen und somit auf den Veränderungsprozess.

Tabelle 25.1 Mittelwerte, Varianzen, Kovarianzen und Korrelationen (kursiv) der Stimmungsvariablen zu vier Messgelegenheiten sowie modellkonforme Mittelwerte und Kovarianzmatrizen für verschiedene Testmodelle

a Mittelwerte, Varianzen, Kovarianzen und Korrelationen (kursiv) der beobachteten Variablen

	y_1	y_2	y_3	y_4
Mittelwerte	3,75	3,90	3,95	3,95
y_1	0,96	*0,48*	*0,29*	*0,39*
y_2	0,41	0,75	*0,37*	*0,50*
y_3	0,26	0,29	0,82	*0,50*
y_4	0,33	0,37	0,39	0,75

b Von einem *autoregressiven Modell erster Ordnung* implizierte Mittelwerte, Varianzen, Kovarianzen sowie Modellgültigkeit

	y_1	y_2	y_3	y_4
Mittelwerte	3,75	3,90	3,95	3,95
y_1	0,96			
y_2	0,41	0,75		
y_3	0,16	0,29	0,82	
y_4	0,08	0,14	0,39	0,75

$\chi^2(df = 3, n = 137) = 28{,}67; p < 0{,}01; \text{CFI} = 0{,}78;$
$\text{RMSEA} = 0{,}25; p_{\text{RMSEA}} < 0{,}01$

c Von einem *autoregressiven Modell zweiter Ordnung* implizierte Mittelwerte, Varianzen, Kovarianzen sowie Modellgültigkeit

	y_1	y_2	y_3	y_4
Mittelwerte	3,75	3,90	3,95	3,95
y_1	0,96			
y_2	0,41	0,75		
y_3	0,26	0,29	0,82	
y_4	0,24	0,37	0,39	0,75

$\chi^2(df = 1, n = 137) = 3{,}35; p = 0{,}07; \text{CFI} = 0{,}98;$
$\text{RMSEA} = 0{,}13; p_{\text{RMSEA}} = 0{,}121$

d Von einem *autoregressiven Modell dritter Ordnung* implizierte Mittelwerte, Varianzen, Kovarianzen sowie Modellgültigkeit

	y_1	y_2	y_3	y_4
Mittelwerte	3,75	3,90	3,95	3,95
y_1	0,96			
y_2	0,41	0,75		
y_3	0,26	0,29	0,82	
y_4	0,33	0,37	0,39	0,75

$\chi^2(df = 0, n = 137) = 0; p = 1{,}00; \text{CFI} = 1{,}00;$
$\text{RMSEA} = 0{,}00; p_{\text{RMSEA}} = 1{,}00$

se zurück und teilen den Koeffizienten $b_{41} = 0{,}13$ durch seinen Standardfehler von 0,08 und erhalten als Wert der Prüfgröße $t = 0{,}13/0{,}07 = 1{,}86$. Das Computerprogramm Mplus gibt als dazugehörigen p-Wert 0,07 an. Wir verwerfen die Hypothese somit nicht. Mit diesem Vorgehen lassen sich alle direkten Effekte in einem pfadanalytischen Modell überprüfen. Aufgrund der Standardfehler lassen sich auch die Konfidenzintervalle der einzelnen Parameter nach der bereits in Abschnitt 18.7.5 (multiple Regressionsanalyse) beschriebenen Methode bestimmen.

Überprüfung indirekter Effekte

Indirekte Effekte setzen sich aus Produkten von Pfadkoeffizienten zusammen. Deshalb folgt ihre Stichprobenkennwerteverteilung nicht zwangsläufig einer symmetrischen Verteilung. Dies hat Auswirkungen auf den Signifikanztest und die Bestimmung von Konfidenzintervallen. Die statistische Überprüfung indirekter Effekte hat in den letzten Jahren zunehmend an Bedeutung gewonnen, was zur Entwicklung neuerer und adäquaterer Verfahren zur Testung von Mediatorhypothesen geführt hat. Einen umfassenden Überblick über dieses Gebiet gibt MacKinnon (2008), dessen differenzierter Diskussion der verschiedenen Ansätze wir folgen werden. Insbesondere stellen wir zwei Verfahren vor: (1) den Sobel-Test und (2) Verfahren, die auf dem Bootstrapping basieren.

Sobel-Test. Der Sobel-Test ist einer der am häufigsten eingesetzten Tests zur Überprüfung von Mediatorhypothesen. Er basiert auf einem Vorschlag von Sobel (1982), der eine Formel für die Schätzung des Standardfehlers eines indirekten Effekts hergeleitet hat. Für einen indirekten Effekt, z. B. $b_{12} \cdot b_{32}$, lautet dieser Standardfehler wie folgt:

$$s_{B_{12} \cdot B_{32}} = \sqrt{b_{12}^2 \cdot s_{B_{32}}^2 + b_{32}^2 \cdot s_{B_{12}}^2} \quad \text{(F 25.6)}$$

Hierbei handelt es sich nur um einen approximativen Standardfehler, ein exakter Standardfehler ist bei MacKinnon (2008) beschrieben. Auf Grundlage dieses Standardfehlers wird in der Forschungspraxis häufig ein approximatives zweiseitiges Konfidenzintervall für einen indirekten Effekt bestimmt, indem auf die kritischen Werte der Standardnormalverteilung zurückgegriffen wird:

$$b_{12} \cdot b_{32} \pm z_{\left(\frac{\alpha}{2}\right)} s_{B_{12} \cdot B_{32}} \quad \text{(F 25.7)}$$

Liegt der Wert 0 im Konfidenzintervall, wird die Nullhypothese $\beta_{12} \cdot \beta_{32} = 0$ beibehalten. Dieses Konfidenzintervall hat allerdings den Nachteil, dass es auf der Annahme basiert, dass die Stichprobenkennwerteverteilung des Produkts zweier Pfadkoeffizienten einer Normalverteilung folgt. Dies ist aber nicht zwangsläufig der Fall. Folgen die Stichprobenkennwerteverteilungen der einzelnen Pfadkoeffizienten einer Normalverteilung, dann kann die Stichprobenkennwerteverteilung ihres Produkts nicht mehr normalverteilt sein. Bei dem Sobel-Test ist daher eine wichtige Voraussetzung nicht erfüllt. Der Sobel-Test sollte also nur dann herangezogen werden, wenn adäquatere moderne Verfahren, die auf asymmetrischen Stichprobenkennwerteverteilungen aufbauen, nicht zur Verfügung stehen. Allerdings sind die Unterschiede zwischen dem Sobel-Test und moderneren Verfahren häufig – aber nicht immer – nur gering (MacKinnon, 2008). Bei der Bestimmung von angemessenen Konfidenzintervallen und statistischen Tests steht man vor dem Problem, dass das Produkt zweier normalverteilter Variablen nicht einer bekannten Verteilungsklasse folgt. Es gibt verschiedene Ansätze, wie man dieses Problem angehen kann, die bei MacKinnon (2008) und MacKinnon et al. (2002) im Überblick dargestellt werden. Als besonders erfolgreich haben sich Verfahren erwiesen, die sich des Bootstrappings bedienen (MacKinnon et al., 2004).

Bootstrapping-basierte Verfahren. Wir haben die Bootstrapping-Methode bereits in Abschnitt 9.2.4 kennengelernt. Beim nonparametrischen Bootstrapping geht man so vor, dass aus der Stichprobe wiederholt Stichproben mit Zurücklegen gezogen werden. Diese wiederholt gezogenen Stichproben haben die gleiche Größe wie die Ursprungsstichprobe, so dass einzelne Beobachtungseinheiten (z. B. Personen) mehrfach in einer Bootstrapping-Stichprobe auftreten. In jeder Bootstrapping-Stichprobe kann nun dasselbe Pfadmodell geschätzt werden, und die Schätzungen der indirekten Effekte über die verschiedenen Substichproben hinweg können herangezogen werden, um die Grenzen des Konfidenzintervalls eines indirekten Effekts zu bestimmen. Bei der einfachsten Form des Bootstrapping, der Perzentil-Methode, bestimmt man die Intervallgrenzen eines $(1-\alpha)$-Konfidenzintervalls, indem man als obere Grenze das $(1-\alpha/2)$-Perzentil und als untere Grenze das $(\alpha/2)$-Perzentil anhand der in den verschiedenen Bootstrapping-Stichproben geschätzten indirekten Effekte bestimmt. Bezogen auf ein 95%-Konfidenzintervall ist die obere Grenze das 0,975-Perzentil, also der Wert, der die 2,5 % der am größten geschätzten indirekten Effekte vom Rest der Verteilung trennt. In analoger Weise ist die untere Grenze das 0,025-Perzentil, also der Wert, der die 2,5 % der am kleinsten geschätzten indirekten Effekte von der unteren Verteilung abtrennt.

Eine akkurate Methode ist das bias-korrigierte Bootstrapping-Verfahren. Das Verfahren korrigiert die Ergebnisse der Bootstrapping-Methode in Bezug auf eine Verschätzung, die sich ergeben kann, wenn der wahre Wert des indirekten Effekts nicht dem Median der Verteilung der indirekten Effekte entspricht, die man durch das Bootstrapping-Verfahren erhält (s. hierzu MacKinnon, 2008). Bisherige Simulationsstudien zeigen, dass das bias-korrigierte Bootstrapping-Verfahren den anderen Verfahren zur Überprüfung indirekter Effekte überlegen ist, so dass es von MacKinnon et al. (2004) als Methode der Wahl zur Überprüfung von Mediatorhypothesen empfohlen wird. MacKinnon (2008) beschreibt die vorgenommene Korrektur im Detail. Das Verfahren ist in modernen Statistikprogrammen für lineare Strukturgleichungsmodelle wie Mplus (Muthén & Muthén, 2004–2008) enthalten. Um die Grenzen des Konfidenzintervalls genau zu schätzen, greift man auf viele Bootstrapping-Stichproben zurück. Üblicherweise werden wenigstens 1000 Bootstrapping-Stichproben gezogen (MacKinnon, 2008). Anhand dieser Methode lassen sich Konfidenzintervalle auch für den totalen Effekt und für die direkten Effekte bestimmen.

Überprüfung von Mediatorhypothesen nach Baron und Kenny (1986).
Signifikante indirekte Effekte zeigen bedeutsame vermittelte Effekte an und dienen zur Überprüfung von Mediatorhypothesen. Die Überprüfung von Mediatorhypothesen hat in den Sozial- und Verhaltenswissenschaften eine lange Tradition. In der Psychologie ist besonders der Ansatz von Baron und Kenny (1986) zur Überprüfung von Mediatorhypothesen sehr einflussreich geworden. Diesen Ansatz kann man auch anwenden, wenn Mediatorhypothesen nicht anhand einer Pfadanalyse, son-

---

Beispiel

Stimmungen im Alltag: Inferenzstatistische Absicherung indirekter Effekte

Anhand des bias-korrigierten Bootstrappings haben wir die spezifischen indirekten Effekte und den totalen indirekten Effekt im autoregressiven Modell zweiter Ordnung überprüft. Es ergaben sich für diese Effekte die folgenden Konfidenzintervalle:

$\beta_{43} \cdot \beta_{32} \cdot \beta_{21}$:   [0,016; 0,105]

$\beta_{43} \cdot \beta_{31}$:   [−0,004; 0,130]

$\beta_{42} \cdot \beta_{21}$:   [0,067; 0,266]

Für den totalen indirekten Effekt erhält man:

$\beta_{43} \cdot \beta_{32} \cdot \beta_{21} + \beta_{43} \cdot \beta_{31} + \beta_{42} \cdot \beta_{21}$:   [0,134; 0,371]

Diese Konfidenzintervalle zeigen, dass der indirekte Effekt von Y_1 auf Y_4, der über die Variablen Y_2 und Y_3 vermittelt wird ($\beta_{43} \cdot \beta_{32} \cdot \beta_{21}$), bedeutsam von 0 verschieden ist. Dies gilt auch für den indirekten Effekt von Y_1 auf Y_4, der über Y_2 vermittelt wird ($\beta_{42} \cdot \beta_{21}$). Hingegen ist der indirekte Effekt von Y_1 auf Y_4, der über Y_3 vermittelt wird ($\beta_{43} \cdot \beta_{31}$), nicht bedeutsam von 0 verschieden. Betrachtet man den totalen indirekten Effekt, so ist dieser bedeutsam von 0 verschieden. Stimmungsunterschiede zum ersten Messzeitpunkt wirken sich also – vermittelt über die dazwischenliegenden Messzeitpunkte – bedeutsam auf Stimmungsunterschiede zum vierten Messzeitpunkt aus. Das Stimmungserleben zum vierten Messzeitpunkt ist daher nicht unabhängig vom Stimmungserleben zu den drei Messzeitpunkten zuvor. Es gehen somit nicht alle Stimmungsunterschiede über die Zeit verloren. Der signifikante indirekte Effekt zeigt, dass es durchaus ein gewisses Maß an Stabilität der Stimmung über die Zeit hinweg gibt, und das sogar für den Zeitraum zwischen der ersten und der vierten Messung – allerdings ist der Effekt der Stimmung zu t_1 auf die Stimmung zu t_4 über die beiden dazwischen liegenden Messzeitpunkte vermittelt und nicht direkt. Mit anderen Worten: Über die Stabilität in der Stimmung (genauer gesagt: in den interindividuellen Stimmungsunterschieden) zwischen den dazwischen liegenden Messzeitpunkten hinaus gibt es keine zusätzliche Stabilität, die sich nur zwischen den Messzeitpunkten t_1 und t_4 zeigen würde.

dern anhand verschiedener multipler Regressionsanalysen untersucht werden. Wie wir in Abschnitt 25.1.1 gesehen haben, lässt sich ein Pfadmodell als ein System multipler Regressionsanalysen darstellen. Baron und Kenny (1986) zufolge lassen sich bedeutsame Mediatoreffekte in vier Schritten nachweisen, wobei Y_1 die exogene Variable, Y_2 die Mediatorvariable und Y_3 die abhängige Variable bezeichnet. Man ist somit an der Frage interessiert, ob die Mediatorvariable einen bedeutsamen vermittelnden Effekt in der Kausalkette $Y_1 \rightarrow Y_2 \rightarrow Y_3$ hat. Nach Baron und Kenny (1986) ist dies der Fall, wenn folgende vier Bedingungen erfüllt sind:

(1) In einer einfachen linearen Regression von Y_3 auf Y_1 ($Y_3 = \beta_{30} + \beta_{31} \cdot Y_1 + \varepsilon_3$) ist das geschätzte Regressionsgewicht b_{31} signifikant von 0 verschieden und zeigt an, dass es einen bedeutsamen Zusammenhang gibt, der zu vermitteln ist.

(2) Die unabhängige Variablen Y_1 hat einen bedeutsamen Einfluss auf die Mediatorvariable Y_2, d. h., bezogen auf die einfache lineare Regression $Y_2 = \beta_{20} + \beta_{21} \cdot Y_1 + \varepsilon_2$ ist das geschätzte Regressionsgewicht b_{21} signifikant von 0 verschieden.

(3) Der Mediator Y_2 hat einen bedeutsamen Einfluss auf die abhängige Variable Y_3, wenn der Einfluss der Variablen Y_1 statistisch kontrolliert wird, d. h., wenn die Variable Y_1 in das Modell aufgenommen wurde. Untersucht man Mediatorhypothesen anhand verschiedener multipler Regressionsanalysen, dann sollte der Effekt der Variablen Y_2 auf Y_3 in einer multiplen Regressionsanalyse auch dann statistisch bedeutsam sein, wenn Y_1 als weitere unabhängige Variable in die Regressionsanalyse aufgenommen wurde. Dies bedeutet, dass bezogen auf das multiple Regressionsmodell $Y_3 = \beta_{30} + \beta_{31} \cdot Y_1 + \beta_{32} \cdot Y_2 + \varepsilon_3$ das geschätzte Regressionsgewicht b_{32} signifikant von 0 verschieden sein sollte.

(4) Der direkte Effekt b_{31} von Y_1 auf Y_3 darf *nicht* signifikant von 0 verschieden sein, wenn die Mediatorvariable in das Modell mit aufgenommen wurde. Wird die Mediatorhypothese anhand multipler Regressionsanalysen untersucht, bedeutet dies, dass bezogen auf das multiple Regressionsmodell $Y_3 = \beta_{30} + \beta_{31} \cdot Y_1 + \beta_{32} \cdot Y_2 + \varepsilon_3$ das geschätzte Regressionsgewicht b_{31} nicht signifikant von 0 verschieden sein darf. Der Ansatz von Baron und Kenny (1986) geht also davon aus, dass der totale Effekt von Y_1 auf Y_3 von Y_2 mediiert wird.

Diese vier Schritte nach Baron und Kenny (1986) wurden in der psychologischen Methodenlehre zunehmend kritisiert (MacKinnon, 2008). Schritt 1 ist problematisch, da ein bedeutsamer Mediatoreffekt selbst dann vorliegen kann, wenn die beiden Variablen Y_1 und Y_3 unkorreliert sind. Dies ist möglich, wenn der über den Mediator M vermittelte indirekte Effekt und der direkte Effekt von Y_1 auf Y_3 unterschiedliche Vorzeichen haben. Dies ist bei Suppressorbeziehungen der Fall, die wir ausführlich in Abschnitt 18.8 behandelt haben. Man nennt solche Mediatorbeziehungen auch inkonsistente Mediation (MacKinnon, 2008). Auch Schritt 4 ist problematisch, da man in vielen theoretischen Modellen nicht davon ausgeht, dass der gesamte Effekt einer Variablen auf eine andere Variable vermittelt wird. Ein prominentes Beispiel ist das bereits in Abbildung 25.1 dargestellte Modell des geplanten Verhaltens, in dem man davon ausgeht, dass die wahrgenommene Verhaltenskontrolle einen indirekten Effekt auf das Verhalten hat, der über die Intention vermittelt wird, und darüber hinaus noch einen direkten Effekt auf das Verhalten hat. Moderne statistische Verfahren wie die bias-korrigierte Bootstrap-Methode erlauben eine zuverlässige direkte Überprüfung von Mediatorhypothesen, die sich gezielt auf einzelne spezifische indirekte Effekte oder den gesamten indirekten Effekt beziehen, die in vielen Fragestellungen zu Mediatoreinflüssen von Interesse sind.

25.2 Lineare Strukturgleichungsmodelle

Pfadanalytische Modelle gehen – genau wie die Regressionsanalyse – davon aus, dass alle Variablen im Modell messfehlerfrei gemessen wurden. Wie wir in den Kapiteln 22 und 23 gesehen haben, trifft diese Annahme für die meisten Bereiche der verhaltenswissenschaftlichen Forschung nicht zu. Sind die Messungen der Variablen messfehlerbehaftet und wird dies nicht berücksichtigt, so werden sowohl die Pfadkoeffizienten als auch ihre Standardfehler verzerrt geschätzt. Darunter leidet die Validität von Aussagen, die man anhand der pfadanalytischen Ergebnisse trifft. So haben wir in den Modellen in den Abbildungen 25.4 und 25.5 die erklärte Varianz über die Zeit als Stabilitätsmaß interpretiert und diejenigen Varianzanteile, die auf die Residualvariablen zurückgeführt werden können, als Ausmaß interindividueller Unterschiede in der intraindividuellen Veränderung. Sind die Variablen messfehlerbehaftet, so ist ein Teil dieser interindividuellen Unterschiede auf Messfehler zurückzuführen. Die Messfehlerbehaftetheit der exogenen Variablen Y_1 führt dazu, dass ihr wahrer Einfluss unterschätzt wird, was zur Folge hat, dass auch die wahre Stabilität unterschätzt wird. Da Messfehler bei der Stimmungsmessung nicht zu vermeiden sind, ist es sehr wahrscheinlich, dass in den in Abbildung 25.5 berichteten Modellen die wahre Stabilität unterschätzt wird. Lineare Strukturgleichungsmodelle erlauben es, messfehlerbedingte von wahren Einflüssen zu trennen. Wir haben in Kapitel 23 und 24 die Messfehlertheorie im Detail behandelt und festgestellt, dass faktorenanalytische Modelle zur Trennung messfehlerbedingter Einflüsse von wahren Einflüssen geeignet sind. Lineare Strukturgleichungsmodelle stellen eine Kombination von Faktoren- und Pfadanalyse dar, die es erlauben, pfadanalytische Strukturen auf der Ebene latenter Variablen zu untersuchen.

25.2.1 Messmodell und Strukturmodell

In einem linearen Strukturgleichungsmodell unterscheidet man zwei Teilmodelle: das Messmodell und das Strukturmodell. Im Messmodell wird gezeigt, wie latente, messfehlerbereinigte Variablen auf Grundlage eines faktorenanalytischen Modells definiert werden können. Im Strukturmodell werden die Beziehungen zwischen den latenten Variablen anhand eines Pfadmodells spezifiziert. Zur Trennung des Messfehlers von wahren Effekten braucht man im Allgemeinen mindestens zwei Indikatoren pro Konstrukt (latente Variable). Ein autoregressives Modell zur Trennung wahrer Effekte von messfehlerbedingten Effekten mit nur einem Indikator pro Konstrukt wird z. B. bei Jöreskog (1979) beschrieben.

In Abbildung 25.6 ist ein lineares Strukturgleichungsmodell mit zwei Indikatoren pro latenter Variable für unser Beispiel in Abbildung 25.1 dargestellt. In dieser Abbildung wird auch gezeigt, wie sich dieses allgemeine Strukturgleichungsmodell in ein Mess- und ein Strukturmodell zerlegen lässt.

Messmodell

In dem Messmodell werden die Beziehungen zwischen den beobachteten und den latenten Variablen spezifiziert. Im Messmodell wird festgelegt, wie die latenten Variablen gemessen werden. Messmodelle können sowohl für metrische als auch für ordinale Variablen spezifiziert werden (Muthén, 1984; s. Abschn. 23.8). In allen Fällen wird jedoch angenommen, dass die latenten Variablen metrischer Natur sind. Erweiterungen von linearen Strukturgleichungsmodellen, die auch die Analyse latenter kategorialer, nominalskalierter Variablen erlauben, werden wir nicht behandeln (s. hierzu Hagenaars, 1993; Muthén, 2002). Der Einfachheit halber beschränken wir uns außerdem auf metrische beobachtete Variablen. Für unser Beispiel des Modells des geplanten Verhaltens ist das Messmodell in Abbildung 25.7 graphisch dargestellt. Zusätzlich sind die Gleichungen, die das Messmodell in diesem Beispiel spezifizieren, angegeben. Man sieht, dass das Messmodell ein faktorenanalytisches Modell ist, das den bereits in Kapitel 23 ausführlich beschriebenen Gleichungen folgt. In Kapitel 23 haben wir Messmodelle auch anhand inhaltlicher Beispiele ausführlich illustriert, so dass wir dies nicht zu wiederholen brauchen.

Strukturmodell

Im Strukturmodell werden die Beziehungen der latenten Variablen untereinander spezifiziert. Lineare Strukturgleichungsmodelle eröffnen vielfältige Möglichkeiten der Modellierung dieser Beziehungen. So können direkte, indirekte oder Moderatoreffekte auf latenter Ebene analysiert werden. Alle Varianten der Regressionsanalyse, die wir in Kapitel 18 behandelt haben, lassen sich auf die Ebene latenter Variablen übertragen, also auch kovarianzanalytische Modelle

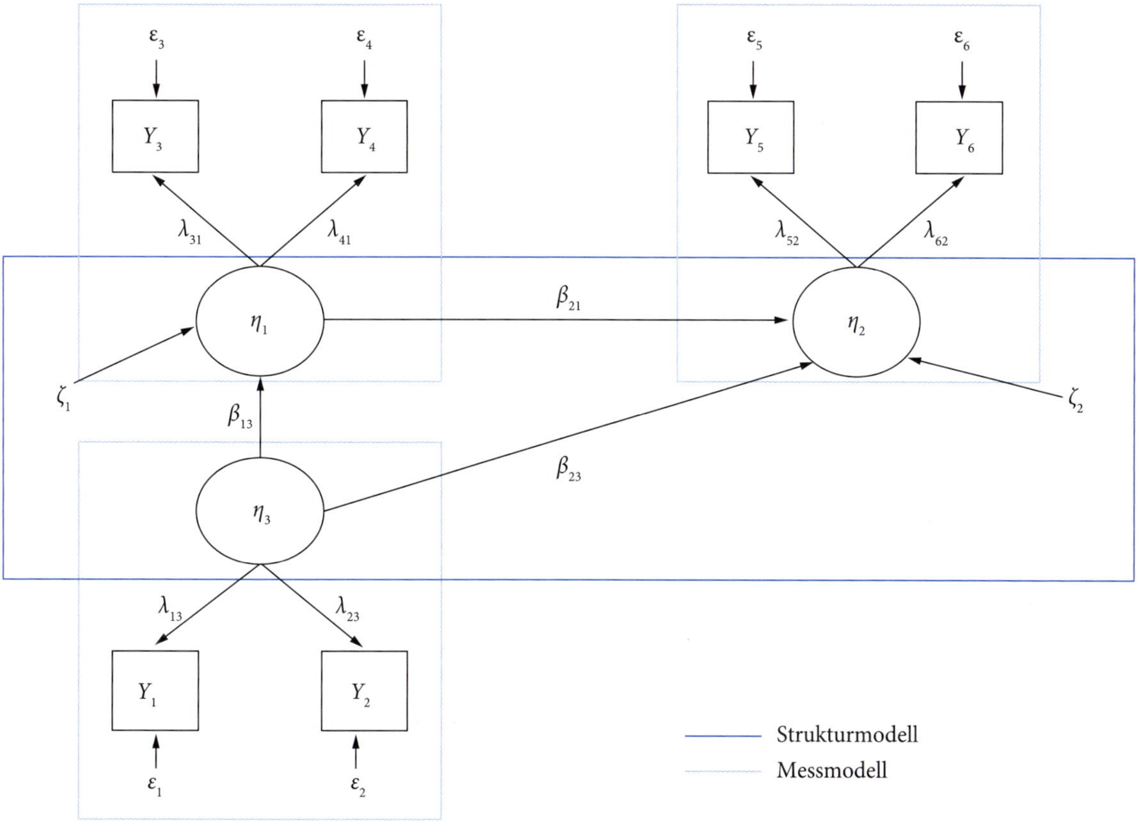

Abbildung 25.6 Lineares Strukturgleichungsmodell

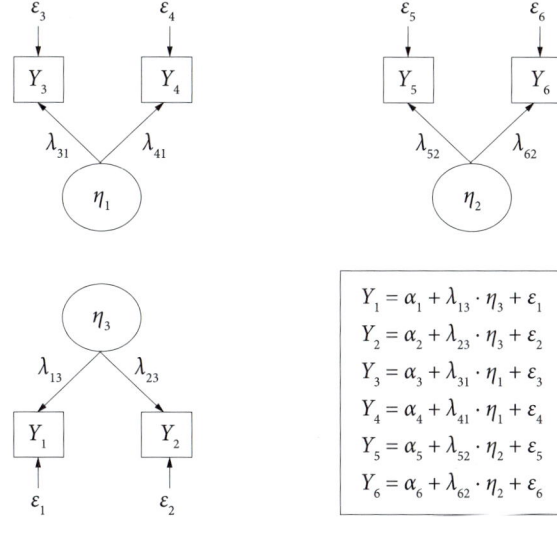

Abbildung 25.7 Lineares Strukturgleichungsmodell: Messmodell zu dem Strukturgleichungsmodell in Abbildung 25.6

$Y_1 = \alpha_1 + \lambda_{13} \cdot \eta_3 + \varepsilon_1$
$Y_2 = \alpha_2 + \lambda_{23} \cdot \eta_3 + \varepsilon_2$
$Y_3 = \alpha_3 + \lambda_{31} \cdot \eta_1 + \varepsilon_3$
$Y_4 = \alpha_4 + \lambda_{41} \cdot \eta_1 + \varepsilon_4$
$Y_5 = \alpha_5 + \lambda_{52} \cdot \eta_2 + \varepsilon_5$
$Y_6 = \alpha_6 + \lambda_{62} \cdot \eta_2 + \varepsilon_6$

und Modelle der moderierten Regressionsanalyse (mit Interaktionen zwischen den unabhängigen Variablen). Auch ist es möglich, multivariate Regressionsmodelle zu betrachten, bei denen es mehrere abhängige Variablen gibt. Darüber hinaus können die pfadanalytischen Modelle, die wir in Abschnitt 25.1 behandelt haben, auf die latente Ebene übertragen werden. Das in den Abbildungen 25.6 bis 25.8 spezifizierte Modell des geplanten Verhaltens ist ein solches latentes Pfadmodell. In Abbildung 25.8 sind die Strukturgleichungen des Strukturmodells angegeben. Diese Gleichungen entsprechen strukturell den Gleichungen F 25.1 und F 25.2. Der einzige Unterschied besteht in der Bezeichnung der Variablen. Während sich die Gleichungen F 25.1 und F 25.2 auf beobachtete Variablen beziehen, wird in den Gleichungen in Abbildung 25.8 das pfadanalytische Modell auf die latenten Variablen übertragen. Mit η (griech. klei-

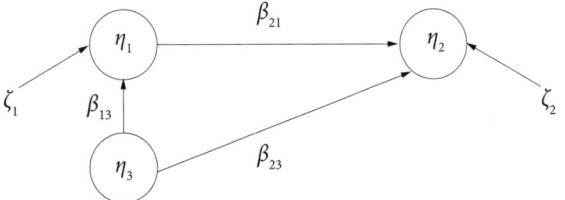

$\eta_1 = \kappa_1 + \beta_{13} \cdot \eta_3 + \zeta_1$
$\eta_2 = \kappa_2 + \beta_{23} \cdot \eta_3 + \beta_{21} \cdot \eta_1 + \zeta_2$

Abbildung 25.8 Lineares Strukturgleichungsmodell: Strukturmodell zu dem Strukturgleichungsmodell in Abbildung 25.6

nes Eta) werden wie im faktorenanalytischen Modell die latenten Variablen (Faktoren) bezeichnet, mit β die Pfadkoeffizienten, mit κ die Achsenabschnitte der latenten Variablen und mit ζ die latenten Residualvariablen.

Die Gleichungen des Strukturmodells unterscheiden sich in ihrer Form nicht von den Gleichungen des Messmodells: Abhängige Variablen werden in eine Linearkombination von gewichteten unabhängigen Variablen zerlegt. Es gibt einen Achsenabschnitt, um Niveauunterschiede abzubilden, und es gibt eine Residualvariable, die den nicht erklärten Anteil der abhängigen Variablen repräsentiert. Im Messmodell sind die abhängigen Variablen beobachtbar, im Strukturmodell latent. Im Strukturmodell können die spezifischen indirekten Effekte, die totalen indirekten Effekte, die direkten Effekte und die totalen Effekte in derselben Weise wie im pfadanalytischen Modell bestimmt und auch statistisch auf Signifikanz überprüft werden.

25.2.2 Parameterschätzung und Hypothesenüberprüfung

Die Methoden der Parameterschätzung und der Modellüberprüfung sind dieselben, die wir schon ausführlich in den Kapiteln 22 und 23 sowie in Abschnitt 25.1.2 behandelt haben. Bei Strukturgleichungsmodellen handelt es sich um spezielle Methoden der konfirmatorischen Faktorenanalyse, bei denen spezifische Abhängigkeitsstrukturen auf Ebene der Faktoren postuliert werden. Wir werden daher die Methoden nicht wiederholen und verweisen auf Kapitel 23 (s. auch Reinecke, 2005). Im Folgenden werden wir lineare Strukturgleichungsmodelle anhand des schon in Abschnitt 25.1 eingeführten Beispiels illustrieren. Wir zeigen zunächst, wie der dort gewählte autoregressive Modellierungsansatz auf latente Variablen übertragen werden kann, und führen dann mit einem Latent-State-Trait-Modell ein alternatives Modell der Längsschnittsforschung ein.

25.2.3 Latente autoregressive Modelle

In Abschnitt 25.1.2 haben wir autoregressive Modelle der Veränderungsmessung eingeführt, die den autoregressiven Prozess auf Ebene der beobachteten Variablen modellieren. Dies hat den Nachteil, dass nicht zwischen unsystematischen, messfehlerbedingten Unterschieden in der Veränderung und systematischen, wahren Unterschieden in der Veränderung unterschieden werden kann. In diesem Abschnitt zeigen wir, wie dies im Rahmen der linearen Strukturgleichungsmodelle möglich ist. Wir beschränken uns auf das autoregressive Modell zweiter Ordnung, da es den Veränderungsprozess zufriedenstellend beschreibt. Die Spezifizierung des latenten autoregressiven Modells erster und dritter Ordnung folgt demselben Prinzip.

Um messfehlerbedingte von wahren Einflüssen zufriedenstellend trennen zu können, ist es notwendig, den Stimmungszustand zu jeder Messgelegenheit mit mindestens zwei Indikatoren zu erfassen. Ein latentes autoregressives Modell zweiter Ordnung mit zwei Indikatoren ist in Abbildung 25.9 dargestellt. In diesem Modell werden unsystematische Einflüsse, die auf Messfehler zurückgeführt werden können, durch die ε-Variablen repräsentiert, während wahre individuelle Unterschiede in der intraindividuellen Veränderung durch die ζ-Variablen repräsentiert sind. Um den latenten Variablen eine Metrik zu geben und das Modell zu identifizieren, setzen wir die Ladungen der jeweils ersten Variablen auf 1, d. h., wir setzen die notwendige Restriktion $\lambda_{11} = \lambda_{32} = \lambda_{53} = \lambda_{74} = 1$. Darüber hinaus fixieren wir die Erwartungswerte der Faktoren auf 0 (s. hierzu ausführlich Abschn. 23.2.4). Dies hat zur Folge, dass alle κ-Koeffizienten gleich 0 sind.

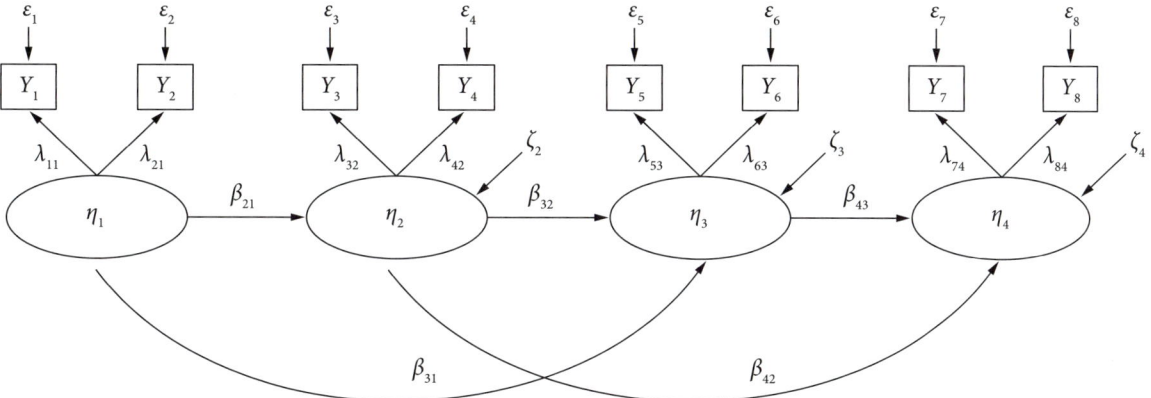

Abbildung 25.9 Latentes autoregressives Modell zweiter Ordnung

Beispiel

Stimmungserleben über die Zeit

Um in unserem Anwendungsbeispiel aus der Stimmungsforschung messfehlerbedingte von wahren Unterschieden trennen zu können, greifen wir auf zwei Testhälften eines Stimmungsinventars zurück und nehmen die beiden Testhälften als Indikatoren für eine Stimmungszustandsvariable. Zur Testung des autoregressiven Pfadmodells in den Abschnitten 25.1.2 und 25.1.3 haben wir nur die erste dieser beiden Testhälften verwendet. Um die Hypothese zu überprüfen, dass ein autoregressives Modell zweiter Ordnung die Veränderung des Stimmungserlebens adäquat beschreibt, überprüfen wir zunächst ein Modell der konfirmatorischen Faktorenanalyse, bei dem alle Korrelationen zwischen den latenten Variablen zugelassen sind und diese nicht weiter restringiert werden (s. Abb. 25.10). Nach den in Abschnitt 23.4.2 behandelten Identifikationsregeln ist dieses Modell identifiziert. Die Überprüfung dieses Modells als Basismodell ist sinnvoll, da mit ihm die Hypothese überprüft werden kann, dass die Messmodelle adäquat sind. Da das Strukturmodell in diesem Modell saturiert ist, enthält es keine Restriktionen. Eine mangelnde Modellanpassungsgüte würde ausschließlich darauf hinweisen, dass das Messmodell nicht adäquat ist. Wäre dies der Fall, wäre ein weitergehendes Modell mit Restriktionen auf der Zusammenhangsstruktur der latenten Variablen, wie sie in dem autoregressiven Modell zweiter Ordnung enthalten sind, nicht sinnvoll anwendbar. Darüber hinaus nutzen wir dieses allgemeinere Modell, um spezifische Hypothesen über die Messstruktur zu testen, bevor wir Hypothesen über das Strukturmodell testen.

Faktoranalytisches Basismodell

In dem Faktormodell in Abbildung 25.10 weisen wir den Ladungen der ersten beobachteten Variablen pro Faktor den Wert 1 zu. Darüber hinaus legen wir die Erwartungswerte der Faktoren auf den Wert 0 fest. Diese Restriktionen sind erforderlich, um den vier Faktoren eine Metrik zuzuweisen (s. Abschn. 23.4.2). Das konfirmatorische Faktormodell in Abbildung 25.10 weist eine sehr gute Modellanpassungsgüte auf ($\chi^2 = 19{,}78$; $df = 14$; $n = 137$; $p = 0{,}14$; CFI $= 0{,}99$; RMSEA $= 0{,}06$; $p_{\text{RMSEA}} = 0{,}38$). Dieses Modell erlaubt die Schätzung der latenten Stabilität über die Zeit anhand der Korrelationen der latenten Variablen. Diese liegen zwischen $r = 0{,}43$ und $r = 0{,}73$ und sind deutlich höher als die Korrelationen auf manifester Ebene, die z. B. für den jeweils ersten Indikator in Tabelle 25.1 angegeben sind und zwischen $r = 0{,}29$ und $r = 0{,}50$ liegen. Dies zeigt, dass die wahre Stabilität unterschätzt wird, wenn man Messfehlereinflüsse nicht berücksichtigt. Die Reliabilitäten, d. h. die durch die latenten Variablen erklärten Varianzanteile, lassen sich nach dem in Kapitel 23 beschriebenen Vorgehen bestimmen. Sie entsprechen der durch die Faktoren erklärten Varianz einer beobachteten Vari- ▶

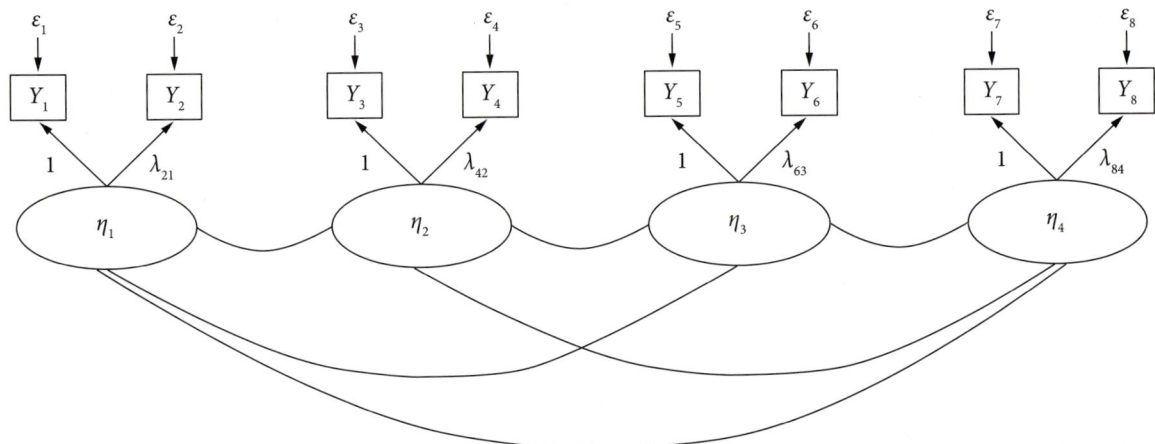

Abbildung 25.10 Konfirmatorisches Faktormodell

ablen. Sie liegen zwischen 0,62 und 0,81 und weisen darauf hin, dass die beobachteten Variablen die latenten Variablen nicht fehlerfrei messen.

Messinvarianz

In einem nächsten Schritt untersuchen wir auf der Grundlage dieses faktorenanalytischen Modells, ob sich die Messstruktur über die Zeit ändert oder konstant bleibt. Dies bezieht sich auf die Frage, ob die Achsenabschnitte und die Ladungskoeffizienten, die zu einer Testhälfte gehören, über die Zeit stabil sind oder zeitlichen Veränderungen unterliegen. Ändert sich das Messmodell für eine latente Stimmungsvariable nicht über die Zeit, so bedeutet dies, dass zu den verschiedenen Messzeitpunkten die beobachteten Variablen in gleicher Weise mit den latenten Variablen verknüpft sind. Würde man die wahren Stimmungswerte der Personen kennen, so hätte die Messinvarianz zur Folge, dass Personen mit gleichen latenten Stimmungswerten denselben vorhergesagten beobachteten Stimmungswert aufweisen würden. Die Prognose der beobachteten Stimmungswerte würde nicht strukturell vom Messzeitpunkt abhängen. Aus messtheoretischer Sicht würde dies bedeuten, dass die beobachteten Variablen zu allen Messzeitpunkten dasselbe (veränderliche) Konstrukt erfassen, die Bedeutung der latenten Variablen über die Zeit würde sich nicht ändern. Dies ist in Veränderungsstudien

eine wichtige Voraussetzung, um latente Veränderungswerte interpretieren zu können. Nur wenn sich das Konstrukt über die Zeit nicht ändert, kann ein latenter Differenzwert als Ausmaß quantitativer Veränderung interpretiert werden. In einem nächsten Schritt überprüfen wir daher die Anpassungsgüte des Modells in Abbildung 25.10, dem wir zusätzlich folgende Restriktionen auferlegen:

$\lambda_{21} = \lambda_{42} = \lambda_{63} = \lambda_{84}$

$\alpha_1 = \alpha_3 = \alpha_5 = \alpha_7$

$\alpha_2 = \alpha_4 = \alpha_6 = \alpha_8$

Dieses Modell passt gut auf die Daten ($\chi^2 = 32{,}62$; $df = 23$; $p = 0{,}09$) und führt zu keiner signifikant schlechteren Modellanpassung (χ^2-Differenz = 12,84; $df = 9$; $n = 137$; $p = 0{,}17$). Wir gehen daher von der Messinvarianz über die Zeit aus, die Bedeutung der latenten Stimmungsvariablen ändert sich nicht.

Homogenität der Testhälften

Die Messmodelle für die einzelnen latenten Zustandsvariablen in Abbildung 25.10 folgen einem Modell τ-kongenerischer Variablen (s. Abschn. 22.2.6). In einem nächsten Schritt sind wir daran interessiert, ob das Messmodell strengeren Homogenitätsanforderungen genügt. Hierzu überprüfen wir, ob die Messmodelle für die einzelnen latenten Zustandsvariablen in Abbildung 25.10 einem Modell essentiell τ-äquivalenter Variablen (mit zeitinvarianten Parametern) folgen, d. h., wir setzen auch die Ladungen der zweiten beobachteten Variablen auf 1. Dieses Modell passt gut auf die Daten ($\chi^2 = 33,54$; $df = 24$; $p = 0,09$) und weist keine signifikant schlechtere Modellanpassungsgüte auf als das kongenerische Messmodell (χ^2-Differenz $= 0,92$; $df = 1$; $n = 137$; $p = 0,34$).

In einem weiteren Schritt prüfen wir, ob die Messmodelle nicht vielleicht sogar einem noch restriktiveren Modell folgen, dem Modell τ-äquivalenter Variablen. In diesem Modell wird zusätzlich angenommen, dass die Achsenabschnitte zwischen den beiden Testhälften gleich sind. Dieses Modell passt jedoch nicht auf die Daten ($\chi^2 = 54,82$; $df = 25$; $p < 0,01$) und passt signifikant schlechter auf die Daten als das weniger restriktive Modell (χ^2-Differenz $= 21,28$; $df = 1$; $n = 137$; $p < 0,01$). Die beiden Testhälften unterscheiden sich somit in ihrer Leichtigkeit, wobei die Unterschiede zwischen beiden Achsenabschnitten (Leichtigkeitskoeffizienten) gering sind (erste Testhälfte: 3,91; zweite Testhälfte: 4,06). Wir nehmen daher das Modell mit essentiell τ-äquivalenten Variablen für jede latente Variable und Messinvarianz über die Zeit als Ausgangsmodell für das autoregressive Modell zweiter Ordnung.

Autoregressives Modell zweiter Ordnung

Nachdem wir die Gültigkeit des Messmodells überprüft und festgestellt haben, dass es sich hier um ein Modell essentiell τ-äquivalenter Variablen mit Messinvarianz über die Zeit hinweg handelt, widmen wir uns nun dem Strukturmodell. Zunächst überprüfen wir die Annahme, dass die wahre Veränderung der Stimmung über die Zeit hinweg einem autoregressiven Modell zweiter Ordnung entspricht (s. Abb. 25.9). Der Unterschied zum saturierten Modell in Abbildung 25.10 besteht darin, dass der direkte Einfluss der Stimmung zum Messzeitpunkt t_1 (Variable η_1) auf die Stimmung zum Messzeitpunkt t_4 (Variable η_4) gleich 0 ist. Formal lautet die Restriktion also: $\beta_{41} = 0$. Das autoregressive Modell zweiter Ordnung mit Messinvarianz der latenten Zustandsvariablen über die Zeit hat einen akzeptablen Fit ($\chi^2 = 33,69$; $df = 25$; $p = 0,11$) und führt zu keiner signifikant schlechteren Modellanpassung als das Ausgangsmodell (χ^2-Differenz $= 0,15$; $df = 1$; $n = 137$; $p = 0,70$).

Wir überprüfen in einem nächsten Schritt, ob der autoregressive Prozess zeitstabil ist. Dies wäre dann der Fall, wenn sich die autoregressiven Parameter erster Ordnung sowie die autoregressiven Parameter zweiter Ordnung über die Zeit nicht ändern, d. h., wir überprüfen die Hypothese:

$$H_0: \beta_{21} = \beta_{32} = \beta_{43} \quad \text{und} \quad \beta_{42} = \beta_{31}$$

Dieses Modell weist eine gute Modellanpassungsgüte auf ($\chi^2 = 39,69$; $df = 28$; $n = 137$; $p = 0,07$; CFI $= 0,98$; RMSEA $= 0,06$; $p_{\text{RMSEA}} = 0,37$); die zusätzlichen Restriktionen führen zu keiner signifikanten Verschlechterung der Modellanpassung (χ^2-Differenz $= 6,00$; $df = 3$; $n = 137$; $p = 0,11$). Die geschätzten Modellparameter sind in Abbildung 25.11 angegeben.

Reliabilitäten. Da die Ladungen auf 1 fixiert wurden, werden sie nicht geschätzt und weisen daher einen Standardfehler von 0 auf, den wir nicht angeben. Die standardisierten Ladungen können als Korrelationen zwischen den beobachteten und den latenten Variablen interpretiert werden. Ihr quadrierter Wert entspricht der Reliabilität. Die Reliabilitäten liegen somit zwischen $(0,76)^2 = 0,58$ und $(0,89)^2 = 0,79$. Die standardisierten Fehlervarianzen sind das Gegenstück zur Reliabilität (Unreliabilität) und ergänzen sich mit den quadrierten Ladungskoeffizienten bis auf Rundungsfehler zu 1.

Latente Residualvarianzen. Die standardisierten Varianzen der latenten Residualvariablen ζ geben das Ausmaß wahrer interindividueller Unterschiede in der intraindividuellen Veränderung wieder. Sie ergänzen sich mit den latenten Determinationskoeffizienten zu 1. Die latenten Determinationskoeffizienten repräsentieren das Ausmaß an wahrer Stabilität (d. h. Vorhersagbarkeit von Stimmungsunterschieden zu einem späteren Zeitpunkt). Im Vergleich zu den manifesten Residualvariablen in Abbildung 25.5 sind die (standardisierten) latenten Residualvarianzen in Abbildung 25.11 kleiner, das Ausmaß wahrer interindividueller Unterschiede in der intraindividuellen Veränderung also geringer. Dies rührt daher,

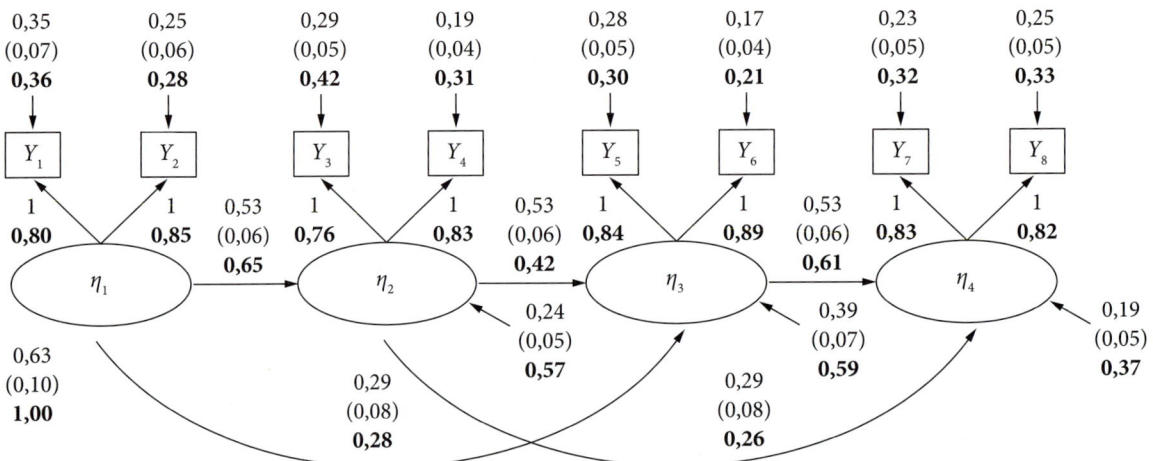

Abbildung 25.11 Latentes autoregressives Modell zweiter Ordnung: Parameterschätzungen, Standardfehler (in Klammern) und Parameterschätzungen des standardisierten Modells (fett)

dass die Residualvariablen in Abbildung 25.5 auch die Messfehlereinflüsse umfassen und somit wahre Unterschiede überschätzen.

Interpretation des Strukturmodells. Das autoregressive Modell zweiter Ordnung passt gut auf die Daten. Es ist aber nur eines unter vielen Veränderungsmodellen, die mit Strukturgleichungsmodellen untersucht werden können. Aus dem Blickwinkel der *Vorhersage* des Stimmungserlebens hat das autoregressive Modell eine einfache Bedeutung: Um einen Stimmungszustand zum nächsten Zeitpunkt vorherzusagen, muss man neben der momentanen Stimmung auch die Stimmung davor in die Prädiktionsgleichung aufnehmen. Aus der Sicht der *Erklärung* des Verhaltens ist das autoregressive Modell zweiter Ordnung schwieriger zu interpretieren. Es leuchtet zwar unmittelbar ein, dass man, um die momentane Stimmung zu erklären, auf den Messzeitpunkt davor rekurrieren kann, schwieriger ist aber zu verstehen, warum die Stimmung zwei Messzeitpunkte zuvor einen Einfluss hat, der über die Stimmung zum vorherigen Messzeitpunkt hinausgeht. Warum hängt die Stimmung am Nachmittag nicht nur von der Stimmung am Mittag, sondern auch von der Stimmung am Vormittag ab? Im Folgenden stellen wir ein alternatives Veränderungsmodell für das Stimmungserleben vor, dass eine einfachere Erklärung ermöglicht.

25.2.4 Latent-State-Trait-Modell

Das Latent-State-Trait-Modell basiert auf einer State-Trait-Theorie (Zustands-Eigenschafts-Theorie) der Stimmungen. Aus vielen Untersuchungen wissen wir, dass sich Menschen in ihrer habituellen Stimmungslage unterscheiden (Wessman & Ricks, 1966). Wir haben hierauf schon in Abschnitt 18.8 verwiesen. Menschen unterscheiden sich darin, inwiefern sie über die Zeit und über Situationen hinweg tendenziell mehr oder weniger positiv gestimmt sind. Die Stimmung einer spezifischen Person zu einem spezifischen Messzeitpunkt (State) ist einer solchen State-Trait-Theorie zufolge zum einen von der habituellen Stimmungslage einer Person (Trait) und zum anderen von messgelegenheitsspezifischen Einflüssen abhängig. Die messgelegenheitsspezifischen Einflüsse können dazu führen, dass man sich mal besser, mal schlechter fühlt, als man sich üblicherweise fühlt.

Diese inhaltliche Idee haben Steyer und Kollegen (Steyer et al., 1992, 1999) in ein lineares Strukturgleichungsmodell übertragen, das in Abbildung 25.12 für vier Messzeitpunkte dargestellt ist. Dieses Modell erhält man, indem man zu dem autoregressiven Modell erster Ordnung einen allgemeinen Faktor η_5 hinzufügt, der sich auf alle Messungen auswirkt. Dieser Faktor repräsentiert in unserem Beispiel die habituelle Stimmungslage. Für Personen, die einen hohen Wert auf diesem Faktor haben, erwartet man zu allen

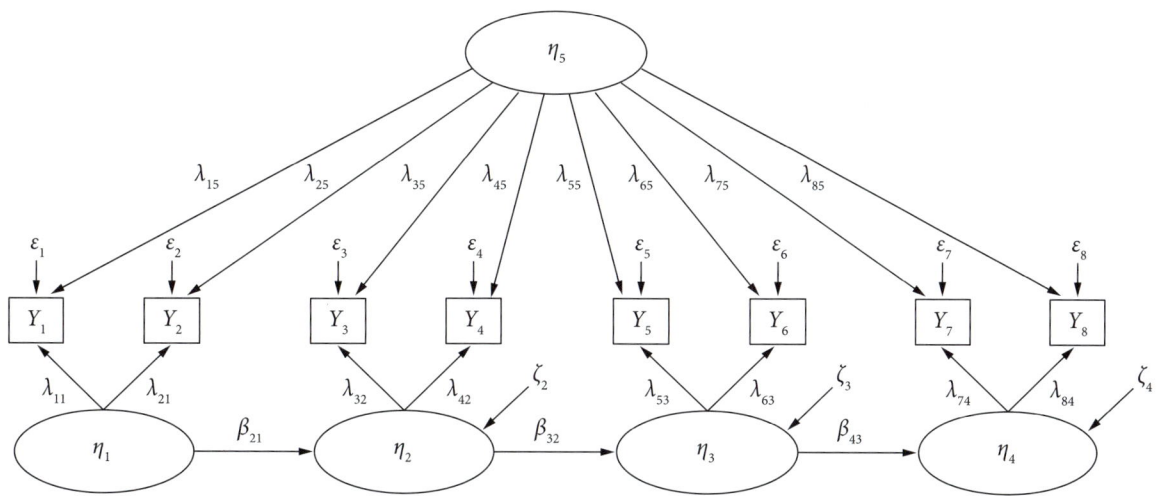

Abbildung 25.12 Latent-State-Trait-Modell mit autoregressiver Struktur erster Ordnung

Messzeitpunkten einen höheren Stimmungszustandswert als für Personen, die einen niedrigeren Faktorwert aufweisen. Der Faktor repräsentiert somit wahre zeitstabile interindividuelle Unterschiede in der Stimmung. Er wird daher auch *Traitfaktor* genannt. Durch die Hinzunahme dieses Traitfaktors ändern die Variablen η_1 bis η_4 ihre Bedeutung. Die Variable η_1 kennzeichnet nun Abweichungen des wahren Stimmungswertes zur ersten Messgelegenheit von dem Wert, den man aufgrund der habituellen Stimmungslage erwarten würde. Bei der Variablen η_1 handelt es sich nun um eine latente Residualvariable. Ein positiver Wert auf dieser Variablen bedeutet, dass die Person sich zu dieser Messgelegenheit besser fühlt, als man es aufgrund ihrer habituellen Stimmungslage erwarten würde; ein negativer Wert zeigt an, dass die Person sich schlechter als üblich fühlt. Hinter der Variablen η_1 verbergen sich somit messgelegenheitsspezifische Einflüsse, die zu einer Variabilität des Stimmungserlebens führen. Dies gilt in analoger Weise für die Faktoren η_2, η_3 und η_4. Würde das Modell keine autoregressiven Parameter enthalten, so wäre es ein Modell, in dem die Stimmungszustände zufällig um die Stimmungslage schwanken. Bei kurzabständigen Messungen schwanken die Stimmungen jedoch nicht ganz so zufällig, sondern weisen eine gewisse Trägheit auf. Wenn Stimmungen kurzabständig gemessen werden, so ist z. B. die Wahrscheinlichkeit erhöht, sich besser zu fühlen, wenn man sich schon bei der Messung davor besser gefühlt hat. Diese Trägheit wird durch die autoregressive Struktur repräsentiert. Sind die Messzeitpunkte ausreichend weit voneinander entfernt, werden die autoregressiven Parameter typischerweise nicht benötigt (Steyer et al., 1999). Zur formalen Darstellung dieses Modells verweisen wir auf Übung 5.

Beispiel

Stimmungsschwankungen: Eine Latent-State-Trait-Analyse

Wir haben die Anpassungsgüte eines Latent-State-Trait-Modells für unseren Stimmungsdatensatz überprüft. Wir sind in diesem Modell davon ausgegangen, dass Messinvarianz über die Zeit vorliegt und dass die Ladungen der beiden Testhälften auf den messgelegenheitsspezifischen Faktoren gleich sind. Die Ladungen auf dem Traitfaktor werden ebenfalls als gleich angenommen. Dies führt zu einem Modell, in dem alle Ladungen auf 1 fixiert wurden. Darüber hinaus haben wir einen zeitstabilen Prozess angenommen und die autoregressiven Parameter über die Zeit hinweg gleichgesetzt. Auch ▶

die Achsenabschnitte wurden – wie bei den anderen Modellen – über die Zeit hinweg gleichgesetzt, sie dürfen sich aber zwischen beiden Testhälften unterscheiden.

Ein solches Modell passt sehr gut auf die Daten (χ^2 = 38,15; df = 28; n = 137; p = 0,10; CFI = 0,98; RMSEA = 0,05; p_{RMSEA} = 0,42). Die geschätzten Parameterwerte sind in Tabelle 25.2 zusammengestellt. Die unstandardisierten Ladungsparameter sind alle gleich 1 aufgrund der Fixierungen, die im Modell vorgenommen wurden. Diese Werte wurden daher nicht geschätzt, und ihre Standardfehler sind zwangsläufig gleich 0. Die Standardfehler werden daher in der Tabelle nicht berichtet.

Im Latent-State-Trait-Modell wird jede beobachtete Variable in drei latente Variablen zerlegt, und zwar in einen Traitfaktor, den messgelegenheitsspezifischen Faktor und die Fehlervariable. Da alle drei latenten Variablen unkorreliert sind, lässt sich die Varianz einer beobachteten Variablen in drei Varianzanteile zerlegen, die auf diese drei Variationsquellen zurückgeführt werden können. Diese können einfach anhand der quadrierten standardisierten Ladungen bzw. der Fehlervarianz im standardisierten Modell bestimmt werden.

Die standardisierten Ladungen auf dem Traitfaktor (η_5) liegen zwischen 0,54 und 0,68. Sie stellen die Korrelation des Traitfaktors mit den beobachteten Variablen dar. Quadriert man diese Korrelationen, so erhält man einen Schätzwert für denjenigen Anteil an der Varianz der beobachtbaren Stimmungsunterschiede, der auf stabile Stimmungsunterschiede zurückgeführt werden kann. Diese Varianzanteile betragen zwischen 29,16 % und 46,24 %. Die standardisierten Ladungen auf den messgelegenheitsspezifischen Variablen liegen zwischen 0,44 und 0,65. Daher gehen zwischen 19,36 % und 42,25 % der Varianz der beobachteten Variablen auf messgelegenheitsspezifische Einflüsse zurück. Die standardisierten Fehlervarianzen liegen zwischen 0,21 und 0,41 und zeigen an, dass zwischen 21 % und 41 % der Varianz der beobachteten Variablen auf Messfehlereinflüsse zurückgeführt werden können. Die geschätzten Reliabilitäten liegen daher zwischen 0,59 und 0,79. Die Varianzen der latenten Residualvariablen ζ_2 bis ζ_4 im standardisierten Modell liegen zwischen 0,84 und 0,98 und zeigen, dass zwischen 84 % und 98 % der Varianzen der latenten Variablen η_2 bis η_4 durch den vorhergehenden Messzeitpunkt unerklärt bleiben. Die Trägheit in der Stimmungsveränderung ist also gering, fast die gesamte Varianz der messgelegenheitsspezifischen Variablen ist auf spezifische Einflüsse zu dieser Messgelegenheit zurückführbar und nicht auf Transfereffekte vom Messzeitpunkt davor.

Tabelle 25.2 Latent-State-Trait-Modell mit autoregressiver Struktur erster Ordnung: Geschätzte Parameterwerte

Parameter	Wert (unstandardisiertes Modell)	Standardfehler	Wert (standardisiertes Modell)
λ_{11}	1,00	–	0,61
λ_{21}	1,00	–	0,64
λ_{32}	1,00	–	0,44
λ_{42}	1,00	–	0,47
λ_{53}	1,00	–	0,61
λ_{63}	1,00	–	0,65
λ_{74}	1,00	–	0,50
λ_{84}	1,00	–	0,49
λ_{15}	1,00	–	0,54
λ_{25}	1,00	–	0,56

Tabelle 25.2 (Fortsetzung)

Parameter	Wert (unstandardisiertes Modell)	Standardfehler	Wert (standardisiertes Modell)
λ_{35}	1,00	–	0,63
λ_{45}	1,00	–	0,68
λ_{55}	1,00	–	0,57
λ_{65}	1,00	–	0,61
λ_{75}	1,00	–	0,65
λ_{85}	1,00	–	0,64
β_{21}	0,24	0,09	0,39
β_{32}	0,24	0,09	0,16
β_{43}	0,24	0,09	0,34
$Var(\eta_5)$	0,29	0,06	1,00
$Var(\eta_1)$	0,37	0,08	1,00
$Var(\zeta_2)$	0,12	0,05	0,84
$Var(\zeta_3)$	0,33	0,07	0,98
$Var(\zeta_4)$	0,15	0,05	0,88
$Var(\varepsilon_1)$	0,34	0,07	0,34
$Var(\varepsilon_2)$	0,30	0,05	0,41
$Var(\varepsilon_3)$	0,28	0,05	0,31
$Var(\varepsilon_4)$	0,23	0,05	0,33
$Var(\varepsilon_5)$	0,26	0,06	0,28
$Var(\varepsilon_6)$	0,20	0,04	0,31
$Var(\varepsilon_7)$	0,16	0,04	0,21
$Var(\varepsilon_8)$	0,25	0,05	0,35

Vergleich des Latent-State-Trait-Modells mit dem autoregressiven Modell zweiter Ordnung

Sowohl das autoregressive Modell zweiter Ordnung als auch das Latent-State-Trait-Modell passen gut auf die Daten. Beide erklären die Stabilität im Stimmungserleben in unterschiedlicher Weise. Im Latent-State-Trait-Modell wird die Stabilität auf interindividuelle Unterschiede in der habituellen Stimmungslage zurückgeführt sowie auf Transfereffekte der aktuellen Stimmung von einem Messzeitpunkt zum anderen. Im autoregressiven Modell zweiter Ordnung wirken sich die Stimmungen zu zwei Messzeitpunkten davor auf das aktuelle Stimmungserleben aus, aber es existiert keine Stimmungslage als stabile Größe. Dieses Beispiel zeigt zunächst einige wichtige Aspekte:

(1) Es gibt mehrere Strukturgleichungsmodelle, die die Daten vergleichbar gut beschreiben, denen aber unterschiedliche Vorstellungen von der Entstehung interindividueller Unterschiede und intraindividueller Veränderungen zugrunde liegen können.

(2) Anhand von Modellgütekriterien kann man nicht entscheiden, ob ein Modell den wahren Prozess korrekter beschreibt als ein anderes Modell.

(3) Zur Auswahl eines Modells müssen neben der Modellgültigkeit immer theoretische Überlegungen herangezogen werden.

Im vorliegenden Anwendungsbeispiel entscheiden wir uns für das Latent-State-Trait-Modell, da es im Einklang mit inhaltlichen Theorien zum Stimmungserleben steht (Eid, 1995).

25.2.5 Spezielle lineare Strukturgleichungsmodelle

Lineare Strukturgleichungsmodelle eröffnen vielfältige Modellierungsmöglichkeiten zur Überprüfung verhaltenswissenschaftlicher Theorien. Sie können für jede Fragestellung individuell spezifiziert und überprüft werden. Für einige Standardfragestellungen wurden spezifische Modelle entwickelt, bei denen die Grundfragen der Spezifikation, Identifikation und Modellüberprüfung im Detail behandelt werden. Hierzu zählen Modelle der Veränderungsmessung (z. B. Duncan et al., 2006; Eid, 1995; Eid et al., 2008a; Engel & Reinecke, 1994; Schermelleh-Engel et al., 2004; Schermelleh-Engel & Kelava, 2007; Steyer et al., 1999), Modelle der multimethodalen Forschung (Eid et al., 2006a; Eid et al., 2008b; Geiser, 2009; Schermelleh-Engel & Schweizer, 2007) und Modelle mit latenten Moderatorvariablen (Klein, 2000; Moosbrugger et al., 1997), um nur die wichtigsten zu nennen.

25.2.6 Sind Strukturgleichungsmodelle Kausalmodelle?

Als Strukturgleichungsmodelle in die Sozial- und Verhaltenswissenschaften eingeführt wurden, wurden sie häufig als Kausalmodelle (»causal modeling«) bezeichnet. Durch die vielfältige statistische Kontrolle von potentiellen Störvariablen erlauben lineare Strukturgleichungsmodelle komplexe Zusammenhangs- und Abhängigkeitsstrukturen zu modellieren und zu überprüfen. Allerdings kann aus der Verträglichkeit eines Modells mit der empirisch gewonnenen Kovarianzmatrix nicht geschlossen werden, dass die in dem Modell angenommenen Beeinflussungsstrukturen kausaler Natur sind. Daraus, dass ein Modell nicht verworfen werden muss, folgt nicht zwangsläufig, dass das Modell ein gültiges Modell ist. Wir haben schon bei unserem Anwendungsbeispiel gesehen, dass es mehrere Modelle geben kann, die die Daten zufriedenstellend beschreiben. Wird in einer empirischen Anwendung die Nullhypothese der Modellgültigkeit nicht verworfen, so ist damit z. B. nicht ausgeschlossen, dass es andere Modelle gibt, die dieselbe Kovarianz- und Mittelwertsstruktur implizieren. Zu einer gegebenen Kovarianzmatrix kann es eine Vielzahl von Modellen geben, in denen möglicherweise unterschiedliche oder sogar konträre Beeinflussungsstrukturen angenommen werden und die dennoch exakt dieselbe Modellanpassungsgüte implizieren (Hershberger, 1994; Stelzl, 1986).

Die Frage, ob ein Strukturgleichungsmodell ein Kausalmodell ist, kann daher nicht anhand von Modellanpassungskoeffizienten entschieden werden. Auch Strukturgleichungsmodelle müssen, um Kausalmodelle zu sein, bestimmte Anforderungen erfüllen. So wird der Einfluss einer Variablen auf eine andere Variable im Allgemeinen nur dann als »kausal« bezeichnet, wenn die beeinflussende Variable der abhängigen Variablen zeitlich vorgeordnet ist und die Beeinflussungsbeziehung durch die Einbeziehung von potentiellen Störvariablen in das Modell nicht verändert wird (Bollen, 1989). Steyer (1992, 2003) hat eine elaborierte Theorie kausaler Regressionsmodelle vorgelegt, in der verschiedene Kausalitätsbedingungen definiert werden, die erfüllt sein müssen, damit die Beziehungen zwischen Variablen als kausal interpretiert werden können. Diese Kausalitätsbedingungen lassen sich auch auf lineare Strukturgleichungsmodelle anwenden.

Zusammenfassung

- In einem pfadanalytischen Modell kann eine Variable sowohl abhängige als auch unabhängige Variable sein.
- Ein pfadanalytisches Modell kann als ein System von Regressionsgleichungen dargestellt werden.
- In nicht-rekursiven Pfadmodellen werden Rückkoppelungen einer Variablen auf sich selbst zugelassen, rekursive Modelle schließen diese Möglichkeit aus.
- Exogene Variablen sind Variablen, die im Modell nicht erklärt werden.

- Endogene Variablen sind Variablen, deren Variation erklärt wird.
- Mediatorvariablen sind vermittelnde Variablen. Sie vermitteln den Einfluss, den eine Variable auf eine andere Variable hat.
- Ein direkter Effekt repräsentiert den Einfluss, den eine Variable auf eine andere Variable hat, ohne dass dieser durch eine andere Variable vermittelt wird.
- Ein indirekter Effekt kennzeichnet denjenigen Effekt, den eine Variable auf eine andere Variable hat, der über eine oder mehrere andere Variablen vermittelt wird.
- Ein totaler indirekter Effekt setzt sich aus einzelnen spezifischen indirekten Effekten zusammen.
- Ein totaler Effekt setzt sich aus dem totalen indirekten und dem direkten Effekt zusammen.
- Der indirekte Effekt ergibt sich als Produkt der Pfadkoeffizienten, die man auf dem indirekten Weg zwischen zwei Variablen findet.
- In autoregressiven Modellen wird die Variation in einem Merkmal auf die Variation desselben Merkmals zu einem früheren Messzeitpunkt zurückgeführt.
- In einem autoregressiven Modell erster Ordnung hat nur das Merkmal, das zum vorhergehenden Messzeitpunkt gemessen wurde, einen direkten Effekt auf das Merkmal zum anschließenden Messzeitpunkt.
- In einem autoregressiven Modell k-ter Ordnung wirken sich alle Messungen bis zu dem k-ten Messzeitpunkt vor der Messung in direkter Weise auf Merkmalsunterschiede aus.
- Die Methoden der Parameterschätzung und der Überprüfung der Modellgültigkeit folgen den in Kapitel 23 behandelten Methoden bei faktorenanalytischen Modellen.

- Indirekte Effekte lassen sich u. a. mit dem Sobel-Test und mit dem bias-korrigierten Bootstrapping-Verfahren überprüfen. Während der Sobel-Test in inadäquater Weise von einer symmetrischen Stichprobenkennwerteverteilung ausgeht, ermöglicht das Bootstrapping-Verfahren asymmetrische Stichprobenkennwerteverteilungen zu berücksichtigen und stellt derzeit die Methode der Wahl zur Überprüfung von Mediatorhypothesen dar.
- Lineare Strukturgleichungsmodelle stellen eine Kombination der Faktorenanalyse mit der Pfadanalyse dar. Sie erlauben es, Abhängigkeits- und Beeinflussungsstrukturen auf der Ebene wahrer, messfehlerbereinigter Unterschiede zu untersuchen.
- Latente autoregressive Modelle ermöglichen es, messfehlerbedingte Veränderungen von wahren Veränderungen zu trennen.
- In einem Latent-State-Trait-Modell wird ein beobachteter Wert in einen latenten Traitfaktorwert, einen latenten messgelegenheitsspezifischen Abweichungswert und einen Fehlerwert zerlegt.
- Daraus, dass ein Strukturgleichungsmodell nicht verworfen werden muss, folgt nicht zwangsläufig, dass das Modell ein gültiges Modell ist. Es kann eine Vielzahl von Modellen geben, in denen möglicherweise unterschiedliche oder sogar konträre Beeinflussungsstrukturen angenommen werden und die exakt dieselbe Modellanpassungsgüte implizieren.
- Lineare Strukturgleichungsmodelle sind nicht per se Kausalmodelle. Sie müssen wie andere Modelle auch spezifische Anforderungen erfüllen, um Kausalmodelle zu sein (zeitliche Vorgeordnetheit der Ursache, Ausschaltung aller potentiellen Störvariablen).

Fragen und Übungsaufgaben

Fragen

(1) Wodurch ist ein pfadanalytisches Modell gekennzeichnet?
(2) Was versteht man unter einem rekursiven, was unter einem nicht-rekursiven Modell?
(3) Was sind exogene Variablen?
(4) Was versteht man unter endogenen Variablen?
(5) Was sind Mediatorvariablen?
(6) Was versteht man unter einem
   (a) spezifischen indirekten Effekt,
   (b) totalen indirekten Effekt,
   (c) direkten Effekt,
   (d) totalen Effekt?
(7) Wie bestimmt man einen spezifischen indirekten Effekt?
(8) Was versteht man unter einem autoregressiven Effekt?
(9) Was gibt die Ordnung eines autoregressiven Modells an?
(10) Welches Problem ist mit der Anwendung des Sobel-Tests verknüpft?
(11) Welches Verfahren ist die derzeitige Methode der Wahl zur statistischen Überprüfung von Mediatorhypothesen?
(12) Wodurch ist ein lineares Strukturgleichungsmodell gekennzeichnet?
(13) In welche zwei Teilmodelle lässt sich ein lineares Strukturgleichungsmodell zerlegen?
(14) Erläutern Sie die Grundidee eines Latent-State-Trait-Modells.
(15) Warum darf der Umstand, dass ein lineares Strukturgleichungsmodell nicht verworfen werden muss, nicht dahin gehend interpretiert werden, dass das Modell wahr ist?
(16) Warum sind lineare Strukturgleichungsmodelle nicht per se Kausalmodelle?

Übungsaufgaben

(1) Zeigen Sie, dass sich die Variable Y_4 im autoregressiven Modell erster Ordnung in Abbildung 25.4 wie folgt als Funktion der Variable Y_1 ausdrücken lässt:

$$Y_4 = (\beta_{40} + \beta_{43} \cdot \beta_{30} + \beta_{43} \cdot \beta_{32} \cdot \beta_{20}) + \beta_{43} \cdot \beta_{32} \cdot \beta_{21} \cdot Y_1 \\ + (\beta_{43} \cdot \beta_{32} \cdot \varepsilon_2 + \beta_{43} \cdot \varepsilon_3 + \varepsilon_4)$$

(2) Leiten Sie die indirekten Effekte von Y_2 auf Y_4 im autoregressiven Modell erster Ordnung in Abbildung 25.4 her.
(3) Leiten Sie die indirekten Effekte von Y_1 auf Y_4 im autoregressiven Modell zweiter Ordnung in Abbildung 25.4 her.
(4) Zeigen Sie, dass im autoregressiven Modell erster Ordnung gilt:

$$Cov(Y_1, Y_4) = (\beta_{43} \cdot \beta_{32} \cdot \beta_{21}) \cdot Var(Y_1)$$

$$E(Y_4) = (\beta_{40} + \beta_{43} \cdot \beta_{30} + \beta_{43} \cdot \beta_{32} \cdot \beta_{20}) \\ + \beta_{43} \cdot \beta_{32} \cdot \beta_{21} \cdot E(Y_1)$$

(5) Erstellen Sie die Gleichungen des Messmodells und des Strukturmodells für das Latent-State-Trait-Modell in Abbildung 25.12.

Literatur

Agresti, A. (1984). Analysis of ordinal categorical data. New York: Wiley.

Agresti, A. (2001). Exact inference for categorical data: Recent advances and continuing controversies. Statistics in Medicine, 20, 2709–2722.

Agresti, A. (2002). Categorical data analysis (2nd ed.). Hoboken, NJ: Wiley.

Agresti, A. & Finlay, B. (2009). Statistical methods for the social sciences. Upper Saddle River, NJ: Pearson.

Ainsworth, M. D. S. & Wittig, B. A. (1969). Attachment and the exploratory behavior of one-year-olds in a strange situation. Hillsdale, NJ: Erlbaum.

Ajzen, I. & Madden, J. T. (1986). Prediction of goal-directed behavior: Attitudes, intentions, and perceived behavioral control. Journal of Experimental Social Psychology, 22, 453–474.

Amelang, M., Ahrens, H. J. & Bierhoff, H.-W. (Hrsg.) (1991). Partnerwahl und Partnerschaft. Formen und Grundlagen partnerschaftlicher Beziehungen. Göttingen: Hogrefe.

Anderson, C. A & Dill, K. E. (2000). Video games and aggressive thoughts, feelings, and behavior in the laboratory and in life. Journal of Personality and Social Psychology, 78, 772–790.

Anderson, C. A., Bushman, B. J. & Groom, R. W. (1997). Hot years and serious and deadly assault: Empirical tests of the heat hypothesis. Journal of Personality and Social Psychology, 73, 1213–1223.

Anderson, C. A., Lindsay, J. J. & Bushman, B. J. (1999). Research in the psychological laboratory: Truth or triviality? Current Directions in Psychological Science, 8, 3–9.

Andreß, H.-J., Hagenaars, J. A. & Kühnel, S. (1997). Analyse von Tabellen und kategorialen Daten. Berlin: Springer.

Bales, R. F. (1950). A set of categories for the analysis of small group interaction. American Sociological Review, 15, 257–263.

Bales, R. F. & Cohen, S. P. (1979). SYMLOG – a system for the multiple level observation of groups. New York: The Free Press.

Baltes-Götz, B. (1998). Exakte Tests mit SPSS. Universität Trier: Rechenzentrum.

Bandalos, D. L. (2006). The use of Monte Carlo studies in structural equation modeling research. In G. R. Hancock & R. O. Mueller (Eds.), Structural equation modeling: A second course (pp. 385–426). Greenwich, CT: Information Age Publishing.

Bandura, A. (1976). Lernen am Modell. Stuttgart: Klett-Cotta.

Bandura, A. (1977). Social learning theory. Englewood Cliffs, NY: Prentice-Hall.

Barcikowski, R. S. & Robey, R. R. (1985). Sample size selection in single group repeated measures analysis. Paper presented at the 69th Annual Meeting of the American Educational Research Association, Chicago, IL, USA.

Baron, R. M. & Kenny, D. A. (1986). The moderator-mediator variable distinction in social psychological research: Conceptual, strategic, and statistical considerations. Journal of Personality and Social Psychology, 51, 1173–1182.

Bartlett, M. S. (1950). Tests of significance in factor analysis. British Journal of Psychology, 3, 77–85.

Bartlett, M. S. (1951). The effect of standardization on a χ^2 approximation in factor analysis. Biometrika, 38, 337–344.

Basilevsky, A. (1994). Statistical factor analysis and related methods. New York: Wiley.

Bauer, H. (2002). Wahrscheinlichkeitstheorie (5. Aufl.). Berlin: de Gruyter.

Baumert, J., Becker, M., Neumann, M. & Nikolova, R. (2009). Frühübergang in ein grundständiges Gymnasium: Übergang in ein privilegiertes Entwicklungsmilieu? Ein Vergleich von Regressionsanalyse und Propensity Score Matching. Zeitschrift für Erziehungswissenschaft, 12, 189–215.

Beauducel, A. & Rabe, S. (im Druck). Model-related factor score predictors for confirmatory factor analysis. British Journal of Mathematical and Statistical Psychology.

Becker, B. J. (1988). Synthesizing standardized mean-change measures. British Journal of Mathematical and Statistical Psychology, 41, 257–278.

Belia, S., Fidler, F., Williams, J. & Cumming, G. (2005). Researchers misunderstand confidence intervals and standard error bars. Psychological Methods, 10, 389–396.

Belsey, D. A., Kuh, E. & Welsch, R. E. (1980). Regression diagnostics. New York: Wiley.

Bentler, P. M. & Chou, C. (1987). Practical issues in structural modeling. Sociological Methods & Research, 16, 78–117.

Bentler, P. M. & Wu, E. J. C. (2002). EQS for Windows User's Guide. Encino, CA: Multivariate Software, Inc.

Birnbaum, M. H. (2004). Human research and data collection via the Internet. Annual Review of Psychology, 55, 803–832.

Blair, R. C. & Higgins, J. J. (1980). The power of t and Wilcoxon statistics. Evaluation Review, 4, 645–656.

Blickle, G. (2006). Organisationsdiagnostik. In F. Petermann & M. Eid (Hrsg.), Handbuch der Psychologischen Diagnostik (S. 730 – 738). Göttingen: Hogrefe.

Bodenmann, G. (2005a). Beziehungskrisen erkennen, verstehen und bewältigen. Bern: Huber.

Bodenmann, G. (2005b). Paar- und Familiendiagnostik. In F. Petermann & H. Reinecker (Hrsg.), Handbuch der Klinischen Psychologie und Psychotherapie (S. 158 – 167). Göttingen: Hogrefe.

Bodenmann, G. (2006). Beobachtungsmethoden. In F. Petermann & M. Eid (Hrsg.), Handbuch der Psychologischen Diagnostik (S. 151–159). Göttingen: Hogrefe.

Bollen, K. A. (1989). Structural equations with latent variables. New York: Wiley.

Bollen, K. A. & Stine, R. A. (1992). Bootstrapping goodness-of-fit measures in structural equation models. Sociological Methods and Research, 21, 205 – 229.

Boomsma, A. (1983). On the robustness of LISREL against small sample size and non-normality. Doctoral dissertation, University of Groningen.

Bonett, D. G. (2003). Sample size requirements for comparing two alpha coefficients. Applied Psychological Measurement, 27, 72 – 74.

Borkenau, P. (2006). Selbstbericht. In F. Petermann & M. Eid (Hrsg.), Handbuch der Psychologischen Diagnostik (S. 135 – 142). Göttingen: Hogrefe.

Bortz, J. & Lienert, G. A. (2008). Kurzgefasste Statistik für die klinische Forschung: Leitfaden für die verteilungsfreie Analyse kleiner Stichproben (3. Aufl.). Berlin: Springer.

Bortz, J., Lienert, G. A. & Boehnke, K. (2008). Verteilungsfreie Methoden in der Biostatistik (3. Aufl.). Berlin: Springer.

Bosker, R. J., Snijders, T. A. B. & Guldemond, H. (2003). PINT (Power IN Two-level designs). Estimating standard errors of regression coefficients in hierarchical linear models for power calculations. User's Manual. Version 2.1. Groningen: Rijksuniversiteit Groningen.

Box, G. E. P. (1954). Some theorems on quadratic forms applied in the study of analysis of variance problems: II. Effects of inequality of variance and of correlation between errors in the two-way classification. Annals of Mathematical Statistics, 25, 484 – 498.

Brachinger, H. W. & Ost, F. (1996). Modelle mit latenten Variablen: Faktorenanalyse, Latent-Structure-Analyse und LISREL-Analyse. In L. Fahrmeir, A. Hamerle & G. Tutz (Hrsg.), Multivariate statistische Verfahren (S. 639 – 766). Berlin: de Gruyter.

Bravais, A. (1846). Analyse mathématique sur les probabilités des erreurs de situation de point. Mémoires présentés par divers savants à l'Académie royale des sciences de l'Institut de France, 9, 255 – 332.

Brickenkamp, R. (Hrsg.) (1986). Handbuch apparativer Verfahren in der Psychologie. Göttingen: Hogrefe.

Brickenkamp, R., Brähler, E. & Holling, H. (2002). Handbuch psychologischer und pädagogischer Tests, 2 Bde. (3., vollst. überarb. Aufl.). Göttingen: Hogrefe.

Brown, M. B. & Forsythe, A. B. (1974). Robust tests for equality of variances. Journal of the American Statistical Association, 69, 364 – 367.

Browne, M. W. (1984). Asymptotic distribution-free methods in the analysis of covariance structures. British Journal of Mathematical and Statistical Psychology, 37, 62 – 83.

Browne, M. W. (2001). An overview of analytic rotation in exploratory factor analysis. Multivariate Behavioral Research, 36, 111 – 150.

Browne, M. W. & Zhang, G. (2005). User's guide: DyFa: Dynamic factor analysis of lagged correlation matrices, version 2.03. Ohio State University: Report.

Browne, M. W. & Zhang, G. (2007). Developments in the factor analysis of individual time series. In R. Cudeck & R. C. MacCallum (Eds.), Factor analysis at 100: Historical developments and future directions (pp. 265 – 291). Mahwah, NJ: Erlbaum.

Browne, M. W., Cudeck, R., Tateneni, K. & Mels, G. (2008). CEFA: Comprehensive exploratory factor analysis. Ohio State University: Report.

Brunner, E. & Langer, F. (1999). Nichtparametrische Analyse longitudinaler Daten. München: Oldenbourg.

Brunner, E. & Munzel, U. (2002). Nicht-parametrische Datenanalyse. Berlin: Springer.

Büchter, A. & Henn, H.-W. (2007). Elementare Stochastik. Eine Einführung in die Mathematik der Daten und des Zufalls (2., überarb. u. erw. Aufl.). Berlin: Springer.

Bühler, C. (1929). Das Seelenleben des Jugendlichen. Versuch einer Analyse und Theorie der psychischen Pubertät. Jena: Fischer.

Bulté, I. & Onghena, P. (2008). An R package for single-case randomization tests. Behavior Research Methods, 40, 467 – 478.

Bushman, B. J. (1993). Human aggression while under the influence of alcohol and other drugs: An integrative research review. Current Directions in Psychological Science, 2, 148 – 152.

Campbell, D. T. & Fiske, D. W. (1959). Convergent and discriminant validation by the multitrait-multimethod matrix. Psychological Bulletin, 56, 81 – 105.

Campbell, D. T. & Kenny, D. A. (1999). A primer of regression artifacts. New York: Guilford Press.

Carter, D. S. (1979). Comparison of different shrinkage formulas in estimating population multiple correlation coefficients. Educational and Psychological Measurement, 39, 261 – 266.

Carver, C. S. (2004). Self-regulation of action and affect. In R. F. Baumeister & K. D. Vohs (Eds.), Handbook of self-regulation. Research, theory, and applications (pp. 13 – 39). New York: Guilford Press.

Cattell, R. B. (1950). Personality a systematic theoretical and factual study. New York: McGraw Hill.

Cattell, R. B. (1966). The scree test for the number of factors. Multivariate Behavioral Research, 1, 245–276.

Cattell, R. B. (1988). The data box: Its ordering of total resources in terms of possible relational systems. In J. R. Nesselroade & R. B. Cattell (Eds.), Handbook of multivariate experimental psychology (2nd ed.). New York: Plenum.

Champoux, J. E. & Peters, W. S. (1987). Form, effect size, and power in moderated regression analysis. Journal of Occupational Research, 60, 243–255.

Chaplin, W. F. (1991). The next generation of moderator research in personality psychology. Journal of Personality, 59, 143–178.

Chermack, S. T. & Taylor, S. P. (1995). Alcohol and human physical aggression: Pharmacological versus expectancy effects. Journal of Studies on Alcohol, 56, 449–456.

Chissom, B. S. (1970). Interpretation of the kurtosis statistic. American Statistician, 24, 19–22.

Christensen, R. (1997). Log-linear models and logistic regression. New York: Springer.

Clauß, G., Finze, R.-R. & Partzsch, L. (1995). Statistik. Thun: Deutsch.

Cleveland, W. S. (1979). Robust locally weighted regression and smoothing scatterplots. Journal of the American Statistical Association, 74, 829–836.

Cohen, J. (1962). The statistical power of abnormal-social psychological research: A review. Journal of Abnormal and Social Psychology, 65, 145–153.

Cohen, J. (1968). Multiple regression as a general data-analytic system. Psychological Bulletin, 70, 426–443.

Cohen, J. (1988). Statistical power analysis for the behavioral sciences (2nd ed.). Hillsdale, NJ: Erlbaum.

Cohen, J. (1994). The earth is round ($p < .05$). American Psychologist, 49, 997–1003.

Cohen, J., Cohen, P., West, S. G. & Aiken, L. S. (2003). Applied multiple regression/correlation analysis for the behavioral sciences. Mahwah, NJ: Erlbaum.

Collett, D. (1991). Modelling binary data. London: Chapman & Hall.

Conger, A. (1974). A revised definition for suppressor variables: A guide to their identification and interpretation. Educational and Psychological Measurement, 34, 35–46.

Conover, W. J. (1999). Practical non-parametric statistics (3nd ed.). New York: Wiley.

Cook, R. D. (1979). Influential observations in linear regression. Journal of the American Statistical Association, 74, 169–174.

Corcoran, C., Mehta, C., Patel, N. & Senchaudhuri, P. (2001). Computational tools for exact conditional logistic regression. Statistics in Medicine, 20, 2723–2739.

Courvoisier, D., Eid, M., Lischetzke, T. & Schreiber, W. (2010). Psychometric properties for a computerized mobile phone method for assessing mood in daily life. Emotion, 10, 115–124.

Cox, D. R. & Snell, E. J. (1989). The analysis of binary data. London: Chapman & Hill.

Cramér, H. (1946). Mathematical methods of statistics. Princeton, NJ: Princeton University Press.

Crawford, J. R. & Garthwaite, P. H. (2006). Methods of testing for a deficit in single case studies: Evaluation of statistical power by Monte Carlo simulation. Cognitive Neuropsychology, 23, 877–904.

Crawford, J. R. & Garthwaite, P. H. (2007). Comparison of a single case to a control or normative sample in neuropsychology: Development of a Bayesian approach. Cognitive Neuropsychology, 24, 343–372.

Crawford, J. R., Garthwaite, P. H., Howell, D. C. & Gray, C. D. (2004). Inferential methods for comparing a single case with a control sample: Modified t-tests versus Mycroft et al's. (2002) modified ANOVA. Cognitive Neuropsychology, 21, 750–755.

Cronbach, L. J. (1951). Coefficient alpha and the internal structure of tests. Psychometrika, 16, 297–334.

Cudeck, R. (2000). Exploratory factor analysis. In H. E. A. Tinsley & S. D. Brown (Eds.), Applied multivariate statistics and mathematical modelling (pp. 265–296). San Diego, CA: Academic Press.

Cumming, G. & Finch, S. (2005). Inference by eye: Confidence intervals and how to read pictures of data. American Psychologist, 60, 170–180.

Cureton, E. E. (1956). Rank biserial correlation. Psychometrika, 21, 287–290.

Cytel (1989–2007). LogXact 8. User manual. Cambridge, MA: Cytel.

Daniel, W. W. (1990). Applied nonparametric statistics (2nd ed.). Boston, MA: PWS-Kent.

Daseking, M. & Petermann, F. (2006). Anamnese und Exploration. In F. Petermann & M. Eid (Hrsg.), Handbuch der Psychologischen Diagnostik (S. 242–250). Göttingen: Hogrefe.

David, F. N. (1954). Tables of the correlation coefficient. London: Cambridge University Press.

Deutsche Gesellschaft für Psychologie und Berufsverband Deutscher Psychologinnen und Psychologen. (2005). *Ethische Richtlinien der Deutschen Gesellschaft für Psychologie e.V. und des Berufsverbands Deutscher Psychologinnen und Psychologen e.V.* http://www.bdp-verband.org/bdp/verband/ethik.shtml.

Diehl, J. M. & Arbinger, R. (2001). Einführung in die Inferenzstatistik. Eschborn: Klotz.

Diehl, J. M. & Kohr, H. U. (1999). Deskriptive Statistik. Eschborn: Klotz.

Diener, E. & Lucas, R. E. (1999). Personality and subjective well-being. In D. Kahneman, E. Diener, & N. Schwarz (Eds.), Well-being: The foundations of hedonic psychology (pp. 213–229). New York: Russell-Sage.

Digman, J. M. (1989). Five robust trait dimensions: Development, stability, and utility. Journal of Personality, 57, 195–214.

Dolić, D. (2004). Statistik mit R: Einführung für Wirtschafts- und Sozialwissenschaftler. München: Oldenbourg.

Dollase, R. (2006). Soziometrie. In F. Petermann & M. Eid (Hrsg.), Handbuch der Psychologischen Diagnostik (S. 251–258). Göttingen: Hogrefe.

Draper, N. R. & Smith, H. (1998). Applied regression analysis. New York: Wiley.

Duncan, T. E., Duncan, S. C. & Strycker, L. A. (2006). An introduction to latent variable growth curve modeling: Concepts, issues, and applications. Mahwah, NJ: Erlbaum.

Dunlap, W. P., Cortina, J. M., Vaslow, J. B. & Burke, M. J. (1996). Meta-analysis of experiments with matched groups or repeated measures designs. Psychological Methods, 1, 170–177.

Edington, E. S. & Onghena, P. (2007). Randomization tests (4th ed.). Boca Raton, FL: Chapman & Hall/CRC.

Efron, B. (1979). Bootstrap methods: Another look at the jacknife. Annals of Statistics, 7, 1–26.

Eid, M. (1995). Modelle der Messung von Personen in Situationen. Weinheim: Beltz PVU.

Eid, M. (1997). Sonnenschutzverhalten: Ein typologischer Ansatz. Zeitschrift für Gesundheitspsychologie, 5, 73–90.

Eid, M. (2000). A multitrait-multimethod model with minimal assumptions. Psychometrika, 65, 241–261.

Eid, M. & Diener, E. (2001). Norms for experiencing emotions in different cultures: Inter- and intranational differences. Journal of Personality and Social Psychology, 81, 869–885.

Eid, M. & E. Diener (Eds.) (2006a), Handbook of multimethod measurement in psychology. Washington, DC: American Psychological Association.

Eid, M. & Diener, E. (2006b). The need for multimethod measurement in psychology. In M. Eid & E. Diener (Eds.), Handbook of multimethod measurement in psychology (pp. 3–8). Washington, DC: American Psychological Association.

Eid, M. & Zickar, M. J. (2007). Detecting response styles and faking in personality and organizational assessment by mixed Rasch models. In M. van Davier & C. Carstensen (Eds.), Multivariate and mixture distribution Rasch models (pp. 255–270). New York: Springer.

Eid, M., Notz, P., Schwenkmezger, P. & Steyer, R. (1994). Sind Stimmungsdimensionen monopolar? Ein Überblick über empirische Befunde und Untersuchungen mit faktorenanalytischen Modellen für kontinuierliche und kategoriale Variablen sowie neuere Ergebnisse. Zeitschrift für Differentielle und Diagnostische Psychologie, 15, 211–233.

Eid, M., Klusemann, J. & Schwenkmezger, P. (1996). Motivation zum Sonnenschutz: Ein Experiment zu den Auswirkungen von Aufklärungsbotschaften auf die Intention zum Sonnenschutz und das Sonnenschutzverhalten. Zeitschrift für Gesundheitspsychologie, 4, 270–289.

Eid, M., Schneider, C. & Schwenkmezger, P. (1999). Do you feel better or worse? On the validity of perceived deviations of mood states from mood traits. European Journal of Personality, 13, 283–306.

Eid, M., Langeheine, R. & Diener, E. (2003a). Comparing typological structures across cultures by latent class analysis: A primer. Journal of Cross-Cultural Psychology, 34, 195–210.

Eid, M., Lischetzke, T., Nussbeck, F. W. & Trierweiler, L. I. (2003b). Separating trait effects from trait-specific method effects in multitrait-multimethod models: A multiple-indicator CT-C(M-1) model. Psychological Methods, 8, 38–60.

Eid, M., Riemann, R., Angleitner, A. & Borkenau, P. (2003c). Sociability and positive emotionality: Genetic and environmental contributions to the covariation between different facets of extraversion. Journal of Personality, 7, 319–346.

Eid, M., Lischetzke, T. & Nussbeck, F. W. (2006a). Structural equation models for multitrait-multimethod data. In M. Eid & E. Diener (Eds.), Handbook of psychological measurement: A multimethod perspective (pp. 283–299). Washington, DC: American Psychological Association.

Eid, M., Nussbeck, F. W. & Lischetzke, T. (2006b). Multitrait-Multimethod-Analyse. In F. Petermann & M. Eid (Hrsg.), Handbuch der Psychologischen Diagnostik (S. 332–345). Göttingen: Hogrefe.

Eid, M., Geiser, C. & Nussbeck, F. W. (2008a). Neuere psychometrische Ansätze der Veränderungsmessung. Zeitschrift für Psychiatrie, Psychologie und Psychotherapie, 56, 181–189.

Eid, M., Nussbeck, F. W., Geiser, C., Cole, D. A., Gollwitzer, M. & Lischetzke, T. (2008b). Structural equation modeling of multitrait-multimethod data: Different models for different types of methods. Psychological Methods, 13, 230–253.

Ekman, P. (1972). Universals and cultural differences in facial expression of emotion. Nebraska Symposium on Motivation, 19, 207–283.

Ekman, P. & Friesen, W. V. (1974). Detecting deception from body or face. Journal of Personality and Social Psychology, 29, 288–298.

Enders, C. K. (2006). Analyzing structural equation models with missing data. In G. R. Hancock & R. O. Mueller (Eds.), Structural equation modeling: A second course (pp. 313–342). Greenwich, CT: Information Age Publishing, Inc.

Enders, C. K. & Tofighi, D. (2007). Centering predictor variables in cross-sectional multilevel models: A new look at an old issue. Psychological Methods, 12, 121–138.

Endler, N. S. & Hunt, J. M. (1966). Sources of behavioral variance as measured by the S-R Inventory of Anxiousness. Psychological Bulletin, 65, 336–346.

Engel, U. & Reinecke, J. (1994). Panelanalyse: Grundlagen – Techniken – Beispiele. Berlin: de Gruyter.

Everitt, B. S. (2002). A handbook of statistical analyses using S-Plus. Boca Raton, FL: CRC Press.

Fabrigar, L. R., Wegener, D. T., MacCallum, R. C. & Strahan, E. J. (1999). Evaluating the use of exploratory factor analysis in psychological research. Psychological Methods, 4, 272–299.

Fahrmeir, L., Hamerle, A. & Tutz, G. (Hrsg.) (1996a). Multivariate statistische Verfahren (2. Aufl.). Berlin: de Gruyter.

Fahrmeir, L., Kaufmann, H. & Kredler, C. (1996b). Regressionsanalyse. In L. Fahrmeir, A. Hamerle & G. Tutz (Hrsg.), Multivariate statistische Verfahren (S. 93–168). Berlin: de Gruyter.

Fahrmeir, L., Künstler, R., Pigeot, I. & Tutz, G. (2007). Statistik. Der Weg zur Datenanalyse. Berlin: Springer.

Faul, F. (2009). G*Power 3.1. manual. Universität Düsseldorf: Manual.

Faul, F., Erdfelder, E., Lang, A.-G. & Buchner, A. (2007). G*Power 3: A flexible statistical power analysis program for the social, behavioral, and biomedical sciences. Behavior Research Methods, 39, 175–191.

Fechner, G. T. (1897). Kollektivmasslehre. Leipzig: W. Engelmann.

Feldt, L. S. & Kim, S. (2006). Testing the difference between two alpha coefficients with small samples of subjects and raters. Educational and Psychological Measurement, 66, 589–600.

Feldt, L. S., Woodruff, D. J. & Salih, F. A. (1987). Statistical inference for coefficient alpha. Applied Psychological Measurement, 11, 93–103.

Festinger, L. (1954). A theory of social comparison processes. Human Relations, 7, 117–140.

Fidler, F. & Thompson, B. (2001). Computing correct confidence intervals for ANOVA fixed and random effect sizes. Educational and Psychological Measurement, 61, 575–604.

Fienberg, S. E. (1972). The analysis of incomplete multiway contingency tables. Biometrics, 28, 177–202.

Finney, S. J. & DiStefano, C. (2006). Nonnormal and categorical data in structural equation models. In G. R. Hancock & R. O. Mueller (Eds.), A second course in structural equation modeling (pp. 269–314). Greenwich, CT: Information Age.

Fischer, G. H. & Molenaar, I. W. (Eds.) (1995). Rasch models: Foundations, recent developments, and applications. New York: Springer.

Fischhoff, B. (1975). Hindsight ≠ foresight: The effect of outcome knowledge on judgment under uncertainty. Journal of Experimental Psychology: Human Perception and Performance, 104, 288–299.

Fisher, R. A. (1925). Statistical methods for research workers. Edinburgh, UK: Oliver & Boyd.

Fisher, R. A. (1935). The design of experiments. Edinburgh, UK: Oliver &Boyd.

Fisher, R. A. (1956). Statistical methods and scientific inference. Edinburgh, UK: Oliver & Boyd.

Fleishman, A. E. (1980). Confidence intervals for correlation ratios. Educational and Psychological Measurement, 40, 659–670.

Freeman, L. C. (1986). Order based statistics and monotonicity: A family of ordinal measures of association. Journal of Mathematical Sociology, 12, 49–69.

Freud, A. (1936). Das Ich und die Abwehrmechanismen. Wien: Internationaler Psychoanalytischer Verlag.

Freud, S. (2000). Studienausgabe in zehn Bänden mit einem Ergänzungsband. Frankfurt a. M.: Fischer.

Frey, A. (2007). Adaptives Testen. In H. Moosbrugger & A. Kelava (Hrsg.), Testtheorie und Fragebogenkonstruktion (S. 261–278). Heidelberg: Springer.

Friedman, M. (1937). The use of ranks to avoid the assumption of normality implicit in the analysis of variance. Journal of the American Statistical Association, 32, 675–701.

Friedman, M. (1940). A comparison of alternative tests of significance for the problem of m rankings. The Annals of Mathematical Statistics, 11, 86–92.

Fritsche, I. & Linneweber, V. (2006a). Nonreactive methods in psychological research. In M. Eid & E. Diener (Eds.), Handbook of multimethod measurement in psychology (pp. 189–203). Washington, DC: American Psychological Association.

Fritsche, I. & Linneweber, V. (2006b). Nicht-reaktive Verfahren. In F. Petermann & M. Eid (Hrsg.), Handbuch der Psychologischen Diagnostik (S. 203–210). Göttingen: Hogrefe.

Gauggel, S. & Hermann, M. (2008). Handbuch der Neuro- und Biopsychologie. Göttingen: Hogrefe.

Gawronski, B. & Conrey, F. R. (2004). Der Implizite Assoziationstest als Maß automatisch aktivierter Assoziationen: Reichweite und Grenzen. Psychologische Rundschau, 55, 118–126.

Geiser, C. (2009). Multitrait-multimethod-multioccasion modeling. München: AVM.

Geiser, C. (2010). Datenanalyse mit Mplus: Eine anwendungsorientierte Einführung. Wiesbaden: VS Verlag für Sozialwissenschaften.

Geiser, C., Eid, M., Nussbeck, F. W., Lischetzke, T. & Cole, D. A. (im Druck). Multitrait-Multimethod-Analyse. In H. Holling & B. Schmitz (Hrsg.), Handbuch der Psychologischen Methoden und Evaluation. Göttingen: Hogrefe.

Gelman, A., Carlin, J. B., Stern, H. S. & Rubin, D. B. (2004). Bayesian data analysis (2. Aufl.). Boca Raton, FL: Chapman & Hall/CRC Press.

Gibbons, J. D. & Chakraborti, S. (2003). Nonparametric statistical inference (4th ed.). Boca Raton, FL: CRC Press.

Gierens, A. C. & Hellhammer, D. H. (2006). Biochemische Methoden. In F. Petermann & M. Eid (Hrsg.), Handbuch der Psychologischen Diagnostik (S. 168–176). Göttingen: Hogrefe.

Gigerenzer, G. (1981). Messung und Modellbildung in der Psychologie. München: Reinhardt.

Gigerenzer, G. (1993). The Superego, the Ego, and the Id in statistical reasoning. In G. Keren & C. Lewis (Eds.), A handbook for data analysis in the behavioral sciences: Methodological issues (pp. 311–339). Hillsdale, NJ: Erlbaum.

Gigerenzer, G. (2004). Mindless statistics. The Journal of Socio-Economics, 33, 587–606.

Gigerenzer, G., Hoffrage, U. & Ebert, A. (1998). AIDS counselling for low-risk clients. AIDS CARE, 10, 197–211.

Gilbert, D. T. & Malone, P. S. (1995). The correspondence bias. Psychological Bulletin, 117, 21–38.

Gilovich, T. (1993). How we know what isn't so. New York: Free Press.

Glass, G. V. (1976). Primary, secondary and meta-analysis of research. Educational Researcher, 5, 3–8.

Godden, D. & Baddeley, A. D. (1975). Context-dependent memory in two natural environments: on land and under water. British Journal of Psychology, 66, 325–331.

Goldstein, H. (1995). Multilevel statistical models (3rd ed.). London: Arnold.

Gollwitzer, M. (2007). Latent-Class-Analyse. In H. Moosbrugger & A. Kelava (Hrsg.), Testtheorie und Fragebogenkonstruktion (S. 279–306). Berlin: Springer.

Gollwitzer, M. & Jäger, R. S. (2009). Evaluation kompakt. Weinheim: Beltz PVU.

Gollwitzer, M. & Schmitt, M. (2009). Sozialpsychologie kompakt. Weinheim: Beltz PVU.

Gonzalez, R. & Nelson, T. O. (1996). Measuring ordinal association in situations that contain tied scores. Psychological Bulletin, 119, 159–165.

Goodman, L. A. & Kruskal, W. H. (1954). Measures of association for cross classifications. Journal of the American Statistical Association, 49, 732–764.

Goodman, L. A. & Kruskal, W. H. (1963). Measures of association for cross classifications III: Approximate sampling theory. Journal of the American Statistical Association, 58, 310–364.

Graham, J. W. (2003), Adding missing-data relevant variables to FIML-based structural equation models. Structural Equation Modeling: A Multidisciplinary Journal, 10, 80–100.

Graham, J. W., Taylor, B. J., Olchowski, A. E. & Cumsille, P. E. (2006). Planned missing data designs in psychological research. Psychological Methods, 11, 323–343.

Grawe, K. & Braun, U. (1994). Qualitätskontrolle in der Psychotherapiepraxis. Zeitschrift für Klinische Psychologie, 23, 242–267.

Green, D. M. & Swets, J. A. (1966). Signal detection theory and psychophysics. New York: Wiley.

Greenhouse, S. W. & Geisser, S. (1959). On methods in the analysis of profile data. Psychometrika, 24, 95–112.

Greenwald, A. G. & Farnham, S. D. (2000). Using the implicit association test to measure self-esteem and self-concept. Journal of Personality and Social Psychology, 79, 1022–1038.

Greenwald, A. G., McGhee, D. E. & Schwartz, J. L. K. (1998). Measuring individual differences in implicit cognition: The Implicit Association Test. Journal of Personality and Social Psychology, 74, 1464–1480.

Greve, W. & Wentura, D. (1997). Wissenschaftliche Beobachtung: Eine Einführung. Weinheim: Beltz PVU.

Hagenaars, J. A. (1990). Categorical longitudinal data. Log-linear panel, trend, and cohort analysis. Newbury Park: Sage.

Hagenaars, J. A. (1993). Log-linear models with latent variables. Thousand Oaks, CA: Sage.

Haller, H. & Krauss, S. (2002). Misinterpretations of significance: A problem students share with their teachers? Methods of Psychological Research – Online, 7, 1–20.

Hamerle, A. & Tutz, G. (1996). Zusammenhangsanalysen in mehrdimensionalen Kontingenztabellen – das loglineare Modell. In L. Fahrmeir, A. Hamerle & G. Tutz (Hrsg.), Multivariate statistische Verfahren (S. 537–638). Berlin: de Gruyter.

Hancock, G. R. (2006). Power analysis in covariance structure models. In G. R. Hancock & R. O. Mueller (Eds.), Structural equation modeling: A second course (pp. 69–115). Greenwood, CT: Information Age Publishing.

Haney, C., Banks, W. C. & Zimbardo, P. G. (1973). A study of prisoners and guards in a simulated prison. Naval Research Review, 30, 4–17.

Harman, H. H. (1967). Modern factor analysis. Chicago: University of Chicago Press.

Hartung, J., Elpelt, B. & Klösener, K.-H. (2005). Statistik. Lehr- und Handbuch der angewandten Statistik (13. Aufl.). München: Oldenbourg.

Hayes, A. F. (2000). Randomization tests and the equality of variance assumption when comparing group means. Animal Behaviour, 59, 653–656.

Hays, W. L. (1994). Statistics (5th ed.). Orlando, FL: Harcourt Brace & Co.

Hedayat, A. S. & Sinha, B. K. (1991). Design and inference in finite population sampling. New York: Wiley.

Hedges, L. V. (1981). Distribution theory for Glass's estimator of effect size and related estimators. Journal of Educational Statistics, 6, 107–128.

Hendrickson, A. E. & White, P. O. (1964). Promax: A quick method for rotation to oblique simple structure. The British Journal of Statistical Psychology, 17, 65–75.

Henry, J. D., MacLeod, M. S., Phillips, L. H. & Crawford, J. R. (2004). A meta-analytic review of prospective memory and aging. Psychology and Aging, 19, 27–39.

Herman, C. P. & Polivy, J. (2004). Self-regulatory failure and eating. In R. F. Baumeister & K. D. Vohs (Eds.), Handbook of self-regulation. Research, theory, and applications (pp. 492–508). New York: Guilford Press.

Hershberger, S. L. (1994). The specification of equivalent models before the collection of data. In A. von Eye & C. C. Clogg (Eds.), Latent variable analysis (pp. 68–105). Thousand Oaks, CA: Sage.

Heywood, H. B. (1931). On finite sequences of real numbers. Proceedings of the Royal Society, Series A, 134, 486–501.

Hofmann, W. & Schmitt, M. (Eds.) (2008). Advances and challenges in the indirect measurement of individual differences at age 10 of the Implicit Association Test. Special Issue. European Journal of Psychological Assessment, 24, 4.

Holling, H. (1983). Suppressor structures in the general linear model. Educational and Psychological Measurement, 43, 1–9.

Holling, H., Preckel, F. & Vock, M. (2004). Intelligenzdiagnostik. Göttingen: Hogrefe.

Holm, S. (1979). A simple sequentially rejective multiple test procedure. Scandinavian Journal of Statistics, 6, 65–70.

Horn, J. L. (1965). A rationale and technique for estimating the number of factors in factor analysis. Psychometrika, 30, 179–185.

Horst, P. (1941). The role of the predictor variables which are independent of the criterion. Social Science Research Council, 48, 431–436.

Horsewell, R. L. & Looney, S. W. (1992). A comparison of tests for multivariate normality that are based on measures of multivariate skewness and kurtosis. Journal of Statistical Computation and Simulation, 42, 21–38.

Hosmer, D. W. & Lemeshow, S. (1980). A goodness-of-fit test for multiple logistic regression model. Commuinication in Statistics, Series A, 9, 1043–1069.

Hotelling, H. (1953). New light on the correlation coefficient and its transforms. Journal of the Royal Statistical Society, Series B, 15, 193–232.

Hox, J. (2002). Multilevel analysis: Techniques and applications. Mahwah, NJ: Erlbaum.

Hoyer, J. (2000). Fragebogen zur Dysfunktionalen und Funktionalen Selbstaufmerksamkeit: Theoretisches Konzept und Befunde zur Reliabilität und Validität. Diagnostica, 46, 140–148.

Hsieh, F. Y. (1989). Sample size tables for logistic regression. Statistics in Medicine, 8, 795–802.

Hu, L. & Bentler, P. M. (1999). Cutoff criteria for fit indexes in covariance structure analysis: Conventional criteria versus new alternatives. Strucural Equation Modeling: A Multidisciplinary Journal, 6, 1–55.

Huber, O. (2009). Das psychologische Experiment: Eine Einführung (5. Aufl.). Bern: Huber.

Hunter, J. E. & Schmidt, F. L. (1990). Methods of meta-analysis: Correcting error and bias in research findings. Newbury Park, CA: Sage.

Hussy, W. & Jain, A. (2002). Experimentelle Hypothesenprüfung in der Psychologie. Göttingen: Hogrefe.

Huynh, H. & Feldt, L. S. (1976). Estimation of the Box correction for degrees of freedom from sample data in randomised block and split-plot designs. Journal of Educational Statistics, 1, 69–82.

Iman, R. L. & Davenport, J. M. (1980). Approximations of the critical region of the Friedman statistic. Communications in Statistics – Theory and Methods, 9, 571–595.

Jäncke, L. (2005). Methoden der Bildgebung in der Psychologie und den kognitiven Neurowissenschaften. Stuttgart: Kohlhammer.

Jäncke, L. (2006). Bildgebende Verfahren. In F. Petermann & M. Eid (Hrsg.), Handbuch der Psychologischen Diagnostik (S. 177–186). Göttingen: Hogrefe.

Jennrich, R. I. & Sampson, P. P. (1966). Rotation for simple loadings. Psychometrika, 31, 313–323.

Jonckheere, A. R. (1954). A distribution-free k-sample test against ordered alternatives. Biometrika, 41, 133–145.

Jones, C. J. (2007). P-technique factor analysis as a tool for exploring psychological health. In A. D. Ong & M. H. M. van Dulmen (Eds.), Oxford handbook of methods in positive psychology (pp. 3–11). Oxford: Oxford University Press.

Jöreskog, K. G. (1979). Statistical estimation of structural models in longitudinal-developmental investigations. In J. R. Nesselroade & P. B. Baltes (Eds.), Longitudinal research in the study of behaviour and development (pp. 303–351). New York: Academic Press.

Jöreskog, K. G. & Moustaki, I. (2001). Factor analysis for ordinal variables: A comparison of three approaches. Multivariate Behavioral Research, 36, 347–387.

Jöreskog, K. G. & Sörbom, D. (1988). LISREL 7: A guide to the program and applications (2nd ed.). Chicago: SPSS, Inc.

Junge, J., Neumer, S.-P., Manz, R. & Margraf, J. (2002). Gesundheit und Optimismus GO. Trainingsprogramm für Jugendliche. Weinheim: Beltz PVU.

Kaiser, H. F. (1958). The varimax criterion for analytic rotation in factor analysis. Psychometrika, 23, 187–200.

Kaiser, H. F. & Dickman, K. W. (1959). Analytic determination of common factors. American Psychologist, 14, 425.

Kaplan, D. (2009). Structural equation modeling: Foundations and extensions. Newbury Park, CA: Sage.

Karoly, P. (1993). Mechanisms of self-regulation: A systems view. Annual Review of Psychology, 44, 23–52.

Keller, F. (2003). Analyse von Längsschnittdaten: Auswertungsmöglichkeiten mit hierarchisch linearen Modellen. Zeitschrift für Klinische Psychologie und Psychotherapie, 32, 51–61.

Kelley, H. H. & Thibaut, J. W. (1978). Interpersonal relations: A theory of interdependence. New York: Wiley.

Kelley, K. (2007). Confidence intervals for standardized effect sizes: Theory, application, and implementation. Journal of Statistical Software, 20, 1–24.

Kendall, M. G. (1938). A new measure of rank correlation. Biometrika, 30, 81–93.

Kendall, M. G. (1948). Rank correlation methods. London: Griffin.

Kendall, M. G. & Gibbons, J. D. (1990): Rank correlation methods. London: Arnold.

Kennedy, J. J. (1992). Analyzing qualitative data. Log-linear analysis for behavioural research. New York: Praeger.

Keppel, G. (1991). Design and analysis: A researcher's handbook (3rd ed). Englewood Cliffs, NY: Prentice Hall.

Kim, J. (1971). Predictive measures of ordinal association. American Journal of Sociology, 76, 891–907.

Kim, N. & Bickel, P. J. (2003). The limit distribution of a test statistic for bivariate normality. Statistica Sinica, 13, 327–349.

Kim, S. & Feldt, L. S. (2008). A comparison of tests for equality of two or more independent alpha coefficients. Journal of Educational Measurement, 45, 197–193.

Kirk, R. E. (1995). Experimental design: Procedures for the behavioral sciences (3rd ed.). Belmont, CA: Wadsworth.

Kish, L. (1965). Survey sampling. New York: Wiley.

Klauer, K. C. & Musch, J. (2003) Affective priming: Findings and theories. In J. Musch & K. C. Klauer (Eds.), The psychology of evaluation: Affective processes in cognition and emotion (pp. 7–49). Mahwah, NJ, US: Lawrence Erlbaum Associates Publishers.

Klebelsberg, D. von (1960). Wiener Determinations-Gerät. Diagnostica, 6, 165–166.

Klein, A. (2000). Moderatormodelle. Verfahren zur Analyse von Moderatoreffekten in Strukturgleichungsmodellen. Hamburg: Kovac.

Klinck, D. (2006). Computerisierte Methoden. In F. Petermann & M. Eid (Hrsg.), Handbuch der Psychologischen Diagnostik (S. 226–232). Göttingen: Hogrefe.

Kockelkorn, U. (2000). Lineare statistische Methoden. München: Oldenbourg.

Köhler, T. (2008). Statistische Einzelfallanalyse. Eine Einführung mit Rechenbeispielen. Weinheim: Beltz PVU.

Kolmogorov, A. N. (1933). Sulla determinazione empirica di una legge di distribuzione. Giornale dell'Instituto Italiano degli Attuari, 4, 83–91.

Kramer, C. Y. (1956). Extension of multiple range tests to group means with unequal numbers of replications. Biometrics, 12, 307–310.

Kranz, H. T. (1986). Einführung in die Klassische Testtheorie. Eschborn: Klotz.

Krauth, J. (1973). Nichtparametrische Ansätze zur Auswertung von Verlaufskurven. Biometrische Zeitschrift, 15, 557–566.

Kreft, I. G. G., de Leeuw, J. & Aiken, L. S. (1995). The effect of different forms of centering in hierarchical linear models. Multivariate Behavioral Research, 30, 1–21.

Kreienbrock, L. (1986). Zur Auswirkung von Endlichkeitskorrekturen bei der Analyse einfacher Zufallsstichproben. Statistische Hefte, 27, 23–35.

Kruskal, W. H. & Wallis, W. A. (1952). Use of ranks in one-criterion variance analysis. Journal of the American Statistical Association, 47, 583–621.

Kuss, O. (2002). Global goodness-of-fit tests in logistic regression with sparse data. Statistics in Medicine, 21, 3789–3801.

Landsberger, H. A. (1958). Hawthorne revisited. Ithaca, NY: Cornell University Press.

Langeheine, R. (1983). Nonstandard log-lineare Modelle. Zeitschrift für Sozialpsychologie, 14, 312–321.

Langeheine, R. (1988). Manifest and latent Markov chain models for categorical panel data. Journal of Educational Statistics, 13, 299–312.

Langeheine, R. & van de Pol, F. (1990). A unifying framework for Markov modeling in discrete space and discrete time. Sociological Methods and Research, 18, 416–441.

Lawley, D. N. & Maxwell, A. E. (1971). Factor analysis as a statistical method. New York: Elsevier.

Lazarsfeld, P. F. & Henry, N. W. (1968). Latent structure analysis. Boston, MA: Houghton Mifflin.

Lehmann, E. L. (1975). Nonparametrics: Statistical methods based on ranks. San Francisco, CA: Holden-Day.

Levene, H. (1960). Robust tests for equality of variances. In S. G. Ghurye, W. Hoeffding, W. G. Madow & H. B. Mann (Eds.), Contributions to probability and statistics: Essays in honor of Harold Hotelling. (pp. 278–292). Palo Alto, CA: Stanford University Press.

Lilliefors, H. W. (1967). On the Kolmogorov-Smirnov test for normality with mean and variance unknown. Journal of the American Statistical Association, 64, 399–402.

Lipsey, M. W. (1990). Design sensitivity: Statistical power for experimental research. Newbury Park, CA: Sage.

Lischetzke, T. & Eid, M. (2003). Is attention to feelings beneficial or detrimental to affective well-being? Mood regulation as a moderator variable. Emotion, 3, 361–377.

Lischetzke, T. & Eid, M. (im Druck). Verfahren der Erfassung affektiver Zustände. In M. Amelang & L. F. Hornke (Hrsg.), Enzyklopädie der Psychologie. Themenbereich

B, Methodologie und Methoden. Serie II, Psychologische Diagnostik. Band 1, Grundlagen psychologischer Diagnostik. Göttingen: Hogrefe.

Lischetzke, T., Eid, M., Wittig, F. & Trierweiler, L. (2001). Die Wahrnehmung eigener und fremder Gefühle: Konstruktion und Validierung von Skalen zur Erfassung der emotionalen Selbst- und Fremdaufmerksamkeit sowie der Klarheit über Gefühle. Diagnostica, 47, 167–177.

Looney, S. (1995). How to use tests for univariate normality to assess multivariate normality. The American Statistician, 39, 75–79.

Lord, F. M. (1967). A paradox in the interpretation of group comparisons. Psychological Bulletin, 68, 304–305.

Lord, F. M. & Novick, M. R. (1968). Statistical theories of mental test scores. Reading, MA: Addison-Wesley.

Lucas, R. E. & Baird, B. M. (2006). Global self-assessment. In M. Eid & E. Diener (Eds.), Handbook of multimethod measurement in psychology (pp. 29–42). Washington, DC: American Psychological Association.

Luhmann, M. (2010). R für Einsteiger. Einführung in die Statistiksoftware für die Sozialwissenschaften. Weinheim: Beltz.

Lunneborg, C. E. (2000). Data analysis by resampling. Concepts and applications. Pacific Grove: Duxbury.

Lyles, R. H., Lin, H. M. & Williamson, J. M. (2007). A practical approach to computing power for generalized linear models with nominal, count, or ordinal responses. Statistics in Medicine, 26, 1632–1648.

Maas, C. J. M. & Hox, J. J. (2003). The influence of violations of assumptions on multilevel parameter estimates and their standard errors. Computational Statistics & Data Analysis, 46, 427–440.

Maas, C. J. M. & Hox, J. J. (2004). Robustness issues in multilevel regression analysis. Statistica Neerlandica, 58, 127–137.

Maas, C. J. M. & Hox, J. J. (2005). Sufficient sample sizes for multilevel modeling. Methodology, 1, 86–92.

Mack, H. B. & Wolfe, D. A. (1981). K-sample rank tests for umbrella alternatives. Journal of the American Statistical Association, 76, 175–181.

MacKinnon, D. P. (2008). Introduction to statistical mediation analysis. New York: Erlbaum.

MacKinnon, D. P., Lockwood, C. M., Hoffman, J. M., West, S. G. & Sheets, V. (2002). A comparison of methods to test mediation and other intervening variables. Psychological Methods, 7, 83–104.

MacKinnon, D. P., Lockwood, C. M. & Williams, J. (2004). Confidence intervals for the indirect effect: Distribution of the product and resampling methods. Multivariate Behavioral Research, 39, 99–128.

Malgady, R. G. (1987). Contrasting part correlations in regression models. Educational and Psychological Measurement, 47 (4), 961–965.

Mann, H. B. & Whitney, D. R. (1947). On a test of whether one of two random variables is stochastically larger than the other. Annals of Mathematical Statistics, 18, 50–60.

Mardia, K. V. (1975). Assessment of multinormality and the robustness of Hotelling's $T2$ test. Applied Statistics, 24, 163–171.

Marsh, H. W. & Hau, K. T. (2003). Big fish little pond effect on academic self-concept: A crosscultural (26-country) test of the negative effects of academically selective schools. American Psychologist, 58, 364–376.

Marsh, H. W., Kong, C. K. & Hau, K. T. (2000). Longitudinal multilevel modeling of the big fish little pond effect on academic self-concept: Counterbalancing social comparison and reflected glory effects in Hong Kong high schools. Journal of Personality and Social Psychology, 78, 337–349.

Mauchly, J. W. (1940). Significance test for sphericity of a normal n-variate distribution. The Annals of Mathematical Statistics, 11, 204–209.

Max Rubner-Institut (2008). Ergebnisbericht der Nationalen Verzehrsstudie II – Teil 2. Karlsruhe: Max Rubner-Institut – Bundesforschungsinstitut für Ernährung und Lebensmittel.

Maxwell, S. E. & Delaney, H. D. (2004). Designing experiments and analyzing data: A model comparison perspective (2nd ed.). Mahwah, NJ: Erlbaum.

May, W. L. & Johnson, W. D. (2001). Symmetry in square contingency tables: Tests of hypotheses and confidence interval construction. Journal of Biopharmaceutical Statistics, 11, 23–33.

Mayer, H. O. (2006). Interview und schriftliche Befragung. München: Oldenbourg.

Mayr, S., Erdfelder, E., Buchner, A. & Faul, F. (2007). A short tutorial of GPower. Tutorials in Quantitative Methods for Psychology, 3, 51–59.

Mayring, P. (2007). Qualitative Inhaltsanalyse. Grundlagen und Techniken (9., überarb. Aufl.). Weinheim: Beltz (UTB).

McCall, R. B. (2000). Fundamental statistics for behavioral sciences (8th ed.). London: Harcout Brace.

McDonald, R. P. (1970). The theoretical foundations of common factor analysis, principal factor analysis, and alpha factor analysis. British Journal of Mathematical and Statistical Psychology, 22, 165–175.

McDonald, R. P. (1985). Factor analysis and related methods. Hillsdale, NJ: Erlbaum.

McDonald, R. P. (1999). Test theory: A unified treatment. Mahwah, NJ: Erlbaum.

McFadden, D. (1974). Conditional logit analysis of qualitative choice behavior. In P. Zarembka (Ed.), Frontiers in econometrics (pp. 105–142). New York: Academic Press.

McGuigan, F. J. (2001). Einführung in die Experimentelle Psychologie. Eschborn: Verlag Dietmar Klöß.

McKnight, P. E., McKnight, K. M., Sidani, S. & Figueredo, A. J. (2007). Missing data. A gentle introduction. New York: Guilford.

McNemar, Q. & Biel, W. C. (1939). A square path pursuit rotor and a modification of the Miles pursuit pendulum. Journal of General Psychology, 21, 463–465.

Mednick, S. A., Gabrielli, W. F. & Hutchings, B. (1984). Genetic influences in criminal convictions: Evidence from an adoption cohort. Science, 224 (4651), 891–894.

Mehl, M. R. (2006a). Quantitative text analysis. In M. Eid & E. Diener (Eds.), Handbook of multimethod measurement in psychology (pp. 141–156). Washington, DC: American Psychological Association.

Mehl, M. R. (2006b). Textanalyse. In F. Petermann & M. Eid (Hrsg.), Handbuch der Psychologischen Diagnostik (S. 198–202). Göttingen: Hogrefe.

Mehl, M. R., Vazire, S., Ramirez-Esparza, N., Slatcher, R. B. & Pennebaker, J. W. (2007). Are women really more talkative than men? Science, 316, 82.

Menard, S. (2001). Applied logistic regression analysis. Thousand Oaks, CA: Sage.

Mendoza, J. L. & Stafford, K. L. (2001). Confidence intervals, power calculations, and sample size estimation for the squared multiple correlation coefficient under the fixed and random regression model: A computer program and useful standard tables. Educational and Psychological Measurement, 61, 650–667.

Messick, D. M. & McClintock, C. G. (1968). Motivational bases of choice in experimental games. Journal of Experimental Social Psychology, 4, 1–25.

Mickey, R. M., Dunn, O. J. & Clark, V. A. (2004). Analysis of variance and regression. Hoboken, NJ: Wiley.

Milgram, S., Mann, L. & Harter, S. (1965). The lost-letter technique: A tool of social research. Public Opinion Quarterly, 29, 437–438.

Molenaar, P. C. M. (1985). A dynamic factor model for the analysis of multivariate time series. Psychometrika, 50, 181–202.

Molin, P. & Abdi H. (1998). New tables and numerical approximation for the Kolmogorov-Smirnov/Lillierfors/Van Soest test of normality. (Unveröffentlichter Bericht). Bourgogne: Université de Bourgogne [Online-Dokument: http://www.utdallas.edu/~herve/MolinAbdi1998-LillieforsTechReport.pdf].

Mook, D. G. (1983). In defense of external invalidity. American Psychologist, 38, 379–387.

Moosbrugger, H. & Kelava, A. (Hrsg.) (2007). Testtheorie und Fragebogenkonstruktion. Berlin: Springer.

Moosbrugger, H., Schermelleh-Engel, K. & Klein, A. (1997). Methodological problems of estimating latent interaction effects. Methods of Psychological Research Online, 2 (2), 95–111.

Morris, S. B. & DeShon, R. P. (2002). Combining effect size estimates in meta-analysis with repeated measures and independent-groups designs. Psychological Methods, 7, 105–125.

Mühlberger, A., Alpers, G. W. & Pauli, P. (2006). Psychophysiologische Methoden. In F. Petermann & M. Eid (Hrsg.), Handbuch der Psychologischen Diagnostik (S. 160–167). Göttingen: Hogrefe.

Müller, H. (1999). Probabilistische Testmodelle für diskrete und kontinuierliche Ratingskalen. Bern: Huber.

Muller, K. E. & Barton, C. N. (1989). Approximate power for repeated measures ANOVA lacking sphericity. Journal of the American Statistical Association, 84, 549–555.

Mummendey, H. D. (2003). Die Fragebogenmethode. Grundlagen und Anwendung in Persönlichkeits-, Einstellungs- und Selbstkonzeptforschung (4. Aufl.). Göttingen: Hogrefe.

Mundfrom, D. J., Shaw, D. G. & Ke, T. L. (2005). Minimum sample size recommendations for conducting factor analyses. International Journal of Testing, 5, 159–168.

Murray, H. A. (1943). Thematic Apperception Test [manual and plates]. Cambridge, MA: Harvard University Press.

Muthén, B. O. (1984). A general structural equation model with dichotomous, ordered categorical, and continuous latent variable indicators. Psychometrika, 49, 115–132.

Muthén, B. O. (1993). Goodness of fit with categorical and other non-normal variables. In K. A. Bollen & J. S. Long (Eds.), Testing structural equation models (pp. 205–243). Newbury Park, CA: Sage.

Muthén, B. O. (2002). Beyond SEM: General latent variable modelling. Behaviormetrika, 29, 81–117.

Muthén, B. O. & Muthén, L. K. (2004–2008). Mplus. User manual. Los Angeles, CA: Muthén & Muthén.

Muthén, L. K. & Muthén, B. O. (2002). How to use a Monte Carlo study to decide on sample size and determine power. Structural Equation Modeling, 4, 599–620.

Nagelkerke, N. J. D. (1991). A note on the general definition of the coefficient of determination. Biometrika, 78, 691–692.

Neale, M. C., Boker S. M., Xie G. & Maes, H. H. (2003). Mx: Statistical modeling (6th ed.). Richmond, VA: Department of Psychiatry.

Nesselroade, J. R. (2007). Factoring at the individual level: Some matters for the second century of factor analysis. In R. Cudeck & R. C. MacCallum (Eds.), Factor analysis at 100: Historical developments and future directions (pp. 249–264). Mahwah, NJ: Erlbaum.

Nevitt, J. & Hancock, G. R. (2001). Performance of bootstrapping approaches to model test statistics and parameter standard error estimation in structural equation modeling. Strucural Equation Modeling: A Multidisciplinary Journal, 8, 353–377.

Newcombe R. G. (2006a). Confidence intervals for an effect size measure based on the Mann-Whitney statistic. Part 1: General issues and tail area based methods. Statistics in Medicine, 25, 543–557.

Newcombe R. G. (2006b). Confidence intervals for an effect size measure based on the Mann-Whitney statistic. Part 2: Asymptotic methods and evaluation. Statistics in Medicine, 25, 559–573.

Neyer, F. (2006a). Fremdbericht. In F. Petermann & M. Eid (Hrsg.), Handbuch der Psychologischen Diagnostik (S. 143–150). Göttingen: Hogrefe.

Neyer, F. (2006b). Informant assessment. In M. Eid & E. Diener (Eds.), Handbook of multimethod measurement in psychology (pp. 43–60). Washington, DC: American Psychological Association.

Neyman, J. & Pearson, E. S. (1928). On the use and interpretation of certain test criteria for purposes of statistical inference. Biometrika, 20A, 175–294.

Neyman, J. & Pearson, E. S. (1933). On the testing of statistical hypotheses in relation to probability a priori. Proceedings of the Cambridge Philosophical Society, 29, 492–510.

Neyman, J. & Pearson, E. S. (1936a). Sufficient statistics and uniformly most powerful tests of statistical hypotheses. Statistical Research Memoirs, 1, 133–137.

Neyman, J. & Pearson, E. S. (1936b). Contributions to the theory of testing statistical hypotheses. I. Unbiased critical regions of Type A and Type A1. Statistical Research Memoirs, 1, 1–37.

Noether, G. E. (1987). Sample size determination for some common nonparametric tests. Journal of the American Statistical Association, 82, 645–647.

Nussbeck, F. W., Eid, M. & Lischetzke, T. (2006). Analyzing MTMM data with SEM for ordinal variables applying the WLSMV-estimator: What is the sample size needed for valid results? British Journal of Mathematical and Statistical Psychology, 59, 195–213.

Nussbeck, F. W., Eid, M. & Geiser, C. (im Druck). Mischverteilungsmodelle. In B. Schmitz & H. Holling (Hrsg.), Handbuch der Psychologischen Methoden und Evaluation. Göttingen: Hogrefe.

O'Brien, R. G. & Muller, K. E. (1993). Unified power analysis for t-tests through multivariate hypotheses. In L. K. Edwards (Ed), Applied analysis of variance in the behavioral sciences (pp. 297–344). New York: Marcel Dekker.

Oerter, R. & Montada, L. (Hrsg.) (2008). Entwicklungspsychologie. Weinheim: Beltz PVU.

Olejnik, S. & Algina, J. (2000). Measures of effect size for comparative studies: Applications, interpretations, and limitations. Journal of Contemporaty Educational Psychology, 25, 241–286.

Olejnik, S. & Algina, J. (2003). Generalized eta and omega squared statistics: Measures of effect size for some common research designs. Psychological Methods, 8, 434–447.

Olkin, I. & Finn, J. D. (1995). Correlations redux. Psychological Bulletin, 118, 155–64.

Olkin, I. & Pratt, J. W. (1958). Unbiased estimation of certain correlation coefficients. Annals of Mathematical Statistics, 29, 201–211.

Olsson, U. (1979). Maximum likelihood estimation of the polychoric correlation coefficient. Psychometrika, 44, 443–460.

Olsson, U., Troye, S. V. & Howell, R. D. (1999). Theoretical fit and empirical fit: The performance of maximum likelihood versus generalized least squares estimation in structural equation models. Multivariate Behavioral Research, 34, 31–58.

Olsson, U., Foss, T., Troye, S. V. & Howell, R. D. (2000). The performance of ML, GLS, and WLS estimation in structural equation modeling under conditions of misspecification and non-normality. Strucural Equation Modeling: A Multidisciplinary Journal, 7, 57–595.

Ong, A. & van Dulmen, M. (Eds.) (2007). Handbook of methods in positive psychology. Oxford: Oxford University Press.

Orth, B. (1974). Einführung in die Theorie des Messens. Stuttgart: Kohlhammer.

Ostendorf, F. (1990). Sprache und Persönlichkeitsstruktur. Zur Validität des Fünf-Faktoren-Modells der Persönlichkeit. Roderer: Regensburg.

Page, E. B. (1963). Ordered hypotheses for multiple treatments: A significance test for linear ranks. Journal of the American Statistical Association, 58, 216–230.

Pavot, W. & Diener, E. (1993). Review of the Satisfaction with Life Scale. Psychological Assessment, 5, 164–172.

Pearson, K. (1895). Contributions to the mathematical theory of evolution, II: Skew variation in homogeneous material. Philosophical Transactions of the Royal Society of London A, 186, 343–414.

Pearson, K. (1924). The life, letters and labours of Francis Galton. Vol. II. Cambridge: Cambridge University Press.

Pedhazur, E. J. & Pedhazur-Schmelkin, L. (1991). Measurement, design, and analysis. An integrated approach. Hillsdale, NJ: Erlbaum.

Peduzzi, P. J., Concato, J., Kemper, E., Holford, T. R. & Feinstein, A. R. (1996). A simulation of the number of events per variable in logistic regression analysis. Journal of Clinical Epidemiology, 99, 1373–1379.

Pennebaker, J. W. (1997). Opening up: The healing power of expressing emotions. New York: Guildford Publications.

Perrez, M. (2006). Ambulatory Assessment – Computerunterstützte Selbstbeobachtung im Feld. In F. Petermann & M. Eid (Hrsg.), Handbuch der Psychologischen Diagnostik (S. 189–195). Göttingen: Hogrefe.

Petermann, F. (1996). Einzelfallanalyse. München: Oldenbourg.

Petermann, F. & Eid, M. (Hrsg.) (2006). Handbuch der Psychologischen Diagnostik. Göttingen: Hogrefe.

Piaget, J. (1975). Das Erwachen der Intelligenz beim Kinde. Stuttgart: Klett.

Pihl, R. O., Zeichner, A., Niaura, R., Nagy, K. & Zacchia, C. (1981). Attribution and alcohol-mediated aggression. Journal of Abnormal Psychology, 90, 468–475.

Popper, K. R. (2005). Logik der Forschung (11. Aufl.). Tübingen: Mohr Siebeck.

Potter, D. M. (2005). A permutation test for inference in logistic regression with small- and moderate-sized data sets. Statistics in Medicine, 24, 693–708.

Potthoff, R. F., Tudor, G. E., Pieper, K. S. & Hasselblad, V. (2006). Can one assess whether missing data are missing at random in medical studies? Statistical Methods in Medical Research, 15, 213–234.

Rammstedt, B. (2006). Fragebogen. In F. Petermann & M. Eid (Hrsg.), Handbuch der Psychologischen Diagnostik (S. 109–117). Göttingen: Hogrefe.

Rasch, D., Herrendörfer, G., Bock, J., Victor, N. & Guiard, V. (2008). Verfahrensbibliothek. Versuchsplanung und -auswertung. Band I und II. München: Oldenbourg.

Rasch, G. (1960). Probabilistic models for some intelligence and attainment tests. Kopenhagen: Nissen & Lydicke.

Raudenbush, S. W. & Bryk, A. S. (2002). Hierarchical linear models: Applications and data analysis methods (2nd ed.). Newbury Park, CA: Sage.

Raudenbush, S. W. & Liu, X. F. (2000). Statistical power and optimal design for multisite randomized trials. Psychological Methods, 5, 199–213.

Raudenbush, S. W., Bryk, A. S. & Congdon, R. T. (1994–2008). HLM: Hierarchical linear and nonlinear modeling. Chicago, IL: Scientific Software International.

Ream, M. J. (1922). The tapping test: A measure of motility. Psychological Monograph, 31, 293–319.

Reinecke, J. (2005). Strukturgleichungsmodelle in den Sozialwissenschaften. München: Oldenbourg.

Reips, U.-D. (2006a). Internetbasierte Methoden. In F. Petermann & M. Eid (Hrsg.), Handbuch der Psychologischen Diagnostik (S. 218–225). Göttingen: Hogrefe.

Reips, U.-D. (2006b). Web-based methods. In M. Eid & E. Diener (Eds.), Handbook of multimethod measurement in psychology (pp. 73–86). Washington, DC: American Psychological Association.

Riemann, R. (1997). Persönlichkeit: Fähigkeiten oder Eigenschaften? Lengerich: Pabst Science.

Robinson, W. S. (1950). Ecological correlations and the behavior of individuals. American Sociological Review, 15, 351–357.

Rorschach, H. (1921). Psychodiagnostik. Bern: Huber.

Rosenberg, M. J. & Hovland, C. I. (1960). Cognitive, affective, and behavioral components of attitudes. In C. I. Hovland & M. J. Rosenberg (Eds.), Attitude organization and change (pp. 1–14). New Haven, CT: Yale University Press.

Rosenthal, R. & Jacobson, L. (1968). Pygmalion in the classroom. New York: Holt, Rinehart & Winston.

Rosenthal, R. & Rubin, D. B. (1978). Interpersonal expectancy effects: The first 345 studies. Behavioural and Brain Sciences, 3, 377–415.

Rosenthal, R., Rosnow, R. L. & Rubin, D. B. (2000). Contrasts and effect sizes in behavioral research: A correlational approach. New York: Cambridge Press.

Rosenzweig, S. (1945). The picture-association method and its application in a study of reactions to frustration. Journal of Personality, 14, 3–23.

Rosner, B., Spiegelman, D. & Willett, W. C. (1990). Correction of logistic regression relative risk estimates and confidence intervals for measurement error: The case of multiple covariates measured with error. American Journal of Epidemiology, 132, 734–745.

Rost, J. (2004). Lehrbuch Testtheorie – Testkonstruktion (2., vollst. überarb. Aufl.). Bern: Huber.

Rost, J. & Eid, M. (2009). Mischverteilungsmodelle. In H. Holling (Hrsg.), Grundlagen und statistische Methoden der Evaluationsforschung (Enzyklopädie der Psychologie, Themenbereich B, Methodologie und Methoden, Serie IV, Evaluation, Bd. 1, S. 483–524). Göttingen: Hogrefe.

Rubin, D. (2006). Matched sampling for causal effects. Cambridge: Cambridge University Press.

Russo, J. E., Medvec, V. H. & Meloy, M. G. (1996). The distortion of information during decisions. Organizational Behavior and Human Decision Processes, 66, 102–110.

Rustenbach, S. J. (2003). Metaanalyse: Eine anwendungsorientierte Einführung. Bern: Hans Huber.

Salovey, P. & Mayer, J. D. (1990). Emotional intelligence. Imagination, Cognition, and Personality, 9, 185–211.

Satorra, A. & Bentler, P. M. (1994). Corrections to test statistics and standard errors in covariance structure analysis. In A. von Eye & C. C. Clogg (Eds.), Latent variables analysis: Applications for developmental research (pp. 399–419). Thousand Oaks, CA: Sage.

Satorra, A. & Bentler, P. M. (2001). A scaled difference chi-square test statistic fo moment structure analysis. Psychometrika, 66, 507–514.

Schafer, J. L. & Graham, J. W. (2002). Missing data: Our view of the state of the art. Psychological Methods, 7, 147–177.

Schermelleh-Engel, K. & Kelava, A. (2007). Die Latent-State-Trait-Theorie. In H. Moosbrugger & A. Kelava (Hrsg.), Testtheorie und Fragebogenkonstruktion (S. 343–360). Berlin: Springer.

Schermelleh-Engel, K. & Schweizer, K. (2007). Die Multitrait-Multimethod-Analyse. In H. Moosbrugger & A. Kelava (Hrsg.), Testtheorie und Fragebogenkonstruktion (S. 325–341). Berlin: Springer.

Schermelleh-Engel, K., Moosbrugger, H. & Müller, H. (2003). Evaluating the fit of structural equation models: Tests of significance and descriptive goodness-of-fit measures. Methods of Psychological Research Online, 8, 23–74.

Schermelleh-Engel, K., Keith, N., Moosbrugger, H. & Hodapp, V. (2004). Decomposing person and occasion-specific effects: An extension of latent state-trait theory to hierarchical models. Psychological Methods, 9, 198–219.

Schermelleh-Engel, K., Kelava, A. & Moosbrugger, H. (2006). Gütekriterien. In F. Petermann & M. Eid (Hrsg.), Handbuch der Psychologischen Diagnostik (S. 420–433). Göttingen: Hogrefe.

Schmitt, M. (2006). Conceptual, theoretical, and historical foundations of multimethod assessment. In M. Eid & E. Diener (Eds.), Handbook of multimethod measurement in psychology (pp. 9–25). Washington, DC: American Psychological Association.

Schmitt, M. & Maes, J. (2001). Gerechtigkeit als innerdeutsches Problem: Gesamtes Erhebungsinstrumentarium. (Berichte aus der Arbeitsgruppe »Verantwortung, Gerechtigkeit, Moral« Nr. 136). Trier: Universität Trier, Fachbereich I – Psychologie.

Schnell, R., Hill, P. B. & Esser, E. (2008). Methoden der empirischen Sozialforschung. München: Oldenbourg.

Schramke C. J. & Bauer, R. M. (1997). State-dependent learning in older and younger adults. Psychological Aging, 12, 255–262.

Schulze, R. (2004). Meta-analysis: A comparison of approaches. Cambridge, MA: Hogrefe & Huber.

Schwarz, N. & Oyserman, D. (2001). Asking questions about behaviour: Cognition, communication, and questionnaire construction. American Journal of Evaluation, 22, 127–160.

Shadish, W. R., Cook, T. D. & Campbell, D. T. (2002). Experimental and quasi-experimental designs for generalized causal inference. Boston, MA: Houghton Mifflin.

Sheskin, D. J. (2007). Handbook of parametric and nonparametric statistical procedures. (4th ed.). Boca Raton, FL: Chapman & Hall/CRC.

Šidák, Z. (1967). Rectangular confidence regions for the means of multivariate normal distributions. Journal of the American Statistical Association, 62, 626–633.

Siegel, S. & Castellan, N. J., Jr. (1988). Nonparametric statistics for the behavioral sciences (2nd ed.). New York: McGraw-Hill.

Simpson, E. H. (1951). The interpretation of interaction in contingency tables. Journal of the Royal Statistical Society – Series B (Methodological), 13, 238–241.

Singer, J. S. & Willett, J. B. (2003). Applied longitudinal data analysis. New York: Oxford University Press.

Skrondal, A. & Rabe-Hesketh, S. (2004). Generalized latent variable modeling: Multilevel, longitudinal and structural equation models. Boca Raton, FL: Chapman & Hall.

Smirnov, N. V. (1939). On the estimation of the discrepancy between empirical curves of distribution for two independent samples (Mathematisches Bulletin Nr. 2). Moskau: Universität Moskau.

Smith, R. L., Ager, J. W. & Williams, D. L.(1992). Suppressor variables in multiple regression/correlation. Educational and Psychological Measurement, 52, 17–29.

Smithson, M. (2001). Correct confidence intervals for various regression effect sizes and parameters: The importance of noncentral distributions in computing intervals. Educational and Psychological Measurement, 61, 603–630.

Smithson, M. (2003). Confidence intervals. Thousand Oaks, CA: Sage

Snijders, T. A. B. (2005). Power and sample size in multilevel linear models. In B. S. Everitt & D. C. Howell (Eds.), Encyclopedia of statistics in behavioral science, Vol. 3 (pp. 1570–1573). Chichester, UK: Wiley.

Snijders, T. A. B. & Bosker, R. J. (1993). Standard errors and sample sizes for two-level research. Journal of Educational Statistics, 18, 237–259.

Snijders, T. A. B. & Bosker, R. J. (1999). Multilevel Analysis: An introduction to basic and advanced multilevel modeling. London: Sage.

Snow, R. E. (1989). Aptitude-treatment interaction as a framework of research in individual differences in learning. In P. L. Ackerman, R. J. Sternberg & R. Glaser (Eds.), Learning and individual differences (pp. 13–59). New York, NY: Freeman.

Sobel, M. E. (1982). Asymptotic confidence intervals for indirect effects in structural equation models. Sociological Methodology, 13, 290–312.

Somers, R. H. (1962). A new asymmetric measure of association for ordinal variables. American Sociological Review, 27, 799–811.

Spearman, C. S. (1904a). »General intelligence« objectively determined and measured. American Journal of Psychology, 15, 201–293.

Spearman, C. S. (1904b). The proof and measurement of association. American Journal of Psychology, 15, 72–101.

Sprent, P. (1993). Applied nonparametric statistical methods. London: Chapman & Hall.

Stefanski, L. A. & Carroll, R. J. (1985). Covariate measurement error in logistic regression. The Annals of Statistics, 13, 1335–1351.

Steiger, J. H. (2004). Beyond the F-test: Effect size confidence intervals and tests of close fit in the analysis of variance and contrast analysis. Psychological Methods, 9, 164–182.

Steiger, J. H. (o. J.). NDC: Noncentral Distribution Calculator. Vanderbilt University: Statistical program.

Steiger, J. H. & Fouladi, R. T. (1997). Noncentrality interval estimation and the evaluation of statistical models. In L. L. Harlow, S. A. Mulaik & J. H. Steiger (Eds.), What if there were no significance tests? (pp. 221–257). Mahwah, NJ: Erlbaum.

Stelzl, I. (1986). Changing a causal hypothesis without changing the fit: Some rules for generating equivalent path models. Multivariate Behavioral Research, 21, 309–331.

Stevens, J. (2009). Applied multivariate statistics for the social sciences (5th ed.). Mahwah, NJ: Erlbaum.

Steyer, R. (1979). Untersuchungen zur nonorthogonalen Varianzanalyse. Weinheim: Beltz.

Steyer, R. (1989). Models of classical psychometric theory as stochastic measurement models: Representation, uniqueness, meaningfulness, identifiability, and testability. Methodika, 3, 25–60.

Steyer, R. (1992). Theorie kausaler Regressionsmodelle. Stuttgart: Fischer.

Steyer, R. (2003). Wahrscheinlichkeit und Regression. Berlin: Springer.

Steyer, R. & Eid, M. (2001). Messen und Testen (2. Aufl.). Berlin: Springer.

Steyer, R., Ferring, D. & Schmitt, M. J. (1992). States and traits in psychological assessment. European Journal of Psychological Assessment, 8, 79–98.

Steyer, R., Schwenkmezger, P., Notz, P. & Eid, M. (1997). Der Mehrdimensionale Befindlichkeitsfragebogen. Handanweisung. Göttingen: Hogrefe.

Steyer, R., Schmitt, M. & Eid, M. (1999). Latent state-trait theory and research in personality and individual differences. European Journal of Personality, 13, 389–408.

Stieglitz, R.-D., Baumann, U. & Freyberger, H. J. (2001). Psychodiagnostik in Klinischer Psychologie, Psychiatrie, Psychotherapie. Stuttgart: Thieme.

Stoel, R. D., Galindo-Garre, F., Dolan, C. & von den Wittenboer, G. (2006). On the likelihood ratio test in structural equation modeling when parameters are subject to boundary constraints. Psychological Methods, 11, 439–455.

Stone, A. A. & Litcher-Kelly, L. (2006). Momentary capture of real-world data. In M. Eid & E. Diener (Eds.), Handbook of multimethod measurement in psychology (pp. 61–72). Washington, DC: American Psychological Association.

Stroop, C. D. (1935). Studies of interference in serial verbal reactions. Journal of Experimental Psychology, 18, 643–662.

Suh, E., Diener, E., Oishi, S. & Triandis, H. C. (1998). The shifting basis of life satisfaction judgments across cultures: Emotions versus norms. Journal of Personality and Social Psychology, 74, 482–493.

Suppes, P. & Zinnes, J. L. (1963). Basic measurement theory. In R. D. Luce, R. R. Bush & E. Galanter (Eds.), Handbook of mathematical psychology. Vol. 1 (pp. 1–76). New York: Wiley.

Süß, H.-M. & Beauducel, A. (2005). Faceted models of intelligence. In O. Wilhelm & R. Engle (Eds.), Understanding and measuring intelligence (pp. 313–332). London: Sage.

Tabachnick, B. G. & Fidell, L. S. (2007). Using multivariate statistics. Boston: Allyn and Bacon.

Takane, Y. & de Leeuw, J. (1987). On the relationship between item response theory and factor analysis of discretized variables. Psychometrika, 52, 393–408.

Taylor, S. P. (1967). Aggressive behavior and physiological arousal as a function of provocation and the tendency to inhibit aggression. Journal of Personality, 35, 297–310.

Thoresen, M. (2006). Correction for measurement error in multiple logistic regression: A simulation study. Journal of Statistical Computation and Simulation, 76, 475–487.

Thorndike, E. L. (1920). A constant error in psychological rating. Journal of Applied Psychology, 4, 25–29.

Thurstone, L. L. (1934). The vectors of mind. Psychological Review, 41, 1–32.

Thurstone, L. L. (1947). Multiple factor analysis. Chicago: University of Chicago Press.

Tu, Y.-K., Gunnell, D. & Gilthorpe, M. S. (2008). Simpson's paradox, Lord's paradox, and suppression effects are the same phenomenon – the reversal paradox. Emerging Themes in Epidemiology, 5, 2.

Tukey, J. W. (1953). The problem of multiple comparisons (unpubliziertes Manuskript). Princeton, NJ: Princeton University.

Tversky, A. & Kahneman, D. (1974). Judgment under uncertainty: Heuristics and biases. Science, 185, 1124–1131.

Tzelgov, J. & Henik, A. (1991). Suppression situations in psychological research: Definitions, implications, and applications. Psychological Bulletin, 109, 524–536.

Valliant, R. L., Dorfman, A. H. & Royall, R. M. (2000). Finite population sampling and inference: A prediction approach. New York: Wiley.

van der Leeden, R., Busing, F. & Meijer, E. (1997). Application of bootstrap methods for two-level models. Paper presented at the Multilevel Conference, Amsterdam, April 1–2, 1997.

van der Linden, W. J. & Hambleton, R. K. (Eds.) (1996). Handbook of modern item response theory. New York: Springer.

van Yperen, N. W. & Buunk, B. P. (1990). A longitudinal study of equity and satisfaction in intimate relationships. European Journal of Social Psychology, 20, 287–309.

Velicer, W. F. (1978). Suppressor variables and the semipartial correlation coefficient. Educational and Psychological Measurement, 38, 953–958.

Viswesvaran, C. & Ones, D. S. (2000). Measurement error in ›Big Five factors‹ personality assessment: Reliability generalization across studies and measures. Educational and Psychological Measurement, 60, 224–235.

Vollandt, R. & Horn, M. (1997). Evaluation of Noether's method of sample size determination for the Wilcoxon-Mann-Whitney test. Biometrical Journal, 7, 823–829.

Walster, E., Walster, G. W. & Berscheid, E. (1978). Equity: Theory and research. Boston: Allyn & Bacon.

Welch, B. L. (1947). The generalization of Student's problem when several different population variances are involved. Biometrika, 34, 28–35.

Werner, J. (1997). Lineare Statistik: Allgemeines Lineares Modell (2. Aufl.). Weinheim: Beltz PVU.

Werth, L. & Strack, F. (2006). Kognitionspsychologische Grundlagen der Psychologischen Diagnostik. In F. Petermann & M. Eid (Hrsg.), Handbuch der Psychologischen Diagnostik (S. 78–88). Göttingen: Hogrefe.

Wessman, A. E. & Ricks, D. F. (1966). Mood and personality. New York: Holt, Rinehart & Watson.

West, S. G., Finch, J. F. & Curran, P. J. (1995). Strucural equation models with non-normal variables: Problems and remedies. In R. H. Hoyle (Ed.) Structural equation modeling: Concepts, issues, and applications (pp. 56–75). Thousand Oaks, CA: Sage.

Westen, D. & Rosenthal, R. (2003). Quantifying construct validity: Two simple measures. Journal of Personality and Social Psychology, 84, 608–618.

Westermann, R. (2000). Wissenschaftstheorie und Experimentalmethodik. Göttingen: Hogrefe.

Whittemore, A. S. (1981). Sample size for logistic regression with small response probabilities. Journal of the American Statistical Association, 76, 27–32.

Wickmann, D. (1990). Bayes-Statistik. Einsicht gewinnen und entscheiden bei Unsicherheit. Mannheim: BI-Wissenschaftsverlag.

Wickmann, D. (2006). Visual Bayes: Ein Rechnerprogramm zur Einführung in die Bayes-Statistik. Hildesheim: Franzbecker.

Widaman, K. F. (1993). Common factor analysis versus principal component analysis: Differential bias in representing model parameters? Multivariate Behavioral Research, 28, 263–311.

Wilcox, R. R. (1997). Introduction to robust estimation and hypothesis testing. San Diego, CA: Academic Press.

Wilcox, R. R. (2001). Fundamentals of modern statistical methods: Substantially improving power and accuracy. New York: Springer.

Wilcox, R. R. (2003). Applying contemporary statistical techniques. San Diego, CA: Academic Press.

Wilcox, R. R. & Keselman, H. J. (2003). Modern robust data analysis methods: Measures of central tendency. Psychological Methods, 8, 254–274.

Wilcoxon, F. (1945). Individual comparisons by ranking methods. Biometrics, 1, 80–83.

Wilkinson, L. & Task Force on Statistical Inference (1999). Statistical methods in psychology journals: Guidelines and explanations. American Psychologist, 54, 594–604.

Wilson, T. P. (1974). Measures of association for bivariate ordinal hypotheses. In H. M. Blalock (Ed.), Measurement in the social science: Theories and strategies (pp. 327–342). Chicago: Aldine Publishing.

Wirtz, M. & Caspar, F. (2002). Beurteilerübereinstimmung und Beurteilerreliabilität. Göttingen: Hogrefe.

Wishart, J. (1931). The mean and second moment coefficient of the multiple correlation coefficient in samples from a normal population. Biometrika, 22, 353–361.

Woods, C. M. (2007). Confidence intervals for gamma-family measures of ordinal association. Psychological Methods, 12, 185–204.

Wright, S. (1918). On the nature of size factors. Genetics, 3, 367–374.

Wright, S. (1934). The method of path coefficients. The Annals of Mathematical Statistics, 5, 161–215.

Yates, F. (1934). Contingency table involving small numbers and the χ^2 test. Journal of the Royal Statistical Society (Suppl.), 1, 217–235.

Yousfi, S. (2005a). Mythen und Paradoxien der klassischen Testtheorie (I): Testlänge und Gütekriterien. Diagnostica, 51, 1–11.

Yousfi, S. (2005b). Mythen und Paradoxien der klassischen Testtheorie (II). Trennschärfe und Gütekriterien. Diagnostica, 51, 55–66.

Yuan, K.-H. & Maxwell, S. (2005). On the post hoc power in testing mean differences. Journal of Educational and Behavioral Statistics, 30, 151–167.

Yule, G. U. (1900). On the association of attributes in statistics: With illustrations from the material of the childhood society. Philosophical Transactions of the Royal Society of London, Series A, 194, 257–319.

Yule, G. U. (1912). On the methods of measuring association between two attributes [with discussions]. Journal of the Royal Statistical Society, 75, 579–652.

Zhao, Y. D., Rahardja, D. & Qu, Y. (2008). Sample size calculation for the Wilcoxon-Mann-Whitney test adjusting for ties. Statistics in Medicine, 27, 462–468.

Zhong, C.-B. & Liljenquist, K. (2006). Washing away your sins: Threatened morality and physical cleansing. Science, 313, 1451–1452.

Zimbardo, P. & Haney, C. (2008). Stanford prison experiment. In B. L. Cutler (Ed.), Encyclopedia of psychology and law (pp. 756–757). Thousand Oaks, CA: Sage.

Zimmerman, D. W. (1976). Test theory with minimal assumptions. Educational and Psychological Measurement, 36, 85–96.

Zimmerman, D. W. & Zumbo, B. D. (1993). Relative power of the Wilcoxon test, the Friedman test, and repeated-measures ANOVA on ranks. Journal of Experimental Education, 62, 75–86.

Zuckerman, M. (1994). Behavioral expressions and biosocial bases of sensation seeking. New York: Cambridge University Press.

Hinweise zu den Online-Materialien

Zu diesem Lehrbuch gibt es umfangreiche Zusatzmaterialien im Internet:
www.beltz.de/statistik-und-forschungsmethoden

Lernen Sie online weiter mit den folgenden Elementen:

- **Kommentierte Links** zu im Internet frei verfügbaren Computerprogrammen (z. B. zu R, OpenMx und Verteilungsrechnern) und Tabellen (u. a. für spezifische statistische Tests)
- **Antworten zu den Fragen**
- **Lösungen der Übungsaufgaben**
- **Datensätze zum Selbst-Nachrechnen**
- **Häufig gestellte Fragen**
- **Neuigkeiten** (z. B. Hinweise für Lehrende und Lernende)

Online-Feedback

Über Ihr Feedback zu diesem Lehrbuch würden wir uns freuen:
http://www.beltz.de/psychologie-feedback

Sachwortverzeichnis

A

Abbildung, strukturerhaltende 81
Abhängigkeit, seriale 690
Absolutskala 78, 95
Abweichung, mittlere 133, 134
Adaptives Testen 35
Aggregation 36, 48, 687
Akquieszenz 29
Aktivität
– autonome 39
– hormonale 40
– somatische 39
– zentralnervöse 39
Aktivitätsgrad 26
Allgemeines Lineares Modell 604
Alternativhypothese 196
Ambulatory Assessment 35
Ambulatory Monitoring 36
American Psychological Association 243
Analyseeinheit 21
– Dyade 21
– Gruppe 21
– soziales System 21
Anamnese 20, 26
Anpassungstest 268, 294, 299
Antwortformat 30
Antwortstile
– formale 29
– inhaltliche 29
– Ja-Sage-Tendenz 29
– Kontrollskalen 29
– Lügenskalen 29
– Nein-Sage-Tendenz 29
– Selbsttäuschung 29, 47
– soziale Erwünschtheit 29
– Tendenz zur Mitte 29
Apparative Verfahren 37
Aptitude-Treatment-Interaction-Analyse 677
Äquivalenzklassen 83, 88
Archivdaten 40
Artefakte 57
Assoziationsmaße 497

Asymmetrie 87
Aufgabenformat 30
Aufzeichnung
– isomorphe 25
– reduktive 25
Auge-Hand-Koordination 37
Ausbalancierung 58
Auspartialisierung 59
Ausreißer 123, 128, 129, 136, 245, 253, 505, 682, 796
Aussagen
– bedeutsame 85, 87, 92, 95, 96
– Ebenen wissenschaftlicher Aussagen 7
– nicht-prüfbare 7
– prüfbare 7
Autoregressives Modell s. Modell, autoregressives
Axiome 150
Axiome von Kolmogorov 150, 155
– Additivität 151
– Nichtnegativität 150
– Normiertheit 151

B

Balkendiagramm 104
Bartlett-Test auf Sphärizität 899
Bayes-Theorem 158, 160, 162, 195
Bedeutsamkeit 82, 85, 92, 94, 95, 96
Beeinflussung, wechselseitige 927
Befragung, schriftliche 28
Beobachtung
– Beteiligungsgrad des Beobachters 25
– systematische 24
– unsystematische 24
– unter Laborbedingungen 24
– unter natürlichen Bedingungen 24
Beobachtungsstudie 244

Bernoulli-Theorem 153
Bernoulli-Verteilung 169, 170
Beurteilerstile 47
Bias 218
Big-Fish-Little-Pond-Effekt 722
Bilder-Assoziations-Methode 42
Bildgebende Verfahren 39
– Magnetresonanz-tomographie (fMRI) 39
– Positronenemissionstomographie (PET) 39
Bildgebung
– funktionelle 39
– strukturelle 39
Binomialkoeffizient 149
Binomialtest 287
– optimale Stichprobengröße 290
– Teststärke 289
Binomialverteilung 171, 172, 258
– bedingte 792
Bonferroni-Adjustierung 400
Bonferroni-Holm-Adjustierung 400
Bootstrapping 254, 876, 939
– bias-korrigiertes 940
– nonparametrisches 254
– parametrisches 255
Bowker-Test 366, 369
– Voraussetzungen 368
Box-Whisker-Diagramm (Box-Plot) 121
Brown-Forsythe-Test 390

C

Chance 526
Chi-Quadrat-Test 290, 291, 292
– optimale Stichprobengröße 294
– Voraussetzungen 291, 301
Chi-Quadrat-Verteilung 185
– nonzentrale 186

Cohens d 216
Cohens δ 204, 273
compound symmetry 460
Computerbasierte Verfahren 34
Cooks Distanz 797
Cox-Snell-Index 787
Cramérs V 534
Cronbachs Alpha 833
cross-lagged panel design 67

D

Daten
– Auswertung 4, 10, 15
– Erhebung 4, 10, 19
– Gewinnung 4
– gruppierte 107, 118, 126, 132
– kategoriale 107, 111
– singuläre 107, 111
Datenerhebung 244
Datenmatrix 99, 100
Datenpunkte, einflussreiche 797
Deskriptivstatistik 16
– bivariate 138
– multivariate 138
– univariate 99
Determinationskoeffizient 569, 582, 615
– Konfidenzintervall 620, 621, 627
– Signifikanztest 620
Devianztest 793
Dezile 131, 139
Dezilverhältnis 133
Diagnose
– falsche negative 162
– falsche positive 162
– richtige negative 163
– richtige positive 163
Diagramme
– Balkendiagramm 104
– Box-Whisker-Diagramm 121
– Camembert 104
– Histogramm 119, 176
– Kreisdiagramm 103

- Kuchendiagramm 104
- Pie-chart 104
- Punktediagramm 499, 500
- Säulendiagramm 103, 165, 314, 501
- Tortendiagramm 104

Dichte 178
Dichtefunktion 178
Diskriminationsparameter 838
Dispersion 105, 112, 132
Disposition 12
Dummy-Kodierung 649, 650, 654

E

Effekt 53
- direkter 928, 929
- einer Faktorstufe 374
- fester 449
- indirekter 928, 929, 935, 938
- totaler 929
- zufälliger 449

Effektgröße 203, 245, 273, 282, 292, 335, 786
- Cohens δ' 312
- Cohens δ 273, 276
- f 393
- Festlegung 204
- partielles $\hat{\eta}_p^2$ 424, 454, 464, 478
- standardisierte 216
- unstandardisierte 216
- γ 279, 288, 358
- γ' 365
- δ 393
- δ'' 353
- $\hat{\delta}_{TK}$ 485, 486
- δ_V 486
- η^2 453
- $\hat{\eta}^2$ 378, 391, 423, 454, 464
- $\hat{\eta}_p^2$ 454, 464
- $\hat{\eta}_{\text{Effekt}}^2$ 484
- $\hat{\eta}_{\text{p\_Effekt}}^2$ 484
- θ 323
- υ 282, 285
- υ' 326
- ϕ 392
- ϕ^2 392
- ϕ'^2 465
- ϕ'^2_{Effekt} 479

- ω 292, 335, 755
- $\hat{\omega}^2$ 392, 393, 394, 431, 437, 464, 466, 478, 479
- $\hat{\omega}^2_{\text{Effekt}}$ 484
- $\hat{\omega}^2_{\text{p\_Effekt}}$ 484

Effektkodierung 651, 654
- gewichtete 653, 654
- ungewichtete 651, 652, 654

Effizienz 223
Eigenvektor 909
Eigenwert 909
Eigenwertproblem 909
Eigenwertverlauf 912
Eindeutigkeit 82, 85, 90, 94, 95, 96
Einfachstruktur 902
Einflüsse
- systematische 814
- unsystematische 814

Einstichproben-Gauß-Test 274, 277
Einstichprobentest 268, 273
Einstichproben-t-Test 240, 274, 277
Einzelfall 51
Einzelfallanalyse 256, 262
Einzelfallstudie 244
e-Koeffizient 517, 551
Elektroenzephalogramm (EEG) 39
Elektromyogramm (EMG) 39
Elektrookulogramm (EOG) 40
Eliminierung 58
Endlichkeitskorrektur 259
Entscheidungskonzept von Neyman und Pearson 196, 203
Entwicklungstests 34
Ereignis 145
- disjunkte Ereignisse 145
- Elementarereignis 145
- Gegenereignis 152
- paarweise disjunkte Ereignisse 152
- sicheres 145
- unmögliches 145
- Zufallsereignis 145

Ereigniskorreliertes Potential (EKP) 39

Erfahrungswissenschaft 3, 17
Erfassungsplan
- intervallkontingenter 36
- signalkontingenter 36
Ergebnis 145
Ergebnisraum 144
Erhebungsmethoden
- Auswahl 13, 19
- Einzelerhebungen 20
- Gruppenerhebungen 20
- intransparente 22
- nicht-reaktive 21, 40
- nicht-teilnehmende 23
- Ordnungsmöglichkeiten 20
- psychobiologische 38
- psychophysiologische 38
- reaktionszeitgestützte 42
- reaktive 21
- Standardisierungsgrad 27
- Strukturierungsgrad 27
- teilnehmende 22
- transparente 22, 42
Erhebungsschema
- multinomiales 747
- Poisson-Erhebungsschema 748
- produkt-multinomiales 747, 755
Erkenntnisinteresse 11, 12
Erklärungen
- alltägliche 51
- wissenschaftliche 51
Erwartung
- bedingte 575, 580
Erwartungstreue 209, 217
Erwartungswert 167, 178
- Rechenregeln 168
Essay 28, 32
Ethische Richtlinien 14, 15
Evaluationsforschung 4, 448
- formative 4
- summative 4
Experiment 60, 244
Experimenteller Ansatz 56
Explanandum 52
Explanans 52
Exploration 26
Exponentialverteilung 181
Extremwerte 124, 128
Exzess 121, 137

F

Faktor 53, 54, 371
- fester 449
- gemeinsamer 837
- mit Messwiederholung 372
- Normierung 825
- ohne Messwiederholung 372
- zufälliger 449
Faktoren 857
Faktorenanalyse
- Anfangslösung 896, 899
- A-priori-Poweranalyse 884
- asymptotisch verteilungsfreie Verfahren 873
- Bestimmung der Anzahl der Faktoren 898
- Bestimmung der optimalen Stichprobengröße 884
- Bootstrapping 876
- Chi-Quadrat-Test 880
- Closeness-of-Fit-Koeffizient 882
- dichotome Variablen 921
- dynamische 922
- Eigenwertverlauf 912
- Einzelfall-Faktorenanalyse 922
- empirischer Gehalt 869
- exploratorische 857
- Faktorwerte 907
- Faktorwertkoeffizienten 844
- FIML-Schätzverfahren 874
- Generalized-Least-Squares-Verfahren 873
- Gesamtanpassungsgüte 878
- Gesamtbewertung der Modelle 884
- Grundgleichung 894
- Grundidee 858
- Grundprinzipien 894
- Grundzerlegung 858
- Hauptachsenanalyse 895, 916
- Hauptfaktorenanalyse 916
- Heywood-Fälle 898
- Homogenität 946

- Identifizierbarkeit 861
- Incremental Fit Indizes 883
- informationstheoretische Maße 883
- Kaiser-Kriterium 912
- Kommunalität 857, 858
- Kommunalitäten-problem 916
- konfirmatorische 849, 857, 859, 930
- Ladungsdiagramm 903
- Likelihood-Ratio-Differenzen-Test 882
- matrixalgebraische Darstellung 859
- Maximum-Likelihood-Faktorenanalyse 895
- Maximum-Likelihood-Verfahren 873
- Modellanpassungsgüte 876
- Modellgültigkeit 898
- Modellmodifikationen 884
- Modellspezifikation 860
- Modelltestung 868
- Modellvergleiche 882
- Mustermatrix 905
- Normalverteilungsannahme 881
- ordinale Variablen 885, 921
- Parallelanalyse 913
- Parameterschätzung 868
- P-Faktorenanalyse 922
- Regressionsanalyse, Vergleich mit 858, 901
- Residuen 877
- Root Mean Square Residual (RMR) 878
- Rotation 901
- Schätzmethoden 871
- Schwellenwertbeziehung 887
- Schwierigkeitsfaktoren 921
- Scree-Test 913
- spezifische Faktoren 906
- standardisierte Residuen 877
- statistische Überprüfung 870

- Stichprobengröße 873, 881, 885, 918
- Strukturmatrix 905
- testbare Restriktionen 869
- und Hauptachsenanalyse 916
- und Hauptkomponentenanalyse 911
- Uniqueness 857
- Varianzzerlegung 858
- Wahl einer Schätzmethode 875
- Ziele 893

Faktorielle Versuchspläne 372
Faktorstufen 371
Faktorwerte, geschätzte 845, 907
Fakultät 148
Falsifikationismus 194
Falsifizierbarkeit 7
Fehlende Daten 245
Fehlende Werte 14, 263
- FIML-Schätzverfahren 874
- missing at random 264
- missing completely at random 263
- missing not at random 264
Fehler
- erster Art 196, 197, 226
- zweiter Art 196, 198, 212
Fehlerbalken 314
Fehlervariablen, unkorrelierte 827
Fehlerwerte 374, 381
Fehlschlüsse
- diagnostische 162
Feldexperimente 61
Feldstudien 62
FIML-Schätzverfahren
- missing at random 875
- missing completely at random 874
- missing not at random 875
Fisher-Pitman-Randomisierungstest 255
Fisher-Yates-Test 337
Fisher-Z-Transformation 543
Forschungsansätze 51

Forschungsprozess 11
Forschungsstrategien 51
Fragebogen 28
- experimentelle 31
- Persönlichkeitsfragebogen 20
- Satzergänzungsverfahren 31
- Vignettenverfahren 31
Fragebogenmethoden 23
Fragetechniken 27
- Fragetypen 27
- Funktionsfragen 27
- Inhaltsfragen 27
Freiheitsgrad 229
Fremdbericht 47, 849
Fremde-Situations-Test 24
Friedman-Test 488
F-Test
- Eigenschaften 389
Fünf-Punkte-Zusammenfassung 125
F-Verteilung 187
- nonzentrale 188

G

γ-Koeffizient 550, 552
Gegenereignis 152
Gegenwahrscheinlichkeit 167
Geometrische Verteilung 175
Gesetz der großen Zahl 154
Gespräch 26
Gipfel 121
Gleichverteilung 105, 128, 169, 180, 751
Grenzwertsatz, zentraler 210
Grundgesamtheit 147, 257
Grundrate 163
Gruppierung 108, 115

H

Halo-Effekt 47
Häufigkeit
- absolute 101, 119
- kumulierte 109, 166
- kumulierte relative 110
- relative 101, 104, 119, 153, 154, 287
Häufigkeitsskala 77
Häufigkeitsverteilung 100, 108, 114

- graphische Darstellungen 103
- primäre 115
- sekundäre 116
- Vergleich zwischen zwei abhängigen Stichproben 361
Hauptachsenanalyse 895, 907, 916
- und Faktorenanalyse 916
Hauptkomponentenanalyse 907
- Bedeutung der Hauptkomponenten 908
- Grundidee 908
- und Faktorenanalyse 911
- und Komunalitäten-iteration 916
Hawthorne-Effekt 21
Hebelwert 681
Heteroskedastizität 310, 311, 688
- Umgang mit 689
Heywood-Fälle 898
Hierarchisches lineares Modell 699
- Designeffekte 732
- direkte Modellvergleiche 715
- Grand-Mean-Centering 724
- Group-Mean-Centering 725
- Kontexteffekte 721
- Modelle mit Cross-Level-Interaktion 719
- Modelle mit Level-2-Prädiktoren 719
- Modelle ohne Level-2-Prädiktoren 707
- multiples Random-Coefficients-Modell 712
- optimaler Stichprobenumfang 731
- Passung des Modells 715
- Poweranalyse 731
- Random-Coefficients-Modell 711
- Varianzaufklärung 716, 727, 729
- Verletzungen der Annahmen 714
- Voraussetzungen 714

- Zentrierung unabhängiger Variablen 724
Histogramm 119, 176
Homogenität 815
Homomorphismus 81, 82, 84, 88
Homoskedastizität 310, 381, 390, 425, 577, 687
- Überprüfung 688
Hormonelles System 38
Hosmer-Lemeshow-Test 794
Hypergeometrische Verteilung 175
Hypothesen 8, 12, 13, 241
- Alternativhypothese 196, 198
- empirische 9
- Forschungshypothese 196
- Nullhypothese 193, 196
- spezifische 339
- statistische Nullhypothese 193
- theoretische 8, 9
- wissenschaftliche 8
- zusammengesetzte 198

I

Identifikation 862
- Einfaktormodell 865
Identifikationsregeln 866
Identifikationsstatus 868
Identifizierbarkeit 861, 896, 931
i. i. d.-Annahme 257
Implikation 83
Impliziter Assoziationstest 43
impression management 47
Imputation, multiple 264
Indeterminationskoeffizient 569
Index 100, 101
Indikatorvariable 170
Inferenzstatistik 16, 143, 156
Informationsgehalt, relativer 105, 112, 139
Informationstheoretische Maße 716
Informationsverarbeitung, präferenzkonsistente 51
Inhaltsanalyse 32
Inklusionsregel 96
Integration 178

Intelligenztest 169, 174
Interaktion 415, 416, 419, 657, 662
- disordinale 420
- Formen 420
- graphische Darstellung 418
- hybride 420
- Interaktionen zwischen kategorialen und kontinuierlichen Variablen 675
- ordinale 420
- semidisordinale 420
Interaktionsprozessanalyse 25
Interdezilabstand 132
Internetbasierte Methoden 36
Interpolation 126, 132
Interquartilsabstand 122, 133, 136
Interquartilsbereich 168
- empirischer 113, 139
Intervallskala 78, 94, 95
Interventionsmethoden 3
Interview 20, 26, 27
Intraklassen-Korrelation 464, 702
- Schätzung 703
Irrtumswahrscheinlichkeit 143, 197, 226
Itemformat 30
Itemleichtigkeit 823
Itemschwierigkeit 823
Itemselektion 842

J

Ja-Sage-Tendenz 29

K

Kaiser-Kriterium 912
Kartesisches Produkt 79
Katamnese 26
Kategorien, geordnete 92, 107, 109, 111, 519
Kategorienbreite 118
Kategoriengrenzen 118
Kategorienmitte 118
Kategorienzahl 117
Kausalität 55, 603
- zeitliche Vorgeordnetheit 55, 67
Kausalkette 929

Kausalmodell 952
Klassen, disjunkte 83
Klassifikation 86, 788
Klassifikationssystem 83
Klassische Testtheorie 813, 849
- Anwendungsbeschränkungen 843
- Regressionsanalyse, Vergleich mit 821
- unzulässige Kritik 821
Kleinste-Quadrate-Kriterium 563, 607
Klumpeneffekt 261
Klumpenstichprobe 261, 689
Koeffizient $d_{Y.X}$ nach Kim 520
Koeffizient d_{YX} nach Somers 519
Kolmogorov-Smirnov-Test 294
- Voraussetzungen 297
Kombinatorik 147
Kommunalität 857, 906
Kommunalitätenproblem 916
Komparationssystem 88
Konfidenzintervall 223, 230, 245, 254, 315, 342
- Breite 225
- Cohens δ 234, 276
- Effektgröße 232, 235, 276, 285, 292
- Effektgröße γ 279, 358
- Effektgröße γ' 365
- Effektgröße δ' 312
- Effektgröße $\hat{\eta}^2$ 393
- Effektgröße $\hat{\eta}^2_{p\_Effekt}$ 432
- Effektgröße θ 324
- Effektgröße v' 328
- Effektgröße ϕ'^2 465, 479
- Effektgröße ϕ'^2_{Effekt} 479
- Effektgröße ω 336
- einseitiges 227, 231, 275, 276
- Kolmogorov-Smirnov-Test 298
- Korrelationskoeffizient 545
- Mittelwert 225, 230, 275
- Mittelwert der Differenzen 352
- Mittelwertsdifferenz 312

- Odds-Ratio 554
- Populationsvarianz 283
- Wahrscheinlichkeit 288
- zweiseitiges 227, 275
Konfidenzkoeffizient 223
Konfundierungen 57
Konsistenz 47, 222
Konsistenzkoeffizient 854
Konstante 52
Konstanthaltung 58
Konstrukt 8, 54
Konstruktvalidität 815
Kontingenzkoeffizient C 335
Kontingenztabelle 501
Kontinuitätskorrektur 334
- nach Yates 292
Kontrastanalyse 403, 467
- Abweichungskontraste 411
- Differenzkontraste 408, 411
- einfache Kontraste 411
- Helmert-Kontraste 411
- inferenzstatistische Absicherung 436
- kubischer Trend 469
- linearer Trend 468
- orthogonale Kontraste 408
- polynomiale Trends höherer Ordnung 469
- quadratischer Trend 469
- wiederholte Kontraste 411
Kontrollskalen 29
Kontrolltechniken
- Ausbalancierung 58
- Auspartialisierung 59
- Eliminierung 58
- Konstanthaltung 58
- Parallelisierung 59, 346, 347
- Randomisierung 59, 347
Korrelation 139, 497, 503, 507
- bedingte 593
- biseriale 535, 556
- γ-Koeffizient 514, 550, 552
- eine dichotome nominalskalierte Variable und eine ordinalskalierte Variable 535
- eine dichotome Variable und eine metrische Variable 534

- eine dichotome Variable und eine polytome nominalskalierte Variable 537
- eine dichotome Variable und eine singuläre Variable mit Rangbindungen 537
- eine dichotome Variable und eine Variable mit geordneten Kategorien 537
- eine ordinalskalierte Variable und eine metrische Variable 538
- eine polytome nominalskalierte Variable und eine metrische Variable 537
- eine polytome nominalskalierte Variable und eine ordinalskalierte Variable 537
- e-Koeffizient 517, 551
- empirische 540
- η^2-Koeffizient 556
- Koeffizient $d_{Y.X}$ nach Kim 520
- Koeffizient d_{YX} nach Somers 519
- Korrelation nullter Ordnung 592
- Korrelationsmatrix 510
- Mittelung 544
- multiple 615
- nominalskalierte Variablen 555
- optimale Stichprobengröße 546
- ordinale Variablen 549
- Partialkorrelation 587, 590, 592
- φ-Koeffizient 523
- polychorische 553, 888, 921
- polyseriale 556
- polytome nominalskalierte Variablen 530
- Populationskorrelation 540
- Produkt-Moment-Korrelation 506, 508
- punktbiseriale 534, 556
- rangbiseriale 535, 556

- Rangkorrelation nach Kendall 512, 519, 550, 552
- Rangkorrelation nach Spearman 520, 553
- robuste 510, 549
- Scheinkorrelation 66, 587
- Semipartialkorrelation 587, 597
- Stichprobenkorrelation 540
- tetrachorische 335, 529, 921
- Vergleich zweier Koeffizienten aus abhängigen Stichproben 548
- Vergleich zweier Koeffizienten aus unabhängigen Stichproben 547
- Wahl eines Koeffizienten 538
- Yules Q 524, 554
- zwei dichotome nominalskalierte Variablen 522
- zwei metrische Variablen 539
- zwei ordinalskalierte Variablen 511
Korrelationsstudie 244
Korrelativer Ansatz 65
Korrespondenzverzerrung 51
Kovarianz 351, 447, 457, 504, 507
- Einfluss auf die Streuung der Differenzwerte 352
- empirische 539
- geschätzte Populationskovarianz 539
- Stichprobenkovarianz 539
- Teststärke bei t-Test für abhängige Stichproben 355
Kovarianzanalyse 664
- adjustierter Mittelwert 665, 667
- quasi-experimentelle Designs 667
- und messwiederholte Varianzanalyse 672
Kovarianzstruktur 828
Kovariate 666
Kovariation 16, 55, 497

Kreisdiagramm 103
Kreuzproduktsumme 504, 507
Kreuzproduktverhältnis 527
Kreuztabelle 501
Kreuzverzögertes Design 67
Kriterium 560
- Vorhersage individueller Kriteriumswerte 581
Kritischer Wert 197
Kuchendiagramm 104

L

Laborstudien 62
Ladungen 857
Ladungskoeffizienten 836, 907
- Konfidenzintervall 907
Laplace-Experiment 146, 153
Laplace-Wahrscheinlichkeit 146
Latent-State-Trait-Modell 948
- Vergleich mit autoregressivem Modell 951
Leichtigkeitsparameter 824, 839
Levene-Test 329, 344
Likelihood-Ratio-Differenzen-Test 754
- Voraussetzungen 882
Likelihood-Ratio-Test (Likelihood-Quotienten-Test) 751, 781, 782, 800
Likert-Skalen 31
Literaturrecherche 13
Logarithmus, natürlicher 107
Logistische Regression 441, 767
- Bestimmung der optimalen Stichprobengröße 790
- Devianztest 793
- Effektgröße τ 790
- einfache 768
- Hosmer-Lemeshow-Test 794
- mehrkategoriale nominalskalierte abhängige Variablen 798
- moderierte 779

- multiple 777
- ordinalskalierte abhängige Variablen 803
- Regressionsdiagnostik 793
- Vergleich mit der einfachen linearen Regression 771
Logit 773
- bedingter 776, 778, 798
- Zerlegung 763
Logit-Funktion, bedingte 803
Logit-Modell 441, 735, 762, 767
Log-lineares Modell 735, 767, 800
- additives 741, 759
- additives Populationsmodell 746
- A-priori-Poweranalyse 756
- Bestimmung der optimalen Stichprobengröße 756
- Effektgröße ω 755
- Erhebungsschemata 747
- Fragestellungen 738
- Gleichverteilungsmodell 751
- hierarchisches 753
- Hypothesentestung 746
- $I \times J \times K$-Kontingenztabelle 762
- $I \times J$-Kontingenztabelle 745
- inferenzstatistische Absicherung 745
- Konfidenzintervalle 748
- Likelihood-Ratio-Differenzen-Test 754
- Likelihood-Ratio-Test 751
- Modell basierend auf einer Referenzkategorie 743
- Modelltestung 750, 759
- Modellvergleiche 754
- multinomiales Erhebungsschema 747
- multiplikatives 738, 758
- multiplikatives Populationsmodell 746
- nicht-hierarchisches 753
- Nullzellen 749

- Parameterschätzung 746, 759
- Pearson-χ^2-Test 751
- Poisson-Erhebungsschema 748
- Populationsmodell 759
- Populationsmodell für eine 2×2-Kontingenztabelle 746
- produkt-multinomiales Erhebungsschema 747, 755
- saturiertes 753
- Signifikanztests 749
- Standardfehler 748
- Stichprobenziehung 747
- Unabhängigkeitsmodell 752
- Vergleich hierarchischer Modelle 754
- Zielsetzungen 735
- 2×2×2-Kontingenztabelle 757
- 2×2-Kontingenztabelle 738

Lords Paradox 670
lost letter technique 41
LOWESS-Anpassungsverfahren 679
Lügenskalen 29

M

Mahalanobis-Distanz 681
Manipulationskontrolle 59
Markov-Modell 491
Maßeinheit 77, 96, 131, 134
Matrix 16, 99
Maximum-Likelihood-Schätzung, Voraussetzungen 791
Maximum-Likelihood-Verfahren 779, 873, 895
McDonalds Omega 841
McFadden-Index 787
McNemar-Test 361, 369
- asymptotischer Test 363
- exakter Test 363
- Kontinuitätskorrektur 365

Median 111, 122, 126, 127, 128, 131, 136, 139, 168, 179, 278, 317
Medianabweichung, absolute 134

Medianklasse 112, 126
Mediantest 318, 343
- Voraussetzungen 320

Mediation
- einfache 927
- inkonsistente 941
- multiple 927

Mediator 53
Mediatorhypothese, Überprüfung 940
Mehrebenenanalyse 699
Mehrebenenstruktur 65
- psychologischer Merkmale 45

Mehrfachwahlaufgabe 30
Menge
- aller möglichen Ereignisse 150
- Ergebnismenge 144, 145
- leere 145
- Potenzmenge 150
- Schnittmenge 146
- Teilmenge 145
- Vereinigungsmenge 146

Mengensystem 150
Merkmal 52, 99, 100
Merkmalsausprägung 53, 99, 101
Merkmalsträger 52, 99, 100
Messen 75, 78, 97
Messfehler 671, 796, 813, 926, 941
- Auswirkungen 942
- Folgen für die Höhe des Determinationskoeffizienten 816
- Folgen für die Power des statistischen Tests 816
- Folgen für die Schätzung von Regressionskoeffizienten 815
- Folgen für die Varianzanalyse 816

Messfehlertheorie 813, 849
- Grundgleichung 818
Messfehlervariable 818
Messinvarianz 946
Messmodelle 822
- Funktion 842
- hierarchische Ordnung 841
- mehrdimensionale 849

- Modell essentiell τ-äquivalenter Variablen 822, 835
- Modell essentiell τ-paralleler Variablen 830, 824, 839
- Modell τ-äquivalenter Variablen 822, 826
- Modell τ-kongenerischer Variablen 826, 835
- Modell τ-paralleler Variablen 826, 832
- Modellgültigkeit 840
- statistischer Modellvergleich 841
- Überprüfung der Modellgültigkeit 828
- Vergleich verschiedener Testmodelle 841
- zweidimensionale 851

Messtheorie 5, 82
Messung 9
- latenter Merkmalsausprägungen 844

Messwert 78, 99
Messwiederholung 64, 346, 446
Metaanalyse 67, 244
Methode 3
- Erkenntnismethoden 3, 4
- Forschungsmethoden 3
- Interventionsmethoden 3, 4

Methodeneffekte 46
Methodenmix 48
Methodenspezifität 46
Methodenspezifitätskoeffizient 854
Metrik 865
midrank 91
Minimaleffekt 203
Mittel
- adjustiertes 665
- arithmetisches 127, 128, 139, 154
- bedingter Mittelwert 561
- dichotome Variablen 522
- geometrisches 129, 738
- getrimmtes 130, 136, 253
- gewichtetes arithmetisches 129
- gewogenes arithmetisches 129

- Konfidenzintervall 224
- Standardfehler 209
- winsorisiertes 130, 136, 253

Mittelwertsabweichung, absolute 133
Mittelwertsunterschiede 446
Modell
- nicht-rekursives 928
- rekursives 928

Modell, autoregressives 931, 934, 935, 936, 947
- dritter Ordnung 931, 935
- erster Ordnung 931, 934, 936
- latentes autoregressives 944
- zweiter Ordnung 931, 935, 947

Modellannahme 170
Modell des geplanten Verhaltens 926
Modellvergleiche 755, 882
Moderatoreffekt 644, 942
Modus 105, 111, 125, 128, 139, 167, 179
Monte-Carlo-Approximation 549
Monte-Carlo-Schätzer 256
Multideterminiertheit des Verhaltens 265
Multidimensionalität 855
Multikollinearität 686, 796
Multilevel-Modell 699
Multimethodale Forschung 45
Multinomialverteilung 174
Multiple-Choice-Verfahren 30
Multiplikationstheorem für unabhängige Ereignisse 157
Multitrait-Multimethod-Matrix 510
Multitrait-Multimethod-Methode 46
Münchhausen-Methode 254
Mustermatrix 905

N

Nagelkerke-Index 788
Negation, logische 87
Nein-Sage-Tendenz 29

Nervensystem
- autonomes 38
- somatisches 38
- zentrales 38
Nominalskala 77, 78, 79, 82, 84, 103, 105
Nominalskalenmodell 84
Nonzentralitätsparameter 186, 187, 292, 628
Normalverteilung 182, 294
- bedingte 619
- bivariate 547
- multivariate 693
Normalverteilungsannahme 381
- Überprüfung 294
- Verletzung 310, 329, 390, 547, 692
Normierung 178
Nullhypothese 193, 196
- statistische 193
Nullhypothesentest 192
- Kritik 195
Nullzellen
- Stichproben-Nullzellen 750
- strukturelle 749
Nullzellenproblem 797

O

Objektivität 29
- Auswertung 29
- Durchführung 29
Ockhams Rasiermesser 755, 937
Odds Ratio (Wettquotienten-verhältnis) 335, 366, 526, 527, 773
- Konfidenzintervall 554
Ökologischer Fehlschluss 701, 706
Ökonomie 29, 35
Operationalisierung 9, 10
Ordinalskala 78, 87, 88, 90, 92
Ordinalskalenmodell 88, 89, 93

P

Paar, geordnetes 79
Paare
- diskordante 512, 514
- konkordante 512, 514
- natürliche 346

Paarvergleich 92, 398
Parallelanalyse 913
Parallelisierung 59, 346, 347
Parameter 170
Parameterschätzung 217
- Gütekriterien 217
- Präzision 223
Partialkorrelation 587, 590, 592, 602, 611, 614
- höherer Ordnung 595
- Vergleich mit Korrelation nullter Ordnung 593
- Vergleich mit Semi-partialkorrelation 598
Pearson-χ^2-Test 751, 800
Permutationen 148
Perzentile 131, 139
Pfadanalyse 926, 927
- Achsenabschnitt 932
- Identifikation 931
- Modellgültigkeit 936
- Modellüberprüfung 930
- Parameterschätzung 930
- Regressionsanalyse 928
- Überprüfen von Hypothesen 936
- Überprüfung einzelner Parameter 937
- Überprüfung indirekter Effekte 938
Pfaddiagramm 53
Pfadkoeffizient 928, 934
Pfadmodell 928
Phi-Koeffizient 523
- Vergleich mit Yules Q 525
Poisson-Verteilung 175
Polychorische Korrelation 514
Polygonzug 120
Population 13, 244, 257
- endliche 257
- fiktive 192, 260
- finite 257, 259
- infinite 257
- konkrete 259
- unendliche 257
Post-hoc-Tests 398, 440
Potenzmenge 150
Power 200, 241
- Vergleich t-Test für ab-hängige und unabhängige Stichproben 356

Poweranalyse 238, 245
- A-priori-Poweranalyse 238, 239
- optimaler Stichproben-umfang 396
- Post-hoc-Poweranalyse 239
Prädiktor 53, 560
Prävalenz 163
Priming-Paradigma 43
Probability-Probability-Plot 691
Produkt-Moment-Korre-lation 506, 508, 568
Prognose 602
Prognosefehler 566
Projektive Verfahren 41
Prozentrang 108, 110
Prozentwerte 102
- kumulierte 110
PSYNDEX 30, 34
Publikation
- Diskussionsteil 245
- Ergebnisteil 245
- Methodenteil 244
Punktediagramm 499, 500
Punkteschwarm 499, 500
Punktschätzung 223
Pursuit Rotor 37
p-Wert 193, 197
- Fehlinterpretation 195
Pygmalion-Effekt 23

Q

Quadratsumme 128
- Additivität 377, 422, 423
- Innerhalb-Quadratsumme 377, 422
- Interaktion 423
- Residualquadratsumme 451
- totale 376, 421
- Zwischen-Personen-Quadratsumme 450
- Zwischen-Quadratsumme 377, 422, 451
Quadratsummenzerlegung 376, 421, 450, 483
Quantile 131, 139, 168, 179
Quartile 112, 121, 131, 139
Quartilsklasse 113
Quasi-Experiment 63, 244, 667
Quasi-Regression, lineare 575

R

Random-Coefficients-Modell 711
- multiples 712
Randomisierung 59, 347
Randomisierungstests 255
Rang
- mittlerer 91, 109
Rangbindung 90, 107, 109, 512
Rangklassen 107
Rangkorrelation
- nach Kendall 512, 519, 550, 552
- nach Spearman 520, 553
Rangordnung 76, 87, 88, 92
Rangplatz 76, 107
Rangreihe 90
Rangvarianzanalyse von Friedman 488
Rangzahl 90
Ratingskala 31, 520
Reaktivität 22
Realisierungen 164
Reduktionslage 118
Reflexivität 83
Regressand 561
Regression 699
- Abweichungsvariablen 641
- Achsenabschnitt 566, 580, 632, 650
- Analyse nicht-linearer Zusammenhänge 645
- Annahmen 619
- A-priori-Poweranalyse 623, 628
- Aptitude-Treatment-Interaction-Analyse 677
- Ausreißer 680
- Auswirkungen ausgelas-sener unabhängiger Variablen 673
- Auswirkungen des Mess-fehlers 645
- Bedeutung der Regres-sionsgewichte 609, 650
- bedingte einfache Regression 610
- bedingte Erwartung 575
- bedingte Normalverteilung 577
- bedingte Regressions-gewichte 645

- Beschränkungen 574, 926
- Bestimmung der Regressionsgewichte 607, 608
- Bestimmung des Achsenabschnitts 609
- Cooks Distanz 685
- Determinationskoeffizient 569, 582, 615, 620
- deterministischer Regressor 576, 619
- DfBETA 684
- DfBETAS 684
- DfFIT 685
- DfFITS 685
- Dummy-Kodierung 649, 650, 654
- Effektgröße 627
- Effektkodierung 651, 654
- einfache 602
- einflussreiche Datenpunkte 680, 684, 686
- graphische Darstellung 606
- Heteroskedastizität 688
- Homoskedastizität 577, 687
- Indeterminationskoeffizient 569, 616
- individuell prognostizierte Werte 632
- Inferenzstatistik 575
- Inferenzstatistik zur multiplen Regressionsanalyse 618
- Interaktionen zwischen kategorialen und kontinuierlichen Variablen 675
- kategoriale unabhängige Variablen 648, 657
- kategoriale und metrische unabhängige Variablen 663
- Kleinste-Quadrate-Kriterium 607
- Konsequenzen ausgelassener Interaktionsvariablen 677
- Konsequenzen der Verletzung der Annahmen 694
- Kreuzvalidierung 630
- Kreuzvalidierungsfehler CVE 631
- lineare 561, 575
- logistische s. Logistische Regression 767
- mehrere metrische unabhängige Variablen 614
- Messfehler und seine Auswirkungen 670
- moderierte 637
- Multikollinearität 686
- multiple 602
- multiple Determination 616
- multiple Regression als kompensatorisches Modell 605
- negatives Regressionsgewicht 571
- Notation 604
- Nützlichkeit 618, 625, 637
- optimale Stichprobengröße 583, 623, 628
- Overfitting 631, 680
- Partialregressionsgewicht 611, 624
- Populationsmodell 575, 619
- Probability-Probability-Plot 691
- Probitregression 538
- Produkt-Moment-Korrelation 568
- Prognosefehler PRESS 631
- Prognosegüte 630
- Quadratsummenzerlegung 568, 616
- Quasi-Regression 575
- Regressionsdiagnostik 678, 793
- Regressionsebene 607
- Regressionsgerade 566
- Regressionsgewicht 566, 579
- Regressionsgleichung 566
- Regressionsgleichung für Merkmalsträger 604
- Regressionsgleichung für Variablen 604
- Regressionsgleichung für vorhergesagte Werte 604
- Regressionsresiduum 567, 611
- Regressionsrichtung 571
- Residualvarianz 568, 578, 614, 620
- Residuenplots 688
- Rückwärtselimination 630
- Schätzung der bedingten Erwartungswerte 632
- schrittweise Regression 630
- Semipartialdetermination 616
- Semipartialkorrelationskoeffizient vs. Partialregressionskoeffizient 618
- seriale Abhängigkeit 690
- Signifikanztest 624, 626
- standardisierte 573, 574
- standardisiertes Regressionsgewicht 613
- Standardschätzfehler 568, 578, 620
- stochastischer Regressor 578, 583, 619, 645
- Suppressorvariable 633
- systematische Varianz 569
- Toleranzfaktor 686
- Umgang mit Heteroskedastizität 689
- Umgang mit nicht-normalverteilten Daten 692
- Unabhängigkeit der Fehler 577
- Underfitting 678
- unstandardisierte 573
- unstandardisiertes Regressionsgewicht 613
- unsystematische Varianz 569
- Varianzanalysetafel 622
- Varianzinflations-Faktor 687
- Varianzzerlegung 568, 569, 615
- Verfahren zur Auswahl unabhängiger Variablen 629
- Vergleich mit der Partialkorrelation 612
- Vergleich verschiedener Gruppen 574
- Verletzung der Unabhängigkeitsannahme 702, 704, 706
- Voraussetzungen 576
- Vorwärtsselektion 629
- zentrierte Variablen 638
- Zielsetzungen der multiplen Regressionsanalyse 602

Regressionsanalyse s. Regression
Regressionsdiagnostik 793
Regressor 560
Relation 79, 87
- Äquivalenzrelation 82, 86, 87, 88, 89
- binäre 79
- dreistellige 80
- Gleichheitsrelation 88
- graphische Darstellung 80
- n-stellige 80
- strenge Ordnungsrelation 87, 88, 89, 93
- zweistellige 79

Relationales System 80
Relationsvorschrift 79, 87
Relativ 80
- empirisches 81, 82, 87, 88
- numerisches 81, 84, 88

Reliabilität 244, 813, 819, 829, 830, 832, 840, 842, 854, 864, 947
- Cronbachs Alpha 833
- McDonalds Omega 841
- Paralleltestmethode 821
- Reliabilität als differentialpsychologisches Maß 820
- Reliabilität und Messfehlervarianz 820
- Spearman-Brown-Formel der Testverlängerung 833
- Testhalbierungsmethode 821
- Testunterteilungsmethode 821
- Testwiederholungsmethode 821

Repräsentationsproblem 82
Repräsentativität 262
Rerandomisierung 254, 255
Resampling-Verfahren 253
Residualvarianz, Standardschätzfehler 578
Residualwerte 374, 381

Residuen
- gelöschte (standardisierte) 683
- Histogramm 691
- Normalverteilung 690
- Pearson-Residuen 341
- standardisierte 683
- standardisierte Pearson-Residuen 341
- studentisierte 683
- studentisierte ausgeschlossene 683
- Unabhängigkeit 689
Residuenplots 688
Robuste Kennwerte 129, 136
Robuste Verfahren 391
Robustheit 136, 253
Rorschach-Test 42
Rosenthal-Effekt 23
Rotation 901
- direkte Quartimin-Rotation 904
- Einfachstruktur 902
- oblique 902, 904
- orthogonale 902
- Prokrustes-Rotation 905
- Promax-Rotation 904
- Quartimax-Rotation 903
- Varimax-Rotation 902
- Zielrotation 905
Rückschaufehler 51

S

Säulendiagramm 103, 165, 314
- bivariates 501
Schätzfehler 566
Schätzskalen 31
Scheinkorrelation 66, 587
Schiefe 136, 180
Schwankungsintervalle, zentrale 183
Schwierigkeitsfaktoren 921
Scree-Test 913
Sekundäranalysen 67
Selbstbericht 47, 849
Selbstselektion 65
Selbsttäuschung 29, 47
Selbstwert-IAT 43
Semipartialkorrelation 587, 597, 602
- Vergleich mit Partialkorrelation 598

Semiquartilsabstand 133
Sensitivität 163
Separierbarkeit
- quasi-vollständige 797
- vollständige 797
Sequenzeffekte 447
Šidák-Adjustierung 400
Sigma-Algebra (σ-Algebra) 155, 161, 162
Signifikanz 193
Signifikanzniveau 197, 241
Simpson-Paradoxon 735
Simulationsstudie 244
Simulatoren 38
Skala 78
- Absolutskala 95, 97
- Intervallskala 93, 96, 97
- Nominalskala 78, 82, 84, 97, 103
- Ordinalskala 87, 88, 97
- Verhältnisskala 95, 96, 97
Skalenfreiheit 897
Skaleninvarianz 897
Skalenniveau 75, 76, 77, 78, 96, 97, 267
Sobel-Test 939
Soziale Erwünschtheit 29
Soziometrie 21
Spezifität 163
Sphärizität 460, 461, 899
Split-Plot-Design 64, 481
Standardabweichung 134, 135, 139, 168, 180, 314
Standardfehler 206, 228, 258, 314
- Mittelwertsdifferenz 349
Standardisierung 131, 137, 183
Standardnormalverteilung 183
Standardwerte 137
Statistiken 217
Statistische Verfahren
- Auswahl 267
- bivariate 265
- einfache 266
- multiple 266
- multivariate 265, 266
- univariate 265, 266
Stichprobe 13, 147, 205, 244, 260
- abhängige 346, 348, 368, 372, 446

- disproportional geschichtete 260
- einfache Zufallsstichprobe 260
- Ereignisstichprobe 36
- geschichtete Zufallsstichprobe 260
- Klumpenstichprobe 261, 689
- mehrstufige Auswahlverfahren 262, 689, 700
- nicht-probabilistische 63
- probabilistische 63
- proportional geschichtete 260
- Repräsentativität 63
- Stichprobenpläne 36
- unabhängige 305, 372
- Zeitstichproben 36
- Zufallsstichprobe 63
Stichprobenfehler 208, 263
Stichprobengröße 245
- optimale 214, 228, 238, 240, 277
Stichprobenkennwerteverteilung 206, 254
- Erwartungswert 206
- Mittelwert 206, 209
- Standardabweichung 206
Stichprobenkovarianz 539
Stichprobenumfang 213
Stichprobenumfangsplanung 214
Stichprobenziehung 244
Stimulusformat 30
Störeinflüsse 265
Störvariable 244, 347, 587
- bedingungsgebundene 56
- Kontrolle 58, 602
- persongebundene 56
- situationsgebundene 57
- systematische 55, 56, 57, 58
- unsystematische 57, 58
Streubereich 133
Streuung 16
Streuungsmaße 132, 139, 168
Stroop-Aufgabe 42
Strukturgleichungsmodell, lineares 927, 941
- Hypothesenüberprüfung 944

- Messmodell 942
- nicht-rekursives 928
- Parameterschätzung 944
- rekursives 928
- Strukturmodell 942, 948
Strukturmatrix 905
Student-t-Verteilung 187
Summenzeichen 102
Suppression
- negative 595, 636
- reziproke 635
Suppressorvariable 594, 633
- klassische 634
- Typen 634
SYMLOG 26
Symmetrie 83, 180

T

Tapping 37
Task Force on Statistical Inference 244
- Empfehlungen 244
Tendenz, zentrale 16, 105, 111, 125, 167, 348
Tendenz zur Mitte 29
Testkonstruktion 842
Testmodelle, logistische 886
Testplanung 238
Tests 23
- asymptotische 252, 278, 549
- Binomialtest 287
- Bowker-Test 366, 369
- Brown-Forsythe-Test 390
- Chi-Quadrat-Anpassungstest 299
- Chi-Quadrat-Test 290, 291, 292
- Dunnett-Test 402
- einseitige 200, 231
- Einstichproben-Gauß-Test 274
- Einstichproben-t-Test 240, 274
- exakte 252, 278, 549
- Fisher-Yates-Test 320, 337
- Friedman-Test 488
- F-Test 428
- F-Test der einfachen Varianzanalyse 385, 386
- H-Test 439
- Kolmogorov-Smirnov-Test 294

- Kruskal-Wallis-Test 438
- Levene-Test 329
- Lilliefors-Korrektur 297
- Mauchly-Test 461
- McNemar-Test 361, 369
- Mediantest 318
- nonparametrische 252, 357
- parametrische 252
- psychologische 33
- robuste 253
- Scheffé-Test 412
- Schritte beim statistischen Testen 242
- statistische 251
- t-Test für abhängige Stichproben 348, 369
- t-Test für einen Post-hoc-Paarvergleich 399
- t-Test für unabhängige Stichproben 308, 351
- Tukey-Kramer-Test 402
- Tukey-Test 402
- U-Test 322
- Varianzhomogenitätstest 344
- Vergleich von Häufigkeitsverteilungen zwischen zwei abhängigen Stichproben 361
- Vergleich von Mittelwerten 273, 315
- Vergleich von Varianzen 282, 326
- Vergleich zweier empirischer Verteilungen aus unabhängigen Stichproben 331
- Vergleich zweier Stichprobenmediane 317
- verteilungsfreie 252
- Vierfelder-Chi-Quadrat-Test 332
- Vorzeichentest 278, 369
- Welch-Test 391
- Wilcoxon-Rangsummen-Test 320
- Wilcoxon-Vorzeichen-Rangtest 280, 359, 369
- zweiseitige 200
- Zweistichproben-Chi-Quadrat-Test 338

- Zweistichproben-Gauß-Test 305
- Zweistichprobentests 305
Teststärke 200, 212
Textanalye
- computerisierte 32
- instrumentelle 32
- manuelle 32
- repräsentationale 32
- semantische 32
- thematische 32
Thematische-Apperzeptions-Test 42
Theoreme 150
Toleranzfaktor 686
Tortendiagramm 104
Transformationen
- Ähnlichkeitstransformation 95, 97
- eineindeutige 85, 87
- Identitätstransformation 96
- lineare 128, 837
- positiv lineare 94, 97
- monotone 90, 93, 97
- Translation 823
- zulässige 82, 85, 90, 94, 95, 96, 97
Transitivität 83, 87
Transparenz 22
Trefferquote 789
Trendtests 409
Trennschärfe 842
Treppenfunktion 166
True-Score-Modelle 856
True-Score-Variablen
- Eigenschaften 818
t-Test 229
t-Test für abhängige Stichproben 348, 369
- optimale Stichprobengröße 354
- Voraussetzungen 350
t-Test für unabhängige Stichproben 308, 343, 351
- optimale Stichprobengröße 316
- Voraussetzungen 309
t-Verteilung 186, 309, 349
- nonzentrale 187, 235
- zentrale 235

U
Überbrückungsproblem 9, 10
Überdeckungswahrscheinlichkeit 223, 224
Überschreitungswahrscheinlichkeit 193
Unabhängigkeit
- diskrete Zufallsvariable 165
- stochastische 157, 165, 169
- Verletzung der Unabhängigkeitsannahme 310
Unabhängigkeitsmodell 752
Uniqueness 857
unobtrusive measures 40
Unreliabilität 820, 854
Untersuchung
- Bericht 17
- Durchführung 14
- Planung 13
- Schlussfolgerungen 17
Untersuchungsplanung 56
Urliste 100, 115
- gruppierte 116
Urnenmodell 147, 257
- Modell mit Berücksichtigung der Reihenfolge 147
- Modell mit Zurücklegen 147, 171, 257
- Modell mit Zurücklegen und mit Berücksichtigung der Reihenfolge 147
- Modell mit Zurücklegen und ohne Berücksichtigung der Reihenfolge 149
- Modell ohne Berücksichtigung der Reihenfolge 147
- Modell ohne Zurücklegen 147, 258
- Modell ohne Zurücklegen und mit Berücksichtigung der Reihenfolge 148
- Modell ohne Zurücklegen und ohne Berücksichtigung der Reihenfolge 149
Ursache 53
Urteilsverzerrungen 47

U-Test 322, 344
- optimaler Stichprobenumfang 325
- Voraussetzungen 320

V
Validität 14, 244
- diskriminante 46, 48, 511
- externe 60
- interne 55
- Konstruktvalidität 45, 60, 815
- konvergente 45, 46, 511, 852, 854
- ökologische 35
Variable 52, 53, 99, 100, 244
- abhängige 53, 928
- absolutskalierte 77
- beobachtbare 54
- binäre 169
- dichotome 169, 767
- diskrete 54, 78, 267, 302
- Drittvariable 55, 66
- endogene 53, 929
- exogene 53, 929
- gemeinsame 825
- intervallskalierte 76
- intervenierende 53
- kardinalskalierte 77, 93
- kategoriale 31, 55, 82
- konfundierte 678
- kontinuierliche 54
- Kriteriumsvariable 53
- latente 54, 266, 813, 942
- manifeste 54, 266
- Mediatorvariable 929
- metrische 77, 93, 114
- Moderatorvariable 53
- nominalskalierte 76, 105, 779
- ordinalskalierte 76, 107, 779
- qualitative 55, 78, 267
- quantitative 55, 78, 267
- quasi-stetige 55
- stetige 54, 78, 126, 267
- unabhängige 53, 928
- verhältnisskalierte 77
- vermittelnde 929
- zentrierte 638, 641, 648, 863
- Zufallsvariable 164

Varianz 134, 135, 139, 168, 179
- dichotome Variablen 522
- empirische 222
- Gesamtvarianz 307
- Innerhalb-Varianz 307, 351
- optimale Stichprobengröße 286
- Populationsvarianz 282
- Rechenregeln 168
- Stichprobenvarianz 222, 282, 326
- Test auf Gleichheit mit fixem Wert 282
- winsorisierte 136, 253
Varianzanalyse 371
- Adjustierung der spezifischen Irrtumswahrscheinlichkeit 400
- Annahmen 381, 425
- A-priori-Poweranalyse 432
- bedingte Haupteffekte 416, 434
- Bonferroni-Adjustierung 400
- Bonferroni-Holm-Methode 400
- dreifaktorielle 438
- Dunnett-Test 402
- Effektgröße $\hat{\eta}^2$ 378
- Effektgrößenmaße 391
- Effektkoeffizient t_j 375
- einfaktorielle 372
- Ergebnisdarstellung 388
- F-Test 385, 386, 428
- Grundidee 372, 414
- Haupteffekte 415, 416
- Haupteffekte, bedingte 416
- Interaktionseffekt 415, 416, 419
- Interpretation der Haupteffekte bei unterschiedlichen Interaktionsformen 420
- Kontrastanalyse 403, 433, 434
- Kontraste 433
- mehrfaktorielle 438
- Messwertzerlegung 373, 415
- mit Messwiederholung 446
- mit Messwiederholung, einfaktorielle 447
- Modell in Effektdarstellung 380, 425
- Modell in Erwartungswertdarstellung 379, 424
- multivariate 464
- nonorthogonale 437
- optimaler Stichprobenumfang 432
- Paarvergleiche 398
- Populationseffekt τ_j 380
- Populationsmodell der einfaktoriellen Varianzanalyse 379
- Populationsmodell der zweifaktoriellen Varianzanalyse 424
- Post-hoc-Poweranalyse 395
- Post-hoc-Tests 398, 433
- Poweranalyse 395
- Quadratsummenzerlegung 376, 421
- Rangvarianzanalyse 438
- Rangvarianzanalyse von Friedman 488
- Schätzung der Populationsparameter 382
- Scheffé-Test 412
- Šidák-Adjustierung 400
- Trendtests 409
- Tukey-Kramer-Test 402
- Tukey-Test 402
- Verletzungen der Voraussetzungen 390
- Wechselwirkungseffekt 415
- Zerlegung der Freiheitsgrade 386, 427
- Zerlegung der Quadratsummen 386
- zufällige Effekte 397
- zweifaktorielle 412
- zweifaktorielle mit Messwiederholung 471
- zweifaktorielle mit Messwiederholung auf beiden Faktoren 471
- zweifaktorielle mit Messwiederholung auf einem Faktor 480

Varianzanalyse mit Messwiederholung
- Additivität der Quadratsummen 452
- Annahmen 456, 472
- A-priori-Poweranalyse 466
- Bestimmung des optimalen Stichprobenumfangs 466, 480, 487
- Box-Epsilon 461
- compound symmetry 460
- einfaktorielle 447
- Freiheitsgrade, Zerlegung 458, 473, 482
- F-Tests 476
- Greenhouse-Geisser-Epsilon 461
- Greenhouse-Geisser-Korrektur 463
- Haupteffekte 450
- Haupteffekte der Bedingungen 455, 458, 473
- Haupteffekte der Personen 455, 458, 474
- Huynh-Feldt-Korrektur 463
- Innerhalb-Personen-Effekte 487
- Innerhalb-Quadratsumme 452
- Interaktion zwischen Person und Bedingung 451
- Interaktionseffekte 473, 474, 475
- Kontrastanalyse 467
- Kovarianz zwischen den Faktorstufen 457
- Kovarianzstruktur 457
- Mauchly-Test 461
- Messwertzerlegung 449
- mittlere Quadratsummen 459
- Populationsmodell 455, 472, 481
- Quadratsummenzerlegung 450, 473, 482
- Residualquadratsumme 451
- Schätzung der Populationsparameter 458
- Sphärizität 460, 461, 482
- Sphärizitätsannahme, Verletzung der 461
- Varianz der Messwertvariablen 456
- Zirkularität 461
- zweifaktorielle 471, 480
- Zwischen-Bedingungen-Quadratsumme 453
- Zwischen-Personen-Effekte 487
- Zwischen-Personen-Quadratsumme 450, 453
- Zwischen-Quadratsumme eines Faktors 451
Varianzhomogenitätsannahme, Verletzung 310
Varianzhomogenitätstest 326, 329
- optimale Stichprobengröße 329
- Voraussetzungen 327
Varianzinflations-Faktor 687
Varianzkomponenten 854
Variationsbreite 133
Variationskoeffizient 135
Vektor
- Spaltenvektor 99
- Zeilenvektor 99
Venn-Diagramm 151, 594
Veränderungsanalyse
- autoregressives Modell 931
- Latent-State-Trait-Modell 948
Veränderungsmessung 448
Verfälschungstendenzen 21
Verfügbarkeitsheuristik 51
Vergleich von Mittelwerten 371
Verhalten
- maximales 23
- typisches 23
Verhaltensbeobachtung 24
- Kategoriensysteme 25
- Ratingsysteme 25
- Zeichensysteme 25
Verhaltensspuren 41
Verhältnisskala 78, 95
Versuchsdurchführung 14, 15

Verteilungen
- asymmetrische 120, 122
- Bernoulli-Verteilung 169
- bimodale 121, 128
- Binomialverteilung 258
- breitgipflige 121
- Chi-Quadrat-Verteilung 185, 283, 291
- Exponentialverteilung 181
- F-Verteilung 187
- geometrische 175
- Gleichverteilung 169, 180
- hypergeometrische 175, 258
- J-förmige 121
- Lage 105, 111
- L-förmige 121
- linksgipflige 120, 128, 137
- linksschiefe 120, 180
- linkssteile 120, 180
- multimodale 121, 128
- Multinomialverteilung 174
- nonzentrale Chi-Quadrat-Verteilung 186
- nonzentrale F-Verteilung 188
- nonzentrale t-Verteilung 187, 235
- nonzentrale z-Verteilung 233
- Normalverteilung 182
- Poisson-Verteilung 175
- rechtsgipflige 120, 128, 137
- rechtsschiefe 120, 180
- rechtssteile 120, 180
- schiefe 120
- schmalgipflige 121
- steilgipflige 121
- stetige 294
- stumpfgipflige 121
- symmetrische 120, 122, 128
- t-Verteilung 186, 229, 349
- Überprüfung von Verteilungsannahmen 294
- U-förmige 121
- unimodale 121, 128, 137
- V-förmige 121
- zentrale t-Verteilung 235
- zentrale z-Verteilung 233
Verteilungsfunktion 166, 173, 178
Vertrauensintervall 223
Vierfelder-Chi-Quadrat-Test 332, 344
- optimale Stichprobengröße 336
Vierfeldertafel 501
Visuelle Analogskalen 31
Vorzeichentest 278, 357, 369

W

Wahrer Wert 816
Wahrscheinlichkeit 150, 153, 164
- bedingte 155, 156, 157, 158, 768, 774, 777
- kumulierte 166
- Rechenregeln 151
- Schätzung 153, 154
- totale 161, 162
- unbedingte 157
Wahrscheinlichkeitsdichtefunktion 178
Wahrscheinlichkeitsfunktion
- bedingte 768
- bedingte kumulierte 803
Wahrscheinlichkeitsverteilungen
- diskrete Zufallsvariablen 163
- graphische Darstellung 165
- stetige Zufallsvariablen 176
Wald-Test 781, 782
Welch-Korrektur 311
Welch-Test 391
Wenn-dann-Aussagen 53
Wettquotient 768
- bedingter 772, 776, 798
Wettquotientenverhältnis s. Odds-Ratio
Wilcoxon-Rangsummen-Test 320, 344
- Voraussetzungen 320
Wilcoxon-Vorzeichen-Rangtest 280, 359, 369
- optimale Stichprobengröße 281, 360
- Voraussetzungen 360
Wirkung 53
Wölbung 121

Y

Yules Q 335, 524, 529, 554
- Vergleich mit $\hat{\varphi}$ 525

Z

Zahlenzuordnung 84
Zellen 99
Zentrale Tendenz s. Tendenz, zentrale
Zentrierung 137
Zerlegung, disjunkte 161
Zirkularität 461
z-Test 781
z-Transformation 137
Zufallsereignis 145
Zufallsexperiment 144
Zufallsstichprobe
- einfache 147, 260
- geschichtete 260
Zufallsvariable
- diskrete 164, 252
- kategoriale 252
- kontinuierliche 164
- reellwertige 164
- stetige 164
- Unabhängigkeit 180
Zufallsvorgang 144
Zusammenhang
- gerichteter 266, 268
- linearer 562
- maskierter 265, 588
- redundanter 265, 587
- ungerichteter 266, 268
Zustand 52
z-Verteilung 138
Zweistichproben-Chi-Quadrat-Test 338, 344
Zweistichproben-Gauß-Test 343
Zweistichprobentest 305
z-Wert 204

Anhang

Anhang

Anhang A: Tabellen

1 Binominalverteilung

In der folgenden Tabelle sind die Werte der Verteilungsfunktion $F(x) = P(X \leq x)$ der Binomialverteilung angegeben. Wie wir in Abschnitt 7.2.3 erläutert haben, hängen die Werte der Verteilungsfunktion von der Wahrscheinlichkeit π des interessierenden Ereignisses und der Anzahl n der Durchgänge (unabhängige Wiederholungen des Zufallsexperiments) ab. Die Werte der Verteilungsfunktion lassen sich alle mit einem Verteilungsrechner ( ) berechnen. Sie sind daher nur für einige ausgewählte Parameter π und n angegeben.

Beispiel

Man gibt $n = 4$ voneinander unabhängige Intelligenzaufgaben vor, von der jede mit einer Wahrscheinlichkeit von $\pi = 0{,}10$ gelöst wird. Man interessiert sich dafür, wie wahrscheinlich es ist, dass eine Person maximal zwei Aufgaben löst. Wir schauen in der folgenden Tabelle unter $\pi = 0{,}10$, $n = 4, x \leq 2$ nach und erhalten den Wert $P(X \leq x) = 0{,}9963$.

Tabelle A.1 Ausgewählte Werte der Verteilungsfunktion $F(x) = P(X \leq x)$ der Binomialverteilung

$\pi = 0{,}05$	$n = 1$	$n = 2$	$n = 3$	$n = 4$	$n = 5$	$n = 6$	$n = 7$	$n = 8$	$n = 9$	$n = 10$
$x \leq 0$	0,9500	0,9025	0,8574	0,8145	0,7738	0,7351	0,6983	0,6634	0,6302	0,5987
1	1,0000	0,9975	0,9928	0,9860	0,9774	0,9672	0,9556	0,9428	0,9288	0,9139
2		1,0000	0,9999	0,9995	0,9988	0,9978	0,9962	0,9942	0,9916	0,9885
3			1,0000	1,0000	1,0000	0,9999	0,9998	0,9996	0,9994	0,9990
4				1,0000	1,0000	1,0000	1,0000	1,0000	1,0000	0,9999
5					1,0000	1,0000	1,0000	1,0000	1,0000	1,0000

$\pi = 0{,}05$	$n = 11$	$n = 12$	$n = 13$	$n = 14$	$n = 15$	$n = 16$	$n = 17$	$n = 18$	$n = 19$	$n = 20$
$x \leq 0$	0,5688	0,5404	0,5133	0,4877	0,4633	0,4401	0,4181	0,3972	0,3774	0,3585
1	0,8981	0,8816	0,8646	0,8470	0,8290	0,8108	0,7922	0,7735	0,7547	0,7358
2	0,9848	0,9804	0,9755	0,9699	0,9638	0,9571	0,9497	0,9419	0,9335	0,9245
3	0,9984	0,9978	0,9969	0,9958	0,9945	0,9930	0,9912	0,9891	0,9868	0,9841
4	0,9999	0,9998	0,9997	0,9996	0,9994	0,9991	0,9988	0,9985	0,9980	0,9974
5	1,0000	1,0000	1,0000	1,0000	0,9999	0,9999	0,9999	0,9998	0,9998	0,9997
6	1,0000	1,0000	1,0000	1,0000	1,0000	1,0000	1,0000	1,0000	1,0000	1,0000

$\pi = 0{,}05$	$n = 21$	$n = 22$	$n = 23$	$n = 24$	$n = 25$	$n = 26$	$n = 27$	$n = 28$	$n = 29$	$n = 30$
$x \leq 0$	0,3406	0,3235	0,3074	0,2920	0,2774	0,2635	0,2503	0,2378	0,2259	0,2146
1	0,7170	0,6982	0,6794	0,6608	0,6424	0,6241	0,6061	0,5883	0,5708	0,5535
2	0,9151	0,9052	0,8948	0,8841	0,8729	0,8614	0,8495	0,8373	0,8249	0,8122
3	0,9811	0,9778	0,9742	0,9702	0,9659	0,9613	0,9563	0,9509	0,9452	0,9392
4	0,9968	0,9960	0,9951	0,9940	0,9928	0,9915	0,9900	0,9883	0,9864	0,9844

Tabelle A.1 (Fortsetzung)

$\pi = 0{,}05$	$n = 21$	$n = 22$	$n = 23$	$n = 24$	$n = 25$	$n = 26$	$n = 27$	$n = 28$	$n = 29$	$n = 30$
5	0,9996	0,9994	0,9992	0,9990	0,9988	0,9985	0,9981	0,9977	0,9973	0,9967
6	1,0000	0,9999	0,9999	0,9999	0,9998	0,9998	0,9997	0,9996	0,9995	0,9994
7	1,0000	1,0000	1,0000	1,0000	1,0000	1,0000	1,0000	1,0000	0,9999	0,9999
8	1,0000	1,0000	1,0000	1,0000	1,0000	1,0000	1,0000	1,0000	1,0000	1,0000

$\pi = 0{,}1$	$n = 1$	$n = 2$	$n = 3$	$n = 4$	$n = 5$	$n = 6$	$n = 7$	$n = 8$	$n = 9$	$n = 10$
$x \leq 0$	0,9000	0,8100	0,7290	0,6561	0,5905	0,5314	0,4783	0,4305	0,3874	0,3487
1	1,0000	0,9900	0,9720	0,9477	0,9185	0,8857	0,8503	0,8131	0,7748	0,7361
2		1,0000	0,9990	0,9963	0,9914	0,9842	0,9743	0,9619	0,9470	0,9298
3			1,0000	0,9999	0,9995	0,9987	0,9973	0,9950	0,9917	0,9872
4				1,0000	1,0000	0,9999	0,9998	0,9996	0,9991	0,9984
5					1,0000	1,0000	1,0000	1,0000	0,9999	0,9999
6						1,0000	1,0000	1,0000	1,0000	1,0000

$\pi = 0{,}1$	$n = 11$	$n = 12$	$n = 13$	$n = 14$	$n = 15$	$n = 16$	$n = 17$	$n = 18$	$n = 19$	$n = 20$
$x \leq 0$	0,3138	0,2824	0,2542	0,2288	0,2059	0,1853	0,1668	0,1501	0,1351	0,1216
1	0,6974	0,6590	0,6213	0,5846	0,5490	0,5147	0,4818	0,4503	0,4203	0,3917
2	0,9104	0,8891	0,8661	0,8416	0,8159	0,7892	0,7618	0,7338	0,7054	0,6769
3	0,9815	0,9744	0,9658	0,9559	0,9444	0,9316	0,9174	0,9018	0,8850	0,8670
4	0,9972	0,9957	0,9935	0,9908	0,9873	0,9830	0,9779	0,9718	0,9648	0,9568
5	0,9997	0,9995	0,9991	0,9985	0,9978	0,9967	0,9953	0,9936	0,9914	0,9887
6	1,0000	0,9999	0,9999	0,9998	0,9997	0,9995	0,9992	0,9988	0,9983	0,9976
7	1,0000	1,0000	1,0000	1,0000	1,0000	0,9999	0,9999	0,9998	0,9997	0,9996
8	1,0000	1,0000	1,0000	1,0000	1,0000	1,0000	1,0000	1,0000	1,0000	0,9999
9	1,0000	1,0000	1,0000	1,0000	1,0000	1,0000	1,0000	1,0000	1,0000	1,0000

$\pi = 0{,}1$	$n = 21$	$n = 22$	$n = 23$	$n = 24$	$n = 25$	$n = 26$	$n = 27$	$n = 28$	$n = 29$	$n = 30$
$x \leq 0$	0,1094	0,0985	0,0886	0,0798	0,0718	0,0646	0,0581	0,0523	0,0471	0,0424
1	0,3647	0,3392	0,3151	0,2925	0,2712	0,2513	0,2326	0,2152	0,1989	0,1837
2	0,6484	0,6200	0,5920	0,5643	0,5371	0,5105	0,4846	0,4594	0,4350	0,4114
3	0,8480	0,8281	0,8073	0,7857	0,7636	0,7409	0,7179	0,6946	0,6710	0,6474
4	0,9478	0,9379	0,9269	0,9149	0,9020	0,8882	0,8734	0,8579	0,8416	0,8245
5	0,9856	0,9818	0,9774	0,9723	0,9666	0,9601	0,9529	0,9450	0,9363	0,9268
6	0,9967	0,9956	0,9942	0,9925	0,9905	0,9881	0,9853	0,9821	0,9784	0,9742
7	0,9994	0,9991	0,9988	0,9983	0,9977	0,9970	0,9961	0,9950	0,9938	0,9922
8	0,9999	0,9999	0,9998	0,9997	0,9995	0,9994	0,9991	0,9988	0,9984	0,9980
9	1,0000	1,0000	1,0000	0,9999	0,9999	0,9999	0,9998	0,9998	0,9997	0,9995
10	1,0000	1,0000	1,0000	1,0000	1,0000	1,0000	1,0000	1,0000	0,9999	0,9999
11	1,0000	1,0000	1,0000	1,0000	1,0000	1,0000	1,0000	1,0000	1,0000	1,0000

Tabelle A.1 (Fortsetzung)

$\pi = 0{,}15$	$n = 1$	$n = 2$	$n = 3$	$n = 4$	$n = 5$	$n = 6$	$n = 7$	$n = 8$	$n = 9$	$n = 10$
$x \leq 0$	0,8500	0,7225	0,6141	0,5220	0,4437	0,3771	0,3206	0,2725	0,2316	0,1969
1	1,0000	0,9775	0,9393	0,8905	0,8352	0,7765	0,7166	0,6572	0,5995	0,5443
2		1,0000	0,9966	0,9880	0,9734	0,9527	0,9262	0,8948	0,8591	0,8202
3			1,0000	0,9995	0,9978	0,9941	0,9879	0,9786	0,9661	0,9500
4				1,0000	0,9999	0,9996	0,9988	0,9971	0,9944	0,9901
5					1,0000	1,0000	0,9999	0,9998	0,9994	0,9986
6						1,0000	1,0000	1,0000	1,0000	0,9999
7							1,0000	1,0000	1,0000	1,0000

$\pi = 0{,}15$	$n = 11$	$n = 12$	$n = 13$	$n = 14$	$n = 15$	$n = 16$	$n = 17$	$n = 18$	$n = 19$	$n = 20$
$x \leq 0$	0,1673	0,1422	0,1209	0,1028	0,0874	0,0743	0,0631	0,0536	0,0456	0,0388
1	0,4922	0,4435	0,3983	0,3567	0,3186	0,2839	0,2525	0,2241	0,1985	0,1756
2	0,7788	0,7358	0,6920	0,6479	0,6042	0,5614	0,5198	0,4797	0,4413	0,4049
3	0,9306	0,9078	0,8820	0,8535	0,8227	0,7899	0,7556	0,7202	0,6841	0,6477
4	0,9841	0,9761	0,9658	0,9533	0,9383	0,9209	0,9013	0,8794	0,8556	0,8298
5	0,9973	0,9954	0,9925	0,9885	0,9832	0,9765	0,9681	0,9581	0,9463	0,9327
6	0,9997	0,9993	0,9987	0,9978	0,9964	0,9944	0,9917	0,9882	0,9837	0,9781
7	1,0000	0,9999	0,9998	0,9997	0,9994	0,9989	0,9983	0,9973	0,9959	0,9941
8	1,0000	1,0000	1,0000	1,0000	0,9999	0,9998	0,9997	0,9995	0,9992	0,9987
9	1,0000	1,0000	1,0000	1,0000	1,0000	1,0000	1,0000	0,9999	0,9999	0,9998
10	1,0000	1,0000	1,0000	1,0000	1,0000	1,0000	1,0000	1,0000	1,0000	1,0000

$\pi = 0{,}15$	$n = 21$	$n = 22$	$n = 23$	$n = 24$	$n = 25$	$n = 26$	$n = 27$	$n = 28$	$n = 29$	$n = 30$
$x \leq 0$	0,0329	0,0280	0,0238	0,0202	0,0172	0,0146	0,0124	0,0106	0,0090	0,0076
1	0,1550	0,1367	0,1204	0,1059	0,0931	0,0817	0,0716	0,0627	0,0549	0,0480
2	0,3705	0,3382	0,3080	0,2798	0,2537	0,2296	0,2074	0,1871	0,1684	0,1514
3	0,6113	0,5752	0,5396	0,5049	0,4711	0,4385	0,4072	0,3772	0,3487	0,3217
4	0,8025	0,7738	0,7440	0,7134	0,6821	0,6505	0,6187	0,5869	0,5555	0,5245
5	0,9173	0,9001	0,8811	0,8606	0,8385	0,8150	0,7903	0,7646	0,7379	0,7106
6	0,9713	0,9632	0,9537	0,9428	0,9305	0,9167	0,9014	0,8848	0,8667	0,8474
7	0,9917	0,9886	0,9848	0,9801	0,9745	0,9679	0,9602	0,9514	0,9414	0,9302
8	0,9980	0,9970	0,9958	0,9941	0,9920	0,9894	0,9862	0,9823	0,9777	0,9722
9	0,9996	0,9993	0,9990	0,9985	0,9979	0,9970	0,9958	0,9944	0,9926	0,9903
10	0,9999	0,9999	0,9998	0,9997	0,9995	0,9993	0,9989	0,9985	0,9978	0,9971
11	1,0000	1,0000	1,0000	0,9999	0,9999	0,9998	0,9998	0,9996	0,9995	0,9992
12	1,0000	1,0000	1,0000	1,0000	1,0000	1,0000	1,0000	0,9999	0,9999	0,9998
13	1,0000	1,0000	1,0000	1,0000	1,0000	1,0000	1,0000	1,0000	1,0000	1,0000

Tabelle A.1 (Fortsetzung)

$\pi = 0{,}2$	$n = 1$	$n = 2$	$n = 3$	$n = 4$	$n = 5$	$n = 6$	$n = 7$	$n = 8$	$n = 9$	$n = 10$
$x \leq 0$	0,8000	0,6400	0,5120	0,4096	0,3277	0,2621	0,2097	0,1678	0,1342	0,1074
1	1,0000	0,9600	0,8960	0,8192	0,7373	0,6554	0,5767	0,5033	0,4362	0,3758
2		1,0000	0,9920	0,9728	0,9421	0,9011	0,8520	0,7969	0,7382	0,6778
3			1,0000	0,9984	0,9933	0,9830	0,9667	0,9437	0,9144	0,8791
4				1,0000	0,9997	0,9984	0,9953	0,9896	0,9804	0,9672
5					1,0000	0,9999	0,9996	0,9988	0,9969	0,9936
6						1,0000	1,0000	0,9999	0,9997	0,9991
7							1,0000	1,0000	1,0000	0,9999
8								1,0000	1,0000	1,0000

$\pi = 0{,}2$	$n = 11$	$n = 12$	$n = 13$	$n = 14$	$n = 15$	$n = 16$	$n = 17$	$n = 18$	$n = 19$	$n = 20$
$x \leq 0$	0,0859	0,0687	0,0550	0,0440	0,0352	0,0281	0,0225	0,0180	0,0144	0,0115
1	0,3221	0,2749	0,2336	0,1979	0,1671	0,1407	0,1182	0,0991	0,0829	0,0692
2	0,6174	0,5583	0,5017	0,4481	0,3980	0,3518	0,3096	0,2713	0,2369	0,2061
3	0,8389	0,7946	0,7473	0,6982	0,6482	0,5981	0,5489	0,5010	0,4551	0,4114
4	0,9496	0,9274	0,9009	0,8702	0,8358	0,7982	0,7582	0,7164	0,6733	0,6296
5	0,9883	0,9806	0,9700	0,9561	0,9389	0,9183	0,8943	0,8671	0,8369	0,8042
6	0,9980	0,9961	0,9930	0,9884	0,9819	0,9733	0,9623	0,9487	0,9324	0,9133
7	0,9998	0,9994	0,9988	0,9976	0,9958	0,9930	0,9891	0,9837	0,9767	0,9679
8	1,0000	0,9999	0,9998	0,9996	0,9992	0,9985	0,9974	0,9957	0,9933	0,9900
9	1,0000	1,0000	1,0000	1,0000	0,9999	0,9998	0,9995	0,9991	0,9984	0,9974
10	1,0000	1,0000	1,0000	1,0000	1,0000	1,0000	0,9999	0,9998	0,9997	0,9994
11	1,0000	1,0000	1,0000	1,0000	1,0000	1,0000	1,0000	1,0000	1,0000	0,9999
12		1,0000	1,0000	1,0000	1,0000	1,0000	1,0000	1,0000	1,0000	1,0000

$\pi = 0{,}2$	$n = 21$	$n = 22$	$n = 23$	$n = 24$	$n = 25$	$n = 26$	$n = 27$	$n = 28$	$n = 29$	$n = 30$
$x \leq 0$	0,0092	0,0074	0,0059	0,0047	0,0038	0,0030	0,0024	0,0019	0,0015	0,0012
1	0,0576	0,0480	0,0398	0,0331	0,0274	0,0227	0,0187	0,0155	0,0128	0,0105
2	0,1787	0,1545	0,1332	0,1145	0,0982	0,0841	0,0718	0,0612	0,0520	0,0442
3	0,3704	0,3320	0,2965	0,2639	0,2340	0,2068	0,1823	0,1602	0,1404	0,1227
4	0,5860	0,5429	0,5007	0,4599	0,4207	0,3833	0,3480	0,3149	0,2839	0,2552
5	0,7693	0,7326	0,6947	0,6559	0,6167	0,5775	0,5387	0,5005	0,4634	0,4275
6	0,8915	0,8670	0,8402	0,8111	0,7800	0,7474	0,7134	0,6784	0,6429	0,6070
7	0,9569	0,9439	0,9285	0,9108	0,8909	0,8687	0,8444	0,8182	0,7903	0,7608
8	0,9856	0,9799	0,9727	0,9638	0,9532	0,9408	0,9263	0,9100	0,8916	0,8713
9	0,9959	0,9939	0,9911	0,9874	0,9827	0,9768	0,9696	0,9609	0,9507	0,9389
10	0,9990	0,9984	0,9975	0,9962	0,9944	0,9921	0,9890	0,9851	0,9803	0,9744
11	0,9998	0,9997	0,9994	0,9990	0,9985	0,9977	0,9965	0,9950	0,9931	0,9905
12	1,0000	0,9999	0,9999	0,9998	0,9996	0,9994	0,9990	0,9985	0,9978	0,9969
13	1,0000	1,0000	1,0000	1,0000	0,9999	0,9999	0,9998	0,9996	0,9994	0,9991
14	1,0000	1,0000	1,0000	1,0000	1,0000	1,0000	1,0000	0,9999	0,9999	0,9998
15	1,0000	1,0000	1,0000	1,0000	1,0000	1,0000	1,0000	1,0000	1,0000	0,9999
16	1,0000	1,0000	1,0000	1,0000	1,0000	1,0000	1,0000	1,0000	1,0000	1,0000

Tabelle A.1 (Fortsetzung)

$\pi = 0{,}25$	$n = 1$	$n = 2$	$n = 3$	$n = 4$	$n = 5$	$n = 6$	$n = 7$	$n = 8$	$n = 9$	$n = 10$
$x \leq 0$	0,7500	0,5625	0,4219	0,3164	0,2373	0,1780	0,1335	0,1001	0,0751	0,0563
1	1,0000	0,9375	0,8438	0,7383	0,6328	0,5339	0,4449	0,3671	0,3003	0,2440
2		1,0000	0,9844	0,9492	0,8965	0,8306	0,7564	0,6785	0,6007	0,5256
3			1,0000	0,9961	0,9844	0,9624	0,9294	0,8862	0,8343	0,7759
4				1,0000	0,9990	0,9954	0,9871	0,9727	0,9511	0,9219
5					1,0000	0,9998	0,9987	0,9958	0,9900	0,9803
6						1,0000	0,9999	0,9996	0,9987	0,9965
7							1,0000	1,0000	0,9999	0,9996
8								1,0000	1,0000	1,0000

$\pi = 0{,}25$	$n = 11$	$n = 12$	$n = 13$	$n = 14$	$n = 15$	$n = 16$	$n = 17$	$n = 18$	$n = 19$	$n = 20$
$x \leq 0$	0,0422	0,0317	0,0238	0,0178	0,0134	0,0100	0,0075	0,0056	0,0042	0,0032
1	0,1971	0,1584	0,1267	0,1010	0,0802	0,0635	0,0501	0,0395	0,0310	0,0243
2	0,4552	0,3907	0,3326	0,2811	0,2361	0,1971	0,1637	0,1353	0,1113	0,0913
3	0,7133	0,6488	0,5843	0,5213	0,4613	0,4050	0,3530	0,3057	0,2631	0,2252
4	0,8854	0,8424	0,7940	0,7415	0,6865	0,6302	0,5739	0,5187	0,4654	0,4148
5	0,9657	0,9456	0,9198	0,8883	0,8516	0,8103	0,7653	0,7175	0,6678	0,6172
6	0,9924	0,9857	0,9757	0,9617	0,9434	0,9204	0,8929	0,8610	0,8251	0,7858
7	0,9988	0,9972	0,9944	0,9897	0,9827	0,9729	0,9598	0,9431	0,9225	0,8982
8	0,9999	0,9996	0,9990	0,9978	0,9958	0,9925	0,9876	0,9807	0,9713	0,9591
9	1,0000	1,0000	0,9999	0,9997	0,9992	0,9984	0,9969	0,9946	0,9911	0,9861
10	1,0000	1,0000	1,0000	1,0000	0,9999	0,9997	0,9994	0,9988	0,9977	0,9961
11	1,0000	1,0000	1,0000	1,0000	1,0000	1,0000	0,9999	0,9998	0,9995	0,9991
12		1,0000	1,0000	1,0000	1,0000	1,0000	1,0000	1,0000	0,9999	0,9998
13			1,0000	1,0000	1,0000	1,0000	1,0000	1,0000	1,0000	1,0000

$\pi = 0{,}25$	$n = 21$	$n = 22$	$n = 23$	$n = 24$	$n = 25$	$n = 26$	$n = 27$	$n = 28$	$n = 29$	$n = 30$
$x \leq 0$	0,0024	0,0018	0,0013	0,0010	0,0008	0,0006	0,0004	0,0003	0,0002	0,0002
1	0,0190	0,0149	0,0116	0,0090	0,0070	0,0055	0,0042	0,0033	0,0025	0,0020
2	0,0745	0,0606	0,0492	0,0398	0,0321	0,0258	0,0207	0,0166	0,0133	0,0106
3	0,1917	0,1624	0,1370	0,1150	0,0962	0,0802	0,0666	0,0551	0,0455	0,0374
4	0,3674	0,3235	0,2832	0,2466	0,2137	0,1844	0,1583	0,1354	0,1153	0,0979
5	0,5666	0,5168	0,4685	0,4222	0,3783	0,3371	0,2989	0,2638	0,2317	0,2026
6	0,7436	0,6994	0,6537	0,6074	0,5611	0,5154	0,4708	0,4279	0,3868	0,3481
7	0,8701	0,8385	0,8037	0,7662	0,7265	0,6852	0,6427	0,5997	0,5568	0,5143
8	0,9439	0,9254	0,9037	0,8787	0,8506	0,8195	0,7859	0,7501	0,7125	0,6736
9	0,9794	0,9705	0,9592	0,9453	0,9287	0,9091	0,8867	0,8615	0,8337	0,8034
10	0,9936	0,9900	0,9851	0,9787	0,9703	0,9599	0,9472	0,9321	0,9145	0,8943
11	0,9983	0,9971	0,9954	0,9928	0,9893	0,9845	0,9784	0,9706	0,9610	0,9493
12	0,9996	0,9993	0,9988	0,9979	0,9966	0,9948	0,9922	0,9888	0,9842	0,9784
13	0,9999	0,9999	0,9997	0,9995	0,9991	0,9985	0,9976	0,9962	0,9944	0,9918
14	1,0000	1,0000	0,9999	0,9999	0,9998	0,9996	0,9993	0,9989	0,9982	0,9973

Tabelle A.1 (Fortsetzung)

$\pi = 0{,}25$	$n = 21$	$n = 22$	$n = 23$	$n = 24$	$n = 25$	$n = 26$	$n = 27$	$n = 28$	$n = 29$	$n = 30$
15	1,0000	1,0000	1,0000	1,0000	1,0000	0,9999	0,9998	0,9997	0,9995	0,9992
16	1,0000	1,0000	1,0000	1,0000	1,0000	1,0000	1,0000	0,9999	0,9999	0,9998
17	1,0000	1,0000	1,0000	1,0000	1,0000	1,0000	1,0000	1,0000	1,0000	0,9999
18	1,0000	1,0000	1,0000	1,0000	1,0000	1,0000	1,0000	1,0000	1,0000	1,0000

$\pi = 0{,}3$	$n = 1$	$n = 2$	$n = 3$	$n = 4$	$n = 5$	$n = 6$	$n = 7$	$n = 8$	$n = 9$	$n = 10$
$x \leq 0$	0,7000	0,4900	0,3430	0,2401	0,1681	0,1176	0,0824	0,0576	0,0404	0,0282
1	1,0000	0,9100	0,7840	0,6517	0,5282	0,4202	0,3294	0,2553	0,1960	0,1493
2		1,0000	0,9730	0,9163	0,8369	0,7443	0,6471	0,5518	0,4628	0,3828
3			1,0000	0,9919	0,9692	0,9295	0,8740	0,8059	0,7297	0,6496
4				1,0000	0,9976	0,9891	0,9712	0,9420	0,9012	0,8497
5					1,0000	0,9993	0,9962	0,9887	0,9747	0,9527
6						1,0000	0,9998	0,9987	0,9957	0,9894
7							1,0000	0,9999	0,9996	0,9984
8								1,0000	1,0000	0,9999
9									1,0000	1,0000

$\pi = 0{,}3$	$n = 11$	$n = 12$	$n = 13$	$n = 14$	$n = 15$	$n = 16$	$n = 17$	$n = 18$	$n = 19$	$n = 20$
$x \leq 0$	0,0198	0,0138	0,0097	0,0068	0,0047	0,0033	0,0023	0,0016	0,0011	0,0008
1	0,1130	0,0850	0,0637	0,0475	0,0353	0,0261	0,0193	0,0142	0,0104	0,0076
2	0,3127	0,2528	0,2025	0,1608	0,1268	0,0994	0,0774	0,0600	0,0462	0,0355
3	0,5696	0,4925	0,4206	0,3552	0,2969	0,2459	0,2019	0,1646	0,1332	0,1071
4	0,7897	0,7237	0,6543	0,5842	0,5155	0,4499	0,3887	0,3327	0,2822	0,2375
5	0,9218	0,8822	0,8346	0,7805	0,7216	0,6598	0,5968	0,5344	0,4739	0,4164
6	0,9784	0,9614	0,9376	0,9067	0,8689	0,8247	0,7752	0,7217	0,6655	0,6080
7	0,9957	0,9905	0,9818	0,9685	0,9500	0,9256	0,8954	0,8593	0,8180	0,7723
8	0,9994	0,9983	0,9960	0,9917	0,9848	0,9743	0,9597	0,9404	0,9161	0,8867
9	1,0000	0,9998	0,9993	0,9983	0,9963	0,9929	0,9873	0,9790	0,9674	0,9520
10	1,0000	1,0000	0,9999	0,9998	0,9993	0,9984	0,9968	0,9939	0,9895	0,9829
11	1,0000	1,0000	1,0000	1,0000	0,9999	0,9997	0,9993	0,9986	0,9972	0,9949
12		1,0000	1,0000	1,0000	1,0000	1,0000	0,9999	0,9997	0,9994	0,9987
13			1,0000	1,0000	1,0000	1,0000	1,0000	1,0000	0,9999	0,9997
14				1,0000	1,0000	1,0000	1,0000	1,0000	1,0000	1,0000

$\pi = 0{,}3$	$n = 21$	$n = 22$	$n = 23$	$n = 24$	$n = 25$	$n = 26$	$n = 27$	$n = 28$	$n = 29$	$n = 30$
$x \leq 0$	0,0006	0,0004	0,0003	0,0002	0,0001	0,0001	0,0001	0,0000	0,0000	0,0000
1	0,0056	0,0041	0,0030	0,0022	0,0016	0,0011	0,0008	0,0006	0,0004	0,0003
2	0,0271	0,0207	0,0157	0,0119	0,0090	0,0067	0,0051	0,0038	0,0028	0,0021
3	0,0856	0,0681	0,0538	0,0424	0,0332	0,0260	0,0202	0,0157	0,0121	0,0093
4	0,1984	0,1645	0,1356	0,1111	0,0905	0,0733	0,0591	0,0474	0,0379	0,0302
5	0,3627	0,3134	0,2688	0,2288	0,1935	0,1626	0,1358	0,1128	0,0932	0,0766
6	0,5505	0,4942	0,4399	0,3886	0,3407	0,2965	0,2563	0,2202	0,1880	0,1595
7	0,7230	0,6713	0,6181	0,5647	0,5118	0,4605	0,4113	0,3648	0,3214	0,2814

Tabelle A.1 (Fortsetzung)

$\pi = 0{,}3$	$n = 21$	$n = 22$	$n = 23$	$n = 24$	$n = 25$	$n = 26$	$n = 27$	$n = 28$	$n = 29$	$n = 30$
8	0,8523	0,8135	0,7709	0,7250	0,6769	0,6274	0,5773	0,5275	0,4787	0,4315
9	0,9324	0,9084	0,8799	0,8472	0,8106	0,7705	0,7276	0,6825	0,6360	0,5888
10	0,9736	0,9613	0,9454	0,9258	0,9022	0,8747	0,8434	0,8087	0,7708	0,7304
11	0,9913	0,9860	0,9786	0,9686	0,9558	0,9397	0,9202	0,8972	0,8706	0,8407
12	0,9976	0,9957	0,9928	0,9885	0,9825	0,9745	0,9641	0,9509	0,9348	0,9155
13	0,9994	0,9989	0,9979	0,9964	0,9940	0,9906	0,9857	0,9792	0,9707	0,9599
14	0,9999	0,9998	0,9995	0,9990	0,9982	0,9970	0,9950	0,9923	0,9883	0,9831
15	1,0000	1,0000	0,9999	0,9998	0,9995	0,9991	0,9985	0,9975	0,9959	0,9936
16	1,0000	1,0000	1,0000	1,0000	0,9999	0,9998	0,9996	0,9993	0,9987	0,9979
17	1,0000	1,0000	1,0000	1,0000	1,0000	1,0000	0,9999	0,9998	0,9997	0,9994
18	1,0000	1,0000	1,0000	1,0000	1,0000	1,0000	1,0000	1,0000	0,9999	0,9998
19	1,0000	1,0000	1,0000	1,0000	1,0000	1,0000	1,0000	1,0000	1,0000	1,0000

$\pi = 0{,}35$	$n = 1$	$n = 2$	$n = 3$	$n = 4$	$n = 5$	$n = 6$	$n = 7$	$n = 8$	$n = 9$	$n = 10$
$x \leq 0$	0,6500	0,4225	0,2746	0,1785	0,1160	0,0754	0,0490	0,0319	0,0207	0,0135
1	1,0000	0,8775	0,7183	0,5630	0,4284	0,3191	0,2338	0,1691	0,1211	0,0860
2		1,0000	0,9571	0,8735	0,7648	0,6471	0,5323	0,4278	0,3373	0,2616
3			1,0000	0,9850	0,9460	0,8826	0,8002	0,7064	0,6089	0,5138
4				1,0000	0,9947	0,9777	0,9444	0,8939	0,8283	0,7515
5					1,0000	0,9982	0,9910	0,9747	0,9464	0,9051
6						1,0000	0,9994	0,9964	0,9888	0,9740
7							1,0000	0,9998	0,9986	0,9952
8								1,0000	0,9999	0,9995
9									1,0000	1,0000

$\pi = 0{,}35$	$n = 11$	$n = 12$	$n = 13$	$n = 14$	$n = 15$	$n = 16$	$n = 17$	$n = 18$	$n = 19$	$n = 20$
$x \leq 0$	0,0088	0,0057	0,0037	0,0024	0,0016	0,0010	0,0007	0,0004	0,0003	0,0002
1	0,0606	0,0424	0,0296	0,0205	0,0142	0,0098	0,0067	0,0046	0,0031	0,0021
2	0,2001	0,1513	0,1132	0,0839	0,0617	0,0451	0,0327	0,0236	0,0170	0,0121
3	0,4256	0,3467	0,2783	0,2205	0,1727	0,1339	0,1028	0,0783	0,0591	0,0444
4	0,6683	0,5833	0,5005	0,4227	0,3519	0,2892	0,2348	0,1886	0,1500	0,1182
5	0,8513	0,7873	0,7159	0,6405	0,5643	0,4900	0,4197	0,3550	0,2968	0,2454
6	0,9499	0,9154	0,8705	0,8164	0,7548	0,6881	0,6188	0,5491	0,4812	0,4166
7	0,9878	0,9745	0,9538	0,9247	0,8868	0,8406	0,7872	0,7283	0,6656	0,6010
8	0,9980	0,9944	0,9874	0,9757	0,9578	0,9329	0,9006	0,8609	0,8145	0,7624
9	0,9998	0,9992	0,9975	0,9940	0,9876	0,9771	0,9617	0,9403	0,9125	0,8782
10	1,0000	0,9999	0,9997	0,9989	0,9972	0,9938	0,9880	0,9788	0,9653	0,9468
11	1,0000	1,0000	1,0000	0,9999	0,9995	0,9987	0,9970	0,9938	0,9886	0,9804
12		1,0000	1,0000	1,0000	0,9999	0,9998	0,9994	0,9986	0,9969	0,9940
13			1,0000	1,0000	1,0000	1,0000	0,9999	0,9997	0,9993	0,9985
14				1,0000	1,0000	1,0000	1,0000	1,0000	0,9999	0,9997
15					1,0000	1,0000	1,0000	1,0000	1,0000	1,0000

Tabelle A.1 (Fortsetzung)

$\pi = 0{,}35$	$n = 21$	$n = 22$	$n = 23$	$n = 24$	$n = 25$	$n = 26$	$n = 27$	$n = 28$	$n = 29$	$n = 30$
$x \leq 0$	0,0001	0,0001	0,0000	0,0000	0,0000	0,0000	0,0000	0,0000	0,0000	0,0000
1	0,0014	0,0010	0,0007	0,0005	0,0003	0,0002	0,0001	0,0001	0,0001	0,0000
2	0,0086	0,0061	0,0043	0,0030	0,0021	0,0015	0,0010	0,0007	0,0005	0,0003
3	0,0331	0,0245	0,0181	0,0133	0,0097	0,0070	0,0051	0,0037	0,0026	0,0019
4	0,0924	0,0716	0,0551	0,0422	0,0320	0,0242	0,0182	0,0136	0,0101	0,0075
5	0,2009	0,1629	0,1309	0,1044	0,0826	0,0649	0,0507	0,0393	0,0303	0,0233
6	0,3567	0,3022	0,2534	0,2106	0,1734	0,1416	0,1148	0,0923	0,0738	0,0586
7	0,5365	0,4736	0,4136	0,3575	0,3061	0,2596	0,2183	0,1821	0,1507	0,1238
8	0,7059	0,6466	0,5860	0,5257	0,4668	0,4106	0,3577	0,3089	0,2645	0,2247
9	0,8377	0,7916	0,7408	0,6866	0,6303	0,5731	0,5162	0,4607	0,4076	0,3575
10	0,9228	0,8930	0,8575	0,8167	0,7712	0,7219	0,6698	0,6160	0,5617	0,5078
11	0,9687	0,9526	0,9318	0,9058	0,8746	0,8384	0,7976	0,7529	0,7050	0,6548
12	0,9892	0,9820	0,9717	0,9577	0,9396	0,9168	0,8894	0,8572	0,8207	0,7802
13	0,9969	0,9942	0,9900	0,9836	0,9745	0,9623	0,9464	0,9264	0,9022	0,8737
14	0,9993	0,9984	0,9970	0,9945	0,9907	0,9850	0,9771	0,9663	0,9524	0,9348
15	0,9999	0,9997	0,9992	0,9984	0,9971	0,9948	0,9914	0,9864	0,9794	0,9699
16	1,0000	0,9999	0,9998	0,9996	0,9992	0,9985	0,9972	0,9952	0,9921	0,9876
17	1,0000	1,0000	1,0000	0,9999	0,9998	0,9996	0,9992	0,9985	0,9973	0,9955
18	1,0000	1,0000	1,0000	1,0000	1,0000	0,9999	0,9998	0,9996	0,9992	0,9986
19	1,0000	1,0000	1,0000	1,0000	1,0000	1,0000	1,0000	0,9999	0,9998	0,9996
20	1,0000	1,0000	1,0000	1,0000	1,0000	1,0000	1,0000	1,0000	1,0000	0,9999
21	1,0000	1,0000	1,0000	1,0000	1,0000	1,0000	1,0000	1,0000	1,0000	1,0000

$\pi = 0{,}4$	$n = 1$	$n = 2$	$n = 3$	$n = 4$	$n = 5$	$n = 6$	$n = 7$	$n = 8$	$n = 9$	$n = 10$
$x \leq 0$	0,6000	0,3600	0,2160	0,1296	0,0778	0,0467	0,0280	0,0168	0,0101	0,0060
1	1,0000	0,8400	0,6480	0,4752	0,3370	0,2333	0,1586	0,1064	0,0705	0,0464
2		1,0000	0,9360	0,8208	0,6826	0,5443	0,4199	0,3154	0,2318	0,1673
3			1,0000	0,9744	0,9130	0,8208	0,7102	0,5941	0,4826	0,3823
4				1,0000	0,9898	0,9590	0,9037	0,8263	0,7334	0,6331
5					1,0000	0,9959	0,9812	0,9502	0,9006	0,8338
6						1,0000	0,9984	0,9915	0,9750	0,9452
7							1,0000	0,9993	0,9962	0,9877
8								1,0000	0,9997	0,9983
9									1,0000	0,9999
10										1,0000

$\pi = 0{,}4$	$n = 11$	$n = 12$	$n = 13$	$n = 14$	$n = 15$	$n = 16$	$n = 17$	$n = 18$	$n = 19$	$n = 20$
$x \leq 0$	0,0036	0,0022	0,0013	0,0008	0,0005	0,0003	0,0002	0,0001	0,0001	0,0000
1	0,0302	0,0196	0,0126	0,0081	0,0052	0,0033	0,0021	0,0013	0,0008	0,0005
2	0,1189	0,0834	0,0579	0,0398	0,0271	0,0183	0,0123	0,0082	0,0055	0,0036
3	0,2963	0,2253	0,1686	0,1243	0,0905	0,0651	0,0464	0,0328	0,0230	0,0160
4	0,5328	0,4382	0,3530	0,2793	0,2173	0,1666	0,1260	0,0942	0,0696	0,0510

Tabelle A.1 (Fortsetzung)

$\pi = 0{,}4$	$n = 11$	$n = 12$	$n = 13$	$n = 14$	$n = 15$	$n = 16$	$n = 17$	$n = 18$	$n = 19$	$n = 20$
5	0,7535	0,6652	0,5744	0,4859	0,4032	0,3288	0,2639	0,2088	0,1629	0,1256
6	0,9006	0,8418	0,7712	0,6925	0,6098	0,5272	0,4478	0,3743	0,3081	0,2500
7	0,9707	0,9427	0,9023	0,8499	0,7869	0,7161	0,6405	0,5634	0,4878	0,4159
8	0,9941	0,9847	0,9679	0,9417	0,9050	0,8577	0,8011	0,7368	0,6675	0,5956
9	0,9993	0,9972	0,9922	0,9825	0,9662	0,9417	0,9081	0,8653	0,8139	0,7553
10	1,0000	0,9997	0,9987	0,9961	0,9907	0,9809	0,9652	0,9424	0,9115	0,8725
11	1,0000	1,0000	0,9999	0,9994	0,9981	0,9951	0,9894	0,9797	0,9648	0,9435
12		1,0000	1,0000	0,9999	0,9997	0,9991	0,9975	0,9942	0,9884	0,9790
13			1,0000	1,0000	1,0000	0,9999	0,9995	0,9987	0,9969	0,9935
14				1,0000	1,0000	1,0000	0,9999	0,9998	0,9994	0,9984
15					1,0000	1,0000	1,0000	1,0000	0,9999	0,9997
16						1,0000	1,0000	1,0000	1,0000	1,0000

$\pi = 0{,}4$	$n = 21$	$n = 22$	$n = 23$	$n = 24$	$n = 25$	$n = 26$	$n = 27$	$n = 28$	$n = 29$	$n = 30$
$x \leq 0$	0,0000	0,0000	0,0000	0,0000	0,0000	0,0000	0,0000	0,0000	0,0000	0,0000
1	0,0003	0,0002	0,0001	0,0001	0,0001	0,0000	0,0000	0,0000	0,0000	0,0000
2	0,0024	0,0016	0,0010	0,0007	0,0004	0,0003	0,0002	0,0001	0,0001	0,0000
3	0,0110	0,0076	0,0052	0,0035	0,0024	0,0016	0,0011	0,0007	0,0005	0,0003
4	0,0370	0,0266	0,0190	0,0134	0,0095	0,0066	0,0046	0,0032	0,0022	0,0015
5	0,0957	0,0722	0,0540	0,0400	0,0294	0,0214	0,0155	0,0111	0,0080	0,0057
6	0,2002	0,1584	0,1240	0,0960	0,0736	0,0559	0,0421	0,0315	0,0233	0,0172
7	0,3495	0,2898	0,2373	0,1919	0,1536	0,1216	0,0953	0,0740	0,0570	0,0435
8	0,5237	0,4540	0,3884	0,3279	0,2735	0,2255	0,1839	0,1485	0,1187	0,0940
9	0,6914	0,6244	0,5562	0,4891	0,4246	0,3642	0,3087	0,2588	0,2147	0,1763
10	0,8256	0,7720	0,7129	0,6502	0,5858	0,5213	0,4585	0,3986	0,3427	0,2915
11	0,9151	0,8793	0,8364	0,7870	0,7323	0,6737	0,6127	0,5510	0,4900	0,4311
12	0,9648	0,9449	0,9187	0,8857	0,8462	0,8007	0,7499	0,6950	0,6374	0,5785
13	0,9877	0,9785	0,9651	0,9465	0,9222	0,8918	0,8553	0,8132	0,7659	0,7145
14	0,9964	0,9930	0,9872	0,9783	0,9656	0,9482	0,9257	0,8975	0,8638	0,8246
15	0,9992	0,9981	0,9960	0,9925	0,9868	0,9783	0,9663	0,9501	0,9290	0,9029
16	0,9998	0,9996	0,9990	0,9978	0,9957	0,9921	0,9866	0,9785	0,9671	0,9519
17	1,0000	0,9999	0,9998	0,9995	0,9988	0,9975	0,9954	0,9919	0,9865	0,9788
18	1,0000	1,0000	1,0000	0,9999	0,9997	0,9993	0,9986	0,9973	0,9951	0,9917
19	1,0000	1,0000	1,0000	1,0000	0,9999	0,9999	0,9997	0,9992	0,9985	0,9971
20	1,0000	1,0000	1,0000	1,0000	1,0000	1,0000	0,9999	0,9998	0,9996	0,9991
21	1,0000	1,0000	1,0000	1,0000	1,0000	1,0000	1,0000	1,0000	0,9999	0,9998
22		1,0000	1,0000	1,0000	1,0000	1,0000	1,0000	1,0000	1,0000	1,0000

$\pi = 0{,}45$	$n = 1$	$n = 2$	$n = 3$	$n = 4$	$n = 5$	$n = 6$	$n = 7$	$n = 8$	$n = 9$	$n = 10$
$x \leq 0$	0,5500	0,3025	0,1664	0,0915	0,0503	0,0277	0,0152	0,0084	0,0046	0,0025
1	1,0000	0,7975	0,5748	0,3910	0,2562	0,1636	0,1024	0,0632	0,0385	0,0233
2		1,0000	0,9089	0,7585	0,5931	0,4415	0,3164	0,2201	0,1495	0,0996

Tabelle A.1 (Fortsetzung)

$\pi = 0{,}45$	$n=1$	$n=2$	$n=3$	$n=4$	$n=5$	$n=6$	$n=7$	$n=8$	$n=9$	$n=10$
3			1,0000	0,9590	0,8688	0,7447	0,6083	0,4770	0,3614	0,2660
4				1,0000	0,9815	0,9308	0,8471	0,7396	0,6214	0,5044
5					1,0000	0,9917	0,9643	0,9115	0,8342	0,7384
6						1,0000	0,9963	0,9819	0,9502	0,8980
7							1,0000	0,9983	0,9909	0,9726
8								1,0000	0,9992	0,9955
9									1,0000	0,9997
10										1,0000

$\pi = 0{,}45$	$n=11$	$n=12$	$n=13$	$n=14$	$n=15$	$n=16$	$n=17$	$n=18$	$n=19$	$n=20$
$x \leq 0$	0,0014	0,0008	0,0004	0,0002	0,0001	0,0001	0,0000	0,0000	0,0000	0,0000
1	0,0139	0,0083	0,0049	0,0029	0,0017	0,0010	0,0006	0,0003	0,0002	0,0001
2	0,0652	0,0421	0,0269	0,0170	0,0107	0,0066	0,0041	0,0025	0,0015	0,0009
3	0,1911	0,1345	0,0929	0,0632	0,0424	0,0281	0,0184	0,0120	0,0077	0,0049
4	0,3971	0,3044	0,2279	0,1672	0,1204	0,0853	0,0596	0,0411	0,0280	0,0189
5	0,6331	0,5269	0,4268	0,3373	0,2608	0,1976	0,1471	0,1077	0,0777	0,0553
6	0,8262	0,7393	0,6437	0,5461	0,4522	0,3660	0,2902	0,2258	0,1727	0,1299
7	0,9390	0,8883	0,8212	0,7414	0,6535	0,5629	0,4743	0,3915	0,3169	0,2520
8	0,9852	0,9644	0,9302	0,8811	0,8182	0,7441	0,6626	0,5778	0,4940	0,4143
9	0,9978	0,9921	0,9797	0,9574	0,9231	0,8759	0,8166	0,7473	0,6710	0,5914
10	0,9998	0,9989	0,9959	0,9886	0,9745	0,9514	0,9174	0,8720	0,8159	0,7507
11	1,0000	0,9999	0,9995	0,9978	0,9937	0,9851	0,9699	0,9463	0,9129	0,8692
12		1,0000	1,0000	0,9997	0,9989	0,9965	0,9914	0,9817	0,9658	0,9420
13			1,0000	1,0000	0,9999	0,9994	0,9981	0,9951	0,9891	0,9786
14				1,0000	1,0000	0,9999	0,9997	0,9990	0,9972	0,9936
15					1,0000	1,0000	1,0000	0,9999	0,9995	0,9985
16						1,0000	1,0000	1,0000	0,9999	0,9997
17							1,0000	1,0000	1,0000	1,0000

$\pi = 0{,}45$	$n=21$	$n=22$	$n=23$	$n=24$	$n=25$	$n=26$	$n=27$	$n=28$	$n=29$	$n=30$
$x \leq 0$	0,0000	0,0000	0,0000	0,0000	0,0000	0,0000	0,0000	0,0000	0,0000	0,0000
1	0,0001	0,0000	0,0000	0,0000	0,0000	0,0000	0,0000	0,0000	0,0000	0,0000
2	0,0006	0,0003	0,0002	0,0001	0,0001	0,0000	0,0000	0,0000	0,0000	0,0000
3	0,0031	0,0020	0,0012	0,0008	0,0005	0,0003	0,0002	0,0001	0,0001	0,0000
4	0,0126	0,0083	0,0055	0,0036	0,0023	0,0015	0,0009	0,0006	0,0004	0,0002
5	0,0389	0,0271	0,0186	0,0127	0,0086	0,0058	0,0038	0,0025	0,0017	0,0011
6	0,0964	0,0705	0,0510	0,0364	0,0258	0,0180	0,0125	0,0086	0,0059	0,0040
7	0,1971	0,1518	0,1152	0,0863	0,0639	0,0467	0,0338	0,0242	0,0172	0,0121
8	0,3413	0,2764	0,2203	0,1730	0,1340	0,1024	0,0774	0,0578	0,0427	0,0312
9	0,5117	0,4350	0,3636	0,2991	0,2424	0,1936	0,1526	0,1187	0,0913	0,0694
10	0,6790	0,6037	0,5278	0,4539	0,3843	0,3204	0,2633	0,2135	0,1708	0,1350
11	0,8159	0,7543	0,6865	0,6151	0,5426	0,4713	0,4034	0,3404	0,2833	0,2327

Tabelle A.1 (Fortsetzung)

$\pi = 0{,}45$	$n = 21$	$n = 22$	$n = 23$	$n = 24$	$n = 25$	$n = 26$	$n = 27$	$n = 28$	$n = 29$	$n = 30$
12	0,9092	0,8672	0,8164	0,7580	0,6937	0,6257	0,5562	0,4875	0,4213	0,3592
13	0,9621	0,9383	0,9063	0,8659	0,8173	0,7617	0,7005	0,6356	0,5689	0,5025
14	0,9868	0,9757	0,9589	0,9352	0,9040	0,8650	0,8185	0,7654	0,7070	0,6448
15	0,9963	0,9920	0,9847	0,9731	0,9560	0,9326	0,9022	0,8645	0,8199	0,7691
16	0,9992	0,9979	0,9952	0,9905	0,9826	0,9707	0,9536	0,9304	0,9008	0,8644
17	0,9999	0,9995	0,9988	0,9972	0,9942	0,9890	0,9807	0,9685	0,9514	0,9286
18	1,0000	0,9999	0,9998	0,9993	0,9984	0,9965	0,9931	0,9875	0,9790	0,9666
19	1,0000	1,0000	1,0000	0,9999	0,9996	0,9991	0,9979	0,9957	0,9920	0,9862
20	1,0000	1,0000	1,0000	1,0000	0,9999	0,9998	0,9995	0,9988	0,9974	0,9950
21	1,0000	1,0000	1,0000	1,0000	1,0000	1,0000	0,9999	0,9997	0,9993	0,9984
22		1,0000	1,0000	1,0000	1,0000	1,0000	1,0000	0,9999	0,9998	0,9996
23			1,0000	1,0000	1,0000	1,0000	1,0000	1,0000	1,0000	0,9999
24				1,0000	1,0000	1,0000	1,0000	1,0000	1,0000	1,0000

$\pi = 0{,}5$	$n = 1$	$n = 2$	$n = 3$	$n = 4$	$n = 5$	$n = 6$	$n = 7$	$n = 8$	$n = 9$	$n = 10$
$x \leq 0$	0,5000	0,2500	0,1250	0,0625	0,0313	0,0156	0,0078	0,0039	0,0020	0,0010
1	1,0000	0,7500	0,5000	0,3125	0,1875	0,1094	0,0625	0,0352	0,0195	0,0107
2		1,0000	0,8750	0,6875	0,5000	0,3438	0,2266	0,1445	0,0898	0,0547
3			1,0000	0,9375	0,8125	0,6562	0,5000	0,3633	0,2539	0,1719
4				1,0000	0,9688	0,8906	0,7734	0,6367	0,5000	0,3770
5					1,0000	0,9844	0,9375	0,8555	0,7461	0,6230
6						1,0000	0,9922	0,9648	0,9102	0,8281
7							1,0000	0,9961	0,9805	0,9453
8								1,0000	0,9980	0,9893
9									1,0000	0,9990
10										1,0000

$\pi = 0{,}5$	$n = 11$	$n = 12$	$n = 13$	$n = 14$	$n = 15$	$n = 16$	$n = 17$	$n = 18$	$n = 19$	$n = 20$
$x \leq 0$	0,0005	0,0002	0,0001	0,0001	0,0000	0,0000	0,0000	0,0000	0,0000	0,0000
1	0,0059	0,0032	0,0017	0,0009	0,0005	0,0003	0,0001	0,0001	0,0000	0,0000
2	0,0327	0,0193	0,0112	0,0065	0,0037	0,0021	0,0012	0,0007	0,0004	0,0002
3	0,1133	0,0730	0,0461	0,0287	0,0176	0,0106	0,0064	0,0038	0,0022	0,0013
4	0,2744	0,1938	0,1334	0,0898	0,0592	0,0384	0,0245	0,0154	0,0096	0,0059
5	0,5000	0,3872	0,2905	0,2120	0,1509	0,1051	0,0717	0,0481	0,0318	0,0207
6	0,7256	0,6128	0,5000	0,3953	0,3036	0,2272	0,1662	0,1189	0,0835	0,0577
7	0,8867	0,8062	0,7095	0,6047	0,5000	0,4018	0,3145	0,2403	0,1796	0,1316
8	0,9673	0,9270	0,8666	0,7880	0,6964	0,5982	0,5000	0,4073	0,3238	0,2517
9	0,9941	0,9807	0,9539	0,9102	0,8491	0,7728	0,6855	0,5927	0,5000	0,4119
10	0,9995	0,9968	0,9888	0,9713	0,9408	0,8949	0,8338	0,7597	0,6762	0,5881
11	1,0000	0,9998	0,9983	0,9935	0,9824	0,9616	0,9283	0,8811	0,8204	0,7483
12		1,0000	0,9999	0,9991	0,9963	0,9894	0,9755	0,9519	0,9165	0,8684
13			1,0000	0,9999	0,9995	0,9979	0,9936	0,9846	0,9682	0,9423
14				1,0000	1,0000	0,9997	0,9988	0,9962	0,9904	0,9793

Tabelle A.1 (Fortsetzung)

$\pi = 0{,}5$	$n = 11$	$n = 12$	$n = 13$	$n = 14$	$n = 15$	$n = 16$	$n = 17$	$n = 18$	$n = 19$	$n = 20$
15					1,0000	1,0000	0,9999	0,9993	0,9978	0,9941
16						1,0000	1,0000	0,9999	0,9996	0,9987
17							1,0000	1,0000	1,0000	0,9998
18								1,0000	1,0000	1,0000

$\pi = 0{,}5$	$n = 21$	$n = 22$	$n = 23$	$n = 24$	$n = 25$	$n = 26$	$n = 27$	$n = 28$	$n = 29$	$n = 30$
$x \leq 0$	0,0000	0,0000	0,0000	0,0000	0,0000	0,0000	0,0000	0,0000	0,0000	0,0000
1	0,0000	0,0000	0,0000	0,0000	0,0000	0,0000	0,0000	0,0000	0,0000	0,0000
2	0,0001	0,0001	0,0000	0,0000	0,0000	0,0000	0,0000	0,0000	0,0000	0,0000
3	0,0007	0,0004	0,0002	0,0001	0,0001	0,0000	0,0000	0,0000	0,0000	0,0000
4	0,0036	0,0022	0,0013	0,0008	0,0005	0,0003	0,0002	0,0001	0,0001	0,0000
5	0,0133	0,0085	0,0053	0,0033	0,0020	0,0012	0,0008	0,0005	0,0003	0,0002
6	0,0392	0,0262	0,0173	0,0113	0,0073	0,0047	0,0030	0,0019	0,0012	0,0007
7	0,0946	0,0669	0,0466	0,0320	0,0216	0,0145	0,0096	0,0063	0,0041	0,0026
8	0,1917	0,1431	0,1050	0,0758	0,0539	0,0378	0,0261	0,0178	0,0121	0,0081
9	0,3318	0,2617	0,2024	0,1537	0,1148	0,0843	0,0610	0,0436	0,0307	0,0214
10	0,5000	0,4159	0,3388	0,2706	0,2122	0,1635	0,1239	0,0925	0,0680	0,0494
11	0,6682	0,5841	0,5000	0,4194	0,3450	0,2786	0,2210	0,1725	0,1325	0,1002
12	0,8083	0,7383	0,6612	0,5806	0,5000	0,4225	0,3506	0,2858	0,2291	0,1808
13	0,9054	0,8569	0,7976	0,7294	0,6550	0,5775	0,5000	0,4253	0,3555	0,2923
14	0,9608	0,9331	0,8950	0,8463	0,7878	0,7214	0,6494	0,5747	0,5000	0,4278
15	0,9867	0,9738	0,9534	0,9242	0,8852	0,8365	0,7790	0,7142	0,6445	0,5722
16	0,9964	0,9915	0,9827	0,9680	0,9461	0,9157	0,8761	0,8275	0,7709	0,7077
17	0,9993	0,9978	0,9947	0,9887	0,9784	0,9622	0,9390	0,9075	0,8675	0,8192
18	0,9999	0,9996	0,9987	0,9967	0,9927	0,9855	0,9739	0,9564	0,9320	0,8998
19	1,0000	0,9999	0,9998	0,9992	0,9980	0,9953	0,9904	0,9822	0,9693	0,9506
20	1,0000	1,0000	1,0000	0,9999	0,9995	0,9988	0,9970	0,9937	0,9879	0,9786
21	1,0000	1,0000	1,0000	1,0000	0,9999	0,9997	0,9992	0,9981	0,9959	0,9919
22		1,0000	1,0000	1,0000	1,0000	1,0000	0,9998	0,9995	0,9988	0,9974
23			1,0000	1,0000	1,0000	1,0000	1,0000	0,9999	0,9997	0,9993
24				1,0000	1,0000	1,0000	1,0000	1,0000	0,9999	0,9998
25					1,0000	1,0000	1,0000	1,0000	1,0000	1,0000

2 Standardnormalverteilung

In der folgenden Tabelle sind die Werte der Verteilungsfunktion $F(z) = P(Z \leq z)$ der Standardnormalverteilung angegeben (s. Abschn. 7.3.3). Die Werte der Verteilungsfunktion lassen sich alle mit einem Verteilungsrechner (🖱) berechnen. Sie sind daher nur für einige z-Werte angegeben. Aufgrund der Beziehung $F(-z) = 1 - F(z)$ sind die Werte der Verteilungsfunktion nur für positive z-Werte angegeben. In den Zeilen sind die z-Werte mit einer Dezimalstelle angegeben, die Spalten ergänzen diese um die zweite Dezimalstelle. Die Zelle, die zu einer ausgewählten Zeile und einer ausgewählten Spalte gehört, enthält den Wert $F(z)$ des z-Wertes, der sich aus dem Zeilenwert mit einer Dezimalstelle ergibt, an den die zweite Dezimalstelle, die in der Spalte angegeben ist, angehängt ist.

> **Beispiel**
>
> **Beispiel 1.** Man möchte den Wert der Verteilungsfunktion für $z = -1{,}62$ bestimmen. Hierzu bestimmt man zunächst den Wert der Verteilungsfunktion $F(1{,}62)$ für den positiven Wert $z = 1{,}62$. Wir suchen hierzu die Zelle zu der Zeile 1,6 und der Spalte 0,02 und finden dort den Wert $F(1{,}62) = 0{,}9474$. Hieraus ergibt sich für $z = -1{,}62$: $F(-1{,}62) = 1 - F(1{,}62) = 1 - 0{,}9474 = 0{,}0526$
>
> **Beispiel 2.** Man sucht den z-Wert, der von der Standardnormalverteilung 5 % der Fläche nach rechts hin abschneidet. Hierzu müssen wir das 0,95-Quantil suchen. Wir suchen hierzu die Zelle, in der 0,95 steht, und bestimmen dann den z-Wert anhand der zugehörigen Zeile und Spalte. Wir finden den Wert 0,95 nicht, sondern nur die benachbarten Werte der Verteilungsfunktion 0,9495 und 0,9505, die beide gleich weit von 0,95 entfernt sind. Der z-Wert liegt somit zwischen 1,64 [$F(1{,}64) = 0{,}9495$] und 1,65 [$F(1{,}65) = 0{,}9505$]. Wir können den z-Wert nun bestimmen, indem wir uns für einen der beiden Werte entscheiden oder aber den Mittelwert beider Werte bilden ($z = 1{,}645$). Alternativ kann der gesuchte z-Wert auch mittels eines Verteilungsrechners (🖱) ermittelt werden.

Tabelle A.2 Ausgewählte Werte der Verteilungsfunktion $F(z) = P(Z \leq z)$ der Standardnormalverteilung

z	0,00	0,01	0,02	0,03	0,04	0,05	0,06	0,07	0,08	0,09
0,0	0,5000	0,5040	0,5080	0,5120	0,5160	0,5199	0,5239	0,5279	0,5319	0,5359
0,1	0,5398	0,5438	0,5478	0,5517	0,5557	0,5596	0,5636	0,5675	0,5714	0,5753
0,2	0,5793	0,5832	0,5871	0,5910	0,5948	0,5987	0,6026	0,6064	0,6103	0,6141
0,3	0,6179	0,6217	0,6255	0,6293	0,6331	0,6368	0,6406	0,6443	0,6480	0,6517
0,4	0,6554	0,6591	0,6628	0,6664	0,6700	0,6736	0,6772	0,6808	0,6844	0,6879
0,5	0,6915	0,6950	0,6985	0,7019	0,7054	0,7088	0,7123	0,7157	0,7190	0,7224
0,6	0,7257	0,7291	0,7324	0,7357	0,7389	0,7422	0,7454	0,7486	0,7517	0,7549
0,7	0,7580	0,7611	0,7642	0,7673	0,7704	0,7734	0,7764	0,7794	0,7823	0,7852
0,8	0,7881	0,7910	0,7939	0,7967	0,7995	0,8023	0,8051	0,8078	0,8106	0,8133
0,9	0,8159	0,8186	0,8212	0,8238	0,8264	0,8289	0,8315	0,8340	0,8365	0,8389
1,0	0,8413	0,8438	0,8461	0,8485	0,8508	0,8531	0,8554	0,8577	0,8599	0,8621
1,1	0,8643	0,8665	0,8686	0,8708	0,8729	0,8749	0,8770	0,8790	0,8810	0,8830
1,2	0,8849	0,8869	0,8888	0,8907	0,8925	0,8944	0,8962	0,8980	0,8997	0,9015
1,3	0,9032	0,9049	0,9066	0,9082	0,9099	0,9115	0,9131	0,9147	0,9162	0,9177
1,4	0,9192	0,9207	0,9222	0,9236	0,9251	0,9265	0,9279	0,9292	0,9306	0,9319
1,5	0,9332	0,9345	0,9357	0,9370	0,9382	0,9394	0,9406	0,9418	0,9429	0,9441
1,6	0,9452	0,9463	0,9474	0,9484	0,9495	0,9505	0,9515	0,9525	0,9535	0,9545
1,7	0,9554	0,9564	0,9573	0,9582	0,9591	0,9599	0,9608	0,9616	0,9625	0,9633
1,8	0,9641	0,9649	0,9656	0,9664	0,9671	0,9678	0,9686	0,9693	0,9699	0,9706
1,9	0,9713	0,9719	0,9726	0,9732	0,9738	0,9744	0,9750	0,9756	0,9761	0,9767
2,0	0,9772	0,9778	0,9783	0,9788	0,9793	0,9798	0,9803	0,9808	0,9812	0,9817
2,1	0,9821	0,9826	0,9830	0,9834	0,9838	0,9842	0,9846	0,9850	0,9854	0,9857
2,2	0,9861	0,9864	0,9868	0,9871	0,9875	0,9878	0,9881	0,9884	0,9887	0,9890

Tabelle A.2 (Fortsetzung)

z	0,00	0,01	0,02	0,03	0,04	0,05	0,06	0,07	0,08	0,09
2,3	0,9893	0,9896	0,9898	0,9901	0,9904	0,9906	0,9909	0,9911	0,9913	0,9916
2,4	0,9918	0,9920	0,9922	0,9925	0,9927	0,9929	0,9931	0,9932	0,9934	0,9936
2,5	0,9938	0,9940	0,9941	0,9943	0,9945	0,9946	0,9948	0,9949	0,9951	0,9952
2,6	0,9953	0,9955	0,9956	0,9957	0,9959	0,9960	0,9961	0,9962	0,9963	0,9964
2,7	0,9965	0,9966	0,9967	0,9968	0,9969	0,9970	0,9971	0,9972	0,9973	0,9974
2,8	0,9974	0,9975	0,9976	0,9977	0,9977	0,9978	0,9979	0,9979	0,9980	0,9981
2,9	0,9981	0,9982	0,9982	0,9983	0,9984	0,9984	0,9985	0,9985	0,9986	0,9986
3,0	0,9987	0,9987	0,9987	0,9988	0,9988	0,9989	0,9989	0,9989	0,9990	0,9990
3,1	0,9990	0,9991	0,9991	0,9991	0,9992	0,9992	0,9992	0,9992	0,9993	0,9993
3,2	0,9993	0,9993	0,9994	0,9994	0,9994	0,9994	0,9994	0,9995	0,9995	0,9995
3,3	0,9995	0,9995	0,9995	0,9996	0,9996	0,9996	0,9996	0,9996	0,9996	0,9997
3,4	0,9997	0,9997	0,9997	0,9997	0,9997	0,9997	0,9997	0,9997	0,9997	0,9998
3,5	0,9998	0,9998	0,9998	0,9998	0,9998	0,9998	0,9998	0,9998	0,9998	0,9998
3,6	0,9998	0,9998	0,9999	0,9999	0,9999	0,9999	0,9999	0,9999	0,9999	0,9999
3,7	0,9999	0,9999	0,9999	0,9999	0,9999	0,9999	0,9999	0,9999	0,9999	0,9999
3,8	0,9999	0,9999	0,9999	0,9999	0,9999	0,9999	0,9999	0,9999	0,9999	0,9999
3,9	1,0000	1,0000	1,0000	1,0000	1,0000	1,0000	1,0000	1,0000	1,0000	1,0000

3 Zentrale t-Verteilung

In der folgenden Tabelle sind die p-Quantile (s. Abschn. 7.3) der zentralen t-Verteilung für df Freiheitsgrade angegeben, die sich auch mit einem Verteilungsrechner ( ) berechnen lassen. Es sind daher nur einige wichtige Quantile angegeben. Aufgrund der Beziehung $t_{p;df} = -t_{1-p;df}$ werden nur die Quantile für Werte größer als 0,50 aufgeführt. Die Zeilen enthalten die Freiheitsgrade, die Spalten ausgewählte Quantile. Da die t-Verteilung mit Zunahme der Anzahl der Freiheitsgrade in die Standardnormalverteilung übergeht, kann für eine große Anzahl von Freiheitsgraden approximativ auf die Quantile der Standardnormalverteilung nach Anhang A.2 zurückgegriffen werden.

> **Beispiel**
>
> Man sucht das 0,95-Quantil für $df = 11$. In der Zeile mit $df = 11$ und der Spalte mit 0,95 findet man den Wert $t_{0,95;11} = 1,7959$. Dieser Wert schneidet bei einer t-Verteilung mit 11 Freiheitsgraden eine Fläche von 5 % nach rechts hin ab.

Tabelle A.3 Wichtige p-Quantile der zentralen t-Verteilung für df Freiheitsgrade

df	p-Quantil						
	0,6	0,8	0,9	0,95	0,975	0,99	0,995
1	0,3249	1,3764	3,0777	6,3138	12,7062	31,8205	63,6567
2	0,2887	1,0607	1,8856	2,9200	4,3027	6,9646	9,9248
3	0,2767	0,9785	1,6377	2,3543	3,1824	4,5407	5,8409
4	0,2707	0,9410	1,5332	2,1318	2,7764	3,7469	4,6041

Tabelle A.3 (Fortsetzung)

df	p-Quantil						
	0,6	0,8	0,9	0,95	0,975	0,99	0,995
5	0,2672	0,9195	1,4759	2,0150	2,5706	3,3649	4,0321
6	0,2648	0,9057	1,4398	1,9432	2,4469	3,1427	3,7074
7	0,2632	0,8960	1,4149	1,8946	2,3646	2,9980	3,4995
8	0,2619	0,8889	1,3968	1,8595	2,3060	2,8965	3,3554
9	0,2610	0,8834	1,3830	1,8331	2,2622	2,8214	3,2498
10	0,2602	0,8791	1,3722	1,8125	2,2281	2,7638	3,1693
11	0,2596	0,8755	1,3634	1,7959	2,2010	2,7181	3,1058
12	0,2590	0,8726	1,3562	1,7823	2,1788	2,6810	3,0545
13	0,2586	0,8702	1,3502	1,7709	2,1604	2,6503	3,0123
14	0,2582	0,8681	1,3450	1,7613	2,1448	2,6245	2,9768
15	0,2579	0,8662	1,3406	1,7531	2,1314	2,6025	2,9467
16	0,2576	0,8647	1,3368	1,7459	2,1199	2,5835	2,9208
17	0,2573	0,8633	1,3334	1,7396	2,1098	2,5669	2,8982
18	0,2571	0,8620	1,3304	1,7341	2,1009	2,5524	2,8784
19	0,2569	0,8610	1,3277	1,7291	2,0930	2,5395	2,8609
20	0,2567	0,8600	1,3253	1,7247	2,0860	2,5280	2,8453
21	0,2566	0,8591	1,3232	1,7207	2,0796	2,5176	2,8314
22	0,2564	0,8583	1,3212	1,7171	2,0739	2,5083	2,8188
23	0,2563	0,8575	1,3195	1,7139	2,0687	2,4999	2,8073
24	0,2562	0,8569	1,3178	1,7109	2,0639	2,4922	2,7969
25	0,2561	0,8562	1,3163	1,7081	2,0595	2,4851	2,7874
26	0,2560	0,8557	1,3150	1,7056	2,0555	2,4786	2,7787
27	0,2559	0,8551	1,3137	1,7033	2,0518	2,4727	2,7707
28	0,2558	0,8546	1,3125	1,7011	2,0484	2,4671	2,7633
29	0,2557	0,8542	1,3114	1,6991	2,0452	2,4620	2,7564
30	0,2556	0,8538	1,3104	1,6973	2,0423	2,4573	2,7500

4 Wilcoxon-Vorzeichen-Rangtest

In der folgenden Tabelle sind nach Fahrmeir et al. (2007) die p-Quantile w_p^+ der Prüfgröße W^+ für den Wilcoxon-Vorzeichen-Rangtest (s. Abschn. 10.2) für verschiedene Stichprobengrößen n zusammengestellt.

Beispiel

Man sucht den kritischen Wert der Prüfgröße W^+, der 5 % der Fläche der Verteilung nach rechts hin abschneidet. Es liegen $n = 18$ Personen vor. Man erhält $w_{0,95}^+(18) = 122$.

Tabelle A.4 Wichtige p-Quantile w_p^+ der Prüfgröße W^+ für den Wilcoxon-Vorzeichen-Rangtest

n	p-Quantil							
	0,01	0,025	0,05	0,10	0,90	0,95	0,975	0,99
4	0	0	0	1	8	9	10	10
5	0	0	1	3	11	13	14	14
6	0	1	3	4	16	17	19	20
7	1	3	4	6	21	23	24	26
8	2	4	6	9	26	29	31	33
9	4	6	9	11	33	35	38	40
10	6	9	11	15	39	43	45	57
11	8	11	14	18	47	51	54	57
12	10	14	18	22	55	59	62	66
13	13	18	22	27	63	68	72	77
14	16	22	26	32	72	78	82	88
15	20	26	31	37	82	88	93	99
16	24	30	36	43	92	99	105	111
17	28	35	42	49	103	110	117	124
18	33	41	48	56	114	122	129	137
19	38	47	54	63	126	135	142	151
20	44	53	61	70	139	148	156	165

5 Zentrale χ^2-Verteilung

In der folgenden Tabelle sind die p-Quantile $\chi^2_{p;df}$ der zentralen χ^2-Verteilung für df Freiheitsgrade angegeben, die sich auch mit einem Verteilungsrechner (🖱) berechnen lassen. Es sind daher nur einige wichtige Quantile für ausgewählte Freiheitsgrade angegeben. Die Zeilen enthalten die Freiheitsgrade, die Spalten ausgewählte Quantile.

> **Beispiel**
>
> Man sucht das 0,95-Quantil für $df = 11$. In der Zeile mit $df = 11$ und der Spalte mit 0,95 findet man den Wert $\chi^2_{0,95;11} = 19,675$. Dieser Wert schneidet bei einer χ^2-Verteilung mit 11 Freiheitsgraden eine Fläche von 5 % nach rechts hin ab.

Tabelle A.5 Wichtige p-Quantile $\chi^2_{p;df}$ der zentralen χ^2-Verteilung für df Freiheitsgrade (nach Fahrmeier et al., 2007)

df	p-Quantil							
	0,01	0,025	0,05	0,1	0,9	0,95	0,975	0,99
1	0,0002	0,0010	0,0039	0,0158	2,7055	3,8415	5,0239	6,6349
2	0,0201	0,0506	0,1026	0,2107	4,6052	5,9915	7,3778	9,2103
3	0,1148	0,2158	0,3518	0,5844	6,2514	7,8147	9,3484	11,345
4	0,2971	0,4844	0,7107	1,0636	7,7794	9,4877	11,143	13,277
5	0,5543	0,8312	1,1455	1,6103	9,2364	11,070	12,833	15,086
6	0,8721	1,2373	1,6354	2,2041	10,645	12,592	14,449	16,812

Tabelle A.5 (Fortsetzung)

df	p-Quantil							
	0,01	**0,025**	**0,05**	**0,1**	**0,9**	**0,95**	**0,975**	**0,99**
7	1,2390	1,6899	2,1674	2,8331	12,017	14,067	16,013	18,475
8	1,6465	2,1797	2,7326	3,4895	13,362	15,507	17,535	20,090
9	2,0879	2,7004	3,3251	4,1682	14,684	16,919	19,023	21,666
10	2,5582	3,2470	3,9403	4,8652	15,987	18,307	20,483	23,209
11	3,0535	3,8157	4,5748	5,5778	17,275	19,675	21,920	24,725
12	3,5706	4,4038	5,2260	6,3038	18,549	21,026	23,337	26,217
13	4,1069	5,0088	5,8919	7,0415	19,812	22,362	24,736	27,688
14	4,6604	5,6287	6,5706	7,7895	21,064	23,685	26,119	29,141
15	5,2293	6,2621	7,2609	8,5468	22,307	24,996	27,488	30,578
16	5,8122	6,9077	7,9616	9,3122	23,542	26,296	28,845	32,000
17	6,4078	7,5642	8,6718	10,085	24,769	27,587	30,191	33,409
18	7,0149	8,2307	9,3905	10,865	25,989	28,869	31,526	34,805
19	7,6327	8,9065	10,117	11,651	27,204	30,144	32,852	36,191
20	8,2604	9,5908	10,851	12,443	28,412	31,410	34,170	37,566
21	8,8972	10,283	11,591	13,240	29,615	32,671	35,479	38,932
22	9,5425	10,982	12,338	14,041	30,813	33,924	36,781	40,289
23	10,196	11,689	13,091	14,848	32,007	35,172	38,076	41,638
24	10,856	12,401	13,848	15,659	33,196	36,415	39,364	42,980
25	11,524	13,120	14,611	16,473	34,382	37,652	40,646	44,314
26	12,198	13,844	15,379	17,292	35,563	38,885	41,923	45,642
27	12,879	14,573	16,151	18,114	36,741	40,113	43,195	46,963
28	13,565	15,308	16,928	18,939	37,916	41,337	44,461	48,278
29	14,256	16,047	17,708	19,768	39,087	42,557	45,722	49,588
30	14,953	16,791	18,493	20,599	40,256	43,773	46,979	50,892

6 Kritische Werte für den Kolmogorov-Smirnov-Test und den Lilliefors-Test

Kolmogorov-Smirnov-Test

In der folgenden Tabelle sind die kritischen Werte für den Kolmogorov-Smirnov-Test (KS-Anpassungstest; s. Abschn. 10.6.1) für ausgewählte Stichprobengrößen n und Signifikanzniveaus α (zweiseitig) angegeben.

Tabelle A.6a Kritische Werte für den Kolmogorov-Smirnov-Test (KS-Anpassungstest) für ausgewählte Stichprobengrößen n und Signifikanzniveaus α (zweiseitig)

n	$\alpha = 0{,}20$	$\alpha = 0{,}10$	$\alpha = 0{,}05$	$\alpha = 0{,}02$	$\alpha = 0{,}01$
1	0,900	0,950	0,975	0,990	0,995
2	0,684	0,776	0,842	0,900	0,929
3	0,565	0,636	0,708	0,785	0,829
4	0,493	0,565	0,624	0,689	0,734
5	0,447	0,509	0,563	0,627	0,669
6	0,410	0,468	0,519	0,577	0,617
7	0,381	0,436	0,483	0,538	0,576

Tabelle A.6a (Fortsetzung)

n	α = 0,20	α = 0,10	α = 0,05	α = 0,02	α = 0,01
8	0,358	0,410	0,454	0,507	0,542
9	0,339	0,387	0,430	0,480	0,513
10	0,323	0,369	0,409	0,457	0,489
11	0,308	0,352	0,391	0,437	0,468
12	0,296	0,338	0,375	0,419	0,449
13	0,285	0,325	0,361	0,404	0,432
14	0,275	0,314	0,349	0,390	0,418
15	0,266	0,304	0,338	0,377	0,404
16	0,258	0,295	0,327	0,366	0,392
17	0,250	0,286	0,318	0,355	0,381
18	0,244	0,279	0,309	0,346	0,371
19	0,237	0,271	0,301	0,337	0,361
20	0,232	0,265	0,294	0,329	0,352
21	0,226	0,259	0,287	0,321	0,344
22	0,221	0,253	0,281	0,314	0,337
23	0,216	0,247	0,275	0,307	0,330
24	0,212	0,242	0,269	0,301	0,323
25	0,208	0,238	0,264	0,295	0,317
26	0,204	0,233	0,259	0,290	0,311
27	0,200	0,229	0,254	0,284	0,305
28	0,197	0,225	0,250	0,279	0,300
29	0,193	0,221	0,246	0,275	0,295
30	0,190	0,218	0,242	0,270	0,290
31	0,187	0,214	0,238	0,266	0,285
32	0,184	0,211	0,234	0,262	0,281
33	0,182	0,208	0,231	0,258	0,277
34	0,179	0,205	0,227	0,254	0,273
35	0,177	0,202	0,224	0,251	0,269
36	0,174	0,199	0,221	0,247	0,265
37	0,172	0,196	0,218	0,244	0,262
38	0,170	0,194	0,215	0,241	0,258
39	0,168	0,191	0,213	0,238	0,255
40	0,165	0,189	0,210	0,235	0,252
> 40	$\frac{1{,}07}{\sqrt{n}}$	$\frac{1{,}22}{\sqrt{n}}$	$\frac{1{,}36}{\sqrt{n}}$	$\frac{1{,}52}{\sqrt{n}}$	$\frac{1{,}63}{\sqrt{n}}$

Lilliefors-Test

In der folgenden Tabelle sind die kritischen Werte (nach Molin & Abdi, 1998) für die Lilliefors-Korrektur zum KS-Anpassungstest (s. Abschn. 10.6.1) für ausgewählte Stichprobengrößen n und Signifikanzniveaus α angegeben.

Tabelle A.6 b Kritische Werte für die Lilliefors-Korrektur zum KS-Anpassungstest für ausgewählte Stichprobengrößen n und Signifikanzniveaus α (nach Molin & Abdi, 1998)

n	$\alpha = 0{,}20$	$\alpha = 0{,}10$	$\alpha = 0{,}05$	$\alpha = 0{,}02$	$\alpha = 0{,}01$
4	0,3027	0,3216	0,3456	0,3754	0,4129
5	0,2893	0,3027	0,3188	0,3427	0,3959
6	0,2694	0,2816	0,2982	0,3245	0,3728
7	0,2521	0,2641	0,2802	0,3041	0,3504
8	0,2387	0,2502	0,2649	0,2825	0,3331
9	0,2273	0,2382	0,2522	0,2744	0,3162
10	0,2171	0,2273	0,2410	0,2616	0,3037
11	0,2080	0,2179	0,2306	0,2506	0,2905
12	0,2004	0,2101	0,2228	0,2426	0,2812
13	0,1932	0,2025	0,2147	0,2337	0,2714
14	0,1869	0,1959	0,2077	0,2257	0,2627
15	0,1811	0,1899	0,2016	0,2196	0,2545
16	0,1758	0,1843	0,1956	0,2128	0,2477
17	0,1711	0,1794	0,1902	0,2071	0,2408
18	0,1666	0,1747	0,1852	0,2018	0,2345
19	0,1624	0,1700	0,1803	0,1965	0,2285
20	0,1589	0,1666	0,1764	0,1920	0,2226
21	0,1553	0,1629	0,1726	0,1881	0,2190
22	0,1517	0,1592	0,1690	0,1840	0,2141
23	0,1484	0,1555	0,1650	0,1798	0,2090
24	0,1458	0,1527	0,1619	0,1766	0,2053
25	0,1429	0,1498	0,1589	0,1726	0,2010
26	0,1406	0,1472	0,1562	0,1699	0,1985
27	0,1381	0,1448	0,1533	0,1665	0,1941
28	0,1358	0,1423	0,1509	0,1641	0,1911
29	0,1334	0,1398	0,1483	0,1614	0,1886
30	0,1315	0,1378	0,1460	0,1590	0,1848
31	0,1291	0,1353	0,1432	0,1559	0,1820
32	0,1274	0,1336	0,1415	0,1542	0,1798
33	0,1254	0,1314	0,1392	0,1518	0,1770
34	0,1236	0,1295	0,1373	0,1497	0,1747
35	0,1220	0,1278	0,1356	0,1478	0,1720
36	0,1203	0,1260	0,1336	0,1454	0,1695
37	0,1188	0,1245	0,1320	0,1436	0,1677
38	0,1174	0,1230	0,1303	0,1421	0,1653
39	0,1159	0,1214	0,1288	0,1402	0,1634
40	0,1147	0,1204	0,1275	0,1386	0,1616
41	0,1131	0,1186	0,1258	0,1373	0,1599
42	0,1119	0,1172	0,1244	0,1353	0,1573
43	0,1106	0,1159	0,1228	0,1339	0,1556
44	0,1095	0,1148	0,1216	0,1322	0,1542
45	0,1083	0,1134	0,1204	0,1309	0,1525

Tabelle A.6 b (Fortsetzung)

n	$\alpha = 0{,}20$	$\alpha = 0{,}10$	$\alpha = 0{,}05$	$\alpha = 0{,}02$	$\alpha = 0{,}01$
46	0,1071	0,1123	0,1189	0,1293	0,1512
47	0,1062	0,1113	0,1180	0,1282	0,1499
48	0,1047	0,1098	0,1165	0,1269	0,1476
49	0,1040	0,1089	0,1153	0,1256	0,1463
50	0,1030	0,1079	0,1142	0,1246	0,1457
> 50	$\dfrac{0{,}741}{\sqrt{n}}$	$\dfrac{0{,}775}{\sqrt{n}}$	$\dfrac{0{,}819}{\sqrt{n}}$	$\dfrac{0{,}895}{\sqrt{n}}$	$\dfrac{1{,}035}{\sqrt{n}}$

7 Wilcoxon-Rangsummen-Test

In der folgenden Tabelle sind ausgewählte p-Quantile für die Prüfgröße des Wilcoxon-Rangsummen-Tests (s. Abschn. 11.2.2) angegeben. Die 0,005- bis 0,20-Quantile werden als kritische Untergrenzen, die 0,80- bis 0,995-Quantile als kritische Obergrenzen für $rs_{(p;n_k;n_g)}$ herangezogen.

Dabei bedeutet:

- n_k = Stichprobengröße der kleineren Stichprobe
- n_g = Stichprobengröße der größeren Stichprobe

Tabelle A.7 Wichtige p-Quantile für die Prüfgröße des Wilcoxon-Rangsummen-Tests

n_k	n_g	p-Quantil					
		0,005	0,01	0,025	0,05	0,10	0,20
4	4			10	11	13	14
4	5		10	11	12	14	15
4	6	10	11	12	13	15	17
4	7	10	11	13	14	16	18
4	8	11	12	14	15	17	20
4	9	11	13	14	16	19	21
4	10	12	13	15	17	20	23
4	11	12	14	16	18	21	24
4	12	13	15	17	19	22	26
5	5	15	16	17	19	20	22
5	6	16	17	18	20	22	24
5	7	16	18	20	21	23	26
5	8	17	19	21	23	25	28
5	9	18	20	22	24	27	30
5	10	19	21	23	26	28	32
5	11	20	22	24	27	30	34
5	12	21	23	26	28	32	36
6	6	23	24	26	28	30	33
6	7	24	25	27	29	32	35
6	8	25	27	29	31	34	37
6	9	26	28	31	33	36	40
6	10	27	29	32	35	38	42

Tabelle A.7 (Fortsetzung)

n_k	n_g	p-Quantil					
		0,005	0,01	0,025	0,05	0,10	0,20
6	11	28	30	34	37	40	44
6	12	30	32	35	38	42	47
7	7	32	34	36	39	41	45
7	8	34	35	38	41	44	48
7	9	35	37	40	43	46	50
7	10	37	39	42	45	49	53
7	11	38	40	44	47	51	56
7	12	40	42	46	49	54	59
8	8	43	45	49	51	55	59
8	9	45	47	51	54	58	62
8	10	47	49	53	56	60	65
8	11	49	51	55	59	63	69
8	12	51	53	58	62	66	72
9	9	56	59	62	66	70	75
9	10	58	61	65	69	73	78
9	11	61	63	68	72	76	82
9	12	63	66	71	75	80	86
10	10	71	74	78	82	87	93
10	11	73	77	81	86	91	97
10	12	76	79	84	89	94	101
11	11	87	91	96	100	106	112
11	12	90	94	99	104	110	117
12	12	105	109	115	120	127	134

n_k	n_g	p-Quantil					
		0,80	0,90	0,95	0,975	0,99	0,995
4	4	22	23	25	26		
4	5	25	26	28	29	30	
4	6	27	29	31	32	33	34
4	7	30	32	34	35	37	38
4	8	32	35	37	38	40	41
4	9	35	37	40	42	43	45
4	10	37	40	43	45	47	48
4	11	40	43	46	48	50	52
4	12	42	46	49	51	53	55
5	5	33	35	36	38	39	40
5	6	36	38	40	42	43	44
5	7	39	42	44	45	47	49
5	8	42	45	47	49	51	53
5	9	45	48	51	53	55	57
5	10	48	52	54	57	59	61

Tabelle A.7 (Fortsetzung)

n_k	n_g	\multicolumn{6}{c}{p-Quantil}

n_k	n_g	0,80	0,90	0,95	0,975	0,99	0,995
5	11	51	55	58	61	63	65
5	12	54	58	62	64	67	69
6	6	45	48	50	52	54	55
6	7	49	52	55	57	59	60
6	8	53	56	59	61	63	65
6	9	56	60	63	65	68	70
6	10	60	64	67	70	73	75
6	11	64	68	71	74	78	80
6	12	67	72	76	79	82	84
7	7	60	64	66	69	71	73
7	8	64	68	71	74	77	78
7	9	69	73	76	79	82	84
7	10	73	77	81	84	87	89
7	11	77	82	86	89	93	95
7	12	81	86	91	94	98	100
8	8	77	81	85	87	91	93
8	9	82	86	90	93	97	99
8	10	87	92	96	99	103	105
8	11	91	97	101	105	109	111
8	12	96	102	106	110	115	117
9	9	96	101	105	109	112	115
9	10	102	107	111	115	119	122
9	11	107	113	117	121	126	128
9	12	112	118	123	127	132	135
10	10	117	123	128	132	136	139
10	11	123	129	134	139	143	147
10	12	129	136	141	146	151	154
11	11	141	147	153	157	162	166
11	12	147	154	160	165	170	174
12	12	166	173	180	185	191	195

8 Zentrale F-Verteilung

In der folgenden Tabelle sind ausgewählte (rechtsseitige) p-Quantile $F_{(p;\, df_1;\, df_2)}$ der zentralen F-Verteilung für df_1 Zählerfreiheitsgrade und df_2 Nennerfreiheitsgrade angegeben, die sich auch mit einem Verteilungsrechner berechnen lassen. Es sind daher nur einige wichtige Quantile für ausgewählte Freiheitsgrade angegeben.

Die linksseitigen Quantile erhält man nach der Formel: $F_{(p;\, df_1;\, df_2)} = \dfrac{1}{F_{(1-p;\, df_1;\, df_2)}}$

> **Beispiel**
>
> Man sucht das 0,95-Quantil für $df_1 = 3$ und $df_2 = 20$. $df_1 = 3$ und $df_2 = 20$ lautet:
> Man erhält $F_{(0,95;\,3;\,20)} = 3{,}0984$. Das 0,05-Quantil für
>
> $$F_{(0,95;\,3;\,20)} = \frac{1}{F_{(0,05;\,3;\,20)}} = \frac{1}{3{,}0984} = 0{,}3227\,.$$

Tabelle A.8 Wichtige p-Quantile $F_{(p;\,df_1;\,df_2)}$ der zentralen F-Verteilung für ausgewählte df_1 Zähler- und df_2 Nennerfreiheitsgrade (nach Fahrmeier et al., 2007)

df_1	p	df_2								
		1	2	3	4	5	6	7	8	9
1	0,9	39,863	8,5263	5,5383	4,5448	4,0604	3,7759	3,5894	3,4579	3,3603
	0,95	161,45	18,513	10,128	7,7086	6,6079	5,9874	5,5914	5,3177	5,1174
	0,975	647,79	38,506	17,443	12,218	10,007	8,8131	8,0727	7,5709	7,2093
	0,99	4052,2	98,502	34,116	21,198	16,258	13,745	12,246	11,259	10,561
2	0,9	49,500	9,0000	5,4624	4,3246	3,7797	3,4633	3,2574	3,1131	3,0065
	0,95	199,50	19,000	9,5521	6,9443	5,7861	5,1433	4,7374	4,4590	4,2565
	0,975	799,50	39,000	16,044	10,649	8,4336	7,2599	6,5415	6,0595	5,7147
	0,99	4999,5	99,000	30,817	18,000	13,274	10,925	9,5466	8,6491	8,0215
3	0,9	53,593	9,1618	5,3908	4,1909	3,6195	3,2888	3,0741	2,9238	2,8129
	0,95	215,71	19,164	9,2766	6,5914	5,4095	4,7571	4,3468	4,0662	3,8625
	0,975	864,16	39,165	15,439	9,9792	7,7636	6,5988	5,8898	5,4160	5,0781
	0,99	5403,4	99,166	29,457	16,694	12,060	9,7795	8,4513	7,5910	6,9919
4	0,9	55,833	9,2434	5,3426	4,1072	3,5202	3,1808	2,9605	2,8064	2,6927
	0,95	224,58	19,247	9,1172	6,3882	5,1922	4,5337	4,1203	3,8379	3,6331
	0,975	899,58	39,248	15,101	9,6045	7,3879	6,2272	5,5226	5,0526	4,7181
	0,99	5624,6	99,249	28,710	15,977	11,392	9,1483	7,8466	7,0061	6,4221
5	0,9	57,240	9,2926	5,3092	4,0506	3,4530	3,1075	2,8833	2,7264	2,6106
	0,95	230,16	19,296	9,0135	6,2561	5,0503	4,3874	3,9715	3,6875	3,4817
	0,975	921,85	39,298	14,885	9,3645	7,1464	5,9876	5,2852	4,8173	4,4844
	0,99	5763,6	99,299	28,237	15,522	10,967	8,7459	7,4604	6,6318	6,0569
6	0,9	58,204	9,3255	5,2847	4,0097	3,4045	3,0546	2,8274	2,6683	2,5509
	0,95	233,99	19,330	8,9406	6,1631	4,9503	4,2839	3,8660	3,5806	3,3738
	0,975	937,11	39,331	14,735	9,1973	6,9777	5,8198	5,1186	4,6517	4,3197
	0,99	5859,0	99,333	27,911	15,207	10,672	8,4661	7,1914	6,3707	5,8018
7	0,9	58,906	9,3491	5,2662	3,9790	3,3679	3,0145	2,7849	2,6241	2,5053
	0,95	236,77	19,353	8,8867	6,0942	4,8759	4,2067	3,7870	3,5005	3,2927
	0,975	948,22	39,355	14,624	9,0741	6,8531	5,6955	4,9949	4,5286	4,1970
	0,99	5928,4	99,356	27,672	14,976	10,456	8,2600	6,9928	6,1776	5,6129
8	0,9	59,439	9,3668	5,2517	3,9549	3,3393	2,9830	2,7516	2,5893	2,4694
	0,95	238,88	19,371	8,8452	6,0410	4,8183	4,1468	3,7257	3,4381	3,2296
	0,975	956,66	39,373	14,540	8,9796	6,7572	5,5996	4,8993	4,4333	4,1020
	0,99	5981,1	99,374	27,489	14,799	10,289	8,1017	6,8400	6,0289	5,4671

Tabelle A.8 (Fortsetzung)

df_1	p	df_2								
		1	2	3	4	5	6	7	8	9
9	0,9	59,858	9,3805	5,2400	3,9357	3,3163	2,9577	2,7247	2,5612	2,4403
	0,95	240,54	19,385	8,8123	5,9988	4,7725	4,0990	3,6767	3,3881	3,1789
	0,975	963,28	39,387	14,473	8,9047	6,6811	5,5234	4,8232	4,3572	4,0260
	0,99	6022,5	99,388	27,345	14,659	10,158	7,9761	6,7188	5,9106	5,3511
10	0,9	60,195	9,3916	5,2304	3,9199	3,2974	2,9369	2,7025	2,5380	2,4163
	0,95	241,88	19,369	8,7855	5,9644	4,7351	4,0600	3,6365	3,3472	3,1373
	0,975	968,63	39,398	14,419	8,8439	6,6192	5,4613	4,7611	4,2951	3,9639
	0,99	6055,8	99,399	27,229	14,546	10,051	7,8741	6,6201	5,8143	5,2565
11	0,9	60,473	9,4006	5,2224	3,9067	3,2816	2,9195	2,6839	2,5186	2,3961
	0,95	242,98	19,405	8,7633	5,9358	4,7040	4,0274	3,6030	3,3130	3,1025
	0,975	973,03	39,407	14,374	8,7935	6,5678	5,4098	4,7095	4,2434	3,9121
	0,99	6083,3	99,408	27,133	14,452	9,9626	7,7896	6,5382	5,7343	5,1779
12	0,9	60,705	9,4081	5,2156	3,8955	3,2682	2,9047	2,6681	2,5020	2,3789
	0,95	243,91	19,413	8,7446	5,9117	4,6777	3,9999	3,5747	3,2839	3,0729
	0,975	976,71	39,415	14,337	8,7512	6,5245	5,3662	4,6658	4,1997	3,8682
	0,99	6106,3	99,416	27,052	14,374	9,8883	7,7183	6,4691	5,6667	5,1114
13	0,9	60,903	9,4145	5,2098	3,8859	3,2567	2,8920	2,6545	2,4876	2,3640
	0,95	244,69	19,419	8,7287	5,8911	4,6552	3,9764	3,5503	3,2590	3,0475
	0,975	979,84	39,421	14,304	8,7150	6,4876	5,3290	4,6285	4,1622	3,8306
	0,99	6125,9	99,422	26,983	14,307	9,8248	7,6575	6,4100	5,6089	5,0545
14	0,9	61,073	9,4200	5,2047	3,8776	3,2468	2,8809	2,6426	2,4752	2,3510
	0,95	245,36	19,424	8,7149	5,8733	4,6358	3,9559	3,5292	3,2374	3,0255
	0,975	982,53	39,427	14,277	8,6838	6,4556	5,2968	4,5961	4,1297	3,7980
	0,99	6142,7	99,428	26,924	14,249	9,7700	7,6049	6,3590	5,5589	5,0052
15	0,9	61,220	9,4247	5,2003	3,8704	3,2380	2,8712	2,6322	2,4642	2,3396
	0,95	245,95	19,429	8,7029	5,8578	4,6188	3,9381	3,5107	3,2184	3,0061
	0,975	984,87	39,431	14,253	8,6565	6,4277	5,2687	4,5678	4,1012	3,7694
	0,99	6157,3	99,433	26,872	14,198	9,7222	7,5590	6,3143	5,5151	4,9621
20	0,9	61,740	9,4413	5,1845	3,8443	3,2067	2,8363	2,5947	2,4246	2,2983
	0,95	248,01	19,446	8,6602	5,8025	4,5581	3,8742	3,4445	3,1503	2,9365
	0,975	993,10	39,448	14,167	8,5599	6,3286	5,1684	4,4667	3,9995	3,6669
	0,99	6208,7	99,449	26,690	14,020	9,5526	7,3958	6,1554	5,3591	4,8080
25	0,9	62,055	9,4513	5,1747	3,8283	3,1873	2,8147	2,5714	2,3999	2,2725
	0,95	249,26	19,456	8,6341	5,7687	4,5209	3,8348	3,4036	3,1081	2,8932
	0,975	998,08	39,458	14,115	8,5010	6,2679	5,1069	4,4045	3,9367	3,6035
	0,99	6239,8	99,459	26,579	13,911	9,4491	7,2960	6,0580	5,2631	4,7130
30	0,9	62,265	9,4579	5,1681	3,8174	3,1741	2,8000	2,5555	2,3830	2,2547
	0,95	250,10	19,462	8,6166	5,7459	4,4957	3,8082	3,3758	3,0794	2,8637
	0,975	1001,4	39,465	14,081	8,4613	6,2269	5,0652	4,3624	3,8940	3,5604
	0,99	6260,6	99,466	26,505	13,838	9,3793	7,2285	5,9920	5,1981	4,6486

Tabelle A.8 (Fortsetzung)

df_1	p	df_2								
		1	2	3	4	5	6	7	8	9
40	0,9	62,529	9,4662	5,1597	3,8036	3,1573	2,7812	2,5351	2,3614	2,2320
	0,95	251,14	19,471	8,5944	5,7170	4,4638	3,7743	3,3404	3,0428	2,8259
	0,975	1005,6	39,473	14,037	8,4111	6,1750	5,0125	4,3089	3,8398	3,5055
	0,99	6286,8	99,474	26,411	13,745	9,2912	7,1432	5,9084	5,1156	4,5666
50	0,9	62,688	9,4712	5,1546	3,7952	3,1471	2,7697	2,5226	2,3481	2,2180
	0,95	251,77	19,476	8,5810	5,6995	4,4444	3,7537	3,3189	3,0204	2,8028
	0,975	1008,1	39,478	14,010	8,3808	6,1436	4,9804	4,2763	3,8067	3,4719
	0,99	6302,5	99,479	26,354	13,690	9,2378	7,0915	5,8577	5,0654	4,5167
60	0,9	62,794	9,4746	5,1512	3,7896	3,1402	2,7620	2,5142	2,3391	2,2085
	0,95	252,20	19,479	8,5720	5,6877	4,4314	3,7398	3,3043	3,0053	2,7872
	0,975	1009,8	39,481	13,992	8,3604	6,1225	4,9589	4,2544	3,7844	3,4493
	0,99	6313,0	99,482	26,316	13,652	9,2020	7,0567	5,8236	5,0316	4,4831
80	0,9	62,927	9,4787	5,1469	3,7825	3,1316	2,7522	2,5036	2,3277	2,1965
	0,95	252,72	19,483	8,5607	5,6730	4,4150	3,7223	3,2860	2,9862	2,7675
	0,975	1011,9	39,485	13,970	8,3349	6,0960	4,9318	4,2268	3,7563	3,4207
	0,99	6326,2	99,487	26,269	13,605	9,1570	7,0130	5,7806	4,9890	4,4407
100	0,9	63,007	9,4812	5,1443	3,7782	3,1263	2,7463	2,4971	2,3208	2,1892
	0,95	253,04	19,486	8,5539	5,6641	4,4051	3,7117	3,2749	2,9747	2,7556
	0,975	1013,2	39,488	13,956	8,3195	6,0800	4,9154	4,2101	3,7393	3,4034
	0,99	6334,1	99,489	26,240	13,577	9,1299	6,9867	5,7547	4,9633	4,4150
150	0,9	63,114	9,4846	5,1408	3,7724	3,1193	2,7383	2,4884	2,3115	2,1793
	0,95	253,46	19,489	8,5448	5,6521	4,3918	3,6976	3,2600	2,9591	2,7394
	0,975	1014,9	39,491	13,938	8,2988	6,0586	4,8934	4,1877	3,7165	3,3801
	0,99	6344,7	99,492	26,202	13,539	9,0936	6,9513	5,7199	4,9287	4,3805

df_1	p	df_2								
		10	12	14	16	18	20	22	24	26
1	0,9	3,2850	3,1765	3,1022	3,0481	3,0070	2,9747	2,9486	2,9271	2,9091
	0,95	4,9646	4,7472	4,6001	4,4940	4,4139	4,3512	4,3009	4,2597	4,2252
	0,975	6,9367	6,5538	6,2979	6,1151	5,9781	5,8715	5,7863	5,7166	5,6586
	0,99	10,044	9,3302	8,8616	8,5310	8,2854	8,0960	7,9454	7,8229	7,7213
2	0,9	2,9245	2,8068	2,7265	2,6682	2,6239	2,5893	2,5613	2,5383	2,5191
	0,95	4,1028	3,8853	3,7389	3,6337	3,5546	3,4928	3,4434	3,4028	3,3690
	0,975	5,4564	5,0959	4,8567	4,6867	4,5597	4,4613	4,3828	4,3187	4,2655
	0,99	7,5594	6,9266	6,5149	6,2262	6,0129	5,8489	5,7190	5,6136	5,5263
3	0,9	2,7277	2,6055	2,5222	2,4618	2,4160	2,3801	2,3512	2,3274	2,3075
	0,95	3,7083	3,4903	3,3439	3,2389	3,1599	3,0984	3,0491	3,0088	2,9752
	0,975	4,8256	4,4742	4,2417	4,0768	3,9539	3,8587	3,7829	3,7211	3,6697
	0,99	6,5523	5,9525	5,5639	5,2922	5,0919	4,9382	4,8166	4,7181	4,6366
4	0,9	2,6053	2,4801	2,3947	2,3327	2,2858	2,2489	2,2193	2,1949	2,1745
	0,95	3,4780	3,2592	3,1122	3,0069	2,9277	2,8661	2,8167	2,7763	2,7426
	0,975	4,4683	4,1212	3,8919	3,7294	3,6083	3,5147	3,4401	3,3794	3,3289
	0,99	5,9943	5,4120	5,0354	4,7726	4,5790	4,4307	4,3134	4,2184	4,1400

Tabelle A.8 (Fortsetzung)

df_1	p	df_2								
		10	12	14	16	18	20	22	24	26
5	0,9	2,5216	2,3940	2,3069	2,2438	2,1958	2,1582	2,1279	2,1030	2,0822
	0,95	3,3258	3,1059	2,9582	2,8524	2,7729	2,7109	2,6613	2,6207	2,5868
	0,975	4,2361	3,8911	3,6634	3,5021	3,3820	3,2891	3,2151	3,1548	3,1048
	0,99	5,6363	5,0643	4,6950	4,4374	4,2479	4,1027	3,9880	3,8951	3,8183
6	0,9	2,4606	2,3310	2,2426	2,1783	2,1296	2,0913	2,0605	2,0351	2,0139
	0,95	3,2172	2,9961	2,8477	2,7413	2,6613	2,5990	2,5491	2,5082	2,4741
	0,975	4,0721	3,7283	3,5014	3,3406	3,2209	3,1283	3,0546	2,9946	2,9447
	0,99	5,3858	4,8206	4,4558	4,2016	4,0146	3,8714	3,7583	3,6667	3,5911
7	0,9	2,4140	2,2828	2,1931	2,1280	2,0785	2,0397	2,0084	1,9826	1,9610
	0,95	3,1355	2,9134	2,7642	2,6572	2,5767	2,5140	2,4638	2,4226	2,3883
	0,975	3,9498	3,6065	3,3799	3,2194	3,0999	3,0074	2,9338	2,8738	2,8240
	0,99	5,2001	4,6395	4,2779	4,0259	3,8406	3,6987	3,5867	3,4959	3,4210
8	0,9	2,3771	2,2446	2,1539	2,0880	2,0379	1,9985	1,9668	1,9407	1,9188
	0,95	3,0717	2,8486	2,6987	2,5911	2,5102	2,4471	2,3965	2,3551	2,3205
	0,975	3,8549	3,5118	3,2853	3,1248	3,0053	2,9128	2,8392	2,7791	2,7293
	0,99	5,0567	4,4994	4,1399	3,8896	3,7054	3,5644	3,4530	3,3629	3,2884
9	0,9	2,3473	2,2135	2,1220	2,0553	2,0047	1,9649	1,9327	1,9063	1,8841
	0,95	3,0204	2,7964	2,6458	2,5377	2,4563	2,3928	2,3419	2,3002	2,2655
	0,975	3,7790	3,4358	3,2093	3,0488	2,9291	2,8365	2,7628	2,7027	2,6528
	0,99	4,9424	4,3875	4,0297	3,7804	3,5971	3,4567	3,3458	3,2560	3,1818
10	0,95	2,3226	2,1878	2,0954	2,0281	1,9770	1,9367	1,9043	1,8775	1,8550
	0,95	2,9782	2,7534	2,6022	2,4935	2,4117	2,3479	2,2967	2,2547	2,2197
	0,975	3,7168	3,3736	3,1469	2,9862	2,8664	2,7737	2,6998	2,6396	2,5896
	0,99	4,8491	4,2961	3,9394	3,6909	3,5082	3,3682	3,2576	3,1681	3,0941
11	0,9	2,3018	2,1660	2,0729	2,0051	1,9535	1,9129	1,8801	1,8530	1,8303
	0,95	2,9430	2,7173	2,5655	2,4564	2,3742	2,3100	2,2585	2,2163	2,1811
	0,975	3,6649	3,3215	3,0946	2,9337	2,8137	2,7209	2,6469	2,5865	2,5363
	0,99	4,7715	4,2198	3,8640	3,6162	3,4338	3,2941	3,1837	3,0944	3,0205
12	0,9	2,2841	2,1474	2,0537	1,9854	1,9333	1,8924	1,8593	1,8319	1,8090
	0,95	2,9130	2,6866	2,5342	2,4247	2,3421	2,2776	2,2258	2,1834	2,1479
	0,975	3,6209	3,2773	3,0502	2,8890	2,7689	2,6758	2,6017	2,5411	2,4908
	0,99	4,7059	4,1553	3,8001	3,5527	3,3706	3,2311	3,1209	3,0316	2,9578
13	0,9	2,2687	2,1313	2,0370	1,9682	1,9158	1,8745	1,8411	1,8136	1,7904
	0,95	2,8872	2,6602	2,5073	2,3973	2,3143	2,2495	2,1975	2,1548	2,1192
	0,975	3,5832	3,2393	3,0119	2,8506	2,7302	2,6369	2,5626	2,5019	2,4515
	0,99	4,6496	4,0999	3,7452	3,4981	3,3162	3,1769	3,0667	2,9775	2,9038
14	0,9	2,2553	2,1173	2,0224	1,9532	1,9004	1,8588	1,8252	1,7974	1,7741
	0,95	2,8647	2,6371	2,4837	2,3733	2,2900	2,2250	2,1727	2,1298	2,0939
	0,975	3,5504	3,2062	2,9786	2,8170	2,6964	2,6030	2,5285	2,4677	2,4171
	0,99	4,6008	4,0518	3,6975	3,4506	3,2689	3,1296	3,0195	2,9303	2,8566
15	0,9	2,2435	2,1049	2,0095	1,9399	1,8868	1,8449	1,8111	1,7831	1,7596
	0,95	2,8450	2,6169	2,4630	2,3522	2,2686	2,2033	2,1508	2,1077	2,0716

Tabelle A.8 (Fortsetzung)

df_1	p	df_2								
		10	12	14	16	18	20	22	24	26
	0,975	3,5217	3,1772	2,9493	2,7875	2,6667	2,5731	2,4984	2,4374	2,3867
	0,99	4,5581	4,0096	3,6557	3,4089	3,2273	3,0880	2,9779	2,8887	2,8150
20	0,9	2,2007	2,0597	1,9625	1,8913	1,8368	1,7938	1,7590	1,7302	1,7059
	0,95	2,7740	2,5436	2,3879	2,2756	2,1906	2,1242	2,0707	2,0267	1,9898
	0,975	3,4185	3,0728	2,8437	2,6808	2,5590	2,4645	2,3890	2,3273	2,2759
	0,99	4,4054	3,8584	3,5052	3,2587	3,0771	2,9377	2,8274	2,7380	2,6640
25	0,9	2,1739	2,0312	1,9326	1,8603	1,8049	1,7611	1,7255	1,6960	1,6712
	0,95	2,7298	2,4977	2,3407	2,2272	2,1413	2,0739	2,0196	1,9750	1,9375
	0,975	3,3546	3,0077	2,7777	2,6138	2,4912	2,3959	2,3198	2,2574	2,2054
	0,99	4,3111	3,7647	3,4116	3,1650	2,9831	2,8434	2,7328	2,6430	2,5686
30	0,9	2,1554	2,0115	1,9119	1,8388	1,7827	1,7382	1,7021	1,6721	1,6468
	0,95	2,6996	2,4663	2,3082	2,1938	2,1071	2,0391	1,9842	1,9390	1,9010
	0,975	3,3110	2,9633	2,7324	2,5678	2,4445	2,3486	2,2718	2,2090	2,1565
	0,99	4,2469	3,7008	3,3476	3,1007	2,9185	2,7785	2,6675	2,5773	2,5026
40	0,9	2,1317	1,9861	1,8852	1,8108	1,7537	1,7083	1,6714	1,6407	1,6147
	0,95	2,6609	2,4259	2,2663	2,1507	2,0629	1,9938	1,9380	1,8920	1,8533
	0,975	3,2554	2,9063	2,6742	2,5085	2,3842	2,2873	2,2097	2,1460	2,0928
	0,99	4,1653	3,6192	3,2656	3,0182	2,8354	2,6947	2,5831	2,4923	2,4170
50	0,9	2,1171	1,9704	1,8686	1,7934	1,7356	1,6896	1,6521	1,6209	1,5945
	0,95	2,6371	2,4010	2,2405	2,1240	2,0354	1,9656	1,9092	1,8625	1,8233
	0,975	3,2214	2,8714	2,6384	2,4719	2,3468	2,2493	2,1710	2,1067	2,0530
	0,99	4,1155	3,5692	3,2153	2,9675	2,7841	2,6430	2,5308	2,4395	2,3637
60	0,9	2,1072	1,9597	1,8572	1,7816	1,7232	1,6768	1,6389	1,6073	1,5805
	0,95	2,6211	2,3842	2,2229	2,1058	2,0166	1,9464	1,8894	1,8424	1,8027
	0,975	3,1984	2,8478	2,6142	2,4471	2,3214	2,2234	2,1446	2,0799	2,0257
	0,99	4,0819	3,5355	3,1813	2,9330	2,7493	2,6077	2,4951	2,4035	2,3273
80	0,9	2,0946	1,9461	1,8428	1,7664	1,7073	1,6603	1,6218	1,5897	1,5625
	0,95	2,6008	2,3628	2,2006	2,0826	1,9927	1,9217	1,8641	1,8164	1,7762
	0,975	3,1694	2,8178	2,5833	2,4154	2,2890	2,1902	2,1108	2,0454	1,9907
	0,99	4,0394	3,4928	3,1381	2,8893	2,7050	2,5628	2,4496	2,3573	2,2806
100	0,9	2,0869	1,9379	1,8340	1,7570	1,6976	1,6501	1,6113	1,5788	1,5513
	0,95	2,5884	2,3498	2,1870	2,0685	1,9780	1,9066	1,8486	1,8005	1,7599
	0,975	3,1517	2,7996	2,5646	2,3961	2,2692	2,1699	2,0901	2,0243	1,9691
	0,99	4,0137	3,4668	3,1118	2,8627	2,6779	2,5353	2,4217	2,3291	2,2519
150	0,9	2,0766	1,9266	1,8220	1,7444	1,6843	1,6363	1,5969	1,5640	1,5360
	0,95	2,5718	2,3322	2,1686	2,0492	1,9581	1,8860	1,8273	1,7787	1,7375
	0,975	3,1280	2,7750	2,5392	2,3700	2,2423	2,1424	2,0618	1,9954	1,9397
	0,99	3,9792	3,4319	3,0764	2,8267	2,6413	2,4981	2,3839	2,2906	2,2129

Tabelle A.8 (Fortsetzung)

df_1	p	df_2								
		30	40	50	60	70	80	90	100	110
1	0,9	2,8807	2,8354	2,8087	2,7911	2,7786	2,7693	2,7621	2,7564	2,7517
	0,95	4,1709	4,0847	4,0343	4,0012	3,9778	3,9604	3,9469	3,9361	3,9274
	0,975	5,5675	5,4239	5,3403	5,2856	5,2470	5,2184	5,1962	5,1786	5,1642
	0,99	7,5625	7,3141	7,1706	7,0771	7,0114	6,9627	6,9251	6,8953	6,8710
2	0,9	2,4887	2,4404	2,4120	2,3933	2,3800	2,3701	2,3625	2,3564	2,3515
	0,95	3,3158	3,2317	3,1826	3,1504	3,1277	3,1108	3,0977	3,0873	3,0788
	0,975	4,1821	4,0510	3,9749	3,9253	3,8903	3,8643	3,8443	3,8284	3,8154
	0,99	5,3903	5,1785	5,0566	4,9774	4,9219	4,8807	4,8491	4,8239	4,8035
3	0,9	2,2761	2,2261	2,1967	2,1774	2,1637	2,1535	2,1457	2,1394	2,1343
	0,95	2,9223	2,8387	2,7900	2,7581	2,7355	2,7188	2,7058	2,6955	2,6871
	0,975	3,5894	3,4633	3,3902	3,3425	3,3090	3,2841	3,2649	3,2496	3,2372
	0,99	4,5097	4,3126	4,1993	4,1259	4,0744	4,0363	4,0070	3,9837	3,9648
4	0,9	2,1422	2,0909	2,0608	2,0410	2,0269	2,0165	2,0084	2,0019	1,9967
	0,95	2,6896	2,6060	2,5572	2,5252	2,5027	2,4859	2,4729	2,4626	2,4542
	0,975	3,2499	3,1261	3,0544	3,0077	2,9748	2,9504	2,9315	2,9166	2,9044
	0,99	4,0179	3,8283	3,7195	3,6490	3,5996	3,5631	3,5350	3,5127	3,4946
5	0,9	2,0492	1,9968	1,9660	1,9457	1,9313	1,9206	1,9123	1,9057	1,9004
	0,95	2,5336	2,4495	2,4004	2,3683	2,3456	2,3287	2,3157	2,3053	2,2969
	0,975	3,0265	2,9037	2,8327	2,7863	2,7537	2,7295	2,7109	2,6961	2,6840
	0,99	3,6990	3,5138	3,4077	3,3389	3,2907	3,2550	3,2276	3,2059	3,1882
6	0,9	1,9803	1,9269	1,8954	1,8747	1,8600	1,8491	1,8406	1,8339	1,8284
	0,95	2,4205	2,3359	2,2864	2,2541	2,2312	2,2142	2,2011	2,1906	2,1821
	0,975	2,8667	2,7444	2,6736	2,6274	2,5949	2,5708	2,5522	2,5374	2,5254
	0,99	3,4735	3,2910	3,1864	3,1187	3,0712	3,0361	3,0091	2,9877	2,9703
7	0,9	1,9269	1,8725	1,8405	1,8194	1,8044	1,7933	1,7846	1,7778	1,7721
	0,95	2,3343	2,2490	2,1992	2,1665	2,1435	2,1263	2,1131	2,1025	2,0939
	0,975	2,7460	2,6238	2,5530	2,5068	2,4743	2,4502	2,4316	2,4168	2,4048
	0,99	3,3045	3,1238	3,0202	2,9530	2,9060	2,8713	2,8445	2,8233	2,8061
8	0,9	1,8841	1,8289	1,7963	1,7748	1,7596	1,7483	1,7395	1,7324	1,7267
	0,95	2,2662	2,1802	2,1299	2,0970	2,0737	2,0564	2,0430	2,0323	2,0236
	0,975	2,6513	2,5289	2,4579	2,4117	2,3791	2,3549	2,3363	2,3215	2,3094
	0,99	3,1726	2,9930	2,8900	2,8233	2,7765	2,7420	2,7154	2,6943	2,6771
9	0,9	1,8490	1,7929	1,7598	1,7380	1,7225	1,7110	1,7021	1,6949	1,6891
	0,95	2,2107	2,1240	2,0734	2,0401	2,0166	1,9991	1,9856	1,9748	1,9661
	0,975	2,5746	2,4519	2,3808	2,3344	2,3017	2,2775	2,2588	2,2439	2,2318
	0,99	3,0665	2,8876	2,7850	2,7185	2,6719	2,6374	2,6109	2,5898	2,5727
10	0,9	1,8195	1,7627	1,7291	1,7070	1,6913	1,6796	1,6705	1,6632	1,6573
	0,95	2,1646	2,0772	2,0261	1,9926	1,9689	1,9512	1,9376	1,9267	1,9178
	0,975	2,5112	2,3882	2,3168	2,2702	2,2374	2,2130	2,1942	2,1793	2,1671
	0,99	2,9791	2,8005	2,6981	2,6318	2,5852	2,5508	2,5243	2,5033	2,4862

Tabelle A.8 (Fortsetzung)

df_1	p	df_2								
		30	40	50	60	70	80	90	100	110
11	0,9	1,7944	1,7369	1,7029	1,6805	1,6645	1,6526	1,6434	1,6360	1,6300
	0,95	2,1256	2,0376	1,9861	1,9522	1,9283	1,9105	1,8967	1,8857	1,8767
	0,975	2,4577	2,3343	2,2627	2,2159	2,1829	2,1584	2,1395	2,1245	2,1123
	0,99	2,9057	2,7274	2,6250	2,5587	2,5122	2,4777	2,4513	2,4302	2,4132
12	0,9	1,7727	1,7146	1,6802	1,6574	1,6413	1,6292	1,6199	1,6124	1,6063
	0,95	2,0921	2,0035	1,9515	1,9174	1,8932	1,8753	1,8613	1,8503	1,8412
	0,975	2,4120	2,2882	2,2162	2,1692	2,1361	2,1115	2,0925	2,0773	2,0650
	0,99	2,8431	2,6648	2,5625	2,4961	2,4496	2,4151	2,3886	2,3676	2,3505
13	0,9	1,7538	1,6950	1,6602	1,6372	1,6209	1,6086	1,5992	1,5916	1,5854
	0,95	2,0630	1,9738	1,9214	1,8870	1,8627	1,8445	1,8305	1,8193	1,8101
	0,975	2,3724	2,2481	2,1758	2,1286	2,0953	2,0706	2,0515	2,0363	2,0239
	0,99	2,7890	2,6107	2,5083	2,4419	2,3953	2,3608	2,3342	2,3132	2,2960
14	0,9	1,7371	1,6778	1,6426	1,6193	1,6028	1,5904	1,5808	1,5731	1,5669
	0,95	2,0374	1,9476	1,8949	1,8602	1,8357	1,8174	1,8032	1,7919	1,7827
	0,975	2,3378	2,2130	2,1404	2,0929	2,0595	2,0346	2,0154	2,0001	1,9876
	0,99	2,7418	2,5634	2,4609	2,3943	2,3477	2,3131	2,2865	2,2654	2,2482
15	0,9	1,7223	1,6624	1,6269	1,6034	1,5866	1,5741	1,5644	1,5566	1,5503
	0,95	2,0148	1,9245	1,8714	1,8364	1,8117	1,7932	1,7789	1,7675	1,7582
	0,975	2,3072	2,1819	2,1090	2,0613	2,0277	2,0026	1,9833	1,9679	1,9554
	0,99	2,7002	2,5216	2,4190	2,3523	2,3055	2,2709	2,2442	2,2230	2,2058
20	0,9	1,6673	1,6052	1,5681	1,5435	1,5259	1,5128	1,5025	1,4943	1,4877
	0,95	1,9317	1,8389	1,7841	1,7480	1,7223	1,7032	1,6883	1,6764	1,6667
	0,975	2,1952	2,0677	1,9933	1,9445	1,9100	1,8843	1,8644	1,8486	1,8356
	0,99	2,5487	2,3689	2,2652	2,1978	2,1504	2,1153	2,0882	2,0666	2,0491
25	0,9	1,6316	1,5677	1,5294	1,5039	1,4857	1,4720	1,4613	1,4528	1,4458
	0,95	1,8782	1,7835	1,7273	1,6902	1,6638	1,6440	1,6286	1,6163	1,6063
	0,975	2,1237	1,9943	1,9186	1,8687	1,8334	1,8071	1,7867	1,7705	1,7572
	0,99	2,4526	2,2714	2,1667	2,0984	2,0503	2,0146	1,9871	1,9652	1,9473
30	0,9	1,6065	1,5411	1,5018	1,4755	1,4567	1,4426	1,4315	1,4227	1,4154
	0,95	1,8409	1,7444	1,6872	1,6491	1,6220	1,6017	1,5859	1,5733	1,5630
	0,975	2,0739	1,9429	1,8659	1,8152	1,7792	1,7523	1,7315	1,7148	1,7013
	0,99	2,3860	2,2034	2,0976	2,0285	1,9797	1,9435	1,9155	1,8933	1,8751
40	0,9	1,5732	1,5056	1,4648	1,4373	1,4176	1,4027	1,3911	1,3817	1,3740
	0,95	1,7918	1,6928	1,6337	1,5943	1,5661	1,5449	1,5284	1,5151	1,5043
	0,975	2,0089	1,8752	1,7963	1,7440	1,7069	1,6790	1,6574	1,6401	1,6259
	0,99	2,2992	2,1142	2,0066	1,9360	1,8861	1,8489	1,8201	1,7972	1,7784
50	0,9	1,5522	1,4830	1,4409	1,4126	1,3922	1,3767	1,3646	1,3548	1,3468
	0,95	1,7609	1,6600	1,5995	1,5590	1,5300	1,5081	1,4910	1,4772	1,4660
	0,975	1,9681	1,8324	1,7520	1,6985	1,6604	1,6318	1,6095	1,5917	1,5771
	0,99	2,2450	2,0581	1,9490	1,8772	1,8263	1,7883	1,7588	1,7353	1,7160

Tabelle A.8 (Fortsetzung)

df_1	p	df_2								
		30	40	50	60	70	80	90	100	110
60	0,9	1,5376	1,4672	1,4242	1,3952	1,3742	1,3583	1,3457	1,3356	1,3273
	0,95	1,7396	1,6373	1,5757	1,5343	1,5046	1,4821	1,4645	1,4504	1,4388
	0,975	1,9400	1,8028	1,7211	1,6668	1,6279	1,5987	1,5758	1,5575	1,5425
	0,99	2,2079	2,0194	1,9090	1,8363	1,7846	1,7459	1,7158	1,6918	1,6721
80	0,9	1,5187	1,4465	1,4023	1,3722	1,3503	1,3337	1,3206	1,3100	1,3012
	0,95	1,7121	1,6077	1,5445	1,5019	1,4711	1,4477	1,4294	1,4146	1,4024
	0,975	1,9039	1,7644	1,6810	1,6252	1,5851	1,5549	1,5312	1,5122	1,4965
	0,99	2,1601	1,9694	1,8571	1,7828	1,7298	1,6901	1,6591	1,6342	1,6139
100	0,9	1,5069	1,4336	1,3885	1,3576	1,3352	1,3180	1,3044	1,2934	1,2843
	0,95	1,6950	1,5892	1,5249	1,4814	1,4498	1,4259	1,4070	1,3917	1,3791
	0,975	1,8816	1,7405	1,6558	1,5990	1,5581	1,5271	1,5028	1,4833	1,4671
	0,99	2,1307	1,9383	1,8248	1,7493	1,6954	1,6548	1,6231	1,5977	1,5767
150	0,9	1,4907	1,4157	1,3691	1,3372	1,3137	1,2957	1,2814	1,2698	1,2601
	0,95	1,6717	1,5637	1,4977	1,4527	1,4200	1,3949	1,3751	1,3591	1,3457
	0,975	1,8510	1,7076	1,6210	1,5625	1,5202	1,4880	1,4627	1,4422	1,4252
	0,99	2,0905	1,8956	1,7799	1,7027	1,6472	1,6053	1,5724	1,5459	1,5240

9 Kritische Werte für die Differenz $n_K - n_D$

In der folgenden Tabelle sind die kritischen Werte für den Absolutbetrag $|n_K - n_D|$ der Differenz der Anzahl konkordanter (n_K) und diskordanter (n_D) Paare für die Assoziationsmaße für ordinalskalierte Variablen, die in Kapitel 15 behandelt werden, nach Sheskin (2007) für verschiedene Stichprobengrößen n und Signifikanzniveaus α angegeben. Mit der Tabelle können somit positive und negative Differenzen auf Signifikanz überprüft werden. Ist der Absolutbetrag $|n_K - n_D|$ gleich dem kritischen Wert oder größer als der kritische Wert, wird die Hypothese verworfen.

Tabelle A.9 Kritische Werte für den Absolutbetrag $|n_K - n_D|$ der Differenz der Anzahl konkordanter (n_K) und diskordanter (n_D) Paare für die Assoziationsmaße für ordinalskalierte Variablen

	Signifikanzniveau				
zweiseitig	0,01	0,02	0,05	0,10	0,20
einseitig	0,005	0,01	0,025	0,05	0,10
n	Kritische Werte				
4	8	8	8	6	6
5	12	10	10	8	8
6	15	13	13	11	9
7	19	17	15	13	11
8	22	20	18	16	12
9	26	24	20	18	14
10	29	27	23	21	17
11	33	31	27	23	19

Tabelle A.9 (Fortsetzung)

	Signifikanzniveau				
zweiseitig	0,01	0,02	0,05	0,10	0,20
einseitig	0,005	0,01	0,025	0,05	0,10
n	Kritische Werte				
12	38	36	30	26	20
13	44	40	34	28	24
14	47	43	37	33	25
15	53	49	41	35	29
16	58	52	46	38	30
17	64	58	50	42	34
18	69	63	53	45	37
19	75	67	57	49	39
20	80	72	62	52	42
21	86	78	66	56	44
22	91	83	71	61	47
23	99	89	75	65	51
24	104	94	80	68	54
25	110	100	86	72	58
26	117	107	91	77	61
27	125	113	95	81	63
28	130	118	100	86	68
29	138	126	106	90	70
30	145	131	111	95	75
31	151	137	117	99	77
32	160	144	122	104	82
33	166	152	128	108	86
34	175	157	133	113	89
35	181	165	139	117	93
36	190	172	146	122	96
37	198	178	152	128	100
38	205	185	157	133	105
39	213	193	163	139	109
40	222	200	170	144	112

Anhang B: Matrixalgebra

1 Matrix

Als Matrix bezeichnet man eine regelmäßige Anordnung von Zahlen oder auch anderen Symbolen. Matrizen können mehrere Dimensionen umfassen. Zweidimensionale Matrizen sind die häufigsten Matrizen in der Statistik. Zweidimensionale Matrizen bestehen aus Spalten und Zeilen. Die Spalten verlaufen vertikal, die Zeilen horizontal. Matrizen werden mit fetten Großbuchstaben bezeichnet:

$$\mathbf{X} = \begin{pmatrix} x_{11} & \cdots & x_{1k} \\ \vdots & \ddots & \vdots \\ x_{n1} & \cdots & x_{nk} \end{pmatrix}$$

Typ einer Matrix

Hat eine Matrix n Zeilen und k Spalten, ist sie vom Typ $n \times k$. Es werden also immer zuerst die Zeilen gezählt, dann die Spalten.

Zellen

Die Schnittpunkte von Zeilen und Spalten nennt man Zellen. Sie enthalten die Elemente der Matrix. Elemente einer Matrix werden mit Kleinbuchstaben symbolisiert (nicht fett). Zu ihrer eindeutigen Kennzeichnung werden Elemente mit zwei Indizes versehen: x_{ij} mit i, $i = 1, \ldots, n$, und j, $j = 1, \ldots, k$. Wird auf ein konkretes Element Bezug genommen, werden die Indexsymbole durch natürliche Zahlen ersetzt, die die genaue Position des Elements bestimmen. Das Element x_{32} steht also in der dritten Zeile und der zweiten Spalte. Statt x_{32} kann man auch $x_{3,2}$ schreiben, um eindeutig zu machen, dass die Zahlenfolge 32 nicht die Zahl 32 bedeutet.

2 Vektor

Eine Matrix, die nur aus einer Zeile oder einer Spalte besteht, heißt Vektor. Symbolisiert werden Vektoren mit fetten Kleinbuchstaben.

Spaltenvektor

$$\mathbf{x} = \begin{bmatrix} x_1 \\ \vdots \\ x_n \end{bmatrix}$$

Zeilenvektor

$$\mathbf{y}' = \begin{bmatrix} y_1 & \cdots & y_k \end{bmatrix}$$

Zeilenvektoren werden mit einem Strich versehen. Wenn es sich bei den Vektoren um Ausschnitte aus einer Matrix handelt, werden die Zeilen- bzw. Spaltennummern als Indizes mitgeteilt.

3 Grundlegende Rechenoperationen mit Matrizen

3.1 Addition und Subtraktion

Matrizen können nur addiert oder subtrahiert werden, wenn sie vom gleichen Typ sind. Es werden die korrespondierenden Elemente addiert oder subtrahiert. Bei der Addition gilt das Kommutativgesetz: Die Matrizen können vertauscht werden. Bei der Subtraktion gilt das Kommutativgesetz nicht.

Beispiele

$$\begin{bmatrix} 3 & -2 \\ 1 & 4 \\ 2 & 3 \end{bmatrix} + \begin{bmatrix} 4 & 3 \\ 6 & 8 \\ 5 & 7 \end{bmatrix} = \begin{bmatrix} 7 & 1 \\ 7 & 12 \\ 7 & 10 \end{bmatrix}$$
$$\mathbf{X} \quad + \quad \mathbf{Y} \quad = \quad \mathbf{Z}$$

$$\begin{bmatrix} 3 & -2 \\ 1 & 4 \\ 2 & 3 \end{bmatrix} - \begin{bmatrix} 4 & 3 \\ 6 & 8 \\ 5 & 7 \end{bmatrix} = \begin{bmatrix} -1 & -5 \\ -5 & -4 \\ -3 & -4 \end{bmatrix}$$
$$\mathbf{X} \quad - \quad \mathbf{Y} \quad = \quad \mathbf{Z}$$

3.2 Transponieren einer Matrix

Eine Matrix wird transponiert, indem ihre Spalten zu Zeilen und ihre Zeilen zu Spalten werden. Wenn $\mathbf{X}$ vom Typ $n \times k$ ist, ist die transponierte Matrix vom Typ $k \times n$. Die transponierte Matrix wird mit dem gleichen Buchstaben und einem Strich symbolisiert.

Beispiele

$$\mathbf{X} = \begin{bmatrix} 3 & -2 \\ 1 & 4 \\ 2 & 3 \end{bmatrix}$$

$$\mathbf{X}' = \begin{bmatrix} 3 & 1 & 2 \\ -2 & 4 & 3 \end{bmatrix}$$

3.3 Multiplikation einer Matrix mit einem Skalar

Wird eine Matrix mit einem Skalar c, d. h. einer einfachen Zahl, multipliziert, wird jedes Element der Matrix mit dem Skalar multipliziert.

Beispiel

$$2 \cdot \begin{bmatrix} 4 & 3 \\ 6 & 8 \\ 5 & 7 \end{bmatrix} = \begin{bmatrix} 8 & 6 \\ 12 & 16 \\ 10 & 14 \end{bmatrix}$$
$$c \cdot \quad \mathbf{X} \quad = \quad \mathbf{Y}$$

3.4 Multiplikation zweier Matrizen

Nur zueinander passende Typen von Matrizen können multipliziert können. Die Anzahl der Spalten der ersten Matrix muss gleich der Anzahl der Zeilen der zweiten Matrix sein. $\mathbf{Z}$ sei das Produkt von $\mathbf{X}$ und $\mathbf{Y}$. Dann lautet die Multiplikationsregel: Berechne das Element z_{ij} als Produktsumme des Zeilenvektors $\mathbf{x}'_i$ von $\mathbf{X}$ mit dem Spaltenvektor $\mathbf{y}'_j$ von $\mathbf{Y}$. Als Ergebnis ergibt sich ein neuer Typ von Matrix. Wenn $\mathbf{X}$ vom Typ $n \times m$ und $\mathbf{Y}$ vom Typ $m \times o$ ist, ist $\mathbf{Z}$ vom Typ $n \times o$. Als Eselsbrücke kann man sich zwei einfache Regeln merken: Die beiden benachbarten Indizes müssen gleich sein, sonst können die Matrizen nicht multipliziert werden. Die beiden äußeren Indizes ergeben den Typ der Produktmatrix. Aus den Regeln folgt, dass bei der Matrizenmultiplikation anders als bei der Multiplikation von Zahlen das Kommutativgesetz nicht gilt. Die Reihenfolge der Matrizen ist also erheblich. Im gewählten Beispiel kann zwar $\mathbf{X}$ mit $\mathbf{Y}$ multipliziert werden, nicht aber $\mathbf{Y}$ mit $\mathbf{X}$:

$$\begin{bmatrix} 2 & 1 \\ 3 & 2 \\ 4 & 3 \\ 1 & 1 \end{bmatrix} \cdot \begin{bmatrix} 2 & 4 & 2 \\ 3 & 2 & 5 \end{bmatrix} = \begin{bmatrix} 7 & 10 & 9 \\ 12 & 16 & 16 \\ 17 & 22 & 23 \\ 5 & 6 & 7 \end{bmatrix}$$
$$\mathbf{X} \quad \cdot \quad \mathbf{Y} \quad = \quad \mathbf{Z}$$

Das Element z_{11} erhält man somit wie folgt: $z_{11} = x_{11} \cdot y_{11} + x_{12} \cdot y_{21} = 2 \cdot 2 + 1 \cdot 3 = 4 + 3 = 7$.

3.5 Multiplikation zweier Vektoren

Die beschriebenen Multiplikationsregeln gelten auch für Vektoren. Auch dort ist die Reihenfolge von Bedeutung. Die Multiplikation eines Zeilenvektors mit einem Spaltenvektor ergibt ein Skalarprodukt (eine einzige Zahl), die Multiplikation eines Spaltenvektors mit einem Zeilenvektor eine Matrix.

Multiplikation eines Zeilenvektors mit einem Spaltenvektor

$$\begin{bmatrix} 2 & 3 & 4 & 5 & 1 & 6 \end{bmatrix} \cdot \begin{bmatrix} 0 \\ 1 \\ 2 \\ 4 \\ 1 \\ 2 \end{bmatrix} = \begin{bmatrix} 44 \end{bmatrix}$$
$$\mathbf{x}' \quad \cdot \quad \mathbf{y} \quad = \quad \mathbf{z}$$

Multiplikation eines Spaltenvektors mit einem Zeilenvektor

$$\begin{bmatrix} 2 \\ 3 \\ 1 \\ 4 \\ 5 \\ 2 \end{bmatrix} \cdot \begin{bmatrix} 2 & 1 & 2 \end{bmatrix} = \begin{bmatrix} 4 & 2 & 4 \\ 6 & 3 & 6 \\ 2 & 1 & 2 \\ 8 & 4 & 8 \\ 10 & 5 & 10 \\ 4 & 2 & 4 \end{bmatrix}$$
$$\mathbf{x} \quad \cdot \quad \mathbf{y}' \quad = \quad \mathbf{Z}$$

3.6 Division einer Matrix durch einen Skalar

Da man jede Division als Multiplikation mit dem Kehrwert des Divisors darstellen kann, folgt aus der Multiplikationsregel, dass man jedes Element der Matrix durch den Skalar dividieren muss.

3.7 Division einer Matrix durch eine andere

Dies ist die komplizierteste Matrixoperation, die man nur bei kleinen Matrizen von Hand lösen kann und bei der man ansonsten auf Computerprogramme zurückgreift. Wir werden daher die komplizierte Berechnung nicht erläutern, sondern nur ihre Grundidee. Zunächst muss der Begriff der Inversen eingeführt werden. **X** sei eine quadratische Matrix (siehe unten: Spezielle Matrizen). Wenn sich zu **X** eine Matrix **C** vom gleichen Typ finden lässt, welche die Gleichung erfüllt: $\mathbf{X} \cdot \mathbf{C} = \mathbf{C} \cdot \mathbf{X} = \mathbf{I}$ (Einheitsmatrix, siehe unten: Spezielle Matrizen), dann ist **C** die Inverse von **X**. Sie wird mit $\mathbf{X}^{-1}$ bezeichnet. **X** muss quadratisch sein, weil nur in diesem Fall $\mathbf{X} \cdot \mathbf{C}$ vom gleichen Typ wie $\mathbf{C} \cdot \mathbf{X}$ sein kann. Es gilt: Die Division einer Matrix **Y** durch eine Matrix **X** erfolgt durch Multiplikation von **Y** mit $\mathbf{X}^{-1}$. Die mathematische Konzeption der Inversen entspricht damit den bekannten Rechenregeln der Algebra: Die Multiplikation einer Zahl mit ihrem Kehrwert ergibt 1. Entsprechend gilt matrixalgebraisch: Die Multiplikation einer Matrix mit ihrer Inversen ergibt eine Einheitsmatrix. Die Division einer Zahl *a* durch eine Zahl *b* entspricht der Multiplikation von *a* mit dem Kehrwert von *b*. Entsprechend gilt matrixalgebraisch: Die Division einer Matrix **Y** durch eine Matrix **X** entspricht der Multiplikation von **Y** mit $\mathbf{X}^{-1}$.

3.8 Verknüpfungsregeln

Häufig ist es notwendig, die grundlegenden Operationen Transponieren, Addieren und Multiplizieren miteinander zu verknüpfen. Hierbei sind folgende Regeln zu beachten.

Transponieren-Transponieren

Wird eine Matrix **A** zweimal hintereinander transponiert, erhält man wieder die Matrix **A**:

$$(\mathbf{A}')' = \mathbf{A}$$

Addieren-Addieren

Es gilt das Assoziativgesetz:

$$(\mathbf{A} + \mathbf{B}) + \mathbf{C} = \mathbf{A} + (\mathbf{B} + \mathbf{C}) = \mathbf{A} + \mathbf{B} + \mathbf{C}$$

Es gilt das Kommutativgesetz:

$$\mathbf{A} + \mathbf{B} = \mathbf{B} + \mathbf{A}$$

Multiplizieren-Multiplizieren

Es gilt das Assoziativgesetz:

$$(\mathbf{A} \cdot \mathbf{B}) \cdot \mathbf{C} = \mathbf{A} \cdot (\mathbf{B} \cdot \mathbf{C}) = \mathbf{A} \cdot \mathbf{B} \cdot \mathbf{C}$$

Transponieren-Addieren

Die Transponierte einer Summe ist gleich der Summe der Transponierten:

$$(\mathbf{A} + \mathbf{B})' = \mathbf{A}' + \mathbf{B}'$$

Transponieren-Multiplizieren

Ein Matrizenprodukt wird transponiert, indem man die Matrizen einzeln transponiert und die Produktmatrix in umgekehrter Reihenfolge bildet:

$$(\mathbf{A} \cdot \mathbf{B})' = \mathbf{B}' \cdot \mathbf{A}'$$

Addieren-Multiplizieren

Es gilt das Distributivgesetz:

$$(\mathbf{A} + \mathbf{B}) \cdot \mathbf{C} = \mathbf{A} \cdot \mathbf{C} + \mathbf{B} \cdot \mathbf{C}$$

$$\mathbf{D} \cdot (\mathbf{A} + \mathbf{B}) = \mathbf{D} \cdot \mathbf{A} + \mathbf{D} \cdot \mathbf{B}$$

4 Spezielle Matrizen

Bei der Definition der Inversen wurden zwei Begriffe verwendet, die noch nicht eingeführt worden waren: Einheitsmatrix und quadratische Matrix. Beide Matrizen sind spezielle Typen von Matrizen.

4.1 Quadratische Matrix

Bei einer quadratischen Matrix ist die Anzahl von Zeilen und Spalten gleich, z. B.:

$$\mathbf{X} = \begin{bmatrix} 2 & 1 & 4 \\ 3 & 2 & 3 \\ 4 & 3 & 2 \end{bmatrix}$$

Spur

Die Spur (engl. trace) tr[$\mathbf{X}$] einer quadratischen Matrix $\mathbf{X}$ vom Typ $n \times n$ ist die Summe ihrer Diagonalelemente:

$$\text{tr}[\mathbf{X}] = \sum_{i=1}^{n} x_{ii}$$

Im vorliegenden Beispiel: tr[$\mathbf{X}$] = 2 + 2 + 2 = 6

Determinante

Die Determinante $|\mathbf{X}|$ einer Matrix $\mathbf{X}$ ist eine Funktion, die einer quadratischen Matrix einen Wert (Skalar) zuordnet. Die Determinante $|\mathbf{X}|$ einer Matrix vom Typ 2×2 lässt sich leicht berechnen, indem das Produkt der Elemente der Nebendiagonalen vom Produkt der Elemente der Hauptdiagonalen subtrahiert wird:

$$|\mathbf{X}| = \left| \begin{bmatrix} x_{11} & x_{12} \\ x_{21} & x_{22} \end{bmatrix} \right| = x_{11} \cdot x_{22} - x_{12} \cdot x_{21}$$

Beispiel:

$$|\mathbf{X}| = \left| \begin{bmatrix} 8 & 4 \\ 6 & 5 \end{bmatrix} \right| = 8 \cdot 5 - 4 \cdot 6 = 40 - 24 = 16$$

Die Berechnung der Determinante für größere Matrizen ist komplizierter und soll nicht im Detail behandelt werden.

4.2 Einheitsmatrix

Die Einheitsmatrix ist eine quadratische Matrix, deren Diagonalelemente 1 betragen. Alle anderen Elemente betragen 0. Einheitsmatrizen werden mit $\mathbf{I}$ symbolisiert, z. B.:

$$\mathbf{I} = \begin{bmatrix} 1 & 0 & 0 \\ 0 & 1 & 0 \\ 0 & 0 & 1 \end{bmatrix}$$

4.3 Symmetrische Matrix

Die Matrix und ihre Transponierte sind gleich. Ein typisches Beispiel sind Korrelationsmatrizen, z. B.:

$$\mathbf{R} = \begin{bmatrix} 1 & 0{,}4 & 0{,}2 \\ 0{,}4 & 1 & 0{,}3 \\ 0{,}2 & 0{,}3 & 1 \end{bmatrix}$$

4.4 Diagonalmatrix

Eine quadratische Matrix heißt Diagonalmatrix, wenn alle nicht auf der Hauptdiagonalen liegenden Elemente 0 betragen, z. B.:

$$\mathbf{D} = \begin{bmatrix} 1 & 0 & 0 \\ 0 & 2 & 0 \\ 0 & 0 & 3 \end{bmatrix}$$

4.5 Skalarmatrix

Eine Diagonalmatrix ist eine Skalarmatrix, wenn alle Diagonalelemente den gleichen Wert haben, z. B.:

$$\mathbf{D} = \begin{bmatrix} 2 & 0 & 0 \\ 0 & 2 & 0 \\ 0 & 0 & 2 \end{bmatrix}$$

4.6 Einheitsvektoren

Einheitsvektoren sind Spaltenvektoren ($\mathbf{u}$) oder Zeilenvektoren ($\mathbf{u}'$), deren Elemente 1 betragen, z. B.:

$$\mathbf{u} = \begin{bmatrix} 1 \\ 1 \\ 1 \end{bmatrix}$$

$$\mathbf{u}' = \begin{bmatrix} 1 & 1 & 1 \end{bmatrix}$$

4.7 Dreiecksmatrix

Alle Elemente über oder unter der Hauptdiagonalen sind vom Betrag 0. Symmetrische Matrizen wie die Korrelationsmatrix werden häufig als Dreiecksmatrizen dargestellt, weil die beiden Dreiecke redundant sind. Es ist bei der Darstellung von Dreiecksmatrizen üblich, die Werte vom Betrag 0 nicht aufzuführen, z. B.:

$$\mathbf{D} = \begin{bmatrix} 3 & & \\ 3 & 3 & \\ 1 & 1 & 2 \end{bmatrix}$$

5 Demonstration der Berechnung einiger statistischer Kennwerte mittels Matrixalgebra

Nun werden die eingeführten Regeln an einem einfachen Zahlenbeispiel illustriert, indem geläufige statistische Kennwerte mittels Matrixalgebra berechnet werden. Es werden in den Abschnitten 5.1 bis 5.3 jeweils dieselben Rohwerte von drei Personen auf zwei Variablen verwendet.

5.1 Arithmetisches Mittel

Wir zeigen, wie ein Mittelwertvektor $\bar{\mathbf{x}}'$ bestimmt werden kann.

Matrix der Rohwerte

$$\mathbf{X} = \begin{bmatrix} 3 & 1 \\ 7 & 4 \\ 5 & 7 \end{bmatrix}$$

Mittelwertevektor

$$\bar{\mathbf{x}}' = \frac{\mathbf{u}' \cdot \mathbf{X}}{n}$$

Demonstration

$$\underbrace{\begin{bmatrix} 1 & 1 & 1 \end{bmatrix}}_{\mathbf{u'}} \cdot \underbrace{\begin{bmatrix} 3 & 1 \\ 7 & 4 \\ 5 & 7 \end{bmatrix}}_{\mathbf{X}} = \begin{bmatrix} 15 & 12 \end{bmatrix}$$

$$\underbrace{\begin{bmatrix} 15 & 12 \end{bmatrix}}_{\mathbf{u'} \cdot \mathbf{X}} \cdot \underbrace{\frac{1}{3}}_{\frac{1}{3}} = \underbrace{\begin{bmatrix} 5 & 4 \end{bmatrix}}_{\mathbf{\bar{x}'}}$$

5.2 Varianz-Kovarianz-Matrix C

Wir zeigen, wie eine Varianz-Kovarianz-Matrix auf der Grundlage der Rohwerte bestimmt werden kann.

Matrix der Rohwerte

$$\mathbf{X} = \begin{bmatrix} 3 & 1 \\ 7 & 4 \\ 5 & 7 \end{bmatrix}$$

Schritt 1: Berechnung des Mittelwertvektors (siehe oben)

$$\mathbf{\bar{x}'} = \frac{\mathbf{u'} \cdot \mathbf{X}}{n}$$

$$\mathbf{\bar{x}'} = \begin{bmatrix} 5 & 4 \end{bmatrix}$$

Schritt 2: Berechnung der Mittelwertmatrix $\mathbf{\bar{X}}$

$$\underbrace{\begin{bmatrix} 1 \\ 1 \\ 1 \end{bmatrix}}_{\mathbf{u}} \cdot \underbrace{\begin{bmatrix} 5 & 4 \end{bmatrix}}_{\mathbf{\bar{x}'}} = \underbrace{\begin{bmatrix} 5 & 4 \\ 5 & 4 \\ 5 & 4 \end{bmatrix}}_{\mathbf{\bar{X}}}$$

Schritt 3: Berechnung der Matrix der Abweichungswerte A

$$\mathbf{A} = \mathbf{X} - \mathbf{\bar{X}}$$

$$\underbrace{\begin{bmatrix} 3 & 1 \\ 7 & 4 \\ 5 & 7 \end{bmatrix}}_{\mathbf{X}} - \underbrace{\begin{bmatrix} 5 & 4 \\ 5 & 4 \\ 5 & 4 \end{bmatrix}}_{\mathbf{\bar{X}}} = \underbrace{\begin{bmatrix} -2 & -3 \\ 2 & 0 \\ 0 & 3 \end{bmatrix}}_{\mathbf{A}}$$

Schritt 4: Berechnung der Varianz-Kovarianzmatrix

$$\mathbf{C} = \frac{\mathbf{A'} \cdot \mathbf{A}}{n}$$

$$\underbrace{\begin{bmatrix} -2 & 2 & 0 \\ -3 & 0 & 3 \end{bmatrix}}_{\mathbf{A'}} \cdot \underbrace{\begin{bmatrix} -2 & -3 \\ 2 & 0 \\ 0 & 3 \end{bmatrix}}_{\mathbf{A}} = \begin{bmatrix} 8 & 6 \\ 6 & 18 \end{bmatrix} \cdot \underbrace{\frac{1}{3}}_{\frac{1}{3}} = \underbrace{\begin{bmatrix} \frac{8}{3} & 2 \\ 2 & 6 \end{bmatrix}}_{\mathbf{C}}$$

5.3 Korrelationsmatrix R

Zur Bestimmung der Korrelationsmatrix wird die Varianz-Kovarianz-Matrix von oben übernommen.

Schritt 1: Berechnung der Diagonalmatrix S der Standardabweichungen

$$S = (\text{diag}(C))^{1/2}$$

$$S = \begin{bmatrix} \sqrt{\frac{8}{3}} & 0 \\ 0 & \sqrt{6} \end{bmatrix}$$

Schritt 2: Bilden der Inversen von S

In diesem einfachen Fall einer 2×2-Diagonalmatrix bildet man die Inverse S^{-1}, indem man die Diagonalelemente durch ihren Kehrwert ersetzt.

$$S^{-1} = \begin{bmatrix} \sqrt{\frac{3}{8}} & 0 \\ 0 & \sqrt{\frac{1}{6}} \end{bmatrix}$$

Schritt 3: Berechnung der Matrix Z der z-Werte

$$Z = A \cdot S^{-1}$$

$$\begin{bmatrix} -2 & -3 \\ 2 & 0 \\ 0 & 3 \end{bmatrix} \cdot \begin{bmatrix} \sqrt{\frac{3}{8}} & 0 \\ 0 & \sqrt{\frac{1}{6}} \end{bmatrix} = \begin{bmatrix} -\sqrt{\frac{3}{2}} & -\sqrt{\frac{3}{2}} \\ \sqrt{\frac{3}{2}} & 0 \\ 0 & \sqrt{\frac{3}{2}} \end{bmatrix}$$

$$\quad A \quad \cdot \quad S^{-1} \quad = \quad Z$$

Schritt 4: Berechnung der Korrelationsmatrix R

$$R = \frac{Z' \cdot Z}{n}$$

$$\begin{bmatrix} -\sqrt{\frac{3}{2}} & \sqrt{\frac{3}{2}} & 0 \\ -\sqrt{\frac{3}{2}} & 0 & \sqrt{\frac{3}{2}} \end{bmatrix} \cdot \begin{bmatrix} -\sqrt{\frac{3}{2}} & -\sqrt{\frac{3}{2}} \\ \sqrt{\frac{3}{2}} & 0 \\ 0 & \sqrt{\frac{3}{2}} \end{bmatrix}$$

$$\quad Z' \quad \cdot \quad Z$$

$$\begin{bmatrix} 3 & 1{,}5 \\ 1{,}5 & 3 \end{bmatrix} \cdot \frac{1}{3} = \begin{bmatrix} 1 & 0{,}5 \\ 0{,}5 & 1 \end{bmatrix}$$

$$Z' \cdot Z \cdot \frac{1}{3} = R$$

5.4 Multiple Regression: Bestimmung der Regressionskoeffizienten

Bei der multiplen Regression nach Kapitel 18 betrachtet man folgende Vektoren und Matrizen:

Vektor y der Werte der abhängigen Variablen Y

$$\mathbf{y} = \begin{bmatrix} y_1 \\ \vdots \\ y_m \end{bmatrix}$$

Matrix X der Werte der unabhängigen Variablen X

$$\mathbf{X} = \begin{bmatrix} 1 & x_{11} & \cdots & x_{1k} \\ \vdots & \vdots & \ddots & \vdots \\ 1 & x_{n1} & \cdots & x_{nk} \end{bmatrix}$$

Die Matrix hat $k + 1$ Spalten, d. h. eine Spalte mehr, als es unabhängige Variablen gibt. Die erste Spalte enthält in allen Zellen den Wert 1. Die erste Spalte wird benötigt, um den Achsenabschnitt zu bestimmen.

Vektor b der Regressionskoeffizienten

$$\mathbf{b} = \begin{bmatrix} b_0 \\ b_1 \\ \vdots \\ b_k \end{bmatrix}$$

Vektor e der Werte der Residualvariablen

$$\mathbf{e} = \begin{bmatrix} e_1 \\ \vdots \\ e_m \end{bmatrix}$$

Gleichung der multiplen Regressionsanalyse

$$\mathbf{y} = \mathbf{X} \cdot \mathbf{b} + \mathbf{e}$$

Bestimmung der Regressionskoeffizienten

$$\mathbf{b} = (\mathbf{X}' \cdot \mathbf{X})^{-1} \cdot \mathbf{X}' \cdot \mathbf{y}$$